NR. 12
REFERAT 0001—2756
SEITE 1—296

1964
25. MÄRZ

CHEMISCHES ZENTRALBLATT

1830 gegründet
1897—1945 von der Deutschen Chemischen Gesellschaft fortgeführt

Herausgegeben im Auftrage
der Deutschen Akademie der Wissenschaften zu Berlin,
der Chemischen Gesellschaft in der DDR,
der Akademie der Wissenschaften zu Göttingen
und der Gesellschaft Deutscher Chemiker
von Prof. Dr. HEINRICH BERTSCH und Prof. Dr. Dr. h. c. WILHELM KLEMM

Chefredakteure
Dr. EUGEN KLEVER und Prof. Dr.-Ing. EBERHARD LEIBNITZ

135. JAHRGANG
1964

Chem. Zbl. 135. Jg. Nr. 12 Ref. 0001—2756 S. 1—296 Berlin, 25. März 1964

AKADEMIE-VERLAG GMBH · BERLIN · VERLAG CHEMIE GMBH · WEINHEIM · BERGSTRASSE

Inhalt

CHEMISCHES ZENTRALBLATT

1830 gegründet
1897—1945 von der Deutschen Chemischen Gesellschaft fortgeführt

Herausgegeben im Auftrage
der Deutschen Akademie der Wissenschaften zu Berlin,
der Chemischen Gesellschaft in der DDR,
der Akademie der Wissenschaften zu Göttingen
und der Gesellschaft Deutscher Chemiker
von Prof. Dr. HEINRICH BERTSCH und Prof. Dr. Dr. h. c. WILHELM KLEMM

Chefredakteure
Dr. EUGEN KLEVER und Prof. Dr.-Ing. EBERHARD LEIBNITZ

AKADEMIE-VERLAG GMBH · BERLIN · VERLAG CHEMIE GMBH · WEINHEIM · BERGSTRASSE

135. JAHRGANG
1964

Nr.	Referat	Seitenzahl	Ausgabe-Datum
9	0001—2931	1—280	4. März 1964
10	0001—3054	1—304	11. März 1964
11	0001—2887	1—280	18. März 1964
12	0001—2756	1—296	25. März 1964

Abkürzungsverzeichnis

A	Ampère
A.	Äthylalkohol
Å	Ångström
a	Jahr (nur für Dimensionen)
Abb.	Abbildung(en)
abs.	absolut(e)
Ae.	Diäthyläther
akt.	aktiv(e)
allg.	allgemein(e)
App.	Apparat(e), Apparatur(en)
asymm.	asymmetrisch(e)
at	Atmosphäre, technisch
atm	Atmosphäre, physikalisch
Atomgew.	Atomgewicht
ausg.	ausgegeben
AZ.	Acetylzahl
bar	Bar
bes.	besonders, besondere, insbesondere
Best.	Bestimmung(en)
Bibl.	Bibliographie(n)
bin.	binär
Bldg.	Bildung(en)
bzgl.	bezüglich
Bzl.	Benzol
Bzn.	Benzin
bzw.	beziehungsweise
C.	Chem. Zentralblatt (nur bei Zitaten)
c	Curie
ca.	zirka
cal	Calorie(Grammcalorie)
Chlf.	Chloroform
const	constans
cP	Centipoise
cSt	Centistokes
$D._4^{20}$	Dichte (bei 20° gemessen u. bezogen auf Wasser von 4°)
D	Debye
d	Tag (nur für Dimensionen)
DAB.	Deutsches Arzneibuch
dad. gek.	dadurch gekennzeichnet
Darst.	Darstellung(en)
Deriv.	Derivat
Derivv.	Derivate
Dest.	Destillation(en)
dest.	destillieren, destilliert(e)
d.h.	das heißt
DK	Dielektrizitätskonstante
DL	Dosis letalis
DTA	Differentielle Thermoanalyse
$E^{1\%}_{1\,cm}$	Extinktion (1%ige Lsg.; 1 cm Schichtdicke)
Eig.	Eigenschaft
Eigg.	Eigenschaften
Einfl.	Einfluß, Einflüsse
Einw.	Einwirkung(en)
EMK	Elektromotorische Kraft
Entw.	Entwicklung(en)
Ep.	Erstarrungspunkt
Epp.	Erstarrungspunkte
eV	Elektronenvolt
evtl.	eventuell
EZ.	Esterzahl
°F	Grad Fahrenheit
F.	Schmelzpunkt
FF.	Schmelzpunkte
Fl.	Flüssigkeit
Fll.	Flüssigkeiten
fl.	flüssig(e)
g	Gramm
Geh.	Gehalt(e)
gek.	gekennzeichnet(e)
gesätt.	gesättigt(e)
Geschw.	Geschwindigkeit(en)
Gew.	Gewicht(e)
ggf.	gegebenenfalls
Ggw.	Gegenwart
h	Stunde (nur für Dimensionen)
Herst.	Herstellung(en)
Hz	Hertz
I.E.	Internationale Einheit
i.m.	intramuskulär(e)
inakt.	inaktiv(e)
I.P.	Isoelektrischer Punkt
IR	Infrarot (Ultrarot)
i.v.	intravenös(e)
J	Joule
JZ.	Jodzahl
°K	Grad Kelvin
kcal	Kilogrammcalorie
Koeff.	Koeffizient(en)
Koll.	Kolloid(e)
koll.	kolloid(e), kolloidal(e)
Kondens.	Kondensation(en)
Konst.	Konstante(n)
konst.	konstant(e)
Konstit.	Konstitution(en)
Konz.	Konzentration
Konzz.	Konzentrationen
konz.	konzentriert(e)
korr.	korrigiert(e)
Kp.	Siedepunkt
Kpp.	Siedepunkte
krist.	Kristallisiert(e)
KW-Stoff	Kohlenwaserstoff
KW-Stoffe	Kohlenwasserstoffe
Labor.	Laboratorium, Laboratorien
l.c.	loco citato
Leg.	Legierung
Legg.	Legierungen
lösl.	löslich(e)
log	Logarithmus (allgemein)
Lsg.	Lösung
Lsgg.	Lösungen
Lsgm.	Lösungsmittel (Ein- u. Mehrzahl)
m	Meter
m	molar (Konzentrationsangabe)
Meth.	Methode(n)
Min.	Minute(n) (allgemein)
min	Minute (nur für Dimensionen)
Mitt.	Mitteilung(en)
mkr.	mikroskopisch(e)
ml	Milliliter
mμ	Millimikron
Mol	Grammolekül(e)
Mol.	Molekül
Moll.	Moleküle
mol.	molekular(e)
Molgew.	Molekulargewicht(e)
Mol.-Refr.	Molekularrefraktion(en)
n	normal (Konzentrationsangabe)
n-	normal (Isomerieangabe)
n_D^{20}	Brechungsindex (bei 20° u. D-Linie)
nachst.	nachstehend(e)
Nachw.	Nachweis(e)
Nd.	Niederschlag
Ndd.	Niederschläge
Oe	Oerstedt
opt.-akt.	optisch-aktiv(e)
p	Pond
PAe.	Petroläther
pH	Wasserstoffionenkonzentration (negativer dekad. Logarithmus)
pK	Dissoziationskonstante (negativer Logarithmus)
ppm	parts per million
Präp.	Präparat
Präpp.	Präparate
prim.	primär(e)
Prior.	Priorität(en), Unionspriorität(en)
Prod.	Produkt
Prodd.	Produkte
qual.	qualitativ(e)
quant.	quantitativ(e)
quart.	quartär(e) (Bindigkeit)
quatern.	quaternär(e)
°R	Grad Reaumur
r	Internationale Röntgeneinheit
rac.	racemisch(e)
rad	Einheit der absorbierten Strahlendosis
°Rank.	Grad Rankine
Red.	Reduktion
Redd.	Reduktionen
red.	reduziert(e)
Ref.	Referat
Reff.	Referate
rem	roentgen-equivalent-men
rep	roentgen-equivalent-physical
R_F	Retentionsfaktor (anteilmäßige Steighöhe)
RhZ.	Rhodanzahl
Rk.	Reaktion
Rkk.	Reaktionen
S	Sedimentationskonstante
s	Sekunde (nur für Dimensionen)
s.	siehe
schm.	schmelzend(e)
sd.	siedend(e)
Sek.	Sekunde(n), allgemein
sek.	sekundär(e)
sog.	sogenannt(e)
spezif.Gew.	Spezifisches Gewicht
Std.	Stunde(n) (allgemein)
std.	stündig(e)
symm.	symmetrisch(e)
Synth.	Synthese(n)
Syst.	System(e)
SZ.	Säurezahl
t	Tonne, metrisch
Temp.	Temperatur(en)
tern.	ternär(e)
tert.	tertiär(e)
u.	und
u.a.	und andere, unter anderem
u.dgl.	und dergleichen
U/min	Umdrehungen pro Minute
ungesätt.	ungesättigt(e)
unlösl.	unlöslich(e)
unsymm.	unsymmetrisch(e)
Unters.	Untersuchung
Unterss.	Untersuchungen
USP.	United States Pharmacopeia
usw.	und so weiter
UV	Ultraviolett
V	Volt
Val	Grammäquivalent
Verb.	Verbindung
Verbb.	Verbindungen
verd.	verdünnt(e)
Verf.	Verfahren (Einzahl)
Verff.	Verfahren (Mehrzahl)
Verh.	Verhalten
Vers.	Versuch
Verss.	Versuche
Verw.	Verwendung(en)
Vf.	Verfasser(in) (Einzahl)
Vff.	Verfasser(innen) (Mehrzahl)
Vgl.	Vergleich(e)
vgl.	vergleiche
Vol.	Volumen, Volumina
Vork.	Vorkommen (Ein- u. Mehrzahl)
vorl.Mitt.	vorläufige Mitteilung(en)
Vorr.	Vorrichtung(en)
vorst.	vorstehend(e)
VZ.	Verseifungszahl
W	Watt
W.	Wasser
Wrkg.	Wirkung(en)
wss.	wässerig(e)
X	X-Einheit
z.B.	zum Beispiel
Zers.	Zersetzung(en)
z.T.	zum Teil
Zus.	Zusammensetzung(en)
♂	männlich (im biolog. Sinne)
♀	weiblich (im biolog. Sinne)
°	Grad Celsius
%ig.	prozentig
‰ig.	promillig
~	angenähert, etwa gleich mit, rund
≧	gleich oder größer als
≦	gleich oder kleiner als
>	größer als
<	kleiner als
≙	entspricht
∞	unendlich
⌀	Durchmesser

Griech. Abkürzungen

$[\alpha]_D^{20}$	Opt. Drehung, spezifische (gemessen mit D-Linie bei 20°)
λ	Wellenlänge
λ_{max}	maximale Wellenlänge
λ_{min}	minimale Wellenlänge
μ	Mikrometer (auch Mikron genannt)
μg	Mikrogramm (auch Gamma genannt)
Ω	Ohm

Kurzzeichen der Vorsätze für Einheiten

T	Tera-	10^{12} Einheiten
G	Giga-	10^{9} Einheiten
M	Mega-	10^{6} Einheiten
k	Kilo-	10^{3} Einheiten
h	Hekto-	10^{2} Einheiten
da	Deka-	10^{1} Einheiten
d	Dezi-	10^{-1} Einheiten
c	Zenti-	10^{-2} Einheiten
m	Milli-	10^{-3} Einheiten
μ	Mikro-	10^{-6} Einheiten
n	Nano-	10^{-9} Einheiten
p	Pico-	10^{-12} Einheiten

Patent-Abkürzungen

D.A.S.	Deutsche Auslegeschrift
D.B.P:	Deutsches Bundes-Patent
D.P.[DDR]	Deutsches[DDR]Pat.
A.P.	Amerikanisches Patent
Aust.P.	Australisches Patent
Belg.P.	Belgisches Patent
Can.P.	Canadisches Patent
Dän.P.	Dänisches Patent
E.P.	Englisches Patent
Finn.P.	Finnisches Patent
F.P.	Französisches Patent
Ind.P.	Indisches Patent
Israel.A.S.	Israelische Auslegeschrift
It.P.	Italienisches Patent
Jap.A.S.	Japanische Auslegeschr.
Niederl.P.	Niederländisches Patent
Norw.P.	Norwegisches Patent
Oe.P.	Österreichisches Patent
Port.P.	Portugiesisches Patent
Schwed.P.	Schwedisches Patent
Schwz.P.	Schweizer Patent
Tschech.P.	Tschechoslowakisches Patent
UdSSR.P.	Sowjetisches Patent
Ung.P.	Ungarisches Patent

Für die fachliche Rechtschreibung in den Referaten und Registern des Chemischen Zentralblattes ist die 2. Auflage (Verlag Chemie GmbH Weinheim/Bergstr. u. VDI-Verlag GmbH Düsseldorf; 1959) der „Rechtschreibung der technischen und chemischen Fremdwörter" von Jansen-Mackensen bestimmend.

Dr. Eugen Klever und Prof. Dr.-Ing. Eberhard Leibnitz, Chefredakteure

Namenregister

Ein vollständiger oder gekürzter Abdruck der Referate ist ohne Genehmigung der Redaktion und des Verlages verboten!

Patentregister

Deutsche Patente [München] (D.B.P.)

Nr.	Ref.-Nr.
976321	2127

Auslegeschriften der Patentanmeldungen des Deutschen Patentamtes München (D.A.S.)

Nr.	Ref.-Nr.
1038761	2132
1039234	2122
1046333	2124
1079647	1498
1080308	2140
1082475	2158
1091400	2158
1105898	2121
1109181	1499
1110618	1834
1116199	1834
1120434	1833
1124479	2257
1128410	1839
1129704*	2357
1129801*	2176
1130438	2261
1132921	1504
1136316	1836
1137280*	2177
1138226	1480
1139118	1510
1139647	2390
1140191	2372
1140908*	1840
1141263	1478
1141793	2133
1141794	2150
1142064	2145
1142344	1832
1143644	2146
1143812*	1536
1143819	2284
1143949*	2327
1144213	2119
1144489	2147
1144490	2144
1144929	2148
1144931	2126
1145200	2135
1145791	2414
1146059	1517
1146253*	2524
1146345	2621
1146824	2116
1146889	2285
1147046	2142
1147387	2143
1147441*	2011
1147587	1488
1147597	2157
1147798*	2013
1147944	2286
1147948	1490
1147949	1489
1148073	2483
1148081	2125
1148745	2470
1148754	2154
1148837	2163
1148838	2162
1148969*	2298
1148970	2415
1149009	1515
1149033	2131
1149165	2399
1149166	2403
1149173	2141
1149195*	2009
1149234	2615
1149337	1837
1149371	2120
1149498	1524
1149527	2413
1149530	2467
1149674	2617
1149715	1509
1149795	2617
1149963	2134
1150031	2118
1150071	1511
1150073	1513
1150074	1501
1150083	1491
1150084	1492
1150085	1493
1150088	1494
1150379	1482
1150380	1482
1150385	1503
1150480*	2358
1150525	2458
1150659	1838
1150683	2235
1150684	1483
1150779	1479
1150803	2417
1150813	2411
1150987	1500
1151079*	2326
1151096	1521
1151168	2618
1151169	2612
1151348	1522
1151349	1518
1151373	2402
1151375	2459
1151502	1512
1151797	1506
1151798	1505
1151808	1495
1151934*	2520
1152090	1835
1152221	1523
1152254	2412
1152256	2457
1152818	2456
1153028	2460
1153589*	2359
1153889*	2360

Deutsche Patente (D.P.[DDR])

Nr.	Ref.-Nr.
25256*	2515
25408*	2523
25534*	2718
25567*	2514
25587*	2522
25702*	2558
25717*	2517

Amerikanische Patente (A.P.)

Nr.	Ref.-Nr.
973367	1484
1901404	1733
2841524	1998
2886594	2252
2889385	2196
2906794	2196
2927138	2244
2930815	2206
2932673	2189
2941011	2543
2954413	2255
2960523	2243
2960543	2195
2967894	2245
2968651	2436
2970034	1833
2970092	2194
2970093	2194
2973393	2191
2975025	1833
2983580	1836
2985591	1766
2985686	1732
2987500	1480
2988508	1767
2989474	1770
2989475	1773
2989477	1771
2989478	1772
2993785*	1785
3001859	1987
3002023	2220
3008955	1517
3009979	1776
3010942	2455
3011993	2344
3011994	2479
3012007	2466
3012984	2342
3012991	2495
3012993	2496
3013100	1779
3013910*	1784
3015989	2354
3017385	2349
3018175	1898
3019230	1486
3020146	1977
3022150	1985
3022152	1975
3023096	1979
3024232	1997
3028300	1527
3029170*	1783
3029270	2000
3032435*	2177
3032439	2351
3036080	1526
3037932	2168
3038824	2156
3039848	1971
3038849	2169
3037874	1752
3038923	2340
3040034	1514
3040035	1506
3040037	1514
3042554	2167
3043676	1976
3043813	2347
3043834	1508
3043859	1992
3044865	1990
3044866	1986
3046434	1750
3048483	1978
3048556	2353
3048562	2335
3048578	1498
3052641*	2525
3057049	1781
3061397*	2322
3061461	1753

Australische Patente (Austr.P.)

Nr.	Ref.-Nr.
234527	2487
234870	2473
235427	1525
236224	1756
236277	1749
236327	1730
236347	1722
236371	2161
236479	2337
236529	1748
237314	1780
237473*	1786

Belgische Patente (Belg.P.)

Nr.	Ref.-Nr.
552673*	1850
566486	1833
570001	1777
572265	1996
572589	1995

Canadische Patente (Can.P.)

Nr.	Ref.-Nr.
633746*	1852
635374*	1843
635507	1504
635642*	1847

Englische Patente (E.P.)

Nr.	Ref.-Nr.
827396	2211
839034	2193
840803*	2174
844267	2233
848808	2683
850370	2539
853919*	2178
853983	2196
856372	2285
860498*	2170
863229	2437
868106	2212
868297	2204
871185	2454
871911	2536
873598	2548
873603	2220
875602	2279
876024	2207
877541	2472
877727	1520
877928	2416
879803	2205
880222	2556
881482	2537
882276	1517
882546	2246
882703	1999
882863	2188
883944	1833
883945	1833
883946	1833
884181	1721
884845	2352
885264*	1787
885531	2234
885533*	2173
885692	2227
885871	1836
886190	2485
886504	1481
886601	2469
886767	2468
888270	2481
888725	2336
890198	1763
890313	1515
891494*	2686
892865	2480
893067	2130
893472*	2511
894348	2129
896789	2166
896895	2494
897067	1972
897099	2418
897710	2497
898111	2478
898300	2474
898585*	1535
898695	2401
898838	2397
899386	1497
899490	2482
899652*	2288
899843	2398
899993	2396
900111	1989
900131	1980
900397*	1841
900825	2160
901169	1991
901170	1991
901736	2395
901938	2489
901939	2488
902021	2475
902354	2393
902385	2392
904698*	1849
905549	2339
905680	2348
905720	2345
905776	2350
906234	2164
906988	1983
907030	2002
907719	1751
907855*	1845
908281	2334
908493	1973
908854*	2172
909208*	1844
910214	2152
910220	2294
910553	2128
910913	1485
911179	1496
912123*	2715
912125	1993
912790	2306
912949	1519
912976	1981
913043	2346
913576	2138
914621*	2325
917150*	2557
917447	1507
917966	2137
920834*	2295
921541*	2521
925116*	2328
925765*	2330

Französische Patente (F.P.)

Nr.	Ref.-Nr.
73993*	2293
74302*	1532
74318*	2290
76340*	2519
1163967	1770
1166167	1734
1180405*	1915
1188594	2619
1198954	1721
1199502*	1858
1203733*	1854
1204897	1761
1208354*	1857
1208409*	1856
1211443	1759
1214373	2374
1219215	1683
1221498	2492
1231296*	1842
1232062	2381
1232063	2382
1232476	2613
1232737	2377
1232738	2378
1233274	2388
1233822	2383
1233823	2384
1233930	2385
1234457	2379
1234905	2391
1235047	2404
1235149	2405
1235680*	1848
1235776	2386
1235835	2380
1236696	2387
1236718	2454
1237668	2422
1238030	2504
1238479	2389
1238610	2406
1238651	2486
1239031*	2010
1239125	2258
1239370	2262
1239575	2407
1239808	2254
1239902	2373
1239956	2260
1240175	2198
1240517*	2012
1241348	2409
1242816	2271
1243077	2242
1243546	2197
1243560	2247
1243570	2281
1243571	2221
1243589	2223
1243592	2256
1243595	2275
1243619	1982
1243640	2259
1243655	2219
1243658	2226
1243832	2704
1243879	2282
1244007	2253
1244063	2203
1245021	2108
1245832	2424
1246366	2175
1246414	2202
1246424	2225
1246632	2287
1246696	2201
1246755	2232
1246973	2187
1247002*	1914
1247003*	2296
1247137	2498
1247198	2216
1247730*	1821
1247786	2209
1248038*	1853
1248741*	2004
1248968*	1851
1249120*	2006
1249203*	1533
1249258*	2005
1249788*	1855
1251517*	2007
1251564*	2008
1253057*	1822
1253416	2421
1253611*	1846
1254073	2268
1255889	2320
1255970*	2512
1262725	2186
1263198	2159
1267572	2267
1268992	2477
1273124	2493
1278501	1764
1279330	1768
1281242	1754
1281589*	2526
1281805	1765
1286557*	2324
1293223*	2323
1294397	2323
1302865	2151
1305207	2136
1305745	2123

Indische Patente (Ind.P.)

Nr.	Ref.-Nr.
66076	1757
66077	1757
66078	1757
66953	2269
67017	2307
67758	1727
67780*	2304
68156	2321
68554	2315
69202	1782
69205	1782
69395*	2297
69761*	2174

Israelische Auslegeschriften (Israel. A.S.)

Nr.	Ref.-Nr.
16384	1487
16589	1970
16594	2001

Italienische Patente (It.P.)

Nr.	Ref.-Nr.
552770	1755
559170	1735
559586	1725
560364	2149

Japanische Auslegeschriften (Jap.A.S.)

Nr.	Ref.-Nr.
7647/1961	2462
7747/1961	2427
7896/1961	2443
8747/1961	2682
8937/1961	2410
8940/1961	2440
9044/1961	2106
9445/1961	2442
9450/1961	2504
10096/1961	2708
10337/1961	2538
10341/1961	2419
10342/1961	2711
10346/1961	2426
10489/1961	2394
10490/1961	2508
10495/1961	2420
10496/1961	2420
10634/1961	2444
10646/1961	2505
10843/1961	2492
19846/1961	2315
10992/1961	2684
10993/1961	2498
10997/1961	2421
11000/1961	2705
11140/1961	2422
11142/1961	2432
11235/1961	2424
11242/1961	2424
11243/1961	2452
11246/1961	2438
11247/1961	2441
11437/1961	2550
11439/1961	2490
11440/1961	2471
11443/1961	2439

Nr.	Ref.-Nr.
11445/1961	2491
11638/1961	2503
11642/1961	1723
11646/1961	2446
11647/1961	2703
11648/1961	2712
11980/1961	2555
11982/1961	1726
11984/1961	2453
11986/1961	2433
11991/1961	2476
12287/1961	2435
12293/1961	2685
12294/1961	2461
12423/1961	1760
12444/1961	2434
12446/1961	2510
12447/1961	2510
12779/1961	2714
12785/1961	2423
12786/1961	2707
12787/1961	2707
12789/1961	2400
12791/1961	2430
12792/1961	2431
13079/1961	2506
13084/1961	2445
13085/1961	2450
13086/1961	2451
13087/1961	2710
13088/1961	2449
13089/1961	2447
13090/1961	2464
13092/1961	2465
13093/1961	2463
13243/1961	2507
13244/1961	2542
13245/1961	2706
13246/1961	2706
13247/1961	2376
13248/1961	2376
13336/1961	2541
13337/1961	2549
13338/1961	2544
13340/1961	2509
13425/1961	2425
13435/1961	2551
13438/1961	1762
13440/1961	2484
13445/1961	2448
13545/1961	2454
Niederländische Patente (Niederl.P.)	
102383	1774
102812	1758
102838	1994
103035	2164
103156	1974
103355	2003
Norwegische Patente (Norw.P.)	
96921	2620
Österreichische Patente (Oe.P.)	
214053	2756
215964*	2291
215968*	2289
215970*	2305
215975*	2303
215976*	2302
215978*	2299
215979*	2300
215983*	1528
216487	2214
216507	2278
216527	2208
217445	2222
217457*	2301
217459	2265
217468	2283
217998	2213
218495	2224
218498	2248
218516	2264
218517	2265
218529*	1534
220152*	1530
220809*	2516
220832*	2529
221801*	2513
221810*	2518
221812*	2519
222262*	2179
222354*	2559
222368*	2528
222369*	2526
223376*	2527
223381	2138
223810*	2512
224917	2341
233734*	2717
Schwedische Patente (Schwed.P.)	
174415	2153
174858	1775
Schweizer Patente (Schwz.P.)	
357725	2272
360805	2343
366359	2338
366866	1778
367272*	2716
367828	1529
368175*	1531
368478*	2292
368493*	1529
368494	1529
368883*	2355
368884*	2356
369244*	2331
369535*	2329
Sowjetische Patente (UdSSR.P.)	
129198	2239
129202	2238
129573	2139
129574	2117
129914	2155
131891	2614
133471	2375
142301	2231
143401	2273
144019	2552
144150	2553
144467	1728
144982	2545
144983	2546
145251	1729
145576	2540
145732	2554
145754	2500
145956	2314
146039	1724
146736	2249
147172	1731
147281	2317
147586	2190
148049	2237
148065	2250
148177	2318
148395	2266
148400	2501
148412	2280
148414	2274
148468	2319
148514	2547
148518	2499
149220	2428
149401	2218
149425	2217
149427	2229
149428	2228
149430	2270
149536	2713
149772	2215
149776	2240
149778	2251
149779	2241
149784	2277
149785	2276
150105	2230
150108	2199
150109	2200
150110	2263
150498	2192
150502	2210
150513	2236
150628	2502
Tschechoslowakische Patente (Tschech.P.)	
98375	2429
Ungarische Patente (Ung.P.)	
150652	2333

CHEMISCHES ZENTRALBLATT

Nr. 12 · 25. März 1964
Referat 0001–2756
Seite 1–296

A. Allgemeine, physikalische und anorganische Chemie

0001 **Die Matrix der Atom-Bindungen (ACM) und ihr charakteristisches Polynom (ACMCP): Eine neue Computer-orientierte chemische Nomenklatur.** Leonhard Spialter. (J. Amer. chem. Soc. **85**, 2012–13, 1963; Wright-Patterson AF Base, Ohio, Chem. Res. Labor., ARL; engl.) — An einfachen Beispielen wird gezeigt, wie die ACM (atom connectivity matrix) durch diagonale Anordnung der Symbole für die Atome eines Mol. in einem Matrixfeld u. Angabe der Art der Bindungen durch Ziffern entsteht. Dabei ist die Reihenfolge der Atome willkürlich, unwichtige Mol.-Bausteine (z. B. H in organ. Verbb.) können unberücksichtigt bleiben. Die Beschreibung von Rkk. u. Übergangszuständen ist möglich, partielle Doppelbindungen, polare Bindungen u. Radikale können ausgedrückt werden. Aus der ACM kann nach den Regeln der Determinantenrechnung das ACMCP (ACM — characteristic polynomial) erhalten werden, das in linearer Symbolfolge (das erste Glied entsteht durch Multiplikation der Hauptdiagonalen u. entspricht der Summenformel) die Struktur eindeutig beschreibt. Für das Codieren von Strukturen wird die Benutzung der ACM empfohlen, für die Speicherung, die maschineninterne Verarbeitung u. die Recherche ist die Umwandlung in das ACMCP vorteilhaft. F. Ehrhardt. 10◇

A_1. Kernphysik und Kernchemie

0002 **Vergleich der Erzeugung von Pionen und Hyperonen in Kernwechselwirkungen sehr hoher Energie.** M. G. Bowler, P. H. Fowler und D. H. Perkins. (Nuovo Cimento [10] **26**, 1182–96, 1962; Bristol, Univ., H. H. Wills Phys. Labor.; engl.) — Die experimentellen Daten über die Häufigkeit „weicher" Kaskaden in Emulsionen mit schweren Elementen auf Flugzeughöhen werden analysiert. Der Fluß energiereicher Pionen kann durch direkte Pionenerzeugung in nuclearen Stößen erklärt werden. Die Erzeugungswahrscheinlichkeit für Hyperonen, die einen großen Teil der Primärenergie übernehmen, muß bei diesen Energien ($> 10^4$ GeV) nicht größer sein (ca. 5%) als bei 25 GeV. M. Wiedemann. 90◇

0003 **Elastische K^+–N-Streuung.** Liau-Fu Lo und Sin Shue. (Acta physica sinica **18**, 291–97, 1962; Inner Mongolian Univ., Dep. of Phys.; chin., Auszug: engl.) — Nach der Tamm-Dancoff-Approximation werden unter Beachtung der Nucleon-Rückstoßeffekte die Phasenverschiebungen u. Wirkungsquerschnitte der elast. K^+–N-Streuung für Energien unter 400 MeV berechnet. Die Ergebnisse sind im Einklang mit den experimentellen bei K^+–p, aber nicht bei K^+–n. Die relative Parität von Λ u. Σ wird erörtert. M. Wiedemann. 90◇

0004 **Untersuchung der $K^-\pi^-$- und K^-p-Wechselwirkungen.** A. Barbaro-Galtieri, A. Hussain und R. D. Tripp. (Physics Letters [Amsterdam] **6**, 296–99, 1963; Berkeley, Calif., Univ. of California, Lawrence Radiat. Labor.; engl.) — Die Rk. $K^-n \rightarrow K^-\pi^-p$ wurde für einen K^--Beschuß mit 1,51 GeV/c in der D_2-Blasenkammer untersucht u. 20000 Aufnahmen analysiert. Es wurde bis zu 1 GeV keine $K\pi$-Resonanz beobachtet. Neben dem Y_0 (1520 MeV) wurde eine schwache K^-p-Verstärkung bei etwa 1765 MeV festgestellt. M. Wiedemann. 90◇

0005 **Ladungsunabhängigkeit der K^--Deuteron-Einfangreaktionen.** Ramesh Chand und R. H. Dalitz. (Ann. Physics **20**, 1–19, 1962; Chicago, Ill., Univ. of Chicago, Enrico Fermi Inst. for Nucl. Studies and Dep. of Phys.; engl.) — Der Einfl. der (K^-, $\bar{K}^0$)-Massendifferenz Δ u. der mehrfachen Streuung im Anfangszustand auf die K^-–d-Einfang-Geschw. bei der Nullpunktsenergie wird besprochen. Im Gegensatz zu der durch Δ hervorgerufenen Abweichung von der Ladungsunabhängigkeit beim K^-–p-Einfang weicht das Verhältnis $(\pi^+ + \pi^-)/2\pi^0$ beim K^-–d-Einfang nur wenig von dem ladungsunabhängigen Wert (1) ab. Dieses Ergebnis ist teilweise durch das Überwiegen von J = 0-Absorptionsprozessen begründet. Bei direkter Λ-Erzeugung wird das Verhältnis $(\pi^-\Lambda p)/(\pi^0\Sigma n)$ stark durch Δ beeinflußt. R. Wolter. 90◇

0006 **Winkelverteilung und Polarisation der Λ-Teilchen bei π–p-Stößen.** S. W. MacDowell, A. L. L. Videira und N. Zagury. (Nuclear Physics [Amsterdam] **31**, 636–42, 1962; Rio de Janeiro, Centro Brasil. de Pesqu. Fís.; engl.) — Die Winkelverteilung u. Polarisation der Λ in π–p-Stößen bei 1300 MeV läßt sich unter der Annahme deuten, daß nur die S-Welle nicht vom Austausch eines K'-Mesons herrührt, beide sprechen für ein vektorielles K'-Meson. Für die Daten bei 960 MeV ist das Modell unzureichend. M. Wiedemann. 90□

0007 **Pol-Approximation für nichtleptonische und Strahlungs-Hyperonenzerfälle mit ungerader relativer Σ–Λ-Parität.** S. K. Bose und R. E. Marshak. (Nuovo Cimento [10] **23**, 556–63, 1962; Rochester, N. Y. Univ., Dep. of Phys. and Astronomy; engl.) M. Wiedemann. 90◇

0008 **Vorschlag eines Experiments zur Bestimmung des Spins von Y_1^* und der Paritäten von Λ–Σ, Λ–Y_1^* und Σ–Y_1^*.** Zhao-bin Su, Chong-shou Gao und Kuang-chao Chou. (Scientia sinica **12**, 451–52, 1963; Peking, Univ.; engl.) — Es wird ein Experiment mit Kaonen < 90 MeV vorgeschlagen, wobei die Korrelation zwischen der Λ–π-Resonanz u. dem Maximum infolge des Effekts der Σ-Erzeugung nahe der Schwelle beobachtet wird. M. Wiedemann. 90◇

0009 **Eine Bemerkung über die Baryon–Baryon-Wechselwirkung.** G. Bhamathi, S. Indumathi, T. K. Radha und R. Thunga. (Progr. theoret. Physics [Kyoto] **25**, 870–72, 1961; Madras, Univ.; engl.) — Die (Ξ^-n)-Stöße, die zu Hyperonen-Syst. führen, z. B. $\rightarrow \Xi^- + n$, $\rightarrow \Sigma^- + \Lambda^0$, $\rightarrow 2\Lambda^0 + \pi^-$, $\rightarrow \Sigma^- + \Sigma^0$ werden behandelt, die Möglichkeit der Bldg. gebundener Zustände, z. B. aus Σ^- u. Σ^0, wird diskutiert. M. Wiedemann. 90□

0010 **Anomale magnetische Momente von Baryonen im Rotatormodell von Vigier.** Hiroshi Katsumori. (Progr. theoret. Physics [Kyoto] **29**, 794–96, 1963; Kyoto, Kyoto Univ., Dep. of Nucl. Engng.; engl.) — Interpretation des obigen Modells (vgl. u. a. de Broglie u. Mitarbeiter, C. **1963**, 22192). Gerhard Schmidt. 90◇

0011 **Anwendung der Fusionstheorie auf das neue erweiterte Modell der Elementarteilchen.** Jean-Pierre Vigier und Louis de Broglie. (C. R. hebd. Séances Acad. Sci. **256**, 3390–94, 1963; franz.) — Theoret. Betrachtungen über den Ursprung nichtlepton. Teilchen aus der Kombination von 4 Elementarteilchen. Gerhard Schmidt. 90◇

0012 **Tabelle der Elementarteilchen, die mit dem neuen erweiterten Modell der Elementarteilchen assoziiert sind.** Jean-Pierre Vigier und Louis de Broglie. (C. R. hebd. Séances Acad. Sci. **256**, 3551–55, 1963; franz.) — Vgl. vorst. Referat. — Es wird eine Art Perioden-Syst. aufgestellt, indem 2, 3 oder 4 Fundamentaleinheiten mit dem äußeren Spin $^1/_2$ u. dem inneren (i) verschmolzen werden. M. Wiedemann. 90◇

0013 **Untersuchung der Teilchenzahl in der Approximation der Quasiteilchen.** J. Högaasen Feldmann. (Nuovo Cimento [10] **29**, 428–40, 1963; Orsay, Labor. Joliot-Curie de Phys. Nucl.; franz.) — Theoret. Diskussion der Verteilung der Funktionen, die in der Quasiteilchenapproximation den Grundzustand u. die ersten angeregten Niveaus von Syst. mit einer geraden Zahl von Teilchen beschreiben. Gerhard Schmidt. 90◇

0014 **Klassisch-relativistische Betrachtungen über die Struktur der Elementarteilchen und andere Bemerkungen.** Teofil T. Vescan. (An. ştiinţ. Univ. „Al. I. Cuza" Iaşi,

Sect. I [N. S.] **8,** 465—73, 1962.) — Vom klass. wie vom relativist. Standpunkt wird die Struktur der Elementarteilchen behandelt, vor allem die Kräfte bei der Annäherung eines positiven Teilchens an einen Kern.
M. Wiedemann. 90◇

0015 **Die Rolle der $\tau\gamma_5$-Eichinvarianz in einem nichtlinearen Modell der Elementarteilchen.** H. Banerjee. (Nuovo Cimento [10] **23,** 587—97, 1962; Geneva, Univ., Inst. für Theoret. Physik; engl.)
M. Wiedemann. 90◇

0016 **Über die Universalität schwacher Wechselwirkungen.** D. Itô, S. Ragusa und A. H. Zimerman. (Nuovo Cimento [10] **23,** 461—76, 1962; São Paulo, Brasil, Inst. de Fís. Teor.; engl.) — In Analogie zu den universellen Wechselwrkg. der klass. Physik, den elektromagnet. u. denen der Gravitation werden die universellen lepton. Wechselwrkg. durch eine geeignete Darst. von Baryonenströmen u. Operatoren der Bosonenfelder eingeführt.
M. Wiedemann. 90◇

0017 **Anwendung des ξ-Begrenzungsprozesses auf intermediäre Bosonen.** T. D. Lee. (Physic. Rev. [2] **128,** 899 bis 910, 1962; Princeton, N. J., Inst. for Advanced Study; — Vgl. Physic. Rev. [2] **128,** [1960], 885. — Der l. c. diskutierte ξ-Begrenzungsprozeß wird zur Unters. der elektromagnet. Eigg. des intermediären Bosons W± benutzt. Strahlungskorrekturen zum Quadrupolmoment von $W^\pm$ u. zu den lepton. Zerfallsarten von $W^\pm$, μ-Zerfall u. β-Zerfall eines bloßen Nucleons werden ebenfalls diskutiert.
Herbert Weber. 90◇

0018 **Renormalisierung eines Bosonendubletts in Wechselwirkung mit einem Fermionendublett.** J. P. Adam und B. Jouvet. (Nuovo Cimento [10] **29,** 53—68, 1953; Paris, Labor. de Phys. Atom. et Mol.; franz.) — Theoret. Unters. der Renormalisierung des Syst., in dem sich 2 Bosonen des gleichen Tensortyps mit 2 verschiedenen Paaren ungleicher Fermionen in Wechselwrkg. befinden.
Gerhard Schmidt. 90◇

0019 **Eine Anwendung der Bohm-Pines-Gleichung auf ein System wechselwirkender Bosonen.** E. Borchi und M. Poli. (Nuovo Cimento [10] **29,** 777—79, 1963; Firence, Univ., Scuola di Perfez. in Fis.; engl.)
Gerhard Schmidt. 90◇

0020 **Theorie der Gleichungen zweiter Ordnung für Fermionen.** W. Ss. Wanjaschin. (J. exp. theoret. Physik [UdSSR] **44,** 603—09, 1963; Dnepropetrowsk, Univ.; russ., Auszug: engl.) W. Pump. 90◇

0021 **Relativistische Theorie der Bewegung im äußeren Feld für ein System mit inneren Freiheitsgraden.** V. G. Nevzglyadov. (Nuovo Cimento [10] **29,** 118—47, 1963; Leningrad, State Univ.; engl.) — Entw. der Lorentzkovarianten-Theorie der Bewegung in einem äußeren Feld für ein mechan. Syst. mit 12 Freiheitsgraden. Als Beispiel wird das magnet. Moment des Protons herangezogen. Gerhard Schmidt. 90◇

0022 **Einige einfache Ungleichungen bei der Streuung durch komplexe Potentiale.** A. Martin. (Nuovo Cimento [10] **23,** 641—54, 1962; Genf, CERN; engl.) — Unters. zur Ableitung von Ungleichungen zwischen Gesamt-, Absorptions- u. elast. Wirkungsquerschnitten. Ferner wird untersucht, für welche Potentiale der elast. Wirkungsquerschnitt rascher mit dem Drehimpuls abnimmt als der Absorptionsquerschnitt. M. Wiedemann. 90◇

0023 **Die CDD-Pole und die Übereinstimmung einer Lösung der Low-Gleichung mit den experimentellen Ergebnissen.** Andrzej Kotański und Józef Namysłowski. (Acta physica polon. **23,** 557—66, 1963; Kraków, Jagellonian Univ., Inst. of Phys.; engl.) — Die CDD-Pole (Castillejo, Dalitz u. Dyson, C. **1956,** 10838) scheinen für die Diskrepanz zwischen der Chew-Low-Theorie der π-p-Streuung u. den Experimenten im höheren Energiebereich verantwortlich zu sein.
Gerhard Schmidt. 90◇

0024 **Analytische Approximation zu den Lösungen von Dispersionsrelationen inverser Amplituden für niedrige Energie.** I. R. Gatland und J. W. Moffat. (Physic. Rev. [2] **129,** 937—40, 1963; Baltimore, Md., RIAS; engl.) — Unters. zu Dispersionsbeziehungen, die 2 Resonanzen mit gleichen Quantenzahlen zeigen. Für verschiedene Werte der Pion–Pion-Kopplungskonstante werden die Massen u. Breiten der ζ- u. ϱ-Resonanzen berechnet. Herbert Weber. 90◇

0025 **Grenzen zur Impulsabhängigkeit von Phasenverschiebungen und Größe von Kopplungskonstanten.** Adam M. Bincer und Bunji Sakita. (Physic. Rev. [2] **129,** 1905—10, 1963; Madison, Wis., Univ. of Wisconsin, Dep. of Phys.; engl.) — Unters. zu Grenzen von π-π- u. π–N-Kopplungskonstanten. Herbert Weber. 90◇

0026 **Problem des gebundenen Zustandes und die Bestimmung der Kopplungskonstanten.** Hironari Miyazawa und Hirotaka Sugawara. (Progr. theoret. Physics [Kyoto] **29,** 735—43, 1963; Tokyo, Univ. of Tokyo, Dep. of Phys.; engl.) — Wiedergabe einer Formulierung für die Kopplungskonst. eines zusammengesetzten Teilchens. Als Beispiel wird die Pion–Nucleon-Kopplungskonst. berechnet. Gerhard Schmidt. 90◇

0027 **Analyse von Partialwellen-Dispersionsbeziehungen.** Graham Frye und Robert Lee Warnock. (Physic. Rev. [2] **130,** 478—94, 1963; Seattle, Wash., Univ. of Washington, Dep. of Phys.; engl.) — Unters. unter bes. Berücksichtigung der N/D-Methode. Als Beispiel wird die π–N-Streuung diskutiert. Herbert Weber. 90◇

0028 **N/D-Methode für komplexe Partialwellen.** K. Bardakci. (Physic. Rev. [2] **130,** 369—80, 1963; Minneapolis, Minn., Univ. of Minnesota, School of Phys.; engl.) — Entw. einer Meth. zur Best. von nichtrelativist. u. relativist. Partialwellen-Amplituden. (Vgl. Chew u. Mandelstam, C. **1961,** 366.) Herbert Weber. 90◇

0029 **Partialwellen-Bethe-Salpeter-Gleichung.** Noboru Nakanishi. (Physic. Rev. [2] **130,** 1230—35; Erratum: [2] **131,** 2841, 1963; Princeton, N. J., Inst. for Advanced Study; engl.) — Die Bethe-Salpeter-Gleichung für gebundene Zustände (mit höheren Wellen) von 2 Skalarteilchen wird in der Leiterapproximation untersucht.
Herbert Weber. 90◇

0030 **Eine Ableitung der Wahrscheinlichkeitsdichte für die Bethe-Salpeter-Gleichung.** J. Reinfelds. (Progr. theoret. Physics [Kyoto] **27,** 1165—87, 1962; Adelaide, Univ.; engl.) — Die Green-Biswas-Lösung der Bethe-Salpeter-Gleichung für das relativist. Zweikörper-Problem wird direkt abgeleitet. Der variable Parameter der Theorie, der Radius der Kernkräfte, wird der Deuteron-Bindungsenergie entnommen.
M. Wiedemann. 90◇

0031 **Vernichtung von 1,3-GeV-Antiprotonen in komplexen Kernen.** B. E. Ronne, P. J. Carlson und O. Danielsson. (Ark. Fysik **22,** 193—217, 1962; Univ. of Stockholm, Inst. of Phys.; engl.) — Eine Unters. von 537 Wechselwirkungssternen in Kernemulsionen ergab, daß $215\ ^{+65}_{-35}$ durch Antiprotonen von 2 GeV/c u. der Rest durch π^- entstanden sind. Die mittlere freie Weglänge für die Vernichtung der Antiprotonen wurde zu 26 ± 5 cm gefunden. Die durchschnittliche Anzahl geladener π außerhalb des Kernes betrug für Antiprotonensterne $2{,}64\ ^{+0{,}25}_{-0{,}33}$ u. die durchschnittliche Gesamtenergie pro π 430 ± 50 MeV. Die mittlere Anzahl der emittierten Protonen ist $7{,}55 \pm 0{,}70$. Die durchschnittliche π-Multiplizität beim Vernichtungsprozeß lag bei $5{,}0\ ^{+0{,}5}_{-0{,}6}$. Dieser Wert ergab sich aus der Betrachtung der Sekundär-Rkk. der primären π in dem Kern, in dem die Vernichtung erfolgte. 30% der Primär-π verließen ohne Wechselwrkg. den Kern, 28% wurden absorbiert, 30% verließen den Kern nach einem oder mehreren elast. Stößen u. (bzw. oder) Ladungsaustausch, 12% schließlich führten durch unelast. Stöße zur Bldg. neuer π. Es konnten keine Antisigma-Hyperonen definitiv festgestellt werden. K.-D. Asmus. 90◇

0032 **Erzeugung von Antiisobar-Isobar-Paaren bei $\bar{p}$-p-Stößen.** T. Ferbel, J. Sandweiss, H. D. Taft, M. Gailloud, T. E. Kalogeropoulos, T. W. Morris und R. M. Lea. (Physic. Rev. Letters **9,** 351—54, 1962; New Haven, Conn., Yale Univ.; Upton, N. Y., Brookhaven Nat. Labor.; New York, N. Y., City Univ., City Coll.; engl.) — Die Erzeugung von $\bar{N}_1^*$, dem „Anti" des $T = 3/2$, $J = 3/2$-Pion–Nucleon-Isobars wurde bei $\bar{p}$-p-Wechselwrkg.-Unterss. in einer H_2-Blasenkammer beobachtet.

Der Erzeugungsprozeß ist mit einem Einzelpionenaustausch verträglich. Ausgewertet wurden 304 Vierzacken-Ereignisse der Art $\bar{p} + p \rightarrow \bar{p} + p + \pi^+ + \pi^-$. Der Impuls des eingeschossenen Antiprotonenbündels entsprach 3,25 GeV/c. Der Querschnitt der Rk. wurde zu 3,2 ± 0,3 mbarn bestimmt. H. Schroeder. 90◇

0033 **Winkelkorrelationen bei einigen Vernichtungen langsamer Antiprotonen unter Bildung vieler Teilchen.** J. Werle, St. Dymus und T. Zielinski. (Physics Letters [Amsterdam] **6**, 264–66, 1963; Warsaw, Univ., Inst. for Nucl. Res.; engl.) — Für Vernichtungen von Antiprotonen unter Bildung vieler Teilchen werden die Winkelkorrelationen theoret. abgeleitet. Als Beispiele sind die Ergebnisse für folgende Rkk. angegeben: $\bar{p} + p \rightarrow (K + \bar{K}) + (\pi^+ + \pi^- + \pi^0)$, $\bar{p} + d \rightarrow (\Lambda + K^0) + (\pi^+ + \pi^- + \pi^0)$, $\bar{p} + d \rightarrow p + [\pi^- + (\pi^+ + \pi^- + \pi^0)]$. M. Wiedemann. 90◇

0034 **Näherungsbehandlung des Nucleon–Antinucleon-Phänomens mittels der Bogoliubov-Transformation.** 1. Mitt. H. Bacry und J. Mandelbrojt. (Nuovo Cimento [10] **23**, 564–71, 1962; Marseille, Fac. de Sci. Phys. Théor.; engl.) — Durch geeignete Wahl des Prod. zweier Konstanten, die in das N–$\bar{N}$-Feld eingehen, kann die Zahl der bei der N–$\bar{N}$-Vernichtung emittierten Pionen korrekt erhalten werden. M. Wiedemann. 90◇

0035 **Die Nucleon–Nucleon-Streuung hoher Energie in der Strip-Approximation.** Shih Chen und Yuan-Ben Dai. (Acta physica sinica **18**, 321–23, 1962; chin.) M. Wiedemann. 90◇

0036 **Phasenverschiebungsanalyse der Nucleon–Nucleon-Streuung bei Energien von 40, 95, 147 und 310 MeV.** Ju. M. Kasarinow und I. N. Ssilin. (J. exp. theoret. Physik [UdSSR] **43**, 1385–93, 1962; Vereinigtes Inst. für Kernforsch.; russ., Auszug: engl.) — Ausgeführt wurden diese Analysen an np- u. pp-Streuung. Die abgeleitete π-Meson–Nucleon-Wechselwrkg.-Konst. ist in Einklang mit dem Wert 0,08. Aus den Streuergebnissen wurde die π-Mesonenmasse bestimmt. P. Sliwinski. 90◇

0037 **Unelastische Wechselwirkungen von Protonen mit Nucleonen bei 9 GeV.** N. P. Bogatschew, Je. L. Grigorjew und Ju. P. Merekow. (Ber. Akad. Wiss. UdSSR **148**, 793–95, 1963; Verein. Inst. für Kernforsch.; russ.) — Vgl. C. **1963**, 1151. — Eine Emulsionskammer wurde 9-GeV-Protonen ausgesetzt, 760 unelast. Wechselwrkg., darunter 492 (p-p) u. 268 (p-n) wurden beobachtet. Die mittlere Multiplizität der geladenen Sekundärteilchen betrug 3,34 bzw. zwischen 2,44 u. 2,76. Die mittlere Zahl der geladenen Pionen war bei p-p 2,36, bei p-n lag die obere Grenze bei 1,76. Die Winkelverteilung der geladenen Pionen war leicht anisotrop. Die Daten werden vom Standpunkt der peripheren Stöße u. des Einmesonenaustausches diskutiert. M. Wiedemann. 90◇

0038 **Singularitäten in der Drehimpulsebene.** I. R. Gatland und J. W. Moffat. (Physic. Rev. [2] **129**, 2812–15, 1963; Baltimore, Md., RIAS; engl.) — Frühere Daten (CERN) über p–p-Streuung werden im Bereich zwischen 3 u. 30 GeV/c interpretiert. Herbert Weber. 90◇

0039 **Analyse der Phasenverschiebung der elastischen pp-Streuung bei 660 MeV.** R. Ja. Sulkarnejew und I. N. Ssilin. (J. exp. theoret. Physik [UdSSR] **44**, 1106–10, 1963; Dubna, Verein. Inst. für Kernforsch.; russ., Auszug: engl.) — Der imaginäre Teil der Streuungsphasen für die Zustände $^3F_{2,3,4}$ u. $^1S_0$ wird vernachlässigt. Vff. berechneten auf dieser Grundlage die Winkelabhängigkeit mehrerer Größen (z. B. Polarisation, differentieller Querschnitt). G. Ewald. 90◇

0040 **Bestimmung der Parameter des verallgemeinerten Beugungsmodells des Kerns bei 660 MeV.** L. Ss. Ashgirei und Ss. B. Nuruschew. (J. exp. theoret. Physik [UdSSR] **44**, 536–40, 1963; Verein. Inst. für Kernforsch.; russ., Auszug: engl.) — Zwischen den Amplituden der Kernstreuung u. den Parametern der verallgemeinerten Beugungstheorie für die Streuung energiereicher Teilchen an Kernen wird eine Beziehung aufgestellt. Aus den Daten für die Streuung von Protonen an *C*-Kernen bei 660 MeV werden unter Beachtung der Spin–Bahn-Wechselwrkg. diese Parameter ermittelt. M. Wiedemann. 90◇

0041 **Über den Effekt von Zwischenkernen in Kernreaktionen bei niedrigen Energien.** De-Jui Wan, Ssi-Zsjun Tschju, Ssjon Tschshao, Bei-Wen Di und Zin-Ssjuan Tschen. (Acta physica sinica **18**, 227–41, 1962; chin., Auszug: russ.) — Mittels des Potentials des opt. Modells mit diffuser Grenze wurden Winkelverteilung bei der unelast. Streuung für Neutronen mit 2–4 MeV u. Protonen mit 3,5–7 MeV, Anregungsfunktion u. Winkelverteilung der γ-Strahlung in guter Übereinstimmung mit Experimenten gefunden. Für ^{14}N ergab sich für den angeregten Zustand mit 4,91 MeV der Spin 0 u. für 5,01 MeV 2. Bei der Rk. $^{14}N(p,p')^{14}N^*$ mit den Zuständen bei 2,31 u. 3,95 MeV ist die Erhaltung des Isotopenspins nicht erfüllt. M. Wiedemann. 90◇

0042 **Exakte Berechnungen zur unelastischen Streuung von Nucleonen hoher Energie durch ^{6}Li.** Daphne F. Jackson und L. R. B. Elton. (Nuclear Physics [Amsterdam] **43**, 136–55, 1963; London, Battersea Coll. of Techn., Dep. of Phys.; engl.) — Berechnungen nach der Impulsnäherung; Verw. eines spinunabhängigen opt. Potentials. (Vgl. mit experimentellen Werten bei 40 MeV.) H. Schroeder. 90◇

0043 **Spinwellenstreuung polarisierter Neutronen.** E. J. Samuelsen, T. Riste und O. Steinsvoll. (Physics Letters [Amsterdam] **6**, 47–51, 1963; Kjeller, Inst. for Atomenergi; engl.) — Die Ergebnisse der Spinwellen-Unterss. nahe der (111)-Reflexion von *Magnetit* mittels eines monochromat. polarisierten Neutronenbündels bestätigen die theoret. Voraussagen der Polarisationsabhängigkeit der Spinwellenstreuung von Neutronen. Gerhard Schmidt. 90◇

0044 **Kohärente Neutronenstreuamplituden für Cd und Eu.** George Arnold und Norris Nereson. (Physic. Rev. [2] **124**, 1848–51, 1961; Erratum [2] **126**, 2262, 1962; Los Alamos, N. Mex., Univ. of California, Los Alamos Scient. Labor.; engl.) — Beugungsunterss. an *CdO* u. Eu_2O_3 bei einer Neutronenwellenlänge von 1,391 Å. Herbert Weber. 90◇

0045 **Streuung von Neutronen durch Moleküle mit großer Energieübertragung.** G. K. Iwanow. (J. exp. theoret. Physik [UdSSR] **44**, 573–86, 1963; russ., Auszug: engl.) — Die Streuung von Neutronen durch Moll. wird unter der Annahme theoret. untersucht, daß die je Stoß übertragene Energie viel größer ist als die mittlere Differenz zwischen den Schwingungsenergieniveaus der Moleküle. Für W. wird die Berechnung numer. durchgeführt. M. Wiedemann. 90◇

0046 **Reziprozitäts-Theorem für thermische Neutronen.** L. Kuščer. (Reactor Sci. Technol. **16**, 379–82, 1962; Ljubljana, Univ., Inst. of Phys.; engl.) — Durch Anwendung der Green-Meth. auf die Transportgleichung wird ein allg. Reziprozitäts-Theorem für Neutronen abgeleitet, welche mit dem streuenden Medium, das sich auf konst. Temp. befindet, Energie austauschen. Das Theorem liefert die Winkel- u. Geschw.-Verteilung austretender Neutronen, es kann auch zur Ableitung der Durchlässigkeit dicker, nichtabsorbierender Folien benutzt werden. M. Wiedemann. 90◇

0047 **Geschwindigkeitsabhängige Neutronentransporttheorie mit energiereichen Quellen.** Arne Claesson. (Nuclear Sci. Engng. **14**, 314–16, 1962; Tystberga, Sweden, AB Atomenergi Studsvik; engl.) — Für den Fall der Erzeugung energiereicher Neutronen im Moderator werden analyt. Näherungslösungen für die Boltzmann-Gleichung erhalten, die von der Lage u. der Energie abhängen. M. Wiedemann. 90◇

0048 **Kühlmittel-Temperaturkoeffizient und Diffusionsmodell mit zwei thermischen Gruppen.** A. Kind und G. Rossi. (Reactor Sci. Technol. **16**, 423–24, 1962; Ispra, Euratom; engl.) — Mittels der Approximation mit zwei therm. Gruppen wird die Änderung des Spektrums der therm. Neutronen in einem Reaktor behandelt, bei dem der Brennstoff ein moderierendes Material mit variabler Temp. (Kühlmittel) enthält. Die effektive Neutronen-Temp. wird als Funktion der Kühlmittel-Temp. ermittelt. M. Wiedemann. 90◇

0049 **Abhängigkeit des effektiven Resonanzintegrals von den Verlangsamungseigenschaften des Moderators.**

A. Kirchenmayer. (Nuclear Sci. Engng. **14,** 312—14, 1962; Stuttgart, TH, Inst. für Hochtemperaturforsch., Abt. Reaktorphys.; engl.) M. Wiedemann. 90◇

0050 **Neutronenverlangsamung in der thermischen Säule eines exponentiellen Experiments.** R. Caro. (Reactor Sci. Technol. **16,** 424—25, 1963; Madrid, Junta de Energía Nucl., Div. di Fís. Teór. y Calculo de Reactores; engl.) — Für Graphit von 2,07 g/cm³ Dichte u. Sb–Be-Neutronenquellen wird für den Reaktor eine Höhe der therm. Säule von etwa 55 cm berechnet. Sie soll sicherstellen, daß die Neutronen thermalisiert sind. M. Wiedemann. 90◇

0051 **Bestimmung des Formfaktors des Deuterons aus kohärenter π^0-Photoerzeugung.** J. I. Friedman und H. W. Kendall. (Physic. Rev. [2] **129,** 2802—07, 1963; Stanford, Calif., Stanford Univ., High Energy Phys. Labor.; engl.) — Die Struktur des Deuterons wurde mittels der Rk. $\gamma + d \rightarrow \pi^0 + d$ untersucht. Messungen des Erzeugungsquerschnittes wurden für Photonenenergien von 300—514 MeV durch Nachw. der impulsanalysierten Rückstoßdeuteronen mit einem Target aus fl. D_2 durchgeführt. Herbert Weber. 90◇

0052 **Deuteronaufspaltung bei der unelastischen Streuung.** Je. Issmatow. (Nachr. Akad. Wiss. UsbekSSR, Ser. physik.-math. Wiss. **7,** Nr. 3, 73—74, 1963; Inst. für Kernphys. der Akad. der GrusinSSR; russ.) — Die Spaltung des Deuterons bei der Wechselwrkg. mit einem nichtsphär. Kern unter Anregung eines Rotationszustands des Kerns wird behandelt u. eine Formel für den differentiellen Wirkungsquerschnitt abgeleitet. M. Wiedemann. 90◇

0053 **Elastische Streuung von α-Teilchen an Silber und von Deuteronen an Gold.** Ss. W. Starodubzew und B. I. Chruschtschew. (Nachr. Akad. Wiss. UsbekSSR, Ser. physik.-math. Wiss. **6,** Nr. 5, 85, 1962; russ.) — An einer Ag-Folie wurde in einer Kammer mit vielen Folien mittels Kernemulsionen die Streuung von α-Teilchen mit 13,6 u. 14,7 MeV untersucht. Wirkungsquerschnitt u. Winkelverteilung sind im Einklang mit der Rutherford-Theorie, ebenso die elast. d-Au-Streuung bei 6,5 MeV. M. Wiedemann. 90◇

0054 **Reichweiten und Abbremsquerschnitte von Tritonen niedriger Energie.** R. L. Wolke, W. N. Bishop, E. Eichler, N. R. Johnson und G. D. O'Kelley. (Physic. Rev. [2] **129,** 2591—96, 1963; Pittsburgh, Pa., Univ. of Pennsylvania, Wherrett Labor. of Nucl. Chem.; Gainesville, Fla., Univ. of Florida, Dep. of Chem.; Oak Ridge, Tenn., Oak Ridge Nat. Labor., Chem. Div.; engl.) — Nach einem Koinzidenz-Verf. unter Benutzung der Rk. $^6Li(n, \alpha)^3H$ wurden Abbremsquerschnitte u. Reichweiten von Tritonen als Funktion der Energie von ca. 0,2—2,7 MeV in *Polystyrol*, N_2, *Luft*, *Al*, *Ar*, *Ni*, *Kr* u. *Xe* gemessen. Die für 2,736-MeV-Tritonen in diesen Materialien gefundenen Reichweiten sind 6,12 ± 0,10; 7,26 ± 0,06; 7,34 ± 0,06; 10,10 ± 0,10; 11,40 ± 0,09; 15,15 ± 0,15; 17,83 ± 0,18 bzw. 20,36 ± 0,20 mg/cm². Herbert Weber. 90◇

0055 **Gegenseitige Anregung über eine Zweiphononen-Oberflächen-Wechselwirkung in $^{12}C(^{12}C,^{12}C^*)^{12}C^{*+}$.** G. T. Garvey, A. M. Smith, J. C. Hiebert und F. E. Steigert. (Physic. Rev. Letters **8,** 25—27, 1962; New Haven, Conn., Yale Univ.; engl.) — Gewisse unelast. Kernstreuprozesse können durch Oberflächen-Wechselwrkg. gedeutet werden. Wenn 2 potentiell deformierbare Kernoberflächen in Rk. treten, bewirkt die Expansion auf ein Potential 2. Ordnung das Anheben in einen Zweiphononenterm, der in jedem Kern zu einem einzelnen Anregungsphonon Anlaß geben kann. Am Beispiel von $^{12}C(^{12}C, ^{12}C')$ wird bei einer Energie von 125 MeV die Winkelverteilung eines solchen Vorgangs untersucht. Es werden Energiewerte für Q = 0,00, — 4,43, — 9,00 ± 0,50 u. — 15 ± 1 MeV gemessen. Der Wert — 9,00 ± 0,50 MeV kann sowohl dem angeregten Zustand bei — 9,63 MeV als auch der Anregung zweier Kerne in den 1. angeregten Zustand (Q = —4,43 MeV) entsprechen. Ein Vgl. mit theoret. Berechnungen zeigt, daß die gegenseitige Anregung auf 2-Phononen-Oberflächen-Rkk. zurückzuführen ist. H. Pförtner. 90□

0056 **Innerschalenwechselwirkungs-Niveaus und ihre Anregung durch mehrfach geladene Ionen.** V. I. Goldansky und M. V. Kazarnovsky. (Nuclear Physics [Amsterdam] **13,** 117—24, 1959; Moscow, USSR, Acad. of Sci., P. N. Lebedev Phys. Inst.; engl.) — Auf Basis des Kernschalenmodells kann man die Existenz bisher unbekannter Kernniveaus, welche aus der Wechselwrkg. von Nucleonen in einer gegebenen Schale entstehen, erwarten. Einige dieser Niveaus besitzen Drehimpulse, welche sich von jenen des Grundzustandes stark unterscheiden. Die wirksamste Meth. der Anregung solcher Niveaus besteht im Beschuß der Kerne mit mehrfach geladenen Ionen. O. Jansen. 95◇

0057 **Beobachtbare Reorientierungseffekte bei der Coulomb-Anregung durch schwere Ionen.** D. Beder. (Canad. J. Physics **41,** 547—49, 1963; Chalk River, Ontario, A. E. C. L.; engl.) — Es wird theoret. gezeigt, daß die Effekte für die ersten angeregten Zustände von z. B. ^{56}Fe (Beschuß durch 100-MeV-^{35}Cl bzw. 35-MeV-^{12}C), ^{46}Ti (80-MeV-^{35}Cl bzw. 30-MeV-^{12}C) u. ^{24}Mg (28-MeV-^{16}O) groß genug sind, um Messungen der Quadrupolmomente dieser Zustände zu gestatten, u. daß die Effekte für den differentiellen Anregungsquerschnitt größer sein müssen als für die Winkelverteilung von γ-Strahlen aus der Coulomb-Anregung. H. Schroeder. 95◇

0058 **Elektromagnetische Struktur von Atomkernen und Nucleonen.** Josef Kvasnica. (Pokroky Mat., Fysiky Astronom. **7,** 210—22, 1962; Praha; tschech.) — Vgl. C. **1962,** 16914. — Übersicht über die Theorie des elast. Elektronenstreuung u. neuere experimentelle Ergebnisse. — 11 Literaturangaben. R. K. Müller. 95◇

0059 **Die Bestimmung der nuclearen Paarkorrelationsfunktion und der Impulsverteilung.** Kurt Gottfried. (Ann. Physics **21,** 29—46, 1963; Cambridge, Mass., Harvard Univ.; engl.) — Krit. Übersicht über verschiedene Annahmen zur Messung der Impulsverteilung u. der Korrelationsfunktion. Gerhard Schmidt. 95◇

0060 **Unelastische Elektronenstreuung an Schwankungen in der Kernladungsverteilung.** Wieslaw Czyż und Kurt Gottfried. (Ann. Physics **21,** 47—71, 1963; Copenhagen, Inst. for Theor. Phys.; Cracow, Inst. Fiz. Jadrowej; Cambridge, Mass., Harvard Univ.; engl.) — Vgl. vorst. Referat. — Vorschlag u. Diskussion eines Experiments, dem nicht nur die Impulsübertragung des Elektrons, sondern auch dessen Energieverlust vorgeschrieben wird. Gerhard Schmidt. 95◇

0061 **Partialwellen-Analyse der unelastischen Streuung von Elektronen an Kernen.** 2. Mitt. **Anwendung auf das Flüssigkeitstropfen-Modell.** D. S. Onley, T. A. Griffy und J. T. Reynolds. (Physic. Rev. [2] **129,** 1689—90, 1963; Durham, N. C., Duke Univ.; engl.) — 1. vgl. Physic. Rev. [2] **128,** [1962], 833. — Unter Benutzung der aus elast. Elektronenstreuung erhaltenen Ladungsdichtefunktionen werden die Formfaktoren für Quadrupolanregungen der Kerne $^{58,60}Ni$ u. ^{88}Sr sowie ^{209}Bi berechnet. Herbert Weber. 95◇

0062 **Anregung von Teilchen–Loch-Zuständen in ^{16}O durch Elektronenstreuung.** P. S. Willey. (Physics Letters [Amsterdam] **6,** 336—38, 1963; Seattle, Wash., Univ. of Washington; engl.) — Unter Verw. der von verschiedenen anderen Autoren erhaltenen Wellenfunktionen werden die Formfaktoren für Anregungen der Niveaus negativer Parität in ^{16}O bei 6,2; 10,0; 15,0; 16,7 u. 22,4 MeV berechnet. Gerhard Schmidt. 95◇

0063 **Untersuchung der Schwingungsniveaus der Eisenisotope durch unelastische Streuung von 150-MeV-Elektronen.** J. Bellicard und P. Barreau. (Nuclear Physics [Amsterdam] **36,** 476—96, 1962; Saclay, France, C. E. N.; franz.) — Bei unelast. Streuung von 150-MeV-Elektronen an ^{54}Fe werden 6 Schwingungsniveaus bei 1,4; 2,9; 4,1; 4,85; 6,4 u. 7,2 MeV u. an ^{56}Fe 5 Schwingungsniveaus bei 0,85; 2,7; 3,1; 4,45 u. 5,05 MeV angeregt. Durch Analyse der Winkelverteilung der gestreuten Elektronen wird die Multipolarität der einzelnen Niveaus bestimmt; dabei erweisen sich die 4,85- u. 6,4-MeV-Niveaus des ^{54}Fe u. die 3,1- u. 4,45-MeV-Niveaus des ^{56}Fe als Oktupol-Schwingungsniveaus. H.-D. Freyer. 95◇

0064 **Kernreaktionen und Kernstruktur.** C. T. Young. (Acta physica sinica **18,** 275—90, 1962; chin., Auszug: engl.) — Übersicht über die Unterss. der Kernstruktur mittels Kernreaktionen, u. a. Eigg. der Kernniveaus u. die experimentellen Möglichkeiten der Aufklärung der virtuellen Zustände. M. Wiedemann. 103◇

0065 **Verallgemeinertes Kernmodell und einige Fragen der Theorie des β-Zerfalls.** A. A. Kressnin. (Ukrain. physik. J. **8,** 426—30, 1963; Charkow, Akad. der Wiss. der UkrainSSR, Phys.-Techn. Inst.; ukrain., Auszug: engl.) — Auf der Grundlage eines verallgemeinerten Kernmodells berechnet Vf. die ft-Werte des β-Zerfalls einiger Arten des β-Zerfalls von leichten Kernen. Der Vgl. mit experimentellen Daten bestätigt die Anwendbarkeit des verallgemeinerten Modells zur Beschreibung der Eigg. leichter Atomkerne. K. Jaeger. 103◇

0066 **Erklärung der Anomalien der β^-- und β^+-Spektren durch eine Uhlenbeck-Konopinski-Kopplung.** Charles Chahine und Bernard Jouvet. (C. R. hebd. Séances Acad. Sci. **253,** 945—47, 1961; franz.) M. Wiedemann. 103□

0067 **Zirkularpolarisation der inneren Bremsstrahlung in unique-erstverbotenen Beta-Übergängen.** F. Janouch. (Czechoslov. J. Physics **13,** 394—96, 1963; Rez, Českoslov. akad. věd, Ústav jaderného výzkumu; engl.) — Theoret. Berechnung u. Vgl. mit Daten für $^{90}Y(\Delta J = 2$, ja). M. Wiedemann. 103◇

0068 **Innere Konversion eines elektrischen Multipols nach der Bornschen Näherung.** W. F. Boldyschew. (Ukrain. physik. J. **8,** 31—35, 1963; Charkow, Gorki-Univ.; ukrain., Auszug: engl.) — Der Koeff. der inneren K-Konversion wird nach der Bornschen Näherungsmeth. mit Näherungslösungen der Dirac-Gleichung für die Elektronen-Wellenfunktionen bestimmt. Die erhaltene Beziehung für den Konversionskoeff. unterscheidet sich deutlich von der Dancoff-Morrison-Gleichung, bei der unkorrekte Wellenfunktionen angenommen wurden. G. M. Neumann. 103◇

0069 **Untersuchung der Reaktionen ^{6}Li(p, pd) und (p, pα) und ^{9}Be(p, pα) bei 155 MeV.** C. Ruhla, M. Riou, M. Gusakow, J. C. Jacmart, M. Liu und L. Valentin. (Physics Letters [Amsterdam] **6,** 282—86, 1963; Orsay, Labor. Joliot-Curie de Phys. Nucl.; franz.) — Unter Benutzung eines magnet. Analysators für die Protonen u. eines Plaste-Scintillators für Deuteronen u. α-Teilchen wurden Winkel- u. Energieverteilungen bestimmt. Bei ^{6}Li(p, pd) ergab sich ein maximaler Wirkungsquerschnitt von 0,7 mb · sr^{-2} · MeV^{-1}, bei ^{6}Li(p, pα) 0,62 mb · sr^{-2} · MeV^{-1}, bei ^{9}Be(p, pα) 0,14 mb · sr^{-2} · MeV^{-1}. M. Wiedemann. 103◇

0070 **Untersuchung der Reaktion ^{14}N(^{3}He, p)^{16}O zwischen 2,5 und 5,5 MeV.** S. Gorodetzky, G. Bassompierre, C. St. Pierre, A. Gallmann und P. Wagner. (Nuclear Physics [Amsterdam] **43,** 92—102, 1963; Strasbourg, Inst. de Rech. Nucl.; franz.) — Die Anregungsfunktion für die Protonengruppe p_0 des Grundzustandes aus der Rk. ^{14}N(^{3}He, p)^{16}O wurde bei 30, 90 u. 150° zwischen 2,5 u. 5,5 MeV gemessen; es konnten keine Resonanzen beobachtet werden, woraus Vff. auf einen direkten Mechanismus schließen. Winkelverteilungen zwischen 0 u. 150° wurden bei 2,5; 3,5; 4,5 u. 5,5 MeV für die p_0-Gruppe u. bei 4,5 u. 5,5 MeV für die $p_{1,2}$- u. p_5-Protonengruppen bestimmt. Aus der Theorie von Newns für den Doppelstrippingprozeß abgeleitete theoret. Kurven wurden zur Erklärung des in der Vorwärtsrichtung beobachteten Peaks für die p_0-Gruppe bei 3,5; 4,5 u. 5,5 MeV u. für die p_5-Gruppe bei 4,5 u. 5,5 MeV herangezogen. H. Schroeder. 103◇

0071 **Kernphotoeffekt an Aluminium und Fluor mit der Lithium-Resonanz-Strahlung.** Eberhard Braun. (Z. Physik **166,** 62—75, 1962; Erlangen, Univ., Phys. Inst.; dt.) — Mit der nahezu monochromat. γ-Strahlung aus der Resonanz-Rk. ^{7}Li(p, γ) bei 440 keV werden aus ^{27}Al u. ^{19}F Photoprotonen ausgelöst, deren Energieverteilung unter den Winkeln 30°, 90° u. 150° in Kernspur-Photoplatten gemessen wurde. Bei hohen Protonenenergien treten größere Abweichungen zur statist. Theorie auf. Die gefundene Winkelverteilung ist symmetr. zu 90°. Unter Heranziehung bekannter Spins u. Paritäten ergibt sich aus der Winkelverteilung, daß bei der Absorption dieser γ-Energie nur E1- u. M1-Wechselwrkg. vorhanden ist. O. Jansen. 103◇

0072 **Radioaktiver Zerfall von ^{48}Sc, ^{50}Sc und ^{50m}Sc.** J. Kantele. (Suomalaisen Tiedeakatemian Toimituksia [Ann. Acad. Sci. fenn.], Ser. A VI **1963,** Nr. 126, 1—16; Fayetteville, Ark., Univ. of Arkansas, Dep. of Chem.; Helsinki, Univ., Dep. of Phys.; engl.) — Bei der Unters. des Zerfalls von ^{48}Sc, ^{50}Sc u. ^{50m}Sc mittels γ- u. β-Scintillationsspektrometrie wurde eine neue γ-Strahlung mit $E_\gamma = (178 \pm 4)$ keV, die vom 3518-keV-Niveau in ^{48}Ti stammt u. mit $(5,7 \pm 1,0)$% am Gesamtzerfall von ^{48}Sc beteiligt ist, nachgewiesen. Eine Aktivität mit $t_{1/2} = (0,35 \pm 0,5)$ s wurde ^{50m}Sc zugeschrieben; dieser Zustand zerfällt hauptsächlich über einen isomeren Zustand mit (258 ± 8) keV (vermutlich M3) zum 5^+-Grundzustand. Für ^{50g}Sc wurde eine Halbwertszeit von $(1,72 \pm 0,04)$ Min. gemessen. In diesem Zusammenhang wurden eine β-Komponente mit $E_{\beta max} = (3,6 \pm 0,2)$ MeV u. folgende γ-Koinzidenzen (relative Intensitäten) beobachtet: 524 ± 6 (97 ± 10), 1121 ± 8 (101 ± 10) u. 1555 ± 10 keV (100); diese Strahlungen führten zur Annahme folgender ^{50}Ti-Niveaus: 1555, 2676 u. 3200 keV mit wahrscheinlicher Spin-Paritätszuweisung 2^+, 3^- bzw. 4^+. Die Zerfallsschemata von ^{48}Sc u. ^{50m,g}Sc sind angegeben; das Niveauschema von ^{50}Ti wird mit bekannten theoret. Berechnungen verglichen. H. Schroeder. 103◇

0073 **Eine Bemerkung zum 2320-keV-Niveau in ^{68}Zn.** H. W. Taylor und R. McPherson. (Canad. J. Physics **41,** 554—61, 1963; Edmonton, Univ. of Alberta; Montreal, Quebec, McGill Univ.; engl.) — Messungen der Richtungskorrelation der 1255 → 1077-keV-Kaskade beim Zerfall von ^{68}Ga zeigen Übereinstimmung mit der Annahme einer 2–2–0-Spinfolge mit einem Mischungsverhältnis $\delta = +2,25 \pm 0,30$ für den 1255-keV-Übergang. Die bekannten 1870- u. 2320-keV-Strahlungen wurden als „cross-over"-Übergänge zum Grundzustand von ^{68}Zn identifiziert. Dem 2320-keV-Niveau wird Spin u. Parität 2^+ zugeordnet; es wird angenommen, daß dieser Zustand wegen seines vom zweiten 2^+-Zustand abweichenden Verh. zu einem hochliegenden Schwingungsband gehört. H. Schroeder. 103◇

0074 **Totaler Protonen-Reaktionsquerschnitt von Kupfer bei 9 MeV.** Richard F. Carlson, Robert M. Eisberg, Richard H. Stokes und Thomas H. Short. (Nuclear Physics [Amsterdam] **36,** 511—16, 1962; Minneapolis, Minn., School of Phys.; engl.) — Nach Erzielung einer definierten Protonenenergie von 9 MeV durch Schwächung der aus einem Beschleuniger austretenden Protonen wird der totale Wrkg.-Querschnitt an Cu zu 895 ± 80 mb bestimmt. H.-D. Freyer. 103◇

0075 **Messung von γγ-Koinzidenzen bei der Reaktion ^{107}Ag(n, γ)^{108}Ag.** I. W. Esstulin, L. F. Kalinkin und A. Ss. Melioranski. (J. exp. theoret. Physik [UdSSR] **43,** 1378—84, 1962; Moskau, Univ., Kernphys. Inst.; russ.; Auszug: engl.) — Mit einem Doppelkristallspektrometer wurden γ-Energien (bis 640 keV) u. -Intensitäten bestimmt. Das Niveauschema von ^{108}Ag mit Anregungsenergien bis 720 keV wird diskutiert. P. Sliwinski. 103◇

0076 **Untersuchung des Zerfallsschemas von ^{117}Te.** D. Je. Chulelidse, W. L. Tschichladse, N. A. Wartanow und Ju. A. Rjuchin. (Nachr. Akad. Wiss. UdSSR, physik. Ser. **26,** 1036—41, 1962; Phys.-techn. Inst. der Akad. der Wiss. der GrusinSSR; russ.) — ^{117}Te wurde aus zu 57% angereichertem ^{114}Sn nach (α,n) mit $E_\alpha = 21$ MeV u. chromatograph. Abtrennung in Oxalatlösung gewonnen. Es wurde mittels eines Zweilinsen-β-Spektrometers u. eines Scintillationsspektrometers untersucht. Das Positronenspektrum zeigte 2 Komponenten mit Maximalenergien $E_1 = 1810$ keV u. $E_2 = 690$ keV u. einem Verhältnis $I_2/I_1 = 0,07 \pm 0,03$. Das Spektrum der Konversionslinien sowie der Strahlung wurde bestimmt u. folgende γ-Linien mit relativen Intensitäten (in Klammer) gefunden: 511 keV (48), 720 (100), 930 (9), 1080 (5), 1270 (0,8), 1420 (5), 1780 (15), 2310 (7,5). Die

Halbwertszeit beträgt 65 ± 5 min. Das Termschema mit Spins u. Paritäten ist wiedergegeben.
M. Wiedemann. 103◇

0077 **Neue Antimon- und Jod-Isomere.** A. C. Ghosh und W. M. Martin. (Canad. J. Physics **41,** 550—54, 1963; Montreal, Quebec, McGill Univ., Radiat. Labor.; engl.) — Durch Bestrahlung von Y, Nb, Sb u. J mit Protonen von E_{max} = 90 MeV (ca. $4 \cdot 10^{-11}$ A) u. Messung der entstandenen γ-Strahlung mit einem 256-Kanal-Kicksorter u. einem 17-Kanal-Zeitanalysator-Syst. wurden folgende Halbwertszeiten u. γ-Energien bei den einzelnen Elementen gemessen [Element, Halbwertszeit, γ-Energie in keV (in Klammer relative γ-Intensitäten)]: *Y*, 27 ± 3 µs, 155 ± 15 (7), 260 ± 10 (10); *Nb*, 65 ± 5 µs, 120 ± 6; *Sb*, 164 ± 12 µs, 80 ± 4 (9,8), 170 ± 17 (8,0), 245 ± 25 (8,6), 460 ± 20 (24); *J*, 80 ± 6 µs, 60 ± 6 (2,0), 96 ± 10 (3,0), 160 ± 16 (11), 190 ± 20 (4,2). Die bei Sb u. J gemessenen Aktivitäten wurden einer (p, p4n)- bzw. (p, p6n)-Rk. zugeschrieben, so daß die γ-Strahlung von den isomeren Nucliden ^{117}Sb bzw. ^{121}J stammt; für beide Nuclide werden Zerfallsschemata vorgeschlagen.
H. Schroeder. 103◇

0078 **β-Zerfall und Spin des ^{152m}Eu.** S. K. Bhattacherjee und S. K. Mitra. (Physics Letters [Amsterdam] **6,** 286—87, 1963; Bombay, Tata Inst. of Fundamental Res. and Atom. Energy Establishm. Trombay; engl.) — Die Energieabhängigkeit des β_1-γ_1-Richtungskorrelationskoeffizienten A_2 (E) der 1511-keV-β-Gruppe u. der 344-keV-E_2-γ-Strahlung wurde über den Bereich 660 bis 1400 keV des β-Spektrums gemessen. ^{152m}Eu-Quellen wurden durch Bestrahlung von Eu_2O_3 erhalten. Die Ergebnisse stützen die Zuordnung 0^- zu ^{152m}Eu (9,2 h).
M. Wiedemann. 103◇

0079 **Untersuchung des Spektrums von Konversionselektronen der Neutronendefizitisotope des Erbiums.** A. A. Abdurasakow, F. M. Abdurasakowa, K. Ja. Gromow, B. Ss. Dshelepow und G. Ja. Umarow. (Nachr. Akad. Wiss. UsbekSSR, Ser. physik.-math. Wiss. **6,** Nr. 5, 69—76, 1962; Taschkent, Polytechn. Inst., Verein. Inst. für Kernforsch.; russ.) — Vgl. C. **1963, 9179.** — Mittels eines β-Spektrometers mit konst. gleichförmigem Magnetfeld wurden die Spektren der Konversionselektronen der Er-Isotope aufgenommen, die beim Beschuß von *Ta* mit 660-MeV-Protonen entstanden. Für den Übergang ^{158}Er–^{158}*Ho*–^{158}*Dy* ist ein Termschema wiedergegeben.
M. Wiedemann. 103◇

0080 **Die Spektren der Elektronen der inneren Konversion und der Positronen, die beim Zerfall von ^{184}Re emittiert werden.** B. Ss. Dshelepow, G. Ss. Katychin, W. K. Maidanjuk und A. I. Feoktisstew. (Nachr. Akad. Wiss. UdSSR, physik. Ser. **26,** 1030—34, 1962; russ.) — ^{184}Re (38 ± 0,5 d) wurde durch Beschuß von W mit 13,6-MeV-Deuteronen, Auflösen in HF + HNO_3, Überführung in schwefelsaure Lsg. u. Chromatographie gewonnen. Das Spektrum der Konversionselektronen im Bereich 1360—110 keV u. das der Positronen mit einem Maximum von 1500 keV wurde aufgenommen.
M. Wiedemann. 103◇

0081 **Die Halbwertszeit des ersten angeregten Zustandes von ^{203}Tl.** E. C. B. Pederson und R. E. Bell. (Nuclear Physics [Amsterdam] **29,** 694, 1962; Montreal, McGill Univ., Radiat. Labor.; engl.) — Durch Messungen mit verbesserter App. wird eine Halbwertszeit von (2,82 ± 0,08) · 10^{-10} s erhalten. Gerhard Schmidt. 103◇

0082 **Berücksichtigung der Superfluiditätseffekte im α-Zerfall zu Schwingungsniveaus der Tochterkerne.** M. K. Wolkow und T. Weresch. (Ber. Akad. Wiss. UdSSR **148,** 799—802, 1963; Verein. Inst. für Kernforsch.; russ.) — Im Rahmen des superfluiden Modells wird der α-Zerfall auf kollektive Niveaus behandelt. Bei ^{242}*Cm*, ^{238}*Pu* u. ^{234}*U* wurde eine qual. Übereinstimmung zwischen Theorie u. Experiment erhalten. Die Verbotsfaktoren für α-Zerfälle auf β-Schwingungsniveaus von Tochterkernen könnten durch die Paarkorrelation vom superfluiden Typ gedeutet werden. M. Wiedemann. 103◇

0083 **Messung der Energie der α-Teilchen einiger Isotope des Curiums.** R. B. Iwanow, A. Ss. Kriwochatski und W. G. Nedowessow. (Nachr. Akad. Wiss. UdSSR, physik. Ser. **26,** 976—78, 1962; russ.) — ^{212}Bi u. Cm-Quellen wurden durch Aufdampfen im Vakuum gewonnen. Mittels eines doppelfokussierenden magnet. α-Spektrometers wurde folgende α-Energiegruppen gemessen: ^{212}*Bi* 6089,77 ± 0,62 u. 6050,60 ± 0,66 keV; ^{242}Cm 6115 ± 1 u. 6071 ± 1; ^{243}Cm 5991 ± 3, 5784 ± 3 u. 5739 ± 3; ^{244}Cm 5806 ± 2 u. 5763 ± 2 keV.
M. Wiedemann. 103◇

0084 **Mögliche Existenz von Curium in der Natur.** 2. Mitt. P. R. Fields, A. M. Friedman, J. Lerner, D. Metta und R. Sjoblom. (Physic. Rev. [2] **131,** 1249 bis 1250, 1963; Argonne, Ill., Argonne Nat. Labor.; engl.) — 1. vgl. Diamond u. Mitarbeiter, C. **1957,** 10926. — Im Gegensatz zu früheren Messungen (l. c.) liefert eine Cm-Probe, die 30mal mehr ^{247}Cm enthält, eine Halbwertszeit von (1,60 ± 0,24) · 10^{-7} Jahren. Dieses Ergebnis besagt, daß kein nachweisbarer Betrag von ursprünglichem ^{247}Cm auf der Erde besteht, u. daß ^{247}Cm nicht die hohen ^{235}U/^{238}U-Verhältnisse, die für bestimmte Mineralien angegeben worden sind, erklären kann.
Gerhard Schmidt. 103◇

0085 **Isotopeneffekte bei Untersuchungen der Reichweite schwerer Ionen.** J. A. Davies, J. D. McIntyre und G. A. Sims. (Canad. J. Chem. **39,** 611—15, 1961; Chalk River, Ontario, Atom. Energy of Canada Ltd., Res. Chem. Branch; engl.) — Die verschiedene mittlere Eindringtiefe von ^{22}Na bzw. ^{24}Na mit einer Energie von 24 keV in Al wurde durch Messung des Aktivitätsverhältnisses ^{22}Na/^{24}Na bestimmt. ^{22}Na hat in Übereinstimmung mit der Nielsen-Gleichung eine etwas größere mittlere Reichweite. Auf Grund von Monte-Carlo-Berechnungen konnte mit einem Modell isotroper elast. Streuung eine vernünftige Erklärung für die Größe der Reichweitendifferenz u. für die beobachteten Unterschiede im Isotopenverhältnis als Funktion der Eindringtiefe erhalten werden. H. Schroeder. 104□

0086 **Untersuchung der Massenübertragung bei der Isotopentrennung durch chemischen Austausch und Destillation.** W. A. Kaminski. (Atomenergie [UdSSR] **14,** Nr. 6, 586—88, 1963; russ.) — Vf. betrachtet 2 Trennprozesse in der Sicht einer industriellen Anreicherung der Isotope ^{15}N u. ^{10}B u. untersucht dafür den chem. Austausch an $^{15}NO + H^{14}NO_3 \rightleftharpoons H^{15}NO_3 + {}^{14}NO$ bzw. die Dest. von BF_3. Es werden die Verhältnisse der Diffusionswiderstände u. ihre Einfl. auf die Prozesse bestimmt.
W.-D. Heußner. 104◇

0087 **Trennung der Borisotope nach der Methode des chemischen Austausches.** 3. Mitt. **Darstellung eines $^{11}BF_3$-Konzentrats.** G. M. Pantschenkow, A. W. Makarow und G. W. Romanow. (J. physik. Chem. [UdSSR] **35,** 1315—20, 1961; Moskau, Lomonossow-Univ.; russ., Auszug: engl.) — 2. vgl. J. physik. Chem. [UdSSR] **34,** [1960], 2489. — Eine App. u. ein Verf. für die Trennung von $^{10}BF_3$ u. $^{11}BF_3$ nach der chem. Austausch-Meth. mit Anisol (**I**) als Komplexbildner werden beschrieben. Die App. besteht aus einem Siedegefäß für die Zers. (Desorption) von $BF_3 \cdot C_6H_5OCH_3$ (**II**) bei 150° u. einer Füllkörperkolonne für die Absorption bei 20°, durch die BF_3 von unten nach oben u. **I** von oben nach unten geleitet wird. Bei einem **II**-Durchsatz von 2 ml/Min. wird in einer Kolonne von 150 cm Höhe bei 33° ein Trennungs-Koeff. 1,42 in 32 Std. erzielt. R. K. Müller. 104◇

0088 **Trennung der Borisotope nach der Methode des chemischen Austausches.** 4. Mitt. **Komplexverbindung des Bortrifluorids mit Phenetol.** G. M. Pantschenkow, A. W. Makarow und L. I. Petschalin. (J. physik. Chem. [UdSSR] **35,** 2110, 1961; russ.) — 3. vgl. vorst. Referat. — Mit Phenetol (**I**) als Komplexbildner wird bei Verw. einer 1,5 m hohen Kolonne mit Dreikantspiralen aus rostfreiem Stahl als Füllkörper nach der Gleichung $^{10}BF_3 + {}^{11}BF_3 \cdot I \rightleftharpoons {}^{11}BF_3 + {}^{10}BF_3 \cdot I$ bei 30° mit einem auf ca. 170° gehaltenen Desorber ein Trennungs-Koeff. von 1,26 erzielt. R. K. Müller. 104◇

0089 **Trennung der Borisotope nach der Methode des chemischen Austausches.** 5. Mitt. **Über die Temperatur- und Ladungsabhängigkeit des Trennungskoeffizienten der Kolonne.** A. W. Makarow und G. M. Pantschenkow. (J. physik. Chem. [UdSSR] **35,** 2147—50, 1961; russ.) —

4. vgl. vorst. Referat. — Bei Verw. einer früher (J. physik. Chem. [UdSSR] **34,** [1960], 2489) beschriebenen Meth. wird der Isotopentrennungs-Koeff. S_p in Abhängigkeit von der Temp. t der Kolonne für die Syst. BF_3–BF_3·Anisol (**I**) u. BF_3–BF_3·β.β'-Dichlordiäthyläther (**II**) untersucht. Bei Erhöhung von t von 5 auf 20° u. Durchsatz 1—4 ml/Min. nimmt S_p etwas ab, bei 20 → 40° rasch zu u. bei 40 → 60° wieder ab. Offenbar wird die Geschw. des Isotopenaustauschs zwischen Fl. u. Gasphase bei höheren Temp. durch die Zunahme der Diffusionsgeschw. begrenzt. Der Durchsatz hat auf S_p wenig Einfluß. Das Maximum der Kurve S_p — t liegt für **II** bei höherer Temp. als für **I**. R. K. Müller. 104◇

0090 **Über die Möglichkeit der Anreicherung von Sauerstoff-18 durch chemischen Austausch von Wasser und Kohlendioxid.** S. C. Saxena und D. N. Bhatnagar. (J. sci. ind. Res. [New Delhi], Sect. A **20,** 316—18, 1961; Trombay, Bombay, Atomic Energy Establ. Chem. Div.; engl.) — Zur Erklärung der katalyt. Wrkg. von Molekularsieben auf den O-Austausch von W. u. CO_2 wird angenommen, daß die Molekularsiebe diesen Austausch nicht nur heterogen katalysieren sondern auch günstige Bedingungen für eine Isotopentrennanlage darstellen. — 32 Literaturstellen. U. Drehmann. 104◇

0091 **Verhältnisse der Verteilungsfunktionen und Gleichgewichtskonstanten für Sauerstoff-18-Austauschreaktionen.** S. C. Saxena, D. N. Bhatnagar und S. Ramaswamy. (J. chem. Engng. Data **7,** 240—42, 1962; engl.) — Vgl. vorst. Referat. — Aus den Schwingungsfrequenzen von CO_2, N_2O, NO, NOCl, NO_2, SO_2, NO_3^-, NO_2^-, $H_2O_{fl.}$ u. $H_2O_{gasförmig}$, bei denen das O jeweils als ^{16}O u. ^{18}O vorliegt, werden die Verhältnisse ihrer Verteilungsfunktionen (vgl. Bigeleisen u. Mayer, J. chem. Physics **15,** [1947], 261) bei Temp. von 200—423, 16°K berechnet. Aus diesen Werten werden die Gleichgew.-Konst. aller möglichen Austausch-Rkk. zur Anreicherung von ^{18}O angegeben u. die Möglichkeiten der Darst. von ^{18}O nach dieser Austausch-Meth. diskutiert. H.-D. Freyer. 104◇

0092 **Anwendung radioaktiver Isotope für Forschungsaufgaben des Maschinenbaues.** K. Kollmann und D. Stegemann. (Kerntechn., Isotopentechn. u. -chem. **4,** 41—44, 1962; Karlsruhe, TH, Inst. für Maschinen-Konstruktionslehre; dt.) — Vff. beschreiben eine Meth. zur Verschleißmessung mit Vers.-Ergebnissen an Kolbenringen u. Gleitlagern, weiterhin eine Meßanordnung zur Unters. der Drehbewegung eines Kolbenrings im Motorbetrieb, bei der ein geschlossener Strahler verwendet wird, u. abschließend einen Modell-Vers. zur Best. von Ölfilmdicken unter bes. Berücksichtigung von Störeinflüssen. Gerhard Schmidt. 106◇

0093 **Lösung eines Mischungsproblems durch einen am Beschleuniger hergestellten Tracer.** Oswald U. Anders. (Nucleonics [New York] **18,** Nr. 12, 77—78, 1960; Midland, Mich., Dow Chem. Co.; engl.) — Mit einem Van de Graaff-Beschleuniger wurden nach $^9Be(d,n)^{10}B$ Neutronen mit Energien bis zu 6 MeV gewonnen u. zur Bestrahlung von natürlichem Mn^{2+} verwendet, wobei das Isotop ^{56}Mn anfällt. Mit Hilfe einer Chelat-Verb. von $^{56}Mn^{2+}$ u. Acetylaceton, die stabil u. in Xylol lösl. ist, konnte der Mischvorgang zwischen einer viscosen Gummi-Lsg. u. Xylol gut durch Messung der γ-Aktivität des ^{56}Mn verfolgt werden. H. Roschkowski. 106◇

0094 **Energie für den Weltraum.** J. G. Morse. (Science [Washington] **139,** 1175—80, 1963; Baltimore, Md., Martin Marietta Corp., Auxiliary Power Syst. Dep., Nucl. Div.; engl.) — Beschreibung von Generatoren mit Radionucliden in kleinen terrestr. u. Raumfahrt-Syst. unter bes. Berücksichtigung der SNAP-Entwicklung. Gerhard Schmidt. 110◇

0095 **Das SNAP-Programm. Das Weltraum-Elektroenergieprogramm von U. S. AEC.** Guveren M. Anderson und Frank H. Featherston. (Nuclear Engng. **5,** 460—63, 1960; U. S. Air Force, U. S. Navy; engl.) — Übersicht über das Entw.-Programm für Energiequellen für Raumfahrzeuge auf der Basis von Radioisotopen bzw. Reaktoren. L. Roth. 110◇

0096 **Laboratoriums- und Unterrichtsreaktoren.** W. Kliefoth. (Atomenergie **4,** 493—500, 1959; Heidenheim; dt.) — Übersicht über die wichtigsten Unterrichtsreaktoren, die käuflich erworben werden können. L. Roth. 110◇

0097 **Untersuchung der Energiespektren von langsamen Neutronen aus dem horizontalen Kanal des WWR-Ss.** R. B. Begshanow, D. A. Gladyschew, Ss. W. Starodubzew und T. Chaidarow. (Nachr. Akad. Wiss. UsbekSSR, Ser. physik.-math. Wiss. **7,** Nr. 3, 23—28, 1963; Inst. für Kernphys. der Akad. der Wiss. der GrusinSSR; russ.) — Mittels eines mechan. Selektors wurde bei einer Rotations-Geschw. des Zerhackers von 1200 U/min u. einer Kanalbreite von 64 u. 32 μs das Spektrum der langsamen Neutronen des horizontalen Kanals, der in der aktiven Reaktorzone beginnt, gemessen. Es entsprach nur im Bereich 0,75—1,5 Å der Maxwell-Verteilung. M. Wiedemann. 110◇

0098 **Bestrahlungstechniken für spaltbare Materialien.** 1. Mitt. O. S. Plail. (Nuclear Power **5,** Nr. 56, 91—96, 1960; Harwell, A. E. R. E., Metallurg. Div., Irradiation Branch; engl.) — 2. vgl. C. **1962,** 2622; vgl. auch C. **1963,** 18711. — Überblick über Unterss. von Strahlungseffekten mittels Kernreaktoren. H. Roschkowski. 110◇

0099 **Ein Kreislauf zur Untersuchung der Wärmeübertragung und zur Gewinnung von Betriebserfahrungen mit organischen Reaktorkühlmitteln.** H. Abel-Larsen. (Atomkernenergie **7,** 403—04, 1962; Forschungsanlage Risø der dän. Atomenergiekommiss.; dt.) — Das organ. Kühlmittel läuft durch einen Ringkanal mit äquivalentem Durchmesser von 4 mm. Das Vers.-Rohr hat 12 mm ⌀ u. ist 500 mm lang. Der maximale Wärmestrom beträgt 200 W/cm². Gerhard Schmidt. 110◇

0100 **Das Loopexperiment für organische Flüssigkeiten am Forschungsreaktor Geesthacht. Aufbau und erste technische Erfahrungen.** E. Fischer, G. A. Melkonian, C. Salander und H. R. Niemann. (Atomkernenergie **7,** 405—10, 1962; Geesthacht, Gesellschaft für Kernenergieverwertung in Schiffbau u. Schiffahrt mbH, Reaktorstat., Inst. für Reaktorphys.; dt.) — Beschreibung der Kreislaufanlage für die Bestrahlung organ. Fll. u. Mitt. von Erfahrungen u. Ergebnissen beim Betrieb der Anlage mit Diphenyl. Gerhard Schmidt. 110◇

0101 **Eine Kühlvorrichtung für Reaktorbestrahlungen.** F. A. Dugan, J. J. Floyd, F. P. Reeve und A. N. Goland. (Reactor Sci. Technol. **16,** 205—07, 1962; Upton, N. Y., Brookhaven Nat. Labor.; engl.) — Beschreibung einer wassergekühlten Bestrahlungs-Vorr. mit zusätzlicher Luftkühlung, wodurch die Temp. der Proben um weitere 50° herabgesetzt wird. Gerhard Schmidt. 110◇

0102 **Einige Kriterien der direkten Umwandlung von Kernenergie in Elektrizität.** J. C. Linhart. (Atom u. Strom **6,** Folge 9, 83—85, 1960; Genf; dt.) — Übersicht über die Aussichten der direkten Umwandlung von Fusionsenergie in elektr. Energie, wenn große kontrollierte u. innerhalb weniger Mikrosek. entbundene Energiemengen gespeichert werden können. Gerhard Schmidt. 110◇

0103 **Der mögliche Einsatz der Ionenzentrifuge für Kernenergie aus der Fusion.** Joseph Slepian. (Proc. nat. Acad. Sci. USA **50,** 6—9, 1963; Pittsburgh, Pa.; engl.) — Vgl. der Gleichungen verschiedener Autoren über das Plasmaverhalten. Gerhard Schmidt. 110◇

0104 **Hochenergie-Injektion zur kontrollierten Kernfusion.** R. J. Mackin jun. und P. R. Bell. (Nucleonics [New York] **20,** Nr. 11, 58—62, 1962; Oak Ridge, Tenn., Oak Ridge Nat. Labor.; engl.) — Übersicht zu den Verss. an Spiegelmaschinen, in die hochenerget. Ionen eingeschossen werden. L. Roth. 112◇

0105 **Über die Möglichkeit der Erniedrigung der Injektionsenergie bei Beschleunigern mit äußerst hohen Energien.** A. A. Wasiljew. (Ber. Akad. Wiss. UdSSR **148,** 577—80, 1963; russ.) — Eine geeignete Konstruktion mit entsprechenden magnet. u. Quadrupol-Linsen vermag eine sehr hohe Fokussierung zu geben. M. Wiedemann. 112◇

0106 **6,5-MeV-Mikrotron für Elektronen-Injektion in ein Synchrotron.** K. A. Belowinzew, A. Ja. Beljak, A. M. Gromow, Je. M. Moros und P. A. Tscherenkow. (Atomenergie [UdSSR] **14,** 359—63, 1963; russ.) — Die Möglichkeit, ein Mikrotron als äußeren Elektronen-Injektor für ein 280-MeV-Synchrotron zu benutzen, wird erörtert. Ein solches Mikrotron für 6,5 MeV wird beschrieben, Magnet, Vakuumsystem, Hochfrequenzteil sind behandelt. Es werden in der letzten Bahn des Mikrotrons 22 mA bei 2 μs Dauer erzielt. M. Wiedemann. 112◇

0107 **Ein 6-MeV-Elektronenlinearbeschleuniger.** 1. Mitt. **Grundzüge, Bau und Merkmale.** Toru Kanaji, Shiro Ikuta, Kyochiro Yasuda und Chiyo Kojima. (Rep. Government ind. Res. Inst., Nagoya **10,** 269—88, 1961; jap., Auszug: engl.) — Ein Linearelektronenbeschleuniger wird beschrieben: Energie 2—7 MeV, maximale Stromstärke 100 mA (bei 6 MeV), Impulsdauer 5 μs, Impulswiederholungsfrequenz 60—600 pps. W. Wesly. 112◇

0108 **Ein Analogieverfahren zur Bestimmung der Elektrodenformen von Elektronenstrahlerzeugern mit gekrümmten Bahnen.** R. J. Lomax. (J. Electronics and Control [1] **15,** 229—40, 1963; Ann Arbor, Mich., Univ., Dep. of Electr. Engng., Electron Phys. Labor.; engl.) — Das elektrische Feld, das ein laminares Elektronenstrahlbündel von vorgegebener Form mit Raumladung in der von der Pierce-Kathode her bekannten Art stabil führt, kann durch Lösung der Laplaceschen Potentialgleichung in Analogiegeräten (Widerstands-Maschennetz, elektrolyt. Trog usw.) gewonnen werden. Das Verf. zur Best. der Elektrodenformen wird auf den Fall der Meltzer-Strömung angewandt. Bei der Behandlung der Kino-Strömung treten Schwierigkeiten bei der Anwendung des Verf. auf, weil die Potentialverteilung in diesem Fall einen singulären Punkt auf der Bündelbegrenzung besitzt. F. Lenz. 112◇

0109 **Stromintegrator von Elektronenstrahlen.** M. G. Afanassjew und O. W. Demjanow. (Ukrain. physik. J. **8,** 36—38, 1963; Charkow, AW UkrainSSR, Phys.-techn. Inst.; ukrain., Auszug: engl.) — Vff. beschreiben eine App. zur Best. der Stromdichte in einem Elektronenstrahl von einem 100-, 400- u. 2000-MeV-Linearbeschleuniger bei Strömen von 10^{-7} bis $5 \cdot 10^{-10}$ Amp. mit einer Genauigkeit von 2%. G. M. Neumann. 112◇

0110 **Normalisierung der im Harvard-Cyclotron-Laboratorium gemessenen differentiellen p–p-, p–d- und p–He-Wirkungsquerschnitte.** J. N. Palmieri, R. Goloskie und A. M. Cormack. (Physics Letters [Amsterdam] **6,** 289, 1963; Oberlin, Ohio, Oberlin College, Dep. of Phys.; Worcester, Mass., Worcester Polytechn. Inst., Dep. of Phys.; Medford, Mass., Tufts Univ., Dep. of Phys.; engl.) — Es wird vorgeschlagen, an den mittels eines 30-cm-Faraday-Käfigs als Monitor des Primärstrahls gemessenen Werten der differentiellen Wirkungsquerschnitte gewisse Korrekturen anzubringen (bis zu 11%). M. Wiedemann. 112◇

0111 **Der Einfluß der Targetdicke und des Strahlenergiestreuwertes auf die Größe der Resonanzen bei Untersuchungen der elastischen Streuung.** J. A. Weinman. (Nuclear Instruments Methods [Amsterdam] **21,** 181—82, 1963; Argonne, Ill., Argonne Nat. Labor.; engl.) — Die Unters. der elast. Streuung von Teilchen in festen Stoffen kann über die Messung von differentiellen Querschnitten oder durch Anwendung der Dispersionstheorie erfolgen. Vf. behandelt die Energiestreuung („straggling") der Teilchen, die dadurch zustande kommt, daß im ersten Fall die Dicke der Streuschicht im allg. größer ist als die Resonanzdicke des Streumaterials. W. Reusse. 112◇

0112 **Die Herstellung von Eisen-Cyclotrontargets im Zusammenhang mit dem Mössbauer-Effekt in ^{57}Fe.** G. A. Chackett, K. F. Chackett und B. Singh. (J. inorg. nuclear Chem. **14,** 138—39, 1960; Birmingham, Univ., Dep. of Phys.; engl.) — Vff. beschreiben ein Verf. zur Herst. von (^{56}Fe + ^{57}Co)-Quellen zur Unters. des Mössbauer-Effektes: ^{56}Fe-Hydroxid (+ ^{57}Co) wird mit H_2 zum Metall red.; das Metall wird geschmolzen u. durch Hämmern u. Walzen in die gewünschte Form gebracht. H. Schroeder. 112□

0113 **Zur Herstellung von dünnen Konverterfolien und radioaktiven Quellen durch Kathodenzerstäubung.** A. F. Meyer. (Nuclear Instruments Methods [Amsterdam] **23,** 77—78, 1963; Zeuthen, Dt. Akad. der Wiss. zu Berlin, Forschungsstelle für Phys. hoher Energie; dt.) — Für die Zerstäubungskammer wurde eine Pulverflasche benutzt. Der Abstand zwischen den Elektroden beträgt 70 mm. Das Zerstäubungsgut wird entweder als Pulver oder als Folie auf die Kathode gelegt. Als Arbeitsgas dient Ar, dessen Einströmungs-Geschw. durch entsprechende Auswahl einer langausgezogenen Kapillare geregelt wird. Es wurden folgende Materialien zerstäubt: *Bi*, Lu_2O_3 + Yb_2O_3, *Ag*, *Co*, *Au*, *Ir*, U_2O_3. Die Zerstäubungsbedingungen sind tabellar. zusammengefaßt. Gerhard Schmidt. 112◇

0114 **Kathodische Stoffzerstäubung auf große Oberflächen.** M. I. Jakunin. (Versuchsgeräte u. Versuchstechn. [UdSSR] **7,** Nr. 2, 139—40, 1962; Strahlungsinst. der Akad. der Wiss. der UdSSR; russ.) — Dünne, homogene Schichten, z. B. von *Pt* mit 0,12 mg/cm² u. von *Sm* mit 1 μg/cm², die zur α-Spektroskopie mit Ionisationskammern geeignet sind, wurden durch Kathodenzerstäubung aus einer Zylindergeometrie (1 m Länge u. 16 cm Durchmesser) auf ausgedehnte Flächen erhalten. M. Wiedemann. 112◇

0115 **Verfahren zur Herstellung von ^{90}Sr-Quellen zur Bestimmung der Auflösungszeit eines Gerätes mit Geiger-Müller-Endfensterzähler unter Verwendung der Methode der „proportionalen Quellen".** Csaba Ujhelyi. (Magyar fizik. Folyóirat [Ung. physik. Z.] **11,** 245—48, 1963; Debrecen, Atomkern-Forsch.-Inst.; ung.) — Verschiedene Anteile einer ^{90}Sr-Stammlsg., welche 0,01 μc ^{90}Sr/g enthielt, wurden mit inakt. $SrCl_2$-Lsg. auf gleiche Voll. ergänzt, mit $(NH_4)_2CO_3$ gefällt, der Nd. gewaschen, schwach geglüht u. in einen Quellenhalter in gleicher Schichtdicke gepreßt. Die Aktivitäts-Verhältnisse dieser Präpp. werden mit einer Genauigkeit von $< 0,1\%$ bestimmt. Die geometr. Identität wurde — im Falle von Quellen annähernd gleicher Aktivität — mittels Aktivitätsmessungen kontrolliert; es konnte von der gravimetr. berechneten Aktivität keine Abweichung festgestellt werden. Die zur Best. der Auflösungszeit ausgeführten Messungen werden mitgeteilt. J. Plank. 112△

0116 **Automatischer Probenwechsler für das Philips-β-Meßgerät mit niedrigem Niveau.** D. J. Farrell. (J. sci. Instruments **40,** 76—77, 1963; Christchurch, New Zealand, Dep. of Health, Dominion X-Ray and Radium Labor.; engl.) — Die Konstruktion eines automat. Probenwechslers für das Philips-β-Meßgerät P. W. 4127/02 wird beschrieben. Bei den erforderlichen langen Zählzeiten zur Messung schwach akt. Proben bringt die automat. Vorr. Zeitgewinn mit sich. Ernst Schulte. 112◇

0117 **Eine Bestimmung der Halbwertszeit des ^{14}C mit einem Proportionalzählrohr.** Ingrid U. Olsson, Ingvar Karlén, A. H. Turnbull und N. J. D. Prosser. (Ark. Fysik **22,** 237—55, 1962; Uppsala, Sweden, Inst. of. Phys.; Atomic Energy Research Establishment, Harwell, England.; engl.) — Ein Proportionalzählrohr mit dem inneren ⌀ von 66 mm war mit einer Schraube versehen, die eine Verschiebung des Zählrohrendes u. damit eine Variation der empfindlichen Länge zwischen 12 u. 25 cm ermöglichte. So konnten die Wandeffekte ausgeschaltet werden. Als akt. Probe wurde CO_2 verwendet, das durch therm. Zers. von $BaCO_3$ gewonnen u. anschließend mit reinem, inaktivem CO_2 um den Faktor 10^9 verdünnt wurde. Der Wandeffekt konnte durch die Anwendung eines Druckes von 2 bis 4 atm ausgeschaltet werden. Unter der bes. Berücksichtigung der Adsorption als möglicher Fehlerquelle ergab sich für die Halbwertszeit des ^{14}C der Wert von 5680 ± 40 a. K.-D. Asmus. 112◇

0118 **Meßanordnung für energiearme β-Strahlung geringer Intensität, speziell zur Altersbestimmung nach der Radiokohlenstoffmethode.** H. Felber und P. Vychytil. (S.-B. österr. Akad. Wiss., math.-naturwiss. Kl., Abt. IIa **170,** 179—205, 1962; Wien, Inst. für Radiumforschung; dt.) — Bei der beschriebenen Meßanordnung besteht das zentral angeordnete Zählrohr aus mit Al bedampfter Polyterephthalsäureesterfolie u. einem 50-μ-Ni/Cr-Draht

als Anode. Um dieses Zählrohr herum sind 51 Zähldrähte angeordnet, die mit der Folie u. einem außen umgebenden Messingzylinder einen Schirmzählring bilden, der in Antikoinzidenz mit dem zentralen Zähler geschaltet wird. Die zu bestimmenden ^{12}C-Proben werden zu Methan verarbeitet u. so dem Zählgas zugeführt.
W. Reusse. 112◇

0119 **Messung der Tritiumaktivität in Wasserproben.** A. A. Abdullajew, B. K. Chaitow, Je. M. Lobanow und A. A. Chaidarow. (Nachr. Akad. Wiss. UsbekSSR, Ser. physik.-math. Wiss. **6,** Nr. 5, 40—43, 1962; russ.) — Es wurde eine Meßanordnung konstruiert, die Zähler u. eine Antikoinzidenzschaltung benutzt u. noch 10^{-11} c/ml T nachweisen kann. Der Untergrund wurde auf 18 Impulse/Min. herabgedrückt. M. Wiedemann. 112◇

0120 **Eine Thermodiffusionsanlage für Tritium zur Verarbeitung geringer Tritiumkonzentrationen.** Bernhard Gonsior. (Z. angew. Physik **13,** 545—48, 1961; Heidelberg, Univ., II. Phys. Inst.; dt.) — Für die Best. der Aktivität T-armer Wasserproben wird eine im Durchfluß arbeitende Trennanlage für den durch quant. Zers. im Zinkofen aus dem W. gewonnenen Wasserstoff beschrieben. Die Anlage besteht aus einer Abreicherungskolonne, die das T so anreichert, daß im entweichenden Gas 1% der Anfangskonz. unterschritten wird, u. einer Anreicherungskolonne, die das T in ein möglichst kleines Vol. konz., aus dem es entnommen wird. Die Theorie der Trenn-Vorr. wird dargestellt u. die Konstruktion beschrieben. Es wird gezeigt, daß nach einer Trennzeit von 15 Std. bei einem Druck von 750 Torr ein 100%ig. Wirkungsgrad erreicht wird. W. Reusse. 112◇

0121 **Zum Einfluß der Kristallform auf das energetische und zeitliche Auflösungsvermögen einer Scintillationsanordnung.** G. Luck. (Nuclear Instruments Methods [Amsterdam] **8,** 249—54, 1960; Jena; dt.) — Eine Abnahme der Anzahl von Photonenreflexionen in einem Scintillationskristall führt zu geringeren Schwankungen der Zeit- u. Impulsamplituden des Ausgangssignales, sie kann mit bes. Formen des Scintillators erreicht werden. Damit kann das energet. u. zeitliche Auflösungsvermögen einer Scintillationsanordnung erhöht werden.
H. Roschkowski. 112◇

0122 **Güteänderung montierter NaJ(Tl)-Scintillationskristalle durch Einwirkung hoher Strahlendosen.** Rudolf Voszka. (Magyar fizik. Folyóirat [Ung. physik. Z.] **11,** 205—07; 1963; Budapest, Med. phys. Inst.; ung.) — Unter Glas eingeschlossene NaJ(Tl)-Scintillationskristalle erleiden bei Bestrahlung mit Dosen von $> 10^4$ r (^{60}Co) keine irreversiblen Veränderungen. Sie sind daher zur Messung hoher Dosisleistungen geeignet.
Rudolf Voszka. 112△

0123 **Untersuchung der zeitlichen Auflösung eines Photomultipliers.** Shou-Min Wang. (Acta physica sinica **18,** 600—04, 1962; Hangchow Univ., Dep. of Phys.; chin., Auszug: engl.) — Das zeitliche Auflösungsvermögen eines Photomultipliers wurde zu ca. $\pm 5 \cdot 10^{-9}$ s bestimmt. Die Flugzeit der Photoelektronen verschiedener Typen von Photomulipliern wurde bestimmt.
M. Wiedemann. 112◇

0124 **Berechnung und Bau von schnellen bistabilen Kippstufen mit Transistoren.** W. Schambeck und F. W. Stanek. (Nukleonik [Berlin] **5,** 258—67, 1963; München, TH, Labor. für techn. Phys.; dt.) — Die zur Dimensionierung einer schnellen Flip-Flop-Schaltung mit Transistoren erforderlichen theoret. Betrachtungen werden angestellt. Das dynam. Verh. u. die daraus folgenden Dimensionierungsgrundlagen werden untersucht. Als Beispiel wird die Dimensionierung einer Schaltung angegeben, die bis 25 MHz Impulsfolgefrequenz arbeitet.
Gerhard Schmidt. 112◇

0125 **Elektronische Meßeinheit zur Mittelwertsbildung.** H. Meister. (Nuclear Instruments Methods [Amsterdam] **23,** 57—60, 1963; München, TH, Labor. für Techn. Phys.; dt.) — Zur Best. des Mittelwertes eines Impulsamplitudenspektrums empfiehlt es sich, das Spektrum mit einem Ein- oder Vielkanalanalysator auszumessen u. numer. zu mitteln. Das elektron. gesteuerte Gerät, als Mittelwertsanlage bezeichnet, wurde entwickelt, um die Energiemittelwerte von einer Vielzahl von β-Spektren zu messen. Gerhard Schmidt. 112◇

0126 **Die Interpretation von Rückstoßprotonenspektren.** J. B. Parker, P. H. White und R. J. Webster. (Nuclear Instruments Methods [Amsterdam] **23,** 61—68, 1963; Aldermaston, Berks., Atom. Weapons Res. Establm.; engl.) — Mittels eines Monte-Carlo-Rechenprogramms wird der von Wandeffekten herrührende Einfl. der Zählergeometrie auf die Spektren der Rückstoßprotonen untersucht. Gerhard Schmidt. 112◇

0127 **Bestimmung der energetischen Verteilung des Neutronenstromes durch Aktivierungs- und Durchlaßversuche.** M. Sabcu und J. Samfirescu. (Rev. Physique [Bucarest] **7,** 39—44, 1962; Bukarest, Inst. für Atomenergie; russ.) — Die Messung der Verteilung des Neutronenstroms kann mittels Aktivierungsdetektoren kleiner Abmessungen erfolgen. Die Verw. mehrerer Folien aus demselben oder verschiedenem Material erlaubt auch Messungen der Durchlässigkeit. Die Fehler bei der Best. der Wirkungsquerschnitte liegen bei 7—8%, des Neutronenflusses bei 15%. M. Wiedemann. 112◇

0128 **Methode zur Verwendung der Spaltung von ^{238}U und ^{232}Th durch schnelle Neutronen für die Messung von Neutronenflüssen.** Wilfried Köhler und Jean Romanos. (Nukleonik [Berlin] **5,** 159—63, 1963; München, TH, Labor. für Techn. Phys.; dt.) — Bei der vorgeschlagenen Meth. werden die Folien aus spaltbarem Material mit sog. „Fangfolien" (Al oder Polyäthylen) bedeckt. Die Kalibrierung dieser Fangfolien erfolgt auf Grund einer bekannten Spaltungsrate von ^{235}U u. durch eine Absolutbest. der β-Aktivität unter Verw. der bekannten Gesetzmäßigkeit für die Anzahl der β-Teilchen pro Spaltung in Abhängigkeit von der Wartezeit. Ein Vgl. der mit ^{238}U bzw. ^{232}Th gemessenen Flußwerte mit den Werten anderer Schwellwertsdetektoren (S u. P) ergab eine Übereinstimmung innerhalb der Fehlergrenzen. H. Jehne. 112◇

0129 **Ein Vergleich der Spaltfragmentmessungen nach Doppelenergie- und Doppelgeschwindigkeitsverfahren.** H. C. Britt, H. E. Wegner und S. L. Whetstone jun. (Nuclear Instruments Methods [Amsterdam] **24,** 13—21, 1963; Los Alamos, N. Mex., Univ. of California, Los Alamos Scient. Labor.; engl.) — Die Energien zweier koinzidierender Spaltfragmente aus spontaner Spaltung von ^{252}Cf u. aus der durch ^4He induzierten Spaltung von ^{233}U werden mit Halbleiterdetektoren gemessen. Die Massenverteilungen u. die mittlere totale kinet. Energiefreigabe als eine Funktion des Massenverhältnisses werden mit den Ergebnissen aus der Doppelgeschw.-Flugzeittechnik verglichen. Gerhard Schmidt. 112◇

0130 **Photovoltazellen zur Strahlungsmessung für die medizinische Therapie.** John Calkins. (Nucleonics [New York] **20,** Nr. 1, 70—71, 1962; Houston, Tex., M. D. Anderson Hospital and Tumor Inst.; engl.) — Beschreibung von kleinen Zellen (Hoffman Type 58C), die als Sonden bei Bestrahlungsmessungen in Körperhöhlen eingeführt werden können. H. Roschkowski. 112◇

0131 **Photographische Dosimetrie für individuelle β- und γ-Strahlung.** W. F. Koslow. (Atomenergie [UdSSR] **14,** 419—22, 1963; russ.) — Die Abhängigkeit der Schwärzung von Röntgenfilmen von der Energie der γ-Strahlung im Bereich bis 2 MeV u. von der Intensität der β- u. γ-Strahlung wurde ermittelt. Es werden Formeln angegeben, nach denen die Intensitäten ermittelt werden können. M. Wiedemann. 112◇

0132 **Radiolyse von Eisen(II)-sulfat-Lösungen mit Standardquellen aus Polonium-210.** J. Steyn und D. Van As. (J. South African chem. Inst. **14,** 93—97, 1961; Pretoria, South African Council for Sci. and Ind. Res., Nat. Phys. Res. Labor., Radioactivity Div.; engl.) — Bei der Radiolyse von sog. Fricke-Dosimeter-Lsgg. [$Fe(SO_4)$/NaCl in H_2SO_4] entstehen Fe^{3+}-Ionen. Als G-Werte (Ionenausbeute pro 100 eV) wurden für die sauerstoffgesättigte Lsg. 5,08 ± 0,02 u. für eine sauerstofffreie Lsg. 3,53 ± 0,01 gefunden. ^{210}Po ist in der Dosimeterlsg. gelöst u. wird mit Fl.-Scintillationszählern mit 4π-Geometrie gemessen. Die Adsorption von Po an den Gefäßwänden war unbedeutend. W. Knoch. 112□

0133 **Charakteristiken des Strahlungs-Polymerisationsdosimeters.** F. E. Hoecker. (Health Physics **8**, 381–89, 1962; Lawrence, Kans., Univ. of Kansas, Radiat. Biophys.; engl.) — Erweiterung des Dosimeterbereichs von 300 auf 10^7 rad. Gerhard Schmidt. 112◇

0134 **Behandlung radioaktiver Abfälle von hoher spezifischer Aktivität.** 1. Mitt. Jaroslav Saidl. (Jaderná Energie **7**, 181–90, 1961; Ústav jad. výzk. ČSAV; tschech.) — Übersicht über die Definition „hohe Radioaktivität" bei Abfällen (Atommüll), die Verff. ihrer Unschädlichmachung, Bedingungen u. Verff. der Fixierung von Radioisotopen. — 45 Literaturangaben. R. K. Müller. 112◇

0135 **Anwendung von Elektrofiltern zum Studium radioaktiver Aerosole.** Rudolf Wagner. (Atomkernenergie **4**, 481–90, 1959; München, Univ., I. Phys. Inst.; dt.) — Die verwendeten Elektrofilter werden besprochen u. hinsichtlich Wirkungsgrad, Abscheide-Geschw. u. Selektivität untersucht. Die Ergebnisse von Messungen der Aktivitätskonzentration radioaktiver Spaltprodukte in der Atmosphäre über 11 Monate (1957/58) werden angegeben u. diskutiert. L. Roth. 112◇

0136 **Von Kernwaffentests herrührende Radioaktivität der Luft.** P. F. Gustafson, S. S. Brar und M. A. Kerrigan. (J. geophys. Res. **67**, 4641–51, 1962; Argonne, Ill., Argonne Nat. Labor., Div. of Biolog. and Med. Res.; engl.) — Von 1952 bis 1961 wurden Luftproben von der Erdoberfläche gesammelt u. mittels NaJ-Scintillatoren aus Spaltprodd. untersucht. Eine Beziehung zu den einzelnen Kernwaffentests wird hergestellt. M. Wiedemann. 112◇

0137 **Verteilung von Strontium-90 in einer Weizenprobe aus 1959.** Joseph Rivera. (Science [Washington] **133**, 755–56, 1961; New York, N. Y., U. S. AEC, Health and Safety Labor.; engl.) — Vf. weist nach, daß mindestens 22% des in einer 1959 geernteten Weizenprobe beobachteten ^{90}Sr von direktem Nd. herrührt. Gerhard Schmidt. 112□

A$_2$. Optisches Verhalten der Materie

0138 **Vorschlag zur Standardisierung der Methoden für die Angabe von Fluorescenzemissionsspektren.** J. H. Chapman, Th. Förster, G. Kortüm, E. Lippert, W. H. Melhuish, G. Nebbla und C. A. Parker. (Z. analyt. Chem. **197**, 431–33, 1963; Greenford, Middlesex, Glaxo Labor. Ltd.; Stuttgart, TH, Labor. für phys. Chem.; Tübingen, Univ., Inst. für phys. Chem.; Los Angeles, Calif., Univ. of California; Bari, Univ. degli Studi, Ist. di Merceol.; Holton Heath, Poole, Dorset, Royal Naval Sci. Serv., Admiralty Materials Labor.; engl.) Gerhard Schulze. 118◇

0139 **Über Polysilane.** 8. Mitt. **Über die Farbe von Polysilanen.** Günther Schott. (Z. Chem. **3**, 41–47, 1963; Rostock, Univ., Inst. für Anorg. Chem.; dt.) — 7. vgl. Z. Chem. **2**, [1962], 194. — Überblick über die durch Si–Si-Bindungen hervorgerufene Färbung von Si-Verbindungen. Im einzelnen werden behandelt: *lineare Polysilane* u. das Auftreten der Färbung bei regelmäßiger Häufung von Si$_2$-Gruppen in einem wohlgeordneten Kristall-Verband; *cycl. Polysilane* bes. mit Sechsringstruktur; *Siloxen* u. seine Substitutionsprodd.; *Polysilane* mit Si der Oxydationsstufe 1; *lepidoide Polysilane*; *Cyclocarbosilane*; Einfl. der dπ-Bindungsanteile in Si–Si-Bindungen, — 46 Literaturangaben. H. Bürger. 119◇

0140 **Ermittlung intermolekularer Kräfte aus den optischen Spektren von Verunreinigungen in Molekülkristallen.** R. W. Zwanzig. (Molecular Physics **3**, 305–11, 1960; Washington, D. C., Nat. Bur. of Stand.; engl.) — Eine Meth. wird umrissen, durch die die Wrkg. elektron. Anregung auf die Wechselwrkg. zwischen Moll. bestimmt werden kann. Dazu werden die Absorptions- u. Emissionsspektren von Verunreinigungen in Mol.-Kristallen u. bes. die mittleren Lagen u. Breiten der Linien als Funktionen der Temp. benötigt. Eine Beziehung von Linienlage u. -breite zu den intermol. Kräften wird einer Theorie von Lax (1952) entnommen. Die vorläufigen Unterss. von McCarthy u. Mitarbeiter (Molecular Physics **2**, [1959], 415) an den Absorptionsspektren von Hg, NH u. C$_2$ in Ar-, Kr- u. Xe-Matrizen bei 4,2° K werden erweitert, ihr Auswertungs-Verf. scheint nur für sehr schmale Linien gültig zu sein. H. Roschkowski. 119◇

0141 **Untersuchungen der Fehlstellen in Magnesiumoxid.** John E. Wertz, G. Saville, P. Auzins und J. W. Orton. (J. physic. Soc. Japan, Suppl. Nr. II, Proc. int. Conf. Crystal Lattice Defects, Kyoto **1962**, 305–11, 1963; Minn., Univ. of Minnesota, School of Chem.; engl.) — Vgl. C. **1963**, 17204. — Absorptionsmessungen im Bereich 4000–50000 cm^{-1} an MgO-Einkristallen wurden durchgeführt. Die Kristalle wurden zuvor getempert u./oder bestrahlt (UV, Röntgenstrahlen, Neutronen). Die Absorptionsbande bei 18500 cm^{-1} konnte auf Grund von ESR-Spektren einem Defektelektron zugeschrieben werden, das von einem O-Ion, welches unmittelbar an eine Kationengitterleerstelle grenzt, eingefangen ist. Diese Absorptionsbande wird der vorübergehend violetten Färbung des MgO bei der Bestrahlung zugeschrieben. Neutronenbestrahlung bewirkt F-Zentren-Bldg. u. sichtbare Färbung. Speziellen Elektronenhaftstellen konnte jedoch keine opt. Absorptionsbande zugeschrieben werden. K. Jaeger. 119◇

0142 **Direkte Messung der Leerstellen, die durch schnelle Reaktorneutronen in NaCl hervorgerufen werden.** Paul W. Levy. (Physic. Rev. [2] **129**, 1076–85, 1963; Upton, N. Y., Brookhaven Nat. Labor.; engl.) — Es wird die Zahl der Leerstellen negativer Ionen in NaCl-Einkristallen durch Messung der Sättigung der F-Zentrenverfärbung bestimmt. Die Ergebnisse stimmen mit den Theorien von Kinchin u. Pease (C. **1956**, 9645) bzw. von Seitz u. Koehler (Solid State Physics, Academic Press Inc., New York 1956, Vol. 2) überein. Der Fehler der Messungen liegt bei 50% u. ist zum größten Teil auf Unsicherheiten bei der Best. des Neutronenflusses u. der spektroskop. Messungen zurückzuführen. G. Klotz. 119◇

0143 **Einige Eigenschaften von Alkalimetallhalogenid-Kristallen.** E. A. Braun. (Amer. J. Physics **29**, 182–86, 1961; Harlow, Essex, Assoc. Electr. Ind. Ltd., Res. Labor.; engl.) — Die Kohäsionsenergie von Alkalimetallhalogenid-Kristallen kann durch die Annahme angenähert werden, daß sie von reinen polaren Wechselwrkg. herrühren. Ein anziehendes Coulomb-Potential u. ein abstoßendes Potential sind die einzigen notwendigen Voraussetzungen. Der Mechanismus der Verfärbung bei Alkalimetallhalogeniden wird diskutiert u. der Lumineszenzvorgang in Tl-aktivierten Alkalimetallhalogeniden besprochen. L. Roth. 119◇

0144 **„Spiegel"-Absorption und Fluorescenz an ZnTe.** R. E. Dietz, D. G. Thomas und J. J. Hopfield. (Physic. Rev. Letters **8**, 391–93, 1962; Murray Hill, N. J., Bell Telephone Labor.; Berkeley, Calif., Univ. of California; engl.) — Es wird das opt. Verh. eines neuen Zentrentyps in ZnTe beschrieben, dessen angeregter Zustand aus einem Elektron u. einem Loch, gebunden an einen ionisierten Donator oder Akzeptor, besteht. Unterss. der Fluorescenz u. Absorption bei verschiedenen Temp. zeigen, daß der angeregte Zustand um 0,0017 eV aufgespalten ist, u. der opt. Übergang vom Grundzustand zum oberen Niveau ($I = 1$) des angeregten Zustandes erlaubt ist, zum unteren ($I = 2$) verboten. G. Herzog. 119◇

0145 **Absorption in Zinksulfid.** S. Damašková. (Czechoslov. J. Physics **13**, 153–57, 1963; Praha, Čes. Akad. věd., Fys. ústav.; engl.) — Der Absorptionskoeff. von ZnS wurde im Bereich der Absorptionskante von 3400 bis 3200 Å für verschiedene Winkel des elektr. Lichtvektors E mit der c-Achse bestimmt. Die Absorptionskante besitzt drei Stufen bei 319, 321 u. 324 nm u. ist für E ⊥ c zu längeren Wellenlängen hin verschoben. G. M. Neumann. 119◇

0146 **Ultraviolett-Bestrahlung von ZnS-Einkristallen in verschiedenen Gasatmosphären.** P. Sviszt. (Czechoslov. J. Physics **13**, 88–90, 1963; Budapest, Hung. Acad. of Sci., Res. Inst. for Techn. Phys.; engl.) — Vf. berichtet über eine Abnahme der Durchlässigkeit von ZnS-Einkristallen im gesamten Spektralbereich (3400—5800 Å) bei der Bestrahlung mit UV-Licht in O_2, Ar bzw. H_2O-Atmosphäre. G. M. Neumann. 119◇

0147 **Optische Absorption dünner Metallfilme.** Noboru Matsudaira. (Progr. theoret. Physics [Kyoto] **29,** 155 bis 156, 1963; Tokyo, Univ., Coll. of Gen. Educ., Inst. of Phys.; engl.) — Eine quantenmechan. Berechnung zeigt, daß in dünnen Metallfilmen dicht oberhalb der Plasmafrequenz eine starke opt. Absorption auftritt. G. M. Neumann. 119◇

0148 **Dispersionsmessungen an NaCl, KCl und KBr zwischen 0,3 und 3 mm Wellenlänge.** L. Genzel, H. Happ und R. Weber. (Z. Physik **154,** 13—18, 1959; Frankfurt/M., Univ., Phys. Inst.; dt.) — Mit einem Gitterspektrometer wurden für NaCl, KCl u. KBr zwischen 0,3 u. 3 mm die Durchlässigkeiten an planparallelen Platten verschiedener Dicke gemessen u. unter Berücksichtigung der Reflexions-Korrekturen die Absorptionskoeff. berechnet. Die von Czerny (1930) für NaCl für das Gebiet zwischen 30 u. 100 μ angegebene Dispersionsformel wurde durch ein zusätzliches Ultrarot-Glied erweitert. Dadurch kann der gesamte gemessene Dispersionsverlauf zwischen 30 μ u. 3 mm, vor allem ein auf der langwelligen Seite des Reststrahlen-Hauptmaximums bei 120 μ auftretendes Nebenmaximum dargestellt werden. Die Ursache dieses Nebenmaximums wird kurz diskutiert. Für KCl ergibt sich ein analoger Dispersionsverlauf, das langwellige Nebenmaximum liegt bei etwa 130—140 μ. Für KBr liegen noch keine genügend genauen u. vollständigen Messungen vor, doch vermuten Vff., daß auf der langwelligen Seite des Hauptmaximums keine Anomalie im Sinne eines Nebenmaximums auftritt. W. Haberditzl. 119◇

0149 **Rotationsdispersion von Metall-Koordinationsverbindungen.** 2. Mitt. **Absorptionsspektren und Rotationsdispersion von Kobalt(III)-Komplexen von EDTA.** Jinsai Hidaka, Yoichi Shimura und Ryutaro Tsuchida. (Bull. chem. Soc. Japan **33,** 847—50, 1960; Kita-ku, Osaka, Japan, Osaka Univ., Fac. of Sci., Dep. of Chem.; engl.) — 1. vgl. C. **1962, 4424.** — Vff. messen die Rotationsdispersion im Bereich 700—365 nm (photoelektr. Rudolph-Spektralpolarimeter) von $D\text{-}Na_2 \cdot [CoNO_2(EDTA)] \cdot 3H_2O$ (**I**), $D\text{-}K[Co(EDTA)] \cdot 3H_2O$ (**II**), $D\text{-}K_2[CoCl(EDTA)] \cdot 3H_2O$ (**III**) u. $D\text{-}cis[Co \cdot (NO_2)_2en_2]J$ (undissoziierte Säure = H_4 EDTA). Mit Hilfe vergleichender Kurvenanalyse der anomalen Rotationsdispersion u. der entsprechenden Absorptionsbanden wird gezeigt, daß in **I** die anomale Dispersion aus zwei inversen Dispersionen zusammengesetzt ist, die den durch Aufspaltung der ersten Absorptionsbande von **I** vorliegenden Banden **Ia** u. **Ib** entsprechen. Eine solche Aufspaltung wird auch bei **II** u. **III** mit Hilfe der anomalen Dispersion gefunden. W. Haberditzl. 119◇

0150 **Zur Berechnung der sekundären Extinktion.** 2. Mitt. A. W. Kusnetzow und Ju. Ss. Terminassow. (J. techn. Physik [UdSSR] **31,** 757—59, 1961; Petrosawodsk, Univ.; russ.) — 1. vgl. J. techn. Physik [UdSSR] **31,** [1961], 383. — Es werden Gleichungen für die Berechnung des Effekts der sek. Extinktion in einem Polykristall mit der gleichen wahrscheinlichen Verteilung der Mosaikblöcke nach den Drehwinkeln unter Berücksichtigung mehrfacher Reflexionen mitgeteilt. Die bisher verwendeten Gleichungen sind bei kleinen Dimensionen der Kristallite nicht anwendbar. R. K. Müller. 119◇

0151 **Einfluß von Beimischungen auf die Reflexionsspektren von Pulvern.** 2. Mitt. **Untersuchung des Spektrums des Doppelnitrats von Neodym und Magnesium.** Maria-grazia Costa. (Ric. sci., Parte II, Sez. A [2] **2,** 380—81, 1962; Firenze, Univ., Ist. di Chim. Fis.; ital.) — 1. vgl. Ric. sci., Parte II, Sez. A [2] **2,** [1962], 378. — Zwischen 360 u. 640 nm untersuchte Vf. die Reflexionsspektren des reinen Doppelnitrats sowie die von Gemischen des Doppelnitrats mit H_4SiO_4, Al_2O_3, MgO u. CaO. Die Spektren der Gemische stimmten vollkommen mit dem des reinen Doppelnitrats in der Anzahl u. der Lage der Banden überein. C. Gottfried. 119△

0152 **Das Reflexionsvermögen von Glas (BK 7) und von Aluminium-Aufdampfschichten für Röntgenstrahlen (CuKα).** Wolfgang Petzold. (Z. angew. Physik **15,** 525—32, 1963; Berlin-Dahlem, FU, I. Phys. Inst.; dt.) — Auf Quader von Bor-Kronglas BK 7 (**I**), deren Flächen mit einer Ebenheit von 0,1 · λ der grünen Hg-Linie poliert waren, werden im Hochvakuum 500—3000 Å dicke Al-Schichten aufgedampft. Von **I** mit u. ohne Al-Aufdampfschichten wird das Reflexionsvermögen R mit divergenter CuK_α-Strahlung (λ = 1,54 Å) untersucht. Für **I** wird R mit opt. Konst. berechnet, die unabhängig von Reflexionsmessungen bestimmt wurden. Im Bereich der Totalreflexion stimmen Experiment u. Theorie innerhalb der Meßgenauigkeit überein. Oberhalb des Grenzwinkels der Totalreflexion ($i_G = 4 \cdot 10^{-3}$ rad) ist R für schichtfreies **I** stets kleiner als der berechnete Wert, so daß das Modell einer ebenen Grenzschicht R nicht ausreichend genau beschreibt. Für **I** mit Al-Aufdampfschichten kann R mit einer Dreimedien-Theorie berechnet werden. Im Winkelbereich der Totalreflexion ist R der Aufdampfschichten für die angegebenen Dicken mit dem Wert für kompaktes Al ident., da die Strahlung nur wenig in Al eindringt. Im Interferenzdiagramm wird oberhalb i_G zwischen gemessenen u. berechneten R-Werten quant. Übereinstimmung beobachtet, wenn für **I** ein effektiver Brechungsindex eingeführt wird, der R gegen Luft in diesem Winkelbereich quant. darstellt. Herbert Müller. 119◇

0153 **Entspiegelung metallischer Spiegel.** Hans Boersch, Martin Lambeck und Helga Wenzel. (Z. angew. Physik **13,** 548—51, 1961; Berlin, TU., I. Phys. Inst.; dt.) — Um die Durchlässigkeit dünner, stark reflektierender Metallschichten zu erhöhen, muß ihr Reflexionsvermögen durch Auftragen einer Interferenzschicht aus einer dielektr. Substanz vermindert werden. Vff. geben die dafür geltenden Beziehungen an u. berichten über die Entspiegelung von Fe durch ZnS-Schichten. Durch Auftragen keilförmiger Schichten wird die opt. Dicke ermittelt, mit der eine Durchlässigkeitssteigerung um den Faktor 3,2 bei λ = 5000 Å erzielt wird. Bei der Entspiegelung von Ag wird der Faktor 8 erreicht bei beidseitiger Belegung mit ZnS. Entspiegelte Fe-Schichten finden prakt. Anwendung bei der Unters. von Magnetisierungsstrukturen mittels des Faraday-Effekts u. entspiegelte Ag-Schichten werden zur Steigerung des Photostromes bei Durchlichtphotokathoden eingesetzt. W. Reusse. 119◇

0154 **Die Anwendung des normierten Vašiček-Verfahrens bei nichtabsorbierenden Eindachaufdampfschichten auf Glasträgern.** Jürgen Rassow. (Z. Physik **170,** 376 bis 392, 1962; Münster, Univ., Phys. Inst.; dt.) — Vgl. C. **1963,** 9954. — Die vom Vf. vorgenommene Ausarbeitung des Vašiček-Verf. zu einer graph. Meth. wurde an homogenen Einzelschichten verschiedener Salze (*LiF, NaCl, LiCl. AgCl, AgBr*) überprüft. Brechungsindex u. Dicke des erzeugten Films können bestimmt werden. Die Abweichung zwischen theoret. u. experimentellen Kurven werden auf die Abhängigkeit des Gradienten des Brechungsindex von der Art des Salzes u. den Zustand der Glasträgeroberfläche zurückgeführt. In einigen Fällen ist es möglich, eine Dickenänderung < 10 Å während der Schichterzeugung zu bestimmen. Die Dickenbest. erfolgt durch Messung bei 3 verschiedenen Lichtfrequenzen; die Werte stimmen auf ca. 5% überein u. differieren mit steigender Schichtdicke (> 10000 Å) wesentlich weniger. H. Schroeder. 119◇

0155 **Metalloptische Untersuchungen an Silber–Palladium- und Nickel–Chrom-Legierungen.** Hans-Eberhard Schmidt und Rolf E. Hummel. (Z. Metallkunde **52,** 337—43, 1961; Stuttgart, MPI für Metallforsch.; dt.) — Experimentelle Unterss. der opt. Konst. an Ag–Pd- u. Ni–Cr-Legg. werden bei verschiedenen Wellenlängen des einfallenden Lichts im sichtbaren Frequenzgebiet beschrieben. Hierbei werden massive, mechan. polierte Proben benutzt, an denen die reflektierte Intensität u. Phase des ursprünglich linear polarisierten Lichts beobachtet werden. Die Berechnung von Brechungs- (n) u. Absorptionskoeff. (k) aus Intensitätsverhältnis u. Haupteinfallswinkel erfolgt nach den von Cauchy angegebenen Beziehungen mit einer Korrektur von Beer u. Drude. Die an Pd u. Ni gemessenen opt. Konst.

stimmen gut mit Messungen anderer Autoren überein. Die für Ag vorliegenden Werte von n u. k streuen so stark, daß ein Vgl. schwierig ist, was auf die unterschiedliche Oberflächenbehandlung u. auf das Auftreten von Schrägdämpfung zurückgeführt wird, durch die die beobachteten Werte mit dem Einfallswinkel variieren. Mit den erhaltenen Werten wird die Anwendbarkeit des Modells der freien Leitungselektronen auf die untersuchten Legg. überprüft. Die nach den klass. Formeln errechneten Elektronendichten stimmen bei langwelligem Licht annähernd mit den aus Hall-Effekt-Messungen gewonnenen Leitungselektronenkonzz. überein. Es wird bestätigt, daß die mit opt. Meth. gefundenen Werte den tatsächlichen Leitungselektronendichten näher kommen als die durch elektr. Messungen gefundenen. Die Kurven für das Absorptionsprod. u. die DK, aufgetragen über der Frequenz, zeigen den nach der Drudeschen Theorie zu erwartenden, annähernd hyperbol. Verlauf. Abweichungen werden auf das Vorhandensein von Absorptionsbändern zurückgeführt. H. Hochstein. 119◇

0156 **Lösung der Gleichung der Strahlungsübertragung im Falle einer stark von der sphärischen verschiedenen Streuungsindicatrix.** 2. Mitt. L. M. Romanowa. (Optik u. Spektroskopie [UdSSR] **13**, 819–25, 1962; russ.) — 1. vgl. Optik u. Spektroskopie [UdSSR] **13**, [1962], 429. — Nach der l. c. beschriebenen Meth. wird die Raumwinkel-Verteilung der Strahlungsintensität in flachen Schichten eines trüben Mediums von endlicher u. unendlicher opt. Dicke bei stark nach vorne ausgezogener Streuungsindicatrix berechnet. Die Kleinwinkelnäherung der Lsg. der Gleichung der Strahlungsübertragung wird mit der vollständigen Lsg. der Gleichung verglichen. R. K. Müller. 119◇

0157 **Theorie zur Erzeugung des zweiten harmonischen Lichts.** D. A. Kleinman. (Physic. Rev. [2] **128**, 1761 bis 1775, 1962; Murray Hill, N. J., Bell Telephone Labor.; engl.) — Entw. einer Theorie zur Erzeugung des zweiten harmon. Lichts in Kristallen (doppelte Frequenz des fundamentalen, vgl. Bass u. Mitarbeiter, C. **1963**, 19899). Opt. Aktivität u. Absorption werden vernachlässigt, die Anisotropie wird streng behandelt, desgl. Kohärenzeffekte. Die Theorie wird auf Verss. an *KH_2PO_4* u. *Quarz* angewandt. H. Liepack. 119◇

0158 **Diagramme für Gruppenfrequenzen anorganischer Substanzen für den Infrarot-Bereich 4000–300 cm^{-1}.** S. R. Yoganarasimhan und C. N. R. Rao. (Chemist-Analyst **51**, 21–23, 1962; Bangalore, India, Indian Inst. of Sci., Dep. of Inorg. and Phys. Chem.; engl.) — Zusammenfassung bereits aus der Literatur bekannter Gruppenfrequenzen für anorgan. Stoffe in Form dreier Diagramme. P. Kurzmann. 120◇

0159 **Über die Anwendung der Infrarotspektrometrie zur Untersuchung der Ordnungs–Unordnungs-Umwandlungen der Spinelle $LiAl_5O_8$ und $LiFe_5O_8$.** Pierre Tarte. (C. R. hebd. Séances Acad. Sci. **254**, 2008–10, 1962; Liège, Univ., Inst. de Chim., Fonds Nat. Belge de la Rech. Sci.; franz.) — Die IR-Spektren von $LiAl_5O_8$ u. $LiFe_5O_8$ zeigen eine anormale Komplexität, die im Gegensatz zu den recht einfachen Spektren anderer Spinelle steht. Das wird auf die gleichzeitige Ggw. von einwertigen u. dreiwertigen Ionen in den äquivalenten kristallograph. Positionen zurückgeführt, die nach Radius u. elektrostat. Eigg. sehr verschieden sind. Die Spektren der geordneten Formen zeigen zahlreiche enge Banden, die der ungeordneten Formen eine kleine Anzahl sehr diffuser Banden, was darauf zurückgeführt wird, daß im ungeordneten Gitter jede Schwingungsart durch eine ganze Reihe eng benachbarter Frequenzen charakterisiert ist. Eine Unterscheidung der beiden Formen eines Spinells über die IR-Spektren wird damit möglich. H. Fries. 120◇

0160 **Die Infrarotspektren und Strukturen einiger hydratisierter Urantrioxide und Ammoniumdiuranate.** A. M. Deane. (J. inorg. nuclear Chem. **21**, 238–52, 1961; Harwell, A.E.R.E., Chem. Div.; engl.) — Die IR-Spektren (in Nujol; LiF-, NaCl- u. $CaBr_2$-Prisma) wurden von *$UO_4 \cdot 2\,H_2O$* (**I**, durch Fällen mit H_2O_2 aus Uranylnitrat), *$UO_3 \cdot 2\,H_2O$* (**II**) u. *$UO_3 \cdot 2\,D_2O$* (**III**) (hellgelb, durch 12std. Aufbewahren von **IV** über H_2O bzw. D_2O), *$UO_3 \cdot 1\,H_2O$, $UO_3 \cdot 0{,}8\,H_2O$* u. *$UO_3 \cdot 0{,}8\,D_2O$* (aus **II** bzw. **III** durch 18std. Erhitzen im geschlossenen 1-Liter-Kessel auf 155°), *UO_3* (**IV**, orangefarben, durch 3std. Erhitzen von **I** auf 280°) sowie von *Ammoniumdiuranat* (**V**) zwischen 5000 u. 300 cm^{-1} aufgenommen. Für die ν_{OH}, δ_{OH} u. ν_{UO} wird eine empir. Beziehung aufgestellt. Die Spektren von **V** variieren etwas mit der Darstellungsart, ähneln aber dem von **IV** u. machen die Struktur $UO_2(OH)_2 \cdot x\,NH_3 \cdot y\,H_2O$ wahrscheinlich. U. Uhlich. 120◇

0161 **Schwingungsspektren von Bortrimethyl und die Frage der inneren Rotation.** L. A. Woodward, J. R. Hall, R. N. Dixon und N. Sheppard. (Spectrochim. Acta [London] **1959**, 249–54; Oxford, Inorg. Chem. Labor.; Cambridge, Univ., Chem. Labor.; engl.) — Das IR-Spektrum im Bereich von 400–3000 cm^{-1} von gasförmigem u. das Raman-Spektrum von fl. *Bortrimethyl* bei −100° wurden aufgenommen u. mit Messungen anderer Autoren verglichen. (Goubeau u. Becher, C. **1953**, 1760; Stewart, C. **1958**, 5324; Lehmann, Wilson u. Shapiro, C. **1959**, 2066.) Eine Zuordnung der beobachteten Grundfrequenzen wurde vorgenommen. Aus dem Vgl. der berechneten Entropie des Gases bei 199,92°K u. 1 atm (67,88 cal. Grad^{-1}) mit dem experimentell bestimmten Wert wird auf freie Rotation der Methylgruppen geschlossen. D. Thierig. 120◇

0162 **Spektroskopische Untersuchungen metallorganischer Verbindungen.** 3. Mitt. **Infrarotspektren von Perfluorvinylmetall-Verbindungen.** S. L. Stafford und F. G. A. Stone. (Spectrochim. Acta [London] **17**, 412–23, 1961; Cambridge, Mass., Harvard Univ., Mallinckrodt Chem. Labor.; engl.) — Vgl. C. **1963**, 1617, 5336. — Von den Verbb. *CF_2CFBF_2, CF_2CFBCl_2, $(CH_3)_2Sn \cdot (CFCF_2)_2$, $(CH_3)_2Ge(CFCF_2)_2$, $(C_2H_5)_2Si(CFCF_2)_2$, $(CF_2CF)_4Sn$, $(CF_2CF)_3As$, $(CF_2CF)_2Hg$* sind Absorptionsspektren im Bereich 650–3500 cm^{-1} aufgenommen worden. Zwischen 900 u. 1800 cm^{-1} treten 4 starke Banden auf. Bei einer Bindung der $CF_2{=}CF$-Gruppe an Metall wird die Absorption kaum abgeschwächt, eher ist das der Fall bei einer Bindung zu H- oder Halogen-Atomen. Die beobachteten Spektren (angegeben als Kurven u. Bandentabellen z. T. mit Zuordnungen) werden mit bekannten verglichen. W. Pruß. 120◇

0163 **Rotation in Lösung.** H. G. Silver und J. L. Wood. (Spectrochim. Acta [London] **19**, 787, 1963; London, Imp. Coll., Chem. Dep.; engl.) — Die Absorption im fernen IR wurde für Lsgg. von *HCl* u. *H_2O* in *Bzl.* untersucht. Vff. beobachteten in keinem Fall ein Anzeichen von Rotationsbanden. Die Ursachen werden in aller Kürze gestreift. D. Kunath. 120◇

0164 **Schwingungsspektren des Hexafluoroplatinat-Ions $[PtF_6]^{2-}$ und die Untersuchung der d_π–d_π-Bindung in den Hexachloro- und Hexabromoplatinat-Ionen.** L. A. Woodward und M. J. Ware. (Spectrochim. Acta [London] **19**, 775–80, 1963; Inorg. Chem. Labor., Univ., Oxford; engl.) — Das vollständige Raman-Spektrum (einschließl. Polarisations-Messungen) einer wss. 0,52 m $Na_2 \cdot [PtF_6]$-Lsg. wird mitgeteilt u. diskutiert. Als Erregerlinie diente die grüne Hg-Linie 5461 Å, da das Absorptionsmaximum des $[PtF_6]^{2-}$-Ions im sichtbaren Bereich gegenüber den $[PtCl_6]^{2-}$- u. $[PtBr_6]^{2-}$-Ionen etwas nach dem langwelligen Bereich verschoben ist. Außerdem wird die IR-Absorption von KBr-Preßlingen u. Nujol-Einbettungen von $Na_2[PtF_6]$ im CsBr- u. NaCl-Bereich gemessen. Während in den IR-Spektren die beiden Grundschwinungen ν_3 u. ν_4 zu beobachten sind, wurden in den Raman-Spektren die Fundamental-Schwingungen ν_1, ν_2 u. ν_5 gemessen. ν_6 trat nur als Kombinationsbande auf und errechnet sich zu 143 cm^{-1}. Das Raman-Spektrum des $[PtF_6]^{2-}$-Ions zeigt im Gegensatz zu denen der $[PtCl_6]^{2-}$- u. $[PtBr_6]^{2-}$-Ionen keine Intensitäts-Anomalie. Die Intensitäts-Anomalie der Spektren dieser Ionen führen Vff. auf folgende Ursache zurück: Das Zentral-Atom Pt besitzt als Übergangsmetall sechs t_{2g}d-Elektronen, Cl^-- u. Br^--Ionen (nicht aber F^-) verfügen über unbesetzte d-Orbitale, die als Akzeptoren gegenüber den t_{2g}d-Elektronen wirken u. d_π–d_π-Bindungen im $[PtCl_6]^{2-}$- u. $[PtBr_6]^{2-}$-Ionen bilden. Gestützt wird diese Erklärung durch die Betrachtung der Valenzkraftkonstanten. — $Na_2[PtF_6]$, durch direkte Fluorierung von $Na_2[PtCl_6]$ bei 300°, zerfällt an der Luft oberhalb Raumtemp.; $Cs_2[PtF_6]$, durch Fällung einer wss. Lsg. des Na-Salzes mit CsBr-Lösung. D. Kunath. 120◇

0165 **Frequenzvervielfachung in das Mikrowellengebiet mit Varaktoren für den Vergleich von Frequenzstandards.** Gerhard Becker und Peter Faltin. (Z. Instrumentenkunde **71**, 159—64, 1963; Braunschweig, Phys.-Techn. Bundesanst.; dt.) — Beschreibung von Frequenzvervielfachern u. -umsetzern für den Vgl. von Atom- u. Mol.-Frequenzstandards untereinander u. mit Quarzoscillatoren. Die Ausgangsfrequenzen werden mit den (3,3)-Inversionsfrequenzen von $^{14}NH_3$ u. $^{15}NH_3$ verglichen. R. Nink. 121◇

0166 **Energieaustausch zwischen Cyclotron- und synchronen Wellen in quadrupolaren Pumpfeldern.** E. I. Gordon und A. Ashkin. (J. appl. Physics **32**, 1137—44, 1961; Murray Hill, N. J., Bell Telephone Labor.; engl.) H. Liepack. 121◇

0167 **Optisches Pumpen mit Natriumdampf ohne Puffergas.** J. Lemmerich und W. Raith. (Naturwissenschaften **49**, 127, 1962; Berlin, TU, I. Phys. Inst.; dt.) — Zum opt. Pumpen in „offenen Gefäßen" mit Na-Dampf bei 120—160° wird zur Vergrößerung der Relaxationszeit an Stelle eines puffernden Gases ein Wandbelag aus einem wenig verzweigten, im Niederdruckverf. hergestellten Polyäthylen verwendet. Durch Verdampfen aus einer W-Wendel bei 350—400° auf die auf 100° erwärmte Glaswand wird ein Belag von ca. 10 μ Dicke erzeugt, der für Na_D-Licht eine Durchlässigkeit von 80—90% besitzt, die sich erst < 120° erheblich verändert. Bei einem Pumpvers. mit einer Kugel von 8 cm Durchmesser bei ca. 120° betrug der Polarisationsgrad 0,08. Die gemessene Relaxationszeit von 50 μs entspricht etwa dem Doppelten der unter Berücksichtigung von ca. 1% unbelegter Innenfläche erwarteten. W. Betcke. 121◇

0168 **Das Vorzeichen der Ladungsträger bei luminescenten Übergängen.** S. Nudelman, D. Brown und D. Currie. (Czechoslov. J. Physics **13**, 123—26, 172b, 1963; Chicago, Ill., Armour Res. Found.; Ann Arbor, Mich., Univ. of Michigan, Inst. of Sci. and Technol.; engl.) — Beschreibung einer App. für Hall-Effekt-Messungen mit magnet. u. elektr. Wechselfeldern zur Best. des Ladungsträgervorzeichens bei luminescenten Übergängen. G. M. Neumann. 125◇

0169 **Parameterberechnung für die Konzentrationsabhängigkeit der Fluorescenz in nichtphotoleitenden kristallinen Leuchtstoffen.** J. Buhrow. (Czechoslov. J. Physics **13**, 161—64, 1963; Greifswald, Univ., Inst. für Phys. Chem.; dt.) — Vgl. C. **1963**, 16430. — Ein neues Verf. zur Berechnung der einzelnen Parameter in den Beziehungen von Johnson-Williams sowie von Ewles-Lee, die die Luminescenz als Funktion der Aktivator-Konz. angeben, wird entwickelt u. seine Gültigkeit an Daten von Uitert u. Soden ($CaWO_4$-Seltenerdmetalle) demonstriert. G. M. Neumann. 125◇

0170 **Über Luminescenzeigenschaften bei Zimmertemperatur hergestellter ZnS-Phosphore.** E. Lendvay, J. Schanda, K. Richter, P. Kovacs und M. Somogyi. (Czechoslov. J. Physics **13**, 142—47, 172e, 1963; Budapest, Acad. of Sci., Res. Inst. for Techn. Phys.; engl.) — Unterss. der Luminescenz von bei Zimmertemp. hergestellten ZnS-Phosphoren zeigen, daß die Luminescenz-Eigg. unabhängig vom pH-Wert bei der Nd.-Bldg. sind. G. M. Neumann. 125◇

0171 **Luminescenz von aus der Schmelze gezüchteten Zinksulfideinkristallen.** L. A. Syssojew, N. I. Krainjukow, B. Ss. Skorobogatow und Ss. A. Ssasonowa. (Optik u. Spektroskopie [UdSSR] **13**, 859—61, 1962; russ.) — Die aus einer Schmelze gezüchteten ZnS-Einkristalle zeigen ohne Aktivierung grünes u. blaues Leuchten; das grüne Leuchten ist wahrscheinlich durch eine O-haltige Komponente, das blaue durch Zn-Überschuß bedingt. Mit Cu aktivierte Kristalle leuchten lange nach, bei ihnen wird deutliche Luminescenzlöschung mit einem Maximum bei ca. 800 nm beobachtet, ihre Thermoluminescenzkurve zeigt eine nichtelementare Bande, aus der sich 2 Maxima für $T_m' = 100°$ u. $T_m'' = 120°$ beim Erhitzen mit $\beta = 0{,}15$ Grad/s isolieren lassen, aber kein Maximum für T = 190°. Auch mit Ag aktivierte ZnS-Einkristalle werden untersucht. R. K. Müller. 125◇

0172 **Intensitätswellen verschiedener Aktivatoren in ZnS-Einkristallen.** J. Schanda. (Czechoslov. J. Physics **13**, 147—53, 172f, 1963; Budapest, Hung. Acad. of Sci., Res. Inst. for Techn. Phys.; engl.) — Messungen der Intensitätswellen Cu- u. Mn-aktivierter ZnS-Einkristalle zeigen, daß die Cu- u. Mn-Zentren unterschiedliche Elektrolumineszenz-Eigg. aufweisen. Die Ergebnisse werden mit der Theorie verglichen u. diskutiert. G. M. Neumann. 125◇

0173 **Über die Form der blauen Emissionsbanden von verschieden aktiviertem Zinksulfid.** H. Treptow. (Czechoslov. J. Physics **13**, 115—22, 1963; Berlin, Dt. Akad. der Wiss., Bereich Luminescenzforsch., Phys.-Techn. Inst. Liebenwalde; dt.) — Eine Berechnung der Emissionsspektren Cu- oder Ag-aktivierter ZnS-Kristalle zeigt, daß die drei blauen ZnS-Banden aus zwei Gauß-Kurven zusammengesetzt sind. Eine experimentelle Unters. zeigt keine Abhängigkeit der Halbwertsbreiten von der Glühtemperatur. Vf. nimmt daher an, daß die Zentren im Gebiet der Strukturumwandlung Zinkblende-Wurtzit sich nicht bevorzugt an auftretenden Gitterunregelmäßigkeiten sammeln. G. M. Neumann. 125◇

0174 **Über kristallographische Untersuchungen an luminescierenden ZnS:Cu-Einkristallen.** H. Hartmann. (Czechoslov. J. Physics **13**, 127—32, 172c—172d, 1963; Liebenwalde, Dt. Akad. der Wiss., Bereich Luminescenzforsch., Phys.-Techn. Inst.; dt.) — Unterss. an synthet. Cu-dotierten ZnS-Einkristallen zeigen, daß Kristallfehler u. Störstellen die Bldg. von Acceptorniveaus wesentlich beeinflussen. G. M. Neumann. 125◇

0175 **Über Lawinenprozesse bei der Elektroluminescenz von ZnS–Cu-Einkristallen.** I. K. Vereščagin und L. A. Kosiačenko. (Czechoslov. J. Physics **13**, 85—88, 1963; Chernovitsy, USSR, State Univ.; engl.) — Die Abhängigkeit des Dunkelstromes, des Photostromes u. der Luminescenz von der angelegten Spannung bei kommerziellen ZnS–Cu-Elektroluminophoren zeigt bei einkristallinem Material eine größere Komplexität auf als bei polykristallinem Material. Die Vervielfachung der Dunkel- u. Photoelektronen zeigt eine ähnliche Abhängigkeit von der Spannung wie sie bei Ge, Si u. ZnO beobachtet wurde. G. M. Neumann. 125◇

0176 **Mikroskopische Beobachtungen der Elektrolumineseenz von ZnS–Cu-Einkristallen.** J. Kubátová und K. Pátek. (Czechoslov. J. Physics **13**, 157—60, 172g bis 172h, 1963; Praha, Čs. Akad. Věd, Fys. Ústav; engl.) — Mkr. Beobachtungen der Elektroluminescenz von Cu-dotierten ZnS-Einkristallen zeigen eine inhomogene Emission in Bereichen senkrecht zur c-Achse. Der Effekt wird mit der Existenz linearer Bereiche erhöhter Leitfähigkeit bzw. größerer DK gedeutet. G. M. Neumann. 125◇

0177 **Über die Verstärkung der Röntgenluminescenz durch elektrische Felder und infrarote Strahlung.** H. Gobrecht, H.-E. Gumlich, H. Nelkowski und K. Lacmann. (Z. Physik **168**, 273—82, 1962; Berlin, TU, Phys. Inst.; dt.) — Die durch Röntgenstrahlen hervorgerufene Luminescenz von *ZnS*- u. *(Zn, Cd)S*-Leuchtstoffen, die mit *Mn* u. *Co* aktiviert wurden, kann durch elektr. Felder oder infrarotes bzw. rotes Licht bzw. durch beides verstärkt werden. Es zeigt sich, daß die durch das elektr. Feld u. die durch die stimulierende Strahlung zusätzlich induzierten Elektronenübergänge in demselben Rekombinationszentrum, u. zwar in dem des Mangans stattfinden. Maximale Verstärkung tritt bei den Wellenlängen 0,77 u. 1,35 μ des stimulierenden Lichts auf. Feld- u. Infrarotverstärkung überlagern sich nicht linear, sondern die Summe aus alleiniger Feld- u. Infrarotverstärkung ist allein jeweils größer, als die durch gleichzeitiges Einw. von Feld u. Licht erreicht wird. Die gegenseitige Beeinflussung hängt in starkem Maße von der elektr. Feldstärke, der Feldfrequenz u. der Stärke der stimulierenden Strahlung ab. Im Gebiet geringer Strahlungsstärke erhöht das elektr. Feld die Verstärkung, bei größerer Strahlungsstärke wird sie vermindert. Das stimulierende Licht führt auch zur Luminescenzverstärkung, wenn es vor der Anregung eingestrahlt wurde. Die Ergebnisse werden an einem von den Autoren früher angegebenen Modell diskutiert. G. Herzog. 125◇

0178 **Zur Vorsensibilisierung von manganaktivierten Zinkcadmiumsulfiden durch elektrische Felder und Infrarotstrahlung.** H. Röppischer und H. Winkler. (Czechoslov. J. Physics **13,** 111–15, 1963; Ilmenau, Hochsch. für Elektrotechn., Inst. für Phys.; dt.) — Der von Destriau beschriebene Gedächtniseffekt konnte an Mn-aktivierten (ZnCd)S-Phosphoren auch durch alleinige Einw. eines elektr. Feldes bei völliger Dunkelheit erzeugt werden. Ein Mechanismus des Effektes wird erörtert. G. M. Neumann. 125◇

0179 **Zur Luminescenz von CdS-Einkristallen.** H. Friedrich. (Mber. dtsch. Akad. Wiss. Berlin **3,** 283–85, 1961; Dt. Akad. der Wiss., Phys.-Techn. Inst., Forschungsgemeinsch.; dt.) — Vgl. C. **1963,** 16056. — Bei 80° K wurden in spektralreinen CdS-Kristallen eine schwache rote u. eine blaue Luminescenz gefunden. Die blaue Luminescenz im Bereich 4850–5000 Å nimmt bei 80° K zu, nachdem die Kristalloberfläche einer Glimmentladung ausgesetzt wurde. Nach der 4. Beglimmung erreicht die Luminescenzintensität den maximalen Wert, der dem etwa 20fachen des Ausgangswertes entspricht. K. Jaeger. 125◇

0180 **Über die Polarisation des von Cadmiumsulfid bei kathodischer Bestrahlung emittierten Lichtes.** Francois Bombré und Francois Gans. (C. R. hebd. Séances Acad. Sci. **254,** 4004–06, 1962; Gif-sur-Yvette, Labor. d'Infrarouge techn. et appl.; franz.) — Einkristalle von reinem CdS von einigen mm Dicke wurden auf einer parallel zur hexagonalen Achse liegenden Fläche bei der Temp. der fl. Luft kathod. beschossen (Anodenspannung 20 kV; Stromstärke 1–30 μA). Dieser Beschuß bewirkt eine Lichtemission, wobei im Spektrum im blauen Bereich bei 4880, 4920 u. 5020 Å die Maxima dreier Banden u. im grünen Bereich ein Maximum bei 5100 Å auftreten. Mit wachsender Stromstärke verschiebt sich die Emission zugunsten des blauen Anteils, der teilweise polarisiert ist. Die Intensität des emittierten Lichtes ändert sich mit der CdS-Probe u. wächst mit wachsender Stromstärke. Wird das emittierte Licht durch einen Analysator geleitet, wobei die Polarisationsebene des Lichtes senkrecht zur hexagonalen Achse liegt, verschwinden die Banden bei 4880 u. 4920 Å, um zwei Banden geringerer Intensität bei 4870 u. 4940 Å zu weichen. Die Bande bei 5020 Å bleibt unverändert. Diese Effekte erklären sich aus Übergängen zwischen Leitungsband u. den beiden oberen Valenzbändern. H. Fries. 125◇

0181 **Neuere Ergebnisse zur Gleichfeld-Elektroluminescenz von CdS-Einkristallen.** E. Gutsche, H. L. Hänsch und H. Lange. (Czechoslov. J. Physics **13,** 106–10, 172a, 1963; Berlin, Dt. Akad. der Wiss., Phys.-Techn. Inst.; Berlin, Humboldt-Univ., IV. Phys. Inst.; dt.) — Vgl. C. **1963,** 19905. — Die spektrale Verteilung der Intensität der Gleichfeld-Elektroluminescenz wurde sowohl bei Anregung durch ein elektr. Feld als auch bei UV-Anregung aufgenommen. Für die Anregung wird ein Mechanismus diskutiert, der auch die Bldg. zusätzlicher Emissionsbanden bei der grünen Elektroluminescenz deutet. G. M. Neumann. 125◇

0182 **Elektroluminescenz an p–n-Übergängen in ZnSe.** H. Lozykowski. (Czechoslov. J. Physics **13,** 164–71, 172 h, 1963; Torun, Poland, N. Copernicus Univ., Dep. of Exp. Phys.; engl.) — An der Grenze von In-dotiertem n-ZnSe mit Cu-dotiertem p-ZnSe wurde bei Zimmertemp. u. –150° Elektroluminescenz beobachtet. Aus dem Maximum der Emission wurde für das Acceptorniveau ein Wert von 0,6 eV abgeschätzt. Ferner wurden Unterss. des Photoeffektes durchgeführt, wobei in Sonnenlicht eine Spannung von 1,1 V beobachtet werden konnte G. M. Neumann. 125◇

0183 **Zum An- und Abklingen der Luminescenz einiger sauerstoffdominierender Leuchtstoffe.** H. Witzmann, H. Anderson und K. Oertel. (Czechoslov. J. Physics **13,** 94–98, 172a, 1963; Greifswald, Univ., Inst. für Phys. Chem.; dt.) — Der Einfl. von Temp. u. Aktivator auf die Form der An- u. Abklingkurve der Luminescenz wurde an *SrO–B₂O₃*-Luminophoren untersucht. Für die Sensibilisatoren *Tl, Pb, Ce* u. *Ag* sowie für den *Aktivator Mn* wurde ein monomol. Verlauf der Abklingsfunktion ermittelt. Den Mn-Niveaus ist eine An- u. Abklingzeit von 10 ms zu eigen, während die Tl- u. Pb-Zentren kurzlebiger als 10^{-4} s sind. Der von Botden (1952) vorgeschlagene Resonanzprozeß für die sensibilisierte Luminescenz scheint den Ergebnissen am ehesten Rechnung zu tragen. G. M. Neumann. 125◇

0184 **Thermoluminescenz in γ-bestrahltem Rubin.** T. Maruyama, Y. Matsuda und H. Kon und H. Yonemitsu. (J. physic. Soc. Japan, Suppl. Nr. II, Proc. int. Conf. Crystal Defects, Kyoto **1962,** 315–20, 1963; Suchiro-cho, Kawasaki, Japan, NAIG Nucl. Res. Labor.; Komukai Kawasaki, Toshiba Central Res. Labor.; engl.) — Durch γ-Strahlen werden im Rubin Farbzentren erzeugt, die eine opt. Absorptionsbande bei 465 mμ aufweisen. Unter Thermoluminescenzerscheinungen lassen sich diese Farbzentren austempern. Die Thermoluminescenz tritt mit drei (aufeinanderfolgenden) Aktivierungsenergien auf: E_1 = 0,81 – 0,85 eV, E_2 = 0,93 – 0,94 eV u. E_3 = 1,06 – 1,16 eV. Die Wellenlänge der Luminescenz betrug 640–680 μ für E_1 u. 610–650 μ für E_3. Für E_2 konnte die Wellenlänge noch nicht bestimmt werden. Die Intensität der Thermoluminescenz nimmt mit der Bestrahlungsdosis zu u. erreicht bei $7 \cdot 10^4$ r einen Sättigungswert, wogegen die Intensität mit zunehmender Cr^{3+}-Konz. abnimmt. Maximale Intensität wurde für eine Cr_2O_3-Konz. von 0,10% beobachtet. Die anfängliche Defektstruktur des Rubinkristalles scheint für den Mechanismus der Thermoluminescenz von Bedeutung zu sein. K. Jaeger. 125◇

0185 **Luminescenz von Silberchlorid, das mit zweiwertigen Anionen und Kationen dotiert ist.** Sanemi Sonoike und Kazuo Akimoto. (J. physic. Soc. Japan, Suppl. Nr. II, Proc. int. Conf. Crystal Lattice Defects, Kyoto **1962,** 320–23, 1963; Bunkyo-ku, Tokyo, Japan, Chuo Univ., Fac. of Sci. and Engng.; engl.) — Spektroskop. beobachtete Luminescenzmaxima werden bei 520 mμ zweiwertigen Anionen, bei 545 μm zweiwertigen Kationen u. bei 485 mμ zweiwertigen Anionen u. Kationen zugeschrieben. Die AgCl-Kristalle waren dotiert mit Ag_2O, Ag_2S, Ag_2Se, Ag_2Te, $CdCl_2$, $CaCl_2$, $PbCl_2$ u. $FeCl_3$. Die Maxima bei 485 u. 520 mμ beruhen auf Defektelektronenluminescenz, das bei 545 mμ auf Elektronenluminescenz. K. Jaeger. 125◇

0186 **Thermische Glowluminescenz in plastisch deformierten KCl-Kristallen.** M. Ueta, H. Sugimoto und I. Nagasawa. (J. physic. Soc. Japan, Suppl. Nr. II, Proc. int. Conf. Crystal Lattice Defects, Kyoto **1962,** 286–88, 1963; Sendai, Japan, Tohoku Univ., Dep. of Phys.; engl.) — Unabhängig von ihrer Vorgeschichte (Bestrahlung) zeigen plast. deformierte KCl-Kristalle einfache Glowluminescenz. Dieses Leuchten wird einer Rekombination an einzelnen oder Gitterleerstellencluster zugeschrieben. Das Maximum bei 250° nimmt mit dem Quadrat der Excitonendichte zu. Mit diesen Ergebnissen wird der Einfl. der Excitonen in deformierten Kristallen diskutiert (Leerstellen-Excitonen-Wechselwrkg.) K. Jaeger. 125◇

0187 **Anregung der Elektroluminescenz in Alkalimetallhalogeniden.** A. N. Georgobiani, N. P. Golubeva und P. N. Lebedev. (Czechoslov. J. Physics **13,** 91–93, 1963; Moscow, Acad. of Sci. of the USSR, Phys. Inst.; engl.) — Die Schwierigkeiten bei der Anregung der Elektroluminescenz in Ionenkristallen werden erörtert u. Möglichkeiten zu ihrer Überwindung diskutiert. An einer Sublimationsschicht von *CsJ–Te* konnte Elektroluminescenz hervorgerufen werden. — 18 Literaturangaben. G. M. Neumann. 125◇

0188 **Die Luminescenz unaktivierter Alkalijodide.** Z. L. Morgenštern und N. N. Vasiljeva. (Czechoslov. J. Physics **13,** 226–30, 1963; Moscow, Acad. of Sci., Lebedev Phys. Inst.; engl.) — Ergebnisse früher mitgeteilter

Unterss. (C. **1963,** 4232) über die Luminescenz von unaktiviertem bzw. mit Tl oder In aktiviertem *CsJ*, *RbJ* u. *KJ* werden zusammengestellt u. einige Schlüsse auf die Natur der Luminescenzbanden unaktivierter Alkalijodide gezogen. — 10 Literaturangaben.
H. Roschkowski. 125◇

0189 **Scintillationsprozesse in CsJ(Tl).** 1. Mitt. **Vergleich mit einem Aktivator-Sättigungsmodell.** R. Gwin und R. B. Murray. (Physic. Rev. [2] **131,** 501—08, 1963; Oak Ridge, Tenn., Oak Ridge Nat. Labor.; engl.) — An CsJ(Tl)-Kristallen mit verschiedenem Tl-Geh. werden Messungen der Scintillationsausbeute bei Alpha-, Gamma- u. Protonenstrahlung im keV- u. MeV-Bereich zur Stützung eines phänomenolog. Modells der Scintillationsprozesse in aktivierten Alkalihalogeniden durchgeführt u. mit diesem Modell verglichen. R. Nink. 125◇

0190 **Scintillationsprozesse im CsJ(Tl).** 2. Mitt. **Emissionsspektren und die mögliche Rolle von selbsthaftenden Löchern.** R. Gwin und R. B. Murray. (Physic. Rev. [2] **131,** 508—12, 1963; engl.) — 1. vgl. vorst. Referat. — Es werden experimentelle Einzelheiten mitgeteilt u. diskutiert. R. Nink. 125◇

0191 **Photoluminescenz von Ag-haltigem kristallinem Quarz.** F. Gross. (Naturwissenschaften **49,** 128—29, 1962; Graz, Univ., Phys. Inst.; dt.) — Werden in einen Quarzkristall durch $^1/_2$std. Elektrolyse bei 600° mit 150 V Ag^+-Ionen in Richtung der opt. Achse eingeführt u. wird der Kristall nach 24 std. Tempern bei 600° dann 2 Std. lang mit UV-Licht bestrahlt, so tritt unter der Einw. von kurzwelligem sichtbaren, UV- oder Röntgenlicht Luminescenz auf, wobei das Emissionsspektrum ein Kontinuum mit Wellenlängen von Rot bis zum Bereich der Primärstrahlung dargestellt. Temp.-Änderungen zwischen —200° u. +450° sind auf diese Luminescenz prakt. ohne Einfl., doch kann ihre Intensität selbst in einem Stück unterschiedlich sein. Verantwortlich für diese Erscheinung könnten Ag^+-Ionen sein, die Zwischengitterplätze außerhalb der zur c-Achse parallelen Kanäle besetzen. Bei entspr. Verss. mit *Au* tritt ebenfalls eine Luminescenz auf, aber in Form von zur c-Achse parallelen Fäden. *Cu* ist dagegen unwirksam. W. Betcke. 125◇

0192 **Die Photoluminescenz von Stickstoff-Excitonenkomplexen in 6 H-Siliciumcarbid.** D. R. Hamilton, W. J. Choyke und Lyle Patrick. (Physic. Rev. [2] **131,** 127—33, 1963; Pittsburgh, Pa., Westinghouse Res. Labor.; engl.) — Den zwei Sorten von N-Excitonen-Komplexen entsprechen bei der Photoluminescenz von N-dotiertem 6H–SiC zwei deutliche Kantenemissionsspektren. Vff. beschreiben die Rekombinationsstrahlung von an N-Ionen gebundenen Excitonen. Die Spektren werden ausführlich diskutiert. R. Nink. 125◇

0193 **Zur Kathodoluminescenz dünner Filme.** Gy. Gergely. (Czechoslov. J. Physics **13,** 102—05, 1963; Budapest, Res. Inst. for Telecommunic.; engl.) — Vf. gibt eine Analyse der Spannungsabhängigkeit der Kathodoluminescenz dünner Filme (z. B. *ZnS*) unter Berücksichtigung der Oberflächenrekombination u. der Diffusion induzierter Ladungsträger. G. M. Neumann. 125◇

0194 **Die Glowkurve als Aussage für Modellvorstellungen.** G. Voigt. (Czechoslov. J. Physics **13,** 132—41, 1963; Liebenwalde, Dt. Akad. der Wiss., Bereich Luminescenzforsch., Phys.-Techn. Inst.; dt.) — Die Grenzen von Thermoluminescenz-Messungen als Aussage über Haftniveaus werden krit. untersucht u. die Vorbehalte bzgl. der Meth. der Glowkurven erörtert. Auf die Bedeutung der Aufnahme von „farbigen" Glowkurven wird hingewiesen. G. M. Neumann. 125◇

0195 **Quantenausbeute einiger anorganischer Phosphore.** Peter D. Johnson. (J. opt. Soc. America **51,** 1235—38, 1961; Schenectady, N. Y., Gen. Electr. Res. Labor.; engl.) — Vf. mißt die abs. Quantenausbeute bei Anregung im Spektralbereich von etwa 1500 bis 2900 Å der folgenden Phosphore: $3[Ca_3(PO_4)_2] \cdot CaCl_2$:Sb, Mn; $3[Ca_3 \cdot (PO_4)_2] \cdot 0{,}9\ CaF_2$: Sb, Mn; $3[Ca_3(PO_4)_2] \cdot Ca(Cl_{0,6}, F_{1,4})$: Sb; Zn_2SiO_4 : Mn; ZnF_2: Mn mit einem Mn-Geh. von 0,0062 bis 0,51. Im Gegensatz zu den Ergebnissen von Butajewa u. Fabrikant (Nachr. Akad. Wiss. UdSSR, physik. Ser. **21,** [1957], 537) wurden keine Quantenausbeuten gefunden. I. Zoll. 125◇

0196 **Oxyluminescenz einiger fluorescierender Verbindungen von Ozon.** A. J. Bernanose und M. G. René. (Advances Chem. Ser. Nr. **21,** 7—12, 1959; Nancy, France, Univ.; engl.) — Organ. Stoffe, die bei Einw. von Ozon Oxyluminescenz zeigen, eröffnen neue Möglichkeiten zur Ozon-Untersuchung. Die Ergebnisse der Vorunterss. zeigen die Eignung der neuen Meth., bei der kleine Papierstücken von der Größe von Konfetti, die nicht mehr als 1 γ Luminol enthalten, zur Messung benutzt werden. Die Messung der Luminescenz erfolgt mit verhältnismäßig einfachen Elektronengeräten.
P. Golinske. 125◇

A_3. Elektrizität, Magnetismus, Elektrochemie

0197 **Coulomb-Selbstenergie axialer Gebilde.** Robert Beringer. (Physic. Rev. [2] **131,** 1402—06, 1963; New Haven, Conn., Yale Univ., Dep. of Phys.; engl.)
H. Liepack. 130◇

0198 **Berechnungen der radialen Verteilungsfunktionen für ein klassisches Elektronengas.** David D. Carley. (Physic. Rev. [2] **131,** 1406—09, 1963; Gainesville, Fla., Univ. of Florida; engl.) H. Liepack. 130◇

0199 **Resonanz-Ladungsaustausch bei atomaren Stößen.** William Lichten. (Physic. Rev. [2] **131,** 229—38, 1963; Chicago, Ill., Chicago Univ., Ryerson Labor., Dep. of Phys.; engl.) — Nach einer zusammenfassenden theoret. Darst. der Ladungsaustauschvorgänge beim Stoß von Ionen werden für die speziellen Syst. He^{2+}–He, Li^+–Li u. Li^{2+}–Li die Stoßvorgänge diskutiert u. experimentelle Ergebnisse vorhergesagt. R. Nink. 131◇

0200 **Die durch Polonium-Alphateilchen in Luft hervorgerufene Ionisation und die zur Erzeugung eines Ionenpaars erforderliche mittlere Energie.** William P. Jesse. (Radiation Res. **13,** 1—17, 1960; Lisle, Ill., St. Procopus Coll.; engl.) — Für ^{210}Po-α-Teilchen wird der W-Wert in trockener, CO_2-freier Luft von 50 Torr zu 34,96 ± 0,07 [eV/Ionenpaar] ermittelt. Unter analogen Bedingungen ergaben N_2 u. C_2H_4 die Werte 36,39 ± 0,07 u. 28,03 ± 0,05. Diskussion u. Vgl. mit W-Werten für β-Teilchen. A. Blaschette. 131◇

0201 **Absolutmessung von W für ^{210}Po-Alphastrahlung in Luft, Stickstoff und Kohlendioxid.** Z. Bay, P. A. Newman und H. H. Seliger. (Radiation Res. **14,** 551 bis 565, 1961; Washington, D. C., Nat. Bur. of Stand.; engl.) — Nachst. W-Werte (eV/Ionenpaar) wurden ermittelt: für Luft 34,97 ± 0,07; für N_2 36,38 ± 0,07; für CO_2 34,04 ± 0,1. A. Blaschette. 131◇

0202 **Vergleich der in Luft durch Alphastrahlung von etwa 5 MeV und durch Betastrahlung hervorgerufenen Ionisation.** Z. Bay und P. A. Newman. (Radiation Res. **14,** 566—72, 1961; engl.) — Vgl. vorst. Referat. — Eine ausführliche Diskussion verschiedener Meßwerte führt für α-Teilchen im Bereich 4—5 MeV zum differentiellen W-Wert $w_\alpha = 33{,}7 \pm 0{,}5$ eV/Ionenpaar. Dieser Wert stimmt sehr genau mit $W_\beta = 33{,}7 \pm 0{,}3$ eV/Ionenpaar überein (gemessen an ^{35}S).
A. Blaschette. 131◇

0203 **Energie pro Ionenpaar für geladene Teilchen in Gasen.** G. N. Whyte. (Radiat. Res. **18,** 265—71, 1963; Kingston, Ontario, Canada, Queen's Univ.; engl.) — Aus den experimentellen Daten über die Energien, die zur Erzeugung eines Ionenpaares in Gasen (H_2, He, N_2, O_2, Ne, Ar, Kr, Xe, Luft, CO_2, CH_4, C_2H_2, C_2H_4, C_2H_6; für α-Strahlung auch BF_3) durch β- u. α-Strahlung erforderlich sind, werden die Mittelwerte errechnet. Außerdem werden der Einfl. unterschiedlicher Teilchenenergie u. die Werte für Protonenstrahlung erörtert. — 37 Literaturangaben. K. D. Asmus. 131◇

0204 **Townsend-Ionisationskoeffizienten von komprimiertem Stickstoff.** N. L. Allen. (Brit. J. appl. Physics **14,** 589—90, 1963; Cambridge, Mass., MIT, Labor. for Insulation Res.; engl.) — Es werden die Entladungsströme als Funktion der Gasdichte ϱ u. der elektr. Feldstärke E gemessen. Der erste Ionisationskoeff. steigt mit E/ϱ, der zweite Koeff. fällt etwas mit steigendem E/ϱ. R. Nink. 131◇

0205 **Stoß zwischen einem nichtionisierten Gas und einem magnetisierten Plasma.** H. Alfvén. (Rev. mod. Physics **32,** 710—13, 1960; Stockholm, Roy. Inst. of Technol.; engl.) — Vf. behandelt die Aufheizung eines Plasmas geringer Dichte durch einen kontinuierlichen Strom eines nichtionisierten Gases derselben chem. Zus.; es wird angenommen, daß die Lage des magnetisierten Plasmas durch ein Magnetfeld fixiert wird u. daß das elektr. Feld Null ist. Zur Diskussion werden die experimentellen Ergebnisse von Fahleson herangezogen. Aus diesen folgert Vf., daß die kinet. Energie der Atome auf die Plasma-Elektronen übertragen wird, jedoch nicht durch elast. Stöße. Durch die kinet. Energie der Atome werden Ionen aus bestimmten Gebieten des Plasmas verdrängt; dabei entstehen Ladungsinstabilitäten, da die Elektronen durch das vorhandene Magnetfeld an einer Ladungsneutralisation gehindert werden. Daraus resultieren Potentialdifferenzen, die zu einer Beschleunigung der Elektronen führen. H. Schirrwitz. 131◇

0206 **Kinetische Gleichung für Plasmen.** H. W. Wyld jun. und D. Pines. (Physic. Rev. [2] **127,** 1851—55, 1962; Urbana, Ill., Univ. of Illinois; engl.) — Das Stoßintegral für die ein quantenmechan. Plasma beschreibende kinet. Gleichung wird aufgestellt. Das z. B. von Lenard (C. **1961,** 8550) angegebene klass. Stoßintegral folgt aus dem quantenmechan. Ergebnis bei $\hbar \to 0$. Die kinet. Gleichungen von Pines u. Schrieffer (Physic. Rev. [2] **125,** [1962], 804), die die Wechselwrkg. von Elektronen mit Plasmaschwingungen beschreiben, ergeben sich durch Isolierung der Beiträge der Plasmaschwingungen.
H. Liepack. 131◇

0207 **Experimente zum Energiegleichgewicht und zur Einschließung eines Plasmas im Magnetfeld.** J. Bergström, S. Holmberg und B. Lehnert. (Physic. Rev. Letters **6,** 525—27, 1961; Stockholm, Royal Inst. of Technol.; engl.) — Vff. untersuchen den Einfl. von Teilchenverlusten entlang magnet. Feldlinien zur nichtleitenden Gefäßwand auf Energiegleichgewicht u. Einschließung eines rotierenden Plasmas (H_2; $45 \cdot 10^{-3}$ Torr). App. u. Ergebnisse werden kurz besprochen.
L. Roth. 131◇

0208 **Spektroskopische Beobachtungen der „Fluktuationen" in der Sceptre IV-Entladung.** R. V. Williams. (J. nuclear Energy, Part C **3,** 31—32, 1961; Aldermaston, Berks., Assoc. Electr. Ind., Res. Labor.; engl.) — Aus Intensitätsmessungen verschiedener Spektrallinien (O V; Cu I-Resonanzlinie; Dβ) durch zwei radial am Torus des Sceptre IV angebrachte Quarzfenster konnte eine Plasmastörung nachgewiesen werden, die sich mit Geschw. zwischen $2{,}2 \cdot 10^6$ u. $6{,}9 \cdot 10^6$ cm · s^{-1} gegen den Entladungsstrom bewegt (D_2-Druck $1{,}6 \cdot 10^{-3}$ Torr).
L. Roth. 131◇

0209 **Rekombination in einem Helium-Plasma.** A. F. Kuckes, R. W. Motley, E. Hinnov und J. G. Hirschberg. (Physic. Rev. Letters **6,** 337—39, 1961; Princeton, N. J., Princeton Univ., Plasma Phys. Labor.; engl.) — Am hochionisierten Plasma einer He-Entladung im B-1-Stellarator werden nach dem Abschalten der Entladung die Elektronendichte, die Intensität der sichtbaren Spektrallinien, die totale Lichtintensität u. die Elektronen-Temp. messend verfolgt. Es zeigt sich daraus, daß der wesentliche Faktor beim Abklingen des hochionisierten Plasmas die Rekombination durch Elektroneneinfang im Dreierstoß darstellt. L. Roth. 131◇

0210 **Absorptions- und Reflexionsspektren von Nachleuchtplasmen.** Shigetoshi Tanaka. (J. physic. Soc. Japan **16,** 1259, 1961; Kyoto, Kyoto Univ., Fac. of Sci., Dep. of Phys.; engl.) — An Absorptions- u. Reflexionsmessungen von Mikrowellen in Nachleuchtplasmen von Impulsentladungen in *Ne* (7,55 Torr) wird die Plasmaresonanz untersucht. Es zeigt sich, daß Resonanz auftritt bei senkrechter Lage des elektr. Mikrowellenfeldes zur Entladungsrohrachse, während sie bei paralleler Lage ausbleibt. L. Roth. 131◇

0211 **Impulsleitung im zerfallenden Plasma.** V. Arunasalam und John D. Trimmer. (Rev. sci. Instruments **32,** 282—85, 1961; Amherst, Mass., Univ. of Massachusetts; engl.) — Das Plasma wird in einer Hochfrequenzentladung bei 144 MHz erzeugt, u. unmittelbar nach dem Abschalten der Erregung werden Spannungsimpulse (Impulsdauer < 1 μs) angelegt. Vff. erwarten, daß die dabei auftretenden Impulsströme Angaben über den Verlauf des Plasmazerfalls zulassen. L. Roth. 131◇

0212 **Laufende Schichten im Plasma von Mikrowellenentladungen.** Mikio Takeyama, Tanehiro Nakau, Sōzaburo Yamasaki und Takeshi Isa. (J. physic. Soc. Japan **16,** 1255, 1961; Kyoto, Univ., Yoshida Coll.; Osaka Univ. of Liberal Arts and Educ.; Himeji Techn. Coll.; engl.) — Bei senkrechter Lage des Entladungsrohres zum elektr. Mikrowellenfeld können im Plasma der Entladung (8 Torr *Ar*) laufende Schichten beobachtet werden (Frequenz 500 bis 900 Hz, Geschw. 20 m/s). Bei zum Entladungsrohr parallelem Feld bleibt die Erscheinung aus. L. Roth. 131◇

0213 **Über dynamische Eigenschaften von Xenon-Hochdruckbögen.** Hans-Jürgen Hentschel. (Z. angew. Physik **12,** 223—30, 1960; Karlsruhe, TH, Lichttechn. Inst.; dt.) — Vf. untersucht die Modulation eines mit Gleichstrom betriebenen Xe-Hochdruckbogens an Xe-Hochdrucklampen des Typs XBO 162; der Frequenzbereich erstreckt sich dabei von 50 Hz bis 25 kHz, die Modulationsstromstärke von 0 bis 6 A. Die Strahlung des Bogens wird mit einem SEV gemessen. Es können sowohl der Gesamtbogen als auch einzelne Teile, getrennt nach Kontinuum u. Linien, erfaßt werden. Die Strahlungsamplitude ist bei hoher Leistungskonz. im Bogen wenig von der Frequenz abhängig, dagegen nimmt sie bei niedriger Leistungskonz. für Frequenzen oberhalb einiger kHz stark ab. Die Phase der Strahlung zeigt mit zunehmender Frequenz eine Verzögerung gegenüber der Stromphase in der Größenordnung 10^{-3} bis 10^{-6} s. Ausbreitungsvorgänge in Form einer Wärmewelle, wie sie aus der Theorie des modulierten Hg-Bogens folgen, konnten nur für niedrige Frequenzen nachgewiesen werden.
H. Schirrwitz. 131◇

0214 **Die fallende Strom-Spannungs-Charakteristik in der stillen elektrischen Entladung.** 1. Mitt. **Der Einfluß verschiedener Detektoren.** D. P. Jatar und H. D. Sharma. (Proc. nat. Acad. Sci., India, Sect. A **28,** 229—35, 1959; Saugar Univ., Dep. of Phys.; engl.) — Untersuchung der Charakteristik bei Anwendung verschiedener Meßverff.; Entladungen in *Luft*. L. Roth. 131◇

0215 **Die Charakteristiken von Entladungen im gekreuzten elektrischen und magnetischen Feld.** Shigeru Hayakawa und Tokuo Suita. (J. physic. Soc. Japan **16,** 1037—38, 1961; Osaka, Japan, Matsushita Electr. Ind. Co., Ltd., Wireless Div., Techn. Res. Dep.; Osaka, Univ., Fac. of Engng.; engl.) — In einer Entladungsanordnung mit gekreuztem elektr. u. magnet. Feld, wie sie zur Erzeugung sog. rotierender Plasmen benutzt wird, ergibt sich eine Zündverzögerung von der Größenordnung 10 μs. Die Abhängigkeit dieser Verzögerungszeit von Magnetfeldstärke, Gasdruck u. Elektrodenspannung wird angegeben. Die Potentialverteilung zwischen den Elektroden wird mit Hilfe von Sonden zu verschiedenen Zeitpunkten der Vordruchbruchszeit ermittelt.
L. Roth. 131◇

0216 **Der Mechanismus der Ozonbildung in elektrischen Entladungen.** R. W. Lunt. (Advances Chem. Ser. Nr. **21,** 286—303, 1959; London, Univ. Coll.; engl.) — Übersicht. — 82 Literaturangaben (bis 1956).
P. Golinske. 131◇

0217 **Wasserstoffmoleküle mit vier und fünf Atomen.** F. Kirchner. (Z. Naturforsch. **18a,** 879—80, 1963; Köln, Univ., I. Phys. Inst.; dt.) — Vf. berichtet über den Nachw. von H_4^+- u. H_5^+-Ionen mit einem doppeltfokussierende Massenspektrometer mit Zählrohranzeige. Ferner konnten D_3^+-Ionen beobachtet werden.
G. M. Neumann. 131◇

0218 **Schnelle Wellen negativer Energie in Brillouin-Flüssen.** G. C. Van Hoven und T. Wessel-Berg. (J. appl. Physics **34,** 1834—35, 1963; Stanford, Calif.,

Stanford Univ., W. W. Hansen Labor. of Phys., Microwave Labor.; engl.) — Es wird gezeigt, daß in einem Elektronenstrahl mit Brillouin-Flußwellen existieren, die höhere Phasengeschw. als die axiale Elektronengeschw. besitzen u. die daher eine negative kinet. Energie haben müssen. Diese Wellen besitzen Frequenzen, bei denen die Phasengeschw. größer als die Lichtgeschw. ist u. müßten die Herst. von Oscillatoren und Verstärkern mit glatten Wellenführungsstrukturen gestatten. Die Ergebnisse wurden bei einer quasistat. Kleinsignal-Analyse eines axial gerichteten Brillouin-Strahls in einem zylindr. Rohr erhalten. H. Fahlenbrach. 131◇

0219 **Gleichrichtung in einer 50-Hz-Entladung.** P. A. Davenport. (J. nuclear Energy, Part C **3,** 32—33, 1961; Harwell, Didcot, Berks., A. E. R. E.; engl.) — In einer den thermonuclearen Anlagen Alpha bzw. Zeta ähnlichen, im Verhältnis 1 : 3 verkleinerten App. wurden 50-Hz-Entladungen in H_2, D_2, *He*, N_2 bzw. *Ar* untersucht. Im Druckbereich um $0{,}5 \cdot 10^{-3}$ Torr zeigte sich eine völlige Gleichrichterwirkung. Es floß nur Strom bei gleichgerichtetem elektr. u. magnet. Feld. L. Roth. 131◇

0220 **Kathodenzerstäubung durch Edelgas-Ionen niedriger Energie.** 1. Mitt. M. Koedam. (Philips Res. Rep. **16,** 101—44, 1961; Utrecht, Univ.; engl.) — Unterss. über die Kathodenzerstäubung von polykristallinem *Ag* bzw. einkristallinem *Cu*, *Ni* u. *Ge* beim Beschuß mit Ne^+-, Ar^+ u. Kr^+-Ionen mit Energien zwischen 50 u. 1500 eV. Im vorliegenden 1. Teil der Arbeit wird eine Literaturübersicht gegeben; außerdem werden App. u. Meßverf. beschrieben. Die Zerstäubung erfolgt bei einem Gasdruck von 10^{-4} Torr, die dazu verwendeten Ionen werden unmittelbar im Gasraum durch Elektronenstoß erzeugt. Das abgestäubte Material wird auf einer Glasplatte aufgefangen u. durch Best. der Durchlässigkeit gemessen. L. Roth. 131◇

0221 **Thermodynamik der kritischen Erscheinungen im elektrischen Feld.** W. A. Samkow. (Nachr. Moskauer Univ., Ser. III **17,** Nr. 6, 32—36, 1962; Moskau, Univ., Lehrst. für Mol.-Phys.; russ.) — Es wird bewiesen, daß die DK polarer Stoffe am krit. Punkt ein Maximum durchläuft. Die Vergrößerung der krit. Temp. beim Anlegen eines elektr. Felds ist proportional dem Verhältnis der Energie des molaren Dipols zur Energie der Rotationsfreiheitsgrade. R. Teichmann. 132◇

0222 **Beziehungen zwischen der Dielektrizitätskonstante und dem Faradayeffekt bei Zentimeterwellen und im schwachen Feld in Nickel–Zink–Ferritchromiten.** Vladimir Cagan. (J. physic. Soc. Japan, Suppl. B-I **17,** 384—88, 1962; Bellevue, S. et O., Labor. de Magnétisme et de Phys. du Solide; franz.) — Der Einfl. dielektr. Verluste ε'' auf die gesamte Eingangsimpedanz α von Verbb. der Zus. 18 (%) NiO, 49—51% (Fe_2O_3 + Cr_2O_3), 31 bis 33 ZnO, wobei der Cr-Geh. 0—20% des Wertes der Klammer beträgt, wird für den Faraday-Effekt bei Mikrowellenfrequenzen untersucht. Die Änderungen von α werden mit denen von ε'' u. den magnet. Verlusten μ'' als Funktion der nominalen Zus. u. der Sinter-Temp. verglichen. In allen Fällen haben die dielektr. Verluste einen großen Einfl. auf die gesamte Eingangsimpedanz. H. Roschkowski. 132◇

0223 **Beiträge zur Untersuchung einer Meßmethode für den Verlustwinkel eines Dielektrikums, beruhend auf einem genauen Meßverfahren des Leitwertes eines Parallelresonanzschwingkreises.** Alexandru Papp. (An. ştiinţ. Univ. „Al. I. Cuza“ Iasi, Sect. I [N. S.] **7,** Nr. 2, 413—22, 1961; franz.) — Vf. beschreibt ein Meß-Verf. des dielektr. Verlustwinkels, das auf Änderungen des Blindleitwertes eines Parallelresonanzkreises beruht, wenn im Schwingkreis eines Oscillators ein Meßkondensator ohne u. mit Dielektrikum eingesetzt wird. Herbert Müller. 132◇

0224 **Durch asymmetrisches Reiben von Eis auf Eis verursachte Elektrisierung.** J. Latham. (Brit. J. appl. Physics **14,** 488—90, 1963; Manchester, Coll. of Sci. and Technol., Dep. of Phys.; engl.) — Beim Gleiten einer Eisprobe über eine Eisoberfläche erwärmt sich die Probe gegenüber der Oberfläche u. wird negativ aufgeladen. Die Aufladung ist proportional zur hervorgerufenen Temp.-Differenz. Die Größenordnung der Elektrisierung wird auf Grund einer Theorie für den Ladungsübergang infolge des Temp.-Gradienten im Eis erklärt. H. Liepack. 132◇

0225 **Die Einwirkung mechanischen Druckes auf die dielektrischen Eigenschaften eines Bariumtitanat-Einkristalles.** J. Pietrzak. (Bull. Soc. Amis Sci. Lettres Poznań, Sér. B **16,** 139—62, 1960/61; Poznań, A. Mickiewicz Univ., Inst. of Exp. Phys.; engl.) — Die Einw. hydrostat. eindimensionaler Drücke auf ε in c-Domänen-$BaTiO_3$-Einkristalle wurde untersucht. Für verschiedene Drücke wurden ε–T-Diagramme aufgenommen. Mit wachsendem hydrostat. Druck nimmt $1/\varepsilon$ unterhalb des Curie-Punktes linear ab, oberhalb des Curie-Punktes linear zu. Der Curie-Punkt u. die Curie-Weiß-Temp. erniedrigen sich linear mit wachsendem Druck, u. zwar um $-4{,}1 \cdot 10^{-3}$ Grad/atm bzw. um $-3{,}6 \cdot 10^{-3}$ Grad/atm. Die Curie-Weiß-Konst. wird durch Druck nicht beeinflußt. Polarisierte Einkristalle von $BaTiO_3$ wurden bei Zimmer-Temp. entlang der [001]-Richtung wiederholt eindimensionalen Drücken von 200 kg/cm² ausgesetzt. Dabei wurden irreversible Änderungen der Domänenstruktur u. von ε beobachtet. Zuletzt zeigten die Einkristalle eine laminare Domänenstruktur von großer Stabilität sowie ε-Werte, die nicht mehr druckabhängig waren. K. Jaeger. 133◇

0226 **Einwirkung elektrischer Felder auf die dielektrischen Eigenschaften von Bariumtitanat-Einkristallen.** J. Pietrzak. (Bull. Soc. Amis Sci. Lettres Poznań, Sér. B **16,** 163—83, 1960/61; engl.) — Vgl. vorst. Referat. — Die Einw. elektr. Felder auf Einkristalle von c-Domänen-$BaTiO_3$ wurde oberhalb u. unterhalb des Curie-Punktes untersucht. Die Kristalle wurden therm. oder durch zeitlich abnehmende Wechselstromfelder depolarisiert. Im ferroelektr. Bereich wächst ε mit der Temperatur. Oberhalb des Curie-Punktes wächst ε mit sinkender Temp.; ε nimmt ab mit wachsender Gleichstromfeldstärke. $\Delta\varepsilon/\Delta E$ wird mit wachsenden Temp. kleiner. Im 50 Hz-Feld dagegen wächst ε oberhalb des Curie-Punktes mit der Temp. an. $\Delta\varepsilon/\Delta E$ wird auch hier mit wachsenden Temp. kleiner, bis es bei 200° Null wird. Das Anwachsen von ε im Wechselstromfeld mit der Temp. oberhalb des Curie-Punktes wird auf eine wachsende Polarisierbarkeit der Ionen zurückgeführt. Der Abfall dagegen von ε im Gleichstromfeld unter den gleichen Bedingungen beruht auf einer Oberflächenschicht von Raumladungen, die zu einer nichtlinearen Potentialverteilung im $BaTiO_3$-Einkristall führt. K. Jaeger. 133◇

0227 **Der Effekt der Domänenverklemmung in ferroelektrischen Materialien.** F. Kaczmarek und J. Pietrzak. (Bull. Soc. Amis Sci. Lettres Poznań, Sér. B **16,** 185—99, 1960/61; engl.) — Vgl. vorst. Referate. — Einkristallines u. polykristallines $BaTiO_3$ sowie Triglycinsulfat-Einkristalle wurden auf Domänenverklemmung untersucht. Dieser Effekt, der für antiparallele Domänenstruktur charakterist. ist, wurde an Einkristallen von c-Domänen-$BaTiO_3$ u. von Triglycinsulfat gefunden. Die Ergebnisse für Triglycinsulfat zeigen deutlich die ausschließliche Ggw. von 180°-Domänen an. Die Anwesenheit von 90°-Domänen in keram. $BaTiO_3$ entzieht den Verklemmungseffekt gewöhnlich der Beobachtung. Trotzdem läßt er sich bei dünnen Proben von geringer Dichte nachweisen, was auf ein „Einfrieren“ der 90°-Domänenstruktur zurückgeführt wird. Der elektromechan. Kopplungskoeff. k wurde aus den ε-Werten für den verklemmten u. den freien Kristall berechnet. Er beträgt für $BaTiO_3$-Einkristalle 0,47, für Triglycinsulfat-Einkristalle 0,18, für gealtertes keram. $BaTiO_3$ 0,28, für getempertes keram. $BaTiO_3$ 0,33 u. für ausgeglühtes keram. $BaTiO_3$ 0,17. K. Jaeger. 133◇

0228 **Der Effekt eines eindimensionalen Druckes auf die Dielektrizitätskonstante von Bariumtitanat.** J. Pietrzak und J. Klimowski. (Bull. Soc. Amis Sci. Lettres Poznań, Sér. B **16,** 213—18, 1960/61; engl.) — Vgl. vorst. Referate. — Eindimensionaler Druck auf polykristallines, tablettiertes $BaTiO_3$ verursacht zwei Effekte: 1. Ausbildung oder Fortentwicklung einer laminaren Domänenstruktur; 2. Veränderung der Beweglichkeit der 90°-Domänen-Wände. Welcher der beiden Effekte vorherrschend wird u. damit die Form der $\Delta\varepsilon/\varepsilon$–p-Kurven bestimmt, hängt von der Dichte der Probe ab. K. Jaeger. 133◇

0229 **Alterungserscheinungen an keramischem Bariumtitanat.** J. Stankowski. (Bull. Soc. Amis Sci. Lettres Poznań, Sér. B **16,** 27—59, 1960/61; Poznań, Polish Acad. of Sci., Inst. of Phys.; engl.) — Vf. untersuchte die Wrkg. von Wechselstrom- u. Gleichstromfeldern, eindimensionalem Druck u. plast. Verformung auf den Alterungsprozeß keram. Materials aus $BaTiO_3$. Ein einfacher Mechanismus des Alterungsprozesses von Ferroelektrika wird vorgeschlagen, wonach das Altern im wesentlichen auf einer Reorientierung der einzelnen Domänen beruht. Fehlstellen stabilisieren die ferroelektr. Domänenstruktur. Ein gealtertes Ferroelektrikum mit Fehlstellen weist stets doppelte dielektr. Hysteresis-Schleifen auf. Die Annahme einer Fehlstellenwanderung in einem Kristall mit Domänenstruktur führt zu guten qual. Übereinstimmungen der berechneten u. gemessenen Werte, d. h. einem logarithm. Abfall von ε mit der Zeit. Ein Anwachsen von ε in Gleichstromfeldern wurde nur in gealterten Proben beobachtet; junge Proben zeigten stets einen Abfall. Für polykristallines $BaTiO_3$ sind (1/E) $(\Delta\varepsilon/\varepsilon)$ u. (1/p) $(\Delta\varepsilon/\varepsilon)$ negativ. Nur gealtertes $BaTiO_3$ zeigte für wachsende eindimensionale Drücke positives (1/p) · $(\Delta\varepsilon/\varepsilon)$. Plötzliches Entfernen eindimensionaler Drücke wurde als neue Meth. zur Verjüngung gealteter $BaTiO_3$-Keramiken erkannt. Die Umkehrung der Polarisation im $BaTiO_3$-Kristall geschieht in kleinen, aufeinander erfolgenden Schritten von 90°. K. Jaeger. 133◇

0230 **Thermoelektrizität in Gold bei tiefen Temperaturen.** H. H. Andersen und M. Nielsen. (Physics Letters [Amsterdam] **6,** 17—18, 1963; Roskilde, Denmark, Atom. Energy Comm., Res. Establ. Risö; engl.) — Zwischen 2 u. 9°K wird die Thermospannung einer im Vakuum geglühten Au-Probe gemessen. Das Verh. ist dem von Au mit Fe-Geh. ähnlich. Die Thermospannung ist mit $13{,}5 \cdot 10^{-6}$ V/Grad annähernd konstant. Bei einer in oxydierender Atmosphäre geglühten Probe steigt die Thermospannung zwischen 2,4 u. 8,8°K von $0{,}3 \cdot 10^{-8}$ auf $4 \cdot 10^{-8}$ V/Grad. R. Nink. 133◇

0231 **Über die Thermokraft von Pyrit.** Teruo Suzuki. (Sci. Rep. Tôhôku Univ., Ser. III **8,** 317—419, 1963; engl.) — Es wird über umfangreiche Messungen der Thermokraft an Pyritkristallen verschiedener Herkunft mit geätzten oder polierten Kristallflächen berichtet. Die Werte u. die Vorzeichen der Potentiale variieren mit der zonalen Struktur u. der Temperatur. S. Krause. 133◇

0232 **Fermi-Energie freier Elektronen und der Größeneffekt.** Kazimierz F. Wojciechowski. (Acta physica polon. **22,** 293—95, 1962; Wrocław, Univ., Dep. of Exper. Phys.; engl.) H. Liepack. 134◇

0233 **Einfluß des Ordnungszustandes aufgedampfter Nickelfilme auf die elektronische Wechselwirkung zwischen Ameisensäure und Nickel.** R. Suhrmann, D. Kern und G. Wedler. (Z. physik. Chem. [Frankfurt/M.] [N. F.] **36,** 165—78, 1963; Hannover, TH, Inst. für Physikal. Chem. u. Elektrochem.; dt.) — Bei $2 \cdot 10^{-10}$ Torr u. 77°K wurden Ni-Filme mit 70—100 Å Dicke kondensiert. Die lichtelektr. Austrittspotentiale betrugen bei schwankender Mengenkonst. für alle Filme $\Phi_0 = 4{,}59 \pm 0{,}02$ V. Mit zunehmender Tempertemp. (T. T.; 90—458°K) nahm Φ_0 auf 5,28 V zu. Auch der oberhalb 273°K gemessene Temp.-Koeff. des Widerstandes nahm mit zunehmender T. T. zu. Nach Adsorption von Ameisensäure bei 77°K wurde für Filme mit niedriger T. T. eine Widerstandszunahme, mit hohen T. T. eine Abnahme beobachtet. Die relative Widerstandszunahme nahm bis zu T. T. = 293°K linear mit zunehmendem Φ_0 ab. Austrittspotential u. Mengenkonst. nahmen bei der Adsorption ab. Bei kleinen Bedeckungen wurden an schwächer geordneten Filmen 2Φ-Werte beobachtet, wobei für 90 u. 195°K T. T. der größere über Φ_0 lag. Die Endwerte von Widerstandsänderung u. Austrittspotential wurden bei ca. $3 \cdot 10^{13}$ Moll./cm² Makrooberfläche beobachtet, entsprechend einer Belegung von 3,5% der Mikrooberfläche. Wurden die Ni-Filme nach den Adsorptionsverss. bei 77°K mehrere Std. bei Raumtemp. einem Ameisensäuredruck von einigen Torr ausgesetzt, so ergab eine massenspektrometr. Analyse bei HCOOH ein $H_2/CO \approx 4$, bei DCOOD ein $D_2/CO \approx 1$. H. Liepack. 134◇

0234 **Zur Energieverteilung der Sekundärelektronen aus Isolatoren.** H. Deichsel und E. Reichert. (Z. Physik **159,** 478—81, 1960; Mainz, Univ., Phys. Inst.; dt.) — Bei Primärelektronenstromdichten von 10^{-13}—10^{-14} A/cm² wurde die Sekundäremission von *NaCl*-Spaltflächen u. von Diamant gemessen. Die erhaltenen Kurven ähneln den Energieverteilungskurven der Sekundäremission von Metallen, nur daß ihr Maximum bei 1,6 bis 1,7 eV um etwa 0,5 eV unterhalb der Maxima der Kurven für Metalle liegt. Untersucht wird der Einfl. der Aufladung (auch der Aufladung im Inneren) der Isolatorprobe. K. Jaeger. 134◇

0235 **Elektronennachemission kristallwasserabgebender Substanzen.** W. Hanle, A. Scharmann und G. Seibert. (Z. Physik **171,** 497—504, 1963; Gießen, Univ., I. Phys. Inst.; dt.) — Vff. untersuchten bei 10^{-5} Torr mit einem Sekundärelektronenvervielfacher an $CuSO_4 \cdot 5\,H_2O$, $Ni \cdot SO_4 \cdot 7\,H_2O$, $MgSO_4 \cdot 7\,H_2O$, $BaCl_2 \cdot H_2O$, $Cd(C_2H_3O_2)_2 \cdot 3\,H_2O$ u. $Na_2CO_3 \cdot 10\,H_2O$ die beim Hochheizen mit der Kristallwasserabgabe verbundene Elektronenemission. Es wurden ebensoviele Glow-Maxima wie Umwandlungspunkte beobachtet, wobei die Glow-Maxima höher als die Umwandlungstemp. lagen. Der Abstand der Glow-Maxima war gleich der Differenz der Umwandlungstemperaturen. Elektronen- u. α-Bestrahlung hatte auf die kristallwasserhaltigen Kristalle keinen Einfl., bewirkte aber bei den entwässerten Kristallen Glow-Maxima, deren Lage mit denen der wasserhaltigen Kristalle zusammenfiel (mit Ausnahme von $CuSO_4$ bei α-Beschuß). H. Liepack. 134◇

0236 **Photoelektrische Emission von mit Strontiumoxid überzogenen Kathoden.** C. H. B. Mee. (Brit. J. appl. Physics **14,** 49—50, 1963; Southampton, Univ., Phys. Labor.; engl.) — Die Oxidkathoden wurden durch Pyrolyse des auf einen indirekt heizbaren Ni-Träger aufgesprühten Carbonats hergestellt. Die Kathode wurde nach dem Abziehen der Röhre durch den Emissionsstrom bei einer Kathodentemp. von ca. 1150°K aktiviert. Der Glühemissions-Aktivierungsgrad wurde aus der effektiven Austrittsarbeit ermittelt. Die im Bereich 600—200 nm durchgeführten Messungen der spektralen Empfindlichkeit ergaben eine Zunahme der Empfindlichkeit während der Beleuchtung, die bes. bei niedrigen Photonenenergien ausgeprägt ist. Alle Proben zeigten unabhängig vom Aktivierungszustand einen starken Anstieg bis zu einem Knie bzw. Maximum bei 4,0 eV, dem bei 5,5 eV ein weiterer Anstieg bis zu einem Maximum bei 5,8 eV folgt. Die Kathodenüberzüge luminescierten bei Beleuchtung im Bereich 315—265 nm schwach blaugrün. Bei Kathodentemp. von ca. 500°K war die Luminescenz nicht mehr sichtbar. Die niedrige Quantenausbeute unterhalb ca. 4,0 eV wird auf Emission aus Donatorenniveaus von stöchiometr. Sr-Überschuß zurückgeführt. Bei 4,0 eV erfolgt Bldg. von Excitonen, die ihre Energie an Donatorenzentren abgeben. Die hohe Ausbeute oberhalb 5,5 eV wird auf direkte Anregung aus dem besetzten Band zurückgeführt. H. Liepack. 134◇

0237 **Laser-induzierte Emission von Elektronen und positiven Ionen aus Metallen und Halbleitern.** Richard E. Honig. (Appl. Physics Letters **3,** 8—10, 1963; Princeton, N. J., RCA-Labor.; engl.) — Unterss. an *Ta* u. *Ge*. Bei einem 0,3 J-Impuls wurden einzelne Impulse von Elektronen u. positiven Ionen beobachtet, die untereinander u. mit dem Laserimpuls koinzidieren; die Impulsbreiten liegen zwischen 0,1 u. 1 μs. Bei einer Laserenergie von 2 J sind die Impulse der geladenen Teilchen breiter u. verlöschen vor dem Laserimpuls. Die Ströme von Ta sind 10mal größer als von Ge, die Zahl der von Ge emittierten positiven Ionen ist 40mal kleiner als von Ta. Aus dem Elektronenstrom von Ta in Abhängigkeit vom Kollektorpotential wird geschlossen, daß unterhalb 7,9 V die Elektronen nur auf Glühemission zurückzuführen sind, oberhalb erfolgt Ionisierung des Ta-Dampfes, die zu einer Niederspannungs-Bogenentladung führen kann. Für 1 J

Laserenergie wurden nach einer Bremspotential-Meth. die Temp. auf Ta zu 9500 ± 1500°K u. auf Ge zu 5600 ± 800°K ermittelt. Die Temp.-Unterschiede werden auf verschiedene Eindringtiefen zurückgeführt, die in Ta 95 u. in Ge 1200 Å betragen. H. Liepack. 134◇

0238 **Glühemissionseigenschaften von Uran.** E. G. Rauh und R. J. Thorn. (J. chem. Physics **31,** 1481—85, 1959; Lemont, Ill., Argonne Nat. Labor.; engl.) — Untersucht wurden U-Draht u. -Schichten (aufgedampft im Ultrahochvakuum auf W). Gemessen wurde der Emissionsstrom A als Funktion des Beschleunigungspotentials u. der Austrittsarbeit Φ. Die Ergebnisse zeigten, daß die U-Oberflächen niemals vollständig oxidfrei waren. Mit zunehmender Schichtdicke nehmen bis zu 15 Atomlagen auch $\varnothing$ u. A zu u. erreichen bei einer Schichtdicke von 15—200 Atomlagen Sättigungswerte von 3,47 ± 0,03 eV bzw. 114 ± 12 A · cm^{-2} · $Grad^{-2}$. Messungen der Oberflächenionisation zeigten, daß der positive Ionenstrom mit zunehmender Temp. zunahm u. daß das Ionisationspotential > 4,53 eV ist (wahrscheinlich 4,5—5,0 V). K. Jaeger. 134◇

0239 **Über die Glühemissionseigenschaften von ZrC, UC und einer ZrC · UC-Mischung.** W. E. Danforth und Albert J. Williams III. (J. appl. Physics **32,** 1181—82, 1961; Swarthmore, Pa., Bartol Res. Foundat. of the Franklin Inst.; engl.) — In einer Diode wurden ZrC u. $ZrC_{0,8} \cdot UC_{0,2}$ untersucht. Die Carbide lagen in Form von Kreisscheiben vor u. wurden durch Elektronenbeschuß geheizt. Es wurden folgende Richardson-Konst. ermittelt: geschmolzenes ZrC A = 140 (A/cm^2 $grad^2$), Φ = 4,0 (eV), heißgepreßtes $ZrC_{0,8} \cdot UC_{0,2}$ A = 12, Φ = 3,1. Vgl. mit anderen Meßergebnissen einschließlich für UC. H. Liepack. 134◇

0240 **Temperaturwellen in oxidbedeckten Kathoden im Impulsbetrieb.** D. A. Campbell und W. G. Shepherd. (J. appl. Physics **34,** 2473—82, 1963; Minneapolis, Minn., Univ. of Minnesota, Electr. Engng. Dep.; engl.) — Bei der experimentellen Unters. des zeitlichen Verlaufs der Elektronenemission von aktivierten Kathoden während der Impulse von 100 μs bis 100 ms wurde gefunden, daß bei Verw. sorgfältig vorbehandelter Anoden aus Ti nicht der sonst meist beobachtete Abfall der Emission mit der Zeit, sondern bei hohen Betriebstemp. vielmehr eine Zunahme der Sättigungsemission während des Impulses auftrat. Eine theoret. Behandlung durch Lösung der linearen Wärmeleitungsgleichung unter Berücksichtigung der Jouleschen Wärme, der Emissionskühlung u. der Strahlung mit den der Kathodengeometrie entsprechenden Randbedingungen zeigen, daß die zeitliche Variation der Temp. an der Oberfläche erheblich sein u. die beobachtete Emissionszunahme erklären kann. Eine numer. Lösung der nichtlinearen Wärmeleitungsgleichung zeigt, daß bei hohen Stromdichten sogar therm. Instabilitäten auftreten können. Dieser Effekt wird als Erklärung für die bei hohen Strömen auftretenden Bogenüberschläge vorgeschlagen. F. Lenz. 134◇

0241 **Das spektrale Emissionsvermögen von mit SrO bedeckten Kathoden.** C. H. B. Mee. (J. Electronics and Control [1] **14,** 629—31, 1963; Southampton, Univ., Phys. Labor.; engl.) — An 3 Kathoden mit verschiedener Oxidschichtdicke werden die effektive Austrittsarbeit bei 1000°K u. das mittlere spektrale Emissionsvermögen zwischen 1000 u. 1450°K gemessen. R. Nink. 134◇

0242 **Eine Kathode mit Oxidkern.** Keiichi Ando, Osami Kamigaito, Yoshihiro Kamiya, Shigetoshi Takahashi und Ryozi Uyeda. (J. physic. Soc. Japan **14,** 180—85, 1959; Nagoya, Japan, Univ., Phys. Inst.; engl.) — Durch Ausbohren eines Pt-Stäbchens, Auffüllen der Bohrung mit Oxidpulver (*SrO–BaO*) u. anschließendes Strangpressen wurden Elektroden mit einem Durchmesser von 0,3 mm u. einem Oxidkern von 0,03 mm Durchmesser hergestellt. Die Elektronenemission solcher Kathoden geht nur von dem Oxidkern aus. Bei der Erprobung in herkömmlichen Elektronenmikroskopen erwiesen sich die Pt-Elektroden mit Oxidkern in ihrer Haltbarkeit den ω-Elektroden überlegen. K. Jaeger. 134◇

0243 **Zur Transporttheorie für Halbleiter mit gekrümmten Energieoberflächen.** J. Kołodziejczak und S. Żukotyński. (Acta physica polon. **23,** 783—94, **1963;** Warsaw, Univ. of Warsaw, Inst. of Phys., Pol. Acad. of Sci.; engl.) — Es werden sämtliche Komponenten der Transporttensoren für freie Ladungsträger in einem äußeren magnet. Gleichfeld für den Fall von schwach gekrümmten Energieoberflächen berechnet. Die Ergebnisse sind auf die magnet. Widerstandsänderung, die Wärmeleitfähigkeit sowie auf den thermoelektr. Effekt anwendbar. R. Nink. 135◇

0244 **Durch Neutronenbeschuß bewirkte Effekte in Halbleitern.** L. G. Penhale. (Int. J. appl. Radiat. Isotopes **14,** 305—25, 1963; Shrivenham, Swindon, Wilts., Royal Military Coll. of Sci.; engl.) — Übersicht. — 53 Literaturstellen. R. Nink. 135◇

0245 **Diffusion von Verunreinigungen in der Halbleiterschmelze.** 2. Mitt. **Dynamische Analyse der Rückverteilung von Verunreinigungen beim Schmelzprozeß.** Hiroshi Kodera und Shoji Tauchi. (Jap. J. appl. Physics **2,** 220—26, 1963; Kokubunji, Tokyo, Hitachi Ltd., Central Res. Labor.; engl.) — 1. vgl. J. physic. Soc. Japan **17,** [1962], 102. — Eine Analyse der Neuverteilung der Verunreinigungen in der Halbleiterschmelze während des Schmelzprozesses eines Kristalls, der mit der Schmelze in Kontakt steht, wird angegeben; dabei wird im Gegensatz zu früheren Annahmen die Existenz einer Diffusionsschicht direkt unter dem Kristall während des gesamten Prozesses vorausgesetzt. Nach dem Schmelzprozeß können die Verunreinigungen der Schmelze in den Kristall hineindiffundieren. Zum Vgl. mit experimentellen Ergebnissen wird eine analyt. Formel für die Neuverteilung der Fremdatome angegeben. Ernst Schulte. 135◇

0246 **Diffusion von Verunreinigungen in der Halbleiterschmelze.** 3. Mitt. **Experimentelle Bestimmung der Dicke der Diffusionsschicht beim Schmelzprozeß.** Hiroshi Kodera, Shinya Iida und Shoji Tauchi. (Jap. J. appl. Physics **2,** 227—32, 1963; engl.) — 2. vgl. vorst. Referat. — Die Existenz einer Diffusionsschicht bei den Schmelzprozessen von *Ge* u. *Si* wurde bestätigt. Die Dicke dieser Schicht wurde auf 0,4 mm für *Ge* u. auf 1 mm für *Si* geschätzt. Ernst Schulte. 135◇

0247 **Eine Vierpunkt-Sonde für Widerstandsmessungen an Halbleitern.** J. K. D. Verma. (Indian J. Physics Proc. Indian Assoc. Cultivat. Sci. **37(46),** 241—44, 1963; Calcutta, Saha Inst. of Nucl. Phys.; engl.) R. Nink. 135◇

0248 **Potentialuntersuchungen an Übergangsflächen von Tunneldioden.** W. Bernard, H. Roth, A. P. Schmid und P. Zeldes. (Physic. Rev. [2] **131,** 627—31, 1953; Waltham, Mass., Raytheon Res. Div.; engl.) — Es wird ein theoret. Modell für die Potentialverteilung an Grenzflächen von Tunneldioden abgeleitet mit einem diskontinuierlichen Bänderübergang, das durch Präzisionsmessungen der Kapazität an einer Reihe von Ge-Proben bei 78°K bestätigt wird. R. Nink. 135◇

0249 **Stromverstärkungsfaktor in gesteuerten p-n-p-n-Siliciumgleichrichtern.** D. E. Crees und C. A. Hogarth. (J. Electronics and Control [1] **14,** 481—98, 1963; London, Brunel Coll., Phys. Dep.; engl.) — Unters. der elektr. Eigg. von p-n-p-n-Kombinationen von Halbleitern wie Si u. Ge. R. Nink. 135◇

0250 **Direkte Gitterabsorption in Verbindung mit flachen Verunreinigungsniveaus.** J. R. Hardy. (Philos. Mag. [8] **7,** 953—60, 1962; Reading, Berks., Thomson Phys. Labor.; engl.) — Es wird gezeigt, daß das Versagen der adiabat. Näherung für flache Verunreinigungsniveaus in Substanzen mit Diamantstruktur auf einer Einphononenabsorption durch das Gastgitter beruhen kann. Diskutiert wird die Anwendung dieser Theorie auf dotiertes *Ge* u. *Si*. K. Jaeger. 135◇

0251 **Durch Spannungen verursachte Leitfähigkeitsänderungen in antimon- und arsendotiertem Germanium.** Akio Kobayashi, Koichi Sugiyama und Takahiro Inamura. (J. physic. Soc. Japan, Suppl. Nr. II, Proc. int. Conf. Crystal Lattice Defects, Kyoto **1962,** 161—65, **1963;** Musashino, Tokyo, Japan, Electr. Communicat. Labor.; engl.) — Gemessen wurden der Hall-Koeff., der piezoelektr. Widerstand u. die magnet. Widerstandsänderung in Sb- u. As-dotiertem Ge unter Druck in [111] im Temp.-

Bereich 1–300°K. Die Tal-Bahn-Aufspaltungsenergie für die As-Donatoren wird aus den Hall-Messungen zu 3,9 meV bestimmt. Starke Anisotropie mit der Rotationsachse [111] zeigen der piezoelektr. Widerstand u. die magnet. Widerstandsänderung im Bereich der Störstellenhalbleitung. Das Verhältnis des piezoelektr. Widerstandes parallel u. senkrecht zu [111] beträgt etwa 5 bis 6. Die Aktivierungsenergie der Störstellenhalbleitung Sb-dotierter Proben ist druckunabhängig, wogegen sie bei As-dotierten Proben mit steigendem Druck abnimmt. Die negative magnet. Widerstandsänderung tritt in n- u. p-Ge erst unter Druckeinwirkung auf. Die Ergebnisse werden durch eine Störung der Wellenfunktionen der Dotierungsionen durch die Druckeinwirkung gedeutet.
K. Jaeger. 135◇

0252 **Galvanomagnetische Effekte in Grenzschichten von Germaniumdoppelkristallen.** Yoshihiro Hamakawa und Jiro Yamaguchi. (J. physic. Soc. Japan, Suppl. Nr. II, Proc. int. Conf. Crystal Lattice Defects, Kyoto **1962,** 166–71, 1963; Osaka, Japan, Univ., Fac. of Engng.; engl.) – Gemessen wurden der reduzierte spezif. elektr. Widerstand u. verwandte galvanomagnet. Effekte längs der Korngrenzen in n-Ge-Doppelkristallen im Temp.-Bereich 2,8 bis ∼300°K. Proben mit einer Fehlorientierung von 12° zeigten für den Hall-Koeff. ein scharfes Maximum bei ∼25°K. Bei der gleichen Temp. tritt im Diagramm log (ϱ_s/t) gegen 1/T eine starke Steigungsänderung auf, wogegen der log des reduzierten spezif. Widerstandes ϱ_s/t unterhalb 10°K nahezu konst. bleibt; gleichzeitig wird eine starke negative magnet. Widerstandsänderung beobachtet. Diese Erscheinungen gleichen der Fremdhalbleitung in hochdotierten Halbleitern. Bestimmt werden die Niveaus der Versetzungsakzeptoren, die Ionisationsenergien u. die Dichte der Versetzungslinien in den Korngrenzenschichten.
K. Jaeger. 135◇

0253 **Einige Eigenschaften von p-n-Übergängen in GaP.** H. G. Grimmeiss, A. Rabenau und H. Koelmans. (J. appl. Physics, Suppl. zu **32,** Nr. 10, 2123–27, 1961; Aachen, Philips Zentrallabor. GmbH, Eindhoven, Netherlands, Philips Res. Labor.; engl.) – Durch Sublimieren von GaP unter geeigneten Bedingungen konnten Einkristalle der Verb. erhalten werden. Die p-n-Luminescenz u. die Photolumineszenz von undotiertem u. mit Zn dotiertem GaP werden untersucht u. die Lichtausbeute der p–n-Luminescenz als Funktion der Temp. u. Anregungsdichte besprochen. Die Abhängigkeit des photoelektr. Effekts am p–n-Übergang vom Anregungs-Spektrum wird untersucht. H. Roschkowski. 135◇

0254 **Die Leitfähigkeit von InAs bei starken Feldern.** B. R. Nag, P. Das, H. Paria und S. K. Roy. (Indian J. Physics Proc. Indian Assoc. Cultivat. Sci. **37(46),** 287 bis 288, 1963; Calcutta, Univ., Inst. of Radio-Phys. and Electron.; engl.) – Messungen des Leitfähigkeitsanstiegs von p-leitenden polykristallinen InAs-Proben bei Feldern zwischen 300 u. 900 V cm^{-1} u. Temp. von 105 u. 273°K.
R. Nink. 135◇

0255 **Störstellengleichgewichte in III–V-Kristallen, die IV-Verunreinigungen enthalten.** Allen B. Scott und William J. Fredericks. (J. physic. Soc. Japan, Suppl. Nr. II, Proc. int. Conf. Crystal Lattice Defects, Kyoto **1962,** 136–42, 1963; Corvallis, Oreg., Univ., Dep. of Chem.; engl.) – Berechnet wurde die Verteilung einer Sn-Dotierung auf die Ga- u. Sb-Plätze in *GaSb* unter bestimmten Gleichgew.-Bedingungen. Durch die kovalenten Bindungsenergien, die einatomigen Dampfdrücke der Elemente des Wirtsgitters u. durch Spannungsenergien wird diese Verteilung wesentlich beeinflußt. Der Verteilungs-Koeff. $K_{1/2}$ kann für Sn in GaSb je nach der Temp. zwischen 0,01 u. 100 liegen. Für 900° ist $K_{1/2}$ = 0,5. Ferner werden Werte für *Si, Ge, Sn, Pb* in *AlSb, GaP, GaAs, InP, InAs* u. *InSb* mitgeteilt. Die Verteilungs-Koeff. können zur Charakterisierung der elektr. Eigg. von III–V-Verbb. dienen, die etwa mit IV-Schmelzen im Gleichgew. stehen. K. Jaeger. 135◇

0256 **Elektronenenergieniveaus und ihr Zusammenhang mit Gitterstörstellen in reduziertem Rutil.** J. H. Becker und W. R. Hosler. (J. physic. Soc. Japan, Suppl. Nr. II, Proc. int. Conf. Crystal Lattice Defects, Kyoto **1962,** 152–60, 1963; Washington, D. C., N. B. S. engl.) – Gemessen wurden der Hall-Koeff. u. der elektr. Widerstand im Temp.-Bereich 2–300°K an Rutilproben, die bei 1000° im Vakuum oder bei 600° in H_2 reduziert worden waren. Die Daten deuten auf eine Leitung in den Störstellenniveaus bei sehr tiefen Temp. ($\lesssim$ 4°K), ein enges Ti^{3+}-Leitungsband bei ∼ 7–30°K u. zusätzliche Beiträge zwischen ∼ 30 u. 300°K von einem weiteren Ti^{3+}-Leitungsband. Die Ergebnisse lassen eher ein Modell mit Ti^{3+} auf Zwischengitterplätzen annehmen als ein solches mit Sauerstoffleerstellen. K. Jaeger. 135◇

0257 **Druckabhängigkeit des Überganges vom metallischen Verhalten zum Isolatorverhalten in V_2O_3.** I. G. Austin. (Philos. Mag. [8] **7,** 961–67, 1962; Teddington, Middlesex, Nat. Phys. Labor., Basic Phys. Div.; engl.) – Gemessen wurde der Einfl. des Druckes auf die Umwandlungs-Temp. T_0 zum metall. Verh. des V_2O_3 (bei – 110° ohne Druck) u. auf den spezif. elektr. Widerstand im metall. u. nichtmetall. Bereich. Für Drücke bis zu 15 kbar gilt $dT_0/dp = -(4,1 \pm 0,3) \cdot 10^{-3}$ Grad bar^{-1}. Die Umwandlung ist zweiter oder höherer Art. Ähnliches Verh. wurde in einigen VO-Proben beobachtet.
K. Jaeger. 135◇

0258 **Die Defektstruktur von Kupfer(I)-oxid.** Michael O'Keeffe, Yukiko Ebisuzaki und Walter J. Moore. (J. physic. Soc. Japan, Suppl. Nr. II, Proc. int. Conf. Crystal Lattice Defects, Kyoto **1962,** 131–36, 1963; Bloomington, Ind., Univ., Chem. Labor.; engl.) – Gemessen wurde der Hall-Effekt in Cu_2O-Einkristallen unterhalb 200°. Die Ladungsträgerbeweglichkeit ist in diesem Bereich $\mu = 3,1 \cdot 10^5 \cdot T^{-3/2}$. Die Anzahl der eingefrorenen Acceptoren ist viel geringer als diejenige der wirksamen Leerstellen. Es wird vermutet, daß die Gitterleerstellen beim Abkühlen mit den ihnen assoziierten Defektelektronen H_2-isostere Aggregate bilden. Dieses Modell steht mit den magnet. Messungen im Einklang. Bei höheren Temp. dissoziieren diese Aggregate. Die große Acceptorendichte führt zu einer Verschmelzung der Acceptorenniveaus mit dem Valenzband. Die Anzahl der freien Defektelektronen folgt bei hohen Temp. Po_2^x mit x = 0,25 ± 0,005. Ferner konnte durch ^{18}O-Einbau gezeigt werden, daß die IR-Banden bei 1122 u. 794 cm^{-1} auf Gitterschwingungen beruhen u. nicht, wie bisher angenommen, auf Defektelektronen- oder Gitterleerstellenabsorption. Aus Diffusionsmessungen geht hervor, daß ein sehr geringer Anteil des Überschuß-O ($\gtrsim 6,5 \cdot 10^{14}$ cm^{-3}) auch Zwischengitterplätze besetzt u. ein Acceptorniveau mit der Ionisationsenergie 0,2 eV bildet. K. Jaeger. 135◇

0259 **Breite des verbotenen Bands und effektive Ladung im Kristallgitter von ZnS.** M. V. Fok. (Czechoslov. J. Physics **13,** 99–102, 1963; Moscow, Akad. of Sci. of the USSR, Phys. Inst.; engl.) – Die opt. u. die therm. Breite des verbotenen Bands in ZnS wurden durch Messung des Absorptionsspektrums u. der Temp.-Abhängigkeit der Leitfähigkeit untersucht u. Werte von 3,9 bzw. 3,2 eV gefunden. Aus der Differenz wurde die effektive Ladung der Ionen in ZnS zu (0,5 ± 0,1) e bestimmt. Ein Vgl. der Frequenzen der longitudinalen u. transversalen opt. Phononen zeigt ferner, daß wenigstens 60% des Kristallgitters von ZnS kovalenten Charakter besitzt.
G. M. Neumann. 135◇

0260 **Über den Einfluß des Röntgendamage auf die spektrale Verteilung des Photostromes von CdS-Einkristallen.** K. W. Böer, E.-H. Weber und B. Wojtowicz. (Mber. dtsch. Akad. Wiss. Berlin **4,** 547–52, 1962; Berlin, Humbold-Univ., IV. Physik. Inst.; Phys.-Techn. Inst. der Dt. Akad. der Wiss.; dt.) – Durch den Einfl. von Röntgenstrahlen wird bei Zimmertemp. das bei 514 bzw. 510 nm je nach Polarisationsrichtung liegende Hauptmaximum mehr oder weniger stark abgebaut; teilweise treten an seinen Flanken Maxima auf. Diese Änderungen im Photoleitungsspektrum sind jedoch reversibel. Wird die Messung bei – 176° durchgeführt, tritt neben dem Abbau des Hauptmaximums mitunter Verstärkung nach Röntgenbestrahlung auf. Werden Bestrahlung u. Messung bei – 176° durchgeführt, so tritt im Photostrommaximum nur geringfügige Änderung ein. Die Änderungen im Photoleitungsspektrum sind wahrscheinlich auf Störstellen-Bldg. in bereits gestörter

Gitterumgebung oder auf die Bldg. von Störstellenassoziaten zurückzuführen. Man darf jedoch den Einfl. des durch Röntgenbeschuß nicht beeinflußten Anteils der Realstruktur nicht außer acht lassen.
G. Herzog. 135◇

0261 **Einfluß einer Wasserstoff-Atmosphäre auf die Photoleitung von CdS-Einkristallen.** M. Asche und F. Eckart. (Mber. dtsch. Akad. Wiss. Berlin **2**, 261—65, 1960; Physikal.-Techn. Inst. der Dt. Akad. Wiss., Forschungsgemeinschaft; dt.) — Vff. untersuchen die Photoleitfähigkeit (PL) von CdS-Einkristallen unter dem Einfl. von H_2 bei Belichtung mit einer Intensität von 700 erg/cm^2 im Bereich von 420—470 nm. Nach Tempern im Vakuum steigt PL im Grundgittergebiet u. in der Nähe der Absorptionskante stark. Das Maximum bildet sich bei wiederholten Temperungen mit steigender Temp. (bis 500°K) immer stärker aus. Mol. H_2 erniedrigt PL bei Zimmertemperatur. Temperung bei 500°K im strömenden H_2 erhöht PL, besonders das Maximum bei 510 nm ist ausgeprägt. Mit der Temp. nimmt auch die Empfindlichkeit $>$ 510 nm zu. Die Oberflächenrekombinations-Geschw. (OR) nimmt mit der H_2-Behandlung bis zu einem Sättigungswert zu. Mit $\tau = 10^{-6}$s (10^{-4}) ergibt sich OR zu 10^5—10^6 (10^4—10^5) cm/s. (τ = Volumenlebensdauer). Vff. diskutieren die Wrkg. von H_2 u. den Mechanismus der Rekombination. D. Hoene. 135◇

0262 **Kontrollierte Abweichung von der Stöchiometrie in PbSe.** Kenzo Igaki und Nobumitsu Ohashi. (J. physic. Soc. Japan, Suppl. Nr. II, Proc. int. Conf. Crystal Lattice Defects, Kyoto **1962,** 143—47, 1963; Sakai, Osaka, Japan, Univ. of Osaka Prefecture Mozu, Dep. of Metallurg.; engl.) — Bestimmte nichtstöchiometr. PbSe-Proben wurden durch Erhitzen unter verschiedenen vorgegebenen Se-Dampfdrücken dargestellt. Mitgeteilt wird ein P–T–x-Diagramm. Die Hall-Beweglichkeit der Ladungsträger hängt von dem Se-Druck u. der Temp. (vor dem Abschrecken) bei der Darst. ab. Die größte Beweglichkeit der Defektelektronen betrug bei 77°K **4,3** · 10^4 cm^2/Vs. Die Abnahme der Defektelektronenbeweglichkeiten mit abnehmender Ladungsträger-Konz. liegt wahrscheinlich an einer Streuung an Anionenleerstellen. Die Anordnung der beobachteten Ätzvertiefungen ist um so regelmäßiger, je tiefer die Abschreck-Temp. lag. Dieser Effekt mag für die Abnahme der Beweglichkeit verantwortlich sein. K. Jaeger. 135◇

0263 **Elektrischer Widerstand und Hall-Effekt von GaTe- und GaSe-Einkristallen.** G. Fischer und J. L. Brebner. (Physics Chem. Solids **23,** 1363—70, 1962; Ottawa, Nat. Res. Council, Div. of Pure Phys.; engl.) — Widerstand u. Hall-Effekt von GaTe-Einkristallen werden zwischen 80—1000°K gemessen. Alle Proben sind p-leitend mit einer Löcherkonz. von ca. 10^{16} cm^{-3} u. einem Akzeptorniveau von 0,145 eV über dem Valenzband. Die Beweglichkeit (μ = 20—30 cm^2/V$_s$ bei 300°K) nimmt mit $T^{-1,2}$—$T^{-1,8}$ ab (T = Temp.). Ebenso wird der Einfl. von Ätzung u. Kaltverformung auf die Leitungseigenschaften untersucht. Bei beiden Behandlungen nimmt die Ladungsträgerdichte u. die Beweglichkeit ab. Zwei GaSe-Proben wurden zwischen 150—330°K vermessen u. erweisen sich als hochohmiger. Eine Probe war p-leitend mit einer Aktivierungsenergie E = 0,15 eV, die zweite mit E = 0,37 eV war für Hall-Messungen zu hochohmig. K. H. Härdtl. 135◇

0264 **Bi_2Te_3-Sb_2Te_3-Legierungen mit Tellur- und Selenzusatz.** J. Rupprecht. (Z. Naturforsch. **17a,** 628—29, 1962; Nürnberg, Siemens-Schuckertwerke AG, Labor. der Zentral-Werksverw.; dt.) — Bei Unterss. der thermoelektr. Eigg. von Sb_2Te_3–Bi_2Te_3-Legg. mit hohem, überstöchiometr. Te- u. gleichzeitigem Se-Zusatz zeigt sich, daß Te, in stärkerem Maße noch Se, die elektr. Leitfähigkeit vermindert u. die Thermokraft erhöht. Zur Einstellung einer bestimmten elektr. Leitfähigkeit bedingt ein wachsender Sb_2Te_3-Anteil steigende Te- u. Se-Mengen. Als typ. thermoelektr. Daten einer solchen Leg. mit 75 Mol-% Sb_2Te_3, 25 Mol-% Bi_2Te_3, 4 Gew.-% Te u. 1,0 Gew.-% Se, werden bei 25° angegeben: Thermokraft α = 208 μV/Grad; elektr. Leitfähigkeit σ = 1160 Ω^{-1} cm^{-1}; Wärmeleitfähigkeit $\varkappa$ = 1,42 · 10^{-2} W/cm · Grad; thermoelektr. Effektivität Z = 3,5 . 10^{-3} Grad^{-1}. Der für elektrotherm. Kühlanwendungen bes. geeignete Zus.-Bereich erstreckt sich von 73 Mol-% Sb_2Te_3- 27 Mol-% Bi_2Te_3 bis 80 Mol-% Sb_2Te_3- 20 Mol-% Bi_2Te_3; die überstöchiometr. Te-Zugabe mit 2 bis 8 Gew.-% der Gesamteinwaage beträgt das 2- bis 5fache des Se-Anteils.
H.-D. Freyer. 135◇

0265 **Die elektrischen Eigenschaften von Zinktellurid.** Hirosi Tubota, Hiromichi Suzuki und Kazuyoshi Hirakawa. (J. physic. Soc. Japan **16,** 1038—39, 1961; Fukuoka, Kyushu Univ., Gen. Educ. Dep.; engl.) — Widerstand u. Hall-Koeff. werden an ZnTe-Einkristallen gemessen, u. zwar an reinen Kristallen, die nach zwei verschiedenen Meth. hergestellt wurden, sowie an mit *Se* bzw. *In* dotierten Kristallen. L. Roth. 135◇

0266 **Eigenschaften von dünnen Silbertelluridschichten.** C. Paparoditis. (J. Physique Radium **23,** 411—24, 1962; Bellevue, Seine-et-Oise, C. N. R. S., Labor. de Magnétisme et de Phys. du Solide; franz.) — Auf Glas-, NaCl- bzw. Glimmerträger werden aus Mo-Tiegeln bei 10^{-5} Torr 400—6600 Å dicke Ag_2Te-Schichten aufgedampft, die teilweise in Ar bei 230—300° angelassen werden. Von den Schichten werden zwischen —196 u. 250° spezif. elektr. Widerstand sowie Hall-Koeff. R_H u. -Beweglichkeit μ_H bestimmt. Aus den elektr. Eigg. folgt, daß Ag_2Te während der Verdampfung nicht dissoziiert u. die stöchiometr. Zus. erhalten bleibt. Für die Schichten erreicht μ_H 3500 cm^2/V · s; bei 20° liegt R_H zwischen —3 u. —6 cm^3/A · s, u. die Ladungsträger-Konz. beträgt ca. 2 · 10^{18} cm^{-3}. Die Bandabstände von kompaktem α- u. β–Ag_2Te bleiben erhalten. Aus polarisationsmkr. Beobachtungen folgt eine Umwandlung 1. Ordnung, der eine Umwandlung 2. Ordnung überlagert ist; ein Einfl. der therm. Vorgeschichte der Schichten wird beobachtet. Die Schichten sind normal zur Trägeroberfläche orientiert u. zeigen ein radiales Kristallwachstum von Keimen, die in 400 Å dicken Schichten ca. 70 μ voneinander entfernt sind. Bei Verdampfung im elektr. Feld wird eine Dendritenstruktur beobachtet.
Herbert Müller. 135◇

0267 **Über die elektrische Leitfähigkeit des Glases.** 6. Mitt. **Die Temperaturabhängigkeit der Leitfähigkeit von Mischgläsern.** B. Lengyel und Z. Boksay. (Z. physik. Chem. [Leipzig] **223,** 49—58, 1963; Budapest, Eötvös Loránd-Univ., Inst. für allg. u. anorg. Chem.; dt.) — 5. vgl. Z. physik. Chem. [Leipzig] **222,** [1963], 183. — Untersucht wurden verschiedene Mischgläser, die jeweils zwei der Kationen Li^+, Na^+ u. K^+ enthielten, u. zwar in variablem Verhältnis. Die Abhängigkeit der Leitfähigkeit von der Temp. folgt hier nicht wie bei einfachen Gläsern der Rasch-Hinrichsen-Gleichung $\varkappa = A \cdot \exp(-Q/RT)$. In ihrer veränderten Form $\log q = \alpha/T - \beta$ sind im Bereich höherer Temp. α u. β nicht mehr konstant. Sie wurden bei 300 u. 400° für verschiedene Molenbrüche der beiden vorhandenen Kationen ermittelt. In den Syst. Li^+–Na^+ u. Li^+–K^+ durchläuft α bei beiden Temp. Maxima bei Molenbrüchen um 0,5. Nur bei 420° hat β ein Maximum, bei 300° nimmt es vom einfachen Li-Glas zum Na- bzw. K-Glas hin stetig ab. Im Syst. Na–K ergeben sich ähnliche Kurven für α u. β, jedoch mit einer Unstetigkeit auf der K-reichen Seite des Maximums, die nicht gedeutet werden kann. Eine Deutung der Ergebnisse wird nach einer Modellvorstellung für den Stromtransport gegeben. Demnach ist bei Mischgläsern eine Besetzung von Leerstellen durch dahinterliegende bewegliche Ionen genau in Stromrichtung dadurch erschwert, daß ein größeres Ion nicht den Platz eines kleineren einnehmen kann. Man muß daher annehmen, daß die Platzwechsel nicht nur genau in Stromrichtung, sondern über Umleitungen möglich sind. Ein derart gehemmter Platzwechsel erfordert eine größere Aktivierungsenergie. R. Drautzburg. 135◇

0268 **Die magnetischen Rotationsmomente von Lithiumhydrid und -deuterid.** T. R. Lawrence, C. H. Anderson und N. F. Ramsey. (Physic. Rev. [2] **130,** 1865—70, 1963; Cambridge, Mass., Harvard Univ.; engl.) — An Molekularstrahlen aus LiH u. LiD werden Resonanzen der magnet. Rotationsmomente beobachtet. Die Form der

Resonanzkurve bei LiH ist unsymmetrisch. Die Breite der Resonanzlinie nimmt mit zunehmendem Magnetfeld zu. Die Ursache wird in einer Zentrifugal-Spannung gesehen, die auch das Verhältnis von magnet. (μ_R) zu mechan. Bahnmoment vom mechan. Moment J abhängig gestaltet. Diese Abhängigkeit soll die Form $\mu_R/J = g_0 + C \cdot J(J+1)$ haben. Für LiH ist dabei $g_0 = -0{,}654 \pm 0{,}007$ u. $C = (1{,}2 \pm 0{,}6) \cdot 10^{-4}$ Kernmagnetonen. Die Werte für LiD betragen: $g_0 = -0{,}272 \pm \pm 0{,}005$ KM., $C = (3{,}4 \pm 1{,}7) \cdot 10^{-5}$. Aus den magnet. Rotationsmomenten μ_R wurden die elektr. Dipolmomente μ_e u. ihre Polaritäten bestimmt. Für LiH ist $\mu_e = 5{,}9 \pm \pm 0{,}5$ Debye u. die Polarität Li^+H^-. Aus der Größe der Resonanzsignale kann auf Multiplett-Quantenübergänge geschlossen werden, die auch solche Resonanzen bei anderen Moll. selbst mit sehr kleinen gyromagnet. Verhältnissen für die Rotation erwarten lassen. H. Fahlenbrach. 137◇

0269 **Theorie des longitudinalen isothermen Ettingshausen-Kühlers.** C. F. Kooi, R. B. Horst, K. F. Cuff und S. R. Hawkins. (J. appl. Physics **34**, 1735—42, 1963; Palo Alto, Calif., Lockheed Res. Labor.; engl.) — Bei konst. gehaltener Temp. in der Richtung des Stromflusses werden für einen Ettingshausen-Kühler mit rechteckigem Querschnitt die Temp.-Verteilung T(x), die maximale Temp.-Differenz ΔT_{max} u. der Wirkungsgrad ε berechnet. Dabei werden die beiden Fälle betrachtet: 1. temperaturunabhängige Transportkoeff. u. 2. Nernst- u. Widerstandskoeff. proportional zu T^{-1}. In beiden Fällen entsprechen die Ausdrücke für ΔT_{max} u. ε denen des transversalen isothermen Peltier-Kühlers. T(x) unterscheidet sich jedoch in beiden Fällen beträchtlich. Im longitudinalen isothermen Ettingshausen-Kühler ist das elektr. Feld, im transversalen isothermen Peltier-Kühler die Stromdichte konstant. Bei Berücksichtigung dieser Grundunterschiede können die Ergebnisse für alle Wirkungsgrade angegeben werden. Meßwerte von ΔT_{max} für einen Ettingshausen-Kühler aus einer Bi-Sb-Leg. mit 3% Sb stimmen mit Rechenwerten von ΔT_{max} gut überein, wobei Meßwerte der Transportkoeff. in die Theorie eingesetzt werden. Eine Verbesserung des Ettingshausen-Kühlers wird durch günstige Formgebung erreicht. H. Fahlenbrach. 137◇

0270 **Elastische Messungen an magnetischen Werkstoffen.** R. T. Denton und E. G. Spencer. (J. appl. Physics **34**, 1832—33, 1963; Murray Hill, N. J., Bell Telephone Labor., Inc.; engl.) — Mit einem magnetoakust. Resonanzspektrometer wird die elast. Resonanz magnet. Werkstoffe oscillograph. aufgezeichnet. Damit ergeben sich unmittelbare Angaben über die innere Reibung (Q^{-1}). Die magnetoelast. Koeff. 1. u. 2. Ordnung werden aus der Änderung der elast. Resonanzfrequenz mit der Richtung u. der Größe des angelegten Magnetfeldes erhalten. Diese Koeff. können auch aus der Magnetostriktion u. der Geschw.-Änderung der elast. Wellen in Magnetisierungsrichtungen, die mit verschiedenen Kristallorientierungen von Einkristallen übereinstimmen, bestimmt werden. Einige Ergebnisse für *Yttriumeisengranat* werden angegeben. H. Fahlenbrach. 137◇

0271 **Eine Orientierungsvorrichtung für kleine Proben, die bei tiefen Temperaturen und starken Magnetfeldern benutzt wird.** A. C. Thorsen und T. G. Berlincourt. (Rev. sci. Instruments **34**, 435—36, 1963; Canoga Park, Calif., North American Aviation, Inc., Atomics Intern. Div.; engl.) — Für Impulsfeld-Unterss. des de Haas-van Alphen-Effekts in Abhängigkeit von der Kristallorientierung wird eine Einrichtung entwickelt, die den Kristall zum Magnetfeld geeignet richtet. Die Ausrichtung des Kristalles in den Magnetfeldspulen wird außerhalb des Dewar-Gefäßes bei Raumtemp. vorgenommen. Die Vorr. kann auch bei Unters. der Supraleitung benutzt werden. H. Fahlenbrach. 137◇

0272 **Die Berechnung diamagnetischer Susceptibilitäten.** Jean Guy. (Cahiers de Physique **14**, 418—24, 1960; Paris, Fac. de Pharm.; franz.) — Vgl. C. **1962**, 4817. — Zusammenfassende Übersicht der Entw. der quantenmechan. Näherungsmeth. zur Berechnung der diamagnet. Susceptibilität von Moll. unter bes. Berücksichtigung der Arbeiten von Vf. u. Mitarbeitern. Im Gegensatz zur van Vleckschen Störungsrechnung, die die Kenntnis der Eigenfunktionen angeregter Zustände benötigt u. nur in wenigen Fällen durchführbar ist, führen Variationsmeth., wie sie erstmalig von Gans u. Mrowka [1935] u. unabhängig davon von Vf. u. Tillieu [1956] entwickelt wurden, in vielen Fällen zu brauchbaren Ergebnissen, da der Variationsansatz $\Psi = \Psi_0 (1 + i\mathfrak{H} g)$ mit Einelektroneneigenfunktionen des Grundzustandes auskommt u. zu Ausdrücken führt, die den van Vleckschen temperaturunabhängigen Paramagnetismus nicht mehr explizit enthalten, sondern nur noch die Langevin-Susceptibilitäten der Hauptachsen. Die Übereinstimmung zwischen dem nach dieser Meth. berechneten Diamagnetismus u. den experimentellen Werten wird an einer Anzahl von organ. Verbb. aufgezeigt: *n-Hexan, 2-Methylpentan, Cyclohexan, Dekalin, Propylen, Isobutylen, Tetramethyläthylen, Heptin-(2), n-Butylamin, Di-n-hexylamin, Triäthylamin, Propionitril, Isoamylcyanid, Methanol, Propanol, Ae., Acetal.* W. Haberditzl. 137◇

0273 **Magnetismus und Molekularstruktur: Hinweis auf die Metall-Stickstoff-Bindung in Komplexen von Cadmiumchlorid mit organischen Basen.** V. G. Sonalkar und M. G. Datar. (Current Sci. [Bangalore] **30**, 456—57, 1961; Bombay, Inst. of Sci., Dep. of Chem.; engl.) — Vgl. C. **1963**, 8028. — Vff. bestimmen die diamagnet. Susceptibilitäten folgender $CdCl_2$-Komplexe mit NH_3, Anilin, Pyridin, Chinolin u. Xylidin (in Klammern die Molsusceptibilitäten in -10^{-6} cgs-Einheiten): $CdCl_2 \cdot 2C_5H_5N$ (156,00); $CdCl_2 \cdot 2NH_3$ (100,01); $CdCl_2 \cdot 2C_9H_7N$ (232,30); $CdCl_2 \cdot 2C_6H_5NH_2$ (186,26); $CdCl_2 \cdot 2o\text{-}C_7H_7 \cdot NH_2$ (215,56); $CdCl_2 \cdot 2m\text{-}C_7H_7NH_2$ (199,90); $CdCl_2 \cdot \cdot 2p\text{-}C_7H_7NH_2$ (204,70); $CdCl_2 \cdot 2m\text{-}C_8H_9NH_2$ (232,00). Es ergeben sich durch Vgl. mit den Susceptibilitäten der NH_3-Komplexe geringe Abweichungen λ von den mit Hilfe der Ligandensusceptibilitäten berechneten Komplexsusceptibilitäten (pro Cd–N-Bindung zwischen $+2{,}23$ u. $-4{,}45$ χ_M-Einheiten). λ wird negativer in der Reihenfolge o-Toluidin > Pyridin > Anilin > p-Toluidin > m-Xylidin > Chinolin > m-Toluidin. Die gleiche Reihenfolge (mit Ausnahme von m-Toluidin u. m-Xylidin) fanden Vff. bei den betreffenden *Zn-Komplexen.* Vff. diskutieren die Abweichungen im Hinblick auf Änderungen des Langevin-Diamagnetismus bzw. des van Vleck-Paramagnetismus. W. Haberditzl. 137◇

0274 **Spin-Paramagnetismus eines Elektronengases in einem Gitter positiver Ladungen.** Ryuzo Abe. (Progr. theoret. Physics [Kyoto] **29**, 23—28, 1963; Azabu, Tokyo, Univ. of Tokyo, Inst. for Solid State Phys.; engl.) — Nach einem von Bellemans u. de Leener angegebenen Verf. untersucht Vf. den Spin-Paramagnetismus eines Elektronengases in einem Gitter positiver Ladungen. Die Ergebnisse werden mit Werten von Pines sowie mit experimentellen Daten für *Li* u. *Na* verglichen. G. M. Neumann. 137◇

0275 **Paramagnetismus und Gitteraufweitung bei einigen cerreichen Cer-Europium-Legierungen.** Sigurd Arajs, Henry Chessin, R. V. Colvin und G. R. Dunmyre. (J. appl. Physics **34**, 1668—72, 1963; Monroeville, Pa., US Steel Corp., Res. Center, Edgar C. Bain Labor. for Fund. Res.; engl.) — An Eu-Ce-Legg. mit Eu-Geh. zwischen 1,5 u. 13 Atom-% wird zwischen 300 u. 1050° K die paramagnet. Susceptibilität gemessen. Dabei zeigt sich, daß die Elektronenstruktur der lokalisierten 4f-Elektronen der Eu-Atome in der festen Lsg. mit Ce fast die gleiche wie im Eu-Metall ist. Das Ergebnis wird bes. durch die Messung der Gitterparameter der Legg. bei 298° K bestätigt. Die Löslichkeitsgrenze von Eu in Ce bei 800° K liegt bei 4,6 Atom-% Eu. H. Fahlenbrach. 137◇

0276 **Der Einfluß elektronischer Wechselwirkungen auf metallische Eigenschaften. 2. Mitt. Elektronenspin-Paramagnetismus.** S. D. Silverstein. (Physic. Rev. [2] **130**, 1703—10, 1963; Urbana, Ill., Univ. of Illinois, Dep. of Phys.; Berkeley, Calif., Univ. of California; engl.) — 1. vgl. C. **1963**, 14940. — Durch eine Variationsrechnung für den polarisierten Grundzustand wird die stat. paramagnet.

Elektronenspin-Susceptibilität berechnet. Die Polarisationsparameter ergeben sich als Extremwerte der Energie des Grundzustandes. Die Rechentechnik ähnelt der Vielkörper-Störungstheorie von Brueckner u. Sawada. Dabei werden Kurven angegeben, die auf alle Metalle mit freien Elektronen im festen u. im fl. Zustande angewendet werden können. Bei der Anwendung auf die festen Alkalimetalle werden die Einfl. der Bandstruktur bei der Einführung der Fermi-Niveau-Bandmassen in den Term der kinet. Energie berücksichtigt. Die Theorie wird durch das Experiment gut bestätigt.
H. Fahlenbrach. 137◇

0277 **Paramagnetische Elektronenresonanz in $SrTiO_3$.** W. I. Dobrov, R. F. Vieth und M. E. Browne. (Physic. Rev. [2] **115,** 79—80, 1959; Palo Alto, Calif., Lockheed Res. Labor.; engl.) — Es wird gezeigt, daß die EPR-Linien in $SrTiO_3$ eher auf Fe^{3+}-Verunreinigungen beruhen als auf der Domänenstruktur der Titanate. Unterss. im Temp.-Bereich 300—1,9° K zeigen ein langsames kontinuierliches Anwachsen der tetragonalen Kristallfeldkomponente bis hin zum ferroelektr. Bereich. Aus Intensitätsanalysen konnten die abs. Vorzeichen der Kristallfeldaufspaltungsparameter bestimmt werden ($a < 0$, $D > O$). K. Jaeger. 137◇

0278 **Aufbau und Arbeitsweise eines Breitlinien-Kernresonanzspektrometers und Messung einiger chemischer Verschiebungen.** S. S. Dharmatti, K. J. Sundara Rao und R. Vijayaraghavan. (Nuovo Cimento [10] **11,** 656—69, 1959; Bombay, Tata Inst. of Fund. Res.; engl.) — Ein Gerät mit hoher Empfindlichkeit, das zwischen 4 u. 10 MHz arbeitet, sowie ein Elektromagnet-Syst. von hoher Stabilität werden beschrieben. Für die Leistungsfähigkeit des Gerätes werden Beispiele der ^2D- u. ^{17}O-Resonanz angeführt, wobei die Signale schon in natürlichem H_2O gemessen werden können. Die ^{17}O-Resonanzverschiebungen werden an verschiedenen Gruppen nachst. Moll. gemessen u. gedeutet: *Methanol, A., Ae., Propion-, Essig-, Ameisensäure, Propionsäureanhydrid, Acetylaceton, Äthylacetat, konz.* HNO_3, *Aceton, Methyläthylketon, Acetessigester, Äthylmalonat.* Weiterhin werden die chem. Verschiebungen für ^{59}Co in nachst. Co-Verbb. bzgl. $[Co(NH_3)_6] \cdot Cl_3$ als Standard gemessen: *cis-* u. *trans-*$[Co(NO_2)_2(NH_3)_4]NO_3$, $[Co(NO_2) \cdot (NH_3)_5]Cl_2$ (gelbe Lsg.), $[Co(ONO)(NH_3)_5] \cdot Cl_2$ (orangefarbene Lsg.), $Na_3[Co(NO_2)_6]$, $[Co(CO_3)(NH_3)_5]NO_3$, $[CoCl \cdot (NH_3)_5]Cl_2$, $[Co(CO_3)(NH_3)_4]NO_3$. K. Scheffler. 137◇

0279 **Kernmagnetische Abschirmung und diamagnetische Susceptibilität von Wasserstoffatomen, die miteinander in Wechselwirkung stehen.** T. W. Marshall und J. A. Pople. (Molecular Physics **3,** 339—49, 1960; Teddington, Middlesex, Nat. Phys. Labor.; engl.) — Für zwei H-Atome, die auf Grund van der Waalsscher Kräfte u. interatomarer Überlappungskräfte in Wechselwrkg. stehen, werden quantenmechan. Betrachtungen über die Änderung der magnet. Abschirmungskonst. σ u. der diamagnet. Susceptibilität χ durchgeführt. Die Berechnungen zeigen im wesentlichen, daß van der Waalssche Kräfte die Kernabschirmung vermindern u. die diamagnet. Susceptibilität erhöhen. Bei Verringerung des Atomabstandes bewirken die Überlappungskräfte anfangs im Zustand der Abstoßung eine Vergrößerung von σ, das jedoch in der Folge abnimmt. Im Zustand der Anziehung wird σ größer. K. Scheffler. 137◇

0280 **Fluor-Kernspinresonanz-Spektroskopie.** 4. Mitt. **Ein Isotopeneffekt von Silicium-29.** G. V. D. Tiers. (J. inorg. nuclear Chem. **16,** 363—65, 1961; St. Paul, Minn., Minnesota Mining and Manuf. Co., Central Res. Dep.; engl.) — 3. vgl. C. **1961,** 16057; 5. vgl. C. **1963,** 15363. — Die Kernspinresonanzspektren von $(NH_4)_2[SiF_6]$ mit $[^{29}SiF_6]^{2-}$ u. $[^{28}SiF_6]^{2-}$ werden bei 25° in wss. Lsgg. aufgenommen. Das Duplett des $[^{29}SiF_6]^{2-}$ liegt bei einer höheren Feldstärke als das Singulett des $[^{28}SiF_6]^{2-}$. Die Halbwertsbreiten sind pH-abhängig u. bei gleichen pH-Werten der Lsgg. für $[^{29}SiF_6]^{2-}$ größer als für $[^{28}SiF_6]^{2-}$. Der Isotopeneffekt von ^{29}Si–F ist gerade noch meßbar. Ein Vgl. mit dem 30mal größeren ^{13}C–F-Effekt zeigt, daß die Größe des Isotopeneffektes der Bindungslänge umgekehrt proportional ist. K. Scheffler. 137◇

0281 **Eine Kernresonanz-Untersuchung des Erholungsprozesses von plastisch verformtem Kaliumjodid.** Eizo Otsuka. (J. physic. Soc. Japan **17,** 580, 1962; Osaka, Univ., Dep. of Appl. Phys.; engl.) — Rechtwinklige KJ-Proben werden plast. bis zur Grenze bei 20—30% Längenänderung verformt. Das KMR-Signal von ^{127}J zeigt hierbei eine extreme Verbreiterung infolge Quadrupolwechselwirkung. Bei Erhitzung des verformten Kristalls erlangt das Signal jedoch allmählich seine ursprüngliche Intensität I_0 an nicht deformierten Kristallen zurück. Das Verhältnis der Signal-Intensitäten I/I_0 wird als Funktion der Zeit u. der Temp. T untersucht. Die Erhitzungsimpulsbreite τ hängt mit $T_{I/I_0 = const}$ über eine Art Aktivierungsenergie E zusammen: $\tau = \tau_0 \exp(E/kT)$. Aus der graph. Darstellung der Funktion ergeben sich für $I/I_0 = const = 1/2$ die Werte $E = 0{,}72$ eV u. $\tau_0 = 1{,}1 \cdot 10^{-4}$ s. K. Scheffler. 137◇

0282 **Untersuchung von Colemanit durch kernmagnetische Resonanz.** F. Holuj und H. E. Petch. (Canad. J. Physics **38,** 515—46, 1960; Hamilton, Ontario, McMaster Univ., Hamilton Coll., Dep. of Phys. and Metallurg.; engl.) — Vff. bestimmten aus den kernmagnet. Resonanzspektren eines Colemanit-Einkristalls, $CaB_3O_4 \cdot (OH)_3 \cdot H_2O$, der bei Temp. unter ca. —2° ferroelektr. ist, die Quadrupolkopplungskonst., die Asymmetrieparameter u. die Orientierungen der Hauptachsen der Tensoren der elektr. Feldgradienten an den B-Plätzen bei Raum-Temp. u. bei —40°. Ausgewählte ^{11}B-Resonanzen wurden im Bereich 40 bis —120° unter bes. Berücksichtigung des Bereichs um 0° untersucht, in dem ein Phasenübergang auftritt. Dieser Übergang bewirkt im komplexen Protonensignal eine abrupte Verbreiterung. Die Ergebnisse zeigen, daß sich dieser Kristall aus seiner zentrosymm. Raumtemp.-Form (Punktgruppe 2/m) entweder in eine metastabile monokline Form (Punktgruppe 2) oder in eine trikline Form (Punktgruppe 1) umwandeln kann. Ob zwei durch nur ca. 3° getrennte Umwandlungen oder nur eine Umwandlung mit alternativen Konfigurationen mit nur wenig unterschiedlicher Aktivierungsenergie auftreten, konnte nicht geklärt werden.
D. Jörchel. 137◇

0283 **Die Anisotropie der kernmagnetischen Resonanz in weißem Zinn.** E. P. Jones und D. Llewelyn Williams. (Physics Letters [Amsterdam] **1,** 109—10, 1962; Vancouver, B. C., Univ. of British Columbia, Dep. of Phys.; engl.) — In einem Einkristall von weißem Sn wird durch Messung der ^{119}Sn-Resonanz die Anisotropie hinsichtlich der Knight-Verschiebung u. der Linienbreite bei 1,15° K untersucht. Die Knight-Verschiebung läßt sich mit einer Beziehung für tetragonale Symmetrie vereinbaren, während die Anisotropie der Linienbreite nicht allein durch eine dipolare Verbreiterung zu erklären ist. K. Scheffler. 137◇

0284 **Kernresonanz in Pulvern von metallischem Kobalt.** G. Berthet und J. Dupuis. (Arch. Sci. [Genève] **13(165),** Sonderh. 422—24, 1960; Clermont-Ferrand, Fac. des Sci., Labor. de Radio-Electricité; franz.) — Vgl. Gossard u. Portis, Physic. Rev. Letters **3,** [1959], 164. — Vff. berichten über Verss. an einem Gemisch von kub. u. hexagonalem Co sowie von reinem hexagonalem Co. In keinem Fall konnte das von Gossard u. Portis (vgl. l. c.) beobachtete Signal der Kernresonanz festgestellt werden. C. Gottfried. 137△

0285 **Bestimmung der Orientierung der Wassermoleküle in Kobaltdichlorid-6-Wasser durch kernmagnetische Resonanz.** Zuhair M. El Saffar. (J. physic. Soc. Japan **17,** 1334—1337, 1962; East Lansing, Mich., Michigan State Univ., Dep. of Phys. and Astron.; engl.) — Röntgenspektren in Verbindung mit Protonenresonanzspektren von $CoCl_2 \cdot 6\,H_2O$-Kristallen geben Aufschluß über die Lage der H_2O-Moll. im Kristallgitter. Das durch Kristallstrukturanalyse vorausgesagte H-Bindungsschema stimmt mit Messungen der Linienintensitäten u. mit dem Protonenresonanzspektrum im paramagnet. Zustand überein. Die Konst. der Zelle sind $a = 10{,}34$ Å, $b = 7{,}06$ Å, $C = 6{,}67$ Å. Die Atomparameter für die H-Atome in 2 verschieden gebundenen Arten von H_2O-Moll. sind $(x, y, z) = (0{,}097;\ 0{,}313;\ 0{,}268);\ (0{,}427;\ 0{,}205;\ 0{,}205);$

(0,191; 0,000; 0,549); (0,226; 0,500; 0,162); sie werden aus dem beobachteten H–O–H-Winkel u. dem O–H-Abstand berechnet. K. Scheffler. 137◇

0286 **Kernmagnetische Resonanz in verdünnten Kupferlegierungen bei tiefen Temperaturen. 1. Mitt. Experimentelle Gesichtspunkte.** Tadashi Sugawara. (J. physic. Soc. Japan **14,** 643—52, 1959; Sendai, Univ., Res. Inst. for Iron; engl.) — Die ^{63}Cu-Resonanz wird in verd. Cu-Legg. untersucht, um die Ursache für das anomale magnet., elektr. u. therm. Verh. bei tiefen Temp. aufzufinden. Aus der Temp.-Abhängigkeit der Linienbreite ist zu schließen, daß sich *Ti, Ni* u. *Zn* in verd. Lsg. in Cu wie nichtmagnet. Ionen verhalten, während sich *Cr, Mn, Fe, Co* u. *Sn* wie paramagnet. Ionen verhalten. Trotz des temperatur-unabhängigen Paramagnetismus von reinem Sn zeigt die Sn–Cu-Leg. einen temperatur-unabhängigen Paramagnetismus. Cr-, Mn-, Fe- u. Co-Legg. zeigen ein Curie-Weiss-Verh. mit Weiss-Temp., die eine zunehmende ferromagnet. Wechselwrkg. mit wachsender Konz. andeuten. Bei sehr tiefen Temp. werden die Spin-Gitter-Relaxationszeiten in den Cr-, Mn- u. Fe-Legg. kleiner als die in reinem Cu u. nichtmagnet. Legierungen. K. Scheffler. 137◇

0287 **Magnetische Kernresonanz von Cu–Ni-Legierungen.** Kunisuke Asayama, Shun-ichi Kobayashi und Junkichi Itoh. (J. physic. Soc. Japan **18,** 458—59, 1963; Osaka, Osaka Univ., Dep. of Phys.; engl.) — Bei 1,4 °K werden die Kernresonanzen von Cu u. von Ni mit der Spinecho-Meth. ohne äußeres Gleichfeld gemessen. Bes. für die Cu-Resonanz wurden große Linienbreiten beobachtet. Im ferromagnet. Bereich wird das Echo-Signal von der Blochwand erhöht. Die Cu-Resonanzfrequenz nimmt mit zunehmendem Ni-Geh. stärker als die Ni-Resonanzfrequenz zu. Das innere Magnetfeld am Cu-Kern ist negativ u. beträgt bei der Leg. mit 4% Cu — 45 kOe. Es wird angenommen, daß bei der Lsg. von Cu in Ni die überschüssige Cu-Kernladung durch d-Elektronen abgeschirmt wird. Das innere Feld am Cu-Kern soll von der negativen Polarisation des s-Elektronen herrühren. Es soll dem Prod. aus der Ni-Magnetisierung u. der Anzahl der nächstbenachbarten Ni-Atome proportional sein. Die Breite der Ni-Resonanzlinie stammt wahrscheinlich von Schwankungen der Zahl der Leerstellen, diejenige der Cu-Resonanz von der statist. Verteilung der Ni-Atome auf den Nachbarplätzen der Cu-Atome. H. Fahlenbrach. 137◇

0288 **Eine Methode zur Messung von T$_2$ in Flüssigkeiten.** L. Giulotto und G. Lanzi. (Arch. des Sci. **11,** 250—51, 1958; Pavia, Univ., Ist. di Fis.; franz.) — Die Messung transversaler Kernrelaxationszeiten (T$_2$), wobei die Kern-Magnetisierung in die xy-Ebene gelegt wird, wird theoret. erörtert. Ein App. vom Bloch-Typ sowie die Meß-Meth. werden beschrieben. Die für verschiedene Fll. gemessenen T$_2$ sind stets etwas kleiner als die longitudinalen Kernrelaxationszeiten, was auf die Schwierigkeiten bei der genauen Festlegung der Magnetisierung in der xy-Ebene zurückzuführen sein soll. K. Scheffler. 137◇

0289 **Ein Vergleich der magnetischen Wechselwirkung von Protonen und Deuteronen.** G. Laukien und F. Noack. (Z. Physik **159,** 311—32, 1960; Stuttgart, TH, I. Phys. Inst.; dt.) — Zur Unters. der magnet. Wechselwrkg.-Mechanismen zwischen Kern- u. Elektronenmomenten wurde das Relaxations-Verh. der Isotopen Proton u. Deuteron in einem konst. Magnetfeld von ca. 7400 Gauß verglichen. Dazu bestimmten Vff. in W.- u. D_2O-Lsgg. variabler Konz. mit Fe^{3+}-, Co^{2+}-, Cr^{3+}- (in saurer u. nautraler Lsg.) u. Mn^{2+}-Ionen als Wechselwrkgs.-Partner die longitudinalen u. transversalen Relaxationszeiten $T_{1,P}$ u. $T_{2,P}$ bzw. $T_{1,D}$ u. $T_{2,D}$ der beiden Kerne nach der Impulstechnik u. fanden, daß in Lsgg., in denen $T_{1,P} \approx T_{2,P}$ ist, auch $T_{1,D} \approx T_{2,D}$ gilt, wobei in Übereinstimmung mit der Theorie ($T_{1,2} \sim 1/\gamma^2$) die T$_D$-Zeiten ca. 40mal größer als die T$_P$-Zeiten sind. Wenn dagegen $T_2 \leqq T_1$, wurden $T_{1,D}/T_{1,P}$- u. $T_{2,D}/T_{2,P}$-Verhältnisse gefunden, die weit oberhalb oder unterhalb der theoret. Werte liegen; die Richtung der Abweichung erwies sich als korreliert mit einer gegenläufigen Änderung des Quotienten T_1/T_2 in dem Sinne, daß das Auftreten anomal kurzer T$_D$-Werte mit einer Vergrößerung des Verhältnisses T_1/T_2 beim Übergang von der Protonen- zur Deuteronenrelaxation verbunden ist u. umgekehrt. Das zeigt, daß in den erstgenannten Substanzen (mit „normalem Verh.") die direkte Dipol-Dipol-Kopplung überwiegt, während in der zweiten Substanzgruppe auch die Spinaustausch-Kopplung einen wirksamen Beitrag zur Relaxation leistet. Die charakterist. Konst. A dieser indirekten Kopplung ist im Unterschied zur theoret. Erwartung nicht zu den gyromagnet. Verhältnissen der wechselwirkenden Partner proportional. Ferner wurde eine Konz.-Anomalie der transversalen Relaxation in konz. Lsgg. beobachtet u. gedeutet. D. Jörchel. 137◇

0290 **Indirekte Wechselwirkungen zwischen verschiedenen Kernspins in sehr schwachen Feldern.** A. Erbeia. (Arch. Sci. [Genève] **14(166),** 437—41, 1961; Genève, Univ., Inst. de Phys.; franz.) — Die Spinwechselwrkg. zwischen ^{31}P- u. ^{1}H-Kernen in H_3PO_3 wird am Protonenresonanzspektrum experimentell bei 4 kHz untersucht für den Fall, wo die Spin-Kopplungskonst. I u. die chem. Verschiebung δ, als Differenz der Resonanzfrequenzen des Dupletts, vergleichbare Werte besitzen. Im Feld H_0 = 942 mG ist δ = 2373 Hz u. I = 705 Hz. Die Linienintensitäten u. Linienbreiten werden untersucht, wobei festgestellt wird, daß die Linienbreiten der Banden des Dupletts verschieden sind. Die experimentellen Ergebnisse stimmen mit der Theorie gut überein. K. Scheffler. 137◇

0291 **Einige Bemerkungen zur Kurvenform von Protonenresonanzen in paramagnetischen Feststoffen.** D. J. Kroon. (Arch. Sci. [Genève] **13(165),** Sonderh. 392—95, 1960; Eindhoven, Philip's Gloeilampenfabr., Labor. de Rech. Philips; franz.) — Die Best. der Lage leichter Ionen im Kristallgitter polykristalliner Proben erfolgt vorwiegend aus dem zweiten Moment. Der Beitrag paramagnet. Ionen zum zweiten Moment ist recht groß. Es ist daher abhängig von der Konz. der paramagnet. Ionen, von deren kristallograph. Anordnung bzgl. der Protonen u. von der Kristallform. Die verschiedenen Einfl. werden theoret. behandelt u. experimentell an $(NH_4)Fe_xAl_{1-x} \cdot (SO_4)_2$ geprüft. Die Protonenresonanzbande hat eine asymmetr. Form u. stimmt gut mit der theoret. berechneten Kurve überein. K. Scheffler. 137◇

0292 **Messung der Protonenrelaxationszeiten in wäßrigen Lösungen paramagnetischer Ionen als Funktion der Temperatur.** R. Hausser und G. Laukien. (Arch. des Sci. **11,** 252—61, 1958; Stuttgart, TH, I. Phys. Inst.; franz.) — Vgl. C. **1963,** 13447. — Die Messungen der longitudinalen (T$_1$) u. transversalen (T$_2$) Protonenrelaxationszeiten werden nach der Spinecho-Meth. im Bereich von 0 bis 80° bei 26,5 MHz bzw. 6200 G durchgeführt. Für Fe^{2+}-, Fe^{3+}-, Co^{2+}- u. Cu^{2+}-Lsgg. wird eine schwache Zunahme von T$_1$ u. T$_2$ mit steigender Temp. festgestellt. Das Verhältnis T_1/T_2 bleibt konstant. In Ti^{3+}-Lsgg. verringert sich T_1/T_2 mit wachsender Temperatur. In Ni^{2+}-Lsgg. werden T$_1$ u. T$_2$ mit wachsender Temp. kleiner, T_1/T_2 bleibt konstant. In Cr^{3+}-Lsgg. nimmt T_1/T_2 mit steigender Temp. zu. In $VOSO_4$-Lsgg. wächst T$_1$ mit der Temp., während T$_2$ abnimmt. Die experimentellen Ergebnisse werden hinsichtlich des starken Einfl. der Elektronenrelaxationszeiten paramagnet. Ionen auf die Kernrelaxation diskutiert; eine mögliche theoret. Erklärung für die Meßergebnisse wird gegeben. K. Scheffler. 137◇

0293 **Messung der Frequenzabhängigkeit der Kernrelaxationszeiten von Protonen in wäßrigen Lösungen paramagnetischer Ionen.** G. Laukien und F. Noack. (Arch. des Sci. **11,** 262—68, 1958; franz.) — Vgl. vorst. Referat. — Nach der Spinecho-Meth. werden die longitudinalen (T$_1$) u. transversalen (T$_2$) Protonenrelaxationszeiten verschiedener wss. Lsgg. mit paramagnet. Ionen bei 26 u. 5 MHz u. 25° als Funktion der Konzz. der paramagnet. Ionen gemessen. Es werden $TiCl_3$-, $VOSO_4$-, $MnCl_2$- u. $Fe(NO_3)_3$-Lsgg. untersucht. T$_1$ u. T$_2$ nehmen mit wachsenden Konzz. linear oder annähernd linear ab. Die Messungen zeigen bes., daß T$_1$ mit zunehmender Frequenz in allen untersuchten Lsgg. linear zunimmt. T$_2$ nimmt dagegen in $MnCl_2$- u. angesäuerten $VOSO_4$-Lsgg. mit steigender Frequenz ab. In $TiCl_3$-Lsgg. nimmt auch T$_2$ mit steigender Frequenz linear zu. In wss.

$VOSO_4$- u. $Fe(NO_3)_3$-Lsgg. ist T_2 unabhängig von der Frequenz. Die gemessenen Effekte können z. T. theoret. erklärt werden. K. Scheffler. 137◇

0294 **Protonenmagnetische Resonanz von Ammoniak-Boran-Derivaten.** Osamu Ohashi, Yukio Kurita, Tetsushi Totani, Haruyuki Watanabe, Toshio Nakagawa und Masaji Kubo. (Bull. chem. Soc. Japan **35,** 1317—21, 1962; Nagoya, Univ., Chem. Dep.; Osaka, Shionogi Pharm. Co.; engl.) — Die Protonenresonanzspektren von $B(C_2H_5)_3$, $(CH_3)_3NB(C_2H_5)_3$, $(C_2H_5)_3NB(C_2H_5)_3$, $(CH_3)_3NBCl_3$ u. $(C_2H_5)_3NBCl_3$ werden bei Zimmertemp. aufgenommen. Die beobachteten Signale werden bestimmten Gruppen zugeordnet. Die gemessenen chem. Verschiebungen sowie die Spin-Kopplungskonst. werden diskutiert. Dabei zeigt sich, daß der Elektronenübergang vom N zum B in Ammoniak-Boranen etwas stärker ist als in den früher untersuchten Borazolen. K. Scheffler. 137◇

0295 **Protonenresonanz im antiferromagnetischen Zustand von $NiCl_2 \cdot 6\,H_2O$ und $CoCl_2 \cdot 6\,H_2O$.** T. Sugawara. (J. physic. Soc. Japan **14,** 1248, 1959; Sendai, Tohoku Univ., Res. Inst. for Iron, Steel and Other Metals; engl.) — Die Abhängigkeit der Protonenresonanzfrequenzen von $CoCl_2 \cdot 6\,H_2O$ (I) bei 2,08°K vom Rotationswinkel um die ac-Ebene des Einkristalls wird gemessen. Die graph. Darstellung weist auf das Vorhandensein 4 ungleichwertiger Protonen in der Elementarzelle hin, von denen 2 in der Nähe des Co^{2+}-Ions u. 2 in größerem Abstand vom Co^{2+}-Ion liegen. Diese Protonenanordnung stimmt mit der röntgenograph. ermittelten Kristallstruktur überein. In einem 2. Diagramm wird die Verschiebung einer Resonanzlinie von **I** u. dem isomorphen $NiCl_2 \cdot 6\,H_2O$ (**II**) im antiferromagnet. Zustand als Funktion der Temp. dargestellt. Die Verschiebung nimmt mit steigender Temp. (ausgehend vom extrapolierten Wert für 0°K) ab u. wird bei der Néel-Temp. Null. Durch Extrapolation der Kurven werden die Néel-Temp. (T_N) bestimmt: $T_N = 2{,}35$°K für **I**, $T_N = 5{,}8$°K für **II**. K. Scheffler. 137◇

0296 **Über den Einfluß von Leitfähigkeit und Oberflächenmikrostruktur der Unterlage auf die Spindämpfungskonstante dünner magnetischer Schichten.** Manfred Kobale und Wilhelm Kuny. (Z. angew. Physik **15,** 39—46, 1963; München, Siemens & Halske A. G., Wernerwerk für Bauelemente; dt.) — Die für das Schwingungsverh. charakterist. Spindämpfungskonst. λ hängt von der Leitfähigkeit u. der Oberflächenmikrostruktur ab. Die Erhöhung von λ wird auf Wirbelstromverluste in der leitenden Schicht zurückgeführt, die sowohl von der Leitfähigkeit wie von der Dicke der Schicht bestimmt werden. Oberflächen-Rauhigkeiten können Aufspaltungen der magnetisierten Schicht in Teilbereiche entlang mechan. Kratzer oder (Ätz)-Gruben hervorrufen. Unterlagen mit Walzstrukturen, die sich im Mikrobereich nicht störend äußern, sind meistens günstiger als mechan. polierte Metalle. Jede Abweichung der Schichtunterlage von einer idealen Oberfläche im Mikrobereich wirkt sich auf das Schaltverh. der Schicht ungünstig aus. H. Fahlenbrach. 137◇

0297 **Festhalten von Oberflächenspins bei Permalloy durch eine Oxidschicht.** C. F. Kooi, W. R. Holmquist, P. E. Wigen und J. T. Doherty. (J. physic. Soc. Japan, Suppl. B-I **17,** 599—603, 1962; Palo Alto, Calif., Lockheed Missiles Space Comp., Res. Labor.; Hawthorne, Calif., Nat. Cash Register Co., Electron. Div.; engl.) — Stehende Spinwellen in dünnen magnet. Filmen können durch Mikrowellenfelder angeregt werden, wenn die Oberflächenspins festgehalten sind. Eine Beobachtung der Spinwellenresonanz durch gleichförmige Mikrowellenfelder in dünnen Permalloyfilmen (Ni 80, Fe 20%) zeigt, daß den größten Anteil am Festhalten der Oberflächenspins die Oxidschicht auf der Oberfläche besitzt. Die oxydierten Filme zeigen starke Resonanzen von Spinwellenmoden mit ungerader Zahl, während gerade bezifferte Spinwellenmoden fast völlig fehlen. Red. Filme zeigen in beiden Fällen schwache Resonanzen. H. Roschkowski. 137◇

0298 **Empfindliche automatische Torsionswaage für dünne magnetische Schichten.** F. B. Humphrey und A. R. Johnston. (Rev. sci. Instruments **34,** 348—58, 1963; Pasadena, Calif., California Inst. of Technol., Jet Propulsion Labor.; engl.) — Der Torsionsdraht besteht aus geschmolzenem SiO_2. Proben bis zu 600 mg, bes. dünne Schichten, können auf ihr Drehmoment im Magnetfeld mit einer Empfindlichkeit von 10^{-6} Dyn · cm untersucht werden. Die Ansprechzeit des Gerätes liegt bei 1 s. Das Drehmoment kann parallel u. senkrecht zur Schicht gemessen werden. Die Empfindlichkeit des Gerätes reicht aus, Schichten aus einer Atomlage bei 1 cm ⌀ zu untersuchen. Das Gerät wird an dünnen *Permalloy*-Schichten (35 Å dick) mit einachsiger Anisotropie erprobt. Gemessen wurden Sättigungsmagnetisierung, Remanenz, Anisotropie-Konst. u. Koerzitivfeldstärke. Mit diesen Werten wurde die Anisotropiefeldstärke u. der Rechteckigkeitsfaktor der Hystereseschleife berechnet. Außerdem wird auch der Rotations-Hystereseverlust gemessen. H. Fahlenbrach. 137◇

0299 **Über den Einfluß des kathodischen Wasserstoffs auf das magnetische Moment elektrolytisch niedergeschlagener Nickelschichten.** L. Kozłowski und St. Kubiak. (Physica Status solidi [Berlin] **3,** K177—K180, 1963; Krakau, Berg- u. Hüttenakad., I. Physikal. Inst.; Kattowitz, Päd. Hochsch.; dt.) — 3 bis 20 μ dicke Ni-Schichten wurden im Elektrolysebad (n H_2SO_4 + 2 g/Liter Thioharnstoff) mit H_2 beladen. Die Sättigungsmagnetisierung wurde in Feldern von 8 kOe gemessen. Für alle Schichten war das Abnehmen des magnet. Moments annähernd proportional dem Atomverhältnis H/Ni. Bei H/Ni = ca. 0,65—0,75 ist die Sättigungsmagnetisierung prakt. Null. H. Roschkowski. 137◇

0300 **Schalten dünner Filme durch nicht kohärente Rotation.** Robert J. Spain. (J. physic. Soc. Japan, Suppl. B-I **17,** 625—27, 1962; Bellevue, S.-et-O., France, Labor. de Magnetisme et de Phys. du Solide; engl.) — Übersicht. — 6 Literaturangaben. H. Roschkowski. 137◇

0301 **Ultraschallinduziertes Schalten bei dünnen ferromagnetischen (80% Ni–20% Fe)-Schichten.** Turner E. Hasty, T. C. Penn und Norman G. Einspruch. (J. appl. Physics **34,** 1685—86, 1963; Dallas, Tex., Texas Instrum., Inc.; engl.) — Durch gleichzeitiges Anlegen eines Magnetfeldes u. einer Ultraschallspannung in der Ebene dünner 80% Ni–20% Fe-Schichten gelingt ein Schalten des Magnetisierungsvektors aus einem Quadranten in den anderen. Die dabei gemessenen krit. Schaltfelder u. krit. Schaltspannungen lassen sich ausgezeichnet mit einem Modell beschreiben, das auf der Stoner-Wohlfarth-Theorie aufbaut. H. Fahlenbrach. 137◇

0302 **Der Einfluß der Kristallanisotropie auf die Magnonen-Konfluenzprozesse bei Nebenresonanz und Parallelfeld.** W. Haubenreisser. (Physica Status solidi [Berlin] **3,** K181—K184, 1963; Jena, Dt. Akad. der Wiss. zu Berlin, Inst. für magnet. Werkstoffe; dt.) — Theoret. Untersuchung. H. Roschkowski. 137◇

0303 **Cluster-Reihenentwicklung für den Heisenbergschen Ferromagneten.** Bertram Strieb, Herbert B. Callen und Gerald Horwitz. (Physic. Rev. [2] **130,** 1798—1808, 1963; Philadelphia, Pa., Univ. of Pennsylvania, Labor. for Res. on the Structure of Matter; Jerusalem, Israel, Hebrew Univ.; engl.) — Für den Heisenbergschen Ferromagneten (Ferromagnetismus nach dem Heisenberg-Modell) wird eine Cluster-Reihenentw. durchgeführt. Die Theorie enthält in nullter Ordnung: Zwei-Spin-Schwärme oder renormalisierte Drei-Spin-Schwärme. Die nullte Ordnung resultiert in der Näherung des Weißschen Molekularfeldes. Der Zwei-Spin-Schwarm ist mit der Näherung konst. Kopplung identisch. Der Drei-Spin-Schwarm stimmt mit keiner phänomenolog. Cluster-Näherung überein. Die Inkonsistenz phänomenolog. Cluster-Theorien (Oguchi u. Bethe-Peierls-Weiss) werden erörtert. H. Fahlenbrach. 137◇

0304 **Spinwellen-Verunreinigungs-Zustände bei ferromagnetischen Stoffen.** Thomas Wolfram und Joseph Callaway. (Physic. Rev. [2] **130,** 2207—17, 1963;

Canoga Park, Calif., North Amer. Aviat. Science Center; Riverside, Calif., Univ. of Calif., Dep. of Phys.; engl.) — Es wird der Einfl. gelöster Verunreinigungen auf das Spinwellen-Spektrum ferromagnet. Isolatoren theoret. untersucht. Die Theorie wird mit Hilfe der Greenschen Funktionen aus der Hamilton-Gleichung für das HeisenbergscheAustauschintegral hergeleitet. Dies-ähnlichen Verunreinigungszustände tiefer Energie für kub. Kristalle werden erörtert. Sie hängen nur von der ungestörten Spinwellen-Zustandsdichte ab. Für kubisch-primitive Kristalle werden numer. Ergebnisse erhalten. Existenzfähig sind lokalisierte Zustände außerhalb des Spinwellenbandes u. virtuelle Zustände, die in das Kontinuum zerfallen. Die Energie der s-, p- u. d-ähnlichen Zustände wird als Funktion der Verhältnisse der Spins u. der effektiven Austauschenergien der Verunreinigungen zu der der Mutteratome angegeben. Durch eine Betrachtung der Änderung der Zustandsdichte durch die Verunreinigung wird ein allg. Ausdruck für die Breite der virtuellen Zustände erhalten. Dabei werden s-ähnliche virtuelle Zustände niedriger Energie u. langer Lebensdauer existenzfähig gefunden. Sie sollen die spezifische Wärme der Spinwellen u. die Wärmeleitung von unreinen ferromagnet. Isolatoren stark beeinflussen. H. Fahlenbrach. 137◇

0305 **Spinwellen und Phononen in Ferromagnetika. 1. Mitt. Der Hamilton-Operator.** Jan Szaniecki. (Acta physica polon. **22**, 3—7, 1962; Poznań, Pol. Acad. of Sci., Inst. of Phys., Dep. of Ferromagnetics; engl.) — Der Hamilton-Operator für ein kristallines kub. Ferromagnetikum wird im Rahmen des Spinwellen-Formalismus u. unter der Annahme longitudinaler Gitterschwingungen abgeleitet. Dabei wird vorausgesetzt, daß die Wechselwrkg. zwischen Spinwellen u. Phononen in einem schwachen äußeren Magnetfeld gering ist. A. Blaschette. 137◇

0306 **Spinwellen und Phononen in Ferromagnetika. 2. Mitt. Spontane Magnetisierung bei tiefen Temperaturen.** Jan Szaniecki. (Acta physica polon. **22**, 9—19, 1962; engl.) — 1. vgl. vorst. Referat. — Im Rahmen einer Unters. des Einfl. von Gitterschwingungen auf die spontane Magnetisierung eines kub. Ferromagnetikums bei tiefen Temp. wird gezeigt, daß die Wechselwrkg. von Spin- u. Gitterwellen zu einer geringen Zunahme der spontanen Magnetisierung führt. A. Blaschette. 137◇

0307 **Spinwellen und Phononen in Ferromagnetika. 3. Mitt. Spontane Magnetisierung in der Nähe des Curie-Punkts.** Jan Szaniecki. (Acta physica polon. **22**, 21—28, 1962; engl.) — 2. vgl. vorst. Referat. — Der Einfl. von Gitterschwingungen auf die spontane Magnetisierung eines kub. Ferromagnetikums im Temp.-Bereich um den Curie-Punkt wird theoret. untersucht. Die Wechselwrkg. zwischen Spin-Wellen u. Phononen bewirkt eine Verringerung der spontanen Magnetisierung. A. Blaschette. 137◇

0308 **Einige Bemerkungen über retardierte und avancierte Greensche Funktionen für isotrope Ferromagnetika.** Jan Szaniecki. (Acta physica polon. **22**, 125—27, 1962; engl.) — Vgl. vorst. Referate. A. Blaschette. 137◇

0309 **Die Anwendung der Greenschen Funktionsmethode auf Spinmoden.** W. Haubenreisser. (Physics Letters [Amsterdam] **6**, 43—47, 1963; Jena, Inst. für Magnet. Werkstoffe der Dt. Akad. der Wiss. zu Berlin; dt.) — Für ein ferromagnet. Einkristallellipsoid mit einfach-kub. Gittersymmetrie u. uniaxialer magnet. Anisotropie werden die renormalisierten Quasiteilchenenergien der ungedämpften Kittelmode u. der ($k \neq 0$)-Spinmoden mit der Meth. der zweizeitigen temperaturabhängigen retardierten Greenschen Funktionen berechnet. Gerhard Schmidt. 137◇

0310 **Über die kollektive Spinbewegung bei endlichen Temperaturen.** Kyozi Kawasaki. (Progr. theoret. Physics [Kyoto] **29**, 156—58, 1963; Nagoya, Univ., Fac. of Engng., Dep. of Appl. Phys.; engl.) — Behandlung der kollektiven Bewegung von Spins für Ferromagnetika bei u. oberhalb des Curie-Punktes. Es zeigt sich, daß bei hohen Temp., wenn die mkr. Relaxationszeit klein wird, das Spinsyst. einem lokalen Gleichgew. gehorcht u. die Dämpfung u. Frequenzverschiebung vernachlässigbar ist. G. M. Neumann. 137◇

0311 **Struktur von unterteilten Blochwänden.** V. G. Bhide und G. K. Shenoy. (J. appl. Physics **34**, 1778—85, 1963; Bombay, India, Inst. of Sci., Phys. Dep.; engl.) — Es wird versucht, die von Williams u. Goertz, de Blois u. Graham u. von Harrington beobachtete Unterteilung der Blochwände in period. rechts- u. linksgängige Segmente durch Schraubendrehungen der Spins zu erklären. Diese Drehungen sollen nicht nur in Richtung der Breite, sondern auch in Richtung der Länge der Blochwände mit verschiedener Periodizität erfolgen. Durch Näherungsbetrachtungen des Energieminimums der Wände (Summe aus Austausch-, Anisotropie- u. magnetostat. Energie) werden die Wandbreite u. der Abstand zwischen den rechts- u. linksgängigen Segmenten abgeschätzt. Dabei wird eine gute Übereinstimmung zwischen dem Experiment u. der Berechnung gefunden. Die Spinstruktur solcher komplexer Wände führt von allein zu den verschiedenen Segmenten u. zu positiven u. negativen Néel-Segmenten. Auch die unter dem Einfl. äußerer Magnetfelder entstehenden Zickzack-Wände konnten erklärt werden. H. Fahlenbrach. 137◇

0312 **Einflüsse einer Temperaturänderung auf die Kurve der Primärmagnetisierung und auf die Hystereseschleifen.** Osamu Yamada. (J. physic. Soc. Japan, Suppl. B-I **17**, 659—62, 1962; Grenoble, France, Labor. d'electrostat. et de Phys. du Metal; franz.) — Im Rayleighschen Gebiet der Anfangsmagnetisierung führt Erwärmen oder Abkühlen zu einem irreversiblen Magnetisierungsanstieg. Diese Erscheinung läßt sich in zwei Effekte einteilen, wobei beim ersten Effekt die Größe der Magnetisierungsänderung dem Wert der Magnetisierung u. der abs. Temp.-Änderung direkt proportional ist. Bei dem zweiten Effekt besteht die gleiche Magnetisierungs-, jedoch keine Temp.-Proportionalität. Es treten asymm. Hystereseschleifen auf. Die Effekte werden durch Änderung der inneren Spannung bei Änderung der Temp. erklärt. Einige Verss. an gekohltem Stahl werden beschrieben. H. Roschkowski. 137◇

0313 **Durch Elektronenbeugung nachgewiesene ferrimagnetische Struktur eines Magnetkristalles.** S. Yamaguchi. (Physic. Rev. [2] **126**, 102—03, 1962; Tokyo, Japan, Inst. of Phys. and Chem. Res.; engl.) — Die therm. Störung in der Elektronographie wird zur Best. der natürlichen Richtung der Magnetisierung, [111], im Magnetitgitter benutzt. In den Beugungsdiagrammen mit Einfall entlang [1$\bar{1}$0] findet eine thermomagnet. Verschiebung der Reflexe senkrecht zu [111] statt. Daraus ergibt sich die Magnetisierungsrichtung entsprechend der Lorentz-Kraft. K. Jaeger. 137◇

0314 **Magnetostriktion von kubischen Néel-Ferrimagneten mit Anwendung auf Yttriumeisengranat.** E. R. Callen, A. E. Clark, B. De Savage, W. Coleman und H. B. Callen. (Physic. Rev. [2] **130**, 1735—40, 1963; White Oak, Silver Spring, Md., U. S. Naval Ordnance Labor.; Philadelphia, Pa., Univ. of Pennsylvania, Labor. for Res. on the Structure of Matter; engl.) — Mit einer Kapazitätsmeth. u. mit Dehnungsmeßstreifen wird die Magnetostriktion von YIG-Einkristallen bei Temp. zwischen 100 u. 450° K gemessen. Die Ergebnisse werden mit einer Theorie analysiert, die für Isolatoren, die dem Néel-Modell des Ferrimagnetismus gehorchen, gilt. Die Theorie berechnet die magnetoelast. Kopplungskoeff. für jedes ferrimagnet. Untergitter u. jede Symmetrie der Spannungsmode. Gefunden werden: $B_{0,2}\gamma(a) = -9{,}70 \cdot 10^6$(erg/cm³); $B_{0,2}\gamma(d) = 8{,}95 \cdot 10^6$; $B_{0,2}\varepsilon(a) = 5{,}67 \cdot 10^6$ u. $B_{0,2}\varepsilon(d) = -17{,}2 \cdot 10^6$. (a bzw. d beziehen sich auf die Oktaeder- bzw. Tetraederplätze, γ bzw. ε auf lineare Dilatationen bzw. Scher-Moden). Die gemessene Temp.-Abhängigkeit der Magnetostriktionskonst. h_1 u. h_2 wird von der Theorie gut bestätigt. h_1 besitzt ein Minimum ($\sim -2{,}1 \cdot 10^{-6}$) bei 20°. h_2 nimmt mit wachsender Temp. monoton zu u. strebt bei hohen Temp. gegen Null. H. Fahlenbrach. 137◇

0315 **Linienbreite der ferrimagnetischen Resonanz bei dichten polykristallinen Ferriten.** P. E. Seiden und J. G. Grunberg. (J. appl. Physics **34, 1696—98, 1963**; Yorktown Heights, N. Y., I. B. M. Res. Center; Grenoble, France, Centre d'Et. Nucl.; engl.) — Mit der Theorie der Dipolverengung von Geschwind u. Clogston u. von Schlömann wird bei Berücksichtigung der Einfl. der Anisotropie u. der Porosität die Linienbreite der ferrimagnet. Resonanz polykristalliner Ferrite berechnet. Dabei ergibt sich die Porosität als maßgeblicher Faktor für eine Linienverbreiterung selbst bei sehr dicht gesinterten Ferriten. Die Theorie wird durch Meßwerte über die Temp.-Abhängigkeit der Linienbreite einiger Proben aus *Y–Fe-Granat* u. *Mn-Ferrit* gut bestätigt.
H. Fahlenbrach. 137◇

0316 **Magnetische Nachwirkung in festen Lösungen von Mangan- und Nickelferriten mit Magnetit.** Aleksander Bragiński, André Marais und Thérèse Merceron. (J. physic. Soc. Japan, Suppl. B-I **17**, 300—03, 1962; Bellevue, S. et O., Labor. de Magnétisme et de Phys. du Solide; franz.) — Eine Unters. der magnet. Nachwrkg. in Magnetit zeigt oberhalb 0° ein Disakkomodationsspektrum der Permeabilität, das sich aus drei unterschiedlichen, von der Diffusion von Fe^{2+} in Ggw. von Leerstellen abhängigen Effekten zusammensetzt. Existenz u. Intensität dieser Effekte hängen von einer jeweils krit. Leerstellen-Konz. ab. In den Syst. $Mn_xFe_{3-x}O_{4-y}$ u. $Ni_xFe_{3-x}O_{4+y}$ existieren für $0 < x < 1$ ähnliche Disakkomodationsspektren. Zusätzliche Substitution durch Zn beeinflußt Intensität oder Temp. einzelner dieser Effekte, die sich durch Bldg. verschiedener Konfigurationen von Fe^{2+} an nicht äquivalenten oktaedr. Gitterplätzen erklären lassen. H. Roschkowski. 137◇

0317 **Magnetisierung von Manganferrit.** Sidney R. Butler und Wilhelm R. Buessem. (J. appl. Physics **34**, 1754—57, 1963; University Park, Pa., Pennsylvania State Univ.; engl.) — An Proben aus Mn-Ferrit, die in Atmosphären mit verschiedenem O_2-Partialdruck wärmebehandelt worden waren, wird mit einer Sucksmithschen Waage die Magnetisierung bei tiefen Temp. (80—100°K) gemessen. Die magnet. Momente der verschiedenen Proben, die aus diesen Messungen errechnet wurden, schwankten zwischen 4,55 u. 4,88 Bohrschen Magnetonen, wobei eine Beziehung zum Oxydationsgrad hergeleitet werden konnte, der durch die Gew.-Zunahme nach der Wärmebehandlung u. durch Röntgen-Messungen der Gitterkonst. ermittelt wurde. Es werden auch mögliche Änderungen durch die Abschreckung nach der Wärmebehandlung erörtert. Die größeren Streuungen der Momentwerte für Mn-Ferrite in der Literatur werden zu erklären versucht.
H. Fahlenbrach. 137◇

0318 **Magnetische Eigenschaften des Lithium-substituierten Manganferrits.** T. R. McGuire und F. S. Ferebee. (J. appl. Physics **34**, 1821—23, 1963; Yorktown Heights, N. Y., IBM Res. Center; Silver Spring, Md., U. S. Naval Ordnance Labor.; engl.) — Beim Ersatz des Mn durch Li im $Mn_{1-x}Li_xFe_2O_4$ steigt mit wachsendem x (untersucht bis x = 0,4) die Curie-Temp., während das Atommoment fällt. Dieses Ergebnis kann durch eine Besetzung der Oktaederplätze im Spinell durch 90% der Li-Ionen erklärt werden. Die Gitterkonst. nimmt mit wachsendem Li-Geh. ab. Die magnet. Messungen wurden in einem Vibrationsmagnetometer bei 4,2°K ausgeführt. Bei x = 0,5 tritt eine zweite Phase bei dem Mn–Li-Ferrit auf. H. Fahlenbrach. 137◇

0319 **Der Einfluß hydrostatischen Druckes auf die verschiedenen Magnetisierungsschleifen der Mangan–Zink-Ferrite.** Erich Röss und Max Kornetzki. (Z. angew. Physik **15**, 46—47, 1963; München, Siemens & Halske A. G., Wernerwerk für Bauelemente; dt.) — Mangan–Zink-Ferrite mit Rechteck-, Isoperm- oder Perminvar-Hystereseschleifen wurden hydrostat. Drücken von einigen hundert Atmosphären ausgesetzt. Dabei wurden mit wachsendem Druck normale Hystereseschleifen angenähert. Dieses Ergebnis soll durch die unregelmäßigen Spannungen zustande kommen, die durch den hydrostat. Druck in der Nähe der Poren entstehen. Aus den Meßergebnissen kann ferner der Schluß gezogen werden, daß die Eigenspannungen dieser Ferrite kleiner als einige kp/mm^2 sind. Die Kristallanisotropie des Ferrits mit Rechteckschleife u. die einachsige Anisotropie des Ferrits mit Perminvarschleife sollen nach rohen Abschätzungen beide in der Größenordnung von $10^3 erg/cm^3$ liegen.
H. Fahlenbrach. 137◇

0320 **Theorie der magnetischen Gitter-Susceptibilität von Halbleitern.** Akira Morita, Yutaka Abe und Haruhiko Yamazaki. (J. physic. Soc. Japan **18**, **341—48, 1963**; Sendai, Tohoku Univ., Dep. of Phys.; engl.) — In Termen der Kristallmoment-Darst. wird die Bewegung eines Bloch-Elektrons in einem gleichförmigen stat. Magnetfeld bis zur 2. Ordnung berechnet. Daraus wird die magnet. Energie eines Halbleiters bei 0°K abgeleitet. Für die magnet. Gittersusceptibilität ergibt sich ein expliziter Ausdruck, der den Larmor-ähnlichen diamagnet. Term, den paramagnet. Korrektionsterm u. weitere Terme enthält. Für die Zyklotron-Bewegung eines freien Ladungsträgers läßt sich die Hamilton-Gleichung in einer Form darstellen, die auf eine beliebige Gittersymmetrie u. auf entartete Bänder anwendbar ist.
H. Fahlenbrach. 137◇

0321 **Die magnetische Susceptibilität von Promethium-(^{147}Pm)-trioxid.** J. C. Sheppard, E. J. Wheelwright und F. P. Roberts. (J. physic. Chem. **67**, 1568—69, 1963; Richland, Wash., Gen. Electr. Co., Hanford Labor.; engl.) — Bei 25° wurde nach der Gouy-Meth. von $^{147}Pm_2 \cdot O_3$ die spezif. Susceptibilität χ zu $15{,}5 \cdot 10^{-6}$ cgs-Einheiten bestimmt. M. Dal Ri. 137◇

0322 **Magnetische Susceptibilitäten und kernmagnetische Resonanzmessungen in V–Fe-Legierungen.** D. J. Lam, D. O. Van Ostenburg, M. V. Nevitt, H. D. Trapp und D. W. Pracht. (Physic. Rev. [2] **131, 1428—33**, 1963; Argonne, Ill., Argonne Nat. Labor.; engl.) — Die Messungen erfolgten an Legg. mit bis zu 34 Atom-% Fe bei Tempp. zwischen 4,2 u. 300°K bzw. 120—300°K (KMR). Aus den Susceptibilitäten u. den KMR-Linienbreiten von ^{51}V in Abhängigkeit von Zus. u. Temp. wird auf das Auftreten magnet. Momente infolge Elektronenspinpolarisationen um die Fe-Atome bei ca. 23 Atom-% Fe geschlossen. Die Knight-Verschiebung von ^{51}V nimmt mit dem Fe-Geh. zu, erreicht ein Maximum bei ca. 16 Atom-% Fe u. fällt dann scharf ab. Die Knight-Verschiebungen werden im Zusammenhang mit Fermi-Kontakt-Beiträgen, sd-Austausch u. induziertem Bahn-Paramagnetismus diskutiert. H. Liepack. 137◇

0323 **Magnetische Eigenschaften von α-Uranhydrid.** A. Śliwa und W. Trzebiatowski. (Bull. Acad. polon. Sci., Sér. Sci. chim. **10**, 217—19, 1962; Wrocław, Pol. Acad. of Sci., Inst. of Phys. Chem., Dep. of Struct. Res.; engl.) — α-UH_3 wird aus den hochreinen Elementen bei −80° in mehreren Hundert Std. dargestellt; das Prod. enthält ca. 25% β-UH_3. Die magnet. Messungen werden nach der Faraday-Meth. bei 2750, 3970 u. 6450 Oe vorgenommen, die Magnetisierbarkeit wird bei 85°K u. verschiedenen Feldstärken gemessen. α-UH_3 u. β-UH_3 verhalten sich sehr ähnlich. Für α-UH_3 beträgt der Curie-Punkt 174°, das magnet. Moment 2,8 BM u. der U–U-Abstand 3,60 Å. M. Engel. 137◇

0324 **Untersuchung der magnetischen Nachwirkung der Diffusion von Eisen–Silicium-Einkristallen.** P. Brissonneau und P. Moser. (J. physic. Soc. Japan, Suppl. B-I **17, 333—37**, 1962; Grenoble, C. E. N., Labor. d'Electrostat. et de Phys. du Métal; franz.) — Die Theorie einer Richtungsordnung sagt die Existenz einer magnet. Diffusions-Nachwrkg. in bin. Legg. voraus u. gibt die Größe des Felds der Nachwrkg. an. Die an Rahmen aus Fe–Si-Einkristallen (3,25% Si) mit verschiedenen Orientierungen erhaltenen Ergebnisse werden verglichen u. die relative Bedeutung von Wechselwrkg. zwischen nächsten u. zweitnächsten Nachbaratomen besprochen.
H. Roschkowski. 137◇

0325 **Magnetische Untersuchung eines Kobalteinkristalls in der hexagonalen Phase.** René Pauthenet, Yves Barnier und Guy Rimet. (J. physic. Soc. Japan, Suppl. B-I **17**, 309—13, 1962; Grenoble, France, Inst. Fourier; franz.) — Die Ergebnisse einer Unters. der Temp.-Abhängigkeit der zwei Anisotropie-Konst. von hexagonalem Co zwischen 2,4 u. 668 °K, des Mechanismus der Änderung der Magnetisierung mit dem Feld u. der Änderung der Achse leichter Magnetisierung zwischen 518 u. 598 °K werden zusammengestellt. H. Roschkowski. 137◇

0326 **Beitrag der Gitterdoppelleerstellen zum magnetischen Abklingen in Nickel.** Miles V. Klein und Helmut Konmüller. (J. appl. Physics **33,** 2191—97, 1962; Stuttgart, MPI für Metallforsch. u. TH, Inst. für theoret. u. angew. Phys.; engl.) — Berechnet u. diskutiert werden die Abklingkurven der Susceptibilität nach einer Entmagnetisierung in Ni, das eine ausreichende Anzahl von Gitterdoppelleerstellen enthält. Berechnet werden die Stabilisierungsenergien für 109°-[001]- u. 180°-[110]-Bloch-Wände, für die bei niedrigen magnet. Feldern die größte Beweglichkeit erwartet wird. Die Ergebnisse zeigen die Eigentümlichkeiten der [110]-Symmetrie derjenigen Gitterdoppelleerstellen, die nicht zu [100]-Symmetriezentren gehören: 1. die Existenz zweier Relaxationsarten mit verschiedenen Relaxationszeiten u. verschiedenen Wechselwirkungsenergien mit dem Magnetisierungsvektor u. 2. das Nichtverschwinden der Stabilisierungskraft an 109°-Wänden bei großen Verschiebungen der Bloch-Wände. K. Jaeger. 137◇

0327 **Heuslersche Legierungen auf Silberbasis.** E. O. Hall. (Philos. Mag. [8] **4,** 730—44, 6 Tafeln, 1959; Sheffield, UK, Univ., Dep. of Phys.; engl.) — Im Hinblick auf ihre magnet. Eigg. wurden etwa 50 *Ag–Mn—Al*-Legg. strukturell untersucht. Angenäherte Gleichgew.-Phasendiagramme werden für 400 u. 650° mitgeteilt. Auch von 650° abgeschreckte Proben wurden untersucht. Unter ihnen weisen Prodd. der Zuss. $\sim Ag_5MnAl$ Ferromagnetismus auf, der jedoch keine Gleichgew.-Eigg. ist, sondern auf die disperse Ausscheidung einer zweiten (wahrscheinlich Mn-)Phase zurückgeht. Diese ferromagnet. Abscheidung ist hexagonal mit a = 2,94 Å u. c/a = 1,61. Diskutiert werden die Temp.-Abhängigkeiten u. die sehr hohen Koerzitivkräfte dieser Legg. sowie die Wertigkeit des Mn in ihnen. K. Jaeger. 137◇

0328 **Magnetische Susceptibilität von Siderit.** H. E. Powell und C. K. Miller. (U. S. Dep. Interior, Bur. Mines, Rep. Invest. **1963,** Nr. 6224, 1—19, Rolla, Mo., Bur. of Mines, Rolla Metallurg. Res. Center; engl.) — Mit der Gouyschen magnet. Waage werden Siderit-Proben aus 15 verschiedenen Lagerstätten auf ihre magnet. Susceptibilität bei 20° untersucht. Dabei schwankten die Susceptibilitätswerte der verschiedenen Proben in den weiten Grenzen zwischen 66 u. 103 (10^{-6}) cgs-Einheiten. Die Verschiedenheit der Werte kann nicht allein mit Unterschieden in der Analyse z. B. im Fe-Geh. erklärt werden. Vielmehr ist die Gesamtheit der Beimengungen anderer Bestandteile im Mineral von großer Bedeutung. Susceptibilitätsangaben sind daher nur bei gleichzeitiger Angabe der chem. Zus. der Mineralprobe sinnvoll. Man kann auch nicht immer das Additionsgesetz der Susceptibilität anwenden. H. Fahlenbrach. 137◇

0329 **Zur Messung der magnetischen Susceptibilität kleiner Proben.** R. G. Gordon. (Rev. sci. Instruments **33,** 729—31, 1962; Cambridge, Mass., Harvard Univ., Jefferson Phys. Labor.; engl.) — 2. vgl. C. **1963,** 22602. — Beschrieben wird eine Meth. zur Messung der diamagnet. u. paramagnet. Susceptibilitäten von μg-Mengen fester Proben auf der Grundlage einer Null-Meth., in der die Schwerkraft die von einem inhomogenen Magnetfeld auf die Probe ausgeübte Kraft kompensiert. Gemessen wird die größte Hauptsusceptibilität magnet. anisotroper Kristalle. K. Jaeger. 137◇

0330 **Die Grenzleitfähigkeit des Rubidiumions.** Robert W. Kunze, Raymond M. Fuoss und Benton B. Owen. (J. physic. Chem. **67,** 1719—20, 1963; New Haven Conn., Yale Univ., Sterling Chem. Labor.; engl.) — Als wahrscheinlichster Wert der Grenzleitfähigkeit des Rb^+ bei unendlicher Verdünnung wird 77,20 ± 0,05 empfohlen. K. Roß. 138◇

0331 **Über die Assoziation von Ionen in Lösungen.** 1. Mitt. A. M. Ssuchotin. (J. physik. Chem. [UdSSR] **33,** 2405—09, 1959; russ., Auszug: engl.) — 2. vgl. C. **1963,** 8032. — Vf. untersucht die elektr. Leitfähigkeit von Lsgg. von NaJ, LiJ, LiBr, LiCl u. $(iso\text{-}C_5H_{11})_4NJ$ in Butanol-Hexanmischungen (DK zwischen 17,3 u. 2,02) u. von NaJ in A.-CCl_4-Mischungen (DK 24—2,32) in Abhängigkeit von der Salzkonz. u. der Zus. des Lsgm. sowie die Viscosität, Dichte u. DK der Lsgg. in Butanol-Hexan. Bei geringen Konzz. wird in allen Fällen das Ostwaldsche Verdünnungsgesetz befolgt. Bei genügend niedriger DK erscheint ein Minimum auf den Leitfähigkeitsisothermen, das durch Abnahme der Ionenaktivitäts-Koeff. zu erklären ist. Die Ionentriplett-Theorie von Fuoss u. Kraus kann auf Grund der Überführungszahlen der Ionen nicht bestätigt werden. Mit steigender DK der Lsg., mit steigender Konz. des Salzes tritt ein scharfer Anstieg der Leitfähigkeitsisothermen auf. Ein Maximum bei höheren Konz. ist durch einen Anstieg der Viscosität der Lsgg. bedingt. Ergebnisse von Berechnungen nach der Theorie von Mikulin (C. **1956,** **13929**) stimmen im allg. mit den Werten für die mittleren Ionenaktivitätskoeff. aus konduktometr. Messungen überein. H. Roschkowski. 138◇

0332 **Aktivitätskoeffizient von Silbersulfat in geschmolzenen Sulfaten und Vergleich mit der Quasigittertheorie.** Edward S. Woolner jun. und Douglas G. Hill. (J. physic. Chem. **67,** 1571—73, 1963; Durham, N. C., Duke Univ., Dep. of Chem.; engl.) — Die Aktivitätskoeff. von Ag_2SO_4 wurden durch EMK-Messungen der Kette Ag/Ag_2SO_4 (N_1), K_2SO_4–Li_2SO_4 (Eutektikum) || $Ag_2SO_4 \cdot (N_2)$, K_2SO_4–Li_2SO_4 (Eutektikum)/Ag mit KCl-Zusatz zur Schmelze bei Temp. von 600, 650 u. 700° bestimmt. Die Werte sind in Abhängigkeit von KCl-Zusatz tabelliert. Die EMK-Werte gehorchen der Nernstschen Gleichung. Die Ergebnisse passen in den Rahmen der Quasigittertheorie. Für die Bldg. des AgCl in der Schmelze bei 700° wurde die Exzessenergie der Assoziation zu —3,9 kcal bestimmt. K. Roß. 139◇

0333 **EMK-Messungen im System Silbernitrat-Kaliumnitrat-Kaliumchlorat und Vergleich mit der Quasigittertheorie.** A. R. Alvarez-Funes und D. G. Hill. (J. physic. Chem. **67,** 1573—76, 1963; engl.) — Vgl. vorst. Referat. — Die EMK-Werte der Zelle $Ag/AgNO_3$, $KNO_3//AgNO_3$, KNO_3, K_2CrO_4/Ag sind in Abhängigkeit von den Konzz. für $AgNO_3$ u. K_2CrO_4 für Temp. zwischen ca. 350 u. 500° tabelliert. Die Assoziationsenergie ist in dem Temp.-Bereich konstant. Die Ergebnisse entsprechen den Vorstellungen der Quasigittertheorie geschmolzener Salze. K. Roß. 140◇

0334 **Formale Redoxpotentiale des Systems Vanadat-Vanadyl.** S. P. Rao und J. N. Gaur. (Indian J. Chem. **1,** 224—25, 1963; Jodhpur, Univ. of Jodhpur, Dep. of Chem.; Jaipur, Univ. of Rajasthan, Dep. of Chem.; engl.) — Formale V^{5+}/V^{4+}-Redoxpotentiale wurden in H_2SO_4, HCl, HNO_3, $HClO_4$ u. H_3PO_4 bestimmt. Das höchste Potential wurde in H_2SO_4-Lsg. gemessen, wo es von 0,86 V (gegen Standard-H_2-Elektrode) in 0,1 f H_2SO_4 mit steigender Säure-Konz. auf 1,298 V in 10,0 f H_2SO_4 steigt. In 8 f H_2SO_4 fällt das Potential mit steigender V^{5+}-Konz. von 1,278 V (0,025 n V^{5+}) auf 1,240 V (0,2 n V^{5+}) K. Roß. 140◇

0335 **Das elektrochemische Potential der Amalgame.** G. Jangg und H. Kirchmayr. (Z. Chem. **3,** 47—56, 1963; Wien, TH, Inst. für chem. Technol. anorg. Stoffe; dt.) — Es werden thermodynam. Beziehungen für die Abhängigkeit des Potentials von Amalgamen von ihrer Zus. abgeleitet u. durch Unterss. an Amalgamen des Zn(**I**), Pb(**II**), Cu(**III**), Mn(**IV**), Mn–Tl, Fe(**V**), Ni(**VI**) u. Co(**VII**) überprüft. Die Herst. der Amalgame erfolgte elektrolytisch. Die Messungen wurden unter O_2 -Ausschluß bei 15° an jeweils 2 ml Hg unter Rühren durchgeführt. Für die Unterss. an **I**—**III** wurden $ZnSO_4$-, $CuSO_4$- u. Pb-Acetat- (mit Essigsäure schwach angesäuert) Lsgg. der Konzz. 0,01; 0,1 u. 1,0 m u. Metall-Konzz. im Amalgam von 10^{-7} m bis zur Sättigung verwendet. Bei Konzz. $> 10^{-5}$ m stellt sich das Potential unabhängig von der Rührgeschw. innerhalb von 2 Min. auf den Endwert ein. Das Potential ist in Übereinstimmung mit der Theorie oberhalb der Sättigungskonz. konstant. Bei c $< 10^{-5}$ m sind die Potentiale nur wenig reproduzierbar. Auch die **IV**-Amalgam-Elektrode verhält sich der Theorie entsprechend. Bei **V**—**VIII** (in Fe-, Ni- bzw. $CoSO_4$-Lsg.) wurde festgestellt, daß bei diesen in Hg prakt. unlösl.

Metallen das Potential des Amalgams unabhängig von der Metall- u. der Elektrolyt-Konz. gleich dem Potential des reinen Hg in diesen Lsgg. ist. Vff. nehmen an, daß die Ursache hierfür in der Auflösung der Metalle unter H_2-Entw. zu suchen ist. E. Winkler. 140◇

0336 **Transportprozesse in Thermozellen.** R. C. Srivastava. (J. Indian chem. Soc. **40**, 585—96, 1963; Gorakhpur, U. P., Univ. of Gorakhpur, Chem. Dep.; engl.) — Der Gültigkeitsbereich einer vom Vf. modifizierten Theorie über die Thermodynamik irreversibler Prozesse für Transportvorgänge in Thermozellen wird durch die Best. der EMK der Zelle Ag–AgCl (T)/MCl / AgCl–Ag (T + ΔT) geprüft, wobei M = K oder Na ist. Die beiden Halbzellen werden durch Thermostaten auf der gewünschten Temp. gehalten. Bei T = 50° steigt die EMK linear mit der Temp. bis ΔT = 25°. Durch die Verw. von verd. KCl- u. NaCl-Lsgg. (MCl), die der Debye-Hückel-Theorie gehorchen, wird gezeigt, daß der Wärmetransport des Cl^--Ions unabhängig von der Natur des Kations ist. K. Roß. 140◇

0337 **Einfluß von Ammoniumthiocyanat bei der anodischen Oxydation des Sulfations.** Stanislav Scholle und Zdeněk Seifert. (Šborník vědeckých Prací, Vysoká Škola chem.-technol. Pardubice **1960**, 59—71; tschech.) — Bei der Elektrolyse einer angesäuerten Lsg. von $(NH_4)_2 \cdot SO_4$ nach dem Löwenstein-Verf. zur Darst. von H_2O_2 wird der Einfl. von NH_4SCN-Zusätzen auf die Ausbeute an peroxid. Sauerstoff untersucht. Diese zeigt ein Maximum bei Zusatz von 3 g NH_4SCN/Liter u. ist von der H_2SO_5-Konz. unabhängig. Auf Grund der Anodenpotentiale kann man auch bei hohen Stromdichten das Verh. des Elektrolyseurs verfolgen. R. K. Müller. 141◇

0338 **Einfluß der Anodenpolarisation auf die kathodische Verteilung des Stroms.** N. P. Gnussin. (Hochschulnachr. [Iwanowo], Chem. u. chem. Technol. **4**, 446—51, 1961; Beloruss. Ing.-Inst. für das Eisenbahn-Transportwesen, Lehrst. für Chem.; russ.) — Vf. untersuchte den Einfl. der Polarisierbarkeit der Anoden auf die kathod. Stromverteilung durch Aufnahme von Stromdichte-Potential-Kurven u. Best. der Stromverteilung. Die Verss. wurden bei 20° mit Cu- u. Pb-Anoden sowie Cu-Kathoden durchgeführt. Als Elektrolyt diente eine Lsg. mit 75 (g/Liter) $CuSO_4 \cdot 5\,H_2O$ + 200 H_2SO_4. Die Messungen zeigen, daß die Polarisierbarkeit der Pb-Anoden im gesamten untersuchten Stromdichte-Bereich größer ist als die der Cu-Elektroden. Es wurde festgestellt, daß die Polarisierbarkeit der Anoden in Abhängigkeit von der Geometrie des Zellgefäßes einen Einfl. auf die anod. Stromverteilung hat, daß aber bei der kathod. Stromverteilung ein Effekt prakt. nicht auftritt. E. Winkler. 142◇

0339 **Blei–Platin-Bielektroden.** W. C. G. Wheeler. (Chem. and Ind. **1959**, 75; Portsmouth, H. M. Dockyard, Centr. Dockyard Labor.; engl.) — Vf. teilt als Ergebnis einer ergänzenden Unters. zu der Arbeit von Shreir u. Weintraub (C. **1963**, 11534) mit, daß die einzige Funktion des Pt in der beschriebenen Bielektrode darin besteht, einen guten elektr. Kontakt mit dem PbO_2-Film zu vermitteln. Die sich daraus ergebenden Folgerungen führen zu einem besseren Verständnis der Wrkg.-Weise von „Oxid"-Anoden. W. Betcke. 142◇

0340 **Über den Mechanismus der Wasserstoffelektrodenreaktion an Platin.** Michio Enyo, Masamitsu Hoshi und Hideaki Kita. (J. Res. Inst. Catalysis, Hokkaido Univ. **10**, 153—64, 1962; [Sapporo, Japan, Hokkaido Univ., Fac. of Sci., Res. Inst. for Catalysis]; engl.) — Austausch-Rkk. zwischen D_2 u. H_2O wurden am Pt-Katalysator in salzsaurer Lsg. u. in reinem W. durchgeführt u. der resultierende Austausch zwischen D_2 u. H_2O sowie die Äquilibrierung $\gamma = [HD]/[HD]_{gl}$ bestimmt, wobei [HD] die Konz. von HD im Gas u. $[HD]_{gl}$ die Gleichgew.-Konz. von HD nach $H_2 + D_2 \rightleftharpoons 2HD$ im gleichen Gas ist. In saurer Lsg. ist $\gamma = 0$, wonach der Mechanismus der langsamen Entladung ausgeschlossen wurde. Die ermittelten Werte für ΔH u. die pH-Abhängigkeit sprechen für den elektrochem. Mechanismus in saurer Lösung. In reinem W. wird die Möglichkeit einer Rk. etwa nach dem Rideal-Eley-Mechanismus nicht ausgeschlossen. K. Roß. 142◇

0341 **Kinetik der Sauerstoff-Reduktion an Pt-, Pd- und Ag-Elektroden.** D. T. Sawyer und R. J. Day. (Electrochim. Acta [London] **8**, 589—94, 1963; Riverside, Calif., Univ. of California, Dep. of Chem.; engl.) — Mit galvanostat. u. chronopotentiometr. Meth. wurde die elektrochem. Red. von O_2 an voroxydierten (**I**) u. vorred. (**II**) Elektroden untersucht. An **I** wird O_2 nach dem folgenden pH-abhängigen Mechanismus zu W. red.: $M(OH)_2 + 2e^- \rightarrow M + 2OH^-$. Das durch Voroxydation entstandene Metalloxid wird elektrochem. red. u. von dem gelösten O_2 nachgebildet. Die Geschw. der Red. ist unabhängig vom Elektrodenmaterial. An **II** wird in saurer Lsg. O_2 nach dem folgenden pH-unabhängigen Mechanismus zu H_2O_2 red.: $M(OH_2)_n + O_2 + e^- \rightarrow M(OH_2)_{n-1}(OH)^- + HO_2$; $M(OH_2)_{n-1}(OH)^- + H_2O \rightarrow M(OH_2)_n + OH^-$; $2HO_2 \rightarrow H_2O_2 + O_2$. Die erste dieser Rkk. bestimmt die Geschwindigkeit. Aus der Wasserhaut an der Metalloberfläche wird ein H-Atom auf O_2 übertragen. Der Mechanismus an **I** ist, wenn möglich, bevorzugt; jedoch wird das Oxid im Verlaufe einer Elektrolyse red. u. der Mechanismus für **II** läuft ab. R. Drautzburg. 142◇

0342 **Die Aktivierung von Platinelektroden durch Voroxydation.** Shigeo Shibata. (Bull. chem. Soc. Japan **36**, 525—27, 1963; Koshirakawa-cho, Yamagata, Yamagata Univ., Fac. of Liberal Arts and Sci., Dep. of Chem.; engl.) — Die H_2-Überspannung u. die Aktivität von chem. u. elektrolyt. oxydierten blanken Pt-Elektroden wurde unter H_2-Atmosphäre untersucht. Bei der Red. bildet sich eine dünne instabile Oberflächenschicht von hoher Aktivität u. geringer Kristallisations-Geschw. aus. Mit zunehmender Kristallisation verliert die Elektrode ihre Aktivität. Diese durch die Voroxydation verursachten strukturellen Veränderungen werden für die Aktivität verantwortlich gemacht. K. Roß. 142◇

0343 **Einfluß von Zinnüberzügen auf die Elektrodiffusion von Wasserstoff in Stahl.** M. N. Polukarow und W. Ja. Andreitschikowa. (J. physik. Chem. [UdSSR] **37**, 1527—31, 1963; Perm, Univ.; russ., Auszug: engl.) — Dünne Zinnüberzüge (< 1,5 μ) fördern die Diffusion von Wasserstoff in Stahl, der in verd. H_2SO_4 kathod. polarisiert ist. Der Effekt tritt nicht auf in konz. H_2SO_4-Lsgg. ($\geq$ 2 n) u. in NaOH u. KOH. Der diffusionsfördernde Effekt wird durch Bldg. einer koll. Lsg. von SnO_2 an der Kathode erklärt. Die Wasserstoffdiffusion hängt nicht mit Polarisationserscheinungen zusammen. Der beobachtete Abfall der Wasserstoffüberspannung wird durch die depolarisierende Wrkg. von Hydridionen erzeugt. A. Kumm. 142◇

0344 **Das anodische Verhalten des Eisens in alkalischen Lösungen.** T. Hurlen. (Electrochim. Acta [London] **8**, 609—19, 1963; Blindern, Oslo, Central Inst. for Ind. Res.; engl.) — In alkal. Lsgg. lassen sich Fe-Elektroden durch kathod. Polarisation in den akt. Zustand bringen. Die anod. Auflösung des akt. Fe erfolgt in offener Zelle nach einer Tafel-Geraden mit einer Steigung von RT/2F, ebenso wie in sauren Lsgg., u. einer Potentialverschiebung mit dem pH-Wert, die einer Katalyse 1. Ordnung durch OH^- entspricht. Als mögliche Rk.-Gleichungen werden angegeben: $2\,Fe + OH^- \rightarrow 2\,Fe^{2+} + OH^- + 4\,e^-$; $2\,Fe + OH^- \rightarrow Fe(OH)^+ + Fe^{2+} + 4\,e^-$. Es wurden Stromdichten von 10—80 $\mu A/cm^2$ angewandt. Die Messungen werden gestört bei Konzz. < 0,1 m NaOH durch zu starke Neigung zur Passivierung, sowie > 0,3 m NaOH durch Oxydation der gleichzeitig entwickelten großen Menge H_2. Die für die 2 Passivierungsstufen gemessenen Potentiale entsprechen den Redox-Paaren $Fe(OH)_2/Fe(OH)_3$ oder FeO/Fe_2O_3 sowie $Fe_3O_4/\gamma\text{-}Fe_2O_3$. Die 2. Stufe entspricht dem Flade-Potential in sauren Lsgg. u. stellt sich auch ein nach Abschalten des anod. Polarisationsstromes. — Die H_2-Entw. verläuft an akt. Fe nach einer pH-unabhängigen Tafel-Geraden mit einer Steigung von -2RT/F. In geschlossener Zelle, also H_2-gesätt. Lsgg., sowie auch bei höheren Alkali-Konzz. wird H_2 an akt. Fe oxydiert nach einer Tafel-Geraden mit der Steigung 2RT/3F u. einer Potentialverschiebung mit dem pH-Wert, die einer Katalyse 2. Ordnung durch OH^- entspricht. Die Austausch-Stromdichte der H_2-Elektrode an akt. Fe geht etwas unterhalb pH 7 durch ein Minimum. R. Drautzburg. 142◇

0345 **Mechanismus des Zn(II)/Zn(Hg)-Austausches. 1. Mitt. Der Zn^{2+}/Zn(Hg)-Austausch.** N. S. Hush und J. Blackledge. (J. electroanalyt. Chem. [Amsterdam] **5**, 420—34, 1963; Bristol, Univ., Dep. of Phys. and Inorg. Chem.; engl.) — Die Geschw. der Austausch-Rk. zwischen wss. Zn^{2+}-Lsg. u. Zn-Amalgam wurde in Abwesenheit von Komplexbildnern ($NaClO_4$-Grund-Lsg.) durch Wechselstrom-Impedanzmessungen u. durch Messung der Gleichstromkomponente während der anod. Auflsg. des Amalgams bestimmt. Die Aktivierungsenergie von 10,0 kcal · Mol^{-1} ist unabhängig von der Ionenstärke im Bereich μ = 0,2 — 3,0, während die Geschw.-Konst. zwischen μ = 0,2 —2,0 von 11,9 · 10^{-3} aus 2,5 · 10^{-3} cm · s^{-1} abnimmt. Der Mechanismus der Austausch-Rk. entspricht vermutlich einem 2-stufigen Vorgang $Zn^{2+} \rightarrow Zn^{+} \rightarrow$ Zn(Hg), wobei der Ladungsübergang $Zn^{2+} \rightarrow Zn^{+}$ geschwindigkeitsbestimmend ist. E. Moisar. 142◇

0346 **Über die Anwendung intermittierender Entladungen zur elektrochemischen Bestimmung der Depolarisationsfähigkeit des Braunsteins.** K. Appelt und E. Forecki. (Electrochim. Acta [London] **8**, 639—44, 1963; Poznań, Centralne Labor. Akumulatorów i Ogniw; dt.) — Vff. beschreiben eine Meth., mittels der ein früher angegebenes Verf. (C. **1961**, 2893) für die Schnellprüfung von Braunsteinen durch Dauerentladung in einer Prüfzelle auf intermittierende Entladung ausgedehnt werden kann. Die Entladestromstärke wird mit 35 mA, die Entladeendspannung mit 0,66 V angegeben. Die Entladeintervalle können zwischen 0 u. 60 Sek., die Ruhepausen zwischen 0 u. 120 variiert werden. Für den Erholungsfaktor F (F = Ruhezeit/Entladezeit) wurden bei den Elementen bzw. Batterien R 12, R 20, 3R12, R6, 80R12 die Werte 144, 46, 144, 288, 6 gefunden. Wird für die Durchführung der Messungen F = 5 festgelegt, dann können die Prüfungen von natürlichem bzw. elektrolyt. Braunstein in 3 bzw. in 8 Std. durchgeführt werden. Es wurden Unterss. über den Einfl. von Ruß u. Graphit auf die Depolarisationskapazität von Braunsteinen verschiedener Herkunft durchgeführt u. dabei festgestellt, daß Ruß die Kapazität der einzelnen Braunsteine in verschiedener Weise ändert. Elektrolyt. Braunstein aus Holland u. marokkan. Naturbraunstein zeigen ein Maximum der Kapazität bei 8% Ruß in der Depolarisationsmischung.
E. Winkler. 142◇

0347 **Über die Messung der Kapazität der elektrischen Doppelschicht im Salzschmelzen.** Je. A. Uksche und N. G. Bukun. (J. physik. Chem. [UdSSR] **37**, 1646—49, 1963; Beresniki, Aluminium-Magnesium-Inst.; russ., Auszug: engl.) — Vff. messen die Kapazität der elektr. Doppelschicht an einem Bleitropfen in Mischsalzschmelze von KCl u. NaCl bei 700°. Koaxiale Anordnung der Elektroden ermöglicht die Berechnung des Elektrolytwiderstands. Die Größe der Doppelschichtkapazität, die durch eine Modell-Darst. der Elektrode durch Reihen- u. Parallelschaltungen von Kapazitäten u. Widerständen bestimmt wurde, stimmt mit einer Genauigkeit von 5% bei Strömen von 10—20 KHz mit der Doppelschichtkapazität überein, wobei man die elektrochem. Impedanz als parallel geschaltet berücksichtigen muß. Die Ohmsche Komponente dieser Impedanz hängt vom Potential der Pb-Elektrode ab, u. die kapazitive Komponente wird Null bei Frequenzen von 10—12 KHz.
A. Kumm. 142◇

0348 **Polarographie in Salzschmelzen.** 1. Mitt. **Die Potential-Zeit-Kurve der oscillographischen Wechselstrompolarographie reversibler Depolarisatoren an stationären Festelektroden.** E. Schmidt. (Electrochim. Acta [London] **7**, 179—200, 1962; Bern, Univ., Inst. für Anorg. Chem.; dt.) — Das Problem einer Oberflächenveränderung der festen Elektroden bei der Polarographie in Salzschmelzen kann durch Anwendung der oscillograph. Meth. von Heyrovsky u. Forejt (Anlegen eines Wechselstroms mit konst. Stromstärke-Amplitude; durch period. Auf- u. Abbau-Rkk. Selbstreinigung der Elektrodenoberfläche) gelöst werden. Unter der Annahme reversibler Elektroden-Rkk. werden a) für homogene Syst., b) für solche, in denen die red. Form des Depolarisators in der Schmelze unlöslich ist, die theoret. Potential-Zeitkurven abgeleitet. E. Moisar. 142◇

0349 **Einfluß von Jodid auf das polarographische Verhalten von Sauerstoff an einer Platindrahtelektrode.** W. A. Sacharow und O. A. Ssongina. (J. physik. Chem. [UdSSR] **37**, 1450—54, 1963; Alma-Ata, Univ.; russ., Auszug: engl.) — Spuren von KJ verhindern vollständig die polarograph. Red. von Sauerstoff in saurem Medium, verschieben das Sauerstoff-Red.-Potential zu negativen Werten im neutralen u. zeigen keinen Einfl. auf die Form des Wellenpotentials im alkal. Medium. Ein gleichartiges Verh. tritt bei Verw. von „jodierten" Platinelektroden in Abwesenheit von Jodid auf. Das Ansteigen der Inhibition der Sauerstoff-Red. mit steigender Acidität resultiert wahrscheinlich aus einer engeren Bindung zwischen dem adsorbiertem Jod u. der Platinoberfläche, wobei Jod den Wasserstoff ersetzt u. so eine Red. des gelösten Sauerstoffs verhindert. A. Kumm. 142◇

0350 **Über die Reduktion von Nitrationen in Gegenwart von Lanthanionen in geringer Konzentration.** Schou-Shun Lju und Ss. I. Shdanow. (Ber. Akad. Wiss. UdSSR **127**, 1051—54, 1959; Elektrochem. Inst. der Akad. der Wiss. der UdSSR; russ.) — Vff. untersuchten die Red. von NO_3^- in 0,1 m KNO_3-Lsg. an der Hg-Tropfelektrode. In Ggw. von $LaCl_3$ (4 · 10^{-4}—1 · 10^{-3} m) werden an den polarograph. Kurven, die deutlich zu weniger negativen Potentialen (von — 1,55 V zu etwa — 1,1 V) verschoben sind, Minima beobachtet. Die Kinetik der Red. wird untersucht. Der polarograph. Strom ist durch Diffusion der La^{3+}-Ionen sowie durch die Geschw. der Red. von NO_3^- limitiert. Es wird angenommen, daß die bei der Red. von NO_3^- entstandenen OH^--Ionen mit La^{3+}-Ionen unter Bldg. von komplexen Katalysatoren reagieren. Spuren von SO_4^{2-}-ionen erniedrigen das Maximum an der Kurve u. bei dem Verhältnis $La^{3+}:SO_4^{2-}$ 4:1 unterdrücken sie es ganz. Um den gleichen Effekt zu erzielen, werden 0,2 M KJ benötigt. S. Slováková. 142◇

A$_4$. Thermodynamik, Thermochemie

0351 **Statistisch-mechanische Deutung der Wilson-Kistikowsky-Gleichung.** Ryôsuke Hatakeyama und Tomoyasu Tanaka. (Mem. Fac. Sci., Kyushu Univ., Ser. B **3**, 15—23, 1960; engl.) — Vff. verwendeten die Meth. der Clusterausdehnung zur Herleitung einer empir. Zustandsgleichung von Gasen bei sehr hohen Temp. u. Drücken. C. Gottfried. 146△

0352 **Zustandsgleichung von Daniel Berthelot.** Antony F. Saturno. (J. chem. Educat. **39**, 464—65, 1962; Knoxville, Tenn., Univ. of Tennessee; engl.) — Beweis der Unabhängigkeit der beiden Formen der Zustandsgleichung von Berthelot. Ch. Weiske. 146◇

0353 **Messungen der Dichte im binären System CaC_2–CaO.** Yoshio Yamanaka. (J. electrochem. Soc. Japan [Overseas Edit.] **28**, 133—35, 1960; Shin-etsu Kagaku Kogyo Co., Ltd.; engl.) — Vf. bestimmte die Dichten in dem aus reinen Substanzen dargestellten Syst. CaC_2–CaO. Die Abhängigkeit der gemessenen Dichten von der Zus. stimmt fast mit der unter der Annahme eines rein mechan. Gemisches aus CaC_2 u. CaO berechneten überein. Die negative Abweichung der gemessenen Werte von den berechneten u. die starken Schwankungen der Meßwerte sind wahrscheinlich auf die Polymorphie des CaC_2 zurückzuführen. Wegen der Schwankungen konnte die Existenz von intermol. Verbb. nicht gezeigt werden.
P. Kurzmann. 148◇

0354 **Die Dichte von $ZrCl_4$ und $HfCl_4$ im dampfförmigen und flüssigen Zustand.** L. A. Nisselsson. (J. anorg. Chem. [UdSSR] **6**, 1242—44, Mai 1961; russ.) — Im Pyknometer, das in einem fl. Nitrat-Nitrat-Gemisch erhitzt wird, werden die Dichten von $ZrCl_4$ u. $HfCl_4$ im fl. u. gasförmigen Zustand bestimmt. Eingesetzt werden Chloride, die durch Chlorierung der Metalle hergestellt wurden. Zr enthielt < 0,05% Hf, das Hf 0,3% Zr. Aus den Werten für die Dichte werden die krit. Temp., Vol. u. Drücke berechnet. Folgende Werte werden gefunden: $ZrCl_4$ Dichte des Dampfs am F. (434°) 0,143 g/cm³, Dichte der Fl. am F. 1,64 g/cm³; $HfCl_4$ Dichte des Dampfs am F. (432°) 0,45 g/cm³, Dichte der Fl. am F. 1,82 g/cm³. Krit. Temp.: $ZrCl_4$ 499°, $HfCl_4$ 445°, krit. Vol. 1,33 bzw.

0,905 cm^3/g, krit. Druck 56,8 bzw. 60,7 atm. Außerdem werden die Temp.-Grenzen für die destillative Trennung der Chloride ermittelt. R. Teichmann. 148◇

0355 **Mehrkomponentendiffusion in den Systemen ^{85}Kr–Ne–Kr und ^{85}Kr–Ar–Kr.** Ranjit Paul. (Indian J. Physics Proc. Indian Assoc. Cultivat. Sci. **36(45), 464–68,** 1962; Calcutta, Indian Assoc. for the Cultiv. of Sci.; engl.) — In einer Ganzmetallapp., die aus 2 durch eine Bohrlochcapillare verbundenen Gaskammern bestand, wurden Diffusionsverss. mit ^{85}Kr-Spuren in Ne–Kr, Ar–Kr, reinem Ne, reinem Ar u. reinem Kr ausgeführt. Die eine Kammer hatte ein dünnes Zellophanfenster, in dessen Nähe ein Scintillationszähler aufgestellt war. Es zeigte sich, daß die gefundenen Diffusionskoeff. den theoret. vorausgesagten entsprachen. U. Drehmann. 149◇

0356 **Beiträge der Tieftemperaturcalorimetrie zur chemischen Thermodynamik.** Edgar F. Westrum jun. (J. chem. Educat. **39, 443–54,** 1962; Ann Arbor, Mich., Univ. of Michigan; engl.) — Übersicht (Grundlagen, Meß-App. u. Anwendungsbeispiele). Ch. Weiske. 149◇

0357 **Siedepunkt und Molekulargewicht.** Ronald Rich. (J. chem. Educat. **39,** 454, 1962; North Newton, Kans., Bethel Coll.; engl.) — Die Beziehung Molekulargew.-Kp. in homologen Reihen ist wenig ausgeprägt im Vgl. zur Abhängigkeit des Kp. von der Mol.-Größe u. der Polarisierbarkeit. Ch. Weiske. 150◇

0358 **Über den Charakter des Überganges eines sich entmischenden binären Gemischs durch das kritische Gebiet.** B. A. Smirnow. (J. physik. Chem. [UdSSR] **35,** 2429–36, 1961; russ., Auszug: engl.) — Vgl. C. **1964,** 9-0749. — Die krit. Erscheinungen in sich entmischenden bin. Gemischen sind denjenigen in Syst. Fl.-Dampf analog. Auch hier besteht bei thermodynam. Gleichgew. völlige Homogenität: das Verschwinden des Meniskus erfolgt bei derselben Temp. T_{kr} wie sein Auftreten vom Einphasen-Syst. aus; bei einem nicht dem Gleichgew. entsprechenden Gemisch verschwindet der Meniskus bei höherer Temp. als der des Wiederauftretens, diese Temp. liegen etwas über bzw. etwas unter T_{kr}, im Zwischengebiet liegen durch Opalescenz gekennzeichnete Schwankungen vor; diese Gradientstruktur ist durch die gewöhnliche Diffusionstheorie nicht zu erklären, sie ist die Folge eines Struktur-Diffusions-Prozesses eigenen Charakters. R. K. Müller. 150◇

0359 **Kritische Temperaturen und Dichten des Systems SO_3–H_2O.** John E. Stuckey und C. H. Secoy. (J. chem. Engng. Data **8,** 386–89, 1963; Oak Ridge, Tenn., Oak Ridge Nat. Labor.; engl.) — Die krit. Temp. u. Dichten wurden im Konz.-Bereich vom reinen W. bis zu einem SO_3-Molenbruch von etwa 0,56 bestimmt. Die Kurve der krit. Temp. hat ein Maximum bei ca. 670° u. einem SO_3-Molenbruch von 0,38. Benutzt man die van der Waalssche Beziehung für bin. Mischungen von Fll. u. verwendet die Werte der van der Waals-Konst. für die reinen Komponenten, so läßt sich eine empir. Gleichung ableiten, die das Verh. des Syst. mit einer Abweichung von durchschnittlich 3,6° beschreibt. M. Olivier. 150◇

0360 **Untersuchungen über Desorption von Chlorwasserstoff aus wäßrigen Lösungen.** 1. Mitt. **Flüssigkeit–Dampf-Gleichgewicht des Systems H_2O–HCl.** Józef Hawliczek und Jerzy Synowiec. (Chem. stosowana **6,** 369–87, 1 Tafel, 1962; Gliwice, Inst. Chem. nieorgan.; pol.) — Unter genau isobaren Bedingungen (750 ± 1 Torr) wird die Zus. von Fl. u. Dampf im Syst. H_2O–HCl mit 0–39 Gew.-% HCl untersucht. Bei der fl. Phase wird der Mittelwert der Zus. vor u. nach der Dest. zugrunde gelegt. Der Kp. nimmt im untersuchten Bereich von 99,4 auf 108,2° bei 20,20–20,29% HCl in der Fl. (20,20–20,37% im Gas) zu, dann auf 50,0° bei 38,68 (99,89)% HCl ab. Die Genauigkeit der 72 Messungen wird durch Vgl. mit der Duhem-Margules-Gleichung nachgeprüft. Der Vgl. mit Angaben der Literatur ergibt bei diesen größere Fehler. Die App. wird eingehend beschrieben (Abb.-Tafel) u. in Einzelheiten erörtert. R. K. Müller. 150◇

0361 **Die Aktivität des Wassers in Salzlösungen und deren Abweichung von der Additivität.** M. Ss. Stachanowa und W. A. Wassilew. (J. anorg. Chem. [UdSSR] **6,** 1240–42, 1961; Moskau, Mendelejew-Inst. für chem. Technol., Lehrstuhl für allgem. u. anorgan. Chem.; russ.) — Nach der kryoskop. Meth. wird in den tern. Syst. LiCl–NaCl–H_2O, LiCl–KCl–H_2O, NaCl–KCl–H_2O, NaCl–CsCl–H_2O u. LiCl–CsCl–H_2O die Aktivität a_w des W. beim Molverhältnis der Salze von 1:1 gemessen. Aus diesen u. den entsprechenden Werten bei angenommenem additivem Verh. (a_w') wird $K_a = (a_w - a_w')\ 100\%/a_w'$ berechnet. Ist $K_a > 0$, so ist $a_w > a_w'$. Das ist in allen Syst. der Fall. Nur im Syst. LiCl–NaCl–H_2O ist unterhalb 4 m $K_a < 0$. Es wird hier $a_w > a_w'$. R. Teichmann. 150◇

0362 **Kryoskopische Untersuchungen und Phasengleichgewichte.** H. C. Ko, T. Hu, J. G. Spencer, C. Y. Huang und L. G. Hepler. (J. chem. Engng. Data **8,** 364–66, 1963; Charlottesville, Va., Univ. of Virginia, Dep. of Chem.; Pittsburgh, Pa., Carnegie Inst. of Technol.; engl.) — Anhand von Abkühlungskurven u. durch Direktbest. der Löslichkeiten wurden die Phasendiagramme der Syst. $NaNO_3$–$NaCl$, $NaNO_3$–$Ba(NO_3)_2$, $NaNO_3$–Na_2MoO_4 u. KNO_3–KCl bestimmt. Außerdem wurden die eutekt. Temp. u. Zus. gemessen: $NaNO_3$–NaCl 294,4 ± 0,5°, 6,6 Mol% NaCl; $NaNO_3$–$Ba(NO_3)_2$ 295,2 ± 0,8°, 6,7 Mol% $Ba(NO_3)_2$; $NaNO_3$–Na_2MoO_4 298,3 ± 0,3°, 4,5 Mol% Na_2MoO_4; KNO_3–KCl 320,5°, 5,85 Mol% KCl, dazu ein Peritektikum bei 361° u. 16,0 Mol% KCl. Für verd. Lsgg. von NaCl, Na_2MoO_4, Na_2WO_4, KCl u. $BaCl_2$ in $NaNO_3$ sowie von KCl in KNO_3 wurden die Ep.-Erniedrigungen gemessen u. zur Berechnung der Schmelzwärmen verwendet. Vff. geben für $NaNO_3$ eine Schmelzwärme von 3600 cal/Mol u. für KNO_3 eine von 3080 cal/Mol an. M. Olivier. 150◇

0363 **Die charakteristische Debye-Temperatur von Festkörpern.** S. K. Joshi und S. S. Mitra. (Proc. physic. Soc. **76,** 295–98, 1960; Allahabad, India, Univ., Phys. Dep.; engl.) — Berechnet wurden aus den Elastizitäts-Konst. die charakterist. Temp. für eine Anzahl von Festkörpern, die kub., hexagonal, tetragonal u. trigonal kristallisieren: *AgBr* 135, *AgCl* 143, $C_6H_{12}N_4$ (Hexamethylentetramin) 130, CaF_2 500, *CsBr* 136, *CsJ* 115, FeS_2 703 (710), *GaAs* 314, *GaSb* 233 (230), *NaBr* 211, *NaJ* 156, NH_4Br 177, NH_4Cl 270, *PbS* 229, *RbBr* 129, *RbJ* 102, *TlBr* 114, *TlCl* 125, *V* 397 (394), *ZnS* 309, *Be* 1376, *In* 78, $NH_4H_2PO_4$ 262, KH_2PO_4 237 (196), *Sn* 258 (163), TiO_2 1184, $C_{14}H_{10}O_2$ (Benzil) 90, $CaCO_3$ 487 u. $NaNO_3$ 453°K. K. Jaeger. 151◇

0364 **Messung chemischer Gleichgewichte mit dem Massenspektrometer und der Einfluß von Restgasen.** T. P. J. H. Babeliowsky. (Physica [Utrecht] **28,** 1150–54, 1962; Amsterdam, FOM-Labor. voor Massascheiding; engl.) — Die Einstellung des chem. Gleichgew. in einer Massenspektrometer-Knudsen-Zelle wird thermodynam. diskutiert u. der Einfl. von Restgasen für das Syst. CaO (fest)/(Ca + O_2) (Gas) in Ggw. von CH_4 erörtert. Es zeigt sich, daß das Restgas bei 2200°K u. einem Partialdruck $> 10^{-8}$ atm störend wirkt. G. M. Neumann. 155◇

0365 **Massenspektrometrische Bestimmung der Verdampfungswärme von CaO.** T. P. J. H. Babeliowsky, A. J. H. Boerboom und J. Kistemaker. (Physica [Utrecht] **28,** 1155–59, 1962; engl.) — Vgl. vorst. Referat. — Die massenspektrometr. Best. der Verdampfungsgeschw. von CaO als Funktion der Temp. nach der Knudsen-Meth. liefert für die Verdampfungswärme einen Wert von 139 ± 15 kcal/Mol bei 2210°K bzw. 147 ± 15 kcal/Mol bei 298°K. Das Ergebnis stimmt mit Berechnungen von Drummond u. Barrow (1951) überein. G. M. Neumann. 155◇

0366 **Massenspektrometrische Bestimmung der Verdampfungswärme einiger fester Elemente.** T. P. J. H. Babeliowsky. (Physica [Utrecht] 28, 1160–69, 1962; engl.) — Vgl. vorst. Referate. — Aus der Best. der Verdampfungsgeschw. von Drähten in der Ionenkammer eines Massenspektrometers in Abhängigkeit von der Temp. wurden nachst. Verdampfungswärmen bei Zimmertemp. bestimmt: *Mo* = 147,4 ± 2,2; *Ni* = 107,7 ± 1,2; *Ta* = 168,4 ± 4,1; *Pd* = 92,0 ± 1,0; *Rh* = 134,2 ± 2,3; *Cu* = 76,5 ± 3,8 kcal/Mol. G. M. Neumann. 155◇

0367 **Feste Lösungen von Alkalihalogeniden.** 1. Mitt. **Eigenschaften der reinen Komponenten.** Jaakko Hietala. (Suomalaisen Tiedeakatemian Toimituksia [Ann. Acad. Sci. fenn.], Ser. A VI **1963,** Nr. 121, 1—18; Helsinki, Finland, Univ., Dep. of Phys.; engl.) — Für *NaCl, NaBr, NaJ, KCl, KBr, KJ, RbCl, RbBr, RbJ, CsCl, CsBr* u. *CsJ* wurden für 25° aus Literaturwerten der Abstand der nächsten Gitternachbarn, das Mol-Vol. V, der kub. Ausdehnungs-Koeff. α, die Molwärme C_p, $(\partial \ln C_p/\partial T)_p$, $K = 1/T + \alpha + 2\,(\partial \ln \alpha/\partial T)_p - (\partial \ln C_p/\partial T)_p$, der adiabat. Kompressibilitäts-Koeff. k_s, $\varkappa = C_p/C_v$, der isotherme Kompressibilitäts-Koeff. k, $(\partial \ln k_s/\partial T)_p$, $(\partial \ln k/\partial T)_p$, $-(\partial \ln k/\partial p)_T$, $(\partial \ln k/\partial T)_v$, $D = 1 + {}^2/_3 T\alpha + T(\partial \ln k/\partial T)_v$, V/k sowie für 0°K u. 298°K die charakterist. Menge ϑ, $\Theta = f(\vartheta)$ u. $\Theta/3\vartheta r_o$ [r_o = Gleichgewichtsgitterabstand] berechnet. Für die NaCl-Struktur wurde als Mittelwert $\Theta/3\vartheta r_o = 1{,}20$ (Å^{-1}), für die CsCl-Struktur 1,30 erhalten. Wolfgang Krüger. 156◇

0368 **Feste Lösungen von Alkalihalogeniden.** 2. Mitt. **Bildungswärmen des Natriumchloridtyps.** Jaakko Hietala. (Suomalaisen Tiedeakatemian Toimituksia [Ann. Acad. Sci. fenn.], Ser. A VI **1963,** Nr. 122, 1—32; engl.) — 1. vgl. vorst. Ref.; 3. vgl. C. **1964,** 9-0372. — Die Bldg.-Enthalpien der festen Lsgg. vom NaCl-Typ *(Na–K)Cl, (Na–K)Br, (Na–K)J, Na(Br–J), K(Br–J), Rb(Br–J), Na(Cl–Br), K(Cl–Br), Rb(Cl–Br), (K–Rb)Cl, (K–Rb)Br* u. *(K–Rb)J* wurden sowohl auf stat. als auch auf thermodynam. Wege berechnet. Nach beiden Meth. lassen sich die experimentellen Ergebnisse mit genügender Genauigkeit als einfache Parabeln 2. Ordnung darstellen, wenn sie als Funktion der Kristall-Zus. beschrieben werden. Die energet. Asymmetrie wurde getrennt behandelt. Wolfgang Krüger. 156◇

0369 **Thermodynamische Eigenschaften von Natriumverbindungen in der festen Phase.** 2. Mitt. P. G. Masslow. (J. physik. Chem. [UdSSR] **33,** 1461—66, 1959; russ., Auszug: engl.) — 4. vgl. C. **1962,** 9249. — Angegeben werden allg. Näherungsgleichungen zur Best. der Bldg.-Wärmen u. z. T. anderer thermodynam. Größen für Hydrate u. Ammoniakadditions-Verbb. von Natriumsalzen im festen Zustand bei 25°, im einzelnen für Hydrate der Zus. Na-Salz · n H_2O mit Na-Salz = Na_2HPO_4, $Na_2H_2P_2O_7$, $Na_3HP_2O_7$, Na_3AsO_4, $Na_2Zn(SO_4)_2$, $Na_2CO_3 \cdot CuCO_3$, NaCN, $NaSrAsO_4$, $NaSrPO_4$, $NaVO_4$, Na_2WO_4, Na_2MoO_4, Na_2MnO_4, $Na_2[PtCl_5Br]$, $Na_2[PtCl_4Br_2]$, $Na_2[PtCl_3Br_3]$, $Na_2[PtCl_2Br_4]$, $Na_2[PtClBr_5]$, $Na_2[PtCl_6]$, $Na_2[PtBr_6]$, Na_2SnO_3, $Na_2[IrCl_6]$, $Na_3[IrCl_6]$, $Na_2[OsCl_6]$, $NaBaAsO_4$, $NaHC_2O_4$, $Na_2B_4O_7$, $Na_2C_2H_3O_3$, $Na_2SO_4 \cdot MnSO_4$, $Na_3 \cdot [AlF_6]$, Na_2CrO_4, Na_2UO_4, $Na_2U_2O_7$, Na_2UO_8, $NaBO_3$, $Na_3[FeCO(CN)_5]$, $Na_3[RhCl_6]$, Na_3SbO_4, Na_3BiO_4, $Na_2Te_2 \cdot Na_2Te$, NaF, NaCl, NaBr, NaJ, NaOH, Na_2SO_3, Na_2S, Na_2SO_4, Na_2SiO_3, $NaHSO_4$, NaHS, Na_3PO_4, $NaH_3P_2O_7$, $Na_2S_2O_6$, $Na_2S_2O_3$, Na_2CO_3, $NaHCO_3$ u. $Na[BH_4]$ sowie Ammoniakadditionsverbb. der Form Na-Salz · m NH_3 mit Na-Salz = NaJ, NaBr u. einige Verbb. mit den Zus. t Na_2SO_4 · n H_2O, t Na_2SO_4 · m $CaSO_4$ · n H_2O, t NaCl · m $ThCl_4$ · n H_2O, t NaCl · m $AlCl_3$ · n H_2O, t · NaCl · n $AlCl_3$ · m NH_3, NaJ · $Hg(CN)_2$ · n H_2O u. NaJ · $Hg(CN)_2$ · m NH_3. Einige Vgl. mit Literaturwerten werden gezogen. H. Roschkowski. 156◇

0370 **Bildungswärme von Titantrichlorid.** Walter H. Johnson, Alexis A. Gilliland und Edward J. Prosen. (J. Res. nat. Bur. Standards, A **64,** 515—19, 1960; engl.) — Vff. bestimmten die Wärmetönung der Rk. $TiCl_3$ (fest) + $^1/_2 J_2$(fest) + HCl(gasförmig) → $TiCl_4$(fl.) + HJ (gasförmig) zu 8,37 ± 0,30 kcal/Mol (25°). Durch Kombination mit der Bldg.-Wärme des $TiCl_4$ (fl.) von —192,3 ± 0,7 kcal/Mol (25°) wurde die Bldg.-Wärme des $TiCl_3$(fest) bei 25° zu —172,4 ± 0,8 kcal/Mol bestimmt. H. Bürger. 156◇

0371 **Thermodynamische Eigenschaften der binären Systeme $PbO–B_2O_3$ und $MnO–B_2O_3$.** B. M. Lepinskich und O. A. Jessin. (J. anorg. Chem. [UdSSR] **6,** 1223—26, 1961; Inst. für Metallurgie der Ural-Filiale der Akad. der Wiss. der UdSSR; russ.) — Zur Unters. der genannten Syst. bei 1000—1100° werden galvan. Ketten mit Metall- u. Sauerstoffelektroden der Art Pb(fl.)/PbO, B_2O_3/Pt/O_2(Gas) angewandt. Aus den erhaltenen EMK-Werten werden die Größen ΔZ, ΔH, ΔS sowie die Aktivitäten a berechnet. Die Ergebnisse werden tabellar. gegeben. Es zeigt sich, daß die empir. Gleichung für Silicatsyst. befriedigend mit den Meßwerten für Boratschmelzen übereinstimmt, also auch für diese verwendet werden kann. R. Teichmann. 156◇

0372 **Thermodynamische Eigenschaften von Kobalt(II)-chlorid in geschmolzenen Alkalichloriden.** W. Trzebiatowski und A. Kisza. (Bull. Acad. polon. Sci., Sér. Sci. chim. **9,** 605—12, 1961; Wrocław, Pol. Acad. of Sci., Inst. of Phys. Chem., Dep. of Struct. Res.; engl.) — Freie Bldg.-Enthalpie, partielle molare Freie Enthalpie, Temp.-Abhängigkeit der EMK, Bldg.-Entropie, partielle molare Entropie, Bldg.-Enthalpie, partielle molare Enthalpie, Aktivität sowie Aktivitätskoeff. von $CoCl_2$, gelöst in geschmolzenem KCl, NaCl, LiCl, sowie der eutekt. Mischung von LiCl u. KCl wurden aus Messungen der EMK der Kette $+ Cl_2, C/MeCl\left\}\begin{matrix}CoCl_2(x_1)\\ MeCl(x_2)\end{matrix}\right\}/Co-$ bei den Temp. KCl: 800—950°, NaCl: 825—950°, LiCl: 660—950 u. Eutektikum: 400° berechnet. Die Stabilitätskonst. des $CoCl_4^{2-}$ in KCl wurde bei 800° zu K ≈ 114 erhalten. Es ist jedoch wahrscheinlich, daß in der Schmelze noch andere Komplexionen existieren. Im Gegensatz zu den Lsgg. von $CoCl_2$ in KCl, NaCl u. im Eutektikum KCl–LiCl zeigt die Lsg. von $CoCl_2$ in LiCl ideales Verh., während sonst negative Abweichungen vorliegen. Wolfgang Krüger. 156◇

0373 **Flammencharakteristika und -emission.** R. Mavrodineanu. (Spectrochim. Acta [London] **17,** 1016—42, 1961; Irvington-on-Hudson, N. Y., North American Philips Co., Inc., Philips Labor.; engl.) — Vf. behandelt in einer Übersicht Verbrennungsvorgänge, Flammenstrukturen, Flammenemission, eine Meth. zur Ausschaltung der Untergrundstrahlung des blauen u. äußeren Kegels, Flammentemp. u. ihre Verteilung, Rkk. u. Ionisationen in der Flamme sowie Tröpfchengröße von zerstäubten Lösungen. — 155 Literaturhinweise. P. Kurzmann. 157◇

0374 **Beobachtungen und Untersuchungen an HF-Plasmaflammen.** U. Jecht und W. Kessler. (Z. analyt. Chem. **198,** 27—35, 1963; München, TH, Phys.-Chem. Inst.; dt.) — Vff. berichten über Aufbau, Betrieb u. erste Meßergebnisse eines mit 2400 MHz betriebenen HF-Plasmabrenners. Die für die Entladung notwendigen Elektronen scheinen nicht aus der Elektrode, sondern aus dem Plasma zu stammen. Unterss. mit verschiedenen Gasen (N_2, Luft, Ar, He u. deren Mischungen), Gas-Geschw. u. Leistungen werden durchgeführt. Hierbei zeigt sich, daß für den Entladungsmechanismus metastabile Zustände von Bedeutung sind. Das Spektrum der Flamme wird im Bereich von 2000—7000 Å aufgenommen; es zeigt eine deutliche Abhängigkeit vom Ort des Entstehens. Die Gas-Temp. wird zu 4000°K gefunden. H. Kuchenbecker. 157◇

0375 **Reine Ozonflamme und die Verbrennung verschiedener Brenngase in reinem Ozon.** A. G. Streng und A. V. Grosse. (Advances Chem. Ser. Nr. **21,** 38—43, 1959; Philadelphia, Pa., Temple Univ., Res. Inst.; engl.) — Das Interesse an Unterss. mit reinem fl. oder festem O_3 in Sprengstoffen besteht nicht nur wegen der augenblicklichen Erzeugung hoher Temp., sondern vor allem wegen der Möglichkeit der experimentellen Best. der Parameter von Zustandsgleichungen für einfache Moll. bei hohen Drücken (> 100000 at) u. Temp. (5000 bis 10000°K), die nicht mit gewöhnlichen Meth. bestimmt werden können. P. Golinske. 157◇

0376 **Detonationseigenschaften von Ozon.** S. A. Harper und W. E. Gordon. (Advances Chem. Ser. Nr. **21,** 28—37, 1959; Lancaster, Pa., Radio Corp. of America; Cambridge, Mass., Arthur D. Little, Inc.; engl.) — Hochkonz. O_3 kann mit großer Gewalt in oft unerwarteter Weise explodieren. Die Detonations-Eigg. hängen vom Initialdruck des O_3 ab. Der Detonationsbereich des Ozon-Syst. ist größer als beispielsweise der des H_2O_2-Systems. — 17 Literaturangaben. P. Golinske. 157◇

0377 **Die Empfindlichkeit von Gemischen organischer Stoffe mit flüssigem Sauerstoff gegenüber Impulsstößen.** S. B. Bassyrow. (Sauerstoff [UdSSR] **12,** Nr. 6, 13—23,

1959; russ.) — Die Unters. von Gemischen organ. Substanzen (Acetylen, Äthylen, Propylen, Methan, Propan, Butan, Acetaldehyd, Dichloräthan, KW-Stoffgemische verschiedener Fraktionen, Schmieröle) mit fl. O_2 zeigt, daß diese empfindlicher sind als Nitroglycerin. Für kleine Konzz. werden in Gemischen von reinen KW-Stoffen mit fl. O_2 die Explosionsgrenzen bestimmt. Wie die Verss. zeigen, sind nicht nur Acetylen, sondern alle organ. Stoffe auszuschließen, wenn im Umgang mit fl. O_2 Explosionen vermieden werden sollen.
R. Teichmann. 157◇

0378 **Eine neue Beziehung in der hydrodynamischen Theorie von Explosionswellen.** Numa Manson. (C. R. hebd. Séances Acad. Sci. **246,** 2860—62, 1958; franz.) — Vgl. C. **1958,** **1774.** — Vf. entwickelt eine analyt. Beziehung zwischen dem spezif. Vol. des gezündeten Gases im Chapman-Jouguet-Stadium, der Wellengeschw., der partiellen Ableitungen dieser Geschw. nach 2 Zustandsvariablen des Explosivstoffes u. dessen physikal. Eigg. (spezif. Wärme bei konst. Vol., Ausdehnungskoeff. u. isotherme Schallgeschwindigkeit). G. Krien. 157◇

0379 **Einfluß des Reaktantenverbrauches auf die Induktionsperiode und kritische Bedingung für eine thermische Explosion.** P. H. Thomas. (Proc. Roy. Soc. [London], Ser. A **262,** 192—206, 1961; Dep. of Sci. and Ind. Res. and Fire Offices' Committee Joint Fire Res. Organiz.; engl.) — Vf. gibt eine näherungsweise mathemat. Behandlung der Wärmeexplosion an. Das Verf. liefert Ausdrücke für den Einfl. des Reaktanten-Verbrauches auf die krit. Explosionsparameter u. die Induktionsperiode für ein theoret. Modell, bei dem die räumliche Abhängigkeit der Temp. durch Betrachtung der maximalen Temp. im Zentrum der Rk. u. eines effektiven Übertragungs-Koeff. zwischen dem Zentrum u. der Umgebung berücksichtigt wird. P. Kurzmann. 157◇

0380 **Über die Einflüsse der Relaxationsgeschwindigkeit auf die Wärmeleitfähigkeit in Gasen.** Richard S. Brokaw. (J. chem. Physics **36,** 2517—18, 1962; Cleveland, Ohio, Nat. Aeronautics and Space Admin., Lewis Res. Center; engl.) — Vf. gibt einen Zusammenhang zwischen den Arten der Energieübertragung in chem. reagierenden Gasen an, die von ihm C. **1962,** 15147 u. von Mason u. Monchik (C. **1963,** 1971) für die Behandlung der scheinbaren Wärmeleitfähigkeit eingeführt wurden.
Herbert Müller. 158□

0381 **Versuche zur Messung des mit der natürlichen Wärmekonvektion verbundenen induktiven Elements.** R. C. L. Bosworth. (Austral. J. Physics **13,** 84—94, 1960; Sydney, Australia, Univ. of New South Wales, School of Chem.; engl.) — Untersucht wurde die zeitliche Veränderung der Temp. eines in eine Fl. eingebetteten, elektr. geheizten Drahts. Für eine gegebene Fl. (*W.*, wss. *Zuckerlsg.*, *CCl_4*, *Toluol*) hat die beim Auftragen des Verhältnisses Draht-Temp./Wärmezufuhr gegen die Zeit erhaltene Kurve anfänglich für alle Wärmezufuhr-Geschw. die gleiche Form. Abweichungen vom Verh. bei der niedrigsten Aufheiz-Geschw. werden nur beim Auftreten des Syst. von Konvektionsströmen beobachtet. Bereits früher abgeleitete Gleichungen werden zur Ermittlung der Widerstands-, kapazitiven u. induktiven Elemente verwandt, die den Wärmeübergangskurven entsprechen. Die Werte der beiden ersten Anteile lassen sich mit der Annahme einer stationären Schicht von ca. 1 mm Dicke um den Film in Einklang bringen, der Wert des induktiven Elements ist ca. um das 10^4—10^5fache größer als der mit der kinetischen Energie verbundene, die zum Syst. der Konvektionsströme gehört.
H. Roschkowski. 158◇

0382 **Verstärkung von Schallwellen in Halbleitern.** B. V. Paranjape. (Physics Letters [Amsterdam] **5,** 32—33, 1963; Edmonton, Canada, Univ. of Alberta, Phys. Dep.; engl.) — In halbleitendem *CdS* werden Schallwellen durch ein starkes, in Richtung der Schallausbreitung angelegtes elektr. Feld verstärkt.
H. U. Borgstedt. 159◇

0383 **Gestalt und Größe von Kavitationsblasen.** M. M. Hasan und K. S. Iyengar. (Nature [London] **199,** 995—96, 1963; Hyderabad, India, Osmania Univ., Dep. of Phys.; engl.) — Mit einem konvergierenden Ultraschallstrahl wurde die Kavitationsschwelle in luftgesätt. Leitungswasser gemessen. Der Schwellenwert der Schallwechseldruckamplitude steht zum Radius der Keimblasen in der Beziehung $P = a + b/r$; in die Konst. a u. b gehen die Oberflächenspannung u. andere Größen ein. Der Schwellenwert nimmt von 10° bis 60° beträchtlich ab.
K. U. Borgstedt. 159◇

A_5. Kolloidchemie, Grenzschichtforschung

0384 **Grundsätzliche Probleme in der thermodynamischen und statistischen Theorie der Oberflächen.** Jørgen Koefoed. (Finska Kemistsamfundets Medd. **72,** 28—31, 1963; Copenhagen, TH, Fys.-Kem. Inst.; engl.) — Es wird festgestellt, daß Guggenheims Ausdruck für das Modell einer monomol. Schicht zwei Fehler enthält; es führt zu gleichen Werten für die Oberflächenspannung u. die Oberflächenenergie, u. es führt zu Ausdrücken, die mit dem Gibbsschen Adsorptionstheorem unvereinbar sind. Unter Berücksichtigung unterschiedlicher Werte für den Druck u. das chem. Potential im Inneren der Fl. u. an deren Oberfläche werden Gleichungen abgeleitet, deren Brauchbarkeit an Hand experimenteller Werte überprüft wird. D. Forst. 160◇

0385 **Untersuchung der Lichtstreuung von Wolframsäure in Äthanol/Wasser.** B. N. Ghosh und P. K. Pal. (J. Indian chem. Soc. **40,** 603—06, 1963; Calcutta, Univ. Coll. of Sci. and Technol., Phys. Chem. Labor.; engl.) — Wolframsäure, aus $Na_2WO_4 \cdot 2H_2O$ durch Ionenaustausch in A./W. hergestellt, polymerisiert. Dieser Vorgang wurde durch Messung der Intensität der Lichtstreuung verfolgt. Die Teilchenform wurde in einer Lsg. bestimmt, in der das molare Verhältnis A./W. 0,167 betrug, u. zwar 120 u. 168 Std. nach Herst. der Säure. Die Teilchen haben Stäbchen-Form. Bei einem molaren Verhältnis A./W. = 0,2068 wurden Trübungsgrad, Asymmetrie, Größe u. Durchschnittsgew. der Moll. bestimmt. Nach 53 Std. betrug das durchschnittliche Molgew. $2{,}198 \cdot 10^6$, nach 192 Std. $19{,}23 \cdot 10^6$. Nach Korrektur für die Depolarisation lagen die Werte bei $2{,}175 \cdot 10^6$, bzw. $17{,}40 \cdot 10^6$. Wegen der beschränkten Zeit, die für jede Messung zur Verfügung stand, sind die angegebenen Asymmetrie-Werte keine echten Werte. Infolgedessen sind auch die berechneten Längen keine Absolutwerte.
M. Olivier. 162◇

0386 **Optische Eigenschaften und Molekulargewicht der Kieselsäure im Verlauf ihrer Polymerisation.** S. P. Moulik, B. N. Ghósh und S. Bandyopadhyay. (J. Indian chem. Soc. **40,** 607—14, 1963; engl.) — Vgl. vorst. Referat. — Kieselsäure, die man aus Natriummetasilicat-Lsg. erhält, indem man sie auf eine H-Ionenaustauscher-Säule gibt, geht unter Wasserabspaltung Kondens.-Polymerisation nach einer Rk. 3. Ordnung ein. Die Änderung der opt. Eigg. wie Asymmetrie, Depolarisation u. Trübung wurde während der Polymerisation untersucht durch Messen der Intensität von gestreutem Licht bei verschiedenen Winkeln. Die Teilchen haben Kugelform. Ihr Durchmesser betrug nach 118, 144, 160 bzw. 192 Std. 161, 190, 196 bzw. 260 nm. Durch Messung der Lichtstreuung u. der Viscosität konnte das durchschnittliche Molgew. der Teilchen bei verschiedenen Stadien der Polymerisation bestimmt werden: $52 \cdot 10^6$, $119 \cdot 10^6$, $121 \cdot 10^6$ u. $125 \cdot 10^6$ nach 118, 144, 160 bzw. 192 Std. (aus Messungen der Lichtstreuung) u. $121 \cdot 10^6$ nach 192 Std. aus Messung der Viscosität. M. Oliver. 162◇

0387 **Leitfähigkeitsanisotropie in Lösungen von zusammengesetzten Kolloiden.** Ingvar Danielsson. (Finska Kemistsamfundets Medd. **72,** 108—14, 1963; Åbo, Finland, Åbo Akad., Inst. of Phys. Chem.; engl.) — Mit Hilfe einer Couette-App. wird die elektr. Leitfähigkeit wss. Lsgg. von *Na-Thymonucleinat*, *Graphitsäure*, *Cetyltrimethylammoniumbromid*, *Na-Dihexylsulphosuccinat*, *Na-Caprylat* u. einer Mischung von Na-Caprylat u. *Decanol* in allen drei Dimensionen bestimmt. Die den unterschiedlichen Mol.- bzw. Aggregatformen entsprechenden elektr. Leitfähigkeitsanisotropien werden zu erklären versucht. D. Forst. 162◇

0388 **Nachahmung der Flockenbildung in einer kolloidalen Suspension zur Verwendung bei Computer-Berechnungen.** Majorie J. Vold. (J. Colloid. Sci. **18**, 684–95, 1963; Univ. of Southern California, Dep. of Chem.; engl.) — Dispersionen von „Cab–O–Sil M5" dienten zur Unters. der genauen Verhältnisse bei der Flockenbldg. koll. Suspensionen. Teilchenzusammenballungen, die sich bei willkürlichem Zusammentreten einzelner runder Teilchen während der Flockenbldg. ohne jeweilige innere Umordnung formen, weisen einen rauhen isometr. Kern auf, in dem die Dichte von 54 Vol.-% in der Mitte bis zu 54 · $m^{-0,29}$ Vol.-% am Rande des Kernes abnimmt, wenn m gleich der Zahl der im Kern eingeschlossenen Teilchen ist. An der Außenseite des Kernes lagern sich die Teilchen gleich vorspringenden Fühlern an; die Ausdehnung eines solchen Gebildes beträgt ca. fünf Teilchendurchmesser mehr als der Kern. Mit Hilfe dieses Models ist die Berechnung des Nd.-Vol. von Kieselsäuresolen in organ. Lsgm. möglich. D. Forst. 162◇

0389 **Einige Wirkungen der Grenzflächendiffusion auf die unter dem Einfluß der Schwerkraft zustande kommende Vereinigung von Flüssigkeitstropfen.** G. D. M. MacKay und S. G. Mason. (J. Colloid. Sci. **18**, 674–83, 1963; Montreal, Pulp & Paper Res. Inst. of Canada, Phys. Chem. Div.; McGill Univ., Dep. of Chem.; engl.) — Die an der Grenzfläche eines Tropfens gegen eine entsprechende fl. Unterlage auftretende Verdünnung des die beiden Phasen trennenden Filmes nimmt in ihrer Geschw. bei der Diffusion einer sowohl im Tropfen als auch in der unterliegenden Fl. lösl. Komponente in den Tropfen hinein ab u. bei der Diffusion aus dem Tropfen heraus zu. Die beschriebenen Verhältnisse werden an den Syst. *W./Dibutylphthalat*, *W./Zimtaldehyd* u. *W./Diphenylsulfid* untersucht unter Verw. von Aceton als Diffusionskomponente. Die erhaltenen Ergebnisse stellen eine Bestätigung des von Groothius u. Zuiderweg vorgeschlagenen, auf dem Marangoni-Effekt beruhenden Mechanismus dar, demzufolge Änderungen in der Geschw. der Filmverdünnung von einem Zwischenschichtfluß herrühren, dessen Ursache in einer ungleichen Verteilung der Diffusionskomponente an der Tropfenoberfläche mit entsprechender Gradientenbldg. zu finden ist. D. Forst. 166◇

0390 **Einfluß von Isomeren auf das elektrische Potential an der freien Oberfläche wäßriger Lösungen.** B. Kamieński und T. Młodnicka. (Electrochim. Acta [London] **8**, 651–55, 1963; Cracow, Polish Acad. of Sci.; engl.) — Die Potential-Differenz zwischen Luft u. der Oberfläche einer wss. Lsg. wird von Ionen nicht beeinflußt, jedoch stark beeinflußt von bestimmten nicht ionisierten Substanzen. Dabei wird ebenfalls die Oberflächenspannung verändert, jedoch nicht immer in der gleichen Richtung. Ein Benzolring mit einer hydrophilen Gruppe sowie OH, NO_2 oder Halogen dazu in p-Stellung erhöht das Oberflächenpotential; die entspr. o-Verbb. erniedrigen es. Alle Isomere verlieren ihre elektr. Aktivität, wenn sie durch die pH-Einstellung der wss. Lsg. in Ionen überführt werden. Das gilt für saure, bas. u. amphotere Verbindungen. Der Potentialsprung an der freien Oberfläche einer 1 n KCl-Lsg. bei 20° wird (in dieser Reihenfolge) gesteigert durch Zusatz von *4-Chlorbrenzcatechin*, *4-Chlorresorcin* u. *Chlorhydrochinon*. Es ergibt sich wieder die allg. Regel, daß der Potentialsprung um so größer ist, je weiter die hydrophile Gruppe von der negativen Gruppe entfernt ist. R. Drautzburg. 167◇

0391 **Isopiestische Dampfdruckbestimmung wäßriger Salzlösungen bei erhöhter Temperatur.** 3. Mitt. B. A. Soldano und M. Meek. (J. chem. Soc. [London] **1963**, 4424–26; Oak Ridge, Tenn., Oak Ridge Nat. Labor.; engl.) — 2. vgl. C. **1962**, 14420. — In Fortführung früherer Unterss. bestimmten Vff. die isopiest. Verhältnisse (IV) in 0,25 bis maximal 10 m wss. Lsgg. von *LiCl* (**I**), *NaCl* (**II**), *KCl* (**III**), *CsCl*, *$BaCl_2$* (**IV**), *Na_2SO_4*, *$MgSO_4$* (**V**) u. *UO_2SO_4* (**VI**) bei 140,3°, wobei **II** als Bezugssubstanz diente. Die osmot. Koeff. von **I**, **II**, **III** u. **VI** werden als Funktion der Konz. bei 25 u. 140° u. die IV von **I**, **III**, **IV** u. **V** als Funktion der Temp. (40–140°) mitgeteilt. G. Gattow. 170◇

0392 **Diffusionsmessungen in Agar-Gel.** Edward J. Schantz und Max A. Lauffer. (Biochemistry [Washington] **1**, 658–63, 1962; Fort Detrick, Frederick, Md., U. S. Army, Chem. Corps; engl.) — Zur Benutzung von Agar-Gel als Medium für Diffusionsmessungen wird eine verbesserte App. beschrieben. Ein Glasrohr, das einen von einem Mikrometer bewegten Kolben enthält, wird mit Agar-Gel gefüllt u. an seiner offenen Seite mit einer Lsg. der zu diffundierenden Substanz in Berührung gebracht. Unter kontrollierbaren Bedingungen diffundiert dann die Substanz in das Gel. Nach Beendigung des Vorganges entfernt man die Lsg. u. schiebt mit dem Kolben die Agar-Gel-Säule aus dem Glasrohr, wobei diese in Scheiben geschnitten wird, die man einzeln auf ihren Geh. an eindiffundierter Substanz untersucht. Aus der Konz.-Abnahme in der Agar-Gel-Säule wird graph. der Diffusionskoeff. ermittelt u. für ein wss. Medium korrigiert. Diese Meth. gestattet es, sehr verd. Lsgg. u. auch Substanzmischungen zu untersuchen. Die so ermittelten Diffusionskoeff. von Salzen, Zuckern, Aminosäuren u. Proteinen stimmen mit denen überein, die in wss. Medium gemessen wurden. J. Simon. 171◇

0393 **Diffusionskoeffizienten des Chromations in konzentrierten Lösungen.** Malcolm Ball und Graham Oldham. (J. chem. Soc. [London] **1963**, 3424–28; Loughborough, Coll. of Technol., Dep. of Appl. Sci.; engl.) — Die Diffusionskoeff. des CrO_4^{2-}-Ions wurden in verschieden konz., mit ^{51}Cr markierten Na_2CrO_4-Lsgg. (0,1 m bis 2,75 m) bei pH 7 gemessen. Das Prod. aus Diffusionskoeff. u. Viscosität der Lsg. ist jeweils konstant. Da die gelösten Teilchen auch dann unverändertes Diffusionsvermögen aufweisen, wenn man den pH-Wert zwischen 2 u. 10 variiert, nehmen Vff. an, daß in diesem Bereich nur monomere $HCrO_4^-$- u. CrO_4^{2-}-Ionen existieren. J. Simon. 171◇

0394 **Eine Untersuchung der Viscosität wäßriger Lösungen von Kaliumdichromat.** S. Alamelu und C. V. Suryanarayana. (J. Indian chem. Soc. **37**, 737–38, 1960; Annamalainagar, India, Annamalai Univ., Phys.-Chem. Labor.; engl.) — Die Viscosität η wss. Lsgg. von K_2CrO_4 im Konz.-Bereich von 0,280 molal bis zur Sättigung wurde bei Temp. von 30° bis 60° untersucht. Die Änderung von η mit der Temp. bei gegebener Konz. gehorcht der Gleichung von Andrade: $\eta = A \exp(-B'/T)$ sowie der von Eyring abgeleiteten Form: $\eta = A \exp[(-E_{VS})/RT]$. Die Werte für die Konst. A u. B sowie für die Aktivierungsenergie E_{VS} für viscoses Fließen werden tabellar. mitgeteilt. E_{VS} beträgt für alle Konzz. ca. 3500, bei Sättigung 2619. Die Gleichungen sind nicht nur auf reine Fll., sondern auch auf verschiedene Elektrolyt-Lsgg. anwendbar. Aus der graph. Darst. von η gegen C_p (Verhältnis des Molenbruchs des gelösten Stoffes bei der betrachteten molalen Konz./Molenbruch bei Sättigung) ergibt sich, daß die Änderung von η mit der Konz. bei gegebener Temp. der Gleichung von Suryanarayana u. Vankatesan (vgl. C. **1959**, 4057) gehorcht. G. Peters. 172◇

0395 **Chemisorption der Atome unter Beteiligung der Leitfähigkeitselektronen eines Kristalls.** E. L. Nagajew. (J. physik. Chem. [UdSSR] **35**, 2376–82, 1961; Forsch.-Inst. für elektrotechn. Glas; russ., Auszug: engl.) — An einem mehrdimensionalen Modell wird gezeigt, daß ein an einem Kristall adsorbiertes Atom ein Leitfähigkeitselektron einfangen kann. Für die so entstehende „geladene" Form der Bindung zwischen Atom u. Kristall werden Gleichungen für die Geschw. der Chemisorption abgeleitet. Die Aktivierungsenergie der Änderung der Zahl der Teilchen in „geladenem" Zustand bei der Chemisorption wird durch das Fermi-Niveau des Kristalls, die Energie der „geladenen" Bindung zwischen Atom u. Kristall u. die Stärke der Bindung der Elektronen mit Schwingungen des Ionenskeletts bestimmt. R. K. Müller. 176◇

0396 **Vergleich des Oberflächenzustandes eines Metalls unter dem Einfluß der Wärmestrahlung und der Akkomodation von Gasmolekülen.** Daniel Paulmier und Jean Gosse. (C. R. hebd. Séances Acad. Sci. **257**, 1442–44, 1963; Nancy, École Nat. Sup. des Ind. chim.; franz.) — Vff. bestimmen aus Messungen des therm. Emissionsvermögens ε u. der Akkomodationskoeff. für He(α_{He})

bzw. Ar (α_{Ar}) die Oberflächenrauhigkeit von durch Ätzen aufgerauhten Ni-Drähten. Die Werte des Rauhigkeitsfaktors sind z. B. bei Verw. von ε für 325° $r_f = 1{,}47$, von α_{He} $r_f = 2{,}35$ bzw. α_{Ar} $r_f = 2{,}36$. Die Unterschiede der r_f-Werte sind offenbar darauf zurückzuführen, daß für Gas-Moll. noch Vertiefungen in der Oberfläche zugänglich sind, deren Durchmesser klein gegenüber der Wellenlänge der emittierten Strahlung sind.
Herbert Müller. 176◇

0397 **Diffusion von physikalisch an Festkörpern adsorbierten Gasen.** G. J. Field, H. Watts und K. R. Weller. (Rev. pure appl. Chem. **13,** 2—14, 1963; Adelaide, Univ., Dep. of Chem. Engng.; South Australian Inst. of Technol., Dep. of Mining, Metallurg. and Chem. Engng.; engl.) — Ausführliche krit. Übersicht der Literatur über die Diffusion von Gasen, die physikal. an Festkörpern adsorbiert sind. Die Grundlagen der Adsorptionstheorie, Meth. der Unters., die Anwendung der statist. Thermodynamik auf das Problem u. die Gasströmung in porösen Körpern werden behandelt. — 108 Literaturangaben.
Ch. Zechel. 176◇

0398 **Kristallfeldeinflüsse auf die Adsorption und Desorption von Sauerstoff an einer Nickeloxidoberfläche.** J. Haber und F. S. Stone. (Trans. Faraday Soc. **59,** 192—206, 1963; Bristol, Univ., Dep. of Phys. and Inorg. Chem.; engl.) — Die Adsorption von O_2 an NiO zeigt im Temp.-Gebiet von 20° bis 460° ein Maximum der Oberflächenbedeckung von ca. 10% bei 250°. Eine Belichtung der Oberfläche erzeugt sofort eine Desorption, wobei die Photoaktivität auf Wellenlängen zwischen 650 u. 900 nm beschränkt ist. Eine Erörterung des Absorptionsspektrums von NiO führt zu einer Beziehung zwischen den bei der Photodesorption akt. Wellenlängen u. denjenigen die aus inneren d–d-Übergängen des Ni^{2+} (d^8)-Ions resultieren. Die Änderungen der Kristallfeldstabilität während der O_2-Adsorption an den (100)-, (110)- u. (111)-Flächen werden diskutiert u. es wird ein Modell vorgeschlagen, das die Photodesorption mit der Änderung der sechsfachen in eine vierfache Koordination während der Lichtabsorption im $^3a_{A2g}$–$^3T_{1g}$-Band verknüpft. Die aus der Modellbetrachtung erhaltene Kinetik stimmt mit der experimentellen gut überein.
G. M. Neumann. 176◇

0399 **Bariumgetter in Kohlenmonoxid.** J. Morrison und R. B. Zetterstrom. (J. appl. Physics **26,** 437—42, 1955; Murray Hill, N. J., Bell Teleph. Labor., Inc.; engl.) — Es werden Druck- u. Temp.-Abhängigkeit der Sorption von CO durch Ba-Getter untersucht. Bei einem CO-Druck von $7 \cdot 10^{-5}$ Torr ist ein 5 mg-Getter nach tausend Std. erschöpft. Eine Temp.-Erhöhung bis 150° verursacht keine wesentliche Erhöhung der Getterungsgeschw. bzw. Änderung der Getterkapazität.
H. Schirrwitz. 176◇

0400 **Statistische Berechnung der thermodynamischen Funktionen einer an Graphit adsorbierten Substanz. 1. Mitt. Adsorption monoatomarer Moleküle an Graphit.** A. V. Kiselev und D. P. Poshkus. (Trans. Faraday Soc. **59,** 176—91, 1963; Acad. of Sci. of the USSR, Inst. of Phys. Chem., Surface Chem. Group; Acad. of Sci. of the Lithuanian SSR, Inst. of Chem. and Chem. Technol.; engl.) — Das chem. Potential, die Freie Energie u. die Entropie von an Graphit adsorbiertem Ar wird statist. nur aus den Potentialeigg. des Adsorbenten u. des Adsorbats berechnet. Die berechneten Daten stimmen mit experimentellen Daten an graphitisiertem Ruß im Rahmen der Näherung gut überein.
G. M. Neumann. 176◇

0401 **Statistische Berechnung der thermodynamischen Funktionen einer an Graphit adsorbierten Substanz. 2. Mitt. Adsorption von Benzol an Graphit.** A. V. Kiselev und D. P. Poshkus. (Trans. Faraday Soc. **59,** 428—36, 1963; engl.) — 1. vgl. vorst. Ref.; vgl. C. **1963,** 7696.
G. M. Neumann. 176◇

0402 **Adsorption verschiedener Gase durch Aktivkohle.** Toru Suetaka und Takeo Yano. (Bull. Univ. Osaka Prefect., Ser. A **11,** 83—87, 1962; Osaka, Univ., Coll. of Engng., Dep. of Chem. Engng.; engl.) — Die Adsorption von *H_2, CO, CO_2, Äthylen* u. *Propylen* an Aktivkohle „Benzole Bon" wurde zwischen 0° u. 50° bei Drücken bis zu 1 atm gemessen. Die Ergebnisse werden mit der Adsorptionspotential-Theorie von Polanyi diskutiert.
G. M. Neumann. 176◇

0403 **Adsorption radioaktiver Isotope an nicht ionenaustauschenden polymeren Adsorbentien. 3. Mitt. Adsorption von Cäsium, Thallium, Silber und Strontium an Fluorplast-4 und Polyäthylen.** I. Je. Starik, W. N. Schtschebetkowski und I. A. Skulski. (Radiochemie [UdSSR] **4,** 393—98, 1962; russ.) — 2. vgl. Radiochemie [UdSSR] **3,** [1961], **435.** — Eine Unters. der Abhängigkeit des elektrokinet. Potentials von Fluorplast-4 (**I**) vom pH-Wert in schwach sauren u. schwach alkal. Lsgg. läßt auf eine negative Ladung der Oberfläche schließen. Die Änderung des ζ-Potentials zwischen pH 3 u. 10 ist linear u. wird durch die Gleichung $\zeta = 14 - 5{,}3\,\mathrm{pH}$ beschrieben. Bei konst. pH-Wert u. konst. Ionenstärke der Lsg. hängt der Wert des ζ-Potentials des **I** von der Natur des Kations ab u. verringert sich in der Reihe $Li^+ > Na^+ > K^+ > Cs^+ > Tl^+ > Ag^+$. Die Adsorption von Cs^+, Tl^+, Ag^+ u. Sr^{2+} an **I** u. Polyäthylen erfolgt symbat mit der Änderung des ζ-Potentials des Adsorbens u. wächst bei konst. pH-Wert der Lsg. in der Reihe $Cs^+ < Tl^+ < Sr^{2+} < Ag^+$ an.
J. v. Schroeder. 176◇

0404 **Der Ultraschalleinfluß auf die Adsorption von Jod aus strömenden wäßrigen und alkoholischen Lösungen.** N. A. Katajewa und N. A. Kolmakowa. (J. physik. Chem. [UdSSR] **37,** 1593—94, 1963; Taganrog, Radiotechn. Inst.; russ.) — Vff. untersuchten den Einfl. von Ultraschall auf die Adsorption von J_2 aus strömenden wss. u. alkohol. J_2-Lsgg. an Aktivkohle KAD, deren Geschw. nach früheren Unterss. bei W. als Lsgm. durch Diffusion von J an die Aktivkohle, bei Verw. von A. als Lsgm. durch innere Diffusion in den Poren bestimmt wird. Die Lsgg. hatten eine J_2-Anfangskonz. von $C_0 = 0{,}001$ n. Die Adsorptionskammer wurde von oben mittels eines Magnetostriktionsstrahlers bei **43** kHz u. 400 W period. beschallt. Die spezif. Strömungsgeschw. (auf 1 cm² Schichtquerschnitt bezogen) der Jodlsg. betrug 0,0667 cm/s. Wird die Geschw. der Jodadsorption durch äußere Diffusion bestimmt, so vergrößert sich die Adsorptionsgeschw. bei Ultraschalleinwirkung auf das doppelte. Bei den Vers.-Bedingungen wurde die innere Diffusion von J durch Ultraschall nicht beeinflußt.
M. Bülow. 176◇

0405 **Untersuchung der Adsorptionseigenschaften und der sekundären Porenstruktur von Adsorbentien, die Molekularsieb-Wirkung besitzen.** 7. Mitt. **Über das Hohlvolumen dehydratisierter Kristalle synthetischer Zeolithe der Typen A und X, die sich bei der Adsorption von Dämpfen verschiedener Stoffe füllen.** M. M. Dubinin, Je. G. Shukowskaja, K. O. Murdmaa und Je. F. Polstjanow. (Nachr. Akad. Wiss. UdSSR, Abt. chem. Wiss. **1962,** 2113—21; Akad. der Wiss. der UdSSR, Inst. für physikal. Chem.; russ.) — 4. vgl. C. **1963,** 20697. — Die relativen Gleichgewichtsdrücke der Sorptionsisothermen von Wasserdampf bei 20° u. von N_2 bei —195° sowie von Bzl. bei 20° werden für Zeolithkristalle der Typen A u. X bestimmt. Es werden 2 Meth. zur Best. der Absorptionsvoll. vorgeschlagen, die übereinstimmende Ergebnisse zeigen. Aus den Sorptionsmessungen werden die Porenvol. der Elementarzelle der Zeolithe A u. X berechnet.
G. Engelhardt. 176◇

0406 **Adsorption von Polyvinylalkoholen durch Montmorillonit.** D. J. Greenland. (J. Colloid Sci. **18,** 647—64, 1963; Adelaide, Univ., Waite Agricult. Res. Inst., Dep. of Agricult. Chem.; engl.) — Bei der Adsorption einer Reihe von Polyvinylalkoholen mit einem maximalen Restgeh. an Acetylgruppen von 12% an Na-, Ca- u. Cs-Montmorillonit bildet sich eine sehr starke u. irreversible Bindung zwischen den OH^--Gruppen des Polymers u. den an der Oberfläche gelegenen O-Atomen des Tonminerals aus. In Übereinstimmung mit Röntgenunterss. ergibt sich sowohl für die äußeren als auch für die inneren Oberflächen eine maximale Schichtdicke von 10 Å. Bei der in stärker konz. Tonsuspensionen (> 1%) auftretenden Adsorption der Polymere werden die nachfolgend adsorbierten Teilchen durch eine Brückenbldg. an die zuerst adsorbierten Moll. gebunden u. an einem direkten Durchtritt an die Oberfläche gehindert.

Im Gegensatz zu anion. Polyelektrolyten spreiten ungeladene Polymere über die benachbarten Oberflächen, wobei sie sich einem „Anstrich" ähnlich untereinander verketten u. die Poren der Schichtträger mit einem Film auskleiden. D. Forst. 176◇

0407 **Die Sorption von Mikromengen von Strontium und Cäsium durch Vermiculit.** W. M. Nikolajew, W. F. Bagretzow und W. M. Lebedjew. (Radiochemie [UdSSR] **5,** 32–37, 1963; russ.) – Vff. bestimmen die Verteilungs-Koeff. η für die Sorption von ^{90}Sr u. ^{134}Cs durch Vermiculit aus Lsgg. von $BaCl_2$, $SrCl_2$, $CaCl_2$, $MgCl_2$ u. NaCl unterschiedlicher Konz., sowie vergleichsweise für die Sorption von ^{134}Cs durch den Ionenaustauscher KU-2 aus NaCl- u. $MgCl_2$-Lsgg. wachsender Konzentration. Sie bearbeiten ihre Werte nach einer von Jelowitsch u. Mitarbeiter (C. **1960,** 13937) angegebenen, jedoch von Vff. geänderten Formel u. stellen fest, daß die Sorption den Charakter eines Ionenaustausches trägt u. sich dem Massenwirkungsgesetz unterordnet. Die Sorptions-Isothermen lg $(1/\eta - 1)$/lg m sind linear. Die Konst. der Ionenaustausch-Rkk. wurden für alle Konzz. der Makrokomponenten berechnet. Sie liegen zwischen 0,017 (Sr^{2+} bzw. Cs^+ aus NaCl-Lsg.) u. 1,95 (Sr^{2+} aus $MgCl_2$-Lsg.). Die Austauschkapazität von Vermiculit ändert sich im Intervall pH 3–11 nicht. G. Ewald. 177◇

0408 **Thermochemische Untersuchungen von Sorptionsionenaustauschern. 3. Mitt. Die Austauschwärme von Alkalimetallkationen an Escarbo.** Władysław Wóycicki. (Roczniki Chem. [Ann. Soc. chim. Polonorum] **35,** 1021–28, 1961; pol.) – 2. vgl. C. **1963,** 20310. – Die molare Austauschenthalpie von H^+ durch Me^+ (Li, Na, NH_4, K, Rb, Cs) $Q_{H \to Me^+}$ an verschiedenen Typen von Kationenaustauschern, bes. an Escarbo (RH), ist relativ niedrig, u. der Einfl. der Temp. auf die Zahl der ausgetauschten Ionen ist klein. Ein Vgl. der Werte, die aus der Literatur stammen, zeigt außerdem, daß sie stark streuen, wobei unentschieden bleibt, ob es sich um einen experimentellen Fehler oder um den Einfl. der Form des Austauschers handelt. Aus den Q-Werten für die Übergänge an einem Austauscher werden weiter die Werte für den Austausch von Me^+ untereinander nach der Gleichung $RMe_1 + Me_2^+ \to RMe_2 + Me_1^+ + (Q_{H \to Me_2^+} - Q_{H \to Me_1^+})$ berechnet. Die allg. gültige Reihenfolge der Q-Differenzen ist $Q_{Li \to Me_n^+} > Q_{H \to Me_n^+} > Q_{Na \to Me_n^+} > Q_{NH_4 \to Me_n^+} > Q_{K \to Me_n^+} > Q_{Rb \to Me_n^+} > Q_{Cs \to Me_n^+}$. Da Q zahlenmäßig gleich der Enthalpiedifferenz ΔH ist, besteht die Möglichkeit, auch die Entropieänderung des Ionenaustausches ΔS zu berechnen. Dabei kann $\Delta F \cong \Delta G$ angenommen werden. ΔS für RH → RMe ist bei Li 1,4, bei Na –0,3, bei NH_4 –1,6, bei K –2,1, bei Rb –3,5 u. bei Cs –3,8. Die Funktion $\Delta H = f(r_h)$ (r_h = Radius des hydratisierten Me^+) hat für $\Delta H = 0$ den Wert r_h = 6,7–7 Å. Dieser Wert gibt also den Radius des hydratisierten H^+ an. F. Urban. 177◇

0409 **Untersuchung von Ionenaustauschprozessen zwischen Kationit KU-2 in der H^+-, K^+- und Mg^{2+}-Form und Lösungen einiger Elektrolyte.** Ch. F. Asisow und M. N. Nabijew. (Usbek. chem. J. **7,** Nr. 3, 5–12, 1963; Chem. Inst. der Akad. der Wiss. der UsbekSSR; russ.) – Bei 90° kann aus 2,5 n $MgSO_4$-Lsg. durch Austausch mit KU-2 (K) krist. K_2SO_4 in 99,8% Reinheit gewonnen werden. W. Dedek. 177◇

0410 **Relative kinetische Charakteristik der Kationenaustauscher KU-1, SsDW-3, SsM-12 und SsBSs.** G. M. Pantschenkow, W. I. Gorschkow und W. I. Slowetzki. (Kinetik u. Katalyse [UdSSR] **4,** 82–87, 1963; Moskau, Lomonossow-Univ., Chem. Fak.; russ.) – Untersucht wurde der Austausch zwischen NaCl (0,01–1,0 n) u. der H-Form von SsDW-3 u. SsBSs (Sulfonsäure-), KU-1 (Phenolsulfonsäure-) u. SsM-12 (Carboxyl-Sulfonsäureharz) bei Temp. von 6, 20 u. 35°. Die Geschwindigkeitskonst., Diffusions- u. Temp.-Koeff. werden angegeben. W. Dedek. 177◇

0411 **Zur Frage der Austauschkinetik von Ionen verschiedener Wertigkeit.** A. M. Tolmatschew, W. I. Gorschkow und G. M. Pantschenkow. (J. physik. Chem. [UdSSR] **37,** 1635–36, 1963; russ.) – Vgl. vorst. Referat. – Der Bldg.-Prozeß einer stationären Front in chromatograph. Kolonnen wird für Bedingungen, unter denen Krümmungen der Austauschisothermen auftreten, theoret. untersucht. Danach wird bei S-förmigen Austauschisothermen ein Teil der Ionen ständig aus der stationären Front entfernt. Einige Verss. zum Austausch von Cs^+ gegen Ba^{2+} an KU-2 werden dazu aufgeführt. W. Dedek. 177◇

0412 **Trennung von Seltenerdmetallen durch Anionenaustauscher in der Hydroxylform.** A. I. Rjabinin und Ju. A. Kosmin. (J. angew. Chem. [UdSSR] **35,** 499 bis 503, 1962; Allunions-Inst. für Buntmetallforsch.; russ.) – Untersucht wurde die Verw.-Möglichkeit der Anionenaustauscher EDE-10, EDZ-10P, AN-2F, AN-1, AN-18 u. AN-23 zur gruppenweisen Trennung der Seltenerdmetalle. Die besten Ergebnisse lieferte EDE-10, während AN-10 u. AN-23 für diesen Zweck unbrauchbar sind. Es wurde lediglich die Abtrennung des La von (Pr + Nd) geprüft. W. Dedek. 177◇

0413 **Untersuchungen des Ionenaustausches in HF-Lösungen. Gruppentrennung von Elementen mit Hilfe von Ionenaustauscherharzen.** M. K. Nikitin. (Ber. Akad. Wiss. UdSSR **148,** 595–97, 1963; Leningrad, Shdanow-Univ.; russ.) – Unter Verw. der entsprechenden radioakt. Isotope wird die Trennung an monofunktionellen Harzen Anionit AW-17 × 14 (F^--Form) u. Kationit KU-2 × 6 (H^+-Form) in HF-Lsgg. untersucht. Durch Auflösen der entsprechenden Metalle, Carbonate, Oxide oder Hydroxide in Flußsäure wird die Versuchslsg. mit Konzz. ~ 10^{-8} g/ml hergestellt. Der Trennungskoeff. K_d wird graph. gegeben. Wird 1 m HF-Lsg. der Elemente aufgegeben, so entsteht nach Eluierung folgende Trennung: KU 2 (H^+-Form) Eluent 1 m HF: Anionen, 5 m HF: Cr, Fe, Ca, As, Cd, In; 10 m HF: Na, Rb, Cs, Mn, Pb, Bi; 15 m HF: Ni, Zn, Tc, Hg; 20 m HF: Co, Cu, Tl; $HNO_3 + H_3BO_3$: Seltenerd- u. Erdalkalimetalle. Anionit AW 17 (F^--Form) 1 m HF: Cr, Fe, Zn, Pb; 5 m HF: Al, Si, P, Co, As; 10 m HF: Be, Sc, V, Se; 15 m HF: Br, Mo, Tl, Bi, U; 20 m HF: Ti, Zr, Tc, Pd, Sn, Hf, W, Ir, Re; 1 m HF + 4 m NH_4Cl: Nb, Ta; 3 n $HClO_4$: Ag, Sb, Pt, Au, Hg, Po. R. Teichmann. 177◇

0414 **Untersuchung der Strahlungsstabilität von polymerisierten Anionenaustauschharzen.** Je. D. Kisselewa, K. W. Tschmutow und W. N. Krupnowa. (J. physik. Chem. [UdSSR] **37,** 1626–29, 1963; Akad. der Wiss. der UdSSR, Inst. für physikal. Chem.; russ.) – Die Austauscher AW-17 u. AW-27 ändern bei Bestrahlung mit beschleunigten Elektronen (0,05–0,7 · 10^{23} eV/g) ihr Quellungsvermögen. Die Austauschkapazität des Harzes AW-17 gegenüber HNO_3 nimmt ab infolge Abspaltung von Mono- u. Dimethylamin. Der Austauscher AW-18 ändert seine Austauscheigenschaften nicht bis zu einer Dosis von 2 · 10^{23} eV/g. W. Dedek. 177◇

0415 **Untersuchungen über Ionenaustauschmembranen. 3. Mitt. Über die Eigenschaften einer Ionenaustauscher-Doppelmembran.** Kenichi Oda, Masahiko Murakoshi und Takeo Saito. (J. electrochem. Soc. Japan [Overseas Edit.] **25,** 531–34, 1957; Tokyo, Noguchi Inst.; jap., Auszug: engl.) – 1. vgl. C. **1957,** 2926; 5. vgl. C. **1963,** 19116. – Aus einem Kationen- u. einem Anionenaustauscher (Amberlite IR-120 bzw. IRA-400) werden mit Hilfe von PVC als Bindemittel in Cyclohexanon Austauschermembranen hergestellt u. durch Zusammenpressen zu einer „Doppelmembran" vereinigt. In Verb. mit einer Kationen- u. einer Anionenaustauschermembran ist die Doppelmembran zur Trennung einer Elektrolyt-Lsg. in Säure u. Base beim Stromdurchgang befähigt. Die Potentialdifferenz zwischen beiden Seiten der Doppelmembran wird gegen eine Ag/AgCl-Elektrode unter Verw. von NaCl-Lsg. als Elektrolyt gemessen. Ein stärkerer Abfall bei niedrigen Stromdichten ist auf den Energieaufwand zurückzuführen, den die Befreiung der in die Membran hineindiffundierten Ionen erfordert. Die Stromausbeute nimmt mit steigender Elektrolyt-Konz. ab, Temp. u. Stromdichte haben auf sie nur geringen Einfluß. W. Betcke. 177◇

0416 **Anomale Leitung durch Ionenaustauschmembranen.** Manabu Senō und Takeo Yamabe. (Bull.

chem. Soc. Japan **36,** 877—78, 1963; Azabu, Tokyo, Univ. of Tokyo, Inst. of Ind. Sci.; engl.) — Neben dem normalen, konst. Stromfluß bei konst. Spannung wurde häufig nichtohmsche Leitung u. Impuls-Bldg. beobachtet. Vff. untersuchten dieses Verh. an japan. Austauschmembranen (CMG-10 u. AMG-10). Als Ursache für die Effekte fanden sie unterschiedliche Überführungszahlen in Lsg. u. Membran, die zu Konz.-Polarisation in den Oberflächenfilmen führten. Die Filmschichten konnten durch Zusatz eines Gels zur Lsg. stabilisiert werden.
H. H. Stamm. 177◇

0417 **Reinigung von bleichloridhaltigem Wasser mit Ionenaustauschharzen.** I. F. Semskow, A. Ss. Stepanow und W. I. Gnesdow. (J. angew. Chem. [UdSSR] **35,** 674—76, 1962; russ.) — Als Kationenaustauscher diente KU-2 in H^+-Form; KU-1 u. KB-4 sind nicht geeignet. Die Regenerierung erfolgte mit HNO_3. Es wurde an kleinen Säulen im Labormaßstab gearbeitet.
W. Dedek. 177◇

0418 **Weitere Bemerkungen zur Lösung des Differentialgleichungssystems eines gaschromatographischen Modells.** G. Schay, A. Pethő und P. Fejes. (Acta chim. Acad. Sci. hung. **22,** 285—99, 1960; Budapest, Ungar. Akad. der Wiss., Zentralforschungsinst. für Chem.; dt.) — Ein gaschromatograph. Modell wird diskutiert, das auch die Veränderlichkeit der Strömungsgeschw. infolge des Sorptionsprozesses berücksichtigt. Die Prozesse lassen sich, ohne Kenntnis der Sorptionskinetik, wie folgt beschreiben: (1) $x_\tau + (cx)_z + a_\tau - Dx_{zz} = 0$; (2) $a + c_z = 0$, worin z die Ortskoordinate, τ die Zeit, $x(z, \tau)$ bzw. $a(z, \tau)$ die Konz. in der ruhenden bzw. strömenden Phase, $c(z, \tau)$ die Geschw. u. D die Diffusionskonst. bedeuten. Untersucht werden die Lsgg. von (1) u. (2) unter $D = 0$, Annahme linearer Sorptionskinetik [$a_\tau = k(qx-a)$] u. den Nebenbedingungen $x(0, \tau) = x_0(\tau)$, $x(z, 0) = x^0$, $a(z, 0) = qx^0$ u. $c(0, \tau) = c_0$, die sich nur im Fall $x_0(\tau) = 1$ explizit darstellen lassen. Aber an u. vor der „Spitze" der eingeführten Gasphase können sie auch bei allg. Nebenbedingungen explizit bestimmt werden, die selbst physikal. interessant sind. Weiterhin werden die stationären Lösungen von (1) u. (2) untersucht. Die allg. Gleichungen der stationären Fronten u. der Kriterien zur Entscheidung der Frage, ob bei einem gewissen Typ der Isotherme eine solche Front im Sorptions- oder Desorptionsfall zustande kommen kann, werden abgeleitet.
F. M. Friedrich-Anderseck. 177◇

0419 **Laufmitteleffekte bei der anorganischen Chromatographie.** 1. Mitt. **Die Adsorptionsfront beeinflussende Faktoren.** J. R. A. Anderson, P. D. Lark und E. C. Martin. (J. Chromatogr. [Amsterdam] **10,** 338—46, 1963; Sydney, Univ. of New South Wales, School of Chem.; engl.) — Vff. bestimmen die R_p-Werte (Laufmittelfront/Adsorptionsfront) von Laufmitteln, die sich aus W., Alkohol [Methanol, A., Propanol-(1), Propanol-(2), 2-Methylpropanol-(1), Butanol-(2), 2-Methylpropanol-(2)] u. Säure (HCl, HBr, HNO_3, $HClO_4$) zusammensetzen. Der R_p-Wert steigt generell mit dem Geh. an W. bzw. Säure linear an u. nimmt in der Reihenfolge Cl^-, Br^-, NO_3^-, ClO_4^- zu. Darüber hinaus ist er von der Natur des Alkohols abhängig, was Vff. auf Unterschiede in der Anionenhydratisierung zurückführen.
F. M. Friedrich-Anderseck. 177◇

0420 **Theorie der Säulenchromatographie.** Eiichi Funakubo. (Chem. and chem. Ind. [Kagaku to Kôgyô] **15,** 1352—60, 1962; Osaka, Univ., Techn. Fak.; jap.) — Übersicht. — 13 Literaturangaben.
E. Maekawa. 177◇

0421 **Die Bildung von Salpetersäurenebeln.** Guy G. Goyer. (J. Colloid Sci. **18,** 616—24, 1963; McMasterville, P. Q., Canada, Canad. Ind. Ltd., Centr. Res. Labor.; engl.) — Eine Unters. der genauen Verhältnisse bei der Entstehung von HNO_3-Nebeln läßt erkennen, daß der für diese Erscheinung wesentliche Schritt die Gasphasenrk. zwischen NO_2 u. H_2O ist. Hinzu kommt die auch in Abwesenheit einer fl. H_2O-Phase eintretende Kondens. von H_2O-Dampf an die HNO_3-Kerne, die von der Gasphasenrk. zwischen NO_2, N_2O_4 u. W. herrühren. Die Geschw. der Gasphasenrk. ändert sich direkt, die der Kondens.-Rk. indirekt mit der Temp., weshalb die Geschw. der Nebelbldg. in der Nähe des für das Gasgemisch charakterist. Taupunktes ein scharfes Maximum besitzt. Die in den Nebeltröpfchen auftretende Absorption von NO_2 ist zu vernachlässigen. D. Forst. 180◇

0422 **Zur Theorie der Filtration polydisperser Aerosole aus dem stationären Strom.** L. W. Raduschkewitsch. (Nachr. Akad. Wiss. UdSSR, Abt. chem. Wiss. **1962,** 1190—96; Physik.-chem. Inst. der Akad. der Wiss. der UdSSR; russ.) — Die Filtration polydisperser Aerosole im stationären Strom kann im allg. für alle Filtrationseinrichtungen durch Einführung der Größe eines Partialkoeff. des nicht adsorbierten Anteils, die durch ein einfaches Verhältnis mit ihrem Mittelwert u. den Funktionen der Verteilung der Teilchen nach ihrer Größe im Ausgangs- u. filtrierten Aerosol verbunden ist, betrachtet werden. Die erhaltene Gleichung gestattet die Vorhersage der Teilchengrößenverteilung im filtrierten Aerosol, wenn die Eigg. des Filters u. des Ausgangssols gegeben sind. J. v. Schroeder. 180◇

0423 **Über die Koagulation von Aerosolen.** 1. Mitt. Shlomo E. Devir (Weinstock). (J. Colloid Sci. **18,** 744—56, 1963; Ness Ziona, Israel, Israel Inst. for Biol. Res.; engl.) — Die Smoluchowskische Theorie der Koagulation von Solen konnte bei Unterss. der Koagulation von *Dioctylphthalat*-Aerosolen bestätigt werden. Die App. zur Erzeugung des Aerosols, die Koagulationskammer (2,25 m^3) u. die Meßeinrichtungen werden beschrieben. K. Strenge. 180◇

0424 **Theorie der Drift von Aerosolteilchen in einer stehenden Schallwelle.** Ss. Ss. Duchin. (Kolloid-J. [UdSSR] **22,** 128—30, Jan./Febr. 1960; Kiew, Inst. für allg. u. anorgan. Chem. der Akad. der Wiss. der Ukrain-SSR; russ., Auszug: engl.) H. Roschkowski. 180◇

A$_6$. Strukturforschung

0425 **Elektronenstoß-Spektroskopie.** 1. Mitt. **Die Bestimmung der Symmetrietypen molekularer Anregungszustände.** F. H. Read und G. L. Whiterod. (Proc. physic. Soc. **82,** 434—42, 1963; Manchester, Univ., Phys. Labor.; engl.) — Ein Ausdruck für den differentiellen Wirkungsquerschnitt für die Anregung mol. Schwingungszustände durch unelast. Elektronenstreuung ohne Änderung der Spin-Multiplizität wurde in Bornscher Näherung abgeleitet. Der Ausdruck gilt für hohe Einfallsenergien (über 100 eV); für kleine Streuwinkel (unter 10°) ist er stark von dem niedrigsten zulässigen Wert l_0 der Drehimpulsquantenzahl l abhängig. Infolgedessen kann l_0 (die Übertragungszahl) experimentell durch Messung unelast. Streuquerschnitte mit guter Winkelauflösung bestimmt werden. l_0 hängt seinerseits von den Symmetrieeigenschaften der angeregten mol. Elektronenzustände ab, so daß Schlüsse auf diese möglich erscheinen. F. Lenz. 181◇

0426 **Die Konvergenz der Entwicklung nach fester Koppelung.** P. G. Burke. (Proc. physic. Soc. **82,** 443—45, 1963; Harwell, Didcot, Berkshire, A. E. R. E; engl.) — Die Konvergenz der Entwicklung der Gesamt-Wellenfunktion für Elektronenstreuung am H-Atom nach den Eigenfunktionen des H-Atoms wird untersucht. Die Querschnitte für die Übergänge $1s \to 1s$, $1s \to 2s$ u. $1s \to 2p$ werden für $E = 16{,}5$ eV mit u. ohne Berücksichtigung der 3s- u. 3p-Zustände des H-Atoms berechnet. Die Mitberücksichtigung der 3s- u. 3p-Zustände vermindert die Werte der berechneten Querschnitte für $1s \to 2s$ u. $1s \to 2p$ erheblich u. bringt sie dadurch zu besserer Übereinstimmung mit experimentellen Daten. Es wird geschlossen, daß die Entwicklung von der festen Kopplung her bei der Berechnung der Anregungsquerschnitte bei der Elektronenstreuung an Wasserstoff schlecht konvergiert, u. daß möglicherweise auch die Zustände mit $n \geqq 4$ einen wesentlichen Beitrag liefern u. berücksichtigt werden müßten. F. Lenz. 181◇

0427 **Querschnitte für Elektron-Wasserstoffatom-Stöße in Bornscher Näherung für die Reaktanz-Matrix.** W. B. Somerville. (Proc. physic. Soc. **82,** 446—55, 1963; London, Univ. Coll., Dep. of Phys.; engl.) — Die Bornschen Partialwellen-Integrale wurden in einer Rechenanlage für alle durch Elektronenstoß induzierten Übergänge zwischen den Zuständen 1s, 2s, 2p, 3s, 3p u. 3d des H-Atoms numer. berechnet. Die daraus folgende symm. Reaktanz-Matrix hat 65 voneinander verschiedene reelle Elemente. Aus der Reaktanz-Matrix R wird weiter die Transmissionsmatrix T in erster Näherung nach $T = -2iR$, in zweiter Näherung nach $T = -2iR/(1 - iR)$ berechnet, aus der sich schließlich die Wirkungsquerschnitte durch Summation über die Zustände ergeben. Der die Energie der einfallenden Welle kennzeichnende dimensionslose Parameter $k_1(\hbar^2 k^2/2ma_H{}^2$ ist die Energie der einfallenden Welle) wird bei der Rechnung zwischen 1,0 u. 2,0 variiert. Das hier verwandte Verf. der Reaktanz-Matrix nach Seaton hat gegenüber der üblichen ersten Bornschen Näherung die Vorzüge, daß die Koppelung mit anderen Zuständen berücksichtigt werden kann u. daß die Ergebnisse automat. die Bedingung für die Erhaltung des Elektronenflusses befriedigen.

F. Lenz. 181◇

0428 **Die Theorie der Elektronenstreuung an Molekülen. 1. Mitt. Theoretische Entwicklung.** T. Iijima, R. A. Bonham und T. Ando. (J. physic. Chem. **67**, 1472 bis 1474, 1963; Bloomington, Ind., Univ., Dep. of Chem.; engl.) — Die in die Berechnung der Matrixelemente für elast. u. unelast. Elektronenstreuung eingehende Wellenfunktion des Mol. wird in einen Rotations-, einen Schwingungs- u. einen elektron. Teil aufgespalten. Je nach der Art des betrachteten Experiments beobachtet man Intensitäten, die über alle Rotations- u. Schwingungszustände oder nur über die Rotationszustände gemittelt sind. Die nur über den elektron. Anteil der Eigenfunktionen integrierten Matrix-Elemente lassen sich durch Streuamplituden S_{nm} für unelast. u. F_n für elast. Streuung ausdrücken, wobei die Indizes n u. m sich auf die verschiedenen Atome beziehen, aus denen das Mol. aufgebaut ist. Die quantenmechan. Mittelung über die Rotationszustände kann auf das klass. Mittelungsverf. der Rotationsbewegung reduziert werden, solange eine extrem hohe Energieauflösung der gestreuten Elektronen nicht möglich ist.

F. Lenz. 181◇

0429 **Elektronenbeugung bei Spannungen bis zu 1200 kV.** Gaston Dupouy, Frantz Perrier und Louis Durrieu. (C. R. hebd. Séances Acad. Sci. **255**, 615—20, 8 Tafeln, 1962; Toulouse, C. N. R. S., Labor. d'Opt.; Electron.; franz.) — Das in Toulouse errichtete große Elektronenmikroskop für Höchstspannungen wird nach Abwandlungen in der Linsen- und Objektanordnung zu Elektronenbeugungs-Unterss. an Kristallen verwandt. Auf Debye-Scherrer-Ringdiagrammen von polykristallinem *Au* können mehr als 50 verschiedene Beugungsringe ausgezählt werden; Punktdiagramme von auf Steinsalz-Spaltflächen aufgedampften monokristallinen Au-Schichten zeigen entsprechend eine große Zahl von Reflexen. In Bildern einer 1,3 μm dicken *Glimmer*-Folie sieht man ein linienreiches Kikuchi-Diagramm. Die Expositionszeit variiert zwischen 5 und 35 s, der Strahlstrom beträgt 0,5 μA. Außer über diese mit einer zweilinsigen Beugungsapp. durchgeführten Untersuchungen wird auch über Verss. mit Feinbereichsbeugung im nicht modifizierten (fünflinsigen) Elektronenmikroskop berichtet. Die Selektorblende ist zwischen Objektiv u. Zwischenlinse angeordnet. Beugungsbilder ausgewählter Bereiche von durchstrahlbaren Kristallen von nichtrostendem *Stahl* u. von *MgO*-Kristallen werden gezeigt, die im elektronenmkr. Hellfeld- u. Dunkelfeldbild zahlreiche Streifen gleicher Dicke zeigen. Ein Verf. wird beschrieben, welches im photograph. registrierten elektronenmkr. Bild des Objekts auch den bei der Feinbereichs-Beugungsaufnahme ausgewählten Bereich erkennbar werden läßt.

F. Lenz. 181◇

0430 **Elektronenmikroskopische Beobachtung von Oberflächenstrukturen atomarer Stufenhöhe.** Kurt Wolfgang Keller und Volker Schmidt. (Jenaer Rdsch. **7**, 58—62, 1962; Berlin, Dtsch. Akad. der Wiss., Arbeitsstelle für Elektronenmikroscp.; Halle (Saale), Martin-Luther-Univ., Inst. für exp. Phys.; dt.) — Überblick über Unterss. an NaCl nach dem Verf. der Golddekoration. — 10 Literaturangaben.

H. Liepack. 181◇

0431 **Messung der Dicke eines Metallfilms für die elektronenmikroskopische Untersuchung mittels Widmanstättenscher Figuren.** Noboru Takahashi. (C. R. hebd. Séances Acad. Sci. **257**, 1029—32, 1963; Kofu, Yamanashi-Univ.; franz.) — Proben einer *Al—Cu-Leg.* mit 4% Cu mit einer anfänglichen Dicke von 0,01 mm wurden zunächst durch zweistd. Erhitzen auf 540° in den Lösungszustand gebracht u. dann in W. auf Normaltemp. abgeschreckt. Nach Unters. der kristallograph. Orientierung durch Elektronen-Feinbereichsbeugung wurden Proben der Orientierung (110) ausgewählt. In so behandelten Proben bilden sich bei einstd. Erhitzen im Elektronenmikroskop auf 360° Plättchen der Θ'-Phase parallel zu den {110}-Ebenen. Bei Beobachtung in ⟨110⟩-Richtung kann aus den Abmessungen der Projektionen dieser Plättchen bekannter Orientierung auf die Dicke des Objekts geschlossen werden. Bei weiterem Erhitzen auf 430° kann im Mikroskop die Umwandlung $\Theta' \to \Theta$ kontinuierlich beobachtet werden. Die Plättchen der Θ'-Phase verschwinden dabei völlig, u. es bilden sich Θ-Kristalle in (111)-Orientierung.

F. Lenz. 181◇

0432 **Zur Ultraschalldispergierung pulverförmiger Stoffe zur elektronenmikroskopischen Untersuchung.** (Anläßlich der Mitteilung von Ju. Ss. Bulankin.) Je. Je. Lewin und I. Ss. Melnikowa. (Betriebs-Lab. [UdSSR] **29**, 1022, 1963; Zentrales Polsunow-Kesselturbinen-Inst.; russ.) — Vgl. Bulankin, Betriebs-Lab. [UdSSR] **27**, [1961], 1501. — Als Medium zur Dispergierung von Pulvern ist NH_3 ungeeignet; vielmehr wurden die besten Ergebnisse mit A. erzielt. In diesem Fall genügt eine einmalige Beschallung jeder Pulverprobe, deren Dauer je nach der Art der Probe zwischen 5 u. 15 Min. variiert wird. Die Abb. (a) in der Arbeit von Bulankin stellt nicht wie angegeben eine Carbidsuspension dar, sondern eine Suspension der intermetallischen Phase Ni_3(Ti, Al), u. die Abb. (b) zeigt ein Konglomerat von koagulierten Teilchen dieser Phase. Die Arbeit enthält ferner Ungenauigkeiten bezüglich der Art des verwandten Mikroskops, der Dauer der Dispergierung u. a.

F. Lenz. 181◇

0433 **Modellversuche zur Bildentstehung im Elektronenspiegel-Oberflächenmikroskop.** U. Brand und W. Schwartzer. (Exp. Techn. Physik **11**, 18—25, 1963; Jena; dt.) — Es wird im Modell zur Darst. des elektr. Feldes in unmittelbarer Nähe der Objektoberfläche beschrieben u. die Ablenkung der Elektronen durch Objektstrukturen untersucht.

H. Liepack. 181◇

0434 **Die Auflösung der atomaren Struktur: Neue Fortschritte in Theorie und Entwicklung des Feldionenmikroskops.** D. G. Brandon. (Brit. J. appl. Physics **14**, 474 bis 484, 1963; Cambridge, Univ., Dep. of Metallurgy; engl.) — Übersicht. — Literaturverzeichnis.

H. Liepack. 181◇

0435 **Ein Beitrag zur Theorie der Röntgenmonochromatoren.** J. Čermák. (Czechoslov. J. Physics **12**, 588—601, 1962; Prague, Czechosl. Acad. of Sci., Inst. of Solid State Phys.; engl.) — Vf. führt eine Funktion für den monochromatisierenden Effekt einer Einheit aus Brennfleck der Röhre u. geeignet dazu angeordnetem monochromatisierendem Kristall ein, behandelt die Funktion für die Anordnungen von Johansson (1933) u. Johann (1931) u. für eine solche mit doppelt gekrümmtem Kristall u. demonstriert an einem Beispiel den ersten Fall. Für eine gegebene experimentelle Anordnung erlauben die Berechnungen eine einfache Best. der effektiven Breite der Reflexionskurve, wenn der Abstand zweier geeigneter Beugungslinien einer polykristallinen Probe gemessen wird. Es wurde experimentell gezeigt, daß bei kleiner elast. Krümmung u. Fehlen makroskop. Verzerrungen sich noch nicht notwendig die Reflexionskurve hochelast. Realkristalle ändert.

R. Uttech. 181◇

0436 **Wahl der Parameter einer monochromatisierenden Einheit für Röntgenstrahlen.** J. Čermák. (Czechoslov. J. Physics **12**, 602—13; 1962; engl.) — Vgl. vorst. Referat. — Für die monochromatisierende Einheit von Johansson (1933) werden die Bedingungen angegeben, unter denen die gewünschte Breite des monochromatisierten Intervalls u. seine maximale Intensität erreicht werden. In der Analyse wird berücksichtigt, daß sehr schmale Brennflecke nicht vorteilhaft sind u. die Kristalle weder sehr vollkommen noch sehr unvollkommen sein sollten. Die optimalen Verhältnisse müssen für jeden Fall gesondert ermittelt werden. R. Uttech. 181◇

0437 **Monochromator mit drehbarem Beugungsgitter für ultraweiche Röntgenstrahlung.** A. P. Lukirski und Je. P. Ssawinow. (Optik u. Spektroskopie [UdSSR] **13,** 846—48, 1962; russ.) — Vgl. C. **1962,** 4094. — Das Grundschema eines Monochromators mit drehbarem Beugungsgitter u. die Hauptelemente seiner Konstruktion werden gezeigt. Die Abhängigkeit der Diffraktionswinkel $\varphi_2 = \varphi \pm \nu$ von der Wellenlänge λ wird für ein Gitter mit 300 Strichen/mm u. $\varphi = 2°, 3°, 3°30'$ u. 4° dargestellt; nach $\cos(\varphi + \nu) - \cos(\varphi - \nu) = -p\lambda$ u. $\cos(\varphi - \nu) - \cos(\varphi + \nu) = p\lambda$ ergibt sich $\cos\varphi_2 = 1 - 2{,}7 \cdot 10^{-6}\lambda_{min}^2$. Der Betrieb des Monochromators wird an den charakterist. Röntgenlinien der K-Serie von O, N, C, B u. Be untersucht. R. K. Müller. 181◇

0438 **Blendensystem für die Untersuchung der Kleinwinkelstreuung von Röntgenstrahlen.** Antonín Fingerland. (Českoslov. Časopis Fysiku **9,** 105—07, 1959; Praha, Ústav fys. chem., Českoslov. akad. věd; tschech.) — Das Blendensyst. besteht aus einem Messingblock von 50 mm Länge mit fächerartig eingefrästen Schlitzen von 0,3 mm Breite u. 5 mm Tiefe; der innere Halbmesser der Drehung beträgt 100 mm, die Wandstärke zwischen den Schlitzen ca. 0,5 mm. J. Tůmová. 181◇

0439 **Ein Röntgendiffraktometer mit Mehrfachanoden-Proportionalzählrohr.** Jun-ichi Chikawa. (J. physic. Soc. Japan **15,** 602—11, 1960; Kyoto, Univ., Fac. of Sci., Dep. of Phys.; engl.) — Für Röntgenbeugungsunterss. wird ein mit Ar bzw. Xe gefülltes Dreianoden-Proportionalzählrohr verwendet, das eine Quantenausbeute von ca. 90% für die CuK_α- u. MoK_α-Strahlung ergibt. Dieser Zählrohrtyp zeigt gegenüber einem NaJ(Tl)-Scintillationszähler einen höheren Monochromatisierungseffekt bezüglich der charakterist. Strahlung. Zur Stabilisierung der Strahlintensität wird eine Ionisationskammer eingesetzt, mit deren Hilfe der Heizstrom geregelt werden kann. H. Schirrwitz. 181◇

0440 **Zur Methodik der Röntgenuntersuchung der Stoffe bei hohen Drücken.** 2. Mitt. **Apparatur zur Gewinnung von Pulveraufnahmen bei Drücken bis 18000 kg/cm².** A. P. Frolow, L. F. Wereschtschagin, K. P. Rodionow und M. I. Oleinik. (Metallphysik u. Metallkunde [UdSSR] **14,** 80—84, 1962; Akad. der Wiss. der UdSSR, Inst. für Metallphys., Inst. für Hochdruckphys.; russ.) N. Kubeth. 181◇

0441 **Schnelle Herstellung von Pulverproben für goniometrische Röntgenbeugungsuntersuchungen.** James E. Shannon und Leo H. Spinar. (Chemist-Analyst **51,** 19, 1962; Fort Collins, Colo., Colorado State Univ., Chem. Dep.; engl.) — Vff. untersuchten das Aufbringen u. Fixieren von Pulvern auf Objektträger u. Metallplatten am Beispiel des NaCl. Das Pulver kann mit Wachs (am besten Ceresin, aber auch mit Paraffin oder Bienenwachs), Nitrocellulose oder Cellophan fixiert werden. Die Wachse geben im Bereich 3,7—4,0 Å starke Linien. P. Kurzmann. 181◇

0442 **Eine Methode des Auftragens auf Präparatescheibchen zur Identifizierung von Tonmineralien durch Röntgenbeugung.** A. A. Theisen und M. E. Harward. (Proc. Soil Sci. Soc. America **26,** 90—91, 1962; Corvallis, Oreg., State Univ., Dep. of Soils; engl.) — Durch dünnes Auftragen der sedimentären, geeignet vorbehandelten Proben, Verschmieren zu einer glatten Oberfläche u. Trocknen bei 65° wurden Präpp. erhalten, deren Maximum-Untergrund-Verhältnis günstiger ist u. die mehr deutliche Maxima aufweisen als nach konventionellen Meth. hergestellte Präparate. Als Nachteil der Meth. werden unterschiedliche Maximaintensitäten bei Duplikaten angegeben. R. Uttech. 181◇

0443 **Eine mögliche Annäherung an das Problem der fortgepflanzten Ordnung mittels der Fourier-Transformation diffuser Röntgenstreuung.** Kenji Doi. (Acta crystallogr. [Copenhagen] **14,** 793—94, 1961; Tokaimura, Naka-gun, Ibaraki-ken, Japan Atomic Energy Res. Inst.; engl.) — Es wird gezeigt, daß unter zwei einschränkenden Bedingungen die von Zernike (1940) eingeführten Wahrscheinlichkeitsparameter aus der Fourier-Transformation der Amplitudenverteilung diffuser Streuung erhalten werden können. Sie beschreiben den ungeordneten Zustand fester Lsgg. durch die Wahrscheinlichkeit, mit der eine bestimmte Atomart auf einem gegebenen Gitterplatz anzutreffen ist. R. Uttech. 181◇

0444 **Irreduzible Darstellungen von ebenen Spin-Doppelgruppen.** I. V. V. Raghavacharyulu und C. B. Shrestha. (Indian J. pure appl. Physics **1,** 130—36, 1963; Annamalainagar, Annamalai Univ., Dep. of Phys.; engl.) H. Liepack. 182◇

0445 **Molecular-orbital-Untersuchungen zweiatomiger Moleküle.** 3. Mitt. **Der Grundzustand des Wasserstoffmoleküls.** Frank E. Harris und Howard S. Taylor. (J. chem. Physics **38,** 2591—96, 1963; Berkeley, Calif., Univ. of California, Dep. of Chem.; engl.) — 2. vgl. Molecular Physics **6,** [1963], 183. — Die l. c. entwickelte MO-Meth. wird auf den $X^1\Sigma_g$-Zustand des H_2 angewendet u. zur Ermittlung seiner Potentialfunktion benutzt. A. Blaschette. 182◇

0446 **Unelastische Streuung durch zweiatomige Moleküle. Rotationsanregung durch Stoß zwischen He und H_2 sowie H_2 und H_2.** Charles S. Roberts. (Physic. Rev. [2] **131,** 209—217, 1963; Cambridge, Mass., MIT, Solid State and Mol. Theory Group; engl.) — Theoret. Ableitung u. numer. Berechnung. R. Nink. 182◇

0447 **Die Anwendung der Urey-Bradley-Kraftkonstanten auf ebene Moleküle des Typs XY_3.** George J. Janz und Yukio Mikawa. (J. molecular Spectroscopy **5,** 192—94, 1960; Troy, N. Y., Rensselaer Polytechnic Inst., Dep. of Chem.; engl.) — Auf der Grundlage des Urey-Bradley-Typs des Potentialkraftfeldes wurden die Kraftkonst. für die XY_3-Mol. BCl_3, SO_3, BO_3^{3-}, CO_3^{2-} u. NO_3^- berechnet. Außer für NO_3^- u. B_2Cl_4 besteht für die genannten Verbb. sowie für *Tetrachloräthylen*, CCl_4, *symm. Tetrachloräthan, Dichloracetylchlorid*, $SiCl_4$ u. *Hexachlordisilan* eine Beziehung zwischen der rücktreibenden Kraftkonst. u. dem Abstand nicht direkt gebundene Atome. U. Uhlich. 182◇

0448 **Die Potentialfunktionen der Moleküle der homologen Reihe $(CH_3)_nSiF_{4-n}$.** I. F. Kowalew. (Ber. Akad. Wiss. UdSSR **148,** 569—72, 1963; Saratow, Univ., Pädagog. Inst.; russ.) — Vf. berechnet nach der Meth. von Wolkenstein die Kraftkonst. u. Wechselwrkg.-Konst. sowie die Frequenzen der Normalschwingungen für die Verb.-Klasse $(CH_3)_nSiF_{4-n}$ mit n = 1 bis 4. Speziell für CH_3SiF_3 wird die Abhängigkeit der Frequenzen von der Änderung der Kraftkonst. bestimmt u. die Schwingungsamplitude betrachtet. G. Engelhardt. 182◇

0449 **Bestimmung der Konfiguration von Komplexionen einiger halogenotroper ionisierender Lösungsmittel aus der Gruppe der Interhalogene durch Berechnung ihrer Delokalisierungsenergie.** Ivan Pavlík. (Šborník vědeckých Prací, Vysoká Škola chem.-technol. Pardubice **1960,** 49—58; tschech.) — Nach der MO-LCAO-Meth. werden die Delokalisierungsenergien von dreiatomigen Kationen XY_2^+ u. Anionen X_3^- oder XY_2^- u. fünfatomigen Anionen XY_4^- von halogenotropen ionisierenden Lsgm. aus der Interhalogengruppe berechnet, wobei die Delokalisierung der äußeren p-Elektronen der Halogenatome im Komplex als gegeben angenommen wird. Die zentralsymm. Konfiguration ist die stabilste, etwa ebenso stabil die angulare u. die T-Konfiguration ($E_d = 1{,}66\beta$), weniger stabil sind die lineare ($E_d = 1{,}46\beta$) u. die linear-angulare Konfiguration ($E_d = 1{,}24\beta$). Diese Ergebnisse stehen mit kristallchem. Unterss. in Einklang. R. K. Müller. 182◇

0450 **Metall–Metall-Wechselwirkungen in ebenen quadratischen Komplexen.** J. R. Miller. (J. chem. Soc. [London] **1961,** 4452—57; Cambridge, Univ., Chem. Labor.; engl.) — Untersucht wurden die Salze $[Pd(NH_3)_4][PdCl_4]$, $[Pt(NH_3)_4][PdCl_4]$, $[Cu(NH_3)_4][PtCl_4]$, $[Pd(NH_3)_4][PtCl_4]$, $[Pt(CH_3NH_2)_4][PtCl_4]$, $[Pd(NH_3)_4][PdBr_4]$, $[Pt(NH_3)_4][PtBr_4]$, $[Pt(CH_3NH_2)_4][PtBr_4]$, $[Pd(NH_3)_4][Pd(SCN)_4]$, $[Pt(NH_3)_4][Pt(SCN)_4]$ u. $[Pt(C_2H_5NH_2)_4][PtCl_4]$. Mit Ausnahme des letzten sind diese Salze mit dem grünen Magnusschen Salz $[Pt(NH_3)_4][PtCl_4]$ isomorph (Raumgruppe P4/mnc; tetragonal). Ebenfalls mit Ausnahme von $[Pt(C_2H_5 \cdot NH_2)_4][PtCl_4]$ zeigen diejenigen Salze, die Pt(II) im Anion u. Kation enthalten, unerwartete Farben (zumeist Grüntöne anstatt Rosa- oder Rottöne). Die unerwarteten Färbungen beruhen auf Metall–Metall-Wechselwirkungen. Die Tatsache, daß die anderen Salze diese Metall–Metall-Wechselwrkgg. nicht zeigen, beweist, daß das Auftreten der Struktur vom Typ des $[Pt(NH_3)_4][PtCl_4]$ nicht an soche Wechselwrkgg. gebunden ist. Die Wechselwrkgg. haben den Charakter von Antibindungen. Diskutiert wird die Stabilität der Struktur vom $[Pt(NH_3)_4] \cdot [PtCl_4]$-Typ. K. Jaeger. 182◇

0451 **Theorie der Tammschen Oberflächenzustände in einer höheren als der Tight-binding-Näherung.** M. Tomášek und J. Koutecký. (Czechoslov. J. Physics **10**, 268 bis 274, 1960; Prague, Czechosl. Acad. Sci., Inst. of Phys. Chem.; engl.) — Vgl. C. **1963**, 18747. — Vff. diskutieren den Einfl. eines von Null verschiedenen Wertes der Austauschintegrale zwischen Wannier-Funktionen, die in nichtbenachbarten Elementarzellen lokalisiert sind, auf die Existenzbedingungen der Tammschen Oberflächenzustände u. die Lage der den Oberflächenzuständen entsprechenden Energieniveaus. D. Jörchel. 182◇

0452 **Untersuchung der Oberflächenzustände von Diamant und Graphit nach einer einfachen MO-LCAO-Methode.** J. Koutecký und M. Tomášek. (Physic. Rev. [2] **120**, 1212—18, 1960; engl.) — Vgl. vorst. Referat. A. Blaschette. 182◇

0453 **Bindende und lockernde Spin–Bahn-Aufspaltungen.** J. C. Phillips und L. Liu. (Physic. Rev. Letters **8**, 94—96, 1962; Chicago, Ill., Univ., Dep. of Phys. and Inst. for the Study of Metals; engl.) — Berechnet werden auf verschiedenen Wegen aus den Band–Band-Übergängen $L_3' \rightarrow L_3$ u. $L_3' \rightarrow L_1$ (s) die Spin–Bahn-Aufspaltungen für bindende u. lockernde Zustände. Die Aufspaltungen der lockernden Zustände sind etwa 20—30% kleiner als die Werte für die freien Ionen. Diskutiert wird die Bedeutung dieser Aufspaltungen für die Kristallwellenfunktionen. K. Jaeger. 182◇

0454 **Entwicklung der Ideen von N. Ss. Kurnakow in der heutigen Kristallchemie.** G. B. Boki. (J. anorg. Chem. [UdSSR] **8**, 1033—40, 1963; russ.) — Übersicht über die Unters., die eine Weiterentwicklung der Ideen Kurnakows über die Ordnungsprozesse von Cu–Au-Legg. darstellen. — 29 Literaturhinweise. Ch. Weiske. 190◇

0455 **Darstellung der Raumgruppe O_h^3.** W. Gorzkowski. (Physica Status solidi [Berlin] **3**, 910—21, 1963; Warsaw, Univ., Inst. of Theoret. Phys.; engl.) — Einfache u. doppelte (Spinor-) Darstellungen der Wellenvektorgruppen werden für Symmetriepunkte u. -linien der 1. Brillouin-Zone von Kristallen der Zus. A_3B mit β-W-Struktur (O_h^3) berechnet. H. Roschkowski. 190◇

0456 **Zur Anwendung des Abstoßungspotentials in der Quantentheorie der Festkörper.** Emil Antončík. (Czechoslov. J. Physics **9**, 291—305, 1959; Prague, Czechosl. Acad. of Sci., Inst. of Techn. Phys.; engl.) — Mitgeteilt wird eine Meth. zur Berechnung des Energiespektrums eines Elektrons im Kristall, die näherungsweise die Orthogonalitätsbedingung der Wellenfunktionen durch das Abstoßungspotential ersetzt. Die Anwendung dieser Meth. bei der Berechnung des Energiespektrums von *Si* im Zentrum der Brillouin-Zone liefert Werte, die mit den Ergebnissen anderer Meth. vergleichbar sind. K. Jaeger. 190◇

0457 **Anmerkung zur Benutzung des Abstoßungspotentials.** Emil Antončík. (Czechoslov. J. Physics **10**, 766 bis 767, 1960; engl.) — Vgl. vorst. Referat. — Abgeleitet wird ein Ausdruck, der die symmetriegetreue Normierung der Wellenfunktion φ_a ermöglicht. Zur Ableitung wird das Abstoßungspotential in Form eines Operators in die Schrödinger-Gleichung eingeführt. K. Jaeger. 190◇

0458 **Eine Tabelle des Hundschen kubischen Grundpotentials ψ (q/24) sowie erklärende Anmerkungen zur Hundschen Methode der Berechnung des Madelung-Koeffizienten.** Ukiko Takahasi und Yosio Sakamoto. (J. Sci. Hiroshima Univ., Ser. A **24**, 117—30, 1960; Osaka, Prefect. Kôzu Senior High School; Hiroshima, Univ., Fac. of Sci., Dep. of Chem.; engl.) — Mitgeteilt werden numer. Werte für den vollständigen Satz des kub. ψ (q/24). Erläutert u. diskutiert wird die Hundsche Meth. der Berechnung von M_u; Anwendungsbeispiele: NH_4Cl u. $K_2[PtCl_6]$. K. Jaeger. 190◇

0459 **Das Bornsche Abstoßungspotential in Alkalihalogenidkristallen.** F. G. Fumi. (J. physic. Soc. Japan, Suppl. Nr. II, Proc. int. Conf. Crystal Lattice Defects, Kyoto **1962**, 234—39, 1963; Evanston, Ill., Northwestern Univ.; Argonne, Ill., Nat. Labor.; engl.) — Vgl. C. **1963**, 11928. — Diskutiert wird das Bornsche Abstoßungspotential in Alkalihalogenidkristallen im Hinblick bes. auf die Störstellen in diesen Kristallen. K. Jaeger. 190◇

0460 **Summenregel für Gitterschwingungen: Anwendung auf Kräfte in Diamant-Strukturen.** Herbert B. Rosenstock. (Physic. Rev. [2] **129**, 1959—61, 1963; Washington, D. C., U. S. Naval Res. Labor.; engl.) — Es wird gezeigt, daß in einem Kristall mit n Atomen pro Elementarzelle, interatomare Kräfte, die elektrostat. Natur sind, sowie Kräfte, die nur zwischen ungleichartigen Atomen wirken, nur konst. Anteile zur Spur der dynam. Matrix beisteuern. Die Summe $\Sigma_l \omega_l^2(q)$ über die $(3n)^2$ Frequenzen ist deshalb von dem Wellenvektor q unabhängig, sobald die wirksamen Kräfte zu den beiden genannten Klassen gehören. Wird andererseits festgestellt, daß die Summe eine Funktion von q ist, so geht daraus hervor, daß Kräfte nichtelektrostat. Natur zwischen gleichen Atomen wirksam sind. Berechnungen zeigen, daß bei *Diamant*, nicht aber bei *Ge* solche Kräfte vorhanden sind. D. Noack. 190◇

0461 **Der Einfluß von Gitterfehlern auf die dynamischen Beziehungen zwischen den Gitterschwingungsarten.** J. Mahanty. (J. physic. Soc. Japan, Suppl. Nr. II, Proc. int. Conf. Crystal Lattice Defects, Kyoto **1962**, 75 bis 77, 1963; Kanpur, India, Indian Inst. of Technol., Phys. Dep.; engl.) — Vgl. C. **1964**, 9-0433. — Mitgeteilt wird eine Meth. zur Berechnung des Einfl. von Gitterfehlern auf die additiven Funktionen der normalen Gitterschwingungsfrequenzen. Angewendet wird diese Meth. zur Unters. des Einfl. von Fehlstellen auf die zeitlichen Korrelationsfunktionen der Gitterschwingungsarten. K. Jaeger. 190◇

0462 **Über die Alterung von Niederschlägen durch Umlösung (Ostwald-Reifung).** M. Kahlweit. (Z. physik. Chem. [Frankfurt/M.] [N. F.] **36**, 292—98, 1963; Göttingen, MPI für phys. Chem.; dt.) — Die Ergebnisse der quant. Beschreibung der Koagulation u. Umlösung (Ostwald-Reifung) wurden auf ein Syst. mit diffusionsbestimmtem Stoffübergang (Isoamylalkohol–H_2O) mit Erfolg angewendet. M. Dal Ri. 190◇

0463 **Zum Einfluß der Chlordotierung auf das Kristallisationsverhalten des amorphen Selens.** F. Eckart und C.-H. Vogel. (Z. Naturforsch. **18a**, 557, 1963; Berlin, Dt. Akad. der Wiss., Phys.-Techn. Inst., Bereich Elektron. Halbleiter; dt.) — Das Kristallisations-Verh. von hochgereinigtem u. mit $SeCl_4$ dotiertem Se wurde mit Hilfe der DTA näher untersucht. Die maximale Differenz-Temp. ist um so höher, je niedriger die Cl^--Konz. ist u. beträgt für undotiertes Se etwa 60°. Die Probentemp., bei der die maximale Differenz-Temp. erreicht wird, steigt dabei mit zunehmender Dotierung von 150° auf 160°, während die Halbwerts-Temp. gleichfalls ansteigt. G. M. Neumann. 190◇

0464 **Verteilungskoeffizient des Selens bei der Kristallisation des Tellurs.** A. A. Kulijew und Sch. Mowlanow. (Nachr. Akad. Wiss. UdSSR, Abt. techn. Wiss., Metallurgie Brennstoffe **1962**, 76—80; Inst. für Phys. der Akad. der Wiss. der AserbaidshanSSR; russ.) — Unter Verw. von ^{75}Se wird der effektive Verteilungs-Koeff. von Se in Te bei dessen Kristallisation bestimmt. Die Erfassungsgrenze für Se beträgt 10^{-4}%. Durch Extrapolation der gefundenen Verteilungs-Koeff. findet man einen Gleichgew.-Verteilungs-Koeff. von Se in Te von

0,34. Eine Reinigung des Te kann auch durch Zonenkristallisation erfolgen, wo man den Se-Geh. schon nach 2 Durchgängen um den Faktor 10 verringern kann. Dieser Effekt wird durch eine Zonenkristallisation im H_2-Strom wesentlich gesteigert. W.-D. Heußner. 190◇

0465 **Polygonisation von aus der Dampfphase wachsenden ZnS-Kristallen.** Haruo Fujisaki. (Sci. Rep. Res. Inst. Tôhoku Univ., Ser. A **13,** 247—56, 1961; Res. Inst. for Sci. Measurem.; engl.) — Die spiralförmigen oder schraubenlinienförmigen ZnS-Kristalle (Zinkblendestruktur) wachsen aus übersätt. ZnS-Dampf nach der Sublimationsmethode. Röntgen-Beugungsanalysen werden von diesen Kristallen unter Verw. von Laue-Diagrammen mit Mikrostrahlen (50 μ u. 100 μ ⌀) u. mit einem Strahl von 0,6 mm ⌀ durchgeführt. Aus den Ergebnissen ergibt sich, daß der aus der Dampfphase gebildete Kristall aus Mikrokristallen entsteht, die durch Polygonisation infolge Bldg. einer $\{1\bar{2}1\}$-Grenze u. einer $\{111\}$-Zwillingsgrenze verbunden werden; die Zonenachsen der Kristalle umfassenden Flächen sind parallel zu $\{110\}$. Es wird angenommen, daß diese Kristallgrenzen durch Bldg. von Versetzungen u. Stapelfehlern während des Wachsens unter hoher Übersättigung u. schneller Abkühlung gebildet werden.

H. Hochstein. 190◇

0466 **Züchtung von Einkristallen von II–VI-Verbindungen aus der Dampfphase.** W. W. Piper und S. J. Polich. (J. appl. Physics **32,** 1278—79, 1961; Schenectady, N. Y., Gen. Electric Res. Labor.; engl.) — Vff. berichten über die Züchtung von Einkristallen von *CdS*, *CdSe* u. *ZnS* aus der Dampfphase, wobei die Technik ähnlich der war, die Green u. Mitarbeiter (vgl. J. chem. Physics **29,** [1958], 1375) bei analogen Vers. angewandt hatten. Bei den Verss. mit CdS wurde ein Einkristall mit einem Durchmesser von 13 mm erhalten. Die erhaltenen ZnS-Kristalle zeigten gut entwickelte $\{11.0\}$-, $\{10.0\}$- u. $\{00.1\}$-Flächen. C. Gottfried. 190

0467 **Ein Schmelzbrenner mit mehrfachem Rohr zur Züchtung von Oxid-Einkristallen.** R. A. Lefever. (Rev. sci. Instruments **33,** 769—70, 1962; Palo Alto, Calif., Gen. Telephone and Electronics Labor., Inc.; engl.) — Beschreibung der Konstruktion eines Brenners, mit dem Y_2O_3-Einkristalle von guten physikal. Eigg. gezogen wurden, wobei auch Dotierungen mit Ionen von Seltenerdmetallen möglich waren. R. Nink. 190◇

0468 **Einfluß von Poren und Einschlüssen auf das Wachstum von Ferritkristallen.** M. Paulus. (Physica Status solidi [Berlin] **2,** 1325—41, 1962; Bellevue, S.-et-O., C. N. R. S., Labor. de Magnétisme et de Phys. du Solide; franz.) — Oxidgemische mit (a) 52,5(%) Fe_2O_3, 28,3 MnO u. 19,2 ZnO bzw. (b) 49,5 Fe_2O_5, 15,0 NiO u. 35,5 ZnO werden mit 5 t/cm² gepreßt; anschließend wird a in N_2 + 1% O_2 bzw. b in O_2 1—30 Std. lang bei 1125—1425° gesintert. Von den Proben werden Kohlenstoffabdrucke der Bruchflächen elektronenmkr. untersucht. Der Grenzwert der mittleren Korndurchmesser für polykristallines a u. b wird als Funktion der Porosität dargestellt. In a, b u. *Ba-Ferrit* (**I**) können Anomalien des Kristallwachstums auf Korngrenzenstörungen an Poren u. Einschlüssen zurückgeführt werden. Eine Wachstumsbegrenzung tritt zunächst an Gruppen großer Kristalle auf, während das Wachstum der anderen Kristalle nur durch gegenseitige Wechselwrkg. gestört wird. Das Ende des Kristallwachstums wird nur für einen Minimalwert der mittleren Kristalldurchmesser in den Spinellferriten erreicht. In a bleiben SiO_2-Einschlüsse als solche erhalten, die das Kristallwachstum unterhalb 1200° bremsen. In b zeigen Cr_2O_3-Zusätze ein analoges Verhalten. Bei 1200° gehen sie in Lsg. u. rufen eine anomale Rekristallisation hervor. In **I** werden durch geringe Zusätze von Al_2O_3, La_2O_3 bzw. Cr_2O_3 ähnliche Effekte hervorgerufen. Herbert Müller. 190◇

0469 **Phononstreuung durch Gitterdefekte.** Miles V. Klein. (Physic. Rev. [2] **131,** 1500—10, 1963; Urbana, Ill., Univ. of Illinois, Dep. of Phys.; engl.) — Die von Lifschitz entwickelte Meth. der Matrix Greenscher Funktionen wird auf die Streuung von Phononen durch eine lokalisierte Gitterstörung angewendet.

H. Liepack. 190◇

0470 **Elektronenmikroskopie von Fehlordnungen in Graphitkristallen.** G. K. Williamson und C. Baker. (Proc. Vth Conf. Carbon, University Park, Pa., 1961, **2,** 521—30, 1963; Berkeley, Gloucestershire, England, Berkeley Nucl. Labor.; Cambridge, England, Univ., Dep. of Metallurg.; engl.) — Versetzungsmuster, die bei der elektronenmkr. Unters. von Graphit-Einkristallen in Durchstrahlung auftreten, werden beschrieben. Alle Versetzungen liegen in der (0001)-Gleitebene u. dissoziieren in partielle Versetzungen, die voneinander durch Stapelfehler getrennt sind. Die Verw. von Moiré-Mustern zur Sichtbarmachung von Versetzungen, die die (0001)-Ebene durchqueren, erweist sich also nicht zuverlässig, denn Versetzungen, die in der (0001)-Ebene liegen, können bei schwacher Verbiegung des Kristalls quer zur Gleitebene verlaufende Stufenversetzungen vortäuschen. Zwischengitteratome u. Leerstellen kondensieren beim Glühen in Schichten parallel zur Basisebene. Die bei niedrigen Temp. beweglichen Defekte sind Zwischengitteratome; Leerstellen diffundieren bei Temp. um 1200°. Wenn Ansammlungen von Zwischengitteratomen u. Leerstellen hinreichend groß sind (> 500 Å), können sie voneinander unterschieden werden. Verss. werden beschrieben, diese Technik auf die Unters. des Verh. von durch Neutronenbeschuß verursachten Strahlungsschäden anzuwenden. F. Lenz. 190◇

0471 **Das Ausheilen von Elektronenbestrahlungsschäden in Graphit.** W. N. Reynolds und P. R. Goggin. (Philos. Mag. [8] **5,** 1049—58, 1960; Harwell, Berks., AERE; engl.) — Proben von Reaktor-Graphit werden bei 77°K 1—2 Std. lang mit 4 MeV-Elektronen bestrahlt. Nach der Bestrahlung wird auf Temp. zwischen 100 u. 400°K bei $< 10^{-5}$ Torr angelassen u. von den Proben die Änderungen des spezif. elektr. Widerstandes ohne ($\Delta\varrho$) u. mit Magnetfeld (5,6 kGauß) ($\Delta\varrho/\varrho$) u. des Hall-Koeff. A bestimmt. $\Delta\varrho$ steigt von 80—120°K an, fällt bei 160°K stark ab u. erreicht bei 270—280°K ein ausgeprägtes Minimum. Für $\Delta\varrho/\varrho$ u. A wird bei 120°K eine scheinbare Verstärkung der Bestrahlungsschäden beobachtet, die von 160°K an ohne Extremum bei 270°K ausgeheilt werden. Die Ergebnisse können nicht mit einem einfachen Bändermodell gedeutet werden.

Herbert Müller. 190◇

0472 **Die Oberflächenstruktur der Diamanten.** Michael Seal. (Engelhard Ind., Inc., techn. Bull. **11,** 58—63, 1961; Newark, N. J., Engelhard Hanovia, Inc., Ind. Diamond Div.; engl.) — Verglichen werden Habitus u. Oberflächenstruktur natürlicher u. synthet. Diamanten. Während der häufigste Habitus natürlicher Diamanten $\{111\}$ ist u. (100), wenn sie auftreten, rauh ausgebildet sind, ist $\{100\}$ bei synthet. Diamanten durchaus häufig, u. es treten auch höher indizierte Oberflächen auf. In Anzahl u. Ausbldg. der Oberflächenvertiefungen u. -erhebungen unterscheiden sich natürliche u. synthet. Diamanten ebenfalls in typ. Weise. K. Jaeger. 190◇

0473 **Nachweis von Versetzungssprüngen in verformtem Silicium.** William C. Dash. (J. appl. Physics **29,** 705—09, 1958; Schenectady, N. Y., Gen. Electr. Res. Labor.; engl.) — Beobachtet wurden in plast. deformiertem Si Spuren, die von den Versetzungen ausgingen. Von Schraubenversetzungen ausgehende Spuren lagen parallel zu [110], von gemischten Versetzungen ausgehende Spuren folgten keiner bevorzugten kristallograph. Richtung. Spiralförmige (Frank-Read-Spiralen), unterteilte u. zick-zackförmige Spuren wurden beobachtet. Die Spuren werden als Bewegungen von Versetzungssprüngen gedeutet, die Gitterleerstellen oder Zwischengitterionen auf ihrem Weg zurücklassen.

K. Jaeger. 190◇

0474 **Untersuchungen an Gitterdefekten aus paarweise angeordneten Stäbchen und Plättchen in Siliciumeinkristallen mit Hilfe der Röntgenmikrographie.** Mitsuru Yoshimatsu. (J. physic. Soc. Japan, Suppl. Nr. II, Proc. int. Conf. Crystal Lattice Defects, Kyoto **1962,** 335—40, 1963; Haijima, Akishima, Tokyo, Japan, Rigaku Denki Co., Ltd.; engl.) — Der Burgers-Vektor der paarweise angeordneten stäbchenförmigen Defekte, die röntgenmikrograph. in Si-Einkristallen beobachtet wurden, ist parallel zu [111]. Dieser Typ wird in gezogenen u.

in nach der Fließzonen-Meth. hergestellten Kristallen gefunden. Die nach der letzten Meth. erhaltenen Kristalle weisen außerdem noch plättchenförmige Defekte auf, die in (111) liegen u. deren Verzerrungsminimum im Gegensatz zu dem anderen Defekttyp in [111] liegt. Nach Temperung von **30** Min. bei 950° werden die Abbildungskontraste beider Typen stärker. K. Jaeger. 190◇

0475 **Röntgenographische Untersuchungen von Gitterstörstellen in Silicium mit Hilfe der Beugungsmikroskopie und eines Doppelkristallspektrometers.** Kazutake Kohra, Shigeru Nakano und Mitsuru Yoshimatsu. (J. physic. Soc. Japan, Suppl. Nr. II, Proc. int. Conf. Crystal Lattice Defects, Kyoto **1962,** 341—46, 1963; engl.) — Vgl. vorst. Referat. — Untersucht wurde ein Si-Einkristall, der Sauerstoffinseln enthielt. K. Jaeger. 190◇

0476 **Einige experimentelle Ergebnisse zur transmissionselektronenmikroskopischen Beobachtung von Versetzungen und Ausscheidungen in Si und Ge.** F. A. Levi. (J. physic. Soc. Japan, Suppl. Nr. II, Proc. int. Conf. Crystal Lattice Defects, Kyoto **1962,** 346—48, 1963; Perugia, Italy, Univ., Phys. Inst.; engl.)— Mitgeteilt werden Beobachtungen an Ni- u. Cu-dotierten Si- u. Ge-Proben. K. Jaeger. 190◇

0477 **Sauerstoff-Verunreinigungsatmosphären um eine Versetzung in Silicium.** H. J. Queisser. (J. physic. Soc. Japan, Suppl. Nr. III, Proc. int. Conf. Crystal Lattice Defects, Kyoto **1962,** 142—43, 1963; Palo Alto, Calif., Stanford Ind. Park., Shockley Transistor, Unit of Clevite Transistor; engl.) — Mit Hilfe eines Abtastverf. wird die Photoleitfähigkeit von Si-Proben gemessen. Damit wird der Einfl. von O-Verunreinigungen auf das elektr. Verh. von Kantenversetzungen bestimmt. Größe u. Polarität des Korngrenzen-Photoeffekts können durch Wärmebehandlungen verändert werden. Diese Änderungen werden mit Phasenumwandlungen von Sauerstoff in Si verglichen. H. Roschkowski. 190◇

0478 **Elektronenmikroskopische Untersuchung von Kristallisationslücken und Mosaikstruktur von Natriumchlorid.** Georges Deicha und Claude Sella. (C. R. hebd. Séances Acad. Sci. **255,** 975—77, 1962; Paris, Sorbonne, Labor. de Géol. appl.; Bellevue, Seine-et-Oise, C.N.R.S., Labor. de Microscop. électron.; franz.) — Steinsalzkristalle, die durch langsame u. spontane Kristallisation bei Zimmertemp. aus einer wss. Lsg. gewachsen sind, zeigen im Innern eine trübe Zone, während der Kristall weiter außen klar u. durchsichtig ist. In elektronenmkr. Aufnahmen von Kohlenstoff–Pt-Abdrucken von Bruchflächen solcher Kristalle findet man als Ursache dieser Trübung zahlreiche Hohlräume, deren Konz. von innen nach außen stark abnimmt, während ihre Größe von Bruchteilen eines μm bis zu mehreren μm zunimmt. Außen sind die Hohlräume regelmäßig geformt u. gleichmäßig orientiert („negative Kristalle"), während sie weiter innen ein weniger regelmäßiges Gewirr bilden. F. Lenz. 190◇

0479 **Scheibenförmiger Spaltflächenbruch an NaCl-Kristallen.** Takeo Fujiwara und Shuso Nakagawa. (J. Sci. Hiroshima Univ., Ser. A **24,** 107—16, 1960; Hiroshima, Univ.; engl.) — Vgl. C. **1962,** 12942. — An Spaltflächen-Bruchstellen von NaCl-Kristallen wird eine Oberflächenstruktur aus aufeinander geschichteten Scheiben mit sich verkleinernden Radien (nahezu konzentr. Schichtung) beobachtet; auf der ebenen Fläche der innersten Scheibe treten kleine Krater mit Durchmessern 0,05—0,5 μ in kettenförmiger Anordnung auf. Die Krater werden auf Fremdionen (Mn^{2+}; Dotierung) mit einem sie umgebenden Hof von Gitterleerstellen zurückgeführt. K. Jaeger. 190◇

0480 **Gitterverzerrungen um Fremdionen in Alkalihalogenidkristallen.** Yuh Fukai. (J. physic. Soc. Japan, Suppl. Nr. II, Proc. int. Conf. Crystal Lattice Defects, Kyoto **1962,** 60—62, 1963; Tokyo, Japan, Univ., Inst. for Solid State Phys.; engl.) — Experimentell untersucht (NMR, Gitter-Konst.) u. berechnet wurden die Gitterverzerrungen (Verschiebung der nächsten Nachbarn in %) in *NaCl* durch F^-, Br^-, J^-, in *KCl* durch Rb^+ u. Br^-, in *RbCl* durch K^+, in *AgCl* durch Na^+, in *NaBr* durch Cl^- u. in *KBr* durch Cl^-. Im Gegensatz zu den theoret. Ergebnissen deuten die experimentellen Daten auf eine nahezu isotrope Verzerrung in der Umgebung von Fremdionen in Alkalihalogenidkristallen. K. Jaeger. 190◇

0481 **Leerstellenwechselwirkungsenergien in Übergangsmetalloxiden.** Michael Hoch. (J. physic. Soc. Japan, Suppl. Nr. II, Proc. int. Conf. Crystal Lattice Defects, Kyoto **1962,** 147—51, 1963; Cincinnati, Ohio, Univ., Graduate School, Material Sci. Program; engl.) — Bestimmt wurden E_{11}, E_{22}, E_{12}, die Gitterleerstellenwechselwirkungsenergien von Leerstellen mit gleichem u. ungleichem Vorzeichen für die in der NaCl-Struktur kristallisierenden Übergangsmetalloxide *MnO, FeO, CoO, NiO, TiO, VO* u. *NbO*. MnO: $E_{22} = 1{,}34$; FeO: $E_{22} = 0{,}120$; CoO: $E_{22} = 2{,}08$; TiO: $E_{11} = E_{22} = 0{,}100$ u. $E_{12} = -0{,}140$; VO: $E_{11} = E_{22} = 0{,}202$ u. $E_{12} = -0{,}286$; NbO: $E_{11} = E_{12} = 0{,}780$ u. $E_{12} = -1{,}10$ eV. Ein Vers., diese Energien nach der Debye-Hückel-Theorie für starke Elektrolyte (wegen der Coulomb-Fernwirkung) zu berechnen, hatte nur für *NaCl* u. *KCl* Erfolg u. versagte für die Übergangsmetalloxide. Es wird gezeigt, daß die Wechselwirkungsenergien logarithm. von dem Normalpotential der Rk. $Me^{2+} \rightarrow Me^{3+} + \ominus$ abhängen sollten. K. Jaeger. 190◇

0482 **Feststellung der Mikrostruktur einiger Ferrite.** Ss. A. Jelissejew. (Betriebs-Lab. [UdSSR] **29,** 817—19, 1963; Magnet. Labor. der Akad. der Wiss. der UdSSR; russ.) — Vorgeschlagen wird eine Meth. der chem. ($H_2C_2O_4$–H_2SO_4 bzw. H_2SO_4) u. der Warm-Ätzung zur Entw. der Mikrostruktur von BaO–Fe_2O_3 u. ZnO–Fe_2O_3. Die Ergebnisse zeigen, daß zu diesem Zweck beide Meth. zugleich angewandt werden müssen. H. Hochstein. 190◇

0483 **Kinetische Deutung der thermodynamischen Theorie der Fremddiffusion in Festkörpern.** R. E. Howard und A. B. Lidiard. (J. physic. Soc. Japan, Suppl. Nr. II, Proc. int. Conf. Crystal Lattice Defects, Kyoto **1962,** 197—201, 1963; Harwell, England, Atomic Energy Res. Establ., Theor. Phys. Div.; engl.) — Mitgeteilt wird eine kinet. Deutung phänomenolog. Gleichungen, die die Diffusion in verdünnten festen Lsgg. beschreiben. K. Jaeger. 190◇

0484 **Das Verhalten von Spaltprodukten, die in Graphitpulver durch Kernrückstoß eingefangen werden.** 6. Mitt. **Der chemische Zustand von Jod-131, welches aus Graphit, Urandioxid und Thoriumdioxid diffundiert.** Seishi Yajima, Koreyuki Shiba und Muneo Handa. (Bull. chem. Soc. Japan, **36,** 253—58, 1963; Tokai, Ibaraki, Japan Atom. Energ. Res. Inst., Chem. Div.; engl.) — 5. vgl. Bull. chem. Soc. Japan **35,** [1962], 1263; 4. vgl. C. **1963,** 2743. — Im Hinblick auf die Entw. eines semihomogenen Hochtemp.-Brennstoffelementes für hohe Abbrände ist das Verh. von Spaltprodd. von ausschlaggebender Bedeutung. Thermochromatograph. Unterss. der Diffusion von Spaltjod-131 aus den Kernbrennstoffen UO_2 u. ThO_2 sowie aus Graphit (Fängermaterial für Spaltprodd.) in inerter Atmosphäre ergaben, daß Jod nicht in elementarer Form, sondern als Jodid diffundiert. Es liegt nahe, daß dieses Spaltjod mit anderen Spaltprodd., mit Verunreinigungen des Matrixmaterials oder mit dem Spaltstoff (U, Th) reagiert. Diesbzgl. Unterss. zeigten, daß nur die beiden letzten Fälle in Frage kommen u. daß die diffundierenden Teilchen auch bei höheren Temp. (500—600°) relativ stabil sind; bei > 950° tritt Rk. mit α-Al_2O_3 ein. D. Ertel. 190◇

0485 **Das Verhalten von Spaltprodukten, die in Graphitpulver durch Kernrückstoß eingefangen werden.** 7. Mitt. **Die Aktivierungsenergie der Diffusion von Jod-131 in Graphit.** Seishi Yajima, Koreyuki Shiba und Muneo Handa. (Bull. chem. Soc. Japan **36,** 258—63, 1963; engl.) — 6. vgl. vorst. Referat. — Aus der Aktivierungsenergie für die Spaltjod-Diffusion in Graphit (47 kcal/Mol, 750°) ziehen Vff. einige Schlußfolgerungen über den Diffusionsmechanismus u. die Bldg. von Jodid. Die Diffusion von Spaltjod in Graphit erfolgt nach dem gleichen Mechanismus wie die Xe-Diffusion; es bestehen jedoch einige Unterschiede. Spaltxenon wie Spaltjod sammeln sich bevorzugt in den Fehl- bzw. Leerstellen des Graphit.

gitters. Im Gegensatz zu Xenon besitzt Jod jedoch infolge seiner chem. Affinität eine weitaus geringere Beweglichkeit im Gitter bzw. eine viel geringere Diffusions-Austrittswahrscheinlichkeit. Wenn beim Erhitzen die Beweglichkeit des im Gitter eingelagerten Spaltjods erhöht wird, tritt Rk. mit Fremdatomen ein u. die entspr. Verbb. diffundieren heraus. D. Ertel. 190◇

0486 **Experimente zur Edelgasdiffusion in Alkalihalogenid-Einkristallen.** S. Kalbitzer. (Z. Naturforsch. **17a,** 1071–81, 1962; Heidelberg, MPI für Kernphys.; dt.) — Es wird die Diffusion von Edelgasen in synthet. Einkristallen der Alkalihalogenidreihe untersucht. Da mit radioakt. Isotopen gearbeitet wurde, konnten die Diffusionskonst. über mehr als 10 Zehnerpotenzen bis herab zu Temp. von etwa 100° gemessen werden. Es wurde ferner die Frage des Diffusionsmechanismus der Edelgase untersucht. Verschiedene Mechanismen konnten ausgeschlossen werden; es wird angenommen, daß die Diffusion der Edelgase über Zwischengitterplätze erfolgt. Eine theoret. Abschätzung der Aktivierungsenergie ergibt Werte, die diesen Mechanismus nicht ausschließen. Der beobachtete Gang der Aktivierungsenergie mit der Gitterkonst. wird diskutiert. Weiterhin wurde im Niedertemp.-Gebiet Nichtvol.-Diffusion beobachtet, die Kristallfehlern höherer Ordnung zugeordnet werden kann. Für folgende Syst. Substanz/Edelgas sind die Werte für die Aktivierungsenergie Q, charakterist. Konst. D_0, Diffusionskonst. D bei 21° u. am Fp. sowie der Fp. angegeben- *LiF–He*; *KF–Ar*; *KCl–Ar*; *KBr–Ar*; *KJ–Ar*; *RbF–Kr*; *RbCl–Kr*; *RbBr–Kr*; *RbJ–Kr*; *CsBr–Xe*; *CsJ–Xe*. D. Noack. 190◇

0487 **Edelgasdiffusion in Festkörpern.** 9. Mitt. **Diffusion von Argon-41 in Calciumfluorid.** Torbjörn Lagerwall. (Nukleonik [Berlin] **4,** 158–61, 1962; Berlin, Hahn-Meitner-Inst. für Kernforsch., Sektor Kernchem.; engl.) — Kinet. Unterss. der Diffusion von ^{41}Ar in CaF_2-Einkristallen wurden bei Temp. zwischen 800 u. 1300° durchgeführt. Das Ar wurde durch die Rk. $^{44}Ca(u, \alpha)^{41}Ar$ bei der Bestrahlung von CaF_2-Kristallen im core des BER-Reaktors erzeugt u. dann durch Nachaktivierungsdiffusion freigesetzt. Die Abgabekurven stimmen mit der Kinetik des reinen Diffusionsprozesses gut überein (Inthoff u. Zimen). Die Ergebnisse, die eine Aktivierungsenergie von 67,4 kcal/Mol mit einem Vorexponentialfaktor $D_0 = 2,5 \cdot 10^4$ cm^2/s ergeben, deuten einen einzigen Mechanismus für den Diffusionsprozeß im gesamten Temp.-Bereich an. Wahrscheinlich diffundiert Ar als neutrales Atom über Leerstellen u. Zwischenplätze im F^--Gitter. H. Jehne. 190◇

0488 **Sauerstoffdiffusion und Verdampfungsgeschwindigkeiten für flüssiges und festes Germaniumdioxid.** T. Tokuda und W. D. Kingery. (J. appl. Physics **34,** 2104 bis 2105, 1963; Cambridge, Mass., MIT, Ceramics Div., Dep. of Metallurg.; engl.) — Mit Hilfe von ^{18}O wird der Diffusionskoeff. D von Sauerstoff in polykristallinem hexagonalem GeO_2 zu $10^{-7} \cdot \exp$ (28,5 kcal/RT) bestimmt. In der fl. Phase ist D um 2 Größenordnungen höher. Die Verdampfungsgeschw. wurde nur an fl. GeO_2 untersucht. Vff. finden dafür bei 1478° einen Wert von 6,79 · 10^{-7} Mol/s·cm^2 mit einer Aktivierungsenergie von 96 kcal/Mol. K. H. Härdtl. 190◇

0489 **Untersuchung der Diffusionseigenschaften von Monochalkogeniden der Übergangsmetalle.** 2. Mitt. **Selbstdiffusion in Polykristallen.** W. I. Archarow, Ss. M. Klotzman, A. N. Timofejew und I. Sch. Trachtenberg. (Metallphys. u. Metallkunde [UdSSR] **14,** 68–74, 1962; Akad. der Wiss. der UdSSR, Inst. für Metallphys.; russ.) — Die Selbstdiffusion von *Co* u. *Te* in Polykristallen von *γ-CoTe* im Temp.-Intervall von 400–800°, wie auch die Selbstdiffusion von *Ni* in *NiS* im Temp.-Bereich von 570–880° wurde radiometr. u. autoradiograph. unter Verw. von ^{63}Ni, ^{60}Co u. ^{125m}Te untersucht. Die hauptsächliche Selbstdiffusion wird an den Korngrenzen u. Mosaikblöcken bei Temp., die 0,6–0,7 x Schmelztemp. übersteigen, beobachtet. Der Mechanismus des Sulfidierens von Ni wird besprochen. N. Kubeth. 190◇

0490 **Zum Einfluß der Temperungsdauer auf die Graphitisierung bei verschiedenen Temperaturen.** F. V. Fair und F. M. Collins. (Proc. Vth Conf. Carbon, University Park, Pa. **1,** 503–08, 1962; Niagara Falls, N. Y., Speer Carbon Comp.; engl.) — Vorgetemperte C-Proben wurden bei 2000, 2250, 2530, 2770 u. 3000° 15 Min. bis 20 Std. lang getempert u. dann der Schichtabstand, die Kristallitgröße u. der elektr. Widerstand bestimmt. Die α-Werte u. der Widerstand verkleinerten sich mit zunehmenden Temper-Temp. u. mit zunehmender Temperdauer; der Einfl. der Temp. war größer als der Einfl. der Zeit. K. Jaeger. 190◇

0491 **Phasenumwandlungen in Natrium–Wolframbronzen.** A. S. Ribnick, B. Post und E. Banks. (Advances Chem. Ser. Nr. **39,** 246–53, 1963; Brooklyn, N. Y., Polytechn. Inst. of Brooklyn, Dep. of Chem. and Phys.; engl.) — Verschiedene Phasen von Alkaliwolframbronzen wurden untersucht. In den Bronzen Na_xWO_3 wird ein Fortschreiten der gestörten Perowskitstruktur von x = 0 bis x = 0,15 in demselben Maße, wie die therm. Umwandlung von WO_3 (monoklin-rhomb.-tetragonal) vor sich geht, beobachtet. Hochtemp.-Röntgenunters. ergab, daß die Phasen die gleichen Phasenumwandlungen wie WO_3 durchlaufen, es treten jedoch 2-Phasenbereiche auf. Zwischen x = 0,15 u. 0,28 liegen zwei tetragonale Phasen nebeneinander vor; die zweite hat ein Homogenitätsfeld von x = 0,28 bis 0,38. Darauf folgt eine kub. oder pseudokub. Phase von x = 0,43 bis 0,93. Ernst Schulte. 190◇

0492 **Topotaktische Transformationen bei Eisenoxiden und Oxidhydroxiden.** D. R. Dasgupta. (Indian J. Physics Proc. Indian Assoc. Cultivat. Sci. **35(44),** 401–18, 1961; Calcutta, Indian Ass. for the Cultiv. of Sci.; engl.) — Topotaxie (Änderung der Zus. von Kristallen, die ohne weitgreifende Strukturänderung abläuft) wird an mehreren Beispielen von Eisenoxiden demonstriert. Die Transformation von γ-FeOOH zu γ-Fe_2O_3 u. weiter zu α-Fe_2O_3 wurde im Detail mittels Röntgeneinkristallaufnahmen untersucht. Die [100]-, [010]- u. [001]-Achsen von γ-FeOOH werden zu den [001]-, [110]- u. [1$\bar{1}$0]-Achsen von γ-Fe_2O_3 nach Transformation. Im zweiten Übergang (γ-$Fe_2O_3 \rightarrow \alpha$-$Fe_2O_3$) wachsen die α-Fe_2O_3-Kristalle mit ihren [001]-Achsen parallel zu der [111]-Achse von γ-Fe_2O_3, bzw. [1$\bar{1}$0] parallel zu [110]. Ähnliche Beobachtungen wurden beim Übergang $Fe_3O_4 \rightarrow \alpha$-$Fe_2O_3$ u. $FeCO_3 \rightarrow FeO$ u. Fe_3O_4 gemacht, während jener von β-FeOOH zu α-Fe_2O_3 mit Beziehungen der Orientierung nicht erklärt werden kann. H. Newesely. 190◇

0493 **Die Oberflächenchemie von Kondensationskernen.** 1. Mitt. **Die Sinterung von Silberjodid.** M. L. Corrin und Nancy S. Storm. (J. physic. Chem. **67,** 1509–11, 1963; Tucson, Ariz., Univ. of Arizona, Dep. of Chem.; engl.) — Mehrere Meth. zur Herst. von feinteiligem, genügend reinem AgJ wurden untersucht, wobei sich die Lsg. von gefälltem AgJ in fl. NH_3 u. die Entfernung des NH_3 unter Wasserausschluß am geeignetsten erwies. So wurde eine spezif. Oberfläche von etwa 0,6 m^2/g erhalten, die sich bei Zimmertemp. langsam mit der Zeit verkleinerte. Durch mildes Zermahlen ging die spezif. Oberfläche von 1,00 m^2/g auf 0,03 m^2/g zurück. Alle untersuchten Proben waren in einem geringen Umfange mit NH_4NO_3 verunreinigt. Die Geschw., mit der sich die Oberfläche mit der Zeit veränderte, wurde bei 77, 100 u. 125° bestimmt. Die Geschw.-Werte können einer Geschw.-Gleichung 2. Ordnung angepaßt werden, wenn angenommen wird, daß nur 62% der Oberfläche am Sinterungsprozeß beteiligt sind. Die Aktivierungsenergie des Sinterungsprozesses beträgt etwa 16 kcal/Mol. M. Dal Ri. 190◇

0494 **Phasenumwandlung und thermische Hysteresis des AgJ.** Cecil J. Schneer und Richard W. Whiting jun. (Amer. Mineralogist **48,** 737–58, 1963; Durham, N. H., Univ. of New Hampshire, Dep. of Geol. and Geogr.; Dep. of Chem. Engng.; engl.) — Die Umwandlungen der α-, β- u. γ-Modifikationen des AgJ (**I**) untereinander wurden mittels Hochtemp.-Röntgenaufnahmen vorwiegend zwischen 130 u. 160° untersucht; die Ermittlung der Röntgenintensitäten erfolgte mit einem Zählrohr-Diffraktometer zur quant. Best. der gebildeten Modifikationen. Die anisotherme Umwandlung einer Mischung von ($\gamma + \beta$)-**I** in die Hochtemp.-Form (α-**I**) verläuft heterogen nach der Beziehung $p/(1-p) = \exp(-\Delta f/kT)$ mit $-\Delta f = Q - Ts$; es bedeuten: p = Menge des α-**I**, Q = 3,63 · 10^5 cal/Mol, s = 858 cal/Grad · Mol für (γ + β)-**I** → α-**I** bei 423°K u. 883 für α-**I** → (γ + β)-**I** bei 411°K. Die Reversibilität der Transformation (γ + β)-**I** ⇆ α-**I** findet in Form einer therm. Hysteresis statt, die bis zu 20° betragen kann. G. Gattow. 190◇

0495 **Infrarotabsorptionseffekte, kernmagnetische Resonanz und Struktur von Feldspäten.** F. Laves und S. Hafner. (Norsk geol. Tidsskr. **42,** 57–71, 1962; Zürich, ETH, Inst. für Kristallogr. u. Petrogr.; engl.) — Vff. bestimmen die IR-Spektren (mit polarisiertem u. nichtpolarisiertem Licht) u. die kernmagnet. Resonanz (KMR) von *Sanidin, Adular, Mikroklin, Albit* u. bei 1050° ausgeheiztem Albit zur Unters. der Al–Si-Verteilung in Feldspäten (**I**). **I** mit geordneter Al/Si-Verteilung zeigen schärfere Absorptionsbanden. Einige Peaks werden verschoben, andere Banden aufgespalten. Für die Linienverbreiterung wird eine Erklärung gegeben. KMR-Messungen zeigen, daß Al in Tieftemp.-Mikrolin u. -Albit nur einen von vier möglichen Gitterkomplexen besetzt. Bei hohen Temp. liegt eine nahezu wahllose Verteilung vor. D. Hoene. 190◇

0496 **Ein neuer Strukturtyp des Metaborat-Anions.** P. Smith, S. Garcia-Blanco und L. Rivoir. (Z. Kristallogr., Kristallgeometr., Kristallphysik, Kristallchem. **115,** 460–63, 1961; Madrid, Inst. de Fís. „Alonso de Santa Cruz", Sección de „Estructuras Cristalinas"; engl.) — Vff. beschreiben einen neuen Strukturtyp des Metaborat-Anions, der aus einem dreidimensionalen Gerüst besteht, worin die Eckplätze des „abgestumpften Oktaeders" nach Fedorow von B-Atomen besetzt sind (B–B 1,87 Å). Jedes B-Atom ist von 4 O-Atomen tetraedr. umgeben (B–O 1,52 Å), jedes O-Atom gehört zu 2 Tetraedern. Das so aufgebaute Aniongerüst im $Zn_4O(BO_2)_6$ ist dem des $(Al_3Si_3O_{12})^{3-}$-Ions im *Sodalith* sehr ähnlich. $Zn_4O(BO_2)_6$ gehört zum kub. Syst., a = 7,48 ± 0,01 Å, Z = 2; $T_d{}^3 - I\,\bar{4}\,3\,m$. Die Atomkoordinaten sind angegeben. W. Sobieski. 195◇

0497 **Über die Struktur und Polymorphie des Kaliumjodats, KJO_3.** I. Náray-Szabó und A. Kálman. (Acta crystallogr. [Copenhagen] **14,** 791–92, 1961; Budapest, Hung. Acad. of Sci., Central Res. Inst. for Chem.; engl.) — Es wird die von Náray-Szabó (1947) angegebene monokline Modifikation des KJO_3 durch Rotations- u. Pulveraufnahmen bestätigt (a ∼ b ∼ c = 8,942 + 0,001 Å, β = 89,12°) u. eine weitere instabile monokline Form, aus Lsg. bei Raumtemp. erhältlich, beschrieben (a = 22,80 ± 0,15, b = 14,52 ± 0,07, c = 6,28 ± 0,01 Å, β ∼ 90°, Z = 24, D_R 4,16 g cm^{-3}). Vff. diskutieren die Literaturangaben über KJO_3-Strukturen u. schließen auf wenigstens zwei monokline u. rhomboedr. u. eine trikline Modifikation, von denen einige wegen kleiner Umwandlungsenergien bei Raumtemp. nebeneinander bestehen u. die zahlreichen Gitterfehler u. unterschiedlichen Diffraktogramme erklären konnten. R. Uttech. 195◇

0498 **Metastabiles Rubidiumalumosilicat mit einer hexagonalen Schichtstruktur.** Charles A. Sorrell und Taki Negas. (Science [Washington] **141,** 917, 1963; Oxford, Ohio, Miami Univ., Dep. of Geol.; engl.) — $RbAlSi_3O_8$ kann aus der Schmelze durch Abschrecken dargestellt werden. Die Verb. entspricht den instabilen Formen der Ca-, Ba-, Sr- u. Pb-Feldspäte; a = 5,30, c = 7,84 Å; Tabelle der d-Werte. Ernst Schulte. 195◇

0499 **Zur thermischen Umwandlung und Kristallographie von Petalit und Spodumen.** H. Saalfeld. (Z. Kristallogr., Kristallgeometr., Kristallphysik, Kristallchem. **115,** 420–32, 1961; Würzburg, MPI für Silicatforsch.; dt.) — An den Mineralen *Petalit* (**I**), $Li_2O \cdot Al_2O_3 \cdot 8SiO_2$, u. *Spodumen* (**II**), $Li_2O \cdot Al_2O_3 \cdot 4SiO_2$, wird die therm. Umwandlung durch Aufnahme von Heizzählrohrdiagrammen untersucht. Es zeigt sich, daß die erhitzten u. abgekühlten Hochtemp.-Formen (β-Form) der Minerale keine wesentlichen Strukturunterschiede aufweisen, so daß Strukturunters. an erhitzten Proben bei Zimmer-Temp. durchgeführt werden können. Natürliche **I**-Kristalle werden vorsichtig auf 1200° erhitzt, da von hoch erhitztem **I** u. **II** keine Einkristalle vorliegen. Die dabei gebildeten Kristallite der wahrscheinlichen Zus. $Li_2O \cdot Al_2O_3 \cdot 6SiO_2$ (1:1:6) zeigen bevorzugte Orientierungen, woraus die Elementarzellen der β-**II**-Mischkristalle bestimmt u. die genaue Indizierung der Pulveraufnahmen vorgenommen werden konnten. Die Orientierungsbeziehungen wurden ermittelt. Die Gitter-Konst. [in Å] der Hochtemp.-Formen sind: (1:1:6)-Phase a = 18,24; b = 10,54; c = 10,57; β-**II** 18,38; 10,61; 10,68; β-Eukryptit (orthohexagonale Aufstellung mit doppelter a-Achse) 18,15; 10,48; 11,13. W. Sobieski. 195◇

0500 **Die Anordnung von Argon und Wasser in Cordierit.** J. V. Smith und W. Schreyer. (Mineralog. Mag. J. mineralog. Soc. **33,** 226–36, 1962; Washington, D. C., Carnegie Inst. of Washington, Geophys. Labor.; Chicago, Ill., Univ. of Chicago, Dep. of Geophys. Sci.; engl.) — Auf Grund von Röntgenunters. wird gezeigt, daß in synthet. Ar-haltigen Cordieriten das Ar in den Mitten der großen Hohlräume der Cordieritstruktur liegt. Dabei weichen die Röntgenintensitäten Ar-haltiger Cordierite stärker von denen wasserfreier Präpp. ab, als die der wasserhaltigen. Die W.-Moll. lassen sich nicht mit Sicherheit lokalisieren. Sie besetzen aber weder die Mitten der Sechsringe noch die der großen Hohlräume. Möglicherweise liegen sie an Begrenzungen der Hohlräume oder werden als OH-Gruppen in das Gerüst eingebaut. J. E. Hiller. 195◇

0501 **Zur Struktur des Phosphophyllits, $Zn_2Fe[PO_4]_2 \cdot 4H_2O$.** W. Kleber, F. Liebau und E. Piatkowiak. (Acta crystallogr. [Copenhagen] **14,** 795, 1961; Berlin, Humboldt-Univ., Miner.-Petrogr. Inst. u. Museum; dt.) — Es wurden die Gitterparameter über Weissenberg-Aufnahmen bestimmt zu a = 10,23, b = 5,08, c = 10,49 Å, β = 120°15′; Z = 2; $P2_1/c$. Über Patterson-Projektion u. Differenz-Synth. wurde eine (x, z)-Projektion der Elektronendichte berechnet. Die y-Parameter ergaben sich aus geometr. Betrachtungen (Tabelle der Atomparameter). Die Fe sind oktaedr. von vier in einer Ebene liegenden H_2O u. zwei O umgeben, die Zn verzerrt-tetraedr. von vier O koordiniert, die vier verschiedenen $[PO_4]$-Tetraedern angehören. R. Uttech. 195◇

0502 **Röntgenographische Untersuchung von $Co_2(C_5H_5)_5$.** O. W. Starowski und Ju. G. Strutschkow. (J. Strukturchem. [UdSSR] **2,** 612–14, 1961; Inst. für elementorg. Verbb. der Akad. der Wiss. der UdSSR; russ.) — $Co_2(C_5H_5)_5$ (**I**) krist. rhomb. mit a = 5,83; b = 13,38; c = 23,74 Å; Z = 4; $C_{2v}{}^5$–$Pbc2_1$. Die Strukturaufklärung erfolgte durch Patterson-Projektion und anschließende Projektion der Elektronendichte auf die Ebene (0kl). **I** besitzt eine „sandwich"-Struktur, in der zwei Gruppen C_5H_5–Co–C_5H_5 durch den 5. C_5H_5-Ring getrennt werden, der mit den „sandwiches" keine normalen C–C-Bindungen eingeht. Vff. nehmen an, daß jedes „sandwich" die formale Ladung + 1/2 besitzt und daß der 5. Ring anion. Charakter trägt, was die chem. und spektroskop. Unterss. von Fischer u. Mitarbeiter (Z. anorg. allg. Chem. **274,** [1953], 316) ebenfalls ergaben. E. Gey. 195◇

0503 **Tetraedrische Nickel(II)-Komplexe und ihre Bildungsbedingungen.** 5. Mitt. **Die Tetraederkoordination des Nickels im Dichloro-bis-[triphenylphosphin]-nickel.** G. Garton, D. E. Henn, H. M. Powell und L. M. Venanzi. (J. chem. Soc. [London] **1963,** 3625–29; Oxford, Univ. of Oxford, Inorg. and Chem. Crystallograph. Labor.; engl.) — 4. vgl. J. chem. Soc. [London] **1962,** 693. — $[NiCl_2(Ph_3P)_2]$ (**I**), Ph = Phenyl, krist. monoklin, a = 11,70, b = 8,31, c = 17,59 ± 0,05 Å, β = 108 ± 0,5°; P2/c; Z = 2, D.(experimentell) 1,348 g cm^{-3} · $[NiBr_2](Ph_3P)_2$ krist. monoklin, a = 10,3, b = 9,1, c = 39,2 ± 0,1 Å, β = 111° ± 1°; Z = 4, D.(experimentell) 1,44 g cm^{-3} · $[NiJ_2(Ph_3P)_2]$ krist. monoklin, a = 19,6, b = 10,3, c = 18,2 ± 0,05 Å, β = 112° ± 0,5°, P2/c oder Pc, Z = 4, D.(experimentell) 1,64 g cm^{-3}. Aus zweidimensionalen visuellen Weissenberg-Daten wurde nach der Schweratom-Meth. die Struktur von **I** bestimmt; Liste der Atomkoordinaten, Angabe einiger Atomabstände u. -winkel. Ni ist in **I** u. auch im Jodokomplex tetraedr. koordiniert. R. Uttech. 195◇

0504 **Sechsfach koordiniertes Germanium enthaltende Spinelle.** Jean Dulac. (C. R. hebd. Séances Acad. Sci. **254,** 1312—13, 1962; Grenoble, Inst. Fourier, Labor. d'Electrostat. et de Phys. du Métal.; franz.) — Neben dem bekannten Spinell $LiGeCrO_4$ (**I**) wurde der durch 24std. Erhitzen eines Gemisches von Oxiden das Ge u. Rh u. Li_2CO_3 auf 1000° dargestellte Spinell $LiGeRhO_4$ (**II**) ($a = 8{,}38_7$ Å, $Z = 8$, $D_R = 5{,}55$ g/cm³) untersucht. Es zeigte sich, daß von den kub. Spinellen $ABCO_4$ (A = Li; B = Ge, Ti; C = Cr, Rh) in **I** u. **II** sich Ge mit den dreiwertigen Ionen (Cr, Rh) die oktaedr. Positionen C teilt, während Li die tetraedr. Positionen A besetzt. Man kann also **I** u. **II** in der Form $Li(GeCr)O_4$ u. $Li(GeRh)O_4$ schreiben. **I** u. **II** sind die ersten Spinelle, in denen Ge in den oktaedr. Positionen, also sechsfach koordiniert, auftritt. H. Fries. 195◇

0505 **Epitaxie von Kristallen des Arsens, Antimons und Wismuts, die durch Reduktion in gasförmiger Phase eines ihrer Sulfide und Ablagerung auf verschiedenen monokristallinen Unterlagen erhalten wurden.** Lucien Capella. (C. R. hebd. Séances Acad. Sci. **254,** 1309—11, 1962; franz.) — Durch Red. der Sulfide As_2S_3, Sb_2S_3 u. Bi_2S_3 in der Gasphase wurden epitakt. Ablagerungen von As, Sb u. Bi auf den Spaltflächen p(001) kub. Einkristalle von NaCl, KCl, KBr, KJ, LiF u. PbS, auf der Fläche (111) des Fluorits u. der Fläche p(001) des Muskovits erhalten. Im ersteren Falle ist die Bindungsfläche die Fläche $b^1(110)$ des Nd. u. für die Fälle des Fluorits u. Muskovits die Fläche $a^1(111)$. Eine derartige reguläre Orientierung der rhomboedr. kristallisierenden Elemente auf kub. Unterlagen war auf Grund der Eigenart, daß ihre umgekehrten Rhomboeder $b^1(110)$ pseudokub. mit pseudoquadrat. Flächen sind, anzunehmen, da eine der Flächen der pseudokub. Rhomboeder der drei Elemente mit einer kub. Fläche p(100) der Kristallunterlage kongruent ist. Vf. wählte für die Salze von As, Sb u. Bi die Vers.-Temperatur $T_f = 550$ bzw. 700 u. 650° u. als Temp. der Epitaxie, d. h. jene des Trägers 500 bzw. 500 u. 250°. Zwei Orientierungstypen konnten bei der Ablagerung auf der Fläche p(001) der kub. Träger unterschieden werden; einmal ist die pseudorechteckige Seite parallel der Achse [110] u. einmal parallel der Achse [100] der Spaltebene der Unterlage. Auf Fluorit lagern sich As u. Sb in Form von Pseudooktaedern oder nadelförmig ab, u. auf Muskovit zeigen As, Sb u. Bi Ablagerungen von pseudokub. u. pseudooktaedr. sowie Nadelform. H. Fries. 196◇

0506 **Das epitaktische Wachstum von NiO auf einer (111)-Nickeloberfläche.** A. U. MacRae. (Appl. Physics Letters **2,** 88—90, 1963; Murray Hill, N. J., Bell Telephone Labor., Inc.; engl.) — Vf. berichtet über elektronenmkr. Unterss. der Anfangsstadien der Oxydation von *Ni*-Kristallen. Werden sehr gut ausgebildete u. durch Beschuß mit Ar-Ionen sorgfältig gereinigte (111)-Oberflächen bei 10^{-7} Torr O_2-Druck auf 200—300° erhitzt, dann tritt eine langsame Bldg. von NiO auf der Ni-Fläche auf (Abb.). Trotz des beträchtlichen Unterschieds der Gitter-Konst. (NiO 4,17; Ni 3,524 Å) hat NiO auf der (111)-Ni-Fläche eine bevorzugte Orientierung. W. Sobieski. 196◇

0507 **Epitaktische Beziehungen des auf Kupfereinkristallen, die in wäßriger Kupfersulfat-Lösung eintauchen, gebildeten Kupfer(I)-oxids.** Kenneth R. Lawless und G. Tyler Miller jun. (Acta crystallogr. [Copenhagen] **12,** 594—600, 1959; Charlottesville, Va., Univ., Cobb Chem. Labor.; engl.) — Untersucht wurde mit Hilfe der Elektronenbeugung u. der Elektronenmikroskopie die Epitaxie von Cu_2O auf Cu-Einkristallen, die in wss. $CuSO_4$-Lsg. eingetaucht waren. Die fünf Cu-Flächen (001), (011), (111), (012) u. (113) zeigten vier verschiedene Orientierungsbeziehungen. Stets war zumindest eine dichtest gepackte Richtung des Oxides parallel zu einer dichtest gepackten Richtung des Substrates. Nur die drei am dichtesten besetzten Kristallflächen des Oxides traten als Oberfläche auf. K. Jaeger. 196◇

0508 **Elektronenmikroskopische Beobachtungen der durch schnelle Neutronen erzeugten Zerstörung in Goldschichten.** A. Grenall. (J. nuclear Mater. [Amsterdam] **4,** 329—31, 1961; Canoga Park, Calif., North American Aviation, Div. Atom. Internat.; engl.) — Beobachtet wurden Flecke auf elektronenmkr. Aufnahmen von mit schnellen Neutronen bestrahlten Au-Schichten. Die Dichte der Flecke auf der Probenoberfläche betrug $\sim 3 \cdot 10^{16}$, ihr mittlerer Durchmesser (65 ± 7) Å. Diese Flecken sind wahrscheinlich Versetzungsspitzen zuzuordnen. K. Jaeger. 196◇

0509 **Mehrfachstreuung bei der Beugung von Elektronen niedriger Energie an mit Sauerstoff bedecktem Platin.** Charles W. Tucker jun. (Appl. Physics Letters **3,** 98 bis 100, 1963; Schenectady, N. Y., Gen. Electr. Res. Labor.; engl.) — In mit langsamen Elektronen aufgenommenen Beugungsbildern von (100)-Pt-Oberflächen, die in Ggw. von Sauerstoff bei $2 \cdot 10^{-6}$ Torr auf 325° erhitzt worden sind, beobachtet man Zusatzreflexe, wie sie von Moiré-Mustern bekannt sind. Die Zusatzreflexe liegen im Beugungsdiagramm auf Linien, die um 30° gegen die [11]-Richtungen des Pt-Gitters geneigt sind, u. ihre Abstände entsprechen dem verfünffachten (11)-Abstand des Pt-Gitters. Solche Beugungsdiagramme lassen sich unter der Annahme deuten, daß die vom Pt-Gitter rückgestreuten Beugungsstrahlen beim Wiederaustritt am O-Gitter erneut gebeugt werden u. daß das O-Gitter sich im Gitterparameter u. in der Orientierung von dem darunterliegenden Pt-Gitter unterscheidet. F. Lenz. 196◇

0510 **Streifungen in aus der Schmelze gezüchteten Zinkeinkristallen.** J. Rezek und G. B. Craig. (Canad. J. Physics **40,** 674—75, 2 Tafeln, 1962; Toronto, Ontario, Canada, Univ., Dep. of Metallurgy; engl.) — Aus der Schmelze gezogen wurden 99,9996%ig. Zn-Einkristalle. (0001) lag mit ±15° quer zur Ziehachse. Alle Kristalle zeigten eine Streifung mit vertikaler „sandwich"-Struktur. Für schnelle Zieh-Geschw. folgte die Streifung $\sim[11\bar{2}0]$. Die Streifung, die sich nahezu unverändert durch den ganzen Kristall zieht, wird auch an Kristallen von Zn-Lsgg. mit Lsg.-Konz. ≤ 0,2 Atom-% beobachtet. Vff. vermuten, daß die Streifung eher eine Funktion der Struktur des Zn als daß sie verunreinigungsbedingt ist. K. Jaeger. 197◇

0511 **Der Einfluß von Schallwellen auf das Wachstum von Zink-Einkristallen.** B. Langenecker und W. H. Frandsen (Philos. Mag. [8] **7,** 2079—85, 1962; China Lake, Calif., U. S. Naval Ordn. Test Station, Michelson Labor.; engl.) — Vgl. C. **1964,** 8-0474. — Vff. untersuchen das Wachstum von Zn-Einkristallen (99,993% Zn) in Schall- u. Ultraschallfeldern (0,1—50 W/cm²; 100—25000 Hz) nach einer modifizierten Czochralski-Meth. (Abb. von App. u. Proben). In Abhängigkeit von der Intensität des angelegten Schallfeldes werden Änderungen in der Oberflächenrauhigkeit, der kristallograph. Orientierung u. der krit. Scherspannung beobachtet. Die Vers.-Ergebnisse werden auf Grund eines Mechanismus diskutiert, der den Einfl. des Schalls auf die Bedingungen für Leerstellenübersättigung beim Abkühlen der Kristalle u. die Bldg. von Versetzungsvernetzungen bei der Homogenisierung hinter der Grenzfläche fest-fl. beschreibt. W. Sobieski. 197◇

0512 **Wachstum von angeimpften Aluminium-Kristallen irregulärer Tracht.** Thomas H. Alden. (Rev. sci. Instruments **31,** 897—98, 1960; Cambridge, Mass., MIT; engl.) — Nach der Meth. von Noggle (1953), die nochmal eingehend beschrieben wird, ist es möglich, Al-Einkristalle mit zufälliger Flächenausbildung sowie bei Anwendung von zwei Keimen verschiedener Orientierung im Keimhalter Al-Zwillinge herzustellen. Die entstehenden Flächen sind sehr glatt u. müssen zur metallograph. Unters. elektrochem. behandelt werden. Ernst Schulte. 197◇

0513 **Über gekoppelte Versetzungen entlang einer Korngrenze.** Yasutada Uemura. (J. physic. Soc. Japan **11,** 479—84, 1956; Kawasaki, Japan, Tokyo-Shibaura Electric Co., Matsuda Res. Labor.; engl.) — Vgl. C. **1960,** 8105. — Untersucht wurden die auf gekoppelte Versetzungen zurückgehenden Ätzgruben entlang einer Korngrenze in *Ge*-Kristallen. Die beobachteten Versetzungen sind Kantenversetzungen mit einem Burgers-Vektor in [110]. Das Wechselwirkungsgesetz für Kantenversetzungen untereinander kann direkt u. quant. bewiesen werden. K. Jaeger. 197◇

0514 **Bestrahlungsschäden in Molybdän nach Beschuß mit energiereichen H^+- und He^{2+}-Ionen.** C. J. Beevers

und D. J. Mazey. (Philos. Mag. [8] **7**, 1061—64, 1962; Berkeley, Calif., Central Electr. Generating Board, Nucl. Labor.; Harwell, UK, A.E.R.E., Metallurg. Div.; engl.) — Nach dem Ionenbeschuß (H^+, He^{2+}; 85 keV—38 MeV; 400—500° Target-Temp.) wurden Mo-Bleche (99,98%ig.; 0,003 in. dick) elektronenmkr. untersucht. Es wurden Versetzungsschleifen mit Radien bis zu 250 Å u., bes. bei höherenerget. Beschuß, punktförmige Störstellen beobachtet. Nachtemperungen während 1 Std. bei 200° hatten kaum Einfl. auf die Störstellenstruktur, Temperungen von 1 Std. bei 900° führten zu Rekristallisation (von den größeren Störstellenbereichen ausgehend).
K. Jaeger. 197◇

0515 **Bemerkung zur torsionsinduzierten Rekristallisation von Molybdän- und Wolframdrähten.** G. Gardner und E. A. Coomes. (J. appl. Physics **33**, 753, 1962; Notre Dame, Ind., Univ. of Notre Dame; engl.) — Bei der Herst. von Mo- bzw. W-Einkristallen mit Hilfe einer Torsionstechnik (Gifford u. Coomes, C. **1962**, 411) werden spiralige Oberflächenstörungen durch Abschleifen der Oberfläche mit Metadi- oder Al_2O_3-Schleifpaste vor dem Anlassen beseitigt. Herbert Müller. 197◇

0516 **Beobachtungen der Ätzgrübchen und Versetzungsmuster an polykristallinem Uran.** A. Bassi, S. Granata und G. Imarisio. (Energia nucleare **8**, 744—50, 1961; Segrate, Italia, CISE Labor.; engl.) — Untersucht wurden die Ätzmuster, die mit drei verschiedenen Ätzagentien auf H_2SO_4-Basis an polykristallinem α-U mit 620, 1200 u. 2000 ppm Fremdionen-Geh. erhalten wurden. Es wurden Kantenversetzungen sowie einzelne u. paarweise, mit gleichem u. entgegengesetztem Vorzeichen auftretende Schraubenversetzungen beobachtet. Die Versetzungen entstehen beim Gießen der Probe u. der anschließenden Phasenumwandlung. Ferner wurden hexagonale u. viereckige Ätzpyramiden beobachtet. Die Flächendichte der Ätzpyramiden hängt von dem Fremdionen-Geh. der Probe ab, die Form der Ätzpyramiden wahrscheinlich von der Struktur der Probe.
K. Jaeger. 197◇

0517 **Untersuchung der Röntgenstreuung an ermüdeten Metallen.** K. Thomas und A. Franks. (J. appl. Physics **30**, 649—55, 1959; Teddington, Middlesex, England, Nat. Phys. Labor., Metallurg. Div.; engl.) — Untersucht wurde die Röntgenkleinwinkelstreuung einzelner Körner aus ermüdeten, polykristallinen *Cu*- u. *Al*-Proben. Die Kleinwinkelstreuung ist eine Doppel-Bragg-Streuung an Unterkörnern. Es konnten keine submkr. Hohlräume nachgewiesen werden, vielmehr bestand der Ermüdungsprozeß in der Ausbldg. von Unterkorngrenzen. Die Fehlorientierungen der Unterkörner betrugen bis zu 15°.
K. Jaeger. 197◇

0518 **Zum Mechanismus der Röntgenkleinwinkelstreuung an kaltverformten Metallen.** R. H. Neynaber, W. G. Brammer und W. W. Beeman. (J. appl. Physics **30**, 656—61, 1959; Madison, Wis., Univ., Dep. of Phys.; engl.) — An polykristallinen *Cu*-, *Al*- u. *Ni*-Blechen tritt die charakterist. Kleinwinkelstreuung sofort auf, sobald die Probe im Röntgenstrahl bei der Temp. der fl. Luft gedehnt wird. Solange die Rekristallisations-Temp. nicht überschritten ist, bleibt die Kleinwinkelstreuung bei einem bestimmten Winkel eine Funktion der Probentemperatur. Die Kleinwinkelstreuung wird als Doppel-Bragg-Streuung an Unterkorngrenzen gedeutet. Die Kleinwinkelstreustrahlung ist polarisiert.
K. Jaeger. 197◇

0519 **Das System Quecksilber–Antimon.** Gerhard Jangg, Franz Lihl und Edgar Legler. (Z. Metallkunde **53**, 313—16, 1962; Wien, TH, Inst. für angew. Phys.; Inst. für chem. Technol. anorgan. Stoffe; dt.) — Es werden Unterss. zur Aufstellung des Zustandbildes Hg–Sb durchgeführt. Zur Best. der Liquiduskurve war wegen der leichten Unterkühlbarkeit des Sb u. auch der Hg–Sb-Schmelzen ein bes. Autoklav erforderlich, der während der Erstarrung der Leg. durch Befestigen auf einem Vibrationstisch einer kräftigen mechan. Erschütterung ausgesetzt war. Hierdurch wurde die Unterkühlung weitgehend herabgesetzt u. die Liquiduskurve mit einer Genauigkeit von $\pm 5°$ festgelegt. Ferner zeigt sich, daß Sb mit Hg auch bei niedrigen Temp. keine Verbb. bildet u. daß die gegenseitige Löslichkeit im festen Zustand sehr gering ist. Das Syst. Hg–Sb ist ein einfaches eutekt. Syst. ohne Verbb., wobei der eutekt. Punkt ganz auf der Seite des Hg liegt. Auch die eutekt. Temp. stimmt innerhalb von $\pm 0,1°$ mit der Erstarrungstemp. des Hg überein. H. Hochstein. 197◇

0520 **Über das Dreistoffsystem Aluminium–Silicium–Vanadin.** Erich Gebhardt und Günter Joseph. (Z. Metallkunde **52**, 310—17, 1961; Stuttgart, MPI für Metallforschung; dt.) — Der Aufbau des Al-reichen Teils des Dreistoffsyst. Al–Si–V wurde durch Gefügebetrachtungen, therm. Analysen, Temp.-Temperaturdifferenz-Messungen u. Mikrohärteprüfungen sowie durch röntgenograph. Messungen bis zu ca. 12 Gew.-% V untersucht. Auf Grund der Unters.-Ergebnisse werden die Flächen primärer Kristallisation u. der Verlauf der Schmelzrinnen festgelegt u. Temp.-Konz.-Schnitte mit gleichbleibenden V-Geh. von 5% u. mit jeweils gleichbleibenden Si-Geh. von 5, 8, 10 u. 14% ausgearbeitet, so daß die Ausbldg. der Zustandsräume in Abhängigkeit von Temp. u. Konz. zu erkennen ist. Im Bereich dieser Schnitte werden 5 Vierphasenumsetzungen festgestellt, deren Temp. bei 656, 643, 640, 624 u. 583° liegen. Es handelt sich bei diesen Umsetzungen durchweg um Übergangsgleichgewichte, an denen die Schmelze beteiligt ist. Es wird ferner festgestellt, daß kleine V-Zusätze in Al–Si-Legg. eine kornverfeinernde Wrkg. haben u. daß die Korrosionsbeständigkeit in geringem Maß erhöht wird. Ein Einfl. von V auf die Zugfestigkeit u. die $\sigma_{0,2}$-Grenze bei Raumtemp. u. bei höheren Temp. wurde nicht festgestellt. H. Hochstein. 197◇

0521 **Diffusion von Wolfram in Wolfram-, Tantal- und Titanmonocarbid und in den festen Lösungen TiC–WC und TiC–WC–TaC.** M. L. Basskin, W. I. Tretjakow und I. N. Tschaporowa. (Metallphysik u. Metallkunde [UdSSR] **14**, 422—27, 1962; Allunions-Forsch.-Inst. für feste Legg.; russ.) — Die Diffusionsparameter von W in Carbiden von Ti, W und Ta in und einigen festen Lsgg. dieser Carbide werden bestimmt. Die kleinste Aktivierungsenergie der Diffusion besitzt TiC mit 115 $\pm$ 8 (kcal/Mol), die größte eine Leg. aus 50(%) TiC + 34 WC + 7 TaC mit 225 $\pm$ 27. Ein Zusatz von TaC zu den festen Lsgg. von TiC–WC steigert wesentlich die Aktivierungs-Energie. Die Best.-Meth. der Diffusionsparameter der schwerschmelzenden und spröden Materialien wird verbessert. N. Kubeth. 197◇

0522 **Bestimmung und Anwendung des Wasserstoffdiffusionskoeffizienten in Uran bei 800°.** C. J. Oblinger und H. A. Dube. (Nuclear Sci. Engng. **11**, 263—66, 1961; Cincinnati, Ohio, Nat. Lead Co. of Ohio; Xavier Univ., Dep. of Chem.; engl.) — Der Wasserstoff-Diffusionskoeff. beträgt in U bei 800° $14,2 \cdot 10^{-5}\,cm^2\,s^{-1} \pm 3,6\%$. Die nach $^1/_2$ Std. aus dem Metall ausgetretene H_2-Menge wurde gemessen u. daraus mit Hilfe des Diffusionskoeff. die gesamte in der U-Probe gelöste H_2-Menge berechnet. Der Fehler dieser Best. gegenüber der tatsächlich durch Totalextraktion (3 Std.) bestimmten Menge betrug $< \pm 2\%$. K. Jaeger. 197◇

0523 **Diffusion von Plutonium und Uran in Magnesium.** Daniel Calais, Michel Beyeler, Michel Mouchnino, Annick Van Craeynest und Yves Adda. (C. R. hebd. Séances Acad. Sci. **257**, 1285—87, 1963; Fontenay-aux-Roses, Seine, C. E. N., Dép. du Plutonium; Saclay, C. E. N., Dép. de Métallurg.; franz.) — Proben von Mg für Reaktorzwecke u. U bzw. Mg–Pu-Leg. mit 5,62 Atom-% Pu werden durch Kaltpressen miteinander verschweißt u. 2—25 Tage lang einer Diffusionstemperung unter Ar bei 300—550° unterworfen. Nach der Diffusion werden die Proben senkrecht zur Trennfläche zerschnitten u. mechan. poliert. Die Konz.-Verteilung in Diffusionsrichtung wird mit der Elektronenmikrosonde oder durch Messung der α-Intensität ermittelt. Die Löslichkeitsgrenze L von Pu in Mg fällt von 3,24 (Atom-%) Pu bei 534° auf 1,46 Pu bei 365° ab, während der Diffusionskoeff. D bei einer Konz. von 0,01 Pu von $1,30 \cdot 10^{-9}$ (cm²/s) bei 534° auf $6,1 \cdot 10^{-11}$ bei 420° abnimmt. Für U liegt L bei 400 u. 500° bei 0,07 Atom-

Prozent U. D nimmt für eine U-Konz. von 0,025 Atom-% von 3,3 · 10^{-11} (cm^2/s) bei 500° auf 1,2 · 10^{-11} bei 400° ab. Herbert Müller. 197◇

0524 **Verfestigung geordneter kaltverformter Ni–Cr-Legierungen beim Härten bei tiefen Temperaturen.** Ja. P. Sselisski. (Metallphysik u. Metallkunde [UdSSR] **14**, 406—13, 1962; russ.) — Anlassen bei Temp. unterhalb der Rekristallisationsschwelle führt zum Erhöhen der Festigkeit aller untersuchten Legierungen. Bei Legg. mit über 24,6% Cr besitzen die Kurven der Festigkeitsänderung 2 Maxima durch Rückverfestigungs- u. Ordnungseffekte. Bei niedrigen Anlaßtemp. dominiert die zusätzliche Verfestigung, die infolge der Nahordnung entsteht; bei hohen Temp. spielt die zusätzliche Verfestigung, die durch das Wachsen der Antiphasen-Domänen und Erreichen krit. Ausmaße entsteht, eine Rolle. N. Kubeth. 197◇

0525 **Beitrag zur Frage der Bindungsverhältnisse in intermetallischen Phasen vom NiAs-Typ.** Hans Wever und Günter Wintermann. (Z. Metallkunde **52**, 329 bis 336, 1961; Münster, Univ., Inst. für Metallforsch.; Berlin, TU, Inst. für Metallkunde; dt.) — Als Beitrag zu unterschiedlichen Auffassungen über die Bindungsverhältnisse in Phasen vom NiAs-Typ wird deren elektrolyt. Überführung in den Syst. Ni–Sn u. Cu–Sn untersucht. Es zeigt sich, daß Ni bzw. Cu zur Kathode u. Sn zur Anode wandert. Ein Vgl. zwischen Überführungszahlen u. Diffusionskoeff. liefert für die NiSn-Phase eine mittlere Ladung von Eins. Die verschiedene Überführungsrichtung beider Partner wird als Anzeichen für eine niedrige Leitungselektronendichte gedeutet, d. h. der metall. Bindungsanteil ist nur noch klein. Ob zwischen A- u. B-Partnern eine überwiegend homöopolare oder eine mehr heteropolare Bindung besteht, wird erörtert, wobei sich noch keine endgültige Entscheidung ergibt; jedoch scheint eine heteropolare Bindung näherliegend zu sein. H. Hochstein. 197◇

0526 **Über die strukturelle Härtung von Kupfer–Beryllium-Legierungen.** L. Chollet und J.-P. Jan. (Helv. physica Acta **35**, 250—53, 1962; Neuchâtel, Labor. suisse de rech. horlogères; franz.) — Zur Unters. gelangten zwei Cu–Be-Legg. der Zus. Cu 96,94(%); Be 2,11; Si 0,19; Fe 0,15; Ni 0,34; Co 0,01; Mg 0,20 (**I**) bzw. Cu 97,55; Be 1,71; Si 0,19; Fe 0,18; Ni 0,31; Co 0,02; Mg 0,003 (**II**). **I** wurde von 800° abgeschreckt u. ausgewalzt, **II** von 800° abgeschreckt; hierauf wurden beide Legg. bis zu 16 Std. zur Aushärtung angelassen. Röntgenograph. wurde gefunden, daß bei den nicht gehärteten Proben die Interferenzen der α-Phase sehr deutlich u. scharf waren, mit steigender Anlaßzeit sich jedoch sehr stark verbreiterten. Für **II** wurde nach dem Härten eine komplexe Struktur der γ-Phase festgestellt; man kann zwei einfache kub. Strukturen mit a = 2,698 bzw. 2,661 Å unterscheiden. Die erste dieser Zellen entspricht der üblicherweise angenommenen Zelle der γ-Phase. Bei **I** wurde neben diesen eine weitere Interferenz gefunden, die vielleicht einer Überstruktur der α-Phase zuzuordnen ist. **I** wurde nach dem Auswalzen nochmals von 800° abgeschreckt. In diesem Fall konnte auf den Diagrammen die β-Phase nachgewiesen werden, die auf den ersten Aufnahmen nicht vorhanden war. Außerdem trat in diesem Fall die Interferenz (100) der γ-Phase nicht auf. C. Gottfried. 197△

0527 **Neuuntersuchungen im System Kupfer–Cadmium: Die Grenzlinie der α-Phase und die Kristallstruktur der Phase Cu_2Cd.** M. S. Sulonen. (Acta polytechn. scand. **313**, Nr. 30, Chem. includ. Metallurgy Ser. [N. S.] Nr. 18, 1—22, 1962; Helsinki, Inst. of Technol.; engl.) — Die Phasengrenzlinien des α-Mischkristall-Bereichs wurden durch röntgenograph. Unterss. von abgeschreckten Proben ermittelt. Es ergab sich im wesentlichen Übereinstimmung mit den Ergebnissen anderer Autoren. Für Cu_2Cd wurde ein hexagonales Gitter vom $MgNi_2$-Typ (C 36) mit a = 5,0115 u. c = 16,21 Å gefunden. D. Rogalla. 197◇

0528 **Der Tieftemperatur-Martensit des β-Messings.** 3. Mitt. **Die fehlgeordnete Struktur der β''-Phase.** Günther Kunze. (Z. Metallkunde **53**, 565—76, 1962; Clausthal-Zellerfeld, Bergakad., Inst. für Metallkunde; dt.) — 2. vgl. Z. Metallkunde **53**, [1962], 396. — Beim Übergang $\beta_1 \to \beta_1'$ geht die kub. raumzentrierte β_1-Zelle, bedingt durch Scherungsprozesse, in die pseudorhomb. raumzentrierte β_1'-Zelle (a, b, c)$_r$ über. Treten alle paarweise wirksamen Scherungssyst. $\{1\bar{1}0\}$, ± ⟨110⟩ (Zwillingsscherung) in Aktion, so entstehen dabei 24 gleitfähige Endlagen {11, 1, 12} mit je 4 Gleitrichtungen $\langle 111\rangle_r$. Die ebenfalls paarweise wirksamen Gleitsyst. (Zwillingsgleitung), die im β_1'-Gitter die Bezeichnung {101} r, t $\langle 11\bar{1}\rangle_r$ erhalten, vollziehen den Übergang $\beta_1' \to \beta''$, bei dem die maximale Atomverrückungen unterhalb des Atomdurchmessers liegen. Auf jeder gleitfähigen Endlage entstehen dabei 2 · 2 zueinander in Zwillingsstellung befindliche β''-Gitter, deren Überzelle die gleiche Lage hat, aber in vierfacher Weise besetzt werden kann. Neben der Lagenmannigfaltigkeit, die gleich 24 ist, tritt daher eine Artenmannigfaltigkeit auf; sie ist gleich 4. Liegt die Drahtachse des β_1-Kristalls parallel oder nahe bei [110], so entstehen nur 4 gleitfähige Endlagen u. ebensoviele Lagen der β''-Überzelle mit der Artenmannigfaltigkeit 4. Das Prod. beider Mannigfaltigkeiten ist daher 16. Die Überzelle der β''-Phase ist einseitig flächenzentriert triklin (pseudomonoklin). Ihre Struktur wird von Dreierketten aus Cu- u. Zn-Atomen aufgebaut, die drei Atomschichten dicke u. von den Habitusebenen {11, 1, 12} Δ $\{101\}_r$ begrenzte Lamellen bilden. Die Antiphasenlamellen vierfacher Art erzeugen die Fehlordnungserscheinungen der Interferenzbilder. Die Umwandlung eines β_1-Kristalls bei Tiefkühlung ist unvollständig; bei der Temp. der fl. Luft koexistieren noch etwa 25% der Zwischenphase β_1' mit der β''-Martensitphase. Bei tiefgekühlten polykristallinen Drähten ist dieser Anteil noch größer. H. Hochstein. 197◇

0529 **Die Konstitution der Silber–Aluminium–Mangan-Legierungen im Teilbereich Silber–Mangan–AlMn.** Werner Köster und Werner Horn. (Z. Metallkunde **53**, 294—98, 1962; Stuttgart, MPI für Metallforsch.; dt.) — Es wurde die Konstit. der Ag–Al–Mn-Legg. im Teildreieck Ag–Mn–AlMn mit Hilfe mkr., röntgenograph. u. dilatometr. Unterss. ermittelt. Im Gußgefüge einer Leg. mit 40(%) Ag, 17 Al u. 43 Mn zeigt sich im Bereich der prim. Kristallisation δ-Mn. Neben den Dendriten dieser Phase erstarrt eine Ag-reiche Schmelze. Im Gußgefüge einer Leg. mit 20 Ag, 25 Al u. 55 Mn treten infolge einer peritekt. Umsetzung von AlMn ε-Mischkristalle auf. Ein Teil der ε-Mischkristalle zerfällt in AlMn u. β-Mn. Von den drei Randsyst. gehen insgesamt 14 Dreiphasenumsetzungen aus, an denen die Schmelze beteiligt ist u. die näher erörtert werden. Ein isothermer Schnitt bei 500° weist u. a. das Dreiphasengebiet $\alpha + \alpha_{mn} + \beta_{mn}$ auf, das von der Umsetzung $\beta_{mn} = \alpha_{mn} + \alpha$ bei 740° ausgeht u. an keiner Umsetzung teilnimmt. Unterhalb 500° liegt noch die β'-Phase vor, die sich bei 440° aus dem α- u. γ-Mischkristall im Syst. Ag–Al bildet. Sie tritt auch nach einer 1000std. Glühung bei 400° in den tern. Legg. auf. H. Hochstein. 197◇

0530 **Stapelfehlerwahrscheinlichkeit in Edelmetall-Zink-Legierungen.** L. F. Vassamillet. (J. appl. Physics **32**, 778—81, 1961; Pittsburgh, Pa., Mellon Inst.; engl.) — Der Anteil von Baufehlern in Kristallen kub. flächenzentrierter Metalle u. ihrer Legg. kann nach Paterson aus der Verschiebung verschiedener Röntgenmaxima ersehen werden. Nach dieser Meth. wurden die Baufehlerwahrscheinlichkeiten für Legg. von *Au*, *Ag* u. *Cu* mit Zn (bis 30 Atom-% Zn, für Au ≤ 15 Atom-% Zn) bestimmt. Aus den Ergebnissen wurden die relativen Baufehlerenergien abgeleitet. K. Jaeger. 197◇

0531 **Bildung von kubischer Textur in einer Ni–Fe-Legierung.** L. C. Tai, S. Y. Chang und R. P. Liu. (Scientia sinica **11**, 753—60, 1962; Iron and Steel Res. Inst.; engl.) — Die Walz- u. Rekristallisationstexturen, bes. die Ausbldg. einer kub. Textur, in einer 50%ig. Ni–Fe-Leg. wurden mittels der röntgenograph. Polfiguren-Meth. untersucht. Die Proben wurden entweder einer Kaltverformung von 94% oder von 98,4% unterworfen. Dann wurden sie 1 Std. lang bei 500, 600, 700, 800, 900, 1000 u. 1100° geglüht. Die kub. Textur begann sich bei 600° zu entwickeln u. wurde mit zunehmender

Temp. verstärkt. Sie war in den stärker verformten Proben, die 1 Std. bei 1100° geglüht waren, scharf u. vollständig ausgebildet. H. Hochstein. 197◇

0532 **Die Phasenumwandlung einer feinteiligen eisenreichen Eisen–Nickel-Legierung.** Sukeji Kachi, Yoshichika Bando und Seijun Higuchi. (Jap. J. appl. Physics **1**, 307—13, 1962; Kyoto, Univ., Dep. of Chem.; engl.) — Unterss. über das Gleichgew.-Diagramm u. über die Kennzeichen der Phasenumwandlung einer Fe–Ni-Leg. in feinen Teilchen wurden mittels Röntgenbeugung u. Messung der spezif. Wärme durchgeführt. Die Proben wurden durch Red. von festen Lsg. $Fe_xNi_{1-x}C_2O_4$ in H_2 bei verschiedenen Temp. unterhalb 800° hergestellt. Die feinen, bei < 600° red. Teilchen unterliegen keiner martensit. Umwandlung, auch wenn sie bis auf Raumtemp. abgekühlt werden. Das durch die Red.-Meth. bestimmte Diagramm steht in guter Übereinstimmung mit dem, das durch langzeitiges Glühen aufgestellt wurde. Daher konnte das Diagramm infolge des Fehlens der martensit. Umwandlung u. infolge der Beschleunigung der Diffusionsgeschw. während der Red. leicht bestimmt werden. Die Existenz der Überstruktur Fe_3Ni wurde durch Messung der spezif. Wärme nachgewiesen.
H. Hochstein. 197◇

0533 **Eine Untersuchung von Defekt-Substrukturen in der Fe–Cr–σ-Phase mittels Durchstrahlungs-Elektronenmikroskopie.** M. J. Marcinkowski und D. S. Miller. (Philos. Mag. [8] **7**, 1025—59, 1962; Monroeville, Pa., US Steel Corp., Res. Center; engl.) — Bei der Unters. der Substrukturenfehler in dünnen Folien der Fe–Cr–σ-Phase wird festgestellt, daß die meisten auf den (100)- u. (010)-Ebenen liegen. Sie werden als „sequence"-Fehler nach Frank u. Kasper identifiziert. Es gibt aber auch Modifikationen, die im einzelnen erörtert werden. Es werden keine gleitfähigen Versetzungen beobachtet, obwohl nichtgleitfähige unvollständige Frank-Teilversetzungen, die als Ende für die „sequence"-Versetzungen wirken, festgestellt werden. Dieses Verh. hängt mit der Schwierigkeit zusammen, wonach die Kronbergschen Zonalversetzungen bei der Wanderung durch die Fe–Cr–σ-Phasen-Ordnungsstruktur zusammenstoßen können. Alle in der σ-Phase beobachteten Substrukturen treten während des Ablaufes ihrer Umwandlung aus der Ferritphase auf.
H. Hochstein. 197◇

0534 **Eine metallographische Technik zur Entwicklung und Beobachtung von Versetzungs-Ätzgruben in nichtrostendem 18-8-Stahl.** A. Bassi, G. Camona und G. Piazzesi. (Energia nucleare **9**, 333—48, 1962; Milano, Labor. CISE, Segrate, Centro di Microscopia Elettron.; Consiglio Naz. delle Ric.; engl.) — Die austenit. nichtrostenden Stahlproben mit 18% Cr u. 8% Ni werden in elektrolyt. Bädern (z. B. aus 1 g $FeCl_3$, 10 cm^3 HCl [35%ig.] u. 10 cm^3 H_2O_2 oder aus 2 cm^3 HNO_3 [65%ig.], 10 cm^3 HCl [35%ig.] u. 10 cm^3 H_2O_2) tief geätzt u. dann der an sich bekannten zweistufigen Abdrucktechnik bei der elektronenmkr. Unters. unterworfen.
H. Hochstein. 197◇

0535 **Elektronenmikroskopische Untersuchung der Versetzungen in Gleitbändern gebogener Einkristalle einer Fe-3,2% Si-Legierung.** A. Gemperle, M. Rozsíval und B. Šesták. (Czechoslov. J. Physics **12**, 555—60, 1962; Prague, ČSSR, Acad. of Sci., Inst. of Phys. and Inst. of Solid State Phys.; engl.) — Störungen u. Unterbrechungen der Schraubenversetzungen treten mit einer Dichte von (0,5—1,7) · 10^4 cm^{-1} auf. In großer Zahl in den Gleitbändern neu auftretende Versetzungen verursachen ein Ausbreiten dieser Bänder. Die Versetzungsdichte in den Gleitbändern nimmt von der neutralen Faser zur Probenoberfläche hin zu. K. Jaeger. 197◇

0536 **Wachstumssubstrukturen in eingeschweißtem Metall.** F. A. C. Calvo, K. P. Bentley und R. G. Baker. (Acta metallurg. [New York] **8**, 898—900, 1960; Cambridge, British Welding Res. Assoc.; engl.) — Vff. untersuchen mkr. das Auftreten von Substrukturen in C-armem bzw. nichtrostendem *Stahl*, die beim Erstarren des fl. Materials in der Schweißzone gebildet werden. Der Strukturtyp hängt vom Ausmaß der konstitutionellen Unterkühlung ab. Herbert Müller. 197◇

0537 **Theoretische Analyse von Duplex-Kornstruktur.** Genjiro Mima, Yoshikiyo Ogino und Toshihiko Kawai. (Technol. Rep. Osaka Univ. **11**, 121—28, 1961; Dep. of Metallurg.; engl.) — Eine Meth. (mkr. Photographie zur Messung des Kornquerschnitts) zur genauen Unterscheidung, ob Materialien, z. B. *Stähle*, aus in ihrer Größe gleichmäßigen Körnern zusammengesetzt sind oder nicht, wird theoret. erörtert u. durch Verss. experimentell in ihrer Richtigkeit bestätigt. Dabei zeigt sich, daß diese Meth. bei einer gleichachsigen Kornstruktur auch in der Lage ist, zu entscheiden, ob die Materialien aus einer Duplex-Kornstruktur bestehen oder nicht. H. Hochstein. 197◇

0538 **Der Einfluß des Druckes auf die mittlere Verweilzeit von Kohlenstoff auf Zwischengitterplätzen in Eisen.** A. J. Bosman, P. E. Brommer, L. C. H. Eijkelenboom, C. J. Schinkel und G. W. Rathenau. (Physica [Utrecht] **26**, 533—38, 1960; Amsterdam, Nederland, Univ., Nat. Labor.; engl.) — Vgl. C. **1963**, **6127**. — Der Einfl. eines allseitigen Druckes auf die Verweilzeit von C auf Zwischengitterplätzen in α-Fe wurde durch Messungen des Abklingens der Permeabilität bestimmt. Dieser Einfl. ist zwischen 239 u. 253 °K sehr gering, das entsprechende Aktivierungs-Vol. ist zu vernachlässigen. Die halbempir. Beziehung zwischen der Aktivierungsenergie u. dem Aktivierungs-Vol. ist für den untersuchten Fall ungültig (ebenso wie für feste Lsgg. Stickstoff-α-Fe). K. Jaeger. 197◇

0539 **Die Streckgrenze von α-Eisen-Einkristallen.** Manfred Evers. (Z. Metallkunde **52**, 359—64, 1961; Göttingen, Univ., Inst. für Metallphys.; dt.) — Es wird ein Verf. zur Herst. stabförmiger α-Fe-Einkristalle mit 0,005% C angegeben. Die Einkristalle zeigen eine ausgeprägte obere Strukturgrenze von ähnlicher Größe wie das vielkristalline Ausgangsmaterial. Nur die vielkristalline Probe zeigt einen ausgedehnten Fließbereich u. ein zugeordnetes Lüders-Band. Die Streckgrenze wird im Zug- wie auch im Druckverf. beobachtet, so daß sie nicht infolge Einschnürung auftreten kann. Eine Alterung unter einer der Verformungsbeanspruchung gleichgerichteten Last erhöht die Streckgrenze im Vgl. zur Alterung ohne Last. Die obere Streckgrenze nimmt mit dem Logarithmus der Alterungszeit zu. Es treten zwei Wachstumsstufen auf, deren zweite wahrscheinlich der Bldg. von Carbidpartikeln entspricht. Die Sättigung in der Streckgrenzenalterung erfolgt rascher als bei der Abnahme der Snoek-Dämpfung. Die Aktivierungsenergie beider Vorgänge stimmt fast überein. Das sich in der oberen Streckgrenze äußernde Losreißen der verankerten Versetzungen ist ein nur geringfügig therm. aktivierter Vorgang. Im Gegensatz dazu ist die Fließspannung oder untere Streckgrenze stark von der Verformungstemp. u. -geschw. abhängig. Diese Fließspannung hat Reibungscharakter. Die Versetzungsanordnung wird beim Wechsel der Temp. u. Dehngeschw. nicht verändert. H. Hochstein. 200◇

0540 **Der Einfluß der Korngröße auf das zeitliche Fließen von weichem Stahl.** J. D. Campbell und K. J. Marsh. (Philos. Mag. [8] **7**, 933—52, 1962; Oxford, Univ., Engng. Labor.; engl.) — Eine neuentwickelte hydraul. Schnellbelastungsmaschine wird beschrieben, welche in der Lage ist, eine vorbestimmte Druckspannung in einer Zeit von der Größenordnung von einigen wenigen Millisekunden anzulegen u. diese Spannung bis zum u. während des nachfolgenden Fließens der Probe konst. aufrecht zu erhalten. Die an unlegiertem, niedrig gekohltem Stahl ermittelten Ergebnisse werden mitgeteilt, die den Einfl. der Ferritkorngröße u. der angelegten Spannung auf das Fließen erkennen lassen. Die Ergebnisse werden auf Grund einer Versetzungstheorie erörtert, wobei auch der Einfl. der Korngröße auf das stat. Streckverh. der Proben behandelt wird.
H. Hochstein. 200◇

0541 **Zur inneren Reibung in Au–Ni-Legierung.** M. A. Quader. (Indian J. Physics Proc. Indian Assoc. Cultivat. Sci. **36(45)**, 330—33, 1962; Calcutta, Indian Assoc. for the Cultiv. of Sci.; engl.) — Au mit 74 Atom-% Ni zeigt bei 120° ein Maximum der inneren Reibung, das sich bei

aufeinanderfolgenden Messungen zu niedrigeren Temp. hin verschiebt, bis es ganz verschwindet. Eine Deutung der Erscheinung konnte noch nicht gegeben werden.
K. Jaeger. 200◇

0542 **Versetzungsdämpfung in einer α-AgCd-Legierung.** Md. Abdul Quader. (Indian J. Physics Proc. Indian Assoc. Cultivat. Sci. **36(45)**, 77–84, 1962; engl.) – Vgl. vorst. Referat. – An einer α-AgCd-Leg. mit 29,3 Atom-% Cd wird die Versetzungsdämpfung bei Temperung untersucht. Die Ergebnisse werden unter dem Aspekt der Festlegung der Versetzungen durch die Gitterleerstellen u. der Granato-Lücke-Theorie diskutiert.
K. Jaeger. 200◇

0543 **Zum Verhalten oberflächennaher Kristallite kubisch-flächenzentrierter Metalle bei Zugverformung.** 2. Mitt. E. Macherauch. (Metall **16**, 419–24, 1962; Stuttgart; dt.) – 1. vgl. C. **1963**, **11155**. – Behandelt werden die Theorien der Vielkristallverfestigungskurve kub. flächenzentrierter Metalle. Auf die Eigenspannungsausbildung nach einachsiger Zugverformung wird eingegangen; sie wird als Folge von Streckgrenzunterschieden der Einzelkristallite des Vielkristalls erörtert. Die vorliegenden experimentellen Befunde ergeben kein eindeutiges Bild über den Eigenspannungszustand nach plast. Zugverformung vielkristalliner Metallproben.
F. Vier. 200□

0544 **Zum Verhalten oberflächennaher Kristallite kubisch-flächenzentrierter Metalle bei Zugverformung.** 3. Mitt. Teil a. E. Macherauch. (Metall **16**, 985–89, 1962; dt.) – 2. vgl. vorst. Referat. – Durch das Röntgenrückstrahl-Verf. mit Filmregistrierung können je nach der Kristallitgröße des zu untersuchenden Vielkristalls quant. Aussagen über die Kristallite des erfaßten Oberflächenbereiches erhalten werden. Es wird gezeigt, daß es so möglich ist, Gitterdehnungsmessungen zur Ermittlung von Oberflächenspannungen durchzuführen. Ferner können Größe u. Mißorientierung einzelner Kristallite erfaßt werden. F. Vier. 200◇

0545 **Zum Verhalten oberflächennaher Kristallite kubisch-flächenzentrierter Metalle bei Zugverformung.** 3. Mitt. Teil b. E. Macherauch. (Metall **16**, 1200–10, 1962; dt.) – 3. Mitt. Teil a vgl. vorst. Referat. – An Vielkristallproben aus reinem *Cu, Ni, Al* u. einer *Al-Leg.* wurden Gitterdehnungsmessungen unter elast. u. überelast. Zugbeanspruchung u. nach Entlastung vorgenommen. Danach ist die während plast. Zugverformung von den oberflächennahen Kristallitgruppen im Mittel aufgenommene Spannung kleiner, als die aus der äußeren Belastung für die Gesamtprobe berechnete. Auch bei Belastungen oberhalb der Streckgrenze zeigen die Gitterdehnungen der Oberflächenkristallite eine Verteilung, wie sie für makroskop. ein- bzw. zweiachsige Spannungszustände üblich ist. Mit wachsender Verformung nimmt die Fließspannung der röntgenograph. erfaßten Oberflächenkristallite proportional der Gesamtverfestigung der Vielkristalle zu. Nach völliger Entlastung einachsig zugverformter Vielkristalle können in deren Oberflächenschichten Eigenspannungen nachgewiesen werden, die ein der vorher wirksam gewesenen Verformungsspannung entgegengesetztes Vorzeichen haben. Erst nach Entlastung von Spannungswerten, die größer als die Streckgruppe der untersuchten Vielkristalle sind, treten erste deutliche Veränderungen des Nullzustandes der Gitter-Eig.-Verteilung auf. Die Oberflächendruckeigenspannungen nehmen proportional der Verfestigung der Gesamtprobe zu. Bei Wiederbelastung verformter Proben sind bis zur jeweiligen Fließspannung die Gitterdehnungen der Oberflächenkristallite der von außen angelegten Spannung entsprechend dem Hookeschen Gesetz proportional. Unterss. von oberflächennahen Einzelkristalliten vielkristalliner Proben aus Al u. Cu ergaben, daß die Kristallite während der plast. Verformung ihre Orientierung ähnlich wie Einkristalle verändern können. Bei Kristallitgrößen von 100–500 μ ist bei kleinsten Verformungsgraden Mehrfachgleitung der dominierende Prozeß auch der oberflächennahen Kristallite. Bei Kristallitgrößen < 500 μ tritt in erheblichem Maße Nichtoktaedergleitung auf. Mit wachsender Zugverformung zerbrechen die ursprünglichen Kristallitbereiche in kleiner werdende Fragmente. Die oberflächennahen Kristallite durchlaufen individuelle Verfestigungskurven.
F. Vier. 200◇

0546 **Gespeicherte Energie und Regenerierung deformierter kubisch flächenzentrierter Metalle.** A. Seeger und H. Kronmüller. (Philos. Mag. [8] **7**, 897–913, 1962; Stuttgart. MPI für Metallforsch.; TH, Inst. für theoret. u. angew. Phys.; engl.) – Berechnet werden die gespeicherten Energien der Versetzungssyst., wie sie nach der Theorie im Zustand II der Kaltverformung auftreten, für *Cu, Ag, Au, Ni* u. *Al*. Es werden ∼ 7% der bei der plast. Deformation aufgewendeten Energie in Form von elast. Energie durch die Versetzungen gespeichert. Diese theoret. Forderung steht im Einklang mit den in der Literatur angegebenen experimentellen Ergebnissen. Etwas mehr als die Hälfte der gespeicherten Energie liegt in Form von Wechselwrkg. zwischen benachbarten Versetzungen gleichen Vorzeichens vor. Der restliche Anteil der gespeicherten Energie ist die Summe der elast. Energien der einzelnen Versetzungen. Für die Berechnungen wird eine neue Meth. benutzt, welche die genaue Kenntnis des Spannungsfeldes der Versetzung nicht erfordert. Diese Meth. wird auf die Regenerierung kaltverformter Ni-Einkristalle angewandt.
K. Jaeger. 200◇

0547 **Untersuchung der inneren Reibung von Kupfer an Proben, die nach Methoden der Pulvermetallurgie gewonnen wurden.** W. P. Jeljutin, Je. I. Mosshuchin, A. W. Panow und R. B. Chalil. (Metallphysik u. Metallkunde [UdSSR] **14**, 443–51, 1962; Moskau, Stahl-Inst.; russ.) – Zur Best. der inneren Reibung wurde die Meth. der Messung der Schwingungsamplitude benutzt. Die Proben lagen sowohl nach dem Pressen, wie auch nach dem Sintern bei verschiedenen Bedingungen in Form von Plättchen vor. Die gepreßten Proben besitzen 2 Maxima auf der Temp.-Kurve der inneren Reibung: 1. Korngrenzenmaximum u. 2. O_2-Maximum. Sintern in H_2 bei 900–1000° führt zum Verschwinden des O_2-Maximums. Die Messung der inneren Reibung ergab, daß bei Steigerung der Sintertemp. von 600–900° die Kontaktoberfläche rascher als das Korn wächst. Bei weiterer Temp.-Steigerung von 900–1000° überwiegt das Kornwachstum.
N. Kubeth. 200◇

0548 **Reckalterung von Nickel.** W. F. Ssuchowarow. (Metallphysik u. Metallkunde [UdSSR] **13**, 275–79, 1962; Sibir. physik.-techn. Inst.; russ.) – Vf. untersucht für den Temp.-Bereich von 160–220° die Reckalterung bei 900° gealterter techn. u. reinster Ni-Proben in Abhängigkeit von Druck u. Zeitdauer. Eine Abschätzung der mittleren Aktivierungsenergie ergibt für diesen Prozeß 30,7 ± 2,4 kcal/Mol. W.-D. Heußner. 200◇

0549 **Die in Aluminium während einer Wechselbeanspruchung auftretenden Grundprozesse.** T. S. Kê und C. K. Wang. (Acta physica sinica **18**, 379–91, 1962; chin., Auszug: engl.) – Torsions-Wechselbeanspruchungen wurden an handelsüblichen Al (99,6%) u. an sehr reinem Al (99,99%) im geglühten u. kaltverformten Zustande ausgeführt. Die Form u. Fläche der Hysteresis-Schleife (Spannung zu Dehnung) nach verschiedenen Spannungswechseln N wurden bestimmt, aus denen der Energieverlust ΔE nach jedem Wechsel u. das maximale Torsionsmoment T_m der Probe berechnet wurden. Die ΔE–N- u. die T_m–N-Kurven wurden analysiert; verschiedene Stufen der Kurven wurden mit den Ergebnissen von metallograph. Beobachtungen auf der Probenoberfläche während des Ermüdungsprozesses in Beziehung gebracht. Es wird gefolgert, daß im Anfangsstadium der Wechselbeanspruchung der Hauptprozeß, welcher ΔE u. T_m verändert, das Festhalten von Versetzungen durch die während der Ermüdung entstandenen Leerstellen ist, u. daß dies als ein Masse-Effekt auftritt. Später bewirken die lokalisierten groben, in der Probe erscheinenden Gleitgebiete einen bes. Energieverlust ΔE, haben jedoch einen nur unbedeutenden Einfl. auf T_m. Infolgedessen entsprechen die Änderungen von T_m u. ΔE in dieser Stufe nicht länger einander. In der Annahme, daß die experimentell ermittelten Kurven eine Summe der durch diese beiden Prozesse (Masse-Prozeß u. lokalisierter

Prozeß) bewirkten Einw. darstellen u. daß die Anteile aus diesen beiden Prozessen an ΔE u. T_m sich mit der Ermüdungsamplitude ändern, können die Art der Probenbehandlung (geglüht oder kaltverformt) u. der Geh. der Probe an Verunreinigungen die Form u. Lage der zahlreichen experimentellen Kurven von ΔE-N u. T_m-N befriedigend erklären. H. Hochstein. 200◇

0550 **Die Hemmung und Enthemmung von Versetzungen in einer Al-Legierung mit 4% Cu unter Wechselbeanspruchung.** T. S. Kê und C. K. Wang. (Acta physica sinica **18**, 392—99, 1962; chin., Auszug: engl.) — Vgl. vorst. Referat. — Wechselbeanspruchungen unter konst. Torsionsspannung wurden an einer Al-Leg. mit 4% Cu ausgeführt. Der Energieverlust ΔE nahm bis auf ca. Null im Anfangsstadium des Vers. ab u. stieg dann wieder bei einer bestimmten Anzahl von Lastwechseln an. Die Ergebnisse einer metallograph. Beobachtung ergaben, daß entsprechend dem Anstieg von ΔE die Gleitgebiete plötzlich lokalisiert wurden. Unter Wechselbeanspruchung steigt das maximale Drehmoment T_m im Anfangsstadium des Vers. an. Es erreicht einen Höchstwert, den es für eine bestimmte Anzahl von Lastwechseln beibehält, worauf ein plötzlicher Abfall einsetzt, der mit dem Anstieg von ΔE übereinstimmt. Dieses Verh. scheint ein Anzeichen einer plötzlichen Enthemmung derjenigen Versetzungen zu sein, welche während des Anfangsstadiums der Wechselbeanspruchung gehemmt wurden. Es wird angenommen, daß der Hemmungsprozeß von Versetzungen von der Keimbldg. von Entmischungen gelöster Cu-Atome, aus der während des Anfangsstadiums des Verf. gebildeten Cottrell-Atmosphäre längs bestimmter günstiger Versetzungsquerschnitte herrührt, demzufolge andere Querschnitte der Versetzungen von den gelösten Cu-Atomen enthemmt wurden. Mit der Zunahme der Entmischungen an Größe nimmt die Länge der enthemmten Versetzungssegmente zu, bis ein bestimmter krit. Wert erreicht wird, bei dem eine Lawine auftritt u. zahlreiche Versetzungen erzeugt werden. Ein solches Ereignis bewirkt einen plötzlichen Abfall von T_m u. führt zur Bldg. von lokalisierten Gleitgebieten, die einen Anstieg von ΔE verursachen. H. Hochstein. 200◇

0551 **Der Einfluß einer Alterung, einer unterbrochenen Belastung und einer Auflösungsbehandlung auf das Ermüdungsverhalten von Al–Cu-Legierungen.** T. S. Kê, Y. S. Huang und C. K. Wang. (Acta physica sinica **18**, 400—10, 1962; chin., Auszug: engl.) — Vgl. vorst. Referate. — Der Einfl. von verschiedenen Behandlungen auf den Energieverlust ΔE u. das maximale Drehmoment T_m in Al–Cu-Legg. mit 1%, 2% u. 4% Cu unter Wechselbeanspruchung wird untersucht, wobei auch metallograph. Beobachtungen angestellt werden. Die mit Al–Cu-Legg. mit 1% Cu angestellten Verss. zeigten, daß bei Anlegung einer großen Torsionsspannung die Formen der ΔE- u. T_m-Kurven ähnlich denen von sehr reinem Al u. von handelsüblichem Al sind. Wenn jedoch die Torsionsspannung klein ist oder wenn die Probe vor der Ermüdungsprüfung gealtert wurde, waren die Formen der ΔE- u. T_m-Kurven ähnlich denen einer Al-Leg. mit 4% Cu. Diese Resultate können durch Wechselwrkg. zwischen gelösten Atomen u. Versetzungen erklärt werden. Verss. mit einer unterbrochenen Belastung wurden an den Al-Legg. mit 1 u. 2% Cu ausgeführt. Hierbei wird bestätigt, daß der Anstieg von ΔE in der späteren Sufe der Ermüdungsprüfung von dem Erscheinen grober Gleitbänder in den Proben u. nicht von einem durch Überalterung bedingten Weichwerden der Probe herrührt. Auflösungsbehandlungen wurden an der Al-Leg. mit 4% Cu vorgenommen. Hierbei ergab sich, daß die ermüdete Probe auf ihren ursprünglichen Zustand erholungsfähig ist, wenn sie unmittelbar nach dem Anstieg von ΔE behandelt wird. Wenn diese Behandlung jedoch später stattfindet, treten Ermüdungsrisse in der Probe auf. Auf Grund der Ergebnisse werden zwei Folgerungen von prakt. Bedeutung gezogen: 1. Es ist möglich, die Bldg. von Anfangs-Ermüdungsrissen durch Messen von ΔE zu entdecken, weil das Erscheinen von groben Gleitbändern ein Vorspiel der Rißbldg. ist; 2. es ist möglich, das Erscheinen von groben Gleitbändern zu verzögern u. so die Haltbarkeit durch Legieren u. Wärmebehandlung zu steigern. H. Hochstein. 200◇

0552 **Messungen der inneren Reibung und des Youngschen Moduls von sehr reinem Aluminium bei sehr niedriger Frequenz als Funktion der Temperatur.** B. Martinet und B. Secrétan. (Helv. physica Acta **35**, 266—72, 1962; Lausanne, Labor. de Génie Atom. de l'EPUL; franz.) — Mit Hilfe eines Pendels maßen Vff. zwischen 80°K u. 1000°K von polykristallinen Fäden von 99,999%ig. Al die innere Reibung bei Frequenzen von 0,2—1,5 Hz u. den Youngschen Modul mit Frequenzen von 0,5—100 mHz. Die Vers.-Ergebnisse sind graph. wiedergegeben. Bei den Messungen der inneren Reibung wurde das zum ersten Mal von Kê [1947] gefundene Maximum ebenfalls festgestellt. Aus der relativen Änderung des Youngschen Moduls als Funktion der Frequenz für verschiedene Temp. wurde eine Aktivierungsenergie von 2,1 eV erhalten. C. Gottfried. 200△

0553 **Die Änderung des Barrettschen anomalen Nachwirkungseffektes mit der Torsion.** D. B. Holt. (Acta metallurg. [New York] **10**, 1021—35, 1962; Johannesburg, Univ. of the Witwatersrand, Dep. of Phys.; engl.) — Die Veränderung der Verdrillung im Übergangsstadium des Barrettschen anomalen Nachwirkungseffektes (vgl. Barrett u. Mitarbeiter, J. Metals **5**, [1953], 1652) mit der Torsionsverformung wird an anod. oxydierten Al-Proben untersucht. Es scheint, daß der Oxidfilm bei einer Verdrillung von ca. 1 Grad/cm bei Al-Proben von 1 mm ⌀ nachgibt, d. h. bei einer Verzerrung an der Oberfläche von ca. $8,7 \times 10^{-4}$, daß es aber auch noch bei viel größeren Verdrillungen Spannungsfelder gibt, die durch den Angriff von Säure auf die Oxidschicht abgebaut werden können. Der Nachwirkungseffekt, den die Säure im Gebiet kleiner Verdrillungen hervorruft, hat die entgegengesetzte Richtung wie der Barrett-Effekt, der im Gebiet großer Verdrillung auftritt. Im Gebiet kleiner Verdrillung ist die Zeit für das Übergangsstadium kurz, im Gebiet großer Verdrillung ist sie viel länger. An elektropolierten u. verdrillten Proben waren transversale, longitudinale u. 45°-Linien sichtbar, an anodisierten u. verdrillten Proben jedoch nur 45°-Linien. Eine Unters. am Mikroskop u. Elektronen-Mikroskop zeigte, daß die 45°-Linien aus breiten Rissen im Oxidfilm bestehen, während die transversalen u. longitudinalen Linien eine Ablösung des Oxidfilms oder schmale Risse darin verursachen. Anscheinend sind die transversalen u. longitudinalen prim. Gleitsyst. für die eliminierbaren Spannungsfelder im Gebiet unterhalb 1°/cm verantwortlich, während die nicht kristallograph. 45°-Risse mindestens mit einem Teil der eliminierbaren Spannungen im Gebiet des Barrett-Effektes zusammenhängen. Der Einfl. der Anodisierungszeit auf die Struktur u. Eigg. des Oxidfilms wird untersucht u. das Ergebnis mit der Versetzungstheorie zu erklären versucht. — 37 Literaturangaben. H. Hochstein. 200◇

0554 **Verteilung von Gleitstellen und Bruch in Magnesiumoxid.** H. G. Tattersall und F. J. P. Clarke. (Philos Mag. [8] **7**, 1977—94, 1962; Harwell, Berkshire, A.E.R.E., Metallurg. Div.; engl.) — Vff. berichten über genaue elektronenmkr. Unters. des Bruchvorgangs bei *MgO*-Einkristallen. Es wird gezeigt, daß vor dem Bruch mehrere definierte Stadien elast. u. plast. Deformation durchlaufen werden. Der genaue Bruchmechanismus hängt von dem Zustand ab, in dem der Bruch vor sich geht. In allen Fällen tritt der Bruch bei solchen Versetzungskonfigurationen auf, bei denen die Spannungsenergie in der Nähe eines subkrit. Mikrorisses lokalisiert ist, wodurch Energie aus dem elast. Spannungsfeld beim Fortschreiten des Mikrorisses vergrößert wird. Durch Besprühen der Kristallflächen mit Carborundum-Pulver können bestimmte, den Bruch begünstigende Versetzungskonfigurationen erzeugt werden, wie elektronenmkr. Abb. der Spannungs- u. Bruchflächen zeigen. Unter solchen Bedingungen kann ein Mechanismus auftreten, der mit dem von Orowan (1934) beschriebenen übereinstimmt. — Die Bruchvorgänge während der genannten Stadien, Mikrostrukturcharakteristiken u. die Wachstums-Geschw. von Mikrorissen werden diskutiert. W. Sobieski. 200◇

0555 **Härtekennwerte gefärbter Flußspatkristalle.** Walter Gorski. (Z. Kristallogr., Kristallgeometr., Kristallphysik, Kristallchem. **115**, 468—69, 1961; Hamburg, Univ., Mineralog. Inst.; dt.) — Vf. berichtet über Härtemessungen an farblos klaren u. gefärbten *Flußspat*-Kristallen verschiedener Herkunft. Die gefärbten Proben erweisen sich als merklich härter [Härtekennwert HV 192 (Mittel)] als die farblosen Kristalle (HV 161). Bei Behandlung klarer Kristalle mit Röntgenstrahlen tritt eine Strahlungshärtung in der gleichen Größenordnung ein. W. Sobieski. 200◇

0556 **Weitere Beobachtungen über elektrische Effekte während cyclischer Beanspruchung von Alkalihalogenid-einkristallen.** G. Remaut, J. Vennik und S. Amelinckx. (Physics Chem. Solids **16**, 158—60, 1960; Gent, Labor. vor Kristalk.; engl.) — Vgl. C. **1963**, 7240. — Unterss. des elektr. Effekts bei der cycl. Belastung von NaCl mit Hilfe eines verfeinerten Verf. bestätigen die Annahme, daß dieser Effekt auf die Bewegung geladener Versetzungen zurückzuführen u. nicht als piezoelektr. Erscheinung anzusehen ist. C. Gottfried. 200△

0557 **Das mechanische Verhalten von NaCl-Einkristallen bei der Biegung.** W. S. Rothwell und Robert G. Greenler. (J. Amer. ceram. Soc. **45**, 607—10, 1962; Milwaukee, Wis., Allis-Chalmer Manuf. Co., Res. Div.; engl.) — Die plast. Verformung von NaCl-Einkristallen bei Querbiegung geht willkürlich auf zwei verschiedene Arten vor sich. Die Kristalle werden anfänglich durch Gleitung entlang den (110)-Gleitflächen normal zur Biegeebene verformt oder entlang den (100)-Flächen normal zur neutralen Fläche. Wird beim Biegen Gleitung auf den (110)-Flächen normal zur neutralen Fläche aktiviert, dann führt dieses zu einer höheren Steifigkeit der Proben. J. Heinze. 200◇

0558 **Zur Abhängigkeit elastischer Wellen in Einkristallen von der kristallographischen Orientierung.** P. C. Waterman. (Physic. Rev. [2] **113**, 1240—53, 1959; Providence, R. I., Brown Univ., Metals Res. Labor., Dep. of Appl. Math.; engl.) — Berechnet wurden die gestörten Phasengeschw. u. die Verschiebungsvektoren für nahezu „reine" transversale u. longitudinale elast. Schwingungen in Einkristallen. Aus den Verschiebungsvektoren lassen sich die Spannungskomponenten bestimmen. Die Energiefluß-Eigg. werden für beide Schwingungsfälle diskutiert. K. Jaeger. 200◇

0559 **Elastisches Verhalten von Stoffen unter sehr hohen Drücken. Betrachtungen der Instabilität.** E. V. Chelam. (J. Indian Inst. Sci. **42**, 101—07, 1960; Bangalore, Indian Inst. of Sci., Director's Res. Labor.; engl.) — Vf. nimmt Bezug auf eine Arbeit von Bhagavantam u. Chelam (C. **1962**, 12210) über das elast. Verh. von Stoffen unter hohen Drücken, in der ein Ausdruck für die effektive elast. Energie eingeführt wurde, u. zeigt, daß positive endliche Werte dieses Ausdrucks elast. Stabilität bedeutet. Da Vf. die Koeff. in diesem Energieausdruck berechnet hat, ist zu erwarten, daß er ein geeignetes Mittel zur Best. der elast. Instabilität in einem beliebigen Syst. darstellt, das großen Verformungen unterworfen ist. C. Gottfried. 200△

A$_7$. Gleichgewichte, Kinetik

0560 **Schnellmethode zur Bestimmung relativ instabiler Komplexverbindungen (partielle Beständigkeitskonstante von Komplexverbindungen).** W. I. Kusnetzow. (J. anorg. Chem. [UdSSR] **6**, 1042—49, 1961; Vernadsky-Inst. für Geochem. u. analyt. Chem. der Akad. der Wiss. der UdSSR; russ.) — Zur Charakterisierung relativ unbeständiger Komplexverbb. wird eine „partielle Beständigkeitskonst." vorgeschlagen. Sie ist das Verhältnis der molaren Konzz. der Komplexbildner u. der Metalle, die in Lsg. sind, u. kann leicht u. genau als Konz. der freien Metallionen in Lsg. angegeben werden. Diese wird durch Farbrkk. ermittelt. Eine allg. Arbeitsvorschrift wird angegeben. R. Teichmann. 223◇

0561 **Überführung von Zirkoniumionen im perchlor-, salz- und salpetersauren Medium.** B. I. Nabiwanetz. (J. anorg. Chem. [UdSSR] **6**, 1150—54, 1961; Inst. für allg. u. anorgan. Chem. der Akad. der Wiss. der UdSSR; russ.) — Die Verteilung von Zr auf kation., anion. u. neutrale Komplexe wird bei Konzz. von 0,38—0,48 m in $HClO_4$, HCl u. HNO_3 in Abhängigkeit von der Konz. der Säure mittels Elektroüberführung bestimmt. Bei $[H^+] \leq 5$ n liegt Zr nur als Kation vor. Erhöhung der Konz. an $HClO_4 > 1$ n führt zum teilweisen Übergang des Zr in Anionenkomplexe, gleichzeitig steigt der Anteil elektroneutraler Komplexe. In salz- u. salpetersaurer Lsg. mit $[H^+] > 1,5$ n liegt Zr nur als anion. oder neutraler Komplex vor. Die relative Stabilität dieser Komplexe steigt in der Reihenfolge $ClO_4^- < Cl^- < NO_3^-$. R. Teichmann. 223◇

0562 **Das Chelat zwischen dem Uranylion und Natrium-alizarin-3-sulfonat. Spektrophotometrische Untersuchungen der Zusammensetzung und Stabilität.** Samir K. Banerji und Arun K. Dey. (J. sci. ind. Res. [New Delhi], Sect. B **20**, 375—78, 1961; Allahabad, Univ., Chem. Labor.; engl.) — UO_2^{2+} bildet mit Na-Alizarin-3-sulfonat einen roten, im pH-Bereich 3,0—6,25 stabilen 1:1-Komplex ($\lambda_{max} = 560$ nm). Der log der Stabilitätskonst. beträgt bei 25° 4,22 ± 0,22, die Freie Bldg.-Energie bei der gleichen Temp. — 5,75 ± 0,31 kcal. P. Kurzmann. 223◇

0563 **Untersuchung der Fe(III)-Komplexe aromatischer Schiff-Basen.** 1. Mitt. J. Balog, J. Császár und E. Skribanek. (Acta Univ. Szegediensis, Acta physica chem. [N. S.] **7**, 93—111, 1961; Szeged, Univ., Inst. für Allg. u. Phys. Chem.; dt.) — Vff. untersuchten die Komplexe von Fe(III) mit o-Vanillin, Salicylaldimin, den Schiffschen Basen zwischen o-Vanillin u. o-Phenylendiamin bzw. p-Phenylendiamin sowie zwischen Salicylaldehyd u. Anilin, β-Naphthylamin, 2-Hydroxyanilin, p-Toluidin, p-Aminodimethylanilin u. p-Anidisin. Die FF. u. die Spektren im Bereich von 210—1200 nm der Lsgg. in A., Pyridin u. Dimethylsulfoxid werden angegeben. Die Spektren deuten darauf hin, daß es sich um Komplexe mit kovalenter Bindung handelt. Die Banden der für Übergangsmetallionen charakterist. d-d-Übergänge sind in keinem Falle mit vollkommener Sicherheit nachzuweisen. Die Komplexe sind gegen Säuren u. Basen sehr empfindlich; in 0,1 n HCl u. NaOH-Lsgg. tritt vollständiger Zerfall des Komplexes u. der Schiffschen Base ein. P. Kurzmann. 223◇

0564 **Über die Löslichkeit von Kieselsäure in Salzlösungen.** M. M. Pirjutko. (Nachr. Akad. Wiss. UdSSR, Abt. chem. Wiss. **1959**, 379—84; Inst. für Silicatchem. der Akad. der Wiss. der UdSSR; russ.) — Vf. untersuchte die Löslichkeit von Kieselsäure in Ggw. von CO_2, $Ca(HCO_3)_2$, $Mg(HCO_3)_2$, NaCl, $MgCl_2$, $CaCl_2$, Na_2SO_4 bzw. $NaNO_3$ u. verschiedenen Mischelektrolyten bei 25,8° u. bei 97°. Nur höhere Konzz. des Elektrolyts (1 m) konnten die Löslichkeit der Kieselsäure merklich herabsetzen. Die Natur des Anions ist maßgeblicher als jene des Kations; Cl^- u. NO_3^- weisen annähernd die gleiche Wrkg. auf. Der Einfl. des Kations macht sich bei höheren Ladungszahlen bemerkbar. Einführung von geglühtem Quarzpulver in übersätt. Lsgg. von Kieselsäure ist ohne Einfl. auf die Abscheidung von Kieselsäure. S. Slováková. 224◇

0565 **Anionotrope Solvosysteme.** 2. Mitt. **Konduktometrische Untersuchung der Solvosysteme Aluminium(III)-chlorid — Selen(IV)-oxidchlorid, Aluminium(III)-bromid — Selen(IV)-oxidchlorid, Zinn(IV)-chlorid — Selen(IV)-oxidchlorid und Silicium(IV)-chlorid — Selen(IV)-oxidchlorid.** Jiří Klikorka, Ivan Pavlík und Vladimír Krejčík. (Sborník vědeckých Prací, Vysoká Škola chem.-technol. Pardubice **1960**, 41—48; tschech.) — 1. vgl. C. **1959**, 16255. — Die Neutralisation der Solvosäure-Syst. von $AlCl_3$, $AlBr_3$ u. $SnCl_4$ mit $SeOCl_2$ durch das Solvobase-Syst. Pyridin(I)–$SeOCl_2$ unter Bldg. von Komplexverbb. wird konduktometr. verfolgt. $AlCl_3$ bildet mit **I** Verbb. im Verhältnis 4:1, 3:1, 2:1, 1:1, 1:2 u. 1:3, $SnCl_4$ im Verhältnis 3:1, 2:1, 1:1, 1:2 u. 1:3. Das Komplexion $AlCl_4^-$ ist deutlich sauer, $AlCl_6^{3-}$ bas., $AlCl_5^{2-}$ amphoter; dasselbe gilt für $SnCl_5^-$, $SnCl_7^{3-}$ u. $SnCl_6^{2-}$. Bei der Umsetzung von $AlBr_3$ mit $SeOCl_2$ entstehen $AlCl_3$ u. $SeOBr_2$. $SiCl_4$ ist in $SeOCl_2$ unlösl., daher werden bei diesem Syst. keine Solvosäure-Eigg. beobachtet. R. K. Müller. 224◇

0566 **Untersuchung der Löslichkeit im System NaF–NaCl–Na_2CO_3–H_2O bei 25 und 50°.** G. A. Lopatkina. (J. angew. Chem. [UdSSR] **32,** 2644—50, 1959; russ.) — Durch Best. der isotherm. Löslichkeiten wurden das tert. Syst. NaF–Na_2CO_3–H_2O sowie das quart. Syst. NaF–NaCl–Na_2CO_3–H_2O bei 25° u. 50° untersucht. In dem quart. Syst. u. in den einzelnen tert. Syst. werden keine Doppelsalze u. keine feste Lsgg. gebildet. Durch Zugabe von kleinen Mengen von NaCl zu der gesätt. Lsg. von NaF u. Na_2CO_3 wird NaF ausgesalzen. S. Slováková. 224◇

0567 **Das Auflösungs- und Anionenaustauschverhalten der Seltenerdmetalle und anderer Metalle in Lösungen von Kaliumhydrogencarbonat, Kaliumcarbonat und Ammoniumcarbonat.** Tomitsugu Taketatsu. (Bull. chem. Soc. Japan **36,** 549—53, 1963; Otsubo-machi, Fukuoka, Kyushu Univ., Gen. Educat. Dep.; engl.) — Die Löslichkeit der Ionen (M) Th^{4+}, Zr^{4+}, La^{3+}, Ce^{3+}, Pr^{3+}, Nd^{3+}, Sm^{3+}, Gd^{3+}, Dy^{3+}, Er^{3+}, Y^{3+}, Ga^{3+}, In^{3+}, Al^{3+}, Zn^{2+}, Cd^{2+}, Cu^{2+}, Ni^{2+}, Co^{2+}, Pb^{2+}, UO_2^{2+} u. Be^{2+} wurde in wss. Lsg. von $KHCO_3$ (**I**), K_2CO_3 (**II**) u. $(NH_4)_2CO_3$ (**III**) in Abhängigkeit von der Konz. von **I, II** u. **III** untersucht. Mit Ausnahme von Ce^{3+} u. Y^{3+} steigt die Löslichkeit von M mit steigender Ordnungszahl von M u. steigender Konz. von **I, II** u. **III,** wobei sich die Löslichkeitsunterschiede am deutlichsten in der **I**-Lsg. zeigen. Die Minimal-Konz. an **I, II** u. **III,** die zur vollständigen Lösung der Ndd. (M-Carbonate u. -Hydrogencarbonate) erforderlich ist, wurde bestimmt. Außerdem wurde der Verteilungskoeff. K_d zwischen dem Anionenaustauscher Dowex 1 u. der wss. Lsg. von **I** in Abhängigkeit von der Konz. von **I** für die Ionen M bestimmt. Die analyt. Trennung der Ionen M durch die wss. Lsg. von **I** wird diskutiert. K. Roß. 224◇

0568 **Die elektrochemischen Eigenschaften der Phasengrenze zwischen polaren Ölen und Wasser.** 1. Mitt. **Messung der Verteilungspotentialdifferenzen im System Nitrobenzol/Wasser mit einem dynamischen Kondensator.** S. Minc und Z. Koczorowski. (Electrochim. Acta [London] **8,** 575—82, 1963; Warsaw, Univ., Dep. of Phys. Chem.; engl.) — Das Potential an der Phasengrenze zwischen der wss. Lsg. eines bin. Elektrolyten u. einer damit nicht mischbaren organ. Fl. im Verteilungsgleichgew. ist schwierig zu messen, weil eine Salzbrückenverbindung zur organ. Phase eine erhebliche Fehlerquelle ist. Die Salzbrücke wird durch eine über der Oberfläche der organ. Fl. vibrierende Au-Elektrode ersetzt (sog. dynam. Kondensator). Die für verschiedene Anionen- u. Kationen-Paare mit dieser Meth. ermittelten Verteilungspotentialdifferenzen decken sich mit den Werten, die aus den für unendliche Verdünnung extrapolierten Verteilungskoeff. errechnet wurden. Im Syst. Nitrobenzol/Wasser lassen sich für 1 m Lsgg. folgende Potentialreihen aufstellen: Li^+ 0 (mV), Na^+ 26, NH_4^+ 48, K^+ 78, Rb^+ 87, Cs^+ 118, $[(C_2H_5)_4N]^+$ 206; Cl^- 0, Br^- 19, NO_3^- 70, J^- 98. Die Konz. der Elektrolyte hat oberhalb 1 m keinen Einfl.; bei kleineren Konzz. treten Abweichungen auf, die durch den Einfl. von Verunreinigungen erklärt werden. R. Drautzburg. 224◇

0569 **Die elektrochemischen Eigenschaften der Phasengrenze zwischen polaren Ölen und Wasser.** 2. Mitt. **Solvatationsenergien von binären Elektrolyten in wassergesättigtem Nitrobenzol.** Z. Koczorowski und S. Minc. (Electrochim. Acta [London] **8,** 645—49, 1963; engl.) — 1. vgl. vorst. Referat. — Aus den mit der Kondensator-Meth. ermittelten Verteilungspotentialdifferenzen von bin. Elektrolyten (LiCl, LiBr, LiJ, NaCl, NaBr, NaJ, KCl, KBr, KJ, RbJ, CsCl, CsBr, CsJ, NH_4J, KNO_3) im Syst. Nitrobenzol/W. werden die für unendliche Verdünnung geltenden Verteilungskoeff. bestimmt. Daraus lassen sich bei Kenntnis der Hydratationsenergien der einzelnen Ionen die Solvatationsenergien in der organ. Phase, die Ionen-Verteilungskoeff. u. die abs. Verteilungspotentiale abschätzen. R. Drautzburg. 224◇

0570 **Untersuchungen der Solvent-Extraktion von Zirkonium-95 im System Tribenzylamin–Salzsäure.** Takashi Omori und Nobuo Suzuki. (Bull. chem. Soc. Japan **36,** 850—54, 1963; Katahira-cho, Sendai, Tohoku Univ., Dep. of Chem.; engl.) — Vgl. C. **1964,** 5-0546. — Die ^{95}Zr-Extraktion mit Tribenzylamin (TBA) aus salzsaurer Lsg. wurde in Abhängigkeit von $[H^+]$, $[Cl^-]$, [TBAHCl] (TBAHCl = Tribenzylammoniumchlorid) u. von der Temp. untersucht. Verss. ergaben, daß Zr in Form anion. Chlorokomplexe, bes. $[ZrCl_6]^{2-}$, extrahiert wird. Dabei wird ein Zr von 4 TBA begleitet: das Lsgm. $CHCl_3$ enthält $(TBAH)_2[ZrCl_6] \cdot 2TBAHCl$ bzw. $(TBAH)_2[Zr(OH)_2 \cdot Cl_4] \cdot 2TBAHCl$. Bei der Trennung von Zr u. Nb ergab sich ein Trennfaktor von 200 aus 7,6 m HCl/0,8 m LiCl bei 25°, er stieg mit abnehmender Temp. an. H. H. Stamm. 224◇

0571 **Ionenaustausch-Extraktion mit höheren Aminen.** 5. Mitt. **Extraktion von Germanium, Zinn und Blei aus salzsauren Lösungen.** Genkichi Nakagawa. (J. chem. Soc. Japan, pure Chem. Sect. [Nippon Kagaku Zasshi] **81,** 1255—58, 1960; Nagoya, Kôgyô-Daigaku; jap., Auszug: engl. S. A 87.) — 4. vgl. C. **1963,** 6115. — Ge(IV) wird aus Lsgg., deren HCl-Konz. höher als 4 m ist, mit Amberlite LA-1 (**I**) in Xylol ausgezogen; der Extrahierungsgrad beträgt ca. 98%, wenn die HCl-Konz. 8—11 m ist. Sn(IV) wird ebenfalls aus salzsauren Lsgg. mit **I** gut ausgezogen; der Extrahierungsgrad beträgt ca. 97% (HCl-Konz. 4—6 m). Pb wird aus salzsauren Lsgg. nur unvollkommen ausgezogen; der maximale Extrahierungsgrad beträgt nur 40% (aus 1,5 m HCl). Aus den Xylol-Lsgg. werden Ge(IV) mit 0,5—1 m HCl, Sn(IV) mit 0,5—1 m HNO_3 u. Pb mit 0,5 m HNO_3 oder 0,5 m Na-Acetat gut ausgeschüttelt. E. Maekawa. 224□

0572 **Ionenaustausch-Extraktion mit höheren Aminen.** 6. Mitt. **Trennung von Selen(IV) und Tellur(IV).** Genkichi Nakagawa. (J. chem. Soc. Japan, pure Chem. Sect. [Nippon Kagaku Zasshi] **81,** 1258—60, 1960; jap., Auszug: engl. S. A 87.) — 5. vgl. vorst. Referat. — Die Trennung von Se(IV) u. Te(IV) aus salzsauren Lsgg. durch Ausziehen mit Amberlite LA-1 (**I**) in Xylol oder mit Tribenzylamin (**II**) in Chlf. wird untersucht. Se(IV) wird aus Lsgg., deren HCl-Konz. höher als 10 m ist, relativ gut extrahiert. Während Se(IV) aus den Lsgg. von **I** in Xylol mit W., HCl, HNO_3 u. NaOH nicht ausgezogen werden kann, wird es aus den Lsgg. von **II** in Chlf. mit dest. W. gut extrahiert. Te(IV) wird aus >4 m HCl gut mit den Amin-Lsgg. extrahiert, der Extrahierungsgrad beträgt 100% bei den HCl-Konzz. >6 m. Te(IV) in den Amin-Lsgg. wird mit dest. W. oder mit HCl zurückextrahiert. E. Maekawa. 224□

0573 **Mitfällung von Sr^{2+} mit Aragonit und von Ca^{2+} mit Strontianit zwischen 90° und 100°.** H. D. Holland, M. Borcsik, J. Munoz und U. M. Oxburgh. (Geochim. cosmochim. Acta [London] **27,** 957—77, 1963; Baltimore, Md., Johns Hopkins Univ., Dep. of Geol.; engl.) — Aragonit u. Strontianit wurden aus wss. Lsgg. bei Temp. zwischen 90 u. 100° durch CO_3^{2-} (durch Hydrolyse von $CCl_3CO_2^-$ entstehend) gefällt. Es wurde festgestellt, daß während des Fällungsprozesses zwischen Lsg. u. Nd. ein Oberflächengleichgew. herrscht u. daß die Verteilung von Sr u. Ca zwischen Lsg. u. Nd. der Doerner-Hoskins-Gleichung gehorcht. Der Verteilungskoeff. k_{Sr}^{A} ist von der NaCl-Konz. der Lsg. nahezu unabhängig, er nimmt von 0,59 bis 0,80 mit dem Sr-Geh. in der Aragonitphase zu. Die Gitterkonst. der festen Lsg. (Ca, Sr)CO_3 steigen zum Strontianit hin an, jedoch nimmt lediglich a linear mit dem Molenbruch von $SrCO_3$ zu. Die Unstetigkeit der Größe der Elementarzelle zwischen Sr-haltigem Aragonit u. Calciostrontianit bei 90° entspricht ca. 30 Mol.% $SrCO_3$. Ernst Schulte. 224◇

0574 **Eine einfache Methode zur Analyse der Dissoziations- und Schwingungsrelaxation hinter schrägen Stoßwellen.** George R. Inger. (AIAA Journal **1,** 1685 bis 1687, 1963; El Segundo, Calif., Aerospace Corp.; engl.) — Es wird eine Meth. zur Analyse der Nichtgleichgew.-Relaxation eines Lighthillschen idealen Gases hinter einer starken, ebenen, schrägen Stoßwelle beschrieben. Ferner werden die Folgerungen für die Anwendung auf Dissoziations- u. Schwingungsrelaxation entlang eines Keils oder Kegels diskutiert. G. M. Neumann. 225◇

0575 **Verschiedene Modelle degeneriert-verzweigter Ketten-Reaktionen mit einem Zwischenprodukt.** Je. T.

Denissow. (J. physik. Chem. **35,** 1966—74, 1961; Akad. der Wiss. der UdSSR, Inst. für chem. Phys.; russ., Auszug: engl.) — Vgl. C. **1963,** 5036. — Die theoret. möglichen Modelle von Ketten-Rkk. mit entarteter Verzweigung unter Bldg. nur eines Zwischenprod. ZP aus dem Ausgangsstoff nach einem Kettenmechanismus werden analysiert. Die Kurve der Kinetik der Anreicherung von ZP hat S-Form, wenn ZP auch in einer Ketten-Rk. verbraucht wird oder ohne Kette aus ZP nach einer Rk. 1. Ordnung freie Radikale entstehen u. der Prozeß mit einer quadrat. Ketten-Rk. endet. Bei Rk. ohne Kette erfolgt der Verbrauch oder die Anreicherung von ZP unter Selbstbeschleunigung, nicht stationär. Rascher Verbrauch von ZP während der Rk. führt zu einem stationären Prozeß, der einer äußeren Quelle freier Radikale bedarf. R. K. Müller. 225◇

0576 **Messungen der Dissoziationsgeschwindigkeit von molekularem Sauerstoff.** Charles J. Schexnayder jun. und John S. Evans. (Nat. Aeronaut. Space Adm., techn. Rep. **1961,** Nr. R-108, 1—18; Langley Field, Va., Langley Research Center; engl.) — Es wurde die Fähigkeit des mol. O_2, Licht im Spektralbereich des Schumann-Runge-UV zu absorbieren, zur Beobachtung der O_2-Konz. hinter Stoßwellen als Funktion der Zeit ausgenutzt. Der Logarithmus der Dissoziations-Konst. von reinem O_2 im Bereich von 3800 bis 9000°K beträgt log K (cm/Mol·s) = 1,6233 · 10^4 (1/T) — 9,8218. Für log k von O_2 in einer O_2–Ar-Mischung mit 10% O_2 gilt log K = — 1,6316 · 10^4 (1/T) — 10,4942 (5000—10000°K). Die Aktivierungsenergien der Dissoziation betragen für O_2 (3800—9000°K) 74,28 u. für 10% O_2 in Ar (5000 bis 10000°K) 74,66 kcal/Mol. D. Rogalla. 225◇

0577 **Inhibierende Wirkung von Kohlenwasserstoffen auf die Ozonbildung in stillen elektrischen Entladungen.** Eiichi Inoue und Kiichiro Sugino. (Advances Chem. Ser. Nr. **21,** 313—16, 1959; Tokyo, Inst. of Technol.; engl.) — Vff. untersuchen den Mechanismus der inhibierenden Wrkg. von KW-Stoffen (Cyclohexan, n-Hexan u. n-Heptan) bei der O_3-Bldg. durch stille elektr. Entladung. Die Geschw. der O_3-Bldg. ändert sich linear mit der KW-Stoff-Konz., unabhängig von der Art des KW-Stoffes. P. Golinske. 225◇

0578 **Mechanismus der Zersetzung von Ozon in der Gasphase. Thermische und photochemische Reaktionen.** Arthur E. Axworthy jun. und Sidney W. Benson. (Advances Chem. Ser. Nr. **21,** 388—97, 1959; Los Angeles, Calif., Univ. of Southern California, Dep. of Chem.; engl.) — Die bisher mitgeteilten Ergebnisse über die therm. Zers. von O_3 lassen sich quant. unter der Annahme des einfachen Mechanismus $M + O_3 \rightleftharpoons O_2 + O + M$ (M = Inertgas), $O + O_3 \rightarrow 2O_2$ erklären. Ein Beweis für das Vorliegen einer direkten bimol. Rk. oder eines Kettenmechanismus konnte nicht erbracht werden. P. Golinske. 225◇

0579 **Folgerungen aus Daten über die Zersetzung von Ozon in der Gasphase.** Sidney W. Benson und Arthur E. Axworthy jun. (Advances Chem. Ser. Nr. **21,** 398 bis 404, 1959; Los Angeles, Calif., Univ. of Southern California, Dep. of Chem.; engl.) — Kinet. Betrachtungen über die O_3-Zersetzung. P. Golinske. 225◇

0580 **Kinetik der Ozonisierung von Cyaniden.** K. K. Khandelwal, A. J. Barduhn und C. S. Grove jun. (Advances Chem. Ser. Nr. **21,** 78—86, 1959; Syracuse, N. Y., Univ.; engl.) — Die Geschw. der Oxydation wss. Cyanid-Lsgg. durch ozonhaltiges O_2 wird unter den verschiedensten Bedingungen bestimmt. Die Geschw.-Konst. wird mehr als verdoppelt, wenn Cu^{2+} als Katalysator zugefügt wird, jedoch bewirken steigende Konz. an Cu^{2+} keine merkliche Änderung der Rk.-Geschw.; diese wird auch durch die folgenden Anionen der Cu-Salze, wie SO_4^{2-}, NO_3^-, CH_3COO^- oder Cl^-, oder durch das Vorliegen verschiedener Temp. zwischen 13 u. 30° nicht wesentlich beeinflußt. P. Golinske. 225◇

0581 **Der Isotopenaustausch zwischen gasförmigem Wasserstoff und flüssigem Ammoniak. 2. Mitt. Die Kinetik des Austausches in einer Füllkörperkolonne.** P. Duranti-Valentini und P. L. Rebora. (Energia nucleare **9,** 621—27, 1962; San Donato Milanese, Milano, L. R. S. R.; engl.) — 1. vgl. Energia nucleare **9,** [1962], 388. — Im Labormaßstab wurde die Kinetik des Isotopenaustausches zwischen H_2-Gas (mit Deuterium angereichert) u. fl. NH_3 bei Ggw. von KNH_2 in einer Gegenstrom-Füllkörperkolonne untersucht. Die Verss. erstreckten sich auf Drücke bis zu 60 atm u. auf Temp. zwischen — 50° u. + 10°, wobei auch die Einfl. von Temp.- u. Druckänderungen auf die Austauschrk. sowie die Abhängigkeit von der KNH_2- u. der H_2-Konz. (Verdünnungsmittel N_2) eingehend untersucht u. formelmäßig mitgeteilt werden. Die Resultate können nicht ohne weiteres auch für größere Anlagen Anwendung finden, weil sich die fließdynam. Bedingungen der Laborapp. nicht in den Maßstab industrieller App. übertragen lassen. Vff. sind dennoch der Meinung, daß eine nach dem beschriebenen Prinzip arbeitende Anreicherungsanlage für Deuterium mit anderen bekannten Verff. durchaus konkurrieren kann. D. Ertel. 225◇

0582 **Über die Geschwindigkeit der Hydrolyse von Monocalciumphosphat in wäßrigen Lösungen.** M. Je. Posin, B. A. Kopylew und D. F. Shilzowa. (J. angew. Chem. [UdSSR] **32,** 710—16, 1959; Leningrad, Polytechn. Lensowjet-Inst.; russ.) — Der Zeitverlauf der Hydrolyse von Monocalciumphosphat weist einen kurzen steilen Anstieg, dann ein Verlangsamen der Hydrolyse und schließlich wieder einen schwachen Anstieg auf. Das Verlangsamen bzw. die Unterbrechung der Hydrolyse kann durch die Bldg. von übersätt. Ca-Dihydrogenphosphatlösungen erklärt werden. Die Hydrolysegeschw. ist von dem Verhältnis Monocalciumphosphat/Wasser, sowie von der Temp. abhängig: Bei den Mengenverhältnissen 0,1 und 1,5 hydrolysieren in den ersten (zweiten) 10 Min. 32,5% (7,5%) bzw. 10% (1,7%). Temp.-Erhöhung beschleunigt die Reaktion. In Ggw. von freiem H_3PO_4 wird die Hydrolysen-Geschw. bei sonst gleichen Bedingungen merklich erniedrigt. S. Slováková. 225◇

0583 **Über die Anwendung der Scheibenelektrode zur Aufklärung des alkalischen Permanganatzerfalls.** Rolf Landsberg und Siegfried Müller. (Wiss. Z. Techn. Hochschule Chem. Leuna-Merseburg **3,** 319—26, 1960/61; Merseburg, TH, Inst. für Phys. Chem.; dt.) — Die beobachteten kinet. Gesetzmäßigkeiten führen zu einem Mechanismus des Permanganatzerfalls, der quant. mit dem Experiment übereinstimmt. Anfangs ist die Rk. des MnO_4^--Ions mit dem OH^--Ion geschwindigkeitsbestimmend. Kurze Zeit nach Rk.-Beginn macht sich die Rück-Rk. des MnO_4^{2-}-Ions mit den OH-Radikalen bemerkbar, die zu einem vorgelagerten Gleichgew. führt, während die nachfolgende Rk. der OH^--Ionen mit den OH-Radikalen geschwindigkeitsbestimmend wird. G. M. Neumann. 225◇

0584 **Die Kinetik der Hydrolyse einiger Komplexverbindungen des Platins (IV).** A. A. Grinberg und Ju. N. Kukuschkin. (J. anorg. Chem. [UdSSR] **6,** 1084—97, 1961; russ.) — Vgl. C. **1962,** 18758. — Vff. untersuchen den Mechanismus der Hydrolyse folgender Pt(IV)-Verbb. in NaOH: $Na_2[PtCl_6]$, $K[PtCl_5NH_3]$, $[PtCl_4(NH_3)_2]$, $[PtCl_3(NH_3)_3]Cl$, trans-$[PtCl_2(NH_3)_4](NO_3)_2$, $[PtCl(NH_3)_5]\cdot Cl_3$, $K[PtCl_5Py]$ u. $K[PtCl_3Py]$ (Py = Pyridin). Die Konzz. der Rk.-Teilnehmer werden durch Titration gegen Phenolphthalein bzw. Methylorange bestimmt. Die Hydrolyse von $[PtCl_5Py]^-$ u. $[PtCl_3Py]^-$ hängt nicht von der Konz. des NaOH ab. Da der Mechanismus gleich ist, kann die Geschw.-Konst. direkt verglichen werden. Sie ist für $[PtCl_5Py]^-$ 25mal kleiner als für $[PtCl_3Py]^-$. In Komplexen, die zugleich Chlorid u. Ammoniakmoll. enthalten, ist die Amidoform bei der Hydrolyse ausschlaggebend. Geringe Red. des Pt(IV) zu Pt(II) in Abhängigkeit von der Konz. der Lauge erfolgt, wenn Cl–Pt(IV)–Cl-Bindung vorliegt. Für die Ionen $[PtCl_5NH_3]^-$, trans-$[PtCl_3(NH_3)_3]^+$ u. trans-$[PtCl_2(NH_3)_4]^{2+}$ ist die Geschw. der Rk. proportional der Konz. des Komplexes. Die Rk.-Ordnung ist 1,75. Die Ionen $[PtCl_5Py]^-$ u. $[PtCl(NH_3)]^{3+}$ reagieren nach Gleichungen 1. Ordnung. Die Geschw. der Rk. der Ionen $[PtCl_5NH_3]^-$, trans-$[PtCl_2(NH_3)_4]^{2+}$ u. $[PtCl(NH_3)_5]^{3+}$ werden charakterisiert durch Gleichungen 1. Ordnung in bezug auf die Konz. der Lauge, während für $[PtCl_3(NH_3)_3]^+$ keine Abhängigkeit von der OH-Konz. gefunden wird. Die Größen der Geschw.-Konst. werden angegeben. R. Teichmann. 225◇

0585 **Gasfilm-Einflüsse bei der linearen Thermolyse von Festkörpern.** R. H. Cantrell. (AIAA Journal **1**, 1544 bis 1550, 1963; Silver Spring, Md., Johns Hopkins Univ., Appl. Phys. Labor.; engl.) — Die lineare Thermolyse von Festkörpern wird theoret. untersucht u. die Ergebnisse werden mit experimentellen Daten an festem CO_2 verglichen. Es zeigt sich, daß der Einfl. von Gasfilmen nicht vernachlässigt werden darf, da an ihnen starke Temp.-Sprünge auftreten. G. M. Neumann. 225◇

0586 **Trennung der Defektkonzentration von dem Diffusionskoeffizienten in diffusionsbestimmten Anlaufreaktionen.** Arthur J. Rosenburg. (J. electrochem. Soc. **107**, 795—99, 1960; Lexington, Mass., M. I. T., Lincoln Labor.; engl.) — In diffusionsbestimmten Anlauf-Rkk. ist die Rk.-Geschw. proportional DC_0 (D = Diffusions-Koeff., C_0 = Löslichkeit des Defektes, dessen Bewegung durch die Anlaufschicht zur Aufrechterhaltung der Rk. notwendig ist). Mitgeteilt wird eine Meth. zur genauen u. gleichzeitigen Best. von D u. C_0 allein aus der Reaktionsgeschwindigkeit. Die Meth. basiert auf kontrollierten Unterbrechungen der Anlaufreaktion. Für $C_0 \gg 10^{17}\,cm^{-3}$ können noch die gebräuchlichen experimentellen Techniken angewendet werden. Die Meth. wird an der Oxydation von *InSb* geprüft. K. Jaeger. 225◇

0587 **Kinetik der Fluorierung einiger Uranverbindungen.** Gérard Vandenbussche und Tivadar Kikindai. (C. R. hebd. Séances Acad. Sci. **256**, 4657—60, 1963; Fontenay-aux-Roses, C. E. A., Dép. du Plutonium; Ecole Centr. des Arts et Manuf.; franz.) — Die Fluorierung von UF_4, UO_2, UO_2F_2 u. U_3O_8 verläuft unter Bldg. von UF_6 nach dem Schema Gas I + fester Stoff → Gas II. Die vier Vorgänge sind Grenzflächenrkk., die durch $(1-\alpha)^{1/3} = 1 - kt$ beschrieben werden (α = Rk.-Grad). M. Engel. 225◇

0588 **Oxydation von Metallen in geschmolzenen Salzen. Silber in Natriumchlorid.** Kurt H. Stern. (J. physic. Chem. **66**, 1311—17, 1962; Washington, D. C., Nat. Bur. of Stand., Electrochem. Sect.; engl.) — In Ag-Tiegeln wird im Vakuum entgastes, teilweise mit Zusätzen von AgCl u. Na_2O versehenes NaCl bei 900° an Luft unter O_2 bzw. Ar mit 10^{-4} Torr O_2 1—170 Std. lang geschmolzen u. in der abgekühlten Schmelze Na_2O u. Ag titrimetr. bzw. colorimetr. bestimmt; von dem in der Schmelze enthaltenen Ag beträgt der Anteil Ag^+ nach ESR-Messungen $1 \cdot 10^{-3}$ Mol-%. In Ggw. von O_2 ist die Oxydationsgeschw. für Ag weitgehend unabhängig von den Vers.-Bedingungen u. wird mit der Geschw.-Konst. $0{,}038 \leq k \leq 0{,}062$ durch $[Ag^+] = kt^{1/2}$ beschrieben; unter Ar ist die Geschw. jedoch beträchtlich kleiner. Das Verhältnis Ag^+/O^{2-} ist in allen Fällen größer als aus der Bldg. über Ag_2O anzunehmen ist. Die Oxydations-Rk. kann demnach in 2 gleichzeitig ablaufende Stufen-Rkk. (a) $2\,Ag + {}^1/_2O_2 \to 2\,Ag^+ + O^{2-}$ u. (b) $Ag^0 + Na^+ \to Ag^+ + Na^0$ aufgeteilt werden, wobei die Bldg.-Rk. für Ag^+ von den Rk.-Bedingungen abhängt. Die Gleichgew.-Konst. für a beträgt $K_a = 3{,}8 \cdot 10^{-7}$. Beim Schmelzen von NaCl in Ag unter Ar treten nach Entfernung der Schmelze gelbe Flammenerscheinungen auf, so daß ein Legieren des Ag mit Na entsprechend Rk. b angenommen werden kann. Herbert Müller. 225□

0589 **Kinetik der Photolyse von Stickstoffdioxid in der Luft bei niederen Konzentrationen.** H. W. Ford, G. J. Doyle und Noboru Endow. (Advances Chem. Ser. Nr. **21**, 410—15, 1959; Palo Alto, Calif., Stanford Res. Inst.; engl.) — Geschw.-Konst., die bei höheren Konzz. ermittelt wurden, können auch zur Best. der Rk.-Geschw. bei niederen Partialdrücken von kontaminierenden Bestandteilen der Atmosphäre verwendet werden, wie am Beispiel der Best. der Geschw. der Rk. von N_2O_4 mit O_3 gezeigt wird. Kinet. Unterss. dieser Art können bei Spuren-Konzz. vorgenommen werden. P. Golinske. 226◇

0590 **Der Einfluß des pH-Wertes auf die Ausbeute an Radikalen bei der γ-Radiolyse wäßriger Systeme.** F. S. Dainton und W. S. Watt. (Nature [London] **195**, 1294 bis 1296, 1962; Leeds, Univ. of Leeds, School of Chem.; engl.) — Die G-Werte für die Bldg. von H, OH, H_2O_2 u. H_2 wurden im Lsg.-Syst. $[Fe(CN)_6]^{3-}/[Fe(CN)_6]^{4-}/H_2O$ für pH-Werte > 6 bestimmt; für pH-Werte < 6 lagen ältere Messungen vor. G_{H_2} u. $G_{H_2O_2}$ sind im Bereich pH 0—14 konst., G_H u. G_{HO} fallen bei pH 0—4, sind konst. bei pH 4—11 u. steigen ab pH 11 wieder an. B. Schmitt. 226◇

0591 **Photochemische Reduktion von Mangan(III) in alkalischer Tartratlösung.** Nobuyuki Tanaka, Yasuko Kikuchi und Yoshiharu Usui. (Z. physik. Chem. [Frankfurt/M.] [N. F.] **37**, 133—34, 1963; Sendai, Japan, Tohoku Univ., Fac. of Sci., Dep. of Chem.; engl.) — Durch Luftoxydation von Mn(II) in Britton-Robinson-Puffer von pH 11,7 in Ggw. von Na-Tartrat wird der *Hydroxotartrato-Mn(III)-Komplex* gebildet. Bei Belichtung wird Mn(III) zu Mn(II) reduziert. Gleichzeitig entsteht ein Oxydationsprod. mit einem Red.-Potential von — 1,35 V gegen gesätt. Kalomelelektrode. K. Roß. 226◇

0592 **Die Wirkung weicher Röntgenstrahlen auf Azide vom Kaliumazid-Strukturtyp.** Brigitte H. Krause. (Z. Kristallogr., Kristallgeometr., Kristallphysik, Kristallchem. **115**, 413—19, 1961; Fort Belvoir, Va., U. S. Army Engng. Res. and Dev. Labor., Basic Res. Group; engl.) — Vf. berichtet über eine vorläufige Unters. der durch weiche Röntgenstrahlung (40 kV, 38 mA) induzierten Zers. von Aziden vom KN_3-Typ. AgN_3 zersetzt sich viel stärker als TlN_3 u. KN_3, da es kein reines Ionengitter ausbildet. (Die Gitter-Konst. nimmt in Richtung der schwachen Ag—N-Bindung zu). Folgende Strahlungseffekte wurden beobachtet: Linienverbreiterung (z. T. asymm. zum Maximum) u. Verschwinden der Dublettauflösung, individuelle Verschiebung der 2 Θ-Winkel in Richtung größerer oder kleinerer 2 Θ bei verschiedenen hkl-Reflexen, Intensitätsänderung während der Bestrahlung (zu beachten bei Struktur-Bestimmung). W. Sobieski. 226◇

0593 **Chemische Effekte beim Einfang thermischer Neutronen.** 12. Mitt. **Ausheilen durch Druck.** T. Andersen und A. G. Maddock. (Trans. Faraday Soc. **59**, 1641—47, 1963; Cambridge, Chem. Labor.; engl.) — 10. vgl. C. **1963**, 18766. — Neutronenbestrahltes *Kaliumchromat* wurde vor dem Auflösen in Wasser einer Druckbehandlung unterzogen (bis ca. $5 \cdot 10^5$ atm). Dabei zeigte sich eine Zunahme der Retention R mit steigendem Druck P (linearer Zusammenhang zwischen R u. log P). Der Anstieg der Retention war um so größer, je höher die Probe vor der Druckbehandlung erhitzt wurde. Durch Extrapolation der resultierenden Geraden auf $\Delta R = 0$ erhielt man Schwellenwerte für das Einsetzen der Retentionssteigerung durch den Druck. Der zeitliche Einfl. des angewandten Druckes auf die Retention war gering. Quant. Angaben über den Druckeinfl. vor, während u. nach der therm. Ausheilung werden gemacht. Aus den Ergebnissen wird gefolgert, daß die Anwendung von Druck zu einer Erniedrigung der Aktivierungsenergie für die Rekombination der bei den Kernprozessen gebildeten Fragmente führt. Dieser relativ schnell wirkende Einfl. bewirkt sicher keine Diffusion der Fragmente über mehrere Gitterebenen, sondern führt lediglich zu einer Rekombination des Kristallgitters in der Umgebung der Rückstoßfragmente. W. Wiechmann. 226◇

0594 **Radiolyse von adsorbiertem CO_2.** Roger Coekelbergs, André Crucq, Alfred Frennet, Jean Decot und Lucien Timmerman. (J. Chim. physique Physico-Chim. biol. **60**, 891—98, 1963; Bruxelles, École Royale Milit., Inst. Interuniv. des Sci. Nucl.; franz.) — Vff. untersuchen die unter CO-Bldg. verlaufende Radiolyse von an Aluminiumoxid adsorbiertem CO_2 mit γ- (^{60}Co), β- (^{90}Sr) u. Röntgenstrahlen ($E \approx 40$ keV) u. beschreiben den Einfl. der Temp., der Dosis u. des Verhältnisses CO_2/Festkörper. Der in bezug auf die im heterogenen Syst. verteilte Gesamtenergie ermittelte G-Wert beträgt maximal 0,11, was durch eine Übertragung von Energie des Festkörpers auf die adsorbierte Phase gedeutet wird. A. Kumm. 226◇

0595 **Durch β- und γ-Strahlen induzierte heterogene Synthese von Ammoniak.** Roger Coekelbergs, André Crucq, Jean Decot und Alfred Frennet. (J. Chim. physique Physico-Chim. biol. **60**, 899—901, 1963; franz.) — Vff. untersuchen N_2—H_2-Gasgemische mit Verhältnissen zwischen 0,2 u. 9 durch Bestrahlung mit β- (^{90}Sr) u. γ-Strahlen (^{60}Co) in Ggw. eines großen Überschusses an Aluminiumoxid. Die G-Werte der NH_3-Synth., die in bezug auf die im heterogenen Syst. verteilte Gesamtenergie ermittelt wurden, liegen zwischen 0,5 u. 1 u. hängen vom N_2-Partialdruck ab. Die Aktievierungsenergie beträgt ca. 0,5 kcal/Mol zwischen 200 u. 500 °K. A. Kumm. 226◇

0596 **Die Energieakkomodation bei exothermen heterogenen katalytischen Reaktionen.** Bernard J. Wood, James S. Mills und Henry Wise. (J. physic. Chem. **67**, 1462—65, 1963; Menlo Park, Calif., Stanford Res. Inst.; engl.) — Der stationäre Massen- u. Energiefluß bei der heterogenen Rekombination von H-Atomen in Richtung auf eine Festkörperkatalysator-Oberfläche wurde mittels einer kombinierten Unters.-Technik aus ESR u. Calorimetrie ermittelt. Die verwendete Katalysatoroberfläche bestand aus Ni-, Pt- oder W-Heizdrähten. Gefunden wurde, daß nur ein Bruchteil der Energie der Atomrekombination vom Katalysator aufgenommen wird. Die Ergebnisse legen für den Energiefluß, den ein Festkörper aufnehmen kann, eine obere Grenze nahe. Dieses läßt sich als eine Folge der Gitterkraftkonst. des Katalysators deuten, die bei gewissen exothermen katalyt. Rkk. die geschwindigkeitsbestimmende Größe sein kann. M. Dal Ri. 227◇

0597 **Über die Beeinflussung oxidischer Katalysatoren durch Zuschläge. 7. Mitt. Der Sauerstoffdissoziationsdruck und die katalytische Wirksamkeit von Kupferoxid mit Zuschlägen von Manganoxid und Eisenoxid.** H. Braasch und G. Rienäcker. (Mber. dtsch. Akad. Wiss. Berlin **2**, 197—200, 1960; Dt. Akad. der Wiss., Forschungsgem., Inst. für anorg. Katalyseforsch.; Berlin, Humboldt-Univ., I. Chem. Inst.; dt.) — 6. vgl. C. **1963**, 17623. — Um den Zusammenhang zwischen dem Dissoziationsdruck von Metalloxidgemischen u. der Wirksamkeit dieser Gemische auch quant. zu untersuchen, wurde zunächst CuO, das neben guten katalyt. Eigg. einen bequem meßbaren Dissoziationsdruck hat, mit 1. Mn_2O_3 u. 2. Fe_2O_3 in solchen Mengen gemischt, daß sich Syst. $CuO–Me_2O_3$ bildeten. Zur Messung ihrer katalyt. Eigg. wurde die Oxydation von *CO* mit überschüssigem Luftsauerstoff nach der dynam. Meth. angewendet. Gegenüber dem reinen CuO war die Aktivierungsenergie der am Kontakt verlaufenden Rkk. mit $CuO–Mn_2O_3$-Mischungen niedriger u. die Aktivität erhöht; wogegen die Aktivität von $CuO–Fe_2O_3$-Mischungen nicht einmal den Wert von reinem CuO erreichte. Die katalyt. aktivsten Mischungen enthielten 60—80% CuO. Bei 50% lag ein ausgesprochenes Minimum. Die Aktivierungsenergie von Oxidmischungen wird um so niedriger, je mehr der Dissoziationsdruck des CuO durch das zugesetzte Oxid erhöht wird. Ein Zusammenhang zwischen katalyt. Aktivität u. dem Dissoziationsdruck konnte nicht beobachtet werden. Der Dissoziationsdruck bleibt innerhalb eines Syst. zweier Oxide nicht konstant. Ein Zusammenhang zwischen dem Dissoziationsdruck u. der katalyt. Wirksamkeit von Metalloxidgemischen ist vorhanden, es ist aber vorläufig nicht möglich, auf Grund bisher festgestellter thermodynam. Daten eine Voraussage über das katalyt. Verh. von Metalloxiden zu machen. P. Nachtwey. 227◇

0598 **Eine verbesserte Versuchsanordnung zur indirekten Messung von Sauerstoffdissoziationsdrücken.** H. Braasch und G. Rienäcker. (Mber. dtsch. Akad. Wiss. Berlin **2**, 200—04, 1960; dt.) — Vgl. vorst. Referat. — Durch Zusatz von La_2O_3 zu CeO_2 wird dessen Dissoziationsdruck erhöht. Vff. erwarten, daß dabei auch seine katalyt. Wirksamkeit gesteigert wird u. daß, weil CeO_2 das La_2O_3 in weiten Grenzen in fester Lsg. aufnimmt, nicht mit dem Auftreten neuer Phasen gerechnet zu werden braucht. Da La_2O_3 stark bas. ist, sollte zugleich festgestellt werden, ob es diese Eigg. auch im vorliegenden Syst. behält. Der Sauerstoffdissoziationsdruck, der einer einfachen direkten Messung nicht mehr zugänglich war, wurde nach Fricke u. Weitbrecht (1942) über ein Hilfsgleichgew., das CO/CO_2-Gleichgew., berechnet. Die Vers.-Anordnung arbeitet nach der dynam. Methode. Ein bestimmtes, in der App. befindliches Gasvol. wird ständig umgepumpt u. durch eine im Kreislauf befindliche Wärmeleitfähigkeitszelle analysiert. Die App. gestattet, einfache Gleichgew.-Messungen durchzuführen u. über bivarianten oder akt. Oxiden den Gleichgew.-Druck, der einem nicht abgebauten Oxid zukommt, zu messen. Schließlich kann sie auch für die Best. des bei der therm. Behandlung wasserhaltiger Substanzen frei werdenden W. verwendet werden. Mit dieser App. wurde das CO/CO_2-Gleichgew. über Ni-Pulver gemessen u. mit den Ergebnissen anderer Autoren in Übereinstimmung gefunden. P. Nachtwey. 227◇

0599 **Untersuchung der Teilchengröße von metallischem Nickel und Magnesiumoxid in Ni–MgO-Mischkatalysatoren.** V. Nikolajenko, M. Rálek, E. Kučera und V. Daneš. (Collect. czechoslov. chem. Commun. **27**, 2326—35, Okt. 1962; Prag, Tschechoslow. Akad. der Wiss., Inst. für phys. Chem.; dt.) — Aus der Verbreiterung der Röntgenbeugungslinien u. aus der Unters. der magnet. Eigg. wurden die mittleren Teilchengrößen des metall. Ni u. des MgO in einer Reihe von Mischkatalysatoren, die 5—96 Gew.-% Ni enthielten, bestimmt. Die Größe der Ni-Teilchen sinkt mit abnehmendem Ni-Geh. in den Katalysatoren von Werten über 300 Å bis unter 17 Å. Die Teilchengröße von MgO ändert sich viel weniger u. zwar nur im Bereich von 30—57 Å. Unter Voraussetzung isolierter kub. Kristalle wurden aus den ermittelten Teilchengrößen die Oberflächen der Katalysatoren berechnet u. mit den Oberflächenwerten verglichen, die nach der BET-Meth. aus den Ergebnissen der Tieftemperaturadsorption von Ar bestimmt wurden. Bei Katalysatoren, deren Ni-Geh. niedriger als 70% ist, wurde befriedigende Übereinstimmung der so erhaltenen Oberflächenwerte gefunden. V. Růžička/Prag. 227△

0600 **Zur Diffusionskinetik der heterogenen Katalyse. 4. Mitt. Kompensationseffekt durch Porenverarmung.** H. Noller und G.-M. Schwab. (Z. physik. Chem. [Frankfurt/M.] [N. F.] **37**, 63—78, 1963; München, Univ., Phys. Chem. Inst.; dt.) — 3. vgl. Z. physik. Chem. [Frankfurt/M.] [N. F.] **36**, [1963], 179; 2. vgl. C. **1963**, 1800. — Durch eine Modellrechnung zeigen Vff., daß es auf Grund der Porenverarmung zum Auftreten des Kompensationseffektes kommen kann. Variieren die Katalysatoren nur in Porenlänge u. Porenradius (Katalysatorkennzahl φ), so liegt die Kompensations-Temp. unter dem Meßintervall. Variieren die Katalysatoren nur im Häufigkeitsfaktor der spezif. Geschw.-Konst., so liegt die Kompensations-Temp. über dem Meßintervall. G. M. Neumann. 227◇

0601 **Dotierung und Oberflächenchemie an halbleitenden Katalysatoren.** Georg-Maria Schwab, Barbara Christa Dadlhuber und Edward Wall. (Z. physik. Chem. [Frankfurt/M.] [N. F.] **37**, 99—108, 1963; dt.) — Vgl. vorst. Referat. — An einigen techn. Crack-Katalysatoren u. an dotierten Al_2O_3-Proben wurde die Adsorption von Farbstoffen (Benzalacetophenon, Anthrachinon) aus Bzl., an Al_2O_3 auch die von NH_3 u. BF_3 bei 400° aus der Gasphase gemessen. Es zeigt sich, daß die Adsorption von Basen an sauren Oberflächenstellen zwar vorhanden ist u. durch p-Dotierung leicht gesteigert werden kann, daß aber mindestens drei Arten von Wechselwrkg. diesen Effekt verschleiern. G. M. Neumann. 227◇

0602 **Diffusion und Reaktionsgeschwindigkeit.** Yoshio Haranô. (Chem. and chem. Ind. [Kagaku to Kogyo] **16**, 306—16, 1963; Ôsaka, Siritu-Daigaku, Kôgakubu; jap.) — Übersicht über den Zusammenhang zwischen der Diffusion durch die Poren von Katalysatoren u. der Geschw. der katalysierten Reaktionen. — 70 Literaturangaben. E. Maekawa. 227◇

A_8. Präparative anorganische Chemie, Komplexverbindungen, Metallorganische Verbindungen

0603 **Nichtstöchiometrie in Clathratverbindungen.** L. A. K. Staveley. (Advances Chem. Ser. Nr. **39**, 218—23, 1963; Oxford, Univ., Inorgan. Chem. Labor.; engl.) — Die Theorie von van der Walls u. Platteeuw, daß Clathrate mit Gastmoll. gefüllt sein müssen, bevor sie thermodynam. stabil werden, wurde unter bes. Berücksichtigung der Hydrochinon-Clathrate u. der Gashydrate theoret. überprüft. Die Best. der spezif. Wärme von Hydrochinon-Clathraten ergibt Aufschluß über die Bewegung der eingefangenen Gastmoleküle. Die Schätzungen über die Höhe der Energieschwellen, die die Rotation der Moll. einschränken, werden mit denen, die aus spektroskop. u. Susceptibilitätsbest. erhalten wurden, verglichen. Ernst Schulte. 228◇

0604 **Die Umwandlung von Tetrakis-[dimethylamino]-dibor in Bis-[dimethylamino]-boran und Tris-[dimethylamino]-boran durch thermische Zersetzung.** L. Petterson und R. J. Brotherton. (Inorg. Chem. [Washington] **2**, 423, 1963; Anaheim, Calif., U. S. Borax Res. Corp.; engl.) — Der 48std. therm. Abbau von 1 Mol $B_2[N(CH_3)_2]_4$ bei 300° in einem evakuierten Glasrohr ergibt 0,78 Mol $BH[N(CH_3)_2]_2$ (**I**), 0,41 Mol $B[N(CH_3)_2]_3$ (**II**), 0,18 Mol CH_4 u. ca. 25% gelborangefarbene Fl. (13,9% B, Molgew. 268, IR-Bande bei 4,03 μ) als Rückstand. **II** fungiert wahrscheinlich nicht als Zwischenprod. bei dieser therm. Zers.-Reaktion. G. Heller. 258◇

0605 **Umesterung von Tetraalkoxydibor.** C. H. Newsom und R. J. Brotherton. (Inorg. Chem. [Washington] **2**, 423—24, 1963; engl.) — Vgl. vorst. Referat. — Bei der Rk. von Tetramethoxydibor (**I**) mit Alkoholen (ROH) bleibt die B–B-Struktur erhalten u. es ergeben sich bei $R=C_2H_5$ u. iso-C_3H_7 in guten Ausbeuten die Verbb. $(RO)_2B$–$B(OR)_2$; bei R = tert.-C_4H_9 tritt ster. Hinderung ein; es bilden sich jedoch Prodd. mit B–B-Bindung, vermutlich gemischte Methoxy-tert.-butoxydibore.

Versuche: *Tetraäthoxydibor*, $C_8H_{20}B_2O_4$; a) durch Dest. einer Lsg. von **I** in A. bei 30° u. 2 Torr in 1 Std.; n_D^{26} 1,3953; 63% (Ausbeute); b) durch Kondensieren von **I** u. A. bei —196° in ein Hochvakuum-Syst., 1std. Erwärmen auf 55—60°, Abkühlen auf —196° u. Erwärmen auf 0°; n_D^{25} 1,3950; 51%. — *Tetraisopropoxydibor*, $C_{12}H_{28}B_2O_4$; aus **I** in PAe. u. Isopropanol (65std. Rückfluß u. Verdampfen bei 30° u. 0,3 Torr); n_D^{26} 1,3971; 42,7%. G. Heller. 258◇

0606 **Die Darstellung einiger unsymmetrischer Tris-[amino]-borane.** R. J. Brotherton und Trent Buckman. (Inorg. Chem. [Washington] **2**, 424—25, 1963; engl.) — Vgl. vorst. Referate. — Destillierbare unsymm. Tris-[amino]-borane wurden durch partielle Transaminierung (20—30 Std., Rückfluß, in Toluol, unter N_2) von $B[N(CH_3)_2]_3$ (**I**) mit äquimolaren Mengen Di-n-propylamin (**II**), Anilin (**III**) u. N-Methylanilin (**IV**), sowie mit 2 Mol **II** pro Mol **I** unter $NH(CH_3)_2$-Entw. dargestellt: $RB[N(CH_3)_2]_2$, (R =) $(n\text{-}C_3H_7)_2N$, $Kp._{0,05}$ 32°; $n^{24,5}$ 1,4485; 48% (Ausbeute); C_6H_5NH, $Kp._{0,1}$ 72—75°, $n^{24,5}$ 1,5353; 40%; $C_6H_5N(CH_3)$, $Kp._{0,1}$ 68—69°; $n^{24,5}$ 1,5338; 78%; u. $[(n\text{-}C_3H_7)_2N]_2BN(CH_3)_2$, $Kp._{0,2}$ 75°; aus **I** u. **II** (1:2); n^{22} 1,4530; 38%. G. Heller. 258◇

0607 **Tiefgefärbte Borderivate von o-Nitroaminen.** J. C. Lockhart. (Chem. and Ind. **1961**, 2006—07; Englefield Green, Surrey, Royal Holloway Coll.; engl.) — o-Nitroanilin bildet mit Lewis-Säuren (BCl_3, $AlCl_3$, $SnCl_4$) in Ae., Nitrobenzol u. CCl_4 tiefgefärbte Verbb., deren Farbe durch Feuchtigkeit oder nucleophile Reagentien zerstört wird. Verschiedene substituierte Borchloride u. -bromide geben purpurfarbene Verbb.; Phenylbutoxyborisothiocyanat gibt eine rote Lösung. BF_3, Phenylbutoxyborfluorid u. Arylboronat geben keine Färbung. o-Dinitrobenzol, o-Phenylendiamin u. Phenylnitroguanidin reagieren nicht, während 2.4-Dinitroanilin u. -naphthylamin u. o-Nitrophenol gefärbte Prodd. liefern. Aus einer äquimol. Lsg. von o-Nitroanilin (**I**) u. Phenylbordichlorid in Ae. erhält man tief purpurfarbene Kristalle, die beim Stehen an der Luft (wenige Sek.) eine gelbbraune Färbung annehmen u. vermutlich zu Phenylboronsäure u. **I** hydrolysiert werden. Es wird auf das Vorliegen von Chlor-o-nitroanilino-phenylboran geschlossen, so daß die Färbung mit der Bldg. eines 6-gliedrigen Ringes durch Koordination zwischen dem B-Atom u. der Nitrogruppe erklärt werden kann. W. Mucke. 258◇

0608 **Synthese von deuteriertem Chlorsilan und Bromsilan.** R. D. Verma und L. C. Leitch. (Canad. J. Chem. **41**, 1652, 1963; Ottawa, Nat. Res. Council, Div. of Pure Chem.; engl.) — Chlor- bzw. Bromtrideuterosilan sowie normales Chlor- bzw. Bromsilan bilden sich in ca. 70%ig. Ausbeute bei der Rk. von Phenyltrideuterosilan (**I**) bzw. Phenylsilan (**II**) mit einem geringen Überschuß des betreffenden deuterierten bzw. normalen Halogenwasserstoffs im Bombenrohr.

Versuche: *Bromsilan*, aus 0,084 Mol **II** in 20 ml Diphenyläther u. 0,12 Mol HBr im Bombenrohr durch sehr langsames Erwärmen, 24 Std. bei 20°, mehrere Std. bei 50°; Ausbeute 68,5%. — *Chlorsilan*, analog aus **II** u. HCl. — *Bromtrideuterosilan*, aus **I** u. DBr. — *Chlortrideuterosilan*, aus **I** u. DCl. E. Steinrücke. 261◇

0609 **Das Verhalten von Phosphoroxidchlorid zu $TiCl_4$, CCl_4, $SiCl_4$, $GeCl_4$ und $SnCl_4$.** B. F. Markow, B. A. Woitowitsch und A. Ss. Barabanowa. (J. anorg. Chem. [UdSSR] **6**, 1204—10, 1961; Inst. für allg. u. anorgan. Chem. der Akad. der Wiss. der UdSSR; russ.) — An den bin. Syst. $TiCl_4$–$POCl_3$, CCl_4–$POCl_3$, $SiCl_4$–$POCl_3$, $GeCl_4$–$POCl_3$ u. $SnCl_4$–$POCl_3$ werden therm. Analysen ausgeführt. Die in der Literatur angegebenen Werte für das Syst. $TiCl_4$–$POCl_3$ wurden bestätigt u. ergänzt. Im Syst. $SnCl_4$–$POCl_3$ wird im Gegensatz zu einigen Literaturwerten nur die Verb. $SnCl_4 \cdot 2\,POCl_3$ gefunden. Die Syst. $POCl_3$ mit CCl_4, $SiCl_4$ u. $GeCl_4$ ergeben einfache Diagramme mit Eutektika. R. Teichmann. 264◇

0610 **Über die Struktur der Phosphor(III)-säure und ihrer Derivate.** A. D. Troitzkaja. (J. anorg. Chem. [UdSSR] **6**, 1147—49, 1961; russ.) — Vf. stellt aus Dialkylphosphiten bzw. H_3PO_3 u. $K_2[PtCl_4]$ in wss. Lsg. folgende Komplexverbb. bei Siedetemp. her: $[Pt\{P(OCH_3)_2OH\}_2 \cdot \{P(OCH_3)_2O\}_2]$, F. 163°; $[Pt\{P(OC_2H_5)_2OH\}_2\{P(OC_2H_5)_2O\}_2]$, F. = 85°; $[Pt\{P(OC_3H_7)_2OH\}_2\{P(OC_3H_7)_2O\}_2]$, (n-$C_3H_7$), F. = 36—37°; $[Pt\{P(OC_4H_9)_2OH\}_2\{P(OC_4H_9)_2O\}_2]$, (n-$C_4H_9$), ölige Fl.; $[Pt\{P(OH)_3\}_4]Cl_2$, schmilzt unter Zers.; $[Pt\{P(OH)_3\}_3Cl]Cl$, Zers.; $[Pt\{P(OH)_3\}_2 \cdot \{P(OH)_2O\}_2]$, Zers.; $[Pt\{P(OC_2H_5)_2OH\}_2\{P(OC_2H_5)_2O\}_2]$, F = 94,5—95°; $[Pt\{P(OC_3H_7)_2OH\}_2Cl_2]$, Zers.; $[Pt\{P \cdot (OC_4H_9)_2OH\}_2Cl_2]$, Zersetzung. R. Teichmann. 264◇

0611 **Über die Verbindung von Berylliumoxidacetat mit Stickstoffdioxid.** A. I. Grigorjew, A. W. Nowosselowa und K. N. Ssemenenko. (Ber. Akad. Wiss. UdSSR **125**, 557—59, 1959; Moskau, Lomonossow-Univ.; russ.) — Bei Eindampfen der gesätt. Lsg. von $Be_4O(CH_3COO)_6$ (**I**) in fl. NO_2 scheiden sich Kristalle der Zus. $Be_4O \cdot (CH_3COO)_6 \cdot 1{,}5\,N_2O_4$ (**II**) ab. Die Ggw. der dimeren Form N_2O_4 wurde durch magnet. Messungen nachgewiesen: spezif. magnet. Susceptibilität $\chi = -(0{,}46 \pm 0{,}01) \cdot 10^{-6}$ CGS-Einheiten. Die Bldg.-Enthalpie nach $Be_4O(CH_3COO)_6 + 1{,}5\,N_2O_4 \rightarrow Be_4O(CH_3COO)_6 \cdot 1{,}5\,N_2O_4$ beträgt 20,2 kcal. **II** krist. wahrscheinlich rhomboedr. mit $a = 12{,}4 \pm 0{,}1$ Å, $\alpha = 81 \pm 1°$. H.-J. Ostmann. 281◇

0612 **Verhalten von Zinkoxid in Oxidschmelzen.** D. M. Tschishikow und W. P. Stschasstliwy. (Ber. Akad. Wiss. UdSSR **127**, 356—58, 1959; Baikow-Inst. für Metallurg. der Akad. der Wiss. der UdSSR; russ.) — Vff. erklären die Ursache der Schaumbldg. von Zn-Oxiden in Oxidschmelzen u. das Entweichen der Zinkdämpfe aus der Schlacke. Wie die Analysen zeigen, sind die Schmelzen, die Eisenoxide u. Zinkoxide enthalten, in fl. Zustand nicht homogen. Am F. verläuft die Red. u. die Verdampfung des metall. Zinks. Die Verss. zeigten, daß beigemischtes SiO_2 u. CaO bei dem Erhitzen ohne Veränderung bleiben. Daraus folgt, daß nur die niedrigen Eisenoxide als Red.-Mittel wirken können. Die Schmelzen waren nach dem Erkalten bis Zimmertemp. nicht ferromagnet., was auf die Abwesenheit von Fe oder Magnetit in der Schmelze hinweist. Die Ggw. von nichtmagnet. Fe_2O_3 in der abgekühlten Schmelze spricht für seine sek. Entstehung. Vff. nehmen an, daß in fl. Schmelzen, die Eisenoxide u. ZnO enthalten, die Rk. $ZnO + 2\,FeO \rightarrow Zn + Fe_2O_3$ verläuft. S. Slováková. 288◇

0613 **Ternäres System aus Natrium-, Kalium- und Thalliumsulfat.** Je. K. Akopow. (J. anorg. Chem. [UdSSR] **6**, 1211—18, 1961; Allunions-Polytechn. Inst., Krasnojarsker UKP; russ.) — Das Syst. wurde nach der visuell-polytherm. Meth. untersucht. Dabei konnte die Verb. $Na_2SO_4 \cdot 3\,Tl_2SO_4$, F = 592°, nachgewiesen werden. Im Syst. existieren 11 Hauptfelder, 3 innere Phasen $\Phi_1-\Phi_3$ u. 3 selbständige Phasen I–III. An Tl_2SO_4 wurde eine homöomorphe Umwandlung (II. Art) bei 630° beobachtet. R. Teichmann. 297◇

0614 **Einige Salze der Äthylendiamintetraacetatoyttriumsäure.** I. W. Tananajew und G. Ss. Tereschin. (J. anorg. Chem. [UdSSR] **8,** 523–24, 1963; Akad. der Wiss. der UdSSR, Inst. für allgem. u. anorgan. Chem.; russ.) — Die Darst. von Rb-, Ca- u. Sr-Salzen der Äthylendiamintetraacetatoyttriumsäure (**I**) wird beschrieben, *Rb* · *[YÄDTA]* · *4 H₂O* ist ein zweiwertiger Elektrolyt, während *Ca[YÄDTA]₂* · *10 H₂O* u. *Sr[YÄDTA]₂* · *10 H₂O* nicht vollständig dissoziieren. Die Zerfallskonst. bei 25° betragen für $[YÄDTACa]^+$ $0,8 \cdot 10^{-2}$ bei einer Ionenstärke von 0,003 u. $2,6 \cdot 10^{-2}$ bei einer Ionenstärke von 0,016, für $[YÄDTASr]^+$ entsprechend $1,5 \cdot 10^{-2}$ u. $2,9 \cdot 10^{-2}$. Weiterhin wird die Dissoziations-Konst. von **I** zu pK = 1,70 u. das Löslichkeitsprod. $L = [H^+] \cdot [YÄDTA]^- = 1,35 \cdot 10^{-4}$ bestimmt.

Versuche: Rb_2CO_3 wird in einer stöchiometr. Menge **I** gelöst, CO_2 mit Luft vertrieben, beim Einengen der Lsg. Nd. von Rb[YÄDTA] · 4 H_2O. — $CaCO_3$ bzw. $SrCO_3$ werden mit Y_2O_3 u. ÄDTA im Verhältnis 1:2:1 umgesetzt, wobei zunächst Y_2O_3 u. ÄDTA gelöst werden u. dann das Carbonat zugesetzt wird. Feinkristalliner, weißer Nd. von $Ca[YÄDTA]_2 \cdot 10\ H_2O$ bzw. $Sr[YÄDTA]_2 \cdot 10\ H_2O$, lösl. in Wasser. G. Engelhardt. 300◇

0615 **Basische Chloride und Hydroxide der Seltenerdmetalle.** N. W. Aksselrud. (Fortschr. Chem. [UdSSR] **32,** 800–22, 1963; Inst. für allg. u. anorgan. Chem. der Akad. der Wiss. der UkrainSSR; russ.) — Übersichtsarbeit (Unters.-Meth., Titrationskurven von Seltenerdmetallsalzen, Unters. heterogener Syst. vom Typ Me^{n+} — OH^-–Cl^-–H_2O). — 172 Literaturangaben. Ch. Weiske. 303◇

0616 **Das binäre System $Ce(ClO_4)_3$–H_2O.** N. A. Schtschirowa und A. A. Sinowjew. (J. anorg. Chem. [UdSSR] **6,** 1227–32, 1961; Kurnakow-Inst. für allg. u. anorgan. Chem. der Akad. der Wiss. der UdSSR; russ.) — Aus $CeCl_3 \cdot 7\ H_2O$ u. $HClO_4$ hergestelltes $Ce(ClO_4)_3 \cdot 9\ H_2O$ wird in W. gelöst u. in Abhängigkeit von der Konz. werden die Löslichkeiten bestimmt. Die ausgefallenen Kristalle werden analyt. auf ihren Kristallwassergeh. untersucht. Dabei werden neben den aus der Literatur bekannten Verbb. *Ce(ClO₄)₃ · 9 H₂O* (**I**) u. *Ce(ClO₄)₃ · 8 H₂O* (**II**) die Verbb. *Ce(ClO₄)₃ · 12 H₂O* (**III**) u. *Ce · (ClO₄)₃ · 4 H₂O* (**IV**) gefunden. Das Schmelzdiagramm des Syst. wird bestimmt. Für die FF. werden folgende Temp. angegeben: **I** 107°, **II** 151°, **III** – 17,5°, **IV** 125°. Die im Bereich – 20 bis + 120° aufgenommene Kurve ergibt als Umwandlungspunkt **III** in **I** – 8,5°. Erhitzung von **I** im Vakuum (5–8 Torr) bei 120° ergibt wasserfreies Perchlorat $Ce(ClO_4)_3$. Darst. von **I**: $CeCl_3 \cdot 7\ H_2O$ wird mit 50%ig. $HClO_4$ erhitzt. Die Kristalle absaugen u. mehrmals aus W. umkristallisieren. R. Teichmann. 304◇

0617 **Reduktion von Zirkoniumdioxid mit Calciumcarbid und Calciumcyanamid.** G. A. Mejersson, Ju. G. Olessow und W. I. Prjalotschnikow. (Atomenergie [UdSSR] **14,** Nr. 6, 563–68, 1963; russ.) — Nach thermodynam. Berechnungen ergibt sich eine experimentell bestätigte Möglichkeit einer carbonisierenden Red. von ZrO_2 durch $CaCN_2$ u. CaC_2 bei Temp. von 900–1100°. Es werden optimale Ergebnisse nur dann erhalten, wenn mit einem Red.-Mittel-Überschuß von 120% bei Rk.-Zeiten von 4 Std. u. 1100° gearbeitet wird. Reduziert man ZrO_2 mit $CaCN_2$ im N_2-Strom, wird mit guter Ausbeute ein Carbidnitrid der Zus. Zr(C, N) erhalten. Abhängigkeiten zwischen Gitterabständen u. der chem. Zus. sowie der Freien Energie des Syst. u. der Temp. werden dargestellt. W.-D. Heußner. 322◇

0618 **Beobachtungen an den Systemen Th–S, Th–Se und Th–Te.** J. Graham und F. K. McTaggart. (Austral. J. Chem. **13,** 67–73, 1960; Melbourne, C. S. I. R. O., Chem. Res. Labor., Cement and Ceramics Sect.; Div. of Miner. Chem.; engl.) — Eine erneute Unters. der Syst. zeigte, daß die Reinheit der Ausgangsmaterialien einen wesentlichen Einfl. auf die entstandenen Phasen ausübt. Neben den bereits bekannten Verbb. ThS_2 (a 4,283 Å; b 7,275 Å; c 8,617 Å), $ThSe_2$ (a 4,435 Å; b 7,629 Å; c 9,085 Å) u. $ThTe_2$ wurden ziegelrotes *ThS₂,₅* (a 5,43 Å; c 10,15 Å; $D_{\cdot röнt.}$ 6,90 g/cm³; $D_{\cdot pykn.}$ 6,92) u. dunkelpurpurfarbenes *ThSe₂,₅* (a 5,629 Å; c 10,764 Å; $D_{\cdot rönt.}$ 8,34; $D_{\cdot pykn.}$ 8,21) mit tetragonaler Symmetrie sowie monoklines schwarzes *ThTe₃* (a 6,14 Å; b 4,31 Å; c 10,44 Å; β 98,4°; $D_{\cdot rönt.}$ 7,44; $D_{\cdot pykn.}$ 7,40) u. hexagonales, wahrscheinlich nicht-stöchiometr. *Th₂Te₃* (a 12,49 Å; c 4,354 Å) nachgewiesen. $ThS_{2,5}$ u. $ThSe_{2,5}$ besitzen vermutlich die Raumgruppe P 4_2/n oder P 4_2/nmc. P. Scharner. 324◇

0619 **Über die Reaktionen im System $PbCl_2 + PbBr_2 + 4\ Tl \rightarrow 2\ TlCl + 2\ TlBr + 2\ Pb$.** A. P. Palkin und G. G. Tschumakowa. (J. anorg. Chem. [UdSSR] **6,** 1172–77, 1961; russ.) — Vff. untersuchen das Syst. durch Aufnahme von Photothermogrammen u. Spektralanalyse des metall. Anteils der Rk.-Prodd. in trockenem CO_2. Die Rk. $PbCl_2 + 2\ Tl \rightarrow 2\ TlCl + Pb$ verläuft bei 364–380° zu 99,4–99,8%. Bei 330–338° verläuft die Rk. $PbBr_2 + 2\ Tl \rightarrow 2\ TlBr + Pb$ recht heftig zu 99,7–99,9%. Wird $PbCl_2$ zusammen mit $PbBr_2$ u. Tl in die Rk. eingesetzt, so zeigt diese 2 Maxima in den Bereichen 330–338° u. 364–380°. Es verlaufen also beide Reaktionen. R. Teichmann. 328◇

0620 **Zustandsdiagramme der Systeme Alkalimetall–Bleimolybdat- und wolframat.** I. N. Beljajew. (J. anorg. Chem. [UdSSR] **6,** 1178–88, 1961; russ.) — Die Syst. M_2MoO_4–$PbMoO_4$, M_2WO_4–$PbWO_4$ (M = Li, Na, K) u. Li_2X–K_2X (X = CrO_4, MoO_4, WO_4) wurden mit Hilfe von DTA untersucht. Das Syst. Li_2MoO_4–$PbMoO_4$ ist eutekt., das Syst. Li_2WO_4–$PbWO_4$ ebenfalls eutekt. mit begrenzten festen Lsgg. von $PbWO_4$ in Li_2WO_4 u. einer festen Verb. *Li₂WO₄ · 2PbWO₄*. Die Syst. Na_2X–PbX (X = MoO_4, WO_4) sind eutekt. mit beschränkten festen Lsgg. von PbX in Na_2X. Die Syst. K_2X–PbX (X = MoO_4, WO_4) u. Li_2X–K_2X (X = CrO_4, MoO_4, WO_4) bilden Verbb. mit Zus. 1:1. *K₂MoO₄ · PbMoO₄* u. *K₂WO₄ · PbWO₄* haben FF. bei 830 bzw. 856°, die erste Verb. hat eine Phasenumwandlung bei 675°. *Li₂CrO₄ · K₂CrO₄* (**I**), *Li₂MoO₄ · K₂MoO₄* (**II**) u. *Li₂WO₄ · K₂WO₄* (**III**) (FF. 548, 570, 626°) durchlaufen Phasenumwandlungen bei **I** 437°, **II** 390 u. 440°, **III** 360°. R. Teichmann. 337◇

0621 **Darstellung und Eigenschaften verschiedener Ammoniumuran(IV)- und Ammoniumplutonium(IV)-fluoride.** R. Benz, R. M. Douglass, F. H. Kruse und R. A. Penneman. (Inorg. Chem. [Washington] **2,** 799–803, 1963; Los Alamos, N. Mex., Univ. of California, Los Alamos Sci. Labor.; engl.) — Darst. u. Eigg. einer Reihe von Fluorokomplexen in den Syst. NH_4F–UF_4 u. NH_4F–PuF_4 werden beschrieben. Zur Darst. dient entweder die direkte Synth. aus stöchiometr. Mengen NH_4F u. Actinidenfluorid durch mehrstd. Erhitzen im Einschlußrohr oder der therm. Abbau von NH_4F-reichen Phasen. Der Existenzbereich einzelner Phasen wird thermogravimetr. bestimmt. Folgende Verbb. wurden identifiziert: a) Syst. NH_4F–UF_4 : *(NH₄)₄UF₈* (**I**), durch direkte Synth. aus den Komponenten bei 80 bis 130°; kleine Kristalle erbsengrün, große Kristalle smaragdgrün. — *(NH₄)₂UF₆* (**II**), bei der direkten Synth. bei 80–130° oder beim therm. Abbau von **I** in Luft bei Temp. > 130°; blaugrüne Kristalle, die sich bei 150–170° zersetzen. — *7NH₄F · 6UF₄* (**III**), durch direkte Synth. bei 80–100° u. durch therm. Abbau von **I** u. **II**; hellgrüne Kristalle, rhomboedr. mit a_0 = 9,55 Å u. α = 107,4°. — *α-NH₄UF₅* (**IV**), durch direkte Synth. bei 80–200° u. durch therm. Abbau von **III**; hellgrüne Kristalle; isomorph mit **III**. — *β-NH₄UF₅* (**V**), durch therm. Abbau von **I** oder **II** bei 180–210° oder durch Tempern von **IV** bei 190°; grüne bis blaugrüne Kristalle. — *γ-NH₄UF₅* (**VI**), aus **II** beim Abbau im Vakuum bei 150°; hellblaugrüne Kristalle. — *NH₄F · 3UF₄* (**VII**), aus **I**–**VI** durch Erhitzen im Vakuum auf 270–290°; grüne Kristalle; — b) Syst. NH_4F–PuF_4 : *(NH₄)₄PuF₈* (**VIII**), aus den Komponenten im Einschlußrohr durch sechsstd. Erhitzen auf 80–130°; hellrote bis rosafarbene Kristalle, in Luft bis 160° beständig. — *(NH₄)₂PuF₆* (**IX**), durch direkte Synth. bei 80–130° oder durch Abbau von **VIII** bei Temp. > 160°; grüne Kristalle; prismat., oft zweiachsig mit einem Achsenwinkel von ~60°;

parallele Auslöschung, positive Elongation u. starker Pleochroismus (X, Y farblos, Z grün); Brechungsindices $1{,}484 \pm 0{,}005 < n < 1{,}500 \pm 0{,}005$. — *$7NH_4F \cdot 6PuF_4$* **(X)**, aus **VIII** oder **IX** durch therm. Abbau (direkte Synth. verläuft langsam); hellbraune bis orangefarbene Kristalle; rhomboedr. mit $a_0 = 9{,}42$ Å u. $\alpha = 107{,}4°$. — *α-NH_4PuF_5* **(XI)**, isomorph mit **X**, durch direkte Synth. bei eintägigem Erhitzen auf 220° oder durch einwöchiges Erhitzen von *β-NH_4PuF_5* **(XII)** auf die gleiche Temp.; hellbraune bis orangefarbene Kristalle. — **XII** entsteht durch therm. Abbau von **IX** in O_2-Atmosphäre bei 180—200°; gelbgrüne bis hellgrüne Kristalle. — *γ-NH_4PuF_5* **(XIII)**, aus **VIII** oder **IX** durch therm. Abbau in Luft, O_2 oder im Vakuum bei 190—230°; orangefarbene bis hellbraune Kristalle; opt. zweiachsig positiv mit großem Achsenwinkel u. Pleochroismus (X farblos, Z olivbraun). — *$NH_4F \cdot 3PuF_4$* **(XIV)**, aus **XII** durch therm. Abbau bei 220° oder aus **XIII** bei 280—290°; im Vakuum bei 330° Abbau zu PuF_4; rosafarbene Kristalle.

F. Weigel. 343◇

0622 **Physikochemische Untersuchung der Rheniumsulfide.** Je. Ja. Rode und B. A. Lebedew. (J. anorg. Chem. [UdSSR] **6**, 1198—1203, 1961; Kurnakow-Inst. für allg. u. anorgan. Chem. der Akad. der Wiss. der UdSSR; russ.) — Vff. stellen *Re_2S_7* her, beobachten dessen therm. Zers. u. untersuchen die Verb. röntgenograph., thermograph. u. thermogravimetrisch. Bei der Zers. wird bei 35—110° ein endothermer Effekt beobachtet, der auf die Abgabe hygroskop. aufgenommenen W. zurückgeführt wird. Ein zweiter Effekt tritt bei 150—290° auf, hier wird gebundenes W. u. gegenüber der Zus. Re_2S_7 überschüssiges S abgegeben. Bei höherer Temp. erfolgt Zers. zu ReS_2. Bei 800° ergibt die Analyse eine Zus. von $ReS_{2,08}$. Re_2S_7 ist röntgenamorph, ReS_2 ergibt nach Kristallisation oberhalb 400° Linien. Andere Re-Sulfide wurden nicht gefunden.

Versuche: Re_2S_7: Zur Lsg. von 5 g $KReO_4$ in 2,7 Liter W. werden 1,3 Liter konz. HCl gegeben, auf 80—90° erhitzt u. 3—4 Std. lang H_2S hindurchgeleitet. Der Nd. wird mehrmals mit kaltem W. dekantiert. Filtrieren, waschen mit kaltem W. u. 2—3 Tage im Vakuum-Exsikkator über konz. H_2SO_4 trocknen. Farbe dunkelbraun. R. Teichmann. 352◇

0623 **Über die Darstellungsverfahren grundlegender Proben für Untersuchungen von Böden: Freie Eisen(III)-oxidbestandteile. 1. Mitt. Hydrolyse von Eisen(III)-nitrat-Lösungen und Bildung von α-Eisen(III)-oxidmonohydrat.** Ichirô Kataoka. (J. Sci. Soil Manure, Japan [Nippon Dozyô-Hiryô-Gaku Zasshi] **29**, 433—36, 1959; jap.) — 3. vgl. C. **1963**, 11573. — Der Einfl. der Temp. auf die Hydrolyse von 0,1 n $Fe(NO_3)_3$ wurde untersucht. Erwärmung u. Zusatz von Sulfat steigert die Koagulation des danach röntgenograph. untersuchten Hydrolyse-Produkts. Nach einwöchigem Stehenlassen der $Fe(NO_3)_3$-Lsg. bei 40° u. 5 Min. langem Kochen sowie Koagulation mit K_2SO_4 besteht das Prod. aus gelblichbraunem *Goethit*. Wird kürzer zum Sieden erhitzt, entsteht schlecht krist. Goethit, bei längerem Kochen jedoch *Haematit*. Durch Hydrolyse bei 50° (30 Std.) u. Zusatz von K_2SO_4 entsteht gelbbrauner, bei 70° u. 10 Std. hellbrauner Goethit, bei 100° u. 1 Std. Haematit.

R. Grundmann. 354◇

0624 **Ferritbildung bei der Alterung von Metalloxidhydraten.** W. P. Tschaly. (Ukrain. chem. J. **25**, 285—87, 1959; Inst. für allg. u. anorg. Chem. der Akad. der Wiss. der UkrainSSR; russ.) — Bei der Alterung der Gemische von Mg-, Ni-, Zn- u. Fe(II)-Oxidhydraten unter W. werden spinellartige chem. Verb. $Me^{II}Fe_2O_4$ gebildet. Die Rk.-Geschw. ist am größten im Fall der isomorphen Ausfällung von Metalloxidhydraten bei wenig unterschiedlichem pH-Wert, sowie, falls eine der Komponenten leicht dehydratisiert wird (Zn-Oxidhydrate). In bin. Gemischen von $Fe(OH)_2$ mit $Cd(OH)_2$ bzw. $Ca(OH)_2$ konnte keine Ferrit-Bldg. nachgewiesen werden.

S. Slováková. 354◇

0625 **Tricarbonylcyclooctatetraeneisen und Hexacarbonylcyclooctatetraendieisen.** M. D. Rausch und G. N. Schrauzer. (Chem. and Ind. **1959**, 957—58; Dayton, Ohio, Monsanto Chem. Co., Res. and Engng. Div.; engl.) — Durch 24std. Rk. von $Fe(CO)_5$ **(I)** mit einem geringen Überschuß Cyclooctatetraen **(II)** in Bzl. oder Hexan im UV-Licht wird *Tricarbonylcyclooctatetraeneisen* **(III)**, $C_{11}H_8FeO_3$, F. 94—95° (Hexan), rote Nadeln; 72% (Ausbeute), durch Verw. eines größeren Überschusses an **I** (molares Verhältnis **I**:**II** = 5:1) dagegen *Hexacarbonylcyclooctatetraendieisen* **(IV)**, $C_{14}H_8Fe_2O_6$, F. > 185° (Zers.; Bzl.), gelborangefarbene Kristalle, 31%, dargestellt. **IV** entsteht auch unter analogen Bedingungen aus **III** u. überschüssigem **I**; 70%. **III** ist relativ gut, **IV** nur wenig in den üblichen Lsgm. löslich. **III** zersetzt sich bei 165° an der Luft. **III** u. **IV** sind bei Raumtemp. in festem u. gelöstem Zustand stabil. Im Gegensatz zu **II** u. anderen cycl. Dienen läßt sich **III** in A. oder Eisessig in Ggw. von Pt- oder Pd-Katalysatoren nicht hydrieren u. unterliegt keiner Diels-Alder-Rk. mit Maleinsäureanhydrid. Es wird angenommen, daß alle 4 Doppelbindungen von **II** an der π-Komplexbldg. beteiligt sind. — IR-, UV- u. KMR-Spektren (numer.).

L. Lamza. 354

0626 **Zur Entfernung des Kobalts aus seinen Ferriten bei sulfatisierendem Rösten.** L. A. Petrow und Je. K. Fedorow. (Nachr. Akad. Wiss. UdSSR, Abt. techn. Wiss., Metallurgie Brennstoffe **1962**, 67—69; Moskau; russ.) — Für die Entfernung von Co aus $CoO \cdot Fe_2O_3$ wird das sulfatisierende Rösten bei 625° vorgeschlagen. Bei der Einw. von O_2 entsteht unter Zerfall der Ferritstruktur γ-Fe_2O_3 neben CoO, das anschließend sulfatisiert sowie als $CoSO_4$ ausgelaugt wird. Die Bldg. von CoO kann durch Röntgen-Unterss. an gerösteten $CoO \cdot Fe_2O_3$-Proben nachgewiesen werden. Vff. nehmen an, daß auch für die Ferrite anderer Metalle ein analoger Rk.-Mechanismus gilt. W.-D. Heußner. 355◇

0627 **Komplexverbindungen von Kobalt(III) mit Dimethylglyoxim in cis-Konfiguration.** A. W. Ablow, N. M. Ssamuss und O. A. Bologa. (J. anorg. Chem. [UdSSR] **8**, 860—70, 1963; Kischinew, Univ., Akad. der Wiss. der MoldauSSR; russ.) — Die Rk. von trans-Hydroxo-bis-[dimethylglyoximato]-aquokobalt(III) **(I)** mit KOH bzw. NaOH führt zu *K*- bzw. *Na-Dihydroxo-bis-[dimethylglyoximato]-cobaltat(III)* u. der entsprechenden Aquoverbindung. Das Verh. gegenüber HNO_3 u. HCl wird untersucht. Weiterhin werden Verbb. synthetisiert, die in der inneren Komplexsphäre NO_3^-- u. ClO_4^--Ionen enthalten, sowie Komplexe mit Oxalat- u. α-Aminosäureanionen als Liganden. Die Synth. der erhaltenen Verbb. läßt sich als indirekter Beweis für die cis-Konfiguration des Diaquokations $[Co(H_2O)_2(DH)_2]^+$ ansehen. (DH = Dimethylglyoxim-Ion).

Versuche: *$K[Co(DH)_2(OH)_2] \cdot 3H_2O$* **(II)**, aus 5 g **I** u. 25 ml 50%ig. KOH nach Einengen u. Absaugen der gebildeten Kristalle, Waschen mit kaltem W., dann mit A. u. Ae., 80% (Ausbeute), dunkelrote, viereckige Prismen. — *$K[Co(DH)_2(OH)_2] \cdot 7H_2O$* **(III)**, aus 5 g **I** in 10 ml W. u. 15 ml 30%ig. KOH wie oben, 80%, dunkle, kirschrote Nadeln. — *cis-$Na[Co(DH)_2(OH)_2] \cdot 5H_2O$* **(IV)**, aus 5 g **I** u. 60 ml 2 n NaOH, dunkelkirschrote viereckige Täfelchen, lösl. in W. u. Alkohol. — *cis-$[Co(H_2O)_2 \cdot (DH)_2]NO_3$* **(V)**, aus 2 g **II**, **III** oder **IV** in W. u. 20 ml 2 n HNO_3 unter Eiskühlung, gelbe, sechseckige Täfelchen, 80%. — *cis-$[Co(NO_3)(H_2O)(DH)_2]$* **(VI)**, aus 2 g **II** in 5 ml W. u. 15 ml 4 n HNO_3, rote, viereckige Prismen. — *cis-$H[Co(DH)_2(NO_3)_2]$* **(VII)**, aus 2 g **II** in 10 ml W. u. 90% HNO_3 unter Eiskühlung bis zur Bldg. eines schwarzen Nd., waschen mit Aceton u. Ae., 70%, trocken nicht beständig infolge NO_2-Abspaltung. — *cis-$[Co(H_2O)_2 \cdot (DH)_2]ClO_4$* **(VIII)**, aus 2,2 g **IV** in 10 ml W. u. 10 ml 10%ig. $HClO_4$, 70%, rote Kuben. — *cis-$[Co(H_2O)(DH)_2 \cdot (ClO_4)]$* **(IX)**, aus 2,2 g **IV** in 5 ml W. u. 15 ml 20%ig. $HClO_4$ bei 0°, graugelbes Kristallpulver, 80%. — *$H[Co \cdot (DH)_2(ClO_4)_2] \cdot 2H_2O$* **(X)**, aus 2,2 g **IV** u. 20 ml $HClO_4$ (20%), gelbe, sechseckige Täfelchen. — *trans-$[Co(H_2O)_2 \cdot (DH)_2][Co(DH)_2(NO_2)_2] \cdot 2H_2O$* **(XI)**, aus 4 g **V** u. 4 g $Na[Co(DH)_2(NO_2)_2] \cdot 2H_2O$ in 40 ml W., gelbe Prismen, 80%. — *$[Co(H_2O)_2(DH)_2]_2[PtCl_4]$* **(XII)**, aus 4 g **V** u. 4 g Kaliumtetrachloroplatinat in 20 ml W., rote, viereckige Prismen, 75%, lösl. in W. u. Alkohol. — *$K[Co(DH)_2(C_2O_4)] \cdot H_2O$* **(XIII)**, aus 2,94 g **V** u. 1,4 g Kaliumoxalat in 15 ml W. bei 40°, lange gelbe Nadeln, 60%, leicht lösl. in H_2O. —

$[Co(DH)_2(NH_2CH_2COO)]$ (**XIV**), aus einer Mischung von Glykokoll u. **V** im Molverhältnis 1:1 u. wenig W. bei 40–50°, rote Kuben, leicht lösl. in W. u. A; **XIV** ergibt mit $Na[Co(DH)_2(NO_2)_2]$ gelbbraunen Nd. von $[Co(H_2O)_2 \cdot (DH)_2][Co(DH)_2(NO_2)_2] \cdot 2H_2O$. – $[Co(DH)_2\{NH_2CH \cdot (CH_3)COO\}]$ (**XVI**), analog **XIV**, rote Kuben, 90%.
G. Engelhardt. 355◇

0628 **Rhodanouranyl–Triäthylendiaminkobaltverbindungen.** W. P. Markow und Je. N. Traggeim. (J. anorg. Chem. [UdSSR] **6,** 1244–46, 1961; Kurnakow-Inst. für allg. u. anorgan. Chem. der Akad. der Wiss. der UdSSR; russ.) – Vff. untersuchen Rkk. zwischen $[Co(En)_3]Cl_3$ (**I**), NH_4SCN (**II**) u. $UO_2(NO_3)_2 \cdot 6H_2O$ (**III**) z. T. mit Zusatz eines weiteren Amins (En = Triäthylendiamin).

Versuche: $[Co(En)_3]_2[UO_2(SCN)_6](NO_3)_2 \cdot 5H_2O$ (**IV**): Zur konz. Lsg. von 1,2 g **I** in W. die konz. Lsg. von 1 g **III** u. 0,8 g **II** geben u. in Eis abkühlen. Den feinkristallinen, gelben Nd. filtrieren, waschen mit Eiswasser u. trocknen an Luft. $N_g = 1{,}780$; $N_p = 1{,}570$. Gut lösl. in W., in A. Zersetzung. – $NH_4[Co(En)_3][UO_2(SCN)_5] \cdot NO_3$ krist. aus der Mutterlauge von **IV** nach 2–3tägigem Stehen über H_2SO_4. Rhomb., kirschfarben. Filtrieren, waschen mit Eiswasser, A. u. Ae.; $N_p = 1{,}666$; $N_m = 1{,}761$; $N_g = 1{,}780$. Gut lösl. in W., nicht in A., Ae. u. Aceton. – $[Co(En)_3]CH_6N_3 \cdot [UO_2(SCN)_5]NO_3 \cdot H_2O$: Zur konz. Lsg. von 2,8 g **I** in W. unter Rühren konz. Lsg.-Gemisch von 3 g **III** u. 5,7 g Guanidiniumrhodanid geben. Den bei Zimmertemp. abgesetzten gelben Nd. abfiltrieren. Nach einigen Min. fallen gelbe Kristalle aus. Filtrieren, waschen mit Eiswasser, A. u. Äther. Ausbeute 0,6 g auf 1 g **III**. Gut lösl. in W., nicht in A., Ae., Aceton. – $NH_4[Co(En)_3][UO_2(SCN)_5]Cl$: Zur HCl-sauren Lsg. von 0,85 g **I** wird ein konz. Gemisch von 1 g $UO_2(SCN)_2 \cdot 3H_2O$ u. 0,7 g NH_4SCN gegeben. Nach Abtrennung der festen amorphen Masse u. Abkühlung auf 0° fallen nadelförmige Kristalle aus. Filtrieren u. schnell mit Eiswasser waschen.
R. Teichmann. 355◇

A_9. Mineralogische und geologische Chemie

0629 **Die Borgehalte paläozoischer Brachiopodenschalen.** W. A. Prokofjew und W. I. Jermakowa. (Ber. Akad. Wiss. UdSSR **149,** 1170–73, 1963; russ.) – Die Brachiopoden zeigen eine relativ große Anreicherung an B, dessen Konz. in den extremen Fällen ca. 0,5% (gegenüber ca. 0,008% im umgebenden Gestein) betragen kann.
M. Hähnert. 378◇

0630 **Experimentelle Untersuchung der Verteilung von Alkalielementen in unmischbaren silicatischen und chloridischen Schmelzen.** I. D. Rjabtschikow. (Ber. Akad. Wiss. UdSSR **149,** 1174–77, 1963; Inst. für Geolog. der Erzlagerstätten, Petrograph., Miner. u. Geochem. der Akad. der Wiss. der UdSSR; russ.) – Betrachtungen der chem. Zus. der Hauptkomponenten der Syst. NaCl–Na_2O–SiO_2 u. NaCl–Na_2O–Al_2O_3–SiO_2 in den chlorid. u. silicat. Bereichen der Schmelzen sowie der Verteilungsfaktoren Li/Na, Rb/Na, Cs/Na, Cs/Rb, Cs/Li.
M. Hähnert. 378◇

0631 **Zur Verteilung der seltenen Alkalimetalle und des Thalliums in Gesteinen und Mineralien der granitoiden Massive von Westusbekistan und des zentralen Teiles des Tschatkalokuraminsker Berges.** I. Ch. Chamrabajew, K. Urunbajew, A. W. Rabinowitsch, N. Je. Neumejetschewa und M. Ulmassowa. (Usbek. geol. J. **7,** Nr. 3, 26–34, 1963; Akad. der Wiss. der UsbekSSR, Abdullajew-Inst. für Geol.; russ.) – Die flammenphotometr. bestimmten Alkalimetall-Geh. in den Granitoiden stimmen ungefähr mit den Clarke-Zahlen überein: $K = 3{,}23$–$3{,}55\%$, $Na = 2{,}10\%$, $Rb = 2 \cdot 10^{-2}\%$, $Li = 4{,}0 \cdot 10^{-3}\%$, $Cs = 1{,}9 \cdot 10^{-4}\%$, $Tl = 5{,}0 \cdot 10^{-5}$–$1{,}4 \cdot 10^{-4}\%$.
S. Aslanjan. 378◇

0632 **Die Barium- und Strontiummigration im Prozeß der Metasomatose der das Zambarac-Erzfeld einschließenden Gesteine.** L. M. Lurje. (Ber. Akad. Wiss. UdSSR **149,** 1167–69, 1963; Inst. für Geolog. der Erzlagerstätten, Petrograph., Mineral. u. Geochem. der Akad. der Wiss. der UdSSR; russ.) – Die Ba-Geh., die in den oberflächennahen Bereichen der Quarzporphyre u. Felsitporphyre relativ hoch (0,6%) liegen, nehmen in tieferen Zonen stark ab (bis 0,055%) u. steigen im Gebiet der lithoklast. Tuffe (ca. 90 m unter der Erdoberfläche) wieder an (0,2%). In horizontaler Richtung nehmen die Ba- u. Sr-Geh. im Bereich der intensiv sericitisierten Sphärolith-Porphyre stark zu (1% bzw. 0,35%). Die Sr-Mengen in den Baryten schwanken zwischen 0,7 u. 7%.
M. Hähnert. 378◇

0633 **Die Verteilung von Mn, Fe, P und organischem C in den Maikoper Sedimenten des Nordwestkaukasus.** W. W. Kalinenko. (Ber. Akad. Wiss. UdSSR **149,** 1159–62, 1963; Geolog. Inst. der Akad. der Wiss. der UdSSR; russ.) – Die Elementgeh. hängen stark von den faziellen Besonderheiten der Gesteine ab. Die niedrigsten Mn-Geh. werden in den Deltasedimenten gefunden. In den aleurolith. Tonen werden die Mn-Führungen größer u. erreichen ihr Maximum in den Mergeln (0,11%). Fe zeigt eine ähnliche Tendenz. Die Hauptmengen lagern in carbonat. u. carbonatfreien Tonen (4,37/5,14%) der pelag. Sedimente. Analog dem Fe ist das Verh. von organ. C u. P.
M. Hähnert. 378◇

0634 **Der Einfluß der umgebenden Gesteine auf das Verhalten der Seltenen Elemente in der Oxydationszone der Blei–Zink-Lagerstätten Osttransbaikaliens.** M. F. Kulikowa. (Ber. Akad. Wiss. UdSSR **149,** 1163–66, 1963; Inst. für Mineral., Geochem. u. Kristallchem. Seltener Elemente der Akad. der Wiss. der UdSSR; russ.) – In den Oxydationszonen der Lagerstätten, die sich in carbonat. Schichten befinden, treten Streuungen der Seltenen Elemente bezogen auf das primäre Erz in bedeutend geringerem Maße als in Lagerstätten aluminosilicat. Gesteinskomplexe auf. Betrachtet werden bes. die Ga-, In-, Tl-, Cd-, Se- u. Te-Führungen.
M. Hähnert. 378◇

0635 **Die Isotopenzusammensetzung des Schwefels der Pyrite in den Chalkopyritlagerstätten des Nordkaukasus.** N. Ss. Skruptschenko, N. W. Wesselowski und A. P. Alexejew. (Nachr. Akad. Wiss. UdSSR, geol. Ser. **28,** Nr. 5, 89–95, 1963; Nowotscherkassk, Hydrochem. Inst. der polytechn. Hochsch. der Akad. der Wiss. der UdSSR; russ.) – Die Sulfide der massiven Erze sind in den Linsenzonen (in Assoziation mit Haematit) reicher an leichten S-Isotopen als im Zentrum der Lagerstätte. Die Erz-Bldg. in den Flankenzonen ging bei höheren Redox-Potentialen vor sich.
M. Hähnert. 378◇

0636 **Strontiumisotopen-Zusammensetzung in einigen afrikanischen Carbonatiten, Kalksteinen und Strontiummineralien.** E. I. Hamilton und T. Deans. (Nature [London] **198,** 776–77, 1963; Oxford, Univ., Geol. Age Isotope Group; London, Over seas Geol. Surv., Mineral Resources Div.; engl.) – Die Best. der Verhältnisse $^{87}Sr/^{86}Sr$ u. $^{86}Sr/^{88}Sr$ von 22 Proben afrikan. Carbonatite, Kalksteine u. europäischer Strontianite u. Coelestine ergab gute Übereinstimmung mit den von Powell (vgl. C. **1964,** 9-0653) angegebenen Werten. 11 Carbonatite von einem weiten Bereich afrikan. Fundorte haben ein $^{87}Sr/^{86}Sr$-Verhältnis von 0,7034–0,7167 ($^{86}Sr/^{88}Sr$ 0,1186–0,1209); 6 Kalksteinproben 0,7021–0,7176 (0,1179–0,1204); 6 europäische Sr-Minerale 0,7127 bis 0,7175 (0,1187–0,1196).
Ernst Schulte. 378◇

0637 **Quantitative Behandlung der Kinetik der Bleiisotopenemission vom Uraninit.** Ss. B. Brandt und Ss. N. Woronowski. (Nachr. Akad. Wiss. UdSSR, geol. Ser. **28,** Nr. 7, 83–87, 1963; Machatsch-Kala, Dagestan-Filiale der Akad. der Wiss. der UdSSR; russ.) – Die relative Emission wurde an Joachimsthaler Probenmaterial bestimmt zu $^{208}Pb > ^{207}Pb > ^{206}Pb$. Die Aktivierungsenergien $E = RlnD_1/D_2\ T_1T_2/T$ (ca. 40–50 kcal/Mol) u. Diffusions-Koeff. werden für verschiedene Temp. berechnet.
M. Hähnert. 378◇

0638 **Beobachtung fossiler Spuren von Spaltprodukten in natürlichen Glimmern.** P. B. Price und R. M. Walker. (Nature [London] **196,** 732–34, 1962; Schenectady, N. Y., Gen. Electr. Res. Labor.; engl.) – Spuren von Spaltprodd. werden durch spontanen Zerfall von U erzeugt. Aus den Spurendichten werden Erhaltungszeiten von ca. 10^9 a bestimmt. Die Meth. erlaubt es, niedrige Konzz. von U-Verunreinigungen zu messen. Außerdem

sollte es möglich sein, Halbwertszeiten zu bestimmen, die mit konventionellen Meth. nicht zu messen sind.
J. Heinze. 378◇

0639 **Mögliche Entstehungsbedingungen radiometrischer Anomalien.** D. B. Ssikka. (Nachr. Akad. Wiss. UdSSR, geol. Ser. **28,** Nr. 6, 73—87, 1963; Tschandigar, Indien, Geol. Abt. der Pandschab-Univ.; russ.) — Erörterung der Bldg.-Möglichkeiten radioakt. Anomalien an der Erdoberfläche, unter Erdöl- oder Gaslagern, die mit Migrationen von KW-Stoffen, Salzen, Ionen in Lsgg. oder W. verbunden sind.
M. Hähnert. 378◇

0640 **Über Alter und Erzgehalt der Lamprophyre des Tschakyl-Kaljan.** M. Ss. Kutschukowa. (Usbek. geol. J. **7,** Nr. 3, 41—48, 1963; Akad. der Wiss. der Usbek-SSR, Abdullajew-Inst. für Geol.; russ.) — Die Lamprophyre des Tschakyl-Kaljan können in zwei Altersgruppen eingeteilt werden: 1. ältere Kersantite bis zum Beginn der Erz-Bldg; 2. jüngere Kersantite nach der Erzbildung. Die erste Erzausscheidung war Chalkopyrit-Pyrrhotin, die außerdem Ti, Zn, Pb, CO_2 u. geringe Mengen Bi, Mo, Sn, Y, Yb, Cd u. Ge brachte. Bei der jüngeren Erzabscheidung wurden große Mengen an Ni, Co, Li u. P abgesetzt.
S. Aslanjan. 378◇

0641 **Der Einfluß von Adsorptionsfilmen auf die Ladung und Polarität von Mineralteilchen.** Zse-ssan Tschshao. (Nachr. Moskauer Univ., Ser. IV **18,** Nr. 3, 68—70, 1963; Moskau, Lehrst. für Bodenkunde u. Ingenieurgeol.; russ.) — Die Einfl. von Ton-, $Fe(OH)_3$-, $Al(OH)_3$-Kaliumhumat- u. Kaolinsuspensionen auf Quarz-, Mikroklin-, Calcit-, Hornblende-, Muskovit- u. Gipskörner (0,1 bis 0,05 mm) werden untersucht. Sowohl die Ladungsdichte als auch deren Vorzeichen hängen im entscheidenden Maße von den Oberflächenschichten im Sinne Drosdows ab. Die Adsorption geht dabei nicht an der Gesamtoberfläche vor sich, sondern nur an gewissen akt. Zentren.
M. Hähnert. 378◇

0642 **Umwandlung von Montmorillonit in Kaolinit bei der Verwitterung.** Z. S. Altschuler, E. J. Dwornik und Henry Kramer. (Science [Washington] **141,** 148—52, 1963; Washington, D. C., U. S. Geol. Surv.; Upton, N. Y., Brookhaven Nat. Labor.; engl.) — Die ausgedehnten Kaolinitablagerungen in Florida wurden durch Tieftemp.-Verwitterung gebildet. Die Umwandlung erfolgte durch innerkristalline Auslaugung der Zwischengitterkationen u. der tetraedr. SiO_2-Schichten. Dabei wurde eine neue Ton-Struktur beobachtet, sie ist eine reguläre, gemischtgeschichtete Montmorillonit-Kaolinit-1 : 1-Struktur. Kaolinähnliche Schichten werden in dem Maße gebildet wie sich der Fe-reiche Montmorillonit zersetzt. Letztlich wurden kaolinit. Sande, durchsetzt mit Goethit, gebildet.
Ernst Schulte. 378◇

0643 **Röntgenographische Untersuchungen der Verwitterung von Muskovit.** Joe L. White. (Soil Sci. **93,** 16—21, 1962; Lafayette, Ind., Purdue Univ., Agricult. Exp. Station; engl.) — In Glimmern ist das Verhältnis der Röntgenreflexe (001)/(002) umgekehrt proportional dem K-Gehalt. Dieses wurde durch künstliche Verwitterung von Muskovit mit geschmolzenem $LiNO_3$ nachgewiesen. Für *Illit* konnte die Abnahme des Intensitätsverhältnisses (001)/(002) mit zunehmender natürlicher Verwitterungszeit festgestellt werden.
K. Jaeger. 378◇

0644 **Besonderheiten der Bildung von Verwitterungskrusten in salzführenden Gesteinen.** A. Je. Chodkow. (Nachr. Leningrader Univ. **18,** Nr. 6, Ser. Geol. Geogr. Nr. 1, 46—55, 1963; russ.) — In derartigen Schichten können die Verwitterungskrusten bedeutende Teufen erreichen (bis 200 m, z. T. bis 1000 m). Betrachtet werden die einzelnen Elementmigrationen in bezug auf verschiedene Entwicklungsstadien der Verwitterung.
M. Hähnert. 378◇

0645 **Die Bildungsbedingungen von Kalktuffen auf dem Gebiet der autonomen TatarischenSSR.** M. Ss. Kawejew. (Nachr. Akad. Wiss. UdSSR, geol. Ser. **28,** Nr. 6, 101—06, 1963; Kasan, Geolog. Inst. der Akad. der Wiss. der UdSSR; russ.) — Petrograph. Unterss. zeigen, daß die betrachteten Kalktuffe aus pelitomorphen (< 0,01 mm) Calciten, die reich an gelartigen Stoffen oder Fe-Hydroxiden sind, bestehen. Makroskop. werden dichte u. poröse (bis 1 cm große Hohlräume) Arten unterschieden. Die Kalktuffe entstehen aus Quellwasser auf Grund der Rk.: $Ca(HCO_3)_2 \rightleftharpoons CaCO_3 + H_2O + CO_2$. Die zahlreichen Quellen der südöstlichen Tatar. SSR haben Wasser-Temp. von 5,5—6° u. pH-Werte zwischen 7,1—7,4. Die W. enthalten kein NO_2 u. NO_3 aber Spuren von NH_4^+ u. Fe^{2+}. Die mittleren Geh. an HCO_3^- liegen bei 5,5, an Ca^{2+} bei 4, an Mg^{2+} bei 2,34 mVal; [SO_4^{2-}] schwankt zwischen Spuren bis 2 mVal. Die durchschnittlichen CO_2-Führungen der Quellwässer Tatariens liegen bei 36,1 mg/Liter, die der quartären Sedimente bei 37,0 mg/Liter. Die Kalktuffe enthalten in den meisten Fällen feindisperse Tonteilchen (0,5—7%, seltener bis 26%).
M. Hähnert. 378◇

0646 **Über den Ursprung von Kupfer–Nickel–Sulfidlagerstätten.** Ss. I. Taldykin. (Nachr. Leningrader Univ. **14,** Nr. 12, Ser. Geol. Geogr. Nr. 2, 5—10, 1959; russ.) — Physikal.-chem. Überlegungen führen zu der Annahme, daß nicht alle Cu—Ni-Sulfidlagerstätten durch Schmelztrennung oder im hydrothermalen Bereich entstanden sind. Eine Reihe von Lagerstätten bildete sich aus magmat. Rest-Lsgg. im Verlaufe der gravitativen Kristallisationsdifferentiation des Magmas. Aufstellung einer genet. Klassifikation der Cu—Ni-Sulfidlagerstätten.
H.-J. Bautsch. 378◇

0647 **Lithiumhaltige Alkaliamphibole aus der Kontaktzone des Lowosero-Massivs.** A. M. Bondarewa, D. L. Rogatschew und A. Ss. Ssacharow. (Schr. mineralog. Allunions-Ges. [UdSSR] [2] **88,** Nr. 6, 710—12, 1959; Kola-Zweigstelle der Akad. der Wiss. der UdSSR, Geol. Inst.; russ.) — Die *Amphibole* (**I**) aus der Kontaktzone des Lowosero-Massivs weisen die folgenden opt. Daten auf: $2V = +86°$ (im Inneren des Kristalls) bzw. $+82°$ (Oberfläche); $N_m = 1{,}661$; $N_p = 1{,}648$; $N_g = 1{,}674$; $\measuredangle cN_p = 13°$. Pleochroismus nach N_g grünlichgelb, nach N_m graublau, nach N_p dunkelblau. Nach der chem. Zus. steht der untersuchte **I** dem *Riebeckit* sehr nahe, unterscheidet sich jedoch von diesem durch einen erhöhten Geh. an Alkalimetallen, bes. an Li.
O. Lebtag. 380◇

0648 **Ardennit aus Indien.** V. K. Nayak. (Nature [London] **198,** 778—79, 1963; Univ. of Saugar, Dep. of Appl. Geol.; engl.) — Als erstes ind. Vork. des seltenen Minerals Ardennit wird die Kajlidongri Mangan Mine, Jhabua District, Madhya Pradesh, angegeben; prismat. Tafeln, Härte 6,5; D. 3,175 g/cm³; $\alpha = 1{,}742$; $\beta = 1{,}744$; $\gamma = 1{,}758$; $2V = 24—36°$; nicht pleochroitisch. Die chem. Analyse u. die stärksten Röntgenlinien werden mit denen des Ardennit-Vork. von Salmchateau, Belgien, verglichen. Der hohe As_2O_3-Geh. mit 7,71% läßt die Vermutung zu, daß es sich um die Varietät Arsenoardennit handelt.
Ernst Schulte. 380◇

0649 **Über Kristallformen von Astrakanit.** G. B. Boki und A. I. Katschalow. (Nachr. Moskauer Univ., Ser. IV, **18,** Nr. 2, 58—60, 1963; Moskau, Univ., Lehrst. für Kristallograph. u. Kristallchem.; russ.) — Die Ergebnisse bestätigen frühere Unterss. von Boki [1939]. Es besteht eine gewisse Relation zwischen dem Habitus der Kristalle u. der Genese des Astrakanits.
M. Hähnert. 380◇

0650 **Über die Abhängigkeit der Brechungsindices von Beryll, von Besonderheiten seiner Zusammensetzung und seinen Bildungsbedingungen.** I. G. Pawlowa. (Ber. Akad. Wiss. UdSSR **150,** 385—88, 1963; Allunions-Forsch.-Inst. für Geol.; russ.) — Berylle, die im Alkalistadium der Metasomatose entstanden sind, haben eine größere Lichtbrechung als Berylle aus sauren Bereichen. Die Lichtbrechung steigert sich bei N_0 von 1,569 auf 1,588 und bei N_e von 1,565 auf 1,582, gleichzeitig damit wird der Geh. von Cr, Fe, Mn und Ni vergrößert.
S. Aslanjan. 380◇

0651 **Bismuthinit in den Erzen der Sadon-Lagerstätte.** Ss. F. Tschernopjatow und E. P. Ssaldau. (Schr. mineralog. Allunions-Ges. [UdSSR] [2] **88,** Nr. 6, 720—22, 1959; russ.) — Die Ergebnisse einer makroskop., mkr. u. röntgenometr. Unters. eines in der Pb–Zn-Lagerstätte am Fluß Sadon vorgefundenen Minerals mit ≥ 1% Bi, 1—10% Pb, 1—10% Cu u. 0,1—1% Te deuten auf das Vorliegen eines Bismuthinits (**I**). Zwischen den einzelnen

I-Körnern beobachtet man Chalkopyrit. Auch Relikte von verschieden großen Quarzkörnern kommen vor.
O. Lebtag. 380◇

0652 **Über den Dickit aus Quecksilber-Lagerstätten von Tibsk (Nordkaukasus).** N. G. Demidowa. (Nachr. Moskauer Univ., Ser. Biol. Bodenkunde, Geol., Geogr. **14,** Nr. 2, 135—40, 1959; Moskau, Uinv., Lehrst. für Bodenschätze; russ.) — Dickit von Tibsk entspricht der Formel $K_{0,001}Na_{0,04}$ $(Mg_{0,1}Al_{3,86})$ $[Si_{4,04}O_{10}/(OH)_8 \cdot 0,09$ H_2O; ng 1,567 $\pm$ 0,002, 1,561 $\pm$ 0,002. DTA u. vergleichende Röntgenanalyse. H.-J. Bautsch. 380◇

0653 **Ein phosphatierter Dolomit aus der Namurstufe von Belgien.** Jan Scheere. (Bull. Soc. belge Géol. Paléontol. Hydrol. **70,** 302—10, 1961; Bruxelles, Centre Nat. de Géol. Houllière; franz.) — Bei Huy befindet sich in der Namur-Stufe ein phosphathaltiger Dolomit mit 4% P_2O_5. Röntgenograph. wurde ein der Apatitgruppe angehörendes Mineral festgestellt. Mkr. konnte weiter Kollophan in den Phosphat-Körnern-, Oolithen u. in der Grundmasse nachgewiesen werden. Das Gestein wurde in einem wenig tiefen, marinen Milieu, dessen W. bewegt u. an $CaCO_3$, $MgCO_3$ u. Phosphaten gesättigt war, abgelagert. F. Ensslin. 380◇

0654 **Zum Chemismus von drei Glaukonittypen.** H. Borchert und H. Braun. (Chem. d. Erde **23,** 82—90, 1963; Clausthal-Zellerfeld, Bergakad.; dt.) — Auswertung von 78 Glaukonit-Analysen der Literatur. Fe-reiche Glaukonite bildeten sich bevorzugt in flachen, die Al-reichen hauptsächlich in tiefen Meeresbereichen. Es werden drei Repräsentativanalysen für Fe-Glaukonit, intermediären u. Al-reichen Glaukonit abgeleitet. J. Heinze. 380◇

0655 **Grüner Glimmer der Eisenerz-Schicht der magnetischen Anomalie von Kursk.** Margaret D. Foster. (Schr. mineralog. Allunions-Ges. [UdSSR] [2] **88,** Nr. 6, 729—30, 1959; Washington, Geol. Dienst der USA; russ.) — Auf Grund der chem. u. röntgenograph. Unters. des grünen Glimmers des Eisenflözes der magnet. Anomalie von Kursk ist dieses Mineral als Seladonit-Varietät anzusehen, die sich nur wenig von den bekannten Seladoniten unterscheidet. O. Lebtag. 380◇

0656 **Die Kaersutite und Oxykaersutite aus den Alkaligesteinen von Japan und den umliegenden Gebieten.** K. Aoki. (J. Petrology **4,** 198—210, 1963; Sendai, Japan, Tohoku Univ., Inst. of Miner., Petrology and Econ. Geol.; engl.) — An Hand von 7 neuen Analysen von Kaersutiten u. 2 von Oxykaersutiten in Verbindung mit der Best. der opt. Eigg. kommt Vf. zu dem Schluß, daß dem Kaersutit die Zus. (Na, K) $Ca_2Mg_3Fe^{2+}$ (Ti, Fe^{3+}) $Al_2Si_6O_{22}(OH)_2$ u. dem Oxykaersutit die Zus. (Na, K) Ca_2Mg_3 (Ti, $Fe^{3+})_2 \cdot$ $Al_2Si_6O_{24}$ zukommt. Wenn das Verhältnis Fe^{3+}/Fe^{2+} etwa 2 ist, entsteht aus dem Kaersutit der Oxykaersutit.
F. Ensslin. 380◇

0657 **Einige natürlich vorkommende Vertreter der Mineralserie Klinoenstatit-Klinoferrosilit.** R. A. Binns, J. V. P. Long und S. J. B. Reed. (Nature [London] **198,** 777—78, 1963; Cambridge, Univ., Dep. of Miner. and Petrol.; London, British Museum, Dep. of Miner.; engl.) — Mit Hilfe der Mikrosonde wurde die Zus. von Lamellen in zwei Ca-reichen Klinopyroxenen (**K**), eines Augits in Norit von Bon Accord Quarry, Transvaal, u. eines Ferroaugits in einem Zweipyroxen-Granulit von Broken Hill, N. S. Wales, untersucht. Die Lamellen wurden opt. u. röntgenograph. als ein **K** der Raumgruppe $2P_1/c$, der zum Wirt orientiert gewachsen ist, identifiziert. Die c-Achse bildet mit der des Wirts einen Winkel von einigen Grad, a- u. b-Achse liegen parallel. Solche Lamellen wurden früher als Pigeonit mit einem CaO-Geh. von 4% beschrieben. Der CaO-Geh. im magmat. **K** von Transvaal liegt unter 0,7 (Gew.-%), im metamorphen **K** von Broken Hill bei 0,5. Die untersuchten Lamellen gehören daher eher zur Klinoenstatit-Klinoferrosilit-Serie als zur Pigeonit-Pyroxen-Serie. Messungen mit FeK_α- u. MgK_α-Strahlung an Ca-armen Lamellen des Broken Hill-**K** zeigen, daß sie aus Klinohypersthen bestehen, der 69 Mol-% Klinoferrosilit enthält.
Ernst Schulte. 380◇

0658 **Vorkommen von Leucit in vulkanischen Gesteinen von Tristan da Cunha.** R. W. Le Maitre und I. G. Gass. (Nature [London] **198,** 779—80, 1963; London, British Museum, Dep. of Miner.; Leeds, Univ., Dep. of Geol.; engl.) — Der Leucit in den vulkan. Gesteinen von Tristan da Cunha ist schwach doppelbrechend, n = 1,507 $\pm$ $\pm$ 0,003; die Kristalle von 0,5 bis 4,0 mm Durchmesser kommen in kugeligen Aggregaten der Grundmasse vor. Im Gegensatz zu den bekannten kontinentalen Vork. handelt es sich hier um die erste leucithaltige Assoziation in wirklich ozean. Umgebung. Lediglich isolierte Leucit-Gesteine wurden bisher beschrieben.
Ernst Schulte. 380◇

0659 **Zur Orientierung der Indikatrix im Plagioklas-Material von R. C. Emmons.** Alfred Glauser. (Schweiz. mineralog. petrogr. Mitt. **41,** 443—70, 1961; Basel, Univ., Miner.-Petrograph. Inst.; dt.) — Plagioklase von Emmons (Geol. Soc. America, Mem. **52,** [1953]) werden in Hinsicht auf eine numer. Beschreibung der Indikatrixlage neu vermessen. Die Werte werden in synoptischen Stereogrammen u. Tabellen vorgelegt.
J. Heinze. 380◇

0660 **Über die innere Struktur von Pyrit.** Teruo Suzuki. (Sci. Rep. Tôhoku Univ., Ser. III **8,** 69—136, 1962; engl.) — Angeschliffene Pyritflächen wurden elektrolyt. geätzt. Makroskop. wurden Zonar-, Linear-, u. Sanduhr-Strukturen unterschieden. Im allg. sind die Zonarstrukturen bes. gut bei Kristallen ausgebildet, die direkt aus hydrothermalen Lsgg. ausgefällt wurden (Typ Ganglagerstätten), während Linearstrukturen in Kristallen auftreten, die durch Diffusion entstanden sind (Typ Verdrängungslagerstätten). J. Heinze. 380◇

0661 **Pyroxene aus dem Spätstadium der Fraktionierung der Skaergaard-Intrusion, Ostgrönland.** G. M. Brown und E. A. Vincent. (J. Petrology **4,** 175—97, 1963; Oxford, Univ. Mus., Dep. of Geol. and Miner.; Manchester, Univ., Dep. of Geol.; engl.) — Die Pyroxene der oberen Zone sind Fe-reiche, braune bis grüne Klinopyroxene. Die 5 neuen Analysen zeigen, daß Augit-Ferrohedenbergit-Ferroaugit-Serien von $Ca_{42,4}$ $Mg_{47,9}$ $Fe_{9,7}$ bis $Ca_{42,5} \cdot$ $Mg_{0,4}$ $Fe_{57,1}$ existieren, wobei der letzte Typ mit reinem Fayalit koexistent ist. Aus der Zus. u. der Textur erscheint es wahrscheinlich, daß die grünen Ferrohedenbergite aus einer Subsolidus-Inversion der Ferriferro-β-Wollastonite stammen, welche gleichzeitig mit braunen Ferrohedenbergiten aus dem Magma kristallisierten.
F. Ensslin. 380◇

0662 **Untersuchung der Sulfoboritkristalle der Inder-Lagerstätte.** W. W. Lobanowa und E. Ch. Churschudjan. (Schr. mineralog. Allunions-Ges. [UdSSR] [2] **88,** Nr. 6, 701—05, 1959; russ.) — Der in der Steinsalzschicht der Inder-Höhe vorkommende *Sulfoborit* (**I**), $Mg_6B_4O_{10} \cdot$ $(SO_4)_2 \cdot 9\,H_2O$, wird chem., röntgenograph. u. -opt. mit dem von Bücking (1902) beschriebenen **I** von Westeregeln verglichen. N_p = 1,529; N_m = 1,541; N_g = 1,553; 2V = 87,8—88,3°. **I** besitzt eine gute Spaltbarkeit nach (001) u. (100), eine mittlere Spaltbarkeit nach (010). Nach dem Laue-Diagramm ist **I** rhombisch. Im Gegensatz zu den Literaturangaben (auch in Handbüchern), wonach **I** eine rhomb.-pyramidale Symmetrie aufweist, ist die Symmetrie eine rhomb.-dipyramidale.
O. Lebtag. 380△

0663 **Fund von Tetraedrit in den Sulfid-Magnetit-Erzen der Katscharsk-Lagerstätte.** B. F. Kulikow. (Schr. mineralog. Allunions-Ges. [UdSSR] [2] **88,** Nr. 6, 723—24, 1959; Leningrad, Bergbau-Inst., Lehrst. für Miner.; russ.) — Das in den Fe-Erzen von Katscharsk (Kasachstan) vorkommende Fahlerz mit über 10% As u. 1—2% Sb ist als *Tennantit* (**I**) anzusehen. **I** ist in reflektiertem Licht isotrop. Nach dem Reflexionsvermögen steht **I** zwischen Galenit u. Chalkopyrit einerseits u. Magnetit u. Sphalerit andererseits. Das Fahlerz enthält außer **I** noch Chalkopyrit, Galenit, Sphalerit u. Magnetit. **I** ist jünger als die genannten Erzmineralien. O. Lebtag. 380△

0664 **Über den Transvaalit aus der Lagerstätte des Süd-Ost-Altais.** A. I. Bashenow. (Schr. mineralog. Allunions-Ges. [UdSSR] [2] **88,** Nr. 6, 715—20, 1959; Tomsk, Polytechn. Inst., Lehrst. für Miner.; russ.) — Der im südöstlichen Altai vorkommende *Transvaalit* (**I**) zeigt dunkelbraunen Strich, Pechglanz, muscheligen Bruch, die Härte 4 u. D. 3,68. **I** ist in HCl unter Bldg. von

Cl_2 leicht löslich. Röntgenograph. unterscheidet sich **I** von den Mineralien der Stainierit(**II**)-Gruppe. Im Debye-Diagramm des **I** fehlen die Linien von Erythrin u. Smolianinowit. **I** kann deshalb nicht als Gemisch von Erythrin u. Co-Hydroxiden angesehen werden, wie von Palache (1946) angenommen wird. Die Erwärmungskurve weist bei 180 u. 400° je 1 endotherm. Minimum auf, bedingt durch den Austritt von H_2O. **I** entspricht der Formel: $(Co_2O_3)_2 \cdot CaO \cdot 0{,}3\,As_2O_3 \cdot 5\,H_2O$. Das in **II** vorkommende Cu fehlt in **I** völlig. Das in der **II**-Gruppe fehlende As kommt in **I** vor. **I** ist als As-haltige Varietät der koll. Co-Hydroxide anzusehen. O. Lebtag. 380△

0665 **Orientierte Verwachsung des Vivianits und des Ludlamits aus der Grube Trepča.** Lj. Barić. (Bull. sci. [Zagreb] **6,** 36, 1961; Zagreb, Mineral.-petrogr. muzej Sveučilišta; dt.) — Bei der Unters. über die orientierte Verwachsung (OV) des Vivianits (**I**) u. des Ludlamits (**II**) an 24 **I**-Kristallen aus der Trepča-Grube konnte in einem Fall nachst., bisher unbekannte OV festgestellt werden: **I** (010) [001] ‖ **II** (001) [010]. Zwillinge des **II** mit der Zwillingsachse ‖(001) wurden beobachtet. G. Gattow. 380◇

0666 **Über Vorkommen von Amalgamen und einigen gediegenen Elementen in den Sedimenten des Vorerewan-Gebietes.** I. G. Gassparjan. (Nachr. Akad. Wiss. Armen-SSR, geol. geogr. Wiss. **16,** Nr. 2, 67—71, 1963; Inst. für Geol.; russ.) — Pb, Hg u. natürliche Amalgame wurden als Schwerefraktion bei der Laborbearbeitung der Sedimente erhalten. Die Amalgame wurden spektralanalyt. untersucht u. ergeben Geh. an freien Elementen von Si 0,001 (%), Al 0,001—0,003, Mg 0,001, Ca 0,03, Fe 0,001, Cu 0,001, Sn 0,001, Na 0,001—0,003, Hg 0,001 bis 0,003. S. Aslanjan. 380◇

0667 **Magmatische und nichtmagmatische Erze.** C. J. Sullivan. (Canad. Mining metallurg. Bull. **55,** 848 bis 850, 1962; Toronto, Kennco Exploration Ltd.; engl.) — Man unterscheidet magmat. Erze, die vorwiegend in Gängen vorkommen, u. metamorphe Erze. Zu den ersten gehören mit abnehmender Bindungstemp. Kimberlit mit Diamantenschloten, Ijolith mit Carbonatiten, Peridotit mit Ni-Erzen, Norit mit Ni–Cu-Erzen, Diabas-Gabbro mit Cu–Zn-Erzen, Monzonitporphyr mit Cu-, Cu–Au u. Cu–Pb–Zn-Erzen, Monzonit u. Andesitintrusiva mit Cu- u. Cu–Pb–Zn-Erzen. Es folgen die Au–Ag-Telluride, die Hg-Erze u. Geysire mit den S-Ablagerungen. Die Erze der metamorphen Granite u. Paragneise gehören nicht zu der magmat. Reihe. F. Ensslin. 380◇

0668 **Messungen der Absorption longitudinaler und transversaler Wellen in Steinsalz.** W. W. Shadin. (Geol. u. Geophysik [UdSSR] **1963,** Nr. 5, 130—33; Nowosibirsk, Inst. für Geol. u. Geophys der Sibir. Abt. der Akad. der Wiss. der UdSSR; russ.) — Einige Angaben über Abklingmessungen seism. Wellen innerhalb eines Steinsalzlagerstättengebietes (800 m Bohrloch). M. Hähnert. 382◇

0669 **Carbonatite und Nephelinsyenite (Zur allgemeinen Petrologie von Massiven aus Ultrabasiten, Alkaligesteinen und Carbonatiten).** L. Ss. Borodin. (Nachr. Akad. Wiss. UdSSR, geol. Ser. **28,** Nr. 8, 23—42, 1963; Moskau, Inst. für Mineral., Geochem. u. Kristallchem. Seltener Elemente der Akad. der Wiss. der UdSSR; russ.) — Aus einer Durchsicht von Literaturdaten folgt, daß endogene carbonat. Gesteine mit spezif. seltenmetall. Mineralisation (Carbonatite) in die Zus. verschiedener Komplexe alkal. Gesteine (von alkal. Ultrabasiten u. Gabbroiden bis zu alkal. Syeniten u. Graniten) eingehen können. Zwei Haupttypen werden unterschieden: 1. Intrusive Körper beliebiger Gesteine, die bes. klar an Nephelinsyenite u. Ultrabasite gebunden sind. 2. Hydrothermale (metasomat.) Gesteine, die sich während der Endetappen der Entstehung bestimmter Komplexe alkal. Gesteine bildeten. — 73 Literaturangaben. M. Hähnert. 385◇

0670 **Über die Herkunft ultrabasischer Gesteinseinschlüsse in Basalten im südlichen Teil des Fernen Ostens.** W. G. Ssachno und Je. P. Denissow. (Nachr. Akad. Wiss. UdSSR, geol. Ser. **28,** Nr. 8, 43—55, 1963; Wladiwostok, Fernöstliches geolog. Inst. der Sibir. Abt. der Akad. der Wiss. der UdSSR; russ.) — Einschlüsse von Olivin, rhomb. u. monoklinen Pyroxenen u. Spinellen in meist alkal. Basaltoiden werden beschrieben. Die Einschlüsse bildeten sich aus dem basalt. Magma durch Akkumulationsprozesse während der Kristallisationsdifferentiation. M. Hähnert. 385◇

0671 **Triassische Diabasgesteine der Anyui-Zone (Tschukotka).** M. L. Gelman. (Geol. u. Geophysik [UdSSR] **1963,** Nr. 2, 127—34; Magadan, Nordöstl. geol. Filiale; russ.) — Die Diabase finden sich in den obersten Teilen der paläozoischen Lagen u. zeigen in nichtmetamorphisiertem Zustand eine relativ konst. Zus.: Pyroxen – 34,9 (%), Amphibole – 0,7, Biotit – 0,7, Plagioklas – 43,9, Quarz – 2,5, Apatit – 0,1, Chlorit – 5,4, Ilmenit – 3,8, Leukoxen – 8,0. Später drangen Au-führende Lsgg. in die Diabase ein. M. Hähnert. 385◇

0672 **Kimberlitähnliche Pikrite des Gebietes von Lesozawodsk.** G. M. Gapejewa. (Geol. u. Geophysik [UdSSR] **1963,** Nr. 4, 53—63; Leningrad, Allunions-Forsch. Inst. für Geol.; russ., Auszug: engl.) — Petrolog. Unterss. der alkal. basaltoiden Gesteine Süd-Primoryes, die nahe den Pikriten stehen aber gewisse Differenzen in Zus., Textur u. Struktur aufweisen. Nach ihrem Chemismus stehen die Pikrite den Kimberliten sehr nahe. Wichtigster Unterschied ist die brekziöse Textur u. die Vielfalt von Eklogiteinschlüssen der Kimberlite. M. Hähnert. 385◇

0673 **Aschentuffe in mitteldevonischen Sedimenten des Tuz-Tag-Salzminengebietes (Süd-Tuwa).** G. N. Browkow. (Geol. u. Geophysik [UdSSR] **1963,** Nr. 4, 126 bis 132; Krasnojarsk, Komplexes Labor. des Inst. für Geol. u. Geophys. der Sibir. Abt. der Akad. der Wiss. der UdSSR; russ.) — Alle beschriebenen Tuffe sind silifiziert u. stark veränderte umkristallisierte Gesteine. Es werden unterschieden u. beschrieben: 1. albitisierte Tuffe mit Aschenstruktur, 2. kalifeldspatisierte Tuffe (Adular, bis zu 5% auch Orthoklas-, Albit-, Quarz-führend), 3. albitisierte Tuffe mit Relikten von aschiger Struktur, 4. albitisierte Tuffe ohne Reste der primären Struktur u. 5. feldspatisierte Tuffe. Beschreibung des Mineralbestandes u. Ansichten über die Genese der einzelnen Glieder. M. Hähnert. 385◇

0674 **Probleme der magmatischen Ersetzung von Dolomitxenolithen in Granit-Dolomiten-Kontakten der Olchowka-Gishibek Intrusion Ost-Sajan).** W. G. Lasarenkow. (Geol. u. Geophysik [UdSSR] **1963,** Nr. 2, 104—16; Leningrad, Berginst.; russ., Auszug: engl.) — Beschreibung der Ersetzung der Dolomitxenolithe durch aplit. Granite u. Pegmatite. Betrachtet werden bes. chem. Besonderheiten der Gesteine u. Fragen ihrer Genese. M. Hähnert. 385◇

0675 **Entstehung der Lithium und Beryllium führenden Pegmatite.** R. Mulligan. (Canad. Mining metallurg. Bull. **55,** 844—47, 1962; Ottawa, Geol. Surv. of Canada, Dep. of Mines and Technical Surv.; engl.) — Die Pegmatite sind um so zonenreicher je komplexer der Mineralbestand ist. In den einfachen Pegmatiten tritt kaum Zonenbldg. auf. Die Zonen sind meist konkordant, aber selten symmetr. zum ganzen Körper. Daneben treten noch Verdrängungserscheinungen auf. Bei den Li—Be-Pegmatiten besteht der Kern aus Quarz, ± Feldspat u. Cleavelandit. Amblygonit u. Triphylin sind auf den Quarzkern beschränkt. Lepidolith, Petalit u. Pollucit sind Verdrängungsmineralien, die an die Kernzonen anschließen. Spodumen ist ein Mineral des innersten Kerns. Beryll kommt mit Muskovit u. Cleavelandit in quarzreichen Abscheidungen an den Nebengesteinszonen vor. Turmalin ist charakterist. für die äußerste Zone gegen den Aplit hin. Beryllhaltige Schichten enthalten kaum Li-Mineralien. F. Ensslin. 385◇

0676 **Zur Geologie und Petrographie der jurassischen Albitophyre der ArmenischenSSR.** E. G. Malchassjan und Ju. A. Leie. (Nachr. Akad. Wiss. ArmenSSR, geol. geogr. Wiss. **16,** Nr. 2, 15—28, 1 Tafel, 1963; Inst. für Geol.; russ.) — Die chem. Analyse der Albitophyre zeigt einen großen Geh. an SiO_2 (71—82%) u. einen geringen Überschuß an Na_2O über K_2O, der durch den Prozeß der Albitisierung begründet wird. Diese jurass. Albitophyre sind ihrer chem. Natur nach den Rhyolithen ähnlich. S. Aslanjan. 385◇

0677 **„Kokarden“-Bildungen in hydrothermal veränderten Gesteinen des Zentralkraters des Ebeckovulkans.** I. P. Awerjanow. (Nachr. Akad. Wiss. UdSSR, geol. Ser. **28,** Nr. 5, 82—88, 1963; Sachalin, komplexes Forschungsinst. der Sibir. Abt. der Akad. der Wiss. der UdSSR; russ.) — Die hydrothermalen Veränderungen der pyroklast. Auswürflinge des Zentralkraters wurden durch stark salz- u. schwefelsaure Lsgg. bewirkt, die sich bes. unter Oberflächenbedingungen aus Gasausströmungen des Magmas bildeten. Die Bldg. kokard. Texturen ging infolge der metasomat. Veränderung der einzelnen Blöcke der Vulkanoklastite von der Peripherie zum Zentrum hin durch diese Lsgg. vor sich. Umfangreiche tabellar. Zusammenstellung chem. Analysendaten der veränderten Gesteine verschiedener Zonen der Kokarden sowie der Zus. der Fumarolen. M. Hähnert. 386◇

0678 **Gasvorkommen vom Syrchan-Darin-Gebiet.** W. Je. Narishnaja. (Usbek. chem. J. **1961,** Nr. 2, 63—70; Taschkent; russ., Auszug: usbek.) — Angabe der Geh. an H_2S, CO_2, CH_4, C_2H_6, C_3H_8, C_4H_{10}, C_5H_{12}, N_2, He + Ne, Ar + Kr + Xe. Ch. Weiske. 390◇

0679 **Einige Besonderheiten in der Zusammensetzung natürlicher Gase aus unterkambrischen Sedimenten des Irkutsker Amphitheaters.** Ju. I. Pikowski. (Geol. u. Geophysik [UdSSR] **1963,** Nr. 5, 59—67; Irkutsk, Trust „Ostsibir. Erdölgeologie“; russ., Auszug: engl.) — Die Anwesenheit von H_2, CO u. ungesätt. KW-Stoffe wird in den natürlichen Gasen des betrachteten Gebietes nachgewiesen. H_2, CO sowie einige andere Gase durchdrangen die Sedimentschichten entlang den Bruchzonen der Erdkruste. M. Hähnert. 390◇

0680 **Versuch zur Untersuchung der Redox-Potentiale der Wässer einiger polymetallischer Lagerstätten des Altai-Erzgebietes.** G. B. Sweschnikow. (Nachr. Leningrader Univ. **14,** Nr. 12, Ser. Geol. Geogr. Nr. 2, 59 bis 67, 1959; russ.) — Ermittlung der Redox-Potentiale von Grubenwässern verschiedener Lagerstätten. Die erhaltenen Werte liegen zwischen + 250 bis + 650 mV in Abhängigkeit vom Fe^{3+}/Fe^{2+}-Verhältnis bei Fe-Konzz. von 10^{-5}—10^{-4} g/Liter. Die Meßgenauigkeit hängt von den potentialbestimmenden Lsg.-Bestandteilen im Wasser ab. H.-J. Bautsch. 393◇

0681 **Einige Besonderheiten der Geochemie des Berylliums in den Grundwässern des intensiven Alkalimassivs der Lowosero-Tundra.** K. Je. Pitjewa. (Nachr. Moskauer Univ., Ser. IV **18,** Nr. 3, 49—54, 1963; Moskau, Lehrst. für Hydrogeol. der Univ.; russ.) — Die betrachteten alkal. Lsgg. bildeten sich aus atmosphär. Niederschlägen im Bereich der Nephelinsyenit-, Lujaurit-, Foyait- u. Urtitmassive. Be ist in einigen akzessor. Mineralien (*Eudidymit, Karpinskiit, Beryllit, Epididymit* u. a.) der Gesteine anwesend. Die Geh. an Be, Mn, Li, F, Sr u. Ba sowie das Cl/HCO_3-Verhältnis liegen in den W. anomal hoch, was auf Veränderungen der chem. Zus. der Muttergesteine durch Pegmatit-Bldg. erklärt wird. Die Be-Geh. der W. sind in fast allen Zonen des Lowosero-Massivs gleich, wobei aber die Be-Geh. in den Grundwässern etwa 14 mal höher liegen als in den oberflächennahen Bereichen. M. Hähnert. 393◇

0682 **Quecksilbergehalt in einigen Gewässern der Armenischen SSR.** R. Ch. Aidinjan. (Nachr. Akad. Wiss. ArmenSSR, geol. geogr. Wiss. **16,** Nr. 2, 73—75, 1963; Moskau, Akad. der Wiss. der UdSSR, IGEM; russ.) — Die Arbeit hatte den Zweck, die Clarke-Zahl für Hg in der Hydrosphäre zu bestimmen. Dazu wurde jeweils aus 100 ml W. Hg als HgS gefällt, durch Glühen des Nd. wird metall. Hg abdestilliert, mit Jod gelöst u. colorimetrisch bestimmt. Der Hg-Geh. in den Gewässern der ArmenSSR liegt durchschnittlich bei 1—3 · 10^{-6} g/Liter. S. Aslanjan. 393◇

0683 **Die rezente Entwicklung der spezifischen Aktivität von Kohlenstoff in der Luft Frankreichs.** Concèle Léger, Georgette Delibrias und Jaques Labeyrie. (C. R. hebd. Séances Acad. Sci. **256,** 5182—84, 1963; Gif-sur-Yvette, Seine-et-Oise, Centre d'Études nucl. de Saclay, Serv. d'Électronique phys.; franz.) — Es wird über Veränderungen der atmosphär. ^{14}C-Konz. in Abhängigkeit von Atomexplosionen berichtet. Im Dezember 1962 lag dieser Wert um 60% über dem der Zeit vor den Atomexplosionen. Die Geh. an ^{14}C in Pflanzen zeigen ein analoges Verhalten. J. Heinze. 396◇

0684 **Tritiumgeophysik.** W. F. Libby. (J. geophys. Res. **66,** 3767—82, 1961; Los Angeles, Calif., Univ. of California, Dep. of Chem. and Inst. of Geophys.; engl.) — Analysen des Regens in der nördlichen u. südlichen Hemisphäre auf Tritium während des Frühlings u. Sommers 1959 ergaben für die nördliche Hemisphäre ein Maximum von T, das proportional der ^{90}Sr-Menge war; in der südlichen Hemisphäre konnte keine merkliche Zunahme an T u. ^{90}Sr während dieser Periode festgestellt werden. Es wird angenommen, daß die beobachteten Zunahmen an T u. ^{90}Sr auf russ. Kernwaffenverss. während des Oktobers 1958 zurückzuführen sind. C. Gottfried. 396△

0685 **Chemische Zusammensetzung von Regenwasser in Kampala, Uganda, und seine Beziehung zu meteorologischen und topographischen Bedingungen.** Simon Visser. (J. geophys. Res. **66,** 3759—65, 1961; Kampala, Uganda, Makerere College; engl.) — Vf. berichtet über die Best. von Na^+, K^+, Ca^{2+}, Fe^{2+}, Mn^{2+}, NH_4^+, Gesamt-N, NO_3^-, Cl^-, SO_4^{2-} u. PO_4^{3-} in vom 1. August 1958 bis 31. Juli 1959 täglich aufgesammeltem Regenwasser. Die Ergebnisse sind tabellar. wiedergegeben. Bei der Diskussion über die Quellen dieser Ionen kommt Vf. zu dem Schluß, daß lokaler Staub u. der Lake Victoria die Hauptbeiträge liefern. C. Gottfried. 396△

B. Allgemeine und theoretische organische Chemie

0686 **Zur Lebensdauer der Positronen in Anthracen.** C. Cottini, G. Fabri, E. Gatti und E. Germagnoli. (Nuovo Cimento [10] **14,** 454—55, 1959; Milano, C. I. S. E., Labor.; engl.) — Die Positronenzerfallszeiten in *Anthracen* wurden zwischen — 200 u. + 295° gemessen. Die Lebensdauer der Positronen wurde zu (3,7 ± 0,2) · 10^{-10} s gefunden u. erwies sich als temperaturunabhängig. G. M. Neumann. B 90◇

0687 **Emissionsspektren der dialkylsubstituierten Benzolradikale.** T. F. Bindley, A. T. Watts und S. Walker. (Trans. Faraday Soc. **58,** 849—54, 1962; Leicester, Coll. of Technol., School of Chem.; engl.) — Die Emissionsspektren (4500—5000 Å) der Zers.-Prodd. von *o-*, *m-* u. *p-Xylol, o-*, *m-* u. *p-Äthyltoluol, o-*, *m-* u. *p-n-Propyltoluol, 1.4-Diisopropyl-* u. *1.4-Di-tert.-Butylbenzol* werden aufgenommen. Schwingungsfrequenzanalysen zeigen an, daß keiner der Strahler aus den Verbb. mit gerader Kette kleiner als CC_6H_4C sein kann. Es scheint, daß nur eine der Seitenketten einer Spaltung unterliegt. Die nachfolgenden Radikale o-, m- u. p-$CH_3C_6H_4CH_2$, p- u. m-iso-$C_3H_7C_6H_4CH(CH_3)$ u. p-tert.-$C_4H_9C_6H_4C(CH_3)_2$ wurden identifiziert. O. Jansen. B 118◇

0688 **Die Elektronenspektren und Schwingungszuordnungen von Carbonylchlorid und Formylfluorid.** L. E. Giddings jun. und K. Keith Innes. (J. molecular Spectroscopy **8,** 328—37, 1962; Nashville, Tenn., Vanderbilt Univ., Dep. of Chem.; engl.) — Das Absorptionsspektrum von *$COCl_2$* wurde zwischen 2100 u. 3150 Å bei Gastempp. von — 70 bis + 250° unter starker Auflösung aufgenommen, wobei die Absorptionswege 0,005 bis 5 m · At betrugen. Die 200 stärksten scharfen Bandenmaxima unterhalb 3050 Å werden als Q-Zweige von asymm. Kreisel-Banden vom A-Typ gedeutet u. in ein neues Schwingungsschema eingeordnet. Zwei Schwingungsfrequenzen des angeregten Zustands wurden ermittelt: ν_5 bei 430 u. ν_6 bei 580 cm^{-1}. Die Analyse ergibt, daß das Elektronenübergangsmoment senkrecht zur CO-Bindung steht u. daß das Mol. im angeregten Zustand keine Symmetrieebene besitzt. Ferner wird ein überraschendes temperaturabhängiges Kontinuum diskutiert. Bei einem

Absorptionsweg von 5 m · At wurde *HCOF* auch bei längeren Wellen (bis ca. 36500 cm^{-1}) untersucht, wobei neue Banden entdeckt wurden, welche die Zuordnung für ν_6' bei 570 cm^{-1} gestatten. B. Gnauck. B 118◇

0689 **Luminescenz einiger aromatischer Aldehyde und Ketone in der Dampfphase und in kristallisierten Lösungen bei 77°K.** Paule Longin. (C. R. hebd. Séances Acad. Sci. **255,** 865–67, 1962; Bordeaux, Fac. des Sci., Labor. d'Opt. moléc.; franz.) — *Benzaldehyd, Acetophenon, Benzophenon* u. *2-Chlorbenzaldehyd* haben in kristallisierter Lsg. bei 77°K u. in der Dampfphase dasselbe Emissionsspektrum; ihre Luminescenz rührt von nur einem in der Carbonylgruppe lokalisierten Übergang (T*–S) her, der die verhältnismäßig lange Lebensdauer von ca. 10^{-3} s hat u. dessen oberes Niveau ein metastabiler Triplettzustand sein dürfte. Alle Spektren liegen im Sichtbaren u. zeigen im wesentlichen 4 starke Banden, die eine Schwingungsfolge der Valenz der Carbonylgruppe bilden. Etwa dasselbe Spektrum zeigen *4-Chlorbenzophenon* u. *Anthrachinon* bei tiefer Temp., während das Dampfphasenspektrum dieser beiden Verbb. sehr verschieden ist u. eine breite Bande mit mehreren Maxima aufweist. D. Jörchel. B 118□

0690 **Ultraviolettabsorptionsspektren von monomerer und dimerer Benzoesäure.** Haruo Hosoya, Jiro Tanaka und Saburo Nagakura. (J. molecular Spectroscopy **8,** 257–75, 1962; Minato-ku, Tokyo, Japan, Univ. of Tokyo, Inst. for Solid State Phys.; engl.) — Vgl. Spectrochim. Acta [London] **17,** [1961], 324. — Die UV-Spektren von *Benzoesäure* (**I**) u. *Methylbenzoat* (**II**) werden in n-Heptan (He) zwischen 190 u. 300 mμ aufgenommen sowie das Monomer-Dimer-Gleichgew. von **I** in He. u. das Gleichgew. zwischen **I** u. Dioxan (Dx.) in He. bei 30° untersucht. Ferner wurden UV-Absorptionsmessungen an **I**- u. **II**-Lsgg. in Chlf., Tetrahydrofuran, Dx. u. Essigsäure durchgeführt u. die Lage der intramol. Ladungsübertragungsbande u. der IR-Carbonylfrequenz von **I** u. **II** in vorst. Medien sowie in CCl_4, CH_3OH, A., sek. Butanol u. 1 Vol.% Phenol enthaltendem He. bestimmt. Während die Carbonyl- u. die OH-Valenzschwingung von **I** durch die Bldg. kettenartiger H-Bindungen u. ringförmiger Dimerer geändert werden, wird die intramol. Ladungsübertragungsbande von **I** (bei 230 mμ) nur durch die Bldg. eines ringförmigen Dimeren verschoben, u. zwar in inerten Medien von 229 nach 233 mμ unter erheblicher Intensitätsverstärkung. Die Ursache der spektralen Änderung wird mit einer „exciton"-artigen Dipolwechselwrkg. erklärt, wobei die Größe der Rotverschiebung u. des Intensitätsinkrements berechnet werden können. Auf diesem Wege kann auch der pK-Wert (— 3,90 bei 30°) des Monomer-Dimer-Gleichgew. von **I** ermittelt werden. B. Gnauck. B 118◇

0691 **Fluorescenz von symm. Tetrazin.** Mihir Chowdhury und Lionel Goodman. (J. chem. Physics **36,** 548–49, 1962; University Park, Pa., Pennsylvania State Univ., Whitmore Chem. Labor.; engl.) — Die π^*–π-Fluorescenzspektren von *symm. Tetrazin* in 3-Methylpentan-Glas bei 77°K bzw. in Isopentan bei Zimmertemp. u. die entsprechenden Spektren von *Dimethyl-symm.-tetrazin* werden wiedergegeben u. erörtert. W. Wesly. B 118□

0692 **Molrefraktion von normalen, verzweigten und halogenierten Paraffinen.** Claude Clément. (C. R. hebd. Séances Acad. Sci. **255,** 863–64, Bordeaux, Fac. des Sci., Labor de Chim. phys.; franz.) — Vf. bestimmte bei 25° für die Wellenlängen 5460 bzw. 5893 Å die Mol-Refr. R_M folgender Verbb.: *Pentan* 25,42 bzw. 25,30, *Hexan* 30,03 bzw. 29,90, *Heptan* 34,74 bzw. 34,61, *Octan* 39,29 bzw. 39,15, *Nonan* 43,62 bzw. 43,89, *Decan* 48,67 bzw. 48,47, *Undecan* 53,35 bzw. 53,15, *Dodecan* 57,98 bzw. 57,98, *Tridecan* 62,70 bzw. 62,47, *Tetradecan* 67,39 bzw. 67,10, *Hexadecan* 76,66 bzw. 76,37, *2-Methylbutan* 25,43 bzw. 25,28, *2-Methylpentan* 30,12 bzw. 29,93, *2.2-Dimethylbutan* 30,05 bzw. 29,95, *2.4-Dimethylpentan* 34,81 bzw. 34,67, *2.2.4-Trimethylpentan* 39,46 bzw. 39,31, *2.6.10.15.19.23-Hexamethyltetracosan* 141,92 bzw. 141,23, *1-Fluorhexan* 29,93 bzw. 28,24, *1-Chlorpropan* 20,96, bzw. 20,87, *-butan* 25,61 bzw. 25,51, -pentan 30,24 bzw. 30,13, *-hexan* 34,98 bzw. 34,85, *-heptan* 39,56 bzw. 39,56, *-octan* 44,25 bzw. 44,13, *-hexadecan* 81,51 bzw. 81,51, *1-Bromäthan* 19,18 bzw. 19,09, *-propan* 23,83 bzw. 23,72, *-butan* 28,43 bzw. 28,31, *-pentan* 33,18 bzw. 33,02, *-hexan* 37,79 bzw. 37,64, *-heptan* 42,41 bzw. 42,41, *-octan* 47,13 bzw. 46,94, *-nonan* 51,80 bzw. 51,59, *-decan* 56,44 bzw. 56,21, *-hexadecan* 84,43 bzw. 84,10, *1-Jodmethan* 19,50 bzw. 19,29, *-äthan* 24,42 bzw. 24,25, *-propan* 29,14 bzw. 28,97, *-butan* 33,75 bzw. 33,36, *-pentan* 38,42 bzw. 38,21, *-hexan* 43,08 bzw. 42,86 u. *-heptan* 47,74 bzw. 47,50. Aus diesen Werten folgen durch Rechnung die Moduli der Mol.-Refr. folgender Atombindungen (in cm^3) für λ = 5460 Å: C–C 1,27 ± 0,02, C–H 1,69 ± 0,02, C–F 1,57 ± 0,04, C–Cl 6,57 ± 0,04, C–Br 9,45 ± 0,04 u. C–J 14,72 ± 0,03. Die R_M-Werte stimmen sowohl mit Literaturdaten als auch mit den aus den Moduli berechneten Werten gut überein u. bestätigen die Additivität der Mol.-Refr. von Atombindungen sehr gut. D. Jörchel. B 119□

0693 **Untersuchungen der optischen Rotationsdispersion.** 62. Mitt. **Konfigurationszuordnungen bei den Aporphinalkaloiden.** C. Djerassi, K. Mislow und M. Shamma. (Experientia [Basel] **18,** 53–56, 1962; Stanford, Calif., Stanford Univ., Dep. of Chem.; New York, N. Y., New York Univ., Dep. of Chem.; University Park, Pa., Pennsylvania State Univ., Dep. of Chem.; engl.) — 61. vgl. Experientia [Basel] **17,** [1961], 565; 59. vgl. C. **1963,** 3549. — Die opt. Rotationsdispersionen zwischen 300 u. 650 mμ werden für folgende Alkaloide in CH_3OH aufgenommen: *Corydin* (**I**), *Isocorydin* (**II**), *Norisocorydinhydrobromid* (**III**), *Magnoflorinjodid* (**IV**), *Bulbocapnin* (**V**), *Glaucin* (**VI**), *Boldin* (**VII**), *N-Methyllaurotetaninhydrobromid* (**VIII**), *Laurifolinchlorid* (**IX**), *Dicentrin* (**X**), *Domesticin* (**XI**), *Nantenin*, *Anolobin* (**XII**) u. *Xylopin* (**XIII**). Sämtliche Verbb. (außer **XII**) zeigen bei der D-Linie Rechtsdrehung. **V** wird für die Konfigurationszuordnung als Bezugsverb. für die $C_{(11)}$-substituierten, **VI** als solche für die an $C_{(11)}$ unsubstituierten Aporphine benutzt. Beide Verbb. sowie **VII** u. **X** u. (+)-*Glaucentrin* u. (+)-*Laurotetanin* besitzen S-Konfiguration. Nach den Rotationsdispersionskurven trifft dies auch für **I–IV, VIII, IX** u. **XI** zu, während **XII** u. **XIII** R-Konfiguration aufweisen. Die Konfigurationszuordnungen weichen teilweise von denen ab, die Bentley u. Cardwell (C. **1959,** 1789) nur auf Grund der Rotation bei der D-Linie vorgeschlagen haben. B. Gnauck. B 119◇

0694 **Untersuchungen der optischen Rotationsdispersion.** 78. Mitt. **Vergleichsuntersuchungen des Zirkulardichroismus und der Rotationsdispersionskurven. Einige Beobachtungen bei schwefelhaltigen Chromophoren.** Carl Djerassi, H. Wolf und E. Bunnenberg. (J. Amer. chem. Soc. **84,** 4552–61, 1962; Stanford, Calif., Stanford Univ., Dep. of Chem.; engl.) — 77. vgl. J. chem. Soc. [London] **1963,** 2390; 74. vgl. C. **1963,** 16877; 62. vgl. vorst. Referat. — Die Kurven der opt. Rotationsdispersion u. des Zirkulardichroismus zwischen 220 u. 400 mμ werden für folgende Verbb. (in CH_3OH bzw. Dioxan) aufgenommen: *Cholestan-3-on*, *-1-on* u. *-7-on*, *Koprostan-3-on*, *5α-Pregnan-20β-ol-S-methylxanthogenat*, *Methyl-α-D-glycopyranosid-6-[S-benzyl]-xanthogenat*, *D-(—)-Mandelsäure-* u. *D-(—)-Milchsäureäthyldithiocarbonat*, *N-Dithiocarbäthoxy-L-alanin*, *N-Dithiocarbomethoxy-L-prolin*, *N-Dithiocarbäthoxy-D-asparaginsäure*, *N-Thionocarbäthoxy-L-phenylalanin* u. *-L-hydroxyprolin*, *1.5-Trimethylen-3-phenyl-2-thiohydantoin*, *5-Methyl-3-phenyl-2-thiohydantoin*, (—)-(*R*)-*Hydratropylmorpholinothiocarbamid*, (+)-(*S*)-*α-Naphthyl-(2)-propionylmorpholinothiocarbamid*, (+)-*1.2-Dithiandicarbonsäure-(3.6)*, (+)-*1.2-Diselenandicarbonsäure-(3.6)*, (+)- u. (—)-*6.8-Thioctansäure*. Für die Verbb. sind ferner die UV-Maxima u. die mol. Elliptizität angegeben. Die opt. Rotationsdispersionen u. der Zirkulardichroismus können wechselweise u. mit gleich gutem Ergebnis zur Aufklärung stereochem. Probleme in der organ. Chemie angewendet werden. Die Hintergrundrotationseffekte, die durch weiter voneinander entfernte Absorptionsbanden des gleichen Chromophors oder anderer Atome des betreffenden Mol. verursacht werden, können zur Strukturaufklärung herangezogen werden. Wenn jedoch die Cotton-Effekte durch solche Hintergrundrotation maskiert werden oder eine Überlappung opt. akt. Absorptionsbanden auftritt, ist die Unters. des Zirkulardichroismus vorzuziehen, auch wenn die Erkennung sehr schwacher oder verdeckter Absorptionsbanden beabsichtigt ist. B. Gnauck. B 119◇

0695 **Infrarotspektren und Kraftkonstanten von CH_2Cl_2, $CHDCl_2$ und CD_2Cl_2.** Takehiko Shimanouchi und Isao Suzuki. (J. molecular Spectroscopy **8**, 222—35, 1962; Tokyo, Japan, Univ. of Tokyo, Fac. of Sci., Dep. of Chem.; engl.) — Vgl. J. molecular Spectroscopy **6**, [1961], 277. — Die IR-Spektren von CH_2Cl_2, $CHDCl_2$ u. CD_2Cl_2 werden im gasförmigen u. fl. Zustand zwischen ca. 4000 u. 600 cm^{-1} aufgenommen. Die Zuordnungen der Banden sind angegeben u. werden teilweise mit der Produktenregel überprüft. Mit den Daten werden die einfachen u. die modifizierten Urey-Bradley-Kraftkonst. sowie die allg. quadrat. Potential-Kraftkonst. berechnet, wobei die Bedeutung des Korrektur-Ausdrucks ($\Delta\alpha$) ($\Delta\alpha'$) beachtet wird. Die berechneten Werte der L_x-Matrix dienen zur Best. der Normalschwingungszustände. — Aus $CDCl_3$, das durch therm. Zers. von Ca-Trichloracetat mit D_2O gewonnen wird, kann durch Red. mit Zn/CH_3COOH bzw. Zn/CH_3COOD $CHDCl_2$ bzw. CD_2Cl_2 erhalten werden. B. Gnauck. B 120◇

0696 **Raman-Spektren von Alkoholen: Lösungsmittel-Effekt.** K. Venkateswarlu und S. Mariam. (Acta physica austriaca **16**, 125—36, 1963; Annamalainagar, South-India, Annamalai Univ., Dep. of Phys.; engl.) — Raman-Intensitätsmessungen werden durchgeführt an Lsgg. von *Isopropyl-*, *n-*, *tert.-* u. *Isobutyl-*, *Amyl-*, *opt. akt.-prim. Amyl-*, *Isoamyl-*, *Allyl-*, *Hexylalkohol* u. *Cyclohexanol* in CCl_4, Chlf., Bzl. u. Chlorbenzol. Keine merklichen Intensitätsänderungen wurden bei Mischungen mit CCl_4 als Lsg.-Mittel beobachtet, während bei den anderen Mischungen große Abweichungen festgestellt wurden, für die intermol. Wechselwrkg. verantwortlich gemacht werden. Merkliche Frequenzverschiebungen traten nicht auf. D. Kunath. B 120◇

0697 **Die Infrarotspektren einiger Alkylthionitrite.** Roger J. Philippe und Henry Moore. (Spectrochim. Acta [London] **17**, 1004—15, 1961; Durham, N. C., Liggett and Myers Tobacco Co., Res. Dep.; engl.) — Vff. stellten *Methyl-*, *Äthyl-*, *n-Propyl-* u. *Isopropylthionitrit* aus den entsprechenden Mercaptanen u. N_2O_3 her. Die IR-Spektren dieser Verbb. im gasförmigen Zustand wurden aufgenommen. Die meisten der gefundenen Banden wurden zugeordnet. Die Struktur der Verbb. wird diskutiert. P. Kurzmann. B 120◇

0698 **Bemerkungen über die Spektren von 2.4-Dinitrophenylhydrazonen.** Ernst D. Bergmann, Raphael Ikan und Hanna Weiler-Feilchenfeld. (Bull. Res. Council Israel, Sect. A **7 A**, 9—15, 1957; Jerusalem, Hebrew Univ., Dep. of Org. Chem.; engl.) — Die IR-Spektren der *2.4-Dinitrophenylhydrazone* (DNPH) von *Aceton* (**I**), *Cyclopentanon*, *-hexanon* (**II**) u. *-heptanon*, *α-Hydrindon*, *α-Tetralon*, *Acetophenon* (**IV**), *Benzaldehyd*, *o-* u. *p-Chlorbenzaldehyd*, *m-* u. *p-Methoxy-* (**III**), *o-* u. *p-Methyl-*, *p-Phenyl-* u. *p-Dimethylaminobenzaldehyd* u. von den im Vers.-Teil genannten Verbb. wurden im Bereich der Doppelbindungen 1260—1700 cm^{-1} untersucht. Es ergibt sich, daß die Frequenz der C=N- (1585 u. 1615 cm^{-1}) u. der N=O-Gruppe (1310 u. 1333 cm^{-1}) unbeeinflußt von den Substituenten der DNPH bleibt. Das UV-Spektrum der DNPH u. der 4-Nitrophenylhydrazone zeigt gegenüber dem der 2-Nitrophenylhydrazone einen Hypsochromen Effekt. Die Spektren im Sichtbaren (S) u. UV wurden außer von den im Vers.-Teil genannten Verbb. aufgenommen von: *Benzaldehyd-2-nitrophenyl-* u. *-2.4-dinitrophenylhydrazon*, *Brenztraubensäure-N-methyl-2.4-dinitrophenylhydrazon*, *4-* u. *2-Nitro-* bzw. *2.4-Dinitrophenylhydrazone* von: **I**, **II**, **III**, *o-Methoxybenzaldehyd*, **IV**, *Benzophenon*, *Croton-* u. *Zimtaldehyd*, *Phenylglyoxylsäure* (cis- u. trans-Hydrazon); *$\Delta^{1,9}$-3-Methyloktalon-(2)*, *3-Methyltetralon-(2)*, *5.6.7.7a-Tetrahydro-6-methylindanon-(5)* u. *Hexahydro-6-methylindanon-(5)*.

Versuche: *Brenztraubensäure*, *2.4-Dinitrophenylhydrazon*, $C_9H_8N_4O_6$, F. 224—225° (Zers.), aus Nitromethan gelbe Nadeln, UV, *4-Nitrophenylhydrazon*, $C_9H_9N_3O_4$, F. 236—237° (Zers.), aus Nitromethan hellgelbe Nädelchen, UV, *Phenylhydrazon*, F. 198°; aus verd. A. Nadeln, UV. *2-Nitrophenylhydrazon*, F. 224°, aus Isopropanol gelbe Nadeln, UV. — *Benzaldehyd*, *4-Nitrophenylhydrazin*, F. 195°, aus A. orangefarbene Nadeln, UV. *N-Methyl-2.4-dinitrophenylhydrazon*, $C_{14}H_{12}N_4O_4$, F. 215°, aus Benzaldehyd u. N-Methyl-2.4-dinitrophenylhydrazon in Ggw. von Schwefelsäure; aus Nitromethan gelbe Platten, UV. *Phenylhydrazon*, F. 160°; aus verd. A. Nadeln, UV. — *m-Brombenzaldehyd-2.4-dinitrophenylhydrazon*, $C_{13}H_9BrN_4O_4$, F. 209° (Nitromethan), IR. — *o-Methoxybenzaldehyd-2.4-dinitrophenylhydrazon*, $C_{14}H_{12} \cdot N_4O_5$, F. 250° (Nitromethan), IR, UV, S. Gerhard Ziebarth. B 120△

0699 **Silane. Schwingungszuordnungen und Frequenzbeziehungen.** George J. Janz und Yukio Mikawa. (Bull. chem. Soc. Japan **34**, 1495—1504, 1961; Troy, N. Y., Rensselaer Polytechn. Inst., Dep. of Chem.; engl.) — Vff. stellen tabellar. die aus der Literatur bekannten Frequenzzuordnungen, IR- u. Ramandaten, Mol.-Struktur-Unterss., thermodynam. Eigg., Schwingungsanalysen der Normalkoordinaten u. Kraftkonst. für ca. 100 *Silane* der Symmetrie SiX_4, $SiXY_3$ u. SiX_2Y_2 zusammen. Angegeben sind ferner die Bezeichnung u. Arten der Normalschwingungen, Symmetrieklassen, Auswahlregeln u. Bindungslängen für 55 Silane sowie folgende charakterist. Frequenzen: ν(Si–H) symm. 2118—2315 cm^{-1}, asymm. 2142—2250, δ(Si–H) 925—985 u. 903 bis 990, ν(Si–D) symm. 1573—1688, asymm. 1597 bis 1649, δ(Si–D) 683—708 u. 664—704, ν(Si–C) symm. 553 bis 764, asymm. 695—805, δ(Si–C) 160—232 u. 221—303, ν(Si–O) symm. 640—808, asymm. 782—851, δ(Si–O) 240—251 u. 264—308, ν(Si–F) symm. 800—900, asymm. 950—1031, δ(Si–F) 268—332 u. 390—425, ν(Si–Cl) symm. 424—683, asymm. 577—610, δ(Si–Cl) 150—205 u. 169—250, ν(Si–Br) symm. 249—373, asymm. 426 bis 507, δ(Si–Br) 90—118 u. 137—173, ν(Si–J) symm. 168 bis 362, asymm. 405—418, δ(Si–J) 63—83 u. 94—114. — 115 Literaturhinweise. B. Gnauck. B 120◇

0700 **Über die Schwingungsspektren einiger Dimethylmethylhalogenchlorsilane und davon abgeleiteter Disiloxane.** H. Kriegsmann und G. Engelhardt. (Z. Chem. **2**, 95—96, 1962; Berlin, DAW, Inst. für Gerätebau, Arbeitsgruppe Physikal. Meth. der analyt. Chem.; Dresden, TU, Inst. für anorgan. u. anorgan.-techn. Chem.; dt.) — Die IR- u. Raman-Spektren von *Dimethylchlormethyl-*(**I**), *Dimethyldichlormethyl-*(**II**), *Dimethylbrommethylchlorsilan* (**III**), *Bis-[dimethylchlormethyl]-*(**IV**), *Bis-[dimethyldichlormethyl-*(**V**), *Bis-[dimethylbrommethyl]-*(**VI**) u. *Bis-[dimethyljodmethyl]-disiloxan* (**VII**) wurden aufgenommen, wobei für **I**, **II**, **IV** u. **V** die gleichen Ergebnisse wie Goubeau u. Mitarbeiter (C. **1962**, **4474**) erhalten wurden. Für die Zuordnung der C-Halogenvalenzschwingungen werden jedoch abweichende Angaben gemacht. Die Spektren von **III**, **VI** u. **VII** sind tabellar mit Zuordnungen angegeben. Im Gegensatz zu den Chlorsilanen weisen die Spektren der Siloxane jeweils zwei Absorptionen im Gebiet der C-Halogen-Frequenz auf. Dies wird als Phasen- u. Gegenphasenschwingung der beiden C-Halogengruppen gedeutet. B. Gnauck. B 120◇

0701 **Spektroskopische Studien an O-Heterocyclen.** 1. Mitt. **1.3-Dioxan-Derivate.** K.-D. Ledwoch. (Z. analyt. Chem. **197**, 323—32, 1963; Homberg, Rheinpreussen A. G., Forsch.-Labor. für Bergbau u. Chem.; dt.) — Vf. zeigt an nachst. Verbb., daß man 1.3-Dioxan-Abkömmlinge auf Grund genügender Regelmäßigkeit der IR-Spektren sicher erkennen kann. Bei monosubstituierten 1.3-Dioxan-Derivv. gelten folgende Erwartungsbereiche, innerhalb derer intensive u. scharfe Absorptionsbanden auftreten: 2730—2795, 1160—1175, 1070 bis 1110 u. 1025—1050 cm^{-1}. Bei disubstituierten 1.3-Dioxan-Derivv. gelten die Bereiche 1100—1120 u. 1025—1055 cm^{-1} als abs. sicher, während der Bereich zwischen 2730 u. 2795 cm^{-1} in einigen Verbb. mit hoher Symmetrie fortfällt oder nur mit geringer Intensität auftritt. Von 2 1.3-Dioxanringen unmittelbar eingeschlossene CO-Gruppen absorbieren zwischen 1685 u. 1692 cm^2. Untersuchte Verbb.: 1.3-Dioxane: *4-Methyl-*, *5-Methyl-5-äthyl-*, *5-Phenyl-*, *5-Acetyl-*, *5-Methyl-5-acetyl-*, *5-Hydroxymethyl-5-acetyl-*, *5-Methyl-5-acryloyl-*,

5-Methyl-5-[2-hydroxyäthyl]-, *5-Hydroxymethyl-5-äthyl-*, *5-Methyl-5-[1.1-methylendioxyäthyl]-(?)*; *5-Methyl-5-[1.3-dioxanyl-(5)-carbonyl]-1.3-dioxan*, *Bis-[5-methyl-1.3-dioxanyl-(5)]-*, *Bis-[5-äthyl-1.3-dioxanyl-(5)]-* u. *Bis-[5-n-propyl-1.3-dioxanyl-(5)]-keton*, *Bis-[5-methyl-1.3-dioxanyl-(5)]-* u. *Bis-[5-äthyl-1.3-dioxanyl-(5)]-carbinol*, *2-* u. *4-Phenyl-*, *4.5-* u. *2.4-Dimethyl-1.3-dioxan*, *Bis-2.2'-[1.3-*, *-[5.5'-dimethyl-1.3-*, *-[5-methyl-5-acetyl-1.3-* u. *-[5-methyl-5-äthyl-1.3-dioxanyl]*, *8-Methyl-2.4.10-trioxaspiro-[5.5]-undecanon-(7)* u. *-ol-(7)* u. dessen *Acetat*, *2.4.10.12.15-Trioxadispiro-[5.1.5.3]-hexadecanon-(7)*, *2.4.8.10-Tetraoxaspiroundecan* u. *5-Methyl-2.4.8.10-tetraoxaspiroundecan*. A. Kumm. B 120◇

0702 **Charakteristische Infrarotabsorptionsbanden substituierter Furane.** L. W. Daasch. (Chem. and Ind. **1958,** 1113—14; Washington, D. C., U. S. Naval Res. Labor.; engl.) — Die IR-Absorptionsspektren im Bereich von 2—22 μ nachst. Furan-Derivv. werden mitgeteilt u. diskutiert: *Furan*, *5-Nitrofuran*, *Furan-* bzw. *5-Nitrofuran-2-aldehyd* u. *-2-carbonsäure*, sowie der *Methylester* vorst. Säuren. W. Niemitz. B 120◇

0703 **Untersuchungen über das Mikrowellenspektrum von m-Fluorchlorbenzol.** A. Rachman, P. Kökeritz und H. Selén. (J. molecular Spectroscopy **8,** 338—40, 1962; Buenos Aires, Univ.; Stockholm, Univ., Inst. of Phys.; engl.) — Das Mikrowellenspektrum von *m-Fluorchlorbenzol* wurde zwischen 10,5 u. 26,3 GHz untersucht. Von den 300 beobachteten Linien konnten 53 als reine Rotationsübergänge erkannt werden, die zu den R- u. Q-Zweigen (Typ μ_b) gehören. Die Rotations-Konst. betragen A 3435,59 [MHz], B 1176,58, C 875,66, die Hauptträgheitsmomente I_a 147,575 [amuÅ²], I_b 429,661, I_c 577,312, der Trägheitsdefekt (I_c–I_a–I_b) 0,076. Folgende Bindungsabstände wurden ermittelt: d_{CF} 1,329 Å, d_{CCl} 1,699 Å. B. Gnauck. B 121◇

0704 **Über die Analyse einiger Probleme der konformationellen Transmission.** Robert Bucourt. (Bull. Soc. chim. France **1962,** 1983—85; Paris, Centre de Rech. Roussel-Uclaf; franz.) — Die bei der polycycl. Reihe bekannten u. von Barton (C. **1957,** 4059) als Ergebnis einer „konformationellen Transmission" betrachteten Abstandseffekte können in bestimmten Fällen sehr einfach analysiert werden, indem man die Richtung der Änderung der diedr. Winkel (bezogen auf 60° als Normalwert) am Übergang zweier Cyclen bestimmt. Die Meth. wird an folgenden 3 Syst. veranschaulicht: *Oktahydronaphthalin*, *Hexahydronaphthalin* u. *Tetrahydroindan*. D. Jörchel. B 123◇

0705 **Struktur einiger N.N'-Diarylpiperazine und Bemerkungen zur Synthese dieser Basen aus Aminoalkoholen.** Jean Raynaud und Armand Lattes. (C. R. hebd. Séances Acad. Sci. **254,** 4054—56, 1962; Toulouse, Fac. des Sci., Labor. de Chim. Org.; franz.) — Durch katalyt. Wasserabspaltung aus N-Aryl-2-aminoäthanolen wurden die folgenden Piperazine dargestellt u. ihre Dipolmomente gemessen: *N.N'-Diphenyl-*(**I**), [μ] = 3,20 ± 0,02 [D], *N.N'-Di-p-tolyl-*(**II**), 2,865 ± 0,01, *N.N'-Di-m-tolyl-*(**III**), 2,507 ± 0,02, *N.N'-Di-o-tolyl-*(**IV**), 2,10 ± 0,06. Demnach haben **I** u. **II** Bootform (**B**), wobei die Substituenten an den N-Atomen, die die Spitzen von **B** bilden, über den Bootskörper ragen. Bei **III** u. **IV** stehen Boot- u. Sesselform im Gleichgewicht, denn die berechneten μ-Werte sind höher als die gemessenen. Berechnet wurden für **III** 84%, für **IV** 16% Form **B**. Die Ausbeuten bei der Darst. mit Al-Silikat (bzw. Al_2O_3) als Katalysator betragen: **I** 54 (29,5), **II** 95 (95), **III** — (28), **IV** 27 (16,5)%. Das Auftreten der Sesselform bedingt niedrigere Ausbeuten. Gerhard Cleve. B 123◇

0706 **Die Stereochemie von Chinolizidin und Oktahydropyrocolin.** S. V. Kessar. (Experientia [Basel] **18,** 56—57, 1962; Chandigarh, India, Panjab Univ., Dep. of Chem.; engl.) — Wenn dem einsamen Elektronenpaar des Brückenkopf-N-Atoms ein Angulareffekt von 0,8 kcal/Mol zugunsten der cis-Anellierung zugeschrieben wird, beträgt die Umwandlungsenthalpie von *cis-* in *trans-Chinolizidin* etwa —1,9 (kcal/Mol), von *cis-* in *trans-Oktahydropyrocolin* —0,3. Die cis-Verbb. besitzen also im Gegensatz zu Literaturangaben eine größere Stabilität als die trans-Konformationen. Auch bei *Cevin* weist die bzgl. der Ringe E/F cis-anellierte Form eine um 0,5 kcal/Mol höhere Stabilität als die trans-Konformation auf, wenn als Destabilisierungsnergie einer axialen $C_{(25)}$–CH_3-Gruppe in cis-Stellung zum freien N-Elektronenpaar der Betrag von 2,4 kcal/Mol angenommen wird. Da bei *Lupinin* eine H-Brückenbindung nur bei trans-Anellierung möglich ist, dürfte das Konformations-Gleichgew. zugunsten der trans-Form verschoben sein. Am Beispiel der cis/trans-Konformationen von *trans-2-Methyl-* u. *trans-4-Methylchinolizidin* wird gezeigt, daß entweder durch IR- u. NMR-Daten nur die trans-anellierten Konformationen erkannt werden können, oder die bei einfachen carbocycl. Syst. entwickelte einfache Konformationsanalyse nicht auf N-haltige Verbb. anwendbar ist u. bes. ster. oder elektron. Effekte auftreten. B. Gnauck. B 123◇

0707 **Plastartige Scintillatoren mit maximaler Luminescenz im Bereich von 500 mμ.** G. A. Michaltschenko, G. F. Nitschugowski und L. P. Roshnowskaja. (Versuchsgeräte u. Versuchstechn. [UdSSR] **7,** Nr. 3, 66—70, 1962; Leningrad, Technol. Inst.; russ.) — Es wurden neuartige plast. Scintillatoren hergestellt, u. zwar *7H-7-Oxobenzimidazo-[2.1:a]-benz-[d.e]-isochinolin* (**I**, F. 198—200°, durch Kondens. von Naphthalsäureanhydrid mit o-Phenylendiamin in Eisessig, Chromatographie an Al_2O_3; hellgelb aus Aceton) u. *2-*(oder *5*)*-Acetoxy-7-oxo-7H-benzimidazo-[2.1:a]-benz-[d.e]-isochinolin* (**II**, F. 202°, analog **I** aus 3-Hydroxynaphthalsäureanhydrid u. Acetylierung der Hydroxyverb. mit Acetanhydrid in Pyridin; krist. aus Aceton). Von **I** u. **II** werden die Absorptions- u. Luminescenz(L)-Spektren auf Polystyrol (**IV**) mitgeteilt: Das L-Maximum von **I** verschiebt sich bei $c_1 = 1{,}14 \cdot 10^{-3}$ g/g **IV** von 495 (mμ) auf 505 bei $c_2 = 2{,}3 \cdot 10^{-2}$ g/g **IV**. Die relativen Luminescenzausbeuten (LA) bzgl. *p-Terphenyl* (**III**; $c = 2 \cdot 10^{-2}$ g/g **IV**: LA = 100%) betragen für **I** (bei c_1) 48%, (bei c_2) 115%, **II** (bei c_1) 40%, für **III**—**I** (c_1) 128% u. **III**—**II** (c_1) 115%. M. Wiedemann. B 125◇

0708 **Massenspektrometrie für Struktur- und stereochemische Probleme.** 14. Mitt. **Steroide mit einem oder zwei aromatischen Ringen.** Carl Djerassi, J. M. Wilson, H. Budzikiewicz und J. W. Chamberlin. (J. Amer. chem. Soc. **84,** 4544—52, 1962; Stanford, Calif., Stanford Univ., Dep. of Chem.; engl.) — 13. vgl. Tetrahedron Letters [London] **1962,** 653; 15. vgl. C. **1963,** 14627. — Wie früher (vgl. Budzikiewicz u. Djerassi, C. **1963,** 69) werden die Massenspektren einer Reihe von Östrogensteroiden u. teilweise ihrer D-Derivv. aufgenommen, wobei die Spektren folgender Verbb. angegeben sind: *Östronmethyläther* (**I**), *14-Iso(β)-*, *13-Iso(α)-*, *8-Iso(α)-* u. *9-Iso(β).13-iso(α)-östronmethyläther*, *6β-Methylöstron*, *18-Nor-13-propylöstron*, *6.7-Dehydroöstron*, *Equilin*, *9.11-Dehydro-1-methylöstronmethyläther*, *Equileninmethyläther* (**III**), *14-Iso(β)-*, *18-Nor-13-äthyl-equilenin-* (**IV**, F. 173°) u. *18-Nor-13-äthyl-14-iso(β)-equileninmethyläther* (**V**, F. 125,5°) sowie *Östradiol-3-methyläther* (**II**). Ferner werden die Massenspektren von *18-Noröstronmethyläther*, $D_{2(16.16)}$-**I** u. -**II**, $D_{3(16.16.17)}$-**II**, *16.16-Difluoröstronmethyläther*, $D_{(15)}$-**I**, *1-Methylöstronmethyläther*, *Hetero-4-methylöstronmethyläther*, *Östron*, *16β-Methylöstron*, *1.2-Dimethyl-6.7-dehydroöstron*, *9.11-Dehydroöstronmethyläther*, $D_{2(16.16)}$-**III** u. *9.11-Dehydroöstradiol-3-methyläther* diskutiert. Aus den Spektren sind stereochem. Zusammenhänge zu erkennen, so daß die Massenspektroskopie offenbar auf die Unters. biochem. Probleme bei den Östrogenen bes. zusammen mit der Gasphasenchromatographie angewendet werden könnte. Die von Bachmann u. Holmes (J. Amer. chem. Soc. **63,** [1941], 595) für **IV** u. **V** angegebenen Konfigurationen werden durch die Massenspektrogramme bestätigt.

Versuche: $D_{2(16.16)}$-*Östronmethyläther* ($D_{2(16.16)}$-**I**), F. 167—169°, durch 6std. Kochen von **I** mit CH_3OD u. Na in D_2O. — Analog $D_{2(16.16)}$-*Equilenmethyläther* ($D_{2(16.16)}$-**III**), F. 184° (Zers.). — $D_{2(16.16)}$-*Östradiol-3-methyläther* ($D_{2(16,16)}$-**II**), durch Red. von $D_{2(16.16)}$-**I** mit $LiAlH_4$. Analog $D_{3(16.16.17)}$-**II** mit $LiAlD_4$. — $D_{(15)}$-*Östronmethyläther* (D_{15}-**I**), F. 160—165° (76% isotopenrein), durch ³/₄std. Rühren von 15.16-Dehydroöstronmethyläther in Äthylacetat mit 10%ig. Pd/Kohle unter D_2, Einw. (1 Nacht) von CH_3OH/Na/W. auf das Prod.-Gemisch, 3/4std. Kochen, Verdünnen mit W., 1std. Rühren des Prod. mit 10%ig. Pd-Kohle in Äthylacetat unter H_2 u. Wiederholung der Einw. von H_2. — Die analoge katalyt. Deuterierung von 6-Methyl-6.7-dehydroöstron ergibt 42% $D_{2(6.7)}$-, 30% $D_{3(X.6.7)}$-, 11% D_1-, 7% D_4-, 6% D_5- u. 3% D_6-*6-Methylöstron*. B. Gnauck. B 131◇

0709 **Änderungen des Dipolmentes von Phenol in verschiedenen Lösungsmitteln.** A. Tarnawski. (Mh. Chem. **93,** 600—05, 1962; Kattowitz, privates Labor.; dt.) — Auf Grund des Mengenverhältnisses der bei der Nitrierung von *Phenol* (**I**) in nichtpolaren Lsgm. sowie in CCl_4, C_6H_6, Ae., Chlf., CH_3COOH, n-$C_5H_{11}OH$, $(CH_3)_2CO$, n-C_3H_7OH, A., CH_3OH, CH_3CN, CH_3NO_2, HCOOH, oder W. entstehenden o- u. p-Isomeren wurden die Dipolmomente von **I** berechnet. Es wurde die funktionelle Abhängigkeit dieser Momente von der DK der Lsgm. bestimmt. R. Nink. B 132◇

0710 **Wirkung der Dipolrotation von Flüssigkeiten.** 3. Mitt. E. Grossetti. (Nuovo Cimento [10] **18,** 21—31, 1960; Napoli, Univ., Ist. di Fis. Sperim.; engl.) — 2. vgl. Nuovo Cimento [10] **13,** [1959], 350; 1. vgl. C. **1961,** 3562. — Die Rotationsmomente von *Toluol, Nitrobenzol, A., Amylalkohol, Essigsäure* u. *W.* wurden in einem rotierenden elektr. Feld bei Frequenzen von 100, 120 u. 150 MHz bestimmt u. aus den Messungen bei diesen Frequenzen die Viscositätskoeff. η ermittelt. Die Ergebnisse stimmen gut mit den nach klass. Meth. erhaltenen Daten überein. G. M. Neumann. B 132◇

0711 **Wechselwirkungspolarisation von Wasserstoffbrückenkomplexen.** 2. Mitt. Ko Kimura und Ryoichi Fujishiro. (Bull. chem. Soc. Japan **34,** 304—08, 1961; Osaka, Kita-ku, Osaka City Univ., Fac. of Sci., Dep. of Chem.; engl.) — 1. vgl. Bull. chem. Soc. Japan **32,** [1959], 433. — Die DK, der Brechungsindex u. das spezif. Vol. der Syst.: *Benzylalkohol* (**I**)- *α.α'-Bipyridyl* (**II**); **I**-*Triäthylamin* (**III**); *Phenol*(**IV**)-**II** u. **IV**-**III** mit Bzl. als Lsgm. wurden bei 25° gemessen u. die daraus ermittelte Polarisation mit der aus spektroskop. Daten berechneten verglichen. Ferner wurde unter der Annahme, daß die H-Brückenbindung nicht nur elektrostat., sondern auch covalenten Charakter besitzt, der Anteil der Struktur $-O^-...H-Y^+$ (Y = Protonenacceptor) abgeschätzt u. mit der Verschiebung der Wellenzahl $\Delta\nu$ der OH-Streckschwingungen verglichen. G. M. Neumann. B 132◇

0712 **Paramagnetismus lichtangeregter Triplett-Zustände organischer Moleküle.** Clyde A. Hutchison jun. (J. physic. Soc. Japan, Suppl. B-I **17,** 458—60, 1962; Chicago, Ill., Univ. of Chicago, Dep. of Chem. and Enrico Fermi Inst. for Nucl. Stud.; engl.) — Die Triplettzustände, die für die Phosphorescenz aromat. organ. Moll. verantwortlich sind, weisen ein ESR-Spektrum mit stark anisotropen, scharfen Linien auf, wenn diese Moll. in einem Wirtkristall orientiert sind. Es wird die Feinstruktur u. anisotrope Hyperfeinstruktur der Spektren folgender Gast/Wirt-Syst. berichtet: *Naphthalin* (**I**)/*Durol* (**II**), **I**/*Biphenyl* (**III**), deuteriertes **I**/deuteriertes **II**, *Phenanthren* (**IV**)/**III**, **IV**/*Fluoren* (**V**) u. **V**/**III**. Die Feinstruktur der Nullfeld-Aufspaltung des Triplettzustandes wird auf die magnet. Dipol–Dipol-Wechselwrkg. zwischen den beiden Elektronen im Triplettzustand zurückgeführt. Die Abhängigkeit dieser Nullfeldaufspaltung von der Mol.-Größe wird untersucht. Aus den beobachteten Hyperfeinstrukturen läßt sich die Spindichte-Verteilung in den Triplettzuständen bestimmen. Die Wrkg. der Substitution mit D auf die Hyperfeinstruktur erlaubt eine Identifizierung der beteiligten Triplettzustände u. eine Bestimmung der Orientierung des Phosphors im Wirtkristall. D. Noack. B 137◇

0713 **Stabilisierung von freien Radikalen in Ionenkristallmatrizen.** Ju. M. Bojartschuk und N. Ja. Buben. (Ber. Akad. Wiss. UdSSR **141,** 1120—23, 1961; Akad. der Wiss. der UdSSR, Inst. für chem. Phys.; russ.) — Aus Verbb. von n-Alkoholen [*Methanol* (**I**), *A.*, *n-Propanol* (**II**), *n-Amylalkohol* (**III**)] mit $MgCl_2$ u. $CaCl_2$ ($MgCl_2 \cdot 6ROH$, $CaCl_2 \cdot 4ROH$) werden durch Bestrahlen mit schnellen Elektronen (1,6 MeV) bei —170° bis ca. 40 Mrad Radikale erhalten, deren Elektronenresonanzspektren (ERS) aufgenommen (ca. 10^{20} paramagnet. Zentren/g) u. mit den ERS der reinen Alkohole beim N_2-Kp. verglichen werden. In den ERS fehlen die aus der Bldg. von Einfangzentren bei Ionenkristallen stammenden Linien (Auflockerung des Gitters). Die Rekombination der $\dot{C}H_2OH$-Radikale in gefrorenem **I** beginnt schon bei —150° u. ist beim **I**-F. vollständig, in $MgCl_2 \cdot 6CH_3OH$ verläuft sie bis —30° langsam, bei höherer Temp. setzt die Zers. der Verb. ein. Im Kristall ist die innere Rotation der $\dot{C}H_2$-Gruppe eingefroren. In den ERS von **II** u. **III** wird bei ca. —100° ein reversibler Übergang des Quintipletts mit der Intensitätsverteilung 1:2:2:2:1 in ein Quartett mit 1:3:3:1 festgestellt, was mit dem Einfrieren der Rotation der $\dot{C}H_2$-Gruppe in $RCH_2\dot{C}HOH$ (Äquivalentwerden der beiden β-H-Atome) erklärt wird. R. K. Müller. B 137◇

0714 **Untersuchungen der NMR-Linienform in Methan durch die Puls-Technik.** M. Bloom und H. S. Sandhu. (Canad. J. Physics **40,** 292—95, 1962; Vancouver, B. C., Univ. of British Columbia, Dep. of Phys.; engl.) — NMR-Untersuchungen an CH_4, CH_3D, CH_2D_2, CHD_3 unter Verw. der Puls-Technik ergaben die Möglichkeit, die Relaxationsfunktion für kleine τ_c-Werte (τ_c = Korrelationszeit für den Wechsel örtlicher Felder infolge Translationen), die durch Absorptionsmeth. nicht erfaßbar sind, zu untersuchen. Für den ganzen Temp.-Bereich gilt $(\tau_c)_n = (\tau_0)_n \exp[-E_a/RT]$. Die Aktivierungsenergie E_a ist im Gegensatz zu früheren Ergebnissen aus Linienbreitenmessungen unabhängig von n u. beträgt 3,2 kcal/Mol. Die 2. Momente der Linien betragen 4,8 ($\cdot 10^9 s^{-2}$), 3,95, 3,1 bzw. 1,4 für n = 0, 1, 2, bzw. 3. G. Winkhaus. B 137◇

0715 **Die NMR-Spektren von Bicyclo-[2.1.1]-hexan-Derivaten.** Kenneth B. Wiberg, Betty R. Lowry und Bernard J. Nist. (J. Amer. chem. Soc. **84,** 1594—97, 1962; Seattle, Wash., Univ. of Washington, Dep. of Chem.; engl.) — Die NMR-Spektren von nachst. Verbb. werden untersucht u. werden übereinstimmend unter Verw. einer Reihe von Kopplungskonst. interpretiert. Bicyclo-[2.1.1]-hexane: *endo-5-Carboxy-*, *-Acetyl-*, *-Chlorcarbonyl-*, *-Methoxycarbonyl-*, *-Dimethylaminocarbonyl-*, *-Hydroxymethyl-*, *-Acetyloxymethyl-*, *-Brommethyl-*, *-Hydroxy-* (u. *exo-*), *-Acetyloxy-*, *-Trifluoracetyloxy-*, -[*p-Tolylsulfonyloxy*]- (u. *exo-*), *-Brom-* (u. *exo-*), *-Oxo-*, *exo-5-Hydroxy-5-D-*, *1-Chlor-endo-5-carboxy-*, *-5-chlorcarbonyl-*, *-5-methoxycarbonyl-* u. *Bicyclo-[2.1.1]-hexan*. W. Wesly. B 137□

0716 **Wirksame, weitreichende Spin-Spin-Kupplungen bei der NMR. Das lineare 3-Spin-System und qualitative Einbeziehungen höherer Systeme.** J. I. Musher und E. J. Corey. (Tetrahedron [London] **18,** 791—809, 1962; Cambridge, Mass., Harvard Univ., Lyman Labor. of Phys. and Converse Mem. Labor.; engl.) — Das NMR-Spektrum für ein Proton in bestimmten Spinsyst. kann durch andere Protonen, zu denen die Kupplungskonst. Null beträgt, verwickelt werden. Diese Wrkg., eine eigentliche Kupplung, ist das Ergebnis einer starken Kupplung zwischen 2 oder mehr Kernen des Systems. Berechnete Spektren u. genaue qual. Beschreibungen werden für ein 3-Spin-Syst. angegeben. Diskutiert werden, z. T. an Hand von Literaturdaten, die NMR-Spektren von *N.N'-Bis-[1-methyl-2-carbäthoxyvinyl]-äthylendiamin*, *cis-1.4-Diacetoxycyclohexan*, *cis-* u. *trans-1.4-Dibenzoyloxybuten-(2)*, *Butandiol-(1.4)*, *Pyrrolidin*, *Tetrahydrofuran* u. *Tetrahydrothiophen*. W. Wesly. B 137□

0717 **UV- und NMR-spektroskopische Untersuchungen und Dipolmomentmessungen über die Elektronenstruktur des cis- und trans-p-Dimethylaminozimtsäurenitrils und verwandter Nitrile.** E. Lippert und W. Lüder. (Z. physik. Chem. [Frankfurt/M.] [N. F.] **33,** 60—81, 1962; Stuttgart, TH, Labor. für physikal. Chem. u. Elektrochem.; dt.) — Vff. untersuchen das UV- u. NMR-Spektrum von *cis*-[*cis*-**I**, F. 65°, nach Chromatographie (Chr.), bei Rotlicht], *trans-p-Dimethylamino-* (F. 163,5°, Chr., Rotlicht), *α-Cyan-* (F. 179° Chr.) u. *α.β-Dicyan-p-dimethylamino-zimtsäurenitril* (F. 175°, Chr.) u. *p-Di-*

methylaminobenzonitril (73,5°, Chr.). Die Ähnlichkeit der wahren Spektren der **I**-Isomeren wird mit der planaren Struktur von cis-**I** in Zusammenhang gebracht. Absorptionsspektren u. Dipolmomente beider Isomeren lassen auf Mesomerie zwischen den N-Atomen der Amino- u. Nitrilgruppe schließen. Reflexionsspektren u. Polarisationsgrad der Fluorescenz in Abhängigkeit vom Erregungslicht werden angegeben. Die NMR-Spektren werden vollständig zugeordnet. Sie stellen einen Nachw. für cis-trans-Isomerie dar; sie zeigen, daß in der cis-Form zwischen der Nitrilgruppe u. den der Vinylgruppe benachbarten Ringprotonen keine H-Brücke, sondern Abstoßung besteht. W. Wesly. B 137□

0718 **Über die Abhängigkeit der Ionenbeweglichkeit von der Temperatur in flüssigen, gesättigten Kohlenwasserstoffen.** O. Gzowski. (Z. physik. Chem. [Leipzig] **221**, 288—89, 1962; Gdansk, TH, II. Phys. Inst.; dt.) — Vgl. C. **1962,** 16264. — Die Beweglichkeit der durch Röntgen-Strahlen erzeugten Ionen wurde in *n*-C_6H_{14}, *n*-C_7H_{16}, *n*-C_8H_{18}, *n*-C_9H_{20} u. *n*-$C_{10}H_{22}$ sowie an C_8H_{18}–C_6H_{14} u. C_9H_{20}–C_6H_{14} Mischungen im Temp.-Bereich von 8—50° untersucht. In allen Fll. wurden schnelle negative Ionen mit einem schmalen Geschw.-Spektrum sowie einige positive Ionen beobachtet. Für die Aktivierungsenergien des Beweglichkeitsprozesses wurden Werte von 1,8 bis 2,9 für die negativen u. 2,5 bis 3,2 kcal/Mol für die positiven gefunden. Falls der untersuchte, fl. KW-Stoff mit A.-Dämpfen in Berührung kam, traten auch langsame negative Ionen auf, wobei mit wachsender Konz. der A.-Dämpfe die Zahl der schnellen Ionen ab- u. die der langsamen zunimmt. Ein ähnlicher Effekt wurde bei positiven Ionen nicht festgestellt.
G. M. Neumann. B 138◇

0719 **Temperaturabhängigkeit der Gleichgewichtskonstanten der Protolyse von p-Dimethylaminobenzaldehyd.** Wiesława Rubaszewska und Zbigniew Ryszard Grabowski. (Roczniki Chem. [Ann. Soc. chim. Polonorum] **33,** 781—85, 1959; Warszawa, Pol. Acad. of Sci., Inst. of Phys. Chem.; engl.) — Die Säure-Basen-Gleichgew.-Konst. von *p-Dimethylaminobenzaldehyd* (**I**) wurde spektrophotometr. bestimmt [λ = 335—370 mμ; 9—30° ± 0,2°; c = 10^{-4} bis 10^{-5} m **I** in 0,1 m (KCl + HCl) + 1% A.; pH 1,28—2,06]. Aus der Temp.-Abhängigkeit von pk_a = 0,327 + 385/T ergibt sich für die Rk.-Wärme $\Delta H°$ = 1,8 kcal/Mol u. Rk.-Entropie $\Delta S°$ = — 1,5 cal/Mol·Grad bei 25°.
A. Grohmann. B 139◇

0720 **Ionisation individueller Gruppen in zweibasigen Säuren und Anwendung auf die Amino- und Hydroxyl-Gruppen des Tyrosins.** John T. Edsall, R. Bruce Martin und Barbara R. Hollingworth. (Proc. nat. Acad. Sci. USA **44,** 505—18, 1958; Cambridge, Mass., Harvard Univ., Biol. Labor.; engl.) — Es wird eine Meth. zur Berechnung (aus spektroskop. Daten) der 4 „mkr." Ionisations-Konst. erläutert, die zur Beschreibung der Ionisation der individuellen Gruppen in einer dibas. Säure notwendig sind. Die Meth. mißt die anteilige Ionisation einer der Gruppen als Funktion des pH-Wertes u. wird angewandt auf die Ionisation der NH_2- u. OH-Gruppe von *Tyrosin.* Es zeigt sich, daß eine positive Ladung an der NH_2-Gruppe den pK-Wert der OH-Gruppe bei einer Ionenstärke von 0,16 um 0,42 pH-Einheiten u. bei einer Ionenstärke von 0 um vermutlich 0,60 pH-Einheiten erniedrigt. Entsprechende reziproke Einfl. liegen bei der Änderung der Ladung der Hydroxyl-Gruppe vor. Diese wechselseitigen Einfl. sind mit dem Ellipsoidal-Modell von Kirkwood-Westheimer [1938] (mit einem physikal. sinnvollen Abstand zwischen den Gruppen von 7 Å) vereinbar. Andere Möglichkeiten zur Ableitung der „mkr." Konst. werden diskutiert. Die Daten von Benesch u. Benesch (C. **1956,** 9952) zur Berechnung der „mikroskop." Konst. der NH_2- u. SH-Gruppen von *Cystein* wurden angewandt.
W. Niemitz. B 139◇

0721 **Zum Mechanismus der elektrochemischen Oxydation von Methylalkohol.** W. Vielstich. (Chemie-Ing.-Techn. **35,** 362—67, 1963; Bonn, Univ., Inst. für Physikal. Chem.; dt.) — Von *Methanol* (**I**), *Formaldehyd* u. *Ameisensäure* werden die stationären Strom/Spannungs-Kurven u. galvanostatischen Potential/Zeitkurven an platinierten *Pt*-Elektroden bei 20° in H_2SO_4 bzw. KOH aufgenommen. Dabei wird gezeigt, daß sowohl in sauren als auch in alkal. Elektrolyten die **I**-Oxydation quant. bis zum CO_2 bzw. CO_3^{--} abläuft. Es konnte gezeigt werden, daß die Oxydationspotentiale der untersuchten Verbb. nicht spezif. sind. Sie sind nicht durch die Thermodynamik der betreffenden Syst. gegeben, sondern durch die Art der vorgelagerten chem. bzw. elektrochem. Reaktionen. Zum techn. Betrieb von **I**/O_2-Elementen werden Angaben gemacht. O. Jansen. B 140◇

0722 **Polarographische Untersuchungen in Acetonitril und Dimethylformamid.** 5. Mitt. **Verhalten aromatischer Ketone und Aldehyde.** S. Wawzonek und A. Gundersen. (J. electrochem. Soc. **107,** 537—40, 1960; Iowa City, Iowa, State Univ. of Iowa, Dep. of Chem.; engl.) — 4. vgl. C. **1959,** 16585. — Es wird die stufenweise polarograph. Red. von *Benzophenon* (**I**), *Acetophenon* (**II**), *p-Methoxyacetophenon* (**III**), *Benzaldehyd* (**IV**) u. *Anisaldehyd* (**V**) in wasserfreiem Dimethylformamid beschrieben u. gezeigt, daß die langsam verlaufende elektrolyt. Red. des **I** Ketyl-Anionen als stabile Zwischenprodukte entstehen läßt, während bei Anwesenheit von CO_2 oder Äthyljodid Benzilsäure bzw. Diphenyläthylcarbinol gebildet wird. **II, IV** u. **V** bilden unter diesen Bedingungen prinzipiell Pinakole, während die Red. von **III** durch Verharzung gestört wird. W. Niemitz. B 142◇

0723 **Der Dampfdruck von Di-n-butylphthalat, Di-n-butylsebacinat, Laurinsäure und Myristinsäure.** Egil Hammer und Aksel L. Lydersen. (Chem. Engng. Sci. **7,** 66—71, 1957; Trondheim, Techn. Univ. of Norway, Chem. Engng. Labor.; engl.) — Im Bereich von 0,1—13 mm Hg wird der Dampfdruck von *Di-n-butylphthalat*(**I**), *Di-n-butylsebacat, Laurinsäure* u. *Myristinsäure* bestimmt. Die Ergebnisse werden hinreichend genau durch die von Kirchhoff [1858] aufgestellte Gleichung $\log p = A - B/T - C/T^2$ dargestellt. Die Konst. A, B u. C werden angegeben. Die Messungen an **I** stimmen gut überein mit früheren Messungen bei Drucken oberhalb 1,5 Torr. Die Verdampfungswärmen wurden mit Hilfe der Clausius-Clapeyronschen Gleichung berechnet u. ebenfalls in Abhängigkeit von der Temp. angegeben.
S. v. Schieszl. B 150◇

0724 **Binäre Dampf-Flüssigkeits-Gleichgewichte der Systeme Methyläthylketon-Cyclohexan und Aceton-Cyclohexan.** K. V. Kurmanadharao und C. Venkata Rao. (Chem. Engng. Sci. **7,** 97—101, 1957; Waltair, India, Andhra Univ., Chem. Engng. Labor.; engl.) — Bei 760 mm Hg wurden mit einer Colburn-Dest. die Gleichgewichtsdaten der Syst. *Methyläthylketon* (Kp. 79,6°; $D.^{30}$ 0,7945; n_D^{30} 1,3742)/*Cyclohexan* (**I**, Kp. 80,8°; $D.^{30}$ 0,7693; n_D^{30} 1,4210) u. *Aceton* (Kp. 56,2°; $D.^{30}$ 0,7793; n_D^{30} 1,3540)/**I** bestimmt. Danach besitzt das 1. Syst. bei 71,6° ein azeotropes Siedeminimum mit 52,7 Mol% **I**. Das 2. Syst. bildet bei 53° ein Azeotrop mit 25 Mol% **I**. Mit einem Redlich-Kister-Ansatz wird die thermodynam. Konsistenz beider Syst. geprüft. Die Aktivitäts-Koeff. lassen sich für beide Syst. durch eine Margules-Gleichung vom „Drei-Suffix-Typ" nach Wohl (Chem. Engng. Progr. **49,** [1953], 218) befriedigend wiedergeben.
S. v. Schieszl. B 150◇

0725 **Ternäre Flüssigkeitsgleichgewichte. Die Systeme Aceton–Wasser–Ester.** A. Venkataratnam, R. Jagannadha Rao und C. Venkata Rao. (Chem. Engng. Sci. **7,** 102—10, 1957; Waltair, Andhra Univ., Dep. of Chem. Technol.; engl.) — Vff. geben die Löslichkeiten u. Konnodenwerte bei 30° für tern. Syst. aus *Aceton* (**I**), *W.* u. einem der nachst. Ester: *Methyl-, Äthyl-, Propyl-*(**II**), *Amylacetat* (**III**), *Äthylpropionat* u. *Äthylbutyrat.* Die Korrelation der Konnodendaten nach der Meth. von Hand, Othmer u. Tobias ist bei den 6 Syst. befriedigend. Ein Vgl. der Verteilung von **I** zwischen W. u. dem Ester, zeigt, daß in allen Syst. **I** die Esterschicht bevorzugt mit Ausnahme des Syst. **I**/W./**II**, das Solutropie bei ca. 12 Gew.% zeigt. Die Begünstigung der Esterphase erklärt sich daraus, daß die chem. Struktur von **I** den Estern ähnelt u. seine Polarität mehr denen der Ester

als der von W. entspricht. **III** zeigt von allen untersuchten Estern die größte Selektivität.
S. v. Schieszl B 150◇

0726 **Extraktion von gelösten Stoffgemischen. 1. Trennung von Ameisen- und Salzsäure. 2. Trennung von Essig- und Schwefelsäure.** P. J. McAteer, R. W. Cox und C. J. Geankoplis. (A. I. Ch. E. Journal **7**, 456–62, 1961; Columbus, Ohio, Ohio State Univ.; engl.) — Vff. untersuchen die Phasengleich-Gew. in den Syst. HCl–HCOOH–H_2O-Methylisobutylketon(**I**) (Syst. **A**) H_2SO_4–CH_3COOH(HAc)–H_2O–**I** (Syst. **B**). Im Syst. **A** wirkt HCl als Aussalzungsmittel bei der Extraktion von HCOOH durch **I**. H_2SO_4 ist für HCOOH ein stärkeres Aussalzungsmittel als HCl. Es zeigt sich ferner, daß die aussalzende Wrkg. von H_2SO_4 gegenüber HAc größer ist als für die gleiche Menge HCOOH. Die Veränderung des Aktivitäts-Koeff. von HAc in der wss. Phase des Syst. **B** wird in Abhängigkeit von der H_2SO_4- u. **I**-Konz. gemessen. Die Abweichung vom theoret. Wert wird auf Assoziation bzw. Komplex-Bldg. der HAc in Ggw. von H_2SO_4 zurückgeführt.
I. Köditz. B 150

0727 **Thermochemische Untersuchungen über die Alkylbenzoesäuren.** 1. Mitt. **Toluylsäuren.** M. Colomina, M. L. Boned und C. Turrión. (An. Real Soc. españ. Física Quím., Ser. B **57**, 655–64, 1961; Madrid, C. S. de I. C. Inst. de Quím. Fís., „Rocasolano"; span.) — Vgl. C. **1960,** 16199, 16386. — Die Verbrennungswärmen der 3 isomeren *Toluylsäuren* werden in einer Calorimeterbombe nach der l. c. beschriebenen Meth. gemessen. Als Verbrennungswärmen $-\Delta H_c°$ bei 25° für die Verbrennung der festen Säuren zu gasförmigem CO_2 u. fl. W. ergeben sich: *o-Säure* 926,14 ± 0,18 (kcal/Mol); *m-Säure* 923,84 ± 0,19; *p-Säure* 923,10 ± 0,22. Die entsprechenden Bldg.-Wärmen $-\Delta H_f°$ sind: 99,55 ± 0,22; 101,84 ± 0,23; 102,58 ± 0,26 kcal/Mol. Auch die Isomerisierungswärmen, bezogen auf die m-Säure, werden berechnet.
R. K. Müller. B 156◇

0728 **Thermochemische Untersuchungen über die Alkylbenzoesäuren. 2. Mitt. Dimethylbenzoesäuren.** M. Colomina, R. Pérez-Ossorio, M. L. Boned, M. Panea und C. Turrión. (An. Real Soc. españ. Física Quím., Ser. B **57**, 665–72, 1961; span.) — 1. vgl. vorst. Referat. — Für die Verbrennungswärmen $-\Delta H_c°$ u. (Zahlen in Klammern) die Bldg.-Wärmen $-\Delta H_f°$ der Dimethylbenzoesäuren werden folgende Werte (bei 25°) gefunden: *2.6-* 1082,72 ± 0,19 (kcal/Mol) (105,33 ± 0,23); *2.3-* 1080,40 ± 0,19 (107,65 ± 0,23); *2.5-* 1079,03 ± 0,19 (109,02 ± 0,23); *2.4-* 1078,47 ± 0,20 (109,58 ± 0,24); *3.5-* 1076,57 ± 0,17 (111,48 ± 0,21); *3.4-* 1076,01 ± 0,25 (112,04 ± 0,30). Die danach berechneten Isomerisierungswärmen (in gleicher Reihenfolge) sind auf die 3.5-Säure bezogen: + 6,15 ± 0,25; + 3,83 ± 0,25; + 2,46 ± 0,25; + 1,90 ± 0,26; —; — 0,56 ± 0,30.
R. K. Müller. B 156◇

0729 **Thermodynamik binärer, aminhaltiger Systeme.** J. L. Copp und T. J. V. Findlay. (Trans. Faraday Soc. **56**, 13–22, 1960; Dundee, Univ. of St. Andrews, Queen's Coll., Dep. of Chem.; London, Imp. Coll., Chem. Dep., Phys. Chem. Labor.; engl.) — 3. vgl. C. **1959,** 13116. — Aus isothermen Messungen der Dichten u. des Dampfdruckes bin. Mischungen von *Triäthylamin* (**I**) mit *Methanol, A., n-Propanol* u. *n-Butanol* werden die Überschußmischungsvolumina (v^E) bei 25° u. die freien Überschußenergien (g^E), die Überschußenthalpien (h^E) u. -entropien ($T_S{}^E$) der Mischungen bei 60° für jedes Syst. berechnet. u. die Werte mit den entsprechenden Funktionen für die wss. Lsg. von **I** verglichen. Die Überschußfunktionen aller 5 Syst. stimmen in $v^E < 0$, $g^E > 0$ u. $T_S{}^E < h^E < 0$ überein. Mit steigender C-Zahl des Alkohols werden $T_S{}^E$ u. h^E weniger negativ, während g^E positiv bleibt, aber kleiner wird.
W. Niemitz. B 156◇

0730 **Die Mischungswärmen und Brechungsindices des binären Systems Wasser-tert-Butanol bei 25°.** H. Arm. (Helv. chim. Acta **45**, 1803–06, 1962; Bern, Univ., Inst. für allg. u. spezielle org. Chem.; dt.) — Die Mischungswärmen und Brechungsindices des binären Systems *Wasser-tert.-Butanol*(**II**, F. 24–25°) wurden bei 25° kalorimetrisch bestimmt. Es wurde **II** mit einer Reinheit von > **99,7%** bei einem Wasser-Geh. < 0,15% sowie in Ionenaustauscheranlagen gereinigtes W. mit einem spezif. Widerstand von etwa $3 \cdot 10^6$ Ohm · cm verwandt. Die Brechungsindices wurden für Molenbrüche $0 \leq x_2 \leq 1$ bei T = 25° tabelliert.
G. Kemmer. B 156◇

0731 **Die Entflammung von Mischungen aus Äthylen und Chlor an Oxidkatalysatoren.** Alfons Krause. (Chemiker-Ztg./Chem. Apparatur **86**, 273, 1962; Poznań, Polen, Univ., Inst. für anorg. Chem.; dt.) — Entw. eines Mechanismus, wodurch der Vorgang der Entflammung von C_2H_4/Cl_2-Gemischen am HgO-Katalysator als Ketten-Rk. veranschaulicht wird.
W. Wesly. B 157◇

0732 **Verbrennungsmechanismus von Trichloräthen in stationären Flammen.** B. Kaesche-Krischer. (Combust. and Flame **6**, 183–91, 1962; Berlin, Bundesanstalt für Materialprüf.; engl.) — Die Verbrennung von *Trichloräthen* in Mischungen von Luft mit O_2 u. N_2 wurde durch Aufnahme von Schlierenphotographien untersucht. Die Flammen weisen zwei Verbrennungsfronten auf, deren Abstand eine Funktion der O_2-Konz. ist. Für die Verbrennung werden einzelne Rk.-Schritte angegeben, wobei die jeweiligen Mengen der einzelnen Verbrennungs-Prodd. (HCl, CO_2, CO, Cl_2O u. W.) von der Zus. des KW-Stoff/O_2/N_2-Gemisches abhängen. Der vorgeschlagene Mechanismus wird durch den Vgl. der berechneten Enthalpien der Teil-Rkk. mit den gemessenen Flammentemp. gesichert.
G. M. Neumann. B 157◇

0733 **Kinetik der schnellen Aggregation in Suspensionen. Vergleich der Versuche mit der Smoluchowski-Theorie.** W. I. Higuchi, R. Okada, G. A. Stelter und A. P. Lemberger. (J. pharmac. Sci. **52**, 49–54, 1963; Madison, Wis., Univ. of Wisconsin, School of Pharmacy; engl.) — Die Koagulationsgeschw. der anfänglich monodispersen *Polystyrol*-Latexteilchen (⌀ 1,83 μ) bei verschiedenen Elektrolytkonzz. wurde untersucht. Die Versuche beinhalten die Best. der Verteilung von Singuletts, Dubletts u. Tripletts als Zeitfunktion. Um eine Vergleichsmöglichkeit der Werte mit der Theorie zu schaffen, wurden die theoret. Berechnungen der „bimol." Geschwindigkeitskonst. sowohl für den durch Diffusion kontrollierten, als auch für den durch die Oberfläche kontrollierten Mechanismus, verwendet. Diese Geschwindigkeitskonst. wurden zur Konstruktion einer theoret. Kurve benutzt, um die gefundenen Daten auszuwerten. Die beobachteten Maximalgeschw. näherten sich der Smoluchowski-Geschw. innerhalb eines Faktors von 2. Bei gereinigten Proben wurde gefunden, daß die Geschw. von der Elektrolytkonz. u. -art verhältnismäßig unabhängig sind. Die mit ungereinigten Proben in Salzlsgg. beobachteten Geschw. waren wesentlich geringer als jene für die gereinigten Suspensionen, gerade bei hohen Salzkonzentrationen.
O. Jansen. B 163◇

0734 **Oberflächenspannung und Kompressibilität.** R. V. G. Rao und V. V. Subba Rao. (Z. physik Chem. [Leipzig] **221**, 357–64, 1962; Poona, India, Nat. Chem. Labor.; engl.) — Die Oberflächenspannung ν einer Fl. wird mit der Kompressibilität β durch die Gleichung $\nu = (A/\beta)^{1/\tau}$ verknüpft. Die Werte der Parameter A u. τ der Fll. CH_3OH, *A., Propanol, Bzl., Toluol, m-Xylol, Äthylacetat, -butyrat, Chlf.,* CCl_4, *Äthylenchlorid, -bromid, Chlorbenzol, Anilin* u. CS_2 lassen vermuten, daß es sich um universelle Parameter A ≈ 0,021 [$atm^{-1} \cdot erg^{\tau} \cdot cm^{-2\tau}$] u. $1/\tau$ = 0,627 handelt. Mit Hilfe dieser Beziehung lassen sich sowohl die Gleichung von MacLeod wie die von Eötvös in Form von Mol.-Kraftkonst. — erklären. Ferner wird eine Beziehung zwischen Dampfdruck u. Oberflächenspannung entwickelt u. diskutiert.
G. M. Neumann. B 166◇

0735 **Möglichkeit einer elektrophoretischen Technik mit dem Gleichstrom überlagertem Wechselstrom.** A. Soler, G. Guzmán, C. Bonmati und A. Rodríguez. (An. Real Soc. españ. Física Quím., Ser. B **57**, 711–14, 1961; Madrid, Fac. de Cienc. y Inst. „Alonso Barba", Labor. de Quím. Org.; span.) — Wenn dem bei der Elektrophorese verwendeten Gleichstrom Wechselstrom überlagert wird, der selbst keine Wanderung der der Elektrophorese unterworfenen Ionen, Moll. oder geladenen Mol.-Aggregate bewirkt, müßten diese am deutlichsten die rein elektrophoret. Wanderung zeigen. Verss. mit Wechselstrom von 5—100 Hz u. 40—75 V bei einem Grundgleichstrom von 200—350 V ergeben bei *Serumproteinen* im Vgl. mit reinem Gleichstrom eine um 6—16% verstärkte Wanderung. Analoge Unterss. werden auch mit *Aminosäuren* durchgeführt. Ähnliche Ergebnisse werden auch von der Verw. von pulsierendem Strom erwartet.

R. K. Müller. B 168◇

0736 **Modifizierte Theorie der Bindungsmomente zur spektroskopischen Bestimmung des C–H-Bindungsmoments.** O. Theimer und R. Theimer. (J. molecular Spectroscopy **8,** 236—54, 1962; University Park, N. Mex., New Mexico State Univ., Res. Center; engl.) — Vgl. C. **1958,** 13193. — Das C–H-Bindungsmoment (μ_{CH}) u. dessen Ableitungen werden mit Hilfe einer modifizierten Theorie für CH_4, kristalline *n-Paraffine* u. *Polyäthylen* berechnet. Neben der Valenzstreckungs-Ableitung ($\delta\mu_{CH}/\delta R$) werden auch die Ableitungen der Bindungsspreizung ($\delta\mu_{CH}/\delta x_{\tilde{n}}$ u. $\delta\mu_{CH}/\delta y_{\tilde{n}}$) betrachtet, wobei $x_{\tilde{n}}$ u. $y_{\tilde{n}}$ Atomverschiebungen senkrecht zur Bindung darstellen u. ñ die Atome des Mol. kennzeichnet, indem $\tilde{n} = 1,2$ die endständigen Atome der betrachteten Bindung u. $\tilde{n} > 2$ die nächsten Nachbaratome bedeuten. Aus experimentellen Daten über feste n-Paraffine mit 21 bis 36 C-Atomen ergibt sich μ_{CH} = ca. 0,01 D für die CH_2-Gruppe u. daß die Ableitungen der Bindungsspreizung ca. 10mal größer als μ_{CH} u. der Größe nach mit $\delta\mu_{CH}/\delta R$ vergleichbar sind. Es werden Intensitätsformeln für CH_4 entwickelt u. versuchsweise angenommen, daß μ_{CH} von CH_4 erheblich kleiner ist als der angenommene Wert von 0,3 D.

B. Gnauck. B 182◇

0737 **ortho-Lokalisierungsenergien für Methyl-1.2-benzanthracene.** Takeshi Nakajima. (Bull. chem. Soc. Japan **28,** 428—32, 1955; Sendai, Tohoku Univ., Fac. of Sci., Dep. of Chem.; engl.) — Die ortho-Lokalisierungsenergie (OLE) C_3–C_4-Bindung von *1.2-Benzanthracen 1'-, 2'-, 3'-, 4', 5-, 6-, 7-, 8-, 9-* u. *10-Methyl-1.2-benzanthracen*, die notwendig ist, die konjugierte Bindung in eine Doppelbindung zu verwandeln, wurde berechnet u. an Hand der Störungs-Meth. diskutiert, unter Berücksichtigung des scheinbaren induktiven Effekts durch geeignete Wahl des $\delta\alpha$-Wertes der substituierten Stellung. Es wurde eine homolyt. u. eine heterolyt. OLE definiert, von denen die erste bei alternierenden KW-Stoffen, die zweite bei substituierten KW-Stoffen zur Best. der Reaktivität der Bindung herangezogen wird. Die heterolyt. OLE wurde in Beziehung gesetzt zur experimentellen Geschw. der OsO_4-Addition in der carcinogenen Aktivität. Die Delokalisierungsenergie u. die Eigenpolarisierbarkeit aller Methyl-Derivv. von **I** u. der analogen *Methyl-β-phenylnaphthalin*-Verbb. sind tabellar. angeführt.

A. Grohmann. B 182◇

0738 **Schwingungs-Rotations-Wechselwirkungen in Cyanamid; die Frage des ebenen Baues von Amiden.** David R. Lide jun. (J. molecular Spectroscopy **8,** 142—52, 1962; London, Univ. Coll., William Ramsay and Ralph Forster Labor.; engl.) — Für das *Cyanamid*(**I**)-Mol. wird ein einfaches Modell als Näherung angenommen, das eine nichtebene Schwingung der NH_2-Gruppe mit großer Amplitude zuläßt. Die kinet. Energie des **I**-Modells wird abgeleitet u. seine Quantenmechanik behandelt. Für den Fall, daß eine Potentialschwelle in der ebenen Konfiguration auftritt, werden entsprechende Ausdrücke für die Störungen angegeben.

B. Gnauck. B 182◇

0739 **Mikrowellenspektrum und nichtebener Bau von Cyanamid.** D. J. Millen, G. Topping und David R. Lide jun. (J. molecular Spectroscopy **8,** 153—63, 1962; engl.) — Vgl. vorst. Referat. — Die Mikrowellenspektren von *H_2NCN, HDNCN* u. *D_2NCN* werden aufgenommen u. die Übergänge zugeordnet. Bei den drei Verbb. werden Schwingungssatelliten-Banden beobachtet, deren Ursprung untersucht wird. Es wird geschlossen, daß die Gleichgew.-Konfiguration am Amino-N-Atom pyramidal ist u. ein niedriges mol. Inversions-Niveau auftritt. Eine Schwingungs-Rotations-Störung bei D_2NCN ergibt, daß für dieses Mol. das Niveau etwa 15 cm^{-1} über dem Grundzustand liegt. HDNCN u. D_2NCN wurden aus H_2NCN (F. 46°, Ae.-Bzl. 1 : 2, sublimiert) durch H/D-Austausch mit D_2O gewonnen.

B. Gnauck. B 182◇

0740 **F- und G-Matrizen bei heterocyclischen Fünfringmolekülen, G-Elemente für Pyrrol, Furan und Thiophen.** J. F. Biarge, J. M. Orza, M. Rico und J. Morcillo. (An. Real Soc. españ. Física Quím., Ser. A **57, 117—34,** 1961; Inst. de Quím. Fís. „Rocasolano"; span.) — Für heterocycl. Fünfring-Moll. der Symmetrie C_{2v} wird nach der **F-G**-Matrix-Meth. von Wilson eine Normalkoordinatenbehandlung durchgeführt. Die benutzten Symmetriekoordinaten haben für die Moll. von *Pyrrol* (**I**), *Furan* u. *Thiophen* die gleiche Form. Bei **I** stehen sie in einfacher Beziehung zu einem hypothet. Mol. der Symmetriegruppe D_{5h}. In Tabellen werden die Zahlenwerte der G-Matrixelemente für diese Verbb. u. ihre D-Derivv. mitgeteilt.

R. K. Müller. B 182◇

0741 **Quantenmechanische Berechnungen zur Reaktionsfähigkeit von Azolen und Azinen.** Sadhan Basu. (Proc. nat. Inst. Sci. India **21,** 173—74, 1955; Calcutta, India, Univ. Coll. of Sci., Dep. of Chem.; engl.) — Die Elektronendichte an den verschiedenen Atomen in *Pyrazol, Imidazol, 1.2.3-, 1.2.4-Triazol, Tetrazol, Pentazol, Pyrimidin, Pyridazin, Pyrazin, Cyanidin, 1.2.3-Triazin* u. *symm.-Tetrazin* wurde bestimmt.

H. Liebscher. B 182◇

0742 **Halbquantitative Auswertung des Resonanzintegrals und des Überlappungs-Integrals für die C–N-Bindung in symm.-Triazin.** Sadhan Basu. (Proc. nat. Inst. Sci. India **21,** 177—84, 1955; Calcutta, India, Univ. Coll. of Sci., Dep. of Chem.; engl.) H. Liebscher. B 182

0743 **Thermoschwingungen in Diketopiperazin.** Kathleen Lonsdale. (Acta crystallogr. [Copenhagen] **14,** 37—42, 1961; Landau, Univ. Coll.; engl.) — Vf. analysiert die von Degeith u. Maosh (C. **1961,** 11279) ermittelten anisotropen Thermoschwingungsparameter von *Diketopiperazin.* Die über H-Brücken zu Ketten längs [101] verknüpften Moll. verhalten sich wie Bündel welliger elast. Bänder. Am leichtesten bewegen sich die Moll. als starres Ganzes durch Translation (Amplitude 0,13—0,14 Å) oder Libration (Semiamplitude 7,0, 4,7°) aus der Bandebene. Dagegen sind Translationen innerhalb der Kette oder Schwingungen (1,8°) um eine Achse senkrecht zur Mol.-Ebene erschwert. Es existieren ferner unabhängige Atomschwingungen des O längs [101] begleitet von kleineren Bewegungen des C_1, mit dem es direkt verknüpft ist. Der Expansions-Koeff. sollte längs [101] ein Minimum u. senkrecht zu [10$\bar{1}$] ein Maximum haben.

R. Uttech. B 182◇

0744 **Kristallographischer Beweis für die Nichtplanarität des 9.10-Dihydro-1.2; 5.6-dibenzanthracenmoleküls.** F. H. Herbstein. (Acta crystallogr. [Copenhagen] **14,** 77—78, 1961; Pretoria, South Africa, Council for Sci. and Ind. Res., Nat. Physic. Res. Labor.; engl.) — Vf. zeigt, daß zu den von Iball u. Young (C. **1959,** 13749) angegebenen Atomkoordinaten an Stelle eines ebenen besser ein Zickzackmodell des Mol. paßt. Im zentrosymm. Mol. liegen die beiden Naphthalingruppen in parallelen Ebenen, die gegen den zentralen Ring um 176°28′ geneigt sind.

R. Uttech. B 195◇

0745 **Die Kristallstruktur der Hochtemperaturform des Cholinchlorids.** Paul Shanley und Robert L. Collin. (Acta crystallogr. [Copenhagen] **14,** 79—80, 1961; Boston, Mass., New England Deaconess Hospital, Cancer Res. Inst.; engl.) — In der oberhalb 80° stabilen kub. Form (vgl. Collin, C. **1958,** 8290) besitzt das $(CH_3)_3NCH_2CH_2OH$ auf den flächenzentrierten Gitterplätzen fast kugelsymm. Elektronendichteverteilung mit etwas größerer Ausdehnung in den Raumdiagonalen. Es konnte nicht entschieden werden, ob statist. Unordnung oder ein behinderter Rotator im oktaedr. Potentialfeld vorliegt.

R. Uttech. B 195◇

0746 **Gitterkonstanten und Raumgruppe des Drimenols.** Isabel Garaycochea und O. Wittke. (Acta crystallogr. [Copenhagen] **14,** 89, 1961; Santiago, Chile, Univ. de Chile, Inst. de Fís. y Mat., Centro de Investig. de Crist.; engl.) — *Drimenol*, $C_{15}H_{26}O$ krist. orthorhomb. u. hat die Gitter-Konst. a = 7,23, b = 23,69, c = 7,82 Å, Z = 4 u. die Raumgruppe $P\,2_1\,2_1\,2$.

R. Uttech. B 195◇

0747 **Eine ausführliche Verfeinerung der Kristallstruktur des Natriumtropolonats.** R. Shiono. (Acta crystallogr.

[Copenhagen] **14,** 42—47, 1961; Pittsburgh, Pa., Univ., Crystallography Labor.; engl.) — Vf. verfeinert die von Sasada u. Nitta (C. **1957, 4642**) bestimmte Struktur von *Na-Tropolonat* (**I**) unter Verw. der gleichen dreidimensionalen Daten u. Einführung anisotroper Temp.-Faktoren. Es werden Fourier-Differenzsynth. u. die Meth. der kleinsten Quadrate angewandt u. die Resultate verglichen. Innerhalb der geschätzten Standardabweichung bestätigt sich die C_{2v}-Symmetrie von **I**.

R. Uttech. B 195◇

0748 **Elementarzelle und Raumgruppe der Itaconsäure.** Amnon Goldstein, Gerald Mandel und Daniel Pindzola. (Acta crystallogr. [Copenhagen] **14,** 94, 1961; Brooklyn, N. Y., Polytechnic Inst.; engl.) — *Methylenbernsteinsäure* (*Itaconsäure*) krist. orthorhomb. mit a = 5,45 ± 0,01; b = 18,45 ± 0,03; c = 11,45 ± 0,02 Å, Z = 8 in der Raumgruppe C_{2v}^5—$Pca2_1$.

R. Uttech. B 195◇

0749 **Die Kristallstruktur von γ-Glycin.** Yoichi Iitaka. (Acta crystallogr. [Copenhagen] **14,** 1—10, 1961; Hongo, Tokyo, Japan, Univ., Sci. Dep., Mineralog. Inst.; engl.) — Vgl. C. **1961,** 10117. — Das stark piezoelektr. *γ-Glycin* (**I**) krist. hexagonal in der Raumgruppe $P\,3_1$ oder $P\,3_2$ mit der Elementarzelle a = 7,037, c = 5,483 Å; Z = 3. Die Struktur von **I** wurde röntgenograph. bestimmt u. durch zweidimensionale Fourier-Synth. u. nach der Meth. der kleinsten Quadrate verfeinert. Die Mol.-Dimensionen entsprechen denen in den anderen Modifikationen. H-Bindungen verknüpfen die Mol. zu helixartigen Ketten um die dreizählige Schraubenachse parallel c, die über seitliche H-Brücken ein dreidimensionales Netzwerk aufbauen. Vf. vergleicht die drei polymorphen Modifikationen von **I**.

R. Uttech. B 195◇

0750 **Die Kristallstruktur des Azodicarbonsäureamides.** John H. Bryden. (Acta crystallogr. [Copenhagen] **14,** 61—63, 1961; China Lake, Calif., U. S. Naval Ordnance Test Station, Res. Dep., Chem. Div.; engl.) — Von $H_2NCON_2CONH_2$ wird die Kristallstruktur röntgenograph. bestimmt. Es krist. monoklin in der Raumgruppe $P\,2_1/n$ u. hat die Elementarzelle a = 3,57 ± 0,01, b = 9,06 ± 0,02, c = 7,00 ± 0,02 Å, β = 94°50′ ± 15′; Z = 2. Das Mol. ist zentrosymm. mit N_1—N_1' 1,24; C—N_1 1,48; C—O 1,27 u. C—N_2 1,30 Å. Die Resonanz entspricht dem Harnstofftyp mit 45 u. 55% Doppelbindungscharakter für die C—O u. C—N-Bindungen. Jedes Mol. ist über H-Brücken in einer Ebene an 4 weitere Mol. gebunden, so daß parallel (101) Schichten entstehen, zwischen denen nur van der Waalssche Kräfte herrschen.

R. Uttech. B 195◇

0751 **Die Kristall- und Molekularstruktur des dl-α-Prodinhydrochlorids. Addendum.** B. Kartha, F. R. Ahmed und W. H. Barnes. (Acta crystallogr. [Copenhagen] **14,** 93—94, 1961; Ottawa, Canada, Nat. Res. Council, Pure Phys. Div.; engl.) — In der von Vff. beschriebenen Struktur von *dl-α-Prodinhydrochlorid* (C. **1961,** 12788) gilt der angegebene kürzeste Abstand zwischen N(1)—Cl = 4,02 Å nur innerhalb der asymm. Einheit. Bezogen auf Cl′ (x, ½ — y, z — ½) besteht ein kürzerer Abstand N(1)—Cl′ = $3{,}02_6$ Å u. deutet auf eine H-Brückenbindungen parallel zu z hin.

R. Uttech. B 195◇

0752 **Bemerkungen zu den Eigenschaften des Triglycinsulfats.** A. D. Ballato. (Acta crystallogr. [Copenhagen] **14,** 78, 1961; Fort Monmouth, N. J., U. S. Army Signal Res. and Development Labor.; engl.) — Unters. der von Konstantinowa u. Mitarbeitern (C. **1961,** 4598) bestimmten piezoelektr. Spannungskonst. $d_{i\mu}$ u. Neuberechnung einiger Elastizitätskoeff. s_{ik}.

R. Uttech. B 200◇

0753 **Die Gleichgewichtskonstante der Reaktion $(HCOOH)_2 \leftrightarrows 2\,HCOOH$.** H. Müller und H. J. Spangenberg. (Z. Chem. **2,** 91—93, 1962; Jena, Friedrich-Schiller-Univ., Inst. für Physikal. Chem.; dt.) — Vff. berechnen die Gleichgew.-Konst. K_p zwischen 283 u. 473°K direkt aus den Zustandssummen f der an der Rk. beteiligten Moll. unter der Voraussetzung des idealen Gaszustands u. erhalten für 283 bzw. 473°K für log K_p = — 3,0443 bzw. + 1,3671 (Atm) sowie für den Dissoziationsgrad $10^2\alpha$ = 4,8 bzw. 99,2 (bei 0,1 Atm). Die Änderung der Nullpunktsenergie ΔE_0^0 beträgt bei der Rk. 14169 cal/Mol. Die Daten sind in befriedigender Übereinstimmung mit experimentellen Angaben aus der Literatur.

B. Gnauck. B 221◇

0754 **Ladungsübertragungskräfte in Molekülverbindungen.** 1. Mitt. Shigeyuki Aono. (Progr. theoret. Physics [Kyoto] **20,** 133—43, 1958; Chiba, Katsuragi-machi, Chiba 1st High School; engl.) — 2. vgl. C. **1962,** 9292. — Vf. zeigt, daß bei Moll. mit konjugierten Ketten sowie bei *Bzl.*-Mol. die Ladungsübergangskräfte einen wesentlichen Anteil der in geringem Abstand wirksamen Zwischenmol.-Kräfte ausmachen.

G. M. Neumann. B 223◇

0755 **Untersuchung der Monoester der Methylphosphonsäure mit Hilfe der Infrarotspektrographie.** Jean Quinchon, Maryvonne Le Sech und Eustache Gryszkiewicz-Trochimowski. (C. R. hebd. Séances Acad. Sci. **225,** 858—59, 1962; franz.) — Vgl. C. **1964,** 2-0692. — Die Unters. zeigte die Ggw. einer starken innermol. Wasserstoffbindung zwischen der Hydroxyl- u. der Phosphorylgruppe, die das elektron. Gleichgewicht des gesamten Mol. stört. Die entsprechende Elektronenverschiebung führt einerseits auf eine Modifizierung der CH_3-Gruppe (mit einer wahrscheinlichen Verringerung der elektron. Ladung des C nach einem noch unbekannten Mechanismus) u. andrerseits auf eine relative Lockerung der beiden P—O-Bindungen. Untersucht wurden *Methylphosphonsäuremonomethylester*, *-äthylester*, *-propylester*, *-isopropylester*, *-butylester*, *-pentylester* u. *-isopentylester*.

D. Jörchel. B 223□

0756 **Untersuchungen der Lösungsgeschwindigkeit. 1. Mitt. Kontinuierliche Registriertechnik für rasch aufeinanderfolgende Reaktionen in Lösung.** Paul J. Niebergall und Jere E. Goyan. (J. pharmac. Sci. **52,** 29—33, 1963; Ann Arbor, Mich., Univ., Coll. of Pharm.; engl.) — Eine automat., spektrophotometr. Registrierapparatur wurde für die Verfolgung des Lösungsvorganges entwickelt. Die Resultate werden als Aufzeichnung der prozentualen Durchlässigkeit gegen die Zeit erhalten. Verschiedene Versuche wurden durchgeführt, um die Anwendbarkeit dieses Gerätes zur Best. der Lösungsgeschw. zu beweisen u. die erhaltenen Konst. stimmen mit jenen, die mittels der gebräuchlichen Meth. erhalten werden, gut überein. Für die Best. wurden *Salicylamid* u. *Benzoesäure* definierter Korngrößen benutzt. Lsg.-Geschw. sind angegeben.

O. Jansen. B 224◇

0757 **Bestimmung der Löslichkeit organischer Verbindungen.** 2. Mitt. Arleen Pierce, Richard Loesch und Frank Schneider. (Mikrochim. Acta [Wien] **1960,** 967 bis 969; Flushing, N. Y., Queen's Coll.; Brookville, N. Y., C. W. Port Coll.; engl.) — 1. vgl. C. **1961,** 7886. — Das in l. c. angegebene Verf. zur Best. der Löslichkeit fester organ. Substanzen durch mit einem Lsgm. geladene Luft versagt bei *Diphenylamin*, *Naphthalin*, *Benzil* (**I**) u. *Adipinsäure*, wenn A. als Lsgm. verwendet wird sowie bei den Verss., *Anthracen*, *Hydrochinon* u. **I** in Ae. zu lösen. Als eine der Ursachen nehmen Vff. Solvatbldg. an u. diskutieren die Gründe zu dem beobachteten Phänomen.

U. Uhlich. B 224◇

0758 **Absolute Geschwindigkeitskonstante für die Reaktion von Hydroxylradikalen mit Benzol in Wasser.** Leon M. Dorfman, R. E. Bühler und I. A. Taub. (J. chem. Physics **36,** 549—50, 1962; Argonne, Ill., Argonne Nat. Labor.; engl.) — Die Geschw.-Konst. für die Rk. von OH-Radikalen ($< 5 \cdot 10^{-6}$ m) mit Bzl. in wss. Lsg. ($1 \cdot 10^{-4}$ u. $2 \cdot 10^{-4}$ m) unter Elektronenbestrahlung beträgt bei 23°: $k_1 = 4{,}3 \pm 0{,}9 \cdot 10^9 \cdot hol^{-1} \cdot s^{-1}$. Für die Rk. von OH mit C_6D_6 ergibt sich bei 23°: $k_{OH + C_6D_6} = 4{,}7 \pm 0{,}9 \cdot 10^9 \cdot hol^{-1} \cdot s^{-1}$.

W. Wesly. B 225□

0759 **Der sekundäre Deuteriumeffekt bei CH_3- und CF_3-Additionsreaktionen.** M. Feld, A. P. Stefani und M. Szwarc. (J. Amer. chem. Soc. **84,** 4451—53, 1962; Syracuse, N. Y., Syracuse Univ., State Univ. Coll. of Forestry, Dep. of Chem.; engl.) — Vgl. Matsuoka u. Szwarc, C. **1963,** 19983. — Vff. untersuchen die Kinetik der Addition von CH_3- u. CF_3-Radikalen (durch Photolyse aus Azomethan bzw. Hexafluorazomethan) an folgende D-Olefine in Isooctan (Io.) bei 65° u. bestimmen das Verhältnis des k-Wertes (k_2) der Additionsrk. zum k-Wert

(k_1) der Abspaltung von H aus Io. durch die Radikale sowie die sek. D-Effekte (k_D/k_H): $CD_2{=}CD_2$ [k_2/k_1 für die Addition von CH_3]40,3, [k_2/k_1, CF_3] 450, [k_D/k_H, CH_3] 1,05, [k_D/k_H, CF_3] 1,07, $CH_3CH{=}CD_2$ 25,5, 682, 1,12, 1,07, $CD_3CD{=}CD_2$ 26,6, 693, 1,16, 1,09, $C_6H_5CD{=}CD_2$ 1208, 2346, 1,11, 1,10, $CD_2{=}CDCD{=}CD_2$ 1971, 5615, 1,20, 1,09. Es wird geschlossen, daß die sich bildende CH_3- bzw. CF_3-C-Bindung im Übergangszustand relativ lang ist u. die um das Rk.-Zentrum vorhandenen Gruppen ihre ursprüngliche, ebene Konfiguration beibehalten. Die CF_3–C-Bindung wird dabei für länger als die CH_3–C-Bindung gehalten. Der Schluß von Wolfsberg, daß aus den k_H/k_D-Werten die Konfiguration des Übergangszustands nicht abgeleitet werden kann, ist nach Vff. auf die untersuchte Rk. nicht anwendbar.

B. Gnauck. B 225◇

0760 **Stereochemische Kontrolle einiger Reaktionen des Strychnins.** J. T. Edward. (Tetrahedron [London] **2**, 356—59, 1958; Dublin, Trinity Coll., Univ. Chem. Labor.; engl.) — Es wird eine Übersicht von Rkk. des *Strychnins* gegeben, die ster. behindert sind. — 32 Literaturzitate.

A. Grohmann. B 225◇

0761 **Umlagerungen in kondensierten Ringsystemen: Oktamethyloktahydroanthracen.** L. R. C. Barclay und A. H. Gray. (Chem. and Ind. **1959**, 1350—52, Sackville, N. B., Canada, Mount Allison Univ., Dep. of Chem.; engl.) — Vgl. C. **1963**, 21135. — 1.1.4.4.5.5.8.8-Oktamethyl-1.2.3.4.5.6.7.8-oktahydroanthracen lagert sich in Tetrachloräthan in Ggw. von $AlCl_3$ u. HCl bei Zimmertemp. in 80%ig. Ausbeute in *3-Isopropyl-1.1.5.5.8.8-hexamethyl-5.6.7.8-tetrahydro-benz-[f]-inden* (**I**) um, das durch Hydrierung in *3-Isopropyl-1.1.5.5.8.8-hexamethyl-5.6.7.8-tetrahydrobenz-[f]-indan* (**II**, $C_{22}H_{34}$, F. 101—102°) übergeht. **I** bzw. **II** werden auch aus 1-Isopropyl-3.3-dimethylindan (**III**, aus 3.3-Dimethylindanon u. iso-C_3H_7MgBr durch Hydrierung des Rk.-Prod.) u. 2.5-Dichlor-2.5-dimethylhexan mit $AlCl_3$ erhalten. Bei der Bleitetraacetat-Spaltung entsteht aus **I** ein Prod. mit einer unkonjugierten Aldehyd- u. einer konjugierten Keto-Gruppe. Die Umlagerung zu **I** benutzen Vff. als Modell für Umlagerungen, die unter dem Einfl. von $AlCl_3$ über einen π-Komplex verlaufen. A. Grohmann. B 225◇

0762 **Carboniumion-Umlagerungen.** 5. Mitt. **1.3-Hydridverschiebungen im Propyl-(1)-Kation.** Gerasimos J. Karabatsos und Chester E. Orzech jun. (J. Amer. chem. Soc. **84**, 2838—39, 1962; East Lansing, Mich., Michigan State Univ., Dep. of Chem., Kedzie Chem. Labor.; engl.) — 4. vgl. J. Amer. chem. Soc. **85**, [1963], 733. — Analog Roberts u. Halman (C. **1954**, 2995) u. Reutow u. Schatkina (C. **1962**, 14457) wurde die Desaminierung eines Gemisches von 97,5 : 2,5 von $D_{4(1.1.2.2)}$- u. $D_{3(1.1.2)}$-*Propyl-(1)-ammoniumperchlorat* (F. 168—169°) in 35%ig. wss. $HClO_4$ mit $NaNO_2$ in W. bei Raumtemp. untersucht. Die Prodd. wurden nach Roberts u. Halman (l. c.) aufgearbeitet u. das erhaltene Gemisch (35,4%) aus Propanol-(1) (**I**) u. -(2) (**II**, 30:70) NMR-spektrograph. analysiert. Aus den Daten ergibt sich, daß die Umlagerung hauptsächlich, wenn nicht sogar vollständig auf eine 1.3-Hydridverschiebung zurückzuführen ist. Der Anteil an $D_{4(2.2.3.3)}$-**I** im **I**-Anteil betrug 11,8%. *Propyl-(2)-amin* ergibt analog nur **II**, d. h. das Propyl-(2)-Kation lagert sich nicht um. Es wird angenommen, daß 1. das Propyl-(1)-Kation sich irreversibel in das Propyl-(2)-Kation umlagert, 2. das Propyl-(1)-Kation eine 1.3-Hydridverschiebung erleidet, 3. protonierte Cyclopropane keine Zwischenstufen der **I**/**II**-Bldg. sind u. 4. keine CH_3-Wanderung auftritt.

B. Gnauck. B 225◇

0763 **Das Carboniumion-Zwischenprodukt der anionotropen Desaminierung von (+)-1-Phenylallylamin.** Y. Pocker. (Chem. and Ind. **1959**, 195—96; London, Univ. Coll., Ramsay and Forster Labor.; engl.) — Die Bldg. von rac. 1- u. rac. 3-Phenylallylalkohol im Verhältnis 1,4:1 bei der Desaminierung von (+)-*1-Phenylallylamin* (**I**) (vgl. Bunton u. Mitarbeiter, C. **1963**, 19183) unter milden Bedingungen bei 25° in Dioxan–Wasser (60:40) setzt voraus, daß ein völlig mesomeres Carboniumion intermediär entsteht u. kinet. die Rk. kontrolliert. **I**, das aus Vinylphenylketon durch Oxim-Bldg. u. Red. mit einem kleinen Überschuß an $LiAlH_4$ erhalten wird, wurde mit d-Weinsäure u. l-Mandelsäure in die opt.-akt. Formen getrennt. A. Grohmann. B 225◇

0764 **Mechanismus der Wallach-Umlagerung.** P. H. Gore. (Chem. and Ind. **1959**, 191—92; London, Brunel Coll. of Technol., Dep. of Chem.; engl.) — Vf. nimmt bei der Wallach-Umlagerung von ^{15}N-$_{(\alpha)}$*Azoxybenzol* zu $^{15}N_{(\alpha)}$- (18% im Überschuß, Wanderung des O-Atoms zum entfernteren Ring) u. $^{15}N_{(\beta)}$-4-Hydroxyazobenzol die intermediäre Bldg. eines Kations (Weg A) u. unter Verlust des O-Atoms die Bldg. des symm. Dikations ($RN^{(+)}$–$N^{(+)}R$) (Hauptweg M) an. Die Differenz der Aktivierungsenergie beträgt $E_M - E_A = 1{,}5 \pm 0{,}5$ kcal/Mol. Die Bldg. von 4-Nitro-4′-hydroxyazobenzol (**I**) erfolgt leichter aus β-(→ 44% **I** u. 53% α-Form) als aus α-*4-Nitroazoxybenzol* (→ 4,4% **I** u. 95% α-Form). Die Umlagerung zu **I** erfolgt möglicherweise nur über die β-Form.

A. Grohmann. B 225◇

0765 **Die Reaktion von Ozon mit Acetylenkohlenwasserstoffen.** F. J. Dillemuth, C. C. Schubert und D. R. Skidmore. (Combust. and Flame **6**, 211—12, 1962; New York, N. Y., Fordham Univ., Dep. of Chem.; engl.) — Die Rk. von O_3 mit gasförmigen Alkinen $RC{\equiv}CH$ bei 25° wurde IR-spektroskop. untersucht. Dabei wurde festgestellt, daß zugleich mit der O_3-Zugabe die Carbonylabsorption auftrat; eine Induktionsperiode konnte nicht entdeckt werden. Verschiedentlich wurden Spuren CO_2 beobachtet. Die Rk. ist 1. Ordnung in bezug auf beide Rk.-Partner. Für die Geschw.-Konst. k der Geschw.-Gleichung $-\,d\,[O_3]/dt = k \cdot [O_3] \cdot [RC{\equiv}CH]$ wurden folgende Werte gefunden: C_2H_2: 3,6 · 10^4; C_3H_4: 7,7 · 10^5 u. *Butin-(1)*: 10,8 · 10^5 (cm^3/Mol s). Die Zunahme der Rk.-Geschw. mit steigender Kettenlänge der KW-Stoffe wurde auch bei Paraffinen u. Olefinen (vgl. Sawyer u. Behnke, Abstracts of 135th Meeting of the American Chemical Society, p. 28-B. Boston 1959) beobachtet.

G. M. Neumann. B 225◇

0766 **Die Autoxydation von Cumol.** Pao-tung Huang, Ming-kao Kwuak und Bei-fang Tan. (Chem. Ind. Engng. [China] **1959**, 50—61, Acad. Sinica, Inst. of Appl. Chem.; chin., Auszug: engl.) — Die Induktionsperiode der Autoxydation von *Cumol* (**I**) unter Bldg. von Cumolhydroperoxid (**II**) kann unterdrückt werden, wenn das **II**-Na-Salz hinzugegeben wird, während die Messungen bei Zugabe von **II** u. Na_2CO_3 bzw. CaO allein wenig reproduzierbar sind. Die Anhäufung von **II** (92 bis 97%) erfolgt bei Verw. von **II**-Na-Salz mit der Geschw. von 16 ± 0,7 Gew.-%/h bei 130°; 8,7—7,3%/h bei 120° u. 3,0—5,0%/h bei 110°, bei Verw. von Co-Stearat in 11,5—12,5%/h bei 110°, wobei der Anteil an **II** maximal auf 25% steigt. Die Zers. von **II** durch Co-Ionen wird durch das **II**-Na-Salz vermindert. Die Rk.-Kette wird durch Spuren von **II** in **I** initiiert.

A. Grohmann. B 225◇

0767 **Ein neuer Mechanismus der Chromsäureoxydation sekundärer Alkohole.** N. Venkatasubramanian. (Indian J. Chem. **1**, Nr. 1, 48—49, 1963; Madras, Virekananda Coll., Dep. of Chem.; engl.) — Vgl. Anantakrishnan u. Mitarbeiter, Proc. Indian Acad. Sci., Sect. A **51**, [1960], 310. — Vf. untersucht die Geschw. der Chromsäureoxydation von *Isopropyl-*, α-*Phenyläthylalkohol* u. *Benzhydrol* bei 40° in Essigsäure (50, 60 u. 70 Vol.-%). Es wird eine S_N2-analoge Rk. angenommen mit einem Hydridionübergang von Alkohol zum Cr(VI) im die Geschw. bestimmenden Schritt.

O. Jansen. B 225◇

0768 **Über die Autoxydation ungesättigter Verbindungen.** 10. Mitt. **Isolierung des Linolsäuremethylesterhydroperoxids und polymerer Autoxydationsprodukte des Linolsäuremethylesters.** W. Kern und H.-W. Schnecko. (Makromolekulare Chem. **32**, 184—90, 1959; Mainz, Univ., Org. chem. Inst.; dt.) — 9. vgl. C. **1960**, 7797. — *Linolsäuremethylesterhydroperoxid* (**I**) wird aus Linolsäuremethylster (**II**) durch Autoxydation u. Trennung im Gegenstromverfahren [25—30 Stufen; Lsgm. 63,4 Vol.% PAe. (50—70°); 35,2 Vol.% abs. Methanol; 1,4 Vol.% W.] gewonnen. Die Verteilungskurve entspricht beim Oxydationsgrad (OG 0,24; 0,24 Mol O_2-Aufnahme) der theoret. Form, wenn nur **I** u. **II** berücksichtigt wird, während sie bei OG > 0,3 bis 2 zu Gunsten von höher oxydierten Sekundärprodd. verschoben wird. Da die Rk.-Geschw. bei OG ~ 1 ein Maximum durchläuft, nehmen Vff. an, daß **I** nicht nur die Oxydation von **II**, sondern auch seine eigene katalysiert u. daß **I** O_2-empfindlicher als **II** ist. A. Grohmann. B 225◇

0769 **Über die Autoxydation ungesättigter Verbindungen. 11. Mitt. Die Katalyse der Autoxydation von Linolsäuremethylester mit Linolsäuremethylesterhydroperoxid.** W. Kern, L. Dulog und G. Selz. (Makromolekulare Chem. **32**, 191–96, 1959; dt.) — 10. vgl. vorst. Referat. — Die Wrkg. des zugesetzten reinen *Linolsäuremethylesterhydroperoxids* (**I**, vgl. l. c.) ist ident. mit der Wrkg. des Autokatalysators bei der Oxydation von *Linolsäuremethylester*. Wird die zugesetzte Menge von **I** dem Anfangsoxydationsgrad (OG_0) gleichgesetzt, so gleicht die gemessene Rk. exakt der Spontanrk., mit geleicher Geschw.-Konst. k (50°, $k \cdot 10^2 = 16{,}0-16{,}7$; 55°, $k \cdot 10^2 = 25{,}0-25{,}8$; 60°, $k \cdot 10^2 = 37{,}9-38{,}8$) u. gleicher Abhängigkeit der Rk.-Geschw. vom OG u. von der Temperatur. A. Grohmann. B 225◇

0770 **Über die Reaktion von Chromaten mit Diphenylcarbazid.** Jerzy Minczewski und Wanda Żmijewska. (Roczniki Chem. [Ann. Soc. chim. Polonorum] **34**, 1559 bis 1570, 1960; Warszawa, PAN, Inst. Bad. jadr., Zakł. Chem. analit.; engl.) — Durch spektrophotometr. u. potentiometr. Titration wurde die Rk. von CrO_4^{2-} mit *Diphenylcarbazid* (**I**, sowie von Cr^{2+} mit *Diphenylcarbazon* (**II**) untersucht. In beiden Fällen ist Cr^{3+} im Rk.-Prod. anzutreffen, das bei der Extraktion mit Isoamylalkohol oder Cyclohexanol sehr unbeständig ist. Spektrophotometr. wurde weiter nachgewiesen, daß **II** in H_2O-freien organ. Säuren auch ohne Cr^{2+} die gleiche Färbung liefert. Wahrscheinlich tritt hier eine tautomere Form von **II** auf, die in H_2O-freiem Medium mit H^+, in H_2O-haltigem u. in Ggw. von Cr^{2+} mit Cr^{3+} stabilisiert wird. Da hydratisiertes Cr^{3+} diese Rk. mit **I** u. **II** nicht liefert, muß zur Bldg. der gefärbten Form Cr^{3+} in statu nascendi vorhanden sein. Der Mechanismus der untersuchten Rkk. wird diskutiert. F. Urban. B 225◇

0771 **Über die Oxydationsreaktion von Sulfaniliden.** Eugeniusz Szczucki und Kazimierz Okoń. (Roczniki Chem. [Ann. Soc. chim. Polonorum] **34**, 1571–75, 1960; Warszawa, Wojsk. Akad. techn.; pol.) — C. **1963**, 7323. — Sulfanilide (*Benzol-*, *3-Nitro-*, *3.5-Dinitrobenzolsulfanilid*) werden durch $KMnO_4$ in alkal. Lsg. bei 30° in exothermer Rk. zu den entsprechenden Sulfamiden abgebaut. Dabei werden 9,33 Mol $KMnO_4$/Mol Sulfanilid verbraucht. Der an N gebundene Bzl.-Ring wird vollständig zu CO_2 u. W. oxydiert. Bei 10° u. unter Anwendung von nur 8 Mol $KMnO_4$ werden größere Mengen Oxalsäure aus dem Rk.-Prod. isoliert. Damit wird bewiesen, daß die Rk. in 2 Stufen abläuft: zuerst wird die N-Aryl-Bindung hydrolysiert, dann wird das entstandene Phenol über die Stufe der Oxalsäure abgebaut. Die Oxydation beim Kp. der Sulfanilide führt zur vollständigen Zersetzung. o-, m-, p-NO_2-Gruppen im Anilinring erschweren die Oxydation. Im Prod. wird dann NO_3^- nachgewiesen. F. Urban. B 225◇

0772 **Der Mechanismus der Diazotierung bei mittleren Säurestärken.** B. C. Challis und J. H. Ridd. (Proc. chem. [London] **1961**, 173–74; London, Univ. Coll.; engl.) — Die Kinetik der durch ClO_4^--Ionen katalysierten Diazotierung von *Anilin*, *p-Toluidin*, *p-Nitro-* u. *o-Chloranilin* in 0,5–3,0 m $HClO_4$ wurde untersucht, die Rk.-Geschw.-Konst. ermittelt u. Rk.-Mechanismus diskutiert. U. Uhlich. B 225◇

0773 **Orientierungsphänomene bei der Substitution aromatischer Bicyclen. 4. Mitt. Ionische und radikalische Mechanismen der intramolekularen Arylierung über Diazoverbindungen.** Rolf Huisgen und Wolf Dieter Zahler. (Chem. Ber. **96**, 736–46, 1963; München, Univ., Inst. für Organ. Chem.; dt.) — 3. vgl. C. **1951**, I, 2270; 5. vgl. C. **1963**, 18447. — Durch Diazotierung von 2-[o-Aminobenzoyl]-naphthalin (**I**) oder des Hydrochlorids in wss. H_2SO_4 u. ½std. Erwärmen auf 90–100° erhält man 50 bis 60% *Benzo-*[*c*]*-fluorenon*(**II**) u. -[*b*]*-fluorenon*(**III**) im Verhältnis 2,4:1, das UV-spektroskop. (**II** + **III** in konz. H_2SO_4) bestimmt werden kann. Als Nebenprod. treten bis zu 22% *2-[o-Hydroxybenzoyl]-naphthalin*(**IV**) auf. Weder die Konz. an H_2SO_4 noch die Ggw. von $CuSO_4$ haben einen Einfl. auf das Ergebnis. Auch die Zers. des krist. Diazoniumhydrogensulfats (**Ia**) von **I** in Methanol (bei 65°), Eisessig oder Ameisensäure (bei 100°) führt zu **II** + **III**-Ausbeuten von 56–78% mit Verhältnis 2,2 bis 2,8 u. zur Bldg. von 8–22% **IV**. Ein ähnliches Ergebnis wird bei der Zers. des Diazoniumfluoborats (**Ib**) von **I** in Ligroin-Suspension (1 Std. bei 100°; Schiemann-Rk.) erzielt, als Nebenprod. bilden sich aber 25% *2-[o-Fluorbenzoyl]-naphthalin* [$C_{17}H_{11}FO$, F. 81–81,5°, blaßorangegelbe Sternchen aus CH_3OH; *2.4-Dinitrophenylhydrazon*(*DNP*), F. 271–272°, Zers., orangefarbene Nadeln]. Der übereinstimmende Ablauf vorst. Verss. läßt eine gemeinsame Rk.-Stufe, u. zwar das Diazoniumion, vermuten, das sich nach dem S_N1-Mechanismus zersetzt, worauf der Ringschluß als intramol. elektrophile Substitution erfolgt. Nach Nitrosierung von 2-[o-Acetaminobenzoyl]-naphthalin (**V** mit N_2O_3 in Eisessig bei 0°) wird die nicht-krist. Nitrosoverb. bei 10–20° in Bzl. zersetzt. Die **II** + **III**-Ausbeute beträgt hierbei nur 15% u. Verhältnis steigt auf 9,4 an; als Nebenprod. werden 4% *2-[o-Phenylbenzoyl]-naphthalin*(**VI**, $C_{23}H_{16}O$, F. 124 bis 125°, blaßgelb aus CH_3OH) isoliert. Ein ähnliches Ergebnis liefert die Zers. von **Ia** in W. + Bzl. mit NaOH (10 Min. bei 10°). Die Zers. der Nitrosoverb. von **V** in Tetrahydrofuran (3 Std. bei 20°) ergibt ebenfalls nur 4% **II** + **III** mit dem Verhältnis von ca. 10; Nebenprod.: 7% *2-Benzoylnaphthalin* (F. 82–82,5°; *Pikrat*, F. 112 bis 113°, orangegelb aus CH_3OH). Während ein Betrag von ca. 2,4 für das Verhältnis als Hinweis für den ion. Ablauf der Cyclisierung gewertet wird, dient das Verhältnis von ca. 9,5 der zuletzt genannten Verss., deren Bedingungen für die Erzeugung von Arylradikalen typ. sind, als Zeichen für das Auftreten einer über Radikale ablaufenden Cyclisierung. Daher wird geschlossen, daß bei Cyclisierungsverss. (wie 1. Zers. von **Ib** + Cu-Pulver in Aceton bei 55°, liefert 17% **II** + **III** sowie 22% *2.2'-Bis-[β-naphthoyl]-biphenyl* [$C_{34}H_{22}O_2$, F. 157–158°, CH_2Cl_2–CH_3OH; *DNP*, F. 198–200°, CH_3OH] u. unbekannte orangerote Kristalle vom F. 207–209°. 2. Zers. von diazotiertem **I** in wss. 4nH_2SO_4 mit Cu-Pulver bei 100° → 54% **II** + **III** u. 4,4% **IV**. 3. Zers. von **Ia** in wss. NaOH bei pH12 u. 100° → 12% **II** + **III** u. 4,4% **IV**) mit dem Verhältnis von 4,4–4,6 die ion. u. radikal. Wege der Cyclisierung nebeneinander durchlaufen werden. Vff. nehmen ferner an, daß Cu beide Rk.-Verläufe katalysieren kann. Sie bezweifeln, daß die Zers. von Diazoacetaten bzw. Diazohydroxiden über freie Radikale verläuft. — Ferner wird die Photolyse von diazotiertem *o-Aminobenzophenon* in wss. H_2SO_4 bei 50° untersucht. Die relativ träge Rk. ergibt 40% *Fluorenon* (F. 82–83°, gelbe Blättchen aus CH_3OH).

Versuche: *2-Bromnaphthalin*, durch Einw. von PBr_3 auf β-Naphthol in Ggw. von Fe-Pulver bei 200°; 48–50% (Ausbeute). — *2-[o-Aminobenzoyl]-naphthalin*-(**I**), F. 110–111° (CH_3OH), durch Zutropfen vorst. Verb. in Ae zu C_2H_5MgJ in Ae., Zugabe von Bzl., Zutropfen zu Acetanthranil in abs. Bzl. unter Eiskühlung, 1std. Einw. bei 40°, Zugabe von 1,5 n HCl, Kochen des Rückstands der Bzl.-Extrakte mit A./konz. HCl, Abfiltrieren des Binaphthyls-(2.2'), Kochen mit wss. HCl u. Umsetzen des *Hydrochlorids* (F. 188–189°, Zers., gelbe Nadeln aus A./Ae.) mit wss. konz. NH_4OH; 20–25%. *N-Acetylderiv.*, $C_{19}H_{15}NO_2$, F. 118–119° (hellgelb aus Bzl.). *N-Benzoylderiv.*, F. 104–105° (hellgelbe Kristalle aus A.). *DNP*, F. 268,5–269° (rote Tafeln aus Xylol). — [*2-(β-Naphthoyl)-benzol*]*-*⟨*1-azo-1*⟩*-naphthol-*(*2*), F. 186–187° (Toluol, rot), durch Kuppeln von diazotiertem **I** mit alkal. β-Naphthol. — *Benzo-*[*c*]*-fluorenon*(**II**), F. 160–161° (orangefarbene Prismen), a) durch Diazotieren von **I**-Hydrochlorid bei 0° in wss. H_2SO_4, Zugabe von Harnstoff, 0,5std. Erwärmen (sd. W.-Bad), Eineingen der Bzl.-Extrakte u. Chromatographie an Al_2O_3; 42%. b) aus 1-Phenylnaphthoesäure-(2) u. konz. H_2SO_4 nach C. **1956**, **11671**. *DNP*, F. 300–301° (Zers., orangerot). — *Benzo-*[*b*]*-fluorenon*(**III**), F. 153-154° (citronengelbe Prismen, CH_3OH), a) Nebenprod. der Bldg. von **II** nach a); 15,9%, b) durch Cyclisierung von 3-Phenylnaphthoesäure-

(2) in H_2SO_4. *DNP*, F. 301—302° (Zers., rotorange aus Xylol). — *2-[o-Hydroxybenzoyl]-naphthalin*(**IV**), $C_{17}H_{12}O_2$, F. 85—86° (blaßgelbe Spieße aus CH_3OH), a) Nebenprod. der Bldg. von **II** nach a); 22%. b) durch Einw. von 57%ig. HJ auf 2-[o-Methoxybenzoyl]-naphthalin u. Chromatographie. *DNP*, F. 248—269° (Zers., rot aus Xylol). — *2-[β-Naphthoyl]-benzoldiazoniumhydrogensulfat*, (**Ia**), orangefarben, durch Diazotierung von **I** mit n-Butylnitrit in A./H_2SO_4 bei 20°; 95%. *Fluoborat* (**Ib**), eigelb, durch Diazotierung von **I** mit $NaNO_2$ in wss. H_2SO_4 bei 0°, Zugabe von Harnstoff u. Zusatz von 35%ig. Fluoborsäure bei 0°; 82%. B. Gnauck. B 225◇

0774 **Der Mechanismus der Wirkung eines sekundären Amins auf α-Halogenbutanale (n- und iso-).** 21. Mitt. **Über α-substituierte Aldehyde.** Pierre Duhamel und Jean Cantacuzène. (Bull. Soc. chim. France **1962**, 1843—46; Paris, École Norm. Supér., Labor. de chim.; franz.) — 20. vgl. C. R. hebd. Séances Acad. Sci. **253**, [1961], **483**. — Die Wrkg. von Morpholin auf α-Halogen-n- u. -isobutanale besteht in der 1. Stufe in der raschen Bldg. von Halbaminalen, deren Stabilität durch eine Gleichgew.-Konst. gekennzeichnet wird; die Stabilität der Halbaminale wächst im Verhältnis zu den auf analoge Weise entstehenden Halbacetalen bei linearen Derivv. stärker als bei verzweigten. In einer zweiten, langsamer verlaufenden Stufe bilden sich α-Aminoaldehyde nach 2 verschiedenen Mechanismen, je nachdem man von linearen oder verzweigten Aldehyden ausgegangen ist. In einer 3. Stufe wandeln sich die linearen α-Aminoaldehyde in keton. Isomere um, die allein im reinen Zustand isoliert werden konnten. Die UV- u. IR-spektrograph. sowie chem. Unterss. beweisen die Umwandlung des Aldehyds in Keton. Untersucht wurden *α-Chlor-* u. *α-Brombutanal*, *α-Chlor-* u. *α-Bromisobutanal*.

Versuche: *1-Morpholinobutanol-(2)*, Kp.$_{15}$ 110°, durch $LiAlH_4$-Red. des Ketons. — *2-Morpholinobutanol-(1)*, Kp.$_{15}$ 120°, durch $LiAlH_4$-Red. des entsprechenden Aminoesters. D. Jörchel. B 225◇

0775 **Sekundäre Isotopeneffekte bei der Kinetik und dem Gleichgewicht von Carbonyl-Reaktionen.** M. L. Bender, M. S. Feng und J. M. Jones. (Chem. and Ind. **1959**, 1350; Chicago, Ill., Illinois. Inst. of Technol., Dep. of Chem.; engl.) — Der β-D-Substituent führt bei S_N1-Solvolysen durch Hyperkonjugation zu kleineren Rk.-Geschwindigkeiten. Als Folge davon sollte *Essigsäureäthylester* (**I**), der bei der alkal. Hydrolyse eine tetraedr. Zwischenstufe mit geringerem Elektronenmangel durchläuft, einen gegenteiligen Effekt zeigen u. die Bldg. der Halbacetale von *Methanol* mit *Aceton* (**II**) u. *Cyclopentanon* (**III**) sollte, da das C-Atom im Gleichgew. in einem Zustand mit kleinerem Elektronenmangel ist, durch die D-Substitution begünstigt werden. Angegeben sind die Geschw.-Konst. der Hydrolyse von 0,01 m **I** bzw. $CD_3COOC_2H_5$ in 0,01 m NaOH (k_H/k_D = 0,896 bei 24,86°) u. die Dissoziations-Konst. der Methylhalbacetale von **II** u. CD_3COCD_3 in Dioxan (K_H/K_D = 1,29) u. von **III** u. 2.2.5.5-D_4-**III** in Methanol (K_H/K_D = 1,51). A. Grohmann. B 225◇

0776 **Gemeinsam wirkende Effekte funktioneller Gruppen in Peptiden.** 1. Mitt. **Asparaginylserin-Derivate.** Sidney A. Bernhard, Arieh Berger, John H. Carter, Ephraim Katchalski, Michael Sela und Yechiel Shalitin. (J. Amer. chem. Soc. **84**, 2421—34, 1962; Rehovoth, Israel, Weizmann Inst. of Sci., Dep. of Biophys.; Bethesda, Md., Nat. Inst. of Health, Nat. Inst. of Mental Health; engl.) — Mittels pH-Stat. u. auf polarimetr. Wege verfolgen Vff. die alkal. Hydrolyse (pH 8—12, NaOH) folgender β-Benzylester von N-Carbobenzyloxy-(Cbo)-asparaginylamiden u. -peptiden in Dioxan (Dx.)-W. (1:2) bei 24 bzw. 25°: *β-O-Benzyl-N-Cbo-L-asparaginamid*(**I**) (10^2 k_2 in Min.$^{-1}$, Hydrolysen-Konst. der Imidzwischenstufe) 0,15, *β-O-Benzyl-N-Cbo-L-asparaginmethylamid*(**II**) 2,3, *β-O-Benzyl-N-Cbo-L-asparaginäthanolamid*(**III**) 20, *β-O-Benzyl-N-Cbo-L-asparaginylglycinamid*(**IV**) 46, *β-O-Benzyl-N-Cbo-L-asparaginyl-L-serinamid*(**V**) 100, *N-Cbo-β-alaninbenzylester* 0,05, *β-O-Benzyl-N-Cbo-L-asparagindimethylamid* 0,28 u. **I** (Imid-Bldg., k_1) 23. Die Zus. der Hydrolysate von **I** u. **II** wurde durch Papierelektrophorese (nach Abspaltung der Cbo-Gruppe durch katalyt. Hydrogenolyse) sowie durch Best. der CO_2-Bldg.-Geschw. (Unterscheidung von α- u. β-Peptiden) bei der Decarboxylierung mit N-Bromsuccinimid nach Chappelle u. Luck (C. **1960**, 3580) untersucht. Aus **I** bildete sich Cbo-L-aminosuccinimid u. ein Gemisch aus N-Cbo-L-asparagin u. N-Cbo-L-isoasparagin, aus **II** Cbo-amino-N-methylsuccinimid, aus **V** α- (R_f 0,19, Butanol-Essigsäure-W. 4:1:4, Whatman No. 1) u. β-Asparaginylserinamid (R_f 0,19). Die Hydrolyse von **V** wurde bei pH 10,0 u. 24° in folgenden Dx.-W.-Gemischen untersucht: 7:3 [10^2k_2] 1,4; 1:1 6,4; 1:2 32; 1:3 41 u. 1:4 43. Ferner wurden nachst. k_1/k_2-Werte polarimetr. (in Dx.-Puffergemischen) ermittelt: **I** (pH 11) 140, **II** (9,5) 40, **III** (9,5) 20 bzw. (9,0) 15, **IV** (8,8) 30, **V** (8,8) 25 bzw. (9,0) 10 bis 15 u. *β-O-Benzyl-N-Cbo-L-asparaginyl-L-serinmethylester* (**IV** 9,0) 8,3, sowie die k_1- u. k_2-Werte der Rkk. von *L-* u. *D-***V**, **VI** u. *β-O-Äthyl-N-acetyl-L-asparaginyl-L-serinamid* in 1:1-Gemischen aus Dx. u. 0,4 m wss. NaCl bei 25° u. pH-Werten zwischen 8—9 (L-**V**) bzw. 9—11. Während die Bldg. der Imidzwischenstufe aus den Ausgangsverbb. rasch verläuft, stellt die Hydrolyse des Imids den langsamen Schritt der Gesamtrk. dar. k_1 u. k_2 verhalten sich nach dem Gesetz 1. Ordnung bzgl. der Konz. an OH^-. In 7:3 Dx.-W.-Gemischen sind die berechneten k-Werte 2. Ordnung der durch OH^--Ionen katalysierten Bldg. von Benzylalkohol aus **V** ca. 10^7mal größer als die der Verseifung von Propionsäurebenzylester. Obwohl die hohe Rk.-Geschw. teilweise auf die Acidität der Peptid-Bindung zurückgeführt werden muß, spielen doch die Konformation des Mol. u. die Acidität der OH-Gruppe der Seryleinheit eine erhebliche Rolle bei der Katalyse. Wegen der Abhängigkeit der k-Werte von der DK des Mediums wird für die Bldg. u. Hydrolyse der Imidzwischenstufe ein anderer Mechanismus für die alkal. Solvolyse angenommen als für die anderer Carbonylderivv., u. zwar ist am geschwindigkeitsbestimmenden Schritt der beiden Rkk. die Bldg. der Bindung zwischen Peptid-N-Atom u. β-Carbonyl-C-Atom beteiligt, ohne daß dabei gleichzeitig eine Spaltung der β-Carbonyl-OR-Bindung erfolgt. Der Übergangszustand ist negativ geladen, die Ladung verteilt sich auf beide Carbonyl-O-Atome u. das Imid-N-Atom. Die Assoziations- u. Dissoziationsgeschw. der OH- bzw. Alkoxylgruppen zum Imid müssen im Vgl. zur Geschw. der C-N-Bindungsbldg. bzw. des Bruchs groß sein. Den Zwischenstufen wird tetraedr. Bau zugeschrieben. Die starken induktiven Effekte der Carboxamido- u. β-Hydroxymethyl-Endgruppen erhöhen offenbar die Geschw. des Ringschlusses u. der Hydrolyse. Vff. diskutieren die Bedeutung der Bldg. u. Spaltung der Asparaginylimide für die Protein- u. Polypeptidchemie sowie die spezif. Reaktivität der Asparaginyl-seryl-Derivv. für die Chemie der akt. Zentren von Enzymen. Es wird vermutet, daß die Serin-OH-Gruppe in der Aminosäurefolge -Gly-Asp-Ser-Gly- eine chem. Änderung erfährt, u. zwar gemäß einer bicycl. Struktur.

Versuche: *β-O-Benzyl-N-carbobenzyloxy-L-asparaginamid*(**I**), $C_{19}H_{20}N_2O_5$, F. 101° (Äthylacetat-PAe.), durch Zugabe von Träthylamin u. dann von Chlorameisensäureisobutylester (**VII**) zu N-Cbo-L-asparaginsäure-β-benzylester (**VIII**) in Dimethylformamid (Dmf) bei —5°, Gießen in konz. wss. NH_3-Dmf, Stehen bei Raumtemp. (1 Nacht) u. Verdünnen mit W.; $[\alpha]_D^{20}$ + 1,5° (c = 1,5, Dx.-W. 1:1); 47% (Ausbeute). — *β-O-Benzyl-N-carbobenzyloxy-L-asparaginmethylamid* (**II**), $C_{20}H_{22}N_2O_5$, F. 116°, analog **I** aus **VII**, **VIII** u. 30%ig. wss. CH_3NH_2 in Dmf; $[\alpha]_D^{20}$ + 2° (c = 2 in Dx.-W. 1:1); 50%. — *β-O-Benzyl-N-carbobenzyloxy-L-asparaginäthanolamid*(**III**), $C_{21}H_{24}N_2O_6$, F. 104°, analog **I** aus dem gemischten Anhydrid von **VIII**, **VII** u. Äthanolamin in Dmf; 48%. — *β-O-Benzyl-N-carbobenzyloxy-L-asparaginylglycinamid*(**IV**), $C_{21}H_{23}N_3O_6$, F. 126°, analog **I** aus dem gemischten Anhydrid von **VIII**, **VII** u. Glycinamid in Dmf; 45%. — *L-Serylamidhydrochlorid*, $C_3H_9ClN_2O_2$, Kristalle aus Methanol-Ae., durch Einw. (2 Tage) von fl. NH_3 auf L-Serinmethylesterhydrochlorid(**IX**), Eindunsten (Raumtemp.) u. Aufnahme in W. (dreimalige Wiederholung); 57%. —*β-O-Benzyl-N-carbobenzyloxy-L-asparaginyl-L-serinamid*(**V**), $C_{22}H_{25}N_3O_7$, F. 157°, analog

IV aus **VII**, **VIII** u. vorst. Verb.; $[\alpha]D^{20}$ 1,7° (c = 2,5 in Dx.-W. 1:1); 35%. *D-Asparagylverb.* (*D*-**V**), $C_{22}H_{25}N_3O_7$, F. 151°. — *β-O-Benzyl-N-carbobenzyloxy-L-asparagindimethylamid*, $C_{21}H_{24}N_2O_5$, Öl, analog **II** mit Dimethylamin in Dmf; $[\alpha]D^{25}$ −39° (c = 2 in Dx.). — *β-O-Benzyl-N-carbobenzyloxy-L-asparaginyl-L-serinmethylester* (**VI**), $C_{23}H_{26}N_2O_8$, F. 121—123°, analog **V** aus **VIII** u. **IX**. — *[α-N-Carbobenzyloxy-L-amino]-N-methylsuccinimid*, $C_{13}H_{14}N_2O_4$, F. 84° (Äthylacetat-PAe.), durch Zugabe von 1 m HCl zu **II** in Dx.-Boratpuffer (pH 10) bis pH 9,3, Stehen (80 Min.) bei Raumtemp. u. Verdünnen mit W. u. Aufarbeiten des Äthylacetat-Extrakts; $[\alpha]D^{20}$ −35° (c = 1% in Dx.-W. 1:1). — *α-[N-Carbobenzyloxy-L-amino]-succinimid*, $C_{12}H_{12}N_2O_4$, F. 79° (Äthylacetat-PAe.), durch Zusatz von Alkali zu **I** in 50%ig. wss. Dx. (bis pH 11) u. Neutralisieren mit HCl; $[\alpha]D^{21}$ −39° (c = 1 in 95%ig. A.) — *N-Carbobenzyloxy-(α- u. β)-L-asparagyl-L-serinamid*, $C_{15}H_{19}N_3O_7$, F. 190° (wss. Methanol), durch Hydrolyse von **V** in wss. Methanol bei pH 10 mit NaOH u. Ansäuern. — *N-Carbobenzyloxy-(α- u. β)-L-asparagylglycinamid*, $C_{14}H_{17}N_3O_6$, F. 185°, analog vorst. Verb. aus **IV**. — *N-Acetyl-L-asparaginsäure-β-äthylester*, F. 112 bis 114° (Äthylacetat-PAe.), durch Zugabe von Acetanhydrid zu L-Asparaginsäure-β-äthylester (in wss. NaOH, pH 9,0) bei 2°. — *β-O-Äthyl-N-acetyl-L-asparagyl-L-serinamid*, F. 124—126° (Äthylacetat), durch Kupplung von L-Serinamid mit dem gemischten Anhydrid aus vorst. Verb. u. **VII** in Dmf, Zugabe von 0,1 m Acetat-Puffer (pH 5,0) bei 0° u. Eindampfen.

B. Gnauck. B 225◇

0777 **Reaktionen benachbarter Gruppen. 6. Mitt. Reaktionen von 3-[ω-Halogenalkyl]-3-phenylbenzofuranonen-(2) mit sekundären Aminen. Abgefangene tetraedrische Zwischenstoffe bei einer Carbonyladditionsreaktion.** H. E. Zaugg, F. E. Chadde und R. J. Michaels. (J. Amer. chem. Soc. **84**, 4567—73, 1962; North Chicago, Ill., Abbott Labor., Res. Div., Organ. Chem. Dep.; engl.) — 5. vgl. Tetrahedron [London] **18**, [1962], 893; 3. vgl. C. **1963**, 1214. — Durch mehrtägiges Stehen von 3-Brom-3-phenylbenzofuranon-(2) in Morpholin(**I**)-Lsg. bei Raumtemp. entsteht *3-Morpholino-3-phenylbenzofuranon-(2)* ($C_{18}H_{17}NO_3$, F. 133—134°, Isopropanol, 76% Ausbeute). Analog reagieren 3-[γ-Brompropyl]- u. 3-[δ-Brombutyl]-3-phenylbenzofuranon-(2) u. liefern 85% *3-[γ-Morpholinopropyl-* (*Hydrochlorid*, F. 239—240°) bzw. 85% (*3-[δ-Morpholinobutyl]-3-phenylbenzofuranon-*(2) ($C_{22}H_{25}NO_3$, F. 60—61°). Bei der gleichen Rk. mit 3-Brommethyl-3-phenylbenzofuranon-(2) (**XVI**) tritt dagegen nur vollständige Umlagerung ein zu 81% *4-[2.3-Dihydro-3-phenylbenzofurancarbonyl-(3)]-morpholin* ($C_{19}H_{19}NO_3$, F. 147—148°, abs. A., auch aus 2.3-Dihydro-3-phenylbenzofurancarbonsäurechlorid u. **I**) unter Bldg. von **I**-Hydrobromid (F. 210—213°). Durchführung der Rk. in Dimethylsulfoxid (**VII**) hat das gleiche Ergebnis. Bei der Einw. von **I** auf 3-[β-Bromäthyl]-3-phenylbenzofuranon-(2) (**VIII**) entstehen aber 92% *8a-Morpholino-3a-phenyl-2.3.3a.8a-tetrahydrobenzofuro-[2.3:b]-furan*(**X**, $C_{20}H_{21}NO_3$, F. 113—114°, A.) sowie 4% *4-Phenylchroman-4-carbonsäuremorpholid* (**XI**, $C_{20}H_{21}NO_3$, F. 127—128° u. 3% *2-[o-Hydroxyphenyl]-2-phenyl-4-hydroxybuttersäure-γ-lacton*(**IX**). Analog reagiert **VIII** mit Piperidin (**II**), Pyrrolidin (**III**), Diäthylamin (**IV**), Piperazin (**V**, Rk. in Bzl.) bzw. 1-Methylpiperazin (**VI**), wobei sich folgende Prodd. bilden: 51% *8a-Piperidino-*(**XII**, $C_{21}H_{23}NO_2$, F. 137 bis 138°), 30% *8a-Pyrrolidino-*(**XIII**, $C_{20}H_{21}NO_2$, F. 123 bis 124°), 55% *8a-Diäthylamino-*($C_{20}H_{23}NO_2$, F. 71—72°), 59% *8a-Piperazino-*($C_{20}H_{22}N_2O_2$, F. 150—153°) bzw. 23% *8a-[4-Methylpiperazinyl-(1)]-3a-phenyl-2.3.3a.8a-tetrahydrobenzofuro-[2.3:b]-furan* $C_{21}H_{24}N_2O_2$, F. 104—107°), ferner mit **II** bzw. **III** 27% *4-Phenylchroman-4-carbonsäurepiperidid* ($C_{21}H_{23}NO_2$, F. 106—107°) bzw. 58% *-pyrrolidid* ($C_{20}H_{21}NO_2$, 104—105°), mit **IV** 22% **IX** bzw. mit **V** 14% **IX**. Keine Rk. tritt zwischen **VIII** u. Imidazol, Cytisin oder 1.4-Diazabicyclo-[2.2.2]-octan ein. Analog wie **VIII** reagiert auch die β-Chloräthylverb. mit **I** oder **III**. Untersucht werden ferner die Lsgm.-Effekte der Rk. von **VIII** mit **I**—**IV** in Triäthylamin, Bzl., 1.2-Dimethoxyäthan, Dimethylformamid u. **VII**. Verdünnung mit unpolaren Lsgm. verzögert die Geschw. der Gesamtrk., die Prod. Zus. wird jedoch nur wenig beeinflußt. Die polaren Lsgm. führen bei der Rk. mit **I** zur Bldg. von über 90% *3-[β-Morpholinoäthyl-3-phenyl]-benzofuranon-(2)* (**XV**, F. 95—97°, A.; *Hydrochlorid*, F. 214—215°, A.-Ae.), **X** u. **XI** bilden sich nicht. Bei der Konkurrenzrk. von äquimol. Mengen an **I** u. Methanol mit **VIII** entstehen 81% *4-Phenylchromancarbonsäure-(4)-methylester* (*freie Säure*, F. 151—152°) u. 17% **X**. Das „o-Amid" **X** u. die analogen Verbb. sind ziemlich stabil gegenüber neutralen hydroxylgruppenhaltigen Lsgm. u. gehen mit sek. Aminen keine Austauschrk. ein. **X** u. **XII** können mit CH_3J nicht quaternisiert werden, **XIII** liefert aber 29% des *N-Methojodids* ($C_{21}H_{24}JNO_2$, F. 138—139°, abs. Ae.) durch 48std. Kochen in $CHCl_3$. Durch Einw. von HCl-Ae auf die „o-Amide" (in Ae. oder A.) wurden unter Protonierung am Benzo-O-Atom folgende cycl. Imidatchloride erhalten: *N-[3-(o-Hydroxyphenyl)-3-phenyltetrahydrofuranyliden-(2)]-morpholiniumchlorid* (**XIV**, $C_{20}H_{22}ClNO_3$, F. 137—138°, pK_a 4,6 in 28,5%ig. wss. A. bei 26°), *-piperidiniumchlorid* ($C_{21}H_{24}ClNO_2$, F. 173—174°, pK_a 7,4), *-pyrrolidiniumchlorid* ($C_{20}H_{22}ClNO_2$, F. 182—183°, pK_a 10,6—10,75) u. *-diäthylammoniumchlorid* ($C_{20}H_{24}ClNO_2$, F. 183—184°, pK_a 8,4). Die pK_a-Werte wurden UV-spektroskop. bei 278 mμ gemessen. Die Imidatsalze sind im Vgl. zu den „o-Amiden" ziemlich reaktiv, **XIV** ergibt durch mehrstd. neutrale Hydrolyse **IX**. Bei der Methanolyse von **XIV** (18std. Kochen) bilden sich 33% *3-[β-Methoxyäthyl]-3-phenylbenzofuranon-(2)* (F. 56—58°) u. 4% **IX**. Beim Kochen von **XII** in **I** in Ggw. von **I**-Hydrobromid entstehen 78% **XV** bzw. aus **X** 87% **XV**. — *1-Methyl-4-[2.3-dihydro-3-phenylbenzofurancarbonyl-(3)]-piperazin*, $C_{20}H_{22}N_2O_2$, F. 155—156°, durch Erwärmen von **XVI** in **VI**.

B. Gnauck. B 225◇

0778 **Reaktionen benachbarter Gruppen. 7. Mitt. Elektrophile Reaktionen von 3-[β-Halogenäthyl]-3-phenyloxindolen. Eine neue Art Ringkettentautomerie.** H. E. Zaugg und R. W. DeNet. (J. Amer. chem. Soc. **84**, 4574—78, 1962; engl.) — 6. vgl. vorst. Referat. — Durch Alkylierung des Na-Deriv. von 3-Phenyloxindol (**I**) mit 1-Brom-2-chloräthan (**II**) erhält man *3-[β-Chloräthyl]-3-phenyloxindol* (**III**) u. *2.3-Dihydro-9-phenyloxazolo-[3.2:a]-indol* (**IV**), das mit heißer konz. HCl *1-[β-Chloräthyl]-3-phenyloxindol* (**V**) ergibt. Durch Einw. von NaH auf **V** in Dimethylformamid (Dmf) oder 1.2-Dimethoxyäthan (Dmä) [4—6std. Kochen] wird **IV** zurückgewonnen. **III** liefert dagegen mit NaH in Dmf ein nicht trennbares halogenfreies Material, in Dmä wird nach Hydrolyse **III** weitgehend zurückgewonnen. Durch Einw. von 1.2-Dibromäthan (**VI**) auf **I** kann *3-[β-Bromäthyl]-3-phenyloxindol* (**VII**) dargestellt werden. Durch mehrtägiges Kochen von **III** oder **VII** mit $NaOCH_3/CH_3OH$ entsteht ein Prod. (**A**) mit scharfem Schmelzpunkt (F. 98—99°), das in Lsg. nach dem IR- u. NMR-Spektrum ein Tautomerengemisch aus ca. 70—80% *2-Methoxy-3-phenyl-3-[β-hydroxyäthyl]-3H-indol* u. 20 bis 30% *8a-Methoxy-3a-phenyl-2.3.3a.8a-tetrahydroindolo-[2.3:b]-furan* darzustellen scheint. Wegen des scharfen Schmelzpunkts wird vermutet, daß im kristallinen Zustand nur eine der beiden Formen vorhanden ist. Bei der Zers. von **A** mit HBr bildet sich **VII** bzw. bei der Acetolyse *3-[β-Acetoxyäthyl]-3-phenyloxindol*. 1-Methyl-3-phenyloxindol (**VIII**) ergibt mit **VI** *3-[β-Bromäthyl]-1-methyl-3-phenyloxindol* (**IX**), das durch Einw. von $NaOCH_3/CH_3OH$ jedoch *1-Methyl-3-phenyl-3-vinyloxindol* liefert. **III** u. **IX** reagieren mit Aminen nicht unter Addition wie ihre Benzofuranon-(2)-analogen (vgl. l. c.), sondern es tritt mit Morpholin (**X**), Benzylamin (**XI**) bzw. Cyclopropylamin (**XII**) eine Halogenverdrängungs-Rk. unter Bldg. der entsprechenden Aminoäthyloxindole auf. **IX** ist gegenüber fl. NH_3 (bei −33°) beständig. Der Bldg.-Mechanismus von **A** wird unter der Annahme einer tetraedr. Zwischenstufe diskutiert.

Versuche: 3-Phenyloxindole: *3-[β-Chloräthyl]-* (**III**), $C_{16}H_{14}ClNO$, F. 139—140°, durch portionsweise Zugabe von NaH zu **I** in abs. Dmf unterhalb 50°, 3std. Erwärmen auf 50°, Abkühlen auf Raumtemp., Zugabe von **II**, Rühren (1 Nacht) u. 3std. Erwärmen (Dampfbad); 25% (Ausbeute). Daneben durch fraktionierte Kristallisation mit Hexan bzw. CH_3OH 5% *2.3-Dihydro-9-phenyloxazolo-[3.2:a]-indol* (**IV**), $C_{16}H_{13}NO$, F. 140—141 (löslicher als **III**). — *1-[β-Chloräthyl]-* (**V**),

$C_{16}H_{14}ClNO$, F. 110—111° (CH_3OH), durch 3std. Kochen von **IV** in konz. HCl; 79%. — *3-[β-Bromäthyl]-1-methyl-* (**IX**), $C_{17}H_{16}BrNO$, F. 112—113°, analog **III** aus **VIII** u. **VI**; 87%. — *3-[β-Bromäthyl]-* (**VII**), $C_{16}H_{14}BrNO$, F. 145—146°, analog **III** aus **I** u. **VI**; < 20%. — *3-[β-Acetoxyäthyl]-*, $C_{18}H_{17}NO_3$, F. 98—99° (wss. Isopropanol), durch Kochen (1 Nacht) von **A** mit 5% H_2SO_4 in Eisessig; 91%. — *1-Methyl-3-vinyl-*, $C_{17}H_{15}NO$, F. 85° (Cyclohexan), Kp.$_{0,4}$ 145—147°, analog **A** (vgl. unten) aus **IX** u. $NaOCH_3$; n_D^{25} 1,6081 (unterkühlt); 91%. — *3-[β-Morpholinoäthyl]-, Hydrochlorid*, $C_{20}H_{23}ClN_2O_2$, F. 165—167° (A.–Ae.), a) durch 4std. Erhitzen (Dampfbad) von **III** mit **X**; 78% (bei 35%ig. Umsatz). b) durch Kochen (1 Nacht) des Na-Deriv. von **I** mit 4β-Chloräthylmorpholin in abs. Bzl.; 48%. — *3-[β-Benzylaminoäthyl]-, Hydrochlorid*, $C_{23}H_{23}ClN_2O$, F. 235—237° (Isopropanol), durch Erhitzen (1 Nacht, Dampfbad) von **I** mit überschüssigem **XI**; 68%. — *1-Methyl-3-[β-morpholinoäthyl]-*, $C_{21}H_{24}N_2O_2$, F. 81—82° (Cyclohexan), durch 48std. Stehen von **IX** in **X** bei Raumtemp.; 54%. — *3-[β-Cyclopropylaminoäthyl]-1-methyl-, Hydrochlorid*, $C_{20}H_{23} \cdot ClN_2O$, F. 202—203°, durch 48std. Kochen von **IX** mit **XII** in Bzl.; 71%. — *2-Methoxy-3-phenyl-3-[β-hydroxyäthyl]-3H-indol* oder *8a-Methoxy-3a-phenyl-2.3.3a.8a-tetrahydroindolo-[2.3:b]-furan* (**A**), $C_{17}H_{17}NO_2$, F. 98 bis 99° (Cyclohexan), Kp.$_{0,3}$ 165—175°, durch 48std. Kochen von **III** mit $NaOCH_3$ in CH_3OH; 56—70%, liefert durch 12std. Kochen mit 48%ig. HBr in Eisessig 84% **VII**.

B. Gnauck. B 225◇

0779 **Mechanismus der Bildung von Iminen. 1. Mitt. Aktivierungsenergie und Frequenzfaktor der Reaktion zwischen 1-Phenyläthylamin und Benzaldehyd in Äthanol.** F. Gómez Herrera. (An. Real Soc. españ. Física Quím., Ser. B **57**, 601—06, 1961; Inst. de Quím. „Alonso Barba", Dep. de Quim. Org.; span.) — Die Geschw. der Rk. *1-Phenyläthylamin* (**I**) + *Benzaldehyd* (**II**) ⇌ N-[1-Phenyläthyl]-benzylidenamin (**III**) + W. wird in alkohol. Lsg. bei 1—35° polarimetr. verfolgt. Die Rk. ist exotherm u. von 2. Ordnung u. bei 1 u. 15° prakt. irreversibel. Das Gleichgew. liegt auf der Seite von **III**. Für die umkehrbare Rk. gilt $k = A\ (1/t) \ln [(B\alpha + C)/a\ (\alpha_g - \alpha)]$ mit $A = (\alpha_g - \alpha_0)/2a(a\gamma - \alpha_g)$, $B = a - 2(\alpha_g - \alpha_0)/(\gamma - \beta)$, $C = a(\alpha_g - 2\alpha_0) + 2\alpha_0(\alpha_g - \alpha_0)/(\gamma - \beta)$; a = Anfangs-Konz. von **I** u. **II**, α = polarimetr. Ablesung (α_0 am Anfang, α_g im Gleichgew.), β u. γ = mol. opt. Drehvermögen von **I** bzw. **III**. Für die irreversible Rk. ist $k = \beta(\alpha - \alpha_0)/t \cdot a(\alpha_0\gamma - \alpha\beta)$. Bei 1° (15°) ist k (irreversibel) = $0{,}53 \cdot 10^{-3}$ (Liter/Mol · s) ($1{,}3 \cdot 10^{-3}$), bei 25,2° (35°) ist k (reversibel) = $1{,}9 \cdot 10^{-3}$ ($2{,}8 \cdot 10^{-3}$). Aus diesen Zahlen ergibt sich die Aktivierungswärme zu 8,2 kcal/Mol, log A = 3,3. R. K. Müller. B 225◇

0780 **Zur Kinetik der Umsetzung von Cystin mit o-Hydroxymercuribenzoesäure und Natronlauge.** Mieczysław Wroński. (Mh. Chem. **94**, 197—203, 1963; Łodź, Polen, Univ., Inst. für Chem. Technol.; dt.) — Es wird die Kinetik der Zers. von *Cystin* (**I**) u. der Bldg. von Cystein in Ggw. von NaOH u. o-Hydroxymercuribenzoesäure (**II**) bei 50° bzw. 60° untersucht (k für die Rk. von **I** mit **II** 0,77 [Liter/Mol · min] bzw. 1,30, mit NaOH $9{,}9 \cdot 10^{-3}$ bzw. $2{,}2 \cdot 10^{-2}$). Eine kinet. Deutung der Zeit-Umsatzkurven wird vorgenommen. In den Rk.-Prodd. wurde bei 90° Thiocystein nachgewiesen.

O. Jansen. B 225◇

0781 **Quantitative Spaltung des Cyclopropanrings mit Quecksilberacetat–Jodmonobromid-Reagens.** A. R. S. Kartha und J. V. Ojha. (Indian J. Chem. **1**, Nr. 1, 51—52, 1963; New Delhi, Indian Agricult. Res. Inst., Div. of Chem.; engl.) — Die Verbb. *Chrysanthemum-mono-* u. *-dicarbonsäure* u. *Δ^3-Caren* (Kp.$_{740}$ 166—170°, n^{30} 1,469, $[\alpha]_D$ + 10,56°), welche den Cyclopropanring enthalten, zeigen eine zusätzliche Absorption fast eines Mols JBr innerhalb von 30 Min. bei 20°, wenn sie mit Quecksilberacetat–JBr–Essigsäure-Reagens behandelt werden im Vgl. mit JBr–Essigsäure-Lsg. allein. Es wird geschlossen, daß Hg-Acetat nicht eine Substitution bewirkt, sondern die quant. Sprengung des Cyclopentanrings katalysiert; dies steht in Übereinstimmung mit der bekannten geringen Stabilität dieses Ringes.

O. Jansen. B 225◇

0782 **Die anchimere Beschleunigung der homolytischen Spaltung einer Bindung.** J. C. Martin und W. G. Bentrude. (Chem. and Ind. **1959**, 192—93; Urbana, Ill., Univ. of Illinois, Dep. of Chem.; engl.) — Die therm. Zers. von *o-Methylmercaptoperbenzoesäure-tert.-butylester* (**I**, $C_{12}H_{16}O_3S$, F. 55,2—55,7°; vgl. Bartlett u. Hiatt, J. Amer. chem. Soc. **80**, [1958], 1398) ist eine Rk. 1. Ordnung mit einer Halbwertzeit $t_{1/2}$ = 14,3 min (bei 60°), was einer anchimeren Beschleunigung von $2 \cdot 10^4$ durch die CH_3S-Gruppe gegenüber *Perbenzoesäure-tert.-butylester* (**II**, $t_{1/2} = 4 \cdot 10^5$ min) entspricht. Die Wrkg. ist im *o-tert.-Butyl-* ($C_{15}H_{22}O_3$, $t_{1/2}$ wie **II**) u. *o-Jodperbenzoesäure-tert.-butylester* ($C_{11}H_{13}JO_3$, F. 45,5—46,0°; $t_{1/2} \sim 2 \cdot 10^4$ min) nicht so stark. Der Effekt bei **I** wird mit einer direkten Wrkg. der Elektronenschale des S-Atoms auf die C=O-Gruppe erklärt. Die flüchtigen Spaltprodd. pro Mol **I** sind 0,22 Mol Aceton, 0,62 Mol tert.-Butylalkohol u. 0,01 Mol Isobutylen. Für Messungen der Spaltung von 35—70° ergibt sich für **I** $\Delta^{\ddagger}$ 22,7 kcal/Mol; $\Delta S^{\ddagger}$ — 6,8 cal/Grad · Mol; für **II** 35,2; 12,3.

A. Grohmann. B 225◇

0783 **„Onium"-Basen von Borhydriden. 2. Mitt. Einige Phenylverbindungen.** H. G. Heal. (J. inorg. nuclear Chem. **16**, 208—12, 1961; Belfast, Queen's Univ., Chem. Dep.; engl.) — 1. vgl. C. **1963**, 18388. — Durch Umsetzung der entsprechenden Oniumfluoride mit Alkaliborhydriden in wss. Lsg. werden *Tetraphenylphosphonium-* (**I**), *Triphenylsulfonium-* (**II**) u. *Diphenyljodoniumborhydrid* (**III**) dargestellt. **I** pyrolisiert bei 185—210° im Vakuum zu Bzl., Triphenylphosphin u. Triphenylphosphin · Borhydrid sowie harzigen Produkten. **II** u. **III** sind therm. weniger stabil (Zers. bei 160° bzw. 110°). Die Rk.-Mechanismen der therm. Zers. werden kurz diskutiert.

Versuche: *Tetraphenylphosphoniumborhydrid* (**I**), aus wss. Tetraphenylphosphoniumbromid durch Überführen in das entsprechende Fluorid in einem Anionen-Austauscher, Zugabe einer gekühlten wss. Lsg. von K-borhydrid bei 0°; 83% (Ausbeute). — *Triphenylphosphin · Borhydrid*, F. 188° (Bzl.), durch Erhitzen von 2,17 g frisch dargestelltem **I** auf 185—210° u. weiteres 1½std. Erhitzen auf 190—230°; 0,42 g; daneben Bzl. (0,206 g) u. *Triphenylphosphin*, F. 77° (Methanol).

G. Kowollik. B 225◇

0784 **Radiolyse von Schwefelsäureestern in verdünnten wäßrigen Lösungen durch ^{60}Co-γ-Strahlung.** Teiji Ôkubo und Tsuneo Omura. (Rep. liberal Arts Fac., Shizuoka Univ. [nat. Sci] **2**, Nr. 5, 203—07, 1959; Tokyo, Governm. chem. Ind. Res. Inst.; engl.) — In verd. wss. Lsgg. (pH 5,8 durch $KHSO_4$-Zusatz) der K-Salze von *Methyl-* (**I**), *Äthyl-* (**II**), *n-Propyl-*, *Isopropyl-*, *n-Butyl-*, *n-Amyl-*, *Cyclohexyl-*, *Benzyl-*, *Phenyl-*, *p-Kresyl-* u. *p-Nitrophenylsulfat* verkleinert sich der pH-Wert bei Einw. von γ-Strahlen von ^{60}Co (100 C; 10—20°). Die entstandenen Prodd. wurden nicht identifiziert. Die Säure-Bldg., wahrscheinlich durch die Spaltung der Esterbindung, ist der Strahlungsdosis ($5 \cdot 10^3 - 3 \cdot 10^4$ r) proportional, von der Dosisleistung (15—60 r/min) jedoch unabhängig. Die Linearität der Beziehung erlaubt die Verw. von 0,1 m Lsgg. von **I** u. **II** als Dosimeter von X- u. γ-Strahlen zwischen $5 \cdot 10^3$ u. $50 \cdot 10^3$ r.

A. Grohmann. B 226◇

0785 **Photosensible Chinoxalinpseudobasen.** Paul M. Mader. (J. org. Chemistry **27**, 4377—82, 1962; Rochester, N. Y., Eastman Kodak Co., Kodak Res. Labor.; engl.) — Vgl. J. org. Chemistry **27**, [1962], 2217. — Beim Bestrahlen mit Licht der Wellenlänge im Bereich ihrer langwelligen Absorption liefern 2-Dimethylaminocarbonyl- (**I**) bzw. 2-Cyan-6-diäthylamino-3.4-diphenyl-3-hydroxy-3.4-dihydrochinoxalin (**II**) bei 24—25° in Bzl. *3-Benzoyl-7-diäthylamino-1-phenyl-3.4-dihydrochinoxalon-(2)* (**III**) bzw. *3-Benzoyl-6-diäthylamino-1.2-dihydro-2-imino-1-phenylchinoxalin* (**IV**) u. *α-[2-Anilino-4-diäthylaminophenylimino]-benzoylacetonitril* (**V**). **IV** bildet sich auch aus **V** durch basenkatalysierte Ringschlußreaktion u. liefert durch saure Hydrolyse langsam **III**. Unter den Bedingungen der photochem. Rk. bildet sich aus **V** nur sehr wenig **IV**. Bei Zusatz von Protonendonatoren zum Lsgm. ist die Bldg. von **V** auf Kosten der von **IV** begünstigt, bes. bei Temp.-Verminderung. Für die Photolyse von **II** in luftgesätt. Acetonitril-Lsg. beträgt die Quantenausbeute 0,3 ± 0,1 (bei 418–428 mμ). Dieser Wert ist für I ca. fünfmal kleiner. Die Photolysengeschw. wird durch die Viscosität des Mediums beeinflußt, sie ist in n-Heptan doppelt so groß wie in Nujol. **I** u. **II** zeigen keine Lichtsensibilität im kristallinen oder glasartigen Zustand. Durch Verminderung des O_2-Geh. im Bzl. wird die Quantenausbeute erhöht, die Ausbeute an Hauptprodd. vermindert sich aber. Die l. c. beobachtete Steigerung der Ausbeute beim Bestrahlen von 2-Carbäthoxy-6-diäthylamino-3.4-diphenyl-3-hydroxy-3.4-dihydrochinoxalin (**VI**) durch Verminderung der Bestrahlungsintensität wird auf die Akkumulierung eines photoempfindlichen Zwischenprod. **A** unbekannter Struktur zurückgeführt, das eine Absorptionsbande bei 480 mμ (in Bzl.) besitzt. Bei der Photo-Rk. liefert **A** kein **III**, sondern nur nicht identifizierte Prodd., bei seiner Dunkel-Rk. entsteht jedoch in monomol. Rk. (Halbwertszeit 14 s bei 25° in Bzl.) **III**. Diese Rk. wird durch Basen u. Säuren katalysiert. Bei der Blitzphotolyse von **I** bzw. **II** werden keine **A** analogen Zwischenprodd. beobachtet. Die Bldg. von **III** aus **I** oder **VI** bzw. die von **IV** aus **II** wird auch bei den basenkatalysierten Dunkel-Rkk. beobachtet. **A** verwandelt sich in einer anderen Dunkel-Rk. langsam in **II** zurück (Halbwertszeit 160 Std. bei 23° in Acetonitril), diese Rk. kann durch Essigsäure katalysiert werden. Zum Ablauf der Photo-Rkk. wird eine Spaltung der C–N-Bindung der angeregten Pseudobasen unter Bldg. eines Diradikals, Übergang zu einer Ionenzwischenstufe, cis-trans-Isomerisierung an der Azomethinbindung u. nucleophiler Angriff des negativ geladenen N-Atoms am 3-ständigen Substituenten angenommen.

Versuche: *6-Diäthylamino-3.4-dihydro-3.4-diphenyl-3-hydroxy-2-dimethylaminocarbonylchinoxalin* (**I**), $C_{27}H_{30}N_4O_2$, F. 142° (grün fluoreszierende Kristalle aus Cyclohexan), durch Zugabe des Sulfats (**VII**, 3 g) von 3-Anilino-$N_{(1)}$.$N_{(1)}$-diäthyl-p-phenylendiamin in W. zu 2-Benzoyl-N.N-dimethylacetamid u. KOH in CH_3OH, Zutropfen von $K_3Fe(CN)_6$ in W., $^1/_4$std. Rühren, Ansäuern des Filtrats mit 12 n HCl u. Verdünnen mit W., Neutralisieren, Zugabe von wss. NaOH, Lösen des Nd. in Bzl., Schütteln mit verd. HCl u. Alkalisieren der wss. Phase mit NaOH; 0,22 g. — *α-[2-Anilino-4-diäthylamino-phenylimino]-benzoylacetonitril* (**V**), $C_{25}H_{24}N_4O$, F. 170° (Cyclohexan-Bzl.), a) durch Zugabe von $K_3Fe(CN)_6$ in W. zu 0,353 g **VII** u. Benzoylacetonitril in Bzl. u. 13%ig. wss. Na_2CO_3; 0,2 g. b) durch Photolyse von 50 mg **II** in wss. Aceton (50 Min.), Zugabe von Bzl. u. W. u. Chromatographie an Florisil; 10 mg. — *6-Diäthylamino-3.4-dihydro-3.4-diphenyl-3-methoxy-2-cyanchinoxalin*, $C_{26}H_{26}$ · N_4O, F. 195° (leuchtend gelbe, grünfluorescierende Kristalle aus KOH-haltigem CH_3OH), durch Lösen des mit **II** verunreinigten rohen **V** (nach a hergestellt) in 1 n HCl, Alkalisieren mit NaOH, Lösen der Pseudobase **II** (1,51 g) in KOH-haltigem CH_3OH u. Kochen (45 s); 0,87 g. — *6-Diäthylamino-3.4-dihydro-3.4-diphenyl-3-hydroxy-2-cyanchinoxalin* (**II**), $C_{25}H_{24}N_4O$, F. 125° (gelb aus Bzl.-Cyclohexan), a) durch Zugabe von 0,69 g vorst. Verb. in Aceton zu 3 n HCl, Zugabe von W. u. Gießen in 0,15 n NaOH; 0,64 g. b) durch Lösen von **V** in Acetonitril. — *3-Benzoyl-7-diäthylamino-1.2-dihydro-2-imino-1-phenylchinoxalin* (**IV**), $C_{25}H_{24}N_4O$, F. 147–150° (orangefarben aus Cyclohexan-Bzl., 4:1) bzw. F. 173° (gelb, polymorphe Form), a) durch 3std. Photolyse von **II** (0,10 g) in Bzl. u. Chromatographie an Florisil; 20 mg. b) durch Einw. (1 Min.) von 2 Tropfen 0,14 n wss. $(CH_3)_4$ · NOH auf **V** in Aceton, Verdünnen mit Bzl. u. Chromatographie. c) durch Zugabe von 2 Tropfen 0,14 n wss. $(CH_3)_4NOH$ zu **II** in Acetonitril, Erhitzen (3 Min.) auf 77°, Verdünnen mit Bzl. u. Chromatographie. pK_a-Wert der konjugierten Säure 10,1.

B. Gnauck. B 226◇

0786 **Kinetik der katalytischen Konversion eines Methan-Wasserstoff-Gemisches mit Wasserdampf.** W. P. Roshdesstwenski und M. W. Ilina-Wesselowa. (J. angew. Chem. [UdSSR] **34**, 1834–41, 1961; Saratow, Forsch.-Inst. für Gasverw. in der Volkswirtsch.; Tschernyschewski-Univ.; russ.) — Vgl. C. **1958**, 1255. — Ein CH_4-H_2-Gemisch (1:1) wird an einem Ni-Katalysator („GIAP-3") bei gewöhnlichem Druck mit dem 2fachen Vol. Wasserdampf zu CO_2, CO, H_2 u. CH_4 umgesetzt. Der Restanteil (α) an CH_4 steht zur Zeit τ in der Beziehung $\ln\,[(\alpha_a-\alpha_e)/(\alpha-\alpha_e)] = a\cdot\tau^b$, wobei α_a u. α_e die α-Werte bei $\tau = 0$ u. $\tau = \infty$ sind. Bei 550° u. α_a = 100, α_e = 26,2(%) ist a = 4,001, b = 0,727, bei 600° u. α_e = 17,1 ist a = 4,898, b = 0,749, bei 700° u. α_e = 6,2 ist a = 6,795, b = 0,784. Die Parameter a u. b sind bei 550–700° lineare Funktionen von 1/T. Die Konversion von CH_4 allein mit Wasserdampf verläuft nach einer analogen Gleichung (bei 600° u. α_e = 34,4: a = 20,9, b = 0,99; bei 700° u. α_e = 5,8: a = 26,9, b = 0,93). Die Konversionsgeschw. $d\alpha/d\tau = (\alpha-\alpha_e)\cdot a\cdot b\cdot\tau^{b-1}$ ist bei $CH_4 + H_2$ kleiner als bei CH_4 allein.

R. K. Müller. B 227◇

0787 **Alkylaromaten. 1. Mitt. Friedel-Crafts-Alkylierung von Benzol und alkylsubstituierten Benzolen mit n-Alkylbromiden.** Samuel H. Sharman. (J. Amer. chem. Soc. **84**, 2945–51, 1962; Richmond, Calif., California Res. Corp.; engl.) — Die Prod.-Zus. der Rk. von *Bzl.* mit *n-Dodecylbromid* (**I**, $Kp._{50}$ 180–181°) bzw. *n-Octylbromid* (**II**) in Ggw. von Al_2Br_6 oder $AlCl_3$ (teilweise unter Verdünnung mit PAe.) bei Tempp. zwischen –34° u. +35° wurde nach Abbruch der Rk. durch Hydrolyse mittels gaschromatograph. Analyse ermittelt. Bei 6° ohne PAe. sind die Rkk. mit **I** u. **II** nach 4–6 Min. zu 100% abgelaufen. Folgende Prod.-Zus. wurden festgestellt: 1-Phenyldodecan ca. 31–50%, Rest: sek. Dodecylbenzole, bestehend aus ca. 30–34% 2-(**III**), 18–21,9% 3-(**IV**) u. 44,2–50,8% 4-(**V**), 5-(**VI**) u. 6-Phenyldodecan (**VII**), bzw. 46,6% 1-Phenyloctan, Rest: sek. Octylbenzole, bestehend aus 48,3% 2-, 28,4% 3- u. 23,3% 4-Phenyloctan. Während die prim. Verbb. bei den Vers.-Bedingungen stabil sind, erfolgt bei den sek. Isomeren sehr rasch eine Isomerisierung, die zu einem Gleichgew. führt, u. zwar bei der Rk. von Bzl. mit **I** zu einer Prod.-Zus. von 32% **III**, 20% **IV** u. 48% **V**–**VII**. Während der Rk. nimmt durch die Isomerisierung der Geh. an **III** ab, während der an **V**–**VII** wächst. Offenbar besitzen die Geschw.-Konst. der Alkylierung u. der Isomerisierung die gleiche Größenordnung. Die Alkylierung von Bzl. durch **II**, 2- (**VIII**) u. 4-Bromoctan (**IX**) wurde ferner bei –15° untersucht. Während die Rk. mit **II** erst nach ca. 154 Min. vollständig abgelaufen ist, trifft dies bei den Rkk. von **VIII** u. **IX** bereits nach etwa 0,4 Min. zu. Als weitere Neben-Rk., welche ebenfalls die Instabilität der sek. Alkylbenzole zeigt, trat eine Desalkylierung auf, die zu einem Gemisch von verzweigten, gesätt. KW-Stoffen führt, wobei die Alkylgruppe auf andere Aromaten übertragen wird. Prim. Alkylbenzole werden von dieser Rk. nur unter extremen Bedingungen betroffen. Die Desalkylierung besitzt eine im Vgl. zur Alkylierung u. Isomerisierung nur geringe Geschw. bei 6°, sie läuft aber bei 35° rasch ab. Die Alkylierung mit **I** in Ggw. von $AlBr_3$ wurde auch bei *Toluol* (68–78%; mit *n-Propylbromid* ca. 84%), *Äthylbenzol* (ca. 70%), *Cumol* (**X**, $Kp._{102}$ 88,9–89,1°; 72%), *p-* (73%) u. *m-Xylol* (71%) u. *Mesitylen* ($Kp._{100}$ 99,0–99,8°; 88%) bei Temp. zwischen –20° u. +14° untersucht, wobei die in Klammern genannten Anteile an prim. Alkylaromaten gebildet wurden. Bei der Rk. von **X** tritt zu 10–20% die Bldg. von Bzl. u. Diisopropylbenzolen auf. Die Ausbeute an prim. Alkylbenzol kann allg. durch Temp.-Verminderung erhöht werden, u. zwar um ca. 3% pro 10°. Die Verdünnung von Bzl. mit PAe. führt zu einer Verlangsamung der Rk., doch wird die Prod.-Verteilung nicht beeinflußt. Das Verhältnis V von prim. zu sek. Alkylprod. scheint bei Verwendung von Alkylchlorid/$AlCl_3$ etwas kleiner zu sein als bei Alkylbromid/Al_2Br_6. V wird weiter vermindert durch die Katalyse mit $GaBr_3$. Mit zunehmender Nucleophilität der aromat. Verb. nimmt dagegen die Bldg. an nicht umgelagertem Prod. zu. Zum Mechanismus der Rkk. wird angenommen, daß die Bldg. von prim. u. sek. Alkylierungsprodd. in Konkurrenz-Rkk. verläuft: die Bldg. von prim. Alkylbenzolen über einen π- u. einen σ-Komplex, die von sek. Alkylbenzolen durch Umlagerung des π-Komplexes mit prim. Alkylsubstituenten in einen solchen mit sekundären. B. Gnauck. B 227◇

0788 **Alkylaromaten. 2. Mitt. Eine Untersuchung der Übertragung von Alkylgruppen durch die Katalyse mit Aluminiumbromid/Bromwasserstoff.** Samuel H. Sharman. (J. Amer. chem. Soc. **84,** 2951—52, 1962; engl.) — 1. vgl. vorst. Referat. — Das Alkylierungsgemisch der Rk. von *Äthylbenzol* mit *n-Dodecylbromid* (**I**) in Ggw. von Al_2Br_6 bei —20° (enthaltend ca. 70% n-Dodecyläthylbenzol) wurde bei 6° mit einem hohen Überschuß von Bzl., das Al_2Br_6 u. HBr enthielt, versetzt. Die Folge-Rkk. wurden wie l. c. auf gaschromatograph. Wege untersucht. Innerhalb der ersten 7 Min. trat eine erhebliche Alkylgruppenübertragung auf, wobei Dodecylbenzole auf Kosten des Geh. an Dodecyläthylbenzol entstanden. Nach 4std. Rk.-Zeit betrug der Anteil an Dodecylbenzolen ca. 48% (davon 31,4% prim. Verb.), an prim. Dodecyläthylbenzol ca. 52%; sek. Dodecyläthylbenzole waren nicht mehr vorhanden. Ähnlich wurde bei der Alkylierung von *Cumol* durch **I** bei —15° ein Gemisch von Dodecylcumolen erhalten, das zunächst mindestens 72% *p-[n-Dodecyl]-cumol* enthielt. Nach ca. 100 Min. Rk.-Zeit wandelten sich die prim. u. sek. Dodecylcumole jedoch nahezu vollständig in die entsprechenden Dodecylbenzole um. Durch die erhöhte Fähigkeit substituierter Benzole, durch prim. Alkylgruppen substituiert zu werden, können mit Al_2Br_6/HBr also geradkettige Alkylbenzole mit einem hohen Geh. an prim. Isomeren dargestellt werden. B. Gnauck. B 227◇

0789 **Zur Chemie der kondensierten Phosphate und Arsenate. 33. Mitt. Zum Wirkungsmechanismus von Phosphatkatalysatoren bei der Dehydratisierung von Alkoholen.** Anneliese Winkler und Erich Thilo. (J. prakt. Chem. [4] **14 (286),** 180—95, 1961; Berlin, Dt. Akad. Wiss., Inst. für Anorgan. Chem.; dt.) — 32. vgl. C. **1961,** 17504; 34. vgl. C. **1962,** 8186. — Die Dehydratisierung von *A.*- u. *Butanol*(**I**)-Dampf zu Olefinen wird nur von solchen kondens. Na-Phosphaten katalysiert, die mittelständige HPO_3-Gruppen tragen. Bei Verw. von A. war die Anzahl der gefundenen C-Doppelbindungen wesentlich kleiner als bei **I**; der Grund dafür u. die Mechanismen werden diskutiert. Doppelbindungen waren im Kondensat beim Überleiten der Alkohole über kondensierte Phosphate dann nachweisbar, wenn deren Na:P-Verhältnis < 1 war. Während der Rk. werden teilweise oder vollständig die mittelständigen HPO_3-Gruppen in Form von R_2HPO_4, RH_2PO_4 oder H_3PO_4 herausgespalten. Ob Triäthyl- bzw. Tributylphosphat entsteht, konnte papierchromatograph. nicht festgestellt werden. Ein Überblick über die Olefinausbeute bei Verw. von Phosphaten mit verschiedenen Kationen in Abhängigkeit von der übergeleiteten Alkoholmenge bei 270 u. 370° wird gegeben (Tabellen). Da auch bestimmte sog. neutrale kondens. Phosphate **I** katalyt. dehydratisieren, wird gefolgert, daß die Alkoholyse von P–O–P-Bindungen der Primärschritt der Dehydratisierungs-Rk. ist. Die entstehenden Ester bzw. Estersalze werden unter Olefinbldg. sofort therm. zersetzt. W. Untze. B 227□

0790 **Über die Bildung von höheren Alkoholen aus Kohlenmonoxid und Wasserstoff an oxidischen Mischkatalysatoren und den Mechanismus dieser Reaktion.** Alfons Krause. (Roczniki Chem. [Ann. Soc. chim. Polonorum] **34,** 1819—22, 1960; Poznań, Uniw. A. Mickiewicza, Zakł. Chem. nieorgan.; dt.) — Der Mischkatalysator ZnO/Fe_2O_3 enthält nach Ansicht des Vf. bei der Synth. höherer Alkohole aus CO u. H_2 die Radikale R–Zn–O– (Aktivator), sowie R=Fe– u. R=Fe–O–. R–Zn–O– wirkt dehydrierend u. ist für die Synth. von CH_3OH aus CO u. H_2 verantwortlich. R=Fe– u. R=Fe–O– dehydratisieren CH_3OH zu CH_3– u. –CH_2OH, die sich weiter zu A. absättigen. Die Bldg. nächsthöherer Alkohole kann mit demselben Schema erklärt werden. Dimethyläther wird nicht gebildet, da R–Zn–O– die dazu notwendigen CH_3-Radikale abfängt. Die Spezifität des aktiven Oxidkatalysators hängt von seinen ster. Eigg. u. Darst. ab. Durch die räumliche Anordnung u. Entfernung der Radikale wird der Einbau u. die Zahl der chemisorbierten Moll. reguliert. Reaktivierung des Katalysators erfolgt durch Entwässerung bei Vers.-Temp. (~400°), bei zu starkem Erhitzen u. Sinterung tritt Inaktivierung durch Verschwinden der Radikale im „ausgeheilten" α-Fe_2O_3-Gitter ein. F. Urban. B 227◇

0791 **Der Einfluß von Kupfer auf die Produkte der Orcinoloxydation.** T. F. Slater. (Nature [London] **192,** 420—21, 1961; London, Univ. Coll. Hospital Med. School, Dep. of Chem. Pathology; engl.) — Während bei kurzer Rk.-Dauer (1 Std.) die durch Cu^{2+} (10^{-6} m-Lsg.) katalysierte Oxydation von *Orcinol* sowohl in NaOH als auch in NH_4OH zu rotbraunen Lsgg. führt, tritt bei längerer Rk.-Dauer (mehrere Tage) nur in NH_4OH Bldg. des gefärbten Orcein-Farbstoffgemisches ein; in NaOH wird diese Rk. durch die Cu^{2+} unterbunden. Die Rk. wird durch Extinktionsmessungen verfolgt u. ebenso die Best. von *Cu^{2+}* in biolog. Material in Ggw. von Na, K, Zn, Ca, Mg, Al u. Fe^{2+} (bis zu 40fachem Überschuß), die die Rk. nicht beeinflussen, durchgeführt. Fe^{+++} u. Cr^{+++} hindern die Oxydation; Co^{2+} u. Mn^{2+} reagieren ähnlich wie Cu^{2+}, aber nicht so stark katalytisch. U. Uhlich. B 227◇

C. Präparative organische Chemie, Naturstoffe

0792 **Über Autoxydationen, insbesondere in Alkoholen in Gegenwart von Protonen.** W. Treibs. (Periodica polytechn. [Budapest], chem. Ingenieurwes. **5,** 89—99, 1961; Leipzig, Karl-Marx-Univ., Inst. für Organ. Chem.; dt.) — Überblick über die Arbeiten des Vf. zur Autoxydation von Steinkohlen, Ölsäureestern, Cycloketonen u. Arylaliphaten (Cumol, Hexahydrofluoren, Tetrahydroacenaphthylen) zur Darst. von *Hydro-* u. *Dialkylperoxiden* (symm. u. gemischt) sowie zum Mechanismus ihrer Bildung u. Umwandlung. Es wird gezeigt, daß die Primärprodd. der Autoxydation (Hydroperoxide) beim Arbeiten in saurer alkoh. Lsg. ion. u. nicht radikal. zersetzt werden u. in Form wohldefinierter Sekundärprodd. (vorwiegend *Acetale* u. *Ketale*) isoliert werden können. — 13 Literaturangaben. H. Pracejus. 460◇

0793 **Eine Dehydroxylierungsreaktion.** Hans Wynberg und A. Kraak. (J. Amer. chem. Soc. **83,** 3919—20, 1961; Groningen, Univ., Dep. of organ. Chem.; engl.) — Durch Pyrolyse von 1.2-Glykolen oder Epoxiden bei 200—240° in Ggw. einer äquimol. Menge wasserfreier Oxalsäure (**II**) entstehen *Olefine.* meso-Butandiol-(2.3) liefert ein Gemisch aus 20% *cis-*, 50% *trans-Buten-(2),* < 0,4% *Butadien* u. < 0,01% isomere *Butene.* Aus cis-Cyclohexandiol-(1.2) wird in 19%ig. u. aus dessen trans-Isomeren in 11%ig. Ausbeute *Cyclohexen* (**I**) gebildet. cis- u. trans-3.4-Dihydroxytetrahydrofuran geben in 58%ig. bzw. 47%ig. Ausbeute *Dihydrofuran.* Die Rk. verläuft nicht unbedingt über den cycl. *Oxalsäurediester.* Unterwirft man beispielsweise den Oxalsäurediester von trans-Cyclohexandiol-(1.2) ($C_8H_{10}O_4$, F. 110,7 bis 111,3°) der Pyrolyse, so entsteht nicht **I**, sondern u. a. *Cyclohexanon.* Cyclohexenoxid gibt mit **II** in exothermer Rk. ein blaues Öl, das durch Pyrolyse u. a. *Cyclohexan* ergibt. G. Engler. 460△

0794 **Über die Einwirkung von Diazoessigester und Diazoketonen auf Thioketone. Bildung von β.β-disubstituierten Acrylsäureestern und α.β-ungesättigten Ketonen.** Alexander Schönberg und Emil Frese. (Chem. Ber. **96,** 2420—26, 1963; Berlin, TU, Fak. für Allg. Ingenieurwiss.; dt.) — Bei der Einw. von Diazoessigsäureäthylester (**I**) oder Diazoketonen auf Thioketone in Ggw. von Cu-Pulver oder CuS werden *β.β-disubstituierte Acrylsäureester* bzw. *α.β-ungesätt. Ketone* erhalten. Es wird angenommen, daß prim. entstehende Carbene mit den Thioketonen zu Äthylensulfiden reagieren, aus denen durch

Erhitzen S eliminiert wird. S wird bei Verw. von Cu-Pulver als CuS abgeschieden. Die Konstit. einiger der erhaltenen Verbb. wurde durch Überführen in bekannte Verbb. u. IR-Spektren bewiesen. Verss., Xanthion (**IV**), Xanthon, 1.4-Dithioflavon (**VI**) bzw. 1-Thioflavon in abs. Bzl. mit Triphenylphosphincarbäthoxymethylen zu den entsprechenden, aus **IV** u. **VI** mit **I** erhaltenen Verbb. umzusetzen, hatten auch bei 30std. Kochen unter N_2 keinen Erfolg. Einige Verbb. zeigen reversible Thermochromie.

Versuche: *β.β-Diphenylacrylsäure*(**III**)-*Äthylester*, $Kp._{15}$ 204°, durch Lösen von Thiobenzophenon (**V**) in einer sd. Suspension von CuS in Bzn. unter Einleiten von N_2, Zutropfen von **I** in Bzn., 25 Min. langes Kochen mit Cu-Pulver, Filtrieren u. Eindampfen; wird durch 2std. Kochen mit 12%ig. NaOH u. Ansäuern in **III**, $C_{15}H_{12}O_2$, F. 161°, Nadeln aus A./W.; 75% (Ausbeute); übergeführt. — *β.β-Bis-[p-methoxyphenyl]-acrylsäure*, $C_{17}H_{16}O_4$, F. 147—148° (Zers.), durch 25 Min. langes Kochen von Bis-[p-methoxyphenyl]-thioketon (**II**) mit Cu-Pulver u. **I** in Bzn. unter N_2, Filtrieren der heißen Lsg., Eindampfen, 2½std. Kochen mit 12%ig. NaOH, Kühlen, Filtrieren u. Ansäuern mit HCl; Nadelm aus A./W.; 91%; gibt *1.1-Bis-[p-methoxyphenyl]-äthylen*, $C_{16}H_{16}O_2$, F. 143° (A.), durch Erhitzen auf 150—180°; 96%. — *Xanthylidenessigsäure*, $C_{15}H_{10}O_3$, F. 140° (Zers.), a) durch 2std. Kochen des Äthylesters in A. mit 8%ig. NaOH, Eindampfen im Vakuum u. Ansäuern mit verd. HCl; gelbe Nadeln aus Bzl.; 92%; b) durch ½std. Kochen von **IV**, Cu-Pulver u. **I** in Bzn., Filtrieren der heißen Lsg., Eindampfen im Vakuum, Lösen in A., 2std. Kochen mit 8%ig. NaOH, Einengen im Vakuum u. Ansäuern mit verd. HCl; 87% (gibt *Methylenxanthen*, F. 112°, durch Erhitzen auf 140—160° u. Wasserdampf-Dest.; Tafeln; 26%). *Äthylester*, $C_{17}H_{14}O_3$, F. 62—63°, a) durch ½std. Kochen von **IV**, Cu-Pulver u. **I** in Bzn., Filtrieren der heißen Lsg., Eindampfen im Vakuum, Lösen in Bzn. u. Kühlen auf —15°; blaßgelbe Nadeln aus Bzn.; 95%; b) aus **IV** u. **I** durch 8std. Kochen in Bzn., ¼std. Erhitzen mit Cu-Pulver u. Aufarbeiten wie bei a); 94%. — *4-Carbäthoxymethylen-2-phenyl-4H-thiochromen*, $C_{19}H_{16} \cdot O_2S$, F. 110°, a) durch ¼std. Kochen von **VI**, Cu-Pulver u. **I** in Bzn., Filtrieren der heißen Lsg. u. Eindampfen im Vakuum; aus A. gelbe Nadeln; 96%; b) durch 10std. Kochen von **VI** u. **I** in Bzn. u. Kühlen; 94%. — *Xanthyliden-p-methoxyacetophenon*, $C_{22}H_{16}O_3$, F. 127°, analog vorst. Verb. aus **IV**, p-Methoxydiazoacetophenon u. Cu-Pulver; gelbe Nadeln aus Isopropanol oder A.; 90%. — *Xanthyliden-p-nitroacetophenon*, $C_{21}H_{13}NO_4$, F. 148°, durch 10 Min. langes Erhitzen von **IV**, p-Nitrodiazoacetophenon (**VIII**) u. Cu-Pulver in Diäthylenglykoldiäthyläther (**V**) auf 120—130°, Filtrieren bei 150°, Zusatz von Eis bei 60° u. Kühlen; orangefarbene Nadeln aus A.; 86%. — *[p.p'-Dimethoxydiphenylmethylen]-p-nitroacetophenon*, $C_{23}H_{19}NO_5$, F. 134°, durch Erhitzen von **II**, **VIII** u. Cu-Pulver in Diäthylenglykoldimethyläther unter N_2 (10 Min. auf 110—120°, 10 Min. auf 120—130° u. 10 bis 15 Min. auf 150°), Filtrieren der heißen Lsg., Kühlen, Zugabe von Eiswasser u. Kühlen; citronengelbe Nadeln (aus A.); 87%. — *4-[p-Nitrobenzoylmethylen]-2-phenyl-4H-thiochromen*, $C_{23}H_{15}NO_3S$, F. 222—224°, durch Erhitzen von **VI**, **VIII** u. Cu-Pulver in **V** (10 Min. auf 125 bis 135°, dann auf 165°), Filtrieren der heißen Lsg., Zugabe von 30%ig. A. bei 80° u. Stehen im Eisschrank; zinnoberrote Nadeln aus CCl_4; 87%. — *1.4-Bis-[xanthylidenacetyl]-benzol*, $C_{36}H_{22}O_4$, F. 244—246°, aus **IV**, 1.4-Bis-[diazoacetyl]-benzol (**VII**) u. Cu-Pulver in **V** durch Erhitzen (5 Min. auf 130—140°, 5 Min. auf 140—150°, dann auf 170°), Filtrieren der heißen Lsg., Zugabe von Eiswasser bei 60° u. Stehen im Eisschrank; gelbe Nadeln aus Chlf./CCl_4; 85%. — *1.4-Bis-[β.β-bis-(p-methoxyphenyl)-acryloyl]-benzol*, $C_{40}H_{34}O_6$, F. 154—156°, aus **II**, **VII** u. Cu-Pulver in **V** durch Erhitzen (¼std. auf 125 bis 135°, ¼ Std. u. 135—145°, dann auf 160°), Filtrieren der heißen Lsg., Zusatz von PAe. bei 40° u. Stehen im Eisschrank; gelbe Nadeln aus Toluol; 82%. — *1.4-Bis-[(2-phenylthiochromenyliden-(4))-acetyl]-benzol*, $C_{40}H_{26} \cdot O_2S_2$, F. 275—277°, aus **VI**, **VII** u. Cu-Pulver in **V** bei 140—150° (10 Min.), 150—160° (10 Min.), u. 180° (Aufarbeiten durch Verdünnen des Filtrats mit A. u. W. u. Stehen über Nacht im Eisschrank); hellrote Nadeln aus Toluol; 88%. Helmut Schulze. 470◇

0795 **Synthesen einiger deuterierter und ^{18}O-markierter organischer Verbindungen.** I. P. Gragerow, A. F. Rekaschewa, A. M. Tarassenko, A. F. Lewit und I. P. Ssamtschenko. (J. allg. Chem. [UdSSR] **31(93)**, 1113—19, 1961; Akad. der Wiss. der UkrainSSR, Pisarshewski-Inst. für physikal. Chem.; russ.) — Die Synth. einiger D- u. ^{18}O-markierter Verbb. wird beschrieben.

Versuche: *Tetradeuteroessigsäure* (**I**), Kp. 105 bis 116°, F. 6—7° (enthält 3—7% W.), durch Erhitzen von Tetradeuteromalonsäure [aus 100 g Malonsäure u. 75 g D_2O 1 Std. auf 80° erhitzen] auf 140—145°; 58—60° (Ausbeute). — *Pentadeuteroäthylbromid*, Kp. 38—38,5°, durch Anlagerung von DBr an Tetradeuteroäthylen (**II**) in Ggw. von $AlBr_3$; 60%. — *Hexadeuteroäthanol*, Kp. 78—78,5° (enthält 2—3% W.), durch 15std. Erhitzen von 11,4 g **II** mit 11,6 g Ag_2O u. 10 g D_2O im Rohr auf 100°; 3,5 g. — *β.β.β-Trideuteroäthanol*, Kp. 77,5—78,5° (enthält 4,5% W.), durch Zugabe von 11,1 g **I** in 100 ml Ae. in 2 Std. zu 9,4 g $LiAlH_4$ in 200 ml Ae. u. ½std. Erhitzen; 8 g. — *^{18}O-Äthanol*, Kp. 78—78,5°, durch 10std. Erhitzen von 15,6 g Äthyljodid, 11,6 g Ag_2O u. 9,0 g $H_2{}^{18}O$ im Rohr auf 100°; 3,0 g. — *^{18}O-Methanol*, Kp. 63,5—64,3°, durch 8std. Erhitzen von CH_3J, Ag_2O u. $H_2{}^{18}O$ auf 100°; 38%. — *Deuterobenzol*, Kp. 80—81°, durch Zers. von Phenyl-MgBr mit D_2O; n_D^{20} 1,5018; 68%. — *Deutero*(CH_3)*-toluol*, Kp. 109,5—110,5°, durch Zers. von Benzyl-MgCl mit D_2O; n_D^{20} 1,4970; 63%. — *Triphenyldeuteromethan*, F. 93—94°, durch Zers. von Triphenylmethyl-MgCl mit D_2O; 78%. — *1-Deuteronaphthalin*, F. 79,5—80,5° (A.), durch Zers. von Naphthyl-(1)-MgBr mit D_2O; 94,5%. — *Ameisensäuren*: *DCOOD*, Kp. 101 bis 105° (enthält 4,6% W.), durch Erhitzen von Dideuterooxalsäure (**III**) auf 190—210°/1—5 mm; 83—87%. *DCOOH*, Kp. 100,7—102,0°, durch 1std. Erhitzen von 69 g Na-Deuteroformiat mit 45 g Oxalsäure u. langsame Dest. bei 1—2 mm; 90—95%. *HCOOD*, durch Erhitzen von Na-Formiat mit **III**. — *Dideuteroformaldehyd* (als 17—20%ig. wss. Lsg.), durch Erhitzen von Zn-Dideuterooxalat auf 280—300°/1—5 mm; 17—20%. — *Polytetradeuteroäthylen*, durch Einleiten von 36 Liter **II** in 2 ml $TiCl_4$, 20 ml 7%ig. Triisobutylaluminium in Bzn. u. 250 ml Bzn. bei 65—72°; 35 g.

Helmut Schäfer. 480△

0796 **Synthese von monomerem Tetrachlorallen.** K. Pilgram und F. Korte. (Tetrahedron Letters [London] **1962**, Nr. 19, 883—86; Schloß Birlinghoven, Siegkreis, Shell Grundlagenforsch.-Ges. m. b. H.; dt.) — Bei der Dehydrochlorierung von 3-H-Pentachlorpropen über granuliertem KOH (Ep. ca. 200°)/CaO bei 150—170° u. 10^{-3}—10^{-1} Torr wurde bei — 75° ein Kondensat erhalten, das als monomeres *Tetrachlorallen* (**I**) identifiziert wurde. **I** dimerisiert sich beim Stehen, rascher beim Erwärmen in CCl_4. Bei 10° schmilzt **I** unter Dimerisation zum Prinsschen *C_6Cl_8* (F. 93°, vgl. C. **1950/54,** 1561 S). Das IR-Spektrum von **I** nach dem Auflösen in CCl_4 u. nach 4 Std. 40 Min. sowie die zeitliche Änderung der Extinktion von **I** bei 865 cm^{-1} sind abgebildet.

J. Boelter. 520◇

0797 **Reaktion von Äthylen mit Trichloräthylen und Tetrachloräthylen.** A. B. Beljawski und R. Ch. Freidlina. (Nachr. Akad. Wiss. UdSSR, Abt. chem. Wiss. **1961**, 838—42; Akad. der Wiss. der UdSSR, Inst. für metallorgan. Verbb.; russ.) — Bei der Telomerisation von Äthylen (**I**) mit Trichloräthylen (**II**) werden aus den Rk.-Prodd. *1.1.4-Trichlorbuten-(1)* (**III**) u. *1.1.6-Trichlorhexen-(1)* (**IV**) isoliert. Die Hydrolyse von **III** u. **IV** liefert *ω-Chlorbutter-* bzw. *ω-Chlorcapronsäure*, die Bromierung von **III** *1.1.4-Trichlor-1.2-dibrombutan*, aus dem durch Hydrolyse *α-Brom-γ-chlorbuttersäure* erhalten wird. 1.1.2.4-Tetrachlorbuten-(1) (**V**) wird zu *1.1.1.2.2.4-Hexachlorbutan* chloriert. Aus den Prodd. der Telomerisation von **I** mit Tetrachloräthylen (**VI**) wird *1.1.2.5.5.6.6.6-Oktachlorhexen-(1)* (**VII**) isoliert. Die Hydrolyse von **VII** liefert *α.α.δ.δ.ε.ε-Heptachlorcapronsäure*, die Dechlorierung mit Zn *1.1.2.5.6.6-Hexachlorhexadien-(1.5)*. Bei der Hydrolyse der letzten Verb. entsteht *α.α.α'.α'-Tetrachloradipinsäure*.

Versuche: *1.1.4-Trichlorbuten-(1)* (**III**), $C_4H_5Cl_3$, Kp.$_{24}$ 69,5°, durch Einleiten von **I** in 197 g **II** im 500 ml-Autoklaven bis auf 60 at u. Erhitzen auf 260—270°; D.$_4^{20}$ 1,3190; n_D^{20} 1,4910. Daneben *1.1.6-Trichlorhexen-(1)* (**IV**), $C_6H_9Cl_3$, Kp.$_{11}$ 89°; D.$_4^{20}$ 1,2258; n_D^{20} 1,4870. — *ω-Chlorbuttersäure*, $C_4H_7ClO_2$, Kp.$_2$ 86°, durch Rühren von 50 g **III** mit 110 g 93%ig. H_2SO_4 bei 65°; D.$_4^{20}$ 1,2264; n_D^{20} 1,4512; 17 g. — *ω-Chlorcapronsäure*, $C_6H_{11}ClO_2$, Kp.$_{1,5}$ 100,5°, F. 23°, durch Hydrolyse von **IV** in H_2SO_4; 66%. *Anilid*, $C_{12}H_{16}ClNO$, F. 84°. *Methylester*, $C_7H_{13}ClO_2$, Kp.$_{15}$ 97°; D.$_4^{20}$ 1,0627; n_D^{20} 1,4425. — *1.1.4-Trichlor-1.2-dibrombutan*, $C_4H_5Br_2Cl_3$, Kp.$_4$ 95°, durch Bromierung von **III** in CCl_4; D.$_4^{20}$ 1,0496; n_D^{20} 1,5640; 80%. — *α-Brom-γ-chlorbuttersäure*, $C_4H_6BrClO_2$, Kp.$_4$ 105°, durch 2std. Rühren von 58 g vorst. Verb. mit 80 ml HNO_3 (D. 1,52) bei 50—60°; D.$_4^{20}$ 1,7224; n_D^{20} 1,5100; 22 g. *Anilid*, F. 103° (Bzl.). — *1.1.1.2.2.4-Hexachlorbutan*, $C_4H_4Cl_6$, Kp.$_{0,5}$ 67°, durch Einleiten von 20 g Cl_2 bei 0° in 63 g **V** u. 1,5 g $FeCl_3$; D.$_4^{20}$ 1,6489; n_D^{20} 1,5280; 36 g. — *1.1.2.5.5.6.6.6-Octachlorhexen-(1)* (**VII**), $C_6H_4Cl_8$, Kp.$_2$ 120—130°, F. 32° (Aceton), aus **I** u. **II**. — *α.α.δ.δ.ε.ε.ε-Heptachlorcapronsäure*, $C_6H_5Cl_7O_2$, F. 162° (Bzl.), durch 2std. Erhitzen von 27 g **VII** mit 30 ml HNO_3 (D. 1,515) auf 55—60°; 23 g. — *1.1.2.5.6.6-Hexachlorhexadien-(1.5)*, $C_6H_4Cl_6$, Kp.$_1$ 83°, durch Zugabe von 15 g **VII** zu 8 g Zn in 30 ml A. u. 2std. Erhitzen auf 70—80°; D.$_4^{20}$ 1,5548; n_D^{20} 1,5410; 75%. — *α.α.α'.α'-Tetrachloradipinsäure*, $C_6H_6Cl_4O_4$, F. 198°, durch 5std. Erhitzen von 6 g vorst. Verb. mit 8 ml 100%ig. HNO_3 auf 55—60°; 3,5 g.

Helmut Schäfer. 520△

0798 **Reindarstellung von trisubstituierten Allenkohlenwasserstoffen.** Ygor Pasternak. (C. R. hebd. Séances Acad. Sci. **265, 3429**—31, **1962**; Marseille, École de Chim. Fac. des Sci.; franz.) — Durch Umsetzung von α-Halogen-tert.-alkylacetylenen mit Grignard-Verbb. werden trisubstituierte *Allenderivv.* in fast quant. Ausbeute erhalten, wenn Spuren von Säuren ausgeschlossen werden. Die Rk. ist allg. anwendbar; die erhaltenen Verbb. sind gaschromatograph. rein. Die Struktur wird durch die IR-Spektren bestätigt.

Versuche: *4-Methylhexadien-(2.3)*, C_7H_{12}, Kp.$_{75}$ 35°, durch Zugabe von 3-Brom-3-methylpentin-(1) zu CH_3MgBr in Ae. bei der Siedetemp. des Ae. u. vorsichtiges Dekantieren der Ätherphase über Eis; n_D^{18} 1,4410; D.$_4^{18}$ 0,730. — *2-Methylpentadien-(2.3)*, C_6H_{10}, Kp.$_{110}$ 31,5°, n_D^{17} 1,4380, D.$_4^{17}$ 0,713. — *2-Methylhexadien-(2.3)*, C_7H_{12}, Kp.$_{74}$ 33,5° n_D^{17} 1,4400, D.$_4^{17}$ 0,731. — *3-Methylheptadien-(3.4)*, C_8H_{14}, Kp.$_{24}$ 30,5°, n_D^{18} 1,4485 (Reinheit 90%).

Helmut Schulze. 520◇

0799 **Addition allylständiger H-Atome von Olefinen an aktivierte Acetylene.** J. C. Sauer und G. N. Sausen. (J. org. Chemistry **27**, 2730—32, 1962; Wilmington, Del., E. I. du Pont de Nemours & Co., Central Res. Dep., Experimental Station; engl.) — Vff. fanden, daß sich allylständige H-Atome von Olefinen leicht an elektronenanziehende Gruppen enthaltende Alkine anlagern, wenn die Rk.-Partner unter ihrem Eigendruck auf 145—250° erhitzt werden. So reagieren Isobuten u. Hexafluorbutin-(2) (**I**) bei 145° zu *1.1.1-Trifluor-3-trifluormethyl-5-methylhexadien-(2.5)* (Ausbeute 80%). In entsprechender Weise verlaufen die Umsetzungen von Isobuten mit Acetylendicarbonsäuredimethylester (**III**), Propiolsäuremethylester (**IV**) u. 1.1.1-Trifluorpropin (**II**) sowie von Buten-(2) mit **I** (Ausbeuten zwischen 15 u. 60%). Werden unsymm. Alkine in die Rk. eingesetzt, so können 2 isomere 1 : 1-Addukte entstehen. So reagiert **II** mit Isobuten unter Bldg. eines *Gemisches aus 1.1.1-Trifluor-5-methylhexadien-(2.5)* u. *2-Trifluormethyl-4-methylpentadien-(1.4)*, das sich durch Gaschromatographie (Kolonne: Silikon 200 auf Chromosorb) bei 85° nicht auftrennen läßt. Aus Olefinen mit 2 reaktionsfähigen Allyl-H-Atomen werden erwartungsgemäß Diaddukte erhalten. So reagiert Isobuten mit **I** auch unter Bldg. des Diadduktes *1.1.1.9.9.9-Hexafluor-3.7-bis-[trifluormethyl]-5-methylennonadien-(2.7)*, dessen Ausbeute bei Erhöhung der Rk.-Temp. von 145° auf 240° von Spuren bis auf 14% ansteigt. Neben dieser Verb. liegen weitere Rk.-Prodd. (cis-trans-Isomere) vor, wie die Gaschromatographie (Kolonne: 30% Dow-Corning Silicon (703) auf Chromosorb) bei 100° zeigte.

Versuche: *1.1.1-Trifluor-3-trifluormethyl-5-methylhexadien-(2.5)*, $C_8H_8F_6$, Kp. 111—112°, Kp.$_{140}$ 60 bis 63°, a) durch Einbringen von **I** (0,12 Mol), Isobuten (0,27 Mol) u. einiger ml Aceton in ein Pyrex Carius-Rohr (2 × 60 cm), Abkühlen des Rohres auf —196°, Evakuieren u. Zuschmelzen u. anschließendes 8std. Erhitzen auf 145°; n_D^{25} 1,3488; 79% (Ausbeute); b) neben nachst. Verb.; 12 g. — *1.1.1.9.9.9-Hexafluor-3.7-bis-[trifluormethyl]-5-methylennonadien-(2.7)*, $C_{12}H_8F_{12}$, Kp.$_{25}$ 94 bis 96°, durch 1,7std. Erhitzen von 0,3 Mol **I** u. 0,2 Mol Isobuten in einem Rohr aus rostfreiem Stahl unter ihrem Eigendruck auf 240° u. Abtrennen vorst. Verb. durch fraktionierte Dest. im Vakuum; n_D^{25} 1,3590; 14%. — *1.1.1-Trifluor-3-trifluormethyl-4-methylhexadien-(2.5)*, $C_8H_8F_6$, Kp. 109—111°, durch 8std. Erhitzen von 0,12 Mol **I** mit 0,18 Mol Buten-(2) u. 10 ml Aceton im Rohr unter Schütteln auf 250°; n_D^{26} 1,3498; 32%; daneben eine *Verb. vom Kp. 195—205°*; n_D^{26} 1,3645; 2,1 g. — *Gemisch aus 1.1.1-Trifluor-5-methylhexadien-(2.5)* u. *2-Trifluormethyl-4-methylpentadien-(1.4)*, $C_7H_9F_3$, Kp. 93—95°, durch 7std. Erhitzen von 0,13 Mol **II**, 0,18 Mol Isobuten u. 10 ml Aceton im Rohr unter Schütteln auf 225° u. fraktionierte Dest. des fl. Rohprod. (17,2 g); n_D^{25} 1,3665; 2,82 g (entsprechend 15%; ferner Vorlauf vom Kp. 85—93°; n_D^{25} 1,3644; 2,31 g). — *3-Methoxycarbonyl-5-methylhexadien-(2.5)-säure-(1)-methylester*, $C_{10}H_{14}O_4$, Kp.$_2$ 78—80°, durch 10std. Erhitzen von 0,2 Mol **III** mit 0,22 Mol Isobuten u. 100 ml Bzl. in einem 400 ml Stahlrohr auf 135°; n_D^{25} 1,4617; 41%. — *5-Methylhexadien-(2.5)-säure-(1)-methylester*, $C_8H_{12}O_2$, Kp.$_2$ < 40°, durch 4std. Erhitzen von 0,36 Mol **IV** u. 0,50 Mol Isobuten im Stahlrohr auf 220°; n_D^{25} 1,4541; 2,7 g (roh).

D. Holzner. 520◇

0800 **Die Reaktion von Isobuten mit Chlormethylmethyläther in flüssigem Schwefeldioxid.** Niichiro Tokura, Isoo Shirai und Katsuo Shiina. (Bull. chem. Soc. Japan **35,** 721—22, 1962; Sendai, Tohoku Univ., Chem. Res. Inst. of Non-Aqueous Solutions; engl.) — Isobuten (**I**) reagiert in fl. SO_2 bei Raumtemp. mit Chlormethylmethyläther (**II**) unter Bldg. von *2-Chlor-4-methoxy-2-methylbutan* (**III**). **III** wird über die *2-Acetoxy-verb.* in *4-Methoxy-2-methylbutanol-(2)* übergeführt.

Versuche: *2-Chlor-4-methoxy-2-methylbutan* (**III**), $C_6H_{13}ClO$, Kp. 141—145°, Kp.$_{100}$ 60—66°, durch Zutropfen von 38,6 g **II** zur Lsg. von 21,5 g **I** in fl. SO_2, 10 Min. langes Stehenlassen bei Raumtemp., Zugabe von Eiswasser u. Dest.; 7,8 g (Ausbeute). — *2-Acetoxy-4-methoxy-2-methylbutan*, Kp.$_{14}$ 34,8—40°, durch Rk. von **III** mit wasserfreiem Na-Acetat. — *4-Methoxy-2-methylbutanol-(2)*, Kp.$_{20}$ 54—55,5°, durch Hydrolyse vorst. Verb. mit 1n KOH. *p-Nitrobenzoat*, $C_{13}H_{17}NO_5$, F. 74°.

G. Fischer. 570◇

0801 **Chemie der ungesättigten Äther. 13. Mitt. Umacetalisierung von 1.1.3-Trialkoxyalkanen und Synthese von 1-Alkoxydienen-(1.3) mit langkettigen Alkoxygruppen. UV- und Raman-Spektren von 1-Alkoxydienen-(1.3).** Ss. M. Makin, B. K. Krupzow, W. M. Medwedewa und L. N. Smirnowa. (J. allg. Chem. [UdSSR] **32(94),** 2527—35, 1962; Moskau, Lomonossow-Inst. für chem. Feintechnologie; russ.) — 12. vgl. C. **1964,** 12-0834. — Beim Erhitzen von 1.1.3-Trimethoxy- (**I**), 2-Methyl- (**II**) u. 3-Methyl-1.1.3-triäthoxybutan (**III**) mit n-Butyl- (**IV**), Isoamyl- (**V**), n-Nonyl- (**VI**), Allyl- (**VII**), Benzyl- (**VIII**) oder Cyclohexylalkohol (**IX**) in Ggw. von sauren Katalysatoren — am besten eignet sich ein Gemisch aus BF_3-Ätherat u. Hg-Acetat — werden die entsprechenden *3-Methoxy-* bzw. *3-Äthoxy-1.1-dialkoxybutane* (**A**) in guter Ausbeute erhalten. Bei Verw. sek. Alkohole sind die Ausbeuten geringer. Die Alkoxy- bzw. Methoxygruppe in 3-Stellung wird nicht angegriffen, wie durch Hydrolyse von **III** u. von *1.1-Dibutoxy-3-äthoxy-3-methylbutan* (**X**) gezeigt wird, die in beiden Fällen *β-Äthoxyvaleraldehyd* liefert. Tert. Alkohole reagieren nicht. Die pyrolyt. Zers. von **A** in fl. Phase (bei 180—200° in Ggw. von $NH_4H_2PO_4$ im schwachen Vakuum) oder in der Gasphase (bei 350° in Ggw. von NaH_2PO_4 u. $MgHPO_4 \cdot Na_2SiO_3$ bei 15 bis 20 mm) liefert die entsprechenden *1-Alkoxydiene-(1.3)*, deren UV- u. Raman-Spektren angegeben sind.

Versuche: 3-Äthoxy-3-methylbutane: *1.1-Dibutoxy-* (**X**), $C_{15}H_{32}O_3$, Kp.$_1$ 93—95°, durch $4^1/_2$std. Erhitzen von 102 g **III** mit 168 g **IV**, 7 g Hg-Acetat, 10 Tropfen BF_3-Ätherat u. wenig Hydrochinon unter N_2 auf 115—140° unter Abdest. des entstehenden A. u. Neutralisieren mit K_2CO_3; n_D^{20} 1,4242; $D._4^{20}$ 0,8736; 83% (Ausbeute); liefert mit 2.4-Dinitrophenylhydrazin in H_2SO_4 *β-Methylcrotonaldehyd-2.4-dinitrophenylhydrazon* [F. 178—179° (A.)] u. in Essigsäure *β-Äthoxyvaleraldehyd-2.4-dinitrophenylhydrazon* [$C_{13}H_{18}N_4O_5$, F. 119—121°]. — *1.1-Diisopentoxy-* (**XI**), $C_{17}H_{36}O_3$, Kp.$_1$ 96—98°, analog aus **V** in $^1/_2$Std. bei 145—175°; n_D^{20} 1,4269; $D._4^{20}$ 0,8718; 81,5%. — *1.1.-Dinonyloxy-*, $C_{25}H_{52}O_3$, Kp.$_2$ 176—178°, aus **VI** ($1^1/_2$ Std., 140—190°); n_D^{20} 1,4411; $D._4^{20}$ 0,8647; 76,5%. — *1.1-Dicyclohexyloxy-*, $C_{19}H_{36}O_3$, Kp.$_{0,5}$ 131 bis 132°, aus **IX** in $2^1/_2$ Std. bei 130—133° im schwachen Vakuum; n_D^{20} 1,4689; $D._4^{20}$ 0,9612; 51,2%. — *1.1-Diallyloxy-*, $C_{13}H_{24}O_3$, Kp.$_{1,5}$ 79—81°, aus **VII** ($4^1/_2$ Std., 110—120°); n_D^{20} 1,4372; $D._4^{20}$ 0,9062; 64,3%. — *1.1-Dibenzyloxy-*, $C_{21}H_{28}O_3$, Kp.$_{0,5}$ 163—165°, aus **VIII** (3 Std., 120—130°, schwaches Vakuum); n_D^{20} 1,5216; $D._4^{20}$ 1,0282; 72,0%. — 3-Methoxybutane: *1.1-Dibutoxy-* (**XII**), $C_{13}H_{28}O_3$, Kp.$_{0,5}$ 77—78°, aus **I** u. **IV** (3 Std., 110—140°); n_D^{20} 1,4212; $D._4^{20}$ 0,8784; 72,6%. — *1.1-Diisopentoxy-* (**XIII**), $C_{15}H_{32}O_3$, Kp.$_{0,5}$ 91—93°, aus **I** u. **V** ($3^1/_2$ Std., 115—140°); n_D^{20} 1,4247; $D._4^{20}$ 0,8694; 71,0%. — *1.1-Dinonyloxy-* (**XIV**), $C_{23}H_{48}O_3$, Kp.$_1$ 174 bis 175°, aus **VI** ($2^1/_2$ Std., 112—155°); n_D^{20} 1,4413; $D._4^{20}$ 0,8662; 53,5%. — *1.1-Diisopropoxy-*, $C_{11}H_{24}O_3$, Kp.$_{10}$ 61—63°, aus Isopropanol u. **I** (7 Std., 105—115°); n_D^{20} 1,4071; $D._4^{20}$ 0,8933; 13,0%. Daneben *1.3-Dimethoxy-1-isopropoxybutan*, $C_9H_{20}O_3$, Kp.$_{10}$ 75—76°; n_D^{20} 1,4100; $D._4^{20}$ 0,8724; 64%. — *1.1-Diisopentoxy-3-äthoxy-2-methylbutan* (**XV**), $C_{17}H_{36}O_3$, Kp.$_1$ 95—97°, aus **II** u. **V** (2 Std., 120—160°); n_D^{20} 1,4284; $D._4^{20}$ 0,8646; 72,3%. — Butadiene-(1.3): *1-Isopentoxy-3-methyl-*, $C_{10}H_{18}O$, Kp.$_{12}$ 76,5—79°, durch Erhitzen von 18,7 g **XI** mit 1 g $NH_4H_2PO_4$ u. wenig Hydrochinon auf 210° (Bad-Temp.)/ 200 mm unter N_2 unter Abdest. von 18 ml Fl. während 2 Std. u. Waschen des Destillats mit W. (Meth. **a**); n_D^{20} 1,4613; 43,5%. — *1-Nonyloxy-*, $C_{13}H_{24}O$, Kp.$_{1,5}$ 86—88°, beim Durchleiten von 37 g **XIV** durch ein Kontaktrohr mit 100 ml $MgHPO_4 \cdot Na_2SiO_3$ bei 350°/15 mm in $2^3/_4$ Std. u. Dest. des Kondensats über wenig K_2CO_3 im Vakuum (Meth. **b**); n_D^{20} 1,4667; 43%. — *1-Butoxy-*, $C_8H_{14}O$, Kp.$_{11}$ 48—50°, aus **XII** nach **b**; n_D^{20} 1,4581; 42%. — *1-Isopentoxy-*, $C_9H_{16}O$, Kp.$_{12}$ 60—61°, aus **XIII** nach **b**; n_D^{20} 1,4603; 40%. — *1-Butoxy-3-methyl-*, $C_9H_{16}O$, Kp.$_{10}$ 65 bis 68°, aus **X** nach **b** 50%; nach **a** 52%; n_D^{20} 1,4645. — *1-Isopentoxy-2-methyl-*, $C_{10}H_{18}O$, Kp.$_9$ 72—73°, aus **XV** nach **b**; n_D^{20} 1,4652; 41%. I. Schade. 570△

0802 **Hydroformylierung von 4-Methylpenten-(1).** M. Johnson. (Chem. and Ind. **1963,** 684; Heavy, Organ. Chem. Div., I. C. I. Ltd.; Billingham, County Durham, Organ. House; engl.) — 4-Methylpenten-(1) (**I**) wird in Ggw. von 0,02% Co hydroformyliert u. die Isomerenverteilung bei 116° in verschiedenen Zeitintervallen gemessen. Die schnelle Hydroformylierung von **I** bei 116° ergibt 25% *2.4-Dimethylvaleraldehyd* (**II**) u. 75% *5-Methylpentanaldehyd* (**III**). Eine Hydroformylierung, die nach der Olefinisomerisierung einsetzt, ergibt 40% **II**, 3,7% *2-Isopropylbutyraldehyd*, 0,5% *3-Methylpentanaldehyd* u. 56% **III**. E. Sidow. 670◇

0803 **Einige gemischte Orthoameisensäureester: Reaktionen von Orthoameisensäuretriäthylester mit tertiärem Butylalkohol.** R. P. Narain und R. C. Mehrotra. (Proc. nat. Acad. Sci., India, Sect. A **33,** 45—48, 1963; Gorakhpur, Univ. of Gorakhpur, Chem. Labor.; engl.) — Die Umesterung von Orthoameisensäuretriäthylester (**I**) mit tert.-Butanol (**II**) zu *Orthoameisensäure-tert.-butyldiäthylester* u. *-di-tert.-butyläthylester* gelingt in Ggw. von $AlCl_3$ u. $ZnCl_2$ als Katalysatoren.

Versuche: *Orthoameisensäure-tert.-butyldiäthylester*, $C_9H_{20}O_3$, Kp.$_{13-14}$ 57—59°, durch 10std. Kochen (Bad-Temp. 115—120°) von 18,61 g **I** u. 42,70 g **II** in Bzl. in Ggw. von $AlCl_3$ u. $ZnCl_2$ u. Dest. von 81,5 g Azeotrop in 2 Tagen; 8,0 g (Ausbeute). — *Orthoameisensäuredi-tert.-butyläthylester*, $C_{11}H_{24}O_3$, Kp.$_{10-12}$ 33—35°, durch 18std. Kochen von 15,38 g **I** u. 37,04 g **II** in Bzl. in Ggw. von $AlCl_3$ u. $ZnCl_2$ u. Dest. von 76,72 g Azeotrop bei 66 bis 72° in 2,5 Tagen; 7,0 g. K. Stühmer. 810◇

0804 **Untersuchung der Reaktion von Cyanamid mit organischen Säuren.** A. Je. Kretow und A. P. Momssenko. (Hochschulnachr. [Iwanowo], Chem. u. chem. Technol. **4,** 84—86, 1961; Dnepropetrowsk, Chem.-Technol. Inst., Lehrstuhl für organ. Chem.; russ.) — Beim Erhitzen von Cyanamid mit Ameisen-, Essig-, Propion-, Butter-, Isobutter- u. Isovaleriansäure [2—$2^1/_2$ Std. auf 115° erhitzen] werden 43,7 (% Ausbeute) *Acet-*, 62,0 *Propion-*, 75,0 *n-Butyr-*, 71,6 *Isobutyr-* u. 75,0 *Isovaleramid* sowie 100 *N-Formylharnstoff* (aus Ameisensäure), 55,8 *N-Acetyl-*, 31,9 *N-Propionyl-* bzw. 20,9 *n-Butyrylharnstoff* erhalten. Helmut Schäfer. 810△

0805 **Die Trennung von Diastereomeren durch Gas-Flüssigkeits-Chromatographie.** Emanuel Gil-Av und David Nurok. (Proc. chem. Soc. [London] **1962,** 146 bis 147, April; Rehovoth, Weizmann Inst. of Sci., Daniel Sieff Res. Inst.; engl.) — Eine Reihe rac. *Milchsäure*(**I**)-*Derivv.* ließ sich gaschromatograph. an 50 m-Säulen (0,01 Zoll Durchmesser, Polypropylenglykol u. Squalen als Füllung) in die *Diastereomeren* zerlegen. Untersucht wurden die **I**-Ester (**Ia**) mit Butanol-(2) bis Octanol-(2), die O-Acetylverbb. der **Ia** u. die O-Acetyl- bis O-Hexanoylverbb. von Milchsäure-sek.-butylester. Zum Vgl. ergab opt.-akt. O-Acetyl-L-milchsäure-D-octyl-(2)-ester prakt. nur 1 Signal. G. v. Waldeyer-Hartz. 850□

0806 **Die Autoxydation von Methyllinolenat. Isolierung und Charakterisierung der Hydroperoxide.** E. N. Frankel, C. D. Evans, D. G. McConnell, E. Selke und H. J. Dutton. (J. org. Chemistry **26,** 4663—69, 1961; Peoria, Ill., Northern Regional Res. Labor.; engl.) — Relativ reine monomere, ungesätt. *Hydroperoxide* (HP) wurden durch Verteilungschromatographie in Lsg. u. durch Gegenstromverteilung aus bei 37° autoxydiertem Methyllinoleat gewonnen. Red. der HP ergab *Hydroxylinoleate* mit konjugierter Diendoppelbindung, die nach saurer Dehydratisierung *Octadecatetraen-(9.11.13.15)-säuremethylester* bildeten. Katalyt. Hydrierung der HP lieferte eine Mischung von *Methyl-9-, -12-, -13-* u. *-16-hydroxystearat*. Daraus entstanden durch Erhitzen mit Borsäure auf 200—210° *einfach ungesätt. Ester* (UE), deren $KMnO_4$-KJO_4-Oxydation jeweils paarweise die entsprechenden *Dicarbonsäuren* lieferte, die gaschromatograph. bestimmt wurden. Daraus resultiert für die HP die Struktur von *$\Delta^{10.12.15}$-9-, $\Delta^{9.13.15}$-12-, $\Delta^{9.11.15}$-13-* bzw. *$\Delta^{9.12.14}$-16-Hydroperoxyoctadecatriensäuremethylester*. Die IR- u. UV-Spektren der HP, ihrer Red.-Prodd. u. der UE sind angegeben. E. Wiehr. 850□

0807 **Untersuchungen über Liposäure.** 6. Mitt. **Neue Synthese von α-Liposäure.** 1. Mitt. Shojiro Yurugi, Tomiyoshi Fushimi und Mitsuo Numata. (J. pharmac. Soc. Japan [Yakugakuzasshi] **80,** 1686—91, 1960; Takeda, Pharmac. Industries Ltd., Res. Labor.; jap., Auszug: engl.) — *α-Liposäure* wird hergestellt durch Rk. von 6.8-Dihalogenoctansäureestern mit Xanthogenaten oder deren Derivv., bzw. mit Na_2S_2, H_2S_2, $Na_2S_2O_3$, oder KSCN. UV- u. IR-Spektren sind angegeben.

Versuche: *α-Liposäure*, $C_8H_{14}O_2S_2$, Kp.$_{0,15}$ 155 bis 160°, FF. 57—59° u. 61—62° (aus Dibutyläther), a) durch Rk. von 6.8-Dichloroctansäuremethylester (**II**) (0,05 Mol) mit K-Methylxanthogenat (0,125 Mol) in 100 ml A., Verseifen des substituierten Octansäureesters mit Alkali zum *Na-Salz* der *Dihydroliposäure*, Ansäuern mit HCl, Extrahieren der freien Säure mit Chlf. u. Oxydieren mit KJ (Meth. **A**); 29% (Ausbeute); b) nach **A** aus **II** u. K-Äthylxanthogenat; 29%; c) nach **A** aus **II** u. K-Trithiokohlensäureäthylester; 28,1%; d) nach **A** aus **II** u. Na-N-Phenyldithiocarbamat; 29,8%; e) nach **A** aus 6.8-Dibromoctansäureäthylester (**III**) u. K-Methylxanthogenat; 35%; f) aus **III** u. K-Äthylxanthogenat; 34%; g) nach **A** aus **III** u. K-Trithiokohlensäureäthylester; 40,3%; h) nach **A** aus **III** u. Na-N-Phenyldithiocarbamat; 42%; i) durch Rk. von **II** u. $Na_2S \cdot 9\,H_2O$ u. 94%ig. A.; 64%; j) durch Rk. von 6-Brom-8-chloroctansäureäthylester mit $Na_2S \cdot 9\,H_2O$ u. S in 94%ig. A.; 60,9%; k) durch Rk. von **II** u. H_2S in Ggw. von S in Collidin; 19,5%; l) durch Rk. von **III** mit S u. H_2S in

Ggw. von Kollidin; 29%; m) durch Rk. von **III** mit $Na_2S_2O_3 \cdot 5\,H_2O$ u. Zersetzen des entstandenen *Di-Na-dihydroliposäure-S.S'-disulfonat* (**IV**) auf folgenden Wegen: durch Rk. von **IV** mit NaOH, Ansäuern der Rk.-Lsg. mit HCl, Extrahieren mit Chlf. u. Dest. der Chlf.-Lsg.; 25,5%, durch Rk. von **IV** mit KJ; 48,4%, durch Rk. von **IV** mit H_2SO_4 u. 30%ig. H_2O_2; 23,3%, durch Rk. von **IV** mit H_2SO_4; 42,8%; n) durch Rk. von **III** u. KSCN in A., Abfiltrieren (nach 6 Std.) von KBr, Verseifen der Dirhodan-Verb. mit Alkali u. Extrahieren mit Chlf.; 61%; o) durch Rk. von **II** u. KSCN, in 2-Methoxyäthanol, Abfiltrieren (nach 3 Std.) von KCl, 3std. Kochen mit $Na_2S \cdot 5\,H_2O$ u. S in 94%ig. A. u. Behandeln mit NaOH; 44,6%; p) durch 2std. Rk. von **III** u. KSCN in A., Abfiltrieren von KBr u. Behandeln mit NaOH; 43%; r) durch Rk. von **II** mit KSCN in 2-Methoxyäthanol, Abfiltrieren (nach 3 Std.) von KCl, Zugabe von $Na_2S \cdot 5\,H_2O$ in 94%ig. A., H_2S u. NaHS u. Behandlung mit NaOH; 37,6%; s) durch 2std. Rk. von **III** u. KSCN in A., Abfiltrieren von KBr u. Behandlung mit KOH, A. u. H_2S u. KSH. — *Dihydroliposäureäthylester*, $C_{10}H_{20}O_2S_2$, $Kp._{0,1}$ 137—139°, durch 8std. Kochen von **IV** in Alkohol. W. Mucke. 850△

0808 **Untersuchungen über Liposäure.** 7. Mitt. **Neue Synthese von α-Liposäure.** 2. Mitt. Shojiro Yurugi, Haruo Yonemoto, Tomiyoshi Fushimi und Mitsuo Numata. (J. pharmac. Soc. Japan [Yakugakuzasshi] **80**, 1691—96, 1960; Takeda, Pharm. Industries, Ltd., Res. Labor.; jap., Auszug: engl.) — 6. bzw. 1. Mitt. vgl. vorst. Referat. — *5-[Thiacyclobutyl-(2)]-valeriansäure* (**I**) wird hergestellt durch Rk. von 6.8-Dihalogenoctansäureestern mit Alkalisulfiden oder durch Tosylierung von Mercaptohydroxyoctansäure mit anschließender alkal. Spaltung. Es werden Rkk. von 6.8-Dichloroctansäuremethylester (**II**) mit verschiedenen thiolierenden Agentien zu *α-Liposäure* (**VIII**) beschrieben, es wurde gefunden, daß **VIII** oder seine Ester durch Erhitzen von **I** oder deren Ester mit S hergestellt werden können. Eine Herstellungsmeth. für 5-Methyl-1.2-dithiolan-3-valeriansäure wird beschrieben. UV- u. IR-Spektren vgl. Original.

Versuche: *5-[Thiacyclobutyl-(2)]-valeriansäure* (**I**) $C_8H_{14}O_2S$, $Kp._{0,1}$ 120—135°; a) durch Rk. von 6.8-Dichloroctansäuremethylester (**II**) mit KOH u. H_2S in A., Behandeln nach 2 Std. mit HCl, Extrahieren mit Chlf. u. Dest.; 47% (Ausbeute); b) durch Rk. von **II** u. $Na_2S \cdot 9\,H_2O$ in 94%ig. A.; 47%; c) durch Rk. von 6.8-Dibromoctansäureäthylester (**III**) mit $Na_2S \cdot 9\,H_2O$ in 94%ig. A.; 57%; d) durch Rk. von 6-Brom-8-hydroxyoctansäure mit Thioharnstoff u. Spaltung des entstehenden Isothiuroniumsalzes mit NaOH, die dabei entstehende *6-Mercapto-8-hydroxyoctansäure* wird tosyliert u. das Tosylat mit NaOH gespalten, mit HCl angesäuert u. mit Chlf. extrahiert; 14,4%; e) durch Rk. von 6-Hydroxy-8-bromoctansäuremethylester (**IV**) analog d); 0,7%; f) durch Rk. von **V** mit $SOCl_2$ u. Behandlung mit NaOH; 22,2%; g) durch Rk. von **II** mit KSCN in A., Abfiltrieren des KCl, Behandeln mit NaOH, Ansäuern mit HCl u. Extrahieren mit Chlf.; 42,5%; (daneben **VIII**); h) durch Rk. von **II** mit KSCN in A., Abfiltrieren des KCl, Behandeln mit NaOH, $Na_2S \cdot 9\,H_2O$ in 94%ig. A., weiter wie g); 26,4%; (daneben **VIII**); i) durch Rk. von **II** mit $Na_2S \cdot 9\,H_2O$; 28,7%; (daneben **VIII**); j) durch Rk. von **II** mit $Na_2S_2O_3 \cdot 5\,H_2O$ u. KJ; 27,3%; k) durch Rk. von **II** mit $Na_2S_2O_3 \cdot 5\,H_2O$ u. KJ_3; 22,7%; (daneben **VIII**); l) durch Rk. von **II** mit $Na_2S \cdot 9\,H_2O$ u. H_2S in Methanol; 62%; m) durch Rk. von **II** mit H_2S in Methanol; 22,7%; (daneben **VIII**); n) durch Rk. von **III** mit H_2S in Methanol (daneben **VIII**). — *6-Hydroxy-8-guanylmercaptooctansäuremethylesterhydrobromid* (**V**), $C_{10}H_{20}N_2O_3S \cdot HBr$, F. 116°, durch 3std. Kochen von **IV** mit Thioharnstoff in A.; 89,9%. — *5-[Thiacyclobutyl-(2)]-valeriansäuremethylester* (**VI**), $C_9H_{16}O_2S$, $Kp._{0,15}$ 89—96°, durch Rk. von **I** mit Diazomethan; 76%. — *5-[Thiacyclobutyl-(2)]-valeriansäureäthylester*, (**VII**) $C_{10}H_{18}O_2S$, $Kp._{0,25}$ 95—101°, durch Rk. von **I** mit A. in Ggw. von H_2SO_4 in 8 Std.; 64%. — *α-Liposäure* (**VIII**), $C_8H_{14}O_2S_2$, $Kp._{0,12}$ 137—166°, F. 62° (Dibutyläther), a) durch Rk. von **I** mit S durch Erhitzen auf 160—180° für 30 Min.; 64%; b) durch Verseifen von **IX**; 70%; c) durch Verseifen von **X**; 80%; d) durch Rk. von **I** mit S u. NaOH; 8,7%. *Methylester* (**IX**), $C_9H_{16}O_2S_2$, $Kp._{0,15}$ 118—126°, durch Rk. von **VI** mit S analog **VIII** a); 70%. *Äthylester* (**X**), $C_{10}H_{18}O_2S_2$, $Kp._{0,3}$ 121—130°, durch Rk. von **VII** mit S, analog **VIII** a); 59,5%. — *6-Oxo-8-acetoxynonansäuremethylester*, $C_{12}H_{20}O_5$, $Kp._{0,4}$ 125—138°, durch Rk. von 6-Oxo-Δ^7-nonensäuremethylester in Essigsäure mit H_2SO_4 u. Zugabe von Essigsäureäthylester; 19,5%. — *6-Hydroxy-8-acetoxynonansäuremethylester*, $C_{12}H_{22}O_5$, $Kp._{0,4}$ 125—140°, durch 2std. Hydrierung vorst. Verb. mit Raney-Ni in Methanol bei 60°; 59,3%. — *6.8-Dibromnonansäureäthylester*, $C_{11}H_{20}Br_2O_2$, $Kp._{0,1}$ 123—135°, durch 8std. Kochen vorst. Verb. mit 25%ig. Essigsäure/HBr u. H_2SO_4; 64%. — *5-[4-Methylthiacyclobutyl-(2)]-valeriansäure*, $C_9H_{16}O_2S$, $Kp._{0,2}$ 120—127°, durch 3std. Umsetzung vorst. Verb. in 94%ig. Äthanol mit $Na_2S \cdot 9\,H_2O$ in 94%ig. Äthanol; 42,3%. — *5-Methyl-1.2-dithiolan-3-valeriansäure*, $C_9H_{16}O_2S_2$, F. 53—54°, durch 30 Min. langes Erhitzen vorst. Verb. mit S auf 160—170°; 34,2%. W. Mucke. 850△

0809 **Einige Derivate von S-[2-Hydroxyäthyl]-thioharnstoff.** L. A. Cort. (J. chem. Soc. [London] **1961**, 5191—93; London, Battersea Coll. of Technol.; engl.) — Das Hydrobromid (**II**) von S-[2-Hydroxyäthyl]-thioharnstoff (**I**) geht beim Erhitzen über seinen F. in *1.4-Dithian* (**III**) u. polymere Prodd. über. Analog verhalten sich das O-Formyl- u. O-Acetylderiv. von **II**. Die Behandlung von **II** mit Benzoylchlorid in wss. NaOH führt zu *Benzoesäure-2-benzoylmercaptoäthylester*, während in wss. $NaHCO_3$-Lsg. *N.N'-Dibenzoyl-S-[2-benzoyloxyäthyl]-thioharnstoff* entsteht. Das **I**-Pikrat wird bei der Einw. von 0,1 μ NaOH nicht verändert. Der Vers. der Darst. des O-Formylderiv. des **I**-Hydrojodids lieferte *Tetrathioharnstoff* bzw. *-jodid*.

Versuche (FF. korr.): *S-[2-Hydroxyäthyl]-thioharnstoff* (**I**), *Hydrobromid* (**II**), F. 73—80°, aus Äthylenbromhydrin in Aceton in 72 Std.; 77% (Ausbeute); liefert mit Benzoylchlorid in Zn NaOH *Benzoesäure-[2-benzoylmercaptoäthylester]* [$C_{16}H_{14}O_3S$, F. 39° (A., Prismen)]; liefert durch Erhitzen auf 170° u. Extraktion des erhaltenen Prod. mit CS_2 *1.4-Dithian* [**III**, $C_4H_8S_2$, F. 110—111° (Aceton); 18%]. *N.N'.O-Tribenzoylderiv.*, $C_{24}H_{20}N_2O_4S$, F. 156° (Aceton–Methanol; Nadeln). *Hydrobromid, O-Formylderiv.*, F. 90—95°, aus Ameisensäure-[2-bromäthylester]; 84%; 5 g liefern durch Erhitzen auf 200° u. nachfolgende CS_2-Extraktion **III** (120 mg); liefert mit Pikrinsäure in Methanol das *Pikrat*, $C_9H_{11}N_5O_8S$, F. 154—158° u. F. 239—243° (Zers.), Ep. 162°. *O-Acetylderiv., Hydrobromid*, $C_5H_{11}BrN_2O_2S$, F. 92—95° (Aceton–PAe.; Nadeln), aus Essigsäure-[2-bromäthylester]; 62%; 20 mg liefern durch 0,5std. Erhitzen auf 200° **III** (210 mg). — *Tetrathioharnstoffhydrojodid*, $(H_2N \cdot CS \cdot NH_2)_4 \cdot HJ$, F. 193° (Aceton–Bzl.; Nadeln), durch 8std. Kochen von 12,5 g Ameisensäure-2-chloräthylester, Thioharnstoff u. NaJ in Aceton, nach 12std. Filtration u. 7tägiges Stehen; 3,2 g. D. Kirstein. 880◇

0810 **Komplexe Fragmentierung von β-Aminoaldehyden.** F. Nerdel und D. Frank. (Angew. Chem. **75**, 791, 1963; Berlin, TU, Organ.-Chem. Inst.; dt.) — Aldehyde der Zus. $(CH_3)_3\overset{\oplus}{N}CH_2CR^1R^2CHO\ J^\ominus$ ($R^1 = CH_3$, $R^2 = CH_3$, C_6H_5, n-C_3H_7; bzw. $R^1 = C_2H_5$, $R^2 = C_2H_5$, n-C_4H_9) sind durch Mannich-Rk. aus Aldehyden R^1R^2CHCHO leicht zugänglich u. werden bei 1- bis 7std. Kochen mit ca. 10 Mol 25—33%ig. NaOH glatt zu *Olefinen* $R^1R^2C{=}CH_2$, $(CH_3)_3N$, $HCOOH$ u. $J^\ominus$ (bis zu 98% Ausbeute) gespalten. J. Rothe. 930◇

0811 **O.N-substituierte Hydroxylamine.** 5. Mitt. **Über Synthese und Eigenschaften der α-Aminoxycarbonsäuren, Analoga natürlicher α-Aminocarbonsäuren.** Emilio Testa, Bruno J. R. Nicolaus, Luigi Mariani und Giuseppe Pagani. (Helv. chim. Acta **46**, 766—80, 1963; Milano, Lepetit S. p. A.; dt.) — 4. vgl. Ann. Chimica **53**, [1963], 290; 1. vgl. C. **1964**, 2-0811; dt.) — Zur Unters. der Beziehungen von Struktur u. pharmakolog. Wrkg. werden einige *α-Aminoxycarbonsäuren* (**A**) u. deren Derivv. dargestellt. Durch Rk. von L-α-Brom-γ-methylpentansäureäthylester (**I**) mit dem K-Salz des Hydroxyurethans wird *L-α-Carbäthoxyaminoxy-γ-methyl-*

pentansäureäthylester (**II**) erhalten, der durch sd. HCl zum *Hydrochlorid* (**IIIa**) der *L-α-Aminoxy-γ-methylpentansäure* (**III**) hydrolysiert wird. Methylierung von **II** mit K_2CO_3 u. CH_3J in sd. Aceton gibt *L-α-[N-Carbäthoxy-N-methylaminoxy]-γ-methylpentansäureäthylester* (**IV**), der mit sd. HCl *L-α-Methylaminoxy-γ-methylpentansäurehydrochlorid* (**V**) liefert. Durch Hydrogenolyse von **III** an Pd-Kohle wird *L-α-Hydroxy-γ-methylpentansäure* erhalten. Durch Rk. von α-Aminoxybuttersäure (**VII**) u. S-Äthylisothiuroniumbromid in verd. NaOH entsteht *α-Guanidinoxybuttersäure*. Mit Aldehyden werden aus den **A** die entsprechenden Schiffschen *Basen* dargestellt. Infolge der nur schwach bas. Aminoxygruppe lassen sich die **A** in wss. Lsg. mit NaOH titrieren, sie bilden keine Cu-Komplexe u. geben in wss. Lsg., nicht jedoch auf Papier oder Kieselgel-Dünnschichten die Ninhydrin-Reaktion. Durch $SOCl_2$ werden die **A**-Hydrochloride in die *α-Aminoxycarbonsäurechloridhydrochloride* übergeführt. Bei der biolog. Prüfung an *M. pyogenes var. aureus*, *S. faecalis*, *E. coli*, *Proteus vulgaris*, *Klebsiella pneumoniae*, *Pseudomonas aeruginosa*, *Candida albicans*, *Trichophyton mentagrophytes* sind alle Verbb. inakt., nur gegen *Mycobacterium tuberculosis var. hominis* sind die **A**-Hydrochloride, nicht jedoch deren N-Methyl-Derivv. wirksam. Bei *E. coli* wird eine Hemm-Wrkg. der **A**-Hydrochloride nur auf proteinfreien Medien festgestellt. IR-Spektren vgl. Original.

Versuche: *L-α-Brom-γ-methylpentansäureäthylester* (**I**), $C_8H_{15}BrO_2$, $Kp._{13}$ 85—90°, durch Zugeben von $NaNO_2$ zu L-Leucin u. KBr in 2,5 n H_2SO_4 bei 0° in 1½ Std., 1std. Rühren bei 0°, 1std. Rühren bei 25°, Extrahieren mit Ae., 2std. Kochen des Extraktrückstandes mit $SOCl_2$ in Bzl., Zutropfen von Abs. A. bei Raumtemp. u. 2std. Kochen; $[\alpha]_D^{20}$ —38,1° (c = 2; A.); 63% (Ausbeute). — *L-α-Carbäthoxyaminoxy-γ-methylpentansäureäthylester* (**II**), $C_{11}H_{21}NO_5$, $Kp._{0,6}$ 120—123°, durch Zugeben von Hydroxyurethan zu KOH in A., Zugeben von **I** unter Rühren, 1std. Kochen, Eindampfen im Vakuum u. Extrahieren mit Ae.; $[\alpha]_D^{20}$ +87,15° (c = 2; A.); 56%. — *L-α-Aminoxy-γ-methylpentansäure* (**III**), $C_6H_{13}NO_3$, F. 142—144° (A.), durch Zugeben von 2 n NaOH zu **IIIa** in W. bis pH 3,48 u. Eindampfen im Vakuum. *Hydrochlorid* (**IIIa**), $C_6H_{14}ClNO_3$, F. 172—173° (A./Äthylacetat), durch 2std. Kochen von **II** u. konz. HCl, Eindampfen im Vakuum, azeotropes Entwässern mit sd. Bzl., Eindampfen u. Anreiben mit Ae.; $[\alpha]_D^{20}$ +82,3° (c = 2; 6 n HCl); 47%. *N-[p-Nitrobenzyliden]-Deriv.* (**IIIb**), $C_{13}H_{16}N_2O_5$, F. 113—115° (Bzn.), durch 2std. Kochen von **III** u. p-Nitrobenzaldehyd in A. u. Eindampfen im Vakuum. — *L-α-[N-Carbäthoxy-N-methylaminoxy]-γ-methylpentansäureäthylester* (**IV**), $C_{12}H_{23}NO_5$, $Kp._{0,6}$ 89—91°, durch 8std. Kochen von **II**, CH_3J u. K_2CO_3 in Aceton u. Eindampfen des Filtrates; $[\alpha]_D^{20}$ +94,9° (c = 2; A.); 73%. — *L-α-Methylaminoxy-γ-methylpentansäure, Hydrochlorid* (**V**), $C_7H_{16}ClNO_3$, F. 60—65° (Bzl.), analog **IIIa** aus **IV**; $[\alpha]_D^{20}$ +79,1° (c = 2; 6 n HCl); 41%. — *L-α-Hydroxy-γ-methylpentansäure*, F. 85—87° (Ae./PAe.), durch Hydrieren von 5 g **III** an Pd-Kohle in A.; $[\alpha]_D^{20}$ +11,8° (c = 5; W.); 2,5 g. — *α-Brom-β-methylbuttersäureäthylester* (**VI**), $C_7H_{13}BrO_2$, $Kp._4$ 70—75°, durch 2std. Kochen von 50,8 g Isovaleriansäure u. $SOCl_2$, Entfernen von $SOCl_2$ im Vakuum, Zutropfen von Br_2 zum rohen Säurechlorid bei 100—110° in 6 Std., Zugeben von A. bei Raumtemp., 1½std. Stehen, Kochen u. Vakuumdest.; 45 g. — *α-Carbäthoxyaminoxy-β-methylbuttersäureäthylester*, $C_{10}H_{19}NO_5$, $Kp._{0,8}$ 110—114°, analog **II**; 26%. — *α-Aminoxy-β-methylbuttersäure*, $C_5H_{11}NO_3$, F. 166—167° (A.). *Hydrochlorid*, $C_5H_{12}ClNO_3$, F. 150 bis 160° (Zers.; Ärhylacetat), analog **IIIa**; 62%. *N-[p-Nitrobenzyliden]-Deriv.*, $C_{12}H_{14}N_2O_5$, F. 116—117° (Diisopropyläther), analog **IIIb**; 20%. — *α-[N-Carbäthoxy-N-methylaminoxy]-β-methylbuttersäureäthylester*, $C_{11}H_{21}NO_5$, $Kp._{0,8}$ 96—98°, analog **IV**; 76%. — *α-Methylaminoxy-β-methylbuttersäure, Hydrochlorid*, $C_6H_{14}ClNO_3$, F. 160 bis 170°, (Zers.: Isopropanol/Diisopropyläther), analog **V**; 51%. — *α-Hydroxy-β-methylbuttersäure*, $C_5H_{10}O_3$, F. 83—85° (Ae./PAe.), $Kp._{0,4}$ 88—90°, durch Zutropfen von $NaNO_2$-Lsg. zu 5 g α-Aminoxy-β-methylbuttersäure in 10%ig. HCl bei 0°, ½std. Rühren bei 0°, ½std. Rühren bei 40°, Eindampfen im Vakuum u. Extrahieren mit Ae.; 1,85 g. — *α-Brompropionsäureäthylester*, $C_5H_9BrO_2$, $Kp._{15}$ 56—58°, analog **VI**. — *α-Carbäthoxyaminoxypropionsäureäthylester*, $C_8H_{15}NO_5$, $Kp._{10}$ 127—131°, analog **II**; 61%. — *α-Aminoxypropionsäure*, $C_3H_7NO_3$, F. 141 bis 142° (A.). *Hydrochlorid*, $C_3H_8ClNO_3$, F. 163—165° (Isopropanol/Diisopropyläther), analog **IIIa**; 80%. *N-[p-Nitrobenzyliden]-Deriv.*, $C_{10}H_{10}N_2O_5$, F. 150—152° (Bzn.), analog **IIIb**; 85%. — *α-[N-Carbäthoxy-N-methylaminoxy]-propionsäureäthylester*, $C_9H_{17}NO_5$, $Kp._{15}$ 127—130°, analog **IV**; 72%. — *α-Methylaminoxypropionsäure, Hydrochlorid*, $C_4H_{10}ClNO_3$, F. 97—101° (Isopropanol/Diisopropyläther), analog **V**; 48%. — *α-Brombuttersäureäthylester*, $C_6H_{11}BrO_2$, $Kp._{10}$ 58—62°, analog **VI**. — *α-Carbäthoxyaminoxybuttersäureäthylester*, $C_9H_{17}NO_5$, $Kp._{1,5}$ 114 bis 117°, analog **II**; 75%. — *α-Aminoxybuttersäure* (**VII**), $C_4H_9NO_3$, F. 139—141° (Isopropanol). *Hydrochlorid*, $C_4H_{10}ClNO_3$, F. 137—140° (A./Äthylacetat), analog **IIIa**; 84%. *N-[p-Nitrobenzyliden]-Deriv.*, $C_{11}H_{12}N_2O_5$, F. 146 bis 148° (Bzl.), analog **IIIb**; 88%. *N-Äthyliden-Deriv.*, $C_6H_{11}NO_3$, $Kp._{0,2}$ 85°, analog **IIIb**; 73%. *N-Cinnamyliden-Deriv.*, $C_{13}H_{15}NO_3$, F. 92—94° (Cyclohexan), analog **IIIb**; 23%. *N-[5-Nitrofurfuryliden]-Deriv.*, $C_9H_{10}N_2O_6$, F. 124—125° (Ae./PAe.), analog **IIIb**; 51%. *N-[O-(1-Carboxypropyl)-oximinoäthyliden]-Deriv.*, $C_{10}H_{16}N_2O_6$, F. 204—205° (Diisopropyläther), analog **IIIb**; 8%. *Äthylester* (**VIIa**), $C_6H_{13}NO_3$, $Kp._{16-17}$ 95—100°, durch 1½std. Erhitzen von **VII**-Hydrochlorid, $SOCl_2$ u. einigen Tropfen Dimethylformamid auf 80°, Eindampfen im Vakuum, ¾std. Kochen mit A., Eindampfen im Vakuum, Alkalisieren mit NH_3 in abs. Ae. u. Dest. des Filtrates. — *α-[N-Carbäthoxy-N-methylaminoxy]-buttersäureäthylester*, $C_{10}H_{19}NO_5$, $Kp._{10}$ 126—130°, analog **IV**; 82%. — *α-Guanidinoxybuttersäure*, $C_5H_{11}N_3O_3$, F. 215—217° (W.), durch Zugeben von n-NaOH zu S-Äthylisothiuroniumbromid in W. bei 0°, Zugeben von 1,40 g **VII** in n-NaOH, 4std. Erhitzen auf 50—60°, mehrstd. Stehen bei Raumtemp., Einengen im Vakuum u. Zugeben von 2 n HCl bis pH 3,5; 0,8 g. — *α-Bromhexansäureäthylester*, $C_8H_{15}BrO_2$, $Kp._9$ 85—87°, analog **VI**. — *α-Carbäthoxyaminoxyhexansäureäthylester*, $C_{11}H_{21}NO_5$, $Kp._{0,8}$ 112—114°, analog **II**; 65%. — *α-Aminoxyhexansäure*, $C_6H_{13}NO_3$, F. 152 bis 154° (A.). *Hydrochlorid*, $C_6H_{14}ClNO_3$, F. 110—113° (Äthylacetat/PAe.), analog **IIIa**; 74%. *N-[p-Nitrobenzyliden]-Deriv.*, $C_{13}H_{16}N_2O_5$, F. 121—123° (Bzn.), analog **IIIb**; 79%. *Äthylester*, $C_8H_{17}NO_3$, $Kp._{0,5}$ 80°, analog **VIIa**. — *α-[N-Carbäthoxy-N-methylaminoxy]-hexansäureäthylester*, $C_{12}H_{23}NO_5$, $Kp._{0,6}$ 104—106°, analog **IV**; 70%. — *α-Methylaminoxyhexansäure, Hydrochlorid*, $C_7H_{16}ClNO_3$, F. 94—97° (Äthylacetat/PAe.), analog **V**; 45%. — *α-Bromglutarsäurediäthylester*, $C_9H_{15}BrO_4$, $Kp._{11}$ 140—149°, analog **VI**. — *α-Carbäthoxyaminoxyglutarsäurediäthylester*, $C_{12}H_{21}NO_7$, $Kp._{0,8}$ 170—173°, analog **II**; 16%. — *α-[N-Carbäthoxy-N-methylaminoxy]-glutarsäurediäthylester*, $C_{13}H_{23}NO_7$, $Kp._{0,4}$ 136—137°, analog **IV**; 97%. — *α-Bromhydrozimtsäureäthylester*, $C_{11}H_{13}BrO_2$, $Kp._{0,8}$ 120—125°, a) analog **I**; b) analog **VI**. — *α-Carbäthoxyaminoxyhydrozimtsäureäthylester*, $C_{14}H_{19}NO_5$, $Kp._{0,8}$ 163—165°, analog **II**; 19%. — *α-Aminoxyhydrozimtsäure*, $C_9H_{11}NO_3$, F. 160—162° (A.). *Hydrochlorid*, $C_9H_{12}ClNO_3$, F. 175—177° (A./Ae.), analog **IIIa**; 31%. *N-[p-Nitrobenzyliden]-Deriv.*, $C_{16}H_{14}N_2O_5$, F. 158—161° (A./PAe.), analog **IIIb**; 78%. — *α-[N-Carbäthoxy-N-methylaminoxy]-hydrozimtsäureäthylester*, $C_{15}H_{21}NO_5$, $Kp._{0,6}$ 144—145°, analog **IV**; 84%. — *α-Carbäthoxyaminoxyphenylessigsäureäthylester*, $C_{13}H_{17}NO_5$, $Kp._{0,6}$ 157—159°, analog **II**; 48%. — *α-Aminoxyphenylessigsäure*, $C_8H_9NO_3$, F. 165 bis 167° (A.). *Hydrochlorid*, $C_8H_{10}ClNO_3$, F. 192—194° (A./Ae.), analog **IIIa**; 69%. *N-[p-Nitrobenzyliden]-Deriv.*, $C_{15}H_{12}N_2O_5$, F. 205—206° (A.), analog **IIIb**; 90%. *Äthylester*, $C_{10}H_{13}NO_3$, $Kp._{0,5}$ 110°, analog **VIIa**.

F. Heller. 950◇

0812 **Eine neue Klasse von Lokalanästheticis: Hydroxyalkyliminobisacetamide.** Meier E. Freed, William F. Bruce, Roy S. Hanslick und Albert Mascitti. (J. org. Chemistry **26**, 2378—83, 1961; Philadelphia, Pa., Wyeth Labors., Inc., Res. and Dev. Div.; engl.) — Vgl. Glassman u. Mitarbeiter, J. Pharmacol. exp. Therapeut. **119**, [1957], 150. — Durch Rk. von Aminoalkoholen mit Chloressigsäureamiden (**C**) werden *Hydroxyalkylimino-bis-acetamide* (**A**), die z. T. starke Lokalanästhetica sind, dargestellt. Einige zum Vgl. dargestellte Analoge (Amino- u. Chloralkylimino-bis-acetamide, quart. Salze von **A** oder Hydroxyalkylimino-bis-β-äthylamine) sind fast unwirksam. Über pharmakolog. Unterss. von **A** vgl. Baeder u. Mitarbeiter (C. **1957,** 2272) u. Glassman u. Mitarbeiter (l. c.).

Versuche: *N-Methyl-N-α.α-dimethyl-β-phenäthylchloracetamid* (**I**), $C_{13}H_{18}ClNO$, Kp.$_{0,5}$ 140—141°, durch langsame Zugabe von Chloracetylchlorid zu N-Methyl-N-α.α-dimethyl-β-phenäthylamin in Toluol < —15°, 1std. Rühren in der Kälte, langsames Erwärmen auf Raum-Temp., Filtrieren u. Einengen; 70,5% (Ausbeute). — 2-Hydroxyäthylaminoacetamide (**B**): *N-Methyl-N-α.α-dimethyl-β-phenäthyl-*, $C_{15}H_{24}N_2O_2$, F. 76 bis 77° (Hexan), durch langsame Zugabe von **I** in n-Butanol zu 1 Val Äthanolamin (**II**) u. Na_2CO_3 in sd. n-Butanol, 12std. Kochen, Kühlen, Filtrieren u. Einengen; 63%. *Hydrochlorid*, $C_{15}H_{25}ClN_2O_2$, F. 163—164°. — Analog: *N-Methyl-N-α.α-dimethyl-β-phenäthyl-2-phenyl-*, *Hydrochlorid*, $C_{21}H_{29}ClN_2O_2$, F. 201—202°. — *N-Methyl-N-α.α-dimethyl-β-phenäthyl-1.1-dimethyl-2-phenyl-*, *Hydrochlorid*, $C_{23}H_{33}ClN_2O_2$, F. 189—190°. — *N-Methyl-N-α.α-dimethyl-β-phenäthyl-1.1-dimethyl-*, *Hydrochlorid*, $C_{17}H_{29}ClN_2O_2$, F. 169—170°. — *N-Methyl-N-α.α-dimethyl-β-phenäthyl-1.1-bis-[hydroxymethyl]-*, *Hydrochlorid*, $C_{17}H_{29}ClN_2O_4$, F. 175—176°. — *N-Methyl-N-benzyl-2-methyl-*, *Hydrochlorid*, $C_{13}H_{21}ClN_2O_2$, F. 134—135°. — *2-Hydroxyäthylimino-bis-[N-methyl-N-α.α-dimethyl-β-phenäthylacetamid]* (**III**), $C_{28}H_{41}N_3O_3$, F. 104—105° (Bzl./Hexan), durch Zugabe von frisch dest. **II** zu 2 Val **I** u. K_2CO_3 in sd. Butanol, 20std. Kochen, Kühlen, Waschen mit 5%ig. Soda-Lsg. u. W. u. Eindampfen im Vakuum; 71%. *Methojodid*, $C_{29}H_{44}JN_3O_3$, F. 122—123°; 86,4%. *Hydrochlorid*, $C_{28}H_{42}ClN_3O_3$, F. 146—147° (CH_3OH/Aceton). *O-Nicotinoyl-Deriv.-Dihydrochlorid*, $C_{34}H_{46}Cl_2N_4O_4$, F. 158—159°, durch 16std. Kochen von **III** u. Nicotinsäureanhydrid in abs. Bzl., Filtrieren, Einengen im Vakuum, Lösen in Aceton, Einleiten von HCl u. Abfiltrieren; 83%. *Acetathydrochlorid*, $C_{30}H_{44}ClN_3O_4$, F. 169—170°. *n-Dodecanoathydrochlorid*, $C_{40}H_{64}ClN_3O_4$, F. 143—145°. *p-Toluathydrochlorid*, $C_{36}H_{48}ClN_3O_4$, F. 168—169°. *p-Nitrobenzoathydrochlorid*, $C_{35}H_{45}ClN_4O_6$, F. 168—169°. *m-Chlorbenzoat*, $C_{35}H_{44}ClN_3O_4$, F. 87—88° (Isopropanol/PAe.). *p-Methoxybenzoathydrochlorid*, $C_{36}H_{48}ClN_3O_5$, F. 126 bis 127°. *p-Aminobenzoatdihydrochlorid*, $C_{35}H_{48}Cl_2N_4O_4$, F. 199—200°. — *2-Chloräthylimino-bis-[N-methyl-N-α.α-dimethyl-β-phenäthylacetamid]-hydrochlorid*, $C_{28}H_{41}Cl_2N_3O_2$, F. 155—156° (A./Ae.), durch 3std. Rühren von **III** mit $SOCl_2$ in Chlf. u. Eindampfen; 79%. — *2-Aminoäthylimino-bis-[N-methyl-N-α.α-dimethyl-β-phenäthylacetamid]-dihydrochlorid*, $C_{28}H_{44}Cl_2N_4O_2$, F. 231—232°, durch 18std. Erhitzen vorst. Verb. in CH_3OH mit NH_3 im Rohr auf 90°, Filtrieren, Eindampfen, Lösen in Isopropanol, Filtrieren, Einleiten von HCl u. Zusetzen von abs. Ae.; 40,5%. — *N.N-Bis-[2-(N-methyl-N-α.α-dimethyl-β-phenäthylamino)-äthyl]-2-hydroxyäthylamin*, *Trihydrochlorid*, $C_{28}H_{48}Cl_3N_3O$, F. 239—240° (CH_3OH/Aceton), durch Red. von **III** mit $LiAlH_4$ in abs. Ae.; 29,3%. *Trimethojodid*, $C_{31}H_{54}J_3N_3O$, F. 154—155° (Aceton), aus dem Trihydrochlorid u. CH_3J in Aceton. — Analog **III**: *2-Hydroxyäthylimino-bis-[N.N-diäthylacetamid]*, $C_{14}H_{29}N_3O_3$, Kp.$_1$ 203—205°. — *2-Hydroxyäthylimino-bis-[N.N-di-n-butylaceatmid]*, $C_{22}H_{45}N_3O_3$, Kp.$_{0,5}$ 208—210°. *O-Acetyl-Deriv.*, $C_{24}H_{47}N_3O_4$, Kp.$_{0,05}$ 212—214°. — *2-Hydroxypropylimino-bis-[N.N-di-n-butylacetamid]*, $C_{23}H_{47}N_3O_3$, Kp.$_{0,1}$ 200—205°. — *2-Hydroxyäthylimino-bis-[N.N-diisobutylacetamid]*, $C_{22}H_{45}N_3O_3$, Kp.$_{0,5}$ 170—171°. — *3-Hydroxypropylimino-bis-[N.N-diisobutylacetamid]*, $C_{23}H_{47}N_3O_3$, Kp.$_{0,5}$ 190—192°. — *2-Hydroxy-1.1-dimethyläthylimino-[N.N-di-n-butylacetamid]*, $C_{24}H_{49}N_3O_3$, Kp.$_{0,5}$ 155—160°. — *2-Hydroxy-1.1-dimethyläthylimino-bis-[N-äthyl-N-n-butylacetamid]*, $C_{20}H_{41}N_3O_3$, Kp.$_{0,5}$ 170—175°. — *2-Hydroxyäthylimino-bis-[N.N-di-n-pentylacetamid]*, $C_{26}H_{53}N_3O_3$, Kp.$_1$ 230—235°. — *2-Hydroxyäthylimino-bis-[N.N-dicyclohexylacetamid]*, *Hydrochlorid*, $C_{30}H_{53}N_3O_3$, F. 215 bis 216°. — *2-Hydroxyäthylimino-bis-[N.N-di-n-hexylacetamid]*, $C_{30}H_{61}N_3O_3$, Kp.$_{0,5}$ 194—196°. — *2-Hydroxypropylimino-bis-[N-methyl-N-α.α-dimethyl-β-phenäthylacetamid]*, $C_{29}H_{43}N_3O_3$, F. 113—114°. — *1-Hydroxybutyl-(2)-imino-bis-[N-methyl-N-α.α-dimethylacetamid]-hydrochlorid*, $C_{30}H_{46}ClN_3O_3$, F. 144—145°. — *3-Hydroxypropylimino-bis-[N-methyl-N-α.α-dimethyl-β-phenäthylacetamid]-hydrochlorid*, $C_{29}H_{44}ClN_3O_3$, F. 164—165°. — *6-Hydroxyhexylimino-bis-[N-methyl-N-α.α-dimethyl-β-phenäthylacetamid]*, $C_{32}H_{49}N_3O_3$, Kp.$_{0,002}$ 250—260°. — *2-Hydroxy-1.1-bis-[hydroxymethyl]-äthylimino-bis-[N-methyl-N-α.α-dimethyl-β-phenäthylacetamid]*, $C_{30}H_{45}N_3O_5$, F. 157—158°. — *2-Hydroxycyclohexylimino-bis-[N-methyl-N-α.α-dimethyl-β-phenäthylacetamid]*, $C_{32}H_{47}N_3O_3$, F. 108 bis 108,5°. — *β-Hydroxy-β-phenäthylimino-bis-[N-methyl-N-α.α-dimethyl-β-phenäthylacetamid]-hydrochlorid*, $C_{34}H_{46}ClN_3O_3$, F. 182—183°. — *β-Hydroxy-α.α-dimethyl-β-phenäthylimino-bis-[N-methyl-N-α.α-dimethylacetamid]-hydrochlorid*, $C_{36}H_{50}ClN_3O_3$, F. 203—204°. — *2-Hydroxyäthylimino-bis-[N-methyl-N-cyclohexylacetamid]*, $C_{20}H_{37}N_3O_3$, Kp.$_1$ 190—195°. — *2-Hydroxyäthylimino-bis-[N-β-phenäthylacetamid]*, $C_{22}H_{29}N_3O_3$, F. 72—73°. — *2-Hydroxyäthylimino-bis-[N-n-butyl-N-benzylacetamid]-hydrochlorid*, $C_{28}H_{42}ClN_3O_3$, F. 118°. — *2-Hydroxypropylimino-bis-[N-benzyl-N-(1-methylhexyl)-acetamid]*, $C_{35}H_{55}N_3O_3$, Kp.$_{0,05}$ 195—200°. — *2-Hydroxypropylimino-bis-[N-(2.6-dimethylphenyl)-acetamid]-hydrochlorid*, $C_{23}H_{32}ClN_3O_3$, F. 193—194°. — Analog folgende unsymm. 2-Hydroxyäthylimino-bis-acetamide, durch Rk. äquimol. Mengen **II** u. **C** u. Rk. der erhaltenen **B** mit einem zweiten **C**: *N.N-Diäthyl-N'.N'-di-n-butyl-*, $C_{18}H_{37}N_3O_3$, Kp.$_1$ 203 bis 205°. — *N.N-Di-n-propyl-N'.N'-di-n-butyl-*, $C_{20}H_{41}N_3O_3$, Kp.$_{0,5}$ 198—200°. — *N.N-Diäthyl-N'-methyl-N'-[α.α-dimethyl-β-phenäthyl]-*, $C_{21}H_{35}N_3O_3$, F. 121—122°. — *N.N-Di-n-pentyl-N'-methyl-N'-[α.α-dimethyl-β-phenäthyl]-*, $C_{27}H_{47}N_3O_3$, F. 92—93°. — *N.N'-Dimethyl-N.N'-bis-[α.α-dimethyl-β-phenäthyl]-*, *Hydrochlorid*, $C_{28}H_{42}ClN_3O_3$. — *N-Methyl-N-[α.α-dimethyl-β-phenäthyl]-N'-β-phenäthyl-*, *Hydrochlorid*, $C_{25}H_{36}ClN_3O_3$, F. 158. — *N-Methyl-N-[α.α-dimethyl-β-phenäthyl]-N'-[2-hydroxyäthyl]-*, *Hydrochlorid*, $C_{19}H_{32}ClN_3O_4$, F. 42°. — *N-Methyl-N-[α.α-dimethyl-β-phenäthyl]-N'-n-hexyl-*, $C_{23}H_{39}N_3O_3$, Kp.$_1$ 260°. — Analog: *N.N-Diisobutyl-N'-methyl-N'-cyclohexyl-3-hydroxypropylimino-bis-acetamid*, $C_{22}H_{43}N_3O_3$, Kp.$_1$ 205—208°.

H. Pagel. 950◇

0813 **Die Aminooxocarbonsäuren. 6. Mitt. Über die Konstitution und Strukturformen der α-Ketoanaloga natürlicher Diaminosäuren.** L. Macholán und E. Svátek. (Collect. czechoslov. chem. Commun. **25,** 2564—74, 1960; Brno, Biochem. Inst. der Naturwiss. Fakultät; dt.) — 5. vgl. C. **1959,** 8166. — Der Elementaranalyse u. den IR-Spektren entsprechend liegen in fester Form ihrer *Hydrochloride α-Keto-γ-aminobuttersäure* (**I**) u. *α-Keto-δ-aminovaleriansäure* (**II**) in acycl. Form vor, *α-Keto-ε-aminocapronsäure* (**III**) dagegen in cycl. Form als *Δ^1-Piperidein-2-carbonsäure*. In wss. saurer Lsg. sind die **I**- u. **II**-Hydrochloride größtenteils in der Ketoform vorhanden; Nachweis durch Bldg. der 2.4-Dinitrophenylhydrazone, Anlagerung von Bisulfit, Oxydation von **I, II** bzw. **III** mit H_2O_2 in saurer Lsg. zu *β-Alanin* (*Hydrochlorid*, F. 121 bis 122°), *γ-Aminobuttersäure* (**IV**; *Hydrochlorid*, F. 133 bis 134°) bzw. zu *Piperidon-(2)* (**V**; *Hydrochlorid*, F. 181 bis bis 183°), neben sehr wenig *δ-Aminovaleriansäure*, u. schließlich durch Hydrierung von **I** an Pd/$BaSO_4$ zu *α-Hydroxy-γ-aminobuttersäure*, von **III** zu *Pipecolinsäure*, dagegen von **II** zu *Prolin*. In schwach alkal. Lsg. ist **I** in der Enolform, **II** aber in der cycl. Form zugegen. Von pH 6 an liefert **II** mit H_2O_2 neben **IV** noch *Pyrrolidon-(2)* [*Hydrochlorid*, F. 127—130° (Aceton-Ae.)], **III** nur **V**. In stark alkal. Lsg. wird **II** von H_2O_2 nicht mehr angegriffen u. wandelt sich über *Δ^1-Pyrrolin-2-carbonsäure* wahrscheinlich in ein dem Tripyrrolin ähnliches gesätt. Gebilde um, das beim Ansäuern quant. in das Monomere zerfällt. Mit steigendem pH-Wert geht **III** in die Δ^2-Enamin-Form über (Anlagerung von 2 Val J_2 in $NaHCO_3$-Lsg., Nachweis der Iminogruppe mit Nitroprussid-Acetaldehyd-Reagens u. trimerisiert sich in stark alkal. Lsg. analog der Tripiperideinbildung (vgl. Schöpf u. Mitarbeiter, Liebigs Ann. Chem. **559,** [1948], 1). Das Trimere zerfällt in saurer Lsg. wiederum in die Ausgangskomponente. Die IR- u. UV-Spektren von **I, II** u. **III**, die letzteren bei verschiedenen pH-Werten, sind angegeben; sämtliche FF. in zugeschmolzener Capillare.

A. Emr/Prag. 950

0814 **Über Peptidsynthesen.** 14. Mitt. Gleichzeitig 3. Mitt. **über Peptolidsynthesen. Eine weitere Synthese der Sporidesmolsäure A und die Darstellung verwandter Verbindungen.** Klaus Lübke und Eberhard Schröder. (Liebigs Ann. Chem. **665**, 205—12, 1963; Berlin-West, Schering AG, Hauptlabor.; dt.) — 13. vgl. Liebigs Ann. Chem. **661**, [1963], **193**; 11. bzw. 2. vgl. C. **1963**, **4690**. — *D-α-Hydroxyisovaleryl-L-valyl-L-leucinmethylester* (*D.L.L*-**XVIII**), *-benzylester* (**XIX**) u. *-tert.-butylester* (**XXV**) sowie *L.D.D*-**XVIII** werden dargestellt. Die Knüpfung der Amidbindung zwischen Hydroxy- u. Aminosäure erfolgt nach dem Azid- bzw. Carbodiimid-Verfahren. Durch Esterspaltung von L.D.D- bzw. D.L.L-**XVIII** wird *Sporidesmolsäure A* bzw. ihr optischer *Antipode* erhalten.

Versuche: *L-α-Hydroxyisovaleriansäureäthylester* (*L*-**I**), $C_7H_{14}O_3$, Kp.$_{15}$ 70—72°, durch Lösen von L-α-Hydroxyisovaleriansäure (*L*-**II**) in Essigester (EE), 8std. Erhitzen mit Triäthylamin (**VI**) u. Äthyljodid auf 70°, Filtrieren u. Dest. im Vakuum; $[\alpha]_D^{22}$ +8,1° [c = 1; Eisessig (ES)]; 81% (Ausbeute). D-**I**, Kp.$_{15}$ 72—73°, analog aus D-**II**; $[\alpha]_D^{22}$ —7,9° (c = 1; ES). — *L-α-Hydroxyisovaleriansäurehydrazid* (L-**III**), $C_5H_{12}N_2O_2$, F. 138—139° (A./Ae.), durch Lösen von L-**I** in Methanol, Zugabe von Hydrazinhydrat u. 2—3tägiges Stehen bei Raum-Temp.; $[\alpha]_D^{22}$ —71,3° (c = 1; A.); 88%. D-**III**, F. 137—138°, analog aus D-**I**; $[\alpha]_D^{22}$ + 70,4° (c = 1; A.). — *Carbobenzoxy(Cbo)-L-valyl-L-leucinmethylester* (**IV**), $C_{20}H_{30}N_2O_5$, F. 93—96° (EE/PAe.), durch Zugabe von 20 m Mol Chlorameisensäureäthylester (**XVII**) zu 20 m Mol Cbo-L-valin (**V**) u. 20 m Mol **VI** in Tetrahydrofuran (THF) bei —20°, Zufügen eines —20° kalten Gemisches aus 25 m Mol L-Leucinmethylesterhydrochlorid (L-**VII**), 25 m Mol **VI**, Dimethylformamid (DMF) u. THF, mehrstd. Stehen bei Raum-Temp., Einengen im Vakuum, Zugabe von EE, Ausschütteln mit 10%ig. Citronensäure-Lsg., $NaHCO_3$-Lsg. u. W. u. Einengen im Vakuum; $[\alpha]_D^{22}$ —39,7° (c = 1; ES); 75%. *Benzylester* (**VIII**), $C_{26}H_{34}N_2O_5$, F. 105—108° (EE/PAe.), durch Rk. von **V** mit L-Leucinbenzylester-p-toluolsulfonat (**XI**) analog **IX**; $[\alpha]_D^{22}$ —41,5° (c = 2; ES); 93%. — *tert.-Butoxycarbonyl-L-valyl-L-leucin, Benzylester* (**IX**), $C_{23}H_{36}N_2O_5$, F. 74—78°, aus 30 m Mol **XI** u. 20 m Mol tert.-Butoxycarbonyl-L-valin (**X**) über das gemischte Äthylkohlensäureanhydrid; $[\alpha]_D^{22}$ —25,2° (c = 2; EE); 98%. *Methylester* (**XII**), $C_{17}H_{32}N_2O_5$, F. 125—126° (EE/PAe.), analog **IX** aus **X** u. L-**VII**; $[\alpha]_D^{22}$ —62,4° (c = 1; ES); 70%. *tert.-Butylester* (**XIII**), $C_{20}H_{38}N_2O_5$, F. 89—93° (A./W.), analog **IX** aus **X** mit L-Leucin-tert.-butylester (**XX**); $[\alpha]_D^{22}$ —58,3° (c = 1; ES); 70%. — *L-Valyl-D-leucin, Methylesterhydrochlorid* (**XIV**), $C_{12}H_{25}ClN_2O_3$, F. 174—176° (A./Ae.), a) durch Lösen von **XII** in EE, $^1/_2$std. Einleiten von HCl-Gas bei 10°, Zugabe von Ae. u. Stehen bei 0°; $[\alpha]_D^{22}$ —12,6° (c = 1; W.); 85%; b) durch Hydrieren von (**IV**) in Methanol u. n-HCl an Pd-Mohr; 90%. *Benzylesterhydrochlorid* (**XV**), $C_{18}H_{29}ClN_2O_3$, F. 188—190°, analog **XIV** nach a) aus **IX**; $[\alpha]_D^{22}$ —32,6° (c = 2; W.); 71%. — *L-Valyl-L-leucinhydrochlorid* (**XVI**), $C_{11}H_{23}ClN_2O_3$, F. 217—219° (Methanol/Ae.), a) analog **XIV** nach b) aus **VIII**; $[\alpha]_D^{22}$ —6,0° (c = 1; 6 n HCl); 78%; b) analog **XIV** nach a) aus **XIII**; 93%. — *D-α-Hydroxyisovaleryl-L-valyl-L-leucinmethylester* (*D.L.L*-**XVIII**), $C_{17}H_{32}N_2O_5$, F. 153—155° (EE/PAe.), durch Suspendieren von D-**III** in 1,5 n HCl/THF bei —20°, Zugabe von tert.-Butylnitrit (**XXVI**) in THF bei —20°, Rühren bis zur Lsg., Zugabe von EE bei —20°, Waschen mit $NaHCO_3$-Lsg., Gießen in **XIV** u. **VI** in wenig DMF u. mehrstd. Stehen bei 0°; $[\alpha]_D^{22}$ —65,1° (c = 1; ES); 74%. *Benzlyester* (**XIX**), $C_{23}H_{36}N_2O_5$, F. 156—157° (CCl_4/PAe.), analog D.L.L-**XVIII** aus D-**III** u. **XV**; $[\alpha]_D^{22}$ —59,0° (c = 1; ES); 62%. — *L-α-Hydroxyisovaleryl-D-valin* (*L.D*-**XXIII**), *Methylester*, $C_{11}H_{21}NO_4$, F. 62—64° (EE/PAe.), analog D.L.L-**XVIII** aus L-**III** u. D-Valinmethylesterhydrochlorid; $[\alpha]_D^{22}$ —15,4° (c = 1; ES); 67%. *Hydrazid* (**XXIV**), $C_{10}H_{21}N_3O_3$, F. 210—212° (Methanol/Ae.), durch 12std. Rk. des Methylesters in Methanol mit Hydrazinhydrat bei 50° u. 48std. Stehen bei Raum-Temp.; $[\alpha]_D^{22}$ + 9,5° (c = 1; ES); 85%. *tert.-Butylester*, $C_{14}H_{27}NO_4$, F. 85—86° (Ae./PAe.), aus L-**II** u. D-Valin-tert.-butylester u. **XXII** analog nachst. Ester nach b); $[\alpha]_D^{22}$ —21,7° (c = 1; A.); 75%. — *D-α-Hydroxyisovaleryl-L-valin* (*D.L*-**XXIII**), *Benzylester*, $C_{17}H_{25}NO_4$, F. 78—80° (EE/PAe.), a) durch Rk. von D-**III** in HCl/THF mit **XXVI**, Lösen in EE u. Gießen in ein Gemisch aus L-Valinbenzylester-p-toluolsulfonat (**XXI**), **VI**, THF u. DMF; $[\alpha]_D^{22}$ —6,1° (c = 1; ES); 59%; b) durch Lösen von D-**II** in Methanol, Zugabe von **XXI** u. Dicyclohexylcarbodiimid **XXII** in Methanol bei 0°, mehrstd. Stehen bei 0°, 24std. Stehen bei Raum-Temp., Filtrieren, Einengen im Vakuum, Zers. von **XXII** mit wenig ES, 1std. Stehen bei 0° u. Aufnehmen in EE; 73%. — *D-α-Hydroxyisovaleryl-L-valin* (*D.L*-**XXIII**), $C_{10}H_{19}NO_4$, F. 137—139° (EE/PAe.), durch Hydrierung vorst. Benzylesters an Pd-Mohr in ES; $[\alpha]_D^{22}$ + 23,8° (c = 1; ES); 87%. — *L-α-Hydroxyisovaleryl-D-valin* (*L.D*-**XXIII**), F. 135—138° (EE/PAe.), durch Lösen von vorvorst. tert.-Butylester in ES, 25 Min. langes Einleiten von HCl bei 10° u. $^1/_2$std. Stehen bei Raum-Temp.; $[\alpha]_D^{22}$ —23° (c = 1; ES); 60%. — *L-α-Hydroxyisovaleryl-D-valyl-D-leucinmethylester*, F. 154—156° (EE/PAe.), aus **XXIV** u. D-**VII**; $[\alpha]_D^{22}$ + 64,7° (c = 1; ES); 70%. — *D-α-Hydroxyisovaleryl-L-valyl-L-leucin-tert.-butylester* (**XXV**), F. 177 bis 178° (EE/PAe.), durch Lösen von D.L-**XXIII** u. **VI** in THF, Zugabe von **XVII** bei —15° u. Zugabe von **XX** in THF; $[\alpha]_D^{22}$ —27,9° (c = 0,5; A.); 52%. — *L-α-Hydroxyisovaleryl-D-valyl-D-leucin* (*Sporidesmolsäure A*), F. 196 bis 199°, durch Lösen des Methylesters in Dioxan, Zugabe von n-NaOH, 5 Min. langes Stehen bei Raum-Temp., Zugabe von W., Extrahieren mit EE u. Ansäuern der wss. Lsg. mit 2 n HCl; $[\alpha]_D^{22}$ + 60° (c = 1; ES); 95%. — *D-α-Hydroxyisovaleryl-L-valyl-L-leucin* (Antipode vorst. Säure), F. 198—199° (25%ig. Essigsäure), a) analog D.L-**XXIII** aus **XIX**; $[\alpha]_D^{22}$ —62,6° (c = 1; ES); 74%; b) analog L.D-**XXIII** aus **XXV** in EE; 75%; c) durch Rk. von D-**III** mit **XXVI** u. 1,5 n HCl in THF, Zugabe von EE, Waschen mit $NaHCO_3$-Lsg., 24std. Schütteln mit **XVI**, **VI** u. W. bei 0°, Extrahieren mit wenig gesätt. $NaHCO_3$-Lsg., Ansäuern mit 2 n HCl u. Extrahieren mit EE; 35%. Roland Gnauck. 950△

0815 **p-Chlorcarbobenzoxyaminosäuren und -peptide.** 2. Mitt. **Über eine neue Synthese des Glutathions.** L. Kisfaludy. (Acta chim. Acad. Sci. hung. **24**, 309—19, 1960; Budapest, Köbanyaer Arzneimittelfabrik, Forschungslabor.; dt.) — 1. vgl. C. **1964**, 3-0849. — *Glutathion* (*γ-L-Glutamyl-L-cysteinylglycin*) wurde unter Verw. der p-Chlorcarbobenzoxy-Schutzgruppe u. der bisher bei der Glutathion-Synth. nicht herangezogenen Cyanmethylester-Meth. dargestellt. Aus S-Benzyl-N-p-chlorcarbobenzoxy-L-cystein wurde *S-Benzyl-N-p-chlorcarbobenzoxy-L-cysteincyanmethylester* (**I**) dargestellt u. hieraus mit Glycinäthylester in Pyridin *S-Benzyl-N-p-chlorcarbobenzoxy-L-cysteinylglycinäthylester* (**II**). Durch Abspaltung der Schutzgruppe mit HBr in Eisessig entsteht *S-Benzyl-L-cysteinylglycinäthylester* (**III**). Bei der Rk. dieser Verb. mit mehreren für die γ-Kupplung geeigneten Glutaminsäurederivv. wurde festgestellt, daß man aus N-p-Chlorcarbobenzoxy-L-glutaminsäure-α-methylester (**VI**) u. **III** den geschützten *Glutathionester* [*N-p-Chlorcarbobenzoxy-α-methyl-γ-L-glutamyl-S-benzyl-L-cysteinylglycinäthylester* (**IX**)] nach der Dicyclohexylcarbodiimid-Meth. darzustellen vermag. Nach Verseifen der Estergruppen gewinnt man *Glutathion* durch Behandlung mit Na in fl. NH_3.

Versuche: *S-Benzyl-N-p-chlorcarbobenzoxy-L-cysteincyanmethylester* (**I**), $C_{20}H_{19}ClN_2O_4S$, F. 86—87° (Ae./PAe.), durch Zugabe von S-Benzyl-N-p-chlorcarbobenzoxy-L-cystein zu Triäthylamin u. Chloracetonitril bei —15° u. 12std. Stehen bei Raum-Temp.; $[\alpha]_D^{22}$ —45,4° (c = 2; Äthylacetat); 70,5% (Ausbeute). — *S-Benzyl-N-p-chlorcarbobenzoxy-L-cysteinylglycinäthylester* (**II**), $C_{22}H_{25}ClN_2O_5S$, F. 120° (abs. A.), durch Zugabe von Glycinäthylester in Eisessig zu **I** in abs. Pyridin u. 48std. Stehen bei Raum-Temp.; $[\alpha]_D^{24}$ —32,3° (c = 2; A.); 94,8%. — *S-Benzyl-L-cysteinylglycinäthylester* (**III**), durch 1std. Schütteln eines Gemisches aus 30%ig. HBr/Essigsäure-Lsg. u. **II**. — *N-p-Chlorcarbobenzoxy-L-glutaminsäure* (**IV**), $C_{13}H_{14}ClNO_6$, F. 125—126° (Dioxan), durch Zugabe von Chlorkohlensäure-p-chlorbenzylester zu einer Suspension von Glutaminsäure u. MgO in wss. Ae. unter Kühlung u. Ansäuern mit 5 n HCl bis pH 3; $[\alpha]_D^{24}$ —7,45° (c = 2; A.); 77%. *Anhydrid* (**V**), $C_{13}H_{12}$

$ClNO_5$, F. 93—95° (abs. Bzl.), a) durch 2,5std. Schütteln von Acetanhydrid u. **IV**; $[\alpha]_D^{24}$ —33,9° (c = 2; Dioxan); 79%; b) durch mehrstd. Stehen von Acetanhydrid mit **IV**, Zugabe von Ae. u. mehrstd. Kühlen; 85,5%. *α-Methylester* (**VI**), $C_{14}H_{16}ClNO_6$, F. 100—101° (Äthylacetat/PAe.), durch Rk. von **V** mit Na-Methylat in abs. Methanol; $[\alpha]_D^{23}$ —19,2° (c = 2; A.); $[\alpha]_D^{22}$ —8,85° (c = 2; Äthylacetat); 73%. *γ-Methylester* (**X**), $C_{14}H_{16}Cl \cdot NO_6$, F. 108—109° (Äthylacetat/PAe.), durch Zugabe von Chlorkohlensäure-p-chlorbenzylester zu einer Lsg. von L-Glutaminsäure-γ-methylesterhydrochlorid, NaOH u. $NaHCO_3$ in W. unter Eiskühlung, 3std. Rühren bei Raum-Temp. u. Ansäuern mit 5 n HCl bis pH 3; $[\alpha]_D^{22}$ —6,9° (c = 2; A.); 69,4%. *γ-Hydrazid*, $C_{13}H_{16}ClN_2O_5$, F. 165—167°, durch 4std. Kochen von **X** mit Hydrazin in Methanol u. Zugabe von 2 n HCl bis pH 3; $[\alpha]_D^{22}$ —8,4° (c = 1; Methanol), 74,6%. *γ-Cyanmethylester* (**XII**), $C_{15}H_{15}ClN_2O_6$, F. 134—136° (PAe./Äthylacetat), durch 2½std. Kochen von **IV** mit Chloracetonitril in Äthylacetat/Triäthylamin u. Ansäuern bis pH 3; $[\alpha]_D^{22}$ —27,2° (c = 1; Methanol); 18,3%. *α-Methyl-γ-cyanmethylester* (**VII**), $C_{16}H_{17}ClN_2O_6$, F. 63—67° (Äthylacetat/PAe.), durch 3std. Kochen von **VI** mit Triäthylamin u. Chloracetonitril in Äthylacetat; $[\alpha]_D^{22}$ —26,2° (c = 1; A.); 71,4%. — *N-p-Chlorcarbobenzoxy-α-methyl-γ-L-glutamyl-S-benzyl-L-cysteinylglycinäthylester* (**IX**), $C_{28}H_{34}Cl \cdot N_3O_8S$, F. 138—140° (wss. A.; beginnt bei 110° zu sintern), a) durch Rk. von **VI** u. **III** mit Dicyclohexylcarbodiimid in Dioxan unter Eiskühlung u. mehrstd. Stehen bei Raum-Temp.; 72,7%; b) durch 48std. Stehen von **VII** u. **III** in Äthylacetat u. wenig Eisessig bei Raum-Temp.; 65,6%; c) durch Zugabe von PCl_3 zu einer Lsg. von **III** in abs. Pyridin unter Eiskühlung, Zugabe von **VI**, 3std. Erhitzen auf 100° u. mehrstd. Stehen; $[\alpha]_D^{22}$ —30,6° (c = 0,7; Äthylacetat); 64,2%. — *N-p-Chlorcarbobenzoxy-L-γ-glutamyl-S-benzylcysteinylglycin* (**VIII**), $C_{25}H_{28}ClN_3O_8S$, F. 186—188° (wss. A.), a) durch Rk. von **IX** mit n NaOH in Dioxan u. Ansäuern mit 2 n HCl auf pH 3; $[\alpha]_D^{22}$ —35,7° (c = 2; A.); 72,8%; b) durch 1tägiges Stehen von **III** u. **XII** mit wenig Eisessig in abs. Pyridin, Eindampfen mit Bzl., Rk. mit 2 n NaOH in Dioxan u. Ansäuern mit verd. HCl bis pH 3; 42%; c) durch Zugabe einer $NaNO_2$-Lsg. zu einem Gemisch aus **XI**, konz. HCl, Eisessig, Ae. u. W. bei —5°, Extrahieren mit Ae., Zugabe von **III** in Ae., Filtrieren, Lösen in wss. A. u. Rk. mit 3 n NaOH u. Ansäuern mit verd. HCl bis pH 3; 23,3%. — *Glutathion*, F. 185—186° (wss. A.), durch Zugabe von Na zu **VIII** in fl. NH_3, Lösen des Rückstandes in 0,5 n H_2SO_4, Zugabe von Denigés-Lsg., Abfiltrieren des Hg, Einleiten von H_2S, Zugabe von Cu_2O bei pH 4,5 u. 40° u. Einleiten von H_2S; $[\alpha]_D^{22}$ —22,4° (c = 1; W.); 25,4%.

Wolfgang Werner/Berlin. 950◇

0816 **Organoborverbindungen. Über die Synthese der höheren Bortrialkyle und ihre Stabilität gegen die Oxydation.** Seiji Kato, Moriyasu Wada und Yojiro Tsuzuki. (Bull. chem. Soc. Japan **36**, 868—70, 1963; Tokyo, Wiss. Hochsch.; dt.) — Eine Reihe vor Bortrialkylen (**A**) wird nach BF_3 (Ätherat) + 3 RMgX = BR_3 + 3 MgFX dargestellt. Die IR-Spektren der dargestellten Verbb. werden angegeben. Die Stabilität der Verbb. gegen O_2 wird nach dem Verf. von Abraham u. Davies (C. **1960**, 753) untersucht. Dabei wird festgestellt, daß die Rk. monomol. verläuft u. das Vol. das von **A** aufgenommenen O_2 mit wachsender Alkylkette abnimmt u. ihre Wrkg. als Polymerisationskatalysator bes. mit der Raumerfüllung der Alkylsubstituenten zusammenhängt.

Versuche: *Tripentylbor*, $Kp._{30,5}$ 160—162°; 60%. — *Trioctylbor*, $Kp._{12}$ 189—192°; 64%. — *Tridodecylbor*, F. 50,0°; 74%. — *Trioctadecyl*, F. 66,4 ∼ 70,0°; 50%.

H. Dehmel. 980◇

0817 **Carbonyl- und Cyanphosphonsäureester.** 8. Mitt. **Diäthylphosphonoalkylmalonsäureester.** N. Kreutzkamp und W. Mengel. (Arch. Pharmaz. Ber. dtsch. pharmaz. Ges. **295/67**, 773—79, Okt. 1962; Marburg/Lahn, Univ., Chem.-Pharmazeut. Inst.; dt.) — 7. vgl. C. **1963**, 12771. — Die Umsetzung von Chlormethanphosphonsäure (**I**), mit Anilin (**II**) bzw. Na-Thiophenolat unter Bldg. von *Anilino-* bzw. *Phenylmercaptomethanphosphonsäure* gelingt erst bei mehrstd. Erhitzen auf über 160°. Da der aus **I**-Diäthylester (**III**) u. Na-Malonsäurediäthylester (**IV**) in sd. Xylol intermediär entstehende *Di-O-äthylphosphonomethylmalonsäurediäthylester* (**VI**) auf weiteres **IV** alkylierend wirkt, wird hier ein *Gemisch* aus *Äthylmalonsäurediäthylester* u. *Na-O-Äthylphosphonomethylmalonsäurediäthylester* (**V**) erhalten. Durch Behandeln von **V** mit verd. HCl wird der *Halbester* gewonnen, der durch Verseifung mit HBr unter Decarboxylierung in *β-Phosphonopropionsäure* übergeführt wird. Der gesuchte **VI** konnte jedoch durch Anlagerung von Diäthylphosphit (**VII**) an Methylenmalonsäurediäthylester (**VIII**) dargestellt werden. *3-[Di-O-äthylphosphono]-propylmalonsäurediäthylester* (**IX**) wurde durch Rk. von rohem 3-Brompropanphosphonsäurediäthylester mit **IV** synthetisiert u. durch Kondens. mit Harnstoff in *5-[3-Di-O-äthylphosphonopropyl]-barbitursäure* übergeführt.

Versuche: *Anilinomethanphosphonsäure*, $C_7H_{10} \cdot NO_3P$, F. 221° (W.), durch 20std. Erhitzen von 0,1 Mol **I** mit 0,5 Mol frisch dest. **II** auf 160—170°, Lösen in W., Alkalisieren mit NaOH, Abtreiben von überschüssigem **II** mit Wasserdampf, Zugabe von HCl bis pH 8, Einengen bis zur beginnenden Kristallisation u. Ansäuern (pH 4). — *Phenylmercaptomethanphosphonsäure*, $C_7H_9O_3PS$, F. 242°, durch Zugabe von 0,1 Mol NaOH zu 0,36 Mol Thiophenol in Xylol, Zugabe von Di-Na-Chlormethanphosphonat, 5std. Kochen, Zugabe von W., schwaches Ansäuern mit verd. HCl, Extraktion der wss. Phase mit Bzl. u. Zugabe von konz. HCl; aus W. perlmuttartig schimmernde Blättchen; 78% (Ausbeute). — *Benzolsulfonylmethanphosphonsäure*, $C_7H_9O_5PS$, F. 261° (W./A.), durch 6—8std. Erhitzen vorst. Säure in Eisessig mit Perhydrol; hygroskopisch. — *Mono-O-äthylphosphonomethylmalonsäurediäthylester*, $C_{10}H_{19}O_7P$, durch Zutropfen von 0,1 Mol **III** zu 0,2 Mol **IV** in Xylol, 2tägiges Kochen unter Rühren, Filtrieren, Lösen des erhaltenen **V** in wenig W., schwaches Ansäuern mit verd. HCl, Eindampfen, mehrfache Extraktion mit heißem abs. A. u. Eindampfen; hygroskopisch; daneben durch Dest. des Filtrats von **V** 17 g *Äthylmalonsäurediäthylester*. — *β-Phosphonopropionsäure, Toluidiniumsalz*, $C_{10}H_{16}NO_5P$, F. 158° (A.), a) durch 8std. Kochen vorst. Halbesters mit 48%ig. HBr u. Rk. mit Toluidin in A.; b) analog aus **VI**. *Pb-Salz*, $C_6H_8O_{10}P_2Pb_3$, durch Zugabe von heißer essigsaurer Pb-Acetat-Lsg. zur heißen wss. Lsg. der Säure, Absaugen u. Waschen mit warmem Wasser. — *Di-O-äthylphosphonomethylmalonsäurediäthylester* (**VI**), $C_{12}H_{23}O_7P$, $Kp._{0,2}$ 141°, durch Zutropfen einer gesätt. Na-Äthylat-Lsg. oder Triäthylamin zu 0,1 Mol **VII** u. 0,1 Mol **VIII**, mehrstd. Erhitzen auf dem Wasserbad u. mehrstd. Stehen bei Raumtemp.; n_D^{20} 1,4420; 61%. — *3-Di-O-äthylphosphonopropylmalonsäurediäthylester* (**IX**), $C_{14}H_{27}O_7P$, $Kp._{0,25}$ 162—164°, durch Zutropfen von 0,1 Mol Triäthylphosphit zu 0,5 Mol 1.3-Dibrompropan bei 150°, Eindampfen im Vakuum < 150° (Badtemp.), Zugabe des rohen *3-Brompropanphosphonsäurediäthylesters* zur äther. Suspension von 0,1 Mol **IV**, 3std. Kochen u. 12std. Stehen; 40%. — *ω-Phosphonovaleriansäure, Pb-Salz*, $C_{10}H_{16}O_{10} \cdot P_2Pb_3$, durch 8std. Kochen von **IX** mit HBr, Eindampfen, Lösen in W. u. Zugabe von wss. Pb-Acetat-Lsg. in der Hitze. — *5-[3-Di-O-äthylphosphonopropyl]-barbitursäure*, $C_{11}H_{19}N_2O_6P$, F. 229° (verd. A.), durch Zugabe von 0,05 Mol Na-Äthylat-Lsg. zu je 0,05 Mol Harnstoff u. **IX**, 5std. Erwärmen auf 70°, Entfernen von A. im Vakuum, Zugabe von W., Extraktion mit Ae., Einstellen der wss. Phase auf pH 8 u. Einengen; 80%.

L. Lamza. 980△

0818 **Alkylierung von 4-Chloranisol mit Propylen, Pseudobutylen und Cyclohexen in Gegenwart des Katalysators $BF_3 \cdot H_3PO_4$.** W. G. Krjutschkowa und Ss. W. Sawgorodni. (Hochschulnachr. [Iwanowo], Chem. u. chem. Technol. **4**, 92—95, 1961; Woronesh, Univ., Lehrstuhl für organ. Chem.; russ.) — Durch Alkylierung von p-Chloranisol (**I**) mit Propylen, Isobutylen u. Cyclohexen in Ggw. von $BF_3 \cdot H_3PO_4$ bei 20—80° u. verschiedenem Verhältnis der Ausgangsverbb. wurden *2-Isopropyl-* (**II**), *2-sek.-Butyl-* (**III**), *2-Cyclohexyl-* (**IV**), *2.6-Diisopropyl-*, *2.6-Di-sek.-Butyl-* u. *2.6-Dicyclohexyl-4-chloranisol* dargestellt. **II**, **III** u. **IV** wurden zu *2-Isopropyl-*, *2-sek.-Butyl-* u. *2-Cyclohexyl-4-chlorphenol* demethyliert. Bei einem Verhältnis von **I**: Olefin : $BF_3 \cdot H_3PO_4$ = 3:1:0,3 u. 60°/2 Std. betrugen die Ausbeuten in der vorst. Reihenfolge der Verbb.: 66,7; 67,9; 74,7; 25,9; 23,4 bzw. 22,2%. — 4-Chloranisole: *2-Isopropyl-* (**II**), $C_{10}H_{13} \cdot ClO$, Kp.$_1$ 72—73°; D.$_4^{20}$ 1,0810; n_D^{20} 1,5235. — *2.6-Diisopropyl-*, $C_{13}H_{19}ClO$, Kp.$_1$ 80—82°; D.$_4^{20}$ 1,377; n_D^{20} 1,5200. — *2-sek.-Butyl-* (**III**), $C_{11}H_{15}ClO$, Kp.$_2$ 84°; D.$_4^{20}$ 1,583; n_D^{20} 1,5198. — *2.6-Di-sek.-butyl-*, $C_{15}H_{23}ClO$, Kp.$_2$ 101—104°; D.$_4^{20}$ 0,9698; n_D^{20} 1,5040. — *2-Cyclohexyl-* (**IV**), $C_{13}H_{17}ClO$, Kp.$_2$ 126°, F. 33° (A.); D.$_4^{20}$ 1,1162; n_D^{20} 1,5460; Plättchen. — *2.6-Dicyclohexyl-*, $C_{19}H_{27}ClO$, F. 109—110° (Ae.); Nadeln. — 4-Chlorphenole: *2-Isopropyl-*, $C_9H_{11}ClO$, Kp.$_{15}$ 126—128°, durch 50std. Kochen von 15 g **II** mit 70 ml Acetanhydrid u. 100 ml HJ (D. 1,7); D.$_4^{20}$ 1,1080; n_D^{10} 1,5385; 73,9% [→ *2-Isopropyl-4-chlorphenoxyessigsäure*, F. 159° (PAe.); Plättchen]. — *2-sek.-Butyl-*, Kp.$_2$ 95—96°, F. 56° (PAe.), aus **III**; 77,5% [→ *2-sek.-Butyl-4-chlorphenoxyessigsäure*, F. 123° (PAe.)]. — *2-Cyclohexyl-*, aus 10 g **III**; 0,7 g [→ *2-Cyclohexyl-4-chlorphenoxyessigsäure*, F. 167,5—168° (W.)]. — *2-Cyclohexylphenol*, Kp.$_4$ 121—125°, F. 54—54,5° (PAe.), entsteht als Hauptprod. bei der Demethylierung von 15 g **IV**; Nädelchen; 4,65 g [→ *2-Cyclohexylphenoxyessigsäure*, F. 130—131° (PAe.)].

Helmut Schäfer. 1060△

0819 **Untersuchungen über Antioxydantien für Vitamin A in Fischleberöl. 3. Mitt. Antioxydative Wirkung von Alkylkresolen.** Tomohiko Kawai, Tsunekazu Shimizu und Hisae Chiba. (J. pharmac. Soc. Japan [Yakugakuzasshi] **76**, 660—65, 1956; Tokyo, Kawai Res. Labor. and Keio-Gijuku Univ., Med. Fac., Pharmac. Inst.; jap., Auszug: engl.) — 2. vgl. C. **1963**, 19592. — 31 *Alkyl-o-, -m-, -p-kresole* wurden synthetisiert u. die Wrkg. der Alkyl- u. Hydroxygruppen in verschiedenen Stellungen, sowie die Wrkg. der Zahl der C-Atome in der Alkylgruppe als Antioxydans von Vitamin A untersucht. Einzig *2.6-Di-tert.-butyl-p-kresol* war sehr stark wirksam. Allg. liegt die Wrkg. der m-Kresolderivv. unter der der o- u. p-Kresolderivate. Kresol selbst zeigt keinen Effekt, die antioxydative Wrkg. steigt bei Einführung einer Alkylgruppe an, bis zu einem Maximum bei 4—5 C-Atomen.

Versuche: Carbonsäure-o-kresylester: *Essigsäure-*, Kp.$_8$ 80—84°, aus dem entsprechenden Phenol mit der entsprechenden Säure durch 2std. Kochen mit $POCl_3$; 55% (Ausbeute). — *Propionsäure-*, Kp.$_{17}$ 107 bis 109°, analog vorst. Verb.; 37%. — *Buttersäure-*, Kp.$_{17}$ 122—124°; 56%. — *Isovaleriansäure-*, Kp.$_{22}$ 132—139°; 73%. — *Capronsäure-*, Kp.$_{8,5}$ 123—125°; 61%. — *Caprylsäure-*, Kp.$_{9,5}$ 156—158°; 60%. — *Caprinsäure-*, Kp.$_5$ 168—171°; 50%. — *Benzoesäure-*, Kp.$_{8,5}$ 154—156°; 72%. — *Phenylessigsäure-*, Kp.$_{13}$ 170—172°; 64%. — Carbonsäure-m-kresylester: *Essigsäure-*, Kp.$_{8,5}$ 103 bis 110°; 65%. — *Propionsäure-*, Kp.$_{11,5}$ 105—108°; 38%. — *Buttersäure-*, Kp.$_9$ 115—117°; 44%. — *Isovaleriansäure-*, Kp.$_{12}$ 122—128°; 64%. — *Capronsäure-*, Kp.$_{8,5}$135—147°; 67%. — *Caprylsäure-*, Kp.$_9$ 158—161°; 61%. — *Benzoesäure-*, Kp.$_8$ 168—170°; 75%. — Carbonsäure-p-kresylester: *Essigsäure-*, Kp. 208—209°; 61%. — *Propionsäure-*, Kp.$_{12}$ 100—108°; 45%. — *Buttersäure-*, Kp.$_{17}$ 113—115°; 70%. — *Isovaleriansäure-*, Kp.$_{10}$ 122—125°; 47%. — *Capronsäure-*, Kp.$_{11}$ 140—141°; 49%. — *Caprylsäure-*, Kp.$_{10}$ 151—152°; 46%. — *Caprinsäure-*, Kp.$_7$ 175—178°, 49%. — *Benzoesäure-*, F. 71 bis 71,5°; 50%. — *Phenylessigsäure-*, F. 70—71,5°; 56%. — Acyl-o-kresole, durch Erhitzen der vorst. Ester mit $AlCl_3$: *6-Acetyl-*, Kp.$_9$ 103—105°, durch $^1/_2$std. Erhitzen auf 160—180°; 54%. — *4-Acetyl-*, Kp.$_{7,5}$ 166—167°, $^1/_2$ Std. bei 160—180°; 27%. — *6-Propionyl-*, Kp.$_{15}$ 127 bis 129°, F. 22—23°, 3 Std. bei 120°; 49%. — *4-Propionyl-*, F. 85°, 3 Std. bei 120°; 15%. — *6-Butyryl-*, Kp.$_{11}$ 143°, $^1/_2$ Std. bei 160—180°; 45%. — *4-Butyryl-*, Kp.$_{15}$ 195—200°, $^1/_2$ Std. bei 160—180°; 23%. — *6-Isovaleryl-*, Kp.$_{11,5}$ 140—146°, $^1/_2$ Std. bei 160—180°; 20%. *2.4-Dinitrophenylhydrazon*, $C_{18}H_{20}N_4O_5$, F. 176—179°. — *4-Isovaleryl-*, Kp.$_{10,5}$ 184—188°; 18%. *2.4-Dinitrophenylhydrazon*, $C_{18}H_{20}N_4O_5$, F. 190°. — *6-Caproyl-*, Kp.$_{15}$ 152—154°; 37%. — *4-Caproyl-*, Kp.$_{15}$ 200—205°; 20%. — *6-Capryloyl-*, Kp.$_{13}$ 176—182°; 44%. — *4-Capryloyl-*, $C_{15}H_{22}O_2$, F. 70—73°; 15%. — *6-Caprinoyl-*, Kp.$_8$ 190 bis 193°; 28%. *2.4-Dinitrophenylhydrazon*, $C_{23}H_{30}N_4O_5$, F. 96—98°. — *4-Benzoyl-*, F. 173—174°, Kp.$_{12-15}$ 240 bis 260°, $^1/_4$ Std. bei 140°; 10%. — *6-Phenylacetyl-*, Kp.$_8$ 176—180°, $^1/_2$ Std. bei 160—180°; 53%. *2.4-Dinitrophenylhydrazon*, $C_{21}H_{18}N_4O_5$, F. 207°. — Acyl-m-kresole: *6-Acetyl-*, Kp.$_8$ 101°, $^1/_2$ Std. bei 165°; 65%. — *6-Propionyl-*, F. 43—44°, $^1/_2$ Std. bei 120—148°; 39%. — *6-Butyryl-*, F. 17°, Kp.$_{15}$ 142—144°, analog vorst. Verb.; 48%. — *6-Isovaleryl-*, Kp.$_{11,5}$ 137—142°; 73%. *Phenylhydrazon*, $C_{18}H_{22}N_2O$, F. 107—110°. — *6-Caproyl-*, F. 23—24°, Kp.$_{15}$ 162—164°; 73%. — *6-Caprinoyl-*, Kp.$_9$ 173—175°; 76%. *Phenylhydrazon*, $C_{21}H_{28}N_2O$, F. 64 bis 66°. — *6-Benzoyl-*, F. 63°, Kp.$_{14}$ 195—215°, $^1/_4$ Std. bei 175°; 31%. — Acyl-p-kresole: *2-Acetyl-*, F. 50°, 10 Min. bei 120°; 36%. — *2-Propionyl-*, Kp.$_{16,5}$ 129 bis 130°, 1 Std. bei 100°; 50%. — *2-Butyryl-*, F. 34°, 1 Std. bei 100°; 60%. — *2-Isovaleryl-*, Kp.$_{12}$ 138—140°, $^3/_4$ Std. bei 130—160°; 67%. *2.4-Dinitrophenylhydrazon*, $C_{18}H_{20} \cdot N_4O_5$, F. 174—175,5°. — *2-Caproyl-*, Kp.$_{15}$ 150—152°, 1 Std. bei 100°; 74%. — *2-Capryloyl-*, F. 36°, 10 Min. bei 120°; 70%. *2-Caprinoyl-*, Kp.$_{6,5}$ 182—186°, 10 Min. bei 120°; 53%. *2.4-Dinitrophenylhydrazon*, $C_{23}H_{30}N_4O_5$, F. 139—141°. — *2-Benzoyl-*, F. 84°, 10 Min. bei 140°; 80%. — *2-Phenylacetyl-*, $C_{15}H_{14}O_2$, F. 54—58°, Kp.$_7$ 169—174°, $^1/_2$ Std. bei 120—140°; 82%. — Alkyl-o-kresole: *6-Äthyl-*, Kp.$_{12}$ 91—92°, durch Red. der entsprechenden Acylkresole mit amalgamiertem Zn u. HCl nach Clemmensen; 32%. — *4-Äthyl-*, Kp.$_{740}$ 224,5°; 33%. — *6-Propyl-*, Kp.$_{12}$ 105—107°; 47%. — *4-Propyl-*, Kp.$_8$ 99—100°; 44%. *Phenylurethan*, $C_{17}H_{19}NO_2$, F. 121 bis 123°. — *6-Butyl-*, Kp.$_{15}$ 117—119°; 38%. — *4-Butyl-*, Kp.$_{15}$ 127—129°; 39%. — *6-Isoamyl-*, $C_{12}H_{18}O$, Kp.$_{23}$ 136—137°; 40%. — *4-Isoamyl-*, Kp.$_{13}$ 135°; 46%. *Phenylurethan*, $C_{19}H_{23}NO_2$, F. 120—122,5°. — *6-Hexyl-*, Kp.$_{15}$ 139—141°; 61%. — *4-Hexyl-*, Kp.$_{15}$ 132—134°; 56%. — *6-Octyl-*, $C_{15}H_{24}O$, Kp.$_{11}$ 163—165°; 64%. — *4-Octyl-*, Kp.$_2$ 127—131°; 57%. — *6-Decyl-*, $C_{17}H_{28}O$, Kp.$_{10}$ 180—183°; 58%. — *4-Benzyl-*, F. 35°; 42%. *Phenylurethan*, $C_{21}H_{19}NO_2$, F. 120—122°. — *6-[β-Phenäthyl]-*, Kp.$_{13,5}$ 181—182°; 39%. *Phenylurethan*, $C_{22}H_{21}NO_2$, F. 113—115°. — Alkyl-m-kresole: *6-Äthyl-*, F. 44°; 74%. — *6-Propyl-*, Kp.$_{16}$ 129°; 41%. — *6-Butyl-*, Kp.$_{15}$ 132—134°; 46%. — *6-Isoamyl-*, $C_{12}H_{18}O$, F. 32—33,5°, Kp.$_{11,5}$ 135—142°; 66%. — *6-Hexyl-*, Kp.$_{15}$ 147—149°; 58%. — *6-Octyl-*, Kp.$_{7,5}$ 156—158°; 74%. *Phenylurethan*, $C_{22}H_{21}NO_2$, F. 65—66°. — *6-Benzyl-*, $C_{14}H_{14}O$, F. 95°, Kp.$_{30}$ 240°; 53%. — Alkyl-p-kresole: *2-Äthyl-*, Kp.$_{18}$ 110—111°; 65%. — *2-Propyl-*, Kp.$_{21}$ 110—114°; 22%. — *2-Butyl-*, Kp.$_{15}$ 127—129°; 70%. — *2-Isoamyl-*, Kp.$_{17}$ 140—143°; 60%. *Phenylurethan*, $C_{19}H_{23}NO_2$, F. 81—84°. — *2-Hexyl-*, Kp.$_8$ 138—139°; 50%. — *2-Octyl-*, Kp.$_{18}$ 174°; 63%. *Phenylurethan*, $C_{22}H_{29}NO_2$, F. 71,5—73°. — *2-Decyl-*, $C_{17}H_{28}O$, Kp.$_{6,5}$ 178—180°; 80%. — *2-Benzyl-*, Kp.$_9$ 164—165°; 25%. — *2-[β-Phenyläthyl]-*, $C_{15}H_{16}O$, F. 40—41°, Kp.$_{15}$ 190—191°; 40%.

D. Dargel. 1060△

0820 **Synthese von 2.6-Dichlorbenzonitril aus Cyclohexanol.** G. I. Fray. (Tetrahedron [London] **19**, 1195 bis 1200, 1963; Egham, Surrey Shell Chem. Co. Res. Labor.; engl.) — Cyclohexanol reagiert mit Chlor zu *2.2.6.6-Tetrachlorcyclohexanon* (**I**), das mit KCN/Eisessig in *2.2.6.6-Tetrachlor-1-hydroxycyclohexancarbonitril* (**II**), mit überschüssigem KCN dagegen in *2.6.6-Trichlor-1.2-epoxycyclohexancarbonitril* (**III**) übergeht. Bei der Pyrolyse von **II** entsteht **I** zurück, während bei der Pyrolyse von **III** in geringer Ausbeute *2-Cyan-3-chlorphenol* entsteht. Die Umsetzung von **II** mit $SOCl_2$ in Ggw. katalyt. Mengen Pyridin führt zu *1.2.2.6.6-Pentachlorcyclohexancarbonsäurenitril* (**VII**), dessen Pyrolyse *2.6-Dichlorbenzonitril*(**IV**) ergibt. Durch Umsetzung von **II** mit Benzoylchlorid oder Acetylchlorid bzw. Acetanhydrid entstehen die entsprechenden *2.2.6.6-Tetrachlor-1-acyl-oxycyclohexancarbonitrile*, deren Pyrolyse in geringer Ausbeute ebenfalls zu **IV** führt. Durch Hydrolyse von **II** mit konz. H_2SO_4 wird *2.2.6.6-Tetrachlor-1-hydroxycyclohexancarbonamid* (**V**) erhalten, dessen Pyrolyse in Ggw. von P_4O_{10} zu **IV** u. dessen Behandlung mit HNO_2 zu **I** führt. Die saure Hydrolyse von **III** ergibt *6.6-Dichlor-1-hydroxy-2-oxocyclohexancarbonamid*, während bei der alkal. Hydrolyse von **III** *2.2.6-Trichlor-1.2-epoxycyclohexancarbonamid* (**VI**) entsteht, das auch durch Einw. von KOH auf **V** dargestellt werden kann. Mit heißer 50%ig. H_2SO_4 wandelt sich **VI** wahrscheinlich in *2.2.6-Tr chlor-5-hydroxycyclohexen-(6)-carbonamid* (**VIII**) um, denn bei der Pyrolyse dieser Verb. entsteht **IV** u. bei der Behandlung mit HNO_2 soll eine ungesätt. Carbonsäure gebildet werden.

Versuche: Cyclohexancarbonsäuren: *2.2.-6.6-Tetrachlor-1-hydroxy-, Nitril* (**II**), $C_7H_7Cl_4NO$, F. 100 bis 110° (Ae./PAe. oder CCl_4), aus **I** u. KCN/Eisessig in A. über Nacht bei Raumtemp.; 78% (Ausbeute). *Acetat*, $C_9H_9Cl_4NO_2$, F. 189,5—190,5° (Chlf.), a) durch 65std. Kochen von **II** mit Acetylchlorid-Pyridin 37%; b) durch Erhitzen von **II** mit Acetanhydrid auf 120—130° in 5 Tagen; 52%. *Benzoat*, $C_{14}H_{11}Cl_4NO_2$, F. 167,5—168° (Chlf./Methanol), durch Erhitzen von **II** mit Benzoylchlorid auf 120—130° in 5 Tagen; 7%. — *2.6.6-Trichlor-1.2-epoxy-, Nitril* (**III**), $C_7H_6Cl_3NO$, F. 45—46° (Ae./PAe.), a) aus **I**, überschüssigem KCN u. Eisessig in A. in 1 Woche bei Raumtemp.; 80%; b) aus **II** u. KCN in A. in 2 Tagen bei Raumtemp.; 100%; liefert durch 1std. Erhitzen auf 200—205° *2-Cyan-3-chlorphenol* [C_7H_4ClNO, F. 158 bis 159° (Ae./PAe.); 9%]. — *1.2.2.6.6-Pentachlor-, Nitril* (**VII**), $C_7H_6Cl_5N$, F. 182—183° (Ae./Chlf., Prismen), durch 6std. Kochen von **II** mit $SOCl_2$ in Ggw. von Pyridin; 38%. — *2.2.6.6-Tetrachlor-1-hydroxy-, Amid* (**V**), $C_7H_9Cl_4NO_2$, F. 202—203° (Bzl.: oder Ae./PAe.), durch $^1/_2$std. Erwärmen von **II** in konz. H_2SO_4; 84%; b) durch Lösen von **VII** in warmer konz. H_2SO_4; 78%; liefert durch Einw. von konz. H_2SO_4 u. $NaNO_2$ bei 0°; *2.2.6.6-Tetrachlorcyclohexanon* [**I**; F. 82—83° (PAe.); 75%; das auch durch $^1/_4$std. Erhitzen von **II** auf 190—200° erhalten wird]. — *6.6-Dichlor-1-hydroxy-2-oxo-, Amid*, $C_7H_9Cl_2NO_3$, F. 174,5—175,5° (Ae./Methanol), durch Lösen von **III** in eiskalter konz. H_2SO_4 u. 30 Min. Stehen bei Raumtemp.; 40%. *2.4-Dinitrophenylhydrazon*, $C_{13}H_{13}Cl_2N_5O_6$, F. 255—256° (Zers.; Eisessig). — *2.6.6-Trichlor-1.2-epoxy-, Amid* (**VI**), $C_7H_8Cl_3NO_2$, F. 145,5 bis 146,5° (Bzl.; Nadeln) 82%; a) durch Behandeln einer Lsg. von **III** in A. mit wss. KOH bei Raumtemp.; 82%; b) durch 75 Min. Erwärmen eines Gemisches von **V**, A. u. wss. KOH auf dem Wasserbad; 76%. — *2.2.6-Trichlor-5-hydroxycyclohexen-(6)-carbonamid* (?, **VIII**), $C_7H_8Cl_3NO_2$, F. 195—196° (Methanol), durch Lösen von **VI** in heißer 50%ig. H_2SO_4 u. Verdünnen der abgekühlten Lsg. mit W.; 60%. — *2.6-Dichlorbenzonitril* (**IV**), F. 145—146° (PAe. oder Ae./PAe.), a) durch 1std. Erhitzen von **VII** auf 225—235°, Extraktion mit sd. PAe. u. Sublimation bei 100°/20 Torr; 67Ar; b) durch 30 Min. Erhitzen von **II**-Acetat auf 260—270°; 19%; c) durch Erhitzen von **V** auf 250—260° in Ggw. von P_4O_{10}; 19%; d) durch 1std. Erhitzen von **VIII** auf 220—230° in Ggw. von P_4O_{10}.

F. Geiger. 1210

0821 **Äthylencyanhydrinester in der Friedel-Crafts-Reaktion.** A. N. Kosst, B. M. Scheiman und W. K. Kusskow. (Hochschulnachr. [Iwanowo], Chem. u. chem. Technol. **4**, 87—91, 1961; Moskau, Lomonossow-Univ., Lehrstuhl für organ. Chem. u. chem. Technol.; russ.) — Bei der Rk. von Bzl. mit β-Cyanäthyl-p-toluolsulfonat, -p-methoxybenzolsulfonat [$C_{10}H_{11}NO_4S$, F. 75,5 bis 76,5° (Bzl.), durch 60std. Erhitzen von p-Methoxybenzolsulfochlorid mit β-Hydroxypropionitril; 92,7% (Ausbeute)], -p-chlorbenzolsulfonat [$C_9H_8ClNO_3S$, F. 64,5 bis 65,5° (Bzn.-Bzl.); 55,1%], -p-nitrobenzolsulfonat [$C_9H_8N_2O_5S$, F. 107,5—108,5° (Bzn.-Bzl.); 50%] oder -benzolsulfonat [$C_9H_9NO_3S$, Kp.$_{10}$ 206—207°; 70%] in Ggw. von $AlCl_3$ [0,1 Mol des Arylsulfonats u. 0,15 Mol $AlCl_3$ in 160 ml abs. Bzl. 3 Std. kochen] entsteht in 70, 4,6, 87,5, 59,5 bzw. 74%ig. Ausbeute *β-Phenylpropionitril* [**I**; Kp.$_{18}$ 137°; $D._4^{20}$ 0,9991; n_D^{20} 1,5243]. — Die Rk. von β-Acetoxypropionitril mit Bzl. liefert nach 8 Std. 43% *Acetophenon* u. 0,7% **I**. Durch 2—3std. Erhitzen von β-Äthoxypropionitril mit Bzl. werden in Abhängigkeit vom Verhältnis der Ausgangsverbb. 20—59% *Äthylbenzol*, daneben *Di-* u. *Polyäthylbenzole* erhalten. — Durch 3std. Erhitzen von 7,36 g Tris-[β-cyanäthyl]-borat [$C_9H_{12}BN_3O_3$, Kp.$_{10}$ 248—250°; $D._4^{20}$ 1,1226; n_D^{20} 1,4408] mit 20 g $AlCl_3$ in 160 ml Bzl. erhält man 7,6 g **I** [Kp.$_5$ 108,5°; $D._4^{20}$ 1,0124; n_D^{20} 1,5231; 7,6%]. Helmut Schäfer. 1210△

0822 **Eine bequeme Methode für die Darstellung von Arylessigsäuren.** C. G. Joshi und J. L. Bose. (J. sci. ind. Res. [New Delhi], Sect. B **21**, 284—85, 1962; Poona, Nat. Chem. Labor.; engl.) — Vff. synthetisieren nach der von Schwenck u. Papa (J. biol. Chemistry **11**, [1946], 798) modifizierten Willgerodt-Kindler-Rk. *Homoanissäure* ohne Isolierung des intermediären Thiosäuremorpholids durch Hydrolyse in situ. Analog wurden *Phenylessig-*, *p-Hydroxyphenylessig-* u. *p-Methoxyphenylpropionsäure* dargestellt.

Versuche: *Homoanissäure*, F. 85—86°, durch 33std. Kochen von p-Methoxyacetophenon, Morpholin u. S, 24std. Kochen mit 2nHCl, Filtrieren u. Ansäuern mit konz. HCl; aus sd. W. Tafeln; 72,3% (Ausbeute). Analog: *p-Hydroxyphenylessigsäure*, F. 139—140°, aus p-Hydroxyacetophenon (im Orig.: p-Hydroxypropiophenon) in $15^1/_2$/$15^1/_2$ Std.; aus Ae./PAe. Nadeln; 50,7%. — *Phenylessigsäure*, F. 72°, aus Acetophenon (30/15 Std.); aus sd. W. Tafeln; 66,2%. — *3-[p-Methoxyphenyl]-propionsäure*, F. 103°, aus p-Methoxypropiophenon (30/$15^1/_2$ Std.), aus W. Prismen; 50,7%.

H.-J. Kötzsch. 1210◇

0823 **Fluor- und Difluorbenzoldicarbonsäuren und ihre Anhydride.** G. Valkanas und H. Hopff. (J. chem. Soc. [London] **1963**, **3475**—76; Zurich, Swiss Federal Inst. of Technology, Lab. of Org. Chem. Technology; engl.) — Durch Oxydation einiger Mono- u. Difluorxylole mit verd. HNO_3 unter Druck u. erhöhter Temp. werden die entsprechenden *Mono-* u. *Difluorbenzoldicarbonsäuren* in ca. 80%ig. Ausbeute hergestellt. Die substituierten *o-Phthalsäuren* gehen bei der Dest. in ihre *Anhydride* über. Die Einführung von Fluor bewirkt ein Fallen der pK für die m- um 0,15, p- um 0,19 u. o-Stellung um 0,30 pK-Einheiten.

Versuche: *Fluorterephthalsäure*, $C_8H_5FO_4$, F. 330° (Sublimation), durch 4std. Erhitzen von Fluor-p-xylol mit 22%ig. HNO_3 in einem glasausgekleideten Autoklaven auf 200° (Enddruck 52 kg/cm²); 79% (Ausbeute). — *2-Fluorisophthalsäure*, $C_8H_5FO_4$, F. 286—287°; analog aus 2-Fluor-m-xylol; feine Nadeln; 75%. — *4-Fluorisophthalsäure*, $C_8H_5FO_4$, F. 282—283°, analog aus 4-Fluor-m-xylol; 75,5%. — *5-Fluorisophthalsäure*, $C_8H_5FO_4$, F. 291—292°, a) durch analoge Oxydation 5-Fluor-m-xylol mit einem 10%ig. Überschuß von 22%ig. HNO_3 (Enddruck 63 kg/cm²); 68%; b) durch Oxydation mit der stöchiometr. Menge 20%ig. HNO_3 (Enddruck 52 kg/cm²); 78%. — *3-Fluorphthalsäureanhydrid*, $C_8H_3FO_3$, F. 153 bis 155°, Kp.$_{730}$ 281—283°, durch Oxydation von 3-Fluor-o-xylol (**I**) mit der stöchiometr. Menge 20%ig. HNO_3, Extraktion der Säure mit Ae. u. Dest.; 70%. — *Fluortoluylsäure*, $C_8H_7FO_2$, durch analoge Oxydation von **I** mit der halben stöchiometr. Menge 20%ig. HNO_3. — *4-Fluorphthalsäure*, $C_8H_5FO_4$, F. 152—153° (im verschlossenen Rohr; Essigsäure), durch Oxydation von 4-Fluor-o-xylol mit der stöchiometr. Menge HNO_3 u. Ausäthern. *Anhydrid*, $C_8H_3FO_3$, F. 74—75°, Kp.$_{730}$ 261—262°, durch Dest. der Säure; 73%. — *3.6-Difluorphthalsäureanhydrid*, $C_8H_2F_2O_3$, F. 206—207°, durch 3std. Oxydation von 3.6-Difluor-o-xylol mit 15%ig. HNO_3 bei 190—200°, Extraktion mit Ae. u. Dest. der *Säure* (gelbes Pulver) bei 730 Torr; 61%. — *2.5-Difluorisophthalsäure*, $C_8H_4F_2O_4$, F. 282—283°, durch Oxydation von 2.5-Difluor-m-xylol mit 15%ig. HNO_3; 75%. — *2.5-Difluorterephthalsäure*, F. 325—330°; analog aus 2.5-Difluor-p-xylol; 78%.

H.-D. Jacobi. 1220△

0824 **Eine neue Aufspaltung von (±)-α-Methoxy-α-phenylessigsäure.** Douglas G. Neilson und David A. V. Peters. (J. chem. Soc. [London] **1962**, 1519; Dundee, Univ. of St. Andrews, Queen's College; engl.) — Die Aufspaltung der (±)-α-Methoxy-α-phenylessigsäure (**I**) durch Ephedrin (**II**) wird beschrieben, wobei opt. reine Formen in hoher Ausbeute erhalten werden.

Versuche: *(±)-α-Methoxy-α-phenylessigsäure* (**I**), F. 69—70°, durch tropfenweise Zugabe einer Lsg. von 59,4 g Na in 500 ml Methanol zu 590 g (±)-α-Brom-α-phenylessigsäuremethylester in Methanol, 4std. Kochen, 24std. Stehen bei Raumtemp., Abtrennen des NaBr, Zersetzen des Filtrates mit wenig 15%ig. wss. NaOH, 2std. Erhitzen auf 80° u. Zers. des *Na-(±)-α-Methoxy-α-phenylacetats*, das beim Kühlen ausfällt, abgesaugt u. mit A. gewaschen wird, mit 25%ig. H_2SO_4; 310 g (Ausbeute). *Ephedrinsalz*, durch Zugabe von 40 g **II** zu 40 g **I** in warmem A. in 24 Std.; $[\alpha]_{5461}^{19}$ —87,8° (c = 0,668;

Methanol); 28,8 g. (−)-*Isomeres*, F. 65−66° (PAe./Bzl.), durch Zers. des Ephedrinsalzes mit 20%ig. H_2SO_4; $[\alpha]_D^{20}$ −150,7° (c = 0,574; A.), $[\alpha]_{5461}^{20}$ −173,3°; 11 g; daneben (+)-*Isomeres*, F. 65−66°, durch Eindampfen der Lsg.; $[\alpha]_D^{20}$ +150° (c = 0,494; A.), $[\alpha]_{5461}^{20}$ +172,6°; 9,5 g. R. Gnauck. 1250△

0825 **1.3-Bis-[N-(β-hydroxyäthyl)-nitramino]-2.4.6-trinitrobenzoldinitrat (Heptryl).** Michele Giua und Paolo Amat Di San Filippo. (Ann. Chimica **50**, 1381−86, Okt. 1960; Torino, Univ., Ist. di Chim. org. ind.; ital.) — 1.3-Dichlor-2.4.6-trinitrobenzol (**I**) wird mit Äthanolamin zu *1.3-Bis-[β-hydroxyäthylamino]-2.4.6-trinitrobenzol* (**II**) umgesetzt, das mit HNO_3 zu *1.3-Bis-[N-(β-hydroxyäthyl)-nitramino]-2.4.6-trinitrobenzoldinitrat* (**III**) nitriert wird. **III** ist als Sprengstoff interessant u. wird wegen seiner 7 NO_2-Gruppen als „*Heptryl*" bezeichnet; es wird auch bei der Nitrierung von 1.3-Bis-[β-hydroxyäthylamino]-4.6-dinitrobenzol (**IV**) unter scharfen Bedingungen erhalten.

Versuche: *1.3-Bis-[β-hydroxyäthylamino]-2.4.6-trinitrobenzol* (**II**), $C_{10}H_{13}N_5O_8$, F. 203−205° (Methanol), durch kurzes Kochen von **I** mit Äthanolamin in Methanol in Ggw. von Na-Acetat; gelbe Prismen; 50% (Ausbeute). *Diacetat*, $C_{14}H_{17}N_5O_{10}$, F. 151° (Essigsäure), Nadeln. — *1.3-Bis-[N-(β-hydroxyäthyl)-nitramino]-2.4.6-trinitrobenzoldinitrat* (**III**), $C_{10}H_9N_9O_{16}$, F. 123° (A.), a) durch Zugeben von **II** in konz. H_2SO_4 zu HNO_3 (D. 1,52), kurzes Stehen u. Gießen in W.; 55%; b) durch 1/4std. Erhitzen von **IV** in rauchender HNO_3/konz. H_2SO_4 auf dem Wasserbad; 32%. — *5-[β-Hydroxyäthylamino]-2.4-dinitrochlorbenzol*, $C_8H_8ClN_3O_5$, F. 136° (Methanol), analog **II**; gelborangefarbene Blättchen; 57%. *Acetat*, $C_{10}H_{10}ClN_3O_6$, F. 128° (Essigsäure), Nadeln. — *1.3-Bis-[β-hydroxyäthylamino]-4.6-dinitrobenzol* (**IV**), $C_{10}H_{14}N_4O_6$, F. 216° (Methanol), durch 1std. Kochen vorst. Verb. mit Äthanolamin in Methanol; orangefarbene Nadeln; 54%. *Diacetat*, $C_{14}H_{18}N_4O_8$, F. 156° (Essigsäure), zitronengelbe Nadeln. H.-E. Toussaint. 1310◇

0826 **Methylpentryl.** Michele Giua und Paolo Amat Di San Filippo. (Ann. Chimica **50**, 1387−90, Okt. 1960; Torino, Univ., Ist. di Chim. org. ind.; ital.) — Vgl. auch vorst. Referat. — 2.3.4-Trinitrotoluol (**I**) wird durch Äthanolamin in *3-[β-Hydroxyäthylamino]-2.4-dinitrotoluol* (**II**) umgewandelt; aus 2.4.5-Trinitrotoluol (**III**) wird analog *5-[β-Hydroxyäthylamino]-2.4-dinitrotoluol* (**IV**) erhalten. Mit rauchender HNO_3 in H_2SO_4 geben **II** u. **IV** *3-[N-(β-Hydroxyäthyl)-nitramino]-2.4.6-trinitrotoluolnitrat*, das als Sprengstoff („*Methylpentryl*") von Interesse ist.

Versuche: *3-[β-Hydroxyäthylamino]-2.4-dinitrotoluol* (**II**), $C_9H_{11}N_3O_5$, F. 96° (A.), durch 3tägiges Stehen von **I** mit Äthanolamin in A.; gelbe Prismen; 55% (Ausbeute). *Acetat*, $C_{11}H_{13}N_3O_6$, F. 102° (Essigsäure), Blättchen. — *5-[β-Hydroxyäthylamino]-2.4-dinitrotoluol* (**IV**), $C_9H_{11}N_3O_5$, F. 117° (wss. Aceton), analog **II** aus **III**; gelborangefarbene Nadeln; 90%. *Acetat*, $C_{11}H_{13}N_3O_6$, F. 123 bis 125° (Essigsäure). — *3-[N-(β-Hydroxyäthyl)-nitramino]-2.4.6-trinitrotoluolnitrat*, $C_9H_8N_6O_{11}$, F. 104° (A.), a) durch Zugeben von **II** in 98%ig. H_2SO_4 zu rauchender HNO_3, kurzes Erwärmen, 12std. Stehen u. Gießen in Eisw.; Prismen; 48%; b) analog aus **IV**; 78%. H.-E. Toussaint. 1310◇

0827 **Debenzylierung tert.-Benzylamine mit Äthylchlorformiat.** William B. Wright jun. und Herbert J. Brabander. (J. org. Chemistry **26**, 4057−60, 1961; Pearch River, N. Y., Amer. Cyanamid Co., Lederle Labors. Div., Organ. Chem. Res. Sect.; engl.) — Tert. Benzylamine wie N'-Benzyl-N'-methyl-N-phenyläthylendiamin (**I**), 1-Benzylpiperidin (**II**) oder N.N-Dimethylbenzylamin (**III**) werden durch Kochen mit überschüssigem Äthylchlorformiat (**IV**) in Bzl. unter Abspaltung von Benzylchlorid in die entsprechenden *Äthylurethane* bzw. deren *N-Phenylderivv.* verwandelt. Intermediär bilden sich *quart. Urethansalze.*

Versuche: N-Phenyl-N'-methyläthylendiamine: *Unsubstituiert, Dihydrobromid*, durch 24std. Kochen des *N.N'*-Dicarbäthoxyderiv. in 48%ig. HBr/Eisessig (1:1) (Meth. **A**). — *m-Chlor-*, $C_9H_{13}ClN_2$, Kp.$_{0,3}$ 100−110°, durch 16std. Kochen von 2-Chlor-N-methyläthylamin mit m-Chloranilin in Toluol, Verdünnen mit W. u. Alkalisieren mit 50%ig. KOH, 66% (Ausbeute). *Dihydrobromid*, $C_9H_{15}Br_2ClN_2$, F. 199−201°, a) nach **A**; 69%; b) aus der Base; 84%. — *p-Chlor-, Dihydrobromid*, $C_9H_{15}Br_2ClN_2$, F. 206−208°, nach **A**; 70%. — *m-Brom-, Dihydrobromid*, $C_9H_{15}Br_3N_2$, F. 205−207°; nach **A**; 51%. *m-Hydroxy-, Dihydrobromid*, $C_9H_{16}Br_2N_2O$, F. 198−200°, aus N'-Methyl-N-[m-methoxyphenyl]-N.N'-bis-[carbäthoxy]-äthylendiamin nach **A**; 30%. — N'-Methyl-N'-benzyläthylendiamine: *N-[p-Chlorphenyl]-*, $C_{16}H_{19}ClN_2$, Kp.$_{0,2}$ 165−170°, durch Rk. von N-[2-Chloräthyl]-N-methylbenzylaminhydrochlorid mit p-Chloranilin; n_D^{25} 1,581; 44%. — *N-[m-Bromphenyl]-*, $C_{16}H_{19}BrN_2$, Kp.$_{0,4}$ 180−190°; n_D^{25} 1,600; 35%. — *N-[p-Methoxyphenyl]-*, $C_{17}H_{22}N_2O$, Kp.$_{0,2}$ 160−170°; n_D^{25} 1,571; 56%. — *N-[m-Tolyl]-*, $C_{17}H_{22}N_2$, Kp.$_{0,4}$ 162−165°; n_D^{25} 1,567; 74%. — *N-Carbäthoxy-N-phenyl-* (**V**), $C_{19}H_{24}N_2O_2$, Kp.$_{0,4}$ 165 bis 170°, durch Zugabe von 0,15 Mol **IV**/Bzl. zu 0,1 Mol **I** in Bzl. in der Kälte u. 5−18std. Kochen, Extrahieren mit 0,5 n HCl, Alkalisieren der sauren Lsg. u. Ausäthern (Meth. **B**); n_D^{25} 1,543; 63%. — *N-Carbäthoxy-N-[p-chlorphenyl]-*, $C_{19}H_{23}ClN_2O_2$, Kp.$_{0,2}$ 170−180°, nach **B**; n_D^{25} 1,550; 38%. — *N-Carbäthoxy-N-[m-methoxyphenyl]-*, $C_{20}H_{26}N_2O_3$, Kp. 170−175°, nach **B**; n_D^{25} 1,544; 46%. — *N-Carbäthoxy-N-[p-methoxyphenyl]-*, $C_{20}H_{26}N_2O_3$, Kp.$_{0,2}$ 180−190°, aus 0,3 Mol **IV** u. 0,1 Mol N'-Methyl-N'-benzyl-N-[p-methoxyphenyl]-äthylendiamin nach **B** (Meth. **C**); n_D^{25} 1,549; 16%. — *N-Carbäthoxy-N-[m-tolyl]-*, $C_{20}H_{26}N_2O_2$, Kp.$_{0,9}$ 176−180°, nach **C**; n_D^{25} 1,541; 22%. — N-Phenyl-N.N'-dicarbäthoxy-N'-methyläthylendiamine: *Unsubstituiert*, $C_{15}H_{22}N_2O_4$, Kp.$_{0,2}$ 142−146°, a) neben **V** aus der Bzl.-Phase; 48%; b) durch 18std. Kochen von 0,022 Mol **IV** u. 0,02 Mol **V** in Bzl.; n_D^{25} 1,509; 66%. — *p-Chlor-*, $C_{15}H_{21}ClN_2O_4$, Kp.$_{0,2}$ 158−165°, a) nach **B**; 50%; b) nach **C**; n_D^{25} 1,516; 76%. — *m-Chlor-*, $C_{15}H_{21}ClN_2O_4$, Kp.$_{0,1}$ 158−163°, nach **C**; n_D^{25} 1,516; 75%. — *m-Brom-*, $C_{15}H_{21}BrN_2O_4$, Kp.$_{0,2}$ 170−175°, nach **C**; n_D^{25} 1,535; 74%. — *m-Methoxy-*, $C_{16}H_{24}N_2O_5$, Kp.$_{0,1}$ 160 bis 165°, nach **B**; n_D^{25} 1,514; 25%. — *p-Methoxy-*, $C_{16}H_{24}N_2O_5$, Kp.$_{0,3}$ 168−170°, nach **C**; n_D^{25} 1,508; 63%. — *m-Methyl-*, $C_{16}H_{24}N_2O_4$, Kp.$_{0,3}$ 148−152°, nach **C**; n_D^{25} 1,504; 46%. — *1-Carbäthoxypiperidin-Benzylchlorid-1:1-Gemisch*, durch 18std. Kochen von 7,0 g **II** u. 4,8 ml **IV** in Bzl.; n_D^{25} 1,491; 11,0 g. — *N.N-Dimethyläthylurethan-Benzylchlorid-1:1-Gemisch*, analog vorst. Verb. aus 5,4 g **III** u. 4,8 ml **IV**; n_D^{25} 1,479; 8,0 g. G. Englor. 1310△

0828 **Synthese von Phenylisopropylaminoacetonitrilen.** Josef Klosa. (J. prakt. Chem. [4] **20**, 275−78, 1963; Berlin-Zehlendorf, Privatlabor; dt.) — Eine Reihe von *Phenylisopropylaminoacetonitrilen* (**A**) werden aus DL-β-Phenylisopropylamin (**I**), Aldehyden u. Alkalicyaniden dargestellt. Die **A** besitzen zwei asymm. C-Atome, es gelingt nicht die opt. aktiven Isomeren zu trennen. Die **A** konnten nicht zu Amiden verseift oder in Ester umgewandelt werden. Die **A** wirken zentralstimulierend.

Versuche: α-[DL-β-Phenylisopropylamino]-acetonitrile: *α-Phenyl-*, $C_{17}H_{18}N_2$, F. 85−87° (A./W.), a) durch 5 Min. langes Zutropfen von wss. NaCN zu einer mit 4 n HCl neutralisierten Lsg. von **I** in W., 1/2std. Zugabe von Benzaldehyd in Methanol unter Rühren bei < 50° u. 2std. Stehen (Meth. **B**); 88−90% (Ausbeute); b) analog **B** aus **I**-Sulfat. *Hydrochlorid*, F. 158 bis 140° (sintert bei 102−104°). *Hydrogensulfat*, F. 134 bis 136°. *D-Form*, $C_{17}H_{18}N_2$, nach **B** aus *D-β*-Phenylisopropylamin; Öl; *Hydrochlorid*, F. 130−131°. — *α-[p-Methoxyphenyl]-*, aus Anisaldehyd nach **B**, Öl. *Hydrochlorid*, $C_{18}H_{20}N_2O \cdot HCl$, F. 121−123°. *D-Form, Hydrochlorid*, F. 123−125°; 80%. — *α-[3.4-Dimethoxyphenyl]-*, $C_{19}H_{22}N_2O_2$, F. 84−86°, aus Veratrumaldehyd nach **B**. *Hydrochlorid*, F. 131−133°; 80%. — *α-[3.4-Methylendioxyphenyl]-, Hydrochlorid*, $C_{18}H_{18}N_2O_2 \cdot HCl$, F. 120 bis 122°, aus Piperonal nach **B**; 65%. — *α-[p-Chlorphenyl]-, Hydrochlorid*, $C_{17}H_{17}ClN_2 \cdot HCl$, F. 150−152° (sintert bei 133−135°), aus p-Chlorbenzaldehyd nach **B**; 65%. — *α-Äthyl-, Hydrochlorid*, $C_{13}H_{18}N_2 \cdot HCl$, F. 118−120° (sintert bei 85−87°), aus Propionaldehyd nach **B**. — *α-Propyl-, Hydrochlorid*, $C_{14}H_{20}N_2 \cdot HCl$, F. 123−124°; 60%. — α-[N-(DL-β-Phenylisopropyl)-methylamino]-acetonitrile: *α-Phenyl-, Hydrochlorid*, $C_{18}H_{20}N_2 \cdot HCl$, F. 110−112°, aus DL-1-Phenyl-2-methylaminopropanhydrochlorid nach **B**; ca. 80%. — *α-[p-Methoxyphenyl]-, Hydrochlorid*, $C_{19}H_{22}N_2O \cdot HCl$, F. 128—130°; 80%. — *α-[p-Chlorphenyl]-, Hydrochlorid*, $C_{18}H_{19}ClN_2 \cdot HCl$, F. 156—158°; 50%. E. Mirsch. 1350△

0829 **Reaktionen der Magnesylamine. 8. Mitt. Synthese und Eigenschaften von Arylamiden der N-Aryl(Alkyl)- und N-Acyl-substituierten Anthranilsäuren.** P. A. Petjunin und Ju. W. Koshewnikow. (J. allg. Chem. [UdSSR] **30(92)**, 2453—57, 1960; Perm, pharmazeut. Inst.; russ.) — 7. vgl. J. allg. Chem. [UdSSR] **30(92)**, [1960], 2028. — Durch Rk. von Diphenylamin-2-carbonsäure(**I**)-methylester, N-Methyl-, N-Äthyl-, N-n-Butyl-, N-Acetyl- u. N-Benzoylanthranilsäure mit N.N-Bis-[jodmagnesium]-arylaminen [Aryl-N(MgJ)$_2$] wurden die entsprechenden *Arylamide* von **I** bzw. den N-substituierten Anthranilsäuren dargestellt.

Versuche: *Diphenylamin-2-carbonsäure* (**I**), *Methylester*, Kp.$_{10}$ 180—181°, F. 59° (Bzn.), durch 5std. Kochen von 37 g **I** mit 220 ml Methanol u. 20 ml konz. H_2SO_4; Prismen; 95,8% (Ausbeute). *Anilid*, $C_{19}H_{16}N_2O$, F. 118—119°, durch Zugabe von 11,35 g **I**-Methylester in Ae. zu N.N-Bis-[jodmagnesium]-anilin [23,4 g Äthyljodid, 3,6 g Mg, 7 g Anilin, 70 ml Ae.] u. 1std. Kochen; 90,3%. Analog: *o-Toluidid*, $C_{20}H_{18}N_2O$, F. 119—120°; Nadeln; 96%. *N-Methylanilid*, $C_{20}H_{18}N_2O$, F. 129—130° (A.); Plättchen; 83,3%. — *N-Methylanthranilsäure, Anilid*, $C_{14}H_{14}N_2O$, F. 125°; Nadeln; 80%. *Benzylamid*, $C_{15}H_{16}N_2O$, F. 84—86°; Plättchen; 59%. *p-Toluidid*, $C_{15}H_{16}N_2O$, F. 125—127°; Nadeln; 72,2%. *α-Phenyläthylamid*, $C_{16}H_{18}N_2O$, F. 122—123°; Nadeln; 81%. *N-Methylanilid*, $C_{15}H_{16}N_2O$, F. 68—69° (Bzn.); Plättchen; 90,3%. — *N-Äthylanthranilsäure, α-Phenyläthylamid*, $C_{17}H_{20}N_2O$, F. 98—99°; Nadeln; 45%. — *N-n-Butylanthranilsäure, Methylester*, $C_{12}H_{17}NO_2$, Kp.$_{17}$ 164—165°; D_{20}^{20} 1,0503; 84%. *α-Phenyläthylamid*, $C_{19}H_{24}N_2O$, F. 96—97°; Nadeln; 57%. — *N-Formylanthranilsäure, o-Toluidid*, $C_{15}H_{14}N_2O_2$, F. 165°; Plättchen; 62.5%. *p-Toluidid* $C_{15}H_{14}N_2O_2$, F. 162°; Nadeln; 48%. p-*Anisidid*, $C_{15}H_{14}N_2O_3$, F. 155—156°; Nadeln; 57%. — *N-Acetylanthranilsäure, Anilid*, $C_{15}H_{14}N_2O_2$, F. 167—168°; Nadeln; 64,7%. *o-Toluidid*, $C_{16}H_{16}N_2O_2$, F. 167—168° (Aceton–CCl_4); Plättchen; 82%. *p-Toluidid*, $C_{16}H_{16}N_2O_2$, F. 185—186°; Rhomben; 71%. *Diphenylamid*, $C_{21}H_{18}N_2 \cdot O_2$, F. 175—176° (A.); Prismen; fast 100%. — *N-Benzoylanthranilsäure, Anilid*, $C_{20}H_{16}N_2O_2$, F. 278° (Toluol); Plättchen; 85,4%. *p-Toluidid*, $C_{21}H_{18}N_2O_2$, F. 219—220° (Toluol); Plättchen; 91%. *o-Toluidid*, $C_{21}H_{18}N_2O_2$, F. 205—206° (Toluol); 77%. Helmut Schäfer. 1350△

0830 **Die Reaktionen von Nitrosobenzol und einigen Methylenverbindungen.** Hiroyuki Nohira, Kenichiro Sato und Teruaki Mukaiyama. (Bull. chem. Soc. Japan **36**, 870—72, 1963; Tokyo, Inst. of Technol., Labor. of org. Chem.; engl.) — Phenyliminomalonsäurediäthylester (**I**), 3-Phenyliminoacetylaceton (**II**) u. α-Phenyliminoacetylessigsäureäthylester (**III**) werden dargestellt u. mit verschiedenen prim. u. sek. Aminen umgesetzt. Die entstehenden Addukte werden auf ihr Verh. bei höheren Temp. untersucht.

Versuche: *Phenyliminomalonsäurediäthylester* (**I**), $C_{13}H_{15}NO_4$, Kp.$_{0,15}$ 108—109°, durch Zugabe einer Lsg. von NaOH in abs. A. zu einer abs. äthanol. Lsg. von Malonsäurediäthylester u. Nitrosobenzol (**IV**) bis zum Umschlag nach hellbraun; 72% (Ausbeute). — *3-Phenyliminoacetylaceton* (**II**), $C_{11}H_{11}NO_2$, Kp.$_{0,28}$ 82°, durch Rk. von **IV** mit Acetylaceton in abs. A. in Ggw. katalyt. Mengen $(C_2H_5)_3N$; 58%. — *α-Phenyliminoacetylessigsäureäthylester* (**III**), $C_{12}H_{13}NO_3$, Kp.$_{0,18}$ 99°, aus **IV** u. *Acetoessigsäureäthylester* analog **II**; 64%. — *Dianilinomalonsäurediäthylester* (**V**), $C_{19}H_{22}N_2O_4$, F. 116,5 bis 117,5°, (95%ig. A.), aus **I** u. Anilin unter Zugabe von wenig CH_3COOH; 90%. — *α-Anilino-α-piperidinomalonsäurediäthylester* (**VI**), $C_{18}H_{26}N_2O_4$, F. 84°, aus **I** u. Piperidin analog **V**; 80%. — *α-Anilino-α-[p-dimethylaminoanilino]-malonsäurediäthylester*, $C_{21}H_{27}N_3O_4$, F. 119°, aus **I** u. N.N-Dimethyl-p-phenylendiamin analog **V**; 80%. — *α-[p-Azobenzolamino]-α-anilinomalonsäurediäthlyester*, $C_{25}H_{26}N_4O_4$, F. 142°; aus **I** u. p-Aminoazobenzol analog **V**; 80%. — *3.3-Dianilinoacetylaceton*, $C_{17}H_{18}N_2O_2$, F. 147°, durch Rk. von **II** u. Anilin analog **V**; 80%. — *3-Anilino-3-[p-anisidino]-acetylaceton*, $C_{18}H_{20} \cdot N_2O_3$, F. 121°, aus **II** u. p-Anisidin analog **V**; 70%. — *3-[p-Azobenzolamino]-3-anilinoacetylaceton*, $C_{23}H_{22}N_4O_2$, F. 142°, aus **II** u. p-Aminoazobenzol analog **V**, 70%. — *p-Carbäthoxyphenyliminomalonsäurediäthylester*, Kp.$_2$ 160 bis 170°, durch Zers. von aus **I** u. p-Aminobenzoesäureäthylester (**VII**) gebildetem *α-Anilino-α-[p-carbäthoxyanilino]-malonsäurediäthylester* (**VIII**) (Fl.) durch Erhitzen unter vermindertem Druck, neben *Anilin* (Kp.$_2$ 43—50°) das Gemisch (Kp.$_2$ 130—150°) von **I** u. **VII** u. **VIII** (Kp.$_2$ 160—170°). — *Bis-[p-Carbäthoxyanilino]-malonsäurediäthylester*, $C_{25}H_{30}N_2O_8$, F. 135°, aus **VIII** u. **VII**. H. Dehmel. 1350◇

0831 **Die Wirkung von Substituenten auf die Reduktion von Azoverbindungen.** M. Khalifa. (J. chem. Soc. [London] **1960**, 1854—57; Cairo, Univ., Org. Chem. Dep., Fac. of Pharm.; engl.) — Vgl. C. **1959**, 17132. — Der Verlauf der Red. von 4-mono- u. 4.4′-disubstituierten Azobenzolen (**C**) mit Zn-Staub u. Essigsäure (Meth. **A**) oder mit $(NH_4)_2S$ in A. (Meth. **B**) läßt einen starken Substituenteneinfluß erkennen. Bei Red. nach **A** induzieren elektronenanziehende Substituenten, z. B COOH, $COOCH_3$, eine Erniedrigung der Elektronendichte an der Azogruppe (–M-Effekt) u. bewirken die Bldg. von *Hydrazobenzolen*, umgekehrt wirkende Substituenten, z. B. OH, OC_2H_5, lassen *Amine* entstehen. Durch Red. nach **B** werden die gleichen Resultate erzielt mit Ausnahme von 4.4′-Diäthoxy- u. 4.4′-Diacetoxyazobenzol, die nach **B** nicht reagieren, während nach **A** Spaltung zum *Amin* bzw. Bldg. der *Hydrazo-Verb.* eintritt. Zur Spaltung nach **B** ist eine sehr hohe, zur Hydrazobenzol-Bldg. eine sehr niedrige Elektronendichte an der Azogruppe notwendig. Bei 4-Hydroxy-, 4-Äthoxy- u. 4-Acetoxy-4′-nitroazobenzol tritt infolge der Erhöhung der Elektronendichte an der Nitrogruppe, die in Konjugation mit den elektronenspendenden Gruppen steht, Bldg. der entsprechenden *Aminoazoverbb.* ein.

Versuche: Azobenzole (**C**): *4′-Hydroxy-4-carboxy-*, F. 270° (Zers.), durch Erhitzen von 14 g p-Aminobenzoesäure mit HNO_3/W. bis zur klaren Lsg., Kühlen auf 0—5°, Zusatz von $NaNO_2$ u. Kuppeln mit 9 g Phenol in A.; aus wss. A. rote Kristalle; 4,5 g (Ausbeute). — *4′-Äthoxy-4-carboxy-*, $C_{15}H_{14}N_2O_3$, F. 254° (A.), aus dem Na-Salz vorst. Verb. u. C_2H_5J; orangefarbene Kristalle; 80%. — *4′-Acetoxy-4-carboxy-*, $C_{15}H_{12}N_2O_4$, F. 258—260°, aus A. orangefarbene Nadeln. — *4-Hydroxy-4′-nitro-*, F. 212—213° nach Bamberger [1892]. — *4-Äthoxy-4′-nitro-*, $C_{14}H_{13}N_3O_3$, F. 160—161°, aus A. rote Kristalle. — *4-Acetoxy-4′-nitro-*, $C_{14}H_{11}N_3O_4$, F. 150—151°; aus A. rote Nadeln. — *4.4′-Dihydroxy-*, durch Verschmelzen von p-Nitrophenol u. KOH; 46%. — *4.4′-Dinitro-*, nach Cook u. Jones [1939] 60%. — *-4-carbonsäure*, nach Angeli u. Valori [1913]. *Methylester*; 40%. — Hydrazobenzole, a) durch Kochen von **C** mit der 30—35-fachen Menge Zn-Staub, Zutropfen von Essigsäure unter Rühren, Eindampfen im Vakuum u. Verdünnen mit W. (Meth. **A**); b) durch Suspendieren von **C** in A. u. 2—7 Min. langes Kochen mit einer gesätt. frisch hergestellten $(NH_4)_2S$-Lsg. (Meth. **B**); 75—85%. *-4-carbonsäure*, F. 194—195° (wss. A.), nach **A** u. **B**. — *4-Carbomethoxy-*, F. 114—115° (A.), nach **A** u. **B**. — *4.4′-Dinitro-*, F. 248—250° (Aceton), nach **B**. — *-4.4′disulfonsäure, Di-K-salz*, nach **B**. — *4.4′-Diacetoxy-*, $C_{16}H_{16}N_2O_4$, F. 138—140° (Bzl./PAe.), nach **A**. — *4.4′-Dibenzoyloxy-*, $C_{26}H_{20}N_2O_4$, F. 188—190° (A.), nach **A**. — *4-Äthoxy-4′-carboxy-*, $C_{15}H_{16}N_2O_3$, F. 256—258° (wss. A.), nach **A** u. **B**. — *4-Acetoxy-4′-carboxy-*, $C_{15}H_{14}N_2O_4$, F. 202—204° (wss. Methanol) nach **A** u. **B**. — 4-Aminoazobenzole: *4′-Hydroxy-*, F. 187° (W.), nach **B**. — *4′-Äthoxy-*, $C_{14}H_{15} \cdot N_3O$, F. 135—136° (wss. A.), nach **B**. — *4′-Acetoxy-*, $C_{14}H_{13}N_3O_2$, F. 198—200° (Chlf.), nach **B**. A. Jungblut. 1350◇

0832 **Synthese von γ-Jonon-Analoga. 3. Mitt. Diels-Alder-Reaktion eines Gemischs aus 3.4-Dimethylpentadien-(1.3) und 2.3-Dimethylpentadien-(1.3) und einige Derivate von 2-Benzyloxymethyl-4.5.6-trimethylcyclohexadien-(1.3)-ylmethanal.** Atsuaki Arai und Iwao Ichikizaki. (Bull. chem. Soc. Japan **35**, 45—51, 1962; Tokyo, Kobayashi Inst. of Phys. Res., Labor. of Organ. Chem.; engl.) — 2. vgl. Bull. chem. Soc. Japan **34**, [1961],

1571. — Diels-Alder-Rk. eines durch Dehydratisierung von *3.4-Dimethylpenten-(1)-ol-(3)* u. Abtrennung anderer Prodd. erhaltenen 1:2-Gemisches (**A**) aus *3.4-* (**I**) u. *2.3-Dimethylpentadien-(1.3)* (**II**) mit 4-Benzyloxybutin-(2)-al (**III**) bzw. mit Crotonaldehyd (**IV**) liefert *2-Benzyloxymethyl-4.5.6-trimethylcyclohexadien-(1.4)-ylmethanal* (**V**) bzw. *2.3.4.6-Tetramethylcyclohexen-(3)-ylmethanal* (**VI**). **V** wird durch dehydrierende Debenzylierung in *2.3.4.6-Tetramethylbenzaldehyd* (**VII**) übergeführt, der auch aus **VI** durch S-Dehydrierung erhalten wird. Verd. H_2SO_4 isomerisiert **V** wahrscheinlich zu *6-Benzyloxymethyl-2.3.4-trimethylcyclohexadien-(1.3)-ylmethanal*. Rk. von **IV** u. Gemischen mit verschiedenen Mengenverhältnissen an **I** u. **II** liefert stets **VI**, wobei wahrscheinlich **I** teilweise in **II** umgelagert wird. jedoch nicht selbst mit **IV** reagiert (vgl. dagegen Naves u. Ardizio, Helv. chim. Acta **31**, [1948], 2256; Nasarow u. Mawrow, C. **1963**, 21911. **VI** wird mit Aceton zu *4-[2.3.4.6-Tetramethylcyclohexen-(3)-yl]-buten-(3)-on-(2)* (**VIII**) kondensiert, das an Pt zu *4-[2.3.4.6-Tetramethylcyclohexen-(3)-yl]-butanon-(2)* (**IX**) hydriert wird. Analog liefert **VII** *4-[2.3.4.6-Tetramethylphenyl]-buten-(3)-on-(2)* (**X**), das an Pt bzw. Raney-Ni unter Druck zu *4-[2.3.4.6-Tetramethylphenyl]-butanon-(2)* bzw. *-butanol-(2)* hydriert wird. **VIII**, **IX** u. **X** sind Duftstoffe. Partielle Hydrierung von **V** an Pd/$CaCO_3$ ergibt *2-Benzyloxymethyl-4.5.6-trimethylcyclohexen-(1)-ylmethanal* u. ein *Isomeres* mit nicht bestimmter Lage der Doppelbindung. Hydrierung an Pd/$BaCO_3$ ergibt *6-Benzyloxymethyl-2.3.4-trimethylcyclohexylmethanal* u. an Raney-Ni unter Druck *1.2-Bis-[hydroxymethyl]-3.4.5-trimethylcyclohexan*. Einw. von Äthylenglykol (**XII**) auf **V** in Ggw. von p-Toluolsulfonsäure gibt **VII**, *2.3.4.6-Tetramethylbenzaldehydäthylenketal* u. *6-Benzyloxymethyl-2.3.4-trimethylcyclohexadien-(1.3)-ylmethanaläthylenketal* (**XI**).

Versuche: *3.4-Dimethylpenten-(1)-ol-(3)*, Kp.$_{760}$ 134,7—135°, aus 3.4-Dimethylpentin-(1)-ol-(3) (Kp.$_{760}$ 134,5°, n_D^{20} 1,4362) durch Hydrierung an Pd/$CaCO_3$; n_D^{20} 1,4335; 85—89% (Ausbeute). — *Gemisch* (**A**) *von 37,5% 2.3-* (**I**) u. *62,5% 3.4-Dimethylpentadien-(1.3)* (**II**), Kp.$_{753}$ 107,5—108°, durch Zutropfen vorst. Verb. zu $KHSO_4$ bei 175—180° unter N_2 u. Abdest. des Gemischs von **I**, **II**, *2-Isopropylbutadien-(1.3)* (Kp. 86—87°, n_D^{20} 1,4326) (ca. 18:21:53) u. 3 unbekannten KW-Stoffen bei 82—108° (75%) u. Fraktionieren; n_D^{20} 1,4664. — *2-Benzyloxymethyl-4.5.6-trimethylcyclohexadien-(1.4)-ylmethanal* (**V**), $C_{18}H_{22}O_2$, Kp.$_{0,002}$ 133—134°, durch 10std. Erhitzen von 34,8 g **III** u. 20,2 g **A** in Bzl. in Ggw. von Hydrochinon unter N_2 auf 155° im Rohr; n_D^{20} 1,5496; 36,0 g. *2.4-Dinitrophenylhydrazon* (*DNP*), $C_{24}H_{26}N_4O_5$, F. 155—156° aus 0,34 g rohem **V**; orangefarbene Nadeln aus Äthylacetat/A.; 270 mg; daneben 10 mg Verb. *von F. 128—129,8°*, rotorangefarbene Nadeln, aus Methanol. *Phenylsemicarbazon* (*PSC*), $C_{25}H_{29}N_3O_2$, F. 163—164°, aus 1 g rohem **V**; Nadeln aus A.; 1,27; daneben 60 mg *Verb. vom F. 139—141°*; Nadeln. — *6-Benzyloxymethyl-2.3.4-trimethylcyclohexadien-(1.3)-ylmethanal* (?), *PSC*, $C_{25}H_{29}N_3O_2$, F. 167—169°, durch 5 Min. langes Erwärmen von 0,3 g **V** in 80%ig. Methanol u. Ggw. von konz. H_2SO_4 auf 60°, Zutropfen einer gesätt. methanol. K-Acetat-Lsg., Filtrieren, Einengen u. Stehen über Nacht mit Phenylsemicarbazid in Methanol; Nadeln aus 50% A.; 0,26 g. *Äthylenketal* (**XI**), $C_{20}H_{26}O_3$, Kp.$_{0,02}$ 147—150°, aus **V** mit **XII** u. p-Toluolsulfonsäure in Bzl. durch 4std. Kochen unter Wasserabscheidung, Bzl.-Extraktion der **XII**-Schicht, Aufarbeiten von Bzl.-Schicht u. Extrakt u. Fraktionierung; n_D^{20} 1,5630; 3%. — *2.3.4.6-Tetramethylcyclohexen-(3)-ylmethanal* (**VI**), $C_{11}H_{18}O$, Kp.$_4$ 75,5°, Kp.$_{1,5}$ 61—63,5°, a) aus 6,7 g des PSC durch Dampf-Dest. mit Phthalsäure, **XII** u. W.; n_D^{20} 1,4795; 68%; b) aus 16,2 g **A** u. 10,5 g **IV** in Bzl. analog **V** in 7 Std.; n_D^{21} 1,4791; 13,0 g; c) aus 2,5 g eines Gemischs von 94,7% **I** u. 5,3% **II** (Kp.$_{758}$ 109,2—110°, n_D^{20} 1,4722) u. 1,9 g **IV** analog b) in 30 Std. bei 125° oder in 6 Std. bei 200°; 0,3 g; daneben ein *amorphes Polymerisat* (Erweichungspunkt ca. 130°); d) analog c) aus einem Gemisch von 8,6% **I** u. 91,4% **II** (Kp.$_{760}$ 106,3—106,6°, n_D^{20} 1,4634) in 12 Std.; 1,8 g. *DNP*, $C_{17}H_{22}N_4O_4$, F. 181—182° (Methanol; gelb), aus rohem **VI**; daneben *Verb. vom F. 128,5—136°*, orangegelbe Nadeln. *PSC*, $C_{18}H_{25}N_3O$, F. 133—135°, aus rohem **VI**; Nadeln aus wss. A.; 62%; daneben *Verb. vom F. 115—121°*. — *2.3.4.6-Tetramethylbenzaldehyd* (**VII**), $C_{11}H_{14}O$, Kp.$_{8,2}$ 127°, Kp.$_{2,2}$ 106—107°, Kp.$_{1,2}$ 92—94°, a) aus dem PSC von **V** analog **VI** nach a); n_D^{20} 1,5740; 69%; b) aus **VI** durch 40 Min. langes Kochen mit S unter N_2; 31%; c) neben **XI**; 40%. *Äthylenketal*, $C_{13}H_{18}O_2$, F. 58°, Kp.$_{2,2}$ 123—125°, neben **XI**; Prismen aus PAe.; 17%. *Semicarbazon*, $C_{12}H_{17}N_3O$, F. 189° u. 259—260° (Zers.; nach Wiedererstarren); Nadeln oder Prismen aus 50% Methanol. *DNP*, $C_{17}H_{18}N_4O_4$, F. 222—223°, orangegelbe Nadeln aus A./Äthylacetat. — *4-[2.3.4.6-Tetramethylcyclohexen-(3)-yl]-buten-(3)-on-(2)* (**VIII**), $C_{14}H_{22}O$, Kp.$_{1,2}$ 98—100°, durch Zutropfen von **VI** in Aceton zu einer sd. Lsg. von $Ba(OH)_2$ in 80%ig. Aceton, 19std. Kochen, Eindampfen u. Aufarbeiten mit Ae.; n_D^{20} 1,4979; 82,2%. *PSC*, $C_{21}H_{29}N_3O$, F. 149—151°, aus A. Nadeln. *DNP*, $C_{20}H_{26}N_4O_4$, F. 141—142°, rubinrote Nadeln aus A./Äthylacetat. — *2-Benzyloxymethyl-4.5.6-trimethylcyclohexen-(1)-ylmethanal*, $C_{18}H_{24}O_2$, Kp.$_{0,009}$ 124 bis 126°, aus 5,4 g **V** durch partielle Hydrierung an 2,5%ig. Pd/$CaCO_3$ bei 8° in A.; n_D^{20} 1,5388; 3,6 g. *PSC*, $C_{25}H_{31}N_3O_2$, F. 173,5—174,5°, aus A. Nadeln. *DNP*, $C_{24}H_{28}N_4O_5$, F. 164—165°, orangerote Nadeln aus A./Äthylacetat; daneben *6-Benzyloxymethyl-2.3.4-trimethylcyclohexen-(x)-ylmethanal-DNP*, F. 193—194°. — *6-Benzyloxymethyl-2.3.4-trimethylcyclohexylmethanal*, $C_{18}H_{26}O_2$, Kp.$_{0,005}$ 115 bis 117°, aus **V** durch Hydrierung an 2,5%ig. Pd/$BaCO_3$ in A. bei 9,5°; n_D^{20} 1,5290; 76,6%. *PSC*, $C_{25}H_{33}N_3O_2$, F. 134—135°, aus A. Nadeln. *DNP*, $C_{24}H_{30}N_4O_5$, F. 105°, orangegelbe Nadeln aus Äthylacetat. — *1.2-Bis-[hydroxymethyl]-3.4.5-trimethylcyclohexan*, $C_{11}H_{22}O_2$, Kp.$_{0,004}$ 113 bis 115°, durch Hydrieren von **V** in A. an Raney-Ni bei 150° u. 195 atm u. danach an 5%ig. Pd/Kohle bei 130° u. 150 atm; n_D^{25} 1,4860; 73%. *Bis-phenylurethan, Hydrat*, $C_{25}H_{32}N_2O_4 \cdot H_2O$, F. 173°, Nadeln aus Bzl./Äthylacetat. — *4-[2.3.4.6-Tetramethylcyclohexen-(3)-yl]-butanon-(2)* (**IX**), $C_{14}H_{24}O$, Kp.$_{1,5}$ 97—99°, aus **VIII** durch partielle Hydrierung in Ggw. von PtO_2 in Äthylacetat; n_D^{20} 1,4769; 80,5%. *Semicarbazon*, $C_{15}H_{27}N_3O$, F. 152,5 bis 153,5°, Nadeln aus 40%ig. Methanol. *DNP*, $C_{20}H_{28}N_4O_4$, F. 150—150,5°, hellgelbe Prismen aus A./Äthylacetat. — *4-[2.3.4.6-Tetramethylphenyl]-buten-(3)-on-(2)* (**X**), $C_{14}H_{18}O$, F. 80°, aus **VII** analog **VIII** in 21 Std.; Nadeln aus 80%ig. Methanol; 92,2%. *Semicarbazon*, $C_{15}H_{21}N_3O$, F. 225—226° (Zers.), Blättchen aus A./Äthylacetat. *DNP*, $C_{20}H_{22}N_4O_4$, F. 174—175°, dunkelrote Prismen aus A./Äthylacetat. — *4-[2.3.4.6-Tetramethylphenyl]-butanon-(2)*, $C_{14}H_{20}O$, F. 62,5—63,5°, durch Hydrierung von **X** in Ggw. von PtO_2 in A. bei 10°; Nadeln aus PAe.; 93%. *DNP*, $C_{20}H_{24}N_4O_4$, F. 166—167°, gelbe Nadeln aus A./Äthylacetat. — *4-[2.3.4.6-Tetramethylphenyl]-butanol-(2)*, $C_{14}H_{22}O$, F. 79°, durch Hydrierung von **X** an Raney-Ni in A. bei 120—130° u. 110 atm; Nadeln aus Methanol; 92,6%.

H.-J. Kötzsch. 1960◇

0833 **Cyclononanderivate.** G. L. Buchman, J. G. Hamilton und R. A. Raphael. (J. chem. Soc. [London] **1963**, 4606—08; Glasgow, Univ., Chem. Dep.; engl.) — Portionsweises Zugeben von $Pb(CH_3COO)_4$ zu einer Lsg. von Bicyclo-[4.3.0]-nonen-(3)-diol-(1β.6α) u. CCl_3COOH in CH_3OH bei —10° u. nachfolgendes Rühren (1 Std. bei —10°, 2 Std. bei 15°) gab 45% (Ausbeute) *cis-Cyclononen-(3)-dion-(1.6)* (**I**), $C_9H_{12}O_2$, F. 25° (Ae.); *Bis-[2.4-dinitrophenylhydrazon]*, $C_{21}H_{20}N_8O_8$, F. 201°, gelbe Nadeln (Essigester); instabil gegen Säuren u. wärmeempfindlich. — $LiAlH_4$-Red. von **I** in sd. Ae. (4 Std., dann Rühren über Nacht bei Raumtemp.) u. nachfolgende Hydrierung an 10%ig. Pd-Kohle lieferte *Cyclononandiol-(1.5)* [2 Isomere: F. 61—64° (PAe.) bzw. ölig; *p-Nitrobenzoate*, F. 150—152° bzw. 178—180° (Chlf./CH_3OH)]. — Hydrierung von **I** an 10%ig. Pd-Kohle in A. führte unter transanularer Aldol-Kondens. zu *4.5.6.7-Tetrahydroindanon-(4)* [*Semicarbazon*, F. 253—254° (CH_3OH); *2.4-Dinitrophenylhydrazon*, F. 247—249° (Chlf./CH_3OH)]. — 2std. Rühren von 5 g **I** mit wasserfreiem CH_3COOK in A. bei 30° gab 0,6 g *Pentacyclo-[9.6.1.0^{2,10}.0^{4,9}.0^{11,16}]-Δ^{4,9,16}-octadecadiendion-(5.12)* oder *Pentacyclo-[9.6.1.0^{2,10}.0^{3,8}.0^{11,16}]-Δ^{3,8,16}-octadecadiendion-(7.12)*, $(C_9H_{10}O)_2$, F. 110° (CH_3OH), Kp.$_{0,1}$ 100°, das durch Dimerisierung des Primärprod. *4.5.6.7-Tetrahydroindenon-(7)* entstanden ist.

J. Rothe. 1970◇

0834 **Chemie der ungesättigten Äther.** 12. Mitt. **Über die strukturelle Orientierung der Dienkondensation von 1-Alkoxydienen mit asymmetrischen Dienophilen.** Ss. M. Makin und B. K. Krupzow. (J. allg. Chem. [UdSSR] **32(94)**, 2521–27, 1962; Moskau, Lomonossow-Inst. für chem. Feintechnologie; russ.) – 11. vgl. C. **1963**, 13139. – Bei der Diensynth. von 1-Äthoxy-3-methylbutadien-(1.3) (**I**) mit Acrolein (**II**), Crotonaldehyd (**III**), Acrylonitril (**IV**) u. Methylmethacrylat (**V**) oder von 1-[β-Äthoxyvinyl]-cyclohexen-(1) (**VI**) mit **II** werden nur die in o-Stellung zur Äthoxygruppe substituierten Additions-Prodd. erhalten. Nach Abspaltung der durch die β-Stellung zu einer Doppelbindung bes. reaktionsfähigen Äthoxygruppe werden die Addukte durch Hydrierung u. Oxydation in die entsprechenden Phthalsäuren übergeführt. Die Absorptionsspektren einiger Verbb. sind angegeben.

Versuche: *2-Äthoxy-4-methyl-1.2.5.6-tetrahydrobenzaldehyd* (**VII**), $C_{10}H_{16}O_2$, Kp.$_{0,6}$ 64,5–65°, durch Vermischen von 32,6 g **I** mit 16,8 g **II** u. 0,05 g Hydrochinon (**VIII**) (stark exotherme Rk.) u. 3std. Erhitzen auf dem Wasserbad nach Beendigung der Wärme-Entw.; n_D^{20} 1,4670; $D._4^{20}$ 0,9819; 79,3% (Ausbeute). *2.4-Dinitrophenylhydrazon*, $C_{16}H_{20}N_4O_5$, F. 153–154°, aus **VII** in Essigsäure u. Tetrahydrofuran. – *4-Methyl-2.3-dihydrobenzaldehyd*, $C_8H_{10}O$, Kp.$_{0,3}$ 36,5°, Kp.$_{0,5}$ 44–45,5°, a) durch Erhitzen von 15 g **VII** mit 0,05 g p-Toluolsulfonsäure u. 0,05 g **VIII** unter N_2 auf 200° unter Abdest. des entstehenden A. u. Extrahieren mit Ae.; n_D^{20} 1,5538; $D._4^{20}$ 0,9872; 55%; b) durch 2std. Erhitzen von 15,7 g **VII** mit 25 ml 5%ig. H_2SO_4 u. 0,05 g **VIII** auf dem Wasserbad, Neutralisieren mit K_2CO_3 u. Extrahieren mit Ae.; n_D^{20} 1,5542; $D._4^{20}$ 0,9893; 78,8%. *2.4-Dinitrophenylhydrazon*, $C_{14}H_{14}N_4O_4$, F. 202–202,5°; entsteht auch aus **VII** in alkohol. H_2SO_4 *Semicarbazon*, $C_9H_{13}N_3O$, F. 204 bis 204,5°. – *Terephthalsäure*, $C_8H_6O_4$, durch 4std. Erhitzen von 0,5 g **VII** mit 10 ml 20%ig. HNO_3 im Rohr auf 200°; 54,7%. *Dimethylester*, $C_{10}H_{10}O_4$, F. 139–140° (Methanol). – *6-Äthoxy-2.4-dimethyl-1.2.3.6-tetrahydrobenzaldehyd* (**IX**), $C_{11}H_{18}O_2$, Kp.$_{0,5}$ 72°, durch 4std. Kochen von 22 g **I** in 10 ml Bzl. mit 14 g **III** u. 0,05 g **VIII**; n_D^{20} 1,4687; $D._4^{20}$ 0,9638; 67,4%. *2.4-Dinitrophenylhydrazon*, $C_{17}H_{22}N_4O_5$, F. 161,5–162°. – *2.4-Dimethyl-2.3-dihydrobenzaldehyd*, $C_9H_{12}O$, Kp.$_1$ 43–44°, durch 6std. Erhitzen von 5 g **IX** mit 15 ml 10%ig. H_3PO_4, 10 ml Aceton u. 0,05 g **VIII** auf 80°; n_D^{20} 1,5368; $D._4^{20}$ 0,9612; 77,0%. *2.4-Dinitrophenylhydrazon*, $C_{15}H_{16}N_4O_4$, F. 204,4–205°. – *Isophthalsäure*, $C_8H_6O_4$, F. 320°, durch Oxydation des aus 4,83 g **IX** durch Hydrierung an Pd-Kohle erhaltenen *m-Xylols* (Kp. 136–140°; n_D^{20} 1,5100; 81%) mit 20%ig. HNO_3; 0,25 g. *Dimethylester*, F. 64–66°. – *2-Äthoxy-4-methyl-1.2.5.6-tetrahydrobenzonitril* (**X**), $C_{10}H_{15}NO$, Kp.$_{1,5}$ 111 bis 112°, durch 5std. Erhitzen von 11,21 g **I** mit 5,3 g **IV**; n_D^{20} 1,4687; $D._4^{20}$ 0,9710; 62,0%. – *p-Tolunitril*, C_8H_7N, Kp.$_{0,5}$ 45,5–46,5°, F. 28°, aus 13,1 g **X** an Pd-Kohle bei 300°; n_D^{20} 1,5064; $D._4^{20}$ 0,9629; 81,6%. – *p-Toluylsäure*, $C_8H_8O_2$, F. 178–179°, durch 12std. Kochen von 5,7 g vorst. Verb. mit 75 ml 10%ig. KOH; 90,5%. – *2-Äthoxy-1.4-dimethyl-1.2.5.6-tetrahydrobenzoesäuremethylester*, $C_{12}H_{20}O_3$, Kp.$_2$ 104–105°, durch 6std. Erhitzen von 8,35 g **I** mit 7,34 g **V** u. 0,05 g **VIII** auf 150° im Rohr; n_D^{20} 1,4591; $D._4^{20}$ 0,9978; 73,4%. – *1.4-Dimethyl-1.6-dihydrobenzoesäure*, $C_9H_{12}O_2$, Kp.$_1$ 97°, durch 36std. Erhitzen von 9,3 g vorst. Verb. mit 60 ml 20%ig. KOH auf dem Wasserbad; n_D^{20} 1,4991; $D._4^{20}$ 1,0020; 3 g. Liefert bei Hydrierung (2,6 g) an Pd-Kohle bei 350° *p-Xylol* (Kp. 138–141°; n_D^{20} 1,5089; 72,5%. – *2-Formyl-3-äthoxy-1.2.3.5.6.7.8.9-oktahydronaphthalin* (**XI**), $C_{13}H_{20}O_2$, Kp.$_{0,5}$ 100–102°, durch 3std. Erhitzen von 15,2 g **VI** mit 5,6 g **II** u. 0,05 g **VIII** im Rohr auf dem Wasserbad; n_D^{20} 1,5317; 10,4 g. *2.4-Dinitrophenylhydrazon*, $C_{19}H_{24}N_4O_5$, F. 143–144°. – *2-Formyl-1.5.6.7.8.9-hexahydronaphthalin*, $C_{11}H_{14}O$, Kp.$_{0,5}$ 90–90,5°, durch 8std. Erhitzen von 2,6 g **XI**, 10 ml 10%ig. H_3PO_4 u. 10 ml Aceton auf 70°; n_D^{20} 1,5650; 66,8%. *2.4-Dinitrophenylhydrazon*, $C_{17}H_{18}N_4O_4$, F. 215–215,5°. I. Schade. 2000△

0835 **Synthese der Sterculsäure.** Nicholas T. Castellucci und Claibourne E. Griffin. (J. Amer. chem. Soc. **82**, 4107, 1960; Pittsburgh, Pa., Univ. of Pittsburgh, Dep. of Chem.; engl.) – Zum Beweis der Struktur der *Sterculsäure* (**I**) als ω-[*2-n-Octylcyclopropen-(1)-yl*]-*caprylsäure* wurde Stearolsäure mit Methylendijodid in Ggw. von Zn/Cu in **I** überführt. Als Neben-Prodd. entstehen die isomeren Säuren *9.10-Methylenoctadecen-(8)-säure* (**II**) u. *9.10-Methylenoctadecen-(10)-säure* (**III**). Die Hydrierung von **I**, **II** u. **III** führt zu *Dihydrosterculsäure*. Durch Oxydation von **II** u. **III** werden *Korksäure* (**IV**), *Hendecansäure*, *Caprylsäure* u. *Nonan-1.9-dicarbonsäure* erhalten.

Versuche: *Sterculsäure* (**I**), F. 18,9–19,6°, durch 9std. Kochen von Stearolsäure u. Methylendijodid in Ae. in Ggw. von Zn/Cu u. fraktionierte Kristallisation der Harnstoff-Addukte; 4% (Ausbeute); daneben *Gemisch aus 9.10-Methylenoctadecen-(8)-säure* (**II**) u. *9.10-Methylenoctadecen-(10)-säure* (**III**), F. 21,4–24,6°. – *Dihydrosterculsäure*, F. 38,4–39,5°, durch Hydrieren von **I**, **II** oder **III** in Ggw. von Pd/Kohle. *Amid*, F. 86,3–87,5°. – *Korksäure* (**IV**), F. 138–139,5°, durch Oxydation von **II** mit Perjodat/Permanganat. – *Hendecansäure*, F. 27,8 bis 29,0°, analog **IV**. – *Caprylsäure*, F. 14,3–15,5°, analog **IV** aus **III**. – *Nonan-1.9-dicarbonsäure*, F. 107 bis 109°, analog **IV** aus **III**. *Diamid*, F. 172–173°. H. Smalla. 2010

0836 **Konjugationsfaktoren in cyclischen Systemen.** 1. Mitt. **Charakter der Isomerisierung der Doppelbindungen in monosubstituierten Cyclohexadien-1.2-dicarbonsäuren.** W. F. Kutscherow und N. Ja. Grigorjewa. (J. allg. Chem. [UdSSR] **31(93)**, 447–57, 1961; Akad. der Wiss. der UdSSR, Inst. für organ. Chem.; russ.) – Durch Diensynth. werden *Δ$^{1.4}$-Cyclohexadien-1.2-dicarbonsäure* (**I**), *3-Methyl-*(**II**) u. *4-Methyl-Δ$^{1.4}$-cyclohexadien-1.2-dicarbonsäure* (**III**) sowie deren *Anhydride* u. *Dimethylester* dargestellt. Bei der alkal. Hydrolyse von **I**-Dimethylester u. **I**-Anhydrid entstehen unter Isomerisierung *Δ$^{2.6}$-* (**IV**) u. *Δ$^{2.4}$-Cyclohexadien-1.2-dicarbonsäure* (**V**). Bei der alkal. Hydrolyse von **II**-Dimethylester u. **II**-Anhydrid erfolgt Isomerisierung zu *3-Methyl-Δ$^{4.6}$-*(**VI**) u. *3-Methyl-Δ$^{3.6}$-cyclohexadien-1.2-dicarbonsäure* (**VII**). Bei der alkal. Verseifung von **III**-Dimethylester wird *4-Methyl-Δ$^{4.6}$-cyclohexadien-1.2-dicarbonsäure* (**VIII**) erhalten.

Versuche: *Δ$^{1.4}$-Cyclohexadien-1.2-dicarbonsäure* (**I**), F. 152–153°, durch Hydrolyse von **I**-Anhydrid mit 5%ig. NaOH bei 20°. *Anhydrid*, F. 145–146° (Äthylacetat), durch 5½std. Erhitzen von 15 g Acetylendicarbonsäure (**IX**) mit 25 ml Divinyl u. 0,2 g Pyrogallol (**X**) in 48 ml Dioxan im Rohr auf 100°; 54% (Ausbeute). *Dimethylester*, $C_{10}H_{12}O_4$, Kp.$_{10}$ 137–138°, a) durch Veresterung von **I** mit CH_2N_2; $D._4^{20}$ 1,1733; n_D^{20} 1,4942; b) durch Diensynth. aus **IX**-Dimethylester u. Butadien-(1.3); 84%. – *Δ$^{2.6}$-Cyclohexadien-1.2-dicarbonsäure* (**IV**), F. 213° (Zers.; W.), a) durch 3std. Kochen von 6,1 g **I**-Dimethylester mit 30 ml 20%ig. KOH u. 12std. Stehen des **IV**–**V**-Gemisches mit Acetylchlorid; 0,35 g [daneben 1,5 g **V**-*Anhydrid*]; b) durch 3std. Kochen von 0,85 g **I**-Anhydrid mit 4 ml 20%ig. NaOH; 0,35 g [daneben 0,15 g **V**-*Anhydrid*]. – *Δ$^{2.4}$-Cyclohexadien-1.2-dicarbonsäure* (**V**), F. 179–180° (Zers.; W.). *Anhydrid*, F. 100–101° (Ae.–PAe. 1:1). *Dimethylester*, $C_{10}H_{12}O_4$, Kp.$_{8,5}$ 128–129°; $D._4^{20}$ 1,174; n_D^{20} 1,5064. – *3-Methyl-Δ$^{1.4}$-cyclohexadien-1.2-dicarbonsäure* (**II**), $C_9H_{10}O_4$, F. 113–114,5° (W.), a) durch 5std. Kochen von 1,23 g **II**-Anhydrid mit 2 ml W.-Aceton; b) durch 2½std. Schütteln von 0,5 g **II**-Anhydrid mit 10 ml 10%ig. Soda-Lsg., Ansäuern u. 15std. Stehen; 0,45 g. *Anhydrid*, $C_9H_8O_3$, F. 61–62° (Ae.–PAe. 1:4), durch 23std. Erhitzen von 7 g **IX** mit 15 ml Piperylen in 50 ml Dioxan in Ggw. von 0,2 g Pikrinsäure (**XI**); 6,25 g. *Dimethylester*, $C_{11}H_{14}O_4$, Kp.$_3$ 98–99,5°, a) durch 5std. Erhitzen von 10 g **IX**-Dimethylester mit 20 ml Piperylen in 40 ml Dioxan in Ggw. von 0,2 g **XI**; $D._4^{20}$ 1,1369; n_D^{20} 1,4891; 11,3 g; b) durch 2std. Kochen von 4 g **II**-Anhydrid in 20 ml Methanol u. Behandeln mit CH_2N_2; n_D^{17} 1,4901; 4 g. – *3-Methyl-Δ$^{4.6}$-cyclohexadien-1.2-dicarbonsäure* (**VI**), $C_9H_{10}O_4$, F. 189–190,5° (Acetonitril), durch ¼std. Kochen von 0,3 g **VI**-Anhydrid mit 2 ml W.-Aceton; 0,18 g [liefert beim Erhitzen mit Acetylchlorid **VI**-*Anhydrid*, beim Erhitzen mit Acetanhydrid **II**-*Anhydrid*]. *Anhydrid*, $C_9H_8O_3$, F. 107–108° (Ae.–PAe. 1:1), durch 3std. Kochen von 6 g **II**-Dimethylester mit 30 ml 20%ig. NaOH, Ansäuern, Filtrieren u. 40std. Stehen des Nd. mit 20 ml Acetylchlorid; 2,6 g. *Dimethyl-*

ester, $C_{11}H_{14}O_4$, Kp.$_8$ 130—131°, durch 3std. Kochen von 2,1 g **VI**-Anhydrid mit 30 ml Methanol u. Behandeln mit CH_2N_2; $n_D^{17.5}$ 1,5040; 2,2 g [liefert beim Kochen in 20%ig. NaOH **VII**]. — *Propan-1.1.2-tricarbonsäure*, $C_6H_8O_6$, F. 150—151° (Ae.–PAe. 1:1), durch Ozonolyse von 1,4 g **VI**; 0,3 g. — *Methylbernsteinsäure*, F. 111—112°, durch 1/2std. Erhitzen vorst. Verb. auf 165—170°; 50%. — *3-Methyl-$\Delta^{3.6}$-cyclohexadien-1.2-dicarbonsäure* (**VII**), $C_9H_{10}O_4$, F. 217—219° (Zers.; W.-Aceton), durch 3std. Kochen von 5,16 g **II**-Anhydrid in 50 ml 20%ig. NaOH, Ansäuern u. 15std. Stehen; 2,65 g. *Anhydrid*, $C_9H_8O_3$, F. 85—86° (Ae.–PAe. 1:1), durch 1/2std. Kochen von 0,2 g **VII** mit 15 ml Acetylchlorid; 0,15 g. *Dimethylester*, $C_{11}H_{14}O_4$, Kp.$_5$ 121—123°, aus 2,65 g **VII** u. CH_2N_2 in Methanol-Ae.; n_D^{18} 1,4930; 2,5 g. — *cis.cis-3-Methylcyclohexan-1.2-dicarbonsäure*, F. 161—162° (W.), durch Hydrierung von 0,22 g **VII** in Methanol an Pd/$CaCO_3$; 0,18 g. — *Malonsäure*, F. 132—133° (Zers.; Bzl.–Ae.), durch Ozonolyse von 1,5 g **VII**; 0,15 g. — *4-Methyl-$\Delta^{1.4}$-cyclohexadien-1.2-dicarbonsäure* (**III**), $C_9H_{10}O_4$, F. 140—141° (W.), durch 3std. Kochen von 1 g **III**-Anhydrid mit 5 ml W.; 0,9 g. *Anhydrid*, $C_9H_8O_3$, F. 101—102° (Ae.), durch 24std. Erhitzen von 5 g **IX** mit 13 ml Isopren in 25 ml Dioxan in Ggw. von 0,2 g **X** auf 65—70°; 4,9 g. *Dimethylester*, Kp.$_3$ 122,5—124°, a) durch 4std. Erhitzen von 20 g **IX**-Dimethylester, 28 ml Isopren u. 0,2 g **X** in 50 ml Bzl. im Rohr auf 130—140°; n_D^{18} 1,4950; 90%; b) aus **III** u. CH_2N_2; 100%. — *4-Methyl-$\Delta^{4.6}$-cyclohexadien-1.2-dicarbonsäure* (**VIII**), $C_9H_{10}O_4$, F. 205—207° (Zers.; W.-Aceton), durch 3 1/2std. Kochen von 6,3 g **III**-Dimethylester mit 33 ml 20%ig. NaOH; 3,56 g. *Anhydrid*, $C_9H_8O_3$, F. 95—96° (Ae.), durch 2std. Kochen von 0,5 g **VIII** mit 20 ml Acetylchlorid; 0,27 g. *Dimethylester*, $C_{11}H_{14}O_4$, Kp.$_4$ 120—121°, aus **VIII** u. CH_2N_2; n_D^{20} 1,5080; 100%. — *Lävulinsäure*, durch Ozonolyse von 1,4 g **VIII**; 0,2 g. *Semicarbazon*, F. 180° (Zers.).

Helmut Schäfer. 2020△

0837 **Konjugationsfaktoren in cyclischen Systemen. 2. Mitt. Isomerisierung der Doppelbindungen in Dimethyl-$\Delta^{1.4}$-cyclohexadien-1.2-dicarbonsäuren.** W. F. Kutscherow, N. Ja. Grigorjewa und I. I. Semskowa. (J. allg. Chem. [UdSSR] **31**(**93**), 457—69, 1961; russ.) — 1. vgl. vorst. Referat. — Durch Diensynth. werden *3.4-Dimethyl-*(**I**), *3.5-Dimethyl-*(**II**), *4.5-Dimethyl-*(**III**) u. *3.6-Dimethyl-$\Delta^{1.4}$-cyclohexadien-1.2-dicarbonsäure* (**IV**), ihre *Anhydride* u. *Dimethylester* dargestellt. Bei der alkal. Hydrolyse von **I**- bzw. **II**-Anhydrid werden die *cis*-Formen von *3.4-Dimethyl-*(**V**) bzw. *3.5-Dimethyl-$\Delta^{4.6}$-cyclohexadien-1.2-carbonsäure* (**VI**), aus **I**- bzw. **II**-Dimethylester dagegen die *trans*-Formen von **V** bzw. **VI** erhalten. Bei der Einw. von Alkali afu **III**-Anhydrid u. **III**-Dimethylester entsteht *4.5-Dimethyl-$\Delta^{2.4}$-cyclohexadien-1.2-dicarbonsäure* (**VII**). **IV**-Anhydrid bzw. **IV**-Dimethylester werden bei Einw. von Alkali zur *cis*- bzw. *trans*-Form von *3.6-Dimethyl-$\Delta^{4.6}$-cyclohexadien-1.2-dicarbonsäure*(**VIII**) isomerisiert.

Versuche: *3.4-Dimethyl-$\Delta^{1.4}$-cyclohexadien-1.2-dicarbonsäure* (**I**), $C_{10}H_{12}O_4$, F. 100—101° (Ae.–PAe., 1:2), durch Schütteln von 4 g **I**-Anhydrid mit 2,3 g NaOH in 33 ml W. u. Ansäuern; 3,7 g (Ausbeute). *Anhydrid*, $C_{10}H_{10}O_3$, F. 46—47,5° (PAe.), Kp.$_4$ 119—121°, durch 5std. Kochen von 5 g Acetylendicarbonsäure (**IX**) mit 6,5 ml 3-Methylpentadien-(2.4) (**X**) u. 0,2 g Pyrogallol (**XI**) in 40 ml abs. Dioxan; 5,7 g. *Dimethylester*, $C_{12}H_{16}O_4$, Kp.$_7$ 135—136°, durch 4std. Kochen von 5 g **IX**-Dimethylester mit 5 g **X** u. 0,2 g **XI** in 30 ml abs. Dioxan; n_D^{20} 1,4910; 6 g. — *3.4-Dimethyl-$\Delta^{4.6}$-cyclohexadien-1.2-dicarbonsäure* (**V**), *cis-Form*, $C_{10}H_{12}O_4$, F. 193—194° (W.-Aceton), durch 1std. Kochen von 2,3 g **I**-Anhydrid mit 3,4 g NaOH in 23 ml W., 12std. Stehen u. Ansäuern; 2,15 g. *cis-Anhydrid*, F. 71—73° (PAe.), durch 2std. Kochen von 0,15 g cis-**V** mit 10 ml Acetylchlorid (**XII**); 0,09 g. *cis-Dimethylester*, $C_{12}H_{16}O_4$, Kp.$_4$ 134—135°, aus cis-**V** u. CH_2N_2 in Methanol-Ae.; n_D^{19} 1,5070; 100%. *trans*-Form, $C_{10}H_{12}O_4$, F. 212—213° (W.-Aceton), a) durch 4std. Kochen von 2,4 g **I**-Dimethylester mit 20 ml 15%ig. NaOH; 1,55 g; b) durch 3std. Kochen von 1,8 g cis-**V**-Dimethylester in 20 ml 15%ig. NaOH; 0,5 g. *trans-Anhydrid*, $C_{10}H_{10}O_3$, F. 95,5—96,5° (PAe.), durch 2std. Kochen von 0,35 g trans-**V** in 10 ml **XII**; 0,2 g. *trans-Dimethylester*, $C_{12}H_{16}O_4$, Kp.$_4$ 113—114°, aus trans-**V** u. CH_2N_2; n_D^{20} 1,5080; 100%. — *β-Methyllävulinsäure*, durch Ozonolyse von 1,5 g trans-**V**; 0,3 g. *Semicarbazon*, F. 175—176° (Zers.). — *3.5-Dimethyl-$\Delta^{1.4}$-cyclohexadien-1.2-dicarbonsäure* (**II**), $C_{10}H_{12}O_4$, F. 121° (Zers.), aus 0,55 g **II**-Anhydrid; 0,5 g. *Anhydrid*, $C_{10}H_{10}O_3$, F. 95 bis 96° (Ae.–PAe. 1:2), durch 23std. Erhitzen von 10 g **IX** mit 12 ml 2-Methylpentadien-(1.3) (**XIII**) u. 0,2 g **XI** in 40 ml Dioxan auf 65°; 6,1 g. *Dimethylester*, $C_{12}H_{16}O_4$, Kp.$_4$ 114,5—116°, durch 6std. Erhitzen von 8,9 g **IX**-Dimethylester mit 11 g **XIII** u. 0,2 g **XI** in 50 ml Dioxan auf 110—120°; D_4^{20} 1,102; n_D^{20} 1,4898; 11 g. — *3.5-Dimethyl-$\Delta^{4.6}$-cyclohexadien-1.2-dicarbonsäure*(**VI**), *trans-Form*, $C_{10}H_{12}O_4$, F. 180—181° (Zers.; Acetonitril), durch 3std. Kochen von 3,6 g **II**-Dimethylester mit 18 ml 20%ig. KOH; 1,7 g. *trans-Anhydrid*, F. 98,5—100° (Ae.-Hexan 1:1), durch 1std. Kochen von 0,5 g trans-**VI** mit 20 ml **XII**; 0,37 g. *cis-Form*, $C_{10}H_{12}O_4$, F. 194—196° (Zers.; W.-Aceton), durch 3std. Kochen von 3 g **II**-Anhydrid mit 30 ml 20%ig. NaOH, Ansäuern u. 12std. Stehen; 0,95 g. *cis-Anhydrid*, $C_{10}H_{10}O_3$, F. 94—95° (Ae.-Hexan 1:1), durch 3std. Kochen von 0,5 g cis-**VI** mit 10 ml **XII**; 0,32 g. — *Propan-1.1.2-tricarbonsäure* (**XIV**), F. 143—144°, durch Ozonolyse von 0,9 g cis-**VI**; 0,25 g [Decarboxylierung → *Methylbernsteinsäure*, F. 108—109°]. — *4.5-Dimethyl-$\Delta^{1.4}$-cyclohexadien-1.2-dicarbonsäure* (**III**), $C_{10}H_{12}O_4$, F. 158,5—160,5° (Zers.; W.), aus 0,2 g **III**-Anhydrid; 0,15 g. *Anhydrid*, $C_{10}H_{10}O_3$, F. 168—169° (Ae.), durch 15std. Erhitzen von 2 g **IX** mit 4 ml 2.3-Dimethylbutadien-(1.3) (**XV**) u. 0,2 g **XI** in 30 ml abs. Dioxan auf 65—75°; 1,55 g. *Dimethylester*, $C_{12}H_{16}O_4$, Kp.$_7$ 155—157°, F. 75—76° (Ae.–PAe.), durch 6std. Erhitzen von 5,25 g **IX**-Dimethylester mit 9 ml **XV** u. 0,2 g **XI** in 70 ml Dioxan im Rohr auf 115—120°; 7,2 g. — *4.5-Dimethyl-$\Delta^{2.4}$-cyclohexadien-1.2-dicarbonsäure* (**VII**), $C_{10}H_{12}O_4$, F. 202,5—204,5° (Zers.; W.-Aceton), durch 3std. Kochen von 2 g **III**-Dimethylester oder **III**-Anhydrid mit 15—20%ig. NaOH; 1,4 g [liefert beim Kochen in Acetanhydrid **III**-*Anhydrid*]. *Anhydrid*, $C_{10}H_{10}O_3$, F. 133 bis 134° (Ae.–PAe.), durch 3std. Kochen von 0,4 g **VII** mit 15 ml **XII**; 0,35 g. *Dimethylester*, $C_{12}H_{16}O_4$, Kp.$_{10}$ 148 bis 149°, aus 1,4 g **VII** u. CH_2N_2; n_D^{20} 1,5130; 1,4 g. — *3.6-Dimethyl-$\Delta^{1.4}$-cyclohexadien-1.2-dicarbonsäure* (**IV**), F. 115° (Bzl.–Ae. 1:1), durch 64std. Stehen von 0,5 g **IV**-Anhydrid in 5 ml 10%ig. NaOH; 0,4 g. *Anhydrid*, $C_{10}H_{10}O_3$, F. 80—81,5° (PAe.), durch 25std. Kochen von 8 g **IX** mit 15 ml Hexadien-(2.4) u. 0,2 g **XI** in 10 ml Aceton u. 80 ml Bzl.; 5,65 g. *Dimethylester*, $C_{12}H_{16}O_4$, Kp.$_3$ 102,5—103°, durch 11std. Kochen von 2 g **IV**-Anhydrid mit 20 ml Methanol u. Behandeln mit CH_2N_2; $n_D^{17.5}$ 1,4855; 2 g. — *3.6-Dimethyl-$\Delta^{4.6}$-cyclohexadien-1.2-dicarbonsäure* (**VIII**), *trans-Form*, $C_{10}H_{12}O_4$, F. 173 bis 174° (Zers.; W.-Aceton), durch 3std. Kochen von 2 g **IV**-Dimethylester mit 10 ml 20%ig. KOH; 0,44 g. *trans-Anhydrid*, $C_{10}H_{10}O_3$, F. 117—118° (Ae.–PAe.), durch 1std. Kochen von 0,9 g trans-**VIII** mit 15 ml **XII**; 0,75 g. *cis-Form*, $C_{10}H_{12}O_4$, F. 205—206° (Zers.), F. 180—181° (W.-Aceton), durch 3std. Kochen von 3,55 g **IV**-Anhydrid mit 37 ml 20%ig. KOH, Ansäuern u. 12std. Stehen; 1,1 g. *cis-Anhydrid*, $C_{10}H_{10}O_3$, F. 86—87,5° (durch 4 1/2std. Kochen von 0,3 g cis-**VIII** mit 10 ml **XII**; 0,15 g. Liefert bei der Ozonolyse **XIV**.

Helmut Schäfer. 2020△

0838 **Aliphatische Friedel-Crafts-Reaktionen.** 5. Mitt. **Weitere Acylierungen von Cyclopenten, Cyclohexen und Cyclohepten.** N. Jones, E. J. Rudd und H. T. Taylor. (J. chem. Soc. [London] **1963,** 2354—57; Coventry, Lanchester Coll. of Technol.; engl.) — 4. vgl. C. **1961,** 12048. — Cyclopenten, Cyclohexen u. Cyclohepten reagieren mit ω-Methoxy-(**B**) bzw. Carbonsäurechloriden (**E**) in Ggw. von $AlCl_3$ unter Bldg. der entsprechenden *Cycloalkenyl-ω-methoxycarbonylalkyl-* (**A**) bzw. *Cycloalkenylalkylcycloalkylketone*. Die **A** lassen sich zu den entsprechenden *ω-Cycloalkylcarbonsäureestern* reduzieren. γ-Cyclohexylbutyrylchlorid reagiert mit den oben genannten Olefinen unter Bldg. von *α-Dekalon*. Die Struktur der dargestellten Verbb. wird durch IR- u. UV-Absorptionsmaxima festgelegt.

Versuche: Cyclopenten-(1)-ylketone, durch Zugabe von **B** bzw. **E** zu einer Suspension von $AlCl_3$ in

Methylen- oder Äthylendichlorid, Zutropfen des entsprechenden Cycloolefins unter Rühren u. Gießen auf Eis/HCl (Meth. **C**): *γ-Methoxycarbonylpropyl-*, $Kp._{12}$ 146 bis 148°, aus γ-Methoxycarbonylbutyrylchlorid (**IX**) nach **C** bei 0°; 53% (Ausbeute). *2.4-Dinitrophenylhydrazon* (*DNP*), $C_{17}H_{20}N_4O_6$, F. 146° (A.). *Semicarbazon* (*SC*), $C_{12}H_{19}N_3O_3$, F. 131°. — *Cyclohexylmethyl-*(**I**), $Kp._7$ 127 bis 130°, aus Cyclohexylacetylchlorid (**V**) bei 10°; 57%. *DNP*, $C_{19}H_{24}N_4O_4$, F. 128° (A.). *SC*, $C_{14}H_{23}N_3O$, F. 193°. — *β-Cyclohexyläthyl-*, $Kp._{13}$ 172—175°, aus β-Cyclohexylpropionylchlorid (**VI**) bei 10°; 56%. *DNP*, $C_{20}H_{26}\cdot N_4O_4$, F. 144° (A.). *SC*, $C_{15}H_{25}N_3O$, F. 170° (Methanol). — Cyclohexen-(1)-ylketone: *β-Methoxycarbonyläthyl-*(**II**), $Kp._6$ 148—151°, aus β-Methoxycarbonylpropionylchlorid (**VII**) nach **C** bei —5°; 41%. *DNP*, $C_{17}H_{20}N_4O_6$, F. 104° (A.). *SC*, F. 146° (A.). — *γ-Methoxycarbonylpropyl-*(**III**), $Kp._{10}$ 154—157°, aus **IX** bei 10°; 40%. *DNP*, F. 134° (A.). *SC*, $C_{13}H_{21}N_3O_3$, F. 112 (wss. A.). — *Cyclohexylmethyl-*(**IV**), $Kp._{12}$ 172—175°, aus **V** bei 10°; 48%. *DNP*, $C_{20}H_{26}N_4O_4$, F. 143° (A.). *SC*, $C_{15}H_{25}N_3O$, F. 180° (wss. A.). — *β-Cyclohexyläthyl-*, $Kp._6$ 142—146°, aus **VI** bei 10°; 43%. *DNP*, $C_{21}H_{28}N_4O_4$, F. 140° (A.). — Cyclohepten-(1)-ylketone: *β-Methoxycarbonyläthyl-*(**VIII**), $Kp._9$ 136—140°, aus **VII** bei 10°; 50%. *SC*, $C_{13}H_{21}N_3O_3$, F. 176°. — *γ-Methoxycarbonylpropyl-*, $Kp._7$ 154—156°, aus **IX** bei 10°; 40%. *DNP*, $C_{19}H_{24}N_4O_6$, F. 137° (A.). *SC*, $C_{14}H_{23}N_3O_3$, F. 143° (wss. A.). — *Cyclohexylmethyl-*(**X**), $Kp._5$ 148—151°, aus **V** bei 10°; 43%. *DNP*, $C_{21}H_{28}N_4\cdot O_4$, F. 117° (A.). *SC*, $C_{16}H_{27}N_3O$, F. 168° (wss. A.). — *β-Cyclohexyläthyl-*, $Kp._6$ 165—169°, aus **VI** bei 10°; 45%. *SC*, $C_{17}H_{29}N_3O$, F. 173° (Methanol); 37%. *DNP*, $C_{22}H_{30}\cdot N_4O_4$, F. 114° (A.). — *α-Dekalon* $Kp._9$ 150°, aus γ-Cyclohexylbutyrylchlorid u. einem Cycloolefin nach **C**; 15% *DNP*, F. 220—222° (A.). — Cyclohexylmethylketone: *Cyclopentyl-*, durch Hydrieren von **I** an Pd in Äthanol · *DNP*, $C_{19}H_{26}N_4O_4$, F. 78° (A.). *SC*, $C_{14}H_{25}N_3O$, F. 147° (wss. A.). — *Cyclohexyl-*, analog aus **IV**. *DNP*, F. 129° (A.). *SC*, F. 187° (PAe.). — *Cycloheptyl-*, analog aus **X**. *DNP*, $C_{21}H_{30}N_4O_4$, F. 105° (A.). — *Cyclohexyl-β-methoxycarbonyläthylketon* (**XI**), analog aus **II**. *DNP*, $C_{17}H_{22}N_4O_6$, F. 110° (A.). *SC*, $C_{12}H_{21}N_3O_3$, F. 141° (wss. A.). — *Cyclohexyl-γ-methoxycarbonylpropylketon*, analog aus **III**. *DNP*, $C_{18}H_{24}N_4O_6$, F. 98° (Methanol). — *Cycloheptyl-β-methoxycarbonyläthylketon*, analog aus **VIII**. *SC*, $C_{13}H_{23}N_3O_3$, F. 139° (wss. A.). *Freie Säure*, $C_{11}H_{18}O_3$, durch Hydrolyse mit alkohol. KOH; *SC*, $C_{12}H_{21}N_3O_3$, F. 157° (wss. A.). — *γ-Cyclohexylbuttersäure*, $C_{10}H_{18}O_2$, $Kp._5$ 126—128°, durch 1std. Kochen von 9 g **XI** in A. mit ZnAmalgam/konz. HCl, Zugabe von HCl, 5std. Kochen, Zers. mit W., Isolieren u. Hydrolyse mit alkohol. KOH; 1 g.

R. Neumann. 2070◇

0839 **Synthetische Versuche in der Gruppe östrogener Hormone.** 23. Mitt. **3-Methyl-6-phenyl-3-carboxycyclohexanonderivate.** M. Protiva, L. Novák und M. Borovička. (Collect. czechoslov. chem. Commun. **27**, 559—66, 1962; Prag, Forschungsinst. für Pharm. u. Biochem.; dt.) — 22. vgl. C. **1962**, 13010. — Durch Anlagerung von Methylvinylketon an Phenylacetonitril bzw. Phenylmalonsäuredimethylester wurden *1-Phenyl-1-cyanpentanon-(4)* (**I**) bzw. *5-Phenyl-5.5-dicarbomethoxypentanon-(2)* (**II**) dargestellt. Durch Rk. mit Cyanessigester, Anlagerung von HCN, Hydrolyse Decarboxylierung u. Veresterung lieferten **I** bzw. **II** *3-Methyl-3-carboxy-6-phenylheptan-1.7-disäuretriäthyl-* bzw. *-trimethylester* (**VI**). Aus dem durch Dieckmannsche Cyclisierung von **VI** entstandenen öligen Gemisch der stereoisomeren *2.3-Dicarbomethoxy-3-methyl-6-phenylcyclohexanone* (**VII**) gelang es, durch Umlösen ein kristallines **VII** vom F. 136° zu isolieren. Durch Hydrolyse, Decarboxylieren u. Verestern entsteht sowohl aus dem öligen stereoisomeren **VII**-Gemisch als auch aus dem kristallinen **VII** *3-Carbomethoxy-3-methyl-6-phenylcyclohexanon*, im letzteren Fall unter teilweiser Epimerisierung wahrscheinlich am $C_{(6)}$ [Bldg. zweier *2.4-Dinitrophenylhydrazone* (**VIII, IX**) vom F. 170° bzw. 145—146°].

Versuche: *1-Phenyl-1-cyanpentanon-(4)* (**I**), $Kp._1$ 138°, aus 123 g Phenylacetonitril u. 35 g Methylvinylketon in Ggw. einer C_2H_5ONa-Lsg. (2,3 g Na in 50 cm³ A.), 35 Min. bei 30—35°, dann über Nacht bei Raumtemp.; 40 g neben 60 g des Ausgangsnitrils u. 20 g *5-Phenyl-5-cyannonandion-(2.8)*, $C_{16}H_{19}NO_2$, $Kp._{1,3}$ 154—155°, F. 129—130° (Bzl.-PAe.). *2.4-Dinitrophenylhydrazon*, $C_{18}H_{17}\cdot N_5O_4$, F. 145—146° (Bzl.-PAe.). — *5-Phenyl-5.5-dicarbomethoxypentanon-(2)* (**II**), $C_{15}H_{18}O_5$, $Kp._1$ 175°, wie **I** aus Phenylmalonsäuredimethylester u. Methylvinylketon, 80%. *2.4-Dinitrophenylhydrazon*, $C_{21}H_{22}N_4O_8$, F. 134° (Essigester). — *2.6-Dicyan-3-methyl-6-phenyl-Δ^2-hexensäureäthylester* (**III**), $C_{17}H_{18}N_2O_2$, $Kp._{1,3}$ 205—208°, aus **I** u. Cyanessigsäureäthylester in Ggw. von Benzylamin- u. Piperidinacetat in Bzl. unter aezotropem Abdest. des Rk.-Wassers; 62%. — *2-Cyan-3-methyl-6-phenyl-6-carboxy-Δ^2-hepten-1.7-disäuretrimethylester* (**IV**), $C_{19}H_{21}NO_6$, $Kp._1$ 210—215°, aus **II** wie **III**; 68%. — *2.3.6-Tricyan-3-methyl-6-phenylhexansäureäthylester* (**V**), $C_{18}H_{19}N_3O_2$, $Kp._2$ 210—255° (unter teilweiser Zers.), durch Ansäuern eines Gemisches aus 13,6 g **III**, 50 cm³ A. 6,6 g KCN u. 37 cm³ W. mit 6 cm³ konz. HCl in 30 cm³ W. u. ¹/₄std. Stehen; 8 g. — *3-Methyl-3-carboxy-6-phenylheptan-1.7-disäuretriäthylester*, $C_{21}H_{30}O_6$, $Kp._{0,2}$ 180—185°, durch 24std. Kochen von 1,8 g **V** mit 45%ig. wss. KOH u. Verestern der halbfesten Säure (1 g) mit gesätt. alkohol. HCl (14 Tage); 0,7 g. — *3-Methyl-3-carboxy-6-phenylheptan-1.7-disäuretrimethylester* (**VI**), $C_{18}H_{24}O_6$, $Kp._{0,5}$ 161—165°, F. 62° (PAe.), durch Zutropfen von 134 KCN in 400 cm³ W. zu 371,6 g **IV** in 600 cm³ A. u. 61 cm³ CH_3COOH, Verseifen des rohen *Dinitrils* (400 g), Decarboxylieren der *Säure* durch 13std. Kochen mit konz. HCl unter Zusatz von CH_3COOH u. Verestern (244 g) mit gesätt. methanol. HCl; 205 g neben 6,5 g *3-Methyl-3-cyan-6-phenylheptan-1.7-disäure*, $C_{15}H_{17}NO_4$, F. 219° (Acetophenon). — *2.3-Dicarbomethoxy-3-methyl-6-phenylcyclohexanon* (**VII**), $C_{17}H_{20}O_5$, F. 136°, aus 16,8 g **VI** u. 2,3 g Na-Pulver, 4 Std. in 70 cm³ sd. Bzl.; 7,3 g eines öligen *Isomerengemisches* vom $Kp._{0,9}$ 180—182°; hieraus durch Vermischen mit Bzl. u. Verdünnen mit PAe. Kristalle. — *3-Carbomethoxy-3-methyl-6-phenylcyclohexanon*, $C_{15}H_{18}O_3$, $Kp._{0,2}$ 140°, a) durch 5std. Kochen von 5 g öligem **VII** in 30 cm³ CH_3COOH u. 20 cm³ W. mit 10 cm³ konz. H_2SO_4 u. Verestern der Säure mit methanol. HCl; wird z. T. kristallin, F. 84°; aus dem kristallinen Anteil *2.4-Dinitrophenylhydrazon* (**VIII**), $C_{21}H_{22}N_4O_6$, F. 170° (A.-Essigester); b) durch 5std. Kochen von 1,5 g kristallinem **VII** (F. 136°) mit 20 cm³ HCl in 20 cm³ CH_3COOH u. Verestern der Säure nach a); 0,7 g eines öligen Produktes, hieraus mit 2.4-Dinitrophenylhydrazin neben **VIII** (in A. unlösl.) ein weiteres *2.4-Dinitrophenylhydrazon* (**IX**), $C_{21}H_{22}N_4O_6$, F. 145—146° (in A. lösl.). — *2.3-Bis-[hydroxymethyl]-3-methyl-6-phenylcyclohexanol-(1)*, $C_{15}H_{22}\cdot O_3$, F. 117° (Bzl.), aus 4,5 g kristallinem **VII** u. $LiAlH_4$, 2 Std. in sd. Ae; 4 g.

A. Emr/Prag 2070△

0840 **Synthetische Versuche in der Gruppe östrogener Hormone.** 24. Mitt. **Derivate des 3-Methyl-6-[p-methoxyphenyl]-3-carboxycyclohexanons.** L. Novák, M. Borovička und M. Protiva. (Collect. czechoslov. chem. Commun. **27**, 1261—72, 1962; dt.) — 23. vgl. vorst. Referat. — Aus p-Methoxyphenylessigsäure-Derivv. mit akt. CH_2-Gruppe in α-Stellung wurden durch Anlagerung von Methylvinylketon (**VII**), anschließende Kondens. mit Cyanessigester, Anlagerung von HCN, Hydrolyse, Decarboxylierung u. Veresterung *3-Methyl-3-carboxy-6-[p-methoxyphenyl]-heptandisäuretrimethyl-* (**XIII**) bzw. *-triäthylester* (**XIV**) dargestellt. Die Dieckmannsche Cyclisierung von **XIII** bzw. **XIV** lieferte *2.3-Dicarbomethoxy-* (**II**) bzw. *2.3-Dicarbäthoxy-3-methyl-6-[p-methoxyphenyl]-cyclohexanon* (**XV**), von denen **II** in 2 *Stereoisomere* (**IIa, IIb**) getrennt wurde. **XV** u. die beiden **II** ergaben durch Verseifung, Decarboxylieren u. Verestern *3-Carbomethoxy-3-methyl-6-[p-methoxyphenyl]-cyclohexanon*. Durch Dieckmannsche Cyclisierung von 2-[p-Methoxyphenyl]-2-carboxy-5-methyl-5.6-dicyanhexansäurediäthylester (**XII**) wurde ferner *2.3-Dicyan-3-methyl-6-[p-methoxyphenyl]-6-carbäthoxycyclohexanon* dargestellt.

Versuche: *p-Methoxyphenylessigsäuremethylester* (**I**), $C_{10}H_{12}O_3$, $Kp._{20}$ 143°, aus der Säure in sd. CH_3OH in Ggw. von H_2SO_4; 84% (Ausbeute). *Äthylester*, $C_{11}H_{14}O_3$, $Kp._{18}$ 135—137°, a) in A. wie **I**; 91%; b) durch 5std. Kochen von 11,5 g p-Methoxyphenylacetonitril (**III**) in A. in Ggw. von H_2SO_4; 9 g. — *p-Methoxyphenylcyanessigsäureäthylester* (**IV**), $C_{12}H_{13}NO_3$, $Kp._1$ 145—146°, durch Lösen von 4,6 g Na in 100 g sd. Diäthylcarbonat, Zusetzen von 29,4 g **III** in 50 cm^3 Diäthylcarbonat u. langsames Abdest. des entstehenden A.; 20 g. — *p-Methoxyphenylmalonsäuredimethylester* (**V**), $C_{12}H_{14}O_5$, $Kp._{12}$ 170—180°, F. 50—52° (Bzl.-PAe.), aus 33 g **I** u. 20 g Dimethyloxalat in CH_3OH in Ggw. von CH_3ONa über Nacht u. Decarbonylieren des isolierten Rohprod. bei 120° unter vermindertem Druck; 22 g. — *1-[p-Methoxyphenyl]-1-cyanpentanon-(4)* (**VI**), $C_{13}H_{15}NO_2$, $Kp._{0,4}$ 150—152°, aus 154 g **III** u. einer äther. Lsg. von 35 g **VII** in Ggw. von alkohol. C_2H_5ONa unter Kühlung, dann bei Raumtemp. über Nacht; 42 g (roh) neben 98 g unverändertem **VII** u. 20 g einer Fraktion vom $Kp._{0,6}$ 200°. *2.4-Dinitrophenylhydrazon*, $C_{19}H_{19}N_5O_5$, F. 169—170° (Bzl.-PAe.). — *α.β-Bis-[p-methoxyphenyl]-acrylonitril*, $C_{17}H_{15}NO_2$, $Kp._{0,4}$ 180—192°, F. 109—110° (A.), aus vorst. höherer Fraktion, die durch Kondens. von **III** u. p-Anisaldehyd als Verunreinigung in **III** gebildet wurde. — *1-[p-Methoxyphenyl]-1-cyan-1-carbäthoxypentanon-(4)* (**VIII**), $C_{16}H_{19}NO_4$, $Kp._1$ 175—176°, wie **VI** aus **IV** u. **VII**; 77%. *2.4-Dinitrophenylhydrazon*, $C_{22}H_{23}N_5O_7$, F. 156° (Essigester). — *1-[p-Methoxyphenyl]-1.1-dicarbomethoxypentanon-(4)*, $C_{16}H_{20}O_6$, $Kp._{0,9}$ 170—173°, F. 55 bis 56° (Bzl.-PAe.), wie **VI** aus **V** u. **VII**; 67%. *2.4-Dinitrophenylhydrazon*, $C_{22}H_{24}N_4O_9$, F. 134—135° (Bzl.-A.). — *1-[p-Methoxyphenyl]-1.1-dicarbäthoxypentanon-(4)* (**IX**), $C_{18}H_{24}O_6$, $Kp._{0,8}$ 190°, wie **VI** aus p-Methoxyphenylmalonsäurediäthylester u. **VII**; 88%. *2.4-Dinitrophenylhydrazon*, $C_{24}H_{28}N_4O_9$, F. 132° (Essigester). — *2.6-Dicyan-3-methyl-6-[p-methoxyphenyl]-Δ²-hexensäureäthylester* (**X**), $C_{18}H_{20}N_2O_3$, $Kp._{0,9}$ 205—210°, aus **VI** u. Cyanessigsäureäthylester in Ggw. von Benzylamin- u. Piperidinacetat in sd. Bzl. unter azeotroper Dest. des W.; 52%. — *2.6-Dicyan-3-methyl-6-[p-methoxyphenyl]-Δ²-heptendisäurediäthylester*, $C_{21}H_{24}N_2O_5$, $Kp._{0,3}$ 140°, aus **VIII** wie **X**; 76%. — *3-Methyl-6-[p-methoxyphenyl]-Δ²-heptendisäuredimethylester* (**XI**), $C_{17}H_{22}O_5$, $Kp._{0,5}$ 185—195°, durch Verseifung von 139 g vorst. Verb. unter 20std. Kochen mit wss. NaOH u. Äthylenglykol u. Verestern der Säure mit methanol. HCl bei Raumtemp.; 43 g (die Anlagerung von HCN an vorst. Verb. blieb erfolglos). — *2-Cyan-3-methyl-6-[p-methoxyphenyl]-6-carboxy-Δ²-heptendisäuretriäthylester*, $C_{23}H_{29} \cdot NO_7$, $Kp._{0,8}$ 210°, aus **IX** wie **X**; 88%. — *2-[p-Methoxyphenyl]-2-carboxy-5-methyl-5.6-dicyanhexansäurediäthylester* (**XII**), $C_{21}H_{26}N_2O_5$, $Kp._{0,4}$ 220°, durch 3std. Kochen von 43 g vorst. Verb. in 100 cm^3 A. mit 10 g KCN in 25 cm^3 W.; 30 g. — *3-Methyl-3-carboxy-6-[p-methoxyphenyl]-heptandisäuretrimethylester* (**XIII**), $C_{19}H_{26}O_7$, $Kp._{0,5}$ 194—198°, a) aus 24,5 g **X** in 150 cm^3 A. u. 24,5 g KCN in 130 cm^3 W., Zusetzen von 21 cm^3 konz. HCl in 50 cm^3 W. bei 7°, $^1/_2$std. Rühren, 16std. Hydrolyse des rohen *Nitrils* (57 g) in sd. CH_3COOH u. konz. HCl u. Verestern der *Säure* mit methanol. HCl; 31 g; b) durch Verseifung von 44 g **XII** mit KOH in Äthylenglykol u. Verestern mit methanol. HCl analog **XI**; 19 g. — *3-Methyl-3-carboxy-6-[p-methoxyphenyl]-heptandisäuretriäthylester* (**XIV**), $C_{22} \cdot H_{32}O_7$, $Kp._{0,4}$ 185—188°, aus 15 g **X** analog **XIII** unter a) durch HCN-Anlagerung, 25std. Kochen mit 45 g KOH in 50 cm^3 W. u. Verestern mit äthanol. HCl; 2,7 g (rein). — *2.3-Dicarbäthoxy-3-methyl-6-[p-methoxyphenyl]-cyclohexanon* (**XV**), $C_{20}H_{26}O_6$, $Kp._{0,2}$ 195—205° (Badtemp.), aus 10 g **XIV** u. Na-Pulver, 4 Std. in sd. Toluol u. Reinigung des Rohprod. ($Kp._{0,9}$ 180—190°, 2,9 g) an Al_2O_3 (Aktivität II). — *2.3-Dicarbomethoxy-3-methyl-6-[p-methoxyphenyl]-cyclohexanon* (**II**), $C_{18}H_{22}O_6$, aus 55 g **XIII** u. 6,3 g Na-Staub, 6 Std. in sd. Bzl.; durch Lösen des isolierten Rohprod. in 80 cm^3 heißem CH_3OH 10 g des *Isomeren A* (**IIa**), F. 130—134° (CH_3OH; IR- u. UV-Maximum); unlösl. in NaOH, keine Farb-Rk. mit $FeCl_3$; durch Eindampfen der methanol. Mutterlauge zur Trockne, Lösen in Ae., Ausschütteln mit NaOH, Ansäuern des alkal. Auszuges, Aufnehmen in Ae. u. Dest. 18 g des *Isomeren B* (**IIb**), F. 108° (CH_3OH); IR- u. UV-Maximum; lösl. in 10%ig. NaOH; mit $FeCl_3$ Färbung. — *3-Carbomethoxy-3-methyl-6-[p-methoxyphenyl]-cyclohexanon*, $C_{16}H_{20}O_4$, $Kp._{0,2}$ 165°, $Kp._{0,7}$ 170—180° (Badtemp.), a) aus 24 g **XIII** analog **II**, Hydrolyse des rohen **II** (20 g) durch 40std. Kochen mit HCl u. CH_3COOH u. Verestern der rohen Säure mit methanol. HCl; 5,2 g; b) aus 3 g **IIa** oder **IIb** durch 5std. Kochen mit CH_3COOH, konz. H_2SO_4 u. W. u. Verestern der Säure wie unter a); 1 g. *2.4-Dinitrophenylhydrazon*, $C_{22}H_{24}N_4O_7$, F. 144—145° (Bzl.-PAe. oder Essigester-CH_3OH). — *2.3-Dicyan-3-methyl-6-[p-methoxyphenyl]-6-carbäthoxycyclohexanon*, $C_{19}H_{20}N_2O_4$, F. 148° (Bzl.; IR-Maximum), aus 19,3 g rohem **XII** wie **II**; 7 g; liegt dem IR-Spektrum entsprechend in der *Enolform* vor, läßt sich jedoch weder mit CH_3J noch mit C_2H_5Br alkylieren. A. Emr/Prag. 2070△

0841 **Amide des Dicyclopropylmethylamins.** H. Corrodi. (Helv. chim. Acta **46**, 1059—60, 1963; Göteborg, AB. Hässle, Biochem. Forsch.-Labor.; dt.) — *Dicyclopropylmethylamin* (**I**) wird durch $LiAlH_4$-Red. von Dicyclopropylketoxim erhalten. Die Struktur wird durch Analyse u. NMR-Spektren einiger *Derivv.* gesichert.

Versuche: *Dicyclopropylketoxim*, F. 76° (CH_2Cl_2/Cyclohexan), durch 3std. Erwärmen von 100 g Dicyclopropylketon, $NH_2OH \cdot HCl$ u. Pyridin auf dem Wasserbad, Einengen u. Gießen in W.; 89 g (Ausbeute). — *[Dicyclopropylmethyl]-amin* (**I**), $C_7H_{13}N$, $Kp._{11}$ 55—65°, durch 3std. Kochen von 40 g vorst. Verb. u. $LiAlH_4$ in abs. Ae./abs. Tetrahydrofuran, Zers. mit W. u. HCl, Ausäthern, Alkalisieren mit 50%ig. KOH u. Ausäthern (bildet an der Luft ein krist. *Carbonat*). *Hydrochlorid*, $C_7H_{14}ClN$, F. 263—265° (Methanol/Essigester). *N-Benzoyl-Deriv.*, $C_{14}H_{17}NO$, F. 155—156° (Bzl./Cyclohexan), durch 12std. Rühren von **I** in K_2CO_3-Lsg. mit 1 Val Benzoylchlorid. Analog: *N-Anisoyl-Deriv.*, $C_{15}H_{19}NO_2$, F. 150°. *N-Veratroyl-Deriv.* (**II**), $C_{16}H_{21}NO_3$, F. 134°. *N-3.4.5-Trimethoxybenzoyl-Deriv.*, $C_{17}H_{23}NO_4$, F. 197°. *N-2.6-Dimethoxybenzoyl-Deriv.*, $C_{16}H_{21}NO_3$, F. 117°. *N-Piperonyloyl-Deriv.*, $C_{15}H_{17}NO_3$, F. 132°. — **I** ist ein Sympathicomimeticum, die Benzoyl-Derivv., bes. **II**, sind Sedativa. H. Gleinig. 2110◇

0842 **Mono-π-cyclopentadienylderivate des Titans.** A. N. Nessmejanow, O. W. Nogina und A. M. Berlin. (Nachr. Akad. Wiss. UdSSR, Abt. chem. Wiss. **1961,** 804—07; Akad. der Wiss. der UdSSR; Inst. für metallorgan. Verbb.; russ.) — Die Rk. von Cyclopentadienyl-Na (**I**) mit Diäthoxytitandichlorid (**II**), Tri-n-propoxytitanchlorid (**III**) u. Äthoxytitantrichlorid (**IV**) liefert *Cyclopentadienyltriäthoxytitan* (**V**) u. *Dicyclopentadienyläthoxychlortitan* (**VI**), *Cyclopentadienyltri-n-propoxytitan* (**VII**) bzw. **VI**. Bei der Rk. von **V** u. **VII** mit Acetylchlorid (**VIII**) entstehen *Cyclopentadienyltitantrichlorid*, *-di-n-propoxytitanchlorid* bzw. *-n-propoxytitandichlorid*. Bei der Einw. von n-Propanol auf **V** entstehen *Tetra-n-propyltitanat* u. *Cyclopentadien* (**IX**), bei der Einw. von A. auf **V** *Tetraäthyltitanat* u. **IX**.

Versuche: *Cyclopentadienyltriäthoxytitan* (**V**), $C_{11} \cdot H_{20}O_3Ti$, $Kp._2$ 103°, $Kp._3$ 106—107°, durch tropfenweise Zugabe von 20,2 g **II** in 30 ml Tetrahydrofuran in $^1/_2$ Std. zu **I** (4,5 g Na, 14,5 g **IX**) unter Eiskühlung u. 3std. Rühren; n_D^{20} 1,5500; 72% (Ausbeute). Daneben 34% **VI**. — *Cyclopentadienyltri-n-propoxytitan* (**VII**), $C_{14}H_{26}O_3Ti$, $Kp._{0,5-1}$ 106—107°, aus **I** u. **III** (1:1 Mol); n_D^{20} 1,5310; 96%. — *Dicyclopentadienyläthoxychlortitan* (**VI**), $C_{12}H_{15} \cdot ClOTi$, F. 89—91° (Bzl.-PAe.), aus **I** u. **IV** (1:1 Mol); 61%. — *Cyclopentadienyltitantrichlorid*, $C_5H_5Cl_3Ti$, F. 207 bis 208° (Xylol), a) durch tropfenweise Zugabe von 2,76 g **VIII** unter Kühlung zu 2,76 g **V** in 30 ml PAe.; b) aus 2 g **VII** u. 2,2 g **VIII** in 25 ml PAe.; fast 100%. — *Tetra-n-propyltitanat*, $Kp._1$ 136°, durch 1std. Erhitzen von 5 g **V** mit 15 ml abs. n-Propanol auf 70—80°; n_D^{20} 1,4976; 96%. — *Tetraäthyltitanat*, $Kp._2$ 128—129°, durch 1std. Erhitzen von 3,5 g **V** mit 15 ml abs. A. auf 80—90°; n_D^{20} 1,5096; 95%. Daneben *Cyclopentadien* [**IX**; → *Cyclopentadienyl-Tl*, C_5H_5Tl; 98%]. — *Cyclopentadienyl-di-n-propoxytitanchlorid*, $C_{11}H_{19}ClO_2Ti$, $Kp._1$ 132—145° (Zers.), durch 12std. Stehen von 2,08 g **VII** mit 0,58 g **VIII** in 20 ml PAe.; fast 100%. — *Cyclopentadienyl-n-propoxytitandichlorid*, $C_8H_{12}Cl_2OTi$, $Kp._2$ 159—161°, aus 3,27 g **VII** u. 1,8 g **VIII** in 25 ml PAe.; 96%. Helmut Schäfer. 2180△

0843 **Darstellung polyfunktioneller Organomagnesiumverbindungen, die eine C–C-Dreifachbindung und eine Carboxylgruppe enthalten, und ihre Verwendung in Synthesen.** D. Ivanoff und B. Blagoev. (C. R. Acad. bulg. Sci. **14**, 63—66, 1961; franz., Auszug: russ.) — Hexin-(3)-säure u. 4-Phenylbutin-(3)-säure wurden durch Rk. mit Äthyl-, o-Tolyl-, Phenyl-, p-Tolyl–MgBr oder

Isopropyl–MgCl in Grignard-Reagentien der Zus. R · C≡C–CH(MgX)–COOMgX übergeführt, aus denen durch Kondens. mit Benzophenon *α-[Äthyläthinyl]-* [F. 139–141° (Zers.); 30–35% (Ausbeute)] bzw. *α-[Phenyläthinyl]-β.β-diphenyl-β-hydroxypropionsäure* [F. 130–132° (Zers.); 30–44%] dargestellt wurden.
Helmut Schäfer. 2450△

0844 **Kondensation von Cyclopentadien mit aliphatischen Dienen.** 3. Mitt. **Isomerisation von 2-Vinyl- und 2-Isopropenylbicyclo-[2.2.1]-hepten-(5) zum 4.7.8.9-Tetrahydroinden-System.** A. F. Plate und N. A. Belikowa. (J. allg. Chem. [UdSSR] **31(93)**, 131–36, 1961; Akad. der Wiss. der UdSSR, Inst. für organ. Chem.; russ.) — 2. vgl. J. allg. Chem. [UdSSR] **30(92)** Nr. 12, [1960], 3953. — 2-Vinyl- (**I**) u. 2-Isopropenylbicyclo-[2.2.1]-hepten-(5) (**II**) werden beim Erhitzen zu *4.7.8.9-Tetrahydroinden* bzw. *5-Methyl-4.7.8.9-tetrahydroinden* isomerisiert.

Versuche: *4.7.8.9-Tetrahydroinden*, $Kp._{44}$ 74,1 bis 74,3°, Kp. 139–145°, man leitet 33 g **I** bei 300° mit einer Geschw. von 4,5 g/Std. durch ein Quarzrohr; $D._4^{20}$ 0,9266; n_D^{20} 1,4982; 15,2 g (Ausbeute). Daneben *Butadien* [6,7 g; mit Maleinsäureanhydrid (**III**) → *Addukt*, F. 101 bis 102° (PAe.)] u. *Cyclopentadien* [**IV**; Kp. 40–41°; 6,3 g; mit **III** → *Addukt*, F. 160,5–162,5°]. — *5-Methyl-4.7.8.9-tetrahydroinden*, $C_{10}H_{14}$, $Kp._{21}$ 75,5°, Kp. 181°, aus 35,8 g **II** bei 300°; $D._4^{20}$ 0,9097; n_D^{20} 1,4932; 23,7 g [daneben **IV** u. *Isopren*, Kp. 34–40°; 8,8 g]. — *5-Methylindan*, $Kp._{21}$ 93°, durch Dehydrierung vorst. Verb. bei 310–315° an Pt/Kohle; $D._4^{20}$ 0,9465; n_D^{20} 1,5330.
Helmut Schäfer. 2650△

0845 **Totalsynthetische Untersuchungen an Steroiden.** 2. Mitt. **Synthese des 6-Methoxy-3.4-dihydro-1 H-naphthalinons-(2).** Wataru Nagata und Tadao Terasawa. (Chem. pharmac. Bull. [Tokyo] **9**, 267–75, 1961; Imafuku, Amagasaki, Hyogo-ken, Shionogi u. Co., AG., Forsch.-Labor.; dt.) — 1. vgl. Tetrahedron Letters [London] **1960**, Nr. 17, 27. — *6-Methoxy-3.4-dihydronaphthalin* (**IV**) wurde durch die Bamford-Rk. (vgl. C. **1955**, 7179) erhalten u. daraus unter Verbesserung des Verf. von Salzer (Ersatz der Benzopersäure durch Peressigsäure) *6-Methoxy-3.4-dihydro-1 H-naphthalinon-(2)* dargestellt.

Versuche: *6-Methoxy-3.4-dihydro-2H-naphthalinon-(1),p-Tosylhydrazon* (**II**), $C_{18}H_{20}N_2O_3S$, F. 207–210°, durch ½std. Kochen von 6-Methoxy-3.4-dihydro-2 H-naphthalinon-(1) mit p-Tosylhydrazin in A.; 93,5% (Ausbeute). — *6-Methoxy-3.4-dihydronaphthalin* (**IV**), $C_{11}H_{12}O$, $Kp._{3,5-4,0}$ 104–105°, durch Bamford-Rk. von **II** in Na-Äthylenglykolat-Lsg. bei 100–120°, ½std. Erhitzen auf 200°, Verdünnen mit W., Extrahieren mit Ae. u. Dest. in Ggw. von $KHSO_4$ bei 5–20 mm Hg; n_D^{20} 1,5854; 79,2%. — *6-Methoxy-1-[2-hydroxyäthoxy]-1.2.3.4-tetrahydronaphthalin*, $C_{13}H_{18}O_3$, $Kp._{0,01-0,02}$ 130–135°, analog **IV** u. Dest. ohne $KHSO_4$; n_D^{20} 1,5450; daneben aus dem Dest.-Rückstand durch Zugabe von Chlf./Ae. 0,5% *Bis-[6-methoxy-1.2.3.4-tetrahydronaphthyliden-(1)]-hydrazin*, $C_{22}H_{24}N_2O_2$, F. 180–180,5°; gelbe Prismen. *3.5-Dinitrobenzoat*, $C_{20}H_{20}N_2O_8$ F. 141–143° (PAe./A.). — *3.10-Dimethoxy-5.6.6a.7a.12.13.13a.14a-oktahydrodinaphtho-[1.2:b;1'.2':e]-1.4-dioxan* (**I**), F. 211–223° (Chlf./Ae.), $Kp._{0,025}$ 212–218°, a) durch Pyrolyse von 1-Acetoxy-6-methoxy-1.2.3.4-tetrahydronaphthol-(2) (**VII**) in Ggw. von $KHSO_4$; b) analog a) aus 1-Benzoyloxy-6-methoxy-1.2.3.4-tetrahydronaphthol-(2); c) durch 4std. Kochen von 1.2-Dihydroxy-6-methoxy-1.2.3.4-tetrahydronaphthalin (**VI**) mit p-Toluolsulfonsäuremonohydrat in Bzl. u. Zugabe von Na-Acetat. — *1.2-Diacetoxy-6-methoxy-1.2.3.4-tetrahydronaphthalin* (**V**), $C_{15}H_{18}O_5$, F. 63 bis 80°, a) durch Acetylierung von **VI** mit Acetanhydrid in Pyridin bei Raumtemp.; Platten aus Ae./Pentan; 7,09 g; b) analog a) aus **VII**; 70%. — *2-Acetoxy-6-methoxy-3.4-dihydronaphthalin* (**III**), $C_{13}H_{14}O_3$, $Kp._{0,3}$ 136–138°, F. 46–47,5° (Ae./Pentan), durch 10 Min. langes Erhitzen von **V** mit $KHSO_4$ auf 200–220°; 85,9%. — *6-Methoxy-3.4-dihydro-1 H-naphthalinon-(2)*, $C_{11}H_{12}O_2$, $Kp._{0,025}$ 123 bis 133°, F. 34–35° (Pentan), a) durch Benzopersäure-Oxydation von **IV** nach Salzer; Öl; 45%; b) durch Zugabe von 5 g **IV** zu Peressigsäure/Essigsäure bei 0°, 3std. Stehen bei Raumtemp., Eindampfen im Vakuum, Aufnehmen in Ae. u. Dest. in Ggw. von $KHSO_4$ bei 0,25 mm Hg; 3,2 g; daneben ein Gemisch aus stereoisomeren **I**; c) durch Zugabe von **IV** zu Peressigsäure/Essigsäure bei 0°, ½std. Stehen bei 0°, 2,5std. bei Raumtemp., Eindampfen im Vakuum in Ggw. von Cu-Pulver u. 1std. Kochen des Rückstandes mit 2 n HCl in A.; d) durch Acetylieren von **VII** mit Acetanhydrid in Pyridin u. 2std. Kochen des Rückstandes mit 10%ig. HCl in Ae.; 66,3%; e) durch ⅓std. Kochen von **III** mit 10%ig. HCl in Alkohol.
R. Schirner. 2700△

0846 **Synthese von 4.5-Dialkylfluorenen.** 3. Mitt. **Synthese von 4-Methyl-5-äthylfluorenen.** 2. Mitt. Saburo Takahashi. (Agric. biol. Chem. [Tokyo] **26**, 401–07, 1962; Kamakura, Hokko Chem. Ind. Co., Ltd., Central Res. Labor.; engl.) — 2. vgl. Agric. biol. Chem. [Tokyo] **26**, [1962], 329. — Durch CrO_3-Oxydation von 4-Äthylphenanthren zu *4-Äthylphenanthrenchinon-(9.10)*, Ringöffnung mit H_2O_2 zu *6-Äthyldiphensäure*, Cyclisierung des Säuredichlorids mit $AlCl_3$ zu *5-Äthylfluorenon-4-carbonsäure* (**I**), Red. des Methylesters (**VI**) mit $LiAlH_4$ oder des Säuredichlorids mit $NaBH_4$ zu *4-Hydroxymethyl-5-äthylfluorenol-(9)* u. katalyt. Hydrierung wird *4-Methyl-5-äthylfluoren* (**II**) dargestellt. Rk. von **I** mit Hydrazinhydrat liefert *5-Äthylfluoren-4-carbonsäure* (**III**), deren Säurechlorid mit $NaBH_4$ zu *4-Hydroxymethyl-5-äthylfluoren* (**IV**) red. u. anschließend zu **II** hydriert werden kann. Alkal. $KMnO_4$-Oxydation von **III** gibt in guter Ausbeute **I**, während $Na_2Cr_2O_7$-Oxydation *5-[α-Hydroxyäthyl]-fluorenon-4-carbonsäurelacton* liefert. Aus 5-Methylfluorenon-4-carbonsäure (**V**) entsteht dagegen durch $Na_2Cr_2O_7$-Oxydation neben dem analogen *Lacton* ein *Gemisch aus 5-Methylfluorenon-4-carbonsäure u. Fluorenon-4.5-dicarbonsäure*.

Versuche: *4-Äthyl-1.2-dihydrophenanthren*, $Kp._{0,4}$ 147–153°, durch Zugeben von Äthyl-MgBr zu 4-Keto-1.2.3.4-tetrahydrophenanthren in Bzl., 2std. Kochen, Zers. mit gesätt. NH_4Cl-Lsg., Eindampfen, Entwässern bei 120–150°/150–180 Torr u. fraktionierte Dest.; n^{26} 1,6420; 83,2% (Ausbeute). *Pikrat*, F. 75–80°. *1.3.5-Trinitrobenzolat*, F. 79–84°. — *4-Äthylphenanthren*, $Kp._{0,2}$ 127–130°, durch 20 Min. langes Erhitzen vorst. Verb. mit 30%ig. Pd/Kohle unter CO_2 auf 220–260°, ¾std. Erhitzen auf 260–280° u. 2 Std. auf 280–308°; 97,6%. *Pikrat*, $C_{16}H_{14} \cdot C_6H_3N_3O_7$, F. 96–98° (Trübung bis 103°). *1.3.5-Trinitrobenzolat*, $C_{16}H_{14} \cdot C_6H_3N_3O_6$, F. 122,5–125° (Trübung bis 129°), goldgelbe Nadeln. *2.4.7-Trinitrofluorenon-Addukt*, $C_{29}H_{19}N_3O_7$, F. 148,5–153° (Trübung bis 159°), orangefarbene Nadeln. — *4-Äthylphenanthrenchinon-(9.10)*, $C_{16}H_{12}O_2$, F. 142–142,5° (Essigsäure), durch 2¾std. Zugeben von CrO_3 in Eisessig/Wasser (95:35) zu vorst. Verb. in Eisessig bei ca. 65°, 2½std. Rühren bei 65°, Gießen in W., Verreiben des öligen Prod. mit heißer 40%ig. $NaHSO_3$-Lsg., Zugeben von heißem W., Filtrieren des ausgefallenen harzigen Prod. über Celite u. Gießen des Filtrats in wss. Soda; 37,8% (roh). *Chinoxalin-Deriv.*, $C_{22}H_{16}N_2$, F. 130–131° (A.). — *6-Äthyldiphensäure*, $C_{16}H_{14}O_4$, F. 224–225° (Eisessig), durch 2std. Erhitzen vorst. Verb. mit 30%ig. H_2O_2 in Eisessig/Wasser (3:5) u. Filtrieren über Celite; 61,4% (roh). — *5-Äthylfluorenon-4-carbonsäure* (**I**), F. 176–177,5°, a) durch Erwärmen vorst. Verb. mit $SOCl_2$, Eindampfen im Vakuum, Zugeben von Bzl., Eindampfen im Vakuum, Lösen in Nitrobenzol, Zugeben von $AlCl_3$, ½std. Erwärmen auf 68–91° u. Zers. mit Eis/HCl; 93% (roh); b) durch ¼std. Zutropfen von 1,2 g **III** in wss. NaOH zu wss. $KMnO_4$, 10 Min. langes Rühren, Zugeben von Methanol, Filtrieren u. Ansäuern; 1,2 g. *Methylester* (**VI**), $C_{17}H_{14}O_3$, F. 100,3–100,8°. — *4-Hydroxymethyl-5-äthylfluorenol-(9)*, $C_{16}H_{16}O_2$, F. 171 bis 172° (A.), a) durch 20 Min. langes Zugeben von **VI** in abs. Bzl./Ae. (1:1) zu $LiAlH_4$ in abs. Ae./Tetrahydrofuran (12:5), 20 Min. langes Rühren u. Zugeben von Essigester/Wasser/verd. H_2SO_4; 50%; b) durch Rk. von **I** mit $SOCl_2$, Zugeben von $NaBH_4$ in Dioxan zu dem erhaltenen *Säurechlorid* u. 1std. Erwärmen auf 60–65°; 60%. — *4-Methyl-5-äthylfluoren* (**II**), a) durch Hydrieren von 0,13 g vorst. Verb. in Eisessig in Ggw. von 7%ig. Pd/Kohle, Chromatographie an Al_2O_3 u. Eluieren mit PAe.; 93 mg; b) analog aus 3,2 g **IV** in Methanol, Chromatographie an Al_2O_3 u. Eluieren mit n-Hexan; 1,45 g. *2.4.7-*

Trinitrofluorenon-Addukt, $C_{16}H_{16} \cdot C_{13}H_5N_3O_7$, F. 134 bis 135° (Bzl.). *2.4.5.7-Tetranitrofluorenon-Addukt*, $C_{16}H_{16} \cdot C_{13}H_4N_4O_9$, F. 198—199°, aus Eisessig tiefrote Nadeln. — *5-Äthylfluoren-4-carbonsäure* (**III**), F. 144—145° (A.), durch Zugeben von 80%ig. Hydrazinhydrat zu einem Gemisch aus **I** u. Diäthylenglykol, 1std. Dest. von W. u. überschüssigem Hydrazinhydrat bei 170—195°, Verdünnen mit W. u. Gießen in verd. HCl; 90,7%. *Methylester*, $C_{17}H_{16}O_2$, F. 71,5—73°. — *4-Hydroxymethyl-5-äthylfluoren* (**IV**), durch Rk. von **III** mit $SOCl_2$, Umsetzen des entstandenen *Säurechlorids* in Dioxan mit $NaBH_4$ in wss. A., 1/2std. Rühren u. Zers. mit verd. Essigsäure; 98%. — *4-Methyl-5-äthylfluorenon*, F. 55,5—56,3°, durch Zugeben von $Na_2Cr_2O_7$ in wenig verd. Essigsäure zu einer heißen Lsg. von 69 mg **II** in Eisessig, 2std. Kochen, Gießen in W., Extrahieren mit Ae., Chromatographie der Neutralfraktion an Al_2O_3 u. Eluieren mit PAe.; 44 mg. — *5-[α-Hydroxyäthyl]-fluorenon-4-carbonsäurelacton*, $C_{16}H_{10}O_3$, F. 149—150,5°, analog aus 5,0 g **III** durch 2malige Rk. mit $Na_2Cr_2O_7$; 3,2 g. *Semicarbazon*, $C_{17}H_{13}N_3O_3$, F. 219—220°. — *5-Hydroxymethylfluorenon-4-carbonsäurelacton*, $C_{15}H_8O_3$, F. 212—218° (Eisessig), analog aus 220 mg **V**; 70 mg; daneben 80 mg eines *Gemisches aus 5-Methylfluorenon-4-carbonsäure* (**V**) *u. Fluorenon-4.5-dicarbonsäure* [F. 198° (Eisessig; Sintern bei 194°, Trübung bis 237°)]. Klaus Lange. 2750△

0847 **Synthese von 4.5-Dialkylfluorenen.** 4. Mitt. **Synthese von 5-Alkylfluoren-4-essigsäuren.** Saburo Takahashi. (Agric. biol. Chem. [Tokyo] **26**, 408—11, 1962; engl.) — 3. vgl. vorst. Referat. — *5-Äthylfluoren-4-essigsäure* wird durch Arndt-Eistert-Rk. u. nachfolgende Red. aus 5-Äthylfluorenon-4-carbonsäure (**I**) dargestellt. Im Gegensatz zu Fluoren-4-carbonsäure (**II**) liefern 5-Alkylfluoren-4-carbonsäuren bei der Arndt-Eistert-Rk. nur harzige, nicht saure Produkte.

Versuche: *5-Äthylfluorenon-4-essigsäure* (**III**), $C_{17}H_{14}O_3$, F. 131—132°, durch 40 Min. langes Erwärmen von **I** mit $SOCl_2$/Pyridin in Ae., Filtrieren, Eindampfen im Vakuum, Zugeben von Bzl., Eindampfen, Zugeben der äther. Lsg. des Säurechlorids zu CH_2N_2 in Ae., 3std. Stehen, Eindampfen im Vakuum $< 30°$, langsames Zugeben von Ag_2O zu einem sd. Gemisch aus Ag_2O, Methanol u. dem erhaltenen *Diazoketon* [F. 149° (Zers.); 95% (Ausbeute)], 1std. Kochen, Filtrieren, 1std. Kochen mit 40%ig. NaOH, Filtrieren, Eindampfen im Vakuum u. Zugeben von W. (Meth. **A**); aus Bzl. gelbe Nadeln; 90% (roh). — *5-Äthyl-9-hydroxyfluoren-4-essigsäure*, $C_{17} \cdot H_{16}O_3$, F. 209—211° (Zers.), durch 10 Min. langes Erwärmen von **III** u. $NaBH_4$ in wss.-methanol. NaOH; 90%. — *5-Äthylfluoren-4-essigsäure*, $C_{17}H_{16}O_2$, F. 150 bis 151° (Bzl.), a) durch Hydrieren vorst. Verb. in Ggw. von 5%ig. Pd-Kohle u. H_2SO_4 in Methanol; 100%; b) durch 8std. Kochen nachst. Verb. mit KOH in W./A. (1:1); 62%. — *5-Äthylfluoren-4-essigsäurehydrazid*, $C_{17}H_{18}N_2O$, F. 173,5—174,5°, durch 7 Min. langes Erhitzen eines Gemisches aus **III**, Diäthylenglykol u. 80%ig. Hydrazinhydrat auf 138—160°, 5 Min. auf 160—170° u. 20 Min. auf 190—195°; aus A. Nadeln; ca. 100%. — *5-Methylfluorenon-4-essigsäure*, F. 180,5—182° (Bzl./A.), aus 1 g 5-Methylfluorenon-4-carbonsäure (**IV**) nach **A**; 0,5 g (roh). *Methylester*, $C_{17}H_{14}O_3$, F. 83—84,5°. — *5-Methyl-4-chloracetylfluorenon*, $C_{16}H_{11}ClO_2$, F. 133—134°, durch Einleiten von HCl in eine Suspension des Diazoketons von **IV** in Ae./Bzl.; aus A./Bzl. gelbe Nadeln; *Fluoren-4-essigsäure* (?), F. 175—176° (Bzl.) aus **II** nach **A**; 80%. Klaus Lange. 2750△

0848 **Synthese von cis-1.2-Bis-[jodmethyl]-cyclobutan und einiger Derivate von Bicyclo-[3.2.0]-heptan.** W. P. Golmow und S. P. Malewannaja. (J. allg. Chem. [UdSSR] **31**(**93**), 1440—45, 1961; Odessa, Univ.; russ.) — Durch Red. von cis-Cyclobutan-1.2-dicarbonsäureanhydrid (**I**) mit $LiAlH_4$ wurde *cis-1.2-Bis-[hydroxymethyl]-cyclobutan* dargestellt, dessen Ditosylat bei Rk. mit NaJ *cis-1.2-Bis-[jodmethyl]-cyclobutan* (**II**) neben *3-Oxabicyclo-[3.2.0]-heptan* (*3.4-Dimethylentetrahydrofuran*) lieferte. **II** wurde durch Kondens. mit Malonester (**III**) in *Bicyclo-[3.2.0]-heptan-3.3-dicarbonsäure*(**IV**)*-diäthylester* u. **IV** übergeführt. **IV**-Diäthylester gab bei der partiellen Hydrolyse u. Decarboxylierung *Bicyclo-[3.2.0]-heptan-3-carbonsäure*(**V**)*-äthylester* mit vorherrschender *endo*-Konfiguration, aus dem *endo*-**V** u. *endo-***V***-Amid* dargestellt wurden. Die Decarboxylierung von **IV** lieferte **V** mit vorherrschender *exo*-Form, aus der *exo*-**V**-*Amid* erhalten wurde.

Versuche: *cis-1.2-Bis-[hydroxymethyl]-cyclobutan*, Kp.$_2$ 104°, durch Zugabe von 63 g **I** zu $LiAlH_4$ (22,4 g LiH, 188,3 g $AlBr_3$, 880 ml Ae.) u. 5std. Kochen; $D._4^{20}$ 1,0576; n_D^{20} 1,4750; 73,1% (Ausbeute). *Ditosylat*; gelbes Öl; 99,4%. — *cis-1.2-Bis-[jodmethyl]-cyclobutan* (**II**), $C_6H_{10}J_2$, Kp.$_2$ 110—111°, F. 34—35° (Ae.-Methanol), durch 6—8std. Kochen von 126,5 g vorst. Ditosylats mit 108 g NaJ in 350 ml abs. Aceton; $D._4^{40}$ 2,1828; n_D^{40} 1,6195; Prismen; 49,4%. Daneben *3-Oxabicyclo-[3.2.0]-heptan*, $C_6H_{10}O$, Kp.$_{55}$ 44°, Kp. 120—121°; $D._4^{20}$ 0,9558; n_D^{20} 1,4520; 23,8%. — *Bicyclo-[3.2.0]-heptan-3.3-dicarbonsäure* (**IV**), $C_9H_{12}O_4$, F. 180—181° (Ae.-Bzl.), durch Verseifung von **IV**-Diäthylester mit alkohol. KOH; 83,6%. *Diäthylester*, $C_{13}H_{20}O_4$, Kp.$_2$ 103—104°, durch 3std. Kochen von 84 g **II** mit 80 g **III** in Na-Äthylat (11,5 g Na, 175 ml abs. A.) u. Reinigung über **IV**; $D._4^{20}$ 1,0669; n_D^{20} 1,4560; 84,5% (roh). — *endo-Bicyclo-[3.2.0]-heptan-3-carbonsäure* (*endo*-**V**), $C_8H_{12}O_2$, Kp.$_3$ 105—106°, durch Verseifung von endo-**V**-Äthylester mit 10%ig. alkohol. KOH; $D._4^{20}$ 1,0917; n_D^{20} 1,4800; 80%. *endo-***V***-Äthylester*, $C_{10}H_{16}O_2$, Kp.$_{18}$ 104,5—105°, durch 4std. partielle Verseifung von 50 g **IV**-Diäthylester mit 14 g KOH in 140 ml A. u. Erhitzen von **IV**-Diäthylester auf 215°; $D._4^{20}$ 1,0013; n_D^{20} 1,4570; 74,9%. *endo-***V***-Amid*, $C_8H_{13}NO$, F. 162—163° (Chlf.), durch Einw. von $SOCl_2$ auf endo-**V** u. Behandeln mit NH_4OH; Nadeln. *exo*-**V**, $C_8H_{12}O_2$, Kp.$_3$ 105—106°, durch 1/2std. Erhitzen von **IV** auf 190°; $D._4^{20}$ 1,0899; n_D^{20} 1,4800; 86,3%. *exo-***V***-Amid*, $C_8H_{13}NO$, F. 184—185° (Chlf.). Helmut Schäfer. 2950△

0849 **Addition von Dichlorcarben an Norbornylen.** L. Ghosez und P. Laroche. (Proc. chem. Soc. [London] **1963**, 90; Louvain, Univ., Labor. de Chim. Macromol.; engl.) — Vff. erhielten durch Rk. von Trichloressigsäuremethylester/$NaOCH_3$ mit Norbornylen in Pentan bei 0° *3.4-Dichlorbicyclo-[3.2.1]-octen-(2)* [**I**, $C_8H_{10}Cl_2$, Kp.$_3$ 86 bis 87°, n_D^{25} 1,53227; ca. 50% Ausbeute], dessen Struktur durch das NMR-Spektrum, Red. mit Na in wss. Methanol zu *Bicyclo-[3.2.1]-octen-(2)*, Verseifung durch Kochen in wss. Aceton oder mit $AgNO_3$-Lsg. zu *3-Chlor-4-hydroxybicyclo-[3.2.1]-octen-(2)* (**II**, F. 40—42°) u. CrO_3-Oxydation von **II** in Pyridin zu *3-Chlor-4-oxobicyclo-[3.2.1]-octen-(2)* gestützt wird. — Analog gab endo-Norbornylen-5-carbonsäuremethylester ein *Gemisch von 3.4- u. 2.3-Dichlor-7-methoxycarbonylbicyclo-[3.2.1]-octen-(2)*, das mit $AgNO_3$ in W. oder Methanol in *3-Chlor-2-hydroxy-7-carboxybicyclo-[3.2.1]-octen-(2)-lacton* (F. 84—85°) überging. H.-J. Kötzsch. 2950◇

0850 **Synthese einiger 2.2-disubstituierter Dihydrodicyclopentadiene.** Chicita F. Culberson und Pelham Wilder jun. (J. org. Chemistry **26**, 4289—95, 1961; Durham, N. C., Duke Univ., Dep. of Chem.; engl.) — Malonsäurediäthylester (**I**) reagierte mit der endo- u. exo-Form von cis-2.3-Bis-[hydroxymethyl]-bicyclo-[2.2.1]-hepten-(5)-ditosylat (cis-**II**) zur *endo-* bzw. *exo-Form* von *1.2-Dihydrodicyclopentadien-2.2-dicarbonsäurediäthylester* (**III**). Na-Phenylacetonitril u. endo-cis-**II** lieferten mit 89% Ausbeute ein Isomerengemisch (**IVa u. IVb**) von *2-Phenyl-2-cyan-1.2-dihydro-endo-dicyclopentadien*, das nicht getrennt werden konnte. Die Kondens. von endo-cis-**II** mit Essigsäureäthylester, -tert.-butylester, Phenylessigsäureäthylester u. Diphenylmethan gelang nicht. Aus dem **IVa**-**IVb**-Gemisch wurde nach alkal. Hydrolyse durch Kristallisation eine der entsprechenden isomeren *freien Carbonsäuren* isoliert. endo-**III** ließ sich ohne Decarboxylierung zur *freien Dicarbonsäure* (**IV**) verseifen, lieferte ein *Phenylazidaddukt* u. bei der Hydrierung an Pd *Tetrahydro-endo-dicyclopentadien-2.2-dicarbonsäurediäthylester*, der zur *freien Dicarbonsäure* verseift wurde. Analog wurde aus exo-**III** der gesätt. *Diäthylester* u. die entsprechende *freie Dicarbonsäure* dargestellt. **V** spaltet oberhalb 150° in Ae. CO_2 ab unter Bldg. der entsprechenden zwei epimeren *Monocarbonsäuren* (**VIa u. VIb**), deren Methylester durch Na-Methylat in Methanol zu einem Gleichgew. ineinander übergeführt werden. Die

$LiAlH_4$-Red. von *endo-* u. *exo-***III** lieferte die entsprechenden *2.2-Bis-[hydroxymethyl]-dihydrodicyclopentadiene*, die mit Pyridin u. p-Tosylchlorid in die *Tosylate* übergeführt wurden, deren Red. mit $LiAlH_4$ *endo-* bzw. *exo-2.2-Dimethyl-1.2-dihydrodicyclopentadien* lieferten. Letztere Verbb. wurden mit 85%ig. H_3PO_4 destilliert u. nachfolgend katalyt. hydriert. Die Gaschromatographie der erhaltenen ungesätt. u. gesätt. Rohprodd. zeigt das Vorhandensein der Ausgangsolefine, der unter CH_3-Wanderung umgelagerten Olefine u. zweier unbekannter Verbb. an.

Versuche: *2.3-Bis-[hydroxymethyl]-bicyclo-[2.2.1]-hepten-(5)-ditosylat* (**II**), *endo-cis-Form*, $C_{23}H_{26}O_6S_2$, F. 104,5—105° (Methanol). — 1.2-Dihydro-endo-dicyclopentadiene: *2-Phenyl-2-cyan-* (**IVa** u. **b**), $C_{17}H_{17}$·N, Kp.$_{0,075}$ 126—128°, aus Phenylacetonitril in abs. Toluol durch Zugabe zu $NaNH_2$ in fl. NH_3, dann Zusatz von vorst. **II** zum erhaltenen Prod. in Toluol u. 5tägiges Kochen; $n_D^{26,5}$ 1,5605; 89% (Ausbeute); liefert durch Hydrierung an Adams-Katalysator in A. die *Tetrahydroverb.*, $C_{17}H_{19}N$, Kp.$_{0,4}$ 147°, n_D^{27} 1,5557; 90%; liefert durch bas. Hydrolyse die *2-Phenyl-2-carboxyverb.*, $C_{17}H_{18}O_2$, F. 164—165° (verd. A.). — *2.2-Dicarboxy-, Diäthylester* (endo-**III**), $C_{16}H_{22}O_4$, Kp.$_{0,03}$ 102,5°, durch langsame Zugabe von **I** in Toluol zu $NaNH_2$ in fl. NH_3 u. anschließendes 4tägiges Kochen der erhaltenen Na-Verb. von **I** mit endo-cis-**II** in Toluol; n_D^{25} 1,4766; 59%; liefert mit Isoamylnitrit in Eisessig u. 95%ig. A. durch Zugabe von konz. HCl unter Eiskühlung ein *Nitrosochlorid* $(C_{16}H_{22}ClNO_5)_2$, F. 173,5—175° (Zers.; abs A.; Nadeln) u. F. 158—160° (Zers.; abs. A.; Tafeln). *Phenylazidaddukt*, $C_{22}H_{27}N_3O_4$, F. 140—141° (abs. A.). *Freie Dicarbonsäure* (**V**), $C_{12}H_{14}O_4$, F. 217—218° (Zers.; Äthylacetat), durch 2tägiges Kochen von **III** mit wss. KOH; 90%. *Mono-K-Salz*, $C_{12}H_{13}KO_4$, F. > 275° (W.). — *2-Carboxy-, Isomerengemisch* (**VIa** u. **b**), $C_{11}H_{14}O_2$, F. 98—99° (Ligroin), aus **V** durch 0,5std. Erhitzen in Diphenyläther auf 175°. *Methylester*, $C_{12}H_{16}O_2$, Kp.$_{3,5}$ 98—99°, analog durch 0,5std. Erhitzen von **V** auf 160° u. 15 Min. auf 175° u. anschließende Einw. von Diazomethan in Ae.; n_D^{25} 1,4962; 68%. — *2.2-Bis-[hydroxymethyl]-*, $C_{12}H_{18}O_2$, F. 159—160° (Ligroin), aus endo-**III** u. $LiAlH_4$ in Ae. durch 15std. Kochen; 92%. *Ditosylat*, $C_{26}H_{30}O_6S_2$, F. 115—116° (Methanol); 78%. — *2.2-Dimethyl-*, $C_{12}H_{18}$, Kp.$_{30}$ 91—93°, aus vorst. Ditosylat durch 2tägiges Kochen mit $LiAlH_4$ in Ae.; n_D^{25} 1,4812; 81%. *Phenylazidaddukt*, $C_{18}H_{23}N_3$, F. 163,5—166° (abs. A., Prismen). *Nitrosochlorid*, $(C_{12}H_{18}ClNO)_2$, F. 167—168° (Toluol). — *Tetrahydrodicyclopentadien-2.2-dicarbonsäure, endo-Form, Diäthylester*, $C_{16}H_{24}O_4$, Kp.$_{0,3}$ 111°, aus endo-**III** in abs. A. durch Hydrierung an Adams-Katalysator; n_D^{26} 1,4737; 88%; *freie Dicarbonsäure*, $C_{12}H_{16}O_4$, F. 222,5—223° (Zers.; Äthylacetat), durch 2tägiges Kochen des Diäthylesters mit wss. KOH; 81%. *exo-Form, Diäthylester*, $C_{16}H_{24}O_4$, Kp.$_{0,18}$ 104,5—105°, analog aus exo-**III**; n_D^{25} 1,4750; *freie Dicarbonsäure*, $C_{12}H_{16}O_4$, F. 227—227,5° (Zers.; Äthylacetat), analog; 75%. — 1.2-Dihydro-exo-dicyclopentadiene: *2.2-Dicarboxy-, Diäthylester* (exo-**III**), $C_{16}H_{22}O_4$, Kp.$_{0,16}$ 102—103°, analog der endo-Form aus exo-cis-**II**; $n_D^{25,3}$ 1,4794; 82,5%. *Freie Dicarbonsäure*, $C_{12}H_{14}O_4$, F. 215—216° (Zers.; Äthylacetat), analog **V** aus exo-**III**; 81%. — *2.2-Bis-[hydroxymethyl]-*, $C_{12}H_{18}O_2$, F. 154—154,5° (Ligroin-Toluol), analog der endo-Form; 92%. *Ditosylat*, $C_{26}H_{30}O_6S_2$, F. 177—178° (Methanol); 75%. — *2.2-Dimethyl-*, $C_{12}H_{18}$, Kp.$_{30}$ 91—92°, aus vorst. exo-Ditosylat analog der endo-Form; n_D^{26} 1,4788; 79%. *Phenylazidaddukt*, $C_{18}H_{23}N_3$, F. 166—169° (A.). *Nitrosochlorid*, $(C_{12}H_{18}ClNO)_2$, F. 163—165° (Toluol).

D. Kirstein. 2950◇

0851 **Einfache synthetische Analoga natürlicher Steroide. Synthese von [3a.4.5.9b-Tetrahydrobenz-[e]-indanyl-(1)]-hydroxymethylketon und dessen Acetat.** A. M. El-Abbady und S. H. Doss. (Tetrahedron [London] **19**, 1259—63, 1963; Ain Shams Univ., Nat. Res. Centre and Univ. Coll. for Girls, Dep. of Org. Chem.; engl.) — Kondens. von Bernsteinsäuredimethyl-(**III**) bzw. diäthylester (**IV**) mit α-Tetralon (**IX**) ergibt *β-Carbomethoxy-* bzw. *β-Carbäthoxy-β-[3.4-dihydronaphthyl-(1)]-propionsäure* (**I** bzw. **II**), die durch Hydrieren u. Hydrolyse in *1.2.3.4-Tetrahydronaphthyl-(1)-bernsteinsäure* übergeführt werden. Cyclisierung von **II** führt zu einer Mischung von *Tetrahydronaphthalin-[1-spiro-2′]-3′-carbäthoxy-5′-ketotetrahydrofuran* u. *4.5-Dihydro-3-ketobenz-[e]-indancarbonsäureäthylester-(1)* (**V**), der durch Clemmensen-Red. *2.3a.4.5-Tetrahydro-3H-benz-[e]-inden-1-carbonsäure* (**VII**)-*Äthylester* (**VI**) u. **VII** liefert. Die Konstit. von **V** folgt aus seinem UV-Spektrum u. dem Abbau zu *4.5-Dihydrobenz-[e]-indanon-(3)*. Katalyt. Hydrierung von **VI** u. Hydrolyse gibt ein Gemisch von *3a.4.5.9b-Tetrahydrobenz-[e]-indancarbonsäure-(1)*, von denen eine (**VIII**), deren Konfiguration noch unbekannt ist, isoliert wird. Das aus **VIII** erhaltene *Diazoketon* bildet mit H_2SO_4 *3a.4.5.9b-Tetrahydrobenz-[e]-indanyl-(1)]-hydroxymethylketon* u. mit Eisessig dessen *Acetat*. UV-Daten einiger Verbb. sind angegeben.

Versuche: *β-Carbomethoxy-β-[3.4-dihydronaphthyl-(1)]-propionsäure* (**I**), $C_{15}H_{16}O_4$, F. 110—111° (wss. Methanol), durch Zugabe von **III** u. **IX** in tert.-Butanol zu einer gekühlten Lsg. von K-tert.-Butylat, 40 Min. langes Erwärmen unter N_2 auf 110°, Kühlen u. Ansäuern mit verd. HCl; 80% (Ausbeute). — *β-Carbäthoxy-β-[3.4-dihydronaphthyl-(1)]-propionsäure* (**II**), F. 89—91° (wss. A.), analog **I** mit **IV**. — *β-Carbäthoxy-β-[1.2.3.4-tetrahydronaphthyl-(1)-propionsäure*, $C_{16}H_{20}O_4$, F. 95,5—96,5° (PAe.), aus **II** durch katalyt. Hydrierung in abs. A. in Ggw. von 5%ig. Pd/Kohle. — *β-Carbomethoxy-β-[1.2.3.4-tetrahydronaphthyl-(1)-propionsäure*, $C_{15}H_{18}O_4$, F. 100 bis 101° (PAe.), analog vorst. Verb. aus **I**. — *1.2.3.4-Tetrahydronaphthyl-(1)-bernsteinsäure*, $C_{14}H_{16}O_4$, F. 160 bis 160,5° (W.), aus vorst. Verb. durch 3std. Kochen mit 10%ig. NaOH; 79%. — *1.2.3.4-Tetrahydronaphthalin-[1-spiro-2′]-3′-carbäthoxy-5′-ketotetrahydrofuran*, $C_{16}H_{18}O_4$, F. 86—87° (Ae.), durch 3½std. Erhitzen von 10 g **II** mit 2%ig. $ZnCl_2$-Lsg. in Eisessig/Acetanhydrid (1:2) unter N_2, Eindampfen im Vakuum, Gießen in kaltes W., Alkalisieren mit $NaHCO_3$, Extraktion mit Ae. u. Stehen; 4 g; wird durch 1std. Kochen mit 5%ig. NaOH zu *[3.4-Dihydronaphthyl-(1)]-bernsteinsäure*, F. 186—187° (verd. CH_3OH), gespalten. *4.5-Dihydro-3-ketobenz-[e]-indancarbonsäureäthylester-(1)* (**V**), $C_{16}H_{16}O_3$, Kp.$_{1,7}$ 182°, a) neben vorst. Verb. durch Waschen der Mutterlauge mit 5%ig. NaOH u. Dest.; hellgelbes Öl; 4 g; b) durch 6std. Erwärmen von **II** auf dem Wasserbad mit Polyphosphorsäure [1std. Hydrolyse von **V** mit konz. HCl ergibt *4.5-Dihydrobenz-[e]-indanon-(3)*, F. 75—78°; 92,7%; *2.4-Dinitrophenylhydrazon*, F. 277—278°]. *Semicarbazon*, $C_{17}H_{19}N_3O_3$, F. 225—227° (A.). *2.4-Dinitrophenylhydrazon*, $C_{22}H_{20}N_4O_6$, F. 203—205° (Eisessig), karmesinrot. — *2.3a.-4.5-Tetrahydro-3H-benz-[e]-indencarbonsäure-(1)* (**VII**), C_{14}·$H_{14}O_2$, F. 127—129° (PAe.), Kp.$_{0,25}$ 160—170°, a) neben **VI** aus dem $NaHCO_3$-Auszug; 1,2 g; b) aus 1,5 g **VI** durch 2std. Kochen mit 5%ig. NaOH, Kühlen, Waschen mit Ae. u. Ansäuern; 0,9 g (daneben *Verb. vom Kp.*$_{0,4}$ 130—135°, aus dem Wasch-Ae.; 0,4 g). *p-Toluidid*, $C_{21}H_{21}NO$, F. 230—231° (Chlf.). *Äthylester* (**VI**), Kp.$_{0,45}$ 115°, durch Zugabe von 10 g **V** in Toluol zu amalgamierter Zn-Wolle in W./konz. HCl, 30std. Kochen; Kühlen, Trennen der Schichten, Extraktion der wss. Phase mit Ae. u. Waschen des Extrakts u. der Toluolphase mit $NaHCO_3$-Lsg.; hellgelbe Fl.; 7 g. — *3a.4.5.9b-Tetrahydrobenz-[e]-indancarbonsäure-(1)* (**VIII**), $C_{14}H_{16}O_2$, F. 68,5—70° (PAe.), durch katalyt. Hydrierung von **VI** in Eisessig in Ggw. von PtO_2 (→ Öl, Kp.$_{0,7}$ 170°) u. 6std. Kochen mit 10%ig. NaOH/A.; 73%. — *[3a.4.-5.9b-Tetrahydrobenz-[e]-indanyl-(1)]-hydroxymethylketon*, $C_{15}H_{18}O_2$, Kp.$_{0,09}$ 140—150°, durch 48std. Rk. von **VIII** u. $SOCl_2$ in abs. Bzl., Eindampfen im Vakuum, Lösen in Ae., Zugabe von CH_2N_2 bei 0°, ½std. Stehen bei 0°, Stehen über Nacht bei Raum-Temp., Eindampfen im Vakuum u. 40 Min. langes Erwärmen des Diazoketons in abs. Dioxan mit 2 n H_2SO_4 auf dem Wasserbad; gelbes Öl; 77% (bezogen auf **VIII**-Chlorid). *Acetat*, $C_{17}H_{20}O_3$, Kp.$_{0,2}$ 160 bis 165°, durch 40 Min. langes Erwärmen des aus dem Chlorid von **VIII** erhaltenen Diazoketons mit Eisessig auf dem Wasserbad, Verdünnen mit W. u. Extrahieren mit Ae.; gelbes Öl; 75%.

Joachim Schmidt/Hann. 2950◇

0852 **Synthese von Azulenderivaten aus Troponoiden und Cyanessigester.** Tetsuo Nozoe, Shûichi Seto, Shingo Matsumura und Takashi Asano. (Proc. Jap. Acad. **32**, 339—43, 1956; Sendai, Japan, Tohoku Univ., Fac. of Sci., Chem. Inst.; engl.) — Durch Kondens.

von 1 Mol 2-Halogentroponen u. 2—3 Mol Cyanessigsäureäthylester (**I**) in Ggw. von 2 Mol Na-Alkoholat in abs. A. bei A. bei Raum-Temp. entstehen in anionoider Substitutions-Rk. die entsprechenden *2-Aminoazulen-Derivate*. Aus 4-Isopropyltropolon-Derivv. entstehen 2 *isomere Isopropylazulene*. Aus 2-Chlortropon (**II**) u. **I** erhält man eine wenig lösl. gelbe Substanz, die beim Behandeln mit Mineralsäure *1-Cyan-2-hydroxy-3-äthoxycarbonylazulen* [F. 188—189° (Zers.); *Acetat*, $C_{16}H_{13}NO_4$, F. 141 bis 142°] liefert; daneben wird aus der Mutterlauge eine *Verb.* $C_{17}H_{18}N_2O_5$, (F. 135—136°; Prismen) u. *2-Amino-1.3-bis-[äthoxycarbonyl]-azulen* [**III**, F. 93°; 70% (Ausbeute)] isoliert. Aus **III** in benzol. Lsg. u. HCl-Gas entsteht ein orangefarbenes Salz, aus dem durch Rk. mit 1 Val Isoamylnitrit *2-Chlor-1.3-bis-[äthoxycarbonyl]-azulen* (**IV**, $C_{16}H_{15}ClO_4$, F. 77—78°; rote Prismen; 91%) entsteht. Hydrolyse von **IV** u. Decarboxylierung durch Erhitzen auf 250° im Vakuum liefert *2-Chlorazulen* ($C_{10}\cdot H_7Cl$, F. 91—92°, violette Nadeln). Bei der Rk. von 2-Methoxytropon mit **I** werden 5% **III** u. 6% *1-Cyan-2-amino-3-äthoxycarbonylazulen* [$C_{14}H_{12}N_2O_2$, F. 135—137°, orangefarbene Schuppen] sowie 75% *2-Hydroxy-1.3-dicyanazulen* (*Acetat*, $C_{14}H_8N_2O_2$, F. 190—191°) erhalten. *2-Amino-1.3-dicyanazulen* (F. > 260°, orangefarbene Kristalle) entsteht aus **II** u. Malonsäuredinitril. Aus 2-Methoxy-4-isopropyltropon u. **I** entsteht *1.3-Dicyan-2-hydroxy-5-isopropylazulen* [$C_{15}H_{12}N_2O$, F. 206° (Zers.); orangerote Blättchen; 55%. *Acetat*, F. 163—165°, rote Nadeln. *Methyläther*, F. 167—168°, orangerote Blättchen], daneben *1-Cyan-2-amino-3-äthoxycarbonyl-5-isopropylazulen* (F. 171—173°, orangefarbene Nadeln; 5%) u. *2-Amino-1.3-bis-[äthoxycarbonyl]-5-isopropylazulen* (**V**, $C_{19}\cdot H_{23}NO_4$, F. 68—69°; orangegelbe Nadeln; 6%). Desaminierung von **V** mit Isoamylnitrit in äthanol. Lsg. in Ggw. von konz. H_2SO_4 liefert *1.3-Bis-[äthoxycarbonyl]-5-isopropylazulen* (**VI**, $C_{19}H_{22}O_4$, F. 61°, tiefrote Nadeln). Aus **VI** erhält man durch Hydrolyse u. Decarboxylierung *5-Isopropylazulen* (blaues Öl. *Trinitrobenzolat*, $C_{19}H_{17}N_3O_6$, F. 116°, dunkelbraune Nadeln). Die Rk. von 2-Chlor-4-isopropyltropon u. **I** führt neben 3 unbekannten Verbb. zu *2-Amino-1.3-bis-[äthoxycarbonyl]-6-isopropylazulen* (**VII**, $C_{19}H_{23}NO_4$; orangegelbe Nadeln; 70%. *Pikrat*, F. 128°, rote Nadeln). Desaminierung von **VII** ergibt *1.3-Bis-[äthoxycarbonyl]-6-isopropylazulen* (F. 106°, rote Nadeln), aus dem durch Hydrolyse u. Decarboxylierung *6-Isopropylazulen* (F. 46°, blaue Blättchen. *Trinitrobenzolat*, F. 122—123°) entsteht. Aus **VII** werden außerdem *2-Amino-6-isopropylazulen*, (F. 75—77°, rote Nadeln. *N-Acetyl-Deriv.*, $C_{15}H_{17}NO$, F. 177°, violette Prismen), *2-Chlor-1.3-bis-[äthoxycarbonyl]-6-isopropylazulen* ($C_{19}H_{21}\cdot ClO_4$, F. 55—56°, rote Prismen) u. *2-Chlor-6-isopropylazulen* (F. 68°, violette Blättchen) dargestellt. Der Verlauf der Azulen-Synth. wird diskutiert. Die UV-Maxima sind angegeben. I. Schwandt. 2950△

0853 **Stobbe-Kondensation mit Glutarsäureestern.** Amareshwar Chatterjee und Somenath Banerjee. (Sci. and Cult. [Calcutta] **29**, 211—12, 1963; Calcutta, Jadavpur Univ., Organ. Chem. Labor.; engl.) — Die Stobbe-Kondens. mit Glutarsäureestern ist möglich, wenn die Carbonyl-Verb. eine entsprechende Seitenkette enthält, die mit dem vorerst gebildeten Aldol ein γ-Lacton bilden kann. Die vorliegende Meth. kann auch auf höhere Diester ausgedehnt werden. UV-Maxima s. Original.

Versuche: *α-[2-(1-Methoxycarbonyläthyl)-indenyl-(3)]-glutarsäuredimethylester*, $C_{20}H_{24}O_6$, Kp.$_{0,8}$ 190—210°, durch Stobbe-Kondens. von α-[1-Ketoindanyl-(2)]-propionsäuremethylester mit Glutarsäuredimethylester u. Veresterung mit Diazomethan; ca. 60% (Ausbeute). — *γ-[2-(1-Methoxycarbonyläthyl)-indenyl-(3)]-buttersäuremethylester* (**I**), $C_{18}H_{22}O_4$, Kp.$_{0,4}$ 175—180°, durch Decarboxylierung vorst. Verb., u. Veresterung mit Methanol/H_2SO_4. — *γ-[2-(1-Carboxyäthyl)-indenyl-(3)]-buttersäure*, $C_{16}H_{18}O_4$, aus **I** durch Alkalihydrolyse. — *4-Methyl-5-keto-3.4.5.6.7.8-hexahydro-1.2-benzazulen*, durch Dieckmann-Cyclisierung von **I**. *2.4-Dinitrophenylhydrazon*, $C_{21}H_{20}N_4O_4$, F. 228°. W. Kuhn. 2950△

0854 **Einige Untersuchungen über Siebenringverbindungen.** G. L. Buchanan und Dinbala B. Jhaveri. (J. org. Chemistry **26**, 4295—99, 1961; Glasgow, Univ.; engl.) — Die Behandlung von Methylenanthronepoxid (**I**) mit BF_3 ergab *10-Hydroxymethylenanthron* (vgl. C. **1961**, 830), das ein *Monobenzoat* u. *Mono-2.4-dinitrophenylhydrazon* lieferte, in wss. alkal. Lsg. lösl. ist, durch Luft zu *Anthrachinon* u. *Ameisensäure* oxydiert wird u. in Lsg. in drei tautomeren Formen (*10-Formylanthron* u. *-anthranol*) vorliegt. Benzalanthronepoxid reagiert mit BF_3 zu *10-Formyl-10-phenylanthron*, das bei längerem Erhitzen in Alkali *10-Hydroxy-10-phenylanthron* lieferte. Als Zwischenprod. wurde *10-Phenylanthron* (**VI**) bei der Deformylierung in verd. Säure isoliert. Im Gegensatz zu vorst. Verbb. entsteht aus 2-Benzaltetralon-(1)-epoxid mit BF_3 *2-Phenyl-4.5-benzocycloheptendion-(1.3)*, das mit Diazomethan einen *Monomethyläther* ergibt u. zu *Benzoesäure* u. *β-[o-Carboxyphenyl]-propionsäure* oxydiert werden kann. Es wurde die *cis-Form* von *4.5-Dihydroxy-2.3;6.7-dibenzocycloheptadienon-(1)* (**II**) aus 2.3;6.7-Dibenzocycloheptatrienon-(1) (**III**) mit OsO_4 synthetisiert, während trans-**II** aus dem Dibromid von **III** unter wasserfreien Bedingungen dargestellt wurde. cis- u. trans-**II** wurden als Acetate u. Acetonide charakterisiert u. liefern beide durch HJO_4-Spaltung *o.o'-Diformylbenzophenon*. Mit Dimethylsulfat u. Alkali entstehen die entsprechenden Methyläther (**IVa** u. **IVb**), die beide bei der Oxydation das entsprechende *4-Keto-1-methoxy-1.5-oxido-2.3;6.7-dibenzocycloheptadien* liefern, das mit Phenyl-Li zu *4-Phenyl-4-hydroxy-1-methoxy-1.5-oxido-2.3;6.7-dibenzocycloheptadien* (**V**) reagierte. Verss. zur milden Spaltung von **V** führten zu **VI**.

Versuche: *Methylenanthronepoxid* (**I**), $C_{15}H_{10}O_2$, F. 128—129° (A.; Nadeln), aus Methylenanthron durch Erhitzen mit 10%ig. NaOH u. 15%ig. H_2O_2 in 2—3 Min.; 63% (Ausbeute). — *10-Hydroxymethylenanthron*, $C_{15}H_{10}O_2$, F. 185—187°, aus **I** in Bzl. u. BF_3-Ätherat in einigen Min. bei Raumtemperatur. *2.4-Dinitrophenylhydrazon*, $C_{21}H_{14}N_4O_5$, F. > 300° (Essigsäure; grüne Nadeln). *Benzoat*, $C_{22}H_{14}O_3$, F. 165—166° (A.; Nadeln). — *10-Formyl-10-phenylanthron*, $C_{21}H_{14}O_2$, F. 130—131° (A.), aus Benzalanthronepoxid in Bzl. u. BF_3-Ätherat in 10 Min. bei Raumtemp.; 47%; liefert durch Aufkochen mit Essigsäure in Ggw. von 6 n H_2SO_4 u. 1std. Stehen **VI**; liefert durch 1std. Erhitzen mit verd. NaOH auf 100° *10-Hydroxy-10-phenylanthron*, $C_{20}H_{14}O_2$, F. 214—215° (Bzl.-PAe.). — *2-Benzaltetralon-(1)-epoxid*, $C_{17}H_{14}O_2$, F. 107° (A.; Würfel), aus 2-Benzaltetralon-(1) in A. durch kurzes Erwärmen mit 8%ig. NaOH u. 15%ig. H_2O_2 u. 16std. Stehen bei Raumtemp.; 78%. — *2-Phenyl-4.5-benzocycloheptendion-(1.3)*, $C_{17}H_{14}O_2$, F. 86—87° (PAe.), a) durch Zugabe vorst. Verb. zu eiskalter konz. H_2SO_4 u. 1std. Stehen bei 0°; 90%; b) aus vorst. Verb. in abs. Bzl. durch 15 Min. Einw. von BF_3-Ätherat bei Raumtemp.; 33%. *Methyläther*, $C_{18}H_{16}O_2$, F. 84—86° (Methanol, Tafeln), mit Diazomethan in Ae. in 2 Tagen; 48%. — *β-[o-Carboxyphenyl]-propionsäure*, $C_{10}H_{10}O_4$, F. 168° (W.; Nadeln), aus 0,1 g vorst. Verb. in wss. NaOH durch 17std. Einw. von 30%ig. H_2O_2 bei Raumtemp.; 40 mg; daneben *Benzoesäure*, F. 120—121°. — *4.5-Dihydroxy-2.3;6.7-dibenzocycloheptadienon-(1)* (**II**), *cis-Form*, F. 130—131° (Bzl.; Nadeln), aus **III** in Bzl. durch 6tägige Einw. von OsO_4 in Ggw. von Pyridin bei Raumtemperatur. *Diacetat*, $C_{19}H_{16}O_5$, F. 156° (A.; Nadeln), 73%. *Isopropylidenderiv.*, $C_{18}H_{16}O_3$, F. 152—153° (PAe.; Tafeln), durch 6std. Einw. von Aceton in Ggw. von konz. H_2SO_4 bei Raumtemp.; 23%. *trans-Form*, *Diacetat*, $C_{19}H_{16}O_5$, F. 196° (A.; Nadeln), aus dem Dibromid von **III** in Essigsäure durch 4std. Rühren mit Ag-Acetat bei 60 bis 65°; 77%. *Freies Diol*, $C_{15}H_{12}O_3$, F. 155—156° (Bzl.-PAe.; Nadeln) durch 0,25 std. Kochen des Diacetats mit methanol. KOH; 90%. *Isopropylidenderiv.*, $C_{18}H_{16}O_3$, F. 99—100° (A.; Nadeln). — *o.o'-Diformylbenzophenon*, $C_{15}H_{10}O_3$, F. 118—119° (PAe.), aus **II** in A. durch Stehen über Nacht mit wss. $NaJO_4$; 50%. — *4-Hydroxy-1-methoxy-1.5-oxido-2.3;6.7-dibenzocycloheptadien*, *cis-Form* (**IVa**), $C_{16}H_{14}O_3$, F. 134° (PAe.), aus cis-**II** in 10%ig. NaOH mit Dimethylsulfat durch 0,5std. Rühren. *trans-Form* (**IVb**), F. 214—215°, analog. — *4-Keto-1-methoxy-1.5-oxido-2.3;6.7-dibenzocycloheptadien*, $C_{16}H_{12}O_3$, F. 136 bis 137° (A.), aus **IVa** in Pyridin durch 17std. Einw. von CrO_3 bei Raumtemp.; 70%. — *4-Phenyl-4-hydroxy-1-methoxy-1.5-oxido-2.3;6.7-dibenzocycloheptadien* (**V**), $C_{22}\cdot$

$H_{18}O_3$, F. 177—178° (PAe.; Nadeln), aus vorst. Verb. u. Phenyl-Li in Ae. unter N_2 durch 0,5std. Kochen; 82%; liefert durch 0,75std. Kochen in Essigsäure/H_2SO_4 *10-Phenylanthron* (**VI**), F. 139—140° (A.; Nadeln).
D. Kirstein. 2950◇

0855 **Kondensation von Hydraziden mit Isonitrosoketonen.** 1. Mitt. Lorenzo Giammanco. (Ann. Chimica **51,** 175—80, 1961; Palermo, Univ., Ist. di Chim. farmac.; ital.) — Die Kondens.-Prodd. aus Isonicotinoyl-(**III**) u. Acetylhydrazin (**II**) sowie aus 5-Methylisoxazol-3-carbonsäurehydrazid (**I**) mit Isonitrosoaceton (**IV**), α-Isonitrosoäthylmethylketon (**V**) u. Isonitrosoacetophenon (**VI**) werden beschrieben. **I** wird auch mit Isonitrosobenzoylessigsäureäthylester (**VII**) kondensiert. Die dargestellten Verbb. sind von biolog. Interesse, weil sie in ihrem Mol. die –CO–NH–N=C<-Gruppe, von tuberkulostat. Wrkg., u. die >NOH-Gruppe, von antiparasitärer, fungicider u. antibaktericider Wrkg., enthalten.

Versuche: *Isonitrosoaceton, Isonicotinoylhydrazon*, $C_9H_{10}N_4O_2$, F. 185—187°, durch 1std. Kochen äquimol. Mengen **III** u. **IV** in A. (Meth. **A**); aus A. Nadeln. *Acetylhydrazon*, $C_5H_9N_3O_2$, F. 185°, durch Zusammengeben zweier warmer Lsgg. von **II** u. **IV** in A. u. Abkühlen (Meth. **B**); aus A. Prismen. *5-Methylisoxazolyl-(3)-carbonylhydrazon*, $C_8H_{10}N_4O_3$, F. 214°, nach **A** aus **I** u. **IV**; aus A. Nadeln. — *α-Isonitrosoäthylmethylketon, Isonicotinoylhydrazon*, $C_{10}H_{12}N_4O_2$, F. 244°, nach **A** aus **III** u. **V**; aus A. Nadeln. *Acetylhydrazon*, $C_6H_{11}N_3O_2$, F. 240°, nach **B** aus **II** u. **V**; aus A. Prismen. *5-Methylisoxazolyl-(3)-carbonylhydrazon*, $C_9H_{12}N_4O_3$, F. 229°, nach **A** aus **I** u. **V**; aus Toluol Nadeln. — *Isonitrosoacetophenon, Isonicotinoylhydrazon*, $C_{14}H_{12}N_4O_2$, F. 208—209°, durch Lösen äquimol. Mengen **III** u. **VI** in A. bei 95°, Versetzen mit geschmolzenem Na-Acetat, 4std. Kochen, Gießen in W. u. Extrahieren mit Ae. (Meth. **C**); aus A. gelbe Nadeln. *Acetylhydrazon*, $C_{10}H_{11}N_3O_2$, F. 157—158°, durch Lösen äquimol. Mengen **II** u. **VI** in A. bei 95°, Vereinigen der Lsgg., Stehenlassen bis die Lsg. eingedampft ist; aus Bzl. Nadeln. *5-Methylisoxazolyl-(3)-carbonylhydrazon*, $C_{13}H_{12}N_4O_3$, F. 225°, nach **A** aus **I** u. **VI**; aus Essigsäure Nadeln. — *β-Phenyl-β-[5-methylisoxazolyl-(3)-carbonylhydrazono]-α-isonitrosopropionsäureäthylester*, $C_{16}H_{16}N_4O_5$, F. 235°, nach **C** aus **I** u. **VII**; aus Ligroin gelbes Pulver.
P. Golinske. 3000△

0856 **Kondensation von Hydraziden mit Isonitrosoketonen.** 2. Mitt. Lorenzo Giammanco und Salvatore Giambrone. (Ann. Chimica **51,** 777—84, 1961; ital.) — 1. vgl. vorst. Referat. — Eine Reihe neuer Verbb., die durch Kondens. von Isonicotinsäurehydrazid, Acethydrazid, Cyanacethydrazid u. 5-Methylisoxazolyl-(3)-carbonylhydrazin mit aliphat., aromat. u. heterocycl. Isonitrosoketonen entstehen, wird beschrieben.

Versuche: *2-[Isonitrosoacetyl]-furan*, $C_6H_5NO_3$, F. 118—120°, durch Zugabe von 2-Acetylfuran in abs. A. u. Amylnitrit zu Na in abs. A. unter Kühlung mit Eis/Wasser, 12std. Stehen in Eis/Wasser., Verdünnen mt viel W., Extrahieren mit Ae., Einleiten von CO_2 in die wss. Lsg. u. Extrahieren mit Ae.; aus Ligroin gelbe Prismen. — *2-[Isonitrosoacetyl]-cumaron*, $C_{10}H_7NO_3$, F. 152°, analog vorst. Verb.; aus verd. A. dunkelgelbe Prismen. — Isonicotinoylhydrazone: *2-[Isonitrosoacetyl]-furan-*, $C_{12}H_{10}N_4O_3$, F. 215° (Zers.), durch Lösen äquimol. Mengen des Isonitrosoketons u. des entsprechenden Hydrazins in der 10fachen Gewichtsmenge A. bei 95° in Ggw. von Essigsäure u. 2std. Kochen (Meth. **A**); aus A. gelbe Nadeln. — *2-[Isonitrosoacetyl]-cumaron-*, $C_{16}H_{12}N_4O_3$, F. 230° (Zers.), nach **A**.; aus Essigsäure gelbe prismat. Nadeln. — *α-Isonitrosodiäthylketon-*, $C_{11}H_{14}N_4O_2$, F. 228 bis 230°, analog **A** ohne Essigsäure (Meth. **B**); aus A. Nadeln. — *α-Isonitroso-β-phenyläthylmethylketon-*, $C_{16}H_{16}N_4O_2$, F. 225—228°, nach **B**; aus Dioxan Nadeln. — Acetylhydrazone: *α-Isonitrosodiäthylketon-*, $C_7H_{13}N_3O_2$, F. 175°, nach **B**; aus A. Schuppen. — *α-Isonitroso-β-phenyläthylmethylketon-*, $C_{12}H_{15}N_3O_2$, F. 185—187°, durch Rk. analog **A**, Kühlen der Rk.-Lsg., Verdünnen mit viel W., Alkalisieren mit 10%ig. KOH, Entfärben mit Tierkohle u. Filtrieren (Meth. **C**); aus A. hexagonale Schuppen. — *2-[Isonitrosoacetyl]-furan-*, $C_8H_9N_3O_3$, F. 168°, nach **A**; aus A./Bzl. gelbliche Nadeln. — 5-Methylisoxazolyl-(3)-carbonylhydrazone: *α-Isonitrosodiäthylketon-*, $C_{10}H_{14}N_4O_3$, F. 170°, nach **A**; aus A./Bzl. Nadeln. — *α-Isonitroso-β-phenyläthylmethylketon-*, $C_{15}H_{16}N_4O_3$, F. 165° (Zers.), nach **A**; aus A. lichtbrechende Nadeln. — *2-[Isonitrosoacetyl]-cumaron-*, $C_{15}H_{12}N_4O_4$, F. 196° (Zers.), durch getrenntes Lösen der entsprechenden Komponenten in A., Mischen, eintägiges Stehen bei Raumtemp. u. Eindunsten an der Luft; aus A. dunkelgelbe Prismen. — *2-[Isonitrosoacetyl]-furan-*, $C_{11}H_{10}N_4O_4$, F. 175—177°, nach **C**; aus Bzl. dunkelgelbe Prismen. — Cyanacetylhydrazone: *Isonitrosoaceton-*, $C_6H_8N_4O_2$, F. 205° (Zers.), nach **B**; aus A. Schuppen. — *α-Isonitrosoäthylmethylketon-*, $C_7H_{10}N_4O_2$, F. 190° (Zers.), nach **B**; aus A. prismat. Nadeln. — *α-Isonitroso-β-phenyläthylmethylketon-*, $C_{13}H_{14}N_4O_2$, F. 170°, nach **A**; aus A. prismat. Nadeln. — *α-Isonitrosodiäthylketon-*, $C_8H_{12}N_4O_2$, F. 180—182°, nach **B**; aus A. Prismen. — *2-[Isonitrosoacetyl]-furan-*, $C_9H_8N_4O_3$, F. 175°, nach **A**; aus Bzl./A. gelbliche Nadeln. P. Golinske. 3000△

0857 **Reaktion von Quecksilbersalzen mit sekundär-tertiären α-Glykolen der Acetylenreihe.** 4. Mitt. **Reaktion von 1.2.4-Triphenylbutin-(3)-diol-(1.2), 3-Methyl-5-phenylpentin-(4)-diol-(2.3) mit Quecksilber(II)-chlorid.** A. Fabritzy und I. Kubalja. (J. allg. Chem. [UdSSR] **31(93),** 476—79, 1961; VR Polen, Silez (?), polytechn. Inst.; russ.) — 3. vgl. J. allg. Chem. [UdSSR] **30(92),** [1960] 3604. — Bei der Einw. von $HgCl_2$ auf 1.2.4-Triphenylbutin-(3)-diol-(1.2) (**I**) u. 3-Methyl-5-phenylpentin-(4)-diol-(2.3) (**II**) in Aceton entstehen *2.3.5-Triphenyl-*(**III**) bzw. *2.3-Dimethyl-5-phenylfuran* (**IV**). Bei Ausführung der Rk. in A. werden als Zwischenprodd. die *4-Chlormercuriderivv.* von **III** bzw. **IV** erhalten.

Versuche: *1.2.4-Triphenylbutin-(3)-diol-(1.2)* (**I**), F. 174—175° (A.), durch Zugabe von 53 g Benzoin in 500 ml abs. Bzl. zu Phenyläthinyl-MgBr (25 g Mg), 2std. Erhitzen auf 45° u. 12std. Stehen; 77,7% (Ausbeute). — *2.3.5-Triphenylfuran* (**III**), F. 90—91° (A.), durch 4 Tage langes Stehen von 5 g **I** mit 4,3 g $HgCl_2$ in 50 ml Aceton u. Gießen in W.; 76,4%. *4-Chlormercurideriv.*, $C_{22}H_{15}ClHgO$, F. 192—193° (Aceton–Dioxan 3:1), durch Zugabe von 4,3 g $HgCl_2$ in 25 ml A. bei 45° zu 5 g **I** in 75 ml A. u. 8std. Stehen; 6,1 g. — *3-Methyl-5-phenylpentin-(4)-diol-(2.3)* (**II**), F. 54—55° (tieferschm. Form), aus Acetoin u. Phenyläthinyl-MgBr; 49,4%. — *2.3-Dimethyl-5-phenylfuran* (**IV**), Kp.$_4$ 108—112°, durch 4 Tage langes Stehen von 5 g **II** mit 7,2 g $HgCl_2$ in 50 ml Aceton; 86%. *4-Chlormercurideriv.*, $C_{12}H_{11}ClHgO$, F. 177—178° (A.), durch 2std. Stehen von 5 g **II** mit 7,5 g $HgCl_2$ in 60 ml A.; 6,2 g. Helmut Schäfer. 3061△

0858 **β-Bromcrotonsäurelacton durch Bromieren von Furoesäure.** Tom J. Mabry. (J. org. Chemistry **28,** 1699—1700, 1963; Austin, Tex., Univ., Plant Res. Inst. and Dep. of Botany; engl.) — Durch Bromieren von Furoesäure (**I**) nach Hodgson u. Mitarbeitern [1939] wird etwas *β-Brom-γ-hydroxycrotonsäurelacton* (**II**) erhalten, dessen Struktur durch UV-, IR- u. NMR-Spektrum u. Synth. gesichert wird. Neben **II** wurden in einem Falle geringe Mengen einer *Verb. vom F. 84°* isoliert, deren IR- u. UV-Spektrum mit denen von **II** ident. sind u. die deshalb wahrscheinlich eine polymorphe Modifikation von **II** ist. Red. von **II** mit Na-Amalgam in wss. NaOH nach Hodgson u. Mitarbeitern (l. c.) liefert undefinierte Verbindungen. Durch direktes Aufarbeiten des Rohprod. der Bromierung von **I** ohne Dampf-Dest. werden *Bromfuroesäuren* (vgl. Bailey u. Waggoner, C. **1950,** II, 2066) isoliert.

Versuche: *β-Brom-γ-hydroxycrotonsäurelacton* (**II**), $C_4H_3BrO_2$, F. 78°, a) durch 40 Min. langes Rühren von **I** (F. 133°) mit W. unter Zutropfen von Br_2 bei 28—30°, 20 Min. langes Rühren, Lösen in W., Dampf-Dest. u. Ausäthern des ersten Destillats; 3% (Ausbeute); b) analog a) in Chlf. als. Lsgm.; daneben *Verb. vom F. 84°*; c) durch Rk. von Propargylalkohol (Kp. 112—114°) nach Henbest u. Mitarbeitern (C. **1951,** II, 809) zu *Hydroxytetrolsäure* (F. 115—116°) u. Hydrobromieren von 10 g dieser Verb. nach Lespieau u. Viguier [1909]; 12,1 g. — *5-Bromfuroesäure*, F. 186—187°, analog **II** nach a) ohne Dampfdest. (Stehen in W. über Nacht). — *2.3.4.5-Tetrabromtetrahydrofuroesäure*, F. 159—160°, analog **II** nach b) ohne Dampf-Dest. (Lösen des Roh.-Prod. in Ae./PAe. u. Kühlen). H. Gleinig. 3061◇

0859 **Substituierte Amide von Furancarbonsäuren.** A. M. Ssimonow, F. T. Posharski und L. L. Tschebyschewa. (Hochschulnachr. [Iwanowo], Chem. u. chem. Technol. **4**, 798—800, 1961; Rostow, Univ., Lehrstuhl für organ. Chem.; russ.) — Durch Rk. von 5-Nitrofuran-2-carbonsäurechlorid (**I**) mit p-Aminodimethylanilin (**II**) u. 6-Aminochinolin (**III**) wurden *p-[5-Nitrofuroyl-(2)-amino]-N.N-dimethylanilin* u. *6-[5-Nitrofuroyl-(2)-amino]-chinolin* sowie ihre *Methotosylate* dargestellt. Durch Rk. von β-[Furyl-(2)]-acrylsäurechlorid (**IV**) oder dessen 5-Chlor-, 5-Brom- u. 5-Nitroderiv. mit **II** wurden *β-[Furyl-(2)]-acrylsäure-p-dimethylaminoanilid* sowie dessen *5-Chlor-*, *5-Brom-* u. *5-Nitroderiv.* erhalten.

Versuche: *p-[5-Nitrofuroyl-(2)-amino]-N.N-dimethylanilin*, $C_{13}H_{13}N_3O_4$, F. 206—207° (A.), durch portionsweise Zugabe von 2,5 g **I** zu 2 g **II** in 20 ml abs. Pyridin; rotbraune Nadeln; 78% (Ausbeute). *Methotosylat*, $C_{21}H_{23}N_3O_7S$, F. 275° (Zers.; A.), durch 1std. Erhitzen von 0,5 g vorst. Verb. mit 0,34 g Methyl-p-toluolsulfonat auf 130—140°; gelbe, rechteckige Plättchen; 81%. — Analog: *6-[5-Nitrofuroyl-(2)-amino]-chinolin*, $C_{14}H_9N_3O_4$, F. 204° (A.), aus **I** u. **III**; gelb; 73%. *Methotosylat*, $C_{22}H_{19}N_3O_7S$, F. 265—266° (Zers.; A.); hellgelbe Nadeln. — β-[Furyl-(2)]-acrylsäure-p-dimethylaminoanilide: *unsubstituiert*, $C_{15}H_{16}N_2O_2$, F. 250° (A.), durch Rk. von **II** mit **IV** in Pyridin; hellgelbe Nädelchen; 76%. — Analog: *5-Chlor-*, $C_{15}H_{15}ClN_2O_2$, F. 137° (A.); hellgrüne Nädelchen; 70%. — *5-Brom-*, $C_{15}H_{15}BrN_2O_2$, F. 126,5° (A.); gelbe Nadeln; 73,5%. — *5-Nitro-*, $C_{15}H_{15}N_3O_4$, F. 197° (A.); dunkelrote Rhomben; 75,5%. — *5-Nitrofuran-2-carbonsäure*, F. 184° (W.), durch Nitrierung von Furan-2-carbonsäureäthylester u. Verseifung durch 2std. Kochen mit 35%ig. H_2SO_4.

Helmut Schäfer. 3061△

0860 **Ein Versuch zur Synthese von Morphenol.** A. V. Dendy, J. H. P. Tyman und W. B. Whalley. (J. chem. Soc. [London] **1963**, 4040—45; Liverpool, Univ., Dep. of Organ. Chem.; engl.) — *γ-[7-Methoxybenzo-[b]-furyl-(2)]-buttersäure* (**VIII**) läßt sich mit P_2O_5 zu *1.2.3.4-Tetrahydro-6-methoxy-1-oxodibenzofuran* (**II**) cyclisieren. Verss., **VIII** in Ggw. von Friedel-Crafts-Katalysatoren zu cyclisieren, führten zu einem *Monochlor-Deriv.* von **II**. Überführen von **II** in *[1.2.3.4-Tetrahydro-6-methoxydibenzofuryl-(1)]-essigsäure* (**III**)-*Chlorid* (**IV**) u. Cyclisieren von **IV** geben *1.2.3.8.9.9a-Hexahydro-5-methoxy-8-oxophenanthro-[4.5:b.c.d]-furan* (**V**), allerdings in nur geringer Ausbeute. Direkte Cyclisierung von **III** zu **V** gelang nicht. Verss., die analog dargestellte *[1.2.3.4-Tetrahydrodibenzofuryl-(1)]-essigsäure* zu dem entsprechenden Phenanthro-[4.5:b.c.d]-furan-Deriv. zu cyclisieren, führten nicht zum Erfolg. Die Struktur von **V** folgt aus den Eigg., der Analyse u. den IR- u. UV-Spektren. Die Konstit. von **II** wird durch Wolff-Kishner-Red. des Desmethoxy-Analogen zu *1.2.3.4-Tetrahydrodibenzofuran* bewiesen. Das durch Rk. von 3.6-Dimethylbenzofuran (**I**) u. Bernsteinsäureanhydrid (**XIV**) oder von 3.6-Dimethylcumarilsäure (**VII**)-Chlorid u. Acetylbernsteinsäurediäthylester (**XV**)-Na-Verb. zu *γ-[3.6-Dimethylbenzo-[b]-furyl-(2)]-γ-oxobuttersäure* (**XIII**), deren Red. nach Wolff-Kishner zu *γ-[3.6-Dimethylbenzo-[b]-furyl-(2)]-buttersäure* (**XII**) u. Rk. mit PCl_5 dargestellte Chlorid von **XII** cyclisiert sich in Ggw. von $AlCl_3$ zu *2.3-Dihydro-6-methyl-3-methylenbenzo-[b]-furan-[2-spiro-2′]-cyclopentanon*. γ-[6-Methyl-3-phenylbenzo-[b]-furyl-(2)]-buttersäure läßt sich nicht cyclisieren.

Versuche: *5-Chlor-4-oxopentansäuremethylester* (**XI**), $C_6H_9ClO_3$, Kp.$_{13}$ 120°, durch Zugabe von $SOCl_2$ zu 400 g Bernsteinsäuremonomethylester, 2std. Erhitzen auf 40—50° u. Dest. [→ *β-Methoxycarbonylpropionylchlorid*, Kp.$_{12}$ 86°], Zugeben von 80 g des Chlorids in Ae. zu CH_2N_2 in Ae., Sättigen mit HCl bei 0°, Stehen über Nacht u. Fraktionieren; 72 g. — *γ-[Benzo-[b]-furyl-(2)]-buttersäure* (**VI**), $C_{12}H_{12}O_3$, F. 82°, durch Red. von 6 g des γ-Oxo-Deriv. mit Zn-Amalgam/konz. HCl bei Raumtemp.; aus PAe. Prismen; 3 g (Ausbeute). *γ-Oxo-Deriv.*, $C_{12}H_{10}O_4$, F. 148°, durch Zugabe von 18,3 g 2-Bromacetylbenzo-[b]-furan in Ae./Bzl. (1:1) zu 13,5 g Na-Malonsäurediäthylester in Bzl., 3tägiges Stehen bei Raumtemp., 1/4std. Kochen, 1 1/2std. Kochen mit 5%ig. NaOH, Ansäuern u. 10 Min. lange Decarboxylierung bei 160°; aus wss. A. Nadeln; 5,5 g. *7-Methoxy-Deriv.* (**VIII**), $C_{13}H_{14}O_4$, F. 86°, a) durch 1std. Erhitzen von 7,5 g **IX**, Hydrazinhydrat (**X**) u. Diäthylenglykol auf dem Wasserbad, Zusetzen von KOH in Diäthylenglykol, 2std. Erhitzen auf 175—185° u. Aufarbeiten; aus PAe. Nadeln; 2,1 g; b) analog mit n-Octanol statt Diäthylenglykol; daneben *1.4.5.6-Tetrahydro-3-[7-methoxybenzo-[b]-furyl-(2)]-6-oxopyridazin* [$C_{13}H_{12}N_2O_3$, F. 207°, aus Chlf./Methanol Nadeln; 2,2 g]; *γ-Oxo-Deriv.*, *Methylester* (**IX**), $C_{14}H_{14}O_5$, F. 85°, durch 3std. Kochen von 6 g o-Vanillin, 7 g **XI** u. K_2CO_3 in Aceton, Zugabe von 2 g **XI** u. K_2CO_3, 6std. Kochen u. Aufarbeiten; aus Methanol Nadeln; 8,2 g. *3.6-Dimethyl*-Deriv., (**XII**), $C_{14}H_{16}O_3$, F. 80°, analog **VIII** nach a) aus 3 g **XIII** in 3 Std. bei 140°; aus PAe. Nadeln; 1,8 g; *γ-Oxo-Deriv.* (**XIII**), $C_{14}H_{14}O_4$, F. 154°, a) durch Zugabe von $AlCl_3$ in Nitrobenzol zu 15 g **I** u. 10 g **XIV** in Nitrobenzol u. 40std. Stehen bei 0°; aus Methanol Nadeln; 10 g; b) durch Zugabe von (**VII**)-Chlorid (aus 4,5 g **VII** u. PCl_5) in Ae. zu **XV**-Na-Verb. (aus 5,1 g **XV**) in Ae., 10std. Kochen, Zers. in Eiswasser, Extrahieren mit Ae., Eindampfen, 24std. Erhitzen mit 1,5%ig. NaOH auf 50°, Filtrieren, Ansäuern u. Reinigen übers *Semicarbazon* [$C_{15}H_{17}N_3O_4$, F. 218° (Zers.); aus A. Prismen, 3,4 g]; 1,3 g. Analog **XIII** nach a): *3.7-Dimethyl-γ-oxo-Deriv.*, $C_{14}H_{14}O_4$, F. 174°, aus A. Nadeln. *3-Methyl-γ-oxo-Deriv.*, $C_{13}H_{12}O_4$, F. 184°, aus A. Nadeln. *6-Methyl-3-phenyl-Deriv.*, $C_{19}H_{18}O_3$, F. 98°, durch 1/2std. Erhitzen von 3 g des γ-Oxo-Deriv. u. **X** in Diäthylenglykol auf 100°, Zugeben von KOH u. 3std. Erhitzen auf 140°; aus PAe. Tafeln; 2 g; *γ-Oxo-Deriv.*, $C_{19}H_{16}O_4$, F. 175°, analog **XIII** nach a) aus 4,5 g nachst. Verb. u. 2,5 g **XIV** in 24 Std. bei Raumtemp.; aus A. Nadeln; 3 g (*2.4-Dinitrophenylhydrazon*, $C_{25}H_{20}N_4O_7$, F. 234°; aus A./Bzl. rote Prismen). — *6-Methyl-3-phenylbenzo-[b]-furan*, $C_{15}H_{12}O$, F. 42°, durch 8std. Kochen von 30 g 2-Hydroxy-4-methylbenzophenon, Bromessigsäuremethylester (**XVI**) u. K_2CO_3 in Aceton [→ *2-Benzoyl-5-methylphenoxyessigsäuremethylester*, $C_{17}H_{16}O_4$, F. 64°, aus Methanol Nadeln; 20 g], 3/4std. Stehen von 5 g des Esters u. Na in A. bei 60° [→ *6-Methyl-3-phenylbenzo-[b]-furan-2-carbonsäuremethylester*, $C_{17}H_{14}O_3$, F. 82°, aus wss. Methanol schwach gelbe Nadeln; 2,5 g], alkal. Hydrolyse [→ *6-Methyl-3-phenylcumarilsäure*, F. 230° (Methanol); 100%], 1/4std. Kochen von 8 g der Säure in Chinolin u. Ggw. von Cu-Pulver u. Dest. der neutralen Fraktion bei 240°/15 Torr; aus PAe. Platten; 7 g. — *[1.2.3.4-Tetrahydrodibenzofuryl-(1)]-essigsäure*, $C_{14}H_{14}O_3$, F. 87°, durch 3tägiges Stehen des Säurechlorids von **VI** (aus 7 g **VI** u. PCl_5 in Chlf.) u. $AlCl_3$ in CS_2 bei Raumtemp. [→ *1.2.3.4-Tetrahydro-1-oxodibenzofuran*, $C_{12}H_{10}O_2$, F. 41°, aus PAe. Prismen; gibt durch Wolff-Kishner-Red. *1.2.3.4-Tetrahydrodibenzofuran* (*Pikrat*, F. 91°, orangefarbene Nadeln aus Methanol)], Erwärmen von 3 g des Oxodibenzofurans mit Zn-Folie u. **XVI** in Bzl. in Ggw. von J_2 bis zum Beginn der Rk., Stehen über Nacht, Zusetzen von **XVI** u. Zn, 1std. Kochen [→ *[1.2.3.4-Tetrahydro-1-hydroxydibenzofuryl-(1)]-essigsäuremethylester*, *Öl*], 2std. Kochen mit Oxalsäure in Toluol, 1std. Erwärmen mit 10%ig. KOH [→ *[3.4-Dihydrodibenzofuryl-(1)]-essigsäure*, $C_{14}H_{12}O_3$, F. 197° (wss. A.); 1 g] u. Hydrieren von 2,3 g der Säure in A. in Ggw. von Pd/Kohle; aus PAe. Nadeln; 2 g. — *1.2.3.4-Tetrahydro-6-methoxy-1-oxodibenzofuran* (**II**), F. 119°, durch 8std. Kochen von 4,7 g **VIII** u. P_2O_5 in Bzl. unter Rühren, Kühlen, Zugabe von Eis/Wasser u. Waschen der organ. Schicht mit 2 n $NaHCO_3$ u. W.; aus PAe. Nadeln; 3,9 g. *x-Chlor-Deriv.*, F. 170°, durch Zusetzen von 2 g $AlCl_3$ zum Chlorid von **VIII** (aus 0,5 g **VIII** u. PCl_5) in Bzl. bei 0°, Stehen über Nacht, Aufarbeiten u. Chromatographie an Al_2O_3; aus Methanol Platten; 0,3 g; *2.4-Dinitrophenylhydrazon*, $C_{19}H_{15}ClN_4O_7$, F. 209° (Zers.), aus Bzl. rote Prismen. — *1.2.3.8.9.9a-Hexahydro-5-methoxy-8-oxophenanthro-[4.5:b.c.d]-furan* (**V**), $C_{15}H_{14}O_3$, F. 115°, durch Zugabe von **XVI** zu 8,1 g **II** u. Zn-Spänen in sd. Bzl. unter Rühren, 2std. Kochen in Ggw. von Mg u. J_2, Zusetzen von 2 n H_2SO_4, Waschen der organ. Schicht mit W. u. Dest. in Ggw. von p-Toluolsulfonsäure [→ *[3.4-Dihydro-6-methoxy-dibenzofuryl-(1)]-essigsäureäthylester*, $C_{17}H_{18}O_4$, F. 97°, aus A. Nadeln; 7,8 g; *Methylester*, $C_{16}H_{16}O_4$,

F. 82°, aus Methanol Nadeln], Hydrieren von 5 g des Esters in A. in Ggw. von Pd/Kohle, 1std. Kochen mit 10%ig. KOH [→ *[1.2.3.4-Tetrahydro-6-methoxydibenzofuryl-(1)]-essigsäure* (**III**), F. 141°, aus PAe. Prismen; 4,2 g; Rk. von **III** mit $SOCl_2$ gibt ein Harz; Rk. von **III** u. PCl_5 in CH_2Cl_2 u. Hydrolyse geben ein *x-Chlor-Deriv.*, $C_{15}H_{15}ClO_4$, F. 116°, aus PAe. Prismen; *Chlorid* (**IV**), $C_{15}H_{15}ClO_3$, $Kp._{0,8}$ 280°, durch 1std. Kochen von 0,4 g **III** u. Oxalylchlorid in Bzl.; 0,4 g; *Anilid*, $C_{21}H_{21}NO_3$, F. 158°, aus Methanol Nadeln], Zugeben von $AlCl_3$ zu 5 g **IV** in CS_2, 10tägiges Stehen bei 0°, Zers. mit Eis u. HCl, Extrahieren mit Bzl., Waschen mit 2 n $NaHCO_3$-Lsg., Eindampfen, $^1/_2$std. Kochen mit wss.-alkohol. 5 n KOH u. Chromatographie der neutralen Fraktion an Al_2O_3; aus CH_3OH Nadeln; ca. 1 g (roh) (daneben 1,5—2 g **III**). *2.4-Dinitrophenylhydrazon*, $C_{21}H_{18}N_4O_6$, F. 282° (Zers.), aus Bzl. rote Nadeln. — *1.2.3.8.9.9a-Hexahydro-5-methoxy-8-hydroxyphenanthro-[4.5:b.c.d]-furan*, $C_{15}H_{16}O_3$, F. 134°, durch Red. von 24 mg **V** mit $NaBH_4$ in Methanol; aus Methanol Nadeln; 19 mg. — *2.3-Dihydro-6-methyl-3-methylenbenzo-[b]-furan-[2-spiro-2']-cyclopentanon*, $C_{14}H_{14}O_2$, $Kp._1$ 150°, durch 24std. Stehen des Chlorids von **XII** (aus 6 g **XII** u. 5 g PCl_5) u. $AlCl_3$ in CS_2 bei Raumtemp. u. Aufarbeiten; 1,4 g. *2.4-Dinitrophenylhydrazon*, $C_{20}H_{18}N_4O_5$, F. 271° (Zers.), aus A./Bzl. orangefarbene Prismen. — *2-o-Carboxybenzoyl-3.6-dimethylbenzo-[b]-furan*, $C_{18}H_{14}O_4$, F. 180°, analog **XIII** nach a) aus 3.6-Dimethylbenzo-[b]-furan u. Phthalsäureanhydrid; aus A. Nadeln. K. W. Udluft. 3061◇

0861 **Thiophene und Thiapyrane. 25. Mitt. Kondensierte Thiophene und Thiapyrane aus 1.5-, 1.4- und 1.3-Dimercaptonaphthalinen.** H. S. Desai und B. D. Tilak. (J. sci. ind. Res. [New Delhi], Sect. B **20**, 22—30, 1961; Bombay, Univ., Dep. of Chem. Technol.; engl.) — 24. vgl. C. **1963**, 21920. — Durch Rk. von 1.3- (**I**), 1.4- (**II**) u. 1.5-Dimercaptonaphthalin (**III**) mit Bromacetaldehyddimethylacetal (**IV**), Chloraceton (**V**) oder 2-Bromcyclohexanon (**VI**), Cyclodehydratisierung der erhaltenen *Sulfide* u. eventuelle Dehydrierung werden *Naphthodithiophene* u. *Naphthodithiapyrane* dargestellt. Die Konstit. der Verbb. wird durch Unters. der UV-Spektren sowie Entschwefelung mit Raney-Ni festgestellt.

Versuche: *Naphtho-[1.8:b.c]-thiapyran*, $C_{12}H_8S$, F. 124°, $Kp._{1,5}$ 120—125°, a) durch 22std. Kochen von 200 mg 9-Chlornaphtho-[1.8:b.c]-thiapyran, Cu_2O, Acetanhydrid u. Pyridin u. Gießen in verd. NH_4OH; 85 mg (Ausbeute); b) aus 1-[2.2-Dimethoxyäthylmercapto]-naphthalin durch Rk. mit P_2O_5/H_3PO_4 bei 170—180°/2 Torr, Gießen auf Eis, Ausäthern, Dest. bei $Kp._2$ 150 bis 200°, Rk. mit Pikrinsäure, fraktionierte Kristallisation der Pikrate u. Zerlegen mit 1%ig. NH_4OH; aus A. gelbe Nadeln; 8%. *Pikrat*, $C_{18}H_{11}N_3O_7S$, F. 214°, aus A. schwarze Nadeln. — *Naphtho-[1.8:b.c;5.4:b'.c']-dithiapyran* (**VII**), $C_{14}H_8S_2$, F. 224°, sublimiert bei 180 bis 185° (0,05 Torr), durch 10 Min. Erhitzen von 3 g 1.5-Bis-[2.2-dimethoxyäthylmercapto]-naphthalin (F. 67 bis 68°), P_2O_5 u. H_3PO_4 auf 145—150°, Gießen auf Eis u. Extrahieren mit Bzl.; aus Bzl. Nadeln; 0,16 g. *symm.-Trinitrobenzol-Addukt*, F. 214°, schwarz. *Pikrat*, $C_{20}H_{11}N_3O_7S_2$, F. 182—185° (Zers.), aus Bzl. schwarze Nadeln. — *1.5-Diäthylnaphthalin* (**VIII**), $C_{14}H_{16}$, $Kp._{0,9}$ 105—108° (Bad-Temp.), durch $5^1/_2$std. Kochen von 600 mg **VII** u. Raney-Ni in A.; blaßgelbes Öl; 400 mg. *Pikrat*, $C_{20}H_{19}N_3O_7$, F. 92°, aus A. orangefarbene Nadeln. — *1.5-Bis-[acetonylmercapto]-naphthalin* (**IX**), $C_{16}H_{16}O_2S_2$, F. 103°, durch 5std. Kochen von **III** u. **V** in Pyridin u. Gießen auf Eis; aus Bzn. Platten; 90%. — *3.8-Dimethylnaphtho-[1.2:b;5.6:b']-dithiophen*, $C_{16}H_{12}S_2$, F. 271,5°, analog **VII** aus 3 g **IX** u. Chromatographie aus Bzl. an Al_2O_3; aus Bzl. blaßgelbe Platten; 418 mg. *Pikrat*, F. 205—207°, orangefarben. — *1.4-Bis-[2.2-dimethoxyäthylmercapto]-naphthalin* (**X**), durch Zugeben von **II** zu Na-Äthylat in abs. A., 5 Min. Kochen, Abkühlen, Zugeben von **IV** u. NaJ u. $2^1/_2$std. Kochen; nicht destillierbares dickes Öl; 80%. — *Naphtho-[1.2:b;4.3:b']-dithiophen*, $C_{14}H_8S_2$, F. 169°, $Kp._{0,06}$ 140—180° (Bad-Temp.), sublimiert bei 139°/0,009 Torr, analog **VII** aus 4 g **X** u. Chromatographie an Al_2O_3; aus Bzl./PAe. Nadeln; 8%. *Pikrat*, $C_{20}H_{11}N_3O_7S_2$, F. 182°, aus A. orangefarbene Nadeln. — *1.3-Bis-[2.2-dimethoxyäthylmercapto]-naphthalin*, analog **X** aus **I** u. **IV**; dickes Öl; 88%. — *Naphtho-[1.2:b;3.4:b']-dithiophen* (**XI**), $C_{14}H_8S_2$, F. 134°, $Kp._{0,004}$ 125—135° (Bad-Temp.), durch 3std. Kochen vorst. Verb. u. P_2O_5/H_3PO_4 in Chlorbenzol u. Chromatographie aus Bzl. an Al_2O_3; aus Bzl./PAe. Nadeln; 80% (roh). *symm.-Trinitrobenzol-Addukt*, $C_{20}H_{11}N_3O_6S_2$, F. 207—208°, aus Bzl. gelbe Nadeln. *Pikrat*, $C_{20}H_{11}N_3O_7S_2$, F. 184—185°, aus Bzl. orangerote Nadeln. — *1.3-Diäthylnaphthalin*, $C_{14}H_{16}$, $Kp._{1,75}$ 110 bis 115° (Bad-Temp.), analog **VIII** aus 600 mg **XI**; 415 mg. *Pikrat*, $C_{20}H_{19}N_3O_7$, F. 100,5°, aus A. gelbe Nadeln. — *3.6-Dimethylnaphtho-[1.2:b;3.4:b']-dithiophen*, $C_{16}H_{12}S_2$, F. 165°, durch Rk. von 4,8 g **I** u. **V** analog **X**, 4std. Cyclisieren von 3 g des rohen *1.3-Bis-[acetonylmercapto]-naphthalins* (6 g) analog **XI**, Chromatographie u. Reinigen über das Pikrat; aus PAe. blaßgelbe Schuppen; 1,2 g. *Pikrat*, $C_{22}H_{15}N_3O_7S_2$, F. 205°, aus A. orangefarbene Nadeln. — *1.5-Bis-[2-oxocyclohexylmercapto]-naphthalin*, $C_{22}H_{24}O_2S_2$, F. 196°, a) durch Zugeben von **VI** zu **III** in verd. NaOH, Zugeben von A. u. 3std. Rühren bei 25—27°; 94%; b) analog **IX** aus **VI** u. **III** in 3 Std.; aus Bzl. Platten; 97%. — *1.2.3.4.8.9.10.11-Oktahydronaphtho-[1.2:b;5.6:b']-dithionaphthen*, $C_{22}H_{20}S_2$, F. 325°, aus vorst. Verb. analog **XI**; aus Bzl. Schuppen; 44%. — *Naphtho-[1.2:b;5.6:b']-dithionaphthen*, $C_{22}H_{12}S_2$, F. > 360°, durch 20std. Erhitzen von 1 g vorst. Verb. u. Se auf 310—320°, Extrahieren mit sd. o-Dichlorbenzol u. Waschen mit KCN-Lsg.; aus o-Dichlorbenzol Schuppen; 820 mg. — *1.4-Bis-[2-oxocyclohexylmercapto]-naphthalin*, $C_{22}H_{24}O_2S_2$, F. 135°, aus **II** u. **VI** in verd. NaOH bei Raum-Temp.; aus A./Bzl. Platten; 97%. — *1.2.3.4.5.6.7.8-Oktahydronaphtho-[1.2:b;4.3:b']-dithionaphthen*, $C_{22}H_{20}S_2$, F. 223—225°, aus vorst. Verb. analog **XI**; aus Bzl. Rhomben; 85%. — *Naphtho-[1.2:b;4.3:b']-dithionaphthen*, $C_{22}H_{12}S_2$, F. 215°, aus vorst. Verb. u. Se bei 280—300° in 24 Std.; aus Bzl. Nadeln; 66%. — *1.3-Bis-[2-oxocyclohexylmercapto]-naphthalin*, aus **I** u. **VI** in verd. NaOH bei 25—27° in 4 Std.; dickes, braunes Öl; 87%. — *1.2.3.4.6.7.8.9-Oktahydronaphtho-[1.2:b;3.4:b']-dithionaphthen*, $C_{22}H_{20}S_2$, F. 152,5°, $Kp._{0,007}$ 190 bis 220° (Bad-Temp.), aus vorst. Verb. analog **XI**; aus PAe. Nadeln; 72%. — *Naphtho-[1.2:b;3.4:b']-dithionaphthen*, $C_{22}H_{12}S_2$, F. 221°, sublimiert bei 170—173° (Bad-Temp.)/0,003 Torr, aus vorst. Verb. u. Se durch 20std. Erhitzen auf 240—270°; aus Bzl./PAe. blaßgelbe Nadeln; 92% (roh). F. Heller. 3071◇

0862 **Über die Synthese von Pyrrolketonen.** Elisa Ghigi und Annamaria Drusiani. (Atti Accad. Sci. Ist. Bologna, Cl. Sci. fisiche, Rend. [11] **5**, Nr. 2, 56—60, 1958; ital.) — Durch Rk. von N.N-Dimethylacetamid u. $POCl_3$ mit Pyrrol wird *α-Acetylpyrrol* u. analog aus α-Methylpyrrol *α-Methyl-α'-acetylpyrrol* erhalten.

Versuche: *α-Acetylpyrrol*, F. 90°, durch Zugeben von $POCl_3$ zu N.N-Dimethylacetamid bei 10—20°, $^1/_4$std. Stehen, Zugeben von Äthylenchlorid, Zugeben von Pyrrol in Äthylenchlorid bei 5° in 1 Std. unter Rühren, $^1/_4$std. Kochen, Zugeben von Na-Acetat-Lsg. unter Kühlen u. $^1/_4$std. Kochen; aus PAe. Nadeln; 50% (Ausbeute). — *α-Methyl-α'-acetylpyrrol*, F. 87—88° (PAe.), analog vorst. Verb. aus α-Methylpyrrol; 42%. F. Heller. 3081◇

0863 **Untersuchungen auf dem Gebiet der Farbstoffe für Acetatseide und synthetische Fasern. 3. Mitt. Oxydation von Styryl- und Dimethincyaninfarbstoff-Indolinderivaten.** N. I. Grinewa, A. D. Tischtschenko und W. N. Ufimzew. (J. allg. Chem. [UdSSR] **32(94)**, 1919—22, 1962; Forschungsinst. für organ. Zwischenprodd. u. Farbstoffe; russ.) — Es wurde die Struktur der bei der Oxydation von Dimethincyaninfarbstoffen der Indolreihe (zu 6,6 g des Farbstoffs in 100 ml Methanol bei 0° in $1^1/_2$ Std. 290 ml einer 3%ig. $KMnO_4$-Lsg. geben) entstehenden Verbb. festgestellt. — Aus *1.3.3-Trimethyl-2-[p-(N-{β-chloräthyl}-N-methylamino)-styryl]-indoleninium-chlorid* [$C_{22}H_{26}Cl_2N_2$, F. 193—193,5°] wurden erhalten: *1.3.3-Trimethylindolon-(2)* [**I**; $C_{11}H_{13}NO$, $Kp._6$ 110—111°; 75,9% (Ausbeute); *$HgCl_2$-Komplex*, F. 122,5°] u. *p-[N-{β-Chloräthyl}-N-methylamino]-benzaldehyd* [F. 69,5° (W.-A.); 72,0%]. — Aus *1.3.3-Trimethyl-2-[p-(N-{β-chloräthyl}-N-äthylamino)-o-methylstyryl]-indoleniniumchlorid* [$C_{21}H_{30}Cl_2N_2$, F. 137—142°]: **I** (47,0%) u. *p-[N-{β-Chloräthyl}-N-äthylamino]-o-methylbenzaldehyd* [$C_{10}H_{12}ClNO$, F.

51—51,5° (A.); 96,6%]. — Aus *1.3.3-Trimethyl-5-methoxy-2-{p-[N-(p-äthoxyphenyl)-N-methylamino]-styryl}-indoleniniumchlorid* [$C_{29}H_{33}ClN_2O_2$, F. 86—90°]: *1.3.3-Trimethyl-5-methoxyindolon-(2)* [II; $C_{12}H_{15}NO_2$, Kp.$_8$ 145°, F. 52°; 59,5%] u. *p-[N-(p-Äthoxyphenyl)-N-methylamino]-benzaldehyd* [$C_{16}H_{17}NO_2$, F. 121—121,5°; 79,0%; *Semicarbazon*, $C_{17}H_{20}N_4O_2$, F. 203—204° (A.)]. — Aus [*1.3.3-Trimethylindoleninyl-(2)*]-[*1-methyl-2-phenylindolyl-(3)*]-*dimethincyaninchlorid* [$C_{28}H_{27}ClN_2$]: I (68,0%) u. *1-Methyl-2-phenylindol-3-aldehyd* [III; $C_{16}H_{13}NO$, F. 125 bis 126,5° (A.); 94,6%; *Semicarbazon*, $C_{17}H_{16}N_4O$, F. 258—259° (A.)]. — Aus [*1.3.3-Trimethyl-5-methoxy-indoleninyl-(2)*]-[*1-methyl-2-phenylindolyl-(3)*]-*dimethincyaninchlorid* [$C_{29}H_{29}ClN_2O$, F. 152—154°]: II u. III.

Helmut Schäfer. 3081△

0864 **Zur $C_{(4)}$-Benzoyläthylierung des Phenylbutazons. 1. Mitt. Über Selenophenolderivate.** E. Hannig. (Arch. Pharmaz. **296/68**, 441—45, 1963; Halle, Univ., Pharm. Inst.; dt.) — 1.2-Diphenyl-4-n-butyl-3.5-dioxopyrazolidin (I; Phenylbutazon) wird mit Phenylvinylketon, 4-Alkylmercapto- bzw. 4-Alkylselenophenylvinylketonen (**A**) zu den entsprechenden *4-[2-Benzoyläthyl]-Derivv.* umgesetzt, deren Struktur durch IR-Spektren bestätigt wird. Die zur Darst. der **A** benötigten 4-Alkylseleno-β-chlorpropiophenone werden zur Charakterisierung mit Phenylhydrazin (II) zu *1-Phenyl-3-[4-alkylselenophenyl]-Δ^2-pyrazolinen* cyclisiert.

Versuche: *Alkylphenylselenide*, durch Red. von aus diazotiertem Anilin u. KSeCN nach Behagel u. Seibert [1932] erhaltenem *Phenylselenocyanat* mit Zn/HCl nach Wagner u. Lehmann (Pharmaz. Zentralhalle Deutschland **100**, [1961], 164) zu *Selenophenol*, $^1/_4$std. Kochen mit 1 Val NaOH, A. u. 1,75 Val des entsprechenden Alkylbromids, Zusetzen von W., Ausäthern, Eindampfen u. Rektifizieren. — 4-Alkylseleno-β-chlorpropiophenone, durch Friedel-Crafts-Rk. vorst. Verbb. mit β-Chlorpropionylchlorid: *4-Methyl-*, F. 128°. — *4-Äthyl-*, F. 81°. — *4-n-Propyl-*, F. 85°. — *4-n-Butyl-*, F. 62°. — *4-n-Amyl-*, F. 71°. — 3-[p-Alkylselenophenyl]-1-phenyl-Δ^2-pyrazoline, durch Zusetzen von 2 Val II zu der entsprechenden vorst. Verb. in A., Abfiltrieren, Waschen mit W. u. Umkristallisieren aus A. (unter UV-Licht türkisfarben fluorescierend): *3-[p-Methyl-*, F. 136°. — *3-[p-Äthyl-*, F. 118°. — *3-[p-n-Propyl-*, F. 86°. — *3-[p-n-Butyl-*, F. 109°. — *3-[p-n-Amyl-*, F. 83°. — 1.2-Diphenyl-4-n-butyl-3.5-dioxopyrazolidine (FF. aus A.), durch kurzes Kochen von entsprechendem β-Chlorpropiophenon in Methanol mit K-Acetat (→ Vinylarylketon), Zusetzen einer heißen Lsg. von I in A. u. Stehen bei Raumtemp. oder bei +4° im Kühlschrank: *4-[2-Benzoyläthyl]-*, F. 108°. — *4-[2-(p-Methylselenobenzoyl)-äthyl]-*, F. 126°. — *4-[2-(p-Äthylselenobenzoyl)-äthyl]-*, F. 103°. — *4-[2-(p-n-Propylselenobenzoyl)-äthyl]-*, F. 101°. — *4-[2-(p-n-Butylselenobenzoyl)-äthyl]-*, F. 96°. — *4-[2-(p-n-Amylselenobenzoyl)-äthyl]-*, F. 88°. — *4-[2-(p-Methylmercaptobenzoyl)-äthyl]-*, F. 125°. — *4-[2-(p-n-Propylmercaptobenzoyl)-äthyl]-*, F. 96°. — *4-[2-(p-Äthylmercaptobenzoyl)-äthyl]-*, F. 104°. — *4-[2-(p-n-Butylmercaptobenzoyl)-äthyl]-*, F. 81°. — *4-[2-(p-Isoamylmercaptobenzoyl)-äthyl]-*, F. 111°. — *4-[2-(p-n-Hexylmercaptobenzoyl)-äthyl]-*, F. 110°. — *4-[2-(p-n-Heptylmercaptobenzoyl)-äthyl]-*, F. 113°. — *4-[2-(p-n-Octylmercaptobenzoyl)-äthyl]-*, F. 112°.

H. Gleinig. 3122◇

0865 **Nitron-Azoxy-Tautomerie. Die Struktur und einige Reaktionen von 4-Keto-3.5.5-trimethyl-Δ^2-pyrazolin-2-oxid.** Jeremiah P. Freeman. (J. org. Chemistry **27**, 2881—84, 1962; Huntsville, Ala., Rohm and Haas Co., Redstone Arsenal Res. Div.; engl.) — Vf. weist nach (chem. Verh., IR-, UV- u. NMR-Spektrum von II u. von dessen N-Methyl- u. N-Acetyl-Deriv.), daß die von Fusco u. Trisoglio [1941] durch Hydrolyse von 4-Methoxy-3.5.5-trimethylisopyrazol-2-oxid erhaltene Substanz *4-Keto-3.5.5-trimethyl-Δ^2-pyrazolin-2-oxid* (II) ist. Obwohl im IR-Spektrum von II eine Carbonylbande (u. zwar bei 1730 cm^{-1}) auftritt, erfolgt keine Rk. mit Carbonyl-Reagenzien. Die Ggw. eines sauren H-Atoms im Mol. ergibt sich aus den Rkk. mit Alkali sowie mit CH_2N_2 zum *N-Methyl-Derivat* (I). I geht durch katalyt. Red. in *1.3.5.5-Tetramethylpyrazolin* über, das auch durch Methylierung von 3.5.5-Trimethylpyrazolin dargestellt wurde. II gibt mit $FeCl_3$ keine Farbreaktion. Die Tatsache, daß im nahen Infrarot eine Bande bei 1,56 μ auftritt (erster Oberton der NH-Schwingung) u. daß im NMR-Spektrum keine schwachen C–H- oder O–H-Signale auftreten, ist in voller Übereinstimmung mit Formel II u. spricht gegen das Vorliegen von mit II tautomeren Strukturen. Durch Einw. von Acetanhydrid auf II wird das *N-Acetyl-Deriv.* erhalten. Durch 24std. Einw. von KBH_4 auf II (auf Grund der Acidität von II erfolgt bei dessen Zugabe zur KBH_4-Lsg. H-Entw.) bei 25° wird *4-Hydroxy-3.5.5-trimethyl-Δ^1-pyrazolin-2-oxid* (III) erhalten. Vorst. Verb. geht durch Einw. von Alkali in *3.5.5-Trimethylisopyrazol-2-oxid* über, das auch direkt aus II erhalten wird, wenn die Einw. von KBH_4 bei 75° erfolgt. Durch Oxydation von III mit Chromsäure in Aceton bei Raumtemp. wird II zurückerhalten. Die Kupplung von II mit p-Chlorbenzoldiazoniumchlorid in Ggw. von Na-Acetat erfolgt in 3-Stellung (vgl. auch Fusco u. Trisoglio, l. c.), wodurch *4-Keto-3.5.5-trimethyl-3-[p-chlorphenylazo]-Δ^1-pyrazolin-2-oxid* entsteht. Durch Einw. von HCl geht II in *3-Chlor-4-keto-3.5.5-trimethyl-Δ^1-pyrazolin* (F. 43—45°) über.

Versuche: *4-Keto-1.3.5.5-tetramethyl-Δ^2-pyrazolin-2-oxid* (I), $C_7H_{12}N_2O_2$, Kp.$_{0,3}$ 70—72°, durch Zutropfen einer Lsg. von ca. 3 g CH_2N_2 in Ae. zu einer Lsg. von 2,8 g II in abs. A. bei 20° u. $^1/_4$std. Rühren bei Raumtemp.; n_D^{20} 1,4518; 0,8 g (Ausbeute). — *1-Acetyl-4-keto-3.5.5-trimethyl-Δ^2-pyrazolin-2-oxid*, $C_8H_{12}N_2O_3$, F. 77—78° (Hexan), durch $^1/_2$std. Erwärmen von 0,02 Mol II mit 0,03 Mol Acetanhydrid auf dem Dampfbad u. Stehen über Nacht bei Raumtemperatur. — *1.3.5.5-Tetramethylpyrazolin*, $C_7H_{14}N_2$, Kp.$_{30}$ 68—70°, a) durch Hydrierung von I in Ggw. von Pt-Oxid in einer Parr-App.; b) durch Zugeben von Formalin-Lsg. zu einer Mischung aus 3.5.5-Trimethylpyrazolin u. 90%ig. Ameisensäure, Erwärmen auf 60°, nach dem Abklingen der anfänglichen exotherm. Rk. 12std. Erhitzen auf 90—100°; n_D^{20} 1,4265. — *4-Hydroxy-3.5.5-trimethyl-Δ^1-pyrazolin-2-oxid* (III), $C_6H_{12}N_2O_2$, F. 92—93°, Kp.$_{0,05}$ 144°, durch Rühren von II mit KBH_4 in W. bei Raumtemp. über Nacht; aus Ae. Plättchen. — *3.5.5-Trimethylisopyrazol-2-oxid*, F. 73—75°, a) durch 3std. Einw. von KBH_4 auf II in W. unter Rückfluß; b) durch $^1/_4$std. Erhitzen von III mit alkohol. Alkali.

D. Holzner. 3122◇

0866 **Über Synthese spasmolytisch wirksamer Substanzen. 17. Mitt. Synthese von Amiden zwischen Benzilsäurederivaten und 4-Amino-1-phenyl-2.3-dimethylpyrazolon-(5).** Josef Klosa. (J. prakt. Chem. [4] **20**, 279—82, 1963; Berlin-Zehlendorf, Privatlabor.; dt.) — 16. vgl. J. prakt. Chem. [4] **17**, [1962], 232. — Die Synth. von *Benziloylamino-* u. *4-[α-Alkoxydiphenylacetamido]-1-phenyl-2.3-dimethylpyrazolon-(5)* wird beschrieben. Die dargestellten Verbb. sind pharmakolog. unwirksam.

Versuche: 1-Phenyl-2.3-dimethylpyrazolone-(5): *4-[α-Chlordiphenylacetamido]-* (II), $C_{25}H_{22}ClN_3O_2$, F. 114—116° (Bzl./PAe.), durch $^1/_2$std. Zutropfen von 40 g 4-Amino-1-phenyl-2.3-dimethylpyrazolon-(5) (I) in abs. Bzl. zu 26 g α-Chlordiphenylacetylchlorid (VI) in abs. Bzl. unter Rühren bei 10—20°, 2std. Kochen u. mehrstd. Stehen bei 10°; 20 g (Ausbeute). — *4-Benziloylamino-* (III), $C_{25}H_{23}N_3O_3$, F. 208 bis 210° (Methanol), a) durch 3std. Erhitzen von II mit W. auf 100° u. 2std. Stehen; 85%; b) durch Verreiben von 20,5 g I mit 22,8 g Benzilsäure (V), Zugabe von $POCl_3$, Erwärmen auf 80° (heftige Rk.), $^1/_2$std. Stehen bei ca. 110° u. Gießen in W.; ca. 18 g; c) analog b) aus VI. — *4-[α-Methoxydiphenylacetamido]-* (IV), $C_{26}H_{25}N_3O_3$, F. 158—160° (Methanol), a) durch 3std. Kochen von 10 g II in Methanol; 6 g; b) aus I u. V analog III nach b) u. $^1/_2$std. Kochen mit Methanol; 75%. — *4-[α-Äthoxydiphenylacetamido]-*, $C_{27}H_{27}N_3O_3$, F. 172—175°, a) aus II u. A. analog III nach a); 80%; b) aus I u. V analog III nach b); 80%. *Hydrat*, F. 162—164°, durch Gießen der alkohol. Lsg. in Wasser. — *4-[α-n-Propoxydiphenylacetamido]-*, $C_{23}H_{29}N_3O_3$, F. 155—157°, a) analog IV nach a); kuglige Kristalle; 60%; b) analog IV nach b); 80%. — *4-[α-n-Butoxydiphenylacetamido]-*, $C_{29}H_{31}N_3O_3$, F. 132 bis

134°, a) analog **IV** nach a); 50%; b) analog **IV** nach b); 65%. — *4-[α-Isoamyloxydiphenylacetamido]-*, $C_{30}H_{33}N_3O_3$, F. 122—124°, a) analog **IV** nach a); Nadeln; 45%; b) analog **IV** nach b); 60%. E. Mirsch. 3122△

0867 **Untersuchungen über die Derivate des 1.2.4-Triazols.** 4. Mitt. **3-Hydroxy-5-dialkylamino-1.2.4-triazole und 3-Mercapto-5-dialkylamino-1.2.4-triazole.** Simone Dupin und Marcel Pesson. (Bull. Soc. chim. France **1963, 144**—150; Neuilly-sur-Seine, Labor. Roger Billon, Serv. de Rech.; franz.) — 3. vgl. C. **1963,** 10076. — Durch Rk. von Dimethyl- bzw. Diäthylamin mit KOH u. CS_2 werden *K-N.N-Dialkyldithiocarbamate* dargestellt, die durch Einw. von Na-Chloracetat (**III**) *S-[N.N-Dimethyl-* bzw. *N.N-Diäthylthiocarbamoyl]-thioglykolsäure* ergeben. Diese werden durch Rk. mit Hydrazin in *4.4-Dimethyl-* bzw. *4.4-Diäthylthiosemicarbazid* übergeführt. Aus diesen wird mit Phenylisocyanat *1-[N-Phenylcarbamoyl]-4.4-dimethyl(diäthyl)-thiosemicarbazid* gebildet. Durch Einw. von Dimethylsulfat werden daraus die entsprechenden *S-Methylisothiosemicarbazide* erhalten, die durch Alkalien in *3-Hydroxy-4-phenyl-5-dimethylamino-(diäthylamino)-1.2.4-triazole* umgewandelt werden. Die Einführung des Piperidino- u. des Morpholinorestes in 5-Stellung erfolgt durch Rk. des aus dem entsprechenden N-Phenyl-N'.N'-dialkylharnstoff u. Benzolsulfochlorid (**IV**) gewonnenen *Isoharnstoffbenzolsulfonats* mit Carbäthoxyhydrazin (**I**) zu *1-Phenyl-3.3-dialkyl-2-carbäthoxyaminoguanidin* u. dessen Cyclisierung mit NaOH zu *3-Hydroxy-4-phenyl-5-morpholino-* bzw. *-5-piperidino-1.2.-4-triazol.* Als günstigstes Verf. erwies sich jedoch die Rk. eines Isothiocyanats mit einem sek. Amin zum *N.N'.N'-*trisubstituierten *Thioharnstoff,* dessen Umsetzung mit Dimethylsulfat zum *S-Methylisothioharnstoff* (**B**), Rk. mit **I** zum entsprechenden *2-Carbäthoxyaminoguanidin* (**A**) u. dessen Cyclisierung zum *1.2.4-Triazol.* Auf die Isolierung der **B** kann dabei verzichtet werden. Bei Verw. von Hydrazinodithioameisensäuremethylester (**X**) statt **I** werden *3-Mercapto-4-phenyl-5-dialkylamino-1.2.4-triazole* nach vorst. Rk.-Folge erhalten.

Versuche: S-Thiocarbamoylthioglykolsäuren: *N.N-Dimethyl-*, F. 150° (Zers.), durch Zugabe von **III** zu K-Dimethyldithiocarbamat. — *N.N-Diäthyl-*, F. 87—89°. — Thiosemicarbazide: *4.4-Dimethyl-*, F. 156° (A.), durch 4std. Kochen von 26,5 g. vorvorst. Verb. mit 2 n NaOH u. 98%ig. Hydrazinhydrat; 11,4 g (Ausbeute). — *4.4-Diäthyl-*, F. 96°. — *1-Phenylcarbamoyl-4.4-dimethyl-*, $C_{10}H_{14}N_4OS$, F. 216° (Zers.; A.), durch Zutropfen von 5,5 g Phenylisocyanat zu 6 g vorvorst. Verb. in Eisessig unter Rühren; 7,9 g. — *1-Phenylcarbamoyl-4.4-diäthyl-*, $C_{12}H_{18}N_4OS$, F. 163° (60%ig. A.), analog vorst. Verbindung. — 1-Phenylcarbamoyl-S-methylisothiosemicarbazide: *4.4-Dimethyl-*(**II**), $C_{11}H_{16}N_4OS$, F. 102° (Bzl./PAe.), durch Zutropfen von 11,7 g $(CH_3)_2SO_4$ zu 22 g vorvorst. Verb. in 2 n NaOH, 1std. Rühren, Extraktion des Nd. mit Bzl., Einengen u. 12std. Stehen in Cyclohexan; 9,3 g. — *4.4-Diäthyl-*, $C_{13}H_{20}N_4OS$, F. 88° (Cyclohexan), analog. — Thioharnstoffe: *N-[p-Äthoxyphenyl]-N'.N'-diäthyl-*, $C_{13}H_{20}N_2OS$, F. 90° (Cyclohexan), durch Rk. von p-Äthoxyphenylisothiocyanat mit Diäthylamin in warmem Cyclohexan. — *N-Cyclohexyl-N'.N'-diäthyl-*, $C_{11}H_{22}N_2S$, F. 121°, analog aus Cyclohexylisothiocyanat (**VII**) in PAe.; 95%. — *N-Cyclohexyl-N.'N'-pentamethylen-*, $C_{12}H_{22}N_2S$, F. 132°, aus **VII** u. Piperidin in PAe.; 99%. — *N-[p-Chlorphenyl]-N.'N'-diäthyl-*, $C_{11}H_{15}ClN_2S$, F. 90—91° (PAe.), analog aus p-Chlorphenylisothiocyanat in lauwarmem A., 10 Min. langes Kochen u. Einengen; 86%. — *N-[m-Chlorphenyl]-N'.N'-diäthyl-*, analog; nichtdestillierbares Öl. — *N-Phenyl-N'.N'-diäthyl-*(**VIII**), bei Dest. Zersetzung. — 1-Phenyl-2-carbäthoxyaminoguanidine (**A**): *3.3-Diäthyl-*, $C_{14}H_{22}N_4O_2$, F. 96—97° (Essigester/PAe.), durch Versetzen von **VIII** mit $(CH_3)_2SO_4$, Aufnehmen in A., 3std. Kochen, Zugabe von **I**, 3std. Kochen, Einengen, Aufnehmen in W., Filtrieren mit Kohle u. Alkalisieren mit NH_4OH; 75%. — *3.3-Pentamethylen-* (**V**), $C_{15}H_{22}N_4O_2$, F. 156—158° (CH_3OH), a) analog vorst. Verb.; b) durch Versetzen von 1-[N-Phenylcarbamoyl]-piperidin in Chlf./Pyridin mit **IV** in Chlf. unter Rühren < 20°, 2std. Rühren, Zugabe von **I** in Chlf., 3std. Rühren, Waschen mit 2 n NaOH u. HCl u. Alkalisieren mit NH_4OH; 70%. — *3.3-[γ-Oxapentamethylen]-*(**VI**), $C_{14}H_{20}N_4O_3$, F. 151—152° (50%ig. CH_3OH), a) analog vorvorst. Verb.; b) analog vorst. Verb. aus 1-Phenylcarbamoylmorpholin nach b); 36%. — S-Methyl-N-phenylisothioharnstoffe (**B**), durch Zufügen von $(CH_3)_2SO_4$ zu einer Suspension von N-Phenylthioharnstoff in CH_3OH unter Rühren, 3std. Rühren bei Raumtemp., Verdünnen mit W., Ausäthern, Alkalisieren der wss. Phase mit NH_4OH, Ausäthern u. Dest.: *N'.N'-Diäthyl-*(**IX**), $C_{12}H_{18}N_2S$, Kp.$_{1,5}$ 120°; 87%. — *N'.N'-Dibutyl-*, $C_{16}H_{26}N_2S$, Kp.$_{1,5}$ 168°; 95%. — *N'.N'-Tetramethylen-*, $C_{12}H_{16}N_2S$, Kp.$_{1,5}$ 151°; 89%. — *N'.N'-[γ-Oxapentamethylen]-* (**XIV**), $C_{12}H_{16}N_2OS$, F. 91°; 60%. — *S-Methyl-N-cyclohexyl-N'.N'-diäthylisothioharnstoff*, $C_{12}H_{24}N_2S$, Kp.$_2$ 114—116°, analog; 80%. — 3-Hydroxy-4-phenyl-1.2.4-triazole, a) durch 1std. Kochen der **A** mit 2nNaOH, Auflösen eines beim Erkalten evtl. erhaltenen Nd. durch Verdünnen mit W. u. Neutralisieren mit Eisessig (Meth. **C**); b) durch 6std. Erhitzen der **B** mit **I** u. Eisessig auf 120—130°, Verreiben mit W., 10 Min. langes Kochen des Nd. mit 20%ig. NaOH, Neutralisieren der lauwarmen Lsg. mit Eisessig, Stehen bis zur Kristallisation u. Absaugen (Meth. **D**): *5-Dimethylamino-*, $C_{10}H_{12}N_4O$, F. 176—178° (W.), durch 1std. Kochen von 8,3 g **II** mit 1,35 g NaOH in wss. A., Einengen im Vakuum, Aufnehmen in W., Filtrieren u. Fällen mit Eisessig; 6,3 g. — *5-Diäthylamino-*, $C_{12}H_{16}N_4O$, F. 104° (Cyclohexan), a) analog vorst. Verb.; b) durch Zutropfen von **IV** zu N.N-Diäthyl-N'-phenylharnstoff in Chlf./Pyridin bei 20—25° unter Rühren, 3std. Rühren bei Raumtemp., Versetzen mit **I**, 1std. Rühren, Extrahieren mit eiskalter 2nNaOH, Einengen, 4std. Kochen des Rückstandes mit 2nNaOH, Ausäthern u. Neutralisieren der wss. Phase mit Eisessig; 27%; c) nach **D** aus **IX**; 79%. — *5-Piperidino-*, $C_{13}H_{16}N_4O$, F. 192° (50%ig. CH_3OH), nach **C** aus **V**; 58%. — *5-Morpholino-*, $C_{12}H_{14}N_4O_2$, F. 220° (Essigester), nach **C** aus **VI**. — *5-Pyrrolidino-*, $C_{12}H_{14}N_4O$, F. 234° (wss. CH_3OH), nach **D**; 60%. — *5-Dibutylamino-*, $C_{16}H_{24}N_4O$, F. 90° (PAe.), a) durch 2std. Kochen von N-Phenyl-N'.N'-dibutylthioharnstoff mit $(CH_3)_2SO_4$ in A., Versetzen mit **I**, 3,5std. Kochen, Einengen im Vakuum, Aufnehmen in W., Filtrieren, Alkalisieren mit NH_4OH, Ausäthern, Abdest. des Ae. u. 4std. Kochen des Rückstandes mit 2nNaOH; 10%; b) nach **D**; 72%. — 3-Hydroxy-4-[p-äthoxyphenyl]-1.2.4-triazole: *5-Dimethylamino-*, $C_{12}H_{16}N_4O_2$, F. 161° (Essigester), nach **C**; 42%. — *5-Diäthylamino-*, $C_{14}H_{20}N_4O_2$, F. 130° (Essigester/PAe.), a) nach **C**; 29%; b) nach **D**; 88%. — *5-Piperidino-*, $C_{15}H_{20}N_4O_2$, F. 164° (50%ig. CH_3OH), nach **C**; 28%. — *5-Morpholino-*, $C_{14}H_{18}N_4O_3$, F. 165° (Essigester/PAe.), nach **C**; 50%. — 3-Hydroxy-4-cyclohexyl-1.2.4-triazole: *5-Diäthylamino-*, $C_{12}H_{22}N_4O$, F. 120° (PAe.), a) nach **C**; 22%; b) nach **D**; 64%. — *5-Piperidino-*, $C_{13}H_{22}N_4O$, F. 187° (Essigester/PAe.), nach **C**; 31%. — *5-Morpholino-*, $C_{12}H_{20}N_4O_2$, F. 176° (Essigester/PAe.), nach **C**; 50%. — *3-Hydroxy-4-[p-chlorphenyl]-5-diäthylamino-1.2.4-triazol*, $C_{12}H_{15}ClN_4O$, F. 158° (Bzl.), nach **D**; 85%. — *3-Hydroxy-4-[m-chlorphenyl]-5-diäthylamino-1.2.4-triazol*, F. 94—96° (Cyclohexan), nach **D**; 77%. — 1-Phenyl-2-dithiocarbomethoxyaminoguanidine, durch 2std. Kochen einer Lsg. des entsprechenden Phenylthioharnstoffes in CH_3OH mit $(CH_3)_2SO_4$, Zufügen von **X**, 3std. Kochen, Einengen, Aufnehmen in W., Alkalisieren mit NH_4OH u. Verreiben des Nd. mit CH_3OH: *3.3-Pentamethylen-* (**XI**), $C_{14}H_{20}N_4S_2$, FF. 185° (Zers.) u. 220°, aus N-Phenyl-N'.N'-pentamethylenthioharnstoff. — *3.3-Dimethyl-* (**XII**), $C_{11}H_{16}N_4S_2$, F. 172° (Zers.; CH_3OH), aus N-Phenyl-N'.N'-dimethylthioharnstoff. — *3.3-Diäthyl-* (**XIII**), $C_{13}H_{20}N_4S_2$, F. 146° (CH_3OH), aus **VIII**. — 3-Mercapto-4-phenyl-1.2.4-triazole, durch Kochen vorst. Verbb. mit 2nNaOH u. Fällen mit Eisessig: *5-Piperidino-*, $C_{13}H_{16}N_4S$, F. 220° (CH_3OH), aus **XI**. — *5-Dimethylamino-*, $C_{10}H_{12}N_4S$, F. 185° (CH_3OH), aus **XII**. — *5-Diäthylamino-*, $C_{12}H_{16}N_4S$, F. 211° (50%ig. CH_3OH), aus **XIII**. — *5-Morpholino-*, $C_{12}H_{14}N_4OS$, F. 242° (A.), durch 6std. Erhitzen von 5,9 g **XIV** mit 3,5 g **X** u. 1,75 ml Eisessig auf 120—130°, Aufnehmen in 2nNaOH, Ausäthern u. Ansäuern der wss. Phase mit Eisessig; 2,2 g. Gisela Schreiber. 3153◇

0868 **Über Nitrosamine von 3-Amino-1.2.4-triazolen.** Heinz Gehlen und Johannes Dost. (Liebigs Ann. Chem. **665,** 144—49, 1963; Potsdam-Sanssouci, Pädagog. Hochschule, Chem. Inst.; dt.) — Durch Diazotierung von 3-Amino-4-aryl-5-alkyl-1.2.4-triazolen (**B**) in HCl werden *3-Nitrosamino-4-aryl-5-alkyl-1.2.4-triazole* (**A**) gebildet. Je nach der HCl-Konz. entstehen sek. *3-Chlor-4-aryl-5-alkyl-1.2.4-triazole* u. *1.3-Bis-[4-aryl-5-alkyl-1.2.4-triazolyl-(3)]-triazenhydrochloride.* Letztere liefern mit NH_3–W. freie Triazene mit 1 Mol Kristallwasser, die jedoch auch nach Entwässern keine scharfen FF. zeigen; mit $AgNO_3$ entstehen gelbe lichtbeständige Ag-Salze. Die Ausbeuten der Prodd. sind in Abhängigkeit der HCl-Konz. graph. dargestellt. Die **A** lassen sich zu *Hydrazinotriazolen* reduzieren u. lassen sich kuppeln mit N.N-Dimethylanilin (**II**).

Versuche: 3-Nitrosamino-1.2.4-triazole (**A**), durch Zutropfen von $NaNO_2$ in W. zu den entsprechenden **B** in HCl unterschiedlicher Konz. unter Eiskühlung u. Rühren in 30 Min., Absaugen, Lösen in Alkali u. Fällen mit Essigsäure: *4-[p-Tolyl]-5-[n-propyl]-*, $C_{12}H_{15}N_5O$, F. 145—148° (Zers.), in 18%ig. HCl; 85% (Ausbeute). — *4-Phenyl-5-[n-propyl]-*, $C_{11}H_{13}N_5O$, F. 141—144° (Zers.), in 18%ig. HCl; 65%. — *4-[p-Bromphenyl]-5-[n-propyl]-*, $C_{11}H_{12}BrN_5O$, F. 142—144° (Zers.), in 2,5%ig. HCl; 77%. — *4-[p-Chlorphenyl]-5-[n-propyl]-*, $C_{11}H_{12}ClN_5O$, F. 145 bis 146° (Zers.), in 2,5%ig. HCl; 65%. — *4-[p-Chlorphenyl]-5-äthyl-*, $C_{10}H_{10}ClN_5O$, F. 167—168° (Zers.), in 2,5%ig. HCl; 70%. — 1.3-Bis-[4-aryl-5-alkyl-1.2.4-triazolyl-(3)]-triazenhydrochloride, wie vorst., jedoch in 9—10%ig. HCl u. Stehen über Nacht: *-4-(p-tolyl)-5-(n-propyl)-*, $C_{24}H_{30}ClN_9$, F. 226—229° (Zers.), wie vorst., jedoch in 2,5%ig. HCl; 46%. — *-4-phenyl-5-(n-propyl)-*, $C_{22}H_{26}ClN_9$, F. 244—247° (Zers.); 50%. — *-4-(p-bromphenyl)-5-(n-propyl)-*, $C_{22}H_{24}Br_2ClN_9$, F. 231—235° (Zers.); 34%. — *-4-(p-chlorphenyl)-5-(n-propyl)-* (**I**), $C_{22}H_{24}Cl_3N_9$, F. 225—230° (Zers.), 35%. — *-4-(p-chlorphenyl)-5-äthyl-*, $C_{20}H_{20}Cl_3N_9$, F. 245—248° (Zers.); 25%. — *Natriumsalze,* F. > 350° (Zers. unter Braunfärbung), durch Eintropfen der heißen äthanol. HCl-Lsg. in 10%ig. NaOH; gelb; aus A. mit HCl die *Hydrochloride,* mit HNO_3 die *Nitrate.* — *3-Benzalhydrazino-4-[p-chlorphenyl]-5-[n-propyl]-1.2.4-triazol,* F. 193°, durch Versetzen von **I** u. Zn-Staub in A. mit 30%ig. Essigsäure u. Zufügen von Benzaldehyd (**III**) u. W.; 71%; daneben 61% *3-Amino-4-[p-chlorphenyl]-5-n-propyl-1.2.4-triazol,* F. 154° (nach Entwässern bei 77°/12 Torr über P_2O_5), durch Zugabe von 30%ig. NaOH zum Filtrat. — 3-Chlor-1.2.4-triazole, wie **A**, jedoch in 15—20%ig. HCl u. 12std. Stehen bei Raum-Temp.: *4-Phenyl-5-[n-propyl]-*, $C_{11}H_{12}ClN_3$, F. 108° 40%. — *4-[p-Bromphenyl]-5-[n-propyl]-*, $C_{11}H_{11}BrClN_3$, F. 86°; 70%. — *4-[p-Chlorphenyl]-5-[n-propyl]-*, $C_{11}H_{11}Cl_2N_3$, F. 77°; 70%. — *4-[p-Chlorphenyl]-5-äthyl-*, $C_{10}H_9Cl_2N_3$, F. 143°, 75%. — 3-Amino-4-[p-tolyl]-5-[n-propyl]-1.2.4-triazol liefert kein Chlortriazol. — 3-Benzalhydrazino-5-[n-propyl]-1.2.4-triazole, durch Zugabe von 30%ig. Essigsäure zu mit A. befeuchteten **A** u. Zn-Staub in W. unter Eiskühlung, Rühren bis zur Auflösung (ca. 3 Std.) u. Zufügen von **III** in 60—70%ig. Ausbeuten: *4-Phenyl-*, $C_{18}H_{19}N_5$, F. 199°. — *4-[p-Tolyl]-*, $C_{19}H_{21}N_5$, F. 189°. — *4-[p-Chlorphenyl]-*, $C_{18}H_{18}ClN_5$, F. 193°. — *4-[p-Bromphenyl]-*, $C_{18}H_{18}BrN_5$, F. 200°. — 1.2.4-Triazol-⟨3-azo-4⟩-N.N-dimethylaniline, durch Zugabe von **II** u. wenig konz. H_2SO_4 in A. zu **A** in A., Zutropfen von 30%ig. NaOH, Filtration, Nachspülen mit Chlf., Eindampfen im Vakuum, mit Chlf. aufnehmen u. Eindampfen: *4-[p-Tolyl]-5-[n-propyl]-*, $C_{20}H_{24}N_6$, F. 224°; 80%. — *4-Phenyl-5-[n-propyl]-*, $C_{19}H_{22}N_6$, F. 174°; 60%. — *4-[p-Bromphenyl]-5-[n-propyl]-*, $C_{19}H_{21}BrN_6$, F. 226°; 72%. — *4-[p-Chlorphenyl]-5-[n-propyl]-*, $C_{19}H_{21}ClN_6$, F. 224°; 66%. — *4-[p-Chlorphenyl]-5-äthyl-*, $C_{18}H_{19}ClN_6$, F. 219°; 62%. K. Stühmer. 3153◇

0869 **Tranquillantia. Xanthenyliden- und Thioxanthenylidenpropylamine und verwandte Verbindungen.** Guido E. Bonvicino, Herbert G. Arlt jun., Karin M. Pearson und Robert A. Hardy jun. (J. org. Chemistry **26,** 2383—92, 1961; Pearl River, Amer. Cyanamid Co., Lederle Labors. Div., Organ. chem. Res. Sect.; engl.) — *9-Hydroxy-9-[3-dialkylaminopropyl]-xanthene* (**A**) u. *-thioxanthene* (**B**) werden durch Rk. von Xanthonen bzw. Thioxanthonen mit 3-Dialkylaminopropylchloriden u. Mg dargestellt u. durch UV-Spektren charakterisiert. Sie werden durch Säure zu den entsprechenden *3-Xanthenyliden-* bzw. *3-Thioxanthenylidenpropylaminen* dehydratisiert, von denen einige sehr wirksame Tranquillantia sind. Die Dehydratisierung verläuft wahrscheinlich durch prim. Abspaltung eines Hydroxylions über ein Oniumsalz, wie durch die Unterschiede in den Spektren (Abb.) von *2-Methoxy-9-[3-dimethylaminopropyl]-9-hydroxyxanthen* (**I**), des aus **I** erhaltenen *Oniumsalzes* (**II**) in 6 n HCl u. des daraus erhaltenen *N.N-Dimethyl-3-[2-methoxyxanthenyliden]-propylamin* (**III**)-*Hydrochlorids* sowie in den Spektren der entsprechenden Thioxanthenanalogen bei 200—600 mμ gezeigt wird. Das so erhältliche **III** ist ein Gemisch von *cis-* u. *trans-Form,* die in Form der *Fumarate* getrennt werden können. Durch Einw. von < 1 Val alkohol. HCl auf das aus dem höher schm. Fumarat (**IIIa**-Fumarat) erhältliche **IIIa** wird **IIIa**-*Hydrochlorid* gebildet, das langsam in das durch Rk. des aus dem niedriger schm. Fumarat (**IIIb**-Fumarat) erhältlichen **IIb** mit HCl entstehende **IIIb**-*Hydrochlorid* (**IV**; „*Dimeprozan*“) übergeht. **IV** entsteht auch durch Einw. von > 1 Val HCl auf **IIIa** oder **III**. Diese Isomerisierung verläuft wahrscheinlich über **II** u. führt vorzugsweise zu dem in A. weniger lösl. **IV**. **III** wird an der Luft oder durch H_2O_2 langsam zu *2-Methoxyxanthon* (**V**) oxydiert. Das durch Hydrieren von N.N-Dimethyl-3-xanthenylidenpropylaminhydrochlorid (**VI**) dargestellte *N.N-Dimethyl-3-[xanthenyl-(9)]-propylaminhydrochlorid* besitzt wie das aus 9-[3-Dimethylaminopropyl]-9-hydroxyfluoren dargestellte *N.N-Dimethylamino-3-fluorenylidenpropylaminhydrochlorid* geringere Wrkg. als Tranquillantium; *4-[m-Chlorphenyl]-N.N-dimethyl-4-phenylbuten-(3)-ylaminhydrochlorid* (**VII**), das aus 3-Chlor-N.N-dimethylpropylamin (**VIII**) u. m-Chlorbenzophenon (**IX**) über *3-Chlor-α-[3-dimethylaminopropyl]-benzhydrolhydrochlorid* synthetisiert wird, *N-m-Chlorphenyl-N.N'-dimethyl-N-phenyltrimethylendiaminhydrochlorid* u. das bei dem Vers. der Synth. von 4-[o-Methoxyphenyl]-N.N-dimethyl-4-phenylbuten-(3)-ylamin durch Rk. von o-Methoxybenzophenon (**X**) mit Mg u. **VIII** zu *α-[3-Dimethylaminopropyl]-o-hydroxybenzhydrol* durch dessen Dehydratisierung erhaltene *o-[4-Dimethylamino-1-phenylbuten-(1)-yl]-phenolhydrochlorid* sind inaktiv. **IIIa**-Fumarat ist viel weniger wirksam als **IIIb**-Fumarat u. **IV**. Verss., **VII** durch Entschwefeln von N.N-Dimethyl-3-[2-chlorthioxanthenyliden]-propylamin(**XII**)-Hydrochlorid („Chlorprothixene“) mit Raney-Ni darzustellen, waren ohne Erfolg.

Versuche: 9-[3-Aminopropyl]-9-hydroxyxanthene (**A**): *2-Methoxy-N.N-dimethyl-* (**I**), $C_{19}H_{23}NO_3$, F. 103—104° (A.), durch Zutropfen von **VIII** in abs. Ae. zu Mg, etwas J_2 u. CH_3J unter Rühren u. Erwärmen, Kochen, Zutropfen von **V** in abs. Bzl. zur sd. Lsg., 20std. Kochen, Kühlen, Zers. mit 10%ig. NH_4Cl-Lsg., Zugabe von W., Extraktion der wss. Schicht mit Ae. u. Aufarbeiten der organ. Schicht u. der Wasch-Fl.; 92% (Ausbeute). Analog: *N.N-Dimethyl-*, $C_{18}H_{21}NO_2$, F. 109—111°; 70%. — *1-Chlor-N.N-dimethyl-*, $C_{18}H_{20}ClNO_2$, F. 158—160°; 46%. — *2.6-Dichlor-N.N-dimethyl-* (**XI**), *Hydrochlorid,* $C_{18}H_{20}Cl_3NO_2$, F. 206—208° (W.), durch Extraktion des analog **I** erhaltenen Roh-Prod. aus Ae. mit 1 n HCl; 55%. — 9-[3-Aminopropyl]-9-hydroxythioxanthene (**B**): *2-Chlor-N.N-dimethyl,* $C_{18}H_{20}ClNOS$, F. 152—153° (A.), analog **A** aus 2-Chlorthioxanthon (**XIII**) u. **VIII** (Aufarbeiten durch Extraktion der organ. Phasen mit 1 n HCl, Alkalisieren mit 20%ig. NaOH u. Extraktion mit Ae); 83%. — Analog: *N.N-Dimethyl-*, $C_{18}H_{21}NOS$, F. 153—157°; 86%. — *2-Methoxy-N.N-dimethyl-*, $C_{19}H_{23}NO_2S$, F. 123—125°; 89%. — *4.N.N-Trimethyl-*, $C_{19}H_{23}NOS$, F. 122—124°, aus 1-Chlor-4-methylthioxanthon unter Eliminierung des Cl-Atoms durch **VIII** u. Mg; 80%. — *4-Chlor-1.N.N-trimethyl-*, $C_{19}H_{22}ClNOS$, F. 162 bis 166°; 55%. — *9-[3-(4-Methylpiperazino)-propyl]-9-hydroxythioxanthen* (**XIV**), $C_{21}H_{26}N_2OS$, F. 171—173°, durch Zugabe von etwas Äthylenbromid (**XV**) zu Mg u. abs. Tetrahydrofuran (THF), Erwärmen bis zum Beginn der Rk., Zugeben von 1-[3-Chlorpropyl]-4-methylpiperazin, Zutropfen von **XV** in THF bis zum Beginn der exothermen Rk., Kühlen, portionsweise Zugabe von **XIII**, 7std. Kochen unter Zutropfen von **XV** u. Aufarbeiten wie bei **I**; 60%. — 3-Xanthenylidenpropylamine: *2'-Methoxy-N.N-dimethyl-, Form A*, (**IIIa**), durch Freisetzen aus **IIIa**-Fumarat mit K_2CO_3 u. W./Ae.; **IIIa**-*Hydrochlorid*, $C_{19}H_{21}NO_2 \cdot HCl$, F. 183—185°, durch Zugabe von < 1 Val alkohol. HCl zu **IIIa** in A. u. Einengen; **IIIa**-*Fumarat*, $C_{23}H_{25}NO_6$, F. 170—172°, durch Zugabe von 1 Val Fumarsäure (**XVI**) in warmem A. zu **III** in Ae., Abfiltrieren (→ **III**-*Fumarat*, F. 143—152°; 90%) u. fraktionierte Kristallisation aus wenig A.; ca. 15%. *Form B* (**IIIb**), analog **IIIa** aus **IIIb**-Fumarat; **IIIb**-*Hydrochlorid* (**IV**), $C_{19}H_{22}ClNO_2$, F. 196—198° (A.), a) durch Extraktion des rohen **I** aus dem Ae. mit 1 n HCl, Alkalisieren mit K_2CO_3, Ausäthern, Einengen im Vakuum auf dem Dampfbad (→ 95% **III**), Lösen in A., Einleiten von HCl, Impfen u. 16std. Stehen, 80%; b) durch Zugabe von > 1 Val alkohol. HCl zu **IIIb** in A.; 75—90%; c) durch 2wöchiges Stehen von **IIIa**-Hydrochlorid; **IIIb**-*Fumarat*, F. 151—153,5° (A.) a) neben **IIIa**-Fumarat aus der Mutterlauge; b) durch Schütteln von **IV** mit W., Ae. u. K_2CO_3, Abtrennen der äther. Schicht, Ausäthern der wss. Phase, Zugabe von **XVI** in warmem A. zu den äther. Lsgg. u. Abfiltrieren; 89%. — Analog **IV** nach a): *N.N-Dimethyl-, Hydrochlorid* (**VI**), $C_{18}H_{20}ClNO$, F. 201,5—203°; 60%. — *N.N-Dibutyl-, Hydrochlorid*, $C_{24}H_{32}ClNO$, F. 203—205°; 25%. — *1'-Chlor-N.N-dimethyl-, Hydrochlorid*, $C_{18}H_{19}Cl_2NO$, F. 173 bis 177°; 21%. — *2'-Chlor-N.N-dimethyl-, Hydrochlorid*, F. 193—195°; 36%. — *2'-Brom-N.N-dimethyl-, Hydrochlorid*, $C_{18}H_{19}BrClNO$, F. 174—176°; 50%. — *4'-Chlor-N.N-dimethyl-, Hydrochlorid*, $C_{18}H_{19}Cl_2NO$, F. 162—164°; 45%. — *2'-Chlor-4'-methyl-N.N-dimethyl-, Hydrochlorid*, $C_{19}H_{21}Cl_2NO$, F. 219—222°; 75%. — *2'-Chlor-7'-methoxy-N.N-dimethyl-, Hydrochlorid*, $C_{19}H_{21}Cl_2NO_2$, F. 170—172°; 50%. — *3'-Chlor-N.N-dimethyl-, Hydrochlorid*, $C_{18}H_{19} \cdot Cl_2NO$, F. 170—172°, durch 2std. Kochen des entsprechenden **A** in konz. HCl/Eisessig, Alkalisieren mit 20%ig. NaOH, Extraktion mit Ae., Eindampfen u. Rk. mit HCl; 30%. — *2'.6'-Dichlor-N.N-dimethyl-, Hydrochlorid*, $C_{18}H_{18}Cl_3NO$, F. 215—217°, durch Einleiten von HCl in eine Lsg. von **XI** in abs. Bzl. bei Raumtemp., Zugabe von abs. A., Eindampfen im Vakuum auf dem Dampfbad, Lösen in abs. A., Zugeben von abs. Ae. u. Stehen; 58%. — *2'-Hydroxy-N.N-dimethyl-, Hydrochlorid*, $C_{18}H_{20}ClNO_2$, F. 219—221° (Zers.; A./Dimethylformamid, 3:1), durch 18std. Kochen von **IV** in 48%ig. HBr, Verdünnen mit W., Alkalisieren mit K_2CO_3, Extraktion mit Ae., Einleiten von HCl, Eindampfen, Lösen in heißem A. u. Stehen; 57%. — *1-[3-Xanthenylidenpropyl]-4-methylpiperazin, Dihydrochlorid*, $C_{21}H_{26}Cl_2 \cdot N_2O$, F. 251—253°, analog **IV** nach a); 32%. — *1-[3-Xanthenylidenpropyl]-piperidin, Hydrochlorid*, $C_{21}H_{24}Cl \cdot NO$, F. 213—214,5°, analog **IV** nach a); 20%. — *1-[3-(2-Methoxyxanthenyliden)-propyl]-4-methylpiperazin, Dihydrochlorid*, $C_{22}H_{28}Cl_2N_2O_2$, F. 211—213°, analog **IV** nach a); 25%. — 3-Thioxanthenyliden-N.N-dimethylpropylamine: *2'-Chlor-* (**XII**), $C_{18}H_{18}ClNS$, Kp.$_{0,5}$ 210—215°, aus dem Hydrochlorid. *Hydrochlorid*, $C_{18}H_{19} \cdot Cl_2NS$, F. 191—193° (A./Ae.), durch Lösen von **XII** in abs. Bzl., Einleiten von HCl bei Raumtemp., Zusetzen von abs. A., Eindampfen im Vakuum auf dem Dampfbad, Lösen in abs. A., Verdünnen mit abs. Ae. u. Stehen; 89%; bleibt bei 24std. Kochen mit Raney-Ni unverändert. — *Unsubstituiert, Hydrochlorid*, $C_{18}H_{20}ClNS$, F. 181—183°, durch 2std. Kochen des entsprechenden **B** in konz. HCl/Eisessig, Alkalisieren mit 20%ig. NaOH, Extraktion mit Ae., Eindampfen u. Rk. mit HCl; 48%. — Analog: *2'-Methoxy-, Hydrochlorid*, $C_{19}H_{22}ClNOS$, F. 168—170°; 61%. — *4'-Methyl-, Hydrochlorid*, $C_{19}H_{22} \cdot ClNS$, F. 174—176°; 75%. — *4'-Chlor-1'-methyl-, Hydrochlorid*, $C_{19}H_{21}Cl_2NS$, F. 187—190°; 64%. — *1-[3-(2-Chlorthioxanthenyliden)-propyl]-4-methylpiperazin*, durch 2std. Kochen von **XIV** in konz. HCl/Eisessig, Alkalisieren mit 20%ig. NaOH, Extraktion mit Ae. u. Eindampfen; 76% (roh). *Dimaleat*, $C_{21}H_{23}ClN_2S \cdot 2C_4H_4O_4$, F. 190—192° (85%ig. A.), durch Zugabe von Maleinsäure in A. zur Base in A. u. 1std. Stehen; 85%. *Difumarat*, $C_{21}H_{23}ClN_2S \cdot 2C_4H_4O_4$, F. 219—221° (Zers.; A.), durch 1std. Stehen der Base mit **XVI** in A.; 77%. *Dinitrat*, $C_{21}H_{23}ClN_2S \cdot 2HNO_3$, Zers. bei 181° (sd. W.), durch $^1/_2$std. Stehen der Base mit 2,5 n HNO_3 in A.; 86%. *Dihydrochlorid*, $C_{21}H_{25}Cl_3N_2S$, F. 247—249°, bei niedriger Luftfeuchtigkeit durch Zugabe von 20%ig. NaOH zum Dinitrat in W., Extraktion mit Ae., Eindampfen, Lösen in A., Zugabe von 2 Val 2,9 n alkohol. HCl, Zusetzen von A., Erhitzen bis zur Lsg., Entfärben mit Kohle u. Kühlen; *Hydrat*, $C_{21}H_{23}ClN_2S \cdot 2HCl \cdot H_2O$, F. 235—236° (Zers.), analog dem wasserfreien Dihydrochlorid bei hoher Luftfeuchtigkeit; 85%. — *1-[3-Thioxanthenylidenpropyl]-4-methylpiperazin, Dihydrochlorid*, $C_{21}H_{26}Cl_2N_2S$, F. 248—249°, analog vorst. Dihydrochlorid; 83%. — Analog: *1-[3-(2-Methoxythioxanthenyliden)-propyl]-4-methylpiperazin, Dihydrochlorid*, F. 225 bis 226°; *Hydrat*, $C_{22}H_{30}Cl_2N_2O_2S$, F. 212—215°; 44%. — *2-Methoxyxanthon* (**V**), $C_{14}H_{10}O_3$, F. 131—132° (CH_3OH), a) durch 2monatiges Stehen von **III** in Ae. bei Raumtemp.; 13%; b) durch 48std. Stehen von **IIIb** mit ca. 1 Val 30%ig. H_2O_2 in CH_3OH bei Raumtemp., Zugabe von 1 Val H_2O_2 u. 9tägiges Stehen; 10%; c) durch 48std. Stehen von **IIIb** mit ca. 2 Val 30%ig. H_2O_2 in CH_3OH bei Raumtemp., Zusetzen von 2 Val H_2O_2 u. 9tägiges Stehen; 23,2%; d) durch 3—5tägiges Stehen von **III** als Film an der Luft; 65%; 24tägiges Einleiten trockener Luft in eine Lsg. von **III** in A. führt nicht zur Oxydation; **IV** ist gegen Oxydation stabil. — *N.N-Dimethyl-3-[xanthenyl-(9)]-propylaminhydrochlorid*, $C_{18}H_{21} \cdot NO \cdot HCl$, F. 136—138° (Aceton), durch Hydrieren von **VI** in abs. A. bei Raumtemp. u. normalem Druck in Ggw. von red. PtO_2; 90%. — *3-Chlor-α-[3-dimethylaminopropyl]-benzhydrolhydrochlorid*, $C_{18}H_{22}ClNO \cdot HCl$, F. 205—207° (A./Ae.), durch portionsweise Zugabe von **IX** in abs. Bzl. zu dem Prod. der Rk. von Mg u. **VIII** in Ae., 12std. Kochen, Zers. mit 20%ig. NH_4Cl-Lsg., Extraktion der organ. Phase mit 1 n HCl u. 3std. Stehen des Extrakts bei Raumtemp.; 66%. — *4-[m-Chlorphenyl]-N.N-dimethyl-4-phenylbuten-(3)-ylaminhydrochlorid* (**VII**), $C_{18}H_{20}ClN \cdot HCl$, F. 132—134° (A./Ae.), durch 3std. Kochen vorst. Verb. in konz. HCl/Eisessig, Kühlen, Verdünnen mit W., Alkalisieren mit K_2CO_3, Extraktion mit Ae. u. Rk. mit HCl; 70%. — *N-m-Chlorphenyl-N'.N'-dimethyl-N-phenyltrimethylendiamin*, $C_{17} \cdot H_{21}ClN_2$, Kp.$_{0,5}$ 152—155°, durch 3std. Kochen von m-Chlordiphenylamin u. $NaNH_2$ in abs. Bzl., Zutropfen von **VIII** in abs. Bzl., 5std. Kochen, Zers. mit A. u. W., Extraktion der wss. Schicht mit Ae., Waschen der organ. Lsgg. mit W., Extraktion mit 1 n HCl, Alkalisieren mit Na_2Co_3 u. Extraktion mit Ae.; 73%. *Hydrochlorid*, $C_{17}H_{21}ClN_2 \cdot HCl$, F. 138—139°. — *α-[3-Dimethylaminopropyl]-o-hydroxybenzhydrol*, $C_{18}H_{23}NO_2$, F. 116—117° (A.), durch portionsweise Zugabe von **X** in Ae. zu dem Prod. der Rk. von **VIII** u. Mg in Ae., 15std. Kochen, Kühlen, Zers. mit 10%ig. NH_4Cl-Lsg., Extraktion der organ. Phase mit 0,5 n HCl, Alkalisieren mit K_2Co_3 u. Extraktion mit Ae.; 56,5%. — *o-[4-Dimethylamino-1-phenylbuten-(1)-yl]-phenolhydrochlorid*, $C_{18}H_{21}NO \cdot HCl$, F. 184—185°, durch 3std. Kochen vorst. Verb. in konz. HCl/Eisessig, Kühlen, Verdünnen mit W., Alkalisieren mit K_2CO_3, Extraktion mit Ae. u. Rk. mit HCl; 70%. — *9-[3-Dimethylaminopropyl]-9-hydroxyfluoren*, $C_{18}H_{21}NO$, F. 101—103° (A.), durch Zugeben von Fluorenon in Bzl. zu dem Prod. der Rk. von je 2 Val Mg u. **VIII** in Ae., Kochen bis zum vollständigen Verbrauch des Mg u. Aufarbeiten wie bei **XII**; 30%. — *N.N-Dimethyl-3-fluorenylidenpropylaminhydrochlorid*, $C_{18}H_{19}N \cdot HCl$, F. 205—207° (A./Ae.), durch Einleiten von HCl in eine Lsg. vorst. Verb. in Ae., Eindampfen, Lösen in W., Alkalisieren mit 10%ig. NaOH, Ausäthern u. Zugabe alkohol. HCl zum Extrakt; 71%. H. Pagel. 3201◇

0870 **Eine direkte Oxydation von cis-4-Hydroxyzimtsäure zu Umbelliferon.** M. B. Meyers. (Proc. chem. Soc. [London] **1963**, 243—44; Glasgow, Univ., Dep. of Chem.; engl.) — 12—18std. Behandeln von wss. Lsgg. von cis-4-Hydroxyzimtsäure (**I**) mit Luft oder O_2 in Ggw. von Fe^{++}-Äthylendiamintetraessigsäure-Komplex u. Ascorbinsäure (**II**) sowie Phosphatpuffer (pH 4—6) bei 19° liefert 0,1% (Ausbeute an) *Umbelliferon* (**III**) u. *6.7-Dihydroxycumarin*, letztes in ähnlichen, aber veränderlichen Ausbeuten. In Abwesenheit von **II** kann prakt.

kein **III** gefunden werden. 4-[2-Carboxyvinyl]-4-hydroxy-cyclohexadien-(2.5)-on-(1)-lacton (**IV**), dargestellt durch Elektrolyse von **I**, ein wahrscheinliches Zwischenprod. bei der Bldg. von **III** aus **I**, wird unter diesen milden Bedingungen nicht umgelagert. Eine erzwungene saure Umlagerung von **IV** führt fast gänzlich zu 6-Hydroxy-cumarin (**V**), während diese Verb. nicht unter den Prodd. obiger Rk. gefunden wurde. Behandeln von **IV** mit 1 Val NaOH gibt kein **III**, sondern ein Gemisch aus **V** u. der **IV** entsprechenden Hydroxysäure. J. Rothe. 3211◇

0871 **Über die Kondensation aromatischer Aldehyde mit Hydantoin.** 4. Mitt. **Zur Synthese der Phenylbrenztraubensäuren.** G. Billek. (Mh. Chem. **92**, 352—60, 1961; Wien, Univ., Organ.-chem. Inst.; dt.) — 3. vgl. C. **1964**, 13-0795. — *5-Benzalhydantoine* werden durch Kondens. von verschieden substituierten Benzaldehyden mit Hydantoin (**I**) nach 2 Methoden dargestellt. Die entsprechenden *3-Acetylverbindungen* entstehen in Ggw. von Acetanhydrid unter gleichen Bedingungen, α-Hydroxyaldehyde ergeben *3-Acetamidocumarine.*

Versuche: 5-Benzalhydantoine, a) durch 3std. Kochen von 50 mMol Aldehyd, 50 mMol **I** u. 10 g wasserfreiem Na-Acetat in Essigsäure u. Gießen in H_2O (Meth. **A**); b) durch 1/2std. Kochen von 50 mMol Aldehyd u. 50 mMol **I** in abs. Piperidin, Verdünnen mit H_2O u. Ansäuern mit konz. HCl (Meth. **B**): *Unsubstituiert*, F. 220°; nach **A** 70% (Ausbeute), nach **B** 16%. — *2'-Hydroxy-*, F. 287°; nach **B** 95%. — *3'-Hydroxy-*, F. 285°; nach **A** 75%, nach **B** 60%. — *4'-Hydroxy-*, F. 315°; nach **A** 43%, nach **B** 86%. — *2'-Methoxy-*, F. 178°; nach **A** 76%, nach **B** 53%. — *3'-Methoxy-*, F. 233°; nach **A** 40%, nach **B** 66%. — *4'-Methoxy-*, F. 244°; nach **A** 11%, nach **B** 67%. — *2'-Hydroxy-5'-methyl-*, F. 290°, nach **A** 46%, nach **B** 95%. — *4'-Hydroxy-3'-methyl-*, F. 276°, nach **A** 57%, nach **B** 86%. — *2'-Hydroxy-3'-methoxy-*, F. 227°, nach **A** 60%, nach **B** 91%. — *3'-Methoxy-4'-hydroxy-*, F. 266°, nach **A** 40%, nach **B** 80%. — *4'-Methoxy-3'-hydroxy-*, F. 294°, nach **A** 45%, nach **B** 67%. — *2'.4'-Dimethoxy-*, F. 236°, nach **A** 70%, nach **B** 76%. — *3'-4'-Dimethoxy-*, F. 276°, nach **A** 60%, nach **B** 26%. — *4'-Hydroxy-3'.5'-dimethoxy-*, F. 300°, nach **A** 50%, nach **B** 70%. 5-Benzal-3-acetylhydantoine, durch 1std. Kochen von 50 m Mol Aldehyd, 50 mMol **I** u. 7,5 g wasserfreiem Na-Acetat in Essigsäureanhydrid unter Ausschluß von Feuchtigkeit u. Gießen in H_2O (Meth. **C**): *Unsubstituiert*, F. 222—224°, 90%. — *3'-Acetoxy-*, F. 224° bis 226°; 88%. — *4'-Acetoxy-*, F. 236°; 80%. — *2'-Methoxy-*, F. 204°; 95%. — *3'-Methoxy-*, F. 187°; 76%. — *4'-Methoxy-*, F. 232°; 90%. — *3'-Methyl-4'-acetoxy-*, F. 224°; 92%. — *3'.4'-Diacetoxy-*, F. 218—220°; 88%. — *3'-4'-Methylendioxy-*, F. 258—260°; 90%. — *3'-Methoxy-4'-acetoxy-*, F. 209—210°; 87%. — *4'-Methoxy-3'-acetoxy-*, F. 246—249°; 85%. — *2'.4'-Dimethoxy-*, F. 218—219°; 80%. — *3'.4'-Dimethoxy-*, F. 245—246°; 76%. — *3'.-5'-Dimethoxy-4'-acetoxy-*, F. 285°; 96%. — 3-Acetamidocumarine, analog **C** mit substituierten α-Hydroxybenzaldehyden: *Unsubstituiert*, F. 203°; 35%. — *7-Acetoxy-*, F. 231°; 20%. — *6-Acetoxy-*, F. 227°; 24%. — *6-Methyl-*, F. 217°; 24%. — *8-Methoxy-*, F. 232°; 11%. J. Gartzke. 3211△

0872 **Chemie von Terminalia-Species.** 7. Mitt. **Isolierung von Melanoxetin aus Terminalia manii King.** L. Ramachandra Row und R. Ramakrishna Raju. (J. sci. ind. Res. [New Delhi], Sect. B **21**, 196—98, 1962; Waltair, Andhra Univ., Dep. of Chem.; engl.) — 6. vgl. C. **1963**, 13185. — Vff. isolierten aus *Terminalia manii* (**a**) *Melanoxetin* u. identifizierten es durch Überführen in den nach King u. Bottomley (C. **1950/54**, **6773** S) dargestellten Pentamethyläther (**I**) als *37.8.3'-4'-Pentahydroxyflavonhemihydrat* (**II**). **I** wird durch Alkalien in *Veratrumsäure* u. *ω.3.4-Trimethoxy-2-hydroxyacetophenon* gespalten.

Versuche: *3.7.8.3'.4'-Pentahydroxyflavon, Hemihydrat* (**II**; *Melanoxetin*), $C_{15}H_{10}O_7 \cdot 1/2\, H_2O$, F. 295 bis 300° (Zers.), durch Extraktion von 1,8 kg des Holzmehls von **a** mit A., Eindampfen im Vakuum, Verdünnen mit W. u. Waschen des Nd. mit sd. Ae. im Soxhlet-App.; braune Schuppen; 2 g (Ausbeute). *Pentamethyläther* (**I**), $C_{20}H_{20}O_7$, F. 150—151°, a) durch 24std. Rk. von 100 mg **II** in abs. A. mit CH_2N_2 in Ae.; aus A. Nadeln; 90 mg; b) durch 4std. Kochen von **II**, Aceton, Dimethylsulfat, u. K_2CO_3; gibt durch 8std. Kochen mit 8%ig. alkohol. KOH, Eindampfen im Vakuum, Ansäuern mit HCl, Extraktion des Nd. mit Ae., Extraktion der äther. Lsg. mit 10%ig. $NaHCO_3$-Lsg. u. Ansäuern *Veratrumsäure* (F. 176 bis 177°, aus A. Nadeln) u. durch Extraktion der mit $NaHCO_3$-Lsg. extrahierten Ae.-Lsg. mit 5%ig. NaOH u. Neutralisieren *ω.3.4-Trimethoxy-2-hydroxyacetophenon*, $C_{11}H_{14}O_5$, F. 88° (A.). H.-J. Kötzsch. 3211◇

0873 **Synthesen von Elliptol-Isoflavon.** Kenji Fukui, Mitsuru Nakayama und Masayuki Hatanaka. (Bull. chem. Soc. Japan **36**, 872—73, 1963; Hiroshima, Univ., Fac. of Sci., Dep. of Chem.; engl.) — Die Totalsynth. von *Elliptol-Isoflavon* (*Furano-[2''.3'':7.8]-2'.4'.5'-trimethoxyisoflavon*, **I**) aus 7-Hydroxy-2'.4'.5'-trimethoxy-isoflavon (**II**) wird beschrieben.

Versuche: *8-Formyl-7-hydroxy-2'.4'.5'-trimethoxyisoflavon* (**III**), $C_{19}H_{16}O_7$, F. 190—191°, durch 8std. Erhitzen von **II**, Hexamin u. CH_3COOH auf 100°, Zugabe von HCl (1:1), 1/4std. Erhitzen u. Abdampfen des Lsgm. im Vakuum; aus A. u. dann Bzl. gelbe Nadeln; 58% (Ausbeute); gibt in A. rote $FeCl_3$-Reaktion. — Furano-[2''.3'':7.8]-2'.4'.5'-trimethoxyisoflavone: *5''-Carbäthoxy-* (**IV**), $C_{23}H_{20}O_8$, F. 185—186°, durch Zugabe von K_2CO_3 zur Lsg. von **III** u. Brommalonsäurediäthylester in $CH_3COC_2H_5$ u. 10std. Kochen; aus Essigester Nadeln; 71%. — *5''-Carboxy-* (**V**), $C_{21}H_{16}O_8$, F. 282 bis 283° (Zers.), durch 4std. Kochen von **IV** u. 10%ig. wss. K_2CO_3 in Aceton, Abdest. des Lsgm. im Vakuum u. Ansäuern mit verd. HCl; aus A. Mikrokristalle; 56%. — *Unsubstituiertes* (**I**), $C_{20}H_{16}O_6$, F. 182—183°, durch Rühren von **V** u. Cu-Pulver in Chinolin bei 190—210° unter N_2 bis zur Beendigung der CO_2-Entw., Abdest. des Lsgm. mit Wasserdampf, Filtrieren u. Extrahieren des Nd. mit Essigester; Nadeln aus CH_3OH; 75%. — *4-Hydroxy-5-[2'.4'.5'-trimethoxyphenylacetyl]-cumaron* (**VI**), $C_{19}H_{18}O_6$, F. 135—136°, durch 3std. Kochen von **I** u. 5% wss. NaOH in A., Abdest. des Lsgm. u. Extraktion des Rückstandes mit Essigester; Prismen aus CH_3OH; 69%; gibt in A. bräunlich-grüne $FeCl_3$-Reaktion. IR-Spektren der Verbb. **I**, **IV**, **V**, **VI** sind angegeben. H. Dehmel. 3211◇

0874 **Synthese von Pyridinderivaten.** 7. Mitt. **Nitrierung von 2.4-Lutidin.** Sunao Furukawa. (J. pharmac. Soc. Japan [Yakugakuzasshi] **76**, 900—02, 1956; Nagasaki, Univ., Pharmac. Fac.; jap., Auszug: engl.) — 6. vgl. Pharmac. Bull. [Tokyo] **3**, [1955], 232. — Bei der Rk. von 2.4-Lutidin-1-oxid mit Acetanhydrid entsteht nicht (vgl. 6. Mitt.) 3-, sondern 5-Hydroxy-2.4-lutidin. Die Identität dieser Verb. wird durch Nitrierung von 2.4-Lutidin (**I**) u. Red. u. nachfolgende Diazotierung der gebildeten *3-* (**II**) u. *5-Nitro-2.4-lutidine* (**III**) nachgewiesen. Als Nebenprodd. der Diazotierung entstehen *3H-1.2.6-Triaza-7-methylinden* aus **II** u. *3H-1.2.6-Triaza-5-methylinden* (**IV**) aus **III**. Das UV-Spektrum von **IV** ist angegeben.

Versuche: 2.4-Lutidine: *3-Nitro-* (**II**), $Kp._{12}$ 118—123°, durch Zugabe von KNO_3 zur Lsg. von 20 g **I** in rauchender H_2SO_4 bei 0°, je 8std. Erhitzen auf 100° u. 120—130°, Gießen in Eiswasser u. Dest.; 2,5 g (Ausbeute). *Pikrat*, $C_{13}H_{11}N_5O_9$, F. 146—148°. — *5-Nitro-* (**III**), neben **II**; 2,5 g. *Pikrat*, $C_{13}H_{11}N_5O_9$, F. 118—120°. — *3-Amino-* (**V**), $C_7H_{10}N_2$, F. 51—53°, durch Hydrieren von 2 g **II** in 5%ig. HCl an Pd-Kohle; 1,4 g. *Pikrat*, $C_{13}H_{13}N_5O_7$, F. 231—233°. — *5-Amino-* (**VI**), $C_7H_{10}N_2$, F. 66—68°, analog **V** aus **III**; 1,4 g. *Pikrat*, $C_{13}H_{13}N_5O_7$, F. 180—182°. — *3-Hydroxy-*, C_7H_9NO, F. 99—101°, durch Diazotieren von 1 g **V** in 10%ig. H_2SO_4 bei 0—5° u. Hydrolyse mit 10%ig. NaOH; 0,3 g; daneben 0,08 g *3H-1.2.6-Triaza-7-methylinden* ($C_7H_7N_3$, F. 182—184°). *Pikrat*, $C_{13}H_{12}N_4O_8$, F. 165—167°. — *5-Hydroxy-*, $C_7H_9 \cdot NO$, F. 144—146°, analog vorst. Verb. aus **VI**; 0,25 g; daneben 0,15 g *3H-1.2.6-Triaza-5-methylinden* (**IV**, $C_7H_7N_3$, F. 167—169°). H.-J. Weigmann. 3231△

0875 **Synthesen mit Hilfe von Pyridiniumsalzen.** 2. Mitt. **Synthesen durch Michael-Addition von Pyridiniumsalzen.** F. Kröhnke und W. Zecher. (U. Mitarb. v. J. Curtze,

D. Drechsler, K. Pfleghar, K.-E. Schnalke und W. Weis.) (Angew. Chem. **74,** 811—17, 1962; Gießen, Univ., Chem. Inst.; dt.) — 1. vgl. C. **1954, 9261.** — Zusammenfassung hauptsächlich über die Arbeiten des letzten Jahrzehnts: Synth. von *α-Pyridonen,* von *2.4.6-trisubstituierten Pyridinen,* von *Nicotellin,* von *Pyridinen* mit ankondensierten Ringen, von polycycl. KW-Stoffen u. von *Pyrrolino-[1.2:a]-pyridiniumsalzen* sowie Michael-addition an Chinone. — 34 Literaturangaben.

W. Holland. 3231◇

0876 **Bildung des Dianions aus 6-Methyl-3-cyan-2(1)-pyridon. Kondensationen an der 6-Methylgruppe.** Thomas M. Harris und Charles R. Hauser. (J. org. Chemistry **27,** 2967—68, 1962; Durham, N. C., Duke Univ., Dep. of Chem.; engl.) — Vgl. C. **1963,** 16518. —

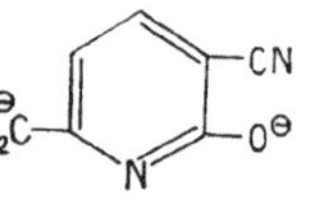

A

Durch Einw. von 2 Mol KNH_2 in fl. NH_3 auf 6-Methyl-3-cyanpyridon-(2) entsteht das *Dianion* **A.** Durch Versetzen der vorliegenden Rk.-Lsg. mit 1 Mol Benzylchlorid erhält man in hervorragender Ausbeute *6-[2-Phenyläthyl]-3-cyan-pyridon-(2)* (F. 200,5—202,5°). Durch Einw. von Benzophenon auf die obige **A**-Lsg. entsteht vermutlich *6-[2.2-Diphenyl-2-hydroxyäthyl]-3-cyanpyridon-(2)* (**I,** $C_{20}H_{16}N_2O_2$, F. 215—216°) in hoher Ausbeute. Durch Einw. einer katalyt. Menge H_2SO_4 in Acetanhydrid auf **I** erfolgt leichte Dehydratisierung, wobei in nahezu quant. Ausbeute wahrscheinlich *6-[2.2-Diphenylvinyl]-3-cyanpyridon-(2)* ($C_{20}H_{14}N_2O$, F. 242,5—244°; hellgelbe Substanz) entsteht.

D. Holzner. 3231◇

0877 **Untersuchung über Benzylidencyanessigsäure. Reaktivität gegenüber Acetophenon.** Paul Cordier und Edith Brändli. (C. R. hebd. Séances Acad. Sci. **256,** 4456—58, 1963; Strasbourg, Fac. de Pharm., Labor. de Pharm. chim.; franz.) — Durch 4tägiges Aufbewahren von Benzylidencyanessigsäure (**I**) u. Acetophenon in wss. alkohol. KOH bei 18—20°, Abfiltrieren von *Benzylidendiacetophenon* (F. 85°), Ae.-Extraktion des mit HCl angesäuerten Filtrates, Ausschütteln des Ae. mit $NaHCO_3$-Lsg., Ansäuern der alkal. Lsg., Ae.-Extraktion, Abdest. des Ae., Aufnehmen des Rückstands in Bzl., Abfiltrieren von wenig **I** u. Eindampfen wird die nicht krist. *2-Cyan-3-phenyl-4-benzoylbuttersäure* (**II**; $C_{18}H_{15}NO_3$) erhalten, die auch aus Cyanessigsäuremethylester u. Benzylidenacetophenon in Ggw. von Na-Methylat u. darauffolgende Verseifung des Esters gewonnen werden kann; *Semicarbazon,* $C_{19}H_{18}N_4O_3$, F. 122—124°. Beim Erhitzen von **II** auf 200° entsteht *3-Phenyl-4-benzoylbutyronitril* (**III**; F. 76°). Durch 3std. Erhitzen von **II** oder **III** mit HCl in Eisessig bildet sich *3-Phenyl-4-benzoylbuttersäure* (C_{17} · $H_{16}O_3$, F. 158°). **II** geht bei $^1/_2$std. Einw. von konz. H_2SO_4 bei Raumtemp. u. Verdünnen mit W. in eine Säure [**A**; $C_{18}H_{15}NO_3$, F. 150° (Zers.)] über, bei der es sich entweder um *2-Oxo-4.6-diphenyl-1.2.3.4-tetrahydro-* oder *2-Oxo-4.6-diphenyl-2.3.4.5-tetrahydropyridincarbonsäure-(3)* handelt. Decarboxylierung von **A** bei 80° liefert *2-Oxo-4.6-diphenyl-1.2.3.4-tetrahydro-* oder *2-Oxo-4.6-diphenyl-2.3.4.5-tetrahydropyridin,* $C_{17}H_{15}NO$, F. 124° (Ae.). Für **II** u. **III** sind IR-Banden angegeben.

H. Gleinig. 3231◇

0878 **Thiaaromaten.** 7. Mitt. **Cyclische Disulfide.** 6. Mitt. **1.2-Dithioliumsalze aus 1.3-Dithiacyclohexenen durch Dehydrierung unter Ringverengung.** Arthur Lüttringhaus, Mercedes Mohr und Norbert Engelhard. (Liebigs Ann. Chem. **661,** 84—94, 1963; Freiburg/Br., Univ., Chem. Labor.; dt.) — 6. vgl. C. **1963,** 15748; 5. vgl. C. **1963,** 2781. — Um 1.2-Dithioliumsalze durch Ringverengung zu gewinnen, werden 1.3-Dithiacyclohexanon-(5) (**I**) bzw. 2-[4-Methoxyphenyl]-1.3-dithiacyclohexanon-(5) (**II**) nach Feit (C. **1960,** 15387) mit $NaBH_4$ zu *1.3-Dithia-* (**III**) bzw. *2-[4-Methoxyphenyl]-1.3-dithiacyclohexanol-(5)* (**IV**) reduziert, doch verlief die Abspaltung von W. aus **III** u. **IV** mittels $KHSO_4$ oder P_2O_5 oder nach Tschugaeff unbefriedigend. Die Red. von **I** u. **II** nach Meerwein-Ponndorf-Verley oder mit Li-Alanat lieferte weniger gute Ergebnisse als die Meth. mit $NaBH_4$. Es wurden aus den entsprechenden Ketonen mit C_6H_5MgBr *5-Phenyl-* (**V**), *2.5-Diphenyl-* (**VI**) u. *2-[4-Methoxyphenyl]-5-phenyl-1.3-dithiacyclohexanol-(5)* (**VII**) dargestellt. **V—VII** wurden durch rasche Vakuumdest. über $KHSO_4$, besser durch Kochen in Xylol mit $KHSO_4/H_2SO_4$ zu *5-Phenyl-* (**VIII**), *2.5-Diphenyl-* (**IX**) bzw. *2-[4-Methoxyphenyl]-5-phenyl-1.3-dithiacyclohexen-(4)* (**X**) dehydratisiert. Außerdem wurde aus o-Mercaptobenzylmercaptan (**XII**) u. Anisaldehyd (**XIII**) *2-[4-Methoxyphenyl]-5.6-benzo-1.3-dithiacyclohexen-(5)* (**XI**) dargestellt. **VIII—XI** konnten mit SO_2Cl_2 u. $HClO_4$ dehydriert u. in die Dithioliumperchlorate *4-Phenyl-* (**XIV**, aus **VIII—X**, unter Abspaltung von Benzaldehyd bzw. **XIII** bei **IX** bzw. **X**) bzw. *Benzo-1.2-dithioliumperchlorat* (**XV**) umgewandelt werden. Die dehydrierende Ringverengung verlief noch glatter durch Einw. von Br_2/Eisessig (Es.) auf **IX, X** u. **XI,** wobei die entsprechenden *Bromide* entstanden. Thiopyrylium- u. Dithioliumsalze ähneln sich im chem. Verh.; einkernige Verbb. sind stabiler u. solvolysebeständiger als die analogen kondensierten Systeme. Zum Rk.-Ablauf wird angenommen, daß durch elektrophilen Angriff von Br^+ auf ein Sulfid-S-Atom sich ein *S-Bromsulfoniumbromid* bildet, worauf S–C-Bindungsbruch, Eliminierung des Kations $RCHBr^+$ (aus dem durch Solvolyse der Aldehyd entsteht) u. Bldg. der S–S-Bindung erfolgt. Das im Überschuß vorhandene Br_2 führt das ungesätt. Disulfid in das *S-Bromsulfoniumbromid* über, welches unter HBr-Eliminierung schließlich in das *Dithioliumsalz* übergeht. Die UV-Spektren von **XIV** u. **XV** in Es. mit 1%ig. $HClO_4$ sind zwischen ca. 200 u. 450 mμ angegeben.

Versuche: *1.3-Dithiacyclohexanol-(5)* (**III**), F. 63 bis 64° (Ae.-PAe.), durch Zutropfen von $NaBH_4$ in W. zu **I** in Ae., 1std. Rühren bei 20° u. Neutralisation; 83% (Ausbeute). — *5-Phenyl-1.3-dithiacyclohexanol-(5)* (**V**), $C_{10}H_{12}OS_2$, F. 120—121° (PAe.), durch Zutropfen von **I** in Tetrahydrofuran-Ae. zu C_6H_5MgBr in Ae. u. $^1/_4$std. Kochen; 64%. — *5-Phenyl-1.3-dithiacyclohexen-(4)* (**VIII**), $C_{10}H_{10}S_2$, $Kp_{0,6}$ 151—154°, a) durch Erhitzen von **V** mit $KHSO_4$ auf 150—160° unter Vakuum (0,6—1 Torr); 60%; b) durch 2std. Kochen von **V** mit $KHSO_4$ u. konz. H_2SO_4 im Xylolgemisch; n_D^{20} 1,6901—1,6902; 70%. — *Bis-[S-carbäthoxymethyl]-benzaldehydmercaptal,* $C_{15}H_{20}O_4S_2$, $Kp_{0,05-0,1}$ 190—195°, durch 6std. Kochen von Thioglykolsäureäthylester (**XVI**) u. Benzaldehyd in Bzl. unter Einleiten von HCl. — *2-Phenyl-1.3-dithiacyclohexanon-(5)-carbonsäure-(4)-äthylester* (**XVII**), $C_{13}H_{14}O_3S_2$, F. 68—69° (hellgelbe Rhomben aus A.), durch Zutropfen vorst. Verb. in Bzl. zu $NaOC_2H_5$ in Bzl. u. 6std. Kochen unter azeotroper Dest. des A.; 80%. — *2-Phenyl-1.3-dithiacyclohexanon-(5),* $C_{10}H_{10}OS_2$, F. 98—99° (PAe.), durch 6std. Kochen von **XVII** mit 2n H_2SO_4; fast 100%. — *2.5-Diphenyl-1.3-dithiacyclohexanol-(5)* (**VI**), $C_{16}H_{16}OS_2$, F. 199—200° (Bzl.), aus vorst. Verb. u. C_6H_5MgBr analog **V**; 70%. — *2.5-Diphenyl-1.3-dithiacyclohexen-(4)* (**IX**), $C_{16}H_{14}S_2$, F. 129—130° (A. u. wenig W.), aus **VI** analog **VIII** nach b); 65%. — *Bis-[S-carbäthoxymethyl]-anisaldehydmercaptal,* $C_{16}H_{22}O_5S_2$, $Kp_{0,05}$ 197—202°, aus **XVI** u. **XIII**; 95%. — *2-[4-Methoxyphenyl]-1.3-dithiacyclohexanon-(5)* (**II**), $C_{11}H_{12}$ · O_2S_2, F. 132—133° (gelbstichige Nadeln aus PAe.), analog **XVII** aus vorst. Verb. u. durch Decarboxylierung; 65%. — *2-[4-Methoxyphenyl]-1.3-dithiacyclohexanol-(5)* (**IV**), C_{11} · $H_{14}O_2S_2$, F. 130—132° (PAe.), aus **II** u. $NaBH_4$ analog **III**; 85%. — *2-[4-Methoxyphenyl]-5-phenyl-1.3-dithiacyclohexanol-(5)* (**VII**), $C_{17}H_{18}O_2S_2$, F. 195—196° (Bzl.), aus **II** u. C_6H_5MgBr analog **V**; 80%. — *2-[4-Methoxyphenyl]-5-phenyl-1.3-dithiacyclohexen-(4)* (**X**), $C_{17}H_{16}OS_2$, F. 121—122° (A. u. wenig W.), aus **VII** analog **VIII** nach b); 70%. — *2-[4-Methoxyphenyl]-5.6-benzodithien-(5)* (**XI**), $C_{15}H_{14}OS_2$, Schuppen, durch 4std. Einleiten von HCl in **XIII** u. **XII** in Bzl. unter Kühlung. — *4-Phenyl-1.2-dithioliumsalze: Perchlorat* (**XIV**), $C_9H_7ClO_4S_2$, F. 202 bis 204° (Zers., hellgelbe Nadeln durch Ae.-Zusatz zu 1% $HClO_4$-haltigem Es.), a) durch Zutropfen von SO_2Cl_2/Es. zu **VIII** in abs. Ae.-Es. u. Zutropfen von 70%ig. $HClO_4$; 12%; b) analog aus **IX**, $SOCl_2$ u. $HClO_4$; 21%; c) analog aus **X**; 20%; liefert mit Phenylhydrazin *2.4-Diphenyl-*

pyrazol (F. 236—237°). *Jodid*, $C_9H_7JS_2$, F. 202—204° (rot aus Es.-A.), a) durch Zutropfen von SO_2Cl_2 zu **VIII** in Ae.-Es. unter Kühlung, Zutropfen von W., 4std. Stehen (→ hellgelbes Salz), Lösen in Es. u. Zugabe von gesätt. äthanol. NaJ-Lsg.; b) analog aus **XIV**. *Bromid*, F. 228 bis 234° (Zers., gelbe Schüppchen aus Es.), a) durch Zutropfen von 40%ig. Br_2-Es.-Lsg. zu **IX** in Bzl.; 46—50%; b) analog aus **X**; 42%. — *3.4-Benzo-1.2-dithioliumsalze*: *Perchlorat* (**XV**), $C_7H_5ClO_4S_2$, F. 173—175° (Zers., gelbe Nadeln aus Es.-Ae.), durch Zugabe von SO_2Cl_2 u. Es. zu **XI** in abs. Ae.-Es. unter Kühlung, Zugabe von 70%ig. $HClO_4$, 1std. Stehen u. Zugabe von Ae.; 40%; **XV** explodiert bei der Elementaranalyse. *Bromid*, $C_7H_5BrS_2$, F. 174—175° (gelbe Kristalle aus Es. + 1% HBr durch Zugabe von Ae.), durch Zutropfen von 40%ig. Br_2-Es. zu **XI** in Bzl. unter Kühlung; 55—60%.
B. Gnauck. 3262◇

0879 **Darstellung basisch substituierter Pyridazone-(6). Untersuchungen über synthetische Arzneimittel.** 5. Mitt. E. Jucker und R. Süess. (Helv. chim. Acta **42,** 2506 bis 2514, 1/12. 1959; Basel, Sandoz, Pharmazeut.-chem. Labor.; engl.) — 4. vgl. C. **1960,** 5156. — Aus den entsprechend substituierten Hydrazinen wird eine Reihe von *1-[N-Methylpiperidyl-(4)]-pyridazonen-(6)* mit analget. Wirksamkeit dargestellt. Die als Ausgangsprod. benötigte *2-Benzoylcyclohexancarbonsäure* (*cis*-**I**) entsteht aus cis-Hexahydrophthalsäure (cis-**II**), Bzl. u. $AlCl_3$ in der *cis-Form*, die sich beim Behandeln mit 2nNaOH quant. in *trans*-**I** umlagert. *trans*-**I** ist auch in analoger Rk. aus trans-**II** zugänglich.

Versuche: *α-Cyan-β-benzoylpropionsäure*, $C_{11}H_9NO_3$, F. 101—103° (Ae.), durch Zugeben von β-Benzoylacrylsäure zu wss. KCN bei 0—5°, 15std. Rühren bei 0—5°, Filtrieren des K-Salzes u. Versetzen mit wss. HCl; 62% (Ausbeute). — *trans-2-Benzoylcyclohexancarbonsäure* (*trans*-**I**), $C_{14}H_{16}O_3$, F. 151—152° (Ae.), a) aus trans-**II** nach Fieser u. Novello [1942]; 92%; b) durch 16std. Erhitzen von 13,74 g cis-**I** (F. 140—141°) in 2nNaOH auf 100°, Ansäuern mit H_2SO_4 u. Extraktion mit CH_2Cl_2; 13,05 g. — 1-[N-Methylpiperidyl-(4)]-pyridazone-(6): *3-Phenyl-4.5-tetramethylen-*, $C_{20}H_{25}N_3O$, F. 179 bis 180° (Aceton), a) durch 24std. Kochen von cis-**I** mit N-Methylpiperidyl-(4)-hydrazin (**III**) in A. u. Dehydrieren des entstandenen *1-cis-[N-Methylpiperidyl-(4)]-3-phenyl-4.5-tetramethylen-4.5-dihydropyridazons-(6)* ($C_{20}H_{27}N_3O$, F. 146°, aus A. verfilzte Nadeln; 74%) mit Br_2 in Eisessig durch 2std. Erwärmen auf 120° über das *Hydrobromid* [$C_{20}H_{26}BrN_3O$, F. 220—222° (A.); 69%] (Meth. **A**); b) aus trans-**I** nach **A** über *1-trans-[N-Methylpiperidyl-(4)]-3-phenyl-4.5-tetramethylen-4.5-dihydropyridazon-(6)* ($C_{20}H_{27}N_3O$, F. 155°, aus Methanol Prismen; 78%); 62%. — *3-Methyl-*, $C_{11}H_{17}N_3O$, F. 87—89° (Sublimation bei 80° im Hochvakuum), nach **A**. — *3-Phenyl-*, $C_{16}H_{19}N_3O$, F. 122—123° (Aceton), nach **A**. *Hydrobromid*, $C_{16}H_{20}BrN_3O$, F. 310° (Zers.; W.). — *3.5-Dimethyl-*, *Hydrochlorid*, $C_{12}H_{20}ClN_3O$, F. 252—254° (A.) (nach **A**). — *3-Methyl-5-phenyl-*, $C_{17}H_{21}N_3O$, F. 140° (Ae./PAe.), nach **A**. — *3-Phenyl-5-methyl-*, *Hydrochloridmonohydrat*, $C_{17}H_{24}ClN_3O_2$, F. 284° (A.), nach **A**. — *3-Phenyl-5-cyan-*, $C_{17}H_{18}N_4O$, F. 223° (A.), nach **A** durch Kochen der γ-Ketosäure mit **III** in Eisessig. *Hydrochlorid*, $C_{17}H_{19}ClN_4O$, F. 280° (Zers.; W.). — *3.5-Diphenyl-*, $C_{22}H_{23}N_3O$, F. 243° (Aceton), nach **A**. — *3-Phenyl-4.5-diäthyl-*, *Hydrochloridhemihydrat*, $C_{20}H_{28}ClN_3O \cdot 1/_2H_2O$, F. 268—270° (98%ig. A.), nach **A**. — *3.4-Dimethyl-5-cyan-*, $C_{13}H_{18}N_4O$, F. 103 bis 105° (Ae.), durch 15std. Kochen von 1 Mol Diacetylmono-[N-methylpiperidyl-(4)-hydrazon] mit $1/_2$ Mol Cyanessigsäureäthylester, Eisessig u. NH_4-Acetat in Bzl. unter kontinuierlicher Abscheidung des entstehenden W., Eindampfen, Aufnehmen des Rückstandes in Chlf., Ausschütteln mit 20%ig. KOH bei 0°, Extraktion mit 18%ig. u. mit 2nHCl, Alkalisieren, Chlf.-Extraktion, Lösen in Ae. mit 15% PAe., Filtrieren über Al_2O_3, Einengen u. Fällen des *Hydrobromids* [$C_{13}H_{19}BrN_4O$, F. 238—240° (Zers.), aus Methanol/Ae. Nadeln; 46,0 g] u. Freisetzen der Base (Meth. **B**); aus Ae. Prismen. — *3.4-Tetramethylen-5-cyan-*, *Hydrochlorid*, $C_{15}H_{21}ClN_4O$, F. 247 bis 250° (A./Ae.), nach **B**. — *1-[N-Isopropylpiperidyl-(4)]-3.4-dimethyl-5-cyanpyridazon-(6)*, *Hydrochlorid*, $C_{15}H_{23}ClN_4O$, F. 276—278° (Zers.; A./Ae.), nach **B**. — *1-[1-Methyl-2-dimethylaminoäthyl]-3.4-dimethyl-5-cyanpyridazon-(6)*, *Hydrobromid*, $C_{12}H_{19}BrN_4O$, F. 209—211° (A.), nach **B**.
Klaus Lange. 3272△

0880 **Über das Diazanorcaradien-Ringsystem. Ein Beitrag zum Norcaradien-Problem.** 2. Mitt. Günther Maier. (Angew. Chem. **75,** 920, 1963; Karlsruhe, TH, Inst. für Organ. Chem.; dt.) — 1. vgl. C. **1962,** 11896. — Aus Cyclopropandicarbonsäure-(1.2)-anhydrid wurde mit Bzl. in Ggw. von $AlCl_3$ *cis-2-Benzoylcyclopropancarbonsäure* (F. 146°) dargestellt, die mit N_2H_4 *2-Phenyl-3.4-diazabicyclo-[4.1.0]-hepten-(2)-on-(5)* (F. 165°) ergab. — Rk. vorst. Verb. mit LiC_6H_5 lieferte *2.5-Diphenyl-3.4-diazabicyclo-[4.1.0]-heptadien-(2.4)* [F. 196° (Zers.)], das sich mit Säure zu *4-Methyl-3.6-diphenylpyridazin* (F. 135°) isomerisierte. Analog: cis-3-Methylcyclopropandicarbonsäure-(1.2)-anhydrid (F. 91°) → *cis-2-Benzoyl-cis-3-methylcyclopropancarbonsäure* (F. 195°) → *cis-7-Methyl-2-phenyl-3.4-diazabicyclo-[4.1.0]-hepten-(2)-on-(5)* (**I**; F. 165°). — trans-3-Methylcyclopropandicarbonsäure-(1.2)-anhydrid → *cis-2-Benzoyl-trans-3-methylcyclopropancarbonsäure* (F. 135°) → *trans-7-Methyl-2-phenyl-3.4-diazabicyclo-[4.1.0]-hepten-(2)-on-(5)* (**II**; F. 174°). — Aus **I** oder aus **II** entsteht mit LiC_6H_5 nur eine Verb., *cis-7-Methyl-2.5-diphenyl-3.4-diazabicyclo-[4.1.0]-heptadien-(2.4)* [**III**; F. 190° (Zers.)], das mit Säure in *4-Äthyl-3.6-diphenylpyridazin* (F. 80°) übergeht. Dieser Befund spricht für ein sich sehr schnell einstellendes Gleichgewicht zwischen **III**, dem trans-7-Methyl-Isomeren u. 5-Methyl-3.7-diphenyl-1.2-diazacycloheptatrien-(1.3.6), das ganz auf der Seite von **III** liegen muß. J. Rothe. 3272◇

0881 **Cinnolin-Verbindungen als Nebenprodukte bei der Osazon-Bildung aus Aldosen.** Hermann Josef Haas und Annemarie Seeliger. (Chem. Ber. **96,** 2427—34, 1963; Heidelberg, MPI für Med. Forsch., Inst. für Chem.; dt.) — Vff. isolieren bei Unterss. über den Mechanismus der Osazon-Bldg. aus Glucose (**I**) u. Phenylhydrazin (**IX**) in CH_3COOH neben *Glucosazon* (**X**), *Glucosephenylhydrazon* u. *β-Acetylphenylhydrazin* ein *Cinnolin-Deriv.*, dem auf Grund des IR-Spektrums u. folgender Befunde die Struktur eines *3-[D-arabo-Tetrahydroxybutyl]-cinnolins* (**II**) zukommt: D-Mannose (**III**) liefert unter gleichen Bedingungen ebenfalls **II**; **II** wirkt nicht reduzierend; ergibt ein *Tetraacetat*; es bildet sei der Oxydation mit $NaJO_4$ *Cinnolinaldehyd-(3)* (**IV**), der durch Oxydation zu *Cinnolincarbonsäure-(3)* u. Vgl. mit Cinnolincarbonsäure-(4) bzw. durch Wolff-Kishner-Red. zu *3-Methylcinnolin* identifiziert wurde; UV-Bestrahlung von **II** liefert *Cinnolin*. Die Ausbeute an **II** wurde bei Rk. in HCl erhöht. **II** entsteht wahrscheinlich aus Glucoson-2-phenylhydrazon oder dessen Imin, Zwischen-Prodd. des von Weygand (Ber. dtsch. chem. Ges. **73,** [1940], 1284) vorgeschlagenen Mechanismus der Osazonbildung. D-Galaktose (**V**) liefert mit **IX** in HCl neben dem *Osazon* *3-[D-lyxo-Tetrahydroxybutyl]-cinnolin* (**VI**), D-Xylose (**VII**) *3-[D-threo-Trihydroxypropyl]-cinnolin* (**VIII**), deren Konstit. durch Abbau zu **IV** bewiesen wird. In Verss., **II** durch Erhitzen mit **IX** in W. oder CH_3COOH nach Ohle u. Hielscher (Ber. dtsch. chem. Ges. **74,** [1941], 13) weiter umzusetzen, blieb **II** unverändert; auch gegen H_2O_2 in alkal. Lsg. bei 100° u. gegen $KMnO_4$ in wss. Pyridin ist **II** resistent. Da **II** unter den Prodd. der Rk. von **X** mit **IX** in heißer CH_3COOH oder HCl oder der Rk. von D-Fructose mit **IX** in CH_3COOH nicht nachgewiesen werden konnte, scheidet die Möglichkeit der Bldg. von **II** aus **X** aus; ebenso konnten unter den gleichen Bedingungen bei der Darst. von **X** aus 1-Desoxy-1-p-toluidino-D-fructose kein 3-[D-arabo-Tetrahydroxybutyl]-cinnolin (**II**) u. bei der Rk. von D-Glucosamin- u. D-Isoglucosaminhydrochlorid zu **X** kein **II** nachgewiesen werden.

Versuche: *3-[D-arabo-Tetrahydroxybutyl]-cinnolin* (**II**), $C_{12}H_{14}N_2O_4$, F. 205—206°, a) aus **I** u. je 3 Val **IX** u. Essigsäure in W. durch 3std. Erhitzen auf 115—120°, Absaugen der heißen Lsg. [→ **X**; 85% (Ausbeute)], Eindampfen u. Extrahieren mit Bzl.; aus W. gelbstichige Nadeln; $[\alpha]_D^{21,5}$ —49,5° (c = 0,93; 1nHCl); 2%; b) aus **I**, 6 Val **IX** u. 3 Val HCl in W. durch 2std. Erhitzen, Absaugen der heißen Lsg. (→ 35% **X**), Einstellen auf pH 9 bei 20°, Waschen mit Chlf., Ansäuern auf pH 5—6 u. Einengen; 20%; c) aus **III**, 6 Val **IX** u. 3 Val HCl in W. wie unter b); 16% (daneben 25% **X**); d) durch 8std. Rk. des Tetraacetats in CH_3OH mit NH_3-gesätt. CH_3OH; 84%. *Tetraacetat*, $C_{20}H_{22}N_2O_8$, F. 131–132° (wss. A.), $[\alpha]_D^{22}$ – 25,7° (c = 0,97; Pyridin); 83%. – *Cinnolinaldehyd-(3)* (**IV**), $C_9H_6N_2O$, F. 119–120° (PAe.), a) aus **II** in W. u. Dioxan durch Stehen im Dunkeln (70 Min.) mit $NaJO_4$-Lsg., Ausäthern u. Abdampfen des Ae.; 87%; b) aus **VI** analog a); 67%; c) aus **VIII** analog a); 50%. *Semicarbazon*, $C_{10}H_9N_5O$, F. 253–254° (Eisessig); 74%. – *Cinnolincarbonsäure-(3)*, $C_9H_6N_2O_2$, F. 206° (Zers.; CH_3OH), aus **IV** durch 20std. Stehen in 1nNaOH mit Perhydrol bei 20°, Filtrieren u. Ansäuern mit 1nHCl auf pH 3; 46%. – *3-Methylcinnolinpikrat*, $C_9H_8N_2 \cdot C_6H_3N_3O_7$, F. 168–170° (A.), aus **IV** durch $^3/_4$std. Kochen mit Hydrazinhydrat in Diäthylenglykol ohne Alkalien, Versetzen mit W., Ausäthern u. Versetzen der Ae.-Phase mit Pikrinsäure (**XI**); 68%. – *Cinnolinpikrat*, $C_8H_6N_2 \cdot C_6H_3N_3O_7$, F. 186 bis 187° (A.), aus **II** durch 8std. Bestrahlung mit UV-Licht in 1nNaOH, Extraktion mit Ae., Einengen u. Versetzen mit **XI**; 20%. – *3-[D-lyxo-Tetrahydroxybutyl]-cinnolin* (**VI**), $C_{12}H_{14}N_2O_4$, F. 159–160° (CH_3OH), aus **V**, **IX** u. 2nHCl in W. durch 2std. Erhitzen auf 100°, Absaugen (→ 19% *Osazon*), Einstellen des Filtrats auf pH 9, Waschen mit Chlf., Ansäuern auf pH 6, Eindampfen, Extrahieren mit heißem Pyridin, Eindampfen, Reinigen mit Kohle, Auskochen mit Aceton u. Verreiben mit CH_3OH; $[\alpha]_D^{21,5}$ – 19,4° (c = 0,97; 1nHCl); 8%. – *3-[D-threo-Trihydroxypropyl]-cinnolin* (**VIII**), $C_{11}H_{12}N_2O_3$, F. 149–150° (A.), aus **VII**, **IX** u. HCl analog **VI**; $[\alpha]_D^{21,5}$ – 57,8° (c = 0,98; 1nHCl); 16%.

Helmut Schulze. 3272◇

0882 **Imidazochinazolindione. 2. Mitt. Synthese der 1H.9H-2.3-Dihydroimidazo-[1.2:a]-chinazolindione-(2.9) und -(3.9).** Karl Lempert und Gabor Doleschall. (Chem. Ber. **96**, 1271–76, 1963; Budapest, TU, Inst. für Organ. Chem.; dt.) — Ausgehend von Phenylglycinamid-o-carbonsäure bzw. 4-Hydroxy-2-methylmercaptochinazolin (**I**) werden *3H.5H-1.2-Dihydroimidazo-[1.2:a]-chinazolindion-(2.5)* [im Original 1H.9H-2.3-Dihydroimidazo-[1.2:a]-chinazolindion-(2.9)] bzw. *-chinazolindion-(1.5)* (**II**) dargestellt. Die Struktur von **II** wird röntgendiffraktiometr. bewiesen.

Versuche: *Phenylglycinamid-o-carbonsäure*, F. 196° (Zers.; 20%ig. Methanol), durch 3std. Kochen von K_2CO_3, Anthranilsäure u. Chloracetamid mit KJ in W. u. Ansäuern mit 20%ig. HCl; 81% (Ausbeute). – *α-[2-Thiono-4-oxo-1.2.3.4-tetrahydrochinazolinyl-(1)]-acetamid*, $C_{10}H_9N_3O_2S$, F. 304–305° (Zers.), durch 1std. Zutropfen einer 50–60° warmen Lsg. vorst. Verb. in abs. Pyridin zur sd. Lsg. von Benzoylisothiocyanat in Aceton unter Rühren u. 2std. Rühren; 11%. – *α-[2-Methylmercapto-4-oxo-1.4-dihydrochinazolinyl-(1)]-acetamid*, $C_{11}H_{11}N_3O_2S$, F. 335–338° [Zers.; Dimethylformamid (DMF)], durch mehrst. Stehen vorst. Verb., KOH u. Methyljodid in Aceton/Wasser; 69%. – *3H.5H-1.2-Dihydroimidazo-[1.2:a]-chinazolindion-(2.5)*, $C_{10}H_7N_3O_2$, F. 351–352° (Zers.; DMF), a) durch 7std. Erhitzen vorst. Verb. mit abs. alkohol. NH_3 u. abs. Pyridin im Bombenrohr auf 120 bis 140°; 99%; b) durch 2std. Erhitzen vorst. Verb. im Ölbad auf 260°. – *Chinazolindion-(2.4)*, $C_8H_6N_2O_2$, F. 340° (Zers.), durch 65std. Kochen von **I** mit Glycin in Wasser/n-Propanol, wobei nach 17 u. 41 Std. erneut Glycin hinzugefügt wird, Absaugen, Lösen in KOH u. Einleiten von CO_2, 39%. – *N-[4-Oxo-3.4-dihydrochinazolinyl-(2)]-glycin* (**III**), $C_{10}H_9N_3O_3$, Zers. bei 220–240°, neben vorst. Verb. durch Versetzen der Mutterlauge mit 50%ig. Essigsäure; 35%; b) analog durch Kristallisation aus wss. HCl u. Auskochen des Hydrochlorids mit Wasser. *Methylester*, $C_{11}H_{11}N_3O_3$, F. > 230° (Zers.), durch 4std. Rühren von 1 g **III** mit Acetanhydrid bei 100°, Eindampfen u. Kristallisation aus Methanol; 0,25 g. *Äthylester*, $C_{12}H_{13}N_3O_3$, Zers. bei 210–230° (W.), durch 4std. Einleiten von HCl in eine sd. Lsg. von **III** in abs. A.; 72%. – *3H.5H-1.2-Dihydroimidazo-[1.2:a]-chinazolindion-(1.5)* (**II**), $C_{10}H_7N_3O_2$, Zers. ab 150°, durch Lösen von 3 g **III** in abs. DMF, Versetzen mit Dicyclohexylcarbodiimid u. 4std. Schütteln; aus DMF rosafarbenes mikrokristallines Pulver; 2,12 g. *1(?)-Acetylderiv.*, $C_{12}H_9N_3O_3$, F. 231–233° (DMF; Zers. ab. 190°), durch 1std. Rühren von **III** mit Acetanhydrid/abs. Pyridin bei Raumtemp.; 82%; gibt durch 2std. Kochen mit 10%ig. HCl **III**. E. Mirsch. 3272△

0883 **Über Chinoxalo-[d]-troponderivate.** Tetsuo Nozoe, Shô Itô, Shigeyuki Sugiki und Kentarô Hiraga. (Proc. Jap. Acad. **32**, 344–48, 1956; Sendai, Japan, Tôhoku Univ., Fac. of Sci., Chem. Inst.; engl.) — Aus 5.7-Dinitrohinokitiol u. 5-Nitrotropolon entstehen durch Kondens. mit o-Phenylendiamin *3.5-Dinitro-6-isopropyl-4'H-chinoxalo-[2'.3':1.2]-cycloheptatrien-(2.4.6)* bzw. *5-Nitro-4'H-chinoxalo-[2'.3':1.2]-cycloheptatrien-(2.4.6)* (**I**). 5-Nitrosotropolon bildet bei dieser Rk. *5-Nitroso-4'H-chinoxalo-[2'.3':1.2]-cycloheptatrien-(2.4.6)* (**II**). Die Oxydation von **I** u. **II** mit $KMnO_4$ liefert *Chinoxalin-2.3-dicarbonsäuredihydrat* (F. 190°), katalyt. Red. von **II** liefert *5-Oxochinoxalo-[2'.3':1.2]-cycloheptan* [$C_{13}H_{12}N_2O$, F. 156°. *2.4-Dinitrophenylhydrazon*, F. 248° (Zers.)] u. *5-Hydroxychinoxalo-[2'.3':1.2]-cycloheptan* [$C_{13}H_{14}N_2O$, F. > 300° (Braunfärbung bei 280°). *Acetat*, F. 282° (Zers.), Nädelchen]. Beim Erhitzen mit Ameisensäure in Ggw. von $CuCO_3$ gibt **II** *Chinoxalo-[2'.3':1.2]-cycloheptadien-(3.6)-on-(5)* [**III**, $C_{13}H_8N_2O$, F. 192°, gelbe Nadeln. *Oxim*, F. 247° (Zers.), gelbe Nädelchen. *Phenylhydrazon*, $C_{19}H_{14}N_4$, F. 222° (Zers.), rötlichviolette Nadeln. *p-Tolylhydrazon*, $C_{20}H_{16}N_4$, F. 225° (Zers.), rötliche Nadeln mit grünem Metallglanz. *N'-Methyl-N'-phenylhydrazon*, $C_{20}H_{16}N_4$, F. 158,5°, rötlich violette Kristalle. *p-Methoxyphenylhydrazon*, $C_{20}H_{16}N_4O \cdot {}^1/_2CH_3COOH$, F. 300°, violette Prismen mit grünem Metallglanz. *p-Nitrophenylhydrazon*, $C_{19}H_{13}N_5O_2 \cdot C_5H_5N$, F. 284° (Zers.), rote Nädelchen]. Die Arylhydrazone von **III** entstehen aus den entsprechenden 5-Arylazotropolonen u. o-Phenylendiamin u. liefern durch Hydrolyse mit Ameisensäure/$CuCO_3$ **III**. Diese Verbb. zeigen in saurem Medium tief blaue bis violette Farbe. Zusammenhänge zwischen der chem. Struktur bzw. möglichen tautomeren Strukturen u. der Färbung werden auf Grund der UV-Spektren diskutiert. Spektren s. Original. I. Schwandt. 3272△

0884 **Synthese von Benzo-[b]-tropazinen.** Tetsuo Nozoe, Yoshio Kitahara, Kahei Takase und Masahiko Sasaki. (Proc. Jap. Acad. **32**, 349–52, 1956; Sendai, Japan, Tôhoku Univ., Fac. of Sci., Chem. Inst.; engl.) — Vgl. vorst. Referat. — Durch Kochen eines Gemisches aus 2-Chlortropon oder 2-Methoxytropon u. o-Phenylendiamin (**I**) in abs. A. entsteht *Benzo-[b]-tropazin* {*N.N'* = 10.11; *4'H-Chinoxalo-[2'.3':1.2]-cyclohepta-trien-(2.4.6)*; (**V**), $C_{13}H_{10}N_2$, F. 216° (Zers.), Nädelchen}. Durch Hydrierung an einem Pt-Katalysator in Methanol erhält man daraus *1'.2'.3'.4'-Tetrahydrochinoxalo-[2'.3':1.2]-cycloheptan* (**II**, $C_{13}H_{18}N_2$, F. 123°, Blättchen. *Diacetat*, $C_{17}H_{22}N_2O_2$, F. 163°, Platten). Bei der Absorption von 2 Mol H_2 wird aus **V** *Chinoxalo-[2'.3':1.2]-cycloheptent* [**III**, $C_{13}H_{14}N_2$, F. 81°; Platten; 30% (Ausbeute). *Pikrat*, $C_{19}H_{17}N_5O_7$, F. 139°, gelbe Kristalle] gebildet. **III** entsteht quant. durch 6std. Kochen von **I** mit Cycloheptandion-(1.2) (**VI**) in abs. Alkohol. Durch katalyt. Red. von **III** entsteht **II**. Die Kondens. von 3-Carboxytropolon (**IV**) mit Hydrazinhydrat u. anschließende Decarboxylierung führt zu *2-Hydrazinotropon*. Bei 8std. Einw. von 2–3 Mol **I** auf **IV** in sd. A. entsteht **V** (35–45%) neben einem **IV**/**V**/*H_2O-1:1:1-Komplex* [$C_{13}H_{10}N_2 \cdot C_8H_6 \cdot O_4 \cdot H_2O$, F. 204° (Zers.), braune Kristalle]. Aus **IV** u. 3.4-Diaminotoluol (**VII**) erhält man durch 15std. Kochen in A. u. anschließende Chromatographie an Al_2O_3 *2-Methylbenzo-[b]-tropazin* [$C_{14}H_{12}N_2$, F. 209° (Zers.); 20%]. Durch katalyt. Red. entsteht daraus analog **II** die *Oktahydro-Verb.* (**VIII**, $C_{14}H_{20}N_2$, F. 93°. *Diacetat*, $C_{18}H_{24}N_2O_2$, F. 132°, Prismen). **VI** kondensiert mit **VII** zu *6'-Methylchinoxalo-[2'.3':1.2]-cyclohepten* ($C_{14}H_{16}N_2$, F. 104°, Platten. *Pikrat*, $C_{20}H_{19}N_5O_7$, F. 155°, gelbe Kristalle), das zu **VIII** hydriert wird. UV- u. IR-Spektrum von **V** s. Original.

I. Schwandt. 3272△

0885 **Die Dialkylierung von Cyanessigester mit Chlormethylmethyläthoxysilanen.** Omar W. Steward und Leo H. Sommer. (J. org. Chemistry **26**, 4132–34, 1961; University Park, Pa., Pennsylvania State Univ., Coll. of Chem. and Physics, Dep. of Chem.; engl.) — Bei der Umsetzung von Chlormethyldimethyläthoxysilan (**I**) mit [Methyldiäthoxysilylmethyl]-cyanessigsäureäthylester (**IV**) in Ggw. von Na-Äthylat entsteht [*Methyldi-*

äthoxysilylmethyl]-[dimethyläthoxysilylmethyl]-cyanessigsäureäthylester. Cyanessigsäureäthylester (**III**) selbst reagiert mit **I** in Ggw. von Na-Äthylat zu *[Dimethyläthoxysilylmethyl]-* u. *Bis-[dimethyläthoxysilylmethyl]-cyanessigsäureäthylester* (**II**) zu etwa gleichen Teilen. Bei der Hydrolyse von **II** mit Säure wird *3.3.5.5-Tetramethyl-3.5-disila-4-oxacyclohexan-1-carbonsäure* u. mit KOH das K-Salz der *1-Cyan-3.3.5.5-tetramethyl-3.5-disila-4-oxacyclohexan-1-carbonsäure* gebildet, aus dem wiederum mit Säure die *freie Carbonsäure* gewonnen werden kann.

Versuche: Cyanessigsäureäthylester: *[Methyldiäthoxysilylmethyl]-[dimethyläthoxysilylmethyl]-*, $C_{16}H_{33}NO_5Si_2$, Kp.$_7$ 170°, durch 72std. Kochen von **IV** u. **I** mit Na-Äthylat in A.; D.^{20} 0,9982; n_D^{20} 1,4384; 55% (Ausbeute). — *[Dimethyläthoxysilylmethyl]-*, $C_{10}H_{19}NO_3Si$, Kp.$_6$ 123°, analog aus **I**, **III** u. NaJ in 42 Std.; D.^{20} 0,9868; n_D^{20} 1,4340; 34,5%. — *Bis-[dimethyläthoxysilylmethyl]-* (**II**), $C_{15}H_{31}NO_4Si_2$, Kp.$_6$ 159°, neben vorst. Verb.; D.^{20} 0,9805; n_D^{20} 1,4430; 30,1%. — *3.3.5.5-Tetramethyl-3.5-disila-4-oxacyclohexan-1-carbonsäure*, F. 143—144°, durch Kochen von **II** mit Essigsäure-Konz. HCl; 80%. — *1-Cyan-3.3.5.5-tetramethyl-3.5-disila-4-oxacyclohexan-1-carbonsäure, K-Salz*, $C_9H_{16}KNO_3Si_2$, durch Behandeln von **II** mit KOH; aus A. Nadeln; 77%. *Freie Säure*, $C_9H_{17}NO_3Si_2$, F. 128,5—129,5°, durch Behandlung des K-Salzes mit HCl; 94,7%. R. Becker. 3354△

0886 **Zur Kenntnis von funktionellen Si-Heterocyclen. 3. Mitt. 2.6- und 2.5-Disilapiperazine.** Hans Niederprüm und Walter Simmler. (Chem. Ber. **96,** 965—75, 1963; Leverkusen, Farbenfabriken Bayer AG, Anorgan.-Wiss. Labor.; dt.) — 2. vgl. Simmler, Chem. Ber. **96,** [1963], 349. — Es wird die Darst. von *2.6-* u. *2.5-Disilapiperazinen* durch Rk. von Brommethyldimethylchlorsilan (**I**) u. -diäthylaminosilan (**XII**) mit NH_3 oder prim. Aminen beschrieben. Salz-Bldg. u. Umaminierung wurden untersucht. Der Rk.-Mechanismus wird diskutiert.

Versuche: *1.3-Bis-[brommethyl]-tetramethyldisilazan* (**II**), $C_6H_{17}Br_2NSi_2$, Kp.$_1$ 75—80°, Kp.$_3$ 101°, durch Sättigen von 375 g **I** bei 0° mit NH_3, Abfiltrieren von *2.2.6.6-Tetramethyl-2.6-disilapiperaziniumbromid*, [$C_6H_{18}N_2Si_2$ · HBr, F. 270° (Zers.); ca. 5% (Ausbeute)] u. fraktionierte Dest. des Filtrates; n_D^{20} 1,5012; D.$_4^{20}$ 1,4124; 80%. — *2.2.4.6.6-Pentamethyl-2.6-disilapiperazin*, $C_7H_{20}N_2Si_2$, Kp.$_{15}$ 66°, durch Einleiten von Methylamin (**III**) in eine Lsg. von **II** in abs. Ae. bei —20° unter Ar u. 8std. Rühren bei Raum-Temp. n_D^{20} 1,4503; 59%. — *2.2.6.6-Tetramethyl-4-n-propyl-2.6-disilapiperazin*, $C_9H_{24}N_2Si_2$, Kp.$_{11}$ 81°, durch Zutropfen von n-Propylamin (**IV**) in Ae. zu **II** in abs. Ae. u. 8std. Rühren bei Raum-Temp. (Meth. **A**); n_D^{20} 1,4505; 56%. — *2.2.6.6-Tetramethyl-4-allyl-2.6-disilapiperazin* (**VII**), $C_9H_{22}N_2Si_2$, Kp.$_{0,3}$ 48°, nach **A** aus **II** u. Allylamin (**V**); n_D^{20} 1,4625; 20%. — *1.2.2.4.6.6-Hexamethyl-2.6-disilapiperazin* (**VIII**), $C_8H_{22}N_2Si_2$, Kp.$_{18}$ 74°, durch Einleiten von **III** in eine Lsg. von **I** in abs. Bzl. bei 0° unter Rühren u. 4std. Kochen des erhaltenen *Hydrobromids* [$C_8H_{22}N_2Si_2$ · HBr, F. 240° (Zers.); 71%] mit Triäthylamin (**VI**) in Bzl.; n_D^{20} 1,4516; D.$_4^{20}$ 0,8687; 59%. — *1.2.2.4.5.5-Hexamethyl-2.5-disilapiperazin-*VIII*-15:85-Gemisch*, Kp$_{18}$ 73—75°, durch Zutropfen von **I** zu fl. **III** bei —20°, Erwärmen nach einigen Std. auf Raum-Temp., 2std. Kochen mit Ae., Filtrieren, Einengen u. Kochen mit Bzl. u. **VI**; n_D^{20} 1,4516; 67%. — *1.4-Di-n-propyl-2.2.6.6-tetramethyl-2.6-disilapiperazin* (**IX**), $C_{12}H_{30}N_2Si_2$, Kp.$_{13}$ 118°, durch mehrstd. Rühren von **II** in Bzl. mit **IV** bei Raum-Temp. u. 4std. Kochen (Meth. **B**); n_D^{20} 1,4572; 72%. — *1.4-Diallyl-2.2.6.6-tetramethyl-2.6-disilapiperazin* (**X**), $C_{12}H_{26}N_2Si_2$, Kp.$_{15}$ 113°, nach **B** aus **II** u. **V**; n_D^{20} 1,4740; 36%; daneben **VII**. — *1.4-Di-n-propyl-2.2.5.5-tetramethyl-2.5-disilapiperazin-*IX*-60:40-Gemisch*, Kp.$_{17}$ 125°, a) durch 5std. Kochen von **I** in Bzl. mit **IV**; n_D^{20} 1,4559; b) durch 2tägiges Rühren von 112 g **XII** mit **IV** in Ae.; 28 g. — *1.4-Diallyl-2.2.5.5-tetramethyl-2.5-disilapiperazin-*X*-60:40-Gemisch*, $C_{16}H_{26}N_2Si_2$, Kp.$_3$ 83—85°, durch Zutropfen eines Gemisches aus **V** u. **VI** in Bzl. zu **I** in Bzl. u. 2std. Kochen; n_D^{20} 1,4722; 30%. — *1.3-Bis-[brommethyl]-1.1.2.3.3-pentamethyldisilazan*, $C_7H_{19}Br_2NSi_2$, Kp.$_{3,5}$ 120°, durch Einleiten von **III** bei —70° in eine Lsg. von **I** in Ae. unter Rühren unter Ar u. Erwärmen auf Raum-Temp.; n_D^{20} 1,5052; 48%. — *Brommethyldimethylanilinosilan*, $C_9H_{14}BrNSi$, Kp.$_{2,5}$ 115°, durch 2std. Rühren von **I**, Anilin u. **VI** in abs. Bzl. bei Raum-Temp., 2 Std. bei 80° u. fraktionierte Dest.; n_D^{20} 1,5572; ca. 20%; daneben *Anilinomethyldimethylanilinosilan* ($C_{15}H_{20}N_2Si$, Kp.$_{0,4}$ 145°; n_D^{20} 1,5831; bei Raum-Temp. fest; ca. 20%). — *Diäthylaminobrommethyldimethylsilan* (**XII**), $C_7H_{18}BrNSi$, Kp.$_{10}$ 76°, durch langsames Versetzen von **I** in Bzl. mit Diäthylamin in Bzl. bei 0° u. mehrstd. Rühren; n_D^{20} 1,4632; 78%; enthält wahrscheinlich 5% *Diäthylaminomethyldiäthylaminodimethylsilan.* — *2.2.4.6.6-Pentamethyl-2.6-disilamorpholin*, $C_7H_{19}NOSi_2$, Kp.$_{10}$ 40—41°, durch mehrstd. Einleiten von **III** in eine Lsg. von 1.3-Bis-[brommethyl]-tetramethyldisiloxan (**XI**) in dünnfl. Siliconöl bei 100° u. Filtrieren; n_D^{20} 1,4295; 86%. — *2.2.6.6-Tetramethyl-4-allyl-2.6-disilamorpholin*, $C_9H_{21}NOSi_2$, Kp.$_{30}$ 87—88°, durch langsames Versetzen von **XI** in Toluol mit **V** in Toluol u. 1std. Kochen; n_D^{20} 1,4435; 76%. — *2.2.6.6-Tetramethyl-2.6-disilamorpholiniumbromid-NH_4Br-(7:4)-Gemisch*, $C_6H_{17}NOSi_2$ · HBr + NH_4Br, durch mehrstd. Einleiten von NH_3 in eine Lsg. von **XI** in Diisopropylbenzol bei 120—130°; 94%. D. Jahnke. 3354△

0887 **Bromphosphazene („Phosphonitrilbromide").** N. E. Bean und R. A. Shaw. (Chem. and Ind. **1960,** 1189; London, Univ., Birkbeck Coll., Dep. of Chem.; engl.) — Durch 1 Woche langes Kochen von PBr_5, Br_2 u. NH_4Br in Tetrachloräthan unter Durchleiten von trockenem N_2, Kühlen, Filtrieren, Eindampfen in Vakuum, Extraktion des Rückstandes im Soxhlet mit PAe., Abdampfen des PAe. u. Sublimieren des Rückstandes bei 0,5 Torr erhält man bei einer Bad-Temp. von 105—110° *Hexabromcyclotriphosphazatrien* [[F. 192° (aus Bzl. Prismen); 25—30% (Ausbeute)] u. bei einer Bad-Temp. von 140—150° *Oktabromcyclotetraphosphazatetraen* [F. 202° (aus Bzl. Nadeln); 6—8%]. K. Zieloff. 3354△

0888 **Phenylderivate von Cyclotriphosphazatrien („Phenyltriphosphonitril").** R. A. Shaw und F. B. G. Wells. (Chem. and Ind. **1960,** 1189—90; London, Univ., Birkbeck Coll., Dep. of Chem.; engl.) — Vgl. vorst. Referat. — Durch Friedel-Crafts-Rk. von Hexachlorcyclotriphosphazatrien entsteht *2.2.4.4-Tetrachlor-6.6-diphenylcyclotriphosphazatrien* (F. 95°), während unter energischeren Bedingungen *2.2-Dichlor-4.4.6.6-tetraphenylcyclotriphosphazatrien* ($C_{24}H_{20}Cl_2N_3P_3$, F. 142—143°) entsteht, das durch hydrolyt. Abbau in 98—99%ig. Ausbeute *Diphenylphosphinsäure* u. *H_3PO_4* liefert. Unter noch energischeren Bedingungen entsteht *2.2.4.4.6.6-Hexaphenylcyclotriphosphazatrien* [$C_{36}H_{30}N_3P_3$, F. 232 bis 233°; 20% (Ausbeute)]. IR- u. UV-Maxima s. Original. K. Zieloff. 3354△

0889 **Kondensation ungesättigter Carbonylverbindungen und β-Halogenketone mit Derivaten des β-Aminoäthylmercaptans und Äthylendiamins.** 2. Mitt. L. K. Muschkalo und S. I. Schokol. (J. allg. Chem. [UdSSR] **30(92),** 1023—28, 1960; Kiew, Univ.; russ.) — 1. vgl. C. **1957,** 4695. — Die Kondens. von β-Aminoäthylmercaptan (**I**) oder 2-Mercaptopropylamin (**II**) mit Mesityloxid (**III**) oder 3-Methylhepten-(3)-on-(5) (**IV**) liefert *5.7.7-* bzw. *2.5.7.7-substituierte 1-Thia-4-azacycloheptene-(4)*, die in Pikrate, Perchlorate u. Jodmethylate übergeführt werden. Längere Einw. von β-Phenylaminoäthylmercaptan (**V**) auf **III** liefert *5.7.7-Trimethyl-4-phenyl-1-thia-4-azacyclohepten-(5)*, das über das Perchlorat gereinigt wird. Die Rk. von Äthylendiamin mit **III** oder **IV** liefert in 50—60%ig. Ausbeute *5.7.7-Trimethyl-* bzw. *7-Methyl-5.7-diäthyl-1.4-diazacyclohepten-(4)* (**VI**).

Versuche: *2.5.7.7-Tetramethyl-1-thia-4-azacyclohepten-(4)*, $C_9H_{17}NS$, Kp.$_{10}$ 96—97°, durch 12std. Stehen einer alkoh. Lsg. von 0,24 Mol **II** mit 0,24 Mol **III** bei Zimmertemp., Versetzen mit W. u. Extrahieren mit Ae.; D.$_4^{20}$ 0,9837; n_D^{21} 1,4970; 21,0 g (Ausbeute). *Pikrat*, $C_{15}H_{20}N_4O_7S$, F. 159—160° (A.). *Perchlorat*, $C_9H_{18}ClNO_4S$, F. 195° (A.); glänzende Nadeln. — *7-Methyl-5.7-diäthyl-1-thia-4-azacyclohepten-(4)*, $C_{10}H_{19}NS$, Kp.$_3$ 89 bis 90°, aus 10,0 g **I** u. 16,4 g **IV** durch 5std. Erhitzen auf dem Wasserbad im Rohr u. Ausschütteln mit Ae.; D.$_4^{18}$ 0,9870; n_D^{18} 1,5008; 20,5 g. *Pikrat*, $C_{16}H_{22}N_4O_7S$, F. 178°. *Sulfat*, $C_{10}H_{21}NO_4S_2$, F. 119° (Aceton). *Jodmethylat*,

$C_{11}H_{22}JNS$, F. 143—144° (Isopropanol). — *5.7.7-Trimethyl-4-phenyl-1-thia-4-azacyclohepten-(5)*, $C_{14}H_{19}NS$, aus 15,3 g **V** u. 9,8 g **III** durch 10std. Erhitzen im Rohr auf dem Wasserbad u. Reinigung über das Perchlorat; aus 1,4 g Perchlorat 0,89 g; Zers. sich beim Destillieren; $D._4^{15}$ 1,0720; n_D^{15} 1,5601. *Perchlorat*, $C_{14}H_{20}ClNO_4S$, F. 189,5° (A.). Das Perchlorat ist auch durch 3std. Erhitzen von 2 g **V** mit 2,4 g Methyl-β-bromisobutylketon im Rohr auf dem Wasserbad, Waschen des erhaltenen Öls mit Ae. u. Zugabe zu einer wss. $NaClO_4$-Lsg. erhältlich; 0,95 g. — *5.7.7-Trimethyl-1.4-diazacyclohepten-(4)*, $C_8H_{16}N_2$, $Kp._{760}$ 175°, $Kp._3$ 60—61°, aus 12,5 g Äthylendiamin u. 19,6 g **III** durch Erhitzen auf dem Wasserbad; $D._4^{22}$ 0,9393; n_D^{22} 1,4808; 14 g. *Pikrat*, $C_{14}H_{19}N_5O_7$, F. 184° (Methanol). *Perchlorat*, $C_8H_{17}ClN_2O_4$, F. 158° (wss. A.), aus 4 g Base u. 4,6 g 60%ig. $HClO_4$ in Ae. unter Kühlung u. Verreiben mit Aceton; 4,7 g. *Jodmethylat*, $C_9H_{19}JN_2$, F. 152° (Zers.; Methanol). *Jodäthylat*, $C_{10}H_{21}J \cdot N_2$, F. 141—142° (A.). — *7-Methyl-5.7-diäthyl-1.4-diazacyclohepten-(4)* (**VI**), $C_{10}H_{20}N_2$, $Kp._5$ 93—95°, aus 7,2 g Äthylendiamin u. 15,1 g **IV** durch 3std. Erhitzen auf dem Wasserbad; $D._4^{20}$ 0,9298; n_D^{20} 1,4850; 12,2 g. *Pikrat*, $C_{16}H_{23}N_5O_7$, F. 261—262° (Zers.; A.). *Perchlorat*, $C_{10}H_{21} \cdot ClN_2O_4$, F. 151—152° (A.), aus 1,68 g **VI** u. 1,7 g 60%ig. $HClO_4$. *Jodmethylat*, $C_{11}H_{23}JN_2$, F. 250° (A.), aus 1,68 g **VI** u. 1,42 g CH_3J im 8 ml trockenem Aceton; 0,55 g. Wolfram Köhler. 3370□

0890 **Die Synthese von trans-3-Oxa-4-oxo- und trans-4-Oxa-3-oxobicyclo-[5.4.0]-undecan.** Leo A. Paquette und Norman A. Nelson. (J. org. Chemistry **27**, 2272 bis 2274, 1962; Cambridge, Mass., MIT, Dep. of Chem.; engl.) — Im Hinblick auf eine quant. Analyse der Baeyer-Villiger-Oxydation von trans-Dekalon-(2) wurden die beiden möglichen Oxydationsprodd., also *trans-3-Oxa-4-oxobicyclo-[5.4.0]-undecan* (**I**) u. *trans-4-Oxa-4-oxobicyclo-[5.4.0]-undecan*, aus trans-β-[2-Carboxycyclohexyl]-propionsäure (**II**) bzw. aus trans-1.2-Bis-[carboxymethyl]-cyclohexan (**III**) rein dargestellt. Dabei bewährte sich eine neuartige Modifikation der Bouveault-Blanc-Red. (Na in fl. NH_3 + A.).

Versuche: *trans-β-[2-Carbomethoxycyclohexyl]-propionsäure* (**IV**), *Methylester*, $C_{12}H_{20}O_4$, $Kp._{0,55}$ 98°, aus **II** u. äther. CH_2N_2; n_D^{28} 1,4558; 99,7% (Ausbeute). *Freie Säure* (**IV**), $C_{11}H_{18}O_4$, $Kp._{0,4}$ 134°, durch partielle Verseifung des Methylesters mit 1 Mol NaOH in sd. CH_3OH (4 Std.); n_D^{25} 1,4694; 72,3%. — *trans-β-[2-Carboxycyclohexyl]-propionsäureäthylester*, $C_{12}H_{20}O_4$, $Kp._{0,125}$ 134°, durch Veresterung von **II** mit abs. A. u. p-Toluolsulfonsäure unter azeotroper Dest. des Reaktionswassers mit Bzl. (17 Std.); n_D^{27} 1,4670; 85,5%. — *trans-β-[2-Hydroxymethylcyclohexyl]-propionsäureäthylester*, $C_{12} \cdot H_{22}O_3$, $Kp._{0,07}$ 86°, aus vorst. Verb. durch 2std. Kochen mit $SOCl_2$ u. Red. des rohen Säurechlorids mit $NaBH_4$ in abs. Dioxan (2 Std. Kochen); 42,1%. — *trans-3-Oxa-4-oxobicyclo-[5.4.0]-undecan* (**I**), $C_{10}H_{16}O_2$, F. 77,5—78° (Bzl./PAe.), a) durch 4std. Kochen vorst. Esters mit 10%ig. NaOH u. Vakuumdest. der rohen Säure; 44,3%; b) durch Eintragen von 4,6 g Na in eine Lsg. von 4,28 g **IV** in abs. A. + fl. NH_3 u. Vakuumdest. des rohen Prod.; 71,7%. — *trans-1.2-Bis-[carboxymethyl]-cyclohexan* (**III**), *Dimethylester*, $C_{12}H_{20}O_4$, $Kp._{0,4}$ 94°, aus **III** u. CH_2N_2; n_D^{25} 1,4600; 91,8%. *Monomethylester*, $C_{11}H_{18}O_4$, $Kp._{0,14}$ 137°, durch 3std. Erwärmen von **III** mit Acetanhydrid u. wenig Acetylchlorid auf 100° u. $^1/_2$std. Kochen der Mischung mit CH_3OH; n_D^{26} 1,4730; 72,8%. — *trans-4-Oxa-3-oxobicyclo-[5.4.0]-undecan*, $C_{10} \cdot H_{16}O_2$, F. 31—32°, $Kp._{0,2}$ 113°, aus dem Monomethylester von **III** a) analog **I** nach b); 64,2%; b) durch Bouveault-Blanc-Red. u. Vakuumdest. des Rohprod.; n_D^{25} 1,4892 (unterkühlt); 20%. H. Pracejus. 3370◇

0891 **Anwendung der Wittig-Reaktion auf die Synthese höherer Zucker.** N. K. Kochetkov und B. A. Dmitriev. (Chem. and Ind. **1963**, 864—65; Moscow, Acad. of Sci., Inst. for Chem. of Nat. Prod.; engl.) — *trans-2.3-Dehydro-2.3-didesoxyaldonsäuren* werden durch Kondens. von Aldosen u. deren Tetraacetaten mit Carbäthoxymethylentriphenylphosphoran (**I**) synthetisiert. Durch Hydroxylierung von 4.5.6.7-Tetra-O-acetyl-2.3-dehydro-2.3-didesoxy-L-arabinoheptonsäureäthylester mit OsO_4 u. $KClO_4$ in wss. Dioxan entsteht ein Gemisch partiell acetylierter *Heptonsäureester* mit L-glycero-L-galakto- u. L-glycero-L-ido-Konfiguration, aus dem durch Verseifen mit wss. methanol. KOH *L-glycero-L-galakto-Heptonsäure* isoliert wird.

Versuche: *4.5.6.7-Tetra-O-acetyl-2.3-dehydro-2.3-didesoxy-L-arabinoheptonsäureäthylester* (**II**), $C_{17}H_{24}O_{10}$, F. 83—84° (A.), durch 1std. Kochen von **I** u. 2.3.4.5-Tetra-O-acetyl-L-arabinose in abs. Bzl.; $[\alpha]_D^{20}$ —35,9° (c = 5,25; Chlf.); 75% (Ausbeute). — *4.5.6.7.8-Penta-O-acetyl-2.3-dehydro-2.3-didesoxy-D-glucooctonsäureäthylester*, $C_{20}H_{28}O_{12}$, F. 127—129° (A.), analog **II** aus 2.3.4.5.6-Penta-O-acetyl-D-glucose; $[\alpha]_D^{20}$ +19,1° (c = 4,5; Chlf.). — *4.5.6.7.8-Penta-O-acetyl-2.3-dehydro-2.3-didesoxy-D-galaktooctonsäureäthylester*, $C_{20}H_{28}O_{12}$, F. 160—161° (A.), aus 2.3.4.5.6-Penta-O-acetyl-D-galaktose analog **II**; $[\alpha]_D^{20}$ +11,25° (c = 4,27; Chlf.). — *2.3-Dehydro-2.3-didesoxy-D-arabinoheptonsäureäthylester*, $C_9H_{16}O_6$, F. 133—135° (Essigester), durch 6std. Rk. von D-Arabinose mit **I** in Dimethylformamid bei 90°; $[\alpha]_D^{18}$ +14,45° (c = 2,77; W.). *Tetra-O-acetat*, F. 84—85° (A.); $[\alpha]_D^{20}$ +35,9° (c = 4,9; Chlf.). E. Schraven. 3400◇

0892 **Über die Reaktion der Glucosane mit Titantetrachlorid.** Z. Csürös, Gy. Deák und M. Haraszthy (Papp). (Acta chim. Acad. Sci. hung. **21**, 181—92, 1959; Magyar tudományos Akad., kém. tudományok Osztályanak Közleményei [Ung. Akad. Wiss., Ber. Abt. chem. Wiss.] **12**, 333—42, 1959; Budapest, TU, Inst. für Org.-Chem. Techn.; engl.) — Die 1.6-Bindung des Lävoglucosantriacetates wird bei der Einw. von $TiCl_4$ in äthanolfreiem abs. Chlf. nicht gespalten. Die Rk. verläuft nur in Anwesenheit eines Kokatalysators, der fähig ist, Protonen abzugeben. Die Rk. wurde durch andere Lewis-Säuren, wie $SiCl_4$, $SnCl_4$, $SbCl_5$, $AlCl_3$, BF_3 gar nicht oder nur äußerst schwach katalysiert. Andere Lävoglucosanester, wie Tri-O-propionyl- u. Tri-O-butyryllävoglucosan, konnten gleichfalls abgebaut werden, falls die ster. Hinderung der Estergruppen keine Gegenwrkg. ausübte, wie das beim Tri-O-benzoyl- u. Tri-O-stearyllävoglucosan beobachtet wurde. Die Bindung des Brigl-Anhydrides mit 1.2-Anhydridring konnte in viel kürzerer Zeit gespalten werden als die des Lävoglucosans, wobei *1-Chlor-3.4.6-tri-O-acetyl-α-D-glucose* (**I**) gewonnen wurde. **I** ist ident. mit der von Lemieux u. Huber (C. **1957**, 7656) dargestellten Verbindung. Zahlreiche Verss. werden mit wechselnden Rk.-Zeiten durchgeführt u. sind tabellar. angegeben.

Versuche: *Tri-O-acetyllävoglucosan*, F. 110°, nach Zemplen u. Gerecs [1931]; $[\alpha]_D^{20}$ —45,5° (A.), —60° (Chlf.). — *1-Chlor-2.3.4-tri-O-acetyl-α-D-glucose*, F. 124—125°, durch 4std. Kochen vorst. Verb. mit $TiCl_4$ in Chlf., Kühlen, Waschen mit W. u. Zugabe von PAe.; $[\alpha]_D^{20}$ +191,5° (Chlf.); 59% (Ausbeute). — *Lävoglucosan*, F. 179—180°, durch 5 Min. langes Erhitzen vorvorst. Verb. mit Na-Methylat in abs. Methanol u. Stehen über Nacht; $[\alpha]_D^{20}$ —66,2° (W.); 71%. *Tri-O-benzoylderiv.*, F. 199—200°, mit Benzoylchlorid in Chlf. in Ggw. von Pyridin; $[\alpha]_D^{20}$ —35° (Chlf.); 58%. *Tri-O-stearylderiv.*, F. 73°, mit Stearylchlorid in Chlf. in Ggw. von Chinolin; $[\alpha]_D^{20}$ —18,4° (Chlf.); 35%. *Tri-O-propionylderiv.*, mit Propionsäureanhydrid in Chlf. in Ggw. von Pyridin; $[\alpha]_D^{20}$ —50,6° (Chlf.); 44%. *Tri-O-butyrylderiv.*, mit Buttersäureanhydrid in Ggw. von Pyridin; $[\alpha]_D^{20}$ —38° (Methanol); 44%. — *3.4.6-Tri-O-acetyl-D-glucosan* (Brigl-*Anhydrid*), F. 59,5°, durch Sättigen einer äther. Lsg. von 2-O-Trichloracetyl-3.4.6-tri-O-acetylglucopyranosylchlorid mit NH_3, Filtrieren u. Eindampfen; $[\alpha]_D^{20}$ +73° (Chlf.); 68%. — *2-O-Trichloracetyl-3.4.6-tri-O-acetylglucopyranosylchlorid*, F. 138 bis 140°, durch Umsetzen von β-Penta-O-acetylglucose mit PCl_5 in CCl_4; 34%. W. Hampel. 3400△

0893 **Reversion der Saccharide und Transglykosidierung im sauren Milieu. 4. Mitt. Über die bei der Säurehydrolyse des Inulins entstehenden Reversionsprodukte.** K. Täufel und K. J. Steinbach. (Nahrung **3**, 832—49, 1959; Berlin, Humboldt-Univ., Inst. für Lebensmittelchem. u. -technologie; dt.) — 3. vgl. Nahrung **2**, [1958], 631; 2. vgl. C. **1959**, 6484. — Nach Säurehydrolyse des Inulins (**I**) lassen sich reduktometr. nur 90—94% der

Spaltprodd. erfassen. Das Fructose-(**II**)-Defizit ist mit der Bldg. von Reversionsprodd. (RP) zu erklären. Es entstehen *Diheterolävulosane* (DL) u. *Difructoseanhydride* (DA). Bei vorsichtiger Hydrolyse von **I** ist chromatograph. nur 1 *DA* nachweisbar, bei erhöhter **I**- u. Säurekonz. noch zwei weitere. Aus saurer **II**-Lsg. ließen sich chromatograph. 3 *DL* abtrennen. Sie besitzen einen geringeren R_F-Wert als die **II** u. werden als Disaccharide angesehen. Bei längerer Hydrolyse von **II**-Lsg. entstehen außerdem *DA*. Insgesamt konnten 6 **II**-*RP* unterschieden werden; die aus **II** isolierten *RP* sind mit den aus **I** abgetrennten identisch. K. Thielmann. 3400◇

0894 **Synthese und Eigenschaften von 6-Desoxy-6-mercapto-D-glucosamin.** Teiichirô Ito. (Agric. biol. Chem. [Tokyo] **25**, 585–87, 1961; Kawasaki, Meiji Seika Co., Res. Labor.; engl.) — *6-Desoxy-6-mercapto-α-D-glucosaminhydrochlorid* wird aus N-Anisyliden-D-glucosamin (**I**) über *N-Anisyliden-1.3.4-tri-O-acetyl-6-O-tosyl-β-D-glucosamin* synthetisiert. UV- u. IR-Maxima im Original.

Versuche: *N-Anisyliden-1.3.4-tri-O-acetyl-6-O-tosyl-β-D-glucosamin*, F. 202°, nach Morel (C. **1959**, 7789); $[\alpha]_D^{20}$ +99° (c = 0,5; Chlf.). — *N-Anisyliden-1.3.4-tri-O-acetyl-6-desoxy-6-S-acetyl-6-thio-β-D-glucosamin*, $C_{22}H_{27}NO_9S$, F. 162°, durch 6std. Kochen von 3 g vorst. Verb. u. K-Thiolacetat in Aceton; Nadeln aus Methanol; $[\alpha]_D^{20}$ +84° (c = 0,5; Chlf.); 1,8 g (Ausbeute). *1.3.4-Tri-O-acetyl-6-desoxy-6-S-acetyl-6-thio-β-D-glucosaminhydrochlorid*, $C_{14}H_{21}NO_8S \cdot HCl$, F. 210–220° (Zers.), durch Zugeben von 5 n HCl zu 2 g vorst. Verb. in sd. Aceton; Nadeln aus A.; $[\alpha]_D^{17}$ −3,9° (c = 6,5; W.); 0,7 g. — *6-Desoxy-6-mercapro-α-D-glucosaminhydrochlorid*, $C_6H_{13}NO_4S \cdot HCl$, F. 180° (Zers.), durch 4std. Kochen von 0,6 g vorst. Verb. in methanol. n-HCl unter CO_2; Nadeln; $[\alpha]_D^{19}$ +98° → +76° (nach 5std.; c = 1,2; W.); 0,24 g. E. Schraven. 3400◇

0895 **Diaminozucker.** 1. Mitt. **Notiz über eine einfache Synthese der 2.6-Didesoxy-2.6-diamino-β-D-glucose.** Wolfgang Meyer zu Reckendorf. (Chem. Ber. **96**, 2017–18, 1963; Stanford, Calif., Univ., Dep. of Chem.; dt.) — Vf. stellte durch Umsetzung des leicht zugänglichen 1.3.4-Tri-O-acetyl-6-O-tosyl-N-acetyl-β-D-glucosamins (**I**) mit NaN_3 in Dimethylsulfoxid (DMS) *1.3.4-Tri-O-acetyl-6-azido-N-acetyl-β-D-glucosamin* (**II**) dar. Durch Hydrierung von **II** an Pd/Kohle u. anschließende Hydrolyse wird *2.6-Didesoxy-2.6-diamino-β-D-glucose* erhalten.

Versuche: *1.3.4-Tri-O-acetyl-6-azido-N-acetyl-β-D-glucosamin* (**II**), $C_{14}H_{20}N_4O_8$, F. 163–164° (Isopropanol) durch 2std. Erhitzen von **I** mit NaN_3 in DMS auf 100°; $[\alpha]_D^{27}$ +16,4° (c = 1,1; DMS); 27% (Ausbeute). — *2.6-Didesoxy-2.6-diamino-β-D-glucosedihydrochlorid*, $C_6H_{14}N_2 \cdot O_4 \cdot 2HCl \cdot {}^1/_2H_2O$, aus 1,2 g **II** durch Hydrierung an Pd-Kohle in Methanol in 1 Std. u. 2std. Kochen des erhaltenen Prod. mit verd. HCl; Zers. ab 150°; $[\alpha]_D^{23}$ +63,5° (nach 5 Min.) → +68,9° (nach 24 Std.; c = 2,6; W.); 89%. D. Burmeister. 3400◇

0896 **Diaminozucker.** 2. Mitt. **Die Synthese der 2.6-Didesoxy-2.6-diamino-D-galaktose.** Wolfgang Meyer zu Reckendorf. (Chem. Ber. **96**, 2019–23, 1963; dt.) — 1. vgl. vorst. Referat. — Durch Inversion des $C_{(4)}$ in einem entsprechend substituierten Deriv. der 2.6-Didesoxy-2.6-diamino-β-D-glucose gelang die Synth. der *2.6-Didesoxy-2.6-diamino-β-D-galaktose*. *2-Phenyl-5β-[2.2-dimethyl-1.3-dioxolanyl-(4)]-6β-methoxy-furo-[3.2:d]-Δ²-oxazolin* (**I**) wandelt sich mittels methanol. HCl quant. in *Methyl-3-O-methyl-2-desoxy-2-benzamido-β-D-glucopyranosid* (**II**) um, das in das entsprechende *4.6-Di-O-mesylat* (**III**) überführt wird. Partielle Umsetzung der 6-O-Mesylgruppe mit NaN_3, Hydrierung der Azidogruppe u. Benzoylierung der Aminogruppe gibt *Methyl-4-O-mesyl-3-O-methyl-2.6-didesoxy-2.6-dibenzamido-β-D-glucopyranosid* (**VI**), das beim Erhitzen mit Na-Äthylat in abs. A. zu *4'.6'-Dimethoxy-5'-benzamidopyrano-[2'.3':5.6]-Δ²-dihydro-2-phenyl-1.3-oxazin* (**VII**) führt. Daneben entsteht *Methyl-3-O-methyl-2.6-didesoxy-2.6-dibenzamido-β-D-glucopyranosid*. Durch methanol. HCl tritt Ringspaltung ein u. durch Benzoylierung wird *Methyl-3-O-methyl-4-O-benzoyl-2.6-didesoxy-2.6-dibenzamido-β-D-galaktopyranosid* (**IV**) erhalten. Die Ätherspaltung am $C_{(3)}$ tritt mit BCl_3 in Dichlormethan ein. Anschließende Hydrolyse mit verd. HCl liefert *2.6-Didesoxy-2.6-diamino-α-D-galaktosedihydrochlorid* (**V**), dessen selektive N-Acetylierung das entsprechende *N.N'-Diacetylderiv.* ergibt. Die saure Hydrolyse von **IV** liefert den *3-O-Methyläther* von **V**.

Versuche: *Methyl-3-O-methyl-2-desoxy-2-benzamido-β-D-glucopyranosid* (**II**), $C_{15}H_{21}NO_6$, F. 201–202° (Isopropanol), aus 10 g **I** durch Stehen mit 0,1 n HCl über Nacht bei Raumtemp.; $[\alpha]_D^{21}$ −11,6° [c = 1,02; Dimethylsulfoxid (DMS)]. *4.6-Di-O-mesylat* (**III**), $C_{17}H_{25}NO_{10}S_2$, F. 169–170° (Zers.; Methanol), aus **II** in Pyridin durch Zugabe von Mesylchlorid bei −80° u. Stehen über Nacht bei −5°; $[\alpha]_D^{22}$ +2,7° (c = 0,75; DMS); 67%. — *Methyl-6-azido-4-O-mesyl-3-O-methyl-2-desoxy-2-benzamido-β-D-glucopyranosid*, $C_{16}H_{22}N_4O_7S$, F. 182–183° (Zers.; Isopropanol), aus **III** u. NaN_3 in DMS in 2,5 Std. bei 100°; $[\alpha]_D^{23}$ −25,9° (c = 1,0; DMS); 90%. — *Methyl-4-O-mesyl-3-O-methyl-2-N-benzoyl-2.6-didesoxy-2.6-diamino-β-D-glucopyranosidhydrochlorid*, $C_{16} \cdot H_{24}N_2O_7S \cdot HCl$, F. 205–206° (Zers.), aus vorst. Verb. durch Hydrierung an Pd-Kohle in Methanol u. 1%ig. methanol. HCl in 1 Std.; $[\alpha]_D^{25}$ +9,8° (c = 0,5; W.); 100%. — *Methyl-3-O-methyl-2.6-didesoxy-2.6-dibenzamido-β-D-glucopyranosid*, $C_{22}H_{26}N_2O_6 \cdot {}^1/_2H_2O$, F. 195 bis 196°, neben **VII**; $[\alpha]_D^{27}$ −4,9° (c = 1,02; DMS). *4-O-Mesylderiv.* (**VI**), $C_{23}H_{28}N_2O_8S$, F. 193–194° (A.), aus vorst. Hydrochlorid in Pyridin durch Rühren über Nacht mit Benzoylchlorid; $[\alpha]_D^{26}$ +3,8° (c = 1,0; DMS); 100%. — *4'.6'-Dimethoxy-5'-benzamidopyrano-[2'.3':5.6]-Δ²-dihydro-2-phenyl-1.3-oxazin* (**VII**), $C_{22}H_{24}N_2O_5$, F. 284–285° (Methanol), aus **VI** durch Kochen mit Na-Äthylat in A. über Nacht; $[\alpha]_D^{26}$ +50,0° (c = 0,84; DMS); 50%. — *Methyl-3-O-methyl-2.6-didesoxy-2.6-dibenzamido-β-D-galaktopyranosid*, $C_{22}H_{26}N_2O_6$, F. 240–241° (A.-Ae.-PAe.), aus **IV** durch Stehen über Nacht in methanol. Na-Methylatlsg. bei Raumtemp.; $[v]_D^{28}$ +18,1 (c = 1,0; DMS); 88%. *4-O-Benzoylderiv.* (**IV**), $C_{29}H_{30}N_2O_7$, F. 254–256° (A.-Ae.-PAe.), aus **VII** durch 1std. Erhitzen mit 1%ig methanol. HCl in A. u. nachfolgende 5std. Einw. von Benzoylchlorid in Pyridin auf das erhaltene Prod.; $[\alpha]_D^{26}$ +57,0 (c = 0,96; DMS); 90%. — *2.6-Didesoxy-2.6-diamino-α-D-galaktosedihydrochlorid* (**V**), $C_6H_{14}N_2O_4 \cdot 2HCl$, aus **IV** in Dichlormethan durch Zugabe von BCl_3 bei −80°, 0,5std. Rühren u. Stehen über Nacht bei Raumtemp., dann 1,5std. Kochen des erhaltenen Prod. mit verd. HCl; verkohlt ohne zu schmelzen; $[\alpha]_D^{23}$ +104,4° → +94,4° (c = 1.96; W.); 88%. *3-O-Methylderiv.*, aus **IV** durch 6std. Kochen mit verd. HCl; $[\alpha]_D^{23}$ +11,8° → +11,3° (c = 1,15; W.); 78%. *N.N'-Diacetylderiv.*, $C_{10}H_{18}N_2O_6$, F. 192–193° (Methanol-Chlf.-Ae.), $[\alpha]_D^{25}$ +113,1° → +95,0° (c = 0,5; W.); 73%. D. Burmeister. 3400◇

0897 **Ein einfacher Weg zu N-Aminoacylderivaten von Aminozuckern.** N. K. Kochetkov, V. A. Derevitskaya und N. V. Molodtsev. (Chem. and Ind. **1961**, 1159–60, Moscow, USSR Acad. of Sci., Inst. for Chem. Nat. Prod.; engl.) — *N-[N'-Carbobenzoxyglycyl]-glucosamin* (**II**), *-alanyl]-glucosamin*, *-glycyl]-galaktosamin*, *N-Acetyl-* u. *N-Benzoylglucosamin* werden durch N-Acylierung von Aminohexosen mit N-Carbobenzoxyaminosäuren in wss. Pyridin in Ggw. von Cyclohexylcarbodiimid (**I**) synthetisiert.

Versuche: *N-[N'-Carbobenzoxyglycyl]-glucosamin* (**II**), $C_{16}H_{22}N_2O_8$, F. 178–179° (Zers.; Methanol), durch Rk. von D-Glucosaminhydrochlorid mit NaOH bei 0°, Zugeben von **I** u. N-Carbobenzoxyglycin in wss. Pyridin (1:4), 24std. Rk. bei 20° u. Extrahieren mit Butanol $[\alpha]_D^{20}$ +77,5° (c = 1,01; Pyridin); 80% (Ausbeute). — *N-[N'-Carbobenzoxyalanyl]-glucosamin*, $C_{17}H_{24}N_2O_8$, F. > 220° (Zers.; Methanol), analog **II**; $[\alpha]_D^{20}$ +71,9° (c = 1,01; Pyridin); 40%. — *N-[N'-Carbobenzoxyglycyl]-galaktosamin*, $C_{16}H_{22}N_2O_8$, F. 178–179° (A.), analog **II**; $[\alpha]_D^{20}$ +67,0° (c = 1,1; Pyridin); 57%. — *N-Glycylglucosaminoxalat*, durch Hydrierung von **II** über Pd/$BaSO_4$ nach Bergman u. Schäfer [1932]; 70%. E. Schraven. 3400◇

0898 **Darstellung von einigen neuen Disacchariden und von D-Allose aus 3-Ketoglykosiden.** M. J. Bernaerts, J. Furnelle und J. De Ley. (Biochim. biophysica Acta [Amsterdam] **69**, 322—30, 1963; Brussels, Ministry of Economic Affairs, Central Labor.; Ghent, State Univ., Fac. of Sci., Labor. for Microbiol.; engl.) — Aus den mit Hilfe von *Agrobacterium tumefaciens* dargestellten Ketosacchariden *3-Ketolactose* (**I**), *3-Ketomaltose* (**II**), *3-Ketomaltobionat* (**III**) u. *3-Ketosaccharose* (**IV**) werden durch Red. der Ketogruppe mit H_2 in Ggw. von Raney-Ni die Disaccharide *Gulosylglucose* (**V**), *Allosylglucose* (**VI**) u. *Allosylfructose* (**VII**) hergestellt (Ausbeute jeweils 85 bis 90%). Die Red. von **I** ergibt *Lactose* (durch *Aerobacter cloacae* oxydiert) u. **V** als *Monohydrat* [F. 197—205°, $[\alpha]_D^{20}$ + 40,7°, 11,5° (nach 26 Std.)]. Behandlung mit 1 n H_2SO_4 ergibt Glucose u. Gulose. Aus **II** entstehen *Maltose* [durch *Paracolobactrum* (PC) oxydiert] u. **VI** als Sirup. Durch Ionenaustauscherbehandlung u. weitere Reinigung wird *D-Allose* (**VIII**, F. 128°) erhalten. Aus **IV** entsteht **VII** neben *Glucose, Fructose* u. *Allose* u. läßt sich säulenchromatograph. an Aktivkohle reinigen. Behandlung von **VII** mit PC liefert **VIII**.

A. Täufel. 3400. ◇

0899 **Darstellung kristalliner Stachyose.** R. S. Shallenberger. (Chem. and Ind. **1961**, 475; Geneva, N. Y., Cornell Univ., New York State Agric. Exp. Stat.; engl.) — *Stachyose* [*O-α-D-Galaktopyranosyl-(1 → 6)-O-α-D-galaktopyranosyl-(1 → 6)-O-α-D-glucopyranosyl-(1 → 2)-β-D-fructofuranosid*] wird aus *Stachys sieboldii* oder *Stachys tuberifera* isoliert u. durch chromatograph. Meth. gereinigt.

Versuch: *Stachyose-tetrahydrat*, $C_{24}H_{42}O_{21} \cdot 4H_2O$; durch $^1/_4$std. Erhitzen von 2,3 kg *Stachys sieboldii* oder *Stachys tuberifera* in W. bei 100°, Mörsern, Behandeln des Extraktes mit Dowex 3 (OH^-), Reinigen an Dowex 50, Einengen in Vakuum, Zugeben von Aceton, Eindampfen, wiederholte Extraktion mit 80%ig. A. bei 60° u. Fällen mit Aceton; $[\alpha]_D^{25}$ + 132° (c = 4; W.); 40 g = 47% des Gesamtzuckers (Ausbeute). E. Schraven. 3400◇

0900 **Die Isolierung von Citronin aus der Schale argentinischer Orangen (Naranja dulce), Citrus sinensis, Linn.** Aziz-Ur Rahman und Ausat A. Khan. (Recueil Trav. chim. Pays-Bas **81**, 102—06, 1962; Bahía Blanca, Argentina, Univ. Nac. del Sur, Dep. de Quím. e Ingen. Quím.; engl.) — Ein vom Vff. aus getrockneten Schalen argentin. Orangen (Naranja dulce, *Citrus sinensis* Linn.) isoliertes Glykosid erwies sich als *Citronin* (**I**), ein *7-Rhamnoglucosid* von *5.7-Dihydroxy-2'-methoxyflavanon* (*Citronetin*). IR- u. UV-Spektren vgl. Original.

Versuche: *Citronin* (**I**), $C_{28}H_{34}O_{14}$, F. 240 bis 241°, durch Extraktion der Orangenschalen mit sd. A., Abdampfen des Lsgm., Behandeln des Rückstandes mit PAe., Ae. u. CCl_4 u. Zugabe von sd. W.; Nadeln aus wss. Pyridin; 0,35% (Ausbeute); $FeCl_3$-Rk. olivgrün. *Heptaacetyl-Deriv., Hydrat*, $C_{42}H_{48}O_{21} \cdot H_2O$, F. 129 bis 130° (PAe.). — *Citronetin, Hydrat*, $C_{16}H_{14}O_5 \cdot H_2O$, F. 226—227°, a) aus **I** durch Hydrolyse mit 7%ig. H_2SO_4; b) aus **I** durch 4 Std. langes Erhitzen mit 50%ig. A. u. H_3PO_4 im Einschlußrohr auf 110° u. Gießen in Eiswasser; gelbe Nadeln aus Bzl. mit wenig A.; c) aus **I** durch vollständige Methylierung mit Dimethylsulfat in Aceton in Ggw. von K_2CO_3 durch 48std. Kochen, Abdampfen des Lsgm., Hydrolysieren durch 4std. Kochen mit 7%ig. H_2SO_4 u. Stehen über Nacht; $FeCl_3$-Rk. olivbraun. *Diacetyl-Deriv.*, $C_{20}H_{18}O_7$, F. 117—118° (Bzl.). — *Methylcitronetin* (*2'.7-Dimethoxy-5-hydroxyflavanon*), $C_{17}H_{16}O_5$, F. 94—96°, aus vorst. Verb. durch Methylierung mit Dimethylsulfat; Nadeln aus wss. Methanol.

J. Graefe. 3450

0901 **Glykoside und Aglykone.** 182. Mitt. **Die Konfiguration des Kohlenstoffatoms Nr. 3 von Ouabagenin.** G. Volpp und Ch. Tamm. (Helv. chim. Acta **40**, 1860 bis 1865, 1957; Basel, Univ., Organ.-chem. Anstalt; dt.) — 181. vgl. C. **1961**, 13196. — Aus der Überführung von 1.19-O-Isopropyliden-11-O-acetylouabagenin (**I**) in dessen krist. *14-Anhydro-3.5-cyclosulfit* u. von 1.19-O-Isopropylidenouabagenin (**II**) in dessen krist. *11.14-Dianhydro-3.5-cyclocarbonat* wird die β-Stellung der HO-Gruppe am $C_{(3)}$ in Ouabagenin abgeleitet. Die IR-Spektren der Cycloester s. Original.

Versuche (FF. korr.): *1.19-O-Isopropyliden-11-O-acetylouabagenin* (**I**), durch 16std. Rk. von 1,88 g 1.19-O-Isopropyliden-3.11-di-O-acetyloubagenin (**III**; F. 268 bis 269°) in 70 ml Methanol mit 45 ml 2 n Soda-Lsg. bei 22°, Einengen im Vakuum auf 45 ml, Extraktion mit Chlf./A. (2:1), Eindampfen, Chromatographie an Silicagel, Eluieren von 37 mg **III** mit Chlf. u. Chlf./Methanol (99:1) u. Eluieren mit Chlf./Methanol (95:5); Öl; 690 mg (roh); daneben durch weiteres Eluieren mit Chlf./Methanol (9:1) 632 mg *1.19-O-Isopropylidenouagabenin* (**II**), F. 270—280° (Methanol/Ae.). — *1.19-O-Isopropyliden-3-O-benzoyl-11-O-acetylouabagenin*, $C_{35}H_{44}O_{10}$, F. 266—269°, durch 16std. Rk. von 75 mg rohem **I** in Pyridin mit Benzoylchlorid bei 22°, Zugabe von Methanol, 3std. Stehen, Eindampfen im Vakuum, Lösen in Chlf., Ausschütteln mit Soda-Lsg., Entfernen von *Benzoesäuremethylester* (Kp.$_{0,05}$ 85°), Chromatographie an Al_2O_3 u. Eluieren mit Bzl./Chlf.; aus Aceton/Ae. u. Methanol/Ae. Stäbchen; $[\alpha]_D^{22}$ +29 ± 2° (c = 1,116; Chlf.); 48 mg (roh). — *1.19-O-Isopropyliden-11-O-acetyl-14-anhydroouabagenin, 3.5-Cyclosulfit*, $C_{28}H_{36}O_9S$, F. 205—208° (Zers.), durch Zugabe von Pyridin/$SOCl_2$ zu 153 mg rohem **I** in abs. Chlf. bei —15°, 1std. Stehen bei —15°, dann 24 Std. bei 22°, Zers. mit Eis, Extraktion mit Chlf., Chromatographie an Silicagel u. Eluieren mit Aceton/Ae.; aus Methanol/Ae. u. Aceton/Ae. Rhomben; $[\alpha]_D^{22}$ —24 ± 1° (c = 1,843; Chlf.); 63 mg (roh). — *1.19-O-Isopropyliden-11.14-dianhydroouabagenin, 3.5-Cyclocarbonat*, $C_{27}H_{32}O_7$, F. 330 bis 332° (Zers.), durch Zugabe von Toluol/$COCl_2$ zu 505 mg **II** in abs. Pyridin u. Chlf. bei — 15°, 1std. Stehen bei —15°, $1^1/_2$std. Schütteln bei 22°, Zers. mit Eis, Extraktion mit Chlf., Chromatographie an Al_2O_3 u. Eluieren mit Bzl./Chlf. (9:1); aus Methanol/Ae. Nadeln; $[\alpha]_D^{22}$ +98 ± 3° (c = 0,878; Chlf.); 126 mg (roh); ist gegen CrO_3/Pyridin beständig. L. Lamza. 3450△

0902 **Furochinoline.** 20. Mitt. **Die Alkaloide der Blätter von Ruta graveolens L. und Synthese von Dihydrokokusaginin.** Tatsuo Ohta, Yo Mori, Chiaki Noda und Toru Aoki. (Annu. Rep. Tokyo Coll. Pharmacy **1960**, 356—59; Tokyo, Coll. of Pharmacy; jap., Auszug: engl.) — 19. vgl. C. **1962**, 15221. — Ident. mit der C. **1963**, 17314 referierten Arbeit. P. Golinske. 3500△

0903 **Die Alkaloide von Lupinus varius L.** 3. Mitt. **Die Struktur der Base LV-1.** W. D. Crow. (Austral. J. Chem. **12**, 474—82, Aug. 1959; Melbourne, Chem. Res. Labor., C.S.I.R.O., Org. Chem. Sect.; engl.) — 2. vgl. C. **1959**, 16010. — Die aus *Lupinus varius* L. isolierte *Base LV-1* (**I**; vgl. C. **1960**, 8876 u. l. c.) liefert durch katalyt. Hydrierung oder Red. mit $LiAlH_4$ *(—)-Spartein* (**II**). Durch partielle katalyt. Hydrierung von **I** oder Red. mit Sn u. HCl entstehen *4-Oxospartein* u. **II**. **I** wird durch $KMnO_4$ zu einer neutralen *Verb.* $C_{15}H_{20}N_2O_2$ (*4.17-Dioxo-Δ²-dehydrospartein?*), durch CrO_3 zu einem Gemisch aus *Bernsteinsäure, Glycin, β-Alanin*, u. *γ-Aminobuttersäure* oxydiert. Die Einw. von Br_2 auf **I** führt zu der *Verb.* $C_{15}H_{21}BrN_2O$. Auf Grund dieser Ergebnisse u. spektrograph. Befunde wird **I**, das mit *Multiflorin* (vgl. Comin u. Deulofeu, C. **1964**, 4-0893) ident. ist, die Struktur des *4-Oxo-Δ²-dehydrosparteins* zugeschrieben. Zu Vgl.-Zwecken wurde *17-Oxo-Δ⁵-dehydrospartein* dargestellt u. die pK_a^{20}-Werte (in Klammern) für Aphyllidin (7,7), 17-Oxospartein (7,7), Lupanin (9,2) u. Tetrahydrothermopsin (9,4) ermittelt. KMR-, IR- u. UV-Spektren s. Original.

Versuche (FF. korr.): *Base VL-1* (*Multiflorin*; **I**), $C_{15}H_{22}N_2O$, F. 108—109°, aus PAe. Nadeln; pK_a^{20} 9,25 (W.); $[\alpha]_D^{20}$ —314° (c = 0,6; Methanol). *Monoperchlorat* (**III**), F. 160—162° (Zers.). *Monomethojodid*, F. 246—248° (Zers.). — *Verb.* $C_{17}H_{24}N_4O \cdot HClO_4$ (?), F. 226—227° (Zers.), durch 2std. Kochen von **III** mit KCN in A., Eindampfen, Extrahieren mit Ae., Lösen des Verdampfungsrückstandes in 0,5%ig. Essigsäure u. Fällen mit NH_4ClO_4; aus Methanol/W. Prismen; allmähliche Zers. unter HCN-Abspaltung. — *(—)-Spartein* (**II**), a) durch mehrstd. Stehen von **I** in abs. Ae. mit $LiAlH_4$; b) durch Hydrierung von 0,5 g **I** in 2 n HCl bei Raumtemp. in Ggw. von Adams-Katalysator; Öl; pK_a^{20} 11,3 (W.); $[\alpha]_D^{20}$ —17,4°

(c = 2,2; A.); R_F 0,51; 0,45 g (Ausbeute). *Perchlorat*, F. 173–174° (W.). *Pikrat*, F. 208–209°. — *4-Oxospartein*, $C_{15}H_{24}N_2O$, a) durch 1std. Rk. von **I** mit Sn u. 5 n HCl bei 100°; b) durch partielle Hydrierung von 0,5 g **I** mit 1,25 Mol H_2 in Eisessig in Ggw. von PtO_2 u. Chromatographie in Ae. an Al_2O_3 (Aktivität I) nach vorherigem Eluieren von **II**; hygroskop. Öl; $pK/^{20}$ 11,0 (W.); $[\alpha]_D^{20}$ −33° (c = 2,4; A.); R* 0,34; 0,2 g. *Hydrat*, $C_{15}H_{24}\cdot N_2O\cdot H_2O$, F. 95–104°, aus PAe. Nadeln. *Perchlorat*, $C_{15}H_{24}N_2O\cdot HClO_4$, F. 203–205°, aus mit Ammoniumacetat auf pH 7 eingestelltem A. Prismen. *Oxim*, $C_{15}H_{25}\cdot N_3O$, F. 161–162°, aus Ae./PAe, Prismen. — *17-Oxo-Δ⁵-dehydrospartein*, F. 85–100°, durch mehrstd. Stehen von 0,5 g 17-Oxospartein in 5%ig. Essigsäure mit Hg(II)-Acetat u. 3std. Erhitzen auf 50–60°; aus Äthylacetat/PAe. oder W. Nadeln; hydratisiert; pK_a^{20} 9,7 (W.); $[\alpha]_D^{20}$ −168° (c = 0,2; A.); 0,32 g. *Perchlorat*, $C_{15}H_{22}N_2O\cdot HClO_4$, F. 213–214°, aus Methanol Plättchen. — *4.17-Dioxo-Δ²-dehydrospartein* (?), $C_{15}H_{20}N_2O_2$, F. 199–201°, durch Rk. von 0,5 g **I** in W. mit gesätt. $KMnO_4$-Lsg. unter Kühlen, Extrahieren mit Chlf./A. (4:1), Chromatographie an Al_2O_3 (Aktivität I) u. Eluieren mit 2% Methanol/Chlf.; aus Aceton/PAe. Nadeln; 0,18 g. — *Verb. $C_{15}H_{21}BrN_2O$*, F. 169–170°, durch 10 Min. lange Rk. von **I** mit Br_2 in Chlf. u. Lösen des roten Nd. in Ae. nach Alkalisieren mit 2%ig. NaOH; aus Aceton Nadeln; nicht hydrolysierbar durch ½std. Kochen mit 10%ig. NaOH.
H. Flentje. 3500△

0904 **Struktur von Vincamajin und Vincamedin. Alkaloide des Singrüns.** 19. Mitt. Jeanine Gosset, Jean le Men und Maurice-Marie Janot. (Bull. Soc. chim. France **1961**, 1033–35; Paris, Fac. de Pharm., Labor. de Pharm. Galén.; franz.) — 18. vgl. C. **1961**, 2282. — Das aus *Vinca major L.* isolierbare Alkaloid *Vincamajin* [**I**, $C_{22}H_{26}N_2O_3$, F. 224°; $[\alpha]_D$ −55°, (A.)], eine Dihydroindolbase mit einer $COOCH_3$-, einer NCH_3-, einer CCH_3-Gruppe u. einem aktiven H-Atom, läßt sich durch Oxydation mit CrO_3/Pyridin in einen *Indolaldehydester* [**II**, $C_{22}H_{24}N_2O_3$, F. 230°, $[\alpha]_D$ 0 ± 2° (A.)] umwandeln u. besitzt nebenstehende Konfiguration. **II** wird durch KBH_4 zu einem *Alkoholester* ($C_{22}H_{26}N_2O_3$. *Acetat*, $C_{24}H_{28}\cdot N_2O_4$, F. 178°), durch $LiAlH_4$ zum entsprechenden *Diol* [$C_{21}H_{26}N_2O_2$, F. 294°; $[\alpha]_D$ −25° (A.). *Diacetat*, $C_{25}H_{30}\cdot N_2O_4$, F. 183°, $[\alpha]_D$ 0 ± 2° (A.)] reduziert. Durch Erhitzen mit K-tert.-Butylat in abs. Bzl. wird **II** unter Bldg. des *Esters* [**III**; $C_{21}H_{24}N_2O_2$, F. 170°; $[\alpha]_D$ −11° (A.). *Jodmethylat*, $C_{22}H_{27}JN_2O_2$, F. 270°] decarbonyliert. Durch $LiAlH_4$ wird **III** zu dem auch durch N-Methylierung u. Red. der phenol. OH-Gruppe aus Sarpagin erhaltenen *Alkohol* [$C_{20}H_{24}N_2O$, F. 196°; $[\alpha]_D$ +20°, (Methanol)] reduziert. Das aus *Vinca difformis* Pourr isolierbare Alkaloid *Vincamedin* [$C_{24}H_{28}N_2O_4$, F. 180°; $[\alpha]_D$ −66° (Chlf.)] ist das Acetat von **I**. UV-Maxima sind angegeben.
G. Ziebarth. 3500△

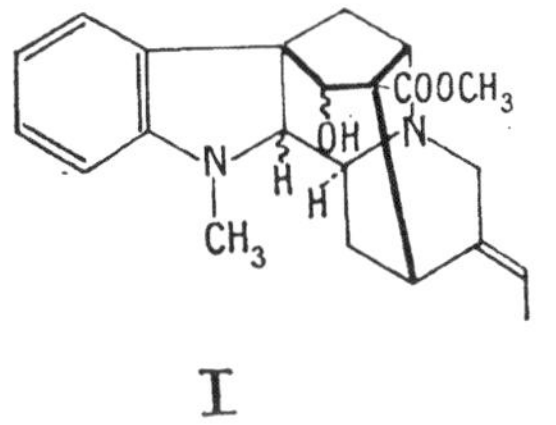

I

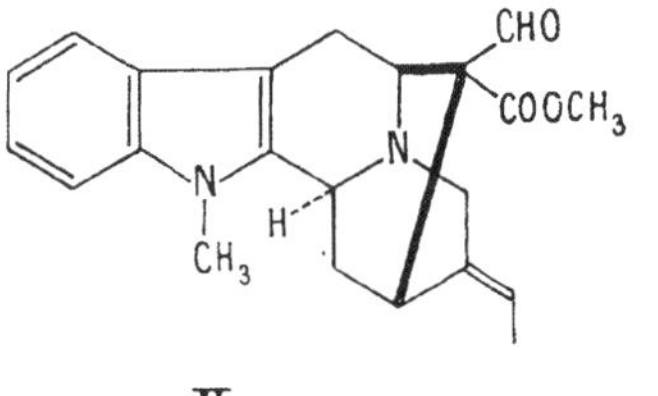

II

0905 **Die Reaktionen von Corymin, einem aus Hunteria corymbosa (Apocynaceae) isolierten Alkaloid.** A. K. Kiang und G. F. Smith. (Proc. chem. Soc. [London] **1962**, 298–300, Sept.; Singapore, Univ. u. Manchester, Univ., Chem. Dep.; engl.) — Aus den Blättern von *Hunteria corymbosa* erhält man durch Chromatographie der Basen an Al_2O_3 0,076% eines neuen Alkaloids, *Corymin* (**I**), $C_{22}H_{26}N_2O_4$, F. 189–191°, $[\alpha]_D^{18}$ +27,3° (Chlf.). *Nitrat*, $C_{22}H_{27}N_3O_7$, F. 204–205°. *Pikrat*, $C_{28}H_{29}\cdot N_5O_{11}$, F. 136–137°. *Methojodid* (**II**), $C_{23}H_{29}JN_2O_4$, F. 188–190°. *Acetat*, F. 159–161°. — Heiße wss. KOH baut **II** zu *Desformylcoryminmethin* [**III**, $C_{22}H_{28}N_2O_3$, F. 159–160°; $[\alpha]_D$ −21° (A.)] u. **I** zu *Desformylcorymin* [$C_{22}H_{26}N_2O_3$, F. 170–172°] ab. Red. von **I** mit $LiAlH_4$ in Ae. ergibt ein *Triol* [$C_{21}H_{26}N_2O_3$, F. 240–243°. *Isopropyliden-Deriv.* F. 230–234°]. — *Dihydrocorymin*, $C_{22}H_{28}\cdot N_2O_4$, F. 220–222°, durch Red. von **I** mit $NaBH_4$. Aus der Identität von **III** mit $N_{(a)}$-*Methylalloechitamin* ergibt sich die Struktur von **I**. **I** bildet ein Halbacetal, welches sich im Gleichgewicht mit der offenen Form befindet.
K. Gröbe. 3500◇

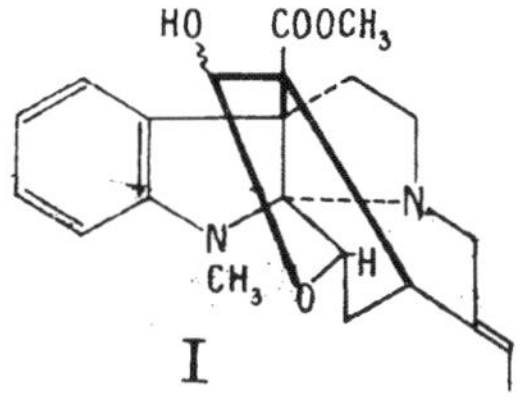

I

0906 **Struktur von Vincin.** O. Štrouf und J. Trojánek. (Chem. and Ind. **1962**, 2037–38; Prague, Res. Inst. for Natural Drugs; engl.) — Das neben *Vincamin* (**I**) aus *Vinca minor L.* isolierte Alkaloid *Vincin* [**II**; $C_{22}H_{28}N_2O_4$. *Jodmethylat*, $C_{23}H_{31}JN_2O_4$, F. 215–217° (Zers.); $[\alpha]_D^{21}$ −21° (Methanol)] wird durch folgende Rkk. als *11-Methoxyvincamin* identifiziert. Durch Oxydation von **II** mit Pb-Tetraacetat entsteht *Py-Tetradehydrovincinchlorid* [*Dihydrat*, $C_{22}H_{25}ClN_2O_4\cdot 2H_2O$, F. 188–190° (Zers.); $[\alpha]_D^{20}$ +10° (Methanol)], das durch K-Isoamylat in sd. Isoamylalkohol zu *Norharmin* (F. 216–218°) abgebaut wurde.

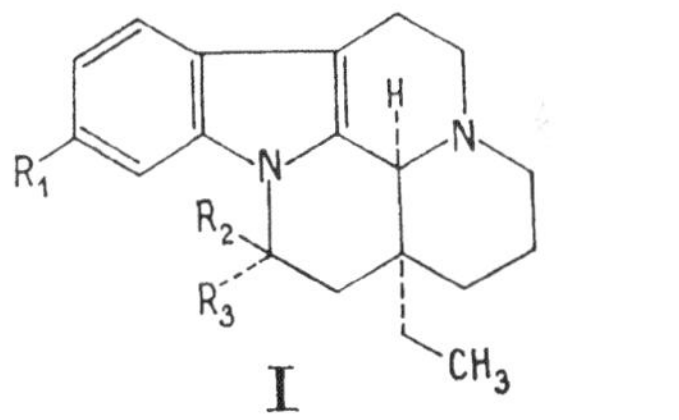

I

I	R_1 = H, R_2	= OH, R_3 = $COOCH_3$
II	R_1 = OCH_3, R_2	= OH, R_3 = $COOCH_3$
III	R_1 = OCH_3, R_2	= OH, R_3 = COOH
IV	R_1 = OCH_3, R_2R_3 = 0	

Durch Kochen von **II** mit 2 n methanol. KOH entsteht *Vincinsäure* [**III**, *Dihydrat*, $C_{21}H_{26}N_2O_4\cdot 2H_2O$, F. 192–194° (Zers.); $[\alpha]_D^{22}$ −46° (0,1 n NaOH); $[\alpha]_D^{21}$ −42° (1 n HCl)], während es durch Kochen mit Acetanhydrid oder Erhitzen auf 210° zu *Apovincin* (**V**) dehydratisiert wird. Durch saure Hydrolyse von **II** entsteht *11-Methoxy-(−)-eburnamonin* [**IV**; $C_{20}H_{24}N_2O_2$, F. 168 bis 169°; $[\alpha]_D^{20}$ −118° (Chlf.)]. UV-Maxima s. Original.
K. Zieloff. 3500△

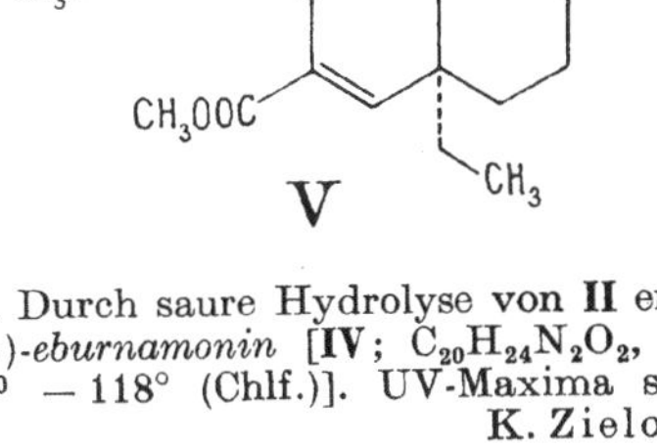

V

0907 **Untersuchungen über die Alkaloide der Berberidaceen. 8. Mitt. Alkaloide von Berberis amurensis Rupr. var. japonica (Regel) Rehd. forma Bretschneideri (Rhed.) Ohwi. 2. Mitt.** Masao Tomita und Takehiko Kugo. (Pharmac. Bull. [Tokyo] **4,** 121–23, 1956; Kyoto, Univ., Med. Fac., Pharmac. Inst.; engl.) — 7. vgl. J. pharmac. Soc. Japan [Yakugakuzasshi] **75,** [1955], 753; 15. vgl. C. **1963,** 9311. — Aus dem Methanol-Extrakt von 30 kg frischen Stengeln von *Berberis amurensis* Rupr. var. *japonica* (Regel) Rehd. forma *Bretschneideri* (Rehd.) Ohwi (*B. a.*) wurde außer *Berbamin* (**I**), *Oxyberberin* (**II**), dem *Alkaloid vom F. 190–191°* (**III**), *Berberin* (**IV**), *Palmatin* (**V**) u. *Jatrorrhizin* (**VI**) [vgl. l. c.] noch *Magnoflorin* [**VII**; *Jodid*, $C_{20}H_{24}JNO_4$, F. 254–255° (Zers.), aus Methanol/Aceton Säulen] als *Styphnat* [$C_{20}H_{24}NO_4 \cdot C_6H_2N_3O_8$, F. 231° (Zers.), aus der Mutterlauge der Jodide von **IV**, **V** u. **VI** über das Reineckat (Meth. **A**); aus Aceton gelbe Prismen; 5 g (Ausbeute)] isoliert. 4,5 kg frische Wurzeln von *B. a.* enthielten 15,9 g **I** (*Benzol-Addukt*, F. 124–126°), 0,2 g **II** (F. 197–199°) u. 0,2 g **III** sowie die quart. Basen **IV**, **V**, **VI** u. **VII**, von denen nach Red. mit Zn u. 10%ig. H_2SO_4 **IV** u. **V** (1,2 g) sowie **VI** (1,8 g) als *Tetrahydro-Verbb.*, **VII** nach **A** als *Styphnat* (3,6 g) gewonnen wurden. H. Flentje. 3500△

0908 **Untersuchung über Fritillariaalkaloide. 7. Mitt. Dehydrierung von Sipeimin mit Selen und die Verwandtschaft von Fritillaria- und Veratrum-Alkaloiden.** Tze-Tsin Chu und Jen-Yung Loh. (Scientia sinica **5,** 469 bis 73, 1956; Landiow, Univ., Dep. of Chem., u. Acad. Sinica, Inst. of Organ. Chem.; engl.) — 6. vgl. Scientia sinica **6,** [1957], 255. — Durch Dehydrieren von Sipeimin (**I**) mit Se entstehen *Veranthridin* (**II**, ident. mit der von Jacobs aus dem Veratrumalkaloid Cevin isolierten Base) u. eine *Base* $C_{26}H_{31}N$, wahrscheinlich ein Hexahydro-Deriv. von **II**. UV-Spektren vgl. Original.

Versuche: *Verb.* $C_{26}H_{31}N$, F. 175°, durch 1½-std. Erwärmen von 2 g **I** mit schwarzem Se bis 340°, 14std. Erhitzen auf 340 ± 5°, 4std. Extrahieren mit PAe. u. Chromatographieren an Al_2O_3 (Aktivität 4); aus Aceton Prismen; 0,3 g (Ausbeute). *Pikrat*, $C_{32}H_{34}N_4O_7$, F. 212°; aus A. gelbe Nadeln. — *Veranthridin* (**II**), $C_{26}H_{25}N$, F. 228°, neben vorst. Verb.; aus A. Prismen; 0,1 g. *Pikrat*, $C_{32}H_{28}N_4O_7$, F. 224–225°; aus A. orangegelbe Prismen. *Methojodid*, $C_{27}H_{28}JN$, F. 274–276° (Zers.); aus Methanol bräunlichgelbe Nadeln. — *Veranthridon*, $C_{26}H_{23}NO$, F. 269–270°, durch Zugabe von **II** zu sd. 5%ig. äthanol. Na-Äthylat, 5 Min. langes Erhitzen, Zugabe von A., Filtrieren, Eindampfen u. Chromatographieren in PAe./Bzl. (9:1) an Al_2O_3; aus Chlf. rötlichorangefarbene Nadeln. — *Oktahydroveranthridin*, $C_{26}H_{33}N$, F. 146°, durch 3std. Hydrieren von **II** in Eisessig an vorhydriertem Adams-PtO_2-Katalysator bei Raum-Temp./1 at, Filtrieren, Zugabe von Eis/W. u. Alkalisieren mit K_2CO_3 unter Kühlen; aus Ae. Schuppen. H.-J. Weigmann. 3500△

0909 **Stereospezifische Synthese eines Reserpinanalogons.** Paul B. Le Vine und James E. Gearien. (J. org. Chemistry **26,** 4060–62, 1961; Chicago, Ill., Univ. of Illinois, Coll. of Pharm., Dep. of Chem.; engl.) — Durch Hydrierung von 3-Hydroxybenzoesäure (**II**) in Ggw. von PtO_2 in A. u. Lactonisierung des entstandenen *Äthylesters* erhält man reines *cis-3-Hydroxycyclohexancarbonsäurelacton* (**III**). Aus diesem wird durch Umsetzung mit β-Phenyläthylamin (**IV**) u. anschließender Red. der Carbonylgruppe mit $LiAlH_4$. *cis-N-[3-Hydroxycyclohexylmethyl]-β-phenyläthylaminhydrochlorid* (**I**) dargestellt. Mit sek. Aminen reagiert **III** nicht. Durch Kochen von **I** mit Eisessig/H_2SO_4 wird *cis-N-[3-Acetoxycyclohexylmethyl]-β-phenyläthylaminhydrochlorid* (**VI**) erhalten, das geringe sedative Wrkg. besitzt. Die Acylierung von **I** mit Säurechloriden gelingt nicht. **I** kann als Analogon des natürlichen Reserpins aufgefaßt werden, da es den E-Ring sowie Teile der Ringe C u. D enthält.

Versuche: *cis-3-Hydroxycyclohexancarbonsäure, Äthylester*, durch 30std. Hydrierung von **II** in A. in Ggw. von PtO_2 bei 3 at u. Raumtemp.; 61% (Ausbeute). *Lacton* (**III**), Kp.$_{15}$ 122–123°, durch ¾std. Erhitzen des Esters auf 180° u. fraktioniert Dest.; 43%. *Anilid*, $C_{13}H_{17}NO_2$, F. 159,5–160,5° (W.), durch 24std. Kochen von **III** mit Anilin; 35%. *N-[β-Phenyläthyl]-amid* (**V**), $C_{15}H_{21}NO_2$, F. 119–120° (Ae.) analog aus **III** u. **IV**; 92,5%. — *cis-N-[3-Hydroxycyclohexylmethyl]-β-phenyläthylaminhydrochlorid* (**I**), *Hemihydrat*, $C_{15}H_{24}ClNO \cdot {}^1/_2H_2O$, F. 250–252° (Isopropanol), durch 20 Min. lange Zugabe von **V** in abs. THF zu $LiAlH_4$ in THF, 12std. Kochen; Einengen, Zers. mit Eis, Aufkochen mit A., Dekantieren, Eindampfen der organ. Lsg., Extrahieren mit Ae. u. Einleiten von HCl; 70%. *O-Acetylderiv* (**VI**), $C_{17}H_{26}ClNO_2$, F. 201–202° (Zers.; Isopropylalkohol), durch 15std. Kochen der Base mit Eisessig in Ggw. von konz. H_2SO_4, Alkalisieren, Ausäthern u. Einleiten von HCl; 75%. G. Engler. 3500△

0910 **Struktur des Paravallaridins: Steroid-Alkaloid aus Paravallaris microphylla Pitard (Apocynaceae). 2. Mitt.** Jean Le Men, Christiane Kan und René Beugelmans. (Bull. Soc. chim. France **1963,** 597–603; Paris, Fac. de Pharm.; Gif-sur-Yvette, S.-et-O., C. N. R. S., Inst. de Chim. des Substances Naturelles; franz.) — 1. vgl. C. **1963,** 15433. — Chromatographie der Gesamtalkaloide aus *Paravallaris microphylla* an Al_2O_3 liefert neben dem Hauptalkaloid *Paravallarin* [**I**, *(20S)-3β-N-Methylamino-20-hydroxy-Δ⁵-pregnen-18-säure-18 → 20-lacton*] *Paravallaridin* (**II**). Das IR-Spektrum von **II** entspricht dem von **I**, weist jedoch zusätzlich eine OH-Bande bei 3600 cm^{-1} auf. **II** bildet mit Acetanhydrid ein *N.O-Diacetylderiv.*, das in Ggw. von Säuren zum *N-Acetylderiv.* (**IX**) verseift wird. Durch N-Methylierung von **II** nach Eschweiler-Clarke entsteht das *N-Methylderiv.* (**III**), das nur noch ein *O-Acetylderiv.* liefert. An Adams-Katalysator wird **II** bei Raum-Temp. zu *Dihydroparavallaridin* (**IV**) hydriert, das ebenfalls ein *N.O-Diacetyl-*, *N-Acetyl-* (**X**), *N-Methyl-* (**V**) u. *N-Methyl-O-acetylderiv.* liefert. **II**, **III**, **IV** u. **V** werden von $LiAlH_4$ unter Öffnung des Lactonringes zu den entsprechenden *Triolen* reduziert. Analog werden **I**, dessen N-Methylderiv. (**VI**), Dihydroparavallarin (**VII**) u. dessen N-Methylderiv. (**VIII**) von $LiAlH_4$ in die entsprechenden *Diole* übergeführt. Verseifung von **IX** ergibt *N-Acetylparavallaridinsäure*. **V** u. **X** werden von CrO_3 zur *N-Methyl-*(**XI**) bzw. *N-Acetyl-16-oxo-Verb.* (**XII**) oxydiert, deren CO-Gruppe durch Bldg. der entsprechenden *Oxime* u. durch Auswertung des IR-Spektrums bestätigt wird. **XII**-Äthylenacetal läßt sich mit $LiAlH_4$ zu *(20S)-3β-N-Methyl-N-äthylamino-16-oxo-18.20-dihydroxy-5α-pregnan* reduzieren, das mit $SOCl_2$ zu *3β-N-Methyl-N-äthylamino-16-oxo-18-hydroxy-Δ¹⁷·²⁰-5α-pregnen* dehydratisiert wird, dessen UV-Spektrum mit demjenigen des 3β-Hydroxy-16-oxo-Δ⁵·¹⁷·²⁰-pregnadiens (vgl. Huang-Minlon u. Chung-Tungshun, Tetrahedron Letters [London] **1961,** Nr. 19, 666) übereinstimmt, wodurch die Lokalisierung der CO-Gruppe in 16-Stellung für **XI** u. **XII** gesichert wird. **XI** u. **XII** werden durch anomal verlaufende Clemmensen-Red. in *N-Methyl-Δ¹⁵-paravallarin* (**XIV**) bzw. *N-Acetyl-Δ¹⁵-paravallarin* (**XIII**) umgewandelt u. diese durch Hydrierung in **VIII** bzw. das *N-Acetylderiv.* von **VII** übergeführt. Aus dem opt. Verh. von **II**, **IV** u. ihren Derivv. u. aus der Desaminierung von **II** nach Ruschig zur *3-Oxo-Δ⁴-Verb.* sowie aus der Tatsache, daß **II** kein Enamin ist, schließen Vff., daß die Doppelbindung in **II** zwischen den C-Atomen 5 u. 6 lokalisiert sein muß. Red. von **XII** mit $LiAlH_4$-tert.-Butanol liefert neben 1 Teil **X** 3 Teile seines *16β-Epimeren* u. die $LiAlH_4$-Red. von **XI** das *16β-Epimere* des aus **V** erhaltenen *Triols*. Vff. weisen auf Grund der vorst. beschriebenen chem. u. opt. Unterss. **II** die Struktur *(20S)-3β-N-Methylamino-16α.20-dihydroxy-Δ⁵-pregnen-18-säure-18 → 20-lacton* zu.

Versuche: ([α]D bei 20° in 0,2–0,8%ig. Chlf.-Lsg.; FF. korr.; experimentelle Einzelheiten vgl. l. c.): *Paravallaridin* (**II**), $C_{22}H_{33}NO_3$, F. 231°, durch Elution der mit den Alkaloiden beladenen Al_2O_3-Säule mit Ae.-Methanol (95:5); [α]D −48°. *Hydrochlorid*, $C_{22}H_{34}ClNO_3$, F. 280°. *N.O-Diacetylderiv.*, $C_{26}H_{37}NO_5$ F. 240°, [α]D −36°. *N-Acetylderiv.* (**IX**), $C_{24}H_{35}NO_4$, F. 261°, [α]D −65,2°. *N-Methylderiv.* (**III**), $C_{23}H_{35}NO_3$, F. 200°, [α]D −49°. *N-Methyl-O-acetylderiv.*, $C_{25}H_{37}NO_4$, F. 175°, [α]D −43,5°. — *Dihydroparavallaridin* (**IV**), $C_{22}H_{35}NO_3$, F. 233°, [α]D −19,6°. *N.O-Diacetylderiv.*, $C_{26}H_{39}NO_5$, F.

260°, $[\alpha]_D$ −26,1°. *N-Acetylderiv.* (**X**), $C_{24}H_{37}NO_4$, F. 310°, $[\alpha]_D$ −28,2°. *N-Methylderiv.* (**V**), $C_{23}H_{37}NO_3$, F. 223°, $[\alpha]_D$ −19,5°. *N-Methyl-O-acetylderiv.*, $C_{25}H_{39}NO_4$, F. 178°, $[\alpha]_D$ −25°. *16β-Epimeres, N-Acetylderiv.*, $C_{24}H_{37}$·NO_4, F. 274—275° (Aceton), durch Lösen von 125 mg **XII** in Tetrahydrofuran (THF), Einrühren einer Lsg. von $LiAlH_4$ u. tert.-Butanol in THF, 24std. Aufbewahren bei Raum-Temp., Zugabe von Ae., CH_3OH u. W., Einstellen mit konz. HCl auf pH 1, Einengen u. Chlf.-Extraktion; 30 mg (Ausbeute). — *Dihydroparavallarin* (**VII**), *N-Acetylderiv.*, $C_{24}H_{37}NO_3$, F. 252°, durch Hydrierung von **XIII**; $[\alpha]_D$ −14°. *N-Methylderiv.* (**VIII**), $C_{23}H_{37}NO_2$, F. 146—148°, durch Hydrierung von **XIV**; $[\alpha]_D$ −22°. — *3β-N-Methylamino-16α.18.20-trihydroxy-Δ⁵-pregnen*, $C_{22}H_{37}NO_3$, F. 238°, $[\alpha]_D$ −60°, aus **II**. *N-Äthylderiv.*, $C_{24}H_{41}NO_3$, F. 236—237°, $[\alpha]_D$ −39°. — *3β-N-Methylamino-18.20-dihydroxy-Δ⁵-pregnen*, $C_{22}H_{37}$·NO_2, F. 241°, $[\alpha]_D$ −24°, aus **I**. — *3β-N.N-Dimethylamino-16α.18.20-trihydroxy-Δ⁵-pregnen*, $C_{23}H_{39}NO_3$, F. 260°, $[\alpha]_D$ −13,5°, aus **III**. *Triacetat*, $C_{29}H_{45}NO_6$, F. 137°, $[\alpha]_D$ −46,8°. — *3β-N.N-Dimethylamino-18.20-dihydroxy-Δ⁵-pregnen*, $C_{23}H_{39}NO_2$, F. 228°, $[\alpha]_D$ −17,5°, aus **VI**. *Diacetat*, $C_{27}H_{43}NO_4$, F. 121°, $[\alpha]_D$ +8°. — *3β-N-Methylamino-16α.18.20-trihydroxy-5α-pregnan*, $C_{22}H_{39}NO_3$, F. 236°, aus **IV**. — *3β-N-Methylamino-18.20-dihydroxy-5α-pregnan*, $C_{22}H_{39}NO_2$, F. 235—236°, $[\alpha]_D$ +30,8°, aus **VII**. — *3β-N.N-Dimethylamino-16α.18.20-trihydroxy-5α-pregnan*, $C_{23}H_{41}NO_3$, F. 262°, aus **V**. *Triacetat*, $C_{29}H_{47}NO_6$, F. 111°, $[\alpha]_D$ −32,9°. *16β-Epimeres*, $C_{23}H_{41}NO_3$, F. 262°, $[\alpha]_D$ +34°, aus **XI** mit $LiAlH_4$. — *3β-N.N-Dimethylamino-18.20-dihydroxy-5α-pregnan*, $C_{23}H_{41}NO_2$, F. 218—219°, $[\alpha]_D$ −31°, aus **VIII**. *Diacetat*, $C_{27}H_{45}NO_4$, $[\alpha]_D$ +32°. — *N-Acetylparavallaridinsäure*, $C_{24}H_{37}NO_5$, F. 278°, aus **IX**. *Methylester*, $C_{25}H_{39}NO_5$, F. 208°, $[\alpha]_D$ −41,6°; *Diacetat*, $C_{29}H_{43}NO_7$, F. 178°, $[\alpha]_D$ −60,5°. — *N-Acetylparavallarinsäuremethylester*, $C_{25}H_{39}NO_4$, F. 223°, $[\alpha]_D$ −23,8°. *Acetat*, $C_{27}H_{41}NO_5$, F. 140—141°, $[\alpha]_D$ −20°. — (20 S)-*3β-N.N-Dimethylamino-16-oxo-20-hydroxy-5α-pregnan-18-säure-18 → 20-lacton* (**XI**; *N-Methyl-16-oxodihydroparavallaridin*), $C_{23}H_{35}NO_3$, F. 206° (Aceton-Ae.), durch 5std. Rühren von 500 mg **V** in Essigsäure mit 750 mg CrO_3 in W., Zutropfen von Methanol, Verdünnen mit Eiswasser, Zusatz von Na_2CO_3 u. Chlf.-Extraktion; $[\alpha]_D$ −247°; 460 mg. *Oxim*, $C_{23}H_{36}N_2O_3$, F. 265° (Methanol-Aceton), durch 20std. Kochen von 250 mg **XI** mit NH_2OH · HCl in wss. Methanol in Ggw. von Na-Acetat, Zusatz von W., Neutralisation mit Soda u. Chlf.-Extraktion; $[\alpha]_D$ −192°; 126 mg. — *(20 S)-3β-N-Methyl-N-acetylamino-16-oxo-20-hydroxy-5α-pregnan-18-säure-18 → 20-lacton* (**XII**; *N-Acetyl-16-oxodihydroparavallaridin*), $C_{24}H_{35}NO_4$, F. 266°, aus **X** analog **XI**; $[\alpha]_D$ −224°. *Oxim*, $C_{24}H_{36}N_2O_4$, F. 306°, $[\alpha]_D$ −183°. *Äthylenacetal*, $C_{26}H_{39}$·NO_5, F. 270—272° (Methanol), durch 21std. Kochen von 121 mg **XII** in Bzl. mit Äthylenglykol in Ggw. von p-Toluolsulfonsäure unter azeotroper Abscheidung von W.; $[\alpha]_D$ −58°; 58 mg. — *(20 S)-3β-N-Methyl-N-äthylamino-16-oxo-18.20-dihydroxy-5α-pregnan*, $C_{24}H_{41}NO_3$, F. 165 bis 167° (Aceton), durch 8std. Kochen von 140 mg vorst. Dioxolanderiv. in THF-Ae. mit $LiAlH_4$, Zers. mit feuchtem Ae., Einstellen auf pH 4, Einengen, Kochen der wss. Lsg., Zusatz von 20 g Dinatriumtartrat u. KOH, Einstellen auf pH 12—13 u. Chlf.-Extraktion; $[\alpha]_D$ −100°; 35 mg. — *3β-N-Methyl-N-äthylamino-18.20-dihydroxy-5α-pregnan*, $C_{24}H_{43}NO_2$, F. 219—220°, $[\alpha]_D$ +23,4°. — *3β-N-Methyl-N-äthylamino-16-oxo-18-hydroxy-Δ^{17.20}-5α-pregnen*, $C_{24}H_{39}NO_2$, F. 185—186° (Methanol), durch Zutropfen von 0,25 ml $SOCl_2$ in Pyridin zu 700 mg vorst. Verb. in Pyridin bei −10°, 16std. Aufbewahren bei −10°, Übergießen mit Soda-Lsg. von 0°, Chlf.-Extraktion, Eindampfen, Chromatographie des in Bzl. gelösten Rückstands an Al_2O_3 u. Elution mit Ae.; $[\alpha]_D$ −133°; 83 mg. *Acetat*, $C_{26}H_{41}NO_3$, F. 170—172°. — *N-Methyl-Δ¹⁵-paravallarin* (**XIV**), $C_{23}H_{35}NO_2$, F. 147° (Aceton), durch 5std. Kochen von 400 mg **XI** mit 10 g amalgamiertem Zn-Staub in wss. Methanol (1:1) u. konz. HCl; $[\alpha]_D$ −8,3°; 335 mg. — *N-Acetyl-Δ¹⁵-paravallarin* (**XIII**), $C_{24}H_{35}NO_3$, F. 258°, $[\alpha]_D$ −13,5°, wie vorst. aus **XII**. H.-J. Kötzsch. 3500◇

0911 **Die Biosynthese von Pteridinen. 4. Mitt. Die Synthese von Xanthopterin.** Alexander Stuart und H. C. S. Wood. (J. chem. Soc. [London] **1963**, 4186—89; Glasgow, Royal Coll. of Sci. and Technol.; engl.) — **3.** vgl. C. **1964**, 0898. — Durch Kondens. von 2-Amino-4-chlor-5-nitro-6-hydroxypyrimidin (**I**) u. Isoglucosamin wird *1-Desoxy-1-[2-amino-5-nitro-6-hydroxypyrimidyl-(4)-amino]-D-fructose* (**II**) u. analog aus **I** u. 1-Amino-1-desoxy-D-erythropentulose *1-Desoxy-1-[2-amino-5-nitro-6-hydroxypyrimidyl-(4)-amino]-D-erythropentulose* (**III**) dargestellt. Hydrierung von **II** an Raney-Ni gibt die *5-Amino-Verb.*, die nicht isoliert werden konnte u. beim Stehen der alkal. Lsg. an der Luft über das nicht isolierte *6-[Tetrahydroxybutyl]-2-amino-4-hydroxy-7.8-dihydropteridin* durch Abbau der Polyol-Seitenkette in *2-Amino-4.6-dihydroxy-7.8-dihydropteridin* übergeht. Letzteres gibt mit alkal. $KMnO_4$-Lsg. oder durch Luftoxydation *Xanthopterin*, wodurch die Annahme von Weygand u. Mitarbeitern (C. **1962**, 3536) über dessen Biosynth. gestützt wird.

Versuche: *2-Amino-4-chlor-5-nitro-6-hydroxypyrimidin* (**I**), *Monohydrat*, $C_4H_3ClN_4O_3 \cdot H_2O$, F. >360°, durch Lösen von 2-Amino-4-chlor-6-hydroxypyrimidin in 36n H_2SO_4 bei <45°, Zutropfen von HNO_3 (D. 1,5) bei <45°, ½std. Rühren, Gießen auf Eis u. Waschen des gelben Nd. mit W., A. u. Ae.; 91% (Ausbeute). — *1-Desoxy-1-[2-amino-5-nitro-6-hydroxypyrimidyl-(4)-amino]-D-fructose* (**II**), durch Zugeben von C_2H_5ONa in A. zu Isoglucosaminacetat in W., ½std. Stehen bei Raum-Temp., Zugeben von **I** u. A., Kochen für 20 Min., Kühlen u. Waschen des gelben hygroskop. Nd. mit A. u. Ae.; 57%. *Oxim, Monohydrat*, $C_{10}H_{16}N_6O_8 \cdot H_2O$, F. >300°, durch 1std. Kochen von **II** u. NH_2OH in A.; aus W. Nadeln; 86%. — *1-Desoxy-1-[2-amino-5-nitro-6-hydroxypyrimidyl-(4)-amino]-D-erythropentulose* (**III**), durch Hydrogenolyse von 1-Benzylamino-1-desoxy-D-erythropentuloseoxalat an Pd-Kohle in CH_3OH u. Rk. des Filtrats mit **I** analog **II**; hygroskop., cremefarben; 58%. *Oxim, Hemihydrat*, $C_9H_{14}N_6O_7 \cdot {}^1/_2H_2O$. — *7.8-Dihydroxanthopterin*, a) aus **II** u. 3 Mol H_2 an Raney-Ni in W., Alkalisieren des Filtrates, 3tägiges Stehen bei Raum-Temp., Ansäuern mit HCl auf pH 6, Einengen im Vakuum u. Kristallisation aus verd. HCl; 37%; b) analog a) aus **III** in geringerer Ausbeute. — *Xanthopterin*, aus vorst. Verb. u. alkal. $KMnO_4$ oder durch längere Oxydation der alkal. Lsg. mit Luft. F. Heller. 3550◇

0912 **Synthese von Zingiberin.** R. C. Banerjee. (J. sci. ind. Res. [New Delhi], Sect. B **21**, 285, 1962; Calcutta, Univ. Coll. of Sci. and Technol.; engl.) — Durch Rk. des aus Methylheptenon durch Red. u. Bromierung erhaltenen *2-Brom-6-methylheptens-(5)* ($Kp._{2,5}$ 95°) mit Malonsäurediäthylester zu *2.6-Dimethylhepten-(5)-1.1-dicarbonsäurediäthylester* ($Kp._6$ 133°—135), dessen Rk. mit 4-Diäthylaminobutanon-(2)-methojodid, Hydrolyse, Veresterung, Rk. mit äthanol. $NaOC_2H_5$-Lsg. zu *4-[6-Methylhepten-(5)-yl-(2)]-dihydroresorcin* (Öl), Red. des *Monoisobutyläthers* ($Kp._5$ 181—185°) mit $LiAlH_4$ zum *Alkohol*, Dehydratisieren mit Säure zu *4-[6-Methylhepten-(5)-yl-(2)]-cyclohexen-(2)-on* ($Kp._5$ 150—154°; *Dinitrophenylhydrazon*, F. 118,5—119°), Rk. mit CH_3MgJ u. Dehydratisierung wird (±)-*Zingiberin* dargestellt. H.-J. Kötzsch. 3600◇

0913 **Untersuchungen über Sesquiterpenoide. 1. Mitt. Absolute Konfiguration von Guajol. 1. Mitt. Absolute Konfiguration der Methylgruppe an $C_{(4)}$ des Guajols.** Ken'ichi Takeda und Hitoshi Minato. (Chem. pharmac. Bull. [Tokyo] **9**, 619—25, 1961; Osaka, Shionogi & Co. Ltd., Res. Labor.; engl.) — Vff. ermittelten für die Methylgruppe am $C_{(4)}$ des Guajols (**I**) die α-Konfiguration durch folgenden Abbau: $KMnO_4$- oder OsO_4-Oxydation führen zu *3a.8a-Dihydroxydihydroguajol*, Rk. mit Phosgen, Dehydratisierung u. Veresterung zu einem Gemisch von *1.4-Dimethyl-7-propenyl-* u. *1.4-Dimethyl-7-propyliden-3a.8a-carbonyldioxyperhydroazulen*, dessen Ozonisierung *1.4-Dimethyl-7-oxo-3a.8a-carbonyldioxyperhydroazulen* ergab. Die anschließende Verseifung lieferte *1.4-Dimethyl-3a-hydroxy-7-oxo-Δ⁸-oktahydroazulen*, aus dem durch O_3-Spaltung zu *2.6-Dimethyl-5-oxononan-1.9-disäure*, Bayer-Villiger-Rk. des *Dimethylesters* mit Trifluorperessigsäure zu (+)-*4-[4-Carbomethoxyvaleroyloxy]-valeriansäuremethylester* u. dessen Verseifung (*S*)-(+)-

2-Methylglutarsäure u. *4-Hydroxyvaleriansäurelacton* erhalten wurden.

Versuche (FF. korr.): *3a.8a-Dihydroxydihydroguajol*, $C_{15}H_{28}O_3$, F. 106—107°, a) aus 3,33 g I in 2n NaOH enthaltendem Aceton durch Zutropfen der wss. Lsg. von 2 Val $KMnO_4$ bei 0—10° in 30 Min. u. 30 Min. Rühren bei 5—10°; Prismen aus Aceton–Ae., $[\alpha]_D^{24}$ —7° (c = 0,999; Dioxan); 1,05 g (Ausbeute); daneben nachst. Verb. (780 mg); b) aus 870 mg I in abs. Bzl. mit OsO_4 durch 35tägiges Stehen in Ggw. von Pyridin, Zutropfen einer wss.-methanol. Lsg. von Na_2SO_3 u. $KHCO_3$ (1 : 1) in 30 Min., 6,5std. Rühren u. weitere Aufarbeitung; 560 mg. *Acetonid*, Kp.$_{.4}$ 154—155°, aus 2,56 g in Aceton in Ggw. von konz. HCl durch 60std. Stehen bei Raumtemp.; 560 mg. — *2.5-Dimethyl-8-[α-hydroxyisopropyl]-10-hydroxydekalon*, F. 224—225°, aus 128 mg vorst. Verb. mit 2 Val 0,1 n $NaJO_4$-Lsg. in Methanol durch 74std. Stehen bei Raumtemp.; 46,6 mg. — *1.4-Dimethyl-7-propenyl-(propyliden)-3a.8a-carbonyldioxyperhydroazulen*, $C_{16}H_{24}O_3$, Kp.$_{.0,09}$ 145°, aus 5,12 g vorvorst. Verb. in alkoholfreiem Chlf.-Pyridin durch Zutropfen von Phosgen in abs. Toluol bei —15 bis —20° in 40 Min., 30 Min. Rühren, Stehen bei 0° über Nacht u. Aufarbeitung; n_D^{20} 1,5055, $[\alpha]_D^{27}$ —0,6° (c = 1,720; Dioxan); 4,02 g. — *1.4-Dimethyl-7-oxo-3a.8a-carbonyldioxyperhydroazulen*, $C_{13}H_{18}O_4$, F. 113 bis 114°, aus 4,07 g vorst. Verb. in Äthylacetat durch 1/2std. Ozonisierung bei —75°, Eindampfen im Vakuum bei Raumtemp. u. Red. mit Zn-Staub in Eisessig < 50°; $[\alpha]_D^{21}$ +2,9° (c = 1,230; Dioxan); Prismen aus Ae.-Aceton; 1,89 g. *2.4-Dinitrophenylhydrazon*, F. 241—243°, aus A. gelbe Nadeln. — *1.4-Dimethyl-3a-hydroxy-7-oxo-Δ^8-oktahydroazulen*, $C_{12}H_{18}O_2$, F. 47—49°, Kp.$_{.0,04}$ 135 bis 137°, aus 500 mg vorst. Verb. in A. durch 3std. Stehen bei Raumtemp. mit wss. KOH; $[\alpha]_D^{20}$ +176,7° (c = 1,067; Dioxan), Nadeln aus PAe.-Ae.; 394 mg. — *2.6-Dimethyl-5-oxononan-1.9-disäure*, Öl, aus 950 mg vorst. Verb. in Äthylacetat durch Ozonisierung bei —75°, Eindampfen im Vakuum bei Raumtemp., 3,5std. Rühren mit 30%ig. H_2O_2 bei Raumtemp. unter laufender Neutralisation mit $KHCO_3$-Lsg. gegen Bromthymolblau u. Aufarbeitung; 950 mg. *Dimethylester*, $C_{13}H_{22}O_5$, Kp.$_{.1,5}$ 134°, aus 950 mg mit CH_2N_2; $[\alpha]_D^{24}$ +17,1° (c = 1,028; Dioxan), n_D^{21} 1,4516; 730 mg. — *(+)-4-[4-Carbomethoxyvaleroyloxy]-valeriansäuremethylester*, $C_{13}H_{22}O_6$, Kp.$_{.2,5}$ 139°, aus 570 mg vorst. Esters in CH_2Cl_2 in Ggw. von suspendiertem Na_2HPO_4 durch Zutropfen einer unter Eiskühlung aus Trifluoracetanhydrid u. 80%ig. H_2O_2 in CH_2Cl_2 hergestellten Lsg. in 15 Min., 5std. Rühren, Stehen über Nacht, 1std. Kochen, Filtrieren, Eindampfen u. Wiederholung der Oxydation; $[\alpha]_D^{21}$ +16,7° (c = 1,466; Dioxan); 490 mg. — *(+)-2-Methylglutarsäure*, $C_6H_{10}O_4$, F. 85—86°, a) aus 5 g vorst. Verb. in Methanol durch 2std. Kochen mit wss. K_2CO_3 u. Aufarbeitung; $[\alpha]_D^{13}$ +17,9° (c = 3,274; Dioxan); 2,7 g; daneben *4-Hydroxyvaleriansäurelacton* (550 mg); b) aus Lävulinsäure durch Red. mit $NaBH_4$ in 5%ig. NaOH zu *(±)-4-Hydroxyvaleriansäurelacton* (71%), Sättigen in abs. A. mit HBr (→ *4-Bromvaleriansäureäthylester*; 76%), 10std. Kochen des Esters mit KCN in A., Verseifung des erhaltenen *(±)-4-Cyanvaleriansäureäthylesters* mit KOH zur *(±)-Form* (F. 80—82°; Prismen aus Bzl.) u. Racematspaltung mit Strychnin nach Berner [1939].

H.-J. Kötzsch. 3600◇

0914 **Untersuchungen über Sesquiterpenoide.** 2. Mitt. **Absolute Konfiguration von Guajol.** 2. Mitt. **Absolute Konfiguration der Methylgruppe an $C_{(10)}$ im Guajol und der Nepetalinsäuren und Iridolactone.** Hitoshi Minato. (Chem. pharmac. Bull. [Tokyo] **9**, 625—31, 1961; engl.) — 1. vgl. vorst. Referat. — Aus dem Abbau von Guajol (**I**, vgl. l. c.) u. durch unabhängige Synth. erhielten Vf. *(S)-(—)-4-Hydroxyvaleriansäurelacton*. Demnach besitzt die Methylgruppe an $C_{(10)}$ von I α-Konfiguration (vgl. dagegen Eisenbraun, George, Riniker u. Djerassi, C. **1961**, 10949); ebenso Nepetalinsäure [F. 85—86°, $[\alpha]_D$ +31°; *(R)-Isomeres*, F. 117°, $[\alpha]_D$ +16,2°], wodurch auch die Konfigurationen der *Nepetalinsäure-Isomeren vom F. 115°* ($[\alpha]_D$ +19,1°) u. *vom F. 111°* festgelegt sind. *Isoiridomyrmecin* sollte daher α-, *Iridomyrmecin* β-Konfiguration besitzen.

Versuche: *(—)-4-Hydroxyvaleriansäurelacton*, $C_5H_8O_2$, Kp.$_{.23}$ 99—100°, a) aus I (l. c.); $[\alpha]_D^{22}$ —35,1° (c = 4,018; Dioxan); b) aus Lävulinsäure durch Red. mit $NaBH_4$ zur *(±)-Form* (Kp.$_{.22}$ 97—98°) u. Spaltung über das *Cinchonidinsalz* (aus Methanol-Aceton); $[\alpha]_D^{23}$ —17,2° (c = 3,911; Dioxan). *(+)-Form*, $[\alpha]_D^{21,5}$ +4,2° (c = 1,557; Dioxan). — *4-Hydroxyvaleriansäure, (+)-Hydrazid*, $C_5H_{12}N_2O_2$, F. 91,5—92,5° (Äthylacetat-PAe.), a) aus 207 mg vorst. (—)-Lacton nach b) durch 10std. Erhitzen auf dem Wasserbad mit 80%ig. N_2H_4; $[\alpha]_D^{24}$ +19,0° (c = 1,179; abs. A.); 260 mg (Ausbeute); b) aus vorst. (—)-Lacton nach a); $[\alpha]_D^{22}$ +16,6° (c = 0,61; A.). *(—)-Hydrazid*, F. 71—73°, aus vorst. (+)-Lacton; $[\alpha]_D^{21}$ —3,3° (c = 0,924; abs. A.). *(±)-Hydrazid*, F. 72—74°.

H.-J. Kötzsch. 3600◇

0915 **Über die Triterpenoide von Poria cocos Wolf.** Shyun Iseda und Kazuyoshi Yagishita. (J. pharmac. Soc. Japan [Yakugakuzasshi] **76**, 970—71, 1956; Kumamoto, Women's Univ., Dep. of Chem.; jap., Auszug: engl.) — Die *Triterpencarbonsäure* aus *Poria cocos* Wolf. (**P**) ist nicht ident. mit Pachymsäure, ihre Eigg. entsprechen denen des von Cort u. Mitarbeitern (vgl. C. **1956**, **14044**) beschriebenen 3 : 1-Gemisches von Eburicosäure u. Dehydroeburicosäure. Die in W. lösl. Komponente enthält *Glucose*, *Saccharose* u. geringe Mengen eines *unbekannten Zuckers*; Fructose wurde nicht nachgewiesen.

Versuche: *„Triterpencarbonsäure"*, $C_{31}H_{50}O_3$ bzw. $C_{31}H_{48}O_3$, F. 280—283°, aus **P**; $[\alpha]_D^8$ +32,39° (c = 0,494; A.); 0,28% (Ausbeute). *Acetyl-Deriv.*, $C_{33}H_{52}O_4$ bzw. $C_{33}H_{50}O_4$, F. 245—246°, aus 1 g Säure; 0,7 g. *Methylester*, F. 128—130°, aus 1 g Säure; 0,4 g.

H.-J. Weigmann. 3600△

0916 **Untersuchungen von Triterpenen aus einigen Pflanzenarten.** A. A. Rjabinin und L. G. Matjuchina. (J. allg. Chem. [UdSSR] **31**(**93**), 1033—36, 1961; Akad. der Wiss. der UdSSR, Botan. Inst.; Leningrad, Univ.; russ.) — Aus *Lycopus europaeus* L. (**A**) wurde *Ursolsäure*, aus *Ledum palustre* L. (**B**) *Taraxerol* (**I**) isoliert. Aus der Rinde von *Alnus incana* (L.) Moench. (**C**) wurden **I**, *Taraxeron*, *Lupenon* u. ein *„Alnincanon"* genanntes Triterpen gewonnen.

Versuche: *Ursolsäure*, $C_{30}H_{48}O_3$, F. 284—285° (A.), durch Extraktion von 6,5 kg **A** mit Chlf.; 5,5 g (Ausbeute). *Acetat*, F. 291—292°. — *Taraxerol* (**I**), $C_{30}H_{50}O$, F. 282° (Dioxan), durch Extraktion von 700 g der Zweige u. Rinde von **B** mit Bzl.; 70 mg. — Durch Extraktion von 4 kg der Wurzeln von **C** mit Bzl., Chromatographie an Al_2O_3 u. Kristallisation aus A. u. Bzl. wurden erhalten: *Alnincanon*, $C_{30}H_{50-52}O_2$, F. 172—172,5° (Aceton), $[\alpha]_D$ +51,6°; ca. 7 g. *2.4-Dinitrophenylhydrazon*, $C_{36}H_{56}N_4O_5$, F. 235° (A.-Bzl.). *Semicarbazon*, $C_{31}H_{55}N_3O_2$, F. 282—283° (Bzl.). — *Lupenon*, $C_{30}H_{48}O$, zwei Formen mit F. 167,5—169° u. 200—202°; $[\alpha]_D$ +56,4°; 0,04%. *2.4-Dinitrophenylhydrazon*, F. 217—218°. *Oxim*, F. 265,5 bis 267°. *Hydrazon*, F. 343,5—344°. — *Taraxeron*, F. 240° (Chlf.-Methanol), aus **C** (0,15%) oder durch Oxydation von 1,8 g **I** mit 0,33 g CrO_3 in Essigsäure bei 20° (1,23 g).

Helmut Schäfer. 3600△

0917 **Über 17α-Neriifolin.** Marcel Frèrejacque. (C. R. hebd. Séances Acad. Sci. **251**, 591—92, 1960; franz.) — Neriifolin [**I**; F. 175° u. 225°; $[\alpha]_D^{25}$ —53° (CH_3OH)], ein Glykosid aus Therelose u. Digitoxigenin, wird durch 24std. Erhitzen in Dimethylformamid (DMF) auf 117 bis 120° in Ggw. von Na-p-Anisolsulfonat/Na-Acetat zu *17α-Neriifolin* [**II**; $C_{30}H_{46}O_8$, F. 242° (A.), $[\alpha]_D^{21}$ —47° (CH_3OH)] isomerisiert u. nach Abdest. von DMF im Vakuum aus Chlf.-Lsg. an Al_2O_3 chromatograph. gereinigt [30% (Ausbeute)]. Die UV-Spektren von **I** u. **II** sind ident., die IR-Spektren dagegen nicht. Aus **II** läßt sich im Gegensatz zu **I** kein krist. Acetylderiv. erhalten. **II** gibt mit Liebermann-Reagens keine Farbreaktion. **I** (17β-Verb.) zeigt nach Aufbringen aus ameisensaurer Lsg. auf Papier, Trocknen, Besprühen mit 2%ig. essigsaurer Br_2-Lsg., Trocknen u. Bestrahlen mit Wood-Licht Gelbfärbung u. stark gelbe Fluorescenz, während **II** sich unter den gleichen Bedingungen durch blaue Fluorescenz auszeichnet.

K. Maier. 3650□

0918 **Steroidsapogenine. 7. Mitt. Rhizom- und Blattsapogenine der Yucca recurvifolia von der Schwarzmeerküste des Kaukasus.** T. A. Pcheidse und O. Ss. Madajewa. (J. allg. Chem. [UdSSR] **30** (**92**), 2067–70, Juni 1960; Chem.-Pharmazeut. Ordshonokidse-Forschungsinst. u. Tbilissi, Chem.-Pharmazeut. Forschungsinst.; russ.) — 5. vgl. C. **1962,** 1618. — Aus den Rhizomen von *Yucca recurvifolia* von der Schwarzmeerküste des Kaukasus wurden 3,9% eines *Sapogeningemisches* isoliert, das chromatograph. in *Tigogenin* (**I**), *Smilagenin* (**II**), *Hekogenin* (**III**) u. *Gitogenin* (**IV**) getrennt wurde. Aus den Blättern von *Y. r.* wurden 1,3% *Sapogeningemisch* isoliert, aus dem **I**, **II** u. **IV** erhalten wurden. Die Abtrennung eines Sapogeningemisches durch Hydrolyse der Saponine ist durch direkte Hydrolyse des Pflanzenmaterials u. anschließende Extraktion mit CCl_4 möglich.

Versuche: Man kocht 300 g lufttrockene Rhizome von *Y. r.* mit 3 Litern 2nHCl in Ggw. von 5% Butanol $4^1/_2$ Std., saugt ab, gibt 500 ml 5%ig. $NaHCO_3$ zu, saugt ab u. dampft bei 80° ein; man erhält 122 g Substanz, von denen man 58,6 g 6 Std. im Soxhlet mit PAe. u. 63,4 g 11 Std. mit CCl_4 extrahiert; man erhält 5,72 g bzw. 6,39 g; zur Trennung des Gemisches löst man 3 g in 45 ml Bzl., chromatographiert an Al_2O_3 u. eluiert mit Bzl., Ae. u. Methanol (papierchromatograph. Kontrolle der Eluate): 0,74 g *Tigogenin* (**I**; $C_{26}H_{46}O_4$, F. 199 bis 202° aus Aceton–Methanol; $[\alpha]_D^{20}$ – 64,26°; *Acetat*, F. 201–202°. *Hekogenin* (**III**; F. 252–257°). *Gitogenin* (**IV**; F. 269–271,5° aus Methanol). *Smilagenin* (**II**; F. 183 bis 185° aus Methanol). Die Verbb. wurden durch Vgl. der Konst. u. IR-Spektren identifiziert.

Helmut Schäfer. 3650□

0919 **Über eine neue Schließung des 5α.6α-Oxidringes in der Androstanreihe.** A. A. Achrem, S. Heřmánek, K. Syhora und I. G. Sawelskaja. (Nachr. Akad. Wiss. UdSSR, Abt. chem. Wiss. **1960,** 1898–99; Akad. der Wiss. der UdSSR, Zelinsky-Inst. für organ. Chem.; Prag, Forschungsinst. für natürliche Arzneimittel; russ.) — Bei der Einw. von Vinyl-MgBr oder $KHCO_3$ auf Androstan-3β.5α.6β-triol-17-on-3.6-diacetat [**I**; Androstan-3β.5β.6α-triol-17-on-3.6-diacetat nach Ehrenstein (1940; 1941)] entstehen *5α.6α-Oxidoandrostan-3β-ol-17-on-3-acetat* bzw. *Androstan-3β.5α.6β-triol-17-on.* Die Einw. von Vinyl-MgBr auf Androstan-3β.5α.6α-triol-17-on-3.6-diacetat (**II**) liefert *17-Vinylandrostan-3β.5α.6α.-17β-tetraolacetat.*

Versuche: *5α.6α-Oxidoandrostan-3β-ol-17-on-3-acetat*, $C_{21}H_{30}O_4$, F. 220° (Ae.), durch Zugabe von 0,5 g **I** (F. 212–214°) in 8 ml Tetrahydrofuran u. 20 ml Ae. bei – 15° zu Vinyl-MgBr (0,3 g Mg, 4 ml Vinylbromid, 9,5 ml Tetrahydrofuran), 6std. Stehen bei – 15° u. 2std. Kochen; 90% (Ausbeute). — *Androstan-3β.5α.6β-triol-17-on*, F. 290° (Zers.), durch $^3/_4$std. Kochen von 0,14 g **I** mit 0,2 g $KHCO_3$ in 4 ml W. u. 20 ml Methanol; 0,10 g. — *17-Vinylandrostan-3β.5α.6α.17β-tetraolacetat*, $C_{23}H_{36}O_5$, F. 168–169° (Aceton-Hexan), durch Rk. von Vinyl-MgBr (0,4 g Mg) mit 0,45 g **II**; 0,19 g.

Helmut Schäfer. 3700△

0920 **Über einen Weg zu den 18-Norcorticosteroiden.** Léon Velluz, Gaston Amiard, René Heymes und Bernard Goffinet. (Bull. Soc. chim. France **1961,** 2166–70, Nov.; Paris, Centre de Recherches Roussel-Uclaf; franz.) — Aus *3α-Hydroxy-11-oxo-13.17-seco-Δ¹²-5β-androsten-17-säure*(**I**)*-Methylester* erhalten Vff. durch Rk. mit Na-tert.-Butylat *3α.17-Dihydroxy-11-oxo-D-homo-18-nor-Δ^{12.17,17a}-5β-androstadien* (**II**). Auf Grund des E-Effekts der C=O-Gruppe am C-Atom 11 von **I** ist es möglich, die Methylgruppe (C-Atom 18) mit einzubeziehen. Stereospezif. Hydrierung von **II** liefert das *C/D-trans-Isomere des 3α-Hydroxy-11.17-dioxo-D-homo-18-nor-5β-androstans.* Einführung einer Methylgruppe in Stellung 17 u. einer Doppelbindung in 16–17, Öffnung des D-homo-Ringes durch Ozonolyse liefert einen nicht krist. *Triketoaldehyd* oder das isomere *16-Hydroxy-3.11.20-trioxo-18-nor-5β-pregnan*, die sich beide leicht durch Dehydratisierung in *3.11.20-Trioxo-18-nor-Δ¹⁶-5β-pregnen*, ein Ausgangsprod. für verschiedene 18-Norcorticosteroid-Synth., überführen lassen.

Versuche: *3α.17-Dihydroxy-11-oxo-D-homo-18-nor-Δ^{12.17,17a}-5β-androstadien* (**II**), $C_{19}H_{26}O_3$, F. 250° (wss. A.), durch 2std. Kochen von **I** in Methanol u. wenig H_2SO_4, Fällen mit W., Extrahieren mit Toluol, $2^1/_2$std. Zugabe dieser Lsg. zu Na-tert.-Butylat in Toluol unter Rühren im N_2-Strom, $^3/_4$std. Erhitzen unter Dest. des Toluols u. Gießen in angesäuertes Eiswasser; $[\alpha]_D^{25}$ +230° (c = 1%; Pyridin); 82% (Ausbeute). *Diacetat*, $C_{23}H_{30}O_5$, F. 179–180° (A.), durch Acetylierung in Pyridin; $[\alpha]_D^{20}$ + 153 ± 2° (c = 1; Chlf.). *3-Monoacetat*, $C_{21}H_{28}O_4$, F. 180–182° (Essigsäureäthylester), durch Verseifung vorst. Diacetats mit n NaOH bei Raumtemp.; $[\alpha]_D$ +153 ± 0,5° (c = 1; Alkohol). — *11.17-Dioxo-3α-hydroxy-D-homo-18-nor-5β.13α-androstan* (**III**), $C_{19}H_{28}O_3$, F. 203° (A.), durch Hydrierung von **II** in A. in Ggw. von Pd/Kohle; $[\alpha]_D^{20}$ + 24 ± 1° (c = 1; A.); 68%. *Acetat*, $C_{21}H_{30}O_4$, F. 180–181° (Methanol); $[\alpha]_D^{20}$ +41,5° (c = 0,5; A.). *Äthylendioxy-Deriv.* (**V**), $C_{21}H_{32}O_4$, F. 160°, dann 180° (Isopropyläther), durch 3std. Erhitzen von **III** mit p-Toluolsulfonsäure in Methyläthyldioxolan; 86%. — *3α-Acetoxy-17β-hydroxy-11-oxo-D-homo-18-nor-Δ¹²-5β-androsten*, durch Zugabe von n NaOH u. KBH_4 zur Lsg. des **II**-Diacetats in Tetrahydrofuran/Methanol/Wasser, $3^1/_4$std. Rühren bei 2–4°, Verdünnen mit Eiswasser, Neutralisieren mit Essigsäure u. Extraktion mit CH_2Cl_2. *Acetat*, F. 194° (A.); $[\alpha]_D^{20}$ + 30,5 ± 2° (c = 1%; Chlf.); 90%. — *3α-Acetoxy-11.17-dioxo-D-homo-18-nor-5β.13β-androstan* (**IV**), $C_{21}H_{30}O_4$, F. 151° (wss. Methanol), durch $^1/_2$std. Hydrierung vorst. Verb. in A. u. wss. Essigsäure in Ggw. von PtO_2 → *3α-Acetoxy-17β-hydroxy-11-oxo-D-homo-18-nor-5β.13β-androstan* u. Oxydation mit CrO_3 in Essigsäure bei Raumtemp.; $[\alpha]_D^{20}$ +22 ± 2° (c = 0,3; A.); 70%. *Äthylendioxy-Deriv.* (**VI**), $C_{23}H_{34}O_5$, F. 191° (Methanol u. wenig Pyridin); $[\alpha]_D^{20}$ + 17 ± 2° (c = 1; A.); 89%. — *3α.11β-Dihydroxy-17-oxo-D-homo-18-nor-5β.13α-androstan*, $C_{19}H_{30}O_3$, F. 236° (wss. Methanol), durch 3std. Kochen von **V** mit KBH_4 in wss. Methanol u. wenig NaOH, Fällen durch W. u. Hydrolyse des *Dihydroxyacetals* durch sd. 50%ig. Essigsäure; $[\alpha]_D^{20}$ + 17 ± 1° (c = 1, A.); 93%. — *3α.11β-Dihydroxy-17-oxo-D-homo-18-nor-5β.13β-androstan*, $C_{19}H_{30}O_3$, F. 184° (wss. Methanol), durch 3std. Kochen von **VI** mit KBH_4 in wss. Methanol u. NaOH, Ansäuern mit HCl, Dest. des Methanols u. Verdünnen mit W.; $[\alpha]_D^{20}$ –20 ± 1° (c = 1, A.); 86%. — *3α-Hydroxy-11-keto-13.17-seco-5β-androstan-17.18-disäure, Dihydrat*, $C_{19}H_{28}O_6 \cdot 2\,H_2O$, F. ca. 160°, dann 242° (wss. Methanol), durch 1std. Zugabe von CrO_3 in Essigsäure u. wenig Orthophosphorsäure zum **III**-Acetat in Essigsäure bei 70°, $^1/_2$std. Erhitzen bei 70°, Eindampfen zur Trockne im Vakuum, 1std. Kochen mit verd. NaOH u. Ansäuern auf pH 2; $[\alpha]_D$ – 41 ± 1° (c = 1; A.); 20%. — *3α.11α-Dihydroxy-13.17-seco-5β-ändrostan-17.18-disäurelacton-(11 → 18)*, $C_{19}H_{28}O_5$, F. 245° (Essigsäure), durch 1std. Rk. vorst. Disäure mit KBH_4 in verd. NaOH bei 70° u. Ansäuern auf pH 1; $[\alpha]_D^{20}$ – 6 ± 2° (c = 1; A.). — *3α.17ξ-Dihydroxy-17ξ-methyl-11-oxo-D-homo-18-nor-5β.-13β-androstan (Isomeres A)*, $C_{20}H_{32}O_3$, F. 222° (wss. A.), durch Zugabe von CH_3MgBr in Tetrahydrofuran/Bzl. zur benzol. Lsg. von **IV** bei – 5°, $^1/_2$std. Rühren bei 12°, Hydrolyse mit NH_4Cl u. Verseifung; $[\alpha]_D$ + 21° (c = 1; A.); daneben aus der Mutterlauge ein *Gemisch der Isomeren A u. B*, F. ca. 170°. — *3.11-Dioxo-17ξ-hydroxy-17ξ-methyl-D-homo-18-nor-5β.13β-androstan, Isomeres A*, $C_{20}H_{30}O_3$, F. 200° (wss. Methanol), durch 2std. Rühren vorst. Isomeren A mit 10%ig. CrO_3 in Essigsäure bei 30° u. Umkristallisieren aus Ae.; $[\alpha]_D$ + 22° (c = 1; $CHCl_3$); 71%. *Isomeres B*, durch Oxydation vorst. Isomerengemischs; $[\alpha]_D$ + 16° (c = 1; $CHCl_3$); 50%. — *17ξ-Chlor-3.11-dioxo-17ξ-methyl-D-homo-18-nor-5β.13β-androstan*, $C_{20}H_{29}ClO_2$, F. 148° (CH_2Cl_2/Hexan), durch 20 Min. Rühren vorst. Isomeren A oder B mit konz. HCl bei Raumtemp.; $[\alpha_D]$ + 18° (c = 1; $CHCl_3$); 94%. — *3.3-Äthylendioxy-17-methyl-11-oxo-D-homo-18-nor-Δ¹⁶-5β.13β-androsten*, $C_{22}H_{32}O_3$, F. 148–150° (CH_2Cl_2/Methanol), a) durch 20 Min. Erhitzen vorst. Verb. mit LiBr u. Li_2CO_3 in Dimethylformamid im N_2-Strom unter Rühren, Verdünnen mit W., Extraktion mit Chlf., Zugabe von Glykol u. p-Toluolsulfonsäure u. Dest.; $[\alpha]_D$ – 55° (c = 1; $CHCl_3$); 54%; b) aus nachst. Verb. — *3.11-Dioxo-17-methyl-D-homo-18-nor-Δ¹⁶-5β.13β-androsten*, $C_{20}H_{28}O_2$, F. 120° (Hexan), a) durch $^1/_2$std. Erhitzen vorst. Verb. in Essigsäure auf 90°; b) durch teilweise Isomerisierung nachst.

$\Delta^{17,17a}$-Isomeren durch Kochen in Bzl. unter N_2 in Ggw. von p-Toluolsulfonsäure; $[\alpha]_D$ $-60°$ (c = 1; $CHCl_3$), $[\alpha]_D$ $-55°$ (c = 1; Bzl.); 80%. *$\Delta^{17,17a}$-Isomeres*, $C_{20}H_{28}O_2$, F. 120° (Hexan), durch Hydrolyse der eingedampften Mutterlaugen vorst. Verb. mit Eissigsäure; $[\alpha]_D$ $+33°$ (c = 1; $CHCl_3$), $[\alpha]_D$ $+75°$ (c = 1; Bzl.). — *3.11.20-Trioxo-18-nor-Δ^{16}-5β-pregnen*, $C_{20}H_{26}O_3$, F. 174—175° (A.), durch 3std. Ozonisierung vorst. Δ^{16}-Isomeren in Methanol bei —75°, Zugabe von Zn-Pulver u. Essigsäure, Lösen des gebildeten *Triketoaldehyds* in A. u. W. u. 1std. Erhitzen mit NaOH auf 85—90° unter N_2; $[\alpha]_D$ $+97 \pm 2°$ (c = 1; $CHCl_3$); 61%. — *16-Hydroxy-3.11.20-trioxo-18-nor-5β-pregnan*, $C_{20}H_{28}O_4$, F. 220° (A.), durch Chromatographie vorst. gebildeten Triketoaldehyds an Al_2O_3 u. Eluieren mit Methanol. Gottfried Schreiber. 3700◇

0921 **Die Reaktion von Tosylhydrazonen mit Lithiumaluminiumhydrid.** L. Caglioti und M. Magi. (Tetrahedron [London] **19**, 1127—31, 1963; Milano, Politecnico, Ist. di Chim. Generale; engl.) — Bei der Rk. der p-Tosylhydrazone aromat. Aldehyde mit $LiAlH_4$ entstehen durch Red. der Aldehydgruppe in guten Ausbeuten die entsprechenden *Methylverbindungen*. Dagegen werden bei der Anwendung dieser Rk. auf 17-Ketosteroide ausschließlich *Δ^{16}-Steroide* gebildet. Δ^1-5a-Cholesten-3-on-p-tosylhydrazon (**IX**) liefert ein *Gemisch aus Δ^1- u. Δ^2-5α-Cholesten*, während 3-Keto-Δ^4-cholesten-p-tosylhydrazon (**VIII**) ein *Gemisch aus 30% $\Delta^{2.4}$-Cholestadien, Δ^3- u. Δ^4-Cholesten* gibt. UV-Maxima s. Original.

Versuche: p-Tosylhydrazone: *β-Naphthaldehyd*-(**I**), F. 174° (Zers.), durch 4std. Kochen von p-Tosylhydrazin mit β-Naphthaldehyd in Methanol; aus Methanol Nadeln. — *5α-Cholestan-3-on*-(**II**), F. 173—174° (Ae./Heptan). — *Koprostan-3-on*-(**III**), F. 168° (Ae./Methanol). — *7-Keto-3β-acetoxy-5α-cholestan*-(**IV**), F. 233° (Ae./Heptan). — *Hecogeninacetat*-(**V**), F. 266° (Methanol). — *3β-Acetoxy-5α-androstan-17-on*-(**VI**), F. 175° (verd. Methanol). — *Östronmethyläther*-(**VII**), F. 198° (Methanol). — *Δ^4-Cholesten-3-on*-(**VIII**), F. 142° (Methanol). — *Δ^1-5α-Cholesten-3-on*-(**IX**), F. 162° (Methanol). — *β-Methylnaphthalin*, durch mehrstd. Kochen von 2 g **I** mit 3 g $LiAlH_4$ in Tetrahydrofuran; 70% (Ausbeute). *1.3.5-Trinitrobenzolat*, F. 120—122°. — *Skatol*, F. 95°, analog aus Indol-3-aldehyd-p-tosylhydrazon; 35—40%. — *5α-Cholestan*, $C_{27}H_{48}$, F. 79° (Methanol), analog aus **II**; $[\alpha]_D^{20}$ $+27°$ (Chlf.); 70%. — *Koprostan*, $C_{27}H_{48}$, F. 70° (Methanol), analog aus **III**; $[\alpha]_D^{20}$ $+25°$ (Chlf.); 60 bis 70%. — *3β-Hydroxy-5α-cholestan*, $C_{27}H_{48}O$, F. 142° (verd. Methanol), analog aus **IV**; $[\alpha]_D^{20}$ $+26°$ (Chlf.); 65%. *Acetat*, $C_{29}H_{50}O_2$, F. 110° (Methanol); $[\alpha]_D^{20}$ $+14°$ (Chlf.). — *Tigogenin*, $C_{27}H_{44}O_3$, F. 203° (verd. Methanol), analog aus **V**; $[\alpha]_D^{20}$ $-62°$ (Chlf.); 40—50%. *Acetat*, F. 206° (Methanol). — *Gemisch aus Δ^3- u. Δ^4-Cholesten sowie 30% $\Delta^{2.4}$-Cholestadien*, analog aus 1 g **VIII**; 410 mg. — *Gemisch aus Δ^2- u. wenig Δ^1-5α-Cholesten*, F. 67° (Methanol), analog aus 1 g **IX**; $[\alpha]_D^{20}$ $+59°$ (Chlf.); 460 mg. — *3β-Hydroxy-Δ^{16}-5α-androsten*, $C_{19}H_{30}O$, F. 123°, analog aus **VI**; $[\alpha]_D^{20}$ $+16°$ (Chlf.); 60—70%; gibt durch Hydrieren in Essigsäure an Pt *3β-Hydroxy-5α-androstan*, $C_{19}H_{32}O$, F. 148° (verd. Methanol); $[\alpha]_D^{20}$ $-1°$ (Chlf.). — *3-Methoxy-$\Delta^{1.3.5,10.16}$-östratetraen*, $C_{19}H_{24}O$, F. 63° (Methanol), analog aus **VII**; $[\alpha]_D^{20}$ $+113°$ (Chlf.); 70%; gibt durch Hydrieren in A. in Ggw. von 10%ig. Pd/Kohle *3-Methoxy-$\Delta^{1.3.5,10}$-östratrien*, $C_{19}H_{26}O$, F. 75—76° (Methanol); $[\alpha]_D^{20}$ $+87°$ (Chlf.). — *16α.17α-Dihydroxy-3-methoxy-$\Delta^{1.3.5,10}$-östratrien*, $C_{19}H_{26}O_3$, F. 158—160° (Aceton/Heptan), aus vorst. Tetraen in Ae. durch 48std. Rk. mit OsO_4 in Ggw. von Pyridin, Eindampfen, 3std. Kochen mit Mannit in 3%ig. methanol. NaOH u. Extrahieren mit Ae.; $[\alpha]_D^{20}$ $+48°$ (Chlf.); 120 mg. Klaus Lange. 3700△

0922 **Corbisterin.** Toshitake Tamura, Kazuyoshi Kokuma und Taro Matsumoto. (J. chem. Soc. Japan, pure Chem. Sect. [Nippon Kagaku Zassi] **77**, 987—90, 1956; Tokyo, Nihon Univ.; jap.) — *7-Dehydrostigmasterin* (**I**) wurde aus den Sterinfraktionen von *Corbicula leana* bzw. *Corbicula japonica* durch Acetylieren u. chromatograph. Fraktionieren isoliert. Corbisterin ist ident. mit **I**. H.-J. Weigmann. 3700△

0923 **Die Reaktion zwischen Steroidsulfonatestern und Dimethylsulfoxid.** D. Neville Jones und M. A. Saeed. (J. chem. Soc. [London] **1963**, **4657—63**, Sheffield, Univ.; engl.) — Rk. einiger p-Toluolsulfonate (Tosylate) bzw. Methansulfonate (Mesylate) von Steroidalkoholen mit $(CH_3)_2SO$ (**I**; Kp.$_{17}$ 83°) gab hauptsächlich *Olefine* mit *Ketonen* u. *Alkoholen* als Nebenprodukten. Ggw. von Kollidin (**II**) im Rk.-Gemisch steigerte die Ausbeute an *Ketonen*. Die Beziehung zwischen der ster. Umgebung der Estergruppe u. der Ausbeute an *Ketonen* legt nahe, daß die Ketone in einer S_N2-Rk. entstehen, wobei **I** als Nucleophil dient. — Es gelang nicht, die Tosylate von 5α-Cholestan-6β-ol oder 5α-Cholestan-7α-ol darzustellen.

Versuche ($[\alpha]_D$ in Chlf.): *3β-Methoxy-5α.22α-spirostan-11-on*, $C_{28}H_{44}O_4$, F. 194—197° (Aceton/CH_3OH), aus 1 g 5α.22α-Spirostan-3β-ol-11-on u. CH_3J/Ag_2O (12 Std.); $[\alpha]_D$ $-31°$ (c = 1,7); 815 mg (Ausbeute). — *3β-Methoxy-5α.22α-spirostan-11α-ol* (**III**), $C_{28}H_{46}O_4$, F. 209—210°, Nadeln (Ae.), aus 815 mg vorst. Verb. u. Na in Propanol (3 Std.); $[\alpha]_D$ $-75°$ (c = 1,2); 710 mg. *Tosylat*, $C_{35}H_{52}O_6S$, F. 125—127° (Aceton), $[\alpha]_D$ $-48°$ (c = 0,6). Rk. mit **I** in Ggw. von **II** (3 Std. bei 100°) gab 54% *3β-Methoxy-5α.22α-$\Delta^{9,11}$-spirosten* [$C_{28}H_{44}O_3$, F. 151—153° (Aceton), $[\alpha]_D$ $-40°$ (c = 0,8)] u. 21% eines *Gemisches* (F. 196—200°) aus etwa gleichen Teilen **III** u. *3β-Methoxy-5α.22α-spirostan-11β-ol*. — *5α-Cholestan-2α-yl-tosylat* [$C_{34}H_{54}O_3S$, Doppel-F. 129—130 u. 140—142°, Nadeln (Aceton), $[\alpha]_D$ $-17°$ (c = 0,9)] gab: mit **I** u. **II** wie vorst. 74% *5α-Δ^2-Cholesten* [**IV**; F. 69—71° (Aceton)] u. 19% *5α-Cholestan-2-on* [**V**; F. 128—129° (Aceton/CH_3OH)]; mit **I** allein (5 Std. bei 100°) nur **IV** (143 → 97 mg). — *5α-Cholestan-2β-yl-tosylat* [F. 112 bis 114° (Zers.; Aceton), $[\alpha]_D$ $+22°$ (c = 1,3)] gab mit **I** u. **II** 68% **IV**, 13% **V** u. je 4% *5α-Cholestan-2α-ol* u. *5α-Cholestan-2β-ol*. — *5α-Cholestan-3β-yl-tosylat* gab: mit **I** u. **II** 26% **IV**, 64% *5α-Cholestan-3-on* [**VI**; F. 127—128° (Aceton/CH_3OH)], 10% *5α-Cholestan-3α-ol* [**VII**; F. 182—184° (Aceton/CH_3OH)] u. eine Spur *5α-Cholestan-3β-ol* [**VIII**; F. 140—142° (A.)]; mit **I** in Ggw. von $NaHCO_3$ (3std. Rühren bei 100°) 16% **IV**, 46% **VI**, 12% **VII** u. ca. 11% **VIII** (roh); mit **I** allein 81% **IV**, 11% **VI**, 4% **VII** u. 1% **VIII**. — *5α-Cholestan-3β-yl-mesylat* gab mit **I** u. **II** 13% **IV**, 42% **VI**, 11% **VII**, 0,5% **VIII** u. 19% Ausgangsprod. zurück. — *5α-Cholestan-3α-yl-tosylat* gab mit **I** u. **II** 57% **IV**, 34% **VI** u. 7% **VIII**. — *5α-Cholestan-7β-yl-tosylat* gab: mit **I** u. **II** 23% *5α-Δ^7-Cholesten* [**IX**; F. 85° (Aceton), $[\alpha]_D$ $+6°$] u. 76% *5α-Cholestan-7-on* [**X**; F. 113—115° (Aceton/CH_3OH), $[\alpha]_D$ $-45°$]; mit **I** allein nur **IX** (238 → 173 mg). — *5α-Cholestan-7β-yl-mesylat* [F. 106—108° (Aceton), $[\alpha]_D$ $+53°$ (c = 1,2)] gab mit **I** u. **II** 10% **IX**, 64% **X**, 4% *5α-Cholestan-7α-ol* u. 2% *5α-Cholestan-7β-ol*. — *5α-Cholestan-7α-yl-mesylat* [F. 89 bis 90°, Prismen (Aceton), $[\alpha]_D$ $-24°$ (c = 1,1)] gab mit **I** u. **II** 88% **IX** u. 8% **X**. — *5α-Cholestan-6α-yl-tosylat* [F. 106—108° (Aceton)] gab mit **I** u. **II** 26% *Δ^5-Cholesten* [**XI**; F. 89—92°, Nadeln (Aceton), $[\alpha]_D$ $-54°$], 6% *5α-Cholestan-6-on* [F. 87—89° (Aceton/CH_3OH)] u. 29% Ausgangsprod. zurück. — *5α-Cholestan-6α-yl-mesylat* [$C_{28}H_{50}O_3S$, F. 104—106° (Aceton), $[\alpha]_D$ $-55°$ (c = 0,9)] gab mit **I** u. **II** nur eine Spur **XI**; 96% wurden zurückgewonnen. — *5α-Cholestan-6β-yl-mesylat* [F. 90—91° (Aceton), $[\alpha]_D$ $-2°$ (c = 1,0)] gab mit **I** u. **II** 90% **XI**. — *Cholesteryltosylat* gab mit **I** u. **II** 17% eines Gemisches aus $\Delta^{3.5}$- u. *$\Delta^{2.4}$-Cholestadien* (ca. 80:20%), ferner 55% *Δ^4-Cholesten-3-on* [F. 81—82° (Ae./CH_3OH)] u. 19% *Cholesterin* [F. 148—149° (Aceton/CH_3OH)]. — 3β-Brom-5α-cholestan gab mit **I** u. **II** 55% **VI** u. 27% **IV**. — 3β-Methoxy-Δ^5-androsten-17β-yl-tosylat reagierte bei 100° nicht mit **I**; bei 140° (3 Std.) wurden 18% *3β-Methoxy-Δ^5-androsten-17-on* erhalten u. 37% Ausgangsmaterial zurückgewonnen. J. Rothe. 3700◇

0924 **Die Ester einiger 3β-Hydroxy-$\Delta^{4.6}$-steroiddiene und ihre biologische Aktivität.** John S. Baran. (J. med. Chem. **6**, 329—30, 1963; Chicago, Ill., G. D. Searle & Co., Div. of Chem. Res.; engl.) — Die 3β-Hydroxy-$\Delta^{4.6}$-diensteroide werden in 40—95%ig. Ausbeute durch Red. der entsprechenden $C_{(3)}$-Ketone mit LiAl (tert.-C_4H_9)$_3$ (**I**) in THF dargestellt. 6-Dehydro-17-äthinyltestosteron (**II**) wird durch Dehydrierung von 17-Äthinyltestosteron mit

Chloranil hergestellt. Die biolog. Aktivitäten sind angegeben.

Versuche (FF. korr.): *17α-Äthinyl-Δ$^{4.6}$-androstadien-3β.17β-diol*, $C_{21}H_{28}O_2$, F. 220—224°, durch 1std. Rühren von 1 g 17α-Äthinyl-Δ$^{4.6}$-androstadien-17β-ol-3-on in THF mit 2 g I bei Raumtemp., Zers. mit 20%ig. H_2SO_4 bei 5° u. Extrahieren mit Chlf.; $[\alpha]_D^{25}$ —152° (Pyridin). *17-Acetat*, $C_{23}H_{30}O_3$, F. 138—140°, durch 1tägige Rk. des Alkohols mit Acetanhydrid (III)/Pyridin bei 25° u. Verdünnen mit W. bei 0°; $[\alpha]_D^{25}$ — 143° (Pyridin). *3-Acetat*, $C_{23}H_{30}O_3$, F. 129—131°; $[\alpha]_D^{25}$ —162° (Pyridin). *3-Propionat*, $C_{24}H_{32}O_3$, F. 117—118°; $[\alpha]_D^{25}$ — 163° (Pyridin). *3.17-Diacetat*, $C_{25}H_{32}O_4$, F. 165—166°; $[\alpha]_D^{25}$ — 143° (Pyridin). — *17α-Äthinyl-Δ$^{4.6}$-östradien-3β.17β-diol*, *17-Acetat*, $C_{22}H_{28}O_3$, F. 180—183°, $[\alpha]_D^{25}$ — 136° (Pyridin). *3.17-Diacetat*, $C_{24}H_{30}O_4$, F. 188—190°; $[\alpha]_D^{25}$ — 165° (Pyridin). — *Δ$^{4.6}$-Androstadien-3β.17β-diol*, *17-Acetat*, $C_{21}H_{30}O_3$, F. 147—148°; $[\alpha]_D^{25}$ — 55° (Pyridin). *3.17-Diacetat*, $C_{23}H_{32}O_4$, F. 169—170°; $[\alpha]_D^{25}$ — 83° (Pyridin). — *17α-Methyl-Δ$^{4.6}$-androstadien-3β.17β-diol*, $C_{20}H_{30}O_2$, F. 235°; $[\alpha]_D^{25}$ — 98° (Methanol). *3-Acetat*, $C_{22}H_{32}O_3$, F. 139—140°; $[\alpha]_D^{25}$ — 91° (Methanol). *3-Propionat*, $C_{23}H_{34}O_3$, F. 99—100°. — *3β.17β-Dihydroxy-Δ$^{4.6}$-androstadien-17α-ylpropionsäurelacton*, $C_{22}H_{30}O_3$, F. 179—181°; $[\alpha]_D^{25}$ — 71° (Methanol). *3-Acetat*, $C_{24}H_{32}O_4$, F. 165—166°; $[\alpha]_D^{25}$ — 91° (Methanol). *3-Propionat*, $C_{25}H_{34}O_4$, F. 158 bis 160°; $[\alpha]_D^{25}$ — 92° (Methanol). — *6-Dehydro17-äthinyltestosteron-17-acetat*, $C_{23}H_{28}O_3$, F. 145—146° (Ae./Skellysolve B), durch 2std. Kochen von II mit III/Pyridin, $[\alpha]_D^{25}$ — 86° (Chlf.); 72%. W. Mucke. 3750△

0925 **Synthese von einigen Steroid-[3.2:d]- und -[17.16:d]-2'.6'-diaminopyrimidinen.** Leland L. Smith, Daniel M. Teller und Theodore Foell. (J. med. Chem. **6**, 330—32, 1963; Radnor, Pa., Wyeth Labor., Inc., Res. and Development Div.; engl.) — Durch Rk. von 4.5α-Dihydro-3-ketosteroiden mit Cyanguanidin (I) wurden nach Appelquest (A. P. 2517824; C. **1951**, II, 2393) *2'.6'-Diaminopyrimido-[5'.4':b]-steroide* (**A**) erhalten. Analog entstehen aus 17-Ketosteroiden *2'.6'-Diaminopyrimido-[5'.4':k]-steroide* (**B**). Die UV- u. IR-Absorptionsmaxima sind angegeben. Die Einheitlichkeit der Prodd. wird durch Dünnschichtchromatographie geprüft. Die **A** besitzen geringe androgene, jedoch keine anabol., die **B** geringe östrogene, jedoch keine antilipäm. Aktivität. Die antibakterielle Aktivität der **A** u. **B** gegenüber Staphylococcus aureus-Stämmen u. grampositiven Organismen wird untersucht u. mit der von K-Benzylpenicillin verglichen.

Versuche (FF. korr.): *2'.6'-Diaminopyrimido-[5'.4':b]-17β-hydroxy-5α-androstan*, $C_{21}H_{32}N_4O$, FF. 190°/272—278° (Zers.; sintert ab 243°), durch ½std. Erhitzen von 1 g 4.5α-Dihydrotestosteron mit 0,4 g I auf 230—250°; 1,275 g (Ausbeute). — *2'.6'-Diaminopyrimido-[5'.4':b]-17β-hydroxy-17α-methyl-5α-androstan*, $C_{22}H_{34}N_4O$, FF. 170 bis 175°/248—256° (Zers.; Bzn.; sintert ab 172°), durch ½std. Erhitzen von 2 g 17α-Methyl-4.5α-dihydrotestosteron u. 1 g I auf 187—200°, mehrtägige Extraktion mit Bzl., Eindampfen, Lösen in A. u. Fällen mit W.; $[\alpha]_D$ + 16° (c = 1; A.); 1,885 g. *Hydrat*, $C_{22}H_{34}N_4O \cdot 1^1/_4 H_2O$, FF. 179 bis 182°/252—260° (Zers.). — *2'.6'-Diaminopyrimido-[5'.4':b]-5α-cholestan*, F. 200—208° (sintert ab 100°), durch Erhitzen von 1 g 5α-Cholestan-3-on u. 0,25 g I auf 250° unter-N_2; 0,91 g. — *2'.6'-Diaminopyrimido-[5'.4':k]-3-hydroxyöstratrien*, $C_{20}H_{24}N_4O \cdot {}^1/_3 H_2O$, F. 320—330° (Zers.), durch Erhitzen von 6 g Östron u. 4 g I auf 260° unter N_2; $[\alpha]_D$ + 100° (c = 1; Methanol); 536 mg. *Methyläthermonohydrat*, $C_{21}H_{26}N_4O \cdot H_2O$, F. 232—239° (Zers.; Methanol), a) durch Rk. von 1 g Alkohol in Methanol/W. (1:1) u. KOH mit Dimethylsulfat bei 35°; $[\alpha]_D$ + 92° (c = 1; A.); 361 mg; b) durch Erhitzen von 1 g Östronmethyläther (II) mit 330 mg I auf 240°; 95 mg; daneben 831 mg II. — *2'.6'-Diaminopyrimido-[5'.4':b]-17β-hydroxy-Δ^4-androsten, Monohydrat*, $C_{21}H_{30}N_4O \cdot H_2O$, F. 218—227°, durch Rk. von 5 g Testosteron mit 2 g I bei 230°, gelbe Kristalle; 1,55 g (roh). W. Mucke. 3750△

0926 **Die Synthese eines neuen Fragmentierungsprodukts eines Cephalosporansäurederivats.** S. H. Eggers, T. R. Emerson, V. V. Kane und G. Lowe. (Proc. chem. Soc. [London] **1963**, 248—49; Oxford, Univ., Dyson Perrins Labor.; engl.) — 7-Phenylacetamidocephalosporansäure (I) wird glatt durch 1std. Behandeln mit 2 Val $C_6H_5CH_2 \cdot ONa$ in $C_6H_5CH_2OH$ bei 15° in *4-Carboxy-5-methyl-2-[2-benzyloxy-2-hydroxy-1-phenylacetamidovinyl]-6 H-1.3-thiazin* (**II**; F. 211—213°) übergeführt [60% (Ausbeute)]. **II** wurde auch synthet. wie folgt erhalten: Cyanessigsäurebenzylester gab mit $NaNO_2/CH_3COOH$ *Isonitrosocyanessigsäurebenzylester*, der durch Red. mit Al-Amalgam u. Behandeln mit $C_6H_5CH_2COCl$ in *Phenylacetamidocyanessigsäurebenzylester* übergeführt wurde. Dieser lieferte mit H_2S das entsprechende *Thioamid* (**III**). α-Hydroxy-β-methylenbuttersäureäthylester gab mit $C_6H_5CH_2OH$ in Ggw. von p-Toluolsulfonsäure den entsprechenden *Benzylester*. Oxydation dieser Hydroxyester mit MnO_2 lieferte *α-Keto-β-methylenbuttersäureäthyl-* (**IV**) bzw. *-benzylester* (**V**). Kondens. von **V** u. **III** in Dioxan/HCl bei 15° (2 Tage) führte zu **II**-*Benzylester* (2 Formen, F. 155—156°, Nadeln, u. F. 173—175°, Würfel); aus **IV** u. **III** entstand unter ähnlichen Bedingungen **II**-*Äthylester* (F. 138°). Beide Ester konnten selektiv mit Na_2CO_3-Lsg. zu **II** hydrolysiert werden. — Die Umwandlung **I** → **II** wird als erweiterte Fragmentierung aufgefaßt, deren treibende Kraft in erster Linie aus der Spaltung des β-Lactamrings herrührt. J. Rothe. 3900◇

0927 **Chemie der Neomycine. 7. Mitt. Aus Methylneobiosaminid C erhaltene Verbindungen.** Kenneth L. Rinehart jun. und Peter W. K. Woo. (J. Amer. chem. Soc. **83**, 643—48, 1961; Urabana, Ill., Univ., Noyes Chem. Labor.; engl.) — 6. vgl. C. **1961**, 11347. — Neobiosamin C (I), ein Baustein des Neomycins C (**II**), erweist sich auf Grund seines chem. Verh. als *Neosaminido-D-ribose*. Die Struktur eines Ribosidoneosamins kann auf Grund des Verh. von **I** u. einigen seiner Umwandlungsprodd. bei der sauren Hydrolyse ausgeschlossen werden. Einw. von 0,4 n HCl auf **II** liefert neben dem in seiner Struktur noch nicht aufgeklärten *Neamin Methylneobiosaminid C* (**III**) (Gemisch der α- u. β-Form). **III** geht durch milde saure Hydrolyse in **I** über. Energ. saure Hydrolyse von **III** führt zu einer Didesoxydiaminohexose, dem *Neosamin C* (**V**). Durch energ. saure Hydrolyse des *N.N'-Dibenzoylderiv.* (**IV**) von **III**, anschließende Red. des nicht isolierten **V** mit $NaBH_4$ u. Benzoylierung erhalten Vff. *N.N'-Dibenzoylneosaminol C*. Milde saure Hydrolyse von **IV** führt zu einer Aldopentose, die sich auf Grund ihrer chem. u. physikal. Eigg. als *D-Ribose* erweist, ferner zu **V**, **I** u. ihren benzoylierten Derivv.; die jedoch nicht isoliert werden. **I** ergibt bei der Red. mit $NaBH_4$ *Neobiosaminol C*, das als *N.N'-Dibenzoylderiv.* (**VI**) isoliert wird. Hydrolyse von **VI** führt zu *Ribit*. Zur Identifizierung der Rk.-Prodd. werden auch deren R_f-Werte in verschiedenen Lsgm.-Gemischen sowie Farbrkk. herangezogen.

Versuche: *Methylneobiosaminid C* (**III**), $C_{12}H_{24}N_2O_8$, F. 98—130°, aus **II**-Sulfat mit methanol. HCl u. sorgfältige chromatograph. Reinigung u. Trennung des z. T. als *Hydrochlorid* z. T. als *Sulfat* ($C_{12}H_{24}N_2O_8 \cdot 1{,}35\ H_2SO_4 \cdot H_2O$) anfallenden Rk.-Prod. an Dowex 2 u. chromatograph. Reinigung der aus den Salzen freigesetzten Base nach dem bereits beschriebenen Verf. (vgl. 5. Mitt.; C. **1962**, 4179); $[\alpha]_D^{31}$ (*α-Isomeres*) + 68° (c = 0,6; W.); $[\alpha]_D^{31}$ (*β-Isomeres*) + 60,1° (c = 0,2; W.); 79% (Ausbeute; daneben *Neaminhydrochlorid*; 80—90%). *N.N'-Bis-[p-nitrobenzoyl]-deriv.* (*β-Isomeres*), $C_{26}H_{30}N_4O_{14} \cdot H_2O$, F. 266—268° (Zers.; wss. CH_3OH; Nadeln), durch Schütteln von **III** (β-Isomeres) mit p-Nitrobenzoylchlorid u. NaOH bei 0°, 18std. Aufbewahren bei Raumtemp. u. Absaugen; 0,4 g (Rohprod.). *N.N'-Dibenzoylderiv.* (**IV**) (*β-Isomeres*), $C_{26}H_{32}N_2O_{10} \cdot H_2O$, F. 255—257° (wss. CH_3OH; Nadeln), $C_{26}H_{32}N_2O_{10}$, F. 254—256,5° (CH_3OH/Ae.), durch 6std. Schütteln von **III** (β-Isomeres) mit Benzoylchlorid (**VII**) u. NaOH unterhalb 20°, 20std. Aufbewahren bei 30°, 4std. Kochen des organ. Harzes mit methanol. NaOH, Einstellen auf pH 7 mit HCl u. Eindampfen im Vakuum; 64%. — *Neobiosamin C* (**I**), durch Erhitzen der schwach sauren wss. Lsg. von **III** im geschlossenen Rohr auf 89° bis zur Erreichung des Mutarotationdrehwertes von $[\alpha]_D$ + 104°. — *N.N'-Dibenzoylneobiosaminol C* (**VI**), $C_{25}H_{32}N_2O_{10} \cdot 0{,}5\ H_2O$, F. 217—227°, durch 19std. Erhitzen von **III** mit 1 n HCl auf 92°, Neutralisation der im Vakuum eingeengten Lsg.

mit NaOH, Zugabe von $NaBH_4$ u. W. bei 0°, ½std. Aufbewahren bei 10°, 24std. Aufbewahren bei Raumtemp., Aufarbeitung in der üblichen Weise u. Benzoylierung mit **VII** analog **IV**; 45%. — *Neosamin C* (**V**), *Dihydrochlorid*, $C_6H_{14}N_2O_4 \cdot 2$ HCl, F. > 230°, durch 1½std. Kochen von **III** mit 6 n HCl, Einengen im Vakuum, Zugabe von Aceton, Behandeln des ausgeschiedenen Harzes mit W., Lösen des glasartigen Rk.-Prod. in heißem CH_3OH u. Fällen mit Ae.; $[\alpha]_D^{23}$ + 69° (c = 0,87; C); sehr hygroskop.; 93%. — *N.N'-Dibenzoylneosaminol C*, $C_{20}H_{24}N_2O_6$, F. 186—188,5° (CH_3OH/Ae.), durch 10std. Erhitzen von **IV** mit 1,5 n HCl auf 93°, Auswaschen von *Benzoesäure* (82%) mit Ae., Einengen der filtrierten, mit 2 n NaOH neutralisierten Lsg., Red. mit $NaBH_4$, Benzoylierung mit **VII**, 3std. Kochen der Rk.-Prod. mit 80%ig. methanol. NaOH, Einstellen mit HCl auf pH 7,2, Verreiben mit W. u. Absaugen; $[\alpha]_D$ + 25° (c = 0,49; CH_3OH); 13%. — *Ribose*, durch 1¼std. Kochen von 0,531 mg **IV** mit 1,5 n HCl, Einstellen des Hydrolysats mit Amberlite IR 4 B (Carbonat-Form) auf pH 5, Filtrieren über Dowex 50 (H^+-Form), Entfernung des Lsgm. durch Ausfrieren u. Aufarbeitung der Rk.-Prod. durch wiederholte Chromatographie an Cellulose; $[\alpha]_D^{27}$ — 21,4° [c = 0,13; Propanol-Butanol-Wasser (1:4:1)]; 1,6 mg. — *Ribit*, durch 1std. Kochen von **VI** mit 1 n HCl u. Identifizierung im Hydrolysat durch R_f-Werte u. Farbreaktionen.

H.-D. Eilhauer. 3900□

0928 **Untersuchungen über Leukomycin.** 3. Mitt. **Isolierung und Eigenschaften von sechs antibakteriellen Komponenten des Leukomycinkomplexes.** Tetsuo Watanabe, Hisao Nishida, Jinnosuke Abe und Kazuo Satake., (Bull. chem. Soc. Japan **33**, 1104—08, 1960; Ohito Shizuoka-ken, Toyo Jozo Co., Ltd., Res. Inst.; Tokyo, Metropolitan Univ., Fac. of Sci., Dep. of Chem.; engl.) — 2. vgl. Bull. chem. Soc. Japan **33**, [1960], 1100. — Vff. berichten über die Auftrennung des *Leukomycin -Komplexes* aus *Streptomyces kitasatoensis* in 6 Komponenten durch Gegenstromverteilung mit verschiedenen Lsgm.-Kombinationen u. die Eigg. (Verteilungskoeff., pK-Werte, IR- u. UV-Maxima, antibakterielle Wirksamkeit) der so erhaltenen Verbb. *Leukomycin* A_1 ($C_{46}H_{81}NO_{17}$), A_2 ($C_{65}H_{111}NO_{22}$), B_1 ($C_{35}H_{59}NO_{13}$, F. 214,5—216,5°), B_2 ($C_{38}H_{65}NO_{16}$, F. 214—216°), B_3 ($C_{34}H_{53}NO_{13}$, F. 216 bis 217°) u. B_4 ($C_{38}H_{59}NO_{16}$, F. 221—223,8°).

E. Moisar. 3900◇

0929 **Untersuchungen über Leukomycin.** 4. Mitt. **Isolierung von Mycaminose aus dem Säurehydrolysat.** Tetzuo Watanabe. (Bull. chem. Soc. Japan **34**, 15—18, 1961; Ohito, Tagata, Shizuoka, Toyo Jozo Co. Ltd., Res. Inst.; engl.) — 3. vgl. vorst. Referat. — Aus durch 3std. Erhitzen mit 2 n HCl auf 100° erhaltenen Hydrolysaten von *Leukomycin* A_1 ($C_{46}H_{81}NO_{17}$, F. 135—138°) wurde durch Chromatographie an Dowex 50 eine Verb. isoliert, die durch Perjodatoxydation [→ HCOOH, CH_3CHO u. Dimethylamin (**I**)], alkal. Spaltung (→ **I**) u. IR-Spektrum (Abb.) als *Mycaminosehydrochlorid* [**II**; $C_8H_{17}NO_4 \cdot$ HCl, F. 114—116°, $[\alpha]_D^{25}$ + 30° (c = 1; W., 24 Std.)] identifiziert werden konnte. Aminozucker mit R_F-Werten der Papierchromatographie wie **II** wurden auch in Hydrolysaten von Leukomycin A_2, B_1, B_2, B_3 u. B_4 gefunden.

E. Moisar. 3900◇

0930 **Untersuchungen über Leukomycin.** 5. Mitt. **Isolierung von Mycarose-4-isovaleriansäureester aus Leukomycin A_1.** Tetsuo Watanabe, Hisao Nishida und Kazuo Satake. (Bull. chem. Soc. Japan **34**, 1285—88, 1961; Tokyo, Metropolitan Univ., Fac. of Sci., Dep. of Chem.; engl.) — 4. vgl. vorst. Referat. — Leukomycin A_1 (**I**) wird durch methanol. HCl in eine Base u. eine neutrale Komponente gespalten, die als *Methylglykosid* (**II**) *der 4-O-Isovaleroylmycarose* (**III**; vgl. Regna u. Mitarbeiter, C. **1950/54**, 6089 S) identifiziert wird. **II**, das mit HJO_4 unter normalen Bedingungen nicht reagiert u. durch Säure zu **III** gespalten wird, wird durch NaOH zu *Isovaleriansäure* u. 2 isomeren Methylglykosiden verseift, von denen das eine (**IV**) zu *Mycarose* (**V**) hydrolysiert wird. Die IR-Spektren von **II**, **IV** u. **V** sind abgebildet.

Versuche: *Mycarose* (**V**), *Hydrat*, $C_7H_{14}O_4 \cdot H_2O$, F. 89—90° (A.), durch ¾std. Stehen von 700 mg **IV** in 0,1 n H_2SO_4, Neutralisieren mit $Ba(OH)_2$-Lsg., Filtrieren, Einengen im Vakuum u. Extraktion mit Ae.; $[\alpha]_D^{25}$ — 25,08 (c = 3; W.); 580 mg (Ausbeute). *Methylglykosid, Anomeres A* (**IV**), $C_8H_{16}O_4$, F. 59—61°, $Kp._{1,5}$ 76—78°, durch 3tägiges Stehen von 2 g **II** in 1 n NaOH bei Raumtemp., Neutralisieren mit HCl, Eindampfen im Vakuum u. Extraktion mit Chlf.; 700 mg; daneben 500 mg *Epimeres B*, $Kp._{1,5}$ 115—116°, u. *Isovaleriansäure*, durch Lösen des in Chlf. unlösl. Anteils in 0,1 n H_2SO_4, Dest. mit Dampf [als *S-Benzylisothiuroniumsalz*, F. 152 bis 153° (A.)]. *4-O-Isovaleroylmethylglykosid* (**II**), $C_{13}H_{24}O_5$, $Kp._{1,5}$ 115—117°, durch 18std. Stehen von 20 g **I** in 1%ig. methanol. HCl bei 5°, Zugabe von verd. NaOH bis pH 4, Einengen im Vakuum, Verdünnen mit W. u. Extraktion mit Ae.; $[\alpha]_D^{25}$ — 9,87° (c = 3; Chlf.); 4 g; daneben 8 g *Base* $C_{34}H_{59}NO_3$, F. 154—155° (Aceton/Wasser), durch Alkalisieren der extrahierten wss. Lsg. auf pH 8. — Oxydation von **V** mit 2 Val $NaJO_4$ in 0,5%ig. CH_3COOH bei 20° → *HCOOH* (*p-Bromphenacylester*, F. 100—101°), *CH_3CHO* (*2.4-Dinitrophenylhydrazon*, F. 160—161°) bzw. mit 1 Val $NaJO_4$ *Acetylacetaldehyd* [Nachw. als *1-[2.4-Dinitrophenyl]-3(5)-methylpyrazol*, $C_{10} \cdot H_8N_4O_4$, F. 139—140° (A./Ae.), durch Zugabe von 2.4-Dinitrophenylhydrazin zu einer Lsg. von 500 mg **V** u. $Na \cdot JO_4$ in W. nach 20 Min. u. Chromatographie an Silicagel; 75 mg].

E. Moisar. 3900◇

0931 **Die Konstitution von Geodoxin, einem Stoffwechselprodukt von Aspergillus terreus Thom.** C. H. Hassall und T. C. McMorris. (J. chem. Soc. [London] **1959**, 2831—34; Swansea, Univ. Coll., Dep. of Chem.; Jamaica, Univ. Coll. of the West India; engl.) — Geodoxin (**I**) wird aus der fl. Kultur von *Aspergillus terreus* Thom. (**A**) isoliert, u. die Verwandtschaft seiner Struktur mit Geodin u. Erdin wird diskutiert. Zers.-Rkk. werden beschrieben. Danach scheint **I** [*1'-Hydroxy-2'-methoxy-4'-oxo-6'-carbomethoxy-$\Delta^{2',5'}$-cyclohexadienyl*]-[*2-carboxy-3-hydroxy-4.6-dichlor-5-methylphenyl*]-*ätherlacton-*(*2 → 1'*) zu sein. Maxima der UV-Spektren vgl. Original.

Versuche: *Geodoxin* (**I**), $C_{17}H_{12}Cl_2O_8$, F. 216 bis 217° (Zers.), durch 1std. Rühren von 10 Liter **A**-Kulturfl. mit Aktiv-Kohle bei pH 6,6, Filtrieren, Trocknen, Extrahieren mit Methanol, Eindampfen bei 35—40° im Vakuum u. Stehen bei 0°; $[\alpha]_D^{20}$ 0° (c = 1; Chlf.); aus Chlf./Ae. oder Äthylacetat/Bzn. gelbe Nadeln; 225 mg (Ausbeute). — *2.4-Dichlororcin* (**III**), F. 166—168°, durch Erhitzen von **I** auf 200°/1 at u. Sublimation bei 60°/0,1 Torr. — *Dichlor-p-orsellinsäure* (*3.5-Dichlor-2.6-dihydroxy-4-methylbenzoesäure*), $C_8H_6Cl_2O_4$, F. 217° (Zers.; Essigsäure), a) durch 2std. Stehen von 105 mg **I** mit 30%ig. H_2O_2 in 1 n NaOH, Zugabe von alkal. H_2O_2-Lsg., 2tägiges Stehen u. Ansäuern; 20 mg; b) durch Stehen von 2.6-Hydroxy-4-methylbenzoesäuremethylester mit gesätt. CCl_4/Cl_2-Lsg. über Nacht bei 0°, Eindampfen u. 3std. Kochen mit 0,5 n NaOH in Alkohol. — *Dihydrogeodoxin* (**II**), $C_{17}H_{14}Cl_2O_8$, F. 203—206° (Zers.), durch katalyt. Hydrierung von **I** in A. an Pd-Kohle; aus Bzn./ Äthylacetat Prismen. — *Dihydrotrimethylgeodoxin*, F. 121°, durch Methylieren vorst. Verb. mit Dimethylsulfat in Ggw. von NaOH; daneben *Methylderiv. vom F. 151°*. — *Erdinhydrat*, $C_{16}H_{12}Cl_2O_8$, F. 232° (Zers.), durch 1std. Kochen von 0,1 g **II** mit 1 n NaOH in A., Ansäuern u. Eindampfen im Vakuum; aus wss. A. hellgelbe Prismen; 0,1 g. — *2.8-Dihydroxy-4-methoxy-5.7-dichlor-6-methylxanthon*, $C_{15}H_{10}Cl_2O_5$, F. 317—319° (Zers.), durch 5 Min. langes Erwärmen von 94 mg **II** mit 80%ig. H_2SO_4 auf 125°, Kühlen u. Verdünnen mit W.; aus Chlf./Aceton u. A. gelbe Nadeln; 20 mg. — *2.5-Dihydroxy-3-methoxybenzoesäuremethylester*, $C_9H_{10}O_5$, F. 163—166°, analog vorst. Verb. durch Sublimation des Präzipitates bei 110°/0,1 Torr; 6 mg; daneben **III**.

W. Hampel. 3950△

0932 **Oxydative Kopplung phenolischer Radikale.** 2. Mitt. **Synthese von Pikrolicheninsäure.** T. A. Davidson und A. I. Scott. (J. chem. Soc. [London] **1961**, 4075—78; Glasgow, Univ., Dep. of Chem.; engl.) — 1. vgl. J. chem. Soc. [London] **1961**, 4067. — Für *Pikrolicheninsäure*, das bittere Prinzip von *Pertusaria amara*, wird auf Grund ihrer Synth. die Konstit. des *2'.4-Diamyl-5-carboxy-6-hydroxy-6'-methoxycyclohexadien-(2'.5')-on-(4')-[1'-spiro-3]-cumaranons* gesichert.

Versuche: *4-Benzyloxy-2-hydroxy-6-pentylbenzaldehyd*, $C_{19}H_{22}O_3$, Kp.$_{0,5}$ 190°, durch 4std. Kochen von 2.4-Dihydroxy-6-pentylbenzaldehyd (**III**) u. Benzylchlorid mit wss.-alkohol. KOH, Eindampfen im Vakuum, Ansäuern, Extraktion mit Ae., Eindampfen, Chromatographie an Silicagel (SG) u. Eluieren mit PAe./Bzl. (9 : 1); n_D^{18} 1,5852; 55% (Ausbeute). — *4-Benzyloxy-2-methoxy-6-pentylbenzaldehyd*, $C_{20}H_{24}O_3$, F. 51—52°, durch 16std. Kochen vorst. Verb. mit portionsweise zugesetztem Dimethylsulfat/K_2CO_3 unter Rühren, Filtrieren, Eindampfen u. Extraktion mit Ae.; aus Methanol Plättchen; 88%. — *4-Benzyloxy-2-methoxy-6-pentylbenzoesäure* (**I**), $C_{20}H_{24}O_4$, F. 62—63°, durch 2std. Zugabe wss. $KMnO_4$-Lsg. zu 1,8 g vorst. Verb. in Aceton bei 45°, 6std. Rühren, Einleiten von SO_2, Eindampfen, Isolierung der sauren Fraktion mit Ae., Chromatographie an SG u. Eluieren mit Bzl./Ae. (19 : 1); aus PAe. Nadeln; 37%. *4-Formyl-3-hydroxy-5-pentylphenylester* (**II**), durch Rk. von **I** mit Oxalyldichlorid, Lösen des erhaltenen *Chlorids* in abs. Ae., Zugabe von **III** u. von Pyridin bei 0°, 16std. Stehen bei Raumtemp., Ansäuern, Chromatographie der sauren Fraktion an SG u. Eluieren mit PAe./Bzl. (2 : 3); Öl; 85%; *2.4-Dinitrophenylhydrazon*, $C_{38}H_{42}N_4O_9$, F. 152 bis 153° (A.-Essigester). *4-Carboxy-3-äthoxycarbonyloxy-5-pentylphenylester* (**IV**), $C_{35}H_{42}O_9$, F. 107—109°, durch Rk. von **II** mit Chlorameisensäureäthylester/Pyridin bei — 20° u. Oxydation mit $KMnO_4$ in wss. Aceton; aus Bzl./PAe. Prismen; 45%. — *Dihydropikrolicheninsäure* (**V**; *4-Hydroxy-2-methoxy-6-pentylbenzoesäure-[4-carboxy-3-hydroxy-5-pentylphenyl]-ester*), $C_{25}H_{32}O_7$, F. 117—118° (Bzl.), durch Hydrogenolyse von **IV** in A. an 10%ig. Pd-Kohle, 10 Min. lange Einw. von NaOH u. Isolierung der sauren Fraktion mit Ae.; Prismen; 65%. — *Pikrolicheninsäure*, F. 178° (Zers. unter CO_2-Entw.), durch $^1/_2$std. Rk. von 30 mg **V** in Bzl. mit MnO_2, Filtrieren, Extraktion des Nd. mit $NaHCO_3$-Lsg., Ansäuern, Extraktion mit Ae., Eindampfen der vereinigten organ. Phasen, 5malige Wiederholung des Verf., Chromatographie an SG u. Eluieren mit Bzl./Ae. (49 : 1); aus Ae./PAe. Prismen; 5—7 mg; liefert bei der anod. Oxydation an Pt in Essigsäure/H_2SO_4 100% **V**. L. Lamza. 3950△

0933 **Zur Synthese des DL-Pinoresinols. Eine neue Darstellungsweise des 2.3-Bis-[α-hydroxyvanillyl]-butandiols-(1.4).** K. Kratzl und G. E. Miksche. (Mh. Chem. **94**, 434—39, 1963; Wien, Univ., Org.-chem. Inst.; dt.) — Eine neue Synth. von *2.3-Bis-[α-hydroxyvanillyl]-butandiol-(1.4)* wird beschrieben, aus dem durch Wasserabspaltung *DL-Pinoresinol* neben anderen Prodd. gewonnen werden kann.

Versuche: *α-[o-Benzylvanilloyl]-acetessigsäureäthylester* (**I**), $C_{21}H_{22}O_6$, F. 103,5—104,5°, durch Zutropfen von Benzylvanillinsäurechlorid in Ae. zu Na-Acetessigester in Ae. unter N_2 u. Rühren, 5std. Kochen, Stehen über Nacht u. Zers. des abgetrennten Nd. in W. mit 10%ig. HCl; 90% (Ausbeute). — *3-[3'-Methoxy-4'-benzyloxyphenyl]-4-carbäthoxy-5-methylpyrazol*, $C_{21}H_{22}N_2O_4$, F. 54—55°, durch 30 Min. Erwärmen von **I** mit Hydrazinhydrat in abs. A.; aus wss. A. glänzende Nadeln. — *Benzylvanilloylessigsäureäthylester* (**II**), $C_{19}H_{20}O_5$, F. 58—60° bzw. 68—69°, durch 6std. Erwärmen von **I** in A. auf dem Wasserbad in Ggw. von Na-Acetat; lange bzw. kurze Nadeln aus A.; 95%. — *1-Phenyl-3-[3'-methoxy-4'-benzyloxyphenyl]-pyrazolon-(5)*, $C_{23}H_{20}N_2O_3$, F. 157—159° (Kristallumwandlung bei 149°), durch kurzes Erwärmen auf dem Wasserbad von 5 g **II** u. 1,62 g Phenylhydrazinhydrochlorid in abs. A. mit KOH in wss. A.; aus A. gelbe Nadeln; 2,2 g. — *α.β-Bis-[o-benzylvanilloyl]-meso-bernsteinsäurediäthylester*, $C_{38}H_{38}O_{10}$, F. 190—193°, a) neben nachst. Isomeren durch Zutropfen von J_2 in Ae. unter Rühren zu **II** u. C_2H_5ONa in abs. Ae., Filtrieren, Extraktion des Nd. mit Toluol u. Animpfen; 40—45%; b) durch Kochen von nachst. Verb. in Acetanhydrid/wss. NH_3; 30%. — *α.β-Bis-[o-benzylvanilloyl]-DL-bernsteinsäurediäthylester*, $C_{38}H_{38}O_{10}$, F. 108 bis 110°, durch fraktionierte Kristallisation vorst. Gemisches aus Toluol/Ae. oder A.; lange spröde Nadeln; 40—45%. — *2.3-Bis-[α-hydroxy-o-benzylvanillyl]-butandiol-(1.4)*, durch Red. vorst. Verb. mit $LiAlH_4$ in 48 Std. bei Raum-Temp. oder 6—14 Std. in der Siedehitze; Schaum; 87%. — *2.3-Bis-[α-hydroxyvanillyl]-butandiol-(1.4)*, $C_{20}H_{26}O_8$, F. 157—159° (Aceton/Ae.), durch Hydrieren vorst. Verb. in Ggw. von 5%ig. Pd/Kohle; Nadeln; 8%. — *DL-Pinoresinol*, durch Molekular-Dest. vorst. Verb. u. Dünnschichtchromatographie an Kieselgel G mit Bzl./Eisessig/Wasser. (4 : 2 : 1) neben 3 weiteren Fraktionen. K. Stühmer. 3950◇

0934 **Bitterstoffe der Simaroubaceen.** 1. Mitt. **Chaparrin aus Castela nicholsoni.** T. A. Geissman und K. R. Chandorkar. (J. org. Chemistry **26**, 1217—20, April 1961; Los Angeles, Calif., Univ. of California; engl.) — *Chaparrin* (**I**), Bitterstoff aus *Castela nicholsoni* (**C. N.**), ist ein δ-Lacton mit 5 OH-Gruppen, gibt leicht zwei isomere *Pentaacetate* u. ein *Pentabenzoat*. Mit heißer, verd. HCl entstehen *Chaparrol*, ein Bitterstofflacton, dessen Spektrum dem 6-Methyl-1.2.3.4-tetrahydronaphthalin ähnelt, u. ein α,β-ungesätt. δ-Lacton. Neben **I** kommen in **C. N.** ein Bitterstoff vom F. 263—265° u. evtl. *Glaucarubol* (gab bei saurer Hydrolyse *Glaucanol*) vor. IR-Spektren vgl. Original.

Versuche: *Chaparrin* (**I**), $C_{20}H_{28}O_7$, F. 309—310°, aus **C. N.** durch Methanolextraktion, Abtrennung der Verunreinigungen mit $Pb(CH_3COO)_4$ u. Ausschütteln mit Chlf.; Nadeln aus Methanol; $[\alpha]_D^{25.5}$ 45,2° (c = 0,2; Pyridin). *Pentaacetylderiv.* (**II**), $C_{30}H_{38}O_{12}$, F. 226—228° (PAe.), a) durch 90 Min. langes Erhitzen von 500 g **I** in 2 ml Pyridin u. 4 ml Essigsäureanhydrid im Dampfbad; $[\alpha]_D^{25.6}$ 40,0° (c = 0,9; Pyridin) [daneben *Isomeres Pentaacetylderiv.* $C_{30}H_{38}O_{12}$, F. 135—137° (PAe.), durch Konzentrierung der Mutterlauge; $[\alpha]_D^{25.5}$ 41,2° (c = 0,75; Pyridin)]; b) durch 90 Min. langes Kochen von 500 mg **I** in 4 ml Essigsäureanhydrid u. 25 mg Na-Acetat; 400 mg (daneben 70 mg **II**). *Pentabenzoylderiv.*, $C_{55}H_{48}O_{12}$, F. 159—160° (A.), aus 200 g **I**; 110 mg. — *Chaparrol*, $C_{20}H_{24}O_5$, F. 221—222° (PAe.), aus **I** durch Kochen mit 0,1n HCl. *Triacetylderiv.*, $C_{26}H_{30}O_8$, F. 170 bis 171°, Nadeln aus PAe.; $[\alpha]_D^{25.5}$ 167,0° (c = 0,94; Pyridin). — *Glaucarubol*, $C_{20}H_{28}O_8$, F. 290—291°, fällt bei der Reinigung von **I** an; Plättchen aus Methanol. — *Glaucanol*, $C_{20}H_{24}O_6$, F. 259—260°, durch Hydrolyse vorst. Verb. mit 0,1n HCl; aus A. Plättchen. *Tetraacetat*, $C_{28}H_{32}O_{10}$, F. 209—210° (PAe.). — *Verb.* $C_{22}H_{30}O_7$, F. 263—265°, aus den Mutterlaugen von **I**; aus A. Plättchen. K. Gröbe. 3950□

0935 **Synthese von Pseudouridin.** Robert Shapiro und Robert Warner Chambers. (J. Amer. chem. Soc. **83**, 3920—21, 1961; New York, N. Y., New York Univ., School of Med., Dep. of Biochem.; engl.) — Durch tropfenweise Zugabe v. n-Butyl-Li zu 2.4-Dimethoxy-5-brompyrimidin in abs. THF bei —75° entsteht *2.4-Dimethoxypyrimidyl-(5)-Li*. Zu dieser Rk.-Lsg. wird langsam unter Rühren 2.3.5-Tri-O-benzoyl-β-D-ribosylchlorid zugegeben, anschließend 1 Std. bei —75° u. dann mehrere Std. bei Raumtemp. über Nacht gerührt. Zugabe von W./Ae. u. Auftragen der mit Amberlite IRC-50 (H^+-Form) neutralisierten wss. Phase auf eine Dowex-1 (OH^--Form)-Säule sowie Eluation mit W. führt zur Isolierung eines Gemischs aus α- u. *β-2.4-Dimethoxy-5-D-ribofuranosylpyrimidin*, das durch 4std. Hydrolyse mit 20%ig. Dichloressigsäure bei 100°, Einstellen mit 0,02 m H_3BO_3/NH_4OH auf pH 10, Chromatographie an Dowex-1 (HCO_3^--Form) u. Eluieren nach einer modifizierten Meth. nach Cohn (C. **1961**, 16131) in 3,5%ig. Gesamtausbeute *Pseudouridin* A_F, A_S, *B* (**Ia**) u. *C* (**Ib**, $C_9H_{12}N_2O_6$, F. 223—224°, aus 95%ig. A. Nadeln; 2%) liefert. Die beiden A-Isomeren entstehen bei der sauren Hydrolyse der Methoxygruppen. **Ib** ist wahrscheinlich *5-α-D-Ribofuranosyluracil*, **Ia** das *β-Isomere*. Für **Ib** sind die UV-Maxima angegeben. G. Engler. 3950△

D. Makromulekulare Chemie

0936 **Resinographie von Hochpolymeren.** T. G. Rochow. (Analytic. Chem. **33,** 1810—16, 1961; Stamford, Conn., Amer. Cyanamid Co., Central Res. Div., Chem. Res. Dep.; engl.) — Mit der Entw. zahlreicher synthet. Polymerer bildet sich ähnlich wie in der Metallkunde eine beschreibende Wissenschaft — die Resinographie (R), die über die Beschreibung u. Zus. zum Verständnis der technolog. Eigg. führen soll. Wie alle beschreibenden Naturwissenschaften bedient sich die R direkter — makroskop. u. mkr. Unterss. — u. indirekter Meth. — Röntgen- u. Lichtbeugung. Wesentliche, in den letzten 10 Jahren erschienende Arbeiten werden unter folgenden Gesichtspunkten diskutiert: 1. Das theoret. diskrete Makromol.; 2. die Assoziation von Makromoll. in einer oder zwei Richtungen (Punkt, Ecke, Grenz- bzw. Oberfläche); 3. die dreidimensionale Anordnung von Makromoll. (die verschiedenen Phasen, kristallin, amorph, Gummi, Glas) u. 4. aus Phasen u. Grenzflächen bestehende Polymere. W. Kupfer. 4000□

0937 **Chemische Struktur durch Absorptionsspektroskopie.** J. P. Luongo. (Analytic. Chem. **33,** 1816—23, 1961; Murray Hill, N. J., Bell Telephone Labor.; engl.) — Übersicht über die Bedeutung der IR- u. UV-Spektroskopie für die Unters. der chem. Struktur techn. wichtiger Hochpolymerer. — 27 Literaturangaben. W. Kupfer. 4000□

0938 **Thermodynamische Beziehungen bei hochelastischen Materialien.** P. J. Flory. (Trans. Faraday Soc. **57,** 829—38, 1961; Pittsburgh, Pa., Mellon Inst.; engl.) — Vf. entwickelt eine allg. Beziehung zwischen Spannung, Dehnung u. Temp. für hochelast. Materialien, wobei das Vol. V u. der Druck p als Variable eingehen. Der Ansatz ist in erster Linie thermodynamisch. Es wird postuliert, daß die freie Energie F eines amorphen vernetzten hochelast. Polymerisats als Summe zweier Glieder ausgedrückt werden kann, $F = F^+ (T, V) + F_{el}(T, \lambda)$, wobei F^+ den Beitrag zur (fl.-ähnlichen) intermol. Wechselwrkg. u. F_{el} die „elast." freie Energie bezeichnet. Das 1. Glied soll nur eine Funktion von T u. V sein, während das 2. Glied von der Gesamtdehnung abhängt, verkörpert im Deformationsgradienten λ, der auch die Vol.-Dilatation wiedergibt. Die allg. Beziehung zu Spannung u. Dehnung wird aus F abgeleitet. Allg. thermodynam. Gleichungen für die verschiedenen Temp.-Koeff. der Spannung bei konst. V u. L (Länge), bei konst. p u. L u. bei konst. p u. α (Dehnungsverhältnis bei bestimmtem V) werden angegeben; sie enthalten die Vol.-Kompressibilität, den Vol.-Wärmeausdehnungs-Koeff. u. entweder den Dilatations-Koeff. beim Strecken oder den Anisotropie-Koeff. der Kompressibilität. Eine allg. Grundlage zur Interpretation thermoelast. Messungen an hochelast. Materialien wird entwickelt. R. Schäff. 4000◇

0939 **Reibung und Deformation von Polymeren.** Kyuichiro Tanaka. (J. physic. Soc. Japan **16,** 2003—16, 1961; Kanazawa, Univ., Fac. of Engng.; engl.) — Die an der Oberfläche verschiedener Polymerisate durch harte Halbkugeln (aus Glas oder Stahl, 4 bzw. 0,24 cm Radius) verursachten Deformationen werden untersucht u. die Reibung zwischen der Halbkugel u. der Polymerisatplatte gemessen. Die erzeugte Deformation wurde aus Newtonschen Ringen u. aus der eingegrabenen Spur abgeleitet. Die Newtonsche Gleichung liefert die Größe des Berührungskreises. In der Nähe der Berührungszone wurde wellenförmige Deformation beobachtet. Bei Anwendung einer tangentialen Kraft nimmt die Deformation auf der einen Seite der Berührungszone zu, auf der anderen ab. Zwei Arten gleitender Berührung treten auf: die eine wird auf die verzögerte Elastizität, die andere auf Reibungserwärmung zurückgeführt. Aus der ersteren wurde die Verzögerungszeit ermittelt. Die Bldg. eingegrabener Spuren wird einer plast. Verformung zugeschrieben. Die Deformation wird in Verbindung mit der Reibung erörtert. Die wellenförmige Deformation wird als Quelle des Reibungswiderstands angesehen. R. Schäff. 4000◇

0940 **Viscosität und Aktivierungswärme konzentrierter Polymerenlösungen in Abhängigkeit von Konzentration, Temperatur und Natur des Lösungsmittels.** A. A. Tager und W. Je. Drewal. (Ber. Akad. Wiss. UdSSR **145,** Nr. 1, 136—39, 1962; Uraler Gorki-Univ.; russ.) — Zwischen Viscosität u. Aktivierungswärme konz. Polymer-Lsg. u. niedermol. Fll. besteht eine korrelative Abhängigkeit. Jedoch hängen Aktivierungswärme u. Viscosität nicht direkt von der Lösungswärme des Polymeren u. von der thermodynam. Affinität zwischen Polymeren u. Lsgm. ab. Die Viscosität konz. Polymeren-Lsg. wird durch die Viscosität des Lsgm. u. die Mischungsentropie bestimmt. E. Gribovszki. 4000◇

0941 **Lösungsmitteleinfluß auf die Intrinsicviscosität von Polymeren.** Tetsuya Ishikawa. (Bull. chem. Soc. Japan **33,** 256—58, 1960; Nagasaki, Univ., Junior Coll. of Commerce; engl.) — Mit Hilfe der Gleichung für die Intrinsicviscosität, $[\eta] = (K_v)_0\ (\eta_2/\eta_1)/d_2$, gelingt die Umrechnung der Viscosität eines Polymeren in einem beliebigen Lsgm. auf den Wert in einem Standard-Lsgm. (Bzl., Toluol, Aceton), falls die K_v-Werte dieser Lsgm. in bezug auf die Standard-Lsgm. bekannt sind. ($\eta, \eta_1\ \eta_2$ = Viscositäten der Lsgm.; d_2 = Dichte des Polymeren u. $(K_v)_0 = (1 - z_v)\ (\eta - \eta_1)/z_v\ (\eta_2 - \eta)/z_v \rightarrow 0$ (z_v = Vol.-Anteil des Gelösten vor der Mischung). K. Gröbe. 4000◇

0942 **Dimensionen von Polymerketten in Lösung.** Edward F. Casassa und T. A. Orofino. (J. Polymer Sci. **36,** 553—55, 1959; Pittsburgh, Pa., Mellon Inst.; engl.) — Diskussion über die Gleichung von Flory (J. chem. Physics **17,** [1949], 303; J. Amer. chem. Soc., **73,** [1951], 1904) betr. des Einfl. der Gestalt eines begrenzten Segments auf die mittleren Dimensionen eines Polymerkettenmoleküls. K. Gröbe. 4000◇

0943 **Untersuchung der Größe der Kohäsionsenergie zur Auffindung von Lösungsmitteln für hochmolekulare Stoffe.** Michel Guinot. (Génie chim. **85,** 85—93, 1961; Paris; franz.) — Auf der Suche nach einer Meth. zur Vorausbest. der Löslichkeit makromol. Stoffe gibt Vf. zunächst einen Überblick über die Theorie der Mischbarkeit unpolarer Fll. von Scatchard-Hildebrand. Diese vergleicht er mit der Theorie über die Größe der Kohäsionsenergie (G. K. E.; molare Verdampfungswärme) von Magat. Die Anwendbarkeit dieser Theorie wird ausführlich diskutiert. Vf. kommt zu dem Schluß, daß zu viele Näherungen eingeführt werden müssen, bes. wenn die makromol. Substanz polar ist oder H-Brücken ausbilden kann. Die Meth. wird als für die prakt. Anwendung zu kompliziert bezeichnet. Eine Tabelle der Löslichkeitsparameter nach Magat für einige Lsgm. wird mitgeteilt. H. Hein. 4000◇

0944 **Durch Citrat- und Oxalat-Radikal-Ion eingeleitete Vinylpolymerisation in wäßriger Lösung.** R. V. Subramanian und M. Santappa. (Makromolekulare Chem. **22,** 147—62, 1957; Madras, Univ.; engl.) — Vff. untersuchen die Kinetik der Polymerisation von Vinylmonomeren in wss. Lsg., die durch die Radikalionen $C_2O_4^{-\cdot}$ u. $Hcitr.^-$ aus Ionenpaaren $FeC_2O_4^+$ u. $FeHcitr^+$ initiiert wird. Die Rkk. sollen durch die Radikalionen $X^{-\cdot}$ eingeleitet u. durch Rekombination beendet werden. — 17 Literaturstellen. Gottfried Schreiber. 4000△

0945 **Der Einfluß eines thermischen Gradienten auf die Ladungsteilung zwischen gleichen Polyäthylen-Oberflächen.** A. H. Bowles. (Proc. physic. Soc. **78,** 958—69, 1961; Manchester, Brit. Cotton Ind. Res. Assoc.; engl.) — Es wird eine Meßanordnung beschrieben, mit der die Aufteilung elektrostat. Ladungen zwischen gleichen *Polyäthylen*-Flächen (-Kugeln) bei verschiedenen Temp. u. bei kurzzeitigem Kontakt untersucht werden kann. Da die Ladungsteilung z. T. von der Richtung des therm. Gradienten zwischen den Flächen abhängt, kommt es darauf an, den Temp.-Gradienten von den übrigen Effekten zu trennen. Die fortlaufende Änderung der

Ladungsteilung mit der Anzahl der Zusammenstöße der Kugeln (impacts) wird mit dem Austausch von „akt. Zentren" von einer Oberfläche zur anderen erklärt. Die Ladungsmenge, die auf die beiden Oberflächen verteilt wird, ändert sich mit den verschiedenen Kontaktbereichen auf den Kugeloberflächen.

H. Schibilla. 4010□

0946 **Hypothese über Lücken in semikristallinen Polymeren.** Shiro Matsuoka. (J. appl. Physics **32**, 2334—36, 1961; Murray Hill, N. J., Incorporated Bell Telephone Labor.; engl.) — Die Gleichung des spezif. Vol. semikristalliner Polymerer, $V = \varkappa V_c + (1 - \varkappa) V_a$ ($\varkappa$ = Kristallinitätsgrad, V_c = spezif. Vol. der kristallinen u. V_a das spezif. Vol. der amorphen Bereiche) erfordert für *Polyäthylen*-Proben (*Marlex 50*, **I**) mit einheitlichen $\varkappa$ V_c- u. V_a-Werten, die mit experimentell ermittelten V_c- u. V_a-Werte nicht übereinstimmen. Diese Diskrepanz wird auf im Polymeren vorhandene Lücken zurückgeführt, deren Größe von Mikrodimensionen bis zu Poren reicht. Das durchschnittliche Vol. dieser Lücken ist unbekannt, aber ihre Existenz kann aus dem Anwachsen der permanenten Dichte bei druckinduzierter Kristallisation gefolgert werden. Durch Einführung von V_L, des spezif. Vol. der Lücken (Bereiche der Dichte Null) wird $V = \varkappa V_c + (1 - \varkappa) V_a + V_L$. V_L (in cm^3/g) von **I** beträgt für die handelsübliche Preßform (~ 90% kristallin) 0,018 (**a**), nach 40tägigem Tempern bei 132° u. 1 atm 0,011 (**b**), aber nach 8tägigem Tempern bei 151° u. 870 atm nur 0,001 (**c**); die Abnahme von V_L führt zu Dichten (in g/cm^3 bei 23°) von 0,960 für **a**, 0,982 für **b** u. 0,990 für **c**. Bei verschieden verzweigten Proben von **I** mit 3,3, 1,8, 0,85 u. 0,3 CH_3/100 C nimmt V ab (1,0965, 1,0929, 1,0707 u. 1,0363), $\varkappa$ zu (0,569, 0,607, 0,699 u. 0,891), das amorphe Vol. $[(1-\varkappa) V_a$ in $cm^3/g]$ nimmt ab (0,5043, 0,460, 0,352 u. 0,053), während V_L (in cm^3/g) etwa gleich bleibt (0,023, 0,036, 0,020 u. 0,018). Zur Best. der Kristallinität in semikristallinen Polymeren sind deshalb dilatometr. Meth. gut geeignet, Lichtstreuungs-Meth. liefern durch Streuung an den Lückenoberflächen größere Werte.

G. Vetter. 4010◇

0947 **Eine weitere Anwendung der Eyring-Ree-Theorie des nicht-Newtonschen Fließverhaltens.** Joseph A. Faucher. (J. appl. Physics **32**, 2336—38, 1961; South Charleston, W. Va., Union Carbide Chem. Co., Res. Dep.; engl.) — Aus der Eyring-Ree-Theorie wird die Gleichung $F(\dot{s}) = \int_0^\infty G(t) \text{ arc sin } (\dot{s}t)dt$ für den Fall der fortlaufenden Verteilung der Fließeinheiten abgeleitet, aus der man die Verteilung der Relaxationszeiten G(t) bei als analyt. Funktion bekannter Fließkurve $F(\dot{s})$ berechnen kann (F = Scherspannung, $\dot{s}$ = Schergeschw.). Für den Fall begrenzter empir. Daten werden Näherungs-Verf. zur Best. von G(t) beschrieben. $F(\dot{s})$ eines *Hochdruckpolyäthylens* niedriger Dichte wurde durch Kapillarextrusion bei 175 u. 250° bestimmt u. daraus G(t) durch graph. Differentiation u. Näherungs-Verf. berechnet.

G. Vetter. 4010◇

0948 **Beweis für getrennte Sektoren in Polymereneinkristallen.** D. C. Bassett, F. C. Frank und A. Keller. (Nature [London] **184**, 810—11, 1959; Bristol, Univ., H. M. Wills Phys. Labor.; engl.) — Anhand von elektronenmkr. Aufnahmen wird gefolgert, daß in Xylol gewachsene *Polyäthylen*-Kristalle eine regulär gefaltete Konfiguration aufweisen. Die Kristallform ist rhomboedr., das Bild läßt 6 verschiedene Sektoren unterscheiden: 4 mit Faltungen in den {110}-Flächen (die in Zwillings-Beziehung zueinander stehen) u. 2 mit Faltungen in den {100}-Flächen, die ein unterschiedliches Gitter repräsentieren.

W. Betcke. 4010◇

0949 **Strahlenchemische Pfropfung durch Bestrahlung bei niedrigen Temperaturen.** J. R. Puig und J. Dobò. (Int. J. appl. Radiat. Isotopes **10**, 112—15, 1961; Gif-sur-Yvette, Centre d'Etudes Nucl. de Saclay; franz.) — Vff. setzen 2 Proben aus *Hochdruck-Polyäthylen* (**I**, Folien von 0,45 bzw. 0,03 mm Dicke), von denen die eine keine Antioxydantien enthält, in Ggw. von monomerem *Styrol* einer Elektronenbestrahlung (4 MeV, 30 μA, 45 s) bei der Temp. des fl. N_2* u. anschließender Wiedererwärmung auf 0° aus. Ein Teil der behandelten Proben wird 10—15 Min. nach der Bestrahlung, die restlichen dagegen werden 2 Tage danach untersucht. Es zeigt sich, daß eine Pfropfung nur stattfindet, wenn die Probe innerhalb von 2 Tagen wieder die Umgebungstemp. angenommen hat, u. um so höhere Werte erreicht, je geringer der Geh. an antioxydierenden Stoffen in **I** ist. Ggw. von O_2 scheint die Homopolymerisation zu hemmen, die Copolymerisation jedoch zu fördern. Die erhaltenen Pfropf-Prodd. sind auch nach Vorbestrahlung im Vakuum frei von monopolymeren Einschlüssen. Die Geschw. der Homopolymerisation wird durch Erhitzen von **I** auf 40—50° während der Bestrahlung erhöht.

P. Fahrnlaender. 4010◇

0950 **Der Einfluß von α-Strahlen des Poloniums auf die physikalischen Eigenschaften von Polyäthylen und Polymethylmethacrylat.** Ruth F. Itzhaki und Peter Alexander. (Radiat. Res. **15**, 553—60, 1961; London, Roy. Cancer Hospital, Inst. of Cancer Res., Chester Beatty Res. Inst.; engl.) — Vff. untersuchen den Einfl. stärker ionisierender Strahlung im Vgl. zu einer schwächer ionisierenden. *Polyäthylen* (**I**) wird im Vgl. zu schwächer ionisierenden Strahlungen durch α-Strahlen stärker vernetzt, gleichzeitig bewirken letztere (auch in Abwesenheit von O_2) Kettenbrüche. *Polymethylmethacrylat* (**II**)-Filme werden durch α-Strahlen abgebaut; die für einen Kettenbruch erforderliche Energie beträgt 263 eV (bei MeV-Elektronen nur 60 eV). Zusatz von Naphthalin bzw. 8-Hydroxychinolin schützt nicht gegen den Abbau durch α-Strahlen. Durch die Bestrahlung mit α-Strahlen ändert sich das viscosimetr. bestimmte Molgew. von **II** kaum. Dies wird damit begründet, daß das Mol. in geknäuelter Form vorliegt u. die Kette deswegen beim Durchgang eines α-Teilchens zwar mehrfach, allerdings an eng benachbarten Stellen bricht. Die dadurch erzeugten Bruchstücke geringen Molgew. sind ohne Einfl. auf die Gesamtviscosität. In **I** sind die Ketten-Moll. parallel orientiert, so daß im Durchschnitt ein Mol. weniger als zweimal durch ein Teilchen ionisiert wird. Die dabei entstehenden Radikale vernetzen miteinander. Rekombination durch den Franck-Rabinowitch-Käfig-Effekt tritt nur bei schwach, nicht bei stärker ionisierender Strahlung auf.

K. Gröbe 4010◇

0951 **Polymerisation von Äthylen unter dem Einfluß freier Radikale.** 3. Mitt. **Polymerisation von Äthylen im heterogenen Monomer-Polymer-System.** Ss. G. Ljubetzki, B. A. Dolgoplossk und B. L. Jerussalimski. (Hochmolekulare Verbind. [UdSSR] **4**, 533—39, 1962; Inst. für hochmol. Verbb. der Akad. der Wiss. der UdSSR, Forschung-Inst. für Polymerisationsmassen; russ., Auszug: engl.) — 2. vgl. Hochmolekulare Verbind. [UdSSR] **3**, [1961], 1000. — Die Polymerisation von *Äthylen* in Bzl. in Ggw. von Azodiisobuttersäurenitril wurde bei 70°/100—600 at durchgeführt. Es wird die Abhängigkeit der Anfangs-Geschw. der Rk. von der Aktivator- u. Lsgm.-Konz. als auch von Temp. u. Druck angegeben. Die Polymerisation unter den gegebenen Bedingungen wird durch die Teilnahme kristalliner sogen. „Lebender" Polymerradikale charakterisiert, wodurch die Beziehung zwischen dem Monomerenumsatz u. der Konz. des Lsgm. erklärt wird.

R. Erge. 4010◇

0952 **Polymerisation von Äthylen unter dem Einfluß freier Radikale.** 4. Mitt. **Kinetik der Heterophasen-Polymerisation von Äthylen.** Ss. G. Ljubetzki und W. W. Masurek. (Hochmolekulare Verbind. [UdSSR] **4**, 1027 bis 1032, 1962; russ., Auszug: engl.) — 3. vgl. vorst. Referat. — Es werden kinet. Gleichungen für die Abhängigkeit der Polymerisationsgeschw. von *Äthylen* [bei 70°, 100—600 at, 0—0,28 Mol/Liter Initiator (Azodiisobuttersäurenitril, Bzl.)] von der Rk.-Dauer u. der Initiatoranfangskonz. u. für die Abhängigkeit des Polymerisationskoeff. von der Rk.-Dauer unter den Voraussetzungen abgeleitet, daß der Kettenabbruch entweder in homogener Phase oder durch Rk. von Radikalen der festen mit denen der homogenen Phase eintritt (nicht durch Rk. von zwei Radikalen der festen Phase), u. daß die Geschw. des Überganges von Radikalen in die feste Phase von ihrer Konz. in derselben u. der Oberfläche der festen Phase abhängt. Diese Annahmen gelten für Heterophasenpolymerisationen mit Isolierung des im Rk.-Medium unlösl. u. nicht quellbaren Polymeren aus der festen Phase. Die Übereinstimmung der errechneten mit den experimentell gefundenen Werten ist für die Rk.-Geschw. gut, für den Polymerisationskoeff. liegen die errechneten Werte etwas höher. I. Schade. 4010△

0953 **Isotopeneffekte bei der Polymerisation von mit ^{14}C markiertem Äthylen, Propylen und Styrol.** Gastone Pajaro und Vittorio Desio. (Gazz. chim. ital. **91,** 880—88, 1961; Milano, Politecnico, Ist. di Chim. ind.; ital.) — Bei der Polymerisation von *Äthylen, Propylen* u. *Styrol* mit ^{14}C in der CH_2-Gruppe wird im Vgl. mit nichtmarkierten Verbb. der Isotopeneffekt auf Grund des Verhältnisses der Rk.-Fähigkeiten $N = k_{14}/k_{12}$ bestimmt. Die N-Werte stimmen prakt. überein (0,961—0,970), ebenso die Aktivierungsenergien. Daraus ergibt sich eine Bestätigung dafür, daß in den 3 Fällen der gleiche Mechanismus der Initiierung u. Kettenentw. vorliegt. R. K. Müller. 4010◇

0954 **Mechanismus der Regulierung des Molekulargewichts von isotaktischem Polypropylen durch Alkyl–Zn-Verbindungen.** G. Natta, I. Pasquon und L. Giuffré. (Chim. e Ind. [Milano] **43,** 871—74, 1961; Milano, Politecnico, Ist. di Chim. ind.; ital.) — *Polypropylen* wurde unter Verw. von α-$TiCl_3/Al(C_2H_5)_3/Zn(C_2H_5)_2$ erhalten, vom Katalysator abgetrennt u. Zn wie Äthylgruppen bestimmt. Es fanden sich in gleicher Menge Zn-Endgruppen u. C_2H_5-Gruppen. Dies stützt die Annahme, daß der Austausch der Alkylgruppen zwischen dem Dialkyl-Zn u. den wachsenden Ketten das Molgew. bestimmt. Die mittleren viscosimetr. Molgew. PM_v liegen zwischen 30000 u. 140000; es gilt die Beziehung $\overline{PM}_v/\overline{PM}_n = 8$ mit $\overline{PM}_n$ = mittleres numer. Molgewicht. M. Wiedemann. 4010◇

0955 **Abhängigkeit der Molgewichtsverteilung des Polypropylens von der Verteilung der aktiven katalytischen Zentren.** 1. Mitt. Mario Pegoraro. (Rend. Ist. lombardo Sci. Lettere A, Sci. mat., fisiche, chim. geol. **93,** 695—705, 1959; Milano, Politecnico, Ist. di Chim. Ind.; ital.) — Die Molgewichtsverteilung bei dem durch anion. Polymerisation (mit $Al(C_2H_5)_3$ u. $TiCl_3$) erhaltenen *Polypropylen* entspricht der Statistik, kann aber nicht durch einen einzigen Parameter beschrieben werden, da verschiedene Typen von akt. Zentren existieren. M. Wiedemann. 4010◇

0956 **Abhängigkeit der Molgewichtsverteilung des Polypropylens von der Verteilung der aktiven katalytischen Zentren.** 2. Mitt. Mario Pegoraro. (Rend. Ist. lombardo Sci. Lettere A, Sci. mat., fisiche, chim. geol. **93,** 707—14, 1959; ital.) — Die Verteilungskurve der Molgew. läßt sich unter Berücksichtigung der verschiedenen akt. Zentren deuten. Es lassen sich Aufschlüsse gewinnen über die Verteilung der Geschw.-Konst. wie der mittleren Lebensdauer der Moll. auf diese Zentren. M. Wiedemann. 4010◇

0957 **Messung der Kristallinität in Polypropylen-Fasern durch Röntgenbeugung.** G. Farrow. (Polymer [London] **2,** 409—17, 1961; Harrogate, I. C. I. Fibres Div.; engl.) — Unter Bezugnahme auf Unterss. von Farrow u. Preston (J. appl. Physics **11,** [1960], 353) berichtet Vf. über Messungen des Kristallinitätsgrades von orientierten *Polypropylen*-Fasern mit Hilfe der l. c. beschriebenen röntgenograph. Methode. Zunächst wurde gefunden, daß der Kristallinitätsgrad in den untersuchten Fasern groß ist im Vgl. mit den l. c. untersuchten *Polyäthylenterephthalat*-Fasern. Ebenso wurde, wie l. c. gefunden, daß die röntgenograph. festgestellten Kristallinitätsgrade niedriger sind als die, die man aus Dichtemessungen erhält. Es wird über eine mögliche Meth. zur Best. des atakt. Anteils von Polypropylen an Hand von Röntgenbeugungsmeth. beschrieben. C. Gottfried. 4010△

0958 **Ataktisches Polybutylen: Fraktionierung und Osmometrie.** Giovanni Moraglio und Giuseppe Gianotti. (Rend. Ist. lombardo Sci. Lettere A, **93,** 683—94, 1959; ital.) — Ein *atakt. Polybutylen* wurde durch fraktionierte Fällung aufgetrennt u. an den einzelnen Fraktionen wurden viscosimetr. u. osmometr. Messungen durchgeführt. Die Wechselwrkg. in den Benzol-Lsgg. bei 30° wurde untersucht u. die Parameter bestimmt. Zwischen Eigenviscosität u. Molgew. gilt bei Messungen in Toluol bei 30° $[\eta] = 1{,}55 \cdot 10^{-4}\, M^{0,725}$. M. Wiedemann. 4010◇

0959 **Polymerisation von Hepten-(1) am katalytischen System $Al(iso\text{-}C_4H_9)_3 + TiCl_4$.** A. W. Toptschijew, B. A. Krenzel, W. W. Dal und W. D. Oppengeim. (Ber. Akad. Wiss. UdSSR **140,** 614—16, 1961; Akad. der Wiss. der UdSSR, Inst. für petrochem. Synth.; russ.) — Die Polymerisation von *Hepten-(1)* [Kp. 93,5°; D_4^{20} 0,69696; n_D^{20} 1,3998] in Ggw. von $(iso\text{-}C_4H_9)_3Al\text{–}TiCl_4$ (1:1 Mol) liefert *Polyhepten.* Die Ausbeute in Ggw. von 5% Katalysator beträgt bei 20° ca. 30%, bei 60° ca. 70% u. fällt bei weiterer Temp.-Erhöhung stark ab. Analog ist die Viscosität von der Polymerisations-Temp. abhängig. Das unter optimalen Bedingungen erhaltene Polymere ist amorph, zäh glasartig, hat F. —40° u. ein Molgew. von 3500. Helmut Schäfer. 4010△

0960 **Infrarotspektren von Reduktionsprodukten des Polyvinylchlorids.** M. H. George, R. J. Grisenthwaite und R. F. Hunter. (Chem. and Ind. **1958,** **1114;** Tyseley, Birmingham, Bakelite Ltd., Res. Dep.; engl.) — Aus infrarotspektrograph., im Bereich von 2—15 μ durchgeführten Unterss. der Red.-Prodd. (mittels $LiAlH_4$) von bei —40° bzw. +45° polymerisierten *Polyvinylchlorid*-Proben geht hervor, daß das bei +45° polymerisierte Prod. (mittleres Molgew. 166000) verzweigten Charakter hat, während das bei —40° polymerisierte (Molgew. 36000) im wesentlichen linear gebaut ist. W. Niemitz. 4010◇

0961 **Das Normalkoordinatenverfahren und die Zuordnung von Infrarot-Absorptionsbanden des Polyvinylchlorids.** Takehiko Shimanouchi und Mitsuo Tasumi. (Bull. chem. Soc. Japan **34,** 359—65, 1961; Hongo, Tokyo, Univ. of Tokyo, Fac. of Sci., Dep. of Chem.; engl.) — Das Normalkoordinatenverf. wurde unter der Annahme durchgeführt, daß das *Polyvinylchlorid* (PVC)-Mol. syndyotakt. gebaut ist u. ausgestreckte Zickzackform mit 2 Monomeren als sich wiederholender Einheit besitzt. Die Gruppe dieses Modells ist mit der Punktgruppe C_{2v} isomorph. Symmetrie-Eigg., Auswahlregeln u. Dichroismus werden in einer Tabelle wiedergegeben, ebenso die Koordinaten der inneren Symmetrie. Aus diesen Werten u. Molekularkonst. werden die L-Matrix u. die Verteilung der potentiellen Energie mit Hilfe eines PC-1-Rechners abgeleitet. Die Zuordnung der IR-Frequenzen für normales u. für deuteriertes PVC wird diskutiert. S. Neue. 4010◇

0962 **Molekulargewichtsverteilung von synthetischen Hochpolymeren.** 5. Mitt. **Die Molekulargewichtsverteilung in Polyvinylchlorid durch Säulenfraktionierung.** Ryûichi Endō. (Chem. High Polymers [Tokyo] **18,** 477—81, 1961; Tokyo, Tokyo College of Sci.; jap., Auszug: engl. S. 481.) — 4. vgl. C. **1964,** 3-1015. — Die durch Säulenfraktionierung von *Polyvinylchlorid* (PVC) gefundene Molgew.-Verteilung wird mit derjenigen verglichen, die durch fraktionierte Fällung u. durch Anwendung der Ultrazentrifuge ermittelt wurde. Die Zuverlässigkeit dieser Meth. wird dadurch bestätigt, daß die beobachtete grundmol. Viscositätszahl mit der aus der Molgew.-Verteilung berechneten Zahl übereinstimmt. H. Strauch. 4010◇

0963 **Über die Intrinsic-Stabilität von Polymeren und Copolymeren aus Vinylchlorid.** B. I. Fedosew, S. W. Popowa und D. M. Janowski. (Hochmolekulare Verbind. [UdSSR] **5,** 659—62, 1963; russ., Auszug: engl.) — Es wurde die Stabilität von *Polyvinylchlorid* u. einem *Copolymeren* aus *Vinylchlorid* u. *Methylmethacrylat* im Verhältnis 80:20 bei Zusatz von Isopropylbenzol (**I**), Diisopropylbenzol (**II**), Dicumylmethan (**III**), Tetrahydronaphthalin (**IV**) u. Acetessigester (**V**) zum Polymerisationsansatz bestimmt. Als Meßgrößen für die Stabilität dienten die Zersetzungstemp. (ZT) in °C, die Induktionsperiode bis zum Beginn der HCl-Abspaltung bei 175° (T) in Min. u. die mittlere integrale Geschw. der Dehydrohalogenierung im Luftstrom während 3 Std. bei 175° (v), angegeben in mg HCl pro 1 g Substanz. Bei Polyvinylchlorid mit einem Geh. von jeweils 0,5 Gew.-% Zusatz

ergab sich für **I**: v = 2,4; **III**: v = 2,1; **IV**: v = 2,0; **V**: v = 2,4; ohne Zusatz: v = 3,4. Bei dem Copolymeren wurde außerdem die Intensität der Verfärbung anhand des Unterschieds der Extinktionskoeff. ΔK gemessen: Ohne Zusatz: ΔK = 0,71; ZT = 170, T = 12, v = 7,4; bei jeweils 1% Geh. an **I**: ΔK = 0,42, ZT = 184, T = 26, v = 5,4; **II**: ΔK = 0,45, ZT = 185, T = 25, v = 3,9; **III**: ΔK = 0,33, ZT = 179, T = 16, v = —. Nachträglicher Zusatz von 0,1—10% **I** bzw. 1% **V** zu Polyvinylchloridpulver zeigt ZT = 163, T = 8,5, v = 2,2 bzw. ZT = 157, T = 9, v = 2,3; ohne Zusatz ZT = 168, T = 7,5, v = 3,2. Das Copolymerisat wurde in Emulsion bei 53° mit 0,4 Gew.-% $(NH_4)_2S_2O_8$, bezogen auf die Gesamtmenge an Monomeren, hergestellt.
R. Sattelmeyer. 4010◇

0964 **Unregelmäßiger Fluß von geschmolzenen Polymeren.** J. J. Benbow, R. V. Charley und P. Lamb. (Nature [London] **192,** 223—24, 1961; Welwyn Garden City, Imp. Chem. Ind. Ltd., Plastics Div.; engl.) — Beim Extrudieren geschmolzener Polymerer durch Formen mit kreisförmigem Querschnitt erleidet die Oberfläche bei höherem Durchsatz zwei Defekte: a) irreguläre, verzerrte Formen, verursacht durch Schmelzbruch, im äußersten Fall auf dem Bruch inter- u. intramol. Bindungen in der Schmelze beruhend; b) matte bis rauhe Oberfläche, abhängig von der Durchsatz-Geschw., verursacht durch einen Klebegleit-Mechanismus an den Formwänden. *Polyfluoräthylen* u. *Polyvinylchlorid* zeigten nach dem Extrudieren makroskop. Brüche; in weniger viscosen, farblosen Polymeren („*Diakon*“, *Polythen, Polypropylen*) zeigt sich der Bruch als gefärbte Fäden, die schon vor Verlassen der Form vorhanden sind. Unterss. der Geschw.-Verteilung in der Form bei Extrusions-Geschw. ober- u. unterhalb des Punktes der Instabilität u. der Klebegleithypothese an *Polydimethylsiloxan* zeigen, daß der unregelmäßige Fluß geschmolzener Polymerer beim Extrudieren aus dem Gleiten an der Formwand, die Instabilität aus dem Klebegleitmechanismus resultiert.
G. Vetter. 4010◇

0965 **Kristalline Struktur des ataktischen Polyvinylfluorids.** Giulio Natta, Ivano W. Bassi und Giuseppe Allegra. (Atti Accad. naz. Lincei, Rend., Cl. Sci. fisiche, mat. natur. [8] **31,** 350—56, 1961; Milano, Politecn., Ist. di Chim. Ind.; ital.) — *Atakt. Polyvinylfluorid* zeigt im Röntgenphotogramm hoch kristalline Struktur, allerdings mit einigen Unregelmäßigkeiten. Die Ergebnisse werden tabellar. mitgeteilt. K. Zingraf. 4010◇

0966 **Glasübergangstemperaturen fluorhaltiger Polymerer.** Arthur V. Tobolsky. (J. Polymer Sci. **35,** 555—56, 1959; Princetown, N. J., Univ., Frick Chem. Labor.; engl.) — Diskussion zum Problem der Kettenbeweglichkeit fluorhaltiger Polymerer u. Copolymerer (*Polytetrafluoräthylen, Polyvinylidenfluorid, Poly-3.3.3-trifluorpropylen, Poly-2.3.3.3-tetrafluorpropylen*).
K. Gröbe. 4010◇

0967 **Einige zusätzliche Lichtstreuungsfunktionen für Polystyrol-Latex.** Gj. Deželić. (Croat. chem. Acta **33,** 15—31, 1961; Zagreb, Univ., Fac. of Sci., Labor. of Phys. Chem.; engl.) — Einige zusätzliche Lichtstreuungsfunktionen werden aus Vers.-Ergebnissen mit *Polystyrol*-Latex berechnet u. tabellar. mitgeteilt. [$R(S_1)$, $I(S_1)$, $R(S_2)$ u. $I(S_2)$ für m = 1,15 u. 1,25 u. γ = 45°, 90° u. 135°, spezif. Intensität bei 90°, Disymmetrie u. Polarisation]. W. Wesly. 4010◇

0968 **Untersuchungen über die Wärmeleitfähigkeit von Hochpolymeren.** 2. Mitt. **Wärmeleitfähigkeit von Polystyrol und Polyäthylen.** Makoto Hattori und Osamu Kamiike. (Chem. High Polymers [Tokyo] **15,** 285—87, 1958; jap., Auszug: engl.) — 1. vgl. C. **1963, 13199.** — Die Wärmeleitfähigkeit (**W**) von *Polystyrol* (**I**) u. *Polyäthylen* (**II**) wird nach der l. c. beschriebenen Meth., jedoch mit einer verbesserten App. im Bereich von 20 bis 120° gemessen. **II** besitzt im Vgl. zu **I**, *Polyvinylchlorid* u. dessen Copolymeren eine bedeutend größere **W**. Der Einfl. von Substituenten an den Polymeren auf **W** wird diskutiert. H.-J. Weigmann. 4010△

0969 **Mechanische Relaxationserscheinungen in vernetztem und gequollenem Polystyrol.** K. H. Illers und E. Jenckel, unter Mitarbeit von G. Adam. (Rheol. Acta (Ergänzungsh. z. Kolloid-Z.) **1,** 322—30, 1958; Aachen, TH; dt.) — Der frequenzabhängige Elastizitätsmodul u. Verlustwinkel tg δ von 1%ig. verzweigtem *Polystyrol* werden über mehrere Frequenzdekaden (10^{-1}—10^4 cycles/sec) als Funktionen von Temp. u. Phthalatweichmachern bestimmt. Zusätze von 90% Weichmacher sind möglich.
Gottfried Schreiber. 4010△

0970 **Anomalien bei der Viscosität verdünnter hochpolymerer Lösungen.** W. Knappe und H. Lange. (Kolloid-Z. **179,** 97—100, 1961; Darmstadt, Dt. Kunststoff-Inst.; dt.) — Durch Zusatz von feinem Glaspulver zu einer Lsg. von *Polystyrol* (**PS**) in Toluol wird bewiesen, daß bei niedrigen Konzz. eine merkliche Adsorption des **PS** an Glaspulver nicht stattfindet (interferometr. Brechungsmessungen). Daher kann der in extrem verd. Lsgg. auftretende Anstieg der spezif. red. Viscosität nicht auf eine Adsorption von **PS** im Capillarviscosimeter zurückgeführt werden. Vff. nehmen an, daß das Scher-Geschw.-Gefälle, bedingt durch die Oberflächenrauhigkeit der Capillare u. die Größe der geknäuelten **PS**-Moll., an der Capillarwand in einer Schicht von einigen Knäueldurchmessern Dicke auf Null abfällt. K. Gröbe. 4010◇

0971 **Fraktionierung von Polystyrol mit dem System Toluol/Polyäthylenglykol.** Kazuo Kawahara. (Chem. High Polymers [Tokyo] **18,** 687—93, 1961; Osaka, Osaka Univ., Dep. of Polymer Sci.; jap., Auszug: engl.) — Durch sukzessive Ausfällung aus einer Toluol-Lsg. mit Hilfe von *Polyäthylenglykol* wurde *Polystyrol* fraktioniert. Die zwei gebildeten Phasen sind fl. u. die Konz. des Polymeren in der konzentrierten Phase kleiner als die mit anderen Lsgm./Fällungsmittelsyst. erhaltene. Daher ist es möglich, das Polymere in viele kleine Fraktionen zu trennen. Aus 5 g Substanz wurden 35 Fraktionen erhalten; die beiden ersten Fraktionen wurden nochmals fraktioniert. Die Molgew.-Verteilungen, die aus den Angaben vor u. nach der 2. Fällung berechnet wurden, zeigen erhebliche Abweichungen. Daraus folgt, daß eine einfache sukzessive Ausfällung nicht zur exakten Best. der Molgew.-Verteilung ausreicht, auch wenn die Zahl der Fraktionen groß ist. Die Ergebnisse werden mit denen anderer Best.-Meth. verglichen. U. Müller. 4010◇

0972 **Über die Polymerisationsgrade, die beim gesamten Polymerisationsprozeß erzielt werden.** Seizo Okamura und Keizo Katagiri. (Chem. High Polymers [Tokyo] **16,** 173—75, 1959; Kyoto, Kyoto Univ., Fac. of Engng., Dep. of Engng., Dep. of Textile Chem.; jap., Auszug: engl.) — Unter der Voraussetzung, daß in $\overline{M}_n = k \cdot [\eta]^\alpha$ $\alpha = 1$ ist, läßt sich bei der Vinylpolymerisation in Lsg. der Polymerisationsgrad P als Funktion des Umwandlungsgrades x (Bruchteil des polymerisierten Monomeren) annähernd durch folgende Beziehungen ausdrücken: 1. $P = ([M]_0/2\,C_s[S]_0)\,(2 - x)$ ([M] = Monomeren-Konz., [S] = Lsgm.-Konz., C_s = Kettenübertragungs-Konst. des Lsgm.), wenn sich das Lsgm. als Telogen verhält; 2. $\overline{P} = \overline{P}_0 + \{(\overline{P}_0{}^2 C_s[S]_0)/(x[M]_0)\} \log_e [1 - (\overline{P}_i/\overline{P}_0)\,x]$ ($\overline{P}_0$ bei Polymerisation in Substanz, P_i bei Lsgm.-Polymerisation für x = 0), wenn sich das Lsgm. als gewöhnlicher Kettenüberträger verhält, u. 3. $\overline{P} = \{[M]_0/(2\,C_s[S]_0)\}\,(2 - x) + \{(C_{poly}[M]_0{}^2)/(2\,C_s{}^2[S]_0{}^2)\}\,(x - x^2/3)$ (C_{poly} = Kettenübertragungs-Konst. des Polymeren), wenn man für den Fall 1 noch die Polymerenübertragung berücksichtigt. Die 3 Gleichungen wurden bei der therm. Polymerisation von *Styrol* in Ggw. von CCl_4 quant. bestätigt.
R. Junge. 4010◇

0973 **Strahlungsinduzierte Polymerisation von α-Methylstyrol.** Kozo Hirota, Kenji Makino, Keiji Kuwata und Gisuke Meshitsuka. (Bull. chem. Soc. Japan **33,** 251—55, 1960; Nakanoshima, Osaka, Univ., Fac. of Sci., Dep. of Chem.; engl.) — *α-Methylstyrol* (**I**) kann durch ^{60}Co-γ-Strahlung radikal. polymerisiert werden (unter Luft- u. Wasserausschluß). CCl_4 erleichtert, Naphthalin verzögert u. O_2 bzw. Benzophenon inhibieren die Polymerisation. Die Polymerisationsgeschw. ist proportional der Strahlungsintensität (Kettenübertragung erfolgt schneller als der Kettenabbruch durch Kombination zweier Radikale). Nitrobenzol als Lsgm. wirkt als Inhibitor (polares Lsgm.), Cyclohexan nur als Verdünnungsmittel. Der Polymerisationsgrad nimmt linear mit steigender Temp. ab u. wird bei 77° prakt. Null. Der Umsatz hat bei ca. 55° ein Maximum u. wird bei 72° Null. Diese niedrig liegende „Höchst-Temp." für die Polymerisation wird auf die im Vgl. zu anderen Vinyl-Verbb. niedrige Polymerisationswärme-ΔH_p (9,0 kcal/Mol) zurückgeführt. K. Gröbe. 4010◇

0974 **Polymerisation von Benzoesäurevinylester und daraus dargestelltem Polyvinylalkohol. 1. Mitt. Polymerisation von Benzoesäurevinylester.** Taisuke Itō und Kaishi Noma. (Chem. High Polymers [Tokyo] **15,** 305 bis 310, 1958; jap., Auszug: engl.) — Benzoesäurevinylester wird in Ggw. von Dibenzoylperoxid als Initiator einer Polymerisation in Substanz unterworfen. Die gravimetr. gemessene Polymerisations-Geschw. ist proportional der Quadratwurzel der Ausgangskonz. des Dibenzoylperoxids. Die totale Aktivierungsenergie der Polymerisation beträgt 31,6 kcal/Mol. H.-J. Weigmann. 4010△

0975 **Polymerisation von Benzoesäurevinylester und daraus dargestelltem Polyvinylalkohol. 2. Mitt. Polyvinylalkohol.** Taisuke Itō und Kaishi Noma. (Chem. High Polymers [Tokyo] **15,** 310—16, 1958; jap., Auszug: engl.) — 1. vgl. vorst. Referat. — *Polyvinylalkohol* (PVA) wird durch alkal. Hydrolyse eines bei 60° in Ggw. von 0,2% Dibenzoylperoxid dargestellten Polymerisats von Benzoesäurevinylester in Substanz erhalten. Aus dem Geh. von PVA an freien Carboxylgruppen (0,5—0,8/Mol) wird auf eine Kettenübertragung von Benzoylgruppen an das Monomere oder tote Polymerisat unter Ausbildung von Kettenverzweigungen geschlossen. Die Intrinsicviscosität von PVA steigt mit wachsender Übertragung, so daß auch nach erfolgter Hydrolyse noch Verzweigungen vorliegen. Die unter gewissen Bedingungen erfolgende Gelbldg. bei Polymerisationsbeginn wird auf die Kettenverzweigungen zurückgeführt. Der durch Rk. von PVA mit HJO_4 bestimmte Geh. an 1.2-Glykol-Bindungen beträgt 1,2/100 Vinylbindungen. H.-J. Weigmann. 4010△

0976 **Die durch Jod katalysierte Polymerisation von Vinylacetat.** Kozo Hirota und Fukuo Takemura. (Bull. chem. Soc. Japan **34,** 1340—41, 1961; Nakanoshima, Osaka, Univ., Fac. of Sci., Dep. of Chem.; Nara, Women's Univ., Fac. of Sci., Dep. of Chem.; engl.) — Die Polymerisation von *Vinylacetat* gelingt in Ggw. von J_2 durch Schütteln bei Raumtemperatur. Der Umsatz beträgt nach 160 Std. in Ggw. von 16% J_2 22,5%. Das Polymere ist hart, spröde u. amorph, F. > 310°, J-Geh. 14—18%. Nach dem IR-Spektrum liegen Carbonyl- u. CH_3-Gruppen vor; spezif. Widerstand = 10^8—10^9 Ohm/cm. K. Gröbe. 4010◇

0977 **Untersuchung der während der Polymerisation und des Abbaus auftretenden Makroradikale.** 2. Mitt. Ss. Je. Bressler, E. N. Kasbekow und Je. M. Ssaminski. (Hochmolekulare Verbind. [UdSSR] **1,** 1374—82, Sept. 1959; Akad. der Wiss. der UdSSR, Inst. für hochmol. Verbb.; russ., Auszug: engl.) — 1. vgl. Hochmolekulare Verbind. [UdSSR] **1,** [1959], 132. — Durch Aufnahme der Elektronenkernresonanz-Spektren bei der photochem. Polymerisation von *Vinylacetat, Methylacrylat, Methacryl-* u. *Acrylsäure* wurde die Anreicherung von Makroradikalen untersucht. Die Kinetik des Verschwindens der Makroradikale nach Aufhebung der Initiierung zeigt den Diffusionscharakter dieses Vorganges. Die beim mechan. Abbau von *Polystyrol* (**I**), *Polyäthylen* (**II**), *-caprolactam, -vinylacetat* u. *-methylacrylat* in der Nähe der Oberfläche entstehenden Makroradikale wurden mittels Spektren ebenfalls registriert. Es lassen sich die „schwachen" Stellen in der Makromol.-Kette bestimmen, an denen die Spaltung erfolgt. Bei **I** u. **II** sind das vor allem O_2-Einschlüsse in der Hauptvalenzkette. Die Hyperfeinstruktur der Spektren der Makroradikale vorst. Polymerer sowie von *Polymethylmethacrylat, -methacrylsäure, -acrylsäure* u. *-isobutylen* wird charakterisiert. Helmut Schäfer. 4010△

0978 **Untersuchungen auf dem Gebiet der Polymerisation der Vinylaryläther und ihrer Derivate. 2. Mitt. Ionen-Polymerisation von Vinylaryläthern.** A. W. Kalabina, N. A. Tjukawkina, G. P. Manziwoda und R. W. Krassowski. (Hochmolekulare Verbind. [UdSSR] **3,** 1150—54, 1961; Irkutsk, Univ.; russ., Auszug: engl.) — 1. vgl. Hochmolekulare Verbind. [UdSSR] **3,** [1961], 1020. — Die Polymerisation von *Phenyl-* (**I**), *o-* (**II**), *m-* (**III**), *p-Kresyl-* (**IV**), *p-tert.-Butylphenyl-* (**V**) u. *Thymylvinyläther* (**VI**) in Ggw. von 0,1—1,0% BF_3-Ätherat bei — 60 oder — 20° in Substanz liefert die entsprechenden *Polyarylvinyläther.* Die Ausbeute erhöht sich mit der Rk.-Dauer u. Konz. des Katalysators. Die Polymerisations-Geschw. nimmt in der Reihe **VI, V** $\gg$ **III** > **IV** > **II** > **I** ab. Die bei — 20° erhaltenen *polymeren* **II** u. **VI** sind kristallin. Helmut Schäfer. 4010△

0979 **Viscoelastische Eigenschaften des Systems Phenolharz–Butanalpolyvinylacetal.** Yūzō Takahashi. (J. appl. Polymer Sci. **5,** 468—77, 1961; Otaur, Hokkaido, Japan, Hokkai Can Manufact. Co., Ltd.; engl.) — Mit der Stäbchenschwingungs-Meth. bei 50 Hz u. der dielektr. Meth. bei 60 Hz wurden die viscoelast. Eigg. von Mischungen aus *Phenolformaldehydharzen* u. *Butanalpolyvinylacetal* zwischen — 70 u. + 200° untersucht. Die Dämpfungsmaxima werden hypothet. mit Umwandlungen der Struktur der Harze in Beziehung gesetzt. Die Meßergebnisse führten zur Aufstellung eines Modells, das den dispersen Zustand der beiden Bestandteile erklärt. W. Kupfer. 4010◇

0980 **Polarisationsoptische und mechanische Ermittlung von Spannungszuständen in makromolekularen Flüssigkeiten am Beispiel des Acronal 4 F.** W. Schürmann. (Rheol. Acta (Ergänzungsh. z. Kolloid-Z.) **1,** 221—32, 1958; Aachen, TH; dt.) — Gleichzeitige opt. u. mechan. Messungen werden mit einem Horizontalrotationsviscometer durchgeführt. Die Doppelbrechung wird aus den Isoklinen entlang des Kreises als Funktion der Scherung bestimmt. Gottfried Schreiber. 4010△

0981 **Der Gelbildungspunkt von Alkydharzen.** H. S. Lilley. (J. appl. Polymer Sci. **5,** S 16—S 18, 1961; Bucks, England, I.C.I. Ltd., Res. Dep., Paints Div.; engl.) — Reaktionskinet. Berechnungen, die an die Ansätze früherer Bearbeiter anschließen, ergeben, daß erhebliche Fehler entstehen, wenn man vernachlässigt, daß die Polykondens. ein reversibler Vorgang ist u. daß *Phthalsäureanhydrid* nicht einer zweibas. freien Dicarbonsäure gleichgesetzt werden darf. W. Kupfer. 4010◇

0982 **Untersuchung der Hydratation und Dehydratation in Polyelektrolytlösungen mit Hilfe der Ultraschalltechnik.** Hiroshi Asai. (J. physic. Soc. Japan **16,** 761—66, 1961; Nagoya, Univ., Fac. of Sci., Dep. of Phys.; engl.) — Wss. Lsgg. von *Polymethacrylsäure* u. *Polyacrylsäure* werden mit NaOH oder Tetra-n-butylammoniumhydroxid neutralisiert u. in ihnen die Schallgeschw. bei einer Frequenz von 1MHz gemessen. Aus den Meßergebnissen wird auf den Hydratationsgrad geschlossen, der im Falle weitgehend mit NaOH neutralisierter Lsg. niedriger liegt. Ba^{2+} u. Mg^{2+} verursachen in noch höherem Maße Dehydratisierung. H. U. Borgstedt. 4010◇

0983 **Untersuchungen über die Dehnung von amorphem Polyäthylenterephthalat oberhalb der Glastemperatur.** T. Kawaguchi. (J. appl. Polymer Sci. **5,** 482—90, 1961; Otsu, Japan, Toyo Rayon Co. Ltd., Res. Dep.; engl.) — Zur Beschreibung des Spannungs–Dehnungs-Verh. wird eine mathemat. Theorie über die Viscoelastizität von amorphem *Polyäthylenterephthalat* oberhalb des Erweichungspunktes entwickelt, die auf einfachen Grundannahmen beruht. Meßergebnisse im Bereich zwischen 80 u. 120° stimmen mit der Theorie befriedigend überein. W. Kupfer. 4010◇

0984 **γ-Bestrahlung von Nylon.** Rinzirō Kawai, Syunzi Kawamatsu, Yō Maeda, Minoru Harada und Mamoru Ueyama. (Chem. High Polymers [Tokyo] **15,** 293—97, 1958; jap., Auszug: engl.) — Der Einfl. der γ-Bestrahlung (**B**) auf *Nylon*-Fäden u. -Fasern im Vakuum (i. V.) u. in O_2-Atmosphäre wird im Bereich von 2—20 Mrep untersucht. Die Fließpunkte steigen bei 20 Mrep um 10° i. V. an u. fallen in der 1. Stufe in O_2-Atmosphäre. Die Bldg. von Vernetzungen ($G_{c.l.}$ = 1,55) durch **B** i. V. zeigt sich im Anstieg der Viscosität, während die Elastizität i. V. u., stärker unter O_2, verringert wird. Die i. V. bzw. unter O_2 gebildeten gasförmigen Prodd. setzen sich aus 62% H_2, 30% CO etc. bzw. aus 13—20% H_2, 34% CO, 40% CO_2 etc. zusammen. Der in der Atmosphäre vorhandene O_2 wird von den Proben quant. absorbiert u. bildet dann mit der Hauptkette CO. Die Bldg. von Vernetzungen ist vermutlich bei Nylon durch die CO–NH-Gruppen tragende schwächere Hauptgruppe geringer als bei Polyäthylen. H.-J. Weigmann. 4010△

0985 **Aus dem Gebiet der Polyamide mit ungleichartiger Kette. 12. Mitt. Über die polymere Isomorphie in der Polyamidreihe.** T. M. Frunse und W. W. Korschak. (Hochmolekulare Verbind. [UdSSR] **1,** 287 bis 292, 1959; Inst. für elementorgan. Verbb. d. Akad. d. Wiss. d. UdSSR; russ.) — 11. vgl. Hochmolekulare Verbind. [UdSSR] **1,** [1959], 208. — Es werden *Polyamid*-Syst. aus 1) *Sebacinsäure* (**I**), *Hexamethylendiamin* (**II**) u. *Hexamethylenglykol,* 2) *ω.ω'-Thiodivaleriansäure, ω.ω'-Sulfonyldivaleriansäure* u. **II,** 3) **I,** *p-Xylylendiamin* u. **II,** 4) *Adipinsäure* (**III**), *Terephthalsäure* u. **II,** 5) *Korksäure,* **II** u. *ω-Aminoönanthsäure,* 6) *Dekamethylendicarbonsäure* (**IV**), *Dekamethylendiamin* u. *ω-Aminoundecansäure* u. 7) aus **IV**-*Tetramethylendiamin-Salz* u. **III–II**-*Salz* dargestellt u. hinsichtlich ihres Fließverhaltens in Abhängigkeit von der Zus. untersucht. Die Syst. gemischter Polyamide, deren Ausgangskomponenten etwa die gleiche Kettenlänge aufweisen u. die sich nur durch die verschiedene räumliche Anordnung der Amidgruppen unterscheiden, zeigen keine polymere Isomorphie, u. die Kurve Fließ–Temp.-Zus. zeigt bei 50 Mol-% ein ausgesprochenes Minimum. Sowohl p-Xylylendiamin u. **II** als auch die S- u. SO_2-Gruppierungen können einander unter Bldg. isomorpher Polyamid-Syst. vertreten. J. v. Schröder. 4010◇

0986 **Aus dem Gebiet der Polyamide mit ungleichartiger Kette. 13. Mitt. Über gemischte Polyamide, die Schwefelatome in der Hauptkette enthalten.** T. M. Frunse und W. W. Korschak. (Hochmolekulare Verbind. [UdSSR] **1,** 293—300, 1959; Inst. für elementorgan. Verbb. der Akad. d. Wiss. UdSSR; russ.) — 12. vgl. vorst. Referat. — Es wurden *Polyamid*-Syst. aus 2 u. 3 Komponenten synthetisiert, wobei die *Hexamethylendiamin-Salze* von *Adipin-, Azelain-* u. *Sebacinsäure* in wechselndem Verhältnis mit den *Hexamethylendiamin-Salzen* von *ω.ω'-Thio-* oder *ω.ω'-Sulfonyldivaleriansäure* kombiniert wurden. Die Polyamide hatten eine spez. Viscosität von 0,6—0,7 (in 0,5%ig. Trikresol-Lsg.) u. waren weiße, feste, in einigen Fällen durchscheinende Körper. Die Polyamide mit SO_2-Gruppen schmelzen in allen Fällen höher als die entsprechenden Polyamide mit S-Gruppen. Die Löslichkeit der gemischten Polyamide mit SO_2- oder S-Gruppen ist im Vgl. zu den S-freien 2-Komponenten-Polyamiden nur geringfügig höher, während einige 3-Komponenten-Polyamide ziemlich gut in A. lösl. sind. Die therm. Stabilität der S-haltigen Polyamide ist, offenbar auf Grund der geringeren Festigkeit der C–S-Bindung, niedriger als die S-freier Polyamide. J. v. Schröder. 4010◇

0987 **Polymerisation von Furfurol und 5-Hydroxymethylfurfurol durch Säuren.** 1. Mitt. M. V. Natesan, Premamoy Ghosh und P. K. Choudhury. (J. Indian chem. Soc. **36,** 215—20, 1959; Calcutta, Univ. of Calcutta, Appl. Chem. Dep.; engl.) — Die Polymerisation (**P**) von *Furfurol* (**I**; Kp. 161—162°) u. *5-Hydroxymethylfurfurol* (F. 31,5°, $Kp._{0,02}$ 110°) unter dem Einfl. von Mineralsäuren u. organ. Säuren wird viscosimetr. u. an Hand der Lichtstreuung untersucht. In Ggw. von H_3PO_4 durchgeführte **P** von **I** liefert ein lineares Polymeres. H.-J. Weigmann. 4010△

0988 **Einige Eigentümlichkeiten von konzentrierten wäßrigen Lösungen von Polyvinylpyrrolidon.** André Dognon, Régis Dutheil und Henri Guérin. (J. Chim. physique Physico-Chim. biol. **58,** 812—18, 1961; Paris, Fac. de méd., Labor. de phys.; franz.) — Vff. weisen zunächst darauf hin, daß die Messung der Oberflächenspannung mit Hilfe der stalagmometr. Meth. Werte erhält, die wesentlich verschieden von denen sind, die man bei der Messung mit dem Tensiometer von Dognon u. Arribat [1939] erhält. Zur näheren Unters. dieser beobachteten Diskrepanz wurden an Modellsgg., u. zwar an Lsgg. von *Polyvinylpyrrolidon* (**I**) die Oberflächenspannungen nach beiden Meth. gemessen. In beiden Fällen wurde auf den Kurven der **I**-Konz. gegen gemessene Oberflächenspannung ein Knick beobachtet, der in beiden Fällen in Nähe derselben **I**-Konz. liegt. Es wurden außerdem noch die Viscosität u. die opt. Streuung, u. zwar durch seitliche Streuung u. Absorptionsstreuung für **I**-Lsgg. verschiedener Konz. gemessen. Auch auf diesen Kurven wurden die gleichen Knicke gefunden. Thermodynam. lassen sich die Beobachtungen damit erklären, daß in einem gegebenen Konz.-Bereich eine Phasentrennung stattfindet. C. Gottfried. 4010

0989 **Copolymerisierbarkeit von Vinylpyridinen.** 2. Mitt. **Die Reaktivität von 2-Methyl-5-vinylpyridin.** Takashi Tamikado. (Rep. Government chem. ind. Res. Inst., Tokyo **55,** 277—82, 1960; jap., Auszug: engl. S. 29.) — 1. vgl. C. **1960,** 14044. — Es wurden die Copolymerisationsrkk. in Substanz von *2-Methyl-5-vinylpyridin* (**MVP**) mit *Styrol* (**St**), *Methylmethacrylat* (**MMA**), *Methylacrylat* (**MA**) u. *Acrylonitril* (**AN**) bei 60° untersucht. Die Zus. der Prodd. wurde durch potentiometr. Titrationen im nichtwss. Lsgm. bestimmt. Die Copolymerisationsparameter ergaben sich für die folgenden Syst. wie folgt: **St/MVP**: $r_1 = 0{,}812 \pm 0{,}005$ u. $r_2 = 0{,}91 \pm 0{,}02$; **MMA/MVP**: $r_1 = 0{,}46 \pm 0{,}02$ u. $r_2 = 0{,}61 \pm 0{,}08$; **MA/MVP**: $r_1 = 0{,}172 \pm 0{,}007$ u. $r_2 = 0{,}88 \pm 0{,}10$; **AN/MVP**: $r_1 = 0{,}116 \pm 0{,}003$ u. $r_2 = 0{,}27 \pm 0{,}04$. Die Q- u. e-Werte von **MVP** wurden berechnet u. mit denen der 2- (**I**) u. 4-Vinylpyridine (**II**) verglichen; daraus folgt, daß die Vinylgruppe in β-Stellung bei **MVP** negativ polarisiert ist, analog derjenigen in α- u. γ-Stellung bei Pyridin. Größere Unterschiede in der Reaktionsfähigkeit von **MVP,** 5-Äthyl-2-vinylpyridin (**III**), **I** bzw. **II** wurden nicht gefunden, vor allem nicht zwischen **MVP** u. **III.** R. Sattelmeyer. 4010◇

0990 **Untersuchungen über Melamin–Formaldehyd-Harze.** 3. Mitt. **Darstellung von partiell methylierten Methylolmelaminharzen in stark alkalischem Medium.** Akira Takahasi, Tadae Kobayasi und Isamu Yamazaki. (Chem. High Polymers [Tokyo] **15,** 317—27, 1958; jap., Auszug: engl.) — 2. vgl. C. **1963,** 12829. — Die Zus. von im alkal. Medium dargestellten *Melamin–Formaldehyd-Harzen* wird untersucht. Die Methylolgruppe in diesen Harzen wird mit Methanol im stark alkal. Gebiet leicht methyliert, nicht jedoch im neutralen bis schwach alkal. Medium. Die Rk.-Geschw. der Methylierung ist proportional den Konzz. des Alkalikatalysators u. Methanols, ihre Aktivierungsenergie beträgt ~ 5 kcal/Mol. H.-J. Weigmann. 4010△

0991 **Untersuchungen über Melamin–Formaldehyd-Harze.** 4. Mitt. **Über die Dimethylenätherbindungen in den im stark alkalischen Medium gebildeten Harzen.** Akira Takahasi und Isamu Yamazaki. (Chem. High Polymers [Tokyo] **15,** 327—32, 1958; jap., Auszug: engl.) — 3. vgl. vorst. Referat. — Die Dimethylenätherbindungen (**B**) in *Melamin–Formaldehyd-Harzen* u. ihren ebenfalls im stark alkal. Medium dargestellten methylierten Prodd. wurden quant. bestimmt. Ihre Anzahl wächst proportional der Konz. des Alkalikatalysators u. der Rk.-Zeit; in neutralem oder schwach alkal. Medium wurden keine **B** bestimmt. H.-J. Weigmann. 4010△

0992 **Sterospezifische Polymerisation von Vinylmonomeren, die ein Element der IV. Gruppe enthalten.** Paolo Longi, Francesco Bernardini und Luigi Colombo. (Rend. Ist. lombardo Sci. Lettere A, **93,** 134—42, 1959; ital.) — Mittels eines Katalysators aus $Al(C_2H_5)_3$ u. $TiCl_3$ oder $TiCl_4$ wurden lineare Polymere von hohem Molgew. erhalten, u. zwar aus Verbb. des Typs $(CH_3)_3$–M–$(CH_2)_3$–CH=CH_2 mit M = C, Si, Sn. Die Polymeren wurden röntgenograph. u. auf ihre chem. Reaktionsfähigkeit untersucht. Durch fraktionierte Extraktion (mit Aceton, Ae., n-Heptan) wurden 3 Fraktionen erhalten, eine stark kristalline aus isotakt. Polymeren von hohem F., eine kristalline von niedrigem F. u. ster. Hinderung u. eine amorphe. Mit M=Sn entsteht nur die letzte Fraktion. M. Wiedemann. 4010◇

0993 **Die begrenzte Ausflockung kolloidaler Systeme.** Thomas Gillespie. (J. Colloid. Sci. **15**, 313—20, 1960; Midland, Mich., Dow Chem. Co., Phys. Res. Labor.; engl.) — Die Ausflockung eines *Styrol–Butadien*-Latex durch *Methylcellulose* wurde durch Messungen der Teilchen-Konz. als Funktion der Zeit gemessen. Die auftretende Teilchen-Konz. sinkt in allen Fällen auf einen bestimmten Grenzwert, der der begrenzten oder teilweisen Ausflockung entspricht. Der Ausflockungsprozeß steht in guter Übereinstimmung mit der Gleichung von Goodeve. Die experimentellen Geschw.-Konst. sind mit denen, die nach der Kolloidtheorie unter Benutzung der Teilchendiffusions-Koeff. u. der Teilchendurchmesser aus der Brownschen Bewegung berechnet wurden, vergleichbar. Die Ergebnisse zeigen, daß der Sensibilisierungs-Stabilisierungseffekt eines hydrophilen Koll. auf ein hydrophobes Koll. in dem untersuchten Syst. auf Änderungen im Gleichgewicht des Ausflockungs- u. Entflockungsprozesses beruht. K. Huste. 4030◇

0994 **Darstellung von Modellverbindungen der Grundtypen von synthetischen Kautschukstrukturen und Untersuchung ihrer Reaktionsfähigkeit mit freien Radikalen.** A. L. Klebanski und W. F. Wossik. (Acta chim. Acad. Sci. hung. **21**, 41—49, 1959; Leningrad, Univ.; russ.) — Vgl. C. **1963**, 9334. — Zur Klärung der bei der *Kautschuk*-Synth. auftretenden Radikalrkk. werden Modellverbb. dargestellt, bei denen endständige Methylengruppen durch Methylgruppen ersetzt sind. Diese Modellverbb. sind *2.6-Dichloroctadien-(2.6)* (**I**), *2.7-Dichloroctadien-(2.6)* (**II**), *2.6-Dimethyloctadien-(2.6)* (**III**) u. *5-Methylheptadien-(2.6)* (**IV**). **I** u. **II** sind Modelle für Chloroprenpolymere mit 1.4–1.4- bzw. 1.4–4.1-Gliedern, **III** für Polyisopren mit 1.4–1.4-Gliedern u. **IV** für Polybutadien mit 1.4–1.2-Gliedern. Als Initiatoren werden Di-tert.-butylperoxid (**V**), Diacetylperoxid u. Diphenylpikrylhydrazyl (**VI**) verwendet. **I** wird durch Kondens. von 2-Chlorbutadien-(1.3) mit 1.3-Dichlorbuten-(2) in Ggw. von $FeCl_3$ dargestellt, wobei das Zwischenprod. in Ggw. von Raney-Ni zu **I** red. wird. **II** wird nach einer Grignard-Rk. aus 1-Jod-3-chlorbuten-(2) dargestellt. Aus dem Verhältnis Trimethylcarbinol : Aceton beim Zerfall von **V** (bei **I** = 2,2, **II** = 3,0, **III** = 6,5, **IV** = 4,4) sowie bei der Rk. mit **VI** ergibt sich für die Reaktivität der Modellverbb. die Beziehung **III** > **IV** > **II** > **I**.
R. K. Müller. 4030◇

0995 **Normaler Druck bei dynamischer Torsion für gummiähnliche Materialien.** A. F. H. Ward und G. M. Jenkins. (Rheol. Acta [Ergänzungsh. z. Kolloid-Z.] **1**, 110—14, 1958; Manchester, Univ.; engl.) — Eine Sinusdrehung mit einer Frequenz von 0,01—10 cycles/sec führt zu einem Kräftepaar u. zu einem Normaldruck, dessen Amplitude u. Phase bestimmt werden. Kräftepaar u. Druck zeigen einen Phasenwinkel zwischen angewendeten u. gemessenen, sind aber in derselben Phase. Der Phasenwinkel ist bei nicht vulkanisiertem *Gummi* am größten u. nimmt mit dem Vernetzungsgrad ab.
Gottfried Schreiber. 4030△

0996 **Über die Anwendung der kernmagnetischen Resonanz bei der Untersuchung von Strukturänderungen fluorhaltiger Copolymerer während der Vulkanisation.** A. N. Ljubimow, A. Ss. Nowikow, F. A. Galil-Ogly, A. W. Gribatschewa und A. F. Warenik. (Hochmolekulare Verbind. [UdSSR] **5**, 687—92, 1963; Forsch.-Inst. der Kautschuk-Ind.; russ., Auszug: engl.) — Bei den Kernresonanzspektren der kautschukähnlichen Copolymeren *Vaiton* (**I**) u. *Kel F 3700* (**II**) wurden die Änderungen der Resonanzlinien von H u. F nach verschiedenen Verss. diskutiert. Beim Erhitzen auf 150 u. 200° an der Luft zeigt sich keine Änderung. Erhitzen bei einem Druck von 270 kg/cm^2 auf 150 u. 200° zeigt eine symm. Verengung der H-Kurve mit Zunahme der Temp. u. eine asymm. Verengung der F-Kurve bei hohen Feldstärken bei 200°; diese Effekte treten bei **II** stärker auf als bei **I**. Eine Verengung beider Kurven ist auch bei der Zugabe von Hexamethylendiamin (**III**) zu **I** bei 120° mit Zunahme der Konz. an **III** stärker zu beobachten. Wird zu **I** MgO u. **III** bei 120° zugegeben, so verbreitert sich die F-Kurve, während sich die H-Kurve etwas verengt. Diese Effekte können mit der Abspaltung von H u. F u. Bldg. einer Doppelbindung erklärt werden. Die Verbreiterung der F-Kurve im letzten Fall kommt durch die Bldg. von MgF_2 zustande, u. die nicht so starke Verengung der H-Kurve kann durch Vernetzung bedingt sein. R. Sattelmeyer. 4030◇

0997 **Die Quellung von vernetzter Cellulose mit bekannter Anzahl von Vernetzungen.** A. M. Rijke und W. Prins. (J. appl. Polymer Sci. **5**, 752—53, 1961; Syracuse, N. Y., State Univ. Coll. of Forestry, Cell. Res. Inst.; engl.) — Um die bestehenden Theorien über polymere Vernetzung (V) auf *Cellulose* (**I**) u. ihre Derivv. anwenden zu können, benötigt man Prodd. mit genau bekannter Anzahl von V. Die V von **I** u. **I**-Derivv. in sauren oder alkal. wss. Medien läßt sich zufolge der Reaktionsfreudigkeit der OH-Gruppen der Kette leicht durchführen, jedoch kann die Anzahl der V u. anhängender Gruppen (Gr) analyt. nicht erfaßt werden. Beim Arbeiten unter völlig trockenen Bedingungen kann *sek. Celluloseacetat* (**II**) in Dioxan mit 1.4-Dibrombuten-(2) zu ätherartigen nicht hydrolysierbaren Gelen vernetzt werden, in denen die Netzstellen u. Gr analyt. bestimmt werden können. Aus einer osmometr. Best. des Huggins-Parameters von **II**-Lsgg. vor der Vernetzung geht hervor, daß vernetztes **II** sich solange wie gummiartige V verhält, wie der Quellungsgrad nahe dem reziproken Konz.-Wert ist, bei dem die Vernetzung erfolgte. Nach Entacetylierung der ätherartigen V erhält man eine regenerierte **I** mit V, die im gelösten Zustand eingeführt wurden. Sie zeigen sich im trockenen Zustand durch bemerkenswert niedrige Röntgen-Kristallinität aus ($\approx 19\%$), ihre Quellung in NaOH-Lsgg. ist enorm hoch (3 bis 6fach) über der normal regenerierten **I**. Letztere Beobachtung ist interessant, weil sie ganz deutlich zeigt, daß V an sich nicht, wie oft angenommen oder wie es vom techn. Standpunkt erwünscht ist, die Quellung verringert.
F. Zeidler. 4050◇

0998 **Die Ultraviolettbestrahlung von Modellverbindungen, die der Cellulose verwandt sind.** Andrew Beelik und J. Kelvin Hamilton. (J. org. Chemistry **26**, 5074 bis 5080, 1961; Rayonier Inc., Olymp. Res. Div.; engl.) — Als Modellsubstanz (MS) für *Cellulose* (**I**) mit Carbonylendgruppe wurden *Cellobiose* u. *Cellopentaose*, als MS für **I** mit geschützter Carbonylgruppe *Methyl-β-cellobiose* u. als MS für **I** ohne Carbonylgruppe *Cellobiit* u. *Cellopentait* mit Licht von 2200—4000 Å bestrahlt, u. zwar in Ggw. von Luft. Die Spaltprodd. wurden hauptsächlich chromatograph. analysiert. Neben Säurekomponenten wurden bei 2600 Å absorbierende Substanzen, Mono- u. Oligosaccharide gefunden. Bei allen Substanzen, unabhängig von der Carbonylgruppe, wurde wie bei **I** primär photolyt. die Bindung zwischen $C_{(1)}$ der D-Glucose (**II**) u. dem glucosid. O u. die Bindung zwischen $C_{(1)}$ u. $C_{(2)}$ von **II** gespalten. M. Wiedemann. 4050◇

0999 **Eine quantitative Untersuchung über die Vernetzung von Baumwolle mit N-Methylolacrylamid.** John L. Gardon. (J. appl. Polymer Sci. **5**, 734—51, 1961; Philadelphia, Pa., Rohm u. Haas Co., Text. Res. Labor.; engl.) — *Baumwolle* (**I**) wird unter Verw. von *N-Methylolacrylamid* (**II**) in Ggw. eines milden sauren Katalysators acrylamidomethyliert. Bei einem Mol-Verhältnis von **II** zu Anhydroglucose = 0,2 fällt die Ausbeute der Rk. plötzlich ab, u. bei weiterem Zusatz weicht die Dichteänderung von der Linearität ab. Es folgt daraus, daß nur eine der 3 OH-Gruppen der *Cellulose* (**III**), wahrscheinlich die in 6-Stellung, den Äther bildet u. daß **I** zu 20% auf **II** anspricht. Bei Behandlung der methylierten **I** mit Radikal- oder alkal. Katalysatoren werden die Doppelbindungen unter auffallender Änderung der mechan. Eigg. abgesättigt. Die Elastizität des Gewebes wird verbessert (Knitterfestigkeit). Unterss. der Doppelbindungs-Rk. in verschiedenen Stadien der Methylierung des Gewebes zeigen, daß Katalyse durch Radikale eine Homopolymerisation der freien Doppelbindungen, alkal. Katalyse in Ggw. von W. eine Michael-Kondens. zwischen den Doppelbindungen u. den OH-Gruppen von **III** hervorruft, während bei einer alkal. Nachbehandlung in trockenem Zustand beide Rkk. miteinander konkurrieren. Die Rkk. vernetzen das Gewebe, der Grad der Vernetzung kann aus der Differenz zwischen dem molaren Methylen- u.

Doppelbindungs-Geh. berechnet werden. Die Knitterfestigkeit erreicht ihr Optimum bei einem Verhältnis von reaktionsfähigen Anhydroglucoseeinheiten zu Vernetzungsstellen von 4 bis 5. Nach einer sauren Hydrolyse der vernetzten Gewebe geht die durch die Vernetzung erzeugte Zunahme der Knitterfestigkeit verloren, wenn 50% der Vernetzungsstellen gespalten sind, die restlichen Vernetzungsstellen tragen zur Knitterfestigkeit nicht bei. F. Zeidler. 4050◇

1000 **Lichtstreuung in Celluloseacetatlösungen.** N. K. Subramanian und S. R. Sivarajan. (Indian J. Physics Proc. Indian Assoc. Cultivat. Sci. **35/44,** 135—42, 1961; Bangalore, Indian Inst. of Sci., Dep. of Phys.; Ahmedabad, Ahmedabad Textile Ind. Res. Assoc.; engl.) — Die Lichtstreuung an Lsgg. von gefärbtem u. ungefärbtem *Celluloseacetat* in Aceton wurde gemessen, um die Längen der Moll. zu bestimmen. Das Anfärben führt im allg. zu einem Ansteigen der Mol.-Länge, wobei Oberflächenfärbung weniger wirksam ist als Innen- oder Vollfärbung. Gefunden wurden z. B. 560 A. U. (ungefärbtes Celluloseacetat), 640 (Oberflächenfärbung mit PbJ_2) u. 1280 (Innenfärbung mit $PbCrO_4$). J. Heinze. 4050□

1001 **Über die Natur der Verunreinigungen von Cellulosetriacetat-Lösungen.** O. G. Tarakanow, B. W. Wassiljew, L. P. Perepetschkin und G. Ss. Sasspinok. (Chemiefasern [UdSSR] **1963,** Nr. 3, 43—46; Wladimir, Forschungsinst. für synthet. Fasern; russ.) — Als Verunreinigungen liegen in Lsgg. von *Cellulosetriacetat* anorgan. Einschlüsse (Verbb. von Si, Fe, Mg, K u. Mn), gelartige Teilchen u. ungelöste Faserreste vor. Die röntgenograph. Unters. der Gelteilchen ergab in fast allen Fällen eine Triacetat-Struktur von Cellulose I u. II in verschiedenem Verhältnis zueinander. Ihre Bldg. dürfte dadurch zustande kommen, daß bei der Acetylierung der Cellulose die besser orientierten Anteile derselben hochorientiertes Triacetat geben, das in Essigsäure schwerer lösl. ist u. als Kristallisationszentrum wirkend die Bldg. der II-Struktur bedingt. Die unlösl. Faserreste erwiesen sich röntgenograph. als Cellulose-I- u. Triacetat-I-Struktur, die in Lsg. in gequollenem Zustand vorliegen. M. Ulmann. 4050◇

1002 **Das Relaxationsphänomen bei Polyelektrolytlösungen.** Noboru Nishida. (J. physic. Soc. Japan **16,** 2062, 1961; Sapporo, Med. College, Premed. Course; engl.) — Die dynam. Viscoelastizität von *Na-Carboxymethylcellulose* wurde im Temp.-Bereich 0—50° gemessen. Zusätze von A., NaCl u. $MgCl_2$ verändern den Verlauf der Viscoelastizitäts-Temp.-Kurven. A. wirkt durch Verringerung der Hydratschicht, die Ionen wirken durch Änderung der Ladung auf den Relaxationseffekt ein. K. Strenge. 4050◇

1003 **Die Dimensionen verzweigter Dextrane in Lösung.** J. H. S. Green. (Chem. and Ind. **1961,** 1036—37, Teddington, Middlesex, Nat. Chem. Labor. D. S. I. R.; engl.) — Ogston hat das Verh. von Kettenpolymeren mit der Annahme eines äquivalenten undurchdringlichen Ellipsoids erklärt u. einige Meth. angegeben, um seine Dimensionen zu erhalten. Es sind dies das Achsenverhältnis p u. V′, das das wirksame solvatisierte Vol. je Gramm der nicht solvatisierten Masse bedeutet. Nach verschiedenen angeführten Gleichungen können diese Kenngrößen sowohl aus dem Molgew., der inneren Viscosität u. dem Rotations-Halbmesser wie auch aus Sedimentations- u. Diffusionsdaten bestimmt werden, ferner können Best. der Lichtstreuung für die Berechnung herangezogen werden. Bei der Anwendung dieser Meth. zur Messung von verzweigten *Dextranen* ergeben nicht alle einwandfreie Resultate infolge der Ggw. einer Rest-Heterodispersität in den Fraktionen. Bei allen Fraktionen nimmt p ab, d. h. ihre Symmetrie nimmt mit steigendem Molgew. zu. Diese Feststellung stimmt mit der Theorie von Kuhn u. Kuhn überein, wonach der Einfl. der Verzweigung darin besteht, V′ im Vgl. mit linearem Dextran zu verkleinern. F. Zeidler. 4050◇

1004 **Untersuchung von Chitin.** 4. Mitt. **Darstellung und Eigenschaften von Carboxymethylchitin.** Ss. N. Danilow und Je. A. Plissko. (J. allg. Chem. [UdSSR] **31(93),** 469—73, 1961; Akad. der Wiss. der UdSSR, Inst. für hochmol. Verbb.; russ.) — 3. vgl. C. **1959,** 16353. — Die beste Meth. für die Darst. von *Carboxymethylchitin* (**I**) ist die Behandlung von Alkalichitin (**II**) mit Chloressigsäure (1 : 3 Mol) bei 20° während 20 Stunden. Es erfolgt gleichzeitige Hydrolyse der Acetylaminogruppen zu Aminogruppen. **II** wird durch 3std. Einw. von 6 Mol 49,3%ig. NaOH auf 1 Mol Chitin erhalten. Die Viscosität der Lsg. von **I** in 6%ig. NaOH wurde bestimmt. **I** u. *Chitinoglykolsäure* sind bei 100%ig. Luftfeuchtigkeit hygroskopischer als Carboxymethylcellulose u. Cellulosechitin. Helmut Schäfer. 4050△

1005 **Die Identifizierung und Trennung von 2.4-Dinitrophenylaminosäuren und Peptiden an Kieselgursäulen.** Gerhard Braunitzer und Karl-Heinz Reuther. (Makromolekulare Chem. **18/19,** 501—10, 1956; Tübingen, Max-Planck-Inst. für Virusforschung.; dt.) — Die 2.4-Dinitrophenylderivv. (**A**) von Aminosäuren u. Peptiden werden an Merck-Kieselgursäulen aus Essigsäureäthylester-, Chlf.-, Bzl.- oder PAe.-Lsgg. getrennt, die mit KH_2PO_4, Na_2HPO_4 oder $NaHCO_3$ zu einem geeigneten pH abgepuffert sind. Die R_F-Werte der **A** sowie die durch Säurehydrolyse entstehenden 2.4-Dinitroaniline u. 2.4-Dinitrophenole sind angegeben. Die quant. Wiedergewinnung u. die Best. durch Extinktionsmessung ist möglich. Eine präparative Trennung der **A** kann durchgeführt werden. Gottfried Schreiber. 4070△

1006 **Die Polymerisation von γ-Methyl-L-glutamat-N-carboxyanhydrid, initiiert durch Essigsäure.** Tôru Okuda und Setsuji Sakurai. (Bull. chem. Soc. Japan **34,** 1872—73, 1961; Kawasaki, Ajinomoto Co., Inc., Central Res. Labor.; engl.) — Essigsäure allein wirkt bei der Polymerisation von *γ-Methyl-L-glutamat-N-carboxyanhydrid* nur langsam, der Durchschnittspolymerisationsgrad (DP) beträgt hierbei 3. Essigsäure in Chlf. führt zu einem DP von 500—600, Essigsäure in Dioxan (**I**) bewirkt keine merkliche Reaktion. Addition von 10% **I** zu Chlf. führt zu einer Induktionsperiode von ca. 70 Minuten. In Chlf. steigt die Rk.-Geschw. an, sobald der DP 50—60 erreicht hat. Geschw.-Änderung wird auf den Geleffekt zurückgeführt. K. Gröbe. 4070◇

1007 **Ein Mikroelektrophoreseverfahren in Stärkegel.** Henri Mouray, Jean Moretti und Jean-M. Fine. (Bull. Soc. Chim. biol. **43,** 993—1003, 1961; Paris, Fac. de Méd., Labor. de Chim. Biol., Centre Nat. de Transfusion Sanguine; franz.) — Vff. beschreiben ein Mikroelektrophoreseverf. in Stärkegel unter Mitverw. von Boratpuffer. Dieses Verf. ist schnell, die maximale Wanderung dauert 2 Stunden. Es ist genau u. bes. für kleine Mengen von *Protein*-Lsgg. geeignet (5—10 μl). Die Ergebnisse sind mit denen der anderen üblichen Verff. vergleichbar. S. Groitzsch. 4070□

1008 **Kinetik der Proteindenaturierung.** 2. Mitt. **Der Mechanismus der Wärmeaggregation des Rinderserumalbumins im Neutralbereich.** J. Stauff und H. Barthel. (Kolloid-Z. **179,** 1—11, 1961; Frankfurt [Main], Univ., Inst. für phys. Chem.; dt.) — 1. vgl. Kolloid-Z. **178,** [1961], 128. — Es wird über den Mechanismus u. die Rk.-Kinetik der Aggregation von *Rinderserumalbumin* bei Temp. zwischen 58 u. 70° berichtet. Diese wurden mittels Best. des osmot. Druckes, Lichtstreuungsmessungen u. Fraktionierung nach dem Verf. von Neurath, Cooper u. Erickson [1942] untersucht. Es handelt sich um eine Rk., die als langsame doppelte Umsetzung mit vorgelagertem Gleichgewicht, an dem zunächst additive u. reversible Aggregationen beteiligt sind, anzusehen ist. H. Liese. 4070◇

1009 **Bemerkung über die gummiähnlichen Eigenschaften von Gelatine.** D. W. Jopling. (Rheol. Acta [Ergänzungsh. z. Kolloid-Z.] **1,** 133—37, 1958; Wealdstone, Kodak Ltd.; engl.) — Die Spannung-Dehnungs-Kurve für die Dehnung von mit *Formaldehyd* verzweigtem *Gelatine*(**I**)-Film, der mit Methanol/Wasser gequollen ist, zeigt die Form, die die kinet. Elastizitätstheorie für Dehnungen bis 300% fordert. Der Elastizitätsmodul von durch Difluordinitrobenzol verzweigter **I** wächst mit abnehmender Temp. bis 50°, was einer verstärkten Bldg. von Verzweigungen entspricht. Der Temp.-Koeff. des Druckes ist bei konst. Verlängerung zwischen 50 u. 70° der Temp. proportional. Gottfried Schreiber. 4070△

1010 **Reaktionen von Bisdiazohexan mit Aminosäuren, Mercaptanen, Wollkeratin und Seidenfibroin.** Helmut Zahn und Otto Waschka. (Makromolekulare Chem. **18/19**, 201—16, 1956; Heidelberg, Univ.; dt.) — N-Acylierte Aminosäuren (z. B. Acetylglycin, Hippursäure, N-Acetyl-ε-aminocapronsäure) reagieren mit 1.6-Bis-[diazo]-hexan (BDH) (**I**). Aus **I** u. Mercaptanen (z. B. Thiophenol, Benzylmercaptan) entstehen *1.6-Dithioäther*. N-Benzoyltyrosinäthylester reagiert mit **I** zu einem krist. *Diäther*. Die Rk. von **I** mit reduzierter Wolle führt zur Bldg. von *S.S'-Hexamethylen-bis-cystein* u. *O.O'-Hexamethylen-bis-tyrosin* in der Faser. Beide werden aus der Faser hydrolysiert. Bei *Fibroin* reagieren die Tyrosinphenole u. Carboxylgruppen mit **I**. Der *Diäther* wird isoliert u. die Esterbldg. durch Titration der Faser ermittelt. **I** gehört zu den mildesten Vernetzungsmitteln.

Versuche: *Hexamethylendiharnstoff*, F. 201°, durch Zugabe von konz. HCl zu 58 g Hexamethylendiamin in W., Zugabe von NaOH bis pH 9 u. von wss. KOCN-Lsg. u. Erwärmen; aus W. Nadeln; 98 g (Ausbeute). — *1.12-Dinitrosohexamethylendiharnstoff*, F. 150°, durch Zugabe von konz. H_2SO_4 zur Suspension von 80 g vorst. Verb. in W., Zugabe von wss. $NaNO_2$-Lsg. bei 0° u. 3std. Stehen; aus Methanol gelbe Kristalle; 44,7 g. — *1.6-Bis-[diazo]-hexan* (**I**), durch Überschichten von 40%ig. KOH mit Ae. u. Eintragen vorst. Verb. bei 0°; 40%. — *Bis-[N-acetylglycyl]-hexandiol-(1.6)* (**II**), durch Zugabe von **I** in Ae. zu Acetylglycin in Dimethylformamid bei 0—5°; Sirup; 87%. — *Bis-[N-benzoylglycyl]-hexandiol-(1.6)*, aus Benzoylglycin analog **II**; Sirup; 70%. — *Bis-[N-acetyl-ε-aminocaproyl]-hexandiol-(1.6)*, aus N-Acetyl-ε-aminocapronsäure (F. 102°) analog **II**; schmierige Masse; 80%. — *Bis-[N-benzoyl-ε-aminocaproyl]-hexandiol-(1.6)*, $C_{32}H_{44}N_2O_6$, F. 151—153° (A./Ae.), aus 8 g N-Benzoyl-ε-aminocapronsäure (F. 79°) analog **II**; 2,15 g. — *S.S'-Hexamethylen-bis-thiophenol*, $C_{18}H_{22}S_2$, F. 83°, durch Rk. von 1,82 g Thiophenol mit **I** in Ae.; aus A. Blättchen; 850 mg. — *S.S'-Hexamethylen-bis-[phenylsulfon]*, $C_{18}H_{22}O_4S_2$, F. 113—114°, durch 2std. Erhitzen von 80 mg vorst. Verb. mit H_2O_2 in Eisessig auf dem sd. Wasserbad u. Zugabe von Ae.; aus A. glänzende Nadeln; 66 mg. — *S.S'-Hexamethylen-bis-[benzylmercaptan]*, $C_{20}H_{26}S_2$, F. 52°, durch Rk. von Benzylmercaptan mit **I** in Ae. u. Dest. bei 210—240°/1,5 mm Hg; aus A. Nadeln. — *S.S'-Hexamethylen-bis-[benzylsulfon]*, $C_{20}H_{26}O_4S_2$, F. 166°, aus vorst. Verb. mit H_2O_2 in Eisessig. — *S.S'-Hexamethylen-bis-[L-cysteinäthylester]*, F. 270—290° (Zers.), durch Rk. von L-Cysteinäthylester mit **I** in Ae./Chlf., Einengen im Vakuum, Zugabe von A. u. Ae., Dest. im Vakuum, 6std. Verseifen mit 6 n HCl auf dem Wasserbad, Zugabe von A. u. Pyridin, Auskochen des Nd. mit W., Digerieren mit ammoniakal. KCN-Lsg. u. Zugabe von 2 n Essigsäure. — *O.O'-Hexamethylen-bis-[tyrosinäthylester]*, durch Rk. von L-Tyrosinäthylester mit **I** in Dimethylformamid/Ae. u. Papierchromatographie; daneben *Tyrosin* u. einen *Diester* (?). Verseifung des Ansatzes liefert *Tyrosin* u. *O.O'-Hexamethylen-bis-tyrosin*, das auch durch salzsaure Hydrolyse von BDH-Fibroin entsteht. — *O.O'-Hexamethylen-bis-[N-benzoyl-L-tyrosinäthylester]*, $C_{42}H_{48}N_2O_8$, F. 144—146°, durch Rk. von 6 g N-Benzoyl-L-tyrosinäthylester mit **I** in Ae./Chlf.; 410 mg. — *S.S'-Hexamethylen-bis-cystein*, F. 270 bis 310° (Zers.), durch Hydrolyse von 31,05 g mit **I** behandelter Wolle (BDH-Wolle); 840 mg.

Gottfried Schreiber. 4070△

1011 **Strömungsdoppelbrechung in Lösungen von Desoxyribonucleinsäure. 2. Mitt. Einfluß der thermischen Denaturierung und der Ionenstärke der Lösung auf die Struktur der DNS-Makromoleküle.** E. W. Frissman, W. I. Worobjew, L. W. Schtschagina und N. K. Janowskaja. (Hochmolekulare Verbind. [UdSSR] **5**, 622—27, 1963; Leningrad, Univ., Inst. für Cytologie der Akad. der Wiss. der UdSSR; Physikal. Inst.; russ., Auszug: engl.) — Für *DNS*-Lsgg., die auf verschiedene Temp. unterhalb des „Schmelzpunktes" erhitzt u. dann auf 0° abgekühlt worden waren, wurde die Strömungsdoppelbrechung, u. zwar sowohl die Erhöhung des Brechungsindexes Δn wie auch der Orientierungswinkel α, die relative Viscosität u. die Extinktion bei 260 mμ gemessen. Δn wird durch die therm. Behandlung u. durch die Ionenstärke beeinflußt, die übrigen Größen kaum. Es wird angenommen, daß eine kleine Anzahl von H-Brücken gespalten wird.

M. Wiedemann. 4090◇

E. Biologische Chemie, Physiologie, Medizin

E₁. Allgemeine Biologie und Biochemie

1012 **Histologische Beobachtungen über die Eigenschaften von Reticulin.** P. B. Sen, M. Mukherji, C. Deb und Chitra Mookerjea. (Indian J. med. Res. **49**, 1051 bis 1057, 1961; Calcutta, Calcutta Univ., Dep. of Physiol.; engl.) — Mit einer Modifikation der AgBr-Meth., die ursprünglich für die Färbung von ungesätt. Lipiden (**I**) in Schnitten entwickelt wurde, war es möglich, *Reticulin* (**II**) zu färben, allerdings nicht, wenn vorher die **I** extrahiert worden waren. Die lipoidale Natur von **II** wird diskutiert. Kollagen, Basalmembranen u. Glomerulusstromata können mit der Meth. nicht gefärbt werden.

K. Zingraf. 4100◇

1013 **Selektiver Nachweis von Elastin, Reticulum und Kollagen durch Silber, Orcein und Anilinblau.** Gretchen L. Humason und C. C. Lushbaugh. (Stain Technol. **35**, 209—14, 1960; Los Alamos, N. Mex., Univ. of California, Los Alamos Scient. Labor.; engl.) — Vff. teilen eine Modifikation der Meth. von Lewis u. Jones (Stain Technol. **26**, [1951], 85) zur eindeutigen u. selektiven Anfärbung von *Elastin*, Reticulin u. *Kollagen* an ein u. demselben Schnitt mit. Die Meth. umfaßt eine Behandlung der Schnitte mit ammoniakal. Ag_2CO_3-Lsg., mit Orcein in HCl-saurem 70%ig. A. u. mit Koneffs Anilinblau. Eine Modifikation besteht in der Anwendung von Orange G nach der Anfärbung mit Anilinblau. — Durch Carcinome u. degenerative Erkrankungen des Bindegewebes u. von Blutgefäßen verursachte capsuläre Infiltrationen u. vasculäre Invasionen können so deutlich nachgewiesen werden. — Die Meth. ist leicht durchführbar u. für Unterss. an patholog. Material bestens geeignet. — Genaue Beschreibung vgl. Original. — 2 Mikrophotos.

H. Kockert. 4100◇

1014 **Eine Kupfersulfat–Silbernitrat-Methode für Nervenfasern von Planarien.** Teiichi Betchaku. (Stain Technol. **35**, 215—18, Juli 1960; Copenhagen, Dänemark, Univ. of Copenhagen, Inst. of General Zool.; engl.) — Zur Anfärbung in toto werden Planarien (*Planaria vitta*) in einer Mischung von 10 ml von im Handel erhältlichem Formalin, 45 ml 95%ig. A. u. 2 ml Eisessig fixiert. Nach 3—10tägiger Behandlung mit 70%ig. A. werden sie in dest. W. gewaschen, 3 Std. bei 50° in eine 10%ig. $CuSO_4 \cdot 5\,H_2O$-Lsg. gelegt, ohne zu waschen 1—1½ Std. bei 50° in einer 1%ig. $AgNO_3$-Lsg. gehalten u. danach in einer Lsg., bestehend aus 10 ml 1%ig. Pyrogallol, 100 ml 96%ig. A. u. 1 ml 0,2%ig. salpetriger Säure entwickelt. Goldtönung (mit 0,5%ig. Goldchlorid-Lsg.), Fixierung in 5%ig. $Na_2S_2O_4$-Lsg. u. Trocknung erfolgen wie gewöhnlich. — Für gefärbte Schnitte wird das Material (*Degusia gonocephala*) mit dem vorst. beschriebenen Fixativ behandelt, in Paraffin eingebettet, u. danach werden 10 μ-Schnitte hergestellt. Nach dem Verbringen der Schnitte in W. werden sie 20 Std. lang bei 37° in eine 20%ig. $CuSO_4 \cdot 5\,H_2O$-Lsg. gelegt, kurz in dest. W. gespült u. 24 Std. bei 37° in eine 7%ig. $AgNO_3$-Lsg. gelegt. Danach in dest. W. kurz waschen u. in einer Lsg., bestehend aus 1 g Hydrochinon u. 5 g Na_2SO_3 auf 100 ml dest. W., reduzieren. Goldtönung, gefolgt von einer Fixierung durch 5%ig. $Na_2S_2O_3$-Lsg. u. Trocknung, vervollständigt auch hier den Prozeß. Danach können weitere Färbeverff. angewandt werden.

H. Kockert. 4100◇

1015 **Eine Schnellmethode zur Färbung der Hyphen von Ustilago maydis.** E. Vagas und G. J. Maacz. (Stain Technol. **35,** 220–22, Juli 1960; Budapest; engl.) – Das zu färbende Material wird in Formol fixiert, in Paraffin gebettet u. Mikrotomschnitte nach der Meth. von Rydberg (Z. wiss. Mikroskop. mikroskop. Techn. **62,** [1955], 341) hergestellt. Nach Entfernung von Paraffin u. Klebefolie mit Trichloräthylen wird 1–3 Min. in Lsg. A (1% *Safranin* in W.), gefärbt u. mit W. gewaschen. Dann werden die Schnitte unter Erhitzen in Lsg. B (2,5 g Anilinblau W. S., 25,0 ml W., 100,0 ml gesätt. wss. Pikrinsäurelsg.) gefärbt, abkühlen gelassen u. mit W. gewaschen. Danach wird 1 Min. in 1%ig. NaOH-Lsg. differenziert u. mit W. u. danach 3mal mit 96%ig. A. oder Aceton gewaschen, bis kein Farbstoff mehr austritt. Die Entwässerung erfolgt mit Phenol/Xylol (1:3); anschließend werden die Schnitte 2–3mal in Bzl. oder Xylol gewaschen u. in Canadabalsam eingebettet. Die Hyphen erscheinen dunkelviolett auf hellblauem Grund.
P. Schwerdtfeger. 4100◇

1016 **Zur Indikation biochemischer Vorgänge durch kristallisierendes Kupferchlorid.** F. Vester. (Experientia [Basel] **16,** 279–81, 1960; Saarbrücken, Univ. des Saarlandes, Inst. für organ. Chem., Biochem. Abt.; dt.) – Vf. konnte zeigen, daß Unterschiede in der Asymmetrie (opt. Verunreinigungen) einer hinzugefügten Substanz merklich das Krstallisationsbild von $CuCl_2 \cdot 2\,H_2O$ (**I**) bei Kristallisationen unter Konst.-Bedingungen auf einer Glasplatte beeinflussen. Die Meth. ist gut geeignet, opt. Verunreinigungen in Mischungen zu erkennen. – Abb. von Photos von **I**-Kristallisationsmustern in Ggw. von reinem *D-Succinaminopurin* (**II**), von 99% D-**II** u. 1% L-**II** u. in Ggw. von 50% D- u. 50% L-**II** sowie von bestimmten Ansätzen mit *D-* u. *L-Mandelsäure* werden mitgeteilt. – Die Ergebnisse werden in Hinsicht auf die spontane Racemisierung in biolog. Syst. diskutiert.
H. Kockert. 4100◇

1017 **Chemische Konstitution und biologische Wirksamkeit.** Didier Bertrand. (Cahiers de Physique **14,** 451 bis 472, Nov. 1960; franz.) – Vortrag. Allg. Ausführungen. H. Kockert. 4100◇

1018 **Wirkung des Absinkens des partiellen Sauerstoffdrucks in der Atmungsluft auf die Carboanhydrase der Blutkörperchen von Ratten.** Pierre L. Biget und Michel Robert. (C. R. hebd. Séances Acad. Sci. **255,** 380–81, 1962; Paris, Centre d'Enseign. et de la Rech. de Méd. Aéronaut.; franz.) – Die Verss. wurden mit 26 Albinoratten (Wistar) durchgeführt. Nach einem 1std. Aufenthalt in der Unterdruckkammer in einer fiktiven Höhe von 5000 m (Luftdruck 405,1 mm Hg; pO_2 84,7 mm Hg) wurden die Tiere getötet u. untersucht. In bezug auf die Zahl der Erythrocyten u. den Hämatokritwert ergaben sich keine Unterschiede zu den Kontrolltieren. Im Gegensatz dazu nimmt die Aktivität der *Carboanhydrase* (**I**) der Erythrocyten (bezogen auf ml oder auf einheitliche Erythrocytenzahl) bei den Vers.-Tieren signifikant zu. In weiteren Verss. soll die Bedeutung der **I**-Aktivität für den Prozeß der Höhenakklimatisation geklärt werden.
P. Schwerdtfeger. 4102◇

1019 **Resistenzentwicklung von Zellkulturen gegen eine photodynamische Wirkung.** Alice M. Gochenour und Samuel Baron. (Proc. Soc. exp. Biol. Med. **102,** 732 bis 735, 1959; Bethesda, Md., US Dep. of Health, Education and Welfare, Public Health Serv., Nat. Inst. of Health, Div. of Biol. Standards; engl.) – Vff. stellten eine unerwartete Degeneration der oberen Schichten von Zellkulturen (Einschichtkulturen von Affennieren) durch Sensibilisierung der Zellen durch *Neutralrot* (**I**) u. Licht-Einw. fest, d. h. durch photodynam. Wirkung. Die Sensibilisierung der Zellen durch **I** erreicht nach 1 Std. ein Maximum, u. nach 8 Std. läßt die Sensibilisierung nach; die Zellen sind nach 24 Std. gegenüber Licht-Einw. völlig resistent. – Die Ergebnisse lassen erkennen, daß der Verlust der Sensibilisierung wahrscheinlich eher durch Veränderungen in den Zellen als durch Veränderung des adsorbierten **I** zustande kommt. H. Kockert. 4102◇

1020 **Weitere Untersuchungen der Modifizierung der Nucleinsäuresynthese von B. cereus durch 8-Azaguanin.** H. George Mandel. (J. Pharmacol. exp. Therapeut. **133,** 141–50, Aug. 1961; Washington, D. C., George Washington Univ., School of Med., Dep. of Pharmacol.; engl.) – *8-Azaguanin* (**I**) verringert die Inkorporation von *Phosphat* (**II**) in *Desoxyribonucleinsäure* (*DNS*) u. *Ribonucleinsäure* (*RNS*) im Vgl. zu unbehandelten Zellen von *Bacillus cereus*, aber die gleichzeitige Wrkg. auf das Wachstum zeigt eine bedeutende Zunahme des Inhaltes der Zellen an Nucleinsäuren an, bes. an DNS. Die relative Inkorporation von **I** in RNS u. DNS bei verschiedenen Konzz. von **I** wird beschrieben. **I** dringt in DNS nur zu $^1/_{10}$ so stark ein, wie in die gleiche Menge von RNS. Während der Wachstumshemmung durch **I** gebildete RNS war chem. u. biolog. etwas weniger stabil als normale RNS, DNS zeigte diese Eig. nicht. Das in Nucleinsäuren anwesende **I** wurde langsamer aus DNS als aus RNS ausgeschieden, wenn *Guanosin* zugegeben wurde, um die Wachstumshemmung aufzuheben. **I** ruft eine spezif. Blockierung der Inkorporation von *Uracil* u. *Uridin* in Nucleinsäuren hervor. Eine solche Wrkg. wurde nicht festgestellt bei der Bildung von *Pyrimidinnucleotiden* aus *Orotsäure* oder **II**. Zwischenumwandlungen von *Pyrimidinen* in RNS oder DNS, abgeleitet von ^{14}C-Uracil, werden nicht spezif. durch **I** beeinflußt. *Ureidobernsteinsäure* dient nicht als Pyrimidinvorläufer in B. cereus. *Guanin*, zusammen mit **I** den Zellen zugefügt, verzögert den Beginn der Hemmung, bis das Purin aufgebraucht ist. Anderseits red. *Adenin*, während es in bestimmtem Ausmaß in Guanin-Derivv. umgewandelt wird, nur den Grad der Wachstumshemmung. H. Aman. 4150◇

1021 **Einige Wirkungen von Chloramphenicol auf die Biosynthese in Bacillus cereus.** H. George Mandel und Robert L. Altman. (J. Pharmacol. exp. Therapeut. **133,** 151–60, 1961; engl.) – Vgl. vorst. Referat. – Ggw. von 10 µg *Chloramphenicol* (**I**)/ml in einer exponentiell wachsenden Kultur von *Bacillus cereus* hat eine teilweise Hemmung des Wachstums zur Folge. Die Aufnahme von ^{35}*S-Methionin*, ^{35}*S-Cystin*, ^{14}*C-Lysin* u. ^{14}*C-Arginin*, die ausschließlich das protoplasmat. Protein markieren, war stark herabgesetzt, während die von ^{32}*P-Phosphat* u. Zellwandkomponenten, wie *Diaminopimelinsäure*, fortbesteht, wenn auch in red. Ausmaß. Eine Neuverteilung der Radioaktivität aus exogenem ^{35}*S-Cystein* wurde in mit **I** behandelten Zellen beobachtet, da wesentlich mehr Isotopen mit heißer Säure extrahierbar u. wahrscheinlich mit Nucleinsäuren verbunden waren. Verss. mit ^{14}*C-Lysin* verliefen nicht so. Während der Wachstumshemmung synthetisierte *Ribonucleinsäure* (*RNS*) zeigte nach Entfernung von **I** nur eine sehr schwache Instabilität. **I** verhindert die Bldg. von *RNS-Adenylsäure* aus exogenem *Adenin* oder *Guanin*, während die entsprechenden Umwandlungen zu *RNS-Guanylsäure* relativ unbeeinflußt waren. Die Nutzung von *Uracil* oder *Uridin* für *RNS-Pyrimidine* war völlig unterdrückt, während *Orotsäure* u. *Phosphat* weiterhin in RNS inkorporiert wurden. **I** beeinflußt so spezif. die Inkorporation vorgebildeter Basen in Nucleinsäuren, welche dagegen noch de novo synthetisiert werden können. Niedrigere Konzz. von **I** hatten eine ähnliche Wrkg. auf das Wachstum, die Erholung trat aber früher ein. Aminosäuren wurden wieder inkorporiert, vermutlich nach dem Abbau von **I**. Die großen Ähnlichkeiten zwischen den Wrkg. u. biochem. Effekten von **I** u. *8-Azaguanin* in *B. cereus* werden gezeigt.
H. Aman. 4150◇

1022 **Fraktionierung und Charakterisierung der Kernribonucleinsäure aus Rattenleber.** Michael B. Sporn und Wesley Dingman. (Biochim. biophysica Acta [Amsterdam] **68,** 389–400, 1963; engl.) – Aus Rattenleberkernen wurde mittels der Phenol-Meth. *RNS* gewonnen u. durch Zentrifugieren im Zucker-Dichte-Gradienten fraktioniert. Die 4 Fraktionen mit 40S, 33S, 19S u. 6S wurden alkal. u. mit Ribonuclease hydrolysiert sowie einer Wärmebehandlung unterworfen u. die Änderungen im Absorptionsspektrum verfolgt. Aus dem Vgl. mit den entsprechenden Komponenten ergab sich, daß die hochmol. RNS (33 u. 19S) der der Ribosomen ähnelt, die niedermol. (6S) sich von der des cytoplasmat. Überstands unterscheidet u. die heterogene Gruppe der *messenger-RNS* oder den Vorläufern der Ribosomen-RNS entspricht. M. Wiedemann. 4150◇

1023 **Dissoziationseigenschaften der Ribonucleinsäure. 1. Mitt. Titration von Rattenleber-RNS und Modell-Polynucleotiden.** R. A. Cox. (Biochim. biophysica Acta [Amsterdam] **68**, 401—10, 1963; Mill Hill, London, Nat. Inst. for Med. Res.; engl.) — Hochmol. *RNS* wurde bei 0,4° mit Säure u. Alkali titriert; sie verhielt sich ähnlich wie teilweise denaturierte *DNS* bei 25°. Es traten irreversible Erscheinungen auf. Etwa 50% der titrierbaren Gruppen dissoziierten zwischen pH 7—11,6. Bei Kalbsthymus-DNS waren bei pH 11,4 nur wenige titrierbare Gruppen ionisiert, bei pH 11,6 war die Ionisation vollständig. Der *Komplex aus Polyadenylsäure* u. *Polyuridylsäure* war von pH 4—10,7 bei 20° stabil, bei extremem pH dissoziierte er in die Komponenten. Es wird ein Phasendiagramm gegeben.
M. Wiedemann. 4150◇

1024 **Messenger-Ribonucleinsäure in Erbsenkeimen.** U. E. Loening. (Nature [London] **195**, 467—69, 1962; Edinburgh, Univ., Dep. of Bot.; engl.) — Durch Sedimentation der Ribosomen von Erbsenkeimen bei hoher *Mg*-Ionen-Konz. wurde eine *RNS* gewonnen, die bei Senkung der Mg^{2+}-Konz. wieder in Freiheit gesetzt wird. Bei Inkubation mit *^{32}P-Phosphat* wurde zunächst nur diese RNS u. erst nach einiger Zeit die ribosomale RNS markiert. Auf diese Weise konnte die *Nucleotid*-Zus. der schnell markierten RNS ohne Störung durch andere RNS bestimmt werden. Die Ähnlichkeit der Nucleotid-Zus. mit der der DNS wird als Beweis gewertet, daß es sich um eine Messenger-RNS handelt. E. Lodemann. 4150◇

1025 **Untersuchungen der Aminosäure–Acceptor–RNS in gewaschenen Leber-Mikrosomen.** Kendric C. Smith. (Biochemistry [Washington] **1**, 866—74, 1962; Palo Alto, Calif., Stanford Univ., School of Med., Dep. of Radiol.; engl.) — Die Mikrosomen (oder Ribosomen) von Mäuselebern enthielten Mengen an Aminosäure–Acceptor-*Ribonucleinsäure* (lösl. *RNS*), die vom Medium u. der Dauer der Sedimentation bei der Isolierung abhingen. Es wurden Verss. mit 105000 · g u. $MgCl_2$ verschiedener Konz. durchgeführt. Ferner wurde gezeigt, daß Waschen mit 0,25m Saccharose — 0,001m $MgCl_2$, Behandlung mit Desoxycholat oder 0,5m NaCl, niemals sämtliche Acceptor-RNS von den Mikrosomen entfernt. Die haftende RNS unterschied sich jedoch chromatograph. u. in ihrer Zus. von der lösl. RNS. M. Wiedemann. 4150◇

1026 **Mechanismus des Schmelzens von Desoxyribonucleinsäure.** T. I. Tikchonenko, G. A. Perevertajlo und E. Dobrov. (Biochim. biophysica Acta [Amsterdam] **68**, 500—02, 1963; Moskau, Inst. of Microbiol. and Epidemiol., Oncol. Dep.; engl.) — *DNS* aus den *Phagen* T_2 u. S_D wurde mittels der Phenol-Meth. erhalten u. ihre Schmelzkurven durch Messung der UV-Absorption u. der Viscosität aufgenommen. Die Daten werden durch die Annahme gedeutet, daß die Doppelstrang-Konfiguration auch nach dem Zerbrechen von Wasserstoffbrücken erhalten bleibt. M. Wiedemann. 4150◇

1027 **Verteilung von 5-Bromuracil in den Pyrimidingruppen der Desoxyribonucleinsäure von Escherichia coli.** Rivka Rudner, Herman S. Shapiro und Erwin Chargaff. (Nature [London] **195**, 143—46, 1962; New York, Columbia Univ., Coll. of Physicians and Surgeons, Dep. of Biochem., Cell Chem. Labor.; engl.) — An zwei Mutanten von *Escherichia coli* (I u. 15 T⁻Arg⁻) wurde der Einbau von *5-Bromuracil* (**I**) untersucht. Hydrolyse der I-haltigen DNS (mit 0,1m H_2SO_4 35 Min., 100°) u. säulenchromatograph. Trennung der Nucleotidkettenbruchstücke lassen einen wahllosen Ersatz von *Thymin* durch **I** vermuten, wenn auch eine Bevorzugung bestimmter Basen als Nachbarn nicht ausgeschlossen werden kann.
E. Lodemann. 4150◇

1028 **Antagonismus von Desoxyribonucleinsäure-Extrakten gegen die wachstumshemmende Wirkung von 8-Azaguanin bei der Kultivierung von Säugetierzellen.** T. R. Bradley, R. A. Roosa und L. W. Law. (Nature [London] **195**, 304—05, 1962; Bethesda, Md., Nat. Cancer Inst. and Philadelphia, Pa., Wistar Inst.; engl.) — Zusatz von *DNS*-Extrakten (E) verschiedener Herkunft setzt die hemmende Wrkg. von *8-Azaguanin* (**I**) auf Kulturen von Säugetierzellen (P-388) herab. Es ist noch nicht klar, ob diese Wrkg. auf eine Verunreinigung der E zurückzuführen ist, welche fähig ist, **I** zu binden oder ob sie in einer Hinderung der Aufnahme von **I** durch die Zellen besteht. E. Lodemann. 4150◇

1029 **Mögliche Reaktion von DNS mit erhöhtem 6-Methylaminopurin-Gehalt.** Elizabeth C. Theil und Stephen Zamenhof. (Nature [London] **199**, 599—600, 1963; New York, Columb. Univ., Coll. of Physic. and Surgeons, Dep. Biochem.; engl.) — Frühere Befunde zeigten, daß der *6-Methylaminopurin*(**I**)-Geh. der *DNS* von *E. coli* Stamm I nach Beendigung der Nettosynth. der DNS weiter ansteigt. Diese Erhöhung von **I** beruht möglicherweise auf 3 Ursachen: 1. *Adenin* (**II**) der polymeren DNS wird methyliert, 2. DNS wird teilweise abgebaut u. durch andere Moll., z. B. **I**, nachträglich ergänzt, 3. Nettosynth. von DNS mit hohem **I**-Geh. findet trotzdem statt, ist aber infolge ihres geringen Anteils nicht nachweisbar. Durch Einbau von *$^{14}C_{(2)}$-Thymin* in Ggw. von *5-Aminouracil* in DNS betrug nach Beendigung der Nettosynth. der Endgeh. an **I** 6 Moll./100 Moll. **II**. Der DNS-Geh. der Zellen blieb konstant. Die Ergebnisse schließen keine der 3 Möglichkeiten aus, machen aber 3. unwahrscheinlich. H. Müldner. 4150◇

1030 **Beobachtungen über die cytologische Wirksamkeit einiger Furocumarine und über ihr Verhalten gegenüber Desoxyribonucleinsäure.** Giovanni Rodighiero, Giuseppe Caporale und Tullio Dolcher. (Atti Accad. naz. Lincei, Rend., Cl. Sci. fisiche, mat. natur [8] **30**, 84—89, 1961; Padova, Univ., Ist. Botan u. Ist. di Chim. Farmaceut.; ital.) — Vff. stellten in Unterss. an Zwiebelwurzelspitzen fest, daß die Furocumarine *Xanthotoxol* (**I**), *Angelicin* (**II**), *Xanthotoxin* (**III**), *Psoralen* (**IV**) u. *Bergapten* (**V**) Chromosomenfragmentationen u. -agglutinationen verursachen; alle 5 Verbb. sind stärker wirksam als *Cumarin* (**VI**), die Wirksamkeit steigt in der vorst. genannten Reihenfolge. Folgende Verbb. sind inakt. oder nahezu inakt.: *Bergaptol*, *Imperatorin* (**VII**), *Oxypeucedanin*, *5-Äthoxypsoralen* (**VIII**), *5-Nitroxanthotoxin*, *5-Aminoxanthotoxin* u. *5-Acetamidoxanthotoxin*. — Ferner wurde festgestellt, daß **I**, **II**, **III**, **IV**, *4-Methylxanthotoxin*, **VII**, **V**, **VIII** u. *5-Isopropoxypsoralen* die Viscosität von *Desoxyribonucleinsäure* (*DNS*)-Lsgg. zum Teil merklich erhöhen (auch hier ist **V** die wirksamste Verb.), wogegen alle getesteten Cumarine (**VI**; *Umbelliferon*, *Herniarin*, *Citropten*, *Ostrutin*, *Seselin*, *Daphnetin*) diese Viscosität nur geringfügig oder nicht steigern. Die Steigerung der Viscosität erfolgt wahrscheinlich durch Anlagerung der akt. Verbb. an die DNS. — Die Parallelität zwischen der cytolog. Wirksamkeit der getesteten Substanzen u. ihrer Fähigkeit, sich an DNS anzulagern, wird aufgezeigt u. ihre mögliche Bedeutung diskutiert.
H. Kockert. 4150◇

1031 **Zur Biochemie einzelliger Lebewesen.** Ilse Schlie. (Chemiker-Zeitung **85**, 77—80, 1961; Köln; dt.) — Übersicht über die vorzugsweise von Fink u. Mitarbeitern veröffentlichten Arbeiten. — Mehr als 100 Literaturangaben. H. Kockert. 4150◇

1032 **Streptomyces sp.-Enzym für die Bereitung von Schimmelpilz-„Protoplasten“.** M. J. R. Aguirre, I. Garcia-Acha und J. R. Villanueva. (Experientia [Basel] **19**, 82—83, 1963; Madrid, Centro de Invest. Biol., Consejo Sup. de Invest. Cientific.; engl.) — Die Überführung von Schimmelpilz-Mycelen in Protoplaste (P) unter der Einw. von *Strepzym* kann als allg. Phänomen erachtet werden. Von den vielen untersuchten Schimmelpilzen (*Penicillium*, *Mucor*, *Aspergillus*, *Fusarium*, *Verticillium*, *Helmintosporium*, *Alternaria*) hat sich *Streptomyces* infolge der Ausbldg. morpholog. abnormer Mycele am besten bewährt. Für die Konversion der Schimmelpilz-Hyphen in P bebrütet man je ml Inkubationsgemisch mit 0,2 ml Enzympräp. drei Std. bei 30°, worauf die P zu sinken beginnen. Die Stabilität der P ist verschieden: Manche unterliegen bald einer Lysis, andere sind einige Std. beständig, so daß sie nicht ganz ident. mit wirklichen P sind. L. Macher. 4150◇

1033 **Sauerstoffdruck und Kontrolle des Knochenzellstoffwechsels.** Gilbert M. Vaes und George Nichols, jun. (Nature [London] **193**, 379—80, 1962; Boston,

Mass., Harvard Med. School, Dep. of Med. and Biochem.; engl.) — Knochenspäne von Ratten zeigten in einer N_2-Atmosphäre (5% CO_2 enthaltend) u. bei Ggw. von 11,1 mMol Glucose (**I**; permarkierte ^{14}C-Glucose enthaltend) eine erhöhte **I**-Aufnahme u. gleichzeitig eine vermehrte *Milchsäure*(**II**)-Produktion, verglichen mit den Werten unter O_2 + 5% CO_2. Die **II**-Menge entspricht zu 100% der aufgenommenen **I** (auch in der spezif. Aktivität). Unter O_2 tritt nur 80% der **I** als **II** auf. Unter N_2 ist die CO_2-Entw. aus **I** um 93% u. der Einbau von markiertem C in die organ. Knochensubstanz um 90% gegenüber den Werten unter O_2 vermindert. Der Einbau des $C_{(1)}$ aus *Glycin* in die organ. Knochensubstanz verringert sich in Luft + 5% CO_2 gegenüber einer O_2-Umgebung um 50% u. erlischt unter N_2 völlig. Die Decarboxylierung unter N_2 ist um 50% geringer als unter Luft oder O_2.

K. Heyns. 4150◇

1034 **Reversible Schädigung von L-Stamm-Mäusezellen durch Trypsin.** Caroline Raut Hebb und Ming-yu Wang Chu. (Exp. Cell Res. **20**, 453—57, 1960; Detroit, Mich., Wayne State Univ. Coll. of Med., Inst. of Cancer Res.; engl.) — Vff. untersuchten den Einfl. von *Trypsin* (**I**) auf das Wachstum von L-Stamm Mäusezellen in einem Medium, das 2% Kalbsserum u. 0,5% Pepton enthielt. **I** hatte zur Folge, daß die in Glasschalen übertragenen Zellen nicht mehr fähig waren, an der Glaswand zu haften. Die **I**-Wrkg. wurde wieder durch Zugabe von krist. Sojabohnen-**I**-Inhibitor oder durch Erhöhung der Serumkonz. (auf 10%) im Wachstumsmedium aufgehoben. G. Bratfisch. 4150◇

1035 **Die Wirkung von Trijodthyronin auf den Glucose-Stoffwechsel in Gewebekultur.** S. Halevy und Lydia Avivi. (Exp. Cell Res. **20**, 458—63, 1960; Jerusalem, Hebrew Univ.-Hadassah Med. School, Dep. of Biochem., Labor. of Nutr.; engl.) — Eine Zugabe von *L-Thyroxin* u. *L-Trijodthyronin* (**I**), etwas weniger *L-Dijodthyronin* u. *Thyronin* zu Kükenembryofibroblasten in Gewebekultur stimulierl den *Glucose*-Verbrauch u. die *Milchsäure*-Prod. bei einer Konz. von 0,01 μg/ml. *L-Dijodtyrosin* u. *KJ* waren selbst in 100facher Konz. unwirksam. Vff. untersuchten verschiedene Faktoren, die die Gewebekultur hinsichtlich der Thyroidhormone beeinflussen könnten. *Lactalbuminhydrolysat* (**II**) erhöhte die stimulierende Wrkg. von **I** beträchtlich. Zusatz von *Epinephrin*, *Östradiolbenzoat*, *Progesteron*, *Testosteronpropionat*, *Insulin*, *Hühnerembryoextrakt* u. *Hefeextrakt* zu **I** blieb ohne Einfluß. Ein möglicher Mechanismus, der den fördernden Einfl. von **II** auf die Hormonaktivität einleitet, wird von Vff. besprochen. G. Bratfisch. 4150◇

1036 **An Nicotinamidadenindinucleotid gebundene Reaktionen in Mitochondrien der Milchdrüse von Meerschweinchen.** E. M. Chance und H. Gutfreund. (Biochem. J. **87**, 9 P, 1963; Shinfield, Reading, Nat. Inst. for Res. in Dairying; engl.) — Die Lebermitochondrien des Meerschweinchens enthalten 12 μmMol $NADH_2$ + $NADPH_2$/mg *Protein* ($NADH_2$: $NADPH_2$ = 1,6). Die Mitochondrien der Brustdrüse enthalten 6,6 μmMol $NADH_2$/mg Protein (Verhältnis = 0,7). Die Mitochondrien wurden vor der Extraktion der Verbb. mit Succinat oder Citrat und Sulfid optimal reduziert. Die Verbb. wurden mit 3 m KOH in A. extrahiert. Fluorimetr. Veränderungen treten ein nach Zugabe von *Pyruvat*- u. *Lactatdehydrogenase* u. anschließendem Zusatz von *Ammoniak*, *α-Oxoglutarat* u. *Glutamatdehydrogenase*. Die Zugabe von *Oxalacetat* verursacht eine schnelle Oxydation der red. Mitochondrien. — In weiteren Verss. wurde die Kinetik der Oxydation der Verb. in Ggw. oder Abwesenheit von *Succinat*, *Malonat* u. unter anaeroben Bedingungen untersucht. Die Oxydation des *L(+)-β-Hydroxybutyrats* durch Brustdrüsen-Mitochondrien wird mit der Unfähigkeit zur Oxydation des D-Isomeren u. der Unfähigkeit zur Oxydation beider Isomere durch Lebermitochondrien verglichen. W. Rehner. 4150◇

1037 **Isolierung von Speicheldrüsen-Chromosomen durch differentielle Zentrifugation.** Peter Karlson und Ursula Löffler. (Hoppe-Seylers Z. Physiol. Chem. **327**, 286—88, 1962; München, Univ., Physiol.-chem. Inst.; dt.) — Zum Studium der Wirkungsweise des Metamorphosehormons *Ecdyson* auf die Speicheldrüsenchromosomen von Zuckmückenlarven (*Chironomus tentans* u. *thummi*) wurden die Riesenchromosomen aus den Speicheldrüsen von jeweils 80—100 Tieren durch differentielle Zentrifugation in Tris-gepufferter Saccharose-Lsg. gewonnen. Eine vorangehende Digestion der Schleimsubstanzen mit „*Pronase*", einem kommerziellen *Proteasen*-Präp. aus *Streptomyces griseus*, ermöglicht eine unbeschädigte u. vollständige Abtrennung der Chromosomen von anderen Zellbestandteilen.

Winfried Krüger. 4150◇

1038 **Vorkommen einer Ribonucleinsäure vom A—U-Typ in mit Citronensäure aus Kaninchenleberzellen isolierten Kernen.** M. Bezděk und M. Skalka. (Experientia [Basel] **19**, 12—13, 1963; Brno, Czechoslovak Acad. of Sci., Inst. of Biophysics; engl.) — Kaninchen erhalten nach 24std. Hungern i.v. 250 μc ^{32}P-Phosphat/kg Körper-Gew. in physiolog. NaCl-Lsg. u. werden 60 Min. später getötet. Die Leber wird in 5%ig. wss. *Citronensäure* homogenisiert, wobei man sehr reine Nuclei erhält, die keine cytoplasmat. *Ribonucleinsäure* (*RNS*) mehr enthalten. Die Nuclei werden anschließend mit eiskaltem 0,1 m Phosphatpuffer, pH 7,4, gewaschen, mit dem gleichen Puffer homogenisiert u. zentrifugiert. Im Sediment befinden sich die Nuclei (a) u. im Überstand Ribonucleoproteide (b) aus den Nuclei, die mit 5%ig. wss. Trichloressigsäure-Lsg. in der Kälte gefällt werden. a wird mit eiskalter 6%ig. wss. p-Aminosalicylsäure-Lsg. 15 Min. behandelt, dann mit einem gleichen Vol. wassergesätt. Phenol bei 3—4° versetzt u. 30 Min. extrahiert. Nach dem Abzentrifugieren sind im wss. Überstand RNS u. Desoxyribonucleinsäure (*DNS*), die mit A. in Ggw. von K-Acetatpuffer, pH 5,2, in der Kälte gefällt werden (a). Aus der phenol. Schicht werden auch durch Zusatz von A. die Nucleoproteide (c) gefällt. Alle drei Sedimente werden durch alkal. Hydrolyse (0,5 m KOH, 18 Std., 37°) abgebaut, KOH mit $HClO_4$ neutralisiert, das Hydrolysat auf Aktivkohle gereinigt u. P-Geh. u. Radioaktivität bestimmt. Die spezif. Radioaktivitäten verhalten sich wie a > c > b. Das relative Basenverhältnis in a beträgt: *Adenylsäure* (*AMP*) 10, *Uridylsäure* (*UMP*) 9,4, *Guanylsäure* (*GMP*) 16,4 u. *Cytidylsäure* (*CMP*) 11,9. Da jedoch die relativen Radioaktivitäten von AMP u. UMP mit 10 u. 9 höher sind als von GMP u. CMP mit 8,6 u. 7,8, muß man annehmen, daß in a zwei verschiedene RNS-Typen vorhanden sind, von denen die A—U-reiche RNS Eigg. einer Messenger-RNS aufweist. Diese RNS weist überdies eine Nucleotidzus. auf, die der der Kern-DNS ähnlich ist.

L. Träger. 4150◇

1039 **Trennung der Kohlenhydrate des Spermas mit Hilfe der Papierelektrophorese.** Pietro D'Arcangelo. (Atti Accad. naz. Lincei, Rend., Cl. Sci. fisiche, mat. nat. [8] **30**, 562—64, April 1961; Roma, Univ., Ist. di Fisiol. umana; ital.) — Mit A. enteiweißte Samenproben von Mensch, Meerschweinchen u. Hund werden der Papierelektrophorese unterworfen (Boratpuffer bei pH-Werten zwischen 7,0 u. 9,2). — Im Samen des Meerschweinchens konnten neben *Fructose* auf Grund des elektrophoret. Verh. auch noch *Glucose* u. zwei weitere mit Anilinphthalat anfärbbare, aber nicht identifizierte Substanzen nachgewiesen werden. — Die Meth. eignet sich für Routineuntersuchungen. H. Kockert. 4150◇

1040 **Die Wirkung von Chloramphenicol auf in vitro kultivierte Säugetierzellen.** Piergiorgio Franceschini und Anna De Nadai. (Atti Accad. naz. Lincei, Rend., Cl. Sci. fisiche, mat. natur. [8] **31**, 464—71, Dez. 1961; Padova, Univ., Isti. di Zool. e Anat. comparata e di Chim. Farmaceut.; ital.) — Vff. stellten fest, daß *Chloramphenicol* (**I**) auf in vitro kultivierte Säugetierzellen (Nierenzellen von Meerschweinchen) wachstumshemmend wirkt. Wahrscheinlich verursacht **I** einen Stillstand der Zellteilung. H. Kockert. 4150◇

1041 **Das Vorhandensein von zwei Wegen für den Aminosäureeinbau in das Protein isolierter Rattenmitochondrien.** J. W. Suttie. (Biochem. J. **84**, 382—86, 1962; London, Mill Hill, Nat. Inst. for Med. Res.; engl.) — Werden die isolierten, gewaschenen Rattenlebermitochondrien mit ^{14}*C-Valin* oder dem Hydrolysat von ^{14}*C-Chlorellaprotein* in dem Medium B von Roodyn u. Mitarbeitern (Biochim. biophysica Acta [Amsterdam] **52,** [1961], **376**) inkubiert, so ist der ^{14}C-Einbau nach ca. 90 Min. abgeschlossen. Werden entsprechende Mitochondrien-Präpp. jedoch analog 1 Std. inkubiert, abzentrifugiert u. in frischem Medium reinkubiert, so verläuft der ^{14}C-Einbau weitere 5 Std. ohne signifikante Verminderung, wobei keine oxydative Phosphorylierung erforderlich ist. Werden Mitochondrien unter mehrfachem Wechsel in gepufferter Saccharoselsg. präinkubiert, so wird ebenfalls eine Kapazität für den nichtphosphorylativen ^{14}C-Einbau entwickelt. Dieser Einbauweg wird nicht durch Penicillin, Vancomycin, Ristomycin, Puromycin oder Chloramphenicol gehemmt, wohl aber durch *NH_2OH*. Die Abbauverss. zeigen, daß von den Mitochondrienproteinen bevorzugt die C-endständigen Gruppen ^{14}C-markiert werden. Vf. nimmt daher an, daß eine, durch kathept. Enzyme katalysierte Transpeptidation für diese Art der ^{14}C-Markierung verantwortlich ist. P. Schwerdtfeger. 4150□

1042 **Beziehungen zwischen aktivem Transport freier Aminosäuren in Zellen und ihrem Einbau in Proteine.** Thomas R. Riggs und Lois M. Walker. (J. biol. Chemistry **238,** 2663—68, 1963; Ann Arbor, Mich., Univ. of Michigan, Dep. of Biol. Chem.; engl.) — An Ehrlich-Ascitestumorzellen wurde durch Inkubation mit C^{14}-Aminosäuren gefunden, daß der akt. Transport der freien *Aminosäuren* (**I**) u. die *Protein*-Synth. nicht unmittelbar gekoppelt sind. Nach Erreichen einer bestimmten **I**-Konz., die je nach **I** variiert, wird die Einbaurate konstant. Die erforderliche **I**-Konz. wiederum hängt von den Energievorräten der Zelle ab. Der **I**-Transport in die Zelle schwankte zwischen 5 Min. für *L-Leucin* u. *L-Valin* u. bis 30 Min. für *Glycin*; der Einbau verlief langsamer u. über mehrere Std. linear. *Puromycin* (**II**) hemmt den Einbau, aber nicht den Transport. *1-Aminocyclopentancarbonsäure*, *α-Aminobuttersäure*, *L-* u. *D-Isovalin* sowie *DL-Norleucin* erreichen eine Endkonz., die über mehrere Std. konst. bleibt. Die gleiche Wrkg. wie **II** zeigten *Azid* u. *Arsenat* in 5 mm bzw. 10 mm Konzentration. *Indolylessigsäure*, *Östronsulfat* u. *Pyridoxal* verminderten den Einbau, aktivierten aber den Transport; *Pyridoxalphosphat* sowie *Östradioldisulfat* zeigten nur geringere Hemmung beim Einbau. Waschen der Zellen mit K^+-freiem Puffer zeigte ebenso wie Zugabe von *2-Desoxyglucose*, im Gegensatz zu *2-Desoxygalaktose*, hemmenden Effekt, der durch *Glucose* (**III**) aufgehoben wurde. Das Verhältnis der aufgenommenen **I** wurde auch bei erhöhtem Einbau durch **III** nicht verändert. **III** konnte durch Succinat, Pyruvat, Acetat, Citrat u. ATP nicht ersetzt werden. *2.4-Dinitrophenol* hemmte den Einbau sofort. Die **I**-Aufnahme in die Zelle aber verlief so lange normal, bis der K^+-Spiegel abfiel, die **I**-Verteilung war noch 30 Min. unter den Ausgangswert gesunken. H. Müldner. 4160◇

1043 **Wirkung von durch Phenolextraktion gewonnenen Polyribonucleotiden auf das Wachstum von Tumorzellen bei Mäusen.** Jacques Harel, Fanny Lacour und Claude Verger. (C. R. hebd. Séances Acad. Sci. **254,** 4390—92, 1962; Villejuif, Seine, Inst. Gustave Roussy; franz.) — Ascitestumorzellen (AZT) wurden vor ihrer Injektion in Mäuse mit Leber-*RNS*(**I**) oder Tumor-RNS-(**II**) inkubiert. 150 opt. Einheiten (bei 260 mμ) **I** pro 10^8 ATZ bewirken ein deutliches Absinken der Zahl der gebildeten Tumoren. **II** zeigt bei der gleichen Konz. prakt. keine Wrkg., wohl aber einen deutlichen Effekt bei 250 opt. Einheiten pro 10^7 ATZ E. Lodemann. 4160◇

1044 **Histochemischer Nachweis von 6-Phosphogluconsäuredehydrogenase in sich vermehrenden und malignen Zellen.** J. Chayen, L. Bitensky, E. K. Aves, G. R. N. Jones, A. A. Silcox und G. J. Cunningham. (Nature [London] **195,** 714—15, 1962; London, Royal Coll. of Surgeons, Dep. of Pathol.; engl.) — Die gesteigerte *6-Phosphogluconsäuredehydrogenase*-Aktivität sich stark vermehrender (gut- u. bösartiger) Zellen kann histochem. nachgewiesen werden durch Überschichtung der Gewebedünnschnitte mit einer mit *Ba-Phosphogluconat* gesätt. warmen Lsg. von *Neotetrazolium* (1 mg/ml) u. *Nicotinamidadenindinucleotidphosphat* (5 mg/ml) in 0,05 m Phosphatpuffer pH 7,8. Inkubation 2 Std. bei 37°. Bei normalen Ratten, die mit *Ae.* oder *Chloroform* anästhesiert worden waren, zeigten die Leberdünnschnitte ebenfalls eine Rk., was bei Tieren, die mit *N_2* getötet wurden, nicht der Fall war. Vff. vermuten daher, daß das Substrat die Zellwand gesunder, langsam wachsender Zellen nicht zu durchdringen vermag. E. Lodemann. 4160◇

1045 **In vitro Steroidbiosynthese durch einen virilisierenden Nebennierentumor.** G. D. Roversi, F. Polvani, A. Bompiani und R. Neher. (Acta endocrinol. [Copenhagen] **44,** 1—7, 1963; Milano, Univ., Gynecol. Clin.; Basel, Ciba; engl.) — Ein Fall eines virilisierenden Nebennierenadenoms einer 31jährigen Patientin wird beschrieben. Ausführliche klin. Daten. Nach operativer Entfernung Inkubation mit *$^{14}C_{(4)}$-Progesteron*. Extraktion nach Meyer (C. **1956,** 3629). Chromatograph. Trennung über Silicagelsäulen. Folgende Verbb. in steigender Menge u. Radioaktivität fanden sich: *11-Desoxycortisol*, *11β.17α.21-Trihydroxy-Δ⁴-pregnen-3.20-dion* (*Cortisol*), *11β.21-Dihydroxy-Δ⁴-pregnen-3.20-dion*, *3.17-Dioxo-Δ⁴-androsten*, *17α-Hydroxyprogesteron*; außerdem wurden kleinere Mengen anderer Steroide u. 4 nicht identifizierte Verbb. nachgewiesen. Der sofortige Abfall der Porter-Silber-Chromogene *Dehydroepiandrosteron*, *3β-Hydroxy-Δ⁵-androsten-17-on* u. anderer *17-Ketosteroide* im Urin nach Tumorexstirpation deutet darauf hin, daß in vivo die gleiche abnorme Biosynth. stattfindet. H. Müldner. 4160◇

1046 **Vergleichende Untersuchung über den Cystin–Cystein-Gehalt des Mucoproteins aus normalen silicotischen und cancerösen Seren.** Eva Arató Sugár. (Clin. chim. Acta [Amsterdam] **7,** 129—32, 1962; Budapest, Ungarn, National Inst. of Occupat. Med.; engl.) — Vf. bestimmte den *Cystin*(**I**)–*Cystein*(**II**)-Geh. des *Mucoproteins* (**III**) von normalen (a), silicot. (b) u. cancerösen menschlichen Seren (c). — Der Geh. des nativen Proteins an freien **I**—**II** u. an Gesamt-**I**—**II** in b liegt höher als in a, der in c niedriger. Das Verhältnis Gesamtkonz. an **I**—**II** zu Konz. an **III** ist für b größer als für a, die entsprechenden Werte für a u. c unterscheiden sich nicht. — Die Ergebnisse lassen Rückschlüsse auf eine qual. Veränderung der Mol.-Struktur von **III** in b u. c zu, jedoch ist die Art der Veränderung in beiden Fällen unterschiedlich. H. Kockert. 4160◇

1047 **Ein nicht identifizierter filtrierbarer Wirkstoff, isoliert aus transplantierten menschlichen Tumoren.** Helene W. Toolan, Gilbert Dalldorf, Marion Barclay, Satish Chandra und Alice E. Moore. (Proc. nat. Acad. Sci. USA **46,** 1256—58, 1960; New York N. Y., Sloan Kettering Inst. for Cancer Res.; engl.) — Aus transplantierten menschlichen Tumoren u. aus Geweben von Krebspatienten wurde eine filtrierbare Substanz, wahrscheinlich ein Virus, isoliert, die beim neugeborenen Hamster charakterist. Deformitäten hervorruft. K. Zingraf. 4160◇

1048 **Beobachtungen über die Species- und Gewebespezifität von Histonen.** L. Hnilica, E. W. Johns und J. A. V. Butler. (Biochem. J. **82,** 123—29, 1962; London, Chester Beatty Res. Inst., Inst. of Cancer Res., Royal Cancer Hosp.; engl.) — Die *Histone* verschiedener Gewebe (Kalbsthymus, -leber, -milz, Rattenleber, leukäm. Rattenleber, Rattenmilz, leukäm. Rattenmilz, Ehrlich-Ascitestumor) wurden durch eine modifizierte Meth. in die 3 Hauptfraktionen (stark lysinreich, mäßig lysinreich, argininreich) nach Johns u. Mitarbeitern (C. **1961,** 16899) aufgetrennt. Es konnten keine signifikanten Unterschiede in der Aminosäure-Zus. oder den N-endständigen Gruppen der gleichen Fraktion verschiedener Herkunft beobachtet werden. Bei allen Präpp. konnten jedoch die charakterist. Unterschiede der einzelnen Fraktionen nachgewiesen werden. Die Reinheit der einzelnen Fraktionen wurde durch Stärkegelelektrophorese geprüft. Mit dieser Meth. konnten Gewebe- oder Speciesspezifitäten gefunden werden. Im Fall des Ehrlichschen Ascitestumorgewebes gelang die vollständige Auftrennung der Histone in die Hauptgruppen nicht. P. Schwerdtfeger. 4160□

1049 **Einige Anwendungen der Wellenmechanik und der Isotopenmethode bei der Untersuchung der chemischen Carcinogenese.** Odilon Chalvet, Pascaline Daudel, Raymond Daudel, Carl Moser und Georgio Prodi. (Cahiers de Physique **15,** 501—22, Dez. 1961; franz.) —

Vortrag. Beziehungen zwischen den cancerogenen Eigg. der konjugierten Moll u. den ihre chem. Reaktionsfähigkeit charakterisierenden theoret. Größen. Experimentelle u. theoret. Unters. der Wechselwrkgg. zwischen konjugierten Moll. u. Zellproteinen. — 25 Literaturangaben. H. Kockert. 4160◇

1050 **Einführung zur Frage der Wechselwirkung zwischen cancerogenen Kohlenwasserstoffen und Zell-Proteinen.** Antoine Lacassagne. (Cahiers de Physique **15**, 497—501, Dez. 1961; franz.) — Vortrag. H. Kockert. 4160◇

1051 **Carcinogene Wirkung des N-Hydroxy-4-acetylaminostilbens.** R. W. Baldwin, W. R. D. Smith und S. J. Surtees. (Nature [London] **199**, 613—14, 1963; Nottingham, Cancer Res. Laboratory of the University; engl.) — In einem in vitro-Syst. ließ sich mit Rattenleberhomogenat oder dem Überstand der Mitochondrienfraktion in Ggw. von O_2 u. $NADPH_2$ aus *4-Acetylaminostilben*(**I**)*N-Hydroxy-4-acetylaminostilben*(**II**) darstellen. Die carcinogene Wrkg. von **II** u. **I** sowie die des *4-Dimethylaminostilbens* (**III**) wurde untersucht. In der Dosierung von 40 mg/kg erwies sich bes. **II** für ♀ Ratten als stark toxisch. Nach 22 Wochen überlebten nur 62%. Nach etwa 20 Wochen waren nach Gabe von **I**—**III** Gehörgangstumoren nachweisbar. **I** u. **II** waren wirksamer als **III**. **II** rief außerdem ein abdominelles Fibro- u. Adenocarcinom hervor. H. Müldner. 4160◇

1052 **Zur Frage der Bildung cancerogener Nitrosamine aus Gewebsaminen und inhalierten Stickstoffoxiden.** D. Henschler und W. Ross. (Naturwissenschaften **50**, 503, 1963; Würzburg, Univ., Inst. für Pharmakol. u. Toxikol.; Pathol. Inst.; dt.) — Die von Druckrey u. Preussmann (Naturwissenschaften **49**, [1962], 498) vertretende Ansicht, daß *nitrose Gase* (**I**) beim Einatmen carcinogene *Nitrosamine* (**II**) bilden können, wird abgelehnt. Bei Inhalation von Luft mit 40 ppm NO_2 würden bei 50%ig. Umsetzung zu **II** in 24 Std. bei Mäusen 150 mg/kg Körper-Gew. entstehen. Das ist das ca. 1500fache der Tagesdosis, die bei Ratten zur Krebsbildung ausreicht. Die beobachtete Tumorhäufigkeit in Mäuselungen nach **I**-Inhalation läßt die Wahrscheinlichkeit der **II**-Bldg. gering erscheinen. W. Damerau. 4160◇

1053 **Wirkung langdauernder Einatmung niedriger Konzentrationen von Stickstoffdioxyd auf die Mäuselunge.** W. Ross und D. Henschler. (Naturwissenschaften **50**, 503—04, 1963; Würzburg, Univ., Pathol. Inst.; Inst. für Pharmakol. u. Toxikol.; dt.) — Nach Inhalation von Luft mit 40 ppm NO_2 über 48 Std. (2mal in der Woche oder alle 10 bzw. 30 Tage) zeigten Mäuse (♀, NMRI) einige tubuläre Adenome u. Lymphosarkome, jedoch keine plattenepithelialen Metaplasien. Die Mitosentätigkeit wurde durch NO_2 stark erhöht. Intermittierende NO_2-Beatmung wirkte nicht additiv, sondern löste Toleranzsteigerung aus. W. Damerau. 4160◇

1054 **Reaktion des cancerogenen Dimethylnitrosamins mit Nucleinsäuren in vivo.** Valda M. Craddock und P. N. Magee. (Biochem. J. **89**, 32—37, 1963; Carshalton, Surrey, Tox. Res. Unit, M. R. C. Labors.; engl.) — Das hepatotox. wirksame *Dimethylnitrosamin* (**I**) methyliert *RNS* der Leber u. Niere sowie Leber-*DNS* spezif. am $N_{(7)}$ des Guaninrestes. Der Stoffwechsel dieser methylierten Verbb. wird beschrieben. Nach intraperitonealer Injektion von radioakt. **I** erreicht die RNS-Methylierung nach 5—12 Std. ihr Maximum u. fällt dann auf sehr niedrige Werte ab. Der bes. hohe Verlust an CH_3-Gruppen der Leber in den ersten 2 Tagen steht mit der begleitenden Nekrose in keinem Zusammenhang. Die N-Demethylierung von **I** wird wahrscheinlich von mikrosomalen Enzymen katalysiert. Die enzymat. Hydrolyse methylierter RNS ergibt 7-Methylguanin (**II**) enthaltende Nucleotide. Leber- u. Nieren-DNS wird ebenfalls sehr schnell innerhalb 5 Std. methyliert; die Demethylierung in der Leber erfolgt auch hier beschleunigt. *N-methylierte RNS* ist stabiler; sie wird erst nach Säurehydrolyse dialysierbar. H. Müldner. 4160◇

1055 **Erzeugung von Magentumoren bei Ratten und Mäusen durch N-Nitroso-N-alkylurethane.** R. Schoental. (Nature [London] **199**, 190, 1963; Carshalton, Surrey, Toxicol. Res. Unit, Med. Res. Council Labors.; engl.) — *N-Nitroso-N-methylurethan*(**I**) u. *N-Nitroso-N-äthylurethan*(**II**), durch eine Magensonde appliziert, erzeugen bei Ratten u. Mäusen Tumoren des Magens. Beobachtet wurden Plattenepithelcarcinome im Cardiateil, ein Sarkom, Adenocarcinome u. papillomatöse Wucherungen ohne invasives Wachstum im Drüsenbereich der Magenwand. **I** u. **II** zeigen keine Wrkg.-Unterschiede. Offenbar werden Typus u. Lokalisation des Tumors vom Applikationsort im Magen beeinflußt. H. H. Goebel. 4160◇

1056 **Refuin, eine nichtcytotoxische, carcinostatische Verbindung, welche durch eine thermophile Actinomycete hervorgebracht wird.** Moses David Tendler und Samuel Korman. (Nature [London] **199**, 501, 1963; New York, N. Y., Yeshiva Univ., Dep. of Biol.; Broux, N. Y., Montefiore Hosp., Dep of Neoplastic Med.; engl.) — *Refuin* (**I**) ist eine hochmol. Fraktion der Biergärung, welche durch eine *Thermoactinomyces* sp. erzeugt wird. **I** zeigt keine Aktivität gegenüber gramnegativen Organismen, ist hingegen gegenüber grampositiven hochspezif. akt. Ferner zeigt **I** Hemmwrkg. gegenüber Sarkom 180 u. Adenocarcinom 755, nicht jedoch auf Leukämie 1210. **I** zeigt bei Mäusen eine außerordentlich geringe Toxizität. O. Jansen. 4160◇

1057 **Sensibilität des Epithelioma T8 von Guérin der Wistarrate gegenüber A-methopterin.** J. Jacquet, P. Jacob und S. Abratucci (C. R. Séances Soc. Biol. Filiales **157**, 721—24, 1963; Caen, Fac. des Sci., Labor de Microbiolog., Centre régional Anticancéreux; franz.) — Das Epithelioma T8 von Guérin ist sensibel gegenüber *A-methopterin* (*Methotrexate*; *R 9985*; *4-Aminodesoxy-N*^{10}-*methylpteroylglutaminsäure*; **I**). Bei geringer Dosierung scheinen sich die günstigen Wrkg. von **I** u. den Röntgenstrahlen zu addieren; bei starker Dosierung addieren sich die tox. Eigenschaften. M. Blaschette-Huttinger. 4160◇

1058 **Wirkung von p-Dimethylaminobenzol (DAB) und Flavin- und Eiweißmangel auf die Entgiftungsreaktion der Rattenleber gegenüber dem Cancerogen.** Rodica Emanoil-Ravicovitch und Cécilia Hérisson-Cavet. (Bull. Soc. Chim. biol. **45**, 613—21, 1963; Poitiers, Fac. des Sci.; Paris, Inst. de Biol. Physico-Chim., Labor de Chim. Biol.; franz.) — Die gleichzeitige Wrkg. des cancerogenen *DAB* (**I**) einerseits u. der Mangel an *Flavinen* (**II**) u. *Eiweißen* (**III**) andererseits verursacht eine Abnahme der Entgiftungstätigkeit der Rattenleber gegenüber **I**, welches eine Apoenzymabnahme im Entgiftungs-Syst. verursacht. Die Wrkg. von **II**- u. **III**-Mangel sowie die **I**-Wrkg. ergänzen sich in bezug auf die starke Abnahme der Enzymtätigkeit. M. Blaschette-Huttinger. 4160◇

1059 **Der Einfluß einer DTPA-Theapie auf Langzeiteffekte von gespeichertem Plutonium.** Marcia W. Rosenthal, Joan F. Markley, Arthur Lindenbaum und Jack Schubert. (Health Physics **8**, 741—45, 1962; Argonne, Ill., Argonne Nat. Labor., Div. of Biol. and Med. Res.; engl.) — ♀ Mäuse erhielten i.v. Injektionen mit einer ^{239}*Pu*-Lsg. (3,41 μg ^{239}Pu/ml) u. vom 3. Tage danach an für 1—12 Tage intraperitoneal 500 mg *DTPA*/kg. Nach 12 Tagen bewirken die DTPA-Injektionen die Ausscheidung von 43,2% des im Skelett gespeicherten Pu u. verringern den Anteil von Tieren mit Knochentumoren um 42,5%. Injektion von DTPA während nur 2 Tagen bleibt in beiderlei Hinsicht unwirksam. Die Knochentumor-Bldg. nimmt mit der Zeit nach der Pu-Injektion zu. W. Reusse. 4160◇

1060 **Das Fehlen eines Sekundärschadens in mit einer homologen Knochenmarktransfusion behandelten Ratten nach Applikation von „Myleran".** A. Dunjic. (Nature [London] **198**, 603—04, 1963; Louvain, Univ., Cancer Inst., Dep. of Radiobiol.; engl.) — Albinorratten eines L-Stammes erhielten entweder 27,6 mg „*Myleran*" (**I**, 1.4-*Dimethansulfonyloxybutan*)/kg injiziert bzw. wurden mit 600 r bestrahlt. Innerhalb von 2 Std. am 1. oder 3. Tag nach Bestrahlung bzw. **I**-Applikation wurde den Tieren eine Infusion von 128 · 10^6 Knochenmarkzellen des L- sowie eines R-Stammes i.v. verabreicht. Die L-Tiere zeigten nach Applikation von Knochenmark aus L-Tieren während des 2. oder 3. Monats nach **I**-Applikation oder Bestrahlung keine erhöhte Mortalitätsrate. Jedoch trat eine erhöhte Mortalität mit den Symptomen eines Sekundärschadens in den mit Knochenmark von R-Tieren behandelten L-Tieren auf. Es wird angenommen, daß ein Sekundärschaden nicht auftritt, wenn Tiere eines Nichtinzucht-, jedoch homogenen Stammes verwendet werden. Das Auftreten einer erhöhten Mortalität in verschiedenen Stämmen ist offenbar vom Ausmaß der Antigenunterschiede zwischen Wirts- u. Donatortier abhängig. J. Boelter. 4160◇

E$_2$. Enzymologie, Gärung

1061 **Die Stabilitätskonstante von MgATP^{2-}.** W. J. O'Sullivan und D. D. Perrin. (Biochim. biophysica Acta [Amsterdam] **52,** 612—14, 1961; Canberra, Australian Nat. Univ., John Curtin School of Med. Res., Deps. of Biochem. and Med. Chem.; engl.) — Die Stabilitäts-Konst. K (M^{-1}) von *MgATP*$^{2-}$ wurde durch pH-Titration zu 105000 ± 15000, spektrophotometr. in Triäthanolamin- u. N-Äthylmorpholinpuffer zu 70000 ± 6000 u. 77000 ± 7000 bestimmt. K. Maier. 4210◇

1062 **Kinetische Minima der dπ/dt, V-Kurve bei 50 Hz in Suspensionen von Bäckerhefe und tierischen Geweben.** A. Kalaidjiev, G. Dechev und L. Vulcheva. (C. R. bulg. Sci. **9,** Nr. 1, 63—65, 1956; Bulg. Acad. of Science, Inst. for Exp. Med.; engl.) — Bei polarograph. Unterss. (Polarograph nach Heyrowsky) über die Geschw. des O_2-Verbrauchs von biolog. Material (Bäckerhefe- u. Blutsuspensionen) werden 2 Minima erhalten: eines liegt bei einem negativen Potential, das größer als das von O_2 ist, u. das andere bei einem negativen Potential, das niedriger als dasjenige ist, bei dem H_2O_2 depolarisierend wirkt. Dieses Phänomen wurde deshalb von Vff. näher untersucht, weil es etwas über die Kinetik einiger Intermediärphasen der respirator. Fermentation aussagt. Beide Minima entsprechen der Bldg. u. Disintegration von Substanzen, die an der Elektrodenoberfläche die Freisetzung von 2 Elektronen katalysieren, die sie nun ihrerseits aufnehmen oder deren Übertragung auf andere Substanzen mit entsprechendem chem. Potential sie katalysieren. Eine Veränderung des Aussehens der beiden Minima entspricht einer Akkumulierung einiger dieser Substanzen auf der Elektrodenoberfläche. Die diese Minima verursachenden Substanzen haben ein ähnliches Potential wie *Cystin* u. *Cystein* oder sind sogar mit den beiden letztgenannten Verbb. identisch. Die maximale Geschw. der Bldg. u. Disintegration dieser Substanzen fällt Temp.-abhängig mit dem Optimum der CO_2-Bldg. der Hefe zusammen. H. Kockert. 4210◇

1063 **Unterschiedliche Wirkungen von Rotenon und Amytal auf die mitochondriale Elektronen- und Energieübertragung.** Lars Ernster, Gustav Dallner und Giovanni Felice Azzone. (J. biol. Chemistry **238,** 1124—31, 1963; Stockholm, Univ., Wenner-Gren Inst., Padova, Univ., Inst. of Gen. Pathol., Unit for the Study of Physiopathol.; engl.) — Das Fischgift *Rotenon* (**I**) hemmt die aerobe Oxydation Pyridinnucleotid-gekoppelter Substrate (*L-Glutamat, α-Ketoglutarat, DL-β-Hydroxybutyrat* u. a.), nicht aber die von *Succinat* (**II**), durch Rattenlebermitochondrien. Die Hemmung wird von *2.4-Dinitrophenol* oder zugesetztem Diphosphopyridinnucleotid (**VI**) u. Cytochrom c (**IV**) nicht, von *Vitamin K$_3$* dagegen aufgehoben. Letzteres aktiviert eine Umgehung des **I**-empfindlichen Bezirks. **I** hemmt auch die endergon. Red. von *Acetoacetat* (**III**) durch **II**, nicht aber die dismutative Red. von **III** durch *Pyruvat* + *L-Malat*. Die Oxydation von extramitochondrialem, red. DPN wird ebenfalls durch **I** gehemmt, in Ggw. von zugesetztem **IV** jedoch nur teilweise. Die DPNH-Oxydaseaktivität submitochondrialer Partikel ist gleichfalls sehr **I**-empfindlich. Alle diese Wrkg. ähneln denen von *Amytal* (**V**). Im Unterschied zu **V** läßt **I** den mitochondrialen anorgan. *Orthophosphat-Adenosintriphosphat*-Austausch u. die ruhende sowie die 2.4-Dinitrophenol-induzierte *Adenosintriphosphatase*-Rk., letztere mit u. ohne *Atebrin* u. *Chlorpromazin*, unbeeinflußt. Ferner erniedrigt **I** das P:O-Verhältnis mit **II** als Substrat nicht über einen bestimmten Wert. **I** ist im Unterschied zu **V** fest an die Mitochondrien u. submitochondrialen Partikel gebunden. Die Atmungshemmung durch **I** hängt stärker von der **I**-Menge als von der **I**-Konz. ab. K. Maier. 4210◇

1064 **Der Mechanismus einiger Reaktionen in der Atmungskette.** Inga Fischer-Hjalmars. (Cahiers de Physique **14,** 429—39, Nov. 1960; Stockholm, Inst. Royal de Technol., Div. de Physique mathématique; franz.) — Vortrag. — Elektronenverteilung in Moll. mit energiereichen Bindungen. Die Rkk. der energiereichen Bindung. Anwendung auf Stoffwechselreaktionen. Phosphorylierung am Substrat. Phosphorylierung in der Atmungskette. Berechnungen des Komplexes der Ladungsübertragungen. — 12 Literaturangaben. H. Kockert. 4210◇

1065 **Die Wirkungen von Kobalt auf die Mitochondrien-Atmung.** E. Hardin Strickland und Charles R. Goucher. (Nature [London] **198,** 790—91, 1963; Fort Knox, Ky., U. S. Army Med. Res. Labor.; engl.) — Rattenlebermitochondrien (M) zeigten in Rohrzucker-Lsg. nach Zusatz von *Co*$^{2+}$ keine Stimulierung der *Succinat*(**I**)-Oxydation. *ADP* erhöhte die **I**-Oxydation stark. Noch stärker wurde diese durch *Co-***II***-Adenosindiphosphat* erhöht. Maximale Stimulierung der **I**-Oxydation durch M erfolgte in Ggw. von *EDTA* u. *ADP*. Der Zusatz von Co^{2+} zu der Rk.-Mischung red. die Atmung der M etwas. Es wird angenommen, daß in den M ein inhibitor. Kation enthalten ist, das durch EDTA entfernt bzw. durch das offenbar weniger hemmende Co^{2+} ersetzt wird. *Mg*$^{2+}$ konnte nicht das hemmende Kation ersetzen. Mit *β-Hydroxybutyrat, α-Ketoglutarat* mit einem *Malonat*-Block oder mit *Maleat* + *Pyruvat* waren ADP bzw. ADP + Co^{2+} gleich stimulierend wirksam. Zusatz von EDTA änderte diese Ergebnisse nicht. Nach Phosphorylierung des exogenen Nucleosiddiphosphats nahm die Atmung unabhängig vom ADP- bzw. Co-Zusatz ab. Das Verhältnis zugesetztes ADP/O_2-Verbrauch während der *Phosphorylierung* u. damit die oxydative Phosphorylierung wurde durch Co^{2+} nicht beeinflußt. J. Boelter. 4210◇

1066 **Das Auftreten zweiwertiger Kobaltatome in Coenzymformen der Corrinoide.** L. Nowicki und J. Pawełkiewicz. (Bull. Acad. polon. Sci., Sér. Sci. biol. **8,** 433—34, 1960; Poznań, Polish Acad. of Sci., Inst. of Phys., Labor. of Ferromagnetics; engl.) — Vgl. C. **1963,** 15064. — Vff. untersuchten aus *Propionibacterium shermanii* isoliertes u. nach l. c. gereinigtes *SB*$_{12p}$ (**I**; *B*$_{12}$*-Coenzym*), eine lichtempfindliche analoge Verb. von *Cobinamid* (**II**), nach der Protonresonanz-Meth. mit dem Pound-Knight-Spektrometer, indem Gebrauch gemacht wurde von der gegenseitigen Abhängigkeit von Signalamplitude u. der Relaxationszeit u. so indirekt von Höhe des Maximums u. Konz. der paramagnet. Substanz. Vff. fanden, daß die Höhe des Maximums von 0,05 m $CoSO_4$ mehr oder weniger der von 0,15 m **I** (354 mg **I**/2 ml W.) entspricht. Hieraus ergibt sich, daß **I** paramagnet. ist u. ein zweiwertiges Co-Atom enthält. G. Bratfisch. 4210◇

1067 **Ubichinon in Insekten.** L. Szarkowska und H. Michałek. (Bull. Acad. polon. Sci., Sér. Sci. biol. **8,** 429—32; 1960; Warsaw. Polish Acad. of Sci., Inst. of Biochem. and Biophys. and School of Med., Dep. of Physiol. Chem.; engl.) — Vff. untersuchten eine Anzahl von Insekten (Schmetterling *Celerio euphorbiae*, getrocknetes Gewebe von *Anatis ocellata, Sphinx pinastri* u. *Antheraea pernyi*) auf Vork. von *Ubichinon* (**I**; *Coenzym Q*). Hierzu wurde 1 g Gewebe in 0,5 ml 60%ig. KOH u. 0,066 g Pyrogallol bis zur völligen Homogenisierung erhitzt, mit 1 ml A. versetzt u. 30 Min. bei 100° erhitzt. Nach dem Abkühlen Extraktion mit Ae., Lösen des Rückstandes aus dem Ae. in abs. A., Stehenlassen für 1—2 Tage bei —15° u. Verwerfen eines gebildeten Nd.; die aus der alkohol. Lsg. isolierte Substanz war lösl. in abs. A., Ae. u. Cyclohexan u. zeigte eine typ. **I**-Absorptionskurve mit einem Maximum bei 275 mμ. Durch Red. mit KBH_4 wurde das Maximum auf 291 mμ verschoben. Die Unters. der Homologen u. Isopreneinheiten in der **I**-Seitenkette mittels Papierchromatographie in 95%ig. A.

ergaben für C. euphorbiae, Sp. pinastri u. A. ocellata *Coenzym Q_{10}*, für A. pernyi *Coenzym Q_9*.
G. Bratfisch. 4210◇

1068 **Oxydation von $^{14}C_{(1)}$-Acetat durch die Ratte und Diskussion der Erneuerung des Acetats und des Acetylcoenzyms A.** Marc Pascaud. (Bull. Soc. Chim. biol. **45**, 551—59, 1963; Villejuif, Seine, Centre de Rech. sur la Cellule Norm. et Cancéreuse; franz.) — Unterss. zur Oxydation von *$^{14}C_{(1)}$-Acetat* zu *CO_2* der Ausatemluft bei der Ratte ergaben einen Verbrauch von 46 Mol *Acetylcoenzym A* (**I**)/100 g/Tag. Der Geh. von **I** in der Ratte wurde zu 1,4 m Mol/100 g errechnet.
K. Zingraf. 4210◇

1069 **Die enzymatische Bildung von Adrenalin und anderer Brenzcatechinamine aus Monophenolen.** Julius Axelrod. (Science [Washington] **140**, 499—500, 1963; Bethesda, Md., Nat. Inst. of Mental Health.; engl.) — Die Mikrosomen (M) u. die lösl. Überstandfraktion (U) aus Rattenleberhomogenat bildete bei Inkubation mit *p-Sympatol* (**I**) in Ggw. von *Nicotinamidadenindinucleotidphosphat* (**II**) *Adrenalin* (**III**). Ohne M oder **II** wurde die **III**-Bldg. stark reduziert. Inkubation mit *red.* **II** erhöhte die **III**-Bldg., ebenso Ersatz von **I** durch *m-Sympatol* (**IV**). Die **III**-Bldg. aus **I** u. **IV** konnte durch Umwandlung in *^{14}C-Methanephrin* mit Hilfe der in U enthaltenen *Brenzcatechin-O-methyltranspherase* in Ggw. von *$^{14}C_{(CH_3)}$-S-Adenosyl-methionin* (**V**) nachgewiesen werden. Aus *m-* u. *p-Tyramin* wurde durch U u. **II** *Dopamin* gebildet. *^{14}C-Methoxytyramin* konnte entsprechend in Ggw. von **V** nachgewiesen werden. Bei Inkubation des Syst. mit *m-* oder *p-Oktopamin* wurde eine geringe Menge *Noradrenalin* gefunden, in Ggw. von **V** entsprechend *^{14}C-Normethanephrin.* Folgende Phenole bildeten Brenzcatechinamine (als O-methylierte Verbb.): *p-Hydroxyephedrin*, *N-Acetyl-p-aminophenol*, *Östradiol*, *Stilböstrol* u. *N-Acetylserotonin*. Die relative Unspezifität dieser Rk. deutet auf die Ggw. von mehr als einem Ferment hin. Ein Rk.-Schema zur Bldg. der Brenzcatechinamine ist angegeben. J. Boelter. 4210◇

1070 **Untersuchungen über die Veränderungen der Enzyme während der Sporulation von Bacillus cereus mit Hilfe der Stärkegel-Elektrophorese.** Ann Baillie und J. R. Norris. (J. appl. Bacteriol. **26**, 102—06, 1963; Univ. of Glasgow, Bacteriol. Dep.; engl.) — Mit Hilfe der Stärkegel-Elektrophorese konnte gezeigt werden, daß in jungen Zellen (8 Std. alt) von *Bacillus cereus* beim Wachstum auf einem Sporulationsmedium eine *α-Esterase* (**I**) u. eine *α-Katalase* (**II**) gebildet werden. 12 u. 20 Std. alte Zellen enthalten neben den *α-* noch *β*-**I** u. *β*-**II**, reife Sporen besitzen keine **I**, sondern nur *β*-**II**. *α*-**I** wird durch Erhitzen auf 50° in 5 Min. inaktiviert, *β*-**I** u. *α*-**II** erst in 5 Min. bei 60°, *β*-**II** wird dagegen erst vollständig inaktiviert, wenn die Zellen bzw. Sporen für 5 Min. 100° ausgesetzt werden. In jungen Zellen (8 Std. alt) ist die Hitzeresistenz der *β*-**II** nicht vorhanden. Die Entstehung der Hitzeresistenz wird diskutiert.
M. Lorenz. 4210◇

1071 **Die Rolle des Krebscyclus bei der Äthylenbiosynthese.** C. H. Wang, Albert Persyn und Julia Krackov. (Nature [London] **195**, 1306—08, 1962; Corvallis, Oregon State Univ., Deps. of Chem. and Sci., Res. Inst.; engl.) — Die Unters. der *Äthylen*(**I**)-Bldg. durch stationäre aerobe Kulturen von *Penicillium digitatum* mit *$^{14}C_{(1)}$-*, *$^{14}C_{(2)}$-*, *$^{14}C_{(6)}$-Glucose* u. *^{14}C-Aminosäuren* als Substraten spricht für die Umwandlung von C-Atomen der Glucose in **I** unter Ausnutzung der Glykolyse u. des Schrittes *Acetat* in *α-Ketoglutarat* (**II**) über Stufen des Krebs-Cyclus. Derart gebildetes **II** geht vermutlich durch oxydative Decarboxylierung in *Bernsteinsäure* über, deren Oxydation *Fumarat* liefert. Möglicherweise leitet sich **I** oder seine Vorstufe direkt aus den mittleren C-Atomen des Glutamats ab.
Karl Maier. 4210◇

1072 **Die Reaktion von Cytochrom a mit chemisch modifiziertem Cytochrom c und basischen Proteinen.** Shigeki Takemori, Keishiro Wada, Ichiro Sekuzu und Kazuo Okunuki. (Nature [London] **195**, 456—57, 1962; Osaka, Univ. of Osaka, Dep. of Biol.; engl.) — Chem. modifiziertes *Cytochrom c* (**I**), wie *Acetyl*-**I** oder *Succinyl*-**I** (mit 32 u. 22% acylierten NH_2-Gruppen) war bei der *Cytochromoxydase*(**II**)-Rk. (manometr. Best.) unwirksam. Die Reduzierbarkeit von *Cytochrom a* (**III**) durch Acetyl-**I** ging mit zunehmender Acetylierung langsam, die durch Succinyl-**I** rasch zurück. Chem. modifiziertes **I** wurde von **III** kaum oxydiert. Bei der **II**-Rk. mit **III** sind vermutlich einige freie ε-NH_2-Gruppen des **I**-Mol., die leicht durch 2.4.6-Trinitrobenzolsulfonat blockierbar sind, beteiligt, während andere weniger leicht blockierbare ε-NH_2-Gruppen des Mol. an der **III**-Red. teilnehmen. Wesentlich für die Aktivitätserhaltung sind die positiven Ladungen an den Lysin-Seitenketten, unabhängig davon, ob die positiven Ladungen aus den freien ε-NH_2-Gruppen oder den Guanidinogruppen stammen. Protamine, wie *Salmin*, *Clupein* u. *Poly-L-lysin* hemmen in kleinen Konzz. die **II**-Aktivität (nichtkompetitiv mit **I**) stark, Lysozym u. Copoly-1:1-[L-glutaminsäure, L-Lysin] wenig. Die Hemmwrkg. der bas. Proteine auf die **II**-Aktivität hängt vermutlich von der Bldg. des Komplexes zwischen dem sauren Protein **III** u. einem der bas. Proteine ab. K. Maier. 4210◇

1073 **Bestimmung des Redoxpotentials von Cytochrom h aus Cryptomphalus aspersus.** Luisa Tosi und Francesco Ghiretti. (Atti Accad. naz. Lincei, Rend., Cl. Sci. fisiche, mat. natur. [8] **29**, 104—05, 1960; Napoli, Stazione Zool., Reparto di Fisiol.; ital.) — Vff. bestimmten das Normalpotential von *Cytochrom h* aus *Cryptomphalus aspersus* bei pH 6,5 zu + 0,126 V ± 0,04 Volt; bei niedrigeren pH-Werten (bis pH 4,8) steigt das Potential graduell bis auf + 0,138 Volt an. H. Kockert. 4210◇

1074 **Weitere Untersuchungen über die Atmungsenzyme von Meeres- und Landgastropoden. Eigenschaften von Cytochrom h.** Luisa Tosi und Francesco Ghiretti. (Atti Accad. naz. Lincei, Rend., Cl. Sci. fisiche, mat. natur. [8] **29**, 207—14, 1960; Napoli, Stazione Zool., Reparto di Fisiol.; ital.) — Vgl. vorst. Referat. — Vff. untersuchten die Eigg. des aus dem Hapatopankreas von *Aplysia depilans* (A) u. *Cryptomphalus aspersus* (B) extrahierte u. gereinigte *Cytochrom h* (**I**). — Neben der *α-*, *β-* u. *γ*-Bande im UV-Spektr., die für **I** aus A u. B u. *Helix pomatia* (zum Vgl.) ident. sind, zeigt das Spektr. des mit Dithionit red. **I** von B eine weitere Bande mit einem λ_{max}-Wert um ca. 600 mμ. — **I** kann z. B. durch $NaHSO_3$, LiH, Ferrooxalat, Ascorbinsäure (**II**), Cystein u. red. Glutathion red. werden u. durch Ferrioxalat, Kaliumferricyanid, $NaClO_4$, H_2O_2 u. Cytochrom c (**III**) reoxydiert werden. Ein von **III** freies Cytochromoxydase-Präp. aus Säugetier-Herzmuskel ist ebenfalls in der Lage, das durch **II** red. **I** zu reoxydieren. Ferner wird **I** durch red. Diphosphopyridinnucleotid (DPNH) in Ggw. von Säugetieroxydasen u. Cyanid u. durch Succinat in Ggw. von KCN red.; die Red.-Geschw. ist für **I** von A ca $^1/_{10}$ so groß wie die von **III**. — Das Redoxpotential von **I** aus B beträgt bei pH 6,5 + 0,126 Volt.
H. Kockert. 4210◇

1075 **Reinigung und Aminosäurezusammensetzung von Pseudomonas-Cytochrom c-551.** R. P. Ambler. (Biochem. J. **89**, 341—49, 1963; Cambridge, Univ., Dep. of Biochem.; engl.) — *Pseudomonas Cytochrom c-551* (**I**) wurde in sehr reiner Form (Chromatographie an Carboxymethylcellulose u. Diäthylaminoäthylcellulose) aus Kulturen von *Ps. fluorescens* P 6009/1 gewonnen. Das endgültige Präp. war ein homogenes Protein, wie Elektrophorese, Behandlung in der Ultrazentrifuge u. die N-Endgruppen-Best. ergaben. Die physikal. Eigg. des Präp. waren denen eines 3fach. krist. Präp. von **I** aus *Ps. aeruginosa* (nach einer anderen Meth. gewonnen) ähnlich. Die *Aminosäuren*-Zus. von **I** wurde nach Säurehydrolyse bestimmt. Die N-Endgruppen des Proteins wurden unter Verw. der Phenylisothiocyanat- u. der Fluordinitrobenzol-Meth. untersucht u. folgende N-Endgruppensequenz festgestellt: Glu (Asp, Glu, Pro) Val-Leu ... Der Tryptophan-Geh. lag niedriger als 0,3%. Das Protein enthält eine *Häm*-Gruppe/Mol. u. hat eine Peptidkette von 82 Aminosäuren. U. Gerhardt. 4210◇

1076 **Eine vereinfachte Methode zur Extraktion von reduziertem Cytochrom-552 und -556 aus Euglena gracilis (Z).** G. Colmano und J. J. Wolken. (Nature [London] **198**, 783—84, 1963; Pittsburgh, Pa., Univ. o

Pittsburgh School of Med., Eye and Ear Hosp., Biophys. Res. Labor.; engl.) — *Euglena*-Zellen in der logarithm. Phase des Wachstums wurden homogenisiert u. zentrifugiert. Aus dem Überstand konnte nach Abtrennung von Protein red. *Cytochrom-552* (**I**) spektrophotometr. u. nach Oxydation mit $K_3[Fe(CN)_6]$ nachgewiesen werden. Es wurden 3,06 · 10^{-4} g **I** in 1,5 g Euglena-Zellen gefunden. Bei einem angenommenen Molgew. von 120000 für *Chlorophyll a* (**II**) war 1 g **I** an 4,7 g **II**, bei einem **II**-Molgew. von 12000 1 g **I** an 44 g **II** gebunden. In gleicher Weise wie **I** konnte *Cytochrom 556* (**III**) in red. Form aus im Dunkeln gewachsener, Streptomycin-„gebleichter" Euglena-Mutante isoliert werden, die kein **II** mehr, dafür große Mengen *Carotenoide* synthetisierte. **III** war in 6mal geringerer Menge als **I** in Euglena enthalten.
J. Boelter. 4210◇

1077 **Die Synthese von Chitin in zellfreien Extrakten von Prodenia eridania.** E. Jaworski, L. Wang und G. Marco. (Nature [London] **198**, 790, 1963; St. Louis, Mo., Monsanto Chem. Co., Agricult. Chem. Div.; engl.) — Exemplare des südlichen Heeres-Wurmes (*Prodenia eridania*) im Stadium des „6. instar", im Vorpuppen- u. im Puppenstadium (A, B bzw. C) wurden in Tris-Puffer homogenisiert u. bei 2000 g zentrifugiert. Die aus dem Überstand durch Zentrifugieren bei 105000 g erhaltenen Kügelchen wurden mit *^{14}C-Uridindiphospho-N-acetylglucosamin* u. *Chitodextrin* inkubiert, die Rk. mit Trichloressigsäure abgestoppt u. die Radioaktivität des im Nd. enthaltenem *Chitins* (**I**) bestimmt. ^{14}C wurde am stärksten im Stadium B (0,93%), weniger während A (0,52%) u. C (0,57%) in **I** eingebaut. Offenbar war eine *Chitinsynthetase* im Extrakt vorhanden.
J. Boelter. 4210◇

1078 **Der Einfluß der Phenothiazinapplikation auf die Cytochromoxydaseaktivität im Gewebe von Lammhirn.** R. B. Williams, W. R. Humphries und C. F. Mills. (Nature [London] **198**, 387—88, 1963; Aberdeen, Bucksburn, Rowett Res. Inst.; engl.) — Schott. „blackface"-Mutterschafe wurden 8 u. 6 Wochen vor dem Lammen mit 10 g *Phenothiazin* (**I**) behandelt. 5 Jungtiere wurden im Alter von 6 Wochen durch Na-Pentobarbiton-Injektion getötet (Gruppe B), weitere Jungtiere des gleichen Alters wurden 36 Std. nach Applikation von 5 g **I** getötet (C). Als Kontrollen dienten Tiere von nicht **I**-behandelten Muttertieren (A.) Die *Cytochromoxydase*(**II**)-Aktivität fiel über B nach C hin ab, es wurde eine partielle Hemmung von **II** ähnlich in vitro-Verss. mit Geweben anderer Tierarten gefunden. Die *Cu^{2+}*-Konz. im Gehirn wurde durch die **I**-Behandlung nicht beeinflußt. Papierchromatograph. konnte keine Komplex-Bldg. zwischen **I**-Metaboliten (*Phenothiazon*, *Phenothiazinsulfoxid* u. *Phenothionol* u. Cu^{2+}) gefunden werden. Die Red. des **II**-Geh. beruhte demnach nicht auf der Einw. von **I** auf den Cu-Stoffwechsel. J. Boelter. 4210◇

1079 **Kohlenmonoxid-Oxydation durch Algen.** Emmett W. Chappelle. (Biochim. biophysica Acta [Amsterdam] **62**, 45—62, 1962; R. I. A. S., Baltimore, Md., USA; engl.) — Algen (*Chlorella vulgaris* und *Scenedesmus* spp.) können *CO* durch eine *Kohlenmonoxidoxydase* zu *CO_2* oxydieren. Diese Rk. verläuft auch im Dunkeln, wenn auch schwächer. Es ist noch unklar, ob diese Rk. ähnlich der *Kohlenmonoxidcytochromoxydase* mit *Fe^{2+}* als Katalysator verläuft. Die optimalen Bedingungen waren pH ca. 7 u. Km 0,32 atm. Die Bedeutung der Konstanterhaltung des CO-Geh. der Atmosphäre durch solche Rkk. wird betont.
Ekkehard Schmid. 4210◇

1080 **Histochemischer Nachweis von Monaminoxydase in der frühesten Phase der Wundheilung.** J. Raekallio. (Nature [London] **199**, 496—97, 1963; Baltimore, Md., Sinai Hosp., Dep. Surgery, School Med. J. Hopkins Univ.; engl.) — Bereits nach einer Std. läßt sich am Wundrand neben anderen hydrolyt. u. oxydativen Enzymen mit *2.2'.5.5'-Tetra-p-nitrophenyl-3.3'-[p-biphenylen]-ditetrazoliumchlorid Monaminoxydase* (**I**) in brauner Farbe nachweisen. Nach 16 Std. wurde keine weitere Steigerung von **I** mehr beobachtet. Das frühe Auftreten von **I** wird mit der lokalen Abwehr, bes. der erforderlichen Vasodilatation in Zusammenhang gebracht.
H. Müldner. 4210◇

1081 **p-Diphenoloxydase-Aktivität einiger Derivate der Salzbildung zwischen Aminosäuren und Kupfer.** Giorgio Serchi. (Ann. Chimica **52**, 773—84, 1962; Cagliari, Univ., Ist. di Chim. farmaceut. e tossicol.; ital.) — Vf. untersuchte die *p-Diphenoloxydase* (**I**; *Hydrochinolase*-)-ähnliche Aktivität der *Cu-Salze* von *dl-α-Alanin* (**II**), *dl-Arginin* (**III**) u. *l-Asparaginsäure* (**IV**) bei einer jeweiligen Konz. von 10^{-3} u. 10^{-4} m auf *Hydrochinon* (**V**) bei pH 4,0, 7,0 u. 9,0. Die Oxydation von **V** wurde einmal vanadometr. (von 2 Min. bis zu 120 Std.) u. zum anderen papierchromatograph. (Ermittlung der Oxydationsendprodd. des Syst.) verfolgt, u. die Ergebnisse wurden mit den mit *$CuSO_4$*-Lsgg. (10^{-3}, 10^{-4} m) u. mit einem *Polyphenoloxydase* (**VI**)-Präp. aus *Psalliota campestris* erhaltenen verglichen. — Das Cu^{2+}-Ion übt allg. eine katalyt. Wrkg. auf die Oxydation von **V** aus. **II**, **III** u. **IV** beschleunigen auch bei neutralem u. saurem pH-Wert die Oxydation von **V**, u. zwar schneller u. intensiver als $CuSO_4$. Nach jeden Zeitintervall wurde als Endprod. der **V**-Oxydation stets *p-Benzochinon* identifiziert. **III** scheint eine stärkere **I**-ähnliche Aktivität zu besitzen als **II** u. **IV**; **IV** zeigt die schwächste **I**-ähnliche Aktivität. Im Vgl. zu **VI** machen sich hinsichtlich der **I**-ähnlichen Wirksamkeit von **II**, **III** u. **IV** nur quant. Unterschiede bei der **V**-Oxydation bemerkbar. H. Kockert. 4210◇

1082 **Die spezifische Wirkung von Glucose-6-phosphatdehydrogenase verschiedener Herkunft auf das Substrat.** L. G. Együd und W. J. Whelan. (Biochem. J. **86**, 11 P, 1963; London, Lister Inst. of Preventive Med.; engl.) — Es wurden folgende *Zucker-6-phosphate* hergestellt: aus *D-Mannose*, *2-Desoxy-D-glucose* u. *D-Glucosamin* durch Rk. der Zucker mit *Hexokinase* u. *ATP*, ferner aus *2-O-* bzw. *3-O-Methyl-D-glucose*, *3-Desoxy-D-glucose*, *D-Allose* u. *D-Altrose* nach dem Schema Zucker (Z) → 6-O-Trityl-Z → 1.2.3.4-Tetra-O-acetyl-6-O-trityl-β-Z → 1.2.3.4-Tetra-O-acetyl-β-Z → 1.2.3.4-Tetra-O-acetyl-β-Z-6-diphenylphosphat → 1.2.3.4-Tetra-O-acetyl-β-Z-6-phosphat → Z-6-phosphat bzw. *D-Galaktose-6-phosphat* u. deren *Di-K-Salze* mit *NADP* u. *Glucose-6-phosphatdehydrogenase* aus Hefe, Kaninchenhirn u. -leber. Das Hefenezym oxydierte die Phosphate von 2-Desoxy-D-glucose, D-Galaktose u. D-Altrose. Diese Verbb. hemmten die Oxydation von Glucose-6-phosphat. Der Oxydationsgrad war im Vgl. zu Glucose-6-phosphat (= 100) ca. 0,36 bzw. 0,62 bzw. 0,77. Die übrigen Phosphate waren weder Substrate noch Hemmstoffe für das Enzym, ausgenommen *Glucosamin-6-phosphat*, das etwas hemmte. Enzym aus Kaninchenhirn oxydierte nur *Mannose-6-phosphat* (35%), Enzym aus Kaninchenleber zeigte die höchste spezif. Wrkg. u. oxydierte nur Glucose-6-phosphat.
G. Vogel. 4210◇

1083 **Anstieg der Glucose-6-phosphatdehydrogenase-Aktivität in Schnitten von Speichelorganen.** Filippa Alberghina und Erasmo Marré. (Atti Accad. naz. Lincei, Rend., Cl. Sci. fisiche, mat. natur. [8] **30**, 261—64, Febr. 1961; Milano, Univ., Ist. di Sci. Botan., Labor. di Fisiol. vegetale; Centro di Studio dell'ossido-riduzioni nei vegetali del C. N. R.; ital.) — Vff. stellen fest, daß in Schnitten von 24 Std. in W. inkubierten Speicherorganen (Kartoffel, Karotte, Rübe, Zichorie) im Vgl. zu den frischen Schnitten die *Glucose-6-phosphatdehydrogenase*-Aktivität u. die Atmung merklich angestiegen sind. H. Kockert. 4210◇

1084 **Succinodehydrogenase in kurzfristigen Kulturen normaler Zellen.** G. S. Turner. (Nature [London] **193**, 164, 1962; Cape Town, Univ., Virus Res. Unit.; engl.) — Die Best. der *Succinodehydrogenase*(**I**)-Aktivität in den Nierenepithelzellen von Affen, Lammfötus u. Kaninchen vor u. nach Kultivierung in Hanks-Medium (+ 0,5% Lactalbuminhydrolysat u. 5% Kälberserum) ergab eine beträchtlich geringere **I**-Aktivität nach der Kultivierung.
E. Lodemann. 4210◇

1085 **Über die Dehydrogenaseaktivität der Mitochondrienfraktion des Apfels.** Claude Hartmann. (C. R. hebd. Séances Acad. Sci. **255**, 996—98, 1962; Bellevue, C.N.R.S., Labor. de Biol. Végét.; franz.) — Äpfel (Sorte: Weißer Calville) wurden grün gepflückt u. ihre Entw. bei 15° verfolgt. Die Mitochondrienfraktion wurde nach Jones u. Hulme (Nature [London] **191**, [1961], 370) unter Verw.

von Polyvinylpyrrolidon bei pH 7,5 isoliert. Die *Dehydrogenase*-Aktivität wurde, mit Äpfelsäure u. Bernsteinsäure als Substrat, durch Best. der anaeroben Entfärbung von 2.6-Dichlorphenolindophenol (**I**) bei 596 mμ gemessen. Die Entfärbung von **I** verläuft innerhalb der Vers.-Zeit (20 Min.) mit konst. Geschwindigkeit. Diese ist der Protein-N-Konz. im Medium sowie der Substrat-Konz. proportional. Na-Malonat hemmt die *Bernsteinsäuredehydrogenase* (**II**) kompetitiv. Für die Aktivität der *Äpfelsäuredehydrogenase* (**III**) ist die Ggw. von *Diphosphopyridinnucleotid* erforderlich. Im Verlauf der Frucht-Entw. nehmen die Aktivitäten von **II** u. **III** stark ab. P. Schwerdtfeger. 4210◇

1086 **Hemmung von Dehydrogenasereaktionen durch eine aus reduziertem Diphosphopyridinnucleotid gebildete Substanz.** Colvin P. Fawcett, Margaret M. Ciotti und Nathan O. Kaplan. (Biochim. biophysica Acta [Amsterdam] **54,** 210—12, 1961; Waltham, Mass., Brandeis Univ., Grad. Dep. of Biochem.; engl.) — Während des Einfrierens u. Auftauens einer *DPNH*-Lsg. (nicht aber bei Raumtemp.) oder bei Kontakt von festem DPNH mit kleinen Wassermengen wird ein *Inhibitor* (**I**) gebildet, der krist. Rinderherz-*Milchsäuredehydrogenase* hemmt. Die Hemmung bleibt nach Inkubation mit Pyruvat erhalten, geht aber bei Behandlung mit *Phenazinmethosulfat*, das DPNH oxydiert, oder mit Säure verloren. *Neurospora-DPN-Nucleotidase* zerstört **I** nicht. Aktivkohle adsorbiert **I**. **I** hemmt auch die DPNH-Oxydation durch Kaninchenskelettmuskel-Milchsäuredehydrogenase, ferner Pferdeleber-*Alkoholdehydrogenase*, Hefe-*Alkoholdehydrogenase*, Schweineherz-*Äpfelsäuredehydrogenase* u. wenig auch Rinderleber-*Glutaminsäuredehydrogenase*. **I** ist wahrscheinlich kein DPNH-Oxydationsprod., da **I** auch bei O_2-Ausschluß entsteht. Möglicherweise ist **I** ein nahe mit DPNH verwandtes red. Nucleotid. K. Maier. 4210◇

1087 **Wirkung von Colchicin auf die Xanthinoxydase von Rattenblut.** Ottilia R. Affonso, Emilio Mitidieri und Gilberto G. Villela. (Nature [London] **193,** 64, 1962; Rio de Janeiro, Inst. Oswaldo Cruz, Biochem. Labor.; engl.) — Intraperitonale Injektion (**I**) von *Colchicin* (0,1 mg/100 g Körper-Gew.) führt bei Ratten zu einem Anstieg der Blutserum-*Xanthindehydrogenase*-Aktivität, die 20—30 Std. nach der **I** ihr Maximum erreicht u. nach 68 Std. wieder auf ihren Normalwert abgesunken ist. E. Lodemann. 4210◇

1088 **In vitro-Abbau von Cholesterin: einige vergleichende Betrachtungen.** Michael W. Whitehouse, Martha C. Cottrell, Thomas Briggs und Ezra Staple. (Arch. Biochem. Biophysics **98,** 305—11, 1962; Philadelphia, Pa., Univ. of Pennsylvania School of Med., Dep. of Biochem.; engl.) — Das in Lebermitochondrien nachgewiesene *Cholesterinoxydase*-Syst. aus Rattenleber oxydiert in vitro *3α.7α.12α-Trihydroxykoprostan* (**I**) schneller als *3α.7α.12α-Trihydroxy-24-ketokoprostan* (**II**) bzw. *3α.7α.12α.24ξ-Tetrahydroxykoprostan*, während die Lebermitochondrien von Maus, Affe u. Mensch **II** schneller oxydieren. Die Lebermitochondrien von Ratte u. Huhn oxydieren die endständigen C-Atome der Seitenketten von *Cholesterin* (**III**) u. **I** zu CO_2. Bei Kaninchen, Hamster u. Meerschweinchen ist die **III**-Oxydation stark u. die **I**-Oxydation leicht vermindert. Schildkröte, Alligator u. Krokodil weisen eine geringe Oxydationskapazität für **III** u. prakt. keine für **I** auf. Diese Befunde decken sich mit dem Auftreten von C_{27}-Verbb. in der Galle dieser Tiere. Mitochondrien der Affenmilz sowie der Embryonalleber von Huhn u. Ratte zeigen eine geringe Oxydation von **III**. P. Schwerdtfeger. 4210◇

1089 **Aldose- und Ketosereduktase in männlichen akzessorischen Fortpflanzungsorganen. Verteilung und Beziehung zu Spermafructose.** L. T. Samuels, B. W. Harding und T. Mann. (Biochem. J. **84,** 39—45, Jan. 1962; Salt Lake City, Utah, Univ. of Utah, Coll. of Med.; Univ. of Cambridge, Agric. Res. Council, Dep. of Vet. Clin. Studies; Biochem. and Molteno Inst.; engl.) — Die Aktivität von *Aldose-* (**I**) u. *Ketosereduktase* (**II**; *Sorbitdehydrogenase*) wird quant. in ♂ akzessor. Fortpflanzungsorganen (Samenbläschen, Koagulationsdrüsen, ventrale u. dorsolaterale Prostata) von Ratte, Schaf, Rind, Schwein u. Pferd bestimmt u. die Konz. von *Fructose* (**III**) u. *Citronensäure* (**IV**) gemessen. Die Fähigkeit eines jeden der untersuchten Organe, **III** zu bilden, ist an die Ggw. von **I** gebunden. Bei Abwesenheit von **I** findet sich stattdessen **IV** im Gewebe. Tägliche Verabfolgung von *Testosteron* über 4 Wochen an kastrierte Vers.-Tiere stimuliert die **III**-Bldg. u. erhöht gleichzeitig die Aktität von **I** u. **II** sowie die **IV**-Konzentration. Die Lagerungsstabilität von **I**- u. **II**-Präpp. auf festem CO_2 wird untersucht u. der mögliche Einfl. der **III**-Synth. auf die **IV**-Oxydation in sek. ♂ Geschlechtsorganen mit niedriger *Triphosphopyridinnucleotid-Cytochrom c-Reduktase*-Aktivität wird untersucht u. diskutiert. G. Kirsten. 4210◇

1090 **Die Verwendung von Dihydrofolatreduktase als ein biochemischer Index der Chemotherapie.** Stewart R. Humphreys, Louis B. Thomas, Michael A. Chirigos, Abraham Goldin, Elizabeth J. Crawford und Morris Friedkin. (Nature [London] **195,** 453—55, 1962; Bethesda, Md., Nat. Cancer Inst., Lab. of Chem. Pharmacol. and Pathol. Anat. Branch; Boston, Mass., Tufts Univ. School of Med., Dep. of Pharmacol.; engl.) — Die Unters. der Hemmung der Ausbreitung der A-methopterin-resistenten Sublinie *FR-9* von Leukämie *L* 1210-Zellen in Hirn u. Meningen der Maus (intracerebrale Beimpfung) durch „Cytoxan", *N.N-Bis-[β-chloräthyl]-N'-O-propylenphosphorsäureesterdiamid* (**I**), ergab eine enge Korrelation der biochem., biolog. u. patholog. Befunde über den **I**-Einfl. auf das FR-9-Wachstum u. hohen *Dihydrofolatreduktase*-(**II**)-Gehalt. **I** verdoppelte die Überlebensdauer der Tiere. Die Regression der system. Erkrankung war nach **I**-Therapie (subkutan) offensichtlich vollständig, wie histolog. Unters., niedriger **II**-Spiegel u. verminderte Transplantabilität der Milzsuspension zeigten. Jedoch schritt die leukäm. Zellinfiltration in den Arachnoidalraum fort, wobei gleichzeitig der **II**-Geh. im Hirn anstieg. Es wird auf die Möglichkeit der Verwendbarkeit derartiger enzymat. Indikatoren bei der Unters. des Verbleibs u. der Verteilung von Chemotherapeuticis hingewiesen. K. Maier. 4210◇

1091 **Wege der Oxydation der extramitochondrialen Fraktion der Pyridincoenzyme. 2. Mitt. Über die intracelluläre Lokalisation der Monodehydroascorbinsäurereduktase in den höheren Pflanzen.** Sergio Coccuci und Erasmo Marrè. (Atti Accad. nat. Lincei, Rend., Cl. Sci. fisiche, mat. natur. [8] **31,** 63—67, 1961; Milano, Univ., Ist. di Scienze Botan., Labor. di Fisiol. vegetale; Centro di Studi per le Ossido-Riduzioni nei Vegetali del C. N. R.; ital.) — Vff. stellten fest, daß in den Wurzeln von Erbsenpflanzen u. in Kartoffelknollen eine nicht unerhebliche Fraktion an *Monodehydroascorbinsäurereduktase*-Aktivität fest gebunden an sedimentierbare Strukturen vorkommt. Diese Strukturen unterscheiden sich sowohl von den „wirklichen" Mitochondrien als auch von den die Oxydation von Glucose-6-phosphat verursachenden Teilchen, scheinen aber auf Grund ihrer Sedimentation zu den Bestandteilen der Mikrosomen-Fraktion zu gehören. H. Kockert. 4210◇

1092 **Die Wirkung von Acetylcholin auf die normale und die thyroxin-gehemmte oxydative Phosphorylierung von Herzmuskelsarkosomen.** Heitor Medina und Metry Bacila. (An. Acad. brasil. Ci. **33,** 341—49, 1961; Curitibá, Pr, Inst. de Biol. e Pesquisas; Paraná, Univ., Inst. de Bioquím.; engl.) — Vff. stellten fest, daß *Acetylcholin* die Adenosindiphosphat(ADP)-abhängige Atmung von Meerschweinchen-Herzmuskelsarkosomen merklich steigert u., ebenso wie *Urecholin*, die Hemmwrkg. von *Thyroxin* auf die oxydative Phosphorylierung umkehrt. H. Kockert. 4210◇

1093 **Wirkung von K-Atractylat auf die oxydative Phosphorylierung von durch Ascorbinsäure reduziertem Cytochrom C.** A. Bruni und A. R. Contessa. (Arch. ital. Sci. farmacol. [3] **9,** 128—30, 1959; Perugia, Univ., Ist. di Farmacol.; ital.) — Vgl. C. **1959,** 1162. — Vff. untersuchten die Wrkg. von *K-Atractylat* (**I**) auf den O_2-Verbrauch von hypoton. behandelten isolierten Rattenlebermitochondrien in Ggw. verschied. Substrate. — Die Oxydation von *α-Ketoglutarat* (**II**) wird durch **I** stark vermindert (72%ig. Hemmung durch 0,1 γ I/2,8 ml, 40%ig. durch 0,01 γ), die von *β-Hydroxybutyrat* (**III**) weniger stark (45%ig. Hemmung durch 0,1 γ/2,8 ml, 20%ig. durch 0,01 γ), aber die Oxydation des durch *Ascorbinsäure* (**IV**) red. Cytochroms c ist nicht veränderlich, u. zwar auch nicht bei einer I-Konz. von 1 γ/2,8 ml. Das Verhältnis P : O der Kontrollen beträgt 0,9 für **IV**, 2,6 für **II** u. 2,5 für **III**. In allen Fällen hemmt **I** merklich den P-Verbrauch u. damit die Synth. von Adenosintriphosphat (ATP). H. Kockert. 4210◇

1094 **Über die Dephosphorylierung der Desoxyadenosinmonophosphorsäure in Leber und Niere von Mäusen.** J. P. Turchini, P. Bastide, J. C. Marcheix und G. Dastugue. (C. R. Séances Soc. Biol. Filiales **156,** 2063 bis 2066, 1962, herausgeg. 1963; Clermont-Ferrand, Fac. mixte de Méd. et Pharm., Labor. d'Histolog. Embryol. et de Chimie biolog. et Pharmacodyn.; franz.) — Histochem. Unterss. mit *Desoxyadenosin-5'-monophosphat* als Substrat zeigten das Vork. der dephosphorylierenden Aktivität in den Parenchymkernen u. den Gallenkanälen der Leber u. in den Nierenkanälchen. Biochem. Unterss. mit *5'-Adenosinmonophosphat* u. *5'-Desoxyadenosinmonophosphat* als Substrat an Homogenaten ergaben eine gleichmäßige Verteilung der Aktivitäten auf Sediment u. Überstand. Es dürfte sich einerseits um eine *alkal. Phosphatase* u. andererseits um eine *5'-Nucleotidase* handeln, die durch *Ni* gehemmt wird. M. Wiedemann. 4210◇

1095 **Biologische Synthese von Triphosphothiamin. Synthese unter Verwendung von Mycobacterium sp. Milch.** Alessandro Rossi-Fanelli, Pier Luigi Ipata, Paolo Fasella und Angela Marchetti. (Atti Accad. naz. Lincei, Rend., Cl. Sci. fisiche mat. natur. [8] **29,** 22—27, 1960; Roma, Univ., Ist. di Chim. Biol.; ital.) — Vff. untersuchten die Synth. von *Triphosphothiamin* (**I**) durch Roh- u. partiell gereinigte Extrakte von *Mycobacterium lacticola*, sp. Milch, in der logarithm. Wachstumsphase. — Der Gesamtextrakt enthält Enzym-Syst., die in der Lage sind, die *Phosphorylierung* u. *Dephosphorylierung* von *Thiamin* (**II**) u. seinen Estern zu katalysieren. Außerdem katalysiert der Gesamtextrakt die Synth. der verschied. Phosphorsäureester von **II** in Ggw. von Adenosintriphosphat (ATP). Diese Synth. erfolgt in folgenden Stufen: **II** + ATP → *Diphosphothiamin* (**III**) + Adenosinmonophosphat (AMP); **III** + ATP → **I** + Adenosindiphosphat (ADP); **III** → Monophosphothiamin + Phosphat. — Fraktionierung der Extrakte mit $(NH_4)_2SO_4$ (**IV**) ergab, daß die dephosphorylierenden Enzym-Syst. prinzipiell in den ersten Fraktionen (Fällung mit 100, 200, 300 mg **IV**/ml) vorliegen, wogegen die phosphorylierenden Syst. in den beiden letzten Fraktionen (400 u. 500 mg **IV**/ml) vorkommen. H. Kockert. 4210◇

1096 **Leberphosphorylase in normalen und in adrenalektomierten Hunden nach Behandlung mit Serotonin.** Jean-Pierre Colombo, Jann W. Weber, Guido Guidotti, Doris Kanameishi und Piero P. Foa. (Endocrinology **67,** 693—97, 1960; Chicago, Ill., Chicago Med. School, Dep. of Physiol. and Pharmacol.; engl.) — Bei normalen Hunden bewirken i.v. Injektionen von *Serotonin* (**I**) eine Hyperglykämie, eine Verringerung des *Glykogen*(**II**)-Geh. der Leber u. eine erhöhte Aktivität der *Phosphorylase* (**III**) der Leber. Bei mit Salz-Lsg. behandelten, adrenalektomierten Hunden wird eine fortschreitende Abnahme von Blut-*Glucose* (**IV**) u. von **II** beobachtet; dies wird durch **I**-Injektionen nicht verhindert, sondern es erfolgt lediglich ein verzögertes Ansteigen der **III**. — Diese Ergebnisse stimmen zu der Hypothese, daß die bei normalen Hunden beobachtbare Zunahme von **III**-Aktivität, Glykogenolyse u. **IV** nicht auf einer direkten Stimulierung der **III** durch **I** beruht, sondern eine Sekundär-Wrkg. des vermutlich durch **I** bewirkten Freisetzens von *Epinephrin* aus dem Nebennierenmark ist. A. Hesse. 4210◇

1097 **Eigenschaften von mittels Stärkegelelektrophorese getrennter Alkaliphosphatase-Fraktionen.** D. W. Moss und E. J. King. (Biochem. J. **84,** 192—95, Jan. 1962; London, Postgraduate Med. School; engl.) — Vgl. C. **1962,** 4200 u. C. **1962,** 11232. — Mittels Stärkegel-Elektrophorese werden in konz. Butanol-(1)-Extrakten aus menschlichem Knochen-, Leber-, Nieren- u. Dünndarmgewebe mehrere akt. *Alkaliphosphatase*-Fraktionen (APF) getrennt u. mit den entsprechenden Banden in normalem Blutserum verglichen (Kurven). Vff. bestimmen mit β-Naphthylphosphat als Substrat die jeweiligen Michaelis-Konst. (K_m) der Enzymbanden (Tabelle), sowie deren pH-Optima, Aktivierung durch Mg^{2+} u. Hitzeinaktivierung bei 55° u. pH 7. Die APF eines bestimmten Gewebes weisen ähnliche Eigg. u. K_m auf. Gewisse Unterschiede in den Eigg. u. K_m der APF verschiedener Gewebe werden diskutiert. G. Kirsten. 4210◇

1098 **Vergleich der Wirkung von 2.4-Dinitrophenol und p-Chlormercuribenzoat auf die Magnesium-beeinflußte Nucleotidtriphosphatase-Aktivität von L-Myosin.** Harvey M. Levy und Elizabeth M. Ryan. (Biochim. biophysica Acta [Amsterdam] **46,** 193—94, 1961; New York, New York Univ., School of Med.; engl.) — *p-Chlormercuribenzoat* (**I**) aktiviert die durch *Mg* abgeschwächte Aktivität von *Nucleotidtriphosphatase* auf einem anderen Wege wie *2.4-Dinitrophenol* (**II**). **I** u. **II** aktivieren in Ggw. von Mg^{2+} auch *Inosintriphosphatase* u. *Adenosintriphosphatase von Myosin*. I- u. **II**-Wrkg. konkurrieren nicht miteinander, da sie unabhängig voneinander mit verschiedenen Geschw.-verzögernden Gruppen des Proteins reagieren. K. Maier. 4210◇

1099 **Zuordnung der Adenosintriphosphatase und des Actinbindungsvermögens des H-Meromyosins zu bestimmten SH-Bezirken.** U. Gröschel-Stewart und F. Turba. (Biochem. Z. **337,** 109—14, 1963; Würzburg, Univ., Physiol.-Chem. Inst.; dt.) — Vff. untersuchten die Wrkg. einer fortschreitenden Blockierung von *SH*-Gruppen des nativen *H-Meromyosins*. Durch ^{14}C-N-Äthylmaleinimid lassen sich die *Äthylendiamintetraessigsäure*-abhängige (**I**) u. die *Ca*-abhängige *Adenosintriphosphatase* (**II**) sowie die *Actin*-Bindungskapazität (AK) stufenweise hemmen. Ein durch seine Lage auf der Peptidkarte charakterisiertes *Cysteinpeptid* kann **I** zugeordnet werden. Es bestehen auch Beziehungen zwischen **II**, AK u. einigen Cysteinpeptiden. Die durch die räumliche Struktur bedingten Schwierigkeiten einer solchen Zuordnung werden diskutiert. P. Schwerdtfeger. 4210◇

1100 **Ein weiterer Hinweis auf Sauerstoff-Austausch in einem Zwischenstadium der Myosin-Hydrolyse.** Harvey M. Levy, Elizabeth M. Ryan, Sylvia S. Springhorn und D. E. Koshland, jun. (J. biol. Chemistry **237,** PC1730—PC1731, 1962; New York., N. Y, Univ. School of Med.; Upton, N. Y., Brookhaven Nat. Labor.; engl.) — $^{18}O_{(PO_4)}$*-Adenosintriphosphat* u. $^{18}O_{(PO_4)}$*-Inosintriphosphat* wurden durch Inkubation mit *Myosin* (**I**) hydrolysiert. Der während der Rk stattfindende Austausch von ^{18}O gegen ^{16}O wurde ermittelt. Die erhaltenen Zahlenwerte liefern eine weitere Stütze für die von Vff. früher geäußerte Annahme, daß während der Hydrolyse von Nucleosidtriphosphaten durch **I** in einem Zwischenstadium der Hydrolyse Austausch von Sauerstoff-Atomen des Phosphats u. des W. stattfindet. Die dabei beteiligte Phosphatgruppe ist nicht in labilem Gleichgew. mit dem PO_4^{3-} der Lsg.; daher denken Vff. an die Beteiligung eines phosphorylierten Proteins. S. Dittmann-Mitzscherlich. 4210◇

1101 **Spezifität der $C_{(1)}$-Ketozuckerdiphosphatase von Xanthomonas phaseoli.** Rolf M. Hochster. (Nature [London] **193,** 71—72, 1962; Ottawa, Dep. of Agricult., Microbiol. Res. Inst.; engl.) — Die alkal. *$C_{(1)}$-Ketozuckerdiphosphatase* von *Xanthomonas phaseoli* spaltet die $C_{(1)}$-Phosphatbindungen von *Fructose-1.6-*, *Ribulose-1.5-* u. *Sedoheptulose-1.7-diphosphat* sowohl bei pH 7,8 wie 9,0. E. Lodemann. 4210◇

1102 **Über die Natur von Lipidsubstanzen, die die durch Dinitrophenol induzierte ATPase-Aktivität während einer mitochondriellen Alterung hemmen.** W. Chefurka. (Canad. J. Biochem. Physiol. **41,** 239—43, 1963; London, Ontario, Canada, Dep. of Agric., Res. Inst.; engl.) — Der Verlust der durch *2.4-Dinitrophenol* induzierten Aktivität der *Adenosintriphosphatase* (**I**) in Mitochondrien (M) wird durch *Lipid*-Substanzen (**II**) bewirkt. Hierbei kann die anfängliche Aktivität in 15 Min. bis auf 14% abfallen. Die **II** kann man aus gealterten M extrahieren oder aus *Albumin* gewinnen, dem man in einem Medium alternde M zusetzt. Die so gewonnenen **II** inhibieren **I** auch in frischen M-Präparaten. Der Zusatz von 20 mg Albumin/ml reaktiviert **I** wieder auf 80%. Die geprüften Lipide erwiesen sich als Fettsäuren, die aus *Myristin-*, *Palmitin-*, *Palmolein-*, *Stearin-*, *Olein-*, *Linol-*, *Arachidonsäure* bestanden. L. Macher. 4210◇

1103 **Carboanhydrase und die Bildung der Hühnereischale.** D. S. Robinson und N. R. King. (Nature [London] **199,** 497—98, 1963; Cambridge, Low Temperature Res. Station; engl.) — Während der Bldg. der Eischale ist die *Carboanhydrase* (**I**) stark vermehrt nachweisbar. Die keratinähnliche, das Eiweiß einschließende Membran, die sich histochem. als *Mucoprotein* nachweisen läßt, wird als Sitz von **I** identifiziert. Der Mechanismus der Schalen-Bldg. ist unbekannt. Wahrscheinlich katalysiert **I** den Abbau von H_2CO_3, einer Komponente der Gleichgew.-Rk. $z\ 2\ HCO_3^- \rightleftharpoons H_2CO_3 + CO_3^{2-}$ u. erhöht somit das zur Calcifikation benötigte CO_3^{2-}. H. Müldner. 4210◇

1104 **Die Veresterung von Monoglyceriden durch lösliche Präparate aus Säugergeweben.** G. Hübscher. (Biochim. biophysica Acta [Amsterdam] **52,** 582—85, 1961; Birmingham, Univ., Dep. of Med. Biochem. and Pharmacol.; engl.) — Der $6 \cdot 10^6 \cdot g$-Überstand aus Schweineniere katalysiert die Veresterung von Monoglycerid (**I**), wobei *Monoolein* (**II**) abs., *ATP*, *CoASH* u. Mg^{2+} bedingt notwendig sind. **II** ist nicht durch Glycerin oder α-Glycerophosphat ersetzbar. Die **I**-Veresterung erfolgt mit lösl. u. mit subcellulären Partikelfraktionen verschiedener Gewebe von Ratte, Kaninchen u. Schwein, wobei als Hauptprod. *Diglycerid* entsteht, während Triglycerid nicht nachweisbar ist. Das die Acylierung durch Acyl–Co-ASH katalysierende Enzym ist als *Monoglyceridtransacylase* anzusehen, die in der Darmmucosazelle wahrscheinlich an der Resynth. v. Glyceriden während der Fettresorption teilnimmt. K. Maier. 4210◇

1105 **Monoglyceridtransacylase der Intestinalmucosa der Ratte.** B. Clark und G. Hübscher. (Biochim. biophysica Acta [Amsterdam] **70,** 43—52, 1963; Aberdeen, Marischal Coll., Dep. of Biol. Chem.; Birmingham, Univ., Dep. of Med. Biochem. and Pharmacol.; engl.) — Vgl. vorst. Referat. — Aus subcellulären Fraktionen der Intestinalmucosa der Ratte wird die spezif. *Transacylase* (**I**)-Aktivität in Ggw. von *ATP*, *Coenzym A*, (CoA), *Glutathion*, *KF*, *¹⁴C-Palmitat* (**II**) u. *Monoolein* bestimmt. Die größte **I**-Aktivität wird im Zellsaft nachgewiesen, ebenfalls allerdings geringer im Mikrosomensediment sowie in der Mikrosomenfraktion. Der Extrakt der Mitochondrien weist prakt. keine **I**-Aktivität auf. Unterss. über die erforderlichen Cofaktoren haben zum Ergebnis geführt, daß ATP, CoA u. **I** durch *¹⁴C-Palmityl-CoA* ersetzt werden kann. Das pH-Optimum der **I** liegt bei 8,0; die optimale Protein-Konz. beträgt 1,5—2,5 mg/ml. Mit Hilfe der **I** werden aus Monoglyceriden Diglyceride, aber keine Triglyceride gebildet. *Monoacetin*, *Monoheptylin*, *Monocaprylin*, *Monocaprin*, *Monoundecylin*, *α-Monopalmitin*, *α-Monostearin*, *α-Monoolein*, *Monolinolein*, *Monoricinolein* reagieren dabei in verschiedenem Ausmaß mit **II**. A. Täufel. 4210◇

1106 **Nieren-Gluconeogenesis. 2. Mitt. Die gluconeogenische Fähigkeit der Nierenrinde verschiedener Arten.** H. A. Krebs und T. Yoshida. (Biochem. J. **89,** 398 bis 400, 1963; Oxford, Univ., Dep. of Biochem., Med. Res. Council Unit. for Res. in Cell Metabolism; engl.) — 1. vgl. Biochem. J. **86,** [1963], 22. — Vff. messen die Geschw. der *Glucose* (**I**)-Bldg. in Nierenrinden, indem sie Schnitte der Nierenrinde von Mäusen, Ratten, Goldhamstern, Meerschweinchen, Kaninchen, Katzen, Hunden, Rindern, Schweinen, Hühnern u. Tauben u. Hyrax in einem Überschuß von *L-Lactat*, *Pyruvat*, *Fumarat* (**II**), *L-Glutamat-*, *L-Prolin-*, *Propionat-*, *L-Ornithin-*, *L-Arginin* u. *L-Asparaginat*-Substrat (10 mm, 1 Std., 40°) suspendieren. **I** wurde nach der *Glucoseoxydase*-Meth. bestimmt. Bei allen Arten, aber bes. bei kleinen Tieren u. im Falle **II** wurde eine verhältnismäßig hohe Geschw. gefunden. G. Marquard. 4210◇

1107 **Enzyme des Mesoinositabbaus in Schwanniomyces occidentalis.** A. Sivak und O. Hoffmann-Ostenhof. (Biochem. Z. **336,** 229—40, 1962; Wien, Univ., Organ.-Chem. Inst.; dt.) — Wird der Sproßpilz *Schwanniomyces occidentalis* (S. o.) auf Nährböden mit *Mesoinosit* (**I**) als einziger C-Quelle gezüchtet, so bildet er ein *Enzym*, das **I** zu *Gluconsäure* (**II**) abbaut. Der **II**-Abbau verläuft weiter über *L-Gulonsäure*, *L-Xylulose*, *Xylit*, *D-Xylulose* zum *Pentosephosphat*-Cyclus, wie bereits aus Verss. mit tier. Gewebe (Rattenniere) bekannt ist. Diese für den **II**-Abbau nötigen u. *NAD*- bzw. *NADP*-abhängigen Enzyme sind auch in anderen S. o.-Ansätzen, die *Glucose* enthielten, nachweisbar. Im Gegensatz dazu führt bei anderen Mikroorganismen (*Acetobacter*, *Aerobacter*) der **I**-Abbau mit Hilfe von *Nicotinamid*-abhängigen Enzymen zu *1-Oxo-* bzw. *1.2-Dioxomesoinosit*. Winfried Krüger. 4210◇

1108 **Die spezifische Wirkung von Phosphoglucomutase und Phosphoglucoisomerase auf das Substrat.** L. G. Együd und W. J. Whelan. (Biochem. J. **86,** 11P—12P, 1963; London, Lister Inst. of Preventive Med.; engl.) — *D-Allose-*, *D-Altrose-*, *D-Galaktose-*, *D-Glucosamin-*, *2-* bzw. *3-Desoxy-D-glucose-*, *2-* bzw. *3-O-Methyl-D-glucose* u. *D-Mannose-6-phosphat* wurden mit *D-Glucose-6-phosphat* bzgl. ihres Verh. zu Kaninchenmuskel- bzw. -hirn-*Phosphoglucomutase* u. -hirn-*Phosphoglucoseisomerase* verglichen. Die Wrkg. der Mutase zeigte sich durch Umwandlung von ca. 5% der 6-Phosphate in die säurelabilen 1-Phosphate, deren Bldg. mit der Bldg. eines alkalistabilen Zucker-Deriv. zusammenfiel. Glucose-6-phosphat wurde durch Alkali völlig zerstört. Die Mutasen aus Muskel u. Hirn wirkten auf Glucose-6-phosphat u. jedes seiner neun Analoga u. waren wegen ihrer unspezif. Wrkg. für mol. Konfigurations-Best. ungeeignet. Die durch Muskelmutase gebildeten 1-Phosphate wurden mit Kartoffelphosphorylase in Ggw. von Stärke u. die von Hirnmutase gebildeten 1-Phosphate mit Hirnphosphorylase (aktiviert mit Adenylsäure) getestet. In 4 Fällen trat scheinbar Zuckerpolymerisation ein, da anorgan. Phosphat frei wurde. Die Isomerase wirkte auf das Glucose-6-phosphat aber nicht auf die anderen 6 Zuckerderivate. G. Vogel. 4210◇

1109 **Substratspezifität der Galaktokinase von Saccharomyces fragilis.** Francisco Alvarado. (Biochim. biophysica Acta [Amsterdam] **41,** 233—38, 1960; Madrid, C. S. I. C., Centro de Investigaciones Biologicas, Dep. of Enzymol.; engl.) — Bei Einw. von *Galaktokinase* (**I**) aus *Saccharomyces fragilis* auf eine Anzahl von Verbb., die strukturelle Verwandtschaft mit *Galaktose* (**II**) haben, ergab sich folgendes: Nur diejenigen Verbb., welche bei Vorliegen einer α-Pyranosekonfiguration sich von **II** am $C_{(2)}$ unterscheiden (*2-Desoxygalaktose*; *Galaktosamin*; *Talose*) werden mittels **I** bei pH 7 in Ggw. von *Adenosintriphosphat* (ATP), $MgSO_4$ u. *Fluorid* phosphoryliert. — Änderungen im **II**-Mol. am $C_{(3)}$, $C_{(4)}$ oder $C_{(6)}$ (*Gulose*, *Glucose*, *L-Arabinose*, *D-Fucose*, *D-Glycero-D-galaktoheptose*) führen zu Verbb., gegen welche **I** unwirksam ist. — Die Rk.-Geschw. hängt von der ATP-Konz. ab: bei $1{,}10^{-4}$ m ATP ist die Geschw. halb so groß oder kleiner als die maximale Geschw., die bei Sättigungkonz. gefunden wird. A. Hesse. 4210◇

1110 **Der Einfluß der Alkali-Ionen auf die Saccharase-Aktivität der menschlichen Darmschleimhaut.** G. Semenza, R. Tosi und M. C. Delachaux. (Helv. chim. Acta **46,** 1765—67, 1963; Zürich, Univ., Zürich, Biochemisches Inst. u. Kinderspital; dt.) — Die partikelgebundene Saccharase wird durch Na^+ bis zu 35% u. durch K^+ bis zu 10% aktiviert. NH_4^+, Rb^+ u. Cs^+ dagegen bewirken eine Hemmung, die der des Na^+ kompetitiv ist. Li^+ hat ebenfalls eine geringe hemmende Wirkung. Da das K_s von $2{,}2 \cdot 10^{-2}$ m für das Enzym weder von Na^+ noch von NH_4^+ beeinflußt wird, schließt man, daß die Haftstelle der Kationen mit der des Substrats nicht ident. ist. Das Verh. der *Isomaltase-* u. *Maltase*-Aktivitäten scheint ähnlich zu sein. H. Müldner. 4210◇

1111 **β-Glucuronidase in der Rattenplacenta.** D. Bulmer. (Nature [London] **195,** 805, 1962; Manchester, Univ., Dep. of Anat.; engl.) — In der Embryostruktur der Rattenplacenta konnten am 9. Tage der Trächtigkeit eine moderierte Aktivität an *β-Glucuronidase* (**I**), am 11. Tage eine intensive **I**-Rk. im Endoderm des visceralen Eigelbsackes, in den Trophoblasten u. den Riesenzellen der

Zentralzone, der ectoplacentaren Zone u. dem endovasculären Plasmodium der decidualen Arterien festgestellt werden. Die I-Aktivität blieb bis zum 15. Tag in allen Zonen hoch u. fiel danach verschieden rasch ab. Uterusmuskel, Epithel u. Blutgefäßwände des Mesometriums zeigten eine intensive I-Rk. während der Trächtigkeit. Möglicherweise dient I zur Konjugation der mütterlichen Östrogene u. begrenzt damit den Übertritt der Hormone in den Fötus, wobei eher die Bldg. als die Hydrolyse von Glucuroniden durch I bewirkt wird.

J. Boelter. 4210◇

1112 **Unterschiedliche Wege des Kohlenhydratstoffwechsels in Fetal- und Erwachsenengewebe.** C. A. Villee und J. M. Loring. (Biochem. J. **81,** 488—94, 1961; Boston, Mass., Harvard Med. School, Dep. of Biol. Chem.; Boston Lying-in Hosp., Res. Labor.; engl.) — Gewebeschnitte vom Menschen sowie von verschiedenen Säugetieren wurden mit $^{14}C_{(1)}$-*Glucose* u. $^{14}C_{(6)}$-*Glucose* inkubiert, um den verschiedenen Umfang der *Glykolyse* bzw. des *Hexosemonophosphat*-Abbauweges bei Fetal- u. Erwachsenengewebe zu bestimmen. Es wurde die Wrkg. von Anaerobiosis sowie eines Zusatzes von unmarkierter *Brenztraubensäure, 2-Desoxy-D-glucose, Ascorbinsäure* sowie *Di-* u. *Triphosphopyridinnucleotid* geprüft. In Fetalgewebe verschiedenen Alters (8.—25. Schwangerschaftswoche) konnten prakt keine Veränderungen des relativen *Kohlenhydrat*-Umsatzes (der dem der Erwachsenengewebe bereits sehr ähnlich ist) über die beiden Stoffwechselwege beobachtet werden. Die Aktivität des Hexosemonophosphatweges liegt zwischen Null (Fetalhirnrinde) u. fast ausschließlichem Glucoseumsatz auf diesem Wege (Nebennierenrinde). Zwischen verschiedenen Species bestehen zum Teil große Unterschiede der relativen Aktivität beider Wege in vergleichbaren Geweben.

P. Schwerdtfeger. 4210□

1113 **Wirkung von luteotropem Hormon der Hypophyse auf einige Enzymaktivitäten in Kükentestikeln (Gallus gallus L.)** Lucie Arvy. (C. R. Séances Soc. Biol. Filiales **156,** 1802—04, 1962; Jouy-en-Josas, Seine-et-Oise, Labor. de Physiol. du CNRZ; franz.) — Bei mit *luteotropem Hormon* behandelten Küken (Light Sussex X Rhode Island) ist der Anteil an interstitiellen Hodenzellen am Ende der 1. Behandlungswoche stark erhöht u. am Ende der 2. Behandlungswoche außerordentlich stark entwickelt. Das neugebildete Gewebe ist der Ort einer sehr akt. Hormon-Synth. u. zeigt mäßige *alkal. Glycerinphosphatase-* u. sehr hohe *Carbonsäureesterase-, Sulfatase-, β-Glucuronidase-* u. *Steroid-3β-oldehydrogenase*-Aktivität.

H. Kockert. 4210◇

1114 **Untersuchungen über Hydrolasen der Verdauungssäfte.** 6. Mitt. **Die Esterasen des Darmsaftes des Hundes.** J. Oleksy, Halina Szafran und Z. Szafran. (Acta biochim. polon. **8,** 43—53, 1961; Kraków, Zakład Chem. Fizjol. a. AM u. Zákład Fizjol. AM; pol.) — 5. vgl. Acta biochim. polon. **7** [1960] 51. — Der Dünndarmsaft aus der Thiry-Vella-Fistel des Hundes hat nur eine geringe *Esterase*-Aktivität gegenüber Tributyrin, Cholesterinacetat, p-Nitrophenylacetat, Indoxylacetat, Acetylcholin, Phenolphthaleinphosphat u. Nitrocatechinsulfat. Olivenöl wird überhaupt nicht hydrolysiert. Die Ergebnisse lassen den Schluß zu, daß der Saft *Cholinesterase,* die *aromat. Esterase Typ A,* die *bas. Phosphatase* u. *Arylsulfatase,* aber nicht Lipase enthält.

F. Urban. 4210◇

1115 **Reinigung und Eigenschaften der Malatsynthetase.** G. H. Dixon, H. L. Kornberg und Patricia Lund. (Biochim. biophysica Acta [Amsterdam] **41,** 217—33, 1960; Oxford (Great Britain), Univ., Med. Res. Council Cell Metabolism Res. Unit, Dep. of Biochem.; engl.) — *Malatsynthetase* (I), welche die Rk.: *Acetyl-S-Coenzym A* (II) + *Glyoxalat* (III) + $H_2O \rightarrow$ *Malat* (IV) + *CoA · SH* katalysiert, wurde aus Bäckerhefe (H) bzw. aus (auf Glykolsäure kultiviertem) *Pseudomonas ovalis* (Ps) Chester erhalten u. aus H 200—300fach so gereinigt, daß sie außer dem „kondensierenden Enzym" frei von anderen Enzymen war. — I aus beiden Quellen wirkt optimal bei pH 8,5; bei pH < 8,5 zeigt H-I größere Aktivität als Ps-I. K_m für III beträgt $9{,}3 \cdot 10^{-5}$ Mol/l(H) bzw. $6{,}3 \cdot 10^{-6}$Mol/l (Ps); K_m für II beträgt $< 1{,}10^{-5}$. — Die beiden I erfordern Ggw. von Mg^{2+} (K_m $5{,}10^{-4}$ Mol/l) u. werden kompetitiv gehemmt durch *Oxalat, K-Fluoracetat* oder *Glykolat.* Gereinigte I zeigt Spezifität gegen III u. katalysiert die II-Spaltung nicht in Ggw. von *Oxalessigsäure, Brenztraubensäure, α-Ketoglutarsäure, Glyoxal, Glykolaldehyd, Formaldehyd* oder *Acetaldehyd.* — I reagiert in Ggw. von III nicht mit *S.N-Diacetyl-β-mercaptoäthylamin, S-Acrylpantethein, Propionylcoenzym A* oder *Butyrylcoenzym A.* Jedoch wird *Fluoracetylcoenzym A* mit ca. 25% der bei II beobachteten Geschw. gespalten. — *Malyl-S-Coenzym A* wird nicht gespalten, auch nicht in Ggw. von III. — Das Gleichgew. der Rk. liegt stark auf der Seite der IV-Bldg.; eine Umkehrung der Rk. wurde nicht beobachtet. — Die Herst. von ^{35}S-*Coenzym A* erfolgte biosynthet. mit Hilfe von *Escherichia coli* in Ggw. von $^{35}S\text{-}Na_2SO_4$. Es wurde ein nicht-enzymat. Austausch von ^{35}S zwischen $CoA^{35}SH$ u. II nachgewiesen, der jedoch nicht durch Ggw. von I beeinflußt wird. Demnach erscheint es wahrscheinlich, daß die CH_3-Gruppe von II aktiviert wird, während noch die Kombination mit CoA besteht.

A. Hesse. 4210◇

1116 **Experimentelle Daten und Hypothesen über Struktur und Bildung des katalytischen Zentrums der Esterasen.** Pierre Desnuelle. (Cahiers de Physique **14,** Nr. 124, 482—96, Dez. 1960; Marseille, Fac. des Sciences, Labor. de Chim. biol.; franz.) — Vortrag. — Hemmung von *Esterasen* (I) durch Organophosphate. Wechselwrkgg. von I mit ihren Substraten. Funktion des akt. Zentrums. Bldg. des katalyt. Zentrums von I u. Aktivierung der Vorläufer. — 37 Literaturangaben.

H. Kockert. 4210◇

1117 **Beschäftigung mit heranwachsenden Tieren: Die Wirkungen auf Lernvermögen, Gehirngewicht und Cholinesteraseaktivität.** Jack T. Tapp und Hal Markowitz. (Science [Washington] **140,** 486—87, 1963; Berkeley, Univ. of California, Dep. of Psychol.; Nashville, Tenn., Vanderbilt Univ., Dep. of Psychol.; engl.) — Junge Ratten wurden durch period. Herausnehmen aus dem Käfig berührt (handled) : A-Tiere. Ein Teil der Tiere wurde unberührt gelassen (B). Ein Teil der A- u. B-Tiere wurde noch während der Säugezeit getötet u. das Gew. sowie die *Cholinesterase* (I)-Aktivität in den Gehirnteilen: sensor. Rinde, Rest der dorsalen Rinde (C), Ventrale Rinde (D) sowie subcorticales Hirn (E) bestimmt. Ein Teil der Tiere wurde darauf trainiert, einen zuzufügenden Schock zu vermeiden. Bzgl. des Lernvermögens wurde kein Unterschied zwischen A- u. B-Tieren zwischen den Geschlechtern gefunden. Die A-Tiere zeigten dagegen ein höheres Gew. von D u. E sowie eine verminderte I-Aktivität im C-Hirn. In den A-Tieren ergab sich ein signifikanter Anstieg des D- u. E-Gew. sowie eine Abnahme der I-Aktivität.

J. Boelter. 4210◇

1118 **Ein weiterer Beweis für die Identität von Cystathionase und Cysteindesulfhydrase.** B. Mondovi, A. Scioscia-Santord und D. Cavallini. (Arch. Biochem. Biophysics **101,** 363—64, 1963; Modena, Italy, Univ., Inst. of Biol. Chem.; Rome, Univ., Inst. of Biol. Chem.; engl.) — Aus dem Überstand von Rattenleberhomogenat konnte durch Chromatographie an Carboxymethylcellulose keine Trennung von *Cystathionase* u. *Cysteinsulfhydrase* erzielt werden, ebensowenig durch Elektrophorese bei pH 6,8. Die erste Meth. führte zum teilweisen Verlust beider Aktivitäten, jedoch wurde eine sehr selektive Trennung von inakt. Protein u. Enzym erzielt. Auf Grund der Ergebnisse kann angenommen werden, daß das Vork. beider Aktivitäten in Form zweier getrennter Enzyme zur Spaltung von *Cystathion* u. zur Desulfhydration von *Cystein* in der Rattenleber wenig wahrscheinlich ist.

J. Boelter. 4210◇

1119 **Der Einfluß des Nierenhomogenats auf die Reaktion von Glutathion mit Maleinsäure.** S. Angielski und J. Rogulski. (Acta biochim. polon. **8,** 89—103, 1961; Gdańsk, PAN, Inst. Biochem. i Biofiz., Akad. Med., Zakł. Chem. fizjol.; pol.) — In Ggw. eines 3fachen Überschusses an *Maleinsäure* (I) werden bei 1std. Incubation 90% des *Cysteins* (II), aber nur 20% des angegebenen *Glutathions* (III) gebunden. Setzt man Leberhomogenat dazu, so steigt der Anteil des von I gebundenen III auf 25%, mit Nierenhomogenat sogar auf 70%. Die Homo-

genate von Blut, Gehirn, Milz, Keimdrüsen, Muskeln oder Därmen sind fast ohne Wirkung. Das Nierenhomogenat hat keinen Einfl. auf die Rk. von **I** mit **II**. Die in der Niere enthaltene *Glutathionase* zersetzt **III** zu **II** u. beschleunigt so die Bindung der SH-Gruppen durch **I**.
F. Urban. 4210◇

1120 **Ein bestimmtes Enzym in Leber und Niere der Ratte zur Bindung von Glutathion an einige aliphatische Halogenverbindungen.** M. K. Johnson. (Biochem. J. **87**, 9P—10P, 1963; Carshalton, Surrey, Med. Res. Council Toxicology Res. Unit; engl.) — Mit *Methyljodid* (**I**; 100 mg/kg) belastete Ratten zeigen nach 1 Std. einen *Glutathion*-(**II**)-Geh. von fast Null in Leber u. Niere. In vitro-Verss. ergeben, daß Leber- u. Nierenhomogenate die Rk. zwischen **I** u. **II**, jedoch nicht die Rk. mit oxydiertem **II**, S-Methylglutathion, Methionin oder Histidin (pH 7—8) katalysieren. Hirnhomogenat, Blut u. Serum sind ebenfalls inaktiv. Die Umsatzrate des Enzyms ist hoch (10—20 μMol/Min./g Leber bei 20° für 6 mMol Substrat-Konz.). Das Enzym läßt sich in seiner Wrkg. von der *Glutathiokinase* abtrennen. Das in Leber u. Niere vorhandene Enzym wird durch Erhitzen oder Wasser-Dialyse inaktiviert. Die enzym. (nicht-enzymatischen) Umsatzraten einer Reihe von *Monohalogenmethanen* wurden in 17 ml einer Lsg. (überstehende Fraktionen von 500 mg Leber) mit **I** u. je einem anderen Substrat gemessen. Die Werte sind in Arbeitseinheiten angegeben. Die Substrat-Konz. beträgt 6 mMol, pH 7,5. *Methyljodid* 25 (> 7), *Äthyljodid* 15 (4,5), *Äthylbromid* 4 (10), *Chlorbrommethan* 17 (1,7), *Monochloracetaldehyd* 123 (0), *Jodessigsäure* 72 (0,6), *2-Brompropionsäure* 14 (0), *β-Propiolacton* 43 (0,6) u. *Chlormethylimidazolin* 21 (0,7).
W. Rehner. 4210◇

1121 **Die Rolle von Glutathion bei der 21-Hydroxylierung der Nebenniere.** Charles Matthijssen und Joseph W. Goldzieher. (Biochim. biophysica Acta [Amsterdam] **60**, 20—27, 1962; San Antonio, Tex., Southwest Found. for Res. and Educat., Dep. of Endocrinol.; engl.) — Das 21-hydroxylierende Syst. (HS) des Homogenats von Schafsnebennieren wurde mit *17α-Hydroxyprogesteron* als Substrat untersucht. Das endogene *Glutathion* (**I**) u. andere lösl. *SH*-Verbb. wurden durch umgekehrte Dialyse mit p-Hydroxymercuribenzoat-Dowox 2 vermindert; der Umfang der 21-Hydroxylierung wurde durch die Porter-Silber-Rk. bestimmt. Die Wrkg. von **I** war bei pH 6,8—7,0 am stärksten. Mit abnehmender **I**-Konz. geht auch die Aktivität des HS zurück; sie kann durch Zusatz von **I** teilweise wiederhergestellt werden. *Red. Triphosphopyridinnucleotid* (**II**) ist hierbei wenig wirksam, jedoch heben **I** + **II** die Hemmwrkg. vollständig auf. Im Gegensatz dazu kann das HS des dialysierten Überstands (nach Zentrifugieren des Homogenats bei 15000 · g), der keine lösl. SH-Verb. enthält, durch **I** nicht aktiviert werden, wohl aber durch **II**. Vff. schließen, daß **I** keine Schutzwrkg. auf das **II**-liefernde Syst. ausübt. Die in vivo-Beziehungen zwischen **I**, Phosphonucleotiden u. HS lassen sich offenbar an partiell gereinigten Enzympräpp. nicht untersuchen.
P. Schwerdtfeger. 4210◇

1122 **Einbau von ^{14}C aus $^{14}C_{(1)}$-Glycin durch Entenblut in vitro.** A. Breccia, A. L. Fantola, G. Giustina und E. Lazzarini. (Energia nucleare **7**, 547—50, 1960; Milano, Univ., Ist. di Patol. Med.; Ist. di Fisica del Politecnico; engl.) — Vff. stellten fest, daß ^{14}C aus *$^{14}C_{(1)}$-Glycin* (**I**) bei Bebrütung von Entenblut in vitro in das *Häm*(**II**)-Mol. eingebaut wird. Durch Abbau von **II** konnte nachgewiesen werden, daß der **I**-Einbau vermutlich über folgende Stufen zustande kommt: **I** → Serin → Brenztraubensäure → Bernsteinsäure (**III**). Vermutlich kommt **III** bei der **II**-Synth. als asymm. Succinylderiv. zur Anwendung.
H. Kockert. 4210◇

1123 **Asparaginsäure-Transcarbamylase aus Salatsamen: Ein Fall von Endprodukt-Hemmung.** Joseph Neumann und Mary Ellen Jones. (Nature [London] **195**, 709—10, 1962; Waltham, Mass., Brandeis Univ., Graduate Dep. of Biochem.; engl.) — Aus Salatsamen wurde eine *Asparaginsäure*(**I**)-*Transcarbamylase* gewonnen (pH-Optimum 9—10, K_m für **I** $6 \cdot 10^{-4}$ m, für *Carbamylphosphat* $2 \cdot 10^{-3}$ m, hemmbar durch *Jodessigsäure*, *Malein*- u. *Bernsteinsäure*). Das Enzym, das das erste in der Biosynth. der *Pyrimidine* bei Bakterien u. Säugetieren ist, wird durch die *Uridin*- u. *Cytidin-5'-mono-*, *-di-* u. *-triphosphate* (abnehmend mit zunehmender Phosphorylierung) gehemmt.
E. Lodemann. 4210◇

1124 **Die Aktivität von Transaminasen in isolierten Zellstrukturen der normalen Rattenleber.** T. Wilczok. (Acta biochim. polon. **8**, 35—41, 1961; Gliwice, Inst. Onkolog., Zakł. Biol. Nowotworów; pol.) — In allen isolierten Fraktionen des Lebergewebes der Ratte (Zellkerne, Mitochondrien, Mikrosomen, Cytoplasma) wurden *Transaminasen* nachgewiesen. Die maximale Aktivität ist in den Mitochondrien u. Zellkernen enthalten. Die Enzyme katalysieren die Rkk.: *L-Glutaminsäure* (**I**) → *Oxalessigsäure* (**II**), *L-Asparaginsäure* (**III**) → *α-Ketoglutarsäure* (**IV**), **I** → *Brenztraubensäure* (**V**), *L-Alanin* (**VI**) → **IV**. Die Rkk. **III** → **V** u. **VI** → **II** werden nur durch Enzyme des Gesamthomogenisats der Leber u. des Grundplasmas katalysiert.
F. Urban. 4210◇

1125 **Über die Zusammensetzung der Glutaminsäure–Asparaginsäure-Transaminase aus Schweineherz. Digestion des Enzyms mit Chymotrypsin und Isolierung des das Coenzym enthaltenden Peptids.** Carlo Turano, Paolo Fasella, Paola Vecchini und Anna Giartosio. (Atti Accad. naz. Lincei, Rend., Cl. Sci. fisiche, mat. nat. [8] **30**, 532—37, 1961; Roma, Univ., Ist. di Chim., Biol. u. Centro die Enzimol. del C. N. R.; ital.) — Durch Verdauung mit Chymotrypsin (**I**) des mit $NaBH_4$ red. u. denaturierten *Glutaminsäure-Asparaginsäure-Transaminase* (**II**)-Mol. werden eine Anzahl von *sauren Peptiden* erhalten, die chromatograph. (über Carboxymethylcellulose; Elution mit Acetat-Puffer, pH 4,6) in 5 Fraktionen aufgetrennt werden können, von denen eine Fraktion Fluorescenz (Absorption bei 330 mμ, Emission bei 390 mμ, charakterist. für Pyridoxylderivv.) aufweist; mehr als 75% der im **I**-Hydrolysat vor der chromatograph. Trennung vorliegenden violetten Fluorescenz finden sich in der fluorescierenden Fraktion wieder. Durch successive Elution der Säule mit Puffer-Lsg., pH 5,4, u. größerer Ionenstärke lassen sich weitere Fraktionen erhalten, von denen einige nur sehr schwache violette Fluorescenz zeigen. Elektrophoret. konnte die Fraktion mit starker Fluorescenz in 2 Unterfraktionen mit Ninhydrin-positiver Rk. aufgetrennt werden, von denen die gegen die Kathode wandernde Fraktion fluoresciert, die gegen die Anode wandernde hingegen nicht. Wird die fluorescierende Fraktion der sauren Hydrolyse unterworfen, so werden im Hydrolysat eine Anzahl von Aminosäuren (nicht genannt) u. eine fluorescierende Verb. nachgewiesen, deren Fluorescenz der charakterist. Fluorescenz bekannter Pyridoxylderivv., des Pyridoxins (**III**) u. Pyridoxamins (**IV**) entspricht. Die Substanz ist jedoch nicht mit **III** u. **IV**, wohl aber mit *ε-N-Pyridoxyllysin* identisch. — Diese Ergebnisse u. die Tatsache, daß die Phosphorsäuregruppe in Aminosäurederivv. des Pyridoxylphosphats bei saurer Hydrolyse abgespalten wird, zeigen, daß das Pyridoxylphosphat über eine mit $NaHB_4$ reduzierbare Aldiminogruppe mit der terminalen NH_2-Gruppe eines Lysinrestes an **II** gebunden ist.
H. Kockert. 4210◇

1126 **Eine kinetische Untersuchung der Glutamin-Asparagin-Transaminase.** Gordon G. Hammes und Paolo Fasella. (J. Amer. chem. Soc. **84**, 4644—50, 1962; Cambridge, Mass., Massachusetts Inst. of Technol., Dep. of Chem. u. Res. Labor. of Electronics; engl.) — Mit Hilfe der Temp.-Sprungmeth. nach Czerlinski u. Eigen (C. **1960**, 3458) wird die Kinetik der *Glutamin-Asparagin-Transaminase* bei hohen Enzym-Konzz. (> 10^{-5} m) verfolgt, wobei die Pyridoxalform (E_L) des Enzyms (vgl. Lis, C. **1959**, 10283) mit Glutamat (Gm) oder Asparaginat (As) in Ggw. von Phosphatpuffer (pH 8) bei 17° gemischt wird u. der Temp.-Sprung 8° beträgt. Außerdem wurden die Rkk. auf UV-spektroskop. Wege u. durch Dialyseverss. untersucht. Für beide Rkk. werden je 3 Relaxationszeiten beobachtet, die zwischen weniger als 50 μs u. ca. 20 ms liegen. Folgender Mechanismus wird angenommen: $E_L + As \rightleftharpoons X_1 \rightleftharpoons X_2 \rightleftharpoons E_M + Oa$ bzw. $E_M + Kg \rightleftharpoons Y_2 \rightleftharpoons Y_1 \rightleftharpoons E_L + Gm$, wobei E_M die Aminform des Enzyms, Oa u. Kg die Substrate

Oxalacetat u. *Ketoglutarat* sowie X u. Y die Enzym-Substratzwischenstufen bedeuten. Für alle Rk.-Stufen werden die einzelnen k-Werte oder wenigstens ihre unteren Grenzwerte ermittelt. Aus den UV-spektroskop. Daten geht hervor, daß die Zwischenstufen die Konstit. von Schiffschen Basen besitzen. Die Bindungs-Konst. für deren Bldg. sind ziemlich große u. betragen je nach Substrat 10^3-10^5 pro Mol. Die gemessenen bimol. k-Werte betragen sämtlich etwa 10^7 Liter/Mol · s u. die k-Werte für die gegenseitige Umwandlung der Zwischenstufen zwischen 10 u. 10^2 [s^{-1}]. B. Gnauck. 4210◇

1127 **Untersuchungen über Bestimmung und Gehalt der Leucinaminopeptidase in Uterus und Vagina der Ratte und Maus.** Helmuth Schmidt. (Acta endocrinol. [Copenhagen] **44,** 150—64, 1963; Hamburg, Univ., Med. Klinik u. Poliklinik; dt.) — Best. der *Leucinaminopeptidase* (**I**) durch spektrophotometr. Messung von *β*-Naphthylamin aus L-Leucyl-*β*-naphthylamin nach direkter Kupplung mit tetrazotiertem Di-o-anisidin oder nach Diazotierung mit $NaNO_2$ u. anschließender Kupplung mit N-[Naphthyl-(1)]-äthylendiamindihydrochlorid. pH-Aktivität von **I** aus allen untersuchten Geweben zwischen 6,8 u. 7,0. Zusatz von 0,01 m *Titriplex III*-Lsg. bewirkte eine 80%ig. Aktivitätssteigerung; *$MgCl_2$* hob sie wieder auf. *Nitrocasein* wird von Rattenvaginahomogenat bei pH 8,8—9,0 optimal gespalten, im üblichen pH-Bereich der Endopeptidasen ist **I** nur wenig aktiv. *Östradiol*-Gaben in Form des *Benzoats* red. die Wrkg. von **I**. Die Befunde können in bezug auf den Wrkg.-Mechanismus der Östrogene aber noch nicht verwertet werden. H. Müldner. 4210◇

1128 **Vergleich der Stabilität von Trypsin und Chymotrypsin im menschlichen Darmsaft.** Alan Wohlman, B. L. Kabacoff und S. Avakian. (Proc. Soc. exp. Biol. Med. **109,** 26—28, 1962; Stamford, Conn.; Denver Chem. Co.; engl.) — Vff. inkubierten *Trypsin* (**I**) u. *Chymotrypsin* (**II**) mit Darmsaft. Nach einer halben Std. waren 63% des **II**, dagegen nur noch 8% des **I** aktiv. Nach 2std. Inkubation wies **II** noch eine Aktivität von 30% auf. W. Hiller. 4210◇

1129 **Die proteolytische Aktivität von Actin-Präparaten.** W. Drabikowski. (Acta biochim. polon. **8,** 3—14, 1961; Warszawa, Nencki-Inst. for Exp. Biolog.; engl.) — Das aus Kaninchenmuskel isolierte u. nach Tsao u. Bailye [1953] gereinigte *Actin* (**I**) enthält ein proteolyt. Enzym, das auch bei Fällung im isoelektr. Punkt (pH 4,7) nicht beseitigt wird. Durch Ultrazentrifugieren wird das Enzym nur teilweise entfernt. Die beste Reinigung des Präp. ist die Fällung mit $MgCl_2$. Das Enzym hat die stärkste Aktivität gegenüber *Hämoglobin* (**II**) bei pH 3,9. Aktivierend wirken dabei KCN, Äthylendiamintetraessigsäure, Cystein u. Glutathion, inakt. ist Fe^{2+}, schwach hemmend Diisopropylfluorphosphat u. stark inhibierend Jodessigsäure u. Cu^{2+}. Das Enzym baut **II** schneller als Myosin oder selbst **I** ab. Serumalbumin hemmt die Aktivität von **I**. F. Urban. 4210◇

1130 **Die Umwandlung von Orotsäure zu Pyrimidinderivaten im Pflanzenmaterial.** J. Buchowicz und I. Reifer. (Acta biochim. polon. **8,** 25—34, 1961; Warszawa, PAN, Inst. Biochem. i Biofiz.; engl.) — Abgeschnittene Weizenhalme oder in 1%ig. Agar-Lsg. gekeimte Pflanzen nehmen aus dem W. *Orotsäure* (**I**) auf u. verwandeln sie in *Uridin-5'-phosphat, Cytidin-5'-phosphat, Uridin* u. *Uracil.* 70% der aufgenommenen **I** wird in diese 4 Substanzen verwandelt. Bei längerer Inkubationszeit wird **I** in der Pflanze vollständig abgebaut. Die Umwandlungsprodd. von **I**, die mit kalter $HClO_4$-Lsg. extrahiert werden können, sind normale metabol. Umwandlungsprodd. höherer Pflanzen. Die Ergebnisse der Unterss. führen zu nachst. Schema der Umwandlung von **I**: L-Carbamylasparaginsäure → **I** → Uracil → Uridin → Uridin-5'-phosphat → Cytidin-5'-phosphat. F. Urban. 4210◇

1131 **Untersuchungen an einem zellfreien System über den Prolineinbau in ein durch Kollagenase spaltbares Protein.** Morton Urivetzky, Victoria Kranz und Edward Meilman. (Arch. Biochem. Biophysics **100,** 478—85, 1963; New York, Long Island Jewish Hosp., Med. Res. Dep.; engl.) — Das von Vff. verwendete zellfreie Syst. enthält Kaninchenhautmikrosomen u. die lösl. *Ribonucleinsäure* (*s-RNA*) u. die *pH-5-Enzyme* des Leberüberstands. Mit diesem Syst. konnte ein Einbau von *^{14}C-Prolin* (**I**) in das Ribosomen-*Protein* (**II**) erzielt werden. Der Kollagengeh. von **II** ist gering, u. es konnte keine Umwandlung von **I** in Hydroxyprolin beobachtet werden. **II** ist ein Substrat für gereinigte Bakterien-*Kollagenase*, welche hieraus dialysierbare Peptide abspaltet. 2 dieser Peptide weisen die Aminosäurenfolge: *Gly · Pro · Hypro* u. *Gly · Pro · Ala* auf; analoge Peptide werden auch durch Spaltung von Kollagen erhalten. Beide Peptide weisen ^{14}C-Aktivität auf, was darauf hindeutet, daß ^{14}C von **I** in eine Kollagenvorstufe oder in Kollagenpeptide eingebaut wird. P. Schwerdtfeger. 4210◇

1132 **Modifizierte fibrinolytische Technik für die Analyse des Plasmin-Systems.** Richard E. Maxwell und Vera Lewandowski. (Analyt. Biochem. [New York] **4,** 407—12, 1962; Ann Arbor, Michigan, Parke, Davis a. Co. Res. Labor.; engl.) — Aus der Fluorescenzintensität bei 360 nm (Anregung 280 nm) der bei der *Fibrin*-Zers. anfallenden lösl. Prodd. wird mit Hilfe von Eichkurven die Konz. an *Plasmin* u. *Antiplasmin* auf etwa ± 15% bestimmt. W. Kupfer. 4210◇

1133 **Plasma-Prothrombinase.** M. J. Cross. (Nature [London] **195,** 451—53, 1962; London, Royal Coll. of Surgeons of England, Dep. of Pharmacol.; engl.) — Aus Schweineplasma erhaltene, teilweise gereinigte Präpp. v. Plasma-*Prothrombinase* (**I**), die wahrscheinlich durch direkte Einw. *Prothrombin* in *Thrombin* überführt, enthielten 300—550 E./ml (100 E. **I**/ml bringen recalcifiziertes Citratplasma in 10 Sek. zur Gerinnung), 23—26 μg Protein u. 0,22—0,45 μg Lipid-P. Bezogen auf Lipid-P war **I** 50—100fach wirksamer als die aktivsten Plasma-*Thromboplastin*(**II**)-Suspensionen; bezogen auf Protein besaß **I** ca. 2% der **II**-Aktivität von reinstem Thrombin. **I**-Suspensionen in Imidazolpuffer verloren bei pH 6,6 bis 7,0 u. 4° innerhalb 1 Woche ca. 50% der Aktivität u. wurden durch 30 Min. Erhitzen auf 70° fast völlig inaktiviert, wobei wahrscheinlich eine Proteinkomponente (**IV**) denaturiert wird, während eine Phospholipidkomponente (**III**) intakt bleibt. **I** ist nur in Ggw. v. Ca voll aktiv. Anscheinend spaltet sich bei Abwesenheit von Ca **I** in 2 Komponenten, deren eine bei 200000 · *g* sedimentiert u. wahrscheinlich mit **III** ident. ist, während eine hitzelabile, **IV**, im Überstand bleibt. **I** besteht aus **III** u. **IV**, die durch Ca verbunden sind. Bei Verminderung der Ca-Konz. des Suspensionsmediums dissoziiert in reversibler Rk. der **III**–**IV**–Ca-Komplex (**I**). K. Maier. 4210◇

1134 **Kinetik der Umwandlung von Prothrombin in Thrombin durch biologische Aktivatoren.** 1. Mitt. **Nachweis eines Prothrombinderivates, welches mit Hemmstoffen proteolytischer Enzyme reagiert.** N. Raphael Shulman und John Z. Hearon. (J. biol. Chemistry **238,** 155—64, 1963; Bethesda, Md., U. S. Public Health Serv., Nat. Inst. of Health, Nat. Inst. of Metabol. Diseases; engl.) — Aus Rinderplasma hergestelltes *Prothrombin* (**I**) wurde durch Zusatz von *Thrombokinase* (**II**), *Ca^{2+}*-Ionen (**III**) u. verd. Rinderserum (**IV**) als Accelerator nach der 2-Stufen-Meth. zu *Thrombin* (**V**) aktiviert. Bei Zugabe von **II**, **III** u. **IV** war sowohl die Geschw. der **V**-Bldg. als auch die endgültige Ausbeute an **V** der eingesetzten **I**-Menge proportional. Wurden steigende Mengen *Sojabohnen-Trypsin*-Inhibitor (**VI**) diesen Aktivierungsansätzen zugesetzt, so wurden die Geschw. der **V**-Bldg. u. die Ausbeute an **V** in zunehmendem Maße verringert. Eine Herabsetzung der **IV**-Konz., die bei Abwesenheit von **VI** nur eine Verringerung der Rk.-Geschw. zur Folge hatte, setzte im Ansatz mit **VI** auch die Ausbeute an **V** herab. Ein nachträglicher Zusatz von **II**, **III** oder **IV** hatte keinen Einfl. auf die **V**-Ausbeute. Vff. schlossen aus den Vers.-Ergebnissen auf eine irreversible Komplex-Bldg. zwischen **VI** u. einem Zwischenprod. der **I**-Aktivierung. Durch Einw. einer äquivalenten *Trypsin*(**VII**)-Menge konnte **VI** gebunden u. die Hemmung der Aktivierungs-Rk. nahezu aufgehoben werden. Bei Entfernung von **II** oder **III** vor **VII**-Zusatz kam es zu keiner Reaktivierung. Eine enzymat. **I**-Aktivierung durch **VII** konnte unter den

Vers.-Bedingungen ausgeschlossen werden. Ähnliche Wrkg. wie durch **VI** konnten mit dem aus menschlichen Urin erhaltenen **VII**-Inhibitor erzielt werden. Limabohnen-, Pankreas-**VII**-Inhibitor u. Ovomucoid blieben ohne Wrkg. auf die **I**-Aktivierung. Vff. versuchten aus den kinet. Messungen ein Rk.-Modell zu entwickeln u. wiesen auf die physiolog. Bedeutung der gefundenen Vers.-Ergebnisse hin. P. Walsmann. 4210◇

1135 **Funktionelle Veränderung im Prothrombinmolekül.** Ewa Marciniak, Edmond R. Cole und Walter H. Seegers. (Nature [London] **195,** 1305–06, 1962; Detroit, Mich., Wayne State Univ., Dep. of Physiol. and Pharmacol.; engl.) — Gereinigtes *Prothrombin* (**I**) gibt bei der Aktivierung die beiden Enzyme *Thrombin* (**II**) u. *Autoprothrombin C* (**III**), an DEAE-Cellulose (**IV**) chromatographiertes **I** nur **II**. Faktor X (Stuart Prower)-„Mangel"-Plasma enthält sehr wahrscheinlich ein funktionell anomales **I**-Mol., ähnlich dem an DEAE-**IV**-chromatographierten. Wahrscheinlich liefert Stuart-Prower-Plasma nur schwierig **III**. Chromatographiertes **I** bildete in 25%ig. Na-Citratlsg. auch bei **II**-Zusatz keine **II**-Aktivität, dagegen rasch nach Zusatz von etwas **III** als Katalysator. **III** wurde hierbei nicht gebildet. **I** des Stuart-Prower-Plasmas wurde wie chromatographiertes **I** rasch durch eine Kombination von **III** u. Lipiden aktiviert. Die langsame, unvollständige **I**-Verwertung des Stuart-Plasmas wurde durch gereinigtes, nicht aber durch chromatographiertes **I** beschleunigt. Faktor X existiert wahrscheinlich nicht, sondern Stuart-Prower-Plasma enthält vermutlich ein anomales **I**-Mol. ähnlich dem chromatograph. gebildeten, das am terminalen C modifiziert ist. K. Maier. 4210◇

1136 **Inaktivierung des Thrombins durch normalen menschlichen Harn.** H. A. Gaertner, J. Lisiewicz, H. Sieroslawski und E. Szirmai. (Nature [London] **197,** 188–89, 1963; Krakow, 3. Med. Klin. Blood Coagulat. Labor.; engl.) — Zentrifugierter Harn wurde zu gleichen Teilen mit einer standardisierten Thrombin-Lsg. gemischt u. bei Raumtemp. inkubiert. Nach 10 Sek., 10 Min. u. 20 Min. wurden 0,2 ml der Mischung zur Best. der Gerinnungszeit zu 0,2 ml Plasma gegeben. Stark alkal. oder saurer Harn verlängerte die Gerinnungszeit, die Dauer der Inkubationszeit war dabei von geringer Bedeutung. Lagen die pH-Werte des Harns zwischen 7–8 wurde keine oder nur eine geringe Gerinnungsverzögerung beobachtet. P. Walsmann. 4210◇

1137 **Enzymuntersuchungen des Serums unter einigen Ikterusbedingungen.** Bo Norberg. (Clin. chim. Acta [Amsterdam] **6,** 264–71, 1961; Stockholm, Sabbatsberg Hosp.; Chem. Central Lab.; engl.) — Der Geh. des Serums an *Aldolase, alkal. Phosphatase, Glutaminsäure-Oxalessigsäure-Transaminase, Glutaminsäure-Brenztraubensäure-Transaminase, Isocitronensäure-, Milch-* u. *Äpfelsäuredehydrogenase* u. *Ornithincarbamyltranspherase* bei 148 Patienten, deren vorläufige Diagnose Cholethiasis bzw. erhöhte Bilirubinwerte im Blut ergeben hatte, wird untersucht. Eine Beziehung zu verschiedenen Krankheiten mit Ikterus-Anzeichen wird hergestellt. W. May. 4210◇

1138 **Inaktivierung von Staphylokokken-Penicillinase durch Reaktion mit widerstandsfähigen Penicillinen.** A. Gourevitch, T. A. Pursiano und J. Lein. (Nature [London] **195,** 496–97, 1962; Syracuse, N. Y., Bristol Labor., Res. Div.; engl.) — Vgl. Crompton u. Mitarbeiter, Biochem. J. **82,** [1962], 52. — Unterss. der Rk.-Geschw. von *Benzylpenicillin* (**I**), *2.6-Dimethoxyphenylpenicillin* (*Methicillin*; **II**) u. *5-Methyl-3-phenyl-4-isoxazolylpenicillin* (*Oxacillin*; **III**) mit *Staphylokokkenpenicillinase* (**IV**) zeigen, daß **I** glatt reagiert, während **II** u. **III** nur wenig abgebaut werden. Aus den Verss. folgt weiterhin, daß die **IV** durch die Rk. mit den resistenten **II** u. **III** inaktiviert wird, woran jedoch die Rk.-Prodd. keinen Anteil haben. Mithin verdanken die resistenten Penicilline **II** u. **III** ihre Aktivität nicht nur der Widerstandsfähigkeit gegen das Enzym, sondern auch ihrer Fähigkeit dieses zu inaktivieren. R. Ristow. 4210□

1139 **Isolierung und Reindarstellung der Penicillinase aus Mykobakterien.** M. K. Muftic. (Experientia [Basel] **18,** 17–18, 1962; Borstel/Bad Oldesloe, Deutschland, Tuberkulose Forsch.-Inst.; engl.) — Die *Penicillinase* (**I**) aus *M. smegmatis* wurde aus der Nährbrühe mit Benzoesäure ausgefällt. *IR*- u. *UV*-Spektra zeigen Abwesenheit von Nucleinsäuren, Lipiden u. Polysacchariden. Charakterist. Zacken von Carbonylgruppen weisen auf eine *Piperazin-Struktur* von **I**. Ekkehard Schmid. 4210◇

1140 **Licht als Ursache des nichtenzymatischen Abbaus von Cholesterin in biologischen Versuchen.** I. M. Hais und N. B. Myant. (Biochem. J. **87,** 8P–9P, 1963; London, Hammersmith Hosp., Med. Res. Council; engl.) — *Cholesterin*-(**I**)-Suspensionen werden von Lebermitochondrien zu 10–20% abgebaut. In Abwesenheit von Mitochondrien wird der **I**-Abbau durch Licht, das während der Extraktion, Aufbewahrung u. Verarbeitung an die Proben kommt, gefördert. Eine dem Tageslicht bei Zimmer-Temp. ausgesetzte radioakt. **I**-Emulsion wird in 7 Tagen völlig zerstört. In der im Dunkeln aufbewahrten Kontrolle war nur 1% **I** zerstört. Die **I**-Photoabbauprodd. können chromatograph. am Papier, an der Säule oder im Dünnschicht-Verf. getrennt werden. Die Fehlerquelle Licht sollte bei **I**-Best. mehr berücksichtigt werden. W. Rehner. 4210◇

1141 **Die Biogenese natürlich vorkommender Anthrachinonderivate.** S. Neelakantan und T. R. Seshadri. (J. Sci. ind. Res. [New Delhi], Sect. A. **19,** 71–79, 1960; Delhi, Univ., Dep. of Chem.; engl.) — Übersicht. — Für alle natürlich vorkommenden *Anthrachinone* läßt sich eine Biogenese aus C_8-Einheiten annehmen, a) Derivv. der Orsellineinheiten u. b) der C-Methylorsellineinheit. Jede Gruppe enthält Untergruppen, die auf stufenweiser Modifizierung der C_8-Einheiten beruhen. a: *Frangulaemodin-, 1-Hydroxyemodin-, Desoxyemodin-, 3-Hydroxyemodin-, Morindon*-Gruppe; b: *Rubiadin-, Anthragallol-, Purpurin-, Tectochinon-, 3-Hydroxyanthrachinon*-Gruppe. — 105 Literaturangaben. K. Maier. 4210◇

1142 **Ribonucleinsäurepolymerase aus Azotobacter vinelandii.** 1. Mitt. **Katalysierung durch Polyribonucleotide.** Joseph S. Krakow† und Severo Ochoa. (Proc. nat. Acad. Sci. USA **49,** 88–94, 1963; New York, Univ. School of Med., Dep. of Biochem.; engl.) — Ein 0,2 ml-Ansatz aus 20 (μMol) Tris-HCl-Puffer (pH 7,1), 2*$MgCl_2$*, 0,5 *$MnSO_4$*, 8 *Mercaptoäthylamin*, 0,2 *^{14}C-Ribonucleosidtriphosphat* (2,1–2,6 × 10^5 cpm/μMol), 10 μg des Polynucleotids u. 10 μg *RNS-Polymerase* (aus *Azotobacter vinelandii* gewonnen u. 500-fach konz.) wurde 10 Min. bei 37° bebrütet u. die Resultate mit denjenigen eines Vers. ohne das Polynucleotid verglichen. Die Polymerase benutzte die Polyribonucleotide (*Poly-A, Poly-U, Poly-C*) zusätzlich zu DNS als Katalysatoren. Die Homopolynucleotide steuerten die Synth. so, daß die komplementären Nucleotide einverleibt wurden. Poly-C förderte z. B. die Synth. von Poly-G; Poly-U (die aktivste Verb.) die Einverleibung von *^{14}C-ATP*, aber nicht die von *^{14}C-CTP*, *^{14}C-UTP* oder *^{14}C-GTP*. Da die verschiedenen Katalysatoren nebeneinander wirkten, scheint ein einziges Enzym beteiligt zu sein. *Polyfluoruridylat* zeigte eine starke Hemmung der DNS- u. polyribonucleotidkatalysierten Synth., während *Actinomycin D* die DNS- aber nicht die polyribonucleotidkatalysierte Rk. hemmte. G. Vogel. 4210◇

1143 **Eine enzymatische Methode zur Extraktion von Alkaloiden aus Rauwolfia serpentina Bent H.** M. L. Vishin. (Current Sci. **31,** 284–85, 1962; Pilani (Rajasthan), Birla Coll., Div. of Pharm.; engl.) — Getrocknete u. fein gepulverte Wurzeln werden mit W. im Wasser-Bad erhitzt u. danach mit Takadiastase bei 55° 15 Min. lang inkubiert u. anschließend nach üblichen Meth. extrahiert. Die *Alkaloid*-Ausbeute liegt etwas über der anderer Methoden. P. Gregorzewski. 4210◇

1144 **Bestimmung von L-Lactat, L-Malat, L-Glutamat und Äthylalkohol im enzymatisch-optischen Test mit Hilfe des DPN-Analogen 3-Acetyl-Pyridin-DPN.** H. Holzer und H. D. Söling. (Biochem. Z. **336,** 201–14, 1962; Freiburg im Breisgau, Univ., Physiol.-Chem. Inst.; dt.) — Nach der von Kaplan u. Ciotti (J. biol. Chemistry **221,** [1956], 823) gefundenen Meth., DPN-abhängige Dehydrierungen von Substraten, die zu Carbonylverbb.

führen, auf enzymat.-opt. Wege mit Hilfe von *3-Acetyl-pyridin-DPN* (AP-DPN) zu bestimmen, ohne daß Zusätze von Fängersubstanzen für die Carbonylverbb. dazugegeben werden müssen, haben Vff. einen quant. enzymat.-opt. Test für die Best. von *L-Lactat* (**I**), *L-Malat* (**II**), *L-Glutamat* (**III**) u. *Äthylalkohol* (**IV**) ausgearbeitet. Die relative Dehydrierungs-Geschw. für **I**, **II**, **III** u. **IV** mit DPN bzw. AP-DPN u. *Dehydrogenasen* aus Kaninchenmuskel, Schweineherz, Rinder-, Pferdeleber u. Hefe werden bestimmt u. angegeben, ebenso die Gleichgew.-Konst. u. Michaelis-Konst. Das Normalpotential E'_0 des Syst. AP-DPNH/AP-DPN wird mit — 0,260 Volt berechnet u. ist um 0,06 Volt positiver als das von DPNH/DPN. Diese Tatsache ist die Grundlage für die Testdurchführung. Genaue Bedingungen mit Beispielen werden beschrieben. S. Kirschfeld. 4210◇

1145 **Die Biochemie der Hefefermentation.** R. Davies. (Advancement of Sci. **14**, 401—04, 1958; engl.) — Vortrag. H. Kockert. 4270◇

E$_3$. Mikrobiologie, Bakteriologie, Immunologie

1146 **Das Dihämpeptid von Chromatium RHP.** Karl Dus, Robert G. Bartsch und Martin D. Kamen. (J. biol. Chemistry **237**, 3083—93, 1962; La Jolla, Calif., Univ. of California at San Diego, Dep. of Chem.; Waltham, Mass., Brandeis Univ., Graduate Dep. of Biochem.; engl.) — Aus dem gereinigten *Hämprotein RHP* von *Chromatium* erhielten Vff. durch Abbau mit Pepsin 3 Hämpeptide mit 27 (A), 26 (B) bzw. 9 (C) Aminosäureresten, die durch Säulenchromatographie an Celite getrennt wurden. Nach diesen Peptiden weist das Hämpeptid von RHP die Aminosäurefolge NH_2*-Phe · Ala · Gly · Lys · CyS*O_3*H · Ser · Glu(*NH_2*) · CyS*O_3*H · His · Thr · Leu · Val · Ala · Asp · Glu · Gly · Ser · Ala · Lys · Cy-S*O_3*H · His · Thr · Phe · Asp · Glu · Gly · Ser-COOH* auf. Peptid B unterscheidet sich von A durch das Fehlen des endständigen Phenylalaninrestes; beide Hämgruppen des nativen Proteins sind covalent an jedes dieser Peptide gebunden. C enthält nur Ala · Gly · Lys · CySO_3H · Ser · Glu (NH_2) · CySO_3H · His · Thr u. nur eine Hämgruppe. Die Bindung der beiden Hämgruppen in RHP kann nicht mit derjenigen des Cytochrom c ident. sein, da nur 3 Cysteinylreste zur Verfügung stehen; andere Bindungsmöglichkeiten werden diskutiert.
P. Schwerdtfeger. 4315◇

1147 **Isolierung und Eigenschaften eines gelb-grün fluorescierenden Pigments aus Azotobacter-Nährböden.** William A. Bulen und Jack R. LeComte. (Biochem. biophysic. Res. Commun. **9**, 523—28, 1962; Charles F. Kettering Research Laboratory, Yellow Springs, Ohio, U. S. A.; engl.) — Das gelb-grün fluorescierende Pigment (**I**) von *A. agilis* (*A. vinelandii*) wurde aus fl. Nährböden durch Adsorption an Holzkohle u. Eluierung mit wss. Aceton u. Reinigung mit Dowex 1 als hellgelbes Pulver rein dargestellt. **I** ist wasserlösl. u. unlösl. in organ. Lösungsmitteln. **I** hat *Peptid*-Struktur, der Träger der Fluorescenz ist ein Chromophor noch unbekannter Struktur. Ekkehard Schmid. 4315◇

1148 **Die Isolierung von ^{14}C-markiertem Pyridoxamin aus Candida utilis A. T. T. C. 9950.** Kenneth D. Lunan und Charles A. West. (Arch. Biochem. Biophysics **101**, 261—68, 1963; Los Angeles, Calif., Univ. of California, Dep. of Chem.; engl.) — Die Bldg. von *Vitamin* B_6 durch Kulturen von *Candida utilis A. T. T. C. 9950* war vom O_2-Druck des Mediums abhängig. Der Nachw. erfolgte anhand des Wachstums des *Pyridoxamin* (**I**)- u. *Pyridoxal* (**II**)-abhängigen Stammes von *Streptococcus faecalis*, der UV-Absorption u. der Best. der Radioaktivität nach Inkubation mit ^{14}C-Substraten. Beim Durchblasen von Luft durch die Kultur wurde eine **I**-Bldg. von 5—10 μg/g Trockengew., beim Schütteln der Inkubations-Lsg. dagegen 122—300 μg **I**/g Trockengewicht gefunden. Bei *Fe*-Konzz. (als *Fe*SO_4) von 0,1—0,5 ppm wurde keine Korrelation zwischen Fe-Konz. u. **I**-Bldg. gefunden. Eine maximale **I**-Bldg. wurde mit 0,5—2,0 ppm Fe erhalten. Bei Chromatographie der Inkubationslsg. konnte neben **I** auch **II** nachgewiesen werden. Bei Inkubation von C. utilis mit $^{14}C_{(3)}$*-Serin*, $^{14}C_{(1)}$*-Alanin* u. $^{14}C_{(1)}$- sowie $^{14}C_{(2)}$*-Acetat* wurde ein geringer, jedoch merklicher Einbau von ^{14}C in **I** gefunden. Nur sehr wenig ^{14}C wurde bei Inkubation mit $^{14}C_{(1.4)}$*-Succinat*, $^{14}C_{(3)}$*-Pyruvat*, $^{14}C_{(7)}$*-Nicotinat*, $^{14}C_{(1.3)}$*-Glycerin*, $^{14}C_{(3)}$*-Asparagat*, ^{14}*C-Formiat* u. $KH^{14}CO_3$ in **I** eingebaut. Neben **I** u. **II** wurden in der Inkubationslsg. *Guanin*, *Nicotinsäure* u. *Adenin* sowie wahrscheinlich *Cytosin* gefunden. Infolge des geringen Einbaus von ^{14}C in **I** sind keine Rückschlüsse auf die Biosynth. von **I** möglich. J. Boelter. 4315◇

1149 **Bildung von Methan durch Bakterienextrakte.** E. A. Wolin, M. J. Wolin und R. S. Wolfe. (J. biol. Chemistry **238**, 2882—86, 1963; Urbana, Ill., Univ. of Illinois Dep. of Microbiol. and Dairy Sci.; engl.) — *Methan* (**I**) wird von zellfreien Extrakten aus *Methanobacillus omelanskii* in Phosphatpuffer pH 7,0 in H_2-Atmosphäre gebildet in Ggw. von H_2, CO_2, *CoA* u. *ATP*. ATP u. CO_2 können durch *Brenztraubensäure*, *Serin* oder *O-Phosphoserin* ersetzt werden. *Ferredoxin* stimuliert die Bldg. von **I**; es ist aber nicht möglich infolge der großen Empfindlichkeit gegenüber O_2 über DEAE-Cellulose akt. Extrakte anzureichern. H. Müldner. 4320◇

1150 **Beitrag zur Untersuchung der Bildung von Äthylen durch Penicillium digitatum, Sacc.** M. Phan-Chon-Ton. (Rev. gén. Bot. **69**, 505—43, 1962; Bellevue, C. N. R. S., Labor de Biol. Végét.; franz.) — Es ist noch nicht möglich, eine Folge von chem. Rkk. aufzustellen, die zur Bldg. gasförmigen *Äthylens* (**I**) durch Mikroorganismen führen. Als nächste Ausgangsstoffe für **I** kämen evtl. Glucose, Alanin, saures Na-Malat u. A. in Betracht.
H. Aman. 4320◇

1151 **Die Bildung eines neuen Polysaccharids durch Cryptococcus laurentii, var. flavescens.** Martin C. Cadmus, Adolph A. Lagoda und Ralph F. Anderson. (Appl. Microbiol. **10**, 153—56, 1962; Peoria, Ill., Northern Regional Res. Labor.; engl.) — *C. laurentii*, var. flavescens bildet aus *Glucose* ein *Polysaccharid* von Polymer-Charakter, welches aus der Kulturfl., mit KCl u. A. präcipitiert werden kann. Die Ausbeuten solcher „Gummi"-Substanzen sind in der Größenordnung industrieller Prozesse. Ekkehard Schmid. 4320◇

1152 **Der Einfluß bestimmter während der mikrobiellen Dissimilation von Kohlenhydraten gebildeter Metaboliten auf die Bildung von 2.3-Butandiol in den Kulturen von B. polymyxa.** Krishna Bahadur und S. Ranganayaki. (Bull. Acad. polon. Sci., Sér. Sci. biol. **8**, 435—39, 1960; Allahabad, India, Univ., Dep. of Chem.; engl.) — Vff. untersuchten die Bldg. von *2.3-Butandiol* (**I**) in Kulturen von *B. polymyxa* mit Melasse-Zucker als C-Quelle. Kulturen, die zusätzlich geringe Mengen *Acetaldehyd* (**II**) enthielten, brachten eine größere Ausbeute an **I**. Glycerin (**III**) förderte gleichfalls in hohem Maße die Ausbeute an **I**. Durch Rk. von CH_3COOH, $CaCO_3$ u. Apfelsäure (**IV**) gebildetes *Acetat* begünstigte eine erhöhte **I**-Bildung. Nach Zugabe von **III** oder **IV** beobachteten Vff. eine markante Zunahme an reduzierenden Substanzen. Kulturen, die verschiedene Konzz. an **III** als Hauptkohlenstoffquelle enthielten, bildeten sehr wenig reduzierende Substanzen u. enthielten kein **I** trotz eines erhöhten Wachstums an Mikroorganismen. G. Bratfisch. 4320◇

1153 **Die Biosynthese von verzweigtkettigen Aminosäuren aus verzweigtkettigen Fettsäuren durch Pansenbakterien.** Milton J. Allison und Marvin P. Bryant. (Arch. Biochem. Biophysics **101**, 269—77, 1963; Beltsville, Md., Animal Husbandry Res. Div., Dairy Cattle Res. Branch; engl.) — In Ggw. von 0,038 m $Na_2{}^{14}CO_3$ (**I**) u. *Isobutyrat* (**II**), *Isovalerat* (**III**) u. *2-Methylbutyrat*, unter 100%ig. CO_2-Gasphase gewachsene Kulturen von *Ruminococcus flavefaciens* zeigten einen Aktivitätseinbau vor allem in die Proteine u. z. T. auch in die Nucleinsäuren. Im Proteinhydrolysat wurde ein ^{14}*C*-Einbau in die verzweigtkettigen Aminosäuren (AS) *Valin* (**IV**), *Leucin* (**V**), *Isoleucin* (**VI**) sowie in *Methionin* u. *Phenylalanin* (**VII**) gefunden. Nach Decarboxylierung der AS mit Ninhydrin war die Aktivität ausschließlich im CO_2 enthalten. Bei Verss. mit 0,0057 m **I** u. einer Gasphase von N_2/CO_2 von 9:1 wurden 50% der Aktivität in der Nucleinsäurefraktion u. 48% in den Proteinen gefunden, wobei die verzweigtkettigen AS nur wenig Aktivität enthielten. Offenbar war ein hoher CO_2-Druck zur Carboxylierung der verzweigtkettigen Fettsäuren erforderlich. *Na-^{14}C-Formiat* diente nicht zur Biosynth. der verzweigten AS, da nach Inkubation eine Aktivität nur in **V** sowie *Serin* u. *Histidin* gefunden wurde. ^{14}C aus *$^{14}C_{(2)}$-Acetat* wurde in verschiedene AS eingebaut; **V** wurde jedoch wenig markiert. R. flavefaciens baute trotz jahrelanger Züchtung mit *Cellobiose* als alleiniger C-Quelle *^{14}C-Cellulose* ab, wobei ^{14}C vor allem in **VII**, weniger in **IV**, **V** u. **VI** eingebaut wurde. *$^{14}C_{(1)}$*-**II** u. *$^{14}C_{(1)}$*-**III** wurden bei Inkubation meist in die Proteine eingebaut. Die Inkubation von *$^{14}C_{(1)}$*-**III** führte zum ^{14}C-Einbau in **V**, der von *$^{14}C_{(1)}$*-**II** in **IV**. J. Boelter. 4320◇

1154 **Biogenese der Mutterkornalkaloide vom Clavin-Typ.** Elmore H. Taylor und Egil Ramstad. (J. pharmac. Sci. **50,** 681–83, 1961; Lafayette, Ind., Purdue Univ., School of Pharm.; engl.) — Kulturen von *Claviceps purpurea* Stamm 47 A wurde *$^{14}C_{(2)}$-Mevalonsäure* (**I**) zugesetzt. Die isolierten *Clavinalkaloide* waren radioakt. (Einbauraten 0,5–2,2%), sie entstehen somit wahrscheinlich aus **I**. Die spezif. Aktivitäten von *Elymoclavin* u. *Agroclavin* waren stets gleich, was auf einen gemeinsamen Bldg.-Weg schließen läßt. Auch *Penniclavin* u. *Setoclavin* waren stark radioaktiv. Außer den Alkaloiden waren nach Gabe von **I** noch die Lipidfraktion u. ein wasserlösl. Pigment radioakt., nicht dagegen die Aminosäuren. H. G. Floß. 4320◇

1155 **Chemische Vorgänge während des Absterbens von Bakterien-Endosporen durch feuchte Hitze.** Hamed M. El-bisi, R. V. Lechowich, M. Amaha und Z. J. Ordal. (J. Food Sci. **27,** 219–31, Mai–Juni 1962; Urbana, Ill.; Univ. of Illinois, Dep. of Food Technol.; engl.) — Sporen von *Bacillus subtilis* wurden über längere Zeit vorerhitzt, um einen Teil der *Dipicolinsäure* (**I**) freizusetzen, ohne einen schwereren Abfall der Lebensfähigkeit zu bewirken. 20 u. 30 std. Erhitzen auf 45° in 2,5 mm Phosphatpuffer (pH 7) bewirkte lediglich einen Verlust an **I** von 1,6–2,7%. Die behandelten Sporen zeigten gegenüber unbehandelten beim Erhitzen auf 98,5° in 25 mm Phosphatpuffer (pH 7) keine Unterschiede, u. zwar auch dann nicht, wenn die Vorerhitzung auf 9 Tage ausgedehnt wurde. Stärkerer **I**-Verlust erfolgte bei 80° in einer Zeit von 3 (3,6%) u. 8,5 (4,1%) Std.; jedoch bewirkte diese Behandlung eine verringerte Hitzeresistenz bei 98,5°. Bei Vorerhitzen auf 90° erfolgte darüber hinaus eine Red. der Lebensfähigkeit. Es wird daher vermutet, daß die **I** in unterschiedlicher struktureller Form vorliegen kann: einerseits frei oder locker an die Zellbestandteile gebunden, so daß bei mildem Erwärmen, aber auch unter Kühlung, schon eine Freisetzung erfolgt; zum andern aber fest gebunden, so daß nur bei starkem Erhitzen **I** abgegeben wird. Gleichzeitig mit der **I** u. im gleichen Verhältnis, aber weitaus schneller, wird *Ninhydrin*-positives Material von der Zelle abgegeben (bei subletaler Erhitzung auf 80, 85 u. 90°). Vermutlich handelt es sich hierbei um Verbb., die auch bei der Keimung frei werden. Sporen von *Bacillus coagulans* verschiedener Thermoresistenz wurden in 25 mm Phosphatpuffer (pH 7) auf 95° erhitzt. Das Absterben verlief hier mit höherer Geschw. als die **I**-Abgabe. Beide Geschw. standen in einem konst. Verhältnis. Einige Sporensuspensionen wurden gleichzeitig in W. u. 10 mm *Glycylglycin* (**II**)-Lsg. erhitzt. **II** beschleunigte den Tod der Zelle bei 100°. In zeitlichen Abständen wurden Überlebensrate, Trockengew., *Ca-*, *Mn-*, *Mg-* u. *J*-Geh. ermittelt. Es zeigte sich, daß **II** Absterbeverlauf sowie Abgabe von **I** u. zweiwertigen Kationen deutlich beschleunigt. 25 Min. Erhitzen mit **II** entsprach etwa 65 Min. Erhitzen in Wasser. Das mol. Verhältnis von Ca/**I** in der überstehenden Lsg. war in der Anfangsphase stets größer als 1, nahm dann schnell ab u. blieb dann bei einem Wert unter 1 konstant. Ähnliche Ergebnisse wurden mit *Bacillus cereus*-Sporen bei 86° erzielt. Hans Thiele. 4330◇

1156 **Untersuchungen über die Bakteriolyse durch Glycin.** Mélina Leyh-Bouille. (C. R. Séances Soc. Biol. Filiales **155,** 2457–61, 1961; Liège, Univ., Labor. de Microbiol. gén. et méd.; franz.) — Vff. machen Verss. mit dem prototrophen Stamm W 1364 von *E. coli* u. mit auxotrophen Mutanten. Die Bakteriolyse u. die Transformierung in Spheroplasten können durch *Glycin* (**I**) mit nichtproliferierenden Suspensionen der 3 Coli-Stämme beobachtet werden. **I** löst die isolierten Zellwände von E. coli nicht auf, und die Verss. nach Markierung mit *^{14}C*, um eine eventuelle Freisetzung von Zellwandkomponenten nachzuweisen (Messung der Radioaktivität der überstehenden Fl. nach Zentrifugieren; zweidimensionale Chromatographie der Zellwandhydrolysate; Autoradiographie der Chromatogramme), waren negativ. Die Lyse von E. coli u. deren Transformierung in Spheroplasten durch **I** scheinen quant. von der Aktivität des Stoffwechsels abhängig zu sein, sei er auch nur auf den Verbrauch der gespeicherten Reserven beschränkt. M. Blaschette-Huttinger. 4330◇

1157 **Die Wirkung subletaler Konzentrationen von Sorbinsäure auf Escherichia coli und Aspergillus niger.** Hans-Jürgen Rehm und Eve-Maria Lukas. (Naturwissenschaften **50,** 456, 1963; München, Deutsche Forschungsanstalt für Lebensmittelchemie; dt.) — *Escherichia coli* vermag sich bei subletalen Konzz. von *Sorbinsäure* (**I**) zu entwickeln. *Glucose* wird hierbei abgebaut, **I** jedoch nicht verändert. *Aspergillus niger* dagegen baut im sauren Gebiet **I** ab, bevor Glucose veratmet wird. Der **I**-Abbau erfolgt vor dem sichtbaren Auftreten eines Mycelwachstums. Die Bldg. organ. Säuren wird durch **I** bei *A. niger* qual. nicht verändert. Im alkal. Bereich werden subletale **I**-Konzz. auch abgebaut. Hierbei tritt eine vorübergehende *Methylketon*-Bldg. auf. *Bacillus cereus var. mycoides*, *Lactobacillus arabinosus* u. *L. buchneri* bauen keine **I** ab im Gegensatz zu Mucoraceen, Penicillien, Aspergillen, Alternarien u. Trichoderma lignorum. W. Hiller. 4330◇

1158 **Einige Wirkungen von 5-Bromuracil auf eine Thymin-abhängige Mutante von Escherichia coli.** I. Arthur Michaelson und H. George Mandel. (Biochem. Pharmacol. **11,** 243–52, 1962; Washington, D. C., The George Washington School of Med., Dept. of Pharmacol.; engl.) — Das *Thymin* (**I**)-Analoge *5-Bromuracil* (**II**) verursacht partielle Hemmung einer exponentiell wachsenden **I**-abhängigen Kultur von *E. coli I*. Bezogen auf gleiche Trübung zeigt **II** keine Wrkg. auf den Einbau der Nucleinsäure-Vorläufer *$^{14}C_{(2)}$-Uracil* u. *$^{14}C_{(2)}$-Guanin*, während die Aufnahme von *$^{14}C_{(2)}$*-**I** vollkommen gehemmt wurde. Die *RNS*-Geh. mit oder ohne **II** waren ident., die *DNS*-Synth. mit **II** um 75% verringert, die Zellteilung sistierte, dafür trat Zellvergrößerung auf. **II** wird nach Zugabe in *DNS* eingebaut, kann aber bereits eingebautes **I** nicht verdrängen. Ekkehard Schmid. 4330◇

1159 **Pharmakologie von bestimmten antimikrobiellen $N^1.N^5$-substituierten Biguaniden.** Glen R. Gale, Ann Marie Welch und John B. Hynes. (J. Pharmacol. exp. Therapeut. **138,** 277–84, 1962; Durham, N. C.; Duke Univ. and Duke Med. Center, Dep. of Physiol. and Pharmacol. and of Pathol., Vet. Admin. Hosp.; engl.) — Untersucht werden nachstehende Biguanide: *$N^1.N^5$-Bis-[dichlorbenzyl]-* (**I**), *N^1-Benzyl-N^5-3.5-dichlorbenzyl-* (**II**); *N^1-3.4-Dimethylbenzyl-N^5-3.4-dichlorbenzyl-* (**III**); *N^1-4-Chlorbenzyl-N^5-2.4-dichlorbenzyl-* (**IV**); *N^1-γ-Lauroxypropyl-* (**V**) u. *N^1-γ-Lauroxypropyl-N^5.N^5-dimethyl-* (**VI**). **I**, **III** u. **IV** bilden mit Ionen von *Cu*, *Co*, *Zn*, *Ca*, *Mn*, *Sr*, *Mg*, Fe^{2+}, Fe^{3+}, *K*, *Na* u. *Li*-Ndd.; **II** u. **IV** bilden nur mit einem Teil der Ionen Ndd.; **VI** bildet mit keinem der Ionen Niederschläge. Bei Konzz. unter 1,0 μg/ml wird das Wachstum nachfolgender Bakterien u. Pilze von den angeführten Verbb. gehemmt: *Bacterium subtilis* von **I** u. **III**; *Staphylococcus aureus* von **I**, **III** u. **IV**; *Cryptococcus neoformans* von **I**, **III**, **V** u. **VI**; *Sporotrichum schenckii* von **I**, **II**, **III**, **IV**, **V** u. **VI**. *Pseudomonas aeruginosa*, *Candida albicans* u. *Rhizopus oryzae* werden erst bei Konzz. von 1–10 μg/ml u. *Escherichia coli* wird erst bei Konzz. von 10–100 μg von einigen Verbb. gehemmt. Die anaerobe Glykolyse von Hefezellen wird durch die Verbb. um 46–64% gehemmt. Diese Hemmung wird durch gleichzeitige Zugabe von *Lecithin* völlig aufgehoben. Die Hefezellen verlieren rasch in Ggw. dieser Verbb. *Purine* u. *Pyrimidine*. Die Aktivität der *Brenztraubensäurecarboxylase* wird durch **I**, **II**, **III** u. **IV** gehemmt. W. Hiller. 4330◇

1160 **Über die bakteriostatische Wirksamkeit einer Reihe von Cyclohexylphenolen.** M. Sy, G. Parc, N. P. Buu-Hoï, J.-M. Gazave und L. Boisselet. (Bull. Soc. chim. Biol. **42**, 269—73, 1960; Maisons-Alfort, Seine, Ecole Nat. Vétérinaire, Labor. de Synth. Organ. u. Rucil-Malmaison, Seine-et-Oise, Inst. Français du Pétrole; franz.) — Vff. testeten folgende Verbb. auf ihre bakteriostat. Wirksamkeit (BW) gegenüber *Klebsiella aerobacter, Escherichia coli*, Stamm Monod, *Staphylococcus*, Stamm Londres u. Stamm 133, *Streptococcus*, Stamm C_{10}, *Enterococcus*, Stamm Duval, u. *Proteus vulgaris*. *2-Methyl-4-cyclohexyl-, 2-Methyl-6-cyclohexyl-, 3-Methyl-4-cyclohexyl-, 3-Methyl-2-cyclohexyl-, 3-Methyl-6-cyclohexyl-, 4-Methyl-2-cyclohexyl-, 4-Cyclohexyl-, 2-Cyclohexyl-, 2-Methyl-4.6-dicyclohexylphenol* u. *2-Methyl-4.6-dicyclohexylphenylurethan* (I), *3-Methyl-2.4-dicyclohexyl-, 3-Methyl-4.6-dicyclohexyl-, 4-Methyl-2.6-dicyclohexyl-, 4-Methyl-2.5-dicyclohexylphenol, 4-Methyl-2.5-dicyclohexylanisol* (II), *3.5-Dimethyl-2-cyclohexyl-, 3.5-Dimethyl-4-cyclohexylphenol, 2-Cyclohexyl-3.5-dimethylphenoxyessigsäure* (III), *3.4-Dimethyl-2-cyclohexyl-, 3.4-Dimethyl-5-cyclohexyl-, 2.4-Dimethyl-5-cyclohexyl-, 2.4-Dimethyl-6-cyclohexyl-, 2.5-Dimethyl-4-cyclohexyl-, 2.5-Dimethyl-6-cyclohexylphenol, 2.5-Dimethyl-6-cyclohexylphenylurethan* (IV), *2.3-Dimethyl-4-cyclohexyl-* u. *2.6-Dimethyl-4-cyclohexylphenol*. — Alle untersuchten Verbb. besitzen BW; die resistentesten Stämme sind E. coli u. Pr. vulgaris. Die Aufhebung der phenol. Funktion, z. B. durch Veresterung u. Verätherung (I–IV), vermindert merklich die BW. Von den 3 untersuchten Stoffklassen sind die Dicyclohexylkresole am aktivsten. H. Kockert. 4330◇

1161 **Elektrophoretische Untersuchungen an „Substanz M".** F. Berté und A. Mascherpa. (Arch. ital. Sci. farmacol. [3] **9**, 123—25, 1959; Pavia, Univ., Ist. di Farmacol. e Terapia Sperim.; ital.) — Die bes. aus Rinderlunge, aber auch aus anderen tier. Organen isolierte „*Substanz M*" (I) mit antimycobakterieller Wirksamkeit wurde zum Zwecke der Reinigung der Papierelektrophorese unterworfen. Das rohe **I**-Präp. konnte konst. vorwiegend in 2 gegen die Anode (Fraktion I u. II) u. in 2 gegen die Kathode (Fraktion VI u. VII) wandernde Fraktionen sowie in die elektrophoret. wenig wandernde Fraktion V aufgetrennt werden. Die einzelnen Zonen wurden eluiert u. auf ihre Hemmwrkg. gegenüber *Mycobacterium tuberculosis* ATCC 607 getestet. Es wurden unterschiedliche Wirksamkeiten der einzelnen Fraktionen festgestellt; am wirksamsten sind die Fraktionen I u. II sowie VI u. VII. H. Kockert. 4330◇

1162 **Ein zweiter Bacteriocin-ähnlicher Wirkstoff aus Bacillus megatherium. 1. Mitt. Die Charakteristica des baktericiden Wirkstoffs.** Elisabeth H. Marjai und G. Ivánovics. (Acta microbiol. Acad. Sic. hung. **9**, 285—95, 1962; Szeged, Ungarn, Univ. Med. School, Inst. of Microbiol.; engl.) — Sporulierende u. asporogene Mutanten von *B. megatherium* 337 (B. m.) bilden eine antibakterielle Substanz (I), welche den *Bacteriocinen* (II) ähnelt. I läßt sich von einer weiteren **II**-ähnlichen Substanz, dem *Megacin* (III) durch Unmöglichkeit einer UV-Induzierung, fehlende Lyse, Unempfindlichkeit des Produktionstammes von B. m., Phagenempfindlichkeit, Adsorption, Hitzebeständigkeit, Verh. in der Ultrazentrifuge u. Rk. an der Cytoplasmamembran unterscheiden. **III** ist ein Protein, **I** noch ungeklärter Natur. **I** könnte ein inkompletter Phagenpartikel sein, da es nur bei phagenempfindlichen B. m. akt. ist. Ekkehard Schmid. 4330◇

1163 **Die Biosynthese der Tetracycline.** 3. Mitt. **Eine neue Aminosäure aus Streptomyces aureofaciens: (+)-trans-2.3-Dihydro-3-hydroxyanthranilsäure.** J. R. D. McCormick, Jules Reichenthal, Ursula Hirsch und Newell O. Sjolander. (J. Amer. chem. Soc. **84**, 3711 bis 3714, 1962; Pearl River, N. Y., Amer. Cyanamid Co., Lederle Labors.; engl.) — 2. vgl. J. Bacteriol. **77**, [1959], 475. — Aus Kulturfiltrat der *S. aureofaciens*-Mutante S-652 wurde mittels kation. oder anion. Austauschern *(+)-trans-2.3-Dihydro-3-hydroxyanthranilsäure* (I) isoliert. Die Konstit. ergab sich aus den UV- u. IR-Spektren, der katalyt. Hydrierung zu *Hexahydro-3-hydroxyanthranilsäure* (II), der Umwandlung unter stark sauren Bedingungen in *Anthranilsäure* u. unter stark alkal. in *m-Hydroxybenzoesäure*, ferner der Disproportionierung zu *3-Hydroxyanthranilsäure* u. **II**. Mittels ^{14}*C*-**I**, erhalten durch Fermentation ^{14}C-markierter Tabakstärke mit S-652, wurde gezeigt, daß **I** wahrscheinlich keine Zwischenstufe der Biosynth. von 7-Chlortetracyclin aus Kohlenhydrat ist.

Versuche: *(+)-trans-2.3-Dihydro-3-hydroxyanthranilsäure* (I), $C_7H_9NO_3$, F. 190—191° (Zers.), aus Submerskulturfiltrat durch Adsorption an Amberlite IR-120 (H^+-Form) bei pH 1,5 u. Elution mit n H_2SO_4; aus Eisessig, $[\alpha]_D^{22}$ + 44,5° (0,5%, W.), p_{K_a} (W.) 8,6; 25 g (67%ig.) aus 20 Liter. — *Hexahydro-3-hydroxyanthranilsäure* (II), $C_7H_{13}NO_3$, F. 270—276° (Zers.), aus **I** mit Pd-Kohle in W.; $[\alpha]_D^{25}$ — 34,6° (0,5%, W.); 72%. *N-Benzoylderiv.*, $C_{14}H_{17}NO_4$, F. 244—245° (CH_3OH-Pentan), $[\alpha]_D^{24}$ — 12,2° (0,5%, CH_3OH). — *Anthranilsäure*, aus **I** u. konz. HCl bei 60° (mehrere Std.). *N-Acetylderiv.*, F. 183 bis 184°. — *m-Hydroxybenzoesäure*, F. 200—201° (Ae.-Chlf.), aus **I** mit 25%ig. NaOH bei 93°, 8 Std.; 93%. — *2-Acetamido-3-acetoxy-2.3-dihydrobenzoesäure*, $C_{11}H_{13}NO_5$, F. 177—178° (CH_3OH), aus 110 mg **I** mit Acetanhydrid-K-Acetat (2 Std.); 135 mg. — *3-Hydroxyanthranilsäure*, F. 255—256° (CH_3OH-W.), aus 1 g **I** in sd. W. in Ggw. von 10%ig. Pd-Kohle (2 Std.); Geh. des Rk.-Gemischs 524 mg. **II** papierchromatograph. im Rk.-Gemisch nachweisbar. — *Δ^1-Cyclopentenalsemicarbazon*, F. 208—209°, aus **II** u. $NaJO_4$ in 0,01 n NaOH (10 Min., Raumtemp.), Fällen des Jodats mit $BaCl_2$ u. Rk. mit Semicarbazidhydrochlorid (10 Min., 70°). — ^{14}*C*-**I**, durch Züchtung von S-652, nach Vorzüchtung ohne Baumwollsamenmehl, in Ggw. von ^{14}C-Tabakstärke. K. Maier. 4340◇

1164 **Penicillin-induzierte Sphäroplastbildung in synthetischen Nährböden.** W. B. Hugo und A. D. Russell. (Biochem. Pharmacol. **2**, 829—33, 1962; Nottingham, Univ., Dep. of Pharmac.; Cardiff, Wales, Welsh School of Pharm., Welsh Coll. of Advanced Technol.; engl.) — Bldg. von Sphäroplasten (Sp) bei *E. coli* (E. c.) in synthet. Nährböden durch *Penicillin* (I) kann leicht induziert werden. Die Bldg. von Sp hängt von der Konz. des Mg^{2+}, der Bebrütungs-Temp. u. der Wachstumsphase von E. c. ab. **I** hemmt die Zellwand-Synth., daher werden mehr Sp erhalten, wenn **I** zu sich akt. vermehrenden E. c. zugesetzt wird. Ekkehard Schmid. 4340◇

1165 **Entwicklung von Resistenz und Kreuzresistenz gegenüber Chemotherapeuticis in Vibrio cholerae als eine in vitro-Basis für eine kombinierte Chemotherapie.** V. Iyer und Rajul Iyer. (J. sci. ind. Res. [New Delhi] Sect. B. **19**, 45—47, 1960; Navsari, S. B. Garda Coll., Microbiol. Dep.; engl.) — Vff. stellten fest, daß sich eine Resistenz (R) von *Vibrio cholerae*, Stamm Ogawa, gegenüber *Chloramphenicol* (I), *Chlortetracyclin* (II) u. *Oxytetracyclin* (III) charakterist. langsam entwickelt, gegenüber *Tetracyclin* (IV) dagegen relativ schneller; die R gegenüber **III** entwickelt sich am langsamsten. R gegenüber *Streoptomycin* (V) u. *Formosulfathiazol* (VI) entwickelt sich im Anfangsstadium langsam, danach wesentlich schneller. — Wie bei chem. verwandten Verbb. zu erwarten, wird ein hoher Grad an Kreuzresistenz (KR) zwischen **II**, **III** u. **IV** beobachtet. Eine leichte KR besteht zwischen **I** einerseits u. **II**, **V** u. **IV** andererseits u. zwischen **V** u. **II**. Keine KR wird zwischen **VI** u. den übrigen Chemotherapeuticis oder zwischen **V** u. **III** oder **IV** festgestellt. — Die Ergebnisse zeigen, daß für eine Anwendung in vivo eine Kombination von **VI**, **III** u. **V** chemotherapeut. wirkungsvoll sein muß. H. Kockert. 4340◇

1166 **Die Wirkung des 8-Azaguanins auf die Antigenspezifität bei E. coli B/r 2.** G. M. Pontieri und O. J. Plescia. (Nature [London] **199**, 191—92, 1963; New Brunswick, N. J. State Univ., Inst. of Microbiol.; engl.) — *Azapurin*-Verbb. verändern den Stoffwechsel u. die *Protein*-Synth. bei Bakterien. Extrakte von *E. coli* B/r 2-Kulturen ergaben eine quant. signifikant verminderte *Antigen-Antikörper*-Rk.-Menge gegenüber Extrakten gleicher Kulturen, denen *8-Azaguanin* (I) zugesetzt war, entweder weil sich die Gesamtmenge der Antigene geringer war, oder weil sich die immunolog. Spezifität unter Einfl. von **I** geändert hatte, also die Proteinsynth. verändert war. Auch die Immunoelektrophorese erbrachte Antigendifferenzen beider Extraktgruppen, bes. in den langsam wandernden Fraktionen. H. H. Goebel. 4370◇

1167 **Endotoxin aus Mycoplasma mycoides.** J. M. Villemot, A. Provost und R. Queval. (Nature [London] **193,** 906—07, 1962; Fort Lamy, Républ. du Tschad., Labor. de Rech. Vet. de Farcha; engl.) — Aus einem T_3-Stamm von *M. mycoides* wurde ein *Endotoxin* isoliert. Bei i. v. Verabfolgung an Ratten wurde Temp.-Erhöhung sowie eine Abnahme der Leukocyten u. Lymphocyten beobachtet. Die Toxizität wurde an Rindern u. Geflügelembryonen untersucht. K. Heyns. 4370◇

1168 **Toxizität von Endotoxin und Schlangengift beim „hagfish“.** Ben W. Papermaster, Richard M. Condie, Robert A. Good und David Jensen. (Nature [London] **195,** 84, 1962; Minneapolis, Univ. of Minnesota, Variety Club Heart Hosp., Pediatric Res. Labors.; La Jolla, Univ. of California, Scripps Institution of Oceanography; engl.) — Selbst 100 mg *Escherichia coli*-Endotoxin bewirkten bei *Eptatretus stoutii*, einem primitiven Vertebraten, keine nachweisbare Rk., während *Agkistrodon piscivorus* (10 mg) -u. *Naja flava* (50 γ)-Gift je nach Dosis innerhalb 0,5—5 Std. zum Tode führten. K. Maier. 4370◇

1169 **Immunisierung mit in Affennierenzellen kultiviertem Echovirus. Spezifische und unspezifische Ergebnisse bei Mäusen, Meerschweinchen und Kaninchen.** Pekka Halonen. (Ann. Med. exp. Biol. fenn. **39,** 15—28, 1961; Helsinki, Univ., Dep. of Virology; engl.) — Meerschweinchen u. Kaninchen ließen sich mit verschiedenen *Echovirustypen* besser immunisieren als Mäuse. 2—3-Injektionen erzielen höhere Titer (T) als langdauernde Immunisierung. Freunds Adjuvans erhöhte die T. Neben homologen, neutralisierenden Antikörpern (A) traten komplementbindende u. heterologe A auf. Letztere werden auf cytotox. Eigg. u. Affennierenzell-T, welche im Antigen mitgeschleppt werden, zurückgeführt. Absorption der Sera mit Affennierenzell-T senkte die heterologen A, ohne die homologen A zu beeinflussen. Ekkehard Schmid. 4370◇

1170 **Rolle des CO_2 bei der Bildung von Dulbecco-Plaques durch Vaccine-Virus und das Pferdeencephalitis-Virus des Westens.** T. Fefer. (C. R. Séances Soc. Biol. Filiales **155,** 2462—65, 1961; Bruxelles, Inst. Pasteur; franz.) — Der günstige Einfl. von *Bicarbonat* (**I**) auf die Plaques-Bldg. des Vaccinevirus muß zumindest teilweise an den *CO_2*-Geh. gebunden sein u. nicht nur an eine pH-Veränderung des Mediums. Die Wrkg. von I auf das Virus der Pferdeencephalitis des Westens ist komplex; bei schwacher Dosis übt **I** eine günstige, CO_2-abhängige Wrkg. aus; bei starker Dosis ist die Wrkg. hemmend, u. dies könnte pH-bedingt sein. Es besteht eine Mutante dieses Encephalitisvirus, welche noch viel stärker CO_2-abhängig ist als der wilde Typ. M. Blaschette-Huttinger. 4374◇

1171 **Infektion von Bakterienspheroplasten durch Phagenribonucleinsäure. Verfahren zur Isolierung und Identifizierung von Phagen durch ihre Nucleinsäuren.** Jeanne Fouace und Joseph Huppert. (C. R. hebd. Séances Acad. Sci. **254,** 4387—89, 1962; Paris, Inst. Pasteur, Serv. du Dr. R. Wahl; engl.) — Aus einem Phagengemisch wurden durch Phenolextraktion die *Nucleinsäuren* (**I**) gewonnen. Ein Teil des **I**-Gemischs wurde mit *Ribonuclease* der anderen mit *Desoxyribonuclease* versetzt. Mit beiden Präpp. wurden Spheroplasten von *Escherichia coli* W 6 infiziert. Nach der Inkubation konnten je zwei Stämme von *RNS*- u. *DNS-Phagen* isoliert werden. E. Lodemann. 4374◇

1172 **Ein Nitrofuranderivat als neues Agens zur Induktion der Phagenentwicklung in lysogenen Stämmen von Escherichia coli.** Hideya Endo, Minoru Ishizawa, Tomoya Kamiya und Michihiko Kuwano. (Biochim. biophysica Acta [Amsterdam] **68,** 502—04, 1963; Fukuoka, Univ. of Kyushu, Fac. of Med., Inst. of Cancer Res., Div. of Chem.; engl.) — Das Nitrofuranderiv. *3-Amino-6-[2-(5-nitro-2-furyl)-vinyl]-1.2.4-triazin-hydrochlorid* ist ein spezif. Inhibitor der *DNS*-Synth. in *E. coli* B u. ein Induktor für die *Phagen*-Entw. in *E. coli* K_{12} (λ). M. Wiedemann. 4374◇

1173 **Photographische Ermittlung von Zonen nach Zentrifugation in Dichtegradientsäulen von Nucleinsäuren enthaltenden Partikeln.** A. D. Thomson. (Analyt. Biochem. [New York] **4,** 46—51, 1962; Christchurch, New Zealand, Dep. of Sci. and Ind. Res.; engl.) — Die Dichtegradientenzentrifugation erfolgte in Quarzröhrchen, in die in der Reihenfolge Lsgg. von 400, 300, 200, 100 u. 0 g Saccharose pro Liter dest. W. bzw. 0,05 m K-Phosphatpuffer pH 7,0 (**I**) oder von 500, 400, 300, 200 u. 100 g K-Tartrat pro Liter dest. W. eingeschichtet worden waren. Nach 6std. Stehen wurde die *Viren* enthaltende Lsg. (in **I** oder dest. W.) aufgetragen, bei 25000 U/min zentrifugiert, das Röhrchen im UV-Licht (Hg-Dampf-Niederdrucklampe, 15 W, 80% der Strahlen mit $\lambda = 2537$ Å) photographiert, wobei die äußeren Bezirke des Röhrchens mit einer Maske abgedeckt wurden. Die Viren erscheinen in der Kontaktaufnahme als weiße Zonen im dunklen Streifen (Maskenöffnung). Das Verf. kann auch auf andere Nucleinsäure enthaltende Stoffe übertragen werden. G. Seltmann. 4374◇

1174 **Synthese der Virus-Ribonucleinsäure durch ein chemisch inaktiviertes Influenzavirus.** Christoph Scholtissek und Rudolf Rott. (Nature [London] **199,** 200 bis 201, 1963; Tübingen; MPI für Virusforsch.; engl.) — Das Hühnerpestvirus wird durch das Präp. *Bayer A 139* u. durch *Hydroxylamin* ohne Einbuße seiner antigenen u. hämagglutinierenden Eigg. inaktiviert. Dennoch läßt sich in infizierten Zellen eine *Virus-RNS*-Synth. beobachten. Infektionsfähigkeit u. Hämagglutinationstiter fallen mit zunehmender Inaktivierung schnell ab, während die Virus-RNS-Synth. u. der Komplementbindungstiter als Zeichen der S-Antigenmenge eine deutliche Verzögerung zeigen. A 139 u. Hydroxylamin haben trotz verschiedenem Angriffspunkt (P-Gruppen der Zucker-P-Brücke u. Pyrimidin der NS) keine Differenzen im Inaktivitätseffekt. Da die Gesamtstruktur der Virus-RNS für die Virusvermehrung notwendig ist u. das Hämagglutinin einen komplizierten Eiweißaufbau hat, sind diese Eigg. des Virus gegen Inaktivierung empfindlicher, während zur Virus-RNS-Synth. u. zur Codevermittlung einfacher Eiweißkörper Strukturen notwendig sind, die der Inaktivierung durch beide Präpp. länger standhalten. H. Goebel. 4374◇

1175 **Zellfreie Proteinsynthese: Assoziation von Virus-RNS und E. coli-Ribosomen.** R. Haselkorn, V. A. Fried und J. E. Dahlberg. (Proc. nat. Acad. Sci. USA **49,** 511—17, 1963; Chicago, Univ., of Chicago, Committee on Biophys.; engl.) — Durch Dichtegradienten-Zentrifugation u. ^{32}P-Markierung wurde festgestellt, daß die *RNS* aus *Gelbrübenmosaikvirus* sich an Ribosomen von *E. coli* anlagert. Als Cofaktor wird nur *Mg^{2+}* benötigt, in 10^{-4} m Mg^{2+} tritt Dissoziation ein. Der Komplex besteht aus einem Mol Virus-RNS u. einem 70S Ribosom. 10% der Ribosomen waren zu dieser Bindung fähig. Sowohl die 30 wie die 50S Partikel scheinen Bindungsstellen für RNS zu besitzen. Der Komplex ist zur *Protein*-Synth. befähigt. M. Wiedemann. 4374◇

1176 **Weitere Untersuchungen über die antivirale Wirkung von wasserlöslichen Metallkomplexen.** Tito Berti, Ferruccio D'Angeli, Carlo Lanzani und Paola Meneghelli. (Atti Accad. naz. Lincei, Rend., Cl. Sci. fisiche, mat. natur. [8] **30,** 538—49, 1961; Padova, Univ., Ist. die Farmacol., Centro di Studio per la Chemioterapia del C. N. R.; ital.) — Vgl. C. **1961,** 14714. — Vff. testeten eine Anzahl von wasserlösl. Bi- u. Co-Komplexverbb. auf ihre wachstumshemmenden Eigg. gegenüber dem Influenzavirus A (PR 8) im Hühnerembryo. Die Komplexverbb. aus *Di-Na-Pyrocatechindisulfonat* (**I**) u. $NaBiO_3$ (Verbb. *P 81, P 82, P 89, P 891*) zeigen bis auf P 81 antivirale Aktivität (AVA); ebenfalls antiviral wirksam sind die Komplexverbb. aus *Gallussäure* (**II**) u. Bi $(NO_3)_3$ (Verbb. *G 22, G 23, G 24*) bzw. **II** u. $NaBiO_3$ (*G 161* u. *G 171*), nicht jedoch *bas. Bi-Gallat* (*G 7*). Die 3 Komplexverbb. aus $Bi(NO_3)_3$ u. *Weinsäure* (**III**), *T. B. P.*, *T 55* u. *T 31*, hemmen ebenfalls das Wachstum des Influenzavirus, doch ist ihre AVA weit geringer als die aller übrigen getesteten u. akt. Bi-Komplexe. Komplexverbb. von *Co^{2+}* mit **I** u. Äthylendiamintetraessigsäure (EDTA; Verbb. *Co 6*, *Co 7*, *Co-EDTA*) zeigen keine AVA; im Gegensatz zu allen Bi-Komplexverbb. besitzen diese 3 Substanzen auch keine hämagglutinierende Wrkg. in vitro. Die wachstumshemmende Wrkg. der Substanzen ist nicht abhängig vom Bi-Geh., variiert aber mit der Stabilität des Komplexes (zu feste u. zu lockere Komplexe sind inakt.). Es existiert keine eindeutige Beziehung zwischen der Wertigkeit des Metalls u. der AVA des Komplexes. — Komplexe von *Sb* u. I sowie As-Verbb. (*Neosalvarsan, Diaminodiphenylarsenoxid*) sind gegenüber dem Influenzavirus A inaktiv.

Versuche: Die Darst. der Verbb. erfolgt allg. durch Rk. zwischen den in W. gelösten Komplexbildnern I, II, III u. EDTA u. $Bi(NO_3)_3$ u./oder $Bi(OH)_3$ u./oder $NaBiO_3$ bzw. zwischen I u. $CoCl_2$ sowie zwischen EDTA u. $CoCl_2$ u. Fällung der wasserlösl. Komplexverbb. mit Methanol. Einzelheiten vgl. Original. Der Bi-Geh. betrug (in %): *P 8* (l. c.), 50,3; *P 81*, 21,3; *P 82*, 32,4; *P 89*, 50,3; *P 891*, 60,7; *G 7*, 45,3; *G 22*, 33,8; *G 23*, 43,9; *G 24*, 59,0; *G 161*, 40,7; *G 171*, 51,7; *TB.P.*, 41,3; *T 55*, 55,0; *T 31*, 61,7; *Co 6*, 9,3 (Co-Geh. in %); *Co 7*, 12,4; *Co-EDTA*, 13,6. H. Kockert. 4374◇

1177 **Synergistischer Effekt des 2-[α-Hydroxybenzyl]-benzimidazols und Guanidins bei der Picornavirusvermehrung.** Hans J. Eggers und Igor Tamm. (Nature [London] **199,** 513—14, 1963; New York, N. Y., Rockefeller Inst.; engl.) — Sowohl *2-[α-Hydroxybenzyl]-benzimidazol* (I) als auch *Guanidin* (II) sind starke Hemmstoffe bei der *Picornavirus*-Vermehrung. Nach einiger Zeit jedoch werden die Virusstämme resistent. Durch Kombination von I u. II lassen sich Coxsackie B 3- u. ECHO 5-Virenproduktion völlig hemmen. 19 μm I oder 219 μm II alleine blieben wirkungslos; 2,25fache Erhöhung von I u. II führten zu einer 50—300fach verminderten Virenproduktion. 19 μm I + 98 μm II dagegen erreichten eine völlige Hemmung ebenso die Kombinationen 29 u. 219,43 u. 98 μm Konzentration. Der Mechanismus des synergist. Effekts ist unbekannt. H. Müldner. 4374◇

1178 **Antivirales antibiotisches Material von Aspergillus niger.** Durlav K. Roy. (Sci. and Cult. [Calcutta] **28,** 540—41, 1962; Calcutta, Indian Inst. for Biochem., and Exp. Med.; engl.) — Aus einem Stamm (Submerskultur) von *Aspergillus niger* wurde eine *antibiot. wirksame Substanz* (I) mit Polyenstruktur isoliert, die bei einer Konz. von 5 γ/ml 3 Bakteriophagenstämme (*Staphylococcus aureus, Shigella shigae, Vibrio cholerae*) stark hemmt. Ferner hemmt I bei einer Konz. von 100 γ/ml das Wachstum von *Candida albicans* u. *Saccharomyces cerevisiae*, verursacht bei einer Konz. von 10 γ/ml eine Zerstörung u. Lysis der Ruhezellen von *Leishmania donovani* u. inaktiviert vollständig das *Vaccinia*-Virus bei einer Konz. von 100 γ/ml. I zeigt jedoch keinen Hemmeffekt auf grampositive u. gramnegative Organismen. — Die Toxizität von I im Tiervers. (Maus, Kaninchen) ist gering. — I ist in W. unlösl., gut lösl. jedoch in Aceton, Methanol, A., Ae., PAe., Propylenglykol u. anderen, ist unbeständig bei mildem Erwärmen mit verd. Säure oder verd. Alkali u. enthält wahrscheinlich weder N noch S. H. Kockert. 4374◇

1179 **Wechselwirkung zwischen Wirtsorganismus und Virus und Virus-Chemotherapie.** O. P. Babbar und B. Mukerji. (Sci. and Cult. [Calcutta] **26,** 244—52, 1960; Lucknow, Central Drug Res.. Inst.; engl.) — Übersicht an Hand der Literatur. — 188 Literaturangaben. H. Kockert. 4374◇

1180 **Polyungesättigte Fettsäuren in einigen photosynthetischen Mikroorganismen.** J. Erwin und Konrad Bloch. (Biochem. Z. **338,** 496—511, 1963; Massachusetts, Cambridge, Harvard Univ., James Bryant Labor.; engl.) — Der Phytoflagellat *Euglena gracilis* (E. gr.) wurde im Licht oder im Dunkeln gezüchtet u. die Zus. der extrahierten Lipoide bestimmt. Bei photosynthet. Wachstum in Mineralmedium werden 31,5% *α-Linolensäure* (I) neben 8% polyungesätt. C_{20}-, C_{22}- u. C_{24}-*Säuren* (II) u. 16% *Hexadeca-4.7.10.13-tetraensäure* (?) gebildet, während in heterotroph gewachsenen Zellen in organ. Medium 50—70% II u. weniger als 1% I gefunden werden. In organ. Medium im Licht bildet E. gr. 21,4% I neben 25,4% II. Durch Behandlung mit Röntgenstrahlen, Hitze oder Streptomycin erhaltene farblose Mutanten u. *Astasia Longa* enthalten bei Wachstum im Licht weniger I u. mehr II als die grünen Stämme. Im Falle von *Chlamydomonas reinhardi* u. der *y 2*-Mutanten liegt der I-Geh. bei Bestrahlung um 30%, im Dunkeln um 9%, während der Geh. an *γ-Linolensäure* (III) von 5% auf 14% steigt. Belichtete *Polytoma uvella*-Zellen enthalten mehr III als I u. 10mal so viel C_{20}-Säuren verschiedenen Sättigungsgrades wie grüne *Chlamydomonas*. Vgl. der Fettsäurespektra einer Mutanten von *Scenedesmus* u. des Wildstammes zeigte eine 50%ig. Red. in der I-Konzentration. Kulturen von in organ. Medium im Licht gewachsenen E. gr. wurden fragmentiert u. fraktioniert; die Fettsäuren-Zus. der subcellulären Fraktionen zeigte, daß die Chloroplastfraktion 85% des I-Geh. u. im Vgl. mit den anderen 4 Fraktionen viel weniger II enthält. E. gr.-Zellen wurden für kurze Zeit bei Licht in Medien inkubiert, die ^{14}C-Acetate in Ggw. oder in Abwesenheit von photosynthet. wirkenden Hemmstoffen [*o-Phenanthrolin* (VI) *3-Amino-1.2.4-triazol* (VII), *3-[p-Chlorphenyl]-1.1-dimethylharnstoff* (IV), *3-[3.4-Dichlorphenyl]-1.1-dimethylharnstoff* (V)] enthielten. IV u. V vermindern den *Acetat*-Einbau in ungesätt., aber nicht in gesätt. Fettsäuren. VII zeigt keine Hemmwrkg., durch IV (auch VI) wird bes. der Acetateinbau in I vermindert. Vff. nehmen an, daß I an den Rkk. der Photosynth. grüner Pflanzen beteiligt ist, die zur O_2-Entw. führen. Vff. weisen auf die Möglichkeit hin, daß I chem. am Elektronentransport teilnimmt. G. Marquardt. 4380◇

E$_4$. Pflanzenchemie, Pflanzenphysiologie, Pflanzenpathologie

1181 **Die Akkumulation von sieben radioaktiven Isotopen durch vier Süßwasseralgen.** E. A. Gilewa. (Ber. Akad. Wiss. [UdSSR] **149,** 1157—58, 1963; Inst. für Biolog. der Uralabt. der Akad. der Wiss. der UdSSR; russ.) — Im Labormaßstab wurde die Akkumulation von ^{35}S, ^{60}Co, ^{90}Sr, ^{106}Ru, ^{137}Cs, ^{144}Ce u. ^{147}Pm durch *Chlorella vulgaris, Lagerheimia sp., Ulotrix sp.* u. *Vaucheria terrestris* bestimmt. 3 Elementgruppen werden unterschieden: Mit geringem Akkumulationsgrad (S, Sr, Cs), mit höherem (Co, Ru) u. ausgesprochen hohem Akkumulations-Koeff. (Ce, Pm). Die bes. hohen Werte werden auf hohe Sorptionen an den Oberflächen u. koll. Protoplasmen zurückgeführt. M. Hähnert. 4404◇

1182 **Blattretention von ^{90}Sr durch Weizen.** Ronald G. Menzel, Donald L. Myhre und Howard Roberts jun. (Science [Washington] **134,** 559—60, 1961; Beltsville, Md., US Agricult. Res. Serv.; engl.) — Auf einer Vers.-Farm der Univ. von Maryland im Juni *1959* geernteter Weizen enthielt 20—50μμc ^{90}Sr/kg Körner. Die spezif. Aktivität war in den Weizenkörnern am größten, gefolgt von Halm u. Blättern. Mehr als 90% des ^{90}Sr-Geh. entstammte den Ablagerungen auf den über der Erde gelegenen Pflanzenteilen, u. $<$ 10% wurden aus dem Boden aufgenommen. Die Retention von ^{90}Sr-fall out, dem die Weizenspitzen ausgesetzt waren, betrug ca. 1—2%. H. Kockert. 4404◇

1183 **Der an die Bewegung der Kohlenhydrate gebundene Transport von Aminotriazol und ^{32}P.** Michel Penot. (C. R. hebd. Séances Acad. Sci. **251,** 2578—80, 1960; Strasbourg, Inst. de Botan.; franz.) — Die Unterss. des Transports von *Aminotriazol* (I) in Blättern von *Tradescantia viridis* ergaben, daß eine Verteilung von I nur erfolgt, wenn den Blättern *Kohlenhydrate* (II; z. B. *Saccharose*) angeboten werden. Der Transport von ^{32}P, der zwar durch II begünstigt wird, kann indessen auch unabhängig von II erfolgen. H. Kockert. 4404◇

1184 **Über das Vorkommen der trans-Δ^3-Hexadecensäure in den Lipoiden einer Süßwasseralge (Scenedesmus obliquus) und deren Isolierung.** E. Klenk und W. Knipprath. (Hoppe-Seyler's Z. Physiol. Chem. **327,** 283—85, 1962; Köln, Univ., Physiol.-chem. Inst.; dt.) — Die aus 5 kg Trockenalgen gewonnenen Fettsäuren lieferten eine bei —40° auskristallisierende Fraktion (15,7 g), die neben geringen Mengen *Myristin-* u. *Stearinsäure* 12,2 g *Pal-*

mitin- u. 3,2 g einer C_{16}-Monoensäure enthielt. Letzte wurde durch Tiefkühlkristallisation u. Gegenstromverteilung gaschromatograph. rein isoliert, 2 g (Ausbeute). Nach der Ozonidspaltung, dem IR-Spektrum u. dem Verh. bei der Papierchromatographie kommt ihr die Konstit. einer *trans-Δ^3-Hexadecensäure*, F. 53,5—55°, zu, die damit erstmalig in der Natur gefunden wurde.
Winfried Krüger. 4420◇

1185 **Malonsäure, die vorherrschende Säure der Dahlienblütenblätter.** Christiane Lesaint, Claude Tendille und Jean-Louis Papin. (C. R. hebd. Séances Acad. Sci. **255,** 1002—03, 30/7. 1962; Versailles, Centre Nat. de Rech. Agron., Stat. Centrale de Physiol. Végét.; franz.) — In den Petalen der Dahlie finden sich verhältnismäßig hohe Konzz. an *Malonsäure* (**I**). Die Identität von **I** wurde durch Säulen- u. Papierchromatographie sowie durch das IR-Spektrum gesichert. Bei fortschreitendem Alter der Petalen nimmt der relative u. abs. **I**-Geh. ab, während der Geh. an *Äpfelsäure* (**II**) zunimmt. Citronensäure (**III**) fehlt in den Petalen. In den Dahlienblättern herrscht **II** vor. Daneben treten **III**, *Glycerinsäure* + *Shikimisäure* + *Chinasäure* sowie in geringen Konzz. *Oxalsäure*, **I**, *Bernsteinsäure* u. *Fumarsäure* auf.
P. Schwerdtfeger. 4420◇

1186 **Das Vorkommen von Methylazoxymethanol in Cycas circinalis L.** Hiromu Matsumoto und F. M. Strong. (Arch. Biochem. Biophysics **101,** 299—310, 1963; Madison, Wis., Univ. of Wisconsin, Dep. of Biochem.; engl.) — Cycas-Nüsse (*Cycas circinalis*) wurden mit PAe. u. nachfolgend mit Ae. sowie 70—80%ig. A. extrahiert (Rückstände A, B bzw. C). A u. C zeigten bei Verfütterung an Albinoratten keine Toxizität. Verfütterung von B über 12 Wochen führte zu Wachstumshemmungen u. verschiedenen Veränderungen in der Leber. Die Verfütterung über 9 Monate ergab neben Leberschäden Veränderungen der Gallengänge. Für Nierentumore u. adenomatöse Hyperplasien wurden keine Anzeichen gefunden. Die aus A.-Extrakten, Einengen u. Aufnehmen in W. erhaltene wss. Lsg. (E) war ähnlich getrockneten Nüssen tox. mit ähnlichen histolog. Befunden u. führte zum Tod der Tiere. Mit Kationen- u. Anionenaustauschern (Dowex 50 W X 8 u. 1 X 4) sowie mit Aktivkohle behandelte E ergaben nichttox. Fraktionen sowie ein krist. Prod. mit den chromatograph. Eigg. von *Cycasin* (**I**). Fraktion B enthielt weder **I** noch *Glucose*. Die chromatograph. Auftrennung von der wasserlösl. Komponente von B an Kieselsäure ergab drei Fraktionen, von denen eine tox. war. Das UV-Spektrum dieser Fraktion deutet auf eine Azoxy-Struktur hin, die chem. Unterss. auf die Ggw. von *Methylazoxymethanol*.
J. Boelter. 4420◇

1187 **Isolierung von 4-Methylencholesterin aus Pollen verschiedener Pflanzen.** Michel Barbier, Marie-France Hügel und Edgar Lederer. (Bull. Soc. Chim. biol. **42,** 91—97, 1960; Paris, Inst. de Biol. Physico-Chim.; franz.) — In den Pollen von *Pirus malus*, *Cistus ladaniferus* u. anderer Pflanzen kommt das bisher nur in Bienen-Extrakten aufgefundene *24-Methylencholesterin* (**I**) vor. Bisher war **I** nur im Tierreich nachgewiesen worden. Es wird angenommen, daß **I** in den Bienen nicht umgewandelt wird. E. Lück. 4420◇

1188 **Über Zucker in Pollenkörnern.** H. Schanderl, Th. Staudenmayer und P. Werckmeister. (Naturwissenschaften **50,** 444, 1963; Geisenheim/Rhein; Hess. Lehr- u. Forschungsanst. für Wein-, Obst- u. Gartenbau, Inst. für Bot., Gärungsphysiol. u. Hefereinzucht.; dt.) — Vff. isolieren aus Pollen von *Juglans regia Saccharose* (**I**), *Glucose* u. *Fructose* bei länger dauernder Extraktion bei Zimmer-Temp., bei heißer Extraktion dagegen nur **I**, woraus Vff. auf Anwesenheit von *Saccharose* in den Pollen schließen, die bei heißer Extraktion inaktiviert wird. Gleiche Ergebnisse wurden bei Pollen von *Lilium regale*, *Lagurus ovatus*, *Zea mays*, *Sorghum vulgare* u. *Cannibis sativa* erzielt. W. Hiller. 4420◇

1189 **Lösliche Kohlenhydrate aus der Zwiebel (Allium cepa Linn.).** S. Bose und A. N. Shrivastava. (Sci. and Cult. [Calcutta] **27,** 253, 1961; Kanpur, National Sugar Inst., Organic Chem. Labor.; engl.) — Vff. konnten im Zwiebelsaft nach Filtration über Tierkohle u. Deionisation durch Duolite C-25 (H^+-Form)- u. Duolite A-7 (OH^--Form)-Kolonnen papierchromatograph. *D-Fructose* (*Methylphenylosazon*, F. 152°), *D-Glucose* (*N-p-Nitrophenyl-β-D-glucosylamin*, F. 182°; *Diphenylformazanderiv.*, F. 177°), *Rohrzucker* u. (5 nicht identifizierte) *Oligosaccharide* nachweisen. Arabinose, Xylose, Ribose oder Rhamnose konnten nicht nachgewiesen werden.
H. Kockert. 4420◇

1190 **Isolierung von DL-Xyloketose aus Bagasse-Hemicellulose.** B. C. Banerjee, S. Bose und S. Mukherjee. (Sci. and Cult. [Calcutta] **27,** 498—99; Okt. 1961; Kanpur, National Sugar, Inst., Dep. of organic Chem.; engl.) — Vff. konnten mit Hilfe der Papierchromatographie in sauren Hydrolysaten von Bagasse-Hemicellulose (**I**) neben *D-Galakturonsäure*, *D-Glucose*, *L-Arabinose* u. *D-Xylose* eine in geringer Menge vorkommende Pentose nachweisen, die als *DL-Xyloketose* (**II**; *DL-Threopentulose*) identifiziert wurde. *Osazon*, F. 202—204°. Ausbeute an **II**: 0,3 g aus 20 g **I**. H. Kockert. 4420◇

1191 **Über Untersuchungen an Melilotus albus hinsichtlich des Gehaltes an Cumarinsäureglykosid.** G. Schlosser-Szigat. (Naturwissenschaften **50,** 505—06, **1963;** Gulzow-Güstrow, Deutsche Akad. der Landwirtschaftswiss. zu Berlin, Inst. für Pflanzenzüchtung; dt.) — Der Geh. am *Cumarinsäureglykosid* (**I**) ist in den einzelnen Blättern während des Entfaltens am höchsten. Der **I**-Geh. der gesamten Pflanze wird demnach von dem Vorhandensein junger Blätter bestimmt. W. Hiller. 4420◇

1192 **Die Isolierung eines Glutathionhomologen aus Bohnenkeimlingen.** Patrick R. Carnegie. (Arch. Biochem. Biophysics **101,** 364—65, 1963; Singapore, Univ. Fac. of Med., Dep. of Biochem.; engl.) — Aus Saft von *Phaseolus aureus* konnte durch Chromatographie an Diäthylaminoäthyl-Sephadex A 25 u. A 50 u. Behandlung mit Anionenaustauscher Sephadex G 25 *Bis-L-γ-glutamyl-L-cystinyl-bis-β-alanin* (**I**), $C_{22}H_{36}N_6O_{12}S_2$, Zers. bei 194—197° (Nadeln aus W.), $[\alpha]_D^{20,5}$ — 58,9° (c = 0,49; W.), isoliert werden. Für **I** wird der Name *Homoglutathion* vorgeschlagen. **I** oxydierte *NADPH* in Ggw. von *Glutathionreduktase* (aus Acetonpulver von P. aureus). Die Trennung von **I** u. *Glutathion* gelang infolge der unterschiedlichen elektrophoret. Beweglichkeiten.
J. Boelter. 4420◇

1193 **Veränderungen in der Aminosäurezusammensetzung des Blattproteins und desjenigen des Gerstenkorns unter dem Einfluß von Schwefelmangel.** Yves Coïc, Guy Fauconneau und Robert Pion. (C. R. hebd. Séances Acad. Sci. **255,** 999—1001, 30/7. 1962; Versailles, C. N. R. A., Stat. Centrale en Physiol. Végét.; Jouy-en-Josas, Seine-et-Oise, C. N. R. S., Stat. Centrale en Nutrit.; franz.) — Es werden Verss. mit Gerste in Gefäßkultur beschrieben. Die ausgewachsenen Blätter der *S*-Mangelpflanzen enthalten 0,10% S in der Trockensubstanz u. die der Kontrollen 0,21%. Der lösl. N wurde mit 80%ig. A. bei Raumtemp. extrahiert u. die Rückstände mit 6n HCl hydrolysiert; die Körner wurden insgesamt hydrolysiert. Die Aminosäuren der Hydrolysate wurden nach Moore u. Stein (C. **1960, 7623**) bestimmt. Unter dem Einfl. des S-Mangels steigt der Geh. des Blatt-*Proteins* an *Asparaginsäure* (**I**) bzw. *Asparagin* (**II**) auf ca. den 3fachen Wert an, während entsprechend die übrigen Aminosäuren zurückgehen. Im Kornprotein nimmt der Geh. an **I** bzw. **II** ebenfalls zu, jedoch in geringerem Umfang. Die *Glutaminsäure* bzw. das *Glutamin* nehmen auch etwas zu, während das *Cystin* (jedoch nicht das Methionin) stark abnimmt. Bei S-Mangel tritt im Kornprotein eine neue unidentifizierte Aminosäure auf, die gemeinsam mit Phenylalanin eluiert wird.
P. Schwerdtfeger. 4420◇

1194 **Pyrethrin und Gallotannin in den Blüten der Pfingstrose.** I. Chmielewska und Z. Kasprzyk. (Nature [London] **196,** 776, 1962; Warsaw, Univ., Dep. of Biochem.; engl.) — In den PAe.-Extrakten der getrockneten Petalen von *Peonia albiflora* Pall. wurde durch Extraktion mit Nitromethan eine ölige Verb. isoliert, die 0,13% des Trockengew. der Petalen bzw. 18% des PAe.-Extraktes ausmacht u. im UV-Spektrum Maxima bei 227 u. 280 mμ zeigt. Die alkal. Hydrolyse liefert *Chrysanthemsäure* u. *Chrysanthemumdicarbonsäure* im Verhältnis 1:1. Diese Verb. zeigt das gleiche papierchromatograph. Verh. wie die *Pyrethrine* aus *Chrysanthemum cinerariefolium.* Aus dem Methanolextrakt der entfetteten Petalen wurde eine weitere Verb. (10% des Trockengew. der Petalen) isoliert, die in Essigester u. Aceton lösl., aber in Ae. unlösl. ist; nach Hydrolyse treten Gallussäure u. Glucose auf. Diese Verb. konnte als *m-Monogalloyl-[pentagalloylglucose]* identifiziert werden. Dies ist der erste Nachw. des Auftretens von Pyrethrin u. *Gallotannin* in Ranunculaceen.

P. Schwerdtfeger. 4420◇

1195 **Moospigmente.** 2. Mitt. **Die Anthocyane von Bryum rutilans Brid. und Bryum weigelii Spreng.** Gerd Bendz und Olle Mårtensson. (Acta chem. scand. **17,** 266, 1963; Uppsala, Univ., Chem. Inst. and Inst. of Quantum Chem.; engl.) — 1. vgl. C. **1963,** 22000. — Vff. isolieren aus *Bryum rutilans* u. *Bryum weigelii* je 2 *Anthocyane,* die spektrophotometr. u. chromatograph. als *Luteolinidin-5-monoglucosid* u. *Luteolinidin-5-diglucosid* identifiziert werden. Die beiden *Bryum*-Arten zeigen somit die gleichen Anthocyane wie *Bryum cryophilum.*

W. Hiller. 4420◇

1196 **Über Oleoropein aus Olea europaea.** Baruch Shasha und Jeshayahu Leibowitz. (Bull. Res. Council Israel, Sect. A **8,** 92, 1959; Jerusalem, The Hebrew Univ., Dep. of Biol. Chem.; engl.) — Vff. isolierten aus Früchten, Blättern, Wurzeln u. Stämmen des Olivenbaumes *Oleoropein* (**I**), $C_{24}H_{34}O_{12}$, als farblose Substanz, die in W., Methanol, A. u. Aceton lösl. u. in Bzl., Chlf. u. Ae. unlösl. ist. **I** red. Fehlingsche Lsg. u. ammoniakal. Ag-Salz-Lsg., gibt eine positive $FeCl_3$-Rk., ist stark linksdrehend ($[\alpha]_D - 145°$) u. ist von intensiv bitterem Geschmack. **I** wird von Säure u. Alkali, nicht jedoch durch Emulsin hydrolyt. gespalten. Die Kohlenhydratkomponente in **I** wurde als *Glucose* identifiziert. Das Aglykon besteht aus 2 Komponenten, von denen eine als *Protocatechusäure* identifiziert wurde; die 2. Komponente stellt eine opt. akt., unbekannte Säure, $C_{10}H_{16}O_3$, dar. Nach diesen Ergebnissen u. den Resultaten der IR-spektroskop. Unters. (das IR-Spektr. zeigt das Vorliegen einer Doppelbindung, eines aromat. Kerns, von OH-Gruppen, einer CO-Funktion u. einer Esterbindung in **I** an) ist **I** ein doppelter organ. Ester der Glucose, der durch H_2O_2 u., langsamer, durch Luft-O_2 oxydiert wird u. dabei seinen bitteren Geschmack verliert. Krist. Derivv. von **I** (*Tetraacetat, Tetrabenzoat, Tosylat,* ohne nähere Angaben) wurden dargestellt.

H. Kockert. 4420◇

1197 **Oxytocisches Prinzip aus den Samen von Cassia tora Linn.** I. C. Chopra und P. R. Rao. (Current Sci. **31,** 285—86, 1962; Jammu, Regional Res. Labor; Jorhat, Assam, Regional Res. Labor.; engl.) — Aus dem methanol. Extrakt der Samen werden 2% einer wasserlösl., in organ. Lsgm. unlösl. Substanz isoliert, die N, S u. P enthält u. die bei der sauren Hydrolyse *Galaktose, Mannose* u. *Xylose* liefert. 2 $\mu g/c$ zeigen starke oxytoc. Wrkg. am isolierten Meerschweinchenuterus.

P. Gregorzewski. 4420◇

1198 **Der Gehalt einiger indischer Fruchtsorten an Folsäure und ihren Konjugaten.** Sumitra Ghosh. (Sci. and Cult. [Calcutta] **26,** 287—88, 1960; Calcutta, Univ. Coll. of Sci. and Technol., Dep. of Applied Chem.; engl.) — Vf. bestimmte mikrobiolog. (*Streptococcus faecalis* ATCC 8043) den Gesamt-*Folsäure*-(**I**)-Geh. (in γ/100 g Frischgew.) der Früchte von *Syzigium cumini* zu 2,75 (*freie* **I**: 1,33; *konjugierte* **I**: 1,42), von *Syzigium jambos* zu 2,95 (—; —), von *Mangifera indica* zu 7,26 (3,60; 3,66) u. von *Litchi chinensis* zu 8,67 (3,03; 5,64).

H. Kockert. 4425◇

1199 **Verhalten der Partner und Verteilung der chemischen Elemente bei Tomatenpfropfungen.** Danielle Scheidecker, Madeleine Bouloux-Hardy, Huguette Guénin und Guy Billard. (C. R. hebd. Séances Acad. Sci. **255,** 555—57; 1962; engl.) — Es werden Pfropfungen von *Lycopersicum racemigerum* Lange („Groseille rouge") u. *L. esculentum,* var. hort. „Mikado écarlate" durchgeführt, u. zwar sowohl Homo- als auch Heterotransplantationen. Von der Unterlage wird jeweils ein Kontrolltrieb stehengelassen u. analog untersucht. Die Unterss. erstrecken sich auf die Geh. an *W, N, P, S, K, Ca* u. *Mg* von Blatt u. Stiel. 3 Monate nach der Pfropfung konnten bei den Partnern keine morpholog. Veränderungen beobachtet werden. Bei der Homotransplantation weist der W.-Geh. u. die Elementarzus. der Pfropfungen nur geringe Unterschiede zur Unterlage auf, während diese Unterschiede bei den Heterotransplantationen stärker sind. Die Ergebnisse zeigen, daß bei der Tomate der Pfropfwulst kein Hindernis für den Transport von W. u. den Elementen, bes. Ca, darstellt.

P. Schwerdtfeger. 4450◇

1200 **Negative Entropie und Photosynthese.** Wesley Brittin und George Gamow. (Proc. nat. Acad. Sci. USA **47,** 724—27, 1961; Colorado, Univ., Dep. of Physics; engl.) — Die Berechnung der Entropieänderungen der einfallenden verd. Sonnenstrahlung u. deren Vgl. mit der gemessenen Entropieabnahme beim Aufbau organ. Moll. ergab für die maximale Entropieänderung / gebildetes Mol. $\Delta S = 10^{-14} n$ erg/1° (pro Mol.) = 150 n cal/1° · Mol (n Zahl der an der Photosynth. eines Mol. beteiligten Lichtquanten) für Rotlicht ($r \cong 4 \cdot 10^{14} \cdot \mathrm{sec}^{-1}$) u. $T_{\mathrm{Erde}} \cong 300°$ K. Die photochem. Gesamtrk. $6CO_2 + 6H_2O \rightarrow C_6H_{12}O_6 + 6O_2$ erfordert mindestens 3 Lichtquanten u. entspricht der Entropieänderung von ca. 40 cal/1° · Molekül. Wenn der photosynthet. Vorgang bei der Entropieumwandlung mindestens 10% Wirkungsgrad aufweist, steht das Wachstum einer Pflanze im Sonnenlicht mit dem 2. Hauptsatz der Thermodynamik in Einklang.

K. Maier. 4460◇

1201 **Die Kinetik des 14C-Einbaues in Chloroplasten und Cytoplasma unter kurzdauernder Photosynthese.** U. Heber und J. Willenbrink. (Naturwissenschaften **50,** 506, 1963; Bonn, Bot. Inst. u. Inst. für Landwirtschaftl. Bot.; dt.) — Blätter von *Spinacia oleracea* u. *Vicia faba* werden in Ggw. von $^{14}CO_2$ nach vorhergehender Dunkelperiode kurzzeitig belichtet. Während der Dunkelheit befinden sich 40% des radioakt. Materials in den Chloroplasten, der Anteil steigt bei Belichtung schnell auf 70% an u. fällt dann wieder langsam auf einen Gleichgew.-Wert von 40% zurück. *^{14}C-Phosphoglycerinsäure* ist zu Beginn nur in den Chloroplasten lokalisiert, nach 90 Sek. sind es nur noch 70%. Von den ^{14}C-Zuckerdiphosphaten befinden sich während der Belichtung (15 Sek. bis 4 Min.) nur *Ribulosediphosphat* u. *Sedoheptulosediphosphat* in den Chloroplasten. Zuckermonophosphate werden in den Chloroplasten gebildet. *Sedoheptulosemonophosphat* verbleibt in den Chloroplasten, *Glucose-* u. *Fructosemonophosphat* treten dagegen rasch in das Cytoplasma über. *Uridindiphosphoglucose* wird überwiegend im Cytoplasma synthetisiert. Vff. folgern, daß die Regeneration des CO_2-Acceptors in den Chloroplasten erfolgt. Im Cytoplasma kann eine Verarbeitung von Folgeprodd. der Photosynth. erfolgen.

W. Hiller. 4460◇

1202 **Umwandlung von Benzoesäure in Salicylsäure und ihr β-D-Glucosid in Pflanzen.** H. D. Klämbt. (Nature [London] **196,** 491, 1962; Bonn, Univ. Botan. Inst.; engl.) — Etiolierte Hypokotyle von *Helanthus* wurden mit *$^{14}C_{(COOH)}$-Benzoesäure* (**I**; 6 · 10^{-5} bzw. 6 · 10^{-4} m) inkubiert, auf Chromatographiepapier aufgequetscht, einer zweidimensionalen Papierchromatographie in Butanol/Ameisensäure/Wasser (10:1:2) u. Isopropanol/NH_4OH/W. (80:15:5) unterworfen u. die ^{14}C-Verb. durch Autoradiographie lokalisiert. Neben viel *Benzoyl-β-D-glucose,* 2 unidentifizierten Verbb. u. freier **I** konnte etwas *Salicylsäure* (**II**) u. relativ viel *β-D-Glucosidosalicylsäure* (**III**) nachgewiesen werden. **III** wurde durch Hydrolyse mit Emulsin charakterisiert, wobei **II** u. Glucose auftreten. Ähnlich wie *H. annuus* reagieren auch die Knollen von *Solanum tuberosum* u. Internodien u. Wurzeln von *Pisum sativum,* während bei Weizenkoleoptilen keine o-Hydroxylierung von **I** beobachtet werden konnte. Die mögliche Bedeutung dieser Rk. im Stoffwechselgeschehen wird diskutiert.

P. Schwerdtfeger. 4460◇

1203 **Die Biosynthese langkettiger gesättigter und ungesättigter Fettsäuren in isolierten Pflanzenblättern.** A. T. James. (Biochim. biophysica Acta [Amsterdam] **70,** 9—19, 1963; London, Nat. Inst. for Med. Res.; engl.) — Es wird der Einbau von *$^{14}C_{(2)}$-Essigsäure,* *$^{14}C_{(1)}$-Octansäure,* *$^{14}C_{(1)}$-Decansäure,* *$^{14}C_{(1)}$-Dodecansäure,*

$^{14}C_{(1)}$-*Tetradecansäure*, $^{14}C_{(1)}$-*Palmitin* (**I**)-, $^{14}C_{(1)}$-*Stearin* (**II**)- u. $^{14}C_{(1)}$-*Ölsäure* (**III**) in die gesätt. u. ungesätt. Fettsäuren der Lipide aus isolierten Blättern von *Ricinus communis* untersucht. Nach den gemessenen Aktivitäten fungieren alle genannten Fettsäuren außer **I** u. **II** als Vorläufer der **III**, *Linol* (**IV**)- u. *Linolensäure* (**V**). Durch Verss. in Ggw. von Luft, Argon u. Argon/CO_2 wird nachgewiesen, daß in Abwesenheit von Luftsauerstoff die Synth. von **III** u. **IV** gehemmt wird. Aus den Ergebnissen werden 2 getrennte Pools angenommen: 1. *Myristinsäure* (**VI**) wird über **I** u. **II** zu *Galakto*- u. *Phospholipiden* verestert, 2. **VI** wird über **I** in **II** u. dann in **III** übergeführt, wobei nur **III** für die Veresterung zu Lipiden u. für die Umwandlung in **IV** u. **V** frei zur Verfügung steht.
A. Täufel. 4460◇

1204 **Die Biosynthese langkettiger Fettsäuren durch Chloroplastenpräparate aus Lattich.** P. K. Stumpf und A. T. James. (Biochim. biophysica Acta [Amsterdam] **70,** 20—32, 1963; London, Nat. Inst. for Med. Res.; Sharnbrook, Beds., Unilever Food Res. Labor.; engl.) — Vgl. vorst. Referat. — Chloroplasten, die aus Blättern des Lattichs (*Lactuca sativa capitata*) isoliert werden, bilden den wesentlichen Ort der Biosynth. gesättigter Fettsäuren (**I**) mit einer Kettenlänge von C_{10} bis C_{18} sowie der *Ölsäure* (**II**), nicht aber der Umwandlung von **II** in Linol- u. Linolensäure. Die Synth. von **II** ist im intakten Blatt jedoch mengenmäßig größer als in isolierten Chloroplasten. Es wird der Einfl. von Cofaktoren wie *CoA*, *ATP*, Mn^{2+}, Mg^{2+}, CO_2 u. $NADP^+$ beim Einbau von $^{14}C_{(2)}$-*Acetat* untersucht u. festgestellt, daß ATP, CoA u. CO_2 auf die **I**-Bldg. direkt einwirken, während Licht, Mg^{2+} u. anorgan. Phosphat in den Prozeß der Photophosphorylierung einbezogen werden. Bei Dunkelheit wird ein merklicher Rückgang der **I**-Bldg. auch bei Ggw. aller Cofaktoren nachgewiesen. NH_4^+ u. *3-[p-Chlorphenyl]-1.1-dimethylharnstoff* hemmen Photophosphorylierung u. Lipidsynth., *Dinitrophenol* zeigt leicht stimulierende Wirkung. Unter aeroben u. anaeroben Bedingungen ist die Synth. gesätt. **I** fast unverändert, bei Abwesenheit von O_2 wird die Bldg. von **II** jedoch merklich gehemmt. Weitere Verss. beschäftigen sich mit der Stellung des ^{14}C in den synthetisierten gesätt. u. ungesättigten **I**.
A. Täufel. 4460◇

1205 **Ein Blattprotein, das die Reduktion von Häm-Protein-Verbindungen durch belichtete Chloroplasten katalysiert.** H. E. Davenport und R. Hill. (Biochem. J. **74,** 493—501, 1960; Cambridge, Univ., Dep. of Biochem.; engl.) — Aus Blättern von *Pisum sativum*, *Lamium album* u. a. wurde durch fraktionierte Ammoniumsulfatfällung u. Elektrophorese eine *Proteinfraktion* (**I**) erhalten, die hoch akt. war, die Red. von *Methämoglobin* (**II**) bzw. *Metmyoglobin* (**III**) in Ggw. belichteter Chloroplasten zu katalysieren. Die Eigg. dieser gereinigten **I** wurden untersucht. Bei pH 7,2 in Phosphatpuffer ($I = 0{,}2$) wurde $S_{20,w}$ mit $1{,}6 \cdot 10^{-13}$ bestimmt; der Diffusions-Koeff. betrug $7{,}72 \cdot 10^{-7}$. Bei einem angenommenen spezif. Vol. von 0,74 beträgt somit das Molgew. 19000. **I** beschleunigt neben der Red. des **II** durch belichtete Chloroplasten auch die Red. von *Cytochrom c*, *Cytochrom* b_3 u. a. Cytochromen. Die Lichtabsorption von **I** zeigt eine stetige Zunahme zum Kurzwelligen mit 2 diffusen Banden bei 465 u. 422 mμ; seine Farbe ist orange. Erhitzen auf 60° für 5 Min. zerstört die Absorptionsbanden u. hebt die katalyt. Aktivität auf. Analog wirkt längere Aufbewahrung. Der Chromophor des Proteids scheint somit keine Verunreinigung zu sein, sondern eine essentielle Komponente. Hämin oder Flavin als redoxakt. Grundkörper konnten mit verschiedenen Meth. nicht nachgewiesen werden. *Phenylmercuriacetat* hemmt die katalyt. Effekte von **I**; *Cystein* reaktiviert das gehemmte Proteid. Längere Einw. der Hg-Verb. führt jedoch zu einer irreversiblen Hemmung. Die Wrkg. der Hg-Verb. greift spezif. am **I** an; andere Teilnehmer der Rk. (**II** bzw. Chloroplasten) werden nicht beeinflußt. **I** katalysiert nicht die Red. von Hämoproteiden, wenn Coenzyme als Wasserstoffdonatoren dienten, sondern bisher sind belichtete Chloroplasten das einzig wirksame Wasserstoffdonator-System. Extrakte aus Chloroplasten zeigen die **III**-reduzierende Aktivität zu etwa $^1/_3$ der Aktivität des Gesamtblattes. Bisher ist es jedoch nicht möglich zu entscheiden, ob im intakten Blatt die Chloroplasten das gesamte akt. Material enthalten oder nicht.
W. Scheler. 4460◇

1206 **Die Flavonoidbildung in in vitro wachsendem, reifem Citrusfruchtgewebe.** Herbert A. Kordan und L. Morgenstern. (Nature [London] **195,** 163—64, 1962; Los Angeles, Cedars of Lebanon Hosp., Dep. of Surg.; engl.) — In vitro wachsende Stengel reifer Citrusfrüchte (*Citrus limon*) geben an die Nährlsg. ein wasserunlösl., A.-lösl. Material (**I**) ab, das in alkohol. Lsg. positive *Flavonoid*-Rkk. (konz. HNO_3, konz. NH_4OH, n NaOH) gibt. Im Papierchromatogramm von **I** sind im UV mehrere fluorescierende Flecken nachweisbar, deren Fluorescenzintensität durch NH_3-Dämpfe zunimmt. Lebendes normales, nichtwachsendes Gewebe zeigt keine Fluorescenz. Stengel u. Wurzeln keimender Samen von *Citrus medica* L. u. *Citrus aurantium* L. fluorescieren spontan im UV-Licht. Einige der Flecken des Papierchromatogramms ähneln denen proliferierenden Fruchtgewebes oder sind mit diesen identisch. **I** enthält CO-Verbindungen (positive 2.4-Dinitrophenylhydrazon-Rk.).
K. Maier. 4460◇

1207 **Über die Wirkung von Chlorid- und Sulfationen auf den Stoffwechsel von Tomaten, Sellerie und Reben.** 3. Mitt. **Der Einfluß auf die freien Aminosäuren sowie auf die Zusammensetzung des Eiweißes.** O. Siegel und H. J. Bjarsch. (Gartenbauwissenschaft **27(9),** 437—46, 1962; Speyer, Pfälz. Landw. Unters.- und Forschungsanstalt.; dt.) — 2. vgl. C. **1963, 9765**. — Cl^- verursacht bei Tomaten, Reben u. Sellerie in den Blättern höheren Geh. an freien *Aminosäuren* (**I**) als SO_4^{2-}. Die Eiweiß-**I** zeigen dagegen nach SO_4^{2-}-Gaben höhere Gehalte. Der Gesamtgeh. an **I** ist nach SO_4^{2-}-Gaben ebenfalls erhöht. Eine verstärkte *K*-Düngung vermindert bei Tomaten u. Reben u. erhöht bei Sellerie die Eiweiß-**I**. Die K-Wrkg. kommt bei K_2SO_4 stärker zum Ausdruck als bei *KCl*.
W. Hiller. 4470◇

1208 **Ernährung mit Mineralien und Enzymaktivität der Pflanzen. Auszug über besonders an Nicotiana tabacum cv. „Virginia Bright" durchgeführte Untersuchungen.** Luciano Tombesi. (Ann. Staz. chim.-agrar. sperim. Roma [3] **1958,** Pubbl. Nr. 137, 1—13; Roma, Staz. Chim-agrar. sperim.; ital.) — Vf. stellte in Unterss. an *Nicotiana tabacum* (cv. Virginia Bright) fest, daß bei Verminderung der *Wasser*-Zufuhr im Blattgewebe ähnliche biochem. Effekte ausgelöst werden wie bei *N*-Düngung oder Mangel an *P* u. *K*. Bei P- u. K-Mangel werden für das Blattgewebe eine erhöhte Atmungsintensität, ein höherer *Chlorophyll*-Geh. u. eine stärkere *Polyphenoloxydase*-Aktivität (im Vgl. zu Kontrollgeweben) festgestellt.
H. Kockert. 4470◇

1209 **Die Wirkungen von Indolyl-(3)-essigsäure, Gibberellsäure und Vitamin E auf die Einleitung der Blütenbildung bei nicht vernalisierten Petkuser Winterroggenpflanzen.** J. Bruinsma und S. S. Patil. (Naturwissenschaften **50,** 505, 1963; Wageningen, Niederlande, Plant Physiological Res. Centre.; engl.) — Junge nicht vernalisierte Winterroggenpflanzen werden unter Langtagsbedingungen 9mal mit 10 ppm *Indolyl-(3)-essigsäure* (**I**), 270 ppm *Gibberellsäure* (**II**) u. 70 ppm *Vitamin E* (**III**; *dl-α-Tocopherol*) allein oder in Kombination behandelt. **I**, **II** u. **III** vermindern das Wachstum der Seitenknospen u. Wurzeln. **I** hat keinen Einfl. auf die Blüteninduktion, weder einen stimulierenden noch einen hemmenden. **II** u. **III** allein oder in Kombination sind in der Lage in unvernalisierten Pflanzen unter Langtagsbedingungen Blütenbldg. hervorzurufen. **II** wirkt stärker als **III**.
W. Hiller. 4485◇

1210 **Gibberellin-ähnliche Aktivität von Kudzuweinextrakt.** M. A. Manzelli, N. Adler und J. M. Merritt. (Nature [London] **196,** 492—93, 3/11. 1962; Watchung-Plainfield, N. J.; engl.) — Die äußersten 12 Zoll der Sproßspitze von *Pueraria thunbergiana* (Stiel, Blätter u. Blattpetiolen) wurden mit W. homogenisiert, das Homogenat auf pH 3,5 eingestellt u. mit Essigester extrahiert. Der Extrakt wurde an Keimlingen der Pintobohne untersucht u. zeigte eine hohe *Gibberellsäure*(**I**)-Aktivität. Durch Chromatographie des Extraktes werden eine Reihe von fluorescierenden Banden erhalten, von denen

eine **I** entspricht. Das Eluat dieser Bande zeigte im Pflanzentest eine starke Wachstumswirkung.
P. Schwerdtfeger. 4485◇

1211 **Über den Einfluß von Maleinsäurehydrazid auf Wachstum und Blüte von Dianthus (Dianthus caryophyllus).** O. S. Jauhari und A. Jit. (Agra Univ. J. Res. **11,** 91—95, 1962; Kanpur, Govt. Agric. Coll.; engl.) — Konzz. von 500 ppm *Maleinsäurehydrazid* in dest. W. (pH 6,0) geben buschige Dianthus-Pflanzen ohne Verminderung der Zahl der Blüten je Pflanze.
W. Wesly. 4485◇

1212 **Vorläufige Untersuchungen über die Wirkung bestimmter Antibiotica auf Sämlinge von Pisum sativum Linn.** Sudhir Kumar und Harish C. Saxena. (Sci. and Cult. **26,** 128—29, 1960; Udaipur, Rajastan, Rajasthan Coll. of Agricult.; engl.) — In Sandkulturen gewachsene 8 Tage alte Sämlinge wurden mit wss. Lsgg. (200 ppm) verschied. Antibiotica (**I**; *Aureomycin* (**II**), *Bacitracin* (**III**), *Chloromycetin* (**IV**), *Oleandomycin* (**V**), *Penicillin* (**VI**), *Streptomycin, Terramycin*) behandelt. Nach 15tägigem Wachstum wurde im Vgl. zu Kontrollen festgestellt, daß eine **I**-Behandlung allg. (mit Ausnahme von **IV**) einen Anstieg der Pflanzenhöhe verursacht. Der stärkste Anstieg wird mit **II** erzielt. Ein Anstieg im Frischgew. der Pflanzen wird nach Behandlung mit den getesteten **I**, mit Ausnahme von **V** u. **VI**, erreicht; nach **IV**-Behandlung macht sich sogar eine merkliche Verminderung des Frischgew. der Pflanzen bemerkbar. Die Best. der Trockensubstanz ergab nach **I**-Behandlung einen Anstieg. **II, III** u. **VI** verursachen eine bessere Wurzelbldg., wogegen **IV** die Wurzelentw. eindeutig hemmt. Die Länge der Internodien wird durch eine **I**-Behandlung vergrößert außer nach Behandlung mit **IV**, das eine Verkleinerung verursacht. — Allg. scheint danach die Wrkg. der **I** auf das Pflanzenwachstum ähnlich der von *Gibberellsäure* zu sein.
H. Kockert. 4485◇

1213 **Die Retention von ^{32}P-markiertem Rhizobium in Leguminosensamen nach der Beimpfung unter Vakuum.** R. Cooper. (J. appl. Bacteriol. **25,** 232—37, 1962; Herts, Harpenden, Rothamsted Exp. Station; engl.) — Leguminosensamen wurden unter Vakuum mit einer Suspension von ^{32}P-markiertem *Rhizobium meliloti* behandelt. Mit Maschinen geerntete Samen retenierten 5—12mal so viel Bakterien als von Hand geerntete. Die Vakuumbehandlung hatte keinen signifikanten Einfl. auf die Mehrzahl der Samen. Nur bei wenigen, vermutlich beschädigten Samen ist eine Erhöhung der Knötchen-Bldg. durch die Vakuumbehandlung zu erwarten.
B. Franz. 4490◇

1214 **Toxikologischer Vergleich von Arsenverbindungen mit der Bakterienatemmessung.** G. Bünemann und W. Ritzerfeld. (Naturwissenschaften **50,** 506—07, 1963; Münster/Westf., Staatsinst. für Staublungenforsch. und Gewerbehygiene beim Hygiene Inst. der Univ.; dt.) — Vff. bestimmen die toxikolog. Wrkg. eines *Magnesiumarsenat*-haltigen Leuchtstoffes (**I**; Gemisch von *Mg-Pyroarsenat* u. *MgO* im Molverhältnis 1:4,3, As-Geh. 31,51%). Die DL_{50} von **I** ist erheblich niedriger als die von As_2O_3 u. As_2O_5. **I** ist erst im stark sauren Milieu löslich. Wird die Toxizität von **I** an der Hemmung des O_2-Verbrauchs bei *Staphylococcus aureus* SG 511 im Vgl. mit As_2O_3, As_2O_5, Na_2HAsO_4 bestimmt, so zeigt sich, daß die Toxizität hier von den Lsg.-Bedingungen abhängt. Im gelösten Zustand wirken gleiche As-Mengen von **I** genau so tox. wie As_2O_5. W. Hiller. 4495◇

1215 **Antagonistische Wirkung von Harnstoff und 2-Chloräthanol auf die Resistenz von Weizenkeimlingen gegen hohe Salzkonzentration.** Takao Miyamoto. (Nature [London] **196,** 491—92, 1962; Gießen, Univ., Inst. of Plant Nutrit.; engl.) — Weizenkörner wurden in Lsgg. von *Harnstoff* (**I**; 0,06%), *2-Chloräthanol* (**II**; 0,08%) bzw. **I** + **II** eingeweicht, getrocknet, in Gefäße mit sandigem Boden gepflanzt u. 6 Tage nach der Aussaat mit 3,0 bzw. 4,0 g NH_4NO_3 in Form einer 50%ig. Lsg. behandelt. Als Schadenskriterium wurde die Anzahl der gewelkten Pflanzen benutzt. Während **II** die Salztoleranz erhöht, wird sie durch **I** verringert; **I** + **II** heben sich in ihrer Wrkg. prakt. auf. Nach Ansicht des Vf. ist die Wrkg. von **I** auf intramol. H-Bindungen von makromol. Verbb. der Grund für die verminderte Resistenz. Diese Wrkg. dürfte auch, neben der Bldg. von NH_3, für die **I**-Toxizität gegenüber Pflanzenwurzeln verantwortlich sein. P. Schwerdtfeger. 4495◇

1216 **Zur physiologischen Wirkung von Canavanin.** Eberhard Müller. (Naturwissenschaften **50,** 479, 1963; Halle an der Saale, Deutsche Akademie der Wiss. zu Berlin, Inst. für Biochem. der Pflanzen; dt.) — *Canavanin* (**I**) ist für Pflanzen, die **I** nicht enthalten, giftig. **I** verursacht Welkesymptome an ganzen Pflanzen u. an in **I**-Lsg. schwimmenden Gewebestücken. Werden plasmolysierte Mittelrippenzellen von *Rhoeo discolor* einer **I**-Lsg. ausgesetzt ($5 \cdot 10^{-5}$ bis 10^{-7} m), so ist nach der **I**-Behandlung der osmot. Wert der Zellen verringert. Diese Veränderung tritt erst während der Deplasmolyse auf. Höhere Konzz. bewirken eine Permeabilitätserhöhung.
W. Hiller. 4495◇

E_5. Tierchemie, Tierphysiologie, Tierpathologie

1217 **Aragonit in dem Resilium von Austern.** H. B. Stenzel. (Science [Washington] **136,** 1121—22, 1962; Houston, Tex., Shell Development Co., Exploration and Production Res. Div.; engl.) — Röntgenograph. Unters. des von Schalenteilen freien Resiliums der Auster *Crassostrea virginica* Gmelin zeigten, daß einige der Fasern des Resiliums *Aragonit* (o-rhomb. $CaCO_3$) enthielten.
C. Gottfried. 4510△

1218 **Röntgengefügeanalyse am Calcit von Echinodermenskeletten.** Hans-Ude Nissen. (Neues Jb. Geol. Paläontol., Abh. **117,** 230—34, 1 Tafel, 1962; Zürich, ETH, Inst. für Kristallogr. u. Petrogr.; dt.) — Anschließend an die Typisierung der c-Achsen-Orientierungen in Coronalplatten regulärer Seeigel durch Raup (*1959*) wird auf zwei Möglichkeiten der Best. der vollständigen Orientierung des Calcitgitters in Echinodermskeletten hingewiesen. 1. in rekrist. (fossilen) Platten mit Hilfe der e-Lamellen oder r-Spaltbarkeiten (im U-Tisch einmeßbar) u. 2. in rezenten oder rekrist. Platten durch Laue-Aufnahmen der Skelettelemente. Beide Meth. werden an einem Beispiel erläutert, u. es wird ihre Bedeutung für biolog. u. phylogenet.-systemat. Fragen erörtert. H. Jehne. 4510◇

1219 **Zusammensetzung der Phospholipoide von Kaninchen-, Tauben- und Forellenmuskel und verschiedenen Schweinegeweben.** G. M. Gray und Marjorie G. Macfarlane. (Biochem. J. **81,** 480—88, 1961; London, Lister Inst. of Preventive Med.; engl.) — Die extrahierten *Phospholipoide* (**I**) wurden durch Chromatographie an einer Kieselsäuresäule fraktioniert. Die Verteilung des Lipoid-P zwischen *Cardiolipin, Phosphatidylinosit, Äthanolamin-, Serin* bzw. *Cholin*-enthaltenden *Diacyl-* u. *Plasmalogen*-Verbb. sowie *Sphingomyelin* wurde bestimmt. Cholinplasmalogen tritt im Gesamtmuskel sowie in der Myofibrille des Kaninchenmuskels in ähnlichen Verhältnissen auf, während es im Forellenmuskel fehlt. Die Fettsäuren (*Myristinsäure, Palmitinsäure, Stearinsäure, Palmitoleinsäure, Ölsäure, Linolsäure, Eikosatriensäure, Arachidonsäure, Eikosapentaensäure, Dokosapentaensäure, Dokosahexaensäure*) u. Aldehyde (*Lauraldehyd, Myristaldehyd, 12-* u. *11-Methyltridecanal, Pentadecanal, 13-* u. *12-Methyltetradecanal, Palmitaldehyd, Palmitoleylaldehyd, 14-* u. *13-Methylpentadecanal, Heptadecanal, 16-* u. *15-Methylheptadecanal, Stearaldehyd, Oleylaldehyd, Isooleylaldehyd, Linoleylaldehyd, 17-* u. *16-Methyloctadecanal, Eikosanal*) der getrennten **I** sowie einiger Triglyceridfraktionen wurden gaschromatograph. bestimmt. In den *Cephalinen* überwiegen die gesätt. C_{18}-*Säuren* u. *-Aldehyde* u. *Polyensäuren*, während im Phosphatidylcholin u. Cholinplasmalogen bevorzugt die gesätt. C_{16}-*Verbb.* auftreten. Nur die Leber- u. Forellenmuskel-*Lecithine* enthalten höhere Konzz. an C_{22}-*Säuren*.
P. Schwerdtfeger. 4520□

1220 **Vorkommen von C_{20}-Sphingolipid-Basen in tierischem und pflanzlichem Gewebe.** M. Proštenik, A. Kisić, B. Majhofer-Oreščanin, M. Munk-Weinert und S. Jelušić. (Bull. sci. [Yougoslavie] **7,** 1, 1962; Zagreb, Inst. „Ruder Bosković"; engl.) — C_{20}-Sphingolipid-Basen tier. u. pflanzlichen Ursprungs sind weit verbreitet. Die Proben wurden in üblicher Weise gewonnen — direkt u. nach Hydrierung — mit KJO_4 u. CrO_3 oxydiert, das Gemisch aus langkettigen Fettsäuren u. Aldehyden zur gaschromatograph. Unters. in die Methylester u. Dimethylacetale überführt [(5-Fuß SiO_2-Säule, aus dem Text geht nicht hervor, ob es sich um eine Säule mit Silicon als stat. Phase handelt oder ob „silicone" silica, SiO_2, bedeuten soll. Der Ref.), 250°, 30 cm^3 H_2/Min.]. Die Hauptpeaks der sehr ähnlichen Gaschromatogramme entsprechen Pentadecanal-dimethylacetal u. Pentadecancarbonsäure-methylester (aus C_{18}-Base entstanden), die viel schwächeren von Heptadecanal-dimethylacetal u. Heptadecancarbonsäure-methylester beweisen die Ggw. von C_{20}-Basen. Im menschlichen Gehirn konnte keine C_{20}-Base nachgewiesen werden. Die C_{20}-Base des Rinder-Rückenmarks ist sehr wahrscheinlich *D-Erythro-2-amino-1.3-dihydroxy-eikosen-(4)*, die der Erdnuß -u. Sojabohnenlipide *2-Amino-1.3.4-trihydroxy-eikosan.* A. Ackermann. 4520◇

1221 **^{14}C-Markierung und Peptidkarten der SH-Regionen von Actomyosin, Myosin, Actin und H-Meromyosin.** U. Gröschel-Stewart und F. Turba. (Biochem. Z. **337,** 104—08, 1963; Würzburg, Univ., Physiol.-Chem. Inst.; dt.) — Die *SH*-Gruppen von *Actomyosin, Myosin, Actin* u. *H-Meromyosin* wurden nach Entfaltung des Mol. durch Einw. von Guanidin · HCl mit *^{14}C-N-Äthylmaleinimid* umgesetzt, mit Trypsin gespalten u. von den Bruchstücken „Peptidkarten" (1. Dimension: Hochspannungspapierelektrophorese, 65 Min. bei 4000—6000 V in Pyridin/Essigsäure/Wasser 10:0,4:89,6, pH 6,5, in Ggw. von 10^{-3} m Na-Äthylendiamintetraacetat; 2. Dimension: Papierchromatographie in n-Butanol/Essigsäure/Pyridin/Wasser 30:6:20:24) hergestellt. Die Peptidkarten der Untereinheiten zeigen eine additive Beziehung zu den höheren Symplexen. Die relativ geringe Zahl der gefundenen ^{14}C-Peptide läßt darauf schließen, daß in der Umgebung der Cysteinreste nur eine kleine Zahl unterschiedlicher Aminosäurefolgen auftritt. Es wird die Möglichkeit diskutiert, mit dieser Meth. den einzelnen SH-Bereichen der kontraktilen Proteine bestimmte biochem. Funktionen zuzuordnen. P. Schwerdtfeger. 4520◇

1222 **Actomyosin-ähnliches Protein in den Mitochondrien der Mäuseleber.** S. A. Neifakh und T. B. Kazakova. (Nature [London] **197,** 1106—07, 1963; Leningrad, Inst. of Exp. Med., Dep. of Biochem., Labor. of Enzymol.; engl.) — Nach mechan. Zerstörung wurden die Mäuselebermitochondrien mit Webers Lsg. 24 Std. bei 0° extrahiert. Da der Weber-Extrakt einen geringen Proteingeh. u. eine niedrige Viscosität aufweist, ist es zum Nachw. von *Actomyosin* (**I**) erforderlich, Kaninchenmuskelmyosin A (**II**) zuzusetzen. Nach Zusatz von **II** steigt die Viscosität des Weber-Extraktes sehr stark an. Durch die Ggw. von *Adenosintriphosphat* (**III**) dissoziiert der Komplex, wobei die Viscosität zurückgeht; diese Dissoziation ist reversibel. Wird das gebildete **I** in W. gegeben, so erfolgt eine Retraktion des Gels u. eine Abgabe von Wasser. Zusatz von Muskelactin zum Mitochondrienextrakt erhöht die Viscosität nicht. Nach Ansicht der Vff. ist der **I**-Komplex innerhalb der Mitochondrien vorgebildet. Die biolog. Bedeutung des Auftretens eines **I**-ähnlichen Proteins in den Lebermitochondrien wird im Hinblick auf die Wechselwrkg. zwischen **I** u. **III** diskutiert. P. Schwerdtfeger. 4520◇

1223 **Die Charakterisierung des Erwachsenenmyoglobins.** Gerald T. Perkoff, Robert L. Hill, Douglas M. Brown und Frank H. Tyler. (J. biol. Chemistry **237,** 2820—27, Sept. 1962; Salt Lake City, Utah, Univ. of Utah Coll. of Med., Dep. of Med. and Biochem., Labor. for the Study of Hereditary and Metabol. Disorders; engl.) — Aus Autopsieproben der Skelettmuskulatur, die 4—14 Std. nach dem Tode entnommen wurden, isolierten Vff. krist. *Myoglobin* (**I**). Durch Chromatographie bei 6° an DEAE-Cellulose unter Verw. von 0,05 m Trispuffer pH 7,85 konnten 4 Fraktionen (F_A, F_1, F_B, F_2) u. mit 1 m Trispuffer pH 7,8 bei 25° eine weitere (F_3) eluiert werden. F_A enthält kein Hämprotein; F_1 entspricht 55—65%, F_2 15—20% u. F_3 15—30% des aufgegebenen **I.** F_1 u. F_2 scheinen sich nur in der prosthet. Hämgruppe zu unterscheiden. F_B besitzt offenbar das gleiche Globin (**II**) wie F_1 u. F_2, jedoch wahrscheinlich ein unterschiedliches Protoporphyrinring-Syst., das als Artefakt aufzufassen ist. F_3 scheint mehrere **I**-Komponenten sowie Nichthämprotein zu enthalten. Die möglichen Unterschiede in der prim. Struktur von menschlichem **II** u. dem **II** anderer Species werden dikutiert. P. Schwerdtfeger. 4520◇

1224 **Die Isolierung und Aminosäurenfolge von Eledoisin, dem aktiven Endecapeptid der hinteren Speicheldrüsen von Eledone.** A. Anastasi und V. Erspamer. (Arch. Biochem. Biophysics **101,** 56—65, 1963; Milan, Italy, Framitalia S. p. A. Res. Labor.; Parma, Univ., Inst. of Pharmacol.; engl.) — Methanolextrakte des achtarmigen Cephalopoden *Eledone* (*mosinata* u. *Aldovanosi*) wurden durch Chromatographie an bas. Al_2O_3 oder Fällung als Proteinkomplex mit Rinderserumalbumin, Ionenaustauscherchromatographie an Amberlite CG 50 (H^+) u. Gegenstromverteilung zwischen n-Butanol u. 0,5 n Essigsäure gereinigt u. das Polypeptid *Eledoisin* (**I**) isoliert. Durch Total- u. Partialhydrolyse, Spaltung mit Trypsin u. Chymotrypsin u. Endgruppen-Best. konnte für **I** die Aminosäurenfolge: *Pyroglutaminsäure · Pro · Ser · Lys · Asp · Ala · Phe · Ileu · Gly · Leu · Met · NH_2* gesichert werden. Es konnte nicht eindeutig geklärt werden, ob der Pyroglutaminsäurerest erst während der Isolierung gebildet wird. P. Schwerdtfeger. 4520◇

1225 **Aminosäurenzusammensetzung der Proteine in Dolichos biflorus und Glycine saja.** D. R. Gupta und K. C. Sah. (Proc. nat. Acad. Sci., India, Sect. A **29,** 140—43, 1960; Naini Tal, D. S. B. Goot Coll., Chem. Dep.; engl.) — Vff. bestimmen die Zus. des in W., 10% NaCl, 0,2% NaOH u. in 80% A. lösl. *Proteins* von *Dolichos biflorus* u. *Glycine saja. Arginin, Ornithin, Histidin, Asparaginsäure, Serin, Glutaminsäure, Alanin, Tyrosin, Methionin, Valin, Phenylalanin* u. *Leucin* sind in beiden Pflanzenarten vorhanden. In *G. saja* ist noch darüber hinaus *Glycin* vorhanden. W. Hiller. 4520◇

1226 **Papierchromatographie von Dicarbonsäuren ohne Aminofunktion aus Geweben.** Alfredo Curatolo. (Atti Accad. naz. Lincei, Rend., Cl. Sci. fisiche, mat. natur. [8] **31,** 68—71, 1961; Roma, Univ., Ist. di Fisiol. Umana; ital.) — Folgende Meth. wurde vom Vf. ausgearbeitet: Zu dem in einer Mischung von Kohlensäureschnee u. A. gefrorenen biolog. Material (Gewebe u. Blut) ein ca. gleich großes Vol. 0,3 n Perchlorsäure (**I**) hinzugeben, die Mischung homogenisieren, das Homogenat filtrieren oder zentrifugieren u. das abfiltrierte bzw. sedimentierte Material wiederholt mit kleinen Mengen 0,3 n **I** waschen; das Filtrat mit 30%ig. KOH neutralisieren, den bei 1std. Stehen im Kühlschrank sich bildenden Nd. abfiltrieren (oder zentrifugieren), das Filtrat über Dowex 2×8 oder auch Amberlite IRA 400, Formiatform, reinigen, die organ. Anionen mit 6 n Ameisensäure aus der Säule eluieren, die Eluate bis zur Trockne im Vakuum bei 40 bis 45° eindampfen, den Rückstand in W. (0,5—1,0 ml/g Ausgangsgewebe) aufnehmen, zentrifugieren, wenn nötig, u. das Überstehende auf Whatman-Nr. 1-Papier auftragen; es werden so viele μl Endextrakt aufgetragen, daß die aufgetragene Menge ca. 0,1—0,2 g Ausgangsgewebe entspricht. Chromatographiert wird aufsteigend, zweidimensional; Steigfl.: A.-Ammoniak-Wasser, 375:25:100 bzw. Butanol-Ameisensäure-Wasser, 400:100:50. Entwickeln der Chromatogramme mit 0,05%ig. Bromkresolgrün Lsg. (in 96%ig. mit NaOH auf pH 8 eingestellten A.). Zur Entwicklerlsg. einige Tropfen Ammoniak hinzufügen. Die Carbonsäuren erscheinen als gelbe Flecken auf blauem Untergrund. — In einem proteinfreien, gereinigten u. konz. Rattenleberfiltrat konnten mit Sicherheit *Äpfelsäure, α-Ketoglutarsäure, Milchsäure, Bernsteinsäure* u. *Fumarsäure* nachgewiesen werden; 3 andere Säuren blieben unidentifiziert. Citronensäure u. Aconitsäure wurden nicht gefunden. H. Kockert. 4520◇

1227 **N-Acetyl-l-asparaginsäure im Nervengewebe. Isolierung und Identifizierung mit Hilfe der Papierchromatographie und quantitative Bestimmung.** Alfredo Curatolo. (Atti Accad. naz. Lincei, Rend., Cl. Sci. fisiche, mat. natur. [8] **31,** 145—51, 1961; Roma, Univ., Ist. di Fisiol.

umana; ital.) — Vgl. vorst. Referat. — Vf. konnte in Hirngewebeproben von Ratten (Enteiweißung u. Reinigung des Gewebeextraktes erfolgt etwa nach der l. c. angegebenen Meth.) papierchromatograph. (Whatman-Nr. 1-Papier; aufsteigende Meth.; Steigfl.: Butanol-Ameisensäure-Wasser, 800:200:100; Entwicklerlsg.: 0,05%ig. Methylrot in auf pH 8 eingestelltem A.; die Säure erscheint als roter Fleck auf gelbem Untergrund) eine Substanz nachweisen, die auf Grund der Ergebnisse von Abbaurkk. u. nach Vgl. mit authent. Material als *N-Acetyl-l-asparaginsäure* (**I**) identifiziert wurde. **I** findet sich nicht nur im Gehirn der Ratte, sondern konnte auch in Gehirnproben von Mensch, Katze, Hund, Pferd, Huhn u. Taube nachgewiesen werden. In anderen Körpergeweben (Herz, Skelettmuskel, Leber, Testikel, Nieren u. Milz) konnte **I** nicht in merklicher Menge gefunden werden. — Es wird eine papierchromatograph. Meth. zur Anreicherung von **I** aus biolog. Material sowie eine Meth. zur quant. Best. von **I** ausführlich beschrieben. — Auf Grund der quant. Best. nach der von Vf. beschriebenen Meth. wurde der **I**-Geh. im Gehirn von Säugetieren (Ratte, Hund, Pferd) zu 80—120 mg/100 g Frischgewebe bestimmt. H. Kockert. 4520◇

1228 **Monosaccharide der sauren Rinderplasmaglykoproteine.** Anatoly Bezkorovainy. (Arch. Biochem. Biophysics **101,** 66—70, 1963; Ames, Iowa, U. S. Dep. of Agric., Agric. Res. Serv., Animal Disease and Parasite Res. Div., Nat. Animal Disease Labor.; engl.) — Vf. bestimmte im isolierten Rinder-*Orosomucoid* (**I**) u. *-M-2-Glykoprotein* (**II**) papierchromatograph. die *Sialsäuren* (**III**) nach 1std. Hydrolyse bei 100° u. pH 3,3. In **I** u. **II** konnten *N-Glykolyl-* u. *N-Acetylneuraminsäure* sowie eine unidentifizierte **III**, die mit Ehrlichs Reagens stark positiv u. mit Warrens Reagens nur schwach reagiert, nachgewiesen werden. Nach 16std. Hydrolyse mit 1,5 n HCl bzw. Dowex 50 bei 100° u. Abbau mit Ninhydrin konnte bei **I** u. **II** papierchromatograph. nur *Arabinose* als Abbauprod. von *Glucosamin* beobachtet werden. Nach 1std. Hydrolyse mit 1 n HCl bei 100° treten als Hexosen nur *Galaktose* u. *Mannose* im Verhältnis von ca. 1:1 auf. P. Schwerdtfeger. 4520◇

1229 **Die Titrationskurve als Kriterium für die Reinheit von Mucopolysaccharidpräparaten.** 1. Mitt. W. A. Loeven. (Proc., Kon. nederl. Akad. Wetensch., Ser. B. **60,** 11—22, 1957; Leiden, Niederlande, Univ. of Leiden, Labor. of Med. Chem.; engl.) — Übersicht über Extraktions- u. Reinigungsmeth. für *Chondroitinsulfat* (**I**)-Präpp. aus Knorpelgeweben. Es werden Kriterien für den Reinheitsgrad von **I** aufgezählt u. Fehlerquellen der Meth. zur quant. Best. der am Aufbau des **I**-Mol. beteiligten Substanzen u. Elemente (*Chondrosamin, Glucuronsäure, Essigsäure, S, N,* W.) genannt u. diskutiert. H. Kockert. 4520◇

1230 **Die Titrationskurve als Kriterium für die Reinheit von Mucopolysaccharidpräparaten.** 2. Mitt. W. A. Loeven. (Proc., Kon. nederl. Akad. Wetensch., Ser. B **60,** 23—32, 1957; engl.) — 1. vgl. vorst. Referat. — Vf. stellte fest, daß die Titrationskurven von *Chondroitinsulfat* (**I**)-Präpp. mit HCl bzw. NaOH sich gut zur Berechnung der Menge an *Glucuronsäure* in **I** eignen bzw. das Vorliegen freier NH_2-Gruppen in diesen Präpp. anzeigen. — Die Acetylgruppen in den **I**-Präpp. werden bei der Extraktionsmeth. mit Alkali abgespalten; mit 10%ig. $CaCl_2$-Lsg. geschieht das in geringerem Maße, u. bei Extraktion mit 30%ig. KCl- + 1%ig. K_2CO_3-Lsg. bleibt der N-Acetylchondrosamin-Anteil in **I**-Mol. völlig intakt. — Es konnte gezeigt werden, daß während einer Behandlung reiner **I**-, Hyaluronat- u. Heparin-Präpp. mit Alkali die NH_2-Gruppen tatsächlich in Freiheit gesetzt werden. H. Kockert. 4520◇

1231 **Die Bestimmung von Chondroitinsulfat C-Typ-Polysacchariden in Gemischen mit anderen sauren Mucopolysacchariden.** Martin B. Mathews und Morris Inouye. (Biochim. biophysica Acta [Amsterdam] **53,** 509—13, 1961; Chicago, Ill., Univ. of Chicago, La Rabida-Inst. and Dep. of Biochem.; engl.) — *Chondroitinsulfat C-Typ-Polysaccharide* (**I**) werden von Hyaluronidase (**II**) zu Tetrasacchariden u. „Acetylhexosamin" gespalten, wobei letztes **I** proportional u. nach Elson-Morgan bestimmbar ist. Chondroitinsulfat A oder Keratosulfat stören nicht merklich. *Chondroitinsulfat B* setzt die **II**-Wrkg. herab, so daß die **I**-Best. einen Fehler bis zu 10% aufweisen kann. K. Maier. 4520◇

1232 **Quantitative Histochemie der Mucopolysaccharide.** John A. Szirmai. (J. Histochem. Cytochem. [Baltimore] **2,** 24—34, 1963; Leiden, Univ. Hosp., Dep. of Rheumat. Res. Labor.; engl.) — Die Rk. zwischen *Mucopolysacchariden* (**I**) u. kation. Farbstoffen (z. B. *Azur A*) verläuft quant.-stöchiometr. u. läßt sich zur histochem. Best. von **I** einsetzen. Eine maximale Farbstoffbindung an *Chondroitinsulfat* oder *Hyaluronsäure* wird bei pH 7 beobachtet. Die gebräuchlichen Fixierungs-Meth. stören die **I**-Best., so daß eine direkte in situ-Fällung von **I** durch die kation. Farbstoffe erfolgen muß. Unter bestimmten Vers.-Bedingungen lassen sich die freien anion. Gruppen der **I** auf spektrophotometr. Wege erfassen. Die verschiedenen **I**-Typen sind jedoch nicht quant. voneinander trennbar. P. Fahrnlaender. 4520◇

1233 **Isolierung von Leptodactylin (m-Hydroxyphenyläthyltrimethylammonium) aus Hautextrakten von Leptodactylus ocellatus.** V. Erspamer. (Arch. Biochem. Biophysics **82,** 431—38, 1959; Parma, Univ., Inst. of Pharmacol.; engl.) — Im wesentlichen mit der C. **1963,** 15490, referierten Arbeit identisch. H. Kockert. 4520◇

1234 **Chemische Unterschiede zwischen Antikörperfragmenten, wie sie Untersuchungen durch paarweise Markierung zeigen.** O. Roholt, A. Shaw und D. Pressman. (Nature [London] **196,** 773—74, 1962; Buffalo, N. Y., New York State Dep. of Health, Roswell Park Memorial Inst., Dep. of Biochem. Res.; engl.) — *Antikörper* lassen sich durch *Papain* zu univalenten Bruchstücken (Molgew. ca. 50000) sowie einem inakt. Fragment (Molgew. ca. 80000) abbauen. Die univalenten Bruchstücke können durch Chromatographie an Carboxymethylcellulose in 2 Fraktionen (I u. II) aufgetrennt werden. Kaninchenantiserum gegen p-Azobenzoat (Anti-X_p-Antiserum) u. spezif. gereinigten Antikörper (Anti-X_p-Antikörper) aus der gleichen Probe wurden mit Papain abgebaut u. die Bruchstücke fraktioniert. Fragmente der Fraktion I von Anti-X_p-Antikörper wurden mit ^{125}J u. die der Fraktion IIB mit ^{131}J markiert, gemischt, mit *Pepsin* abgebaut, die erhaltenen Peptide durch Papierchromatographie u. Hochspannungspapierelektrophorese getrennt u. ihr $^{125}J/^{131}J$-Verhältnis bestimmt. Analog wurden die Fraktionen des Gesamt-γ-*Globulins* von Anti-X_p-Antiserum mit ^{131}J (Fraktion I) bzw. ^{125}J (Fraktion IIB) markiert. 5 verschiedene Mischungspaare wurden mit Pepsin abgebaut u. auf ihr $^{125}J/^{131}J$-Verhältnis untersucht. In keinem Fall wurden Peptide gefunden, die nur ^{125}J oder nur ^{131}J enthielten, so daß Unterschiede in der prim. Struktur ausgeschlossen werden können. Die Ergebnisse zeigen jedoch definierte chem. Unterschiede zwischen den Bruchstücken der Fraktionen I u. IIB von Kaninchengesamt-γ-Globulin sowie des daraus spezif. gereinigten Antikörpers. P. Schwerdtfeger. 4551◇

1235 **Weitere elektrophoretische und chromatographische Untersuchungen über die Zusammensetzung der menschlichen Galle.** P. Dessi, A. M. Gianni und M. Cresti. (Arch. ital. Sci. farmacol. [3] **9,** 145—46, 1959; Bologna, Univ., Isti. di Famacol. e di Patol. Speciale Chirurg.; ital.) — Die elektrophoret. Fraktionierung von menschlicher Galle auf Agar ergab 3 *Protein*-Fraktionen, von denen 2 anod. wandern u. die 3. nur in Spuren vorliegende Fraktion zur Kathode wandert. — Eine papierchromatograph. Fraktionierung ergab das Vorliegen von wenigstens 10 verschiedenen *Aminosäuren,* deren Identifizierung mit Hilfe von Vgl.-Substanzen gelang: In den Fraktionen mit niedriger Wanderungsgeschw. wurden *Glutaminsäure* u. *Glycin,* in den mit mittlerer Laufgeschw. wandernden Fraktionen *Alanin* u. wahrscheinlich *Threonin* u. *Serin* u. in den mit hoher Geschw. wandernden Fraktionen *Valin, Methionin, Phenylalanin* u. *Leucin* identifiziert. — Die $AgNO_3$ *reduzierenden Substanzen* bestehen mit großer Wahrscheinlichkeit nicht aus den einfachen Monosacchariden (Hexosen u. Pentosen) u.

werden vermutlich aus reduzierenden Polysacchariden durch Abbau zu kleineren Moll. gebildet.
H. Kockert. 4555◇

1236 **Untersuchungen über die Veränderung an einigen Komponenten der Galle nach Vagusstimulierung.** M. Cresti, A. M. Gianna und P. Dessi. (Arch. ital. Sci. farmacol. [3] **9**, 137—39, 1959; Bologna, Univ., Ist. di Farmacol. e di Patol. Speciale Chirurg.; ital.) — In Unterss. an ausgewachsenen Hunden stellten Vff. fest, daß eine wiederholte Vagusstimulierung zu definierten Veränderungen in der qual. u. quant. Zus. der Galle an *Aminosäuren* (I) u. *freien Kohlenhydraten* (**II**) führt. Dabei werwerden zwischen Leber- u. Blasengalle merkliche Unterschiede festgestellt, die bes. in einem Absinken des Geh. an *freien* **I** u. *nicht reduzierenden* **II** in der Blasengalle zum Ausdruck kommen. H. Kockert. 4555◇

1237 **Der gegenwärtige Stand unserer Kenntnisse über die Biochemie und Physiologie der Lactation.** Gaetano Livrea und Maria Fama. (Atti Soc. Peloritana Sci. fisiche mat. natur. **6**, 301—47, 1960; Messina, Univ., Ist. di Fisiol. Umana e Chim. Biol.; ital.) — Übersicht. — 133 Literaturangaben. H. Kockert. 4555◇

1238 **Produktion der Kuhmilch ohne Protein mit Harnstoff und Ammoniumsalzen als Stickstoffquelle und gereinigten Kohlenhydraten als Energiequelle.** Artturi I. Virtanen. (Biochem. Z. **338**, 443—53, 1963; Helsinki, Biochem. Forschungsinst.; dt.) — Vf. berichtet über 1$^1/_2$jährige Verss. mit Kühen, deren Energienahrung aus gereinigten Nährstoffen (*Zucker*, *α-Cellulose*, *Saccharose*), u. deren N-Nahrung ausschließlich aus *Harnstoff* u. anorgan. NH_4-*Salzen* bestand. Als Fett wurde *Maisöl* in täglichen Dosen von 4—45 g gegeben. Das Mineralsalzgemisch enthielt die 16 zur Zeit als wesentlich angesehenen Elemente. Wasserlösl. Vitamine wurden nicht gegeben. Mit 2 Vers.-Kühen wurde mit dieser *Protein*-freien Fütterung eine Jahresproduktion von 2000 kg Milch mit 5,4 bzw. 6% *Fett* erzeugt. Hinsichtlich der Aminosäuren-Zus. des hydrolysierten Caseins u. des Gesamtproteins unterscheidet sich diese Milch nicht von der bei normaler Fütterung erzeugten. Durch Verfütterung von ^{15}N-Harnstoff u. Best. der Markierung der Aminosäuren nach 15 u. 25 Std. wird gezeigt, daß *Histidin* recht langsam synthetisiert wird. Der *Vitamin*-Geh. der Vers.-Milch entspricht etwa dem der Normalmilch (*Riboflavin*, *Nicotinsäure*, *Pantothensäure*), ihr Aroma ist ähnlich der Normalmilch. G. Marquardt. 4555◇

1239 **Die Natur des Tränenmucoproteins, das durch die Exophthalmus-auslösende Substanz stimuliert wird.** Robert Brunish. (J. biol. Chemistry **237**, 2816—19, 1962; Charlottesville, Va., Univ. of Virginia, Dep. of Biochem.; engl.) — ♀ Meerschweinchen (135—250 g) erhielten die Exophthalmus-auslösende Substanz (**I**; vgl. Exp. Eye Res. **1**, [1962], 221) sowie $Na_2 \cdot {}^{35}SO_4$ injiziert u. ihre ventralen Tränendrüsen wurden 24 Std. später auf den ^{35}S-Einbau in die *Mucoproteine* untersucht. Ca. die Hälfte des retinierten ^{35}S findet sich in einer homogenen *Mucopolysaccharidfraktion* (**II**), die als die Hauptkomponente anzusehen ist, auf die **I** wirkt. **II** wird durch proteolyt. Abbau (Bakterienproteinase, Trypsin, Pepsin) des Tränendrüsengewebes erhalten. **II** enthält 4,04 (%) N, 21,6 Sulfat, 21,2 Glucosamin · HCl, 4,7 einer unidentifizierten Uronsäure (Carbazolmeth.) bzw. 12,2 (Orcinmeth.), 28,3 reduzierende Zucker (als Glucose) u. Restprotein; $[\alpha]_D$ — 73,9° (W.). Das Molgew. von **II** errechnet sich aus den Sedimentations- u. Diffusionswerten zu 10200 u. das Friktionsverhältnis zu 1,4, was auf ein asymm. Mol. hinweist. P. Schwerdtfeger. 4555◇

1240 **Die Ausscheidung von Inulin und Glucose durch die Fühlerdrüse des Krebses.** J. A. Riegel und L. B. Kirschner. (Biol. Bull. **118**, 296—307, 1960; Pullman, Wash., State Univ. of Washington, Dep. of Zool.; engl.) — Vff. untersuchten die Ausscheidung von *Inulin* (**I**) u. *Glucose* (**II**) durch die Fühlerdrüse von Krebsen (*Procambarus clarki*, *Orconectes virilis* u. *Pacifastacus leniusculus*). Die Vers.-Ergebnisse wiesen bei den Spezies keine Unterschiede auf. **I** wurde durch die Drüse ausgeschieden. Bei Vgl. des **I**-Blutspiegels war das **I**-Harn/Blut-Verh. immer größer. **II** wird normalerweise nicht durch diese Drüse ausgeschieden. Steigt jedoch der **II**-Blutspiegel auf über 200 mg-% an, so erscheint **II** im Harn. Injektionen der Substanzen u. verschiedene Blutentnahmen führten nach 30 Std. bei vielen Krebsen zur **II**-Ausscheidung. Diese Handhabungen haben des öfteren eine Konzentrierung des Harns zur Folge (starkes Ansteigen der **I**- u. Na;-Konz.). *Phlorizin* (**III**) verursacht eine unmittelbare u. verlängerte Glucosurie in den untersuchten Dosierungen (12—102 mg **III**/kg). Die Ergebnisse führen Vff. zu dem Schluß, daß die Ausscheidung von **I** u. **II** durch die Fühlerdrüse ein Filtrationsproblem darstellt u. daß die Filtration durch Reabsorption von Salzen u. möglicherweise von W. begleitet ist.
G. Bratfisch. 4555◇

1241 **Weiterer Hinweis auf eine ovarielle Herkunft des Harnpregnantriols.** H. G. Burger und I. F. Sommerville. (Acta endocrinol. [Copenhagen] **43**, 95—100, 1963; London, Middlesex Hosp. Med. School; Chelsea Hosp. for Women, Endocrine Labor. Unitand Univ. of London, Inst. of Obstetrics and Gynaecol.; engl.) — An einer 31jährigen bilateral adrenalektomierten Patientin wurde die Harnausscheidung an Steroiden u. die Vaginalcytologie nach Zufuhr von menschlichem Hypophysen-*Gonadotropin* (mit vorwiegend *FSH*-Aktivität; **I**) u. *Corticotropin* (**II**) untersucht. Nach Injektion von **I** wurde ein starker Anstieg von *17β-Östradiol*, *Östron*, *Pregnandiol* u. *Pregnantriol* (**III**; *5β-Pregnan-3α.17α.20α-triol*) m Harn beobachtet, u. 4 Tage nach Abschluß der Ovarienstimulation erfolgte eine Blutung. **II** hatte keinen Einfl. auf die **III**-Ausscheidung. Diese Befunde stützen die Ansicht, daß eine **III**-Vorstufe ovarieller Herkunft existiert.
P. Schwerdtfeger. 4559◇

1242 **Bestimmung von Östrogenen in der Uterusschleimhaut: Rolle des Endometriums bei der Östriolbiosynthese.** L. Cédard, A Granjon und J. Varangot. (C. R. Séances Soc. Biol. Filiales **156**, 1764—66, 1962; Paris, Maternité de Port-Royal; franz.) — Endometriumfragmente von 46 Personen wurden zerrieben, mit 80%ig. u. absol. A. extrahiert, die Extrakte eingeengt, in W. aufgenommen, die freien *Östrogene*(I) mit Ae. sowie Toluol extrahiert u. der wss. Rückstand mit *β*-Glucuronidase u. Sulfatase von *Helix pomatia* bei pH 4,5 24 Std. bei 37° hydrolysiert. Nach Ae.-Extraktion wird der wss. Rückstand in der Wärme mit HCl hydrolysiert u. das Hydrolysat mit Ae. u. Toluol extrahiert. Die **I** werden in den einzelnen Fraktionen nach Verteilungschromatographie fluorometr. bestimmt. Die Gesamt-**I** betragen in der Follikularphase im Mittel 81,4 ± 56,4 μg/100 g Frischgew. u. in der Lutealphase 260 ± 173 μg/100 g. Diese Unterschiede sind fast ausschließlich auf das *Östriol* (**II**) in freier u. gebundener Form zurückzuführen, das in den beiden Phasen 61 bzw. 88% der Gesamt-**I** ausmacht. Diese Ergebnisse stützen die Ansicht, daß die Uterusschleimhaut eine wichtige Rolle bei der **II**-Bldg. im ♀ Organismus spielt. P. Schwerdtfeger. 4559◇

1243 **Der Östrogenstoffwechsel im menschlichen Fötus und im Neugeborenen.** Egon Diczfalusy, Ove Cassmer, Carmen Alonso und Montserrat de Miquel. (Recent Progr. Hormone Res. **17**, 147—206, 1961; Stockholm, Karolinske, Sjukhuset, Dep. of Women's Diseases, Hormone Labor.; engl.) — Übersicht. Best. von *Östrogenen* (**I**) in Geweben (Placenta, Fötus), Verss. zur **I**-Einführung in den Fötus während der Schwangerschaft, Verbleib von instraamniot. dem Fötus zugeführten **I**, in vitro-Inkubations-Verss., **I**-Stoffwechsel in situ isolierter Föten, Durchströmung nicht lebensfähiger Föten, Identifizierung von *konjugierten* **I**, *Östronsulfat*, *17β-Östradiol-3-sulfat*, *Östriol-3-sulfat* u. *Östriolglucosiduronat*, Art des konjugierten Östrogens in verschiedenen Organen, *Östradiol* (**II**)- u. *Östriol* (**III**)-Stoffwechsel des Neugeborenen u. des Kindes, **II**- u. **III**-Zufuhr bei Neugeborenen, Kleinkindern u. Kindern, Wiedergewinnungs-Verss., ^{14}C-**II**-Stoffwechsel des Neugeborenen. Der Fötus kann bereits im 3./4. Monat **I** umwandeln u. in konjugierte Form bringen. Der Intermediärstoffwechsel von 17β-**II** von Fötus, Neugeborenem u. Kleinkindern unterscheidet sich erheblich von dem des Erwachsenen. — Diskussion. — 92 Literaturangaben. K. Maier. 4559◇

1244 **Östrogene Wirkungen von 18-Noröstradiol-17β und 18-Noröstron.** Richard A. Edgren und William F. Johns. (Proc. Soc. exp. Biol. Med. **105**, 286—87, 1960; Chicago, Ill.; G. D. Searle and Co., Div. of Biol. and Chem. Res.; engl.) — Wird die angulare Methylgruppe von *Östradiol-17β* beseitigt, so daß *18-Noröstradiol-17β* entsteht, dann resultiert eine geringere Aktivität. Das gleiche erfolgt bei Umbldg. von *Östron* in *18-Noröstron*. Hier zeigt die Dosis-Wrkg.-Kurve außerdem noch eine veränderte Neigung. W. Hiller. 4559◇

1245 **Die Wirkung hoher Östrogen-Gaben auf die Ausscheidung von Aldosteron, Cortisol sowie Natrium und Kalium.** G. Stark und U. Pfeifer. (Acta endocrinol. [Copenhagen] **44**, 216—24, 1963; Mainz, Univ.-Frauenklinik; dt.) — An 15 Patienten wurde die Ausscheidung von *Aldosteron* (**I**), *Kortisol* (**II**) sowie *Na* u. *K* im Urin nach hohen *Östrogen*(*III*)-Gaben (2 · 100 mg *Östradiol-undecylat* [*Progynon-Dépot* „Schering"], im Abstand von 2 Tagen) über einen Zeitraum von 18 Tagen post injectionem kontrolliert. Die Ausscheidungswerte der 4 Substanzen gingen nicht über den normalen Grenzwert von 10 μg **I**/Tag u. 20 μg **II**/Tag hinaus u. zeigten gegenüber der Vorperiode keine signifikanten Veränderungen. Es ist demnach unwahrscheinlich, daß die in der Schwangerschaft vermehrt gebildeten **III** einen Einfluß auf die Ausscheidung von **I**, **II**, K u. Na bei den Schwangeren haben. M. Blaschette-Huttinger. 4559◇

1246 **Stoffwechsel von 16-Oxo-17β-östradiol beim Menschen.** C. G. Beling, J. A. Breuer und H. Breuer. (Acta endocrinol. [Copenhagen] **43**, 87—94, 1963; Bonn, Chirurg. Univ.-Klin., Chem. Abt.; dt.) — Nach i. m. Injektion von *16-Oxo-17β-östradiol* (**I**) konnte aus dem Harn normaler ♂ Vers.-Personen *Östriol* (**II**) u. *16-epi-Östriol* (**III**) isoliert werden. Hierzu wurde der Harn durch Gelfiltration über Sephadex G-25 fraktioniert, die Fraktionen enzymat. (Enzyme von Helix pomatia) gespalten, die Hydrolysate mit Ae. extrahiert u. die gereinigten Extrakte papierchromatograph. aufgetrennt. **II** u. **III** wurden auf Grund des F., nach Mikrosublimation, der Absorptionskurve der H_2SO_4-W.-Rk. u. der Kober-Rk. identifiziert. Nach Zufuhr von 10 mg **I** betrug die Harnausscheidung bei 2 ♂ Personen (32 u. 35 Jahre) 2,45 bzw. 1,25 mg **II** u. 0,33 bzw. 0,36 mg **III**. Aus den Ergebnissen folgt, daß die Red. von **I** im Stoffwechsel mehr **II** als **III** liefert. P. Schwerdtfeger. 4559◇

1247 **Eine Untersuchung der „David"-Reaktion.** Eeva Axelson und Egon Diczfalusy. (Recueil Trav. chim. Pays-Bas **80**, 971—84, 1961; Stockholm, Sweden, Karolinska sjukhuset, Dep. of Women's Diseases, Hormon Labor.; engl.) — Es wurden die Variablen, die die Rk. nach David [1934] beeinflussen, untersucht u. eine neue optimale Arbeitsmeth. gefunden. Von den untersuchten Östrogenen *3-Hydroxyöstratrien-(1.3.5,10)-on-(17)*, *Östron*; *Östratrien-(1.3.5,10)-3.17β-diol*, *17β-Östradiol*; *Östratrien-(1.3.5,10)-2.3.17β-triol*, *2-Hydroxyöstradiol*; *Östratrien-(1.3.5,10)-6,6ξ.17β-triol*, *6-Hydroxyöstradiol*; *3.16α-Dihydroxyöstratrien-(1.3.5,10)-on-(17)*, *16α-Hydroxyöstron*; *3.17β-Dihydroxyöstratrien-(1.3.5,10)-on-(16)*, *16-Oxo-17β-östradiol*; *Östratrien-(1.3.5,10)-3.16α.17β-triol*, *Östriol* (**I**); *Östratrien-(1.3.5,10)-3.16β.17β-triol*, *16-Epiöstriol* (**II**); *Östratrien-(1.3.5,10)-3.16α.17α-triol*, *17-Epiöstriol*; *Östratrien-(1.3.5,10)-3.16β.17α-triol*, *16.17-Epiöstriol*; *Östratrien-(1.3.5,10)-2.3.16α.17β-tetrol*, *2-Hydroxyöstriol* (**III**); *Östratrien-(1.3.5,10)-3.6ξ.16α.17β-tetrol*, *6-Hydroxyöstriol* (**IV**) u. *Östratrien-(1.3.5,10)-3.16α.17β-triol-3-methyläther*, *3-Methoxyöstriol*, gaben nur **I**—**IV**, also Verbb. mit einer 17β- u. einer 16α- bzw. 16β-Hydroxygruppe, eine positive David-Rk.; die angenäherten, relativen Chromogenicitäten C betrugen 100 (**I**), 60 (**II**), 16 (**IV**) bzw. 7% (**III**). Die Anwesenheit von hochgereinigten methylierten u. chromatographierten Harnrückständen (HR) verringert die Davidsche C von **I** sehr stark. Der Abfall von C ist dem Logarithmus der HR-Konz. linear proportional. Claus Fischer. 4559◇

1248 **In vitro-Synthese von Progesteron durch Corpora lutea vom Schwein.** G. W. Duncan, A. M. Bowerman, W. R. Hearn und R. M. Melmapy. (Proc. Soc. exp. Biol. Med. **104**, 17—19, 1960; Ames, Iowa State Univ., Dep. of Animal Husbandry and Biochem. and Biophysics.; engl.) — Gewebe mit Corpora lutea vom Schwein sind in der Lage, *Progesteron* (**I**) in vitro zu synthetisieren. Homogenate besitzen unter gleichen Bedingungen diese Fähigkeit nicht. Wenig **I** diffundiert in das Inkubationsmedium aus dem Gewebe. Die **I**-Synth. ist enzymat. Natur. Die Rk. wird völlig gehemmt durch 30 min Erhitzen des Gewebes auf 95°. Durch Zugabe von *Pregenolon* (**II**) (mögliche **I**-Vorstufe) in Konzz. von 117—794 μg/g Lutealgewebe zum Medium steigt die **I**-Synth. auf 208%. Das Maximum der Umbldg. von **II** in **I** bei einer 2std. Inkubation lag bei 74%. Zugabe von *Nicotinamidadenindinucleotid* stimuliert die **I**-Synthese. W. Hiller. 4559◇

1249 **Biologische Wirkungen des 20β-Hydroxypregn-4-en-3-on.** Christian Lauritzen. (Acta endocrinol. [Copenhagen] **44**, 225—36, 1963; Kiel, Univ.-Frauenklinik; dt.) — Das *20β-Hydroxypregn-4-en-3-on* (*20β-Progesterol*; **I**) ist im Tier-Vers. u. beim Menschen ein wirksames progestatives Hormon, welches sich qual. nicht vom *Progesteron* (**II**) unterscheidet u. quant. etwa die halbe Aktivität von **II** besitzt. Die physiolog. Bedeutung von **I** u. *20α-Progesterol* (**III**) ist noch unbekannt. Wegen der geringeren biolog. Wrkg. von **I** u. **III** muß die 20-Hydrierung als Inaktivierungsschritt angesehen werden. M. Blaschette-Huttinger. 4559◇

1250 **Dauer der Funktionsfähigkeit des Gelbkörpers der Ratte während der Gravidität nach Hypophysektomie.** Jean-Jacques Alloiteau, Alexandre Psychoyos und Germaine Acker. (C. R. hebd. Séances Acad. Sci. **256**, 4284—87, 1963; Paris, Coll. de France, Labor. de Morphol. exp. et Endocrinol.; franz.) — Die Funktionsfähigkeit des Gelbkörpers der Gravidität ist nach Hypophysektomie verlängert. Dies wird noch deutlicher durch eine zweite Serie von Ovo-Implantationen, die eine verlängerte Stimulierung des Gelbkörpers durch die Placentahormone bewirkt. A. Blaschette-Huttinger. 4559◇

1251 **Sexualunterschiede im Hypophysen-Nebennieren-System ausgewachsener Ratten.** B. Bohus und K. Lissak. (Acta physiol. Acad. Sci. hung. **23**, 27—32, 1963; Pécs, Med. Univ., Inst. of Physiol.; engl.) — Am 7. Tage nach einseitiger Adrenalektomie zeigt sich bei ausgewachsenen ♂ u. bes. bei ♀ Ratten ein signifikanter Unterschied der kompensator. Hypertrophie, deren Ausmaß nicht wesentlich durch gleichzeitige Kastration, *Östrogen-* (**I**) u. *Testosteron*(**II**)-Behandlung verändert wird. Zwischen ♂ u. ♀ besteht kein Unterschied der sekretor. Werte. Die Kastration beeinflußt die Sekretion nicht; **I** u. **II** erhöhen sie in mäßigem Umfang. W. Wesly. 4559◇

1252 **Vergleichende Untersuchung der Sexualwirksamkeit natürlicher Androgene.** C. J. Meyer, Ch. Krähenbühl und P. A. Desaulles. (Acta endocrinol. [Copenhagen] **43**, 27—46, 1963; Bâle, Suisse, Ciba, Dép. Pharmac. Labor. de Rech.; franz.) — Verschiedene natürliche *Androgene* [*Testosteron* (**I**), *Androsteron*, *Androstendion*, *Adrenosteron*, *11β-Hydroxyandrostendion* (**II**), *Dehydroepiandrosteron*, *17α-Hydroxyprogesteron*, *Progesteron*] wurden auf ihre Sexualwirksamkeit im Vers. am Kapaun u. an der kastrierten ♂ Ratte sowie auf ihre Hemmwrkg. auf den Östralcyclus u. die gonadotrope Wrkg. bei der Ratte untersucht. In Abhängigkeit vom angewandten Test zeigen die untersuchten Verbb. eine unterschiedliche Aktivität. Von allen untersuchten Verbb. zeigt nur **II** ein Verhältnis von anabol. zu androgener Aktivität, das größer als das von **I** ist. Obwohl die Hemmwrkg. auf den Östralcyclus in allen Fällen $< ^1/_{10}$ derjenigen von **I** ist, konnte an parabiot. Tieren gezeigt werden, daß die antigonadotrope Aktivität der einzelnen Steroide sehr verschieden ist. P. Schwerdtfeger. 4559◇

1253 **Mammogene Wirkungen von Methandrostenolon bei kastrierten Ratten.** K. Ahrén, A. Arvill und A. Hjalmarson. (Acta endocrinol. [Copenhagen] **42**, 601—14, 1963; Göteborg, Sweden, Univ. of Göteborg, Dep. of Physiol.; engl.) — *Methandrostenolon* (**I**; *17β-Hydroxy-17α-methylandrosta-1.4-dien-3-on*) wurde kastrierten ♂ u. ♀ Ratten injiziert u. die Wrkg. auf Milchdrüsen, Samengefäße u. Levator ani bzw. Vagina u.

Uterus untersucht. Die histolog. Veränderungen werden eingehend beschrieben. Die Ergebnisse lassen darauf schließen, daß **I** bei den kastrierten Tieren eine östrogene Wrkg. ausübt, die möglicherweise auf einer Umwandlung von **I** oder seinen Metaboliten in den Geweben in *Östrogene* beruht. P. Schwerdtfeger. 4559◇

1254 **Keimdrüseneinflüsse auf die Hypophysen-Nebennieren-Achse.** Robert C. Troop und Genus J. Possanza. (Arch. Biochem. Biophysics **98**, 444—49, 1962; Memphis, Tenn., Univ. of Tenessee Med. Units, Dep. of Pharmacol.; engl.) — Nebennierenviertel von ♂ u. ♀ Ratten liefern in vitro bei 2std. Inkubation die gleichen Mengen an *Corticoiden* (**I**). Durch Kastration wird bei beiden Geschlechtern die **I**-Produktion stark vermindert. Der Zusatz von Fl., in der Hypophysen inkubiert waren, steigert die **I**-Produktion der ♂ Nebennieren stärker als diejenige der ♀. Durch Kastration wird diese Rk. verringert, bes. stark bei den ♂. *Adrenocorticotropin* wirkt prakt. in gleicher Weise. *Adenosin-3'.5'-monophosphat* steigert die **I**-Ausschüttung bei beiden Geschlechtern, jedoch bes. bei ♂. Der Zusatz von *Glucose-6-phosphat* (**II**) u. *Triphosphopyridinnucleotid* (**III**) verstärkt die **I**-Produktion, jedoch wird, in Abhängigkeit von der Konz., entweder kein Geschlechtsunterschied oder aber eine stärkere Stimulation bei ♀ beobachtet. Kastration verstärkt nur bei der ♂ Ratte die Rk. auf **II** + **III** gering. Eine vorausgehende *Testosteron*-Behandlung der ♀ beeinflußt die **I**-Produktion in vitro in Ggw. oder Abwesenheit einer Hypophysenstimulation nicht, während bei *Östradiol*-behandelten ♂ unter beiden Bedingungen eine starke Steigerung der **I**-Ausschüttung zu beobachten ist. P. Schwerdtfeger. 4559◇

1255 **Die Wirkung der Geschlechtssteroide auf den Prolactingehalt von Hypophyse und Serum der Ratte.** O. L. Wolthuis. (Acta endocrinol. [Copenhagen] **43**, 137—46, 1963; Boerhaavekwartier, Leiden, Netherlands, Univ., Pharmacol. Dep.; engl.) — Die Hypophysen (Hp) intakter, ausgewachsener ♀ Ratten enthalten etwa doppelt soviel *Prolactin* (**I**) wie die Hp analoger Tiere, die 2 Monate zuvor gonadektomiert wurden. Das Hp-**I** der gonadektomierten ♀ entspricht in seiner Menge dem der intakten oder kastrierten ♂. Die Behandlung intakter ♀ Ratten mit *Östradiolbenzoat* (**II**; 50 μg/Tag) vermehrt den **I**-Geh. von Hp u. Serum. Bei den gonadektomierten ♀ erhöht **II** (50 μg/Tag) sowie in geringerem Maße auch *Testosteronpropionat* (2 mg/Tag) den **I**-Geh. von Hp u. Serum, während *Progesteron* (5 mg/Tag) den **I**-Geh. der Hp nicht wesentlich beeinflußt, jedoch anscheinend den **I**-Geh. des Serums erhöht. Vf. schließt, daß physiolog. Dosen von *Androgenen* den **I**-Geh. der Hp nicht beeinflussen, während physiolog. Dosen von *Östrogenen* den Geh. erhöhen. Alle untersuchten Geschlechtssteroide erhöhen die **I**-Produktion u. -Sekretion der Hp, wobei kein negativer Rückkopplungsmechanismus aufzutreten scheint. P. Schwerdtfeger. 4559◇

1256 **Hypophysektomie bei der trächtigen Ratte. Unter besonderer Berücksichtigung der endokrinen Organe der Nachkommen.** Lennart Angervall und Per M. Lundin. (Acta endocrinol. [Copenhagen] 42, 591—600, 1963; Göteborg, Sweden, Univ. of Göteborg, Dep. of Pathol. II; Dep. of Pathol. I.; engl.) — Es wird die Fetalentw. u. die Abhängigkeit der endokrinen Fetalorgane von der mütterlichen Hypophyse untersucht. Hypophysektomie am 12. oder 13. Trächtigkeitstag führt zu einem geringen, aber signifikanten Rückgang des Geburtsgewichtes. Es wurde eine Hypoplasie von Schilddrüse, Pankreasinseln u. Gonaden beobachtet. Die Befunde werden im Hinblick auf die möglichen Gründe der Veränderungen diskutiert. P. Schwerdtfeger. 4560◇

1257 **Nierenfunktion nach Hypophysektomie beim Menschen.** Thomas Falkheden. (Acta endocrinol. [Copenhagen] **42**, 571—90, 1963; Göteborg, Sweden, Sahlgrenska Sjukhuset, Med. Clin. II, Dep. of Clin. Physiol.; engl.) — Bei 23 Patienten wurde die Glomerularfiltrations-Geschw. (GF) u. der Nierenplasmafluß (NP) auf Grund der Clearance von *Inulin* u. *p-Aminohippursäure* vor u. nach Hypophysektomie untersucht. Alle Patienten wiesen nach der Operation eine verminderte Adrenocorticalfunktion auf u. erhielten *Cortison*. Wie die Unterss. 4—8 Wochen nach der Hypophysektomie zeigen, sind GF u. NP relativ stark vermindert; bei späteren Unterss. konnten nur noch geringe Veränderungen dieser Verhältnisse beobachtet werden. Durch Thyreoidtherapie wurden bei den hypophysektomierten Patienten GF u. NP erhöht, jedoch nicht bis auf den präoperativen Stand. P. Schwerdtfeger. 4560◇

1258 **Außerhalb der Nebenniere liegender Einfluß von Corticotropin (ACTH) auf den Cortisolstoffwechsel.** Pieter de Moor, Achilles Hendrikx und Marc Hinnekens. (J. clin. Endocrinol. Metabolism **21**, 106—09, 1961; Leuven, Kathol. Univ., Klin. St. Rafael, Rega-Inst., Labor. van Exper. Generskunde; engl.) — An Normalpersonen u. 2 Patienten mit adrenaler Insuffizienz wurde die Abnahme exogenen *Cortisols* (**I**) unter Normalbedingungen, ohne vorherige *ACTH*-Gabe u. nach Infusion von ACTH bestimmt. Die **I**-Abnahme-Werte lagen in der oben angeführten Reihenfolge der untersuchten Personengruppen. Die Ergebnisse werden diskutiert, ohne daß der Mechanismus der Abnahme des **I** geklärt werden kann. Möglicherweise erfolgt Hydrierung des A-Ringes von **I** in der Leber. G. Alcer. 4560◇

1259 **Hormonale Wirkungen in vitro auf den Aminosäureneinbau in das Ratten-Nebennierenprotein: Adrenocorticotropin und Wachstumshormon.** Edwin D. Bransome jun. und William J. Reddy. (Arch. Biochem. Biophysics **101**, 21—30, 1963; Boston, Mass., Harvard Med. School, Dep. of Biol. Chem. and Med.; Peter Bent Brigham Hosp., Dep. of Med.; engl.) — Sowohl das *adrenocorticotrope Hormon* (**I**) als auch bes. das *Wachstumshormon* (**II**) stimulieren in vitro den *Aminosäuren*-Einbau [*^{14}C-Glycin* (**III**), *^{14}C-L-Lysin* (**IV**)] in das Nebennieren-*Protein* der Ratte. Bei gemeinsamer Ggw. summieren sich die Wrkg. von **I** u. **II** nicht; für den **IV**-Einbau konnte keine Stimulation bei gemeinsamer Ggw. von **I** u. **II** im Inkubationsmedium nachgewiesen werden. Für **I** bzw. **II** konnten Dosis-Wrkg.-Beziehungen gefunden werden. **I** bzw. **II** sind sowohl in Krebs-Ringer-Bicarbonatpuffer als auch in -Phosphatpuffer wirksam; bei Ggw. von Glucose (10 mm) sind beide Verbb. jedoch wirkungslos. Der Aminosäureneinbau in das Protein erfolgt nach 15 Min. Inkubation u. nimmt bis zu 1 Std. zu. Auch durch eine starke Steigerung der **III**-Konz. konnte kein verstärkter **III**-Einbau erzielt werden. P. Schwerdtfeger. 4560◇

1260 **Die Wirkungen von Wachstumshormon auf den Stickstoffmetabolismus aus verschiedenen Aminosäuren und Ammoniak.** Trieste G. Vitti und O. H. Gaebler. (Arch. Biochem. Biophysics **101**, 292—98, 1963; Detroit, Mich., Wayne State Univ., Dep. of Chem.; Henry Ford Hosp., Edsel B. Ford Inst. for Med. Res., Dep. of Biochem.; engl.) — ♀ Sprague-Dawley-Ratten erhielten 2 Wochen nach Hypophysektomie (H) täglich 100 μg *Wachstumshormon* (**I**) aus Rinderhypophysenvorderlappen über 7 Tage intraperitoneal injiziert. Die Kontrolltiere (KT) erhielten nur NaCl-Lsg. injiziert. Am 6. Tage erfolgte eine einzelne Injektion von *^{15}N-Ammoniumcitrat* (**II**). 48 Std. danach wurden die Tiere getötet u. der Einbau in durch 10%ig. Trichloressigsäure fällbares Proteine (TCE-Protein) untersucht. *^{15}N* aus **II** wurde vollständig in die TCE-Proteine von Leber, Herz, Niere, Milz u. Quadricepsmuskel von KT eingebaut. Der Einbau in die Organe **I**-behandelter H-Tiere war gegenüber KT erhöht. Der Einbau von ^{15}N aus *^{15}N-Glycin* (**III**), *^{15}N-L-Alanin*, *^{15}N-Asparaginsäure* (**IV**) u. *^{15}N-L-Glutaminsäure* (**V**) in die TCE-Proteine der Leber wurde durch H- oder **I**-Behandlung nicht geändert. Außer den genannten Aminosäuren wurden noch *Serin* (**VI**), *Threonin* (**VII**), *Arginin* (**VIII**), *Tyrosin* (**IX**), *Phenylalanin* (**X**) sowie Amid-N auf den ^{15}N-Geh. untersucht. ^{15}N aus **III** wurde vor allem in **VI** eingebaut. Kein Anstieg des ^{15}N-Einbaues wurde in **VII**, **VIII** u. **IX** gefunden. Unerklärlicherweise fand kein Einbau von ^{15}N aus **III** oder **V** in Amid-N von Leberprotein statt. Mit Ausnahme von **III** u. **VI** wurde ^{15}N ungefähr gleichviel in die Aminosäuren eingebaut. ^{15}N wurde nur wenig in den Muskel u. dann nur als Amid-N eingebaut. ^{15}N aus **IV** wurde dagegen stärker im Muskelprotein gefunden. Unbehandelte H-Tiere zeigten eine ähnliche Verteilung. In **VIII** wurde nach **II**-Applikation in KT 80,5%, in **I**-behandelten Tieren 85,3% des ^{15}N als Amidin-N gefunden. Nach 24 Std. getötete Tiere zeigten mit Ausnahme von **VII, IX** u. **X** nach **II**-Applikation in den **I**-Tieren einen höheren ^{15}N-Geh. als die Kontrolltiere.

J. Boelter. 4560◇

1261 **Elektrophoretische und immunologische Eigenschaften von nativem und gereinigtem menschlichem Wachstumshormon.** Selna L. Kaplan und Melvin M. Grumbach. (Nature [London] **196,** 336–38, 27/10. 1962; New York, Babies Hosp., and Columbia Univ., Coll. of Physicians and Surgeons, Dep. of Pediatr.; engl.) — Aus den Unterss. der Vff. geht hervor, daß die durch elektrophoret. Trennung in Stärkegel auftretenden 3 Hauptkomponenten des *menschlichen Wachstumshormons* (**I**) nach der Präparation von Raben (vgl. Recent Progr. Hormone Res. **15,** [1959], 71) ähnliche oder möglicherweise sogar ident. determinante Gruppen tragen. Die Unterschiede im immunoelektr. Verh. der Raben-Präparation u. einer Suspension der menschlichen Hypophyse (als Homogenat) läßt vermuten, daß die Präparation mit mehreren Komponenten im gereinigten **I** nach Elektrophorese in Stärkegel Artefakten zugeschrieben werden müssen, die vor oder nach der Isolierung auftreten.

K. Ruckpaul. 4560◇

1262 **Wirkung des antidiuretischen Hormons beim Hund im Hungerzustand.** J. P. Geral. (C. R. Séances Soc. Biol. Filiales **157,** 395–98, 1963; Toulouse, Fac. de Méd., Labor. de Physiolog.; franz.) — Bei fehlender Nahrungs- u. Wasseraufnahme verändert sich unter Behandlung mit dem *antidiuret. Hormon* (**I**) weder der Elektrolytenspiegel noch der Harnstoff-Geh. des Bluts; Gew.-Abnahme u. Verschlechterung des Allgemeinzustandes traten jedoch schneller bei **I**-Behandlung auf als bei den unbehandelten Vgl.-Tieren. Bei fehlender Nahrungsaufnahme u. Fl.-Zufuhr ad libitum erfolgte nur eine Zunahme der Urinausscheidung u. eine Abnahme des Blut-K- u. -Harnstoff-Geh. bei **I**-Behandlung.

M. Blaschette-Huttinger. 4560◇

1263 **Reinigung des thyreotropen Hormons des Knochenfisches (Aal). Parallele zwischen der zoologischen Spezifität dieses Hormons und einige seiner physikochemischen Eigenschaften.** Yves A. Fontaine und Peter G. Condliffe. (Bull. Soc. Chim. biol. **45,** 681–93, 1963; Bethesda, Md., Education and Welfare, US-Dep. of Health, Public Health Serv., Nat. Inst. of Health; franz.) — Wie die Arbeiten der letzten Jahre ergeben haben, sind die rohen Knochenfischextrakte, welche die Schilddrüsen der Knochenfische stark anregen können, gegenüber den Schilddrüsen der Säugetiere wirkungslos. Vff. führen die spezif. Wirksamkeit des *THS* (*Thyreoid-stimulierendes Hormon*; **I**) auf physikochem. Unterschiede zurück. Vff. isolierten aus Aalen der Flüsse u. Teiche Nord- u. West-Frankreichs 1 g Hypophysentrockensubstanz. Die Reinigung erfolgte durch Chromatographie an Carboxymethylcellulose, durch Filtration an Gel Sephadex G 100 u. durch Chromatographie an Dimethylaminocellulose, wobei sich **I** wie ein Protein mit ähnlich physikochem. Eigg. wie der der Säugetiere verhielt. Die **I**-Wirksamkeit verschiedener Fraktionen wurde an der Bachforelle untersucht u. die Proteinkonz. durch Messung des Absorptionsmaximums (276 mμ) bestimmt. Es konnte ein ähnlicher Reinheitsgrad wie bei Säugetieren erreicht werden. Das Endprod. sowie der Rohextrakt sind bei Säugetieren in Dosen, die die Schilddrüsen von Knochenfischen stark anregen, wirkungslos. Das Molgew. wurde durch Ultrazentrifugieren in Saccharose zu 31000 bestimmt (Sedimentationskoeff. 3,0 *S*) u. ist somit etwas größer als dasjenige des Säugetier-**I** (Rind 28000). Die Elektrophorese von gereinigtem **I** auf Arylamid-Gel ergab einen im Vgl. mit den beim Rind gefundenen Werten geringen Geh. an *Cystin* (**II**; 25,7 gegenüber 68,0 Mol) u. *Aminozuckern* (*Glucosamin* 2,7 gegen 13,4 Mol u. *Galaktosamin* 0 gegen 6,5 Mol), während der Geh. an *Asparagin-* u. *Glutaminsäure* bes. hoch war. Ein Zusammenhang zwischen dem **II**-Geh. u. der **I**-Wirksamkeit wird diskutiert.

G. Marquard. 4560◇

1264 **Weitere Untersuchungen über die Wirkungen des die Schilddrüse stimulierenden Hormones auf die thyreoidale Glucoseoxydation.** James B. Vield, Phyllis Johnson, Esther Kendig und Ira Pastan. (J. biol. Chemistry **238,** 1189–92, 1963; Bethesda, Md., Nat. Inst. of Health, Nat. Inst. of Arthritis and Metabol. Diseases; engl.) — Eine verstärkte $^{14}C_{(1)}$-*Glucose*(**I**)-Oxydation ($^{14}CO_2$-Ausstoß) kann bereits festgestellt werden, wenn 10 Millieinheiten des die *Schilddrüse stimulierenden Hormones* (**II**) dem Hund in die Halsschlagader injiziert u. 15 Min. später Schilddrüsenschnitte inkubiert werden. Änderungen der **I**-Konz. zwischen 200 u. 3000 mg/100 ml haben kaum eine Wirkung. *Puromycin* hat keinen Einfluß. Werden Schilddrüsenschnitte zunächst mit *Nicotinsäure* u. danach mit **II** inkubiert, so zeigt sich eine Addition der die **I**-Oxydation fördernden Wrkg. beider Stoffe. Es kann gezeigt werden, daß die **I**-Oxydation von der *Nicotinamidadenindinucleotidphosphat*-Konz. abhängt. **II**-Antiserum des Meerschweinchens hebt die Förderung der **I**-Oxydation durch **II** auf.

R. Ristow. 4560◇

1265 **Wirkung von Pitressin auf die Ausscheidung und die Konzentration der Urine normaler und hypothyreotischer Ratten im Verlauf einer Wasserpolyurie.** P. Réville, H. Jahn und F. Stephan. (C. R. Séances Soc. Biol. Filiales **156,** 1686–90, 1962; Strasbourg, Fac. de Méd., Clin. méd. B, Labor. u. Chaire de Pathol. exp.; franz.) — Vff. stellten sowohl bei euthyreot. als auch bei hypothyreot. ♀ Ratten (durch längere Behandlung mit Propylthiouracil) nach subkutaner Injektion von 20 mE. *Pitressin* (**I**) u. intraperitonealer Verabfolgung von 5 ml dest. W. einen antidiuret. Effekt u. eine damit einhergehende Erhöhung der Na^+-Konz. des Urins fest. 10 mE. wirken bei beiden Tiergruppen nicht antidiuretisch. — Eine Perfusion beider Tiergruppen mit isoton. *Glucose*-Lsg. verursacht bei allen Tieren eine Wasser-Polyurie mit hypoton. Urinen; sofort nach Injektion von **I** (50 u. 75 μE., i.v.) ist die Diurese gehemmt, u. die osmolare Konz. der Urine steigt an u. erreicht bzw. übersteigt noch die des normalen Plasmas.

H. Kockert. 4560◇

1266 **Pharmakologische Charakterisierung von neurohypophysischen Hormonen in Lungenfischen und Amphibien.** B. K. Follett und H. Heller. (Nature [London] **199,** 611–12, 1963; Bristol, Univ., Dep. of Pharm.; engl.) — Vff. zeigen, daß Lungenfischdrüsen (*Protopterus* u. *Neoceratodus* sp.) außer *Vasotocin* ein *Oxytocin*-(**I**)-*Hormon* (**II**) (oder eine Mischung) enthalten, das verschieden von dem der Knochenfische u. ähnlich dem der Amphibien (Frosch *Rana esculenta* u. Kröte *Xenopus laevis*) ist. Das chromatograph. Verh. von **II**, seine Identität mit *8-Isoleucinoxytocin* u. sein vom **I** der Säugetiere unterschiedliches, pharmakolog. Spektrum werden diskutiert.

G. Marquard. 4560◇

1267 **Durch Cortison hervorgerufene Glykogenspeicherung in der Leber: Ihre Abhängigkeit von der Enzymsynthese.** Olga Greengard, G. Weber und R. L. Singhal. (Science [Washington] **141,** 160–61, 1963; New York, N. Y., Inst. for Muscle Disease; Indianapolis, Ind., Univ. School of Med., Pharmacol Dep.; engl.) — *Cortison* (**I**; 25 mg/100 g) bewirkt bei Hungerratten eine erhöhte *Glykogen*-Speicherung (GS). Bei gleichzeitiger *Puromycin*(**II**) (6 mg/100 g)- u. *Actinomycin*(**III**) (0,14 mg/100 g)-Injektion, 6 Injektionen in Abständen von 1 Std., wird dieser Effekt weitgehend verhindert. Die hormonale Enzyminduktion durch **I** wird an der *Tyrosintransaminase*(**IV**) quant. verfolgt. Ebenso wie bei der GS wird die durch **I** hervorgerufene Erhöhung nach **II** u. **III** um etwa 70% gehemmt. Es ist nicht bekannt, welche durch **I** induzierten Enzyme die GS der Leber regulieren. Die Erhöhung von **IV** u. anderen Transaminasen scheint mit der vermehrten Gluconeogenese zusammenzuhängen.

H. Müldner. 4561◇

1268 **Das Dosisverhalten zwischen exogenem Cortisonacetat und der urinären Ausscheidung eines Trypsininhibitors beim Menschen.** Hans J. Faarvang. (Acta endocrinol. [Copenhagen] **43,** 484–92, 1963; Copen-

hagen, Carlsberg Found., Biol. Inst.; engl.) — Gesunde Frauen mit normaler urinärer *Cortisol*-Ausscheidung erhielten 50—200 mg *Cortisonacetat* (**I**)/Tag peroral. Die urinäre Ausscheidung eines *Trypsin*-Inhibitors (**II**) nahm nach **I**-Applikation zu. Zwischen der **I**-Dosis u. der **II**-Ausscheidung wurde keine Beziehung gefunden. Wurde jedoch die 24std. **II**-Ausscheidung am Tag der **I**-Applikation mit der 24std. normalen **II**-Ausscheidung verglichen, so ergab sich eine direkte Proportionalität. Die früher aufgestellte Beziehung: **II**-Ausscheidung = Betrag des *Glucocorticoides* · Empfindlichkeit gegenüber *Glucocorticoiden* konnte bestätigt werden.
J. Boelter. 4561◇

1269 **Die Cortison-ähnliche Wirkung von 6α-Methyl-17α-acetoxyprogesteron im adrenalektomierten Menschen.** F. Camanni, F. Massara und G. M. Molinatti. (Acta endocrinol. [Copenhagen] **43,** 477—83, 1963; Turin, Univ., Dep. of Endocrin. Surgery, Med. Clin.; engl.) — In ♀ adrenalektomierten Patienten bewirkte die subkutane Injektion von 100 mg *6α-Methyl-17α-acetoxyprogesteron* (**I**)/Tag ein vollständiges Verschwinden der nach Absetzen von *Cortison* (**II**) bzw. nach Ersatz von **II** durch *9α-Fluorhydrocortison* sich entwickelnden Syndrome einer glucocorticoiden Insuffizienz. **I** konnte **II** vollständig ersetzen. Die *Glucose*-Toleranz, die durch **II** erniedrigt worden war, wurde auch durch **I** erniedrigt. Die Resistenz gegenüber *Insulin* wurde durch **I** mehr als durch **II** erhöht.
J. Boelter. 4561◇

1270 **Wirkung von Adrenalektomie, Cortison und somatotropem Hormon auf den Osteolathyrismus der Ratte.** A. Aschkenasy. (C. R. Séances Soc. Biol. Filiales **156,** 470—75, 1962; Paris, Hôp. de la Pitié, Centre de Rhumatol.; franz.) — Vf. untersucht an jungen ♀ Ratten die Schutz-Wrkg. von *Cortison* (**I**) u. *somatotropem Hormon* (**II**) gegen die lathyrogene Wrkg. von *Aminoacetonitril* (**III**) sowie die Wrkg. einer Adrenalektomie. Durch Adrenalektomie wird die Aktivität von **III** (150 mg/100 g Futter) in bezug auf die Ausbldg. des Osteolathyrismus verstärkt. Die adrenalektomierten Ratten überleben eine 3wöchige **III**-Zufuhr nicht; die Knochenschäden sind beträchtlich. Bei den adrenalektomierten Ratten verlangsamen **I**-Injektionen die durch **III** bedingte Intoxikation sowie die Knochendeformation. Wird **I** jedoch intakten Ratten nach **III**-Zufuhr injiziert, so läßt sich keine Schutz-Wrkg. nachweisen, vielmehr tritt bei längerer Vers.-Dauer eine Verstärkung der Schäden auf. **II** verstärkt die durch **III** verursachten Knochenschäden, jedoch nicht die Hämorrhagie.
P. Schwerdtfeger. 4561◇

1271 **Vergleich der Wirkung von Desoxycorticosteronacetat und Cortisonacetat auf die Elektrolyte des Rattenskelettmuskel.** Abbie I. Knowlton. (Proc. Soc. exp. Biol. Med. **104,** 13—16, 1960; New York, Columbia Univ. Coll. of Physicians and Surgeons, Dep. of Med. and Presbyterian Hosp.; engl.) — Vf. untersucht 8 Gruppen von Ratten. Hohe *Na*-Gaben, Adrenalektomie, 2,5 mg *Desoxycorticosteronacetat* (**I**) pro Tag (Gruppe 1); hohe Na-Gaben, Adrenalektomie, 2,5 mg *Cortisonacetat* (**II**) (2); hohe Na-Gaben, Adrenalektomie (3); hohe Na-Gaben, normal (4); niedrige Na-Gaben, Adrenalektomie, 2,5 mg **I** (5); niedrige Na-Gaben, Adrenalektomie, 2,5 mg **II** (6); niedrige Na-Gaben, Adrenalektomie (7) u. niedrige Na-Gaben, normal (8). Die Muskelanalyse zeigt folgende Werte: Gruppe 1: 74,2 (% W.), 4 (% Fett auf Trockengew. bezogen), 17,1 (mVal Na^+ pro 100 g fettfreie Trockensubstanz), 33,1 (mVal K^+); Gruppe 2; 72,0, 6,7, 8,2, 42,1; Gruppe 3: 74,6, 3,0, 8,3, 43,8; Gruppe 4: 74,4, 1,0, 8,2, 44,3; Gruppe 5: 74,8, —, 8,4, 44,8; Gruppe 6: 72,3, 1,8, 7,6, 42,8; Gruppe 7: 76,4, 1,6, 6,4, 45,7; Gruppe 8: 74,7, 3,1, 7,9, 44,0.
W. Hiller. 4561◇

1272 **Hemmung der Adrenocorticotropinsekretion durch Implantation von Hydrocortison in den Hypothalamus.** Julian M. Davidson und Shaul Feldman. (Science [Washington] **137,** 125—26, 1962; Jerusalem, Israel, Hadassah Univ. Hosp., Dep. of Nervous Diseases; Hebrew Univ., Hadassah Med. School.; engl.) — 40 ♂ Albinoratten wurden zu Beginn des Vers. die rechte Nebenniere entfernt. 32 der Tiere erhielten zum Zeitpunkt der unilateralen Adrenalektomie Implantate (ca. 0,2 mg) von krist. *Hydrocortisonacetat* (**I**) oder *Cholesterin* (**II**) im Bereich des Hypothalamus (HT) bzw. der Hypophyse (HP). Bei den restlichen 8 Tieren wurde die „kompensator. Hypertrophie" der verbliebenen Nebenniere bestimmt. **I**-Implantate in den HT unterdrückten in 11 von 19 Fällen die kompensator. Hypertrophie u. bewirkten eine Adrenalatrophie; in den restlichen 8 Fällen wurde nur eine partielle Hemmung der kompensator. Hypertrophie beobachtet. Die **I**-Implantation in die HP (5 Tiere) hatte keine Wrkg. auf Gew. u. histolog. Befund der Nebennieren. Auch die **II**-Implantation in den HT (8 Tiere) war ohne Wirkung.
P. Schwerdtfeger. 4561◇

1273 **Muskelwirkung von Strophanthin bei der Ratte nach Behandlung mit 9-α-Fluor-16β-methyl-Δ-hydrocortison.** Pierre Bouyard und Marc Klein. (C. R. Séances Soc. Biol. Filiales **157,** 342—44, 1963; Montpellier, Fac. de Méd., Labor. de Physiol. appl. et de Pharmacodyn.; franz.) — Eine längere Behandlung mit einer starken Dos. *Betamethason* (*9-α-Fluor-16β-methyl-Δ-hydrocortison.* 1,5 mg/kg per os, pro Tag) sensibilisiert das Tier gegenüber der kontraktierenden Wrkg. von *g-Strophanthin* auf die gestreifte Muskulatur.
M. Blaschette-Huttinger. 4561◇

1274 **Zur lokalen Wirksamkeit von 6α-Chlorprednisonacetat.** K. Schwarz, M. Konzelmann und R. Wran. (Praxis [Bern] **50,** 1015—18, 28/9. 1961; Zürich, Dermatol. Univ.-Klinik; dt.) — *6α-Chlorprednisonacetat* wurde im doppelten Blindvers. mit Hilfe einer sequenzanalyt. Meth. auf seine lokale Wirksamkeit (Ekzeme, Neurodermatitis) geprüft. Diese scheint derjenigen von *Fluorhydrocortison* vergleichbar.
G. Kimmerle. 4561◇

1275 **Die Wirkungsqualitäten des 16-Methylenprednisolon im Tierversuch.** L. Hepding, H.-J. Bertram, A. Clauss, U. Jahn und H. Kieser. (Arzneimittel-Forsch. **12,** 899—902, Sept. 1962; Darmstadt, E. Merck AG., Med. Forschungsabt.; dt.) — *16-Methylenprednisolon* (**I**) erweist sich im Leberglykogen-Test mit einer DE_{40} von 0,076 mg/Ratte als etwa ebenso wirksam wie *Dexamethason* (**II**) u. wirksamer als *Prednisolon* (**III**), *6-Methylprednisolon* (**IV**) sowie *Hydrocortison* (**V**). Im Thymusinvolutions-Test ist **I** weniger wirksam als **III**, nur etwa doppelt so wirksam wie **IV**, aber noch 2,6fach so wirksam wie **V**. Im Eosinopenietest kommt die Wrkg. von **I** an die des **II** fast heran. Im Granulombeutel-Test u. Pfotenödem-Test zeigt **I** eine doppelt so große Wrkg. wie **III**. Im Überlebens-Test an adrenalektomierten Ratten ist **I** fast ebenso wirksam wie **II**. Die akute perorale Toxizität ist bei Mäusen sehr gering (DL_{50} 7,45 g/kg). **I** zeichnet sich durch auffallend geringe Mineralocorticoid-Wrkg. aus.
U. Tausendfreund. 4561◇

1276 **Messung von Tetrahydroaldosteron aus Harn durch Gas-Flüssigkeit-Verteilungschromatographie.** H. F. Carr jun. und H. H. Wotiz. (Biochim. biophysica Acta [Amsterdam] **71,** 178—84, 1963; Boston, Univ. School of Med., Dep. of Psychatry and Biochem.; engl.) — Es wurde ein Verf. ausgearbeitet zur Best. von *Tetrahydroaldosteron* im Harn mittels Papier- u. Gaschromatographie. An 5 Personen ergab sich eine mittlere Ausscheidung pro Tag von 46,7 μg. *Na*-Mangel u. *Corticotropin*-Gaben erhöhten den Metaboliten. Ferner wurden zwei andere flüchtigere Komponenten gefunden.
M. Wiedemann 4561◇

1277 **Zur Trennung der C_{19}-Steroide des Harns im Dünnschichtchromatogramm.** P. M. Reisert und D. Schumacher. (Experientia [Basel] **19,** 84—86, 1963; Freiburg i. Br., Univ., Med. Klinik; dt.) — Das Dünnschichtverf. nach Stahl zur Chromatographie der C_{19}-Steroide des Harns erfuhr eine Änderung der Vers.-Anordnung, um die 17-Ketosteroid-Reinsubstanzen des Harns in einem Arbeitsgang mit Chlf.-A. 100:1,5 als Elutionsmittel scharf zu trennen u. die Laufzeit zu verkürzen. Mit dem modifizierten Verf. konnten nicht nur die 17-Ketosteroide des Harns *Androstan-3α-ol-17-on*, *Ätiocholan-3α-ol-17-on*, *Δ^5-Androsten-3β-ol-17-on* u. *Δ^4-Androsten-3α-17-dion*) scharf voneinander getrennt werden, sondern auch die Steroide der Nebennierenrinde

(*Corticosteron, Cortison, Hydrocortison* u. *Aldosteron*). L. Macher. 4561◇

1278 **Mechanismus der Brechreizwirkung der Brenzcatechinamine.** Raymond Cahen, Simone Taurand und André Pessonnier. (C. R. Séances Soc. Biol. Filiales **157**, 774—79, 1963; Maisons-Alfort, Centre de Recherches Lafon; franz.) — *Noradrenalin* (**I**) u. *Dopamin* (**II**) zeigen nach intraperitonealer Verabfolgung eine Brechreiz-Wrkg. bei Katze u. Hund; nach i.v. Gabe provoziert **I** nur beim Hund Brechreiz. Diese Wrkg. der *Brenzcatechinamine* (**III**) wird durch zentral wirkende Depressoren gehemmt (*Chloralose, Iproniazid* u. andere Monoaminooxydase-Inhibitoren; MI). *Chlorpromazin* (**IV**) u. *Reserpin* (**V**) hemmen ebenfalls die **III**. Bei **I** provoziert vorhergehende Gabe von MI eine Hemmung der Brechreiz-Wrkg. von **V**, aber verändert die Brechreiz hemmende Wrkg. von **IV** nicht. Vff. nehmen an, daß die **III** nach Durchdringen der Blut-Hirnschranke eine Brechreiz-Wrkg. durch Stimulierung der chemo-reflexogenen Zone der area postrema ausüben.
M. Blaschette-Huttinger. 4561◇

1279 **Wirkung von Adrenalinperfusionen auf den intracardialen Druck des Hundes unter Chloralhydrat- und Atropin-Behandlung.** P. Duchêne-Marullaz und J. Lavarenne. (C. R. Séances Soc. Biol. Filiales **156**, 643 bis 646, 1962; Clermand-Ferrand, Fac. de Méd. et de Pharm., Labor. de Physiol.; franz.) — Während 15 bis 60 Min. wird Hunden eine *Adrenalin*(**I**)-Perfusion (2 μg bis 4 μg/kg/Min.) unter *Chloralhydrat*- u. *Atropin*-Behandlung verabfolgt. Der initiale Blutdruckanstieg ist rechts steiler u. verhältnismäßig stärker als links, ähnlich wie in den beiden arteriellen Gebieten des großen u. kleinen Kreislaufs, deren peripherer Widerstand bestimmend ist für das Benehmen der korrespondierenden Ventrikel. Auffallend ist rechts die Stabiliät des Blutdrucks während der ganzen Vers.-Dauer u. die progressive Normalisierung zum Ende der Perfusion, während links der Druck progressiv abnimmt u. zum Ende erst nach einer Phase von Hypotension wieder normalisiert wird. Die Registrierung der Momentwerte zeigt rechts eine starke, gleichbleibende Zunahme des differentiellen Blutdrucks, während links der differentielle Blutdruck absinkt, u. zum Schluß erst nach einer Phase sehr enger Blutdruckspanne der normale Zustand wieder erreicht wird. Die positiv inotrope Wrkg. von **I** ist rechts 4mal stärker als links. M. Blaschette-Huttinger. 4561◇

1280 **Wirkung von Adrenalin auf den Annäherungsreflex bei marinen, gleichfarbigen Knochenfischen.** R. Labat. (C. R. Séances Soc. Biol. Filiales **157**, 881 bis 885, 1963; Toulouse, Fac. des Sci. Labor. de biol. animal, et de Biol. d'Arachon.; franz.) — Vf. beobachtete, daß Injektion einer adrenolyt. Substanz, *Yohimbin* (**I**, Chlorhydrat, 0,2 γ/kg), die durch Elektrocardiogramm u. an den Kiemenbewegungen festgestellte Intensität des Annäherungsreflexes bei gleichfarbigen Knochenfischen (*Solea vulgaris* Cuv.) ebenso erheblich vermindert wie *Adrenalin*-Injektion (0,1 γ/kg). Vf. nimmt an, daß der Annäherungsreflex sowohl auf einem nervlichen, wie auf einem humoralen Mechanismus beruht. Injektion von **I** beim Schattenfisch *Sciena äquila* Cuv. verursacht eine leichte Abschwächung des Annäherungsreflexes der ebenso wie bei den nicht gleichfarbigen Knochenfischen wenig bedeutend ist. G. Marquard. 4561◇

1281 **Konzentration von Adrenalin und Noradrenalin im Plasma einiger Vogelarten. Wirkung verschiedener Faktoren.** Alfredo Osvaldo Donoso. (C. R. Séances Soc. Biol. Filiales **156**, 790—95, 1962; Paris, Inst. Océanogr., Labor. de Physiol.; franz.) — Die Brenzcatechinamine im Plasma wurden nach Cohen u. Goldenberg (J. Neurochem. **2**, [1957], 58) fluorometr. an Proben bestimmt, die nach der Meth. von v. Euler u. Lishajko C. **1960,** 12458 erhalten wurden. Bei den meisten der untersuchten Arten (*Branta canadiensis, Anas platyrynchos, Anas boschas, Larus argentatus*) lag die Konz. an *Adrenalin* (**I**) niedriger als die an *Noradrenalin* (**II**). Ausbluten (Entzug von $>20\%$ des Gesamtblutes) läßt bes. die **I**-Konz. ansteigen. *Nembutal* in anästhet. wirksamen Konzz. blockiert die **I**- u. **II**-Ausschüttung teilweise. 6monatige Dunkelheit bzw. 72std. Fasten vermindert bei der Hausente die **I**- u. **II**-Geh. des Plasmas, während sie durch Streß (3 Std. im Käfig) erhöht werden. Ein 1monatiger Aufenthalt im Dunkeln hatte keinen signifikanten Einfl. auf die **I**- u. **II**-Geh. der Plasmen.
P. Schwerdtfeger. 4561◇

1282 **Versuche über die Ausscheidung von radioaktivem Jod durch die Schilddrüse bei der Ratte unter einem Streß.** L. Asch. (C. R. Séances Soc. Biol. Filiales **157**, 363—65, 1963; Strasbourg, Fac. de Méd., Labor. des Isotopes de la Clin. Méd. A.; Inst. d'Histolog.; franz.) — Unter chirurg. Streß entsteht eine deutliche Verzögerung der Ausscheidung von ^{131}J. Nach *Thyreostimulin* (**I**) nimmt ^{131}J-Ausscheidung von der 54. u. 78. Std. stark zu, sowohl bei den normalen Tieren als auch bei den Ratten nach chirurg. Streß. Nach chirurg. Streß scheint die durch **I** aktivierte Schilddrüse fähig zu sein, Hormone aus ihren *J*-Reserven zu bilden, ohne daß, wie schon früher bewiesen, eine Fixierung der im Kreislauf befindlichen Jodide stattfindet. M. Blaschette-Huttinger. 4562◇

1283 **Jodstoffwechsel dispergierter Thyreoidzellen, die durch Trypsinbehandlung von Schafschilddrüsen erhalten wurden.** Winton Tong, Paul Kerkof und I. L. Chaikoff. (Biochim. biophysica Acta [Amsterdam] **60,** 1—19, 1962; Berkeley, Calif., Univ. of California, Dep. of Physiol; engl.) — Vff. beschreiben eine App., die es gestattet Zellen von Schafschilddrüsen durch eine kontinuierliche *Trypsin*(**I**)-Behandlung zu isolieren. Hierbei wird das grob zerkleinerte Gewebe mit dem **I**-Reagens gerührt u. die freigesetzten Zellen kontinuierlich abgesaugt, wobei das auf 37° erwärmte **I**-Reagens mit gleicher Geschw. zufließt. Die abgesaugten Zellen werden in einem gekühlten Vorratsgefäß gesammelt u. durch Sieben von mitgerissenen Gewebeteilen befreit. Werden diese isolierten Zellen mit ^{131}J-*Jodid* inkubiert, so erfolgt eine *J*-Akkumulation u. die Bldg. von *Jodtyrosinen* u. *-thyroninen*. Die isolierten Zellen dejodieren *3.5-Dijodtyrosin* stärker u. *3-Jodtyrosin* schwächer als Schilddrüsenschnitte. Diese Befunde zeigen, daß das Vorhandensein der Kolloid- u. Follikularstrukturen für die J-Konzentrierung u. die Hormonsynth. der Schilddrüse nicht erforderlich sind.
P. Schwerdtfeger. 4562◇

1284 **Über die Fixierung und Assimilierung von Jod (^{131}J) durch eine Bryozoe, Bugula neritina L.** Jean Roche, Simonne André und Italo Covelli. —(C. R. Séances Soc. Biol. Filiales **156,** 1817—22, 1962; Naples, Univ. Staz. Zool. et Ist. di Patol. Gen.; Concarneau, Coll. de France, Labor. de Biol. Marine; franz.) — Dem Meer-Wasser zugesetztes $^{131}J^-$ wird durch *B. neritina* akt. konz., wobei *Jodproteine* gebildet werden. Diese J-Fixierung wird durch KSCN u. Thioharnstoff reversibel gehemmt. Nach alkal. Hydrolyse der Proteine lassen sich papierchromatograph. nur *3-Monojodtyrosin* u. *3.5-Dijodtyrosin* nachweisen. Da sich bei den Bryozoen keine Anzeichen einer Thyreoidfunktion nachweisen lassen, erfolgt die Biosynth. der Jodtyrosine offenbar nur zur Bldg. von Stützproteinen. P. Schwerdtfeger. 4562◇

1285 **Einbau von Jodid in organische Verbindungen der Meerschweinchenschilddrüse.** R. Ekholm, T. Zelander und P.-S. Agrell. (Acta endocrinol. [Copenhagen] **43,** 110 bis 118, 1963; Gothenburg, Sweden, Univ., Dep. of Anat. engl.) — Meerschweinchen erhielten bei ausreichender *J*-Versorgung $Na^{131}J$ injiziert u. ihre Schilddrüsen wurden 45 Sek. bis 5 Tage später untersucht. Hierzu wurde das Thyreoidhomogenat durch 1std. Zentrifugieren bei 140000 · g in eine gemeinsame Kern-Mitochondrien-Mikrosomen-Fraktion u. den Überstand getrennt. In diesen Fraktionen wurde das freie u. das an *Protein* (**I**) gebundene ^{131}J bestimmt u. von dem **I**-gebundenen ^{131}J wurde, nach Hydrolyse, der Geh. an *Monojodtyrosin* (**II**), *Dijodtyrosin* (**III**) u. *Thyroxin* ermittelt. Bereits 20 Min. nach der Injektion liegt das ^{131}J der Partikelfraktion zu 100% in **I**-gebundener Form vor. Die Bindung an **I** erfolgt im Überstand langsamer; erst nach 3 Std. sind ca. 90% des ^{131}J **I**-gebunden. Die Gesamtmenge an **I**-gebundenem ^{131}J liegt im Überstand höher als in der entsprechenden Partikelfraktion. Auch bei den kürzesten Vers.-Zeiten wurden nach Hydrolyse des **I**-gebundenen ^{131}J **II** u. **III** erhalten. Das **III**/**II**-Verhältnis war bei den Vers.-Zeiten bis zu 2 Std. niedriger als nach 3 Std. u. darüber. P. Schwerdtfeger. 4562◇

1286 **Photochemische Entjodierung von Thyroxin durch Flavinmononucleotid.** Mitsuo Suzuki, Ichiro Ishikawa, Shojiro Shimizu und Kiyoshi Yamamoto. (Biochim. biophysica Acta [Amsterdam] **51,** 403–06, 1961; Maebashi, Guncna Univ., Inst. of Endocrinol., Dep. of Physiol.; engl.) — *FMN* entjodiert *Thyroxin* (**I**) in Phosphatpuffer nur unter Belichtung. Luftausschluß, *EDTA, DPNH, Cytochrom c,* Fe^{2+} u. Fe^{3} verringern die Entjodierung. Katalase ist ohne Einfluß. Die **I**-Entjodierung erfolgt nicht während der reversiblen FMN-Red., sondern während dessen irreversiblen Zers. in Ggw. von O_2. Das FMN-Zers.-Prod. besitzt eine ähnliche Absorptionskurve wie Lumichrom (**II**), so daß die photochem. **I**-Entjodierung durch FMN anscheinend eine oxydative, mit dem irreversiblen Abbau von lichtaktiviertem FMN zu **II** darstellt. *Trijodthyronin* u. *Monojodtyrosin* werden langsam, *Dijodtyrosin* leicht entjodiert. Papierchromatographie des aus **I** erhaltenen Rk.-Gemischs ergab J^-, *Jodthyronine* u. *Jodtyrosine* neben Abbauprodd., die oxydativ durch Spaltung der Ätherbrücke u. der Seitenkette entstehen. *Tyrosin, Histidin* u. *Glycyltyrosin* aktivieren die **I**-Entjodierung, während andere Aminosäuren ohne wesentlichen Einfl. sind. Cu^{2+} u. Hg^{2+} hemmen stark. K. Maier. 4562◇

1287 **Identifizierung von O-Methylthyroxin im Rattenurin.** Jean Roche, Raymond Michel und Paolo de Gregorio. (Biochim. biophysica Acta [Amsterdam] **47,** 398–400, 1961; Paris, Coll. de France, Labor. de Biochim. générale et comparée; franz.) — Im wesentlichen mit der C. **1961,** 13 239 referierten Arbeit identisch. H. Kockert. 4562◇

1288 **Über die Fixierung von Thyreoidhormonen durch kernhaltige Blutkörperchen verschiedener Herkunft.** Jean Roche, Italo Covelli, Vincenzo Macchia und Salvatore Aloj. (C. R. Séances Soc. Biol. Filiales **156,** 1746–50, 1962; Paris, Coll. de France, Labor. de Biochim. génér. et comp.; Naples, Univ., Inst. de Pathol. gén.; franz.) — Es wird über in vitro-Unterss. an gewaschenen Blutkörperchen verschiedener Species (*Anas platyrynchus L., Scyliorhinus canicula L., Sipunculus nudus L.*) über die Bindung von ^{131}J-markiertem *3.5.3'-Trijod-L-thyronin* (**I**), *Thyroxin* (**II**), *3-Monojod-L-tyrosin, 3.5-Dijod-L-tyrosin* sowie $^{131}J^-$ u. $^{22}Na^+$ in verschieden langen Zeiträumen (bis zu 5 Std.) berichtet. Eine Fixierung konnte nur für **II** u. bes. für **I** nachgewiesen werden, während die übrigen untersuchten Verbb. im extracellulären Raum verbleiben. Diese Erscheinung ist nach Ansicht der Vff. auf ein intracelluläres *Protein*-Syst. zurückzuführen, das die Thyreoidhormone selektiv bindet. P. Schwerdtfeger. 4562◇

1289 **Histologische Untersuchung der Schilddrüse von Ratten mit Mangel an Protein oder gewissen Aminosäuren.** A. Aschkenasy. (C. R. Séances Soc. Biol. Filiales **156,** 782–86, 1962; Paris, Hôp. de la Pitié; franz.) — Bei Vgl. von Diäten mit gleichem *J*-Geh. ergibt sich für die*N*-freie Diät eine Wrkg. auf die Epithelausbldg. sowie (bei reichlicher J-Zufuhr) auf das Lumen der Schilddrüsengefäße. Die durch J-Mangel hervorgerufenen histolog. Veränderungen sind bei den N-haltigen u. den N-Mangeldiäten vergleichbar. Fehlen im Futter nur die aromat. Aminosäuren (*Phenylalanin, Tyrosin*) so erscheinen die Schilddrüsen histolog. aktiver als beim Fehlen anderer essentieller Aminosäuren (*Cystin, Methionin, Lysin, Tryptophan*). Die histolog. Befunde decken sich nicht immer mit den Ergebnissen, die gleichzeitig in Stoffwechsel-Unterss. mit ^{131}J erhalten wurden. P. Schwerdtfeger. 4562◇

1290 **Cholesterinstoffwechsel und Schilddrüsen-Aktivität bei selektiv auf Unterschiede im emotionellen Verhalten gezüchteten Ratten.** G. Feuer. (Biochem. J. **87,** 8P, 1963; Carshalton, Surrey, Med. Res. Council Neuropsychiatr. Res. Unit; engl.) — Die „Maudsley-reactive" Ratte zeigt im Gegensatz zu „Maudsley-nonreactive" Ratten eine leichte Hyperthyreose; in den Verss. konnte gezeigt werden, daß gleichzeitig eine Erhöhung des *Cholesterin*-(**I**)-Geh. im Blut bei dieser Gruppe vorliegt. Es wurden 112,78 ± 2,45 S. E. mg/100 ml Serum (nicht reagierende Tiere 97,30 ± 3.23, $P < 0.01$) gefunden. ♀ Ratten hatten einen höheren **I**-Geh. als ♂, der **I**-Geh. geht bei Verabfolgung von *DL-Thyroxin* (5 µg/100 g Körper-Gew. für 5 Tage) zurück. Erhöhte **I**-Werte wurden in der Leber, erniedrigte in der Nebenniere gefunden. Der **I**-Geh. des Gehirns blieb normal. W. Rehner. 4562◇

1291 **Einfluß der Schilddrüse auf die Tuberkulose: Untersuchungen über die Wirkungsweise.** B. R. Solanki und R. V. Junnarkar. (Indian J. med. Res. **49,** 1063–75, 1961; Nagpur, Med. Coll., Dep. of Pathol; engl.) — Kulturen von einkernigen Phagocyten normaler oder *Thyroxin*(**I**)-behandelter Meerschweinchen, welche mit virulenten *Tuberkelbacillen* infiziert wurden, zeigten deutliche degenerative Veränderungen; *BCG*-infizierte Kulturen oder Kulturen von BCG-geimpften Tieren zeigten keine Veränderungen. Monocyten von **I**-behandelten Tieren hemmten die intracelluläre Vermehrung der Tuberkelbacillen geringfügig u. zeigten eine erhöhte Phagocytosequote; keine Unterschiede bestanden zwischen BCG-geimpften u. nicht geimpften Tieren. Leukocyten von **I**-behandelten Tieren zeigten einen erhöhten O_2-Verbrauch. K. Zingraf. 4562◇

1292 **Sensibilisierung der Nickhaut gegenüber Adrenalin nach Verabfolgung von Jodthyroninen bei der Ratte nach Behandlung mit einer starken Dosis ^{131}J und bei der normalen Ratte.** J. C. Devoghel, Z. M. Bacq und G. Barac. (C. R. Séances Soc. Biol. Filiales **157,** 901–05, 1963; Liége, Univ., Labor. de Pathol. et Thérapeut. génér.; franz.) — Bei Ratten, welche mit einer starken Dosis ^{131}J behandelt wurden u. bei unbehandelten Tieren provozieren *L-Thyroxin* u. *L-3.5.3'-Trijodthyronin* eine Sensibilisierung der Nickhaut gegenüber *Adrenalin.* M. Blaschette-Huttinger. 4562◇

1293 **Regulierung von Parathyreoidwachstum und -sekretion durch Calcium.** Lawrence G. Raisz. (Nature [London] **197,** 1115–16, 1963; Rochester, N. Y., Univ. of Rochester, School of Med. and Dent., Dep. of Pharmacol. and Med.; engl.) — Parathyreoiddrüsen (Kükenembryo) wurden auf einer Agarschicht kultiviert, die sich auf der Oberfläche der Kulturfl. befindet. Die Kulturfl. besteht aus 30% Rattenserum in einem chem. definierten Nährmedium. Analog wurden Parathyreoiddrüsen ausgewachsener ♂ Ratten auf Milliporfiltern auf einer Kulturfl., bestehend aus 50% Rattenserum, in einem modifizierten Medium nach Eagle kultiviert. Nach 48std. Inkubation unter 95% O_2 + 5% CO_2 wurden die Drüsen fixiert u. histolog. untersucht. Bei niedriger Ca^{2+}-Konz. zeigen die Schnitte mkr. einen hohen Cytoplasmaanteil. Bei hoher Ca^{2+}-Konz. nimmt das Cytoplasma ab, während sich die Kerngröße wenig ändert; die Mitoserate der Embryonaldrüsen geht zurück. Eine Zunahme des anorgan. Phosphats bei niedriger Ca^{2+}-Konz. bewirkt keine weitere Stimulation der Drüsen. Eine Sekretion der Parathyreoiddrüsen (gemessen an der stimulierten Resorption von Fetalknochen) konnte nur nach Inkubation bei niedriger Ca^{2+}-Konz. nachgewiesen werden. Die beobachtete Wrkg. ist relativ spezif. für Parathyreoiddrüsen u. Ca^{2+}. P. Schwerdtfeger. 4563◇

1294 **Stabilitätstest des Blut-Glutathions bei 120 Diabetikern.** P. Polosa, L. Motta und S. Ferlito. (Arch. Stud. Fisiopatol. Clin. Ricambio **27,** 23–32, 1963; Catania, Univ., Ist. di Patol. Med. e Metodol. Clin.; ital.) — Bei der Unters. der Stabilität von *Glutathion* (**I**) im Blut von 120 Diabetikern mit dem Beutler-Test waren die Restwerte sehr niedrig, während die prozentuale Abnahme von **I** die gleiche wie bei Normalpersonen war. K. Zingraf. 4564◇

1295 **Die Serumproteine bei Diabetes mellitus in Beziehung zu vasculären Komplikationen.** Bengt Skanse. (Acta endocrinol. [Copenhagen] **43,** 3–11, 1963; Lund, Univ., Dep. of Med., Dep. of Clin. Chem.; Malmö, Sweden, Malmö Allmänna Sjukhus; engl.) — Das Serum von 110 Diabetespatienten im Alter von 19–78 Jahren wurde mittels Papierelektrophorese aufgetrennt u. der quant. Anteil der einzelnen Fraktionen bestimmt. Es findet sich häufig eine Zunahme der α_2-*Globuline* u. eine Abnahme des *Albumins*; die γ-Globuline sind teilweise vermindert u. teilweise vermehrt. In den Fällen, in denen eine Zunahme der β-Globuline zu verzeichnen ist, kann diese auf ein Ansteigen der β_2-Globuline zurückgeführt werden. Die Verschiebungen der Proteinfraktionen betreffen in gleichem Maße Patienten mit u. ohne vasculäre Komplikationen. P. Schwerdtfeger. 4564◇

1296 **Die Wirkung der Insulin-Hypoglykämie auf die Sekretion der großen und kleinen Kurvatur von Pawlowschen Magentaschen bei Hunden.** Teh-Ming Wang und Chih-Chün Wang. (Acta physiol. sinica **26**, 53–58, 1963; Peking, Peking Med. Coll., Dep. of Physiol.; chin., Auszug: engl.) — Im Vgl. zu Histamin als Standard ist die Zunahme der Sekretions-Geschw. u. der Säurekonz. in der großen u. kleinen Kurvatur von Pawlowschen Magentaschen bei *Insulin*-Glykämie gleich; dagegen ist die *Pepsin*-Erzeugung in der großen Kurvatur höher. K. Zingraf. 4564◇

1297 **Die Wirkung von Insulin auf das Blut-Diphosphothiamin (DPT) junger und alter diabetischer Patienten.** Dante Giarnieri und Vittorio Lumia. (Clin. chim. Acta [Amsterdam] **6**, 144–45, 1961; Rome, Univ. Inst. of Chem. Biol. and Inst. of Human Physiol.; engl.) — *Insulin*(**I**)-Zufuhr steigert bei Diabetikern die Blut-*Cocarboxylase*-Konz. bei jungen von 5,1 auf 7,5 μg-%, bei älteren erheblich weniger u. für eine Normalisierung unzureichend. Vermutlich sind beim Altersdiabetes Anti-**I**-Faktoren bes. akt. u. stören die Wrkg. von endo- wie exogenem **I**. K. Maier. 4564◇

1298 **Wirkung von Insulin auf die Hyperglykämie bei einer Spinalläsion des Kaninchens.** Giovanna Pinna und Franco Solinas. (Atti Accad. naz. Lincei, Rend., Cl. Sci. fisiche, mat. natur. [8] **28**, 917–20, 1960; Sassari, Univ., Ist. di Fisiol. Umana; ital.) — Bei Kaninchen mit einer Ligatur der Medulla tritt vorübergehend ein *Insulin*(**I**)-Defizit auf, das durch exogene Verabfolgung von **I** kompensiert werden kann; eine **I**-Behandlung der Tiere während dieser Zeit beschleunigt die Rückkehr des *Glucose*-Stoffwechsels zur Norm. H. Kockert. 4564◇

1299 **Insulin-Verträglichkeit von Kaninchen mit Spinalläsionen.** Franco Solinas und Giovanna Pinna. (Atti Accad. naz. Lincei, Rend., Cl. Sci. fisiche, mat. natur. [8] **28**, 926–28, 1960; Sassari, Univ., Ist. di Fisiol. Umana; ital.) — Vgl. vorst. Referat. — Bei Kaninchen mit einer Ligatur der Medulla macht sich eine erhöhte *Insulin*(**I**)-Resistenz bemerkbar, begleitet von einer Veränderung des Kohlenhydrat-Stoffwechsels, deren Ursache wahrscheinlich in einer temporären Funktionsänderung der Nebennieren mit einer vermehrten Abgabe von glucoakt. Steroiden mit Anti-**I**-Wrkg. zu suchen ist; sek. scheint eine Aktivierung des Hypothalamus-Hypophysenvorderlappenapp. (erhöhte ACTH-Abgabe) vorzuliegen. H. Kockert. 4564◇

1300 **Wirkung von Sorbit auf die Regulierung des Blutzuckerspiegels.** Hugues Gounelle, Bernard Garnier und Georges Ladoux. (C. R. Séances Soc. Biol. Filiales **157**, 265–69, 1963; Paris, Centre de Rech. Foch; franz.) — Wenn bei der Zuckerbelastungsprobe zum üblichen *Traubenzucker* (**I**) noch 10 g *Sorbit* (**II**) hinzugefügt werden, so sind die später registrierten Blutzuckerwerte niedriger als bei alleiniger **I**-Gabe. Dasselbe wird nach der **II** Perfusion beobachtet. M. Blaschette-Huttinger. 4564◇

1301 **Einfluß von Glukagon auf die Calciumausscheidung im Urin beim Hund.** G. Dewonck, Z. M. Bacq und G. Barac. (C. R. Séances Soc. Biol. Filiales **157**, 897–99, 1963; Liège, Univ., Labor. de Pathol. et Thérapeut. génér.; franz.) — Eine i.v. Gabe von 300–400 γ *Glukagon* (**I**)/kg beim schlafenden Hund kann eine Hypercalciurie hervorrufen, aber nur bei gleichzeitig starker Polyurie. **I** scheint die *Ca*-Ausscheidung im Urin nicht spezif. zu beeinflussen. M. Blaschette-Huttinger. 4564◇

1302 **Wirkung von Adrenalin und Glukagon auf die Glykämie, die Lactate und die Fettsäuren des Plasmas.** M. Levarlet. (C. R. Séances Soc. Biol. Filiales **156**, 1940–42, 1962; Bruxelles, Univ. Libre, Labor. de Méd. Exp.; franz.) — Die Verss. wurden an 12 Hunden (15–25 kg) durchgeführt, die in Pentobarbitalnarkose entweder *Glukagon* (**I**; 10 μg/kg, schnell i.v. injiziert) bzw. *Adrenalin* (**II**; 0,5 mg in 100 ml physiolog. Serum, in 15 Min. infundiert) erhielten. Aus Vene u. Arterie einer Pfote wurden alle 10 Min. Blutproben entnommen u. auf *Glucose* (**III**), *Milchsäure* (**IV**) u. *Fettsäuren* (**V**) untersucht. Die Dosen von **I** u. **II** sind so gewählt, daß die nach 15 Min. auftretende Hyperglykämie etwa gleich ist. Der Abfall der **III**-Konz. ist jedoch verschieden: **I** 2,3 · 10^{-2} u. **II** 1,3 · 10^{-2} mg/100 ml/Minute. Während **I** die **IV**-Konz. nicht beeinflußt, ruft **II** einen Anstieg hervor. Bei den **V** besteht normal eine arteriovenöse Differenz von — 100 mVal/Liter. Bei Zufuhr von **II** erfolgt in Arterie u. Vene ein beträchtlicher **V**-Anstieg, bei Verringerung der Differenz; nach 60 Min. sind die Ausgangswerte wieder erreicht. Bei **I**-Zufuhr tritt ein mäßiger **V**-Anstieg in der Arterie ein, der sich nach 30 Min. wieder normalisiert, während in der Vene nach einem geringen Anstieg der **V**-Geh. absinkt, so daß die arteriovenöse Differenz verschwindet. Nach 60 Min. sind die Werte wieder normalisiert. P. Schwerdtfeger. 4564◇

1303 **Durch Chlorpropamid verursachtes hypoglykämisches Koma.** M. Jenny, R. Martin und R. Veyrat. (Praxis [Bern] **50**, 1005–07, 1961; Genf, Clin. univers. de thérapeut.; franz.) — Bei einem 87 Jahre alten Diabetiker kam es nach einer Verabreichung von täglich 1 g *Chlorpropamid* an 3 aufeinanderfolgenden Tagen zu einem hypoglykämischen Schock. G. Kimmerle. 4564△

1304 **Wirkung von Ernährung und Thyroxin auf die Morphologie des Pankreas des Aales (Anguilla anguilla L.).** P. Palayer. (C. R. Séances Soc. Biol. Filiales **156**, 786 bis 790, 1962; Paris, Muséum, Labor. de Physiol.; franz.) — Die Unterss. über die Wrkg. von *Thyroxin* (**I**) wurden an sehr jungen Gelbaalen durchgeführt, wobei diese mit bzw. ohne Futter gehalten wurden. Bei der gefütterten Kontrollgruppe zeigte der exokrine Pankreas eine erhebliche Vol.-Vergrößerung, während er bei den fastenden Tieren einen Rückgang zeigte. Bei beiden Gruppen bewirkte **I** einen relativen Vol.-Rückgang des exokrinen Pankreas, der jedoch, abs. betrachtet, den durch Fütterung bedingten Zuwachs nicht völlig unterdrückt. Auch in bezug auf den endokrinen Pankreas ist das relative Vol. bei den fastenden Tieren geringer als bei den gefütterten. In diesem Fall hat **I** keinen Einfl. bei den fastenden Tieren, während **I** bei den gefütterten eine Hypoplasie der Langerhansschen Zellen bewirkt, wobei das relative Vol. des endokrinen Pankreas abnimmt. Die beobachteten histolog. Veränderungen werden angeführt. Es konnte nachgewiesen werden, daß die Langerhansschen Inseln beim Aal *Glykogen* enthalten. P. Schwerdtfeger. 4564◇

1305 **Einfluß der Enervation, des Hungerzustands, der Verhinderung des Durchgangs und der Transplantation auf den Gehalt an Acetylcholin der Muskelschichten des Darmtraktus beim Hund.** S. Yokoyama und Y. Nitta. (C. R. Séances Soc. Biol. Filiales **157**, 430–33, 1963; Hukusima, Fac. de Méd., Labor. de Physiol.; franz.) — Der Gradient des *Acetylcholin*(**I**)-Geh. der Darmmuskelschichten ist sehr stabil. Mit Vagotomie nimmt der **I**-Geh. vom 7. bis 12. Tag im Duodenum u. Jejunum ab u. geht vom 14. bis 21. Tag auf seinen Ausgangswert zurück. Die Sympathektomie beeinflußt den **I**-Geh. nicht. Der Hungerzustand u. das Verhindern des Durchgangs provozieren eine Abnahme von **I** im Ösophagus u. im cranialen Dünndarmanteil. Die Transplantation eines Dünndarmsegments an eine andere Darmstelle beeinflußt den **I**-Geh. nicht. M. Blaschette-Huttinger. 4569◇

1306 **Teratogenischer Effekt von 5-Hydroxytryptamin in Mäusen.** Evelyn Poulson, J. M. Robson und F. M. Sullivan. (Science [Washington] **141**, 717–18, 1963; London, Guy's Hosp. Med. School, Dep. of Pharm.; engl.) — Vff. injizierten zwischen dem 5. u. 12. Tag der Trächtigkeit bei Mäusen subkutan entweder 2 mg *5-Hydroxytryptamin–Kreatininsulfat* (**I**) in einer einzigen Dosis (einige Tiere erhielten 2,0 mg *Progesteron* in Öl) oder 0,5 mg **I** u. stellten fest, daß zwischen dem 6. u. 11. Tag das Verhältnis Fetus mit Abnormalitäten / überlebender Fetus 18/146 bzw. 19/424 beträgt, während sich die Anzahl der Abnormalitäten zur Anzahl der

Muttermäuse wie 15/74 bzw. 19/74 verhält. Die durch die geringere I-Dosis verursachten fetalen Abnormalitäten bestehen in der Veränderung der Augen, der Glieder des Schwanzes, des Schädels u. des zentralen Nervensyst. u. werden auf die Wrkg. von I auf die placentale Funktion u. auf die Blutversorgung zurückgeführt.
G. Marquard. 4569◇

1307 **Die Freisetzung von Serotonin und Brenzcatechinaminen durch Pharmaca.** Parkhurst A. Shore. (Pharmacol. Rev. **14,** 531—50, 1962; Dallas, Texas, Univ., Med. Sch., Dep. Pharmacol.; engl.) — Übersichtsarbeit über Pharmaca, die zu einer Beeinflussung der Bindungsmechanismen für *Serotonin* u. *Brenzcatechinamine* führen. — 111 Literaturangaben.
Joachim Schmidt/Magdeburg. 4569◇

1308 **Auslösung der Milchsekretion beim ♀ Kaninchen durch Injektion von 5-Hydroxytryptamin in die Hypothalamusgegend.** R. Kehl, J. C. Czyba, G. Arnaud und H. Gueyffier. (C. R. Séances Soc. Biol. Filiales **156,** 1414—15, 1962; Lyon, Fac. de Méd., Chaire d'Histolog. et d'Embryolog.; franz.) — Tägliche Injektionen von *5-Hydroxytryptamin* in die Hypothalamusgegend können beim ♀ Kaninchen, ähnlich wie subkutane *Reserpin*-Injektionen eine Milchsekretion provozieren.
M. Blaschette-Huttinger. 4569◇

1309 **4-Substituierte Indole als Antagonisten von 5-Hydroxytryptamin und Veratrin.** Louis S. Harris und Frederick C. Uhle. (J. Pharmacol. exp. Therapeut. **128,** 358—62, 1960; Boston, Mass., Havard Med. School, Dep. of Pharmacol.; engl.) — Von den Vff. wurden folgende Verbb. geprüft: *4-Carboxyindol* (**I**), *4-Cyanindol* (**II**), *4-Carbomethoxyindol* (**III**), *Indol-4-carbonsäure-diäthylamid* (**IV**), *4-Carboxygramin* (**V**), *4-Cyangramin* (**VI**), *4-Carbomethoxygramin* (**VII**), *4-Cyangraminmethojodid* (**VIII**), *Gramin-methojodid* (**IX**), *[4-Cyanindolyl-(3)]-methanol* (**X**), *4-Cyan-3-methoxymethylindol* (**XI**), *N-Acetyl-3-acetoxymethyl-4-cyanindol* (**XII**), *Carbomethoxymethyl-α-acetylmethylamino-β-[4-cyanindolyl-(3)]-propionat* (**XIII**), *α-Acetylmethylamino-β-[4-cyanindolyl-(3)]-propionsäure* (**XIV**), *β-[4-Cyanindolyl-(3)]-propionsäure* (**XV**), *α-Acetylmethylamino-β-[4-carboxyindolyl-(3)]-propionsäure* (**XVI**), *α-Methylamino-β-[4-carboxyindolyl-(3)]-propionsäure-hydantoin* (**XVII**), *α-Methylamino-β-[indolyl-(3)]-propionsäure-hydantoin* (**XVIII**), *5-Keto-1.3.4.5-tetrahydrobenz[c.d]-indol* (**XIX**), *5-Carboxy-1.3.4.5-tetrahydrobenz[c.d]-indol* (**XX**), *4-Amino-1.3.4.5-tetrahydrobenz[c.d]-indol·HCl* (**XXI**), *4-Acetamino-5-keto-1.3.4.5-tetrahydrobenz[c.d]-indol* (**XXII**), *4-Methylamino-5-keto-1.5-dihydrobenz[c.d]-indol* (**XXIII**), *1-Acetyl-4-acetylmethylamino-5-acetoxy-1.2-dihydrobenz[c.d]-indol* (**XXIV**), *1.3.4.5-Tetrahydrobenz[c.d]-indol* (**XXV**), *4-[N-Methyl-N-(2-cyanäthyl)-amino]-5-keto-1.3.4.5-tetrahydrobenz[c.d]-indol* (**XXVI**), *3.5-Dicarbomethoxy-1.2.3.4-tetrahydro-2-methyl-9H-pyrid-[3.4:b]-indol* (**XXVII**), *Harmin* (**XXVIII**), *Harmalin* (**XXIX**), *3.3'-Diindolylmethan* (**XXX**), *4.4'-Dicarboxy-3.3'-diindolylmethan* (**XXXI**), *4.4'-Dicarbomethoxy-3.3'-diindolylmethan* (**XXXII**), *4.4'-Dicyan-3.3'-diindolylmethan* (**XXXIII**). Am jungfräulichen Rattenuterus haben folgende Verbb. eine antagonist. Wrkg. gegenüber *5-Hydroxytryptamin*: **II—VIII, XIX, XXI, XXII, XXVIII—XXX, XXXII, XXXIII.** Am isolierten Froschmuskel wirken folgende Verbb. antagonist. gegenüber *Veratrin*: **III, IV, VI** bis **VIII, XVIII, XXI, XXIII, XXVII, XXVIII—XXX, XXXII, XXXIII.**
P. Lange. 4569◇

1310 **Die Bedeutung von Histamin und Bradykinin beim Entzündungsprozeß.** P. Stern, A. Nikulin und J. Ferluga. (Arch. int. Pharmacodynam. Thérap. **140,** 528—38, 1962; Sarajevo, Univ., Fac. of Med., Inst. of Pharmacol. and Pathol. Anat.; engl.) — *Bradykinin* (**I**) verstärkt die durch *Crotonöl* bei der Ratte hervorgerufene entzündliche Reaktion. **I** ist weniger wirksam, wenn die Entzündung nach *Histamin*(**II**)-Depletion hervorgerufen wird. Es wird angenommen, daß **I** vorwiegend über **II** wirkt u. von geringerer Eigenwrkg. als **II** ist. **I** u. **II** wirken additiv.
Joachim Schmidt/Magdeburg. 4569◇

1311 **Antagonismus zwischen synthetischem Bradykinin und Natriumsalicylat bei der Ratte.** J. Lecomte. (C. R. Séances Soc. Biol. Filiales **156,** 1932—34, 1962; Liège, Belgique, Univ., Inst. Léon Fredericq. [Physiol.]; franz.) — Synthet. *Bradykinin* (**I**) ruft bei der Ratte einen Abfall des arteriellen Blutdrucks hervor, der der Dosis proportional ist. Die Wiedererreichung der Normalwerte erfolgt in 2 Phasen, wobei mitunter ein Überdruck auftritt. Diese hypertensive Phase kann durch Behandlung der Tiere mit *Guanethidin* verstärkt werden. Die **I**-Wrkg. kann durch verschiedene Pyrazolonderivv. (*Antipyrin, Aminopyrin, Novalgin, Phenylbutazon* (Geigy), *Irgapyrin* (Geigy), *Acetamidophenol, Na-Benzoat* u. *2.4-Dihydroxybenzoat*) nicht unterdrückt werden, auch wenn tox. Dosen verabfolgt werden. Im Gegensatz dazu ist *Na-Salicylat* (**II**), i.v. verabfolgt, ein starker Inhibitor der **I**-Wrkg.; bei 75 mg **II**/100 g wird eine vollständige Hemmung erzielt. Bei peritonealer Zufuhr ist **II** nach einer Latenzzeit von 15—20 Min. ebenfalls wirksam. *Corticotropin* hat keinen Einfl. auf die Wrkg. von **I**. Bilaterale Adrenalektomie verlängert die **I**-Wrkg. u. unterdrückt die sek. Hypertension; **II** wirkt auch in diesem Falle antagonist. gegen **I**.
P. Schwerdtfeger. 4569◇

1312 **Spektroskopische Untersuchung der Hämatin-Verbindungen im Soret-Bereich.** P. S. Clezy und D. B. Morell. (Biochim. biophysica Acta [Amsterdam] **71,** 165—71, 1963; Sydney, Royal North Shore Hosp., University of New South Wales and Inst. of Med. Res., School of Chem.; engl.) — Die Absorptionsspektren für mehrere substituierte Häminchloride u. alkal. Hämatine wurden im Bereich 350—430 mμ bestimmt: *2.4-Diformyldeuterohämin, Hämin a, 2-Formyl-4-vinyl-(Chlorcruorohämin)*, 4-Formyl-, *2.4-Diacetyl-, 2-* u. *4-Monoacetyl-, 2.4-Divinyl-* (*Protohämin*), *2.4-Diäthyldeuterohämin* (*Mesohämin*) u. *Deuterohämin.* Die ersten zeigten 2 Maxima, falls das Lsgm. eine niedere Polarität hatte (Ae., Benzol), in Essigsäure dagegen nur eins, die letzten zeigten in Ae. nur eine Soretbande. Für die ersten war die eine Bande (S) vom elektrophilen Charakter des Substituenten am Porphyrinring abhängig, die zweite (S) mit der kürzeren Wellenlänge überwog bei schwach oder nicht elektrophilen Substituenten.
M. Wiedemann. 4572◇

1313 **Die O_2-Dissoziationskurve des Blutes. Bestimmung der Gleichgewichtskonstanten der Hämoglobin-O_2-Kombinationsreaktionen.** Rodolfo Margaria, Luigi Rossi und Spartaco Marchi. (Atti Accad. naz. Lincei, Rend., Cl. Sci. fisiche, mat. natur. [8] **28,** 581—86, 1960; Milano, Univ., Ist. di Fisiol. Umana; ital.) — Die experimentell ermittelten Daten der *Hämoglobin-O_2*-Dissoziationskurve stimmen mit berechneten Werten überein. Eine theoret. Beziehung wird aufgestellt zwischen den Gleichgewichtskonst. von 4 möglichen I-Oxydations-Red.-Reaktionen.
H. Kockert. 4572◇

1314 **O_2-Transport durch Hämoglobinlösungen.** Jui H. Wang. (Science [Washington] **133,** 1770—71, 1961; Cambridge, England, Univ. Chem. Labor., Dep. of Theoretical Chem.; engl.) — Ableitung eines einfachen mathemat. Ausdrucks für die steady state-Diffusions-Geschw. von O_2 durch eine Lsg. oder Suspension von O_2-tragenden Partikeln. Es werden verschied. Spezialfälle (Diffusion von N_2 u. anderen Rk.-trägen Gasen, Diffusion von O_2 bei niedrigen u. hoher Partialdrucken) diskutiert u. mit den von Hemmingsen u. Scholander (Science [Washington] **132,** [1960], 1379) erhaltenen Daten verglichen. Die von vorst. Autoren festgestellte Abhängigkeit der Geschw. des spezif. O_2-Transports von Druck u. pH-Wert stimmt mit dem von Vf. entwickelten Ausdruck überein.
H. Kockert. 4572◇

1315 **Untersuchungen an acetyliertem menschlichem Hämoglobin.** E. Bucci, C. Fronticelli, L. Bellelli, E. Antonini, J. Wyman und A. Rossi Fanelli. (Arch. Biochem. Biophysics **100,** 364—68, 1963; Rom, Univ. Inst. of Biol. Chem.; „Regina Elena" Inst. for Cancer Res.; engl.) — Vff. stellten verschieden stark acetylierte Präpp. von menschlichem *Hämoglobin* (**I**) dar, indem einer Oxyhämoglobin-Lsg. in Phosphatpuffer, pH 7,5, oder in K_2HPO_4-Lsg. bei 0° unter Rühren Essigsäureanhydrid langsam zugesetzt u. die Lsg. gegegen Phosphatpuffer, pH 7, geringer Konz. dialysiert wird. Das *Acetyl*-**I** ist stabil u. im sichtbaren Bereich spektroskop. nicht von normalem **I** zu unterscheiden. Bei stärkerer Acetylierung scheint das Molgew. auf die Hälfte zurückzugehen. Der isoelektr. Punkt verschiebt sich nach pH 3,5 bis 5,0. Auch bei der höchsten Acetylierung (80%) bindet **I** noch O_2. Der Koeff. n der Hillschen Gleichung ist bei Acetyl-**I** kleiner als normal u. nicht mehr pH-unabhängig; auch der Bohr-Effekt ist stark vermindert. Durch die Acetylierung geht die Anzahl der mit p-Chlormercuribenzoat titrierbaren Gruppen bis auf Null zurück.

P. Schwerdtfeger. 4572◇

1316 **Einbau von ^{32}P in die Phosphatide der Blutzellen verschiedener Tierspecies.** J. De Gier, E. Mulder, I. Mulder und L. L. M. Van Deenen. (Proc., Kon. nederl. Akad. Wetensch., Ser. B **64,** 274—87, 1961; Utrecht, State Univ., Labor. of organ. Chem.; engl.) — Vff. stellten fest, daß der Einbau von ^{32}P (als trägerfreies $Na_2H^{32}PO_4$) in die *Phosphatide* (**I**) der roten Blutkörperchen verschiedener Säugetierarten (Mensch, Affe, Rind, Schaf, Pferd, Schwein, Kaninchen, Ratte) weit niedriger liegt als in die **I** anderer Gewebe (Leber, Lunge, Nieren, 5std. Bebrütung in vitro). Die Verteilung der Radioaktivität auf die einzelnen Komponenten (intakte **I** u. ihre Hydrolyseprodd.) wird auf papierchromatograph. Wege nach 20std. Inkubation der Erythrocyten in vitro bestimmt. Bei Schaf, Rind, Pferd, Schwein, Kaninchen u. Ratte findet sich die Radioaktivität vorwiegend in der *Phosphatidyläthanolamin*-Fraktion, beim Menschen hingegen fast ausschließlich in einer Komponente des *Phosphatidsäuretyps* der Erythrocyten. — Wahrscheinlich besteht eine Beziehung zwischen der bevorzugten ^{32}P-Aufnahme u. den Funktionen der betreffenden **I**.

H. Kockert. 4573◇

1317 **Die Bindung der Sialsäure bei der Ultrastruktur der Humanerythrocyten.** G. M. W. Cook. (Nature [London] **195,** 159—61, 1962; Cambridge, Univ., Dep. of Radiotherapeutics; engl.) — Die in einem *Sialomucopeptid*, das durch *Trypsin* aus der Zellultrastruktur von Humanerythrocyten freigesetzt wird, vorhandene *Sialsäure* ist α-ketosid. an einen Galaktosamin-Rest (sehr wahrscheinlich das N-Acetylderiv.) in einer alkalilabilen Saccharidkomponente gebunden. Letztere hat anscheinend eine ähnliche Struktur wie die prosthet. Gruppe von Rinderspeichel-Mucoprotein, *6-α-D-Sialyl-N-acetylgalaktosamin*. Diese Schlüsse werden aus papierchromatograph. Unters. gezogen. K. Maier. 4573◇

1318 **Richtungseffekte von Alkalimetallionen auf die Adenosintriphosphathydrolyse in Erythrocytenhüllen.** R. Whittam. (Nature [London] **196,** 134—36, 1962; Oxford, Univ., Dep. of Biochem.; engl.) — *ATP* u. eines der Alkalimetallchloride wurden in Humanerythrocytenhüllen eingeführt, *Li*, *Na*, *K*, *Rb* oder *Cs* enthaltende Hüllen in Salzlsgg. verschiedener Ionenzus. gewaschen, die Suspensionen der Hüllen mit u. ohne *Ouabain* (**I**; 0,1 mm) 1 Std. bei 37° inkubiert u. die *Orthophosphat*-Abspaltung aus ATP bestimmt. Die Aktivierung der **I**-empfindlichen ATP-Hydrolyse durch Alkaliionen ist synergist. u. hängt von der Lokalisierung der Ionen ab. Internes Li u. Na, nicht aber K, Rb u. Cs, aktivieren, ebenso externes Li, K, Rb u. Cs, nicht aber Na. Die asymm. Richtungseffekte von Alkaliionen auf die intracelluläre ATP-Hydrolyse durch Membranen ist offensichtlich für die Steuerung von Stoffwechselgeschw. von allgemeinerer Bedeutung. K. Maier. 4573◇

1319 **Über die hämatolytische Wirksamkeit von O-Streptolysin.** Paolo Merucci, Luciano Vella und Alfredo Zampieri. (Atti Accad. naz. Lincei, Rend., Cl. Sci. fisiche, mat. natur. [8] **29,** 221—24, 1960; Roma, Ist. Superiore di Sanità, Labor. di Microbiol.; ital.) — Vff. stellten fest, daß die lyt. Wrkg. von *O-Streptolysin* (**I**) auf Erythrocyten (E) durch *Cardiolipin* gehemmt wird u. daß die Alterung des Serums einen Anstieg der Resistenz der E gegenüber **I** verursacht; die Resistenz steigt während der ersten 4 Wochen an, um danach rapide abzufallen u. innerhalb von 60 Tagen gänzlich zu verschwinden. Die in 0,6 u. 1%ig. Salzlsgg. suspendierten E zeigten gegenüber der lyt. Wrkg. von **I** die größte Resistenz; bei höherkonz. Salzlsgg. (1,8%) sinkt die Resistenz merklich ab. H. Kockert. 4573◇

1320 **Die Wechselwirkungen zwischen menschlichem Plasmaalbumin und reduziertem Glutathion.** Leon Libenson und Milton Jena. (Arch. Biochem. Biophysics **100,** 441—50, 1963; Pittsburgh, Pa., Western Pennsylvania Hosp., Div. of Med.; Montefiore Hosp., Inst. of Res.; engl.) — Wird menschliches *Plasmaalbumin* (**I**) mit *red. Glutathion* (**II**) inkubiert, so erfolgt eine Red. von **I** unter Bldg. eines Prod., das die elektrophoret. Beweglichkeit von Plasma-α-globulin aufweist. Diese Red., die bes. die S–S-Gruppen von **I** angreift, erfolgt zwischen pH 2,5 u. 4,7, das pH-Optimum liegt bei 3,6. Das Verh. bei verschiedenen pH-Werten in Ggw. u. Abwesenheit von Harnstoff läßt darauf schließen, daß die Reaktionsfähigkeit von **II** u. die Zugänglichkeit der S–S-Gruppen von **I** die Rk. limitieren. Durch Verw. von ^{35}S-**II** kann gezeigt werden, daß bei der Red. von **I** durch **II** gemischte Disulfide gebildet werden, die bei niedrigen pH-Werten beständig sind, sich im alkal. Bereich jedoch leicht zersetzen. Es wird die mögliche Bedeutung dieser Red. beim intracellulären Proteinstoffwechsel diskutiert.

P. Schwerdtfeger. 4574◇

1321 **Vergleich von Darstellungsverfahren für Ratten-Serumalbumin und Charakterisierung eines reinen Präparates.** P. W. Jungblut und F. Turba. (Biochem. Z. **337,** 88—103, 1963; Würzburg, Univ., Physiol.-Chem. Inst.; dt.) — Vff. isolierten Rattenserum-*Albumin* (**I**) aus der Fraktion V nach Cohn a) durch Abtrennung der begleitenden Lipoproteine durch Flotation, b) durch Kristallisation des Mercaptalbumins u. Zerlegung der Kristalle, c) durch Äthanolextraktion des Trichloressigsäure-Nd., d) durch Isolierung aus dem Immunpräcipitat, e) durch präparative Papierelektrophorese u. Chromatographie an Diäthylaminoäthylcellulose u. f) durch alternierende Papierelektrophorese bei pH 8,6, 4,1 u. 8,6. Für die präparative Gewinnung von reinem **I** eignet sich bes. die Meth. nach f. Das immunochem. reine **I** zeigt eine Sedimentationskonst. $S_{O\,20\,W}$ von 4,41 ± 0,03 · 10^{-13} Sek., eine Diffusionskonst. D_{O20W} von 6,0 ± 0,3 · 10^{-7} cm²/Sek. u. ein scheinbares spezif. Vol. V_{20} von 0,720 cm³/g, woraus sich ein Molgew. von 64500 errechnet. Die elektrophoret. Beweglichkeit beträgt in 0,1 m Veronalpuffer pH 8,6 bei 1,8° 6,5 · 10^{-5} cm²/VSek. Die Aminosäurenzus. von **I** wird angeführt; *N*-endständig tritt *Glutaminsäure* auf u. *C*-endständig *Ala·Leu·Ala·Ser·*. . .

P. Schwerdtfeger. 4574◇

1322 **Isolierung eines α_1-Makroglobulins (α_{1M}) aus dem Serum der normalen Ratte.** Yvette Jacquot-Armand, Georges A. Boffa und Jean M. Fine. (C. R. hebd. Séances Acad. Sci. **255,** 590—92, 1962; Paris, Inst. de Biol. Physicochim., Labor. de Biophys.; Centre Nat. de la Transfusion Sanguine, Labor. d'Immunochim.; engl.) — Durch zweidimensionale Elektrophorese in Stärke sowie durch Immunelektrophorese konnten im Serum von Wistar-Ratten 21 Proteinfraktionen nachgewiesen werden, von denen bes. die *α_1-Globuline* (α_1-**I**) infolge ihrer Heterogenität (5 Fraktionen) u. Menge auffallen. Das Rattenserum wird durch kontinuierliche Papierelektrophorese fraktioniert. Die Fraktionen im Albuminbereich werden durch Fällung mit $(NH_4)_2SO_4$ (80% Sättigung) konz., die Proteine in Phosphatpuffer pH 7,3 gelöst u. die Lsg. dialysiert. Durch Ultrazentrifugieren werden 4 Fraktionen mit S = 3,8; 5,95; 8,8 u. 17,8 erhalten, von denen die letzte dem *Makroglobulin* α_{1M}-**I** entspricht. Bei der Immunelektrophorese gegen Antirattenserum von Kaninchen ergibt α_{1M}-**I** eine einzige Fällungslinie. Bei der Elektrophorese in Stärkegel werden 2 Fraktionen erhalten, ein Haupt- u. eine in Spuren auftretende, schnellere Nebenfraktion. Nach Ansicht der Vff. handelt es sich hierbei um strukturelle Modifikationen von α_{1M}-**I**. Neben dem α_1-Makroglobulin tritt auch ein *γ-Makroglobulin* im normalen Rattenserum auf. P. Schwerdtfeger. 4574◇

1323 **Kolloidale Aspekte der Blutlipide.** H. L. Davis. (Kon. vlaamse Acad. Wetensch., Letteren schone Kunsten België, Colloquium **1956,** 81—93; Omaha, Nebr., Univ. of Nebraska, Coll. of Med., Deps. of Biochem. and Surgery; engl.) — Übersicht. — Es werden alle Faktoren genannt u. besprochen, die bei der Unters. von Blut-*Lipiden* (**I**) als koll. Syst. berücksichtigt werden müssen, z. B. die Rolle der Plasma-*Proteine* (bes. der *Albumine*) als I-stabilisierende Faktoren u. anderes. — 14 Literaturangaben. H. Kockert. 4574◇

1324 **Chromatographische Trennung von Serum-Lipoproteinen auf Glaspulverkolonnen.** L. A. Carlson. (Kon. vlaamse Acad. Wetensch., Letteren schone Kunsten België, Colloquium **1956,** 113—22; Stockholm, Schweden, Karolinska sjukhuset, Dep. of Internal Med. u. King Gustaf V's Res. Inst.; engl.) — Vgl. C. **1957,** 2832. — Es wird die Auftrennung von Serum-*Lipoproteinen* (Mensch) in α_1- u. *β-Lipoproteine* durch Chromatographie auf Glaspulverkolonnen beschrieben. Einige für bestimmte Erkrankungen (Herzinfarkt usw.) typ. Ergebnisse werden mitgeteilt u. diskutiert. H. Kockert. 4574◇

1325 **Untersuchung der Entwicklung der Lipide bei der Inkubation von Serum. — 4. Mitt. Entwicklung der Lipide der isolierten Lipoproteine.** Jacqueline Etienne, Marise Ayrault-Jarrier und Jacques Polonovski. (Bull. Soc. Chim. biol. **45,** 561—72, 1963; Paris. Univ., Fac. de Méd., Labor. de Chim. Biol.; franz.) — 3. vgl. Bull. Soc. Chim. biol. **42,** [1960], 857. — Bei der Inkubation von Serum bei 37° werden die *Lecithine* (**I**) aller *Lipoprotein*(**II**)-Fraktionen (*β*-**II**, *α*-**II** u. Rest-**II**) zu *Lysolecithinen*(**III**) hydrolysiert. Die **III** werden wieder hydrolysiert u. bilden *Glycerylphosphorylcholin.* Wenn die durch Ultrazentrifugieren isolierten **II** gesondert inkubiert werden, werden die **I** der *α*-**II** in der gleichen Weise wie im Vollserum hydrolysiert, die **I** der *β*-**II** dagegen weniger. Bei Inkubation von Vollserum in den *β*-**II** *Cholesterin* (**IV**) verestert, bei Inkubation der isolierten **II** werden dagegen die **IV**-Ester hydrolysiert. In den *α*-**II** werden die **IV**-Ester in jedem Fall abgebaut. K. Zingraf. 4574◇

1326 **Serum-Lipoproteine während der Wundregeneration.** Martin B. Williamson, Lilita DiLallo und Harold B. Haley. (U. techn. Mitarb. von Ulrich Freihoffer.) (Naturwissenschaften **49,** 471, 1962; Chicago, Ill., Loyola Univ., Grad. School and School of Med., Dep. of Biochem. and Surg.; dt.) — Es wird geprüft, ob sich eine Veränderung des Fettstoffwechsels in einer Veränderung der Höhe der Serum-Lipoproteine während der Wundregeneration widerspiegelt. Bei ♀ Ratten unter eiweißfreier Kost konnte 3 u. 6 Tage nach Setzen einer kreisförmigen Wunde an der Rückenhaut keine Veränderung der relativen Mengen der mit den *α*- u. *β-Globulinen* des Serums verbundenen Lipide nachgewiesen werden. Die Masse der Lipide ist mit der α_1- u. α_2-Globulinfraktion u. mit den beiden *β*-Globulinfraktionen des Serumproteins verbunden. Es hat den Anschein, daß das Verhältnis von Lipid zu Eiweiß nach Setzen der Wunde unverändert bleibt; auch die Eiweißfraktionen bleiben während der Wundregeneration unverändert. U. Tausendfreund. 4574◇

1327 **Vergleiche über die chemische Zusammensetzung der „totalen" Seromucoide des Blutes verschiedener Säugetiere.** Jean Montreuil, René Seynave, Maria-Céleste Bastos Cabrita de Souza und Daniel Hivet. (C. R. hebd. Séances Acad. Sci. **254,** 1530—32, 19/2. 1962; Lille, Fac. des Sci., Labor de Chimie biolog.; franz.) — Der Geh. an *Osen* (**I**), *Osaminen* (**II**) u. kombinierten *Sialsäuren* (**III**) der Seren der verschiedenen Säugetiere bleibt in derselben Größenordnung, doch beobachtet man bemerkenswerte Variationen: der Geh. an „kombinierten" Kohlenhydraten ist fast der gleiche bei Pferd u. Rind; er ist deutlich höher beim Schwein u. niedriger bei Schaf u. Kalb. Das Verhältnis **I** zu **III** u. **I** zu **II** ist rassenabhängig u. zeigt qual. Unterschiede, bes. sind die *totalen Seromucoide* (**IV**) bei Menschen, Schwein u. Pferd weniger reich an **III** als bei Schaf, Rind u. Kalb. Bemerkenswert ist der hohe *Fucose*-Geh. des Schweine- u. Pferdeserums, was wohl mit dem hohen *Immunoglobulin*-Geh. zusammenhängt. Die hauptsächlichsten Unterschiede der Seromucoide der Säugetiere hängen mit Natur u. Verteilung der **III** zusammen: beim Menschen kommt nur die *N-Acetylneuraminsäure* vor, bei andern Säugetieren sind in verschiedenen Proportionen *N-Acetyl-* u. *N-Glykolylneuraminsäure* vorhanden. M. Blaschette-Huttinger. 4574◇

1238 **Mitteilung über die antilipämische Wirkung von in alkalischem Medium abgebautem Heparin.** J. Chauveau und Ch. Frayssinet. (Kon. vlaamse Acad. Wetensch., Letteren schone Kunsten België, Colloquium **1956,** 185 bis 189; Paris, Univ. Dép. de Physiol et Biochim. cellulaire u. C. N. R. S., Inst. de Rech. sur le Cancer; franz.) — Vff. stellten fest, daß bei Depolymerisation von *Heparin* (**I**) durch Erwärmen mit verd. NaOH auf kochendem W.-Bad sowohl die antikoagulierende Wirksamkeit von **I** als auch seine Fähigkeit, im Organismus die Bldg. klärender Faktoren zu verursachen, verlorengehen. Die Abbauprodd. von **I** sind nicht mehr in der Lage, sich mit Proteinen unter Bldg. akt. Komplexe zu verbinden, die für die beiden vorst. genannten biolog. Eigg. von **I** verantwortlich sind. H. Kockert. 4574◇

1329 **Biochemische Aspekte der Insektenmetamorphose. Die Ribonucleinsäure während der Larvenentwicklung und der Metamorphose von Musca domestica L.** Salvatore Russo-Caia. (Atti Accad. naz. Lincei, Rend., Cl. Sci. fisiche, mat. natur. [8] **29,** 215—20, 1960; Camerino, Univ., Ist. di Zool. ed Anat. Comparata; ital.) — Vgl. C. **1961,** 8734. — Vf. stellte fest, daß sich während der Larven-Entw. von *Musca domestica* L. der *Ribonucleinsäure* (RNS)-Geh. pro Gew.-Einheit kontinuierlich vermindert, in der Prämetamorphose ein Minimum erreicht u. auch während der ersten Std. des Puppenstadiums noch minimale Werte zeigt; danach steigt er wieder an u. bleibt bis zur Imago etwa auf der maximalen Höhe des Puppenstadiums. Eine Erhöhung des RNS-Geh. geht in jedem Falle der Phase einer ausgeprägten *Protein*-Synth. voraus. H. Kockert. 4583◇

1330 **Gleichgewicht für Kalium, Rubidium und Cäsium zwischen Japanern und ihrer Kost sowie Bestimmung ihrer biologischen Halbwertzeit.** — Vorl. Mitt. Noboru Yamagata. (Nature [London] **196,** 83—84, 1962; Tokyo, Inst. of Publ. Health; engl.) — Ausgehend von der Überlegung, daß bei Erreichung eines Gleichgew. für ^{137}Cs zwischen Körper u. Kost (nach 1 Jahr erreicht) eine Vorhersage des ^{137}Cs-Spiegels im Körper auf Grund des Geh. in der Kost möglich ist, wird die tägliche Aufnahme von *K, Rb* u. *Cs* bei Japanern untersucht. Die durchschnittliche Aufnahme beträgt 1,4 g, 1,5 mg bzw. 0,01 mg; die biolog. Halbwertzeiten betragen 54, 140 bzw. 76 Tage. U. Tausendfreund. 4585◇

1331 **Die Wirkung von Fluorionen auf den Blut-^{59}Fe-Spiegel von Ratten.** W. S. Ruliffson, L. V. Burns und J. S. Hughes. (Trans. Kansas Acad. Sci. **66,** 52—58, 1963; Manhattan, Kansas State Univ., Dep. of Biochem.; engl.) — Die *Fe*-Resorption in Ggw. u. Abwesenheit von F^- wurde bei erwachsenen ♂ Ratten nach Verabfolgung von ^{59}Fe untersucht u. dies sowohl bei Fe-haltiger als bei Fe-freier Nahrung. F^- steigerte deutlich die Blutaufnahme von ^{59}Fe sowohl bei Verabfolgung durch Magensonde als auch bei Zugabe zu Fe-haltiger u. Fe-freier Nahrung. In Ggw. von 200 ppm F^- in der Nahrung entstand keine Anämie. M. Blaschette-Huttinger. 4585◇

1332 **Mechanismus der Wirkung der ungesättigten Fettsäuren auf die Cholesterinämie.** P. Favarger. (Bull. Soc. Chim. biol. **45,** 461—75, 1963; Genève, Univ., Inst. de Biochim. méd.; franz.) — Übersicht. — 73 Literaturangaben. K. Zingraf. 4585◇

1333 **Harnaminosäuren bei Phenylalanin-Tyrosin ergänzter Diät.** Michael J. Carver und Rita Paska. (Nature [London] **197,** 493, 1963; Omaha, Nebraska Psychiatr. Inst., Univ. of Nebraska, Coll. of Med., Dep. of Biochem.; engl.) — In Verss. an Ratten wurde das handelsübliche Grundfutter durch Zulagen von *DL-Phenylalanin* (**I**; 3,75%) u. *L-Tyrosin* (**II**; 3,75%) ergänzt, wobei befriedigende Gew.-Zunahmen zu verzeichnen waren. Der Sammelharn von 6 Wochen wurde, nach Entfernung von NH_3, durch Ionenaustauscherchromatographie auf seine *Aminosäure*-Zus. untersucht. Durch die **I**- u. **II**-Zulage wurde die Ausscheidung von *Phenylbrenztraubensäure* erhöht. Im Vgl. mit den Kontrolltieren schied die Vers.-Gruppe mehr freies *Threonin, Serin, Glutamin, Cystin, Cystathionin, Lysin* u. *1-Methylhistidin* u. weniger *Asparaginsäure, Glutaminsäure, Glycin* u. *Alanin* im Harn aus. **I** u. **II** wurden nicht bestimmt. Die gesamte Aminosäureausscheidung betrug bei den Kontrollen 15,09 (mg/24 Std.) u. bei den Vers.-Tieren 15,66 (ohne **I** u. **II**). Eine 2. Vers.-Reihe bestätigte diese Befunde. P. Schwerdtfeger. 4585◇

1334 **Einbau von ^{59}Fe in die Erythrocyten, das Knochenmark und gewisse andere Gewebe im Verlauf der experimentellen Proteinverarmung.** A. Aschkenasy. (C. R. Séances Soc. Biol. Filiales **156,** 1786—90, 1962; Paris, Hôp. de la Pitié; franz.) — ♂ Wistarratten (200 g) erhielten, nach verschieden langer Fütterung mit einem eiweißfreien Vers.-Futter ^{59}*FeCl$_3$* i.v. injiziert u. wurden 24 Std. später auf die Verteilung des ^{59}*Fe* in Blut, Leber, Milz, Gastrocnemius, Herz u. Knochenmark (Femur) untersucht. Die Fe-Bindung fällt von 30—40% (normale Ratten) auf 2% (7 Tage Proteinmangel). Im Knochenmark ist ein Anstieg der Fe-Bindung nach 2tägigem Eiweißmangel zu verzeichnen; danach sinkt die Fe-Bindung bis zum 8. Tag u. steigt dann erneut an, um nach 50 Tagen etwa doppelt so hoch wie normal zu sein. Die ^{59}Fe-Aktivität der Leber nimmt in der 1. Woche beträchtlich zu u. sinkt danach laufend ab; sie verhält sich gegenläufig zur ^{59}Fe-Aktivität des Blutes. Die Verwertung des Fe für die Erythropoiese erreicht nach 8tägigem *Protein*-Mangel ihr Minimum; die darauffolgende partielle Reaktivierung der Erythropoiese ist als Rk. auf die starke Hämolyse zu deuten. Die Ergebnisse zeigen, daß zunächst eine Akkumulation von ^{59}Fe in der Leber erfolgt, die das Fe dann an das Knochenmark abgibt. Nach Ansicht des Vf. wird im Stadium des fortgeschrittenen Eiweißmangels nicht der Einbau von Fe in die Erythroblasten gehemmt, sondern deren Umwandlung in Reticulocyten.
P. Schwerdtfeger. 4585◇

1335 **Metabolische Wirkungen eines diätetischen Proteinspiegels bei Kälte ausgesetzten Ratten.** — John R. Beaton. (Canad. J. Biochem. Physiol. **41,** 139—47, 1963; Toronto, Ontario, Defence Res. Med. Lab.; engl.) — Bei mit isocalor. Diät (enthaltend 5, 20 u. 40 Gew.-% Protein u. 10 Gew.-% Maisöl) ad libitum gefütterten drei Gruppen ♂ Albinoratten wurden N-Retention, Harn-Vol., Wasseraufnahme, Körperverfassung, Blutspiegel an Glucose, Amino-N u. Harnstoff, bei einer Raumtemp. von 22° (7 Tage) u. darauf bei 2° (8 Tage) gemessen. Während es bei 22° zu signifikanten metabol. Differenzen kam, wurden diese bei der Kaltstellung geringer. Die Gruppe der mit 40% Protein gefütterten Ratten zeigte bei der Kaltstellung kein typ. Ansteigen im Futterverbrauch u. im Urin-Vol.; sie blieben fähig, ihr Körper-Gew. beizubehalten u. Körperfett zu synthetisieren. Ein höherer diätet. Proteinspiegel vermag demnach in der Kälteperiode eine wichtige Rolle zu spielen.
L. Macher. 4585◇

1336 **Metabolische Wirkungen eines diätetischen Proteinspiegels bei unter calorischer Restriktion Kälte ausgesetzten Ratten.** John R. Beaton. (Canad. J. Biochem. Physiol. **41,** 149—60, 1963; engl.) — Vgl. vorst. Referat. — Mit isocalor. Diät (5, 20 u. 40 Gew.-% *Protein* +10 Gew.-% Maisöl) bei Raumtemp. von 22 u. 2° gefütterte, ♂ Albinoratten erhielten täglich um 6 g Futter weniger. Es wurde die Harnausscheidung von N, K, Na, P u. Kreatinin, der Blutspiegel auf Glucose, Harnstoff, Aminostickstoff, das Zellvol., das Serum auf Gesamtproteine, der Körper auf Protein-Geh., Feuchtigkeit u. Geh. an totaler Rohfettsäure untersucht. Die Futterzurücksetzung bewirkte bei 22° in allen 3 Gruppen ein Ansteigen des Harn-Vol. u. Gew.-Abnahme. Letztere stieg mit niedrigerem Protein-Geh. der Nahrung. Bei Kälte-Einw. wurden die Stoffwechsel-Differenzen zwischen den Gruppen verringert, wobei niedrige Protein-Geh. der Nahrung schädlich waren, während hohe günstig wirkten. L. Macher. 4585◇

1337 **Metabolische Wirkung isocalorisch nach drei diätetischen Proteinspiegeln gefütterten und Kälte ausgesetzten Ratten.** John R. Beaton. (Canad. J. Biochem. Physiol. **41,** 161—70, 1963; engl.) — Vgl. vorst. Referat. — Mit isocalor. Diät von 5, 20 u. 40 Gew.-% *Protein* (*Casein*) u. 10 Gew.-% Maisöl bei Raumtemp. von 22 u. 2° gefütterten ♂ Albinoratten wurde in allen Gruppen die Futterration mäßig verringert, nachdem die mit 5% Protein gefütterte Gruppe weniger als die Normalmenge verzehrte. Gemessen wurden die Ausscheidung von N, K, Na, P u. Kreatinin im Harn, der Blutspiegel an Glucose, Harnstoff, Aminostickstoff, Zellvol., Gesamtprotein des Serums, der Geh. des Körpers an Protein, W., rohen Fettsäuren. Stoffwechsel-Wrkg. des Proteinspiegels der Nahrung wurden bei beiden Temp. beobachtet. Jedoch bewirkte im Gegensatz zu früheren Unterss. (vgl. vorst. Referate) Kälte-Einw. keine Verringerung der metabol. Differenzen zwischen den einzelnen Gruppen. Bei Steigerung des Proteinspiegels der Nahrung von 20% auf 40% wurden keine günstigen Wrkg. beobachtet. L. Macher. 4585◇

1338 **Vorhergehender diätetischer Proteinspiegel und das Überleben hungernder Ratten in der Kälte.** John R. Beaton. (Canad. J. Biochem. Physiol. **41,** 171—78, 1963; engl.) — Vgl. vorst. Referat. — Die Wrkg. des diätet. Proteinspiegels in mit 5, 20 u. 40 Gew.-% *Casein* 7 Tage bei 22° gefütterten Ratten auf ihr Überleben beim nachfolgenden Hungern bei 2° wurde geprüft. Bei diesen Verss. wurde nicht nur ad libitum, isocalor. u. eingeschränkt gefüttert, sondern auch die Wrkg. der Thyroidektomie u. der Verfütterung getrockneter Schilddrüsen untersucht. Die mit 5% Protein gefütterten Tiere überlebten kürzere Zeit als die mit 20% ernährten. Bei intakten Ratten, jedoch nicht bei thyroidektromierten, stand die Überlebenszeit in umgekehrtem Verhältnis zum Gew.-Verlust während des Hungerns. Differenzen in der Überlebensdauer bei den verschiedenen Gruppen können nicht auf der Basis von Differenzen in Körper-Gew., Körper-Zus. oder totaler Futteraufnahme vor dem Hungern erklärt werden. Der Einfl. des diätet. Proteinspiegels auf das Überleben bei nachfolgendem Hungern in der Kälte wurde nicht durch die Schilddrüse beeinflußt.
L. Macher. 4585◇

1339 **Einige Effekte einer Verfütterung von Kohlenhydraten auf den Lipid-Transport in der Ratte.** Joseph H. Bragdon. (Kon. vlaamse Acad. Wetensch., Letteren schone Kunsten België, Colloquium **1956,** 338—46; Bethesda, Med.; engl.) — Vgl. C. **1961,** 5155. — Vf. stellt, nach Injektion von *Protamin* (**I**) in Ratten, einen merklichen Anstieg der *Lipoprotein*(**II**)-Fraktion mit niedriger Dichte, u. zwar bes. im *Triglycerid*-Anteil, fest; aber auch der *Cholesterin-*, *Phospholipid-* u. *Protein*-Anteil zeigt merklich höhere Werte als bei Kontrollen. Die **II**-Fraktion mit hoher Dichte ist hingegen nicht verändert. Wird in der Nacht vor der **I**-Gabe in die Tiere eine 10%ig. *Glucose*-Lsg. injiziert, so macht sich ein Anstieg der Gesamt-*Lipide* um nur 23% über den bei Kontrollen bestimmten Wert im Vgl. zu einem 55%ig. Anstieg bei nur mit **I** behandelten Ratten bemerkbar.
H. Kockert. 4585◇

1340 **Der Gehalt des Hepatopankreas und des gestreiften Muskels der Seekröte (Scorpaena porcus) an Lipiden und fettlöslichen Vitaminen: nach normaler Ernährung und nach einer Fastenperiode.** J. Jouanneteau, G. Pérès und G. Zwingelstein. (C. R. Séances Soc. Biol. Filiales **156,** 1848—50, 1962; Lyon, Fac. de Sci., Labor. de Physiol.; Var, Tamaris-sur-Mer, Stat. Maritime de Biol.; franz.) — Die Fische (ca. 170 g) stammten aus der Bucht von Toulon u. wurden im Juni bzw. Juli *1962* gefangen. Sie wurden teilweise sofort u. teilweise nach einmonatigem Fasten untersucht. Die mit wasserfreiem Na_2SO_4 behandelten Organe wurden mit Chlf. extrahiert, die Extrakte bei 60° eingeengt u. darin *Lipide* (**I**), *Vitamin A* (**II**), *Tocopherol* (**III**) u. Gesamt-*Sterine* (**IV**) bestimmt. Bei normaler Ernährung wurden für Hepatopankreas bzw. Muskel gefunden: **I** 11,2 ± 0,9; 0,84 ± 0,057%; **II** 3,56 ± 0,54; — mg/100 g; **III** 25 ± 2,47; 3,12 ± 0,34 mg/100 g; **IV** 1080 ± 169; 58,6 ± 4,46 mg/100 g u. nach einmonatigem Fasten analog: **I** 16,2 ± 1,68; 0,92 ± 0,024; **II** 1,93 ± 0,42; — mg/100 g; **III** 32 ± 4,62; 2,92 ± 0,29 mg/100 g; **IV** 1330 ± 163; 56,5 ± 2,99 mg/100 g.
P. Schwerdtfeger. 4585◇

1341 **Antithiamin-Aktivität von Reis.** D. K. Chaudhuri. (Sci. and Cult. [Calcutta] **28,** 384—85, 1962; Calcutta, Univ., Coll. of Sci. and Technol., Dep. of Appl. Chem.; engl.) — Die *Thiamin*(**I**)-Werte einiger Reisproben nahmen bei Behandlung mit *Takadiastase* u. *Papain*, vermutlich infolge Freisetzung von gebundenem **I**, zu. Die Abfälle beim Polieren des Reises enthalten kein gebundenes **I**, so daß die gebundene Form wahrschein-

lich im Endosperm lokalisiert ist. Reis zugesetztes **I** wurde, unabhängig vom Enzymzusatz, zu einem erheblichen Prozentsatz (27—53%), inaktiviert, d. h. die *Antithiamin*-Aktivität wird nicht zerstört u. ist demnach vermutlich nicht an *Protein* oder *Kohlenhydrat* gebunden.
K. Maier. 4587◇

1342 **Untersuchung der Ernährung bei experimenteller Tuberkulose. Vitamine des B-Komplexes bei der experimentellen Tuberkulose der Maus.** V. G. Malathi und M. Sirsi. (Indian Inst. Sci., golden Jubilee Res. Vol. **1909—1959**, 205—11, 1959; engl.) — In Unterss. an mit *Mycobacterium tuberculosis* $H_{37}R_V$ infizierten Albinomäusen stellten Vff. fest, daß ein Mangel an *Vitaminen des gesamten B-Komplexes* (**I**) die Schwere der Infektion erhöht. *Pyridoxin*-Mangel allein vermindert nicht merklich die Überlebenszeit der infizierten Tiere. — Vff. diskutieren die möglichen Wrkg.-Mechanismen bei der durch **I** gesteigerten Resistenz gegenüber einer Infektion mit Tuberkelbacillen. H. Kockert. 4587◇

1343 **Tagesrhythmus des Ascorbinsäuregehaltes in den Nebennieren von Ratten.** U. K. Rinne und O. Kytömäki. (Experientia [Basel] **17**, 512—13, 1961; Turku. Finnland, Univ., Dep. of Anat.; engl.) — Unterss. über den Tagesrhythmus des *Ascorbinsäure*(**I**)-Geh. der Nebennieren von Albinoratten zeigen, daß der **I**-Geh. um 16 Uhr am geringsten ist. Das abs. Gew. der Nebennieren ist gegen 24 Uhr am höchsten. W. Wesly. 4587◇

1344 **Hypercalcämie als Komplikation der Vitamin-D-Therapie bei nach der Menopause auftretenden Osteoporose.** Grant Gwinup. (J. clin. Endocrinol. Metabolism **21**, 101—03, 1961; Ann Arbor, Mich., Univ. of Michigan, Med. Center, Dep. of Endocrinol. und Metabol.; engl.) — Wie an 2 Beispielen gezeigt wird, muß bei der Therapie der nach der Menopause auftretenden Osteoporose mit Östrogen u. täglichen Gaben von 50000 E *Vitamin D* streng auf die Zugabe einer äquivalenten Menge Ca^{2+} geachtet werden. Die Zugabe kann durch ausgewählte Diät erfolgen. G. Alcer. 4587◇

1345 **Calciumresorption in der Ratte in Beziehung zu übermäßigen Vitamin-D- und Cortisongaben.** Gerald A. Williams, E. Nelson Bowser, Walter J. Henderson und Vytautas Uzgiris. (Proc. Soc. exp. Biol. Med. **110**, 889—92, 1962; Chicago, Univ. of Illinois, Coll. of Med., Dep. of Med. and Veterans Admin. West Side Hosp., Radioisotope Serv. and Med. Serv.; engl.) — ♂ Sprague-Dawley-Ratten erhalten tägliche Dosen von 20000 Einheiten *Vitamin D* (**I**) durch eine Magensonde oder 2,5 mg *Cortisonacetat* (**II**) intraperitoneal oder **I** + **II**. Die *Ca*-Resorption wird durch **I** u. **II** weder erhöht noch erniedrigt. Der akt. Ca-Transport (untersucht an Segmenten des Duodenums, Yejunums u. Ileums) wird durch übermäßige **I**-Gaben erhöht u. durch **II**-Gaben erniedrigt, bes. beim Duodenumpräparat.
W. Hiller. 4587◇

1346 **Antivitamin-E-Wirkung von Cadmium auf die Testes von Ratten.** Amiya B. Kar und R. P. Das. (J. sci. ind. Res. [New Delhi], Sect. C **19**, 309—10, Dez. 1960; Lucknow, Central Drug Res. Inst.; engl.) — Prophylakt. u. therapeut. Gaben von *Vitamin E* (**I**) können die durch $CdCl_2$ (**II**) hervorgerufenen degenerativen Veränderungen der ♂ Gonaden von Ratten nicht verhindern. Daraus wird geschlossen, daß die **II**-Wrkg. nicht auf einem **I**-Mangel beruht.
M. Blaschette-Huttinger. 4587◇

1347 **Proteinverdaulichkeit und -aufnahme.** J. P. Greaves. (Nature [London] **197**, 499—500, 1963; London, Royal Free Hosp. School of Med., Dep. of Physiol.; engl.) — Unter der Annahme, daß die wahre Verdaulichkeit (WV) eines bestimmten Eiweißkörpers eine Konst. ist, die von der *Protein*-Aufnahme (**I**-A) unabhängig ist, u. daß auch der sog. Stoffwechsel-N in den Eareces (F_0) konst. u. unabhängig von **I**-A ist, errechnet sich die scheinbare Verdaulichkeit (USV) nach der Gleichung: SV = WV − F_0 (100/**I**-A). Aus den am Menschen erhaltenen Ergebnissen von Holemans u. Lambrecht (C. **1956**, **9236**) sowie Phillips u. Ladell (J. trop. Med. Hyg. **62**, [1959], 181) lassen sich analog die Gleichungen: y = 89,2 − 35,3 (100/x) u. y = 88,7 − 6,84 (100/x) ableiten, wobei F_0 im 1. Fall als mg N/kg Körper-Gew./Tag u. im 2. Fall als g **I**/Tag ausgedrückt ist. Die gute Übereinstimmung der experimentell gefundenen Werte mit der errechneten theoret. Kurve deutet nach Ansicht des Vf. darauf hin, daß die eingangs gemachten Annahmen zu Recht bestehen. P. Schwerdtfeger. 4594◇

1348 **Hemmwirkung von β-Sitosterin auf die Darmresorption von Cholesterin.** F. Buffoni. (Arch. ital. Sci. farmacol. [3] **9**, **130**, 1959; Firenze, Univ., Ist. di Farmacol.; ital.) — In Unterss. an Mäusen stellte Vf. fest, daß nach mit der Diät verabfolgten *β-Sitosterin* der Lebergeh. an ebenfalls mit der Diät verabfolgten *Cholesterin* vermindert ist. H. Kockert. 4594◇

1349 **Die Rolle des Thiosulfats bei der Bildung von Sulfat im tierischen Organismus.** Mirosława Weber, T. W. Szczepkowski und B. Skarżyński. (Acta biochim. polon. **8**, 71—82, 1961; Krakow, Akad. Med., Zakł. Chem. fizjol.; pol.) — Im Harn von Ratten, die subkutan 0,8 mg ^{35}S-markiertes *D.L-Cystin* (**I**) erhielten, wurden nach 24 Std. 2% des akt. S als $S_2O_3^{2-}$ u. 70% als SO_4^{2-} gefunden. Bei gleichzeitiger Injektion von 200 mg inakt. $Na_2S_2O_3 \cdot 5\,H_2O$ geht der Anteil von $^{35}SO_4^{2-}$ zugunsten von akt. $S_2O_3^{2-}$ (33%) zurück. $S_2O_3^{-2}$ ist als das Hauptumwandlungsprod. zwischen **I** u. SO_4^{2-} im tier. Organismus anzusehen. Gaben von exogenem $S_2O_3^{2-}$ in großen Mengen, die die Abbaufähigkeit des Organismus übersteigen, führen zur Abscheidung von überschüssigem $S_2O_3^{2-}$, bevor es zu SO_4^{2-} oxydiert worden ist. F. Urban. 4596◇

1350 **Beobachtungen über die Plasmalipide, besonders die mehrfach ungesättigten Fettsäuren, bei der einfachen Fettsucht.** A. Vitelli, A. Pollastrelli, C. Cattaneo, C. Mattei-Grandis und S. Campanella. (Arch. Stud. Fisiopatol. Clin. Ricambio **27**, 5—22, 1963; Torino, Univ., Ist. di Clin. Med. Generale e Terap. Med.; ital.) — Bei 20 Patienten mit einfacher Fettsucht u. bei 2 Patienten mit Fettsucht bei Diabetes mellitus war der *Fett*-Geh. u. der Gesamt-*Cholesterin*(**I**)-Geh., der Gesamt-*Fettsäuren*-(**II**)Geh. u. der Geh. an *mehrfach ungesätt.* **II** im Blut im wesentlichen normal; dagegen war der *Phosphatid*(**III**)-Geh. meist verringert u. infolgedessen der **I**/**III**-Quotient u. der β/α-Lipoprotein-Quotient erhöht.
K. Zingraf. 4596◇

1351 **Lipidstoffwechsel bei experimenteller Lipämie.** Lewis I. Gidez und John A. James. (Kon. vlaamse Acad. Wetensch., Letteren schone Kunsten België Colloquium **1956**, **354**—66; Upton, N. J., Brookhaven National Labor., Med. Dep.; Dallas, Texas, Univ. of Texas, Southwestern Med. School, Dep. of Pediatrics; engl.) — Vff. verursachten bei jungen Sprague-Dawley-Ratten beiderlei Geschlechts eine Hyperlipämie u. Hypercholesterinämie durch subkutane Injektion von *6-Dimethylamino-9-[3-amino-3-desoxy-β-D-ribofuranosyl]-purin* (*Ammonionucleosid* des Antibioticums *Puromycin*). — In der Leber wurde eine Abnahme der Gesamt-*Lipide* (**I**) u. Gesamt-*Phosphatide* (**II**) u. ein Anstieg an Gesamt-*Cholesterin* (**III**) festgestellt. Das Verhältnis *freies* **III**/Gesamt-**III** war normal. In den Nieren machte sich eine Abnahme an Gesamt-**I**, Gesamt-**II** u. freiem **III** u. ein Anstieg an *verestertem* **III** bemerkbar. Das Verhältnis freies **III**/Gesamt-**III** lag niedriger als normal. Ferner wurde ein verringerter Einbau von $^{14}C_{(2)}$-*Acetat* in das aus Plasma, Leber u. Nieren von lipäm. Tieren (im Vgl. zu normalen Ratten) isolierte **III** festgestellt. Diese Ergebnisse stehen in Übereinstimmung mit der Annahme, daß bei lipäm. Tieren die Fähigkeit der Leber, **I** aus dem Plasma zu entfernen, beeinträchtigt ist, u. daß in Leber u. Nieren der Katabolismus von **III** gestört ist. Verbb. mit ähnlicher chem. Struktur wie das vorst. genannte Aminonucleosid (*3'-Aminoadenosin*, *6-Dimethylamino-9-[β-D-ribofuranosyl]-purin*, *3-Aminoribosehydrochlorid*) verursachen keine Hyperlipämie u. Hypercholesterinämie.
H. Kockert. 4596◇

1352 **Ausscheidung von Orotsäure und Orotidin bei heterocygoten Personen mit congenitaler Orotsäureurie.** Myron Lotz, Harold J. Fallon und Lloyd H. Smith jun. (Nature [London] **197**, 194—95, 1963; Boston,

Mass., Harvard Med. School, Dep. of Med.; Massachusetts Gen. Hosp.; Bethesda, Md., Nat. Cancer Inst., Med. Branch, Chemotherap. Serv.; engl.) — Bei vermutlich heterocygoten Personen mit congenitaler *Orotsäure*(**I**)-Urie ist eine vermehrte **I**-Ausscheidung (vierfach über der Normausscheidung von 9 μMol oder 1,4 mg/24 Std. liegend) nachgewiesen worden; die *Orotidin*(**II**)-Ausscheidung blieb im Bereich der Norm (durchschnittlich 9 μMol oder 2,5 mg/24 Std.). Die erhöhte **I**-Ausscheidung steht in Einklang mit früher beschriebener Verminderung der Orotidylpyrophosphorylase- u. Orotidyldecarboxylase-(**III**)-Aktivität der Erythrocyten dieser Personen; sie steht allerdings im Gegensatz zum gleichzeitigen Anstieg der **I**- u. **II**-Ausscheidung bei spezif. Hemmung von **III** durch 6-Azauridin. U. Tausendfreund. 4596◇

1353 **Untersuchung der Glucosetoleranz und der Synthese von Leberglykogen aus Glucose und $^{14}C_{(1)}$-Glycin in tuberkulösen Meerschweinchen.** V. N. Singh, T. A. Venkitasubramanian und R. Viswanathan. (Arch. Biochem. Biophysics **101,** 229—33, 1963; Delhi, Univ., Vallabhbhai Patel Chest Inst.; engl.) — ♂ Meerschweinchen mit einer durch intraperitoneale Injektion von *Mycobacterium tuberculosis* (H37RV) gesetzten Tuberkulose zeigten eine Red. des Leber-*Glykogen*(**I**)-Geh./100 g Körpergew. gegenüber Kontrolltieren (KT) um 94%. Die **I**-Synth. in vivo war in tuberkulösen Tieren um > 70% erniedrigt. Der Blutzuckergeh. von fastenden KT u. tuberkulösen Tieren war etwa gleich. Jedoch nach *Glucose*(**II**)-Fütterung zeigten die tuberkulösen Tiere einen gegenüber KT erheblich erhöhten **II**-Blutgeh., so daß die tuberkulösen Tiere eine verminderte **II**-Toleranz besitzen. 19 Std. vor dem Tode mit 10 μc $^{14}C_{(1)}$-*Glycin*/100 g intraperitoneal injizierte, tuberkulöse Tiere wiesen im Vgl. zu KT eine höhere spezif. Aktivität in **I** auf. Der ^{14}C-Einbau in **I** der Leber, bezogen auf 100 g Körpergew., war in beiden Tierarten ungefähr gleich. J. Boelter. 4596◇

1354 **Die Wirkungen von Pyrophosphat auf Reaktion und Membrankonstanten des Skelettmuskels.** Shih-fang Fan und Ai-yuan Li. (Acta physiol. sinica **26,** 28 bis 34, 1963; Shanghai, Avad. Sin., Inst. of Physiol.; chin., Auszug: engl.) — 5 mm Natriumpyrophosphat (**I**) in Ringer-Lsg. bewirkten im Sartoriusmuskel der Kröte die rasche Entw. eines neuromuskulären Blocks, aber der Muskel reagierte wiederholt auf einen einzelnen direkten Reiz, so daß die Rk. verlängert erschien. Spontankontraktion trat auch nach 20 mm **I** ein. **I** verringerte das Ruhepotential, Aktionspotential u. den Widerstand der Membran u. erhöhte ihre Kapazität. K. Zingraf. 4597◇

1355 **Die Oxydation von Fructose durch Leber des Haushuhns.** P. J. Heald. (Nature [London] **195,** 603, 1962; London, Tryford Labors. Ltd.; engl.) — Verss. mit Hühnerleberschnitten zeigten, daß Hühnerleber sich, mindestens quant., von Säugerleber hinsichtlich der Fähigkeit zur *Fructose*(**I**)-Umwandlung unterscheidet. Sie unterscheidet sich ferner von Rattenleber dadurch, daß ihre Atmung nicht von Sorbit unterstützt wird. *Sorbose, Pyruvat, Succinat* u. *Glutamat* fördern gleichfalls die O_2-Aufnahme. Die Fähigkeit von **I**, in Hühnerleber einen Atmungsquotienten > 1 aufrechtzuerhalten, beruht möglicherweise auf der Leichtigkeit, mit der die **I**-Umwandlungs-Prodd., wie Fructose-1-phosphat, Dihydroxyacetonphosphat u. Glycerinaldehyd in L-α-Glycerophosphat übergeführt werden. K. Maier. 4597◇

1356 **Äußere, die tägliche Elektrolytausscheidung beeinflussende Faktoren, mit besonderer Berücksichtigung von Calcium und Magnesium.** F. W. Heaton und A. Hodgkinson. (Clin. chim. Acta [Amsterdam] **8,** 246—53, 1963; Leeds, General Infirmary, Med. Res. Council Unit for Metabol. Disturb. in Surgery; engl.) — Bei fastenden, gesunden Erwachsenen ist die Nierenausscheidung von *Ca* u. *Mg* nachts stärker als tagsüber; umgekehrt ist es bei normal ernährten Personen. In den ersten 3 Std. nach einer Mahlzeit erhöht sich die Ausscheidung an Ca u. Mg auf das 2—4fache u. fällt in den folgenden 12 bis 14 Std. ab. Ein signifikanter Einfl. auf die Ausscheidung von *Na, K, Kreatinin* u. *Phosphat* ist nicht erkennbar, auch nicht als Folge körperlicher Bewegung, die die Ausscheidung von Ca u. Mg vermindert. Zwischen Urinfluß u. der Ausscheidung von Na u. K besteht eine signifikante, zwischen Urinfluß u. Ausscheidung von Cd u. Mg keine Wechselbeziehung. W. Wesly. 4597◇

1357 **Die Verwendung der Silber-Anfärbung nach Holmes für Nervengewebe von Insekten.** Joseph R. Larsen. (Stain Technol. **35,** 223—24, 1960; Philadelphia, Pa., Univ. of Pennsylvania, Div. of Zool.; engl.) — Mit Hilfe der *Silber*-Anfärbung nach Holmes [1947] erzielte Vf. gute Ergebnisse bei der Unters. von Nervengewebe (Hirn) der Schmeißfliege (*Phormia regina*). Auch Nervengewebe anderer Insekten (Heuschrecke, Stubenfliege usw.) im ausgewachsenen Stadium sowie im Embryonal- u. Larvenstadium läßt sich gut sichtbar machen. Die Meth. eignet sich für Routnieuntersuchungen. — 1 Mikrophoto. H. Kockert. 4598◇

1358 **Untersuchung von Tryptamin in Nervenextrakten des Weichtieres Helix pomatia.** Jean Cardot und J. Ripplinger. (C. R. Séances Soc. Biol. Filiales **157,** 853—54, 1963; Besançon, Fac. des Scie., Labor. de Zool.; franz.) — Vff. eluieren die durch Elektrophorese bei pH 3,9 auf Whatman-Papier 3 MM mit Pyridin–Essigsäure–Wasser-Puffer erhaltene Zone u. chromatographieren das Eluat mit Butanol–Essigsäure–Wasser (4:1:1), entwickeln das Chromatogramm 2-dimensional u. zeigen, daß *Tryptamin* (**I**) in den Nervenextrakten von *Helix pomatia* (H. p.) vorkommt u. mit Rücksicht auf seine pharmakodynam. Aktivität als eine akt. Substanz vom gleichen Titer wie *5-Hydroxytryptamin* angesehen werden sollte. **I** verstärkt u. beschleunigt die Schläge des isolierten Herzens von H. p. G. Marquard. 4598◇

1359 **Funktionelle Aufnahme von Hydrazin durch Froschnerven in Natrium-freier Ringer-Lösung.** Sze-Chuh Cheng. (Nature [London] **193,** 691—92, 17/2. 1962; New York, New York State Psychiatr. Inst.; engl.) — Ischiasnerven von *Rana pipiens* befanden sich über Nacht bei 4° in *Hydrazin* (**I**) enthaltender Ringer-Lösung. Diese Nerven leiteten Impulse ebenso gut wie nicht behandelte. Das aufgenommene **I** wird mit Ringer-Lsg. (Cholin enthaltend) ausgewaschen u. photometr. (nach Kopplung an Ehrlichs Reagens) bestimmt. Extrapolieren auf die Zeit Null ergibt einen **I**-Geh. von 45 μ Mol/g; das entspricht etwa dem Geh. an *Na* u. *K* in normalen Nerven. **I** in „Amid"-Bindung wird mit 2 n HCl (zwei Std. bei 100°) freigesetzt. Gereizte Nerven weisen einen höheren **I**-Geh. auf, nach 1 Std. 4,5 μ Mol/g. Das Aktionspotential von tetanisierten Nerven in Ringer-Lsg. mit **I** fällt nach **30** Min. um 10—15%, nach 1 Std. um 40—50% u. verschwindet irreversibel nach 1,2—1,5 Stunden. K. Heyns. 4598◇

1360 **Genaue Bestimmung von Gesamt-CO_2 im Gehirn.** U. Ponten und B. K. Siesjö. (Experientia [Basel] **19,** 312—13, 1963; Lund, Schweden, Univ., Dep. of Neurosurgery; engl.) — Vff. beschreiben eine Meth. zur Best. des Gesamt-CO_2-Geh. im Gehirngewebe. — Das Gewebe (Sprague-Dawley-Ratten) wird in situ eingefroren (fl. N_2), zu einem feinen Pulver zerrieben, in Diffusionskammern verbracht u. das entwickelte CO_2 in 0,2 n $Ba(OH)_2$-Lsg. aufgefangen; Titration mit 0,02 n HCl in CO_2-freiem N_2-Strom. — Bei der Tiergruppe mit einem arteriellen CO_2-Druck von 35—45 mm Hg beträgt der mittlere CO_2-Geh. des Gehirns 13,31 (μ Mol/g Feuchtgewicht). In keinem Falle übersteigt bei Einfrieren des Gehirns in situ der CO_2-Geh. den Wert von 14,0. Die mittlere Abweichung beträgt 0,6%. — Ohne Einfrieren des Gehirns in situ liegen die Analysenwerte zu hoch u. sind schlecht reproduzierbar. H. Kockert. 4598◇

1361 **Phosphatide in den Myelinscheiden und die Verteilung von Sphingomyelin im Gehirn.** J. L. Nussbaum, R. Bieth und P. Mandel. (Nature [London] **198,** 586—87, 1963; Strasbourg, Fac. de Méd., Inst. de Chim. Biol.; engl.) — Rattenhirnhomogenat wurde durch fraktioniertes Zentrifugieren in Rohrzucker-Lsg. in die Fraktionen Mitochondrien (MT), Mikrosomen (MK), Zellkerne (ZK) u. cytoplasmat. Fl. (C) aufgetrennt. Daneben wurde eine vor allem die Myelinscheiden enthaltende Fraktion (MS) erhalten. Etwa 50% des Lipid-P wurde in MS, 29,1% in MT, 15,9% in MK u. jeweils

2,5% in ZK u. C gefunden. MS enthielt mit 38% das meiste *Sphingomyelin* (I), doch war der I-Geh. auch in den anderen Fraktionen hoch. *Cephalin* war etwa doppelt so viel wie *Lecithine* in MS enthalten (63:29,3%). I enthielt 7,6% des Lipid-Phosphors. Der Lipid-P/Protein-N-Quotient als Grad der Lipid-Inkrustierung der Proteine betrug etwa 0,35. 16,7% der Myelinlipide bestanden aus *Cholesterin*. J. Boelter. 4598◇

1362 **Die Wirkung der Glucose auf die Aktivität der „Fütterungszentren" des Hypothalamus.** B. K. Anand, G. S. Chhina und Baldev Singh. (Science [Washington] **138,** 597—98, 1962; New Delhi, All-India Inst. of Med. Sci., Dep. of Physiol.; engl.) — Durch Unterss. an Hunden wurde festgestellt, daß eine Erhöhung des *Glucose*-Spiegels im Blut u. eine Vergrößerung der Differenz zwischen Glucose-Geh. des arteriellen u. des venösen Blutes die Einheitsaktivität der Neuronen des „Satt"-Zentrums des Hypothalamus erhöht u. die der Neutronen des „Hunger"-Zentrums geringfügig erniedrigt, während benachbarte Kontrollpartien keinerlei Rk. zeigen. R. Ristow. 4598◇

1363 **Über die sinnlichen Wirkungen von Geschmackslösungen in der Mundhöhle.** Emil von Skramlik und Gisela Schwarz. (Z. Biol. **111,** 99—127, 1959; Berlin; dt.) — Es wurden für folgende Substanzklassen die generellen u. spezif. Geschmacksschwellen bestimmt: rein bitter schmeckende Verbb.: *Äthylcrotylbarbitursäure, Phenyläthylbarbitursäure (Na-Salz), Theobromin, Coffein, Pilocarpinhydrochlorid, Atropinsulfat, Chininhydrochlorid, Chininsulfat, Strychninnitrat, Brucin*; rein sauer schmeckende Stoffe: *HCl*, HNO_3, H_2SO_4, *Malonsäure, Bernsteinsäure, Glutarsäure, Äpfelsäure, Weinsäure, Citronensäure*; rein süß schmeckende Stoffe: *Glucose, Fructose, Galaktose, Rohrzucker, Lactose, Maltose, Saccharin*; Neutralsalze: *LiCl, NaCl, KCl*, NH_4Cl, *LiBr, NaBr, KBr*, NH_4Br, *LiJ, NaJ, KJ*, NH_4J. Die Geschmacksschwellen fallen für alle bitter schmeckenden Stoffe zusammen, während sie in den anderen Substanzklassen merklich auseinandergehen. Die spezif. Schwellendosis liegt höher als die generelle Schwellendosis. Außerdem wurden für die Neutralsalze u. für die sauer schmeckenden Verbb. die Schmerzschwellen in der Mundhöhle bestimmt. Dabei zeigt es sich, daß die Wrkg. der verschied. Ionen sehr unterschiedlich ist; es ließen sich sowohl für die Kationen wie für die Anionen Reihen ermitteln, in denen diese Wrkg. eine charakterist. Steigerung erfährt. Bei gleichem Kation entscheidet für die Schmerzwrkg. das Anion, bei gleichem Anion das Kation. Die bitter u. süß schmeckenden Verbb. wirken sich allg. an den Schmerzsinnesempfängern in der Mundhöhle nicht aus. H. Kockert. 4598◇

1364 **Untersuchungen über die Beziehungen des postmortalen Stoffwechsels zur Totenstarre des Herzmuskels.** Gerhard Döring. (Dtsch. Z. ges. gerichtl. Med. **53,** 163—76, 1963; Göttingen, Univ., Inst. für gerichtliche Med. u. Kriminalistik; dt.) — Es wurden im stark, leicht u. nicht anoxäm. Kaninchenherzen das *Adenosintriphosphat* (*ATP*), ferner als ATP-liefernde Verbb. das *Kreatinphosphat*, das *Glykogen*, die *Glucose* u. das *Glucose-6-phosphat* sowie die *Milchsäure* als Endprod. der Glykogenolyse u. das freie *anorgan. Phosphat* als letztes Spaltprod. der energiereichen Phosphate zu verschiedenen Zeiten post mortem bestimmt. Im stark anoxäm. Herz tritt wegen der geringen Energiereserven die Starre schneller als unter leicht u. nichtanoxäm. Bedingungen ein. Dagegen tritt die Starre im nichtanoxäm. Herzmuskel trotz höherer Energie-Geh. gegenüber dem leicht anoxäm. Muskel nicht verzögert ein. Dies wird mit pH-bedingter, verschieden hoher postmortaler *Adenosintriphosphatase*-Aktivität in beiden Muskeln gedeutet. M. Blaschette-Huttinger. 4599◇

E$_6$. Pharmakologie, Therapie, Toxikologie, Hygiene

1365 **Methoden der Chemotherapie.** Marc Julia. (Cahiers de Physique **14,** 440—50, Nov. 1960; franz.) — Vortrag. Allg. Ausführungen. H. Kockert. 4600◇

1366 **Cinedensographie mit Radioisotopen. Eine neue Methode zur Untersuchung der Bewegungen intrathorakaler Organe.** R. Dugnani Lonati, C. Garavaglia und T. Nichelatti. (Energia Nucleare **7,** 555—58, 1960; Milano, Univ., Clin. del Lavoro ⟨⟨L. Devoto⟩⟩ u. Labor. CISE; engl.) — Nach einer kurzen Beschreibung der cinedensograph. (elektrokymograph.) Meth. teilen Vff. eine Modifikation mit: Ersatz der bislang verwendeten Röntgenröhre durch die Strahlungsquelle ^{170}Tm. Die experimentellen Bedingungen werden beschrieben u. die Vorteile der modifizierten Meth. (apparative Vereinfachung, präzisere Registrierung, Möglichkeit der Unters. der Bewegungen intrathorakaler Organe durch die in den Organismus lokalisierte Strahlungsquelle) besprochen. Es werden die mit Hilfe der neuen Meth. erhaltenen vorläufigen Ergebnisse bei der Unters. der Lungenfunktion (Mensch) mitgeteilt. H. Kockert. 4600◇

1367 **Die Strahlenlabilität von Hämatoporphyrin in wässerigen Lösungen.** E. Lazzarini und A. Piscitelli. (Energia nucleare **7,** 551, 1960; Milano, Politecnico, Ist. di Fisica; engl.) — Vff. untersuchten die Strahlenlabilität von *Hämatoporphyrin* (I) in sauren Medien (HCl, H_2SO_4, HNO_3, Essigsäure) bei Einw. durch γ-Strahlen (^{60}Co). — Allg. wurde festgestellt, daß die Strahlenlabilität von I von der Natur der anion. Gruppen, vom pH-Wert der Lsgg. u. der Bestrahlungszeit abhängig ist. In HCl-Lsgg. ist die Strahlenempfindlichkeit unabhängig von der anfänglichen I-Konz. innerhalb eines Bereichs von 12,5—250 mg/Liter (2,39—47,8 · 10^{-5} m) u. von der HCl-Konz. innerhalb eines Bereichs von 0,025—1,2 n. In H_2SO_4-Lsgg. ist die Strahlenempfindlichkeit abhängig von der anfänglichen I-Konz. der H_2SO_4-Konz. u. der Bestrahlungszeit. Mit zunehmender NO_3^--Konz. von 0,29—1,0 m sinkt auch die Strahlenempfindlichkeit; höhere als 1,0 m NO_3^--Konzz. sind allerdings unwirksam. Essigsäure übt offenbar eine Schutzwrkg. gegenüber der Einw. der γ-Strahlen auf I aus. H. Kockert. 4601◇

1368 **Subkutane Resorption von Thyroxin und 3.5.3'-Trijod-L-thyronin bei der normalen Ratte und bei der Ratte nach einer letalen Röntgenbestrahlung.** M. Lemaire und J. Closon. (C. R. Séances Soc. Biol. Filiales **157,** 893—96, 1963; Liège, Univ., Serv. de Radiotherapie, Dep. des Radio-Isotopes; franz.) — Nach subkutaner Injektion werden *Jodide* viel schneller als *Thyroxin* (I) u. *3.5.3'-Trijod-L-thyronin* (II) resorbiert. Das 3 J enthaltende Hormon wird etwas schneller resorbiert als das mit 4 J. Die subkutane Resorptions-Geschw. von *NaJ*, I u. II ist unverändert bei Ratten, welche 5 Tage vorher einer letalen Röntgenbestrahlung (800 r) ausgesetzt worden waren. M. Blaschette-Huttinger. 4601◇

1369 **Strahlenschutzwirkung durch blutdrucksteigernde Amidine.** William E. Rothe, Marie M. Grenan und Shirley M. Wilson. (Science [Washington] **141,** 160, 1963; Washington, Walter Reed Army Inst. of Res.; engl.) — Es besteht kein direkter Zusammenhang zwischen chem. Struktur u. Schutz-Wrkg. der blutdrucksteigernden *Amidine*; nur wenige Verbb., wie z. B. *S-Äthyl-isothiuronium*, sind wirksam. Möglicherweise beruht die Strahlenschutz-Wrkg. auf einem pharmakolog. Effekt, der eine verminderte O_2-Spannung hervorruft. H. Müldner. 4601◇

1370 **Strahlenschutz der Mäuse durch Hypoxie und durch Chemikalien.** William E. Rothe, Marie M. Grenan und Shirley M. Wilson. (Nature [London] **198,** 403, 1963; Washington, D. C., Walter Reed Army Inst. of Res.; engl.) — 6 Wochen alte ♀ Mäuse (Bagg, Schweiz) zeigten bei Röntgenbestrahlung (^{60}Co, 1800 r/Min.) bei Luftatmung eine $DL_{50/30}$ von 780 r; unter Hypoxie (H; Atmungssphäre 5% O_2/95% N_2) wurde eine $DL_{50/30}$ von 1950 r gefunden, entsprechend einem Schutzfaktor von 2,5 · 2500 r wirkten auf Mäuse mit H zu 100% letal; 2400 r betrug der $DL_{99/30}$-Wert. *p-Aminopropiophenon* u. *5-Hydroxytryptamin*, intraperitoneal appliziert, verstärkten die H-Wrkg. nicht. Ebenso bewirkten *Dimethylsulfoxid* u. *Diäthyldithiocarbamat* keine gesteigerte Schutzwrkg. bei geringem O_2-Druck. Dagegen steigerten *Cysteamin, Cystamin* u. *S-2-Aminoäthyliso-*

thiouronium (I) die durch H bewirkte Schutzwirkung. Thiole waren gegen die DL_{100} in den H-Tieren weniger als in den Luft atmenden Tieren wirksam. **I** wurde nur gering durch die H-Mäuse toleriert; höhere **I**-Dosen (> 75 mg/kg) bewirkten akute Atmungslähmungen. Die Radioprotektion kann nur z. T. durch die H erklärt werden. J. Boelter. 4601◇

1371 **Radiojod in der Milch von mit Lagerfutter gefütterten Kühen sowie von Weidekühen.** B. Kahn, C. P. Straub und I. R. Jones. (Science [Washington] **138,** 1334–35, 1962; Corvallis, Oregon State Univ., School of Agricult.; Cincinnatti, Ohio, U. S. Public Health Serv., Robert A. Taft Sanitary Engin. Center; engl.) — Milch von Kühen auf freier Weide (A) sowie von Tieren, die im Stall gehalten u. überwiegend mit Heu gefüttert wurden, wurden auf die von sowjet. Atombombentests herrührenden Spaltprodd., vor allem ^{131}J untersucht. In der Milch von A-Tieren wurde ^{131}J (270 pc/Liter), ^{141}Ba u. ^{137}Cs gefunden. Die Milch der B-Tiere wies eine wesentlich geringere Radioaktivität auf. Die Hauptquelle der Radioaktivität des Fallout war das aufgenommene Gras, wobei die Spaltprodd. während der Unterss. ein „Alter" von etwa 50–70 Tagen aufwiesen. Die Aufnahme von Radioaktivität durch die Luft war sehr gering. Im Heu u. im Trinkwasser konnte keine Radioaktivität nachgewiesen werden. J. Boelter. 4601◇

1372 **Untersuchungen über den Stoffwechsel von Barium. Untersuchung über die Verteilung von ^{131}Ba im Ei des Hühnerembryos.** René Fabre, René Truhaut, François Berrod und Marcel Girault. (C. R. hebd. Séances Acad. Sci **248,** 1737–40, 1959; Paris, Fac. de Pharmacie, Labor. de Toxicol. et d'Hyg. ind., Dijon École Nat. de Méd. et de Pharm. Labors.; franz.) — In dem Dottersack von Hühnereiern wurden am 4. Tage der Bebrütung verschied. Mengen (90, 150, 250 μg) an ^{131}Ba (0,2 μc) injiziert, am 20. Tage der Bebrütung die Eier geöffnet u. die Radioaktivität im Dottersack, der Eischale u. den inneren Organen des Embryos bestimmt. — Herz, Hirn, Leber u. Kropf weisen nur Spuren an ^{131}Ba auf, desgleichen das Muskelgewebe (< 1 μg/g). Jedoch liegt die ^{131}Ba-Konz. im Knochengewebe merklich hoch: bei den mit 90 μg ^{131}Ba isolierten Embryonen liegt sie zwischen 19,1 u. 33,5 μg, bei den mit 250 μg inokulierten zwischen 20 u. 25,8 μg. Die Prozentzahlen der wiedergefundenen Gesamtdosis betragen bei einer injizierten Menge von 90 μg 30 für den Dottersack, 70 für den gesamten Embryo u. 0,1 für die Eischale; bei 150 μg lauten die entsprechenden Zahlen: 36, –, 28,8 u. bei 250 μg 67, 31,9 u. 1,1. H. Kockert. 4601◇

1373 **^{90}Sr Bestimmungen in Tintenfisch-„Knochen".** E. Cerrai, L. Pelati, B. Schreiber und C. Triulzi. (Energia nucleare **10,** 45–46, 1963; Mailand, Ist. di Zoologia dell' Univ. di Parma, Lab. CISE; engl.) — In den „Knochen" einiger in der Adria u. im Ligur. Meer gefangener Tintenfische wurde nach Veraschung u. Auflösung in HNO_3 der Geh. an *Ca* u. *Sr* photometr. bestimmt. Mit einem Endfenster-Zählrohr wurden in $Sr(NO_3)_2$-Proben die gespeicherten Mengen ^{90}Sr ausgemessen. Die Proben aus der Adria zeigten etwa die doppelte spezif. Aktivität gegenüber denen aus dem Ligur. Meer. Hans-Joachim Thiele. 4601◇

1374 **^{90}Sr im menschlichen Knochen (Dänemark, 1958 bis 1961).** H. Levi, J. Lindemann und A. Nielsen. (Health Physics **8,** 555–58, 1962; Kopenhagen, Univ., Zoophysiol. Labor. u. Inst. of human genetics; School of Dent., Biochem. Dep.; engl.) — Der ^{90}Sr-Geh. des Knochens von Feten sowie von Kindern bis zum Alter von 15 Jahren wurde an zahlreichen Proben aus Dänemark, bes. Kopenhagen, nach Veraschung u. chem. Aufbereitung nach Volchock u. Mitarbeiter (C. **1959,** 5985) mittels Geiger-Zähler in Antikoincidenzschaltung untersucht. Die Meßbefunde sind in Tabellen zusammengestellt. Die Werte stammen aus der Zeit *1958–61*, sie zeigen zwischen *1959* u. *61* fallende Tendenz (Mittelwerte 0,94–0,52 $\mu\mu c$). W. Reusse. 4601◇

1375 **Schnellspeicherung und Dosimetrie von ^{65}Zn beim Schaf.** J. R. McKenney, R. O. McClellan und L. K. Bustad. (Health Physics **8,** 411–21, 1962; Richland, Wash., Gen. Electr. Co., Hanford Labor., Biol. Labor.; engl.) — ♂ u. ♀ sowie trächtige Schafe erhielten orale oder i.v. Gaben von ^{65}Zn. Unters. verschiedener Gewebe nach der Tötung (bis 20 Tage nach Verabreichung) ergab, daß 10–20% vom Gastrointestinaltrakt resorbiert werden, bei fraktionierten Gaben tritt Speicherung in Leber, Nierenrinde, Mamma, Pankreas u. Milz ein. Feten enthalten 0,1–0,5 der Gewebe-Konzz. der Muttertiere. W. Reusse. 4601◇

1376 **Vergleich der Methoden zur Markierung von Erythrocyten mit ^{51}Cr in vitro u. in vivo.** Perry G. Rigby, Charles P. Emerson, Anthony Betts und Gilbert H. Friedell. (J. Lab. clin. Med. **58,** 854–58, 1961; Boston, Mass., Massachusetts Memor. Hosp., Deps. of Hematol. and Pathol.; engl.) — Beim Goldhamster war die Halbwertszeit (16,5 ± 7,8 Tage) der Radioaktivität in Erythrocyten am höchsten, wenn die Markierung der Erythrocyten durch intraperitoneale Injektion von $Na_2{}^{51}CrO_4$ erfolgte; hohe Radioaktivität findet sich 7 Tage nach Markierung der Erythrocyten oder später in der Leber und Milz K. Zingraf. 4601◇

1377 **Die Langzeit-Retention von Radiocaesium beim Menschen.** C. R. Richmond, J. E. Furchner und W. H. Langham. (Health Physics **8,** 201–05, 1962; Los Alamos, N.-Mex., Univ. of Cal., Los Alamos scient. Labor.; engl.) — Vier ♂ Versuchspersonen erhielten orale Gaben von ^{134}Cs oder ^{137}Cs (Größenordnung 1 μc). Beobachtung der Personen während 550–940 Tagen auf ihre Cs-Retention mit Hilfe eines 4π-Flüssig-Scintillationszählers ergab eine biolog. Halbwertszeit zwischen 110 u. 147 Tagen (Mittelwert 135 Tage). W. Reusse. 4601◇

1378 **Die Berechnung des ^{137}Cäsiumgehaltes im menschlichen Körper.** T. A. Iinuma, N. Nohara, T. Nagai und R. Ichikawa. (Nature [London] **198,** 604–605, 1963; Chiba, Japan, Nat. Inst. of Radiol. Sci.; engl.) — Die Berechnung des ^{137}Cs-Geh. im menschlichen Körper wurde in einem ♂ u. einem ♀ Patienten anhand der Ergebnisse nach oraler Applikation von 1,48 bzw. 3,51 μc $^{132}CsCl$ nach der „scanning geometry" (A) bzw. nach der „standard chair geometry" (B)-Meth. vorgenommen, wobei in A der Ganzkörperzähler aus 2 NaJ(Th)-Kristallen in 35 cm Höhe über dem Bett über dem ausgestreckten Patienten entlang der Körperachse geführt wurde. In B nahm der Patient eine sitzende, um etwa 45° nach hinten geneigte Position ein, wobei das Zählgerät vor dem Patienten angebracht wurde. Die Ermittlung von ^{137}Cs nach B war empfindlicher als nach A, doch könnte Meth. A durch Variation entsprechend dem Körperbau verbessert werden. Die urinäre u. faecale Ausscheidung von ^{137}Cs wurde gemessen. J. Boelter. 4601◇

1379 **Caesium · 137-Dosismessungen im Gewebe.** 2. Mitt. M. M. Nold, D. N. Tapper und C. L. Comar. (Health Physics **8,** 217–29, 1962; Ithaca, N. Y., Cornell Univ., N. Y. S. Veter. Coll., Dep. of phys. Biol.; engl.) — Hunde erhielten teils einzeitige, teils über 56 Tage fraktionierte Gaben von ^{137}Cs. Die Verteilung der Aktivität in den Geweben (Testes, Muskel, Leber, Nieren) wurde mit Hilfe chirurg. eingeführter Glasstab-Dosimeter untersucht. Berechnung der vom Organismus lokal resorbierten Dosis ergibt danach für die Gonaden 0,05–0,10 rad/μc ^{137}Cs. Extrapolation auf den Menschen zeigt, daß Aufnahme von 80–169 μc ^{137}Cs die höchstzulässige Dosis von 5 rad/a ergibt. W. Reusse. 4601◇

1380 **Caesium · 137-Dosismessungen im Gewebe.** 1. Mitt. D. N. Tapper, M. M. Nold und C. L. Comar. (Health Physics **8,** 207–16, 1962; Ithaca, N. Y., Cornell Univ., N. Y. S. Veter. Coll., Dep. of Phys. Biol.; engl.) — Es wird über die Verw. von *Ag*-aktivierten Glasstab-Dosimetern zur Best. des ^{137}Cs-Geh. von weichen Geweben berichtet. Durch Auswertung der Fluorescenzintensität von geschirmten u. ungeschirmten Stäben können Werte für die γ- u. die $\gamma + \beta$-Aktivität gemessen werden. Die durch β-Strahlen erzeugte Fluorescenz steigt ungefähr linear mit der β-Energie an, während die γ-Anzeige zwischen 0,25 u. 1,3 MeV energieunabhängig ist. W. Reusse. 4601◇

1381 **Anhang zu dem Aufsatz Caesium-137-Dosismessungen im Gewebe. 2. Mitt. Ein Häufungsmodell für wiederholte**

in gleichen Zeitabständen verabfolgte Gaben von Radionucleiden vom ^{137}Cs-Typ. Daniel N. Tapper und Nancy L. Tapper. (Health Physics **8**, 231—32, 1962; Ithaca, N. Y., Cornell Univ., N. Y. S. Veter. Coll., Dep. of phys. Biol.; engl.) — 1. vgl. vorst. Referat. — Es wird eine Theorie entwickelt, die die Ermittlung der biolog. Halbwertszeit der Komponenten sowie der Gleichgewichts-Intensität u. des Zeitpunktes der Gleichgew.-Einstellung erlaubt, wenn bei Unterss. zur Retention von Radioisotopen diese in wiederholten Einzelgaben verabfolgt werden. W. Reusse. 4601◇

1382 **Die Wirkung von Diäthylentriaminpentaessigsäure auf die Beschleunigung der Ausscheidung von Actiniden.** Harry Foreman. (Health Physics **8**, 735—37, 1962; Los Alamos, N. Mex., Univ. of Cal., Los Alamos Soc. Labor.; engl.) — Nach Injektion von 0,1 μc einer trägerfreien $^{241}AmCl_3$-Lsg wurden den Vers.-Tieren auf verschiedenen Wegen Gaben von *Diäthylentriaminpentaessigsäure* (**I**) zugeführt u. die Retention des Isotops im Ganzkörperzähler untersucht, wobei sich ergab, daß parenterale Verabreichung wirksamer die Ausscheidung fördert als orale. Bei Injektion von **I** in die Trachea wird die Ausscheidung des in der Lunge retenierten ^{241}Am beschleunigt. W. Reusse. 4601◇

1383 **Vorläufiger Bericht über den Lokalisierungsbereich und das mögliche Bindemittel für Yttrium, Americium und Plutonium im Knochencortex.** G. M. Herring, Janet Vaughan und Margaret Williamson. (Health Physics **8**, 717—24, 1962; Oxford, Churchill-Hosp., Med. Res. Council Bone-seeking Isotopes. Res. Unit.; engl.) — Hunde erhielten i.v. Injektionen mit ^{91}Y, ^{241}Am u. ^{239}Pu (als *Chloride*). Den nach 4 Std. getöteten Tieren wurden Knochenproben aus Tibia u. Femur entnommen u. histolog., autoradiograph. u. mikroradiograph. auf ihren Geh. an den injizierten Radioisotopen untersucht. Es zeigte sich, daß Retention bevorzugt an ruhenden resorbierenden Oberflächen stattfindet, am osteoiden Rand treten nur Spuren auf. Isoliert man *Mucoproteine* aus den Speicherbereichen, dann erweisen sich diese als stark angereichert mit den Isotopen. W. Reusse. 4601◇

1384 **Der Einfluß von Fluoroacetat auf die Yttrium-91-Speicherung bei Kaninchen.** Jill Dearnaley. (Nature [London] **197**, 1218—19, 1963; Oxford, Churchill-Hosp., Med. Res. Council, Bone-seeking Isotopes Res. Unit; engl.) — Kaninchen erhielten intraperitoneale Injektionen von 0,1—1,0 mg *Na-Fluoracetat*(**I**)/kg Körper-Gewicht. Nach Tötung der Tiere wurden Milz, Leber, Nieren u. Herz auf ihren Geh. an *Citrat* untersucht. Lediglich im Herzgewebe fand sich eine starke Anreicherung. In einer weiteren Vers.-Reihe erhielten Kaninchen in halbstd. Abständen 5 Injektionen mit **I** (insgesamt 0,5 mg/kg Körper-Gew.), dann i.v. trägerfreies $^{91}YCl_3$ (45 bis 80 μc/kg). Analyse der Gewebe auf ihren Geh. an ^{91}Y u. an Citrat bei den nach 10 oder 60 Min. getöteten Tieren ergab auch hier **I**-Anreicherung im Herzgewebe, jedoch keinen erhöhten Geh. an ^{91}Y. Im weichen Gewebe ist daher eine Korrelation zwischen Citrat-Geh. u. Y-Speicherung nicht nachzuweisen. W. Reusse. 4601◇

1385 **Untersuchungen zum Mechanismus der Plutonium-Aufnahme im Knochen.** Harry Foreman. (Health Physics **8**, 713—16, 1962; Los Alamos, N.-Mex., Univ. of Calif., Los Alamos Sci. Labor.; engl.) — Knochenproben vom Ochsen wurden in vitro mit einer Pu^{4+}-Lsg. geschüttelt. Best. der α-Aktivität ergab, daß der mineral. Anteil des Knochengewebes größere Mengen an Pu aufnimmt als der organ., u. zwar auf dem Weg einer Oberflächenadsorption. Implantiert man gepulvertes Knochenmaterial von Ratten intraperitoneal bei normalen Ratten u. injiziert diese mit einer ^{239}Pu-Lsg., dann findet sich nach 2 Tagen auch in diesem Fall ein erheblicher Pu-Anteil adsorbiert am mineral. Anteil des Knochenpulvers. W. Reusse. 4601◇

1386 **Vorläufige Versuchsauswertung zur Wirkung einiger Chelatbildner auf die Plutoniumausscheidung.** J. E. Ballou. (Health Physics **8**, 731—34, 1962; Richland, Wash., Gen. Electr. Co., Hanford Labor., Biol. Labor.; engl.) — ♀ Sprague Dawley-Ratten erhielten i.v. Injektionen mit einer *Citrat-Komplex-Verb. von* ^{239}Pu. Danach wurden oral oder intraperitoneal als Chelatbildner *Triäthylentetraminhexaessigsäure*(**I**) u. *Diäthylentriaminpentaessigsäure*(**II**) gegeben u. die Exkrete während 4—5 Tagen auf ihren Geh. an *Pu* untersucht. Ferner wurde bei den danach getöteten Tieren der Verbleib des Pu in verschiedenen Organen geprüft. Es zeigt sich etwa gleiche Wirksamkeit der Chelat-Bldg. von **I** u. **II**, bei oraler Verabreichung ist **I** wirksamer als **II**. Weniger Exkretion als bei **I** u. **II** erhält man nach Gaben von *Aminoäthoxycyclohexylamintetraessigsäure* u. *Aminoäthylcyclohexyldiaminpentaessigsäure*. W. Reusse. 4601◇

1387 **Therapeutische Beseitigung von Plutonium beim Menschen.** W. D. Norwood. (Health Physics **8**, 747 bis 50, 1962; Richland, Wash., Gen. Electr. Co., Occupational Health Operation; engl.) — Die Schädigungsmöglichkeiten in *Pu* verarbeitenden Betrieben werden erörtert, bes. die Auslösung von Tumoren im peribronchialen u. subkutanen Gewebe. Extrapolation von Verss. an Mäusen auf den Menschen läßt erwarten, daß durch *DTPA* (*Diäthylentriaminpentaessigsäure*)-Gaben unmittelbar nach eingetretener Ingestion die Ausscheidung des Pu um den Faktor 50—100 erhöht werden kann. Bei i.v. Verabfolgung ist höhere Wirksamkeit zu erwarten als bei oraler. — 25 Literaturstellen. W. Reusse. 4601◇

1388 **Die Dekorporation von Radionucliden.** A. Catsch. (Kerntechn., Isotopentechn. u. -Chem. **3**, 97—102, 1961; Karlsruhe, Kernforschungszentrum, Inst. für Strahlenbiologie; dt.) — Vf. gibt einen Überblick über die Grundlagen, Möglichkeiten u. Grenzen der Behandlung von Vergiftungen mit radioakt. Substanzen. Im einzelnen werden besprochen: Verh. u. Wrkg. inkorporierter Strahler; Verh. von *lösl. Ionenaustauschern* (*Zr-Zitrat*) u. *Chelatbildnern* (*Äthylendiamintetraessigsäure*, *Diäthylentriaminpentaessigsäure*) bei der Dekorporation von resorbierten u. in den Organen bereits abgelagerten Radionukliden (bes. radioakt. Erdalkalien); Anwendbarkeit der Isotopenverdünnung; Maßnahmen in Fällen, in denen noch keine Resorption der inkorporierten Radionuclide erfolgt ist; Maßnahmen bei Kontamination von Verletzungen u. bei Inhalationen. — 29 Literatuangaben. H. Schroeder. 4601□

1389 **Der Einfluß von Calciumionen auf die Kaliumkontraktur im Insektenbeinmuskel.** D. J. Aidley. (Nature [London] **198**, 591—92, 1963; Cambridge, Univ., Dep. of Zool.; engl.) — Der Mesothoraxmuskel Extensor tibialis der Heuschrecke *Schistocerca gregaria* wurde in einer bas. Ringer-Lsg. durch Perfusion mit einer *KCl*-Lsg. zur Kontraktion (K.) bei gleicher Tension wie maximaler isometr. Tetanus gebracht. Bei Perfusion mit einer *Ca*-freien Lsg. fiel die K. progressiv über Std. ab, der Muskel konnte aber durch Perfusion mit 4 mm *Ca* erneut kontrahiert werden. Der K.-Abfall konnte durch *Mg*- oder *Sr*-Ionen nicht verhindert werden. Die K. durch Ca konnte unmittelbar durch *EDTA* aufgehoben werden, wobei es sich um keinen für EDTA spezif. Effekt handelte. Ein EDTA-behandelter Muskel wurde nicht durch Mg-, *Ba*- oder *Mn*-Ionen zur K. gebracht; eine geringe K. bewirkten *Sr*-, *Co*- u. *Ni*-Ionen. J. Boelter. 4606◇

1390 **Über die „mittlere tödliche Dosis" (DL_{50}) einiger Magnesiumsalze in wäßriger Lösung.** O. Selisko und H. Ackermann. (Naturwissenschaften **50**, 479—80, 1963; Potsdam-Rehbrücke, Deutsche Akad. der Wiss. zu Berlin, Inst. für Ernährung.; dt.) — Vff. finden bei Ratten bei intraperitonealer Applikation einer Lsg. von 13,0 mg Mg/ml folgende Werte für die DL_{50}: *Mg-Ascorbat* (als *Magnorbin*; E. Merck) 88 (mgMg/kg), $MgCl_2$ 90, *Mg-Acetat* 100, *Mg-Thiosulfat* (als *Magnosulf.*; Nordmark-Werke) 100, $MgSO_4$ 130 u. *Mg-Adipinat* 180. Die Toxizität steigt mit der Konz. der injizierten Lösung. Vff. sehen die unterschiedliche Resorptions-Geschw. als alleinige Ursache für die unterschiedliche tox. Wrkg. der verschiedenen Mg-Salze an. Veränderungen der relativen Luftfeuchte im Vers.-Raum beeinflußt die DL_{50} in sehr starkem Maße bei Ratten. W. Hiller. 4606◇

1391 **Zum Antagonismus Magnesium-Calcium.** O. Selisko u. H. Ackermann. (Naturwissenschaften **50**, 480, 1963; Potsdam-Rehbrücke, Deutsche Akad. der Wiss. zu Berlin, Inst. für Ernährung.; dt.) — Vgl. vorst. Referat.

— Die DL_{100} für *Mg-Thiosulfat* (*Magnosulf*; Nordmark-Werke) beträgt bei Ratten i.v. 18 (mg Mg/kg) u. intraperitoneal (i.p.) 140; die DL_{100} für *Ca-Thiosulfat* (VEB-Berlin-Chemie) i.v. 90 (mg *Ca*/kg) u. i.p. 150. Die Toxizität einer Mischung beider ist dann am geringsten, wenn sich der Mg-Geh. der Lsg. zum Ca-Geh. wie 24:40 verhält, d. h. wie die Atomgew. beider Metalle. Die DL_{100} für eine derartige Mischung beträgt i.v. 42 mg Mg + 70 mg Ca pro kg u. i.p. 150 mg Mg + 250 mg Ca. W. Hiller. 4606◇

1392 **Der Einfluß von Beryllium auf die mitotische Aktivität und auf die Knochenbildung in vivo beim Hühnerembryo.** J.-F. Monoyer und M. Chèvremont. (C. R. Séances Soc. Biol. Filiales **157**, 906—08, 1963; Liège, Univ., Inst. d'Histol. et Centre anticancereux; franz.) — Vff. injizieren 0,1 cm³ *BeSO₄* in Ringer-Lsg. (m/100, m/50, m/25 u. m/12,5) in befruchtete Eier des Rhode-Island-Huhnes u. beobachten, daß die Knorpel-Bldg. durch geringe *Be*-Mengen (*m*/25 u. m/50) etwas vermehrt, dagegen bei höherer Be-Konz. vermindert wird. Im Bereich der Knochenhaut findet nur geringe mitot. Änderung statt, während die Mitose der Epidermis u. der Leber eine bedeutende Verminderung erfährt. Bei der Leber ist die Red. proportional der Be-Konzentration. Vff. stellen fest, daß Be die periostale Ossifikation der langen Knochen hemmt. G. Marquard. 4606◇

1393 **Blockade der neuromuskularen Leitung durch Zink.** Alexander Sandow und Saul M. Bien. (Nature [London] **193**, 689—90, 1962; New York, Inst. for Muscle Diseases; engl.) — Herausgeschnittene Sartoriusmuskeln von *Rana pipiens* werden in nicht gepufferter Ringer-Lsg. (RL) mit Elektroden direkt u. indirekt gereizt. Ringer-Lsg. mit 0,05 m *Zn* verändert den Tetanus nicht, bewirkt aber eine um 50% größere Verkürzung beim Zucken. RL mit 0,5 mm Zn zeigt bei direkter Reizung keinen Einfl., bei indirekter verschwinden Tetanus u. Zuckungen fast völlig. Diese Hinderung hebt Waschen mit RL (15 Min) auf; nach 45 Min beobachtet man Zukkungen wie an nicht mit Zn behandelten Muskeln. K. Heyns. 4606◇

1394 **Toxizität der aliphatischen Germane bei Ratte und Maus.** Fernand Caujolle, Denise Caujolle und Hubert Bouissou. (C. R. hebd. Séances Acad. Sci. **257**, 551—52, 1963; Toulouse, C. N. R. S.; Centre de Recherches sur les Toxicités; franz.) — Die *gesätt. Tetraalkylgermane* von C_2 bis C_6 sind bei Ratte u. Maus deutlich weniger tox. als die homologen *Stannane*. Das $Ge(C_2H_5)_4$ ist der schädlichste Vertreter, bes. für die Ratte. M. Blaschette-Huttinger. 4607◇

1395 **Über den $^{14}C_{(2)}$-D- und -L-α.γ-Diaminobuttersäure-Stoffwechsel bei Ratten.** Isa K. Mushahwar und Roger E. Koeppe. (J. biol. Chemistry **238**, 2460—63, 1963; Stillwater, Okla., Univ., Agric. Exp. Stat., Dep. of Biochem.; engl.) — Vff. synthetisierten $^{14}C_{(2)}$-*DL-* (**I**), *-L-* (**II**) u. *-D-α.γ-Diaminobuttersäure* (**III**) mit 30—70% Ausbeute, stereochem. rein zu 97%, aus den entsprechenden Glutaminsäuren u. injizierten **I**, **II** u. **III** intraperitoneal bei ♂ Holtzman-Ratten. Bei Injektion von **II** wurden 19—44% des ^{14}C als $^{14}CO_2$-frei, u. 13—23% wurden innerhalb 24 Std. im Urin ausgeschieden. 10% des letzteren Anteiles waren unverändertes **II**. Bei **III**-Injektion wurden, u. zwar langsamer als bei **II**, 3—9% in CO_2 überführt u. 28—61% mit einem Anteil von 30% unverändertem **III** im Urin ausgeschieden. Es scheint keinen Zusammenhang zwischen der Dosis u. der ^{14}C-Ausscheidung im Urin zu geben. **II** u. **III** wurden schnell von der Leber u. in geringerem Maße von der Niere aufgenommen. Ungefähr 5% der Dosen an **II** u. **III** wurden als $^{14}C_{(1)}$-*β-Alanin-*(**IV**) im Urin gefunden. Die Markierungsmuster der Gewebe-Glutaminsäure, -Asparaginsäure u. des Gewebealanins nach der Verabreichung von **II** können nicht erklärt werden, wenn die Oxydation von **II** nur über **IV** erfolgt. Ein Teil von **II** wird offenbar durch Transaminierung oder Desaminierung mit anschließender Oxydation am C_4 in $^{14}C_{(2)}$-Asparaginat oder in eine verwandte Verb. überführt. G. Marquard. 4607◇

1396 **Beziehungen zwischen der chemischen Konstitution und der Toxizität von Cysteaminderivaten und ihren Metallkomplexen.** F. Bonati. (Arch. ital. Sci. farmacol. [3] **9**, 125—27, 1959; Milano, Labori. Ricerche Bracco Ind. Chim.; ital.) — Vf. bestimmte die DL_{50} folgender Verbb. nach der Meth. von Litchfield u. Wilcoxon (J. Pharmacol. exp. Therapeut. **96**, [1949], 99) bzw. nach der Meth. von Beccari (Nature [London] **163**, [1949], 534) an Albinomäusen nach intraperitonealer Injektion der wss. Lsgg., pH 7,0—7,5: *Cysteamin* (**I**), 230 (mg/kg nach erstgenannter Meth.) bzw. 185 (mg/kg nach der 2. Meth.); *Cystamin*, 181 bzw. 146; *Cysteaminmonoessigsäure* (**II**), 3160 bzw. 2520; *Cystamindiessigsäure*, 4300 bzw. 3600, *Cysteamindiessigsäure* (**III**), 700 bzw. 530; *Cystamintetraessigsäure*, 2000 bzw. 1200; **I**-*Pb-Komplex* (2:1), 32 bzw. 25; **II**-*Pb-Komplex*, 70 bzw. 46; **III**-*Pb-Komplex*, 1960 bzw. 1550; **I**-*Hg-Komplex*, (2:1) 2,4 bzw. 2,1; **II**-*Hg-Komplex*, 2,3 bzw. 1,0; **III**-*Hg-Komplex*, 1,7 bzw. 1,0; **I**-*Bi-Komplex*, 6,2 bzw. 4,3; **II**-*Bi-Komplex*, 15,8 bzw. 8,6; **III**-*Bi-Komplex*, > 150 bzw. —; *Pb-Acetat*, 145 bzw. 83; $HgCl_2$, 2,1 bzw. 1,3; *Bi-Na-Tartrat-Komplex*, 23,5 bzw. 13,1. H. Kockert. 4607◇

1397 **Messung der perkutanen Resorption und des Bluttransportes von ^{14}C-p-Cymol in vivo beim Kaninchen.** Jacques Wepierre. (C. R. hebd. Séances Acad. Sci. **256**, 4529—32, 1963; Paris, Fac. de Pharm., Labor. de Pharmacodyn.; Commissariat à l'Energie atom.; franz.) — Durch Autoradiographie der Oberhaut stellt man eine Lokalisierung von ^{14}*p-Cymol* (**I**) in dem fetthaltigen Anteil der Haarbälge u. der Talgdrüsen u. weniger in der Oberhaut fest. Mengenmäßig wird I in gleichen Anteilen von den Blutkörperchen u. dem Plasma des abfließenden Blutstromes transportiert, aber die Konzz. von I sind 1,6—2mal höher in den Blutkörperchen als im Plasma. M. Blaschette-Huttinger. 4607◇

1398 **Über die teratogene Wirkung von N-Desacetylthiocolchicin kombiniert oder nicht kombiniert mit Thyroxin.** N. Faucounau, R. Stoll und R. Maraud. (C. R. Séances Soc. Biol. Filiales **157**, 780—82, 1963; Bordeaux, Fac. de Méd., Labor. de Biol.; franz.) — *Thio-Colciran* (*N-Desacetylthiocolchicin*; **I**) zeigt beim Huhn teratogene Wrkg., die durch *Thyroxin* (**II**) noch verstärkt wird, obschon **II** selbst keine teratogene Wrkg. hat. Diese synergist. Wrkg. kann quant. sein wie bei **I** u. auch gleichzeitig quant. u. qual., wie bei *E 39*, in welchem Fall das Hinzufügen von **II** neue Typen von Mißbildungen provoziert. M. Blaschette Huttinger. 4607◇

1399 **Teratogene Wirkungen des Meclizinehydrochlorids bei der Ratte.** C. T. G. King. (Science [Washington] **141**, 353—55, 1963; Bethesda, Md., Nat. Inst. of Dental Res., Nat. Inst. of Health; engl.) — Das Präp. *Bonine* (*Meclizinehydrochlorid*; **I**) verursacht zwischen dem 13. u. 15. Tag der Schwangerschaft bei Ratten Mißbldg. im Bereich des Mund- u. Rachenraumes. Je nach Dosis u. Dauer der Verabreichung treten die Veränderungen an Zunge, Gaumen, Unterkiefer u. auch an der Wirbelsäule u. an den Extremitäten auf. Ähnliche Mißbldg. wurden bei der Hypervitaminose A beobachtet. *Cyclizin*, ein Strukturanaloges von **I**, führt ebenfalls zu Fehlentw. während der Schwangerschaft. Ob **I** seine teratogene Wrkg. über seine Antihistaminaktivität entfaltet, ist noch unbekannt. H. Müldner. 4607◇

1400 **Veränderungen der Sterblichkeitsrate der Kaulquappen von Rana temporaria bei Behandlung mit Cortisonacetat, Reserpin und Methylsergid.** J. C. Czyba und N. Durand. (C. R. Séances Soc. Biol. Filiales **156**, 1416 bis 1418, 1962; Lyon, Fac. de Méd., Chaire d'Histolog. et d'Embryolog.; franz.) — Die Tiere erhalten täglich $^1/_{30}$ cm³ akt. Extrakt von *Rauwolfia serpentina* (**I**) bzw. 0,5 mg *1-Methyl-D-lysergsäure-*(+)*-butanolamid-*(*2*) (UML 491) (**II**) bzw. 2,5 mg *Cortisonacetat* (**III**). Nach 47 Tagen ist die Sterblichkeitsrate 80% bei den Vgl.-Tieren, 75% bei **II**-, 60% bei **I** u. 40% bei **III**-Behandlung. **I** u. **III** üben also eine Schutz-Wrkg. aus. Eine Hypophysenbeteiligung scheint wahrscheinlich wegen der dunkleren Färbung der **I**-behandelten Tiere. **I** übt jedoch seine Wrkg. nicht mittels *Serotonin* aus, welches ohne Wrkg. ist, ähnlich wie die Verss. mit **II** keine Wrkg. zeigen. M. Blaschette-Huttinger. 4607◇

1401 **Untersuchungen über Nahrungsmittelzusätze.** 6. Mitt. **Stoffwechsel von 2.6-Di-tert.-butyl-p-kresol im**

Kaninchen. (1). Bestimmung und Papierchromatographie eines Metaboliten. Masuo Akagi und Isamu Aoki. (Chem. pharmac. Bull. [Tokyo] **10**, 101—05, 1962; Hokkaido Univ., School of Med., Fac. of Pharmaceut. Sci.; engl.) — 5. vgl. J. pharmac. Soc. Japan [Yakugakuzasshi] **81**, [1961], 492. — Kaninchen (1,8—3,0 kg) erhielten ein Standardfutter u. oral 0,5 g des Antioxydans *2.6-Di-tert.-butyl-p-kresol* (**I**)/kg. 37,5% der **I**-Dosis werden als Glucuronid, 16,7% als Äthersulfat u. 6,8% als freies Phenol ausgeschieden. Von den **I**-Stoffwechselprodd. konnten papierchromatograph. durch Vgl. mit den synthet. Verbb. *α-Hydroxy-2.6-di-tert.-butyl-p-kresol* (**II**), *3.5-Di-tert.-butyl-4-hydroxybenzoesäure* u. *4.4'-Äthylen-bis-[2.6-di-tert.-butylphenol]* identifiziert werden. Nur aus dem Kot konnte unverändertes **I** (neben **II**) isoliert werden.

Versuche: *3.5-Di-tert.-butyl-4-hydroxybenzaldehyd* (**III**), F. 189°, durch Oxydation von **I** mit Br_2. — *α-Hydroxy-2.6-di-tert.-butyl-p-kresol* (**II**), F. 137—138°, aus **III** durch Red. mit $NaBH_4$; 90% (Ausbeute). — *2-tert.-Butyl-p-kresol*, F. 52°, aus p-Kresol durch Umsetzen mit tert.-Butanol nach Chichibabin. — *3.5-Di-tert.-butyl-4-hydroxybenzylacetat*, F. 98—99°, durch Oxydation von **I** mit Br_2 in Essigsäure. — *3.5-Di-tert.-butyl-4-hydroxybenzoesäure*, F. 210—211°, aus **III** durch Canizzarosche Reaktion. — *4.4'-Äthylen-bis-[2.6-di-tert.-butylphenol]* aus **I** durch Oxydation mit alkal. $K_3Fe[CN]_6$. — *α-Methoxy-2.6-di-tert.-butyl-p-kresol*, $C_{16}H_{26}O_2$, F. 100 bis 101°, durch Oxydation von **I** mit Br_2 in Methanol bei 60°; 3,5 g aus 4 g **I**. P. Schwerdtfeger. 4607◇

1402 **Untersuchungen über Nahrungsmittelzusätze. 7. Mitt. Stoffwechsel von 2.6-Di-tert.-butyl-p-kresol im Kaninchen. (2). Isolierung eines Metaboliten.** Isamu Aoki. (Chem. pharmac. Bull. [Tokyo] **10**, 105—12, 1962; Hokkaido Univ., Med. School, Fac. of Pharmaceut. Sci.; engl.) — 6. vgl. vorst. Referat. — Vf. beschreibt die Isolierung von *α-Hydroxy-2.6-di-tert.-butyl-p-kresol*, $C_{15}H_{24}O_2$, F. 136—137°, *3.5-Di-tert.-butyl-4-hydroxybenzoesäure*, $C_{15} \cdot H_{22}O_3$, F. 210—211°, u. *4.4'-Äthylen-bis-[2.6-di-tert.-butylphenol]*, $C_{30}H_{46}O_2$, F. 169—170°, aus dem Harn von Kaninchen nach oraler Zufuhr von *2.6-Di-tert.-butyl-p-kresol*. *3.5-Di-tert.-butyl-4-hydroxybenzaldehyd* wurde in den Harnextrakten als 2.4-Dinitrophenylhydrazon (F. 235°) identifiziert. Es konnte auch ein Glucuronid in Form des Methylacetat-Deriv. $C_{28}H_{40}O_{11}$, F. 162—163°, $[\alpha]_D^{10}$ —45,5° (c = 1,005; Chlf.) isoliert werden, wobei es sich wahrscheinlich um *Methyl-[β-(3-tert.-butyl-2-hydroxy-5-methylphenyl)-β.β-dimethyläthyl-2.3.4-tri-O-acetyl-β-D-glucopyranosid]-uronat* handelt (vgl. Dacre, Biochem. J. **78**, [1961], 758). Es werden die möglichen Wege des biolog. **I**-Abbaus diskutiert. P. Schwerdtfeger. 4607◇

1403 **Untersuchungen über Nahrungsmittelzusätze. 8. Mitt. Stoffwechsel von α-Hydroxy-2.6-di-tert.-butyl-p-kresol. Isolierung von Metaboliten.** Masuo Akagi und Isamu Aoki. (Chem. pharmac. Bull. [Tokyo] **10**, 200 bis 204, 1962; Hokkaido Univ., School of Med., Fac. of Pharmaceut. Sci.; engl.) — 7. vgl. vorst. Referat. — Vff. untersuchten an Kaninchen die Ausscheidung der Stoffwechsel-Prodd. von *α-Hydroxy-2.6-di-tert.-butyl-p-kresol* (**I**) nach oraler Zufuhr. Aus dem Harn konnten *3.5-Di-tert.-butyl-4-hydroxybenzoesäure*, *4.4'-Äthylen-bis-[2.6-di-tert.-butylphenol]* sowie unverändertes **I** isoliert werden; *2.5-Di-tert.-butyl-4-hydroxybenzaldehyd* wurde als 2.4-Dinitrophenylhydrazon identifiziert. Ein Glucuronid konnte als Triacetylmethylester $C_{27}H_{38}O_{11}$, F. 170—171°, $[\alpha]_D^{10}$ —37,7° (c = 0,53; Chlf.) isoliert werden. Dieses Glucuronid ist nicht ident. mit dem nach oraler Zufuhr von 2.6-Di-tert.-butyl-p-kresol isolierten (l. c.) bzw. mit synthet. Methyl-[(3.5-di-tert.-butyl-4-hydroxybenzoyl)-2.3.4-tri-O-acetyl-β-D-glucopyranosid]-uronat. **I** u. *α-Methoxy-2.6-di-tert.-butyl-p-kresol* weisen eine hohe antioxydative Aktivität (Vitamin A in Fischöl) auf.

Versuche: *Methyl-[(3.5-di-tert.-butyl-4-hydroxybenzoyl)-2.3.4-tri-O-acetyl-β-D-glucopyranosid]-uronat*, $C_{28} \cdot H_{38}O_{12}$, F. 144—145°, aus 3.5-Di-tert.-butyl-4-hydroxybenzoesäure (2,5 g) in A. durch Umsetzen mit Na-Äthylat, Einengen, Aufnehmen in Aceton, tropfenweise Zugabe von Methyl-[2.3.4-tri-O-acetyl-α-D-glucopyranosylbromid]-uronat in Aceton (Eisbad), 24 Std. Stehen bei Raum-Temp., Entfernen von NaBr, Einengen, Aufnehmen in Chlf., Waschen mit W., Einengen, Aufnehmen in A. u. Stehenlassen (über Nacht im Eisschrank); 0,5 g (Ausbeute). — *α-Methoxy-2.6-di-tert.-butyl-p-kresol*, $C_{16} \cdot H_{26}O_2$, F. 101°, aus **I** in Methanol durch Einleiten von HCl-Gas (3% Sättigung), 15 Min. Erhitzen im Wasserbad unter Rückfluß, Abkühlen, W. zugeben u. ausäthern. P. Schwerdtfeger. 4607◇

1404 **Die Entwicklung von Anlockmitteln für die männliche Melonenfliege.** B. H. Alexander, Morton Beroza, T. A. Oda, L. F. Steiner, D. H. Miyashita und W. C. Mitchell. (J. agric. Food Chem. **10**, 270—76, 1962; Beltsville, Md., USDA, Entomol. Res. Div.; engl.) — Da *Anisylaceton* (**I**; *4-[p-Methoxyphenyl]-2-butanon*) ein wirksames Anlockmittel für die ♂ Melonenfliege (*Dacus cucurbitae* Coq.) ist, werden 119 verwandte Verbb. auf ihre Eignung als Anlockmittel geprüft, ihre Synth. u. physikal. Konst. werden angegeben. Am wirksamsten ist *4-[p-Acetoxyphenyl]-2-butanon*, es vermag 20mal soviel Fliegen einzufangen wie **I**. W. Wesly. 4607◇

1405 **Untersuchungen über den Einfluß gewisser Arzneimittel und Insekticide auf das Herz von Insekten.** N. S. Agrawal und S. P. Srivastava. (Agra Univ. J. Res. **11**, 23—47, 1962; Kanpur, Govt. Agric. Coll.; engl.) — Die Einw. verschiedener Konzz. von *Nicotinsulfat*, *Ryania*, *Parathion* u. *DDT* auf die Frequenz des Herzschlags isolierter Herz-Präpp. von *Mylabris phalerata* u. *Chilo zonellus* u. Larven von *Dichocrocis punctiferalis* in belüfteter, physiolog. Lsg. wird wiedergegeben. W. Wesly. 4607◇

1406 **Über die Veränderungen der Animosäure- und Kohlenhydratkomponenten des Rattenhirns nach Verabfolgung von Alkaloiden mit neurotroper Wirksamkeit.** P. Dessi und A. M. Gianni. (Arch. ital. Sci. farmacol. [3] **9**, 143—44, 1959; Bologna, Univ., Ist. di Farmacol.; ital.) — Vff. injizieren intraperitoneal in ausgewachsene Albinoratten folgende neurotrop wirkende Substanzen: *Levallorphan* (**I**); 5 mg/kg), *Palfium* (**II**; *Diphenylmethylmorpholinobutyrylpyrrolidin*; 2 mg/kg) u. *Mezcalin* (**III**; 7,5 mg/kg). Die Tiere werden danach getötet u. die W.-A.-Extrakte des enteiweißten Hirnhomogenats papierchromatograph. (aufsteigende Meth., eindimensional) untersucht. — Das *Kohlenhydrat* (**IV**)-Chromatogramm des Gehirns von **I**- u. **II**-behandelten Tieren unterscheidet sich nicht von dem des normalen Gehirns, wohl aber das Chromatogramm der *freien Aminosäuren* (**V**), auf dem das vorherrschende Auftreten von *Glutaminsäure* im Vgl. zu allen anderen **V** (identifiziert wurden daneben noch *Glycin*, *Alanin*, *Valin* u. *Methionin*) auffällt. Bei Intoxikation mit **III** treten sowohl hinsichtlich der Zus. an freien **V** als auch an **IV** starke Unterschiede zum normalen Hirnextrakt auf. — Demnach üben **I**, **II** u. **III** charakterist. Wrkgg. auf den **IV**- u. **V**-Stoffwechsel der Nervenelemente aus, die sich in typ. Veränderungen der **IV**- u. **V**-Zus. des Gehirns ausdrücken. H. Kockert. 4608◇

1407 **Möglichkeiten zur Anwendung einer neuen thermoanalytischen Methode zur Mikroidentifizierung einiger Pharmaka tierischer und pflanzlicher Herkunft.** B. Chiarlo und A. Bandini. (Arch. ital. Sci. farmacol. [3] **9**, 135—37, 1959; Genova, Univ., Ist. di Farmacol.; ital.) — Vff. berichten über die Anwendung einer thermoanalyt. Meth., die schon früher beschrieben wurde (vgl. C. **1963**, 6327), zur Unters. von *Bienenwachs*, *Montana-Riebeck-Wachs*, *Spermacetwachs*, *Paraffin*, *Aloe*, *Kopale* u. einigen anderen Materialien. — Diese mikrothermoanalyt. Meth. ist wegen ihrer leichten Durchführbarkeit sowohl zur allg. als auch zur bes. pharmakognost. Mikroanalyse sehr geeignet. — 14 Mikrophotos. H. Kockert. 4609◇

1408 **Die Isolierung eines herzaktiven Prinzips aus Säugetiergewebe.** Stephen Hajdu, Herbert Weiss und Elwood Titus. (J. Pharmacol. exp. Therapeut. **120**, 99—113, 1957; Bethesda, Md., U. S. Dep. of Health, Educat. and Welfare, Publ. Health Serv., Nat. Insts. of Health, Nat. Heart Inst.; engl.) — Vff. isolierten aus Säugetierblut u. -gewebe eine Substanz mit digitalisähnlicher Wirksamkeit u. identifizierten sie als *β-Palmitoyllysolecithin* (**I**). **I** findet sich in hoher Konz. im Nebennierenmark u. im Herzgewebe u. kommt in geringen Mengen oder gar nicht im Skelettmuskel vor. I erhöht den Druck des hypodynam. Froschherzens usw. Wahrscheinlich liegt der größte Teil von I im Gewebe in inakt. Form (I-Vorläufer) vor. H. Kockert. 4609◇

1409 **Trypanosomiasis der Tiere unter besonderer Berücksichtigung der Chemotherapie.** E. J. H. Ford. (Res. appl. in Ind. **15,** 11—16, 1962; Cambridge, Babraham Hall, Inst. of Animal Physiol., Agricult. Res. Council; engl.) — Allg. Ausführungen. — Verbreitung der Trypanosomiasis auf der Welt; Chemotherapie u. ihre zukünftige Entwicklung. — 23 Literaturangaben. H. Kockert. 4610◇

1410 **Untersuchungen zum Nucleinsäurestoffwechsel der regenerierenden Leber nach Isonicotinsäurehydrazid (INH).** D. Siegel und F. Berschneider. (Z. ges. exp. Med. **134,** 59—64, 1960; Berlin-Buch, Tuberkulose-Forschungsinst.; dt.) — Ratten wurden in Äthernarkose $^2/_3$ der Leber reseziert. Durch tägliche Gaben von 300 mg *Isonicotinsäurehydrazid* (*INH*)/kg wird die Regeneration merkbar beeinflußt. Die Trockengew.-Werte liegen nach INH-Verabreichung signifikant höher, was darauf schließen läßt, daß weniger W. eingelagert wird. Der Geh. an Ribonucleinsäure verändert sich nicht signifikant. Dagegen wird durch die INH-Behandlung die Neubldg. von *Desoxyribonucleinsäure* beträchtlich gehemmt. Zusammenhänge zwischen diesen Wrkg. u. den tumorwachstumshemmenden Eigg. des INH scheinen zu bestehen. K. Böhm. 4610◇

1411 **Der Einfluß zentralerregender Pharmaka auf die Hexokinase im Gehirn weißer Mäuse.** C.-J. Estler. (Naturwissenschaften **49,** 472—73, 1962; Erlangen, Univ., Pharmakol. Inst.; dt.) — Das Gehirn baut bei Erregung in Anpassung an den veränderten Funktionszustand *Kohlenhydrate* in größerem Umfange ab als in Ruhe. Dieser vermehrte Kohlenhydrat-Verbrauch wird offenbar zum Teil durch Steigerung der *Hexokinase*(I)-Aktivität (vermehrten Abbau von *Glucose*) bewirkt. So kommt es bei weißen Mäusen unter Einw. von 1—2 Vol.-% *Ae.* in der Einatmungsluft, von 3 mg *Methamphetaminhydrochlorid*/kg, subkutan, u. von 15 mg *Morphinhydrochlorid* (II)/kg, subkutan, zu einer Steigerung der Spontanmotilität u. zu einer Zunahme der I-Aktivität im Gehirn, die nach Abklingen der Erregung wieder zurück geht. 5 mg *Levallorphan-tartrat* (III)/kg beeinflussen Motilität u. I nicht. Durch gleichzeitig verabreichtes II u. III wird nach 1 Std. die II-Wrkg. auf die Motilität aufgehoben u. die I-Aktivität auf 50% reduziert. — Bei längerdauernder u. stärkerer Erregung wird die Inanspruchnahme von *Glykogen* notwendig. U. Tausendfreund. 4620◇

1412 **Resorcin-Isomere und Pentylentetrazol; ihre sympathischen Kreislaufwirkungen zentralen Ursprungs.** John Gatgounis und R. P. Walton. (J. Pharmacol. exp. Therapeut. **128,** 363—71, 1960; Charleston, S. C., Med. Coll., Dep. of Pharmacol.; engl.) — Vgl. C. **1963,** 10565. — Am isolierten Papillarmuskel der Katze u. am isolierten Kaninchenherzen wirken *Resorcin* (I), *Brenzcatechin* (II) u. *Hydrochinon* (III) Herzkraft-vermindernd; III hat zusätzlich in manchen Fällen eine geringe Herzkraft-steigernde Wirkung. Am intakten Kreislauf des narkotisierten Hundes wirken I, II u. III sowie *Pentylentetrazol* (IV) Blutdruck- u. Herzkraft-steigernd. Durch eine präganglionäre Blockade des Sympathicus mit *Procain* im Bereich des Rückenmarkes werden diese Kreislauf-Wrkg. aufgehoben. Am gekreuzten Kreislauf tritt die sympathicomimet. Wrkg. nur bei Gabe der Verbb. in den Kopfkreislauf auf. Die stimulierenden Herz- u. Kreislauf-Wrkg. von I, II, III u. IV haben demzufolge ihren Ursprung in zentral gelegenen Strukturen des Sympathicus. P. Lange. 4620◇

1413 **Cholinergisch-adrenergische Doppelwirkung von γ-Aminobuttersäuremethylester auf ein Kröten-Sinus-Atrium-Präparat.** Koroku Hashimoto, Seiji Kumakura und Keitaro Hashimoto. (Nature [London] **197,** 500—01, 1963; Sendai, Univ. of Tohoku, Dep. of Pharmacol.; engl.) — Vff. untersuchten an Sinus-Atrium-Präpp. von Krötenherzen die Wrkg. von *γ-Aminobuttersäuremethylester* (I) u. dessen *N-Monomethyl-* (II), *N-Dimethyl-* (III) u. *N-Trimethyl-*Deriv. (IV). Bei Perfusion mit normaler Ringer-Lsg. zeigen II u. bes. I bei Herbsttieren eine positiv inotrope Wrkg., bei Frühjahrstieren jedoch eine negative, die gelegentlich von einer positiven gefolgt ist. III u. bes. IV zeigen in jedem Fall eine negative Wirkung. Bei Perfusion mit Atropin-Ringer-Lsg. verschwinden die zuvor beobachteten negativen Rkk. u. die positive Wrkg. von I bei Herbsttieren wird der von II prakt. gleich. Wird dagegen *Dichlorisoprenalin*-Ringer-Lsg. verwendet, so verschwinden die positiven Rkk. u. es erscheinen nur noch die negativen. Die physiolog. Bedeutung dieser Befunde wird diskutiert. P. Schwerdtfeger. 4620◇

1414 **Gegenüberstellung der Wirkungen von Atropin und dem Methyljodid des 2.2-Diphenyl-4-isopropylaminobutyramids (Priamid).** P. Chauchard und H. Mazoué. (C. R. Séances Soc. Biol. Filiales **157,** 481—82; 1963; Paris, Fac. des Sci.; Hautes-Études, Labor. de Neurophysiolog. de l'Excitabilité; franz.) — Die Auswertung von Chronaxie-Messungen nach *Priamid*(I)-Behandlung ergibt, ähnlich wie bei Gaben von *Atropin* (II), eine zentrale, depressive Wirkung. I verhält sich gegenüber den Wrkg. von *Acetylcholin*, *Adrenalin* u. *Serotonin* ähnlich wie II, doch besitzt I außerdem eine neurolept. Wrkg., die II fehlt. M. Blaschette-Huttinger. 4620◇

1415 **Xanthomatöse biliäre Cirrhose nach Chlorpromazin.** Norman N. Kohn und Ralph M. Myerson. (Amer. J. Med. **31,** 665—70, 1961; Philadelphia, Pa., Philadelphia Veterans Administr. Hosp., Med. Serv.; engl.) — Nach oraler Einnahme von 2,3 g *Chlorpromazin* in 17 Tagen kam es bei einem neurot. Patienten zu einem Ikterus durch Leberschädigung. Dieser war von einer bedeutenden Störung des *Lipid*-Stoffwechsels mit Ausbildung von Xanthomen begleitet. Die Schädigung schien einer xanthomatösen biliären Cirrhose ähnlich zu sein. Es fanden sich auch erhöhte Spiegel an *Prothrombin*, *Proconvertin* u. *Proaccelerin*. G. Kimmerle. 4620△

1416 **Die Wirkung der akuten und chronischen Verabreichung von Chlorpromazin auf die Verteilung von ^{131}J bei normalen Ratten.** Ralph Wiseman jun. (J. Pharmacol. exp. Therapeut. **138,** 269—76, 1962; Memphis, Tenn.; Vet. Admin. Med. Teaching Group Hosp., Radioisotop Serv.; engl.) — Erhalten ♂ Sprague-Dawley-Ratten eine einzelne Dosis von 25 mg *Chlorpromazin* (I)/kg so nimmt die ^{131}*J*-Aufnahme der Schilddrüse innerhalb der ersten 6 Std. um 40,3% ab. Die Ausscheidung des ^{131}J durch den Urin sinkt um 92,7% u. die Retention in den Knochen steigt um 29,7%. Das Vol. des Urins sinkt in den ersten 6 Std. auf die Hälfte. Bei trainierten Ratten verursachen 25 mg I/kg Hypertension für 27 Std.; 1 mg I/kg zeigt dagegen keine Wrkg. auf den Blutdruck. Wird I chron. in einer Dosis von 25 mg/kg 12 Tage lang verabreicht, so ist die 6std. ^{131}J-Aufnahme der Schilddrüse 66 Std. nach der letzten I-Gabe um 40,4% verringert. W. Hiller. 4620◇

1417 **Neue quartäre Ammoniumverbindungen mit adrenalinähnlicher Wirkung.** R. A. Lehman und H. A. Jewell. (Science [Washington] **131,** 1885—86, 1960; New York, Campbell Pharmaceuticals, Inc., Res. Labor.; engl.) — Quartäre Salze von zwei Triestern des *p-Dimethylaminothiophenol* u. der *Phosphorsäure* oder der *Thiophorsäure* haben eine adrenalinähnliche Wirkung auf den Blutdruck, die Herzfrequenz u. die Nickhaut der Katze unter Narkose. Zwei ähnliche, vom Phenol abgeleitete Verbb. sind Depressoren. Keine ist ein wirksamer Cholinesterasehemmer. Eine relativ spezif. Wrkg. auf die sympath. Ganglien muß noch geklärt werden. M. Blaschette-Huttinger. 4620◇

1418 **Wirkungen verschiedener Benzhydrolderivate mit psycholeptischen Eigenschaften auf den Lipidstoffwechsel.** B. Drevon und G. Montavon. (C. R. Seances Soc. Biol. Filiales **156,** 1876—80, 1962; Lyon, Fac. Mixte de Méd. et de Pharm., Labor. de Pharmacochim.; Hôp. Militaire d'Instruction Desgenettes, Labor. de Chim.; franz.) — Die Strukturanalogien zwischen *1-[p-(β-Diäthylaminoäthoxy)-phenyl]-1-[p-tolyl]-2-[p-chlorphenyl]-äthanol* (*Triparanol*; I), *N-[1-Methyl-2.3-bis-(p-chlorphenyl)-propylmaleamidsäure*, α-Form (*Benzmalecene*; II), *α-[Piperidyl-*

(*4*)]-*benzhydrol* (*Azacyclonol*), *α-[Piperidyl-(2)-benzhydrol* (*Pipradol*), *1-p-Chlorbenzhydryl-4-[2′-(2″-hydroxyäthoxy)-äthyl]-piperazin* (*Hydroxyzine*) u. *Diphenylglykolsäurediäthylaminoäthylester* (*Benactyzine*; **III**) lassen auf die Möglichkeit einer Beeinflussung des *Lipid*-Stoffwechsels u. bes. des *Cholesterin*(**IV**)-Geh. durch diese Verbb. schließen. **I** hemmt die **IV**-Synth.; **II** wirkt ähnlich, jedoch auf anderem Wege. Die an Kaninchen bei Verabreichung eines **IV**-reichen Futters durchgeführten Verss. ergaben eine Senkung von Gesamtlipiden u. Phospholipiden durch **III**. P. Schwerdtfeger. 4620◇

1419 **Eine Molekulartheorie der allgemeinen Anästhesie.** Linus Pauling. (J. Chim. physique Physico-Chim. biol. **59,** 1—8, 1962; Pasadena, Calif., California Inst. of Technol., Gates and Crellin Labors.; franz.) — Vortrag. — 37 Literaturangaben. H. Kockert. 4627◇

1420 **Analoge Berechnung der Respirationskurve.** T. W. Murphy und R. Crane. (Rev. sci. Instruments **33,** 533 bis 536, 1962; New York, N. Y., Mem. Sloan-Kettering Cancer Center; Electronic Gea inc.; engl.) — Um bei der Anwendung von Narkoticis, die als gefährliche Nebenwrkg. auftretende Depression des Atemzentrums verfolgen zu können, wird die vom Patienten ausgeatmete Gasmenge mittels eines Pneumotachographen u. eines Dehnungsmessers bestimmt, ferner die Temp. durch einen Thermistor u. der *CO_2*-Geh. mit Hilfe einer Infrarot-Analyse. Die gewonnenen Daten werden in einem Analogrechner als Beziehung zwischen dem alveolaren Luftstrom u. der alveolaren CO_2-Spannung ausgewertet u. so die durch das Narkotikum bewirkte Depression des Atemzentrums ermittelt. W. Reusse. 4627◇

1421 **Wirkung von intraperitoneal verabreichter Kochsalzlösung auf die Dauer der Hexobarbitalnarkose bei der Maus.** Chr. L. Rümke und H. de Jonge. (Acta physiol. pharmacol. neerl. **11,** 113—22, 1962; Amsterdam, Free Univ., Dep. of Pharmacol.; engl.) — Die Narkosedauer (N) bei Mäusen nach 60 mg *Hexobarbital-Na* (**I**)/kg u. Vorbehandlung mit *SKF 525-A* (*α.α-Diphenyl-α-n-propylessigsäure-β′-diäthylaminoäthylester-Hydrochlorid*) ist nach einer intraperitonealen (i. p.) Injektion von NaCl-Lsg. verlängert. Die i. p. Gabe von NaCl verlängert auch N nach i. p. Injektion von I, nicht aber nach subkutaner Injektion. 75 mg **I**/kg in einer 2,5‰ Lsg. in NaCl-Lsg. wirken länger, als wenn dieselbe Dosis in 3,75‰-Konz. i. p. verabreicht wird. E. Carstens. 4627◇

1422 **Die zweiphasige Wirkung von β-Diäthylaminoäthyldiphenylpropylacetathydrochlorid auf die biologische Umwandlung von Pentobarbital-Natrium.** Chen-Yu Sung, Yu-Wen Yü und Chin-Ying Shao. (Acta physiol. sinica **26,** 75—83, 1963; Peking, Chin. Acad. of Med. Sci., Inst. of Mat. Med., Dep. of Pharmacol.; chin., Auszug: engl.) — Wenn 60 mg *Pentobarbital* (**I**)/kg Mäusen innerhalb von 12 Std. nach intraperitonealer (i.p.) Injektion von 40—80 mg *β-Diäthylaminoäthyldiphenylpropylacetathydrochlorid* (*SKF 525 A*; **II**) i.p. verabreicht wurden, so trat eine Verlängerung der Schlafdauer auf, wenn **I** jedoch 48 Std. nach **II** angewandt wurde, so wurde die Schlafdauer verkürzt; die Verkürzung war von einer Beschleunigung des Abbaus von **I** begleitet. Die Veränderung der Schlafdauer war nicht auf eine Veränderung der Empfindlichkeit des Zentralnervensyst. für **I** zurückzuführen. Der Abbau von *Diäthylbarbital* u. die Schlafdauer nach demselben wurde durch Vorbehandlung mit **II** nicht beeinflußt. Behandlung von Ratten u. Mäusen 12—24 Std. vor der Tötung mit **II** bewirkte eine Zunahme der Ausscheidung von *Ascorbinsäure* (**III**) im Harn u. des Geh. an **III** in der Leber. Diese Wrkg. von **II** verschwand nach 48 Stunden. K. Zingraf. 4627◇

1423 **Kritische und experimentelle Pharmakodynamik von Morphin. Analgetische Wirkung und Kombination mit Substanzen mit neurovegetativer Wirksamkeit.** Clément F. Fleury. (Arch. Sci. [Genève] **13(165),** 261 bis 309, 1960; Genève, Fac. de Méd.; franz.) — Übersicht — 348 Literaturangaben. H. Kockert. 4627◇

1424 **Stoffwechsel von Codein; die Ausscheidungsrate von Codein und Morphin im Harn.** Ninfa Redmond und J. M. Parker. (Canad. J. Biochem. Physiol. **41,** 243—45, 1963; Montreal, Canada, Charles E. Frosst & Co. Res. Labor.; engl.) — Nach der Einnahme von je 65 mg *Codeinphosphat* (≙ 45,5 mg Codein-Base) durch 7 gesunde Männer wurde ihr Urin während 32 Std. gesammelt u. der Geh. an *Codein* (**I**) u. an *Morphin* (**II**) bzw. *Norcodein* als Stoffwechselprodd. des **I** in mg/Liter ermittelt: 57% wurden als **I** u. 14% als **II** abgeschieden. Die maximale Exkretionsrate erfolgte 3 Std. nach der oralen Verabreichung. L. Macher. 4627◇

1425 **Das Verhalten der Temperatur bei Ratten während akuter und chronischer Morphin-Zufuhr. Eine Untersuchung über die Morphin-Toleranz.** Lars-M. Gunne. (Arch. int. Pharmacodynam. Thérap. **129,** 416—28, 1960; Stockholm, Karolinska Inst., Dep. of Alcohol Res. and Dep. of Physiol.; engl.) — Bei der Ratte besitzt *Morphin* (**I**) einen Temp.-senkenden Effekt, dem ein Temp.-Anstieg folgt. An ♀ Albinoratten wurde deshalb in akuten Verss. die Wrkg. von *I-Hydrochlorid* in verschiedenen Dosen (10, 20, 30, 40, 50, 60 u. 80 mg/kg) u. in chron. Verss. mit konst. (2mal täglich 30 u. 50 mg/kg) bzw. mit stufenweise ansteigenden Dosen (20 bis 180 mg/kg) auf die Temp. untersucht. Der Temp.-Zeitlag (die Zeit von der **I**-Injektion zum Temp.-Maximum) wurde dabei als sehr empfindliches Maß für den Temp.-senkenden Effekt gefunden. Bei Unterss. über Toleranzveränderungen gegen **I** ist er dem Temp.-Abfall selbst vorzuziehen. Mit dem Temp.-lag ist es möglich, Einzelheiten der Toleranzänderungen bei konst. u. steigenden **I**-Dosen zu verfolgen, genau so wie den Rückgang der Toleranz nach Entzug. K. Böhm. 4627◇

1426 **Einfluß von N-Allylnormorphin und Chlorpromazin auf die Hyperthermie und den Anstieg des O_2-Verbrauchs durch Morphin bei der normalen und chronisch mit Morphin behandelten Ratte.** L. Angelucci. (Arch. ital. Sci. farmacol. [3] **9,** 116—19, 1959; Roma, Univ., Ist. di Farmacol.; ital.) — Vf. stellte fest, daß *N-Allylnormorphin* (**I**) die stimulierende Wrkg. von *Morphin* (**II**) auf den O_2-Verbrauch blockiert. Außerdem wirkt **I** der hypertherm. Wrkg. von **II** entgegen. *Chlorpromazin* (**III**) potenziert in eindeutig nicht fiebersenkend wirkenden Dosen die hypertherm. Wrkg. von **II** u. antagonisiert partiell diese Wrkg. in mäßig fiebersenkend wirkenden Dosen; nur in stark fiebersenkend wirkenden Dosen wirkt **III** der durch **II** bedingten Hyperthermie stark entgegen. 20 Min. vor der Behandlung mit **II** verabfolgtes **I** ist sowohl bei normalen als auch chron. mit **II** behandelten Ratten in der Lage, die Stoffwechselrk. gegenüber **II** zu reduzieren oder sogar total aufzuheben. H. Kockert. 4627◇

1427 **Einfluß von Morphin auf O_2-Verbrauch und Körpertemperatur der normalen und chronisch mit Morphin behandelten Ratte.** L. Angelucci. (Arch. ital. Sci. farmacol. [3] **9,** 119—21, 1959; Roma, Univ., Ist. di Farmacol.; ital.) — Vgl. vorst. Referat. — Vf. stellte fest, daß *Morphin* (**I**) eine nicht zur Höhe der verabfolgten Dosis proportionale Hyperthermie verursacht. Der Anstieg des *O_2*-Verbrauchs ist ebenfalls nicht proportional zur verabreichten **I**-Dosis. Bei chron. mit **I** behandelten Tieren ist der O_2-Verbrauch konst. erhöht u. der Anstieg des O_2-Verbrauchs als Rk. auf eine mittlere Testdosis von **I** nicht konst. erhöht. H. Kockert. 4627◇

1428 **Einfluß von Meprobamat auf die Hirnkonzentration von Coffein, untersucht unter Verwendung von ^{14}C-markiertem Coffein.** H. Casier und M. Inselvini. (Arch. ital. Sci. farmacol. [3] **9,** 131, 1959; Roma, Univ., Ist. di Farmacol.; ital.) — Bei Verabfolgung von *Meprobamat* (**I**; Dosis; 5, 10, 15 mg/Tier als 10%ig. Gummi arabicum-Suspension, intraperitoneal) 45 Min. vor der Injektion von *Coffein* (**II**; zum Teil als $^{14}C_{(CH_3\text{-}7)}$-**II**, zum Teil unmarkiert verabfolgt; Dosis: 5, 10, 15 mg/Tier in Na-Benzoat-Lsg., intraperitoneal) bei Albinomäusen macht sich ein Anstieg der convulsiven Wrkg. von **II** u. eine Erhöhung der Toxizität bemerkbar. Diese Wrkg. wurde bei allen getesteten Dosen von **I** u. **II** beobachtet. Die Konz. von radioakt. **II** im Gehirn von **I**-behandelten Tieren liegt wesentlich (bis zu 55%) höher als im Gehirn von nur mit **II** behandelten Mäusen. Mit dem Anstieg der **II**-Konz. im Gehirn geht eine Abnahme des **II**-Geh. der Leber u. der Nieren einher. H. Kockert. 4627◇

1429 **Experimentelle und statistische Untersuchungen über die analgetische Wirkung von 4-Hydroxycumarin.** E. Adami, E. Marazzi-Uberti und C. Turba. (Arch. ital. Sci. farmacol. [3] **9**, 115, 1959; Milano, Ist. De-Angeli, Labori. ricerche; ital.) — Vff. stellten in Unterss. an weißen Mäusen fest, daß *4-Hydroxycumarin* nach peroraler, intreperitonealer u. subkutaner Verabfolgung von 0,010, 0,025, 0,250, 2,50, 25,0 u. 250,0 γ/kg keine merkliche analget. Wrkg. entfaltet.
H. Kockert. 4627◇

1430 **Sernyl-Analgesie für das Anlegen von Verbrennungsverbänden bei Kindern.** Vorl. Mitt. B. J. Muir, V. Evans und J. J. Mulcahy. (Brit. J. Anaesthesia **33**, 51—53, 1961; Manchester, Booth Hall Children's Hosp., Burns Unit.; engl.) — Beim Wechseln von Verbrennungsverbänden wurden 50 Kindern *1-[1-Phenylcyclohexyl]-piperidinmonohydrochlorid* (*Sernyl*; *Cl-395*) zur Linderung des Schmerzes u. der Angst verabreicht. Volle Analgesie wurde in 78% der Fälle erreicht. In der Erholungsperiode traten bei 50% der Kinder von mehr als 5 Jahren Weinkrämpfe, Halluzinationen u. Delirien auf.
K. Zingraf. 4627◇

1431 **Doppelwirkung von Nitroparaffinen auf das Meerschweinchen-Ileum.** F. Bergmann, M. Chaimovitz und Esther Wind. (Brit. J. Pharmacol. Chemotherapy **18**, 381—96, 1962; Jerusalem, Hebrew-Univ.-Hadassah Med. School, Dep. of Pharmacol.; engl.) — *Nitroparaffine* üben auf das Meerschweinchen-Ileum eine zweifache Wrkg. aus. Sie erzeugen einerseits eine Kontraktion der glatten Muskulatur, andererseits unterdrücken sie auch die durch *Acetylcholin* (**I**) u. *Nicotin* (**II**) hervorgerufenen Kontraktionen. Die Wechselwrkg. mit Serotonin, Bradykinin u. Histamin ist wesentlich geringer als mit **I**. Beide Effekte der Nitroparaffine sind unabhängig voneinander. *Morphin* (60 μg/ml) hat keinen Einfl. auf durch **I** erzeugte Kontraktionen, unterdrückt jedoch die von Nitromethan (**III**) völlig. Die hemmende Wrkg. von **III** auf die **I**-Wrkg. bleibt aber unbeeinflußt. *Hexamethonium* inhibiert in einer Dosis von 5 μg/ml die **II**-Wrkg. vollständig, red. jedoch die Kontraktion durch **III** nur auf ca. die Hälfte. Der kontrahierende Effekt der n-Nitroparaffine sinkt u. der inhibierende Effekt steigt mit wachsender Kettenlänge. *2-Nitropropan* u. *Nitro-tert.-butan* sind schwächere **I**-Antagonisten aber stärkere Stimulantien als ihre n-Analogen. *Nitrocyclopentan* (**IV**), *Nitrocyclohexan* (**V**) u. *Nitrobenzol* (**VI**) zeigen nur mäßig anregende Wrkg. auf die glatte Muskulatur. **IV** u. **VI** übertreffen den Hemmeffekt der geradkettigen (gesätt.) Analogen, während **V** nur die Hälfte der antispasmod. Wrkg. des n-Nitrohexans zeigt.
H. Jacobi. 4628□

1432 **Chemische Struktur und spasmolytische Wirksamkeit von Derivaten des Phenylessigsäureisoamylesters.** P. Causa. (Arch. ital. Sci. farmacol. [3] **9**, 133—34, 1959; Napoli, Farmacochim. Cutolo-Calosi, Labori. di Ricerca, Sez. Farmacol.; ital.) — Vf. testete folgende Derivv. von α-Phenylessigsäureisoamylester auf ihre spasmolyt. Wirksamkeit: *α-[N-(β-Diäthylaminoäthyl)-amino]-*, 5 (DE$_{50}$ in γ/20 ml Tyrode-Lsg. gegen den durch 0,1 γ *Acetylcholin*/20 ml induzierten Spasmus beim Meerschweinchenileum), 693 (DE$_{50}$ in γ/20 ml Tyrode-Lsg. gegen den durch 1 mg/20 ml *BaCl$_2$* induzierten Spasmus beim Kaninchenileum), 170 (DL$_{50}$, Maus, in mg/kg, intraperitoneal); *α-[N-(N'.N'-Diäthylaminocarbonylmethyl)-amino]-*, 250, 1500, —; *α-[N-(α-N'.N'-Diäthylaminocarbonyläthyl)-amino]-*, 250, 1000, —; *α-[N-(Morpholinocarbonylmethyl)-amino]-*, 500, 3000, —; *α-[N-(β-Morpholinoäthyl)-amino]-*, 250, 100, —; *α-[N-(Pyrrolidinocarbonylmethyl)-amino]-*, 100, 800, —; *α-[N-(β-Pyrrolidinoäthyl)-amino]-* (**I**), 0,4, 71, 175; *α-[N-(Pyrrolidinoisopropyl)-amino]-* (**II**), 0,4, 80, 175; *α-Piperazinyl-*, 1,5, 300, —; *α-[4-Methylpiperazinyl]-*, 25, 90, 150. — Die aktivsten Substanzen sind demnach **I** u. **II**.
H. Kockert. 4628◇

1433 **Nicotinolytische Aktivität von α-[N-Pyrrolidinoisopropylamino]-α-phenylessigsäureisoamylester.** G. de Natale. (Arch. ital. Sci. farmacol. [3] **9**, 140—41, 1959; Napoli, Farmacochim. Cutolo-Calosi, Labori. di Ricerca, Sez. Farmacol.; ital.) — Vgl. vorst. Referat. — Vf. stellte fest, daß *α-[N-(Pyrrolidinoisopropyl]-amino]-α-phenylessigsäureisoamylester* (**I**; Dosis: 1 u. 2,5 mg/kg) einen ausgeprägten Schutzeffekt gegenüber dem durch *Nicotin* (Base; 0,3 mg/kg, i.v., 5 Min. vor der **I**-Gabe) verursachten Tremor ausübt (Tierspecies nicht genannt). Darüberhinaus zeigt **I** einen spasmolyt. Effekt (gegenüber dem durch *Acetylcholin* u. *BaCl$_2$* ausgelösten Spasmus; l. c.). An urethanbehandelten Kaninchen zeigt **I** prakt. keine Blutdruckwrkg. bis 0,5 mg/kg, i.v.; nach i.v. Verabfolgung von 1 mg/kg sinkt der Blutdruck um 35%, nach 2 mg/kg um 50% ab. Die DL$_{50}$ (Maus) beträgt nach intraperitonealer Verabfolgung 175 mg/kg, nach i.v. 20 mg/kg. — Die nicotinolyt. Wrkg. von **I** wird mit der von *Äthopropazinhydrochlorid* u. *Trihexyphenidylhydrochlorid* verglichen.
H. Kockert. 4628◇

1434 **Pharmakodynamische Eigenschaften von α-[Pyrrolidinoäthylamino]-α-phenylessigsäureisoamylester.** G. de Natale und P. Causa. (Arch. ital. Sci. farmacol. [3] **9**, 142—43, 1959; Napoli, Farmacochim. Cutolo-Calosi, Labori. di Ricerca, Sez. Farmacol.; ital.) — Vgl. vorst. Referate. — Vff. berichten über die Wrkg. von *α-[Pyrrolidinoäthylamino]-α-phenylessigsäureisoamylester* (**I**) auf das cardio-vasculäre Syst. (isoliertes Herz von *Rana*, Kaninchen u. *Macacus rhesus*, isoliertes Atrium von Kaninchen u. Macacus u. a.) u. auf das neurovegetative Nervensystem. — Die spasmolyt. Wirksamkeit von **I** beträgt ca. ein Sechzehntel der von *Atropin* (beim *Acetylcholin*-Spasmus) u. liegt 6,7—19,4mal so hoch wie die von *Papaverin* beim *BaCl$_2$*- u. *Histamin*-Spasmus (beide Tests in vitro). — Die DL$_{50}$ beträgt: Maus, i.v., 28 (mg/kg), Ratte, i.v., 13, Kaninchen, i.v., 13; Maus, intraperitoneal, 175, Maus, peroral, 920. Phänomene einer chron. Toxizität wurden bei oralen Gaben von 50—100 mg/kg täglich für 60 Tage an Ratten prakt. nicht beobachtet.
H. Kockert. 4628◇

1435 **Nicotinwirkung auf die Muskulatur des Kaninchens (Schließmuskelkrampf am Krummdarm).** R. J. Jarrett. (Brit. J. Pharmacol. Chemotherapy **18**, 397—404, 1962; London, Guy's Hosp. Med. School, Dep. of Pharmacol.; engl.) — Es wurde die *Nicotin*(**I**)-Wrkg. auf die glatte Muskulatur des Kaninchens (Schließmuskelkrampf am Krummdarm) untersucht. **I** (1—10 μg/ml) verhindert die Muskelbewegung. Dies kann auch durch *Acetylcholin* bei Ggw. von *Atropin* erfolgen. In beiden Fällen wird die Wrkg. durch *Ephedrin*, *Hexamethonium* u. *Bretylium* blockiert. Es wird angenommen, daß **I** die Inhibitor-Wrkg. durch Freisetzung von Brenzcatechinaminen (**II**) auslöst, wobei der Sitz der Wrkg. eine cholinerg. Verbindung zwischen Sympathicus u. der **II**-Anhäufung ist u. daß Bretylium die Wrkg. von Acetylcholin u. **I** an dieser Stelle genauso blockiert wie am parasymath. Ganglion.
H. Jacobi. 4628□

1436 **Reserpinwirkung auf die Spinalkatze.** F. G. Valdecasas und J. A. Salvá. (Arch. int. Pharmacodynam. Thérap. **140**, 581—91, Dez. 1962; Barcelona, Diputación Provincial, Med. Fac., Dep. of Pharmacol.; C. S. J. C. Inst. for Med. Res.; engl.) — 1 mg *Reserpin*/kg verursacht bei *Amphetamin*- oder *Cocain*-vorbehandelten Spinalkatzen eine deutliche Blutdruckerhöhung mit nachfolgenden krampfartigen Bewegungen infolge gesteigerter Rückenmarksreaktivität. Die größte Erregbarkeit wird durch Stimulation der Perianalregion hervorgerufen. Diese Erscheinung wird als sog. „Reserpinphänomen" bezeichnet. Hemmung der Monoaminoxydase spielt keine Rolle bei der Erzeugung dieses Phänomens.
P. Gregorzewski. 4630◇

1437 **Untersuchungen über den Zeitfaktor bei der Wirkung von Reserpin auf die Nebenniere.** M. Bianchi und M. C. Fargier. (C. R. Séances Soc. Biol. Filiales **156**, 1797—1802, 1962; Alger, Fac. de Méd., Labor. de Physiolog.; franz.) — Hunden wird unter Narkose i.v. resp. i.m. 1 mg *Reserpin* (**I**)/kg verabfolgt. Im Nebennierenvenenblut u. im Nebenierenparenchym werden *Adrenalin* (**II**), *Noradrenalin* (**III**) u. eventuell *Dopamin* (**IV**) bestimmt. Die ersten 2 Std. werden keine Veränderungen der Sekretion u. der Reserven festgestellt. Von der 2. bis 8. Std. ist die Sekretion der Brenzcatechinamine mäßig hoch (0,1—0,25 μg/kg/Min.). Die Nebenniere verliert etwa die Hälfte ihrer Reserven, kann jedoch noch stark auf einen zentralen Stimulus, z. B. Hypotension durch Blutung, reagieren. Es wird außer **II** u. **III** jetzt ebenfalls **IV**, gewöhnlich in geringer Menge, im Nebennierenparenchym festgestellt. Von der 8. bis 24. Std. nimmt die Sekretion progressiv ab (0,073 bis 0,023 μg/kg Min.). Die Reserven betragen nur noch etwa $^1/_4$ des Initialwerts mit bes. starkem **II**-Verlust. Die Nebenniere reagiert nicht mehr auf eine zentrale Stimulierung. Der Mechanismus der depletiven Wrkg. von **I** könnte in einer längeren zentralen Stimulierung bestehen oder in einer Veränderung des Speicherungsmechanismus der biogenen Amine. Das Vorhandensein des Vorläufers **IV** scheint jedoch auch auf eine Veränderung der Biogenese der Brenzcatechinamine hinzuweisen.

M. Blaschette-Huttinger. 4630◇

1438 **Histologische Untersuchung der Zona glomerulosa der Nebennieren, der Epiphyse, der Neurosekretion des Diencephalons und des juxta-glomerulären Apparates von einer Einwirkung eines thioacetylierten Spirolactons unterworfenen weißen Ratten.** C. Bugnon, N. Moreau und R. Lenys. (C. R. Séances Soc. Biol. Filiales **156,** 1658—62, 1962; Besançon, École Nat. de Méd., Labor. d'Histol.; franz.) — Vff. verabfolgen 10 Tage lang an ♂ weiße Ratten 25 mg/Tag *Aldactone* (**I**; *SC 9420*) u. stellten merkliche Veränderungen der Zona glomerulosa der Nebennieren (merkliche Verminderung des *Lipid*-Geh., parenchymatöse Hyperplasie u. Hypertrophie) fest, die auf einen Zustand gesteigerter histolog. Aktivität hindeuten. **I** verursacht darüberhinaus eine starke Verminderung der Menge an Gomori-positivem Neurosekret im Bereich der supraopt. Kerne, verbunden mit einer Hypertrophie der Zellen u. ihrer Kerne u. einer merklichen Vascularisation. Die Effekte auf die Zone glomerulosa u. die supraopt. Kerne sind jedoch nur von geringer Dauer, u. die Phänomene gehen schon 48 Std. nach Beendigung der **I**-Behandlung wieder zurück. Eine Unters. der Nieren, bes. der juxtaglomerulären App. nach der Meth. von Wilson, ergibt keine wesentlichen Veränderungen. Die Zellkerndurchmesser der Epiphysen zeigen normale Werte. H. Kockert. 4634◇

1439 **Zur peroralen Carragheenin-Wirkung auf experimentell erzeugte Magenläsionen bei Meerschweinchen.** H. Holzmann und H. J. Schott. (Naturwissenschaften **50,** 502—03, 1963; Mainz, Univ.-Hautklinik; Univ., Pathol. Inst.; dt.) — Durch *Histamin* induzierte akute u. chron. Magenschleimhautentzündungen in ♂ Meerschweinchen zeigten nach *Carragheenin*-Fütterung (Algenextrakt aus *Chondrus ocellatus*) gegenüber den Kontrollen keine histolog. Veränderungen.

W. Damerau. 4645◇

1440 **Wirksamkeit von Uroenteron auf die durch Reserpin bei der Ratte experimentell erzeugten Magengeschwüre.** Vorläufige Mitteilung. G. Brambilla, F. Cugurra und A. Palazzi. (Arch. ital. Sci. farmacol. [3] **9,** 128, 1959; Genova, Univ., Ist. di Farmacol.; ital.) — Vff. stellten fest, daß *Uroenteron* (125 mg/kg, peroral) bei Albinoratten einen Schutzeffekt gegenüber der ulcerogenen Wrkg. von *Reserpin* (1 mg/kg pro Tag, 5 Tage lang) entfaltet. H. Kockert. 4645◇

1441 **Wirkung von Prednisolon auf den Transaminasen-Gehalt im Serum und auf das histologische Bild der Leber bei akuter Tetrachlorkohlenstoffvergiftung.** R. Caracristi und A. Toscani. (Arch. Stud. Fisiopatol. Clin. Ricambio **27,** 33—53, 1963; Firenze, Univ., Ist. di Clin. Med. Generale; Catt. di Terap. Med. sistemat.; ital.) — Bei Kaninchen verhüteten 0,5 mg *Prednisolon* (**I**) die Entw. einer fibroplast. Bindegewebe-Rk. als Anfangsphase der Sklerose-Entw. infolge von später verabreichtem CCl_4. **I** erhöhte die Aktivität der *Glutaminsäure* (**II**)-*Oxalessigsäure-Transaminase* u. der **II**-*Brenztraubensäure-Transaminase* im Serum von CCl_4-vergifteten (u. manchmal auch von intakten) Tieren; das histolog. Bild der Leberzellen wurde dagegen nicht verändert.

K. Zingraf. 4675◇

1442 **Hydroxocobalamin bei der Behandlung der Blausäurevergiftung.** G. Paulet, J. P. Bernard und M. Olivier. (C. R. Séances Soc. Biol. Filiales **156,** 1867—69, 1962; franz.) — Die Verss. wurden an 5 anästhesierten Hunden (4,5—7 kg) durchgeführt, die eine i.v. Perfusion mit NaCN (0,1 mg/kg/Min.) erhielten. *Hydroxocobalamin* (*Vitamin B_{12a}*; **I**) wurde nach Eintritt der Intoxikationserscheinungen in Höhe von 40—50 mg/kg i.v. zugeführt. Die Ergebnisse zeigen, daß die Antidotwrkg. von **I** zwar höher als die der *Nitrite* liegt, aber geringer als die des *Dikobaltsalzes der Äthylendiamintetraessigsäure* (**II**) ist. Die Wirksamkeit von **II** ist nicht konst. (2 der Hunde verendeten) u. setzt langsamer ein als bei **II**.

P. Schwerdtfeger. 4675◇

1443 **Antidotwirkung von Pyridin-2-aldoximmethojodid in bezug auf Phosphorsäureester als Acetylcholinesterasehemmer.** M. Aiazzi Mancini. (Arch. ital. Sci. farmacol. [3] **9, 116,** 1959; Firenze, Univ., Ist. di Farmacol.; ital.) — Vf. verabfolgte an einen Hund *Pyridin-2-aldoximmethojodid* (**I**; Dosis: 50—70 mg/kg i.v.) während der Krise nach Intoxikation durch peroral verabreichtes *Parathion* (**II**) oder *Diisopropylfluorphosphat* (**III**; DFP). — **I** ist als Antidot bei der Vergiftung mit **II** u. **III** außerordentlich wirksam, u. zwar geht die Kompensation der Intoxikation mit einer Reaktivierung der *Acetylcholinesterase* einher, wogegen die *Pseudocholinesterase*, wenn auch in geringem Grade, gehemmt bleibt. H. Kockert. 4675◇

1444 **Wirksamkeit und Grenze der Oxim–Atropin-Behandlung der Acetylcholinesterase-Vergiftung infolge von organischen Phosphorverbindungen.** John F. O'Leary, Anne M. Kunkel und Aili H. Jones. (J. Pharmacol. exp. Therapeut. **132,** 50—57, 1961; Army Chem. Center, Md., U. S. Army Chem. Res. and Developm. Labor., Pharmacol. Branch; engl.) — Die DL_{50} von i.v. verabreichtem *Sarin* (**I**) wurde auf mehr als das 100fache erhöht, wenn Kaninchen i.v. mit *Atropin* (**II**) u. mit 10 mg/kg eines Gemisches 1 : 1 von *1-Methylpyridinium-2-aldoximchlorid* (**III**) u. *1.1'-Trimethylen-bis-[4-formylpyridinium]-dioximdichlorid* (**IV**) behandelt wurden. **II**, **IV** oder **III** + **IV** zeigten geringere Wirkung. Durch **II** + **III** oder **II** + **III** + **IV** wurden unter gleichen Bedingungen Hunde gegen die 70fache DL_{50} von **I** geschützt, aber nur **III** + **IV** schützte gegen die 70fache DL_{50} von *Tabun*, Verabreichung von Oximen mit **II** kurz nach Anwendung von **I** bewirkte eine stärkere Schutzwrkg. als prophylakt. Gabe 30 Min. vor **I**. Geprüft wurden außerdem: *Diacetylmonoxim*, *Monoisonitrosoaceton*, *1-Methylpyridinium-2-aldoximjodid*, *-methansulfonat* u. *-lactat* sowie *1.1'-Trimethylen-bis-[4-formylpyridinium]-dioximbromid*. K. Zingraf. 4675◇

1445 **Die pathologische Histologie der Kalypnonvergiftung.** W. Schollmeyer. (Dtsch. Z. ges. gerichtl. Med. **52,** 46—51, 1961; Jena, Univ. Inst. für gerichtl. Med. u. Kriminalistik; dt.) — Die durch *Kalypnon* hervorgerufenen feingeweblichen Veränderungen, welche bis zur 10.—12. Std. uncharakterist. bleiben, entwickeln sich danach progressiv zu immer deutlicher werdenden degenerativen Gewebeveränderungen, bes. hochgradigen Gefäßendothelverfettungen fast aller innerer Organe, welche jedoch keine sichere Differentialdiagnose gegenüber anderen Barbituraten ermöglichen.

M. Blaschette-Huttinger. 4675◇

1446 **Die Bestimmung von organischen Dämpfen in der Luft durch Gaschromatographie unter Benutzung einer direkten Injektionsmethode.** Benjamin Levadie. (Amer. ind. Hyg. Assoc. J. **21,** 322—24, 1960; Barre, Vt., Vermont Dep. of Health, Indust. Hyg. Div.; engl.) — Lsgm.-haltige Luft wird direkt in eine Polyäthylenglykol 400-Säule eingeleitet u. dann kann direkt die Konz. der Lsgm. (*Aceton*, *Methyläthylketon*, *Methylisopropylketon*, *Methylisobutylketon*, *Methanol*, *A.*, *Isopropanol*, *n-Butanol*, *n-Propanol*, *Äthylacetat*, *n-Butylacetat*, *n-Amylacetat*, *Bzl.*, *Toluol*, *m-Xylol*, *CCl_4*, *Methylenchlorid*, *Trichloräthylen*, *Tetrachloräthylen*) chromatograph. bestimmt werden.

G. Kimmerle. 4680

1447 **Eine Betrachtung der Untersuchungsergebnisse einiger organischer Quecksilberverbindungen, die als Fungicide verwendet werden.** K. D. Lundgren und A. Swensson. (Amer. ind. Hyg. Assoc. J. **21,** 308—11, 1960; Stockholm, Caroline Hosp., Division of Occupational Med.; engl.) — Zunächst wird ein Überblick über die Vergiftungssymptome, Toxizität, Wrkg.-Mechanismus u.

Therapie der Vergiftungen durch *Aryl-* u. *Alkyl-Hg-Verbb.* gegeben. Während bei Arbeitern in einer Fabrik, die Alkyl-Hg-Verbb. (**I**) herstellte u. in der zunächst keine bes. Schutzmaßnahmen vorhanden waren, die Hg-Ausscheidung im Urin über 160 γ/Liter betrug, sank diese Menge nach Einführung solcher Maßnahmen auf 20 γ/Liter ab. Zu ähnlichen Ergebnissen kamen auch Unterss. bei Arbeitern einer Saatgutbeizfabrik. Das Risiko beim Arbeiten mit **I** ist sicher größer als das beim Arbeiten mit *Phenyl-Hg-Verbb.* (**II**). Die Ausscheidung von **I** ist langsamer als die von **II**, so daß bei **I** leichter eine Kumulation auftritt. G. Kimmerle. 4681

F. Pharmazeutische Chemie, Desinfektion

1448 **Vorschläge für das Deutsche Arzneibuch.** 12. Mitt. **Isoprenalinsulfat.** W. Poethke, R. Wigert und S. Beckert. (Pharmazie **18,** 474—76, **1963**; Jena, Univ., Inst. für Pharmazie u. Lebensmittelchemie; dt.) — 11. vgl. C. **1964,** 10-1548; — Vff. stellen den Monographievorschlag für *Isoprenalinsulfat* zur Diskussion. Zur Geh.-Best. wird die Titration mit Perchlorsäure-Lsg. in Eisessig u. Kristallviolett als Indicator vorgeschlagen, wozu die ungetrocknete Substanz verwendet werden kann. — 16 Literaturangaben. H. Moldenhauer. 4750◇

1449 **Vorschläge für das Deutsche Arzneibuch.** 13. Mitt. **Pentetrazol.** W. Poethke, R. Wigert und S. Beckert. (Pharmazie **18,** 477—80, **1963**; dt.) —12. vgl. vorst. Referat. — Monographievorschlag für *Pentetrazol*, u. a. die Abschnitte: Kennzahlen, Identitäts- u. Reinheitsprüfung, Geh.-Best. (Fällung mit CuCl u. anschließende komplexometr. Titration des Cu im Nd.); ausführliche Erläuterungen. — 17 Literaturangaben. H. Ziebandt. 4750◇

1450 **Vorschläge für das Deutsche Arzneibuch.** 14. Mitt. **Nicethamid.** W. Poethke, R. Wigert und S. Beckert. (Pharmazie **18,** 480—83, **1963**; dt.) — 13. vgl. vorst. Referat. — Monographievorschlag für *Nicethamid* u. a. die Abschnitte: Kennzahlen, Identitäts- u. Reinheitsprüfung, Geh.-Best. (Titration mit Perchlorsäure in Eisessig u. Kristallviolett als Indicator); ausführliche Erläuterungen. — 14 Literaturangaben. H. Ziebandt. 4750◇

1451 **Untersuchung über die Anwendbarkeit der Trockengranulierung (Brikettierung) bei der Tablettenherstellung in der Apotheke.** S. Isager Andersen. (Arch. Pharmac. og Chem. **69(119),** 557—72, 1962; Hurup apotek; dän.) — Bei Tabletten mit ca. 0,1 g hydrophilen akt. Bestandteilen wird empfohlen, das Vorpressen, Zerkleinern u. Endpressen mit ca. 50% Lactose durchzuführen. Bei Tabletten mit aerophilen Bestandteilen soll der Wirkstoffgeh. gering sein. Bei Phenacetin enthaltenden Tabletten ist die Trockengranulierung nur anwendbar, wenn sie auch Acetylsalicylsäure enthalten. R. K. Müller. 4766◇

1452 **Anwendbarkeit neuerer Suppositoriengrundlagen bei der Herstellung und dem Vertrieb von Suppositorien in der Apotheke.** Johs. Assels. (Arch. Pharmac. og Chem. **69(119),** 113—37, 1962; Åbyhøj, apotek; dän.) — Wasserlösl. Suppositoriengrundlagen (SG) eignen sich nur zum Gießen. Als Basis wird Makrogol 1000 mit 10% W., mit 10% Makrogol 1500 oder mit 10% Witepsol H (oder Witepsol W) empfohlen. Diese SG erreichen durch Zusatz von Adeps-solidus(**I**)-Typ eine Zerfallzeit (ZZ) von der Größenordnung von Kakaobutter (**II**) bei 37°. Die wasserunlösl. SG vom **I**-Typ eignen sich auch zum Rollen oder Pressen u. sind in ihren verarbeitungstechn. Eigg. **II** gleichwertig (außer Cebes Pharma 30—31) u. in Stabilität, Vol.-Kontraktion, Emulgier- u. Dispergiereigg. u. Unempfindlichkeit gegenüber lipophilen Zusätzen **II** überlegen, daher besser zum Gießen geeignet. Für die Gießformen u. für die Verpackung wird die Verw. von Plasten empfohlen. R. K. Müller. 4766◇

1453 **Die Wirkung der Mineraldüngung auf das Wachstum und den Prochamazulengehalt der Kamille (Matricaria chamomilla L.).** Dezső Vágujfalvi. (Herba hung. **1,** 65—72, 1962; Budapest, Gyógynövény Kut. Int.; ung.) — Die N- u. P-Düngung hat auf Wachstum, Blütengröße u. Zahl sowie auf den Prochamazulen-Geh. einen charakterist. Einfluß. N. Seiler. 4782◇

1454 **Über den Einfluß des Wassers auf den Blütenertrag und den Wirkstoffgehalt der Kamille (Matricaria chamomilla).** József Kerekes. (Herba hung. **1,** 55—64, 1962; Budapest, Kertészeti Föiskola; ung.) — Den höchsten Blütenertrag sowie maximalen Wirkstoff-Geh. (Prochamazulen, 53 mg%) erhielt man aus Herbstsaat mit Frühjahrsbewässerung. N. Seiler. 4782◇

1455 **Angaben über den Gehalt an L-α-Bisabolol ungarischer Kamille im Zusammenhang mit dem Prochamazulen-Gehalt.** Imre Máthé und Ernő Tyihák. (Herba hung. **1,** 29—41, 1962; Budapest, Gyógynövény Kut. Int.; ung.) — Durch Dünnschichtchromatographie wurde gezeigt, daß der durch den Standort bedingte Geh. an *L-α-Bisabolol* von *Matricaria chamomilla* mit dem Geh. an Prochamazulen anwächst. N. Seiler. 4782◇

1456 **Vorkommen von Magnoflorin in Aconitum-Arten.** M. M. Nijland. (Pharmac. Weekbl. **98,** 623, 1963; Utrecht, Ryksuniv., Farmaceut. Labor., Afd. Farmacog u. en Golen. Farmac.; niederl.) — In den Knollen u. Wurzeln von *Aconitum napellus L.* u. *Aconitum lycoctonium L.* wird *Magnoflorin* (**I**) nachgewiesen durch Extraktion mit 70%ig. A., Filtrieren, Ausschütteln des mit NH_4OH versetzten Filtrates mit Ae., Versetzen der wss. Lsg. mit Essigsäure, Fällung des Alkaloids als Reineckat u. Umwandlung in das Chlorid; dieses besteht teilweise aus einem Alkaloid, das bei papierchromatograph. Analyse mit verschiedenen Lsgm. dieselben R_F-Werte wie **I** ergibt. W. Wesly. 4782◇

1457 **Intermediärer Stoffwechsel des Mutterkorns.** 3. Mitt. **Einleitende Enzym-Untersuchungen.** Gunnar Gjerstad. (Planta med. [Stuttgart] **10,** 267—74, 1962; Austin, Tex., Univ. of Texas, Coll. of Pharm.; engl.) — 2. vgl. C. **1964,** 4-1539. — Roggenmutterkorn wurde auf Nährlsg. mit 1% Glucose u. 1% Hefeextrakt, pH 5,4 bis 5,6, gezüchtet. Zusatz verschiedener Enzym-Präp. aus Mutterkorn sowie von Pyridoxal-HCl, Glutaminsäuredehydrogenase, Adenosintriphosphat, Coenzym I, L-Arginindecarboxylase u. red. Diphosphopyridinnucleotid, waren ohne Wrkg. auf das Mycel-Gew.; Cytochrom C, Asparaginsäuredecarboxylase u. ein Enzymextrakt aus Mutterkorn unterbanden das Wachstum. 5% Zucker in der Nährlsg. verbesserten den Ertrag. Der pH-Wert stieg während des Wachstums um ca. 2 pH-Einheiten. W. Schönborn. 4782◇

1458 **Zusätze zu Infusionslösungen.** Olle Tauberman. (Arch. Pharmac. og Chem. **69(119),** 865—76, 1962; Stockholm, St. Görans sjukhus, Sjukhusapoteket; schwed.) — Die Vorratshaltung von konz. Elektrolytlsg. als Zusatz zu Infusionsfl. ist mit Risiken (Dosierungsfehler, Infektionen, Verluste usw.) verbunden. Vorteilhafter ist die Beschränkung auf fertige Standardlösungen. Bei Zusatz von Arzneimitteln sind die Eigg. der Ausgangslsgg. u. Unverträglichkeiten zu berücksichtigen. In Tabellen werden Angaben über Infusionsfl. mit verschiedenen Wirkstoffen u. Zusätzen zusammengestellt. — Diskussion. R. K. Müller. 4790◇

1459 **Rheologische Studien an Salbengelen.** 3. Mitt. **Untersuchungen am Gel-System Polyäthylen in flüssigem Paraffin.** K. E. Schulte und M. A. Kassem. (Pharmac. Acta Helvetiae **38,** 162—74, 1963; Beilage zu: Schweiz. Apotheker-Ztg.; Münster, Univ., Inst. für Pharm. u. Lebensmittel-Chem.; dt.) — 2. vgl. C. **1964,** 6/7-1569. — Bei Unterss. zur Ermittlung optimaler Herst.-Bedingungen für Gele aus Niederdruck-Polyäthylen (**I**) u. fl. Paraffin wurde festgestellt, daß sich ein plast. Gel gleichmäßiger Beschaffenheit u. Streichfähigkeit, das nach 24 Std. keine Ölabscheidung zeigt, bei Lsg.-Temp. > 145°, einer Lsg.-Zeit von > 3 Std., einer Abkühlungs-Geschw. von 6°/s u. mit Paraffin der Viscosität 207 cP/

20° bildet. Diese Bedingungen gelten für 1—5%ig. I-Konzz.; Syst. mit 1% I sind für Suspensionen u. Salben, die bei extremen Temp.-Anwendung finden sollen, geeignet. 2%ig. I-Lsgg. können in der Ophthalmologie verwendet werden. 3 u. 4%ig. I-Syst. eignen sich zur Herst. von weichen Gelen, während das Syst. mit 5% I sich wie Vaseline verwenden läßt. U. Drehmann. 4792◇

1460 **Rheologische Studien an Salbengelen.** 4. Mitt. **Untersuchungen an Kohlenwasserstoff-Gemischen (Vaseline).** K. E. Schulte und M. A. Kassem. (Pharmac. Acta Helvetiae **38**, 358—70, 1963; Beilage zu: Schweiz. Apotheker-Ztg.; dt.) — 3. vgl. vorst. Referat. — Zur Unters. der Abhängigkeit des Fließ-Verh. einer Vaseline von ihrem n-Paraffin(I)-Geh. wurde in 4 handelsüblichen Vaselinesorten I über die Harnstoff-Einschluß-Verb. bestimmt u. die Strukturviscosität für n- u. iso-Paraffin-Gele verschiedener Konz. in Abhängigkeit von der Scherzeit ermittelt. Dabei wurde festgestellt, daß sich die Strukturanfälligkeit bei mechan. Beanspruchung mit zunehmender I-Konz. erhöht. Die thixotropen Eigg. der Syst. (Faktor R) nehmen mit steigendem I-Geh. ab u. nähern sich bei einer 10%ig. Konz. dem Wert 0.

U. Drehmann. 4792◇

1461 **Neue Arzneimittel.** Anonym. (Modern Drugs **1961**, 217—50; engl.) — *Alucen* (Central, USA): Tabletten mit 1 (mg) Methscopolaminnitrat, 380 Al-Hydroxid u. Mg-Carbonat. Antacidum. — *Antivert* (Roerig, USA): Sirup mit 6,25 (mg) Meclizinhydrochlorid, 25 Nicotinsäure. Gegen Menière-Krankheit. — *Arthralgen* (Whittier, USA): Tabletten mit 25 (mg) Ascorbinsäure, 250 Salicylamid, 250 Paracetamol; *Arthralgen PR*: 25 Ascorbinsäure, 250 Salicylamid, 250 Paracetamol, 1 Prednison. Antiarthriticum. — *Bellabil* (Whittier, USA): Tabletten mit 250 (mg) Dehydrocholsäure, 0,1 Hyscyaminsulfat, 0,019 Atropinsulfat, 0,0065 Hyoscinhydrobromid, 16,2 Phenobarbital. Antispasmodicum. — *Bonadoxin* (Roerig, USA): Ampullen mit 25 (mg) Meclizinhydrochlorid, 50 Pyridoxinhydrochlorid, Lidocain, Benzylalkohol, Citronensäure. Antemeticum. — *Bronkometer* (Breon, USA): Aerosol mit 0,6 (%) 1-[3.4-Dihydroxyphenyl]-2-isopropylaminobutanol-(1)-methansulfonat, 0,125 Phenylephrinhydrochlorid, 0,05 Thenyldiamin. Antiasthmaticum. — *Bronkospray* (Breon, USA): Lsg. von 1 (%) Dilabron, 0,25 Phenylephrinhydrochlorid, 0,1 Thenyldiaminhydrochlorid. Antiastmaticum. — *Buclamase* (Rystan, USA): Tabletten mit α-Amylase. Antiphlogisticum. — *Cenac* (Central, USA): Lotio mit 0,25 (%) Hexachlorophen, 8 koll. Schwefel, 2 Resorcin, 30 Isopropylalkohol, Dermaticum. — *Conar Expectorant* (Massengill, USA): Suspension mit 10 (mg) Noscapin, 10 Pheniraminmaleat, 5 Phenylephrinhydrochlorid, 100 Guajacolglycerinäther, 12 Chloroform, 0,2 Methol je ml. Expectorans. — *Converzyme* (Ascher, USA): Lsg. von 10 (mg) Papain, 80 Amylase, 2,5 Homatropinmethylbromid je 5 ml. Digestivum. — *C-Ron Prenatal* (Rowell, USA): Tabletten mit 50 (mg) Fe als Fe-Fumarat, 100 Ascorbinsäure, 750 Knochenasche (250 Ca, 116 P), 3000 (Einheiten) Axerophthol, 300 Calciferol. Gegen Hypovitaminosen. — *Cuticura Soap* (Cuticura, USA): Seife mit 3.5.4′-Tribromsalicylanilid u. anderen Bromsalicylaniliden. Antimycoticum. — *Dodercil* (Wynlit, USA): Trockenampullen mit Döderlein-Bazillen. Gegen Vaginitis. — *Enarax* (Roerig, USA): Tabletten mit 5 (mg) Oxyphencyclinimhydrochlorid, 25 Hydroxyzinhydrochlorid. Anticholinergicum. — *Esdon D-Lay* (Lloyd, Dabney & Westerfield, USA): Kapseln mit 0,25 (mg) Dienöstrol, 5 Methyltestosteron. Gegen klimakter. Beschwerden. — *Estroluteum* (Lincoln, USA): Tabletten mit 50 (mg) Aethisteron, 0,03 Äthinylöstradiol; Ampullen mit 2 Östron, 0,02 Östradiol, 20 Progesteron. Gegen Amenorrhoe. — *Hydropres-Ka-25* (Merck Sharp & Dohme, USA): Tabletten mit 25 (mg) Hydrochlorothiazid, 0,125 Reserpin, 572 K-Chlorid; *Hydropres-Ka-50*; Tabletten mit 50 Hydrochlorothiazid, 0,125 Reserpin, 572 K-Chlorid. Diureticum. — *Idaron* (Marion, USA): Lsg. von 50 (mg) Fe als Polysaccharidkomplex, 5 Thiaminmononitrat, 5 μg Cyanocobalamin, 2 Pyridoxinhydrochlorid. Antianämicum. — *Malu-C* (Lincoln USA): Kapseln mit 75 (mg) Na-Ascorbinat, 200 Mg-Trisilicat, 100 Al-Hydroxid, 2,5 Homatropinmethylbromid, 20 Na-Laurylsulfat. Antacidum. — *Panzalone* (Doak, USA): Salbe mit δ-5-Hemisuccinoxypregnenolon. Dermaticum. — *Pediatric Piptal Antipyretic* (Lakeside, USA): Lsg. von 60 (mg) Paracetamol, 2 Pipenzolatmethylbromid, 3 Phenobarbital je 0,6 ml Antipyreticum. — *Plegine* (Ayerst, USA): Tabletten mit 35 mg Phendimetrazinbitartrat. Appetitzügler. — *Raurine D-Lay* (loyd, Dabney & Westerfield, USA): Kapseln mit 0,2 u. 0,5 mg Reserpin. Antihypertonicum. — *Rautrax-N* (Squibb, USA): Kapseln mit 50 (mg) Rauwolfia-Alkaloide, 4 Benzhydroflumethiazid, 400 K-Chlorid. Diureticum. — *Sitabs Kit* (Canright, USA): Tabletten mit Pancreatin, Hyoscyaminsulfat, Antropinsulfat, Hyoscinhydrobromid, Pentobarbital-Na; Tabletten mit d-Amphetaminsulfat, Pentobarbital-Na; Tabletten mit Lobelinsulfat, Al-Hydroxid, Mg-Carbonat, Methapyrilenhydrochlorid, Benzocain, Anticotinicum. — *Stuartinic* (Stuart, USA): Kapseln mit 100 (mg) Fe als Fe-Furamat, 2,5 Cu-Sulfat, 100 Leberextrakt, 50 Ascorbinsäure, 2 Thiamin, 2 Riboflavin, 0,5 Pyridoxin, 10 Nicotinamid, 2 Ca-Pantothenat. Antianämicum. — *Tao Ready-Mixed Oral Suspension* (Roerig, USA): Lsg. von Triacetyloleandomycin entsprechend 125 mg Oleandomycin je 5 ml. Antibioticum. — *Timed Pentryate stronger* (Testagar, USA): Kapseln mit 80 mg Pentaerythrittetranitrat. Angioticum. — *Tyrosum* (Summers, USA): Lotio mit 0,02 (%) Tyrothricin, 1,25 Polysorbat 80, 50 Isopropanol, 15 Aceton. Dermaticum.

K. Gerecke. 4800◇

1462 **Neue Arzneimittel.** Anonym. (Modern Drugs **1961**, 284—302, engl.) — *Alvinine* (Wampole, USA): Shampoo mit 1(%) Biphenaminhydrochlorid, Triäthanolaminlaurylsulfat, Propandiol-(1.2), Laurinsäurediäthanolamid. Antiseborrhoicum. — *Auracort* (Columbus, USA): Lsg. von 2,5 (mg) Hydrocortison, 3,5 Neomycinsulfat, 10 Pramoxinhydrochlorid, 2000 Einheiten Polymyxin-B-sulfat. Otalgicum. — *Desitin-HC* (Desitin, USA): Salbe mit 1% Hydrocortison. Dermaticum. — *Emivan* (U. S. Vitamin & Pharm., USA): Ampullen mit 100 u. 500 mg, Tabletten mit 20 Vanillinsäurediäthylamid. Analepticum. — *Nactisol* (McNeil, USA): Tabletten mit 15 (mg) Butabarbital-Na, 4 Poldinmethylsulfat. Antacidum. — *Nemisis* (Beutlich, USA): Tabletten mit 50 (mg) Pyridoxinhydrochlorid, 15 Pyrilaminmaleat, 15 amylolyt. Enzyme, 6 proteolyt. Enzyme. Antemeticum. — *Parnate* (S. K. F., USA): Tabletten mit 10 mg trans-DL-1-Phenyl-2-aminocyclopropan (Tranylcypromine). Antidepressivum. — *Tedral-Sa* (Warner-Chilcott, USA): Tabletten mit 180 (mg) Theophyllin, 25 Phenobarbital, 48 Ephedrinhydrochlorid. Antiasthmaticum. — *Tigacol* (Roche, USA): Kapseln mit 50 (mg) β-Pyridylcarbinol, 50 Roniacol, 100 Trimethobenzamidhydrochlorid. Antemeticum. — *Velban* (Lilly, USA): Trockenampullen mit 10 mg Vinblastin als Sulfat. Cytostaticum. — *Vio-C with B* (Rowell, USA): Dragees mit 15 (mg) Thiamin, 15 Riboflavin, 5 Pyridoxin, 500 Ascorbinsäure, 20 Ca-Pantothenat, 50 Nicotinamid. Gegen Hypovitaminosen. — *Zentron* (Lilly, USA): Lsg. von 100 (mg) Fe-Sulfat, 1 Thiamin, 1 Riboflavin, 0,5 Pyridoxin, 5 μg Cyanocobalamin, 35 Ascorbinsäure, 1 Panthenol, 5 Nicotinamid je 5 ml. Antianamicum. K. Gerecke. 4800◇

1463 **Neue Arzneimittel.** Anonym. (Modern Drugs **1961**, 360—85; engl.) — *Anadrol* (Syntex, USA): Tabletten mit 2,5 mg 2-Hydroxymethylen-17α-methyl-17β-hydroxyandrostan-3-on (Oxymetholon). Anabolicum. — *Analexin* (Irwin, Neisler, USA): Sirup mit 100 mg Phenyramidolsalicylat je 5 ml. Analgeticum. — *Bamadex sequels* (Lederle, USA): Kapseln mit 15 (mg) d-Amphetamin, 300 Meprobamat. Appetitzügler. — *Celestone* (Schering, USA): Tabletten mit 0,6 mg Betamethason. Antiphlogisticum. — *Coly-Mycin* (Warner-Chilcott, USA): Trockenampullen mit 150 (mg) Colistimethat-Na, 8 Dibucainhydrochlorid, 50 Na-Citrat, 10 Citronensäure. Antibioticum. — *Cotazym-B* (Organon, USA): Tabletten mit Lipase, Trypsin, Amylase. Digestivum. — *Deca-Vi-Sol with Iron* (Mead Johnson, USA): Tabletten mit 4000 (Einheiten) Axerophthol, 400 Calciferol, 75 (mg) Ascorbinsäure, 1,2 Thiamin, 1,5 Riboflavin, 1,2 Pyridoxin,

15 Nicotinamid, 5 Panthenol, 10 Fe, 40 (μg) Biotin, 3 Cyanocobalamin. Gegen Hypovitaminosen. — *Dexalone* (Wynn, USA): Tabletten mit 10 oder 15 mg d-Amphetaminsulfat. Appetitzügler. — *Elavil* (Merck Sharp & Dohme, USA): Tabletten mit 10 oder 25 mg Amitriptylinhydrochlorid. Antidepressivum. — *Enovid* (Searle, USA): Ampullen u. Tabletten mit Norethynodrel, Äthylöstradiol-3-methyläther. Ovulationshemmer. — *Equanil L-A* (Wyeth, USA): Kapseln mit 400 mg Meprobamat. Tranquillizer. — *Formulase* (Kremers-Urban, USA): Tabletten mit 5 (mg) Proteasen, 10 Amylasen, 20 Lipasen. Digestivum. — *Haldrone* (Lilly, USA): Tabletten mit 1 oder 2 mg 6α-Fluor-16α-methylprednisolon-21-acetat (Paramethasonacetat). Antiphlogisticum. — *Norlutate* (Parke, Davis, USA): Tabletten mit 5 mg Norethindronacetat. Gegen Amenorrhoe. — *Parafon forte* (McNeil, USA): Tabletten mit 250 (mg) Chlorzoxazon, 300 Paracetamol. Analgeticum. — *Perithiazide SA* (Warner-Chilcott, USA): Tabletten mit 20 (mg) Pentaerythrittetranitrat, 25 Hydrochlorothiazid. Angioticum. — *Povan* (Parke, Davis, USA): Dragees mit 50 mg Pyrvinium-Base. Anthelminthicum. — *Ro-Tabs* (Rowell, USA): Tabletten mit 5000 (Einheiten) Axerophthol, 1000 Calciferol, 5 μg Cyanocobalamin, 50 (mg) Ascorbinsäure, 2 Thiamin, 10 Nicotinamid, 2 d-Ca-Pantothenat, 0,2 Pyridoxinhydrochlorid, 2 Riboflavin. Gegen Hypovitaminosen. — *Thiosulfil-A forte* (Ayerst, USA): Tabletten mit 500 (mg) Sulfamethizol, 50 Phenylazodiaminopyridinhydrochlorid. Chemotherapeuticum. — *Tindal* (Schering, USA): Tabletten mit 20 mg Acetophenazindimaleat. Tranquillizer. — *Tri-Vi-Sol with Iron* (Mead Johnson, USA): Lsg. von 3000 (Einheiten) Axerophthol, 400 Calciferol, 60 (mg) Ascorbinsäure, 10 Fe je 0,6 ml. Gegen Hypovitaminosen. — *Wilpo* (Dorsey, USA): Tabletten mit 8 mg Phenyl-tert.-butylaminhydrochlorid. Appetitzügler.

K. Gerecke. 4800◇

1464 **Neue Arzneimittel.** Anonym. (Modern Drugs **1961, 427**—46; engl.) — *Bejex* (Abbott, USA): Ampullen mit 10 (mg) Thiaminhydrochlorid, 10 Riboflavin, 250 Nicotinamid, 5 Pyridoxinhydrochlorid, 500 Ascorbinsäure, 50 Na-Pantothenat, 25 μg Cyanocobalamin je 5 ml. Gegen B-Hypovitaminosen. — *Bensulfoid* (Poythress, USA): Lotio mit 2(%) koll. Schwefel, 2 Resorcin, 0,5 Thymol, 0,5 Hexachlorophen, 6 Zn-Oxid, 6 Äthanol. Dermaticum. — *Biphetamine-T* (Strasenburgh, USA): Kapseln mit d-Amphetamin, 2-Methyl-3-o-tolyl-chinazolinon-(4). Appetitzügler. — *Decopal* (Philadelphia Labs, USA): Lsg. von 162,5 (mg) Na-Salicylat, 2,5 Phenylephrinhydrochlorid, 1,25 Chlorpheniraminmaleat. Antihistaminicum. — *Desitin Cor-D-Tar* (Desitin, USA): Salbe mit 1(%) Hydrocortison, 2 Dijodhydroxychinolin, 3 Liqu. Carbonis detergen. Dermaticum. — *Dimocillin* (Squibb, USA): Trockenampullen mit 900 mg 2.6-Dimethoxyphenylpenicillin. Antibioticum. — *Diobese* (Philadelphia Labs, USA): Tabletten mit 30 (mg) Allylisobutylbarbitursäure, 5 Methamphetaminsulfat, 500 Harnstoff. Sedativum. — *Dryvax* (Wyeth, USA): Ampullen mit Polymyxin B, Streptomycin, Neomycin. Antibioticum. — *Kenacort Diacetat* (Squibb, USA): Sirup mit Triamcinolondiacetat entsprechend 4 mg Triamcinolon je 5 ml. Antiallergicum. — *Librax* (Roche, USA): Kapseln mit 5 (mg) Chlordiazepoxid, 2,5 Clidinium, Anticholinergicum. — *Lyophrin* (Alcon, USA): Ampullen mit L-Epinephrinbitartrat, Na-Bisulfit, Chlorbutanol, Borsäure. Antiglaucomatosum. — *Mylicon* (Stuart, USA)- Lsg. von 40 mg Methylpolysiloxan. Deflatulens. — *Neosporin* (Burroughs Wellcome, USA): Aerosol mit 100000 (Einheiten) Polymyxin-B-sulfat, 100 mg Neomycinsulfat, 8000 Zn-Bacitracin. Antibioticum. — *Optihist* (Crookes-Barnes, USA): Lsg. von 0,08(%) Phenylephrinhydrochlorid, 0,3 Chlorpheniraminmaleat, 0,5 Piperocainhydrochlorid, 0,5 Methylcellulose. Ophthalmicum. — *Pentids 400* (Squibb, USA): Kapseln mit 400000 Einheiten Penicillin G-Kalium. Antibioticum. — *Prozine Half-strength* (Wyeth, USA): Kapseln mit 100 (mg) Meprobamat, 12,5 Promazinhydrochlorid, Sedativum. — *Synalar* (Syntex, USA): Salbe mit 0,025% 6α-9α-Difluor-16α-hydroxyprednisolon-16.17-acetonid. Antiphlogisticum. — *Tolferain* (Ascher, USA): Tabletten mit 300 (mg) Fe-Fumarat entsprechend 100 Fe. Antianämicum. — *Trepidone* (Lederle, USA): Tabletten mit 400 mg Mephenoxalon. Tranquillizer. — *Ulcort* (Ulmer, USA): Salbe mit 0,5% Hydrocortisondiäthylaminoacetathydrochlorid. Dermaticum. — *U. R. I.* (Labs, USA): Lsg. von 100 (mg) Phenylpropanolaminhydrochlorid, 5 Phenylephrinhydrochlorid, 5 Pyrilaminmaleat, 2 Chlorpheniraminmaleat. Antihistaminicum. K. Gerecke. 4800◇

1465 **Neue Arzneimittel.** Anonym. (Modern Drugs **1961**, 509—25; engl.) — *Alphosyl lubricating Cream* (Reed & Carnrick, USA): Salbe mit 2(%) Allantoin, 5 Steinkohlenteer. Dermaticum. — *Analexin-400* (Irwin, Neisler, USA): Kapseln mit 400 mg Phenyramidolhydrochlorid. Analgeticum. — *Analgemul* (Tilden, USA): Salbe mit 1(%) Methylnicotinat, 0,1 Histamindihydrochlorid, Methylsalicylat, Analgeticum. — *Avazyme* (Wampole, USA): Tabletten mit 20 mg Chymotrypsin. Antiphlogisticum. — *Azalone* (Smith, Miller & Patch, USA): Lsg. von 0,5(%) Antazolinphosphat, 1,2 Borsäure. Ophthalmicum. — *Barbidonna-CR* (Van-Pelt & Brown, USA): Tabletten mit Phenobarbital, Hyoscyaminsulfat, Atropinsulfat, Hyoscinhydrobromid. Antispasmodicum. — *Capla* (Wallace, USA): Tabletten mit 300 mg 2-Methyl-2-sek.-butyl-1.3-propandioldicarbamat (Mebutamat). Antihypertonicum. — *Decholin-BB* (Ames, USA): Tabletten mit 15 (mg) Butabarbital-Na, 250 Dehydrocholsäure, 10 Extr. Belladonnae. Antispasmodicum. — *Dipamycin* (Medisan, USA): Salbe mit Axerophthol, Calciferol u. Lanolin. Dermaticum. — *Furacin Topical Cream* (Eaton, USA): Salbe mit 0,2% Nitrofurazon. Dermaticum. — *Furacin-HC* (Eaton, USA): Suppositorien mit 0,2(%) Nitrofurazon, 1 Hydrocortisonacetat, 2 Diperodonhydrochlorid. Chemotherapeuticum. — *Lastomone* (Key, USA): Ampullen mit 4 (mg) Östradiolvalerat, 90 Testosteronönanthat je ml. Östrogen-Androgen. — *Loubarb* (Louisons, USA): Elixir mit 30 mg Butabarbital-Na je 5 ml Hypnoticum. — *Methaphor* (Borden, USA): Salbe mit Proteinhydrolysat, Methionin, Campher, Benzethoniumchlorid. Dermaticum. — *Methaseptic* (Borden, USA): Puder mit Methionin, Benzethoniumchlorid, Zn-Lactat. Dermaticum. — *Methatar* (Borden, USA): Salbe mit Proteinhydrolysat, Methionin, Benzethoniumchlorid. Liqu. Carbonis detergens. Dermaticum. — *Monase* (Upjohn, USA): Tabletten mit 15 mg 3-[2-Aminobutyl]-indolacetat (Etryptaminacetat). Antidepressivum. — *Neo-Ulcort* (Ulmer, USA): Salbe mit 5 (mg) Hydrocortamat, 5 Neomycinsulfat. Dermaticum. — *Nitrased* (Lemmon, USA): Tabletten mit 0,4 (mg) Nitroglycerin, 15 Pentaerythrittetranitrat, 15 Secobarbital. Angioticum. — *Phazyme* (Reed & Carnrick, USA): Tabletten mit 100 (mg) Pepsin, 25 Diastase, 20 Dimethylpolysiloxan, 15 Phenobarbital, 240 Pankreatin. Deflatulens. — *Quanti-vite (F)* (Hoyt, USA): Lsg. von 3000 (Einheiten) Axerophthol, 400 Calciferol, 60 (mg) Ascorbinsäure, 1 Thiamin, 1,2 Riboflavin, 1 Pyridoxin, 10 Nicotinamid, 1,2 Na-Fluorid. — *Quimotrase* (Smith, Miller & Patch, USA): Lsg. von α-Chymotrypsin. — *Sof-2* (Savage, USA): Suspension mit Mg-Sulfat u. Bentonit. Laxans. — *Sporostacin* (Ortho, USA): Lsg. von 1(%) Chlordantoin, 0,5 Benzalkoniumchlorid in Isopropanol. Dermaticum. — *Tacol* (Massengill, USA): Tabletten mit 15 (mg) Dextromethorphanhydrobromid, 2 Chlorpheniraminmaleat, 12 Pyrilaminmaleat, 10 Phenylephrinhydrochlorid, 325 Paracetamol, 20 Coffein, 100 Ascorbinsäure. Gegen Erkältungskrankheiten. — *Ta-Lase* (Table Rock, USA): Kapseln mit 130 Dehydrocholsäure, 65 Desoxycholsäure, 30 Mylase, 6 Prolase, 2 Cellase, 0,019 Atropinsulfat, 0,1 Hyoscyaminhydrobromid, 0,0065 Hyoscinhydrobromid. Digestivum. — *Tranite D-Lay* (Lloyd, Dabney & Westerfield, USA): Kapseln mit 30 mg Pentaerythrittetranitrat. Angioticum. — *U. R. I. Delacaps* (Labs, USA): Kapseln mit 15 (mg) Phenylephrinhydrochlorid, 25 Phenylpropanolaminhydrochlorid, 8 Chloropropheniraminmaleat. Antihistaminicum. — *Vasocon* (Smith, Miller & Patch, USA): Lsg. von 0,1(%) Naphazolinhydrochlorid, 1,2 Borsäure. Ophthalmoicum. — *Viron* (Lincoln, USA): Ampullen mit Ascorbinsäure, Thiaminhydrochlorid, Riboflavin, Pyridoxinhydrochlorid, Nicotinamid. Gegen Hypovitaminosen. — *Vitron-C* (Smith, Miller & Patch, USA): Tabletten mit 200 (mg) Fe-Fumarat, 125 Ascorbinsäure. Antianämicum. K. Gerecke. 4800◇

1466 **Neue Arzneimittel.** Anonym. (Modern Drugs **1961,** 820—53; engl.) — *Acnotabs* (Pannet Products, USA): Tabletten mit Pankreatin, gallensauren Salzen, Pepsin, Axerophthol, Ascorbinsäure. Gegen Akne. — *Blephamide* (Allergan, USA): Lsg. von 10(%) Na-Sulfacetamid, 0,2 Prednisolonacetat, 0,12 Phenylephrinhydrochlorid, 0,5 Chlorbutanol, 0,1 Phenazon, 0,2 Na-Thiosulfat, 1,4 Polyvinylalkohol. Ophthalmicum. — *Di-Odine* (Brown, USA): Tabletten mit K-Jodid, Tosylchloramid-Natrium. Antisepticum. — L-*Epifrin* (Allergan, USA): Lsg. von 2(%) L-Epinephrinhydrochlorid, 0,2 Harnstoff, 0,25 Phenazon, Benzalkoniumchlorid. Antiglaucomatosum. — *Estomul* (Riker, USA): Tabletten mit 25 Orphenadrinhydrochlorid, 25 Bi-Aluminat, 45 Mg-Oxid, 500 Al-Hydroxid u. Mg-Carbonat. Anticholinergicum, Antacidum. — *Forosteo* (Brown, USA): Tabletten mit 0,03 (mg) Äthinylöstradiol, 4 Methyltestosteron, 10 Schilddrüsenextrakt, 300 Ascorbinsäure, 250 Ca-Lactat, 125 Dicalciumphosphat, 3000 (Einheiten) Axerophthol, 1000 Calciferol, 2 Tocopherol. Gegen Osteoporose. — *Gantanol* (Roche, USA): Tabletten mit 500 mg 5-Methyl-2-sulfanilamidoisoxazol. Chemotherapeuticum. — *Gelina* (Lemmon USA): Gel mit 0,2(%) 9-Aminoacridinhydrochlorid, 0,75 Allantoin, 0,05 Cetalkoniumchlorid, 3 Lactose, 3 Milchsäure. Gegen Vaginitis. — *Gelusil* (Warner-Chilcott, USA): Al-Hydroxid, Mg-Trisilicat. Antacidum. — *Grava-Vite-F* (Hoyt, USA): Tabletten mit 2,21 Na-Fluorid, 135 Fe-Sulfat, 625 Ca-Carbonat, 1,3 Thiamin, 2 Riboflavin, 3 Pyridoxin, 100 Ascorbinsäure, 20 Nicotinamid, 5 Ca-Pantothenat, 2 μg Cyanocobalamin, 6000 (Einheiten) Axerophthol, 400 Calciferol. Gegen Hypovitaminosen. — *Grifulvin* (McNeil, USA): Suspension mit 250 mg Griseofulvin je 5 ml. Antimycoticum. — *Isordil subloral* (Ives-Cameron, USA): Tabletten mit 5 mg Isosorbidedinitrat. Angioticum. — *Lavema compound* (Winthrop, USA): Lsg. von 20 (mg) Oxyphenisatin, 135 Tyloxapol, Methylparaben, Propylenglykol, Propylparaben je 180 ml. Laxans. — *Mono-Kay* (Abbott, USA): Tabletten mit 5 (mg), Ampullen mit 1, 10, 25 oder 50 Phytomenadion. Gegen K_1-Hypovitaminosen. — *Myodyne* (Canfield, USA): Dragees mit Chininsulfat, Nicotinamid, d-α-Tocopherolsuccinat. Antispasmodicum. — *Neo-Theracort* (C & M, USA): Suspension mit 0,35 (%) Neomycin als Sulfat, 0,25 Hydrocortison, 4 koll. Schwefel, 1,75 Salicylsäure, 1,5 Resorcin. Derticum. — *Prostaphlin* (Bristol, USA): Tabletten mit 250 mg 5-Methyl-3-phenyl-4-isoxazolylpenicillin. Antibioticum. — *Quelidrine* (Abbott, USA): Sirup mit 10 (mg) Dextromethorphanhydrobromid, 2 Chlorpheniraminmaleat, 5 Ephedrinhydrochlorid, 5 Phenylephrinhydrochlorid, 40 Ammoniumchlorid, 0,05 ml Extr. Ipecac. fluidum je 5 ml. Expectorans. — *Quibron* (Mead Johnson, USA): Elixir mit 150 (mg) Theophyllin, 90 Guajacolglycerinäther. Bronchodilator. — *Robanul* (Robins, USA): Tabletten mit 1 mg 1-Methylpyrrolidyl-(3)-α-phenylcyclopentanglycolatmethobromid. Anticholinergicum. — *Robanul-PH* (Robins, USA): Tabletten mit 1 (mg) Glykopyrrolat, 16,2 Phenobarbital. Sedativum, Anticholinergicum. — *Trienzyme* (Testagar, USA): Tabletten mit 30 (mg) Amylase, 10 Protease, 3 Cellulase. Digestivum. — *Trital* (Testagar, USA): Tabletten mit 65 (mg) Secobarbital, 40 Amobarbital, 25 Phenobarbital. Hypnoticum. — *Ulominic* (Riker, USA): Sirup mit 15 Chlophedianolhydrochlorid, 1 Diphenylpyralinhydrochlorid, 5 Phenylephrinhydrochlorid, 100 Guajacolglycerinäther. Antihistaminicum. — *Zylase* (Bryant, USA): Tabletten mit 7,5 (mg) Mylase, 4 Prolase, 0,75 Cellulase, 300 $CaCO_3$, 50 Mg-Glycinat. Digestivum. K. Gerecke. 4800◇

1467 **Neue Verwendungsmöglichkeiten von Äthyl-o-formiat bei der Synthese organischer Verbindungen von pharmazeutischem Interesse.** C. Runti. (Farmaco [Pavia], Ediz. Sci. **17,** 848—70, 1962; Trieste, Univ., Ist. di Chim. Farm. e Tossicol.; ital.) — Übersicht. — 84 Literaturangaben. K. Zingraf. 4806◇

1468 **Über Infusionslösungen mit Glucose und Natriumhydrogencarbonat.** H. Wollmann und Chr. Wollmann. (Pharmazie **18,** 483—89, 1963; Greifswald, Univ., Pharmaz. Inst.; dt.) — Vff. untersuchen die Zers.-Erscheinungen (Verfärbung, Säure-Bldg. u. $NaHCO_3$-Verlust) bei $NaHCO_3$-haltigen Glucose-Lsgg. nach Anwendung verschiedener Sterilisations-Meth. Bei gleichem pH-Wert werden die Zers.-Erscheinungen durch Erhitzen, Erhöhung der $NaHCO_3$-Konz. u. durch Steigerung des Glucose-Geh. in der Reihenfolge dieser Aufzählung verstärkt. Das Ausmaß des Glucoseabbaus unter Sterilisationsbedingungen wird bei 120° u. gleicher Glucose-Konz. oberhalb von pH 5 ausschließlich vom pH-Wert bestimmt. Verfärbung u. Säure-Bldg. sind unter diesen Bedingungen zwischen pH 5 u. 9 der Menge der anwesenden OH-Ionen direkt proportional. Für Lsgg. zum sofortigen Verbrauch wird die keimfreie Filtration u. für länger zu lagernde Lsgg. getrennte Herst. in doppelter Konz., Autoklavierung u. Mischung unter asept. Bedingungen unmittelbar vor der Infusion vorgeschlagen. — 21 Literaturangaben. H. Preisler. 4830◇

1469 **Die Anwendung der Gaschromatographie in der Reinheitsprüfung von Arzneistoffen.** 9. Mitt. N. Iconomou, J. Büchi und H. Schumacher. (Pharmac. Acta Helvetiae **38,** 175—88, 1963; Beilage zu: Schweiz. Apotheker-Ztg.; Zürich, ETH, Pharm. Inst.; dt.) — 8. vgl. C. **1964,** 5-1540. — Bei gaschromatograph. Analysen von *Aether Ph. Helv. V* u. *Aether ad narcosin Ph. Helv. V* an 2 Spezialsäulen u. He als Trägergas stellten Vff. fest, daß nach diesem Verf. sehr kleine Mengen von Verunreinigungen, vor allem höhere Äther, erfaßt werden können. Die Meth. ist empfindlicher als die Ph. Helv.V-Prüfungsvorschriften. U. Drehmann. 4880◇

1470 **Die Anwendung der Gaschromatographie in der Reinheitsprüfung von Arzneistoffen.** 10. Mitt. N. Iconomou, J. Büchi und H. Schumacher. (Pharmac. Acta Helvetiae **38,** 275—92, 1963; Beilage zu: Schweiz. Apotheker-Ztg.; dt.) — Vgl. vorst. Referat. — Bei Anwendung von Spezialsäulen u. He als Trägergas gelang Vff. eine vollständige Auftrennung der Aromaten Benzol, Toluol u. Xylol u. die Erfassung u. Identifizierung kleiner Mengen von Verunreinigungen. Der Einfl. der C-Zahl, der Mol.-Form, der Trägergasmenge u. der Temp. auf die Retentionszeiten der Aromaten wurde untersucht u. in zahlreichen Diagrammen dargestellt. Die beschriebenen Meth. sind empfindlicher als die Ph. Helv. V-Vorschriften. U. Drehmann. 4880◇

1471 **Die Bestimmung vom p-Hydroxypropiophenon in Frenantol H-365-Tabletten.** H. Beral und T. Constantinescu. (Rev. Chim. [Bucureşti] **14,** 235—36, 1963; Anst. f. Arzneimittelkontrolle u. pharmazeut. Forsch.; rum.) — *Frenantol* (**I**) übt eine Hemmung der neurohypophysären Zentren aus. Als akt. Substanz enthält **I** *p-Hydroxypropiophenon* (**II**). **II** wird bei saurem pH mit $KBrO_3$ u. KBr (0,1 n) als Dibrom-**II** ausgefällt u. der Überschuß an Br_2 mit $Na_2S_2O_3$, nach Zugabe von KJ, titriert. 1 ml $KBrO_3$ = 0,00375 g **II**. P. W. Kittner. 4880◇

1472 **Spektrophotometrische Bestimmung von p-Äthoxyphenylharnstoff (Dulcin).** Masuo Akagi und Setsuzo Tejima. (J. pharmac. Soc. Japan [Yakugakuzasshi] **77,** 1043—44, 1957; Hokkaido, Univ., Med. Fac., Pharmac. Inst.; jap., Auszug: engl.) — Es wird eine colorimetr. Meth. zur Best. von 30—360 $\mu g/cm^3$ *Dulcin* beschrieben. Sie beruht auf der Zugabe von kleinen Mengen Eisessig u. Messung der violetten Lsg. bei 550 $m\mu$. Kurven vgl. Original. H. Krause. 4880△

1473 **Pralidoximjodid („2-PAM"). Übersicht über Chemie und chemische Kontrolle.** Henry E. Andersen. (Arch. Pharmac. og Chem. **69(119),** 681—95, 1962; Danmarks Apotekerforen. Kontrollabor.; dän.) — *Pralidoximjodid* (**I**) *2-Hydroxyiminomethyl-N-methylpyridiniumjodid*, F. ca. 222° (60%ig. A.) bei schnellem Erhitzen, kann infolge Zers. in bas. Medium CN^- enthalten, dessen Geh. auf Grund der Blaufärbung von Benzidinpapier ermittelt werden kann. Für die papierchromatograph. Best. von **I** wird ein Verf. mit A.-W.-Gemisch (6:4) als beweglicher Phase ausgearbeitet. Die im aufsteigenden Verf. aus

Whatman-Papier Nr. 1. entwickelten Chromatogramme werden vor der Sichtbarmachung mit 0,05 m $FeCl_3$-Lsg. im UV-Licht untersucht, da ein Teil der Flecken nur im UV sichtbar ist. — 13 Literaturangaben.
R. K. Müller. 4880◇

1474 **Die Bestimmung der Zwischenprodukte und des Endproduktes bei der Synthese des 2-Sulfanilamidochinoxalins.** M. Sterescu, R. Simionovici, G. Mihalca, V. Pelloni, M. Popa und S. Arizan. (Pharmazie **18,** 471—74, 1963; Bukarest, Inst. f. Chem-Pharmazeut. Forsch.; dt.) — Zur Synth. des *2-Sulfanilamidochinoxalins* (**I**; Tierarzneimittel bei der Coccidiose) aus o-Dinitrobenzol unter optimalen Vers.-Bedingungen war eine genaue analyt. Unters. der Zwischenprodd. u. des Endprod. erforderlich. *o-Phenylendiamin* (**II**), *2-Hydroxydihydrochinoxalin* u. **I** wurden potentiometr. bestimmt, *2-Hydroxychinoxalin* u. **I** polarograph., Chlorchinoxalin titrimetr. u. **II** in den Mutterlaugen papierchromatograph. bestimmt. Einzelheiten im Original.
H. Moldenhauer. 4880◇

1475 **Identifizierung von Spuren Flavonoidverunreinigungen in kommerziellem Rutin.** William J. Dunlap und Simon H. Wender. (Analyt. Biochem. [New York] **2,** 317—23, 1961; Norman, Okla.; Univ., Chem. Dep.; engl.) — Unter Verw. der Säulen- u. papierchromatograph. Technik konnten folgende Verunreinigungen im *Rutin* (N. F. Reference Rutin) nachgewiesen werden: Kämpferol, Isoquercitrin, Kämpferol-3-rhamnoglucosid, Quercetin u. Isothamnetin-3-rhamnoglucosid. Die Darst. von chromatograph. reinem Rutin wird beschrieben.
A. Gabert. 4880◇

1476 **Polarographie von Herzglykosiden.** H. P. Deys. (Pharmac. Weekbl. *98,* 613—23, 1963; Utrecht, Ryksuniv., Farmaceut. Labor.; engl.) — Der Butenolid-Ring läßt sich nur in einer quatern. NH_4-Base elektr. reduzieren. Die Elektro-Red. (ER) von Butadienolid erfolgt bei ca. — 1,80 V, die des ungesätt. α–β-Lacton-Fünfringes bei ca. — 1,96 V. Beim Kochen von Gitoxigenin mit HCl wird eine konjugierte Doppelbindung eingeführt; die ER erfolgt in 2 Stufen unter Aufnahme von je 1 Elektron. Das Halbwellenpotential der 1. Stufe beträgt — 1,42 V, das der 2. Stufe bleibt unverändert. Bei Phenylbutenoliden tritt eine ähnliche Beeinflussung der ER des Lactonringes durch Veränderung des β-Substituenten auf.
W. Wesly. 4880◇

1477 **Dünnschichtchromatographische Untersuchung ätherischer Öle.** 1. Mitt. Ernő Tyihák und Dezső Vágujfalvi. (Herba hung. **1,** 95—103, 1962; Budapest, Gyogynövény Kut. Int.; ung.) — Die Dünnschichtchromatographie wurde erfolgreich zur Unters. der extrahierten bzw. dest. Inhaltsstoffe von *Matricaria chamomilla, Achillea millefolium, Artemisia absinthium* u. *A. dranunculus, Foeniculum vulgare, Mentha piperita, M. crispa* u. *M. longifolia* angewendet. Als Nachw.-Reagentien bewährten sich: 1. 1%ig. p-Dimethylaminobenzaldehyd in 92%ig. H_2SO_4. 2. 1 g $KMnO_4$ + 2 g Na_2SO_3 in 100 ml W. 3. 1%ig. Vanillinlsg. in konz. H_2SO_4. 4. mit 0,04%ig. alkal. Fluoresceinlsg. hergestellte Kieselgelplatten die mit Br_2-Dampf entwickelt wurden. 5. 1 g p-Dimethylaminobenzaldehyd + 5 g H_3PO_4 + 50 g 96%ig. H_2SO_4 + 100 ml Wasser. Als Laufmittel wurden Bzl. Bzl. + 5% Äthylacetat bzw. n-Hexan verwendet.
N. Seiler. 4880◇

1478 Upjohn Co. (Erfinder: Erik Hugo Jensen), Kalamazoo, Mich., V. St. A., **Herstellung einer lichtundurchlässigen Koazervathülle,** die mindestens ein gelierbares hydrophiles Koll. mit Aminogruppen u. Peptidbindungen enthält, durch Behandlung des Koazervats (**I**), bes. nach Einstellung seines pH-Wertes auf unter 7, mit einem ionisierbaren 3wertigen Fe-Salz u. anschließend mit Gerb-, Gallus- oder Digallussäure. Eine Wasser-in-Öl-Emulsion wird zusammen mit einem Gelatinesol als Koazervierungs-Koll. bei 40° unter Rühren in eine Na_2SO_4-Lsg. einfließen gelassen u. nach erfolgter Phasentrennung die Fl., welche die I-überzogene Emulsion enthält, bei 5° geliert. Nach Einstellung des pH-Wertes auf 4 wird eine wss. $FeCl_3$-Lsg. eingerührt, das **I** abfiltriert u. einer wss. Lsg. von Gerbsäure zugesetzt. Das erhaltene **I** ist hart u. verleiht dem eingeschlossenen Material über einen breiten sauren u. alkal. Bereich verlängerten Schutz. (**D. A. S. 1141263** Kl. 12g vom 16/12. 1959, ausg. 20/12. 1962. A. Prior. 22/12. 1958.)
H. Roos. 4767

1479 Maurice Roux, Melun, Frankreich, **Gewinnung von Organpräparaten** *mit spasmolytischer Wirkung.* Die zu Brei zerkleinerten Lymphknoten von Ochsen oder Schafen oder die Thymusdrüsen von Kälbern werden mit der Lsg. einer Protease, bes. Papain, unter Erwärmen hydrolysiert, das Enzym durch Erhitzen der Lsg. inaktiviert, aus dem Filtrat die Polypeptide fraktioniert u. mit A. gefällt, wobei man mit 1 Vol. ca. 90%ig. A. beginnt, den Nd. entfernt u. den Wirkstoff mit 7 Vol. abs. A. ausfällt u. ggf. nach Dialyse gegen W. gewinnt. Der Wirkstoff kann durch chromatograph. Adsorption an einer Al_2O_3- u./oder Cellulosesäule weiter gereinigt werden. (**D. A. S. 1150779** Kl. 30h vom 17/3. 1958, ausg. 27/6. 1963. F. Prior. 20/3. 1957.)
W. Heyer. 4791

1480 Kulzer & Co. G. m. b. H., Bad Homburg v. d. Höhe (Erfinder: Carlo Rossetti, Aarau, Schweiz), **Polymerisation von Methylmethacrylat** in Ggw. von pulverförmigem Polymethylmethacrylat unter Zusatz von Verbb. der Formel RSO_2X, worin R = aromat. oder gesätt. aliphat. KW-Stoff-Rest u. X = H, (Erd.-) Alkalimetall oder NH_4. Bei X = Erdalkalimetall kann die zweite Valanz durch eine zweite RSOO-Gruppe abgesätt. sein. Ferner ist die Ggw. von quatern. Ammoniumbasen oder -salzen, sowie von H_3PO_4, H_3PO_2 oder H_3BO_3, ggf. zusammen mit freier Methacrylsäure oder deren Estern mit Glykol, Glycerin, Pentaerythrit oder Sorbit oder zusammen mit Chloriden oder Sulfaten des K, Na oder NH_4 vorgesehen. — 22 Beispiele. — Bei normaler Temp. in kürzester Zeit selbsthärtende Massen, bes. für *zahntechn. Zwecke,* in die z. B. TiO_2 homogen eingebettet sein kann. Als Verbb. RSO_2X sind Lauryl- u. Benzolsulfinsäure bzw. Diisobutylphenoxyäthoxyäthyldimethylbenzylammoniumbenzosulfinat genannt. (**A. P. 2987500** vom 3/5. 1957, ausg. 6/6. 1961. **D. A. S. 1138226** Kl. 39c vom 29/6. 1953, ausg. 18/10. 1962.)
H. Schindler. 4799

1481 Vittorio Emiliano Ferrari und Georgio Ferrari, Mailand, Italien, **Herstellung von 2-Aminoäthylmonophosphat** dad. gek., daß das Monoäthanolaminsalz der H_3PO_4 im Vakuum auf eine Temp., die über dem F. des Salzes liegt, in Ggw. eines wasserf. Erdalkalisulfats erhitzt wird. Tonicum. (**E. P. 886504** vom 13/10. 1959, ausg. 10/1. 1962.)
R. Bauereis. 4807

1482 Farbenfabriken Bayer Akt.-Ges., Leverkusen (Erfinder: Klaus Heinz Risse, Solingen, Ulrich Hörlein und Wolfgang Wirth, Wuppertal), **Basisch substituierte Thiolcarbaminsäureester** der allg. Formel $Y-(X)N-C(=O)-S-A-N(R_1)-R_2$ (X u. Y = Phenyl- oder Pydridylrest, ggf. durch Halogen, Alkyl- oder Alkoxyreste substituiert; A = KW-Stoffkette, ggf. verzweigt; R_1 u. R_2 = Alkyl- oder Cycloalkylreste oder ggf. verzweigte u./oder durch ein Heteroatom unterbrochene Alkylreste, die entweder miteinander oder mit einem C-Atom von A einen, ggf. alkylierten, 5-, 6- oder 7-gliedrigen heterocycl. Ring bilden können) bzw. deren Salze u. quart. NH_4-Salze erhält man nach D. A. S. 1150379 a) durch Rk. von Carbaminsäurechloriden der allg. Formel $Y-(X)-N-C(=O)-Cl$ mit bas. substituierten Mercaptanen der allg. Formel $HS-A-N(R_1)-R_2$ oder b) mit substituierten Mercaptanen der allg. Formel $HS-A-R_3$ (R_3 = OH, geschützte Aminogruppe oder Halogen) u. üblicher Umwandlung von R_3 in die Gruppe $-N(R_1)-R_2$ oder c) durch Rk. von Metall-Verbb. von Aminen der allg. Formel $Y-(X)NH$ mit COS u. Umsetzung der Thiolcarbaminate mit reaktionsfähigen Estern von bas. Alkoholen der allg. Formel $HO-A-N(R_1)-R_2$ u. ggf. Umwandlung der Prodd. nach Meth. a) bis c) in Salze oder quart. NH_4-Salze. — Man leitet z. B. in eine Lsg. von 30,6 (g) 3-Chlordiphenylamin in 300 ml Xylol bei Raum-Temp. u. dann mehrere Std. bei 100° $COCl_2$ ein, dampft

100—150 ml des Lsgm. ab, ersetzt diese Menge durch Bzl., tropft bei 80° ein Gemisch aus 20 Diäthylaminoäthylthiol, 16 Triäthylamin u. 500 ml Bzl. zu u. läßt 4 Std. kochen → 46,8 *3-Chlordiphenylamin-N-carbonsäure-[β-diäthylaminoäthyl]-thioester*, $Kp._{0,01}$ 148—150°, *Hydrochlorid*, F. 145—146°. Analog erhält folgende *-N-carbonsäure-[β-däthylamioäthyl]-thioester*: *4-Chlordiphenylamin*, $Kp._{0,01}$ 145—150°, *Hydrochlorid*, F. 145—146°; *2-Chlordiphenylamin-*, $Kp._{0,02}$ 155°, *Hydrochlorid*, F. 163—165°; *2-Methoxydiphenylamin-*, $Kp._{0,01}$ 160—165°, *Hydrochlorid*, F. 153—155°; *3-Methoxydiphenylamin-*, $Kp._{0,01}$ 160—164°, *Hydrochlorid*, F. 132—134°; *4-Methoxydiphenylamin-*, $Kp._{0,01}$ 170°, *Hydrochlorid*, F. 158—159°; *4-Methyldiphenylamin-*, $Kp._{0,01}$ 158—162°, *Hydrochlörid*, F. 159—160°; *2-Methyldiphenylamin-*, $Kp._{0,001}$ 140°, *Hydrochlorid*, F. 157—159°; *4-Äthoxydiphenylamin-*, $Kp._{0,05}$ 180°, *Hydrochlorid*, F. 147—149°; *2-Äthoxydiphenylamin-*, $Kp._{0,01}$ 145°, daraus *Naphthalin-1.5-disulfonat*, F. 216—218°; *2-Methoxydiphenylamin-N-carbonsäure-[β-diäthylaminopropyl]-thioester*, daraus *Fumarat*, F. 137°, DL_{50} 13 mg/kg (Maus, i. v., auf die Base berechnet). — Nach D. A. S. 1150380 erhält man bas. substituierte Thiolcarbaminsäureester der allg. Formel $(C_6H_5)_2N-C(=O)-S-A-N(R_1)-R_2$ · (A, R_1 u. R_2 wie oben) u. deren Salze bzw. quart. NH_4-Salze durch Rk. von Diphenylamin mit einer Verb. der allg. Formel Halogen $-C(=O)-SA-N(R_1)-R_2$ u. ggf. Umsetzung der Prodd. zu vorst. Salzen. — Man setzt z. B. einer Lsg. von 15,4 β-Diäthylaminoäthylthiol in 70 ml Chlf. bei 0—5° HCl bis zu stark kongosaurer Rk. zu, leitet bei —10° 2—3 Std. $COCl_2$ ein, läßt 3 Std. bei 5° u. 12 Std. bei Raum-Temp. stehen, dampft bei 50° ein, kocht den Chlf.-feuchten Nd. (30 g), $Cl-C(=O)-S-CH_2CH_2-N(C_2H_5)_2$ HCl, 70 Std. mit 11 Diphenylamin in 130 ml Chlf., verdampft das Lsgm., verteilt den Rückstand zwischen verd. Salzsäure u. Ae., macht die mit Kohle gereinigte wss. Lsg. alkal., äthert aus u. dest. die Ae.-Lsg. → *Diphenylcarbamidsäure-[β-diäthylaminoäthyl]-thioester*, $Kp._{0,01}$ 120—125°, *Hydrochlorid*, F. 180—181°; analog *Diphenylamin-N-carbonsäure-[β-diäthylaminopropyl]-thioester*, *Hydrochlorid*, F. 189°, DL_{50} der vorst. Verbb. 36 bzw. 28 mg/kg (Maus, i. v. (auf freie Base berechnet). — *Spasmolytica*; Tabellen für spasmolyt. Wirkung. (**D. A. SS. 1150379** Kl. 12o vom 12/12. 1958 u. **1150380** Kl. 12o vom 5/3. 1960, beide ausg. 20/6. 1963.) G. Vogel. 4807

1483 Charles E. Frosst & Co., Westmount (Erfinder: Irving Levi, Montreal, Quebec), Canada, **Tumoraktive O-Dichloracetyl-dl-serinverbindungen** der allg. Formel $Cl_2CH-C(=O)-O-CH_2-CH(NH_2)-COOR$ R = H, CH_3 oder nichttox. Metallion) erhält man durch Rk. von Serin oder dessen Methylester mit einem Dichloracetylierungsmittel, bes. reiner Dichloressigsäure (I) oder seinem Anhydrid u. Halogenwasserstoff in Ggw. eines inerten Lsgm. oder durch Umlagerung von N-Dichloracetylserin mit einer starken organ. Säure in Ggw. eines inerten Lsgm. u. ggf. Überführung des Prod. in ein Salz oder den Methylester. — Man löst z. B. 1 (Mol) dl-Serin in 500 ml reiner Chloressigsäure, rührt in die eisgekühlte Lsg. 1,3 I so ein, daß die Temp. 32—33° nicht übersteigt, läßt über Nacht stehen, leitet während 1 Std. langsam HCl-Gas ein, entfernt den HCl-Überschuß bei red. Druck, setzt 1250 ml wasserfreies Bzl. zu u. kühlt → *O-Dichloracetyl-dl-serinhydrochlorid*(**II**), $C_5H_8Cl_3NO_4$, F. 125 bis 126° (aus Aceton-Ae.), 29,5% (Ausbeute), lösl. in W., A., Aceton, Tetrahydrofuran u. Dioxan, unlösl. in Chlf. u. Äthylendichlorid. **II** erhält man auch durch Sättigung einer Suspension von 0,286 dl-Serin in 100 ml **I** durch 48std. Stehen bei Raum-Temp. u. Zusatz von 100 ml wasserfreiem Ae., 72,1%, oder aus einer Suspension von feinpulverigem N-Dichloracetyl-dl-serin in 100 Ae. durch 6,5std. Einleiten eines HCl-Stromes, Stehen über Nacht u. nochmaliges 1,5std. Einleiten von HCl, Erhaltung des Vol. der Masse durch Zusatz von Ae., Eindampfen der Suspension zur Trockne, Zusatz von 75 ml trockenem Äthylacetat u. $^1/_2$std. Erwärmung, 70%; aus 0,1 d,l-Serinmethylesterhydrochlorid u. 30 g **I**-Anhydrid durch 24std. Rühren bei Raum-Temp., Zusatz von 100 ml Ae. u. PAe. (Kp. 30—60°) bis zur Trübung → *O-Dichloracetyl-dl-serinmethylesterhydrochlorid*, $C_6H_{10}Cl_3NO_4$, F. 101 bis 106° (aus CH_3OH-Ae.), Nadeln, lösl. in W., A. u. Dioxan, unlösl. in Ae., PAe., Chlf. u. Äthylacetat, Verw. der Prodd. intraperitoneal (ca. 10—100 mg/kg), DL_{50} 300 mg/kg (Maus). (**D. A. S. 1150684** Kl. 12q vom 7/7. 1961, ausg. 27/6. 1963. E. Prior. 8/8. 1960 u. 30/5. 1961.) G. Vogel. 4807

1484 Eli Lilly & Co., übert. von: Nelson Easton, Indianapolis, Ind., V. St. A., **Pyrazolcarbinole** der allg. Formel **I** (X = H, Cl oder Br; R_2 = H oder CH_3^-;

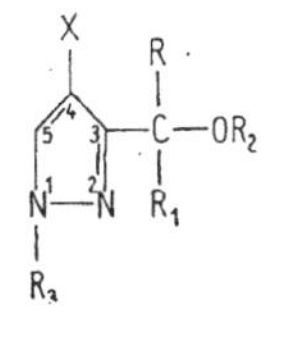

I

R_3 = H, Benzyl- oder Alkyl mit 1—3 C-Atomen; R = Phenyl, Chlorphenyl oder Alkyl mit 1—6C-Atomen; R_1 = Alkyl mit 1—6 C-Atomen; dabei liegt die Summe der C-Atome von R u. R_1 zwischen 3 u. 8, wenn X = H, u. zwischen 2 u. 8, wenn X = Cl oder Br) werden erhalten durch Formylierung eines substituierten Ketols u. Kondens. des erhaltenen Prod. mit einem Hydrazin zur Bldg. des Pyrazolrings. Cl oder Br in 4-Stellung kann durch direkte Halogenierung des Pyrazols eingeführt werden. Wenn R = R_1 ist, ist die Herst. auch möglich mit Grignard-Reagens, z. B. Äthylpyrazol-3-carboxylat gemäß der Gleichung **II**. Aus NaH, Diäthylacetylcarbinol

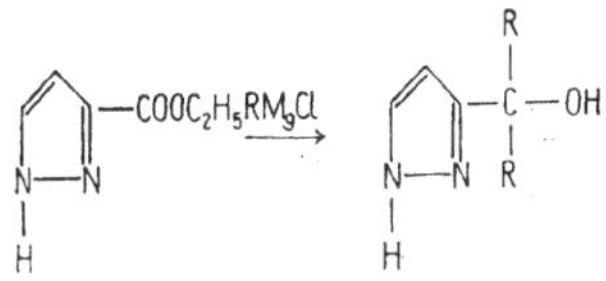

II

u. Äthylformiat in abs. Ae. über das Na-Salz des Hydroxymethylen-di-äthylacetylcarbinols mit Hydrazinhydrat u. Essigsäure → *3-(3-[Hydroxy* = **A**]*-3-[pentyl* = **B**])*-pyrazol*, $Kp._{0,3}$ 125—132°, *-Hydrochlorid*, F. 124—126°; — durch Chlorieren mit Cl_2 in CCl_4 → *4-Chloro-3(3-***A***-3-***B***)-pyrazol*, F. 111—113°; — analog wurden folgende Pyrazole erhalten: *3-(2-***A***-5[methyl* = **C**]*-2-***B***)-*, $Kp._7$ 150 bis 155°; — *[4-Chloro-***D**]*-3-(2-***A***-5-***C***-2-***B***)-*, F. 88—89°; *-3-[1-***A***-1-1-(p-chlorophenyl)-1-äthyl]-*, F. 87—88°, — *Hydrochlorid*, F. 167—169°; — *4-Bromo(3-***A***-3-***B***)-*, F. 104—106°; — **D***-3-(2-***A***-2-propyl)-*, F. 143—145°; — *3-(2-***A***-2-propyl)-*, F. 107—108°; — *3-(2-***A***-2-butyl)-*, F. 79—80°, — *hydrochlorid*, F. 118—119°; — *D-3-(2-***A***-2-butyl)-*, F. 76—78°; — *3-(2-***A***-3-***C***-2-butyl)-*, $Kp._{0,5}$ 104 bis 108°; — **D***-3-(2-***A***-3-***C***-2-butyl)-*, F. 85—87°; — *3-(3-***A***-3-hexyl)-*, $Kp._{0,1}$ 118—128°; — **D***-3-(3-***A***-3-hexyl)-*, F. 66—68°; — *3-(3-***A***-3-heptyl)-*, $Kp._{0,5}$ 150—155°; — *3-(2-***A***-2-heptyl)-*, *-hydrochlorid*, F. 82—84°; — *3-(1-***A***-1-phenyl-1-äthyl)-*, *-hydrochlorid*, F. 129—124°; — **D***-3-(1-***A***-1-phenyl-1-äthyl)-*, F. 113—115°; — *1-***C***-3-(2-***A***-4-***C***-2-***B***)-*, $Kp._{0,75}$ 90—110°; — *1-***C***-3-(2-***A***-2-propyl)-*, $Kp._{0,5}$ 73—78°; — **D***-1-***C***-3-(2-***A***-2-propyl)-*, F. 47—49°; — *1-***C***-3-(3-***A***-3-***B***)-*, $Kp._5$ 95—100°; — **D***-1-***C***-3-(3-***A***-3-***B***)-*, $Kp._{0,05}$ 100—106°, F. 67—68°; — *3-(methoxy-1-phenyl-1-äthyl)-*, F. 50—52°, — *hydrochlorid*, F. 122 bis 124°; — *1-***C***-3-(2-***A***-2-butyl)-*; **D***-1-***C***-3-(2-***A***-2-butyl)-*, $Kp._{0,3}$ 100—103°; — *3-(2-***A***-2-***B***)-*, $Kp._{0,3}$115—120°; — **D***-3-(2-***A***-2-***B***)-*, F. 63—65°; — *3-(2-***A***-2-octyl)-*, $Kp._{0,05}$ 130—135°; — **D***-3-(2-***A***-2-octyl)-*, F. 49—51°; — *3-(4-***A***-4-heptyl)-*, $Kp._{0,2}$ 133—135°; — **D***-3-(4-***A***-4-heptyl)-*, F. 92—93°; — *3-(1-Methoxy-1-p-chlorophenyl-1-äthyl)-*, $Kp._{0,3}$ ca. 170°, F. 78—88°; *1-Benzyl-3-(2-***A***-2-propyl)-*, $Kp._{0,3}$ 119—121°; — Aus Butylpyrazol-3-carboxylat in Ae. u. Isopropyl-Mg-Bromid → *3-(3-***A***-2.4-di-***C***-***B***)-*, $Kp._{0,05}$ 117—118°, — **D**-Prod.: F. 117—118°; — Aus p-Chlorophenyl-**C**-äthynyl-carbinol durch Methylierung → 2-methoxy-2-p-chlorophenyl-3-butyn, $Kp._{4,5}$ 94—95°, aus diesem durch Hydrierung → *3-p-chlorophenyl-3-methoxybutan-2-on*, $Kp._6$ 120—122°; — Aus n-Hexylmethylketon u. Na-Azetylid in fl. NH_3 über das Na-Salz → *n-Hexylmethyl-acetyl-carbinol*, $Kp._{5,5}$ 78—82°; —

analog: *Äthyl-n-propyl-acetyl-carbinol*, Kp.$_{135}$ 103—104°; — *Äthyl-n-butyl-acetyl-carbinol*, Kp$_{160}$ 125—127°; — *Antikonoulsioische Wrkg.* u. *Muskelrelexans.* (**A. P. 2973367** vom 8/6. 1959, ausg. 28/2. 1961.)
H. Roos. 4807

1485 Dr. Karl Thomae G. m. b. H., Biberach/Riss, **Herstellung von Pyranderivaten.** Zu Port. P. 37973; C. **1962,** 12103 ist nachzutragen: (*5.6-Dihydro-2H-pyranyl-3*)*-propyl-carbinol*, Kp.$_{0,2}$ 87—88°; (*5.6-Dihydro-2-H-pyranyl-3*)*-benzylcarbinol*, F. 63°; (*Tetrahydropyranyl-3*)*-propyl-carbinol*, Kp.$_{12}$ 119—121°; *Mono-*[α-(*5.6-Dihydro-2H-pyranyl-3*)]*-n-butylsuccinat*, Kp.$_{2}$ 195°; [α-(*5.6-Dihydro-2H-pyranyl-3*)]*-n-butylacetat*, Kp.$_{12}$ 126 bis 127°; (*5.6-Dihydro-2H-pyranyl-3*)*-β-*(*p-methoxyphenyl*)*-äthylcarbinol*, Kp.$_{0,2}$ 172°; (*Tetrahydropyranyl-2*)*-n-propyl-carbinol*, Kp.$_{12}$ 97—99°; [*2.3-Dihydro-4H-pyranyl-2*)*-n-butylcarbinol* Kp.$_{0,3}$ 77—79°, *Choleretica.* (**E. P. 910913** vom 13/1. 1961, ausg. 21/11. 1962. D. Prior. 15/1. 1960.)
R. Bauereis. 4807

1486 Hoffmann-La Roche, Inc., Nutley, N. J., V. St. A., übert. von: Rudolf Hinderling, Riehen, August Hans Lutz und Otto Schnider, Basel, Schweiz, **Herstellung von 2.4-Dioxotetrahydropyridinen,** bes. solchen, die in 3-Stellung 1 oder 2 Substituenten tragen, dad. gek., daß man z. B. 157 (g) α.α-Diäthyl-acetoacetamid mit einer Lsg. aus 108 Na-methylat u. 120 Methylformat in Toluol bei < 50° zur Rk. bringt, die Rk.-Lsg. auf Eis gibt, die wss. Phase abtrennt u. den Rückstand mit 50%ig. H_2SO_4 versetzt, die Toluolschicht abtrennt u. im Vakuum bei 60° einengt → *3.3-Diäthyl-2.4-dioxo-1.2.3.4-tetrahydropyridin*, F. 96°; analog: die *3.3-Diallylverb.* F. 72°; *3.3-Di-n-Propylverb.* F. 93°; *3-Isopropyl-Verb.*, F. 255°; α.α-Di-n-Propyl-acetoacetamid u. Methylacetat in Toluol u. in Ggw. von Na-methylat → *3.3-Di-n-Propyl-2.4-dioxo-6-mehtyl-1.2.3.4-tetrahydropyridin*, F. 102°. — *Sedativa u. Anticonvulsiva.* (**A. P. 3019230** vom 4/1. 1960, ausg. 30/1. 1962. Schwz. Prior. 6/2. 1959.) W. Heyer. 4807

1487 Endo Laboratories, Inc., New York, N. Y., V. St. A. (Erfinder: Gabriel Hirsch, Tel-Aviv, Israel), **Salz der Nicotinsäure (I).** Das neutrale **I**-Salz mit 1.3-Dimethyl-7-[β-dimethylaminoäthyl]-xanthin (**II**) verursacht *Vasodilation* ohne Unterdruck. Es wird durch Rk. von **I** mit der äquivalenten Menge von **II** in einem Lsgm. (A.) dargestellt. (**Israel. A. S. 16384** vom 27/11. 1961, ausg. 21/2. 1963.) Y. Hess. 4807

1488 Leo-Werke G.m.b.H., Frankfurt/M. (Erfinder: Wilhelm Krauß, Offenbach/M.), **Herstellung von Cholin-5-phenyl-5-äthylbarbiturat,** dad. gek., daß man ein Salz der 5-Phenyl-5-äthylbarbitursäure mit einem Cholinsalz in wss. oder alkohol. Lsg. umsetzt. (**D. A. S. 1147587** Kl. 12p vom 19/8. 1961, ausg. 25/4. 1963. **Zusatz zu D. A. S. 1134679; C. 1963, 10576.**)
C. Lüttgen. 4807

1489 Farbenfabriken Bayer Akt.-Ges., Leverkusen (Erfinder: Hans Henecka, Hans-Hermann Schulze, Wolfgang Wirth und Friedrich Hoffmeister, Wuppertal), **Herstellung von 1.5-Diäthyl-5-Δ^1-cyclopentylbarbitursäure,** F. 95—96°, dad. gek., daß man an in sich bekannter Weise entweder a) einen Δ^1-Cyclopentyl-äthylmalonsäuredialkylester (**I**) mit N-Äthylharnstoff (**II**) kondensiert oder b) einen Δ^1-Cyclopentyläthylcyanessigsäurealkylester (**III**) mit **II** kondensiert u. das Kondensations-Prod. durch Einw. von verd. Säure hydrolysiert, oder c) einen **I** oder **III** mit Dicyandiamid kondensiert, das Kondensations-Prod. am N-Atom mit $(C_2H_5)_2SO_4$ oder Toluolsulfonsäureäthylester äthyliert, das Rk.-Prod. durch Einw. von verd. Säure hydrolysiert u. ggf. anschließend in das Na-Salz überführt. — *Kurznarkoticum.* (**D. A. S. 1147949** Kl. 12p vom 24/2. 1961, ausg. 2/5. 1963.) C. Lüttgen. 4807

1490 Farbenfabriken Bayer Akt.-Ges., Leverkusen (Erfinder: Harald Horstmann, Wuppertal, Udo Wörffel, Krefeld, und Sophie Wirtz, Wuppertal), **Herstellung von Benzolsulfonamidopyrimidinen** *mit starker Blutzucker senkender Wirkung.* In eine Mischung von 300 ml CH_2Cl_2 u. 37 (g) Dimethylformamid werden bei 0—5° 50 $COCl_2$ eingeleitet u. unter Kühlung 67 α-Methylstyrol zugetropft, worauf das Gemisch 8 Std. gekocht u. in der Kälte durch Methylat-Lsg. neutralisiert wird. Nach Abfiltrieren von NaCl u. Abdest. des Lsgm. wird der zurückbleibende Sirup bei 70° in eine Suspension von 106 p-Toluolsulfonylguanidin (**II**) in 300 ml CH_3OH (**I**) u. 278 ml Na-Methylatlsg. (= 1 Mol CH_3ONa) unter Rühren eingetragen, das Rk.-Gemisch 6 Std. gekocht, das **I** verjagt u. der Rückstand mit W. aufgenommen, wobei nicht in Rk. getretenes **II** ausfällt, das abfiltriert wird. Aus dem Filtrat, das mit Tierkohle (**III**) gereinigt wird, wird das Sulfonamid mit Eisessig (**IV**) ausgefällt. Es wird durch Lösen in verd. NH_4OH, Behandeln mit **III** u. Ausfällen mit **IV** weiter gereinigt. *2-*(*p-Toluolsulfonamido*)*-5-phenylpyrimidin*, F. 228°, in einer Ausbeute von 97 g = 60% der Theorie. Analog: *2-Benzolsulfonamido-*, F. 224°, u. *2-*(*p-Chlorbenzolsulfonamido*)*-5-phenylpyrimidin*, F. 234° .(Alle FF. nach Kofler-Bank.) (**D. A. S. 1147948** Kl. 12p vom 26/1. 1961, ausg. 2/5. 1963.) C. Lüttgen. 4807

1491 Dr. Karl Thomae G.m.b.H., Biberach/Riss (Erfinder: Franz Gottwalt Fischer, Würzburg, Josef Roch und August Kottler, Biberach/Riss), **2.6 - Bis - [Diäthanolamino] - 4.8 - bis - [diallylamino] - pyrimido-[5.4:d]-pyrimidin** erhält man durch Rk. von 2.6 - Dichlor - 4.8 - bis -(diallylamino)-pyrimido-[5.4-d]-pyrimidin mit Diäthanolamin in Ggw. eines Säure bindenden Mittels bei 150—250°, gelbe, mikrokristalline Nädelchen, F. 110° (Bzl.). — *Herz-* u. *Kreislaufmittel.* (**D. A. S. 1150083** Kl. 12p vom 25/4. 1956, ausg. 12/6. 1963.)
A. Jahn. 4807

1492 Dr. Karl Thomae G.m.b.H., Biberach/Riss (Erfinder: Franz Gottwalt Fischer, Würzburg, Josef Roch und August Kottler, Biberach/Riss), **2.4.6.8-Tetra-[allylamino]-pyrimido-[5.4:d]-pyrimidin** erhält man durch Rk. von 2.4.6.8-Tetrachlorpyrimido-[5.4:d]-pyrimidin mit Allylamin bei 150—250° in Ggw. Säure bindender Mittel, ggf. in Ggw. eines Cu-Salzes als Beschleuniger. Hellgelbes, mikrokristallines, körniges Pulver, F. 201—203° (Dioxan). — *Herz-* u. *Kreislaufmittel.* (**D. A. S. 1150084** Kl. 12p vom 25/4. 1956, ausg. 12/6. 1963.) A. Jahn. 4807

1493 Dr. Karl Thomae G.m.b.H., Biberach/Riss (Erfinder: Franz Gottwalt Fischer, Würzburg, Josef Roch und August Kottler, Biberach/Riss), **2 - Diäthanolamino-4.8-bis- [allylamino] -pyrimido-[5.4:d]-pyrimidin** erhält man durch Rk. von 2-Chlor-4.8-bis-(allylamino)-pyrimido-[5.4-d]-pyrimidin mit Diäthanolamin bei 150—250° in Ggw. Säure bindender Mittel, farblose feine Nädelchen, F. 104—106° (W.). — *Herz-* u. *Kreislaufmittel.* (**D. A. S. 1150085** Kl. 12p vom 25/4. 1956, ausg. 12/6. 1963.) A. Jahn. 4807

1494 Dr. Karl Thomae G.m.b.H., Biberach/Riss (Erfinder: Franz Gottwalt Fischer, Würzburg, Josef Roch und August Kottler, Biberach/Riss), **2.6 - Dimorpholino - 4.8 - bis - [β - propoxyäthoxy] -pyrimido-[5.4:d]-pyrimidin** erhält man durch Rk. von 2.6-Dichlor-4.8 - bis - (β - propoxyäthoxy) - pyrimido - [5.4:d] -pyrimidin mit Morpholin in Ggw. von Säure bindenden Mitteln bei 100—250°, citronengelbes, mirkokristallines Pulver, F. 127—129° (W.–Methanol). — *Herz-* u. *Kreislaufmittel.* (**D. A. S. 1150088** Kl. 12p vom 25/4. 1956, ausg. 12/6. 1963.)
A. Jahn. 4807

1495 Dr. Karl Thomae G.m.b.H., Biberach/Riss (Erfinder: Josef Roch, Biberach/Riss), **2.6-Bis-[1'.2'. 5'.6'- tetrahydropyridino] - 4.8 - bis - [diäthanolamino] - pyrimido-[5.4:d]-pyrimidin** erhält man durch Rk. von 2.6 - Dichlor - 4.8 - bis - (diäthanolamino) -pyrimido-[5.4:d]-pyrimidin mit 1.2.5.6-Tetrahydropyridin (**I**) in Ggw. eines Säure bindenden Mittels bei Temp. zwischen dem Kp. von **I** u. 250°, orangefarbene, mikrokristalline Nädelchen, F. 171—173° (Methanol–W.). — *Herz-* u. *Kreislaufmittel.* (**D. A. S. 1151808** Kl. 12p vom 23/12. 1959, ausg. 25/7. 1963.) A. Jahn. 4807

1496 American Cyanamid Co., New York, N. Y., V. St. A., **Arzneimittel,** enthaltend in der Dosiseinheit 100—1000 mg *4.6-Dimethyl-3-pyridazon. Hypnoticum* u. *Sedativum.* (**E. P. 911179** vom 10/3. 1961, ausg. 21/11. 1962. A. Prior. 14/3. 1960.) K. Koebke. 4807

1497 Spofa, Sdruženi Podniků pro Zdravotnickou Výrobu, Prag, Tschechoslowakei, **D-2-Phenyl-3-methyltetrahydro-1.4-oxazin** erhält man durch Hydrierung von opt. akt. Phenylacetylcarbinol mit H_2 bes. in Ggw. von koll. Pt in Ggw. von monoäthanolamin, Abdest. der flüchtigen Lsgm., Lösen des Rückstands in wss. H_2SO_4, die je Mol unreiner Base 3 Mol H_2SO_4 enthält, Abdest. des W. bei $\leq$ 60° u. Vervollständigung der Cyclisierung durch Erhitzen des Rückstands im Vakuum auf $\leq$ 100°. Der Rückstand wird nach dem Verdünnen auf pH 6,5—7,5 neutralisiert, die ausgefallenen Salze werden abfiltriert, die Lsg. wird auf pH 10—12 alkalisiert u. die freie Base gewonnen, die ggf. in ein Salz, bes. das Hydrochlorid übergeführt wird. — *Heilmittel* gegen *Fettsucht* und in der *Psychiatrie*. (**E. P. 899386** vom 18/1. 1960, ausg. 20/6. 1962. Tschech. Prior. 20/1. 1959.)
A. Jahn. 4807

1498 Ciba Akt.-Ges., Basel, Schweiz (Erfinder: Hans Erlenmeyer, Silvio Fallab, Basel, Schweiz, und Peter Hemmerich, Lörrach), **Derivate von 4-Hydroxy-5-acyl-5.10-dihydropyrimido-[4.5:b]-chinoxalinen** u. ihren tautomeren Formen werden hergestellt durch Red. von 10-Alkyl- oder 10-Oxyalkyl-4-oxy-2.10-dihydropyrimido-[4.5:b]-chinoxalinen, die im Benzolkern ggf. substituiert sind u. in 2-Stellung eine Oxo-, Thiono- oder Iminogruppe aufweisen, mit nascierendem oder katalyt. erregtem H in Ggw. acylierender Mittel, ggf. Alkylierung der N-Atome im Pyrimidinring oder Überführung von in 2-Stellung durch eine HS-Gruppe substituierten Verbb. in 2-Alkylmercapto-, 2-Hydroxy- oder in 2-unsubstituierte 5-Acyl-5.10-dihydropyrimido-[4.5:b]-chinoxaline. — In eine sd. Suspension von 0,5 7.8.10-Trimethyl(I)-2-oxo-4-hydroxy-2.10-dihydropyrimido-[4.5:b]-chinoxalin in 20 cm^3 Acetylierungsgemisch [$(CH_3CO)_2O$: CH_3COOH : H_2SO_4 = 50:50:1] gibt man Zn-Staub bis zur Entfärbung. Nach Filtrieren u. Aufarbeiten → 0,45 g **I**-*5-acetyl-2.4-dihydroxy-5.10-dihydropyrimido-[4.5:b]-chinoxalin*, Zers bei 280°. Weitere Hydro-pyrimido-[4.5:b]-chinoxalin(II)-Derivate: *1.3.7.8.10-Pentamethyl-5-acetyl-2.4-dioxo-1.2.3.4.5.10-hexa*-**II**, F. 225—230° (Zers.); **I**-*5-acetyl-2-thio-4-hydroxy-5.10-di*-**II**, Zers. bei 220°; *3.7.8.10-Tetramethyl-5-acetyl-2-methylmercapto-4-oxo-3.4.5.10-tetra*-**II**, F. 268 bis 272° (Zers.); **I**-*5-acetyl-2-methylmercapto-4-hydroxy-5.10-di*-**II**; **I**-*5-acetyl-4-hydroxy-5.10-di*-**II**; *7.8 Dimethyl-10-ribityl-5-acetyl-2.4-dihydroxy-5.10-di*-**II**, F. 155° (Zers.); **I**-*5-formyl-2.4-dihydroxy-5.10-di*-**II**, Zers. bei 300°; *8-Acetylamino-7.10-dimethyl-5-acetyl-2-amino-4-hydroxy-5.10-di*-**II**, F. > 300°; *8-Acetylamino-7.10-dimethyl-5-acetyl-2-thio-4-hydroxy-5.10-di*-**II**, F. > 300°; **I**-*5-formyl-4-hydroxy-5.10-di*-**II**. — *Heilmittel oder Zwischenprodd. zur Herst. von Heilmitteln*. (**D. A. S. 1079647** Kl. 12p vom 9/12. 1957, ausg. 14/4. 1960. Schwz. Prior. 18/12. 1956 u. 1/2. 1957. **A. P. 3048578** vom 13/12. 1957, ausg. 7/8. 1962. Schwz. Prior. 18/12. 1956.)
M. Schaber. 4807

1499 Lannacher Heilmittel G.m.b.H., Lannach (Erfinder: Alfred Pongratz, Graz, und Konrad Lothar Zirm, Lannach), Steiermark, Österreich, **Morphin-bis-nicotinsäureester (I)** erhält man durch Rk. von Morphin oder dessen Salzen mit Nicotonsäure, Nicotinsäureanhydrid oder Nicotinsäurehalogenidhydrohalogeniden z. B. in Ggw. von wasserentziehenden Mitteln ($POCl_3$) oder in Ggw. von Pyridin, Chinolin oder Dimethylanilin. — Aus 8 (Teilen) trockenem Morphinhydrochlorid u. 40 Nicotinsäurechloridhydrochlorid in 60 Pyridin bei 25—30° → **I**, F. 174,5—175°; wasserfreies *Hydrochlorid*, F. 248°; wirkt weder Sucht erzeugend, noch euphor, jedoch *schmerzstillend*, ist besser verträglich u. wirkt *nicht atmungslähmend*, vermindert nicht die Eigenbeweglichkeit des Darmes. — Verss. an der Katze u. bei unfallverletzten Menschen vgl. Tabellen. — Vgl. auch A. P. 2878251 u. E. P. 807115; C. **1960,** 5907, u. Arzneimittel-Forschung **10,** [1960], 138. (**D. A. S. 1109181** Kl. 12p vom 24/10. 1956, ausg. 22/6. 1961. Oe. Prior. **14/12.** 1955, 4/5. u. 6/7. 1956.) G. Krauß. 4807

1500 Knoll Akt.-Ges., Chemische Fabriken, Ludwigshafen/Rh. (Erfinder: Lazslo Suranyi, Mannheim, und Hans Wilk, Köln), **Verbesserte Herstellung von 2-Methyl-4-amino-5-chlormethylpyrimidinhydrochlorid** durch Einw. von $SOCl_2$ auf 2-Methyl-4-amino-5-oxymethylpyrimidin, bes. dessen Hydrochlorid, dad. gek., daß die Rk. in Ggw. von Dimethylformamid bei $\leq$ 20° durchgeführt wird. — *Zwischenprod. für die Vitamin B_1-Synthese.* (**D. A. S. 1150987** Kl. 12p vom 28/7. 1960, ausg. 4/7. 1963.) C. Lüttgen. 4809

1501 Schering Akt.-Ges. (Erfinder: Klaus Kieslich und Gerhard Raspé), Berlin, **Antiphlogistisch wirksame Steroide.** Man bebrütet z. B. 16α-Methyl-Δ^4-pregnen-21-ol-3.20-dion mit einer Kultur von *Curvularia lunata* unter üblichen aeroben u. submersen Bedingungen, u. arbeitet chromatograph. auf → *16α-Methyl-Δ^4-pregnen-14α.21-diol-3.20-dion*; *21-Acetat*, F. 192—194°. — *Heilmittel.* (**D. A. S. 1150074** Kl. 12o vom 3/2. 1961, ausg. 12/6. 1963. **Zusatz zu D. A. S. 1147226; C. 1963, 20132.**)
U. Sievers. 4809

1502 Glaxo Laboratories Ltd., Greenford, übert. von: Ronald Major Evans, Ickenham, Joseph Elks, London, Benjamin Arthur Hems, Ickenham, William Graham, Greenford, John Francis Oughton, Gerrards Cross, Gordon Jan Gregory, Chalfont St. Peter, und Thomas Walker, Wembley, England, und John Selwyn Hunt, Montrose, Schottland, **16-Methylsteroide.** Man setzt z. B. 3β-Acetoxy-$\Delta^{9,11,16}$-5α-pregnadien-20-on (**I**) mit Diazomethan um → *Pyrazolin des* **I**, F. 158° (Zers.); $[\alpha]_D$ 72°, welches sich durch Erhitzen auf 160° spalten läßt → *3β-Acetoxy-16-methyl-$\Delta^{9,11,16}$-5α-pregnadien-20-on* (**II**), F. 135—138°; $[\alpha]_D$ 49,5°. Die Pyrolyse des Pyrazolins kann in fl. Paraffin, Äthylenglykol, Diäthylenglykol oder Dimethylformamid durchgeführt werden. — **II** läßt sich katalyt. mit H_2/Pd-Oxid-Kohle in Ggw. von Triäthylamin red. → *3β-Acetoxy-16β-methyl-$\Delta^{9,11}$-5α-pregnen-20-on*, F. 106—110°; $[\alpha]_D$ 30,2°; daraus durch Rk. mit Cl_2 in CCl_4 → *3β-Acetoxy-9α.11β-dichlor-16β-methyl-5α-pregnan-20-on*, F. 164—165°; $[\alpha]_D$ 48°, welches sich durch Rk. mit Acetanhydrid in Ggw. von $HClO_4$ überführen läßt → *3β.20-Diacetoxy-9α.11β-dichlor-16β-methyl-$\Delta^{17.20}$-5α-pregnen*; daraus durch Epoxydation mit Monoperphthalsäure → *3β.20-Diacetoxy-9α.11β-dichlor-17.20-epoxy-16β-methyl-5α-pregnan* (**IIIa**), F. 163—165°; $[\alpha]_D$ 68°, welches sich mit H_2SO_4 in Methylenchlorid spalten läßt → *9α.11β-Dichlor-3β.17α-dihydroxy-16β-methyl-5α-pregnan-20-on* (**IVb**), F. 195—197° (Zers.); $[\alpha]_D$ 75°. Hieraus erhält man durch übliche Bromierung der 21-Stellung → *21-Brom-9α.11β-dichlor-3β.17α-dihydroxy-16β-methyl-5α-pregnan-20-on*, F. 183,5°; $[\alpha]_D$ 91°, u. durch anschließende Rk. mit K-Acetat → *21-Acetoxy-9α.11β-dichlor-3β.17α-dihydroxy-16β-methyl-5α-pregnan-20-on* (**III**), F. 162° (Zers.); $[\alpha]_D$ 96°; daraus durch reduktive Entchlorierung mit H_2/Pd-Kohle in Triäthylamin → *21-Acetoxy-3β.17α-dihydroxy-16β-methyl-$\Delta^{9,11}$-5α-pregnen-20-on* (**IV**), F. 199—201°; $[\alpha]_D$ 59°, welches sich durch CrO_3-Oxydation überführen läßt → *21-Acetoxy-17α-hydroxy-16β-methyl-$\Delta^{9,11}$-5α-pregnen-3.20-dion*, F. 190—192°; $[\alpha]_D$ 85°. — Alternativ kann man **III** mit Cl_2 in Essigsäure-Na-Acetat oxydieren → *21-Acetoxy-9α.11β-dichlor-17α-hydroxy-16β-methyl-5α-pregnan-3.20-dion*, F. 182° (Zers.); $[\alpha]_D$ 101,6°, u. im Anschluß daran die Entchlorierung durchführen. — Man kann auch **IIIa** mit H_2SO_4 in Ggw. von Eisessig spalten → **IIIb**-*3-Acetat*, F. 183° (Zers.); $[\alpha]_D$ 46,5°, welches sich wie vorst. enthalogenieren läßt → **IV**-*3-Acetat*, F. 177—179°; $[\alpha]_D$ 34,1°. — Alternativ kann man 3β-Acetoxy-17α-hydroxy-16β-methyl-$\Delta^{9,11}$-5α-pregnen-20-on mit methanol. $KHCO_3$ hydrolysieren → *3β.17α-Dihydroxy-16β-methyl-$\Delta^{9,11}$-5α-pregnen-20-on*, $[\alpha]_D$ 36° u. dieses über das 21-Bromid acetoxylieren → **IV**; daraus durch Chlorierung wie vorst. → **III**. — *Heilmittel* sowie Zwischenprodd. zu deren Herstellung. (**A. P. 3040034** vom 15/7. 1960, ausg. 19/6. 1962. E. Prior. 20/7. 1959.)
U. Sievers. 4809

1503 Ciba Akt.-Ges., Basel (Erfinder: Albert Wettstein, Georg Anner, Basel, Charles Meystre, Arlesheim, Peter Wieland und Ludwig Ehmann, Basel), Schweiz, **6α-Halogen- bzw. 6α.9α-Dihalogenpregnene.** Man spaltet z. B. 3-Äthylendioxy-5α.6α-oxido-16α-methyl-pregnan-17α.21-diol-11.20-dion-21-acetat in Eisessig mit HCl (Gas) → *Δ^4-6α-Chlor-16-methyl-pregnen-17α.21-diol-3.11.20-trion-21-acetat.* — Analog: *Δ^4-6α-*

Fluor-16α-methyl-pregnen-17α.21-diol-3.11.20-trion, F. 225 bis 227°; $[\alpha]_D^{25}$ 140°. — *Δ^4-6β-Fluor-16α-methyl-pregnen-11β.17α.21-triol-3.20-dion-21-acetat,* F. 245—248°; $[\alpha]_D$ 115°. — *Δ^4-6α-Chlor-16α-methylpregnen-11β.17.21-triol-3.20-dion-21-acetat,* F. 228—230°. — Erhaltene Δ^4-Pregnen-Verbb. lassen sich in üblicher Weise, z. B. mit SeO_2, zu den *1-Dehydro-Verbb.* dehydrieren. Es werden beschrieben: *$\Delta^{1.4}$-16α-Methyl-6α-fluor-pregnadien-16β.17α.21-triol-3.20-dion-21-acetat,* F. 240° (Zers.); $[\alpha]_D$ 71—77°; *freier Alkohol,* F. 229—232,5°; $[\alpha]_D$ 69,4°. — *$\Delta^{1.4}$-16α-Methyl-6α.9α-difluor-pregnadien-11β.17α.21-triol-3.20-dion-21-acetat,* F. 277—282°; $[\alpha]_D^{26}$ 71,2°; *freier Alkohol,* F. 277—282°; $[\alpha]_D^{26}$ 71,2°; *Trimethylacetat,* F. 198—200°. — *6α.9α-Difluor-16α-methylprednisolon-trimethylacetat,* F. 229—230° u. 254—255°; $[\alpha]_D^{29}$ 72,7°. — *Heilmittel.* (**D. A. S. 1150385** Kl. 12o vom 29/6. 1959, ausg. 20/6. 1963. Schwz. Prior. 7/7. 1958, 10/2. u. 4/4. 1959.)

U. Sievers. 4809

1504 Ciba Akt.-Ges., Basel (Erfinder: Albert Wettstein, Riehen, Robert Neher, Binningen, und Pierre-Antoine Desaulles, Oberwil), Schweiz, **3.16-Diacylate des Pregnan- bzw. Allopregnan-3β.16α-diol-20-ons** erhält man durch Acylierung eines entsprechenden 3-Monoacylates, worin der Acylrest > 2 C-Atome aufweist, mit Acylierungsmitteln, die ≦ 2 C-Atome enthalten. — Man setzt z. B. Allopregnan-3β.16α-diol-20-on-3-monobenzoat mit Acetanhydrid in Ggw. von Pyridin um: *Allopregnan-3β.16α-diol-20-on-3-benzoat-16-acetat.* — Analog: *Allopregnan-3β.16α-diol-20-on-3-trimethylacetat-16-acetat.* — *Pregnan-3β.16α-diol-20-on-3-benzoat-16-acetat.* — *Heilmittel.* (**D. A. S. 1132921** Kl. 12o vom 28/6. 1958, ausg. 12/7. 1962. Schwz. Prior. 8/7. u. 20/12. 1957 u. 4/6. 1958.)

U. Sievers. 4809

1505 Ciba Akt.-Ges. (Erfinder: Albert Wettstein, Karl Heusler und Peter Wieland), Basel, Schweiz, **17α.21-Dihydroxy-20-ketone der Pregnanreihe bzw. deren 21-Acylate** erhält man z. B. durch Red. von $\Delta^{5.17,20}$-3-Äthylendioxy-20-acetoxy-21-oxopregnadien mit $LiAlH_4$ in Tetrahydrofuran anschließende Rk. mit OsO_4 in Ggw. von Cyclohexanon → *Δ^5-3-Äthylendioxy-17α.21-dihydroxypregnen-20-on,* welches durch Rk. mit Acetanhydrid in Ggw. von Pyridin übergeführt wird → *Δ^4-3.20-Dioxo-17α-hydroxy-21-acetoxy-pregnen* (nach saurer Ketalspaltung). — Analog: *d.l-Δ^5-3-Äthylendioxy-11β.18-oxido-18-tetrahydropyranyloxy-17α-hydroxy-20-oxo-21-acetoxypregnen,* F. 259—264 u. 232—236°; daraus durch saure Ketalspaltung u. chromatograph. Aufarbeitung → *d.l-17α-Hydroxy-aldosteron-21-monoacetat,* F. 202—203°. — *Heilmittel* sowie Zwischenprodd. zu deren Herstellung. (**D. A. S. 1151798** Kl. 12o vom 25/8. 1960, ausg. 25/7. 1963. Schwz. Prior. 4/9. 1959.) U. Sievers. 4809

1506 British Drug Houses Ltd., übert. von: Vladimir Petrow, London, und George Oliver Weston, Huddersfield, England, **17α-Acetoxy-6α-methyl-16-methylen-Δ^4pregnen-3.20-dion**(I), erhält man durch Epoxydation von 3β-Acetoxy-16α.17α-epoxy-16β-methyl-Δ^5-pregnen-20-on mit Monoperphthalsäure in Chlf. → *3β-Acetoxy-5α.6α;16α.17α-bisepoxy-16β-methyl-5α-pregnan-20-on* (**II**), F. 188—189°; $[\alpha]_D^{26}$ —26,5°; *freier Alkohol* (hergestellt durch analoge Epoxydation der freien 3 Hydroxyverb.), F. 226—227°; $[\alpha]_D^{28}$ —28,5°. — **II** läßt sich mit $NaBH_4$ in sd. Methanol red. → *5α.6α;16α.17α-Bis-epoxy-16β-methylpregnan-3β.20β-diol,* F. 255—256°; $[\alpha]_D^{28}$ —61,5°; *Diacetat,* F. 190—192°; $[\alpha]_D^{28}$ —43°, welches sich durch übliche Spaltung mit CH_3MgBr überführen läßt → *16α.17α-Epoxy-6β.16β-dimethyl-pregnan-3β.5α.20β-triol,* F. 185—188°; $[\alpha]_D^{28}$ —15,7°; durch CrO_3-Oxydation erhält man hieraus → *16α.17α-Epoxy-6β.16β-dimethylpregnan5α-ol-3.20-dion,* F. 242—244°; $[\alpha]_D^{24}$ 42,2° daraus durch gleichzeitige Epimerisierung des 6-ständigen Substituenten u. Dehydratisierung mit methanol. NaOH → *16α.17α-Epoxy-6α.17β-dimethyl-Δ^4-pregnen-3.20-dion-* welches sich durch Rk. mit Acetanhydrid in Ggw. von p-Toluolsulfonsäure überführen läßt → *3.17α-Diacetoxy-6-methyl-16-methylen-$\Delta^{3.5}$-pregnadien-20-on,* F. 148—149°; $[\alpha]_D^{25}$ —237,4°; daraus durch partielle Hydrolyse mit methanol. KOH → **I**. — *Heilmittel.* (**A. P. 3040035** vom 28/6. 1961, ausg. 19/6. 1962. E. Prior. 28/6. 1960.)

U. Sievers. 4809

1507 Roger Bellon, Neuilly-sur-Seine (Erfinder: Jean Le Men, Limell-Brevannes), Frankreich, **N-Methylparavallarin,** F. 140°, erhält man durch Oxydation von (20 S)-3β-N-dimethylamino-18.20-dihydroxy-Δ^5-pregnen mit K-tert.-Butylat in Bzl. u. in Ggw. von Fluorenon u. chromatograph. Aufarbeitung an Tonerde. — (**D. A. S. 1151797** Kl. 12o vom 30/3. 1961, ausg. 25/7. 1963. **E. P. 917447** vom 27/3. 1961, ausg. 6/2. 1963. Beide F. Prior. 4/4. 1960.) U. Sievers. 4809

1508 Shionogi & Co. Ltd., übert. von: Kikuo Igarashi, Osaka, Japan, **[3-Oxo-20-hydroxy-$\Delta^{1.4.17,20}$pregnatrien 16-yliden]-essigsäure-Lacton.** Man setzt z. B. 5.6-Dihydrokryptogenin-3.26-diacetat mit Zn u. Bromessigester um → *3β-Hydroxy-5α.22β-spirostan-16α-essigsäure,* F. 254 bis 255° (Zers.); $[\alpha]_D^{32}$ —52,6°; *Methylester,* F. 194—195°; $[\alpha]_D^{29}$ —44,9°, dessen *3-Acetat* (**I**), bei 167—168° schmilzt; $[\alpha]_D^{29}$ —63,2°. — **I** läßt sich durch Rk. mit Acetanhydrid in Ggw. von Pyridinhydrochlorid überführen → *3β.26-Diacetoxy-5α-$\Delta^{20,22}$-furosten-16α-essigsäuremethylester* (**II**), daraus durch Hydrolyse mit methanol. KHO → *3β.26-Dihydroxy-5α-$\Delta^{20,22}$-furosten-16α-essigsäure,* F. 201—202° (Zers.). — **II** läßt sich in üblicher Weise mit CrO_3 in Eisessig abbauen → *(3β.20-Dihydroxy-5α-$\Delta^{17,20}$-pregnen-16-yliden)-essigsäure-lacton* (**III**), F. 198—199° (nach Verseifung der Acetoxygruppen); *3-Acetat,* F. 215—217°. — **III** läßt sich durch Rk. mit wss.-methanol. KOH überführen → *3β-Hydroxy-20-oxo-5α-$\Delta^{16\,17}$-pregnen-16-essigsäure,* F. 173—174°. — **III** läßt sich nach Oppenauer oxydieren → *[3-Oxo-20-hydroxy-5α-$\Delta^{17,20}$-pregnen-16-yliden]-essigsäure-lacton,* F. 242—245°; $[\alpha]_D^{22}$ —0,9°; daraus durch Dehydrierung mit SeO_2 → *[3-Oxo-20-hydroxy-$\Delta^{1.4.17,20}$-pregnatrien-16-yliden]-essigsäure-lacton,* F. 265—267,5°; $[\alpha]_D^{22}$ —16,2°, neben *Diseleno-2.2'-bis-[(3-oxo-20-hydroxy-$\Delta^{1.4.17,20}$-pregnatrien-16-yliden)-essigsäure-lacton],* F. 306° (Zers.); $[\alpha]_D^{22}$ —323°. — *Heilmittel* sowie Zwischenprodd. zu deren Herstellung. (**A. P. 3043834** vom 11/12. 1961, ausg. 10/7. 1962. Jap. Prior. 31/12. 1958.) U. Sievers. 4809

1509 Francesco Vismara Soc. An., Casatenovo (Erfinder: Alberto Ercoli, Mailand, und Rinaldo Gardi, Carate Brianza), Italien, **Enoläther von 3-Keto-5α-androstanderivaten** erhält man durch Umätherung eines entsprechenden Äthylenoläthers mit einem Alkohol u. ggf. nachfolgende Red. vorhandener 17-Ketogruppen sowie Veresterung der erhaltenen 17-Hydroxyverbb. oder Alkylierung der 17-Ketone in üblicher Weise. — Man setzt z. B. den Äthylenoläther des 5α-Androstan-3.17-dions, F. 110—113°; $[\alpha]_D$ 113°, mit Cyclopentanol in Bzl. u. in Ggw. von p-Toluolsulfonsäure um → *3-Cyclopentyl-enoläther des Androstandions,* F. 139—141°; $[\alpha]_D$ 122°; daraus durch Red. mit $NaBH_4$ in wss. A. → *3-Cyclopentyl-enoläther des Androstan-17β-ol-3-ons,* F. 120—123°; $[\alpha]_D$ 63°; *Propionat,* F. 109—113°; $[\alpha]_D$ 27,5°. — Analog: *3-n-Octylenoläther des Androstanolonpropionats,* F. 35 bis 40°; $[\alpha]_D$ 16,5°; *Acetat,* F. 67—68°; $[\alpha]_D$ 35°. — *n-Octyl-enoläther des Androstandions,* F. 67—68°; $[\alpha]_D$ 99,5°. — *Cyclopentylpropyl-enol-äther des Androstandions,* F. 101 bis 103°; $[\alpha]_D$ 101°. — Analog die folgenden *R-enoläther des 5α-Androstan-17β-ol-3-ons* (R, F u. $[\alpha]_D$ gegeben): *Cyclohexyl,* 139—141°; 49°; *n-Amyl,* 70—73°; 50°; *n-Octyl,* 58—60°; 40°; *Isooctyl,* 94—95°; 19°; *n-Nonyl,* 56—58°; 40°; *n-Decyl,* 48—50°; 42°; *n-Undecyl,* 62—63°; 30°; *n-Dodecyl,* 68—69°; 40,5°; *Mirystyl,* 73—74°; 25°; *Cetyl,* 72—74°; 30,5°; *Stearyl,* 69—70°; 25°; *Cyclopentyl-propyl,* 74—76°; 37,5°; *Benzyl,* 129—131°; 17,5°; *n-Heptyl,* 79—80°; 21,5° (als Propionat); *n-Dodecyl,* 68—69°; 31° (als Propionat); *Isooctyl,* 66—67°; 5° (als Acetat); *-n-Amylenoläther des 2α-Methyltestosterons,* F. 108—110°; $[\alpha]_D$ —97,5°, welcher sich katalyt. hydrieren läßt → *3-n-Amylenoläther des 2α-Methyl-5α-androstan-17β-ol-3-ons* (**I**), F. 65—67,5°; $[\alpha]_D$ 28°. *-n-Heptyl-* bzw. *n-Octyl-enoläther des 2α-Methyl-5α-androstan-17β-ol-3-ons* (**II** bzw. **III**), F. 65—67° bzw. 44—48°; $[\alpha]_D$ 25° bzw. 19,5°. — **I**-*17-Acetat,* F. 112—113°; $[\alpha]_D$ 15°. — **II**-*17-Acetat,* F. 105—107°; $[\alpha]_D$ 15°. — **III**-*17-Acetat,* F. 100—103°; $[\alpha]_D$ 16°. — *n-Dodecylenoläther des 2α-Methyl-5α-androstan-17β-ol-3-ons,* F. 54—56°. — *n-Amylenoläther des 17α-Methyl-5α-androstan-17β-ol-3-ons,* F. 112—114°; $[\alpha]_D$ 26°. — *n-Hexylenoläther des 17α-Methyl-5α-androstan-17β-ol-*

3-ons, F. 82—84°; $[\alpha]_D$ 25°. — *3-Cyclopentylenoläther des 17α-Methyl-5α-androstan-17β-ol-3-ons*, F. 146—148°; $[\alpha]_D$ 16°. — *3-Cyclopentylenoläther des 19-Norandrostan-17β-ol-3-on-17-acetats*, F. 121—124°; $[\alpha]_D$ 55°. — *n-Heptyl-, n-Octyl- u. n-Dodecylenoläther des 19-Norandrostan-17-ol-3 on-17-acetats*, F. — (Öl), — (Öl) u. 39—41°; $[\alpha]_D$ 40,9°; 39,6° u. 30,3°. — *Heilmittel*. (**D. A. S. 1149715** Kl. 12o vom 4/8. 1961, ausg. 6/6. 1963. It. Prior. 12/10. 1960.) U. Sievers. 4809

1510 Laboratoires Français de Chimiothérapie, Paris (Erfinder: Georges Muller, Nogent-sur-Marne, Roland Bardoneschi, Tremblay-les-Gonesses, und Jean Jolly, Fontenay-sous-Bois), Frankreich, **9α-Fluor-11β-hydroxy- oder 6β-Fluor-5α-hydroxysteroide der Pregnan- oder Androstanreihe** erhält man durch Spaltung der entsprechenden 9.11- oder 5.6-Epoxide mit HF in Dimethylformamid bei —10 bis +10°, nach Patent 1122943, jedoch durch Eintragen der HF in das Dimethylformamid bei 40—60°, Abkühlung des Gemisches u. weitere Rk. nach vorst. Patent. — Die Herst. von *21-Acetoxy-9α-fluor-11β.17α-dihydroxy-16α-methyl-$\Delta^{1.4}$-pregnadien-3.20-dion* nach diesem 2stufigen Verf., das die Herst. eines stabilen Fluorierungsreagenzes ermöglicht, wird beschrieben. (**D. A. S. 1139118** Kl. 12o vom 25/10. 1960, ausg. 8/11. 1962. F. Prior. 13/11. 1959. **Zusatz zu D. A. S. 1122943; C. 1963, 1783. F. P. 77254** vom 13/11. 1959, ausg. 27/6. 1962. **Zusatz zu F. P. 1224139; C. 1962, 16417.**) U. Sievers. 4809

1511 British Drug Houses Ltd. (Erfinder: David Neville Kirk und Vladimir Petrow), London, England, **6-Fluor-3-oxo-$\Delta^{1.4}$-steroide der Androstan- oder Pregnanreihe** erhält man nach dem Verf. der D. A. S. 1100622 durch Rk. eines entsprechenden 6-Fluor-3-oxo-Δ^4-steroids mit 2.3-Dicyan-1.4-benzochinon, welches zusätzlich mit einem oder zwei Cl-Atomen substituiert sein kann in Ggw. eines inerten Lösungsmittels. — Man setzt z. B. 21-Acetoxy-6α-fluor-11β.17α-dihydroxy-Δ^4-pregnen-3.20-dion in abs. Dioxan mit 2.3-Dichlor-5.6-dicyan-1.4-benzochinon um → *21-Acetoxy-6α-fluor-11β.17α-dihydroxy-$\Delta^{1.4}$-pregnadien-3.20-dion*, F. 234—239°; $[\alpha]_D^{21}$ 112°. — Analog: *21-Acetoxy-6α-fluor-17α-hydroxy-$\Delta^{1.4}$-pregnadien-3.11.20-trion*, F. 229—232°; $[\alpha]_D^{24}$ 145°. — *6α-Fluor-11β.17α.21-trihydroxy-$\Delta^{1.4}$-pregnadien-3.20-dion*, F. 209—211°; $[\alpha]_D^{24}$ 97°. — *6α-Fluor-17α.21-dihydroxy-$\Delta^{1.4}$-pregnadien-3.11.20-trion*. — *6α.9α-Difluor-11β.17α.21-trihydroxy-$\Delta^{1.4}$-pregnadien-3.20-dion*, F. 247 bis 256°; $[\alpha]_D^{24}$ 91°. — *6α.9α-Difluor-11β.17α-dihydroxy-$\Delta^{1.4}$-pregnadien-3.20-dion*, F. 290—301°; $[\alpha]_D$ 63°. — *6α-Fluor-$\Delta^{1.4}$-pregnadien-3.20-dion*, F. 166—168°. — *Heilmittel*. (**D. A. S. 1150071** Kl. 12o vom 20/12. 1960, ausg. 12/6. 1963. E. Prior. 29/12., 30/12. 1959 u. 14/12. 1960. **Zusatz zu D. A. S. 1100622; C. 1962, 5399.**) U. Sievers. 4809

1512 Francesco Vismara S. p. A., Casatenovo (Erfinder: Alberto Ercoli, Mailand), Italien, **Enoläther von Δ^4-3-Ketosteroiden der Androstanreihe** erhält man durch übliche Grignardierung eines entsprechenden Enoläthers des Δ^4-Androsten-3.17-dions. — Man setzt z. B. den n-Amylenoläther des Androstendions mit CH_3MgBr um → *n-Amylenoläther des 17α-Methyltestosterons*, F. 96 bis 98°; $[\alpha]_D$ —134,5°. — Analog die folgenden Enoläther des 17α-Methyltestosterons: *3-n-Hexylenoläther*, F. 79 bis 81°; *3-Butylenoläther*, F. 102—104°; *3-(4-Methyl)-pentylenoläther*, F. 102—103°; *3-Cyclohexylenoläther*, F. 142—144°; *3-(4-Chlor)-butylenoläther*, F. 89—93°; *3-n-Heptylenoläther*, F. 62—64°; *Cyclopentylenoläther*, F. 148 bis 152°; $[\alpha]_D$ —150°. — *Heilmittel*. (**D. A. S. 1151502** Kl. 12o vom 22/7. 1960, ausg. 18/7. 1963. E. Prior. 15/10. 1959. **Zusatz zu D. A. S. 1119264; C. 1963, 9045.**) U. Sievers. 4809

1513 Schering Akt.-Ges. (Erfinder: Otto Engelfried), Berlin, **4ξ-Methyl-testan-17β-ol-3-on-acetat (I)**, F. 134—135°, erhält man durch Rk. von Testan-17β-ol-3-tetrahydropyranyläther mit CH_3J in fl. NH_3 u. in Ggw. von Na, Ferrisalz u. Tetrahydrofuran u. anschließende Ätherspaltung mit Oxalsäure. — **I** läßt sich zur Identifizierung durch übliche Bromierung u. Dehydrobromierung überführen → *4ξ-Methyl-Δ^1-testan-17β-ol-onacetat*, F. 153—154,5°. — *Zwischenprodd.* zur Herst. von Heilmitteln. (**D. A. S. 1150073** Kl. 12o vom 27/1. 1961, ausg. 12/6. 1963. **Zusatz zu D. A. S. 1117112; C. 1962, 14250.**) U. Sievers. 4809

1514 Sankyo Co. Ltd., Tokio, übert. von: Kyosuke Tsuda, Urawa City, Eiji Oki, Tokio, Shogeo Nozoe, Kamakura City, und Yutaka Okada, Tokio, Japan, **19-Norsteroide mit aromatischem Ring A** erhält man durch Rk. eines entsprechenden 3-Keto-$\Delta^{1.4}$-diens mit Zn in Ggw. einer aromat. Base, bes. von Pyridin (**I**), Picolinen, Lutidinen, Collidinen, Chinolin, Isochinolin, Anilin oder Dimethylanilin, u. in Ggw. einer geringen Menge Wasser. — Man setzt z. B. 17β-Acetoxy-$\Delta^{1.5.6}$-androstatrien-3-on in Ggw. von **I** u. Zn-Staub unter Rückfluß 3 Std. um → *Δ^6-Östradiol-17-acetat*, F. 250—251°. — Analog: *19-Nor-$\Delta^{1.3.5,10.6.16}$-pregnapentaen-3-ol-20-on*, F. 241—242°. — *Δ^6-Östron*, F. 261—263°. — *$\Delta^{9,11}$-Östron*, F. 255—257°. — *19-Nor-$\Delta^{1.3.5,10.9,11}$-pregnatetraen-20-on-3.17α.21-triol-21-acetat*, F. 210—212°. — *3.11β-Dihydroxy-$\Delta^{1.3.5,10.8}$-östratetraen-17-on*, F. 186—187°. Alternativ kann die Aromatisierung der 3-Keto-$\Delta^{1.4}$-diene auch mit Zn in Ggw. eines Alkohols, bes. eines aliphat. Alkohols mit 2—6 C-Atomen, eines zweibas. Alkohols oder in Ggw. von Benzylalkohol durchgeführt werden. — *Zwischenprodd. zur Herst. von Heilmitteln*. (**A. PP. 3040037** vom 12/9. 1961, ausg. 19/6. 1962. Jap. Prior. 29/3. 1961 u. **3040036** vom 12/9. 1961, ausg. 19/6. 1962. Jap. Prior. 19/9. 1960.) U. Sievers. 4809

1515 Lepetit S. p. A., Mailand, Italien (Erfinder: Vitangelo D'Amato), **Chloramphenicolester.** Das *N-Methyl-N-(2-methoxyäthyl)-aminoacetat des Chloramphenicols* wird hergestellt durch Rk. von 1 Mol Chloramphenicol mit 1,5 Mol Halogenacetylhalogenid in Ggw. von Pyridin u. Kondens. des Rk.-Prod. mit der 2molaren Menge N-Methyl-N-(2-methoxyäthyl)amin. Wasserlösl., wenig tox., injizierbares *Chloramphenicol-Präparat*. (**E. P. 890313** vom 2/2. 1960, ausg. 28/2. 1962.) R. Bauereis. 4811

1516 Abbott Laboratories, North Chicago (Erfinder: Anthony F. DeRose, West Chicago), Ill., V. St. A., **Dipenicillinsalze** (**I**) eines N.N'-Bis-(dehydroabietyl)-alkylendiamins werden gemäß D. B. P. 974085, hergestellt, wobei mindestens 4 Liter n-Butanol je kg des Gemisches von **I** der N.N'-Bis-(dehydroabietyl)-, -(dihydroabietyl)- u. -(tetrahydroabietyl)-alkylendiamine eingesetzt werden u. das gewünschte **I** durch Kristallisation gewonnen wird. — *Antibioticum*. (**D. A. S. 1149009** Kl. 12p vom 1/2. 1956, ausg. 22/5. 1963. A. Prior. 2/2. 1955. **Zusatz zu D. B. P. 974085; C. 1961, 12936.**) F. Hirsch. 4811

1517 Beecham Research Laboratories Ltd., Brentford, Middlesex, England (Erfinder: David A. Johnson und Glenn A. Hardcastle jun., Syracuse, N. Y., V. St. A.), **6-Aminopenicillansäure (I)** wird aus wss. Lsgg. in angereicherter oder isolierter Form erhalten, indem man die Lsg. bei pH 1—3 mit einem kleineren Vol. eines mit W. nicht mischbaren organ. Lsgm. (bes. Alkanole mit 4—6 C-Atomen, Alkylcarbonsäurealkylester oder Dialkylketone mit 4—8 C-Atomen oder Dialkyläther mit 3—6 C-Atomen je Alkylgruppe, z. B. n-C_4H_9OH oder CH_3-CO-i-C_4H_9) extrahiert, in dem 0,5—10% (bezogen auf das Gew. der wss. Lsg.) eines oder mehrerer Verbb. der allg. Formel $(RSO_3)_xM$ [R = KW-Stoffrest mit Molgew. ca. 340—510; M = H, Alkali- oder Erdalkaliatom; x = Wertigkeit von M], bes. ein Petroleumsulfonat der allg. Formel $(C_nH_{2n-10}SO_3)_x$ M [n = 25—32], gelöst sind, hierauf die organ. Phase abtrennt u. mit einem geringeren Vol. W. bei pH ca. 5—8 extrahiert. Ggf. wird der wss. Extrakt entweder eingeengt u. **I** durch Säure ausgefällt oder das vorst. Verf. wiederholt u. aus der organ. Schicht entweder durch Einstellen auf pH 3,5 bis 5,5 oder aus einem wss. Extrakt derselben durch Ansäuern **I** ausgefällt. — Zwischenprod. für *Antibiotica*. (**D. A. S. 1146059** Kl. 12p vom 3/8. 1960, ausg. 28/3. 1963. **E. P. 882276** vom 20/7. 1960, ausg. 15/11. 1961. Beide A. Prior. 3/8. 1959. **A. P. 3008955** vom 3/8. 1959, ausg. 14/11. 1961.) F. Hirsch. 4811

1518 Upjohn Co. (Erfinder: Gordon Herbert French), Kalamazoo, Mich., V. St. A., **Abtrennen des Novobiocins** (**I**) von den durch Säure (**II**) ausfällbaren Begleitstoffen, dad. gek., daß man die alkal. **I**-Lsg. in einer wss., ca. 5 bis ca. 45%ig. Aceton(III)-Lsg. auf einen pH-Wert zwischen 4 u. 6,5 ansäuert. Zum Ansäuern setzt man mindestens $^1/_3$ der **II** als Citronensäure u. den Rest als H_2SO_4 zu. Vorteilhaft gibt man die wss. alkal. **I**-Lsg. bei ca. 20—25° zu einer Mischung von Citronensäure u. wasserfreiem **III**, bis der pH-Wert 6 erreicht ist. Dann gibt man bis zur Beendigung der Auskristallisation H_2SO_4 in solcher Menge zu, daß der pH-Wert zwischen 4 u. 6,5 gehalten wird. — Beispiel. (**D. A. S. 1151349** Kl. 30h vom 22/2. 1961, ausg. 11/7. 1963. A. Prior. 18/3. 1960.) H. Schindler. 4811

1519 Wellcome Foundation Ltd., London, England (Erfinder: Frederick Charles Copp und Douglas Stephenson), **Arzneimittel** zur Behandlung von hohem Blutdruck, enthaltend als Wirkstoff ein N-Benzyl-N-2-hydroxyäthyl-N.N-dimethylammonium- oder ein N-Benzyl-N-äthyl-N-2-hydroxyäthyl-N-methylammonium- oder ein N-Benzyl-N.N-di-(2-hydroxyäthyl)-N-methylammonium-Salz mit einem nicht tox. Anion, in Form von Tabletten (Mg-Stearat als Gleitmittel, Zuckerüberzug), Suppositorien, Gelatinekapseln. (**E. P. 912949** vom 18/4. 1958, ausg. 12/12. 1962.) K. Koebke. 4815

1520 Merck & Co., Inc., Rahway, N. J., V. St. A., **Herstellung eines nahezu phenylalanin-, asparaginsäure- und glutaminsäurefreien Diäteticums,** dad. gek., daß man ein saures Proteinhydrolysat mit einem OH-Ionenaustauschharz neutralisiert u. dabei gleichzeitig Asparagin- u. Glutaminsäure adsorbiert, aus dem Abfluß der Harzsäule mit Holzkohle das Phenylalanin adsorbiert, in der erhaltenen Fl. restliche Glutaminsäure zu Pyrrolidondicarbonsäure umsetzt, das fl. Prod. konz. u. ggf. mit geeigneten anderen Aminosäuren, Nährsalzen usw. mischt. Man leitet z. B. 9750 (ml) einer Lsg. von 170 g mit H_2SO_4 hydrolysierten Caseins durch eine „Ionace A 300"-Harzsäule (pH 9,7—10,5), dann durch eine mit CH_3COOH u. W. auf p_H 4,9—5 eingestellte „Norit S-15"-Holzkohlesäule, konz. den Ablauf (pH 6,2—7,2) von 12000 auf ca. 600, stellt mit HCl pH ca. 3 ein, erhitzt die Fl. im Autoklav 4 Std. auf 120° (oder 20 Std. unter Rückfluß), neutralisiert sie in einer „Amberlite IR-4B"-Harzsäule mit OH-Gruppen, konz. sie bis zu einem Feststoff-Geh. von 15%, stellt mit Milchsäure pH 5,5 ein, entfärbt u. klärt 16 Std. bei 0—5° mit „Darco G-60"-Holzhohle, wodurch auch Tyrosin gefällt wird, filtriert u. gefriertrocknet das fl. Prod., das $< 0,2$(%), Phenylalanin, < 3 Asparaginsäure u. < 2 freie Glutaminsäure enthält. 55—60% Ausbeute. — Mengenbeispiele, Tabelle für die Zus. von zwei Prodd. vor bzw. nach dem Zusatz von wertvollen anderen Aminosäuren u. Nährsalzen. — *Mittel* (oral) *gegen Stoffwechselmängel.* (**E. P. 877727** vom 13/1. 1958, ausg. 20/9. 1961. A. Prior. 25/1. 1957.) G. Vogel. 4815

1521 Chemiewerk Homburg, Zweigniederlassung der Deutschen Gold- und Silber-Scheideanstalt vormals Roessler, Frankfurt/M. (Erfinder: Erwin Kohlstaedt, Bad Homburg v. d. Höhe, Wilhelm Schmidt, Buchschlag, und Herbert Schneider, Frankfurt/M.), **Herstellung haltbarer, konzentrierter wäßriger Lösungen von oxyalkylierten Theophyllin- oder Theobrominverbindungen,** dad. gek., daß man als Lösungsvermittler andere oxyalkylierte Theophyllin- oder oxyalkylierte Theobrominverbb. verwendet. — 15 (g) 7-(β,γ-Dioxypropyl)-theophyllin werden mit 10 7-[β-Hydroxyäthyl]-theophyllin zu 100 W. zu einer stabilen Lsg. gelöst. 12 (g) 1-[β-Hydroxyäthyl]-theobromin u. 12 7-[β-Hydroxyäthyl]-theophyllin zu 100 Wasser. — *Heilmittel.* (**D. A. S. 1151096** Kl. 30h vom 16/5. 1956, ausg. 4/7. 1963.) W. Heyer. 4815

1522 Dr. Madaus & Co., Köln (Erfinder: Hans Erbing, Bensberg, Peter Patt, Wilhelm Winkler, Köln, und Alfred Kuhn, Refrath), **Herstellung hochdisperser Zubereitungen von Herzglykosiden,** die prakt. von natürlichen, die Herzwirksamkeit beeinflussenden Begleitstoffen frei sind, dad. gek., daß man die Glykoside gemeinsam mit Harnstoff in einem inerten Lsgm. löst u. das Lsgm. mit einer solchen Geschw. z. B. unter Rühren, Schütteln, Ultrabeschallung oder durch Sprühtrocknung vom Lsgm. befreit, daß keine Kristallisation eintreten kann. — *Arzneimittel.* (**D. A. S. 1151348** Kl. 30h vom 14/1. 1959, ausg. 11/7. 1963.) W. Heyer. 4815

1523 Elisabeth Ullsperger geb. Dotzauer und Henrike Ullsperger (Erfinder: Rudolf Ullsperger), München, **Gewinnung von Triterpensäure (I)** nach D.A.S. 1101697 dad. gek., daß andere Drogen, als Crataegus (**II**), die ebenso wie **II I** enthalten, oder Extrakte dieser Drogen, die neben den **I** wasserlösl. Stoffe enthalten, als Ausgangsmaterial verwendet werden. (**D. A. S. 1152221** Kl. 30h vom 20/7. 1954, ausg. 1/8. 1963. **Zusatz zu D. A. S. 1101697; C. 1961, 13648.**) K. Koebke. 4815

1524 Unilever N. V., Rotterdam, Niederlande (Erfinder: Donald Jan Hay, Bedford, Cornelius John Schram, Pavenham, und Brian James Wagg, Sharnbrook, England), **Herstellung eines Zahnreinigungsmittels** zur Verw. ohne Zahnbürste. Ein Gemisch aus bis ca. 98% sechswertigem Alkohol, z. B. Mannit, u. $\geqq 2$% festen Säuren, bes. Äpfelsäure, wird mit Ca- u. Phosphationen enthaltenden Verbb., bei $Ca_3(PO_4)_2$, u. ggf. Füllstoffen unter solchem Druck, z. B. 3500 kg/cm², verpreßt, daß eine im Munde nicht zerfallende u. nur langsam zergehende Tablette erhalten wird. (**D. A. S. 1149498** Kl. 30h vom 28/10. 1959, ausg. 30/5. 1963. E. Prior. 31/10. 1958.) C. Lüttgen. 4823

1525 Reckitt & Sons Ltd. (Erfinder: Sydney Norman Herbert Stothart und Geoffrey Charles Beecroft), **Herstellung von Antiseptica und Desinfektionsmitteln.** Man setzt zu der alkohol. Lsg. einex bactericiden Phenolderiv. eine Lsg., die durch Behandlung von Äthylendiamin-, Diaminocyclohexan-, N-Hydroxyäthyläthylendiamin- oder 1.2-Propylendiamintetraessigsäure mit W. u. Mono- oder Triäthanolamin erhalten wird, sowie eine Lsg., die durch Neutralisieren einer freien Fettsäure mit stöchiometr. Mengen von Mono- oder Triäthanolamin hergestellt wird, u. fügt W. unter Rühren bis zum Erhalt einer klaren Lsg. zu. — Beispiel 2-Benzyl-4-chlorphenol 1% W/V, 1.2-Propylendiamintetraessigsäure 8% W/V, Triäthanolamin 15,6% W/V, Na-Laurylsulfat 3% W/V, Industriesprit 29 V/V, mit W. auf 100% aufgefüllt. (**Aust. P. 235427** vom 24/3. 1959, ausg. 12/10. 1961. E. Prior. 16/4. 1958.) K. Demmler. 4833

1526 Schering Corp., übert. von: Richard H. Barry, Bloomfield, N. J., V. St. A., **Herstellung von quaternären Salzen von bis-N.N-[4-Benzhydryliden-1-alkylpiperidin]-alkanen,** dad. gek., daß man z. B. 13,2 (g) N-Methyl-4-benzhydrylidenpiperidin mit 5,8 1.5-Dibrompentan ca. 1—2 Std. auf 100—150° erhitzt → *1.5-Bis-[N.N-(4-Benzhydryliden-1-methylpiperidin)]*-**I**-*pentan-dibromid,* F. 122—124°; analog: *1.6-Bis*-**I**-*hexandibromid,* F. 283—284,8°; *1.8-Bis*-**I**-*octandibromid,* F. 242—244°; *1.9-Bis*-**I**-*nonan-dibromid,* F. 235,4—236,2°; *1.10-Bis*-**I**-*decan-dibromid,* F. 227—229,8°; *1.12-Bis*-**I**-*dodecan-dibromid; 1.5-Bis*-**I**-*3-methylpentan-dibromid,* F. 86—92°. — Gegen Pilze u. Bakterien wirksame Pharmazeutica. (**A. P. 3036080** vom 5/7. 1960, ausg. 22/5. 1962.) W. Heyer. 4833

1527 West Laboratories, Inc., Long Island City, N. Y., übert. von: Abraham Cantor, Elkins Park, Pa., und Murray W. Winicov, Flushing, N. Y., V. St. A., **Herstellung eines jodhaltigen Germicids** durch Mischen von Poly-(N-vinyl-2-pyrrolidon) (**I**) mit J_2 u. KJ oder NaJ, jedes in feinpulvriger Form. Das Verhältnis von **I** : J_2 soll mindestens 3 u. das von J^-: J_2 ca. 0,5 betragen. Das erhaltene freifließende Pulver kann zur Herst. von wss. Jodlsgg. bestimmter Konzz. verwendet werden, wobei 90—95% des ursprünglichen J_2-Geh. verfügbar werden. — Mengenbeispiele, Tabellen. (**A. P. 3028300** vom 13/9. 1960, ausg. 3/4. 1962.) H. Schindler. 4833

1528 **J. R. Geigy Akt.-Ges.,** Basel, Schweiz, *Herstellung von Benzophenonsulfonamiden.* (**Oe. P. 215983** vom 3/11. 1958, ausg. 10/7. 1961. Schwz. Prior. 4/11. 1957. — **C. 1962,** 5019 [F. P. 1216991].)

1529 **J. R. Geigy Akt.-Ges.,** Basel (Erfinder: **Walter Schindler,** Riehen, **Franz Häfliger,** Basel, und **Daniel Prins,** Riehen), Schweiz, *Herstellung von 5-[α-Dimethylaminomethyläthyl]-iminodibenzyl.* (**Schwz. PP. 367828** vom 24/6. 1958, ausg. 30/4. 1963, **368493** u. **368494** vom 24/6. 1958, ausg. 31/5. 1963. — **C. 1963,** 15147 [D. A. S. 1113935].)

1530 **Lepetit S. p. A.**, Mailand, Italien (Erfinder: **Emilio Testa**, San Simone, Schweiz, **Luigi Fontanella** und **Giulio Maffii**, Mailand, Italien), *Herstellung von Azetidinen.* (**Oe. P. 220152** vom 22/12. 1959, ausg. 12/3. 1962. E. Prior. 23/12. 1958 u. 14/12. 1959. — **C. 1963**, 13284 [D. A. S. 1135469].)

1531 **Haco Akt.-Ges.**, Gümligen, Bern (Erfinder: **Max Matter**, Worb, und **Hanni Gerber**, Bern), Schweiz, *Herstellung von 3,5-Dioxo-isoxazolidinen.* (**Schwz. P. 368175** vom 3/7. 1958, ausg. 15/5. 1963. — **C. 1963**, 14048 [D. A. S. 1142611].)

1532 **Sandoz Soc. An.**, Schweiz, *Herstellung von Piperidylestern.* (**F. P. 74302** vom 20/10. 1958, ausg. 8/3. 1961. Schwz. Prior. 23/10. 1957 u. 6/5. 1958. Zusatz zu F. P. 1186990; C. 1961, 14393. — **C. 1962**, 17493 [Oe. P. 208357].)

1533 **Fondazione Emanuele Paterno, Daniel Bovet** und **Giovanni Battista Marini Bettolo**, Italien, *2-Methyl-1.4-benzodioxanderivate.* (**F. P. 1249203** vom 11/2. 1954, ausg. 15/3. 1961. — **C. 1957**, 8010 [E. P. 755436].)

1534 **Dr. Karl Thomae G. m. b. H.**, Biberach a. d. R., *Herstellung von Bis-[p-hydroxyphenyl]-3-oxodihydrobenz-1.4-oxazinen.* (**Oe. P. 218529** vom 21/12. 1959, ausg. 11/12. 1961. D. Prior. 12/1. 1959. — **C. 1963**, 15151 [D. A. S. 1097993].)

1535 **Upjohn Co.**, Kalamazoo, Mich., V. St. A., *Herstellung von Steroiden.* (**E. P. 898585** vom 1/11. 1960, ausg. 14/6. 1962. A. Prior. 14/12. 1959. — C. 1963, 5569 [A. P. 2992244].)

1536 **Olin Mathieson Chemical Corp.**, New York, N. Y. (Erfinder: **Richard W. Thoma**, Sommerville, und **Frank L. Weisenborn**, Middlebush, N. J.), V. St. A., *Herstellung von 11α-Hydroxy-A-norprogesteron.* (**D. A. S. 1143812** Kl. 12o vom 26/7. 1960, ausg. 21/2. 1963. A. Prior. 28/7. 1959. — C. 1964, 1—1621 [A. P. 3005028].)

G. Analyse, Laboratorium

1537 **Verbesserte Tiegelzangen.** H. M. Putsché. (Chemist-Analyst **52,** 120, 1963; Baltimore, Md., Glidden Co.; engl.) — Für dicht nebeneinander im Muffelofen stehende Tiegel wird eine Tiegelzange mit halbkreisförmig gebogenen Spitzen beschrieben. D. Heinrich. 5010◇

1538 **Vorrichtung für kontinuierliches, isokinetisches Entnehmen von Aerosolproben.** L. H. Princen und L. A. Clarenburg. (Rev. sci. Instruments **34,** 742—44, 1963; Rijswijk Z. H., Netherlands, Chem. Labor. of the Nat. Defence Res. Council.; engl.) — Ein Gerät zur isokinet. Probenahme von Aerosolen wird beschrieben, das im wesentlichen aus einem U-Rohr besteht, das sich zur Mitte hin kon. erweitert. Am größten Durchmesser ist zentr. die Entnahme des zur Konz.-Messung verwendeten Teilstromes vorgesehen, u. ein empfindliches Manometer angebracht. W. Luchsinger. 5012◇

1539 **Staubdosiergerät für Gasströme.** Ss. Ss. Jankowski. (Betriebs-Lab. [UdSSR] **29,** 1011, 1963; Moskau, Wiss. Forsch.-Inst. für Buntmetalle; russ.) — Zum gleichmäßigen Zusatz von Stäuben zu einem Gasstrom wird ein Dosator empfohlen, der aus einem endlosen rauhen Faden besteht, welcher durch eine sich in Bewegungsrichtung zur Kapillare verjüngenden, das Pulver enthaltende Röhre läuft. Durch einen starken Gasstrom direkt an der Austrittsöffnung wird das Pulver zerstäubt. R. Gerbatsch. 5012◇

1540 **Ein zur Konzentrierung von Eiweißlösungen geeignetes Ultrafilter.** H. W. Siegelman und E. M. Firer. (Analyt. Biochem. [New York] **3,** 435—37, 1962; Beltsville, Med., U. S. Dep. of Agric., Plant Ind. Station, Plant Physiol. Pioneering Res. Labor.; engl.) K. Maier. 5024◇

1541 **Sorptionserscheinungen in der Molekularpumpe bei Ultrahochvakuum.** W. Pupp. (Vakuum-Techn. **8,** 158—62, 1959; Wetzlar, Arthur Pfeiffer GmbH.; dt.) — Messungen an der Molekularpumpe TVP 500 zeigen, daß Sorptionsvorgänge von Gasen, bes. von Wasser-Dampf an den Pumpenwänden die Pumpzeiten stark beeinflussen. Vermutlich werden von einer fortschreitenden Entgasung immer tiefere Oberflächenschichten betroffen; eine folgende Adsorption wirkt zunächst nur auf die oberste Schicht, u. bei andschließendem Evakuieren werden die Gase leichter wieder desorbiert. Zum Fluten der Pumpe soll daher trockene Luft oder chem. inakt. Gas verwendet werden, u. beim Evakuieren muß man ausheizen, falls aus dem anfänglichen Verlauf der Druck-Zeit-Kurve auf lange Abpumpzeiten ($>$ 10 Std.) geschlossen werden kann u. die Gasabgabe des Rezipienten in der gleichen Größenordnung liegt wie die der Pumpe. R. Junge. 5026◇

1542 **Laboratoriumskolonnen aus Glasgewebe für die Destillation.** Jaroslav Majer. (Sborník vědeckých Praci, Vysoká Škola chem.-technol. Pardubice **1960,** 167—76; tschech.) — Es werden 6 Typen von Glasgewebepackungen für Dest.-Kolonnen beschrieben. Die optimale Temp. für die Verarbeitung der Glasgewebe ist 730—740°. Bei dieser Temp. ist die mechan. Festigkeit am höchsten. Verschiedene spiralig gewundene u. dichtgepackte Typen von Kolonnenfüllungen werden verglichen R. K. Müller. 5038◇

1543 **Laboratoriumsapparat für die Destillation von Quecksilber.** Gavril Niac. (Studia Univ. Babes-Bolyai, Cluj, Ser. I **1961,** Nr. 2, 169—72, 1 Tafel; rum.) — Beschreibung eines elektr. beheizten u. automat. gesteuerten App. für die Reinigung von Hg durch Dest. im Vakuum einer Wasserstrahlpumpe über ein Glasfilter G 4 mit durch Hg bedeckter Filterfläche. R. K. Müller. 5038◇

1544 **Kontinuierliche Messung der Viscosität von Flüssigkeiten. 1. Mitt. Capillarviscosimeter mit direkter Capillare.** Igor Koropecký und Helena Koropecká. (Sbornik vĕdeckych Prací, Vysoká Škola chem.-technol. Pardubice **1960,** 135—50; tschech.) — Die mit einem kontinuierlich arbeitenden Capillarviscosimeter mit geradem Capillarrohr gemessenen Druckabfallwerte unterscheiden sich wenig von den berechneten. Die Ablesung erfolgt in elektr. Einheiten. Mit dem Gerät können Fl.-Viscositäten zwischen 4,60 u. 6,34° E unabhängig von Temp. u. Druck der Fl. mit einer Genauigkeit von $\pm$ 1,8% bestimmt werden. R. K. Müller. 5040◇

1545 **Verbesserung der Arbeitsweise eines Serien-Ultrathermostaten.** Ju. L. Chaldna. (J. physik. Chem. [UdSSR] **37,** 1644—45, 1963; Tartu, Univ.; russ., Auszug: engl.) — Vf. beschreibt ein Verf. zur Senkung der Amplitude der Temp.-Schwankungen auf $\pm$ 0,001° in einem Ultrathermostaten durch Einführung synchronisierter Überhitzung eines elektr. Quecksilberkontaktthermometers. A. Kumm. 5046◇

1546 **Programmeinrichtung für regulierende Potentiometer vom Typ EPD.** W. I. Kossolapow. (Betriebs-Lab. [UdSSR] **29,** 1015, 1963; Kusnetzk, Filiale des östl. wiss. Forsch.-Inst.; russ.) — Ein Programmgeber zur Temp.-Regelung mittels Regulierpotentiometer wird beschrieben (Skizze). R. Gerbatsch. 5046◇

1547 **Widerstandsmessung.** Milton H. Aronson. (Instruments and Control Systems **32,** 1350—55, 1959; engl.) — Übersicht über Bauweise handelsüblicher Standard-Widerstände u. Brücken für Präzisionsmessungen des Ohmschen Widerstandes. R. Junge. 5048◇

1548 **Schema zur Messung des Gesamtwiderstands elektrochemischer Zellen.** L. A. Krjutschkow und M. R. Burakow. (Betriebs-Lab. [UdSSR] **29,** 1014, 1963; Uraler Forsch.- u. Projekt.-Inst. der Kupferind.; russ.) — Ein einfaches Schema zur Messung des kapazitiven Widerstandes elektrochem. Zellen wird angegeben. R. Gerbatsch. 5048◇

1549 **Gerät zur genauen Messung der elektrischen Leitfähigkeit von Lösungen.** B. A. Lopatin und A. W. Gulin. (Betriebs-Lab. [UdSSR] **29,** 1014—15, 1963; Nowosibirsk, Inst. für anorgan. Chem. der Sibir. Filiale der Akad. der Wiss. der UdSSR.; russ.) — Ein 4-Brücken-Schema zur Widerstandsmessung im Bereich von 10 Ω bis 50 kΩ mit einer Genauigkeit von 0,01% wird beschrieben. R. Gerbatsch. 5048◇

1550 **Vorrichtung zur Bestimmung der elektrischen Leitfähigkeit und der Hall-Konstante von dünnen metallischen und Halbleiterschichten.** S. Martinuzzi. (J. Physique Radium **22,** 247—48, 1961; Alger, Fac. des Sci., Labor. de Phys. P. C. B.; franz.) C. Gottfried. 5048◇

1551 **Dünnschichtchromatographie.** J. H. Russel. (Rev. pure appl. Chem. **13,** 15—29, 1963; Melbourne, C. S. I. R. O., Div. of Org. Chem.; engl.) — Überblick über Entw. u. Arbeits-Meth. der Dünnschichtchromatographie. — 86 Literaturangaben. Gerhard Schulze. 5062△

1552 **Dünnschichtchromatographie.** Masayuki Ishikawa. (Kagaku-no-Ryôiki [J. Jap. Chem.] **17,** 179—89, 1963; Tôkyô-Ika-Sika-Daigaku; jap.) — Übersicht über die experimentellen Methoden. — 130 Literaturangaben. E. Maekawa. 5062◇

1553 **Dünnschichtchromatographie ohne Bindemittel.** Hiroyuki Miwa. (Kagaku no Ryôiki [J. Jap. Chem.] **17,** 189—96, 1963; Ôsaka, Takeda-Yakuhin-Kôgyô KK.; jap.) — Übersicht. — 20 Literaturangaben. E. Maekawa. 5062◇

1554 **Übersicht über die Methode der Dünnschichtchromatographie.** José Félix Chávez. (Acta ci. venezolana **13,** 145—49, 1962; Caracas, Venezuela, Inst. Nac. de Nutric.; span.) — Übersicht über App., Meth., Adsorptionsmittel, Lsgm., Entw., Fleckenlokalisierung, Dokumentation u. Aufbewahrung der Platten. — 73 Literaturhinweise. P. Kurzmann. 5062◇

1555 **Einfluß der Kammersättigung in der Dünnschichtchromatographie.** C. G. Honegger. (Helv. chim. Acta **46,** 1730—34, 1963; Basel, Neurolog. Univ.-Klinik, Forschungslabor.; dt.) — Vff. beschreiben eine neue, einfach herzustellende Schmalkammer zur aufsteigenden Dünnschichtchromatographie. Mit Hilfe von 4 verschiedenen Trennkammern wird der Einfl. der Kammersättigung auf die Laufzeit, Fleckengröße u. R_f-Werte untersucht. H. J. Altmann. 5062◇

1556 **Dünnschichtchromatographie zur Analyse photometrischer Reagentien.** John Gehrmann und Frank L. Schneider. (Microchem. J. [New York] **6,** 561—62, 1962; Flushing, N. Y., Queens Coll., Dep. of Chem.; engl.) — Vff. untersuchten dünnschichtchromatograph. folgende Reagentien auf ihre Reinheit: Diphenylthiocarbazon (**I**), Tris-[o-phenanthrotin]-eisen(II)-sulfat, Tetramethyldiaminodiphenylmethan u. o-Tolidin (**II**). Außer **II** enthielt jede Substanz mehrere Komponenten. Die Verss. mit **I** wurden näher beschrieben. Auf Schichten von Silicagel G traten mit Aceton/Chlf. (1:1) als Laufmittel drei Flecke auf (rosafarben, gelb, grünlich-purpurfarben). Gerhard Schulze. 5062◇

1557 **Thermoelemente für Strahlungsmessungen.** 1. Mitt. L. Geiling. (Arch. techn. Messen ind. Meßtechn. **1955,** Nr. 238, 257—60; Erlangen; dt.) — Übersicht. W. Betcke. 5063◇

1558 **Thermoelemente für Strahlungsmessungen.** 2. Mitt. L. Geling. (Arch. techn. Messen ind. Meßtechn. **1955,** Nr. 241, 43—44; dt.) — 1. vgl. vorst. Referat. — Beschreibung der Anwendungsmöglichkeiten von Thermoelementen bei der Gleichstrahlungs- u. der Wechselstrahlungsmethode. W. Betcke. 5063◇

1559 **Nicht reflektierende Si-, Ge-, InAs- und InSb-Infrarotfilter.** J. T. Cox, G. Hass und G. F. Jacobus. (J. opt. Soc. America **51,** 714—18, 1961; Fort Belvoir, Va., U. S. Army Engr. Res. and Dev. Labor.; engl.) — Vff. beschreiben neu entwickelte, im IR nicht reflektierende Schichten für Si, Ge, InAs u. InSb für das Wellenlängengebiet von 1—15 μ, die aus im Vakuum aufgedampften Einfach-, Doppel- u. Dreifachschichten bestehen. Als Überzugsmaterial wurden MgF_2, *Didymiumfluorid*, SiO, ZnS, CeO_2 u. Si verwendet. Das Aufdampfen geschah in einem Vakuum von ca. 10^{-5} mm Hg in einem von Hass u. Mitarbeitern (vgl. C. **1958,** 6735) beschriebenen Apparat. Vor dem Aufdampfen wurden die Substrate mit Hilfe einer Gleichstromglühentladung gereinigt; während des Aufdampfens wurden die Unterlagen bei Temp. von 200—300° gehalten. Gemessen wurde zunächst die Durchlässigkeit in % von Si, Ge, InAs u. InSb zwischen 1 u. 15 μ, der Brechungsindex nahe der Absorptionskante u. bei 15 μ, sowie die Brechungsindices der Überzugsstoffe bei 2 μ. Mit diesen Überzügen konnte für Si- u. Ge-Platten die %-Durchlässigkeit bis zu einem Maximum von nahezu 100% erhöht werden; sie bleibt oberhalb 90% über ein Wellenlängenintervall, deren Grenzen für Einfach-, Doppel- u. Dreifachschichten im Verhältnis 1,5:1; 2,7:1 u. 3:1 waren. In As u. InSb sind leicht absorbierend, mit genügend dünnen nichtreflektierenden Schichten können jedoch %-Durchlässigkeiten um noch als 90% erhalten werden. C. Gottfried. 5063△

1560 **Zusatzgeräte zu Infrarotspekrometern.** Je. I. Lebedew, I. I. Reschina und I. L. Ssakin. (Betriebs-Lab. [UdSSR] **29,** 1000—02, 1963; russ.) — Folgende Zusatzgeräte zu den in der UdSSR serienmäßig gefertigten IR-Spektrometern werden beschrieben: Polarisator, Zusatz für Reflexionsmessungen, heizbare Gasküvette mit mehrfachem Strahlengang, Zusatz zum Arbeiten im Mikromaßstab. R. Gerbatsch. 5063◇

1561 **Spektroskopie bei extremen Infrarotwellenlängen.** 1. Mitt. **Technik.** D. Bloor, T. J. Dean, G. O. Jones, D. H. Martin, P. A. Mawer und C. H. Perry. (Proc. Roy. Soc. [London], Ser. A **260,** 510—22, 1961; London, Univ., Queen Mary Coll., Dep. of Phys.; engl.) — Beschreibung des IR-Spektrometers mit Ebert-Aufstellung, das neben dem Golay-Detektor ein supraleitendes Bolometer mit sehr hoher Empfindlichkeit als Strahlungsempfänger benutzt. Ferner werden für die benutzten Filter- u. Reflektormaterialien Reflexions- u. Transmissionskurven angegeben. Die Eichung u. Testung der Empfindlichkeit geschah mit den Spektren von HCl, N_2O u. NH_3. D. Hoene. 5063◇

1562 **Analytische Anwendungen der Spektren im fernen Infrarot. Historischer Überblick, Apparaturen und Methoden.** F. F. Bentley, E. F. Wolfarth, Nora E. Srp und W. R. Powell. (Spectrochim. Acta [London] **13,** 1—30, 1958; Wright Air Developm. Center, Ohio, Wright-Patterson Air Force Base; engl.) — 509 Literaturangaben. A. Kumm. 5063◇

1563 **Zur Probenmeßmethodik für die Aufnahme von Infrarotspektren.** N. I. Makarewitsch und N. A. Borissewitsch. (Betriebs-Lab. [UdSSR] **29,** 941—43, 1963; Minsk, Inst. für Phys. der Akad. der Wiss. der BelorussSSR; russ.) — Zur Herst. homogener KBr-Preßlinge mit maximaler u. stabiler Durchlässigkeit wird folgendes Verf. beschrieben: 3 g reines, bei 120° getrocknetes KBr-Pulver werden mit der zu untersuchenden Substanz 10 Min. lang in einer Schwingmühle verrieben. 2 g des Gemisches werden dann in einer evakuierbaren Preßform (Zeichnung) bei 0,1 Torr Luftdruck u. 7000 kg/cm² Preßdruck verpreßt. R. Gerbatsch. 5063◇

1564 **Infrarotmeßtechnik an Lösungen von feuchtigkeitsempfindlichen Verbindungen.** Martin W. Duckworth und Gerald W. A. Fowles. (J. chem. Educat. **39,** 474, 1962; Southampton, England, Univ.; engl.) — Glasapp., die z. B. für die IR-Unters. von $TiCl_4$ u. VCl_4 verwendet werden kann. Ch. Weiske. 5063◇

1565 **Einige optimale Parameter des Golay-Detektors für Infrarot-Strahlung.** D. Vavrouch und V. Boček. (Czechoslov. J. Physics **13,** 459—70, 1963; Brno, Ústav přístojové techniky ČSAV; engl.) — Es wird die Empfindlichkeit eines pneumat. Detektors in Abhängigkeit von den verschiedenen Teilen des Detektors untersucht. Aus der gefundenen Beziehung werden der optimale Durchmesser des beweglichen Spiegels u. der optimale Gasdruck in der Detektorzelle (Xe-Füllung) berechnet. Für die Druckabhängigkeit der Zeitkonst. ist eine Gleichung angegeben. D. Hoene. 5063◇

1566 **Wasserstoffelektroden für die pH-Bestimmung und die potentiometrische Titration.** L. N. Dawydow. (Laboratoriumswesen [UdSSR] **6,** Nr. 4, 54—57, 1960; russ.) — Konstruktionsbeschreibung für Elektrodeneinheiten aus Plexiglas. E. Steinberg. 5066□

1567 **Glaselektrode für die pH-Messung unter Druck und bei erhöhter Temperatur.** R. Fournie, P. Le Clerc und Saint-James. (Silicates ind. Nr. 1, **27,** 33—39, 1962; C. E. A., Saint-Gobain; franz.) — Verss. mit reinem Hg u. mit Au-, Ag-, Zn-, Sn-Amalgam erwiesen hinsichtlich Stabilität u. Reproduzierbarkeit der Anzeigen eindeutig die Überlegenheit des Pb-Amalgams (mit 3% Pb) als Glaselektrodenfüllung. Vgl.-Messungen mit üblichen Pufferlsgg. bei 25 u. 150° ergaben eine Konstanz der pH-Anzeige bei 150° innerhalb 1—2 Std.; die Potentialanzeige hängt im übrigen von der Zus. des Glases ab, am widerstandsfähigsten ist das Spezialglas MECI („point noir"). Damit können bei 150° pH-Werte zwischen 4 u. 9 gemessen werden. Der Substanzverlust der Glaselektrode nimmt mit steigender Temp. beträchtlich zu. Man könnte die Angreifbarkeit vermindern, wenn man die Alkalioxide durch Erdalkalioxide oder durch Oxide der Erdmetalle ersetzt u. Si, B, Ti, Zr einführt. Dadurch erhält man zwar bei 300° mehrere Wochen beständige Gläser, doch sind für einwandfreie pH-Anzeigen noch folgende Bedingungen zu erfüllen: Ggw. von mindestens 25 Mol.-% Alkalioxid, Abwesenheit von Be, Mg, Zn, Cd, Pb, Al, B, Anwesenheit nur geringer Mengen Ti u. Zr. Li sowie einige Schwermetalloxide (Nb, Ta, U) erhöhen zwar die Widerstandsfähigkeit, gleichzeitig aber die Gefahr der Entglasung. Die entwickelten Gläser besitzen bei 100° zwischen 6 u. 30 mg/m²/h liegende Löslichkeiten u. weisen bei 20° elektr. Widerstände von $10^9-10^{10}\Omega$ auf; sie erlauben bei einem Ausdehnungskoeff. von $85-90 \cdot 10^{-7}$ das Einschmelzen von Pt. Messungen oberhalb 150° werden kaum möglich sein; bei dieser Temp. kann man jedoch pH-Messungen von 2—9 auch nach längerer Erhitzungsdauer vornehmen. R. Kraus. 5066□

1568 **Über die Anwendung der rotierenden Platinmikroscheibenelektrode bei der polarographischen Analyse.** M. B. Bardin, Ju. Ss. Ljalikow und W. Ss. Temjanko. (J. analyt. Chem. [UdSSR] **14**, 24—27, 1959; Kischinew, Univ.; russ.) — Entsprechend der Lewitsch-Gleichung sind die Diffusionsströme an einer Mikroscheibenelektrode proportional der konz. u. proportional der Quadratwurzel aus der Winkelgeschw. der Elektrode. Vff. vergleichen berechnete u. experimentell ermittelte Werte für den Diffusions-Koeff. (D) von $[AuCl_4]^-$. In 0,1 n $NaNO_3$-Lsg. ergibt sich D_{AuCl_4} zu $1,2 \cdot 10^{-5}$ cm²/s. D. Hoene. 5066◇

1569 **Neuere polarographische und voltametrische Verfahren zur Spurenanalyse.** R. Neeb. (Fortsch. chem. Forsch. **4**, 333—458, 1963; Mainz, Univ., Inst. für Anorg. Chem. u. Kernchem.; dt.) — Übersicht. — 382 Literaturangaben. Gerhard Schulze. 5066◇

1570 **Vanadin(II)-1.10-Phenanthrolin als Redoxindicator.** William P. Schaefer. (Analytic. Chem. **35**, 1746 bis 1747, 1963; Pasadena, Calif., California Inst. of Technol., Div. of Chem. and Chem. Engng.; engl.) — Der V(II)-1.10-Phenanthrolinkomplex eignet sich als Redoxindicator für Titrationen mit stark reduzierenden Reagentien. Als Beispiel wird die Titration einer $FeCl_3$-Lsg. mit Cr(II)-Lsg. angegeben. Der Farbumschlag am Äquivalenzpunkt erfolgt von Grün nach Blau. H. Kuchenbecker. 5068◇

1571 **Quecksilber(I)-nitrat und -perchlorat als reduktometrische Reagentien. Übersicht über die Anwendungen.** Antonín Berka, Jaroslav Vulterin und Jaroslav Zýka. (Chemist-Analyst **52**, 122—26, 1963; Prague, Charles Univ., Dep. of Analyt. Chem. and Inst. of Chem. Technol., Dep. of Analyt. Chem., Div. of Instrumental Analysis; engl.) — Überblick über die Herst. u. Standardisierung von Hg(I)-Salz-Lsgg., über die Endpunkterkennung bei Titrationen mit Hg(I)-Lsgg. sowie über ihre Verw. zur Best. von Au(III), Ce(IV), Br_2, BrO^-, BrO_3^- u. ClO_3^-, MnO_4^-, Fe(III), J_2, Mo(VI), Cu(II), $Fe(CN)_6^{3-}$, N_2H_4, H_2O_2, As(III), Cr(II), $S_2O_8^{2-}$, VO_3^-, $Cr_2O_7^{2-}$, ClO_2^- u. NO_3^-. — 43 Literaturangaben. Gerhard Schulze. 5072◇

1572 **Feuchtigkeitsmessungen in Gasen.** D. J. Fraade. (Instruments Control Syst. **36**, 100—06, 1963; Consolidated Electrodynamics Corp.; engl.) — Übersicht über Feuchtigkeitsmessungen mit App.-Beispielen nach folgenden Meth.: Kondensation, Leitfähigkeit, Haarhygrometer, Feucht–trocken-Messungen, elektrolyt. Abscheidung, Karl-Fischer-Meth., Farbindicatoren, Extraktion, IR- u. UV-Messungen. W. Luchsinger. 5074◇

1573 **Colorimetrisches Gerät zur Untersuchung von Gasen. 4. Mitt. Kontinuierliche Bestimmung kleiner Mengen Sauerstoff in Gasen unter Verwendung eines Differentialphotometers.** Jerzy Wacławik und Stefan Waszak. (Chem. analit. [Warszawa] **8**, 633—42, 1963; Warszawa, Inst. of General Chem., M. Struszyński Analyt. Dep.; pol.) — 2. vgl. C. **1963**, 15161. — Ein neukonstruiertes Differentialphotometer wird beschrieben u. zur Best. des O_2-Geh. in Gasen herangezogen. Die Meth. beruht auf der reversiblen Rk. von Na-β-Antrachinonsulfonat mit O_2 in alkal. Lösung. Das Reagens, das in seiner red. Form intensiv rotgefärbt ist, wird durch Oxydation mit O_2 in eine farblose Verb. übergeführt. Die Best. wird für die Konz.-Bereiche von 0—0,1 (I), 0—0,01 (II) u. 0—0,001 (III) % O_2 ausgearbeitet. Für Bereich I beträgt die Gasströmungs-Geschw. 1 Liter/h, die Reagensströmungs-Geschw. 10 ml/min u. die Reagens-Konz. 0,046 g/Liter. Die entsprechenden Größen für Bereich II sind 4 Liter/h, 6,6 ml/min u. 0,0156 g/Liter u. für Bereich III 18,0 Liter/h, 2,3 ml/min u. 0,0135 g/Liter. H. Kuchenbecker. 5086◇

1574 **Bestimmung von Ozon anhand seiner optischen Absorption.** Ralph Stair. (Advances Chem. Ser. Nr. **21**, 269—85, 1959; Washington, D. C., Nat. Bur. of Stand.; engl.) — Das charakterist. Absorptionsspektrum von O_3 bietet eine ideale Basis zur Konz.-Messung in der Atmosphäre in Ggw. beträchtlicher Mengen anderer, gasförmiger oder fester Stoffe. Verschiedene Arten opt. Ausrüstungen zur Messung der gesamten O_3-Menge wie auch zur Best. der vertikalen Verteilung u. der horizontalen Konz. werden betrachtet. Das Sonnenlicht ist eine geeignete u. bequeme Lichtquelle zur Messung der Gesamtmenge O_3 u. der vertikalen Verteilung. Spezielle Quellen mit hoher Strahlungsintensität zwischen 2500 u. 3600 Å, wo O_3 stark absorbiert, werden zur Best. der horizontalen O_3-Konz. benötigt. Die Lichtquellen, entweder die Sonne oder einige spezielle Quellen, z. B. Hg-Bogenlampen, können entweder mit einem einfachen Filterradiometer oder mit einem Prismen- oder Gitterspektroradiometer verwendet werden. In den meisten früheren Arbeiten des Nat. Bur. of Stand. wurde ein Doppelquarzprismenspektroradiometer benutzt. — 61 Literaturangaben. P. Golinske. 5088◇

1575 **Chemische Ozonmessung.** Alfred Ehmert. (Advances Chem. Ser. Nr. **21**, 128—32, 1959; Weissenau bei Ravensburg; MPI für Phys. der Stratosphäre; engl.) — Eine einfache Meth. zur halbautomat. Messung von O_3-Konzz., bes. in der Atmosphäre, wird angegeben. Die Menge $Na_2S_2O_3$, die mit einer dem vorhandenen O_3 äquivalenten Menge J_2 reagiert hat, wird durch Elektrolyse mit einem Jodmesser bestimmt. Obwohl Rauch u. verschiedene Industriegase durch Red. des J_2 stören, kann der wahre O_3-Geh. aus der Differenz bestimmt werden, die auftritt, wenn eine 2. Messung nach kurzem Erhitzen auf 150° (Zers. von O_3) vorgenommen wird. P. Golinske. 5088◇

1576 **Bestimmung stickstoffhaltiger siliciumorganischer Verbindungen in der Luft.** F. D. Kriworutschko. (Betriebs-Lab. [UdSSR] **29**, 927—28, 1963; Inst. für Arbeitshygiene u. Berufskrankheiten der Akad. der Med. Wiss. der UdSSR; russ.) — Die Verbb. $[(CH_3)_2SiNH]_3$, $(CH_3)_2 \cdot Si(NHCH_3)_2$ u. $(CH_3)_2Si[(CH_3)_2NNH]_2$ werden in konz. H_2SO_4 absorbiert. Zur Best. sind 3 Meth. anwendbar: 1. Oxydation mit $K_2S_2O_8$ u. Si-Best. als reduzierte Heteropolysäure; 2. Hydrolyse in 0,01 n H_2SO_4 u. colorimetr. N-Best. mit Nesslers Reagens; 3. Oxydation mit $KBrO_3$ unter Bldg. u. colorimetr. Best. von Eosin. Mit den beschriebenen Meth. können 2,5 µg bzw. 10 µg in 1,2 ml bestimmt werden. R. Gerbatsch. 5088◇

a) Elemente und anorganische Verbindungen

1577 **Papierelektrophorese mineralischer Kationen in Gegenwart komplexbildender Stoffe.** 2. Mitt. P. E. Wenger, I. Kapétanidis und W. von Janstein. (Mikrochim. Acta [Wien] **1962**, 184—93, Genève, Univ., Labor. de Chim. Minér., de Chim. Analyt. et de Microchim.; franz.) — 1. vgl. Mikrochim. Acta [Wien] **1960**, 961. — Vff. untersuchen die Abhängigkeit der elektrophoret. Wanderung von Cd^{2+}, Cu^{2+}, Bi^{3+}, As^{3+}, Sb^{3+}, Sn^{2+}, Fe^{3+}, Cr^{3+}, Co^{2+}, Ni^{2+}, Mn^{2+} u. Zn^{2+} vom pH bei Ggw. von β.β'-Diaminodiäthyläther-N.N'-tetraessigsäure. Die Möglichkeit einer großen Zahl von Trennungen ist gegeben. B. Krebs. 5106◇

1578 **Ein aus Antipyrin, EDTA und Dioxan bestehendes Lösungsmittel für die anorganische Papierchromatographie.** I. I. M. Elbeih und G. G. Gabra. (Chemist-Analyst **51**, 15—16, 1962; Giza, Univ. of Cairo, Dep. of Chem.; engl.) — Vff. erhielten bei Verw. eines Laufmittels aus 1 g Antipyrin u. 100 ml Dioxan mit ca.

0,05% EDTA bessere Ergebnisse als mit dem Gemisch aus Antipyrin u. Dioxan allein. Die R_F-Werte für Ag, Hg(I), Hg(II), Pb, Bi, Cu, Cd, As(III), Sb(III), Sn(II), Sn(IV), Al, Cr(III), Fe(III), Zn, Mn(II), Co, Ni, Ca, Sr, Ba, Mg, K, Na, Li, Be, Ce(III), Ti(IV), V(V), Mo(VI), Th(IV) u. U(VI) werden angegeben. Für Zn, Pb, Bi, Cu u. Cd werden verbesserte Nachw. mitgeteilt.
P. Kurzmann. 5106◇

1579 **Quantitative Bestimmung von Fluor durch Fluorescenzdämpfung von Aluminium-8-hydroxychinolinat.** Mary C. Harrigan. (J. Assoc. off. agric. Chemists **43**, 592, 1960; Boston, Mass., Dep. of Health, Educ. and Welfare, Food and Drug Admin.; engl.) — Vgl. C. **1961**, 2384. — Den qual. Nachw. kleiner F^--Mengen auf Grund seiner Rk. mit Al-o-8-Hydroxychinolinat (I) benutzt Vf. für die quant. Best. von F^-. Hierbei ist die Länge der Auslöschungszone eines mit I imprägnierten Filtrierpapierstreifens nach der Rk. mit F^- ein Maß für die vorhandene F^--Menge. A. M. Fretzdorff. G 246◇

1580 **Spektrophotometrische Bestimmung von Bromid in Wasser.** Fred Zitomer und Jack L. Lambert. (Analytic. Chem. **35**, 1731—34, 1963; Manhattan, Kans., Kansas State Univ., Dep. of Chem.; engl.) — NH_3 reagiert mir ClO^- zu Trichloramin (I). Bei dieser Rk. stört Br^-, da es zu BrO^- oxydiert wird, das seinerseits NH_3 zu N_2 oxydiert. Hierdurch wird die Ausbeute an I herabgesetzt. Diese Störung bildet die Grundlage für das beschriebene Verf. zur Br^--Bestimmung. Die auf pH 5,6 abgepufferte Probe wird mit einer genau abgemessenen Menge NH_3-Lsg. bekannten Geh. u. anschließend mit einer ClO^--Lsg. versetzt, wobei sich N_2 u. I in Abhängigkeit von der vorhandenen Br^--Konz. bilden. Anschließend wird überschüssiges ClO^- u. BrO^- mit NO_2^--Lsg. zerstört. Gleichzeitig reagiert I mit NO_2^- zu einem Rk.-Prod., das nach Zugabe eines aus CdJ_2 u. Stärke hergestellten Reagenses über den J_3^--Stärke-Komplex bei 615 nm photometr. bestimmt wird. Es lassen sich 0,02 bis 1,2 ppm Br^- bestimmen. Cu(II), Fe(II), Fe(III), J^-, NH_3 sowie aliphat. u. aromat. Amine stören. Fe(II) u. Fe(III) können jedoch mit Hilfe eines Kationenaustauschers abgetrennt werden.
H. Kuchenbecker. G 248◇

1581 **Über die Jodierung von Triphenylmethanfarbstoffen. Eine neue Mikro-Jodbestimmungsmethode.** Günther Hillmann und Elisabeth Kuhlmann. (Hoppe-Seyler's Z. physiol. Chem. **331**, 109—13, 1963; Tübingen, Med. Univ.-Klinik, Chem. Labor.; dt.) — Unterhalb von pH 3 reagieren Malachitgrün (I), Brillantgrün (II) u. Kristallviolett (III) mit J_2 zu Mono- bzw. Dijod-Derivaten. Diese Rk. wird durch Schwermetallionen u. Anionen, die mit J_2 reagieren, gestört, nicht aber durch Cl^-, Br^-, SO_4^{2-}, CN^- u. SCN^-. Die erhaltenen Derivv. sind in organ. Lsgm. sehr gut löslich. Die Rk. ist für den Mikronachw. von J_2 geeignet, 0,1 μg sind nachweisbar. Zur Herst. der Eichkurve werden 2 ml der $2 \cdot 10^{-2}$ m Farbstoff-Lsg. mit 2 ml n HCl vermischt, mit 5 ml Bzl. überschichtet u. nach Zusatz von 0,2 ml 10^{-4} m J^--Lsg. u. darauffolgend 0,2 ml 10^{-2} m $NaNO_2$ 30 Sek. lang kräftig durchgeschüttelt. Die Bzl.-Lsg. wird abgegossen u. nach 30—40 Min. photometriert: bei 1 cm Schichtdicke für Jodkristallviolett bei 612 nm, für Jodmalachitgrün 625 nm u. für Jodbrillantgrün 640 nm. Darst. der dijodierten Triphenylmethanfarbstoffe: Mischen äquimolarer Farbstoff-Lsgg. mit J_2/KJ bzw. KJ + $NaNO_2$ (10^{-2} m) in 1 n HCl. Die Dijod-Derivv. fallen sofort aus u. werden nach Auswaschen mit 0,1 n HCl aus A./W. umkristallisiert. — Monojod-Derivv. analog bei gleichzeitiger Extraktion mit einem 1000fachen Überschuß an Bzl. u. folgender Einengung der Bzl.-Lsg. u. Ausfällung mit Petroläther. W. Damerau. G 249◇

1582 **Untersuchungen über die Reaktion H_2S + SO_2. Analytische Trennungs- und Abbauverfahren von Makromengen sulfurierter Verbindungen bei Untersuchungen mit ^{35}S.** Renato Barbieri, Saudo Sosi und Antonino Bucca. (Ricerca sci. **30**, 1509—17, 1960; Padova, Univ., Ist. di Chim. gen., Centro di Stud. per la Chim. nucl.; ital.) — Eine papierchromatograph. Meth. zur Trennung folgender Gemische wird beschrieben: $S_2O_3^{2-}$ u. $S_3O_6^{2-}$; $S_3O_6^{2-}$, $S_4O_6^{2-}$ u. $S_5O_6^{2-}$; $S_xO_6^{2-}$ (x = $\geqq$ 4) u. SCN^-, $S_2O_3^{2-}$ u. SO_4^{2-}. Außer der Trennung von μg-Mengen wurden die Meth. zur chromatograph. Trennung von wägbaren Mengen aller vorst. Verbb. unter Verw. von ^{35}S untersucht. Die Ergebnisse lassen sich in das Gesamtbild des Mechanismus der Wackenroderschen Rk. einordnen. G. Platzer. G 253◇

1583 **Spektrographische Bestimmung von Selen im Bleikammerschlamm.** I. G. Judelewitsch, I. R. Schelpakowa und Je. M. Awsseiko. (J. analyt. Chem. [UdSSR] **18**, 634—38, 1963; Ust-Kamenogorsk, Allunions-Hüttenmetallurg. Inst. für Buntmetalle; russ., Auszug: engl.) — Bei Anregung im Wechselstrombogen lassen sich noch 0,02% Se mit einer mittleren Reproduzierbarkeit von 12 Rel.-% bestimmen. Bei Anregung im Funken beträgt die Empfindlichkeit 0,5% bei einer Reproduzierbarkeit von 8,8%. Im letzten Fall ist die Zus. der Probe ohne Einfl. auf das Analysenergebnis.
H. Kuchenbecker. G 254◇

1584 **Volumetrische Bestimmung von Telluriten mit Hilfe von $Pb(NO_3)_2$ als Titrant und Fluorescein beziehungsweise sym-Diphenylcarbazon als Indicator.** Wiktor Wawrzyczek und Wiesław Wiśniewski (Chem. analit. [Warszawa] **8**, 543—45, 1963; Olszytn, Landwirtschaftl. Hochschule, Inst. für Allg. Chem.; pol.) — Am Äquivalenzpunkt tritt ein Farbumschlag von Gelb nach Rosarot bei Verw. von Fluorescein u. von Rotviolett nach Violett bei Verw. von sym.-Diphenylcarbazon ein. Bei der Titration von 0,05—0,1 m K_2TeO_3-Lsgg. liegt der Fehler innerhalb von 1%, bei stärker konz. Lsgg. beträgt der Fehler ca. 2%. Zur besseren Erkennung des Farbumschlagpunktes ist es günstig, nur kleine Vol. (ca. 5—10 ml) zu titrieren. H. Kuchenbecker. G 255◇

1585 **Bestimmung von Carbid in Calciumcyanamid.** Jadwiga Bagińska und Eugeniusz Błasiak. (Chem. analit. [Warszawa] **8**, 503—09, 1963; Gliwice, Politechn. śląska; pol.) — Die Best. werden nach der Cu-Meth. (A) u. nach der Ag-Meth. (B) durchgeführt, wobei die Ergebnisse nach A doppelt so hoch ausfallen wie die nach B. Es wird daher angenommen, daß sich bei A ein Doppelsalz der Form $Cu_2C_2 \cdot Cu_2Cl_2$ bildet u. somit die doppelte Cu-Menge verbraucht wird. Nach B erhält man richtige Ergebnisse, wenn die verwendete $AgNO_3$-Lsg. > 0,1 n ist.
H. Kuchenbecker. G 260◇

1586 **Analyse der flüssigen Phase des Carbonisierungsprozesses in der Sodaindustrie.** Henryk Koneczny, Zofia Cylka und Ernest Pichinger. (Przemysł chem. **41**, 312—13, 1962; Toruń, Uniw. M. Kopernika, Kat. Technol. chem.; pol.) — Zur Best. des Gesamt-CO_2-Geh. (HCO_3^- + CO_3^{2-}) von $NaHCO_3$-Lsgg. wird die Meth. von Winkler verwendet. Der Fehler der Meth. beträgt ±1%. Die Alkalität der Probe wird unter Berücksichtigung des NH_3-Geh. aus der Differenz CO_3^{2-}-Geh. minus HCO_3^--Geh. mit einem Fehler von ±2—3% erhalten. In derselben Probe können noch Cl^- u. NH_3 nach den üblichen Meth. bestimmt werden. F. Urban. G 260◇

1587 **Spektrophotometrische Bestimmung von Kieselsäure in Kalken und in Mineralien.** G. Picasso. (Metallurgia ital. **54**, 394—98, 1962; Genova, Labor. Italsider; ital.) — Die zu untersuchende Probe wird mit Na–K-Carbonat wie üblich aufgeschlossen. Nach Abkühlen wird die Schmelze in einem Gemisch von HCl u. HNO_3 gelöst, hierauf eine Ammoniummolybdatlsg. zugesetzt u. die gebildete gelbe Molybdatokieselsäure mit Hilfe von Ascorbinsäure zu Molybdänblau red. u. dann die Extinktion bei 810 u. 650 nm gemessen. Aus Standarddiagrammen kann hierauf der SiO_2-Geh. festgestellt werden. Zur Eliminierung evtl. störender Molybdatophosphat- u. Molybdatoarsenatkomplexe bei dem Zusatz von Ammoniummolybdat wird vor dem Zusatz eine 5%ig. Oxalsäurelsg. zugesetzt. C. Gottfried. G 261△

1588 **Zerstörungsfreie Aktivierungsanalyse von Arsen und Antimon in Blei.** F. Adams und J. Hoste. (Talanta [London] **10**, 1093—1102, 1963; Ghent, Ghent Univ., Inst. for Analyt. Chem.; engl.) — Vff. prüften die Meth. anhand von künstlichen Proben mit Sb- u. As-Konzz. zwischen 1 u. 10^{-4}%. Die Reproduzierbarkeit war allg. besser als 10%. Die ^{122}Sb- u. ^{76}As-Aktivitäten wurden aus γ-Zählungen bei zwei Energien (0,051–0,61, u. 1,16–1,26 MeV) berechnet. G. Kynast. G 266◇

1589 **Bestimmung von Antimon mit Phenylfluoron in aktiven Bleimassen.** Je. N. Rosenbljum und Sh. Ja. Potschtman. (Betriebs-Lab. [UdSSR] **29,** 929, 1963; Allunions-Forsch.-Inst. für Akkumulatoren; russ.) – 0,5–1 g der Probe werden in H_2O_2 + H_2O + CH_3COOH (2 : 2 : 1) unter Erhitzen gelöst. Nach Zugabe von 1–2 g K_2SO_4 u. einem Stück aschefreien Filterpapiers wird die Lsg. bis zur Entfärbung erhitzt, abgekühlt, mit 10 ml HCl (D. 1,36) versetzt, 5–10 Min. lang gekocht u. mit W. auf 200 ml aufgefüllt. Zu einem aliquoten Teil wird W. auf 9 ml, 0,5 ml 1%ig. Stärke-Lsg. sowie 1 ml 0,03%ig. Phenylfluoron-Lsg. in A. zugesetzt u. mit grünem Filter colorimetriert. Der relative Fehler ist nicht größer als 1,08%. R. Gerbatsch. G 266◇

1590 **Thermoelektrische Methode zur Bestimmung des Antimons in Blei–Antimon-Legierungen.** P. D. Korsh, G. P. Guljajewa und I. N. Ginijatulin. (Betriebs-Lab. [UdSSR] **29,** 289–91, 1963; Magnitogorsk, Metallhütten-Inst.; russ.) – Zur schnellen zerstörungsfreien Sb-Best. in Pb–Sb-Legg. für Akkumulatoren wird die Thermospannung gegen Pb bei einer Temp. der heißen Lötstelle von 220° gemessen. Das verwendete empfindliche Meßpotentiometer wird beschrieben. Geh. von einigen % Sb können in 2 min mit einem relativen Fehler von 1% bestimmt werden. R. Gerbatsch. G 266◇

1591 **Flammenspektrophotometrische Bestimmung von Cäsium und Rubidium in Ölfeldwässern.** A. Gene Collins. (Analytic. Chem. **35,** 1258–61, 1963; Bartlesville, Okla., U. S. Dep. of the Interior, Bureau of Mines, Petroleum Res. Center; engl.) – Vf. untersuchte die flammenphotometr. Best. von Cs u. Rb nach Fällung mit $Na[B(C_6H_5)_4]$ u. Extraktion des Niederschlages. Die Extraktion wird am besten bei pH 6 mit Nitroäthan durchgeführt. Die in einer C_2H_2/O_2-Flamme angeregte Emission wird bei 780,0, 794,8, 852,1 u. 894,4 nm gemessen. Es können Mengen $<$ 0,05 mg/Liter bestimmt werden. Bei 0,05 mg/Liter betragen die Standardabweichungen $\pm$ 0,0008 mg Cs bzw. $\pm$ 0,0006 mg Rb. Gute Ergebnisse werden auch in Ggw. von K im Verhältnis K:Cs u./oder Rb = 5200:1 erhalten; höhere Verhältnisse wurden nicht untersucht, da sie kaum in Ölfeldwässern auftreten. NH_4^+ hat keinen Einfl. auf die Extraktion. P. Kurzmann. G 277◇

1592 **Titrimetrische Bestimmung von Beryllium mit Sulfosalicylsäure.** L. P. Kalintschenko und I. I. Kalinitschenko. (J. analyt. Chem. [UdSSR] **17,** 840–43, 1962; Swerdlowsk, Med. Inst. u. Polytechn. Inst. „Kirow"; russ., Auszug: engl.) – Be bildet mit Sulfosalicylsäure einen 1:3-Komplex u. kann gegen Metallindicatoren (Alberon, saures Chromblau K) bei pH 9–10 direkt titriert werden; als Maßlsg. dient 0,3 m Na-sulfosalicylat-Lösung. Erdalkalien u. Schwermetalle der Oxydationsstufe +2 werden mit Komplexon III maskiert. Al u. Cu stören nicht wenn Al/Be bzw. Cu/Be 40:1. Fe stört nicht in Mengen $<$ 10 mg. W. Dedek. G 281◇

1593 **Die selektiven Titrationen von Calcium in Gegenwart von Magnesium.** Yoshiko Date und Kyoji Tôei. (Bull. chem. Soc. Japan **36,** 518–21, 1963; Tsushima, Okazama Univ., Fac. of Sci., Dep. of Chem.; engl.) – Ca^{2+} läßt sich neben Mg^{2+} komplexometr. gegen Glykolätherdiamintetraessigsäure (GAeDTE) in Ggw. eines geeigneten Maskierungsmittels titrieren. Verschiedene Reagentien zur Maskierung u. Indicatoren werden untersucht. Empfohlen wird folgende Meth. (für Kalkstein, Dromit u. Magnesit): 1,0000 g der 2 Std. bei 110° getrockneten, pulverisierten Probe werden in wenig warmer verd. HCl gelöst (evtl. filtrieren). 5 ml der auf 250 ml verd. Lsg. werden auf 50 ml aufgefüllt u. mit 1 ml 0,1 m Mg–AeDTE-Lsg., 1 ml Puffer-Lsg., 3 Tropfen 10%ig. KCN-Lsg., evtl. etwas Triäthanolamin u. einigen Tropfen Indicator-Lsg. (0,5 g Eriochromschwarz T + 4,5 g $NH_2HO \cdot HCl$ in 100 ml Methanol) versetzt. Die Summe (Ca^{2+} + Mg^{2+}) wird gegen 0,01 m AeDTE-Lsg. titriert. Zur Ca^{2+}-Best. werden 5 bzw. 10 ml (bei Magnesit) der Stamm-Lsg. auf 50 ml aufgefüllt u. mit 2 ml 0,1 m $MgSO_4$-Lsg., 2 ml 10%ig. K-Tartrat-Lsg., 2 ml 8 n KOH-Lsg., 3 Tropfen 10%ig. KCN-Lsg. u. einigen Tropfen Patton-Reeder-Reagens (2-Hydroxy-1-[2-hydroxy-4-sulfo-1-naphthylazo]-3-naphthoesäure) versetzt. Titriert wird gegen GAeDTE (0,01 m Lsg.). W. Betcke. G 283◇

1594 **Bestimmung von Stickstoffspuren in metallischem Calcium.** Claude Den Tandt. (Mém. Sci. Rev. Métallurgie **57,** 676–82, 1960; Bruxelles, Inst. inter-univ. des sci. nucl.; franz.) – Zur Best. von geringen N-Gehh. wurde das colorimetr. Kjeldahl-Verf., das auf der Verw. des Nessler-Reagens basiert, angewandt. Die Best.-Vorr. wird mit ihren Vorzügen beschrieben. Hierbei war die heftige Reaktionsfähigkeit des Ca zu berücksichtigen, welche die Anwendung einer Lösungstechnik unter inerter Atmosphäre in einer von der Verdampfungsapp. unterschiedlichen App. erforderlich machte. Die Arbeitsweise u. die hierbei erhaltenen Ergebnisse werden behandelt. H. Hochstein. G 283◇

1595 **Dibromanthranilsäure, ein neues Reagens zur gravimetrischen Bestimmung von Zink.** Claudia Vasilescu und Angela Spineanu. (An. Univ. „C. I. Parhon", Ser. Stiint. naturii, Chim. **9,** 95–97, 1960; rum.) – Zn wird aus heißer neutraler Lsg. mit einer 3%ig wss. Lsg. des Na-Salzes der Dibromanthranilsäure als $Zn \cdot (C_7H_4Br_2NO_2)_2$ gefällt. Der Nd. wird bei 110° getrocknet u. ausgewogen. Der Faktor beträgt 0,10008. P. Kurzmann. G 288◇

1596 **Die Richtigkeit der Zinkbestimmung durch Atomarabsorptionsmethoden.** L. Erdey, G. Svehla und L. Koltai. (Talanta [London] **10,** 531–36, 1963; Budapest, TU, Inst. for General Chem.; engl.) – Optimaler Luftdruck (0,30 atm) u. optimale Spaltbreite (0,30 mm) für die Best. von Zn durch Atomarabsorption im Konz.-Bereich von 30–120 ppm wurden ermittelt. Gemessen wurde bei 2138 Å. Die Richtigkeit wurde auf Grund der Fehlertheorie von Absorptionsmessungen berechnet. Der relative Fehler war $< \pm 0{,}5\%$. Die Anionen Cl^-, NO_3^-, SO_4^{2-}, PO_4^{3-}, CH_3COO^-, BO_3^{3-}, J^- u. Br^- bewirken ebenso wie die Kationen der Metalle Ag, Cd, Co(II), Cr(III), Cu(II), Fe(III), Hg(II), Mn(II), Ni(II) u. Bi(III) bis zu einem fünffachen Überschuß keine Störung. H. Kuchenbecker. G 288◇

1597 **Bestimmung des Zinkgehaltes von Eisen- und Manganerzen.** Pál Répás und István Sajó. (Kohászati Lapok [Ung. Z. Hüttenwes.] **96,** 326–27, 1963; Budapest, Eisenforsch.-Inst.; ung.) – Die Best. kleinerer Zn-Mengen neben sehr viel Fe u. Mn, kann wegen der verschiedenen Stabilität der Chlorokomplexe der zu trennenden Metallionen einwandfrei ausgeführt werden. Nach Aufschluß des Erzes mit KOH u. Beseitigung des SiO_2 wird die Lsg. auf pH 2 eingestellt, Fe^{3+}, Mn^{2+} u. Zn^{2+} an Ionenaustauscherharz gebunden u. nacheinander eluiert. Zn wird komplexometr. bestimmt. L. Zombory. G 288△

1598 **Nachweis von Cadmium in Gegenwart von Kupfer ohne Cyanid.** Ramesh Chandra. (School Sci. Rev. **43,** 451–53, 1962; Jullundur, India, D. A. V. Coll.; engl.) – Vgl. C. **1963,** 6714. – Vf. beschreibt 3 Halbmikro- u. 2 Tüpfelmeth. zur Cu^{2+}-Abtrennung von Cd^{2+}. In schwefelsaurer Lsg. wird Cu^{2+} entweder mit NaH_2PO_2 zu „CuH" oder mit Phenylhydrazin (**I**) zu Cu(I) red. u. anschließend mit CaC_2 als Acetylenid ausgefällt. Cu(I) kann auch in schwach saurer Lsg. mit **I** allein als Cu_2O gefällt werden. Die in Lsg. verbleibenden Spuren werden anschließend mit Citrat komplexiert u. in allen 3 Fällen Cd^{2+} mit Na_2S nachgewiesen. Die letzte Rk. kann als Tüpfelrk. ohne Citratkomplexierung ausgeführt werden, indem man Cd^{2+} am Rand als gelben Ring mit Na_2S nachweist. Analog wird in einer zweiten Tüpfelprobe gearbeitet, bei der Cu in der Mitte des Filterpapiers mit Na_2SO_3 u. KSCN als $Cu_2(SCN)_2$ ausgefällt wird. K. Huste. G 289◇

1599 **Beitrag zur photometrischen Bestimmung kleiner Mengen von Aluminium mit Stilbazo.** M. F. Landi und L. Braicovich. (Metallurgia ital. **54,** 389–93, 1962; Porto Marghera, Montecatini, Settore Alluminio; ital.) – Unter Bezugnahme auf analoge Unterss. von Jean (vgl. C. **1950/54,** 9307 S, sowie von Wetlesen u. Omang

(vgl. C. **1962,** 588) untersuchten Vff. genauer die Arbeitsbedingungen bei der Best. kleinster Mengen von Al_2O_3 in Al mit Hilfe von *Stilben-4.4'-azo-3.4-dihydroxybenzoldisulfonsäure-(2.2')*. Es ist möglich bis zu 0,0008% Al_2O_3 in Al photometr. zu bestimmen.
C. Gottfried. G 294△

1600 **Aktivierungsanalyse von Aluminium.** Dag Brune. (Nukleonik [Berlin] **3,** 318–20, **1961,** Stockholm, Aktiebolaget Atomenergi, Reactor Develop. Div.; engl.) — Eine Analyse von reinem Al, legiert mit Mg, wurde mittels γ-Spektrometrie ohne chem. Trennung durchgeführt. Die zu bestimmenden Isotope wurden unter Bedingungen optimaler Aktivität durch geeignete Wahl der Bestrahlungs- u. Zerfallszeit erhalten. Nachgewiesen u. quant. gemessen wurden *Fe, Zn, Cu, Ga, Mn, Cr, Sc* u. *Hf*.
O. Jansen. G 294◇

1601 **Aktivierungsanalytische Bestimmung von Verunreinigungen in Aluminium.** 2. Mitt. **Bestimmung von Kupfer und Dysprosium.** W. Kiesl, H. Bildstein und F. Hecht. (Radiochim. Acta [Frankfurt/M.] **1,** 123–25, **1963;** Wien, Univ., Analyt. Inst. u. Reaktorzentrum Seibersdorf; engl.) — 1. vgl. C. **1963,** 16686. — Da die zerstörungsfreie γ-spektrometr. Analyse von Cu durch verschiedene Kernrkk. gestört wird, wird Cu nach Komplexierung mit 2.2'-Dichinonyl mit Amylalkohol extrahiert, mit HNO_3 in die wss. Phase rückextrahiert, mit α-Benzoinoxim gefällt u. der 0,51-MeV-Peak (Vernichtungsstrahlung) gemessen. Dy wird nach einer Kurzzeitbestrahlung zerstörungsfrei durch Messung des 91-keV-Peak bestimmt.
Hansjoachim Thiele. G 294◇

1602 **Titration von Thallium(I)-Ionen mit Chemilumineszenzendpunkt.** I. Buz'as und L. Erdey. (Talanta [London] **10,** 467–70, **1963;** Budapest, TU, Inst. for General Chem.; engl.) — Anhand potentiometr. Titrationen wird gezeigt, daß sich Tl(I) in stark salzsaurer Lsg. gut mit $Cr_2O_7^{2-}$-Lsg. titrieren läßt. Die Titration kann auch unter Verw. eines Chemiluminescenzindicators erfolgen. Als geeignet erweist sich Siloxen, das am Endpunkt ca. 1–2 Min. lang ein orangefarbenes Licht aussendet. Die Standardabweichung des Verf. beträgt ca. ±0,1%.
H. Kuchenbecker. G 297◇

1603 **Analytische Chemie der Seltenerdmetalle.** 3. Mitt. **Lösungsmittelextraktionsverhalten von Seltenerdmetall-1-(2-pyridylazo)-2-naphthol-(PAN)-Chelaten.** Shozo Shibata und Yoshio Ishiguro. (Rep. Government ind. Res. Inst., Nagoya **11,** 318–21, **1962;** jap., Auszug: engl.) — 2. vgl. C. **1963,** 19725. — Beschreibung der qual. Rk. von PAN mit Seltenerdmetallionen. Als Extraktionsmittel werden CCl_4, Chlf., Bzl., Ae., iso-Amylalkohol u. Aceton angewandt.
D. Hass. G 303◇

1604 **Trennung und Spektrophotometrische und spektrographische Bestimmung einiger Seltenerdmetalle in Uranverbindungen.** L. Lorenzini, C. Stoppa und W. Barbieri. (Metallurgia ital. **54,** 380–86, **1962;** Milano, CNEN; ital.) — Aus der stark salzsauren Lsg. der zu untersuchenden U-Verb. wird das U mit Hilfe des Chlorhydrats von Triisooctylamin (Xylollsg. 0,3 m) unter Zusatz von 5% Octylalkohol extrahiert. Hierauf werden die Seltenerdmetalle (I) entweder mit Hilfe einer 0,5 m-Lsg. von Thiophenyltrifluoraceton in Xylol oder chromatograph. mit Hilfe des Anionenharzes Dowex 1 × 8 extrahiert. I wird hierauf global spektrophotometr. bestimmt, während Gd, Sm, Dy u. Er quant. spektrograph. mit Hilfe ihrer Fluoride bestimmt werden. Das Verf. wird genau beschrieben.
C. Gottfried. G 303△

1605 **Halbmikroquantitative Bestimmung von Germanium in Gegenwart von Zink durch Röntgenfluorescenz.** F. Potenza und M. Potenza Fiorentini. (Metallurgia ital. **54,** 364–66, **1962;** Milano, Univ., Osservatorio di Astronomia u. Milano, Univ., Ist. die Miner.; ital.) — Vff. beschreiben eine Meth. zur halbquant. Best. von Ge speziell in der Zinkblende, wobei bemerkt wird, daß die Meth. auch für andere Fälle anwendbar ist. Die Verss. wurden an künstlichen Gemischen durchgeführt. Es wurde gefunden, daß sich noch Geh. von 1‰ Ge mit Sicherheit feststellen bzw. bestimmen lassen. Bei einem Ge-Geh. von 0,5‰ ist die GeK_α-Linie noch unterscheidbar, bei einem Geh. von 0,3‰ ist die Linie nicht mehr erkennbar.
C. Gottfried. G 326△

1606 **Die Abscheidung und Trennung von Niob und Titan aus Oxalsäurelösungen durch die Ionenaustauschmethode.** I. D. Fridman und I. N. Judina. (J. angew. Chem. [UdSSR] **32,** 1914–18, **1959;** Zentr. Forsch.-Inst. für geolog. Schürfung; russ.) — Die Trennung Ti–Nb wird an dem Anionenaustauscher EDE 10P (in Cl^--Form) vorgenommen. Nb wird selektiv eluiert mit 2 m (10%) NaCl, Ti mit 1 m HCl. Der Austauscher wird im Verlauf der Elution vollständig regeneriert. Bei dem Ausgangsverhältnis $Nb_2O_5:TiO_2 = 1:0,8$ wurde 98,0%ig. Nb_2O_5 gewonnen. Aus den Eluaten werden Nb_2O_5 sowie auch Ti-Oxidhydrat mit NH_3 bei etwa pH = 7 abgeschieden.
S. Slabóchová. G 331◇

1607 **Spektrophotometrische Bestimmung von Niob in spaltbaren Uranlegierungen.** J. J. McCown und D. E. Kudera. (Analytic. Chem. **35,** 1545–46, **1963;** Idaho Falls, Idaho, Argonne Nat. Labor.; engl.) — Bei der Herst. von Reaktorbrennstoffen ist es nötig, bis zu 0,01% Nb in U-Legg. mit Mo, Ru, Pd, Rh u. Zr zu bestimmen. Nach der Entfernung der störenden Kationen wird Nb in einem Extraktionsgemisch aus HCl, H_2SO_4 u. Weinsäure mit NH_4SCN versetzt u. mit Äthylacetat ausgeschüttelt. Die Extinktion des $Nb(SCN)_5$ wird bei 385 nm gemessen.
Ulrike Schmidt. G 331

1608 **Volumetrische Bestimmung von Wismut durch Fällung mit Oxalsäure.** Halina Basińska, Krystyna Orylska und Zofia Murawska. (Chem. analit. [Warszawa] **8,** 151–55, **1963;** Toruń, Copernicus Univ., Dep. of. Inorg. Chem.; pol.) — Die schwach schwefelsaure Bi-Lsg. wird mit einem Überschuß von Oxalsäure versetzt. Vom ausgefallenen $Bi_2(C_2O_4)_3$ wird abfiltriert u. im Filtrat der Überschuß an Oxalsäure mit $KMnO_4$-Lsg. bestimmt. Nach dieser Meth. lassen sich Bi-Mengen zwischen 0,01 u. 1 g bequem bestimmen, wobei der Fehler in derselben Größenordnung liegt wie bei der gravimetr. Best. als BiOJ.
H. Kuchenbecker. G 334◇

1609 **Anwendung des Ionenschmelzens zur Anreicherung von Verunreinigungen bei der spektrographischen Analyse von reinem Wismut.** E. Je Konowalow, Sch. I. Peisulajew, G. P. Pintschuk, I. Je. Larinowa und L. I. Kondratjewa. (J. analyt. Chem. [UdSSR] **18,** 624–33, **1963;** russ., Auszug: engl.) — Bedingungen für eine 20–30fache Anreicherung von Ag, Cu u. Tl in Bi mit Hilfe des Zonenschmelz-Verf. werden mitgeteilt. Ferner werden zwei Meth. zur spektrograph. Analyse von Ag, Cu, Tl, Cd, Te, Pb, Sn, Zn, In, Sb, Fe, Ni, Cr, Mn, Al, Mg, Ca u. B in Bi in der nicht Zonenschmelzen konz. Probe angegeben. Hierbei wird das Bi entweder als Pulver im Gleichstrombogen oder in Form einer gepreßten Elektrode im Funken angeregt. Die Auswertung erfolgt anhand eines einzigen Spektrogramms. Die Empfindlichkeit beträgt 10^{-4}–10^{-7}%. Weiterhin werden Angaben zur Herst. von Standardproben gemacht.
H. Kuchenbecker. G 334◇

1610 **Bestimmung von Chromat und Dichromat bei gleichzeitiger Anwesenheit.** Ju. W. Chodakow, T. M. Shurawlewa und W. W. Miltschenko. (Betriebs-Lab. [UdSSR] **29,** 929, **1963;** Moskau, Ordshonikidse-Luftfahrt-Inst.; russ.) — Zur Lsg. wird Ba-Salz im Überschuß zugegeben, wobei $BaCrO_4$ ausfällt u. die sich aus dem Dichromat bildende Säure nach Phenolphthalein titriert werden kann. Das Verf. ist zur Kontrolle von Chromierungsbädern besser geeignet als die pH-Kontrolle mit Gaselektrode.
R. Gerbatsch. G 335◇

1611 **Photometrische Molybdänbestimmung mit Phenylhydrazin.** 1. Mitt. **Neue Untersuchungen über den Phenylhydrazin-Molybdänkomplex.** I. Bozsai. (Talanta [London] **10,** 543–50, **1963;** Budapest, Csepel Eisen- u. Metallwerke, Zentrallabor; dt.) — Phenylhydrazin (I) bildet mit Molybdationen (II) je nach Bedingungen in W. lösl. oder unlösl. farbige Komplexe. Bei Mo-Konzz. unterhalb von 0,1 m Mol/Liter bildet sich kein Niederschlag. Die Art der Farbe u. die Farbintensität hängen von der Konz. an **I** u. **II**, vom pH-Wert, von der Temp. u. von der Wartezeit ab. Der günstigste pH-Bereich liegt zwischen 2,2 u. 2,5 (Phosphatpuffer). Das Absorptionsmaximum liegt bei 505 nm u. verschiebt sich mit steigendem pH-Wert nach größeren Wellenlängen. In alkal. Lsg. ist der Komplex unbeständig. Stark oxydierende Anionen, wie MnO_4^-, $Cr_2O_7^{2-}$, $S_2O_8^{2-}$, ClO_4^-, ClO_3^-, BrO_3^- u. JO_3^- geben mit I gelbe Rk.-Prodd. u. stören daher bei der Mo-Bestimmung. Aus SeO_4^{2-}, TeO_4^{2-} u. Pd(II)-Lsgg. fällt mit I elementares Se, Te u. Pd. Oxal-, Ameisen- u. Borsäure stören ebenfalls. Bei größeren Mo-Konzz. (> 4 mg/100 ml) fällt ein rotvioletter Nd. (F. > 270°) aus. Der violette Farbton wird wahrscheinlich durch koll. Molybdänblau hervorgerufen. Die Analyse des Nd. zeigt, daß pro Mol. je zwei Phenyl- u. Iminogruppen, eine Azogruppe sowie Mo_2O_5 enthalten sind. Formel u. Konstit. des Komplexes sowie eine Deutung für den Rk.-Mechanismus werden angegeben. H. Kuchenbecker. G 336

1612 **Mikroanalyse unter Zugabe von Ionenaustauschern.** 22. Mitt. **Nachweis von Nanogrammengen Molybdän (VI) mit Tiron.** Masatoshi Fujimoto, Naoyuki Fukabori und Yukio Nakatsukasa. (Analytica chim. Acta [Amsterdam] **29,** 335—39, 1963; Hongo, Tokyo, Univ. of Tokyo, Fac. of Sci., Dep. of Chem.; Chiba, Chiba Univ. Coll. of Arts and Sci., Dep. of Chem.; engl.) — 21. vgl. C. **1963,** 5954. — Es wird eine Harztüpfelmeth. unter Verw. von Dowex 1—XI, —X 2, —X 4, —X 10 u. Dowex 2—X2 in der Cl^-- oder NO_3^--Form beschrieben. Verbb. des Tirons mit Molybdän (VI) färben in Ggw. von EDTA die Harzphase intensiv gelb. Die Erfassungsgrenze beträgt 8 ng (1:5 · 10^6), V(V), Cr(VI), U(VI), Ti(IV), Pd(II), Pt(IV), Ag(I) u. Au(III) stören. U kann auf ähnliche Weise nachgewiesen werden; Erfassungsgrenze 20 ng (1:2 · 10^6). G. Kynast. G 336◇

1613 **Bestimmung von Gasen in Molybdänblech.** Ju. A. Kljatschko, T. A. Ismanowa und Je. M. Tschisstjakowa. (Betriebs-Lab. [UdSSR] **29,** 923—24, 1963; Moskau, Zentr. Bardin-Forsch.-Inst. für Schwarzmetallurg.; russ.) — Annehmbare Entgasungszeiten von *Mo*-Proben beim Heißextraktionsverf. können durch Verw. von Fe oder Ni als Badmetall bei einer Extraktions-Temp. von 1700° erreicht werden. Bei der Analyse von *Mo*-Blech empfiehlt sich die Entfernung oberflächlich adsorbierter Gase(CO, H_2, CH_4) durch Erhitzen auf 250° u. anschließende Analyse ohne neuerliche Berührung mit der Atmosphäre. Best. von *Sauerstoff, Wasserstoff* u. *Stickstoff.* R. Gerbatsch. G 336◇

1614 **Ein neues Reduktionsmittel. Reduktion von Vanadin (IV) und Uran (VI) mit Eisen(II)-Ionen in Brenzcatechin-Lösungen.** John W. Miller. (Talanta [London] **4,** 292—93, 1960; Bartlesville, Okla., Phillips Petroleum Co., Res. Div.; engl.) — U(VI) u. V(IV) können als Brenzcatechin-Komplexe mit Fe(II) red. werden. Auf diese Weise lassen sich Uranyl- u. Vanadyl-Brenzcatechin direkt mit Fe(II)Lsg. titrieren, wobei die Endpunktsanzeige potentiometr. oder amperometr. erfolgen kann. Gleichzeitige Best. von V(IV) u. U(VI) ist nicht möglich. E. Miessgang. G 339◇

1615 **Untersuchung der Wirkung von Ti, Th und Zr auf die Genauigkeit der spektrochemischen Bestimmung geringer Uranmengen.** T. M. Moroschkina. (Nachr. Leningrader Univ., **17,** Nr. 10, Ser. Physik Chem. Nr. 2, 152—56, 1962; russ., Auszug: engl.) — Ti, Th u. Zr vermindern die relative Intensität eines Paares von U- u. Mo-Linien. Der Nachw. von U in Ggw. von Ti, Th u. Zr ist bei U-Konzz. ≧ 0,02% möglich.
P. Kurzmann. G 339◇

1616 **Erfahrungen bei der Einführung von zwei Apparaturen DFS-10 im Dneprospezstahlwerk.** W. N. Wowk, Je. I. Gorewa, Ss. I. Kulik und T. M. Leuta. (Nachr. Akad. Wiss. UdSSR, physik. Ser. **26,** 907—09, 1962; russ.) — Der Einsatz des automat. 36-Kanal-Konkavgitterspektrometer DFS-10 zur Analyse von niedrig- u. mittellegierten Stählen im Stahlwerkslabor. u. die dabei gewonnenen Erfahrungen werden beschrieben.
R. Gerbatsch. G 354◇

1617 **Methoden der chemischen Analyse von Stählen und Gußeisen.** W. D. Konkin und G. A. Klemeschow. (Standardisierung [UdSSR] **27,** Nr. 1, 27—29, 1963; russ.) — Überblick über die in GOST 2331—43 vorgesehenen Vorschriften zur Best. der in unlegiertem Stahl u. Gußeisen vorhandenen Begleitelemente (C, Graphit, S, P, Si, Mn u. As). H. Hochstein. G 354◇

1618 **Die Fe-Linien 2714,41 Å und 3888,51 Å als Vergleichslinien bei der quantitativen Analyse von Schnelldrehstählen. Betrachtungen über die Anwendbarkeit der Korrektur des Fe mit Hilfe des reflektierten Strahls bei dieser Analyse.** V. De Leo. (Metallurgia ital. **54,** 355—60, 1962; Aosta, Naz. Cogne.; ital.) — Unter Bezugnahme auf eine Unters. von Bennussi u. Mitarbeitern (vgl. C. **1962,** 15711) berichtet Vf. über eine systemat. Unters. der Verwendbarkeit der Fe-Linie 2714,41 Å als inneren Standard bei der quant. Best. von Mn, Cr, Mo, V u. Co u. der Fe-Linie 3888,51 Å bei der Best. von Si u. W in Schnelldrehstählen. C. Gottfried. G 354△

1619 **Zur Genauigkeit der Erzanalyse nach der Reflexions methode.** W. G. Guglja, Pen-Tschei Zsjan und A. A. Shuchowitzki. (Betriebs-Lab. [UdSSR] **29,** 579—80, 1963; Moskau, Inst. für Stahl u. Leg.; russ.) — In Erzproben mit gleichem Kornaufbau ist die Genauigkeit der *Fe*-Best. nicht vom Gesamtgeh. an Fe abhängig. Anwesende Fremdbestandteile wie CaO, H_2O u. S beeinflussen die Reproduzierbarkeit von β-Reflexionsmessungen. Durch sorgfältige Aufnahme von Eichkurven an chem. ähnlichen Substanzen kann die Genauigkeit auf mehr als ± 0,4% gesteigert werden.
Iris Berger. G 354◇

1620 **Eine Halbmikrovorschrift für die Bestimmung von Eisen (II) in nicht widerstandsfähigen Silicatmineralen.** Robert Meyrowitz. (Amer. Mineralogist **48,** 340—47, 1963; Washington, D. C., U. S. Geol. Surv.; engl.) — Der FeO-Geh. von 25—100 mg-Proben von Silicatmineralien wurde halbmikrovolumetr. bestimmt: Lösen durch Erhitzen in HF u. H_2SO_4 in überschüssiger $K_2Cr_2O_7$-Lsg. aufnehmen u. Rücktitration des $K_2Cr_2O_7$-Überschusses mit einer Lsg. von $Fe(NH_4)_2(SO_4)_2 \cdot 6H_2O$ in Ggw. von H_3PO_4 mit Na-Diphenylaminsulfonat als Indikator. Die Ergebnisse stimmen mit denen von Makrometh. überein. Ernst Schulte. 5292◇

b) Organische Verbindungen

1621 **Absorptionsröhrchen aus Metall für die organische Analyse.** A. R. Ronzio. (Microchem. J. [New York] **5,** 607—10, 1961; Denver, Colo., Radiological Res. Inst., Inc.; Los Alamos, N. Mex., Los Alamos Sci. Labor.; engl.) — Da Absorptionsröhrchen aus Glas sich leicht elektr. aufladen, vor allem in Gebieten mit niedriger Luftfeuchtigkeit, u. das Gleichgew. mit der Raumtemp. sich sehr langsam einstellt, wurden dafür Metallröhrchen verwendet. Die Herst. der Röhrchen aus rostfreiem Stahl wird genau beschrieben. Fr. Voigt. 5350◇

1622 **Untersuchungen über die organische Mikroanalyse.** 16. Mitt. **Eine Untersuchung der Reaktionsprodukte im Verbrennungsrohr einschließlich eines modifizierten gefüllten Rohres bei der direkten Bestimmung von Sauerstoff.** Kazuo Imaeda. (J. pharmac. Soc. Japan [Yakugakuzasshi] **78,** 30—35, 1958; Kyoto, Univ., Med. Fac. Pharmaceut. Inst.; jap., Auszug: engl.) — Vgl. C. **1962,** 18217. — Bei der direkten O_2-Best. wird bes. auf die Bldg. von HCN in Ggw. von N_2 hingewiesen, das nach den üblichen Meth. nur schwer u. nicht vollständig zu CO_2 verbrannt wird. Gleichzeitig wird eine Meth. zur Fixierung von S beschrieben u. eine neue App. angegeben.
W. Hampel. 5352△

1623 **Verbesserte Methode zur direkten Bestimmung des Sauerstoffs in organischen Substanzen.** Je. A. Bondarewskaja und M. O. Korschun. (J. analyt. Chem. [UdSSR] **18,** 644—49, 1963; russ., Auszug: engl.) — Der Einfl. der Temp. auf den Blindwert bei der O-Best. nach Korshun u. Unterzaucher wurde untersucht. Durch Verw. von mit Ruß überzogenem Ni konnte die Temp. zur Umsetzung des O zu CO_2 herabgesetzt werden. Blind- u. Analysenprobe werden gleichzeitig untersucht. Der experimentelle Fehler betrug ± 0,2 — 0,3%.
H. Kuchenbecker. 5352◇

1624 **Mikrobestimmung von Sauerstoff.** 6. Mitt. **Ergebnisse der Routineanalyse.** Tetsuro Kōno, Keiko Satō, Mizue Suzuki und Ikuko Isobe. (J. agric. chem. Soc.

Japan [Nippon Nôgei-Kagaku Kaishi] **31,** 587–92, 1957; Tokyo, Univ., Dep. of Agric. Chem.; jap.) – 5. vgl. C. **1962,** 18582. S. Hess. 5352◇

1625 **Bestimmung von Stickstoff in organischen Verbindungen unter Verwendung von Ionenaustauscherharzen.** R. A. Shah und A. A. Qadri. (Talanta [London] **10,** 1083–86, 1963; Karachi-Cantt., Pakistan Council of Sci. and Ind. Res., Central Labor.; engl.) – Organ. N-Verbb. werden im Einschlußrohr mit konz. H_2SO_4 aufgeschlossen. Die Lsg. wird auf den Anionenaustauscher-Amberlite IRA-400 gegeben. der in zwei übereinanderliegenden Säulen angeordnet ist. Die obere Säule enthält das Harz in der OH^--Form, die untere in der J^--Form. Das so in NH_4J umgewandelte $(NH_4)_2SO_4$ wird nach der Meth. von Leipert bestimmt. Folgende Verbb. wurden untersucht: *$(NH_4)_2SO_4$, Hippursäure, Phenylthioharnstoff, α-Benzoinoxim, DL-Lysin, Phenacetin, Diphenylamin.* G. Kynast. 5352◇

1626 **Beobachtungen über die Stickstoffbestimmung. 3. Mitt. Modifizierte Mikro-Dumas-Methode unter Verwendung von Raney-Nickel.** Satosi Mizukami, Keikichi Miyahara und Kazue Numoto. (J. pharmac. Soc. Japan [Yakugakuzasshi] **78,** 842–45, 1958; Imafuku, Amagasaki, Hyogo-ken, Sionogi & Co., Ltd. Res. Labor.; jap., Auszug: engl.) – 2. vgl. C. **1961,** 17688. – Die Verw. von trockenem Raney-Ni bewirkt die Entfernung des O_2 u. vollständige Red. der N-Oxide ohne Dissoziation des CO_2. H. Krause. 5352△

1627 **Zur Oxydation von Aminosäuren bei der Mikroelementaranalyse stickstoffhaltiger organischer Verbindungen.** Je. I. Margoliss und M. N. Dobronrawowa. (Nachr. Moskauer Univ., Ser. II **17,** Nr. 5, 79–82, 1962; Lehrst. für organ. Chem.; russ.) – Durch Verbrennen organ., Aminstickstoff enthaltender Substanzen bei 450 bis 500° im O_2-Strom im Gemisch mit $AgMnO_4$, das vorher auf 110–120° bis zur beginnenden Zers. erhitzt wurde, lassen sich 90–93% des N-Geh. zu NO_2 oxydieren. Die Abweichungen der Analysenwerte betragen dabei höchstens ± 0,2 abs. %. Erprobt wurde die Meth. an *Phenacetursäure, N-Phenylphenylacetamid, Diphenylamin, Glycin* u. *Anthranilsäure.* Helmut Schäfer. G 5352△

1628 **Eine einfache Methode zur Mikrobestimmung von Bor allein oder gleichzeitig mit Stickstoff und/oder Phosphor in organischen Verbindungen.** Robert C. Rittner und Robert Culmo. (Analytic. Chem. **35,** 1268–69, 1963; New Haven, Conn., Olin Mathieson Chem. Corp.; engl.) – Die Probe (0,5–2,0 mg B) wird im Kjeldahl-Quarzkolben mit konz. H_2SO_4 u. $Se/K_2SO_4/CuSO_4$ 30 Min. lang zersetzt. Soll nun B allein bestimmt werden, wird die Lsg. mit CO_2-freiem W. auf ca. 275 ml verd. u. mit 0,01 n NaOH-Lsg. u. nach der Meth. des fixierten pH-Wertes (7,10) titriert. Bei gleichzeitiger Best. von N u./oder P setzt man zur Zers. noch H_2O_2 hinzu, füllt die Lsg. auf 50 ml auf u. bestimmt in aliquoten Teilen B wie angegeben, N nach Kjeldahl u. P spektrophotometr. mit Ammoniumvanadat u. -Molybdat. Die Standardabweichungen u. die relativen Fehler betragen für B ± 1,5% bzw. ± 0,05%, für N ± 0,07% bzw. 1,34% u. für P ± 0,16% bzw. ± 0,30%. A.-M. Fretzdorff. 5352◇

1629 **Anomale Reaktionen bei der Zeisel-Alkoxyl-Bestimmung.** D. M. W. Anderson und J. L. Duncan. (Chem. and Ind. **1959,** 457; Edinburgh, Univ., Dep. of Chem.; engl.) – Durch Verw. geeigneter Gaszellen können ca. 1 mg Alkoxyljodide (aus *Ephedrin, Atropin, Narcotin, Codeinphosphat, Vanillin, Phenacetin*) mit einer Genauigkeit von ± 1% IR-spektrograph. im Anschluß an die Zeisel-Mikrork. bestimmt werden. Der Vorteil der Meth. liegt darin, daß mehrere niedere Alkoxyle nebeneinander bestimmt werden können, u. die Meth. eine Unterscheidung zwischen Äthern u. Estern gestattet, da letztere zusätzlich CO_2 entwickeln. Bei kinet. Unterss. dieser Rk. gaben Ehrlich-Sachs-Ester aus p-Nitroso-N-dialkylanilinen u. Cyanessigestern anomale Alkoxylwerte. Die gleichen fehlerhaften Ergebnisse erhielten Vff. für *tert.-Butyl-p-hydroxyanisol* u. für *2.6-Di-tert.-butyl-p-kresol*; diese beiden Verbb. ergaben zusätzlich zu 1 Mol. CH_3J 0,5 Mol. tert.-Butyljodid. A.-M. Fretzdorff. 5360◇

1630 **Untersuchungen über die organische Mikroanalyse. 3. Mitt. Bestimmung von Methoxy- und Äthoxygruppen.** Minoru Fukuda und Tatsuei Sai. (J. pharmac. Soc. Japan [Yakugakuzasshi] **78,** 101–02, 1958; Osaka, Univ., Pharmaceut. Fac.; jap., Auszug: engl.) – 2. vgl. J. pharmac. Soc. Japan [Yakugakuzasshi] **76,** [1956], 1041; 1. vgl. C. **1963,** 5963. – Bei der Best. mit HJ kann statt N_2 oder CO_2 auch Luft verwendet werden, ohne daß die Genauigkeit der Analyse leidet. W. Hampel. 5360△

1631 **Untersuchungen über die organische Mikroanalyse. 4. Mitt. Eine neue Methode zur Mikrobestimmung von Methoxy- und Äthoxygruppen.** Minoru Fukuda. (J. pharmac. Soc. Japan [Yakugakuzasshi] **78,** 83–86, 1958; jap., Auszug: engl.) – 3. vgl. vorst. Referat. – Beschreibung einer App., in der die Probe mit HJ im Luftstrom aufgeschlossen wird u. die gebildeten Alkyljodide an einem Pt-Kontakt zersetzt werden. Das entwickelte J_2 reagiert mit einer Ag-Gaze, deren Gew. bestimmt wird. Eine Best. dauert 30 Min.; die Fehlergrenze beträgt ± 0,2%. W. Hampel. 5360△

1632 **Anwendungen der Infrarotspektroskopie. 10. Mitt. Die Zeisel-Bestimmung von tert.-Butoxy-Gruppen und die anomalen Reaktionen von tert.-Butylphenolen.** D. M. W. Anderson, J. L. Duncan, M. A. Herbich und S. S. H. Zaidi. (Analyst **88,** 353–58, 1963; Edinburgh, Univ., Dep. of Chem.; engl.) – 9. vgl. C. **1963,** 15551. – Die fehlerhaften u. variablen Resultate bei der Best. von tert.-Butoxy-Verbb. nach Zeisel können eliminiert werden, indem man HJ durch HBr ersetzt. Etwa 2% des entstehenden tert.-Butylbromids werden zu Isobuten zersetzt, der Fehler hierdurch ist jedoch reproduzierbar. Die Rk.-Zeit liegt bei 2–3 Std. u. hängt von der Art der Probe ab. Die Unterscheidung von tert.-Butoxy-Gruppen u. tert.-butylierten Phenolen gelingt durch Kochen mit konst. sd. HCl, wobei erstere 60–80% tert.-Butylchlorid, letztere jedoch nur 0–20% ergeben. Der Rk.-Mechanismus wird diskutiert. Harro Zimmer. 5360◇

1633 **Quantitative Bestimmung von Doppelbindungen in ungesättigten Verbindungen nach der Hydrierungsmethode.** G. L. Besborodko. (Plast. Massen [UdSSR] **1961,** Nr. 1, 59–62; russ.) – Bei der Hydrierung von *Acenaphthylen, kernsubst. Chlorstyrolen, β-Vinylnaphthalin* u. *N-haltigen Heterocyclen* mit Vinylbindung in A. unter Verw. von Platinschwarz oder Pd werden bei Raumtemp. u. normalen Druck nur Äthylen- bzw. Vinyldoppelbindungen hydriert u. die Ringdoppelbindungen nicht betroffen. Die Rk.-Geschw. ist proportional der Katalysator-Menge. Die Meth. kann zur Schnellbest. von ungesätt. Verbb. verwendet werden u. führt zu den gleichen Resultaten wie die Bromierung nach Kaufmann (1929). T. Lukanoff. 5364◇

1634 **Massenspektrometrie für Paraffine.** Shozo Oshima und Akira Katsumata. (Japan Analyst **11,** 850 bis 854, 1962; Maruzen, Oil Co., Res. Center; jap., Auszug: engl.) – Zur Best. der Massenspektren hochmol. Paraffine (n-C_6H_{14}, n-C_8H_{18}, n-$C_{10}H_{22}$, n-$C_{12}H_{26}$, n-$C_{14}H_{30}$, n-$C_{16}H_{34}$, n-$C_{18}H_{38}$, n-$C_{20}H_{42}$ u. n-$C_{22}H_{46}$) wird ein Verf. beschrieben. (Einführung u. Verdampfung der Probe in einem geeigneten Gerät.) W. Wesly. G 510◇

1635 **Typenanalyse von n-Paraffinen und Isoparaffinen durch Massenspektrometrie.** Shozo Oshima. (Japan Analyst **11,** 854–60, 1962; jap., Auszug: engl.) – Vgl. vorst. Referat. – Die Massenspekren von n-C_6H_{14}, n-C_7H_{16}, n-C_8H_{18}, n-C_9H_{20}, n-$C_{10}H_{22}$, n-$C_{12}H_{26}$, n-$C_{14}H_{30}$, n-$C_{16}H_{34}$, n-$C_{18}H_{38}$, n-$C_{20}H_{42}$, n-$C_{22}H_{46}$, *2.2-* u. *2.3-Dimethylbutan, 2-* u. *3-Methyl-, 2.2-, 2.3-, 2.4-* u. *3.3-Dimethyl-, 3-Äthyl-, 2-Methyl-* u. *3-Methyl-3-Äthylpentan, 2-* u. *3-Methyl-, 3-Äthyl-, 2.2-, 2.3-, 2.4-, 2.5-, 3.3-* u. *3.4-Dimethylhexan, 2-, 3-, 4-Methyl-, 2.2-Dimethyl-* u. *3.3.5-Trimethylheptan* u. *2-Methyldecan* werden wiedergegeben. Die Summe der Bandenhöhen von C_nH_{2n}-Ionen mit M/e > 42 u. des mol. Ions kann mit Erfolg auf C_{12}–C_{22}-Paraffine angewandt werden. W. Wesly. G 510◇

1636 **Quantitative Schnellanalyse von Lösungen von Chlorderivaten des Methans nach den Infrarotabsorptionsspektren.** N. A. Goshenko und W. N. Malinko. (Betriebs-Lab. [UdSSR] **29,** 943, 1963; Plankommission der

UkrainSSR, Inst. für Automatik; russ.) — Die Best. von 3—5% CH_2Cl_2 im Gemisch mit $CHCl_3$ u. CCl_4 mit einem relativen Fehler von 5—7% nach der Bande 4456 cm^{-1} auf dem IR-Spektrometer IKSS-12 wird beschrieben. Analysenzeit 7—10 Minuten. Auf die Möglichkeit der automat. Prozeßkontrolle mit einem Filtergerät wird hingewiesen. R. Gerbatsch. G 510

1637 **Quantitative Analyse von Beimengungen in Chloroform nach den Infrarotabsorptionsspektren.** W. I. Kolbassow, Ss. B. Bardenstein und R. W. Dshagatzpanjan. (Betriebs-Lab. [UdSSR] **29,** 938—40, 1963; russ.) — Die Best. von Methylchloroform (1088), 1.1-Dichloräthan (1055), Tetrachloräthylen (906), cis-1.2-Dichloräthylen (850) bis zu 0,005% u. Methylenchlorid (1265) bis 0,02% mit einem relativen Fehler von 3—10% u. der qual. Nachw. von trans-1.2-Dichloräthylen (894), A. (880), Phosgen (1810) u. W. (1610) (in Klammern jeweils die verwendeten Absorptionsbanden in cm^{-1}) mit dem Zweistrahl-IR-Spektrometer IKSS-14 mit NaCl-Prisma in reinem Chloroform wird beschrieben. R. Gerbatsch. G 510◇

1638 **Bestimmung von tert.-Amylalkohol in der Pentan-Amylenfraktion nach den Infrarotspektren.** W. A. Terentjew und M. A. Schaburow. (Betriebs-Lab. [UdSSR] **29,** 940—41, 1963; Nowokuibischew, Filiale des wiss. Forsch.-Inst. für synthet. Alkohole u. organ. Produkte; russ.) — 0,1—100% an tert.-Amylalkohol (**I**) in Pentan–Amylen-Fraktionen können mit einem relativen Fehler von 2—6% nach Isolierung des **I** durch Ausfrieren bei — 18° im Vakuum nach der Bande bei 930 cm^{-1} oder direkt nach der OH-Valenzschwingungsbande bei 3350 cm^{-1} bestimmt werden. Verwendet wurde ein IR-Spektrometer IKSS-12, Schichtdicke — 4 mm. R. Gerbatsch. G 560◇

1639 **Anwendungen der Infrarotspektroskopie.** 11. Mitt. **Bestimmung von 1.2-Diolen durch modifizierte Zeisel-Reaktionen.** D. M. W. Anderson und S. S. H. Zaidi. (Talanta [London] **10,** 691—92, 1963; engl.) — 10. vgl. C. **1964,** 12-1632. — Das zu untersuchende 1.2-Diol wird mit 55%ig. HJ umgesetzt, wobei das entsprechende Olefin sowie das Alkyljodid entsteht. Beide Verbb. können durch IR-Spektroskopie in der Dampfphase im Mikromaßstab bestimmt werden. Eine Überprüfung des Verf. an Äthan-1.2-diol ergab die Bldg. von 1.2-Dijodäthan als Zwischenprod., das relativ schnell zersetzt wird. Harro Zimmer. G 570◇

1640 **Bestimmung von freiem Äthylenglykol in Polyestern.** O. Mlejnek und H. Sečkářová. (Chem. Zvesti **15,** 760—64, 1961; Bratislava, Výskumny ústav káhlov a isolantav; slowak.) — Abgeänderte Perjodat-Meth. zur Best. von 1—4% Äthylenglykol (**I**) in **I**-Polyestern mit 2—5%ig. Genauigkeit. Bei Geh. < 1% **I** sinkt die Genauigkeit bei 0,2% **I** auf ± 15%. Freie zweibas. Säuren stören die Best. nicht. M. Hagedorn. G 570◇

1641 **Zur Aldehydbestimmung mit Thiobarbitursäure in der Strahlenchemie.** Dieter Sarrach. (Naturwissenschaften **49,** 394, 1962; Berlin-Buch, Dt. Akad. der Wiss., Inst. für angew. Isotopenforsch.; dt.) — Vf. weist darauf hin, daß die von Täufel u. Zimmermann (C. **1963,** 850) vorgeschlagene Aldehyd-Best. mit 2-Thiobarbitursäure durch H_2O_2 gestört wird. Quant. Best. in Proben, die in Ggw. von Luft (bes. in wss. Lsg.) bestrahlt wurden, sind nur möglich, wenn die H_2O_2-Ausbeute mitgemessen u. berücksichtigt wird. H. Schroeder. G 660◇

1642 **Trennung ungesättigter Dinitrophenylhydrazone in Klassen.** K. De Jong, K. Mostert und D. Sloot. (Recueil Trav. chim. Pays-Bas **82,** 837—42, 1963; Vlaardingen, Unilever Res. Labor.; engl.) — 2.4-Dinitrophenylhydrazone (**I**) ungesätt. Aldehyde (**II**) mit einer oder mehreren isolierten Doppelbindungen können von **I** der α.β- oder α.β.γ.δ-kunjugiert ungesätt. **II** auf mit Ag·NO_3 getränkten Kieselgelsäulen oder auf analog behandelten Al_2O_3-Dünnschichtplatten getrennt werden. Als Laufmittel dienen Gemische aus Bzl., Ae. oder Chlf. mit PAe. (40—160°). Getrennt werden: *Nonanal* (**IV**)/*6-Nonenal* (**V**); *2-Nonenal* (**VI**)/*2.4-Nonadienal* (**VII**); **IV**/**VI**/**VII**; **V**/**VII**; **V**/*2.6-Nonadienal*; *4-Heptenal*; *2-trans-6-cis-Nonadienal*/*2-trans-6-trans-Nonadienal*. W. Kupfer. G 660◇

1643 **Einige Anwendungen der Gaschromatographie in der Fettchemie.** R. K. Beerthuis. (Chem. Weekbl. **59,** 469—69, 1963; Vlaardingen, Unilever Res. Labor.; niederl.) — Übersicht. — 35 Literaturangaben. F. Rosendahl. G 810△

1644 **Anwendung der Gaschromatographie auf die Analyse von synthetischen Fettsäuren.** Hanna Szczepańska. (Chem. analit. [Warszawa] **8,** 621—27, 1963; Warszawa, Inst. of General Chem., Dep. of Chem. and Analysis of Fats; pol.) — Gaschromatograph. Trennung von Carbonsäuren unterschiedlicher Kettenlänge (C_8 bis C_{25}) sowie quant. Best. mit Hilfe eines Ionisationsdetektors wurden durchgeführt. Als stationäre Phase diente Polyäthylenglykoladipinat oder -succinat auf Celit. Als Trägergas wurde 92%ig. Ar verwendet; die Arbeits-Temp. betrug 195°. Die Reproduzierbarkeit der Ergebnisse lag innerhalb von ± 1%. H. Kuchenbecker. G 810◇

1645 **Der Einfluß des Trägermaterials auf die quantitative, gaschromatographische Analyse höherer Fettsäuremethylester.** Henning Bühring. (J. Chromatogr. [Amsterdam] **11,** 452—58, 1963; Hamburg, Univ., Physiol.-Chem. Inst.; dt.) — Unter sorgfältig standardisierten Arbeitsbedingungen werden die Fehlerquellen untersucht, die die Trägermaterialien Sterchamol u. Kieselgur für das quant. Ergebnis der gaschromatograph. Analyse von Fettsäuremethylestern (**I**) bringen können. Sterchamol wird 1. unbehandelt, 2. mit HCl u. KOH gewaschen, 3. mit Hexamethyldisilazan vorbehandelt, 4. mit 2% Na-Laurinat vorbehandelt u. Kieselgur 1. unbehandelt u. 2. mit HCl u. KOH gewaschen verwendet. Als fl. Phase wird in allen Fällen 10% Reoplex (Diäthylenglykoldiadipat) aufgetragen. Als Standardsubstanzen werden Methyllaurinat, Methylstearat u. ^{14}C-Methylpalmitat verwendet. Aus den Ergebnissen folgt, daß bei Verw. von unpräpariertem Trägermaterial eine reversible Adsorption des **I** stattfindet. Die Vorbehandlung des Kieselgurs mit konz. HCl u. methanol KOH u. des Sterchamols mit Hexamethylsilazan oder Na-Laurinat red. diese Adsorption auf ein zu vernachlässigendes Minimum u. beseitigt so die Fehlerquellen, die die Brauchbarkeit der beiden Trägerstoffe beeinträchtigen. K. Dorfner. G 810◇

1646 **Polarographische Bestimmung von Azodiisobutyronitril in Polymeren.** W. N. Dmitrijewa und W. D. Besugly. (Hochmolekulare Verbind. [UdSSR] **4,** 1672 bis 1676, 1962; Allunions-Forsch.-Inst. für Monokristalle; russ., Auszug: engl.) — *Azodiisobutyronitril* (**I**) gibt in 0,02n Tetraäthylammoniumjodid — 92%ig. Methanol eine 2-Elektronenstufe mit dem Halbstufenpotential 1,38 V, das nicht vom pH-Wert abhängig ist. Die Stufenhöhe hängt linear von der **I**-Konz. ab, was eine polarograph. Best. von **I** in Polystyrol ermöglicht. Helmut Schäfer. G 900△

1647 **Bestimmung von Phenol in Gegenwart von Resorcin.** 1. Mitt. **Photometrische Bestimmung mit dem Millonschen Reagens.** Nikodem Sobczak. (Chem. analit. [Warszawa] **8,** 261—66, 1963; Warszawa, Politechn., Dep. of Analyt. Chem.; pol.) — Es lassen sich 0,1—3% Phenol in reinem Resorcin bestimmen, wobei der Fehler nicht größer als 0,8% ist. Für die Best. von Phenol in techn. Resorcin ist die Meth. ungeeignet. H. Kuchenbecker. G 1060◇

1648 **Trennung von Gallussäure und ihren Estern auf dünnen Schichten von Polyamidpulver.** Jiri Davídek. (J. Chromatogr. [Amsterdam] **9,** 363—65, 1962; Prague, Czechoslovakia, Inst. of Chem. Technol., Dep. of Chem. and Food Technol.; engl.) — Zur Trennung von Gallussäure (**I**) u. **I**-Estern benutzt Vff. Dünnschichtplatten mit Polyamidpulver (0,1—0,2 mm ⌀) als Adsorbens. Nach dem vorsichtigen Auftragen der Proben wird aufsteigend entwickelt; die Platte liegt in einem Winkel von ca. 25° in der Kammer. Für 30 cm Laufstrecke werden ca. 45 bis 50 Min. benötigt. Als Laufmittel erwies sich CCl_4–A. (7 : 3) am besten. Das Sprühen der Platten muß vorsichtig geschehen, um die Schicht nicht zu beschädigen. R_F-Werte in Abhängigkeit vom Laufmittel für **I**, Methyl, Äthyl-, Propyl-, Lauryl- u. Octylgallat werden tabellar. angegeben. M. Finke. G 1250◇

1649 **Nachweis von Arylquecksilberverbindungen durch Tüpfelanalyse.** F. Feigl, D. Haguenauer-Castro und E. Libergott. (Microchem. J. [New York] **5,** 565–68, 1961; Rio de Janeiro, Brazil, Miner.-Ministério de Minas e Energie, Labor. da Produção; engl.) — Phenylquecksilberacetat (I) reagiert beim Erhitzen mit Benzolsulfonamid (II) wie folgt: $C_6H_5SO_2NH_2 + C_6H_5HgOOCCH_3 \rightarrow C_6H_5SO_2NHHgC_6H_5 + CH_3COOH$. Die freie Essigsäure kann durch Kongopapier nachgewiesen werden. Auf dieser Rk. beruht ein Nachw. für Aryl-Hg-Verbb. (III), mit dem noch 20 μg I nachgewiesen werden können. Anderes III muß erst durch Zugabe von wasserfreiem Na-Acetat in I überführt werden. Durch Kochen mit Eisessig können auch Diaryl-Hg-Verbb. in I umgewandelt u. nach Verkochen des Eisessigs mit II umgesetzt werden. Genaue Vorschriften werden angegeben. Fr. Voigt. G 1380◇

1650 **Polarographische Bestimmung von Natriumdibutylnaphthalinsulfonat (Nekal BX).** Jan Paściak. (Chem. analit. [Warszawa] 8, 247–54, 1963; Oswiecim, Chem. Works, Res. Labor.; pol.) — Die Best. wird in 0,1m Lsg. von $(C_4H_9)_4NJ$ in Dimethylformamid durchgeführt. Im Polarogramm erscheinen zwei Stufen, von denen die mit dem negativeren Halbstufenpotential, das auf der Red. des Naphthalins beruht, zur Best. von Natriumdibutylnaphthalinsulfonat (I) herangezogen wird. Noch 0,01% I kann mit einer Genauigkeit von 2% bestimmt werden. Die andere Stufe wird durch die Red. des Na^+ hervorgerufen. Das Verhältnis der beiden Stufen zueinander ist konst. u. beträgt 0,92, so daß aus der Höhe der Na-Stufe neben dem Geh. an I auch der Geh. weiterer in der Probe vorhandener Na-Verbb. ermittelt werden kann. H. Kuchenbecker. G 2700◇

1651 **Quantitative Trennung und Bestimmung von Mikromengen eines Gemisches aus Furazol und den isomeren 5-Nitrofuraldoximen durch Chromatopolarographie.** W. Kemula. (Analyt. Chem., Proc. int. Sympos., Birmingham Univ. [U. K.] **1962,** 228–30, 1963; Warsaw, Pol. Acad. of Sci., Phys. Chem. Dep.; engl.) — Da die Halbstufenpotentiale der Red.-Stufen von Furazol (N-[5-Nitro-2-furfuryliden]-3-amino-2-oxazolidon; I) u. den 5-Nitrofuraldoximen [syn- (II) u. anti-Form (III)] so dicht beeinander liegen, daß sie keine Simultanbest. gestatten, war eine chromatograph. Vortrennung nötig. Für diese hat sich im Mikrobereich eine mit 0,1 g krist. [Ni (β-picolin) (γ-picolin)$_3$](SCN)$_2$ gefüllte Säule (0,5 cm ⌀ u. 0,7 cm lang) bewährt. Die Lsgg. von I, II u. II in 40%ig. wss. Dimethylformamid, der 0,3 Mol NH_4SCN u. 6% Picolin zugesetzt sind, wird über die Säule gegeben. I läuft durch, II u. III werden hinreichend getrennt. Der Zeitbedarf liegt bei 30 Min., die Genauigkeit bei $\pm 2\%$. Die Säule ist nach Zwischenspülungen mehrmals zu benutzen. W. Kupfer. G 3061◇

1652 **Dünnschichtchromatographie von Thiophenderivaten.** R. F. Curtis und G. T. Phillips. (J. Chromatogr. [Amsterdam] **9,** 366–68, 1962; Swansea, Great Brittain, Univ. Coll. of Swansea, Dep. of Chem.; engl.) — Vff. untersuchten das chromatograph. Verh. von 26 Thiophenen (I) an Silicagel G- bzw. Al_2O_3 G-Schichten (275 μ). Die unpolaren I wurden an Al_2O_3 G mit PAe. (40–60°) als Laufmittel getrennt, polare I mit Bzl.-Chlf. (9 : 1) oder Methanol an SiO_2 G. Zur Sichtbarmachung diente UV-Licht u. Sprühen mit 0,4%ig. Isatin-Lsg. in konz. H_2SO_4. Durch Erhitzen auf 120° werden die Färbungen verstärkt. R_F-Werte u. Farb-Rkk. werden tabellar. angegeben. M. Finke. G 3071◇

1653 **Einfache chromatographische Trennung von 5-Hydroxytryptophan und Tryptophan.** S. F. Contractor. (J. Chromatogr. [Amsterdam] **11,** 568–70, 1963; London, Queen Charlotte's Maternity Hospital; engl.) — Tryptophan-5-hydroxylase wird an Amberlite CG-50, 400 mesh, von 5-Hydroxytryptophan (I) u. Tryptophan (II) getrennt. Der Austauscher wird 1 Std. lang mit 2n NaOH gerührt, mit W. gewaschen u. dann 1 Std. lang mit 4n HCl zur Überführung in die H-Form gerührt. Die Trennung der beiden Aminosäuren gelingt unter folgenden Arbeitsbedingungen: Trennsäule 27 cm u. 1 cm innerer ⌀, Elutionsmittel dest. W., Fließgeschw. 1 ml/min 97,4% II u. 95,5% I werden wiedergefunden. K. Dorfner. G 3081◇

1654 **Verwendung der Azotometrie.** 15. Mitt. **Bestimmung von Antipyrin.** Masaharu Yamagishi, Makoto Yokoo und Saburo Inoue. (J. pharmac. Soc. Japan [Yakugakuzasshi] **78,** 87–90, 1958; Osaka, Takeda Pharm. Ind., Ltd., Res. Labor.; jap., Auszug: engl.) — 16. vgl. C. **1963,** 19735. — Antipyrin (I) reagiert mit HNO_2 unter Bldg. von Nitroso-I, das mit Zn in verd. HCl zu Amino-I red. wird. Bei Verw. dieser Rk. gelingt die analyt. Best. von I durch Azotometrie nach Iwasaki. Die Fehlergrenze beträgt $\pm 1\%$. W. Hampel. G 3122△

1655 **Bestimmung und Nachweis von HMX (Oktahydro-1.3.5.7-Tetranitro-s-tetrazin.** H. J. Scullion, J. K. Corbett, J. Lewis und J. McCormack. (Chem. and Ind. **1963,** 1463; Woolwich, London; War Office, Chem. Inspectorate; engl.) — Zur Unterscheidung des Oktahydro-1.3.5.7-tetranitro-s-tetrazins (I) von Hexahydrotrinitrotriazin, die aus Hexamethylentetramin gewonnen werden u. die sich nur um eine $CH_2{=}N{-}NO_2$-Einheit unterscheiden, wird der 1 : 1-Molekülkomplex mit Dimethylformamid (II) herangezogen. Er bildet sich quant. aus I u. II; er wird mit CCl_4 fast verlustfrei gereinigt u. kann gravimetr., opt. (Doppelbrechung), colorimetr. u. IR-spektrograph. untersucht werden. W. Kupfer. G 3344◇

1656 **Über die Ionophorese von Zuckern.** Daniel Bourdon, Joannes Cotte und Marie-Louise Gielfrich. (Bull. Soc. Chim. biol. **41,** 181–84, 1959; Rennes, École nat. d'Agricult.; franz.) — Vff. haben eine Mikrometh. zur Best. von *Zuckern,* bes. *Galaktosiden* in Gemischen ausgearbeitet u. beschrieben. Die Ionophorese auf Papier in 0,05m Borax-Milieu, bei pH 9,2 u. 0,45 mA/cm 6,0 V/cm dauert 9 Std. u. ermöglicht die Abtrennung von *Raffinose, Melibiose, Fructose, Stachyose, Saccharose, Maltose, Glucose, Galaktose, Xylose* u. *Rhamnose.* J. Spinka. G 3400◇

1657 **Trennung einfacher Zucker auf Cellulose-Schichten.** A. Schweiger. (J. Chromatogr. [Amsterdam] **9,** 374 bis 376, 1962; Kulmbach, Bundesamt für Fleischforsch., Inst. für Chem. u. Phys.; dt.) — Zur Identifizierung der Hydrolyse-Prodd. pflanzlicher Polysaccharide benutzte Vf. die Dünnschichtchromatographie an Celluloseschichten (0,25 mm; Machery-Nagel Nr. 300), die bei 100° getrocknet wurden. Entwickelt wurde mit Äthylacetat–Pyridin(I)–W. (2 : 1 : 2), wassergesätt. Phenol–1%ig. NH_3 oder Isopropanol–I–Eisessig–Wasser (80 : 80 : 10 : 40), wobei mit dem 1. Laufmittel meist zweimal in der gleichen Richtung entwickelt wird. Nachw. erfolgt mit Anisidinphthalat in A., wobei Hexosen grüne, Pentosen rotviolette, Methylpentosen gelbgrüne u. Uronsäuren braune Flecken ergeben. Nachw.-Grenze 0,1–0,5 μg. M. Finke. G 3400◇

1658 **Colorimetrische Bestimmung von Zuckern mit Äthylmalonat.** Tokuya Harada, Kin-Nou Yoshyi, Kyoto Toda, Reiko Nakai und Ko Kamakura. (J. agric. chem. Soc. Japan [Nippon Nôgei-Kagaku Kaishi] **37,** 80–84, 1963; Osaka Univ., Inst. of Sci. and Ind. Res., Kobe Women Coll.; jap.) H. Franzen. G 3400◇

1659 **Trennung von Ketose und Aldose durch Ionenaustauscherchromatographie.** Susumu Adachi und Hiroshi Sugawara. (Arch. Biochem. Biophysics **100,** 468 bis 471, 1963; Sendai, Japan, Tohoku Univ., Coll. of Agric., Labor. of Animal Prod.; engl.) — Die Meth. von Samuelson-Sjöström zur Trennung von Monosacchariden (*Rhamnose, Fructose, Lacturose, Tagatose, Sorbose, Saccharose, Glucose, Maltose* u. *Galaktose*) an einem Anionenaustauscher (HSO_3^--Form) wurde modifiziert u. zur Trennung von Aldosen u. Ketosen in präparativem Maßstab entwickelt. An der Säule mit Amberlite IRA-400 konnten auch Disaccharidaldosen u. -ketosen durch wiederholtes stufenweises Eluieren mit 75%ig. Propanol u. W. getrennt werden. G. Vogel. G 3400◇

1660 **Dünnschichtchromatographische Untersuchungen an Anthochlor-Pigmenten. Vergleich des natürlichen Bractein-Aglykons mit synthetischem 4.6.3'.4'.5'-Pentahydroxy-Auron.** R. Hänsel, L. Langhammer, J.

Frenzel und G. Ranft. (J. Chromatogr. [Amsterdam] **11**, 369–75, 1963; Berlin, FU, Inst. für Pharmakognosie; dt.) — Auf mit Na-Acetat gepufferten Kieselgel G-Schichten lassen sich Anthochlor-Pigmente mit Bzl./Essigester/Ameisensäure (4,5 : 3,5 : 2), Chlf./Essigester/Ameisensäure (6 : 3 : 1 bzw. 5 : 4 : 1) u. Toluol/Ameisensäureäthylester/Ameisensäure (5 : 4 : 1) als Laufmittel trennen. Die Zusammenhänge zwischen der Anzahl der Hydroxy- u. Methoxygruppen im Mol. u. dem R_f-Wert werden mit Hilfe folgender Anthochlore ermittelt: 6.2'-Dihydroxy-, 6.3'-Dihydroxy-, 6-Hydroxy-.3'.4'-dimethoxy-, 6.4'-Dihydroxy-3'-methoxy-, 4.6.4'-Trihydroxy-3'-methoxy-, 4.6.3'-Trihydroxy-4'-methoxy- u. 4.6.4'-Trihydroxy-3'.5'-dimethoxyauron. Nach dieser Meth. wird natürliches Bractein–Aglykon mit dem durch Entmethylierung von 4.6.4'-Trihydroxy-3'.5'-dimethoxyauron erhaltenem Auron verglichen. H. J. Altmann. G 3450◇

1661 **Dünnschichtchromatographie der Steroide.** Shoji Hara. (Kagaku no Ryôiki [J. Jap. Chem.] **17**, 196–206, 1963; Tôkyô-Yakka-Daigaku; jap.) — Übersicht. — 53 Literaturangaben. E. Maekawa. G 3700◇

1662 **Dünnschichtchromatographie von Steroiden auf stärkegebundenen Silikagel-Chromatographieplatten.** Leland L. Smith und Theodore Foell. (J. Chromatogr. [Amsterdam] **9**, 339–44, 1962; Radnor, Pa., Wyet Labor., Inc.; engl.) — Vff. benutzen Silicagel, das mit Reisstärke gedickt wird, zur Bereitung ihrer Schichten für die Trennung von Steroiden (I). Diese Schichten haben einen pH von 2,7, für säureempfindliche **I** werden sie unter Verw. von 0,1n NaOH hergestellt u. haben dann einen pH von 6,4. Die stärkegebundenen Schichten sind wegen ihrer Haltbarkeit für Routine-Unterss. den gipsgebundenen überlegen. Sichtbarmachung der **I** erfolgt durch Sprühen mit 10%ig. alkohol. Phosphomolybdänsäure-Lsg. u. Erwärmen auf 100°, bis die Lsgm.-Front als blaue Linie erscheint. Dann werden die **I** als blaue Flecken auf citronengelbem Untergrund sichtbar. Reduzierende **I** können nur auf gipsgebundenen Platten nachgewiesen werden. R_F-Werte von C_{18}-, C_{19}-, C_{21}- u. C_{27}-Steroiden werden tabellar. angegeben. M. Finke. G 3700◇

1663 **Dünnschichtchromatographie von Corticosteroiden.** Raymond D. Bennett und Erich Heftmann. (J. Chromatogr. [Amsterdam] **9**, 348–52, 1962; Bethesda, Md., U. S. Dep. of Health, Educ. and Welfare, Publ. Health Seriv., Nat. Inst. of Health, Nat. Inst. of Arthrit. and Metabol. Diseases; engl.) — Beschreibung der dünnschichtchromatograph. Trennung von Corticosteroiden an Silicagel G Platten mit Chlf.(I)–Methanol–Wasser oder Äthylacetat–I–Wasser als Laufmittel. Es konnten Stellungsisomere, axial-äquatorial-Epimere sowie A/B-cis-trans-Isomere glatt getrennt werden. Für Vorverss. wurden Objektträger als Platten verwendet. Sichtbarmachung erfolgte durch 50%ig. H_2SO_4 u. Erwärmen auf 175–200° oder Bromthymolblau u. NH_3-Räucherung. M. Finke. G 3700◇

1664 **Die Analyse von Mischungen tierischer und pflanzlicher Fette.** 3. Mitt. **Trennung einiger Sterine und Sterinacetate durch Dünnschichtchromatographie.** J. W. Copius Peereboom und Henny W. Beekes. (J. Chromatogr. [Amsterdam] **9**, 316–20, 1962; Leiden, The Netherlands, Governm. Dairy Stat.; engl.) — 2. vgl. C. **1963**, 13690. — Vff. beschreiben die Trennung von Sterinen u. Sterinacetaten an Dünnschichtplatten (Keilstreifentechnik) mit unbehandeltem oder mit Undecan imprägniertem Kieselgur G (Merck). Als Laufmittel fanden im ersteren Fall Cyclohexan–Äthylacetat (99,5:0,5), im zweiten Essigsäure–W. (92:8 bzw. 90:10) Verwendung. Die Trennung ist an den imprägnierten Schichten in jedem Falle besser, die Laufzeiten sind jedoch größer. Cholesterin u. Brassicasterin haben den gleichen R_F-Wert, können aber durch Zugabe von 0,5% Br_2 zur mobilen Phase unterschieden werden. Die Sichtbarmachung der Flecken erfolgt nach dem Sprühen mit 20%ig. Phosphomolybdänsäure-Lsg. in A., wobei nach 5–10 Min. bei 90° blaugrüne Bänder auf hellgrünem Untergrund erhalten werden. M. Finke. G 3700◇

c) Bestandteile von Pflanzen und Tieren

1665 **Eine Heizspirale zum zusätzlichen thermischen Transport des Mikrotoms von Porter-Blum.** M. E. Bayer. (Stain Technol. **38**, 255–56, 1963; Hamburg, Tropeninst.; engl.) — Vf. beschreibt ausführlich den Einbau eines Heizelementes in das Ultramikrotom von Porter-Blum (Modell 1, mit mechan. Transport). Das Gerät schneidet dann Objekte mit mechan. u. therm. Transport. Die objekttragende Metallplatte des Mikrotoms wird unter Kontrolle elektr. beheizt, so daß die Schnittstärke variabel ist. Das modifizierte Ultramikrotom ist bes. geeignet für Schnitte von Blutzellen, Knochenmark, Nervengewebe, Zell- u. Virussuspensionen, wenn die Objekte mit OsO_4, $KMnO_4$ oder Formalin fixiert u. in Plexigum, Vestopal oder Epon eingebettet sind. K. Pfordte. 5661◇

1666 **Ein Schnittheber für den Coons-Kryostat.** Jacob Lundy. (Stain Technol. **38**, 250–51, 1963; New York, N. Y., Mount Sinai Hosp., Dep. of Pathol.; engl.) — Es wird ein Manipulator beschrieben, der zum Abheben der Gefrierschnitte vom Messer des Mikrotoms im Coons-Kryostat dient. K. Pfordte. 5661◇

1667 **Beobachtungen über die Bestimmung von Phosphorsäure in Pflanzen.** R. Grosman. (Ann. Inst. nat. Rech. agronom., Sér. A **11**, 357–60, 1960; Dijon, Stat. d'Agronom.; franz.) — Beim Calcinieren von Gräsern bei 450° wird ein Teil des PO_4^{3-} in $P_2O_7^{4-}$ umgewandelt. Die Rückumwandlung des $P_2O_7^{4-}$ in PO_4^{3-} vollzieht sich mit HNO_3 rascher als mit HCl. Die völlige Umwandlung erfordert ein mindestens 15 Min. langes Erhitzen mit viel HNO_3. W. Wesly. 5664◇

1668 **Ein Nachweis von Ca-Ionen in Pflanzenzellen.** W. Bussler. (Z. Pflanzenernähr., Düng., Bodenkunde **97(142)**, 52–58, 1962; Berlin, TU, Inst. f. Pflanzenernährung, Bodenchem. u. Bodenbiol.; dt.) — Zum Ca-Nachw. in mkr. Frischpräpp. von Pflanzen eignet sich mit NaOH neutralisierte Pikrolonsäure (0,264 g auf 100 ml W., Stehenlassen über Nacht, Filtrieren, Neutralisieren), wobei die Menge der Ca-Pikrolonat(I)-Krist. Rückschlüsse auf die Ca-Versorgung erlaubt, schon bevor Mangelerscheinungen auftreten. I-Krist. bilden sich im Plasma, in der Vakuole u. auf den angeschnittenen Zellwänden. K. Maier. 5664◇

1669 **Untersuchung der Mrozewskischen Methode der Titration saurer gefärbter Extrakte aus Früchten und Gemüse zur Bestimmung von L-Ascorbinsäure nach der Tillmanns-Methode.** Stanisław Krauze, Zbigniew Bożyk und Krystyna Korzeń. (Chem. analit. [Warszawa] **8**, 585–87, 1963; Warszawa, Acad. of Med., Dep. of Food Invest.; pol.) — Auf Grund statist. Auswertung der bei der Best. von L-Ascorbinsäure erhaltenen Analysenergebnisse wurde die Meth. von Mrozewski als obligator. für Polen vorgeschlagen. H. Kuchenbecker. 5666◇

1670 **Bestimmung von Ornithin, Lysin, Arginin, Citrullin und Histidin.** Ivan Stewart. (J. Chromatogr. [Amsterdam] **10**, 404–07, 1963; Lake Alfred, Fla., Univ. of Florida, Citrus Exper. Stat.; engl.) — Die durch säulenchromatograph. Trennung (über Dowex 50-X 4) erhaltenen bas. u. sauren Fraktionen alkohol. Pflanzenextrakte werden durch Entw. auf EDTA-imprägniertem Papier aufgetrennt: *Hydroxylysin* (R_F 0,03), *Ornithin* (0,07), *Lysin* (0,12), *Arginin* (0,24), *Citrullin* (0,31), *Histidin* (0,40), Homocitrullin (0,52), *Tyramin* (0,65), *Äthionin* (0,76). — Das Papier wird 15 Min. nach Behandlung mit 0,1 m, mit NaOH auf pH 7,0 eingestellter EDTA-Lsg. in Aceton gewaschen u. bei 65° getrocknet. Entwickelt wird 12 Std. lang bei 27° mit einem Laufmittel aus 190 ml 88%ig. Phenol, 165 ml m-Cresol u. 45 ml einer Lsg., die 3,944 g H_3BO_3 im Liter enthält u. mit NaOH auf pH 9,3 eingestellt ist. Die bei 65° getrockneten, entwickelten Chromatogramme werden nach Anfärbung mit 1%ig. alkohol. Ninhydrin-Lsg. u. erneuter Trocknung entweder densitometr. oder nach Elution mit 50%ig. A. colorimetr. bei 570 nm ausgewertet. Um eine Verfälschung der Ergebnisse zu vermeiden, darf

der Zeitraum zwischen Anfärbung u. Auswertung 30 Min. nicht überschreiten.
F. M. Friedrich-Anderseck. 5666◇

d) Medizinische und toxikologische Analyse

1671 **Schnelltrennung der Serummucoproteine von anderen Folin-Ciocalteu-positiven Substanzen durch Gelfiltration.** M. Ledvina. (J. Chromatogr. [Amsterdam] **11,** 71—76, 1963; Gottwaldov, Distrikt Hosp., Biochem. Zentrallabor.; engl.) — Mit $HClO_4$ deproteinisierte Menschenblutseren wurden in einer mit Sephadex G-25 gefüllten Säule unter Elution mit W. in 3 Fraktionen aufgetrennt. Im Eluat wurden die Folin-Ciocalteu-positiven Substanzen, die an Protein gebundenen Hexosen sowie die polarograph. Aktivität der Fraktionen bestimmt. Fraktion I, die noch in 2 Unterfraktionen zerlegt werden konnte (Filtration über Sephadex G-200), bilden die Mucoproteine; Fraktion II besteht aus Glycopolypeptiden u. niedermol. N-haltigen Substanzen; Fraktion III aus leicht dialysablen Peptiden.
I. Trupke. 5728◇

1672 **Metallionenanalyse durch Emissionsspektroskopie der mit Stärkeblockelektrophorese getrennten Menschenserumproteine.** Mary Jean Long. (Amer. J. med. Technol. **28,** 241—56, 1962; Grand Rapids, Mich., Labor. of Blodgett Memorial Hosp.; engl.) — Menschl. Blutserum wurde mit 0,1 m Veronalpuffer (pH 8,6) während 24 Std. mit 13 mA u. 450 V bei 18° in einem Stärkeblock aufgetrennt, der Block in 5 Teile zerschnitten u. bei jeder der 5 Fraktionen nach Aufnehmen in physiol. Kochsalzlsg. u. Zentrifugieren die Absorption der überstehenden Lsg. spektrophotometr. gemessen, sie entspricht etwa dem Geh. an aromat. Aminosäuren. Darauf wurden die Biuretbest. durchgeführt u. aus den Kurven die 5 Serumfraktionen identifiziert. Die konz. Fraktionen wurden, gegebenenfalls nach Oxydation der Proteine, gemäß der Meth. von Lowe direkt in der Kohlenelektrode spektrograph. analysiert u. die Spektren zusammen mit Vgl.-Spektren aufgenommen. In allen Proteinfraktionen wurde Fe nachgewiesen. Außerdem enthielten die Albuminfraktion Cu u. Mn; die α_1- u. α_2-Globulinfraktionen Cu, Mg, Co, Zn u. Ca; die γ-Globulinfraktion Mn u. Co, während die β-Globuline hauptsächlich nur mit Fe verbunden zu sein scheinen. Verw. größerer Serummengen für die Elektrophorese (3 ml statt 1 ml) sowie Ersatz der Stärke durch Schwammgummi beeinflußt die Resultate ungünstig. Die Meth. könnte sich zur Best. pathol. Veränderungen der Metallwerte in Seren sowie zur Lokalisierung der Enzyme aktivierenden Metallionen in biol. Fll. eignen.
I. Trupke. 5728◇

1673 **Eine einfache colorimetrische Methode zur Bestimmung der gesamten Eisenbindungskapazität von Serum.** J. Fischl und S. Cohen. (Clin. chim. Acta [Amsterdam] **7,** 121—23, 1962; Zrifin, Israel, Chem. Labor. of the „Asaf Harofe" Gov. Hospital; engl.) — Zur Serumprobe wird eine Fe-Lsg. zugegeben. Nach kurzer Inkubationszeit wird der Fe-Überschuß durch ein A.–Ae.–W.-Gemisch entfernt, wobei gleichzeitig Proteine gefällt werden, die das gebundene Fe enthalten. Dieses wird durch Trichloressigsäure in Freiheit gesetzt u. mit Thiocyanat colorimetr. bestimmt. Die unter normalen u. patholog. Bedingungen erhaltenen Werte werden diskutiert. F. Voigt. 5728◇

1674 **Eine vereinfachte Methode zum Nachweis lactischer Dehydrogenase-Isoenzyme im Serum.** H. J. van der Helm. (Clin. chim. Acta [Amsterdam] **7,** 124—28, 1962; Santpoort, Netherlands, Provinciaal Ziekenhuis; engl.) — Die beschriebene Meth. verwendet Nitrotetrazoliumblau zum Anfärben nach der Elektrophorese auf Agargel. Der Vorteil besteht in der Verw. mkr. Objektträger u. in der kurzen Elektrophoresedauer (25 Min.). Die opt. Eigg. des Gels ermöglichen einen Eindruck von den quant. Verhältnissen der verschiedenen Isoenzyme, da die Densitometrie direkt auf dem Objektträger durchgeführt werden kann. Die Meth. ist genügend einfach für den Routinegebrauch in klin. Laboratorien.
F. Voigt. 5728◇

1675 **Eine neue Mikromethode zur Bestimmung der Gesamtfettsäuren im Serum.** Jean Drysdale und J. D. Billimoria. (Clin. chim. Acta [Amsterdam), **5,** 828—33, 1960; London, Westminster Med. School, Dep. of Chem. Path.; engl.) — Die Fettsäuren werden mit A.–Ae. (1:3) extrahiert, ein aliquoter Teil mit NaOH verseift u. der NaOH-Überschuß mit H_2SO_4 neutralisiert. Die freien Säuren werden mit Hexan extrahiert u. mit 0,02 n NaOH-Lsg. im Zweiphasensyst. titriert; Indicator Thymolblau. Vgl. mit der Stoddard-Drury-Standardmakrometh. ergaben eine mittlere Abweichung von 2,2%. Gewebeextrakte mit hohem Fettgeh. bilden bei der Titration Emulsionen, die durch Zusatz einer Mischung aus Isopropanol–Heptan–n H_2SO_4 (40:10:1) beseitigt werden können. H. Ackermann. 5728◇

1676 **Mikrobestimmung von Magnesium in verschiedenen biologischen Flüssigkeiten.** C. Bohuon. (Clin. chim. Acta [Amsterdam] **7,** 811—17, 1962; Paris, Groupe Hospitaliev Necker des Enfants Malades, Labor. Léon Grimbert; franz.) — Zum Nachw. von Mg in biolog. Fll. wird als einfache, genaue u. rasche Mikrometh. die colorimetr. Best. unter Verw. von *Na-7-Hydroxy-5-[2.4-dimethylcarboxanilido]-naphthalin-⟨1-azo-⟩-[2-hydroxybenzol-4-sulfonat]* (vgl. Mann u. Yoe, C. **1956,** 6480) u. Na-Borat sowie abs. A. empfohlen. Es sind dabei nur 0,1 ml Serum oder Cereborspinal- bzw. Lumbal-Fl. notwendig.
U. Tausendfreund. 5731◇

1677 **Mikrobestimmung von Calcium durch Aequorin-Luminescenz.** Osamu Shimomura, Frank H. Johnson und Yo Saiga. (Science [Washington] **140,** 1339—40, 1963; Princeton, N. J., Princeton Univ., Moffet Biol. Labor., and Friday Harbor, Wash., Friday Habor Labor.; engl.) — Aus der Qualle *Aequorea* wurde in Dinatrium-EDTA-Lsg. das Protein Aequorin isoliert, das bei Addition speziell von Ca^{2+} u. in geringem Maße auch von Sr^{2+} Bioluminescenz zeigt. Es ist in gesätt. Lsg. von $(NH_4)_2SO_4$ in Ggw. von EDTA bei — 78° stabil. Zur *Ca^{2+}*-Best. in biolog. Fl. (z. B. in Pferdeserum u. Milch) wurde ein photometr. Verf. ausgearbeitet, mit dem sich 0,01 μg Ca in 2 ml Lsg. quant. bestimmen lassen. Na^+, K^+, Mg^{2+}, PO_4^{3-} u. Protein stören nicht, jedoch wird das Aequorin durch Schwermetallsalze inaktiviert. Für eine Ca^{2+}-Best. samt Eichkurve benötigt man eine Aequorin-Menge, die sich aus einer Qualle extrahieren lassen müßte. I. Balke. 5731◇

1678 **Fluorometrische Bestimmungsmethode von Tetracyclin in biologischen Flüssigkeiten.** W. P. Ssilwesstrow, Ju. Ss. Malow und W. G. Feofilowa. (Laboratoriumswesen [UdSSR] **9,** 16—19, 1963; Militär-med. Kirow-Akad., Lehrstuhl für Hospitaltherapie.; russ.) —Der Nachw. von Tetracyclin (**I**) im Blutserum (**II**) u. im Harn beruht auf der Best. der durch UV-Bestrahlung angeregten (gelben) Fluorescenz des Antibioticums. Aus der zu untersuchenden Fl. wird **I** an Permutit (**III**) adsorbiert, die (3—4 cm hohe) **III**-Säule mit 0,85%ig. NaCl-Lsg. gewaschen, das zurückgehaltene **I** mit A. fixiert u. die Fluorescenz-Intensität der Säule gemessen. Die Empfindlichkeit der Best. in **II** beträgt 0,25—0,50 Einheiten/ml **I**. S. Baryschnikow. 5732△

1679 **Die Bestimmung von Poldinmethylmethosulfat in biologischen Flüssigkeiten.** P. F. Langley, J. D. Lewis, K. R. L. Mansford und D. Smith. (J. Pharmacy Pharmacol. **15,** 100—06, 1963; Betchworth, Surrey, Beecham Res. Labor., Biochem. Dep.; engl.) — [1-Methyl-2-pyrrolidyl]-methylbenzilat (Poldinbase, **I**) wird mit Methylorange gekuppelt u. gleichzeitig in 5 Vol.-% Isopentanol enthaltendem Dichloräthylen extrahiert. Zur quant. Best. wird die opt. Dichte des Extraktes nach Schütteln mit äthanol. H_2SO_4 in 2 cm-Glaszellen bei 525 nm ermittelt. Es werden Vorschriften für die Best. von **I** in wss. Lsgg., in Urin, in Organgeweben u. in Blut mitgeteilt u. der Einfl. des pH u. der Extraktionsbedingungen ermittelt. Während α-Cyclohexylmandelat die gleiche Rk. eingeht, sind N-Methylhydroxyprolin u. N-Methylhydroxyprolinmethosulfat dem Reagens gegenüber unempfindlich. W. Kupfer. 5750◇

1680 **Anwendung der Emissionsspektralanalyse für gerichtsmedizinische Gutachten.** W. M. Kolossowa.

(Nachr. Akad. Wiss. UdSSR, physik. Ser. **26,** 956—58, 1962; Wiss. Forsch.-Inst. für Gerichtsmedizin; russ.) — Kurze Übersicht über die Einsatzmöglichkeiten quant. u. halbquant. spektralanalyt. Verff. in der gerichtsmedizin. Praxis. R. Gerbatsch. 5762◇

1681 **Quantitative Bestimmung und Identifizierung von Barbituraten im Blut in Notfällen.** Harold V. Street und Colin McMartin. (Nature [London] **199,** 456—59, **1963;** Edinburgh, Univ., Dep. of Forensic Med.; engl.) — Der klin. Forderung nach einer auf ± 10% genauen Schnellbest. der speziellen Barbiturate (I) in höchstens 60 Min. wird folgendes Verf. gerecht. Durch mehrstufige Extraktion des Blutserums mit Ae. werden in einer Fraktion **I** neben schwachen, hydrophoben organ. Säuren gewonnen. Das Extrakt wird in aliquoten Teilen bei pH 2 u. 11 UV-spektroskop. (A), papierchromatograph. (B) u. nach Umsatz mit konz. H_2SO_4 erneut UV-spektroskop. (C) untersucht. Verf. A dient zur Gesamt-I-Bestimmung. Verf. B, bei dem der Eindampfrückstand in Chlf. aufgenommen u. auf mit Tributyrin imprägniertem Papier mit m/15 Phosphatpuffer (pH 7,4) bei 95° in 17 Min. chromatographiert wird, trennt das Extrakt in *Phenobarbiton* **(II)**, *Butobarbiton* **(III)**, *Chinalbarbiton* **(IV)** u. *Barbiton* **(V)**. Verf. C, bei dem nach Umsatz mit konz. H_2SO_4 mit Ae. in hydrophobe u. hydrophile Rk.-Prodd. getrennt wird u. bei dem von beiden Fraktionen sauer u. alkal. die UV-Absorption bestimmt wird, ermöglicht aus der opt. Dichte u. der Lage der Maxima die Spaltprodd. dem **V**, **III**, *Amylobarbiton*, **II**, *Cyclobarbiton*, der *Allylisopropylbarbitursäure*, dem **III**, *Diol*, der *Allylisobutylbarbitursäure*, dem **II** u. *Rutenal* zuzuordnen. Das Prinzip, das hier vor allem auf die 5-disubstituierten Derivv. angewandt wird, kann auch bei 1.5.5-, den N-Methyl- u. den Thiobarbituraten benutzt werden, da deren UV-Spektren deutlich abweichen. W. Kupfer. 5762◇

1682 **Analytik des D-Moramid (Jetrium, Palfium).** Karl-Heinz Beyer. (Pharmaz.-Ztg. verein. Apotheker-Ztg. **106,** 1326—29, 1961; Berlin, Landesanst. f. Lebensmittel-, Arzneimittel- u. gerichtl. Chem.; dt.) — Auf Grund von Vergiftungsfällen mit *D-Moramid* **(I)** nach A.-Genuß werden analyt. Daten für die forens. Analyse angegeben. F.: 185° (Kofler). Extraktion: **I** im Rückstand des schwefelsauren Chlf.-Auszuges. Fällungsrkk.: Fällungen mit OH^-, Dragendorffs Reagens, Wolframatokieselsäure, Antimonato-, Molybdato- u. Wolframatophosphorsäure, Pikrinsäure, $AuCl_3$. Farb-Rkk.: keine spezif. u. deutliche Färbung mit Mandelins, Marquis u. Wasickis Reagenz; Fröhdes Reagenz gibt beim Erhitzen eine grüne Färbung, die nach 1 Std. wieder verschwindet. Zur Unterscheidung von *Methadon* **(II)** gibt **I** keine Rk. mit Hydroxylamin, Phenylhydrazin u. m-Dinitrobenzol in alkal. Lsg. sowie keine Hoffmannsche Reaktion. Papierchromatographie: Entw. der Flecke mit modifiziertem Dragendorffs Reagenz oder Bromkresolgrün-Lsg., Empfindlichkeit 10 μg (2—8 μg sind kaum wahrnehmbar). Spektrophotometrie: **I** zeigt im wesentlichen die gleichen Maxima wie **II**, in 50%ig. äthanol. Lsg. (200 μg **I**/ml) wurden jedoch nur 2 Maxima für **I** gegenüber 4 Maxima für **II** bestimmt. Bei therapeut. Dosen ist eine spektrophotometr. Identifizierung von **I** nicht möglich. Eine Meth. zum papierchromatograph. Nachweis von **I** in Urin wird angegeben. S. Erbe. 5762◇

1683 National Research Development Corp., England (Erfinder: James Ephraim Lovelock), **Nachweis und Messung geringer Konzentrationen gas- bzw. dampfförmiger Stoffe.** Die Stoffe werden mit einem Edelgas als Träger, z. B. Ar, vermischt, wobei das Edelgas ein gleiches oder höheres Erregungspotential aufweist als das Ionisationspotential der zu bestimmenden Stoffe u. frei von Verunreinigungen mit niedrigerem Erregungspotential ist. Die Edelgasatome werden durch ionisierende Strahlung bis teilweise zum metastabilen Zustand erregt. Man bestimmt die Ionen-Konz. des Mischgasstromes in bezug auf die Ionen-Konz. des Trägergases unter gleichen Erregungsbedingungen. — Vorrichtungen. — Vgl. D. A. S. 1090003; C. **1961,** 8784. **(F. P. 1219215** vom 6/5. 1958, ausg. 16/5. 1960. E. Prior. 7/5. 1957.) W. Wittholz. 5087

H. Angewandte Chemie

H_1. Allgemeine chemische Technologie

1684 **Unvollständige heterogene Reaktionen und thermisches Gleichgewicht.** Gian Berto Guarise. (Chim. e Ind. [Milano] **44,** 1237—40, 1962; Padova, Univ., Ist. di Impianti chim.; ital.) — Die Bedingungen des therm. Gleichgew. bei heterogenen Rkk. werden untersucht. u. es wird eine Gleichung entwickelt, die die Gleichgew.-Temp. des Katalysatorbettes in einem bestimmten Abschnitt des Reaktors, die Rk.-Geschw. die Gleichgew.-Konz. u. fließmechan. Parameter enthält. Für den stetigen Zustand wird ein Ausdruck für die Wärmeaustausch-Geschw. abgeleitet, der für den gesamten Reaktor gilt. Die Gleichungen für die Stabilität des stetigen Zustandes werden bestimmt u. die Stabilitätsabhängigkeit des Syst. bei mittlerem Wärmeaustausch zwischen aufeinanderfolgenden adiabat. Zuständen nach verschiedenen Meth. gegeben. R. K. Müller. 5800◇

1685 **Berechnungen zur heterogenen Wandreaktion 1. Ordnung in zylindrischen Rohren.** H. J. Schmidt. (Chemie-Ing.-Techn. **34,** 841—42, 1962; Hannover, TH, Inst. für Techn. Chemie; dt.) — Mitt. über mathemat. Vorausberechnungen des Einfl. von Strömung u. Diffusion auf den Umsatz bei chem. Reaktionen. Vf. gibt in einer Tabelle neue Werte in mol/cm² für das Verhältnis der Konz. am Reaktorende zur Ausgangskonz. bei dimensionsloser Verweilzeit. A. Knickenberg. 5800◇

1686 **Grundlagen der Festkörper-Gas-Strömung.** 3. Mitt. **Beschleunigung eines Teilchens in einer Flüssigkeit.** L. B. Torobin und W. H. Gauvin. (Canad. J. chem. Engng. **37,** 224—36, 1959; Montreal, Que., McGill Univ.; engl.) — 2. vgl. C. **1964,** 9-1794. — Zur besseren Charakterisierung der nicht stetigen Bewegung eines Teilchens in einer Fl. untersuchen Vff. die vorhandenen experimentellen u. theoret. Unterlagen. Die Beschleunigungseffekte werden scheinbar durch Oberflächenrauheiten u. erhöhte Turbulenz herabgesetzt. Auf Grund theoret. Überlegungen werden Verallgemeinerungen vorgeschlagen. K. H. Birr. 5800□

1687 **Änderung der Übergangszahlen in Abhängigkeit von der Zeit.** Edward H. Lebeis jun. (Génie chim. **90,** 57 bis 73, **1963;** Philadelphia, Pa., Catalytic Constr. Co.; franz.) — Es wird die Higbie-Gleichung über die Durchdringungstheorie für verschiedene Strömungsformen u. der Bereich ihrer Gültigkeit untersucht. Die Abnahme der Wärme- u. Stoffübergangszahlen im Laufe der Zeit wird quant. gezeigt, die daraus sich ergebenden Folgerungen werden diskutiert. Ein Berechnungs-Verf. für die Übergangszahlen, das den Zeitfaktor berücksichtigt, wird angegeben. W. Renker. 5800◇

1688 **Einfluß des Lückenvolumens auf den Druckverlust in gasdurchströmten Füllkörpersäulen.** G. Sonntag. (Chemie-Ing.-Techn. **32,** 317—29, 1960; Dresden, TH, Inst. für Thermodynamik u. therm. Strömungsmaschinen; dt.) — Eine Druckverlustgleichung zur Best. des Einfl. des Lückenvol. auf den Druckverlust gasdurchströmter Füllkörperschichten verschiedener Gestalt wurde aufgestellt. Die verwendeten Füllkörper waren Stahlkugeln, Zylinder u. Raschig-Ringe. Raschig-Ringe zeigen Abweichungen von der Gleichung, da die Füllkörperhohlräume nur teilweise durchströmt werden. Der Exponent der Reynolds-Zahl zeigt nur von der geometr. Form der Füllkörper Abhängigkeit. Bei gleichem mittleren Lücken-Vol. der Schüttungen ist der Druckverlust unabhängig vom Säulendurchmesser. Mit der Gleichung läßt sich bei verschiedenen Schüttungsquerschnitten u. bekannter Verteilung des Lückenvol. das Geschw.-Feld quant. berechnen. Wolfgang Simon. 5800◇

1689 **Transportphänomene in Keilströmungen: Gestörte Lösungen mit kleiner Stoffübergangsgeschwindigkeit.** R. Prober und W. E. Stewart. (Int. J. Heat Mass Transfer **6**, 221—29, 1963; Madison, Wis., Univ. of Wisconsin, Chem. Engng. Dep.; engl.) — Nach einer Störmeth. können Lösungen der Grenzschichtgleichung für Keilströmungen mit kleiner Stoffübergangs-Geschw. erhalten werden. Diese einfachen expliziten Beziehungen ergeben sich zwischen Impuls-, Wärme- u. Stoffübergangsanteilen u. den Wand- u. Freistrombedingungen u. werden von Vff. für Prandtl- u. Schmidt-Zahlen von 0 bis ∞ bei Keilgeometrien von $\beta = 1{,}0$ bis $-0{,}163$ angegeben. W.-D. Heußner. 5800◇

1690 **Der Einfluß von oberflächenaktivem Mittel auf die Geschwindigkeit von Tropfen und Blasen.** R. M. Griffith. (Chem. Engng. Sci. **17**, 1057—70, 1962; Stanford, Conn., Amer. Cyanamid Co., Engng. Res. Sect.; Engng. Res. Sect. American Cyanamide Comp. Stanford, Co.; engl.) — Einige oberflächenakt. Stoffe (OS) bilden auf Tropfen Kappen mit fast unbeweglicher Oberfläche. Die End-Geschw. bei kleinen Reynolds-Zahlen wird in Beziehung zur Größe der Kappe u. zur Art u. Menge des OS gebracht. Die experimentell erhaltenen Daten stimmen, mit Ausnahme von 2 Fällen, gut mit der Theorie überein. F. Zeidler. 5800◇

1691 **Beitrag zur Thermokinetik der Wärmeaustauscher.** M. Lévêque. (Rev. gén. Thermique **11**, 155—67, 1963; C. N. A. M.; franz.) — Entw. mathemat. Gleichungen u. deren Lösung zur Errechnung der Wärmeübertragung in Wärmeaustauschern u. Glüh-Härte-Öfen. An Hand der dargestellten Diagramme werden an prakt. Beispielen einzelne Fälle durchgerechnet. R. Trucksess. 5814◇

1692 **Bibliographie über Wärmeübergang.** E. R. G. Eckert, E. M. Sparrow, W. E. Ibele und R. J. Goldstein. (Int. J. Heat Mass Transfer **6**, 231—42, 1963; Minneapolis, Minn., Univ. of Minnesota, Dep. of Mechan. Engng.; engl.) — 386 Literaturzitate. W.-D. Heußner. 5816◇

1693 **Bibliographie über Wärmeübergang. — Japanische Arbeiten.** Takashi Satō. (Int. J. Heat Mass Transfer **6**, 243—44, 1963; Kyoto, Univ., Dep. of Mechan. Engng.; engl.) — 42 Literaturzitate. W.-D. Heußner. 5816◇

1694 **Turbulenter Wärmeübergang in einem Kanal mit parallelen Platten.** E. M. Sparrow und S. H. Lin. (Int. J. Heat Mass Transfer **6**, 248—49, 1963; Univ. of Minnesota, Heat Transfer Labor.; engl.) — Für einen Bereich der Reynolds-Zahlen von 10000—500000 werden unter den Bedingungen eines turbulenten Wärmeüberganges zwischen den parallelen Platten eines Kanals die Wärmeübergangscharakteristika u. Reibungsfaktoren bestimmt. W.-D. Heußner. 5816◇

1695 **Wärmeübergang in Grenzschicht-Strömungen längs einer ebenen Platte mit stufenweisem Wärmefluß durch die Wandung.** O. T. Hanna und J. E. Myers. (Chem. Engng. Sci. **17**, 1053—55, 1962; Purdue Univ., School of Chem. Engng.; engl.) F. Zeidler. 5816◇

1696 **Einige Bemerkungen zum Wärmeübergang an einer rauhen Wand.** S. Fabrega. (Rev. gén. Thermique **2**, 35—42, 1963; franz.) — Theoret. Erörterungen über den Wärmeübergang von durch eine Wand getrennten Syst., Gas zu Gas, Fl. zu Fl., Gas zu Fl., unter Berücksichtigung der jeweiligen Konvektions- u. Rauhigkeits-Koeff. bei einer einseitig oder beiderseitig rauhen Wand. R. Kaiser. 5816◇

1697 **Wärmeübertragung aus Gasströmen auf körnige Feststoffe. Eine idealisierte Analyse.** John F. Elliott und Jean C. Humbert. (Blast Furnace, Coke Oven, raw Mater. Committee Iron Steel Divis., Amer. Inst. Mining metallurg., Petroleum Engr., Proc. **20**, 130—57, 1961; engl.) — Eine theoret. Analyse des Wärmeaustausches zwischen einem Gasstrom u. einem Bett aus körnigen Feststoffen wird vermittelt, welche eine Voraussage des Temp.-Profils in Abhängigkeit von Zeit u. Lage ermöglicht. Die Einfl. von Wärme erzeugenden u. verbrauchenden Rkk. sowie die möglichen Wärmeverluste werden behandelt. Zum Erhalt einer handlichen mathemat. Berechnungsformel werden bestimmte vereinfachende Annahmen getroffen. — Diskussion. H. Hochstein. 5816◇

1698 **Gleichzeitiger Wärme- und Stoffaustausch durch Berieselung eines Gases mit einer Flüssigkeit.** A. Gianetto und P. Demaldè. (Chim. e Ind. [Milano] **45**, 173—87, 188—203, 1963; Torino, Ist. Chim. Ind. del Politecnico; ital.) — Die fundamentalen Gleichungen für den Austausch von Stoff u. Wärme zwischen den Phasen eines Gas-Fl.-Syst. (z. B. bei der Wasserdampf-Dest. von organ. Stoffen) unter bestimmten, der Vereinfachung der mathemat. Lösung dienenden Bedingungen werden erörtert. Aus experimentellen Unterss. über die Wasserdampf-Dest. von o-Xylol werden die notwendigen Parameter u. Koeff. für die in Vorschlag gebrachten mathemat. Berechnungsformeln ermittelt. Mit den gefundenen Daten ergibt sich eine gute Übereinstimmung dieser Formeln mit den experimentellen Werten des Stoff- u. Wärmetransports. Die verwendete Dest.-App. wird beschrieben, u. es werden für die Fl.-Temp. 386,2, 457,2 u. 513,2°K die gefundenen Stoff- u. Wärmewerte in Tabellen u. Funktionsdiagrammen wiedergegeben. R. Kaiser. 5816◇

1699 **Wärme- und Stoffaustausch zwischen Dampfblase und Flüssigkeit bei Stickstoff/Sauerstoff-Gemischen.** A. Frank. (Chemie-Ing.-Techn. **32**, 330—35, 1960; Zürich, Eidgen. TH, Inst. für kalor. App. u. Kältetechn.; dt.) — Es wurden Wärme- u. Stoffaustausch zwischen Dampf u. Fl. bei N_2–O_2-Gemischen unter Atm.-Druck verfolgt. Das N_2–O_2-Gasgemisch strömte dabei in einzelnen Blasen von kreisförmigem Querschnitt durch die ruhende N_2–O_2-Flüssigkeit. Entstehung u. Aufsteigen der Blasen in der Fl. wurden in Zeitdehnerfilmen festgehalten. Es zeigte sich, daß das Verstärkungsverhältnis in den untersuchten Intervallen der Variablen abhängig ist von der Fl.-Zus., dem Durchsatz durch die Düse, der Austauschstrecke des Dampfes durch die Fl. u. dem Richtungssinn des Stoffaustausches. — 23 Literaturangaben. Wolfgang Simon. 5816◇

1700 **Wärmeübergang und Reibung in einer zweidimensionalen stockenden Luftströmung mit injiziertem Helium.** E. R. G. Eckert, W. J. Minkowycz, E. M. Sparrow und W. E. Ibele. (Int. J. Heat Mass Transfer **6**, 245—48, 1963; Univ. of Minnesota, Heat Transfer Labor.; engl.) — In einer Übersicht werden die Eigg. von He–Luft-Gemischen, deren Beweglichkeit, Konzz.- u. Temp.-Profile sowie die Reibungsfaktoren u. Wärmeübergangs-Koeff. angegeben. W.-D. Heußner. 5816◇

1701 **Wärmeübergangskoeffizient im Bereich des Blasensiedens.** J. F. Kuong. (Chem. Process Engng. **44**, 37, 1963; engl.) — Nomogramm: Wärmefluß $10^4 < q/A < 2 \cdot 10^6$ BTU/h·ft², Syst.-Druck $1 < p < 1000$ p. s. i. a., Wärmeübergangs-Koeff. $5 \cdot 10^2 < h < 5 \cdot 10^4$ BTU/h·ft²·°F. J. Martins. 5816◇

1702 **Zeitlicher Wärmeaufwand in Speichern.** Z. Rotem, J. Gildor und A. Solan. (Int. J. Heat Mass Transfer **6**, 129—41, 1963; Haifa, Israel, Inst. of Technol., Dep. of Mechan. Engng.; engl.) — Die zeitunabhängige Temp.-Änderung von intern beheizten Fl.-Speichern wird von Vff. bestimmt u. dabei einfach geometr. Modelle (halbunendlich flache Wand u. kugelförmiger Hohlraum) unter Berücksichtigung von Wärmeinhalt der Fl. u. Konvektionswiderstand der Wandungen zur Lösung des allg. Problems betrachtet. W.-D. Heußner. 5816◇

1703 **Eine Untersuchung über Pulverisieren.** C. C. Harris. (Cement, Lime Gravel **38**, 162—67, 1963; Leeds, Univ., Mining Dep.; engl.) — Als Modell für feines Mahlen wird eine logist. Wachstumsfunktion abgeleitet. — 31 Literaturangaben. W. Wesly. 5820◇

1704 **Versuche zur Bestimmung der Teilchenbewegung in Gasstrahlen und des Beanspruchungsmechanismus in Strahlenmühlen.** H. Rumpf. (Chemie-Ing.-Techn. **32**, 335—42, 1960; Karlsruhe, TH, Inst. für mechan. Verfahrenstechnik; dt.) — Die Geschw. von Glasperlen (43,97 u. 157 μm) die von außen in einem runden Freistrahl eintreten, wurde stroboskop. gemessen. Aus den Teilchengeschw. wurde die Strahl-Geschw. längs der Teilchenbahn errechnet. Die maximal erreichbare Strahl-Geschw. der Teilchen in der Strahlachse läßt sich vorausberechnen. Bei Ultraschall-Geschw. (u_0 = 282 m/s) betragen die End-Geschw. der Teilchen: 157 μ = 20—33 m/s, 97 μ = 45 m/s, 43μ = 80 m/s. bei Überschall-Verss. (u_0 = 435 m/s) 157 μ = 45 m/s, 45 m/s, 97 μ = 80 m/s, 43 μ = 120 m/s. Der Zerkleinerungsmechanismus in Strahlmühlen ist durch den Teilchenstoß der im Strahl beschleunigten u. der in den Strahl eindringenden Teilchen zu erklären. Die Zerkleinerung findet in der Nähe der Düsenmündung statt. Wolfgang Simon. 5820◇

1705 **Zeitlicher Ablauf eines Mischungsvorganges.** W. Weydanz. (Chemie-Ing.-Techn. **32**, 343—49, 1960; Göttingen, Penicillin-Ges. Dauelsberg u. Co.; dt.) — Eine Gleichung zur Darst. des zeitlichen Ablaufes eines Mischungsvorganges für rieselfähige Güter wird abgeleitet. Sie wird auf eigene u. fremde Verss. u. auf den Mischvorgang eines neuentwickelten Tetraeder-Mischers angewendet. Es zeigt sich, daß der neue Tetraeder-Mischer gegenüber einem Doppelkonus-Mischer einen 37% geringeren Zeitaufwand für den gleichen Mischungszustand benötigt. Wolfgang Simon. 5822◇

1706 **Herstellung von gemischten Dispergatoren.** Je. A. Myschkin. (Chem. Ind. [UdSSR] **1962**, 250—53, russ.) — Vgl. Chem. Ind. [UdSSR] (1961), 535. — Das *Dispergiervermögen* verschiedener Verbb. wird auf Grund der Absetzzeiten t_1 bzw. t_2 von wss. Rußsuspensionen mit bzw. ohne Dispergatorzusatz durch den Dispergiervermögensindex DI = t_1/t_2 ausgedrückt (Dispergiermittelkonz. 0,01%). Gemische neutraler NH_4-Salze von Mineralölsulfonsäuren als hochmol. Komponente (**I**) mit Sulfonsäuren von „Kerosinkontakt" als niedrigmol. Komponente (**II**) ergeben als höchsten DI 10,5 bei **I**/**II** = = 65:35. Die Natur von **I** ist für den DI von Bedeutung; bei **I** aus der Reinigung von Artschedinsk-Öl wird DI = 1 nicht überschritten. Auch Ca- u. Al-Salze von **I** u. **II** zeigen eine gewisse Dispergierwirkung. Die Oberflächenspannung spielt keine Rolle, die Konz. hat keine eindeutige Bedeutung. Der höchste DI-Wert (>210) wird mit einer 0,02%ig. Suspension bei Verw. von Ca-Sulfonat aus einer bei der Oleumraffination von Ölen u. pyrolyt. Toluol erhaltenen Sulfonsäure erreicht. R. K. Müller. 5824◇

1707 **Nutzen und Mißbrauch der Trompschen Kurve.** Theodor Eder. (Freiberger Forsch.-H. Reihe A Heft **255**, 31—38, 1962; Wien; dt.) — Vgl. Th. Eder, Aufbereitungs-Techn. **2**, [1961] 104—09, 136—48, 313—21. — Es werden Fragen der Trennschärfe behandelt u. die Bedeutung, Anwendung u. Fehlerquellen der Trompschen Kurve diskutiert. J. Heinze. 5828◇

1708 **Chemiefasern im Filterbau.** G. Ray. (Chemiefasern **13**, 414—17, 1963; dt.) — Über die Anwendung von Chemiefasern im Filterbau u. die damit in den verschiedenen Ländern gemachten Erfahrungen wird berichtet. Das Filtrieren von Luft u. Gasen als auch von Fll. wird behandelt. I. Beßer. 5830◇

1709 **Rohrbündelfilter.** R. Berline. (Chem. Process Engng. **44**, 31—32, 1963; Soc. des Filtres Philippe S. A.; engl.) — Bis zu 655 sehr dünne, der Länge nach mit schmalen Schlitzen versehene u. mit Filtertuch überzogene Stahlrohre enthält ein kürzlich patentiertes Filter. Als Vorteile werden genannt die Flexibilität, leichte Auf- u. Abbaumöglichkeit sowie leichte Reinigungsmöglichkeit. J. Martins. 5830◇

1710 **Versuche mit Entstaubern in den Wärmekraftwerken der „Elektrizität von Frankreich". Filterschlauchentstauber und Naßentstauber.** J. Patary. (Rev. gén. Thermique **2**, 583—607, 1963; Électricité de France, Serv. de la Prod. Thermique; franz.) — Vf. schildert die hauptsächlichsten Entstaubertypen (mechan., elektr., Filterschichten- u. Naßentstauber). Die Verss. wurden in techn. Maßstab mit den Rauchgasen aus Dampfkesselkohlenfeuerungen mit Naß- u. Filterschlauchentstaubern ausgeführt. Die Staubkonz. betrug 10—25 g/Nm³ u. die Staubkorngrößen 40% > 50 μm, 30% zwischen 50 μm u. 10 μm u. 30% < 10 μm. Bei der Naßentstaubung wurde das Zerstäubungs- u. das Berieselungsverf. angewandt. Die Naßentstaubung eignet sich bes. für die Endstufe, hinter der mechan. oder elektr. Entstaubung, wobei das Zerstäubungsverf. erheblich bessere Ergebnisse brachte als das Berieselungsverf. Der Reststaubgeh. betrug beim Zerstäubungsverf. 0,1—0,2 g/Nm³ mit einem Wrkg.-Grad von 90—95% je nach dem Staubgeh. am Eintritt in den Naßentstauber. Beim Berieselungsverf. wurden Wrkg.-Grade zwischen 58 u. 80% erreicht. Bes. Probleme entstehen durch die Korrosion infolge des SO_2-Geh. der Rauchgase und durch die Abkühlung dieser Gase auf ca. 40°, wodurch der natürliche Schornsteinzug verschlechtert wird. Die Entstaubung mit Filterschläuchen ist das älteste u. wirksamste Verfahren. Mit Glasfasergeweben können Rauchgase mit Temp. bis zu 250—300° entstaubt werden; Gewebe aus synthet. Fasern eignen sich für Temp. von 130—150°. Die Wirksamkeit der Schlauchfilter ist unabhängig von der Staubkonz., so daß dieses Verf. ohne Vorschaltung anderer Entstaubertypen allein angewendet werden kann. Der Wirkg.-Grad erreicht 99,5%. Die Lebensdauer der Kunstfaserschläuche beträgt 15000—20000 Std. Die charakterist. Merkmale der untersuchten Entstaubungsanlagen sind in Abb., schemat. Darst. u. Tabellen dargelegt u. ausführlich beschrieben. R. Truckseß. 5850◇

1711 **Flüssig-flüssig-Extraktion.** Ir. L. H. de Nie. (Chem. Process Engng. **44**, 20—26, 1963; Delft, Techn. Univ., Labor. Chem. Technol.; engl.) — Veröffentlichungen des Jahres 1961. — 146 Literaturangaben. J. Martins. 5862◇

1712 **Die Anwendung des Stoffübergangs.** F. W. Molyneux. (Brit. chem. Engng. **6**, 692—95, 1961; Birkenhead, Coll. of Technol., Dep. of Chem. Engng.; engl.) — Bei der Fl.-Fl.-Extraktion erfolgt der Stoffübergang mehr durch Wirbeldiffusion als durch Wandreibung u. Molekulardiffusion. In Türmen mit feuchten Wänden wird nur der Stoffübergang durch Wandreibung erhalten. Aus dem Vgl. dieses Stoffübergangs mit dem Gesamtstoffübergang können „Erhöhungsfaktoren" bestimmt werden, mit deren Hilfe Stoffübergangszahlen für industrielle Anlagen vorausgesagt werden können. R. Krämer. 5862□

1713 **Eine Untersuchung über die optimalen Temperaturbedingungen in Kristallisationsanlagen.** 1. Mitt. **Kreislauf der Mutterlauge.** Rolando Rigamonti und Ugo Fasoli. (Chim. e Ind. [Milano] **45**, 153—60, 1963; Torino, Ist. di Chim. Ind. del Politecnico; ital.) — Bei der angenäherten Berechnung der optimalen Temp., bei welcher der Kristallisationsvorgang einer gesätt. Salz-Lsg. ein Minimum an therm. Energie durchläuft, wird von der Clapeyronschen Gleichung ausgegangen. Bei der Modifizierung dieser Formel wird die Besonderheit berücksichtigt, daß die Mutterlauge zum Zweck der Rein-Darst. des Prod. in den Kreislauf zurückkehrt. R. Kaiser. 5868◇

1714 **Sonnenenergie zum Trocknen von festen Stoffen.** George O. G. Löf. (Solar Energy **6**, 122—28, 1962; Denver, Colo.; engl.) C. Gottfried. 5874◇

1715 **Ein Beitrag zur Optimalwertregelung von Chargenprozessen.** Teil 2. O. A. Solheim. (Regelungstechnik **10**, 241—45, 299—302, 1962; Bergen, Norwegen; dt.) — Ableitung von Gleichungen zur Optimalwertregelung von Chargenprozessen. W. Wesly. 5888◇

1716 **Über Einsatzmöglichkeiten automatischer Analysengeräte bei Hochdruckdampfkesseln und in der chemischen Industrie.** H. Fuhrmann. (Tidsskr. Kjemi, Bergves. Metallurgi **22**, 221—32, 1962; Hamburg; dt.) — Beschreibung von neuen Spuren-Analysengeräten, deren Meßprinzip auf colorimetr. Grundlage mit photoelektr. Auswertung beruht. Die Überprüfung von Kesselspeisewasser auf SiO_2-Spuren wird mit Ammoniummolybdat, auf O_2-Spuren mit Hydrazin durchgeführt. Angaben vom Aufbau u. der Wirkungsweise eines Gasspurenanalysators durch Messung der Lichtabsorption nach einer chem. Umsetzung in der Absorptionsfl. Mitt. über den erfolgreichen Einsatz der automat. Geräte auf verschiedenen Gebieten der chem. Großindustrie. A. Knickenberg. 5888◇

1717 **Schnell ansprechende stoßweise Prüfungen durch „Gamma-Milking".** J. E. Gwyn. (Ind. Engng. Chem., int. Edit. **53,** 907–08, Nov. 1961; Deer Park, Tex., Houston Res. Labor., Shell Oil Co.; engl.) — Zur Geschw.-Messung von Fll. in Strömungs-Syst. mit kurzer Verweilzeit wird eine Vorr. benutzt, mit der ^{137}Ba injiziert wird („gamma-milkes"). ^{137}Cs wird von einem Kunstharz-Ionenaustauscher aufgenommen u. das Tochternuklid ^{137}Ba (HWZ = 2,6 Min) mit schwach alkal. Lsg. ausgewaschen (gemolken). ^{137}Ba wird in das Strömungs-Syst. injiziert u. wie üblich gemessen. Nach ca. 10 Min kann das „Melken" wiederholt werden. Die ersten ^{137}Cs-Spuren treten bei der 14. Injektion mit aus, die 20. Injektion enthält 0,03% Cs. B. Schmitt. 5888◇

1718 **Strahlungsverhalten von Kernbrennstoffen aus Carbiden.** B. R. T. Frost. (Trans. Brit. ceram. Soc. **62,** 171–76, 1963; Harwell; Atomic Energy Res. Establ.; engl.) — Carbide sind als Kernbrennstoffe für die Anwendung in Reaktoren, bei denen hoher Abbrand u. hohe Temp. erwünscht sind, von Interesse. Die Erfahrungen beziehen sich auf im Lichtbogen erschmolzenes UC, bestrahlt bis zu 25000 MWD/te bei Temp. bis zu 800°. Die Abgabe von Spaltgasen war niedrig u. die Dimensionsänderung gering. Die Gasabgabe wurde mit der Meth. der „light irradiation" untersucht u. ist ähnlich der von UO_2. Grundlagenunterss. über Strahlungsschäden u. Ausheilvorgänge nach versch. Meth. wurden durchgeführt. Zwischen elektrogegossenem u. nach dem Reaktionssinterverf. hergestelltem UC scheint ein Unterschied zu bestehen, der bisher nicht zu klären war. Es besteht aber insoweit Übereinstimmung, daß alle Schäden über 700° ausgeheilt werden. F. M. Nehmzow. 5894◇

1719 **Beitrag zur Untersuchung des Entweichens von Spaltgasen aus gesintertem, bestrahltem Uranoxid.** J. L. Berry, R. Darras, H. Chevilliard und T. Gerevini. (J. nuclear Mater. [Amsterdam] **8,** 102–15, 1963; Gif-sur-Yvette, Centre d'Ét. Nucl. de Saclay; Dép. de Métallurg., Serv. d Chim. des Solides, Sect. d'Ét. de la Corrosion par Gaz et Métaux Liquides; franz.) — Es wurden das Gerät u. die gebräuchliche Meth. beschrieben u. die Ergebnisse der Unters. der Abgabe von Spaltgasen aus gesintertem, schwach bestrahltem UO_2 mitgeteilt. Von beträchtlichem Einfl. ist die Atmosphäre bei Lagerung u. Sinterbehandlung, der Oberflächenzustand u. die spezif. Oberfläche. Der Einfl. dieser Faktoren ist bedeutender als der der Dichte. Man geht von den Werten des wirksamen Diffusionskoeff. D' bei 1400° für verschiedene Qualitäten von UO_2 aus, einschließlich monokristalliner Kugeln; für diese ist $D'_{mittel} = 6{,}9 \cdot 10^{-4}\ sec^{-1}$. Wenn man die spezif. Oberfläche der Sinterung messen kann, leitet man daraus die entsprechenden abs. Diffusionskoeff. D ab. H. Jehne. 5894◇

1720 **Die Herstellung von Brennstoffbehältern aus Tantal für den LAMPRE I Reaktor mit flüssigem Plutonium.** G. S. Hanks, R. S. Kirby und J. M. Taub. (Nuclear Sci. Engng. **14,** 135–43, 1962; Los Alamos, N. Mex., Univ. of Calif., Los Alamos Sci. Labor.; engl.) W. Knoch. 5894◇

1721 Council for Scientific and Industrial Research, London, und Glovers (Chemicals) Ltd., Wortley, Yorkshire, England (Erfinder: Leslie Robert Burgess Shackleton und Cedric Duncan Moore), **Oberflächenaktive Verbindungen** der allg. Formel

$$H-(OC_2H_4)_n-\left(\begin{matrix}OR'\\OR''\end{matrix}\right)_{n'}-(ORO)-\left(\begin{matrix}R'O\\R''O\end{matrix}\right)_{n'}-(C_2H_4O)_n,$$

worin ORO = Polyoxyalkylidenglykolrest mit mindestens 3 C-Atomen in der Oxyalkylidengruppe u. einem Molgew. von mindestens 850, R'O u. R''O = verschiedene niedere Alkylidenoxidreste mit 2–4 C-Atomen in der Oxyalkylidengruppe u. n u. n' = ganze Zahlen, welche gleich oder verschieden sein können. *Dissoziationsmittel für Öl-in-Wasser-Emulsionen.* — Diagramme. (**F. P. 1198954** vom 20/2. 1958, ausg. 10/12. 1959. E. Prior. 22/2. 1957. **E. P. 884181** vom 22/2. 1957, ausg. 6/12. 1961.) T. Oppermann. 5825

1722 Joh. A. Benckiser G. m. b. H. (Erfinder: Johannes Miksch und Gunther Steiner), **Dispersions- und/oder Emulgierungsmittel,** bestehend aus den Salzen oder Estern der Citronen- oder Weinsäure. Beispiele: *Na-Salz des Butyryldiäthylhexylcitronensäureesters; Äthylaminsalz des Distearylcitronensäureesters; Mono-(2-äthylhexyl)-citrat; Mono-lauryl-mono-Na-citrat.* (**Aust. P. 236347** vom 11/4. 1958, ausg. 7/12. 1961. D. Prior. 12/4. 1957.) K. Demmler. 5825

1723 Imperial Chemical Industries Ltd., London, England, **Herstellung von Anionenaustauscherharzen** durch Polymerisation von äthylen. ungesätt. quatern. Ammonium-Estersalzen mit ≧ 2 Acryloyloxy- oder Methacryloyloxygruppen, die an das N-Atom über eine Alkylgruppe gebunden sind oder über 2 Alkylenketten, die durch ein sie verbindendes N-Atom unterbrochen sind, u. ≧ 1 quatern. Ammoniumsalz. Die Estersalze haben die Formel $[Z(Z^1)NY_2]^+A^-$ oder **I** oder $[ZNY_3]^+A^-$

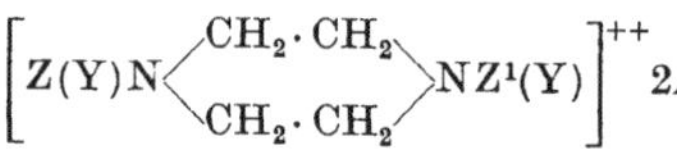

$2A^-$ I

($Y = -R^1 \cdot O \cdot CO \cdot C(R) = CH_2$; R = H oder CH_3; R^1 = Alkylen; Z u. Z^1 können gleich oder verschiedene Alkylreste sein; A = Ion einer Halogenverb. oder eines Alkylsulfats). — 34,8 (Teile) Piperazindiäthanol (F. 134°), 80 Bzl., 54 Methylmethacrylat u. 6 2.4-Dimethyl-6-[tert.-butyl]-phenol werden zum Kp. erhitzt, 0,1 NaOH in $3 CH_3OH$ allmählich zugegeben, u. entstehendes CH_3OH wird als Bzl.–CH_3OH-Dampf entfernt. Nach 7 Std. filtriert man das kalte Material, dest. Methylmethacrylat u. Bzl. bei Unterdruck ab: Öliger Rückstand, der *N.N'-Di-[methacryloyloxäthyl]-piperazin* enthält. Man verd. ihn mit Bzl., rührt 50 Dimethylsulfat bei 50° bis zum Kp. des Bzl. in 30 Min. zu, hält noch 30 Min. bei 80° u. erhält nach Reinigung *N.N'-Dimethyl-N.N'-di-[2-methacryloyloxyäthyl]-piperaziniumdi-[methylsulfat].* 100 der Prod. werden mit 20 W. u. 1 Azodiisobutyronitril unter Rühren mit 150 PAe. (Kp. 80–100°) u. 150 Cl_4 3 Std. erhitzt. Man filtriert die Harzkörner ab u. behandelt mit 2,5%ig. NaOH. — Ferner ist die Herst. von *N.N-Dimethyl-N.N-di[2-methacryloyloxyäthyl]-ammoniummethyl-sulfat* u. *N-Methyl-N.N.N-tri-[2-methacryloyloxyäthyl]-ammoniummethylsulfat* angegeben. (**Jap. A. S. 11642/1961** vom 24/10. 1958, ausg. 26/7. 1961.) M. Pankow. 5827

1724 W. A. Kargin, E. P. Tschernewa, N. N. Tunizki und R. Sch. Nassyrowa, **Herstellung von Polymeren Ionenaustauschermembranen** mit Sulfogruppen in Ggw. von Polymerisationserregern, wobei zur Verbesserung der Eigg. der Membranen als Ausgangsstoff ein Gemisch aus verseiftem Polyäthylenglykoldimethacrylat u. einem Copolymeren des Vinylsulfonsäurebutylesters mit Vinylacetat genommen wird. Der Sulfonsäureester wird aus Chloräthansulfonylchlorid u. Butylalkohol in CH_2Cl_2 in Ggw. von abs. Pyridin bei 0° gewonnen u. bei 89–92° mit einem Stabilisator überdestilliert. Das Mischpolymere dieses Esters mit Vinylacetat wird aus 70 (Gew.-Teilen) Ester u. 30 Vinylacetat in einer Quarzampulle erhalten, die bis zur Temp. des fl. N_2 abgekühlt, evakuiert, verschmolzen, u. bei 20° mit UV-Licht im Laufe von $2^1/_2$ Std. bestrahlt wird. Man erhält ein festes, durchsichtiges Prod., das in Bzl. u. Aceton lösl. ist. Das Mischpolymere wird in Aceton gelöst, 20 Äthylenglykoldimethacrylat werden zugefügt. Die Lsg. wird auf Cellophan gegossen, das über einen Glasring gespannt ist. Nach Entfernung des Lsgm. wird die durchsichtige Membran in 5 Std. der Einw. von UV-Strahlen ausgesetzt u. danach mit 5%ig. Soda-Lsg. verseift (2 ml Lsg. auf 0,2 g des Mischpolymeren). Die erhaltene Membran löst sich nicht in W., ist auch unlösl. in org. Lsgm., besitzt Ionenaustauscher.-Eigg. u. kann zur *Elektrodialyse,* zum *Entsalzen* des W. u. für verschiedene Trennungsprozesse benutzt werden. (**UdSSR. P. 146039** vom 30/12. 1960.) L. B. 5827

1725 Ernesto Mario Conconi und Antonio Bertone, Mailand, Italien, **Luftfilter für Verbrennungsmotoren** bestehen aus einer zwischen 2 Netze eingebrachten Füllung von mikroskop. u. makroskop. Körperchen aus Polyvinylchlorid, Acrylharzen, Polyäthylen, Phenolharzen oder Polystyrol, welche triboelektr. Eigg. besitzen. (**It. P. 559586** vom 22/9. 1956.) K. Koebke. 5831

1726 Kanegafuchi Bôseki Kabushiki Kaisha, Tôkyô (Erfinder: Hiromichi Hara, Naoyasu Kimura, Akira Andô und Kôjirô Sagi, Bôfu), Japan, **Herstellung von Viscoseschwamm,** der zum *Filtrieren* u. *Adsorbieren* geeignet ist. Man mischt 500 (g) Viscose mit 2 kg Na_2SO_4-Kristallen (0,5 mm ⌀) u. 120 A-Kohlepulver u. ggf. 20 Hanffasern, Koaguliert durch Erhitzen, wäscht aus u. aktiviert (30 Min. Erhitzen auf 110°). Zwischen der Adsorption von Methylenblau durch das Ausgangskohlepulver u. den Schwamm ist fast kein Unterschied. (**Jap. A. S. 11982/1961** vom 20/8. 1959, ausg. 29/7. 1961.) M. Pankow. 5849

1727 Ministerul Industriei Petrolului si Chimiei, Bukarest, Rumänien, **Trennen von Gasgemischen** in 2 Stufen durch ein festes Bett von Adsorbentien **I**, bei erhöhter Temp. In der ersten Stufe wird das auf etwa 90° vorgewärmte Gas, bes. feuchtes *Erdgas*, über die heißen **I**, bes. Aktivkohle, geleitet. In der 2. Stufe erfolgt die Desorption der **I** mit überhitztem Dampf. Das dabei erhaltene Dampf–Benzin-Gemisch wird durch Kondens. getrennt unter gleichzeitiger Ausnutzung des Wärmeinhalts zum Vorwärmen des Rohgases. — Verfahrensschema. (**Ind. P. 67758** vom 21/5. 1959, ausg. 11/11. 1961.) C. Lüttgen. 5849

1728 E. P. Mednikow, T. Ss. Aleksejew und A. M. Ssirotin, **Vertikaler, selbstheizender, mit Schall arbeitender Gasseparator,** der ein Absetzen von Ndd. an den Wänden bei der Reinigung eines Gases, das leicht kondensierbare Verunreinigungen enthält, verhindert. — Beschreibung; Zeichnung. (**UdSSR. P. 144467** vom 10/4. 1961.) W. Herzowski. 5851

1729 Ju. K. Pilipenko und A. G. Seldowitsch, **Wasserstoffverflüssigung.** Das Verf. garantiert einen höheren Verflüssigungskoeff. bei verhältnismäßig niedrigem Energieaufwand. Der bei hohem Druck verdichtete H_2 durchläuft einen Vorwärmer u. gelangt in den Wärmeaustauscher der kalten Zone, wo er von dem zurückfließenden nichtverflüssigten H_2 abgekühlt wird. Danach wird er auf mittleren Druck in einer Kolbenexpansionsmaschine entspannt, durchläuft ein Auffanggefäß u. dehnt sich im Drosselventil bis zu einem nahe dem Atmosphärendruck gelegenen Druck aus. Der sich dabei verflüssigende H_2 sammelt sich in einem Behälter, der unverflüssigte H_2 wird wieder in den Wärmeaustauscher geleitet. Die Anwendung des Verf. vergrößert die Kälteproduktivität der App. zur H_2-Verflüssigung durch den Joule-Thompson-Effekt auf 40%. Der Einbau eines zusätzlichen Wärmeaustauschers zwischen Auffanggefäß u. Drosselventil führt zu einer weiteren Senkung des Energieaufwandes. — Zeichnung. (**UdSSR. P. 145251** vom 1/4. 1961.) Ju. Petrowski. 5857

1730 British Oxygen Co. Ltd. (Erfinder: Samuel Aaron Miller, Geoffrey Colin Mash und John Arthur Tebboth), **Speichern von gelöstem Acetylen in Druckgefäßen,** die mit einer granulierten porösen Masse, die aus mit 5—15 Gew.-% Celluloseäthern, z. B. Methyl- oder Äthyläther, abgebundener Kieselgur besteht, gefüllt sind. (**Aust. P. 236327** vom 29/2. 1960, ausg. 30/11. 1961. E. Prior. 12/3. 1959.) K. Demmler. 5857

1731 N. W. Ssolowjew, L. L. Wlassow und L. M. Ulanowskaja, **Füllmasse für Acetylenflaschen.** Als Füllmasse wird „Phenopolyurethan" verwendet. Die Porosität der Masse (⌀ der Poren ≦ 1 mm) beträgt 90—95%. Unter diesen Bedingungen verringert sich die Gefahr einer Explosion des Behälters, u. die Gesamtaufnahmefähigkeit erhöht sich um 15—20% auf Grund der Vergrößerung der Porosität u. der bedeutenden Verringerung des Vol.-Gew. (35 g an Stelle von 300 g für Aktivkohle). (**UdSSR. P. 147172** vom 22/6. 1961.) G. Aganjewa. 5857

1732 Badische Anilin- & Soda-Fabrik Akt.-Ges., übert. von: Walter Büche und Hubert Kindler, Ludwigshafen/Rh., **Trennung von Stoffgemischen durch ein Trägergas,** bes. im Gegenstrom. Zu D. A. SS. 1016235 u. 1033181; beide C. **1959,** 5594 ist nachzutragen: Es können getrennt werden: Mischungen, die durch Rk. von Olefinen oder Acetylen mit CO in Ggw. eines Metallcarbonyls erhalten wurden, z. B. durch Rk. von Propylen mit CO, $Fe(CO)_5$ u. W. in Ggw. von N-Methylpyrrolidin zu *Butanol* bzw. von Acetylen zu *Cyclooctatetraen* bei 100° u. 15 at bzw. von Acetylen mit CO u. Butanol in Ggw. von Aceton zu *Acrylsäurebutylester*. (**A. P. 2985686** vom 26/3. 1956, ausg. 23/5. 1961. D. Prior. 26/3. 1955.) G. Krauß. 5865

1733 Esso Research and Engineering Co., übert. von: Isidor Kirshenbaum, Union, N. J., Fredrick Lowell Jonach, Kew Gardens, N. Y., und Lewis D. Etherington, Cranford, N. J., V. St. A., **Trennung von Flüssigkeiten durch Veränderung ihrer relativen Flüchtigkeiten.** Das Verf. des A. P. 2901406; C. **1961,** 11197, wird dahingehend abgewandelt, daß die Trennung einer Mischung aus fl. Bestandteilen A u. B durch extraktive oder azeotrope Dest. oder Adsorption in Ggw. eines Extraktions- oder Schlepp- oder Adsorptionsmittels (Silicagel, Aktivkohle) in mehreren Fraktionierkolonnen durchgeführt wird. — Z. B. wird eine Mischung aus *Isopropanol–A.*, *n-Pentanol–A.* oder *Aceton–Methanol* in Ggw. von W., aus HCl–W. oder HNO_3–W. in Ggw. von H_2SO_4, aus A.–W. in Ggw. von Glycerin, aus Buten–Butan oder Butadien–Buten in Ggw. von Aceton oder Furfurol, aus Isopren–Penten in Ggw. von Aceton, aus Aromaten–Paraffinen in Ggw. von Phenol getrennt. — Diagramm der relativen Flüchtigkeiten von A u. B. — Vorr., Zeichnung. (**A. P. 2901404** vom 18/2. 1955, ausg. 25/8. 1959.) G. Krauß. 5865

1734 Jacques Poyet, Seine, Frankreich, **Hydraulische Flüssigkeit** aus einem Siliconöl, Äthylenglykol oder bes. „synthet. Glycerin", Bentonit u. koll. Graphit. (**F. P. 1166167** vom 4/2. 1957, ausg. 4/11. 1958.) T. Oppermann. 5893

1735 Mario Ballestra, Genua, Italien, **Kontinuierliche Durchführung von chemischen Reaktionen** zwischen einer oder mehreren Fll. u. einer oder mehreren festen Stoffen, dad. gek., daß man den festen Stoff zur versprühten Fl. bringt, während sie sich, ggf. verd. mit einem Gas, in freier Bewegung befindet. — Vorr. Zeichnung. (**It. P. 559170** vom 4/9. 1956.) K. Koebke. 5897

H_2. Betriebsschutz, Feuerschutz

1736 **Ein neues Verfahren zur Bestimmung von Giftstoffen in Papierfabriken.** Arthur M. Stern. (Tappi **42,** 605—09, 1959; West Virginia Pulp and Paper Co.; engl.) — Zur Best. der Giftstoffe in Papierfabriken wird Maschinenablaufwasser als Kontakt-Fl. mit einem Mikroorganismen-Gemisch (10^6—$5 \cdot 10^7$ je Flasche) in einer Schleimprobe geimpft u. das Gew. des an Receptoren haftenden Schleimes nach 48 Std. Kontaktdauer ermittelt. W. Wesly. 5936◇

1737 **Sicherheitsanforderungen für Schiffe für den Transport verflüssigter Gase.** Egil Abrahamsen. (Tekn. Tidskr. **91,** 67—71; 1961; Oslo; norw.) — Vgl. C. **1963,** 21677. — Übersicht über Sicherheitsmaßnahmen beim Transport verflüssigter brennbarer Gase, Schnellabschlüsse für Gas- u. Fl.-Leitungen, Explosionsgefahren bei Gastankern, Entgasung von Lasttankern u. Rohrleitungen, Gaslecks u. Leckkontrolle, Ventilation der Umgebung u. Funkengefahr. R. K. Müller. 5936◇

1738 **Probleme der Lüftung von Spinnsälen für Viscose-Kunstseide.** Fr. Máca. (Gesundheits-Ing. **84,** 203—09, 1963; Radotin bei Prag; dt.) — Beim Spinnen des Seidenfadens nach dem Viscose-Verf. werden größere Mengen an H_2S u. CS_2 frei, so daß die Spinnsäle gut gelüftet u. die Giftgase unmittelbar abgesaugt werden müssen. Bei den verschiedenen eingeführten Syst. zur Entlüftung werden große Mengen an Luft umgewälzt u. somit auch große Mengen an Energie aufgewendet. Vf. befaßt sich bes. mit dem Problem der Senkung des Energiebedarfs. F. Rosendahl. 5940△

1739 **Absaugung von Rauch, Dünsten und Dämpfen in Fertigungsbetrieben.** Friedmund Rüb. (Wasser. Luft

Betr. **7**, 568—73, 1963; Wiesbaden; dt.) — Neben der allg. Be- u. Entlüftung von Arbeitsräumen gehört auch die Entfernung von Rauch, Dünsten u. Dämpfen, die in der Industrie entstehen, zur Betriebshygiene. Hierzu wird eine Übersicht gegeben. Für Korrosions- u. Explosionsschutz müssen bes. Maßnahmen getroffen werden. F. Rosendahl. 5940△

1740 **Der Thermalpräzipitator und die P.R.U.-Handpumpe: Eine kritische Untersuchung.** J. G. Dawes und B. A. Maguire mit Anhang von D. T. O'Connor und D. L. Tye. (Safety Mines Res. Establishment, Res. Rep. **1960**, Nr. 187, 1—64; engl.) — Die Ursachen der Fehler bei der Best. von Staub in der Luft durch den Thermalpräzipitator bzw. mit P.R.U.-Handpumpe werden diskutiert, die Größenordnung der auftretenden Fehler ermittelt u. miteinander verglichen. Die Staub-Best. durch therm. Ausfällung ist ein komplexer, aus mehreren Stufen bestehender Prozeß. I. Köditz. 5942

1741 **Eine Tracer-Technik für die Bestimmung von Ablagerungen aus Rauchgasen.** E. J. Schulz, R. A. Duffee, R. I. Mitchell und E. W. Ungar. (Amer. ind. Hyg. Assoc. J. **21**, 343—49, 1960; Columbus, Ohio, Battelle Memorial Inst.; engl.) — Die von Robinson u. a. beschriebene Uranin-Farbstoff-Technik (Stanford Res. Inst., Menlo Park, Calif.) bildet die Grundlage für die hier beschriebene Methode. Mit ihr lassen sich die Teilchenablagerungen aus industriellen Rauchgasen bei einer Temp. bis zu 600°F im Schornstein quant. bestimmen. Jede lösl. Verb., die den an Tracer zu stellenden Anforderungen genügt, kann an Stelle von Uranin eingesetzt werden. I. Köditz. 5942

1742 **Verfahren zur Analyse verunreinigter Luft in USA.** James P. Lodge jun. und Charles Xinteras. (Air Water Pollut. **7**, 79—90, 1963; engl.) — Übersicht. — 54 Literaturangaben. W. Wesly. 5942◇

1743 **Schwebestaubgehalt der Luft in Mülheim/Ruhr.** R. Langmann und H. Kettner. (Gesundheits-Ing. **84**, 247—50, 1963; Gesundheitsamt Mülheim u. Bundesgesundheitsamt; dt.) — Als Schwebestaub wird der Staub angesehen, der so fein ist, daß er keine merkliche Fallgeschw. hat u. sich, den Bewegungen der Luft folgend, wie ein gasförmiger Stoff verhält. Der Korndurchmesser des Staubes liegt unter $\varnothing = 10-20\,\mu$, wovon der Anteil bis 5 μ lungengängig ist. Der Staubgeh. schwankte je nach der Meßstelle zwischen 0,70 u. 0,68 (Bahn- u. Industriegebiet) u. 0,24 mg/m³ (ländliche Gegend). Im Vgl. dazu wird über Unterss. im Ausland berichtet. — 14 Schrifttumszitate. F. Rosendahl. 5942◇

1744 **Bestimmung des Verunreinigungsgrades der Luft mit toxischen Verbindungen bei der Produktion von Polyacrylnitrilfasern.** Kazimierz Aścik. (Polimery-Tworzywa wielkocząsteczkowe **7**, 332—34, 1962; Łódź, Centr. Inst. Ochrony Pracy, Zakł. Włókien.; poln.) — Zur Best. von *Dimethylamin* (**I**) in der Luft der Produktionsstätten von Polyacrylnitrilfasern wird diese durch 0,01 n HCl geleitet u. **I** nach Zusatz von Na_2CO_3 u. Furfurol colorimetriert. *Dimethylformamid* wird in 0,05 n HCl absorbiert, die Lsg. mit 20%ig. NaOH gekocht u. abdest. **I** wie oben beschrieben, bestimmt. Die Empfindlichkeit der Meth. beträgt 0,03 mg **I**/2 ml 0,01 n HCl. F. Urban. 5942◇

1745 **Wechselbeziehung zwischen den Piperonal-Prüfwerten aromatischer Verbindungen und der atmosphärischen Konzentration an Benzo-[a]-pyren.** E. Sawicki, T. W. Stanley, T. R. Hauser, H. Johnson und W. Elbert. (Air Water Pollut. **7**, 57—70, 1963; Cincinnati, Ohio, Robert A. Taft Sanitary Engng. Center. engl.) — Zur Best. von aromat. Verbb. in verunreinigter Luft, bes. Benzo-[a]-pyren (**I**), eignet sich die Piperonal (**II**)-Prüfung am besten. Die Koeff. der Wechselbeziehung zwischen der **I**-Konz. in μg/1000 mm³ u. den **II**-K_{755}-Werten betragen 0,95 für städt. u. 0,89 für ländliche Proben. Aus diesen Werten werden Gleichungen für die Beziehung zwischen den **I**- u. **II**-Werten abgeleitet. W. Wesly. 5942◇

1746 **Untersuchungen über die Wechselwirkung atmosphärischer Variabeln und die Schwellenwerte der Augenreizung.** H. Buchberg, K. W. Wilson, M. H. Jones und K. G. Lindh. (Air Water Pollut. **7**, 257—80, 1963; Los Angeles Compus, Dep. of Engng.; engl.) — Abgase (von Kraftwagen) enthaltende Luft wird in einer durchsichtigen Rk.-Kammer zur Bldg. von photochem. Rauch bestrahlt. Die Best. der statist. Beziehungen zwischen verschiedenen Abgasbestandteilen, atmosphär. Rk.-Prodd. u. der augenreizenden Qualität der verunreinigten Luft führt zur Aufstellung von Koeff. für die Wechselbeziehung zwischen der Augenreizung u. 28 physikal. Variabeln. Die Menge der in Rk. getretenen KW-Stoffe oder der gebildeten, oxydierten KW-Stoffe kann als Schwellenwert der Augenreizung gelten. Schwankungen der Konzz. von N-Oxiden beeinflussen die Geschw. der photochem. KW-Stoff-Oxydation, zeigen aber keine große Wechselbeziehung zum Schwellenwert der Augenreizung. W. Wesly. 5942◇

1747 **Ein Warngerät für den Sauerstoff-Partialdruck.** Lewis Greenspan. (J. Res. nat. Bur. Standards, C, **67 C**, 47—63, 1963; Dep. of the Navy, Bur. of Nav. Weapons; engl.) — Ein Gerät zur Anzeige des O_2-Partialdruckes in der Atmungsluft von Fliegern wird beschrieben. Als spezif. Absorptionsmittel dient CoO. Das Gerät mißt O_2-Partialdrücke mit einer Genauigkeit von $\pm 4{,}5$ mm Hg in Höhen bis zu 4500 ft. u. spricht in 5—124 Sek. an. Die Möglichkeiten einer Verkürzung der Ansprechzeit werden erörtert. W. Wesly. 5948◇

H_3. Elektrotechnik

1748 Siemens Edison Swan Ltd. (Erfinder: Mervyn William Alston), **Herstellung einer thermoionischen Elektrode** durch Aufbringen einer anhaftenden Schicht eines Elektronen aussendenden Materials (**I**) auf einer elektr. leitenden Unterlage mittels Elektrophorese, dad. gek., daß in der Transport-Fl. für das **I** eine Lsg. eines Alkylmethacrylat-Polymerisats (**II**) dispergiert wird, so daß gleichzeitig mit dem **I** das **II** auf der Unterlage niedergeschlagen wird. — Zeichnung. (**Aust. P. 236529** vom 4/12. 1958, ausg. 21/12. 1961. E. Prior. 10/1. 1958.) C. Lüttgen. 5953

1749 N. V. Philips' Gloeilampenfabrieken (Erfinder: John Pritchard und Geoffrey Brookes), **Halbleitervorrichtung,** bei der der akt. Teil der Oberfläche des Halbleiterkörpers von der Atmosphäre durch eine Glasumhüllung hermet. abgeschlossen ist u. in dem Zwischenraum zwischen Glasumhüllung u. Halbleiterkörper B_2O_3 oder ein Gemisch von B_2O_3 mit einer organ. Verb., bes. mit einem linearen Dimethylsiliconöl, angeordnet ist, wodurch die elektr. Stabilität der Vorr. verbessert wird. (**Aust. P. 236277** vom 2/3. 1959, ausg. 30/11. 1961. E. Prior. 4/3., 1/8. u. 8/8. 1958.) K. Demmler. 5953

1750 Champion Spark Plug Co., Toledo, Ohio, übert. von: Harry G. Schurecht, Detroit, Mich., V. St. A., **Halbleitende Glasur.** Eine Mischung von 70—98(%) Magnetit (Fe_3O_4) u. 2—30 Al-Silicat mit Feldspat oder Titandioxid u. Speckstein wird zu einem Schlicker aufbereitet u. auf Keramik aufgetragen, 1300 bis 1550° eingebrannt u. mit ca. 60°/Min. bis auf 900° abgekühlt. Die weitere Abkühlgeschwindigkeit bis auf Raumtemp. ist unerheblich. Der Schichtwiderstand liegt bei einer Schichtstärke von 0,0005 bis 0,005 in. zwischen $5 \cdot 10^4$ u. $5 \cdot 10^5$ Ohm. — Vorr., Diagramm. (**A. P. 3046434** vom 21/4. 1958, ausg. 24/7. 1962.) H. Widmann. 5953

1751 Philips Electrical Industries Ltd., London, England, **Dielektrische Körper für Kondensatoren.** Das Dielektrikum (**I**) setzt sich aus $BaTiO_3$, Bi_2O_3 u. ZrO_2 zusammen, u. zwar mit einem Atomverhältnis von Da:Ti von 1 : 1, von (Ba + Ti) : (Bi + Zr) von 49 : 1 bis 4 : 1 u. von Bi : Zr von 2 : 1 bis 1 : 3. **I** zeichnet sich bes. bei einer Zus. in Atom-% von 47 Ba, 47 Ti, 3 Zr u. 3 Bi durch eine relativ hohe Dielektrizitätskonstante (2000) u. durch gute Temp.-Unabhängigkeit zwischen —40° u. +130° aus (—40° : ε = 1850, +20° : ε = 1900, +80° : ε = 1850, +120° : ε = 2000). — Diagramme. (**E. P. 907719** vom 15/10. 1958, ausg. 10/10. 1962. Niederl. Prior. 18/10. 1957.) H. Widmann. 5957

1752 Radio Corp. of America, übert. von: Lawrence P. Garvey, Livingston, N. J., V. St. A., **Keramischer elektrischer Isolierstoff** zur Erreichung von Prodd., die nach dem Brennen nur geringe, aber gleichmäßige Schwindung, gleichmäßige D. u. hohe Bruchfestigkeit aufweisen, werden Erdalkalioxide, wie MgO, in einem organ. Lsgm. gemahlen, getrocknet, mit den übrigen Bestandteilen nochmals in einem organ. Lsgm., wie Alkohole, Äther, Ester u. Ketone, mit 3—6 C-Atomen vermahlen u. gleichzeitig vermischt. (**A. P. 3037874** vom 7/12. 1959, ausg. 5/6. 1962.) G. Frikell. 5957

1753 Sprague Electric Co., North Adams, übert. von: Kurt Lehovec und George A. Shirn, Williamstown, Mass., V. St. A., **Keramische Körper** aus Erdalkali-Titanaten bzw. -Zirkonaten werden bei einer Temp. von ca. 1000° den Dämpfen von Bi_2O_3 oder einem anderen Metalloxid der 5. Gruppe des Period. Syst. ausgesetzt. Die Dämpfe diffundieren entlang den Korngrenzen in den keram. Körper hinein u. setzen sich dort fest. Die so behandelten Körper erweisen sich als Dielektrika selbst bei höheren Temp. über mehrere hundert Std. hinweg als hochspannungsfest ohne merkliche Zunahme des Leckstromes. — Zeichnung, Diagramm. (**A. P. 3061461** vom 18/12. 1959, ausg. 30/10. 1962.) H. Widmann. 5957

1754 Jean Leroy, Frankreich, **Hitzebeständiges elektrisches Isoliermaterial** aus einer Mischung aus pulverförmigem Granit mit einer Lsg. eines Alkalisilicates dem zum Unlöslichmachen 1—15% reines pulverförmiges SiO_2 sowie 1—10% $CaCO_3$ zugesetzt sind. Zur Beschleunigung des Erhärtens können außerdem 1—4% pulverförmiges Fluorosilicat beigemischt werden. (**F. P. 1281242** vom 27/4. 1960, ausg. 18/5. 1962.)
Hans Hoffmann. 5957

1755 Mole Norton S. p. A., Corsico, Mailand, Italien, **Gewinnung von Isoliermaterial für elektrische Heizdrähte.** Eine Magnesia, die $\geqq 90{,}0$ (%) MgO, $\leqq 3{,}0$ CaO, $\geqq 6{,}0\ SiO_2$, $\geqq 0{,}5\ Fe_2O_3$, $\leqq 5{,}0\ Al_2O_3 \leqq 0{,}5\ B_2O_3$, Spuren von Na, K u. Li u. $\leqq 2{,}0$ andere Stoffe enthält, wird mit 0,5—10, bes. 3—5 C, bes. Petroleumkoks vermischt, bei ca. 2700° geschmolzen, nach dem Abkühlen vermahlen u. bei ca. 1300° in oxydierender Atmosphäre calciniert. (**It. P. 552770** vom 16/5. 1956. A. Prior. 16/5. 1955.) K. Koebke. 5957

1756 Standard Telephones and Cables Pty. Ltd. (Erfinder: Helge Noterarp, Arve Rambol, Fredrik Thoresen und Paul Thorleif Coucheron Aamot), **Feuchtigkeits- und gasdichte elektrische Kabel,** bestehend aus einer Pb-Hülle u. plast. Isolationsmaterial, das die Zwischenräume zwischen den einzelnen leitenden Kabelsträngen ausfüllt u. z. B. aus 100 (Teilen) Butylkautschuk, 400—500 $CaCO_3$ u. 20—25 Dioctylphthalat zusammengesetzt ist. (**Aust. P. 236224** vom 4/12. 1959, ausg. 23/11. 1961. Norw. Prior. 13/12. 1958.)
K. Demmler. 5957

1757 Commercial Bureau, Calcutta, Indien, **Herstellung von Isolierband** für elektr. Kabel. Man tränkt das Band mit einer Lsg. eines Gemisches aus 40—50 (Teilen) geblasenem Bitumen (I) u. 15—25 eines Esterharzes (**II**) oder Cumaron (**III**), verdampft das Lsgm. u. bringt ggf. einen wasserfesten Überzug auf, der aus einem Gemisch von 80—90 **I** u. 60—70 **II** oder **III** besteht. Isolierbänder für bes. hohe Spannungen bis zu 33000 V werden hergestellt durch mehrmaliges Imprägnieren mit einer Lsg. eines Gemisches aus 25—35 **II** u. 60—70 dehydratisiertem Rizinusöl (**V**), wobei zwischen jeder Imprägnierung das Band teilweise getrocknet wird. Das fertige Band wird in einem Gemisch aus 100 Transformatorenöl u. 75 Harz, Type „WW" (**IV**) aufbewahrt. Ein ölfestes Band erhält man durch Imprägnieren mit einer Lsg. von 30—40 Phthalsäureanhydrid (**VI**), 25—35 Glycerin (**VII**), 15 bis 25 **IV** 5—10 **V** u. 5—10 Trikresylphosphat (**VIII**) u. Überziehen des imprägnierten Bandes mit einem Gemisch aus 30—40 **VI**, 15—25 **VII**, 15—20 **VIII** u. 20—30 Stearinsäure, das anschließend getrocknet u. gehärtet wird. (**Ind. PP. 66076** vom 9/12. 1958, ausg. 28/12. 1961, **66077** vom 9/12. 1958, ausg. 11/12. 1961 u. **66078** vom 9/12. 1958, ausg. 7/12. 1961.) C. Lüttgen. 5957

1758 Shell Internationale Research Mij. N. V., Den Haag (Erfinder: Johannes Jacobus Zonsveld, Delft, Niederlande, und Geoffry Robin Edwards, London, England), **Gießharz** *zur Isolierung* u. zum Schutz von *elektr. Kabel-Verbindungen* besteht aus fl. Epoxyharz (z. B. „Epikote 828"), das als Härtungsmittel ein fl. Polyamidharz (z. B. „Versamid 125"), ein aliphat. Polyamin mit mindestens 3 an Amino-N-Atome gebundenen H-Atomen u. einem Kp. > 150° (z. B. Diäthylentriamin) u. Phenol, sowie außerdem zweckmäßig einen Weichmacher (z. B. Dioctylphthalat) enthält. (**Niederl. P. 102812** vom 26/11. 1958, ausg. 15/10. 1962.)
F. Böhm. 5957

1759 Esso Research and Engineering Co., V. St. A. (Erfinder: Walter L. Dunkel und David R. Hammel), **Polyäthylenmischung** aus 100 (Teilen) Polyäthylen (Molgew. 50000—500000; D. 0,92—0,98), 5 bis 100 Butylkautschuk (Molgew. 200000—500000) u. 50—200 (des Kautschuks) eines „harten" Tones oder Kaolins z. B. „Supree" (s. India Rubber World, Bd. **118** [1948] 793—795) ggf. nebst den üblichen Zusatzstoffen. — Verw. als *Isoliermaterial für Drähte.* (**F. P. 1211443** vom 16/7. 1958, ausg. 16/3. 1960. A. Prior. 20/8. 1957.)
M. Pankow. 5957

1760 Fujikura Densen Kabushi Kaisha (Erfinder: Jun Hoshii und Hiroyuki Akiyama), Tôkyô, Japan, **Färben von Polyäthylenisolierungen auf elektrischen Leitungen.** Man streicht eine farblose Polyäthylenlsg. auf den Leiter u. hierauf eine Lsg. oder Suspension von Farbstoffen oder Pigmenten, erhitzt die Oberfläche des Polyäthylenüberzuges, daß sie schmilzt, u. kühlt ab. (**Jap. A. S. 13423/1961** vom 8/6. 1959, ausg. 15/8. 1961.)
M. Pankow. 5957

1761 Dow Corning Corp., V. St. A. (Erfinder: Jack R. Haper und Joseph W. Keil), **Selbstklebender Siliconkautschuk** aus Organopolysiloxan (mit 1,9—2,05 organ. Gruppen pro Si-Atom) u. 0,015—0,5 Gew.-% (berechnet als B) Alkylborat. — Verw. von Bändern aus dem Material zum Umwickeln u. *Isolieren elektr. Vorr.*, wobei das Material ggf. bei ca. 250° noch vulkanisiert werden kann. — 75 (Gew.-Teile) Dimethylpolysiloxangummi, 25 fl. Dimethylpolysiloxan, 200 Quarzmehl, 3 Propylpolysilicat, 0,5 Pb-Octoat u. 0,5 $(C_2H_5)_3B$ werden zu einer Folie gepreßt. (**F. P. 1204897** vom 15/10. 1958, ausg. 28/1. 1960. A. Prior. 15/11. 1957.)
M. Pankow. 5957

1762 Ôsaka Henatsuki Kabushiki Kaisha (Erfinder: Hiromu Kaito, Nishinomiya, und Mitsuo Kominami, Ôsaka), Japan, **Harzpräparat** *als Bindemittel für magnet. Schichtmaterial*, wie Metallplatten, aus einer Mischung von alkyliertem Harnstoff-HCHO-Harz u. ölmodifiziertem Alkydharz als Hauptbestandteil, 10 bis 50% Polyvinylacetal u. $\leqq 5\%$ Phenol-HCHO-Harz, die bei 120—200° gehärtet wird. (**Jap. A. S. 13438/1961** vom 5/1. 1959, ausg. 15/8. 1961.) M. Pankow. 5959

1763 Badische Anilin- & Soda-Fabrik Akt.-Ges. (Erfinder: Theodor Huberick und Friedrich Bergmann), Ludwigshafen/Rh., **Herstellung von magnetischem Eisen(III)-oxid** bes. für Magnetogrammträger. Man oxydiert $Fe(CO)_5$ mit O in gebundener Form enthaltenden Stoffen, bes. Wasserdampf, Aceton, Methyläthylketon, CO_2, Formaldehyd, Tetraäthylsilicat, bei erhöhter Temp. bis ca. 500° in solchen Mengen, daß ein Fe-Oxid mit einem Atomverhältnis Fe:O > 3:4 gebildet wird. (**E. P. 890198** vom 25/8. 1960, ausg. 28/2. 1962. D. Prior. 28/8. 1959.) K. Demmler. 5959

1764 Associated Electrical Industries Ltd., England, **Herstellung magnetischer Ferrite.** Die für die Ferrit-Herst. erforderlichen Ausgangsstoffe werden als Carbonate oder Hydroxide aus entsprechenden Salz-Lsgg. unter erhöhtem Druck bei 110—250° unter gleichzeitiger Einw. eines Elektromagneten gefällt. — Diagramm. (**F. P. 1278501** vom 27/1. 1961, ausg. 11/4. 1962. E. Prior. 29/1. 1960.) Hans Hoffmann. 5959

1765 Indiana General Corp., V. St. A. (Erfinder: Sigismund Golian), **Herstellung ferromagnetischer Manganferrite.** Ein pulverförmiges Gemisch aus 52—60

(Mol-%) Fe_2O_3, 18—30 MnO u. 10—30 ZnO wird nach dem Verformen 1—4 Std. an der Luft gesintert u. anschließend in neutraler Atmosphäre bis < 100° abgekühlt. — Diagramme. (**F. P. 1281805** vom 1/3. 1961, ausg. 28/5. 1962. A. Prior. 2/6. 1960.)
Hans Hoffmann. 5959

1766 North American Philips Co., Inc., New York, N. Y., V. St. A., übert. von: Evert Willem Gorter, Cornelis Jacobus Esveldt und Hendrik van der Heide, Eindhoven, Niederlande, **Ferritkern und dessen Herstellung.** Eine Mischung von 49—52 (Mol-%) Fe_2O_3, 14—40 MgO, 9—35 NiO u. 0,5—15 CoO wird zu Formkörpern verpreßt, bei 1350—1450° in einer Atmosphäre gesintert, die mehr Sauerstoff als Luft enthält u. anschließend abgekühlt. Die Hysteresisschleife zeigt dann noch keine Rechteckform. Erhitzt man aber die gesinterten Kerne über 150°, jedoch nicht ganz auf die Curie-Temp., u. kühlt langsam innerhalb von 3 Std. in einem Magnetfeld von 100 Oe auf Raumtemp. ab, so beobachtet man eine rechteckförmige Hysteresisschleife mit einem Rechteckverhältnis bis 0,95 bei einer Koerzitivkraft von 1,2 Oe u. darüber. Bis zu einer Gebrauchstemp. von 80° bleiben diese Werte nahezu erhalten. (**A. P. 2985591** vom 25/10. 1957, ausg. 23/5. 1961. Niederl. Prior. 30/10. 1956.)
H. Widmann. 5959

1767 North American Philips Co., Inc., New York, N. Y., V. St. A., übert. von: Pieter Geldermans, Pieter van den Ban und Gerardus Leonardus Holthaus, Eindhoven, Niederlande, **Ferritkerne mit Kupferzusatz.** Eine Mischung von 35—51 (Mol-%) Fe_2O_3, 35 bis 62 MnO u. 3—14 CuO wird bei 600—1000° zur Rk. gebracht, fein gemahlen u. zu Ringen verpreßt. Diese Ringe werden anschließend in einer Atmosphäre, die mindestens so viel Sauerstoff wie Luft enthält bei 1150 bis 1350° gesintert u. innerhalb 1—60 Min. zumindest von 700° auf Raum-Temp. in einer N_2-Atmosphäre abgekühlt. Die hergestellten Kerne haben eine rechteckförmige Hysteresisschleife, u. ihre Remanenzinduktion ist relativ stabil gegenüber den Einw. von Störimpulsen oder Halbimpulsen. Die als Remanenzinduktion eingespeicherte Information bleibt deshalb selbst nach einer langen Reihe von Halbimpulsen für den Leseimpuls voll erhalten. (**A. P. 2988508** vom 9/8. 1957, ausg. 13/6. 1961. Niederl. Prior. 17/9. 1956.) H. Widmann. 5959

1768 International Business Machines Corp., V. St. A. (Erfinder: Edgar Crawford Leaycraft), **Magnetische Ferrite mit rechteckiger Hysteresisschleife.** Eine pulverförmige Mischung aus 38—44,4 (Mol-%) Fe_2O_3 u. 51,1—60 MnO wird unter evtl. Zusatz von 0 bis 5 Cr-Oxid oder NiO nach einem Versintern auf 750—950° durch Pressen verformt u. bei 1100—1430° gesintert. — Diagramme. (**F. P. 1279330** vom 9/11. 1960, ausg. 20/4. 1962. A. Prior. 10/11. 1959.) Hans Hoffmann. 5959

1769 Steatit-Magnesia Akt.-Ges., Deutschland, und Steatite Research Corp. (Erfinder: Oskar Eckert), **Ferrite mit rechteckigen Hysteresisschleifen** der Syst. Mn_2O_3–CuO–Fe_2O_3, Mn_2O_3–MgO–Fe_2O_3, MgO–ZnO–Fe_2O_3 u. MgO–CdO–Fe_2O_3. Beispiele: 400 (g) Fe_2O_3, 50 Mn_2O_3, 50 CuO, 3,25 CoO; 400 Fe_2O_3, 50 Mn_2O_3, 50 MgO, 3,25 CoO; 412,5 Fe_2O_3, 12,5 MgO, 75 ZnO, 3,25 CoO; 387,5 Fe_2O_3, 25 MgO, 87,5 CdO, 3,25 CsO. Die feinverteilten Mischungen werden bei 1320° gefrittet. — Diagramme. (**F. P. 1163967** vom 14/11. 1956, ausg. 3/10. 1958. D. Prior. 16/11. 1955.) Hans Hoffmann. 5959

1770 Steatit-Magnesia Akt.-Ges., übert. von: Oskar Eckert, Lauf/Pegnitz, **Ferrite mit eingeschnürter Hysteresisschleife.** Ferrite mit einer Zus. von 10—29 (Gew.-%) Mn_2O_3 bzw. NiO u. 71—90 Fe_2O_3 werden mit 0,1—5 Co-Oxid versetzt, zu Formkörpern verpreßt u. je nach Zus. bei 1250 bis 1380° gesintert. Die Abkühlung wird bei 700° gestoppt u. innerhalb 12 Std. auf Raumtemp. fortgesetzt. Die fertigen Ferrite zeigen eine eingeschnürte Hysteresisschleife. Nach der Wiedererwärmung auf 600° u. langsamer Abkühlung innerhalb von 12 Std. in einem Magnetfeld von 15 Amp./Windung pro cm tritt eine rechteckförmige Hysteresisschleife auf. (**A. P. 2989474** vom 18/10. 1956, ausg. 20/6. 1961. D. Prior. 29/10. 1955.) H. Widmann. 5959

1771 Steatit-Magnesia Akt.-Ges., übert. von: Oskar Eckert, Lauf/Pegnitz, **Ferrite mit eingeschnürter Hysteresisschleife.** Mischungen von 70—91 (Teilen) Fe_2O_3, 1—30 CuO, 0—29 ZnO bzw. 0—36,5 CdO werden mit 0,1 bis 5 CoO versetzt u. zunächst bei 750—1200° ganz oder zum Teil gefrittet. Aus der Fritte werden Formteile gepreßt u. je nach Zus. zwischen 1180 u. 1350° gesintert. Die Sinteratmosphäre ist nicht angegeben. Nach dem Sintern wird in einer Zeit von ca. 24 Std. langsam abgekühlt. Die so behandelten Ferrite zeigen eine eingeschnürte Hysteresisschleife bei größerer magnet. Aussteuerung. Bei sehr kleinen Feldstärken ist die Permeabilität dieser Ferrite unabhängig von der Feldstärke u. ident. mit der Anfangspermeabilität. Außerdem sind die Hystereseverluste u. die Restverluste sehr niedrig. Langsames Abkühlen in einem Magnetfeld führt bei diesen Ferriten zu einer rechteckförmigen Hysteresisschleife. (**A. P. 2989477** vom 14/11. 1956, ausg. 20/6. 1961. D. Prior. 21/11. 1955.) H. Widmann. 5959

1772 Steatit-Magnesia Akt.-Ges., übert. von: Oskar Eckert, Lauf/Pegnitz, **Ferrite mit eingeschnürter Hysteresis-Schleife.** Ferrite mit einer Zus. von 1—19 (Gew.-%) MgO, 0—29 ZnO bzw. 0—34 CdO u. 65—92 Fe_2O_3 werden mit 0,1—5 Co-Oxid versetzt, zu Formkörpern verpreßt u. zwischen 1180 u. 1400° gesintert. Die Abkühlung wird bei 700° gestoppt u. über eine Zeitdauer von mindestens 12 Std. bis auf Raumtemp. fortgesetzt. Die fertigen Ferrite zeigen eine eingeschnürte Hysteresisschleife. Nach Wiedererwärmung auf 600° u. Abkühlung im Magnetfeld von 15 Amp.-Windungen/cm tritt eine rechteckförmige Hysteresisschleife auf. (**A. P. 2989478** vom 15/11. 1956, ausg. 20/6. 1961. D. Prior. 16/11. 1955.) H. Widmann. 5959

1773 Steatit-Magnesia Akt.-Ges., Lauf/Pegnitz, übert. von: Oskar Eckert, Lauf/Pegnitz, und Georg Zerbes, Solingen, **Ferrite mit feldunabhängiger Permeabilität.** Ferrite mit einer Zus. von 1—28 (Gew.-%) NiO, 1—16,5 ZnO, 0—5 MnO u. 71—89 Fe_2O_3 werden mit 0,1—3 CO-Oxid versetzt u. gesintert. Die fertigen Ferrite werden 150° über den Curiepunkt erhitzt u. dann langsam in einem Magnetfeld von mindestens 10 Amp.-Windungen/cm innerhalb von 12 Std. abgekühlt. Nach dieser Behandlung tritt eine beträchtliche Verminderung der Abhängigkeit der Permeabilität von der magnet. Feldstärke im Bereich kleiner Feldstärken auf. (**A. P. 2989475** vom 22/10. 1956, ausg. 20/6. 1961. D. Prior. 25/10. 1955.) H. Widmann. 5959

1774 Plessey Co. Ltd., London, England, **Herstellung eines magnetostriktivem Mischferrits mit Spinellstruktur.** Man sintert NiO, CoO, Cr_2O_3 u. Fe_2O_3 in einem solchen Mischungsverhältnis, daß das Endprod. der Zus. $[(1-x)\cdot NiOxCoO]\cdot p[(1-y)Fe_2O_3\cdot yCr_2O_3]$ entspricht ($x = 0{,}005$ bis 0,03; $y = 0{,}05-0{,}4$; $p = 0{,}8-1{,}2$). — Beispiel: 748 (g) NiO, 15,4 CoO, 304 Cr_2O_3, 1303 Fe_2O_3. (**Niederl. P. 102383** vom 29/3. 1956, ausg. 17/9. 1962.)
F. Böhm. 5961

1775 Elektriska Svetsnings A/B, Göteborg, Schweden (Erfinder: R. P. Miksits), **Herstellung von Akkumulatorelektroden,** bestehend aus einem nichtmetall. Gerüst. Die Oberfläche wird zunächst mit Pb oder einer Pb–Sb-Legierung überzogen u. hierauf eine Schicht akt. Materials durch elektrolyt. Ausfällen von Blei(IV)-oxyd aufgebracht. (**Schwed. P. 174858** vom 18/5. 1949, ausg. 4/4. 1961.) K. H. Kähler. 5971

1776 Sidney A. Corren, Katonah, Arnold S. Louis, Bronx, und Myron A. Coler, Scarsdale, N. Y., V. St. A., **Positive Elektroden für alkalische Akkumulatoren** werden mit Hilfe von den Strom leitenden plast. Massen hergestellt. Z. B. wird eine Mischung aus einem Mischpolymeren aus Vinylchlorid u. Vinylacetat, Acetylenruß u. Methyläthylketon getrocknet u. dann zu feinem Pulver gemahlen. Dieses Pulver wird mit einer heißen konz. Lsg. von $Ni(NO_3)_2\cdot 6H_2O$ innig vermischt, mit NaOH-Lsg. behandelt, gewaschen, getrocknet u. fein gemahlen. Anschließend wird das Pulver in einer inerten organ. Fl. unter Zusatz von wenig Cellulosematerial dispergiert. In die Dispersion werden Netze aus Ni, die als Träger

für die Masse dienen, eingetaucht. Nach dem Trocknen wird die Dicke der Platten auf 25—75% red., indem diese zwischen heißen Walzen gepreßt werden. — Zeichnungen. (**A. P. 3009979** vom 9/2. 1959, ausg. 21/11. 1961.)
F. Laaß. 5971

1777 VEB Grubenlampenwerke, Zwickau (Erfinder: H. Winkler), **Ständig gasdicht verschlossener alkalischer Akkumulator.** Die positive Elektrode enthält wenigstens 2 akt. Elektrodenmassen aus Metall-Verbb. mit merklich unterschiedlichem positiven Potential, die sich im alkal. Elektrolyt mit entsprechend unterschiedlicher Entladespannung unbeeinflußt voneinander elektrochem. betätigen. — Zum Beispiel wird dem $Ni(OH)_2$ Bi_2O_3 oder $Bi(OH)_3$ oder metall. Bi hinzugemischt. (**Belg. P. 570001** vom 1/8. 1958, ausg. 28/7. 1961.)
F. Laaß. 5971

1778 Accumulatoren-Fabrik Akt.-Ges., Hagen (Erfinder: Wilhelm Garten und Freimut Peters), **Ständig gas- und flüssigkeitsdicht verschlossener, alkalischer Akkumulator** mit einem alkal. Elektrolyten, welcher im wesentlichen in den Poren der Elektroden u. des Separators kapillar festgelegt ist, u. **Mitteln zur Aufzehrung** der entwickelten Gase, dad. gek. daß die positive Elektrode stets mehr entladbare, reduzierbare Teile akt. Masse, gemessen in elektrochem. Äquivalenten enthält als die negative Elektrode entladbare, oxydierbare Teile u. daß gleichzeitig die negative Elektrode einen Zusatz von antipolarer Masse aufweist. (**Schwz. P. 366866** vom 12/12. 1958, ausg. 15/3. 1963. D. Prior. 21/12. 1957.)
F. Laaß. 5971

1779 Yardney International Corp., New York, übert. von: Meyer Mendelsohn, New York, und Frank Solomon, Lake Success, N. Y., V. St. A., **Separator für Silber–Zink-Akkumulatoren** aus regenerierter Cellulose (**I**), die mit einer Lsg. aus Polyvinylalkohol (**II**) u. aus zweibas. Carbonsäuren mit 4—14 C-Atomen, die mit **II** in W. lösl. Ester bilden, wie Glutar- oder Sebacinsäure, imprägniert wird. Zum Beispiel werden in der Wärme in 100 (Teilen) W. gelöst: 10 zu 99% hydrolysierter **II**, 20 mit H_2O_2 behandeltes Diäthylenglykol als Weichmacher u. 5 Dibutylsebacat. Mit dieser warmen Lsg. wird ein 0,08 mm dickes Blatt aus **I** besprüht u. an der Luft getrocknet. Bes. soll eine **I**-Folie verwendet werden, die Ag-Cellulose enthält. (**A. P. 3013100** vom 2/5. 1957, ausg. 12/12. 1961.) F. Laaß. 5971

1780 Yardney International Corp. (Erfinder: Meyer Mendelsohn und Milton Comanor), **Elektrolyt,** z. B. **für Silber–Zink-Zellen,** bestehend aus einer 10%ig. bis gesätt. Lsg. von Alkalialuminat, -molybdat, -wolframat, -arsenat, -vanadat, -stannat oder -plumbat mit einem Zusatz von Alkali, bes. KOH, wobei die Löslichkeit der negativen Elektrode herabgesetzt wird. (**Aust. P. 237314** vom 22/4. 1959, ausg. 22/2. 1962. A. Prior. 24/4. 1958.) K. Demmler. 5971

1781 Texas Instruments, Inc., Dallas, Tex., übert. von: Heinz R. Pflumm, Plainville, und Joseph J. Buchinski, Wrentham, Mass., V. St. A., **Schichtwerkstoff zum Aufbau von Batterien mit festem Elektrolyten** besteht aus einer Schicht aus *AgJ*, *AgBr* oder *AgCl*, die einer Schicht aus einer Silberleg., bestehend aus 0,05 bis 0,75 (%) *Co*, 0—0,15 *Cu*, Rest *Ag*, anhaftet, wobei die Ag-Leg.-Schicht mit der anderen Oberfläche mit einer korrosionsbeständigen, metall. Grundschicht verbunden sein kann. Die Ag-Leg.-Schicht stellt die Anode der Batterie u. die Ag-Halogenidschicht den festen Elektrolyten dar. (**A. P. 3057049** vom 2/5. 1958, ausg. 9/10. 1962.) C. F. Gross. 5971

1782 Research Institute of Urban and Rural Communication „NITTS“, Leningrad, UdSSR, **Herstellung von Thermoelementen.** Der positive Teil der Elemente wird aus einer Zn–Sb-Leg., welche der Formel ZnSb entspricht, hergestellt. Dazu wird die feingepulverte Leg. nach Mischen mit einem Flußmittel heiß, z. B. zwischen 300—400°, zu der gewünschten Form verpreßt. — Um eine beständige Kontaktstelle zwischen dem positiven u. dem negativen Teil, der z. B. aus einem Konstanten-Band oder -Draht besteht, zu erlangen, wird ein Ende des negativen Teils gleichzeitig beim Herstellen des positiven Teils in das Metallpulver eingepreßt. (**Ind. PP. 69202** u. **69205** vom 28/9. 1959.)
F. Laaß. 5971

1783 **General Electric Co. Ltd.,** London, übert. von: **Jack Stewart Lamming,** Watford, England, *Herstellung von Halbleitern.* (**A. P. 3029170** vom 30/8. 1956, ausg. 10/4. 1962. E. Prior. 2/9. 1955. — C. **1962,** 7281 [E. P. 807995].)

1784 **Telefunken G. m. b. H.,** Berlin, übert. von: **Friedrich W. Dehmelt,** Neu-Ulm, und **Gerhard Grust,** Ulm, *Herstellung von Legierungsschichten auf Halbleiterkörpern.* (**A. P. 3013910** vom 2/5. 1958, ausg. 19/12. 1961. D. Prior. 3/5. 1957. — C. **1961,** 3772 [D. A. S. 1075223].)

1785 **Accumulatoren-Fabrik Akt.-Ges.,** Hagen, übert. von: **Heinz Borchers,** München, **Dietrich Evers,** Hagen, und **Herbert Gumprecht,** Ennepetal-Milspe, *Blei-Antimon-Legierung für Gitterplatten elektrischer Akkumulatoren.* (**A. P. 2993785** vom 25/2. 1960, ausg. 25/7. 1961. D. Prior. 11/3. 1959. — C. **1963,** 13695 [D. A. S. 1113579 u. F. P. 1251083].)

1786 **Thorn Electrical Industries Ltd.** (Erfinder: **Peter Whitten Ranby** und **David Richard Palowkar**), *Magnesiumboratleuchtstoffe.* (**Aust. P. 237473** vom 17/6. 1959, ausg. 8/3. 1962. E. Prior. 18/6. 1958. — C. **1964,** 1—1982 [D. A. S. 1147343].)

1787 **Balzers Akt.-Ges. für Hochvakuumtechnik und dünne Schichten,** Liechtenstein, *Festhaftende Verbindung zwischen Halogenpolyäthylen und anderen Stoffen.* (**E. P. 885264** vom 8/6. 1960, ausg. 20/12. 1961. Oe. Prior. 23/6. 1959. — C. **1962,** 16092 [Oe. P. 215159].)

H_4. Wasser, Abwasser

1788 **Das Wasser als assoziierte Flüssigkeit betrachtet.** Teresa Camangi. (Chimica [Milano] **38,** 558—61, 599 bis 602, 1962; ital.) — Übersicht. — Es werden die physikal.-chem. Eigg. des W. denen anderer Fll. gegenübergestellt. — 19 Literaturangaben.
B. Franz. 6010◇

1789 **Wasser und Abwasser in den USA.** Wilhelm Merkel. (Gas- u. Wasserfach, Ausg. Wasser-Abwasser **103,** 505—08, 1963; Wiesbaden; dt.) — Bericht über eine wassertechn. Tagung in den USA u. Aufzählung der verschiedenen Probleme, die in bezug auf W. u. Abwasser zu bewältigen sind. F. Rosendahl. 6010△

1790 **Elektrische Prospektierung für Grundwasser in Maeshima.** Eizaburo Yoshizumi und Keiichiro Taniguchi. (Siuyôkwai-Shi [Trans. Mining metallurg. Alumni Assoc.] **14,** 554—57, 1962; jap., Auszug: engl.)
W. Wesly. 6010◇

1791 **Einfluß der Zunahme der Wasserverunreinigung auf die Betriebskosten von Wasserwerken.** Zygmunt Dziembowski. (Gospodarka wodna **21,** 455—57, 1961; pol.) R. K. Müller. 6010◇

1792 **Schutz offener Reservoire gegen Vögel.** Frank D. Emigh. (J. Amer. Water Works Assoc. **54,** 1353—60, 1962; Tacoma, Wash., Dep. of Public Utilies; engl.)
I. Köditz. 6010

1793 **Koagulation; Einführung und Theorie.** 1. Mitt. Marvin Lane. (Water Sewage Works **106,** 280—81, 1959; New York, N. Y., Graver Water Conditioning Co.; engl.) — Vf. gibt einen Überblick über die Theorie der Koagulation u. die Faktoren, die die Flockung beeinflussen, sowie die Anwendung auf die Wasserbehandlung.
I. Köditz. 6024

1794 **Koagulationsmittel und ihre Auswahl.** 2. Mitt. Marvin Lane. (Water Sewage Works **106,** 339—41, Aug. 1959; New York, N. Y., Graver Water Conditioning Co.; engl.) — 1. vgl. vorst. Referat. — Vf. gibt in Tabellenform eine Übersicht über gebräuchliche Flockungsmittel (Al-Sulfat, Fe(II)- bzw. Fe(III)-Sulfat, Fe(III)-Chlorid, Na-Aluminat, Mischungen von Al-Sulfat u. Na-Aluminat bzw. Al-Sulfat u. Fe(II)-Sulfat) u. die chem. u. physikal. Formen, die über den Handel bezogen werden können. Vorschläge für die Auswahl der Flockungsmittel werden unterbreitet. H. Schroeder. 6024◇

1795 **Freie wirksame Chlorreste für kleine, nicht öffentliche Wasserversorgungsanlagen.** E. Robert Baumann und Daniel D. Ludwig. (J. Amer. Water Works Assoc. **54,** 1379—88, 1962; Ames, Iowa, Iowa State Univ., Civil Engng. Dep.; Washington, D. C., US Army Corps of Engng.; engl.) — Vff. empfehlen für kleinere Wasserreservoire, die nicht der Gesundheitskontrolle unterstehen u. deren physikal. u. biolog. Natur sich häufig ändert, die Superchlorierung. Dadurch wird ein gewisser Sicherheitsfaktor gegenüber Schwankungen gewährleistet u. auch die erforderliche Cl-Kontaktdauer verkürzt. Als Indikator für die Verunreinigung sollten anstelle von *Coli*-Organismen *Coxsackie*-Viren treten. I. Köditz. 6024

1796 **Gesteuerte Nitrat-Eliminierung aus Oberflächenwasser durch Wasserstoffoxydanten.** G. Bringmann und Renate Kühn. (Gesundheits-Ing. **84,** 213—15, 1963; Berlin-Dahlem, Bundesgesundheitsamt, Inst. für Wasser-, Boden- u. Lufthygiene; dt.) — Wenn auch der NO_3^--Geh. ovn 80 mg/Liter Trinkwasser nicht als gesundheitsschädlich betrachtet wird, soll er doch nach Möglichkeit 30 mg/Liter nicht überschreiten. Um NO_3^- vollständig zu eliminieren, wurde eine vollautomat. arbeitende Modellanlage geschaffen, in der mit H_2-oxydierenden Bakterien der natürlichen Mikroflora des Oberflächenwassers 150 mg NO_3^-/Liter Oberflächenwasser restlos entfernt werden. Die Anlage wird elektron. gesteuert u. arbeitet kontinuierlich bei pH 7,0. Es trat keine unerwünschte Sulfatred. bzw. S-Bldg. ein. Die Gesamtkeimzahl des ablaufenden W. überschritt nach einer Schnellfiltration nicht die für Oberflächenwasser zulässigen Werte. F. Rosendahl. 6024△

1797 **Demineralisierung durch Elektrodialyse bei der in Gettysburg stationierten Luftwaffeneinheit.** Herbert C. Preul. (J. Amer. Water Works Assoc. **54,** 1389—99, 1962; Minneapolis, Minn., Univ. of Minnesota, Dep. of Civil Engng.; engl.) — Beschreibung einer Elektrodialyseanlage für die Entsalzung von stark salzhaltigem W. (2100 ppm gelöste Salze) mit einem Durchsatz von 40000 gpd u. Kosten-Vgl. mit einer ähnlichen Anlage, die auf Ionenaustausch beruht. I. Köditz. 6028

1798 **Carbonatsteinbildende Wässer. Wirkungsvolle Bekämpfung der Neigung zur Bildung von Ablagerungen.** Ed. Genet und R. Rohmer. (Eau **48,** 94—100, 1961; franz.) — Wässer mit hohem $CaCO_3$-Geh. erzeugen Verkrustungen des Leitungs-Syst. infolge Störung des CO_2-Gleichgewichtes, wenn sie mit Luft in Berührung kommen. Zur Vermeidung wird empfohlen: totale Füllung des Leitungs-Syst. durch richtige Bemessung; Einleitung in das Reservoir unter der Oberfläche; Abdeckung des Wasserspiegels im Stapelbehälter mit Styroporschnitzeln. R. Hegenbarth. 6030◇

1799 **Allgemeine Hinweise zur Lösung der Abwasserfrage in der Textilindustrie.** M. Kehren. (Z. ges. Textilind. **65,** 51—57, 1963; dt.) — Es werden Hinweise für die Auswahl geeigneter Reinigungs-Meth. für Abwässer gegeben. Die Vor- bzw. Nachteile von werkseigenen Kläranlagen werden besprochen. Die Verteilung der Klärkosten auf die Verschmutzer wird an Hand eines Beispieles mitgeteilt. Ausführliche Anleitungen für die chem.-physikal. Unterss. von Abwässern werden gegeben. Der Nachw. von Detergentien in Abwasser u. die Best. der biolog. Abbauarbeit von anion. Detergentien wird besprochen. I. Beßer. 6036◇

1800 **Abwasserreinigung in der englischen Textilindustrie.** J. F. Straatman. (De Tex **22,** 431—32, 1963; niederl.) — Ein Teil der engl. Textilfabriken läßt das Abwasser in die Kanalisation ab. Die übrigen Textilfabriken haben Absetzbehälter. Bestrebungen sind im Gange, die Errichtung von Aufbereitungsanlagen zu erreichen. W. Wesly. 6036◇

1801 **Wissenschaftliche Problematik des Schutzes des Wassers vor Verunreinigung.** Adam Chojnacki. (Gospodarka wodna **21,** 435—37, 1961; Warszawa, Politechn., Zakł. Technol. Wody i Ścieków; pol.) — Übersicht über Aufgaben der wissenschaftlichen Forschung. R. K. Müller. 6038◇

1802 **Bedeutung der landwirtschaftlichen und forstlichen Nutzung von Abwässern für den Schutz der Oberflächenwässer vor Verunreinigung.** Jan Wierzbicki. (Gospodarka wodna **21,** 438—40, 1961; pol.) — Zusammenfassung von Erfahrungen aus verschiedenen Ländern. — 12 Literaturangaben. R. K. Müller. 6038◇

1803 **Verunreinigung von Oberflächenwasser durch Kühlwasser.** Gerald E. Arnold. (J. Amer. Water Works Assoc. **54,** 1332—46, 1962; Philadelphia, Pa.; engl.) — Bericht über Probleme im Zusammenhang mit den Folgeerscheinungen des Ablassens von Kühlwasser in Flüsse u. Seen in Pennsylvania. I. Köditz. 6038

1804 **Über den Schwermetallgehalt im Wasser der Flüsse Kasenny Torez und Sewerny Donez.** N. G. Fessenko und I. T. Klimow. (Hyg. u. Sanitätswes. [UdSSR] **25,** Nr. 3, 104—05, 1960; Hydrochem. Inst. der Akad. der Wiss. der UdSSR; russ.) — Das W. der Flüsse Kasenny Torez u. Sewerny Donez enthält 1—45 (mg/Liter) *Ni*, < 0,2 *Co*, < 0,05 *Ag*, 2—54 *Cu*, 1—5 *V*, < 0,5—6 *Sn*, 0,5—18 *Pb*, 2—1000 *Mn* u. < 0,2 *Bi*. S. Baryschnikow. 6038△

1805 **Wasserstoffperoxidoxydation von cyanidischen Abwässern.** Jiří Brouček. (Korose Ochrana Mater. **1962,** 95—96; Kladno, Stát. prům. škola hornická; tschech.) — Die CN^--haltigen Abwässer können durch Oxydation mit H_2O_2 unschädlich gemacht werden. Die Oxydation führt zu NH_4OH, Stickoxiden u. wahrscheinlich auch zu mol. N_2. Die Rk. ist stark exotherm, verläuft in einigen Sek., doch verlangt sie eine gewisse von der CN^--Menge abhängige Induktionszeit (17 Min. bei 200 mg NaCN/ 1000 ml; 45 Sek. bei 80 g/1000 ml). 1 g NaCN erfordert ca. 2,8 g H_2O_2 (100%), wobei jedoch ca. 1,6% NaCN nicht oxydiert werden. Die prakt. Anwendung ist z. Z. noch nicht ökonom. tragbar. J. Tůmová. 6042◇

1806 **Die Reinigung von Phenolabwässern bei der Produktion von Diphenylpropan und Phenolharzen.** A. W. Ssacharnow. (Chem. Wiss. Ind. [UdSSR] **4,** 361—64, 1959; russ.) — Übersicht u. Beschreibung der verschiedenen Verfahren. — 22 Literaturangaben. J. Lehmberg. 6042△

1807 **Die Unschädlichmachung von Saponaten durch Stoffe mit entgegengesetzter Polarität des hydrophoben Teils der Molekel.** Pavel Pitter. (Vodní Hospodářství **12,** 311—12, 1962; Praha, Katedra technol. vody VŠCHT; tschech.) — Das Prinzip der titrimetr. Meth. zur quant. Best. von Saponaten, das auf der Bldg. von unlösl. inakt. Komplexen beruht, wird erläutert. Die Beseitigung von anionakt. Saponaten aus Abwässern nach dem gleichem Prinzip wird vom Vf. vorgeschlagen. Erläuterung der durchgeführten Verss. sowie Zusammenstellung der Ergebnisse wird gegeben. K. Pluta. 6042◇

1808 **Neue Möglichkeiten zur Reinhaltung von Betriebsabwässern.** F. Fischer und H. Kraus. (Wasser, Luft Betr. **7,** 559—61, 1963; Lang Göns u. Gießen; dt.) — Zur Aufbereitung von alkalicarbonat- u. alkalisulfidhaltigen Abwässern wird ein elektrodialyt. Kaustifizierungsverf. vorgeschlagen, wodurch das Abstoßen solcher Betriebsabwässer vermieden werden kann. Die anion. Bestandteile werden in unschädliche gasförmige oder feste Stoffe übergeführt u. die Kationen in Form von reinen wiederverwendungsfähigen Alkalihydroxid-Lsgg. zurückgewonnen. Auf diese Weise treten keine Abwasserprobleme auf. F. Rosendahl. 6046△

1809 **Die Dekontaminierung eines durch Radionuklide wenig verunreinigten Gewässers. Bedeutung der Flokkungsverfahren.** J. Rodier und J. Scheidhauer. (Eau **48,** 101—04, 1961; Marcoule, Centre de production de plutonium; franz.) — Zur Klärung der Frage, ob auch gelöste Radioelemente durch Flockungs-Verff. teilweise abgeschieden werden, wurde filtriertes Rhônewasser mit einer Mischung üblicher Spalt-Prodd. kontaminiert. Flockung mit 100 mg/Liter $Al_2(SO_4)_3 \cdot 18H_2O$ bzw. $FeCl_3$ u. Filtration durch Kies verminderten die Aktivität auf $^1/_3$ bis $^1/_5$. Bei Pu als α-Strahler erwies sich Al-Sulfat als überlegen. R. Hegenbarth. 6050◇

1810 **Die Beseitigung von festen Siedlungsabfällen und Klärschlamm in den mittleren und kleinen Gemeinden des schweizerischen Mittellandes.** Peter Keller. (Gas- u. Wasserfach, Ausg. Wasser—Abwasser **103,** 494—96, 1963; Zürich; dt.) — Nach Aufzählung der Möglichkeiten, durch die das Grundwasser verunreinigt werden kann, wird auf die Tendenz der Lösung des Abfallproblems in der Schweiz eingegangen. Ob Kompostierung oder Verbrennung des Mülls vorteilhafter ist, steht im Vordergrund der Betrachtungen. F. Rosendahl. 6050△

1811 **Fortschrittsbericht über Wassergütekriterien.** Elwood L. Bean. (J. Amer. Water Works Assoc. **54,** 1313—31, 1962; Philadelphia, Pa., Task Group 2225 M,

Water Dep., Treatment Sect.; engl.) — Bericht über die seit 1961 gemachten Fortschritte auf dem Gebiet der Wasseranalyse. I. Köditz. 6060

1812 **Vier Jahre Radioaktivitätsuntersuchungen am Bodensee.** Josef Mauz und Gisela Weinmann. (Gas- u. Wasserfach, Ausg. Wasser—Abwasser **103,** 451—56, 1963; Konstanz; dt.) — Die Radioaktivität im Bodensee ist von der Aktivität der Ndd. u. weniger von der Beschaffenheit der Zuflüsse abhängig. Es ist erforderlich, daß die Wasserwerke, die ihr Trinkwasser aus Seen u. Talsperren entnehmen, so überwacht werden, daß Ndd. u. ihre Einschichtung im See unter Kontrolle stehen. Eine Anreicherung der Radioaktivität war bei Pflanzen, jedoch nicht bei Fischen festzustellen. F. Rosendahl. 6060△

1813 **Eine intensive Flußuntersuchung: Der Rhein im Jahre 1962.** L. Bauer. (Wasser, Luft Betr. **7,** 561—65, 1963; Karlsruhe, TH, Inst. für Wasserchemie; dt.) — Die Inhaltstoffe des Rheinwassers werden im Jahresdurchschnitt 1962 bei den Orten Mannheim, Mainz, Köln u. Orsoy angegeben. F. Rosendahl. 6060△

1814 **Untersuchungen zur spektrophotometrischen Bestimmung von Metallspuren. 3. Mitt. Spektrophotometrische Schnellbestimmung von Eisenspuren in Kesselwasser.** Fumito Nakashima und Kaoru Sakai. (Japan Analyst **11,** 73—77, 1962; Hitachi, Hitachi Res. Labor. Ltd.; jap., Auszug: engl.) — 2. vgl. C. **1963,** 19355. — Das näher beschriebene Verf. zur spektrophotometr. Best. von Spuren Fe im Kesselwasser beruht auf der Blaufärbung (Absorptionshöchstwert bei 595 mμ) von Fe^{2+} mit 2.4.6-Tripyridyl-symm.-triazin bei pH = 3,8—5. Auf diese Weise lassen sich noch $5 \cdot 10^{-3}$ ppm Fe bestimmen. W. Wesly. 6060◇

1815 **Kontinuierliche coulometrische Titration kleinster Eisenmengen in Wasser.** Hiroshi Sakurai. (Japan Analyst **11,** 83—87, 1962; Tokyo, Univ., Inst. of Ind. Sci.; jap., Auszug: engl.) — Die kontinuierliche Best., kleinster in W. gelöster Mengen Fe wird durch coulometr. Titration mit elektrolyt. erzeugtem Br_2 verfolgt, wobei die Lsg. laufend durch das Jonessche Red.-Gerät geleitet u. das entstandene Fe^{2+} mit Br_2 coulometr. ermittelt wird. Die Elektrolyt-Lsg. enthält KBr in Essigsäure–Na-Acetat-Puffer-Lsg.; der Endpunkt wird potentiometr. unter Verw. von Pt–Hg_2Cl_2-Elektroden bestimmt. Bei geeigneten Bedingungen ist die Fe-Menge dem elektrolyt. Strom bei 10% Schwankung fast proportional. W. Wesly. 6060◇

1816 **Einwirkung von Fischgiften auf Wasservorräte. 3. Mitt. Untersuchungen in Dickinson.** Jesse M. Cohen, Quentin H. Pickering, Richard L. Woodward und Willis van Heuvelen. (J. Amer. Water Works Assoc. **53,** 233—46, Cincinnati, Ohio, Robert A. Taft San. Eng. Center, Water Supply & Water Pollution Res. Branch; engl.) — 2. vgl. C. **1963,** 5980. — Zur Beseitigung der Fischbestände im Dickinson-Reservoir werden dem W. 2,0 mg/Liter Fischgift, das 2,5% Rotenon, 5% Derris-Wurzelextrakt u. 2,5% Schwefeloxid neben 90% Füllstoff enthält, zugefügt. Die Behandlung des W. mit A-Kohle nach der Beseitigung der toten Fische zeigt, daß auf diese Weise ein allen Ansprüchen genügendes geruchsfreies Trinkwasser gewonnen werden kann. I. Köditz. 6060

1817 **Neue Richtungen in der bakteriologischen Wasseranalyse.** Kazimiera Czyż. (Gospodarka wodna **21,** 469—70, 1961; pol.) — Übersicht über neue Unterss. mit bes. Berücksichtigung des Verf. von Borneff u. Kabsch (Gas u. Wasserfach, Ausg. Wasser **101,** [1960], 491—96.) R. K. Müller. 6064◇

1818 **Bestimmung der freien und komplexgebundenen Cyanide in industriellen Abwässern.** Walter Fleps. (Gesundheits-Ing. **84,** 209—12, 1963; Budapest; dt.) — Zur Trennung einfacher u. komplex gebundener Cyanide (**I**) hat sich eine Dest. aus schwach alkal. Lsg. als vorteilhaft erwiesen. Hierzu werden 100 ml der Abwasserprobe mit 20 ml einer HCl–Na–Borat-Puffer-Lsg. von pH 8,0 versetzt u. 30 ml in 10 ml einer 0,1 n NaOH abdestilliert. Im Destillat wird dann der **I**-Geh. jodometr. oder mit $AgNO_3$ bestimmt. Zur Best. des Gesamt-**I**-Geh. werden 100 ml Abwasser mit 20 ml HCl (1:1) angesäuert, 70 bis 80 ml abdest. u. im Destillat **I** bestimmt. Das angegebene Verf. ist für die Unters. des Spülwassers galvan. Betriebe geeignet. Es wurden dabei 1—5 bzw. 10—50 mg CN^-/Liter neben 10—100 mg/Liter komplexgebundener **I** gefunden. Die Abweichungen vom Sollwert betragen weniger als 10%. Vorliegende Zn- u. Cd-Komplexe werden bei der Dest. aus schwach alkal. Lsgg. vollständig zerstört. F. Rosendahl. 6068△

1819 **Über die Anwesenheit von Phenolen in den Abwässern von Erdölraffinerien.** L. Ss. Gurwitsch und A. I. Kuper. (Hyg. u. Sanitätswes. [UdSSR] **25,** Nr. **3,** 105—06, 1960; Moskau, Erisman Forsch.-Inst. für Sanitätswesen u. Hygiene des Ministeriums für Gesundheitswesen der RSFSR; russ.) — Allg. Ausführungen über die festgestellte Ggw. von flüchtigen *Phenolen* (**I**) in den Abwässern (AW) der Erdölraffinerie von Orsk. Die qual. **I**-Best. in AW muß zweckmäßig nach der Chlorphenol-Rk., die quant. colorimetr. durchgeführt werden. S. Baryschnikow. 6068△

1820 **Zur sanitären Charakteristik der Abwässer von der Herstellung synthetischer Fettsäuren.** N. W. Grin. (Hyg. u. Sanitätswes. [UdSSR] **25,** Nr. 3, 100—02, 1960; Charkow, Med. Inst., Lehrstuhl für Kommunalhygiene; russ.) — „Saure" Abwässer (SAW) von Fabriken für synthet. Fettsäuren enthalten: Trockensubstanz 70776 bis 72666 (mg/Liter), Gesamt-Fettsäuren (**I**) 20000 u. H_2SO_4 500. Der pH der SAW beträgt 2,75—2,85, die Oxydierbarkeit u. der BSB_5 11200—12000 bzw. 18000 bis 22000 mg/Liter O_2. „Bedingt reine Abwässer" (BRAW) enthalten 0 (mg/Liter) **I** u. ca. 4,7 H_2SO_4. Der pH der BRAW beträgt 6,65, die Oxydierbarkeit u. der BSB_5 128 bzw. 16 mg/Liter O_2. Eine Verdünnung der SAW bzw. der BRAW mit W. im Verhältnis 1:100000 bzw. 1:100 beseitigt vollständig die störenden organolept. Eigg. u. die Saprophytenmikroflora der vorst. Abwässer. S. Baryschnikow. 6068△

1821 **Farbenfabriken Bayer Akt.-Ges.**, Deutschland (Erfinder: **Karl Haagen**), *Entfernung von in Wasser gelöstem Sauerstoff.* (**F. P. 1247730** vom 10/2. 1960, ausg. 24/2. 1961. D. Prior. 12/2. 1959. — C. **1963,** 12938 [D. A. S. 1136646].)

1822 **Joh. A. Benckiser G. m. b. H., Chemische Fabrik,** Deutschland (Erfinder: **James G. Zepp**), *Koagulation von Feststoffen in wäßrigen, Fe-haltigen Suspensionen.* (**F. P. 1253057** vom 1/4. 1960, ausg. 12/5. 1961. A. Prior. 1/4. 1959. — C. **1963,** 253 [Oe. P. 215369].)

H_5. Anorganische Industrie

1823 **Verwertung des bei Chloralkali-Elektrolysen anfallenden Wasserstoffs zur Ammoniak-Erzeugung.** H. Hinrichs und J. Niedetzky. (Chemie-Ing.-Techn. **34,** 819—20, 1962; Linz/Donau, Österreich. Stickstoffwerke A. G.; dt.) — Beschreibung einer Anlage mit einer Kapazität von 5—15 tato NH_3 unter Benutzung des bei der Chloralkali-Elektrolyse anfallenden H_2, wobei dieser vor der Synth. durch Aktivkohle gereinigt wird. Der erforderliche N_2 kann entweder durch eine Luftzerlegungsanlage oder durch Verbrennung von KW-Stoffen oder durch Verbrennung von H_2 gewonnen werden. Er muß frei sein von O_2, CO, CO_2 u. S. Die Anlage arbeitet mit einem Druck von 250—450 atü, die Ausbeute beträgt mindestens 90%, der Energiebedarf liegt unter 1500 KWh je t erzeugtes NH_3. A. Knickenberg. H 238◇

1824 **Einige Probleme der Ammoniaksynthese in einer Kolonne mit Katalysatorwirbelschicht.** O. Ss. Tschechow und R. S. Chiterer. (Chem. Ind. [UdSSR] **1962,** 277—81; Moskau, Inst. für chem. Maschinenbau; russ.) — Vgl. C. **1963,** 1021. — Verss. mit dem 4fach aktivierten Katalysator der NH_3-Synth. zeigen, daß bei Zunahme des mittleren Durchmessers d_m des Porenkanals von 0,18 auf 1,50 mm der Äquivalentdurchmesser d_a von 0,058 auf 0,484 zunimmt, wobei aber das Verhältnis d_m/d_a annähernd konst. bleibt (2,64—3,10). Berechnungen ergeben, daß bei der NH_3-Synth. bei 300 at die krit. Gasgeschw. w_{kr} linear mit d_m zunimmt u. daß die Ausdehnung des Katalysatorbettes in der Wirbelschicht von der Wirbelschichtzahl W = w_a/w_{kr} (w_a = Arbeitsgeschw. des Gasstromes) abhängt. Unter gleichen Be-

dingungen u. im isothermen Fall ist die Leistung des Wirbelschichtkatalysators (WK) kleiner als die des feststehenden Katalysators, Vorteilhaft ist die Verw. des WK bes. in den ersten Verf.-Stufen, in denen viel Wärme entwickelt wird. Der optimale Katalysatordurchmesser nimmt von 1,2 auf 2,71 mm zu, wenn die NH_3-Konz. im Gas von 9,0 auf 16,4% steigt. Der Einfl. der Durchmischung auf den Koeff. η_k des Wirkungsgrades nimmt im Verlauf des Prozesses rasch ab, weshalb eine Zunahme der Zahl der Sektionen nur zu Beginn anzustreben ist. Bei Zunahme von w_a von 20000 auf 40000 Std.$^{-1}$ muß der Querschnitt des Katalysatorbettes von 620 auf 900 mm verbreitert werden; dabei geht die Höhe des Wirbelbettes etwa auf die Hälfte zurück.
R. K. Müller. H 243◇

1825 **Zur Oxydation der Stickstoffoxide bei der Herstellung von Salpetersäure.** M. Je. Posin, B. A. Kopylew, L. Ja. Tereschtschenko und G. W. Beltschenko. (J. angew. Chem. [UdSSR] **35**, 2353–59, 1962; Leningrad, Technol. Inst.; russ.) — Bei der Unters. des Einfl. der Ausgangs-Zus. von N-Oxiden auf die Oxydation von *NO* in der fl. Phase im Gas, des O_2-Geh., der Konz. von HNO_3, der Temp. u. der Gasgeschw. wird festgestellt, daß die Oxydationsgeschw. von NO um so größer ist, je höher der Nitrosegeh. des Gases bei konst. Oxydationsgrad von NO_2 u. NO (α) ist u. daß sie sich mit Verringerung von α verkleinert. Die Geschw. u. der Oxydationsgrad von NO in der fl. Phase ist dem O_2-Geh. im Gas direkt proportional. Eine Erhöhung der Konz. von HNO_3 in den untersuchten Grenzen (von 10–30% HNO_3) ist für den Oxydationsprozeß von NO sehr günstig. Die Abhängigkeit der Oxydationsgeschw. von NO in der fl. Phase von der Temp. hat bei ungefähr 35° ein Maximum. Eine Erhöhung der Geschw. des Gases im App. von 0,5 auf 2 m/s führt zu einer zweifachen Erhöhung der Oxydationsgeschw. von NO. Das erklärt sich dadurch, daß die Faktoren, die eine Vergrößerung der Kontaktoberfläche der Phasen u. die Turbulenz des Gas–Fl.-Syst. fördern, einen sehr günstigen Einfl. auf die Lösungsgeschw. von O_2 u. die Oxydationsgeschw. von NO in der fl. Phase haben. Berechnungen zeigen, daß die Verarbeitung von NO_2 u. NO in einem Absorber im Schaum-Verf. unter Atmosphärendruck zu einer Verringerung des spezif. Vol. der Absorptions-App. im Vgl. zum Turmsyst. der HNO_3-Produktion u. zu einer Senkung des Energieaufwandes führt.
K. Will. H 243△

1826 **Schwefelreinigung der Abgase von Kupfer-Schwefelanlagen nach der Methode der Verbrennung.** T. D. Awerbuch, I. A. Apachow, O. W. Maidurowa, N. P. Bakina, N. P. Blinowa, A. A. Burba und I. W. Awdejewa. (Chem. Ind. [UdSSR] **1962**, 281–88; Ural-Forsch.-Inst. für Chemie u. Mednogorsk, Cu-S-Kombinat; russ.) — Die S-Verbb. enthaltenden Abgase einer *Cu–S*-Anlage werden durch synthet. Gasgemische mit 1–2% S-Verbb., 10% O_2, Rest N_2 nachgeahmt, um ihre Oxydation zu SO_2 bzw. SO_3 im Labor.-Vers. zu untersuchen. Bei 250° wird an einem $BaO–Al_2O_3–V_2O_5$-Katalysator (**I**), an Bauxit oder an aus $Ni(NO_3)_2$ u. $Al(NO_3)_3$ auf Schamotte hergestellten Katalysatoren vollständig oxydiert, ohne Katalysator nur zu 70%. COS wird an **I** erst bei 500–600° vollständig oxydiert, CS_2 mit u. ohne Katalysator schon bei 500° prakt. vollständig. Die O_2-Konz. im Gasgemisch beeinflußt den Oxydationsgrad (OG) der S-Verbb. bei 7–10% O_2 nicht, bei <7% wird der OG deutlich vermindert. Die Teilchengröße des Katalysators (2–7 mm) hat wenig Einfl. auf den OG. Mit steigender Temp. u. O_2-Ausgangskonz. nimmt die SO_2-Konz. zu. Die lineare Gasgeschw. beträgt 0,006 bis 0,028 m/s. Halbtechn. Verss. mit einem Gas mit 0,04 bis 4,16(%) (im Mittel 1,32) SO_2, 0,34–2,82 (0,89) H_2S, 0,19–1,78 (0,77) COS + CS_2, 0,08–0,31 (0,18) S, 0,1 bis 3,2 (1,07) O_2, 16 CO_2 u. 10 H_2O (COS, CS_2 u. S auf SO_2 umgerechnet) unter Verw. von **I** ergeben als optimale Temp. 450 ± 10°, entsprechend einem OG von 70 bis 80%. As wird zur Verhütung von Katalysatorvergiftung vor dem Vers. entfernt. Für eine techn. Anlage werden ein Schema, Stoff- u. Energiebilanzen angegeben, wonach das Verf. für die techn. *H_2SO_4*-Gewinnung geeignet ist.
R. K. Müller. H 253◇

1827 **Untersuchungen über die Verwertung der Natriumsulfatlösung aus einem Chlordioxid-Generator.** Genowefa Błaszkiewicz. (Zeszyty naukowe Politechn. Szczecińskiej, Chem. **1960**, Nr. 2, 121–45; Katedra Technol. Chem. Nieorgan.; pol.) — Vf. untersucht die Möglichkeit, die bei der Herst. von ClO_2 nach dem kontinuierlichen Mathieson-J.Ch.O.-Verf. anfallende H_2SO_4 zurückzugewinnen. Mit Hilfe von Stoffbilanzen u. Löslichkeitsisothermen des Syst. $H_2SO_4–Na_2SO_4–H_2O$ werden die Kristallisationsbedingungen des Na_2SO_4 beim Abkühlen (bis auf 0°) sowie durch Zusatz von konz. H_2SO_4 untersucht.
I. Köditz. H 274

1828 **Untersuchungen über die Elektrolyse von Natriumsulfatlösungen.** 5. Mitt. **Untersuchungen über die Amalgamzersetzung in Festkörpersäulen.** Tamotsu Eguchi. (J. electrochem. Soc. Japan Overseas Edit. **28**, 109E bis 112E, 1960; Kurashiki, Okayama, Kurashiki Kasjon Co., Res. Labor.; engl.) — 4. vgl. gl. J. **27**, [1959], 540. — Die Zers. von Na-Amalgam bei der Elektrolyse von Na_2CO_3-Lsg. in Säulen, die mit dem Amalgam auf einem porösen Fe/Graphit-Sintermaterial als zersetzungsförderndem Träger beschickt sind, ergibt auch nach langer Benutzung der Säule ein von Verunreinigungen freies Hg. Die Zers.-Geschw. ist am größten bei höherer Temp. (70°) u. bei Verw. von 15%ig. Soda-Lsg. als Elektrolyten. Die Wrkg. des Zers.-Materials wird mit der Bldg. von Lokal-Zellen (Amalgam/NaOH-Lsg./Graphit) erklärt. Der Konz.-Effekt beruht auf dem Gang der spezif. Leitfähigkeit der Sodalösung.
W. Betcke. H 274◇

1829 **Herstellung von Kupfersulfat durch ein kontinuierliches Verfahren.** F. Molyneux. (Brit. chem. Engng. **6**, 98–103, 1961; engl.) — Vf. beschreibt die Darst. großer Mengen $CuSO_4 \cdot 5H_2O$, das auf der Oxydation von Cu-Granalien mit heißer Luft u. Auflösung in verd. H_2SO_4, Abtrennung von Pb u. Sn, sowie anschließender Kristallisation beruht. In ein langsam rotierendes (1 Umdrehung/Min.) Auflösungsgefäß mit Cu u. H_2SO_4 wird Luft von 800°F eingeblasen. Aus dem Gefäß wird eine Lsg. von 120°F mit 20 g/Liter Cu u. 250 g/Liter H_2SO_4 abgepumpt, über Hydrozyklone von Rückständen befreit, in Vakuum-Verdampfern konzentriert u. mit 180°F in wassergekühlte Kristallisationsgefäße geleitet. Die Kristalle werden anschließend in Zentrifugen von der Mutterlauge getrennt u. gewaschen. Die Lauge u. die Waschlauge gehen in den Prozeß zurück, die Kristalle werden mit Warmluft getrocknet u. über Siebe in die gewünschten Größenfraktionen getrennt. Die früheren, dieskontinuierlichen Verff. werden mit dem beschriebenen Verf. verglichen.
H. Fries. H 358◇

1830 **Grundlegende Untersuchung der Chlorierung von Monazit.** Isao Tanabe, Shozo Takase und Hisao Konno. (J. electrochem. Soc. Japan **29**, E 162–65, 1961; Toyama, Takaoka, Azuma Kako & Co., Ltd.; engl.) — Vff. untersuchten den Unterschied in der Rk.-Fähigkeit der Hauptkomponenten des Monazits *CeO_2*, *La_2O_3* u. *ThO_2* bei der Chlorierung u. die Bedingungen der Chlorierung von Monazit. Der Monazit hatte die Zus. R_2O_3 58,1 (%); ThO_2 7,97; P_2O_5 29,8; Fe_2O_3 0,32 u. SiO_2 2,32. In den Verss. wurden CeO_2, La_2O_3, ThO_2 u. Monazit mit der theoret. Menge Holzkohle gemischt u. bei steigender Temp. mit einer Temp.-Zunahme von 5°/Min. bis etwa über 800° unter Cl_2-Gas erhitzt u. dabei die Gew.-Zunahme thermogravimetr. bestimmt. Es wurde festgestellt, daß die Chlorierung der Seltenen Erden u. des P in dem Monazit bei 550° begann u. daß die Rk.-Geschwindigkeit mit steigender Temp. zunahm u. bei 700 ∼ 850° erreichte, oberhalb 850° jedoch wieder abnahm. Bei höherer Temp. war der Verdampfungsverlust der Seltenen Erden ziemlich hoch. Die Rk. von ThO_2 in Monazit setzte bei höherer Temp. als die der Seltenen Erden u. des P ein, wobei die maximale Rk.-Geschwindigkeit bei 800° lag; sie nahm bei steigender Temp. nicht ab u. die Abtrennung war durch Verdampfung nahezu vollständig. Festgestellt wurde ferner, daß bei der Chlorierung ein Teil der Seltenen Erden in *Oxychloride* umgewandelt werden u. daß ferner das Hauptrk.-Prod. des P *Phosphoroxychlorid* ist.
C. Gottfried. 6148△

1831 **Im Sonnenofen hergestellte reine synthetische Mineralien.** J. Muster. (Solar Energy **6,** 129—35, 1962; Ljubljana, Yugoslavia, Metallurgical Inst.); engl.) — In dem Sonnenofen von Pisan stellte Vf. die folgenden Mineralien: *Dolomit, Korund, Spinell* $MgO \cdot Al_2O_3$, *Anorthit, Cordierit, Wollastonit, Grossular, Gehlenit, Akermanit, Forsterit, Monticellit, Calciumorthosilicat, Merwinit, Mullit, Klinoenstatit* u. *Diopsid.* Ausgegangen wurde jeweils von Gemischen der betr. Oxide. Die Rk.-Prodd. wurden röntgenograph. u. mkr. identifiziert. Bei der Darst. des Korunds trat neben α-Al_2O_3 in geringer Menge β-Al_2O_3 auf, der wahrscheinlich von einer Alkaliverunreinigung des Al_2O_3-Pulvers herrührte. Neben dem Anorthit konnten in geringer Menge Wollastonit, *Sillimanit* u. *Monocalciummonoaluminat* nachgewiesen werden. Bei der Darst. des Wollastonits traten α-$CaO \cdot SiO_2$, β-$2CaO \cdot SiO_2$ (*Larnit*) u. *α-Tridymit* auf. Neben Grossular hatte sich in geringer Menge Gehlenit gebildet. Dem Forsterit waren geringe Mengen *Enstatit, Periklas* u. *Cristobalit* beigemischt. Der Klinoenstatit enthielt sehr geringe Mengen Forsterit u. α-Tridymit. Alle anderen Mineralien erwiesen sich als vollkommen rein.

C. Gottfried. 6150△

1832 Commissariat à l'Énergie Atomique, Paris, und Houillères du Bassin du Nord et du Pas-de-Calais, Douai, Nord (Erfinder: Grégoire Dirian, Palaiseau, und Henri Sack, Le Raincy, Seine-et-Oise), Frankreich, **Wiedergewinnung der bei der Anreicherung von Deuterium durch Austausch zwischen Wasserstoff und Ammoniak verwendeten Alkaliamidkatalysatoren** erfolgt dadurch, daß das vom Austausch kommende, aus deuteriumreichem NH_3 u. Amid bestehende Gemisch als solches in einer ersten Elektrolysezelle unter Verw. einer Hg-Kathode elektrolysiert wird oder das Gemisch zunächst mit einer geringen Menge deuteriumreichen W. behandelt u. die vom in die Austauschanlage zurückführendem NH_3 abgetrennte Alkalihydroxid-Lsg. in der ersten Zelle elektrolysiert wird, worauf das in beiden Fällen entstandene Alkaliamalgam in einer zweiten Elektrolysezelle, in der das Amalgam Anode ist, in Ggw. von für den Isotopenaustausch bestimmten NH_3 von geringen Deuterium-Geh. elektrolysiert wird, wobei die Elektrolyse in der zweiten Zelle in Ggw. von die Amid-Bldg. katalysierenden Materialien erfolgt oder die Elektrolyse unter Bldg. von Lsgg. des Alkalimetalls in NH_3 vorgenommen u. das Alkalimetall der Lsg. dann in einer von der Zelle getrennten Vorr. katalyt. in das Amid übergeführt wird. — Verfahrensschemata. (**D. A. S. 1142344** Kl. 12i vom 3/8. 1960, ausg. 17/1. 1963. F. Prior. 6/8. 1959.) K. Wolk. H 238

1833 Engelhard Industries, Inc., Newark (Erfinder: Holger C. Andersen, Morristown, William J. Green, Newark, Johann G. E. Cohn, West Orange, und Duane E. Steele, Newark), N. J., V. St. A., **Reinigung von Abgasen, die Oxide des Stickstoffs enthalten,** bes. Abgase, die bei der Herst. von HNO_3 durch Oxydation von NH_3 anfallen. Zur Entfernung der N-Oxide wird das Restgas in Mischung mit einem gasförmigen Brennstoff (CH_4, Naturgas) über einen Katalysator der Pt-Gruppe (bes. Rh u./oder Pd) geleitet. Bei Gasen, die N-Oxide u. O_2 enthalten, wird die Umsetzung in 2 Stufen, jeweils unter Einsatz eines Metalls der Pt-Gruppe als Katalysator, ausgeführt, wobei der Brennstoff in der 1. Stufe in einer geringeren als der stöchiometr., zur vollständigen Rk. des O_2 erforderlichen Menge zugesetzt wird. Als Brennstoff können auch NH_3 oder KW-Stoffe eingesetzt werden, die S-Verbb. (COS, CS_2 u. H_2S) enthalten. (**Belg. P. 566486** vom 4/4. 1958, ausg. 29/7. 1960. A. Prior. 5/4., 5/4., 5/4. u. 5/11. 1957. **D. A. S. 1120434** Kl. 12i vom 2/4. 1958, ausg. 28/12. 1961. A. Prior. 5/4. u. 5/11. 1957. **E. PP. 883944** u. **883945** vom 26/3. 1958, ausg. 6/12. 1961. Beide A. Prior. 5/4. 1957 u. **883946** vom 26/3. 1958, ausg. 6/12. 1961. A. Prior. 5/4. u. 5/11. 1957. **A. PP. 2975025** vom 5/11. 1957, ausg. 14/3. 1961 u. **2970034** vom 5/4. 1957, ausg. 31/1. 1961.)

E. Miessgang. H 243

1834 Bahnbedarf-Rodberg G. m. b. H. (Erfinder: Willy Bähren), Darmstadt, **Gewinnung von Schwefel** durch Teilverbrennung von H_2S-Gas in einer Brennkammer mit anschließender Abkühlung der Verbrennungsgase unter Dampfgewinnung, wobei deren Umsetzung in einer nachgeschalteten Claus-Analyse erfolgt. Der zur Wärmerückgewinnung eingesetzte Dampfkessel besteht aus einem vorderen u. hinteren Röhren-Kessel, wobei zumindest am Gaseintritt des vorderen Röhrenkessels eine aus Wasserrohren bestehende Heizfläche angeordnet ist. Gemäß D. A. S. 1110618 wird der vordere Rohrboden u. der vordere Siederohrteil des Dampfkessels mit einem Blech aus hitzebeständigem Werkstoff mit angeschweißten Hülsen versehen u. vor dem Blech bzw. den Hülsen wird ein Keramikschutz angeordnet. — Abb. der Anlage u. Rohrbodenschutzes. (**D. A. SS. 1116199** Kl. 12i vom 30/9. 1960, ausg. 2/11. 1961 u. **1110618** Kl. 12i vom 20/9. 1960, ausg. 13/7. 1961.) E. Miessgang. H 253

1835 Deutsche Gold- und Silber-Scheideanstalt vormals Roessler (Erfinder: Harry Kloepfer, Frankfurt/M., und Helmut Knorre, Hainstadt/M.), **Herstellung von wasserfreien Boraten.** Wasserfreie Alkaliborate u. ggf. Erdalkali-Mischborate mit einem Verhältnis von Metalloxid zu B_2O_3 $>$ 1 : 2 werden durch Rk. von $Na_2B_4O_7$ (**I**) mit Alkali-Verbb. dadurch erhalten, daß man prakt. wasserfreies **I** mit Alkalioxid u. ggf. Erdalkalioxid bei erhöhter Temp. umsetzt. Die Rk. kann in der Mischung durch eine Zündquelle (z. B. Gemisch von Na_2O_2 u. B_2O_3) oder durch Erwärmen, z. B. in einem bewegten Bett, in Gang gebracht werden. — Tabelle. (**D. A. S. 1152090** Kl. 12i vom 20/10. 1961, ausg. 1/8. 1963.)

H. Roos. H 258

1836 Socony Mobil Oil Co., Inc., New York, N. Y. (Erfinder: George Thomson Kerr, Haddonfield, N. J.), V. St. A., **Herstellung von Carbonylsulfid** (COS) durch Umsetzen von CO mit S-Dampf bei Tempp. zwischen ca. 260 u. 482° in Ggw. eines Katalysators. Als Katalysator wird ein kristallines Al-Silicatsalz mit starrer 3-dimensionaler Struktur („Molekularsieb") verwendet. — Schema der Anlage. (**D. A. S. 1136316** Kl. 12i vom 22/7. 1960, ausg. 13/9. 1962. **E. P. 885871** vom 22/7. 1960, ausg. 28/12. 1961. Beide A. Prior. 22/7. 1959. **A. P. 2983580** vom 22/7. 1959, ausg. 9/5. 1961.) E. Miessgang. H 260

1837 Cabot Corp., Boston (Erfinder: Louis S. Belknap, Malden, und Le Roy Carpenter, Wellesley Hills), Mass., V. St. A., **Herstellung von Siliciumtetrachlorid** aus Sand u. Gasgemischen von überschüssigem CO u. Cl_2 oder gasförmigem $COCl_2$ bei hohen Temp., wobei in die Rk.-Zone so viel O_2 oder O_2-haltige Gase eingeführt werden, wie dem Überschuß an CO entspricht. (**D. A. S. 1149337** Kl. 12i vom 15/6. 1960, ausg. 30/5. 1963. A. Prior. 22/6. 1959.) R. Zimmermann. H 261

1838 Hooker Chemical Corp., Niagara Falls (Erfinder: Stephen Robota, North Tonawanda), N. Y., V. St. A., **Verringerung der Reaktionsfähigkeit von Phosphorpentasulfid (I),** dad. gek., daß **I** im Lauf seiner Abkühlung oder nach Erhitzen so lange auf Temp. zwischen 150° u. dem F. des **I** gehalten wird, bis die gewünschte Radioaktivität erhalten wird. — Diagramm. (**D. A. S. 1150659** Kl. 12i vom 25/5. 1960, ausg. 27/6. 1963. A. Prior. 27/5. 1959.) R. Zimmermann. H 264

1839 Albrecht Fischer, Hannover, **Herstellung von reinen Aluminiumnitrid-Kristallen.** Reiner Al-Dampf wird bei 1550—1900° mit durch H_2 verd. N_2 zur Rk. gebracht. Die an den kälteren Stellen des Rk.-Gefäßes gebildeten Kristalle werden abgetrennt. Zur Dotierung kann dem als Ausgangsmaterial benutzten Al, Si, C, Cr, Mn, Be, Mg, Fe oder B (bis zu 10 Gew.-%) zugesetzt werden. (**D. A. S. 1128410** Kl. 12i vom 7/6. 1958, ausg. 26/4. 1962.)

E. Miessgang. H 294

1840 **Laporte Chemicals Ltd.** (Erfinder: **Reginald Henry Banfield** und **Peter Norman Geoffrey Rayner**), Luton, England, *Reinigen von wäßrigen Wasserstoffperoxidlösungen.* (**D. A. S. 1140908** Kl. 12i vom 16/9. 1957, ausg. 13/12. 1962. E. Prior. 19/9. 1956 u. 6/2. 1957. — C. **1961,** 18460 [Aust. P. 221815].)

1841 **Farbenfabriken Bayer Akt.-Ges.**, Leverkusen, *Herstellung von Hydrazinhydrat.* (**E. P. 900397** vom 13/10. 1959, ausg. 4/7. 1962. D. Prior. 13/10. 1958. — C. **1961,** 3442 [D. A. S. 1083239].)

1842 **Imperial Chemical Industries Ltd.**, England, *Behandlung von Salzlösungen.* (**F. P. 1231296** vom 27/6. 1959, ausg. 28/9. 1960. E. Prior. 27/6. 1958. — C. **1963,** 15940 [Aust. P. 232966].)

1843 **Francesco Salsas-Serra,** Paris, Frankreich, *Herstellung von Schwefelsäure.* (**Can. P. 635374** vom 22/12. 1959, ausg. 30/1. 1962. F. Prior. 23/12. 1958. — C. **1963,** 17829 [F. P. 1219370].)

1844 **Dieter Goerrig,** Lohmar/Siegkreis, *Herstellung von Alkali- bzw. Erdalkaliboranaten.* (**E. P. 909208** vom 14/7. 1959, ausg. 31/10. 1962. D. Prior. 9/8. 1958. — C. **1961,** 12961 [D. A. S. 1078098].)

1845 **Jean-Lucien Andrieux, Étienne Bonnier** und **Henri Pastor,** Grenoble, Isère, Frankreich, *Herstellung von hochreinem Silicium.* (**E. P. 907855** vom 13/5. 1960, ausg. 10/10. 1962. F. Prior. 13/5. 1959 u. 13/4. 1960. — C. **1962,** 16094 [D. A. S. 1122501].)

1846 **Soc. An. Brown, Boveri & Cie.,** Schweiz, *Herstellung von Trichlorsilan.* (**F. P. 1253611** vom 7/4. 1960, ausg. 19/5. 1961. Schwz. Prior. 8/4. 1959. — C. **1961,** 6277 [D. A. S. 1094719].)

1847 **African Metals Corp. Ltd.,** übert. von: **Nimrod Smit,** Johannesburg, und **Jacob J. Coetzee,** Vereeniging, Transvaal, Südafrikan. Republik, *Herstellung von Calciumorthophosphaten.* (**Can. P. 635642** vom 14/4. 1959, ausg. 30/1. 1962. — C. **1963,** 10617 [Aust. P. 233151].)

1848 **Ethyl Corp.,** V. St. A. (Erfinder: **Eugene Christopher Ashby**), *Herstellung komplexer Metallhydride.* (**F. P. 1235680** vom 23/7. 1959, ausg. 16/11. 1960. A. Prior. 30/7. 1958. — C. **1963,** 14823 [D. A. S. 1136987].)

1849 **Deutsche Gold- und Silber-Scheideanstalt vormals Roessler,** Frankfurt/M., *Trocknung von Alkalicyaniden.* (**E. P. 904698** vom 1/6. 1960, ausg. 29/8. 1962. D. Prior. 6/6. 1959. — C. **1961,** 2400 [D. A. S. 1089738].)

1850 **Soc. d'Électro-Chimie, d'Électro-Métallurgie et des Aciéries Électriques d'Ugine,** Paris, Frankreich, *Trennung von Isotopen, besonders von Li-Isotopen* (**Belg. P. 552673** vom 16/11. 1956, ausg. 31/12. 1959. F. Prior. 24/11. 1955. — C. **1960,** 2654 [Oe. P. 196980].)

1851 **Magnesium Elektron Ltd.,** England, *Herstellung von wasserfreiem Bariumchlorid.* (**F. P. 1248968** vom 20/2. 1960, ausg. 14/3. 1961. E. Prior. 27/2. 1959. — C. **1963,** 647 [E. P. 867196].)

1852 **Universal Oil Products Co., 1958,** Des Plaines, übert. von: **Herman S. Bloch,** Chicago, und **George L. Hervert,** Downers Grove, Ill., V. St. A., *Herstellung von aluminiumoxidhaltigem Material.* (**Can. P. 633746** vom 23/7. 1954, ausg. 2/1. 1962. A. Prior. 27/7. 1953. — C. **1958,** 2541 [E. P. 769026].)

1853 **Soc. d'Électro-Chimie, d'Électro-Métallurgie et des Aciéries Électriques d'Ugine,** Frankreich (Erfinder: **du Bellay** und **Sanlaville**), *Herstellung von wasserfreien Aluminiumoxiden.* (**F. P. 1248038** vom 28/10. 1959, ausg. 1/3. 1961. — C. **1963,** 6742 [Ung. P. 149207].)

1854 **Deutsche Gold- und Silber-Scheideanstalt vormals Roessler,** Deutschland, *Herstellung von Subhalogeniden der Elemente der 4., 5. und 6. Gruppe des Periodischen Systems.* (**F. P. 1203733** vom 31/3. 1958, ausg. 20/1. 1960. D. Prior. 30/3. 1957. — C. **1959,** 6258 [D. A. S. 1031286].)

1855 **Farbwerke Hoechst Akt.-Ges. vormals Meister Lucius & Brüning,** Deutschland, *Herstellung von Diketonkomplexen des dreiwertigen Titans.* (**F. P. 1249788** vom 3/3. 1960, ausg. 22/3. 1961. D. Prior. 3/3. 1959. — C. **1961,** 11138 [D. A. S. 1091105].)

1856 **Columbia-Southern Chemical Corp.,** V. St. A. (Erfinder: **Charles Jacob Sindlinger** und **Carl Cleveland Clayton jun.**), *Gewinnung von Zirkoniumverbindungen.* (**F. P. 1208409** vom 10/6. 1958, ausg. 23/2. 1960. A. Prior. 18/6. 1957. — C. **1962,** 7655 [A. P. 2962346].)

1857 **Columbia-Southern Chemical Corp.,** V. St. A. (Erfinder: **Charles Jacob Sindlinger** und **Carl Cleveland Clayton jun.**), *Aufbereitung von Zirkoniumsilicaterz.* (**F. P. 1208354** vom 6/6. 1958, ausg. 23/2. 1960. A. Prior. 18/6. 1957. — C. **1961,** 263 [D. A. S. 1075578].)

1858 **Horizons, Inc.,** V. St. A. (Erfinder: **Neva L. Campbell** und **Ronald C. Vickery**), *Trennen von Niob- und Tantal-Verbindungen.* (**F. P. 1199502** vom 28/2. 1958, ausg. 15/12. 1959. A. Prior. 28/2. 1957. — C. **1960,** 3344 [A. P. 2880060].)

H_6. Silicatchemie, Baustoffe

1859 **Die Rohstoffbasis der Glasindustrie in der ČSSR.** František Kotšmíd. (Sklář a Keram. **13,** 87—89, 1963; Liberec, Vys. škola stroj. a textilní; tschech.) — Die Glasindustrie in der Tschechoslowakei zeigt eine stetig steigende Tendenz, welche auch eine entsprechende Entw. der Rohstoffbasis verlangt. Es ergibt sich die Notwendigkeit der Aufbereitung der Rohstoffe geringerer Qualität (bes. reiner Quarzsand u. $CaCO_3$ mit weniger als 0,02% Fe_2O_3). Eine Reihe der Rohstoffe muß fast gänzlich eingeführt werden (Phosphate, B-Verbb.). J. Tůmová. 6170◇

1860 **Metallrekuperatoren.** Tadeusz Polakowski. (Szkło i Ceram. **13,** 295—98, 1962; pol.) — Metallrekuperatoren haben in der Glasindustrie gegenüber keram. Wärmeaustauschern die Vorteile des besseren Wärmeübergangs, des geringeren Strömungswiderstands, der dichten Konstruktion u. des kleinen Raumbedarfs. Verbrennungsgase können auch mit hoher Temp. (bis 1600°) in die Rekuperatoren geleitet werden. F. Urban. 6172◇

1861 **Eingebeulte Blasen.** F. W. Preston. (J. Amer. ceram. Soc. **45,** 303, 1962; Butler, Pa., Meridian Res. Center; engl.) — An Hand von 2 Aufnahmen eingebeulter Blasen in erkaltender Glasschmelze werden die Bldg.-Ursachen erörtert. R. Kaiser. 6174◇

1862 **Gammastrahlinduzierte Verfärbung von Feststoffen; Anwendung auf Glassysteme.** William H. Cropper. (J. Amer. ceram. Soc. **45,** 293—97, 1962; Albuquerque, N. Mex., Sandia Corp.; engl.) — Nach einer Erläuterung der allg. Gesichtspunkte für die Verfärbung von Gläsern durch γ-Bestrahlung wird eine mathemat. Begründung dafür unter der Annahme gegeben, daß der Initialeffekt der Bestrahlung der Einfang von freien Elektronen u. Gitterlücken auf einer Strahlfährte ist. R. Kaiser. 6176◇

1863 **Schwarze, mit Kupfer(II)-sulfid gefärbte Gläser.** Josef Hrubý. (Sklář a Keram. **13,** 98—99, 1963; tschech.) — Die mit CuS schwarz gefärbten Gläser zeigen eine intensivere schwarze Färbung als mit anderen Stoffen gefärbte Gläser, doch ist die Herst.-Technologie komplizierter, da CuS im Glas nicht durch Red. von $CuSO_4$ hergestellt werden kann. Empfehlenswert ist die Herst. von zwei Gemischen, von denen eines das Cu-Salz u. die Rohstoffe (z. B. 75 (kg) Sand, 20 Soda, 8 K_2CO_3 10 $CaCO_3$, 0,65 CuO, 1 NaCl), das zweite außer den Rohstoffen auch ZnO u. S sowie Red.-Mittel enthält (75 Sand, 20 Soda, 8 K_2CO_3, 6 ZnO, 1,5 S, 0,5 Koks). Beide Gemenge werden erst nach dem Erschmelzen vermischt (in neutraler oder schwach reduzierender Atmosphäre). J. Tůmová. 6176

1864 **Eine Lösung zur Glasbehandlung der Versilberung.** W. G. Worobjew. (Glas u. Keram. [UdSSR] **20,** Nr. 1, 28—29, Jan. 1963; Grebenkowsk, Spiegelfabrik; russ.) — Als Aktivierungslsg. mit sehr guten Eigg. wurde mit Erfolg nachst. beschriebene Mischung eingesetzt: 2,5 g $SnSO_4$, 32,5—37,5 ml H_2SO_4, dest. W. ad 10 ml. Die Lsg. wird vor der Versilberung 1:100 verdünnt u. auf das Glas aufgetragen. J. Berger. 6202◇

1865 **Fortschrittsbericht über keramische Produkte.** Pol Paquin. (Mém. Soc. franç. Céram. Suppl. zu: Bull. Soc. franç. Céram. **1962,** Nr. 57, 1—53; Soc. Franç. de Céramique; franz.) — Übersicht über Arten, Eigg. u. Anwendung der im Eisenhüttenwesen, Elektro-, Kern- u. Raumtechnik verwendeten keram. Stoffe. — 200 Literaturabgaben. W. Wesly. 6206◇

1866 **Spritzguß keramischer Massen.** H. Widmann. (Glas-Email-Keramo-Techn. **14,** 334—37, 1963; dt.) — Besprochen werden Zus. u. Aufbereitung der Spritzmasse, der eigentliche Spritzguß, Vortrocknung u. Trocknung, Garbrand u. Nachbehandlung. Die Bedeutung der Entstehungskosten im Hinblick auf die üblichen keram. Massenfertigungen (Gießen u. Pressen) wird kurz gestreift. W. Gulbins. 6206◇

1867 **Über die Angleichung des Sandes von Torre del Lago an die Normenvorschrift.** Luca Sanpaolesi. (Ind. ital. Cemento **33,** 433—44, 1963; Pisa, Ist. die Sci. delle Costruzioni; ital.) — Beschreibung einer Labor.-Anlage zur Normalisierung des unterschiedlich gelieferten Sandes von Torre del Lago für den Zweck der Herst. von Betonprüfproben. Die Reinigung umfaßt eine Wäsche mit verd. NaOH, Spülung, Trocknung, Röstung u. Siebung in 3 Kornklassen von 2—0,6 mm ⌀. Schemazeichnung u. Lichtbild der Einrichtung werden gegeben. R. Kaiser. 6208◇

1868 **Der Feldspat in den Brennindustrien (Keramik, Glasindustrie, Emaillierung usw.).** Pierre Renault. (Rev. gén. Thermique **41,** 51—59, 1960; Vierzon, École Nat. professionnelle; franz.) — Beschreibung eines französ. Feldspat-Vork., der verschiedenen Feldspat-Varietäten u. -Eigenschaften. W. Wesly. 6208◇

1869 **Möglichkeiten der Ausnützung von keramischen Rohstoffen in der Slowakei.** Štefan Krajči. (Sklář a Keram. **13,** 116—18, 1963; Bratislava, Odbor Slov. národ. rady pre výstavbu; slowak.) — Hinweis auf die z. Z. nur geringfügige Ausnützung der Lagerstätten keram. Rohstoffe in der Slowakei. Es wird vor allem auf die bedeutenden Lager von Halloysit bei Michalovce, die Lagerstätten von Bentonit bei Kuzmice u. Fintice u. auf die bedeutenden Lager von Steinzeugtonen bei Červeň, Točnica u. Breznička hingewiesen. Neben diesen Hauptfundstätten sind noch eine ganze Reihe geringere Lager vorhanden, die alle den Aufbau einer keram. Industrie sichern würden. J. Tůmová. 6208◇

1870 **Benützung der slowakischen Rohstoffe zur Erzeugung des elektrotechnischen Porzellans.** Otto Vlachovský. (Sklář a Keramik **13,** 119—24, 1963; Čab, Elektroporcelán, n. p.; slowak.) — Ausführliche Beschreibung der Eigg. einiger wichtiger slowak. keram. Rohstoffe. Als

Zusätze zu Elektroporzellan eignen sich: *Halloysit* von Michalovce [92(%) Tonbestandteile; 6 Quarz; 2 Feldspat; 49 SiO_2; 36 Al_2O_3; 1 Fe_2O_3; je 0,5 CaO u. MgO], weiter *Bentonit* [30,80(%) Tonbestandteile; 62,38 Quarz; 2,25 $CaCO_3$ u. 4,18 $MgCO_3$ — 67 SiO_2; 12 Al_2O_3; 8 Fe_2O_3; 2,2 CaO; 0,8 MgO], *Tuffit* [bis 25(%) Tonbestandteile; 18 Quarz; 60 Spat] sowie *Quarzsande* von einigen geringeren Lagerstätten. Halloysit wird in Mengen bis 17(%), Bentonit bis 4 oder Tuffit bis 18,2 den Massen zugesetzt. J. Tůmová. 6208◇

1871 **Beitrag zur Aufbereitung der Halloysite aus Michalovce.** Ladislav Tarhanič. (Sklář a Keram **13**, 97—98, 1963; Košice, Vys. škola techn.; tschech.) — Darst. von Labor.-Unterss. über die Abtrennung von Fe_2O_3 aus Halloysit unterschiedlicher Qualität [46—68(%) SiO_2; 17—36 Al_2O_3; 1,5—1,4 Fe_2O_3; 3—4 CaO]. — Es eignet sich entweder das Auswaschen mit nachfolgender Magnettrennung oder Mahlen (0,075—3 mm) u. Trockenmagnettrennung bei konst. Feldstärke. Mit beiden Meth. konnten Konzentrate mit weniger als 0,75% Fe_2O_3 erhalten werden. J. Tůmová. 6208◇

1872 **Der Erweichungs- und Schmelzvorgang von Kalk-Zink-Glasuren.** Etsuzo Kato, Hiroo Takashima und Isamu Choshi. (Rep. Government ind. Res. Inst., Nagoya **12**, 273—80, 1963; jap., Auszug: engl.) — Unterss. über geeignete Zus. für Glasuren, die bei möglichst tiefer Temp. reifen, zeigen, daß ZnO-reiche Glasuren [0,2(%) K_2O; 0,4 ZnO; 0,4 CaO; 0,25 Al_2O_3; 2,0 SiO_2 für durchsichtige Glasuren u. 0,2 K_2O; 0,4 ZnO; 0,4 CaO; 0,45 Al_2O_3; 2,5 SiO_2 für Mattglasuren] schmelzbarer als Glasuren mit mehr CaO u. weniger ZnO sind (0,2 K_2O; 0,25 ZnO; 0,55 CaO; 0,25 Al_2O_3; 2,0 SiO_2 bzw. 0,2 K_2O, 0,25 ZnO; 0,55 CaO; 0,45 Al_2O_3; 2,5 SiO_2). Meist ist ein höherer Alkali-Geh. für schmelzbare Glasuren günstig. W. Wesly. 6212◇

1873 **Anforderungen an Glasüberzüge in Heißwasserbereitern für den Haushalt.** F. W. Nelson und W. E. Stearns. (Int. Enamelist **12**, Nr. 1, 25—26, 1962; A. O. Smith Corp.; engl.) — Heißwasserbereiter (H.) arbeiten bei 130—150°F Wassertemp.; Spitzen-Temp. unter idealen Bedingungen ca. 190°F. Kesselstein-Bldg. u. Sedimente (S.) lassen aber die Temp. an der beheizten Bodenplatte (B.) beträchtlich ansteigen. — An der Innenseite der B. eines gasbeheizten H. (30 gallons) wurden Thermodrähte unter dem Glasüberzug befestigt. Zum Erhitzen wurden jeweils in 60 Min. 30000 BTU zugeführt. Im Idealfall hatte die Temp. der B. nach 60 Min. 228°F erreicht (Wasser-Temp. 160°F). Bei Zugabe von 1750 cc S. (Sand : Kieselerde = 3 : 1) stieg die Temp. in 10 Min. auf 320°F u. blieb dann etwa konst., ebenso bei Zugabe von 5250 cc S.; bei schwachem S.-Belag ist der Temp.-Gang auf der Seite des Tauchrohres etwas günstiger, da das einströmende W. den Boden dort freispült. — Da eine Temp.-Erhöhung um 20°F die Korrosions-Geschw. bei Glas etwa verdoppelt, sind an den Glasüberzug höchste Anforderungen zu stellen. H. Ziegler. 6212◇

1874 **Der Einfluß von Oxiden und Carbonaten auf das Quellen von Tonen.** Tadeusz Domin. (Szkło i Ceram. **13**, 314—16, 1962; pol.) — Übersicht über Unterss. des Blähens von Tonen im Zusammenhang mit der Herst. von Leichtbetonzuschlägen. F. Urban. 6216◇

1875 **Entwicklung der Probleme der feuerfesten Stoffe für Hochöfen seit 1959.** M. J. Schoendoerffer. (Bull. Soc. franç. Céram. **1962**, Nr. 57, 51—66; Labor. de Réfractoires et Minérais; franz. — C. **1963**, 21698.) W. Wesly. 6218◇

1876 **Einige Untersuchungen über Feuerfest-Materialien aus Fire-clay für Gießgruben.** 1. Mitt. **Über die Ursache des Bruches verschiedener Ziegel für Steiggießgruben beim Gießen von geschmolzenem Stahl.** Shigeichi Sasaki. (J. ceram. Assoc., Japan [Yogyo Kyokai Shi] **68**, 255 bis 267, 1960; Tokyo, Japan Steel and Tube Corp.; Techn. Res. Inst.; jap., Auszug: engl.) — Auf Grund von Unterss. über die Hauptursache des Bruches von Steiggießgruben beim Gießen von geschmolzenem Stahl wird gezeigt, daß der Druck des geschmolzenen Stahles nicht die unmittelbare Ursache ist, sondern die Wärmespannungen. Die untere Grenze der Ziegelwandstärke, die dem Druck des geschmolzenen Stahles standhält, wird berechnet. Die die Wärmespannung ausdrückende Gleichung wird erörtert. Der Einfl. der pyroplast. Eigg. von Tonziegeln, bei hoher Temp. auf die Verteilung der Wärmespannungen wird ermittelt. W. Wesly. 6218◇

1877 **Einige Untersuchungen über Feuerfest-Materialien aus Fire-clay für Gießgruben.** 2. Mitt. **Über die physikalisch-mechanischen Eigenschaften und die Wärmestoßfestigkeit von feuerfesten Tonziegeln für Gießgruben.** Shigeichi Sasaki. (J. ceram. Assoc. Japan [Yogyo Kyokai Shi] **68**, 283—94, 1960; Tokyo, Japan Steel and Tube Corp., Techn. Res. Inst.; jap., Auszug: engl.) — 1. vgl. vorst. Referat. — Eine Gleichung für die Wärmestoßfestigkeit (WF) verschiedener feuerfester Tonziegel wird abgeleitet. Ihre physikal.-mechan. Eigg. werden bestimmt. Auf Grund der Ergebnisse wird die Einw. der Eigg. u. der Größe der Tonziegel auf WF erörtert. W. Wesly. 6218◇

1878 **Einige Untersuchungen über Feuerfest-Materialien aus Fire-clay für Gießgruben.** 3. Mitt. **Einige Probleme beim Einbau von Feuerfest-Materialien in Gießgruben.** Shigeichi Sasaki. (J. ceram. Assoc. Japan [Yogyo Kyokai Shi] **70**, Nr. 10, 272—84, 1962; Kawasaki, Japan Steel and tube Corp., Techn. Res. Inst.; jap., Auszug: engl.) — 2. vgl. vorst. Referat. — Der Einfl. von vergrößerten Düsendurchmessern auf die Gieß-Geschw. wurde untersucht. Mit Fire-clay-Material lassen sich keine befriedigenden Ergebnisse erzielen. Einige empir. Formeln werden angeführt, die die Zusammenhänge zwischen der Gießpfannen-Kapazität, der Vergrößerung des Düsendurchmessers u. der Gießzeit erfassen. Betrachtet man den schmelzfl. Stahl bei Temp. > 1550° als gewöhnliche Fl., dann kommt man zu einer turbulenten Strömung. J. Heinze. 6218◇

1879 **Untersuchungen an Feuerfest-Ziegeln aus Fire-clay für Gießgruben.** 4. Mitt. **Untersuchungen über die Struktur erodierter Schichten der Ziegel für Steigguß und Schäume.** Shigeichi Sasaki. (J. ceram. Assoc. Japan [Yogyo Kyokai Shi] **70**, 289—302, 1962; Kawasaki, Japan Steel and Tube Corp., Techn. Res. Inst.; jap., Auszug: engl.) — 3. vgl. vorst. Referat. — Unterss. über die Erosion der von geschmolzenem Stahl berührten Ziegel beim Steigguß zeigen, daß die Erosion in enger Beziehung zu den schwimmenden, feinen Teilchen der Oxidschlacke steht. W. Wesly. 6218◇

1880 **Untersuchungen an Feuerfest-Ziegeln aus Fire-clay für Gießgruben.** 5. Mitt. **Über den Mechanismus der Erosion bei Fire-clay-Ziegeln für den Steigguß, hervorgerufen durch das Fließen des geschmolzenen Stahles und die Ursache des Auftretens von aluminiumhaltigem Sand.** Shigeichi Sasaki. (J. ceram. Assoc. Japan [Yogyo Kyokai Shi] **70**, 319—30, 1962; Kawasaki, Japan Steel and Tube Corp., Techn. Res. Inst.; jap., Auszug: engl.) — 4. vgl. vorst. Referat. — Die Erosion wird auf die Einw. der Schlackenbestandteile zurückgeführt, ebenso wie das Auftreten von Al-haltigen Sanden. Theoret. Überlegungen u. experimentelle Ergebnisse zu dieser Auffassung werden vorgelegt. J. Heinze. 6218◇

1881 **Beobachtungen an normalem Kornwachstum von Magnesium- und Calciumoxid.** A. U. Daniels jun., R. C. Lowrie jun., R. L. Gibby und Ivan B. Cutler. (J. Amer. ceram. Soc. **45**, 282—85, 1962; Salt Lake City, Utah, Univ. of Utah, Dep. Ceram. Engng.; engl.) — Die Wachstums-Geschw. von Kristalliten des CaO u. MgO handelsüblicher Art wurde gemessen u. aus den erhaltenen Diagrammen der Temp.-Koeff. u. die Aktivierungsenergie abgeleitet. Für die letztere wurde gefunden 110 kcal/Mol CaO u. 60 kcal/Mol MgO. Im übrigen zeigte sich, daß die Kornwachstums-Geschw. der beiden Oxide der Turnbull-Gleichung (vgl. Trans. Amer. Inst. Mining metallurg. Engr. **191** [1951], 661—65) für Metalle gehorcht, obwohl die untersuchten gesinterten Preßlinge Porosität zeigten. R. Kaiser. 6220◇

1882 **Untersuchung über Calcinierung und Sinterung von Thoriumoxid.** Y. Harada, Y. Baskin und J. H. Handwerk. (J. Amer. ceram. Soc. **45**, 253—57, 1962; Chicago, Ill., Armour Res. Foundation of Illinois, Inst. of Technol. und Argonne, Ill., Argonne Nat. Labor.; engl.)

— Eine zweistd. Erhitzung von ThO_2, aus verschiedenen Salzen therm. hergestellt, auf 600, 800, 1000 u. 1200° wirkte sich verschieden aus auf Kristallitengröße, Oberfläche- u. Vol.-Schrumpfung u. Sinterungsdichte. Dichteunterschiede der Vorerhitzung waren auch nach 24std. Glühen auf 1500° u. beim Pressen auf 60 tsi bemerkbar. In allen Verss. ergab die Calcinierung auf 1000° den relativ höchsten Änderungswert (Dichte > 95% der theoret.). In einem Gemisch 30% ThO_2 + 70 UO_2, in dem ThO_2 durch therm. Zers. von $ThCl_4$ erhalten wurde, wurde als Folge von Feststoff-Lsg. die höchste Dichte erreicht. R. Kaiser. 6220◇

1883 **Paraffin als Weichmacher bei der Herstellung von Kondensatormaterial auf der Basis Bariumtitanat.** Leon Winogradow, Józef Widaj und Paweł Szykuła. (Szkło i Ceram. **13**, 303—14, 1962; pol.) — Ein Zusatz von 4% Paraffin zu $BaTiO_3$-Prodd. (mit ZrO_2, $CaCO_3$, $MgCO_3$, $BaCO_3$, Bi_2O_3) u. die Anwendung von Preßdrücken von 1500 kg/cm² führt zu optimalen Eigg. des Materials im Rohzustand u. nach dem Brennen. Ein höherer Zusatz verschlechtert die technolog., physikal. u. elektr. Eigg., ein höherer Preßdruck verbessert die Festigkeit im Rohzustand u. vermindert die Wasseraufnahmefähigkeit. F. Urban. 6220◇

1884 **Bedeutung der Mischfolge bei Verwendung abbindungsverzögernder Mittel für Portlandzement.** G. M. Bruere. (Nature [London] **199**, 32—33, 1963; Melbourne, C.S.I.R.O., Chem. Res. Labor.; engl.) — Unterss. über den abbindungsverzögernden Einfl. verschiedener Mengen Ca-Lignosulfonat (**I**) u. Citronensäure (**II**) auf Wasser–Zement-Pasten zeigen, daß die Mischung mit W. vor dem **I**-Zusatz zu beträchtlich längeren Abbindezeiten führt, als wenn **I** u. W. dem trockenen Zement zugesetzt werden. Die Unterschiede der Abbindezeit steigen mit dem Geh. des Zementes an Tricalciumcaluminat. Ähnliche Unterschiede treten bei Verw. von **II** an Stelle von **I** auf. **II** wirkt stärker verzögernd auf das Abbinden als **I**. W. Wesly. 6222◇

1885 **Die Erwärmung von Betonteilen in Stahlformen.** Karol Żeleński. (Cement-Wapno-Gips **18(28)**, 132—39, 1963; Katowice, Budownictwa Przemystowego; pol.) — Vf. untersucht die Möglichkeit der Beschleunigung des Reifeprozesses von Betonteilen durch Erwärmen in Stahlformen. Die Druckfestigkeit der so behandelten Teile beträgt 267 u. 339 kg/cm². I. Köditz. 6224

1886 **Die Feuerbeständigkeit von Beton.** Anonym. (J. Amer. Concrete Inst., Proc. **59**, 1635—41, 1962; engl.) — Die in verschiedenen Ländern angewendeten Prüfmeth. für Baukörper aus armiertem u. vorgespanntem Beton u. solche, die eine Oberflächenschutzschicht aus Beton haben, werden verglichen. G. Frikell. 6224◇

1887 **Druckbehälter aus Spannbeton.** Kurt Billig. (J. Amer. Concrete Inst., Proc. **59**, 1601—34, 1962; engl.) — Die hauptsächlichsten Auswirkungen der Temp., des Vorspannens u. der plast. Formänderungen werden erörtert. G. Frikell. 6224◇

1888 **Anleitung für die Verwendung von Epoxyverbindungen mit Beton.** Gene M. Nordby und James D. Kriegh. (J. Amer. Concrete Inst., Proc. **59**, 1121—42, 1962; engl.) — Es werden Meth. zum Aufbringen der Epoxyharz-Verbb. auf Beton als rutschfeste Beläge, Dichtungen, Ausbesserungen, Vermörtelungen, widerstandsfeste Umhüllungen gegen chem. Angriff u. a. besprochen sowie Meth. zur Beurteilung ihrer Güte u. ihres Haftvermögens vorgeschlagen. G. Frikell. 6224◇

1889 **Gipsbindemittel im polnischen Baugewerbe.** Edward Szymański. (Cement-Wapno-Gips **18(28)**, 117 bis 121, 1963; Warszawa, Politechnika; pol.) — Überblick über die Verw. von Gipsbindemitteln in Polen seit dem XI. Jahrhundert bis zur Gegenwart. I. Köditz. 6226

1890 **Das Biegeverhalten von Fasergipsplatten.** J. F. Brotchie und Gerda Urbach. (Austral. J. appl. Sci. **14**, 69—93, 1963; Melbourne, C.S.I.R.O., Div. of Building Res.; engl.) — Unterss. über die Beziehungen zwischen der Faserlänge u. der maximalen Biegefestigkeit von Fasergipsplatten führen zur Aufstellung von Gleichungen, die das spezif. Biegemoment der Platte als Funktion der Faserlänge u. der Summe u. physikal. Eigg. der Plattenbestandteile wiedergeben. Die Gleichungen stimmen mit Vers.-Ergebnissen überein, u. gestatten, das Verh. von Platten verschiedener Bestandteile u. Faserlängen vorauszusagen. Die optimalen Faser-Eigg. werden angegeben. W. Wesly. 6228◇

1891 **Einfluß der Granulierungsvorbereitungsmethode auf die Eigenschaften des gepreßten Stealits.** Bořivoj Zbuzek. (Sklář a Keram **13**, 92—96, 1963; Praha, n. p. Elektrokeramika; tschech.) — Vf. erläutert die Anforderungen an die keram. Masse für das Trockenpressen u. betont bes. die dem eigentlichen Pressen vorangehende Massenvorbereitung. Am geeignetsten für das Pressen sind Granalien mit hohem Schüttgew.; dieses hängt von dem bei der Granulierung benützten Druck u. der Feuchtigkeit (am besten 6,5%) ab. Die Granalien werden am besten durch Pelletisierung hergestellt (Korngröße 0,7; 0,54 u. 0,4 mm). J. Tůmová. 6228◇

1892 **Ein neuer, auf der Basis von Furalharz hergestellter Konstruktionsbaustoff.** Richard Bareš und Jiří Hošek. (Inž. Stavby **9**, 103—04, 1961; tschech.) — Überblick über Herst., Technologie, mechan. Eigg. u. Anwendungsmöglichkeiten. R. K. Müller. 6228◇

1893 **Erfahrungen mit Kunststoff-Folien für Abdichtungszwecke im Bau-Gewerbe.** D. Rasenack. (Kautschuk u. Gummi **16**, 153—55, 1963; Wiesbaden-Biebrich, Kalle A. G.; dt.) — Überblick über die im Baugewerbe verwendeten Kunststoff-Folien (Hochdruck-Polyäthylen, Weich-PVC, Polyisobutylen, Polyterephthalsäureester, Hart-PVC) u. ihre Einsatzmöglichkeiten als Feuchtigkeitsschutz, Isolation von schwimmendem Estrich, Staubschutz u. Abdichtung. I. Köditz. 6228

1894 **Schleifmaschine für dickwandige Glaserzeugnisse.** Jan Lahoda. (Sklář a Keram. **13**, 130—32, 1963; Sázava, Techn. sklo, n. p.; tschech.) — Konstruktionsbeschreibung einer halbautomat. Schleifmaschine für starkwandige Glasgegenstände (z. B. Exsikkatoren). — Die Gegenstände werden mittels eines automat. Hebers an die rotierende Gußeisenscheibe (⌀ 1150 mm) angedrückt (gleichzeitig 4 Stück) u. bis zu der eingestellten Stärke geschliffen. Das Schleifmittel in W.-Suspension wird in die Mitte der Scheibe gegeben. Die Leistung beträgt 40—90 Stück/Stunde. J. Tůmová. 6238◇

1895 **Anwendungsmöglichkeiten der mathematischen Statistik bei der Materialprüfung und Qualitätskontrolle in der keramischen Industrie.** H. Richter. (Ber. dtsch. keram. Ges. e. V. **40**, 497—501, 1963; Höganös, Schweden; dt.) — Als statist. Meth. werden Mittelwertsbildung, Standardabweichung bzw. Varianz-, Regressions- u. Korrelationsanalyse kurz besprochen. An einigen Beispielen aus der keram. Praxis wird die Nützlichkeit statist. Analysen für die Bewertung von Prüfergebnissen auseinandergesetzt. W. Gulbins. 6240◇

1896 **Quantitative Bestimmung der SiO_2-Phasen mit Hilfe der Infrarotspektralanalyse.** D. Lipinski und H. E. Schwiete. (Glas-Email-Keramo-Techn. **14**, 325 bis 329, 1963; Aachen, Techn. Hochschule; dt.) — Es wird eine Meth. gezeigt, die gestattet, die IR-Analyse für quant. Aussagen in der Silicatchemie zu benutzen. Als Beispiele werden die quant. Best. von Cristobalit neben amorphem SiO_2 u. die Best. von Quarz u. Cristobalit in gebrannten Silicasteinen angeführt. W. Gulbins. 6240◇

1897 **Die Abhängigkeit einiger Eigenschaften der Gläser im System $MgO–Al_2O_3–SiO_2$ von der chemischen Zusammensetzung.** Bolesław Ziemba. (Szkło i Ceram. **13**, 287—88, 1962; pol.) — Die Dichte der Gläser des Syst. $MgO–Al_2O_3–SiO_2$ nimmt mit steigendem MgO-Geh. zu. Das Verhältnis MgO/SiO_2 hat nur im Gebiet > 48 Mol% SiO_2 einen Einfl. auf die Dichte. Durch Verkleinerung des MgO-Geh. zugunsten von Al_2O_3 + SiO_2 nimmt der spezif. Widerstand K bei 300° von $10^{10,6}$ auf $10^{12,4}$ [$\Omega \cdot$ cm] zu. Die DK nimt bei < 48 Mol % SiO_2 mit steigendem Al_2O_3-Geh. zu, > 48 dagegen ab. Die DK ist von der Frequenz im Bereich 10^5-10^7 Hz prakt. unabhängig. Die Gläser neigen stark zur Kristallisation. Durch Zugabe von Alkalioxiden wird diese Neigung vermindert, ohne daß sich K ändert. F. Urban. 6242◇

1898 **Die Bestimmung des Alkaligehaltes in Gläsern durch Flammenphotometrie.** A. W. Sheleszow, Ss. P. Ljaschenko und M. Je. Schelomenok. (Glas u. Keram. [UdSSR] **20,** Nr. 1, 26—28, Jan. 1963; Konstantinowsk, Autoglaswerk; russ.) — Meßeinrichtung, Analysengang u. Empfindlichkeit flammenphotometr. Na, K, Li u. Ca-Messungen im Glas werden erläutert. Die Best. lassen sehr gute Reproduzierbarkeit erkennen. J. Berger. 6242◇

1899 **Beitrag zur Anwendung der Differentialthermoanalyse für die Untersuchung der Entglasung.** G. Bonetti. (Sprechsaal Keram., Glas, Email **96,** 97—101, 1963; Murano, Staz. Speriment. del Vetro; dt.) — Mit Hilfe der DTA wurde das Verh. einiger Phosphatgläser in bezug auf die Entglasung untersucht. Das Vorhandensein eines exothermen Maximums bei ca. 440° wird als Kristallisation gedeutet, u. die von jedem Glassyst. im Laufe der Entglasung entwickelte Wärme wird mengenmäßig berechnet. Durch diese Meth. lassen sich ähnliche leicht entglasbare Gläser untereinander vergleichen. Ihre Neigung zur Entglasung läßt sich durch Zusätze von geringem Fremdoxid-Geh. untersuchen. Als Ausgangsbasis wurde ein Phosphatglas mit 44% P_2O_5 u. 56% Na_2O gewählt, dem verschiedene Mengen BaO, PbO, CaO u. ZnO zugegeben wurden. J. Heinze. 6242◇

1900 **Über die mechanische Dämpfung des Porzellans zwischen —100 und 400°.** K. H. Karsch. (Ber. dtsch. keram. Ges. e. V. **40,** 478—82, 1963; Aachen, Techn. Hochsch.; dt.) — Aus den Dämpfungstemp.-Kurven von Porzellanproben zwischen —100 u. +400°, bei denen zwischen +130° u. +150° ein Maximum auftritt, wird geschlossen, daß unmittelbar oberhalb Raumtemp. in den Porzellanproben irreversible Platzwechselvorgänge ablaufen. Für das Maximum der Kurven ist die Glasphase der Porzellane verantwortlich, u. zwar der gleichzeitige spannungsinduzierte Platzwechsel von Na- u. K-Ionen. Da die plast. Formänderung der Glasphase auf Grund des Platzwechsels von Alkali-Ionen nur sehr langsam verläuft, bleibt offen, ob Schäden, die an zunächst unversehrten Prozellanen nach einem gewissen Alter auftreten, auf Spannungsänderungen durch Platzwechsel der Alkali-Ionen zurückgeführt werden können. W. Gulbins. 6246◇

1901 **Das System $MgO-MgAl_2O_4$.** A. M. Alper, R. N. McNally, P. H. Ribbe und R. C. Doman. (J. Amer. ceram. Soc. **45,** 263—68, 1962; Corning, N. Y., Corning Glass Works, Ceramic Res. Div.; engl.) — Die Verw. von MgO u. Al_2O_3 als Zusätze zu feuerfesten Stoffen findet weite Verbreitung. Eine erneute Nachprüfung des Ausscheidungsdiagramms des Syst. Al_2O_3–MgO nach Rankin u. Mervin (1916) ergab eine leichte Modifizierung der fl. Phase im Temp.-Diagramm $MgO-MgAl_2O_4$. Unter Verw. hochreiner Stoffe wurde das Eutektikum bei 1995° mit 45% MgO, 55% Al_2O_3 gefunden, F. von Periklas liegt bei 2825°, der von Spinell bei 2105°. Als Grenzen fester Lsg. im Gebiet $< 1995°$ ergaben sich für Periklas in Spinell 82% Mg + 18% Al_2O_3, für Spinell in Periklas 39% Mg + 61% Al_2O_3, stabil $> 1500°$. R. Kaiser. 6248◇

1902 **Wärmeausdehnung keramischer Stoffe bei —200 bis 0°.** Masksymilian Burk. (J. Amer. ceram. Soc. **45,** 305, 1962; Golden, Colo., Coors Porcelain Co.; engl.) — Die Dilatationsmessungen im Bereich —200 bis 0° wurden in einer bes. Quarz-App. an Stäbchen von Tonerde verschiedenen Reinheitsgrades, von BeO u. von MgO mit gemessener Porosität durchgeführt. Während der Expansions-Koeff. von Al_2O_3 u. BeO mit steigender Temp. anfangs langsam, ab $\sim -20°$ stärker zunahm, verringerte sich seine Zunahme bei MgO u. betrug bei $-200°$ etwa $1 \cdot 10^{-6}$, bei $-100°$ ~ 6 u. bei 0° $9 \cdot 10^{-6}$ cm/cm/°. R. Kaiser. 6248◇

1903 **Die Bestimmung der mittleren spezifischen Wärme von Feuerfest-Materialien.** — P. Robijn. (Silicates ind. **28,** 247—53, 1963; Glaverbel-Boussois-Delog, Centre d'étud. des Mater. Réfractaires; franz.) — Die mittleren spezif. Wärmen von schmelzgegossenen, quarz- u. tonerdehaltigen u. bas. Feuerfestmaterialien werden im Bereich 500—1300° gemessen. Die Vers.-Anlage, ihre Arbeitsweise u. die Meß-Meth. werden beschrieben. Die Ergebnisse werden nach der Größe der mittleren spezif. Wärmen der **4** Oxide SiO_2, Al_2O_3, MgO u. ZrO_2 dargestellt. Bei schmelzgegossenem, Zr-haltigem Material wurde eine Anomalie festgestellt. J. Heinze. 6248◇

1904 **Röntgenographische Untersuchungen der in einem offenen Herdofen (open-hearth furnace) verwendeten Chrom-Magnesiasteine.** Takeji Oyama. (Mem. Inst. sci. ind. Res. Osaka Univ. **17,** 163—73, 1960; engl.) — Unter Bezugnahme auf frühere mkr. u. chem. Unterss. über den Korrosionsmechanismus von in einem offenen Herdofen verwendeten gebrannten u. nicht gebrannten Chrom-Magnesiasteinen berichtet Vf. über röntgenograph. Unterss. über die zusammensetzenden Mineralien (Spinelle, Periklas u. Matrixmineralien) in allen Schichten der feuerfesten Steine. Beobachtet wurde eine progressive Abnahme der Gitterkrist. der Spinelle von der heißesten Zone des Steins bis zu der kalten Zone. Dem entspricht chem. in dem Spinell eine beträchtliche Zunahme des Fe_2O_3-Geh. nach der heißesten Seite zu sowie eine beträchtliche Abnahme des Al_2O_3-Geh. in derselben Richtung. Diese Zus. der Spinelle wurde mit Hilfe des Vegardschen Gesetzes u. der bekannten Gitterkonst. der reinen Spinelle berechnet. Interferenzen von Periklas (MgO) wurden in der heißesten Zone nicht festgestellt, dagegen in den anderen Schichten. Als Matrixmineral der heißen Zonen wurde *Augit* nachgewiesen, in der mittleren Zone *Forsterit* u. *Monticellit.* C. Gottfried. 6248◇

1905 **Röntgenographische Untersuchung der in einem offenen Herdofen verwendeten Silicasteine.** Takeji Oyama. (Mem. Inst. sci. ind. Res. Osaka Univ. **17,** 175 bis 183, 1960; engl. — In Fortsetzung früherer chem. u. mkr. Unterss. des Vf. (vgl. C. **1961,** 5217] an in einem offenen Herdofen verwendeten Silicastein berichtet Vf. über röntgenograph. Unterss. über die mineral. Zus. in diesen feuerfesten Steinen. In den Unterss. wurde ein Stein aus einem Ofen entfernt, der längere Zeit in Gebrauch gewesen war. Der Stein wurde in vier Zonen geteilt — A, B, C, D , wo A der heißesten Oberfläche des Steins u. D der kältesten Endzone entsprach. In allen Zonen wurde Tridymit nachgewiesen, in den Zonen C u. D außerdem noch Cristobalit u. etwa Quarz. Die röntgenograph. Unters. der Cristobalite aus den Zonen A, C u. D ergab, daß das Kristallsyst. dieser Cristobalite tetragonal ist, daß es sich also um Tieftemp.-Cristobalit handelt. Die Gitterkonst. waren $a = 4{,}973$ Å u. $c = 6{,}927$ Å. Aus der Verbreiterung der Cristobalitinterferenzen in den C- u. D-Zonen wurde berechnet, daß die Kristallitgröße in der C-Zone 2700 Å, in der D-Zone 800 Å betrug. Als Matrixmineral in der A-Zone konnte Augit identifiziert werden. C. Gottfried. 6248◇

1906 **Betrachtungen über den Glasangriff eines schmelzflüssigen gegossenen Zirkon-Korundsteines.** Norbert Müller und Ottmar Schmid. (Glas-Email-Keramo-Techn. **14,** 330—34, 1963; Mainz; dt.) — Schmelzfl. gegossene Zirkon-Korund-Steine, die nach einem Glasangriff von 10 Minuten kleinere u. größere Löcher aufwiesen, werden untersucht. Als Ursache der differenzierten Auflösung der Steine ergaben sich unerwünschte Gefügeunterschiede im Aufbau der Steine. Bestimmend für das Auflöseverh. ist die Ausbildung der sog. Siebstruktur, die feine u. innige Durchwachsung der Korundkristalle mit Baddeleyit (ZrO_2) beim Abkühlen der Steine. Kristallisiert dagegen viel freier Korund in großen Kristallen aus, so bilden diese Stellen die Angriffspunkte für vorzeitigen Lochfraß. — Zahlreiche Mikroaufnahmen. W. Gulbins. 6248◇

1907 **Festigkeitsänderungen von Portlandzement.** P. J. F. Wright. (Cement, Lime Gravel **34,** 224—27, 243—45, 1959; engl.) — Für die 28-Tage-Druckfestigkeiten von Betonwürfeln werden unter Voraussetzung einer sorgfältigen Best. folgende, sich aus Veränderungen des ver-

wendeten Portlandzementes ergebende Standardabweichungen angegeben: Bei Verw. von Zement aus einem einzigen Herstellerwerk 42 kg/cm²; bei Zementen aus verschiedenen Herstellerwerken 63 kg/cm².
P. Ney. 6252□

1908 **Zugfestigkeit von Beton.** D. J. McNeely und S. D. Lash. (J. Amer. Concrete Inst. **60,** 751–61, 1963; Detroit, Mich., Amer. Concrete Inst.; engl.) — Nach Behandlung der Faktoren, welche die Zugfestigkeit von Beton beeinflussen, wird die Wrkg. der Vorverdichtung, der Belastungsgeschw. u. der Temp. auf die Größe des Bruchmoduls gemessen. Höhere Belastungsgeschw. u. tiefere Temp. erhöhen den Bruchmodul. Die Betonproben werden mit einem Wasser/Zement-Verhältnis von 0,43 u. einem Zuschlagsstoff/Zement-Verhältnis von 3,0 hergestellt. Zum Vgl. durchgeführte Spalt-Zylindertests führen zu der Ansicht, daß diese Prüfart den Bruchmodultests zur Best. der Zugfestigkeit vorgezogen werden sollte.
O. Henning. 6252◇

1909 **Einfluß der Lagerungsart und der Prüfkörperform auf das Schwinden von Mauerwerksbeton. Eine gemeinschaftliche Laboratoriums-Untersuchung.** Rudolph C. Valore jun. und William H. Kuenning. (J. Amer. Concrete Inst., Proc. **59,** 1391–1433, 1962; engl.) — Angaben über den Wert verschiedener Kurzprüfverfahren. G. Frikell. 6252◇

1910 **Dokumentation zu dem Plan eines I. S. O.-Standards für Gips.** Czesław Ostrowski. (Cement-Wapno-Gips **18(28),** 121–28, 1963; Groszow, Inst. Przemysku Wiaszascych Materialow Budowlanych; pol.) — Die in einer Reihe von Ländern (UdSSR, USA, England, Kanada, Schweiz, Deutschland, Frankreich u. Polen) angenommenen Normen-Verff. zur Best. von hygroskop. W., Kristall-W., CaO u. SO_3 werden analysiert u. neue Meth. für die Unters. von Gipshalbhydrat vorgeschlagen.
I. Köditz. 6254

1911 **Eine vereinfachte Methode zur Bestimmung des Feuchtigkeitsgehaltes in einigen Baustoffen.** Witold Kowalenko. (Cement-Wapno-Gips **18(28),** 43–44, 1963; Katowice; pol.) — Die Dest.-Meth. zur schnellen Best. des Feuchtigkeits-Geh. in porösen Zuschlagstoffen u. Flugaschen wird besprochen. Es wird darauf hingewiesen, daß die poln. Norm für die Best. des Wasser-Geh. in Braunkohle dafür geeignet ist.
R. Grundmann. 6256◇

1912 **Beitrag zur Bestimmung der Frostwiderstandsfähigkeit grobkeramischer Produkte.** E. Amrein und H. R. Gloor. (Ber. dtsch. keram. Gas. e. V. **40,** 483–93, 1963; Luzern; dt.) — Als Unterlage für die Ausarbeitung einer im Labor. durchführbaren, mit der wünschenswerten Sicherheit ausgestatteten Prüfmeth. der Frostwiderstandsfähigkeit von Dachziegeln dienen den Vff. die prakt. Ergebnisse an über 30000 verlegten Dachziegeln, die auf Dächern gleicher Konstruktion den gleichen klimat. Bedingungen ausgesetzt waren. Unter Berücksichtigung der hierbei gewonnenen Befunde wurde ein Labor-Verf. ausgearbeitet, das sich auf das Austrocknungsverh., das Sättigungsverf., das Frostprüfverf. in der Kühltruhe, die Frostdehnungsmessung u. die mkr. Oberflächenunters. erstreckt. Die einzelnen Verff. werden beschrieben u. durch Abb. erläutert.
W. Gulbins. 6256□

1913 **Vorgeschlagene Methode für das Extrahieren und Bestimmen der löslichen Salze in Ziegeln und ähnlichen Erzeugnissen.** J. F. Goodwin. (Ziegelindustrie **16,** 521 bis 523, 1963; dt.) — Es werden Anweisungen über Analysen-Meth. gegeben, die für die Ziegelindustrie verbindlich sein sollen. Behandelt werden: Probeentnahme, Best. der Anionen u. Kationen, Festlegung von Standard-Lsgg. u. Indicatoren. N. Peters. 6256◇

1914 **Carborundum Co.,** V. St. A. (Erfinder: **Robert Francis Adamsky** und **Carl Franklin Cline**), *Feuerfestes kristallines Material.* (**F. P. 1247002** vom 14/12. 1959, ausg. 15/2. 1961. A. Prior. 29/12. 1958. — C. **1962,** 18241 [D. A. S. 1115634].)

1915 **Aluminium Laboratories Ltd.,** Canada, *Reinigung von Kohlematerial für Elektroden, besonders für Aluminium-Elektrolyseöfen.* (**F. P. 1180405** vom 31/7. 1957, ausg. 4/6. 1959. E. Prior. 2/8. 1956. — C. **1961,** 266 [E. P. 819588].)

H_7. Agrikulturchemie, Schädlingsbekämpfung

1916 **Untersuchungen über ein Verfahren zur Herstellung von Nitrophosphaten in einer Versuchsanlage.** P. M. R. Versteegh und Willem Lugt. (J. agric. Food Chem. **10,** 434–41, 1962; Hoogvliet, Albatros Superfosfaatfabrieken N. V.; engl.) — Beschreibung der techn. Gewinnung (Vers.-Anlage) von *Nitrophosphat*-Düngern, wobei *Rohphosphat*, HNO_3, H_3PO_4 u./oder H_2SO_4 miteinander reagieren u. der entstandene Schlamm in einen Ammonisator-Granulator gepumpt wird. Nach dem Trocknen kann man noch ein *K-Salz* zusetzen. Bei dem Verf. kann das Verhältnis wasserlösl. P_2O_5 : citratlösl. P_2O_5 variiert werden. Das wasserlösl. P_2O_5 liegt in den Endprodd. als Monocalcium oder Monoammoniumphosphat vor. W. Wesly. 6290◇

1917 **Verbesserung der Herstellungsbedingungen für Nitrosulfat-Mischdünger.** Vladimír Lakota. (Chem. Průmysl **13(38),** 3–6, 1963; Pardubice-Semtín, Východočes. chem. závody Synthesia n. p.; tschech.) — Labor.-Verss. u. Unterss. in einer Vers.-Anlage ergaben, daß bei der Trocknung von granulierten *Nitrosulfat*-Mischdüngern, die bei einem pH ~4,6 ammonisiert wurden, eine Temp. von 170° nicht überschritten werden sollte, da sonst die Gefahr einer Qualitätsminderung (bes. durch N-Verlust) besteht. J. Spinka. 6290◇

1918 **Ein Meßverfahren zur Bestimmung der Wasserversorgung der Pflanzen.** 2. Mitt. W. Tepe und E. Leidenfrost. (Z. Acker- u. Pflanzenbau **117,** 395–402, 1963; Geisenheim/Rheingau, Hess. Lehr- u. Forschungsanst. für Wein-, Obst- u. Gartenbau, Inst. für Bodenkunde u. Pflanzenernähr.; dt.) — 1. vgl. Z. Acker- u. Pflanzenbau **115,** [1962], 223. — Vff. berichten über Verss. mit lehmigem Sand u. tonigem Lehm, aus deren Ergebnissen hervorgeht, daß die Beweglichkeit des W. im Boden stark von folgenden Eigg. des jeweiligen Bodens abhängt: Humus-Geh., Temp., Geh. an wasserlösl. Salzen, Quellung. M. Winiker. 6302◇

1919 **Der Einfluß des Bodenfeuchtigkeitsgehalts und meteorologischer Verhältnisse auf die Verwertbarkeit des Bodenwassers durch Pflanzen.** O. T. Denmead und R. H. Shaw. (Agronomy J. **54,** 385–90, 1962; Ames, Iowa, Iowa State Univ., Agronomy Dep.; engl.) — Bei eingehenden Transpirationsverss. mit Maispflanzen sank die aktuelle Transpiration mit abnehmendem Bodenfeuchtigkeitsgeh. u. steigender potentieller Transpiration. — 14 Literaturangaben. W. Kreipe. 6302◇

1920 **Der Einfluß der Bodentemperatur und der Bodenfeuchte auf die CO_2-Produktion eines lehmigen Sandbodens.** E. Tamm und G. Krzysch. (Z. Acker- u. Pflanzenbau **117,** 359–78, 1963; Berlin-Charlottenburg, Techn. Univ., Inst. für Acker- u. Pflanzenbau; dt.) — Vff. untersuchten in einem polyfaktoriellen Vers. unter Labor.-Bedingungen den Einfl. der Bodentemp. (5–35°) u. der Bodenfeuchte (20–80% maximale Wasserkapazität) auf die CO_2-Produktion eines lehmigen Sandbodens. Es zeigte sich, daß sowohl die Temp. als auch die Feuchte des Bodens einen hochsignifikanten Einfl. auf die CO_2-Produktion haben, wobei jedoch die Temp. den stärkeren Effekt ausübt. Weiter konnte eine sehr enge Wechselwrkg. zwischen Temp. u. Feuchte nachgewiesen werden.
M. Winiker. 6304◇

1921 **Anwendungen mineralogischer Methoden für Untersuchungen zur Bodengenetik.** J. B. White, J. U. Anderson und D. R. Hensel. (Silicates ind. **24,** 301 bis 305, 1959; Purdue Univ., N. Mes., Fac. of Agronomy; engl.) — Aus Unterss. der Tonfraktionen 2–0,2 μ verschiedener Böden von Indiana über den K_2O-Geh. der Glimmeranteile u. über die Intensität der Röntgenstrahlablenkung auf deren (001)- u. (002)-Flächen ergab sich unter Zuhilfenahme der bekannten Altersstufen der Schuttmoränen als Muttergestein der Ackerböden eine Verwitterungs-Geschw. von etwa 0,1% K_2O-Verlust für je 1000 Jahre. Bei dieser Berechnung war der Fe-Geh. der Glimmertone zu berücksichtigen, die unter dem Schutz einer dichten Fe_2O_3-Decke den sauren Schmelzwassern größeren Widerstand boten. R. Kaiser. 6304◇

1922 **Beitrag zur Untersuchung der Decklehme des Waldes von Chaux (Jura).** G. Plaisance und H. W. van der Marel. (Ann. Inst. nat. Rech. agronom., Sér. A **11,** 601—20, 661—711, 1960; **12,** 249—69, 1961; Dole, Jura, Inspection des Eaux et Forêts; Delft, Labor. de Mécanique des Sols; franz.) — Bei den Böden des Waldes von Chaux handelt es sich um alte Böden auf Relikten von Hochebenen. Sie besitzen einen sehr kompakten Untergrund u. weisen period. Vernässung auf. Hierdurch bedingt ist eine rezente, nahe an der Oberfläche liegende Marmorisierung, zu der sich eine in der Tiefe liegende ältere Marmorisierung gesellt. Die Wasserbindung dieser Böden ist im allg. zu stark. Weiter sind sie charakterisiert durch niedrige Werte für die Kationenaustauschkapazität, geringen Geh. an austauschbaren Basen u. Nährstoffarmut. Abschließend werden Möglichkeiten zur Verbesserung dieser Böden eingehend diskutiert.
C. Gottfried. 6304

1923 **Über die Eigenschaften der kationischen Adsorptionskomplexe in Böden. 1. Mitt. Der Einfluß verschiedener Behandlungen auf die Kationenaustauschkapazität des Bodens.** Kozo Kutsuna und Kameo Nomoto. (J. Sci. Soil Manure, Japan [Nippon Dojohiryogaku Zasshi] **32,** 183—86, 1961; jap.) — Aus Wasserreis- u. Trockenreisfeldern wurden je 6 Bodenproben mit einer Kationenaustauschkapazität (KAK) von 8—42 mVal/100 g Boden u. unterschiedlichem Geh. an *Montmorillonit, Kaolin, Allophan* (**I**), *Vermiculit, Illit* u. *Gibbsit* entnommen u. mit 0,5n NaF, 0,5n NaOH, 10%ig. H_2O_2 bzw. 2n HF + HCl behandelt. Behandlung mit HF + HCl erhöhte die KAK von humusreichen Böden, während sie die der mineral. Böden verminderte. **I**-reiche Böden wiesen nach Behandlung mit NaF bzw. NaOH eine 20- bis 40%ig. Zunahme der KAK auf. Ein Vgl. der mit H_2O_2 u. HF + HCl erzielten Ergebnisse ergab, daß in humusreichen Böden von Wasserreisfeldern 60% der KAK an organ. Substanzen geknüpft sind, bei Böden von Trockenreisfeldern sogar 90%. L. Schuler. 6304◇

1924 **Schädliche Wirkung von Aluminium und anderen Faktoren auf den Ernteertrag bei einigen Lateritböden.** Juan A. Bonnet. (Rev. Soc. quím. México **5,** 177—83, 1961; Rio Piedras, Puerto Rico, Est. exp. agr., Dep. de Suelos; span.) — Übersicht über Minderungen des Ernteertrags auf laterit. Böden durch Al, geringen Geh. an austauschbarem Ca, Wechselwrkg. zwischen Ca u. P, Fe-Mangel, Bindung von Phosphaten, Wassermangel, zu hohen Geh. an reduzierbarem Mn usw. Während Feldspat die Bodenfruchtbarkeit erhöht, kann Allophan die Wasseraufnahme nach Austrocknung hemmen.
R. K. Müller. 6304◇

1925 **Die Bedeutung von Kupfer für die Fruchtbarkeit von Torfböden.** Stefan Liwski. (Roczniki Nauk rolniczych, Ser. A **87,** 437—70, 1963; Warszawa, Katedra torfoznawstwa SGGW; pol.) — Bericht über in der Volksrepublik Polen durchgeführte Untersuchungen. Als Grenzwerte für den *Cu*-Bedarf der untersuchten Torfböden werden empfohlen: 2,0 [mg/kg Torf (Trockensubstanz)] bei Best. mit dem Reagens von Baron, 0,65 bei Best. mit dem Reagens von Morgan u. 4,0 bei Best. mittels 2%ig. *Citronensäure*. In Torfböden, die auf Cu-Düngung ansprachen, war der Cu-Geh. der Huminsäuren höher u. der der Fulvosäuren niedriger als in Torfböden, bei denen Cu-Düngung keine Wrkg. hatte.
M. Winiker. 6304◇

1926 **Der Bor-Gehalt einiger typischer Böden der Wojewodschaft Łódź.** A. Musierowicz und Cz. Święcicki. (Roczniki Nauk rolniczych, Ser. A **87,** 153—81, 1963; Warszawa, Katedra gleboznawstwa szkoły głownej gospodarstwa wiejskiego; pol.) M. Winiker. 6304◇

1927 **Untersuchung der organischen Substanz von Sphagnum-Torf mit Hilfe der Reaktion mit HNO_3.** Marian Horawski. (Roczniki Nauk rolniczych, Ser. A **87,** 423—36, 1963; pol.) — Sphagnum-Torf wurde mit einem Gemisch von 90% HNO_3 + 10% P_2O_5 behandelt. Das hierbei erhaltene, mit „*Nitrotorf*" bezeichnete Prod. wies unabhängig vom Zers.-Grad des Torfs, aus dem es gewonnen worden war, einen ziemlich gleichbleibenden N-Geh. (ca. 9,5%) auf. Hingegen war die Ausbeute an Nitrotorf vom Zers.-Grad des Torfs abhängig. Mkr Unterss. ergaben, daß Nitrotorf aus unzersetzten Pflanzenresten besteht. M. Winiker. 6304◇

1928 **Untersuchung der Phosphor-Aufnahme aus Rohphosphat mit Hilfe von ^{32}P.** Kryspina Śmierzchalska. (Roczniki Nauk rolniczych, Ser. A **87,** 331—56, 1963; pol.) — In Gefäßverss. mit *Superphosphat* (**I**, markiert mit ^{32}P) u. *Rohphosphat* (**II**, neutronenbestrahlt) poln. Provenienz zu Felderbsen, Weißen Senf, Mais, Gerste u. Hafer zeigte sich, daß die Pflanzen aus **II** weniger P aufnahmen als aus **I**. Bei Mais, Gerste u. Hafer wurden mit **II** etwas niedrigere Erträge erzielt als mit **I**.
M. Winiker. 6304◇

1929 **Wachstum, Assimilation und Transpiration von Apfelbäumen und ihre Beeinflussung durch Phosphor.** G. Reinken. (Phosphorsäure **23,** 91—108, 1963; Bonn, Univ., Inst. für Obstbau; dt.) — 5jährige Verss. mit Apfelbäumen (1jährige Veredlungen der Sorte Zuccalmaglio auf der schwachen Wuchs verursachenden Unterlage M IX) in Großgefäßen im Freiland ergaben: Durch *Phosphat*(**I**)-Mangel wurde bereits im **3.** Jahr ein Absterben der Bäume bewirkt. Ein gesicherter Einfl. der **I**-Versorgung auf Fruchtansatz sowie Befall der Früchte mit Fäulnis u. Stippigkeit wurde nicht festgestellt. Mit steigenden **I**-Gaben erfolgte die Ausbldg. großer u. breiter Blätter mit niedrigem Geh. an Trockensubstanz, außerdem nahm der P-Geh. der Blätter zu. Durch sehr hohe **I**-Gaben wurde jedoch kein weiterer Anstieg des P-Geh. der Blätter bewirkt. Bei gleichem Spiegel an Kern- u. Spurennährstoffen wirkten sich sehr hohe **I**-Gaben auf den N-Spiegel negativ, auf die Geh. an Ca, Mg u.Fe hingegen positiv aus. Auf die Geh. der Blätter an K, Na u. Mn hatten hohe **I**-Gaben anscheinend keinen Einfluß. Steigende **I**-Gaben wirkten transpirationsmindernd auf die Blätter. Schließlich wurde festgestellt, daß die Assimilationsleistung der Bäume mit zunehmender P-Aufnahme anstieg. M. Winiker. 6304◇

1930 **Untersuchungen über die Nährstoffverhältnisse wachsender Obstbäume.** S. Gericke, B. Kurmies und C. Bärmann. (Phosphorsäure **23,** 109—48, 1963; Essen-Bredeney; dt.) — 10jährige Unterss. an wachsenden Buschobstbäumen (Kirsche, Pfirsich u. Apfel) über Masse, Gew. u. Nährstoffgeh. der ganzen Bäume führten im wesentlichen zu folgenden Ergebnissen: Bei Kirsche u. Pfirsich nahm das gesamte Längenwachstum während der 10 Jahre um das 3fache zu. Apfelbäume entwickelten sich im allg. etwas langsamer. Die oberird. Gesamtgew. nahmen bei Kirsche um nahezu das 90fache, beim Pfirsich um das 40fache u. beim Apfel um das 30fache zu. Ganz allg. zeigte der Geh. der einzelnen Baumteile an N, P_2O_5, K_2O u. CaO im Verlauf des Wachstums eine Abnahme, die aber nach dem 4.—5. Jahre nur noch geringfügig war. Der Geh. der Blätter an N, P_2O_5 u. K_2O war beim Pfirsich am höchsten. Die Ernten der Bäume nahmen im Verlauf des Wachstums stetig zu, ihre Höhe war stark von den klimat. Gegebenheiten abhängig. *Phosphat*-Düngung bewirkte bei Kirsche u. Pfirsich einen Mehrertrag von 28 bzw. 74%, während sie beim Apfel keinen Effekt zeitigte. M. Winiker. 6304◇

1931 **Zur Vorratsdüngung im Obstbau.** E. Knickmann. (Phosphorsäure **23,** 161—65, 1963; Geisenheim, Inst. für Bodenkunde u. Pflanzenernähr.; dt.) — Auf einem schwach mit Phosphorsäure u. mäßig mit Kali versorgten Lehmboden erwies sich eine vor der Pflanzung eingebrachte Vorratsdüngung mit *Phosphat* u. *Kali* zu Apfel als sehr wirksam (Ertragssteigerung).
M. Winiker. 6304◇

1932 **Phosphatdüngung im Obstbau.** H. Fleischel. (Phosphorsäure **23,** 166—78, 1963; Baumberg; dt.) — Allg. Ausführungen. — 28 Literaturangaben.
M. Winiker. 6304◇

1933 **Einfluß von Phosphorsäure und Kalium auf die Entwicklung, den Ertrag und die chemische Zusammensetzung von auf zwei Bodenarten gezüchtetem Schotenklee (Lotus).** Paul Gervais, J. L. Dionne und W. S. Richardson. (Canad. J. Plant Sci. **43,** 97—106, 1963; Lennoxville, Québec, Ministère de l'Agric. du Canada; franz.) — In Gewächshausverss. mit Lotus corniculatus L. wurden zwei verschiedene Bodenarten nach Ermittlung ihres Nährstoffgeh. verwendet u. mit 0, 60, 120, 180 u. 240 (lb./acre) P_2O_5 bzw. K_2O vor der Saat u. bei jedem 3. Schnitt gedüngt. 15 Schnitte wurden zu Beginn der Vollblüte ausgeführt. Auf beiden Böden förderte nur P_2O_5 die Entw. u. das Wachstum des Klees, was sich durch eine beachtliche Ertragssteigerung beim 1. Schnitt zu erkennen gab. Mit der Zeit glich sich die P-Wrkg. jedoch aus. Den Höchstertrag an getrocknetem Klee aus 15 Schnitten erzielte man auf dem schlammigen Lehmboden von Coaticook mit 240, auf dem Lehmboden von Greenboro mit 180 P_2O_5. Auf dem Boden von Coaticook konnte die Ernte des ersten Schnittes mit 120, die der folgenden Schnitte mit 180 K_2O gesteigert werden, während beim Boden von Greensboro der Ertrag noch bei einer Gabe von 240 K_2O anstieg. Die Zugabe von P_2O_5 erhöhte den P-Geh. des Klees unter Senkung seines K-Gehaltes. Der Ca-Geh. blieb unverändert. Die Verabreichung von K_2O steigerte den K-Geh. der Pflanzen, wobei der P- u. Ca-Geh. sank. W. Kreipe. 6304◇

1934 **Beziehung zwischen der Phosphatform und dem Ertrag auf Sandböden mit Manganmangel.** D. Stenuit. (Z. Pflanzenernähr. Düng., Bodenkunde **100,** 42—52, 1963; Heverlee, Bodenkumdige Dienst van België; dt.) — Vf. untersuchte in Gefäß- u. Feldverss. den Einfl. physiolog. sauer bzw. alkal. wirkender Phosphatdünger [*Superphosphat* (**I**) bzw. *Thomasphosphat* (**II**)] auf kalkreichen Sandböden mit Mn-Mangel. Vers.-Pflanze war Hafer. Bei den Gefäßverss. war **II** dem **I** hinsichtlich Ertrag u. Nährstoffaufnahme durch die Pflanzen überlegen, während bei den Feldverss. entgegengesetzte Ergebnisse erzielt wurden. Im Feldvers. wurde außerdem das physiolog. neutrale *Dicalciumphposphat* erprobt. Es bewirkte ähnliche Resultate wie **II.** W. Kölling. 6304◇

1935 **Der Einfluß sauer und alkalisch wirkender Phosphor- und Stickstoff-Düngemittel auf den Ertrag auf Sandböden mit Manganmangel.** D. Stenuit und R. Piot. (Agricultura [Louvain] [2]**11,** 155—87, 1963; Heverlee, Bodemkundige Dienst van België; fläm.) — Unterss. über die Verbesserung von Sandböden mit (durch zu hohen pH-Wert bedingtem) Mn-Mangel zeigten, daß *Thomasmehl* den Ertrag bei Gefäßverss. mehr steigerte als *Superphosphat*. In Freilandverss. war das Ergebnis umgekehrt. $(NH_4)_2SO_4$ steigerte den Ertrag in Gefäß- u. Freilandverss. stärker als $NaNO_3$; die Ertragssteigerung war größer als bei der Anwendung der P-Dünger. W. Wesly. 6304◇

1936 **Prüfungen der Qualität von Gerste. 2. Mitt. Eine Bemerkung zum Ansprechen auf Kalk und Phosphat-Dünger.** Rosa Stern und G. M. Wright. (New Zealand J. agric. Res. **5,** 510—11, 1962; Christchurch, H. J. Kearns, Ltd.; engl.) — 1. vgl. New Zealand J. agric. Res. **2,** [1959], 201. — Freilandverss. ergaben, daß *Superphosphat* (**I**) das Körnergew. von Gerste erhöht. Stärkere **I**-Gaben verminderten jedoch die Enzymaktivität von Pflanzen, die eine *CaO*-Kopfdüngung erhalten hatten. W. Wesly. 6304◇

1937 **Ergebnisse mehrjähriger Düngungsversuche zu Hafer und Gerste.** Kazimierz Szczepański. (Roczniki Nauk rolniczych, Ser. A **87,** 289—311, 1963; Warszawa, Zakład chemii rolniczej SGGW; pol.) — Systemat. *Kalkung* (alle 5 Jahre) hatte eine günstige Auswrkg. auf Korn- u. Strohertrag bei Gerste. Bei Hafer war dieser positive Effekt bes. auf stark sauren Böden festzustellen. Beide Getreidearten haben einen starken *N*-Bedarf. Zu Gerste war N in Form von *Nitrat* am wirksamsten, zu Hafer wurden auch mit $(NH_4)_2SO_4$ sehr gute Erfolge erzielt. Der *P*- u. *K*-Bedarf von Gerste stieg mit zunehmender Acidität des Bodens rasch an. Zu Hafer war P- u. K-Düngung nur auf stark sauren Böden erforderlich. M. Winiker. 6304◇

1938 **Veränderungen des Schwefel-, Phosphor- und Kaliumgehaltes der Luzerne mit der Bodenart.** J. L. Mason, A. L. van Ryswyk und J. E. Miltimore. (Canad. J. Plant Sci. **43,** 94—96, 1963; Summerland u. Kamloops, British Columbia, Canada Dep. of Agric., Res. Stat.; engl.) — Von Luzerne, die auf braunen, dunkelbraunen, schwarzen u. podsoligen Grasböden gewachsen war, wurde der S-, P- u. K-Geh. bestimmt. In der Reihenfolge der aufgeführten vier Bodenarten enthielten die auf dem jeweiligen Boden kultivierten Pflanzen 0,30, 0,29, 0,26 u. 0,20% S, 0,25, 0,28, 0,27 u. 0,32% P sowie 2,6, 2,8, 2,8 u. 3,0%. Auf die Bedeutung dieser Unters.-Ergebnisse für die Bodendüngung wird hingewiesen. W. Kreipe. 6304◇

1939 **Nährstofftransport im Küsten-Bermudagras.** Joel Giddens, H. F. Perkins und L. C. Walker. (Agronomy J. **54,** 379—82, 1962; Athens, Ga., Univ. of Georgia, Dep. of Agronomy, College of Agric. Exp. Stat.; engl.) — Mangelverss. (N, P, K oder Ca) im Gewächshaus mit Küsten-Bermudagras-Kulturen auf Lehmboden oder Sand ergaben, daß der Transport von N, P, K u. Ca in den Wurzelausläufern nur gering ist. W. Kreipe. 6304◇

1940 **Der Einfluß einer Mineraldüngung auf den Gehalt (des Bodens) an Humusverbindungen.** Marceli Andrzejewski. (Roczniki Nauk rolniczych, Ser. A **87,** 481—96, 1963; Poznán, Katedra chemii rolnej WSR; pol.) — Bei Verss. mit einem Sandboden zeigte sich, daß durch *Kalkung* der Geh. desselben an Gesamt-C vermindert wird. Dieser Verminderung kann durch *Mineraldüngung* (*NPK*) entgegengewirkt werden. Die Qualität des Humus (bestimmt nach Tjurin) wurde sowohl durch Kalkung als auch durch *N*-Düngung verbessert. Ein merklicher Einfl. der Mineraldüngung auf die Struktur der Humusverbb. des Bodens wurde nicht festgestellt. W. Winiker. 6304◇

1941 **Untersuchungen über Böden mit Fruchtwechsel. 3. Mitt. Aus Sumpfreisfeldern in Grünfutterflächen umgewandelte Böden.** Minoru Ikeda und Eitaro Matsui. (J. Sci. Soil Manure, Japan [Nippon Dojohiryogaku Zasshi] **32,** 60—62, 1961; jap.) — In Hiroshima-Ken gelegene Sumpfreisfelder auf ursprünglichem Granitboden wurden zur Bebauung mit Futterpflanzen (Gras u. Ladinoklee) herangezogen. Der pH-Wert des unbearbeiteten Bodens ist niedrig (4,7—7,6, meist um 6), steigt aber durch Zufuhr von *Kompost* bzw. *Kalk* u. durch den Anbau der Futterpflanzen auf > 7; ebenso stiegen auch die Geh. an Humus, Gesamt-N u. NO_3–N an. Durch die Futterpflanzen wurde die Aggregatbldg. gefördert: Unter Klee bildeten sich mehr grobe, unter Gras mehr feine Aggregate. Das Vol.-Gew. der Grasböden war geringer als das der mit Leguminosen bebauten Böden (infolge der Verschiedenheit der Bewurzelung). Der Geh. an austauschbarem Ca^{2+} u. die Ca-Sättigung waren bei mit Klee bestellten Böden geringer. L. Schuler. 6304◇

1942 **Untersuchungen über die Eignung des Harnstoffs als Bodendünger.** W. Seiberth. (Z. Pflanzenernähr., Düng., Bodenkunde **100,** 34—42, 1963; Hohenheim, Landw. Hochschule, Inst. f. Pflanzenernährungslehre u. Bodenbiologie; dt.) — Gefäßverss. mit Sommergerste ergaben, daß mit *Harnstoff* (**I**) an Stelle von *Ammoniumnitrat* die gleiche N-Aufnahme u. Trockensubstanzbildung erreicht werden kann, wenn der **I** gut verteilt in den Boden ausgebracht wird (untereggen). Die Oberflächendüngung mit **I** ergibt eine wesentlich geringere N-Aufnahme u. Trockensubstanzbildung. Ein Kalken des Bodens führt gleichfalls zu verminderter N-Aufnahme u. Trockensubstanzbildung infolge lokaler Schädigungen der Pflanzen durch freies NH_3. W. Kölling. 6304◇

1943 **Versuch einer Bestimmung der Umwandlungsgeschwindigkeit von Harnstoff in einigen mineralischen Böden.** Maria Ostromęcka. (Roczniki Nauk rolniczych, Ser. A **87,** 313—30, 1963; pol.) — Vff. untersuchten in Labor-Verss. die Geschw. der Umwandlung von *Harnstoff* (**I**) in Nitrat in schwarzen u. braunen Böden sowie in Podsolen. Es zeigte sich, daß die Nitrifizierung bei optimaler Temp. (22—25°) vom pH des Bodens abhing. In stark saurem Boden kann die **I**-Umwandlung gehemmt sein. Eine Herabsetzung der Temp. auf 10° bewirkte bei allen Böden eine Hemmung der **I**-Umwandlung. M. Winiker. 6304◇

1944 **Hydrolyse, Nitrifikation und Stickstoffnutzbarkeit von Oxamid und ihre Beeinflussung durch die Granaliengröße.** J. D. DeMent, C. M. Hunt und George Stanford. (J. agric. Food Chem. **9,** 453—56, 1961; Wilson

Dam, Ala., Tennessee Valley Authority; engl.) — Vff. stellen bei Treibhausverss. mit Futtermais fest, daß bei der Verw. von *Oxamid* (I) zur N-Düngung eine gleich hohe bzw. höhere N-Aufnahme erfolgt als bei der vergleichsweisen Düngung mit *Ammoniumnitrat* u. *Harnstoff-Formaldehyd*. Die N-Aufnahme auf gekalkten Böden (pH 7,5) ist dabei wesentlich höher als auf ungekalkten (pH 5,2). Die Lösegeschw. von I ist sehr gering u. stark von der Korngröße abhängig. In unbebautem Boden ist die Umwandlung von I in NH_3 u. NO_3^- nach 7 Tagen prakt. vollständig, wenn die Korngröße — 60 Maschen beträgt. W. Kölling. 6304◇

1945 **Über das vorübergehende Auftreten sichtbaren Magnesiummangels bei Hafer.** K. Scharrer und K. Mengel. (Agrochimica [Pisa] **4**, 3—24, 1959; Gießen, Justus-Liebig-Univ., Agrikulturchem. Inst.; dt.) — Gefäßverss. ergaben, daß das auf Mg-armen Böden bei Hafer bisweilen konstatierte vorübergehende Auftreten von Mg-Mangel durch den Wachstumsrhythmus des Hafers bedingt ist. M. Winiker. 6304◇

1946 **Toleranz von Agropyron elongatum gegenüber Natriumsalzen.** David L. Carter und H. B. Peterson. (Agronomy J. **54**, 382—84, 1962; Weslaco, Tex., Soil and Water Conservation Res. Division; Logan, Utah, Utah Agric. Exp. Stat., Dep. of Agronomy; engl.) — Unter Freilandbedingungen erwiesen sich Geh. des Bodens an austauschbarem Na^+ (die das Maß für die Toleranz von Na-Salzen darstellten) zwischen 50 u. 60% als günstig für das Wachstum u. den Ertrag von Agropyron elongatum. In Gewächshausverss. wurden bei einem Geh. an austauschbarem Na^+ von 60% eine gute Keimung, aber ein geringer Ertrag, der durch die kurze Wachstumsperiode bedingt sein dürfte, beobachtet. Keine Pflanze starb bei dieser Konz. ab. Die Keimung beeinflußten pH-Werte unter 9,7 nicht nachteilig, höhere pH-Werte hemmten jedoch die Wurzelentwicklung. Auf Nährlsg. kultivierte Pflanzen vertrugen pH-Werte bis zu 10,0, wenn auch der Ertrag bei pH 10,0 geringer war als bei pH 9,5. W. Kreipe. 6304◇

1947 **Einflüsse der durch den Hurrikan „Audrey" verursachten Überschwemmung mit Salzwasser auf verschiedene Böden.** Henry L. Clark und R. L. Juve. (Agronomy J. **54**, 390—92, 1962; Crowley, La., Soil Conservation Service; Lincoln, Nebr., Soil Survey Labor.; engl.) — Die zeitlichen Unterschiede des Salzgeh. waren bis zu einer Bodentiefe von 4 in. größer als in der Zone zwischen 4 u. 10 in. Das Salzwasser beeinflußte den Salzgeh. von Salzmarsch- u. permeablen Grasland-Böden am wenigsten, den von frischen Marsch- u. wenig permeablen Grasland-Böden aber am meisten. Der Salzgeh. der unberührten Böden nahm nach der Überschwemmung mit Salzwasser 14 Monate lang signifikant ab. Der ursprüngliche Vegetationsstand war nach zwei Vegetationsperioden wieder erreicht.

W. Kreipe. 6304◇

1948 **Bewässerung der Wiesen mit Abwässern der Hefefabrik in Maszewo.** Jadwiga Snaglewska-Tomczyńska. (Prace Inst. Lab. Badawczych Przemysłu spożywczego **12**, Nr. 2, 1—14, 1962; Warszawa, Inst. Przem. ferment.; pol.) — Das Abwasser einer Hefefabrik wurde mit Flußwasser 1:1 verd. u. in einer Menge von 7200 mm/Jahr auf Wiesen geleitet. Der mittlere Geh. des verd. Abwassers betrug 40 (mg/Liter) N, 1,2 P u. 200 K. Diese hohen Gaben erlaubten eine 4malige Heuernte im Jahr. Der Heuertrag war 3,5mal höher als bei nicht bewässerten Wiesen. Boden u. Heu enthielten während der Bewässerung zu viel N u. K. Der Protein-Geh. im Heu betrug 25%. F. Urban. 6304◇

1949 **Untersuchung der Anwendung von Stallmist.** 3. Mitt. Leszek Kuszelewski. (Roczniki Nauk rolniczych, Ser. A **87**, 251—87, 1963; Warszawa, Katedra chemii rolniczej SGGW; pol.) — Die ertragssteigernde Wirksamkeit von Stallmist zu Fruchtfolgen auf leichten Böden erwies sich als abhängig von der Menge sowie der Häufigkeit (einmalige oder geteilte Gaben) u. der Art der Ausbringung derselben. M. Winiker. 6304◇

1950 **Ergebnisse zehnjähriger Feldversuche mit Stroh- und Stallmistdüngung auf Parabraunerde und Heidepodsol.** J. Köhnlein und H. Vetter. (Z. Acker- u. Pflanzenbau **117**, 379—94, 1963; Kiel, Univ., Inst. für Pflanzenbau u. Pflanzenzüchtung; dt.) — *Stroh-* u. *Stallmist*-Düngung hatten an beiden Standorten am Ende der Vers.-Dauer jeweils zu den gleichen Humus-Geh. mit gleichem C/N-Verhältnis geführt. Ein Vgl. mit Parzellen mit ausschließlich mineral. Düngung ergab, daß an beiden Standorten bei ähnlichen Fruchtfolgen wie in den Verss. mit Stroh u. Stallmist die Ernterückstände allein ausreichen können, um die zu Beginn des Vers. vorhandene Menge an Humus u. dessen Qualität zu erhalten.

M. Winiker. 6304◇

1951 **Mikrobiologische Veränderungen durch langjährige Düngungsmaßnahmen.** K. Steinbrenner. (Zbl. Bakteriol., Parasitenkunde Infektionskrankh. Hyg., II. Abt. **116**, 581—92, 1963; Müncheberg, Inst. für Acker- u. Pflanzenbau; dt.) — Vf. diskutiert die Ergebnisse langjähriger Bodenfruchtbarkeits- u. Nährstoffmangelverss. im Hinblick auf die durch die unterschiedlichen Düngungsmaßnahmen hervorgerufenen Veränderungen der Mikroflora u. Mesofauna des Bodens.

R. Grundmann. 6306◇

1952 **Über die unterschiedliche herbicide Wirkung von Dichlorpropionsäure (Dalapon) und Aminotriazol (Amitrol) an Pflanzen verschiedenen Alters von Roggentrespe (Bromus secalinus L.).** S. K. Uhlig. (Nachrichtenbl. dtsch. Pflanzenschutzdienst [Berlin] [N. F.] **17** (**43**), 114—16, 1963; Tharandt, Forstbotan. Inst. der TU Dresden; dt.) — Roggentrespe wurde in Mitscherlich-Gefäßen zu verschiedenen Zeitpunkten (vor dem Auflaufen, 5. 21, 35 u. 47 Tage nach dem Auflaufen) mit verschiedenen Aufwandmengen (0,25—5,0 kg/ha) von *Dalapon* (I) behandelt. Am stärksten reagierten die Pflanzen auf I, die 21 bzw. 35 Tage nach dem Auflaufen behandelt worden waren. Hingegen war bei analogen Verss. mit *Amitrol* (0,075—3,75 kg/ha, Behandlung am 5., 14. u. 23. Tage nach dem Auflaufen) die Empfindlichkeit der Pflanzen um so geringer, je später die Applikation des Mittels erfolgte. M. Winiker. 6312◇

1953 **Bernsteinsäure als eine neue Reserve zur Erhöhung der Ernten.** N. A. Drosdow. (Ackerbau [UdSSR] **24**, Nr. 6, 56—57, 1962; Leningrad, Landw. Inst., Lehrst. für Pflanzenbau; russ.) — Seit 1957 wird *Bernsteinsäure* (I) als *Stimulator* für landwirtschaftliche Kulturen (Mais, Zuckerrüben, Möhren, Brotgetreide, Faserflachs) untersucht. Durch Verw. von I (Vorbehandlung des Saatguts in bestimmter Dosierung) kommt es zu Vergrößerung der Blattoberfläche, verstärktem Stoffwechsel, Beschleunigung des Wachstums von Wurzelsystem u. Grünmasse. Durch Samenbehandlung u. Besprühen der Pflanzen mit I-Lsg. erhöhten sich die Erträge an Grünmasse bei Mais um 17—23%, an Kolben um 12—20%, an Trockenmasse um 11—24% u. an Protein um 16—28%. Für 1 dt Maiskörner oder Brotgetreide werden 800 g I in heißem W. gelöst, auf 15 Liter aufgefüllt u. mit einer Gießkanne bei gleichzeitigem Umschaufeln ausgebracht. Anschließend müssen die Samen gut trocknen. Bei Zuckerrüben waren sehr große Erfolge zu verzeichnen: 1 g I/pro (Zentner) Samen ergaben eine Ernte von 490 Zentner Rüben (unbehandelt 401). H. Findeisen. 6312◇

1954 **Die Desinfektion von für Laboratoriumsversuche bestimmten Weizenkörnern.** Czeslawa Ryka. (Roczniki Nauk rolniczych, Ser. A **87**, 487—516, 1963; Kraków, Polsk. Akad. Nauk; pol.) — Verss. zur Desinfektion künstlich infizierter Weizenkörner (trocken oder vorgekeimt) mit *$Ca(OCl)_2$* (I), *A.*, *Formalin* (II), *Borsäure* (III) u. *H_2O_2* (IV) ergaben: Keines der genannten Mittel verminderte bei einmaliger Applikation den Pilzbefall trockener Weizenkörner in ausreichendem Maße. Eine gewisse Wrkg. hatte noch A., während die Wirksamkeit von II unbedeutend u. die von I, III u. IV prakt. gleich Null war. Der Bakterienbesatz hingegen wurde durch die Mittel, bes. durch I, vermindert. Bei vorgekeimten Körnern wurde durch die Mittel keine Verminderung des Bakterienbesatzes, wohl aber in einigen Fällen des Pilzbefalls, bewirkt. Durch 2malige Anwendung der Desinfektionsmittel konnte bei trockenen Körnern der Bakterienbesatz merklich vermindert werden. Dies war bes. der Fall, wenn zuerst A. u. dann I benutzt wurde.

Auch der Pilzbesatz verringerte sich als Folge einer 2maligen Desinfektion. M. Winiker. 6312◇

1955 **Der Einfluß des Einweichens von Saatgut in Borsäure-Lösung auf dessen Keimungsenergie und Keimungsfähigkeit sowie auf dessen Bor-Gehalt.** Tadeusz Barszczak und F. Fąfara. (Roczniki Nauk rolniczych, Ser. A **87,** 409—15, 1963; pol.) — Bei orientierenden Verss. mit Samen von Luzerne, Rotklee, Sonnenblumen, Zuckerrüben, Gerste, Senf u. Felderbsen wurde festgestellt, daß ein Einweichen derselben in wss. Lsgg. von *Borsäure* (**I**) sich bis zu einer Konz. von 8 mMol **I**/Liter auf die Keimungsenergie u. die Keimungsfähigkeit gar nicht oder nur sehr wenig auswirkte. Hingegen wurden diese beiden Eigg. durch höhere **I**-Konzz. (16 u. 32 mMol **I**/Liter) in negativem Sinne beeinflußt. Bes. stark war dies bei den Samen von Felderbsen der Fall. Der B-Geh. aller Samen nahm mit steigender **I**-Konz. der Einweichlsg. zu. M. Winiker. 6312◇

1956 **Der Einfluß des Einweichens von Saatgut in Mangansulfit-Lösung auf dessen Keimungsenergie und Keimungsfähigkeit sowie auf dessen Mangan-Gehalt.** Tadeusz Barszczak und F. Stec. (Roczniki Nauk rolniczych, Ser. A **87,** 417—21, 1963; pol.) — Bei orientierenden Verss. mit Samen von Roggen, Weizen, Gerste, Hafer, Rotklee, Senf, Felderbsen u. Mais zeigte sich, daß das Einweichen derselben in wss. Lsgg. von $MnSO_2$ (**I**) bis zu einer Konz. von 10,0 mMol **I**/Liter keine Beeinträchtigung der Keimungsenergie u. der Keimungsfähigkeit zur Folge hatte. Höhere Konzz. (50,0 u. 100,0 mMol **I**/Liter) wirkten sich hingegen negativ aus. Dies war bes. der Fall bei den Samen von Senf, Felderbsen u. Mais. Mit zunehmender **I**-Konz. der Einweichlsgg. stieg der Mn-Geh. aller Samen an. M. Winiker. 6312◇

1957 **Ergebnisse keimungsphysiologischer Untersuchungen an Kern- und Steinobst.** F. Passecker. (Gartenbauwissenschaft **27(9),** 193—98, 1962; dt.) — Saatgut wird im Keimapp. leicht von Mikroorganismen befallen u. dadurch geschädigt oder zum Absterben gebracht. Bei früheren Verss. hatte es sich als vorteilhaft erwiesen, das Saatgut vor dem Auslegen in den Keimapp. zu beizen. Eine Naßbeize mit 5% *Ceresan* (**I**) hatte sich bestens bewährt. In den vorliegenden Verss. sollte festgestellt werden, ob außerdem ein **I**-Zusatz zu dem W., mit dem der Keimapp. gefüllt wird, zweckmäßig ist. Die Keimung von Embryonen der Hauszwetsche wurde durch einen derartigen **I**-Zusatz (1⁰/₀₀) nur wenig erhöht oder auch gar nicht beeinflußt. Bei Apfelembryonen hingegen wirkte sich der **I**-Zusatz auf die Keimung negativ aus. M. Winiker. 6312◇

1958 **Die Behandlung der Samen von Wasserrübsen, Kohlrüben und Grünfutterrübsen zur Bekämpfung von Kohlerdflöhen (Phyllotreta spp.) und Kohlfliegen (Hylemyia brassicae Bouché und H. floralis Fall.).** Katri Tiittanen und Anna-Liisa Varis. (Valtion Maatalouskoetoiminnan, Julkaisuja Nr. **181,** 1—11, 1960; Tikkurila, Dep. of Pest Invest., Agric. Res. Centre; engl.) — Die besten Erfolge bei der Bekämpfung der Kohlfliegen wurden durch Saatgutbehandlung mit *Lindan* (**I**) + *Thiram* (**II**) erzielt. Gute Wrkg. hatten in einigen Fällen auch *Parathion* u. *Dieldrin* (**III**). Weniger wirksam war *Aldrin* (**IV**). *Heptachlor* (**V**) enttäuschte. Bei Verss. zur Bekämpfung der Kohlerdflöhe an Grünfutterrübsen war Saatgutbehandlung mit **I** + **II** am wirksamsten. In zahlreichen Fällen befriedigten auch **III, IV** u. **V.** Bei Wasserrübsen u. Kohlrüben befriedigte keines der geprüften Mittel. M. Winiker. 6312◇

1959 **Kleespitzmäuschen (Apion sp.) als Schädlinge von Rotklee-Kulturen.** 2. Mitt. **Die Möglichkeiten von Schutzmaßnahmen.** Radoslav Obrtel. (Rostlinná Výroba **8(35),** 1335—52, 1962; Troubsko u. Brna, Výzk. stan. vic. picn., Fytopat. odd.; tschech.) — Zur Bekämpfung der Schädlinge (alle Stadien) erwiesen sich *Parathion*(**I**)- u. *DDT*(**II**)-Sprays als geeignet, während **I**- u. **II**-Stäube nicht befriedigten. E. Vevera. 6312△

1960 **Freilebende Gallmilben an Pappeln.** M. Vogl. (Nachrichtenbl. dtsch. Pflanzenschutzdienst [Berlin] [N. F.] **17(43),** 112—14, 1963; Tharandt, Inst. für Forstwiss. der DAL zu Berlin; dt.) — Einjährige, getopfte Steckholzaufwüchse von Forndorf-Pappeln wurden im geheizten Gewächshaus zur Bekämpfung der freilebenden Gallmilbe Phyllocoptes reticulatus Nal. mit Lsgg. von *Bercema-Obstbaumspritzmittel A. F. I.* (0,5%), *Tinox* (0,05%) bzw. *Antimil* (0,8%) gespritzt. Die 3 Mittel bewährten sich bei allen beweglichen Stadien der Milbe. M. Winiker. 6312◇

1961 **Freilandversuch zur Bekämpfung von Stubenfliegen mit chemischen Sterilisationsmitteln.** G. C. LaBrecque, D. W. Meifert und R. L. Fye. (J. econ. Entomol. **56,** 150—52, 1963; Orlando, Fla., Entomol. Res. Div.; engl.) — Zur Bekämpfung von Musca domestica L. wurden die Abgänge von Hühnern mit einem 0,5% *Metepa* (= *Methaphoxid,* **I**) enthaltendem *Vermiculit*-Köder versetzt, der jedoch bei wöchentlich einmaliger Anwendung ohne Wrkg. blieb. Maismehlköder mit **I** verringerte etwas die Schlüpffähigkeit der Fliegeneier, aber kaum den Fliegenbefall, bei zweimaliger Anwendung in der Woche fiel aber die Schlüpffähigkeit stark ab (auf unter 10%), die Fliegenanzahl verringerte sich, stieg aber bei Zuckerköder mit **I** wieder an. Die Fruchtbarkeit der ♂ wurde durch die Behandlung ebenfalls stark herabgesetzt, war aber im allg. höher, als die der ♀. Nach Abschluß des Vers. wurde der Hühnerstall mit *Naled* (= *Dibrom*) behandelt, worauf der Fliegenbefall 3 Tage lang auf 0 abfiel, dann aber durch Zuflug wieder anstieg. Fritz Müller. 6312◇

1962 **Schnellmethode zur Borbestimmung in granuliertem Borat-Superphosphat.** Krystyna Lasiewicz. (Chem. analit. [Warszawa] **7,** 931—35, 1962; Luboń, Phosphate Fertilizer Works, Res. Labor., Analyt. Div.; pol.) — PO_4^{3-} läßt sich in Ggw. von BO_3^{3-} in 0,01 m EDTA-Lsg. bis zur $Na_2HPO_4^-$-Stufe unter Verw. von Phenolphthalein als Indicator titrieren. Unter diesen Bedingungen wird Borsäure nicht mittitriert. Außerdem wird durch Ggw. von EDTA der Einfl. von Ca^{2+} auf die PO_4^{3-}-Best. beseitigt. Zusatz von Glycerin gestattet die Best. von B ohne Abtrennung störender Substanzen. Die Ergebnisse der B-Best. nach der beschriebenen Meth. werden mit denen der Meth. von Kolthoff (1923) in Na-Citrat-Lsg. verglichen. Der Vgl. zeigt, daß die angegebene Meth. genauere Ergebnisse liefert. Berücksichtigt man die Möglichkeit einer Simultan-Best. von PO_4^{3-} in dem EDTA-Extrakt, so läßt sich die B_2O_3- u. P_2O_5-Best. in Superphosphat in 1 Std. ausführen. Gerhard Schulze. 6322◇

1963 **Schnellanalyse von NPK-Mischdüngern.** Krystyna Lasiewicz. (Chem. analit. [Warszawa] **7,** 937—42, 1962; pol.) — Vgl. vorst. Referat. — Die drei Komponenten eines Mischdüngers aus Superphospat, K- u. NH_4-Salzen lassen sich in 1 Std. aus einer Probe nach Behandeln mit 0,01 m EDTA-Lsg. (250 ml auf 2,5 g der Probe) bestimmen. In 50 ml des Extraktes wird der P_2O_5-Geh. nach Fällung als $Ca_3(PO_4)_2$ mit $CaCl_2$ durch Titration der freigesetzten Säure gegen Bromkresolgrün u. Phenolphthalein als Indicatoren ermittelt. Behandelt man die gleiche Lsg. mit Formalin, wird eine dem Geh. an NH_4-Salzen äquivalente Säuremenge in Freiheit gesetzt. die NH_4-Best. nach der Formalin-Meth. vor der PO_4^{3-}-Fällung liefert falsche Ergebnisse. Der K-Geh. wird in 25 ml des Extraktes durch Fällung als KH-Tartrat (zusammen mit einem Teil NH_4H-Tartrat) u. Titration des Nd. mit NaOH-Lsg. gegen Phenolphthalein bestimmt. Nach Zusatz von Formalin titriert man die der Beimengung an NH_4-Salzen entsprechende Säuremenge u. berechnet aus der Differenz den K-Gehalt. Gerhard Schulze. 6322◇

1964 **Der Einfluß des Trocknens und der Lagerung von Bodenproben auf ihren Gehalt an mineralisierbarem Stickstoff.** J. Livens. (Agricultura [Louvain] [2]**11,** 135 bis 144, 1963; fläm.) — Die Lufttrocknung von Bodenproben beeinflußt deren Geh. an anorgan. N wenig, erhöht aber den an mineralisierbarem N. Durch Trocknen bei 45° erfolgt eine stärkere Zunahme als durch Trocknen bei Zimmertemperatur. Bei längerer Inkubationszeit vermindern sich die Unterschiede. Eine 9 Monate lange Aufbewahrung trockener Bodenproben erhöhte deren Geh. an mineralisierbarem N allmählich um 10%. W. Wesly. 6324◇

1965 **Die Benutzung einer vereinfachten Aspergillus niger-Methode zur chemischen Analyse von landwirtschaftlichen Materialien.** Olgierd Nowosielski. (Roczniki Nauk rolniczych, Ser. A **87**, 201—27, 1963; pol.) — Vf. legt dar, daß mittels einer vereinfachten Aspergillus niger-Meth. die Elemente N, P, S, K, Mg, Fe, Zn, Mn, Cu u. Mo in Düngern u. Böden mit für die Belange der Praxis hinreichender Genauigkeit bestimmt werden können. M. Winiker. 6324◇

1966 **Die biologischen Eigenschaften des Pilzes Aspergillus niger und seine Verwendung zur Bestimmung (chemischer) Elemente.** Olgierd Nowosielski. (Roczniki Nauk rolniczych, Ser. A **87**, 229—49, 1963; pol.) — Ergänzung der vorstehend referierten Arbeit. M. Winiker. 6324◇

1967 **Bestimmung von Gesamt-Chlor in Pesticiden durch Reduktion mit einem Gemisch von flüssigem wasserfreiem Ammoniak und Natrium.** Herman F. Beckman, Edward R. Ibert, B. B. Adams und D. O. Skovlin. (J. agric. Food Chem. **6**, 104—06, 1958; College Station, Tex., Texas Agricult. Exp. Stat., State Chemist Labor.; engl.) — Beschreibung der Methode. M. Winiker. 6328◇

1968 **Pyridin-Alkali-Reaktionen bei der Analyse von aktive Halogen-Atome enthaltenden Pecticiden.** H. P. Burchfield und Paul H. Schuldt. (J. agric. Food Chem. **6**, 106—11, 1958, Yonkers, N. Y., Boyce Thompson Inst. for Plant Res.; engl.) — Zusammenfassender Überblick. — 40 Literaturangaben. M. Winiker. 6328◇

1969 **Colorimetrische Bestimmung von Lindan in Böden und Ernteprodukten.** E. P. Lichtenstein, S. D. Beck und K. R. Schulz. (J. agric. Food Chem. **4**, 936, 1956; Madison, Wis., Univ. of Wisconsin, Dep. of Entomol.; engl.) — Vff. beschreiben eine von ihnen entwickelte Modifikation der Meth. von Schechter und Hornstein [1952]. M. Winiker. 6328◇

1970 W. R. Grace & Co., New York, N. Y. (Erfinder: Murrell Leon Salutsky, Silver Spring, Frederick Straube Lee, Owings Mills, und Grover Leon Bridger, Baltimore, Md.), V. St. A., **Metallammoniumphosphate,** welche schlecht wasserlösl. u. nicht giftig sind u. daher gut als *Düngemittel* verwendet werden können, werden wie folgt dargestellt: Wss. Phosphorsäure wird mit einer Verb. eines 2-wertigen Metalles bei 75—225°F umgesetzt, dann wird trockenes oder wss. NH_3 bis pH 7—9 hinzugefügt, danach auf 75—225°F erhitzt u. das entstandene Phosphat isoliert. — So werden 72,4 g einer 75%ig. H_3PO_4 mit 800 ml W. verd., dazu werden 27 g MgO u. 90 ml W. hinzugegeben. Die Mischung wird 1 Std. auf 100° erhitzt, dann werden 78 ml 28%ig. NH_3 während 15—20 Min. zugegeben, u. die Mischung wird 1 Std. bei 100° gehalten. Das Prod. wird abfiltriert u. bei 70° getrocknet: 101 g $MgNH_4PO_4 \cdot H_2O$. — Ähnlich werden dargestellt: $MgNH_4PO_4 \cdot 6H_2O$; $FeNH_4PO_4 \cdot H_2O$; $MnNH_4PO_4 \cdot H_2O$; $ZnNH_4PO_4$; $CuNH_4PO_4 \cdot H_2O$; $CoNH_4PO_4 \cdot H_2O$; $NiNH_4PO_4 \cdot 6H_2O$ (**Israel. A. S. 16589** vom 9/1. 1962, ausg. 23/5. 1963.) Y. Hess. 6283

1971 American Cyanamid Co., New York, N. Y., V. St. A., übert. von: Orland O. Schaus, Niagara Falls, Ontario, Canada, **Herstellung von Kalkstickstoff** im Wirbelbett, das aus $CaCO_3$- u./oder $CaCO_3$-Teilchen gebildet wird, unter Durchleiten von NH_3 u. einem Hilfsgas (CO_2, N_2) bei einer Bett-Temp. von 1400°F, wobei das Hilfsgas auf wenigstens 1700°F vorerhitzt wird. Besteht das Wirbelbett aus CaO, so wird als Hilfsgas CO_2 verwendet, das dann zugleich als C-Quelle dient. (**A. P. 3039848** vom 23/10. 1959, ausg. 19/6. 1962.) H. Roos. 6285

1972 British Industrial Plastics Ltd., London, England (Erfinder: Alfred Brookes), **Verbesserung der Bodenstruktur.** In die zu verbessernden Böden, bes. unkultivierte Böden, die zu Weiden oder Ackerland umgewandelt werden sollen, wird ein granuliertes oder grobzerkleinertes, gehärtetes oder ausgereiftes $CO(NH_2)_2$–CH_2O-Kondens.-Prod. eingearbeitet, das entweder Schaumform oder eine geringe Dichte u. ausgedehnte oder aufgeblähte Struktur aufweist. Zur Herst. des Prod. wird eine verd. wss. Lsg. eines niedrig kondensierten $CO(NH_2)_2$–CH_2O-Harzes, die ein schaumbildendes Mittel enthält, unter schneller Bewegung u. Einarbeitung von Luft zu Schaum geschlagen, nach Zusatz von Säure oder sauer reagierenden Stoffen zum Absitzen gebracht, zur Härtung des Schaumes getrocknet u. die Masse auf geeignete Korngröße zerkleinert. Das Verhältnis von $CO(NH_2)_2$:CH_2O in dem Harz soll 1:2—1:4 betragen. Der zu verschäumenden Lsg. können Methylenharnstoff, Ureaform, $CO(NH_2)_2$ u./oder polymerisierter CH_2O, Fungicide oder Insekticide, z. B. „Aldrin" oder „Dieldrin", Spurenelemente, z. B. B, Mn u. Zn, oder Pflanzennährstoffe zugefügt werden. Die den Böden zuzusetzende Menge an dem Schaumprod. beträgt ca. 500 kg/4050 m^2 oder ca. 0,06%. Als Schaum-Stabilisatoren werden Casein, Gelatine, Albumin, Alginate, wasserlösl. Cellulose-Derivv., Stärke oder Mehl beigemischt. Leimarten, Schlachthausblut, Guanidincarbonat u. Füllstoffe, wie Vermiculit, zerkleinertes Stroh, Reisschalen, Ledermehl, können der Masse ferner zugesetzt werden. Die Wasserkapazität der behandelten Böden wird verbessert, die Ernteerträge werden erhöht u. Überdüngungen vermieden. Der Schaum weist eine langandauernde Wrkg. auf, da er im Boden nur langsam abgebaut u. hydrolysiert sowie durch Regen oder dgl. nicht ausgelaugt wird. (**E. P. 897067** vom 7/7. 1959, ausg. 23/5. 1962.) H. Karst. 6285

1973 Shell Research Ltd., London, England (Erfinder: Eric John Mackay, Friedrich Reinmuth und Granville Thorpe Merrall), **Düngemittel.** Polyoxyalkylen-Verbb. mit einem Mol.-Gew. von wenigstens 10000—6000000 werden in der 10—30fachen Menge eines organ. Lsgm., bes. Bzl., Toluol, Xylol, A., Methyl- oder Propylalkohol, Äthylenglykol, gelöst. Die Lsg. wird mit gekörnten oder granulierten Düngemitteln, z. B. Phosphaten, Superphosphaten, $NaNO_3$, $Ca(NO_3)_2$, NH_4NO_3, $(NH_4)_2SO_4$, NH_4-Phosphaten, K-Salzen, $CO(NH_2)_2$ u. dessen Salzen, bes. NPK-Mischdüngemittel aus NH_4NO_3, KCl u. $(NH_4)_2HPO_4$, innig vermischt, so daß jedes einzelne Düngemittelkorn mit einer Überzugsschicht aus Polyoxyalkylen versehen wird. Aus dem Gemisch wird dann das Lsgm. durch Trocknen, Verdampfen oder Dest. entfernt. Dieser Prozeß kann wiederholt werden, wodurch ein schichtenweises Überziehen der Körner oder Granalien erreicht wird. Die Menge des verwendeten Polyoxylalkylens beträgt ca. 0,5—40% der Düngemittelmasse. Die Korngröße der Düngemittelgranalien soll derart sein, daß sie durch ein 10-Maschen BSS-Sieb hindurchgehen u. durch ein 60-Maschen-Sieb zurückgehalten werden. Als Überzugsstoffe sind *Äthylenoxid-* oder *1.2-Propylenoxid-Polymere*, *Polyäthylenglykol* u. *Polyoxyalkylen*-Verbb., welche eine *Polysiloxan-Kette* enthalten, bes. geeignet. Die behandelten Düngemittelgranalien backen bei der Lagerung nicht zusammen, sind wasserbeständig u. werden im Boden durch Regen nicht ausgewaschen. (**E. P. 908493** vom 15/2. 1960, ausg. 17/10. 1962.) H. Karst. 6291

1974 W. A. Scholten's Chemische Fabrieken N. V., Groningen, Niederlande, **Erosionsbekämpfung in Dünen,** sandigem Baugrund u. dergleichen. Man behandelt den Boden mit einer wss. Dispersion einer wasserunlösl. Polyvinyl-Verb., z. B. einer 10%ig. Polyvinylacetatdispersion. (**Niederl. P. 103156** vom 22/6. 1959, ausg. 15/11. 1962.) F. Böhm. 6303

1975 Phillips Petroleum Co., übert. von: Charles W. Osborn und Roger F. Kleinschmidt, Bartlesville, Okla., V. St. A., **Abtötung von Pflanzen, insbesondere Unkräutern.** Das Blattwerk von *Mono-* u. *Dikotyledonen*-Unkräutern wird mit 0,01—5%ig. Lsgg. von *trans-1.4-Dibrom-2-buten* oder *1.4-Dibrom-2-butin* in Kerosin, Dieselöl, Stoddard-Lsgm., Bzl., Toluol, A. u. dgl. besprüht. Mit geringen Mengen von ca. 1,575 kg/4050 m^2 der Wirkstoffe wird innerhalb 24—48 Std. eine völlige Vernichtung der Unkräuter erreicht. (**A. P. 3022152** vom 15/10. 1957, ausg. 20/2. 1962.) H. Karst. 6313

1976 Upjohn Co., Kalamazoo, übert. von: Alan J. Lemin, Richland Township, Mich., V. St. A., **Herbicide Mittel.** Zur Verhinderung der Keimung unerwünschter Unkrautsamen u. Vernichtung unerwünschter Pflanzen, bes. Unkräuter, in Rasenflächen, Getreide-, Mais-, Baumwoll-, Erdnuß-, Bohnen-, Sojabohnen-, Reis- u. Erdbeerfeldern wird der Kulturboden mit Lsgg., Emulsionen, Suspensionen, dispergierbaren Pulvern, emulgierbaren Konzentraten, Granulaten, Stäubemitteln, hochsd. Mineralölfraktionen oder chlorierten KW-Stoffen versetzt, die als Wirkstoff 0,1—50% eines N.N-Dialkenyl-α.α-diphenylacetamids enthalten, in dem der Alkenylrest 3—4 C-Atome aufweist. Als Wirkstoff ist *N.N-Diallyl-α.α-diphenylacetamid* bes. geeignet. Oberflächenakt. Stoffe, Netz-, Emulgier-, Dispergier- u. Feuchthaltemittel können den Herbiciden zugesetzt werden. Die festen, inerten Trägerstoffe werden in einer Teilchengröße bis zu 10 Maschen verwendet. Die Wirkstoffe gelangen in Konzz. von ca. 700—30000 ppm u. Mengen von ca. 0,11—2,25 kg/4050 m^2 zur Anwendung. Bei Verwendung von 6,75 bis 13,5 kg/4050 m^2 werden Mais-, Weizen- u. Reiskulturen geschädigt, Hülsenfrüchte jedoch nicht angegriffen. Die Mittel sind bes. zur Bekämpfung von *Johnson-*, *Crab-*, *Quickgras*, *Ackerfuchsschwanz*, *Wildhafer*, *Senf* u. dgl. geeignet. (**A. P. 3043676** vom 10/1. 1961, ausg. 10/7. 1962.) H. Karst. 6313

1977 Velsicol Chemical Corp., übert. von: Sidney B. Richter, Chicago, Ill., V. St. A., **Vernichtung unerwünschter Pflanzen.** Zur Bekämpfung von Sommer- oder Winterunkräutern, bes. im Nachauflauf-Verf. in Mais-, Weizen-, Flachskulturen, Weiden, Grasflächen u. dgl., werden Lsgg., Emulsionen, Suspensionen, Dispersionen oder netzbare Stäubemittel verwendet, die als tox. Wirkstoffe ca. 5—25% *α-Chlorphenylessigsäure*, ihre Alkylester, Alkali-, Aminsalze, Amide oder Anhydride enthalten. Bes. geeignete Wirkstoffe sind: die Säure als solche, *Na-α-chlorphenylacetat*, ihr *Diäthanolaminsalz*, *n-Butyl-α-chlorphenylacetat* u. *Bis-(α-chlorphenylessigsäure)-anhydrid.* Die Mittel werden in Konzz. von ca. 2000 ppm auf die Unkräuter versprüht oder verstäubt. Verwendete Mengen an Wirkstoff ca. 0,45 kg/4050 m^2 u. mehr. Die Kulturpflanzen werden durch die Verbb. nicht geschädigt. (**A. P. 3020146** vom 22/9. 1958, ausg. 6/2. 1962.) H. Karst. 6313

1978 Hooker Chemical Corp., Niagara Falls, übert. von: Edward D. Weil, Lewiston, Edwin Dorfman, Grand Island, und Jack S. Newcomer, Wilson, N. Y., V. St. A., **Synergistische herbicide Mittel.** Zur Bekämpfung von unerwünschtem Pflanzenwuchs auf Bahnanlagen, Golfplätzen, Pipelines u. dgl. werden wss. Lsgg. oder feste inerte Stoffe verwendet, die als Wirkstoffe ein Gemisch aus *2.3.6-Trichlorphenylessigsäure* (**I**) oder ihren Alkalisalzen u. *Trichloressigsäure* (**II**) oder *α.α-Dichlorpropionsäure* (**III**) oder *α.α.β-Trichlorpropionsäure* (**IV**) oder ihren Alkalisalzen im Verhältnis von 1:1 bis 1:8 enthalten. **I** wird dabei in Mengen von 0,45 bis 18 kg u. **II** oder **III** oder **IV** in Mengen von 0,45—90 kg/4050 m^2 verwendet. Als feste, inerte Trägerstoffe für die Herbicidgemische sind Tonarten, Boratmineralien oder Vermiculit geeignet. Die Mittel weisen hohe synergist. herbicide Wrkg. bei der Bekämpfung von Monokotyledonen- u. Dikotyledonen-Unkräutern auf u. sterilisieren die behandelten Böden. (**A. P. 3048483** vom 3/4. 1959, ausg. 7/8. 1962.) H. Karst. 6313

1979 Durward O. Guth, Elmwood Park, Ill., V. St. A., **Vernichtung von Unkräutern.** Auf das Blattwerk von schwerbekämpfbaren, widerstandsfähigen Unkräutern in Cerealienkulturen, z. B. *Cirsium arveuse*, *Franseria tomentosa*, *Centaurearepens*, *Polygonum muhlenbergii*, *Convolvulus arvensis*, *Gonolobus laevis*, *Euphorbia esula* u. *Perticaria penusylvanica*, werden wss. Lsgg. aufgesprüht, die als Wirkstoff *2-Methyl-4-chlorphenoxyessigsäure* und eine ionisierbare K-Verb. in ca. 1—5 Mol.-Menge, bezogen auf den Säuregeh., enthalten. Die Lsg. soll ein pH von 7,0—8,0 aufweisen u. kann das K-Salz der Säure oder wasserlösl. K-Verbb., z. B. das Hydroxid, Carbonat, Acetat u. dgl., u. ein Chelat, z. B. Äthylendiamintetraessigsäure, enthalten. Verwendete Mengen des Wirkstoffes ca. 0,141—14,40 kg/4050 m^2. Die Translocation des Herbicids von den Blättern in die Wurzeln der Unkräuter wird beschleunigt u. durch ein- oder mehrmaliges Besprühen eine völlige Abtötung der Unkräuter bis zur Dauer von fünf Jahren erzielt. (**A. P. 3023096** vom 20/6. 1957, ausg. 27/2. 1962.) H. Karst. 6313

1980 Amchem Products, Inc., Ambler, Pa., V. St. A., **Herstellung von N-Acyl-3-amino-2.5-dichlorbenzoesäuren** erfolgt z. B. durch 30 Min. langes Erhitzen von 20,6 (Gew.-Teilen) 3-Amino-2.5-dichlor-benzoesäure (**I**) mit 100 Eisessig auf 140°, Eingießen des Rk.-Gemisches in 1000 ml dest. W., 10—15 Min. langes Rühren bei Raumtemp., Einstellen des pH mit 10%ig. wss. NaOH auf pH 8—9 u. Ansäuern mit HCl, wobei *N-Acetyl-***I** ausfällt. F. 215—217° (Isopropanol) NZ ber. 247, gef. 248. *N-Propionyl-***I**, F. 198—200° (Aceton); NZ ber. 262, gef. 259). — *N-α-Chloracetyl-***I**, F. 215—218° (A.); NZ ber. 282,5, gef. 280. — *N-α-Bromacetyl-***I**, F. 220—222° (Toluol); NZ ber. 327, gef. 327. — *N-α.α-Dichloracetyl-***I**, F. 221—222° (A.); NZ ber. 317, gef. 318. — *N-Caproyl-***I**, F. 156—157° (Toluol); NZ ber. 331, gef. 332. —*N-Hydrocinnamoyl-***I**, F. 193—195° (wss. Aceton). NZ ber. 338, gef. 337. — *N-αBrompropionyl-***I**, F. 236—237° (Toluol-Essigester); NZ ber. 341, gef. 341. — *N-Formyl-***I**, F. 224—225° (wss. Aceton; Zers.); NZ ber. 234, gef. 234. — *N-2.5-Dichlorbenzoyl-***I**, F. 278—279° (Toluol); NZ ber. 378,5 gef. 378. — *N-Cinnamoyl-***I**, F. 230—231° (Aceton); NZ ber. 336,5, gef. 336. — *N-Benzoyl-***I**, F. 214 bis 216° (wss. Isopropanol); NZ ber. 310, gef. 309. — *Herbicide.* (**E. P. 900131** vom 14/10. 1960, ausg. 4/7. 1962. A. Prior. 16/10. 1959. **Zusatz zu E. P. 871232; C. 1963, 6762.**) O. Müller-Meiningen. 6313

1981 Heyden Newport Chemical Corp., New York, N. Y., V. St. A., **Herbicide** sind *2-Alkylbenzoesäuren*, die im Kern durch Cl u./oder Br substituiert sind, deren Salze, Amide u. Ester, z. B. *2-Methyl-3.5.6-trichlorbenzoesäure*, *2-Methyl-3.4.5.6-tetrachlorbenzoesäure*, die in bekannter Weise, z. B. durch Kern- u. Seitenkettenchlorierung von o-Xylol u. nachfolgende Oxydation mit HNO_3, hergestellt werden. (**E. P. 912976** vom 22/5. 1959, ausg. 12/12. 1962. A. Prior. 22/5. 1958.) L. Stadelmann. 6313

1982 E. I. du Pont de Nemours & Co. (Erfinder: Raymond Wilson Luckenbaugh), V. St. A., **Herbicide Mischungen** werden durch Vermischen von Tri- oder Tetrachlorbenzoesäuren oder deren Salzen; bes. ihren NH_4-, Methyl-, Dimethyl-, Trimethyl- oder Äthylendiammoniumsalzen, mit Triazinen, die in 2-Stellung durch Cl, Br, einen Methoxy- oder Methylmercapto-Rest u. in 4- u. 6-Stellung durch RNH-Reste ($R = C_{1-4}$-Alkyl-, Methoxymethyl- oder Methoxyäthyl-Rest) substituiert sind, erhalten. — Beispiele. (**F. P. 1243619** vom 16/12. 1959, ausg. 16/1. 1961. A. Prior. 17/12. 1958.) G. Colsmann. 6313

1983 Bugges Insecticides Ltd., Sittingbourne, Kent, England (Erfinder: William Edward Edmonton), **Herbicide Mittel.** Sie enthalten als herbicide Wirkstoffe ein substituiertes Carbamat, bes. *Isopropyl-N-phenyl-* oder *Isopropyl-N-(3-chlorphenyl)-carbamat*, u. ein Cl enthaltendes Phenoxyalkanol oder einen aromat. Monocarboxylester desselben, bes. *2.4-Dichlorphenoxyäthanol* oder *2.4-Dichlorphenoxyäthylbenzoat.* Sie werden in Form von wss. Emulsionen oder Dispersionen, Lsgg. in fl. organ. Lsgm. oder Gemischen mit festen, inerten Trägerstoffen in Mengen von z. B. 0,9:0,9 kg/4050 m^2 auf die verunkrauteten Felder verteilt. Den Wirkstoffgemischen können noch substituierte Harnstoffe, bes. *N-Phenyl-N*[1]. *N*[1]*-dimethylharnstoff*, zugesetzt werden. Die Mittel bilden auf den behandelten Böden einen dünnen Film, der die Unkraut-Keimlinge durch Kontakt vernichtet. (**E. P. 906988** vom 11/8. 1959, ausg. 26/9. 1962.) H. Karst. 6313

1984 Pittsburgh Plate Glass Co., Pittsburgh, Pa., übert. von: Blaine O. Pray, Wadsworth, Ohio, V. St. A., **Isopropyl-N-[2-methyl-5-chlorphenyl]-carbamat** ist ein wertvolles *Herbicid.* (**Can. P. 635387** vom 24/2. 1954, ausg. 30/1. 1962. A. Prior. 16/6. 1953.) H.-J. Nitzschke. 6313

1985 E. I. du Pont de Nemours & Co., übert. von: Mark B. Weed, Wilmington, Del., V. St. A., **Herbicide Mittel,** enthaltend Gemische aus *substituierten Harnstoffen u. Triazinen.* Substituierte Harnstoffe, z. B. *3-Phenyl-1.1-*,

3-(p-Chlorphenyl)-1.1- u. *3-(3.4-Dichlorphenyl)-1.1-dimethylharnstoff*, in denen ein Methylrest auch durch einen Methoxyrest ersetzt sein kann, werden mit *2-Chlor-4.6-bis-(äthylamino)-s-*, *2-Chlor-4-äthylamino-6-(isopropylamino)-s-* oder *2-Chlor-4-äthylamino-6-(3-methoxypropylamino)-s-triazin* im Verhältnis von 4:1 bis 1:4 innig vermischt. Das Gemisch wird zu ca. 2%ig. Lsgg., Emulsionen, Dispersionen, Suspensionen, Stäubemitteln, netzbaren Pulvern, Pellets, Granalien u. dgl. verarbeitet, die im Vorauflauf- oder Nachauflauf-Verf. in Mengen von ca. 4,5—9,0 kg/4050 m² auf den Kulturboden oder die zu bekämpfenden Unkräuter versprüht oder ausgestreut werden. Die das Wirkstoffgemisch enthaltenden Granalien eignen sich bes. zur Bekämpfung von Unkräutern auf dem Grund von Seen oder Teichen, während zur Vernichtung von Unkräutern in wachsenden Getreidefeldern, bes. Mais, schon ca. 0,45—0,9 kg/4050 m² des Gemisches ausreichen. Das Wirkstoffgemisch weist synergist. herbicide Wrkg. auf. (**A. P. 3022150** vom 23/2. 1960, ausg. 20/2. 1962.) H. Karst. 6313

1986 United States of America, Secretary of Agriculture, übert. von: Charles F. Krewson, Abington, Pa., V. St. A., **Herbicide Mittel**, enthaltend *N-(2.3.6-Trichlorbenzoyl)-l-leucin* (**I**) *als Wirkstoff*. Zur Vernichtung von breitblättrigen Unkräutern im Nachauflauf-Verf. in Hafer- u. Ricinus-Feldern werden Lsgg., wss. Emulsionen, Spritzbrühen oder feste inerte Trägerstoffe verwendet, die **I** als Wirkstoff enthalten. Verwendete Mengen an dem Wirkstoff ca. 0,45—0,90 kg/4050 m². Die Kulturpflanzen werden nicht geschädigt. (**A. P. 3044866** vom 9/8. 1960, ausg. 17/7. 1962.) H. Karst. 6313

1987 E. I. du Pont de Nemours & Co., übert. von: Marvin Paulshock, Wilmington, Del., V. St. A., **Stimulierung des Pflanzenwachstums.** Auf das Blattwerk von *Obstbäumen*, *Nutzpflanzen* u. *Blumen*, bes. *Tomaten Bohnen*, *Sojabohnen*, *Erbsen*, *Chrysanthemen*, oder die mit Kulturen solcher Pflanzen bestandenen Böden werden Lsgg. Emulsionen, Suspensionen, Dispersionen oder Stäubemittel versprüht oder verstäubt, die als Wirkstoff Verbb. der Formel $ArN(X) \cdot CH = CHNO_2$ enthalten, in der Ar Phenyl, Chlorphenyl, Dichlorphenyl, Trichlorphenyl, Methoxyphenyl, Äthoxyphenyl, Propoxyphenyl, Hydroxyphenyl, Aminophenyl, Tolyl oder Cumyl u. X = H, Alkylgruppen mit 1—4 C-Atomen u. 2-Nitrovinyl bedeuten. Die Wirkstoffe werden in Mengen von 0,45—9,0 kg/4050 m² verwendet. Geeignete Verbb. sind z. B.: *2-Chlor-*, *4-Chlor-*, *2.3.6-Trichlor-*, *4-Methoxy-*, *4-Dimethylamino-*, *4-Hydroxy-*, *2-Hydroxy-*, *2-Propoxy-*, *4-Isopropyl-*, *4-Chlor-N-äthyl-*, *N-Butyl-* u. *3.4-Dichlor-N-methyl-N-(2-nitrovinyl)-anilin*, oder *N-(2-Nitrovinyl)-p-* oder-*m-toluidin* oder *N.N-Bis-(2-nitrovinyl)-p-toluidin.* Zur Herst. der Stäubemittel sind sehr feingemahlene, inerte Trägerstoffe mit einer Teilchengröße von 50—20 μ erforderlich. Bei den behandelten Pflanzen werden die Zahlen an Blüten erheblich erhöht u. die Fruchterträge gesteigert. (**A. P. 3001859** vom 14/5. 1958, ausg. 26/9. 1961.) H. Karst. 6313

1988 Monsanto Chemical Co., St. Louis, Mo., übert. von: Margaret D. Cameron, Beaumont, Tex., V. St. A., **Vernichtung unerwünschter Pflanzen.** Die selektive Vernichtung von keimenden Unkrautsamen u. breitblättrigen Unkräutern im Vorauflauf- u. Nachauflauf-Verf. erfolgt mit Lsgg., Emulsionen, Öl-in-W.-Emulsionen, Spritzbrühen u. dgl., die als herbicide Wirkstoffe 0,1—2% eines Tetrahydropyranyläthers, z. B. *2-(1-Alkinylcycloalkyloxy)-tetrahydropyrane*, wie *2-(1-Äthinylcyclohexyloxy)-tetrahydropyran*, *2-(1-(1-Propinylcyclohexyloxy)-tetrahydropyran* u. *2-(1-Äthyl-4-methylcyclohexyloxy)-tetrahydropyran*, enthalten. Die Wirkstoffe werden in Mengen von 2,25—22,5, bes. 2,25—11,25 kg/4050 m² angewendet. Sie können auch zur Bekämpfung von Unkräutern in Drainage- u. Bewässerungskanälen, Hydroponik-Kulturen, Blumenbeeten u. dgl. dienen. Neben der herbiciden Wrkg. haben sie *fungicide* u. *pesticide Eigg.* aufzuweisen. (**A. P. 3018175** vom 29/2. 1960, ausg. 23/1. 1962.) H. Karst. 6313

1989 Farbenfabriken Bayer Akt.-Ges., Leverkusen, **Trifluormethylarylsulfonamide** werden hergestellt durch Rk. von *Trifluormethyl* (= **TM**)-arylsulfonylchloriden mit Aminen oder durch Einführung der **TM**-Gruppe in ein Arylsulfonylamid. — 27,9 (Gew.-Teile) 4-Chlor-2-**TM**-benzolsulfonylchlorid (F. 58—59°) gibt man unter Rühren u. Kühlen mit Eis/Wasser zu 19,5 4-Chlor-2-**TM**-anilin in 100 ml Pyridin, rührt einige Std. bei Raumtemp., dann bei 50° u. schließl. bei 90—100°, entfernt das Pyridin, löst den Rückstand in heißem W. u. NaOH, filtriert, säuert mit HCl an u. filtriert → *2-***TM***-4-Chlorbenzolsulfonyl* (**I**)*-2'-***TM***-4'-chloranilid*, F. 124—125° (aus wss. CH_3OH); analog erhält man: **I**-*4'-Chloranilid*, F. 105 bis 106°; **I**-*3'.4'-dichloranilid*, F. 132—133°; **I**-*2'.4'.5'-trichloranilid*, F. 113—114°; **I**-*4'-Chlorbenzylamid*, F. 105 bis 106°. — Aus *2-Chlor-5-***TM***-benzolsulfonyl*(**II**)*-chlorid* ($Kp._{14}$ 120—125°) → **II**-*2'-chloräthylamid*, F. 67—70°; **II**-*methyl-(2'-chloräthyl)-amid*, F. 47—48°; **II**-*di-(2'-chloräthyl)-amid*, F. 75—76°; **II**-*4'-chloranilid*, F. 115—116°; **II**-*3'.4'-dichloranilid*, F. 151—152°; **II**-*2'.4'.5'-trichloranilid*, F. 160—161°; **II**-*2'-chlor-5'-***TM***-anilid*, F. 129 bis 130°; **II**-*2-***TM***-4'-chloranilid*, F. 95—96°. — Aus *3-***TM***-benzolsulfonyl*(**III**)*-chlorid* ($Kp._{16}$ 112—116°) → **III**-*2'.4'.5'-trichloranilid*, F. 120—122°; **III**-*2'-***TM***-4'-chloranilid*, F. 100—101°. — Aus 3,5-Di-**TM**-*benzolsulfonylchlorid* ($Kp._{16}$ 100—105°) → *3.5-Di-***TM***-benzolsulfonyl-2'-***TM***-4'-chloranilid*, F. 112—113°. — Aus *2-Fluor-5-***TM***-benzolsulfonyl*(**IV**)*-chlorid* ($Kp._{15}$ 116—120°) → **IV**-*4'-chloranilid*, F. 119—120°; **IV**-*2'-fluor-5'-***TM***-anilid*, F. 138—139°. — Aus *3-***TM***-4-chlorbenzolsulfonyl*(**V**)*-chlorid* ($Kp._{16}$ 130 bis 133°) → **V**-*4'-chloranilid*, F. 119—120°; **V**-*3'-***TM***-4'-chloranilid*, F. 145—146°. — Aus *2.3-Dichlor-5-***TM***-benzolsulfonyl*(**VI**)*-chlorid* ($Kp._{16}$ 145—148°) → **VI**-*4'-chloranilid*, F. 115—117°; **VI**-*2'-chlor-5'-***TM***-anilid*, F. 95°. — Aus *5-***TM***-2-äthylsulfonylbenzolsulfonyl*(**VII**)*-chlorid* (F. 120 bis 121°) → **VII**-*4'-chloranilid*, F. 110—111°; **VII**-*2'-***TM***-4'-chloranilid*, F. 172—173°. — Aus *2'.4'-Dichlor-4-***TM***-diphenyläther*(**VIII**)*-2-sulfonylchlorid* (F. 71—72°) → **VIII**-*2-sulfamid*, F. 123—124°; **VIII**-*2-sulfonyl-3''.4''-dichloranilid*, F. 110—112°. — Als Benzolsulfonylchloride kann man außerdem verwenden: 2-Nitro-4-**TM**-, 3-Nitro-5-**TM**-, 3-Cyan-5-**TM** u. 2-Carboxymethyl-5-**TM** sowie 5-**TM**-benzol-1.3-disulfonylchlorid. — *Pesticide*, Wrkg. gegen *Tetranychus telarius* ist angegeben, wirksam auch gegen Motten, Termiten u. Spinnmilben; *Herbicide*, Wrkg. gegen Kresse u. Senf ist angegeben. (**E. P. 900111** vom 30/7. 1959, ausg. 4/7. 1962. D. Prior. 23/8. 1958. **Zusatz zu E. P. 854956; C. 1962, 6641.**) A. Debo. 6313

1990 Diamond Alkali Co., Cleveland, übert. von: Irving Rosen, Painesville, Ohio, V. St. A., **Mittel zur Bekämpfung unerwünschten Pflanzenwachstums, besonders zur Bekämpfung von Unkräutern und Abtötung von Nematoden.** Die Unkräuter oder die mit Nematoden verseuchten Böden werden mit Mitteln behandelt, welche ein 3-Halo-2.3-dihydrothiophen-1.1-dioxid, bes. *3-Chlor-* oder *3-Fluor-2.3-dihydrothiophen-1.1-dioxid*, als Wirkstoff enthalten. Die Mittel werden in Form von Lsgg. Emulsionen, emulgierbaren Konzentraten, feinstzerkleinerten Stäubemitteln, Suspensionen, Dispersionen, Aufschlämmungen, Granulaten in Konzz. von ca. 1000—2000 ppm bzw. in Mengen von 1,8—57,6 kg/4050 m² verwendet. Die Mittel sind zur Unkrautvernichtung im Vor- u. Nachauflauf-Verf. geeignet u. weisen hohe nematocide Wrkg., bes. gegen *Meloidogyne sp.* u. *Panagellus redivivus*, auf. (**A. P. 3044865** vom 13/2. 1959, ausg. 17/7. 1962.) H. Karst. 6313

1991 Stamicarbon N. V., Heerlen, Niederlande, **Herstellung von 2-Chlor-azacyclo-2.3-alken-N-carbochloriden** durch Rk. des entsprechenden ω-Lactams mit $COCl_2$ (**I**), wobei während der Rk. ein stöchiometr. Überschuß von **I** vorhanden sein muß. 108,5 (g) ε-Caprolactam-hydrochlorid u. 760 fl. **I** werden in einem Autoklaven langsam unter Rühren auf 67—70° erhitzt. Nach 6 Std. wird gekühlt u. das Rk.-Prod. nach Abdampfen von **I** u. HCl im Vakuum dest. Ausbeute: 135 *2-Chlorazacyclo-2.3-heptencarbochlorid.* — *Insekticide.* (**E. PP. 901169** u. **901170** vom 18/9. 1959, ausg. 18/7. 1962. Beide Niederl. Prior. 18/9. 1958.) C. Lüttgen. 6313

1992 E. I. du Pont de Nemours & Co., übert. von: Paul E. Aldrich, Wilmington, Del., V. St. A., **Fluoralkylmercurisalze von Fluorcarbonsäuren** der allg. Formel

$R_1HgOC(O)R_2$ (R_1, R_2 = Polyfluor-KW-Stoffreste mit bis zu 18 C-Atomen, wobei das α-C-Atom wenigstens an ein weiteres C- oder F-Atom u. das β-C-Atom an mindestens 1 F u. höchstens 1 H gebunden ist), werden hergestellt durch therm. Zers. des Hg-Salzes einer Polyfluorcarbonsäure bei 200—500°, wobei je Mol Salz 1 Mol CO_2 abgespalten wird. — $Hg(OCOCF_3)_2$ [aus 27,7 (Teilen) HgO u. 22,8 $HOOCCF_3$] erhitzt man auf 300°, bei 250 bis 260° dest. 21,8 weißer Feststoff. Hieraus nach Reinigung durch Chromatographie → *Trifluormethylmercuritrifluoracetat*, F. 83—92°. — Analog: *Pentafluoräthylmercuripentafluorpropionat*, $C_5F_{10}HgO_2$, $Kp._8$ 113°, F. 49 bis 51°. — Hg-perfluorcapronat (aus Perfluorcapronsäure, Kp. 159°, u. HgO) → *Perfluoramylmercuriperfluorcapronat*, $C_{11}F_{22}HgO_2$, F. 69,5—70°, 69% Ausbeute. — $Hg(OCOCF_2CF_2H)_2$ → *2-H-Tetrafluoräthylmercuri-(3-H-tetrafluorpropionat)*, $C_5H_2F_8HgO_2$, $Kp._{13}$ 165°, F. 58 bis 58,5°. — *Fungicide*, bes. Wrkg. gegen *Rhizoctonia*, *Wachstumsverzögerer* für breitblättrige Pflanzen, Zubereitungen sind angegeben. (**A. P. 3043859** vom 5/5. 1960, ausg. 10/7. 1962.) A. Debo. 6313

1993 Arthur Hindle, Sharda Manubhai Raval, Sharda Dhirajlal Damani, Hasmukhrai Govindji Damani und Kantilal Gulabrai Damani, Bombay, Indien, **Herstellung von fungicidem 3-basischem Kupferchlorid** mit wenigstens 66 Gew.-% unter 3 μ großen Teilchen durch Einleiten von auf wenigstens 80° vorerhitzter Luft in eine wss. metall. Cu enthaltende $CuCl_2$-Lsg., der 0,05—0,1% (bezogen auf die Gesamtmenge $CuCl_2$) NH_3, Na_2CO_3, NaOH, Harnstoff, $(NH_4)_2CO_3$ oder andere bas. NH_3-Verbb. als Katalysator zugesetzt werden, wobei ein Teil des $CuCl_2$ aus einer vorherigen Produktion stammt. (**E. P. 912125** vom 23/2. 1960, ausg. 5/12. 1962.) K. Demmler. 6313

1994 Fabriek van Chemische Producten Vondelingenplaat N. V., Rotterdam, Niederlande, **Herstellung neuer fungicider Verbindungen** der allg. Formel $(R_1,R_2)N-CX-S-CS-NH-R-NH-CS-S-CX-N(R_3,R_4)$ (R_{1-4} = Alkylrest mit 1—10 C-Atomen; X = O oder S; R = Äthylen oder Trimethylen). — Zum Beispiel läßt man ein Gemisch aus 105 (g) Polyäthylenthiuramdisulfid u. 60 Tetramethylthiuramdisulfid in einer Mischung aus 650 W. u. 150 Aceton bei 25° mit 60 NaCN reagieren → $C_{10}H_{18}N_4S_6$. (**Niederl. P. 102838** vom 13/4. 1959, ausg. 15/10. 1962.) F. Böhm. 6313

1995 Comp. Chimique et Industrielle du Congo „Chiminco", Brüssel, Belgien, **Ein Trägerstoff für insekticide und fungicide Mittel** wird dad. erhalten, daß der bei der Zuckergewinnung mit der Ausfällung von $CaCO_3$ entstehende Schlamm bei 130—140° getrocknet u. fein vermahlen wird. (**Belg. P. 572589** vom 31/10. 1958, ausg. 13/7. 1962.) K. Koebke. 6313

1996 Montecatini Soc. Gen. per l'Industria Mineraria e Chimica, Mailand, Italien (Erfinder: M. Pavan und F. Galbiati), **Insekticide Mittel**, bes. zur Bekämpfung von Getreideschädlingen, enthaltend als Wirkstoff ein aliphat. Keton, bes. Diäthylketon, Di-isobutylketon, Methyläthylketon, Methylisobutylketon, Methyl-n-nonylketon. (**Belg. P. 572265** vom 22/10. 1958, ausg. 1/6. 1962. It. Prior. 23/10. 1957.) K. Koebke. 6313

1997 Commercial Solvents Corp., übert. von: Edward B. Hodge, Terre Haute, Ind., V. St. A., **Kondensationsprodukte aus Nitroolefinen und Carbonylverbindungen** werden erhalten, durch Rk. von Nitroolefinen der allg. Formel $R-CH=C(NO_2)-R^1$ mit Carbonylverbb. **II** der Zus. R^2-CO-R^3 in Ggw. einer bas. Verb. u. Ansäuern des Rk.-Gemisches (R = Phenylrest, der monohalogen-, mono- oder dialkylsubstituiert sein kann, oder niedermol. Alkyl; R^1 = niedermol. Alkyl oder H; R^2 = niedermol. Alkyl oder Phenylrest, der monohalogensubstituiert sein kann; R^3 = H oder niedermol. Alkyl). — Zur Lsg. von 32,6 (g) 2-Nitro-1-phenyl-1-propen (**I**) in 100 ml Cyclohexanon (**II**) werden z. B. 8 NaOH in 12 ml W. gegeben, 30 Min. bei 40° gerührt, das auf Raumtemp. gekühlte Gemisch in 100ml 10%ig. CH_3COOH eingetragen u. die aus dem gebildeten Öl abgeschiedenen Kristalle (24) mit Aceton gewaschen. F. 136—138°. Die Analyse entspricht etwa einem *1-Phenyl-1-(2-oxocyclohexyl)-2-aci-nitropropan* bzw. dem entsprechenden Hemiacetal. — Aus der Lsg. in 5%ig. NaOH fällt bei Ae.-Zusatz das entsprechende *Na-Salz* aus. — Weitere Beispiele für: **I** + Butyraldehyd. — 2-Nitro-1-p-toluyl-1-propen + **II**. — 2-Nitro-1-(2-furyl)-1-propen- + **II**. — **I** + Aceton. — Die Prodd. dienen zur Herst. von *Insekticiden*, indem man z. B. das Rk.-Prod. von 2-Nitro-1-p-chlorphenyl-1-propen mit **II** bei 10° mit einer Lsg. von Br_2 in CH_3OH umsetzt zu einer Br-Verb. vom F. 114 bis 115° (Cyclohexan). (**A. P. 3024232** vom 18/9. 1958, ausg. 6/3. 1962.) O. Müller-Meiningen. 6313

1998 Monsanto Chemical Co., St. Louis, Mo., übert. von: Gail H. Birum, Dayton, Ohio, V. St. A., **Organische Phosphorverbindungen** erhält man bei der Rk. eines Adduktes aus 1 (Mol) Trithian u. 1—3 eines Chlor- u./oder Nitrosulfenylhalogenids der allg. Formel R_1SCl mit 1—5 eines Phosphorigsäureesters der allg. Formel $Y-R-(O)_m-P-(O-R-Y)_2$ bei normaler bis zur Rückflußtemp., bei verschiedenen Drucken u. in Ggw. eines Verdünnungs- oder Lösungsmittels. Entstehendes Alkylchlorid u. KW-Stoffe können mittels Vakuum oder durch Überleiten eines inerten Gases abgetrieben werden. Zur Rk.-Beschleunigung kann man auch Katalysatoren anwenden. — 37 g des Adduktes aus 1 Trithian u. 3 4-Chlorbenzolsulfenylchlorid ergeben mit 0,2 $(CH_3O)_3P$ < 35° eine rote Fl., n_D^{25} 1,5535, mit 18,66% S u. 11,34% P. In den Formeln bedeuten: R_1 = KW-Stoff-Gruppe mit 1—8 C-Atomen, die frei von olefin. u. acetylen. Bindungen ist u. durch mindestens ein Halogenatom u./oder eine Nitrogruppe substituiert ist; R = zweiwertige niedrigmol. Alkyl-, Cyclohexyl-, Aryl-, Aralkyl- u. Alkaryl-Gruppe mit höchstens 10 C-Atomen u. Y = H oder Cl; m = 0 oder 1. — *Insekticide*. (**A. P. 2841524** vom 25/11. 1955, ausg. 1/7. 1958.) G. König. 6313

1999 Farbenfabriken Bayer Akt.-Ges., Leverkusen, **Phosphonsäureester** der allg. Formel $CH_2=CH-P\cdot(:X)(OR_1)(YR_2)$ (**I**) erhält man durch Rk. von Vinyl-(thiono)phosphonsäurealkylesterchloriden der allg. Formel $CH_2=CH-P(:X)(OR_1)Cl$ mit Alkoholen, Phenolen oder Mercaptanen der allg. Formel R_2YH. Falls X=O u. Y=S erhält man die Verbb. der Formel **I** auch durch Verseifung von Vinylthionophosphonsäurealkylesterchloriden (**II**) mit einem Alkalimetallhydroxid u. weitere Rk. mit einem substituierten Alkylhalogenid (**III**) oder ggf. substituierten Aralkylhalogenid (**IV**). Falls X=Y=S kann man auch **II** mit einem Alkalimetallhydrogensulfid in das Alkalisalz des entspr. Vinylthionothiolphosphonsäurealkylesters überführen u. diesen dann mit **III**, **IV** oder Arylhalogeniden zu Verbb. der Formel **I** umsetzen. Zu 145 g Vinylphosphonsäuredichlorid in 1000 ml P. Ae. gibt man bei 10—20° unter Rühren 101 g Triäthylamin (**V**) 48 g A., rührt das Rk.-Gemisch 1 Std. u. filtriert das **V**-Salz ab. Nach dem Aufarbeiten durch Dest. erhält man in 75%ig. Ausbeute *Vinylphosphonsäureäthylesterchlorid*, $Kp._1$ 49° (**VI**). 39 g **VI** werden bei 30—40° zu 40 g Na-p-Nitrophenolat in 150 ml Methylketon gegeben, das Rk.-Gemisch 1 Std. gerührt u. dann mit 300 ml Eiswasser zersetzt. Nach dem Aufarbeiten erhält man in 55%ig. Ausbeute *Vinylphosphonsäureäthyl-*(**VII**) *p-nitrophenylester*, $Kp._{0,01}$ 119°. Analog erhält man: **VII**-*3-methyl-4-methylmercaptophenylester*, $Kp._{0,01}$ 112°; **VII**-*β-äthylmercaptomethylester*, $Kp._{0,01}$ 80°, das sich von der entsprechenden Thionophosphonsäure ableitende Analoge $Kp._{0,01}$ 79°. Ferner die *Vinylthionophosphonsäureäthylester*: *O-β-diäthylaminoäthyl*, $Kp._{0,01}$ 88°; *S-p-chlorphenyl*, $Kp._{0,01}$ 126°; *O-p-methylmercaptophenyl*; *O-p-nitrophenyl*, $Kp._{0,01}$ 118°; *O-2.4.5-trichlorphenyl*; gelbliches Öl; *O-2.4-dichlorphenyl*; gelbes Öl; *S-äthylmercaptomethyl*, $Kp._{0,01}$ 70°; *S-p-chlorphenylmercaptomethyl*; *Phenylmercaptomethyl*; *S-β-Diäthylaminoäthyl*, $Kp._{0,01}$ 84°; *O-3-methyl-4-methylmercaptophenyl*, $Kp._{0,01}$ 110°; *S-3-äthylmercaptopropyl-(2)*, $Kp._{0,01}$ 94°; *S-Cyanmethyl*, $Kp._{0,01}$ 86°; *S-Benzoylmethyl*. *Insekticide*. (**E. P. 882703** vom 2/2. 1960, ausg. 15/11. 1961. D. Prior 4/2. 1959.) A. Jahn. 6313

2000 Farbenfabriken Bayer Akt.-Ges., Leverkusen, übert. von: Gerhard Schrader, Wuppertal,

Vinylphosphonsäureester der allg. Formel **I** $CH_2{=}CH{-}P\cdot$ (:O oder S) (OR_1) (O oder SR_2) (R_1 = niederes Alkyl; R_2 = substituiertes Alkyl oder ggf. substituiertes Aralkyl oder Aryl) erhält man nach 3 Verfahren: 1. $CH_2{=}CH{-}P\cdot$ (:O oder S) (OR_1) Cl (**II**) + R_2S (oder O) H → **I**; 2. **II** + KOH → $CH_2{=}CH{-}P(:S)$ (OR_1)OH ⇌ $CH_2{=}CH{-}P\cdot$ (:O) (OR_1) SH + R_2Cl → **I**. 3. **II** + KSH → $CH_2{=}CH{-}P\cdot$ (:S) (OR_1) SK + R_2Cl → **I**. — Zu 145 g Vinylphosphonsäuredichlorid (Kp.$_1$ 44°) in 1000 ml P. Ae. gibt man bei 10—20° 101 g Triäthylamin + 48 g wasserfreien A., rührt das Rk.-Gemisch 1 Std., saugt den Nd. ab u. erhält aus der Lsg. nach dem Aufarbeiten *Vinylphosphonsäureäthylesterchlorid* (**III**) Kp.$_1$ 49°. Zu 39 g **III** tropft man unter Rühren bei 30—40° 40 g Na-p-Nitrophenolat in 150 ml Methyläthylketon u. erhält nach dem Aufarbeiten in 55%ig. Ausbeute *Vinylphosphonsäureäthyl-O-p-nitrophenylester*, Kp.$_{0,01}$ 119°. Analog erhält man *Vinylphosphonsäure-O-äthylester*: *-O-3-Methyl-4-methylmercaptophenyl-* Kp.$_{0,01}$ 112°; *-S-äthylmercaptoäthyl-*, Kp.$_{0,01}$ 80°; Vinylthionophosphonsäure-O-äthylester *-S-p-chlorphenyl*, Kp.$_{0,01}$ 126°; *-O-Diäthylaminoäthyl-* Kp.$_{0,01}$ 88°; *-O-p-methylmercaptophenyl*; *-O-p-nitrophenyl*, Kp.$_{0,01}$ 118°; *-O-2.4.5-Trichlorphenyl*; *-O-2.4-Dichlorphenyl*; *-S-Äthylmercaptomethyl*, Kp.$_{0,01}$ 70°; *-S-Äthylmercaptoäthyl-*, Kp.$_{0,01}$ 79°; *-S-p-chlorphenylmercaptomethyl-*; *-S-Phenylmercaptomethyl-*; *-S-(Dimethylaminoäthyl)-* Kp.$_{0,01}$ 84°; *-O-3-methyl-4-methylmercaptophenyl-*, Kp.$_{0,01}$ 110°; *-S-[Äthylmercaptopropyl-(2)]-*, Kp.$_{0,01}$ 94°; *-S-Cyanmethyl-*, Kp.$_{0,01}$ 86°; *-S-Benzoylmethyl-*. *Insekticide, Pesticide.* (**A. P. 3029270** vom 1/2. 1960, ausg. 10/4. 1962. D. Prior 4/2. 1959.) A. Jahn. 6313

2001 Charles Alexander Hanson, Whittier, Calif., V. St. A., **Insekticidmasse,** bes. gegen *Fliegen* enthält ein Insektenfraßgift, bes. O.O-Diäthyl-O-[2.2-dichlorvinyl]-phosphat (**I**), ferner Ca-Stearat (**II**), partiell hydrolysierte Hefe (**III**), ein Bindemittel, bes. Methylcellulose (**IV**), u. evtl. einen Farbstoff, alles in einem Zucker dispergiert. — Z. B. 88,25 Zucker (Gew.-%), 0,74 **I**, 1 **III** 2,5 **IV**, 4 Diastase 3,5 **II**, 0,01 Erio rubra. (**Israel. A. S. 16594** vom 10/1. 1962, ausg. 20/6. 1963.) Y. Hess. 6313

2002 Bioferm Corp., Wasco, Calif., V. St. A., **Gewinnung von Insekticiden bakterieller Herkunft.** *Bacillus thuringiensis* oder *Bacillus sotto* werden in der belüfteten Submerskultur bei pH 7,2—7,6 in einer Nährbrühe kultiviert, deren Kohlenhydratquelle u. N-Quelle annähernd zur gleichen Zeit nach Beginn der Sporen-Bldg. jedenfalls aber nicht mehr als 6 Std. nacheinander erschöpft sind. Am Ende der Brütungszeit fügt man ein Filterhilfsmittel zu. Die Nährbrühe soll bes. 0,6—2(%) assimilierbares Kohlenhydrat u. 0,5—1,7 Maisextrakt-Feststoffe enthalten. (**E. P. 907030** vom 30/6. 1959, ausg. 26/9. 1962. A. Prior. 14/7. 1958 u. 9/6. 1959.) K. Koebke. 6313

2003 E. Merck Akt.-Ges., Darmstadt, **Insektenabwehrmittel.** Zu D. A. S. 1055283; C. **1959,** 12037, ist nachzutragen: Caprylsäurediäthylamid kann auch durch andere Verbb. der allg. Formel $CH_3{-}(CH_2)_6{-}CO{-}N(R_1)\cdot(R_2)$ ersetzt werden (R_1 = H; R_2 = Alkyl mit 2—3 C-Atomen oder R_1 u. R_2 = Alkylate mit zusammen 2—6 C-Atomen), z. B. durch *Caprylsäurediisopropylamid.* (**Niederl. P. 103235** vom 1/7. 1958, ausg. 17/12. 1962. D. Prior. 7/9. u. 28/11. 1957.) F. Böhm. 6313

2004 **Badische Anilin- & Soda-Fabrik Akt.-Ges.**, Deutschland (Erfinder: **Johann Jung, Hans Ottmar Mueller, Carl Pfaff** und **Hans Scheuermann**), *Langsam wirkende Stickstoffdünger.* (**F. P. 1248741** vom 29/1. 1960, ausg. 10/3. 1961. D. Prior. 4/2. 1959. — C. **1961,** 633 [D. A. S. 1081482].)

2005 **Hercules Powder Co.**, V. St. A., übert. von: **Nitro-Form Agricultural Chemical Co.**, *Düngemittel auf Basis von Harnstoff-Formaldehydharzen.* (**F. P. 1249258** vom 2/10. 1959, ausg. 17/3. 1961. —C. **1963,** 7144 [E. P. 875907].)

2006 **Süddeutsche Kalkstickstoff-Werke Akt.-Ges.**, Deutschland, *Herstellung von Calciumcyanamid.* (**F. P. 1249120** vom 24/2. 1960, ausg. 15/3. 1961. D. Prior. 1/4. 1959. — C. **1961,** 11112 [D. A. S. 1101381].)

2007 **Metallgesellschaft Akt.-Ges.**, Deutschland, und **Potasco Soc. An.**, Belgien, *Herstellung granulierter Düngemittel.* (**F. P. 1251517** vom 12/2. 1960, ausg. 21/4. 1961. D. Prior. 17/2. 1959. — C. **1961,** 15896 [D. A. S. 1100657].)

2008 **August Thyssen-Hütte Akt.-Ges.**, Deutschland, *Herstellung von granulierten Düngemitteln.* (**F. P. 1251564** vom 4/3. 1960, ausg. 19/4. 1961. D. Prior. 6/3. 1959. — C. **1962,** 17900 [D. A. S. 1121080].)

2009 **Alco Chemical Corp.**, Cleveland, Ohio (Erfinder: **Bernard Coe**, Palmyra, N. J.), V. St. A., *Verwendung eines Latexgemisches als Mittel zur Behandlung von landwirtschaftlichen Kulturböden, insbesondere zur Verhütung der Bodenerosion.* (**D. A. S. 1149195** Kl. 451 vom 29/7. 1960, ausg. 22/5. 1963. — C. **1963,** 3744 [A. P. 2961799].)

2010 **Amchem Products, Inc.**, V. St. A. (Erfinder: **Stanley Rex McLane, John Russel Bishop** und **Harvey Peter Raman**), *Herbicide.* (**F. P. 1239031** vom 14/10. 1959, ausg. 7/12. 1960. A. Prior. 15/10. u. 17/12. 1958. — C. **1963,** 6762 [E. P. 871232].)

2011 **Amchem Products, Inc.**, Ambler, Pa. (Erfinder: **Leonard William Melander**, St. Paul, Minn., **Stanley Rex McLane**, Prospectville, Pa., und **Melvin La Verne Sutherland**, Lafayette Hill, Pa.), V. St. A., *Unterdrückung oder Ausrottung unerwünschten Pflanzenwachstums und herbicide Mittel zur Durchführung des Verfahrens.* (**D. A. S. 1147441** Kl. 451 vom 12/2. 1960, ausg. 18/4. 1963. A. Prior. 13/2. 1959. — C. **1963,** 22472 [A. P. 2992089].)

2012 **E. Merck Akt.-Ges.**, Deutschland, *Fungicid.* (**F. P. 1240517** vom 2/9. 1958, ausg. 20/12. 1960. D. Prior. 26/10. 1957. — C. **1961,** 4499 [Oe. P. 206220].)

2013 **C. H. Boehringer Sohn** (Erfinder: **Karl Zeile** und **Richard Sehring**), Ingelheim/Rh., *Schädlingsbekämpfungsmittel.* (**D. A. S. 1147798** Kl. 451 vom 6/5. 1957, ausg. 25/4. 1963. — C. **1961,** 16628 [F. P. 1195067].)

H_8. Metallurgie, Korrosion

2014 **Anwendung der Aktivierungsanalyse zur Kupfererzsortierung.** H. F. Ramdohr. (Kerntechn., Isotopentechn. u. -chem. **5,** 204—06, 1963; Inst. Karlsruhe der Isotopen-Studienges.; dt.) — Es wird über Unterss. zur Cu-Erzsortierung im Labor.-Maßstab u. eine Koinzidenzmeßanordnung berichtet u. eine Labor.-App. beschrieben, die aktivierte Stückchen eines Cu-Erzes (∅-Geh. 6,12% Cu) nach ihrem Geh. — über u. unter 0,2—0,3% Cu — trennt. Die Sortierung geschieht im freien Fall durch eine Lichtschranke mit Photozelle, Plastik-Szintillatoren, Trennklappe u. Zubehör. Die 80 cm Fallhöhe werden in 0,4 Sek. durchfallen. Die Impulszahl kann auf den gewünschten Cu-Geh. im Konzentrat eingestellt werden. F. Hochstetter. 6360◇

2015 **Untersuchungen über das Ausbringen von Uran aus polnischem Uranerz.** Stefania Domanus, Jozef Panas, Zygmunt Grzybowski und Krystyna Czarnomska. (Nukleonika [Warszawa] **7,** 487—93, 1962; Warszawa, PAN, Inst. Badań jądr., Zakł. Technol. chem.; pol.) — Ein SiO_2-reiches Erz mit 0,083% U wird in Ggw. von MnO_2 als Oxydationsmittel mit H_2SO_4 ausgelaugt. Das U-Ausbringen bei 30—70 (g/kg) H_2SO_4, 2,5—20 MnO_2, fest:fl. = 1:(1—1,3), Behandlungsdauer 2—8 Std., 20 u. 80° bestimmt. Die optimalen Bedingungen sind: 70 H_2SO_4, 10 MnO_2, 1:1,5, 6 Std. bei 20° bzw. 2 Std. bei 80°. R. K. Müller. 6360◇

2016 **Untersuchungen über die Neutralisation von Abfällen aus der Behandlung von Uranerzen mit Schwefelsäure.** Rafal Wlodarski. (Nukleonika [Warszawa] **7,** 495—97, 1962; Warszawa, PAN, Inst. Badań jądr. Zakł. Technol. chem.; pol.) — Die bei der Extraktion von *U* aus Erzen mit H_2SO_4 verbleibenden radioakt. Rückstände werden durch Neutralisieren mit *CaO* + $BaCO_3$ + W. (50:1:100 kg) auf pH-Wert 8 u. Rückführung der überstehenden Fl. von 2,2 auf 1,5 Liter/kg reduziert. Die spezif. Aktivität nimmt von 0,058 auf 0,0006 μC/ml ab. R. K. Müller. 6360◇

2017 **Beitrag zur Kenntnis des Lichtbogenofens unter besonderer Berücksichtigung des Großraumofens für die Stahlerzeugung.** Friedrich Harms. (Stahl u. Eisen **83,** 257—70, 1963; Krefeld; dt.) — Nach Erörterung der Entw. der Elektrostahlerzeugung in der Welt wird eine Begriffsbest. von Großraum-Lichtbogenöfen aufgestellt. Die Kennzeichnung der Lichtbogenöfen erfolgt durch ihren Kesseldurchmesser, ihre Transformatorgröße u. ihr Fassungsvermögen. Es werden Angaben über den Wärmenutzungsgrad von Öfen verschiedener Größe gemacht. Für die Erzeugung von unlegierten Stählen u. von Edelstahl sind Großraumöfen, deren Hauptabmessungen mitgeteilt werden, verwendbar. — 54 Literaturangaben. — Diskussion. H. Hochstein. 6370◇

2018 **Pneumatisches Einblasen von trockenen Kohlen in den Hochofen Nr. *2* der Compagnie des Hauts Fourneaux de Chasse.** P. Chauzat, C. Reveil, J. Cordier, A. Damgé und J. C. Leclère. (Rev. Métallurgie **60,** 39—48, 1963; Chasse u. St. Germain-en-Laye, IRSID; franz.) —

Das Einblasen von 110 kg trockener Kohle je t Roheisen zusammen mit einer Steigerung der Windtemp. um 75° ersetzt 135 kg Koks u. senkt den Kokssatz um 19%. An einem Beispiel wird gezeigt, daß 155 kg Magerkohle, die auf 2 mm gemahlen war, je t Roheisen einzublasen war.
H. Hochstein. 6370◇

2019 **Untersuchung des Verlaufes der Mischung von Formmassen mittels radioaktiver Isotopen.** Zbigniew Godlewski und Maciej Radwan. (Nukleonika [Warszawa] **7,** 520—21, 1962; Inst. podstaw. Probl. Techn. PAN, Zakł. Badań/izotopowych; pol.) — Der bei der Herst. von Formmassen verwendete *Bentonit* mit 53(%) O, 30,0 Si, 14,0 Al, 1,5 Fe, 1,0 Mg u. 0,5 H wird 4 Std. lang mit einem Neutronenstrom (10^{12} n/cm² · s) behandelt, dann in 60 Std. abgekühlt; dabei wird genügend ^{31}Si u. ^{59}Fe gebildet, um durch Radioaktivitätsmessungen den zeitlichen Verlauf des Mischprozesses verfolgen zu können, wie durch Unterss. an Gemischen mit trockenem Sand u. Sand-W.-Gemischen gezeigt wird. R. K. Müller. 6382◇

2020 **Festigkeit von Formmassen im feuchten Zustand und Anisotropie der Festigkeitseigenschaften.** Lech Lewandowski. (Przegląd Odlewnictwa **12,** 246—54, 1962; pol.) — Die Festigkeit feuchter Formmassen hängt nicht von der Korngröße des Sandes ab, sondern von der Form der Körner. Die Festigkeit steigt, wenn die Körner runder sind. Außerdem nimmt sie mit dem *Ton*-Geh. (bis ca. 10%) der Masse zu. Beim Verdichten der Masse durch Pressen oder Stampfen tritt Anisotropie der Druck- u. Scherfestigkeit in der Form auf. F. Urban. 6382◇

2021 **Die Vervollkommnung der Gießtechnologie in keramischen Formen.** I. L. Rewa. (Gießerei-Betr. [UdSSR] **1963,** Nr. 3, 8—9; russ.) — Als keram. Füllstoff beim Stahlformguß wird ein Gemisch aus 30(%) *Quarzsand 2K0315B* u. 70% *Marshallit* empfohlen. Als Mittel zum Flüssighalten im verlorenen Kopf dient ein exotherm. Gemisch aus 42 Fe-Erz, 38 *Sand* u. 20 *Al*-Pulver. H. Hochstein. 6382◇

2022 **Untersuchungen über das Formfüllungsvermögen.** Andrzej Bydałek. (Przegląd Odlewnictwa **12,** 133—40, 1962; pol.) — Aus Modell-Verss. wird die Funktion $H = f(v, T, p_m)$ für die Gießhöhe H in der Form (v = Steiggeschw. des Metallspiegels in der Form, T = Temp. des Metalls, p_m = stat. Druck in der Form) abgeleitet. Die Formel dient zur Ermittlung richtiger Gießbedingungen. Aus dem Fließvermögen des Metalls kann niemals das Formfüllungsvermögen abgeleitet werden. Die Formfüllung wird wesentlich durch den Charakter der Kristallisation bestimmt. Techn. *Al* füllt die Form besser aus als *Silumin* oder untereutektoid. *Al-Cu.* — 20 Literaturangaben. F. Urban. 6382◇

2023 **Möglichkeiten der Verwendung der Prüfung des Formfüllungsvermögens zur Berechnung vom Eingußsystemen.** Andrzej Bydałek. (Przegląd Odlewnictwa **12,** 255—66, 1962; pol.) — Vgl. vorst. Referat. — Es wird die Bedeutung der Formel für die Gießhöhe H in der Form $H = f(v, T, p_m)$ zur Berechnung von Eingußsyst. beschrieben. F. Urban. 6382◇

2024 **Prüfung des Oberflächenzustandes und der Oberflächenschicht von dünnwandigen Eisengußstücken.** Janusz Szreniawski. (Przegląd Odlewnictwa **12,** 225—37, 1962; pol.)— Je grobkörniger der Sand der Formmasse ist, desto rauher wird die Oberfläche u. desto dicker wird die Schicht, in der Gießfehler auftreten. Mit steigendem Feuchtigkeits-Geh. der Formmasse nimmt die Rauhigkeit des Gußes zu, dagegen wird die Fehlschicht dünner. Mit steigendem Druck des fl. Metalls in der Form nimmt die Rauhigkeit ebenfalls zu, außerdem verzieht sich die Form. Durch Bestäuben mit *Holzkohle*-Pulver läßt sich eine glattere Oberfläche des Gußes erzielen, die Fehler in der Oberflächenschicht werden aber zahlreicher.
F. Urban. 6382◇

2025 **Untersuchungen über die Erscheinungsform von Wasserstoff in Metallen.** Michał Smiałowski. (Zeszyty naukowe Akad. górniczo-hutniczej [Kraków], Metalurgia Odlewnictwo **1961,** Nr. 37, 147—59; Warszawa, Inst. Chem. Fizycz., Polsk. Akad. Nauk; pol.) — Unterss. über die H-Konz. in *Fe*- u. *Ni*-Drähten u. Ni-Filmen nach kathod. H-Sättigung in Ggw. von Kathodengiften zeigen, daß H in den Metallen der Fe-Gruppe sowie in Pd als feste α-Lsg., als β-Phase u. als freies Gas bei Strukturfehlern auftreten kann. Die α-Lsg. hat den stärksten Einfl. auf die plast. Eigg. des Metalls; das freie Gas ist nicht direkt wirksam. W. Wesly. 6388◇

2026 **Die Tieftemperatur-Reduktion geschmolzener Magnetit-Erze.** J. J. Clarke, M. E. Dry und W. J. van Zyl. (J. South African chem. Inst. **15,** 11—19, 1962; Sasolburg, South African Coal, Oil and Gas Corp., Ltd.; engl.) — Bei der Red. von geschmolzenem Fe_3O_4 mit H_2 bei 400° ist die Red.-Geschw. um so größer, je niedriger der Partialdruck des H_2O-Dampfes im Erzbett ist. Al_2O_3, *MgO, MnO* u. *CaO* verzögern die Red. u. liefern red. Katalysatoren mit großer Oberfläche, die durch kleine Mengen K_2O ohne Einfl. auf die Red.-Geschw. vermindert wird. Die Rkk., die sich während der Red. an der Grenzfläche zwischen Gas u. Oberfläche abspielen, werden erörtert. W. Wesly. 6390◇

2027 **Die Abkühlung von Agglomerat in Kühlpfannen.** N. N. Grigorjew, L. A. Droshilow und A. W. Merlin. (Stahl [UdSSR] **23,** 385—88, 1963; russ.) — Die Abkühlung von Agglomerat in Kühlpfannen mit ⌀ 8 m verläuft infolge des niedrigen spezif. Verbrauchs an Kühlluft unbefriedigend. Angeordnete Rauchabsauger gewährleisten nicht die für die Abkühlung erforderliche Luftmenge. Infolge des hohen Druckverlustes im Kühler selbst u. der Luftleitung wird die errechnete Leistung der Rauchabsaugung nicht erzielt. H. Hochstein. 6390◇

2028 **Das Arbeiten des Hochofens mit einem mit Flußmittel versetzten Agglomerat.** S. I. Nekrassow, W. L. Pokryschkin, P. G. Netrebko, G. B. Rabinowitsch und R. D. Kamenew. (Stahl [UdSSR] **23,** 389—93, 1963; Inst. für das Eisenhüttenw. des staatl. Komitees der Fe- u. Buntmetall-Metallurgie bei der staatl. Plankommission SSSR u. Krivoirog, Hüttenwerk; russ.) — Bei der Erhöhung des Fe-Geh. im Agglomerat bis auf 59,5% kann die Hochofenleistung um 32—35% erhöht werden bei einer Senkung des spezif. Koksverbrauchs um 20,5% u. einer gesamten Verbesserung aller Hochofenbetriebswerte. Dieser mögliche Effekt wurde im Verlauf einer Vers.-Periode von nur 5 Tagen infolge der Instabilität der Schlackeneigg. (niedriger MgO-Geh. derselben) noch nicht erreicht. H. Hochstein. 6390◇

2029 **Zonenschmelzversuche an Eisenlegierungen und technischen Stählen.** Wilhelm Anton Fischer und Ram Uberoi. (Arch. Eisenhüttenwes. **33,** 661—68, 1962; Düsseldorf, MPI für Eisenforschung; dt.) — Die Verteilungskoeff. für *Cr, Si, Mn, N, C* u. *S* im fl. *Fe* werden unter Verw. von Rohren aus CaO, Al_2O_3 u. Sillimanit als Tiegel ermittelt. Verschiedene Dreistofflegg. u. 4 Sorten von techn. Stählen werden dem Zonenschmelzen unterzogen u. dabei die Verteilungskoeff. für mehrere im Stahl enthaltene Begleitelemente ermittelt. Es zeigte sich, daß C, P, S, Mn, Si, N u. Cr keine gegenseitige Beeinflussung ihrer Verteilungskoeff. bei den untersuchten Konzz. aufweisen. Die Seigerung eines jeden Zusatzelementes geht demnach während der Erstarrung eines Stahlblockes unabhängig von der Ggw. der anderen Elemente vonstatten. Beim Zonenschmelzen unberuhigter Stähle wurde eine Gasblasenbldg. beobachtet, deren Stärke von der Rauhigkeit des keram. Tiegelwerkstoffes abhängt. Auf Grund der erhaltenen Kenntnis der Verteilungskoeff. bei verschiedenen Vorschubgeschw. u. der dem Schrifttum entnommenen Erstarrungsgeschw. während der Erstarrung eines größeren Stahlblockes wurde der Konz.-Verlauf für mehrere Zusatzelemente im erstarrten Stahlblock berechnet, der mit den Vers.-Ergebnissen gut übereinstimmt. — 14 Literaturangaben.
H. Hochstein. 6390◇

2030 **Magnetische Messungen zur stickstoffbedingten Alterung von Eisen.** Friedrich Erdmann-Jesnitzer und Witold Precht. (Arch. Eisenhüttenwes. **33,** 669 bis 79, 1962; Freiberg/Sa., Bergakad., Inst. für Metallkunde u. Materialprüfung u. Krakau, Polen; dt.) — An aus

Carbonyleisenpulvern durch Sintern hergestelltem Reinsteisen wurde der einphasige Entmischungsvorgang von N in Fe durch Messung der Änderung der Koerzitivfeldstärke in Abhängigkeit von der Kaltverformung u. Auslagerungsdauer bei 80° untersucht. Wenn die Kaltverformung genügend klein war, konnte der Entmischungsvorgang verfolgt werden. Bei vielkristallinen Proben des aufgestickten Ausgangswerkstoffes bewirkte die einphasige Entmischung eine stufenförmige Änderung der Koerzitivfeldstärke mit der Auslagerungsdauer. Durch magnet. u. elektr. Messungen u. durch mkr. Prüfung des Probenbruchgefüges wurde gefunden, daß durch die Kaltverformung der Entmischungsvorgang beschleunigt wird, falls eine alterungsfähige Leg. nach dem Abschrecken in einem Zustand vorliegt, in dem noch keine Keime einer neuen Phase vorhanden sind, andernfalls der Ausscheidungsvorgang durch zusätzliche Kaltverformung gehemmt wird. Für die Abhängigkeit der Koerzitivfeldstärke von der Auslagerungsdauer wurde eine sowohl für das Fehlen als auch für das Vorhandensein von Keimen der neuen Phase geltende Beziehung entwickelt, mit der der Einfl. der einphasigen Entmischungen sowie der mehrphasigen Ausscheidungen rechner. ermittelt werden können. — 25 Literaturangaben. Diskussion.
H. Hochstein. 6392◇

2031 **Schmelzen von titanhaltigen Eisenerzen aus Wyoming.** Murray C. Udy. (Mining Congr. J. **48**, Nr. 10, 39—44, 1962; Strategic-Materials Corp.; engl.) — Das *Strategic-Udy*-Verf., das aus einer Kombination von Drehrohr- u. Elektroofen besteht, wird zur Herst. von niedrig gekohltem *Roheisen* mit niedrigem *Si*-Geh. aus Ti-haltigem Wyoming-Fe-Erzen angewendet. Nach dem Verf. werden aus diesen Erzen die darin enthaltenen Metalle durch Red. in der Hitze unter Anwendung von Koks als Red.-Mittel erschmolzen. Es werden Angaben über die in die Schlacke eintauchenden Elektroden sowie über die Energiebilanz u. -Kosten des Verf. gemacht. Die Öfen sind mit Magnesit ausgekleidet. Die kleinen Öfen werden mit kaltem Einsatz beschickt. Bei der Vorred. werden ca. 68% des gebundenen Erz-O entfernt. Die chem. Zus. des Endprod. wird mitgeteilt.
H. Hochstein. 6400◇

2032 **Volumenänderung und Gefügebildung bei der Kristallisation von Gußeisen.** Horst Mühlberger. (Arch. Eisenhüttenwes. **33**, 681—98, 1962; Stuttgart, MPI für Metallforsch.; dt.) — Beschrieben wird ein auf dem Gesetz von Archimedes beruhendes Vol.-Meßverf. mit zugehöriger Vorr., mit dem die Vorgänge bei der Kristallisation von Gußeisen mit fein- u. groblamellarer sowie mit kugeliger Graphitausbldg. untersucht werden. Zum Vgl. wird die Dichte von *NaCl* bis zu 1400° bestimmt. Bis zu 1200° dehnt sich fl. NaCl linear aus, über 1200° sind dagegen die Vol.-Werte kleiner, als man nach dem bis zu dieser Temp. geltenden linearen Ausdehnungsgesetz berechnet. Vol.-Messungen an Gußeisen haben ergeben, daß sich Grauguß bei der Kristallisation ausdehnt u. weißes Gußeisen mit einer 3,4%ig. Vol.-Verminderung erstarrt. Die Vol.-Änderungen betrugen bei der Erstarrung von Grauguß je nach dem C-Geh. zwischen 2 u. 6% des Vol. der Schmelze vor der Kristallisation. Die Kurven der Abhängigkeit des spezif. Vol. von der Temp. zeigen, daß bei einem mit der Bldg. von Graphit „grau" kristallisierenden Gußeisen mit der Kristallisation immer eine sofort einsetzende Vol.-Vermehrung verbunden ist. Es wird gefolgert, daß der Graphit sowohl in der grob- als auch in der feinlamellaren Form unmittelbar aus der Schmelze entsteht. Der Gasgeh. der Proben ist für die Graphitbldg. von wesentlicher Bedeutung. Im Hochvakuum erschmolzenes Gußeisen erstarrte stets mit einem sehr feinlamellaren Graphit; mit H_2 durchspülte Gußeisenschmelzen erstarrten dagegen stets mit Bldg. von groblamellaren Graphit. Aus den von Temp. über 1300° aufgenommenen Vol.-Kurven geht hervor, daß im fl. Gußeisen beträchtliche Vol.-Änderungen stattfinden. Beim Abkühlen verringern die Schmelzen ca. 100 bis 150° vor der Kristallisation ihr Vol. um ca. 6%. Beim Erhitzen dehnen sich die Schmelzen in diesemTemp.-Bereich um den gleichen Betrag wieder aus. Diese Änderungen liegen bei um so tieferen Temp., je höher der C-Geh. bis zum Eutektikum hin ist u. nimmt mit dem Si-Geh. der Proben ab. — 38 Literaturangaben.
H. Hochstein. 6402◇

2033 **Der Guß von dickwandigen Gußstücken aus Gußeisen in Aluminiumkokillen.** W. R. Rowkatsch, N. G. Intjakow und D. N. Chudokormow. (Gießerei-Betr. [UdSSR] **1963,** Nr. 3, 9—10; russ.) — Die schnelle gemischte Erstarrung des Gußeisens in wassergekühlten *Al*-Kokillen beseitigt die Porosität des Gußstückes vollständig u. bewirkt eine Struktur mit feinverteilten Graphiteinschlüssen auch an den Stellen, wo zuvor beim Gießen in Sandformen oder in gußeiserne Kokillen grober Graphit entstanden war. Nach einer Wärmebehandlung wurden gleichmäßig über den gesamten Gußstückquerschnitt hohe Festigkeitseigg. erhalten.
H. Hochstein. 6402◇

2034 **Untersuchungen über den Einfluß des Probendurchmessers auf die Graphitisierungskinetik von weißem Gußeisen im Temperaturbereich 850—950°.** Jerzy Piaskowski. (Przegląd Odlewnictwa **12,** 287—93, 1962; pol.) — Die Graphitisierungsgeschw. von weißem Gußeisen im 1. Graphitisierungsstadium bei 850—950° steigt mit Abnahme des Probedurchmessers. Entsprechend ändern sich die Koeff. in den kinet. Gleichungen der Graphitisierung von Burke u. Owen [1960] u. Ferry [1957].
F. Urban. 6404◇

2035 **Untersuchung von mit Magnesium behandelten Gußeisen mit Kugelgraphit durch ein reduzierendes Feinen im elektrischen Lichtbogenofen.** Masao Homma, Hiroshi Meguro, Yoshihiko Abe und Reiichi Ohno. (Sci. Rep. Res. Inst. Tôhoku Univ., Ser. A, **11,** 466—73, Dez. 1959; Res.-Inst. for Iron, Steel and other Metals; engl.) — Mg-behandeltes Gußeisen mit Kugelgraphit wird durch reduzierendes Feinen im sauren u. bas. Lichtbogenofen untersucht. Hierdurch werden die *O*- u. *S*-Geh. des schmelzfl. Gußeisens verringert u. dad. die für die Verbesserung des Formänderungsvermögens von Graphit benötigten Mg-Mengen vermindert. Es werden Angaben über die verbesserten mechan. Eigg. eines so behandelten Gußeisens mit Kugelgraphit gemacht. Die Entschwefelung des 0,050—0,071% S-haltigen Gußeisens durch eine reduzierende Schlacke betrug im sauren Ofen 26—56%. H. Hochstein. 6404◇

2036 **Elektrisches Stahlschmelzen.** J. E. Russell. (Nuclear Engng. **5,** 212—13, 1960; Engl. Steel Corp. Group Res. Labor; engl.) — Angaben über die Höhe, Vorteile u. Wirtschaftlichkeit der Stahlerzeugung in elektr. Schmelzöfen in England. H. Hochstein. 6408◇

2037 **Über den Einfluß der Erschmelzung unter vermindertem Druck auf einige Eigenschaften von Stählen.** K. Bungardt. (Schweiz. Arch. angew. Wiss. Techn. **28,** 485—90, 1962; Krefeld, Dtsch. Edelstahlwerke AG.; dt.) — Unterss. mit Lichtbogen-Vakuumöfen mit Abschmelzelektrode u. mit Induktions-Vakuumöfen betrafen: Gas-Geh. vakuumerschmolzener Stähle u. Legg., Einschlußgeh. von Kugellagerstahl, Biegewechselfestigkeit von Vergütungsstählen, Temp.-Abhängigkeit der Kerbschlagzähigkeit ferrit. *Cr*-Stähle, Festigkeitseigg. nichtstabilisierter austenit. *Cr-Ni*-Stähle, Warmzähigkeit von Warmarbeitsstahl u. hochwarmfester *Co*-Leg. u. Zeitstandfestigkeit von *X8CrNiMoNb 16 16*. — 13 Literaturangaben. W. Wesly. 6408◇

2038 **Prozeßmetallurgische Entwicklung und neue schweißbare Stahltypen.** H. Wintermark. (Dansk tekn. Tidsskr. **84,** 175—79, 200—06, Aug. 1960; dän.) — Vf. beschreibt die im Rahmen der metallurg. Entw. notwendig gewordene Herst. von neuen Stahltypen gleichbleibender Qualität mit bes. niedrigen Geh. an *N* u. *P* durch Behandlung von Thomasstahl mit *Si*, *Al*, mit O_2-angereicherter Luft u. mit reinem O_2.
Ekkeh. Fritzsche. 6408□

2039 **Der Einfluß der Legierungselemente auf die Schweißbarkeit hochfester Stähle.** A. Ss. Asstafjew, A. P. Guljajew und O. B. Schtscherbakow. (Schweißtechn. Betr. [UdSSR] **1963,** Nr. 5, 6—9; Zentr. Bardin-Forsch.-Inst. für das Eisenhüttenwes.; russ.) — Untersucht wird der Einfl. unterschiedlicher Geh. an *C*, *Mn*, *Si*, *Cr* u. *V* auf die Schweißbarkeit von hochfestem Armaturenstahl mit einem Bainitgefüge. Die

Verss. zeigen, daß zur Beibehaltung einer guten Schweißbarkeit solcher Stähle die obere Grenze des C-Geh. bei 0,24—0,25%, des Mn-Geh. u. des Cr-Geh. bei 1,5—1,6% u. die des Si-Geh. bei 0,5% liegen soll.
H. Hochstein. 6410◇

2040 **Verschleißfeste austenitische Manganstähle.** Gabriel Kniaginin. (Przegląd Odlewnictwa **12,** 41—49, 1962; pol.) — Untersucht wurden austenit. Stähle mit 12 (%) *Mn* + 2 *Mo* (12—2), 6 Mg + 1 Mo (6—1) u. 6 Mn ohne Mo (6—0). Alle 3 Typen sind verschleißfester als Hadfield-Stahlguß. Dafür ist die Gießbarkeit schlechter. Stahl *6—0* hat außerdem noch ungünstige mechan. Eigenschaften. Die Verschleißfestigkeit ist vom Gefüge u. von der Größe der Austenitkörner abhängig. Deshalb ist eine genaue Einhaltung der Gießvorschrift u. der Vergütungsbedingungen wichtig. Stahl *12—2* bedarf der längsten Vergütungszeit. Durch Reckung wird die Härte der Stähle bedeutend verbessert.
F. Urban. 6410◇

2041 **Zur Frage der Verfestigung von austenitischen Mangan- und Nickellegierungen.** W. Ss. Litwinow und R. I. Minz. (Hochschulnachr. [Moskau], Eisenmetallurgie **6,** Nr. 4, 104—08, 1963; Uraler Polytechn. Inst.; russ.) — Bei allen untersuchten Belastungsarten ist die Verfestigung des austenit. Mn-Stahls *G 38* mit 0,03 (%) C, 38 Mn, 0,17 Ni 0,22 Si, 0,01 S, 0,02 P größer als die des austenit. Ni-Stahls *N 36* mit 0,05 C, 0,68 Mn, 34,7 Ni, 0,13 Si, 0,02 S, 0,01 P. Dieser bereits bei einer stat. Zugbeanspruchung bemerkbare Unterschied ist am stärksten bei einer örtlichen Schlagbeanspruchung ausgeprägt. Den Unterschied der austenit. Mn- u. Ni-Legg. kann man nicht nur durch Phasenumwandlungen bei der plast. Verformung erklären, weil er schon durch die Natur der festen Lsg. d. h. durch den Charakter der Leg. bedingt ist.
H. Hochstein. 6410◇

2042 **Einige Eigenschaften von Stahl mit 9% Nickel.** Anonym. (Stahl [UdSSR] **23,** 166—69, 1963; russ.) — Die Festigkeitseigg., bes. die Kerbschlagzähigkeit bei niedrigen Temp. bis zu —200°, das Anlaßverh. u. der Gefügeaufbau eines Stahles mit bis 0,13 (%) C, 0,15 bis 0,30 Si, bis 0,80 Mn, 8,5—9,5 Ni, bis 0,04 S, bis 0,04 P werden mitgeteilt. Es wird nachgewiesen, daß nach einer Anlaßbehandlung bei niedrigen Temp. die Zugfestigkeit u. Streckgrenze vom C-Geh. des Stahles abhängen. Mit einer Erhöhung der Anlaßtemp. von 575 auf 600° wird dagegen die Zugfestigkeit erhöht, die Streckgrenze jedoch erniedrigt. Der sich bei 600° bildende Austenit besitzt keine hohe Beständigkeit. Eine Verformung bis zur Höchstbelastbarkeit wirkt sich auf die Austenit- → Martensit-Umwandlung aus. Eine langsame Abkühlung von der Anlaßtemp. beeinflußt Zugfestigkeit u. Streckgrenze nicht.
H. Hochstein. 6410◇

2043 **Stahl mit 9% Nickel für die Speicherung von verflüssigtem Erdgas. Einleitung.** P. Bastien, C. Roques, J. Dollet, H. Rappenne und J. Pitaud. (Rev. Métallurgie **60,** 59—60, 1963; Soc. des Forges et Ateliers du Creusot.; franz.) — Ein Stahl mit 9% Ni eignet sich als Werkstoff für Tankbehälter zur Aufbewahrung von 500 m^3 Methan. Das Schweißen von Blechen mit einer Dicke unter 5 mm läßt sich durch Verw. von Elektroden Typ *20-10-3* mit erhöhtem *Mn*-Geh. u. mit beschränktem Geh. an *δ-Ferrit* leicht durchführen. Das Gerät eignet sich für Betriebstemp. bis zu —190°.
H. Hochstein. 6410◇

2044 **Stahl mit 9% Nickel für die Speicherung von verflüssigtem Erdgas. Metallurgische Eigenschaften und ihr Einfluß auf die Schweißbarkeit.** C. Roques und J. Dollet. (Rev. Métallurgie **60,** 60—75, 1963; SFAC; franz.) — Ein für den Tankbehälterbau (Methan-Gas) geeigneter Stahl besteht aus 0,040 (%) C, 0,200 Si, 0,500 Mn, 9,5 Ni, 0,040 Al, 0,015 S u. 0,015 P. Es werden Angaben über die durch Austenitisierung (780—800°) mit nachfolgender Abkühlung in strömender Luft u. Anlassen bei 570° erzielbare günstigste Gefügeausbldg. u. über die dad. bedingten Festigkeitseigg., bes. guter Kerbschlagzähigkeit bei tiefen Temp., gemacht. Der Stahl eignet sich zum Brennschneiden; auch läßt er sich in Blechform gut schweißen.
H. Hochstein. 6410◇

2045 **Der nichtrostende Stahl DI-1.** M. F. Alexejenko, P. Ss. Banas, T. M. Bobkow, B. Ss. Natapow, Ss. I. Rjabzew, P. I. Skljarow, W. P. Franzow, Ss. S. Judowitsch und W. Je. Pronin. (Stahl. [UdSSR] **23,** 159—62, 1963; russ.) — Der neue nichtrostende, warmfeste Stahl *DI-1* besitzt die Zus.: 0,15—0,21(%) C, 14,5—16 Cr, 2,5—3,0 Ni, 0,3—0,5 Mo, bes. 0,5 W, bis 0,10 V, Rest Fe mit den üblichen Verunreinigungen. Er zeichnet sich durch gute Warmbearbeitbarkeit sowie durch hohe Festigkeitseigg. aus.
H. Hochstein. 6410◇

2046 **Das Erschmelzen von hochlegierten Stählen in Siemens-Martin-Öfen unter Verwendung von Sauerstoff.** Ja. L. Rosenblit. (Stahl [UdSSR] **23,** 413—16, 1963; Ljublinsk, Gießereitechn.-mechan. Werk; russ.) — Stahl mit hohem Geh. an *Cr*, *Mn*, *Ni* u. anderen Leg.-Elementen kann nach beschriebenen Meth. in Siemens-Martin-Öfen erschmolzen werden. Hierbei ist das Zulegieren mit diesen Elementen im allgemeinen befriedigend. Zur Verringerung ihres Abbrands ist es zweckmäßig, 30—40% *Weicheisen* dem Ofeneinsatz zuzusetzen.
H. Hochstein. 6410◇

2047 **Einfluß der Erstarrungsgeschwindigkeit auf das Gefüge und auf die Festigkeitseigenschaften von Zinklegierungen.** Zygmunt Falęcki. (Przegląd Odlewnictwa **12,** 273—79, 1962; pol.) — Mit steigender Abkühlungsgeschw. nimmt die Größe der Dendrite der α- u. β'-Phase in Zn-Legg. ab. Gleichzeitig nehmen Zugfestigkeit u. Härte zu, die Dehnung aber ab. Der Einfl. der Erstarrungsgeschw. macht sich erst oberhalb der krit. Werte bemerkbar. Diese sind bei der Leg. *Z 40* (3,5—4,5 Al) —0,1°/s, bei *Z 153* (14—16 Al u. 3—4 Cu) —0,23°/s, bei *Z 400* (39—41 Al) —0,3°/s.
F. Urban. 6426◇

2048 **Neue Zinklegierungen.** Czesław Adamski. (Zeszyty naukowe Akad. górniczo-hutniczej [Kraków], Metalurgia Odlewnictwo **1961,** Nr. 37, 35—58; Kat. Odlewn. Zakł. Odlewn. Met. Niezelazu; pol.) — Unterss. einer neuen Zn-Leg. mit 14—16(%) *Al*, 3—4 *Cu*, 0,02 bis 0,05 *Mg* ergeben nachst. mechan. Eigg. R_r = 30 kg/mm^2, a_5 = 4%, H_B = 80 kg/mm^2. Die Leg. eignet sich zu Lagern von Walzenstraßen, Kranen, Antriebsmaschinen usw. bei Temp. bis 100°.
W. Wesly. 6426◇

2049 **Über Formen des Überganges von Zink und Blei in Sublimate bei der Vakuumbehandlung von flüssigen Schlacken.** G. W. Kim und O. G. Miller. (Nachr. Akad. Wiss. UsbekSSR, Ser. techn. Wiss. **6,** Nr. 3, 93—97, 1962; Akad. der Wiss. der UdSSR, Berg-Abt.; russ.) — Durch Verss. wird nachgewiesen, daß bei einer Temp. von 1150° u. einem Vakuum von 0,1—0,2 mm Hg Pb u. Zn aus den Schlacken einer *Pb*-Schachtofenschmelze in sulfid. oder metall. Form verdampft werden. Metall. Zn u. zum Teil auch Pb (Pb befindet sich in den Schlacken in metall. u. in gelöster Form) bilden sich durch Red. der Oxide dieser Metalle durch *FeO* unter Bldg. von Magnetit. Die Ergebnisse der Mikrostruktur-Analyse der Ausgangsschlacken vor u. nach den Verss. sowie auch die Röntgen-Struktur-Analyse der Sublimate führen zur Annahme, daß die Ggw. von Sulfiden des Pb u. Zn in den Sublimaten nicht durch Sek.-Rkk. außerhalb der Schmelze, sondern durch gewöhnliche Sublimation aus der Schlackenschmelze infolge ihrer Flüchtigkeit bedingt ist. In den Schmelzschlacken u. in den erstarrten Proben befinden sich die Sulfidverbb. von Pb u. Zn in ident. Formen.
H. Hochstein. 6430◇

2050 **Ersatzlegierungen für Zinnbronzen.** Karoly Marechal und Bela Padar. (Przegląd Odlewnictwa **12,** 125—28, 1962; Ungarn; pol.) — Die *Cu–Sn–Zn–Pb*-Leg. mit 5(%) Sn, 7 Zn u. 3 Pb sowie *Sondermessing* mit 57 *Cu*, 7,5 (Al + Si + Mn + Fe + Sn) Rest *Zn* können als Lagermetall ähnlich wie Bronze (12% Sn) verwendet werden, wenn das Gießen in Kokillen oder im Schleuderguß u. nicht in Formsand erfolgt.
F. Urban. 6432◇

2051 **Die Eigenschaften einer 70—30 Kupfer–Nickel-Legierung bei Temperaturen bis zu 1050°F.** W. F. Simmons, B. J. Sirois, D. N. Williams und R. I. Jaffee. (Proc. Amer. Soc. Testing Mater. **59,** 1035—51, 1959; Columbus, Ohio, Battelle Mem., Inst. u. Elizabeth, N. J., Phelps Dodge Copper Prod. Corp.; engl.) — Einige physikal. u. mechan. Eigg. werden für *Cufenloy 30,* eine Knetleg. mit 70(%) Cu, 29,1 Ni, 0,5 *Fe* u. 0,35 *Mn*, im gezogenen u. entspannungsgeglühten Zustand für Temp. bis zu ca. 1050°F angegeben. Zu diesen Eigg. gehören die Wärmeausdehnung u. -leitung, die elektr. Leitfähigkeit u. der elektr. Widerstand, der Elastizitätsmodul, die Kurzzeit- u. -Langzeit-Zerreißfestigkeit sowie die Zeitstandfestigkeit für Temp. bis 1050° F. Die Leg. ist durch eine günstige Kombination der Festigkeitseigg., der Verformbarkeit u. der Spannungskorrosionsbeständigkeit bei den Betriebstemp. von 850—900° F gekennzeichnet. — Diskussion. H. Hochstein. 6432◇

2052 **Verfahren zur Gewinnung von Aluminiumoxid aus Ton. Gutachten über die drei Verfahren mit Schwefelsäure.** Frank A. Peters, Paul W. Johnson und Ralph C. Kirby. (U. S. Dep. Interior, Bur. Mines, Rep. Invest. **1963,** Nr. 6229, 1—57; engl.) — Untersucht wurde die Möglichkeit der Verff. zur Gewinnung von Al_2O_3 aus Ton, Entfernung von SiO_2 durch Filtration u. von *Fe* durch Elektrolyse mit Hg-Kathoden, oder durch Fällung als *Fe–Mn*-Komplex, Fällung von $Al(OH)_3$ aus wss. A.-Lsg., wobei Fe gelöst bleibt. Es wird eine Rechnung für den Wärmeverbrauch u. die Kosten der Verff. aufgestellt. — 27 Literaturangaben. F. Vier. 6446◇

2053 **Untersuchungen über Sodalith-Verbindungen beim Bayer-Prozeß.** 2. Mitt. **Thermische Veränderungen der Sodalith-Verbindungen.** Shigeru Seimiya und Shigetoshi Mori. (Light Metals [Tokyo] **12,** 286—91, 1962; Nippon Light Metal Res. Labor., Ltd.; jap., Auszug: engl.) — Unterss. über das Wärme-Verh. mehrerer, in der fl. Phase entstandenen Sodalith-Verbb. (**I**) zeigen, daß ein großer Teil des Kristallwassers bei 100—250° entfernt wird. Nach Entwässerung können sich **I** unter Umständen zu *Carnegieit* umwandeln, einige **I** über *Nephelin*; erstere sind zeolith. Verbb. (Sulfat- u. Chlorid-**I**), letztere OH-, CO_3- u. NO_3-**I**. W. Wesly. 6446◇

2054 **Seigerungen beim Aluminium-Blockguß.** Gustav Siebel. (Z. Erzbergbau Metallhüttenwes. **15,** 637—43, Dez. 1962; Singen; dt.) — Überblick über den Stand der Kenntnisse von Seigerungen im Kokillen- u. Strangguß, Schwerkraftseigerung, normale u. umgekehrte Blockseigerung. — 10 Literaturangaben. F. Vier. 6446◇

2055 **Untersuchung über Seigerungs-Hartflecken von Spritzgußstücken aus Aluminium-Legierungen.** 3. Mitt. **Über den Mechanismus des Auftretens von Hartflecken.** Torazo Uehara. (Light Metals Tokyo **12,** 316—22, 1962; Furukawa Chuzo Co., Ltd.; jap., Auszug: engl.) — 2. vgl. C. **1964,** 1-2262. — Hartflecken an Dauerform-Druck-Spritzgußstücken aus Al-Legg. erscheinen nach dem Einschmelzen u. erneuten Spritzgießen wieder. Die Struktur ist sehr fein. Bei 150facher Vergrößerung erkennt man eine feinere Struktur in der Nähe der Seite des Überfließens oder der anderen Seite des Eingusses, wo die Komponenten teilweise unter Block-Bldg. angereichert werden. Diese Blocks heißen Hartflecken, wenn sie sich äußerlich von anderen Teilen unterscheiden. W. Wesly. 6446◇

2056 **Titanhaltige Aluminium–Kupfer-Gußlegierungen.** Hartwig Dieckmann und Heinz Arbenz. (Gießerei **50,** 372—78, 1963; Rheinfelden, Baden, Neuhausen/Rheinfall, Schweiz; dt.) — Über die Entw. der Legg. *G–AlCu 4 Ti* u. *G–AlCu 4 TiMg* wird berichtet u. ihr Gefügeaufbau beschrieben. Auf die Bedeutung eines möglichst geringen Geh. an *Fe* u. *Si* wird hingewiesen. Durch den Zusatz von *Mg* wird Kaltaushärtbarkeit nach vorhergehendem Lösungsglühen u. Abschrecken erzielt. Das große Erstarrungsintervall u. der hohe Betrag der Erstarrungsschrumpfung erschweren das Gießen der Legierungen. Bei weitgehender Entgasung der Schmelzen, Kornfeinungsbehandlung u. vor allem rascher gerichteter Erstarrung können trotzdem gesunde Abgüsse mit hohen Festigkeits- u. Dehnungswerten erzielt werden. In Beispielen werden besondere Maßnahmen im Modell- u. Kokillenbau beschrieben. F. Vier. 6446◇

2057 **Fortschritte in der physikalischen Metallurgie des Urans und seiner Legierungen.** H. H. Chiswik. (Progr. nuclear Energy, Ser. V, **3,** 23—65, 1961; Lemont, Ill., Argonne Nat. Labor.; engl.) — Bericht über die 2. Internationale Tagung für „Friedliche Anwendung der Atomenergie". *U* kann in einkristalliner u. in mehrkristalliner Form hergestellt werden; für beide werden zahlreiche physikal. Eigg. mitgeteilt. Bei den Legg. ist zu unterscheiden zwischen der Zugabe kleiner Mengen fremder Elemente, womit man in erster Linie die β- oder γ-Phase beeinflussen will, u. dem Zulegieren größerer Mengen, um die kub. γ-Phase teilweise oder völlig zu stabilisieren, wodurch man die tatsächliche Unbeständigkeit des orthorhomb. α-Gefüges umgeht. Als Leg.-Bestandteile werden aufgeführt: *Si, Al, Ti, V, Cr, Mo, Nb, Zr, Ge, Fe, Ag, Pt, Ru, Sn, Ta, Th, Pd, Tc, Rh* u. *Pu*. — 52 Literaturangaben. F. Hochstetter. 6448◇

2058 **Elektrolytische Gewinnung von Uran aus Uranoxid.** D. G. Kesterke, L. W. Schramm, R. G. Knikkerbocker und T. A. Henrie. (U. S. Dep. Interior, Bur. Mines, Rep. Invest. **1963,** Nr. 6226, 1—10; Reno, Nev., Reno Metallurgy Res. Center; engl.) — Der Elektrolyt bestand aus einer unterschiedlichen Mischung von UF_4 u. BaF_2 mit MgF_2 bzw. *LiF*. Die 4 Kohleanoden waren ringförmig um die Graphitkathode angeordnet. Nach Anheizen mit Wechselstrom hielt der für die Elektrolyse gebrauchte Gleichstrom die Bad-Temp. ($\sim$ 1200°) aufrecht. Die in einem Graphittiegel unter He-Atmosphäre mit 300—400 A bei 13—15 V unter laufender Zugabe von UO_2 durchgeführte Elektrolyse ergab bei 24% Stromausbeute ein *U*-Metall von 99,8% Reinheit; die wichtigsten Verunreinigungen waren *Al, Ba, Fe, Si, C* u. *O*. — 11 Literaturangaben. F. Hochstetter. 6448◇

2059 **Einfluß von Ca-Verbindungen und anderen Verunreinigungen von Ca-Cyanidlösungen auf die Auflösung von Gold- und Silber-Blech.** Tatsuo Matsukawa und Seiji Tokumoto. (J. Mining metallurg. Inst. Japan **77,** 183—86, 1961; jap., Auszug: engl.) — Ag-Blech löst sich leicht in *CaS* u. $Ca(OH)_2$ enthaltender $Ca(CN)_2$-Lsg.; Au-Blech wird darin allmählich schwerlöslich. Nach Ausfällung der Ca-Verbb. der $Ca(CN)_2$-Lsg. mit Na_2CO_3 enthält die Lsg. neben 0,1(%) NaCN ca. 0,08 *NaCl* u. löst viel mehr Au als $Ca(CN)_2$-Lösung. Ein Zusatz von NaCl zu gewöhnlicher NaCN-Lsg. beschleunigt die Auflösung von Au-Blech geringfügig u. hemmt die von Ag-Blech. W. Wesly. 6460◇

2060 **Umrechnungstabellen für Zeit-Temperatur-Parameter.** David C. Goldberg. (Metal. Progr. **83,** 96, 131, 132, 1963; Pittsburgh, Westinghouse Electric Corp.; engl.) — Graph. Darst. der Beziehungen von Belastung, Zeit u. Temp. zur Vorhersage der mechan. Eigg. von Metallen wurden entwickelt. F. Vier. 6480◇

2061 **Einfluß der Prüfmaschine auf die Dehngeschwindigkeit beim Zugversuch.** Alfred Krisch und Reinhard Schweitzer. (Stahl u. Eisen **83,** 282—90, 1963; Düsseldorf, MPI für Eisenforsch.; dt.) — Die Vorgänge in einer Prüfmaschine bei elast. u. plast. Verformung der Probe u. der Einfl. verschiedener Faktoren der Prüfvorr. auf die Dehngeschw. bei Zugverss. an einem weichen Stahl in einer 10 t-Universalprüfmaschine werden erörtert. H. Hochstein. 6480◇

2062 **Die Kenngrößen der Zugprüfmaschinen und ihr Einfluß auf die Dehngeschwindigkeit an der unteren Streckgrenze.** Alfred Krisch und Reinhard Schweitzer. (Stahl u. Eisen **83,** 290—98, 1963; Düsseldorf, MPI für Eisenforsch.; dt.) — Die Kenngrößen von zwei hydraul. u. einer mechan. Prüfmaschine werden untersucht u. die Verlängerungsgeschw. bei Zugverss. mit unverändertem Antrieb wird gemessen. Die gemessene Erhöhung der Verlängerungsgeschw. an der Streckgrenze wird mit der aus den Maschinenkenngrößen errechneten verglichen. H. Hochstein. 6480◇

2063 **Zug-, Druck- und Dauerfestigkeitseigenschaften von mehreren Stählen für Wälzlager von Flugzeugen.** G. Sachs, R. Sell und W. F. Brown jun. (Proc. Amer. Soc. Testing Mater. **59,** 635—54, 1959; Syracuse, N. Y., Univ. u. Cleveland, Ohio, Lewis Res. Center; engl.) — Die Eigg. von im Elektrostahlofen u. Vakuum-Induktionsofen erschmolzenen Wälzlagerstähle werden im Zug- u. Druckvers. u. ihre Dauerfestigkeit im Biegewechselvers. an unterschiedlich vergüteten Proben mehrerer Schmelzen ermittelt. Bes. werden vom *SAE 52100* mit ca. 1,05(%) C u. 1,5 Cr sowie von drei weiteren Wälzlagerstählen (*Halmo*-Leg., *M-1* u. *MV 1*) mit 0,6 bis 0,8 C, bis 1,1 Si, 3,75—4,8 Cr, 4,3—8,5 Mo, 0,5—1,15 V u. in einem Falle 1,5 W diese Eigg. bestimmt. Der Einfl. von Prüftemp. bis 500° F wird festgestellt. Ferner wurde der Geh. an nichtmetall. Einschlüssen sowie der Restaustenitanteil im Gefüge ermittelt. — 28 Literaturangaben. H. Hochstein. 6480◇

2064 **Einfluß einer Innenerhitzung auf die Dauerhaltbarkeit von Titan.** J. P. Romualdi und E. D'Appolonia. (Proc. Amer. Soc. Testing Mater. **59**, 723—30, 1959; Pittsburgh, Pa., Carnegie Inst. of Technol.; engl.) — Es wird der Einfl. einer durch schnelle Lastwechsel hervorgerufenen Erhitzung einer Metallprobe von innen heraus auf die Haltbarkeit der auf Wechselfestigkeit beanspruchten Proben bei isotherm. Prüfung (mit einem Kühlmittel) oder bei nichtisotherm. Bedingungen ermittelt. — Diskussion. H. Hochstein. 6480◇

2065 **Beitrag zum Problem der Sprödigkeit der Legierung Cu 60 Ni 20 Fe 20 bei erhöhten Temperaturen.** J. Lassota. (Prace Inst. hutniczych **14**, 101—03, 1962; Inst. Metal. Zelaza; pol.) — Die Schlagbiegefestigkeit von *Cu 60 Ni 20 Fe 20* nimmt im Bereich 500—1100° auf 10% des Wertes bei gewöhnlicher Temp., also auf 0,4 kg/cm² ab. Auch die Druckfestigkeit ist bei 600, 800 u. 1000° 10mal kleiner als bei 20°. Mkr. u. elektronenmkr. Unterss. der zerstörten Proben zeigen, daß der Bruch stets entlang den Korngrenzen in der Nachbarschaft nichtidentifizierter Einschlüsse eintritt. F. Urban. 6480◇

2066 **Das austenitische Korn und die Schlagbiegefestigkeit des wärmevergüteten Stahls.** S. Orzechowski. (Prace Inst. Hutniczych **14**, 81—94, 1962; Inst. Metal. Zelaza; pol.) — Krit. Übersicht über Unterss. aus der Literatur. Die Schlagbiegefestigkeit von vergütetem Stahl kann nicht aus der chem. Zus., seiner Härtbarkeit, dem Gefüge oder der McQuaid-Körnung abgeleitet werden, sie muß immer noch direkt gemessen werden. — 59 Literaturangaben. F. Urban. 6480◇

2067 **Der Einfluß des Verformungsgrades auf den verzögerten Bruch von elektrolytisch mit Wasserstoff gesättigtem Stahl.** M. Smiałowski, E. Gąsior, A. Wocławski und Z. Młynarczyk. (Prace Inst. Hutniczych **14**, 95—100, 1962; PAN, Inst. Chem. fiz.; Inst. Metal. Zelaza; Gliwice, Politechn. Śląska; pol.) — Stahldrähte (0,45 u. 0,85% C) wurden nach verschiedenartiger Vergütung kalt bis auf 70% Querschnittsverengung gezogen. Die Drähte wurden dann in 1 n H_2SO_4 (mit 0,05 g As_2O_3/Liter) kathod. polarisiert u. gleichzeitig mit 20—80% ihrer Zugfestigkeit belastet. Die Zeit vom Beginn der Polarisation unter Spannung bis zum Bruch der Probe wird erst bei Querschnittsverengungen von $> 50\%$ deutlich verlängert. Unterschiede in der Beständigkeit sind eher auf das Gefüge als auf die Vergütung zurückzuführen. F. Urban. 6480◇

2068 **Untersuchungen angelassener Stähle. 2. Mitt. Elektronenmikroskopische Untersuchungen angelassener Stähle unter Verwendung eines neuen Verfahrens zur quantitativen Isolierung von Carbiden.** M. Schminder. (Wiss. Z. Techn. Hochschule Otto von Guericke Magdeburg **6**, 267—92, 1962; dt.) — 1. vgl. C. **1963**, 16339. — Auf Grund von an angelassenen Stählen durchgeführten Unterss. wird festgestellt, daß im Gegensatz zu lichtmkr. Gefügeunterss. die elektronenmkr. Aufnahmen ein klares Bild über Beginn u. Wachstum der Ausscheidungen geben. Ihre Aussagen decken sich hinreichend mit den Ergebnissen der Unters. isolierter Carbide. Die Kristallite scheiden sich nicht nur an den „Rändern", sondern auch im Innern der Martensitnadeln bzw. -platten ab u. weisen eine relativ gleichmäßige Verteilung über die jeweils betrachtete Nadel oder Platte auf. Der Abbau der tetragonalen Verzerrungen des Martensitgitters sowie die Abnahme des C-Geh. der Grundmasse bewirken einen Härteabfall, während Carbidausscheidungen zur Härtesteigerung Anlaß geben können. Aus der Überlagerung beider Vorgänge erklären sich die bis zu Anlaßtemp. von ca. 100° u. Haltezeiten bis 300 Min. beobachtbaren merklichen Verzögerungen des Härteabfalls. Die Umwandlung des Restaustenils in „Sekundärmartensit", die gleichfalls mit einer Härtezunahme verbunden ist, bewirkt sehr wahrscheinlich die zweite, zwischen 200 u. 300° auftretende Erscheinung dieser Art. Während die Carbid-Bldg. bei niedrigen Temp. langsam verläuft, nimmt sie oberhalb 300° schnell zu u. bewirkt danach eine, mit steigenden Ablaßtemp. bzw. zunehmenden Haltezeiten annähernd lineare Verminderung der Härtewerte. Der Einfl. der „Ausscheidungshärte" tritt mit zunehmender Größe u. Einformung der Kristallite gegenüber dem der anderen Faktoren zurück. Die Ausbldg. der *Magnatest*-Kurven befindet sich ebenfalls in guter Übereinstimmung mit den beobachteten Gesetzmäßigkeiten. — 68 Literaturangaben. H. Hochstein. 6482◇

2069 **Metallographischer Nachweis der Ferritbildung in austenitischen Chrom-Nickel-Stählen.** Werner Pepperhoff und Hans-Eugen Bühler. (Arch. Eisenhüttenwes. **33**, 711—13, 1962; Duisburg-Huckingen, Forsch.-Inst. der Mannesmann A. G.; dt.) — Die nach einer Wärmebehandlung auftretenden *Cr-Carbid*-Ausscheidungen an den Korngrenzen austenit. Cr-Ni-Stähle u. die damit verbundene Cr-Verarmung führen zur Bldg. einer ferrit. Phase in den korngrenzennahen Bereichen. Solche Ferritbereiche konnten mit den Interferenzschichten-Verf. an einem Stahl mit ca. 0,06(%) C, 17,8 Co u. 10,3 Ni nachgewiesen werden, was durch das Pulverlinienverf. bestätigt wurde. Es konnten streifige oder flammenartige Muster von „Schleifmartensit" mit dem Interferenzschichtenverf. sichtbar gemacht werden. — 10 Literaturangaben. H. Hochstein. 6482◇

2070 **Die Veränderung der Carbidkorngröße von Schnellarbeitsstählen während der Warmformgebung vom Gußblock zum Draht.** Alfred Randak und Hans-Günter Jentges. (Draht-Welt **48**, 293—97, 1962; Geisweid, Stahlwerke Südwestfalen AG, Metallurg. Zentrale; dt.) — An Schnellarbeitsstählen (*S 2-9-1*, *S 6-5-2* u. *S 12-1-2*) ausgeführte Unterss. zeigen, daß bei der Verformung vom Gußblock zu Draht, unabhängig von einer unterschiedlichen Carbid-Korngröße in den Blocklagen zu Beginn der Verformung, im End-Prod. eine weitgehend gleichmäßige Carbid-Korngröße vorliegt. W. Wesly. 6490◇

2071 **Die Verfertigung von Stahl durch Drahtziehen.** Howard J. Godfrey. (Wire and Wire Products **38**, 51—60, 129—30, 1963; Trenton, N. J., Colorado Fuel & Iron Corp.; engl.) — Übersicht über die Verfestigung von Stahl beim Drahtziehen u. die Erklärung dieses Phänomens, bes. mit Hilfe der Versetzungs-Theorie u. der Elektronenmikroskopie. — 29 Literaturangaben. W. Wesly. 6490◇

2072 **Formen von Titanblechen.** A. T. Carse und W. T. Ardis. (Metal Ind. [London] **98**, 103—07, 131—32, 1961; Short Broders and Harland Ltd.; engl.) — Beschrieben werden die Verformungs-Verff. zur Herst. von Ti-Blech. U. a. wird ein Verf. beschrieben, bei dem die Formen elektr. erwärmt werden u. zunächst unter geringen Druck gepreßt wird, bis das Ti-Teil die gewünschte Temp. erreicht hat, dann wird der volle Preßdruck angewendet („hot dimpling"). F. Vier. 6490◇

2073 **Die Wärmebehandlung und die mechanischen Eigenschaften von Stahl 1Ch12N2WMF.** W. M. Doronin. (Stahl [UdSSR] **23**, 162—66, 1963; russ.) — Hinsichtlich seiner Zus. befindet sich der warmfeste Stahl *1Ch12N2-WMF* (*ET961*) mit 0,10—0,16(%) C, 10,5—12,0 Cr, 1,5—1,8 Ni, 1,5—2,0 W, 0,35—0,50 Mo, 0,18—0,30 V, bis 0,6 Si, bis 1,10 Mn im Zweiphasengebiet, so daß eine Veränderung des Geh. an Ferritbildnern auch in Grenzen der durch die Norm vorgeschriebenen Zus. auf die Struktur u. die mechan. Eigg. dann vom Einfl. ist, wenn sie nicht durch eine äquivalente Veränderung der Konz. der Austenitbildner ausgeglichen wird. Bei der Schlußwärmebehandlung muß daß Auftreten von zwei Anlaßsprödigkeitszonen berücksichtigt werden. Gegenstände, die bei Betriebstemp. unter 560° verwendet werden, müssen bei 560° u. diejenigen, die bei höheren Temp. verwendet werden, bei 690° angelassen werden. H. Hochstein. 6492◇

2074 **Relaxationsbeständigkeit von Draht aus dem Stahl 1Ch18N9T.** W. Ja. Subow und L. A. Krassilnikow. (Hochschulnachr. [Moskau], Eisenmetallurgie **6,** Nr. 4, 109—14, 1963; Uraler Polytechn. Inst.; russ.) — Die Festigkeits- u. die elast. Eigg. von kaltgezogenem Draht aus dem austenit. Cr–Ni-Stahl *1Ch18N9T* mit 0,10(%) C, 0,14 Mn, 0,7 Si, 18,33 Cr, 10,0 Ni, 0,54 Ti, 0,012 S, 0,02 P sind nach einem Anlassen bei Temp. unter 250—300° etwas niedriger u. bei höheren Temp. höher als bei einem Stahl *U8A*. Die Relaxationsbeständigkeit (Rb.) von *1Ch18N9T* hängt vom Grad der Gesamtverformung ab. Bei Relaxationstemp. über 250° führt eine Steigerung der Abnahme zu einer Erniedrigung der Rb. Bei gleichen Elastizitätsgrenzen bewirken die Anfangsrelaxationsspannungen eine höhere Rb. bei Draht mit den geringeren Werten der Gesamtverformung bei allen Temperaturen. Der Bereich der Anlaßtemp., der die größte Rb. bewirkt wird mit einer Temp.-Zunahme zur Seite höherer Temp. hin verschoben. Draht aus kaltverformten u. bei 400 bis 500° angelassenem *1Ch18N9T* besitzt eine ausreichend hohe Rb. bei den Unters.-Temp. bis 250—350°. Ein Anlassen desselben Stahles nach einer Kaltverformung sowie auch eine Erhöhung der Unters.-Temp. erniedrigen die Dauerfestigkeitseigenschaften. Ein kurzzeitiges Anlassen bei im Vgl. zur Betriebstemp. erhöhten Temp. bewirkt eine ausreichend hohe Rb. des Drahtes u. erniedrigt die Ermüdungskennwerte in einem bedeutend geringeren Grade als ein Daueranlassen.
H. Hochstein. 6492◇

2075 **Schwefelungsdiffusionverfahren in der Gasphase.** Fr. Hasil. (Korose Ochrana Mater. **3,** 4—6, 1959; Státní výzkumný ústav ochrany matérialu G. V. Akimova; tschech.) — Beschreibung eines neuen Verf., die *Sulfonitrierung*, die in der Gasphase (NH_3 + 2% H_2S) bei 600° in 1—3 Std. durchgeführt wird. Die erzeugte Schicht hat einen höheren N- u. S-Geh. u. bessere Verschleißfestigkeit als die durch übliches Sulfurieren erzeugten. Das Verf. ist wirtschaftlicher. E. L. Schmeling. 6492◇

2076 **Elektronenstrahl-Schweißen an freier Atmosphäre.** W. Dietrich, H. Eckstein und H. Gerstner. (Glas- u. Instrumenten-Techn., Fachz. Lab. **7,** 365, 1963; Hanau; dt.) — Übersicht über die geschichtliche Entwicklung. — 8 Literaturangaben. W. Wesly. 6506◇

2077 **Allgemeine Daten für das Widerstandsschweißen.** H. Frankel, K. C. Wu und R. E. Lewis. (Welding J. **42,** Nr. 4, Suppl.: Welding Res. 151s—159s, 1963; Watervliet, N. I., und Palo Alto, Calif., Watervliet Arsenal und Lockheed Missile and Space Co.; engl.) — Empir. werden Formeln zur Berechnung der günstigsten Arbeitsbedingungen beim Einphasenschweißen, beim Mehrphasenschweißen u. beim Arbeiten mit der d–c-Punktschweißmaschine entwickelt. F. Vier. 6506◇

2078 **Die Ausdehnung der Bolzenschweißung.** Robert C. Singleton. (Welding Engr. **48,** Nr. 7, 27—31, 1963; Lorain, Ohio, Gregory Ind., Inc., Nelson Stud. Weld. Div.; engl.) — Übersicht über Grundzüge, Ausführung u. Anwendung der Bolzenschweißung. W. Wesly. 6506◇

2079 **Einige Ansichten über das Schmelzen von ummantelten Elektroden unter verschiedenen Atmosphären.** P. Stular. (Soudage Techn. connexes **16,** 415—21, 1962; Ljubljana, Jugoslawien, Inst. de Soudure; franz.) — Bei Mantelelektroden findet der Metallübergang auch durch Kurzschlüsse statt. Die Zahl der Kurzschlüsse hängt von der Länge des Lichtbogen, der Zus. der Seele u. des Stahls der Elektroden u. der Menge des beim Schmelzen der Elektroden entwickelten Gases ab. — Diskussion. F. Vier. 6506◇

2080 **Schweißgerechtes Konstruieren im chemischen Apparatebau.** Luigi Piatti. (Z. Schweißtechn. [Zürich] **54,** 430—35, 1961; Winterthur; dt.) — Übersicht über Wahl u. Ausführung der im chem. Apparatebau je nach Verw.-Zweck erforderlichen Schweißverfahren. — Diskussion. W. Wesly. 6506◇

2081 **Elektroschlackenschweißung eines austenitisch-ferritischen Stahles 10Ch18N3G3D2L.** A. Ss. Gelman und A. I. Rymkewitsch. (Schweißtechn. Betr. [UdSSR] **1963,** Nr. 5, 9—13; Zentr. Forsch.-Inst. für Technol. u. Maschinenbau; russ.) — Der austenit. (75—80% Austenit)-ferrit. (20—25% δ-Ferrit) Stahl *10Ch18N3G3D2L* mit unter 0,1(%) C, 0,3—0,6 Si, 2,5—3,0 Mn, 17,5—19,5 Cr, 3,0—3,5 Ni, 1,8—2,2 Cu, unter 0,03 S, unter 0,03 P läßt sich sowohl im Gußzustand als auch im geschmiedeten Zustand unter Verw. von Drähten oder Stangen als Elektroden nach der Elektroschlacken-Schweiß-Meth. zufriedenstellend verschweißen. Es wird dabei die Verw. eines Schweißdrahtes von gleicher Zus. u. des oxidfreien Flußmittels *ANF-6* empfohlen. Die besten Ergebnisse werden beim Schweißen des zuvor normalisierten Stahles erzielt, weil hierbei der Stahl eine höhere Plastizität besitzt. Auch läßt sich der Stahl nach diesem Verf. nach einer Normalisierung u. einer doppelten Anlaßbehandlung schweißen. Eine gewisse Verringerung der Abkühlungsgeschw. bei der Normalisierung von 400 bis auf 200°/h bewirkt keine merkliche Verschlechterung der Schweißeigg. des Stahles, da die hohe Plastizität u. Kerbschlagzähigkeit erhalten bleibt. Zur Spannungsbeseitigung nach dem Schweißen wird eine doppelte Anlaßbehandlung empfohlen; sie besteht aus einem 6std. Anlassen bei 800°, Abkühlen auf Raumtemp., 24std. Anlassen bei 600° u. Abkühlung im Ofen. Die Abkühlungsgeschw. beim ersten Anlassen kann bis auf 50—200°/h erhöht werden, jedoch die nach dem zweiten Anlassen darf 25°/h zwecks Verminderung von Wärmespannungen nicht übersteigen.
H. Hochstein. 6506◇

2082 **Das Schweißen hochlegierter Stähle unter besonderer Berücksichtigung der Schutzgas-Schweißverfahren.** H. Müller. (Metalen **15,** 382—85, 402—06, 1960; dt.) M. Gehlen-Keller. 6506◇

2083 **Der Elastizitätsmodul von Schweißnähten legierter Stähle.** W. N. Semsin und Je. A. Tschechower. (Schweißtechn. Betr. [UdSSR] **1963,** Nr. 5, 13—16; Zentr. Polsunow-Konstr. Inst. für Technologie; russ.) — Der Elastizitätsmodul (EM) perlit., martensit. u. ferrit. Schweißnähte hängt nicht vom Ort u. der Richtung der Probeentnahme ab u. beträgt bei 20° ca. $(2{,}0 \div 2{,}1) \cdot 10^4$ kg/mm². Der EM austenit. Schweißnähte ändert sich in Abhängigkeit vom Ort u. der Richtung der Probenachse in den Grenzen von $(1{,}1 \div 2{,}04) \cdot 10^4$ kg/mm². Sein Mittelwert in Achsrichtung beträgt für mehrschichtige Schweißnähte bei 20° $1{,}5 \cdot 10^4$ kg/mm². Die festgestellte Abweichung der Größe des EM ist durch Besonderheiten der Kristallisation der Schweißnähte bedingt. Die Abnahme des Wertes des EM austenit. Schweißnähte hängt mit dem Spannungszustand der mit austenit. Elektroden durchgeführten Schweißverbindungen zusammen.
H. Hochstein. 6506◇

2084 **Über die Beständigkeit von Schweißverbindungen eines ferritisch-austenitischen Stahles vom Typ 25-5 gegenüber interkristallinen Zerstörungen.** I. A. Saks. (Automat. Schweißen [UdSSR] **16,** Nr. 3, 21—27, 1963; Leningrad, Kirow-Werk; russ.) — Schweißverbindungen des ferrit.-austenit. Stahles *Ch25N5TMF* (*ET954*) besitzen eine ausreichend hohe Verformungsfähigkeit bei hohen Temp., was ihre Beständigkeit gegen interkristalline Zerstörungen bedingt. Die Wärmebehandlung dieses Stahles nach dem Schweißen beeinflußt nur unwesentlich die Dauerplastizität der Schweißverbindungen, wodurch dieser sich wesentlich vom austenit. Cr–Ni-Stahl *1Ch18N9*T unterscheidet, bei dem die Beständigkeit gegen interkristalline Zerstörung in bedeutendem Maße vom Wärmezustand der Schweißverbindung abhängt. Die geringste Verformungsfähigkeit der Schweißverbindungen aus *Ch25N5TMF* wird im Temp.-Bereich von 650—750° festgestellt. Bei einer Erhöhung der Unters.-Temp. von 750° an wird die Plastizität des Nahtbereichs der Schweißverbindung scharf erhöht. H. Hochstein. 6506◇

2085 **Beitrag zur Untersuchung des Schweißens durch Funkenentladung zur Verbindung von Teilen aus Aluminium und gesintertem Magnesium.** R. Thomé und J. Charleux. (Soudage Techn. connexes **16,** 405—14, 1962; Centre d'Études Nucl. de Saclay; franz.) — Untersucht wurde das Schweißen von Sinterteilen aus *Mg* + *MgO*, wie sie in Kernreaktoren Verw. finden, unter Funkenentladung. Filmaufnahmen zeigen, daß der Vorgang diskontinuierlich ist, u. zwar durch das Auftreten von Mikrokontakten, die ständig unterbrochen werden. Gegenüber dem Verschweißen von Al geht das von Mg-

Sinterteilen mit viel geringerer Intensität unter viel stärkeren Geschw. vor sich. — Diskussion.
F. Vier. 6506◇

2086 **Phosphorwasserstoff in Acetylenflaschen.** I. I. Strishewski. (Schweißtechn. Betr. [UdSSR] **1963**, Nr. 5, 40—41; Allunions Forsch.-Inst. für Autogenschweißung; russ.) — Bei der Füllung der Flaschen mit ungereinigtem Acetylen für das Schweißen niedriggekohlter Stähle bleibt ein Teil PH_3 in der Flasche zurück. PH_3 reagiert offenbar mit *Aceton* unter Bldg. von *Phosphinoxid*, das Acetylen besser als Aceton löst. Die reagierende PH_3-Menge nimmt mit einer Verlängerung der Aufbewahrungsdauer der Flaschen u. mit einer Außentemp.-Steigerung zu. Die Nützlichkeit der Reinigung von Acetylen wird dargelegt.
H. Hochstein. 6506◇

2087 **Die Auswahl der Endbearbeitung für Nachrichtenübermittlungsausrüstungen.** W. Marchand. (Trans. Inst. Metal Finishing **38**, 59—65, Diskussion: 112—14, 1961; Standard Telephones and Cables Ltd.; engl.) — Die Faktoren, die die Auswahl der Endbearbeitung bestimmen, werden erörtert. Eingehend behandelt werden Überzüge aus *Zn* u. *Cd* zum Schutz kleiner Teile u. aus *Ag, Rh* u. *Au* als Kontaktmaterial u. für andere elektr. Zwecke: Löten u. Punktschweißen, gedruckte Schaltungen, Magnettrommeln für Speicher. F. Vier. 6508◇

2088 **Entwicklungen in der Vorbehandlung vor der Herstellung von organischen Überzügen auf Metalloberflächen.** R. F. Drysdale. (Trans. Inst. Metal Finishing **38**, 141—46, 1961; Walterisation Co. Ltd.; engl.) — Neue Reinigungsmittel, Phosphatierungsmittel, Chromat-Konversionsüberzüge. — Diskussion. F. Vier. 6508◇

2089 **Schleifen und Polieren mit flüssigen Pasten.** L. Nesper. (Galvanotechnik **54**, 92—97, 1963; Solingen; dt.) — Anlagen u. Einr. zum automat. Zuführen fl. Pasten werden beschrieben. F. Vier. 6510◇

2090 **Erhöhung der Scheuerwirksamkeit durch gleichzeitiges Beizen.** Vl. Bahenský. (Korose Ochrana Materiálu **3**, 36—38, 1959; Státni výzkumný ústav ochrany materiálu G. V. Akimova; tschech.) — Vf. stellt fest, daß die Abtragung von *Stahl* durch Zusatz von sehr verd. *HCl* zum Schleifpulver unter Luftzutritt beim Schleifen sehr erhöht werden kann. Die Oberfläche wird dabei glatt u. blank. Die Abtragung hat in Abhängigkeit von der HCl-Konz. bei 0,5% HCl ein Maximum. Der Einfl. anderer Stoffe (z. B. NH_4Cl u. $CuSO_4 \cdot 5\,H_2O$) u. der Temp. ist unwesentlich. Vorschläge für die betriebliche Anwendung werden gegeben. E.-L. Schmeling. 6510◇

2091 **Wirtschaftliches Arbeiten mit elektrolytischen Schleifmaschinen in der Hartmetallaufbereitung.** Fr.-W. Unterbusch. (Werkstatt u. Betrieb **95**, 539—42, 1962; Köln; dt.) — Hinweise zur Erzielung wirtschaftlicher Leistungen beim Schleifen von Hartmetallwerkzeugen (Wahl der Schleifspannung, Abrichten der Scheibe, Zufuhr des Elektrolyten, dessen Eigg. u. Einfl. auf die Standzeit der Scheibe). W. Wesly. 6510◇

2092 **Entwicklungstendenzen auf dem Gebiet des Metallspritzens.** Vaclav Navara. (Schweißtechnik [Berlin] **13**, 386—87, 1963; Prag, Kovos-Finis; dt.)
M. Gehlen-Keller. 6516◇

2093 **Möglichkeiten zur Ultraschallprüfung von Metallspritzschichten auf Haftung und Homogenität.** Kurt Höhne. (Schweißtechnik [Berlin] **13**, 403—04, 1963; Dresden, Hochschule für Verkehrswesen „Friedrich List"; dt.) M. Gehlen-Keller. 6516◇

2094 **Der Einfluß der Stromquellencharakteristik auf das Lichtbogenmetallspritzen.** Wilhelm Wamser. (Schweißtechnik [Berlin] **13**, 405—08, 1963; Magdeburg, VVB Ausrüstungen für die Schwerindustrie; dt.)
M. Gehlen-Keller. 6516◇

2095 **Zur Theorie des gleichmäßigen Aufspritzens von Flächen.** Vaclav Navara. (Schweißtechnik [Berlin] **13**, 421—25, 1963; Prag, Kovo-Finis; dt.)
M. Gehlen-Keller. 6516◇

2096 **Prüfung der Zugfestigkeit von Metallspritzschichten.** Jerzy Brennek. (Schweißtechnik [Berlin] **13**, 430—31, 1963; Warschau, Inst. Mech. Prec.; dt.)
M. Gehlen-Keller. 6516◇

2097 **Elektrolytische Herstellung von Metallüberzügen in der Lager-Herstellung.** P. G. Forrester. (Trans. Inst. Metal Finishing **38**, 52—58, Diskussion 96—97, 1961; Kilmarnock, Glacier Metal Co. Ltd.; engl.) — Überblick über die elektrolyt. Herst. von Lagerschichten aus *Weißmetall, Ag, Pb–Sn-, Pb–Sn–Cu-, Sn–Cu-, Cu–Pb-, Pb–In-, Al*-Legg. u. Babbitt-Metall. Diskussion. 40 Literaturangaben. F. Vier. 6516◇

2098 **Ein verbessertes Verfahren zur Messung des Kathodenüberpotentials während der elektrolytischen Abscheidung von Metallen.** J. K. Prall und L. L. Shreir. (Trans. Inst. Metal Finishing **38**, 9—16, 100, 1961; London, Battersea Coll. of Technol.; engl.) — Die Best. der Beziehung Überpotential zu Stromdichte während des elektrolyt. Abscheidens von Metallen ist Irrtümern unterworfen, da von der Oberfläche des Trägers, auf dem das Metall abgeschieden wird, Änderungen vor sich gehen. Unter diesen Umständen verändert sich die Stromdichte mit fortschreitender Elektrolyse dauernd. Zur Vermeidung dieses Fehlers wurde ein Verf. entwickelt, bei dem eine Pt-Kathode verwendet wurde, die vor jeder Best. des Überpotentials bei konstanter Stromdichte mit einem sehr dünnen Cu-Film überzogen wurde. Der Nd. wurde automat. anod. entfernt, bevor sich O_2-Blasen entwickelten. Bei Verw. reiner Materialien konnten lineare Tafel-Linien (Überpotential gegen log Stromdichte) bei der elektrolyt. Abscheidung von *Cu* erhalten werden. Obwohl die Unterss. nur für Cu durchgeführt wurden, wird angenommen, daß das Verf. allgemeiner Anwendung fähig ist. — 35 Literaturangaben. Diskussion.
F. Vier. 6516◇

2099 **Galvanisches Abscheiden von dicken, glatten, duktilen Cadmiumüberzügen aus Cyanid-Bädern.** L. W. Owen. (Trans. Inst. Metal Finishing **38**, 17—21, 1961; Aldermaston, Berksh. Atomic Weapons Res. Establ.; engl.) — Durch kleine Zusätze von *Triäthanolamin, Ni-Salze* u. *Türkischrotöl* zu cyanid. Cd-Elektrolyten kann Korngröße, Aussehen, Härte u. Duktilität von elektrolyt. Cd-Überzügen bei einer Dicke von ca. 5×10^{-3} in. verbessert werden. Überzüge von Cd auf *Stahl* direkt haften schlecht, es empfiehlt sich eine *Cu*-Zwischenschicht zu verwenden. F. Vier. 6516◇

2100 **Wahl der Dicke eines Nickelüberzuges.** A. Pianelli. (Rev. du Nickel **28**, 55—59, 1962; Centre d'Information du Nickel; franz.) — Korrosions-Verss. ergaben, daß bei sehr korrosiver Atmosphäre die Dicke der galvan. aufgebrachten Ni-Schicht auf *Stahl* 30—35 μ, auf *Cu*-Legg. 20—25 μ u. auf *Zn*- u. *Al*-Legg. mit einer 10 μ starken Zwischenschicht aus Cu 30 μ, bei weniger stark korrosiver Atmosphäre 20—25, 15 u. 15 μ u. bei nur schwach korrosiver Atmosphäre 15, 10 u. 10 μ betragen soll. F. Vier. 6520◇

2101 **Herstellung und Schutzeigenschaften von dünnen Zinküberzügen auf nichtmetallisch-reinen Stahl- und Eisenoberflächen.** Willi Demnitz. (Schweißtechnik [Berlin] **13**, 409—10, 1963; Meißen; dt.)
M. Gehlen-Keller. 6524◇

2102 **Titamat-Verfahren.** Rihei Tomono. (Chem. and chem. Ind. [Kagaku to Kôgyô] **15**, 702—06, 1962; Kyoto, Huritu-Kikaikôgyô-Sidôsyo.; jap.) — Übersicht über die Verbesserung des *Chromat*-Verf. des Korrosionsschutzes von *Fe*. — 13 Literaturangaben. E. Maekawa. 6528◇

2103 **Schutzwirkung kombinierter Metall- und Farbüberzüge.** Karlheinz Göhl. (Schweißtechnik [Berlin] **19**, 411—15, 1963; Berlin, Deutsche Bauakad.; dt.)
M. Gehlen-Keller. 6528◇

2104 **Oxidkeramische Überzüge und ihre Einsatzmöglichkeiten.** Joachim Sternkopf und Gerhard Lüdke. (Schweißtechnik [Berlin] **13**, 426—29, 1963; Pirna (Elbe); dt.) — Überblick, 19 Literaturangaben.
M. Gehlen-Keller. 6528◇

2105 **Einflüsse des Legierens auf das Oxydationsverhalten von Tantal.** W. D. Klopp, D. J. Maykuth und R. I. Jaffee. (Trans. Amer. Soc. Metals **53**, 637—52, Diskussion 948—49, 1961; Columbus, Ohio, Battelle Mem. Inst.; engl.) — Die wirksamsten bin. Zusätze zur Verbesserung des Oxydationsverh. von Ta bei 1000—1400° sind die

Elemente der Gruppe IVA des Period. Syst., wie *Ti*, *Zr* u. *Hf*. Mäßige Verbesserungen bei 1000° u. /oder 1200° werden durch Zusatz von *V*, *Nb*, *Cr*, *Mo*, *W*, *Si*, *B*, *Fe* u. *Ni* erzielt. Die Tiefe der Härte-Eindringung von Ta, die mit der Oxydation zusammenhängt, wird durch Zusätze von *Th*, Si, V, Ti, W, Zr u. Hf bedeutend verringert. Das Oxydationsverh. von tern. Ta-Legg. ist angenähert ein Mittel von den Verh., das beim Zusatz der Elemente bei den bin. Legg. erhalten wird. Keine der tern. Legg. war oxidationsbeständiger als die besten bin. Legierungen. Das Oxydationsverh. von Ta-Legg. steht mit dem Ionenradius des Zusatzelementes u. mit den Eigg. des Oxides des Zusatzes im Zusammenhang. Die Verbesserungen im Oxydationsverh. beim Zusatz geringer Mengen Mo, V u. Cr werden in Zusammenhang mit ihren kleinen Ionenradien gebracht, während Ti, Zr u. Hf das Verh. bei höheren Leg.-Geh. durch bevorzugte Bldg. stabiler Mischoxide mit Ta_2O_5 verbessern. Zusätze von *Re*, V u. Mo verringern die Oxydationsbeständigkeit bei mäßigen Leg.-Geh. durch Bldg. von flüchtigen Oxiden. Die Einfl. von Leg.-Zusätzen auf das Verunreinigungsverh. von Ta kann mit der thermodynam. Oxidstabilität, dem Atomdurchmesser u. den FF. der Leg.-Zusätze in Zusammenhang gebracht werden. Elemente mit hohen Oxidstabilitäten bildeten „Subzunder" u. verringerten wirkungsvoll die Verunreinigungstiefe. Die Einfl. von Elementen mit niedrigeren Oxidstabilitäten konnten auf die Größe u. den F. bezogen werden, wobei ein kleinerer Umfang u. höhere FF. bei der Verringerung der Verunreinigung am wirkungsvollsten waren.
H. Hochstein. 6530◇

2106 **Ein beim Färben von anodisch behandeltem Aluminium auftretender Fehler.** R. E. M. Polfreman und M. K. Budd. (Trans. Inst. Metal Finishing **38,** 137—40, 1961; Banbury, Aluminium Labor. Ltd.; engl.) — Als Ursache von Fehlern beim Färben von anod. behandeltem Al, die als farblose Flecke an eingefressenen Rinnen eintraten, wurde das Vorhandensein von galvan. oder vagabundierenden Strömen in den Färbebottichen festgestellt. Labor.-Messungen ergaben, daß der Fehler um so größer ist, je stärker der Stromfluß ist, was wiederum von der Höhe der Verunreinigungen, bes. von Chloriden, in den Farbstoff-Lsgg. abhängt. Als Gegenmittel wirkten die Verw. von nichtmetall. Färbebottichen, bes. aber die Herabsetzung des Geh. an Verunreinigungen in den Farbstoff-Lösungen. F. Vier. 6534◇

2107 **Einfluß der niedergeschlagenen Feuchtigkeit auf die Korrosionsgeschwindigkeit von niedriggekohltem Stahl.** B. Sanyal, R. S. Saxena, G. K. Singhania und N. K. Chakravarti. (J. sci. ind. Res. [New Delhi], Sect. D **21,** 422—25, 1962; Kanpur, Indien, Defence Res. Labor; engl.) — Bei der Unters. des Einfl. der niedergeschlagenen Feuchtigkeit auf die Korrosionsentw. auf einem Flußstahl mit 0,07 (%) C, 0,44 Mn, 0,08 Si, 0,043 S u. 0,051 P wird eine Abhängigkeit von der Fl.-Menge festgestellt, die jedoch in den verschiedenen Unters.-Monaten unterschiedlich ist. Hieraus ergibt sich, daß auch noch andere Faktoren an der Korrosion beteiligt sind, so z. B. die Natur des die Prüfbleche tragenden Untergrundes. H. Hochstein. 6538◇

2108 **Korrosion von Zircaloy in alkalischer Umgebung bei hoher Temperatur.** H. Coriou, L. Grall, J. Meunier, M. Pelras und H. Willermoz. (J. nuclear Mater. [Amsterdam] **7,** 320—27, 1962; franz.) — In Druckwasser-Reaktoren wird der pH-Wert laufend erhöht, um die Korrosions-Prodd. leichter filtrieren zu können u. die Verunreinigungen aus dem Kreislauf auszuschalten. Die Unterss. wurden durchgeführt, um die Grenzen der Alkalität festzustellen, mit Lsgg., die bis 5 (g/Liter) *LiOH* u. 18 g NH_4OH enthielten. *Zircaloy* wurde in Lsg. mit >1 LiOH bis 360° stark angegriffen. Die „krit. Schwelle" ist stark temperaturabhängig. Bei $>0{,}25$ LiOH wird *Zircaloy* bei 370° angegriffen, dagegen bei 330° erst bei 3,2. Bei 2 *Zircaloy*-Proben, die fest gegeneinander gedrückt waren, trat die Korrosion schon bei viel niedrigeren LiOH-Geh. auf als bei einzelnen Proben. Derselbe Sprungeffekt konnte auch in *KOH*- u. *NaOH*-Lsgg. gemacht werden, die im übrigen weniger aggressiv als die LiOH-Lsgg. sind. NH_4OH-Lsgg. verhielten sich bei allen untersuchten Konzz. wie reines W., ohne die oben beschriebene Wrkg. zu zeigen. F. Vier. 6538◇

2109 **Korrosionsbeständigkeit einiger Metallkombinationen unter atmosphärischen Bedingungen der Tschechoslowakei.** K. Smrček. (Korose Ochrana Materiálu **3,** 1—4, 1959; tschech.) — In 3 verschiedenen Stationen mit aggressiver Atmosphäre: 1.) sauber-feucht, 2.) mittelaggressiv (Stadtklima) 3.) stark aggressiv mit viel H_2S, NH_3, CO_2, SO_2, Cl_2 u. a. (Chemiewerksgelände) wurden verschiedene Kombinationen folgender Metalle: *Fe*, *Cr*, *Ni*, *Cu*, *Al*, *Zn*, *Cd*, *Ag*, *Sn*, *Mg* 3—12 Monate geprüft. Dabei zeigte sich, daß elektrochem. Beziehungen keine wesentliche Rolle beim Korrosions-Verh. von Makroelementen in der Atmosphäre spielen. In wenigen Fällen, (z. B. bei Mg–Fe), wo verstärkte Korrosion des Anodenmetalls auftritt, erstreckt sich diese nur über 1—2 mm, wodurch kathod. Schutz ausgeschlossen wird. Auch bei beständigen Metallen wurde keine Korrosion an den Berührungsstellen der kathod. Metalle gefunden.
E. L. Schmeling. 6538◇

2110 **Entaluminisieren von Cuproaluminium auf trockenem Wege.** Pierre-Julien Le Thomas, Dominique Arnaud, Andrée Lethuillier und Rémy Paton. (Mém. sci. Rev. Métallurgie **59,** 386—94, 1962; franz. — C. **1963,** 19757.) H. Hochstein. 6538◇

2111 **Korrosionsverhinderung in Öltankern.** Masao Seo und Shinichi Takeshima. (Corrosion Prevent. and Control **7,** Nr. 7, 32—40, 44, 1960; Min. of Transportation, Techn. Res. Inst., Tokyo, Nippon Corrosion Engn. Co. Ltd.; engl.) — Überblick.
M. Gehlen-Keller. 6538◇

2112 **Verwertung des Abwassers eines kokschemischen Werkes für den Schutz von Metallen gegenüber Korrosion.** N. G. Tschen. (J. angew. Chem. **33,** 2305—10, 1960; Dnjeprodsewschinsk, metallurg. Abend-Inst.; russ.) — Es wird festgestellt, daß das Abwasser eines kokschem. Werkes hohe Schutzeigg. besitzt u. zum Schutz von Metall in den Gasvorkühlern sowie bei der Bekämpfung der Korrosion in Verbrennungs-Elektrizitätswerken der kokschem. u. metallurg. Betriebe verwendet werden kann. Die Schutzeigg. des *KCh*-Inhibitors in neutralen, alkal. u. sauren Mitteln wird untersucht u. dabei seine günstigste korrosionsschutzbildende Konz. 0,51—1,0% festgestellt. H. Hochstein. 6538◇

2113 **Äußere Korrosion durch Schwefelverbindungen an Siederohren von Dampferzeugern ohne Schmelzfeuerung.** E. Buchholz und F. Börsig. (Maschinenschaden **34,** 141—46, 1961; München, Berlin; dt.) — Unterss. über die durch den S-Geh. der Kohle verursachten Korrosionen an Siederohren von Dampfkesseln ohne Schmelzfeuerung zeigen, daß die betroffenen Rohrwandungen in Gebieten starker Verbrennung u. somit hoher Konz. der Verbrennungs-Prodd. lagen. Durch Bldg. eines Luftschleiers vor den Rohrwandungen werden die Korrosionen weitgehend verhütet. W. Wesly. 6538◇

2114 **Einfluß von Chromoberflächenfilmen auf das Korrosionsverhalten von galvanisch überzogenen Zinkspritzgußteilen.** W. H. Safranek, H. R. Miller und C. L. Faust. (Plating **50,** 507—09, 1963; Columbus, Ohio, Battelle Mem. Inst.; engl.) — Korrosionsschnelltest u. Bewitterungs-Verss. ergaben, daß die Korrosionsbeständigkeit u. die Verschleißfestigkeit von galvan. mit Cr überzogenen Zn-Spritzgußteilen erheblich verbessert werden kann, wenn die Cr-überzogenen Teile kathod. in einer wss. 50 g/Liter $Na_2Cr_2O_7$ enthaltenden Lsg. 1—2 Min. behandelt werden. Dabei bildet sich ein fast unsichtbarer Cr-Oxidhydrat-Film auf der Oberfläche aus, wie durch Elektronenbeugungsaufnahmen festgestellt werden konnte. Wesentlich erhöht wird auch durch diese Behandlung die Haftfestigkeit von Anstrichen auf verchromten Zn-Spritzgußteilen. F. Vier. 6540◇

2115 **Dynamische Korrosionsprüfung mit Wasser und Dampf.** F. Müller. (Nuclear Power **6,** Nr. 61, 68—70, 1961; Winterthur, Schweiz, Gebrüder Sulzer; engl.) — Zur Best. des Korrosions-Verh. neuer Werkstoffe, z. B. *Zr* oder *Zircaloy-2*, dient ein Dampfkessel u. ein Dampf-

Wasser-Kreislauf-Syst., in dem die Proben bei Drücken bis 100 at u. 500° untersucht werden können.
W. Wesly. 6540◇

2116 Klöckner-Humboldt-Deutz Akt.-Ges., Köln (Erfinder: Hubert Schranz, Hahnenklee-Bockswiese), **Flotation von Mineralien mit Hilfe von Sammlergemischen.** Die Flotation, die in bekannter Weise bei nichtsulfid. u. nichtsilicat. Mineralien unter Verw. von *Fettsäure*kondens.-Prodd. mit *Aminocarbonsäuren, Taurin, Alkyltaurin, Aryltaurin, Eiweißabbau*-Prodd., *Oxysulfosäuren* oder *Oxycarbonsäuren* oder Salzen dieser Prodd. als Sammler durchgeführt wird, ist dad. gek., daß zwei oder mehr verschiedene derartige Prodd. u./oder deren Salze in Mischung miteinander als Sammler verwendet werden. (**D. A. S. 1146824** Kl. 1c vom 13/3. 1959, ausg. 11/4. 1963.)
P. Iohn. 6363

2117 M. M. Ssorokin und W. A. Glembotzki, **Selektivflotation von Cu—Zn-Konzentraten,** in denen Cu als *Chalkosin* u. *Bornit* vorliegt, unter Verw. von 5—10 g/t *Kongorot* als drückendes Reagens für die *Cu-Sulfide* u. *Xanthogenat* als Sammler. (**UdSSR. P. 129574** vom 25/12. 1959.) L. Großner. 6363

2118 Unterharzer Berg- und Hüttenwerke G. m. b. H., Goslar/Harz (Erfinder: Martin Clement, Eberhard Klössel und Emil Kraume, Goslar/Harz, **Flotation von Kupfer- u. Bleimineralien aus fein verwachsenen Komplexen u. pyritischen Blei-Kupfer-Zinkerzen.** dad. gek., daß in der Vorflotation der Roherztrübe SO_2 zugesetzt u. schon in den ersten Zellen der Flotation ein Cu-Konzentrat ausgeschwommen wird, während man die Hauptmenge an *Bleiglanz* mit den restlichen Cu-Mineralien in den nachfolgenden Zellen der Vorflotation durch verstärkte Zugabe eines Sammlers, vorzugsweise von *Xanthat*, in den Schaum überführt, aus dem er in üblicher Weise gewonnen wird. (**D. A. S. 1150031** Kl. 1c vom 24/11. 1961, ausg. 12/6. 1963.)
P. Iohn. 6363

2119 Wintershall Akt.-Ges. Celle, Kassel (Erfinder: Gerhard Budan, Kassel, und Otto Braun, Heringen/Werra), **Verfahren zur Verbesserung der Ausbeute der Kieseritflotation.** Man verwendet an sich bekannte *Ölsäure* u. prim. *Fettsäureamine* oder deren Salze gleichzeitig oder nacheinander in an sich als Traglauge bekanntem W. oder in salzarmen Laugen. (**D. A. S. 1144213** Kl. 1c vom 6/6. 1961, ausg. 28/2. 1963.)
W. Hauswald. 6363

2120 Hütten- und Bergwerke Rheinhausen Akt.-Ges., Essen (Erfinder: Fritz Lange, Bochum, und Walter Schreiber, Wattenscheid), **Betrieb von Hochöfen.** Es wird ein Koksgemenge aus 5—20%, bes. 10%, eines bes. schwer verbrennlichen Kokses mit einer Porosität von weniger als 40%, Rest normaler Hochofenkoks, verwendet. (**D. A. S. 1149371** Kl. 18a vom 4/7. 1956, ausg. 30/5. 1963.) M. Neckermann. 6371

2121 Ruhr-Schwefelsäure G.m.b.H. (Erfinder: Richard Swoboda und Thaddäus Köhler), Bochum, **Granulierung feinkörniger sulfidischer Eisenerze.** 100 Teile der Erze werden je nach der Feuchtigkeit der zu verarbeitenden Materialien mit bis zu 70 Teilen geschmolzenen, ursprünglich festem, kristallwasserhaltigem *$FeSO_4$* ohne Zusatz von W. oder wss. Fll. gemischt u. das Gemisch zu Körnern von ca. 1—5 mm granuliert. (**D. A. S. 1105898** Kl. 18a vom 21/3. 1957, ausg. 4/5. 1961. **Zusatz zu D. A. S. 1088520; C. 1961, 7741.**)
M. Neckermann. 6377

2122 Metallgesellschaft Akt.-Ges. (Erfinder: Kurt Meyer, Frankfurt/M., und Hans Rausch, Oberursel/Taunus), **Pelletisieren von Erzen.** Die Kühlung der fertig gebrannten Pellets erfolgt in einem eigenen Kühlapp. im Gegenstrom, z. B. in einem Kühlschacht oder in einer Kühltrommel. (**D. A. S. 1039234** Kl. 40a vom 23/5. 1955, ausg. 18/9. 1958. **Zusatz zu D. A. S. 1031328; C. 1959, 4622.**) M. Neckermann. 6377

2123 Koppers Co., Inc. (Erfinder: Harold Tamplin Stirling), V. St. A., **Herstellung von kugelförmigen Eisenerzagglomeraten gleichmäßiger Größe in Trommeln.** In einer schwach geneigten Trommel wird das Erz zunächst ohne Wasserzugabe zu Kugeln von bestimmter Größe gerollt u. dann über eine Stauwand in eine Anfeuchtungszone eingetragen, wo unter Zugabe von Feingut u. W. weitergerollt wird. In einer sich anschließenden Zone wird unter Zugabe von weiterem Feinerz jedoch ohne Wasserzusatz das Rollen fortgesetzt u. der Rollvorgang abwechselnd mit u. ohne Wasserzusatz so oft wiederholt, bis Kugeln von bestimmter Größe u. Festigkeit entstanden sind. — Abbildung. (**F. P. 1305745** vom 27/10. 1961, ausg. 1/2. 1963. A. Prior. 2/11. 1960.)
M. Neckermann. 6377

2124 Röchling'sche Eisen- und Stahlwerke G.m.b.H. (Erfinder: Karl Heyden), Völklingen/Saar, **Verwertung von Feinstaub beim Sintern von Feinerzgemischen oder Gichtstaub.** Innerhalb eines in sich geschlossenen, teilweise mit Fl. gefüllten Gefäßes wird die Fl. dem Gefäß durch einen im oberen Teil desselben angeordneten Ringschlitz in Form eines die Trichterwand gleichmäßig bedeckenden Filmes zugeführt, der sich im Trichter absetzende Staub wird hierdurch mitgerissen u. gelangt in die Nähe eines Quirls, der die Mischung des Staubes mit der im Gefäß befindlichen F. unter Bldg. einer Trübe bewirkt. — Abbildung. (**D. A. S. 1046333** Kl. 40a vom 31/5. 1955, ausg. 11/12. 1958. **Zusatz zu D. A. S. 1032927; C. 1959, 13623.**)
M. Neckermann. 6379

2125 Klöckner-Humboldt-Deutz Akt.-Ges. (Erfinder: Horst Dornhagen), Köln, **Ausscheidung von Kupfer und Cadmium aus Zinksulfatlösungen** mittels *Zn-Staub.* Das Zn wird in ein natürliches oder künstliches organ. Bindemittel, z. B. Harz, eingebettet u. dieses Gemisch in dünner Schicht auf die Oberfläche von Tragkörpern aus Quarz oder anderen schwerlösl. Stoffen, wie Kunststoffen, aufgebracht u. die $ZnSO_4$-Lsg. über diese Trägerkörper geleitet. (**D. A. S. 1148081** Kl. 40a vom 9/2. 1959, ausg. 2/5. 1963.)
M. Neckermann. 6381

2126 Metallgesellschaft Akt.-Ges. (Erfinder: Carl-August Maelzer), Frankfurt/M., **Elektronenmetallurgisches Verfahren zum reduzierenden Schmelzen von oxidischen Schwermetallverbindungen,** Schlackebildnern u. einem festen, *C*-haltigen Red.-Mittel, wobei die Mischung einen *S*-Geh. hat, der ausreicht, um die Bldg. einer im wesentlichen aus Schwermetallsulfiden bestehenden Zwischenschicht zwischen fl. Metall u. schmelzfl. Schlacke zu ermöglichen, bes. zur Herst. von metall. *Cu* aus oxid. *Cu-Verbb.*, dad. gek., daß wenigstens ein erheblicher Teil der Red.-Arbeit vom C-haltigen Red.-Mittel der durch Lichtbogen- u./oder Widerstandsheizung geschmolzenen Beschickung geleistet u. durch gleichzeitiges oder anschließendes Hindurchleiten eines Gleichstromes unter Schaltung der Schlackendecke als Anode eine Gleichstromelektrolyse bewirkt wird. (**D. A. S. 1144931** Kl. 40c vom 29/3. 1961, ausg. 7/3. 1963.)
K. Bayer. 6381

2127 Metallgesellschaft Akt.-Ges. (Erfinder: Werner Schwartz), Frankfurt/M., **Unmittelbare Trennung von Blei und Zink aus zinkhaltigen Bleierzen,** deren Zn-Geh. so hoch ist, daß er die Aufarbeitung nach dem Röst-Rk.-Verf. unmöglich macht. Aus dem Erz wird auf dem Sinterrost ein kompakter Sinter hergestellt, dessen Geh. an chem. gebundenem O u. Sulfid-S ausreicht, um die Röst-Rk. des Pb vollständig ablaufen zu lassen, u. der darüber hinaus einen Überschuß an chem. gebundenem O enthält, der gerade ausreicht, den Zn-Inhalt in *ZnO* überzuführen, worauf dieser Sinter unter Zusatz von Soda u. soviel C-haltigem Red.-Mittel, wie zur Red. des ZnO notwendig ist, in einem Drehrohr- oder Kurztrommelofen eingeschmolzen u. unter Bldg. von metall. Pb u. *SO_2* zur Rk. gebracht wird, wobei der entweichende Zn-Dampf als ZnO aufgefangen wird. (**D. B. P. 976321** Kl. 40a vom 20/2. 1954, ausg. 27/6. 1963. Anmeldung bekanntgemacht 21/6. 1956.) M. Neckermann. 6381

2128 Allegheny Ludlum Steel Corp., Pittsburgh, Pa., V. St. A., **Lichtbogenschmelzen von Metallen** unter Verw. einer Abschmelzelektrode. Das Metall wird zunächst an der Luft u. dann im geschlossenen Ofen unter einer N_2-Atmosphäre eingeschmolzen, wobei der N_2-Druck nicht größer ist, als seiner Löslichkeit im festen

Metall entspricht. Beispiel: Schmelzen von *Mo, Ti, Zr, U* u. *Stahl-Legierungen.* — Abbildung. (**E. P. 910553** vom 18/1. 1961, ausg. 14/11. 1962. A. Prior. 26/2. 1960.) M. Neckermann. 6381

2129 Freeman Corp., Cap-de-la-Madeleine, Quebec, Canada, **Herstellung von Metallschwamm** durch Red. von Pellets von Metalloxiden mittels eines feinverteilten Red.-Mittels in einem Drehrohrofen. Das red. Gut wird aus dem Innern des Ofens unmittelbar in ein Kühlrohr übergeführt, in dem es nicht mehr mit den oxydierenden Gasen im Drehrohrofen in Verbindung steht. Beispiel: Red. von *Fe-Oxid.* — Abbildung. (**E. P. 894348** vom 24/3. 1960, ausg. 18/4. 1962. Can. Prior. 8/4. 1959.) M. Neckermann. 6381

2130 Titanium Metals Corp. of America, New York, N. Y., V. St. A., **Chlorierung von titanhaltigem Material** in Pulverform in einem schachtförmigen Ofen. Das Cl_2 wird in einem nach innen u. unten gerichteten Strom an mehreren Stellen in Bodennähe der Materialschicht aber in Abstand davon, voneinander u. von der Seitenwand des Ofens eingeblasen. Die Gase bilden einzeln Säulen mit darin suspendierten Materialteilchen innerhalb der Materialschicht. Die Zufuhr von festem Material u. Cl_2-Gas wird dabei so geregelt, daß der Gasaustritt in Abstand von den Seitenwänden des Ofens erfolgt, wodurch diese von den Korrosionseinflüssen des Cl_2 verschont bleiben. Beispiel: Chlorierung von *Ilmenit.* — Abbildung. (**E. P. 893067** vom 24/10. 1960, ausg. 4/4. 1962. A. Prior. 26/10. 1959.) M. Neckermann. 6381

2131 Horace Freeman, Cap-de-la-Madeleine, Quebec, Canada, **Trockenes Reduzieren von Eisenoxid oder von anderen Metalloxiden, wie den Oxiden des Kupfers, Kobalts oder Nickels.** Als Red.-Mittel wird eine Mischung aus *$CaCO_3$* u. mit der Maßgabe ein festes C-haltiges Material verwendet, daß die C-Menge mindestens so groß ist, daß sie ausreicht, das gesamte durch Zers. des $CaCO_3$ freigesetzte CO_2 sowie den Hauptanteil des bei der Red. des Fe-Oxids entstehenden CO_2 zu CO zu reduzieren, wobei jedoch eine geringere Menge an festem C-haltigen Material verwendet wird als die, welche zur vollständigen Red. des Fe-Oxids durch allein aus dem festen C-haltigen Material stammendes CO notwendig sein würde. — Abbildung. (**D. A. S. 1149033** Kl. 18a vom 3/4. 1957, ausg. 22/5. 1963. Can. Prior. 4/4. 1956. **Zusatz zu D. A. S. 1101465; C. 1961, 16645.**) M. Neckermann. 6381

2132 Badische Anilin- & Soda-Fabrik Akt.-Ges. (Erfinder: Leo Schlecht, Georg Trageser, Ludwigshafen/Rh., und Rudolf Staeger, Friedelsheim, Pfalz), **Aufarbeitung von metallischen Rohstoffen.** Zwecks Abtrennung des *Co* von *Ni* u./oder *Fe* durch Behandlung mit *CO* unter Druck wird der Sulfid-S-Geh. im Rohstoff auf etwa 0,7—1,0 Teile auf 1 Teil Co eingestellt. Bei Verw. eines Rohstoffs, der auch *Cu* enthält, wie *Co-Cu-Stein* oder *Co-Ni-Cu-Stein* wird der S-Geh. des Rohstoffs so eingestellt, daß er auch zur Bindung des in ihm enthaltenen Cu als Sulfid ausreicht. Soll nicht das gesamte Fe als Carbonyl verflüchtigt werden, dann wird der S-Geh. des Rohstoffs entsprechend dem nicht zu verflüchtigenden Anteil des Fe erhöht. Das Verf. eignet sich auch zur Verarbeitung von Rohstoffen, wie *Fe-Erzen,* die infolge eines ungünstigen Fe–Co-Verhältnisses bisher nicht oder nicht wirtschaftlich verarbeitet werden konnten. (**D. A. S. 1038761** Kl. 40a vom 29/8. 1956, ausg. 11/9. 1958. **Zusatz zu D. A. S. 1030034; C. 1959, 4958.**) M. Neckermann. 6381

2133 Metallgesellschaft Akt.-Ges., Frankfurt/M. (Erfinder: Kurt Meyer, Hartmut Pietsch, Heinrich Meiler, Frankfurt/M., und Hans Rausch, Oberursel/Taunus), **Entfernung und Gewinnung von verflüchtigungsfähige Chloride bildenden Metallen aus einem im wesentlichen aus Eisenoxiden bestehenden Rohstoff** durch Chlorierung von Pellets aus diesem Rohstoff mit einem freies Cl_2 enthaltenden Gas. Der Fe-Geh. wird vor dem Chlorieren in eine niedrigere Oxydationsstufe als Fe_2O_3 übergeführt u. entweder in diesem Zustand oder nach Reoxydation in die chlorierende Röstung u. Laugung eingesetzt. (**D. A. S. 1141793** Kl. 40a vom 28/10. 1961, ausg. 27/12. 1962. **Zusatz zu D. A. S. 1133560; C. 1963, 13738.**) M. Neckermann. 6381

2134 Jurid Werke G.m.b.H., Glinde bei Hamburg (Erfinder: Paul Kraft und Josef Schlömer, Reinbek), **Metallischer, korrosionsfester und oxydationsbeständiger, poröser Werkstoff,** bes. für Filter u. Maschinenteile, aus *Metallfasern,* bes. Stahlfasern, dad. gek., daß er aus mit der Temp.-Korrosions- u. Oxydationsbeständigkeit fördernden Leg.-Bestandteilen gasplattierten z. B. *Cr, Ni* oder *Al,* u. anschließend durch Diffusionsglühen homogenisierten u. ggf. zuvor zu Körpern geformten Metallfasern besteht. (**D. A. S. 1149963** Kl. 48b vom 31/3. 1960, ausg. 6/6. 1963.) F. Vier. 6389

2135 Régie Nationale des Usines Renault, Billancourt, Frankreich, **Herstellung von Eisen(II)-oxid** durch Red. eines Fe-Erzes mit hohem Fe-Geh. im Drehofen. Der Ofen wird mit einem Axialbrenner beheizt, der mit einem an CH_4-reichen Gas u. Primärluft mit Anteilen beliefert wird, die eine unvollständige Verbrennung ergeben, welche zu einer Atmosphäre im Gleichgewicht mit dem FeO in der heißen Zone des Ofens führt, wobei die aus dem Ofen austretenden Gase in 2 annähernd gleiche Teile unterteilt werden, von denen der eine, dem Nebenluft zugeführt wird, in einem Abhitzekessel verbrannt wird, bevor er dem Kamin zugeleitet wird, während der andere Teil in dem Rohrbündel des Abhitzekessels von neuem erhitzt u. dem oberen Ende des Drehofens zugeführt wird, an welchem er eine Abschirmung um den Brenner herum bildet, um eine Temp. von ca. 1000° in dieser Zone des Ofens zu gewährleisten. — Abbildung. (**D. A. S. 1145200** Kl. 18a vom 11/3. 1961, ausg. 14/3. 1963. F. Prior. 11/3. 1960.) M. Neckermann. 6391

2136 Metallgesellschaft Akt.-Ges. Deutschland (Erfinder: Alfred Stieler, Hans Rausch, Kurt Meyer, Heinrich Meiler und Wolfgang Janke), **Reduktion von Eisenerzen im Drehrohrofen** mit Hilfe eines *C* enthaltenden Brennstoffes unter Zusatz von *Kalk, Dolomit* oder dgl. Der C wird im Überschuß verwendet, so daß das Red.-Prod. noch beträchtliche Mengen unverbrauchten C enthält. Das Red.-Prod. wird dann gesiebt, magnet. u. elektrostat. aufbereitet u. der hierbei gewonnene C wieder in den Prozeß zurückgeführt. — Abbildung. (**F. P. 1305207** vom 13/11. 1961, ausg. 30/1. 1963. D. Prior. 9/12. 1960.) M. Neckermann. 6391

2137 Lucas Soforlis Moussoulos, Athen, Griechenland, **Herstellung einer Eisen-Nickel- und/oder -Kobalt-Legierung aus nickel- und kobalthaltigen Eisenerzen.** Das Erz wird zunächst mit C-haltigem Material red., so daß die im wesentlichen feste Masse elementares *Fe* enthält. Das Rk.-Prod. wird unter Bedingungen geschmolzen, bei denen das elementare Fe im wesentlichen als alleiniges Red.-Mittel für die Herst. des *Ni* u./oder *Co* für die Leg. dient. — Abbildung. (**E. P. 917966** vom 6/8. 1959, ausg. 13/2. 1963. Griech. Prior. 9/8. 1958 u. 11/2. 1959.) M. Neckermann. 6411

2138 Stolberger Zink Akt.-Ges. für Bergbau und Hüttenbetrieb, Aachen (Erfinder: Erich Pelzel, Stolberg), **Verringerung der Krätzebildung beim Schmelzen von Druckguß- oder Spritzguß-Zinklegierungen,** bestehend aus 0,1—10(%) *Al,* 0,05—1 *Cu,* 0,001—0,1 *Be,* das ganz oder teilweise durch *Zr* u./oder *Hf* ersetzt sein kann, Rest Feinzink mit einer Reinheit von 99,99% u. höher, bes. 99,995%, dadurch, daß nach der Oe. P. 223381 von hochreinen Metallen ausgegangen wird, die prakt. bes. keine *Alkali-* u. *Erdalkalimetalle,* ferner kein *Cd, Si, As, Sb, Sn, B, P* u. *C* sowie keine Metalle der *Fe-Gruppe* enthalten, während die Legg. nach der E. P. 913576 nicht mehr als 0,005 an diesen Verunreinigungen sowie *Pb* u. bes. *Mg,* einzeln oder zu mehreren, enthalten. — Vgl. auch D. A. S. 1110429; C. **1962,** 16833. (**Oe. P. 223381** vom 16/2. 1960, ausg. 10/9. 1962. **E. P. 913576** vom 4/3. 1960, ausg. 19/12. 1962. Beide D. Prior. 7/3. 1959.) C. F. Gross. 6427

2139 A. Ss. Konjew, N. I. Kudrjakowa und K. G. Bakinow, **Entzinken von Bleikonzentraten** durch Flotieren mit $CuSO_4$ u. CaO unter vorherigem Zusatz von Alkalisulfit oder -bisulfit u. Fe-Sulfat zur Depression von

Pb-Mineralien, bes. Galenit. In Ggw. von Chalkopyrit wird zunächst ein Cu-Konzentrat u. danach auf Zusatz von $CuSO_4$ u. CaO Zinkblende flotiert. (**UdSSR. P. 129573** vom 21/12. 1959.) L. Großner. 6431

2140 Osnabrücker Kupfer- und Drahtwerk, Osnabrück (Erfinder: Ludwig Katterbach, Osnabrück), **Entfernung des Phosphors aus einer Kupferschmelze.** Das *Cu* wird durch *P* im Überschuß deoxydiert u. entgast u. mit pulverisiertem, gebranntem *Kalk* in innige Berührung gebracht. Das Verf. wird bei der Herst. von Cu_2O-freiem Cu aus raffinationsfrei geschmolzenem Elektrolyt- u./oder Raffinadkupfer in Anwendung gebracht. (**D. A. S. 1080308** Kl. 40a vom 13/3. 1952, ausg. 21/4. 1960. **Zusatz zu D. A. S. 1030038; C. 1956, 12967.**) M. Neckermann. 6433

2141 Wilmer Frederick West, Que Que, Südrhodesien, **Extraktion von Kupfer aus Erzen,** bes. mit *Cu-Carbonat, Cu-Silicat, Cu-Oxid* u. metall. Cu. Auf das Erz wird eine wss. Lsg. eines *Ca-Polysulfids* aufgebracht, um das Cu herauszulösen. Als Ca-Polysulfid-Lsg. wird eine wss. Kalk–S-Lsg. verwendet. (**D. A. S. 1149173** Kl. 40a vom 5/7. 1961, ausg. 22/5. 1963. Prior.: Föderation von Rhodesien u. Nyassaland 23/11. 1960, 30/1. u. 24/2. 1961.) M. Neckermann. 6433

2142 Ampco Metal, Inc. (Erfinder: John F. Klement), Milwaukee, Wis., V. St. A., **Aluminiumbronze erhöhter Widerstandsfähigkeit gegen Korngrenzenbrüchigkeit** von mindestens 2000 Std., wenn sie unter Spannungsbeanspruchungen von 14,06—315 kg/mm² in Heißwasser- oder einer Dampfatmosphäre Temp. von 82—260° ausgesetzt ist, dad. gek., daß sie aus 5,0—8,0(%) Al, 1,6—2,9 *Fe*, 0,005—0,69 *Sn*, 0,005—0,69 *Ag*, Rest *Cu* einschließlich Verunreinigungen besteht, wobei die Summe des Geh. an Ag u. Sn mindestens 1/44 bis höchstens 1/11 des Al-Geh. beträgt. Die Leg. kann noch zusätzlich bis 0,25 *Mn* oder bis 0,25 *Ni* u. Mn enthalten. Eine bevorzugte Leg. besteht aus 6,25 Al, 2,08 Fe, 0,16 Sn, 0,15 Ag, Rest Cu. In den Begriff „Dampfatmosphäre" sind auch gasförmige Gemische aus Dampf u. anderen Dampfarten mit eingeschlossen u. die Bezeichnung „Heißwasser" umfaßt miterhitzte wss. Lsgg. von Salzen, Säuren oder Basen u. anderen Stoffen, die als Bestandteil W. enthalten. Die Leg. läßt sich leicht zu *Rohren, Stäben, Platten, Folien* u. dergleichen verarbeiten oder als *Auftragsschweiß*-Leg. verwenden. — Vgl. auch A. P. 2829969; C. **1959,** 13932. (**D. A. S. 1147046** Kl. 40b vom 29/10. 1957, ausg. 11/4. 1963.) C. F. Gross. 6433

2143 Beteiligungs- und Patentverwertungsgesellschaft m. b. H., Essen, **Gewinnung von Nickel aus lateritischen Eisen–Nickel-Erzen.** Durch eine Teil-Red. des Gutes bei Temp. unterhalb des F. werden 40—85% des *Fe* u. *Ni* in metall. Form übergeführt u. darauf durch Behandlung des Gutes in heißem, aber nicht geschmolzenem Zustand mit O_2, O_2-angereicherter Luft oder anderen O_2-abgebenden Gasen eine solche Fe-Menge wieder oxydiert, daß die hierbei frei werdende Wärme ausreicht, um das ganze Gut zu schmelzen. (**D. A. S. 1147387** Kl. 40a vom 20/6. 1961, ausg. 18/4. 1963.) M. Neckermann. 6435

2144 Karl Ziegler, Mülheim/Ruhr (Erfinder: Karl Ziegler, Herbert Lehmkuhl, Mülheim/Ruhr, und Wolfram Grimme, Moers-Utfort), **Kathodische Abscheidung von Natrium durch Elektrolyse von organischen Komplexverbindungen.** Abwandlung des Verf. nach D.A.S. 1114330, dad. gek., daß neben oder an Stelle der *Al-Komplexverbb.* als Elektrolyt komplexe B-Verbb. der allgemeinen Formel $MeBR_3R'$ verwendet werden, wobei Me = Na u./oder K, R = Alkylreste u. R' = Wasserstoff, Alkyl- u./oder Alkoxyreste bedeutet. Der Elektrolyt besteht z. B. aus $NaB(C_2H_5)_4$ u. *Tetrahydrofuran*; die Elektrolysetemp. liegt bes. im Bereich von 145—200°. (**D. A. S. 1144490** Kl. 40c vom 9/5. 1961, ausg. 28/2. 1963. **Zusatz zu D. A. S. 1114330; C. 1962, 16833.**) K. Bayer. 6443

2145 Knapsack-Griesheim Akt.-Ges. (Erfinder: Otto Bretschneider, Bonn, Gerhart Jaekel und Herbert Diskowski), Knapsack bei Köln, **Gewinnung von Magnesium durch elektrothermische Reduktion von calciniertem Dolomit** mit zerkleinertem, staubfreiem *Ferrosilicium.* Dabei wird in einen Red.-Ofen in loser Schüttung noch heißer Dolomit eingetragen u. die Red. bei Unterdruck (1—100 Torr) u. Strahlungsheizung (ca. 1600°) durchgeführt. Das Verf. ist dad. gek., daß der Dolomit in einem Überschuß von 50—200%, bei 100%, über der stöchiometr. benötigten Menge in die Rk.-Mischung eingebracht u. der nicht red. Anteil desselben aus dem Rk.-Rückstand wiedergewonnen wird. (**D. A. S. 1142064** Kl. 40c vom 18/10. 1960, ausg. 3/1. 1963.) K. Bayer. 6445

2146 Knapsack-Griesheim Akt.-Ges. (Erfinder: Otto Bretschneider, Bonn, Gerhart Jaekel und Herbert Diskowski), Knapsack bei Köln, **Gewinnung von Magnesium durch elektrothermische Reduktion von calciniertem Dolomit** mit *Ferrosilicium* oder anderen metall. Rk.-Mitteln bei Unterdruck, dad. gek., daß durch das im Verlauf der Rk. nach unten absinkende heiße, in großer Schichtdicke aufgehäufte Rk.-Gut ein inertes Spülgas im Gegenstrom durchgeleitet u. mit den oberhalb des Rk.-Gutes in den Rk.-Raum zur Bespülung kälterer Stellen des Ofens eingeleiteten Teilströmen des gleichen oder eines anderen inerten Spülgases zu einem Trägerstrom vereinigt wird, der beladen mit dem zum Teil unmittelbar an der Oberfläche des Rk.-Gutes freigesetzten, zum Teil aus den tieferen Schichten des Rk.-Gutes stammenden Mg-Dampf, über eine Reinigungsvorr. zur Kondens.-Vorr. geführt wird. (**D. A. S. 1143644** Kl. 40c vom 12/10. 1960, ausg. 14/2. 1963.) K. Bayer. 6445

2147 Ciba Akt.-Ges., Basel (Erfinder: Walter Scheller, Neuewelt, und Jean Renard, Muttenz), Schweiz, **Gewinnung von Niob und Tantal** durch Red. ihrer *Pentachloride* mit H_2, dad. gek., daß das wasserfreie Pentachlorid in Ggw. von fl., leicht flüchtigen *Alkalihalogeniden*, bes. *NaCl. KCl* u. *LiCl*, bei über 650° mit H_2 behandelt wird u. daß auf 1 Mol Pentachlorid mindestens 2,5 Mol H_2 verwendet werden. (**D. A. S. 1144489** Kl. 40a vom 14/12. 1957, ausg. 28/2. 1963.) K. Bayer. 6449

2148 Ciba Akt.-Ges., Basel (Erfinder: Fritz Kern, Therwil), Schweiz, **Abtrennung von Niob aus tantalarmen Niob-Tantalgemischen durch Elektrolyse** einer *Alkalifluorid*-Schmelze, in die das Gemisch der Pentachloride des Nb u. Ta eingeführt wird, dad. gek., daß man die Elektrolyse abbricht, sobald das Gew.-Verhältnis von Ta:Nb in der Schmelze den Wert 3 erreicht hat. Die Elektrolyse wird bei kathod. Stromdichten unter etwa 200 A/dm² durchgeführt. (**D. A. S. 1144929** Kl. 40c vom 10/12. 1960, ausg. 7/3. 1963. Schwz. Prior. 11/12. 1959.) K. Bayer. 6449

2149 Gianfranco Campisi und Alberto Garbelotto, Mailand, Italien, **Herstellung von Legierungen** durch Schmelzen. Die Zusätze, wie *Si, Mn, Cr* u. Entschweflungsmitteln werden in einem Kern untergebracht, der von einer wenigstens 2,5 mm starken Hülle aus dem Ausgangsmetall umgeben ist. (**It. P. 560364** vom 23/6. 1956.) K. Koebke. 6471

2150 National Research Corp., Cambridge, Mass., V. St. A., **Herstellung von Tantalpulver** durch Red. von K_2TaF_7 mit *Na* bei erhöhter Temp., dad. gek., daß man ein Bad aus fl. K_2TaF_7 in einem Rk.-Gefäß auf > 800° hält, der Oberfläche des Bades mit einer Geschw. von $\geqslant$ 0,05 kg/h/dm² Badoberfläche fl. Na zuführt u. durch Bewegung des Bades jegliche wesentliche Schicht-Bldg. zwischen dem Nebenprod. u. K_2TaF_7 verhindert. (**D. A. S. 1141794** Kl. 40a vom 6/5. 1959, ausg. 27/12. 1962. A. Prior. 13/6. 1958.) K. Bayer. 6475

2151 E. I. du Pont de Nemours & Co., V. St. A. (Erfinder: Richard Wayne Heckel), **Hochtemperaturfeste und bei hoher Temperatur oxydationsbeständige Wolframlegierung,** die auch gut verarbeitbar ist, besteht entweder aus 4,8—24,8(%) *Nb*, 0,2—12,5 *Ti*, Rest 75—95 W oder aus 17,5—42,5 Nb, 7,5—27,5 Ti, Rest 42—65 W. Die Herst. der Leg. kann z. B. durch Sintern oder durch Vakuumlichtbogenschmelzen erfolgen, wobei die Gußbarren viermal aufgeschmolzen u. danach meistens im Vakuum bei 1750—2200° ca. 0,5—4 Std. homogenisiert werden. Die Oxydationsbeständigkeit der Leg. bei 1200° ist 2—10mal größer als die des reinen W, während die Warmfestigkeit bei 1200° von 111 kg/mm² bei W auf bis zu 187 kg/mm² bei der Leg. gesteigert ist. (**F. P. 1302865** vom 9/10. 1961, ausg. 2/1. 1963. A. Prior. 11/10. 1960.) C. F. Gross. 6475

2152 Anaconda American Brass Co., Waterbury, Conn., V. St. A., **Herstellung von Kupferband** mit hoher Glühtemperatur. *Fe*-haltiges *Cu* wird in wss. NH_3-Lsg. gelaugt u. die mit Cu angereicherte Lauge von dem Hauptteil des Rückstandes abgetrennt, während 0,02—0,3% vom gelösten Cu an feinverteiltem Fe zurückgehalten wird. Aus der Lsg. wird Cu-Pulver durch Behandlung mit H_2-Gas ausgefällt u. zusammen mit dem feinverteilten Fe abgetrennt. Das Fe-Cu-Pulvergemisch wird gepreßt, gesintert u. zu Band ausgewalzt. (**E. P. 910214** vom 20/2. 1961, ausg. 14/11. 1962. A. Prior. 24/2. 1960.) M. Neckermann. 6475

2153 Elektriska Svetsnings A/B, Göteborg, Schweden (Erfinder: T. M. I. Norén), **Lichtbogenschweißelektrode,** bestehend aus einer Leg., die 0,2—0,5(%) *C*, 0,5—2 *Cr*, ferner 0,1—4 *Nb* oder *Ta*, u. 4—10 *W* u. Mo, wobei die Summe aus W u. dem doppelten Mo-Geh. zwischen 4 u. 10 liegen soll, enthält. Der Rest besteht zur Hauptsache aus *Fe*. (**Schwed. P. 174415** vom 20/2. 1948, ausg. 28/2. 1961.) K. H. Kähler. 6507

2154 Vereinigte Leichtmetall-Werke G.m.b.H., Bonn (Erfinder: Klaus-Peter Mudrack, Weiden bei Köln), **Verwendung einer Aluminium-Knetlegierung für Schweißzwecke,** und zwar sowohl als zu verschweißender Werkstoff als auch als artgleicher Zusatzschweißdraht. Die zu verwendende Leg. besteht aus 4—6(%) *Zn*, 0,5—3 *Mg*, 0,1—0,7, bes. 0,2—0,3, *Li*, bis zu 0,8 *Mn*, Rest Al. Sie kann noch bis 0,1 *Cu* sowie die üblichen Geh. an *Fe* u. *Si* (als Verunreinigungen) u./oder 0,1—0,3 *Cr* enthalten. Durch den Li-Zusatz wird eine Rißanfälligkeit sowohl den Naht als auch der Übergangszone verringert. (**D. A. S. 1148754** Kl. 40b vom 30/8. 1958, ausg. 16/5. 1963.) C. F. Gross. 6507

2155 Je. N. Timochina, W. P. Batrakow, N. A. Poletkina, F. Ss. Pawlowa und S. I. Bitjukowa, **Abätzen von Verzunderungen auf Ti und dessen Legierungen** durch 15—20 Min. langes Behandeln mit Lsgg. von 500—700 (g/Liter) *NaOH* u. 200—300 $NaNO_3$ bei 130—145°. (**UdSSR. P. 129914** vom 10/11. 1959.) L. Großner. 6513

2156 Nuclear Corp. of America, Inc., New York, N. Y., übert. von: Virgil F. Novy, Altadena, und Craig G. Kirkpatrick, Granada Hills, Calif., V. St. A., **Passivieren eines an Luft reaktionsfähigen Metalls,** wie *Ce, La, Pr, Nd* (Seltene Erden). Die frisch polierte Metalloberfläche wird zunächst mit einem Lsgm. (A.) gereinigt, um jede Spuren des zum Polieren verwendeten Lsgm. zu beseitigen. Der fast unmittelbar nach dem Polieren auf der unpassivierten Oberfläche entstandene dunkle Film wird nun durch Eintauchen (20—30 Sek.) in eine oxydierend wirkende „Nital"-Lsg. (5% HNO_3, 95% A.) aufgehellt u. durch Behandlung mit einem, den verbliebenen hellen Oxidfilm lösenden Mittel (A.) entfernt. Im allg. muß die Behandlung mit „Nital" u. A. ca. 3mal wiederholt werden, bis die helle Farbe der Oberfläche die ausreichende Passivierung anzeigt. An die letzte A.-Behandlung schließt sich noch ein Trocknen an. (**A. P. 3038824** vom 15/5. 1958, ausg. 12/6. 1962.) H. Baur. 6513

2157 Isar-Chemie G. m. b. H., München (Erfinder: Werner Haag, Pullach, und Otto Jordan, Grünwald/München), **Nachentwicklungs- und Ätzmittel zum Tieflegen von Bildelementen auf Aluminiumplatten für Offsetdruck** besteht aus einer Lsg. von HBF_4 u. H_2SiF_6, bes. 0,3—6% in W. oder A., aus niederen aliphat. *Alkoholen* oder deren Gemischen oder wss.-alkohol. Lsg. von anorgan. Salzen wie $CaCl_2$, $ZnCl_2$, $MgCl_2$ oder deren Gemischen. Die wss. Lsgg. haben eine D. = 1,32 bis 1,41, die alkohol. 0,79 bis 1,25. Zusatz von keine Fällungen ergebenden Netzmitteln, z. B. *Alkylphenolpolyglykoläther*. (**D. A. S. 1147597** Kl. 15b vom 22/2. 1961, ausg. 25/4. 1963.) C. Kittler. 6513

2158 Metallgesellschaft Akt.-Ges., Frankfurt/M. (Erfinder: John Frederick Collins, London, England, Werner Rausch und Helmuth Kempf, Frankfurt/M.), **Entrostungspaste,** bestehend aus einem *verseifbaren Öl* (**I**) oder einer in eine Seife überführbaren *Fettsäure* (**II**) als Verdickungsmittel, emulgiert in wss. Phosphorsäure. An Stelle von **I** oder **II** kann ein hochvisk. oder festes Red.-Prod. von Fettsäuren bis einschließlich zu den entsprechenden Fettalkoholen verwendet werden. Außerdem enthält die Paste ein oberflächenakt. Mittel, bes. einen Emulgator (z. B. am N substituiertes Fettsäureamid mit 2 Polyoxyäthylenketten) für das Verdickungsmittel u. einen Stabilisator (z. B. *Tragant*). Die Paste kann bestehen aus 20—60(%) 100%ig. H_3PO_4, 5—35 Verdickungsmittel, bis zu 5 Stabilisator u./oder 1—4 oberflächenakt. Mittel, Rest W. Beispiel: 50 75%ig. H_3PO_4, 10 *Stearinsäure*, 3 *Methylcellulose*, 1 *Polyäthylenglykolmonostearat* (oder 4 *Polyäthylenglykolmonolaureat*), 36 W. Die Pasten sind stabil u. entmischen sich nicht beim Stehen. Sie können auf die Oberflächen aufgebürstet werden, verteilen sich gleichmäßig, fließen nicht ab u. können nach der Entrostung mit W. abgespült werden. Nach D. A. S. 1091400 enthält die Entrostungspaste wss. H_3PO_4, sowie mindestens 2 Verdickungsmittel u. zwar **I** u./oder **II**, u./oder hochvisk. bzw. feste Red.-Prodd. von Fettsäuren, bes. Fettalkohole, u./oder *Polyvinylalkohol* u./oder *Polyacrylsäure*. Beispiel: 7 Fettalkohol, 7 Polyvinylalkohol, 50 H_3PO_4 (D = 1,58), 5 Emulgator, Rest W. — Vgl. Oe. P. 193679; C. **1958,** 10812. (**D. A. SS. 1082475** Kl. 48d vom 5/4. 1956, ausg. 25/5. 1960. E. Prior. 14/4. 1955 u. **1091400** Kl. 48d [Zusatz-Anmeldung] vom 19/3. 1957, ausg. 20/10. 1960. Oe. Prior. 13/4. u. 28/6. 1956.) M. Demmel. 6513

2159 Elektroschmelzwerk Kempten G.m.b.H., Deutschland, **Verbesserung der Eigenschaften von Körpern durch Aufbringen dünner Schichten** durch Aufdampfen unter Rk. eines Gemisches von feinstverteilten Bestandteilen aus Metallen u./oder Metalloiden, z. B. *Al, Si* u. *Ge* mit einem oder mehreren entsprechenden Metall- u./oder Metalloid-Oxiden im Vakuum oder unter Schutzgas. Die Komponenten werden mit Teilchendurchmessern von 10^{-2}—10^{-6} mm verwendet. Auf diese Weise kann eine erhöhte Verdampfungs-Geschw. erzielt werden. Mit dem Verf. können opt. Wrkg., Härtung u. Glätte der Oberflächen von Metallen, Keramik, Glas u. Kunststoffen erreicht werden. (**F. P. 1263198** vom 26/7. 1960, ausg. 4/10. 1961. D. Prior. 31/7. 1959.) F. Vier. 6517

2160 Amchem Products, Inc., Ambler, Pa., V. St. A., **Herstellung gemischter Umwandlungsüberzüge auf Zirkonium und seinen Legierungen** mittels wss. saurer Lsgg., die als wesentliche Bestandteile H_3PO_4 u. HBF_4 in einem Verhältnis von 0,5 bis 10:1 u. in einer Gesamtkonz. von 10—150 mLiter/Liter Lsg., ggf. noch geringe Mengen (0,01—0,2%) Sn- u./oder Mo-Ionen, enthalten u. deren pH-Wert zwischen 0,6 u. 2,0 liegt. Die Behandlung erfolgt zwischen 20 u. 38°. Danach werden die Oberflächen zunächst mit W. gespült u. dann mit heißen (20 bis 82°) wss. Lsgg. nachbehandelt, die 5 bis 50 g/Liter eines oder mehrerer Alkaliphosphate ($Na_3PO_4 \cdot 12H_2O$), Alkalisilicate ($NaSiO_4$, Na_2SiO_3) oder deren Gemische enthalten. Beispiel: Lsg. aus 40(%) H_3PO_4 (85%ig.), 40HBF_4 (50%ig.), 20 *W*., zur Nachbehandlung Lsg. aus 12 (g) Na_4SiO_4, 10 $Na_3PO_4 \cdot 12H_2O$, W. zum Auffüllen auf 1 Liter. (**E. P. 900825** vom 1/5. 1961, ausg. 11/7. 1962. A. Prior. 3/5. 1960.) H. Baur. 6517

2161 International Research and Development Corp. (Erfinder: Hoyt H. Todd), **Widerstandsfähige Legierungen** zum Plattieren von Metalloberflächen, bestehend aus *Ni, Co* oder *Fe*, wenigstens 15% *P*, bezogen auf Metall + P, u. harten Materialien wie *Carbiden, Boriden* oder *Siliciden* des *W, Cr, Ti, Mo* oder *Si*, werden z. B. hergestellt durch Erhitzen von 10 (g) $NiCO_3$ (94%ig.), 20,86 H_3PO_2, 10 amorphem *W-Carbid* auf 2000° F. (**Aust. P. 236371** vom 4/11. 1958, ausg. 7/12. 1961. A. Prior. 4/11. 1957 u. 3/10. 1958.) K. Demmler. 6517

2162 Bruno von Zychlinski, Mittenwald, **Herstellung einer Kugelschreiberminenspitze** durch Abscheiden von Metallschichten auf das aus Messing bestehende Kugelbett, dad. gek., daß die Minen gereinigt u. in einer

Vakuumkammer mittels therm. Verdampfung oder Kathodenzerstäubung mit einer oder mehreren Metallschichten überzogen werden, z. B. gleichzeitig mit *Zn* u. *Cu*. Die im Vakuum aufgebrachten Schichten können mit galvan. aufgebrachten kombiniert werden. (**D. A. S. 1148838** Kl. 48b vom 5/1. 1957, ausg. 16/5. 1963.) F. Vier. 6517

2163 Hans Pichlmayr, Rottach-Egern, **Lagerfähiges Anreibe-Metallisierungsmittel,** bes, zum *Versilbern* bestehend aus einem organ. oder komplexen Metallsalz, wie Polier- u. Schleifmitteln, wobei die Metallabscheidung durch Wasserzusatz ausgelöst wird, dad. gek., daß es aus einem organ. oder komplexen Metallsalz, z. B. Ag-Lactat oder -Butyrat, einem organ. Red.-Mittel, bes. einem organ. Aminosulfat, z. B. Alkylolaminsulfit, einem organ. Lsgm., z. B. einem Gemisch von Glykolen u. ggf. den üblichen Zusätzen besteht. (**D. A. S. 1148837** Kl. 48b vom 8/2. 1961, ausg. 16/5. 1963.) F. Vier. 6517

2164 Plating Chemie N. V., 's-Hertogenbosch, Niederlande, **Elektrolytische Versilberung.** Um einen Ag-Überzug mit hohem Glanz zu erhalten, setzt man cyanalkal. Versilberungsbädern üblicher Zus. an sich bekannte Rk.-Prodd. aus einem Thiol, z. B. *tert. Dodecylthiol, Ameisensäure* u. *Dimercapto-2.5-thia-1-pyrazol-(3.4)* (Mol.-Verhältnis 4:2:1 bis 1:1:1) zu, bes. in einer Menge von 1—50 mg/Liter. (**Niederl. P. 103035** vom 21/1. 1957, ausg. 15/11. 1962.) F. Böhm. 6527

2165 General Mills, Inc., Minneapolis, Minn., V. St. A., **Neue Polyamine** der allg. Formel $R(CH_2NH \cdot CH_2CH_2CH_2NH_2)_n$, in der R ein KW.-Stoff-Rest einer polymeren Fettsäure $R(COOH)_n$ ist, die durch Polymerisation ungesätt. höherer Fettsäuren erhalten wurde, u. n 2 oder 3 bedeutet, u. deren Salzen, werden durch Kondens. eines Fettsäureamins der Formel $R(CH_2NH_2)_n$ mit Acrylnitril u. Hydrieren des Kondens.-Prod. hergestellt. — *Antikorrosionsmittel.* (**E. P. 906234** vom 12/1. 1961, ausg. 19/9. 1962. A. Prior. 18/1. 1960.) R. Bauereis. 6539

2166 Institut Français du Pétrole, des Carburants et Lubrifiants, Rueil Malmaison, Seine et Oise, Frankreich, **Schutz metallischer Oberflächen gegen den Angriff saurer Lösungen.** Zusätzlich zu einem bekannten Inhibitor (*Amine*) wird der Lsg. noch *S* zugesetzt, entweder in elementarer Form (Teilchengröße unter 500 μ), in der Lsg. fein verteilt, oder in Form einer zuvor zubereiteten Lsg. von S in einem organ. Lsgm. (*A., Bzl., Gasolin*). Es ist auch möglich, die Oberfläche mit der S-Lsg. zu behandeln, bevor sie mit der einen Inhibitor enthaltenden sauren Lsg. in Berührung kommt. (**E. P. 896789** vom 24/4. 1959, ausg. 16/5. 1962. F. Prior. 25/4. 1958.) H. Baur. 6539

2167 United States of America, Secretary of Army, übert. von: Melvin H. Swann, Havre de Grace, Md., V. St. A., **Rostbeständigmachen verrosteten Eisens.** Um Rost u. Schmierfett zu beseitigen u. auf Fe-Oberflächen einen Schutzüberzug herzustellen, werden sie in eine wss. Lsg. aus 2—6,5 (Vol.-%) *Äthylenglykolmonobutyläther* u. 0,25—1,0 eines in Säure stabilen, nichtionogenen oberflächenaktiven Mittels (*Alkylarylpolyätheralkohol, Nonylphenoxypolyoxäthylenäthanol, Alkylphenyläther* eines *Polyäthylenglykols*) mit einer Temp. von 10—60° getaucht, die noch 2,6—17 H_3PO_4 (85%ig.) u. 2 Gew.-% bis zur Sättigung *Ferrioxalat* enthält. Der Überzug ist wasser- u. säurefest. (**A. P. 3042554** vom 29/12. 1959, ausg. 3/7. 1962.) H. Baur. 6539

2168 George A. Barker, Washington, D. C., V. St. A., **Rostverhinderung von metallischen Innenflächen,** z. B. von Teilen von Verbrennungsmotoren oder Druckbehältern, durch versprühbare Schmieröle während der Zeit des Lagerns. Dem im wesentlichen aus 65—95 (Vol.-Teilen) eines bis zu 210° beständigen Petroleum-Schmieröls u. 4—14 eines flüchtigen, gewöhnlich fl., das Schmieröl lösenden KW.-Stoff mit einem Kp. unter 80° (*Benzin*) wird ein, für den Schutz von Fe geeigneter Inhibitor in Mengen von 0,1—11,0 [Gew.-% (bezogen auf das Öl)] in Form eines H_3PO_4-Esters oder eines seiner Metallsalze zugesetzt, ferner 0,05—5,0 eines öllösl. Dispergier- u. Reinigungsmittels in Form eines Alkali- oder Erdalkalisalzes einer Carbonsulfonsäure oder in Form eines Hydrocarbonsulfates mit 10—18 C-Atomen (*Ca-Salz der Mahagonisäure*) u. ein gewöhnlich gasförmiger Treibstoff (*fluorierter KW-Stoff* oder CO_2). (**A. P. 3037932** vom 6/2. 1958, ausg. 5/6. 1962.) H. Baur. 6539

2169 Herman S. Preiser, North Springfield, Va., V. St. A., **Unlösliche Schleppanode für den kathodischen Schutz von Schiffen** besteht aus einem Rohr aus elektr. leitendem Material, das beiderseits durch einen Bolzen aus *Ta* verschlossen ist, u. von einer dicken nichtporösen Schicht aus Ta oder *Ti* umgeben ist, welche selbst wieder von einer dünnen, porösen *Pt*-Schicht überzogen ist. Im Innern des Rohres befinden sich *Kunstharz* u. *Sand* in solchen Mengen, daß das Gew. der Anode hydrodynam. dem des Schleppkabels entspricht. (**A. P. 3038849** vom 7/10. 1958, ausg. 12/6. 1962.) H. Baur. 6539

2170 **National Chemical Products Ltd.,** Germiston, Südafrikanische Union, *Alkoxytrioxane.* (**E. P. 860498** vom 1/5. 1959, ausg. 8/2. 1961. Südafrikan. Prior. 9/5., 28/5., 9/10. 1958 u. 5/3. 1959. — C. **1963,** 21717 [Aust. P. 234908].)

2171 **Eugene Marie Burstlein,** Mendon-Bellevue, und **Soc. des Aciéries de Longwy,** Paris, Frankreich, *Agglomeration von pulverförmigem metallhaltigem Material.* (**E. P. 908854** vom 11/2. 1960, ausg. 24/10. 1962. F. Prior. 3/3. 1959. — C. **1961,** 17376 [F. P. 1228176].)

2172 **Foundry Services International Ltd.,** Birmingham, England (Erfinder: **Albert Ralph Watson** und **Frederick Horace Taylor**), *Behandlung geschmolzener Leichtmetalle und Legierungen.* (**E. P. 885533** vom 1/5. 1959, ausg. 28/12. 1961. — C. **1963,** 2997 [F. P. 1254899].)

2173 **Gesellschaft für Elektrometallurgie m. b. H.,** Düsseldorf, und **Hermann C. Starck Akt.-Ges.,** Berlin, *Herstellung von Reinmangan durch Destillation im Vakuum.* (**E. P. 840803** vom 19/11. 1956, ausg. 13/7. 1960. D. Prior. 24/11. 1955. — C. **1958,** 9055 [D. A. S. 1016025].)

2174 **Aluminium-Industrie-Akt.-Ges.,** Chippis, Schweiz, *Herstellung von Aluminium-Silicium-Legierungen.* (**Ind. P. 69761** vom 19/11. 1959, ausg. 23/12. 1961. — C. **1963,** 19009 [D. A. S. 1136123].)

2175 **Vereinigte Aluminium-Werke Akt.-Ges.,** Deutschland, *Gewinnung von Gallium aus Natriumaluminatlaugen.* (**F. P. 1246366** vom 4/8. 1960, ausg. 16/10. 1961. D. Prior. 12/8. 1959. — C. **1962,** 17919 [D. A. S. 1115031].)

2176 **Knapsack-Griesheim Akt.-Ges.,** Knapsack bei Köln (Erfinder: **Josef Martin Michel,** Frankfurt/M.), *Verdichten von chemisch oder elektrochemisch oberflächenbehandelten Werkstücken aus Leichtmetallen und Leichtmetallegierungen.* (**D. A. S. 1129801** Kl. 48d vom 12/7. 1956, ausg. 17/5. 1962. — C. **1962,** 6958 [F. P. 1230819].)

2177 **Knapsack-Griesheim Akt.-Ges.,** Knapsack bei Köln (Erfinder: **Josef Martin Michel,** Frankfurt/M.), *Verdichten von chemisch oder elektrochemisch oberflächenbehandelten Werkstücken aus Leichtmetallen und Leichtmetallegierungen.* (**A. P. 3032435** vom 13/7. 1959, ausg. 1/5. 1962. D. Prior. 17/7. 1958. **D. A. S. 1137280** Kl. 48d vom 17/7. 1958, ausg. 27/9. 1962. Zusatz zu D. A. S. 1129801; s. vorst. Referat. — C. **1962,** 6958 [F. P. 1230819].)

2178 **Amchem Products, Inc.,** Ambler, Pa., V. St. A. (Erfinder: **Ferdinand Philip Heller**), *Regelung der Dicke und/oder kristallinen Kornstruktur von auf metallischen Oberflächen gebildeten Phosphatüberzügen.* (**E. P. 853919** vom 26/2. 1959, ausg. 9/11. 1960. — C. **1963,** 2230 [D. A. S. 1119079].)

2179 **Badische Anilin- & Soda-Fabrik Akt.-Ges.,** Ludwigshafen/Rh. (Erfinder: **Günter Schmötzer** und **Gerhard Florus**), *Korrosionsschutzmittel und Härtungsmittel enthaltende wäßrige Kunststoffdispersionen.* (**Oe. P. 222262** vom 25/11. 1960, ausg. 10/7. 1962. D. Prior. 4/12. 1959. — C. **1963,** 21342 [E. P. 889380].)

H_9. Organische Industrie

2180 **Entwicklungsrichtungen der petrochemischen Technologie.** Anonym. (Chem. Rdsch. [Solothurn] **16,** 600—01, 1963; engl.) — Übersicht. F. Rosendahl. 6550△

2181 **Das System Äthylen–n-Heptan.** A. Paratella. (Riv. Combustibili **17,** 333—41, 1963; Padova, Univ.; ital.) — Das Phasenverh. des Syst. C_2H_4/n-Heptan wird bei $\leqq$ ca. 100 at u. 20—260° untersucht. Der Hauptteil der App. ist ein Kompressorblock, der aus einer festen Glascapillare besteht, die oben verschlossen u. mit der unteren Öffnung in Hg getaucht ist. Die Capillare ist in ihrer gesamten Länge in einem doppelten Glasmantel eingebettet, in dem eine organ. Fl. siedet. Die Betriebsoperationen sind im Vgl. zur Kay-App. wesentlich vereinfacht. Die Fehlergrenze der mit n-Heptan-Dämpfen durchgeführten Messungen liegt bei 0,5%. Mit Hilfe von am äußerem Glasmantel angebrachten regelbaren elektr. Widerständen wird in der Capillare eine konst. Temp. aufrechterhalten. Die Meßergebnisse werden graph. (Druck als Funktion der Temp.) dargestellt. L. Matz. H 500◇

2182 **Das Verhalten von Kohlenwasserstoffen bei der Hochtemperaturpyrolyse.** Rudolf Wirtz und Nikolaus Pechtold. (Erdöl Kohle-Erdgas-Petrochem. **15,** 977—82, 1962; Frankfurt/Main-Höchst, Farbwerke Hoechst AG, vorm. Meister Lucius & Brüning; dt.) — Das Verh. verschiedener KW-Stoffe (n-Heptan, n-Butylen, Leicht-

bzn., Isooctan, Isobutylen u. Neopentan) unter den Bedingungen der Hochtemp.-Pyrolyse in der Knallgasflamme wird untersucht. Es wird gezeigt, daß von den Betriebsbedingungen die Rk.-Rohrtemp. den größten Einfl. auf Art u. Menge der Spaltprodd. besitzt. Bei 1000—1300° läßt sich das C_2H_4/C_2H_2-Verhältnis im Spaltgas durch Veränderung der Temp. beliebig einstellen, wobei mit steigender Temp. die C_2H_2-Ausbeute zunimmt. Auch die Konstit. der Einsatz-KW-Stoffe ist für Art u. Menge der Spaltprodd. wichtig. So fallen die Ausbeuten an C_2-KW-Stoffen in der Reihenfolge n-Paraffine > Olefine > Naphthene > Isoparaffine > Aromaten als Einsatzprodukt. In der gleichen Reihenfolge steigt die Bldg. von Nebenprodukten. Das Simultangleichgew. folgender KW-Stoffe wird mit einer elektron. Rechenmaschine berechnet u. den experimentellen Werten gegenübergestellt: C_2H_2, C_2H_4, C_2H_6, CH_4, Propylen, Butylen, $CH_3C{\equiv}CH$, Allen, Butadien, $H_2C{=}CHC{\equiv}CH$, $HC{\equiv}CC{\equiv}CH$ u. H_2. Nur bei Einsatz geradkettiger KW-Stoffe werden die Hauptrk.-Prodd. in Übereinstimmung mit dem berechneten Gleichgew. gefunden. Die Abweichungen bei anderen KW-Stoffen werden im Hinblick auf den Rk.-Ablauf diskutiert.
M. Finke. H 500◇

2183 **Einfluß des Molekulargewichtes einer Fettsäure auf die Zusammensetzung der bei der Oxydation erhaltenen Dicarbonsäuren.** B. L. Moldawski und R. I. Rudakowa. (J. angew. Chem. [UdSSR] **33**, 417—20, 1960; Allunions Forsch.-Inst. für Erdölchemie; russ.) — Bei der Unters. der Oxydation von *Önanth-*, *Capryl-*, *Pelargon-* u. *Caprinsäure* mit HNO_3 wird festgestellt, daß vorwiegend *Dicarbonsäuren* (**A**) mit geringer Anzahl von C-Atomen gebildet werden, wobei das mittlere Molgew. der erhaltenen **A** mit dem der Ausgangssäure wächst. Auch die weitere Oxydation von **A** (*Adipin-* u. *Azelainsäure*) verläuft unter Bldg. niedermol. **A**, wobei die Oxydationsgeschw. mit dem Molgew. von **A** wächst.
I. Schade. H 820

2184 **Gewinnung von Adipinsäure durch Oxydation von Produkten der Luftoxydation von Cyclohexan mit Salpetersäure.** A. M. Goldman, W. A. Preobrashenski, Ss. M. Ssedowa, W. I. Trubnikowa und M. Ss. Furman. (Chem. Ind. [UdSSR] **1962**, 237—41; russ.) — Vgl. C. **1962**, 8778. — Die Hauptprodd. der Luftoxydation von Cyclohexan (**I**) sind Cyclohexanon (**II**) u. „X-Öl" (**III**, Gemisch von Estern, **II**- u. Cyclohexanolresten, CH_2O-Derivv., Diolen usw.). Im Labor. wird die Oxydation von **II**, **III** u. **II**-**III**-Gemischen durch HNO_3 untersucht. In einem Reaktor aus rostfreiem Stahl wird 57%ig. HNO_3 auf 100° erhitzt u. **II** usw. tropfenweise so rasch zugegeben, daß bei konst. Rühren keine Überhitzung eintritt. Die bei der Rk. unter Drucken bis 7 at erhaltenen N-Oxide werden absorbiert u. zurückgeführt. Das Gew.-Verhältnis HNO_3 (100%) : organ. Phase ist 4,5:1. Nach Zusatz der gesamten organ. Phase wird die Temp. weitere 30 Min. unter Rühren bei 100° gehalten. Nach Abkühlung wird die gebildete *Adipinsäure* (**IV**) mit anderen Dicarbonsäuren abfiltriert. Die **IV**-Ausbeute beträgt 0,4 bis > 1,4 g/g Ausgangsstoff, je nach dessen Zus. u. dem Druck, maximal bei 75% **II** u. 25% **III** u. 3,5 at 1,36 g/g bei einem HNO_3-Verbrauch von 0,85 g/g **IV**. Die Gesamtausbeute an **IV** wird erhöht, wenn nicht umgesetztes **III** bei 250° u. 55 at verseift wird, wobei Na-Adipat gewonnen wird u. weitere 0,149 g **IV**/g liefert. **IV** wird 2mal umkrist. u. entspricht dann der Norm für techn. **IV**.
R. K. Müller. H 820◇

2185 **Terephthalsäure aus Produkten der Erdölverarbeitung.** A. P. Petrow und M. M. Mowssumsade. (Hochschulnachr. [Baku], Erdöl Gas **6**, Nr. 5, 67—70, **1963**; Aserbaidshan. Asishekow-Inst. für Erdöl u. Chem.; russ.) — *Terephthalsäure* (**I**) ist ein wichtiger Rohstoff für die Produktion synthet. Fasern. Da p-Xylol nicht in genügenden Mengen zur Verfügung steht, verwendet man Nebenprodd. der Erdölverarbeitung zur Synth. von **I**. Nach der Alkylierung von Bzl. mit einer breiten Olefinfraktion gewinnt man Polyalkylbenzole, aus denen die hellen Fraktionen abgetrennt werden. Diese enthalten Dialkylbenzole, die für die Herst. von **I** verwendet werden können. Die hellen Fraktionen enthalten ca. 9% Diäthylbenzol, 12% Äthylisopropylbenzol u. Diisopropylbenzol. Durch Oxydation dieser Dialkylbenzole mit HNO_3 in einer engen oder breiten Fraktion läßt sich **I** mit sehr guter Ausbeute herstellen. Die Fraktion 193 bis 195° entspricht dem p-Äthylisopropylbenzol. Sie kann mit einer Ausbeute bis 82,8% für die Produktion von **I** verwendet werden.
H. Matz. H 1220◇

2186 Pechiney Comp. de Produits Chimiques et Électrométallurgiques, Seine, Frankreich (Erfinder: Pierre Chassaing), **Chlorierung olefinisch ungesättigter Verbindungen** mit O_2 + HCl in Ggw. eines Deacon-Katalysators bei 280—350°, dad. gek., daß pro Doppelbindung in dem olefin. Mol. $^1/_2$ Mol O_2 u. mehr als die theoret. Menge HCl, die zur vollständigen Chlorierung der olefin. Bindungen notwendig ist, bes. das 2- bis 5fache, eingesetzt werden. — Beispiele für die Chlorierung von Äthylen zu *1.2-Dichloräthan*, von 1.2-Dichloräthylen zu (hauptsächlich) *Trichloräthan* u. von Vinylchlorid zu *1.1.2-Trichloräthan*. — Verf.-Schema. (**F. P. 1262725** vom 22/4. 1960, ausg. 27/9. 1961.)
H.-J. Nitzschke. 6565

2187 Distillers Co. Ltd., Schottland, (Erfinder: Robert Norman Maclean), **Kontinuierliche Herstellung von Estern** durch Umsetzung einer Säure, z. B. Phthal-, Isophthal-, Terephthal-, Sebacin-, Isosebacin-, Malein-, Stearin- oder Adipinsäure, oder eines Säureanhydrids, bes. Phthal- oder Maleinsäureanhydrid, oder eines Carbonsäureesters mit einem Alkohol, bes. C_{4-10}-Alkanol oder Cyclohexanol, wobei die flüchtigere Komponente im Überschuß angewendet wird, in Ggw. eines inerten Gasstromes, bes. N_2, CO_2, H_2 oder Luft, zur Entfernung des gebildeten W. in einer 1. Kolonne bei 105—250° in Ggw. von H_2SO_4 oder p-Toluolsulfonsäure u. Überführung der Rk.-Prodd. in eine 2. Kolonne zur Entfernung der leichter flüchtigen Komponente mittels des nach Verlassen der 1. Kolonne regenerierten Gasstromes. — Verf.-Schema. (**F. P. 1246973** vom 27/11. 1959, ausg. 15/2. 1961. E. Prior. 17/11. 1958.)
G. Colsmann. 6573

2188 British Petroleum Co. Ltd., London, England, **Herstellung von sauerstoffhaltigen Verbindungen.** Man oxydiert Propylen mit einem freien O_2 enthaltenden Gas bes. bei 250—450° in Abwesenheit eines Katalysators, jedoch in Ggw. ionisierender Strahlung hoher Energie (Röntgenstrahlen, α-, β- oder γ-Strahlen, Neutronen, Spaltprodd.) bes. in einer Menge von 10^6—10^9 Strahleneinheiten std., wobei man bes. *Propylenoxid*, *Propylenglykol* u./oder *Acrolein* erhält; unverbrauchtes Gasgemisch führt man in die Rk. zurück. — Man läßt bei 350° eine äquimol. Mischung aus Propylen u. O_2 in einer Menge von je 25 ml/Min. u. 1000 ml/Min. Kreisgas durch einen 200 ml fassenden Reaktor strömen, in dessen Innerem Elektronen von 4,3 MeV erzeugt werden, u. erhält eine O_2-Umwandlung von 94% (ohne Bestrahlung 12%), eine Umwandlung in CO_2 25% (Spur), in *Acetaldehyd* 11% (0,9), in *Propylenoxid* 5% (Spur), in *Acrolein* 1% (Spur), in *Alkohole* 7% (Spur). — (**E. P. 882863** vom 15/10. 1959, ausg. 22/11. 1961.)
A. Jahn. 6583

2189 Sinclair Refining Co., New York, N. Y., übert. von: John S. Melik, Harvey, und Henry Erickson, Park Forest, Ill., V. St. A., **Herstellung eines Katalysators für die Dehydrierung von Kohlenwasserstoffen** in der Dampfphase bei 450—600° u. 0,1—0,5 at. Man mischt in W. digeriertes MgO innig mit hydratisiertem TiO_2 oder ZrO_2 im Verhältnis von 0,1—1 Mol 11 g MgO auf 1 Mol Dioxid u. calciniert das Gemisch nach 6 Std. bei 400—700°. Bei Verw. dieses Katalysators werden bessere Ausbeuten erhalten. — Tabelle. (**A. P. 2932673** vom 9/4. 1957, ausg. 12/4. 1960.)
W. Gräger. 6583

2190 W. I. Babajew, I. B. Kondratjewa und N. M. Danschina, **Abtrennung organischer Produkte aus Abluft,** die sich beim Oxydationsprozeß von KW-Stoff-Rohmaterial bildet. Die Luft wird durch einen mit Silicagel gefüllten Adsorber geleitet. Nach Sättigung des Silicagels werden die organ. Verbb. mit einem Lsgm. (Dichloräthan oder Ae.) extrahiert. — In jedem Liter der Abluft sind nach der Oxydation von Paraffinen zu Fettsäuren 7 mg organ. Verbb. enthalten. Dieses Gemisch leitet man durch einen Adsorber mit Silicagel. Nach dem Extrahieren werden folgende Prodd. abgetrennt: 50 (%) Ketone, 28 Alkohole, 14 Äther, 8 Säuren. (**UdSSR. P. 147586** vom 24/7. 1961.) T. Tscheresowa. 6599

2191 Dow Chemical Co., übert. von: Roger F. Monroe, Midland, Mich., V. St. A., **Chlorieren von Acetylenen** der Formel $R-C\equiv CH(R = C_{1-4}$-Alkyl), wie Propin, Butin, Pentin, Hexin, 4-Methylpentin oder Allene, durch Rk. pro Mol mit 2—4 Mol Cl ohne Katalysator in einer auf 20—100°, bes. 25—40°, gehaltenen Rk.-Zone. So erhält man aus Propin-(1) ein Gemisch aus 15 (%) *1.2.3-Trichlorpropen-(1)*, 20 *1.2.2.3-Tetrachlorpropan* u. 6,5 *1.1.2.2-Tetrachlorpropan*. Die Rk.-Zone ist üblicherweise eine mit inertem Material (Glas, Porzellan, Al_2O_3) gefüllte Kolonne. (**A. P. 2973393** vom 2/10. 1958, ausg. 28/2. 1961.) W. Gräger. H 500

2192 M. S. Nemzow, W. B. Kogan, G. W. Burowa und S. K. Ogorodnikow, **Trennung von C_5-Kohlenwasserstoffen,** die Paraffin-, Olefin- u. Dien-Verbb. enthalten, durch extraktive Dest., wobei als Extraktionsmittel ein Gemisch aus Äthylendiamin u. Pyridin (oder seinen Homologen) benutzt wird. Die Trennung erfolgt in einer Kolonne mit einer Effektivität von 50 theoret. Böden unter einem Druck von 1,5 at bei einem Rücklaufverhältnis von ∼ 2,5. — Das Katalysat des 2. Stadiums der Dehydrierung von Isopentan, das 22 (Gew.-%) Dien-KW-Stoffe u. 78 Amylen- u. Isoamylen-Verbb. enthält, wird mit einer Geschw. von 10 m^3/h in den mittleren Teil der Kolonne gegeben. Von oben gibt man ein Gemisch aus Äthylendiamin u. 20% Pyridin mit einer Geschw. von 150 m^3/h (die Konz. des trennenden Agens beträgt in der Kolonne ∼ 90 Gew.-%). Die Dämpfe des Isoamylens, die bis zu 1% Isopren enthalten, werden in einem Dephlegmator kondensiert, wobei 20 m^3/h als Phlegma in die Kolonne zurückgegeben u. 8 m^3/h als Destillat entfernt werden. Aus dem Dest.-Kolben werden 152 m^3/h 1,2%ig. Lsg. von Dien-KW-Stoffen mit Äthylendiamin-Pyridin-Gemisch abgetrennt. Die Dien-KW-Stoffe, die bis zu 1% Isoamylene enthalten, trennt man vom Lsgm. durch Destillation. (**UdSSR. P. 150498** vom 10/2. 1961.) T. Ogibina. H 500

2193 William Taylor Miller, Ithaca, N. Y., V.St.A., **Herstellung von halogenierten, fluorhaltigen Kohlenwasserstoffen** durch Behandeln von fluorierten KW-Stoffen (Perfluorhalogenolefinen) mit Halogen, bes. F_2, Metallhalogenid, bes. -fluorid, Halogenwasserstoff, bes. HF, oder SbF_5 als Halogenierungs- bzw. Fluorierungsmittel, wobei Prodd. erhalten werden, die mindestens die gleiche C-Atomzahl enthalten wie die Ausgangsprodd. (Trifluorchloräthylen, Tetrafluoräthylen oder Perfluorpropen) u. welche dehalogeniert oder ggf. dehydrohalogeniert werden können. Man erhält so: *1.2.3.4-Tetrachlorperfluorbutan*, $Kp._{760}$ 134,1, n_D^{20} 1,3853, $D._4^{20}$ 1,7810; *Perfluorbutadien-(1.3)*, Kp. 7,5°; *Perfluorbutan*, Kp. 3°, u. ein Prod. C_8F_{18}, Kp. 98—102°; *2-Chlorperfluorpropan*, $Kp._{735}$ 0,3—0,5°; *1.1.2-Trichlorperfluorpropan*, $Kp._{740}$ 72,5—72,7°, n_D^{20} 1,3538, $D._4^{20}$ 1,6614; *Pentachlorperfluorbutan*, $Kp._{78}$ 90—92°; *Tetrafluorhexachlorbutan*, $Kp._{76}$ 125—126°, n_D^{28} 1,457; *2.3-Dichlorperfluor-2.3-dimethylbutan*, $Kp._{735}$ 114—115,5°; *Hexachlorperfluorhexan*, $Kp._{20}$ 115,0—115,1°, n_D^{20} 1,4387, $D._4^{20}$ 1,9415; *Perfluor-2.3-dimethylbutan*, Kp. 57,5—59,0°, $D._4^{20}$ 1,7729; *1.4-Dichlor-2.3-di-(β-chlorperfluoräthyl)-perfluorbutan*, $Kp._{70}$ 125—126°; *2.3-Dichlorperfluorbutadien-(1.3)*, $Kp._{760}$ 67—70°; *Perfluorpropan*, Kp. —25°; *Perfluorbuten-(2)*, Kp. 5,0—5,2°; *2.3-Dichlorperfluorbutan*, $Kp._{747}$ 62,9°, n_D^{20} 1,3109, $D._4^{20}$ 1,6853; *2-Chlor-1.2-dibromperfluorpropan*, $Kp._{738}$ 109,6°; *1.2-Dibromperfluorpropan*, Kp. 72,0 bis 72,2°; *2.3-Dibromperfluorbutan*, $Kp._{751}$ 95°, n_D^{20} 1,3574; *1.2-Dichlor-3.4-dibromperfluorbutan*, $Kp._{12}$ 60—65°, n_D^{20} 1,428; *1.4-Dichlorperfluorbuten-(2)*, Kp. 64—66°; *Perfluortetramethyläthylen*, Kp. 54,5°, $D._4^{20}$ 1,6740. Die Prodd. eignen sich als unmischbare *Extraktionsmittel für Erdöl*, als *Dielektrika, hydraul. Fll.*, zur Herst. von *thermoplast. Polymerisaten* oder *Mischpolymerisaten*. (**E. P. 839034** vom 14/6. 1946, ausg. 29/6. 1960. A. Prior. 25/6. 1945.) W. Gräger. H 500

2194 Minnesota Mining & Mfg. Co., St. Paul, Minn., übert. von: Kenneth J. Radimer, Little Falls, N. J., V. St. A., **Herstellung von fluorhaltigen Verbindungen,** bes. von CF_3Br u. CF_3Cl, durch Elektrolyse einer O_2-freien Schmelze von Fluoriden der Metalle, bes. der II., III., IV. oder V. Gruppe des Period. Syst. (Fluoride von Li, Na, K, Rb, Cs, Be, Mg, Ca, Sr, Ba, Al, Tl, Ti, Sb, Bi, V, Nb, Mo u. F-Komplexsalze wie Silicate, Germanate, Borate, Zirkonate, Tantalate oder Titanate), in welche zweckmäßig durch eine hohle Kohle-Anode gasförmiges Halogen außer F_2, bes. Br_2 oder Cl_2, bei einem Zellenpotential von 30 V mit der gleichen Geschw. eingeleitet, wie an der Anode durch Bldg. der Fluorhalogenkohlenstoff-Verbb. verbraucht wird. Man erhält hierbei z. B. eine Ausbeute von 25(%) CF_4, 23,1 CF_3Br u. 19 C_2F_6. Die Kathode bes. aus Kohle kann auch aus anderem widerstandsfähigen Material hergestellt sein. CF_3Cl u. CF_3Br können als *Dielektrika, Kühl-, Feuerlösch-* u. *Treibmittel* sowie als Zwischenprod. zur Herst. von *synthet. Elastomeren* verwendet werden. — Vorrichtungen. (**A. PP. 2970092** u. **2970093** vom 24/4. 1956, ausg. 31/1. 1961.) W. Gräger. H 510

2195 Wyandotte Chemicals Corp., übert. von: John T. Patton und Donald E. Trucker, Wyandotte, Mich., V. St. A., **Totalchlorierung von gesättigten aliphatischen Kohlenwasserstoffen** mit mindestens 4 C-Atomen. Man führt ein Gemisch der KW-Stoffe mit mindestens der stöchiometr. notwendigen, zweckmäßig der 4- bis 4,5fachen Menge an Cl_2, bes. bei Unterdruck unter Flammen-Bldg. durch eine Düse u. trennt die erhaltenen C–Cl-Verbb. vom Rk.-Gemisch in einem vollständig geschlossenen System. Man erhält so aus C_4H_{10} ein Gemisch aus 6(%) CCl_4, 16 C_2Cl_4, 8 C_2Cl_6, 69 C_4Cl_6 u. 1 C_6Cl_6; C_5H_{12} → Spuren CCl_4, 12,4 C_2Cl_4, Spuren C_2Cl_6, 7,7 C_4Cl_6, 44,6 cycl. C_5Cl_6 u. 35,3 C_6Cl_6; die Zus. der Rk.-Prodd. kann durch Mischungsverhältnis der Ausgangskomponenten u. Rk.-Zeit variiert werden. — Vorrichtung, Tabellen. (**A. P. 2960543** vom 28/9. 1953, ausg. 15/11. 1960.) W. Gräger. H 510

2196 Esso Research and Engineering Co., übert. von: Clyde Lee Aldridge, Baker, La., William E. Catterall, Summit, und Donald W. Wood, Highland Park, N. J., V. St. A., **Geradkettige α-Olefine,** bes. mit 10—14 C-Atomen, erhält man durch Rk. von Al-Tributyl mit Äthylen bei 185—260 °F u. 300—3000 lbs./sq. in. u. Abtrennen der entstandenen höhermol. Al-Trialkyle, die dann mit Buten bei 100—230°F u. 1—3000 lbs./sq. in. umgesetzt werden. — Zu F. PP. 1173508 u. 1173536; beide C. **1962,** 13566, ist nachzutragen: Bei der Rk. von Al-Tributyl mit Äthylen entstehen bei 230°F, 3000 lbs./sq. in. u. 3 Std. Verweilzeit 24 (Mol-%) $Al(C_6H_{13})_3$, 31,4 $Al(C_8H_{17})_3$, 21 $Al(C_{10}H_{21})_3$, 11,2 $Al(C_{12}H_{25})_3$, 7,1 $Al(C_{14}H_{29})_3$ u. 4,3 Al(höhermol.-Alkyl)$_3$ als Zwischenprodd., die bei der Rk. mit Buten bei 170°F, 150 lbs./sq. in., 2 Std. Verweilzeit u. 15% Ni auf Kieselgur, Al_2O_3 oder SiO_2, Raney-Ni oder Pt 18,1 C_6H_{12}, 23,7 C_8H_{16}, 15,8 $C_{10}H_{20}$, 8,5 $C_{12}H_{24}$, 5,4 $C_{14}H_{28}$ u. 3,4 *höhermol. Olefine* liefern. — Fließbilder, Zeichnungen. (**A. PP. 2889385** vom 10/4. 1956, ausg. 2/6. 1959 u. **2906794** vom 10/4. 1956, ausg. 29/9. 1959. **E. P. 853983** vom 25/3. 1957, ausg. 16/11. 1960. A. Prior. 10/4. 1956.) G. Krauß. H 520

2197 Esso Research and Engineering Co. (Erfinder: Alfred J. Rutkowski, Charles E. Morell, Henry S. Makowski und Stanley B. Mirviss), V. St. A., **Herstellung von α-Monoolefinen** durch Umsetzung von Alkenen, die die Doppelbindung nicht in α-Stellung tragen u. mit polymeren C_{4-24}-Olefinen gemischt sein können, mit Boralkylen, deren Alkylgruppen weniger C-Atome enthalten als das eingesetzte Olefin, bes. Bordialkylen oder Verbb., die diese in der Rk.-Lsg. erzeugen, bei —50 bis 150°, oder Bortrialkylen bei 50—250°, bei Temp. > 100°, bes. > 160° u. fraktionierte Dest. der Rk.-Produkte. Gewinnung bestimmter α-Monoolefine durch Rk. der entsprechenden Boralkyle mit einem Olefin. Nach dem Verf. können auch durch Dest. schwer zu trennende, wenigstens 2 C_{4-10}-aliphat. Monoolefine enthaltende Gemische bei 100—160° getrennt werden. — Verf.-Schema. (**F. P. 1243546** vom 7/10. 1959, ausg. 16/1. 1961. A. Prior. 28/11. 1958.) G. Colsmann. H 520

2198 Dow Chemical Co., V. St. A. (Erfinder: Ludo Karl Frevel und Leonard Joseph Kressley),

Selektive Hydrierung von Acetylen in Gasgemischen aus C_2H_2, H_2 u. Äthylen in Ggw. eines 40—1 (Gew.-%) Cu, Ag oder Au enthaltenden Pd-Katalysators bei 60—200°, dad. gek., daß man einen Stoff zusetzt, der die Aktivität des Katalysators erhöht, wie 0,0005—30 Vol.-% eines aliphat. oder cycloaliphat. Thioäthers (Dimethyl-, Diäthyl- u. Di-n-butyl-, Diisoamylsulfid, Thiophen), 10—100/10^6 (Vol.-Teile) CoS oder H_2S, 50—2000/10^6 eines disubstituierten Cyclohexans (Dimethyl-, Diäthyl-, Methyläthylcyclohexan) oder 10—200/10^6 einer halogenierten aromat. Verb. (Monochlor-, Monobrom-, o-Dichlorbenzol, o-Dibromtoluol). (**F. P. 1240175** vom 5/10. 1959, ausg. 20/12. 1960. A. Prior. 6/10. 1958.) S. Böttcher. H 520

2199 L. S. Kofman, W. S. Winogradowa und W. N. Komarowa, **Abtrennen von reinem Isobutylen (I).** Aus der techn. Butylen-Fraktion wird durch Rektifikation cis-Buten-(2) abgetrennt. Danach entfernt man polare Beimengungen u. Buten-(1) (**II**) mit Hilfe von Zeolithen (**Z**) des Typs NaA u. CaA (Temp. 0—80°; Vol.-Geschw. 1—3/h) u. erhält reines **I**. Wenn im techn. Gemisch ~2% **II** enthalten sind, kann man mit 1 m^3 **Z** bis zu 2,4 t 100%ig. **I** abtrennen. Man regeneriert **Z** im Strom eines reaktionsträgen Gases oder Dampfes bei 250—350° u. kühlt danach im Strom desselben Gases (Isobutan, Isopentan). Nach der Regeneration kann **Z** erneut verwendet werden, ohne daß dabei wesentlich seine dynam. Aktivität eingebüßt wird. — Durch eine Kolonne, die 39 g granulierten **Z** vom Typ CaA enthält, schickt man mit einer Geschw. von 1/h (bezogen auf den fl. KW-Stoff) bei 25° 0,25 Liter industrielles **I**, das 2% **II** u. 0,3% trans-Buten-(2) enthält. Die Zus. des raffinierten Prod. wird chromatograph. analysiert. In den ersten 148 ml des Prod. können keine n-Butene gefunden werden. (**UdSSR. P. 150108** vom 18/4. 1961.) S. T. H 520

2200 M. J. Klimenko, S. N. Werchowskaja, A. T. Menjailo und M. M. Afanasjew, **Isobutylen (I)** wird aus gasförmigen KW-Stoff-Gemischen durch Hydratation u. anschließende Dehydratation auf Kationiten (sulfierte Ionenaustauscherharze des Typs KU-2, SBS, SDW-3 usw.) abgetrennt. Die Hydratation wird in der Dampfphase mit einer Vol.-Geschw. (vom fl. Rohstoff) $> 0{,}1$/h bei einem Verhältnis von **I** : W $\geq$ 1 : 100 durchgeführt; Temp. 90—120°; Druck: 10—15 at; Kontaktzeit 400 bis 1500 Sekunden. Die erhaltene wss. Lsg. des Trimethylcarbinols (**II**) wird in der Rektifikationskolonne konz., indem das azeotrope Gemisch aus 88,3% **II** u. 12,7% W. gesammelt wird. Dieses Gemisch wird bei 80—100°, 0—3 at u. einer Vorgabe-Geschw. von 0,2—0,4 Liter/Liter Katalysator in 1 Std. dehydratisiert. — Techn. **I**, das 96% **I** u. 4% n-Butylen enthält, wird bei 100°, 15 at u. einem mol. Verhältnis W : **I** = 8,3 durch einen Skrubber geschickt, der mit granuliertem SBS (Korngröße 2 bis 3 mm) gefüllt ist; Dauer des Kontaktes: 426 Sek. Die Umwandlung von **I** in **II** beträgt 85,1%, die Ausbeute an **II** 100%, die Konz. an **II** im Kondensat 32,2% u. die Produktivität des Katalysators 258 g **II** pro Liter in einer Stunde. Bei der Dehydratation auf SBS unter obengenannten Bedingungen erhält man 100%ig. **I** in einer Ausbeute von 100%. Produktivität 152 g **I** auf 1 Liter Katalysator pro Stunde. — Beispiele zur Abtrennung von **I** aus einer Butan–Butylen-Fraktion (Geh. an **I** 7,6%), u. einer fl. Olefin-Fraktion (Geh. an **I** 95%), wobei die Hydratation am Katalysator SM-12 u. die Dehydratation am Harz SBS durchgeführt werden. Die Benutzungszeit der Katalysatoren beträgt $>$ 1000 Stunden. (**UdSSR. P. 150109** vom 26/4. 1961.) S. T. H 520

2201 Continental Oil Co. (Erfinder: Mark Trevor Atwood, George Gifford McClafin und Alexander Shadan), V. St. A., **Herstellung von 2-Methylbuten-(1) und Aluminiumtrialkylen** mit bis zu 100 C-Atomen je Alkylrest durch Umsetzung von 2—10 (Mol) Propen (**I**) mit 1 Al-Triäthyl bei 100—180° u. 7—140 at, Abdest. der gebildeten KW-Stoffe, wie *2-Methylbuten-(1)*, **I** u. dimerem **I**, u. anschließende Rk. des Rückstandes mit 1—1000 Mol Äthylen pro Mol Rückstand zur Gewinnung *höhermol. Al-Trialkyle* bei 14—280 at u. 80—150°. — Beispiele; Verf.-Schema. (**F. P. 1246696** vom 2/2. 1960, ausg. 10/2. 1961. A. Prior. 2/2. 1959.) G. Colsmann. H 520

2202 Scientific Design Co., Inc. (Erfinder: David Braun), V. St. A., **Dimerisierung von Propylen (I)** durch Rk. von 10—0,4 Mol **I** im Gemisch mit 1 Mol, ggf. im Kreislauf in die Rk.-Zone zurückgeführtem Isopropanol in Ggw. eines Katalysators auf Basis der Phosphorsäure in wss. Lsg. bei 250—400° u. 50—500 at. — Ein so erhaltenes Rk.-Prod. enthält z. B. 37,1% *dimeres* **I**. (**F. P. 1246414** vom 10/12. 1959, ausg. 8/2. 1961. A. Prior. 11/12. 1958.) G. Colsmann. H 520

2203 Soc. Belge de l'Azote et des Produits Chimiques du Marly Soc. An., Belgien, **Stabilisierung von gasförmigem Acetylen unter Druck** durch Einleiten von Acetylen in trockenes fl. NH_3 bei normalem oder wenig erhöhtem Druck, Komprimieren der Lsg. u. Erwärmen, um ein gasförmiges Gemisch von NH_3/C_2H_2 im Verhältnis von 0—4 bei 2—50 at zu erhalten. (**F. P. 1244063** vom 24/12. 1959, ausg. 20/1. 1961. E. Prior. 12/1. u. 27/11. 1959.) G. Colsmann. H 530

2204 Esso Research and Engineering Co., Elizabeth, N. J., V. St. A., **Abtrennen von Acetylenen aus diese und 1.3-Butadien enthaltenden Kohlenwasserstoffen.** Diese Mischung wird mit einer wss. Cu–NH_4-Acetatlsg., bestehend aus 0,1—0,7 Mol Cu(I), 1,5—3,5 Mol Cu(II), 8—12 Mol NH_3 u. 4—7 Mol Essigsäure je Liter Lsg., bei 0—100, bes. 20—60°F behandelt, wodurch die Acetylene u. ein geringer Teil des Butadiens gelöst werden. Der Extrakt wird dann bei 0—130, bes. $<$ 100°F mit Butanen, Butenen oder deren Mischungen behandelt, um das gelöste Butadien u. nur sehr geringe Mengen Acetylen zu entfernen. Dieser KW-Stoff kann im Kreislauf geführt werden. — Verteilungsdiagramme zwischen Butadien u. Acetylenen in der Lsg. bei 40—100°F. — Vorr., Zeichnung. (**E. P. 868297** vom 11/8. 1959, ausg. 17/5. 1961. A. Prior. 13/11. 1953.) G. Krauß. H 530

2205 Harold Newby, London, England, **Alkohole mit 6—8 C-Atomen** erhält man aus den Dimerisationsprodd. des C_3H_6 u./oder C_4H_8 durch Epoxydation der erhaltenen Olefine mit Perverbb., wie Peressigsäure oder O_2 in Ggw. von Alkali, u. anschließende Umwandlung der Epoxide in Ggw. von Katalysatoren, wie Al_2O_3, Silicagel, zu Aldehyden. Die erhaltenen Aldehyde werden in Ggw. von Katalysatoren, wie Cu oder Ni auf Träger, wie Kieselgur, Bimsstein, akt. Al_2O_3, bei 150° u. 15 at zu den entsprechenden Alkoholen hydriert. Die Dimerisation erfolgt auch in der fl. Phase bei erhöhten Temp. u. Drucken sowie in Ggw. einer organ. Al-Verb., gelöst in KW-Stoffen. — Buten-(1) u. Al-Tributyl $\xrightarrow[30\,at]{200°}$ 2-Äthylhexen-(1) $\xrightarrow[25\%ig.\ Peressigsäure]{40°}$ Äthylhexenoxid (Kp. 151—153°) $\xrightarrow[akt.\ Al_2O_3]{200-250°,\ 20-25\,at}$ 2-Äthylhexanal-(1) $\xrightarrow[150°,\ 15\,at]{3\%Ni,\ 8\%Cu,\ 0{,}4\%Cr,\ Silicagel}$ *2-Äthylhexanol-(1)*. — Ein Gemisch von C_3H_6 u. C_3H_8 ergeben in Ggw. von Al-Trihexyl als Katalysator 2-Methylpenten-(1), Kp. 63—64°. Daraus erhält man 2-Methylpentenoxid, $Kp._{766}$ 105 bis 107°, u. daraus 2-Methylpentanal-(1), welches hydriert *2-Methylpentanol-(1)* ergibt. (**E. P. 879803** vom 4/3. 1959, ausg. 11/10. 1961.) G. König. H 560

2206 Rohm & Haas Co., übert. von: John J. Nedwick, Philadelphia, und John Robert Snyder, Malvern, Pa., V. St. A., **Herstellung von Vinylthioäthern.** Man mischt ein Thiol $R(SH)_n$ (n = 1 oder 2, R = gesätt. aliphat. KW-Stoffrest, der ggf. eine Äther-, Thioäther-, Carbonsäureester-, Amino-, Amid- oder OH-Gruppe enthält, Aryl- oder Phenalkylrest) mit einem stark bas. Alkalimetall als Katalysator u. einem inerten organ. Lsgm. (Dimethyl- oder Diäthylformal oder -acetal, Dioxan, Dioxolan, 2-Methyldioxolan, Mono- oder Dimethyl- oder Diäthyläther des Äthylenglykols, Di-, Tri- oder Tetraäthylenglykol, Tetrahydrofuran, Ae., Thioäther, N-Methyl- oder N-Äthylpyrrolidon), löst darin bei 0° 18—20 (Vol.) oder bei 10° mindestens 14 C_2H_2 (auf 1 Lsgm.), das ggf. mit einem inerten Gas (N_2 oder CH_3) gemischt ist, u. erhitzt diese Lsg. auf 100—200°, bes. 140—190°, bei einem Druck von 1000—5000 lbs./sq. in., der ausreicht, um C_2H_2 in Lsg. zu halten, während 0,5—10 Min., ggf. auch länger. Man erhält so folgende *Vinyl-*

sulfide: *Dodecyl-*, Kp.$_{1,7}$ 124—126°; *β-Hydroxyäthyl-*, Kp.$_{20}$ 85—86°; *n-Butyl-*, Kp.$_{54}$ 72—73°; *tert.-Butyl-*, Kp.$_{1,15}$ 74,5—75,5°, n_D^{25} 1,4660, $D._4^{25}$ 0,8539; *sek.-Butyl-*, Kp.$_{115}$ 73—74°, n_D^{25} 1,4683, $D._4^{25}$ 0,8556; *Methyl-*, Kp. 67—67,5°, n_D^{25} 1,4826; *Äthyl-*, Kp. 92—92,5°, n_D^{25} 1,4735, $D._4^{25}$ 0,8723; *2-Äthylhexyl-*, Kp.$_{10}$ 88,8°, n_D^{25} 1,4602; *Decyl-*, Kp.$_5$ 114—116°, n_D^{20} 1,4715; *tert.-Dodecyl-*, Kp.$_{1,5}$ 88—89°; *Tetradecyl-*, Kp.$_{0,15}$ 105—106°; *Octadecyl-*, Kp.$_{0,45}$ 160—165°; *Cyclohexyl-*, Kp.$_9$ 71°, n_D^{25} 1,5097, $D._{25}^{25}$ 0,9492; *Phenyl-*, Kp.$_7$ 74°; *Benzyl-*, Kp.$_{10}$ 101—104°; *2-Aminophenyl-*, Kp.$_5$ 110,5—112°; *Phenoxyäthyl-*, Kp.$_{0,65}$ 89°, n_D^{25} 1,5633, $D._{25}$ 1,0791; *Tetrahydrofurfuryl-*, Kp.$_{10,5}$ 84°, n_D^{25} 1,5097, $D._{25}^{25}$ 1,0393; *Phenyl-*, Kp.$_3$ 78°, n_D^{25} 1,5972, $D._{25}$ 1,1868; ferner *3.6-Dithiaocta-1.7-dien*, Kp.$_{13}$ 92°; *1.4-Bis-(vinylthiomethyl)-benzol*, F. 60—61°; *1.3-Bis-(vinylthio)-propan*, Kp.$_{0,3}$ 60°, n_D^{25} 1,5514; *1.4-Bis-(vinylthio)-butan*, Kp.$_{0,75}$ 81°; *1.5-Bis-(vinylthio)-pentan*, Kp.$_{0,24}$ 85,5°. Die Prodd. eignen sich als *Insekticide*, *Schmieröladditive*, *Lsgm.* oder zur Herst. von *Homo- u. Mischpolymerisaten*. (**A. P. 2930815** vom 27/1. 1959, ausg. 29/3. 1960.) W. Gräger. H 600

2207 Consortium für elektrochemische Industrie G. m. b. H., München, **Aldehyde und Ketone** erhält man durch Rk. von Olefinen mit O_2 oder freien O_2 enthaltenden Gasen, indem man die gasförmige Mischung zusammen mit Wasserdampf (**I**) (2—80 Vol.-%) oder einer **I** erzeugenden Verb. (H_2) über einen Katalysator leitet, der eine Verb. eines Übergangsmetalls der 5.—8. Nebengruppe des Period. Syst. oder der 1. Nebengruppe des Period. Syst. mit starken Säuren (HCl, HBr, H_3PO_4, HNO_3) ggf. auf Trägern (Aktivkohle, Al_2O_3, SiO_2, Bims, Silicate) enthält, bei 50—300° u. unter Drücken von 0,1—20 at. Es können W. bindende Metallsalze ($CaCl_2$) zugegeben werden. Die Katalysatoren können als Festbett- oder Wirbelbettkatalysatoren angewendet werden. — 100 g Pd-Kohle mit einem Pd-Geh. von 5% werden mit 500 g 1n HCl gewaschen, 15 Std. über $CaCl_2$ getrocknet u. darüber eine Mischung aus 8% O_2, 6% H_2 (gesätt. mit Wasserdampf bei 40°) u. 86% Äthylen geleitet u. bei 1maligem Durchgang 3,1%ig. Umwandlung zu Acetaldehyd erhalten. Die Verw. von Edelmetallsalzen der 8. Nebengruppe des Period. Syst., ggf. in Verbindung mit anderen Metallsalzen (Fe, Cu) wird bevorzugt. Es werden auch $VOSO_4$, $FeCl_3$, $CuBr_2$, $HAuCl_4$, $CrCl_3$ oder $Cu(PtBr_6)$ als Katalysatoren verwendet. — (**E. P. 876024** vom 1/1. 1958, ausg. 30/8. 1961. D. Prior. 4/1., 6/7. u. 7/8. 1957.) A. Jahn. H 650

2208 Consortium für elektrochemische Industrie G. m. b. H., München, **Herstellung von Aldehyden und Ketonen** durch Oxydation von Olefinen. Beschreibung einer Vorr. zu den in D. A. S. 1080994; C. **1961,** 3811 u. Oe. P. 205476; C. **1961,** 14457 beschriebenen Verfahren. — Verf.-Schema. (**Oe. P. 216527** vom 22/10. 1959, ausg. 10/8. 1961. D. Prior. 24/10. 1958.) H.-J. Nitzschke. H 650

2209 Distillers Co. Ltd. (Erfinder: John Lynn Barclay, David James Hadley und David Gordon Stewart), Schottland, **Herstellung von Acrolein und Methacrolein.** Zu E. P. 873712; C. **1963,** 1064 ist zu ergänzen, daß der Oxydationskatalysator aus Oxiden von W u. Ag, Sn oder Bi, die Metalle im Mol-Verhältnis 0,3:1 bis 3:1, besteht. (**F. P. 1247786** vom 11/2. 1960, ausg. 24/2. 1961. E. Prior. 13/2. u. 10/6. 1959.) Eberhard Riedel. H 670

2210 L. S. Ssoborowski und J. G. Gololobow, **Alkylmercaptoacetaldehyde** werden durch Hydrolyse von α-Chlor-β-[alkylmercapto]-äthylestern aliphat. einwertiger Säuren erhalten. — 73 g α-Chlor-β-[äthylmercapto]-äthylester der Essigsäure u. 500 ml W. werden 2 Std. bei beständigem Rühren gekocht; danach wird mit Ae. extrahiert: 17,5 g *Äthylmercaptoacetaldehyd*, Kp.$_{18}$ 47°; n_D^{20} 1,4766; D_4^{20} 1,0400. — Analog *Methylmercaptoacetaldehyd*, Kp.$_{30}$ 45°; n_D^{20} 1,4814; $D._4^{20}$ 1,0663; Ausbeute 32%. (**UdSSR. P. 150502** vom 16/10. 1961.) T. Ogibina. H 690

2211 Esso Research and Engineering Co., Elizabeth, N. J., V. St. A., **Diäthylketon** erhält man durch Rk. von Äthylen mit CO u. einer H-abgebenden Verb. (sek. Alkohole, bes. mit 3—10 C-Atomen, Isoparaffine, teilweise hydrierte Aromaten u. Naphthene, Xylole, Äthylbenzol, Toluol) bei 100—300° u. 1500—5000 lbs./sq. in. in Ggw. von Rh, dessen Oxiden, Chlorid, Sulfat, Nitrat, organ. Salzen, wie Oleat, Stearat, Carbonylen u. Hydrocarbonylen, wie $Rh_2(CO)_8$, $(Rh[CO]_3)_n$, $(Rh_4[CO]_{11})_n$ u. $Rh(CO)_4H$ (n = unbekannt), als Katalysator, der entweder in der Rk.-Mischung lösl. ist oder während der Rk. lösl. Rh-Verbb. bildet. Die Katalysatormenge beträgt 0,01—0,5% Rh, bezogen auf Äthylen; er kann auch auf Al_2O_3, Kieselgur, SiO_2 oder SiO_2–Al_2O_3 aufgebracht sein. Aus der heißen Rk.-Mischung wird Rh durch Zusatz von heißem W. ausgefällt u. in den Kreislauf zurückgeführt. Als H-abgebende Verb. dient bes. Isopropanol, das während der Rk. zu Aceton dehydriert wird; Ausbeute 90%. — Vorr., Zeichnung. — Vgl. A. P. 2839580; C. **1961,** 8469 u. E. P. 801734; C. **1962,** 3981. (**E. P. 827396** vom 28/12. 1956, ausg. 3/2. 1960. A. Prior. 11/1. 1956.) G. Krauß. H 710

2212 Aleksandar Despic und Djuro Kosanovic, Belgrad, Jugoslawien, **Herstellung von ungesättigten β-Diketonen** der allg. Formel $(R_1)(R_2)C=CR_3-(CH_2)_n-CO-CH_2-CO-CH_2R_4$ (R_1, R_2, u. R_3 = H oder Alkyl, R_3 auch = Halogenatom, R_4 = H oder Alkyl mit 1—3 C-Atomen, n = 0 oder 1—5) durch die Claisen-Kondens. eines Esters einer ungesätt. aliphat. Säure $(R_1)(R_2)C=CR_3-(CH_2)_n-COOH$ mit einem Methylketon $CH_3-CO-CH_2-R_4$ unter Kühlung. Bes. werden Ester der nichtsubstituierten oder α-substituierten Acrylsäure oder β-substituierten Vinylessigsäure in Ggw. eines Polymerisationsinhibitors (p-Phenylendiamin, N.N-Dimethyl-α-naphthylamin) mit Aceton umgesetzt. Das Rohprod. z. B. *Methacrylaceton* (**I**) wird mittels einer wss. $FeCl_3$-Lsg. gereinigt, nach Trennung von den lösl. Fe-Komplexsalzen der Verunreinigungen wird **I** durch Zusatz von Säure (HCl) aus dessen wasserunlösl. Fe-Komplexsalz gewonnen. (**E. P. 868106** vom 16/10. 1957, ausg. 17/5. 1961. Jug. Prior. 16/10. 1956.) W. Gräger. H 720

2213 Shell Internationale Research Mij. N. V., Den Haag, Niederlande, **Herstellung von organischen Carbonsäuren** durch Umsetzung von mit di- u./oder polyolefin. ungesätt. organ. Verbb. (**A**) verunreinigten monoolefin. ungesätt. organ. Verbb. mit CO u. W. in Ggw. eines sauren Katalysators nach vorheriger Entfernung von **A** durch selektive Hydrierung, bes. durch Leiten der Mischung in der Dampfphase über einen Katalysator aus Cu-Chromit auf SiO_2 oder NiS auf Al-Oxid in Ggw. von H_2 oder über wss. H_3PO_4 auf einem Träger wie Hochofenkoks, oder durch Behandlung mit konz. H_2SO_4. — Beispiel. (**Oe. P. 217998** vom 8/6. 1960, ausg. 10/11. 1961.) G. Colsmann. H 800

2214 Studiengesellschaft Kohle m. b. H., Mülheim/Ruhr, **Herstellung von Monocarbonsäuren** aus an der Doppelbindung verzweigten Olefinen mit $\geqq 4$ C-Atomen durch Umsetzung mit CO u. Wasser. Als Katalysator verwendet man BF_3-Komplexe, die bis zu maximal 1 Mol W. auf 1 Mol Monooxyfluorborsäure, $H(BF_3OH)$ chem. gebunden enthalten. Die Abtrennung der entstandenen Carbonsäuren erfolgt durch Zugabe von stöchiometr. Mengen W., wobei 2 Schichten entstehen. Die untere Schicht enthält den Katalysator, der sofort wieder verwendet werden kann. — In einen V4A-Extra-Autoklaven werden 260 g Katalysator der Zus. $(H_3O)\cdot(BF_3OH)$ gegeben. Unter CO-Druck von 90 at werden bei 2—8° im Verlauf von 2 Std. 336 g 2-Methylpenten-(1) eingepreßt. Man rührt noch 1 Std. u. versetzt das Rk.-Prod. mit 500 ml Hexan u. 3 Mol Wasser. Aus der oberen organ. Phase isoliert man die Carbonsäuren über ihre Alkalisalze, die Ausbeute beträgt 85%—90%. Weitere Beispiele. — Vgl. D. A. S. 1095802; C. **1961,** 9593. (**Oe. P. 216487** vom 5/11. 1959, ausg. 25/7. 1961. D. Prior. 13/11. 1958.) I. Lasch. H 810

2215 E. A. Bljumberg, N. I. Gelperin und E. B. Tschishow, **Essigsäure** (**I**) kann von W. u. HCOOH durch heteroazeotrope Rektifikation befreit werden. Um den Verlust von **I** maximal zu verringern u. um gleichzeitig wss. HCOOH-Lsgg. zu erhalten, benutzt man PAe. als Komponente des azeotrop. Gemisches. — Ungereinigte **I** füllt man in den Dest.-Kolben der kontinuierlich arbei-

tenden Kolonne. Nach dem Erhitzen des Dest.-Kolbens bis zu 118° beginnt man ununterbrochen den PAe. in den oberen Teil der Kolonnen mit einer Geschw. von 45 cm^3/h zuzugeben. Die Trennung kann man period. u. kontinuierlich durchführen. Man beendet, wenn die Temp. im oberen Teil der Kolonne 50° erreicht hat u. keine Abtrennung des azeotropen Gemisches mehr erfolgt. Nach Abtrennung der unteren Schicht gibt man den PAe. wieder in die Kolonne zurück. (**UdSSR. P. 149772** vom 20/10.1961.)
B. F. H 810

2216 Chimel Soc. An., Schweiz (Erfinder: Robert Sancier Aries), **Herstellung von tert.-Alkylestern aliphatischer Carbonsäuren** durch Umsetzung von Isoolefinen bes. von Isobutylen, ggf. im Gemisch mit anderen Butylenen, mit konz. aliphat. Carbonsäuren (**A**), in Ggw. von 1—20 Gew.-% (bezogen auf **A**) eines Katalysators aus Mg–Al–Silicaten, bes. aus 72% SiO_2 u. 28% MgO, oder aus ggf. mit einer Säure u. einem Metalloxid behandelter Tonerde. — *Essigsäure-tert.-butylester*, Kp. 97—98° (korr.), aus Eisessig (**I**) durch Einleiten von 1 Mol pro 2 Mol **I** Isobutylen bei 80° u. 14 kg/cm^2; 75,4% (Ausbeute). — *Propionsäure-tert.-butylester*, Kp. 117—118,5°, aus Propionsäure; 77,8%. — *Buttersäure-tert.-butylester*, Kp. 137—138° (korr.); 73,2%. — *Isobuttersäure-tert.-butylester*, Kp. 127,5—128,5° (korr.); 69,7%. (**F. P. 1247198** vom 3/2. 1960, ausg. 17/2. 1961. A. Prior. 13/4. 1959.) G. Colsmann. H 810

2217 L. S. Ssoborowski und J. G. Gololobow, **Herstellung von α-Chlor-β-[methylmercapto]-äthylestern aliphatischer einwertiger Säuren.** Vinylester aliphat. einwertiger Säuren werden mit Alkylsulfenylchloriden versetzt. — In 44(g) $(C_2H_5)_2S$ werden 25,6 g Cl_2 eingeleitet. Zum erhaltenen ungereinigten Äthylsulfenylchlorid werden tropfenweise unter Rühren bei ~ 30° 62 Vinylacetat zugefügt. Durch Dest. wird *Essigsäure-α-chlor-β-[äthylmercapto]-äthylester* abgetrennt; Ausbeute 83,4%; $Kp._{19}$ 109°; n_D^{20} 1,4770. (**UdSSR. P. 149425** vom 14/10. 1961.) B. F. H 810

2218 I. M. Lebedjew und S. S. Gankin, **Bromundecansäure** erhält man durch Anlagerung von HBr an Undecylensäure (**I**) in einem Syst. von miteinander verbundenen Graphitröhrenreaktoren (innerer ⌀ 35 mm; Höhe 1500 mm), das intensiv mit Salz-Lsg. abgekühlt wird. — 20%ig. Toluol-Lsg. von **I** wird mit einer Geschw. von 40 Liter/h in die erste Röhre gegeben, wo sie bis zu 8° abgekühlt wird. In die zweite Röhre wird mit einem 30%ig. Überschuß HBr-Gas eingeleitet. Die Anlagerung von HBr findet in der zweiten u. dritten Röhre statt. Ausbeute 85—87%. — Verf.-Schema. (**UdSSR. P. 149401** vom 1/7. 1961.) T. Ogibina. H 810

2219 E. I. du Pont de Nemours & Co. (Erfinder: Marcus A. Naylor), V. St. A., **Oxydation von α-Olefinen,** bes. mit 3—10 C-Atomen, in kontinuierlichem Verf. zu den entsprechenden α- oder *β-ungesätt. Carbonsäuren* mit O_2 in einer aliphat. Carbonsäure als Lsgm. u. in Ggw. eines mehrwertigen Metalles oder dessen Salzes, bes. Mg-Acetat, eines Initiators, bes. HBr, HJ, J, Br, O_3 oder Peroxide, u. eines leicht oxydablen Stoffes, wie Acrolein, Cyclohexanon, Hexaphenyläthan oder Aceton, bei 100 bis 250° u. ≦ 200 at Drucken in einem mit Pt, Ag, Au, Ti, Al oder keram. Material ausgekleideten Rk.-Gefäß. — *Acrylsäure*, Kp. 138—142°, aus Propylen u. Luft in Eisessig in Ggw. von Mg-Acetat u. 48%ig. wss. HBr bei 56 at u. 200°; Ausbeute 3%. — Weitere Beispiele. (**F. P. 1243655** vom 22/12. 1959, ausg. 18/1. 1961. A. Prior. 24/12. 1958.) G. Colsmann. H 810

2220 Badische Anilin- & Soda-Fabrik Akt.-Ges., übert. von: Hans Fikentscher und Hans Wilhelm, Ludwigshafen/Rh., **α.β-Ungesättigte Carbonsäureamide** erhält man durch höchstens 20 Min. Erhitzen eines Ketoncyanhydrins [hergestellt z. B. aus Ketonen der allg. Formel R–CO–CH(R')R'' (R, R' u. R'' = organ. Rest; R' u. R'' = auch H, Halogen u. beide können gleich oder verschieden sein) u. HCN] mit konz., bes. wenigstens 95%ig. H_2SO_4, Oleum oder Alkylschwefelsäure, bes. im Verhältnis 1:1,5—4 auf 70—140, bes. 120—140° in Ggw. von wenigstens 0,25%, bes. 0,5—10% eines Alkalisalzes der H_2SO_4 oder H_3PO_4 (auch der HPO_3, $H_4P_2O_7$, Polyphosphorsäure, Pyroschwefelsäure, $KHSO_4$) oder Mischungen dieser Salze. Das Amid kann anschließend durch Zusatz von W. zur *Carbonsäure* verseift bzw. durch Zusatz von Alkohol in den *Ester* übergeführt werden. — Aus 25 (Teilen) 95,8%ig. Acetoncyanhydrin u. 50 100%ig. H_2SO_4 in Ggw. von 2,5 $NaPO_3$ nach 210 Sek. bei 70 bis 125° → *Methacrylsäureamid*, Ausbeute 95%. — Methyläthylketoncyanhydrin → *α-Methylcrotonsäureamid*, Ausbeute 87%. — Cyclohexanoncyanhydrin → *Cyclohexencarbonsäureamid*. — R, R' u. R'' kann noch sein: Äthyl, Propyl, Isopropyl, gerad- oder verzweigtkettiges höhermol. Alkyl u. Aralkyl. — Vgl. F. P. 1198695; C. **1961,** 15924. (**E. P. 873603** vom 7/2. 1958, ausg. 26/7. 1961. **A. P. 3002023** vom 10/2. 1958, ausg. 26/9. 1961. Beide D. Prior. 13/2. 1957.) G. Krauß. H 810

2221 Scientific Design Co., Inc. (Erfinder: Robert S. Barker und Max A. Cohen), V. St. A., **Herstellung von Adipinsäure** durch Oxydation von Cyclohexan (**I**) mit O_2 zu einem Gemisch aus Cyclohexanol (**II**) u. Cyclohexanon (**III**) bei ca. 150° u. 10,5 kg/cm^2 u. Oxydation des Gemisches aus **II** u. **III** nach Abdest. des nicht umgesetzten **I** in Ggw. eines Katalysators, der Mg, Fe u./oder ein Metall der Cu-Gruppe enthält, bei 85—90° u. 70 kg/cm^2, jeweils in fl. Phase. — Zum Beispiel werden durch Einleiten von 20—28 Liter/Min. Luft u. 1std. Erhitzen auf 150° 15% des eingesetzten **I** zu 27% **II** u. 34,2% **III** neben anderen Oxydations-Prodd. umgesetzt. Nach Abdest. des nicht umgesetzten **I** werden 25 (Teile) des Gemisches in Ggw. von 75 Eissigsäure, 0,15 Mg-Acetat u. 0,2 Cu-Acetat bei 85—90° 6 Std. mit 28—56 Liter/Min. Luft zur Rk. gebracht; Ausbeute 14,1 Teile. — Diagramm. (**F. P. 1243571** vom 16/11. 1959, ausg. 16/1. 1961. A. Prior. 23/12. 1958.) G. Colsmann. H 820

2222 Österreichische Stickstoffwerke Akt.-Ges., Linz, Österreich, **Herstellung von Fumarsäure** aus Maleinsäure durch Umlagerung in 15—40%ig. wss. Lsg. in Ggw. von Thioharnstoff unter Vermeidung jeglicher Bewegung des Rk.-Gemisches. (**Oe. P. 217445** vom 29/3. 1960, ausg. 10/10. 1961.) G. Colsmann. H 820

2223 Ethyl Corp., V. St. A. (Erfinder: David O. de Pree und Earl George De Witt), **Herstellung von organischen Metallverbindungen** der Formel CH_2 = *CH(COOH)-CH_2-Me* (Me = Alkali- oder Erdalkali-Metall, bes. Na) durch Umsetzung von Metallsalzen, bes. dem Na-Salz, der Methacrylsäure mit einem entsprechenden Metallamid oder Metallhydrid. — *2-Carboxy-3-Na-propen-(1)* F. 290° (Zers.), aus 216 (Teilen) Na-Methacrylat u. 80 $NaNH_2$ bzw. 48 NaH durch $2^3/_4$std. Erhitzen auf 240° unter N_2; gelbes Prod.; 246 Teile bzw. 20% (Ausbeute). — Daraus *Itaconsäure* durch Einleiten von CO_2; 90%. (**F. P. 1243589** vom 2/12. 1959, ausg. 16/1. 1961. A. Prior. 2/12. 1958.)
G. Colsmann. H 820

2224 W. Koreska (Erfinder: Alois Wöhrer und Robert Ebermann), Wien, Österreich, **Herstellung von 1.1-disubstituierten Äthylenen** der allg. Formel H_2C = $C(X)(X')$ [X = NC- oder ROOC-Rest; X' = CN oder SO_3R; R = C_{1-16}-Alkyl-, Cyclohexyl-, Phenyl- oder $(CH_2)_{1-8}$-O (bzw. S)-$(CH_2)_{1-7}$-CH_3-Rest] durch Umsetzung von $H_2C(X)(X')$ mit HCHO in Ggw. eines bas. Katalysators ohne Verw. eines Lsgm. in fl. Phase bei 90—180°, bes. 90—140°, oder in gasförmiger Phase bei 150—250° u. Abdest. der Hauptmenge des gebildeten W. bei normalem Druck oder im Vakuum u. Bindung des Rest-W. durch P_2O_5, wobei die entstehenden Polyphosphorsäuren als Katalysatoren für die Depolymerisation der bei der Rk. gebildeten niedrigpolymeren Äthylene dienen. — *α-Cyanacrylsäure-, Äthylester*, $Kp._{3-4}$ 65—70°, aus Cyanessigsäureäthylester u. Paraformaldehyd (**I**) in Ggw. von Piperidin < 125° u. therm. Abbau des gebildeten polymeren Esters durch Dest. bei 3 mm; 78% (Ausbeute). Analog: *Methylester*, $Kp._{3-4}$ 58—63°; 81%. *Butylester*, 70%. *Cyclohexylester*, 66,5%. *Phenylester*, 71%. *β-Methoxyäthylester*, $Kp._2$ 80—85°, aus β-Methoxyäthylcyanessigsäureester u. **I** in Ggw. von Na-Methylat; 70,6%. *β-Äthoxyäthylester*, $Kp._3$ 90—95°, 70%. — *Vinylidencyanid*, $Kp._{10}$ 48—51°, aus 66 (g) Malonsäuredinitril u. 30 **I** in Ggw. von Na-Methylat u. Depolymerisation im

Vakuum über Cu-Spänen; 34,6 g (Ausbeute). *α-Methylsulfonoxyacrylsäuremethylester*, Kp.$_5$ 80—85°, aus 152 Methylsulfonoxyessigsäuremethylester u. 30 **I** in Ggw. von Na-Methylat; 76 g. (**Oe. P. 218495** vom 11/5. 1960, ausg. 11/12. 1961.) G. Colsmann. H 820

2225 Imperial Chemical Industries Ltd., England, **Herstellung von nicht agglomerierendem Harnstoff** durch Vermischen mit 0,0001%—0,5% eines durch carbocycl., heterocycl. oder aliphat. Reste mono- oder disubstituierten Harnstoffes oder einer mit Harnstoff zu den entsprechenden substituierten Deriv. reagierenden Verb., bes. eines carbocycl. Amins oder eines durch eine o- oder p-dirigierende Gruppe substituierten Anilins, bei 20—110°, bes. 55—95°. — Beispiele. (**F. P. 1246424** vom 17/12. 1959, ausg. 8/2. 1961. E. Prior. 17/12. u. 19/12. 1958, 31/3., 27/7. u. 27/11. 1959.) G. Colsmann. H 880

2226 American Cyanamid Co. (Erfinder: Thomas James Malley und Darwin Fiske de Lapp), V. St. A., **Herstellung von Harnstoffteilchen,** die nicht agglomerieren, durch Vermischen von wenigstens 95% Harnstoff enthaltenden Prodd. von 280—6000 μ mit 0,02—8 Gew.-% einer Fettsäure, eines Fettsäureamids, -amins, -esters, -alkohols, ggf. substituierten aliphat. KW-Stoffes mit 7—50 C-Atomen oder deren Gemischen, bes. Ölsäure, ggf. in einem inerten organ. Lsgm. bei 15—115°. — Beispiele. (**F. P. 1243658** vom 23/12. 1959, ausg. 18/1. 1961. A. Prior. 26/12. 1958.) G. Colsmann. H 880

2227 Toyo Koatsu Industries, Inc., Tokio, Japan (Erfinder: Eiji Otsuka, Shinji Yoshimura und Minoru Takada), **Herstellung von Harnstoff (I) mit niedrigem Biuretgehalt,** dad. gek., daß man eine Stufe mit einer Temp. (100—200°) u. einem NH$_3$-Partialdruck (Gesamtdruck 5—300 at) einhält, die die Umwandlung von Biuret zu **I** begünstigt, eine wss. **I**-Lsg. herstellt, daraus biuretarmen **I** krist. u. die biuretreiche Mutterlauge in obige Stufe zurückführt. — Man setzt z. B. CO_2 u. NH_3 im Mol.-Verhältnis 2:1 1 Std. bei 197 at u. 188° um → **I**, 34% Ausbeute mit 0,41% Biuret-Geh., führt das Rk.-Gemisch durch einen Hochdruck-Dest.-Turm (10 at u. 152°), um 72% des nichtumgesetzten Carbonats auszutreiben, führt die Fl. mit 1,5 at u. 135° durch einen Dest.-Turm, um restliches Carbonat auszutreiben, konz. die wss. 81%ig. **I**-Lsg. auf 86% (1,72% Biuret, auf **I** bezogen), kühlt die Lsg. auf 40°, trennt die **I**-Kristalle (2,1% W. u. 0,07% Biuret) ab u. führt die Mutterlauge in die Hochdruck-Dest.-Stufe zurück. — Zeichnung. (**E. P. 885692** vom 18/12. 1959, ausg. 28/12. 1961.) G. Vogel. H 880

2228 N. F. Alekssejew, M. F. Tawobilow und A. K. Tschernyschew, **Methylharnstoff (I),** der aus Harnstoff u. Methylamin gewonnen wird, enthält 5—8% Verunreinigungen. Zur Reinigung wird geschmolzener ungereinigter **I** 5—6mal durch eine Schicht der verfestigten Schmelze von **I** filtriert. — 168 g ungereinigter **I**, F. 87,4°, werden geschmolzen. Die fl. Masse wird in ein unten verschmolzenes Glasrohr gegossen, so daß die Höhe des verfestigten **I** ~ 60 cm beträgt. Die untere Schicht (Höhe ~ 30 cm) wird in einem röhrenförmigen Ofen geschmolzen u. der Ofen langsam nach oben bewegt. Die leicht-fl. Verunreinigungen sickern durch die feste Schmelze nach oben u. können mit der Pipette entfernt werden. Nach völliger Abkühlung der Masse wird diese Operation 5mal wiederholt. Man erhält 147 g gereinigten **I**, F. 99,6°, u. 21 g Verunreinigungen, F. < 30°. (**UdSSR. P. 149428** vom 15/5. 1961.) B. F. H 880

2229 E. N. Silberman und A. J. Lasaris, **Herstellung von S-Alkylestern der Monothiocarbaminsäure.** Äquimol. Mengen von Alkylrhodanid u. W. werden mit trockenem HCl versetzt. — Durch ein Gemisch von 2,35 g Methylrhodanid u. 0,6 g H_2O wird bei 10° wasserfreier HCl geleitet. Das Gemisch steht danach 6 Tage in einem Gefäß, das durch ein $CaCl_2$-Rohr mit der Atmosphäre verbunden ist. Die festgewordene Masse wird mit heißem Aceton aufgearbeitet: 2,17 g (74%) *CH_3SCONH_2*, F. 106—107°. — Analog *$C_2H_5SCONH_2$*, *$C_3H_7SCONH_2$* u. *$C_4H_9SCONH_2$*; Ausbeuten 36,39 bzw. 35%. (**UdSSR. P. 149427** vom 3/7. 1961.) B. F. H 880

2230 N. A. Goldberg und W. G. Golow, **Stabilisierung wäßriger Cyanamidlösungen** durch period. Ansäuern mit starken Säuren (H_2SO_4), so daß sich der pH-Wert der Lsg. in den Grenzen von 4,5—5,5 verändert. — In einer 40%ig. wss. Cyanamid-Lsg. beträgt der Umsetzungsgrad zu Dicyandiamid bei 80° nach 25 Std. 64%, aber bei period. Ansäuern der Lsg. mit H_2SO_4 bis zu pH 4,4—5,5 5%. (**UdSSR. P. 150105** vom 18/5. 1961.) N. Sch. H 890

2231 I. A. Schewtschuk, I. A. Kydrenko und T. P. Maidukowa, **Herstellung von Natriumthiocyanat** aus einer Salzgemischlsg. (D.^{20} 1,3; pH 8—12), die sich beim Auffangen von HCN-Koksgasen durch Na-Polysulfid bildet u. 200—480 g/Liter NaSCN, 30—100 $Na_2S_2O_3$ u. 10—50 Na_2SO_4 enthält. Zur Reinigung gibt man zur sd. Lsg. H_2SO_4. Hierbei werden > 99% $Na_2S_2O_3$ u. 4—10% Na SCN zerstört. Der Überschuß an H_2SO_4 wird mit NaOH neutralisiert, die Lsg. bis zu einer NaSCN-Konz. von 750—800 verdampft, filtriert, die übrigbleibenden Mengen Sulfat werden mit $Ba(OH)_2$, die schweren Metalle mit NaHS ausgefällt, von org. Verunreinigungen wird mit Aktivkohle gereinigt; anschließend wird wieder filtriert. Das Filtrat wird bis zu D.$^{95-100}$ 1,33 verdampft. Nach Abkühlung bis zu 0—10° erhält man krist. *NaSCN · 2 H_2O*; Ausbeute 75—77%; Na SCN-Geh. 68—69,7%; pH der wss. Lsg. 6—8, Verunreinigungen < 0,01%. (**UdSSR. P. 142301** vom 30/3. 1961.) L. Dymschiz. H 890

2232 Courtaulds Ltd., England, **Reinigung von α-[N-Carboxyamino]-carbonsäureanhydriden** durch Umkristallisieren der Säurechloride enthaltenden Roh-Prodd. aus einem organ. Lsgm., bes. Chlf., CH_2Cl_2, Bzl. oder Essigester, unter Zusatz von 5—20% eines ggf. N-substituierten Amides, bes. N.N-Dimethylformamid. — Beispiele zur Reinigung von *γ-Methyl-L-glutamat-*, *D-Alanin-* u. *γ-Benzyl-L-glutamat-N-carbonsäureanhydrid.* (**F. P. 1246755** vom 10/4. 1959, ausg. 10/2. 1961. E. Prior. 11/4. u. 8/7. 1958.) G. Colsmann. H 950

2233 Merck & Co., Inc., Rahway, N. J., V. St. A., **Herstellung von N-Acyl-3-chlorcaprolactamen und 6-Acylamido-2-chlorhexansäuren.** Ein Gemisch von 11,3(g) Caprolactam (**III**), 14,1 Benzoylchlorid u. 35 cm³ Pyridin wird 6 Std. unter Rückfluß gekocht, gekühlt, in W. gegossen u. N-Benzoylcaprolactam (**I**), F. 67—70°, abfiltriert. Ein Gemisch aus 4,34 **I**, 3 SO_2Cl_2 u. 0,07 J wird 1 Std. auf 70° erhitzt, in Eis geschüttet u. über Nacht stehen gelassen, worauf das *N-Benzoyl-3-chlorcaprolactam* (**II**), F. 120—121,5° (aus A. umkrist.), abfiltriert wird. **II** ist auch erhältlich durch Einleiten von Cl_2 in eine Lsg. von **I** in CCl_4. Man rührt eine Suspension von 3 **II** in 15 cm³ 0,86 n NaOH 21 Std. bei 25° u. fällt mit HCl *6-Benzamido-2-chlorhexansäure*, F. 126—134°, aus. Zu einer Mischung von 90,4 **III** u. 152 cm³ Dimethylanilin gibt man portionsweise 81,2 Terephthaloylchlorid, erhitzt 90 Min. auf 110—115° u. gießt in verd. HCl, worauf *N.N'-Terephthaloyl-bis-caprolactam*, F. 200 bis 202,5°, ausfällt. Daraus, wie vorher beschrieben, *N.N'-Terephthaloyl-bis-3-chlorcaprolactam*, F. 229—231° (aus Dimethylformamid umkrist.), u. *N.N'-Terephthaloyl-bis-6-amino-2-chlorhexansäure*, F. 204—207°. — Zwischenprodd. zur Herst. von Lysin. (**E. P. 844267** vom 7/10. 1957, ausg. 10/8. 1960. A. Prior. 30/10. 1956.) C. Lüttgen. H 950

2234 British Petroleum Co. Ltd., London, und Ian Stuart Fisher, Sunbury-on-Thames, England, **Herstellung von Amiden,** bes. **Caprolactam.** Man bringt ein Oxim (**I**), bes. Cyclohexanonoxim, in Dampfform mit einem sauren Katalysator (**II**), z. B. Phosphorsäure, der einen fl. Film bildet, in Berührung, indem man z. B. das **I** durch eine unter Vakuum stehende Kolonne leitet, in der der **II** nach unten fließt. (**E. P. 885531** vom 14/8. 1959, ausg. 28/12. 1961.) C. Lüttgen. H 950

2235 Ciba Akt.-Ges., Basel (Erfinder: Max Brenner, Riehen), Schweiz, **Herstellung von Peptidhydraziden,** deren Derivv. mit geschützten funktionellen Gruppen u. Salzen, dad. gek., daß man N-Aminoacyl-N'-aminoacylhydrazine, die mindestens eine freie Aminogruppe aufweisen u. in denen weitere funktionelle Gruppen zweckmäßig geschützt sind, mit einer organ. Säure (pK > 2, bes. Eisessig, Propion- oder Pivalinsäure), die mit dem Hydrazin-Deriv. keine isolierbaren Salze bildet, in Ggw. eines organ. Lsgm. (Dimethylacetamid, Tetramethylharnstoff, Tetrahydrofuran, Dioxan, Dimethoxyäthan, Kohlensäurediäthylester oder Pyridin), das die Säure gelöst enthält, umlagert u. ggf. die Schutzgruppen abspaltet. Man lagert das durch Rk. eines Aminosäurehydrazids mit einem Aminosäure-N-carboxyanhydrid gewonnene Ausgangs-Prod., ein N-Aminoacyl-N'-aminoacylhydrazin bes. ohne Zwischenisolierung zum Peptidhydrazid um. — Man löst z. B. 1,168 (g) Carbobenzoxyglycinhydrazid in 15 ml Eisessig, setzt 1 d-Phenylalanin-N-carboxyanhydrid u. nach 10 Min. 1 ml Trifluoressigsäure zu, dampft bei 40° ein u. löst in 20 ml Chlf. → Nd., *N-Carbobenzoxyglycyl-N'-d-phenylalanylhydrazintrifluoracetat*, 92% (Ausbeute), davon löst man 1,452 g in 15 ml W. u. tropft 3 ml 1 n NaOH zu → Nd., 1,010 g *N-Carbobenzoxyglycyl-N'-d-phenylalanylhydrazin*, F. 135,5° (aus W.), balkenförmige Kristalle; davon löst man 500 mg in 50 ml Dioxan-Eisessig (9:1), läßt 14 Std. bei 38° oder 2 Std. bei 60° stehen u. dampft bei 40° ein → 450 mg *Carbobenzoxyglycyl-d-phenylalaninhydrazid*, F. 109° (aus CH_3OH–Ae.–PAe. [2:1:1]). Analog erhält man aus Carbobenzoxy-d-valinhydrazid u. d-Valin-N-carboxyanhydrid mit HCl-Gas → *N-Carbobenzoxy-d-valyl-N'-d-valylhydrazinhydrochlorid*, F. 206° (aus CH_3OH–Ae.–PAe. [2:1:1]), 98,7%, daraus freies Hydrazin-Deriv., F. 218°, 97%; daraus in Eisessig–Dioxan → *Carbobenzoxy-d-valyl-d-valinhydrazid*, F. 210°; aus Hippursäurehydrazid u. d,l-Phenylalanin-N-carboxyanhydrid → N-Benzoylglycyl-N'-d,l-phenylalanylhydrazintrifluoracetat, F. 183—193° (aus CH_3OH–Ae.–PAe. [2:1:1]) → N-Benzoylglycyl-N'-d,l-phenylalanylhydrazin, F. 180°, → *Benzoylglycyl-d,l-phenylalaninhydrazid*, F. 182—183°; aus Hippursäurehydrazid u. d-Phenylalanin-N-carboxyanhydrid über das Zwischen-Prod. N-Benzoylglycyl-N'-d-phenylalanylhydrazintrifluoracetat, F. 175° (freie Base, F. 158°, $[\alpha]_D^{20}$ —24,2° [c = 2 in CH_3OH]) → *Benzoylglycyl-d-phenylalaninhydrazid*, F. 209—210° (aus W.); *l-Valyl-l-valinhydrazid*, aus N.N'-Di-l-valylhydrazin. Ferner erhält man ohne Abscheidung der Zwischen-Prodd. folgende *Hydrazide*: *Carbobenzoxyglycyl-d,l-phenylalanin-*, F. 170°, quant.; *Carbobenzoxyglycyl-d-phenylalanin-*, F. 143 bis 144° (Sintern bei 109°); *Carbobenzoxyglycylglycin-*, F. 162°; *Carbobenzoxyglycyl-d-leucin-*, F. 130°; *Carbobenzoxy-l-valyl-l-tyrosin-*, F. 239—241°, $[\alpha]_D^{22}$ —13,4°, 0,5° (c = 2,1% in Dimethylformamid); *Carbobenzoxy-l-phenylalanyl-d-valin-*; *Carbobenzoxy-d-valyl-d-valin-*, F. 210°; *Carbobenzoxy-d-alanyl-d-valin-*; *Carbobenzoxy-d-valyl-l-phenylalanin-*; *Carbobenzoxyglycyl-d-valin-*; *Tosylglycyl-l-phenylalanin-*; *Tosylglycyl-d-valin-*; *Benzoylglycylglycin-*, F. 225—227°; *Benzoylglycyl-d,l-phenylalanin-*, F. 182—183°; *Benzoylglycyl-d-phenylalanin-*, F. 211°; *Benzoylglycylglycyl-d,l-phenylalanin-* u. *Benzoylglycyl-d-alanin-*. — Zwischen-Prodd. für die *Peptidsynthese*. (**D. A. S. 1150683** Kl. 12q vom 21/7. 1961, ausg. 27/6. 1963. Schwz. Prior. 28/7. 1960.) G. Vogel. H 950

2236 S. L. Leltschuk, J. I. Wabel und A. M. Iwanowa, **Methylchlorsilane** werden durch unmittelbare Synth. bei Atmosphärendruck u. 400° aus einer Cu–Si-Leg. erhalten, die mit einer wss. Lsg. von $ZnCl_2$ durchtränkt ist. — 100 g fein verteilte Leg. werden mit 90 ml 4%ig. $ZnCl_2$-Lsg. vermischt, im Trockenschrank wird verdampft u. 8 Std. bei 180—200° u. period. Ummischen des Gemisches erwärmt. Auf Grund röntgenograph. Unterss. enthält die Leg. 3 Phasen: Si, intermetall. Verb. des Cu u. Cu (5%). Die Cu–Si-Leg. wird in einen vertikalen Reaktor aus nichtrostendem Stahl gefüllt (⌀ 30 mm) mit N_2 (2 Liter/Min.) durchgeblasen, bis 280° erwärmt, worauf CH_3Cl mit einer Geschw. von 8 cm/s hindurchgeleitet wird, die die Pseudoverflüssigung der Leg. gewährleistet. Man erhält ein Gemisch von Chlorsilanen folgender Zus.: 65 (Gew.-%) Dimethylchlorsilan, 15 Methyltrichlorsilan, je 10 Methyldichlorsilan u. Trimethylchlorsilan. Durch diese Meth. wird die Produktivität im Vgl. zu den bisher bekannten um das 2—2,5fache gesteigert. (**UdSSR. P. 150513** vom 29/6. 1959.) T. Ogibina. H 980

2237 E. A. Tschernyschew und E. F. Bugerenko, **γ-Chlorsilylsubstituierte Propylphosphinsäurechloride** erhält man bei der Rk. von Chlorsilanen u. Allylphosphinsäurechlorid (**I**) bei 50—100° in Ggw. eines Katalysators (H_2PtCl_4). — Zu 40,2 (g) **I** u. 2 ml 0,2 m Lsg. des Katalysators in Isopropylalkohol fügt man bei 50° u. beständigem Rühren allmählich 51 $HSiCl_3$, zu läßt 2 Std. bei 40° stehen, dest. u. erhält 15,8 *γ-Trichlorsilylpropylphosphinsäurechlorid*, $Kp._6$ 140—142,5°; n_D^{20} 1,4985 $D._4^{20}$ 1,5160. — Aus 2 **I** u. 23,5 CH_3SiHCl_2 erhält man 17 *γ-Methyldichlorsilylpropylphosphinsäurechlorid*, $Kp._6$ 137—139°; n_D^{20} 1,4955; $D._4^{20}$ 1,4040. Aus 26,42 **I** u. 32 g $C_2H_5SiHCl_2$ *γ-Äthyldichlorsilylpropylphosphinsäurechlorid*, $Kp._3$ 125—126°; n_D^{20} 1,4963; $D._4^{20}$ 1,3580. (**UdSSR. P. 148049** vom 15/6. 1961.) T. Ogibina. H 980

2238 W. L. Wolkow, M. I. Kafyrow, Ss. I. Kleschtschewnikowa und Je. I. Rumjanzewa, **Reinigung von Alkoxysilanen** von Haloidalkoxysilanen durch Einleiten der 1,5fachen stöchiometr. Menge NH_3, wobei letztere als feste Polymere ausfallen. (**UdSSR. P. 129202** vom 14/9. 1959.) L. Großner. H 980

2239 K. A. Petrow und N. K. Blisnjuk, **Herstellung von Dialkylphosphonaten** durch Rk. von Alkylphosphonsäuredichlorid mit Alkoholen u. anschließende Behandlung mit $COCl_2$ (**I**) u. dem entsprechenden Alkohol. — Zu 1 (Mol) Methylphosphonsäuredichlorid werden bei 25—35° unter Einblasen von Luft 2 Isoamylalkohol (**II**) gegeben. Nach 2—3 Std. wird **I** bis zum Abklingen der exothermen Rk., danach werden noch 0,1—0,3 **I** eingeleitet. Nach 2—8 Std. Stehen unter Verschluß bei 40—60° wird Luft eingeleitet, mit 0,2—0,6 **II** versetzt, phenolphthaleinalkal. gestellt u. mit Bzl. extrahiert: *Diisoamylmethylphosphonat*, $Kp._{15}$ 129—130°; $D._4^{20}$ 0,9528; n_D^{20} 1,4274; 93% (Ausbeute). — Analog: *Diisobutylmethylphosphonat*, $Kp._{15}$ 119—120°; $D._4^{20}$ 0,9715; n_D^{20} 1,4258; 93,5%. — *Dibutyläthylphosphonat*, $Kp._{15}$ 134—135°; $D._4^{20}$ 9650; n_D^{20} 1,4265. (**UdSSR. P. 129198** vom 17/8. 1959.) L. Großner. H 980

2240 A. W. Kirssanow und N. G. Feschtschenko, **Herstellung von Oxiden höherer Trialkylphosphine.** Auf Alkyljodide läßt man roten P in Ggw. katalyt. Mengen J_2 oder P_2J_4 bei 210—220° einwirken. Das Rk.-Prod. wird mit einer Lsg. von Na_2SO_3 aufgearbeitet. — Ein Gemisch von 48 g $C_8H_{17}J$ u. P wird 9 Std. auf dem Bade bei 205—215° erhitzt, danach mit heißer gesätt. Na_2SO_3-Lsg. aufgearbeitet u. das Prod. mit 30 ml Bzl. extrahiert. Der Auszug wird mit W. gewaschen u. getrocknet. Durch Dest. wird *Trioctylphosphinoxid* abgetrennt; 60,3% (Ausbeute). $Kp._3$ 237°, F. 48—52°. — Analog folgende Phosphinoxide: Trihexyl-, $Kp._2$ 180—181°; F. 31 bis 34°; 82%. — Triheptyl-, $Kp._2$ 198—200°; F. 37—38°; 66%. — Trinonyl-, $Kp._{1,5-2}$ 228—230°; F. 36—37°; 60,3%. — Tridecyl-, $Kp._{1-2}$ 270°; F. 41—42°; 76,5%. — Diese Oxide bilden leicht Komplex-Verbb. mit Schwermetallsalzen u. können deshalb zu deren Abtrennung aus wss. Lsg. benutzt werden. (**UdSSR. P. 149776** vom 5/10. 1961.) B. F. H 980

2241 K. A. Petrow, W. P. Ewdakow und K. A. Bilewitsch, **Herstellung von Dialkylphosphaten und sauren Phosphonaten.** Die Oxydation von Dialkylphosphiten u. O-Alkylphosphonit wird mit Luft- oder reinem O_2 bei UV-Bestrahlung durchgeführt. — 10 g Diäthylphosphit werden in einem Quarzkolben mit UV-Licht bestrahlt, dabei bis 140° erwärmt, u. man leitet im Laufe von 6 Std. Luft oder O_2 durch die Rk.-Masse. Danach kühlt man ab u. trennt durch Dest. *Diäthylphosphat* ab; Ausbeute 64%, $Kp._{10^{-4}}$ 100—120° (Temp. des Bades) n_D^{20} 1,4155. — Analog erhält man aus Dibutylphosphit bei 120—149° 69% *Dibutylphosphat*, n_D^{20} 1,4265. — Aus dem O-Äthylester der Methylphosphonigsäure erhält man 79% *Methylphosphonsäure-O-äthylester*, Kp. 122—124°; n_D^{20} 1,4309. (**UdSSR. P. 149779** vom 31/10. 1961.) B. F. H 980

2242 VEB Farbenfabrik Wolfen, Deutschland, **Herstellung von O.O-Dimethyl-β.β.β-trichlor-α-hydroxyäthylphosphonsäureester** durch kontinuierliches Einleiten von ggf. durch ein inertes Gas verd. CH_3OH-Dämpfen in ein Gemisch aus PCl_3 u. Chloral. — Verf.-

Schema. (**F. P. 1243077** vom 18/11. 1959, ausg. 11/1. 1961.) G. Colsmann. H 980

2243 Rohm & Haas Co., Philadelphia, übert. von: Joseph L. O'Brien, Elkins Park, Pa., V. St. A., **Dialkylphosphatoalkyl-vinylsulfide** der allg. Formel $CH_2=CH–S–A–O–P(=O)(OR')(OR'')$ (A = geradkettige, verzweigte oder cycl. Alkylengruppe mit 2—6 C-Atomen, R' u. R'' = Alkylreste mit je 1—4 C-Atomen) erhält man durch Rk. eines niedrigmol. Hydroxyalkylvinylsulfids mit einem H_3PO_4-Deriv., wie Dialkylchlorphosphat, bei 10 bis 30° in Ggw. eines tert. Amins (Pyridin, Triäthylamin, Benzyldimethylamin) als HCl-Acceptor, u. zwar folgende *Vinylsulfide* (Phosphato = **P**): *2-Diäthyl*-**P**-*äthyl*-, $Kp._{0,2}$ 115—117°, n_D^{25} 1,4655; *2-Dibutyl*-**P**-*äthyl*-, *2-Dimethyl*-**P**-*äthyl*-, *2*- u. *3-Diäthyl*-**P**-*propyl*-, *4-Diäthyl*-**P**-*butyl*-, *4-Dibutyl*-**P**-*butyl*-, *2-Dibutyl*-**P**-*cyclohexyl*-. Die Prodd. eignen sich als *Insekticide* u. zur Herst. von *flammfesten Mischpolymeren*, die auch als *Öladditive* verwendet werden können. (**A. P. 2960523** vom 19/12. 1957, ausg. 15/11. 1960.) W. Gräger. H 980

2244 United States of America, Secretary of Commerce, übert. von: Leo A. Wall, Max Hellman, Washington, D. C., und Walter J. Pummer, Hyattsville, Md., V. St. A., **Herstellung von Hexafluorbenzol** durch Pyrolyse von $CFBr_3$ bes. in einem Graphit-, Pt- oder Ni-Rohr bei 530—550° u. 4,5—17,7 at unter N_2-Strom während einer Kontaktzeit, die ausreicht, um 60—90% $CFBr_3$ umzusetzen. 10% höhere Ausbeute an C_6F_6, als es bisher bei 630—640° möglich war. C_6F_6 dient zur Herst. von wärmestabilen Fll. u. Polymerisaten. (**A. P. 2927138** vom 29/5. 1958, ausg. 1/3. 1960.) W. Gräger. H 1010

2245 United States of America, Secretary of Army, übert. von: Walter Pummer, Rockville, Md., Leo A. Wall, Washington, D. C., und Roland E. Florin, Takoma Park, Md., V. St. A., **Herstellung von aromatischen Fluorkohlenstoffen** durch Hydrolyse von fluorierten Toluolen oder Chlorfluortoluolen mit einer CF_3-Gruppe, bes. von Chlorheptafluortoluol oder Perfluortoluol, mittels Wasserdampf in Ggw. eines Al_2O_3-Katalysators bei etwa 330° zweckmäßig in einem Cu-Rohr u. ggf. Red. der decarboxylierten Verb. in Ggw. eines Pd-Katalysators bei 280°; das hierbei erhaltene Benzolderiv. kann bromiert oder jodiert werden. Man erhält so: *2-Chlor-3.4.5.6-tetrafluorbenzoesäure*, F. 88 bis 90°, → *2.3.4.5-Tetrafluorchlorbenzol*, Kp. 121,5—123°, n_D^{20} 1,4391, $D._{24}^{24}$ 1,534, → *2-Chlor-3.4.5.6-tetrafluorjodbenzol*, $Kp._6$ 71—72°, n_D^{20} 1,5349; *1.2.3.4-Tetrafluorbenzol*, Kp. 94,8—95°, $n_D^{20,2}$ 1,4095, $D._{23,5}^{23,5}$ 1,401, → *1.2-Dijod-3.4.5.6-tetrafluorbenzol*, F. 50,5—51,8°, die *1.2-Dibrom-Verb.*, $Kp._{20}$ 96—97°, n_D^{21} 1,5180. Verw. als *Dielektrika*, *Flammenschutzmittel*, *Schmiermittel*, *Isoliermaterial* oder Zwischenprodd. zur Herst. von *Polymerisaten*. (**A. P. 2967894** vom 13/8. 1959, ausg. 10/1. 1961.) W. Gräger. H 1010

2246 Dow Chemical Co. (Erfinder: Bruce Wendell Wilkinson, Charles Theodore Pumpelly und Joseph Lee Russell), Midland, Mich., V. St. A., **Anlagerung von Bromwasserstoff an Vinylarylverbindungen (I)** (Styrol, Vinyltoluol, Divinylbenzol) zweckmäßig in einem Lsgm. (CCl_4, C_2Cl_4) unter Einw. von β- oder Elektronen-Strahlen bzw. γ- oder X-Strahlen in einer Dosierung von 5000—10^7 rad/h bei < 60°, wobei zweckmäßig ein Gemisch der Lsg. von **I** mit gasförmigem HBr in 5—10%-ig. Überschuß kontinuierlich durch den Strahlenbereich geleitet wird. Man erhält so: *2-Bromäthylbenzol*, $Kp._{734}$ 217—218°. — 2 Tabellen. (**E. P. 882546** vom 13/11. 1959, ausg. 15/11. 1961.) W. Gräger. H 1010

2247 California Research Corp., V. St. A., **Herstellung von Xylolen** aus einer > 75% Aromaten u. < 25 · 10^{-6} (Teile) bas. N-Verbb. enthaltenden, bei 160—230° sd. KW-Stoff-Fraktion u. > 35,4 m^3 H_2 pro Hektoliter Charge durch Cracken von > 20% des Ausgangsgemisches unter Verbrauch von > 17,7 m^3 H_2 pro Hektoliter Charge in Ggw. eines Hydrierungskatalysators bei > 28 at u. 232—247°, wobei die Umsetzungs-Temp. durch den auf < 390°, bes. 232—358°, erhitzten Katalysator aufrechterhalten wird. Das bei 150—177° sd. Endprod. enthält in der < 160° sd. Fraktion > 50% isomere *Xylole*, die durch fraktionierte Dest. getrennt werden. Nicht umgesetzte Anteile werden in den Crackprozeß zurückgeführt. — Beispiele; Diagramme. (**F. P. 1243560** vom 3/11. 1959, ausg. 16/1. 1961.) G. Colsmann. H 1010

2248 VEB Leuna-Werke „Walter Ulbricht", Leuna, **Katalytische Isomerisierung von Xylolen** durch Überleiten in Ggw. von H_2 oder H_2 enthaltenden Gasen bei erhöhter Temp., z. B. 500°, u. unter Druck, z. B. 30—40 at, über Katalysatoren aus Oxiden oder Sulfiden der 6. Nebengruppe des Period. Syst., bes. Mo- neben W-Oxid oder -Sulfid, auf synthet. gewonnenen Al-Silicaten als Trägermaterial. — Beispiele. (**Oe. P. 218498** vom 27/11. 1959, ausg. 11/12. 1961.) G. Colsmann. H 1010

2249 B. W. Petuchow und E. B. Kremer, **Regeneration des Terephthalsäurediglykolesters (I).** Als Katalysatoren bei der Regeneration von **I** aus Polyäthylenterephthalat (**II**) durch Zerlegung mit Äthylenglykol (**III**) werden Salze der H_2CO_3 u. CH_3COOH verwendet. — Zu 12 Proben, die aus 100 (Gew.-Teilen) zerkleinertem **II** u. 300 **III** bestehen, werden getrennt 0,3 $PbCO_3$, 1 $MgCO_3$, 1 K_2CO_3, 1 Na_2CO_3, 0,15 $MnCO_3$, 0,7 $NiCO_3$, 0,4 $CoCO_3$, 0,4 $(CH_3COO)_2Co$ (Gruppe A), 0,05 $ZnCO_3$, 0,3 $(CH_3COO)_2Mn$, 0,4 $(CH_3COO)_2Mg$, 0,1 $(CH_3COO)_2Zn$ (Gruppe B) hinzugefügt. Man erhitzt auf 197,4°. Der Lsg.-Prozeß ist in der Gruppe A nach 2, in der Gruppe B nach 1 Std. beendet. Aus den erhaltenen Lsgg. von **I** wird durch Umesterung mit CH_3OH *Dimethylterephthalat*, F. 140,3—140,6, erhalten; **III** wird regeneriert. (**UdSSR. P. 146736** vom 19/6. 1961.) L. D. H 1220

2250 W. G. Gljadelowa, L. A. Sskripko und M. B. Posdnjakowa, **N.N'-Di-[sek.-octyl]-p-phenylendiamin (I)** erhält man bei der Kondens. von p-Phenylendiamin (**II**) mit sek.-Octylalkohol (**III**) in Ggw. von Skelett-Ni, das aus einer Ni-Al-Leg. durch Auslaugen des Al mit NaOH bei 50—60° erhalten wird. — 0,25 Mole **II**, 1,5 Mole **III** u. 13,5 g frisch zubereiteten u. gewaschenen Katalysator erhitzt man 4 Std. bei 120—184°, wobei 10 ml W. abdest. werden. Der Katalysator wird bei 70—100° abfiltriert u. mit 10 ml **III** gewaschen. Das Filtrat wird bei 40—90°/1—6 mm dest., wobei man 128 ml **III** erhält; Ausbeute 75,5% **I** (bezogen auf **II**); $Kp._1$ 173—180°. (**UdSSR. P. 148065** vom 7/7. 1961.) I. Dolgi. H 1310

2251 E. P. Michejew, G. N. Malnowa und T. A. Tschernyschewa, **Herstellung von Alkylarylchlorsilanen** durch katalyt. Dehydrierungskondensation. Zur Erhöhung der Ausbeute führt man in die Rk.-Zone eine Fraktion aus Disproportionierungsprodd. des entsprechenden Alkylhydrosilans ein. — In einen Autoklav (Vol. 540 ml) bringt man 95 (g) Methyldichlorsilan, 29 einer Fraktion aus Disproportionierungsprodd. mit einem Kp. 44—48°, 164 Bzl. u. 0,288 Borsäure. Das Gemisch wird 290 Min. bei 240—250° erhitzt (Druck 190 at). Nach Abkühlung bis zu 20° erniedrigt sich der Druck bis auf 52 at. Es bilden sich 10,7 Liter Gas, die aus 97% H_2 u. 3% CH_4 bestehen. 278,1 der fl. Prodd. werden in der Kolonne (14 theoret. Böden) bei Atmosphärendruck rektifiziert; *Methylphenyldichlorsilan* wird durch Vakuum-Dest. in der gleichen Kolonne gewonnen; Ausbeute 45,5%; n_D^{20} 1,5180; $D._4^{20}$ 1,1788. (**UdSSR. P. 149778** vom 17/10. 1961.) B. F. H 1380

2252 Sterling Drug, Inc., New York, übert. von: Alexander R. Surrey, Albany, N. Y., V. St. A., **N-(2-Carbamylalkyl)-aralkylamine** der allg. Formel **I** (Z = Halogene oder niedrigmol. Alkoxygruppen, m = eine ganze Zahl von 1—3, X = niedrigmol. Alkylenrest mit 1—4 C-Atomen, Y = ein niedrigmol. α.β-Alkylenrest mit 2—4 C-Atomen u. R = H oder Alkylrest mit 1—8 C-Atomen) erhält man gemäß folgenden Beispielen:

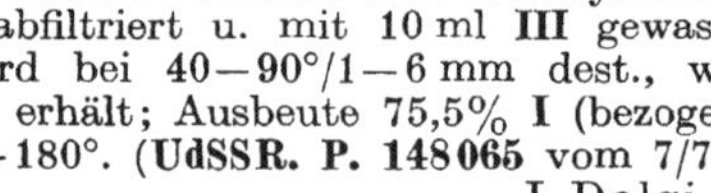

I

a), wenn R = H; eine Mischung von 4-Chlorbenzylamin

u. Acrylamid wird schwach erwärmt. Man läßt die erhaltene Lsg. 7 Tage stehen u. erhält eine feste Masse, die in Aceton gelöst wird. Mit einer 5 n-alkohol. HCl-Lsg. wird fraktioniert gefällt u. man erhält *N-(2-Carbamyläthyl)-4-chlorbenzylaminhydrochlorid*, F. 220,5—221,2° (korr.) (Isopropanol), ($C_{10}H_{13}ClN_2O \cdot HCl$). Auf analoge Weise erhält man folgende Verbb. der allg. Formel

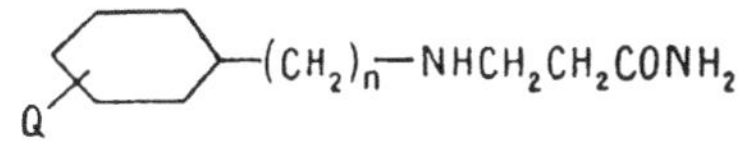

wenn n = 1 u. Q jeweils „H"; F. 81—86°, das Hydrochlorid F. 202—203°; „4-CH_3-", F. 98—103°; „4-$CH \cdot (CH_3)_2$-", F. 69—72°, Hydrochlorid, F. 217—218° (korr.); „2.4-Di-Cl-", F. 65—75°, Hydrochlorid, F. 164,5—166°; „4-n-C_4H_9-", F. 87—90°, F. des Hydrochlorids 200—203°; „3.4-Di-OCH_3-", F. des Hydrochlorids 218,9—220,8° (korr.). Q=H, n=2, F. des Hydrochlorids 181,3—182,7° (korr.). — Es wurden ferner folgende N-(2-carbamyl-Verbb. hergestellt: äthyl)-1-naphthylmethylamin; -äthyl)-1-biphenylylmethylamin; -äthyl)-4-n-hexylbenzylamin; -äthyl)-2.4-dijodbenzylamin, -propyl-1-(3.4.5-triäthoxyphenyl)-äthylamin; -propyl)-4-(2.4-dichlorphenyl)-butylamin; -butyl)-4-di-n-butylaminobenzylamin; -äthyl)-4-n-hexoxybenzylamin; -äthyl)-4-nitrobenzylamin; -äthyl)-2-furylmethylamin; -äthyl)-2-thienylmethylamin; -äthyl)-2-pyridylmethylamin; -propyl)-5-chlor-2-pyridylmethylamin. — b) Acrylsäuremethylester u. 4-Isopropylbenzylamin werden gemischt u. < 35° gekühlt, anschließend eine Woche bei normaler Temp. stehengelassen. Man erhält *N-(2-Carbomethoxyäthyl)-4-isopropylbenzylamin*, $Kp._{0,3}$ 115 bis 135°, n_D^{25} 1,5030. Dieses Amin wird mit wasserfreiem Äthylamin in A. 5 Tage bei normaler Temp. geschüttelt. A. u. Äthylamin werden unter Vakuum abdest. u. das verbleibende viscose Öl fraktioniert destilliert. Man erhält -N-[2-(Äthylcarbamyl)-äthyl]-4-isopropylbenzylamin, $Kp._1$ 135—148°, n_D^{25} 1,5204, ($C_{15}H_{24}N_2O$). Auf analoge Weise erhält man folgende „-benzylamine": N-[2-(Allylcarbamyl)-äthyl]-2.4-dichlor-, N-[2-(Cyclopentylcarbamyl)-propyl]-4-n-butoxy-, N-[2-(Cyclohexylmethylcarbamyl)-äthyl]-3.4-dibrom-, N-[2-(Phenylcarbamyl)-butyl]-4-chlor-; N-[2-(Benzylcarbamyl)-äthyl]-2.4-dichlor-; u. N-[2-Phenäthylcarbamyl)äthyl]-4-nitro-; oder N-[2-(3-Äthylphenylcarbamyl)-äthyl]-2-(3.4-diäthoxyphenyl)-äthylamin. — Zwischenprodukte. (**A. P. 2886594** vom 29/9. 1955, ausg. 12/5. 1959.)

G. König. H 1310

2253 Dow Chemical Co., V. St. A., **Herstellung von Dichlorphosphothionaten** der Formel *R-O-P(S)Cl₂* **(II)** durch Umsetzung von R-O-PCl_2 **(I)** (R = ggf. in 2-, 3- u./oder 4-Stellung durch Cl, Br u./oder C_{1-4}-Alkylrest substituierter Phenylrest) mit < 1 Mol pro Mol **I** S oder einem Gemisch von S u. Phosphorthiochlorid unter Zusatz von wenigstens 0,1, bes. 0,5—1,5 Mol **II** pro Mol **I** in Ggw. von weniger als 0,8 Mol pro Mol **I** PCl_3 bei 160—180°. — Dichlorphosphothionate: *O-[2.4.5-Trichlorphenyl]-*, $Kp._{10}$ 175°; 99% (Ausbeute). — *O-[2-Chlor-4-(tert.-butyl)-phenyl]-*, $Kp._{10}$ 175—177°; 95,8%. (**F. P. 1244007** vom 30/11. 1959, ausg. 20/1. 1961.)

G. Colsmann. H 1380

2254 Farbenfabriken Bayer Akt.-Ges., Deutschland (Erfinder: Hans Holtschmidt und Hanswilli von Brachel), **Herstellung von Siloxyesteraminen,** dad. gek., daß man ein Hydroxyamin, mindestens teilweise in einer inerten Fl. gelöst, in der das Hydrochlorid des Endprod. unlöslich ist, bei erhöhter Temp. mit einer Si-Verb. umsetzt, in der mindestens 1 Cl-Atom an Si gebunden ist. — 122 (g) 1-Hydroxy-2-aminoäthan werden in 2 Liter Chlorbenzol bei 80—100° unter Rühren langsam mit 129 Dimethyldichlorsilan versetzt. Man rührt 2 Std. bei 100°, filtriert u. trocknet: $(CH_3)_2Si(OCH_2CH_2NH_2 \cdot HCl)_2$, aus dem durch Zusatz von NH_3 zu der Lsg. *Di-[2-aminoäthoxy]-dimethylsilan*, $Kp._{15}$ 109—111°, erhalten wird. — *Tetra-[2-methyl-4-aminophenoxy]-silan*, aus p-Amino-o-kresol (**I**) u. $SiCl_4$. — *Di-[2-methyl-4-aminophenoxy]-dimethylsilan*. — *Di-[3-aminophenoxy]-dimethylsilan*, $Kp._{0,1}$ 184—186°, aus 3-Aminophenol. — *Bis-[2-methyl-4-* u. *-3-aminophenoxy]-polydimethylsiloxan*, aus **I** bzw. 2-Methyl-3-aminophenol. — Andere Ausgangsstoffe sind $SiBr_4$, SiF_4, $HSiCl_3$, CH_3SiCl_3, $CH_2=CH \cdot SiCl_3$, H_2SiCl_2, $(C_6H_5)_2SiCl_2$, $[(CH_3)_3CO]_2SiCl_2$, $[O(CH_3)_2CC(CH_3)_2O]SiCl_2$, $(OC_6H_4 \cdot C_6H_4O)\text{-}SiCl_2$, $(CH_3)_2 \cdot Si(Cl)OC_2H_5$, $(CH_3)_3SiCl$, Dichlorpolydimethylsiloxan, 1-Hydroxy-3- u. -4-aminobutan, 1-Amino-2-hydroxy-2-methylpropan, 1.2-Dihydroxy-2-aminopropan, 1-Hydroxy-2-[dimethylamino]-äthan, Di-[2-hydroxyäthyl]-amin, 1-Hydroxy-4-aminocyclohexan, 2-, 3- u. 4-Aminophenol, 4-[Methylamino]-, 2-Chlor-4-amino- u. 2.4-Diaminophenol. (**F. P. 1239808** vom 5/11. 1959, ausg. 9/12. 1960. D. Prior. 5/11. 1958.)

S. Böttcher. H 1380

2255 Badische Anilin- & Soda-Fabrik Akt.-Ges., Ludwigshafen/Rh., übert. von: Hugo Kroeper, Heidelberg, und Rolf Platz, Mannheim, **Styrole** erhält man durch katalyt. Spaltung von 1.1-Diaryläthanen bei 350—620, bes. 400—750° u. 10—150 Torr in Ggw. von Wasserdampf u. Erdalkali-, Li-, Al-, bes. Mg-Silicaten oder deren Mischungen, wobei die synthet. Silicate die Hydrierung der Styrole verhindern, als Wirbelschicht. — Zu D. A. S. 1034620; C. **1959,** 296, ist nachzutragen: Ditolyläthan → 50,6(%) einer Mischung aus 35 *o-* u. 65 *p-Methylstyrol* u. 44,3 Toluol. — 1.1-Bis-(2.4-diäthylphenyl)-äthan → Mischung aus 46,2 Diäthylbenzol u. 50,3 *2.4-Diäthylstyrol*. (**A. P. 2954413** vom 29/1. 1957, ausg. 27/9. 1960. D. Prior. 1/2. 1956.)

G. Krauß. H 1410

2256 Dow Chemical Co., V. St. A. (Erfinder: Frederick John Soderquist, Ludo Karl Frevel und Harold Darwin Boyee), **Dehydrieren von Äthylbenzol** bei 550—675° u. einer solchen Raum-Geschw., daß 20—50% des eingesetzten Äthylbenzols in *Styrol* umgewandelt werden, in Ggw. eines Katalysators, der bis zu ca. 87 (Gew.-%) Fe-, Zn- oder Mg-Oxid oder deren Gemische, 5—10 Alkali-Oxid u./oder -Carbonat u./oder 5—10-Chromat u./oder -Bichromat u. ggf. 5—10 CuO u./oder Graphit, bis zu 2,5 V_2O_5 u./oder V, bis zu 5 Cr_2O_3 u. je 3—5 eines feuerfesten Zementes u. Methylcellulose von 2000—3000 cP in 2%ig. wss. Lsg. enthält u. durch Verreiben der Komponenten mit W. zu einer Paste, Trocknen, Granulieren u. 16—20std. Calcinieren bei 110—150° hergestellt wird. — Beispiele. (**F. P. 1243592** vom 4/12. 1959, ausg. 16/1. 1961. A. Prior. 22/12. 1958.)

G. Colsmann. H 1410

2257 Pittsburgh Plate Glass Co., Pittsburgh, Pa. (Erfinder: Robert Bader, Milwaukee, Wis.), V. St. A., **Monobutenylphenole** erhält man durch Rk. von 1 Mol eines Phenols, das wenigstens 1 H-Atom am Kern trägt u. am Kern inerte Substituenten enthalten kann, mit wenigstens 1, bes. 1,1 Mol Butadien bei —60 bis +130, bes. —40 bis +60°, entweder in Ggw. von zweckmäßig ca. 5—50% einer 65—75%ig. H_2SO_4, bezogen auf die Menge Phenol, oder eines Gemisches aus 2 Teilen Polyphosphorsäure u. 1 Teil 85%ig. H_3PO_4 oder eines Gemisches aus 10—30% konz. H_2SO_4 u. 90—70% einer 85%ig. H_3PO_4 als Katalysator, ggf. in Ggw. eines Verdünnungsmittels (Äther, Alkohole, Amine); Ausbeute an *Monobutenylphenolen* (o- u. p-Verb., $Kp._{10}$ 110—140°) ≧ 75%, wenn der Überschuß des Butadiens z. B. 10% beträgt. Als Nebenprodd. entstehen: Dibutenylphenole, $Kp._{10}$ 140—170°, Polyphenole, Phenoläther, Polybutenylphenole u. deren Polymere. Der Säurewert des Katalysators beträgt nach der Best. mit Hammett-Indicatoren bei Raumtemp. —4 bis —7,5. — Vgl. F. P. 1096336; C. **1958,** 1702; E. P. 760040 u. A. P. 2802882; C. **1959,** 10043. (**D. A. S. 1124479** Kl. 12o vom 16/2. 1954, ausg. 1/3. 1962. A. Prior. 16/2. 1953.)

G. Krauß. H 1460

2258 Dow Chemical Co., V. St. A. (Erfinder: Charles Theodore Goodshaw, Charles Edward Grabiel und Henry Volk), **Herstellung von Salzen vinylaromatischer Sulfonsäuren,** dad. gek., daß man eine aromat. β-Halogenäthylverb. mit 8—10 C-Atomen in einem aliphat. Polychlor-KW-Stoff bei —20 bis +80° mit SO_3 sulfoniert, mit der berechneten Menge W. nebenher entstehendes Sulfonsäureanhydrid hydrolysiert, mit überschüssigem wss. Alkali behandelt, das Lsgm. abdest. u. das wss. Rk.-Gemisch bei 50—100° mit O_2 behandelt. —

Na-Styrylsulfonat, aus 2-Bromäthylbenzol u. SO_3 in CH_2Cl_2 in Ggw. von B_2O_3 unter Bldg. von 2-Bromäthylbenzolsulfonsäure u. p-[2-Bromäthyl]-benzolsulfonsäureanhydrid; man behandelt mit W. u. 50%ig. NaOH u. fraktioniert. — *Na-Dichlorstyrylsulfonat,* aus Dichlor-[2-bromäthyl]-benzol. — Schema der Anlage. (**F. P. 1239125** vom 26/10. 1959, ausg. 7/12. 1960. A. Prior. 29/10. 1958.) S. Böttcher. H 1490

2259 Esso Research and Engineering Co., V. St. A., **Gewinnung von monomeren Cyclodienen** durch Fraktionierung der ggf. geringe Mengen C_{7-9} enthaltenden C_5- u. C_6-Cyclodiendämpfe in einer Vorfraktionierzone zur Entfernung der genannten Verunreinigungen u. Eindüsen der Dämpfe in eine Fraktionierzone, in der das C_5-Cyclodien am Kopf u. das C_6-Cyclodien am Boden abgezogen wird. Ggf. redimerisierte Cyclodiene werden als Rückstand abgezogen, zu den entsprechenden Monomeren bei 177—288° gespalten u. in die Fraktionierzone oder z. T. in die Vorfraktionierzone zurückgeführt. — Als Beispiel: Reinigung von *Methylcyclopentadien.* — Verf.-Schema. (**F. P. 1243640** vom 18/12. 1959, ausg. 16/1. 1961.) G. Colsmann. H 1810

2260 Soc. des Usines Chimiques Rhône-Poulenc, Frankreich (Erfinder: André Fournet und Pierre Lafont), **Herstellung von Cyclododecadiendiolen,** dad. gek., daß man Monoepoxycyclododecadiene hydrolysiert oder Cyclododecatriene hydroxyliert. — Man epoxydiert trans,trans,cis-Cyclododecatrien, rührt das Epoxycyclododecadien-(5.9) mit H_2SO_4 (66° Bé) u. W. u. erhält Kristalle. F. 138—145°, bei Verw. von $HClO_4$ ein einheitliches *Cyclododecadien-(5.9)-diol-(1.2),* F. 158—159,5° (*Phenylurethan,* F. 157—158°), aus trans,trans,trans-Cyclododecatrien ein Gemisch von Stereoisomeren, F. 120,5—121°. (**F. P. 1239956** vom 2/7. 1959, ausg. 9/12. 1960.) S. Böttcher. H 1870

2261 Shell Internationale Research Mij. N. V., Den Haag (Erfinder: Arne Pieter Ter Borg und Robert van Helden, Amsterdam), Niederlande, **Tropolon,** $Kp._{0,1}$ 66—67°, F. 49—51°, erhält man in 85%ig. Ausbeute durch Hydrolyse von 2-Halogentroponen, z. B. 2-Chlortropon, mit einer Mischung aus HCOOH u. W., bes. HCOOH mit 5—55 Vol.-% W., unter Rückflußbedingungen, Abdest. des Lsgm. bei 50°/80 mm u. Isolieren des Rk.-Prod. über das Na-Salz. (**D. A. S. 1130438** Kl. 12o vom 13/12. 1960, ausg. 30/5. 1962. Niederl. Prior. 15/12. 1959.) R. Hauß. H 1980

2262 Soc. des Usines Chimiques Rhône-Poulenc, Frankreich (Erfinder: Marc Julia), **Herstellung von Dihydrochrysanthemsäure.** Malonsäurediäthylester u. Isovaleraldehyd (I) werden in Bzl. in Ggw. von Piperidin 5 Std. gekocht: *Isovalerylidenmalonsäureäthylester,* $Kp._{0,8}$ 99—100°. Dieser wird im Autoklaven 72 Std. mit Acetaldehyd in Ggw. von Benzoylperoxid auf 90° erhitzt: *5-Methyl-3-acetyl-2-carbäthoxyhexansäureäthylester,* $Kp._{0,4}$ 107—110°, $Kp._{0,06}$ 80—81°; n_D^{22} 1,4410, Verseifung gibt *5-Methyl-3-acetylhexansäure,* $Kp._{1,25}$ 128—130°. *Äthylester,* Kp. 90°, n_D^{22} 1,4320. Der Ketoester wird mit Methyl-MgJ-Lsg. zu *4.4-Dimethyl-3-isobutyl-γ-butyrolacton,* $Kp._{0,6}$ 83—87°, $n_D^{20,5}$ 1,4452, umgesetzt. Durch Behandeln mit alkohol. HCl erhält man *5-Methyl-3-[1'-methyl-1'-chloräthyl]-hexansäureäthylester,* $Kp._1$ 90°, n_D^{25} 1,4435, den man mit Na-tert.-Amylat zu *dl-trans-Dihydrochrysanthemsäure*(**II**)*-Äthylester,* $Kp._{20}$ 110—115°, $n_D^{24,5}$ 1,4282, cyclisiert. Durch Verseifung erhält man **II**, n_D^{24} 1,4479. — Man kann auch **I** mit Cyanessigester umsetzen, kondensiert Isovalerylidencyanessigsäureäthylester mit Acetaldehyd zu [1'-Acetylisoamyl]-cyanessigester, verseift u. decarboxyliert zu 4-Methyl-2-acetyl-1-cyanpentan, setzt mit Methyl-Mg-Halogenid zum Nitril um, verestert zum p-Toluol- oder Methansulfonat, cyclisiert u. hydrolysiert. (**F. P. 1239370** vom 11/7. 1959, ausg. 7/12. 1960.) S. Böttcher. H 2010

2263 G. S. Gurewitsch, S. S. Lewin und I. S. Diner, **Ester der Hexahydrophthalsäure und -isophthalsäure** werden durch Hydrierung der entsprechenden Ester der aromat. Säuren in heterogenem Medium erhalten, wobei man als Katalysator Ni/Kieselgur verwendet. — 194 g Isophthalsäuredimethylester u. 1% Katalysator werden in einem Autoklaven aus nichtrostendem Stahl bei 200° u. 300 at H_2 bei beständigem Mischen hydriert. Das Hydrierungs-Prod. wird abfiltriert u. im Vakuum destilliert. Man erhält ein Gemisch (Ausbeute 88,75%) aus *cis-* u. *trans-Dimethylhexahydroisophthalat.* — Weitere Beispiele. (**UdSSR. P. 150110** vom 15/12. 1961.) S. T. H 2020

2264 Montecatini Soc. Gen. per l'Industria Mineraria e Chimica (Erfinder: Cesare Ferri und Bruno Ponzini), Mailand, Italien, **Erhöhung der Ausbeute an isomeren Terphenylen bei der Pyrolyse von Benzol** bei 750—850° durch Zuführung von 5—30% Diphenyl, das als Neben-Prod. der Pyrolyse anfällt, in das Ausgangsprodukt. Gleichzeitig wird dadurch die Bldg. von Kohleablagerungen im Pyrolyserohr eingedämmt. — Beispiele. (**Oe. P. 218516** vom 22/1. 1960, ausg. 11/12. 1961. It. Prior. 23/1. 1959.) G. Colsmann. H 2210

2265 Alpine Chemische Akt.-Ges. (Erfinder: Winfried Zeschmar und Hermann Ritzer), Kufstein, Österreich, **Herstellung von 4.4'-Dihydroxydiphenylalkanen oder -cycloalkanen** durch Kondens. von Hydroxyaryl-Verbb. (**A**) mit Ketonen im Molverhältnis 3 : 1 bei normalem Druck u. schwach erhöhter Temp. bei Abwesenheit organ. Lsgm. in Ggw. von 0,20—5 Teilen je 100 Teile **A** eines BF_3-Komplexes einer aliphat. Carbonsäure, bes. HCOOH. — Die Reinigung der gewonnenen Prodd. erfolgt durch bis zu 7std. Behandlung mit einem auf 70—90° erhitzten Gas-, bes. einem Luftstrom, wobei die Temp. des Gutes niedriger als die des Gasstromes gehalten wird, ggf. in einem unter vermindertemDruck stehenden Behälter u. im kontinuierlichen Verfahren. — *4.4'-Dihydroxydiphenyldimethylmethan,* F. 156—159°, aus Phenol (**I**) u. Aceton durch Versetzen mit $CaCl_2$ u. $BF_3\cdot[HCOOH]_2$, $BF_3\cdot[CH_3COOH]_2$, $BF_3\cdot[C_2H_5COOH]_2$ oder $BF_3\cdot[C_3H_7COOH]_2$ u. 20std. Rühren bei 50°; 79 bis 97% (Ausbeuten). — Analog: *1.1-Bis-[4-hydroxyphenyl]-cyclohexan,* F. 184—186°, aus **I** u. Cyclohexanon in Ggw. von $CaCl_2$ u. $BF_3\cdot[CH_3COOH]_2$; 97,7%. — *2.2-Bis-[4-hydroxyphenyl]-butan,* F. 121—125° (Bzl.), aus **I** u. Methyläthylketon in Ggw. von $CaCl_2$ u. $BF_3\cdot[CH_3COOH]_2$; 67%. (**Oe. PP. 218517** vom 8/4. 1960, ausg. 11/12. 1961 u. **217459** vom 28/5. 1960, ausg. 10/10. 1961.) G. Colsmann. H 2260

2266 W. L. Plakidin, E. P. Gendrikow und E. I. Ssiklizkaja, **Herstellung von 1.4.5.8-Tetracarboxynaphthalin** (**I**) durch Chlorierung einer 40—70%ig. Pyrenfraktion (aus der Dest. von Steinkohlenteer) in Trichlorbenzol (**II**) u. anschließende Oxydation des Tetrachlorpyrens (**III**) mit H_2SO_4 + NaOCl. — 4 (g) 40%ig. Pyrenfraktion werden bei 15—20° in 55 ml **II** in $2^1/_4$ Std. mit 7—8 g Cl_2/h chloriert. Wenn die Rk.-Masse eine Temp. erreicht hat, die der Schmelz-Temp. des Nd. entspricht (350°), wird die Chlorierung beendet, 16 Std. bei 20° gerührt, **III** abfiltriert u. **II** durch Wasserdampf-Dest. bei einem Sodaüberschuß abgetrennt; Ausbeute 77,9%; F. 363°. Zu 165 ml 14,5%ig. Oleum werden 36 **III** zugegeben u. im Verlaufe von 15 Min. wird bis zu 85° erwärmt; man rührt 40 Min. bei 85—90°, fügt 59 ml 90%ig. H_2SO_4 hinzu u. erwärmt im Laufe von 25 Min. bis 190°. Nach 40 Min. Rühren bei 190—195° wird bis 120° abgekühlt; man fügt tropfenweise 485 W. hinzu, Naphthalin-1.4.5.8-diindandion wird abfiltriert, 30 Min. mit 700 W. gekocht u. erneut filtriert; Ausbeute 91,5%. 92 **III**, 5,55 g NaOH u. 32 W. werden bei 20° so lange gemischt, bis man eine durchsichtige Lsg. erhält; man fügt 181 ml NaOCl-Lsg. (123 g/Liter) bei 20—25° zu, erwärmt bis 98—100°, rührt 1 Std. u. kühlt ab. Der Nd. wird abfiltriert, zum Filtrat werden 70 ml 32%ig. HCl zugefügt, u. der ausfallende Nd. wird abfiltriert. Man löst ihn in 300 W., filtriert u. vereinigt das erhaltene Filtrat mit dem ersten. Im Verlaufe einiger Tage fällt **I** aus; Ausbeute 60%; Konz. 99%. (**UdSSR. P. 148395** vom 5/7. 1961.) E. Rudakowa. H 2700

2267 Food Machinery and Chemical Corp., V. St. A. (Erfinder: Harold Kenneth Latourette und Harry Marcus Castrantas), **Epoxydierung** äthylen. Verbb. mit während der Rk. gebildeten Percarbonsäuren durch Zuleiten der zu epoxydierenden Verb. an den Boden einer Kolonne, an deren Kopf gleichzeitig

wss. H_2O_2 u. eine aliphat. Carbonsäure mit 1—8 C-Atomen, z. B. HCOOH oder CH_3COOH, zugegeben werden; der Carbonsäureanteil wird zwischen 0,25 u. 1 Mol pro Mol der zu epoxydierenden Verb. gehalten; Temp. in der Rk.-Zone 30—100°; die H_2O_2-Lsg. ist 45—55%ig., 1—2 Mol H_2O_2 werden pro Mol der ungesätt. Verb. eingesetzt. — Beispiele für die Epoxydierung von n-Butyloleat. — Zeichnungen der Apparatur. (**F. P. 1267572** vom 15/9. 1960, ausg. 24/11. 1961. A. Prior. 5/10. u. 6/10. 1959.)
H.-J. Nitzschke. H 3030

2268 Henkel & Cie. G.m.b.H., Deutschland, **Herstellung von Epoxyverbindungen** aus Verbb. mit olefin. Doppelbindung durch Rk. mit Persäuren, bes. solchen, die während der Rk. aus Carbonsäuren u. H_2O_2 gewonnen werden, dad. gek., daß man während der Rk. bei Temp. $< 100°$ das W. entfernt, bes. mit einem organ. Schleppmittel, wobei ggf. vorhandene starke Säuren entsprechend neutralisiert werden müssen, u. daß man in Ggw. von Mono- oder Polysacchariden oder Polyalkoholen, bes. in W. lösl., oder Di- oder Polycarbonsäuren oder von solchen Al-Oxiden arbeitet, die der Zus. $Al_2O_3 \cdot 2H_2O$ bis γ-Al_2O_3 entsprechen. — 200 (g) Sojaöl, 200 Bzl., 35 Al-Oxid, 1,4 K_2CO_3 u. 30 Eisessig werden unter Abdest. von Bzl. + W. erhitzt, wobei 68 50%ig. H_2O_2 unter Aufrechterhaltung einer Innentemp. von 81—82° langsam zugetropft werden; nach Aufarbeitung werden 195 epoxydiertes Sojaöl erhalten. — Weitere Beispiele für die Epoxydierung von z. B. Ölsäure u. Diallylphthalat. (**F. P. 1254073** vom 19/3. 1960, ausg. 24/5. 1961. D. Prior. 25/3. 1959.)
H.-J. Nitzschke. H 3030

2269 Council of Scientific and Industrial Research, Neu-Delhi (Erfinder: Hamsath Ibrahim, Vishwanath Vinayak Deshpande und Narasing Rao Kuloor, Delhi), Indien, **Herstellung von Äthylenoxid** aus A. in einer Stufe, dad. gek., daß der A. mit einem Oxydationsmittel, bes. O_2, Luft, ggf. im Gemisch mit 0,5—5% NO_2, bei 150—350° über einen Katalysator geleitet wird, der aus einer dehydratisierenden u. einer oxydierenden Komponente besteht, bes. aktiviertem Bauxit, Tonerde, TiO_2, ThO_2 oder Silicagel u. Ag_2O. (**Ind. P. 66953** vom 6/3. 1959, ausg. 7/12. 1961.)
C. Lüttgen. H 3030

2270 G. P. Ssokolow und S. A. Giller, **Herstellung von 2.2.5-Trimethoxy-2.5-dihydrofuran** (I). 2-Bromfuran wird mit CH_3OH u. H_2SO_4 elektrolysiert. — In einen Elektrolyseur (Höhe 16 cm, ⌀ 3,5 cm) werden 130 ml abs. CH_3OH, 0,8 ml konz. H_2SO_4 u. 5,9 g 2-Bromfuran gefüllt. Als Elektroden benutzt man Kohlestäbe von 8 mm ⌀. Der Elektrolyseur ist mit einem Rührer u. einem Thermometer versehen. Er wird in ein mit C_4H_9OH gefülltes Dewar-Gefäß gestellt, das mit Trockeneis gekühlt wird. Die Elektrolyse wird mit Gleichstrom durchgeführt (2—4 A/dm²; 0,9 A); Temp. des Elektrolyten —15 bis —20°. Nach Beendigung der Rk. wird der Elektrolyt mit CH_3ONa bis pH 7—8 neutralisiert, CH_3OH abdest., u. zum Rückstand werden 50 ml abs. Ae. zugefügt. Das ausfallende Na_2SO_4 wird abfiltriert u. durch Dest. **I** abgetrennt; Ausbeute 72%; Kp.$_{12}$ 82—85°. (**UdSSR. P. 149430** vom 8/9. 1961.)
M. Selzer. H 3061

2271 Ciba Soc. An., Schweiz (Erfinder: William Edward Rosen), **Herstellung von 2-[tert.-Aminoalkyl]-polychlorisoindolindimethochloriden.** Zu D. A. S. 1058059; C. **1960,** 9728 sind folgende Verbb. nachzutragen: *2-[2-Diäthylaminoäthyl]-4.5.6.7-tetrachlorisoindolindimethochlorid*, F. 202—208° (A.), aus 2 (g) 4.5.6.7-Tetrachlor-2-[2-diäthylaminoäthyl]-isoindolin u. 2 Methylchlorid in Formamid durch 5std. Erhitzen im Autoklaven auf 90 bis 100°; Ausbeute 1,8 g. — *2-[2-Dimethylaminoäthyl]-4.5.7-trichlorisoindolindimethochlorid*, F. 193—198° (A.). (**F. P. 1242816** vom 2/9. 1957, ausg. 9/1. 1961. A. Prior. 4/9. 1956 u. 5/7. 1957.) Eberhard Riedel. H 3081

2272 Delmar Chemicals Ltd., Lachine, Quebec (Erfinder: Geza Szabados Delmar, Baie d'Urfee, Quebec), Canada, **Herstellung von 4-Nicotinoylaminoantipyrin (I)** durch Umsatz von Nicotinsäure mit 4-Aminoantipyrin in einem inerten Lsgm. (z. B. Bzl.) in Ggw. von $POCl_3$, ggf. unter Zusatz eines inerten pulverförmigen

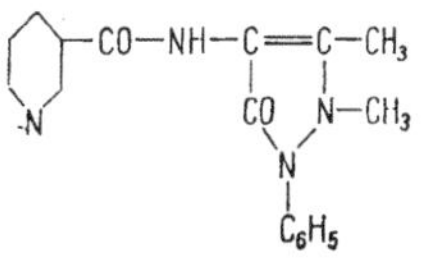

I

Materials (z. B. Filterhilfsmittel). (**Schwz. P. 357725** vom 3/7. 1961, ausg. 15/12. 1961.) H. Roos. H 3122

2273 P. M. Kotschergin, **Nitrochlorimidazole** erhält man in Ausbeuten von 70—80% durch Nitrierung von Chlorimidazolen mit einem Gemisch von konz. HNO_3 u. H_2SO_4. Bessere Resultate erhält man bei Verw. eines 10- bis 30%ig. Überschusses der theoret. Menge von HNO_3. — Zu 353 ml 96—98%ig. H_2SO_4 werden bei Abkühlung ($\leq 30°$) 118,3 g 1-Methyl-5-chlorimidazol zugefügt u. danach bei 30—40° 55 ml 98%ig. HNO_3. Man erwärmt im Verlaufe von 30 Min. bis zu 98—100°, hält 1 Std. bei dieser Temp. u. kühlt bis ~20° ab. Danach wird die Masse in kaltes W. gegossen, der Nd. abfiltriert, mit W. gewaschen u. bei 40—50° getrocknet: *1-Methyl-4-nitro-5-chlorimidazol*, F. 147—148°; 79,6% (Ausbeute). Analog folgende Imidazole: *1-Methyl-4-chlor-5-nitro-*, F. 76 bis 78°; 70,6%. — *1-Äthyl-2-methyl-4-nitro-5-chlor-*, F. 88 bis 90°; 73,9%. — *1-Propyl-2-äthyl-4-nitro-5-chlor-*, F. 60 bis 61°; 90,5%. — *1-Butyl-2-propyl-4-nitro-5-chlor-*, F. 34—36; 90,1%. (**UdSSR. P. 143401** vom 3/2. 1961.)
L. Dymschiz. H 3122

2274 E. N. Silberman und A. E. Kulikowa, **Herstellung von Imidazolen und Oxazolen.** 1.2-Diamine oder 1.2-Hydroxyamine werden mit Säureamidhydrochloriden 1—3 Std. beim F. des Amids oder Kp. des Amins erhitzt. — 5,4 g o-Phenylendiamin u. 8,2 g δ-Cyanvaleramidchlorhydrat werden unter Rühren 2 Std. bei 260—270° erhitzt. Die Rk.-Masse wird mit W. bis zur Entfernung von Cl^- gewaschen: 9,7 g eines dunkelvioletten Staubes, der in CH_3OH gelöst wird. Die Lsg. kocht man mit Aktivkohle. Durch Zufügen von W. wird ein Nd. aus *2-[δ-Cyanbutyl]-benzimidazol*, F. 210°, abgeschieden. — 10,9 g o-Aminophenol u. 9,3 g Acetamidhydrochlorid werden erhitzt; zunächst geht W. über, danach 12,8 g *2-Methylbenzoxazol*, Kp. 198—202°. — Analog *2-Methylbenzimidazol*, F. 176°; 82% (Ausbeute). — *2-Phenylbenzoxazol*, F. 102°; 98%. — *2-[δ-Cyanbutyl]-benzoxazol*, F. 81°; 95%. — *Tetramethylen-bis-benzoxazol*, F. 121°; 70%. (**UdSSR. P. 148414** vom 3/7. 1961.)
B. F. H 3132

2275 Ministerul Industriei Petrolului și Chimiei (Erfinder: Simion Oeriu, Eugen Roland Lupu und Erwin Glotter), Rumänien, **Herstellung von 3.4-Dimethyl-5-aminoisoxazol** aus α-Acetylpropionitril u. einem Salz des Hydroxylamins, bes. Hydroxylaminsulfat, bei anschließender Neutralisation mit Alkali- oder Erdalkalicarbonaten oder -bicarbonaten. Ein so erhaltenes Prod. (F. 110—115°) enthält 80% des Isoxazols. (**F. P. 1243595** vom 7/12. 1959, ausg. 16/1. 1961.)
G. Colsmann. H 3132

2276 W. G. Pessin, A. M. Chalezki und W. A. Ssergejew, **Herstellung von 2.1.3-Thiadiazol-4.5-dicarbonsäure (II).** Nichtsubstituiertes Benz-2.1.3-thiadiazol (**I**) wird mit einer Lsg. von H_2CrO_4 oxydiert. — 15,2 g **I** werden mit 42 g CrO_3 in 200 ml W. vermischt. Zur Suspension werden tropfenweise 90 ml konz. H_2SO_4 u. danach 42 g CrO_3 in 100 ml W. zugefügt. 20 Min. wird zum Sieden erhitzt u. in das gleiche Vol. W. gegossen; man kühlt bis 20° u. extrahiert mit Ae.: **II**-*Monohydrat*, F. 154—155°. **II**, F. 180—182°. (**UdSSR. P. 149785** vom 11/12. 1961.) B. F. H 3173

2277 E. M. Gepschtein, **Herstellung von 2.4.6-Kollidin (I).** 100 g einer Kollidinfraktion (Kp. 160—170°), die bei der Rektifikation leichter Pyridinbasen erhalten wurde, werden mit 50 g 85%ig. H_3PO_4 in CH_3OH aufgearbeitet. Das Phosphat wird abfiltriert u. mit CH_3OH gewaschen; Ausbeute ~30% der Fraktion; F. 180 bis 182°. Das Phosphat wird mit wss. Lauge zerlegt u. gleichzeitig die Base durch Wasserdampf-Dest. abgetrennt. Aus dem Kondensat wird mit festem Hydroxid ausgefällt u. dest.: reines **I**, Ausbeute 15%, Kp. 168—169°. (**UdSSR. P. 149784** vom 23/10. 1961.) B. F. H 3231

2278 Sicedison S. p. A. (Erfinder: Guidobaldo Cevidalli, Jean Herzenberg und Adriano Nenz), Mailand, Italien, **Dehydrierung von Alkylpyridinen zu Alkenylpyridinen** mittels eines spezif. Katalysators in der Gasphase führt zu hohen Ausbeuten; man unterdrückt Dealkylierungs-Rkk., wenn man das zu dehydrierende Prod. mit einem inerten Gas oder Wasserdampf verdünnt. Der Katalysator besteht aus 50–80(%) ZnO, 10–30 Fe_2O_3, 1–15 CaO, 5–10 Al_2O_3, 1–5 K_2O u. 0,5–2 Cr_2O_3. — Darst. eines Katalysators: 600 (g) ZnO u. 140 reines CaO werden mit einem Nd. von $Fe(OH)_3$, $Al(OH)_3$ u. $Cr(OH)_3$ vermischt. Man erhält ihn aus 530 $Fe_2(SO_4)_3 \cdot 9H_2O$, 520 $Al_2(SO_4)_3 \cdot 18H_2O$ u. 35 $Cr_2(SO_4)_3 \cdot 15H_2O$ durch Behandlung mit NH_3. Die erhaltene Mischung wird mit einer gesätt. Lsg. von 26 KOH in W. versetzt, bei 120° getrocknet u. bei 750° ca. 10 Std. im N_2-Strom geglüht. Man erhält ca. 1 kg Katalysator der Zus. 60(%) ZnO, 15 Fe_2O_3, 14 CaO, 8 Al_2O_3, 2,2 K_2O, 0,8 Cr_2O_3. Bei der Dehydrierung wird das Alkylpyridin, z. B. 2- oder 4-Methyl-5-äthyl-, 2.4- oder 2.5-Diäthyl-, 2-Methyl-5-propyl-, 2-, 3- u. 4-Äthylpyridin, außerhalb des Reaktors verdampft u. mit auf ca. 700° überhitztem Wasserdampf in das Reaktionsrohr eingeblasen. (**Oe. P. 216507** vom 12/10. 1959, ausg. 10/8. 1961. It. Prior. 14/10. 1958.)
I. Lasch. H 3231

2279 Soc. des Usines Chimiques Rhône-Poulenc, Paris, Frankreich, **Herstellung von Iminodibenzylderivaten.** Zu F. P. 1215600; C. **1962**, 8349, ist nachzutragen: In analoger Weise werden folgende *Iminodibenzyle* hergestellt: *5-[2-(4-Hydroxy-1-piperidyl)-äthyl]-*, F. 92°, dessen Hydrochlorid (**I**), F. 250°, *5-[2-(4-Methylcarbamyloxy-1-piperidyl)-äthyl]-*, **I**, F. 152°, *5-[2-(4-Dimethylcarbamyloxy-1-piperidyl)-äthyl]-*, **I**, F. 174°, *5-[2-(4-β-Hydroxyäthyl-1-piperidyl)-äthyl]-*, F. 174°, *5-[2-(4-β-Methylcarbamyloxyäthyl-1-piperidyl)-äthyl]-*, F. 90°, *5-[3-(4-β-Hydroxyäthyl-1-piperidyl)-propyl]-*, F. 113°, *5-[3-(4-β-Methylcarbamyloxyäthyl-1-piperidyl)-propyl]-*, F. 120°, *5-[3-(3-Hydroxy-1-piperidyl)-propyl]-*, **I**, F. 214°, *5-[3-(3-Methylcarbamyloxy-1-piperidyl)-propyl]-*, **I**, F. 150°, *5-[3-(3-Hydroxymethyl-1-piperidyl)-propyl]-*, **I**, F. 155°, *5-[3-(4-Acetoxy-1-piperidyl)-propyl]-*, **I**, FF. 192° u. 208°. (**E. P. 875602** vom 25/6. 1959, ausg. 23/8. 1961. F. Prior. 28/6. 1958.)
C. Lüttgen. H 3231

2280 G. T. Piljugin und B. M. Guzuljak, **Einstufige Herstellung des Lepidinäthylperchlorats** (**I**) durch Rk. von N-Äthylanilin (**II**), HCHO u. Aceton (**III**) beim Erwärmen auf dem Wasserbade in salzsaurem Medium in Ggw. von $C_6H_5NO_2$, dann mit $HClO_4$. — Zu einem Gemisch aus 50 ml **II**, 40 (ml) HCl ($D._4^{20} \sim 1{,}10$), 300 **III** u. 40 $C_6N_5NO_2$ werden beim Sieden u. Rühren in 1 Std. tropfenweise 40 40%ig. HCHO zugegeben; man kocht 6 Std., dest. auf dem Wasserbade **III** ab, danach wird durch Wasserdampf-Dest. $C_6H_5NO_2$ entfernt. Die wss. Lsg. wird auf 200 ml eingedampft; man fügt 80 42%ig. $HClO_4$ hinzu, entfernt die wss. Schicht, extrahiert den Rest mit heißem W., kocht den Extrakt mit Aktivkohle, dampft ein, kühlt u. filtriert; 50 g **I**, F. 118–120° (W.). (**UdSSR. P. 148412** vom 3/4. 1961.)
I. Dolgi. H 3231

2281 Wyandotte Chemicals Corp., V. St. A. (Erfinder: Moses Cenker und George Edgar Baxter), **Herstellung von Pyrazinen** durch Dehydrierung von ggf. durch Methyl- oder Äthyl-Reste substituierten Piperazinen in Dampfphase in Ggw. eines Katalysators aus 40–85% CuO u. 15–160% Cr_2O_3, der ggf. noch ca. 2% Graphit enthält, bei 300–375°, bes. 350–360°. — Beispiele zur Herst. von *Pyrazin, Methyl-, Äthyl-, 2.5-* u. *2.6-Dimethyl-* u. *2.3.5.6-Tetramethylpyrazin.* (**F. P. 1243570** vom 14/11. 1959, ausg. 16/1. 1961. A. Prior. 17/11. 1958.)
G. Colsmann. H 3272

2282 Dow Chemical Co., V. St. A., **Herstellung von Piperazin** durch Umsetzung von Diäthanolamin (**I**) mit einem Überschuß von NH_3, bes. 3–15 Mol pro Mol **I**, in Ggw. von 1–20% Raney-Ni, bezogen auf **I**, bei 125 bis 300°, bes. 175–225°, u. 35–170, bes. 50–135 at. (**F. P. 1243879** vom 8/9. 1959, ausg. 18/1. 1961.)
G. Colsmann. H 3272

2283 VEB Farbenfabrik Wolfen, Wolfen (Erfinder: Werner Faatz, Leipzig), **Herstellung von 2-Thion-4.4.6-trimethyltetrahydropyrimidin** durch Umsetzung von z. B. 152 (g) NH_4SCN in W. mit 290 Diacetonalkohol bei 96–105°; Ausbeute 43 g. (**Oe. P. 217468** vom 23/5. 1960, ausg. 10/10. 1961. D. Prior. 23/3. 1960.)
G. Colsmann. H 3272

2284 Deutsche Akademie der Wissenschaften zu Berlin, Berlin (Erfinder: Alfred Wende und Heinz Priebe, Berlin), **Cyanursäuremischester mit 2 Epoxygruppen** der allg. Formel **I** (OR = Rest eines ge-

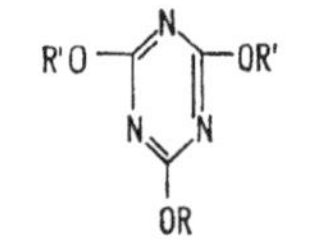
I

sätt. oder ungesätt., ein- oder mehrwertigen aliphat., iso- oder heterocycl. Alkohols; OR′ = Rest eines eine Epoxygruppe enthaltenden Alkohols) erhält man durch Rk. von Cyanurchlorid in Ggw. eines wasserfreien inerten Lsgm. in einer 1. Rk.-Stufe bei ≦ 30° mit jeweils molaren Mengen eines Alkohols der allg. Formel ROH u. eines Alkalimetalls (**II**) u. weitere Rk. des erhaltenen Gemisches in einer 2. Rk.-Stufe mit der jeweils doppeltmolaren Menge eines Epoxyalkohols der allg. Formel R′OH u. eines **II** bei 5–15°. — An Stelle von R′OH lassen sich auch die entsprechenden Chlorhydrine verwenden. — *Zwischenprodd.* für die *Kunstharzherstellung.* (**D. A. S. 1143819** Kl. 12p vom 30/1. 1957, ausg. 21/2. 1963.)
A. Jahn. H 3313

2285 Imperial Chemical Industries Ltd., London (Erfinder: Francis Edward Gervase Tate und James Harry Wild, Manchester), England, **Isocyanursäuremischester** der allg. Formel **I** oder **II** (R′ u. R″ = gleiche oder verschiedene Arylreste, die ggf. NCO-Grup-

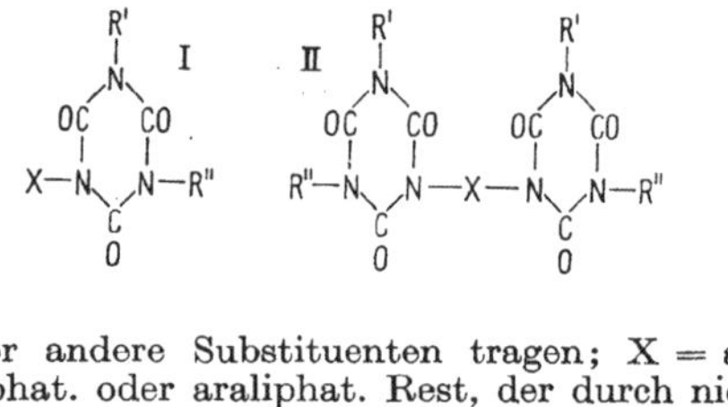

pen oder andere Substituenten tragen; X = aliphat., cycloaliphat. oder araliphat. Rest, der durch nicht aromat. gebundene C-Atome an den Isocyanursäurering gebunden ist) erhält man durch Rk. von 2 Mol eines aromat. Monoisocyanats (**III**) bzw. eines Gemisches aus je 1 Mol zweier verschiedener aromat. **III** mit 1 Mol eines aliphat., cycloaliphat. oder araliphat. **III** in Ggw. eines Trialkylphosphins, 4-Dialkylamino- oder 4-Alkoxypyridins ggf. in Ggw. eines Lösungsmittels. — 1 (Teil) Triäthylphosphin (**IV**) wurde zu einem Gemisch aus 8 C_6H_5NCO u. 18 n-Hexadecylisocyanat bei Raumtemp. zugesetzt u. nach 16std. Stehen *1-n-Hexadecyl-3.5-diphenylisocyanursäureester*, weißes Pulver, F. 87,5 bis 88,5 (PAe.) erhalten. **IV** + p-Chlorphenylisocyanat (**V**) + Hexamethylendiisocyanat (**VI**) *3.3′.5.5′-Tetra-(4-chlorphenyl)-1.1′-hexamethylendiisocyanursäureester*, kleine weiße Prismen, F. 297–298° (A.–Aceton). **IV** + o-Chlorphenylisocyanat + **VI** → *3.3′.5.5′-Tetra-(2-chlorphenyl)-1.1′-hexamethylendiisocyanursäureester*, weißes Prod., F. 310–311° (Aceton). **IV** + p-Methoxyphenylisocyanat (**VII**) + **VI** → *3.3′.5.5′-Tetra-(4-methoxyphenyl)-1.1′-hexamethylendiisocyanursäureester*, weiße Kristalle, F. 209–210° (Aceton–Methanol). **IV** + **V** + **VII** → *3.3′-Di-(4-methoxyphenyl)-5.5′-di-(4-chlorphenyl)-1.1′-hexamethylendiisocyanursäureester*, weißes Prod., F. 261 bis 263° (Aceton–A.). 4-Dimethylaminopyridin + Toluylendiisocyanat-(2.4) (**VIII**) + n-Butylisocyanat → *1-n-Butyl-3.5-di-(3-isocyanato-4-methylphenyl)-isocyanursäureester*, gelbes Pulver, F. 140–160°. — **IV** + **VIII** + **VI** → *3.3′.5.5′-Tetra-(3-isocyanato-4-methylphenyl)-1.1′-hexamethylendiisocyanursäureester*, F. > 350°. 4-Äthoxypyridin + Hexadecylisocyanat + **VIII** *1-Hexadecyl-3.5-di-(3-isocyanato-4-methylphenyl)-isocyanursäureester*, gelbes Prod., F. > 350°. — *Klebstoffe, Härtungsmittel für Harze, Zwischenprodd. für zellartige Polyurethane.* (**D. A. S.**

1146889 Kl.12p vom 19/2. 1959, ausg. 11/4. 1963. E.Prior. 24/2. 1958. **E. P. 856372** vom 24/2. 1958, ausg. 14/12. 1960.) A. Jahn. H 3313

2286 Farbenfabriken Bayer Akt.-Ges., Leverkusen (Erfinder: Elmar-Manfred Horn, Aachen, und Konrad Lang, Leverkusen), **N.N'.N''-Triorganosubstituierte Borazole** der allg. Formel **I** (R = Alkyl, Cycloalkyl, Aryl) erhält man durch Rk. von Nitrilen der allg. Formel R–CN mit einem Gemisch aus Boranaten bzw. Alanaten u. B-Halogeniden bzw. deren Anlagerungsverbb. > 0°. — Zu 5,4 (Mol) $NaBH_4$ in 2 Liter Tetrahydrofuran (**I**) gibt man unter N_2 6 Acetonitril u. tropft dazu während 2 Std. 6 $BF_3 \cdot$ **I** bei Rückflußtemperatur. Das Rk.-Gemisch wird noch 2 Std. zum Rückfluß erwärmt u. nach dem Aufarbeiten *N.N'.N''-Triäthyl-*

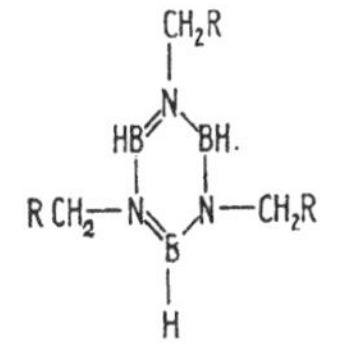

I

B.B'.B''-trihydrogenborazol in 81,5%ig. Ausbeute erhalten. — *Zusätze zu Treibstoffen u. Schmiermitteln, Zwischenprodd. für neutronenabsorbierende Hochpolymere.* (**D. A. S. 1147944** Kl. 12o vom 24/8. 1961, ausg. 2/5. 1963.) A. Jahn. H 3354

2287 Esso Research and Engineering Co., V.St.A. (Erfinder: Samuel B. Lippincott und Herbert K. Wiese), **Herstellung von Lactamen** durch Rk. von C_{10-18}-Cycloketonen (**A**) mit einem Alkaliazid, bes. 25—45 Gew.-% (bezogen auf **A**) NaN_3, in Ggw. einer starken Säure, bes. 70—90%ig. H_2SO_4 oder H_3PO_4 oder 30 bis 50%ig. HCl, bei 0—50° u. 0,7—10 at u. ggf. Versetzen des Rk.-Gemisches mit W. u. einem mit W. nicht mischbaren organ. Lsgm. oder Durchführung der Rk. in 1—10 Teilen pro Teil **A** eines Lsgm., bes. Bzl., Cyclohexan, Chlf., CCl_4, Hexan oder Heptan. Aus der organ. Phase krist. das gebildete Lactam. — *Dodecanolactam,* F. 151 bis 153° (Aceton), aus 18,2 (g) Cyclododecanon, das in der notwendigen Menge Essigsäure gelöst ist, in Ggw. von 80 ml konz. HCl durch 6std. Zugabe von 7,8 NaN_3 bei 25° u. anschließendes 16std. Rühren bei normaler Temp.: Ausbeute 17,6 g. (**F. P. 1246632** vom 1/2. 1960, ausg. 10/2. 1961. A. Prior. 2/3. 1959.) G. Colsmann. H 3390

2288 **British Petroleum Co. Ltd.**, London, und **Peter Thomas White**, Sunbury-on-Thames, Middlesex, England, *Katalysator und dessen Anwendung bei Hydrierprozessen.* (**E. P. 899652** vom 25/7. 1958, ausg. 27/6. 1962. — C. **1963,** 20181 [Ind. P. 68506].)

2289 **Soc. d'Électro-Chimie, d'Électro-Métallurgie et des Aciéries Électriques d'Ugine,** Paris, Frankreich, *Herstellung von Tri- und Tetrachloräthylen.* (**Oe. P. 215968** vom 5/2. 1958, ausg. 10/7. 1961. F. Prior. 8/2. 1957 u. 20/1. 1958. — C. **1962,** 9891 [D. A. S. 1108681].)

2290 **Columbia-Southern Chemical Corp.,** V. St. A. (Erfinder: **Douglas Henry Eisenlohr** und **Robert Duke Shelton**), *Herstellung von Trichloräthylen.* (**F. P. 74318** vom 23/10. 1958, ausg. 8/3. 1961. A. Prior. 27/8. 1958. Zusatz zu F. P. 1165926; C. 1959, 16478. — C. **1963,** 11027 [A. P. 2898383].)

2291 **Soc. Belge de l'Azote et des Produits Chimiques du Marly Soc. An.,** Lüttich, Belgien, *Anreicherung und Reinigung von Acetylen.* (**Oe. P. 215964** vom 10/9. 1959, ausg. 10/7. 1961. E. Prior. 2/10. 1958. — C. **1962,** 17923 [F. P. 1232803].)

2292 **Farbenfabriken Bayer Akt.-Ges.,** Leverkusen (Erfinder: **Karl Raichle** und **Wilhelm Krey,** Krefeld-Uerdingen), *Monhydroxytriäther.* (**Schwz. P. 368478** vom 30/12. 1957, ausg. 31/5. 1963. A. Prior. u. Can. Prior. 25/6. 1957. Zusatz zu Schwz. P. 358071; C. 1962, 15039. — C. **1961,** 1011 [D. A. S. 1065401].)

2293 **Union Rheinische Braunkohlen Kraftstoff Akt.-Ges.,** Deutschland, *Herstellung von Dialkylsulfoxiden.* (**F. P. 73993** vom 7/8. 1958, ausg. 3/3. 1961. D. Prior. 28/8. 1957. Zusatz zu F. P. 1188561; C. 1961, 16287. — C. **1960, 15570** [D. A. S. 1067018].)

2294 **Farbenfabriken Bayer Akt.-Ges.,** Leverkusen, *Reinigung von Alkylsulfochloriden.* (**E. P. 910220** vom 8/8. 1961, ausg. 14/11. 1962. D. Prior. 22/9. 1960. Zusatz zu E. P. 878845; C. 1963, 1074. — C. **1963,** 2617 [D. A. S. 1119855].)

2295 **Eastman Kodak Co.,** Rochester, N. Y., V. St. A. (Erfinder: **Hugh John Hagemeyer jun., Glen Vincent Hudson** und **Edward Joseph Mooney**), *Reinigung ungesättigter aliphatischer Aldehyde aus der Aldolkondensation.* (**E. P. 920834** vom 25/5. 1959, ausg. 13/3. 1963. A. Prior. 27/5. 1958. — C. **1963,** 19015 [A. P. 3013082].)

2296 **Distillers Co. Ltd.,** Schottland (Erfinder: **Richard Norman Lacey**), *Herstellung von Ketonen aus Acetessigsäureallylestern.* (**F. P. 1247003** vom 16/12. 1959, ausg. 15/2. 1961. E. Prior. 14/1. 1959. — C. **1963,** 22901 [D. A. S. 1146048].)

2297 **American Cyanamid Co.,** New York, N. Y., V. St. A., *Herstellung von Peptiden.* (**Ind. P. 69395** vom 20/10. 1959, ausg. 7/12. 1961. Can. Prior. 24/8. 1959. — C. **1963,** 22904 [D. A. S. 1135003].)

2298 **Farbenfabriken Bayer Akt.-Ges.,** Leverkusen (Erfinder: **Hugo Malz,** Leverkusen, **Fritz Kassack,** Köln, und **Friedrich Lober,** Leverkusen), *Flammschutzmittel.* (**D. A. S. 1148969** Kl. 8k vom 18/3. 1957, ausg. 22/5. 1963. Zusatz zu D. A. S. 1087109; C. 1961, 2836. — C. **1961,** 13001 [F. P. 1177733].)

2299 **Universal Oil Products Co.,** Des Plaines, Ill., V. St. A., *Alkylierung aromatischer Kohlenwasserstoffe.* (**Oe. P. 215978** vom 17/3. 1959, ausg. 10/7. 1961. A. Prior. 18/3. 1958. — C. **1961,** 6314 [A. P. 2939890].)

2300 **British Petroleum Co. Ltd.,** London, England, *Herstellung von Alkylarylkohlenwasserstoffen.* (**Oe. P. 215979** vom 14/8. 1959, ausg. 10/7. 1961. E. Prior. 15/8. 1958. — C. **1963,** 1069 [E. P. 874555].)

2301 **N. V. Philips' Gloeilampenfabrieken,** Eindhoven, Niederlande, *Herstellung von 2.6-Dichlorbenzonitril.* (**Oe. P. 217457** vom 25/4. 1960, ausg. 10/10. 1961. Niederl. Prior. 28/4. 1959. — C. **1963,** 14860 [D. A. S. 1136690].)

2302 **Hans J. Zimmer Verfahrenstechnik,** Frankfurt/M., *Herstellung von Cyclohexanon.* (**Oe. P. 215976** vom 9/2. 1960, ausg. 10/7. 1961. D. Prior. 27/2. 1959. — C. **1963,** 8737 [D. A. S. 1095275].)

2303 **E. I. du Pont de Nemours & Co.,** Wilmington, Del., V. St. A., *Herstellung von Adamantan.* (**Oe. P. 215975** vom 5/10. 1959, ausg. 10/7. 1961. A. Prior. 17/10. 1958. — C. **1962,** 12462 [A. P. 2937211].)

2304 **Sandoz Ltd.,** Basel, Schweiz, *Herstellung von Isonicotinsäurehydrazonen.* (**Ind. P. 67780** vom 23/5. 1959, ausg. 25/10. 1961. E. Prior. 10/3. 1959. Zusatz zu Ind. P. 64734; C. 1963, 16667. — C. **1964,** 1—2439 [Aust. P. 234723].)

2305 **Stamicarbon N. V.,** Heerlen, Niederlande, *Reinigung wäßriger Caprolactamlösungen.* (**Oe. P. 215970** vom 11/2. 1960, ausg. 10/7. 1961. Niederl. Prior. 14/2. 1959. — C. **1963,** 7554 [E. P. 867741].)

2306 **Takeda Pharmaceutical Industries Ltd.,** Osaka, Japan, *Herstellung von 5'-Nucleotiden und/oder Nucleosiden.* (**E. P. 912790** vom 23/3. 1959, ausg. 12/12. 1962. Jap. Prior. 21/3. u. 12/12. 1958. — C. **1964,** 1—2446 [D. A. S. 1130785].)

2307 **Takeda Pharmaceutical Industries Ltd.,** Osaka, Japan, *Herstellung von als Würzstoffe geeigneten 5'-Nucleotiden und Nucleosiden.* (**Ind. P. 67017** vom 11/3. 1959, ausg. 17/11. 1961. — C. **1964,** 1—2446 [D. A. S. 1130785].)

H_{10}. Färberei, Organische Farbstoffe

2308 **Der Einfluß der Beleuchtung auf das Farbempfinden.** R. W. Moncrieff. (Canad. Textile J. **80,** Nr. 18, 41—42, **1963**; engl.) — Dem Färber u. Coloristen bereitet der Unterschied im Farbempfinden des menschlichen Auges bei Tageslicht u. künstlicher Beleuchtung Schwierigkeiten. Im Gegensatz dazu beeinflußt der Verstand das Farbempfinden bei Gegenständen der Natur oft, da diese Dinge auch bei unterschiedlicher Beleuchtung richtig gesehen werden, weil sich die Erfahrung einschaltet. Erst bei sehr ungünstiger Beleuchtung kann der Verstand nicht mehr korrigieren, z. B. bei monochromat. Beleuchtung durch Na-Dampflampen. Ferner hängt die vorgetäuschte Farbe, die zu einem kleinen Fleck gehört, auch von der Umgebung ab. Das Farbempfinden für den kleinen Fleck kann als Ausgleich zwischen der wirklichen Farbe des kleinen Fleckes u. der für die durchschnittliche Farbe der ganzen Umgebung bezeichnet werden. Flecke, die heller sind als die Umgebung, tendieren zur Farbe der Beleuchtung, solche, die dunkler als die Umgebung sind, verursachen eine Farbempfindung in der Komplementärfarbe der Beleuchtung. Das geschilderte Kompensationsvermögen des menschlichen Verstandes fehlt allg. bei Kleidungsstücken. Sollen z. B. Farbe eines Kleides u. des Besatzes übereinstimmen, so sieht das Auge geringste Unterschiede u. erschwert so dem Färber seine Aufgabe. B. Kerres. 7000◇

2309 **Einführung von Chelatbindungen in die Fasern.** 10. Mitt. **Die Wirkungen der Einführung von Cr-Ionen in die Polyesterfaser „Tetoron„ auf die Festigkeit und die färberischen Eigenschaften.** Nobumasa Hōjō und Norihiro Minemura. (J. Soc. Textile Cellulose Ind., Japan [Sen-i Gakkaishi] **16,** 177—78, 1960; Ueda City, Japan, Shinshu Univ., Text. Dep.; jap., Auszug: engl.) — 9. vgl. J. Soc. Textile Cellulose Ind., Japan [Sen-i Gakkaishi] **16,** [1960], 120; 8. vgl. C. **1963,** 22152. — Um zu wissen, welchen Einfl. die Einführung von Cr-Ionen auf Tetoron (**A**) hat, werden die Festigkeits- u. Dehnungsänderungen mit $K_2Cr_2O_7$ behandelter Fasern u. ihre Farbstoffaufnahme bestimmt. Eine Probe **A** wird in 40 ml einer wss. Lsg., die 0,6 g $K_2Cr_2O_7$ u. 0,98 g H_2SO_4 enthält, bei 125° verschieden lange behandelt. Der Festigkeitsabfall beträgt gegenüber der unbehandelten Faser 3% u. der Dehnungsabfall 14%. Die Farbstoffaufnahme, *Sunchromine Pure Blue B extra,* ist anscheinend proportional zum Cr-Gehalt der behandelten **A**-Faser. Es zeigt sich, daß die Einführung von Cr die Färbbarkeit verbessert, ohne die Faser erheblich zu schädigen. L. Jentgen. 7002◇

2310 **Einführung von Chelatbindungen in Fasern. 11. Mitt. Bestimmung der Verteilung von Cr in der Polyesterfaser.** Nobumasa Hōjō und Norihiro Minemura. (J. Soc. Textile Cellulose Ind., Japan [Sen-i Gakkaishi] **16,** 297—98, 1960; jap., Auszug: engl. S. 296.) — 10. vgl. vorst. Referat. — Die Echtheit von Färbungen mit Dispersionsfarbstoffen hängt davon ab, wie tief die Farbstoffteilchen eindringen. Die mkr. Unters. des Faserquerschnitts wird vielfach zur Best. der Farbstoffverteilung in der Faser verwendet. Unter der Annahme, daß sich nur die Oberfläche der Polyesterfaser bei alkal. Behandlung auflöst u. der innere Teil ungequollen bleibt u. die Struktur von Tetoron (**A**) den Farbstoff hindert, unter gewöhnlichen Bedingungen in das Innere der Faser einzudringen, wird die alkal. Behandlung bis zur Verbindung der Farbstoffe mit Cr auf der Oberfläche von **A**-Fäden unter normalem Druck fortgesetzt. Die für den Vers. verwendete Polyesterfaser wird 5 Std. lang bei 120° mit $K_2Cr_2O_7$-Lsg. behandelt u. mit W. gewaschen. Mehrere Proben zu 0,5 g werden in 10%ig. NaOH bei 85° verschieden lange behandelt, mit W. gewaschen u. mit *Sunchromine Pure Blue extra* gefärbt. Gew.-Verlust u. Farbstoffaufnahme werden bestimmt. Aus dem Gew.-Verlust an einem bestimmten Punkt wird berechnet, wieweit Cr von der Faseroberfläche in das Innere eingedrungen ist. L. Jentgen. 7002◇

2311 **Färbung mit Cibacron-Farbstoffen im Ausziehverfahren mit Hilfe des Cibacron-Katalysators CCB.** M. Peter. (Canad. Textile J. **80,** Nr. 18, 58—63, 1963; Basle, Switzerland; Ciba Ltd.; engl. — C. **1964,** 3-2543). B. Kerres. 7020◇

2312 **Die SO-Streckschwingung von direkten Azofarbstoffen.** Kenzō Nishida, Rihei Tanaka und Aiichirō Kodaira. (J. Soc. Textile Cellulose Ind., Japan [Sen-i Gakkaishi] **18,** 1103—06, 1962; jap.) — Die IR-Spektren von *Congo Red* (C. I. Direct Red 28; C. I. 22120), *Benzopurpurin 4B* (C. I. Direct Red 2; C. I. 23500), *Benzopurpurin 10B* (C. I. Direct Red 7; C. I. 24100), *Azoorseillin* (Schultz 370), *Azo Blue* (C. I. Direct Violet 39; C. I. 23680), *Dianil Azurine G* (C. I. Direct Blue 8; C. I. 24140), *Zambesi Black D* (C. I. Direct Black 17; C. I. 27700) u. der durch Kuppeln von diazotiertem Anilin mit p-Kresidin, Diazotieren u. Kuppeln mit J-Säure, sowie durch Kuppeln von diazotiertem p-Nitroanilin mit p-Kresidin, Diazotieren u. Kuppeln mit J-Säure erhaltenen Azofarbstoffe werden angegeben u. diskutiert. L. Jentgen. 7048◇

2313 **Kontrolle des Prozesses der Küpenfärbung im Laboratorium.** M. Ss. Sacharjewski, Je. G. Mussorok und Ch. M. Jakubow. (Textil-Ind. [UdSSR] **20,** Nr. 10, 43—45, 1960; russ.) — Als Betriebsmeth. zur Analyse von Farbflotten bei Küpenfärbung werden Best. des Redoxpotentials mit Hilfe einer H_2-Elektrode, des pH-Wertes mittels einer Glaselektrode u. der Farbstoffkonz. in oxydierter u. red. Form unter Anwendung des Universalphotometers *FM* empfohlen. Der Fehler der spektrophotometr. Meth. betrug für die Gesamt-Konz. des Farbstoffes etwa 1%, für jede der beiden Formen nicht mehr als 5%. T. Lukanoff. 7086□

2314 B. P. Smirnow, S. S. Penkowski, W. E. Reinfart, A. G. Studenski und E. N. Kurakin, **Fixiermittel,** die zur Erhöhung der Farbechtheit bei der Färbung mit substantiven u. Schwefelfarbstoffen verwendet werden, erhält man in krist. Form, wenn man als Katalysator Acetate prim. aromat. Amine verwendet. — 1,34 (Mol) HCHO (als Formalin) u. 0,04—0,06 essigsaures Anilin erwärmt man unter Rühren bis zu 80° u. gibt gleichzeitig 1 Dicyandiamid zu. Die Masse wird bei 95—100° 2,5 bis 3 Std. gerührt, mit CH_3COOH bei 85—90° hydrolysiert, u. man gibt beim Rühren 10%ige Soda-Lsg. bei 40—50° so lange zu, bis beim Zufügen von Soda-Lsg. zu einer Probe keine Trübung mehr stattfindet (auf 1 t des fl. Fixiermittels werden ∼160 kg Na_2CO_3 verbraucht). Beim Abkühlen bis 20° fällt das krist. Fixiermittel aus. (**UdSSR. P. 145956** vom 6/2. 1961.) T. Ogibina. 7007

2315 Teikoku Jinzô Kenshi Kabushiki Kaisha, Ôsaka (Erfinder: Shôichi Sakashiri, Akira Mifune, Muraji Ishida und Takeshi Yamaguchi, Iwakuni), Japan, **Nachbehandlung von Polyesterformkörpern** zur Verbesserung ihrer Anfärbbarkeit mit H_2SO_4 in Ggw. von $\geqq 1$ Metallion von Cu, Zn, Hg, Al, Sn, Fe, Co, Ni. — 2 (g) Polyäthylenterephthalatfäden ([η] 0,6; 4,8 g/de; Dehnung 53%) werden nach Zusatz von 0,05 $CuSO_4$ 30 Min. mit 100 cm³ 82%ig. H_2SO_4 bei 40° behandelt, neutralisiert u. gewaschen; [η] 0,58; 3,1 g/de; Dehnung 22%; die Farbstoffadsorption ist um 20% besser als bei dem unbehandelten Material. (**Jap. A. S. 10846/1961** vom 10/9. 1959, ausg. 17/7. 1961.) M. Pankow. 7017

2316 Ciba Ltd., Basel, Schweiz, **Herstellung von Farbstoffpräparaten zum Färben von faserbildenden Polyamiden (I) während des Spinn-Verfahrens.** Man erhitzt ein **I** mit einem dispergierten Pigmentfarbstoff (**II**) auf > 100° in Ggw. einer Fl., die das **I** erst bei Tempp. von > 100° löst, z. B. W., wasserlösl. Alkohole, Ketone, Amide u. Lactone, u. kühlt das Gemisch, wenn sich das **I** gelöst hat, ab. Das ausfallende **I** enthält den **II** in gleichmäßiger fein verteilter u. konz. Form. (**Ind. P. 68554** vom 28/7. 1959, ausg. 27/9. 1961.) C. Lüttgen. 7021

2317 L. M. Lewin, I. S. Leoschkewitsch, T. W. Trawina, I. W. Fodiman, W. S. Kurochtin, S. I. Kurochtina, N. I. Klimuschina, E. I. Sagarowa, L. W. Torotscheschnikowa und M. I. Olschanezkaja, **Färben der Polyesterfaser „Lawsan"** unter Verw. disperser Farbstoffe, Lsgg. von CH_3COOH u. H_2SO_4 (zur Einstellung von pH 5,5—6), sowie der Präparate „Neuheit" (2 g/Liter) u. OP-10 (1 g/Liter), gek. durch die Anwendung eines Gemisches der Na-Salze von Hydroxydiphenyl als Intensivator u. Träger. Die Meth. hat den Vorteil, daß die Färbung in den gebräuchlichen App. durchgeführt werden kann. (**UdSSR. P. 147281** vom 14/3. 1961.) A. Matezki. 7021

2318 W. L. Plakidin, W. A. Jakobi und S. E. Pochila, **Herstellung von 6.15-Dihydroxyisoviolanthron (I)** aus Isoviolanthron (**II**) durch Oxydation mit einem Gemisch aus O_2 u. O_3 in H_2SO_4 in Ggw. von Salzen des Mn, Cr u. V. — Eine Suspension aus 1 (g) **II**, 156 g 96%ig. H_2SO_4, 5 W. u. 0,4 $MnSO_3$ wird bis zum roten Fluorescieren einer Probe, die in Pyridin gelöst ist, ozonisiert (60—100 Min.). Das **I**-Sulfat, das bei ∼20° nach 24 bis 30 Std. ausfällt, wird abfiltriert u. mit W. bis zur neutralen Rk. gewaschen. (**UdSSR. P. 148177** vom 17/8. 1961.) E. Rudakowa. 7059

2319 S. E. Pochila, W. A. Jakobi und W. A. Plakidin, **Herstellung von 16.17-Dihydroxyviolanthron (I)** durch Oxydation des 2.2'-Dibenzanthronyls (**II**) mit Pyrolusit oder MnO_2 in konz. H_2SO_4 u. anschließender Red. mit HCHO, Urotropin oder Methanol. — 404,25 (g) 95%ig. H_2SO_4 u. 33,83 88%ig. Pyrolusit, werden 1 Std. bei 100—110° gerührt, dann bis zu 10—15° abgekühlt u. 57 wss. Paste, die 20 100%ig. **II** enthält, in 3—6 Std. zugegeben (Temp. 10—35°). In einer Probe wird das Ende der Oxydation mit Na_2S bestimmt. Im Laufe der Abkühlung der Rk.-Masse bis zu 15° fügt man 8 80%ig. Na_2SO_3-Lsg. zu, danach noch einmal 4 g, um man rührt 4—5 Std. bei 10—15°. Danach verd. man mit 13,5 W. bis zu einer H_2SO_4-Konz. von 77—80%, rührt 1 Std. u. filtriert. Das Filtrat wird mit 2 Liter W. verd. u. 1 Std. gerührt. Der Nd. wird abfiltriert u. mit warmem W. bis zur neutralen Rk. gewaschen; Ausbeute 95—99%. — Man kann zur oxydierten Masse bei 35° in 30 Min. auch 6 g HCHO zugeben u. verd. nach 5—6 Std. mit H_2O (**UdSSR. P. 148468** vom 17/8. 1961.) E. Rudakowa. 7059

2320 Sandoz Akt.-Ges., Basel, Schweiz (Erfinder: Georg Geiger und Xaver Pfister), **Kupferphthalocyanine,** fein verteilt u. sedimentationsfest, bes. geeignet als Pigmentfarbstoffe für Nitrolacke, können erhalten werden, wenn man ggf. halogenierte Cu-Phthalocyanine (**I**), bes. Cu-Phthalocyanin der β-Form, u. ein Fe-Phthalocyanin oder ein Rk.-Prod. einer organ. tert. Base mit einem ggf. im Kern halogenierten halogenmethylierten Cu-Phthalocyanin vermischt. Die Zusatzmengen sollen bezogen auf die **I**-Menge 1 bis 30%, vorteilhaft nicht mehr als 10% betragen. Das Vermischen kann z. B. durch Zusammenlösen in H_2SO_4 u. Wiederausfällen oder auch durch Vermahlen in Ggw. fester Mahlhilfsmittel, wie NaCl, vorgenommen werden. (**F. P. 1255889** vom 3/5. 1960, ausg. 16/6. 1961. Schwz. Prior. 5/5., 6/5., 5/6. u. 24/7. 1959.) O. Roick. 7073

2321 Ilford Ltd., Ilford, England, **Diazacarbocyaninfarbstoffe.** Zu F. P. 1227962; C. **1963, 4534,** ist nachzutragen: In gleicher Weise wie die Basen eignen sich auch deren quatern. NH_4-Salze zum Färben von Acrylnitrilpolymerisaten u. -mischpolymerisaten. Ihre Herst. erfolgt durch Rk. der Basen mit dem Quaternierungsmittel bei erhöhter Temp. ggf. in Ggw. eines inerten Verdünnungsmittels. — 2 g 1-(3-Methyl-2-benzothiazolinyliden)-2-(α-1-methyl-2-benziminazolyläthyliden)-hydrazin u. 4 g Methyltoluol-p-sulfonat werden 2 Std. auf 150° erhitzt. (*1.3-Dimethyl-2-benziminazol*)-(*3'-methyl-2'-benzothiazol*)-*8-methyl-2'.9'-diazatrimethincyanintoluol-p-sulfonat,* F. 209—212° (aus A. umkrist.). 1 g 1-(1.2-Dihydro-1-methyl-2-chinolinyliden)-2-(α-4-pyridylbenzyliden)-hydrazin u. 2 ml Benzylbromid werden in 10 ml Chlf. 6 Std. unter Verw. eines $CaCl_2$-Aufsatzes gekocht. Aus dem Rk.-Gemisch wird mit trockenem Aceton (*1-Methyl-2-chinolin*)-(*1'-benzyl-4'-pyridyl*)-*7'-phenyl-9.10-diazatrimethincyaninbromid,* F. 236—237°, ausgefällt. Analog aus 1-(3-Methyl-2-benzothiazolinyliden)-2-(α-pyridyläthyliden)-hydrazin → (*1-Methyl-2-pyridyl*)-(*3'-methyl-2'-benzolthiazolyl*)-*7-methyl-8'.9'-diazatrimethincyanintoluol-p-sulfonat,* F. 203 bis 205°. (**Ind. P. 68156** vom 24/6. 1959, ausg. 24/10. 1961. E. Prior. 25/6. 1958.) C. Lüttgen. 7085

2322 **General Aniline & Film Corp.**, New York, übert. von: **Clemens Streck,** Loudonville, N. Y., V. St. A., *Färbungen mit metallisierten Azofarbstoffen.* (**A. P. 3061397** vom 14/6. 1957, ausg. 30/10. 1962. — C. **1963,** 20965 [E. P. 887386].)

2323 **Imperial Chemical Industries Ltd.**, England, *Färben von Textilien aus Polyestermaterial.* (**F. P. 1293223** vom 12/5. 1961, ausg. 8/10. 1962. E. Prior. 12/5. 1960. — C. **1963,** 22914 [D. A. S. 1137418].)

2324 **J. R. Geigy Soc. An.**, Schweiz, *Bedrucken von Materialien aus regenerierter Cellulose.* (**F. P. 1286557** vom 22/4. 1961, ausg. 23/7. 1962. Schwz. Prior. 23/4. 1960. — C. **1963,** 3760 [D. A. S. 1126840].)

2325 **Ciba Ltd.**, Basel, Schweiz, *Halogenierte Dihydroxy-nitroanthrachinone.* (**E. P. 914621** vom 18/5. 1961, ausg. 2/1. 1963. Schwz. Prior. 24/5. 1960. — C. **1963,** 14871 [D. A. S. 1134087].)

2326 **VEB Farbenfabrik Wolfen**, Wolfen (Erfinder: **Günther Eßbach,** Wolfen, und **Kurt Lippold,** Dessau), *Chrom- und kobalthaltige Azofarbstoffe.* (**D. A. S. 1151079** Kl. 22a vom 15/10. 1958, ausg. 4/7. 1963. Zusatz zu D. A. S. 1135116; C. 1963, 10675. — C. **1963,** 5260 [D. P. [DDR] 21158].)

2327 **Imperial Chemical Industries Ltd.**, London (Erfinder: **Colin George Tilley** und **Frederick Andrew Waite,** Manchester), England, *Monoazofarbstoffe.* (**D. A. S. 1143949** Kl. 22a vom 26/3. 1959, ausg. 21/2. 1963. E. Prior. 26/3. 1958, 27/2. u. 9/3. 1959. — C. **1963,** 19426 [F. P. 1228404].)

2328 **Cassella Farbwerke Mainkur Akt.-Ges.**, Frankfurt/M., *Anthrachinonfarbstoff.* (**E. P. 925116** vom 6/12. 1961, ausg. 1/5. 1963. D. Prior. 7/12. 1960. — C. **1963,** 20611 [D. A. S. 1141038].)

2329 **Farbwerke Hoechst Akt.-Ges. vormals Meister Lucius & Brüning** (Erfinder: **Kurt Schimmelschmidt** und **Henning Lübbers**), Frankfurt/M., *Farbstoffe der Anthrachinonreihe.* (**Schwz. P. 369535** vom 4/8. 1958, ausg. 15/7. 1963. D. Prior. 7/8. 1957. — C. **1963,** 19431 [F. P. 1201190].)

2330 **E. I. du Pont de Nemours & Co.**, Wilmington, Del., V. St. A. (Erfinder: **John William Richter**), *Basische Farbstoffe der Chinophthalon-Reihe.* (**E. P. 925765** vom 28/6. 1961, ausg. 8/5. 1963. A. Prior. 30/6. 1960. — C. **1963,** 21358 [A. P. 3023212].)

2331 **Sandoz Akt.-Ges.**, Basel (Erfinder: **Georg Geiger**, Binningen/Basel-Land), Schweiz, *Chlorhaltige Pigmente der Phthalocyaninreihe.* (**Schwz. P. 369244** vom 19/3. 1958, ausg. 29/6. 1963. — C. **1963,** 13374 [F. P. 1218935].)

H_{11a}. Farben, Anstriche, Lacke, Naturharze

2332 E. I. du Pont de Nemours & Co., V. St. A. (Erfinder: Ernest Dale Lewis und Juergen Hans Braun), **Herstellung von TiO_2-Pigmenten** von erhöhter D. aus einem dampfförmigen Ti-Halogenid, z. B. $TiCl_4$, durch Zers. in einer O_2-haltigen Rk.-Zone in Ggw. einer kontrollierten geringen Menge eines Metallions, wie Na, K, Li, Rb, Cs, Ca, Ba, Sr u. Ce, als Keimbildner; Rk.-Temp. 800—1400°. Dabei ist die Anwesenheit einer geringen Menge W. vorteilhaft. Als Ionenbildner sind bes. die Chloride der vorgenannten Metalle erwähnt. (**F. P. 1294397** vom 1/6. 1961, ausg. 24/10. 1962. A. Prior. 1/6. 1960.) M. F. Müller. 7093

2333 Lajos Csonka, János Szerecz, Ferenc Horkay, Ferenc Szántó, Géza Székely und Jenö Gönczy, Budapest, Ungarn, **Herstellung von organophilen Pigmenten,** indem man wss. Suspensionen von Pigmenten der Antimonate, Selenide, Molybdate, Sulfide, Oxide, Chromate, Cyanide sowie Azo- u. Phthalocyanin der Einw. von anionakt. Substanzen, die apolare Gruppen enthalten, in Ggw. von amphoteren Metalloxiden oder Metallhydroxiden [$Zn(OH)_2$, $Al(OH)_3$, $Cr(OH)_3$, $Pb(OH)_2$] aussetzt. (**Ung. P. 150652** vom 1/7. 1961, ausg. 20/3. 1963. **Zusatz zu Ung. P. 150195; C. 1963, 15241.**) F. Landsberger. 7093

2334 Styrene Co-Polymers Ltd., Sale, Cheshire, England (Erfinder: Kenneth Elliot Piggott), **Herstellung von Mischpolymerisaten vinylaromatischer Kohlenwasserstoffe.** Man erhitzt eine vinylaromat. Verb., bes. Styrol, Vinyltoluol, α-Methylstyrol oder Vinylnaphthalin, ggf. zusätzlich Acrylsäure, deren Ester oder Acrylnitril, mit polymeren Fettsäuren, die (gesätt. oder ungesätt.) durch Kondens. in Ggw. eines Katalysators, bes. $B(OH)_3$, bei 180—300° hergestellt wurden, auf 100 bis 250° in Ggw. eines freie Radikale bildenden Katalysators. — Herst. *trocknender Öle.* (**E. P. 908281** vom 20/1. 1958, ausg. 17/10. 1962.) L. Stadelmann. 7097

2335 Esso Research and Engineering Co., übert. von: Neville Leverne Cull, Baker, Edward Allen Hunter, Terrace George Verbois und Richard Louis Ray, Baton Rouge, La., V. St. A., **Oxydation von öligen Butadienpolymerisaten.** Man löst in der Lsg. eines öligen Homopolybutadiens oder Mischpolymerisats aus Butadien u. Styrol in einem aromat. KW-Stoff 10—50% eines Harzes, das durch Polymerisation einer bei 18—85° sd. gecrackten Erdölfraktion in Ggw. einer Friedel-Crafts-Verb. bei —18 bis +66° erhalten wurde, u. bläst diese Lsg. bei 20—150° mit O_2. — *Lackgrundlage.* (**A. P. 3048562** vom 14/9. 1959, ausg. 7/8. 1962.) L. Stadelmann. 7097

2336 Allied Chemical Corp., New York, N. Y., V. St. A., **Gesättigte aliphatische oder cycloaliphatische Oxime,** erhält man bei der Einw. einer nitrosierenden Verb., bes. NOCl, auf eine gesätt. oder cycloaliphat. Verb. in Ggw. actin. Lichtes, eines Katalysators u. einer photosentitiven Carbonylverb. oder einer Verb., welche unter den Rk.-Bedingungen Carbonylverbb. ergeben. Rk.-Temp. 10—25°. Bes. wird die Rk. in Ggw. von HCl, sowie einer inerten konz. Säure (70—100%ig. H_2SO_4, H_3PO_4), eines die Rk.-Prodd. lösenden Mittels u. eines Halogens, außer F, durchgeführt. Als Katalysatoren kommen Chinon, Phenol, Aryljodid, Aldehyde, geradkettige Alkohole, Carbonsäuren, deren Ester, Salpetersäureester, geradkettige Ketone, Percarbonsäuren u. deren Ester, organ. Hydroperoxide, aliphat. Jodide in Betracht. — Cyclohexan, Bzl., J, Aceton u. NOCl, sowie HCl werden bei 10—15° dem UV-Licht 28 Std. ausgesetzt. Man erhält *Cyclohexanonhydrochlorid,* welches mit 50%ig. wss. Na_2CO_3-Lsg. *Cyclohexanonoxim* ergibt. — Hexan → *Hexanonoxim.* — Cyclohexanonoxim ergibt bei der Beckmannschen Umlagerung *Caprolactam.* Geradkettige Oxime, wie z. B. Methyläthylketoxim, Butyraldoxim sind *farbenablösende Mittel.* (**E. P. 888725** vom 12/7. 1960, ausg. 7/2. 1962. A. Prior. 31/7. 1959.) G. König. 7101

2337 General Aniline & Film Corp. (Erfinder: William Morgan Perry), **Sprayverfahren,** bei dem eine filmbildende Lsg. von z. B. Poly-N-vinyl-2-pyrrolidon, Poly-N-vinyl-2-oxazolidon, Poly-N-vinylimidazol oder Poly-N-vinyl-3-morpholinon mittels eines in einem dehnbaren Beutel befindlichen Druckmittels, bes.Freon, versprüht wird. (**Aust. P. 236479** vom 29/7. 1959, ausg. 14/12. 1961. A. Prior. 9/3. 1959.) K. Demmler. 7107

2338 Eric Zetterström, Stuvsta, Schweden, **Verdunkeln von mit Glas versehenen Fensteröffnungen.** Das Glas mit einer Kunststoff-Lsg. bespritzt, welche eine sichtbares Licht prakt. vollständig absorbierende Substanz, z. B. ein Pigment, enthält. Nach dem Verdunsten des Lsgm. bildet sich ein lichtundurchlässiger Film, der ggf. abgezogen oder abgeschabt werden kann u. sich nach Zusatz eines Lsgm. wieder verwenden läßt. Als Kunststoff kommt bes. Polyvinylchlorid in Frage. (**Schwz. P. 366359** vom 4/10. 1957, ausg. 15/2. 1963. Schwed. Prior. 19/10. 1956.) Hans Hoffmann. 7107

2339 Agfa Akt.-Ges., Leverkusen, **Herstellung lackierter Folien von linearen Polycarbonaten** (Molgew. von mind. 15000), dad. gek., daß man die Folien mit einer Lackschicht versieht, die Celluloseester u. als Verankerungsmittel Isocyanat-modifizierte Polyhydroxyverbb. (löslich in organ. Lösungsmm.) enthält. (E. P. **905549** vom 28/9. 1960, ausg. 12/9. 1962. D. Prior. 1/10. 1959.) M. Böttcher. 7107

2340 Esso Research and Engineering Co., übert. von: Neville Leverne Cull, Baker, und Paul Thomas Parker, Baton Rouge, La., V. St. A., **Oxydation von Diolefinpolymerisatölen.** Man bläst ölige Diolefinpolymerisate, die ein Molgew. von 1000—10000 haben, mit O_2 bei 200—260°F in Ggw. eines fl. paraffin. KW-Stoffs u. ersetzt das paraffin. Lsgm. durch ein Lsgm. von Kauri-Butanol-Wert mindestens 40. — *Überzüge, Zusätze zu Lacken.* (A. P. **3038923** vom 30/6. 1958, ausg. 12/6. 1962.) L. Stadelmann. 7107

2341 Lowe Paper Co., Ridgefield, N. J., V. St. A., **Behandlung der aktivierten Oberfläche von Polyolefinen.** Durch Aufbringen eines hydrophilen Überzuges auf aktivierte Polyolefinoberflächen wird ein Material erhalten, das leicht bedruckt u. geklebt werden kann. Es können Druckfarben auf Ölbasis, sowie Dextrin- u. Stärke-Klebstoffe verwendet werden. Der Überzug kann pigmentiert oder nichtpigmentiert sein. Seine Menge soll nach dem Trocknen 0,03—0,63 kg/92,9 m^2 Polyolefinoberfläche beim nichtpigmentierten u. 0,9—4,5 kg/92,9 m^2 beim pigmentierten Überzug betragen. — Polyäthylen wird z. B. durch Extrudieren bei 321—325° aktiviert u. der Überzug sofort aus einer Spritzvorr. auf das heiße Polyäthylen aufgebracht. — Zeichnung. (Oe. P. **224917** vom 17/10. 1961, ausg. 27/12. 1962. A. Prior. 17/10. 1960. **Zusatz zu Oe. P. 220374; C. 1963, 15242.**) B. L. König. 7107

2342 Mobay Chemical Co., Pittsburgh, Pa., übert. von: George A. Hudson, New Martinsville, W. Va., V. St. A., **Polyurethanüberzüge** erhält man durch Rk. von aromat. Diglycidyläthern (Mol.-Gew. 384—4000) u. Polyestern der OH-Zahl 150—300 mit unzureichenden Mengen von NCO-modifizierten Trimethylolpropan, in Ggw. von Lsgm. (Xylol, Toluol, Chlf., Äthylacetat, Cyclohexanon, Ketone oder Cellosolveacetat), u. ggf. Füllstoffen, Pigmenten (Ti_2O, Zn-chromat, $CaCO_3$). (A. P. **3012984** vom 14/8. 1958, ausg. 12/12. 1961.) E. Dörfel. 7107

2343 S. C. Johnson & Son, Inc. (Erfinder: Sylvan Owen Greenlee), Racine, Wis., V. St. A., **Herstellung von Polyätherpolycarbonsäuren,** dad. gek., daß man entweder nur mindestens eine mit 2 Hydroxyarylgruppen substituierte aliphat. Monocarbonsäure, z. B. 4.4-Bis-(4'-hydroxyphenyl)-valeriansäure, oder ein Gemisch aus einer solchen Säure u. einem mit 2 Hydroxyarylgruppen substituierten Alkan, z. B. 2.2-Bis-[4'-hydroxyphenyl]-propan, in Ggw. von Alkali mit einem aliphat. Dihalogenid, z. B. 1.4-Dichlorbutan oder -buten, oder einem aliphat. Monoepoxymonohalogenid, z. B. Epichlorhydrin (I), unter Bldg. einer Polyätherpolycarbonsäure veräthert, z. B. bei 75—150°. Die Prodd. eignen sich zur Herst. von entfernbaren *Überzügen*, bei Verw. von harzartigen Epoxiden, z. B. aus I u. mehrwertigen Phenolen, auch für unschmelzbare u. unlösl. Schutzüberzüge u. Formkörper. — Vgl. A. P. 2907744; C. **1962,** 3646. (Schwz. P. **360805** vom 18/9. 1956, ausg. 30/4. 1962. A. Prior. 3/10. 1955.) K. Sarre. 7107

2344 Pittsburgh Plate Glass Co., Allegheny County, übert. von: Erwin J. Kapalko, Oakmont, und Harold G. Bittle, Gibsonia, Pa., V. St. A., **Mischungen von aldehydsubstituierten Amidmischpolymeren mit Polyäthylen.** Man vermischt ein Mischpolymeres, das aus einem ungesätt. Säureamid u. mindestens einer anderen Verb. mit $CH_2{=}C<$ Gruppe hergestellt u. mit einem Aldehyd zwecks Bldg. von Alkylolgruppen behandelt ist, mit Polyäthylen (I). — Z. B. erhitzt man ein Mischpolymeres aus 16 (Gew.-Teilen) Styrol, 3 Acrylsäureamid u. 1 Acrylsäure in 20 Butanol (II) nach Zusatz von 6,34 einer 40%ig. CH_2O-Lsg. in II u. 0,08 Maleinsäureanhydrid 3 Std. am Rückfluß, dest. 11 II ab u. setzt noch eine Lsg. von 2,2 eines Epoxyharzes in 12,2 Toluol zu. 50 dieser Lsg. vermischt man darauf mit 5 eines 15%ig. I-Gels in Xylol, mit 53 II u. 267 TiO_2 in einer Kugelmühle. Der *Lack* ergibt Überzüge, die nach dem Einbrennen weder Bläschen noch Löscher zeigen. (A. P. **3011993** vom 17/7. 1957, ausg. 5/12. 1961.) K. Sarre. 7107

2345 Imperial Chemical Industries Ltd., London, England (Erfinder: Lyle Eugene Perrins), **Herstellung von Polyvinylchlorid.** Man polymerisiert eine Mischung aus Vinylchlorid u. 0,1—30% einer monoäthylen. ungesätt. Säure oder deren Anhydrid oder eines Teilesters einer monoäthylen. ungesätt. Polycarbonsäure, bes. Maleinsäure, in Ggw. eines in Vinylchlorid lösl. Katalysators, z. B. Lauroylperoxid, dispergiert die unvollständig polymerisierte Mischung in W., das ein Dispergiermittel, bes. Methylcellulose, enthält, u. polymerisiert zu Ende. — *Überzüge, bes. auf Metallen.* (E. P. **905730** vom 24/2. 1960, ausg. 12/9. 1962.) L. Stadelmann. 7107

2346 British Sidac Ltd., St. Helens, Rowland Barrow, Liverpool, und John Kay, Liverpool, England, **Herstellung von Mischpolymerisaten des Vinylidenchlorids.** Man polymerisiert eine Mischung aus 85—93% Vinylidenchlorid u. 15—7% eines Itaconsäuremonoesters, bes. Mono-n-butylitaconat, ggf. in Mischung mit Acrylnitril in wss. Emulsion in üblicher Weise. — *Wasserfeste Überzüge* bes. auf regenerierter Cellulose. (E. P. **913043** vom 25/2. 1959, ausg. 12/12. 1962.) L. Stadelmann. 7107

2347 Union Carbide Corp., übert. von: John R. Kilsheimer, South Charleston, Benjamin Phillips und Paul S. Starcher, Charleston, W. Va., V. St. A., **Herstellung von Homo- oder Mischpolymerisaten von Alkenylepoxycyclopentyläthern.** Man polymerisiert den ungesätt. Epoxyäther, bes. Allyl-2.3-epoxycyclopentyläther, mit einer oder mehreren mono- oder diolefin. ungesätt. Monomeren, bes. Vinylchlorid, Vinylacetat, Acrylat, Acrylnitril oder Chlorstyrol, in Lsg., Emulsion, Suspension oder in der Masse in an sich bekannter Weise bei 0—150°. — *Überzugsmittel.* (A. P. **3043813** vom 3/10. 1958, ausg. 10/7. 1962.) L. Stadelmann. 7107

2348 Monsanto Chemical Co., St. Louis, Mo., V. St. A. (Erfinder: Mary Dawn Lindstrom), **Herstellung wäßriger Dispersionen von Mischpolymerisaten** aus 12—58% eines Fumarsäureesters, der 6—32 C-Atome in der Estergruppe enthält, 1—5% Acrylsäure oder α-, bzw. β-Methyl- oder Phenylacrylsäure, u. 41—87% eines monovinylaromat. KW-Stoffs oder eines Alkylesters der Methacrylsäure, der 1—3 C-Atome in der Estergruppe enthält. Man gibt kontinuierlich eine wss. Mischung, die den Polymerisationskatalysator u. den Emulgator enthält, in das W. enthaltende Polymerisationsgefäß, wobei man gleichzeitig 10—60% des ersten Monomeren, nämlich den monovinylaromat. KW-Stoff oder den Methacrylsäureester, ggf. in Mischung mit Acrylnitril, zufließen läßt, u. die Polymerisationstemp. auf 30—150° hält. Anschließend gibt man stufenweise die restige Monomerenmenge zu u. polymerisiert bei gleicher Temp. zu Ende. Man erhält Polymerisatdispersionen einer Teilchengröße von 0,1—0,2 μ, die zu nichtklebrigen Filmen bei Raumtemp. eingetrocknet werden können. — *Überzugsmittel.* (E. P. **905680** vom 21/7. 1959, ausg. 12/9. 1962.) L. Stadelmann. 7107

2349 General Electric Co., New York, übert. von: Murray M. Sprung, Schenectady, N. Y., und Frederick O. Guenther, Louisville, Ky., V. St. A., **Benzollösliche Phenylpolysiloxane,** die bei 250—300° noch nicht schmelzen, eine Phenylgruppe pro Si-Atom tragen u. eine Intrinsic-Viskosität von 0,1—0,3 dl/g bei 25° aufweisen, werden hergestellt durch Erhitzen des aus Phenyltriäthoxysilan durch Hydrolyse erhaltenen Phenylpolysiloxanes in Ggw. eines alkal. Katalysators in einem sauerstoffhaltigen organ. Lsgm. auf höchstens 150°. — 120,2 g Phenyltriäthoxysilan werden in 500 (cm^3) Isobutylmethylketon gelöst u. die Lsg. 17 Std. nach Zufügung von 5,3 W. u. 23,2 einer 10%ig. wss. Lsg. von Tetraäthylammoniumhydroxid zum Kochen erhitzt. — *Überzüge für elektr. Leiter.* (A. P. **3017385** vom 21/1. 1959, ausg. 16/1. 1962.) A. Dandl. 7107

2350 Wacker-Chemie G.m.b.H., München, **Alkoxylierte Organopolysiloxanmischpolymere,** die *für Mischungen zur Behandlung von Glasoberflächen* dienen, bestehen zu 20—50 (Gew.-%) aus Einheiten der allgemeinen Formel $R_nSi(OR^1)_xO_{4-n-x/2}$, 20—50 aus Einheiten der allg. Formel $R_m{}^2R_rSi(OR^1)_xO_{4-m-r-x/2}$ u. 10—40 aus Einheiten der allg. Formel $R^3OR^4Si(OR^1)_xO_{3-x/2}$ (R^1 = Alkyl mit weniger als 7 C-Atomen; R^2 = ungesätt. einwertiger entweder aliphat. oder cycloaliphat. KW-Stoffrest; R^3 = H oder Acylrest einer einbas. aliphat. Säure mit < 7 C-Atomen; R^4 = 2-wertiger KW-Stoffrest; n u. m = 1—2; r = 0—1; x = 0,5—1,5). — Eine Mischung von 35 (g) CH_3SiCl_3, 40 $CH_2{=}CHSiCl_3$, 20 $CH_3COOCH_2CH_2SiCl_3$ u. 5 $(CH_3)_2SiCl_2$ wurde in 150 Bzl. u. 50 Äthylacetat gelöst, dann 72 A, unter Kühlung u. Rühren zugetropft, schließlich nach Kühlung auf 0—10° 22 W. zugegeben. Dann wird die Mischung auf Eis gegossen u. wie üblich aufgearbeitet. Das so gewonnene alkoxylierte Organopolysiloxan wurde mit Toluol im Verhältnis 1:1 gelöst, dann nach Zugabe von 3% Borsäure 25 Min. am Rückfluß gekocht. Diese Lsg. ergab nach Ausgießen auf Glas nach dem Härten einen festen bei 200° *hitze- u. rißbeständigen Überzug,* der auch wasserbeständig war. (**E. P. 905776** vom 22/12. 1959, ausg. 12/9. 1962. D. Prior. 27/12. 1958.) A. Dandl. 7107

2351 Wacker-Chemie G.m.b.H., München, übert. von: Robert Müller, Bonn, Paul Buchheit, Burghausen und Siegfried Bitzsche, **Organopolysiloxanmischpolymeres zum Überziehen von Glasoberflächen,** das durch Erwärmen in Ggw. von Borsäure gehärtet werden kann. Das Mischpolymere besteht zu 20—50(%) aus Einheiten der allg. Formel $R_nSi(OR')_xO_{4-n-x/2}$, zu 20—50 aus Einheiten der allg. Formel $R_m{}^2R_rSi(OR')_xO_{4-m-r-x/2}$, u. zu 10—40 aus Einheiten der allg. Formel $R^3OR^4Si(OR')_xO_{3-x/2}$ (R = Alkyl; R_2 = Alkyl mit weniger als 7 C-Atomen; R^2 = ungesätt. organ. Rest; R^3 = H, Acylrest einer einbas. organ. aliphat. Säure mit weniger als 7 C-Atomen; R^4 = zweiwertiger KW-Stoffrest, n u. m = 1—2; r = 0—1; x = 0,5—1,5). — Eine Mischung von 35 (Teilen) CH_3SiCl_3, 40 $CH_2{=}CHSiCl_2$, 20 $CH_3COOCH_2CH_2SiCl_3$ u. 5 $(CH_3)_2SiCl_2$ wurden in 150 Bzl. u. 50 Äthylacetat gelöst. Unter Rühren u. Kühlung wurden 72 A.zugegeben, dann zwischen 0—10° 22 Wasser. Dann wurde die Mischung auf Eis gegossen. — Das alkoxylierte Organopolysiloxanöl wurde mit Toluol zu einer 50%ig. Lsg. gelöst u. mit 3% $B(OH)_3$ bei 120° 25 Min. unter Rückfluß gekocht. Durch Ausgießen auf Glas erhält man kochbeständige *Überzüge.* (**A. P. 3032439** vom 23/12. 1959, ausg. 1/5. 1962. D. Prior. 27/12. 1958.) A. Dandl. 7107

2352 Midland Silicones Ltd., London, England, **Mischpolymere aus Organopolysiloxanen und Alkydharzen oder ölmodifizierten Alkydharzen** werden durch Erhitzen der Rk.-Komponenten in Ggw. von monomeren oder polymeren Titan- oder Zirkonsäureestern erhalten. Die Organopolysiloxane sollen an das Si-Atom gebundene OH-Gruppen oder/und Alkoxyreste mit weniger als 6 C-Atomen besitzen. Man kann auch das Organopolysiloxan zusammen mit dem betreffenden mehrwertigen Alkohol u. der Polycarbonsäure in Ggw. einer Metallverb. der Formel $M(OR'')_4$ (M = Ti, Zr; R'' = KW-Stoffrest oder Acylrest) auf 100—210° bis zur Kondens. erhitzen. Hierbei können noch Fettsäuren u. bereits fertige Alkydharze oder ölmodifizierte Alkydharze zugesetzt sein. Die verwendeten Organopolysiloxane haben die Formel $R_nSi(OR')_mO_{4-n-m2}$ (R = einwertiger KW-Stoffrest, R' = H oder Alkyl mit weniger als 6 C-Atomen, n = 0,90—1,90, m = 0,1—1,5). Als merhwertiger Alkohol werden Pentaerythrit u. Glycerin bevorzugt, als Polycarbonsäure Phthal-, Malein-, Isophthal-, Terephthalsäure, deren Anhydride oder Alkylester. — Durch Erhitzen von 115 (g) Isophthalsäure mit 110 Trimethylolpropan während 7 Std. auf 220° wird ein Alkydharz hergestellt, dann in 200 β-Äthoxyäthylacetat gelöst u. 54 dieser Lsg., 9 Butylacetat u. 9 eines reaktionsfähigen Mischpolymer aus 70 Mol-% Monophenylsiloxaneinheiten u. 30 Mol-% Monopropylsiloxaneinheiten mit restlichen OH-Gruppen (OH:Si = etwa 1/3) u. 1—2% restlichen Isopropoxygruppen werden unter Rühren während 9 Std. auf 140—145° erhitzt. Dann wird 0,1 Butyltitanat u. 10 Butylacetat zugegeben u. nochmals 7,5 Std. auf 135—140° erhitzt. Man erhält ein klares Mischpolymerisat. *Überzüge.* (**E. P. 884845** vom 5/2. 1960, ausg. 20/12. 1961. A. Prior. 27/3. 1959.) A. Dandl. 7107

2353 Esso Research and Engineering Co., übert. von: Alfred L. Miller, Cranford, N. J., V. St. A., **Erhöhung der Viskosität von Butylkautschuklatices.** Man behandelt 100 (Teile) Latex mit 1—20 eines Kationenaustauschharzes, nämlich sulfoniertem Styrol-Divinylbenzol-Mischpolymerisat, bei 10—90° u. entfernt den Austauscher dann durch Filtration. Man erhält z. B. eine Erhöhung der Viskosität von 1720 auf 3000 cP. — *Überzugsmittel.* (**A. P. 3048556** vom 21/4. 1959, ausg. 7/8. 1962.) L. Stadelmann. 7107

2354 Polaroid Corp., Cambridge, Mass., übert. von: John P. Delangre und Albert Cane, Los Angeles, Calif., V. St. A., **Herstellen eines lichtpolarisierenden Films.** Man stellt eine wss. Lsg. von Polyvinylalkohol her, vergießt diese zu einem Film, trocknet diesen u. streckt ihn, um eine Mol.-Orientierung zu erzielen. Der Film wird auf eine transparente Unterlage aufgebracht. Dann wird die Oberfläche mit einem Direktfarbstoff für Baumwolle mit dichromat. Eigg. behandelt. Bevor der Film gefärbt wird, wird er mit einem Aminoaldehyd in Ggw. von HCl zur Rk. gebracht, wodurch ein Aminoacetal des Polyvinylalkohols entsteht. Dieses wirkt als Beizmittel für den Farbstoff. — Abbildungen. (**A. P. 3015989** vom 27/1. 1958, ausg. 9/1. 1962.) F. Markhoff. 7107

2355 **J. R. Geigy Akt.-Ges.** (Erfinder: **André Pugin**), Basel, Schweiz, *Herstellung von feinverteilten Pigmenten der Phthalocyaninreihe.* (**Schwz. P. 368883** vom 1/7. 1958, ausg. 15/6. 1963. — C. **1963,** 5265 [F. P. 1228799].)

2356 **J. R. Geigy Akt.-Ges.** (Erfinder: **André Pugin**), Basel, Schweiz, *Herstellung von feinverteilten Pigmenten der Phthalocyaninreihe.* (**Schwz. P. 368884** vom 1/7. 1958, ausg. 15/6. 1963. — C. **1963,** 5265 [F. P. 1228800].)

2357 **Dr. Beck & Co. G. m. b. H.,** Hamburg (Erfinder: **Hans-Joachim Beck, Karl Schmidt** und **Stephan Krehl,** Hamburg), *Siliciumhaltige Harze.* (**D. A. S. 1129704** Kl. 39c vom 21/12. 1956, ausg. 17/5. 1962. — C. **1960,** 7697 [Oe. P. 204274].)

2358 **Esso Research and Engineering Co.,** Elizabeth (Erfinder: **Donald F. Koenecke** und **Antony H. Gleason,** Westfield), N. J., V. St. A., *Überzugsmittel auf der Grundlage synthetischer trocknender Öle.* (**D. A. S. 1150480** Kl. 22h vom 14/8. 1957, ausg. 20/6. 1963. A. Prior. 1/4. 1957. — C. **1962,** 18288 [E. P. 821979].)

2359 **Jenolite Ltd.,** London (Erfinder: **Frank Stubbs Bricknell,** West Croydon, und **Harry Augustus Cork,** Ewell, Surrey), England, *Oberflächenschutz von Gegenständen aus Eisen, die in Beton eingebettet werden.* (**D. A. S. 1153589** Kl. 48d vom 20/3. 1958, ausg. 29/8. 1963. E. Prior. 21/3. 1957. — C. **1963,** 8355 [E. P. 873615 u. A. P. 2992131].)

2360 **Products Research Co.,** Los Angeles (Erfinder: **George Gregory,** Van Nuys, und **Irvin Phillip Seegman,** Glendale), Calif., V. St. A., *Polyalkylenpolysulfidmischungen.* (**D. A. S. 1153889** Kl. 39b vom 9/2. 1956, ausg. 5/9. 1963. A. Prior. 8/7. 1955. — C. **1958,** 14182 [A. P. 2787608].)

H_{11b}. Plaste (Kunstharze, Plastische Massen)

2361 **Der gegenwärtige Stand der Forschung in Polen auf dem Gebiet der Polymeren.** Eligia Turska. (Polimery – Tworzywa wielkoczasteczkowe **7,** 440—43, 1962; Łódz, Politechn., Katedra Chem. Fiz. Polimerów; pol.) — Überblick über die Forschungszentren u. die von diesen bearbeiteten Probleme. I. Köditz. 7170

2362 **Anwendungstechnik der Kunststoffe.** Anonym. (Chem. Rdsch. [Solothurn] **16,** 597—600, 631—34, 1963; dt.) — Übersicht. F. Rosendahl. 7170△

2363 **Forschungen des Bureau of Standards auf dem Gebiet der Polymeren.** Gordon M. Kline. (Polimery – Tworzywa wielkocząsteczkowe **7,** 444—52, 1962; Washington, Nat. Bur. of Standards, Polymers Div.; pol.) — Überblick über die in Angriff genommenen Meßprobleme: Molgew.-Verteilung, Verw. eines Ellipsometers für Dickenmessungen von adsorbierten Polymerfilmen, Entw. eines Geräts für die Best. des Wärmeausdehnungskoeff. in Mikroproben, Einfl. des Luftwiderstandes auf Fasern bei Schlagproben mit hoher Geschw. u. Abschätzung der Reproduzierbarkeit der Prüfungsergebnisse verschiedener Laboratorien. Weitere Forschungsgebiete sind: Freie Radikalpolymerisation in Ggw. von γ-Strahlen, therm. Abbau von Polymeren, Fluorescenz von Cellulosederivv., viscoelast. Verh. von Kautschuk, Brucherscheinungen,

Kristallinität in Äthylen–Propylen-Mischpolymeren, Synth. u. Polymerisation von fluorierten KW-Stoffen. Nachw. von Nichtkautschukbestandteilen in Naturkautschuklatex, Konfiguration von Polymerketten, Konformationsänderungen in peptidhaltigen Polymeren u. Kinetik der Kollagenausfällung. I. Köditz. 7170

2364 **Das Polypropylen, ein neues Polyolefin.** M. G. Duglas. (Pensez Plast. **1961**, Nr. 239—240, 27, 29, 31, 33—34, 8, Nr. 243—244, 7—10, Nr. 245—246, 5—15, 1961; franz.) — Übersicht. — Behandelt werden: Struktur u. Molgew. von Polypropylen (**A**), physikal. u. techn. Eigg., chem. u. therm. Widerstandsfähigkeit, Katalysatoren für die Herst. von **A** u. ihr Wrkg.-Mechanismus, Bedingungen bei der Durchführung der Polymerisation u. ihre Auswrkg. auf die Produkteigg., die Verarbeitungsmeth. durch Spritzguß, Vakuumverformung, Extrusion u. Folienherst. (auch von biaxialen Folien u. Rohren). Die Eigg. der erhaltenen Prodd. werden geschildert, die betriebenen u. geplanten Produktionsstätten aufgezählt. Stabilisieren u. Verschweißen von **A**, sowie die Verw. von Elastomeren aus Polyäthylen u. **A** wird erwähnt. W. Willenberg. 7172b□

2365 **Anwendung und Verarbeitung von Polypropylen.** Anonym. (Chem. Rdsch. [Solothurn] **16**, 591—92, 1963; dt.) — Übersicht über Eigg. u. Verarbeitung zu Platten u. Rohren. F. Rosendahl. 7172△

2366 **Kinetische Untersuchung der Pfropfpolymerisation von Styrol auf Polymethylmethacrylat.** E. Turska und S. Połowiński. (Polimery – Tworzywa wielkocząsteczkowe **7**, 456—58, 1962; Łódz, Politechn., Katedra Chem. Fiz. Polimerow; pol.) — Die Hydroperoxid-Gruppen in Polymethylmethacrylat (**A**) werden durch Bestrahlungsmeth. erhalten u. die so gewonnenen Verbb. als Indicator für die Polymerisation von Styrol (**B**) verwendet. Die Polymerisationsgeschw. von **B** wird in Abhängigkeit von der Temp. in homogenen Medien aus **B** u. vorbestrahltem **A** ermittelt. I. Köditz. 7172e

2367 **Die Diffusion von Wasserdämpfen in geschichteten Plasten.** E. R. Hosler, J. F. Chivot, P. J. Korpi und J. W. Westwater. (J. chem. Engng. Data **5**, 164—68, 1960; Urbana, Ill., Univ. of Illinois; engl.) — Eine nichtstationäre Meth. für die Best. der Diffusion von Wasserdämpfen in die 3 Hauptrichtungen von geschichteten Plasten (Phenol–Formaldehyd-Harze) wird entwickelt. Diese Meth. ist nicht für W. spezif. u. eignet sich bes. für dicke Proben. Es werden 3 Proben untersucht, 2 auf Papier- u. 1 auf Baumwollgrundlage. In allen Proben ist der Diffusionskoeff. D in der x- u. y-Richtung (parallel zur Schichtung) fast gleich groß, nur in der z-Richtung (senkrecht zur Schichtung) ist die Diffusion langsamer: bei 40° beträgt D_z nur ein Viertel von D_x oder D_y. Die Diffusion in die geschichteten Plaste auf Baumwollgrundlage verläuft schneller als die in die anderen Proben. Die Abweichung der Kurzzeit-Diffusionswerte, die bei unterschiedlicher Feuchtigkeit erhalten werden, wird darauf zurückgeführt, daß D spannungsabhängig ist. Wie groß diese Spannungen sind, zeigt das Auftreten von Rissen nach 10tägiger Vers.-Dauer. I. Köditz. 7176

2368 **Weiterentwicklungen faserverstärkter Kunststoffe: Prüfverfahren, Werkstoffeigenschaften, neue Werkstoffe.** Max Hagedorn. (Kunststoffe **52**, 675—78, 1962; Wedel/Holstein; dt.) — Vgl. C. **1963**, 6414, 8767. — Bericht über Vorträge auf der 17. Tagung der Reinforced Plastics Div. der Soc. of the Plastics Ind., Chicago, Februar 1962. M. Hagedorn. 7204◇

2369 **Neue Untersuchungsmethoden der Alterung von Plasten.** B. Bossu, P. Dubois und E. Jakubowski. (Polimery – Tworzywa wielkocząsteczkowe **7**, 452—56, 1962; Paris, Centre d'Etude des Matieres Plastiques; pol.) — Diskussion der Unters.-Meth. der beschleunigten Alterung sowie der Anwendung des vom Centre d'Etude des Matiers Plastiques, Paris, konstruierten Gerätes. I. Köditz. 7210

2370 **Eine Methode für die Charakterisierung von Epoxidharzen.** Eligia Turska und Andrzej Dems. (Polimery – Tworzywa wielkocząsteczkowe **7**, 459—61, 1962; Łódz, Politechn., Katedra Chem. Fiz. Polimerow; pol.) — Eine Fraktioniermeth. für Epoxidharze wird beschrieben, die auf der unterschiedlichen Löslichkeit in Ae. beruht: a) durch schrittweise Verdampfung des Lsgm., b) durch fraktionierte Extraktion mit einem A.–Chlf.-Gemisch. Die beschriebene Meth. eignet sich für die Charakterisierung techn. Harze. I. Köditz. 7210

2371 **Zur Papierchromatographie von PVC-Weichmachern.** Armin Gude. (Kunststoffe **52**, 679—80, 1962; Berlin-Spandau, Märk. Kabelwerke A. G., Betriebs-Labor.; dt.) — Das Papier wird mit einer 5%ig. PVC-Lsg. in Tetrahydrofuran imprägniert. Laufmittel ist Aceton/W. (4:1). Die Identifizierung erfolgt mit *N.N.N'.N'-Tetramethyl-4.4'-diaminodiphenylmethan.* R_f-Werte: *Palatinol* (**P.**) *C* 0,76; **P.** *AH* 0,55; **P.** *DN* 0,50; **P.** *Z* 0,43; **P.** *F* 0,40—0,61; *Edenol* (**E.**) *242 k* 0,50; *E. 210* 0,38; *E. 810* 0,35—0,50; *Diisotridecylphthalat* 0,30; *Dibutylsebacat* 0,74; *Dioctylsebacat* 0,48; *Dioctyladipat* 0,63; *Dinonyladipat* 0,59; *Trikresylphosphat* 0,78; *Trixylenylphosphat* 0,73; *Mesamoll* 0.73; *Plastomoll TAH* 0,50; *Lipinol* (**L.**) *O* 0,27; **L.** *SV* 0,48; *Epoxidweichmacher D* **81** 0,13; *Chlorparaffin 40* 0,24—0,38. K. Gröbe. 7210◇

2372 Deutsche Solvay-Werke G.m.b.H., Solingen (Erfinder: Hans-Joachim Kiessling und Helmut Unruh, Rheinberg/Rhld.), **Oligomere oder polymere, aromatische Ketone, Alkohole und Hydroperoxide** nicht näher bezeichneter Konstitution, die in den aromat. Ringen auch Carboxylgruppen tragen können, erhält man durch Oxydation von alkylaromat. KW-Stoffen, die mindestens drei durch Methylengruppen linear oder verzweigt verknüpfte aromat. Ringe enthalten u. die noch Carboxylgruppen tragen können, bes. mit Molgew. 270 bis 5000, in fl. Zustand mit O_2 oder diesen enthaltenden Gasen bei 50—200° bei normalem oder erhöhtem Druck in Ggw. oder Abwesenheit eines Oxydationskatalysators oder Lsgm. (Bzl., Diphenyl). — Zu F. P. 1233209; C. **1963**, 702, ist nachzutragen: Oxydiert man z. B. in wss. Emulsion bei ca. 100°, so entstehen hauptsächlich Hydroperoxide u. wenig Ketone, wenn das Rk.-Gefäß aus Glas oder Edelstahl besteht; bei 140—150° entsteht bei der Oxydation mit Luft, bes. in Ggw. von Co- oder Mn-Naphthenaten, ein nahezu hydroperoxidfreies Keton. Tragen die Ausgangsstoffe an den aromat. Ringen Methylgruppen, so enthalten die Endprodd. auch Carboxylgruppen. Durch Red. der polymeren Hydroperoxide wird die Ausbeute an polymeren Alkoholen erhöht. Das in den Beispielen verwendete Polybenzyl, Molgew. 270, 400, 480, 500, 650 u. 2000 wird aus Benzylchlorid in Ggw. von Friedel-Crafts-Katalysatoren nach J. Amer. Chem. Soc. **54**, [1932], 1531 u. J. Polymer. Science **15**, [1955], 503 hergestellt. — *Weichmacher*, bes. für *Nitrocellulose* u. *Polyvinylchlorid*; *Katalysatoren* zur *Polymerisation* von *Olefinen* bzw. zum *Pfropfen* von Polymeren; *Zwischenprodd.*; die OH-Gruppen können *verestert* oder *veräthert*, die Ketongruppen zur OH-Gruppe *hydriert* u. *acetalisiert* werden. (**D. A. S. 1140191** Kl. 12o vom 9/8. 1958, ausg. 29/11. 1962.) G. Krauß. 7171

2373 Myron A. Coler, V. St. A. (Erfinder: Myron A. Coler und Arnold S. Louis), **Harzmischung.** Kunstharze, wie Polyvinylchlorid, -styrol, -methylmethacrylat, -äthylen, -amide, -butadien, Celluloseacetat, werden mit > 1 Gew.-% Antistatischmacher verarbeitet. Als solche verwendet man 1.) hydroxyalkylierte Alkylendiamine $R_2^1NRNR_2^1$ ($R = C_{2-6}$-Alkylenrest; $R^1 = C_{2-8}$-Hydroxyalkylrest oder H) oder deren Diammoniumsalze, z. B. Monohydroxyäthyläthylendiamin oder völlig hydroxypropyliertes Äthylenbiammoniumbiacetat, 2.) hydroxyalkylierte Polyäthylenpolyamine, 3.) carboxylierte Alkylenpolyamine mit C_{2-8}-Carboxyalkylgruppen oder deren quatern. Ammoniumsalze, 4.) Polyalkanolamine, deren Salze, wie Triisopropanolamin u. N-Butyldiäthanolamin, 5.) Kondensationsprodd. von Äthylenoxid mit hydrophoben Verbb. aus der Kondens. von Propylenoxid mit Propylenglykol der Formel $HO(C_2H_4O)_a(C_3H_6O)_b(C_2H_4O)_c$ wie solche Prodd. als Pluronic L 62 im Handel sind, 6.) die durch Addition von Propylenoxid u. Äthylenoxid an Äthylendiamin erhaltenen Prodd., 7.) Sulfodicarbonsäureester der Formel $Me \cdot O_3S \cdot R(COOX)_2$

(R = aliphat. C-Kette ohne weitere Substituenten; X = H, Alkohol-, Phenolrest; Me = H oder Rest einer Base), z. B. Na-Dioctylsulfosuccinat. Diese Zusatzstoffe bewirkten ein besseres Fließen der plast. Masse u. bessere Formbarkeit. — So kann man 4 309,2 (g) Polystyrol mit 226,8 total hydroxypropyliertem Äthylendiamin („Quadrol") mischen oder man kann 40 dihydroxyliertes Propylendiamin u. 20 total hydroxyprophylierten Äthylendiamindiessigsäureester in 80 W. lösen u. zu 400 einer 30%ig. Polystyrolemulsion geben u. die Masse sprühtrocknen. Man erhält eine Vormischung, die man mit 840 Polystyrolkörnern im Spritzguß verarbeiten kann. (**F. P. 1239902** vom 1/9. 1956, ausg. 14/12. 1960. A. Prior. 2/9., 30/12. 1955 u. 30/3. 1956.) M. Pankow. 7171

2374 E. I. du Pont de Nemours & Co., V. St. A. (Erfinder: Roger Arnold Hines und Warren Froemming Busse), **Vernetzen von Polymeren,** wie Polycarbonamide, Polyester, Polyolefine, Kautschuk, Polybutadiene, durch Bestrahlen mit ionisierenden Strahlen hoher Energie. Die Vernetzung wird stark beschleunigt, wenn man den Polymeren 0,1—30 Gew.-% eines fein verteilten Perfluorolefinharzes, z. B. Polytetrafluoräthylen, oder das Tetrafluoräthylen-Hexafluorpropylen-Mischpolymerisat, zusetzt. — Man mischt lineares Polyäthylen (F. > 1270) mit 5 Gew.-% eines faserigen Polytetrafluoräthylenpulvers bei 160°, formt bei 190° zu Folien u. bestrahlt die Folien im Van de Graaf-Generator von 2 meV u. 240 μA. (**F. P. 1214373** vom 15/11. 1958, ausg. 8/4. 1960. A. Prior. 10/12. 1957.) M. Pankow. 7171

2375 A. P. Titow, M. L. Schulman, W. M. Ssidelnikowa und S. P. Nossyrewa, **Emulgator** für *Emulsionspolymerisationen*, z. B. von Divinyl u. Styrol, aus Harzsäuren, die 6 Std. mit 0,5% J_2 oder Gemischen von J_2 u. Cl_2 auf 250° erhitzt werden. (**UdSSR. P. 133471** vom 12/2. 1960.) L. Großner. 7173

2376 Asahi Kasei Kôgyô Kabushiki Kaisha, Ôsaka (Erfinder: Hisaya Sakurai, Itsuho Aishima, Yûji Kobayashi, Nobeoka, und Yoshio Sumida, Tôkyô), Japan, **Polymerisieren von Monoolefinen** mit Katalysatoren aus Anlagerungsprodd. von Verbb. der Metalle der Gruppe IV—VIIa des Period. Syst. u. Komplexverbb. aus Organometallverbb. von Metallen der Gruppe I u. IIb. — Man suspendiert in 45 (g) n-Hexan 24 cm³ einer Bzl.-Lsg. mit 4,3 $KZn(C_2H_5)_3$ u. mischt damit 1,4 $TiCl_4$, setzt bei ~ 80° 42 Propylen zu u. erwärmt auf 80°. Der Anfangsdruck von 13,5 kg/cm² fällt in 3 Std. auf 6 kg/cm². 24,4 *Polymeres*, das nach 20std. Extrahieren mit Ae. 55% Polymerisatrest mit der Erweichungstemp. 142° ergibt. — Man kann im Katalysator auch Komplexverbb. von Organometallverbb. von Metallen der Gruppe IIa (außer Mg) u. IIb des Period. Syst. verwenden. — 25 cm³ einer Bzl.-Lsg. von 9,6 $BaZn(C_2H_5)_4$ werden mit 100 cm³ n-Hexan u. 1,9 $TiCl_4$ suspendiert, 42 Propylen bei —80° zugegeben u. auf 80° erwärmt: Druckabfall in 3 Std. von 13,5 kg/cm² auf 4 kg/cm². Das *Polymere* ergibt nach 20 Std. Extrahieren mit Ae. einen 64,5%ig. Rückstand. (**Jap. A. SS. 13247/1961** vom 31/1. 1959 u. **13248/1961** vom 7/2. 1959, beide ausg. 12/8. 1961.) M. Pankow. 7173

2377 Eastman Kodak Co., V. St. A., **Polymerisieren von Olefinen** mit 2—12 C-Atomen mittels eines Katalysators aus Al, sowie $TiCl_4$, $TiBr_4$ oder Ti-Tetraalkylat mit C_{1-4}-Alkylrest u. der Verb. $R_3N(R')X$ (R = C_{1-12}-Alkylrest, R' = Cyclohexyl-, Phenylrest oder R; X = Halogen), zweckmäßig in Ggw. eines indifferenten fl. KW-Stoff-Mediums. — Zu 100 Vol.-Teilen Heptan gibt man 1 (Gew.-Teil) Al-Pulver, eine äquimol. Menge $TiCl_4$ unter wasserfreien Bedingungen u. unter N_2 u. leitet Äthylen mit 2 kg/cm² ein, rührt 2 Std. bei Raumtemp., hält 5 Std. bei 90°, filtriert Polymeres ab u. erhält ein zu 90% krist. *Polymeres* mit einem Erweichungspunkt > 130°. — Preß-, spritz- u. gießbares Material, das auch mit Hochdruckpolyäthylen gemischt verarbeitet werden kann. Herst. von *Folien.* (**F. P. 1232737** vom 7/8. 1959, ausg. 11/10. 1960.) M. Pankow. 7173

2378 Eastman Kodak Co., V. St. A., **Polymerisieren von α-Olefinen** mit einem Katalysator aus Al, Ti-Tetrahalogenid u. Alkalimetallfluorid. — In einem 300 cm³-Autoklaven läßt man unter N_2 0,5 g Al bei 140° 4 Std. in Mineralöl mit 3,5 g $TiCl_4$ u. danach mit 2,3 g Na_2F_2 reagieren, gibt 51 g Propylen zu u. rührt 8 Std. bei 90°. Nach Extraktion des Polymeren mit Heptan erhält man 22 g hochkrist. *Polypropylen.* (**F. P. 1232738** vom 7/8. 1959, ausg. 11/10. 1960.) M. Pankow. 7173

2379 Eastman Kodak Co., V. St. A., **Polymerisieren gasförmiger Olefine** mit einem Katalysator aus Dichloriden, -bromiden oder -jodiden von Ti, V, Zr, Cr oder Mo u. einer Verb. RX (R = niederer Alkyl- oder Phenylrest; X = Halogen oder niederer Alkoxyrest). — Man mischt unter N_2 je 0,5 g $TiCl_2$ u. Phenyläthyläther, verdrängt N_2 durch Äthylen, erhitzt kurz auf 200°, kühlt schnell auf 90° ab, gibt Äthylen bis 21 kg/cm² zu u. hält so 12 Std.: *Polyäthylen* mit D. 0,957. — In gleicher Weise kann man Propylen, Buten, Dimethylpenten, Allylbenzol, Styrol, Butadien polymerisieren. (**F. P. 1234457** vom 26/8. 1959, ausg. 17/10. 1960.) M. Pankow. 7173

2380 Esso Research and Engineering Co., V. St. A., **Polymerisieren von Olefinen** (Äthylen bis Octen) mit einer Lsg. von Organo-Al-Chlorid, -Bromid oder -Jodid in einem der Rk.-Teilnehmer unter Zusatz von soviel Halogenwasserstoffsäure (0,25—0,5 Mol pro Mol der Organo-Al-Verb.), daß noch nicht die gesamte Organo-Al-Verb. in Al-Halogenid umgewandelt wird. — So hält man Propylen mit 1 Gew.-% $(C_2H_5)_2AlBr$ bei —23° in PAe. 3 Std. mit 200 cm³ HCl (in 4 Portionen zugesetzt) u. erhält 100 g (pro g Katalysator) eines farblosen, viscosen, klebrigen Polymeren. — Aus Octen-(1) erhält man 85% Öl nach Art eines leichten Schmieröls u. 15% einer Mischung von Tri- u. Tetramerem (**F. P. 1235835** vom 14/9. 1959, ausg. 9/11. 1960.) M. Pankow. 7173

2381 Eastman Kodak Co., V. St. A., **Polymerisieren von α-Olefinen** mit 2—10 C-Atomen in fl., organ., indifferentem Medium u. einer katalyt. ion. Mischung einer Organometallverb. u. einer Verb. eines Übergangsmetalles, die vorher pro 1 Teil dieser katalyt. Mischung mit 1—5 Teilen Äthylen in 1—10%ig. Suspension aktiviert ist. — Man mischt 20 (g) Äthylen mit einer Dispersion von 8 Äthyl-Al-Sesquibromid u. 3,5 Tetra-2-äthylhexyltitanat in 500 cm³ Heptan unter N_2 bei 0,35 kg/cm² Überdruck. Nach Äthylenabsorption verd. man mit 3,3 Liter Heptan u. drückt Äthylen mit 0,35 kg/cm² 3 Std. ein; Temp. 50—60°. Ohne Aktivierung des Katalysators erhält man weniger als die Hälfte des Polymeren. (**F. P. 1232062** vom 5/8. 1959, ausg. 5/10. 1960.) M. Pankow. 7173

2382 Eastman Kodak Co., V. St. A., **Polymerisieren von Äthylen** mit Al u. Ti-Halogenid als Katalysator in einer indifferenten Fl.; sobald die Polymerisationsgeschw. nachläßt, gibt man weitere Mengen der Fl. zur Verringerung der Viscosität nach u. leitet weites Äthylen ein. — Im 76-Liter-Autoklaven gibt man zu 18 kg abs. Heptan, 7,5 g Al-Pulver u. 52,5 g $TiCl_4$ unter N_2 u. unter Rühren Äthylen bei 3 kg/cm² u. 90°. Nach 4 Std. läßt die Polymerisationsgeschw. nach. Man senkt die Temp. in 1 Std. bis 50° u. hält hier 2 Std., worauf man in 3 Std. weitere 18 kg Heptan bei 50° zugibt u. noch 3 Std. weiterpolymerisiert. Man gewinnt u. reinigt das *Polymere* in bekannter Weise. (**F. P. 1232063** vom 5/8. 1959, ausg. 5/10. 1960.) M. Pankow. 7173

2383 Eastman Kodak Co., V. St. A., **Polymerisieren von α-Olefinen** zu hochkrist. *Polymeren* (Polypropylen, -buten, -styrol) in Ggw. eines Katalysators aus Al, Ti-Tetrahalogenid u. Ti-Phenolat oder -Alkoholat mit C_{1-12}-Alkylresten, z. B. Ti-Tri- oder -Tetrabutylat. — Zu einer Mischung aus 0,5 (g) Al, 3,5 $TiCl_4$ u. 1,8 Ti-Tetrabutylat gibt man unter N_2 im 300 cm³ Autoklaven 51 fl. Propylen, rührt 8 Std. bei 90°, wäscht dann mit NaOH-Lsg., A. u. W.: Hochkrist. *Polypropylen,* D. 0,919. (**F. P. 1233822** vom 8/8. 1959, ausg. 12/10. 1960.) M. Pankow. 7173

2384 Eastman Kodak Co., V. St. A., **Polymerisieren von α-Olefinen** mit einem katalyt. Gemisch aus Al-Halogeniden $RAlX_2$ (R = C_{1-12}-Alkyl-, Phenyl- oder Benzylrest; X = Cl, Br oder J), einem Ti-, V-, Zr-, Cr- oder Mo-Alkoholat (mit C_{1-12}-Alkylrest) oder -Phenolat u. einem

Alkalimetallfluorid. — Zu einer Mischung aus 1 (g) $C_2H_5AlCl_2$, 2,7 Ti-Tetrabutylat u. 0,33 Na_2F_2 gibt man 51 Propylen u. rührt 8 Std. bei 70° unter N_2. Man erhält ein hochkrist. *Polymeres* der D. 0,907. — In gleicher Weise kann man 3-Methylbuten, 4-Methylpenten, Styrol, Allylbenzol, Vinylcyclohexan, Fluorstyrol, Butadien oder Isopren polymerisieren. (**F. P. 1233823** vom 8/8. 1959, ausg. 12/10. 1960.) M. Pankow. 7173

2385 Eastman Kodak Co., V. St. A., **Polymerisieren von α-Olefinen** mit einer Katalysatormischung aus R_3GeH (R = C_{1-8}-Alkyl-, Cycloalkyl- oder Phenylrest) u. einem Halogenid eines Metalles der Übergangsgruppen IV B—VI B des Period. Syst., bes. Ti-, V-, Cr- u. Mo-Tetrachloride u. Mo-Pentachlorid. — Im 500 cm^3-Autoklaven gibt man unter N_2 zu 100 cm^3 abs. Heptan 1 g $(C_2H_5)_3GeH$ u. 1 g $TiCl_4$, drückt Äthylen bis 2,10 kg/cm^2 ein u. hält 6 Std. bei Raumtemp.: *Polyäthylen* vom Erweichungspunkt 125—130°. (**F. P. 1233930** vom 25/8. 1959, ausg. 13/10. 1960.) M. Pankow. 7173

2386 Eastman Kodak Co., V. St. A., **Polymerisieren von α-Olefinen** zu hochmol. krist. Polymeren in Ggw. eines Katalysators aus 1 (Mol) Al, 0,1—3 eines P- oder Sb-Halogenids u. 0,1—10 Ti-Halogenid oder -C_{1-18}-Alkoholat. — Zu 1800 cm^3 einer Mischung aus 0,6 (g) Al-Pulver, 4,56 PCl_5 u. 38 $TiCl_4$ in 500 cm^3 Heptan drückt man in Äthylenatmosphäre bei 110° unter Bewegung in 5 Std. 63—35 kg/cm^2 Äthylen, wobei Äthylen viermal bis zu 63 kg/cm^2 nachgedrückt wird. Man erhält ein hochkrist. *Polymeres* der D. $>$ 0,95, das prakt. keine niedermol. Fl. oder wachsartige Anteile enthält. (**F. P. 1235776** vom 27/8. 1959, ausg. 9/11. 1960.) M. Pankow. 7173

2387 Eastman Kodak Co., V. St. A., **Polymerisieren von α-Olefinen** in gw. eines Katalysators aus einem Alkalimetall, Ti-Tetrahalogenid u. Al-Alkyl oder $LiAlH_4$. — 2 cm^3 einer Dispersion von 400 g Na in 800 cm^3 Mineralöl, 5,8 g $TiCl_4$ u. 500 cm^3 Heptan werden gemischt u. unter N_2 4 Std. im 2-Liter-Autoklaven auf 190° erhitzt. Bei 70° gibt man 6,92 g $(C_2H_5)_3Al$ in 100 cm^3 Heptan zu u. drückt bis 21 kg/cm^2 Propylen ein, hält unter Nachdrücken von Propylen 3 Std. bei dem Druck u. erhält ein *Polymeres* der D. 0,919. (**F. P. 1236696** vom 28/8. 1959, ausg. 18/11. 1960.) M. Pankow. 7173

2388 Eastman Kodak Co., V. St. A., **Polymerisieren von α-Olefinen** mit dem polymeren Rk.-Prod. aus einem Methylenhalogenid u. Al, Zn oder Mg u. einer Ti-Verb. als Katalysator. — Zu 101 g Al-Granalien u. einem kleinen J-Kristall gibt man unter N_2 50 cm^3 CH_2Br_2 u. erhitzt ggf. zur Einleitung der Rk. auf 100°. Nach Beendigung der Rk. gibt man in 3 Std. bis insgesamt 523 g CH_2Br_2 zu u. kühlt ab. Festes, gegen O_2 u. Feuchtigkeit empfindliches Produkt. Zu 100 Vol.-Teilen abs. Heptan gibt man unter N_2 1 Teil dieses Prod. u. 1,6 $TiCl_4$ u. leitet 3½ Std. bei 2 kg/cm^2 Äthylen ein: Temp.-Anstieg bis 67°. Man fällt mit A. das *Polymere*, das hochkrist. ist u. einen Erweichungspunkt $>$ 130° hat. Man kann es zu *Filmen* u. *Fäden* spritzen. Weniger biegsames Polymeres als ein Hochdruckpolymeres. (**F. P. 1233274** vom 3/8. 1959, ausg. 12/10. 1960.) M. Pankow. 7173

2389 Eastman Kodak Co., V. St. A. (Erfinder: Marvin Becton Edwards und Hugh John Hagemeyer jun.), **Polymerisieren von α-Olefinen** mit einem Katalysator, den man durch Rk. von $LiAlH_4$ mit $TiCl_4$ oder $TiCl_3$ erhält u. aus dem ggf. nicht umgesetztes Ti-Chlorid ausgewaschen wird. — Man erhitzt eine Suspension von 0,59 (g) $LiAlH_4$ u. 2,41 $TiCl_3$ in 110 cm^3 Leichtbzn. in indifferenter Atmosphäre 1 Std. unter starkem Rühren auf 100° u. hält dann mit 300 cm^3 fl. Propylen 4 Std. im Autoklaven bei 150°: zu 70% krist. *Polymeres*; D. 0.914. (**F. P. 1238479** vom 13/8. 1959, ausg. 2/12. 1960. A. Prior. 22/8. 1958.) M. Pankow. 7173

2390 Shell Internationale Research Mij. N. V., Den Haag (Erfinder: Gerrit Jan van Amerongen, Amsterdam, Niederlande, und Kenzie Nozaki, El Cerrito, Calif., V. St. A.), **Polymerisation und Mischpolymerisation konjugierter Diene.** Das verwendete Katalysatorsyst. ist aus einer oder mehreren Al-Alkylverbb., bes. Al-Alkylhalogeniden, u. einem oder mehreren Halogeniden von Co u./oder Ni zusammengesetzt, wobei man die Halogenide in Form einer alkohol. Lsg. in das Syst. einbringt. — Beispiel: *cis-1.4-Polybutadien.* (**D. A. S. 1139647** Kl. 39c vom 25/2. 1960, ausg. 15/11. 1962. Niederl. Prior. 27/2. 1959.) L. Stadelmann. 7173

2391 Eastman Kodak Co., V. St. A., **Propfpolymerisation von Olefinen und Vinylverbindungen.** Polystyrol, -vinylchlorid, -isopren, Poly-C_{4-8}-Olefine werden mit C_{2-10}-Olefinen in Ggw. von Trialkyl-Al oder Alkyl-Al-Sesquihalogenid, mit Ti-Halogeniden oder Alkyl-Orthotitanat aktiviert, als Katalysatoren polymerisiert. — Man mischt 25 (g) Polyisobutylen (Molgew. 10000), 4,1 $(C_2H_5)_3Al$ u. 3,4 $TiCl_4$ unter N_2 mit 500 cm^3 Toluol u. leitet Äthylen bei 0,35 kg/cm^2 3 Std. bei 60° ein. Man wäscht das Polymere mit CH_3OH u. NaOH in CH_3OH. — Man kann auch zu der Katalysatormischung zunächst Äthylen leiten u. nach dessen Polymerisation Isopren. (**F. P. 1234905** vom 31/7. 1959, ausg. 8/11. 1960.) M. Pankow. 7173

2392 Hercules Powder Co., Wilmington, Del., V. St. A., **Mischpolymerisate des Äthylens mit einem höheren 1-Olefin** erhält man durch Einleiten der beiden Monomeren (unter konst. gehaltenem Monomerenverhältnis) in inertes organ. Lsgm., das als Katalysator eine Mischung aus Al-Trialkyl u. Alkylvanadat oder Vanadinoxydiacetonylacetat enthält u. Polymerisation bei 0—125°. — Beispiel: *Äthylen-Propylen*-Mischpolymerisate. Man erhält homogene Mischpolymerisate mit enger Molgew.-Verteilung. (**E. P. 902385** vom 13/10. 1960, ausg. 1/8. 1962. A. Prior. 14/10. 1959.) L. Stadelmann. 7173

2393 Expanded Rubber Co. Ltd., Croydon, Surrey, England (Erfinder: Alfred Cooper), **Herstellung flammfester Polymerisate.** Man setzt der noch nicht vollständig polymerisierten Rk.-Mischung, z. B. Polystyrol, eine geringe Menge einer Mischung aus einer halogenierten äthylen. ungesätt. Verb., bes. Vinylidenchlorid, u. einem halogenierten Phosphorsäureester, bes. bromiertes Trikresylphosphat, u. ggf. 5% Sb_2O_3 zu u. polymerisiert zu Ende. (**E. P. 902354** vom 7/11. 1958, ausg. 1/8. 1962.) L. Stadelmann. 7173

2394 Farbwerke Hoechst Akt.-Ges., vormals Meister Lucius & Brüning, Frankfurt/M. (Erfinder: Heinrich Peters, Wiesbaden, Dietrich Schleede, Frankfurt/M., Hellmut Jochinke und Helmut Klug, Gersthofen), **Flammfestmachen von Polyolefinen** mittels Oktachloridphenylendioxid u. Oxiden oder Sulfiden von Elementen der Hauptgruppe V des Period. Syst. mit Atom-Gew. $\geq$ 74, wie Sb_2O_3, Sb_2S_3 oder Bi_2O_3 — Vgl. D. A. S. 1104693; C. **1962**, 12853. (**Jap. A. S. 10489/1961** vom 18/12. 1959, ausg. 13/7. 1961. D. Prior. 20/12. 1958 u. 27/8. 1959.) M. Pankow. 7173

2395 Dunlop Rubber Co. Ltd., London, England (Erfinder: Wilfried Cooper und George Vaughan), **Herstellung von Propfpolymerisaten.** Man bestrahlt die wss. Dispersion eines syntheth. Elastomeren, z. B. Polybutadien, Butadien-Styrol-, -Acrylnitril-, -Methylisopropenyl-Mischpolymerisate, Polypropylen oder Äthylen-Propylen-Mischpolymerisate, in Ggw. eines einfach ungesätt. Monomeren, z. B. Styrol oder Acrylsäureester, mit einer ionisierenden Strahlung, die eine Energie $>$0,1 MeV hat. Die Dosis beträgt $1 \cdot 10^4 - 1 \cdot 10^6$ r/h. Die Bestrahlung wird bei normaler Temp. in Abwesenheit von O_2 durchgeführt. (**E. P. 901736** vom 14/2. 1958, ausg. 25/7. 1962.) L. Stadelmann. 7173

2396 Solvay & Cie., Brüssel, Belgien, **Herstellung an Pfropfpolymerisaten.** Man erhitzt Polymerisate, z. B. Polyäthylen, Polyvinylchlorid oder Mischpolymerisate aus Vinylacetat u. Vinylchlorid, in die durch Rk. mit N_2O_5 oder einer Mischung aus HNO_3 u. P_2O_5–O–NO- oder –O–NO_2-Gruppen eingeführt wurden, mit einer oder mehreren polymerisierbaren Verbb. in Ggw. an freie Radikale bildenden Katalysatoren auf 60—70°. Man erhält nur Pfropf- u. keine Homopolymerisate. (**E. P. 899993** vom 2/1. 1961, ausg. 27/6. 1962. Belg. Prior. 12/1. 1960). L. Stadelmann. 7173

2397 Shell Internationale Research Mij. N. V., Den Haag, Niederlande, **Aufarbeitung von Polyolefinen,** die durch Niederdruckpolymerisation als Aufschlämmung in einem fl. KW-Stoff erhalten wurden. Man leitet die Aufschlämmung unter einem Druck von mindestens 3,5 at durch ein von außen erhitztes Rohrschlangensyst., wobei man eine Suspension der Polyolefinpartikel im KW-Stoffdampf erhält, u. trennt das pulvrige Polymerisat in Cyclonen ab. — Beispiel: Aufarbeitung von *Polypropylen*. (**E. P. 898838** vom 17/1. 1961, ausg. 14/6. 1962. A. Prior. 19/1. 1960.) L. Stadelmann. 7173

2398 Esso Research and Engineering Co., Elizabeth, N. J., V. St. A., **Entfernung von wachsähnlichen Polymerisaten aus Olefinpolymerisaten,** die durch Polymerisation von Olefinen in Ggw. von metallorgan. Mischkatalysatoren in organ. Verdünnungsmitteln hergestellt wurden. Man versetzt den erhaltenen Polymerisatschlamm mit einer bestimmten Menge eines aliphat. C_1-C_6-Alkohols, die zur Fällung der gewünschten Menge an wachsartigem Polymerisat u. des Hauptpolymerisats ausreicht, filtriert die Aufschlämmung bei 100—180° F. unter solchen Bedingungen, daß der Dampfdruck auf der Filterseite nicht höher ist, als auf der Saugseite, wäscht den Filterkuchen mit einer Mischung aus Verdünnungsmittel u. Alkohol, die die gleiche Temp. u. Zus. hat, wie die in der ersten Aufschlämmung vorliegende, wäscht dann den Filterkuchen mit einer alkoholreicheren Mischung u. trocknet. (**E. P. 899843** vom 25/8. 1960, ausg. 27/6. 1962. A. Prior. 26/10. 1959.) L. Stadelmann. 7173

2399 Badische Anilin- & Soda-Fabrik Akt.-Ges., Ludwigshafen/Rh. (Erfinder: Hans Gerhard Reppe, Frankenthal/Pfalz, Heinz Pohlemann, Matthias Seefelder, Ludwigshafen/Rh., und Helmut Christoph, Mannheim), **Stabilisieren von Polyolefinen.** Als Zusatz wird verwendet 5.7.8-Trimethyl-6-hydroxychroman, das in 2-Stellung durch einen oder zwei aliphat. KW-Stoff-Reste mit zusammen bis zu 14 C-Atomen oder einen zweiwertigen aliphat. KW-Stoff-Rest mit bis zu 11 C-Atomen substituiert ist (Isobutyl, Pentamethylen, Nonyl, Tridecyl usw.), ggf. im Gemisch mit bekannten Polyolefinstabilisatoren. Der Stabilisator neigt nicht zu Verfärbung. (**D. A. S. 1149165** Kl. 39b vom 7/9. 1961, ausg. 22/5. 1963.) F. Markhoff. 7173

2400 Mitsui Kagaku Kôgyô Kabushiki Kaisha (Erfinder: Korenori Murai und Tadashi Itô), Tôkyô, Japan, **Stabilisieren von Polyolefinen** durch Zusatz von Thioharnstoffen RNH · CS · NHR¹ oder RNH · CS · NH · X · NH · CS · NHR¹ (R u. R¹ = H, Alkyl-, Hydroxyalkyl-, Cycloalkyl-, Aryl- oder Alkarylrest; X = Alkylen) oder deren Derivv., z. B. 0,2% Thioharnstoff, Dimethylalthioharnstoff, Dicyclohexylthioharnstoff oder Äthylenbis-[ω-(n)-butyl)thioharnstoff]. (**Jap. A. S. 12789/1961** vom 13/3. 1959, ausg. 7/8. 1961.) M. Pankow. 7173

2401 Aziende Colori Nazionali Affini Acna S. p. A., Mailand, Italien, **Stabilisieren von Polyolefinen gegen Zersetzung.** Das Polymerisat wird mit 0,01 bis 10 Gew.-% Phthalsäureanhydrid bei einer Temp. vermischt, die 10 bis 30° unterhalb des F. des Polymerisats liegt, das z. B. isotakt. Polypropylen sein kann. (**E. P. 898695** vom 27/3. 1961, ausg. 14/6. 1962. It. Prior. 18/5. 1960.) F. Markhoff. 7173

2402 Farbwerke Hoechst Akt.-Ges., vormals Meister Lucius & Brüning, Frankfurt/M. (Erfinder: Claus Heuck, Hofheim/Taunus, Otto Mauz, Frankfurt/M., und Jakob Winter, Hofheim/Taunus), **Stabilisieren von Homo- oder Mischpolymerisaten von α-Olefinen.** Als Stabilisatoren werden verwendet Verbb. der allg. Formel $ROOC-R-(S)_m-R'-COOR$. In dieser bedeuten R, wenn m = 2 ist, einen Octadecylrest u. wenn m = 3 oder 4 ist, einen Alkylrest mit mindestens 12 C-Atomen, einen Aryl- oder Cycloalkylrest, während R' aromat. Reste, Cycloalkylreste, durch Heteroatome unterbrochene KW-Stoffketten oder die Gruppe $(CH_2)_n$ bedeutet, wobei n eine ganze Zahl zwischen 1 u. 20 ist, z. B. Disulfiddiessigsäurediоctadecylester oder Trisulfiddiessigsäuredioctadecylester. (**D. A. S. 1151373** Kl. 39b vom 5/12. 1959, ausg. 11/7. 1963.) F. Markhoff. 7173

2403 Siemens-Schuckertwerke Akt.-Ges., Berlin und Erlangen (Erfinder: Willi Mertens, Berlin), **Stabilisieren von Polymerisaten aus monoolefinischen Kohlenwasserstoffen oder deren Mischungen.** Den Polymerisaten werden monomere oder niedermol. polymere Fulvene oder Dicyclopentadien zugesetzt. Z. B. werden einem Niederdruckpolyäthylen bei einer Walzentemp. von 140 bis 145° 1% eines Fulvengemisches zugemischt, wie es bei der alkal. Kondens. von Cyclohexanon u. Cyclopentadien entsteht, wodurch eine Versprödung vermieden wird. (**D. A. S. 1149166** Kl. 39b vom 15/2. 1958, ausg. 22/5. 1963.) F. Markhoff. 7173

2404 Eastman Kodak Co., V. St. A., **Stabilisieren von Poly-α-Olefinen** gegen Farbveränderung durch Zusatz von wenigstens 0,01 Gew.-% eines Alkyl-, Aryl- oder Alkarylphosphits, wie *Di-* oder *Tri-[2-äthylhexyl]-phosphit, Triphenylphosphit, Di-[4-methyl-2-äthylpentyl]-phosphit* oder *Tris-[4-(1.1.3.3-tetramethylbutyl)-phenyl]-phosphit.* (**F. P. 1235047** vom 10/9. 1959, ausg. 17/11. 1960.) M. Pankow. 7173

2405 Eastman Kodak Co., V. St. A., **Stabilisieren von Poly-α-Olefinen** gegen Wärmeeinw. durch Zusatz von 0,001—3 Gew.-% eines Alkylesters der Gallussäure, wobei der Alkylrest 12—18C-Atome enthält, wie Dodecyl-, Octadecyl-, Tridecyl-, Tetradecyl-, Pentadecyl-, Hexadecyl-, 8-Methylhexadecyl- oder Heptadecylgallat. (**F. P. 1235149** vom 14/9. 1959, ausg. 26/10. 1960.) M. Pankow. 7173

2406 Eastman Kodak Co., V. St. A., **Stabilisieren von Poly-α-olefinen** gegen Sonnen- u. UV-licht durch Zusatz von 0,1—10 Gew.-% Biphenylyl-(4)-salicylat, o-HO · C_6H_4 · COO · C_6H_4 · C_6H_5 (p), F. 104—106°, oder -phenylsalicylat, o-OH—m—C_6H_5—$COOC_6H_4$ · C_6H_5, 136—137°. (**F. P. 1238610** vom 9/10. 1959, ausg. 2/12. 1960.) M. Pankow. 7173

2407 Eastman Kodak Co., V. St. A., **Stabilisieren von Poly-α-olefinen** gegen Sonnen- u. UV-Licht durch Zusatz von 0,1—10 Gew.-% N-Methyl-4'-hydroxybenzanilid (**I**), zu Polyäthylen, -propylen, -4-methylpenten-(1), -3-methylbuten (1). — Man tropft 70,5 (g) Benzoylchlorid in 30 Min. zu einer Suspension von 86 p-Methylaminophenolsulfat in einer Lsg. von 92,5 $NaHCO_3$ in 750 cm³ W., rüht noch 30 Min. u. filtriert: **I**, F. 166—168°. (**F. P. 1239575** vom 27/10. 1959, ausg. 9/12. 1960.) M. Pankow. 7173

2408 Eastman Kodak Co., V. St. A., **Stabilisieren von Thermoplasten** (*Polyäthylen, -propylen, -7-methylbuten, Paraffinwachs*) gegen Wärmeeinw. durch Zusatz von 0,005—3 Gew.-% von Zn-Dialkyldithiocarbamat mit Alkylresten mit $\geqq 2$ C-Atomen, wie Zn-Diisopropyl-, Dibutyl-, -Diisobutyl-, -Diisoamyldithiiocarbamat. (**F. P. 1235021** vom 9/9. 1959, ausg. 17/11. 1960.) M. Pankow. 7173

2409 Esso Research and Engineering Co., V. St. A. (Erfinder: James Francis Ross, Leon Clifford Kenyon jun. und Bruce Robert Tegge), **Reinigen der bei der Niederdruckpolymerisation von Olefinen verwendeten Kohlenwasserstoffverdünnungsmittel** durch Waschen mit 0,2—20%ig. wss. Alkali u. W. u. Trocknen in einem Turm für azeotrope Trocknung. — Xylol, das von der Polypropylengewinnung her Acetylaceton u. CH_3OH enthält, wird mit 10—200 Gew.-% wss. Base gemischt. Man trennt es nach Absetzen bei 26—93° wieder ab, bringt es mit 5—100 Gew.-% W. zusammen, läßt wieder absetzen u. trocknet es bei 93—177° u. 0,07—3,5 kg/cm², wobei Destillat aufgefangen wird. Das am Boden der Trockenvorr. sich ansammelnde Xylol wird in Trockenvorr. zurückgeführt u. erneut getrocknet. — Vorrichtung. (**F. P. 1241348** vom 29/10. 1959, ausg. 21/12. 1960. A. Prior. 10/11. 1958.) M. Pankow. 7173

2410 E. I. du Pont de Nemours & Co., Wilmington, Del., V. St. A., **Herstellung von zur Verformung verwendbaren Polymerisatteilchen aus Latex** von synthet. Additionspolymeren (Styrol-Butadien-Polymere, Methylmethacrylat-Äthylacrylat-Mischpolymere). Man bringt den Latex unter dem Latex-Scherkoeff. Rl = 0,1—1 · 10^3 Sek.$^{-1}$ mit dem $^1/_2$- bis 20fachen der niedrigsten Fällkonz. des Koagulationsmittels in Ggw. von Schutzstoffen im Überschuß von 0,01—5% (pro Koagulations-Fl.) über

der zur normalen Lagerung des Latex gebrauchten Menge zusammen u. läßt bei ≧ 30° über dem Übergangspunkt 2. Ordnung koaleszieren. (**Jap. A. S. 8937/1961** vom 10/7. 1959, ausg. 28/6. 1961. A. Prior. 11/7. 1958.)
M. Pankow. 7173

2411 Minnesota Mining and Mfg. Co., St. Paul (Erfinder: George Homer Crawford jun., White Bear Lake), Minn., V. St. A., **Herstellung von fluorhaltigen Polyamiden** durch Polymerisation oder Mischpolymerisation von fluorhaltigen, ggf. arylsubstituierten Monoolefinen, fluorhaltigem Cyclobuten oder fluorhaltigen Diolefinen, wobei die Monomeren außer F auch andere Halogene enthalten können, in Ggw. eines Katalysators, dad. gek., daß man als Katalysator (I) eine metallorgan. Verb. eines Metalls der III. Hauptgruppe verwendet, wobei das Metall wenigstens an einen Alkyl- oder Arylrest mit höchstens 20 C-Atomen gebunden ist u. die metallorgan. Verb. auch in Form von Komplexen mit Alkalihydriden, Alkalialkylen oder -arylen, Äthern, Thioäthern oder Aminen vorliegen kann, u. ggf. als Cokatalysator (**II**) eine Verb. eines Übergangsmetalls der IV., V., VI. oder VIII. Gruppe des Period. Syst. verwendet. **I** ist bes. ein Al-Alkyl u. vorzugsweise ein Dialkyl-Al-Halogenid u. **II** $TiCl_4$. Die Rk. erfolgt bes. zwischen − 40 u. + 60°, wobei man diese so steuern kann, daß man ,,Polymerisate in Form von niedermol. Ölen u. Fetten, von festen Stoffen, wie Wachsen, thermoplast. oder elastomeren Stoffen erhalten kann. Die Beispiele zeigen die Polymerisation von 2-Trifluormethylbutadien, 1.1.3- u. 1.1.2-Trifluorbutadien, Perfluorcyclobuten u. Trifluorchloräthylen. (**D. A. S. 1150813** Kl. 39c vom 23/5. 1957, ausg. 27/6. 1963. A. Prior. 25/5. 1956.) J. Mühleisen. 7173

2412 Ruhrchemie Akt.-Ges. (Erfinder: Gerhard Grüneberg), Oberhausen, **Herstellen anklebefähiger Oberflächen von Polyolefinen oder Polytetrafluoräthylen.** Auf das Polymere werden unter Anwendung von Druck u. Temp. eine oder mehrere Schichten aufgesintert, die aus einer Mischung des gleichen Polymeren mit feinkörnigen, hochporösen anorgan. Stoffen, wie Aktivkohle, bestehen. — Abbildung. (**D. A. S. 1152254** Kl. 39b vom 14/5. 1960, ausg. 1/8. 1963.) F. Markhoff. 7173

2413 Shell Internationale Research Mij. N. V., Den Haag, Niederlande (Erfinder: James Donald Shimmin, Cheadle, Cheshire, und Wladyslaw Henry Skoroszewski, Davyhulme, Manchester, England), **Polyolefine enthaltende stabilisierte Formmassen.** Als Stabilisator enthält die Masse nicht mehr als 5 Gew.-%, bezogen auf das Polyolefin, eines Esters einer Oxysäure des B, einer monosubstituierten H_3BO_3, deren Anhydrid oder deren Ester oder einer disubstituierten H_3BO_3 oder deren Ester, wobei diese B-organ. Verbb. im Mol. einen Rest mit wenigstens 6 C-Atomen aufweisen. Die Formmasse enthält ggf. zusätzlich ein für Polyolefine bekanntes Antioxydationsmittel. Z. B. wird ein Ziegler-Polyäthylen mit 0,3% 2.-Ditert.-butylphenyl-di-n-butylborat oder 2.6-Ditert.-butyl-4-methylphenyl-di-n-butylborat vermischt durch Bearbeiten in einer Zweiwalzenmühle bei 160°. (**D. A. S. 1149527** Kl. 39b vom 16/8. 1960, ausg. 30/5. 1963. E. Prior. 18/8. 1959.)
F. Markhoff. 7173

2414 Badische Anilin- & Soda-Fabrik Akt.-Ges. (Erfinder: Helmut Merkel und Günter Cramer), Ludwigshafen/Rh., **Formmassen** bestehen aus 60 bis 99,5 (Gew.-%) Polypropylen (I) u. 40 bis 0,5 Polyisobutylen, wobei das **I** eine Grenzviskosität zwischen 1 u. 5 hat u. wenigstens 70% des **I** einen Grenzviskositätsbereich von nur zwei ganzen Einheiten, ausgedrückt durch ganze Zahlen, aufweist. Das Masse hat bes. gute Verarbeitungs- u. Anwendungseigenschaften. (**D. A. S. 1145791** Kl. 39b vom 15/9. 1961, ausg. 21/3. 1963.)
F. Markhoff. 7173

2415 VEB Farbenfabrik Wolfen, Wolfen, Kr. Bitterfeld (Erfinder: Friedrich Wolf, Leipzig, und Reinhard Bachmann, Engelsdorf bei Leipzig), **Herstellung von anionselektiven Membranen** aus Copolymerisaten auf Basis von Styrol, Chlorstyrol, Alkylstyrol u./oder Alkoxystyrol u. einem Brückenbildner (2—15 Gew.-Proz.) wie Divinylbenzol oder Butadien, wobei man die Polymerisation unter Katalysatorzusatz auf einem Feinstoff- oder Glasgewebe, z. B. zwischen zwei ebenen Platten ausführt u. anschließend chlormethyliert sowie aminiert, dad. gek., daß man die Polymerisation zwischen 60—80° u. mit 0,05—0,5 Gew.-% Benzoylperoxid oder Azo-bis-isobuttersäurenitril ausführt, die Chlormethylierung das von den Platten befreiten Copolymerisats mit einer Lsg. von 4—12% Monochlordimethyläther in einem inerten organ. Lsgm. in Ggw. von Katalysatoren vornimmt u. anschließend bei Temp. < 30° mit einer verd. wss. Aminlsg. aminiert. (**D. A. S. 1148970** Kl. 81 vom 2/4. 1960, ausg. 22/5. 1963.)
M. Böttcher. 7173

2416 Shell Internationale Research Mij. N. V., Den Haag, Niederlande, **Stoßfeste Formkörper** werden hergestellt aus 1. 5—50 (Gew.-Teilen) eines vernetzten gepfropften Copolymerisats aus konjugiertem Dien u. einer vinylaromat. Verb. im Verhältnis 1 : 2 bis 2 : 1 u. 2. 95—50 des Polymerisats einer vinylaromat. Verb., z. B. Styrol. (**E. P. 877928** vom 12/7. 1960, ausg. 20/9. 1961. A. Prior. 14/7. 1959.) W. Overbeck. 7173

2417 Monsanto Chemical Co., St. Louis (Erfinder: Aubert Y. Coran, Brentwood, und Helmut L. Merten, Glendale), Mo., V. St. A., **Herstellen von Formkörpern oder Überzügen aus einem Gemisch von Olefinpolymerisaten und Kohlenwasserstoffen.** Ein normalerweise festes Homopolymerisat aus kurzkettigen, aliphat. monoolefin. KW-Stoffen oder ein Mischpolymerisat aus kurzkettigen aliphat. monoolefin. KW-Stoffen u. geringen Anteilen an anderen äthylen. ungesätt. mischpolymerisierbaren Monomeren wird in Mischung mit ca. 1 bis 15 (Gew.-Teilen) eines teilweise oder vollständig hydrierten Polyphenyls mit mindestens 3 aromat. Ringen, je 100 Polymerisat verwendet, oder es wird ein 1—50 des Polyphenyls enthaltendes Konzentrat nach entsprechender Verdünnung mit den Olefinpolymerisat verwendet. Z. B. wird ein Gemisch aus 100 Polyäthylen u. ca 5—10 von vollständig hydrierten gemischten Polyphenylen verwendet. Die Gegenstände besitzen hohe Widerstandsfähigkeit gegenüber äußeren Witterungseinflüssen. (**D. A. S. 1150803** Kl. 39b vom 1/10. 1958, ausg. 27/6. 1963.) F. Markhoff. 7173

2418 American Cyanamid Co., New York, N. Y., V. St. A., **Polymerisation acetylenischer Verbindungen.** Als Polymerisationskatalysatoren verwendet man Mischungen von Salzen von Ni, Co, Pd, Pt, Rh, Ir, Ru oder Os mit Hydriden von Metallen der I.—IV. Gruppe des Period. Syst., z. B. $NiCl_2$ u. $NaBH_4$, $NiBr_2$ u. $LiAlH_4$, $PdCl_2$ u. B_2H_6, $CoCl_2$ u. $NaBH(OCH_3)_3$. Man polymerisiert bes. in Lsg. bei 0 bis ca. 150° u. erhält Polymerisate vom Molgew. 1000 bis ca. 100000. (**E. P. 897099** vom 7/12. 1960, ausg. 23/5. 1962. A. Prior. 8/12. 1959.)
L. Stadelmann. 7173

2419 Imperial Chemical Industries Ltd., London, England, **Kristallisiertes Polypropylen** mit besseren physikal. Eigg. erhält man durch Einmischen von 5—30% (je nach Weichheit) Butylkautschuk. (**Jap. A. S. 10341/1961** vom 7/8. 1958, ausg. 12/7. 1961. E. Prior. 7/8. 1957 u. 11/7. 1958.) M. Pankow. 7173

2420 Shell Internationale Research Mij. N. V., Den Haag, Niederlande, **Polymerisieren konjugierter Diolefine** mit den Rk.-Prodd. aus sauren Metallhalogeniden ($AlCl_3$) u. Co- oder Ni-Halogeniden u. ggf. deren Komplexsalzen mit Alkyl-Al als Katalysatoren. — 11 (g) $AlCl_3$ u. 1 Co-Chlorid werden unter N_2 mit 80 ml Bzl. einige Std. unter Rückfluß gehalten. Nach Abkühlen gibt man 2 ml der überstehenden hellgrünen Fl mit 30 ml Bzl. in Abwesenheit von Luft in das Rk.-Gefäß u. leitet 50 Min. Butadien in die Fl., fällt das Polymere mit CH_3OH u. erhält ein *Polymeres* mit 78% cis-1.4-Geh. u. 17% trans-1.4-Geh., Rest Polybutadien-(1.2) (Jap. A. S. 10495 (1961). — Man polymerisiert eine Mischung aus Butadien u. Buten in fl. Phase selektiv mit Katalysatoren aus Mischungen oder Rk.-Prodd. von Co- oder Ni-Halogeniden u. starken Red.-Mitteln oder Friedel-Crafts-Katalysatoren. Als Red.-Mittel sind Organo-Al-Verbb. mit bis C_{10}-Alkylresten genannt. — Man mischt 14,7 (g) $CoCl_2$, 14 cm^3 Triisobutyl-Al u. 150 cm^3 Bzl. u. hält 12 Std. bei 80°. 5 cm^3 dieses Katalysators, 10 cm^3 fl. Butadien, 11 cm^3

Buten-(1) u. 100 cm^3 Bzl. werden in Luftabwesenheit gemischt u. bei 15° u. Eigendruck gehalten. Nach Polymerisationsbeginn hält man so noch 60 Min., läßt dann unter Temp.-Steigerung nicht umgesetzte Monomere verdampfen u. fällt das Polymere mit 10 cm^3 Isopropanol. Es enthält 96% cis-1.4-Additionsprodukt. (**Jap. A. SS. 10495/1961** vom 15/6. 1959, ausg. 13/7. 1961. A. Prior. 16/6. u. 9/9. 1958 u. **10496/1961** vom 7/12. 1959, ausg. 13/7. 1961. A. Prior. 8/12. 1958 u. 12/10. 1959.) M. Pankow. 7173

2421 Shell Internationale Research Mij. N. V., Den Haag, Niederlande (Erfinder: Charles Richard Greene), **Herstellung von Polyisopren** mit hohen cis-1.4-Geh. durch Polymerisation von Isopren in Ggw. von Organo-Li-Katalysator in Ggw. von entsprechenden Mengen von mindestens einem Monoolefin (Penten, Amylen). — Zu einer Mischung aus 96,9% Isopren u. 78% Penten-(1) von 55° gibt man 0,24% n-Butyl-Li u. hält 6 Std. bei 55°, beendet die Rk. mit etwas Isopropylalkohol u. erhält ein Prod. mit 90% cis-1.4-Additionsprod. u. je 4 u. 6% trans-1.4- u. -3.4-Additionsprod., kein Pentenpolymeres oder -mischpolymeres. (**Jap. A. S. 10997/1961** vom 3/2. 1960, ausg. 19/7. 1961. **F. P. 1253416** vom 3/2. 1960, ausg. 17/5. 1961. Beide A. Prior. 5/2. 1959.) M. Pankow. 7173

2422 Monsanto Chemical Co., St. Louis, Mo., V. St. A. (Erfinder: Seymour Newman und Myer Ezrin), **Herstellung von einachsig orientiertem, kristallinem Polystyrol.** Prakt. amorphes isotakt. Polystyrol wird, z. B. als Film, mit einer Geschw. > 100%/Min. u. bei 85—200°, bes. 100—140°, um 250—2500% gestreckt, so an den beiden Endpunkten fixiert u. bei 100—200° unter der Längsspannung erhitzt. (**F. P. 1237668** vom 16/10. 1959, ausg. 25/11. 1960. **Jap. A. S. 11140/1961** vom 17/10. 1959, ausg. 20/7. 1961. Beide A. Prior. 17/10. 1958.) M. Pankow. 7173

2423 Asahi Kasei Kôgyô Kabushiki Kaisha, Ôsaka (Erfinder: Kazuichirô Hiraoka, Noboru Fukuoka, Hideyuki Tsujimoto und Tomohiko Yoshimatsu, Suzuka), Japan, **Färben von Polyäthylen, -propylen oder -styrol.** Man mischt das Polymerisatpulver mit 0,65 bis 1 Gew.-% eines organ. Quellmittels, das bei Raumtemp. fl. u. nicht zu flüchtig ist (Kp. ca. 80°) u. dem Pigment. Als Quellmittel dient z. B. Xylol oder Tetralin. (**Jap. A. S. 12785/1961** vom 31/10. 1958, ausg. 7/8. 1961.) M. Pankow. 7173

2424 Koppers Co., Inc., Pittsburgh, Pa., V. St. A. (Erfinder: John Joseph Tress, William Joseph Heilman und Alvin Richard Ingram), **Herstellung von selbstlöschenden polymerem Schaum.** Man mischt Vinylarylpolymerisatteilchen mit einem aliphat. KW-Stoff mit Kp. — 10 bis + 81°, suspendiert die Polymerisatteilchen in wss. Medium in Ggw. von wenigstens 2 Gew.-% Br (bezogen auf die Polymerisatteilchen), aktiviert das Br in dem Medium, bis dessen Farbe von orange nach hellem gelb wechselt, u. trennt das Polymere ab. — Zu einer Mischung von 900 (g) W., 62,4 $Ca_3(PO_4)_2$ u. 0,15 des Na-Dodecylbenzolsulfonats Naccanol NRSF gibt man 12 fl. Br u. danach 600 Polystyrolteilchen, die mit 7 Gew.-% PAe (Kp. 35—60°) vorimprägniert sind, u. läßt sie in 10 Min. das Br absorbieren, setzt 3 $K_2S_2O_8$ zur Rk.-Anregung zu u. hält bei 90°. Nach 40 Min. Farbänderung. Man stellt mit Konz. HCl auf pH 1 u. trennt das Polymere ab, das man bei 99° in 5 Min. in der Form in einen nicht entflammbaren Schaum umwandeln kann. — Man kann auch neben den Br P-Verbb. als flammhemmendes Mittel anwenden, indem man zu dem mit KW-Stoff getränkten Polymerisatteilchen 0,5—4 Gew.-% einer Verb. $R^1R^2R^3PO_n$ (R^1 = aliphat. C_{4-10}-KW-Stoff-Rest; R^2 u. R^3 = C_{4-10}-Alkyl-, Phenyl-, Phenylalkyl-, niederer Alkylphenyl-Rest oder H; n = 3 oder 4) u. soviel Br gibt, daß 0,5—1,75 Gew.-% an das Polymere gebunden werden. — Man mischt 750 ml W., 15 (g) $K_2S_2O_8$, 15 $Ca_3(PO_4)_2$, 15 Br 10 Min., suspendiert darin 750 Polystyrolteilchen, heizt in $^1/_2$ Std. auf 90° u. hält hier 3 Std., neutralisiert Br mit 1—2 ml 10%ig. $NaNO_2$, hält 1 Std. unter Rückfluß u. fällt nach abkühlen mit HCl. 120 des bromierten Polystyrols werden mit einer Suspension von 130 ml n-Pentan, 2,1 2-Äthylhexyldiphenylphosphat u. 3% (des Polymeren) $CaCO_3$ 12 Std. bei 40° imprägniert, mit Säure gewaschen u. können bei 99° wie vorst. in flammfesten Schaum umgewandelt werden. (**F. P. 1245832** vom 5/12. 1959, ausg. 3/2. 1961. **Jap. A. SS. 11242/1961** u. **11235/1961** vom 8/12. 1959, ausg. 21/7. 1961. Alle A. Prior. 8/12. 1958.) M. Pankow. 7173

2425 Nippon Kôkan Kabushiki Kaisha, Tôkyô (Erfinder: Ikoma Ekawa, Chiba), Japan, **Herstellung von adiabatischen Polystyrolschaummaterial.** Durch Zusatz von chloriertem Paraffin (ca. 10%) als Flammenschutzmittel u. Nitroparaffin (ca. 1%) zu den Treibmittel enthaltenden Polystyrolkörnern (Styropor), Formen u. Verschäumen des Materials. (**Jap. A. S. 13425/1961** vom 21/6. 1958, ausg. 15/8. 1961.) M. Pankow. 7173

2426 Distillers Co. Ltd., Edinburgh, Schottland (Erfinder: Alaric Louis Jeffrey Raum), **Äthylenpolymerisation** bei 70—200° u. 150—1000 lb/in² mit $TiCl_3$ u. Al in fl. Medium in Ggw. von so viel O_2, daß die Mol-Menge O_2 diejenige von $TiCl_3$ nicht übersteigt — Im 800 Vol-Teil-Gefäß mischt man 2,05 (Gew.-Teile) Handels-$TiCl_3$, 0,35 Al-Pulver u. 300 Vol.-Teile Erdölfraktion von Kp. 100—120°, evakuiert, leitet 0,2 Vol.-% O_2 enthaltendes Äthylen mit einem konst. Druck von 650 lb/in² um u. erhitzt gleichzeitig auf 160°. Nach 3 Std. entspannt man unter Abkühlen u. kocht das Polymere mit HCl-A. aus. Es kann zu zähen *Filmen* gepreßt werden. (**Jap. A. S. 10346/1961** vom 17/9. 1958, ausg. 12/7. 1961. E. Prior. 4/10. 1957 u. 4/9. 1958.) M. Pankow. 7173

2427 National Distillers & Chemical Corp., New York, N. Y., V. St. A., **Polymerisieren von Äthylen** in einer 1. Zone, z. B. dem oberen Teil eines horizontalen Polymerisationsrohres, in Ggw. eines Kettenüberträgers (H, Propan, Cyclohexan, Isobutan) bei 20—120° u. 10000—5000 lbs./sq.in. Ggw. eines Radikalperoxidkatalysators (Isopropylperoxydicarbonat), wobei Polymeres der D. > 0,93 anfällt. Die durch Rühren aufrecht erhaltene Gas-Feststoff-Phase kommt in die 2. Zone (unterer Teil des Polymerisationsrohr), wo erneut Äthylen, Cyclohexan u. Lauroylperoxid zugeführt u. die Gas-Feststoffphase bei 170—250° u. gleichem Druck aufrechterhalten wird, wobei ein Polyäthylen vom Schmelzindex 2,5 u. der D. > 0,93 erhalten wird, das man vom Monomerem befreit. — Zeichnung. (**Jap. A. S. 7747/1961** vom 30/6. 1958, ausg. 15/6. 1961. A. Prior. 1/2. 1957.) M. Pankow. 7173

2428 I. S. Ssalichow, J. F. Ssokow, N. P. Subarew und W. N. Pokorski, **Herstellung eines Lösungsmittels,** das für die *Äthylenpolymerisation* verwendbar ist, durch katalyt. Aromatisierung einer Erdölfraktion (deren Kp.-Grenzen den Normen für Lsgm. entspricht) auf Pt- oder Mo-Katalysatoren u. anschließende Hydrierung auf Co/Mo- oder Pt-Katalysatoren im H_2-Strom. Das Katalysat wird mit selektiven Lsgm. (z. B. Diäthylenglycol) extrahiert oder azeotrop destilliert. Das so von aromat. Bestandteilen weitgehendst befreite Prod. wird zweimal destilliert. Man erhält ein *Lsgm.* mit Kp. 64—93°, das bis zu 1,8% aromat. Bestandteile, bis zu 11,2% Naphthene u. 0,0002% S enthält. (**UdSSR. P. 149220** vom 29/5. 1961.) T. Ogibina. 7173

2429 Československá Socialistická Republika, Tschechoslowakei (Erfinder: Adolphe Chapiro, Paris, Michel Magat, Bourg-La-Reine, und Jeanne Danon geb. Sebban, Paris, Frankreich), **Herstellung von Copolymeren aus Polyäthylen (I),** auf deren Kette wenigstens eine zweite eines anderen Polymeren aufgepfropft ist, dad. gek., daß man I einer Ionisationsstrahlung bei Ggw. von O_2 (Luft) aussetzt, worauf das bestrahlte **I** bei 40 bis 180° mit einer Vinylverb. (bestehend aus Vinyl- u. Divinyl-Monomeren) in Berührung gebracht wird, welche die Polymerisation einleitet; sie kann auch bei Abwesenheit von O_2 (Luft) vor sich gehen. Die aufzutropfende Vinylverb. kann in einem indifferenten Lsgm. (H_2O) gelöst werden. — Beispiel: 1014 (g) Polyäthylen werden bei Ggw. von Luft Röntgenstrahlen γ (2400 r/h) ausgesetzt. Die bestrahlten Körner werden mit 2 ml Acrylnitril (gelöst in 8 ml Dekahydronaphthalin) auf 150 bis 170° erhitzt. Man erhält 2,12 des Copolymeren, dessen Körner in Dimethylformamid quellen ohne sich zu lösen. (**Tschech. P. 98375** vom 24/4. 1956, ausg. 15/1. 1961. F. Prior. 29/4. 1955.) L. Macher. 7173

2430 Minnesota Mining & Mfg. Co., St. Paul, Minn., V. St. A., **Herstellung von Mischpolymerisaten** aus ca. 50—99 Mol-% Tetrafluoräthylen u. der entsprechenden Menge 1.1-Dihydroperfluoralken mit 4—8 C-Atomen pro Mol.; gute Wärmestabilität. — Im 300-ml-Polymerisationsgefäß mischt man 150 (g) W., 1,5 $C_7H_{15}COONH_4$, 0,75 $(NH_4)_2S_2O_8$ u. 0,75 $(NH_4)_2B_4O_7$ bei 50° u. 350—400 lb/in² mit 80 $CF_2:CF_2$ u. 4,17 $CF_3CF_2CF:CH_2$ (I) u. hält so 4,1 Std., wobei 184 eines Latex vom pH 6 erhalten werden. Man verd. mit W., koaguliert durch Ausfrieren, wäscht u. trocknet im Vakuum. Das erhaltene Mischpolymere kann in üblicher Weise geformt oder gespritzt werden. Das verwendete I erhält man nach $CF_3CF_2CF_2CH_2OH$ + p-$HO_3SC_6H_4CH_3$ → $CF_3CF_2CH_2 \cdot CH_2OSO_2C_6H_4CH_3$ + NaJ → $CF_3CF_2CF_2CH_2J$ + Zn u. CH_3COOH → I. (**Jap. A. S. 12791/1961** vom 1/2. 1960, ausg. 7/8. 1961. A. Prior. 6/3. 1959.)
M. Pankow. 7173

2431 Minnesota Mining & Mfg. Co., St. Paul, Minn., V. St. A. (Erfinder: A. N. Bolstad), **Herstellung von Mischpolymerisaten** aus ca. 50—99 (Mol-%) Tetrafluoräthylen u. 50—1 Hydroperfluorpopen mit endständiger Trifluormethyl- u. $=CH_2$-Gruppe. — Zu einer Mischung aus 200 (g) W., 1 $K_2S_2O_8$, 1 $C_7H_{15}COOH$ u. 4 $Na_2HPO_4 \cdot 7H_2O$ gibt man in der evakuierten 300-ml-Bombe 66,6 Tetrafluoräthylen-1.1.2-Trihydroperfluorpropen (95:5 Mol)-Mischung u. rührt bei 50° 5,6 Std., koaguliert den erhaltenen Latex durch Frieren, wäscht u. trocknet im Vakuum bei 110°. (**Jap. A. S. 12792/1961** vom 1/2. 1960, ausg. 7/8. 1961. A. Prior. 25/3. 1959.)
M. Pankow. 7173

2432 Fuji Tsûchinki Seizô Kabushiki Kaisha, Kawasaki, und Nippon Geon Kabushiki Kaisha, Tôkyô (Erfinder: Takenori Suzuki, Kawasaki, Yoshiaki Wada, Yokohama, und Eiichi Iida, Tôkyô), Japan, **Polyvinylchloridpaste,** in der ein Teil des Weichmachers oder der gesamte Weichmacher durch ein ungesätt. Polyesterharz, das beim durchschnittlichen Kondensationsgrad 2—4 mittels Verbb., die einwertige alkohol. oder Epoxygruppen enthalten, modifiziert u. mit Monomeren versetzt wurde, ersetzt ist u. mit Polymerisationsbeschleuniger gemischt wird. — Man kondensiert äquivalente Mengen 1.3-Butylenglykol u. Maleinsäureanhydrid je 4 Std. bei 165 u. 180° unter N_2 oder CO_2 bis SZ. 100 u. Kondensationsgrad 3,2 u. modifiziert mit überschüssigem Octylalkohol oder Phenolglycidyläther. Zu 70 (Gew.-%) des octanolmodifizierten Polyesters gibt man 30% einer Mischung aus äquivalenter Menge Styrol u. Diallylphthalat oder 30 Styrol zu phenylglycidyläthermodifiziertem Polyester (I) u. mischt 100 Polyvinylchlorid, 48,5 Weichmacher DOP, 16,5 I, 2 Stabilisiermittel (organ. Sn-Verb.) u. 0,2 Benzoylperoxid als 50%ig. Trikresylphosphatpaste u. gießt die gut fließende Mischung zu Filmen aus, die 10 Min. bei 175° gehalten werden. Zu Vergleichsfilmen, nur mit DOP allein, zeigen diese Filme höhere Werte für Zugfestigkeit, Dehnung, Modul u. Härte. (**Jap. A. S. 11142/1961** vom 26/12. 1958, ausg. 20/7. 1961.) M. Pankow. 7173

2433 Zaidan Hôjin Nippon Hôshasen Kôbunshi Kenkyû Kyôkai (Erfinder: Kenichi Shinowara, Seiji Shida, Zenichirô Kuri und Hisashi Ueda), Tôkyô, Japan, **Vernetzen von Polyvinylchlorid** durch Bestrahlen mit ionisierenden Strahlen im Vakuum oder in indifferenten Gasen u. Quellen in Lsgm. in Abwesenheit von Luft. — 0,79 g Polyvinylchloridpulver werden mittels ^{60}Co bei 10^{-3} mm mit $1{,}6 \cdot 10^5$ r/Std. mit insgesamt $4 \cdot 10^7$ r bestrahlt, dann gibt man das Prod. mit luftfreiem Cyclohexanon im Vakuum zusammen. Es ist danach in Tetrahydrofuran zu 72% unlöslich. (**Jap. A. S. 11986/1961** vom 24/6. 1959, ausg. 29/7. 1961.)
M. Pankow. 7173

2434 Saisei Shônô Kabushiki Kaisha, Kôbe (Erfinder: Yoshihari Matsubara, Kôbe, und Shôji Wakabayashi, Toyonaka), Japan, **Herstellung plastischer Vinylchloridharze** durch Zusatz von Campher, Fenchon, Camphenilon, α-Isocamphenilon, Santenon, Apocampher, Norcampher u./oder 4.4-Dimethylbicyclo-[1.2.3]-octanon-(2). (**Jap. A. S. 12444/1961** vom 9/1. 1959, ausg. 3/8. 1961.) M. Pankow. 7173

2435 Kôgyô Gijutsu Inchô (Erfinder: Tsutomu Nakagawa, Musashino), Japan, **Herstellung transparenter, braungefärbter Vinylidenchloridmischpolymerisatfilme** durch Behandeln mit Verbb. NHX_2 (X = H, OH, Aryl- oder Alkylrest), wie NH_3NH_2OH, Anilin oder CH_3NH_2, allein oder zusammen mit oberflächenakt. Stoffen. — Man behandelt den Film z. B. bei 40° 12 Std. mit 20%ig. wss. NH_3-Lösung. (**Jap. A. S. 12287/1961** vom 9/3. 1959, ausg. 1/8. 1961.) M. Pankow. 7173

2436 Dow Chemical Co., übert. von: Louis C. Friedrich jun., James W. Peters und Marion R. Rector, Midland, Mich., V. St. A., **Herstellung von kristallinen (Misch-)Polymerisaten** aus 70—100 (Gew.-%) Vinylidenchlorid u. 30—0 z. B. Vinylchlorid erfolgt bei 35—75° in Ggw. von 0,1—1 eines freie Radikale bildenden Polymerisationskatalysators, z. B. Lauroylperoxid, u. 0,01—0,06 einer wasserlösl. Methylhydroxypropylcellulose, die eine Viscosität von 100—1500 cP besitzt. Das Endprod. wird durch Abfiltrieren erhalten u. kann zu transparenten *Filmen* verarbeitet werden. (**A. P. 2968651** vom 8/2. 1957, ausg. 17/1. 1961.)
H. Schindler. 7173

2437 Air Reduction Co., Inc., New York, N. Y., V. St. A., **Herstellung von Vinylalkohol-Crotonsäure-Mischpolymerisaten** durch Rk. eines Vinylacetat-Crotonsäure-Mischpolymerisats mit einem Überschuß einer C_{1-4}-Alkohols, z. B. Methanol, in Ggw. einer darin lösl. Base, z. B. NaOH, in einer Menge, die genügt, die freiwerdenden Carboxylgruppen zu neutralisieren. Durch Ansäuern mit z. B. Essigsäure auf pH ca. 7 wird ein feinpulvriges Prod. erhalten. — Vgl. F. P. 1201958; C. **1962,** 7016. (**E. P. 863229** vom 5/9. 1958, ausg. 22/3. 1961. A. Prior. 5/9. 1957.) H. Schindler. 7173

2438 Shinnippon Chisso Hiryô Kabushiki Kaisha, Ôsaka (Erfinder: Takeo Igarashi, Hitoshi Takaki und Minoru Shimizu, Minamata), Japan, **Herstellung von Polyvinylalkohol** durch Verseifen von Polyvinylformiat in fester Form in einem Alkohol, der weder Polyvinylformid noch Polyvinylalkohol löst. — 100 (Teile) Vinylformiatperlpolymeres, 500 techn. CH_3OH u. 1,4 36%ig. HCl werden 5 Std. bei 50° gerührt: weißes Produkt. (**Jap. A. S. 11246/1961** vom 20/3. 1959, ausg. 21/7. 1961.) M. Pankow. 7173

2439 Zaidan Hôjin Nippon Hôshasen Kôbunshi Kenkyû Kyôkai, Tôkyô (Erfinder: Ichirô Sakurada, Kyôto, Tadao Okada, Toyonaka, und Susumu Kitamura, Kyôto), Japan, **Vernetzen von Polyvinylalkohol** in trocknem Zustand durch Bestrahlen mit ionisierenden Strahlen oberhalb der Temp., die in den glasigen Zustand umwandelt, bis zu 200°, z. B. mittels ^{60}Co-γ-Strahlen mit $3{,}6 \cdot 10^4$ r/Std. insgesamt $2{,}59 \cdot 10^7$ r bei 100—105° in Form einer Folie. (**Jap. A. S. 11443/1961** vom 23/12. 1958, ausg. 24/7. 1961.) M. Pankow. 7173

2440 Monsanto Chemical Co., St. Louis, Mo. (Erfinder: E. C. Chapin, Springfield, Mass.), V. St. A., **Herstellung von Terpolymeren** durch Erhitzen von 5—60 (Gew.-% der Gesamtmonomeren) Vinylchlorid, 10—70 Allylalkohol (Methallylalkohol) u. 10—50 Dialkylester einer α,β-ungesätt. Dicarbonsäure (Fumar-, Malein-, Itacon-, Citracon-, Mesaconsäuredialkylester mit C_{1-10}-Alkylgruppen) unter Eigendruck auf 80—160°. — Man erhitzt 30 (Gew.-Teile) Allylalkohol, 20 Vinylchlorid u. 50 Dibutylfumarat mit 3 Di-[tert.-butyl]-peroxid im Druckkessel 30 Min. auf 120°, entfernt Monomeres durch Vakuumdest. u. erhält ein in heißer Xylol-Butanol-Mischung lösl. *Terpolymeres,* das 10% Vinylchlorid u. 20% Allylalkohol eingebaut enthält: Je nach Zus. harte bis weiche, biegsame Polymere, die auch in Mischung mit anderen Harzen für *Überzüge* verwendet werden. (**Jap. A. S. 8940/1961** vom 12/12. 1959, ausg. 28/6. 1961. A. Prior. 12/12. 1958.) M. Pankow. 7173

2441 Mitsubishi Kasei Kôgyô Kabushiki Kaisha, Tôkyô (Erfinder: Senji Nakano Kôichirô Iwasaki, Tôkyô, Yasuo Tsuchida, Kamakura, Mitsuo Uchida, Hideo Fukutani, Yokohama, und Ikuo Sukegawa, Kawasaki), Japan, **Polymerisieren von Vinyläthern** in organ. Lsgm. in Ggw. von Friedel-

Crafts-Katalysatoren u. Organometallhalogeniden RMX (R = Alkyl, Aryl, Aralkyl; M = Element der 2. Gruppe des Period. Syst.; X = Halogen). — Zu 90 cm^3 n-Hexan gibt man im 200 cm^3-Gefäß unter N_2 1 cm^3 einer Ae.-Lsg., die 2 mol/Liter Butyl-MgBr enthält, u. 0,1 cm^3 BF_3-Ätherat: Feiner Nd., zu dem man 10 cm^3 Isobutylvinyläther bei 0° tropft u. danach noch 1 Std. rührt. Man fällt mit CH_3OH u. erhält ein nichtklebendes, gummiartig krist. *Polymeres.* 5 (g) davon, 24 Std. bei 25° in 1 Liter Methyläthylketon gehalten, geben 1 Unlösliches, das bei 130° erweicht, pulverförmig u. hochkrist. ist, u. 4 Lösliches, das bei 30° erweicht u. wenig krist. ist. (**Jap. A. S. 11247/1961** vom 8/4. 1959, ausg. 21/7. 1961.) M. Pankow. 7173

2442 B. F. Goodrich Co., New York, N. Y., V. St. A. (Erfinder: John Charles McCartey und Floyd Donald Stewart), **Gut färbbare Kunstharze** aus einer Mischung von 85—94 (Gew.-%) Vinylidencyanid-Vinylacetat-Mischpolymerisat u. 15—6 eines Polymeren aus ≧ 60 (Mol.-%) Vinylpyridin (I) u. 40—0% anderer Monoolefinmonomerer, das bei Anwendung von 6—9% außer I 0—0,1 Mol-% eines anderen Monoolefinmonomeren, bei Anwendung von 9—16% 0—40 Mol-% eines anderen Monoolefinmonomeren aufweist. — Vgl. Schwz. P. 350071; C. **1962,** 17613. (**Jap. A. S. 9445/1961** vom 20/10. 1958, ausg. 3/7. 1961.) M. Pankow. 7173

2443 Esso Research and Engineering Co., Elizabeth, N. J., V. St. A. (Erfinder: Peter Joseph Vermont James Agius, Joan Daphen Bryan und Thomas Arnold Garbett, England), **Herstellung öllöslicher Mischpolymerisate** aus 100 (Mol-%) ungesätt. Monocarbonsäureester $RCOOCH{=}CHR^1$ (R = C_{1-20} Alkylgruppe; R^1 = H oder C_{1-7}-Alkylgruppe), 1—35, bes. 10—35 cycl. N-Vinylamid (N-Vinylpyridin) u. 30—50, bes. 37—47 Fumarsäurediester durch Polymerisation mittels tert.-Butylperbenzoatkatalysator. — Man rührt eine Mischung aus 548 (g) Octylfumarat, 215-Cetylstearylfumarat (F. ca. 50°), 100 N-Vinylpyridin, 133 Vinylacetat u. 4 tert.-Butylperbenzoat unter N_2 bei 80° bis zu einer Viscosität von 500 Centistoke bei 80°, verd. mit 150 Mineralöl u. dest. 1 Std. bei 100° u. 5 mm überschüssiges Vinylacetat ab. Man kann mit Öl zu 10—50 Gew.-% Lsgg. mischen oder zu 0,1 bis 2% in Schmiermitteln verwenden. Es setzt die Rauchentw. von Düsenölen herab. (**Jap. A. S. 7896/1961** vom 16/9. 1958, ausg. 17/6. 1961. E. Prior. 11/10. 1957.) M. Pankow. 7173

2444 Rhodiaceta S. p. A., Mailand, Italien, **Völlige oder teilweise Verseifung von Vinylesterpolymeren oder -mischpolymeren.** Die Polymeren werden zunächst vernetzt u. dann verseift. — 400 (g) eines mit 0,03 Mol-% Divinyladipat vernetzten Polyvinylacetats werden mit einer Lsg. von 1200 CH_3OH u. 4KOH 30 Min. getränkt, 5 Std. gerührt, u. die Rk. wird mit HCOOH bei pH 7 beendet. Das zu 98—100% verseifte Prod. ist in kaltem W. unlösl., in heißem W. löslich. (**Jap. A. S. 10634/1961** vom 15/12. 1958, ausg. 15/7. 1961.) M. Pankow. 7173

2445 Tôyô Reyon Kabushiki Kaisha, Tôkyô (Erfinder: Masamoto Watanabe, Kyôto, Sadao Yuzuguchi und Hiroshi Kiuchi, Ôtsu), Japan, **Polymerisieren von Vinylverbindungen** mit einer mit HNO_3 behandelten Aktivkohle als Katalysator. — Man erhitzt 5 g Aktivkohle mit 50 cm^3 60%ig. HNO_3 20 Std. auf 60°, wäscht mit W. u. trocknet, gibt 0,5 g davon zu 20 cm^3 40%ig. wss. Acrylamid-Lsg. u. hält 1 Std. bei 60°; 95%ig. Ausbeute. (**Jap. A. S. 13084/1961** vom 15/6. 1959, ausg. 10/8. 1961.) M. Pankow. 7173

2446 Asahi Kasei Kôgyô Kabushiki Kaisha, Ôsaka (Erfinder: Yoshisato Fujisaki, Toshio Ôfuka, Noboru Yoshida und Hideo Satô, Nobeoka), Japan, **Herstellung von Acrylpolymeren** mit ≧ 85 Gew.-% Acrylnitril mittels öllösl. Polymerisationskatalysatoren in wss. Medium, das ein wasserlösl. Mischpolymerisat aus 20—70 Gew.-% Methallyl- oder Allylsulfonsäure (oder ggf. Vinyl- oder Acrylsulfonsäuren) u. 80—30 Gew.-% Acrylnitril enthält. Bei diesem Verf. wird der Ansatz von Polymerisatschuppen an der Wandung des Polymerisationsgefäßes vermieden. — In ein 150 Liter-Gefäß mit Glaseinlage gibt man 20 (kg) Acrylnitril, 2 Methylmethacrylat, stellt mit H_2SO_4 auf pH 2,5, gibt 70 W., 80 g β-Mercaptoäthanol, 60 g 2.2'-Azobisisobutyronitril u. 0,440 des Methallylsulfonsäure-Acrylnitril(66:34%)-Mischpolymeren zu u. polymerisiert 2 Std. bei 60°. (**Jap. A. S. 11646/1961** vom 8/12. 1959, ausg. 26/7. 1961.) M. Pankow. 7173

2447 Fujikura Kasei Kabushiki Kaisha (Erfinder: Tomiji Nishimura und Kunio Gotô), Tôkyô, Japan, **Herstellung von schwer brennbarem Acrylharz.** Man gibt zu den Monomeren oder Anfangspolymeren bis zu 30% (des Harzes) $SnCl_2 \cdot xH_2O$ u. polymerisiert. — So gibt man zu 80 (Gew.-Teilen) Methylmethacrylat-Anfangspolymerisat 20 $SnCl_2 \cdot xH_2O$ u. hält 20 Std. bei 40—50° u. 4 Std. bei 100°. (**Jap. A. S. 13089/1961** vom 12/3. 1960, ausg. 10/8. 1961.) M. Pankow. 7173

2448 Nippon Denshin Denwa Kôsha (Erfinder: Haruaki Watanabe und Seinosuke Sono, Tôkyô), Japan, **Polymerisieren von Acrylnitril** in Formamid-Lsgm. bei —80 bis +70° mit Grignard-Katalysatoren, ggf. zusammen mit Aminen. — Zu 0,5 cm^3 n-Butyl-MgBr (1,525 · 10^{-3} Mol/cm^3 Mg; 1,575 · 10^{-3} Mol/cm^3 Br) gibt man 0,0791 g Anilin u. 10 cm^3 Dimethylformamid u. bei 0° 8,1 g Acrylnitril u. hält 15 Std. bei 0°. Das Polymere kann aus Dimethylformamid-Lsg. zu einem *Film* geformt werden. (**Jap. A. S. 13445/1961** vom 15/4. 1959, ausg. 15/8. 1961.) M. Pankow. 7173

2449 Asahi Kasei Kôgyô Kabushiki Kaisha, Ôsaka (Erfinder: Masahide Yazawa, Kôzô Matsuoka, Numazu, Yôshio Toyoda, Tôkyô, Teiichi Kaku und Terumi Okamoto, Fuji), Japan, **Polymerisieren von Acrylnitril (I)** in wss. Medium, in dem die Monomerenkonz. < 3% gehalten wird, bei Polymerisationsbeginn Polymeres in gleicher Konz. von 3% vorhanden ist, Monomeres kontinuierlich im Umfang seiner Umwandlung in Polymeres nachgegeben u. die Suspensionsfl. entfernt wird, wenn 15—35% Polymeres vorliegen. — 819 cm^3 W. u. 200 g 22%ig. Polymerisataufschlämmung werden mit H_2SO_4 auf pH 2 gestellt. Man gibt bei 60° unter Rühren 25 cm^3 20%ig. wss. $(NH_4)_2 \cdot S_2O_8$-Lsg. u. unter N_2 mit 20 g/Std. kontinuierlich eine Mischung von 94 (Teilen) I u. 6 Methylacrylat zu. Die Werte nach 5, 10 u. 15 Std. sind jeweils pH 2,11, 2,31 u. 2,60; Konz. der Polymeren pro Liter W. 131, 231 u. 331; η sp/c (0,2 g/100 cm^3 Dimethylformamid bei 35°) 1939, 1514 u. 1465. — Zeichnung. (**Jap. A. S. 13088/1961** vom 29/12. 1959, ausg. 10/8. 1961.) M. Pankow. 7173

2450 Teikoku Jinzô Kenshi Kabushiki Kaisha, Ôsaka (Erfinder: Hideo Nagao, Osamu Kurihara, Moriya Uchida und Naoki Yamamoto, Iwakuni), Japan, **Polymerisieren von Acrylnitril** in wss. Medium in Ggw. von C_{3-8}-Verbb. mit COOH-Gruppen u. Thiolgruppen zusammen mit Perverbindungen. — 95 (Teile) Acrylnitril, 5 Methylacrylat u. 800 W. werden unter N_2 bei 70° mit 3 Persulfat u. 0,6 β-Mercaptopropionsäure 4 Std. polymerisiert: 90 Polymeres vom Polymerisationsgrad 500. (**Jap. A. S. 13085/1961** vom 21/5. 1959, ausg. 10/8. 1961.) M. Pankow. 7173

2451 Tôyô Reyon Kabushiki Kaisha, Tôkyô (Erfinder: Masamoto Watanabe, Kyôto, Sadao Yuzuguchi und Shuntarô Hosaka, Ôtsu), Japan, **Herstellung von mit basischen Farbstoffen leicht färbbarem Polyacrylnitril.** Man polymerisiert Acrylnitril (I) oder ≧ 85 Mol-% I enthaltende Mischungen mit anderen Vinylverbb. mit $HMnO_4$ u. H_3PO_2 oder PO_3 als Katalysator bei pH < 2,5—2,7 (Gew.-Teile) **I,** 0,0158 $KMnO_4$, 0,082 $P(OH)_3$ u. 97,2 W. läßt man bei 40° stehen; pH 2,4. Nach 20 Min. Induktionsperiode erhält man nach 60 Min. 32% Polymeres. (**Jap. A. S. 13086/1961** vom 20/6. 1959, ausg. 10/8. 1961.) M. Pankow. 7173

2452 Zaidan Hôjin Nippon Kagaku Seni Kenkyûjo (Erfinder: Junji Furukawa, Teiji Tsuruta und Yukio Nakayama), Kyôto, Japan, **Polymerisieren von Vinylverbindungen** (Styrol, Acrylnitril) mit Additionsprodd. aus Triaryl-B (Triphenyl-, -mesityl-, -α-naphthyl-B) u. Alkalimetall als Katalysator. — Man rührt 0,27 (g) Na mit 3,9 Tri-α-naphthyl-B, das in 40 cm^3 Tetrahydrofuran gelöst ist: Dunkelgrüne Fl., gegen O_2 empfindlich. Zu einer Lsg. von 5,7 cm^3 Styrol in 5 cm^3 Tetrahydrofuran von −70° gibt man 5 cm^3 des Katalysators u. hält 16 Std. bei −70° im geschlossenen Rohr. Bei Raumtemp. erfolgt die Polymerisation unter starker Wärmeentwicklung. (**Jap. A. S. 11243/1961** vom 31/8. 1959, ausg. 21/7. 1961.) M. Pankow. 7173

2453 Zaidan Hôjin Nippon Hôshasen Kôbunshi Kenkyû Kyôkai, Tôkyô (Erfinder: Ichirô Sakurada, Kyôto, und Norio Okada, Neyagawa), Japan, **Pfropfpolymerisation.** Man imprägniert mit ionisierender Strahlung vorbehandelten Polyvinylalkohol oder vorbehandelte Cellulose mit einer wss. Fl. oder Lsg. eines radikalpolymerisierbaren Monomeren, die 10^{-3}—10^{-5} Mol/Liter Fe-Salz enthält, u. polymerisiert. — Eine 2 · 0,5 · 0,0151 cm-Folie aus 0,01 9555 g Polyvinylalkohol wird mittels ^{60}Co mit 1,5 · 10^5 r/Std. 70 Std. im Vakuum bestrahlt; dazu gibt man 4 cm^3 einer Lsg. von 1,75 · 10^{-4} Mol/Liter $FeSO_4 \cdot 7H_2O$ in Methylmethycrylat:Aceton-W. (14:56:30 Vol.) u. hält 48° bei 22° u. 10^{-4} mm. Aus den Polymeren wird Polymethylmethacrylat mit Aceton extrahiert. (**Jap. A. S. 11984/1961** vom 12/10. 1959, ausg. 29/7. 1961.) M. Pankow. 7173

2454 United States Borax & Chemical Corp., Los Angeles, Calif., V. St. A. (Erfinder: George William Willcockson und Joseph Kirk Sandie), **Herstellung und Polymerisation von Styrolborsäure** $(HO)_2B \cdot C_6H_4CH:CH_2$ durch Rk. von Borsäureestern mit Styrol-Metallhalogenid $XMC_6H_4CH:CH_2$ (X = Br oder Cl; M = Grignard-Metall, nach Jap. A. S. nur Mg), Verseifung mit Säure zu der Styrolborsäure, die unter Bldg. von Polymeren mit den Einheiten $-CH[C_6H_4 \cdot B(OH)_2]-CH_2-$ polymerisiert oder mit anderen Vinylverbb. mischpolymerisiert werden kann. — Die Styrolborsäuren können als *Herbicide* verwendet werden oder zur *Appretierung von Glasfasern.* Die Polymeren sind amorphe Prodd., die ≦ 250° nicht erreichen, sich bei höheren Temp., ohne zu schmelzen, zersetzen u. in W. u. üblichen organ. Lsgm. unlösl. sind. — Zu 2,1(g) Mg-Spänen in 25 ml abs. Ae. gibt man 9 p-Bromstyrol in 25 ml Ae., rührt u. gibt in ein im Trockeneis-Aceton-Bad gekühlten Gefäß mit 50 ml Ae. im Mol.-Verhältnis 1:1 das erhaltene Grignard-Reagenz u. 5,1 Trimethylborat in 50 ml Ae.; nach Erreichen der Raumtemp. gießt man in 100 ml 2%ig. HCl, trennt die organ. Schicht ab u. äthert den wss. Rückstand aus. Daraus *p-Styrolborsäure,* F. 188—189°. —Entsprechende *m-Verb.,* F. 145—160°. *O-Verb.,* F. 100—109°. — Erhitzt man die Styrolborsäure 1 Std. in W. unter Rückfluß, erhält man ein festes, amorphes, unlösl. Polymeres. (**F. P. 1236718** vom 8/9. 1959, ausg. 18/11. 1960. **Jap. A. S. 13545/1961** vom 16/9. 1959, ausg. 16/8. 1961. **E. P. 871185** vom 25/8. 1959, ausg. 21/6. 1961. Alle A. Prior. 18/9. 1958 u. 29/5. 1959.) M. Pankow. 7173

2455 Union Carbide Corp., New York, N. Y., übert. von: Howard R. Guest, Charleston, und Ben W. Kiff, Ona, W. Va., V. St. A., **Flammhemmende Spirobis-m-dioxan-phenolharze** werden hergestellt durch Erhitzen einer Mischung aus einem Phenol, das 2 H in o- u. p-Stellung zur OH-Gruppe hat, 3—15% (berechnet auf das Gesamtgewicht der Mischung) sog. „kondensierter" Phosphorsäuren der allg. Formel $H-(PO_3H)_x-OH$ ($x > 1$), u. 3.9-Dialkenylspirobis-m-dioxan, dessen Seitenketten 2—18 C-Atome aufweisen. — 405 (g) 3.9-Divinylspriobism-dioxan, 120 Phenol u. 1.6-Diäthylsulfat werden 50 Min. auf 100—120° erhitzt, dann in Formen gegossen u. 16 Std. bei 150° gehärtet. — *Flammhemmende Überzüge für Formkörper, Schichtkörper und Textilien.* (**A. P. 3010942** vom 29/8. 1958, ausg. 28/11. 1961.) A. Dandl. 7177

2456 Deutsche Gold- und Silber-Scheideanstalt vormals Roessler, Frankfurt/M. (Erfinder: Werner Kern, Artur Wildenau und Volker Jaacks, Mainz), **Herstellung von Polymerisaten des Formaldehyds** oder dessen Copolymerisaten mit untergeordneten Mengen an cycl. Äthern, Acetalen, Estern oder Anhydriden durch Polymerisation bzw. Copolymerisation von wasserfreiem Trioxan oder monomerem CH_2O mit Hilfe von halogenhaltigen Katalysatoren, ggf. in inerten wasserfreien Lsgm., dad. gek., daß man als Katalysatoren organ. Perchlorsäureester u./oder gemischte Anhydride aus Perchlorsäure u. Carbonsäuren in Mengen von 1—1000 mg je kg des eingesetzten Monomeren verwendet. (**D. A. S. 1152818** Kl. 39c vom 12/5. 1960, ausg. 14/8. 1963.) W. Overbeck. 7177

2457 Deutsche Gold- und Silber-Scheideanstalt vormals Roessler, Frankfurt/M. (Erfinder: Wilhelm Querfurth, Oberursel), **Polyoxymethylen-Formmassen** ergeben Formteile mit erhöhter Kerbschlagzähigkeit, wenn sie 0,1—5 Gew.-% Amide der allg. Formel $R_1-CO-N(R_2)(R_3)$ enthalten. R_1, R_2 u. R_3 = H-Atome, aliphat. Reste mit bis zu 10 C-Atomen; R_2 u. R_3 können auch zu einem Ring geschlossen oder ungesätt. sein. (**D. A. S. 1152256** Kl. 39b vom 20/8. 1960, ausg. 1/8. 1963.) F. Koch. 7177

2458 Badische Anilin- & Soda-Fabrik Akt.-Ges., Ludwigshafen/Rh. (Erfinder: Hans Craubner, Leopoldshafen bei Karlsruhe, und Gerghard Illing, Neuleiningen/Pfalz), **Herstellung von Blockpfropfpolymerisaten** bei 50—260°, dad gek., daß man hochmol. Polyformaldehyd mit anderen thermoplast. Polykondens.-Prodd., die 10° oberhalb ihres F. einen Schmelzindex 0,4—50 g/10 Min. aufweisen, oder mit thermoplast. Polymerisaten mit Schmelzindices bei 230° zwischen 0,3 u. 50 g/10 Min. unter Zusatz geringer Mengen radikalbildender organ. Katalysatoren, ggf. unter Zusatz von gegenüber den verwendeten Katalysatoren inerten Pigmenten, Füllstoffen, Farbstoffen u. Stabilisierungsmitteln, intensiv knetet. (**D. A. S. 1150525** Kl. 39c vom 16/2. 1961, ausg. 20/6. 1963.) W. Overbeck. 7177

2459 Chemische Werke Albert, Wiesbaden (Erfinder: Alfred Englisch, Opladen, und Rolf Zimmermann, Wiesbaden), **Formteile** werden aus Formmassen, die Polyätheracetale u. übliche Bestandteile enthalten, hergestellt. Die Polyätheracetale enthalten 5—15% Allylalkohol einkondensiert. (**D. A. S. 1151375** Kl. 39b vom 9/9. 1960, ausg. 11/7. 1963.) F. Koch. 7177

2460 Gesellschaft für Teerverwertung m. b. H. (Erfinder: Alfred Marx, Hans Wille, Ludwig Rappen und Hans Gautzsch), Duisburg, **Herstellung von reinem, farblosem im Vakuum unzersetzt destillierbarem Bisphenol A** (F. 156,0—157,5°), dad. gek., daß man durch Lösen von rohem, durch Rk. von C_6H_5OH mit $(CH_3)_2CO$ hergestellten Bisphenol A (p, p′-Dioxyphenyldimethylmethan) (I) in einem m- u. p-kresolreichen Kresolgemisch ein Additionsprod. herstellt, das man durch Abkühlen isoliert u. durch Vakuumdest. in reines **I** u. Kresol zerlegt. — Ausgangsstoff der *Herst. von Epoxidharzen u. Polycarbonaten.* (**D. A. S. 1153028** Kl. 12q vom 29/12. 1959, ausg. 22/8. 1963.) O. Müller-Meiningen. 7177

2461 Asahi Denka Kôgyô Kabushiki Kaisha (Erfinder: Shuku Tokunô und Hiroo Katsunuma), Tôkyô, Japan, **Polymerisieren von Olefinoxiden** in einem röhrenartigen Rk.-Raum; auf das Rohr tropft eine Fl., deren Kp. bei oder nahe der gewünschten Rk.-Temp. liegt u. die durch Verdampfen das Rohr kühlt. — Eine Mischung aus 3000 (Teilen) fl. Propylenoxid, 200 Propylenglykol u. 150 KOH-Pulver wird durch ein Rohr geführt, auf das W. von ca. 90° tropft u. bei Temp.-Erhöhung verdampft. Nach 10 Std. erhält man ohne plötzliche Wärmeentw. 3200 *Polymeres.* — Vorrichtung. (**Jap. A. S. 12294/1961** vom 26/1. 1959, ausg. 1/8. 1961.) M. Pankow. 7177

2462 Union Carbide Corp., New York, N. Y. (Erfinder: Frederick Eugene Bailey jun., Charleston, W. Va.), V. St. A., **Herstellung fester Polymerer** durch Polymerisation von wenigstens einem Olefinoxid mit wenigstens einem olefin. ungesätt. Teil u. Äthylenoxid in Ggw. von Erdalkalimetallverbb. von aliphat. OH-Verbb. als Katalysatoren. (Vgl. hierzu auch Oe. PP. 199874 u. 199875; C. **1959,** 6973). — 256 (g) Äthylenoxid, 18 Butan (als Stabilisiermittel), 14,5 Butadienmonooxid (**I**), 572 Toluol u. 0,87 Ca-Glykosid (**II**) werden 20 Std. bei 102 bis 107° stark gerührt, worauf man das Polymere mit Hexan fällt. Es enthält 2,3% gebundenes **I. II** erhält man, wenn man 15,5 Äthylenglykol in 350 ml NH_4OH unter Rühren mit 10 Ca in 350 ml NH_4OH versetzt. NH_3 in

18 Std. im wesentlichen abdunstet, das erhaltene Prod. ca. 3—4 Std. bei 25° feuchtem CO_2-Gas aussetzt, bis das Gew. um 50% zugenommen hat, u. das so behandelte Pulver dann bei 57° u. 3—5 mm hält, bis das Gew. um 24% abgenommen hat. (**Jap. A. S. 7647/1961** vom 29/5. 1957, ausg. 15/6. 1961. A. Prior. 29/5. 1956.) M. Pankow. 7177

2463 Tôyô Sôda Kôgyô Kabushiki Kaisha (Erfinder: Seiichi Isawa und Kaoru Okasaki), Yamaguchi, Japan, **Polymerisieren von Propylenoxid** mit einem Katalysator aus einer Verb. von Elementen mit einer Elektronegativität von $\leq$ 1,2 u. mit Elementen mit einer Elektronegativität $\geq$ 3,5, wobei der Mindestabstand der gleichen Metallatome voneinander 4,8—6,2 Å beträgt (LiF, KF, RbF, CsF, MgF_2, CaF_2, SrF_2, BaF_2, MgO, CaO, SrO, BaO), u. der 0,01—0,25fachen Menge (der genannten Verb.) $(C_2H_5)_2Zn$ oder -Cd. — 2 (Gew.-Teile) CaF_2, 0,72 $(C_2H_5)_2Zn$, 6,64 Propylenoxid nebst der 9fachen Menge (des Propylenoxids) n-Hexan hält man 22 Std. bei 80 $\pm$ 0,1° u. erhält ein festes, nicht klebendes *Polymeres*. (**Jap. A. S. 13093/1961** vom 8/10. 1959, ausg. 10/8. 1961.) M. Pankow. 7177

2464 Asahi Kasei Kôgyô Kabushiki Kaisha, Ôsaka (Erfinder: Shinichi Ishida, Nishinomiya), Japan, **Herstellung von kristallisiertem polymerem Glycidyläther** durch Polymerisation von aliphat. Glycidyläthern mit $(C_2H_5)_3Al$, $(C_2H_5)_2AlCl$ u./oder $(C_4H_9)_3Al$ als Katalysator, ggf. mit Lösungsmitteln. — 100 (Teile) Methylglycidyläther werden unter Eiskühlung u. N_2 mit 15 30 Gew.-%ig. $(C_2H_5)_3Al$-n-Hexan-Lsg. im Rohr versetzt; nach Gasentw. wird das Rohr zugeschmolzen u. 2 Tage bei Raumtemp. gehalten. Man gibt dann zu den Polymeren ca. 20 verd. methanol. HCl u. filtriert das krist. *Polymere* ab. — Verw. für *Formkörper, Folien,* für *Photoemulsionen,* als *Füll-* u. *Klebstoffe* für Holz, Papier u. Fasern. (**Jap. A. S. 13090/1961** vom 28/5. 1959, ausg. 10/8. 1961.) M. Pankow. 7177

2465 Nippon Yûshi Kabushiki Kaisha, Tôkyô (Erfinder: Tsutomu Murata und Kiyomitsu Watanabe, Aichi), Japan, **Herstellung von Polyglycidylnitrit** durch Rk. von Glycidylnitrit (I) mit Aminen als Polymerisationskatalysator bei Raumtemp. bis 100°. — Zu 20 g I werden bei 50° 6 g Diäthanolamin getropft; man rührt 10 Min. u. läßt 24 Std. kühl u. dunkel stehen: Gelbes viscoses *Polymeres*. (**Jap. A. S. 13092/1961** vom 14/9. 1959, ausg. 10/8. 1961.) M. Pankow. 7177

2466 Oerlikon Engineering Co., Zürich, übert. von: Christian Caflisch, Wallisellen, und Franz Knapp, Zürich, Schweiz, **Ti-haltiges Epoxyharz** entsteht aus einem Epoxyharz u. einem Ti-Tetraalkylester in der Hitze u. im Vakuum. Härten erfolgt bei höherer Temp. mit einem Diamin. (**A. P. 3012007** vom 20/6. 1958, ausg. 5/12. 1961. Schwz. Prior. 20/8. 1956.) F. Koch. 7177

2467 Pennsalt Chemicals Corp., Philadelphia (Erfinder: Nicholas Joseph Capron, Chalfont, und Burton Everett Lederman, Conshohocken), Pa., V. St. A., **Härter für Epoxyharze** sind Gemische aus Amiden — hergestellt aus oligomeren Fettsäuren u. aliphat. mehrwertigen Aminen — u. aus tert. Monooxyaminalkoholen der Formel $\frac{R_1}{R_2}\!\!>$N–R_3–OH, in der R_1 u. R_2 = Methyl-, Äthylgruppe; R_3 = C_2 bis C_3-Alkylenrest. (**D. A. S. 1149530** Kl. 39b vom 5/3. 1960, ausg. 30/5. 1963. A. Prior. 6/3. 1959.) F. Koch. 7177

2468 Ciba (à r. l.) Ltd., Duxford, Cambridge, England (Erfinder: Paul Halewood), **Härter für Epoxyharze** ist ein Rk.-Prod. aus Phenol, CH_2O, u. einem oder mehreren aliphat. Aminen. (**E. P. 886767** vom 5/6. u. 14/7. 1958, ausg. 10/1. 1962.) F. Koch. 7177

2469 E. I. du Pont de Nemours & Co., Wilmington, Del., V. St. A., **Derivate von Pyromellitsäure** erhält man durch Kondens. von 2 Mol Pyromellitsäuredianhydrid mit 1 Mol einer organ. Polyhydroxyverb., die mindestens 2 alkohol. Hydroxylgruppen enthält, in einem organ. Lsgm., bes. bei Rückflußtemp., in trockener Atmosphäre u. ggf. in Ggw. von sauren oder bas. Katalysatoren. — *Härtungsmittel* bes. für Epoxyharze. (**E. P. 886601** vom 1/12. 1959, ausg. 10/1. 1962. A. Prior. 2/12. 1958 u. 16/9. 1959.) L. Stadelmann. 7177

2470 Wilson Products Mfg. Co., Neshanic Station (Erfinder: Gerald W. Schardt, Mt. Bethel), N. J., V. St. A., **Epoxid-Formmassen,** die schaumförmige Formteile ergeben, enthalten bis zu 20% Korkmaterial, aber sonst kein Treibmittel. Eine Einschränkung besteht darin, daß die Massen die Polyepoxide nicht in wss. Dispersion enthalten dürfen. (**D. A. S. 1148745** Kl. 39b vom 5/4. 1960, ausg. 16/5. 1963.) F. Koch. 7177

2471 Sumitomo Bakelite Kabushiki Kaisha, Tôkyô (Erfinder: Shinichi Murayama, Musashino, Shigeo Iitsuka, Seitatsu Yamagata und Masamichi Kaneko, Tôkyô), Japan, **Gut lagerfähiges Epoxyharzformmaterial.** In einer verd. Lsg. eines Teiles des Bisphenol-Epichlorhydrin-Kondensationsprod. (**I**; Epoxywert 450—2000; F. 65—130°) löst man die gesamte Menge des für die spätere Härtung nötigen Wärmehärtungsmittels (m-Phenylendiamin, Di-[aminophenyl]-methan), behandelt ggf. mit der Lsg. ein Trägermaterial u. trocknet, mischt das Prod. mit dem restlichen pulverförmigen Epoxykondensationsprod. u. pulvert. — 3 g; von insgesamt 30) **I** werden in 30 (g) Methyläthylketon mit 1 Diaminodiphenylmethan u. 0,7 Zn-Stearat gelöst, im Kneter mit 30 $CaCO_3$ 30 Min. geknetet u. vakuumgetrocknet. 10 **I** in 300 Methyläthylketon, 2 Di-[aminophenyl]-methan u. 0,8 Zn-Stearat werden 2 Std. mit Sintercellulose geknetet, vakuumgetrocknet, mit dem vorigen Material 10 Min. geknetet u. auf der Walze bei 80° gewalzt, restliche 17 des Epoxyharzes zugegeben u. nach Abkühlen gepulvert: Lagerfähiges Formpulver. (**Jap. A. S. 11440/1961** vom 20/1. 1959, ausg. 24/7. 1961.) M. Pankow. 7177

2472 Goodyear Tire & Rubber Co., Akron, Ohio, V. St. A., **Linearer Polyester** wird aus üblichen Verbb. unter üblichen Bedingungen in Ggw. von feinteiligem SiO_2 hergestellt. (**E. P. 877541** vom 14/4. 1959, ausg. 13/9. 1961. A. Prior. 5/6. 1958.) F. Koch. 7177

2473 British Petroleum Co. Ltd. (Erfinder: Stanley Francis Birch, Patrick Gould und Stuart Walter Critchley), **Polyester** der allg. Formel HO · $(R_2OOCR_1COO)_n$-R_2OH sind durch Rk. von einer oder mehreren Säuren der allg. Formel $HOOCR_1COOH$ mit einem oder mehreren Diolen der allg. Formel $OH(CH_2 \cdot CH_2O)_xCH_2(R_6)(R_7)CH_2(OCH_2CH_2)_yOH$ in einer oder mehreren Stufen erhältlich. R_1 bedeutet C_4–C_{14}-Alkylengruppen, R_2–$(CH_2CH_2O)_xCH_2C(R_6)(R_7)CH_2(OCH_2CH_2)_4$-, X 0 oder eine ganze Zahl, y eine ganze Zahl, wobei $x + y = < 6$ sind, R_6CH_3 oder C_2H_5 u. R_7 eine C_1–C_4-Alkylgruppe. — Beispiel mit Sebacinsäure (**I**, bzw. Gemisch aus äquimol. Mengen **I**, 2.2.4- u. 2.4.4-Trimethyladipinsäure u. Neopentylglykol (2.2-Dimethyl-1.3-propandiol) — *Schmiermittel* für Gasturbinen u. *Weichmacher*. — Vgl. E. PP. 861962 u. 861963; C. **1963,** 1887. (**Aust. P. 234870** vom 13/8. 1958, ausg. 31/8. 1961. E. Prior. 16/8. 1957 u. 30/5. 1958.) C. Lüttgen. 7177

2474 Imperial Chemical Industries Ltd., London, England (Erfinder: Robert Benson Rashbrook), **Mischpolyester** werden hergestellt aus dem Diglykolester einer Dicarbonsäure u. dem Dichlorid einer anderen Dicarbonsäure. — Di-(β-hydroxyäthyl)-tetraphthalat (2,54 Teile) wird mit Isophthalylchlorid (2,03) in Dichlorbenzol (50) bei dessen Kp. umgesetzt. (**E. P. 898300** vom 5/11. 1958, ausg. 6/6. 1962.) F. Koch. 7177

2475 Imperial Chemical Industries Ltd., London, England (Erfinder: Brian Edmund Jennings), **Mischpolyester** aus 2.2-(4.4'-Dihydroxydiphenyl)-propan u. Orthophthalsäure (**I**) u. entweder Isophthal- oder Terephthalsäure oder beiden, wobei **I** 15—85% der anderen Säuren ausmachen muß. (**E. P. 902021** vom 5/8. 1959, ausg. 25/7. 1962.) F. Koch. 7177

2476 Eastman Kodak Co., Rochester, N. Y., V. St. A. (Erfinder: John Richard Caldwell), **Herstellung von aromatischen, N-haltigen Glykolen abgeleiteter Polyester** durch Rk. der Dicarbonsäuren (Terephthal-, p.p'-Sulfonyldibenzoesäure, 1.2-Di-[p-carboxyphenyl]-äthan, p,p'-Diphensäure u. Cyclohexan-1.4-dicarbonsäure) mit 2 Gly kolen, davon 8—35 Mol% N-haltiges Glykol mit COZ-Resten, die an den aromat. Ring mit 6—20 C-Atomen gebunden sind, u. 2 Hydroxyalkoxygruppen mit 2—6 C-Atomen, die je an den aromat. Ring gebunden sind (Z = Dialkylaminogruppe mit 1—4 C-Atomen an jedem Alkylrest, Morpholin- oder Piperidinrest). — 194 (g) Dimethylterephthalat, 90 Äthylenglykol u. 32 2.4-Bis-[2-hydroxyäthoxy]-N.N-dimethylbenzamid u. 10 cm³ einer A.-Lsg. von 0,1 LiAl-Äthoxid als Katalysator werden bei 190 bis 200° unter Entfernung von CH_3OH 2 Std. gerührt, dann wird 15 Min. bei 260—270° u. 15—20 Min. bei 0,1 mm gerührt. Das Vorpolymerisat wird kalt zerkleinert u. bei 0,05 mm 6 Std. bei 230—240° erhitzt. Man erhält ein Prod. mit F. 245—255°, das zu *Fäden* versponnen werden kann, die mit Acetylcellulosefarbstoffen u. einigen Quellfarbstoffen gefärbt werden können. — Verwend. des Materials für *elektr.* gut *isolierende Folien* u. *Verpackungsmaterial.* (**Jap. A. S. 11991/1961** vom 17/2. 1960, ausg. 29/7. 1961. A. Prior. 17/2. 1959.) M. Pankow. 7177

2477 Eastman Kodak Co., V. St. A., **Stabilisieren von Polyestern,** bes. *Cyclohexan-1.4-dimethanolterephthalat-Polyester* (Herst. vgl. F. P. 1161041; C. **1961,** 16298) mit 0,0001—0,1 Gew.-% N.N'-Diphenyl-p-phenylendiamin oder N.N'-Di-[naphthyl-(2)]-p-phenylendiamin. (**F. P. 1268992** vom 5/10. 1960, ausg. 8/12. 1961.) M. Pankow. 7177

2478 Allied Chemical Corp., New York, N. Y., V. St. A., **Polyester Formmassen,** die einen Polyester mit einer SZ < 100 enthalten, umfassen als Beschleuniger oder Stabilisator ein Zi-Halogenid in einer Menge von 0,0001—0,5 Gew.-%. (**E. P. 898111** vom 21/10. 1960, ausg. 6/6. 1962. A. Prior. 22/10. 1959.) F. Koch. 7177

2479 Celanese Corp. of America, New York, N. Y., übert. von: Richard E. Davies, Ridgewood, N. J., und Leonard J. Rosen, Pasadena, Calif., V. St. A., **Polyesterformmasse** enthält einen Glycidyläther eines ungesätt. aliphat. Alkoholes mit 2—4 C-Atomen, u. bekommt dadurch eine bes. gute Haftfestigkeit an Glasoberflächen. (**A. P. 3011994** vom 15/10. 1957, ausg. 5/12. 1961.) F. Koch. 7177

2480 Farbenfabriken Bayer Akt.-Ges., Leverkusen, **Durch Glasfasern verstärkte Formteile** erhält man mit Polyestermassen, die übliche Bestandteile u. ungesätt. Polyester enthalten, die aus bis-hydroxyalkylierten bis-Hydroxyphenylalkanen u. Mischungen aus gesätt. u. ungesätt. Dicarbonsäuren aufgebaut worden sind. (**E. P. 892865** vom 20/1. 1960, ausg. 4/4. 1962. D. Prior. 21/1. 1959.) F. Koch. 7177

2481 Union Carbide Corp., New York, N. Y., V. St. A. (Erfinder: Appy Juras, Arthur Peter Mazzucchelli und Thomas Earle Bugel), **Metallfasern enthaltende Kunstharz-Artikel.** Je einen Polyester oder Epoxy-Formkörper sind oberflächlich 0,8—13 mm lange unregelmäßig liegende Metallfäden oder Chips in einer Menge zwischen 5 u. 70% eingebracht. (**E. P. 888270** vom 25/8. 1958, ausg. 31/1. 1962. A. Prior. 26/8. 1957.) F. Koch. 7177

2482 Farbenfabriken Bayer Akt.-Ges., Leverkusen, **Oberflächenbehandlung von Polycarbonaten** mit einer wss. oder alkohol. Lsg. eines Alkali- oder Erdalkalihydroxydes. Die Lsg. ergibt nach kurzer Einw., ggf. bei erhöhter Temp., eine aufgerauhte Oberfläche. (**E. P. 899490** vom 14/4. 1961, ausg. 20/6. 1962. D. Prior. 16/2. 1961.) F. Koch. 7177

2483 Collo-Rheincollodium, Köln G. m. b. H., Werk Hersel, Hersel bei Bonn (Erfinder: Rolf Moroni, Hersee, und Eugen Dumont, Frankfurt/M.), **Herstellung von hochmolekularen Polyketonen,** dad. gek., daß man mehrkernige aromat. oder hydroaromat. KW-Stoffe, die an zwei verschiedenen Kernen je eine substituierte Alkylgruppe mit einem reaktionsfähigen H-Atom an einem tert. C-Atom tragen, oder Dicyclohexyl-Derivv., die an jedem Cyclohexylring durch eine Alkylgruppe substituiert sind, in geschmolzenem Zustand mit Phosgen mittels HCl abspaltenden Katalysatoren, ggf. in Ggw. von Lsgm., umsetzt. Es werden z. B. 100 (g) 4.4'-Diisopropyl-diphenyl mit 15 Pyridin unter Rückfluß auf 160—180° erhitzt. Dann wird ca. 1 Std. lang Phosgen eingeleitet, wobei HCl entwickelt wird, u. die Viskosität zunimmt. Bei 20 Torr wird 1/2 Std. weitererhitzt. Das erkaltete Prod. wird zerkleinert, mit NH_4OH-W. neutralisiert, mit wss. A. u. mehrmals mit sd. W. gewaschen u. bei 90° getrocknet. Weißes Pulver, das ohne scharfen F. > 270° plast. wird u. dann stark fadenziehend u. plast. verformbar ist. (**D. A. S. 1148073** Kl. 39c vom 1/12. 1959, ausg. 2/5. 1963.) W. Overbeck. 7177

2484 Nippon Shokubai Kagaku Kôgyô Kabushiki Kaisha (Erfinder: Yoshihiko Yoshida, Tsuneo Tsubakimoto, Eiichi Ajisaka und Shigeru Sakuyama), Suita, Japan, **Stabilisieren von Polyacetalen** (HCHO-Polymeren) durch Veresterung mit Keten oder Ketenverbindungen. — 20 (g) HCHO (aus Paraformaldehyd bei 160—180° erhalten u. bei —80° durch 2-malige Dest. gereinigt) werden bei — 78° mit 0,02 $(CH_3)_3N$ versetzt, worauf nach einem Tag 20 *Polyacetal* erhalten werden. 5 des Polyacetalpulvers werden in 100 cm³ Toluol, das 0,5 Morpholin enthält, bei —80° mit 5 cm³ Keten 2 Std. verrührt. Nicht umgesetztes Keten wird bei —41° entfernt, das Rk.-Prod. abfiltriert, mit Aceton gewaschen u. 1/2 Std. bei 130° zur Entfernung von dimerem Keten gehalten. (**Jap. A. S. 13440/1961** vom 23/4. 1959, ausg. 15/8. 1961.) M. Pankow. 7177

2485 Rohm & Haas Co., Philadelphia, Pa., V. St. A., **Ein Polyester-Aminoplast.** Ein Kondens.-Prod. erhält man aus a) einem Polyester (40—65 Gew.-%; Molgew. 2000—10000, SZ. 3—7, unlösl. in W., lösl. in organ. Lsgm.); b) einem Rk.-Prod. aus einem Alkohol (3—6 C-Atome) u. einer N-haltigen Verb. (Harnstoff, Thioharnstoff, Imidazolidine, Amino-1.3.5-Triazin) (20—35 Gew.-%, in W. unlösl., lösl. in organ. Lsgm.) u. c) einen Polyester (15—25%, Moll. Gew. 800—1500, mit OH- u. COOH-Gruppen, SZ 90—120). (**E. P. 886190** vom 27/2. 1959, ausg. 3/1. 1962. A. Prior. 3/3. 1958.) F. Koch. 7181

2486 Marblette Corp., Long Island (Erfinder: Frederick Fritz Pollak, New York), N. Y., V. St. A., **Herstellung stabiler Reaktionsprodukte aus Methylolharnstoff (I)** u. Ammoniak oder NH_3 entwickelnden Stoffen im Verhältnis von wenigstens 1 Mol NH_3 pro 3 Methylolgruppen von **I**. Hierbei entsteht *nor-Imidotrimethylentriharnstofftriammonium* (**II**), $N{\equiv}[CH_2NH_2(OH)CONH_2]_3$, u. *nor-Diimidohexamethylentriharnstoffhexammonium* (**III**), $N{\equiv}[CH_2NH_2(OH)CONH_2(OH)CH_2]_3{\equiv}N$: Leichtwasser- u. alkohollösl. Stoffe, die sich mir Aceton aus ihren wss. Lsgg. fällen lassen. Erhitzt man einige Zeit auf 80—100° erhält man eine farblose, glasartige Masse unter NH_3-Entwicklung. — Die aus 300 (Gew.-Teilen) Harnstoff, 20 W., 3 Hexamethylentetramin u. 405 37%ig. HCHO erhaltene **I**-Lsg. wird allmählich mit 32% NH_3 (100%; gelöst in der 3fachen Wassermenge) < 30° versetzt u. verrührt: **II**-*Hydrat.* — Das aus 300 Harnstoff- u. 3 Hexamethylentetramin in 810 37%ig. HCHO bei 40° erhaltene **I** wird in 165 $(NH_4)_2CO_3$ gegossen, wobei CO_2 entsteht, u. noch kurz erhitzt: **III**-*Hydrat.* (**F. P. 1238651** vom 13/10. 1959, ausg. 2/12. 1960. **Jap. A. S. 8944/1961** vom 13/10. 1959, ausg. 28/6. 1961. Beide A. Prior. 13/10. 1958.) M. Pankow. 7181

2487 General Mills, Inc. (Erfinder: Dwight Ellsworth Peerman und Don Edgar Floyd), **Herstellung von Polyamidharzen,** dad. gek., daß man bei erhöhter Temp. polymere Fettsäuren mit einem Polyamin (**I**) der allg. Formel $H_2N(RNH)_nH$ (R = C_2–C_4-Alkylen, n = 2—5), wobei die Rk. gegen Ende unter Vakuum durchgeführt wird, zunächst zu einem Polyamidharz (**II**), das eine Aminzahl von 80—230 aufweist, umsetzt u. dann mit weiterem **I** in Rk. bringt, um ein **II** mit einer Aminzahl von 230—300 u. einer Brookfield-Viskosität von 80—120 bei 40° zu erhalten. Beispiele für **II** aus polymerisierter Sojaölsäure u. Triäthylentetramin. Die Prodd. erhärten mit Epoxyharzen unter Wärmeentwicklung. (**Aust. P. 234527** vom 22/10. 1958, ausg. 3/8. 1961.) C. Lüttgen. 7181

2488 Chemstrand Corp., Decatur, Ala., V. St. A., **Polyamide** verbesserter Färbbarkeit, die zur Faserbildung geeignet sind, erhält man durch „Interpolymerisation" einer aus äquimol. Anteilen einer Monoaminomonocarbonsäure, einer Dicarbonsäure u. einem Diamin bestehenden Rk.-Mischung mit einer aus 0,2—5,0 Mo.-% einer difunktionellen aromat. Verb. der Formel MSO_3–C_6H_3XX' (M = Alkalimetall; X u. X' = -COOH, -RCOOH, -COOR, -RCOOR', -RNH_2; R u. R' = Alkyl oder Alkylen mit 1—5 C-Atomen), u. einem äquivalenten Anteil eines Diamins, wenn X u. X' Carboxylgruppen sind, oder einer Dicarbonsäure, wenn X u. X' Aminogruppen enthalten. — 223 (g) Hexamethylendiammoniumadipat, 2,567 Kalium-3.5-dicarboxybenzolsulfonat, 0,986 Hexamethylendiamin in 30 W., 3 cm^3 1n-Essigsäure als Viscositätsstabilisator u. 60 W. wurde unter N_2 bei 250 lbs./sq. in. auf 295° erhitzt, bis die Schmelztemp. des Polymeren 240° betrug. (**E. P. 901939** vom 11/10. 1960, ausg. 25/7. 1962. A. Prior. 19/10. 1959.) A. Dandl. 7181

2489 Chemstrand Corp., Decatur, Ala., V. St. A., **Modifizierte Polyamide,** welche zur Faser-Herst. geeignet sind, u. eine verbesserte Aufnahmefähigkeit für Farbstoffe haben, werden durch Rk. einer Monoaminocarbonsäure u. einem äquimol. Anteil einer Dicarbonsäure u. einem Diamin unter Zusatz von 0,25—2,5 Mol-% einer aromat. Verb. der Formel MSO_3–$C_6H_{5-n}X_x$ (n = 1 oder 2; X = COOH, -RCOOH, -COOR, -RCOOR', -RNH_2, R = Alkylen oder Alkyl mit je 1—5 C-Atomen; M = Alkalimetall) bei erhöhter Temp. erhalten. — 223 (g) Hexamethylendiammoniumadipat, 2,48 Adipinsäure als Viscositätsstabilisator u. 90 cm^3 W. werden unter N_2 bei 250 lbs./sq. in. u. 295° so lange erhitzt, bis die Schmelztemp. des Polymeren 240° beträgt. — Desgleichen setzt man 223 Hexamethylendiammoniumadipat mit 2,16 Kalium-3-carbomethoxybenzolsulfonat um. (**E. P. 901938** vom 11/10. 1960, ausg. 25/7. 1962. A. Prior. 19/10.1959,) A. Dandl. 7181

2490 Kunoshima Kagaku Kôgyô Kabushiki Kaisha (Erfinder: Toshihisa Tachikawa und Yûichi Kamisato), Mihara, Japan, *Polyamidlösungen* aus hochmol. Amiden der Formel [p-$CH_2NHCO(CH_2)$ u. C_6H_4–$(CH_2)_nCONHCH_2NHCO(CH_2)_n$–$C_6H_4$–$(CH_2)_nCONH$ - (p)$]_m$, worin n = 0,1 oder 2, in H_2SO_4 u. ggf. Wasser. — Herst. von *Filmen, Fäden, plast. Massen.* — Man mischt bei 0 bis 5° 27,5 (Teile) HCHO u. 113 Terephthalonitril in 1360 konz. H_2SO_4, hält 3 Std. bei der gleichen Temp. u. gießt Prod. in Eiswasser, neutralisiert den nassen Nd., mischt 100 des trocknen Prod. mit 900 95%ig. H_2SO_4, hält 24 Std. bei Raumtemp. u. erhält eine viscose Lösung. (**Jap. A. S. 11439/1961** vom 24/2. 1958, ausg. 24/7. 1961.) M. Pankow. 7181

2491 Tôyô Reyon Kabushiki Kaisha, Tôkyô (Erfinder: Meitarô Endô, Ôtsu, und Shôtarô Iseki, Shiga), Japan, **Wärmehärtung von N-substituierten Polyamiden** mit N-Hydroxymethylgruppen oder N-Alkoxymethylgruppen mittels phosphoriger Säure oder deren schwach bas. Salzen. — Man streicht eine alkohol. Lsg. von N-Methoxymethylpolyhexamethylenadipamid auf Nylontextilien, trocknet, verarbeitet das zu verklebende Gewebe, taucht in je 0,1 n-Lsg. von Citronensäure, von phosphoriger Säure u. von NH_4-Phosphit u. behandelt 30 Min. bei 140°. Keine Farbänderung, während Citronensäure allein eine dunkelbraune Färbung gibt. (**Jap. A. S. 11445/1961** vom 3/4. 1959, ausg. 24/7. 1961.) M. Pankow. 7181

2492 Minnesota Mining and Mfg. Co. (Erfinder: William O. Ney jun.), St. Paul, Minn., V. St. A., **Herstellung eines wärmestabilen Polypyrrolidons.** Man polymerisiert Pyrrolidon in Ggw. eines alkal. Polymerisationskatalysators (Alkalimetalle, deren Oxide, Hydride, Hydroxide, Amide, quatern. Ammoniumbasen) u. eines Aktivators (Acetylpyrrolidon, -chlorid, Stearoylpyrrolidon, Adipoyldipyrrolidon in Mengen von 0,03—1 Mol% des Monomeren, oder Isocyanate, wie Phenylisocyanat, in Mengen von 0,0005—3 Mol-%) u. 0,05—3 Mol-% Hexamethylendiamin. Es müssen sehr reine Materialien unter Abwesenheit jeglicher Feuchtigkeit verwendet werden. — 100 (Gew.-Teile) reines Pyrrolidon werden in 215 Xylol mit 1,36 Hexamethylendiamin bei 18 mm bis zur Xyloldest. (ca. 45°) erhitzt u. 2,2 K_2CO_3 in 3 W. zugegeben; unter Abdest. des Xylols u. W. wird bis 90° erhitzt. Bei 25° ersetzt man das Vakuum durch N_2, gibt 3,3 Adipoyldipyrrolidon in 125 Heptan zu, rührt bei 30 bis 40° 7 Std., läßt nach 60 Std. stehen u. wäscht das Polymere mit CH_3OH, 1%ig. wss. CH_3COOH u. CH_3OH. (**F. P. 1221498** vom 8/4. 1959, ausg. 2/6. 1960. **Jap. A. S. 10843/1961** vom 9/4. 1959, ausg. 17/7. 1961. Beide A. Prior. 9/4. 1958.) M. Pankow. 7181

2493 François Nubiola, Frankreich, **Trägermaterial für Abziehbilder** besteht aus Superpolyamiden, wie Nylon oder Rilsan. (**F. P. 1273124** vom 7/11. 1960, ausg. 2/2. 1962.) M. F. Müller. 7181

2494 Beck, Koller & Co., Liverpool, England (Erfinder: Philip Duncan Cox und Geoffrey Swann), **Herstellung von thixotropem Material.** Man erhitzt das Kondens.-Prod. aus einem vegetabil. Öl, z. B. Leinsamenöl, u. einem Polyamin, z. B. Äthylendiamin, mit einem Öl von der Viskosität > 5 Poise, das ein teilweise homopolymerisiertes vegetabil. Öl oder ein Mischpolymerisat des vegetabil. Öls mit einer oder mehreren äthylen. ungesätt. Verbb., bes. Styrol, ist. Die Rk.-Prodd. haben verbesserte thixotrope Eigenschaften. (**E. P. 896895** vom 28/8. 1959, ausg. 23/5. 1962. **Zusatz zu E. P. 836218; C. 1961,16292.**) L. Stadelmann. 7181

2495 Farbenfabriken Bayer Akt.-Ges., Leverkusen, und Mobay Chemical Co., Pittsburgh, Pa., V. St. A., übert. von: Heinz Schultheis und Wilhelm Kallert, Köln, Herbert Nordt, Leverkusen, und Detlef Delfs, Opladen, **Urethane** erhält man durch Rk. von Verbb. mit mindestens 2 akt. H-Atomen [Polyester, Poly(thio-)-äther, Monoalkohole, Thiole oder Enole, Carbonsäuren, Aminoverbb.] mit Mono -oder Polyisocyanaten in Ggw. von katalyt. Mengen γ-Pyronen (alkyl-, aryl-, aralkyl- oder heterocycl. substituiert). Weitere Katalysatoren sind tert. Amine, Phosphine, Alkaliphenolate oder Schwermetallsalze. Die Rk. zur Bldg. von Polyurethanen kann gelenkt werden. — Herst. von *Sohlen, Absätzen, Puffern, Bällen oder Flaschenringen*; ausgezeichnete Abrieb-, Öl-, Benzol- u. Ozonbeständigkeit. (**A. P. 3012991** vom 13/11. 1957, ausg. 12/12. 1961.) E. Dörfel. 7181

2496 E. I. du Pont de Nemours & Co., Wilmington, Del., übert. von: John B. Rogan, Christiana Hundred, Del., V. St. A., **Verzweigtkettige Polyurethane** mit wenigstens einer Urethanbindung auf 250—1500 Molgew.-Einheiten u. wenigstens einem Verzweigungspunkt auf 5000—50000 Molgew.-Einheiten erhält man durch Rk. von unwesentlichen äquivalenten Mengen Diisocyanaten mit einem Gemisch von Monohydroxylverbb., Glykolen (**I**) u. Trihydroxyverbb. (**II**) mit einem OH-Verhältnis von 1/1—12/1 von Glykol/Mono-OH-Verb. u. 0,3/1 bis 0,7/1 von Tri-OH-/Mono-OH-Verb., wobei die Mono-OH-Verb. wenigstens zwei konjugierte Doppelbindungen aufweisen [2.4 Hexadien-1-ol oder β-(9-Anthracyl)-äthanol. **I** mit Molgew. 750—3000 (Polyalkylenglykoläther oder Thioäther, Polyalkylenarylenglykoläther) **II** = Trimethyloläthan oder -propan, Trimethylolbenzol, Glycerin oder 1.2.6-Trihydroxyhexan. (**A. P. 3012993** vom 21/4. 1958, ausg. 12/12. 1961.) E. Dörfel. 7181

2497 B. F. Goodrich Co., New York, N. Y., V. St. A., **Leichte Polyurethanschaumstoffe** erhält man durch Rk. von akt. H-Atome aufweisenden Polymeren (Polyäther, Polyester) u. ggf. Vernetzern mit 2—3 Äquivalenten Diisocyanat oder Gemischen davon pro Äquivalent akt. H bei 25—130° in inerter Atmosphäre, wobei das Diisocyanat oder mehr als 20% des Gemisches aus 2.6-Toluylen- oder m-Phenylendiisocyanat, p.p-Diisocyanotodiphenylmethan u. mehr als 80% des Diisocyanatgemisches aus 2.4-Toluylen- oder 2.4-Cumylendiisocyanat bestehen, so daß 10—17% freie NCO-Gruppen im Vorpolymeren verbleiben, u. Verschäumen mit W. u. alkal. Katalysatoren (tert. Amine, Dibutyl-Sn-Dilaurat, K-Ricinoleat oder Gemische davon). (**E. P. 897710** vom 21/4. 1960, ausg. 30/5. 1962. A. Prior. 15/5. 1959.) E. Dörfel. 7181

2498 E. I. du Pont de Nemours & Co., Wilmington, Del. (Erfinder: William Joseph Middleton, Del.), V. St. A., **Herstellung polymerer α-Fluorthiacylfluoride** durch Polymerisieren von Verbb. der Formel X(Y) C(F) · CS · F (X u. Y = H, Halogen, einwertige KW-Stoff-Reste oder Halogen-KW-Stoff-Reste), auch mit anderen mischpolymerisierbaren Monomeren, bei 0 bis

— 120° mit einem ion. Polymerisationsanreger. — Man leitet 2-Hydro-2-chlorperfluoräthanthiol-Dampf (HClCF · CF_2SH) in N_2 durch Na_2F_2-Körner bei 170 mm u. erhält *Chlorfluorthioacetylfluorid*, HClCF · CSF, als gelbe Fl., Kp. 57°. In 3/10 (Gew.-Teile) des Prod. mit 1,5 abs. Ae. tropfe man bei Kühlung mit Aceton-Trockeneis 1 Tropfen reines Dimethylformamid als Polymerisationsanreger u. nach $^1/_2$ Std. 2 weitere Tropfen u. rührt dabei. Nach 16 Std. gießt man die Lsg. in PAe. u. erhält ein *Polymeres*, das aus Ae. eine etwas elast. transparente Folie von *Poly-[chlorfluoracetylfluorid]* gibt. Als mischpolymerisierbare Monomere kann man Propylen, Thiocarbonylfluorid oder -fluoridchlorid verwenden. — *Difluorthioacetylfluorid*, Kp. 14—16. — *Pentafluoräthyldisulfid*, $(CF_3 \cdot CF_2S)_2$, Kp. 78—79°, → *Pentafluoräthanolthiol*, $CF_3 \cdot CF_2SH$, Kp. —6 bis —4°, → *Trifluorthioacetylfluorid*, CF_3CSF, Kp. —19 bis —18°, gibt ein *kautschukartiges Polymeres*. — *2-Chlortetrafluoräthanthiol*, Kp. 33°, → *Chlordifluorthioacetylfluorid*, Kp. 17—19°. — *Perfluorthiobuten-(3)-fluorid*, CF_2:CF · CF_2 · CSF, Kp. 45—46°. — Die Polymere sind viscose Fll. bis halbharte, harte u. kautschukartige Massen, die sich für *Klebstoffe, Formkörper, Folien*, als biegsames *elektr. Isoliermaterial* für Drähte eignen. Das Trifluorthioacetylfluorid (mononeres) eignet sich auch als *Räuchermittel*, z. B. gegen Stubenfliegen. (**F. P. 1247137** vom 2/2. 1960, ausg. 17/2. 1961. **Jap. A. S. 10993/1961** vom 6/2. 1960, ausg. 19/7. 1961. Beide A. Prior. 9/2. 1959.) M. Pankow. 7185

2499 A. W. Karlin, W. M. Trofimow, S. M. Krjukowskaja und K. A. Rshendsinskaja, **Kontinuierliche Herstellung von Polysiloxanen mit niederem Polymerisationsgrad.** Man polymerisiert Cyclosiloxan u. bearbeitet das gebildete Hochpolymere mit Wasserdampf in der Wirbelfließschicht. Der Prozeß wird in 2 miteinander verbundenen App. durchgeführt. In der ersten wird Cyclosiloxan polymerisiert, in der zweiten wird dieses Polymere zu Polymeren niederen Polymerisationsgrades zersetzt. Die Moll. des End.-Prod. sind linear u. haben polare Endständige. — App.; Verf.-Schema. (**UdSSR. P. 148518** vom 13/2. 1961.) I. U. 7189

2500 W. M. Wdowin und K. S. Puschtschewo, **Herstellung von polymeren organischen Siliciumverbindungen** mit hohem Molgew. mit der Hauptkette $[Si(R)_2—CH_2–CH_2–CH_2]_n$ ohne verw. von Katalysatoren aus 1.1-disubstituierten 1-Silacyclobutanen. — 2 ml 1.1-Dimethylsilabutan werden in einer zugeschmolzenen Glasampulle in N_2- in 3 Std. bei 230° erhitzt. Man erhält ein festes, fast durchsichtiges Polymeres, das in Bzl. (150 ml auf 1,5 g) gelöst wird u. danach durch die doppelte Vol.-Menge CH_3OH ausgefällt wird. Das feste Prod. wird im Vakuum bei 100° u. 2 mm abgesaugt. Das so erhaltene Polymere ist ein elast. fester Stoff, der bei Erwärmung bis zu 70—80° an der Luft vollkommen durchsichtig wird u. > 170° sich in eine elast. Fl. umwandelt; Molgew. > 10000. (**UdSSR. P. 145754** vom 19/7. 1961.) I. U. 7189

2501 L. A. Rosengart, M. A. Ssokolowski, P. M. Sawlin und S. N. Danilow, **Herstellung phosphorhaltiger Polymerer** durch Einw. von Di- u. Triaminen von P-organ. Verbb., z. B. Methylphosphonsäure-di-[ω-aminohexylester], auf Fettsäure- oder aromat. Dicarbonsäurechloriden. — Zu 100 ml wss. Lsg. (0,22 Mol/Liter) des P-haltigen Amins u. der berechneten Menge Lauge, die zur Neutralisation des bei der Poly.-Kondens. entweichenden HCl notwendig ist, werden 60 ml Dicarbonsäuredichlorid (0,37 Mol/Liter) zugegeben, wobei als Lsgm. KW-Stoffe verwendet werden. Durch Rühren bei ~20° wird in 5—10 Min. das Polymere an der Phasengrenze W.-KW-Stoff gebildet. — Zu 6,46 g Methylphosphonsäure-di-[ω-aminohexylester] u. 2 g NaOH in 100 ml W. gibt man von 5 g Azelainsäuredichlorid in Bzn.; durch Rühren bei 20° fällt in 5—10 Min. das Polymerisat $(C_{22}H_{43}O_5N_2P)_x$ als weiße Masse aus. Es wird abfiltriert, mit W. u. Aceton gewaschen u. getrocknet; Ausbeute 50%; F = 118—120°; relative Viskosität der 0,5%ig. H_2SO_4-Lsg: 1,2. (**UdSSR. P. 148400** vom 24/6. 1961.) L. B. 7199

2502 K. A. Petrow, E. E. Nifantjew, L. W. Chorchojan und R. G. Golzowa, **Polyarylenphosphite und Polyarylenphosphonite** erhält man durch Umesterung der Phenylester der phosphorigen oder Aryl(Alkyl)-phosphonigsäure. — 0,5 Mol des Diphenylesters der Diphenylphosphonigsäure u. 0,5 Mol Brenzcatechin (**I**) werden in Edelgasatmosphäre 2 Std. bei 100—110° erhitzt. Danach erhitzt man bei 20—30 mm auf 150—160° so lange, bis das Phenol überdest. ist. Bei 1 mm u. 160 bis 180° wird die Rk. zu Ende geführt. Phenol wird prakt. vollkommen regeneriert. — Ebenso werden Polymere aus Triphenylphosphit u. Hydrochinon (**II**) bzw. **I**, aus **II** u. dem Diphenylester der Methyl- u. Phenylphosphonigsäure u. aus **II** u. Diphenylphosphat erhalten. (**UdSSR. P. 150628** vom 31/10. 1961.) T. Ogibina. 7199

2503 Kokusaku Pulp Kôgyô Kabushiki Kaisha (Erfinder: Rei Mikawa, Shôzo Wada, Masayasu Hayashi, Takashi Anzai und Tadashi Iwamida), Tôkyô, Japan, **Ligninvormischung.** Man gibt in eine Lignin-Latex-Mischung ≦ 20% (des Kautschuks) Öl (hochsd. Mineralöl, pflanzliche, tier. Öle, deren Derivv., zusammen mit Harzen u. deren Derivv.) mit einer koll. Fl., dispergiert, u. fällt die Vormischung mit Säure. — Man rührt in 10 Liter 20%ig. SBR-Latex (23% Styrol im Polymeren) 16 Liter 15%ig. Lignin-Lsg. vom pH 10. Zu 400 g Erdöldest.-Rückstand Sundex 53 (37% Aromaten, 29% Naphthene, 34% Paraffine) gibt man 2 Liter Alkali-Lsg. (pH 9,5) u. 500 ml einer 8 g Na-Oleat enthaltenden wss. Lsg., mischt zu der Lignin-Latex-Mischung u. gibt hierzu 150 Liter 0,6%ig. H_2SO_4 von 80°, wobei die Vormischung ausfällt. (**Jap. A. S. 11638/1961** vom 25/5. 1959, ausg. 26/7. 1961.) M. Pankow. 7199

2504 Miles Laboratories, Inc. (Erfinder: Peter Jochen Borchert), Elkhart, Ind., V. St. A., **Herstellung von Harnstoff-Dialdehydstärke-Derivaten** durch Rk. von Harnstoff (**I**) in W. u./oder Aceton u./oder niedrigen Alkoholen bei 20—70° mit suspendierter 2.3-Dialdehydstärke (**II**) nach $[CH(CHO)CH(CH_2OH)OCH(CHO)O]_n$ + + $(NH_2)_2CO$ → $[CH(CHOH)CH(CH_2)OCH(CHOH \cdot NHCONH_2)O]_x$ (CHOH und CH_2 über —O— verbunden); bei Rk. mit 2 **I** sind beide Aldehydgruppen durch Harnstoff substituiert. — Verw. der Rk.-Prodd. als *Formpulver* für Preßmassen, als *Klebmittel*, zur *Papierbehandlung*, als *Papierzusatzstoff*, zur *Laminatherst.*, zum *Knitterfestmachen* von Gewebe. — 24 (g) **II** (sog. Oxystärke), 13,6 **I** u. 150 ml CH_3OH werden 16 Std. bei Raumtemp. gehalten: Weißes Pulver. — Man kann auch 48 **II**, 46,8 **I** u. 2 ml 50%ig. H_2SO_4 2 Std. bei 40—50° halten u. das getrocknete Prod. mit Toluol unter Rückfluß deshydratisieren. Das Prod. ist in kalten Basen unlöslich. (**F. P. 1238030** vom 30/9. 1959, ausg. 28/11. 1960. **Jap. A. S. 9450/1961** vom 6/10. 1959, ausg. 3/7. 1961. Beide A. Prior. 6/10. u. 3/11. 1958.) M. Pankow. 7199

2505 Nippon Shokubai Kagaku Kôgyô Kabushiki Kaisha (Erfinder: Masao Nikki, Eiichi Samesaka und Shigeru Sasayama), Suita, Japan, **Herstellung von Schichtstoffmaterial** aus ungesätt. Polyesterharzen, vernetzenden Monomeren u. einem Radikalkatalysator, sowie Fasermaterial als Verstärkungsmittel. Man härtet das Material mit einem Radikalkatalysator u. einem Metalloxid (Al, B, Si, Ti) oder einer davon abgeleiteten Komplexverb. [Tetraisopropoxy-Ti, Al-Isopropoxidacetessigsäureäthylesterchelat (**I**), γ-Aminopropyltriäthoxysilan] zunächst bis zum Verschwinden der Klebrigkeit. — 310 (Gew.-Teile) Äthylenglykol, 456 Propylenglykol, 190 Maleinsäureanhydrid u. 740 Phthalsäureanhydrid werden unter CO_2 bei 200—210° bis SZ. 40 verestert. 800 des Alkydharzes, mit 0,6 Hydrochinon stabilisiert, werden in 970 Styrol gelöst (6 P Viscosität), zu der Lsg. 10 Benzoylperoxid u. 60 50%ig. Styrollsg. von **I** gegeben (7 P Viscosität): Gut haltbare Lsg., mit der man mit Silan behandeltes Glasfasergewebe im Verhältnis Glasgewebe: Polymeren = 1,5:1 imprägniert; dies Material wird 10 Min. bei 70° gehalten, worauf es nicht mehr klebt, u. nach Bedarf bei 120° u. 10 kg/cm² gehärtet. (**Jap. A. S. 10646/1961** vom 25/7. 1958, ausg. 15/7. 1961.) M. Pankow. 7205

2506 Westinghouse Electric Co., East Pittsburgh, Pa., V. St. A. (Erfinder: Josef F. Boiney und E. L.

Schulman), **Herstellung von Schichtkörpern** aus reiner Cellulose oder Kraftzellstoff-Folien. Man kondensiert 1 (Mol) Phenol u. 2,5–3 HCHO bei $\leq 80°$ u. pH 8,4 bis 11,5 zu wasserlösl. Prodd. mit Molgew. 225–300, stellt auf pH 6,8–7,8, imprägniert die Folien mit der wss. Lsg. u. erhitzt zur W.-Entfernung. Die so behandelte Folie imprägniert man mit einer Lsg., die 0,25–0,5 Gew.-Teile trocknendes Öl u. 1 Gew.-Teil eines Rk.-Prod. von 1 Mol einer Mischung von 0,17–0,5 Mol-% Äthyl- oder Isopropylphenol u. 0,83–0,5 Mol-% Phenol (Kresol) mit 0,7–1,5 Mol-% Aldehyd (HCHO, polymerer HCHO) enthält u., das in Ggw. von Amin oder NH_3 im verschlossenen Rohr in ≥ 75 Min umgesetzt wurde u. woraus das W. bei Unterdruck entfernt wurde, trocknet die imprägnierte Folie in der Hitze bis zum Harzzustand B, legt die Folien aufeinander u. preßt heiß bis zum Endzustand C. (**Jap. A. S. 13079/1961** vom 10/6. 1959, ausg. 10/8. 1961. A. Prior. 11/6. 1958.) M. Pankow. 7205

2507 Fuji Kakô Kabushiki Kaisha, Tôkyô (Erfinder: Yoshisumi Hirano, Fuji, und Hiromu Nagase, Chiba), Japan, **Herstellung von röhrenartigen Schichtstoffen aus wärmehärtbaren Harzen.** Man überzieht die Form mit einer Mischung, die Carnaubawachs, Stearin, Kopal u./oder Paraffin als F.-Regulator u. Harzsäureamid, Estergummi, Maleinsäureharz, Phenolharz u./oder Kolophonium als Klebkraftverbesserer, ggf. unter Zusatz von Ricinusöl enthält, bringt den mit dem härtbaren Harz imprägnierten Stoff auf, härtet u. erhitzt danach, bis die genannte Mischung schmilzt, worauf die Form entfernt werden kann. — Man bestreicht eine Metallrohrform mit einer Mischung aus je 1 (Teil) Estergummi, Kopal u. Paraffin u. 3 Harzsäurepolyamid, bringt hierauf Cellophan u. darauf mit Polyester imprägniertes Asbestpapier, härtet 90–120 Min. bei 75° u. erhitzt dann auf 95–105°, worauf man die Form entfernt. (**Jap. A. S. 13243/1961** vom 10/2. 1959, ausg. 12/8. 1961.) M. Pankow. 7205

2508 Tôkyô Cellophanshi Kabushiki Kaisha (Erfinder: Gisaku Takahashi), Tôkyô, Japan, **Herstellung von Polyäthylen-Cellophan-Schichtstoffen.** Man mischt in Cellophan eine kleine Menge von Verbb. der Formel $R\left(-N\left\langle\begin{matrix}CH_2\\CH_2\end{matrix}\right.\right)_n$ (R = aliphat., aromat., araliphat. Rest der anorgan. Säurerest; n = ganze Zahl ≥ 2), auch zusammen mit anderen Harzen, wie Polyäthylenimin, Polyvinylbutyral, butyralkoholmodifiziertes Melaminharz. löst oder dispergiert das Prod. in organ. Lsgsm. oder W., streicht zu Folien aus u. bringt auf diese Polyäthylen auf. — Auf eine Cellophanfolie, die 0,2% Thiophosphorsäuretriäthylenimid enthält, spritzt man aus der T-Düse bei 320° Polyäthylen. — Andere Zusatzstoffe sind Triäthylenmelamin, Tetramethylendi-[äthylenthioharnstoff], $(CH_2)_4\left[NHCSN\left\langle\begin{matrix}CH_2\\CH_2\end{matrix}\right.\right]_2$ (**Jap. A. S. 10490/1961** vom 25/6. 1959, ausg. 13/7. 1961.) M. Pankow. 7205

2509 Ôsaka Kinzoku Kôgyô Kabushiki Kaisha, Ôsaka (Erfinder: Takaomi Kurogawa, Kyôto, und Yoshitaka Marumo, Ôsaka), Japan, **Polytetrafluoräthylenformkörper.** Man mischt das Polymere mit kieselsäurehaltigem Material, dessen Oberfläche mit γ-Aminopropyltriäthoxysilan (**I**) behandelt wurde, formt u. erhitzt. — In 300 g einer 1,2 Gew.-%ig. wss. Lsg. von **I** tränkt man 24 Std. 150 g Kunstglimmerpulver von 100 Maschen, trocknet es bei 150° u. mischt es zu 30 bis 50% mit Polytetrafluoräthylenpulver, preßt zunächst in der Form u. erhitzt dann frei 1 Std. bei 360°, kühlt mit 0,7°/Min. bis 250° u. läßt im Ofen erkalten. (**Jap. A. S. 13340/1961** vom 4/5. 1959, ausg. 14/8. 1961.) M. Pankow. 7205

2510 Tôkyô Shibaura Denki Kabushiki Kaisha, Kawasaki (Erfinder: Yûzô Miura, Tôkyô, Tonomichi Tsukada, Kawasaki, und Shizuo Hayashi, Yokohama), Japan, **Antistatische Schallplatten** mit verbesserter Tonqualität. Man mischt in 100 (Gew.-Teile) Vinylchlorid- oder Vinylchlorid-Vinylacetat-Harzpulver 0,1–3 eines antistat. Mittels in Form einer Lsg., entfernt das Lsgm. u. gibt die Mischung in eine Matrize, die mit einem Polyalkylenglykol, wie Polyäthylen oder Propylenglykol, deren Mischkondensationsprodd. oder Derivv. ausgestrichen ist, u. preßt. — 100 (Gew.-Teile) Vinylchlorid-Vinylacetat-Mischpolymerisatpulver, 1 Dibutyldilaurat als Stabilisiermittel, 0,06 Stearinsäure u. 0,7 Stearamidpropyldimethyl-β-hydroxyäthylammoniumnitrat als Antistaticum in 3 A. werden gemischt; nach A.-Entfernung wird zu Tabletten geformt u. in eine Matrize gegeben, deren Innenfläche mit 0,2% A.-Lsg. von Polypropylenglykol (Molgew. 400–450) bestrichen u. getrocknet war, worauf gepreßt wird. (Jap. A. S. 12446/1961) — Das Verf. kann auch so durchgeführt werden, daß man die fertigen Schallplatten mit dem Polyalkylenglykol überzieht. (**Jap. A. SS. 12446/1961** u. **12447/1961** vom 10/9. 1959, ausg. 3/8. 1961.) M. Pankow. 7205

2511 **Farbenfabriken Bayer Akt.-Ges.,** Leverkusen, *Polymerisation von ungesättigten Verbindungen.* (**E. P. 893472** vom 30/1. 1961, ausg. 11/4. 1962. D. Prior. 2/2. 1960. — C. **1963,** 10682 [D. A. S. 1110420].)

2512 **Farbwerke Hoechst Akt.-Ges., vormals Meister Lucius & Brüning,** Deutschland, *Polymerisieren von Olefinen.* (**F. P. 1255970** vom 22/1. 1960, ausg. 19/6. 1961. **Oe. P. 223810** vom 21/1. 1960, ausg. 10/10. 1962. Beide D. Prior. 23/1. 1959. — C. **1962,** 9916 [D. A. S. 1110418].)

2513 **Farbwerke Hoechst Akt.-Ges. vormals Meister Lucius & Brüning,** Frankfurt/M.-Höchst, *Vergütung von nach dem Niederdruckverfahren hergestellten Polymerisationsprodukten von Olefinen.* (**Oe. P. 221801** vom 7/2. 1958, ausg. 25/6. 1962. D. Prior. 9/2. 1957. Zusatz zu Oe. P. 205226; C. 1960, 14203. — C. **1962,** 12475 [D. A. S. 1096598].)

2514 **Montecatini Soc. Gen. per l'Industria Mineraria e Chimica** (Erfinder: **Carlo Longiave, Gian Francesco Croce** und **Renato Castelli**), Mailand, Italien, *Polymerisieren von Diolefinen.* (**D. P. [DDR] 25567** Kl. 39c vom 15/6. 1959, ausg. 29/6. 1963. It. Prior. 18/6. 1958. — C. **1962,** 19028 [F. P. 1227130].)

2515 **Montecatini Soc. Gen. per l'Industria Mineraria e Chimica** (Erfinder: **Gerlando Marullo, Carlo Longiare, Renato Castelli** und **Mario Ferraris**), Mailand, Italien, *Herstellung von Butadien-(1.3)-Polymeren.* (**D. P. [DDR] 25526** Kl. 39c vom 20/11. 1959, ausg. 21/6. 1963 [Ausschließungspatent]. It. Prior. 26/11. 1958. — C. **1963,** 2647 [F. P. 1241011].)

2516 **Farbwerke Hoechst Akt.-Ges. vormals Meister Lucius & Brüning,** Frankfurt/M.-Höchst, *Herstellung von Chlorierungsprodukten aus Polyäthylen.* (**Oe. P. 220809** vom 5/6. 1959, ausg. 25/4. 1962. D. Prior. 7/6. 1958. — C. **1963,** 7189 [F. P. 1237755].)

2517 **Montecatini Soc. Gen. per l'Industria Mineraria e Chimica** (Erfinder: **Giulio Natta, Giorgio Mazzanti** und **Umberto Giannini**), Mailand, Italien, *Polymerisieren von Vinyläthern.* (**D. P. [DDR] 25717** Kl. 39c vom 17/12. 1958, ausg. 23/7. 1963 [Ausschließungspatent]. It. Prior. 19/12. 1957. — C. **1961,** 8495 [Oe. P. 208589].)

2518 **Farbwerke Hoechst Akt.-Ges., vormals Meister Lucius & Brüning,** Frankfurt/M.-Höchst, *Herstellung von wässerigen Polyvinylester-Dispersionen bzw. Vinylester-haltigen Mischpolymerisat-Dispersionen.* (**Oe. P. 221810** vom 8/1. 1959, ausg. 25/6. 1962. D. Prior. 10/1. 1958. — C. **1961,** 4537 [D. A. S. 1060600].)

2519 **Farbwerke Höchst Akt.-Ges., vormals Meister Lucius & Brüning,** Frankfurt/M.-Höchst, *Herstellung von wäßrigen Polyvinylesterdispersionen.* (**Oe. P. 221812** vom 18/9. 1959, ausg. 25/6. 1962. **F. P. 76340** vom 21/9. 1959, ausg. 7/2. 1962. Zusatz zu F. P. 1199254; C. 1962, 4008. Beide D. Prior. 20/9. 1958. — C. **1961,** 3167 [D. A. S. 1077871].)

2520 **Shell Internationale Research Mij. N. V.,** Den Haag (Erfinder: **Johan Michael Goppel,** Amsterdam), Niederlande, *Epoxyharzformmassen.* (**D. A. S. 1151934** Kl. 39b vom 27/5. 1959, ausg. 25/7. 1963. Niederl. Prior. 29/5. 1958. — C. **1963,** 22925 [F. P. 1237159].)

2521 **Celanese Corp. of America,** New York, N. Y., V. St. A., *Trioxan-Polymerisationsprodukte.* (**E. P. 921541** vom 21/12. 1959, ausg. 20/3. 1963. A. Prior. 23/12. 1958. Zusatz zu E. P. 877820; C. 1963, 7548. — C. **1963,** 3805 [A. P. 2989511].)

2522 **Rhône-Poulenc Soc. An.,** Paris (Erfinder: **Georges Collardeau, André Fournet, François Pierrat** und **Pierre Lafont,** Lyon), Frankreich, *Polymerisationsprodukte auf Basis von Polyestern.* (**D. P. [DDR] 25587** Kl. 39c vom 19/4. 1960, ausg. 29/6. 1963 [Ausschließungspatent]. F. Prior. 21/4. u. 2/7. 1959. — C. **1963,** 11844 [D. A. S. 1129693].)

2523 **Elektrochemische Werke München Akt.-Ges.,** Höllriegelskreuth (Erfinder: **Heinz Meyer,** München), *Beschleunigung des Auspolymerisierens ungesättigter Polyesterharzmassen.* (**D. P. [DDR] 25408** Kl. 39b vom 1/6. 1959, ausg. 30/5. 1963 [Ausschließungspatent]. — C. **1960,** 7702 [D. A. S. 1070819].)

2524 **N. V. Onderzoekingsinstituut Research,** Arnheim (Erfinder: **Jan Bussink,** Arnheim), Niederlande, *Herstellung linearer Polyamide.* (**D. A. S. 1146253** Kl. 39c vom 25/5. 1960, ausg. 28/3. 1963. Niederl. Prior. 2/6. 1959. — C. **1963,** 7553 [Niederl. P. 99480].)

2525 **United States Borax & Chemical Corp.,** Los Angeles, übert. von: **Allen L. McCloskey,** Orange, **William David English,** Garden Grove, und **Harry Goldsmith,** Long Beach, Calif., V. St. A., *Bor-Stickstoff-Polymere.* (**A. P. 3052641** vom 3/8. 1959, ausg. 4/9. 1962. — C. **1963,** 13386 [D. A. S. 1136492] u. C. **1964,** 1–2653 [E. P. 877324].)

2526 **Badische Anilin- & Soda-Fabrik Akt.-Ges.,** Ludwigshafen/Rh. (Erfinder: **Gerhard Illing,** Neuleiningen, und **Helmut Stahl,** Puchheim), *Gegen Licht- und Wärmeeinwirkung stabilisierte Polyamide.* (**Oe. P. 222369** vom 26/1. 1961, ausg. 25/7. 1962. **F. P. 1281589** vom 3/2. 1961, ausg. 25/5. 1962. Beide D. Prior. 3/2. 1960. — C. **1962,** 7720 [D. A. S. 1111376].)

2527 **Farbenfabriken Bayer Akt.-Ges.,** Leverkusen (Erfinder: **Erwin Müller, Artur Reischl,** Leverkusen, und **Konrad Ellegast,** Leichlingen), *Herstellung von vernetzten homogenen Elastomeren.* (**Oe. P. 223376** vom 19/5. 1961, ausg. 10/9. 1962. **F. P. 1290662** vom 30/5. 1961, ausg. 19/9. 1962. Beide D. Prior. 31/5. 1960. — C. **1962,** 12485 [D. A. S. 1114318].)

2528 **Farbenfabriken Bayer Akt.-Ges.,** Leverkusen (Erfinder: **Kuno Wagner,** Leverkusen, und **Julius Peter,** Odenthal), *Herstellung von Kunststoffen aus Polythioäthern und Polyisocyanaten.* (**Oe. P. 222368** vom 14/11. 1960, ausg. 25/7. 1962. D. Prior. 21/11. 1959. — C. **1962,** 13971 [D. A. S. 1108903].)

2529 **Cassella Farbwerke Mainkur Akt.-Ges.,** Frankfurt/M., *Verbesserung der Fließfähigkeit von Aminotriazin-Formaldehyd-Kondensationsprodukten in Schichtpreßstoffen.* (**Oe. P. 220832** vom 8/5. 1959, ausg. 25/4. 1962. D. Prior. 9/5. 1958. — C. **1961,** 4540 [D. A. S. 1075825].)

H_{12}. Kautschuk

2530 **Die Verarbeitung von Kautschuk auf Schnecken-Spritzgußautomaten.** A. Kleine-Albers und A. Franck. (Kautschuk u. Gummi **16,** 156–62, 1963; Nürnberg, Ankerwert Gebr. Goller, Entw.-Labor., München-Allach. Krauss-Maffei- A. G., Entw.-Labor.; dt.) – Übersicht über den Stand der Entw. bei der Herst. von Plastomer-Formteilen auf der Einschnecken-Spritzgußmaschine u. den damit im Vgl. zur Kolben-Maschine verbundenen Vorteilen: Geringe Materialvorbereitungskosten, gratfreie Herst. auch komplizierter Teile, Automatisierungsmöglichkeit u. 8–10facher Produktionsausstoß. I. Köditz. 7220

2531 **Über die Vernetzung von Nitrilkautschuk durch Dibenzothiazolyldisulfid.** Jerzy Rucinski. (Kautschuk u. Gummi **16,** 132–38, 1963; Hannover, TH, Kautschuk-Inst., u. Lodz, Polen, TH, Inst. für Kautschuk u. Gummi-Technol.; dt.) – Zur Aufklärung der Vernetzungsrk. von Nitrilkautschuk (Perbunan) durch Dibenzothiazolyldisulfid (DBTS) wird die Rk. von DBTS mit einem hochreinen, peroxidfreien Perbunan bei 150° quant. untersucht. Die bei techn. Perbunan im Gegensatz zum hier verwendeten beobachtete Vernetzung ist auf die durch Hydroperoxidgruppen initiierte „Weiterpolymerisation" zurückzuführen. In peroxidfreiem Perbunan führt Mercaptobenzothiazol (MBT), das in peroxidhaltigem Perbunan die therm. Vernetzung beeinflußt, zum Abbau des Elastomeren unter Bldg. von DBTS. DBTS zerfällt in Perbunan unter teilweiser Bldg. von MBT. Beide Rkk. gehorchen dem Zeitgesetz 1. Ordnung. I. Köditz. 7224

2532 **Verarbeitung von Äthylen-Propylen-Copolymeren.** E. di Giulio und L. Falcone. (Rubber Wld. **147,** Nr. 4, 70–74, 1963; Milan, Italy, Montecatini Co.; engl.) – Die Eigg. von 3 Äthylen-Propylen-Mischpolymeren mit ca. 45% (molar) Propylen vor u. nach der Vulkanisation werden beschrieben: Mischpolymeres A mit hoher Viscosität $[\eta] = 2{,}9$ (in Tetralin bei 135°) u. einem Mooney-Wert von ML $(1 + 4) = 45$; Mischpolymeres B, leicht zu bearbeiten, $[\eta] = 1{,}2$, ML $(1-4) = 20$ u. Mischpolymeres C hohes Molgew., $[\eta] = 4{,}4$, ML nicht bestimmt u. werden beschrieben. Es wird gezeigt, daß sich Copolymere mit geringer Molgew.-Verteilungsbreite herstellen lassen, deren dynam. Eigg. auch bei kleinen ML-Werten nicht beeinträchtigt werden. I. Köditz. 7224△

2533 **γ-Bestrahlung von Kautschuk und Styrol. Die Bildung von Pfropfpolymeren.** D. T. Turner. (J. Polymer Sci. **35,** 17–29, 1959; Welwyn, Garden City, Herts, England, Brit. Rubber Produces Res. Assoc.; engl.) – Vgl. C. **1959,** 1807. – Die quant. Aspekte der Energieabsorption von Kautschuk (**A**) u. bei der durch γ-Strahlen initiierten Polymerisation von Styrol (**I**) u. von **I/A**-Gemischen wird untersucht. Die G-Werte der polymerisationsanregenden Radikale, der Radikale im bestrahlten **A**, der Vernetzung werden ermittelt. Unterschiede in den Werten für G (Radikal) u. G (initiierende Radikale) werden darauf zurückgeführt, daß G (Radikal) in der Mischung selbst gering ist, wie auch aus der niederen Gelbldg.-Geschw. in der Mischung hervorgeht. Wird **I** in Ggw. von vernetztem **A** polymerisiert, dann kann das nicht gebundene Poly-**I** (ca. 15%) durch Behandeln des Gesamtpolymeren mit Bzl. leicht in die Solfraktion gebracht werden. C_2Cl_6, das einen hohen G(Radikal)-Wert hat, erhöht zwar die Polymerisationsgeschw. von **I**, führt aber nicht zur Bldg. einer entsprechenden großen Menge an freiem Poly-**I**. I. Köditz. 7230△

2534 **Reagglomeration: die Ursache für Risse in der Lauffläche (von Reifen)?** Wm. Hess und K. A. Burgess. (Rubber Wld. **147,** Nr. 4, 57–65, 1963; Princeton, N. J., Columbian Carbon Co.; engl.) – Ein Überblick über die Arbeiten, die sich mit den Ursachen der Rißbldg. in Profilen von Autoreifen beschäftigen, wird gegeben u. diese Rißbldg. auf der Grundlage der Phänomene, die sich während des Fahrens in den Reifen zeigen, diskutiert. I. Köditz. 7230△

2535 **Über den Abbau hochelastischer Polymerisate. 3. Mitt. Apparatives zur Messung der Spannungsrelaxation.** Karl-Heinz Hillmer. (Kautschuk u. Gummi **16,** 138–42, 1963; Hannover, TH, Kautschuk Inst.; dt.) – 2. vgl. C. **1961,** 8502. – Beschreibung von einfachen Meß- u. Zusatzeinrichtungen, die eine schnellere Vers.-Folge als die früher beschriebenen App. ermöglichen, zur Best. der Spannungsrelaxation, d. h. zur Messung der Abnahme der Spannung mit der Zeit bei konst. Dehnung u. Temp. unter O_2, N_2 oder Luft. I. Köditz. 7248

2536 Phillips Petroleum Co., Bartlesville, Okla., V. St. A., **Kautschukartige Polybutadienmischungen** mit verbesserter Verarbeitbarkeit, bes. in der Strangpresse, bestehend aus 100 (Gew.-Teilen) eines Polybutadiens mit $\geqq 75\%$ cis-1.4-Konfiguration u. ein neuer Mooney-Wert von $\leqq 25$, 60–200 Ruß u. 5–130 Erweicher bei einem Gew.-Verhältnis von Ruß zu Erweicher wie 1,5:1 bis 12:1 (**E. P. 871911** vom 20/8. 1959, ausg. 5/7. 1961. A. Prior. 27/10. 1958.) W. Overbeck. 7225

2537 Phillips Petroleum Co., Bartlesville, Okla., V. St. A., **Kautschukartige Polybutadienmischungen** mit leichter Mischbarkeit, bestehend aus 100 (Gew.-Teilen) Polybutadien mit $\geqq 75\%$ cis-1.4-Konfiguration u. einem Mooney-Wert $\geqq 25$ u. 0–0,8 Fettsäure, ferner ggf. $\geqq 5$ Fichtenteer oder 5–45 eines anderen Erweichers. (**E. P. 881482** vom 8/1. 1960, ausg. 1/11. 1961. A. Prior. 16/2. 1959.) W. Overbeck. 7225

2538 Dunlop Rubber Co. Ltd., London, England, **Kontinuierliche Herstellung von porösem künstlichem Kautschuk** aus Polymeren mit cycl. Ätherbindung im Mol. mit $\geqq 2$ Ketten mit endständigen NCX-Gruppen (X = O oder S) u. einem mit dem Polymeren zu künstlichen Elastomeren reagierbaren fl. Präp. (W. oder Polyole). Man drückt in das fl. Präp. bei einer Temp., bei der es noch nicht mit den Polymeren reagiert, ein im Polymeren wenigstens z. T. lösl. inakt. Gas, läßt das Gas durch Druckentspannung aufschäumen u. erhöht die Temp. zur Bldg. des Elastomeren aus dem Polymeren u. dem fl. Präparat. – Eine Mischung aus 200 (lb) Polypropylenglykol (Molgew. 2000) u. $\leqq 0{,}07\%$ W. rührt man unter N_2 bei 80°, setzt 10 geschmolzenes Trimethylolpropan zu, gibt anschließend 0,04 Benzoylchlorid u. 84 Toluolisocyansäureester mit 31,5 lb/Std. zu u. schließlich 1 Polydimethylsiloxan (50 cSt Viscosität) u. kühlt in 1 Std. auf 50° ab. Zu 1000 (g/min) des Vorpolymeren gibt man kontinuierlich bei 25° CO_2 von 0° mit 150at zu u. 22 N.N-Dimethylbenzylamin u. 31 4%ig. wss. Methylformalin-Lsg., drückt das Prod. durch eine Düse in eine offene Form, wobei es aufschäumt, walzt das Prod. u. härtet 30 Min, bei 70–80°. (**Jap. A. S. 10337/1961** vom 6/2. 1959, ausg. 12/7. 1961. E. Prior. 6/2. 1958.) M. Pankow. 7225

2539 Phillips Petroleum Co., Bartlesville, Okla., V. St. A. (Erfinder: Robert Lee Hall und David Richard Smith), **Kautschuk-Metall-Bindung.** Die Oberfläche eines vulkanisierten Dien-Vinylpyridin-Copolymerisats wird mit einem unvulkanisierten Copolymerisat aus einem konjugierten Dien u. einem unsubstituierten oder substituierten vinylaromat. KW-Stoff überzogen. Dann wird die Metalloberfläche mit einer weiteren Bindeschicht aus einem unvulkanisierten Copolymerisat aus einem konjugierten Dien u. Vinylpyridin überzogen, worauf die beiden Schichten vereinigt u. vulkanisiert werden. – Verw. bes. zur Befestigung von kautschukgebundenen Raketentreibsätzen an der Metallhülle. – 3 Figuren. (**E. P. 850370** vom 9/10. 1956, ausg. 5/10. 1960.) W. Overbeck. 7225

2540 A. W. Karlin, B. E. Neimark und G. A. Nikolajew, **Kontinuierliche Herstellung von Polysiloxan-Kautschuk.** Zur Vereinfachung des Prozesses wird in das Syst. in Reihe geschalteter Rk.-Gefäße, die zur Erhaltung der Homogenität des Rk.-Gemisches mit Rührern versehen sind, bei 140° ein vorher bereitetes Gemisch von Cyclosiloxanen u. Katalysator–Silanolat K (0,005 bis 0,008% des Monomeren-Gew.) kontinuierlich mit einer solchen Geschw. zugegeben, daß die Verweilzeit der reagierenden Masse im Syst. ca. 1 Std. beträgt. (**UdSSR. P. 145576** vom 4/3. 1961.) L. Wolkowa. 7225

2541 Shiraishi Kôgyô Kabushiki Kaisha, Amagasaki (Erfinder: Hiroshi Hasegawa und Kôsaku Maeda, Nishinomiya), Japan, **Herstellung von verstärkenden Kautschukfüllstoffen.** Man chloriert Zellstoffablauge mit 3—10% Lignin-Geh. mit Cl_2-Gas oder -W. bis pH 3—6 u. behandelt mit dem Chlorierungsprod. in fl. Phase, feingepulverte anorgan. Füllstoffe ($CaCO_3$, bas. Mg-Carbonat, SiO_2 u. Silicate). — Sulfitablauge mit 30 (g) Feststoff-Geh. wird mit 3 NaOH u. danach verd. HCl neutralisiert. Hierzu gibt man bei pH 7 u. 0—10° 1 Liter gesätt. Chlorwasser u. rührt. Nach Beendigung der Chlorierung gibt man das Prod. zu 10 kg einer wss. Dispersion mit 1 kg koll. SiO_2 unter Einpressen von Luft, filtriert nach 30 Min. ab u. trocknet den *Füllstoff*. (**Jap. A. S. 13336/1961** vom 15/7. 1959, ausg. 14/8. 1961.) M. Pankow. 7227

2542 Terutaka Nagai, Tôkyô, Keiichi Nishimura, Ichikawa, und Shôichi Tagami, Tôkyô, Japan, **Herstellung von porösem Kautschuk oder porösen plastischen Massen** unter Verw. von Nitroharnstoff als Blähmittel. (**Jap. A. S. 13244/1961** vom 18/3. 1959, ausg. 12/8. 1961.) M. Pankow. 7227

2543 Eastman Kodak Co., Rochester, N. Y., übert. von: Hugh J. Hagemeyer jun., David C. Hull, Longview, Tex., und Milton A. Perry, Kingsport, Tenn., V. St. A., **Herstellung von 2.2.4-Trimethyl-3-penten-1-ol (I) und 2,2.4-Trimethylpentanol-(1) (II)** durch Pyrolyse des Diesters des 2.2.4-Trimethylpentandiols-(1.3) mit einer niedrigmol. aliphat. Monocarbonsäure (Essig- oder Isobuttersäure) in einem leeren oder mit inertem Material (ZrO_2, TiO_2) gefüllten Rohr bei 300—600°, bes. 500°, u. 0,01—10 Sek., bes. 1—1,5 Sek. Kontaktzeit u. Hydrolyse des erhaltenen Monoesters. Man erhält so über den *Monoessigsäureester das* **I**, Kp. 187°, oder **I**-*Monoisobuttersäureester*, Kp. 212°, → **I**, Kp. 170°, der über Raney-Nihydriert → **II**, Kp. 166°. — *Oxydationsbeständige Weichmacher*. (**A. P. 2941011** vom 23/7. 1958, ausg. 14/6. 1960.) W. Gräger. 7227

2544 J. M. Huber Corp., N. J. (Erfinder: Ira Williams, Tex.), V. St. A., **Einmischen von Zusatzstoffen in Kautschuk.** Kautschukmilch wird unter Vermeidung von Koagulation ausgeflockt, u. zu diesem Material werden feste u./oder fl. Zusatzstoffe gegeben. — Zu 5180 (g) eines SBR-Latex mit 19,3% Feststoff-Geh. gibt man unter Rühren mit 100 U/Min. langsam in 15 Min. 800 cm^3 gesätt. wss. NaCl-Lsg. u. auf die viscose Masse 550 zerkleinerten Ruß HAF, worauf wieder mit 250 U/Min. gerührt wird. Man erhält eine glatte viscose Fl., zu der man bei 300 U/Min. in 1 Min. 6 H_2SO_4 in 1500 W. gibt. Die dünne Paste wird auf pH 7,1 gestellt u. abgesaugt u. der Rückstand gewaschen u. getrocknet. (**Jap. A. S. 13338/1961** vom 27/2. 1960, ausg. 14/8. 1961. A. Prior. 5/3. 1959.) M. Pankow. 7227

2545 R. Sch. Frenkel und A. S. Kusminski, **Vulkanisation von Gummigemischen.** Als Vulkanisationsaktivator u. -beschleuniger wird $Zn(OH)_2$ verwendet, welches zur Erhöhung der Aktivität vorher in NH_4OH gelöst, eingedampft u. getrocknet wurde. (**UdSSR. P. 144982** vom 25/1. 1961.) W. Sidnew. 7229

2546 M. S. Feldschtein, W. W. Jakowlew und M. W. Gorelik, **Vulkanisation von Gummigemischen.** Als Vulkanisationsbeschleuniger wird N-Hexamethylenbenzthiazol-2-sulfenamid verwendet. (**UdSSR. P. 144983** vom 25/1. 1961.) W. Sidnew. 7229

2547 I. I. Eitingon und M. S. Feldschtein, **Vulkanisation von Gummigemischen.** Als Vulkanisationsbeschleuniger werden Zn-Tetraisopropylthiuramdisulfid u./oder -Diisopropyldithiosorbamat angewendet. (**UdSSR. P. 148514** vom 22/8. 1961.) D. Gorin. 7229

2548 Shell Internationale Research Mij. N. V., Den Haag, Niederlande, **Vulkanisation von Polymerisaten aus α-Olefinen** mit ≦ 6-C-Atomen, wie Polyäthylen bis Polyhexen oder Gemischen daraus, mittels eines organ. Peroxids, z. B. Dicumylperoxid, u. einer Polynitrosoverb., z. B. 1.4-Dinitrosobenzol, oder deren Polymerisat oder 2.3.5-Trimethyl-1.4-dinitrosobenzol. — *Synthet. Kautschuk*. (**E. P. 873598** vom 20/4. 1960, ausg. 26/7. 1961. A. Prior. 22/4. 1959.) W. Overbeck. 7229

2549 Kokusaku Pulp Kôgyô Kabushiki Kaisha (Erfinder: Rei Mikawa, Shôzo Wada, Masayasu Hayashi, Takashi Anzai und Tadashi Iwamida), Tôkyô, **Herstellung von Lignin-Kautschukmischkoagulat.** Man koaguliert eine Lignin-Latex-Misch-Fl. durch Zusatz von Säure, die ein nichtion. oder kation. oberflächenakt. Mittel enthält. — Man rührt in 10 Liter SBR-Latex (23% Styrol-Geh.; 20%ig. Konz.) 10 Liter 15%ig. Lingin-Lsg. (pH 10) u. gibt in 80° heiße, 0,3%ig. H_2SO_4, die 0,02% Polyäthylenglykololeyläther als nicht ion. Aktivator enthält. Nach Waschen u. Trocknen erhält man 3,5 kg einer Mischung von SBR-Lignin in Verhältnis 100:75. (**Jap. A. S. 13337/1961** vom 25/5. 1959, ausg. 14/8. 1961.) M. Pankow. 7231

2550 Onoda Cement Kabushiki Kaisha, Onoda (Erfinder: Yutaka Toyabe und Toshio Kawano, Tôkyô), Japan, **Kautschukwaren mit spezifischer Festigkeit.** Man verwendet eine Kautschukmischung, die neben den üblichen Füll-, Vulkanisier- u. Zusatzstoffen 10—30 Vol.-% (der gesamten Füllstoffmenge) eines solchen SiO_2 enthält, das man aus Kieselerde enthaltenden Erzen oder deren Aufarbeitungsprodd. bei der Schmelzreinigung im reduzierenden Ofen als Aerosol erhält. — So enthält eine solche Kautschukmischung z. B. 10 (Gew.-% des Kautschuks) SiO_2 u. 34,4 Ofenruß. (**Jap. A. S. 11437/1961** vom 5/12. 1958, ausg. 24/7. 1961.) M. Pankow. 7231

2551 Bandô Chôtai Gomu Kabushiki Kaisha (Erfinder: Yoshio Tanaka), Kobe, Japan, **Stichfester Kautschuk** für Reifen oder Schläuche aus einer Mischung von 100 (Teilen) Butylkautschuk u./oder anderem Kautschuk, 41—50 Polybuten vom Molgew. 1200, 3—20 Weichmacher, 1—10 tert.-Butylphenol-Kondensationsprod. oder Alkylphenol-HCHO-Kondensationsprod., Vulkanisiermitteln, Vulkanisationbeschleunigern u. Beschleunigerhilfsstoffen durch leichtes Anvulkanisieren der Mischung. Beim Reifen liegt diese Schicht innen an der Decke. (**Jap. A. S. 13435/1961** vom 22/10. 1958, ausg. 15/8. 1961.) M. Pankow. 7231

2552 I. L. Schmurak, R. W. Usina und A. A. Berlin, **Vergrößerung der Adhäsion von Gummi an Textilien.** Zur Verbreiterung der Rohstoffbasis u. zur Erhöhung der Adhäsion beim Tränken von Textilien mit Latices von Copolymeren aus Dienmonomeren mit ungesätt. Verbb., die eine Aminogruppe enthalten, werden zu den Gummigemischen 1—15% eines halogenhaltigen Polymeren, z. B. sulfochloriertes Polyäthylen, zugefügt. (**UdSSR. P. 144019** vom 10/3. 1961.) D. Gorin. 7231

2553 I. A. Schtern, **Herstellung poröser Materialien.** Zur Verkleinerung der Poren bei der Herst. poröser Materialien aus polymeren filmbildenden Stoffen u. Lsgg, wasserlösl. Salze als Porenbildner werden die Porenbildner durch eine Zerstäubungseinrichtung in die Thermokammer eingebracht, von der aus die Salze in das filmbildende Gemisch eintreten. — In den Tank des Farbzerstäubers gießt man eine 30%ig. Lsg. von KCl, welche man in eine Thermokammer mit auf 120—130° erhitztem Mantel einspritzt. Bei 100—110° leitet man im Gegenstrom heiße Luft ein, die Tropfen der Lsg. trocknen, wobei feste Teilchen von 5—8 μ Größe entstehen, herunterfallen u. durch einen Schlauch in den Leim fallen. Die Einführung von 100 (Teilen) KCl auf 100 Kautschuk GKS-30-1 mit 10% Methacrylsäure dauert 10—12 min. Der nach der Auslaugung der Salzteilchen erhaltene porige Film hat eine feine Struktur mit einer Porengröße von 2—3 μ u. einer sehr gleichmäßigen Verteilung der Poren. (**UdSSR. P. 144150** vom 18/5. 1961.) D. Gorin. 7231

2554 I. D. Pilmenschtein und I. M. Saikina, **Abnehmen getauchter Latexwaren von der Form.** Zur Erleichterung des Abnehmens der Erzeugnisse von der Form wird letzterer vor dem Tauchen in Latex in eine Suspension eines pudernden Stoffes (z. B. 10%ig. Suspension von Kaolin in 0,1%ig. Lsg. von OP-10) gebracht u. danach getrocknet. (**UdSSR. P. 145732** vom 15/5. 1961.) I. Pilmenschtein. 7231

2555 Nankai Gomu Kabushiki Kaisha (Erfinder: Yoshisuke Kitagawa), Naruto, Japan, **Herstellung von Schwammkautschukplatten mit glatter Oberfläche.**

Man streicht auf die Oberfläche der Vulkanisier- u. Blähmittel enthaltenden Kautschukplatte eine Lsg. eines starken Vulkanisationsbeschleunigers u. vulkanisiert bei 90—120°, so daß die Oberfläche der Platte ohne Blasenentw. vulkanisiert wird, u. anschließend bei 120—160° unter Zers. des Blähmittels, wobei die vulkanisierte Außenschicht ein Ausströmen des zersetzten gasförmigen Blähmaterials verhindert. Als starker Beschleuniger ist Pipecolinpipecolyldithiocarbamat als 1—5%ig. Lsg. in Bzl. genannt. (**Jap. A. S. 11980/1961** vom 9/2. 1959, ausg. 29/7. 1961.) M. Pankow. 7231

2556 Richardson Co., Melrose Park, Ill., V. St. A., **Formartikel,** bes. Getränkebehälter, werden aus einer Mischung von Butadien-Styrol-Kautschuk, Nylon-Fasern von $^1/_4$–1" (> 0,6—2,5 mm) Faserlänge, S in Mengen von 15—40% des Kautschuks u. ggf. Füllstoffen, z. B. Anthrazit-Staub, unter Vulkanisation hergestellt. (**E. P. 880222** vom 7/7. 1959, ausg. 18/10. 1961. A. Prior. 23/7. 1958.) W. Overbeck. 7231

2557 **Esso Research and Engineering Co.**, Elizabeth, N. J., V. St. A. (Erfinder: **Leon Sherwood Minckler, Augustin Bailey Small, Clifford Wesley Mussig** und **Samuel Budd Lippincott**), *Ozonjester Butylkautschuk.* (**E. P. 917150** vom 21/6. 1961, ausg. 30/1. 1963. — C. **1964,** 1—2714 [A. P. 3005805].)

2558 **Chemische Werke Albert,** Wiesbaden-Biebrich (Erfinder: **Arnold Giller,** Wiesbaden), *Vulkanisation von Kautschukmischungen.* (**D. P. [DDR] 25702** Kl. 39b vom 7/8. 1959, ausg. 26/7. 1963 [Ausschließungspatent]. D. Prior. [Bundesrepublik Deutschland] 31/12. 1958. — C. **1961,** 7425 [D. A. S. 1086882].)

2559 **Farbwerke Hoechst Akt.-Ges. vormals Meister Lucius & Brüning,** Frankfurt/M.-Höchst, *Isolierung von kautschukartigen hochmolekularen Stoffen aus ihren Lösungen.* (**Oe. P. 222354** vom 23/11. 1959, ausg. 25/7. 1962. D. Prior. 25/11. 1958. — C. **1963,** 7968 [F. P. 1242020].)

H_{16}. Nahrungs-, Genuß- und Futtermittel

2560 **Nahrungsmittel.** Anonym. (Rep. Progr. appl. Chem. **46,** 460—62, 1961; Cambridge, Low Temp. Res. Station; engl.) — Fortschrittsbericht. R. Grundmann. 7630◇

2561 **Vorkommen und Bedeutung von Stoffen mit mikrobicider Wirkung in unseren Lebensmitteln.** J. Herrmann. (Élelmezési Ipar [Verpflegungs-Ind.] **17,** 72—79, März 1963; Berlin, Humboldt-Univ., Inst. Technol. u. Vorratspflege; ung.) — Nach kurzer Übersicht über die mikrobiciden Stoffe tier. u. pflanzlicher Herkunft werden die Wirkstoffe des Knoblauchs, der Zwiebel u. die antibiot. Wrkg. der Kartoffelextrakte besprochen. Letztere ist wahrscheinlich auf die Biosynth. der *Chlorogen-* (**I**) u. *Kaffeesäure* zurückzuführen. **I** bildet sich hauptsächlich in den äußeren Schichten der von der Knolle ausgeschnittenen Zylinder. Hier ist auf Grund der vorübergehenden Tätigkeit der *Polyphenoloxydase* eine gesteigerte Atmung nachweisbar. K. Gärtner. 7630△

2562 **Änderung der Aktivität von Nisin bei Wärme- und Strahlenwirkung.** Anna Halász und Etelka Juhász. (Élelmezési Ipar [Lebensmittel-Ind.] **17,** 160—64, 1963; Budapest, TU., Lehrst. Lebensmittelchem.; ung.) — Beschreibung der Zus., Herst., Löslichkeit, Lagerung u. antibiot. Wrkg. von *Nisin* (**I**). Vff. stellten fest, daß durch **I**-Zusätze eine Sterilität der Unters.-Prodd. nicht erzielt werden kann. Durch Wärmebehandlung allein werden hingegen — vom Wärmegrad u. Behandlungsdauer abhängig — die Sporen des *Bacillus subtilis* abgetötet. Röntgenbestrahlung wirkt intensiver als Behandlung mit **I**. Die gemeinsame Wrkg. von **I** u. Röntgenbestrahlung ist von der Konz. des **I** abhängig. Nur bei einer verhältnismäßig niedrigen Konz. von **I** wird eine synergist. Wrkg. beobachtet. Bei Anwendung höherer Strahlendosen nimmt die Strahlen-Wrkg. ab. K. Gärtner. 7634△

2563 **Über einige Probleme der Gefriertrocknung (Lyophylisierung) von Lebensmitteln.** Elemér Almási. (Élelmezési Ipar [Lebensmittel-Ind.] **17,** 84—88, 1963; Budapest, Zentralforsch.-Inst. Lebensmittelind.; ung.) — Beschreibung einer im Institut konstruierten Lyophylisierungs-Anlage u. deren wichtigsten techn. Daten u. ihre Anwendung bei der Gefriertrocknung pflanzlicher u. tier. Lebensmittel. K. Gärtner. 7636△

2564 **Ernährungsstudien mit Diäten von 900 Calorien.** Herbert P. Sarett, John B. Longenecker, Joseph J. Barboriak und Robert W. Harkins. (J. Assoc. off. agric. Chemists **45,** 434—38, 1962; Evansville, Dep. of Nutritional and Biochem. Res., Mead Johnson Res. Center; engl.) — Verschiedene 900 cal. betragende Diäten werden im Tierversuch mit einer Caseindiät verglichen. Zusätze von Fett führen im allg. zu Gewichtszunahmen u. einem Anstieg im Leberfett-Geh., der durch Zusätze an Vitaminen u. Cholin ausgeglichen wird. Erhöhter *Lactose* (**I**)-Geh. in den Diäten stellt sich in einer Minderung des Wachstums dar. Ebenso wird der Wirkungsgrad der Proteine durch **I** schwach gemindert. G. Heder. 7642◇

2565 **Beurteilung der Kunststoffe von hygienischen Gesichtspunkten.** Béla Zsigmond. (Élelmezési Ipar [Verpflegungs-Ind.] **17,** 93—99, 1963; ung.) — Vom Gesichtspunkt der Vergiftungen sind insbesondere die Zusatzstoffe (Erweichungsmittel, Stabilisatoren, Antioxydantien, lösl. Farbstoffe) gefährlich. — Es werden die Anwendungsmöglichkeiten der Kunststoffe in der Milch- u. Fleischindustrie u. die bzgl. der Anwendung in verschiedenen Ländern eingeführten Maßnahmen besprochen. K. Gärtner. 7658△

2566 **Zucker, Schokolade und Zuckerverarbeitung, Konservierungsmittel und nicht vergorene Getränke.** A. G. Lipscomb. (Rep. Progr. appl. Chem. **46,** 485—97, 1961; Halifax, John Mackintosh and Sons Ltd.; engl.) — Fortschrittsbericht. — 89 Literaturhinweise. R. Grundmann. 7660◇

2567 **Getreide und Getreideprodukte.** J. Williams. (Rep. Progr. appl. Chem. **46,** 462—66, 1961; Cambridge, Spillers Ltd.; engl.) — Fortschrittsbericht. — 51 Literaturhinweise. R. Grundmann. 7664◇

2568 **Zur Qualitätsbewertung von Weizenkeimlingen.** 1. Mitt. **Reinheitsgrad.** M. Rothe, K. Feller und R. Heckel. (Getreidemühle **6,** 291—94, 1962; Potsdam-Rehbrücke, Inst. für Ernährung, Abt. Getreideforschung dt.) — Der Reinheitsgrad von Weizenkeimlingen korreliert wegen unterschiedlicher müllereitechn. Verff., die die Art der Verunreinigungen nicht einheitlich gestalten, nur schlecht mit den Werten für Rohfaser, Protein, Stärke u. dem Fett-Geh. der Kleie. Eine bessere, wenn auch nicht völlig zufriedenstellende Meth. zur Best. von Verunreinigungen ist über die Schalen-Best. der aufgeschlämmten Kleie durch Zentrifugieren möglich. S. Heder. 7664◇

2569 **Die Qualitätskennzeichnung von Weizen anhand von Mikro-Backversuchen.** K. Feller und R. Heckel. (Getreidemühle **6,** 287—90, 1962; Potsdam-Rehbrücke, Inst. für Ernährung; dt.) — Mikrobackverss., die mit Ansätzen von 10 g Mehl durchgeführt werden, zeichnen sich durch einfache Handhabung aus. Sie ermöglichen bessere Aussagen über die Backfähigkeit von Weizenmehlen als die mit gleichem Zeitaufwand durchzuführenden Kleberuntersuchungen. G. Heder. 7670◇

2570 **Der Einfluß von Kochen und Aminosäure-Zusatz auf den Nährwert von Schwarzbohnen (Phaseolus vulgaris L.).** R. Bressani, L. G. Elías und Ana Teresa Valiente. (Brit. J. Nutrit. **17,** 69—78, 1963; Guatemala CA., Inst. of Nutrition of Centr. America and Panama (INCAP); engl.) — Zur Zerstörung des tox. Faktors (vermutlich ein Trypsin-Inhibitor) bei schwarzen Bohnen, empfiehlt sich eine Kochbehandlung im Autoklaven bei 121° bis zu 30 Minuten. Bei dieser Beh. wird Protein nicht im Wert gemindert. Im Tier-Vers. erwies sich als limitierende Aminosäure am deutlichsten *Methionin* (**I**). Diese Aminosäure, in Konzz. von 0,20% zugesetzt, wirkt sich positiv auf Gewichtszunahme, biolog. Wertigkeit u. Proteinausnutzungsquotienten bei den Vers.-Tieren aus, jedoch erhöht sich die Verdaubarkeit des Proteins durch diesen Zusatz nicht. Zusätze von *Lysin* u. *Tryptophan* zu der mit **I** aufgewerteten Kost führen zwar zur verbesserten Eiweißausnutzung, ergaben jedoch keine Gewichtszunahme bei den Versuchstieren. G. Heder. 7684◇

2571 **Neuere Erkenntnisse bei der Toastung von Sojaschrot.** W. Depmer. (Fette, Seifen, Anstrichmittel **65,** 214—17, 1963; Hamburg; dt.) — Vf. beschreibt einen Apparat, mit dem Sojaschrote gewonnen werden, deren Geh. an wasserlöslichen Proteinen 4—8% u. an *Thiamin*

5—8 mcg/g beträgt. Die Zerstörung des Antitrypsin-Faktors beträgt 85—100%. G. Heder. 7684◇

2572 **Obst und Gemüse.** D. Dickinson und T. G. Gillespy. (Rep. Progr. appl. Chem. **46,** 480—84, 1961; Chipping Campden, Glos., The Fruit and Vegetable Canning and Quick Freezing Res. Assoc.; engl.) — Fortschrittsbericht. — 21 Literaturhinweise. R. Grundmann. 7688◇

2573 **Untersuchungen von algerischen Orangen und Orangensaft.** M. Etiévant, H. Ollivier, J. Quicke und J. Sautet. (Nutrit. et Dieta [Basel] **4,** 220—38, 1962; Marseille, Inst. d'Hyg. Trop. et de Méd. Soc.; franz.) — Alger. Orangen zeigen während 8 Monaten des Jahres (bei raschem Orangentransport) einen höheren Geh. an *Vitamin C* (**I**) als in den übrigen 4 Monaten mit verschiedener Lagerzeit. Der **I**-Geh. von Saftkonserven bleibt bei 11monatiger Lagerung gleich. In Früchten hält sich **I,** wenn diese bei — 18° gehalten werden. W. Wesly. 7688◇

2574 **Die Verminderung der Schalenzerstörung bei Marsh-Pampelmusen durch Behandlung mit Polyäthylen-Emulsionen.** Paul L. Davis und Paul L. Harding. (Citrus Ind. **42,** Nr. 4, 10—12, 1961; Orlando, Fla., U. S. Dep. of Agric.; engl.) — Schalenzerstörung u. Loch-Bldg., die bei Marsh-*Pampelmusen* auftreten können, werden durch Behandlung mit *Polyäthylen*(**I**)-Emulsionen weitgehend verhindert. Die Behandlung bewirkt keine organolept. Veränderungen der Früchte u. des aus ihnen hergestellten Saftes. Eine Emulsion aus 20(%) **I,** 4 Ölsäure, 4 Morpholin u. 72 W. verhielt sich günstiger als eine solche aus 20 **I,** 0,7 KOH, 7,5 *Tergitol NPX* (*Alkylphenylpolyäthylenglykoläther*) u. 61,8 Wasser. E. Lück. 7688◇

2575 **Die Kulturheidelbeere und ihre Inhaltsstoffe.** Werner Bötticher. (Ind. Obst- u. Gemüseverwert. **48,** 224—28, 1963; München, Zentralstelle für Pilzforsch. u. Pilzverwertung; dt.) — Übersicht über das Vorkommen u. den Anbau von Kulturheidelbeeren. Die analyt. Unters.-Ergebnisse von 20 Proben aus einer Vers.-Plantage werden mitgeteilt u. in Vgl. zu einer Durchschnittsanalyse von Waldheidelbeeren gesetzt. I. Beßer. 7688◇

2576 **Untersuchungsergebnisse über einige Einflußfaktoren auf den Oxalatgehalt von Gefrierspinat.** Alfred Schaller. (Kälte **15,** 187—92, 1962; Wien; dt.) — Im Hinblick auf die Qualitätseigg. von tiefgefrorenem Spinat (*Spinacia oleracea L.*) u. Neuseeland-Spinat (*Tetragonia expansa Murr.*) wird der Einfl. des Entwicklungsstandes auf den Geh. an physiol. aktivem Oxalat (**I**) u. Gesamtoxalat (**II**) untersucht. Bei Herbstspinat wird im Kulturzeitraum von 50—106 Tagen eine stetige Verringerung an **I** u. **II** nachgewiesen (50 Tage 745 mg% **II,** 538 mg% **I**; 106 Tage 247 mg% **II,** 224 mg% **I**). Die Best. an **I** u. **II** in Spinatblättern unterschiedlicher Größe der gleichen Pflanze ergibt bei großen Blättern einen höheren **I**- u. **II**-Geh. als bei kleinen (834 mg% **II** gegenüber 364 mg% **II**). Der **II**-Geh. der stielfreien Blätter ist höher als der der Stiele (1752 mg% gegenüber 316 mg%). In den Blattstielen werden aber niedrigere **I**-Werte ermittelt. Heißwasserblanchieren führt bei Spinat zu einer Verringerung des Geh. an **I** u. **II.** A. Täufel. 7690◇

2577 **Untersuchungen über Faktoren, die die Lagerfähigkeit von eßbarem Erdnußpreßkuchen, -schrot u. -mehl beeinflussen.** M. Kantharaj Urs, V. R. Srinathan, H. B. N. Murthy, M. Muthu und G. S. Bains. (Food Sci. [Mysore, India] **11,** 273—77, 1962; Mysore, Central Food Technol. Res. Inst.; engl.) — Preßkuchen u. Schrot aus Erdnüssen haben eine bessere Lagerfähigkeit als das daraus hergestellte Mehl, bes. im Hinblick auf den oxydativen Verderb. Begasen mit einer Mischung aus *Äthylendibromid* u. *Methylbromid* wirkt sich in einem verbesserten Schutz gegen mikrobiol. Verderb u. gegen Schädlinge aus. Durch Belüftung nach der Begasung lassen sich die Reste an Schädlingsbekämpfungsmittel weitgehend entfernen. Bei Lagerung unter ungünstigen Temperatur- u. Feuchtigkeitsbedingungen empfiehlt sich eine Verpackung in Jutesäcke, die mit Polyäthylen ausgekleidet sind. Der Feuchtigkeitsgeh. der Erdnußerzeugnisse sollte 7% nicht übersteigen. E. Lück. 7692◇

2578 **Die Rolle der phenolischen Verbindungen in Obstsäften und Süßmosten.** H. Donath. (Flüssiges Obst **29,** III/10—12, 1962; Berlin, Humboldt-Univ., Inst. für Technol. und Vorratspflege; dt.) — In Obstsäften u. Süßmosten kommen an polyphenol. Subst. vor: *Chlorogensäure* (**I**), *Ferulasäure* (**II**), *p-Cumarsäure* (**III**) sowie **I**-, **II**- u. **III**-Ester; *Catechin* (**IV**) u. **IV**-Gerbstoffe; *Leucoanthocyane*; *Anthocyane* (vorwiegend *Chrysanthemin, Prunicyanin, Keracyanin, Idaein, Cyanidin-* u. *Delphinidinrutinosid*); *Flavone* (*Quercetin-* u. *Kämpferolglykoside*). Polyphenol. Subst. werden unter Einwirkung von O_2 u. *Polyphenoloxydase* zu *Chinonen* oxydiert u. verursachen die enzymat. Bräunung (a). Die a kann u. a. durch *Ascorbinsäure* (**V**) verzögert werden, wobei diese zur *Dehydro*-**V** oxydiert u. anschließend zerstört wird. Ferner sind Polyphenole zur Schwermetall-Chelat-Bldg. befähigt. Sie besitzen außerdem *Vitamin-P*-, antibakterielle u. Klärwirkung. H. Ackermann. 7706◇

2579 **Aromaerhaltung, Aromagewinnung, Aromakonzentrate.** A. Mehlitz und K. Gierschner. (Ind. Obst- u. Gemüseverwert. **48,** 217—24, 1963; Berlin-Dahlem, TU, Inst. für Obst- u. Gemüseverwertung; dt.) — Ausführungen über die Aromaerhaltung, die Aromagewinnung, Aromakonzentrate u. ihre Verw., Qualitätsbeurteilung u. Lagerung. I. Beßer. 7714◇

2580 **Verarbeitungsausbeute bei mechanisch und durch natürliche Fermentierung entschleimtem Kaffee im Pergamenthäutchen.** D. S. Boyce. (J. Agric. Univ. Puerto Rico **46,** 334—41, 1962; Mayaguez, Coll. of Agric. and Mechan. Arts; engl.) — Kaffee im Pergamenthäutchen gibt bei mechan. Entschleimung eine höhere Ausbeute an Trockensubstanz als bei natürlicher Fermentierung in feuchter Atmosphäre unter Beseitigung des Wassers. Der Gew.-Verlust an Trockensubstanz hängt weitgehend von Fermentierungs-Verf. ab. Zwischen dem Verlust an Trockensubstanz bei der Fermentierung u. der Temp. oder Dauer der natürlichen Fermentierung besteht keine Wechselbeziehung. W. Wesly. 7720◇

2581 **Die Zartheit von Rindfleisch.** 1. Mitt. **Das Bindegewebe als ein für die Zartheit wichtiger Faktor.** Sylvia Cover, S. J. Ritchey und Robert L. Hostetler. (J. Food Sci. **27,** 469—75, 1962; College Station, Texas, Texas Agric. Exp. Stat.; engl.) — Vff. vergleichen die Saftigkeit von Rindfleisch u. 6 weitere Kriterien in Beziehung zu den möglichen vielfältigen Ursachen der Zartheit bzw. Zähigkeit u. gewissen histolog., chem. u. physikal. Daten. 2,5 cm dicke Steaks vom *Musculus longissimus dorsi* (**a**) u. *M. biceps femoris* (**b**) von 180 jungen Rindern werden in trockener Hitze bei 61° u. 80° sowie in feuchter Hitze bei 100° gekocht. Das Bindegewebe im **a** ist schon bei 61° als zart zu bewerten. Steigende Temp. bedingen keine wesentliche Verbesserung. Dagegen ist es im **b** nach Kochen bei 61° noch zäh u. wird mit steigenden Tempp. zunehmend zarter. Nach Erhitzen bei 61 u. 80° ist der Geh. an *Kollagen* (**I**) im **b** höher als im **a,** während nach Erhitzen bei 100° kein signifikanter Unterschied nachweisbar ist. Der **I**-Verlust nimmt für beide Muskel mit steigender Temp. zu. Die Beziehungen der Bindegewebszartheit zum **I**-Geh. u. **I**-Verlust beim Erhitzen werden diskutiert. Hans Thiele. 7750◇

2582 **Die Zartheit von Rindfleisch.** 2. Mitt. **Saftigkeit und die Bedeutung der Weichheit für die Zartheit.** Sylvia Cover, S. J. Ritchey und Robert L. Hostetler. (J. Food Sci. **27,** 476—82, 1962; College Station, Texas, Texas Agric. Exp. Stat.; engl.) — 1. vgl. vorst. Referat. — Vff. diskutieren die Beziehungen zwischen Saftigkeit von Rindfleisch u. 2 Faktoren der Zartheit: Weichheit für die Zunge u. Weichheit für den Zahndruck. Mit Erhöhung der Kochtemp. von 61° auf 80° wird das Fleisch trockener u. härter, u. zwar bei Steaks vom *M. biceps femoris* (**a**) ausgeprägter als bei solchen vom *M. longissimus dorsi* (**b**). Mit weiterer Temp.-Erhöhung auf 100° werden **b**-Steaks noch trockener u. härter, **a**-Steaks trockener, aber nicht härter. Die Veränderungen werden in Beziehung zur Kochzeit, zum Gew.-Verlust, zum Wasser-Verlust gegenüber Rohfleisch u. zur Größe u. möglichen Hydratation der Muskelfasern untersucht. Die auf Muskeltemp.-Basis angestellten Berechnungen zeigen, daß die Saftigkeit zu

6 Faktoren der Zartheit nicht in naher Beziehung steht. Änderungen der Weichheit für die Zunge bedingen etwa 35% der Änderung der Gesamtzartheit von **a**-Steaks bei 80°. Die Bedeutung der Ergebnisse für die Theorie des Zart- bzw. Zähwerdens wird diskutiert.
Hans Thiele. 7750◇

2583 **Die Zartheit von Rindfleisch. 3. Mitt. Die Muskelfaser als Faktor der Zartheit.** Sylvia Cover, S. J. Ritchey und Robert L. Hostetler. (J. Food Sci. **27**, 483 bis 488, 1962; College Station, Texas, Texas Agric. Exp. Stat.; engl.) — 2. vgl. vorst. Referat. — Mit Erhöhung der Kochtemp. von 61° auf 80° u. 100° nimmt der Beißwiderstand sowie die Adhäsion untereinander bei Muskelfasern des *M. longissimus dorsi* (**a**) zu, während sich beim *M. biceps femoris* (**b**) ein umgekehrtes Verhalten zeigt. Bei 80° u. 100° liegen die Werte für beide Kriterien für **b** unter denen für **a**. Mehligkeit ist bei 61° nicht festzustellen, jedoch bei 100° durchweg stärker ausgeprägt als bei 80° u. für **b** stärker als für **a**. Diese Änderungen der Zartheit werden mit den bekannten chem. u. histolog. Änderungen während des Alterns vergleichend diskutiert.
Hans Thiele. 7750◇

2584 **Die Bedeutung der Schwankungen des Gehaltes an Nucleotiden, freien Aminosäuren und Kohlenhydraten der Fischmuskulatur für die Qualitätsbeurteilung.** F. Bramstedt. (Fette, Seifen, Anstrichmittel **64**, 820—25, 1962; Hamburg, Univ., Physiolog.-chem. Inst.; dt.) — Vf. diskutiert in einer Übersicht die Schwankungen im Geh. an freien Aminosäuren (**I**), Nucleotiden (**II**) u. Kohlenhydraten (**III**). Im Fischmuskel ist der **I**-Geh. gewöhnlich im Winter höher als im Sommer, was über einen verzögerten Umsatz von **I** gedeutet wird. Nach dem Fangen der Fische ist ein beträchtliches Absinken im Geh. von **II** im Fischmuskel festzustellen. Von den **III** ist der beträchtlich höhere Geh. an *Glykogen* (**IV**) in den Wintermonaten bemerkenswert. Der weiterhin in der Laichzeit erhöhte **IV**-Geh. könnte mit dem veränderten Geschmack der Fische während dieser Periode im Zusammenhang stehen.
G. Heder. 7752◇

2585 **Fortschritte bei der Zubereitung von Molkereiprodukten und Eiscreme.** E. L. Crossley. (Rep. Progr. appl. Chem. **46**, 466—75, 1961; engl.) — Fortschrittsbericht über die Pasteurisation u. Sterilisation von Milch, Milchkonzentraten, Trockenmilch, Eiscreme, Butter u. Käse. — 35 Literaturhinweise. R. Grundmann. 7756◇

2586 **Der Einfluß der Technologie auf die Eigenschaften von Milchkonserven.** Ss. Schtalberg und I. Radajewa. (Milch-Ind. [UdSSR] **24**, Nr. 1, 25—26, 1963; Allunions Forsch.-Inst. für Molkereiwesen; russ.) — Zur Erhöhung der Lagerfestigkeit der gezuckerten Kondensmilch soll das Pasteurisieren der Milch bei 102 bis 118° durchgeführt werden. Die Dauer der bei $< 60°$ durchgeführten Kondensation soll $\leqq 2-2{,}5$ Std. (nicht 3—4 Std.) betragen. Nur frisch bereiteter Sirup aus reinster Saccharose soll angewandt werden; seine Einführung in das zu konzentrierende Prod. erfolgt möglichst früh, nicht aber, wenn der Geh. an Trockensubstanz des verarbeiteten Prod. Werte von z. B. 56% erreicht hat.
S. Baryschnikow. 7756△

2587 **Hygienische Untersuchung von Polymethylmethacrylat und seine mögliche Anwendung in der Milchindustrie.** Je. N. Wassiljewa, N. Je. Djubjuk und T. D. Lytschnikowa. (Fragen d. Ernähr. [UdSSR] **22**, Nr. 2, 76—79, 1963; Moskau, Ernährungs-Inst. der Akad. der Med. Wiss. der UdSSR, Abt. für Hygiene der Ernährung; russ., Auszug: engl.) — Zwecks Prüfung der Verwendungsmöglichkeit von Rohren aus *Polymethylmethacrylat* (**I**) für Milch u. Sauermilch-Prodd. wurde der **I**-Extrakt mit W. oder 0,2%ig. Milchsäure untersucht u. festgestellt, daß die Ausscheidung von organ. Stoffen in den Extrakt sehr gering ist. Das verwendete **I**-Prod. enthält danach prakt. kein monomeres Produkt. Die Rk. auf Phthalat u. Benzoesäurereste ist negativ. Werden **I**-Platten 100 Tage lang mit Milch übergossen u. 24 Std. einer Temp. von 2—6° ausgesetzt, so beträgt die Gew.-Zunahme nur 0,23%. Durch Behandlung der **I**-Platten mit 2%ig. Na_2CO_3-Lsg. 50 Tage lang wird das äußere Aussehen der Platten nicht verändert. **I** kann demnach im Meiereiwesen verwendet werden. O. Lebtag. 7756△

2588 **Die Antibiotica und die aus ihrer Anwendung für die Milchwirtschaft sich ergebenden Probleme.** Martin Seelemann und Günter Obiger. (Milchwissenschaft **18**, 462—69, 1963; Kiel, Bundesversuchs- u. Forschungsanstalt für Milchwirtschaft, Inst. für Milchhygiene; dt.) — In der Milch von Kühen, die wegen Mastitis mit Antibiotica (**I**) u. Farbstoffen behandelt wurden, wurden letztere nach Behandlung mit einem Ionenaustauscher (Permutit), der sich auf einer Filterscheibe in einer Injektionsspritze befand, nachgewiesen. Der Nachw. von **I**-Spuren im Säuerungshemmungstest war mit Joghurtkultur bis zum 6. Gemelk u. im Plattentest mit *Bac. stearothermophilus* noch im 14. Gemelk möglich. Mit dem „bactostrip"-Testverf. gelang der **I**-Nachw. bis zu 0,001 I. E. H. Gude. 7756◇

2589 **Die antibiotischen Eigenschaften von Kumys.** Je. Tolmatschewa. (Milch-Ind. [UdSSR] **24**, Nr. 1, 13 bis 16, 1963; Kumys-Labor. des Sanatoriums „Sanki" des Gebietes von Charkow; russ.) — Als alleinige Ursache der festgestellten antibiot. Eigg. des aus Stuten- bzw. aus Kuhmilch hergestellten *Kumys* wurde die Anreicherung der verarbeiteten Milch an spezif., nicht identifizierten Prodd. der Lebenstätigkeit der Milchsäurebakterien u. Hefen anerkannt. S. Baryschnikow. 7756△

2590 **Wachstum von Penicillium roqueforti auf einem Molkenmedium.** J. Czulak. (Austral. J. Dairy Technol. **15**, 118—20, 1960; Melbourne, C. S. I. R. O., Dairy Res. Sect.; engl.) — 2 Stämme von *Penicillium roqueforti* wuchsen auf sterilisierten Molken (pH = 5,0—5,5). Die grüne Farbe des Schimmelpilzes geht in dem Maße, wie das Medium vom sauren zum alkal. Zustand umschlägt, über grau in braun über. Salz-Konzz. von $> 7\%$ verhindern das Wachstum beider Stämme.
W. Wesly. 7756◇

2591 **Die Hitzeresistenz einiger Milchenzyme.** Konstantinos Manolkidis. (Milchwissenschaft **17**, 136—40, 1962; Gießen, Justus-Liebig-Univ., Milchwirtschaftl. Abt.; dt.) — Bei der Unters. der Hitzeschädigung von *Amylase* (**I**), *Katalase* (**II**) u. *Phosphatase* (**III**) in Milch u. wss. Lsg. bei einer Temperatureinwirkung von 50—70° für 5 Min. wird eine Gleichung erhalten, die Fermentmenge, Einwirkungsdauer u. Schädigung erfaßt. Bei **II** u. **III** übt das Milcheiweiß eine gewisse Schutzwirkung bzgl. der Hitzeschädigung aus, während derartige Verhältnisse für **I** nicht zu beobachten sind. G. Heder. 7756◇

2592 **Untersuchung der Labfähigkeit von Milch.** E. Voß. (Dtsch. Molkerei-Ztg. **83**, 913—15, 1962; Kiel, Chem. Inst. der Bundesversuchs- u. Forschungsanstalt für Milchwirtschaft; dt.) — Vf. schlägt zur Ermittlung der Labfähigkeit von Milch eine Gruppenunters. vor, die unter den der Praxis angepaßten Bedingungen die Gerinnungszeit, Schrumpffähigkeit, Größe des Bruchkornes, den Staub-Geh. in der Molke u. die Festigkeit der Labgallerte erfaßt. Gleichzeitig wird Fett-Geh., Eiweißtiter, Säuregrad u. pH bestimmt. Das Verf. bewährt sich auch bei der Ermittlung kranker Milch, einer Milcherhitzung u. eines Zusatzes von $CaCl_2$. G. Heder. 7756◇

2593 **Wege zur Verbesserung des Geschmackes und Aromas von Sauerrahmbutter.** W. Arisstowa, Je. Ssidorowa, S. Tschushowa und G. Pojarkowa. (Milch-Ind. [UdSSR] **24**, Nr. 1, 17—20, 1963; Zentr. Forsch.-Inst. für Molkereiwesen; russ.) — Als Wege zur Verbesserung der organolept. Eigg. von Sauerrahmbutter werden: 1. Zugabe von Citronensäure zum verarbeiteten Rahm, 2. Verw. von Säurewecker (SW) mit geeigneten Milchsäurebakterien u. 3. biochem. Reifungsmeth. des hochfetten Rahms (HR) vorgeschlagen. HR wird auf 45° erwärmt, mit 2% SW (*Streptococcus lactis*, *Str. cremoris* u. *Str. diacetilactis*) u. 0,018% *Citronensäure* versetzt u. in 3 Std. auf 28—29° abgekühlt.
S. Baryschnikow. 7758△

2594 **Beitrag zur Kenntnis der Salzsteinbildung in Emmentaler Käsen.** E. Flückiger und P. Schilt. (Milchwissenschaft **18**, 437—42, 1963; Lieberfeld-Bern, Eidg. Milchwirtschaftl. Versuchsanstalt; dt.) — Kugelig u. strahlenförmig kristallisierte Salzsteine in u. weiße Beläge nach 2 Monate alter Vorverpackung auf Emmentaler Käse, der 6 Monate zuvor aus thermisierter (nicht roher) Milch hergestellt wurde, zeichneten sich durch einen hohen Geh. an freien Aminosäuren aus. Im Ultrafiltrat ihrer wss. Lsg. wurden bei pH 2,2 mit dem Aminosäure-Analysengerät „Beckman-Spinco Modell 120" die Aminosäuren quant. bestimmt. Die Salzsteine enthielten 107 (μMol) *Tyrosin* (I) u. höchstens 4 einer anderen Aminosäure pro 100 mg Substanz, zum Unterschied von salzsteinreicher u. -freier Käsemasse, in der NH_3 mit 144, Prolin mit 67, Glutaminsäure mit 63 u. Leucin mit 45 überwogen u. I nur mit 6,4 bzw. 2,2 vertreten war. Der Käse-pH-Wert fiel mit dem I. P. des I (5,66) zusammen, das von den Aminosäuren die geringste Wasserlöslichkeit aufweist. Die weißen Beläge enthielten 71 μMol I pro 100 mg Substanz. H. Gude. 7760◇

2595 **Tyrosin- und Calciumlactat-Kristalle an rindenfreiem Käse.** J. Conochie, J. Czulak, A. J. Lawrence und W. F. Cole. (Austral. J. Dairy Technol. **15**, 120, 1960; engl.) — An rindenfreiem Käse, der 15 Monate lang bei 55 °F gereift war, wurden Kristalle beobachtet u. als *Tyrosin* u. *Ca-Lactat* identifiziert. W. Wesly. 7760◇

2596 **Flüssiges Exsudat in rindenfreiem Käse.** A. J. Lawrence. (Austral. J. Dairy Technol. **15**, 114—17, 1960; Melbourne, C. S. I. R. O., Dairy Res. Sect.; engl.) — Spektrophotometr. Unterss. der Extrakte von rindenfreien Käsen mit u. ohne Exsudat zeigen eine Beziehung zwischen dem Grad der Eiweiß-Zers. u. der Ggw. einer abgeschiedenen Flüssigkeit. In Cheddarkäse, der bei 55 °F gereift ist, erscheint das Exsudat nach 8monatiger Lagerung u. entspricht ca. 0,48% lösl. N. W. Wesly. 7760◇

2597 **Einige Mängel von in Cryovac verpacktem Käse: Ansammlung von Gas und Flüssigkeiten unter der Umhüllung.** R. M. Dolby. (Austral. J. Dairy Technol. **15**, 110—14, 1960; Palmerston North, New Zealand, Dairy Res. Inst.; engl.) — In Cryovac verpackter, mehr als 9 bis 10 Monate alter, rindenfreier Käse zeigt unter der Umhüllung keine Fl.-Ansammlung. Zwischen dem Fl.-Vol. u. der Zus. des Käses besteht keine Wechselbeziehung. Käse, der 12 Monate bei 45° F aufbewahrt wird, weist keine Fl. auf (außer bei nicht fest auf der Käseoberfläche liegender Umhüllung). Käse, der 12 Monate bei 55 °F oder 8 Monate bei 45 °F u. darauf 12 Monate bei 55° gelagert hat, ist aufgebläht u. enthält W. unter der Umhüllung. W. Wesly. 7760◇

2598 **Die Melassierung von Futtermitteln.** van Ginneken. (Getreidemühle **7**, 48—50, 1963; dt.) — Da die direkte Verfütterung von *Melasse* (M) mit gewissen Schwierigkeiten verbunden ist, gibt Vf. eine Übersicht über Möglichkeiten der Einarbeitung von M in *Futtermittel*. Als vorteilhaft erweist sich die maschinelle Einarbeitung von M in Mehl auf kaltem Wege. Bei der Fütterung soll der M-Anteil 10% des Gesamtfutters im allgemeinen nicht überschreiten. H. Ackermann. 7780◇

2599 **Einflüsse von Schrot und wechselnden Kornzufuhren auf Milchausbeute und -zusammensetzung.** S. E. Bishop, J. K. Loosli, G. W. Trimberger und K. L. Turk. (J. Dairy Sci. **46**, 22—26, 1963; Ithaca, N. Y., Cornell Univ., Dep. of Animal Husbandry; engl.) — Schrot erhöht im Vgl. zu Mehl die Milchausbeute, senkt aber den Fett-Gehalt. Im Pansen ist bei größeren Grobfuttergaben der Geh. an *Essigsäure* erhöht, an *Buttersäure* erniedrigt u. an *Propionsäure* unverändert. Winfried Krüger. 7786◇

2600 **Ein Vergleich des Wachstums von Kücken im keimfreien Gustafsson-Apparat und in gewöhnlicher Umgebung mit und ohne Penicillinzusätzen zum Futter.** M. E. Coates, R. Fuller, G. F. Harrison, M. Lev und S. F. Suffolk. (Brit. J. Nutrit. **17**, 141—50, 1963; Shinfield, Nat. Inst. for Res. in Dairying; engl.) — Die Gewichtszunahme von Kücken, die vergleichsweise in keimfreier u. gewöhnlicher Umgebung gehalten werden, ist bei Zusatz von 45,5 mg *Procain-Penicillin* (I) zu einem kg Futter bei den unter den letztgenannten Bedingungen lebenden Tieren deutlich verbessert. Bei den in keimfreier Umgebung lebenden Tieren ist der Zusatz von I zum Futter ohne Einfluß auf die Gewichtszunahme. G. Heder. 7786◇

2601 **Polyphosphate in Lebensmitteln.** 1. Mitt. **Chemie, Nomenklatur und Hydrolyse der Polyphosphate.** Edmund Szyszko. (Farmacja Polska **17**, 283—85, 1961; pol.) R. Grundmann. 7788◇

2602 **Polyphosphate in Lebensmitteln.** 2. Mitt. **Anwendung und Rechtslage.** Edmund Szyszko. (Farmacja polska **17**, 376—79, 1961; pol.) — 1. vgl. vorst. Referat. — Übersicht über die Wrkg. von *Polyphosphaten* (I) als Zusatzstoffe bei Lebensmitteln u. die Bestimmungen über den I-Zusatz in verschiedenen Ländern. F. Urban. 7788◇

2603 **Polyphosphate in Lebensmitteln.** 3. Mitt. **Physiologie der Phosphate.** Edmund Szyszko. (Farmacja polska **17**, 448—52, 1961; pol.) — 2. vgl. vorst. Referat. — Übersicht. — 14 Literaturhinweise. F. Urban. 7788◇

2604 **Untersuchung der in Wasser, Salzlösung, 70%igem Äthanol und verdünnter Essigsäure löslichen Weizenproteine durch Stärkegelelektrophorese.** E. Kaminski. (J. Sci. Food Agric. **13**, 603—07, 1962; Chorleywood, Rickmansworth, Herts., Brit. Baking Ind. Res. Assoc.; engl.) — Vf. untersucht die Zus. von Hartweizenmehl, indem dieses in verschiedene Fraktionen durch Extraktion mit W. (**a**), 0,2 m wss. NaCl-Lsg., gepuffert auf pH 7 (**b**), 70%ig. A. (**c**) u. 0,05 n Essigsäure (**d**) zerlegt wird u. die einzelnen Fraktionen mittels Stärkegelelektrophorese nach Elton u. Ewart (C. **1963**, 2660) untersucht werden. In Fraktion **a** wurden 22 Komponenten (15 Haupt- u. 7 Nebenkomponenten) nachgewiesen, in **b** 23, in **c** 10 Haupt- u. 9 Spuren-Komponenten, die Banden von **a** u. **b** entsprechen. Die Banden von **d** entsprechen denen des *Gliadins*. Weiterhin wurde *Gluten* (I) untersucht, welches durch Kneten mit dest. W. hergestellt wurde. I wird in Aluminiumlactat-Puffer pH 3,2 dispergiert. Es konnten 21 Komponenten nachgewiesen werden. Falls I vorher mit W. u. nachfolgend mit **b** extrahiert wird, reduziert sich die Zahl der Komponenten auf 12. Insgesamt werden 30 Komponenten im Mehl nachgewiesen. R. Teichgräber. 7798◇

2605 **Aufschluß-Ätherextrakt und Titrationswert bei der Teigwarenuntersuchung als Beispiel einer dynamischen Lebensmittelanalyse.** K. Braunsdorf. (Nahrung **7**, 158—65, 1963; Magdeburg, Bezirks-Hygiene-Inst.; dt.) — Es wurde untersucht, inwieweit sich der Titrationswert nach Strohecker in Verbindung mit dem Aufschluß-Ätherextrakt nach Weibull-Stoldt zur Best. des Alters von Teigwaren heranziehen läßt. Es fand sich ein mit dem Alter stetig abnehmender Geh. an Gesamt-Ätherextrakt, während der Aufschluß-Ätherextrakt ziemlich gleich blieb. Der Titrationswert nahm ungleichmäßig zu, zeigte aber erhebliche Schwankungen. Es sind daher nur angenäherte Aussagen möglich. E. Lück. 7798◇

2606 **Die chemische Zusammensetzung von Reis und Getreidenebenprodukten.** 1. Mitt. **Die annähernde Zusammensetzung und die Mineralstoffe.** P. D. Limcangco-Lopez, F. S. Achacoso und L. S. Castillo. (Philippine Agriculturist **46**, 324—42, 1962; engl.) — Vff. berichten über die Zus. von Reis u. Reiskleie, sie erörtern Schwankungen in den analyt. Werten in Zusammenhang mit der Sorte, ihrer technolog. Behandlung, der Sortenherkunft u. gehen besonders auf den Geh. an Ca u. P ein. Das Verhältnis Ca:P beträgt für feine Reiskleie 1:15, für grobe dagegen 1:19. G. Heder. 7806◇

2607 **Tocopherole in Nüssen.** G. Lambertsen, H. Myklestad und O. R. Braekkan. (J. Sci. Food Agric. **13**, 617—20, 1962; Bergen, Norway, Norw. Fish., Res. Inst., Governm. Vitamin Labor.; engl.) — Es wird sowohl der α- u. γ-Tocopherolgeh. von 11 verschiedenen Nüssen spektrophotometr. bestimmt als auch die Ggw. anderer *Tocopherole* (I) qual. dünnschichtchromatograph. nachgewiesen. Zur quant. Best. wird der unverseifbare Anteil auf Al_2O_3 (Brockmann III) chromatographiert u. am squalenbehandelten Papier rechromatographiert. Der I-Geh. ist allgemein hoch, der Geh. an α-Tocopherol ist jedoch stark von der Art der Nüsse abhängig. P. Teichgräber. 7842◇

2608 **Zur Nitritbestimmung in Wurstwaren.** K. Braunsdorf. (Nahrung **7**, 166—72, 1963; Magdeburg, Bezirks-Hygiene-Inst.; dt.) — Wäßrige Auszüge aus den zu untersuchenden Wurstwaren werden mit Carrez-Lsg. geklärt. Die Nitritbest. kann in dieser Lsg. auf colorimetr. Wege mit Hilfe von Riegler's Naphthol-Reagens erfolgen. Die Klärung mit Carrez-Lsg. erwies sich als günstiger gegenüber der herkömmlichen mittels dialysierter $Fe(OH)_3$-Lösung. E. Lück. 7850◇

2609 **Veränderlichkeit der Myosinmengen, die aus Dorschfleisch während der Lagerung bei — 14° extrahierbar sind.** J. J. Connell. (J. Sci. Food Agric. **13,** 607—17, 1962; Aberdeen, Torrey Res. Station; engl.) — Vf. gibt standardisierte Meth. zur Extraktion großer Mengen von *Myosin* (**I**) aus dem Fleisch von Dorsch (*Gadus callarias L.*) an u. untersucht die Extraktibilität von **I** während der Kühllagerung. 70—80% **I** wird im gleichen Maß nicht extrahierbar, wie das Gesamtmyofibrillarprotein des Fischfleisches nicht extrahierbar wird. P. Teichgräber. 7852◇

2610 **Bestimmung des Fettgehaltes in Rahmmassen.** 1. Mitt. **Theoretische Grundlage für ein genaues, volumetrisches Verfahren.** F. H. McDowall. (Austral. J. Dairy Technol. **15,** 122—28, 1960; Palmerston North, New Zealand, Dairy Res. Inst.; engl.) — Zur Best. des Fettgeh. in Rahm (bei Tankertransporten) entnimmt man ein bestimmtes Vol. Rahm unter gleichzeitiger Ablesung des Rahm-Vol. im Behälter u. füllt es in eine 9 g-Flasche. Dann gilt die Gleichung: Fett-Gew. in lb. = Rahm-Vol. in gal. × 10 × Ablesung beim 9 ml Babcock-Fett-Test : 100. W. Wesly. 7856◇

2611 **Hitzeinduzierte Veränderungen in Milchfett.** W. W. Nawar, L. E. Cancel und I. S. Fagerson. (J. Dairy Sci. **45,** 1172—77, 1962; Amherst, Univ. of Mass., Dep. of Food Sci. and Technol.; engl.) — Mit Hilfe der Gaschromatographie (Capillarsäulen, Flammenionisationsdetektor) konnten aus wasserfreiem Milchfett (**a**), das 3 Std. auf 100—170° in Abwesenheit von Luft u. Feuchtigkeit erhitzt worden war, folgende Verbb. isoliert u. durch Papier- u. Säulenchromatographie sowie durch UV-Spektroskopie identifiziert werden: *Aceton, Pentanon-(2), Heptanon-(2), Nonanon-(2)* u. *Undecanon-(2).* In geringerer Menge wurden die geradzahligen Carbonyl-Verbb. *Butanon-(2), Hexanon-(2)* u. *Octanon-(2)* sowie die homologe Reihe der n-Alkanale von C_1 bis C_9 gefunden. Mit steigender Temp.-Einw. erhöht sich ferner die opt. Durchlässigkeit von **a** bei 490 nm von 11,5% (3 Std., 40°) auf 42,0% (3 Std., 170°). Unter 100° erleidet **a** kaum feststellbare Veränderungen. Ein homogenisiertes Gemisch von erhitztem **a** u. frischer Magermilch verhält sich organolept. wie ein rekonstituiertes Milchpulver. Wilfried Krüger. 7856◇

2612 Hans Müller, Rastatt, und Gut Friedburg G.m.b.H., Rees (Erfinder: Hans Müller, Rastatt), **Farbstoffpräparat aus Rotwein,** bes. *zum Färben von Lebensmitteln.* Rotwein wird in üblicher Weise oder unter red. Druck entgeistet. Aus dem Rückstand werden Metalle, z. B. Fe, nach dem Schäumungs-Verf. sowie Weinsäure u. K durch Behandlung mit Kationen- u. Anionenaustauschern entfernt. Die verbleibende Fl. wird durch Entzug von W. zu einem dickfl. Konzentrat eingeengt. (**D. A. S. 1151169** Kl. 53k vom 19/3. 1960, ausg. 4/7. 1963.) W. Kranz. 7639

2613 Dow Chemical Co., V. St. A. (Erfinder: Russel H. Cramm), **Herstellung von Schichtfolien.** Die Oberfläche von Polyolefinfolien wird durch Behandlung mit einer Flamme, durch elektr., O_3 erzeugende Entladungen oder durch Elektronenbombardement aktiviert, mit einer dünnen Polyalkyleniminschicht u. danach mit einer Polyvinylidenchloridschicht überzogen. Man erhält so auch bei tiefen Temp. biegsame, für Dämpfe undurchlässige Folien als *Verpackungsmaterial* für tiefgekühlte *Lebensmittel* oder zur Herst. von Flaschen u. Rohren. (**F. P. 1232476** vom 22/4. 1959, ausg. 10/10. 1960. A. Prior. 16/6. 1958.) M. Pankow. 7641

2614 A. L. Petschenkin, W. I. Buchgalter und E. D. Ssewerowostokowa, **Herstellung von Weich-PVC** durch Mischung von PVC-Harz („Marke PF"; **I**) mit Weichmachern. — 100 (Gew.-Teile) **I** werden gesiebt, 40 Dioctylphthalat (**II**) u. 15 Dioctylsebacinat (**III**) werden durch ein Seidenfilter (mindestens 1225 Löcher/cm^2) filtriert. 0,05 Ultramarin („Marke USs") werden auf der Walze mit **II** (Verhältnis 1:2) gemischt u. anschließend mit dem Rest von **II** verdünnt. Dann werden **I, III** u. das angepastete Ultramarin 2 Std. bei Raumtemp. u. anschließend 2 Std. bei 70—80° gemischt; danach wird 6—8 Min. kalandriert. Man erhält ein bis 120° therm. beständiges *Weich-PVC.* — Durchsichtiges *Verpackungsmaterial,* bes. für *Blut,* da es indifferent gegen Blut, nicht tox. ist u. die Gerinnungsfähigkeit des Blutes erhält. (**UdSSR. P. 131891** vom 19/12. 1959.) F. Eßer. 7641

2615 Protein-Co. G.m.b.H., Zug, Schweiz (Erfinder: Helmut Bock, Krefeld), **Gewinnung von Eiweiß aus Ölsaatrückständen.** Die Rückstände, z. B. Lsgm.-feuchtes Sojaschrot direkt aus der Extraktion, werden mit dem Waschwasser der später anfallenden Faserstoffe angemaischt u. ca. 48 Std. bei 45—55° einer Milchsäuregärung unterzogen. Die Maische wird gemahlen u. von Faserstoffen befreit. Die Proteintrennung aus der Fl. erfolgt bei pH 4—5, bes. 4,6—4,8. Die Waschung der abgetrennten Faserstoffe erfolgt im Gegenstrom mit dem Waschwasser des abgetrennten Proteins. (**D. A. S. 1149234** Kl. 53i vom 17/5. 1961, ausg. 22/5. 1963.) W. Kranz. 7647

2616 Skånska Ättikfabriken A/B, Perstorp (Erfinder: Bengt Gösta Ingemar Fröman, Stuvsta), Schweden, **Verhütung des Fadenziehens von Backwaren.** Dem Teig wird ein fungicides u. baktericides Präp., bestehend aus einer Molekül oder Komplexverb. zwischen Na-Formiat u. CH_3COOH, in Mengen von 0,05—1(%), bes. 0,1—0,6, zugesetzt. (**D. A. S. 1149674** Kl. 2c vom 26/3. 1959, ausg. 6/6. 1963. Schwed. Prior. 27/3. 1958.) W. Kranz. 7675

2617 Ledoga S. p. A. (Erfinder: Luciano Nobile), Mailand, Italien, **Herstellung von Frucht- und Gemüsesäften in Trockenform.** Dem Rohsaft wird *Xylit* (**I**) zugesetzt, anschließend wird das Gemisch bis zur Bldg. eines gut fließenden Pulvers unter Vakuum getrocknet. — Zum Beispiel kommen auf Ananassaft 10(%), auf Karottenbrei 25% **I** zur Anwendung. (**D. A. S. 1149975** Kl. 53k vom 27/2. 1960, ausg. 6/6. 1963. It. Prior. 4/12. 1959.) W. Kranz. 7707

2618 Fa. Dr. August Oetker (Erfinder: Hugo Koch), Bielefeld, **Mittel zur Kaltherstellung von puddingartigen Speisen.** Ein Gemisch aus 50—99% Stärke, z. B. Mais-, Weizen-, Kartoffel-, Reis- oder Tapiokastärke, u. 50—1 eines in W. gelösten Gelierstoffes, z. B. Gelatine, Pektin, Alginat oder Agar Agar, wird auf Heißwalzen, z. B. unter Aufsprühen, in ein Trockenprod. übergeführt. (**D. A. S. 1151168** Kl. 53k vom 1/11. 1957, ausg. 4/7. 1963.) W. Kranz. 7711

2619 Eastman Kodak Co., V. St. A., **Filter gegen Tabakrauch,** bestehend aus einem Bündel von kontinuierlich gekreppten, mit einem Weichmacher bedeckten u. verbundenen Fasern (z. B. Celluloseacetatfasern von > 8 Denier), welche auf ihrer Oberfläche außerdem mit einem Pulver [z. B. aus $CaCO_3$, $MgCO_3$, $Mg_3(PO_4)_2$, $Ca_3(PO_4)_2$, $Ca_2P_2O_7$, $Ca(H_2PO_4)_2$] bedeckt sind. (**F. P. 1188594** vom 14/11. 1957, ausg. 23/9. 1959.) T. Oppermann. 7735

2620 Johannes Jakobsen, Lysøysund, Norwegen, **Erhöhung der Haltbarkeit von Fischmehlen.** Dem feuchten Ausgangsmaterial oder dem getrockneten Mehl werden 1—4% feingemahlenes Tangmehl zugesetzt. Dadurch wird das Heißwerden des Fischmehles nach längerer Lagerung verhindert. (**Norw. P. 96921** vom 22/5. 1957, ausg. 17/10. 1960.) K. H. Kähler. 7753

2621 Corn Products Co., New York, N. Y., V. St. A. (Erfinder: Ronald Bolden Dawson und Richard Craig Harris, Wellington, Somerset, England), **Lecksteine für Tiere,** dad. gek., daß sie zum größten Teil aus einem festen, im wesentlichen homogenen Gemisch aus Glucose oder einem anderen kristallisierbaren Zucker u. ca. 2,5—10 (Gew.-%) eines Ca-Salzes, bes. $CaCO_3$, als Lsg.-Verhinderer bestehen. Sie können das $CaCO_3$ im Gemisch mit ca. 0,5—5 eines wasserlösl. Bindemittels, bes. Gummen, Alginate oder Pektin-Verbb., u. zusätzlich

weitere Mineralsalze oder Wirkstoffe enthalten. Als Ca · CO_3 werden bes. die *Kalkhüllen von Foraminiferen* verwendet, die auf eine Teilchengröße von 1—25 μ zerkleinert worden sind. Das heiße Gemisch wird in Formen zur Kristallisation gebracht u. zu Blöcken erhärten gelassen, die wetterbeständig sind u. in Wiesen oder Weiden ausgelegt werden können. Auflösungsverluste durch Regen oder Tau werden vermieden. (**D. A. S. 1146345** Kl. 53g vom 5/8. 1960, ausg. 28/3. 1963. E. Prior. 6/8. 1959.)
H. Karst. 7787

H_{17}. Fette, Seifen, Wasch- und Reinigungsmittel usw.

2622 **Pro- und Antioxydantien auf dem Fettgebiet. 6. Mitt. Über natürlich vorkommende Antioxydantien.** H. P. Kaufmann, H. Garloff und K. G. Yekundi. (Fette, Seifen, Anstrichmittel **64,** 688—95, 1962; Münster (Westf.), Dt. Inst. für Fettforschung; dt.) — 5. vgl. C. **1963,** 22143. — Der Einfl. verschiedener Konz. von *Östradiol* (I), *Diäthylstilböstrol* (II) u. *Androsteron* (III) sowie der Schilddrüseninhaltsstoffe u. verwandter Verbb. (SHV) auf die spontane, die durch 5 · 10^{-7} Mol Titriplex III gehemmte sowie auf die durch 500 μg Hämoglobin bzw. 100 oder 200 μg Cytochrom c katalysierte Oxydation von 5 · 10^{-5} Mol *K-Linolat* in 0,2 m Phosphatpuffer (pH 7,2) bei 30°, der Einfl. der genannten Sexualhormone auf die spontane u. die durch 0,8 bzw. 0,4 μg Hämindiäthylester katalysierte Oxydation von Leinölfettsäuremethylester in Triacetin bei 30° u. der Gallensekrete verschiedener Kranker auf die Autoxydation von 5—10^{-5}Mol K-Linolat bzw. -Linolenat in 0,2 m Phosphatpuffer (pH 7,2) bei 30° wurde mit Hilfe der O_2-Aufnahme (Warburg-Meth.) studiert. Sowohl **I** als noch ausgeprägter **II** zeigen starke antioxydative Effekte, die teilweise der Wrkg. eines äquimolaren Zusatzes von α-Tocopherol gleichkommen, während bei **III** keinerlei Wrkg. erfolgt. Bei den SHV ergibt sich bzgl. der antioxydativen Wrkg. folgende Reihenfolge: Thyronin > 3.5-Dijodthyronin > Thyroxin ∼ 3.5-Dijodtyrosin > Tyrosin. Auch die Gallensekrete zeigten eine deutliche antioxydative Wirkung. Die antioxydative Wrkg. der Follikelhormone u. der SHV wird durch die Ggw. der leicht dehydrierbaren phenol. OH-Gruppe erklärt u. könnte nach Vff. evtl. von biolog. Interesse sein.
H. P. Rettig. 7878◇

2623 **Hydroperoxid-Doppelbindungspolymerisation bei der Fettautoxydation.** A. R. S. Kartha. (J. Sci. ind. Res. [New Delhi], Sect. B. **19,** 438—43, 1960; Ernakulam, Maharaja's Coll.; engl.) — Die Menge der bei der Fettautoxydation gebildeten Hydroperoxid-Doppelbindungspolymerisations-Prodd. (**A**) kann durch ihre Isolierung als *Bertramsäuren* (**B**) bestimmt werden. Diese neue Meth. basiert auf der Messung der Zunahme an **B**, die bei der Essigsäure–Aceton–Permanganat-Oxydation u. anschließender Hydrolyse der **A** gebildet werden. Die Autoxydation fand bei diffusem Licht oder Dunkelheit bei 99°, 60° u. 25° statt. Nur unbedeutende Mengen **A** wurden bei der Autoxydation von neutralen Fetten bei 99° u. 60° bestimmt, dagegen entstehen bei 25° etwa doppelt so viel **B** wie bei 60°. Die Autoxydation von Ölsäure (**C**) führt bei 60° zu einem bedeutenden Anstieg der Bldg. von **B**, deren Menge aber bei 25° geringer ist. Äthyloleat ist noch reaktionsfähiger als **C** bei 60° wie auch bei 25°. Der Einfl. der Mol.-Größe des Reaktanten u. der freien Carboxylgruppen auf die Rk.-Geschw. in Abhängigkeit von der Temp. werden diskutiert. Der Abfall des J_2-Wertes bei gewöhnlicher Fettautoxydation beruht vorwiegend auf der Polymerisation cycl. Peroxide. D. Jahnke. 7878△

2624 **Verwendung der Dielektrizitätskonstanten zur Klassifikation oberflächenaktiver Substanzen.** William G. Gorman und Gary D. Hall. (J. pharmac. Sci. **52,** 442—46, 1963; Rensellaer, N. Y., Sterling-Winthrop Res. Inst., Pharm. Div.; engl.) — Der Vgl. der aus der Literatur bekannten HLB-Werte mit dem log der DK von 20 verschiedenen oberflächenakt. Substanzen (OS.) zeigt eine lineare Abhängigkeit der HLB- von den DK-Werten u. stützt die Hypothese, daß die Polarität der OS. durch den DK-Wert quant. ausgedrückt wird. Aus dieser Abhängigkeit wird eine Schnellmeth. zur Klassifikation von OS. abgeleitet. Es wird für eine Öl- in-W.-Emulsion gezeigt, daß eine Wechselwrkg. zwischen der Polarität eines Öles u. der des verlangten Emulsionssyst. besteht. Ebenso scheinen Wechselbeziehungen zwischen den DK-Werten u. dem Trübungspunkt, der Grenzflächenspannung, der Oberflächenspannung, den Schaumeigg., der Löslichkeit von Fll. u. festen Stoffen in anderen Fll. u. der krit. Micell-Konz. von einigen OS. zu bestehen. Die Meßergebnisse sind in 2 Tabellen u. 4 Diagrammen wiedergegeben. K. Hinterauer. 7912◇

2625 **Synthetische Waschrohstoffe und ihre Anwendungen.** 5.—7. Mitt. Hans E. Tschakert. (Soap, Perfum. Cosmet. **32,** 62—64, 176—181, 288—94, 1959; Narl, Chem. Werke Hüls AG; engl.) — 4.vgl.Soap, Perfum. Cosmet. **31,** [1958], 1161. — Allg. Hinweise für die Verwendung synthet. Waschrohstoffe für Haushalts- u. Geschirrspülmittel, Scheuerpulver u. Handwaschpasten, für kosmet. Prodd., die chem. Naß- u. Trockenreinigung, sowie für einige Spezialreinigungsmittel u. deren Herst. u. Analysen-Meth. zur Trennung u. Best. der verschiedenen Waschrohstoffe. H. Spohn. 7912◇

2626 **Synthese und grenzflächenaktive Eigenschaften einiger amphoterer Verbindungen.** W. M. Linfield, P. G. Abend und G. A. Davis. (J. Amer. Oil Chemists' Soc. **40,** 114—17, 1963; Chicago, Ill., Armour and Comp., Grocery Prod. Div., Res. Dep.; engl.) — Zur Unters. der Beziehungen zwischen Struktur u. grenzflächenakt. Eigg. wurden *Dimethyloctadecyl-[γ-sulfopropyl]-ammoniumbetain* (I), *„Soja"-dimethylcarboxymethylammoniumbetain* (II), *Methyldioctadecyl-[γ-sulfopropyl]-ammoniumbetain* (III), *2-Heptadecyl(pentadecyl)-3-methyl-3-[β-sulfoxyäthyl]-imidazoliniumbetain* (IV), *2-Heptadecyl(pentadecyl)-3-[β-hydroxyäthyl]-3-[γ-sulfopropyl]-imidazoliniumbetain* (V) u. *2-Heptadecyl-3-[γ-sulfopropyl]-3-[β-stearoylaminoäthyl]-imidazoliniumbetain* (VI) synthetisiert. Messungen des Waschvermögens für Standard-Baumwollschmutz der U.S.-Testing Co. mittels eines Tergotometers ergab für die Verbb. mit einer Alkylkette bessere Werte (beste Werte für **IV**) als für die mit 2 Ketten, wobei mit wachsender Konz. der Detergentien das Waschvermögen fiel. Abhängigkeit vom pH ergab bei **IV** plötzliches Absinken des Waschvermögens im pH-Bereich 9—10,5. Alle Verbb. sind mit Alkylbenzolsulfonaten unverträglich, in hartem W. mit äthoxyliertem Nonylphenol u. Seife schlecht u. in weichem W. teilweise verträglich, was auf ihren überwiegend kation. Charakter hinweist.

Versuche: *Dimethyloctadecyl-[γ-sulfopropyl]-ammoniumbetain* (I), durch tropfenweises Zugeben von Propansulton zur Lsg. von Dimethyloctadecylamin in Äthylenchlorid bei 50°, $^1/_4$std. Kochen bei 82°, Gießen in Aceton u. Filtrieren; 86% (Ausbeute). — *„Soja"-dimethylcarboxymethylammoniumbetain* (II), durch 6std. Kochen eines Gemisches von Dimethyl„soja"amin, Chloressigsäureäthylester u. Methanol bei 69°, langsames Zugeben von 97%ig. NaOH bei 45—50°, 3std. Kochen, Stehenlassen über Nacht, Filtrieren vom NaCl; 42%. — *Methyldioctadecyl-[γ-sulfopropyl]-ammoniumbetain* (III), durch Zugeben von Propansulton zur Lsg. von Methyldioctadecylamin in Äthylendichlorid, $1^1/_2$std. Kochen bei 99°, Gießen in Aceton, Filtrieren u. Trocknen; 81%. — *2-Heptadecyl(pentadecyl)-3-methyl-3-[β-sulfoxyäthyl]-imidazoliniumbetain* (IV), durch Zugabe von wss. Na-Hypophosphitlsg. zum eutekt. Gemisch von Stearin- u. Palmitinsäure, Erwärmen auf 100° u. langsames Zugeben von Aminoäthyläthanolamin, Quaternisierung durch Zugeben von Äthylendichlorid, $NaHCO_3$ u. Dimethylsulfat bei 45—50° zum gebildeten Imidazolin, Sulfatierung mit 20%ig. Oleum u. Neutralisation; 99%. — *2-Heptadecyl-(pentadecyl)-3-[β-hydroxyäthyl]-3-[γ-sulfopropyl]-imidazoliniumbetain* (V), durch tropfenweises Zugeben von Propansulton bei 35—40° zur Imidazolinlsg. (analog **IV**) in A., $^3/_4$std. Erhitzen auf 60°. — *2-Heptadecyl-3-[γ-sulfopropyl-3-[β-stearoylaminoäthyl]-imidazoliniumbetain* (VI), durch 4std. Erhitzen von Stearinsäure u. Diäthylentriamin auf 180° in N_2-Atmosphäre, Zugeben von Methylenchlorid u. Propansulton; 88,5%. H. Brämer. 7912◇

2627 **Natrium-Alkyl-α-sulfopelargonate, $C_7H_{15}CH(SO_3 \cdot Na)CO_2R$. Benetzende und verwandte Eigenschaften.** A. J. Stirton, R. G. Bistline jun., J. K. Weil und

Waldo C. Ault. (J. Amer. Oil. Chemistsj Soc. **39**, 55 bis 58, 1962; Philadelphia, Penn., Eastern Reg. Res. Labor.; engl.) — Aus Na-α-Sulfopelargonsäure (**I**) u. Alkoholen (Kettenlänge 2 bis 12 C-Atome) wurde eine Reihe von *Na-Alkyl-α-sulfopelargonaten* durch Behandlung von **I** mit 10% Überschuß des Alkohols in Ggw. von konz. H_2SO_4 als Katalysator hergestellt, wobei das bei der Veresterung gebildete W. durch azeotrop. Dest. mit Toluol entfernt wurde. Die Ester mit dem hydrophilen Rest in der Mitte des Mol., wie die Na-Salze der Hexyl-, Heptyl-, Octyl-, Capryl- (oder 2-Octyl-) u. 2-Äthylhexyl-α-sulfopelargonate, sind sehr wirksame Benetzungsmittel mit guten Schaumeigenschaften. Die krit. Micell-Konz. (tabellar. angegeben) der Reihe beträgt 2—7 Millimol/Liter. Die Anwesenheit einer α-Sulfo-Gruppe verhindert die Hydrolyse der Ester-Bindung, offensichtlich durch ster. Hinderung. Die Ester sind in W., organ. Lsgm. u. Mineralölen leicht lösl., Benetzungszeit der Ester im Verhältnis zur Konz., Verh. gegenüber hartem W., Beständigkeit gegenüber verschiedenen hydrolysierenden Reagentien u. Löslichkeit sind angegeben.

Sen Gupta. 7912◇

2628 **Ein neues Waschverfahren unter Verwendung wäßriger Lösungen von Hochpolymeren zur Abdeckung verschmutzter Gewebe und nachfolgendem Waschen mit Wasser.** Tetsuya Matsukawa. (Natur. Sci. Rep. Ochanomizu Univ. **11**, 189—213, 1960; Tokyo, Ochanomizu Univ., Fac. of Home Econ., Textile Labor.; engl.) — Zur Reinigung verschmutzter Gewebe (Baumwolle, Kunstseide, Tetoron, Vormel, Alon) werden diese mit einer Lsg. eines Polymeren (Methylcellulose, Polyvinylalkohol (**I**), **I**-Acetat, Na-Salz des Copolymeren von Vinylacetat u. Maleinsäureanhydrid (**II**), Polyvinylmethyläther, Copolymere von Vinylmethyläther u. **II**, Na-Alginat, Na-Carboxymethylcellulose, Stärke) oder einem Gemisch mit einem Netzmittel (Na-Seife, Na-Laurylsulfat, Na-Dodecylbenzolsulfonat, Polyoxyäthylenoctylphenoläther, Polyoxyäthylennonylphenoläther, Polyoxyäthylenlauryläther) überzogen, getrocknet u. mit W. gewaschen. Die Menge der angewandten Polymeren, Waschdauer u. -Temp., die Wrkg. der Netzmittel u. des Trocknens bei Verw. der verschiedenen Gewebe werden erörtert.

W. Wesly. 7912◇

2629 **Untersuchungen über die Einflüsse von synthetischen Reinigungsmitteln auf Keratin.** Elvio Cianetti und Serenella Felici. (Rassegna Chim. **10**, Nr. 1, 7—9, 1958; Roma, Univ. di Roma, Ist. di Merceol.; ital.) — Es wird die Wrkg. der hauptsächlich in Gebrauch befindlichen synthet. Reinigungs- bzw. Waschmittel bzgl. der Löslichkeit von *Keratin* (**I**), bes. im Hinblick auf die Reizung der Haut in Abhängigkeit von der Reinigungsmittel-(RM)-Konz., Temp. u. Zeit der Einw. in Beziehung zur chem. Zus. der RM [anionenaktive (**II**) u. nichtionogene (**III**), kationenakt. haben keine prakt. Bedeutung] untersucht. Es zeigt sich bei den in wss. Lsgg. durchgeführten Unterss., daß **II** bei in der Praxis angewendeten Konzz. (etwa 5%) das **I** zu mehr als 50% u. **III** nur Spuren lösen. Erst bei Konzz. < 0,1% wird die lösende Wrkg. von **II** merklich geringer. Die Zeit der Einw. u. die Temp. der Lsgg. haben fast keinen Einfluß. Von 30 handelsüblichen ital. Waschmitteln (WM), in herkömmlicher Konz. angewendet, lösten 3 geringe Mengen, 10 zwischen 40 u. 75% u. 17 zwischen 75 u. 97% des angewendeten Keratins. Unterss. der WM an Wollgeweben zeigen, daß die mechan. Eigg. trotz langer Behandlung bei normalem Einlaufen gegenüber einer vergleichbaren Wasser-Behandlung prakt. gleich bleiben. Die Abriebfestigkeit wird durch die WM jedoch deutlich negativ beeinflußt. Es wird festgestellt, daß die lösende Wrkg. der WM auf das **I**, wenn es wie bei der Wolle in faseriger Form vorliegt, bedeutend geringer ist, als unter vergleichbaren Bedingungen für die Haut, die oftmals gereizt wird. Angabe der chem. Zus. eines Teils der Detergentien.

W. Anika. 7912◇

2630 **Verbraucher-Test flüssiger Syndets.** Keith L. Johnson und Horace P. Andrews. (Soap, Chem. Special., **39**, Nr. 9 57—60, 1963; Chicago, Swift & Co, Res. Dev. Labor.; engl.) — Berichtet wird über Verbrauchertests an fl. Geschirrspülmitteln auf Basis *Cocosnußfettsäurediäthanolamid* („*Solar*" *CO*) als Schaumstabilisator, *Nonylphenolpolyglykoläther* als Fettsolubilisierer u. der *Diäthanolaminsalze* von *Dodecyl-*, *Tridecylbenzolsulfonsäure* bzw. *Nonylphenoxytetraäthoxyschwefelsäureester* als anion. Detergentien. Variiert wurden die Konz. der anionakt. (46 u. 68%) u. der nichtionogenen Verbb. (24 u. 36%) sowie der Geh. an Äthylenoxid (*Ä*) des Nonylphenols („Solar" 53 54% *Ä*; „Solar" NPO 61% *Ä*). Durch geeignete Kombination wurden 12 Test-Geschirrspülmittel erhalten, die jeweils 30% Aktivsubstanz enthielten. Jeder von 132 Testpersonen mußte jeweils 2 Test-Proben vergleichen u. sie bzgl. Schaummenge u. -stabilität, allg. Leistung (bes. Fettentfernung) u. Wrkg. auf die Hände beurteilen. Die Auswertung erfolgte statistisch. Von den getesteten 12 Proben wurden außerdem die Viscosität, der pH-Wert, das Schaumvermögen die Oberflächenspannung u. das Netzvermögen bestimmt.

I. Ohme. 7916◇

2631 **Die Untersuchung von Fetten.** J. Boldingh. (Chem. Weekbl. **59**, 317—25, 1963; Vlaardingen, Unilever Res. Labor.; niederl.) — Übersicht über Fortschritte der Fettchemie des letzten Jahrzehnts unter bes. Berücksichtigung moderner Unters.-Meth. wie Chromatographie (Verteilungs-, Papier-, Dünnschicht- u. Gaschromatographie), Spektralphotometrie, Massenspektrometrie, Meth. der Deuterierung von Doppelbindungen, Best. der Doppelbindungen durch Aldehydanalyse u. Meth. des enzymat. Abbaues zur Lokalisierung von Fettsäuren in Fetten. — 41 Literaturangaben.

K. Dorfner. 7932◇

2632 **Trennung von 1- und 2-Monoglyceriden durch Dünnschichtadsorptionschromatographie an Hydroxylapatit.** Alan F. Hofmann. (J. Lipid Res. **3**, 391—93, 1962; Lund, Univ., Dep. of Physiol. Chem.; engl.) — Auf Hydroxylapatit (**I**)-Schichten (10 g **I** u. 0,8 g $CaSO_4$ mit 37—39 ml W.) sind bei 10° mit Methylisobutylketon unter fast völliger Vermeidung der Isomerisierung 1- u. 2-Monoglyceride u. Ölsäure (R_F 0,42, 0,59 bzw. 0,78) trennbar. Die Platten werden vor u. nach der Entw. bei 150° ausgeheizt u. noch heiß durch Besprühen mit alkohol. Molybdatophosphat-Lsg. angefärbt. In den Syst. Dioxan (**II**)-Isoamylacetat u. **II**-Di-n-butyläther tritt Isomerisierung der Monoglyceride ein. 1.2- u. 1.3-Diglyceride können durch Entw. mit Chlf.-Heptan (3:7) getrennt werden.

F. M. Friedrich-Anderseck. 7932◇

2633 **Bestimmung des Hydroxyls in Mono- und Diglyceriden.** R. G. Jensen und J. Sampugna. (J. Amer. Oil Chemists' Soc. **39**, 309—10, 1962; Storrs Univ. of Connecticul, Agricult. expt. Station; engl.) — Vff. beschreiben eine Meth. zur quant. Best. der Hydroxyle in Mono- u. Diglyceriden unter Anwendung der Veresterungs-Rk. mit 3.5-Dinitrobenzoylchlorid u. der nachfolgenden Titration mit Tetrabutylammoniumhydroxid. Reines Mono- u. Dipalmitin wurden quant. zurückgewonnen. Ein Handelsmuster von Glyceryldioleat wurde sowohl nach der neuen Meth. als auch nach der A. O. C. S.-Meth. (mit Pyridin + Acetanhydrid) analysiert, wobei übereinstimmende Werte erhalten wurden. Die Ergebnisse sind tabellar. angegeben.

Sen Gupta. 7932◇

2634 **Einige Angaben zur papierchromatographischen Untersuchung ungarischer Pflanzenöle.** M. Jáky. (Nahrung **4**, 1123—32, 1960; Budapest, Forschungsinst. für Pflanzliche Öle u. Chem. Haushaltsartikel; dt.) — Vgl. C. **1963**, 352. — Eine papierchromatograph. Standardmeth. zur qual. u. quant. Trennung u. Best. der gesätt. u. ungesätt. Fettsäuren [**I**] der Reihe C_{12}–C_{24} wird beschrieben u. die Zus. von ungar. Sonnenblumenöl (S.) bestimmt. Unter Verw. von Schleicher u. Schüll 2043b-Papier bzw. japan. Toyo-Filterpapier Nr. 51A, imprägniert mit Paraffinum liquidum, wird die Substanz in 1%ig. Bzl.-Lsg. aufgetragen, das Chromatogramm mit 90 bzw. 95%ig. Essigsäure bei 20—21° in 14—20 Std. entwickelt u. die **I**-Flecke mit Cu-Acetat bzw. Rubeanwasserstoffsäure sichtbar gemacht. Für quant. Unterss. wird vorher gewaschenes Papier verwendet, die Auswertung erfolgt hier nach der Meth. von A. Seher [1955]. Zus. der **I** des S. ist folgende: *Linolsäure* (**II**) 60%, *Ölsäure* 30,5%; *Palmitinsäure* 4,4%, *Stearinsäure* 3,6%; *Arachinsäure* 0,25%, *Behensäure* 0,85%, *Lignocerinsäure* 0,35%. Best. der Veränderung der Zus. der **I** während der Reifeperiode der Samen zeigt, daß im Anfangsstadium die Menge der gesätt. **I** (hauptsächlich C_{20}–C_{24}) am größten (20%) ist, während bei Fortschreiten des Reifeprozesses die Menge der **II** rasch zunimmt. I. Hähn. 7932△

2635 **Zur Kenntnis der Lipoide der Kaffeebohne.** 1. Mitt. **Über Fettsäure-Ester des Cafestols.** H. P. Kaufmann und R. S. Hamsagar. (Fette, Seifen, Anstrichmittel **64,** 206–13, 1962; Münster, Dt. Inst. für Fettforsch.; dt.) — Vff. untersuchen die Lipoide der Kaffeebohne unter bes. Berücksichtigung des Unverseifbaren. In letztgenanntem sind *Cafestol* (**I**), $C_{20}H_{28}O_3$, F. 156–158°, u. *Kahweol*, zwei Diterpene, enthalten. Eine **I**-Fraktion läßt sich aus Kaffeeöl papierchromatograph. unter Verw. von Undecan als stationäre Phase u. einem Lsgm.-Gemisch, bestehend aus Aceton/Acetonitril/A./W. (16:4:2:1) abtrennen. Es entstehen auf dem Chromatogramm mehrere Flecken, die unter Anwendung der Hydrierdifferenzier-Meth. im Vgl. mit synthet. Modellsubstanzen als Fettsäureester des **I** erkannt wurden. Als Fettsäurekomponenten der Diterpen-Ester wurden Linol-, Öl-, Palmitin-, Stearin-, Arachin- u. Behensäure ermittelt. Die gleichen Fettsäuren werden als Konstituenten der Triglyceride festgestellt. Während bei letztgenannten die ungesätt. Fettsäuren (Linolsäure, Ölsäure) überwiegen, ist die Diterpen-Ester-Fraktion reicher an gesätt. Säuren, bes. an Palmitinsäure. G. Heder. 7932◇

2636 **Zur Kenntnis der Lipoide der Kaffeebohne.** 2. Mitt. **Die Veränderung der Lipoide bei der Kaffeeröstung.** H. P. Kaufmann und R. S. Hamsagar. (Fette, Seifen, Anstrichmittel **64,** 734–38, 1962; dt.) — 1. vgl. vorst. Referat. — Aus Unterss. an Lipoiden der gerösteten Kaffeebohnen ist zu schließen, daß beim Rösten mit steigendem Röstgrad eine Spaltung der *Cafestol*(**I**)-Fettsäureester stattfindet, wie ein Anstieg des Geh. der freien Diterpene u. der SZ. mit dem Rösten zu erkennen gibt. Die papierchromatograph. Abtrennung des **I** u. seine photometr. Best. ist beschrieben. Im Röstprozeß werden dagegen die Triglyceride der Kaffeebohne nicht geschädigt. Eine Vorbehandlung der Bohnen mit Wasserdampf vor dem Rösten führt zu keiner Verstärkung des beim Rösten beobachteten Spaltungseffektes der Diterpen-Ester. G. Heder. 7932◇

2637 **Die Fettsäurebestandteile der Glycerid- und Phospholipid-Fraktionen von Affenbrotbaumsamen (Adansonia digitata).** S. H. W. Cmelik. (J. Sci. Food Agric. **14,** 287–91, 1963; West Nicholson/South Rhodesia, Liebig's (Rhodesia), Ltd., Res. Labor.; engl.) — Die Glyceride von geschälten Affenbrotbaumsamen werden mit Aceton extrahiert u. die Fettsäuren durch Umkehr-Phasen-Papierchromatographie untersucht. Aus dem A.–Ae.-Extrakt werden Lecithin u. Cephalin isoliert. Alle Fraktionen enthalten Palmitinsäure als vorherrschende, gesätt. u. Ölsäure als vorherrschende, ungesätt. Fettsäure. Linolsäure ist in allen Fraktionen in Mengen von 21,7–30,6% enthalten. W. Wesly. 7932◇

2638 **Chromatographische Bestimmung des Gehaltes an Alkoholen im Pottwalöl durch Hydrierung zu Kohlenwasserstoffen.** D. B. Oretschkin, N. W. Popowa und O. F. Schepotko. (Nachr. sibir. Abt. Akad. Wiss. UdSSR **1962,** Nr. 11, 66–67; russ.) — Die im Pottwalöl enthaltenen Fettalkohole werden durch Hydrierung in KW-Stoffen umgewandelt u. chromatograph. neben nichtumgesetzten Wachsen u. Triglyceriden bestimmt. P. Kadach. 7932◇

2639 **Die Analyse von Hautfetten aus getragener Wäsche.** 1. Mitt. K. Bey, (Fette, Seifen, Anstrichmittel, **65,** 611–18, 1963; Düsseldorf, GEG-Seifenfabrik, Forschungslabor.; dt.) — Hautoberflächenfette von 8 Personen wurden aus getragenen Unterhemden vor einer Waschbehandlung durch Extraktion mit Bzl./A. (9:1) gewonnen. Aus dem Extrakt wurde eine PAe.-unlösl. Fraktion (Cholesterin, Phospholipoide), eine W.-lösl. Fraktion (u. a. Harnstoff, Aminosäuren) u. eine PAe. lösl. Fraktion erhalten. Durch Ausschütteln letzterer mit 0,05 n NaOH in 50%ig. A. erhielt man freie Fettsäuren. Säulenchromatographie der PAe.-Phase an Kieselgel ergab Trennung in folgende Stoffklassen: KW-Stoffe (Elutionsmittel PAe.), Squalen (20% Bzl. in PAe.), Wachsester, Cholesterinester (70% Bzl. in PAe.), Triglyceride (40% Ae. in PAe.), Mono-, Diglyceride, Fettalkohole (A.), Wachsester (3% Ae. in PAe.), Cholesterinester (A.). Durch Gaschromatographie der freien Fettsäuren u. der durch Hydrolyse von Glyceriden u. Wachsestern erhaltenen Fettsäuren u. Alkohole als Methylester bzw. Acetate, durch Dünnschichtchromatographie [PAe.-Ae.-Essigsäure (90:10:1), Bzl.-PAe. (7:4), Anfärbung mit Bromthymolblau], u. IR-Analyse gelang die weitere Analyse der einzelnen Fraktionen. — 71 Literaturangaben. I. Ohme. 7932◇

2640 **Bestimmung gesättigter Fettsäuren eines Fettes durch Bromierung und anschließende Harnstoff-Addukt-Bildung.** T. N. Mehta, M. S. Murty und P. M. Meshramkar. (Indian J. appl. Chem. **22,** 218–20, 1959; Nagpur, Nagpur Univ., Laxminarayan Inst. of Technol.; engl.) — Verschiedene Pflanzenöle (Erdnußöl, Baumwollsaatöl, Rhizinusöl usw.) wurden auf ihre Fettsäurezus. untersucht u. die einzelnen Best.-Meth. verglichen. P. Gregorzewski. 7936

2641 **Untersuchungen über Epoxyverbindungen höherer Fettsäuren und ihrer Derivate.** 3. Mitt. **Geschwindigkeiten der Epoxydierung von ungesättigten Fettsäuren mit Peressigsäure.** Yasuo Suhara. (Rep. Government chem. ind. Res. Inst., Tokyo **56,** 288–92, 1961; Auszug: engl. S. 33; jap.) — 2. vgl. Rep. Government chem. ind. Res. Inst., Tokyo **55,** [1960], 283. — Die Geschw. der Epoxydierung von 6 ungesätt. Fettsäuren mit Peressigsäure (**III**) in Essigsäure werden untersucht. Die spezif. Geschw.-Konst. betragen bei 30° für *Ölsäure* (**I**) 180, *Elaidinsäure* (**II**) 149, *Ricinolsäure* 133, *Monoepoxyoctadecensäure* 91,1, *Linolsäure* 230 u. *Brassidinsäure* 207. Die Epoxydierungs-Geschw. werden in Beziehung zur Mol.-Struktur diskutiert. Die Aktivierungsenergien der Epoxydierung betragen für **I** 7970 u. **II** 8660 cal.; ist W. (5–15%) zugegen, so ist der **III**-Verbrauch wesentlich höher. J. Gloede. 7936△

2642 **Nachweis und Bestimmung kleinster Mengen anionischer und kationischer grenzflächenaktiver Verbindungen in wäßrigen Lösungen.** 1. Mitt. **Methoden zur quantitativen Mikrobestimmung und zum Spurennachweis grenzflächenaktiver Verbindungen.** K. Bürger. (Z. analyt. Chem. **196,** 15–21, 1963; Gendorf/Obb., Farbwerke Hoechst AG; dt.) — Vf. beschreibt eine Meth. zum qual. Spuren-Nachw. von anion. u. kation. grenzflächenakt. Verbb. in wss. Lssg. mit einem Mischindicator, der aus äquimol. Mengen Methylenblau u. Brenzcatechinviolett besteht. Die quant. Best. dieser Stoffe erfolgt durch Ausschüttelung der Farbstoffaddukte aus ihren wss. Lssg. unter Ausnutzung ihrer Grenzflächenaktivität in die Phasengrenzflächen einer hydrophoben Phase (PAe.) u. der wss. Phase. Anschließend mißt man die Extinktion der Lssg. der Farbstoffaddukte mit Methylenblau u. anion. Verbb. bzw. mit Brenzcatechinviolett u. kation. Verbindungen. Das pH ist vor der Best. mit Säure oder Lauge auf 5–6 einzustellen. Bei Ggw. nichtionogener grenzflächenakt. Stoffe wird zur Vermeidung zu starker Emulsions- u. Schaum-Bldg. dem PAe. ein Demulgator beigegeben. Arbeitsvorschriften werden für Konz.-Bereiche zwischen 0,5 u. 10 ppm angegeben. Für die quant. Best. von Stearylaminacetat in konz. Salz-Lssg. wird eine modifizierte Arbeitsvorschrift mitgeteilt. F. Sarfert. 7942◇

2643 **Trennung und quantitative Bestimmung grenzflächenaktiver Umsetzungsprodukte von Fettsäuren, Fettalkoholen, Fettaminen, Fettsäureamiden und alkylierten Phenolen mit Äthylenoxid von Polyäthylenglykolen durch selektive Flüssig-Flüssigverteilung.** 2. Mitt. **Methoden zur quantitativen Mikrobestimmung und zum Spurennachweis grenzflächenaktiver Verbindungen.** K. Bürger. (Z. analyt. Chem. **196,** 22–26, 1963; dt.) — 1. vgl. vorst. Referat. — Vf. beschreibt eine Meth. zur quant. Trennung u. Best. von Polyäthylenoxidkondensaten u. freien Polyäthylenglykolen mit Äthylmethylketon (**I**) u. Wasser. **I** mit 11,4% W. (im Siedebereich ein bin. Azeotrop) besitzt für die grenzflächenakt. Kondensate dieser Art gegenüber den nicht grenzflächenakt. Polyäthylenglykolen ein selektives Lösevermögen. Ca. 60 Prodd. wurden untersucht, die Oxäthylierungsgrade lagen im Bereich von 5—25 Mol Äthylenoxid. Für ganz niedrig oxäthylierte Prodd. (mit 2—5 Mol Äthylenoxid) wird eine modifizierte Arbeitsvorschirft angegeben. F. Sarfert. 7942◇

2644 **Identifizierung des Seifenstocks durch gaschromatographische Technik.** E. C. Beck, E. Jungermann und W. M. Linfield. (J. Amer. Oil Chemists' Soc. **39**, 53—55, 1962; Soap Res. and Develop. Dept., Chicago, Ill., Armour & Co., Soap. Res. and Dev. Dep.; engl.) — Eine neue gaschromatograph. Meth. unter Verw. einer mit einer neuen automat. Verdünnungsvorrichtung versehenen App. wird beschrieben. Die Unters.-Proben des Seifenstocks werden durch Erhitzen desselben am Rückfluß mit methanol. BF_3-Lsg. hergestellt, während Vgl.-Proben aus Ölen (Triglyceriden) durch Erhitzen der Öle am Rückfluß mit methanol. $NaOCH_3$-Lsg. zubereitet werden. Die erhaltenen Fettsäuremethylester werden ohne weitere Reinigung gaschromatograph. getrennt. Die Zus. des Seifenstocks wird durch direkten Vgl. der chromatograph. Kurven der Methylester-Gemische, die z. B. aus Cocosnußöl, Talg oder deren Gemische gewonnen werden, bestimmt. Einige typ. Gaschromatogramme sind abgebildet. A. Sen Gupta. 7942◇

2645 **Umlagerungstechnik für die Analyse von Alkylbenzolen durch Massenspektrometrie. Neuartiges geheiztes Einbring-System.** E. W. Boyer, M. C. Hamming und H. T. Ford. (Analytic. Chem. **35**, 1168—71, 1963; Ponca City, Okla., Continental Oil Comp., Res. and Del. Dep.; engl.) — Allg. beruht die massenspektrometr. Analyse von *Alkylat-Detergentien* auf den Koeff., die durch Unters. der Dest.-Fraktionen roher Alkylate erhalten werden. Die angegebene Meth. benutzt für diese Best.-Meth. Umlagerungsphänomene u. Unters.-Angaben, die unabhängig von Vol. u. Druck sind, wodurch die Berechnung vereinfacht wird. Außerdem können die angegebenen Eichdaten direkt in anderen Labor. auf die mol. Verteilungsanalyse von Monoalkylbenzol-Syst. angewendet werden. Vff. beschreiben außerdem ein neuartiges Syst. zur Einbringung von Substanzproben in das Spektrometer bei hohen Temperaturen. A.-M. Fretzdorff. 7942◇

2646 **Aufstellung einer standardisierten Detergentien-Test-Methode.** W. M. Linfield, Eric Jungermann und J. C. Sherrill. (J. Amer. Oil Chemists' Soc. **39**, 47—50, 1962; Chicago, Ill., Armour & Co., Soap Res. and Dev. Dep.; engl.) — Eine standardisierte Labor.-Meth. zur Best. der Schmutzentfernungsfähigkeit stark wirksamer Detergentien wird beschrieben. Eine sorgfältige Prüfung der App., der einheitlich verschmutzten Stoffe, der Waschzeit u. der Härte des Waschwassers führte zu einer Standardisierung der Methode. Die Genauigkeit der Meth. wurde durch Anwendung von hartem u. weichem W. mit 2 starken anion. Detergentien bei einer Konz. von 0,2% geprüft. Standard-Abweichungen von 0,74% bei W.-Härte 50 p. p. m. und 1,03% bei Härte 135—300 p. p. m. wurden beobachtet. Die Vers.-Ergebnisse sind graph. u. tabellar. wiedergegeben. A. Sen Gupta. 7942◇

2647 **Statistische Annäherung zum Detergentien-Test. Zusammenhang zwischen Leistungsdaten und gaschromatographischen Kurven der Alkylbenzole.** Eric Jungermann, G. A. Davis, E. C. Beck und W. M. Linfield. (J. Amer. Oil Chemists' Soc. **39**, 50—53, 1962; Chicago, Ill., Armour & Co., Soap Res. & Dev. Dep.; engl.) — Die höchste Genauigkeit des standardisierten Detergentien-(Dg.)-Tests, der auf der Anwendung von Tergotometer u. U. S. Testtüchern basiert, liegt bei einer Konz. der Dg. von 0,4—0,5%. Bei dieser Konz. beträgt die Standard-Abweichung 0,56% Schmutzentfernungs-Einheiten. Die Leistungen einiger sprühgetrockneter Reinigungsmittel wurden geprüft. Gaschromatograph. Analyse der durch Entsulfonierung der Alkylbenzolsulfonate gewonnenen Alkylbenzole zeigte kleine Struktur-Unterschiede, die mit den beobachteten Leistungsunterschieden der Detergentien in Zusammenhang gebracht wurden. A. Sen Gupta. 7942◇

H_{18a}. Holz, Cellulose, Zellstoff, Papier, Papierdruck, Celluloid, Linoleum

2648 **Eine thermomechanische Methode zur Umwandlung von Cellulose in einen leicht hydrolysierbaren Zustand.** A. W. Krupnowa und W. I. Scharkow. (Hydrolysen- u. holzchem. Ind. [UdSSR] **16**, Nr. 3, 8—10, 1963; Forschungsinst. für die Hydrolysen- u. Sulfitalkohol-Ind.; russ.) — Aus einem *Sulfitzellstoff*, der bei der Hydrolyse mit 10%ig. H_2SO_4 bei 100° 15% *Glucose* (I) gibt u. nach Vermahlung in einer Schwingmühle 44%, erhielten Vff. bei Durchführung des Mahlprozesses bei 200° (40 Min.) bei der Hydrolyse 105% I. Bei längerer Vermahlung sinkt die I-Ausbeute langsam. Höhere Vermahlungstemp. von 200—220° führen etwas schneller zu leicht hydrolysierbaren Produkten. Bei 230° beginnen schon Zersetzungsreaktionen. Entsprechend durchgeführte Verss. mit *Cellolignin* ergaben, daß die Ggw. von Lignin die Umwandlung der Cellulose in einen leicht hydrolysierbaren Zustand nur unwesentlich verzögert. M. Ulmann. 7954◇

2649 **Die Herstellung von Holzschliffen durch grobes Schleifen mit nachfolgender Raffinierung.** Cestmír Skalický. (Sborník výskumných Prác Odboru Celulózy Papiera **7**, 9—28, 1962; tschech.) — Zur Erhöhung der Produktionskapazität bei Holzschleifereien wird das grobe Schleifen mit nachfolgender Raffinierung vorgeschlagen. Eine Analyse dieses Verf. stellt die optimalen Schleif- u. Raffinierbedingungen, sowie die zu erwartenden Schliffsorten fest, die bei einem spezif. Kraftverbrauch von < 1 KWh/kg Stoff hergestellt werden können. Eine Meth. zur Beherrschung des Schleifverf., die die Einhaltung einer gleichmäßigen Stoffqualität gewährleistet, wird vorgeschlagen. Die Raffinierung der Grobstoffe wird auf einem kon. Raffineur (Hydrafiner) (H.) sowie einem Labor.-Modell des Sprout-Waldron-Raffineurs (SWR.) durchgeführt. Der SWR. ergibt Holzschliffe mit viel besseren mechan. Festigkeitseigg.; der Unterschied kann durch alkal. Behandlung des Grobstoffes vor Raffinierung ausgeglichen werden. Alkali kann, falls es in zweckmäßigen Grenzen gehalten wird, die mechan. Eigg. des Schliffs günstig beeinflussen. Bei Erhöhung der Schleiferkapazität liegen die durch das neue Verf. erforderlichen Kosten um 50—60% niedriger als die durch Installierung neuer Schleifer entstehenden. F. Zeidler. 7956◇

2650 **Vorhydrolyse von Laubholz mit hydrotroper Lösung.** J. Gajdoš und M. Machunka. (Sborník výskumných Prác Odboru Celulózy Papiera **7**, 139—50, 1962; slowak.) — Um die Bleichbarkeit von Sulfatzellstoffen aus der Wasser-Vorhydrolyse (V.) zu verbessern, werden Espen- u. Buchenholzschnitzel in Labor.-Verss. mit einer 25%ig. Na-Xylolsulfonat-Lsg. vorhydrolysiert. Dabei zeigt sich, daß bei der V. mit einer wss. Lsg. eines hydrotropen Mittels sowohl Lignin als auch Hemicellulosen gelöst werden; der Geh. an reduzierenden Stoffen beträgt nur $^1/_3$ des Geh. dieser Stoffe in Wasser-Vorhydrolysaten. Zwischen dem V.-Grad u. dem α-Cellulose-Geh. wird bei den in der 2. Stufe erhaltenen Sulfatstoffen bei der hydrotropen V. kein so starker Zusammenhang wie bei der W.-V. beobachtet. Die Gründe, warum sowohl mit W. als auch mit hydrotroper Lsg. vorhydrolysiertes Holz bei anschließendem Sulfataufschluß schwer bleichbare Zellstoffe gibt, werden erörtert. F. Zeidler. 7956◇

2651 **Rezirkulation der Kochlösung bei der Entlignifizierungsreaktion.** J. Schmied und F. Minařík. (Sborník výskumných Prác Odboru Celulózy Papiera **7**, 63—72, 1962; tschech.) — 3 Möglichkeiten der Rezirkulation (R.) eines Teiles der Kochlsg. werden untersucht. R. kann erfolgen: a) stets nach Erreichung einer bestimmten Konz. der gelösten Substanz, b) nach Extraktion einer bestimmten Menge organ. Substanz, c) nach einer bestimmten Zeit. Jeder dieser Fälle wird mit Hilfe geometr. Reihen, unter Zuhilfenahme graph. Lsgg. untersucht. Hauptsächlich wird der nichtstationäre Teil der diskontinuierlich verlaufenden Entlignifizierungsrk. untersucht u. dabei der Einfl. verschiedener Faktoren, die die Geschw. der Erreichung des stationären Zustandes steuern, festgestellt. In der Praxis handelt es sich gewöhnlich um den unter c) genannten Fall. Je größer die Extraktionsgeschw. ist u. je länger die Abnahme der rezirkulierten Lauge dauert, um so mehr nähert sich der Mechanismus der R. dem Fall a), bei umgekehrten Bedingungen dem Fall b). F. Zeidler. 7956◇

2652 **Beitrag zum Einfluß der Morphologie der Cellulosefaser auf ihre chemische Verarbeitungsfähigkeit.** A. Kramár und Ebringerová. (Chem. Zvesti **15**, 682—88, 1961; Bratislava, Slowak. Akad. der Wiss., Inst. für Holz, Cellulose u. Chemiefasern; slowak.) — Die Quellungsformen im Verlaufe des Lsg.-Vorganges u. die Rk.-Fähigkeit von Zellstoffen, die aus Buchen- u. Fichtenholz nach dem Sulfit-, bzw. Sulfat-Verf. hergestellt wurden, werden untersucht. Es wird festgestellt, daß die beobachtete Verschlechterung der Verarbeitungsfähigkeit von Buchensulfatzellstoff nur sehr geringfügig von seiner Morphologie verursacht wird; demgegenüber kann hier ein bedeutender Einfl. der Art des Aufschluß-Verf. auf die Rk.-Fähigkeit von Zellstoff beobachtet werden. C. Kozák. 7956◇

2653 **Untersuchungen der Wirksamkeit von Alkalien bei der Sulfatkochung von Fichtenholz.** Jozef Farkaš. (Sborník výskumných Prác Odboru Celulózy Papiera **7**, 151—70, 1962; slowak.) — Von den Faktoren, die bei einer Sulfatkochung in konst. Zeit Stoff von einer bestimmten Qualität, gemessen an Ausbeute u. Spuckstoff- bzw. Lignin-Geh., zu erzeugen gestattet, wird die Steigerung der Alkalimenge, entweder durch Steigerung der Anfangskonz. oder durch Verminderung der Flotte, untersucht. Die Steigerung der Anfangskonz. der Alkalien in der Kochlsg. beschleunigt zwar den Kochprozeß, wirkt sich jedoch ungünstig auf die Ausbeute aus. Um höchste Stoffausbeute (bei konst. Spuckstoffgeh.) zu erhalten, ist es zweckmäßig, Kochlaugen mit niedriger Anfangskonz. zu verwenden, d. h. mit höherer Flotte zu kochen. Die maximale Ausbeute wird bei einem Holz/Lauge-Verhältnis 6,3—7,7 u. bei 16% Na_2O (auf atro Holz bezogen) erhalten. Eine weitere Erhöhung der Alkalimenge oder der Flotte gibt keine höhere Ausbeute. Die Sulfidität der Kochlauge hat großen Einfl. auf die Aufschlußgeschw., derart, daß ihre Erhöhung von 0—15% die Kochung beschleunigt, wobei der Spuckstoff-Geh. prakt. auf 0 sinkt, jedoch die Ausbeute abnimmt. Sulfidität von 15—40% ist ohne bedeutenden Einfl., höhere Sulfidität als 40% verlangsamt den Kochprozeß bedeutend. F. Zeidler. 7960◇

2654 **Kaltveredelung von Vorhydrolysesulfatzellstoff.** Eugen Oltus. (Sborník výskumných Prác Odboru Celulózy Papiera **7**, 171—87, 1962; slowak.) — Bei der Kaltveredlung von Vorhydrolyse-Sulfatzellstoff mit Alkali verlaufen 2 Vorgänge: Die Entfernung von Verunreinigungen, d. h. Hemicellulosen (**B**) u. Erhöhung des α-Cellulose(**A**)-Geh. im veredelten Stoff sowie strukturelle Veränderungen. Durch Verss. wird ein „Veredlungsfaktor" (VF) von 1,68 festgestellt, wobei der VF das Verhältnis zwischen der Verminderung der Ausbeute u. der Erhöhung des **A**-Geh. bedeutet. Vom Standpunkt der Ausbeute ist es vorteilhafter, Zellstoff mit niederem **A**-Geh. mit Lauge höherer Konz. zu veredeln als Stoffe mit höherem **A**-Geh. zu erkochen u. diesen durch Kaltveredlung weiter zu erhöhen. Bei Laugerückführung sinkt der erreichbare **A**-Geh. im Vgl. zur Verw. von reiner Lauge; die Ausbeute steigt, was sich durch Ausfällen von **B** aus der Lsg. an den Fasern erklären läßt. Die bei der Kaltveredlung eintretenden Veränderungen der Kristallstruktur lassen sich durch erhöhte J_2-Adsorption sowie röntgenograph. nachweisen; die Reaktivität der Faser wird dadurch nur wenig verbessert. F. Zeidler. 7960◇

2655 **Die Verteilung der organischen Stoffe zwischen Zellstoff und Ablauge bei Sulfitaufschluß und zweistufigem Aufschluß von Buchenholz.** Václav Kubelka. (Sborník výskumných Prác Odboru Celulózy Papiera **7**, 91—104, 1962; tschech.) — Bei der Herst. von Viscose-Zellstoff mit niedriger Viscosität aus Buchenholz sinkt die Menge der organ. Substanz in der Ablauge, was auf Veränderung der Zus. des Lignin- u. Kohlenhydratanteils in der Ablauge u. auf Wasser-Abspaltung zurückgeführt wird. Bei Alkalisierung der Ablauge oder bei 2-stufigem Aufschluß erhöht sich die Menge der organ. Substanz; die flüchtigen Säuren werden gebunden. Die Verbrennungswärme der Ablauge bzw. ihres organ. Anteils ändert sich ebenfalls. Mit sinkender Menge der organ. Substanz (beim Sulfit-Verf.) steigt ihre Verbrennungswärme; sie sinkt dagegen bei der Alkalisierung der Ablauge, trotz Erhöhung ihrer Konzentration. Daraus wird gefolgert, daß es sich um Rkk. handelt, bei denen kalor. inakt. Gruppen abgespalten werden. Es werden Meth. vorgeschlagen, um die Menge der organ. Stoffe in der Ablauge bei verschiedenen technolog. Verff. zu berechnen. F. Zeidler. 7962◇

2656 **Die Erzeugung von Viscosezellstoff aus Buchenholz mit dem zweistufigen Natriumbisulfit-Verfahren unter Verwendung von verschiedenen Alkalilösungen in der zweiten Stufe.** D. Jurkovičová und V. Enderšt. (Sborník výskumných Prác Odboru Celulózy Papiera **7**, 125—37, 1962; slowak.) — Bei der Herst. von Viscosezellstoff aus Buchenholz im 2-stufigen Na-Bisulfit-Verf. wird in der 2. Stufe die Verw. von NaOH, Na_2CO_3, Weiß- u. Grünlauge (sulfitiert u. nicht sulfitiert) sowie carbonisierter u. durch Auskochen von H_2S befreiter Grünlauge geprüft. Die Verss. werden mit verschiedenen Alkalimengen u. mit einer Flotte 1:3,5 in der 1. Stufe u. 1:4 in der 2. Stufe durchgeführt. Am geeignetsten erweist sich in der 2. Stufe die Verw. von reiner Na_2CO_3-Lsg., die bei pH 7,5 einen α-Cellulose-Geh. von 94,5% gibt. Von den regenerierten Lsgg. eignet sich für die 2. Stufe am besten carbonisierte, von H_2S befreite Grünlauge. Zu guten Ergebnissen führt auch die Verw. von NaOH u. sulfitierten Weiß- u. Grünlaugen in der 2. Stufe. Die Verw. nicht sulfitierter Weißlauge gibt zwar einen ziemlich hohen α-Cellulose-Geh., jedoch bei kleinerer Ausbeute u. höherer Küng-Zahl. Wenig geeignet ist nicht sulfitierte Grünlauge; mit steigender Sulfidität sinken α-Geh. u. Ausbeute; die Küng-Zahl steigt auf > 10. F. Zeidler. 7962◇

2657 **Kondensationsreaktion bei der Sulfitkochung von Holz mit Bast und mit Rinde.** J. Fellegi und J. Janči. (Sborník výskumných Prác Odboru Celulózy Papiera **7**, 73—89, 1962; slowak.) — Die Kondens. von Lignin (**A**) mit Polyphenolen, die sich im Bast, der Rinde u. auch (als Polyphenolpinosylvin) im Kiefernholz finden u. die Farbrkk. bei Modell-Verss. mit Resorcin (**I**) bei verschiedenen pH-Werten werden untersucht. Der Weißgeh. u. die Entlignifizierung sinken bei Ggw. von **I** mit fallendem pH. Beim halbsauren Sulfitverf. (pH 4,5) verursacht auch eine große Menge **I** nur einen kleinen Rückgang der **A**-Lösbarkeit u. des Weißgeh.; bei pH 2,5 ist die **A**-Konz. sehr ausgeprägt. Bei der 2-stufigen Na_2SO_3/Ca-Bisulfitkochung werden die Kondens.-Rkk. unterdrückt; den geringsten Weißgeh. gibt das Ca-Bisulfitverfahren. F. Zeidler. 7962◇

2658 **Die neue Sivola-Lurgi NSSC-Rückgewinnungsanlage.** Manfred W. Lüthgens. (Tappi **45**, 837—40, 1962; Frankfurt, Germany, Lurgi Ges. für Chem. u. Hüttenwes. m. b. H.; engl.) — In der nach dem Sivola-Lurgi-Verf. seit 1961 in Heinola/Finnland betriebenen Rückgewinnungsanlage einer 300 tato-Zellstoff-Fabrik wird die Grünlauge zunächst mit Abgasen vorcarbonisiert. Darauf wird mit dem aus dem Prozeß stammenden CO_2 fertig carbonisiert, wobei Na_2CO_3 in $NaHCO_3$ umgewandelt wird. Dabei frei werdendes H_2S wird mit zusätzlichem S zu SO_2 verbrannt. $NaHCO_3$ wird zu Na_2CO_3 zersetzt, das z. T. zur Herst. der Kochfl. verwendet wird. Der Rest wird mit $NaHSO_3$ zu Na_2SO_3 umgesetzt, das seinerseits z. T. in die SO_2-Absorptionstürme zur Bldg. von $NaHSO_3$ rückgespeist, z. T. zur Bereitung der Kochlauge gebraucht wird. Der bes. Entwurf für eine Kombination eines Zers.-Reaktors trägt dazu bei, die Herst. von prakt. S-freiem Na_2CO_3/$NaHCO_3$ zu verwirklichen. Die Verdampfungsanlage, die für die Konz. von neutraler Sulfitfl. entworfen ist, bleibt prakt. ansatzfrei dank der Anwendung eines forcierten Zirkulationssystems. Einzelheiten der Anlagen sowie Fabrikationsdaten werden angegeben. F. Zeidler. 7962

2659 **Selektive Faserrückgewinnung aus Sulfitzellstoff-Spuckstoff.** Richard Kott. (Tappi **45**, 861—65, 1962; Bellingham, Wash., Puget Sound Pulp & Paper Co.;

engl.) — Das Problem, brauchbare Fasern aus dem Spuckstoff von Knotenfängern zu gewinnen, wird auf 2 Wegen angegangen. Der 1. Vers., den defibrierten Spuckstoff in Zentrifugalreinigern aufzuteilen zeigte, daß hierdurch keine Trennung der brauchbaren Fasern von unerwünschten Bestandteilen zu erreichen ist. Der 2. Weg bedient sich des Absitzverh., bevor der Spuckstoff zerkleinert ist. Theoret. Gleichungen u. experimentelle Daten für Entwurf u. Arbeitsweise einer Vers.-Kolonne für dieses Trennverf. werden angegeben. Vers.-Ergebnisse mit dieser Anlage zeigen, daß sie die brauchbaren Fasern zu ca. 90% aus unzerkleinertem Spuckstoff zu isolieren gestattet. Diese Anlage erbringt eine merkliche Abnahme des Spuckstoffanfalls, ohne den Schmutzanteil zu erhöhen oder die Güte der Zellstoffe zu verschlechtern. F. Zeidler. 7962

2660 **Der Mechanismus der Entlignifizierung im Anfangsstadium der Sulfitkochung.** R. Boríšek und F. Minařík. (Sborník výskumných Prác Odboru Celulózy Papiera **7**, 47—62, 1962; slowak.) — Durch nähere Prüfung der Entlignifizierung (E.) von Holz (**D**) in Sulfitaufschlüssen bei hohen Temp. wird der Mechanismus der E. erklärt. Diagramme der Anfangsstadien der Kochung nach Ross zeigen, daß bei 140—150° die Sulfonierung u. Extraktion von nicht an Polysaccharide (**B**) gebundenem Lignin (**A**) in 15 Min. stattfindet; das erfolgt auch bei der sauren Bisulfit-, der Bisulfit- u. der Monosulfitkochung. Bei 160—170° tritt bei der sauren Bisulfitkochung in 10 Min. eine hydrolyt. Spaltung der Bindungen zwischen **A** u. **B** u. eine Herauslösung der Hemicellulosen (**C**) bei konst. **A**-Gehalt ein. Erst nach dieser Spaltung setzt rasche Sulfonierung u. E. ein; der **A**-Geh. sinkt von 21—25% (auf **D** bezogen) in 10 Min. auf 11,1%. Dieser Mechanismus erlaubt es nicht, geeignete Hochausbeute- u. Halbzellstoffe zu erzeugen. Bei der halbsauren Bisulfit-, der Monosulfit- u. der sauren Bisulfitkochung bis 140° fallen Lockerung der **A**-Bindungen u. E. mehr oder weniger zusammen. Bei der sauren Bisulfitkochung bei hoher Temp. kann der vom Standpunkt höherer Ausbeuten ungünstige E.-Mechanismus durch Einw. schwacher alkal. Lsgg. auf **D** etwas geregelt werden, wodurch die Hydrolyse bzw. Extraktion von **C** unterdrückt u. die E. beschleunigt wird. F. Zeidler. 7962◇

2661 **Reaktion zwischen Sulfit und Mannit.** Bengt Lindberg und Olof Theander. (Svensk Papperstidn. **65**, 509—12, 1962; Stockholm, Sweden, Wood Chem. Dep., Swed. Forest. Prod. Res. Labor.; engl.) — D-Mannit wird unter verschiedenen Bedingungen der Zellstoffkochung (pH 1,7—6,0; 130—180°) mit Sulfitlsgg. behandelt. Bei allen pH-Werten wird eine Oxydation des Zuckeralkohols zu *Mannose* u. *Fructose* beobachtet. Bei pH 6 u. in geringerem Ausmaß auch bei pH 4,4 wird eine Epimerisierung der Zucker, Umlagerung zu Saccharinsäure u. Abbau festgestellt. α u. *β-Metaglucosaccharinsäure* u. *D-Erythronsäure* werden aus dem Rk.-Gemisch isoliert, Essig- u. Milchsäure nachgewiesen. Die Haupt-Prodd. der Rk. sind Kohlenhydratsulfonsäuren. Die Resultate geben einen Einblick in den Mechanismus der Oxydation u. des Abbaus von Polysacchariden bei der Zellstoffkochung unter bestimmten Bedingungen. F. Zeidler. 7962◇

2662 **Die Koagulierung von Ligninsulfonsäure durch Calciumhydroxid.** Vojtech Staník. (Sborník výskumných Prác Odboru Celulózy Papiera **7**, 105—23, 1962; slowak.) — Gleiche Mengen $Ca(OH)_2$ fällen aus Sulfitschlempen in verschiedenen Phasen unterschiedliche Mengen an Niederschlag. Die Analyse der Ndd. u. der Filtrate zeigt, daß anfangs $CaSO_3$ u. $CaSO_4$, später auch organ. Bestandteile ausgefällt werden. Die Fällungsrk. ist von der Temp. abhängig; bei 70° fallen 5—6% weniger aus als bei 20°; der Nd. ist 0,1—1% im Trockengeh. reicher an organ. Anteil. Werden die ersten Ndd. vor weiterer $Ca(OH)_2$-Zugabe beseitigt, so fällt im gesamten Zugabebereich (0—25 g) die Nd.-Menge etwas ab. Von Einfl. ist auch die physikal. Form des Fällungsmittels, was zu dem Schluß führt, daß außer Koagulierungserscheinungen auch eine Adsorption von organ. Substanzen an der Oberfläche von $Ca(OH)_2$ stattfindet. Der Nd. besteht aus bas. Ca-Ligninsulfonat, ein Gleichgew.-Syst. aus dem koagulierten Ligninkomplex u. überschüssigem $Ca(OH)_2$. F. Zeidler. 7966◇

2663 **Der Einfluß des Gewichtes eines Holzzellstoffblattes auf den Verlauf der Nitrierung von Holzzellstoff in Säuregemischen.** František Krejči und Jaroslav Růžička. (Sborník vědeckých Prací, Vysoká Škola chem.-technol. Pardubice **1959**, 321—25; Katedra zvláštních výrob; tschech.) — Der Einfl. des Gew. eines Holzzellstoffblattes in g/m² auf den Verlauf der Nitrierung von Holzzellstoff in Säuregemischen, die 25—60% HNO_3 u. 9,8—10,7% W. enthalten, wird untersucht. Für Cellulosenitrat fällt der N-Geh. ständig mit wachsendem Blattgewicht. R. Grundmann. 7970◇

2664 **Die Wirkung der Temperatur bei der Nitrierung von Holzcellulose auf die Viscosität von Cellulosenitrat.** František Krejči und Jaroslav Růžička. (Sborník vědeckých Prací, Vysoká Škola chem.-technol. Pardubice **1959**, 327—34; Katedra zvláštních výrob; tschech.) — Vgl. vorst. Referat.) — Die Beziehungen zwischen der Nitrierungstemp. (t) von Holzcellulose u. der Viscosität (η_t) des erhaltenen Cellulosenitrats bei 5—50° wird untersucht. Die Ergebnisse können durch die Gleichung $\eta_t = \eta_0 \cdot e^{bt}$ ausgedrückt werden. Die Nitrierungsrk. im angegebenen Temp.-Bereich ist eine Rk. 1. Ordnung. Die Viscosität von Holzcellulosenitrat, das $>12\%$ N enthält, folgt der Gleichung: $\eta_t = 90e^{-0{,}069t}$. R. Grundmann. 7970◇

2665 **Die Verwertung von Holz von schnell wachsenden Bäumen in der Zellstoff-Papier-Industrie.** F. F. Kuteinikow (Forst-Wirtsch. [UdSSR] **16**, Nr. 7, 66—68, 1963; Allunions-Forschungsinst. für Papier; russ.) — Ausgehend von den Unterschieden im Aufbau u. dem Verh. von Laub- u. Nadelholz wird darauf hingewiesen, daß eine ganze Reihe von technolog. Problemen in bezug auf den Aufschluß von Laubholz schnellstens gelöst u. weiter entwickelt werden muß. Hierzu gehört auch die Lagerung, Entrindung u. Gütesteigerung von Holz schnell wachsender Bäume. M. Ulmann. 7974◇

2666 **Die Verarbeitung von Altpapier auf Qualitätsprodukte.** Václav Hnětkovský und Otomar Šedivý. (Sborník výskumných Prác Odboru Celulózy Papiera **7**, 29—45, 1962; tschech.) — Im Schema einer Altpapierverarbeitung wird grob zerfasertes, vorsortiertes u. auf 14—22% Konsistenz eingedicktes Altpapier in ca. 1000 m³ fassenden Hydratationsbehältern nach Vorchlorierung 72 bis 250 Std. gelagert. Hier findet Quellung u. Hydratation der Fasern statt; Fremdstoffe werden z. T. gelöst. Die Quellwrkg. ersetzt die drast. Wrkg. der gebräuchlichen Zerfaserungs- u. Entstippungsgeräte. Danach wird der Stoff durch hydrodynam. Mühlen nach Páv in Ggw. von Cl_2 weiter zerfasert, der zerfaserte u. entstippte Stoff durch magnet. Separatoren, Hydrozyklone u. Flachsortierer sortiert u. gereinigt. In einem Fraktioniergerät können Füll- u. Schleimstoffe sowie Nullfasern u. aus dem Holzschliff stammende Bruchfasern u. Mehlstoffe entfernt werden. Die mechan. Festigkeitseigg. werden um 15% herabgesetzt; gleichzeitig sinkt der Mahlgrad bis auf die Hälfte. Labor.-Verss. beweisen, daß auch aus minderwertigem Altpapier relativ gute Papiersorten hergestellt werden können. F. Zeidler. 7974◇

2667 **Beziehungen beim Sortieren von Holzschliff.** Walter Brecht und Arno Weidhaas. (Pulp Paper Mag. Canada **63**, Nr. 12, techn. Sect. T-579—86, 1962; Darmstadt, Germany, Techn. Univ., Inst. of Paper Manufact.; engl.) — C. **1963**, 19846.) F. Zeidler. 7974◇

2668 **Gebleichter Sulfitzellstoff aus Espenholz in der Papierindustrie.** N. Je. Truchtenkowa, D. L. Kopetzkaja und N. Je. Firssanowa. (Papier-Ind. [UdSSR] **37**, Nr. 12, 11—16, 1962; Allunions-Forsch.-Inst. der Zellstoff- u. Papierind.; russ.) — Gebleichter Sulfitzellstoff aus *Espenholz* kann 15—75% des zur Papierherst. dienenden Nadelholzzellstoffes ersetzen. Die Zusatzmenge richtet sich nach dem Verwendungszweck des Papiers. Das Mahlen des Espenzellstoffes muß jedoch getrennt von anderen Zellstoffen durchgeführt werden. R. Wittwer. 7974◇

2669 **Espenzellstoff und dessen Verarbeitung zu Papier.** W. G. Nelegkowa. (Papier-Ind. [UdSSR] **37,** Nr. 12, 17—18, 1962; Nemansk, Zentrallabor. des Kombinats; russ.) — Vgl. vorst. Referat. — Der Aufschluß von *Espenholz* (Ez.) wird zweckmäßig auf einige Werke beschränkt, da die gleichzeitige Verarbeitung von Ez. zusammen mit anderen Holzarten Schwierigkeiten mit sich bringt. Der Anteil des Ez.-Zellstoffes im Papier hängt von dessen Verwendungszweck ab. R. Wittwer. 7974◇

2670 **Regenerierung von Abfällen hochnaßfester Papiere.** Lídia Kóbor. (Kolorisztikai Értesitő [Kolorist. Rdsch.] **4,** 289—302, 1962; Budapest, Papír-és Nyomdaipari Kutató Intézet; ung.) — Maschinenabfälle können unverzüglich wiederverarbeitet werden, unabhängig davon, welches Kunstharz angewandt wurde. Nur bei mit Polyäthylenimin behandelten Papieren mit einer relativen Feuchtfestigkeit von $>20\%$ kann die Anwendung von Warmwasser notwendig werden. T. Wein. 7974△

2671 **Oberflächenbehandlung von Papieren im elektrischen Felde.** Milan Souček. (Sborník výskumných Prác Odboru Celulózy Papiera **7,** 211—27, 1962; tschech.) — Bei der Oberflächenveredlung von Papier werden Aerosole (**A**) hydrophober Stoffe im elektrostat. Feld, bei 75 kV u. 30 μA niedergeschlagen. Es werden die **A** von Paraffin, raffiniertem Vaselinöl u. verschiedenen Siliconölen verwendet, die zusammen mit Ti-Estern als Katalysatoren aufgetragen werden. Die **A** werden zubereitet, indem Luft unter ziemlich hoher Geschw. unter die Schmelzen bzw. die Fl.-Oberflächen in einem geschlossenem Behälter durch eine Düse zugeführt wird. Zur Erreichung der Volleimung genügen 0,5 g/m²; der Weißegrad bzw. die Opazität werden dabei nicht ungünstig beeinflußt; die Festigkeitsunterschiede vor u. nach der Leimung sind bedeutungslos. Das Verf. ist gut regulierbar u. eignet sich bes. für Papier mit größerem Flächengewicht. Beim Auftragen von Siliconölen bis zu 2 g/m² entfällt das Trocknen, das beim Streichen mit Siliconnölen oder Emulsionen nötig ist. F. Zeidler. 7982◇

2672 **Die Eigenschaften tschechoslowakischer Kaoline für Papierstreichmassen.** J. Prokop und F. Dvořák. (Sborník výskumných Prác Odboru Celulózy Papiera **7,** 229—44, 1962; tschech.) — Die für die Oberflächenbehandlung von Papier durch Streichen geeignetsten Kaoline finden sich im Plzeň-Becken. Sie sind nach bes. Behandlung u. Bleichen ausländ. Kaolinsorten gleichwertig. Durch weitere Entw. von Sortier- u. Bleichmeth. wird sich die Qualität noch steigern lassen, so daß sie für alle Papierstreichzwecke verwendet werden können. Selbst für anspruchsvolle Druck-Verff. werden sie sich nach Druck-Verss. gut eignen. F. Zeidler. 7982◇

2673 **Eine mit Acryl modifizierte Vinylidenchloridharz-Emulsion für die Papierbeschichtung.** Arthur D. Jordan jun. (Tappi **45,** 865—67, 1962; Philadelphia, Pa., Rohm & Haas Co., Paper Appl. Labor.; engl.) — *Rhoplex R-9* (**A**), eine Acrylmodifizierte Vinylidenchloridharz-Emulsion, bildet Beschichtungen auf Papier, die flexibel sind u. bei 180°F u. 100% relativer Feuchtigkeit nicht zusammenbacken. Trotzdem hat die Emulsion eine sehr tiefe Filmbldg.-Temp., $< 0°$. Bei $-10°$ sind die Filme glasig, ein 2. Umwandlungspunkt liegt bei ca. 8°. Aus der Emulsion gegossene u. an der Luft getrocknete Filme besitzen hohe Kristallinität, wie aus der Röntgenstrahlstreuung u. der Kurve für den Torsionsmodul hervorgeht. Beschichtungen mit **A** zeigen die für ein Vinylidenchlorid typ. Merkmale u. haben überdies den Vorteil, daß sie leicht aus Emulsionen zu erhalten sind u. nur sehr kurze Trockenzeit zur Filmbldg. erfordern. Ihre Wasserdampf-Durchlässigkeit (bei 90% relativer Luftfeuchtigkeit) für einen 0,2 mm dicken Film beträgt 0,5 g/100 in²/24 h; sie haben eine Cobb-Zahl von 0—1 nach 24 h, sind widerstandsfähig gegen die gebräuchlichen Lsgm., haben ein gutes Farbretentionsvermögen u. sind geschmack- u farblos. F. Zeidler. 7982

2674 **Die Widerstandsfähigkeit beschichteter Offsetpapiere gegen Feuchtigkeit.** Norman J. Beckman. (Tappi **45,** 855—61, 1962; Neenah, Wis., Kimberly-Clark Corp., Res. and Dev. Center; engl.) — Beim Offsetdruck wird nur wenig W. durch das Drucktuch auf die Oberfläche des Papiers übertragen. Beschichtete Papiersorten, die nicht die geeigneten Charakteristika für die Widerstandsfähigkeit gegen W. besitzen, können ernsthafte Verminderung des Rupfwiderstandes, Welligwerden u. Glanzeinbuße verursachen u. sich auf den Druck nachteilig auswirken. Natur u. Ausmaß des Feuchtigkeitswiderstandes, wie es von beschichteten Papieren gefordert wird, muß bes. beurteilt werden. Ein App. u. ein Verf. werden entwickelt, mit denen ein Anfeuchten von Papierproben in gleicher Art u. gleichem Ausmaß wie auf der Offsetpresse vorgenommen werden kann. Hierdurch kann zahlenmäßig die Einstufung von Offset-Druckpapieren erfolgen. Das Verf. ist gegen Unterschiede der Papiere sehr empfindlich u. zeigt gute Anwendbarkeit für den Druckprozeß. Beim Vielfarbendruck sind die Anforderungen an das Papier noch strenger. Die Art des Binders in der Beschichtung bestimmt hauptsächlich die Widerstandsfähigkeit bei den üblichen Offsetpapieren, während das Verhältnis Binder/Pigment u. die Herst.-Verff. von geringerem Einfl. sind. F. Zeidler. 7988

2675 **Halbstoff für Wellpappe für Verpackungszwecke und Eiweißhefen.** N. A. Rosenberger. (Papier-Ind. [UdSSR] **37,** Nr. 12, 26—29, 1962; Allunions-Forsch. Inst. Zellstoff- u. Papierind.; russ.) — Mit Hilfe von Mg-Bisulfit erkochter Zellstoff eignet sich zur Herst. von *Wellpappe*, deren Qualität derjenigen aus Hochausbeute-Sulfatzellstoff nicht nachsteht. Aus der Sulfitablauge lassen sich nach Säureinversion bis zu 10 kg *Hefe* je m³ Ablauge gewinnen. R. Wittwer. 7992◇

2676 **Neues Diagramm für die Bewertung von Extraktionsreaktionen.** Jozef Schmied. (Chem. Zvesti **15,** 677—81, 1961; Bratislava, Forsch.-Inst. für Papier u. Cellulose; slowak.) — Eine Charakteristik u. Kritik des Rossschen u. des Löschbrandt-Giertzschen *Extraktionsdiagrammes* (E) wird gegeben. Zwecks Beseitigung der bei diesen beiden E. festgestellten Mängel wird ein neues, einfaches u. empfindliches E. angegeben. Dieses dient zur Bewertung von Extraktionsrkk., bei denen aus festen Rohstoffen der Zellstoffindustrie durch Einw. von Extraktionsmitteln unerwünschte Bestandteile, bes. Lignin u. Hemicellulose, zusammen mit einer bestimmten Menge der zu isolierenden festen Stoffe, extrahiert werden. Auf Grund des neuen E. kann eine kinet. Analyse der Aufschluß- u. ähnlicher Rkk. rasch u. einfach durchgeführt werden. C. Kozák. 8002◇

2677 **Die Untersuchung des Einflusses von Temperatur und Feuchtigkeit auf die Kennwerte der rheologischen Eigenschaften von Holz der Birke.** B. N. Ugolew und W. I. Pimenowa. (Holzverarb. Ind. [UdSSR] **12,** Nr. 6, 10—12, 1963; Moskau, Holztechn. Inst.; russ.) — Best. des Elastizitätsmodul bei kurzer u. Dauerbelastung, der Relaxationsperiode p, des Moduls der Restverformung ε u. der Grenzfestigkeit σ ergab, daß die rheolog. Eigg. von Birkenholz mit Anstieg von Temp. u. Feuchtigkeit stark abfallen, was der allg. Vorstellung über den Einfl. letzterer Faktoren auf die Verformbarkeit von Polymeren entspricht. M. Ulmann. 8004◇

2678 **Charakterisierung von mit NaOH behandelten Cellulosen durch Benzol-Retention.** Frank L. Wells, Douglas G. Sheldon und Robert H. MacClaren. (Tappi **45,** 845—49, Nov. 1962; Rochester, N. Y., Eastman Kodak, Cellulose Technol. Div., Wood Cellulose Sect.; engl.) — Bei einer einfachen u. reproduzierbaren Meth. zur Charakterisierung einer Cellulose (**A**) wird eine Probe in W. zum Quellen gebracht, das W. durch Eisessig u. dieser durch Bzl. verdrängt, dessen Menge nach Zentrifugieren bei konst. Temp. durch Wägung der Probe bestimmt wird. Bezeichnende Veränderungen der Faserstruktur durch Trocknen oder Alkalibehandlung können durch Best. der Bzl.-Retention bemerkt werden, auch wenn diese Behandlung mehrmals wiederholt wird. Die höchste Bzl.-Aufnahme von mit NaOH behandelten **A** findet bei Konz. statt, die die höchste Quellung oder das größte innere Vol. bedingen. Diese krit. Alkalikonz. ändert sich mit dem **A**-Typ u. der Behandlungstemp.; der Zeitaufwand für eine Best. beträgt 4 h. F. Zeidler. 8006

2679 **Zur quantitativen Bestimmung der monomeren Äthanolysenprodukte aus dem Lignin monocotyler und dicotyler Angiospermen.** K. Kratzl und P. Claus. (Mh. Chem. **93,** 219—29, 1962; Wien, Univ., Org.-chem. Inst.; dt.) — Vgl. C. **1960,** 16150 u. C. **1962,** 9030. — Die beschriebene Meth. ermöglicht die quant. Best. der durch Äthanolyse von Holz bzw. Lignin (**A**) u. Oxydation mit $FeCl_3$ erhältlichen Aryldiketone. Dazu werden die entsprechenden Dioxime als Ni-Salze gefällt, die Diketone durch saure Spaltung zurückgewonnen u. ihre Extinktionsmaxima im UV bestimmt. Auf diesem Wege gelangt erstmals der Nachw. von *p-Hydroxybenzoylacetyl* unter den durch Äthanolyse aus monocotylen Angiospermen erhaltenen Monomeren. Die Meth. läßt sich auch für die Unters. verschieden stark verrotteter Strohproben anwenden. Es zeigt sich hierbei, daß selbst bei starker Verrottung die äthanolysierten **A**-Anteile biolog. noch stabil sind. Zum Vgl. wird eine weitere Abbaurk. herangezogen, die sich ebenfalls auf das Vorhandensein einer Guajacylglycerin-β-aryläther-Vernetzung in natürlichem **A** zurückführen läßt (Sulfitierung u. anaerobe alkal. Hydrolyse, Isolierung der entstandenen aromat. Hydroxyaldehyde u. flüchtigen Aldehyde). Mit beiden Meth. läßt sich zeigen, daß jedenfalls in **A** monocotyler u. dicotyler Angiospermen wesentlich mehr Guajacylbausteine im Vgl. zu den Syringylbausteinen in äthanolierter Form vorhanden sind, als die alkal. Nitrobenzoloxydation erwarten läßt. E. Uhlein. 8008◇

2680 **Arbeitsweise und Ausrüstung zur Messung der Adhäsion von leicht haftendem, druckempfindlichem Band.** William T. Diefenbach. (Tappi **45,** 840—42, 1962; Chevy Chase, Md., Bur. of Engraving and Printing, Res. Branch; engl.) — Druckempfindliche Bänder zur Sicherung von Briefmarkenrollen müssen einzigartige Eigg. haben, darunter geringe Adhäsion; sie dürfen beim Lagern an der Unterlage nicht ankleben. Neue Vorr. u. Verff. sind entwickelt worden, um niedrige Abschäl-Adhäsion zu messen. Diese Messung wird durch Abrollen von gläsernen Objektträgern durchgeführt. Verschiedene Bearbeiter u. Labor. konnten befriedigend übereinstimmende Resultate erzielen. F. Zeidler. 8010

2681 **Die Bestimmung von Holzschliff in Papier durch Bromierung.** M. Vocílka und J. Fikerová. (Sbornik výskumných Prác Odboru Celulózy Papiera **7,** 259—68, 1962; tschech.) — Zur chem. Best. von Holzschliff (**A**) in Papier (**B**) wirkt aus einem Bromid/Bromat-Gemisch freigemachtes Br_2 15 min lang bei 40° auf das Papiermuster ein; überschüssiges Br_2 wird mit $Na_2S_2O_3$ zurücktitriert. Aus dem bekannten Br_2-Verbrauch von Zellstoff (**C**) u. **A** läßt sich das gegenseitige Verhältnis von **A** u. **C** in **B** durch lineare Interpolation berechnen. Die Genauigkeit beträgt ±1,5%. F. Zeidler. 8010◇

2682 Rayonier, Inc., New York, N. Y., V. St. A., **Herstellung von Hydroxyäthylcellulose** aus Alkalicellulosepulver, das auf einem Förderband unter rüttelnder Bewegung durch einen Raum geführt wird, der Äthylenoxidgas enthält. — 2 Zeichnungen. (**Jap. A. S. 8747/1961** vom 24/3. 1960, ausg. 26/6. 1961. A. Prior. 7/4. 1959.) M. Pankow. 7971

2683 International Latex Corp., Dover, Del., V. St. A., **Papiergrundschicht für druckempfindliche Klebestreifen.** Als Bindemittel für die Fasern wird ein saures Copolymer verwendet, das zu 60—95% aus einem oder mehreren polymerisierbaren konjugierten Dienen u./oder Chlordienen mit 4—10 C-Atomen, zu 1—30% aus polymerisierbaren Vinylverb. (Acryl- u. Methacrylsäureester, Acrylnitril, Styrol) u. zu 1—39% aus einer oder mehreren polymerisierbaren ungesätt. Monocarbonsäuren (Methacrylsäure, Crotonsäure u. dgl.) besteht. Das Papier besitzt erhöhte Reiß- u. Aufspaltfestigkeit. (**E. P. 848808** vom 23/4. 1958, ausg. 21/9. 1960. A. Prior. 14/5. 1957.) P. Mayer. 7987

2684 Tôyô Reyon Kabushiki Kaisha, Tôkyô (Erfinder: Kitao Shimizu, Ôtsu, und Masanao Ikeda, Shiga), Japan, **Herstellung von Celluloseschwamm** aus Viscose mit 8—16% Cellulosekonz., 0,42 · C — 0,42 · C + 1,2% (C = Cellulosekonz.) Alkalikonz., die bei $\leq$ 15° mit Faserverstärkungsmaterial u. Na_2SO_4 gemischt, geformt u. in W. oder im Na_2SO_4-Wasserbad erhitzt u. koaguliert wird. — Zu Viscose von 10% Cellulose-Geh. u. 4,5% Gesamtalkali-Geh. gibt man bei 15° nach 22 Std. Alterung 30% Ramie-Faser (pro Cellulose) u. das 60fache an kalten krist. Na_2SO_4, rührt, formt die 12° kalte Mischung u. kocht 3 Std. im gesätt. Na_2SO_4-Bad, wäscht mit W., Säure u. wieder W. u. erhält einen elast., zähen Celluloseschwamm. (**Jap. A. S. 10992/1961** vom 24/10. 1958, ausg. 19/7. 1961.) M. Pankow. 8001

2685 Tôyô Reyon Kabushiki Kaisha, Tôkyô (Erfinder: Kitao Shimizu, Ôtsu, und Masanao Ikeda, Shiga), Japan, **Herstellung von Celluloseschwamm.** Zu einer Na-Cellulosexanthogenat-Lsg. gibt man Fasern u. 3—30% (der Cellulose) CS_2, hält 10 > Min. > 30°, gibt bei < 15° krist. Na_2SO_4 zu, formt u. regeneriert. — Man gibt zu Na-Cellulose-Xanthogenat [32% Cellulose, 14,5% Alkali, 50% (der Cellulose) CS_2, γ-Wert 60] 10% (der Cellulose) CS_2 u. 20% 1—3 cm lange Ramie-Faser, die mit W. angefeuchtet war, u. reguliert die Viscose auf 9% Cellulose u. 7% Gesamtalkali mit W.- u. Alkalizusatz, hält 30 Min. bei 35°, kühlt, läßt 3 Std. lösen u. 20 Std. bei 20° altern, gibt bei 10° das 60fache (an Cellulose) krist. Na_2SO_4 zu, mischt 30 Min., formt das Material, erhitzt 4 Std. in wss. gesätt. Na_2SO_4-Lsg. auf 95° u. wäscht das erhaltenen Prod. aus: Zäher *Viscoseschwamm.* (**Jap. A. S. 12293/1961** vom 1/8. 1959, ausg. 1/8. 1961.) M. Pankow. 8001

2686 Uarco, Inc., Chicago, Ill., V. St. A., *Teilchen mit metallischem Überzug.* (**E. P.** 891494 vom 9/12. 1958, ausg. 14/3. 1962. A. Prior. 23/1. 1958. — C. 1962, 16533 [A. P. 2939804].)

H_{18b}. Textilfasern

2687 **Theorie und Praxis der enzymatischen Entschlichtung.** Károly Ramaszéder. (Kolorisztikai Értesitő [Kolorist. Rdsch.] **4,** 311—31, 1962; ung.) — Übersicht. — 37 Literaturhinweise. T. Wein. 8030△

2688 **Wege zur Erhöhung der Festigkeit von Stapelfasern.** Ss. M. Geissberg und L. W. Slinko. (Chemiefasern [UdSSR] **1959,** Nr. 6, 73—74; Leningrad, Chemiefaserwerk; russ.) — Erfahrungsbericht. T. Lukanoff. 8040◇

2689 **Kammgarngewebe aus Dreifasermischungen.** Karl Gründig und Hans-Joachim Riehl. (Faserforsch. u. Textiltechn. **14,** 202—10, 1963; Karl-Marx-Stadt, Forsch.-Inst. für Text.-Technol.; dt.) — Die Durchführung u. Auswertung von Verss. mit Kammgarn-Oberbekleidungsgeweben aus Dreifasermischungen wird beschrieben. Mit Hilfe mathemat.-statist. Meth. werden die für die Gewebeeinschätzung bedeutsamsten Merkmale ausgewählt u. Vorschläge für optimale Dreifasermischungen hergeleitet. I. Beßer. 8040◇

2690 **Wege und Ziele der neueren Ausrüstungsverfahren für bügelfreie Baumwolltextilien.** Herbert M. Ulrich. (Prakt. Chem. [Wien] **14,** 253—56, 259, 261—63, 1963; Wien; dt.) — Vom technolog. Standpunkt aus werden Trockenkondens.-Verff., bei denen Baumwollgewebe meist mit Methylolverbb. von cycl. Harnstoffen (Äthylen- u. Propylenharnstoff), Triazinonen oder Dimethylol-adipinsäurediamid zusammen mit Katalysatoren (Säure- oder Alkalispender in der Hitze) imprägniert, getrocknet u. kondensiert werden, sowie Naßverweilverff., bei denen die Vernetzung von Cellulose in gequollenem Zustand stattfindet unter Verw. von Polyoxymethylen, Polyoxydimethyläther, Formaldehydacetalen, Polyoxymethylendiacetat, 1.3-Dichlorpropanol, Diepoxyverbb., Divinylsulfon, Bis-[β-hydroxyäthyl]-sulfon, Di-Na-Salz von Tris-[β-hydroxyäthylsulfat]-sulfonium, unterschieden. Die erzielten Folgen der Ausrüstung betreffen den Trocken- u. Naßknitterwinkel, den sog. „wash and wear-Effekt", die Waschbeständigkeit dieses Effektes, das Krumpfen des Gewebes beim Waschen, sowie die unerwünschte Verminderung der Reiß- u. Einreißfestigkeit, der Scheuerfestigkeit, der Saugfähigkeit u. der Luftdurchlässigkeit. Die auf die genannten Prodd. aufbauenden techn. Veredlungsverff. werden genannt. B. Kerres. 8044◇

2691 **Eine Untersuchung über die Löslichkeit von Sericin aus Kokonschichten durch Wirkung von kochendem Wasser.** Ttsutomu Nakamura und Toshiji Takemura. (J. Soc. Textile Cellulose Ind., Japan [Sen-i Gakkaishi] **18**, 1082–86, 1962; Matsumoto City, Nagano Prefect., Japan, Text. Res. Inst. of Nagano Prefect.; Matsumoto City, Nagano Prefect., Japan, Shinshu Univ., Fac. of Arts and Sci., Dep. of Phys.; jap., Auszug: engl.) — Die Löslichkeit von Sericin (**A**) aus verschiedenen Kokonlagen durch sd. W. wird durch quant. N-Analyse u. Bezugnahme auf die Menge an gelöstem **A** x(%) bestimmt. Eine Gleichung $x = ct^b$ wird abgeleitet, aus der die Geschw. der Auflsg. $dx/dt = bx/t$, abgeleitet werden kann, in der t die Kochzeit u. b u. c Konst. sind. Die Geschw. kann auch als Funktion der verbleibenden Menge **A** (a — x) (%) nach $dx/dt = k(a - x)^n$ ausgedrückt werden. Aus diesen Gleichungen wird gefolgert, daß 2 Arten von **A**-Fraktionen im Kokon enthalten sind, die diskontinuierliche Löslichkeit aufweisen. L. Jentgen. 8068◇

2692 **Eine neue Methode für das Vakuumspinnen von Viscosezellwolle.** 2. Mitt. **Regenerierung von S-Verbindungen aus nicht mit Luft verdünnten Spinngasen.** Zbigniew Rybicki, Mirosław Kopa, Jan Klekot und Eugeniusz Wejner. (Przemysł chem. **41**, 727–30, 1962; Łódz, Zaklady Włokien Sztucznych; pol.) — 1. vgl. C. **1963**, 14525. — Die Rückgewinnung von S-Verbb. aus dem Spinngas, das nicht mit Luft verd. ist, wird beschrieben. Das Rohmaterial-Verhältnis wird angegeben, die Rückgewinnungsmeth. diskutiert u. die App. beschrieben. I. Kalzendorf. 8074◇

2693 **Untersuchung der Struktur verschiedener Arten von Viscosereyon.** Tadeusz Karczewski, Jan Pieniażek und Gabriel Wlodarski. (Polimery–Tworzywa wielkocząsteczkowe **7**, 461–63, 1963; Łódz. Inst. Włokien Sztucznych i Synth.; pol.) — Der Einfl. der Struktur auf einige Eigg. von Viscosereyon wird beschrieben. Die Struktur wird mit physikal.-chem. Meth. (Sorption von J_2 u. Wasserdampf), mit Röntgenstrahlen (Orientierung) u. Mikroskopie (Abschäleffekt) untersucht. I. Köditz. 8074

2694 **Vergleich des Einflusses von der Viskose oder dem Koagulationsbad zugesetzten Modifikatoren auf einige Fasereigenschaften.** Andrzej Kaszyński und Danuta Markowska. (Faserforsch. u. Textiltechn. **14**, 256–58, 1963; Łódz, Polen, Inst. für Kunstfasern; dt.) — Viscosen (**A**) ohne u. mit Zusatz von Polyoxyäthylenglykol, Molgew. ca. 1500, u. mit Cyclohexylamin werden in mit diesen Modifikatoren (**B**) modifizierten u. in unmodifizierte Koagulationsbäder gesponnen. Ein Zusatz von Modifikatoren zum Koagulationsbad hat einen ähnlichen Einfl. auf die Regenerationsgeschw., Quellung u. den Faserquerschnitt wie ein Zusatz von **B** zu **A**. Die **B**-Effekte addieren sich, wenn modifizierte **A** in modifizierte Spinnbäder gesponnen werden. Die Vers.-Durchführung wird beschrieben. I. Beßer. 8074◇

2695 **Kohäsive Bindungen, die beim Spinnprozeß von hochfestem Reyon entstehen.** Yukio Mitsuishi. (J. Soc. Textile Cellulose Ind., Japan [Sen-i Gakkaishi] **18**, 1057–60, 1962; Iwakuni City, Yamaguchi Prefect., Japan, Teikoko Rayon Co., Ltd., Res. Labor.; jap., Auszug: engl.) — In verschiedenen Stufen des Spinnprozesses werden die Streckungen geändert u. die entstehenden kohäsiven Bindungen durch Best. der Kraft-Dehnungskurven in verschiedenen Medien untersucht. Es zeigt sich, daß die Streck-Wrkg. im 1. Bad oder zwischen dem 1. u. 2. Bad nicht gut ist, die Streck-Wrkg. im 2. Bad fast vollkommen ist u. das Strecken nach dem 2. Bad oder während des Trocknens keine Wrkg. auf höhere kohäsive Gebiete hat. Es wird als notwendig erachtet, die Streckung in oder vor dem 2. Bad zu kontrollieren. L. Jentgen. 8074◇

2696 **Der Ermüdungsmechanismus hochfester Reyons vom Standpunkt der Feinstruktur.** Yukio Mitsuishi und Hirokuni Maeda. (J. Soc. Textile Cellulose Ind., Japan [Sen-i Gakkaishi] **18**, 1049–56, 1962; Iwakuni City, Yamaguchi Prefect, Japan, Teikoku Rayon Co. Ltd.; Ookayama, Meguro-ku, Tokyo, Japan, Tokyo Inst. of Technol., Labor. of Test. Chem.; jap., Auszug: engl.) — Verschiedene hochfeste Reyons werden in verschiedenem Ausmaß mit dem Ferry Vibration Tester ermüdet. In Quellmedien, W. u. NaOH-Lsgg. verschiedener Konzz., werden die Kraft-Dehnungskurven ermüdeter u. ursprünglicher Muster bestimmt. Bei den ermüdeten Fasern zeigt sich folgendes: Höhere Orientierung, Erschlaffung kohäsiver Bindungen, Makroinhomogenitäten durch das Auftreten schwacher Stellen oder Risse. Die Veränderung der Feinstruktur der Fasern durch Ermüdung wird allg. erörtert. Es wird festgestellt, daß, wenn hochfeste Reyons stat. oder dynam. ermüdet werden, die Ermüdung in der Reihenfolge: Zerstörung in amorphen Gebieten, Zerstörung in kristallinen Gebieten, Bruch der mol. Kette, fortschreitet. L. Jentgen. 8074◇

2697 **Über die Fadenbildung beim Schmelzspinnen.** 1. Mitt. Volker Gröbe und Heinz Versäumer. (Faserforsch. u. Textiltechn. **14**, 249–56, 1963; Teltow/Seehof, DAW zu Berlin, Inst. für Faserstoff-Forsch.; dt.) — Meth. zur Charakterisierung von Ordnungszuständen in Hochpolymeren werden kurz beschrieben. Es wird ein Überblick über den Komplex Fadenbldg. beim Schmelzspinnen, bes. von Polyamidfasern, an Hand der Literatur u. eigener Verss. gegeben. Die Frage der Abkühlung des Schmelzstrahles wird ausführlich diskutiert. I. Beßer. 8080◇

2698 **Nachweis von Schlichte- und Appreturprodukten in Geweben.** E. Haasmann. (Prakt. Chem. [Wien] **14**, 215, 1963; Salzburg; dt.) — Zusammenstellung aller bekannten Nachw.-Reaktionen. B. Kerres. 8098◇

2699 **Feinheitsbestimmung an Chemiefasern nach dem Luftstromprüfverfahren.** Hermann Vieth, Johannes Kühne und Irene Knobloch. (Faserforsch. u. Textiltechn. **14**, 192–98, 1963; Premnitz, Kreis Rathenow, VEB Chemiefaserwerk „Friedrich Engels", Text. Technikum; dt.) — Zur Feinheitsbest. an Synth.-Fasern wird die Luftstromprüfungsmeth. mit dem ungar. Wollfeinheitsmesser untersucht u. die theoret. u. prakt. Kalibrationskurven werden aufgestellt. Das Prüfverf. eignet sich für die Einstufungsprüfung sowie für die Produktionskontrolle in Chemiefaserwerken. Prüfbedingungen u. Vers.-Durchführung werden beschrieben. I. Beßer. 8100◇

2700 **Zur Berechnung des Aufspringwinkels bei der Bestimmung des Knittererholungswinkels von textilen Flächengebilden.** Friedrich Winkler. (Faserforsch. u. Textiltechn. **14**, 239–49, 1963; Teltow/Seehof, DAW zu Berlin, Inst. für Faserstoff-Forsch., Abt. Textilprüfung; Berlin; dt.) — An Hand der bekannten Beziehungen zur Auswertung bei der Knittererholungsmessung wird gezeigt, daß die von Sommer (Faserforsch. u. Textiltechn. **2**, [1951], 467) beschriebene Meth. die bei weitem einfachste ist. Da sie nur für geradlinige Entknitterungs-Kurven anwendbar ist, wird die Formel um einen Summanden erweitert, der eine eventuelle vorhandene Krümmung berücksichtigt. I. Beßer. 8100◇

2701 **Quantitative Bestimmung von Spinnmodifikatoren in der Viscose.** Karl Zimmermann. (Faserforsch. u. Textiltechn. **14**, 180–83, 1963; Wolfen, VEB Filmfabrik Agfa Wolfen, Wiss. Labor. Chem.-Fasern; dt.) — Die quant. Best. von Cyclohexylamin, $(C_2H_5)_2NH$ u. Oxidwachs AN (**A**), die der Viscose (**B**) zugesetzt wurden, wird beschrieben. **A**, ein Polyäthylenglykol, wird gravimetr. u. titrimetr. bestimmt. Alle störenden Einfl. der Bestandteile von **B** werden intersucht u. bei der Best. weitgehend ausgeschaltet. Die Arbeitsvorschriften werden angegeben. I. Beßer. 8112◇

2702 **Potentiometrische Untersuchungen zur Reinheitskontrolle von Dimethylformamid.** 3. Mitt. **zur Analytik der Polyacrylnitrilfasern.** Burkart Philipp und Annemarie Tryonadt. (Faserforsch. u. Textiltechn. **14**, 188–92, 1963; Teltow/Seehof, DAW zu Berlin, Inst. für Faserstoff-Forsch., Analyt. Abt.; dt.) — 2. vgl. C. **1963**, 19456. — Eine zuverlässige u. rasche Best. saurer u. bas. Verunreinigungen in $HCON(CH_3)_2$ (DMF) läßt sich durch potentiometr. Titration an einer Glaselektrodenmeßkette durchführen. Zur Feststellung des

Amingeh. ist eine Polarisationsspannungstitration an 2 Wismutelektroden geeignet. Tabellar. wird für eine Reihe gereinigter u. techn. DMF-Proben der Geh. an sauren u. bas. Verunreinigungen gegenübergestellt. Die Vers.-Durchführung wird ausführlich beschrieben.
I. Beßer. 8116◇

2703 Sumitomo Kagaku Kôgyô Kabushiki Kaisha, Ôsaka (Erfinder: Hideo Seki, Nishinomiya, und Mamoru Suzuki, Toyonaka), Japan, **Herstellung von cyclischem Harnstoff-Formaldehyd-Anfangskondensationsprodukten** durch Rk. von 4.5-Bis-alkoxyimidazolidinon-(2) mit C_1–C_5-Alkylresten u. Formalin oder HCHO abgebenden Verbb. in neutralem oder alkal. Medium. — Verw. bei Fasern, Papier u. im Druck. — 162 (g) 37%ig. Formalin, mit 1 40%ig. NaOH auf pH 19 eingestellt, werden mit 146 4.5-Bis-methoxyimidazolidinon-(2) 1 Std. bei 35° verrührt, mit konz. HCl wird neutralisiert u. mit 94 W. versetzt. Es entstehen 403 50%ig. wss. Lsg. von 1.3-Dimethyl-4.5-bismethoxyimidazolidinon-(2), die als Harz bei der *Cellulosefasergewebeverarbeitung* verwendet werden kann. (**Jap. A. S. 11647/1961** vom 18/3. 1959, ausg. 26/7. 1961.) M. Pankow. 8035

2704 Olin Mathieson Chemical Corp., V. St. A., **Imprägnieren von cellulosehaltigem Textilmaterial** zum Falten- u. Knitterfestmachen mit einer 2%ig. wss. Lsg. eines Rk.-Prod. aus HCHO u. dem Dihydrazid der Diglykolsäure oder 3-[2-Carboxyäthoxy]-propionsäure. (**F. P. 1243832** vom 27/8. 1959, ausg. 18/1. 1961.)
H. Meltzer. 8037

2705 Asahi Kasei Kôgyô Kabushiki Kaisha, Ôsaka (Erfinder: Ryôichi Wakasa, Tatsushi Fukutome und Toshiyoshi Neno, Nobeoka), Japan, **Herstellung von Viscose** durch Alkaliimprägnierung mit 0,5 bis 4 n NaOH unter Mitverw. von organ., mit W. verträglichen u. gegen wss. NaOH inakt. Lsgm., wie Alkoholen, Ketonen oder Diäthylenglykolmonoäthyläther. — Man imprägniert, Cellulose in der 20fachen Menge einer Mischung von 35 Teilen 2,5 n NaOH u. 65 Teilen Isopropanol 15 Min. bei 16°, läßt 60 Std. bei 20° reifen, gibt 35% (bezogen auf Cellulose) CS_2 zu u. reguliert auf 8% Cellulose u. 6% Gesamtalkaligeh.; gut filtrierbares Material. (**Jap. A. S. 11000/1961** vom 13/5. 1958, ausg. 19/7. 1961.) M. Pankow. 8075

2706 Dow Chemical Co., Midland, Mich., V. St. A., **Polyvinylidenchlorid enthaltendes Präparat,** das zur Herst. von thermoplat. orientierten *Fäden* mit satinartigen Effekt dient u. krist. ist. Man mischt das Präp. mit 0,01—5% (des Gew. des Polymeren) Tri-Na-Aconitat (I). — Vinylidenchlorid - Vinylchlorid (85:15%)-Mischpolymerisat (II) wird mit 4(%) Salol als Stabilisiermittel, 8 Tributylaconitat als Weichmacher, 1 TiO_2, 0,5 $Na_4P_2O_7$ u. 0,5 Aconitsäure gemischt u. die Mischung zu *Fäden* gespritzt, die um das 4fache gestreckt werden. Statt $Na_4P_2O_7$ + Aconitsäure kann man I verwenden. — Man kann Fäden gleicher Wrkg. auch herstellen, wenn man das Polymere mit Dinitrosopentamethylentetramin (III) oder p.p'-Hydroxybis-[benzolsulfonylchlorid] + Biuret in Mengen von 0,02—1,5 Gew.-% des Polymeren mischt. — Man mischt 99,95 (Gew.-%) II mit 0,05 III u. spritzt zu *Fäden,* die gestreckt werden u. infolge ihrer feinblasigen Struktur den satinartigen Effekt zeigen. (**Jap. A. SS. 13245/1961** u. **13246/1961** vom 11/3. 1959, ausg. 12/8. 1961.) M. Pankow. 8081

2707 Asahi Kasei Kôgyô Kabushiki Kaisha, Ôsaka (Erfinder: Yoshio Sumida, Tôkyô, Yûji Kobayashi, Itsuho Aishima und Fusao Miwa, Nobeoka), Japan, **Lichtbeständiges Polyolefin.** Man mischt 5—40 Gew.-% Polyäthylen mit D. 0,93—0,98 in Polypropylen mit > 50% isotakt. Polymerem u. schmilzt. — Man mischt z. B. 60 (Gew.-Teile) von solchem Polypropylen mit 40 des Polyäthylens u. verarbeitet die Mischung bei 250° im Schmelzspinnverf. zu *Fäden.* — Man kann eine gleiche Mischung, die Polyäthylen vom D. 0,90—0,93 enthält, verarbeiten. (**Jap. A. SS. 12786/1961** u. **12787/1961** vom 17/12. 1958, ausg. 7/8. 1961.)
M. Pankow. 8081

2708 Monsanto Chemical Co., St. Louis, Mo. (Erfinder: John D. Calfee, Ohio), V. St. A., **Herstellung von Äthylenmischpolymerisaten** aus Äthylen u. Hydroxyalkylvinyläthern CH_2 : $CHOCH_2(CH_2)_nCH_2OH$ (n = 0 bis 4, bes. 0—2). — Man gibt 30 (g) Hydroxyäthylvinyläther u. 0,005 cm^3 Di-[tert.-butyl]-peroxid in eine 250 cm^3-Bombe u. dazu Äthylen bis 25000 psi, hält 12 Std. bei 125° u. erhält ein festes *Polymeres* mit D. 0,9362. Zu 5 des Polymeren in 20 cm^3 Toluol gibt man 0,05 4.4'-Methylphenylisocyanat in 5 cm^3 Toluol, formt die Lsg. zu *Fäden* oder *Filmen* u. vernetzt unter Erhitzen. (**Jap. A. S. 10096/1961** vom 1/8. 1959, ausg. 10/7. 1961. A. Prior. 18/8. 1958.) M. Pankow. 8081

2709 Tôhô Reyon Kabushiki Kaisha, Tôkyô (Erfinder: Yuichi Taniyama und Masatoshi Yoshida, Tokushima), Japan, **Herstellung von Mischpolimerisatlösungen von Acrylnitril** u. sauren Monomeren in wss. $ZnCl_2$-Lsg. mit pH ≦ 0,3. — Zu 90 (Teilen) 60%ig. wss. $ZnCl_2$-Lsg. vom pH 0,3 gibt man 1 Acrylsäure, 9 Acrylnitril u. 0,1 $(NH_4)_2S_2O_8$ u. hält 2 Std. bei 60°. Die erhaltene Lsg. kann in eine Fällbad aus 15%ig. wss. $ZnCl_2$-Lsg. gesponnen werden; die erhaltenen *Fäden* lassen sich gut färben. (**Jap. A. S. 11248/1961** vom 17/11. 1959, ausg. 21/7. 1961.) M. Pankow. 8081

2710 Tôhô Reyon Kabushiki Kaisha, Tôkyô (Erfinder: Michikimi Nakajima, Ichirô Ueda, Kazuhisa Saitô, Tadahiko Bôshiu, Masashi Asai, Tokushima), Japan, **Herstellung einer Polyacrylnitrilspinnlösung** durch Polymerisieren von Acrylnitril unter Druck in einer wss. Salzlsg. mit $ZnCl_2$ als Hauptbestandteil unter Druck in einem Restvol. freien Gefäß. — In 900 (Teilen) wss. 58 Gew.-%ig. $ZnCl_2$-Lsg. löst man 91 Acrylnitril, 3 2-Methyl-5-vinylpyridin, 6 Acrylsäure u. 1,2 $(NH_4)_2S_2O_8$, füllt die Lsg. in ein druckfestes Gefäß u. erhält nach 3std. Erhitzen bei 1 kg/cm^2 eine blasenfreie klare Lsg., die in verd. $ZnCl_2$-Lsg. versponnen wird. (**Jap. A. S. 13087/1961** vom 14/8. 1959, ausg. 10/8. 1961.)
M. Pankow. 8081

2711 American Cyanamid Co., New York, N. Y. (Erfinder: Walter Harry Schuller und Witold Roman Kocay, Stamford, Conn.), V. St. A., **Stabilisierte wäßrige Lösungen von Acrylnitrilpolymeren.** Statt der im A. P. 2946762; C. **1961,** 12317 u. F. P. 1185297; C. **1962,** 12517 zugesetzten Sulfite nimmt man Bisulfite, wie Alkalimetall- oder Ammoniumbisulfide, als Stabilisiermittel. (**Jap. A. S. 10342/1961** vom 31/10. 1957, ausg. 12/7. 1961. A. Prior. 1/11. 1956.)
M. Pankow. 8081

2712 Kabushiki Kaisha Pharma-Chem. Asia, Tôkyô (Erfinder: Masatsune Sezoko, Kanagawa), Japan, **Herstellung von Kunstfasern aus Polyestern,** denen bei der Umesterung oder Polymerisation geringe Mengen einer Organo-Sn-Verb. $R^1(R^2)(R^3)SnX$ zugesetzt wurden (R^1, R^2 u. R^3 = ggf. substituierter Alkyl-, Aryl- oder Aralkylrest; X = O, N, S, OH, anorgan. oder organ. Säurerest; wenn X 2- oder mehrfunktionell ist, sind an sein anderes Ende SnR^3, H, Alkyl-, Aryl- oder Aralkylreste gebunden), z. B. $(CH_3)_3SnOH$, $(C_2H_5)_3SnOH$, Bis-Aripropyl-Sn-Sulfid, Bis-tributyl-Sn-Oxid (I), Triphenyl-Sn-Acetat, Trihexyl-Sn-Benzoat, Tri-[tributyl-Sn]-phosphat, Triphenyl-Sn-Salicylat, Triphenyl-Sn-Methylterephthalat, Tributyl-Sn-Äthyladipat. Die Fasern sind gegen Licht beständig u. hindern das Wachstum von Mikroorganismen. — Man kondensiert 130 (g) Äthylenglykol, 200 Dimethylterephthalat u. 0,3 I 30 Std. bei 270° u. Unterdruck, trocknet an der Luft 2 Std. bei 100° u. bei Unterdruck bei 200° u. spinnt bei 300° zu *Fäden,* die bei 80° um 500% gestreckt werden. (**Jap. A. S. 11648/1961** vom 2/5. 1959, ausg. 26/7. 1961.) M. Pankow. 8081

2713 W. M. Charitonow, L. A. Malafejew, S. A. Kudrjaschow, W. A. Alexejew, A. G. Borik, T. N. Gotje und A. A. Dubynin, **Herstellung von Capronfasern** mit erniedrigtem Geh. an niedermol. Verbb. durch Polymerisaion von ε-Caprolactam unter Druck u. Anwendung von Stabilisatoren bei anschließender Trocknung u. Formung. Zur Erhöhung der Qualität der Faser wird die Polymerisation unter erniedrigtem Druck (2,5—3,5 atm. bis 750 mm) durchgeführt, anschließend werden die niedermol. Verbb. mit sd. W. bis zu einem Geh. von 0,5% extrahiert u. das Polymere im Vakuum getrocknet u. geformt. (**UdSSR. P. 149536** vom 17/3. 1961.) T. Shgun. 8081

2714 Nittô Bôseki Kabushiki Kaisha, Fukushima (Erfinder: Toshitsune Fujita und Kiyoshi Takimoto, Tôkyô), Japan, **Überziehen von Glasfasern mit Furanharz.** Das gereinigte Fasermaterial wird mit einer ungesätt. ein- oder mehrbas. Carbonsäure behandelt (z. B. flaches, von Appretur befreites Glasgewebe mit 57%ig. wss. Maleinsäure-Lsg.) u. nach dem Trocknen Füll- u. Härtemittel enthaltendes Furanharz aufgebracht (z. B. eine Mischung aus 55% Furanharz, 44% Pechkoks u. 1% Härtungsmittel, die bei 30° in 2 Tagen härtet.) (**Jap. A. S. 12779/1961** vom 14/3. 1958, ausg. 7/8. 1961.) M. Pankow. 8083

2715 **Rayonier, Inc.**, New York, N. Y., V. St. A. (Erfinder: **Reid Logan Mitchell, James Wesley Berry** und **William Hughes Wadman**), *Herstellung von Fäden nach dem Viskoseverfahren.* (**E. P. 912123** vom 16/10. 1959, ausg. 5/12. 1962. Zusatz zu E. P. 775883; C. 1958, 14522. — C. **1962**, 18325 [A. P. 2942931].)

2716 **Algemeene Kunstzijde Unie N. V.**, Arnheim, Niederlande (Erfinder: **Kurt Heuer**, Grebben, **Arnold Lawrence McPeters**, und **Albin Franciscos Knight**, Asheville, N. C., V. St. A.), *Herstellung von künstlichen Fäden usw. aus Viscose.* (**Schwz. P. 367272** vom 13/5. 1959, ausg. 29/3. 1963. A. Prior. 2/6. 1958. Zusatz zu Schwz. P. 363122; C. 1963, 11483. — C. **1962**, 16537 [Oe. P. 212485].)

2717 **Cassella Farbwerke Mainkur Akt.-Ges.**, Frankfurt/M., und **Glanzstoff-Courtaulds G. m. b. H.**, Köln, *Herstellung von Cellulosehydratfäden mit verbesserten textilen Eigenschaften.* (**Oe. P. 223734** vom 14/4. 1960, ausg. 10/10. 1962. D. Prior. 15/4. 1959. — C. **1961**, 6007 [D. A. S. 1086855].)

2718 **Montecatini Soc. Gen. per l'Industria Mineraria e Chimica** (Erfinder: **Giulio Natta, Piero Pino** und **Gian Paolo Lorenzi**), Mailand, Italien, *Herstellung von in Lösung optischaktiven α-Olefinpolymeren.* (**D. P.** [**DDR**] **25534** Kl. 39c vom 12/1. 1960, ausg. 21/6. 1963 [Ausschließungspatent]. It. Prior. 15/1. 1959. — C. **1963**, 2286 [F. P. 1245275].)

H_{19}. Brennstoffe, Erdöl, Mineralöle

2719 **Über die Oxydation von Huminsäuren mit Wasserstoffperoxid.** Árpád Retezár. (Veszprémi Vegyipari Egyetem Közleményei [Mitt. Univ. chem. Ind. Veszprém] **3**, 1—45, 1959; Veszprémi, Vegyipari Egyetem, Ásványolaj-és Széntechnol. Tanszék; ung.) — Die Oxydation der Huminsäure-Komponenten von lufttrocknem Torf durch H_2O_2(**I**) u. mit 2,5%ig. HNO_3(**II**) u. anschließende Behandlung mit **I** bei 40, 60 u. 80° wird untersucht. Die Oxydation bei 40° mit **I** liefert Prodd. mit optimalen Werten. Die Oxydation mit **II** lockert die organ. Bestandteile u. das Lignin auf u. erleichtert die Oxydation mit **I.** Es wird eine Stoffbilanz der Oxydationsprozesse aufgestellt. I. Köditz. 8122△

2720 **Über Verfahren, Schemata und die Art der Entgasung von Kohlenschichten durch Bohrungen.** O. I. Tschernow und A. T. Gorbatschew. (Nachr. sibir. Abt. Akad. Wiss. [UdSSR] **1962,** Nr. 12, 16—27; Kemerowo, Östl. wiss. Forschungsinst. für Unfallschutz in der Bergwerksind., Nowosibirsk, Akad. Wiss. UdSSR Bergwerksinst.; russ.) — Aufstellung einer Klassifikation der Entgasungsmeth. von Kohlenschichten nach Verff., Umständen u. Wirksamkeit. J. Lehmberg. 8126△

2721 **Spezifische Oberfläche verschiedener Steinkohlentypen und ihrer Verkokungsprodukte.** Błażej Roga und Liu-Yü-Pu. (Prace Głownego Inst. Górnictwa, Komunikat Nr. **263,** 3—7, 1962; pol.) — Die Veränderungen der inneren Oberfläche (I.) bei der Entgasung über den gesamten Inkohlungsbereich werden an 21 poln. Steinkohlenproben vom Typ 31—42 u. den daraus bei 360, 560 u. 960° erhaltenen festen Entgasungsprodd. untersucht. Mit fortschreitendem Inkohlungsprozeß verringert sich die I., wobei ein Minimum für Orthokokskohle erreicht wird, dann steigt sie allmählich wieder an. Für Kohle vom Typ 31 beträgt sie 11,03 m^2/g, für Kohle vom Typ 35 1,34 m^2/g u. für Anthrazit 1,98 m^2/g. Während der Entgasung werden charakterist. Veränderungen der I. beobachtet. Die bei 360° erhaltene I. der festen Entgasungs-Prodd. ist niedriger als die der Ausgangskohlen, nur bei Anthrazitkohlen steigt sie über die Ausgangs-I. Die I. von Schwelkoksen (bei 560°) liegt erheblich über der der Ausgangskohlen; bei 960° fällt die I. wieder stark gegenüber der I. von Schwelkoks ab, liegt aber höher als die der Ausgangskohlen. Die I. der bei 360, 560 u. 960° erhaltenen festen Entgasungsprodd. ähneln denen der Ausgangskohle. Die I. von Schwelkoksen aus den Kohlegruppen 31 bis 34 ist 4—19mal so groß als die der Ausgangskohlen, bei den Kohlegruppen 35 bis 42 nur 2—8mal so groß. F. Zeidler. 8126◇

2722 **Untersuchungen über Verbrennung und Antrieb.** S. S. Penner. (Riv. Combustibili **17,** 342—46, 1963; Pasadena, Clif., California Inst. of Technol.; ital.) — Die grundlegenden Fragen der Verbrennung, z. B. das Verh. einer laminaren Flamme im verdichteten Gas u. die Detonationswelle in verdichteten Gasen, die Bedingungen für die Entflammung eines brennbaren Gemisches, der Flammpunkt, die Fortpflanzungsgeschw. einer Detonationswelle u. a. werden untersucht. Es werden Fragen der Verbrennung von H_2/Luft-Gemischen bei Schallgeschw., der Verbrennung eines Strahls fl. Brennstoffe, die chem. Rkk. bei schneller Verbrennung, der Verbrennungsmechanismus fester Reagentien u. a. besprochen. L. Matz. 8128◇

2723 **Der Einfluß eines höheren Gehaltes schwerer Kohlenwasserstoffe bei der Verbrennung von Gas in Haushaltgeräten.** I. Hypr und St. Příhoda. (Paliva **41,** 308 bis 311, 1961; Běchovice, UVP; tschech.) — Überblick über die Ergebnisse von Best. der Maximalgeh. einiger höherer KW-Stoffe, die bei der Verbrennung in Haushaltsgeräten noch im Gas enthalten sind (Bldg. gelber Flammenspitzen). Bei Gas mit höheren Geh. an schweren KW-Stoffen ist die Bldg. gelber Flammenspitzen ein Parameter zur Beurteilung der Austauschbarkeit von Gasen. R. Grundmann. 8128◇

2724 **Zündgrenzen von Gasgemischen.** 8. Mitt. **Über Austauschbarkeit und Brenneigenschaften von Gasen.** Fritz Gebert. (Brennstoff-Chem. **43,** 193—96, 1962; Westfäl. Berggewerkschaftskasse, Chem. Abt.; dt.) — 7. vgl. C. R. 78e Congr. Ind. Gaz, Paris **1962,** 839—61. — 6. vgl. C. **1962,** 4782. — Zur Prüfung der Theorie von Khitrin bzw. der Regel von Le Chatelier werden 20 Gemische von H_2, CO u. CH_4 mit D. 0,47 bzw. 0,83 u. Verbrennungswärmen von 3100—5200 kcal in der App. nach Dommer untersucht. Die Additivität der oberen Zündgrenzen wird nachgewiesen. Quant. u. teilweise auch qual. Aussagen mit Hilfe der Regel von Le Chatelier sind nicht möglich, da die Zündgrenzen keine grundlegenden Eigg. der Gase sind. W. Lauk. 8128◇

2725 **Über Flammengeschwindigkeiten von Gasgemischen.** 9. Mitt. **Über Austauschbarkeit und Brenneigenschaften von Gasen.** Fritz Gebert. (Brennstoff-Chem. **43,** 308—14, 1962; dt.) — 8. vgl. vorst. Ref. — Flammengeschw. von Gasgemischen aus H_2, CO u. CH_4 werden nach der Meth. des Bunsenbrenners gemessen. Innerhalb des untersuchten Gemischbereiches gilt die Mischungsregel. Die aus der Wärmetheorie der Fortpflanzung von Flammen sich ergebenden Beziehungen zwischen Flammengeschw. Λ, Dichte des Gases ϱ u. Gasvordruck p: $\Lambda \sim \sqrt{1/\varrho}$ bzw. $\Lambda \sim \sqrt{p/\varrho}$ werden bestätigt. S. Gipp. 8128◇

2726 **Herstellung von Kohlekügelchen.** F. P. Calhoun. (Mining Congr. J. **48,** Nr. 11, 38—39, 49, 1962; Rochester u. Pittsburgh Coal Co.; engl.) — Beschreibung einer Industrieanlage. Die Feinkohle wird durch Schaumflotation aufbereitet, mit Ligninbinder versetzt, in einer rotierenden Trommel zusammengeballt u. getrocknet. Die Kügelchen haben 0,3—1,9 cm ⌀. Joachim Günther/Jena. 8136◇

2727 **Die Mikrofestigkeit von Koks.** Julian Nadziakiewicz. (Koks-Smoła-Gaz **6,** 48—52, 1961; Inst. Chem. Przeróbki Węgla; pol. — C. **1963,** 19458.) R. Grundmann. 8144◇

2728 **Beitrag zur Kenntnis der Wirtschaftlichkeit der Druckvergasung von asche- und schwefelhaltiger Kohle.** J. Jílek. (Paliva **41,** 299—308, 1961; Praha, Plynoprojekt; tschech.) — Die Exhalationsmengen bei Verw. von Kohle mit hohem Asche- u. S-Geh. im Elektrizitätswerk u. bei der Druckvergasung werden angegeben; die Bedeutung des technol. Vorteiles der Druckvergasung für die Erhaltung der Reinheit der Atmosphäre wird unterstrichen. Die Möglichkeit der Druckvergasungsanlage, die

Wirtschaftlichkeit der Auswaschung von SO_2 aus den Rauchgasen des Kesselbetriebes sowie die Änderung der Technologie des Gaswerkes bei der Gasreinigung mit kaltem CH_3OH oder heißer K_2CO_3-Lsg. werden erläutert. R. Grundmann. 8148◇

2729 **Zur Frage der Vergasbarkeit Niederlausitzer Braunkohle im Verfahren der Sauerstoffdruckvergasung.** Wolfgang Roth. (Freiberger Forsch.-H., Reihe A Heft **263,** 33—50, 1962; Leipzig; dt.) — Über Verss. zur Projektierung des Druckgaswerkes „Schwarze Pumpe" wird berichtet. Die Verss. werden im Gaswerk Hirschfelde in einem Generator mit 1,3 m ⌀ ausgeführt. Die verwendete Kohle entstammt dem Tagebau „Spreetal". Der Einfl. der betrieblichen Faktoren auf die Gaserzeugung wird ermittelt; Unterss. an den erhaltenen fl. u. gasförmigen Prodd. werden durchgeführt. Der Brennstoff ist trotz 30% Wasser-Geh. für die Vergasung gut geeignet. Mit steigendem Geh. an unverbrannter Substanz in der Generatorasche wächst der Brennstoffbedarf. Bei steigender spezif. Schachtbelastung sinken der Dampf- u. O_2-Bedarf, während die Rohgasausbeute konst. bleibt. Der hohe Wasser-Gehalt der Spreetalkohle bedingt keinen erhöhten O_2-Bedarf. Die bei den Verss. erhaltenen Mengen an Leicht- u. Mittelöl, Teer u. Gaswasser werden bestimmt. Kurt Müller. 8148◇

2730 **Molekularsiebe zur optimalen Kohlenwasserstoff-Adsorption.** Maurice Debaty. (Ind. Pétrole **30,** Nr. 4, 80—83, 1962; Marcus Hook, Pa., Sun Oil; franz.) — Beim Trocknen von H_2-reichen Raffinerie-Abgasen für die NH_3-Synth. (700000 m^3/d) versagt Aktivtonerde (**A**) als Trocknungsmittel, weil ihr Wasser-Aufnahmevermögen durch gesätt. u. aromat. KW-Stoffe bald beeinträchtigt wird. Teilweiser Ersatz von **A** durch Molekularsiebe (MS.) schaffte Abhilfe u. verbessert die Wirtschaftlichkeit (Kapazität reiner **A** nach 2 Monaten Betrieb u. period. Regenerierung mit heißem N_2: 2 kg W./100 kg Al_2O_3; 47,7% durch MS. ersetzt: 6 kg W./100 kg Trocknungsmittel). Ausschließliche Verw. von MS. gestattet kleinere Trockner, vermindert den Energieverbrauch für die Regeneration u. die Kosten für Trocknungsmittel. Maurice Debaty. 8162◇

2731 **Anwendung von Sauerstoffüberträgern für den Trockenreinigungsprozeß des Gases von Schwefelwasserstoff.** Adam Boznański, Stanisława Kowalowa und Marian Fałęcki. (Gaz. Woda Techn. sanit. **37,** 2—6, 1963; Warszawa, Centralne Labor. Gazownictwa; pol.) — Durch Unterss. wird die positive Wrkg. des Abwassers des Zweigasgenerators VIAG auf die Sorptionsfähigkeit von Raseneisenerz (**A**) in bezug auf H_2S in Ggw. wss. Lsgg. von Hydrochinon, Pyrogallol (**I**), Na-Antrachinon-2-sulfonat u. Na-2-hydroxynaphthalin-6-sulfonat festgestellt. Die größte Wrkg. wird bei **I** festgestellt. Die Ergebnisse der Arbeiten über den Einfluß der Konzz. der erwähnten organ. Verbb. auf die Sorptionsfähigkeit von **A** im Verhältnis zu H_2S werden angeführt. K. Pluta. 8172◇

2732 **Struktur der Pyrrhotinsysteme in Bindemassen für die Entschwefelung von Synthesegasen.** Zdzisław Sokalski. (Chem. stosowana **6,** 389—96, 1962; Gliwice, Politechn. Śląsk., Katedra Chem. fiz.; pol.) — Wenn M_{FeS} das stöchiometr. mit Fe gebundene Gew. von S in Entschwefelungsmassen ist, M_{Pyr} die nichtstöchiometr. als Pyrrhotin (I) gebundene, M_S die gesamte gebundene S-Menge, läßt sich die Zus. der Massen durch die Gleichung $M_S/M_{Pyr} = 1 + (M_{FeS}/M_{Pyr})$ kennzeichnen. Aus der spezif. Oberfläche S_{sp} wird der die Polydispersität des I-Syst. kennzeichnende Koeff. $\Phi_z = 1{,}43/S_{sp}$ abgeleitet, als dessen Funktion sowohl die obige Gleichung als auch die Aktivierungsenergie W_{si} bzw. ihr Maximalwert $W_{s(max)}$ dargestellt werden. Bei den untersuchten Massen nimmt W_{si} von 1,18 (kcal/Mol) bei $S_{sp} = 30\ (m^2/g)$ auf 1,85 bei 12 zu. In Diagrammen wird die lineare Abhängigkeit von $\log\ [W_{s(max)}/(W_{s(max)} - W_{si})]$ u. von M_S/M_{Pyr} von Φ_z dargestellt. Für die Beziehung zwischen W_{si} u. der Struktur (Φ_z) ergibt sich die Gleichung $W_{si} = W_{s(max)} \cdot [1 - \exp(-kM_S/M_{Pyr})]$. Einige Sonderfälle der Bldg. von I-Syst. bei der Entschwefelung von Synth.-Gasen werden erörtert. R. K. Müller. 8172◇

2733 **Einrichtung zur Rektifizierung hochsiedender Teerfraktionen.** Roman Świerczek. (Koks-Smoła-Gaz **6,** 58—63, 1961; Politechn. Śląska, Katedra Chem. Technol. Węgla; pol.) — Dest.-Vorr. in Großlabor. zur period. Rektifizierung hochsd. Teeröle werden beschrieben (Arbeitskapazität der Retorte: 40 l). Die Rektifizierung wird unter vermindertem Druck durchgeführt. Während der Rektifizierung von Anthracenöl II wird eine Fraktion abgesondert, die einen geringen Siedebereich aufweist. Aus dieser Fraktion können in guter Ausbeute Fluoranthen, Pyren, Benzofluorene u. Chrysen erhalten werden. R. Grundmann. 8176◇

2734 **Carbid-Pulvermetall-Einsatz für Gesteinsbohrer.** Horace Frommelt. (Pennsylvania State Univ., Mineral Ind. Exp. Stat., Bull. **1960,** Nr. 72, 103—05; Philadelphia, Spring Garden Inst.; engl.) — Beschreibung der Verw. von Carbid-Pulvermetall (Fe)-Einsätzen für Gesteinsbohrer, bes. bei der *Ölprospektierung.* W. Wesly. 8188◇

2735 **Berechnung des Zweiphasenflusses von Öl und Wasser in einem porösen Körper.** Helmut Meder. (Erdöl Kohle-Erdgas-Petrochem. **15,** 965—69, 1962; Hannover, Preuß. Bergwerks- u. Hütten-A. G.; dt.) — Wie die allg. Lsg. der Differentialgleichungen zur Beschreibung des Zweiphasenflusses in einem porösen Körper unter Berücksichtigung von Schwerkraft u. Capillardruck mittels eines Digitalrechners ermittelt werden kann, wird gezeigt. Stehen nur Capillardruckmessungen zur Verfügung, so läßt sich nach einem neuen Verf. die Berechnung der Entölung allein aus solchen Messungen durchführen (Lamellenmeth.). Das Programmschema zur Berechnung der Entölung nach der Lamellenmeth. wird angegeben. M. Finke. 8190◇

2736 **Vergleichende Betrachtungen über den Betrieb von Luft- und Wasserkühlern bei der Destillation von Druckraffinat.** Franz Trefny. (Erdöl Kohle-Erdgas-Petrochem. **15,** 993—96, 1962; Gelsenkirchen, Redest.-Gemeinschaft GmbH, Zentral-Dest.-Anlage; dt.) — Die Kühlanlagen zweier gleicher Dest.-Anlagen, die mit W.-Durchlaufkühlung bzw. Luftkühlung betrieben werden, werden verglichen. Das bei der W.-Kühlung unangenehme Versetzen der Kühler durch Kesselstein, Schlamm, Algen u. Muschelbldg. fällt bei der Luftkühlung völlig fort. Zur Erzielung eines gleichmäßig temperierten Kolonnenrücklaufes wird eine geregelte 2-Stufenluftkühlung entwickelt, bei der das aus der 2. Kühlstufe ablaufende Kaltkondensat in einem Mischer mit soviel Warmkondensat aus der 1. Kühlstufe gemischt wird, daß das aus dem Mischer abfließende Prod. mit konst. Temp. anfällt. Bei einer Kühlleistung von 10^7 kcal/h betragen die Gesamtselbstkosten bei Luftkühlung nur ca. $^2/_3$ der Kosten bei W.-Durchlaufkühlung bzw. die Hälfte der Kosten bei W.-Umlaufkühlung. M. Finke. 8192◇

2737 **Metallische Verunreinigungen auf Crack-Katalysatoren und ihre Bekämpfung.** Peter W. Sherwood. (Erdöl Kohle-Erdgas-Petrochem. **15,** 982—85, 1962; White Plains, N. Y., V. St. A.; dt.) — Zur Verminderung der Koksbldg. auf dem Katalysator beim katalyt. Crakken durch die im Einsatzmaterial eingeschleppten Metalle (V, Ni) können 2 Wege beschritten werden: Herabsetzung der Metallkonz. im Ausgangsöl bzw. Regenerierung der verbrauchten Katalysatoren. An Beispielen wird die Wrkg. der Vakuumdest. bzw. der Propan-Entasphaltierung auf den Metallgeh. der Einsatzöle gezeigt, wobei dieser jeweils um ca. 2 Zehnerpotenzen gesenkt werden kann. Zur Regenerierung vergifteter Katalysatoren wird das „Met-X-Verf." der Atlantic Refining Co. beschrieben, bei dem der Katalysator mit einem starken Ionenaustauscher in einer Säurelsg. (H_2SO_4) behandelt wird. Zur besseren Trennung von Austauscher u. Katalysator müssen die Korngrößen beider verschieden sein. Nach der Trennung wird der Katalysator getrocknet u. wieder eingesetzt; das Harz wird in üblicher Weise mit Säure regeneriert. Das Verhältnis Katalysator: Harz beträgt 500 g : 1000 ml, der optimale pH-Wert 2,7, die Rk.-Temp. ca. 100°. M. Finke. 8196◇

2738 **Anlagen für das katalytische Reformieren und für die Hydroreinigung in Erdöl verarbeitenden Werken.**

W. W. Sredin und N. B. Aspel. (Chem. Technol. Brennstoffe Öle [UdSSR] **7**, Nr. 11, 13–19, 1962; russ.) — Beschreibung der verschiedenen Arbeitsweisen in Anlagen für katalyt. Reformieren von Bzn.-Fraktionen u. die Hydroreinigung von Dieselkraftstoffen mit Nebenanlagen für die Erzeugung von H_2, Inertgas u. die Verwertung von anfallenden Abgasen. W. Füner. 8200◇

2739 **Teilweise Wiederverwendung der Abgaswärme einer Ofenbatterie der Kohlendestillation für das Reformieren von Flüssiggasen.** C. Padovani, G. Salvi und M. Spaggiari. (Riv. Combustibili **17**, 319–32, 1963; ital.) — Eine Unters. im Gaswerk S. Paolo (Romana Gas) zeigte, daß beim Vergasen von 1 kg Kohle ca. 3683 kcal Wärme mit den Rauchgasen abgeführt wurden, von denen ca. 1150 kcal bei 2500° im Schornstein verlorengehen. Davon sind 2533 kcal ausnutzbar, mit denen 3,8 kg Dampf erzeugt werden können. Als Folge der Unterss. wird eine Batterie aus 30 Öfen betrieben, deren Abgase in einem liegenden zylindr. Sammler aufgefangen werden, dessen Abmessungen u. Konstruktion dem Reformierofen vom Typ Hercules Powder ähneln. Es genügt, in den Rauchgassammler mit Ni-Katalysatoren gefüllte Sonderstahlrohre einzubauen, um eine brauchbare Reformieranlage zu erhalten. Mit 5 Reformierrohren werden ca. 62 m^3/h Flüssiggas behandelt, was einer Tagesleistung von ca. 20000 m^3/d an reformiertem Gas entspricht. L. Matz. 8200e◇

2740 **Der Einfluß der Kohlenwasserstofftypen auf die Lösungsfähigkeit und Brenncharakteristika von Schwerbenzin aus Erdöl.** Ibrahim A. Eldib. (J. chem. Engng. Data **5**, 158–63, 1960; Linden, N. J., Esso Res. and Engng. Co., Process Res. Div.; engl.) — Eine quant. Beziehung zwischen der Zus. der KW-Stoffe u. dem Siedebereich wird entwickelt, der der Beitrag der einzelnen KW-Stoff-Typen zur Lösungsfähigkeit (L.) oder Brennqualität zugrunde liegt. Es zeigt sich, daß die L., die mit dem Kauri-Butanol(K–B)-Test ermittelt wird, eine additive Eig. der Schwerbzn. (**A**)-Sorten ist. Die L. eines Verdünners mit bekannter L. kann daher durch entsprechende Zusätze beliebig variiert werden. Bei niedrigem Geh. an Naphthenen ($\leqq 10\%$) u. Aromaten ($< 15\%$) verringern Paraffine die L., während bei hohem Geh. (30–40% bzw. 20–25%) die L. größer ist, als ihre rein additive Natur erwarten läßt. Für **A**, die in einem Bereich von > 175°F bei 300–520°F sieden, kann der K–B-Wert aus der prozentualen Zus. (Paraffine, Naphthene u. Aromaten) u. aus dem 50%-Kp. mit einer Genauigkeit von $\pm 1{,}5\%$ berechnet werden. — Der Rußpunkt von Paraffinen wird durch Zusätze von Aromaten u. Naphthenen gesenkt. Der Rußpunkt von **A**, das bei 290 bis 550°F siedet u. einen Rußpunkt von 19 bis +40 hat, kann mit einer Genauigkeit von $\pm 13\%$ aus der Zus. u. dem Siedebereich berechnet werden. I. Köditz. 8210

2741 **Die Herstellung von Katalysatoren für die Umwandlung von Kohlenwasserstoffen von Dieselkraftstoff auf der Grundlage von Bentoniten des südlichen Kasachstan.** 1. Mitt. **Untersuchung der Bentonite der Lager von Darbas und Dshaussukumskoje.** L. A. Buwalkina und N. B. Bishanowa. (Nachr. Akad. Wiss. KasachSSR **19**, Nr. 7, 32–40, 1963; russ.) — Für die in 20%ig. H_2SO_4 unter Zusatz von 2% CrO_3 nachgewiesene Aktivität von Darbas-Bentonit (Al–Fe-Silicat) als Crack-Katalysator hoher Katalysator-Stabilität zur Darst. von Dieselkraftstoffen geben Vff. zusammenfassende Übersicht. Sehr hohe Ausbeuten an Bzn.-Fraktionen (35,5%) bei einem Geh. an aromat. KW-Stoffen bis 33% werden mit diesem Katalysator bei 460° erhalten. W.-D. Heußner. 8212◇

2742 **Neue Erkenntnisse über die Eigenschaften der Mineralöle im Hinblick auf die Pflege von Transformatorenölen.** P. Stoll und R. Schmid. (Schweiz. Arch. angew. Wiss. Techn. **26**, 455–77, 1960; Zürich, Micafil A. G.; dt.) — Nach einem Überblick über die Notwendigkeit der Isolierölaufbereitung sowie über die klass. Aufbereitungsmeth. durch Filtrieren, Vakuumtrocknung u. Entgasung werden verschiedene Verff. zur Charakterisierung von Isolierölen (durch Viscositätsmessungen, Best. von Dichte, Brechungsindex, Molgew., Anilinpunkt, der Neutralisationszahl, der VZ., Farbzahl, DK) diskutiert. Als aufschlußreichste Analysenmeth. wird die IR-Spektrographie angesehen, die eine Reihe eindeutiger quant. Rückschlüsse (z. B. Aromatengeh., Alterungsprodd., Inhibitorengeh.) zuläßt. Auf die Alterung von Mineralölen wird eingegangen; daraus werden Rückschlüsse auf die Voraussetzungen, die ein guter Inhibitor erfüllen muß, gezogen. Forderungen, die an eine ideale Ölaufbereitungs- u. Regenerieranlage zu stellen sind, werden behandelt. I. Köditz. 8218

2743 **Das „Ferrofining“.** Y. Mayor. (Ind. Pétrole **29**, 57–80, 1961; franz.) — Ein bes. wirksamer Katalysator für die Nachbehandlung von Schmierölen mittels Druckhydrierung wird gefunden. Die behandelten Öle sind wenig gefärbt u. ihre Oxydationsbeständigkeit ist höher als sie mit H_2SO_4 u. Bleicherde erzielt werden kann. R. Hegenbarth. 8220◇

2744 **Verwendung schaumerzeugender Mittel beim Bohren.** W. C. Goins jun. und H. J. Magner. (Pennsylvania State Univ., Mineral Ind. Exp. Stat., Bull. **1960**, Nr. 72, 89–95; Pittsburgh, Pa., Gulf Res. and Developm. Co., Delta Drilling Comp.; engl.) — Übersicht über Arten, Eigg. u. Verw. schaumerzeugender Mittel beim Bohren. — 13 Literaturangaben. W. Wesly. 8220◇

2745 **Der Einfluß von Alkylpolysiloxanen auf das Waschpotential von Ölen.** K. K. Papok und B. Ss. Sussewa. (Chem. Technol. Brennstoffe Öle **7**, Nr. 9, 60–61, 1962; russ.) — Fl. *Polysiloxan* verbessert die Betriebseigg. von Motorölen u. unterstützt die Wrkg. von Wasch- u. Antioxydationszusätzen. H. V. Adolphi. 8220◇

2746 **Polyphenyläther als hochtemperatur- und strahlungsbeständige Schmiermittel.** C. L. Mahoney, E. R. Barnum, W. W. Kerlin, K. J. Sax und W. S. Saari. (J. chem. Engng. Data **5**, 172–80, 1960; Emeryville, Calif., Shell Dev. Co.; engl.) — Die Kpp., FF., Gießtemp., Viscositäts-Temp.-Koeff., der Einfl. von Strahlen auf die Viscosität, die Oxydationsbeständigkeit, der Einfl. von Zusätzen u. von Strahlen auf die Oxydationsbeständigkeit, die Wärmebeständigkeit, die Verkokungstendenzen sowie die Schmiermitteleigg. folgender Polyphenyläther werden bestimmt: *Bis-[m-phenoxyphenyl]-äther* (F. 106°, $Kp._1$ 512–523°), *Bis-[p-phenoxyphenyl]-äther* (F. 230°, $Kp._3$ 473°), *Bis-[o-phenoxyphenyl]-äther* (F. 249°, $Kp._{0,4}$ 365–419°), *m-Phenoxyphenyl-p-phenoxyphenyläther* (F. 118°), *m-Bis-[m-phenoxyphenoxy]-benzol* ($Kp._{0,3}$ 500 bis 510°), *p-Bis-[m-phenoxyphenoxy]-benzol* (F. 171–174°, $Kp._1$ 554–585°), *Bis-[p-Phenoxyphenoxyphenyl]-äther* (F. 342–345°), *m-Bis-[m-(p-phenoxyphenoxy)-phenoxy]-benzol*, ein Gemisch von *Bis-[phenoxyphenoxy]-benzol*-Isomeren ($Kp._{0,5}$ 500–535°), das zu 85% m-Bindungen enthält, *1-[p-tert.-Butylphenoxy]-4-phenoxybenzol* (F. 127 bis 131°, $Kp._{0,2}$ 360–369), *1-[p-α-Cumylphenoxy]-4-methoxybenzol* ($Kp._{0,15}$ 372–405°), *1-[p-α-Cumylphenoxy]-4-phenoxybenzol* (F. 131–135°), *1-[p-α-Cumylphenoxy]*-gemischt-*2-*, *-3-* u. *-4-phenoxybenzol* ($Kp._2$ 505–509°), *Bis-[p-(m-methylphenoxy)-phenyl]-äther* (F. 131–136°, $Kp._1$ 482°), *Bis-[p-(m-methoxyphenoxy)-phenyl]-äther* ($Kp._{0,3}$ 420–510°), *Bis-[p-(tert.-butylphenoxy)-phenyl]-äther* (F. 125–128°, $Kp._{0,1}$ 509°), *tert.-butylierter Bis-[p-phenoxyphenyl]-äther* ($Kp._{0,6}$ 545–555°), *Bis-[p-(p-tert.-amylphenoxy)-phenyl]-äther* ($Kp._{0,3}$ 545–563°), *Bis-[p-(p-α-cumylphenoxy)-phenyl]-äther* ($Kp._{0,001}$ 680°). Als Bezugsstoffe dienen u. a. Methylphenylsilicon, o.o'-Quaterphenyl (F. 245°), m-Terphenyl (F. 187°, $Kp._{760}$ 690°), Bis-[2-äthylhexyl]-sebacat, Triphenyl-p-biphenylsilan u. Phenanthren. Die gefundenen Werte sind tabellar. zusammengestellt. I. Köditz. 8222

2747 **Die Asphaltvorkommen von Ragusa.** Angelo Sabella. (Ind. mineraria [2] **13**, 577–86, 1962; ital.) — Beschreibung des asphalt. u. bituminösen Kalkes, der Asphaltcharakterisierung, des Ursprungs des Asphalts, der Zusammenhänge zwischen Asphalt- u. Zementindustrie u. der Vork. in Ragusa, Scicli, Vizzini u. Licodia Eubea. W. Holland. 8228◇

2748 **Analysendaten von Kohlen, die im Jahr 1961 von der amerikanischen Regierung gekauft wurden.** S. J. Aresco, C. P. Haller und R. F. Abernethy. (U. S. Dep.

Interior, Bur. Mines, Rep. Invest. **1962,** Nr. 6086, 1—41; Pittsburgh, Pa., Bur. of Mines, Pittsburgh Coal Res. Center; engl.) — In umfangreichen Tabellen werden die Analysendaten (Feuchtigkeit, flüchtige Anteile, C-Geh., Asche, S, Elementaranalyse, Heizwert, Erweichungspunkt der Asche, Vermahlbarkeit) aller Kohlen angegeben, die 1961 von der amerikanischen Regierung eingekauft wurden (5000000 t; analysiert werden 7603 Proben). Untersucht wird sowohl die angelieferte Kohle als auch die Kohle beim Verladen in Eisenbahnwaggons bzw. Lastwagen. J. Gänsheimer. 8246◇

2749 **Eine schnelle und trotzdem genaue Methode zur Heizwertbestimmung von Kohle.** Moreau. (Chaleur et Ind. **41,** 105—12, 1960; franz.) — Eine Meth. zur Best. des Heizwertes von Kohlesorten, zu der einige Korrekturformeln errechnet sind, wird angegeben. Die App.-Konst. werden bei 2 verschiedenen Temp. ermittelt. Es lassen sich in derselben Zeit 4—5mal so viele Best. ausführen wie bei bisherigen Methoden. Angabe der Apparatur. W. Holland. 8246◇

2750 **Untersuchung über das hydraulische Verhalten von Flugasche aus Sulcis-Kohle.** Franco Massazza und Mario Cannas. (Calore **32,** 11—17, 1961; Cagliari, Univ., Ist. di Chim. appl.; ital.) — Nach Beschreibung der granulometr., mkr. u. chem. Analyse von Asche wird deren Verh. in $Ca(OH)_2$-Lsg. angegeben. Der Ca-Verbrauch beruht teils auf Neutralisation durch saure Bestandteile der Asche, teils auf Adsorption. Der Einfl. der Ca^{2+}-Konz. u. der Vorbehandlung der Asche mit Acetessigester, W. oder HCl wird untersucht. W. Holland. 8246◇

2751 **Schnelle Bestimmung des Gesamtphenol- und Säuregehalts in Generatorphenolwässern (mit einem erhöhten Phenolgehalt).** Julian Grudzień. (Koks-Smoła-Gaz **6,** 63—64, 1961; Inst. Chem. Przeróbki Węgla; pol.) — Eine Meth. wird beschrieben, die im Vgl. mit anderen eine schnellere Best. des Gesamtphenol- u. organ. Säure-Geh. in Generatorphenolwässern ermöglicht. R. Grundmann. 8248◇

2752 **Die Bestimmung des Gehaltes an Vanadium in Erdölen und Erdölprodukten nach der Methode der paramagnetischen Elektronenresonanz.** A. W. Iljassow. (Chem. Technol. Brennstoffe Öle **7,** Nr. 9, 63—67, 1962; Kasaner Filiale der Akad. der Wiss. der UdSSR; russ.) — Durch paramagnet. Elektronenresonanz ist die quant. u. sogar die kontinuierliche Best. in fließenden Erdölprodd. möglich. Die Best. erfaßt nur das 4wertige V. Als Vergleichssubstanz können Erdölproben mit bekanntem V-Geh. dienen. Ein Einfl. der Zähigkeit des Mediums auf die Genauigkeit der Meßmeth. wurde nicht beobachtet. Die Spin-Gitter-Relaxationszeit liegt größenordnungsmäßig bei 10^{-5} s. N. V. Adolphi. 8252◇

2753 **Über die Bestimmung der Konzentration von Zusätzen in Dieselölen.** W. D. Resnikow. (Chem. Technol. Brennstoffe Öle **7,** Nr. 9, 61—63, 1962; Allunions-Forsch. Inst. f. Erdölverarb.; russ.) — Entgegnung auf den Artikel „Best.-Meth. der Konz. von Zusätzen in Dieselölen" von Passetschnikow (vgl. C. **1963,** 19463). Die dort empfohlene Berechnungsmeth. wird auf Grund theoret. Mängel u. fehlender experimenteller Unterlagen angegriffen. H. V. Adolphi. 8256◇

2754 **Eine polarographische Methode zur Bestimmung von die Cetanzahl von Dieselkraftstoffen erhöhenden Zusätzen.** G. Ss. Schimonajew und L. Ss. Stepanowa. (Chem. Technol. Brennstoffe Öle **7,** Nr. 9, 67—71, 1962; russ.) — Die genannte Meth. hat gegenüber den üblichen chem. Meth. hauptsächlich den Vorteil der höheren Empfindlichkeit u. höheren Produktivität. Die Analysendauer beträgt höchstens 10 Minuten. Es werden einige Angaben über den Einfl. der Konz. auf das Verhältnis der Stromstärke zur Spannung für verschiedene Zusätze gemacht sowie Eichkurven zur Best. dieser Zusätze aufgestellt. H. V. Adolphi. 8256◇

2755 **Die spektrale analytische Bestimmung von Naphthalin und dessen Derivaten im Gasöl des katalytischen Crackens.** I. I. Schabalin, E. A. Kruglow und K. M. Waissberg. (Chem. Technol. Brennstoffe Öle [UdSSR] **7,** Nr. 11, 25—28, 1962; russ.) — Zur Best. der KW-Stoffe der *Naphthalin*-Reihe in *Gasöl* wird die Meth. der Absorptionsspektren im UV-Gebiet von 220—350 mμ vorgeschlagen. Es werden die Absorptions-Koeff. für die charakterist. Wellenlängen der reinen *1.2-*, *1.6-*, *2.3-*, *2.4-*, *2.6-* u. *2.7-Dimethylnaphthaline* experimentell bestimmt u. der mittlere Absorptions-Koeff. für deren Gemische ermittelt. Die Konz. der Methylnaphthaline wird nach der Differenz der opt. Dichten im Maximum u. Minimum der Absorption im Gebiet von 227—247 mμ nach dem Lambert-Beerschen Gesetz berechnet. Zur Ermittelung der *Trimethylnaphthaline* wird eine ausführliche Meth. beschrieben. In den untersuchten 4 Gasölen beträgt der Geh an Methyl-Derivv. 22—28%; der Geh. an Naphthalin liegt unter 1%; Monomethylnaphthalin liegt nur in β-Form vor; α-Isomere sind nicht nachweisbar; der Geh. an Dimethylnaphthalinen beträgt 8,2—10,6%; an Trimethylnaphthalinen 8,6—17,7%. W. v. Füner. 8256◇

2756 Max Gerhold, Graz, Österreich, **Thermisch-katalytische Umwandlung von gasförmigen oder flüssigen Kohlenwasserstoffen.** Die KW-Stoffe, z. B. schweres Heizöl, werden in einer 1. exothermen Stufe bei 1200 bis 1600° mit O_2 u./oder O_2-haltigen Gasen u. ggf. Wasserdampf u./oder CO_2 unter Eindüsen einer Lsg. von Gemischen von Salzen organ. Säuren oder Alkoholaten der Elemente der 2., 3. u. 4. Gruppe des Period. Syst. mit solchen der Schwermetalle der 6., 7. u. 8. Gruppe zu *CO*, H_2 u. ggf. *Methan* umgesetzt, wobei 0,5—20 g feste Katalysatorstoffe auf 1 kg umzuwandelnde KW-Stoffe kommen. Das erhaltene Gasgemisch wird in einer 2. Stufe nach weiterem Zusatz von O_2 u./oder O_2-haltigen Gasen u. ggf. Wasserdampf bei 1000—1500° zur Beseitigung des entstandenen Rußes über Verbrennungskatalysatoren geleitet. Diese bestehen aus reinen oder gemischten Oxiden der Elemente der 6., 7. u. 8. Gruppe des Period. Syst., bes. Cr_2O_3, zweckmäßig auf Trägern niedergeschlagen, die in ihrer Oberfläche ca. 0,4—5% der Katalysatoren enthalten. — Anlageschema. (**Oe. P. 214053** vom 30/4. 1958, ausg. 10/3. 1961.) W. Wittholz. 8161

Redaktionsschluß: 20. Dezember 1963

Herausgeber: Prof. Dr. Heinrich Bertsch, Berlin, u. Prof. Dr. Dr. h. c. Wilhelm Klemm, Münster.
Chefredakteure und verantwortlich für den Inhalt: Dr. Eugen Klever, 1 Berlin 30, Geisbergstraße 39, Fernsprecher: 249541 und Prof. Dr.-Ing. Eberhard Leibnitz, Berlin N 4, Schiffbauerdamm 19, Fernsprecher: 425571.

Verlag: Akademie-Verlag GmbH, Berlin W 8, Leipziger Str. 3—4 (Fernsprecher: 220441, Telex-Nr. 011773, Postscheckkonto Berlin 35021), und Verlag Chemie, GmbH, Weinheim/Bergstr. (Fernsprecher: Weinheim 3635 [Sammelnummer]; Fernschreiber: 0465516 chemieverlwhn; Postscheckkonten: Frankfurt/M. 145314 u. Berlin[West] 7430). Bestellnummer: 1007/135. Das Chemische Zentralblatt erscheint wöchentlich. Preis des Jahrganges einschl. Autoren-, Patent-, Sach- u. Formelregister: DM 1800,—; einseitig bedruckte Ausgabe: DM 2200,—. Abgabe der Zeitschrift nur mit sämtlichen Registern. Abbestellungen nur bis spätestens 6 Wochen vor Ablauf des Kalenderjahres.

Satz u. Druck: VEB Druckhaus „Maxim Gorki", Altenburg u. VEB Leipziger Druckhaus, Leipzig, III/18/203. VIII. 63.
Veröffentlicht unter der Lizenznummer 1273 des Presseamtes beim Vorsitzenden des Ministerrates
Printed in Germany.

FSC
www.fsc.org
MIX
Papier | Fördert gute Waldnutzung
FSC® C083411

Kolibri 360 GmbH
Ferdinand-Jühlke-Straße 7
99095 Erfurt, Deutschland
produktsicherheit@kolibri360.de